LIVIU CONSTANTINESCU-SIMON (Hrsg.)

HANDBUCH ELEKTRISCHE ENERGIETECHNIK

HANDBUCH ELEKTRISCHE ENERGIETECHNIK

Verzeichnis der Autoren

Alfred Böge [Kap. 4]
Autor anerkannter und bewährter Fachbücher und PC-Studienprogrammen.

Prof. Dr.-Ing. **Peter F. Brosch** [Kap. 8.3 bis 8.12 und Kap. 9 außer 9.6.4]
lehrt an der FH Hannover und steht dem Fachgebiet Antriebe und Automatisierungstechnik vor.

Prof. Dipl.-Ing. **Egon Döring** [Kap. 3]
lehrt an der FH Hannover in den Fachgebieten HF-Technik, Mikrowellentechnik und Werkstoffkunde.

Dr.-Ing. **Karsten Dünte** [Kap. 12.1]
ist in der Industrie tätig und ist Leiter kundenorientierter Trainingsseminare im Bereich Automatisierungstechnik. Er ist Lehrbeauftragter im Fachgebiet Antriebe und Automatisierungstechnik.

Prof. Dipl.-Ing. **Hartmund Friedrich** [Kap. 6]
lehrt an der FH Hannover in den Fachgebieten Datenverarbeitung, Prozeßinformatik und Automatisierungstechnik.

Prof. Dr. sc. techn. **Klaus Hammer** [Kap. 10, außer 10.4.2]
lehrt an der FH Kaiserslautern in den Fachgebieten Elektrische Energieversorgung und Hochspannungstechnik.

Prof. Dr.-Ing. **Walter Heinecke** [Kap. 7]
lehrt an der FH Braunschweig/Wolfenbüttel in den Fachgebieten Elektrische Meßtechnik und Elektronische Schaltungstechnik, Industrieelektronik und Digitaltechnik.

Prof. Dr. rer. nat. **Ghassem Khoramnia** [Kap. 1, Kap. 13]
lehrt an der FH Hannover im Fachgebiet Hochspannungstechnik.

Dr.-Ing. **Tamás Ónodi** [Kap. 11]
ist Leiter der Entwicklung und Qualitätssicherung im Bereich Energietechnik der Dätwyler AG.

Prof. Dr.-Ing. **Wilfried Plaßmann** [Kap. 8.1, Kap. 8.2]
lehrt an der FH Hannover im Fachgebiet Elektrische Meßtechnik.

Prof. **Eugen Schäfer** [Kap. 5]
lehrte an der FH Hannover im Fachbereich Elektrotechnik.

Prof. Dipl.-Ing. **Hermann Sehy** [Kap. 12.2]
lehrt an der FH Hannover im Fachgebiet Regelungstechnik und Prozeßautomatisierung.

Prof. Dr. **Liviu Constantinescu-Simon** [Kap. 9.6.4]
lehrt an der FH Frankfurt im Fachgebiet Elektrische Maschinen und Antriebe.

Dr.-Ing. habil. **Christian Tuttas** [Kap. 10 außer Kap. 10.4.2]
ist Privatdozent im Fachgebiet Elektrische Energieversorgung an der Universität Kaiserslautern.

Prof. Dr.-Ing. **Fred Wiznerowicz** [Kap. 2, Kap. 10.4.2]
lehrt an der FH Hannover im Fachgebiet Technische Elektrizitätslehre.

LIVIU CONSTANTINESCU-SIMON (Hrsg.)

HANDBUCH ELEKTRISCHE ENERGIETECHNIK

GRUNDLAGEN · ANWENDUNGEN

Mit 1272 Bildern und 131 Tabellen

Verlagsredaktion: Alfred Schubert

Ursprünglich erschienen bei Friedr. Vieweg & Sohn Verlagsgesellschaft mbH, Braunschweig/Wiesbaden, 1996
Softcover reprint of the hardcover 1st edition 1996

Der Verlag Vieweg ist ein Unternehmen der Bertelsmann Fachinformation.

Satz: Lichtsatzzentrum GmbH, Budapest / Ungarn

Gedruckt auf säurefreiem Papier

ISBN 978-3-528-06367-2 ISBN 978-3-322-91107-0 (eBook)
DOI 10.1007/978-3-322-91107-0

Vorwort

Die Idee zu diesem Buch entstand vor ein paar Jahren in einem Gespräch, das ich mit dem Cheflektor des Vieweg-Verlages, Dipl.-Ing. Ewald Schmitt führte. Damals äußerte ich den Wunsch, ein Handbuch über Elektrische Maschinen und Antriebe schreiben zu wollen, das gleichzeitig ein komprimiertes Kompendium mit allen notwendigen Grenzbereichen wie z. B. spezielle Kapitel der Mathematik, Elektrotechnik, Werkstoffe, Meßtechnik, Leistungselektronik, Regelungstechnik u. a. beinhalten sollte. Während meiner beruflichen Laufbahn hatte ich ein solches Buch beim Studium oder bei Auseinandersetzungen mit Problemen der elektrischen Maschinen vermißt.

Der VIEWEG-Verlag schlug mir indes ein wesentlich komplexeres Projekt mit der Herausgabe des vorliegenden Handbuches der Elektrischen Energietechnik vor. Mein besonderer Dank gilt meinen distinguierten Kollegen der FH Hannover, FH Kaiserslautern, U Kaiserslautern, FH Wolfenbüttel und der Elektroindustrie, deren Mitarbeit dieses schöne, schwierige und komplexe Werk mit dem Charakter eines Handbuches für Lehre und Praxis entstehen ließ.

Die technologische Entwicklung dieses Jahrhunderts ist beispiellos. Die Fachliteratur und die Publikationen im Bereich der Elektrischen Energie erscheint täglich weltweit auf Tausenden von Seiten. Es ist dem Leser unmöglich, dieser Informationsflut erfolgreich nachzukommen und für jede Fragestellung die Antwort zu finden. Dieser Anspruch kann auch mit diesem Buch nicht erhoben werden.

Das enorm reduzierte Volumen für ein solches Vorhaben hat von den Autoren immer wieder Verzicht auf wichtiges Material abverlangt. Der Grundsatz, nur das zum Verständnis der übrigen Abschnitte unbedingt Erforderliche zusammenzustellen, wurde dabei befolgt. Das vorliegende Werk enthält in komprimierter Form das Grundlagenwissen der Ingenieurdisziplinen der elektrischen Energietechnik. Es soll sowohl ein Kompendium für Studenten, als auch eine fundierte Arbeitsunterlage und ein umfassendes Nachschlagewerk für alle Elektroingenieure sein.

Die Bedeutung des Versuches, ein Lehrbuch, Nachschlagewerk und Handbuch in ein und demselben Werk zu vereinigen, wird in einem Brief meines verehrten Kollegen Prof. Dr. Fred Wiznerowicz 1991 trefflich charakterisiert: „. . . Meines Wissens ist es das erste Mal, daß ein solches Vorhaben realisiert wird. Es war nur möglich durch intensive Diskussion im Kreis der Professoren. Inhalte und Umfänge waren in bisher nicht gekannter Weise abzustimmen".

Ich möchte die Wichtigkeit und gleichzeitig die Seltenheit eines solchen Gesamtwerkes hervorheben und dem VIEWEG-Verlag an dieser Stelle zu der Entscheidung und zu der Durchführung dieses Projektes gratulieren.

Die Entstehung des Buches erfolgte über mehrere Jahre. Räumliche Entfernungen der Autoren mußten überwunden werden und das Bemühen um eine einheitliche Darstellung und eine optimale Gewichtung der verschiedenen Kapitel war durch die hohe Zahl der beteiligten Autoren und deren ausgeprägte Persönlichkeit keine leichte Aufgabe. Dem Leser soll dies jedoch nicht zum Nachteil werden; im Gegenteil. Die eventuelle Monotonie des Stils ist damit gebrochen, so daß die Vielfalt der sprachlichen Struktur zum Spiegel verschiedener Temperamente und Denkweisen wird und das Lesen des Buches interessant und lebendig bleibt.

Am Schluß jedes Kapitels befinden sich Übungsteile, sowie Literaturhinweise zur weiteren inhaltlichen Vertiefung. Ein alphabetisches Sachverzeichnis und eine ausführliche Inhaltsübersicht soll das Aufsuchen der Kapitel erleichtern.

Die Mehrheit der Autoren sind Professoren der Fachhochschule Hannover, die mit diesem Buch würdig repräsentiert wird.

Die Kollegen Prof. Dr. Peter F. Brosch und Prof. Dr. Fred Wiznerowicz haben mich in meinen Bemühungen als Herausgeber in besonderer Weise unterstützt. Ihnen, sowie allen anderen Kollegen und Autoren möchte ich an dieser Stelle für ihre Mitarbeit nochmals danken.

Mein besonderer Dank gilt meiner Ehefrau Brigitte, die mich viele Jahre verständnisvoll unterstützt und meine zeitaufwendigen Aktivitäten mitgetragen und akzeptiert hat.

Das Urteil der Fachwelt bedeutet für dieses Werk Weiterentwicklung. Ich bitte die Professoren anderer Hochschulen und Ingenieure aus der Praxis und Forschung um ihre Stellungnahme.

Darmstadt, im August 1995 *Prof. Dr. Liviu Constantinescu-Simon*

Inhaltsverzeichnis

2 Grundlagen der Elektrotechnik ... 42

4 Technische Mechanik ... 116

11 Hochspannungstechnik ... 600

12 Automatisierungstechnik ... 626

Formelzeichenverzeichnis

I Kleinbuchstaben

Zeichen	Einheit	Bedeutung
a	1	Absorptionagrad
a	m, mm	Abstand
a	m	Anschlußlänge
a	Blitze/km² · a	Anzahl der Erdblitze
a	1	Anzahl der parallelen Ankerzweigpaare
a	m/s²	Beschleunigung
a	1	Gitterkonstante
a	1	Lastfaktor, $a = l/l_N$
a	m	Objektweite
a	m	Stricklänge für Dimensionierung
a	1	Stromzweigpaarzahl
a	m²/s	Temperaturleitfähigkeit
a	1	Verlustfaktor
a	m	Bildweite
a_n	m/s²	Normalbeschleunigung
a_T	m/s²	Tangentialbeschleunigung
a_0	1	Anstrengungsverhältnis
b	s⁻¹	Bandbreite
b	m, mm	Breite
b	1	Gitterkonstante
b	K	Materialkonstante
b	m	Objekt-Bild-Abstand
b	1	Sicherheitsfaktor
b	m, mm	Stabbreite
b	1	Verlustverhältnis
$b_{bü}$	m	Bürstenbreite
c	1	Federkonstante
c	1	Gitterkonstante
c	m/s	Lichtgeschwindigkeit
c	1	Pegelsicherheit
c	J/kgK	spezifische Wärmekapazität
c_B	1	Pegelsicherheit bei Blitzstoßspannung
c_i	1	Federkonstante
c_S	1	Pegelsicherheit bei Schaltspannung
c_W	1	Widerstandsbeiwert
c_0	m/s	Lichtgeschwindigkeit, $c_0 = 2{,}9979 \cdot 10^8$ m/s
d	m	Abstand, Dicke
d	1	bezogene Gleichspannungsänderung
d	1	Dämpfung
d	m, mm	Durchmesser (allgemein)
d	As/N	piezoelektrische Zahl
d	1	relative Dichte
d	m, mm	Stabdurchmesser
Σd	%	Summe der prozentualen Spannungsänderungen
d_i	1	Federdämpfung bezogen auf die Achse i
d_m	m	geometrisches Mittel der Leiterabstände
d_{rDM}	1	relative ohmache Gleichspannung in der Drossel
d_{rSN}	1	relative ohmsche Gleichspannung im Stromrichter
d_{rtN}	1	relative ohmsche Gleichspannungsänderung
d_x	1	relative Gleichspannungsänderung
d_{xL}	1	netzseitige Spannungsänderung
d_{xtN}	1	relativer induktiver Gleichspannungsabfall des Transformators bei Nennstrom (Bemessungsstrom)
e	–	Basis der natürlichen Logarithmen, e = 2,718 28...
e	As	Elektronenladung, $e = 1{,}602 \cdot 10^{-19}$ As
e	C = As	Elementarladung, $e = 1{,}602 \cdot 10^{-19}$ C
e	1	Eulersche Zahl
e	m	Hauptebenenabstand der Einzellinsen
e	1	Regeldifferenz, bleibende Regeldifferenz
e_0	As	Teilchenladung
$e(t)$	1	Regeldifferenz
f	1	Formfaktor
f	N	Coriolis- und Zentrifugalkraft
f	Hz = s⁻¹	Frequenz
f	1	Inhomogenitätsfaktor
f	1	Meßfehler
f	m	maximaler Seildurchhang
f'	m	bildseitige Brennweite
f	m	objektseitige Brennweite
$f(t)$	–	Treppenfunktion

Symbol	Einheit	Bedeutung
$f^*(t)$	–	Impulsfunktion
f_B	$Hz - s^{-1}$	Betriebsfrequenz
f_B	1	Getriebefaktor
f_D	$Hz = s^{-1}$	Frequenz der Dauerschwingung
f_e	$Hz = s^{-1}$	Eigenfrequenz
f_{eW}	$Hz = s^{-1}$	Einschwingfrequenz der Wiederkehrspannung
f_{Ee}	$Hz = s^{-1}$	Einschwingfrequenz der Erdschlußüberspannung
f_F	N	Corioliskomponente im Filter
f_L	s	Lückfaktor
f_{LE}	$Hz = s^{-1}$	Einschwingfrequenz mit Erdschlußlöschspule
f_N	$Hz = s^{-1}$	Frequenz der Netzseite
f_p	$Hz = s^{-1}$	Pulsfrequenz
f_S	$Hz = s^{-1}$	Statorfrequenz
f_{St}	$Hz = s^{-1}$	Steuerfrequenz
f_{Sy}	–	Stellgröße der Frequenz
f_w	$Hz = s^{-1}$	Sollwert
f_x	$Hz = s^{-1}$	Istfrequenz
f_z	$Hz = s^{-1}$	Zwischenfrequenz
$f_ö$	$Hz = s^{-1}$	Dämpfungsfrequenz
f_0	$Hz = s^{-1}$	Eigenfrequenz
$f_{10°}$	m	Durchhang bei 10 °C
g	m/s^2	Fallbeschleunigung
g	$N = kgm/s^2$	Gravitationskraft
g	1	Grundschwingungsgehalt
g	1	parallelgeschaltete Kommutierungsgruppen, auf die sich der Gleichstrom aufteilt
$g(k)$	–	Gewichtsfolge
g_F	N	Gravitationskraftkomponente im Filter
g_I	1	Grundschwingungsgehalt des Stromes I
g_n	m/s^2	Normfallveschleunigung
h	m	Abstand des Auftreffpunktes von der optischen Achse
h	m, mm	Höhe (allgemein), Fallhöhe
h	m	Leuchtenhöhe
h	Ws^2	Plancksches Wirkungsquantum, $h = 6{,}6262 \cdot 10^{-24}\ Ws^2$
h	J/kg	spezifische Enthalpie
h_{fe}	1	Kleinsignalstromverstärkung
h_{fe}	1	statische Stromverstärkung (Bipolartransistor)
h_m	%	Überschwingweite
$h_m(t)$	–	Modellübergangsfunktion
$h_S(t)$	–	Übertragungsfunktion bei linearen Strecken
$h_w(t)$	–	Führungsübergangsfunktion

Symbol	Einheit	Bedeutung
i	A	Momentanwert des Wechselstromes
i	m, mm	Trägheitsradius, $i = D_i/2$
i	1	Übersetzungsverhältnis, Übersetzung
$\hat{i}$	A	Scheitelwert des Stromes
$(di/dt)_c$	A/s	kritische Stromsteilheit (Thyristor)
i_A	A	Ankerstrom
i_{Ax}	A	Istwert des Ankerstromes
i_{Blitz}	A	Scheitelwert der Blitzstromstärke
i_{dw}	A	Führungsgröße des geregelten Gleichstromes i_d
i_{dy}	A	Stellgröße des Zwischenkreisstromes
i_D	A	Drainstrom
i_{DC}	A	abklingende Gleichstromkomponente des Kurzschlußstromes
i_F	A	Feldkreisstromstärke
i_F	A	Momentanwert des Freilaufstromes
i_F	A	Strom durch die Diode in Vorwärtsrichtung
i_{FM}	A	Scheitelwert des Diodenstromes in Vorwärtsrichtung
i_{Fw}	A	Feldstromsollwert
i_G	A	Gatestrom
i_{GD}	A	Dauer-Gatestrom
i_{Gm}	A	erhöhter Gatestrom
i_{GT}	A	Gatestrom, oberer Sollwert
i_k	A	Momentanwert des Kurzschlußstromes
i_{kD}	A	Dauerkurzschlußstrom beim Spartransformator
i_{kT}	A	Dauerkurzschlußstrom beim „Normal"-Transformator
i_K	A	Halbleiterstrom im Überlastfall
i_{KR}	A	Momentanwert des Kreisstromes
i_L	A	Momentanwert des Laststromes
Δi_L	A	Stromrippel
i_{Last}	A	Laststrom
i_{LB}	A	Lichtbogenstrom
i_{mR}	A	Magnetisierung des Rotors
i_p	A	Stoßkurzschlußstrom
i_R	A	Strom durch die Diode in Rückwärtsrichtung
i_{RM}	A	Scheitelwert des Diodenstromes in Rückwärtsrichtung

i_s	A	Ständerstrom
i_s	A	Steuerstrom
i_{sa}	A	flußbildende Stromkomponente
i_{sb}	A	momentenbildende Stromkomponente
i_{sd}	A	Direktkoordinate der Ständerstromstärke
i_{sq}	A	Querkoordinate der Ständerstromstärke
i_{Smw}	A	Sollwert des Wirkstromes, Stator
i_{Smx}	A	Istwert des Wirkstromes, Stator
i_{Smy}	A	Stellgröße des Wirkstromreglers
$i_{S\alpha}$	A	transformierter Statorstrom
$i_{S\alpha y}$	A	transformierte Stellgröße des Magnetisierungsstromreglers
$i_{S\beta}$	A	transformierter Statorstrom
$i_{S\beta y}$	A	transformierte Stellgröße des Wirkstromreglers
$i_{S\psi w}$	A	Sollwert des Magnetisierungsstromes, Stator
$i_{S\psi x}$	A	Istwert des Magnetisierungsstromes, Stator
$i_{S\psi y}$	A	Stellgröße des Magnetisierungsstromreglers
i_T	A	Strom durch den Thyristor
i_v	A	Vormagnetisierungsstrom
i_z	A	Momentanwert des Zwischenkreisstromes
i_0	1	relatives Leerlaufstromverhältnis
i_1	A	Grundschwingungsstrom
i_{1p}	A	Wirkkomponente des Grundschwingungsstromes
i_{1q}	A	Blindkomponente des Grundschwingungsstromes
k	1	beliebige ganze Zahl
k	Ws/K	Boltzmann-Konstante, $k = 1{,}386 \cdot 10^{-23}$ Ws/K
k	1	induktiver Kopplungsgrad
k	1	Klirrfaktor, Oberschwingungsgehalt
k	1	Kopplungsfaktor, Kopplungsgrad
k	1	Korrekturfaktor
k	$\Omega = \mathrm{V/A}$	Maschinenkonstante, $k = (2\,N_A/2\,N_E)X_E$
k	1	materialabhängige Konstante
k	1	Meßkettenkoeffizient, $k = k_1 + k_2 + k_3 + \ldots + k_n$
k	1	Überspannungsfaktor
k	W/Km	Wärmedurchgangskoeffizient
k	1	Wicklungskoeffizient bei mehrgängigen Gleichstromwicklungen, $k = y_1 - y_2$
k_a	1	geometrischer Ausnutzungsfaktor
k_D	1	Konstante aus Federkonstante und wirksamer Drehspulfläche
k_{di}	1	Motordämpfung bezogen auf die Achse i
k_E	1	Spannungsüberhöhung am Maschinentransformator
k_{Fe}	1	Eisenfüllfaktor
k_g	1	Belastungsfaktor bei Anlauf gegen ein Lastmoment
k_H	1	Konstante für Hystereseverluste
k_i	1	Stromübersetzung
k_{IN}	1	Nennübersetzung (Bemessungsübersetzung) des Stromwandlers
k_J	1	Massenträgheitsfaktor
k_L	1	Belastungsfaktor infolge einer Last
k_n	z. B. N/mV	Meßgliedkoeffizient
k_{opt}	1	optimales Verhältnis
k_S	1	Anzahl der Schichten pro Nut é,⊇$_S$ = 1: Einschichtwicklung, $k_S = 2$: Zweischichtwicklung
k_S	1	Konstante, $k_S = \mathrm{d}lB/c$
k_S	1	Zählerkonstante
k_{uN}	1	Nennübersetzung (Bemessungsübersetzung) des Spannungswandlers
k_W	1	Konstante für Wirbelstromverluste
$k_1, k_2 \ldots$	1	schaltungsabhängige Faktoren
l	m, mm	Länge (allgemein)
l	m	Mastabstand
l	m	Schutzbereich
Δl	mm	Längenzunahme, Längenabnahme
Δl_B	1	Bruchdehnung

Δl_{dyn}	m, mm	Länge bei dynamischer Belastung
l_r	km	Reißlänge
l_w	m	Windungslänge
m	1	bezogenes Lastmoment
m	1	Belastungsgrad
m	1	Benutzungsgrad
m	1	Brechzahlverhältnis, $m = n/n'$
m	1	Erdungszahl
m	–	Mantisse
m	kg, g	Masse
m	1	Phasenzahl
m	1	Sicherheitsfaktor
m	1	Strangzahl
m	g/m	Masse je Längeneinheit
m_B	Nm	Beschleunigungsmoment (Zeitfunktion)
m_B	A/m²	magnetisches (Dipol-) Moment
m_{li}	kg	innere Motormasse bezüglich der Achse i
m_L	Nm	Lastmoment (Zeitfunktion)
m_M	Nm	Motormoment (Zeitfunktion)
m_{red}	kg	reduzierte Masse
n	1	Anzahl der parallelen Ventile
n	1	Anzahl der verfügbaren elektrischen Teilchen (Elektronen)
n	1	beliebige ganze Zahl
n	1	Brechzahl des Stoffes vor der Grenzfläche
n	s^{-1}, min^{-1}	Drehzahl
n	m^{-3}	Ionenkonzentration
n'	1	Brechzahl des Stoffes hinter der Grenzfläche
n^0	1	Normaleneinheitsvektor
n_{ab}	s^{-1}	Abtriebsdrehzahl
n_{an}	s^{-1}	Antriebsdrehzahl
n_d	s^{-1}	synchrone Drehzahl
n_{eck}	s^{-1}	Eckdrehzahl
n_{el}	s^{-1}	Anzahl der pro Zeit zugeführten Elektronen
n_G	s^{-1}	Getriebedrehzahl
n_i	cm^{-3}	Intrinsicdichte, Intrinsiczahl
n_L	1	Brechzahl der Linse
n_L	s^{-1}	Drehzahl der Arbeitsmaschine
n_L	s^{-1}	Leitdrehzahlvorgabe
n_M	s^{-1}	Motordrehzahl
n_N	s^{-1}	Nenndrehzahl, Bemessungsdrehzahl
n_{ph}	s^{-1}	Anzahl der pro Zeit austretenden Photonen

n_q	min^{-1}	kinetische spezifische Drehzahl
$n_{Rück}$	s^{-1}	Drehzahl in Rückwärtsrichtung
n_s	1	Anzahl der in Reihe geschalteten Ventile
n_s	min^{-1}	dynamische spezifische Drehzahl
n_T	s^{-1}	Drehtischdrehzahl
n_{Vak}	1	Brechzahl im Vakuum
n_{Vor}	s^{-1}	Drehzahl in Vorwärtsrichtung
n_w	s^{-1}	Solldrehzahl
n_{wG}	s^{-1}	Drehzahlgrundsollwert
n_{wz}	s^{-1}	Zusatzsollwert der Drehzahl
n_x	s^{-1}	Istdrehzahl
n_y	1	Stellgröße des Drehzahlreglers
n_z	1	Umdrehungszahl
p	1	Annuität
p	1	Defektelektronen (Löcher)
p	bar	Druck
p	N/mm²	Flächenpressung
p	–	halbe Breite des Toleranzbandes
p	W/m³	Leistung je Volumeneinheit
p	W = VA	Momentanwert der Leistung
p	1	Parameter
p	1	Polpaarzahl
p	1	Pulszahl der Schaltung während einer Periode
p	Pa = N/m²	Schalldruck
p	m	Scheitelabstand des Auftreffpunktes
q	C = As	Ionenladung
q	1	Kommutierungszahl in einer Kommutierungsgruppe
q	cd/m² · lx	Leuchtdichtekoeffizient
q	C = As	Momentanwert der Ladung
q	1	Nutzahl pro Pol und Strang, Nutzahl pro Polzone
q	1	parallel geschaltete Kommutierungsgruppen (Saugdrossel)
q	1	Parameter
q	C = As	Punktladung
q	m²	Querschnitt
q_T	J/kg	spezifische Wärmemenge
$\dot{q}_T$	–	Geschwindigkeitsvektor
$\vec{q}$	–	Achsvektor

q_{ab}	J/kg	abgeführte spezifische Wärmemenge
q_{Cu}	cm^2	Kupferquerschnitt
q_{Ii}	–	Istposition der inneren i-ten Masse
q_{Ii}	m/s	Istgeschwindigkeit der inneren i-ten Masse
q_{ri}	–	äußere Referenzposition der Masse
q_{SL}	cm^2	Supraleiterquerschnitt
$\dot{q}_{wi}$	m/s	Führungsgeschwindigkeit
$\ddot{q}_{wi}$	m/s^2	Führungsbeschleunigung
q_{zu}	J/kg	zugeführte spezifische Wärmemenge
r	1	Koeffizient, $r = T_t/T$
r	m, mm	Radius
r	1	Reduktionsfaktor
r	1	Reflexionsfaktor, Reflexionsgrad
$\vec{r}^T$	–	Reglervektor
r_a	mm	Radius der Abschirmung
r_B	mm	Ersatzradius für Bündelleiter
r_F	$\Omega = V/A$	Widerstand der Diode in Durchlaßrichtung, ergibt sich aus dem Quotienten u_F/i_F im aktuellen Arbeitspunkt, stromabhängig, häufig durch einen konstanten Wert angenähert
r_i	mm	Leiterradius
r_R	$\Omega = V/A$	Widerstand der Diode in Sperrichtung, ergibt sich aus dem Quotienten u_R/i_R im aktuellen Arbeitspunkt, in erster Näherung nahe zu unabhängig von der angelegten Spannung
r_2	$\Omega = V/A$	ohmscher Widerstand eines ventilseitigen Wicklungsstranges des Stromrichter-Transformators
s	m	Abstand vom Fußpunkt der Leuchte
s	1	Anzahl der in Reihe geschalteten Kommutierungsgruppen (Brückenschaltung)
s	m	Objektschnittweite
s	1	relative spektrale Empfindlichkeit
s	1	Schlupf
s	1	Sehnung
s	J/(kg · K)	spezifische Entropie
s	mm	Stabdicke, Blechdicke
s	–	Standardabweichung
s	Hz/W	Statik des elektrischen Netzes
s	m, mm	Wanddicke
s	m, mm	Weglänge
s'	m	Bildschnittweite
$\vec{s}^0$	1	Strahleneinheitsvektor vor der Grenzfläche
$\vec{s}^{0'}$	1	Strahleneinheitsvektor hinter der Grenzfläche
s_{dyn}	Ω/lx	dynamische Empfindlichkeit
s_e	A/W · m^{-2}	absolute strahlungsphysikalische Empfindlichkeit
$s_e(\lambda)$	A/W	wellenlängenabhängige Empfindlichkeit
s_i	s	Abtastzeitpunkt
s_i	–	Polstellen von $G(s)$
s_k	1	Kippschlupf
s_N	–	Nennpunkt, Bemessungspunkt
s_{N1}	Hz/W	Statik des Netzes 1
s_r	1	Schlupf bei Nennlast (Bemessungslast), Nennschlupf (Bemessungsschlupf)
s_r^0	1	Strahleneinheitsvektor des reflektierten Strahles
$s_{rel}(\lambda)$	1	relative wellenlängenabhängige Empfindlichkeit
s_v	A/lx	absolute lichttechnische Empfindlichkeit
$s_{1(F)}$	m	objektseitige Brennpunktsschnittweite
$s'_{2(F')}$	m	bildseitige Brennpunktsschnittweite
t	s, min, h	Zeit
t_a	s	Anregelzeit
t_a	1	Pulspausendauer
t_{aus}	s	Ausregelzeit
t_A	s	Abschaltzeit der Sicherung
t_A	s	Anlaufzeit
t_B	s	Belastungszeit
t_{Br}	s	Bremszeit
t_c	s	kritische Kurzschlußzeit
t_d	s	Verzögerungszeit (Bipolartransistor)
t_d	s	Zündverzögerungszeit (Thyristor)
$t_{d(off)}$	s	Ausschaltverzögerungszeit
$t_{d(on)}$	s	Einschaltverzögerungszeit (FET)

Zeichen	Einheit	Bedeutung
t_e	s	Pulsdauer
t_{ep}	s	Einschwingzeit in das Toleranzband
t_f	s	Abfallzeit (Bipolartransformator)
t_f	s	Ausschaltzeit
t_{fr}	s	Durchlaßverzögerungszeit
t_F	s	Stromflußzeit, $t_F = T/q$
t_{Ho}	s	Hochlaufzeit
t_k	s	Abtastzeitpunkt
t_k	s	Kurzschlußdauer
t_L	s	Leerlaufzeit
t_L	s	Lückzeit (wenn t_F kleiner als die ideale Stromflußzeit)
t_m	s	Zeitdauer bis zum ersten Spannungsmaximum
$t_{(off)}$	s	Ausschaltzeit
$t_{(on)}$	s	Einschaltzeit
t_p	1	Polteilung
t_p	s	Pulsdauer
t_p/T	1	Tastgrad
t_q	s	Freiwerdezeit (Thyristor)
t_r	s	Anstiegszeit (Bipolartransistor)
t_r	s	Durchschaltzeit (Thyristor)
t_r	s	relative Einschaltdauer
t_r	1	Transmissionsgrad
t_{rr}	s	Ausräumzeit (Thyristor)
t_{rr}	s	Sperrverzögerungszeit (Diode)
t_{rr}	s	Sperrverzögerungszeit in Rückwärtsrichtung
t_s	s	Speicherzeit (Bipolartransistor)
t_s	s	Zeit zwischen Abtastungen
t_S	s	Spieldauer
t_{St}	s	Stillstandszeit
t_u	s	Kommutierungszeit
t_u	s	Umschaltzeit
t_u	s	Umsetzzeit
t_v	s	Verzögerungszeit
u	m/s	Geschwindigkeit
u	V	Momentanwert der Wechselspannung
u	J/kg	spezifische innere Energie
u	rad, °	Überlappung
$ü$	1	Übersetzungsverhältnis (Transformator)
$\hat{u}$	V	Scheitelwert der Spannung
$\hat{u}_-$	V	negativer Spitzenwert einer Spannung (Scheitelwert, Amplitudenwert)
u_{-max}	V	negativer Spitzenwert einer Spannung (Scheitelwert, Amplitudenwert)
$\hat{u}_+$	V	positiver Spitzenwert einer Spannung (Scheitelwert, Amplitudenwert)
u_{+max}	V	positiver Spitzenwert einer Spannung (Scheitelwert, Amplitudenwert)
$u_\sim$	V	Wechselanteil einer Mischgröße
$u(t)$	–	Eingangsgröße
du/dt	V/s	Spannungssteilheit
$(du/dt)_c$	V/s	kritische Spannungssteilheit (Thyristor)
u_{aw}	V	Sollwert der Ausgangsspannung
u_A	V	Spannung im Ankerkreis
u_{Aw}	V	Sollwert der Spannung im Ankerkreis
u_{Ax}	V	Istwert der Spannung im Ankerkreis
u_{Ay}	V	Stellgröße der Ankerspannung
u_{Blitz}	V	Scheitelwert der Blitzüberspannung
u_C	V	Kondensatorspannung
Δu_C	V	Spannungsrippel
u_{Chop}	V	Chopperspannung
u_{eL}	V	Einschwingspannung auf der Leitung
u_{eN}	V	Einschwingspannung auf der Netzseite
u_F	V	Feldkreisspannung
u_F	V	Spannung an der Diode in Vorwärtsrichtung
u_{FM}	V	Scheitelwert der Spannung im Sperrzustand in Vorwärtsrichtung
u_{Fy}	V	Spannungssignal zur Feldansteuerung
u_{Fy}	V	Stellgröße der Feldspannung
u_G	V	Gatespannung
$\hat{u}_G$	V	Scheitelwert der Spannungsanhebung am Gittermast
u_{GS}	V	Gate-Source-Spannung
$ü_i$	1	Übersetzung bezogen auf die Achse i
u_i	V	induzierte Spannung
u_{ix}	V	Istwert der induzierten Spannung
u_k	%	bezogene Kurzschlußspannung
u_k	V	Kurzschlußspannung
u_k	1	relative Kurzschlußspannung

u_{kD}	%	bezogene Kurzschluß-spannung der Drossel
u_L	V	die den Lastkreis mit Thyristor speisende Spannung
u_L	V	Momentanwert der Lastspannung
u_{LB}	V	Lichtbogenspannung
u_M	V	Meßspannung
u_{pp}	V	Schwingweite der Spannung, peak to peak
u_R	V	Spannung an der Diode in Rückwärtsrichtung
u_{RM}	V	Scheitelwert der Spannung im Sperrzustand in Rückwärtsrichtung
u_s	V	Sägezahnspannung
u_s	V	Signalspannung
u_s	V	Steuerspannung
u_{ss}	V	Schwingweite der Spannung, Spitze-Spitze-Wert
u_S	V	Stegspannung
u_{Sw}	V	Statorspannung
u_{Sx}	V	Statoristspannung
u_{S1}	V	Strangspannung im Ständer
u_t	V	transformatorische Spannung
u_T	V	Spannung am Thyristor
u_T	V	Spannung am Transformator
$u_ü$	V	Scheitelwert der Überspannung
$u_{üE}$	V	transiente Erdschluß-überspannung
u_W	V	Wiederkehrspannung
$\hat{u}_W$	V	Scheitelwert der Wiederkehrspannung
u_{xTN}	V	induktiver Anteil der Kurzschlußspannung des Transformators ($-u_k$)
u_z	V	Zündspannung
v	m/s, km/h, m/min	Geschwindigkeit, Ausbreitungsgeschwindigkeit
v	m³/kg	spezifisches Volumen
v	1	Verlustverhältnis
v	1	Verstärkung
v_e	m/s	Elektronengeschwindigkeit
v_{Fe}	W/kg	Eisenverluste
v_H	W/kg	Hysterese-Verlust-Leistung
v_k	m/s	Umfangsgeschwindigkeit des Stromwenders
v_w	W/kg	Wirbelstromverluste
v_z	W/kg	Zusatzverluste
$v_{1,0}$	W/kg	Verlustkennziffer

w	J/m³	Energiedichte
w	J/kg	spezifische Arbeit
w	1	Welligkeit
$w(t)$	–	Führungsgröße
w_t	J/kg	spezifische technische Arbeit
w_{tab}	J/kg	abgeführte spezifische technische Arbeit
w_{tzu}	J/kg	zugeführte spezifische technische Arbeit
w_u	1	Spannungswelligkeit
$w_0\sigma(t)$	–	Einheitssprung $\sigma(t)$ mit der Amplitude w_0
x	–	Variable
x	m, mm	Wirkabstand der Einzelkräfte (-flächen und -ebenen)
$\bar{x}$	–	Mittelwert von n Einzelwerten
$\lvert\bar{x}\rvert$	–	Gleichrichtwert
$x(t)$	–	Regelgröße
x_A	–	angezeigter, abgeschätzter oder näherungsweise berechneter Istwert
x_B	–	Bezugswert
x_d	–	Regeldifferenz
x_d	–	bleibende Regeldifferenz
x'_d	Ω	bezogene transiente Streureaktanz
x_{dh}	–	Stellbereich der Regeldifferenz
x_d	%	bleibende Regeldifferenz
x_D	m	Amplitude der Dauerschwingung
$x_e(t)$	–	die der Regeldifferenz $e(t)$ zugeordnete Schwingung am Eingang der Nichtlinearität $F(e, e)$
x_{eff}	–	quadratischer Mittelwert (Effektivwert)
x_i	–	Zustandsgröße
x_L	–	halbe Hysteresebreite
$x_m(t)$	–	Modellausgangssignal
x_p	–	Proportionalbereich
x_T	m	tote Zone
x'_T	Ω	bezogene Streureaktanz bei Maschinentransformatoren
x_0	m, mm	Schwerpunktabstand
y	m	Objektgröße
y	–	Variable
y	m, mm	Wirkabstand der Einzelkräfte (-flächen oder -linien)
y	1	Wicklungsschritt
y'	m	Bildgröße
$y(t)$	–	Ausgangsgröße

$y(t)$	–	Stellgröße
y_M	–	maximale Amplitude der Stellgröße $y_M > 0$
$-y_M$	–	negative Amplitude der Stellgröße
y_N	–	Betrag der maximalen Amplitude der Stellgröße $y_N < 0$
y_N	1	Nutschritt
y_R	–	Stellgröße
$y_R(t)$	–	Stellgröße
y_{Rh}	–	Stellgrößenbereich
y_{St}	–	Stellgröße
y_0	m, mm	Schwerpunktabstand
y_1	1	Spulenweite, Spulenschritt, Sektionsschritt
y_{1D}	1	Durchmesserschritt
y_{1S}	1	Wickelschritt
y_2	1	Schaltschritt
z	1	Anzahl der aktiven Ankerleiter
z	1	Anzahl der Umdrehungen
z	–	Variable
$z(t)$	–	Störgröße
z_i	1	Ziffernwert
z_{zul}	1	zulässige Schalthäufigkeit
z_0	h^{-1}	Leerschalthäufigkeit (Umschaltungen/Stunde)
z_0	m, mm	Schwerpunktabstand

2 Großbuchstaben

A	1	Amplitudenfaktor
A	1	Amplitudenfehler
A	A	Anfangswert der Gleichstromkomponente i_{DC}
A	–	Arbeitspunkt
A	m^2, mm^2	Fläche
A	A/m	Strombelag
$\boldsymbol{A}$	–	Systemmatrix
A_g	m^2	geometrische Fläche
A_{Cu}	m^2	Kupferquerfläche
A_E	m^2	Empfängerfläche
A_M	m^2, mm^2	Momentenfläche
A_{Fe}	m^2	Eisenfläche
A_R	m	Amplitudenreserve
A_S	m^2	Senderfläche
Ar	1	Archimedes-Zahl
B	h	Benutzungsstunden
B	$S = 1/\Omega = A/V$	Blindleitwert, Suszeptanz
B	m	Blitzkopfhöhe
B	1	Großsignal-Stromverstärkung (Bipolartransistor)
B	$T = Vs/m^2$	magnetische Flußdichte
$\boldsymbol{B}$	–	Eingangsmatrix
B	1	Stellenwert der i-ten Stelle einer Zahl
B_A	$T = Vs/m^2$	Ankerfeld
B_d	$T = Vs/m^2$	Feld in d-Richtung
B_F	$T = Vs/m^2$	Erregerfeld
B_F	$T = Vs/m^2$	magnetische Flußdichte, Hilfsfeld für Hallsonde
B_q	$T = Vs/m^2$	Ankerquerfeld (q-Richtung)
B_r	$T = Vs/m^2$	remanente Induktion
B_s	$T = Vs/m^2$	Sättigungsinduktion
B_S	$T = Vs/m^2$	Flußdichte einer Spule, $B_S = N_{WS} \cdot B_W$
B_W	$T = Vs/m^2$	Flußdichte einer Windung, Elementarflußdichte
BA	eV	Bandabstand
C	F = As/V	Kapazität, Kondensator
C	1	Konstante
C	J/K = Ws/K	Wärmekapazität
C'	F/m = As/Vm	Kapazitätsbelag
$\boldsymbol{C}$	–	Ausgangsmatrix
C_A	F = As/V	Anlaufkondensator
C_b	F = As/V	Kapazität des Belastungskondensators
C_B	F = As/V	Betriebskondensator, Betriebskapazität
C'_B	nF/km	längenbezogene Betriebskapazität
C_d	F = As/V	Induktivität des Kondensators im Gleichspannungszwischenkreis
C_D	1	Dämpfungskonstante
C_{DS}	F = As/V	Drain-Source-Kapazität
C_E	F = As/V	Erdkapazität
C'_E	nF/km	längenbezogene Erdkapazität
C_{ET}	F = As/V	Transformator- und Netzkapazität
C_g	F = As/V	Gegenkapazität
C_{GS}	F = As/V	Gate-Source-Kapazität
C_K	F = As/V	Koppelkapazität
C_m	F = As/V	Mitkapazität
C_N	F = As/V	Netzkapazität
C_p	F = As/V	parallelgeschalteter Kondensator
C_R	F = As/V	Kapazität des p-n-Überganges, hier speziell in Sperrichtung, abhängig von u_R, häufig durch einen konstanten Wert angenähert
C_R	F = As/V	Reihenkondensator
C_s	W/m^2K^4	Strahlungskonstante, $C_s = 5{,}67\ W/m^2K^4$
C_{th}	Ws/K, Ws/°C	Wärmekapazität

C_{thGK}	Ws/K, Ws/°C	Wärmekapazität Gehäuse – Kühlkörper
C_{thJG}	Ws/K, Ws/°C	Wärmekapazität Sperrschicht – Gehäuse
C_{thKU}	Ws/K, Ws/°C	Wärmekapazität Kühlkörper – Umgebung
C_0	F = As/V	Nullpunktskapazität
D	m	Durchmesser
D	C/m = As/m²	elektrische Flußdichte, Verschiebungsdichte
D	V	Gleichspannungsänderung
D	W = VA = var	Verzerrungsblindleistung
D_A	m	Ankerdurchmesser
D_i	m, mm	Trägheitsdurchmesser, $D_i = 2i$
D_{Si}	m	Innendurchmesser des Ständers
D_x	V	resultierende Gleichspannungsänderung
E	lx	Beleuchtungsstärke
E	N/m²	Elastizitätsmodul
E	V/m	elektrische Feldstärke
E	J = Nm	Energie
$E(s)$	–	Regeldifferenz
E_{ab}	J = Nm	abgeführte Energie
E_A	J = Nm	Energie am Anfang eines Vorgangs
E_b	lx	Beleuchtungsstärke beim Bezugswiderstand R_b
E_D	V/m	Durchschlagsfeldstärke
E_e	W/m²	Bestrahlungsstärke
E_{kin}	J = Nm	kinetische Energie
E_{pot}	J = Nm	potentielle Energie
E_E	J = Nm	Energie am Ende eines Vorgangs
E_r	kV/cm	Randfeldstärke
E_{rot}	J = Nm	Rotationsenergie
E_v	lx	Beleuchtungsstärke
E_{zu}	J	zugeführte Energie
E_Z	V/m	zugelassene Feldstärke
E_λ	W/m²µm	Energiedichte der Sonnenstrahlung
F	1	Formfaktor
F	N = kg/s²	Kraft
F	–	Starrkörpermodell
F	1	Wahrscheinlichkeit
F'	–	bildseitiger Brennpunkt
F	–	objektseitiger Brennpunkt
F	N = kg/s²	Lorentzkraft
$F(e, e)$	–	nichtlinearer Regler
$F(j\omega)$	1	Frequenzgang
$F(s)$	–	Bildfunktion der Treppenfunktion
$F^*(s)$	–	Bildfunktion der Impulsfolgefunktion
F_A	N = kg/s²	Stützkraft im Lagerpunkt A
F_{ri}	N = kg/s²	Reibungskraft bezogen auf die Achse i
F_G	N = kg/s²	Gewichtskraft
F_{Gn}	N = kg/s²	Normgewichtskraft
F_i	%	Fehlergröße des Stromwandlers (Betragsfehler)
F_i	N = kg/s²	Kraft bezogen auf die Achse i
$F_{i\,ges}$	%	Gesamtfehlergröße des Stromwandlers
F_N	N = kg/s²	Normalkraft
F_p	N = kg/s²	auf den Handvektor p bezogene Kraft
F_q	N = kg/s²	Querkraft
F_r	N = kg/s²	resultierende Kraft, Resultierende
F_R	N = kg/s²	Reibungskraft, Reibkraft
F_T	N = kg/s²	Tangentialkraft
F_u	%	Spannungsfehler eines Spannungswandlers
$F_{u\,ges}$	%	Gesamtfehlergröße des Spannungswandlers
F_z	N = kg/s²	Fliehkraft, Zentrifugalkraft
F_z	N = kg/s²	Zugkraft
$F_z(z)$	–	z-Transformierte der Impulsfolgefunktion
F_ψ	–	Funktionsgeber zur Ermittlung des Rotorflußsollwertes
FI	1	Trägheisfaktor (Factor of Inertia)
FF	1	Füllfaktor
G	S = 1/Ω = A/V	elektrischer Leitwert, Wirkleitwert, Konduktanz
G	1	Gütezahl
G	N/mm²	Schubmodul
G'	kg/m	Seilgewicht pro Längeneinheit
$G(j\omega)$	–	Frequenzgang
$G(s)$	–	Übertragungsfunktion
$G_{AH}(j\omega)$	–	Frequenzgang des Abtasthaltegliedes
$G_{AR}(j\omega)$	–	Frequenzgang des um G_{AH} erweiterten Abtastgliedes
$G_d(e^{Ts})$	–	Differenzgleichungsglied
G_{gi}	–	Stromglättungsglied
G_{gn}	–	Drehzahlglättungsglied
$G_H(s)$	–	Übetragungsfunktion des Haltegliedes
$G_k(j\omega)$	–	Kompensationsglied
$G_m(s)$	–	Modellübertragungsfunktion

$G_{m}^{*}(s)$	–	konstanter Anteil von $G_{m}(s)$
$G_{M}(s)$	–	Übetragungsfunktion des Stellmotors
G_{p}	$S = 1/\Omega = A/V$	Leitwert des eingeschalteten Widerstandes
$G_{r}(s)$	–	Übertragungsfunktion einer Rückführung
$G_{R}(j\omega)$	–	Frequenzgang des kontinuierlichen Reglers
$G_{R}(s)$	–	Übetragungsfunktion des Reglers
G_{RF}	–	Feldstromregler
G_{Ri}	–	Stromregler
$G_{Ri}(s)$	–	Stromregler
G_{Rid}	–	Regler des Zwischenkreisstromes I_{d}
G_{Rim}	–	Wirkstromregler
$G_{Ri\psi}$	–	Magnetisierungsstromregler
G_{Rn}	–	Drehzahlregler
$G_{Rp}(s)$	–	Regler für äußere Massengeschwindigkeit
G_{Ru}	–	u_{A}-Regler
$G_{Rv}(s)$	–	Regler für innere Massengeschwindigkeit
$G_{Rz}(z)$	–	Übetragungsfunktion des Regelalgorithmus
$G_{R\psi}$	–	Flußregler
$G_{S}(j\omega)$	–	Frequenzgang bei linearen Strecken
$G_{S}(s)$	–	Übertragungsfunktion bei linearen Strecken
$G_{S}^{*}(s)$	–	konstanter Anteil von $G_{S}(s)$
$G_{Si}(s)$	–	Teilübertragungsfunktion bei nichtlinearen Strecken
$G_{St}(s)$	–	Übertragungsfunktion der Stellgröße
$G_{Sz}(s)$	–	z-Übertragungsfunktion bei nichtlinearen Strekken
$G_{w}(s)$	–	Führungsübertragungsfunktion
$G_{wz}(z)$	–	z-Führungsübertragungsfunktion
$G_{z}(s)$	–	Störungsübertragungsfunktion
$G_{z}(z)$	–	z-Übertragungsfunktion
$G_{zz}(z)$	–	z-Störungsübertragungsfunktion
$G_{0}(s)$	–	Übertragungsfunktion des offenen Regelkreises
Gr	1	Grashof-Zahl
H	N	Horizontalkraft
H	A/m	magnetische Feldstärke
H	m	Masthöhe
$\boldsymbol{H}$	–	n,n-Diagonalmatrix

H	Nm	gespiegelter Momentenverlauf des Hubantriebs
H_{c}	A/m	Koerzitivfeldstärke
H_{c}	A/m	kritische magnetische Feldstärke
H_{e}	Ws/m^{2}	Bestrahlung
$H_{entmagn}$	A/m	entmagnetisierende Feldstärke
$\boldsymbol{H}_{F}$	–	Reibungsmatrix des Filters
H_{m}	A/m	resultierende magnetische Feldstärke
H_{s}	A/m	magnetische Feldstärke der Sonde
H_{si}	A/m	induzierte magnetische Feldstärke der Sonde
H_{v}	lx s	Belichtung
H_{v}	A/m	Vormagnetisierungsfeld
H_{vi}	A/m	induziertes Vormagnetisierungsfeld
$\overline{HH'}$	m	Hauptebenenabstand des Gesamtsystems
$\overline{H_{1}F}$	m	Lage des Brennpunktes F
$\overline{H_{1}H}$	m	Lage des Hauptpunktes H
$\overline{H'_{2}F'}$	m	Lage des Brennpunktes F'
$\overline{H'_{2}H'}$	m	Lage des Hauptpunktes H'
I	A	feldaufbauender Strom
I	mm^{4}, cm^{4}	axiales Flächenmoment 2. Grades
I	cd	Lichtstärke
I	A	Stromstärke
I_{a}	mm^{4}	auf die Achse a bezogenes Flächenmoment 2. Grades
I_{a}	A	Ausschaltwechselstrom
I_{a}	A	Stromstärke am Anfang der Leitung
I_{a}	A	tatsächlich durch den Ankerdraht fließender Strom
I_{A}	A	Anzugsstrom
I_{A}	A	Strom durch das Amperemeter
$I_{A}(s)$	A	Ankerstrom
I_{AN}	A	Nennstromstärke (Bemessungsstromstärke) im Ankerkreis
I_{AVM}	A	Dauergrenzstrom, höchstzulässiger Mittelwert des Durchlaßstromes (sinusförmige Halbschwingung bei 50 Hz, definierte Kühlbedingung)
I_{b}	A	Blindleistungskomponente des Stromes

I_B	A	Basisstrom
$I_{B(on)}$	A	Basisstrom im eingeschalteten Zustand
I_C	A	Kollektorstrom
I_{Ca}	A	Ladestrom am Anfang der Leitung
I_{Ce}	A	Ladestrom am Ende der Leitung
I_{CE}	A	kapazitiver Erdschlußstrom
I_{CEV}	A	Kollektor-Reststrom (Bipolartransistor)
I_{CM}	A	höchstzulässiger Mittelwert des Kollektorstromes (Bipolartransistor)
I_{CO}	A	kapazitive Stromkomponente
I_{Cp}	A	kapazitiver Strom durch den parallelgeschalteten Kondensator
I_{CP}	A	kapazitive Stromkomponente durch Polarisation
I_{CPM}	A	höchstzulässiger Mittelwert des Kollektorstromes bei Pulsbetrieb mit definiertem Tastgrad (Bipolartransistor)
I_d	A	Dauerstrombelastbarkeit
I_d	A	Gleichstrom, arithmetischer Mittelwert
I_d	A/mm^2	Stromdichte
I_d	A	Zwischenkreisstrom
I_{di}	A	ideeller Gleichstrom
I_{dr}	A	Anlagennenngleichstrom, Anlagenbemessungsgleichstrom
I_{dN}	A	Maschinen-Nenngleichstrom, Maschinen-Bemessungsgleichstrom
I_{DM}	A	höchstzulässiger Mittelwert des Drainstromes (FET)
I_{DPM}	A	höchstzulässiger Augenblickswert des Drainstromes bei Pulsbetrieb mit definiertem Tastgrad (FET)
I_{DSS}	A	Drainreststrom
I_e	A	Erregerstrom
I_e	W/m	Strahlstärke
I_e	A	Stromstärke am Ende der Leitung
I_E	A	Emitterstrom
I_E	A	Erdschlußstrom
I_F	A	Feldstromregler
$I_{FAV(1)}$	A	Dauergrenzstrom, höchstzulässiger Mittelwert des Durchlaßstromes (sinusförmige Halbschwingung bei 50 Hz, definierte Gehäusetemperatur) (Thyristor)
I_{Fe}	A	Strom durch den Verlustwiderstand
I_{FRMS}	A	Grenzeffektivstrom, höchstzulässiger Effektivwert des Durchlaßstromes bei definierter Gehäusetemperatur (Diode)
$I_{FSM(1)}$	A	Stoßstromgrenzwert, höchstzulässiger, nichtperiodisch auftretender Augenblickswert eines einzelnen Stromimpulses (bestimmte Bedingungen) (Diode)
I_G	A	Gatestrom
I_{GD}	A	unterer Schwellwert des Gatestromes
I_{GT}	A	oberer Schwellwert des Gatestromes
I_h	A	Leerlaufstrom des Transformators
I_{ha}	A	Strom in der Hauptwicklung
I_{hi}	A	Strom in der Hilfswicklung
I_H	A	Haltestrom
I_i	A	Stromstärke im Gegensystem
I_k	A	Dauerkurzschlußstrom
I_k	A	Stoßkurzschlußstrom
I'_k	A	transienter Anteil des Kurzschlußstromes
I''_k	A	Anfangs-Kurzschlußstrom
I''_k	A	Anfangs-Kurzschlußwechselstrom, subtransienter Kurzschlußstrom
I_{ki}	A	ideeller Kurzschlußstrom
$I_{k\,max}$	A	oberer Grenzwert des Kurzschlußstromes
$I_{k\,min}$	A	unterer Grenzwert des Kurzschlußstromes
I_{KR}	A	Kreisstrom
I_L	A	Leitungsstromstärke
I_L	A	Spulenstrom
I_L	A	Strangstrom
I_{Li}	A	ideeller, netzseitiger Leiterstrom, Effektivwert
I_m	A	Stromstärke im Mitsystem

Zeichen	Einheit	Bedeutung
I_{mittl}	A	mittlerer Strom
I_{MPP}	A	Stromstärke am Maximum, Power Point
$\boldsymbol{I}_n$	–	($b \times n$)-Einheitsmatrix
I_{nat}	A	natürlicher Leitungsstrom
I_N	A	Nennstrom, Bemessungsstrom
I_N	A	Stromstärke im Nebenwiderstand
I_o	A	Oberschwingungsstrom
I_{op}	A	quadratische Regelfläche
I_p	mm^4	polares Trägheitsmoment 2. Grades
$I_{p\,eff}$	A	Zweigstrom, Effektivwert
I_{ph}	A	Photostrom
$I_{p\,mittel}$	A	Zweigstrom, Mittelwert
I_R	A	Leitungsstrom
I_R	A	Stromstärke der Phase R
I_s	A	Stoßkurzschlußstrom
DI_s	A	Schrägspannungsabfall
I_{sc}	A	Kurzschlußstrom
I_S	A	Statorstrom
I_S	A	Stromstärke der Phase S
I_{Sp}	A	Spulenstrom
I_{St}	A	Steuerstrom
$I_{Stör}$	A	Störstrom
I_{SU}	A	Statorstrangstrom, Phase U
I_{SV}	A	Statorstrangstrom, Phase V
I_{SW}	A	Statorstrangstrom, Phase W
I_T	A	Stromstärke der Phase T
$I_{TAV(1)}$	A	Dauergrenzstrom, höchstzulässiger Mittelwert des Durchlaßstromes (sinusförmige Halbschwingung bei 50 Hz) definierte Gehäusetemperatur (Thyristor)
$I_{TRMS(1)}$	A	Grenzeffektivstrom, höchstzulässiger Effektivwert des Durchlaßstromes bei definierter Gehäusetemperatur (Thyristor)
$I_{TSM(1)}$	A	Stoßstromgrenzwert, höchstzulässiger, nicht periodisch auftretender Augenblickswert eines einzelnen Strompulses (bestimmte Bedingungen) (Thyristor)
i_v	cd	Lichtstärke
I_v	A	ventilseitiger Leiterstrom (evtl. auftretende Kreisströme nicht berücksichtigt)
I_V	A	Strom durch das Voltmeter
I_W	A	Wirkkomponente des Stromes
I_{wi}	A/mm^2	wirtschaftöiche Stromdichte
I_W	A	ohmsche Stromkomponente infolge Polarisation
I_{WR}		Strom im Wechselrichter
I_x	mm^4	auf die Achse x bezogenes Flächenmoment 2. Grades
I_y	mm^4	auf die Achse y bezogenes Flächenmoment 2. Grades
I_z	A	Mittelwert des Zwischenkreisstromes
I_{zul}	A	zulässige Strombelastbarkeit
I_μ	A	Magnetisierungsstrom
I_ν	A	Oberschwingungsstrom
I_ν	A	Teilstrom
$I_{\nu\,zul}$	A	zulässiger Oberschwingungsstrom
I_Σ	A	Summenstrom
I_0	A	Sperrstrom
I_0	A	Stromstärke im Nullsystem
I_{0c}	S	Leerlaufstrom
I_{2r}	A	Läufernennstrom
IP	Gewittertage/a	isokeraunischer Pegel
J	A/m^2	elektrische Stromdichte
J	Vs/m^2	magnetische Polarisation
J	$kg\,m^2$	Trägheitsmoment
J^*	$kg\,m^2$	äquivalentes Trägheitsmoment
J_G	$kg\,m^2$	Trägheitsmoment des Getriebes
J_L	$kg\,m^2$	Lastträgheitsmoment
J_m	$kg\,m^2$	Trägheitsmoment der Masse m
J_M	$kg\,m^2$	Motorträgheitsmoment
J_{M+G}	$kg\,m^2$	Trägheitsmoment des Systems Motor + Getriebe
J_{red}	$kg\,m^2$	reduziertes Trägheitsmoment
J_R	$kg\,m^2$	Trägheitsmoment der Rolle
J_s	$T = Vs/m^2$	Sättigungspolarisation

J_T^*	kg m²	Massenträgheitsmoment des Drehtisches
J_z	kg m²	Zentrifugalmoment
J_{zus}	kg m²	angekoppelte Drehmasse
K	Im/W	fotometrisches Strahlungsäquivalent
K	1	K-Faktor, Dehnungsempfindlichkeit
K	DM	Kosten
K	1	Maschinenkonstanten, $K = Z \cdot p/(2\pi \cdot a)$
K	1	Reglerkonstante
K	1	Verstärkung
K^*	1	konstante Verstärkung
K_A	1	Verstärkung im Ankerkreis
K_{Ai}	1	Motorverstätkung bezogen auf die Achse i
K_g	DM	Gesamtkosten
K_g	1	Verstärkung der Glättung
K_I	DM/kWh	Investitionskosten
K_L	1	Verstärkung im Lückbereich
K_m	lm/W	Maximalwert des fotometrischen Strahlungsäquivalents
K_m	1	Modellverstärkung
K_m	1	variable Verstärkung von $G_m(s)$
K_N	1	Nachstell-Reglerkonstante
K_P	1	Reglerkonstante der Verstärkung
K_r	1	Verstärkung der PT_1-Rückführung
K_R	–	(Proportional)-Verstärkung
K_{RF}	1	Verstärkung des Feldstromreglers
K_{Ri}	1	Verstärkung des Stromreglers
K_{Rim}	1	Verstärkung des Wirkstromreglers G_{Rim}
$K_{Ri\psi}$	1	Verstärkung des Magnetisierungsstromreglers $G_{Ri\psi}$
$K_{R\,krit}$	1	kritische Reglerverstärkung
K_{Rn}	1	Verstärkung des Drehzahlreglers
K_{Rp}	1	Proportionalitätsverstärkung
K_{Ru}	1	Verstärkung des u_A-Reglers im Feldschwächkreis
$K_{R\psi}$	1	Verstärkung des Flußreglers $G_{R\psi}$
K_S	1	Streckenverstärkung

K_{SF}	1	Verstärkung in der Feldstromregelstrecke
K_{Si}	1	Verstärkung der Stromregelstrecke
K_{Sz}	1	Verstärkung der z-Übertragungsfunktion bei nichtlinearen Strecken
$K_{S\psi}$	1	Verstärkung der Flußregelstrecke
K_{tA}	1	Verstärkung des Totzeitgliedes im Ankerstromkreis (Stromrichterverstärkung)
K_0	V/AT	Leerlaufempfindlichkeit
K_0	1	Verstärkung des offenen Kreises
L	m	Länge, Weg
L	cd/m²	Leuchtdichte
L	H = Vs/A	Induktivität, Selbstinduktivität
L'	H/m	Induktivitätsbelag
L_a	H = Vs/A	äußere Induktivität
L'_a	H/km	längenbezogene äußere Induktivität
L_A	H = Vs/A	Ankerkreisinduktivität
L_B	H = Vs/A	Betriebsinduktivität
L'_B	H/km	längenbezogene Betriebsinduktivität
L_{diff}	H = Vs/A	differentielle Induktivität
L_D	H = Vs/A	Induktivität der Drosselspule
L_e	W/m²sr	Strahldichte
L_{es}	W/m²sr	Strahldichte eines schwarzen Strahlers
$L_{es\lambda}$	W/m²sr µm	spektrale Strahldichte des schwarzen Strahlers
$L_{es\upsilon}$	W/m²sr Hz	spektrale Strahldichte des schwarzen Strahlers
L_E	H = Vs/A	Induktivität der Erdschlußlöschspule
L'_E	H/km	längenbezogene Induktivität einer Leiter-Erde-Schleife
L_{ges}	H = Vs/A	Gesamtglättungsinduktivität
L_G	H = Vs/A	Induktivität der Gegenreihenschaltung
L_h	H = Vs/A	Hauptinduktivität
L_H	H = Vs/A	Hauptinduktivität eines Zündimpulsüber tragers bei Thyristorschaltung
L_i	H = Vs/A	innere Induktivität
L'_i	H/km	längenbezogene innere Induktivität
L_k	H = Vs/A	Induktivität der Kommutierungsdrossel
L_L	H = Vs/A	Lückdrossel-Induktivität
L_L	H = Vs/A	eingestellte Induktivität

L_{Last}	H = Vs/A	Lastinduktivität
L_{N}	H = Vs/A	Netzinduktivität
L_{p}	dB	Schalldruckpegel
L_{Q}	H = Vs/A	Induktivität des Netzes
L_{R}	H = Vs/A	Induktivität der Reihenschaltung
L_{v}	$\mathrm{Cd/m^2}$	Leuchtdichte
L_x	H = Vs/A	Streuinduktivität, die Kommutierung beeinflussend
L_{σ}	H = Vs/A	Streuinduktivität eines Zündimpulsübertragers für Thyristorsteuerung
L_{12}	H = Vs/A	Gegeninduktivität, gegenseitige Induktivität
M	Nm	Drehmoment, Moment einer Kraft oder eines Kräftepaares (Kraftmoment)
M	H = Vs/A	Gegeninduktivität
M	A/m	Magnetisierung
M	$\mathrm{W/m^2}$	spezifische Ausstrahlung
$\boldsymbol{M}(\mathrm{q})$	–	n, n-Massenmatrix
$M(z)$	–	Zählerpolynom von $G_z(z)$
M_{ab}	Nm	Abtriebsmoment
M_{an}	Nm	Antriebsmoment
M_{A}	Nm	Anzugsmoment
M_{b}	Nm	beschleunigendes Drehmoment
M_{b}	Nm, Nmm	Biegemoment
$M_{\mathrm{b\,max}}$	Nm, Nmm	maximales Biegemoment
M_{B}	Nm	Betriebsmoment
M_{e}	Nm	elektrisches Drehmoment
M_{e}	$\mathrm{W/m^2}$	spezifische Ausstrahlung
M_{eck}	Nm	Drehmoment bei der Eckdrehzahl n_{eck}
M_{el}	Nm	elektrisches Drehmoment
M_{es}	$\mathrm{W/m^2}$	spezifische Ausstrahlung eines schwarzen Strahlers
$M_{\mathrm{es},\lambda}$	$\mathrm{W/m^2\,\mu m}$	spektrale spezifische Ausstrahlung eines schwarzen Strahlers
$\boldsymbol{M}_{\mathrm{F}}(\mathrm{q})$	–	Maskenmatrix des Filters
M_{g}	Nm	Gegenmoment
M'_{g}	Nm	an der n-Achse gespiegeltes Gegenmoment
M_{Ho}	Nm	Hochlaufmoment
M_{i}	Nm	ideelles, inneres Drehmoment
M_i	Nm	Moment bezogen auf die Achse i
M_{K}	Nm	Kippmoment
M_{KG}	Nm	Kippmoment bei Generatorbetrieb
M_{KM}	Nm	Kippmoment ber Motorbetrieb
M_{L}	Nm	Lastdrehmoment
$M_{\mathrm{L}}(\mathrm{s})$	Nm	Lastmoment (Bildfunktion)
M_{M}	Nm	Maschinendrehmoment
$M_{\mathrm{M}}(\mathrm{s})$	Nm	Motormoment (Bildfunktion)
M_{Mr}	Nm	Maschinendrehmoment
M_N	Nm	Nenndrehmoment, Bemessungsdrehmoment
M_{P}	Nm	Drehmoment auf eine Einzelspule des Kreuzspulmeßwerks
M_{Q}	Nm	Drehmoment auf eine Einzelspule des Kreuzspulmeßwerks
M_{r}	Nm	resultierendes Beschleunigungsmoment
M_{R}	Nm	Reluktanzmoment
M_{S}	Nm	Sattelmoment
M_{S}	Nm	Schenkelpolmoment
M_{T}	Nm, Nmm	Torsionsmoment
M_{v}	$\mathrm{lm/m^2}$	spezifische Lichtausstrahlung
M_{v}	Nm, Nmm	Vergleichsmoment
M_{V}	Nm	Vollpolmoment
N	1	Gesamtzahl der Leiterstäbe (Asynchron- und Synchronmaschine), $N = 2\,N_{\mathrm{W}}$
N	1	Ladungsträgerdichte, Ladungsdichte
N	1	natürliche ganze Zahl
N	1	Windungszahl
N	1	Zählerstand
N'	–	Knotenpunkt
N'	–	Neutralleiter
$\mathbb{N}$	1	Menge der natürlichen Zahlen
$N(s)$	$\mathrm{s^{-1}}$	Drehzahl des Motors
$N(x_{\mathrm{e}})$	–	Beschreibungsfunktion, Ersatzfrequenzgang
$N(z)$	–	Nennerpolynom von $G_z(z)$
N_{A}	1	Ankerwindungszahl
N_{A}	1	Gesamtzahl der Leiterstäbe am Ankerumfang (Gleichstrommaschine), $N_{\mathrm{A}} = 2\,N_{\mathrm{W}}$
N_{Aa}	1	Gesamtzahl der aktiven Ankerleiterstäbe, $N_{\mathrm{Aa}} = N_{\mathrm{A}} - N_{\mathrm{K}}$
N_{E}	1	Erregerwindungszahl
N_{ha}	1	Windungszahl der Hauptwicklung
N_{hi}	1	Windungszahl der Hilfswicklung

$N_J(x_e)$	–	Ortskurve des nichtlinearen Übertragungsgliedes $N(x_e)$
N_K	1	augenblickliche Gesamtzahl der im Kommutierungsprozeß kurzgeschlossenen Leiterstäbe
N_L	1	Lamellenzahl
N_S	1	Gesamtspulenzahl, $N_S = m \cdot N_{Sg}$
N_{Sa}	1	Anzahl der aktiven Spulen pro Stromweg, $N_{Sa} = N_{Aa}/2\, N_{WS}$
N_{Sg}	1	Spulenzahl pro Strang, $N_{Sg} = p \cdot N_{Sp}$
N_{Sk}	1	Anzahl der Spulen im Kommutierungsprozeß $N_{Sk} = N_S - 2\,a \cdot N_{Sa} = N_K/2\, W_S$
N_{Sp}	1	Spulenzahl pro Polpaar und Strang, $N_{Sp} = k_S \cdot \mathrm{q}$
N_W	1	Gesamtwindungszahl, $N_W = (Z/2) \cdot N_{WN} = m \cdot \mathrm{p} \cdot N_{Wp}$
N_{Wa}	1	Windungszahl pro Stromweg, $N_{Wa} = N_A/2$
N_{Wg}	1	Windungszahl pro Strang, $N_{Wg} = Z_S \cdot N_{WN} = p \cdot N_{Wp}$
N_{WN}	1	Windungszahl pro Nut, $N_{WN} = k_S \cdot N_{WS}$
N_{Wp}	1	Windungszahl pro Polpaar, $N_{Wp} = q \cdot N_{WN}$
N_{WS}	1	Windungszahl pro Spule bzw. Schicht
N_0	s^{-1}	Leerlaufdrehzahl
Nu	1	Nußelt-Zahl
O	–	Objektebene
O'	–	Bildebene
P	–	Auftreffpunkt des Lichtstrahles
P	W, kW	Leistung, Wirkleistung
P	W	Wärmestrom
P'	W	transiente elektrische Abgabeleistung
P'	W/m^2	Wärmefluß, $P' = P/A$
$P(U)$	W = VA	Verlustleistung
P_{ab}	W = Nm/s	Abtriebsleistung
P_{ab}	W = VA	Wärmeabgabe des Isolierstoffes
P_A	W	Antriebsleistung
P_{Cu}	W = VA	Kupferverluste
P_d	W = VA	Drehfeldleistung
P_{di}	W = VA	ideelle Gleichstromleistung, U_{di}/I_{di}
P_{di0}	W = VA	Gleichstromleistung
$P_{dyn(f)}$	W = VA	Verlustleistung beim periodischen Ein- und Ausschalten mit der Wiederholfrequenz f
P_D	W = VA	Diodenverlustleistung
P_D	W = VA	Wirkleistungsverlust im Dielektrikum
P_{ein}	W = VA	eingestrahlte Lichtleistung
P_{el}	W = VA	elektrische Leistung
P_{Fe}	W = VA	Eisenverluste
P_{GR}	W = VA	Grenzleistung
P_k	W = VA	Kurzschlußleistung
P_{kGt}	W = VA	Wicklungsverluste des Gleichstromanteils
P_{kZt}	W = VA	Zusatzverluste bei beliebiger Wicklungstemperatur
$P_{kG\,75}$	W = VA	Wicklungsverluste des Gleichstromanteils bei einer Wicklungstemperatur von 75 °C
$P_{kZ\,75}$	W = VA	Zusatverluste bei einer Wicklungstemperatur von 75 °C
P_L	W = VA	Netzlast
P_{LB}	W = VA	Lichtbogenleistung
P_{LN}	W = VA	Netzentnahmeleistung
P_{mech}	W	mechanische Leistung
P_M	W = VA	Mantelverlust
P_n	W, kW	Nutzleistung
P_{nat}	W = VA	natürliche Leistung
P_N	W = VA	Nennleistung, Bemessungsleistung
P_{nN}	W = VA	Nennkurzschlußverluste (Bemessungskurzschlußverluste) des Stromrichters
P_{Ph}	W = VA	Wirkleistung einer Phase
P_{PS}	VA	Primär-Scheinleistung
P_R	W = VA	Stromverlust
P_{sin}	W = VA	Leistung bei sinusförmigem Verlauf von Strom und Spannung
P_{st}	W = VA	Verlustleistung im statischen Zustand
P_S	VA	Scheinleistung
$P_{Schlupf}$	W = VA	Schlupfleistung
P_{SS}	VA	Sekundär-Scheinleistung
P_{TLN}	W = VA	Primärleistung des Transformators bei Nennstrom (Bemessungsstrom) und Nennspannung (Bemessungsspannung)
P_{TN}	W = VA	Transformator-Typenleistung, mittlere Nennleistung

P_{TvN}	W = VA	Sekundärleistung des Transformators bei Nennstrom (Bemessungsstrom) und Nennleistung (Bemessungsleistung)
P_v	W = VA	läuferseitige Leistung
P_v	W = VA	Leistungsverlust (elektrisch)
P_v	W	Leistungsverlust (mechanisch)
P_v	W = VA	Wärmestrom, Wärmeverlustleistung
$P_v(s)$	–	Polynom
P_V	W = VA	Läuferverluste
P_V	W = VA	Netzverlust
P_{VN}	W = VA	Nennwert (Bemessungswert) der Läuferverluste
P_w	W = VA	Wirkleistung
P_W	W = VA	Bewehrungsverlust
P_W	W = VA	Übertragungsverlust
P_W	W	Windleistung
P_z	W, kW	zugeführte Leistung
Pr	1	Prandtl-Zahl
Q	W = VA, var	Blindleistung
Q	m^3/s	Durchfluß
Q	C = As	Ladung
Q	V	Quantelung
Q	J = Ws	Wärme, Wärmemenge
Q_{ab}	J = Ws	abgeführte Wärmemenge
Q_C	W = VA, var	Blimdleistung
Q_C	W = VA	kapazitive Ladeleistung
Q_e	J = Ws	Strahlungsenergie
$Q_{e\lambda}$	J/m = Ws/m	spaktrale Dichte der Strahlungsenergie
Q_L	W = VA, var	kapazitive Blindleistung
Q_L	W = VA, var	Blindleistung der Spule
Q_v	lm s	Lichtmenge
Q_W	J	Abwärme
Q_{zu}	J	zugeführte Wärmemenge
Q_1	W = VA, var	Grundschwingungsblindleistung
R	J/(mol · K)	Allgemeine Gaskonstante $R = 8{,}314$ J/(mol · K)
R	m	Radius
R	Ω = V/A	elektrischer Widerstand, Wirkwiderstand, Resistanz
$\mathbf{R}$		Reglermatrix
R'	Ω/km	längenbezogener Widerstand
ΔR	Ω = V/A	Zusatzwiderstand
$R(s)$	–	Regelfaktor
R_A	Ω = V/A	Ankerkreiswiderstand der Gleichstrommaschine
R_b	Ω = V/A	Bezugswiderstand
R_B	Ω = V/A	Basiswiderstand
R_B	Ω = V/A	Betriebswiderstand
R'_B	Ω/km	längenbezogener Betriebswiderstand
R_d	Ω = V/A	Dämpfungswiderstand
R_D	Ω = V/A	Drossel-Wirkwiderstand
R_D	K/W	Wärmedurchgangswiderstand
$R_{DS(on)}$	Ω = V/A	Drain-Source-Widerstand im stromführenden Zustand
R_e	Ω = V/A	Entladungswiderstand
$R_e(\sigma_S)$	N/mm^2	Streckgrenze
R_E	Ω = V/A	Emitterwiderstand
R_E	Ω = V/A	Widerstand der Erdrückleitung
R'_E	Ω/km	längenbezogener Widerstand der Erdrückleitung
R_f	Ω = V/A	Feldwicklungswiderstand
R_f	Ω = V/A	Widerstandskennlinie des Erregerkreises
R_F	Ω = V/A	Feldkreiswiderstand
R_{Fe}	Ω = V/A	Eisenverlustwiderstand
R_G	Ω = V/A	Generatorwiderstand, innerer Widerstand
R_G	Ω = V/A	Geichstromwiderstand
R_H	m^2/As	Hallkonstante
$R_{i\,Batt}$	Ω = V/A	Innenwiderstand der Batterie
R_k	Ω = V/A	Kaltwiderstand
R_k	Ω = V/A	Wicklungswirkwiderstand
R_{krit}	Ω = V/A	kritischer Widerstand des Erregerkreises (Grenzwert für die Erregung)
R_L	Ω = V/A	Lastwiderstand
R_L	Ω = V/A	Widerstand von Freileitungsseilen
R'_L	Ω/m	längenbezogener Widerstand von Freileitungsseilen
R_{LB}	Ω = V/A	Lichtbogenwiderstand
R_m	H^{-1} = A/Vs	magnetischer Widerstand, Reaktanz
$R_m(s_B)$	N/mm^2	Zugfestigkeit
R_{mi}	Ω = V/A	Innenwiderstand eines Strommeßgerätes
R_{MW}	Ω = V/A	Meßwerkinnenwiderstand
R_N	Ω = V/A	Nebenwiderstand
R_N	Ω = V/A	Nennwiderstand, Bemessungswiderstand
R_p	Ω = V/A	Pulswiderstand
$R_{p\,0,2}$	N/mm^2	0,2-Dehngrenze
R_Q	Ω = V/A	Widerstand des Netzes
R_s	Ω = V/A	eingeschalteter Widerstand
R_S	Ω = V/A	ohmscher Widerstand der einfachen Länge

R_{th}	K/W, °C/W	Wärmewiderstand
$R_{th\,GK}$	K/W, °C/W	Wärmewiderstand Gehäuse – Kühlkörper
$R_{th\,GU}$	K/W, °C/W	Wärmewiderstand Gehäuse – Umgebung
$R_{th\,JG}$	K/W, °C/W	Wärmewiderstand Sperrschicht – Gehäuse
$R_{th\,KU}$	K/W, °C/W	Wärmewiderstand Kühlkörper – Umgebung
R_T	Ω = V/A	Transformatorwiderstand
R_v	Ω = V/A	Vorwiderstand
R_V	Ω = V/A	Vorwiderstand
R_w	K/W	Wärmewiderstand
R_w	Ω = V/A	Wärmewiderstand
R_w	Ω = V/A	Wicklungswiderstand
R_ϑ	Ω = V/A	Widerstand von Freileitungsseilen bei der Temperatur ϑ
RC	MW mF	Isolationszeitkonstante, Isolationsgüte
Re	1	Reynoldssche-Zahl
S	m^2, mm^2	Querschnitt, Querschnittsfläche
S	W = VA	Scheinleistung
S	–	Scheitelpunkt
S	–	Schwingungsgerade
S	1	Spannungssicherheitsreserve (prozentual)
S	V/s	Steilheit
S_c	A/m^2	kritische Stromdichte
S_d	W	thermische Grenzleistung
S_D	W = VA	Durchgangsleistung
S_{erf}	m^2, mm^2	erforderlicher Querschnitt
S_k	W = VA	Kurzschlußscheinleistung
S_k	W = VA	Netzkurzschlußleistung bei Nennspannung (Bemessungsspannung)
S_{Li}	W = VA	ideelle netzseitige Scheinleistung
S_{sin}	W = VA	Scheinleistung bei sinusförmigem Verlauf von Strom und Spannung
S_T	W = VA	Transformatorbauleistung
S_{TN}	W = VA	Nennleistung (Bemessungsleistung) des Stromrichtertransformators
S_λ	1	Strahlungsfunktion
$S_{\lambda NLA}$	1	Strahlungsfunktion einer Normlicht-A-Strahlung
S_1	W = VA	Grundschwingungs-Scheinleistung
T	K	absolute Temperatur
T	s	Abtastzeit
T	s	Periodendauer, Schwingungsdauer
T	N	Trägheitskraft
T_a	s	Zeitkonstante des Gleichstromgliedes
$T_{a\,50}$	s	Zeitkonstante, bei der $h_w(t)$ 50% des Sollwertes erreicht hat
T_A	1	Anlaufkonstante
T_A	s	Zeitkonstante, $T_A = L_A/R_A$
T_A	s	Zeitkonstante des Ankerkreises
T_{Ai}	s	Motorzeitkonstante bezogen auf die Achse i
T_{An}	s	Anlaufzeit
T_c	K	Sprungtemperatur
T_{cr}	s	Schaltspannung-Scheitelwert
T_{cr}	µs	Scheitelzeit der Prüfschaltstoßspannung
T_d	s	Dämpfungszeit
T_d	s	Zeitdauer-Spannung über 0,9 u
T_d	s	Zeitkonstante für das rasche Abklingen des Kurzschlußstromes des transienten Zeitabschnitts
T'_d	s	Zeitkonstante für das rasche Abklingen des Kurzschlußstromes des subtransienten Zeitabschnitts
T_D	s	Differenzierzeit
T_D	s	Durchschlagszeit
T_e	s	Anstiegszeit
T_{esF}	s	Ersatzzeitkonstante des Feldstromregelkreises
T_{esi}	s	Ersatzzeitkonstante des geschlossenen Stromregelkreises
T_F	s	Verzögerungszeit im Feldstromkreis
T_g	s	Ausgleichszeit
T_g	s	Zeitkonstante der Glättung
T_{gi}	s	Glättungszeitkonstante des Stromregelkreises
T_{gn}	s	Glättungszeitkonstante der Drehzahlistwerterfassung
T_{gwi}	s	Glättungszeitkonstante im Führungszweig des Stromregelkreises
T_h	s	Schaltspannung-Halbwertzeit
T_H	s	Hochlaufzeit

T_{Ho}	s	Hochlaufzeitkonstante
T_{I}	s	Integrationszeit
T_{Im}	s	Modellintegrationszeitkonstante
T_{k}	s	Kommutierungszeit
T_{krit}	s	kritische Periodendauer
T_{krit}	s	kritische Zeitkonstante
T_{M}	s	mechanische Zeitkonstante
T_{M}	s	Modellzeitkonstante
T_{M}	s	Zeitkonstante des Stellmotors
T_{N}	s	Nachstellzeit
T_{Ni}	s	Nachstellzeit des Stromreglers (Regelzeitkonstant)
T_{Nim}	s	Nachstellzeit des Wirkstromreglers G_{Rim}
$T_{Ni\psi}$	s	Nachstellzeit des Magnetisierungsstromreglers $G_{Ri\psi}$
T_{Nn}	s	Nachstellzeit des Drehzahlreglers
T_{Np}	s	Nachstellzeit in Produktform
T_{Nu}	s	Nachstellzeit des u_{A}-Reglers im Feldschwächkreis
T_{Ny}	s	Nachstellzeit des Flußreglers G_{Ry}
T_{p}	s	Prozeßzeit
T_{r}	s	Zeitkonstante der PT_1-Rückführung
T_{rl}	s	Halbwertzeit
T_{Rn}	s	Nachstellzeit des Drehzahlreglers
T_{s}	K, °C	Schmelztemperatur
T_{s}	s	Stirnzeit
T_{S}	s	Streckenzeitkonstante
T_{Si}	s	Summe der kleinen Zeitkonstanten in der Stromregelstrecke
T_{Si}	s	Zeitkonstante des Regelkreises
T_{Sn}	s	Summe der kleinen Zeitkonstanten in der Drehzahlregelstrecke
$T_{S\psi}$	s	Zeitkonstante der Flußregelstrecke
T_{t}	s	Totzeit
T_{tA}	s	Totzeit des Ankerstromkreises (Stromrichtertotzeit)
T_{tF}	s	Totzeit im Feldstromkreis (Stromrichtertotzeit)
T_{tm}	s	Modelltotzeit
$T_{ü}$	K, °C	Übertemperatur
$T_{üe}$	K, °C	Endübertemperatur
T_{u}	s	Verzugszeit
T_{U}	K, °C	Temperatur der Umgebung

T_{V}	s	Verzögerungszeit
T_{V}	s	Vorhaltezeit
T_{Vp}	s	Vorhaltezeit in Produktform
T_{w}	s	Wartezeit
U	V	Spannung
$U_{=}$	V	Gleichspannung
U_{-}	V	Gleichanteil der Spannung (linearer Mittelwert)
$U_{ß}$	V	Wechselspannung
$\hat{U}$	V	Scheitelwert der Spannung
ΔU	V	Spannungseinbruch, Spannungsabfall
U_{a}	V	Abgriffsspannung
U_{a}	V	Ausgangsspannung
U_{a}	V	Spannung am Anfang der Leitung
U_{A}	V	Ankerspannung
U_{A}	V	Ansprechspannung
U_{A}	V	Maschinenankerspannung
U_{A}	V	Motorspannung bei maximaler (Grund-)-Drehzahl
U_{A}	V	Spannungsabfall am Amperemeter
U_{AK}	V	Potential der Anode gegenüber der Kathode
U_{An}	V	Spannung am Anlaufpunkt
U_{Ar}	V	Ankerkreisnennspannung
$U_{bü}$	V	Bürstenspannung
U_{B}	V	Berührungsspannung
U_{B}	V	Betriebsspannung
$U_{(BO)0}$	V	Nullkippspannung (Thyristor)
$U_{(BR)}$	V	Durchbruchspannung in Rückwärtsrichtung (Thyristor)
$U_{(BR)DSS}$	V	Drain-Source-Durchbruchspannung (FET)
U_{BU}	V	Bürstenspannung
U_{CE}	V	Spannung zwischen Kollektor und Emitter
U_{CEO}	V	höchstzulässige Vorwärtssperrspannung bei offenem Steueranschluß (Bipolartransistor)
$U_{CE\,sat}$	V	Kollektor-Emitter-Restspannung (Bipolartransistor)
U_{CEV}	V	höchstzulässige Vorwärtssperrspannung bei gesperrter Emitterdiode (Bipolartransistor)

ΔU_{Cp}	V	Spannungsabfall am parallel geschalteten Kondensator
U_d	V	Brückendiagonalspannung
U_d	V	empfohlene Leiterspannung
U_d	V	Spannung des Längsfeldes
U_d	V	Zwischenkreisgleichspannung
U_{di}	V	ideelle Gleichspannung
U_{di}	V	induktive Gleichspannung bei Vollaussteuerung
U_{di0}	V	Leerlaufspannung bei Steuerwinkel 0
$U_{di\alpha}$	V	Leerlaufspannung bei Steuerwinkel α
U_{d10}	V	Stehspannung, die 10% Durchschlagwahrscheinlichkeit entspricht
U_D	V	Abtast-Dreieckspannung
U_D	V	Durchschlagspannung
U_D	V	Scheitelwert der Durchlaßspannung
ΔU_D	V	Spannungsabfall über der Reihendrosselspule
U_{DRM}	V	Spitzensperrspannung, höchstzulässiger Augenblickswert der auftretenden Spannung im Sperrzustand in Vorwärtsrichtung (Diode und Thyristor)
U_e	V	Einsatzspannung
U_e	V	Spannung am Ende der Leitung
U_E	V	höchste betriebsfrequente Erdschlußüberspannung
U_F	V	Diodenspannung in Vorwärtsrichtung
U_{FM}	V	Maximalwert der Spannung in Vorwärtsrichtung
U_G	V	Betriebsspannung
U_G	V	Generatorspannung
U_G	V	Gate-Kathoden-Spannung
U_{GD}	V	unterer Schwellwert der Gatespannung
U_{GS}	V	Gate-Source-Spannung
U_{GSM}	V	höchstzulässige Gate-Source-Spannung (FET)
U_{GT}	V	oberer Schwellwert der Gatespannung
U_H	V	Hallspannung
U_H	V	Spannung der Hilfsquelle
U_i	V	induzierte Ankerspannung
U_i	V	induzierte Spannung
U_i	V	Spannung im Gegensystem
U_i	V	Vorentladungseinsatzspannung
ΔU_i	V	Amplitudenunsicherheit
U_{im}	V	ideelle Scheitelspannung (ideeller Maximalwert)
U_k	V	Kurzschlußspannung
U_K	V	im Kurzschlußversuch ermittelte Spannung
U_{KR}	V	Kreisspannung
U_L	V	Leiterspannung, verkettete Spannung
U_L	V	Löschspannung
U_L	V	Nenn-Netzspannung, Bemessungs-Netzspannung
U_L	V	Spannung am Lastwiderstand
ΔU_L	V	Längsspannungsabfall
U_{LE}	V	kapazitive Erdschlußspannung
U_{LE}	V	Spannung zwischen Leiter und Erde
U_{LN}	V	netzseitige Nenn-Leiterspannung (Bemessungs-Leiterspannung)
U_m	V	Isolationsspannung
U_m	V	imittiere Spannung
U_m	V	Spannung im Mitsystem
U_{MPP}	V	Spannung am Maximum Power Point
U_{NB}	V	Nenn-Blitzspannung, Bemessungs-Blitzspannung
U_{NS}	V	Nenn-Schaltspannung, Bemessungs-Schaltspannung
$U_{NN'}$	V	Knotenpunktsspannung
U_p	V	Polradspannung
U_q	V	Leerlaufspannung
U_q	V	Spannung des Querfeldes
ΔU_q	V	Querspannungsabfall
$U_{q(n\ krit)}$	V	Leerlaufspannung bei kritischer Drehzahl (Grenzwert für die Erregung)
U_R	V	Diodenspannung in Rückwärtsrichtung
U_R	V	Remanenzspannung
U_R	V	Restspannung
U_R	V	Spannung der Phase R

Zeichen	Einheit	Bedeutung
U_{Rk}	V	Spannungsfall am Wicklungswirkwiderstand
U_{RM}	V	Maximalwert der Spannung in Rückwärtsrichtung
U_{RRM}	V	Spitzensperrspannung, höchstzulässiger Augenblickswert der auftretenden Spannung im Sperrzustand in Rückwärtsrichtung (Diode und Thyristor)
ΔU_{s}	V	Schrägspannungsabfall
U_{s0}	V	Strangspannung
U_{S}	V	Schleusenspannung (Halbleiterdiode)
U_{S}	V	Spannung der Phase S
U_{S}	V	Statorspannung
U_{Sp}	V	Speisespannung
U_{SU}	V	Statorstrangspannung Phase U
U_{SV}	V	Statorstrangspannung Phase V
U_{SW}	V	Statorstrangspannung Phase W
U_{SyU}	V	Stellgröße der Statorspannung Phase U
U_{SyV}	V	Stellgröße der Statorspannung Phase V
U_{SyW}	V	Stellgröße der Statorspannung Phase W
U_{T}	V	Spannung der Phase T
U_{T}	V	Statorspannung
U_{Tr}	V	Triggerspannung
U_{u}	V	Gesamteffektivwert der Oberschwingungsspannungen
U_{UN}	V	Strangspannung
U_{UV}	V	Leiterspannung
U_{v}	V	Effektivwert der ventilseitigen Leerlaufspannung des Transformators: bei Brückenschaltung: verkettete Spannung, bei Mittelpunktsschaltung: Strangspannung
U_{v}	V	Vergleichspannung
U_{v0}	V	ventilseitige Leerlaufspannung zwischen den Wechselatromanschlüssen zweier kommutierender Stromrichterhauptzweige
U_{V}	V	Spannungsabfall am Voltmeter
U_{WR}	V	Wechselrichterspannung
U_{WRS0}	V	Wechselrichterleerlaufspannung
U_{z}	V	Speisegleichspannung des Zwischenkreises
$U_{\mathrm{\mu N}}$	V	Strangspannung
U_{ν}	V	Oberschwingungsspannung
U_{0}	V	Spannung im Nullsystem
U_{0c}	V	Leerlaufspannung
U_{20}	V	Leiterspannung
U_{2S0}	V	Stillstandsspannung
V	m^3, mm^3	Volumen, Rauminhalt
$\boldsymbol{V}$	–	Vorfiltermatrix
$V(s)$	–	Vorfilter
$V(\lambda)$	1	Kennlinie
V_{m}	A	magnetische Spannung
V_{St}	s	Impulszeit des Steuerteils
V_{15}	W/kg	Verlustziffer bei $B = 1{,}5\,\mathrm{T}$
W	J = Nm	Arbeit, Formänderungsarbeit
W	mm^3	axiales Widerstandsmoment
W	eV	Energie
W	J = Nm	potentielle Energie
W	–	Wahrscheinlichkeit
W	–	Einzugswahrscheinlichkeit
W_{ab}	J = Nm	abgeführte Arbeit
$W(s)$	–	Hauptführungsgröße im Bildbereich
W_{A}	eV	Akzeptorniveau
ΔW_{A}	eV	Akzeptorabstand
W_{b}	J = Ws	Energie für die Beschleunigung der Schwungmasse
ΔW_{B}	eV	Bandabstand
W_{C}	J = Ws	Energie der Kapazität
W_{dyn}	J = Nm	Verlustenergie beim periodischen Ein- und Ausschalten des Transformators
W_{D}	eV	Donatorniveau
ΔW_{D}	eV	Donatorabstand
W_{erf}	m^2, mm^2	erforderlicher Querschnitt
W_{F}	eV	Fermi-Niveau
W_{Ho}	J = Ws	Hochlaufenergie
W_{L}	J = Ws	Energie der Induktivität
W_{L}	eV	Leitungsbandabstand
W_{n}	J = Nm	Nutzarbeit
W_{p}	mm^3	polares Widerstandsmoment für Kreis- und Kreisringquerschnitt
W_{t}	J = Ws	technische Arbeit
W_{v}	J = Ws = VAs	Verlustenergie
W_{V}	eV	Valenzbandkante

W_x	mm^3	auf die x-Achse bezogenes Widerstandsmoment
W_y	mm^3	auf die y-Achse bezogenes Widerstandsmoment
W_{zu}	J = Nm	zugeführte Arbeit
W_{zu}	J = Ws = VAs	zugeführte Energie
$W_1(s)$	–	Hilfführungsgröße im Bildbereich
X	Ω = V/A	Blindwiderstand, Reaktanz
X	1	quadratischer Mittelwert (Effektivwert)
$X_a(j\omega)$	–	Fouriertransformierte der Ausgangsfunktion $x_a(t)$
X'_B	Ω/km	längenbezogene Betriebsreaktanz
X_d	Ω = V/A	Reaktanz in der d-Achse
X'_d	Ω = V/A	transiente Reaktanz
X''_d	Ω = V/A	substransiente Reaktanz
X_D	Ω = V/A	Drosselreaktanz
X_e	–	Symbol für eine strahlungsphysikalische Größe
$X_e(j\omega)$	–	Fouriertransformierte der Eingangsfunktion $x_e(t)$
X'_E	Ω/km	längenbezogene Reaktanz der Erdrückleitung
X_h	Ω = V/A	Hauptreaktanz, Hauptblindwiderstand
X'_I	Ω/km	längenbezogene innere Reaktanz
X_k	Ω = V/A	Streublindwiderstand
X_L	Ω = V/A	Netzimpedanz
X_N	Ω = V/A	Reaktanz des Netzes
X_q	Ω = V/A	Reaktanz in der q-Achse
X_Q	Ω = V/A	Reaktanz des starren Netzes Q
X_S	Ω = V/A	Kommutierungsimpedanz
X_T	Ω = V/A	Streureaktanz der Transformatorwicklungen
X_v	–	Symbol für eine lichttechnische Größe
X_σ	Ω = V/A	Streureaktanz, Streublindwiderstand
X'_0	Ω/km	längenbezogene Nullreaktanz
X''_{0E}	W/km	längenbezogene Nullreaktanz der Erdrückleitung
Y	–	Meßergebnis
Y	S = 1/W	Scheinleitwert, Admittanz
$Y(s)$	–	Mittelwert der Stellgröße im Bildbereich
$Y(\lambda)$	–	Symbol für die Ausgangsgröße eines Fotoempfängers
$Y_e(\lambda)$	–	Eingangsgröße eines Fotoempfängers
Z	1	Gesamtnutzahl, $Z = 2m \cdot Z_S = 2m \cdot p \cdot q$
Z	Ω = V/A	Impedanz
Z	Ω = V/A	Wellenwiderstand
Z	1	Zähnezahl (Getriebe)
$Z(s)$	–	Gesamtstörgröße
$Z_e(s)$	Ω = V/A	Eingangsimpedanz
Z_E	Ω = V/A	Impedanz der Erdungsleitung
Z_E	Ω = V/A	Stoßerdungswiderstand
Z_g	Ω = V/A	Impedanz des Gegensystems
Z'_g	Ω/km	längenbezogene Gegenimpedanz
Z_h	Ω = V/A	Leerlaufimpedanz
Z_i	Ω = V/A	Gegenimpedanz
Z_k	Ω = V/A	Kurzschlußimpedanz
Z_K	Ω = V/A	aus dem Kurzschlußversuch ermittelte Impedanz
Z_m	Ω = V/A	Impedanz des Mitsystems
Z'_m	Ω/km	längenbezogene Mitimpedanz
Z_M	Ω = V/A	Meßimpedanz
Z_p	1	Nutzahl pro Polzone, $Z_p = Z/(2m \cdot p)$
$Z_r(s)$	Ω = V/A	Rückkopplungsimpedanz
Z_S	1	Nutzahl pro Strang, $Z_S = 2p \cdot q$
$Z_{th\ GUt}$	K/W, °C/W	transienter innerer Wärmewiderstand Sperrschicht – Gehäuse
$Z_{th\ JGt}$	K/W, °C/W	transienter innerer Wärmewiderstand Gehäuse – Umgebung
Z_T	Ω = V/A	Impedanz des Transformators
Z_V	Ω = V/A	Lastimpedanz
Z_W	Ω = V/A	Wellenwiderstand
Z_{WG}	Ω = V/A	Wellenwiderstand von Gittermasten
Z_{WL}	Ω = V/A	Wellenwiderstand des Leiterseiles
Z_0	Ω = V/A	Nullimpedanz
Z'_0	W/km	längenbezogene Nullimpedanz
$Z_{0\ ges}$	Ω = V/A	gesamte Nullimpedanz
Z_{0h}	Ω = V/A	Nullimpedanz bei Leerlauf

Z_{0p}	Ω = V/A	primäre Nullimpedanz
Z_{1L}	Ω = V/A	primärer Leerlaufwiderstand
Z_{2L}	Ω = V/A	sekundärer Leerlaufwiderstand

3 Griechische Buchstaben

α	1	Absorptionsgrad
α	rad, °	Abschaltwinkel
α	rad, °	Beobachtungswinkel gegen die Horizontale
α	°	ebener Winkel
α	K^{-1}	Materialkonstante
α	1	Querschnittsverhältnis
α	rad, °	Schutzwinkel
α	rad, °	Steuerwinkel
α	K^{-1}	Temperaturbeiwert, Temperaturkoeffizient
α	1	Vermehrungsfaktor (Anzahl der Ionisationen)
α	$W/K\ m^2$	Wärmeübergangskoeffizient, Wärmeübergangszahl
α	rad, °	Winkel, allgemein
α	rad/s^2	Winkelbeschleunigung, Winkelverzögerung
α_1	1/°C, 1/K	Längenausdehnungskoeffizient
α_N	rad, °	Nut-Zentriwinkel (Winkel zwischen zwei benachbarten Nuten)
α_S	rad, °	Sehnungs-Zentriwinkel
α_ϑ	1	Anstrengungsverhältnis
β	°	ebener Winkel
β	K^{-2}	Materialkonstante
β	1	Stromverstärkung des Transistors
β	rad, °	Voreilwinkel
β	°	Wechselrichterwinkel
β	rad, °	Winkel, allgemein
β	rad, °	Winkel zwischen Einfalls- und Beobachtungsebene
β	1	Abbildungsmaßstab
γ	kg/m^3	Dichte
γ	rad, °	Drehwinkel
γ	°	ebener Winkel
γ	$m/W\ mm^2$	elektrische Leitfähigkeit
γ	rad, °	geometrischer Wicklungswinkel
γ	rad, °	halber Öffnungswinkel des Kreisbogens
γ	rad, °	Kugelkoordinate (Deklination)
γ	S/cm	Leitfähigkeit
γ	rad, °	Löschwinkel

γ	°	Respektabstandswinkel
γ	N/mm^3	spezifisches Gewicht des Seiles mit Zusatzlast
γ	1	Steilheit des Fotowiderstandes
γ	rad, °	Winkel, allgemein
γ_e	rad, °	elektrischer Wicklungswinkel, $\gamma_e = p \cdot q$
γ_i	S/cm	Intrinsicleitfähigkeit, Eigenleitfähigkeit
γ_z	N/mm^3	spezifisches Gewicht der Zusatzlast
γ_0	N/mm^3	spezifisches Gewicht des Seiles
δ	1	Dämpfung, Dämpfungsgrad
δ	%	Bruchdehnung
δ	m	Eindringmaß des elektrischen Stromes
δ	1	Erdfehlerfaktor
δ	rad, °	Kugelkoordinate (Azimut)
δ	rad	Lastwinkel
δ	mm	Luftspalt
δ	°	Polradwinkel im Modell
δ	1	Verlustwinkel
$\tan\delta$	1	Verlustfaktor
δ_E	mm	Radius des Erdrückleiters
δ_q	°	Polargrenzwinkel
δ_i	rad, °	Winkelfehler eines Stromwandlers
δ_k	°	Polradwinkel bei Kurzschluß
δ_u	rad, °	Winkelfehler eines Spannungswandlers
ε	F/m = A/V m	(absolute) Permittivität, Dielektrizitätskonstante
ε	1	Dehnungen, relative Längenänderung, Stauchung, $\varepsilon = \Delta l / l_0$
ε	rad, °	Einfallswinkel
ε	1	Emissionsgrad
ε	1	Spannungsänderung
ε'	rad, °	Brechungswinkel
ε''	1	Verlustzahl, Verlustziffer
$\varepsilon(t)$	–	Modellabweichung
ε_{dyn}	1	dynamische Dehnung
ε_E	rad, °	Einfallwinkel auf der Empfängerseite
ε_G	rad, °	Grenzwinkel
ε_q	1	Querdehnung, $\varepsilon_q = \Delta d / d_0$
ε_r	1	Permittivitätszahl, Dielektrizitätszahl
ε_r	rad, °	Reflexionswinkel
ε''_r	1	dielektrische Verlustzahl
ε_S	rad, °	Abstrahlwinkel von der Senderfläche

ε_y	–	Stellgröße des Winkels ε zwischen l_S und I_F
ε_0	F/m	elektrische Feldkonstante, Permittivitätszahl des Vakuums
ζ	1	Wickelfaktor
η	1	F/F_0
η	Pa s	kinematische Viskosität
η	lm/W	Lichtausbeute
η	–	Parameteränderung
η	1	Wirkungsgrad
η_A	1	Arbeiswirkungsgrad
η_D	1	Quantenausbeute einer Diode
η_{el}	1	elektrischer Wirkungsgrad
η_{EM}	1	Wirkungsgrad der elektrischen Maschine
η_{ges}	1	Gesamtwirkungsgrad
η_G	1	Getriebewirkungsgrad
η_{LE}	1	Quantenausbeute einer Lumineszenzdiode
η_P	1	praktischer Wirkungsgrad
η_s	1	Wirkungsgrad der Solarzelle
η_T	1	theoretischer Wirkungsgrad
η_W	1	Wärmewirkungsgrad
$\eta_{W\,max}$	1	maximaler aerodynamischer Wirkungsgrad
$\eta_{W\,real}$	1	realer aerodynamischer Wirkungsgrad
η_{WRM}	1	Wirkungsgrad der Wärmekraftmaschine
ϑ	°	Polradwinkel
ϑ	K, °C	Temperatur
ϑ	K, °C	Wicklungsübertemperatur
$\Delta\vartheta$	K, °C	Temperaturänderung
ϑ_e	K, °C	Wicklungstemperatur am Ende des Erwärmungsvorgangs
ϑ_F	K, °C	Fluidtemperatur
ϑ_G	K, °C	Gehäusetemperatur
ϑ_J	K, °C	Sperrschichttemperatur eines Leistungshalbleiters, Kristalltemperatur
$\Delta\vartheta_{J\,Gst}$	K, °C	statische Temperaturänderung zwischen Kristall und Gehäuse
$\vartheta_{J\,max}$	K, °C	maximal zulässige Sperrschichttemperatur
ϑ_k	K, °C	Wärmeübergangstemperatur am Anfang des Erwätmumgsvorgangs

$\vartheta_{kü}$	K, °C	Kühlmitteltemperatur
ϑ_K	K, °C	Kühlkörpertemperatur
ϑ_{lab}	K, °C	Labilitätstemperatur
ϑ_R	–	Reglerparameter
ϑ_S	K, °C	Solidtemperatur
ϑ_U	K, °C	Umgebungstemperatur
$\vartheta_{U\,max}$	K, °C	maximale Umgebungstemperatur
Θ	A	Durchflutung
Θ	1	Hallwinkel
Θ_A	A	elektrische Durchflutung der Ankerwicklung
Θ_{ha}	A	elektrische Durchflutung der Hauptwicklung
Θ_{hi}	A	elektrische Durchflutung der Hilfswicklung
Θ_K	A	elektrische Durchflutung der Kompensationswicklung
Θ_W	A	elektrische Durchflutung der Wendepolwicklung
ι_{JG}	s	Zeitkonstante Kristall – Gehäuse
ι_{KU}	s	Zeitkonstante Kühlkörper – Umgebung
κ	S/m	Leitfähigkeit
λ	–	Lagrange-Faktor
λ	1	Leistungsfaktor
λ	W/K m	Wärmeleitfähigkeit
λ	m	Wellenlänge, Impulslänge
λ_g	µm	Grenzwellenlänge
λ_{sin}	1	Leistungsfaktor bei sinusförmigen Größen
λ	Vs/A	magnetischer Leitwert
μ	Vs/Am	(absolute) Permeabilität
μ	cm/Vs	Beweglichkeit
μ	1	Poissonzahl, $\mu = \varepsilon_q/\varepsilon$
μ	1	Reibungskoeffizient, Reibungszahl
$\mu_\sim$	Vs/Am	Wechselfeldpermeabilität
μ_B	Am^2	Bohrsches Magneton
μ_i	Vs/Am	Anfangspermeabilität
μ_p	1	Permeabilität des Magnetwerkstoffes im Arbeitspunkt
μ_r	1	Permeabilitätszahl
μ_{rev}	Vs/Am	reversible Permeabilität
μ_0	Vs/Am	magnetische Feldkonstante

ν	$Hz = s^{-1}$	Frequenz
ν	m^2/s	kinematische Viskosität
ν_d	1	Abbesche Zahl
ν_e	1	Abbesche Zahl
ξ	1	Scheitelfaktor (Crestfaktor)
ξ	1	Wicklungskoeffizient (Oberfeld), $\xi = \xi_Z \cdot \xi_S$
ξ_S	1	Sehnungskoeffizient (Oberfeld), $\xi_S = \sin(\pi \cdot \xi_1)/2\,\tau$
ξ_{Sy}	1	Sehnungskoeffizient für die y-te Oberweite
ξ_y	1	Wicklungskoeffizient für die y-te Oberweite
ξ_Z	1	Zonenkoeffizient (Oberfeld)
ξ_{Zy}	1	Zonenkoeffizient für die y-te Oberweite
ϱ	kg/m^3	Dichte, Luftdichte
ϱ	1	Reflexionsgrad
ϱ	°	Reibungswinkel, Reibwinkel
ϱ	$W\,mm^2/m$	spezifischer elektrischer Widerstand
ϱ	As/m^2	Ladungsdichte
σ	1	Blondelscher Streukoeffizient
σ	–	Grenzwert der Standardabweichung der Grundgesamtheit
σ	N/mm^2	Normalspannung, allgemein
σ_b	N/mm^2	Biegespannung
$\sigma_{b\,vorh}$	N/mm^2	vorhandene Biegespannung
$\sigma_{b\,zul}$	N/mm^2	zulässige Biegespannung
σ_d	N/mm^2	Druckspannung
$\sigma_{d\,zul}$	N/mm^2	zulässige Druckspannung
σ_{dyn}	N/mm^2	dynamische Spannung
σ_E	N/mm^2	Elastizitätsgrenze
σ_l	N/mm^2	Lochleibungsdruck
σ_N	N/mm^2	Nennspannung, Bemessungsspannung
σ_P	N/mm^2	Spannung an der Proportionalgrenze
σ_{res}	N/mm^2	resultierende Spannung
σ_v	N/mm^2	Vergleichsspannung
σ_z	N/mm^2	Zugspannung
$\sigma_{z\,zul}$	N/mm^2	zulässige Zugspannung
σ_{zul}	N/mm^2	zulässige Spannung
σ	N/mm^2	Seilzugspannung
σ	W/m^2K^4	Stefan-Boltzmann-Konstante, $\sigma = 5{,}67 \cdot 10^{-8}\ W/m^2K^4$
σ	1	Streufaktor
σ'	rad, °	Neigungswinkel des einfallenden Lichtstrahls
$\sigma(t)$	–	Einheitssprung
σ_Z	N/m^2	Zugspannung
τ	1	Polteilung, $\tau = \pi \cdot D_A/2p$
τ	N/mm^2	Tangentialspannung
τ	1	Transmissionsgrad
τ	s	Verschiebungszeit
τ	s	Zeitkonstante
τ_a	N/mm^2	Abscherspannung, $\tau_a = F/A$
$\tau_{a\,vorth}$	N/mm^2	vorhandene Abscherspannung
τ_a	s	Zeitkonstante
τ_e	s	Einschalt-Zeitkonstante
τ_{JG}	s	Zeitkonstante
τ_N	1	Nutteilung, $\tau = \pi \cdot D_{Si}/Z$
τ_s	N/mm^2	Schubspannung, $\tau_s = cF/A$
τ_t	N/mm^2	Torsionsspannung
τ_{zul}	N/mm^2	zulässige Schub-(Tangential-)spannung
φ	rad, Bogenmaß	Drehwinkel, Verdrehwinkel, Biegewinkel
φ	rad, °	Phasenverschiebungswinkel, Phasenwinkel
φ	V	Potential
$\Delta\varphi$	V	Spannung
$\cos\varphi$	1	Verschiebungsfaktor (Leistungsfaktor)
$\cos\varphi_1$	1	Grundschwingungs-Verschiebungsfaktor
$\sin\varphi$	1	Blindfaktor
$\varphi(t)$	s	Zeitfunktion des Hauptpolflusses bei GSM
$\varphi(\omega)$	–	Phasengang
φ_a	rad, °	Phasenverschiebungswinkel am Anfang der Leitung
φ_e	rad, °	Phasenverschiebungswinkel am Ende der Leitung
φ_{ha}	rad, °	Phasenwinkel der Hauptwicklung
φ_{hi}	rad, °	Phasenwinkel der Hilfswicklung
φ_k	rad, °	Kurzschlußwinkel
φ_L	rad, °	Phasenwinkel des Leitungsstromes
φ_m	rad, °	mittlerer Phasenwinkel
$\cos\varphi_m$	1	Leistungsfaktor bei maximaler Lichtleistung
$\cos\varphi_{max}$	1	maximaler Leistungsfaktor

φ_M	rad, °	Motorkurzschlußwinkel
φ_R	–	Phasenreserve
φ_0	rad, °	Nullphasenwinkel
φ_1	rad, °	Phasenverschiebungswinkel der Grundschwingung
Φ	W = Vs	Hauptpolfluß bei GSM
Φ	W = Vs	magnetischer Fluß
Φ	W	Strahlungsleistung
Φ	W = Vs	Scheitelwert des magnetischen Flusses
$\Phi(t)$	–	Autokorrelationsfunktion
Φ_e	W	Strahlungsleistung
$\Phi_e(\lambda)$	W	Strahlungsleistung einer monochromatischen Strahlung
Φ_F	W = Vs	magnetischer Fluß im Feldkreis
Φ_{FN}	W = Vs	Nennwert (Bemessungswert) des magnetischen Flusses im Feldkreis
Φ_{rem}	W = Vs	Remanenzfluß
Φ_s	W	Strahlungsleistung eines Schwarzen Strahlers
Φ_v	lm	Lichtstrom
Φ_α	W	absorbierte Strahlungsleistung
Φ_ϱ	W	reflektierte Strahlungsleistung
Φ_τ	W	durchgehende Strahlungsleistung
χ_e	1	elektrische Suszeptibilität
χ_m	1	magnetische Suszeptibilität
$\psi(t)$	s	Zeitfunktion des Hauptpolflusses der ASM
ψ_h	C = As	Hauptfluß
ψ_R	C = As	Rotorfluß
ψ_{Rw}	C = As	Rotorflußsollwert
ψ_{Rx}	C = As	Rotorflußbeiwert
Ψ	C = As	Hauptpolfluß der ASM
Ψ	C = As	Verkettungsfluß
ω	1	Knickzahl
ω	Hz = s^{-1}	Kreisfrequenz
ω	sr	Raumwinkel
ω	rad/s, s^{-1}	Winkelgeschwindigkeit
ω_d	Hz = s^{-1}	Drehfeldgeschwindigkeit
ω_D	Hz = s^{-1}	Durchtrittfrequenz
ω_e	Hz = s^{-1}	Eckfrequenz
ω_e	Hz = s^{-1}	Kreisfrequenz der Einschwingspannung
ω_{mx}	Hz = s^{-1}	Drehzahlistwert
ω_N	Hz = s^{-1}	Einschwingvorgang des Netzes
sgn ω_S	rad/s	Signumfunktion für die Winkelfunktion des Statorfeldes
ω_T	Hz = s^{-1}	Abtastfrequenz
ω_v	Hz = s^{-1}	Oberschwingungskreisfrequenz
ω_β	Hz = s^{-1}	Frequenz, bei der die Dämpfung 3 dB beträgt
Ω	rad/s	Winkelgeschwindigkeit

4 Indizes

a	Abgriff
a	Abschirmung
a	Abscher...
a	aktiv
a	Anfang
a	angezeigt
a	Ankerdraht
a	Ausgangs...
a	Ausschalt.., Abfall...
a	Außen...
ab	abgeführt
ab	Abtriebs...
an	Anregel...
aus	Ausregel...
aus	Ausschalt...
A	Abschalt...
A	Abschluß...
A	Akzeptor...
A	Amperemeter
A	Anfang, Anfangs...
A	Anfangswert
A	Ankerumfangs...
A	Anker...
A	Anlauf...
A	Ankerwicklungs...
A	Anoden...
A	Ansprech...
A	Antriebs...
A	Anzugs...
A	Arbeits...
A	Maschinenanker...
An	Anlaufpunkt
AV	average, Mittelwert
b	Belastungs...
b	beschleunigend
b	Bezugs...
b	Biege...
b	Blind...
bü	Bürsten...
B	Band...
B	Basis...
B	Belastungs...
B	Berührungs...

B	Betriebs...
B	Bewehrungs...
B	Bezugs...
B	Blitz...
B	Blitzstoßspannung
B	Bündelleiter...
Batt	Batterie...
Br	Brems...
BR	Durchbruchs...
(BO)0	Nullkipp...
BÜ	Bürsten...
c	Koerzitiv...
c	Kondensations...
c	kritisch
C	Kapazität, kapazitiv
C	Kollektor...
C	Kondensator...
Chop	Chopper...
d	Dämpfungs...
d	Dauer...
d	Diagonal...
d	Dichte...
d	Differenz...
d	direkt, gleich
d	Direktkoordinate
d	Drehfeld...
d	Gleich...
d	Gleichspannungszwischenkreis...
d	Längs...
d	synchron
d	Verzögerungs...
diff	differentiell
dio	Dioden...
dyn	dynamisch (periodisches Ein- und Ausschalten)
D	(1. Index) Vorwärtsrichtung (Diode und Thyristor)
D	Dämpfungs...
D	Dauer...
D	Dauerschwingungs...
D	Dielektrikum
D	Dioden...
D	Donator
D	Drain...
D	Dreiecks...
D	Drossel...
D	Durchgangs...
D	Durchlaß...
D	Durchschlags...
D	Durchtritts...
D	unterer Schwellwert
e	Anstiegs...
e	Eck...
e	Eigen...
e	Einsatz
e	Einschalt...
e	Einschwing...
e	elektrisch
e	Elektron
e	Ende, End...
e	Ende des Erwärmungsvorgangs
e	energetische Größe
e	Entladungs...
e	Erreger...
e	Ersatz...
e	stationär
ein	einschalten
ein	eingestrahlt
el	elektrisch
entmagn	entmagnetisierend
er	erforderlich
E	Emitter...
E	Ende
E	Endwert
E	Erd...
E	Erdrückleitung
E	Erdung
E	Erreger...
EL	Eintrittsluke
EM	elektrische Maschine
EP	Eintrittspupille
f	(1. Index) Vorwärtsrichtung
f	Abfall...
f	Ausschalt...
f	Feldwicklungs...
f	flüchtig
f	Frequenz...
fe	Kleinsignal...
F	Dioden...
F	feldaufbauend
F	Feldkreis...
F	Feldlinse
F	Filter...
F	Fermi...
F	Fluid...
F	Freilauf...
F	Freileitungs...
F	Stromfluß...
F	Vorwärtsrichtung (Diode)
g	Gegen...
g	Gegensystem
g	Gesamt...
g	Gewichts...
g	Grenz...
ges	Gesamt...
G	Gate...
G	Gegenreihenschaltung
G	Gehäuse...
G	Generator..., Generatorbetrieb
G	Getriebe...
G	Gewichts...
G	Gittermast...
G	Glas
G	Gleichstrom

G	Grenze
G	Grundsollwert
GR	Grenz...
h	Haupt...
h	Hysterese...
h	Leerlauf
ha	Hauptwicklung
hi	Hilfswicklung
H	Hall...
H	Halte...
H	Halteglied
H	Hilfsquelle
H	Hochlauf...
H	Hystereseverluste
Ho	Hochlaul...
HS	Haftstellen
i	ideell
i	initial
i	innen, innere
i	Intrinsic...
i	invers, Gegensystem
i	Vorentladungs-Einsatz...
I	induziert
I	Integations...
I	Investitions...
j	Junction, Kristall
k	Anfang des Erwärmungsvorgangs
k	Kalt...
k	Kommutierungs...
k	Kompensations...
k	konstant
k	kurzgeschlossen
k	Kurzschluß...
k	Zeitpunkte $k \cdot t$
kin	kinetisch
krit	kritisch
kü	Kühlmittel...
K	Kabel...
K	Kathoden...
K	Kipp...
K	Kompensationswicklung
K	Koppel...
K	Kühlkörper...
K	Überlast..., Kurzschluß...
l	Längen...
l	Längs.
l	Lochleibungs...
lab	Labilitäts...
lin	Linearisierung
L	Freileitungsseil
L	im vorgeschalteten Netz
L	induktiv, Induktivität
L	Lamellen...
L	Last...
L	Leerlauf...
L	Leiter...
L	Leitung.
L	Leitungsband
L	Leitungsstrom
L	Linsen.
L	Lösch...
L	Lück...
L	Luft...
LB	Lichtbogen...
LE	Erschlußlöschspule
LN	Leitungsniveau
LN	Nenn-Leiter.., Bemessungs-Leiter...
m	erhöht
m	geometrisches Mittel
m	magnetisch
m	Magnetisierungs...
m	mechanisch
m	Meßgerät
m	Mit...
m	Mitsystem
m	mittel, mittlerer
m	Modell
m	Spannungsmaximum
max	maximal
mech	mechanisch
min	minimal
mittl	mittlere
M	(3. Index) Maximalwert
M	Mantel...
M	Maschinen...
M	Momenten...
M	Meß...
M	Motor, Stellmotor
MPP	Maximum Power Point
MW	Meßwerk...
n	negativ
n	normal, Normal...
n	Nutz...
nat	natürlich
N	Nachstell...
N	Nebenwiderstand
N	Nennwert, Bemessungswert
N	Netz...
N	Netzseite
NLA	Normlicht-A-Strahlung
o	Oberschwingung
(off)	Ausschalt...
(on)	Einschalt...
op	Optimum (Minimum)
opt	optimal
O	offener Basisanschluß
p	parallel
p	Pegel...
p	Platten...

p	Pol...
p	polar
p	Polrad...
p	Polzone
p	positiv
p	primär
p	Proportional...
p	Prozeß...
p	Puls...
p	Stoßkurzschluß
p	Wirkkomponente
perm	permanent
ph	Photo...
pp	peak to peak
pot	potentiell
P	Platten...
P	Polarisations...
P	praktisch
P	Proportional...
P	Puls...
Ph	Phasen...
PS	Primär-Schein...
q	Blindkomponente
q	Freiwerde...
q	kinetisch
q	Quellen...
q	Quer...
q	Querkoordinate
q	spezifisch
Q	starres Netz
r	(1. Index) Rückwärtsrichtung
r	(2. Index) Anstiegs...
r	(2. Index) Durchschalt...
r	Anstiegs...
r	Durchschalt...
r	ohmsch
r	radial
r	Rand...
r	reflektiert
r	Reflexions...
r	relativ
r	Reihen...
r	Remanenz...
r	resultierend
r	Rückführungs...
real	real
red	reduziertes
rem	Remanenz
res	resultierend
rev	reversibel
rot	Rotations...
R	(1. Index) Rückwärtsrichtung (Diode und Thyristor)
R	(2. Index) Sperrzustand (Diode und Thyristor)
R	ohmscher Widerstand
R	Phase im Dreiphasensystem
R	Regler...
R	Reibungs...
R	Reihen...
R	Reihenschaltungs...
R	Reluktanz...
R	Remanenz
R	Reserve
R	Rest...
R	Rollen...
R	Rotor...
R	Rückwärtsrichtung (Diode)
RMS	root mean square, Effektivwert
s	auf den schwarzen Strahler bezogene Größen
s	dynamisch spezifisch
s	Sägezahn...
s	Sättigungs...
s	Schalter...
s	Schmelz...
s	Schräg...
s	Schub...
s	sequentiell geschaltet
s	Signal...
s	Solarzelle
s	Sonden...
s	Speicher...
s	Ständer...
s	Steuer...
s	Stirn...
s	Stoß...
s	Strang...
sat	Sättigung
sc	Kurzschluß
sin	sinusförmige Größe
ss	Spitze-Spitze
st	statischer Zustand
st	Steuer...
st	Strang...
S	Durchbruchs...
S	im Stromrichter, Ventilen, Sicherungen, Leitungen
S	Impuls...
S	Phase im Dreiphasensystem
S	Sattel...
S	Schalt...
S	Schaltspannung
S	Schein...
S	Schenkelpol
S	Schicht, Spule
S	Schleusen...
S	Sender...
S	Solid...
S	Spiel...
S	Spitzen...
S	Source...
S	Stator
S	Steg...
S	Strang...
S	Strecken...
S	Stromrichter
S	Summe

Sp	Spulen...
SS	Sekundär-Schein...
St	Steuer...
St	Stillstands...
Stör	Störung
t	tangential
t	technisch
t	Torsions...
t	Tot...
t	transformatorisch, Transformator...
t	transient, Übergangs...
th	thermisch, Wärme...
T	Tangential...
T	Drehtisch...
T	im vorgeschalteten Transformator
T	oberer Schwellwert
T	Phase im Dreiphasensystem
T	Temperatur.., Thermo...
T	theoretisch
T	Torsions...
T	Tot...
T	Thyristor...
T	Transformator...
Tr	Trigger...
ü	Über...
ü	Überspannung
u	Umgebungs...
u	Umschalt...
u	Umsetz...
u	Vorzugs...
U	Umgebungs...
v	ventilseitig
v	Vergleichs...
v	Verlust...
v	Verzögerungs...
v	visuelle Größe
v	Vormagnetisierung
vorh	vorhanden
V	gesperrte Basis-Emitter-Diode
V	Valenzband...
V	Verbraucher...
V	Verlust...
V	Vollpol...
V	Voltmeter
V	Vorhalte...
V	Vorlauf...
V	Vorwiderstand
Vak	Vakuum
VN	Valenzniveau
w	Referenzsollwert
w	wahr
w	Wärme...
w	Warte...
w	Wicklungs...
w	Wirbelstrom...
w	Wirk...
wi	wirtschaftlich
W	Wärme...
W	Wechselspannung
W	Welle, Wellen...
W	Wendepolwicklung
W	Wiederkehr...
W	Wind
W	Windungs...
W	Wirbelstrom...
W	Wirbelstromverluste
WKM	Wärmekraftmaschine
WR	Wechselrichter
WS	Windungen pro Spule
x	induktiver Anteil
z	Flieh.., Zentrifugal...
z	Zahl
z	Zug...
z	Zünd...
z	Zusatz...
z	Zusatzlast
z	Zwischen...
z	Zwischenkreis
zu	zugeführt
zul	zulässig
Z	Zug...
Z	zugelassen
ZG	Zündgenerator
δ	Dämpfung
ν	Oberschwingung
σ	Steuerung
0c	Leerlauf
(1)	definierte Gehäusetemperatur
1	Grundschwingung
2	Läufer

5 Mathematische Zeichen

$+$	plus
$-$	minus
$\pm$	plus oder minus
$\cdot$	mal
$\times$	mal, Malkreuz
$:$	geteilt durch
$/$	geteilt durch
$=$	gleich
$\neq$	ungleich
$\approx$	ungefähr gleich
$\cong$	asymptotisch gleich
$\triangleq$	entspricht
$\equiv$	identisch gleich
$\not\equiv$	nicht identisch gleich
$\Rightarrow$	aus...folgt

$<$	kleiner als
$\leqslant$	kleiner als oder gleich
$>$	größer als
$\geqslant$	größer als oder gleich
$\ll$	klein gegen, von wesentlich kleinerer Größenordnung
$\gg$	groß gegen, von wesentlich größerer Größenordnung
$\sum$	Summe
$\prod$	Produkt
$\sqrt{\ }$	Wurzel aus
$\lvert\ \rvert$	Betrag von
$f(x)$	Funktion der Veränderlichen x
$g(x)$	Funktion der Veränderlichen x
$\in$	Element von
$\mathbb{R}$	Menge R
$\vec{a}$	Vektor von a
$\lvert\vec{a}\rvert$	Betrag a des Vektors $\vec{a}$
rot $\vec{A}$	Rotor eines Vektorfeldes A
div $\vec{A}$	Divergenz eines Vektorfeldes A
∞	unendlich
e	2,718281...
π	3,141592...
j	$\sqrt{-1}$, lt DIN ist auch i zugelassen
log	Logarithmus mit beliebiger Basis
$\log_a$	Logarithmus zur Basis a
$\lg = \log_{10}$	Logarithmus zur Basis 10, Briggscher Logarithmus
$\ln = \log_e$	Logarithmus zur Basis e, natürlicher Logarithmus
[ ]	geschlossenes Intervall
$\begin{pmatrix} \ \end{pmatrix}$	Matrix
a_{jk}	Elemente der Matrix
$\boldsymbol{A}$	Matrix
$\boldsymbol{E}$	Nullmatrix
(m, n)-Matrix	Schema von $m \cdot n$ Zahlen, angeordnet in m Zeilen und n Spalten
$\triangle$	Delta, Differenz
$\triangle x$	Differenz von zwei x-Werten, z. B. $x_2 - x_1$
d	Differentialzeichen
dx	Differential von x, symbolischer Grenzwert von Δx für $\Delta x \to 0$
d$f(x)$	Differential der Funktion $f(x)$
$f'(x)$	Ableitung 1. Ordnung
$f''(x)$	Ableitung 2. Ordnung
$f^n(x)$	Ableitung n. Ordnung
$\frac{dy}{dx}$	erster Differentialquotient von y
$\frac{d^2y}{dx^2}$	zweiter Differentialquotient von y
$\frac{d^ny}{dy^n}$	n-ter Differentialquotient von y
$\frac{\partial f}{\partial x}$	partielle Differentiation, df partiell nach dx
$\rightarrow$	gegen (bei Grenzübergang), zugeordnet
$\int$	Integral
$\int f(x)\,dx$	unbestimmtes Integral f von x dx
$\int_a^b f(x)\,dx$	bestimmtes Integral f von x dx, a und b sind die Grenzen
$\int\int$	Doppelintegral
$\oint$	Randintegral, Hüllintegral
$F(x)$	Stammfunktion (Integralfunktion von $f(x)$)
Re(z)	Realteil von z (auch Re z)
Im(z)	Imaginärteil von z (auch Im z)
$z = a + jb$	komplexe Zahl
z^*	konjugiert komplexe Zahl von z
$\underline{z}$	Zeiger
$\mathscr{L}$	Laplace-Transformationsoperator
○—●	Korrespondenzzeichen, z. B. $f(t)$ ○—● $F(s)$, $f(t)$ ist das Original von $F(s)$
●—○	Korrespondenzzeichen, z. B. $F(s)$ ●—○ $f(t)$, $F(s)$ ist das Bild von $f(t)$
$\measuredangle$	Winkel
sin	Sinus
cos	Cosinus
tan	Tangens
cot	Cotangens
arcsin	Arcussinus
arccos	Arcuscosinus
arctan	Arcustangens
arccot	Arcuscotangens
Arcsin, Arccos, Arctan, Arccot	Arcusfunktionen im Bereich π, z. B. $0 < y < \pi$ oder $-\pi/2 < x < \pi/2$
sinh	Hyperbelsinus, Sinus hyperbolicus
cosh	Hyperbelcosinus, Cosinus hyperbolicus
tanh	Hyperbeltangens, Tangens hyperbolicus
coth	Hyperbelcotangens, Cotangens hyperbolicus
arsin	Areasinus
arcos	Areacosinus
artan	Areatangens
arcot	Arcacotangens

1 Mathematik

1.1 Lineare Algebra

1.1.1 Vektorrechnung

1.1.1.1 Grundbegriffe und Definitionen

Definition eines Vektors

Bei den in Naturwissenschaft und Technik auftretenden Größen unterscheidet man zwischen *Skalaren* und *Vektoren*.

Unter einem Skalar versteht man eine Größe, die sich eindeutig durch die Angabe einer Maßzahl und einer Maßeinheit beschreiben läßt.

Bei der Beschreibung einer vektoriellen Größe wird außerdem die Angabe über die Richtung, in der sie wirkt, benötigt. Zur Kennzeichnung von Vektoren werden Buchstabensymbole, die mit einem Pfeil versehen sind, verwendet. Zum Beispiel $\vec{a}$, $\vec{v}$, $\vec{F}$. Die Vektoren werden symbolisch durch Pfeile dargestellt (Bild 1.1–1).

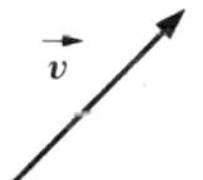

Bild 1.1-1
Vektor

Betrag eines Vektors

Unter dem Betrag eines Vektors $\vec{a}$ versteht man die zu seiner Beschreibung benötigte Maßzahl und Maßeinheit. Der Betrag $|\vec{a}|$ ist stets positiv.

■ *Beispiel:*
Betrag einer Geschwindigkeit $|\vec{v}| = 20$ m/s.

Nullvektor

Hat ein Vektor den Betrag Null, so heißt er Nullvektor: $\vec{0}$.

Einheitsvektor

Ein Vektor vom Betrag 1 heißt Einheitsvektor: $|\vec{e}| = 1$. Für den Einheitsvektor der Richtung $\vec{a}$ schreibt man:

$$\vec{e}_a = \frac{\vec{a}}{|\vec{a}|}. \qquad (1.1\text{–}1)$$

Definition der Gleichheit von Vektoren

Zwei Vektoren $\vec{a}$ und $\vec{b}$ heißen gleich, wenn sie den gleichen Betrag und die gleiche Richtung haben. Nach dieser Definition kann man die Vektoren parallel verschieben.

Gegenvektor

Der Vektor $-\vec{a}$ hat den gleichen Betrag wie der Vektor $\vec{a}$, ist ihm aber entgegengesetzt gerichtet. Man nennt ihn den zu $\vec{a}$ entgegengesetzten Vektor oder Gegenvektor (Bild 1.1–2).

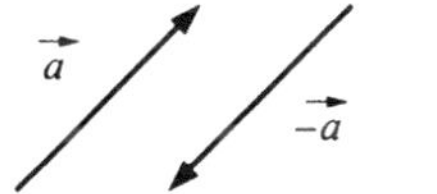

Bild 1.1-2
Gegenvektor

Freier Vektor

Ein Vektor, der an keinen Ort gebunden ist und daher beliebig parallel verschoben werden kann, heißt freier Vektor.

Ortsvektor

Die an den Ursprung eines Koordinatensystems gebundenen Vektoren nennt man Ortsvektoren (Bild 1.1–3).

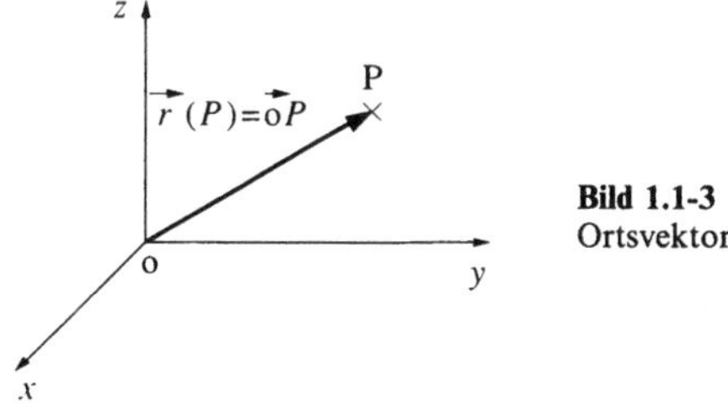

Bild 1.1-3
Ortsvektor

1.1.1.2 Rechenoperationen

Addition

Gegeben seien zwei Vektoren $\vec{a} \neq \vec{0}$ und $\vec{b} \neq \vec{0}$. Um diese Vektoren zu addieren, verschiebt man $\vec{b}$ parallel zu sich, so daß sein Anfangspunkt auf den Endpunkt des Vektors $\vec{a}$ fällt. Der vom Anfangspunkt von $\vec{a}$ zum Endpunkt von $\vec{b}$ führende Vektor $\vec{c}$ heißt *Summenvektor* (Bild 1.1–4).

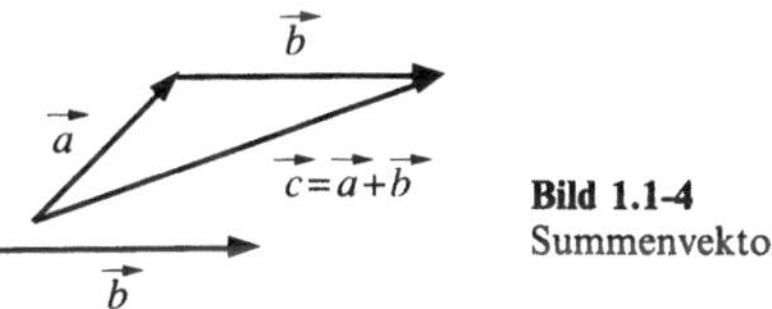

Bild 1.1-4
Summenvektor

Subtraktion

Der *Differenzvektor* $\vec{d} = \vec{a} - \vec{b}$ wird durch den Summenvektor von $\vec{a}$ und $-\vec{b}$ (Gegenvektor von $\vec{b}$) gebildet (Bild 1.1–5).

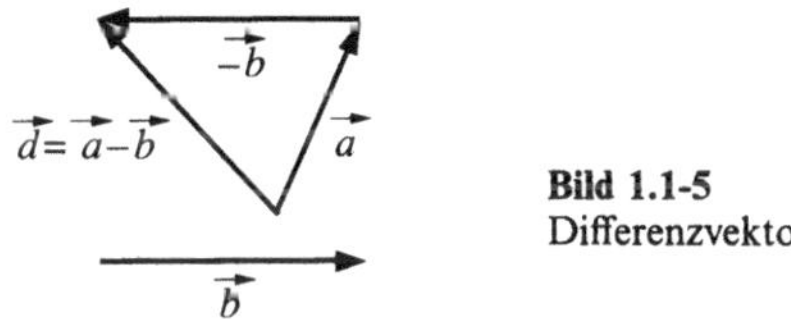

Bild 1.1-5
Differenzvektor

Rechenregeln der Addition und Subtraktion

$$\vec{a} + \vec{b} = \vec{b} + \vec{a} \quad \text{(Kommutativgesetz)}, \qquad (1.1\text{–}2)$$

$$\vec{a} + (\vec{b} + \vec{c}) = (\vec{a} + \vec{b}) + \vec{c} \quad \text{(Assoziativgesetz)}, \qquad (1.1\text{–}3)$$

$$\vec{a} + \vec{0} = \vec{a} \qquad (1.1\text{–}4)$$

(Nullvektor spielt die Rolle der Null).

■ *Beispiel:*
Gegeben sind die Vektoren $\vec{a}$, $\vec{b}$ und $\vec{c}$. Man berechne $\vec{a}+\vec{b}-\vec{c}$.

Lösung: Siehe Bild 1.1–6.

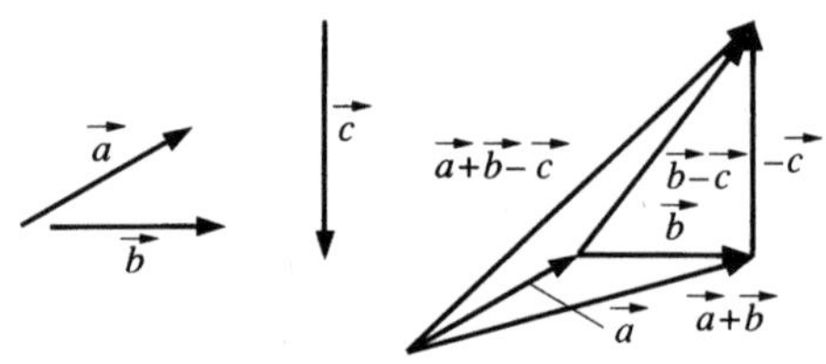

Bild 1.1-6 $\vec{a}+\vec{b}-\vec{c}$

Multiplikation eines Vektors mit einem Skalar
Ist c eine reelle Zahl (ein Skalar), $\vec{a}$ ein Vektor, dann bezeichnet man mit $c \cdot \vec{a}$ den Vektor vom Betrage $|c| \cdot |\vec{a}|$, der für $c>0$ dieselbe Richtung wie $\vec{a}$ und für $c<0$ dieselbe Richtung wie $-\vec{a}$ hat. Außerdem sei $0 \cdot \vec{a} = \vec{0}$, $c \cdot \vec{0} = \vec{0}$. Schreibweisen: $c \cdot \vec{a}$ oder $\vec{a} \cdot c$.

Rechenregeln

$$c \cdot (d \cdot \vec{a}) = (c \cdot d) \cdot \vec{a} \quad \text{(Assoziativgesetz)}, \quad (1.1\text{–}5)$$

$$(c+d) \cdot \vec{a} = c \cdot \vec{a} + d \cdot \vec{a} \quad \text{(Distributivgesetz)}, \quad (1.1\text{–}6)$$

$$c \cdot (\vec{a}+\vec{b}) = c \cdot \vec{a} + c \cdot \vec{b} \quad \text{(Distributivgesetz)}, \quad (1.1\text{–}7)$$

$$1 \cdot \vec{a} = \vec{a} \qquad (-1) \cdot \vec{a} = -\vec{a}. \quad (1.1\text{–}8)$$

■ *Beispiel:*
Gegeben sind die Vektoren $\vec{a}$, $\vec{b}$ und $\vec{c}$. Man berechne $3\vec{a}-\vec{b}+2\vec{c}$.

Lösung: Siehe Bild 1.1–7.

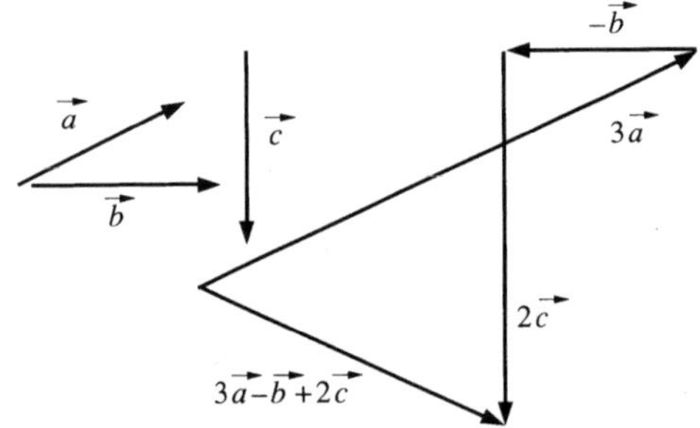

Bild 1.1-7 $3\,\vec{a}-\vec{b}+2\,\vec{c}$

Skalares oder inneres Produkt zweier Vektoren
Das skalare oder innere Produkt der Vektoren $\vec{a}$ und $\vec{b}$ ist das Produkt aus den Beträgen der beiden Vektoren und dem Cosinus des von ihnen eingeschlossenen Winkels:

$$\vec{a} \cdot \vec{b} = |\vec{a}| \cdot |\vec{b}| \cos \sphericalangle(\vec{a}, \vec{b}). \quad (1.1\text{–}9)$$

Das Skalarprodukt ist eine skalare Größe.
Ist wenigstens einer der beiden Vektoren $\vec{a}$ und $\vec{b}$ der Nullvektor, so gilt $\vec{a} \cdot \vec{b} = 0$. Sind $\vec{a}$ und $\vec{b}$ beide nicht Nullvektoren, so gilt $\vec{a} \cdot \vec{b} = 0$ genau dann, wenn $\vec{a}$ und $\vec{b}$ aufeinander senkrecht stehen.

Rechenregeln für skalares Produkt

$$\vec{a} \cdot \vec{b} = \vec{b} \cdot \vec{a} \quad \text{(Kommutativgesetz)}. \quad (1.1\text{–}10)$$

Ist $c \in \mathbb{R}$, so gilt

$$(c \cdot \vec{a}) \cdot \vec{b} = \vec{a} \cdot (c \cdot \vec{b}) = c \cdot (\vec{a} \cdot \vec{b}), \quad (1.1\text{–}11)$$

$$\vec{a} \cdot (\vec{b}+\vec{c}) = \vec{a} \cdot \vec{b} + \vec{a} \cdot \vec{c} \quad \text{(Distributivgesetz)}, \quad (1.1\text{–}12)$$

$$\vec{a} \cdot \vec{a} = |\vec{a}|^2. \quad (1.1\text{–}13)$$

Vektorielles oder äußeres Produkt zweier Vektoren
$\vec{a}$ und $\vec{b}$ seien zwei vom Nullvektor verschiedene, weder gleich noch entgegengesetzt gerichtete Vektoren. Als ihr vektorielles oder äußeres Produkt, geschrieben $\vec{a} \times \vec{b}$, bezeichnet man den Vektor $\vec{c}$ mit folgenden Eigenschaften:

1. $\vec{c}$ steht senkrecht auf $\vec{a}$ und senkrecht auf $\vec{b}$.
2. $\vec{a}$, $\vec{b}$ und $\vec{c}$ bilden in dieser Reihenfolge ein Rechtssystem.
3. $|\vec{c}| = |\vec{a}| \cdot |\vec{b}| \sin \sphericalangle (\vec{a}, \vec{b})$. (1.1–14)

Ist wenigstens einer der beiden Vektoren $\vec{a}$ und $\vec{b}$ der Nullvektor oder haben $\vec{a}$ und $\vec{b}$ dieselbe oder entgegengesetzte Richtung, so sei das vektorielle Produkt von $\vec{a}$ und $\vec{b}$ der Nullvektor.

Rechenregeln für vektorielles Produkt

$$\vec{a} \times \vec{b} = -(\vec{b} \times \vec{a}) \quad (1.1\text{–}15)$$

(Antikommutatives Gesetz),

Ist $c \in \mathbb{R}$, so gilt

$$(c \cdot \vec{a}) \times \vec{b} = \vec{a} \times (c \cdot \vec{b}) = c \cdot (\vec{a} \times \vec{b}), \quad (1.1\text{–}16)$$

$$\vec{a} \times (\vec{b}+\vec{c}) = \vec{a} \times \vec{b} + \vec{a} \times \vec{c} \quad (1.1\text{–}17)$$

(1. Distributivgesetz),

$$(\vec{a}+\vec{b}) \times \vec{c} = \vec{a} \times \vec{c} + \vec{b} \times \vec{c} \quad (1.1\text{–}18)$$

(2. Distributivgesetz),

$$\vec{a} \times \vec{a} = \vec{0}. \quad (1.1\text{–}19)$$

1.1.1.3 Vektorrechnung unter Verwendung der Koordinaten

In einem rechtwinkligen Koordinatensystem mit gleichen Einheitslängen auf allen Koordinatenachsen und den Einheitsvektoren $\vec{e}_x$, $\vec{e}_y$, $\vec{e}_z$ in Richtung der Achsen sind die Koordinaten des beliebigen Vektors $\vec{a} = (a_x, a_y, a_z)$ gleich den Projektionen von $\vec{a}$ auf die Einheitsvektoren $\vec{e}_x$, $\vec{e}_y$, $\vec{e}_z$ und gleich den Skalarprodukten von $\vec{a}$ mit den Einheitsvektoren:

$$a_x = \vec{a} \cdot \vec{e}_x, \quad a_y = \vec{a} \cdot \vec{e}_y, \quad a_z = \vec{a} \cdot \vec{e}_z. \quad (1.1\text{–}20)$$

$a_x\vec{e}_x$, $a_y\vec{e}_y$ und $a_z\vec{e}_z$ sind die Komponenten von $\vec{a}$ bezüglich $\vec{e}_x$, $\vec{e}_y$, $\vec{e}_z$:

$$\vec{a} = a_x\vec{e}_x + a_y\vec{e}_y + a_z\vec{e}_z. \quad (1.1\text{–}21)$$

Entsprechendes gilt für ebene Vektoren. Für den Betrag eines Vektors mit den Koordinaten a_x, a_y und a_z in einem rechtwinkligen Koordinatensystem mit gleichen Einheitslängen gilt nach dem Satz von Pythagoras:

$$|\vec{a}| = \sqrt{a_x^2 + a_y^2 + a_z^2} \text{ für } \vec{a} = (a_x, a_y, a_z), \quad (1.1\text{–}22)$$

$$|\vec{a}| = \sqrt{a_x^2 + a_y^2} \quad \text{für } \vec{a} = (a_x, a_y). \quad (1.1\text{–}23)$$

Addition bzw. Subtraktion von Vektoren

$$\vec{a} \pm \vec{b} = (a_x \pm b_x, a_y \pm b_y, a_z \pm b_z). \quad (1.1\text{–}24)$$

Multiplikation eines Vektors mit einem Skalar

$$c\vec{a} = c(a_x, a_y, a_z) = (ca_x, ca_y, ca_z). \quad (1.1\text{–}25)$$

Skalares Produkt

$$\vec{a} \cdot \vec{b} = (a_x, a_y, a_z)(b_x, b_y, b_z) = \quad (1.1\text{–}26)$$
$$= a_x b_x + a_y b_y + a_z b_z.$$

Vektorielles Produkt

$$\vec{a} \times \vec{b} = (a_x, a_y, a_z) \times (b_x, b_y, b_z) = \quad (1.1\text{–}27)$$
$$= (a_y b_z - a_z b_y, a_z b_a - a_x b_z, a_x b_y - a_y b_x).$$

■ *Beispiel:*
Gegeben sind die Vektoren $\vec{a} = (2, 4)$, $\vec{b} = (-1, 3)$, $\vec{c} = (3, 2)$ und $\vec{d} = (5, -4)$.
a) Man stelle die Vektoren graphisch dar!
b) Man berechne $\vec{a}/2 + \vec{b}/3 - 2\vec{c}$!
c) Man bilde die Skalarprodukte:

$\alpha)$ $\vec{a} \cdot \vec{b}$ $\quad \beta)$ $(\vec{a} + \vec{b})(\vec{c} + \vec{d})$ $\quad \gamma)$ $(\vec{a} - \vec{c})(\vec{b} - \vec{d})$!

d) Man berechne $|\vec{a} + \vec{d}|$!
e) Man berechne den Winkel zwischen $\vec{a}$ und $\vec{b}$!

Lösung:
a) Siehe Bild 1.1-8.

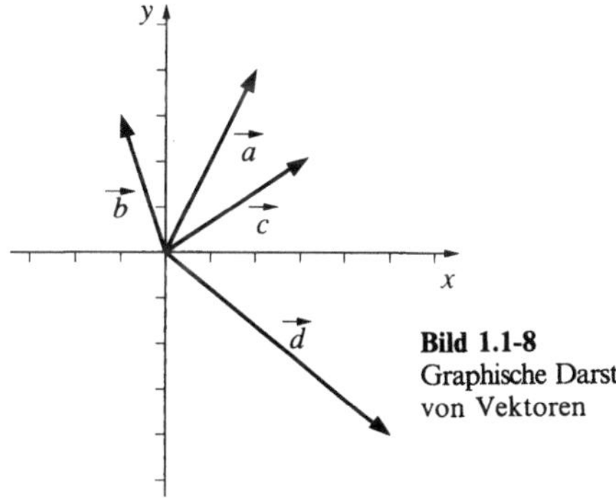

Bild 1.1-8 Graphische Darstellung von Vektoren

b) $\vec{a}/2 + \vec{b}/3 - 2\vec{c} = (1 - 1/3 - 6, 2 + 1 - 4) =$
$= (-16/3, -1)$
c) $\alpha)$ $\vec{a} \cdot \vec{b} = -2 + 12 = 10$
$\beta)$ $(\vec{a} + \vec{b})(\vec{c} + \vec{d}) = (1, 7)(8, -2) = 8 - 14 = -6$
$\gamma)$ $(\vec{a} - \vec{c})(\vec{b} - \vec{d}) = (-1, 2)(-6, 7) = 6 + 14 = 20$
d) $\vec{a} + \vec{d} = (7, 0)$, $|\vec{a} + \vec{d}| = \sqrt{7^2 + 0^2} = 7$
e) Nach den Gln. (1.1–9) und (1.1–23) gilt:

$$\cos\varphi = \frac{\vec{a} \cdot \vec{b}}{|\vec{a}|\,|\vec{b}|} = \frac{10}{\sqrt{2^2 + 4^2} \cdot \sqrt{(-1)^2 + 3^2}} =$$
$$= \frac{10}{\sqrt{20}\sqrt{10}} = \frac{1}{\sqrt{2}} = \frac{\sqrt{2}}{2} \Rightarrow \varphi = 45°$$

■ *Beispiel:*
Gegeben sind die Vektoren $\vec{a} = (1, 2, 3)$ und $\vec{b} = (-1, 2, -1)$. Man berechne $\vec{a} \times \vec{b}$!

Lösung: Nach Gl. (1.1–27) gilt:

$\vec{a} \times \vec{b} = [(2)(-1) - (3)(2), (3)(-1) - (1)(-1),$
$(1)(2) - (2)(-1)] = (-2 - 6, -3 + 1, 2 + 2) =$
$= (-8, -2, 4)$

1.1.2 Matrizenrechnung

1.1.2.1 Grundbegriffe und Definitionen

Definition einer Matrix
Unter einer (m, n)-Matrix versteht man ein rechteckiges Schema von $m \cdot n$ Zahlen, die in m Zeilen und n Spalten angeordnet sind:

$$A = (a_{ik}) = \begin{pmatrix} a_{11} & a_{12} & a_{13} & \cdots & a_{1n} \\ a_{21} & a_{22} & a_{23} & \cdots & a_{2n} \\ \vdots & \vdots & \vdots & & \vdots \\ a_{m1} & a_{m2} & a_{m3} & \cdots & a_{mn} \end{pmatrix} \quad (1.1\text{–}28)$$

Die Matrizen werden oft mit Großbuchstaben bezeichnet. Die Zahlen a_{ik} sind die Elemente der Matrix.

Quadratische Matrix
Bei $m = n$ ist die Matrix quadratisch.

Nullmatrix
Eine Matrix, deren Elemente alle gleich Null sind, heißt eine Nullmatrix.

Einheitsmatrix ***E***
Eine Matrix heißt Einheitsmatrix, wenn

$$a_{ik} = \begin{cases} 0 & \text{für} \quad i \neq k, \\ 1 & \text{für} \quad i = k. \end{cases}$$

Eine Einheitsmatrix ist immer quadratisch.

■ *Beispiel:*

$$\begin{pmatrix} 1 & 0 & 0 & 0 \\ 0 & 1 & 0 & 0 \\ 0 & 0 & 1 & 0 \\ 0 & 0 & 0 & 1 \end{pmatrix}$$ ist eine vierreihige Einheitsmatrix.

Diagonalmatrix
Eine Matrix, bei der für alle $i \neq k$ die Elemente a_{ik} gleich Null sind, heißt Diagonalmatrix.

Gleichartige Matrizen
Zwei Matrizen heißen „gleichartig", wenn sie die gleiche Anzahl von Zeilen und Spalten haben.

■ *Beispiel:*

$$A = \begin{pmatrix} 1 & 2 & 3 \\ -1 & 0 & 1 \end{pmatrix}; \quad B = \begin{pmatrix} 0 & 1 & 4 \\ 3 & 1 & 9 \end{pmatrix};$$

$$C = \begin{pmatrix} 0 & 1 \\ 3 & 1 \end{pmatrix}.$$

A und ***B*** sind gleichartig; ***C*** ist jedoch ungleichartig gegenüber ***A*** und ***B***.

Gleichheit der Matrizen
Zwei Matrizen A und B heißen „gleich", sofern sie gleichartig sind und gleiche korrespondierende Elemente haben.

■ *Beispiel:*

$$A = \begin{pmatrix} 4 & 2 & 0 \\ 1 & 0 & 0 \end{pmatrix}; \quad B = \begin{pmatrix} 4 & 2 & 0 \\ 1 & 0 & 0 \end{pmatrix};$$

$$C = \begin{pmatrix} 4 & 2 \\ 1 & 0 \end{pmatrix}; \quad D = \begin{pmatrix} 2 & 4 & 0 \\ 0 & 1 & 0 \end{pmatrix},$$

$$A = B \neq C, \quad A = B \neq D$$

Verkettete Matrizen
Die Matrizen A und B heißen „verkettet", wenn die Spaltenzahl von A gleich der Zeilenzahl von B ist.

Transponierte Matrix
Unter der „transponierten" Matrix A^T der Matrix A versteht man eine Matrix, die durch Vertauschung von Zeilen und Spalten der Matrix A gebildet wird.

■ *Beispiel:*

$$A = \begin{pmatrix} 2 & -1 & 5 \\ 1 & 0 & 4 \end{pmatrix}; \quad A^T = \begin{pmatrix} 2 & 1 \\ -1 & 0 \\ 5 & 4 \end{pmatrix}.$$

Symmetrische Matrix
Eine Matrix A heißt symmetrisch, wenn $A = A^T$ ist.

1.1.2.2 Rechenoperationen

Addition und Subtraktion
Zwei gleichartige Matrizen werden addiert bzw. subtrahiert, indem man ihre korrespondierenden Elemente addiert bzw. subtrahiert.

$$A \pm B = (a_{ik}) \pm (b_{ik}) = (a_{ik} \pm b_{ik}). \qquad (1.1\text{–}29)$$

Rechenregeln

$$A + B = B + A \quad \text{(Kommutativgesetz)}, \qquad (1.1\text{–}30)$$

$$(A + B) + C = A + (B + C) = A + B + C \quad \text{(Assoziativgesetz)}, \qquad (1.1\text{–}31)$$

$$(A + B)^T = A^T + B^T \quad \text{(Transponieren)}. \qquad (1.1\text{–}32)$$

■ *Beispiel:*

$$A = \begin{pmatrix} 4 & 1 & 0 \\ 2 & 1 & 1 \end{pmatrix}; \quad B = \begin{pmatrix} 1 & 1 & 0 \\ -1 & 3 & 2 \end{pmatrix};$$

$$A - B = \begin{pmatrix} 3 & 0 & 0 \\ 3 & -2 & -1 \end{pmatrix}.$$

Multiplikation einer Matrix mit einer Zahl
Man multipliziert eine Matrix A mit der Zahl c, indem man alle Elemente der Matrix mit c multipliziert.

$$c\mathbf{A} = c(a_{ik}) = (ca_{ik}). \qquad (1.1\text{–}33)$$

Rechenregeln
Sind c und d reelle Skalare, so gilt:

$$c(dA) = d(cA) = (cd)A \quad \text{(Assoziativgesetz)}, \qquad (1.1\text{–}34)$$

$$(c + d)A = cA + dA \quad \text{(Distributivgesetz)}, \qquad (1.1\text{–}35)$$

$$(cA)^T = cA^T \quad \text{(Transponieren)}. \qquad (1.1\text{–}36)$$

Matrizenmultiplikation
Sind A und B verkettete Matrizen, so wird unter dem Matrizenprodukt AB eine Matrix $C = (c_{ik})$ verstanden, deren Elemente c_{ik} sich durch das Skalarprodukt (Gl. (1.1–26)) vom i-ten Zeilenvektor von A und dem k-ten Spaltenvektor von B ergeben.
Schema zur Durchführung einer Matrizenmultiplikation:

(1.1–37)

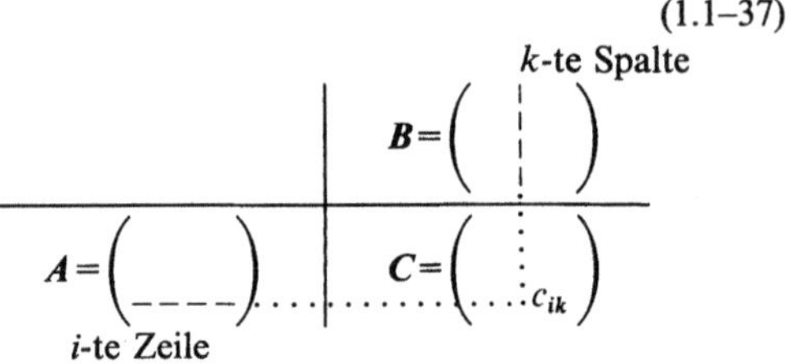

■ *Beispiel:*

$$B = \begin{pmatrix} 8 & -2 \\ 3 & 0 \\ 1 & 4 \end{pmatrix}$$

$$A = \begin{pmatrix} 1 & -2 & 4 \\ 2 & 4 & -3 \\ -3 & 5 & 1 \\ 4 & 7 & 2 \\ -2 & 1 & 5 \end{pmatrix} \quad C = AB = \begin{pmatrix} 6 & 14 \\ 25 & -16 \\ -8 & 10 \\ 55 & 0 \\ -8 & 24 \end{pmatrix}$$

Rechenregeln

$$A(BC) = (AB)C \quad \text{(Assoziativgesetz)}, \qquad (1.1\text{–}38)$$

$$A(B + C) = AB + AC \quad \text{(Distributivgesetz)}, \qquad (1.1\text{–}39)$$

$$(AB)^T = B^T A^T \quad \text{(Transponieren)}, \qquad (1.1\text{–}40)$$

im allgemeinen ist $AB \neq BA$. (1.1–41)

■ *Beispiel:*

$$B = \begin{pmatrix} 2 & 3 \\ 1 & 4 \end{pmatrix}$$

$$A = \begin{pmatrix} 1 & 2 \\ 3 & 4 \end{pmatrix} \quad AB = \begin{pmatrix} 4 & 11 \\ 10 & 25 \end{pmatrix}$$

$$A = \begin{pmatrix} 1 & 2 \\ 3 & 4 \end{pmatrix}$$

$$B = \begin{pmatrix} 2 & 3 \\ 1 & 4 \end{pmatrix} \quad BA = \begin{pmatrix} 11 & 16 \\ 13 & 18 \end{pmatrix}$$

Inverse (reziproke) Matrix
A sei eine quadratische Matrix. Die Matrix B heißt „invers" („reziprok") zu A, falls $AB = E$ (Einheitsmatrix) gilt. Schreibweise $B = A^{-1}$. Man rechnet die inverse Matrix mit dem Gaußschen Algorithmus aus (z. B. [1.1]).
A heißt singulär, wenn A^{-1} nicht existiert, sonst regulär.

■ *Beispiel:*
Man berechne die Inverse der Matrix

$$A=\begin{pmatrix} 1 & 3 \\ -1 & 2 \end{pmatrix} \quad \text{und} \quad B=\begin{pmatrix} 1 & 3 \\ 2 & 6 \end{pmatrix}.$$

Lösung:

$$\begin{array}{c|c} & A^{-1}=\begin{pmatrix} a & b \\ c & d \end{pmatrix} \\ \hline A=\begin{pmatrix} 1 & 3 \\ -1 & 2 \end{pmatrix} & E=\begin{pmatrix} 1 & 0 \\ 0 & 1 \end{pmatrix} \end{array} \Rightarrow \begin{array}{r} a+3c=1 \\ b+3d=0 \\ -a+2c=0 \\ -b+2d=1 \end{array} \Rightarrow$$

$$\Rightarrow A^{-1}=\frac{1}{5}\cdot\begin{pmatrix} 2 & -3 \\ 1 & 1 \end{pmatrix}$$

$\boldsymbol{B}$ ist eine singuläre Matrix.

Orthogonale Matrix
Eine quadratische Matrix A heißt orthogonal, wenn $A^T=A^{-1}$ gilt.

1.2 Funktionen

1.2.1 Grundbegriffe

1.2.1.1 Definition einer Funktion

D und W seien zwei Mengen. Eine Vorschrift, die jedem Element x von D genau ein Element y von W zuordnet, ist eine Funktion. Man schreibt $y=f(x)$ und meint damit, daß y in bestimmter Weise von x abhängt, z. B. $y=ax$ oder $y=b/x^2$.
x wird die unabhängige Variable (Veränderliche) oder das Argument und y wird die abhängige Variable (Veränderliche) oder auch Funktionswert genannt. Die Menge D heißt der *Definitionsbereich* oder Argumentbereich von f, und die Menge W heißt der *Wertebereich* von f.

1.2.1.2 Möglichkeiten der Darstellung einer Funktion

1. Analytische Darstellung
Bei dieser Darstellung wird die Zuordnungsvorschrift von x und y in Form einer Gleichung gegeben. Ist die Gleichung nach einer Veränderlichen aufgelöst, so spricht man von einer expliziten Darstellung. Bei einer impliziten Darstellung ist die Funktion nicht nach einer Variablen aufgelöst.

■ *Beispiel:*
Die Funktionen $y=x^3$ und $s(t)=\frac{1}{2}gt^2+v_0t$ sind explizit und die Funktionen $x^2+yx+5=0$ und $y^2+2y+3x+8=0$ sind implizit dargestellt.

2. Darstellung durch eine Wertetabelle
Durch eine endliche Tabelle kann man eine Funktion mit endlichem Definitionsbereich vollständig beschreiben.

■ *Beispiel:*
Nichtlineare Strom-Spannungs-Kennlinie einer Diode

U_D/V	0,6	0,8	0,9	1,0	1,1	1,15
I/A	0	0,1	0,2	0,4	0,8	1,4

3. Graphische Darstellung
Eine Funktion f kann mit eingeschränkter Genauigkeit durch ein Bild von ihr in der x, y-Koordinatenebene dargestellt werden.

■ *Beispiel:*
Die Funktion $y=\frac{1}{2}x^2$ (Bild 1.2–1).

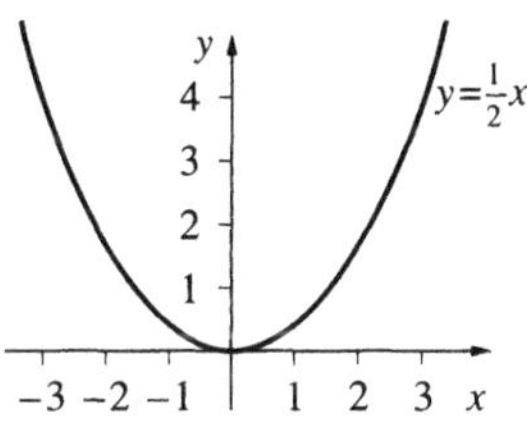

Bild 1.2-1
Parabel $y=\frac{1}{2}x^2$

1.2.1.3 Einige Eigenschaften der Funktionen

1. Monotonie
x_1 und x_2 mit $x_1<x_2$ seien Elemente der Teilmenge des Definitionsbereiches der Funktion f. Die Funktion heißt auf dieser Teilmenge

- monoton zunehmend oder wachsend, wenn $f(x_1)\leqslant f(x_2)$
- streng monoton wachsend, wenn $f(x_1)<f(x_2)$
- monoton abnehmend oder fallend, wenn $f(x_1)\geqslant f(x_2)$
- streng monoton fallend, wenn $f(x_1)>f(x_2)$ ist.

■ *Beispiel:*
Die Funktion $y=\frac{1}{3}x^3$ ist streng monoton wachsend (Bild 1.2–2).

Die Funktion $y=-2x$ ist streng monoton fallend (Bild 1.2–3).

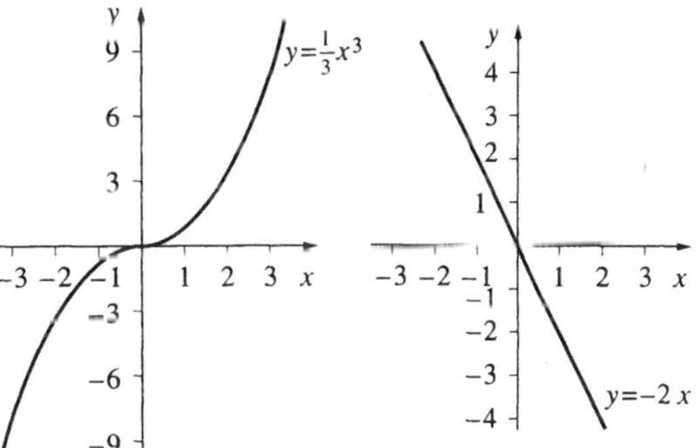

Bild 1.2-2
Funktion $y=\frac{1}{3}x^3$

Bild 1.2-3
Funktion $y=-2x$

2. Symmetrieverhalten
Eine Funktion mit symmetrischem Definitionsbereich heißt *gerade*, wenn für alle x aus dem Definitionsbereich $f(-x)=f(x)$ gilt. Die Funktion ist symmetrisch zur y-Achse. Gilt jedoch $f(-x)=-f(x)$, so heißt die Funktion *ungerade*. Die Kurve einer ungeraden Funktion ist punktsymmetrisch zum Koordinatenursprung.

■ *Beispiel:*

Die Funktion $y = \frac{1}{2}x^2$ (Bild 1.2–1) ist gerade und die Funktion $y = \frac{1}{3}x^3$ (Bild 1.2–2) ist ungerade.

3. Periodizität
Gibt es zu einer Funktion f eine Zahl p, so daß für alle x

$$f(x+p) = f(x)$$

ist, so heißt f periodisch und p heißt eine *Periode* der Funktion. Die kleinste positive Periode p_0 (sofern sie existiert) heißt die *primitive Periode* von f.

■ *Beispiel:*
Die Funktion $y = \cos x$ ist periodisch mit 2π (Bild 1.2–4).

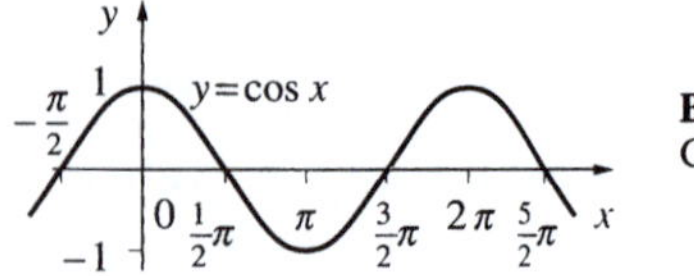

Bild 1.2-4 Cosinusfunktion

Die Funktion $y = \sin 4x$ ist periodisch mit der Periode $\pi/2$.

1.2.1.4 Charakteristische Merkmale von Funktionen

1. Nullstellen
Die Funktion $y=f(x)$ hat an der Stelle $x=x_0$ eine *Nullstelle*, wenn für $x=x_0$ die abhängige Variable y den Wert Null annimmt. Die Funktionskurve schneidet oder berührt dann bei $x=x_0$ die x-Achse. Man schreibt $f(x_0)=0$.

■ *Beispiel:*
Die Funktion $y = 2x+3$ schneidet die x-Achse an der Stelle $x_0 = -1{,}5$ (Bild 1.2–5, Kurve a) und die Funktion $y = (x+1)^2$ hat einen Berührungspunkt bei $x_0 = -1$ (Bild 1.2–5, Kurve b). Der Berührungspunkt ist eine doppelte Nullstelle.

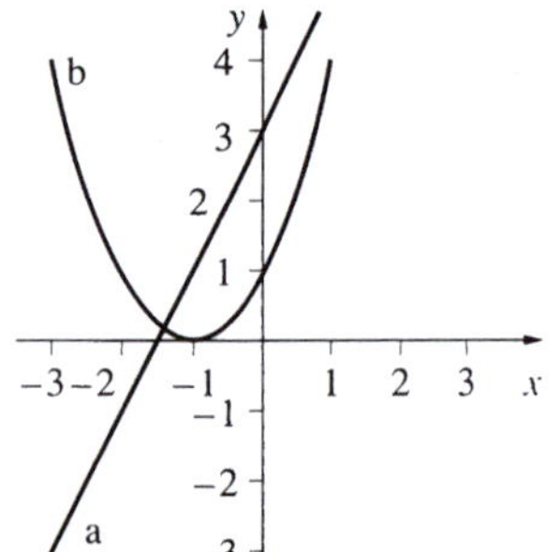

Bild 1.2-5 Nullstellen der Funktionen
a) $y = 2x+3$
b) $y = (x+1)^2$

2. Schnittpunkt mit der y-Achse
Diesen Punkt erhält man, wenn in der Funktionsgleichung für x der Wert Null eingesetzt wird.

■ *Beispiel:*
Die Funktion $y = 2x+3$ schneidet die y-Achse bei $y=3$ und die Funktion $y = (x+1)^2$ hat ihren Schnittpunkt mit der y-Achse bei $y=1$ (Bild 1.2–5).

3. Extremwerte
Eine Funktion hat an der Stelle $x=x_1$ einen *Extremwert*, wenn der Funktionswert an der Stelle $x=x_1$ größer (oder kleiner) als sämtliche eng benachbarten Funktionswerte ist. Man spricht von einem *relativen Maximum* (oder *Minimum*). Im Bild 1.2–6 ist der Punkt A ein relatives Maximum und Punkt B ein relatives Minimum.

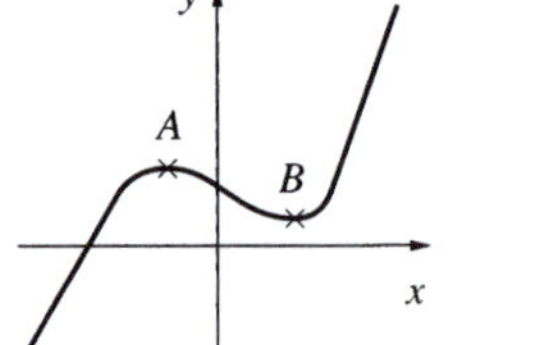

Bild 1.2-6 Extremwerte

1.2.1.5 Umkehrfunktion

Wird die Funktion $y=f(x)$ nach x aufgelöst, so erhält man die Funktion $x=g(y)$. Die Schaubilder der Funktionen $y=f(x)$ und $x=g(y)$ sind identisch. Vertauscht man in $x=g(y)$ die Variablen x und y, so erhält man die *inverse Funktion* oder *Umkehrfunktion* zu $y=f(x)$. Bei gleichen Einheitslängen auf x- und y-Achsen wird die Funktionskurve der Umkehrfunktion durch Spiegelung der Funktion $y=f(x)$ an der Winkelhalbierenden des ersten Quadranten erhalten.

■ *Beispiel:*
$y = f(x) = 2x+3$ Die nach x aufgelöste Funktion lautet $x = g(y) = \frac{1}{2}y - \frac{3}{2}$. Vertauscht man nun x und y, so erhält man die Umkehrfunktion $y = \frac{1}{2}x - \frac{3}{2}$ (Bild 1.2–7).

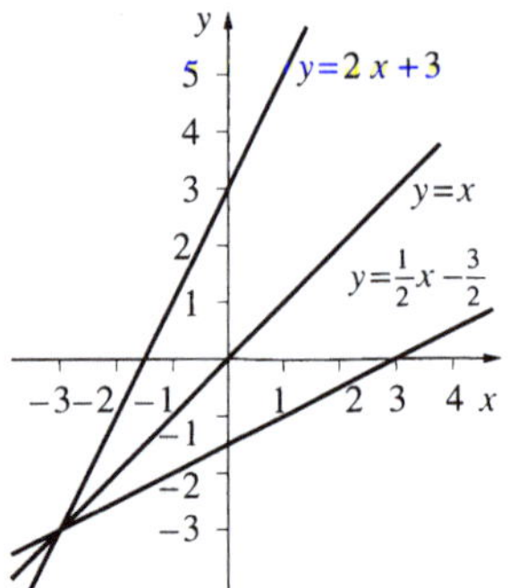

Bild 1.2-7 Umkehrfunktion

1.2.1.6 Grenzwert der Funktionen

1. Grenzwert von Folgen

Eine geordnete Menge reeller Zahlen wird eine reelle *Zahlenfolge* genannt. Man bezeichnet Zahlenfolgen meist mit (a_n), (b_n), ..., wobei a_n der Wert der Funktion an der Stelle n (n ist Element der natürlichen Zahlen) ist und das n-te Glied der Zahlenfolge genannt wird.

■ *Beispiele:*

Zahlenfolge	Bildungsgesetz
4, 5, 6, 7 ...	$a_n = n+3$ für $n = 1, 2, 3, \ldots$
$1, \frac{1}{2}, \frac{1}{3}, \frac{1}{4}, \ldots$	$a_n = \frac{1}{n}$ für $n = 1, 2, 3, \ldots$
7, 7, 7, 7, ...	$a_n = 7$ für $n = 1, 2, 3, \ldots$

Eine Folge heißt

- *nach oben (unten) beschränkt,* wenn es eine Zahl s_1 (s_2) gibt, so daß für alle Folgeglieder $a_n \leqslant s_1$ ($a_n \geqslant s_2$) gilt,
- *beschränkt,* wenn sie nach oben und nach unten beschränkt ist.

■ *Beispiele:*

Die Zahlenfolge 4, 5, 6, 7, ... mit $a_n = n+3$ für $n \geqslant 1$ ist nach unten beschränkt. Die Zahlenfolge $1, \frac{1}{2}, \frac{1}{3}, \frac{1}{4}, \ldots$ mit $a_n = \frac{1}{n}$ für $n \geqslant 1$ ist beschränkt.

2. Häufungspunkt

Der *Häufungspunkt* einer Zahlenfolge ist ein Punkt, in dessen Umgebung unendlich viele Elemente der Folge liegen. Eine beschränkte Zahlenfolge hat mindestens einen Häufungspunkt.

■ *Beispiel:*

Die Folge $1, \frac{1}{2}, \frac{1}{3}, \frac{1}{4}, \ldots$ mit $a_n = \frac{1}{n}$ für $n \geqslant 1$ hat den Häufungspunkt Null.

Hat eine beschränkte Zahlenfolge nur einen Häufungspunkt, so heißt dieser Häufungspunkt der *Grenzwert der Zahlenfolge*. Eine solche Zahlenfolge heißt *konvergent*. Jede andere Zahlenfolge heißt *divergent*. Das heißt, daß die divergenten Zahlenfolgen entweder mehrere Häufungspunkte haben oder unbeschränkt sind.

Ist eine Zahlenfolge (a_n) konvergent und besitzt den Grenzwert a, so schreibt man:

$$\lim_{n\to\infty} a_n = a.$$

■ *Beispiel:*

Die Folge $\frac{1}{2}, \frac{2}{3}, \frac{3}{4}, \frac{4}{5}, \frac{5}{6}, \ldots$ mit $a_n = \frac{n}{(n+1)}$ ist für $n \geqslant 1$ konvergent. Der Häufungspunkt ist 1, also $\lim_{n\to\infty} a_n = 1$.

3. Grenzwert der Funktionen

Die Funktion f sei in der Umgebung von x_0 definiert. Die Zahl g heißt genau dann Grenzwert der Funktion f an der Stelle x_0, geschrieben $g = \lim_{x\to x_0} f(x)$, wenn für jede Folge (x_n) von Zahlen aus dem Definitionsbereich von f mit $\lim_{n\to\infty} x_n = x_0$ die Folge $(f(x_n))$ der zugehörigen Funktionswerte gegen g konvergiert.

■ *Beispiel:*

$$\lim_{x\to\frac{1}{2}} \frac{2x^2+x-1}{4x^2-1}$$

Als Folge wählt man $x_n = \frac{1}{2} + \frac{1}{n}$. Damit gilt:

$$g = \lim_{x\to\frac{1}{2}} \frac{2x^2+x-1}{4x^2-1} =$$

$$= \lim_{n\to\infty} \frac{2\left(\frac{1}{2}+\frac{1}{n}\right)^2 + \left(\frac{1}{2}+\frac{1}{n}\right) - 1}{4\left(\frac{1}{2}+\frac{1}{n}\right)^2 - 1} =$$

$$= \lim_{n\to\infty} \frac{\frac{1}{2}+\frac{2}{n}+\frac{2}{n^2}+\frac{1}{2}+\frac{1}{n}-1}{1+\frac{4}{n}+\frac{4}{n^2}-1} =$$

$$g = \lim_{n\to\infty} \frac{\frac{3}{n}+\frac{2}{n^2}}{\frac{4}{n}+\frac{4}{n^2}} = \lim_{n\to\infty} \frac{3+\frac{2}{n}}{4+\frac{4}{n}} = \frac{3}{4}.$$

Die Funktion f sei in einem Intervall $\left\{\begin{matrix}(x_0, b)\\(a, x_0)\end{matrix}\right\}$ definiert. Die Zahl g heißt genau dann $\left\{\begin{matrix}\text{rechtsseitiger}\\\text{linksseitiger}\end{matrix}\right\}$ Grenzwert der Funktion f an der Stelle x_0, geschrieben $\left\{\begin{matrix}g = \lim_{x\to x_0+0} f(x)\\g = \lim_{x\to x_0-0} f(x)\end{matrix}\right\}$, wenn für jede Folge von Zahlen (x_n) aus dem Intervall $\left\{\begin{matrix}(x_0, b)\\(a, x_0)\end{matrix}\right\}$ mit $\lim_{n\to\infty} x_n = x_0$ die Folge $(f(x_n))$ der zugehörigen Funktionswerte gegen g konvergiert. Eine Funktion f besitzt an der Stelle x_0 genau dann einen Grenzwert, wenn sie an der Stelle x_0 einen links- und einen rechtsseitigen Grenzwert besitzt und beide gleich sind.

■ *Beispiel:*

Es ist der rechts- und linksseitige Grenzwert der Funktion $y = f(x) = \frac{1}{2}x^2$ an der Stelle $x=2$ zu berechnen.

$$\text{von rechts: } \lim_{x\to 2+0} \frac{1}{2}x^2 = \lim_{n\to\infty} \frac{1}{2}\left(2+\frac{1}{n}\right)^2 =$$

$$= \lim_{n\to\infty} \left(2+\frac{2}{n}+\frac{1}{2n^2}\right) = 2,$$

von links: $\lim_{x \to 2-0} \frac{1}{2} x^2 = \lim_{n \to \infty} \frac{1}{2} \left(2 - \frac{1}{n}\right)^2 =$

$= \lim_{n \to \infty} \left(2 - \frac{2}{n} + \frac{1}{2n^2}\right) = 2.$

Für die Grenzwertberechnung gelten folgende Rechenregeln:

a) Der Grenzwert einer Summe (Differenz) ist gleich der Summe (Differenz) der Grenzwerte der Summanden.

$$\lim_{x \to x_0} [f(x) \pm g(x)] = \lim_{x \to x_0} f(x) \pm \lim_{x \to x_0} g(x). \quad (1.2\text{–}1)$$

b) Der Grenzwert der Funktion $cf(x)$, in der c eine feste Zahl ist, ist gleich dem mit c multiplizierten Grenzwert der Funktion $f(x)$.

$$\lim_{x \to x_0} [cf(x)] = c \lim_{x \to x_0} f(x). \quad (1.2\text{–}2)$$

c) Der Grenzwert eines Produktes ist gleich dem Produkt der Grenzwerte der Faktoren.

$$\lim_{x \to x_0} [f(x)\, g(x)] = \lim_{x \to x_0} f(x) \lim_{x \to x_0} g(x). \quad (1.2\text{–}3)$$

d) Der Grenzwert eines Quotienten ist gleich dem Quotienten der Grenzwerte von Zähler und Nenner, sofern der Grenzwert der Nennerfunktion nicht gleich Null ist.

$$\lim_{x \to x_0} \frac{f(x)}{g(x)} = \frac{\lim_{x \to x_0} f(x)}{\lim_{x \to x_0} g(x)}, \quad \left(\lim_{x \to x_0} g(x) \neq 0\right). \quad (1.2\text{–}4)$$

Für die Berechung der Grenzwerte, die auf einen unbestimmten Ausdruck der Form $\frac{0}{0}$ oder $\frac{\infty}{\infty}$ führen, gilt die Regel von de l'Hospital (siehe Abschnitt 1.3.4.1 und [1.1]). Die unbestimmten Ausdrücke der Form $0 \cdot \infty$, $\infty - \infty$, 0^0, 1^∞ und ∞^0 lassen sich durch elementare Umformung auf den Typ $\frac{0}{0}$ oder $\frac{\infty}{\infty}$ zurückführen.

1.2.1.7 Stetigkeit der Funktionen

Ist die Funktion $f(x)$ in x_0 und einer gewissen Umgebung von x_0 definiert, so heißt die Funktion an der Stelle x_0 *stetig*, wenn der Grenzwert $\lim_{x \to x_0} f(x) = g$ existiert und gleich dem Funktionswert $f(x_0)$ an dieser Stelle ist.

Funktionen, die an jeder Stelle ihres Definitionsbereiches stetig sind, bezeichnet man als stetige Funktionen.

Unstetigkeiten sind *Definitionslücken, Sprungstellen* und *Unendlichkeitsstellen* (Pole).

■ *Beispiele:*

1. Die Funktion $y = \frac{1}{2} x^2$ ist an der Stelle $x = 2$ stetig, weil die Funktion an dieser Stelle definiert ist und links- und rechtsseitige Grenzwerte an dieser Stelle existieren. Sie sind gleich und sind gleich dem Funktionswert an der Stelle $x = 2$. Diese Funktion ist eine stetige Funktion, da sie an jeder Stelle ihres Definitionsbereiches $(-\infty, \infty)$ stetig ist (Bild 1.2–1).

2. Die Funktion $y = \frac{x^2 - 1}{x - 1}$ ist an der Stelle $x = 1$ nicht stetig, obwohl

$$\lim_{x \to 1+0} \frac{x^2 - 1}{x - 1} = \lim_{x \to 1-0} \frac{x^2 - 1}{x - 1} = 2$$

gilt. Die Funktion hat an dieser Stelle eine Definitionslücke (Bild 1.2–8). Es handelt sich hier um

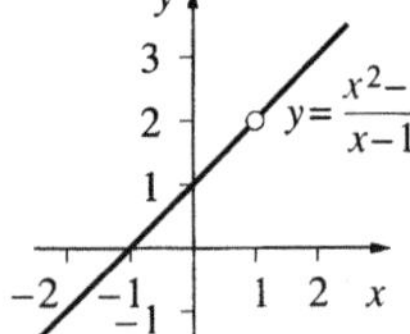

Bild 1.2-8
Beispiel für eine Definitionslücke

eine behebbare Unstetigkeit, da die Unstetigkeit durch die Festsetzung $f(1) = 2$ behoben werden kann.

3. Die Funktion

$$y = f(x) = \begin{cases} 0 & \text{für} \quad x < 0 \\ 1 & \text{für} \quad x \geqslant 0 \end{cases}$$

ist im Punkt $x = 0$ nicht stetig, weil

$$\begin{cases} \lim_{x \to +0} f(x) = 1 \\ \lim_{x \to -0} f(x) = 0 \end{cases}$$

gilt. Sie hat an dieser Stelle eine Sprungstelle (Bild 1.2–9).

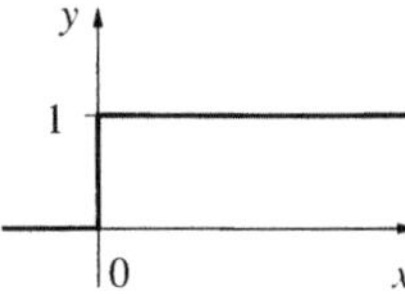

Bild 1.2-9
Beispiel für eine Sprungstelle

4. Die Funktion $y = \frac{x + 1}{x}$ hat an der Stelle $x = 0$ eine Unendlichkeitsstelle und ist dort nicht stetig (Bild 1.2–10).

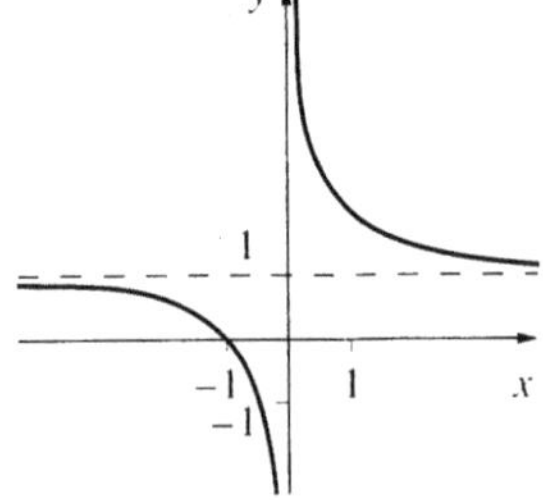

Bild 1.2-10
Beispiel für eine Unendlichkeitsstelle

1.2.2 Ganze rationale Funktionen

Funktionen, die nur durch Multiplizieren und Addieren von reellen Konstanten und von Potenzen der unabhängigen Variablen mit ganzzahligen positiven Exponenten entstehen, heißen *ganze rationale Funktionen* oder *Polynome*. Der Grad dieser Funktionen wird durch den höchsten Exponenten von x angegeben. Die allgemeine Form der ganzen rationalen Funktion n-ten Grades lautet:

$$y = a_0 + a_1x + a_2x^2 + a_3x^3 + \ldots + a_nx^n = \sum_{i=0}^{n} a_ix^i \qquad (1.2\text{–}5)$$

Die a_0, a_1, ..., a_n sind beliebige reelle Zahlen und heißen Koeffizienten der Potenzen von x. Häufig versucht man, komplizierte Funktionen näherungsweise durch Polynome zu ersetzen, da die Berechnung, Differentiation und Integration der Polynome einfach sind.

■ *Beispiel:*
Die Funktion $y = 0{,}5x^2 - 3$ ist eine ganze rationale Funktion zweiten Grades und die Funktion $y = 6x^5 - 3x^4 - 4x + 1$ ist ein Polynom fünften Grades.

1.2.2.1 Abspalten von Linearfaktoren

Dividiert man ein Polynom durch einen Linearfaktor, so erhält man ein Polynom von einem um eins niedrigeren Grad und einen Rest. Zum Beispiel erhält man durch die Division des Polynoms $y = f(x) = a_3x^3 + a_2x^2 + a_1x + a_0$ durch $x - x_0$ die Funktion $y_1 = f_1(x) = b_2x^2 + b_1x + b_0$ und den Rest $f(x_0)/(x - x_0)$.

$$(a_3x^3 + a_2x^2 + a_1x + a_0) : (x - x_0) =$$

$$= a_3x^2 + (a_2 + a_3x_0)x + (a_1 + a_2x_0 + a_3x_0^2) + \frac{f(x_0)}{x - x_0}$$

mit $b_2 = a_3$, $b_1 = a_2 + a_3x_0$

und $b_0 = a_1 + a_2x_0 + a_3x_0^2$.

■ *Beispiel:*

$$(2x^3 + x^2 - x - 1) : (x - 1) = 2x^2 + 3x + 2 + \frac{1}{x - 1}$$

Die Division ist ohne Rest ausführbar, wenn $f(x_0) = 0$, d.h., wenn x_0 eine Nullstelle des Polynoms ist.

■ *Beispiel:*

$$(2x^3 - x^2 + 2x - 1) : \left(x - \frac{1}{2}\right) = 2x^2 + 2.$$

1.2.2.2 Horner-Schema

Das *Horner-Schema* ist eine Rechenvorschrift, mit der man für ein Polynom mit minimalem Rechenaufwand die Funktionswerte z. B. an der Stelle x_0 sowie die Division durch eine Linearfunktion $x - x_0$ durchführen kann. Beispielsweise erhält man bei einem Polynom 3. Grades:

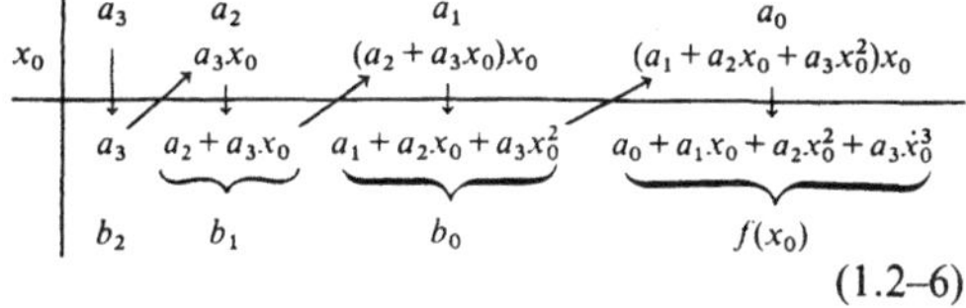

(1.2–6)

In dem Schema bedeuten die senkrechten Pfeile die Addition der 1. und 2. Zeile und die schrägen Pfeile die Multiplikation mit x_0.

■ *Beispiel:*
Man dividiere die Funktion
$f(x) = 2x^3 - 2{,}2x^2 - 2{,}4x + 1{,}8$
mit Hilfe des Horner-Schemas durch $x + 1$!

	2	−2,2	−2,4	1,8
−1		−2	4,2	−1,8
	2	−4,2	1,8	0

$$\frac{(2x^3 - 2{,}2x^2 - 2{,}4x + 1{,}8)}{(x + 1)} = 2x^2 - 4{,}2x + 1{,}8$$

Rest $= f(x = -1) = 0$, d.h., daß $x = -1$ die Nullstelle des Polynoms ist.

1.2.3 Gebrochene rationale Funktionen

Die *gebrochene rationale Funktion* ist der Quotient zweier ganzer rationaler Funktionen von der Form

$$y = f(x) = \qquad (1.2\text{–}7)$$

$$= \frac{a_0 + a_1x + a_2x^2 + \ldots + a_{n-1}x^{n-1} + a_nx^n}{b_0 + b_1x + b_2x^2 + \ldots + b_{m-1}x^{m-1} + b_mx^m} = \frac{\sum\limits_{i=0}^{n} a_ix^i}{\sum\limits_{j=0}^{m} b_jx^j}.$$

Die Funktion heißt *echt gebrochen*, wenn der Grad n des Zählers kleiner als der Grad m des Nenners ist, andernfalls heißt sie *unecht gebrochen*.

■ *Beispiel:*
Die Funktion $y = \dfrac{4x^2 + 3x - 1}{x^3 + x - 1}$ ist echt, die Funktionen $y = \dfrac{x^3 - 3x + 5}{x - 2}$ und $y = \dfrac{3x^2 + 4x + 9}{x^2 + 5}$ sind unecht gebrochen.

Jede unecht gebrochene rationale Funktion kann durch Dividieren in eine ganze rationale Funktion und eine echt gebrochene rationale Funktion zerlegt werden.

■ *Beispiele:*

1. $y = \dfrac{x^3 - 3x + 5}{x - 2} = x^2 + 2x + 1 + \dfrac{7}{x - 2}$;

2. $y = \dfrac{3x^2+4x+9}{x^2+5} = 3 + \dfrac{4x-6}{x^2+5}$.

Jede echt gebrochene rationale Funktion läßt sich als Summe von *Partialbrüchen* schreiben. Das sind echt gebrochene rationale Funktionen der Form:

a) $\dfrac{c_1}{x-x_0}, \; \dfrac{c_2}{(x-x_0)^2}, \; \ldots, \; \dfrac{c_i}{(x-x_0)^i}$

b) $\dfrac{a_1x+b_1}{x^2+px+q}, \; \ldots, \; \dfrac{a_jx+b_j}{(x^2+px+q)^j}$

Die quadratischen Ausdrücke x^2+px+q haben keine reellen Nullstellen.

Man setzt zu jeder Potenz $(x-x_0)^i$ eines Linearfaktors im Nenner der echt gebrochenen rationalen Funktion die i Partialbrüche der Form a) an. Zu jeder Potenz $(x^2+px+q)^j$ eines quadratischen Faktors, der keine reellen Nullstellen besitzt, werden die j Partialbrüche der Form b) angesetzt. Die Partialbrüche sind dann zu addieren. Zur Bestimmung der in Ansätzen vorhandenen Koeffizienten gibt es verschiedene Methoden [1.2]. Hier wird die Methode des Koeffizientenvergleichs angewendet. Man bringt die Ansatzgleichung für die Partialbrüche auf den Hauptnenner. Nach dem Ordnen der Zähler nach Potenzen von x vergleicht man die Koeffizienten, wobei korrespondierende Koeffizienten übereinstimmen müssen. Dieser Vorgang liefert ein lineares Gleichungssystem zur Bestimmung der unbekannten Koeffizienten.

■ *Beispiel:*

$$\frac{x}{(x^2+x+1)(x+1)} = \frac{a}{x+1} + \frac{bx+c}{x^2+x+1} =$$

$$= \frac{ax^2+ax+a+bx^2+bx+cx+c}{(x+1)(x^2+x+1)} =$$

$$= \frac{(a+b)x^2+(a+b+c)x+(a+c)}{(x+1)(x^2+x+1)},$$

$$\begin{cases} a+b=0 \\ a+b+c=1 \\ a+c=0 \end{cases} \Rightarrow a=-1; \quad b=1; \quad c=1.$$

1.2.4 Algebraische Funktionen

Kommt in einer Funktion nicht nur die unabhängige Veränderliche x, sondern auch die abhängige Veränderliche y in Form von Potenzen mit ganzen positiven Exponenten vor, so spricht man von einer *algebraischen Funktion*. Gleichung (1.2–8) ist eine algebraische Funktion in der impliziten Form, wobei $P_i(x)$ Polynome der Variablen x sind.

$$P_0(x)+P_1(x)y+P_2(x)y^2+\ldots+P_n(x)y^n = \quad (1.2\text{–}8)$$

$$= \sum_{i=0}^{n} P_i(x)y^i = 0.$$

In manchen Fällen kann die algebraische Gleichung explizit nach y aufgelöst werden. Algebraisch sind sowohl die rationalen (ganzen und gebrochenen) Funktionen als auch die Wurzelfunktionen, also ein Teil der nichtrationalen Funktionen.

■ *Beispiele:*

implizite Form	explizite Form
$2x-y^2=0$	$y=\pm\sqrt{2x}$
$3x^3+2x+1+y=0$	$y=-(3x^3+2x+1)$
$y^3(2x+1)+x^2=0$	$y=\sqrt[3]{-\dfrac{x^2}{2x+1}}$

1.2.5 Potenz- und Wurzelfunktionen

Die algebraische Funktion

$$y=ax^n, \quad n \text{ Element der natürlichen Zahlen} \qquad (1.2\text{–}9)$$

ist eine *Potenzfunktion*.

Die *Wurzelfunktion*

$$y=\sqrt[n]{x}=x^{\frac{1}{n}}, \quad n \text{ Element der natürlichen Zahlen} \qquad (1.2\text{–}10)$$

ist als Umkehrfunktion von $y=x^n$ definiert, mit der Einschränkung, daß bei geradem n $x \geq 0$ gelten muß.

■ *Beispiele:*

1. Potenzfunktion $y=x^2$ und Wurzelfunktion $y=\sqrt{x}$ (Bild 1.2–11a),
2. Potenzfunktion $y=x^3$ und Wurzelfunktion $y=\sqrt[3]{x}$ (Bild 1.2–11b).

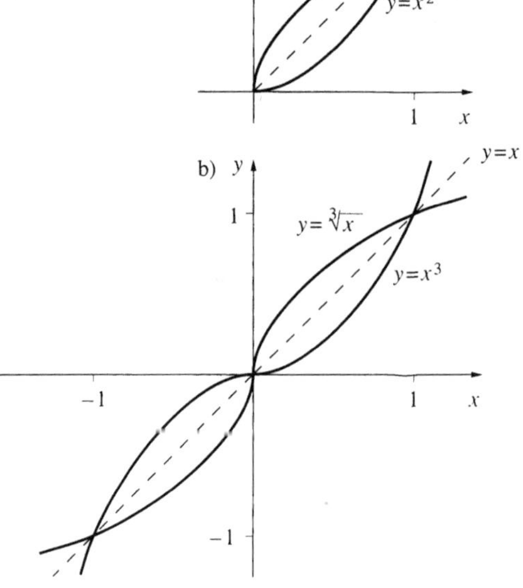

Bild 1.2-11 Potenz- und Wurzelfunktionen

1.2.6 Elementare transzendente Funktionen

Alle nichtalgebraischen Funktionen heißen *transzendent.* Zu den transzendenten Funktionen gehören die Exponentialfunktionen, die Logarithmusfunktionen, die trigonometrischen Funktionen, die Arcusfunktionen, die Hyperbelfunktionen und die Areafunktionen.

1.2.6.1 Exponentialfunktionen

Die Funktion $y=f(x)$ heißt *Exponentialfunktion* genau dann, wenn für jedes x des Definitionsbereiches gilt:

$$y=f(x)=a^x \quad \text{mit} \quad a>0, \quad \text{reell}; \quad a \neq 1. \qquad (1.2\text{–}11)$$

Der Definitionsbereich der Funktion $y=a^x$ ist die Menge der reellen Zahlen; der Wertebereich umfaßt wegen $a^x>0$ für alle x die Menge der positiven reellen Zahlen. Für $0<a<1$ ist die Funktion streng monoton fallend, während sie für $a>1$ streng monoton wachsend ist.

■ *Beispiel:*

Die Exponentialfunktion $y=2^x$ ist streng monoton wachsend und die Exponentialfunktion $y=\left(\frac{1}{2}\right)^x$ ist streng monoton fallend (Bild 1.2–12).

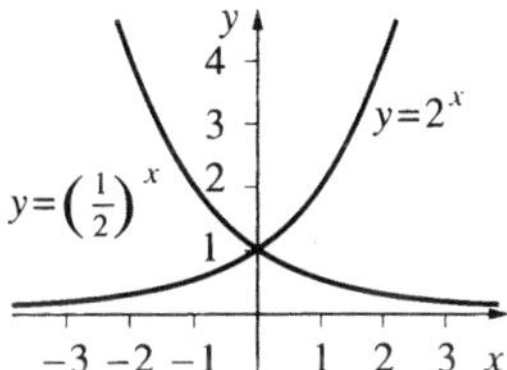

Bild 1.2-12 Exponentialfunktionen

Wählt man in $f(x)=a^x$ für a die Euler-Zahl $e=2{,}718\,281\ldots$, so erhält man die in den Naturwissenschaften bedeutungsvolle Exponentialfunktion

$$y=f(x)=e^x. \qquad (1.2\text{–}12)$$

Man nennt sie kurz die e-Funktion.

■ *Beispiel:*

Gegeben ist der Stromkreis gemäß Bild 1.2–13a. Der Kondensator mit der Kapazität C ist auf die Spannung U_0 aufgeladen. Zum Zeitpunkt $t=0$ wird der Schalter S geschlossen. Der Kondensator entlädt sich über den Ohmschen Widerstand R. Die zeitliche Abhängigkeit der Kondensatorspannung ist durch die Funktion

$$u(t)=U_0 e^{-t/\tau} \quad \text{für} \quad t \geqslant 0 \qquad \text{(Bild 1.2–13b)}$$

gegeben, mit $\tau=RC=$ Zeitkonstante.

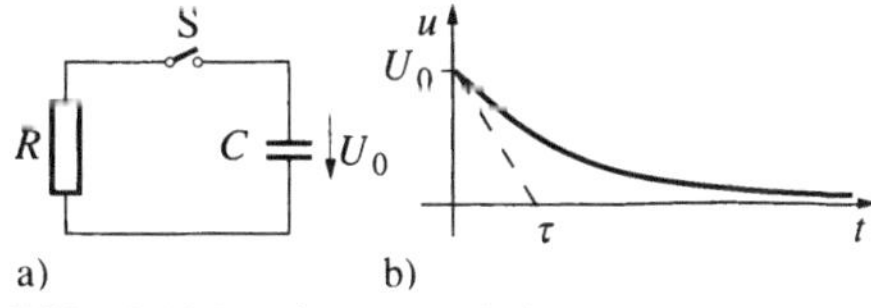

Bild 1.2-13 Kondensatorentladung

Für die Exponentialfunktionen gelten folgende Rechenregeln:

$$a^{u+v} = a^u \cdot a^v, \qquad (1.2\text{–}13)$$

$$a^{-u} = \frac{1}{a^u}, \qquad (1.2\text{–}14)$$

$$a^{u-v} = \frac{a^u}{a^v}, \qquad (1.2\text{–}15)$$

$$a^0=1, \qquad (1.2\text{–}16)$$

$$(a^u)^v=a^{uv}. \qquad (1.2\text{–}17)$$

1.2.6.2 Logarithmusfunktionen

Die zur Exponentialfunktion $y=f(x)=a^x$ existierende inverse Funktion wird *Logarithmusfunktion* genannt. Diese Funktion wird mit

$$y = \log_a x \qquad (1.2\text{–}18)$$

bezeichnet. Gesprochen: Logarithmus x mit der Basis a. Die Logarithmusfunktion ist nur für positive Argumentwerte erklärt. Bild 1.2–14 zeigt die Logarithmusfunktion für $a>1$ und für $0<a<1$.

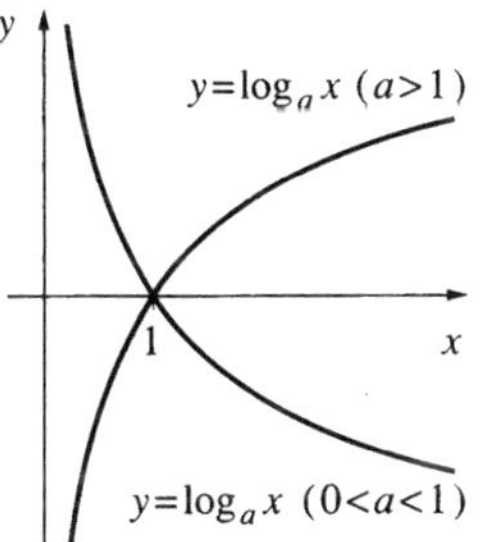

Bild 1.2-14 Logarithmusfunktion

Ist $a=10$, so spricht man vom *dekadischen* oder *Briggsschen Logarithmus.* Man schreibt

$$y = \lg x. \qquad (1.2\text{–}19)$$

Die Umkehrfunktion der e-Funktion heißt *natürlicher Logarithmus* $y = \ln x$. Graphisch erhält man die Funktion $y = \ln x$ durch Spiegelung der e-Funktion an der Geraden $y=x$ (Bild 1.2–15).

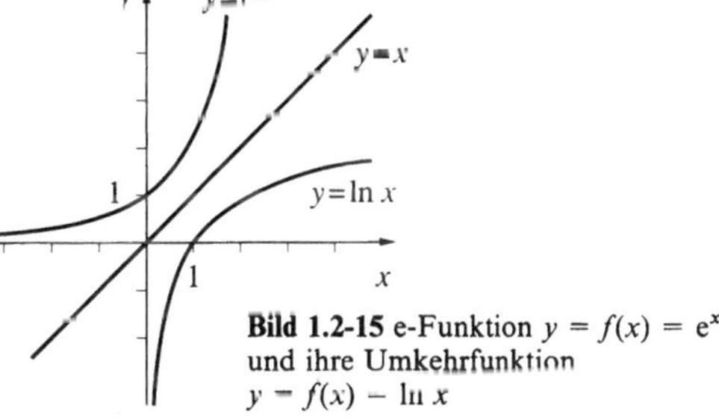

Bild 1.2-15 e-Funktion $y = f(x) = e^x$ und ihre Umkehrfunktion $y = f(x) = \ln x$

Es gelten folgende Rechenregeln:

$$\log_a a = 1, \qquad (1.2\text{–}20)$$

$$\log_a (x \cdot y) = \log_a x + \log_a y, \qquad (1.2\text{–}21)$$

$$\log_a \frac{1}{x} = -\log_a x, \tag{1.2–22}$$

$$\log_a \frac{x}{y} = \log_a x - \log_a y, \tag{1.2–23}$$

$$\log_a 1 = 0, \tag{1.2–24}$$

$$\log_a x^u = u \log_a x, \tag{1.2–25}$$

$$\log_a x = \frac{\log_b x}{\log_b a}. \tag{1.2–26}$$

■ *Beispiele:*

1. $\log_5 125 = \log_5 5^3 = 3 \log_5 5 = 3,$

2. $\log_8 2 = \frac{\lg 2}{\lg 8} = \frac{\lg 2}{\lg 2^3} = \frac{\lg 2}{3 \lg 2} = \frac{1}{3}.$

1.2.6.3 Trigonometrische Funktionen

Zur Beschreibung periodischer Vorgänge eignen sich die *trigonometrischen Funktionen* (Winkel- oder Kreisfunktionen). Die trigonometrischen Funktionen (Sinus, Cosinus, Tangens und Cotangens) werden für Winkel zwischen 0° und 90° in einem rechtwinkligen Dreieck gemäß Bild 1.2–16 wie folgt definiert:

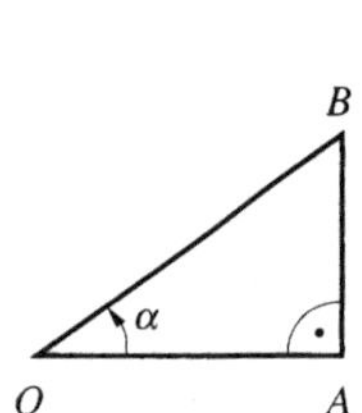

Bild 1.2-16 Rechtwinkliges Dreieck zur Definition der trigonometrischen Funktionen

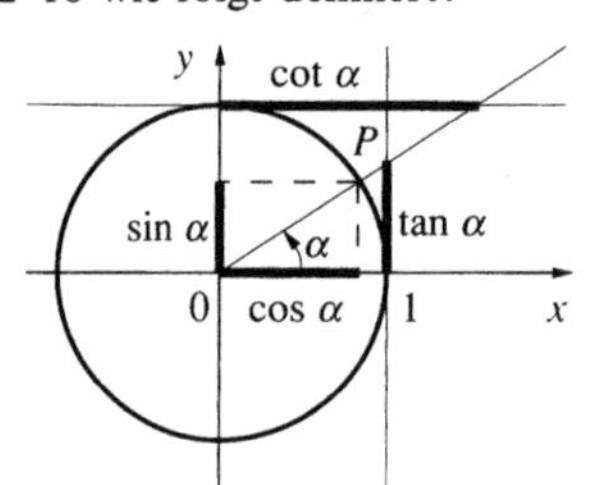

Bild 1.2-17 Zur Definition der trigonometrischen Funktionen am Einheitskreis

$$\sin \alpha = \frac{AB}{OB}, \tag{1.2–27}$$

$$\cos \alpha = \frac{OA}{OB}, \tag{1.2–28}$$

$$\tan \alpha = \frac{AB}{OA}, \tag{1.2–29}$$

$$\cot \alpha = \frac{OA}{AB}. \tag{1.2–30}$$

Definition der trigonometrischen Funktionen am Einheitskreis (Bild 1.2–17) für $0 \leqslant \alpha \leqslant 2\pi$:

$\sin \alpha$ = Projektion der Geraden OP auf die y-Achse, (1.2–31)

$\cos \alpha$ = Projektion der Geraden OP auf die x-Achse, (1.2–32)

$\tan \alpha$ = Abschnitt, den die Gerade OP auf der Parallelen zur y-Achse durch (1, 0) erzeugt, (1.2–33)

$\cot \alpha$ = Abschnitt, den die Gerade OP auf der Parallelen zur x-Achse durch (0, 1) erzeugt. (1.2–34)

Die Sinus- und Cosinusfunktion sind periodisch mit der Periode 2π.

$$\sin(x + 2\pi) = \sin x = \sin(x + 2n\pi), \tag{1.2–35}$$
n Element der ganzen Zahlen,

$$\cos(x + 2\pi) = \cos x = \cos(x + 2n\pi), \tag{1.2–36}$$
n Element der ganzen Zahlen.

Die Tangens- und Cotangensfunktion sind periodisch mit der Periode π.

$$\tan(x + \pi) = \tan x = \tan(x + n\pi), \tag{1.2–37}$$
n Element der ganzen Zahlen,

$$\cot(x + \pi) = \cot x = \cot(x + n\pi), \tag{1.2–38}$$
n Element der ganzen Zahlen.

Bild 1.2–18 zeigt die Funktionen $y = \sin x$ und $y = \cos x$ mit x als Bogenmaß.

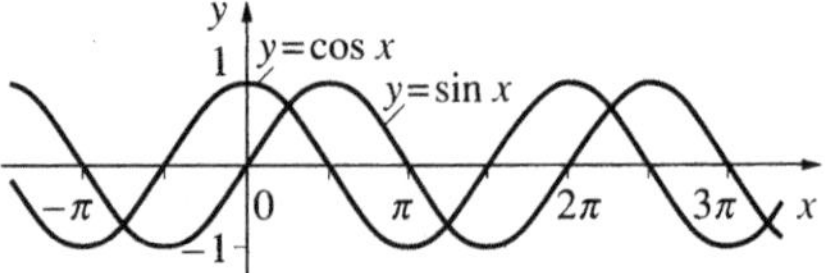

Bild 1.2-18 Sinus- und Cosinusfunktion

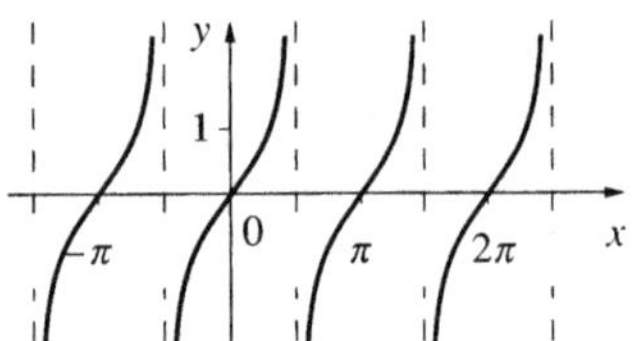

Bild 1.2-19 Tangensfunktion

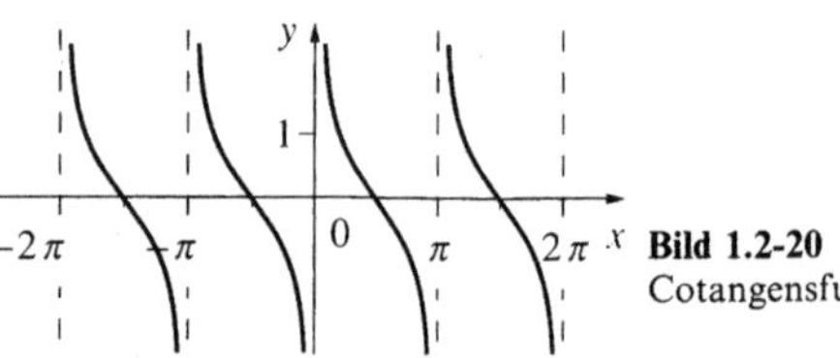

Bild 1.2-20 Cotangensfunktion

Im Bild 1.2–19 ist die Tangensfunktion $y = \tan x$ und im Bild 1.2–20 die Cotangensfunktion $y = \cot x$ mit x als Bogenmaß dargestellt.

Wichtige Beziehungen zwischen den trigonometrischen Funktionen

a) Funktionen mit gleichem Argumentwert

$$\sin^2 \alpha + \cos^2 \alpha = 1, \tag{1.2–39}$$

$$\frac{\sin \alpha}{\cos \alpha} = \tan \alpha, \tag{1.2–40}$$

$$\frac{\cos\alpha}{\sin\alpha} = \cot\alpha, \quad (1.2\text{–}41)$$

$$\tan\alpha\cot\alpha = 1. \quad (1.2\text{–}42)$$

b) Additionstheoreme für Summe und Differenz von Argumentwerten

$$\sin(\alpha\pm\beta) = \sin\alpha\cos\beta\pm\cos\alpha\sin\beta, \quad (1.2\text{–}43)$$

$$\cos(\alpha\pm\beta) = \cos\alpha\cos\beta\mp\sin\alpha\sin\beta, \quad (1.2\text{–}44)$$

$$\tan(\alpha\pm\beta) = \frac{\tan\alpha\pm\tan\beta}{1\mp\tan\alpha\tan\beta}, \quad (1.2\text{–}45)$$

$$\cot(\alpha\pm\beta) = \frac{\cot\alpha\cot\beta\mp 1}{\cot\beta\pm\cot\alpha}. \quad (1.2\text{–}46)$$

Aus diesen Gleichungen folgt:

$$\sin\left(\frac{\pi}{2}\pm\alpha\right) = \cos\alpha, \quad (1.2\text{–}47)$$

$$\cos\left(\frac{\pi}{2}\pm\alpha\right) = \mp\sin\alpha, \quad (1.2\text{–}48)$$

$$\sin(\pi\pm\alpha) = \mp\sin\alpha, \quad (1.2\text{–}49)$$

$$\cos(\pi\pm\alpha) = -\cos\alpha, \quad (1.2\text{–}50)$$

$$\sin(-\alpha) = -\sin\alpha, \quad (1.2\text{–}51)$$

$$\cos(-\alpha) = \cos\alpha. \quad (1.2\text{–}52)$$

c) Additionstheoreme für Vielfache des Argumentwertes

$$\sin(2\alpha) = 2\sin\alpha\cos\alpha = \frac{2\tan\alpha}{1+\tan^2\alpha}, \quad (1.2\text{–}53)$$

$$\cos(2\alpha) = \cos^2\alpha-\sin^2\alpha = \quad (1.2\text{–}54)$$

$$= 1-2\sin^2\alpha = 2\cos^2\alpha-1 = \frac{1-\tan^2\alpha}{1+\tan^2\alpha},$$

$$\tan(2\alpha) = \frac{2\tan\alpha}{1-\tan^2\alpha} = \frac{2}{\cot\alpha-\tan\alpha}, \quad (1.2\text{–}55)$$

$$\cot(2\alpha) = \frac{\cot^2\alpha-1}{2\cot\alpha} = \frac{\cot\alpha-\tan\alpha}{2}, \quad (1.2\text{–}56)$$

$$\sin(3\alpha) = 3\sin\alpha-4\sin^3\alpha, \quad (1.2\text{–}57)$$

$$\cos(3\alpha) = 4\cos^3\alpha-3\cos\alpha, \quad (1.2\text{–}58)$$

$$\tan(3\alpha) = \frac{3\tan\alpha-\tan^3\alpha}{1-3\tan^2\alpha}, \quad (1.2\text{–}59)$$

$$\cot(3\alpha) = \frac{\cot^3\alpha-3\cot\alpha}{3\cot^2\alpha-1}, \quad (1.2\text{–}60)$$

$$\sin(n\alpha) = \binom{n}{1}\sin\alpha\cos^{n-1}\alpha- \quad (1.2\text{–}61)$$

$$-\binom{n}{3}\sin^3\alpha\cos^{n-3}\alpha+\binom{n}{5}\sin^5\alpha\cos^{n-5}\alpha-+\ldots,$$

$$\cos(n\alpha) = \cos^n\alpha-\binom{n}{2}\sin^2\alpha\cos^{n-2}\alpha+ \quad (1.2\text{–}62)$$

$$+\binom{n}{4}\sin^4\alpha\cos^{n-4}\alpha-+\ldots$$

Hinweis:

$$\binom{n}{k} = \frac{n(n-1)(n-2)\ldots[n-(k-1)]}{1\cdot 2\cdot 3\cdot\ldots\cdot k}. \quad (1.2\text{–}63)$$

d) Additionstheoreme für die halben Argumentwerte

Das Vorzeichen wird entsprechend der Größe des Argumentes $\frac{\alpha}{2}$ gewählt:

$$\sin\left(\frac{\alpha}{2}\right) = \pm\sqrt{\frac{1-\cos\alpha}{2}}, \quad (1.2\text{–}64)$$

$$\cos\left(\frac{\alpha}{2}\right) = \pm\sqrt{\frac{1+\cos\alpha}{2}}, \quad (1.2\text{–}65)$$

$$\tan\left(\frac{\alpha}{2}\right) = \pm\sqrt{\frac{1-\cos\alpha}{1+\cos\alpha}} = \quad (1.2\text{–}66)$$

$$= \frac{\sin\alpha}{1+\cos\alpha} = \frac{1-\cos\alpha}{\sin\alpha},$$

$$\cot\left(\frac{\alpha}{2}\right) = \pm\sqrt{\frac{1+\cos\alpha}{1-\cos\alpha}} = \quad (1.2\text{–}67)$$

$$= \frac{\sin\alpha}{1-\cos\alpha} = \frac{1+\cos\alpha}{\sin\alpha}.$$

e) Summen und Differenzen der Funktionen

$$\sin\alpha+\sin\beta = 2\sin\left(\frac{\alpha+\beta}{2}\right)\cos\left(\frac{\alpha-\beta}{2}\right), \quad (1.2\text{–}68)$$

$$\sin\alpha-\sin\beta = 2\cos\left(\frac{\alpha+\beta}{2}\right)\sin\left(\frac{\alpha-\beta}{2}\right), \quad (1.2\text{–}69)$$

$$\cos\alpha+\cos\beta = 2\cos\left(\frac{\alpha+\beta}{2}\right)\cos\left(\frac{\alpha-\beta}{2}\right), \quad (1.2\text{–}70)$$

$$\cos\alpha-\cos\beta = \quad (1.2\text{–}71)$$

$$= -2\sin\left(\frac{\alpha+\beta}{2}\right)\sin\left(\frac{\alpha-\beta}{2}\right),$$

$$\cos\alpha\pm\sin\alpha = \sqrt{2}\sin\left(\frac{\pi}{4}\pm\alpha\right) = \quad (1.2\text{–}72)$$

$$= \sqrt{2}\cos\left(\frac{\pi}{4}\mp\alpha\right),$$

$$\tan\alpha \pm \tan\beta = \frac{\sin(\alpha\pm\beta)}{\cos\alpha\cos\beta}, \quad (1.2\text{–}73)$$

$$\cot\alpha \pm \cot\beta = \pm\frac{\sin(\alpha\pm\beta)}{\sin\alpha\sin\beta}, \quad (1.2\text{–}74)$$

$$\tan\alpha + \cot\beta = \frac{\cos(\alpha-\beta)}{\cos\alpha\sin\beta}, \quad (1.2\text{–}75)$$

$$\cot\alpha - \tan\beta = \frac{\cos(\alpha+\beta)}{\sin\alpha\cos\beta}. \quad (1.2\text{–}76)$$

f) Produkte der Funktionen

$$\sin\alpha\sin\beta = \frac{1}{2}[\cos(\alpha-\beta)-\cos(\alpha+\beta)], \quad (1.2\text{–}77)$$

$$\cos\alpha\cos\beta = \frac{1}{2}[\cos(\alpha-\beta)+\cos(\alpha+\beta)], \quad (1.2\text{–}78)$$

$$\sin\alpha\cos\beta = \frac{1}{2}[\sin(\alpha-\beta)+\sin(\alpha+\beta)], \quad (1.2\text{–}79)$$

$$\cos\alpha\sin\beta = \frac{1}{2}[\sin(\alpha+\beta)-\sin(\alpha-\beta)], \quad (1.2\text{–}80)$$

$$\tan\alpha\tan\beta = \frac{\tan\alpha+\tan\beta}{\cot\alpha+\cot\beta}, \quad (1.2\text{–}81)$$

$$\cot\alpha\cot\beta = \frac{\cot\alpha+\cot\beta}{\tan\alpha+\tan\beta}, \quad (1.2\text{–}82)$$

$$\tan\alpha\cot\beta = \frac{\tan\alpha+\cot\beta}{\cot\alpha+\tan\beta}. \quad (1.2\text{–}83)$$

g) Potenzen der Funktionen

$$\sin^2\alpha = \frac{1}{2}[1-\cos(2\alpha)], \quad (1.2\text{–}84)$$

$$\sin^3\alpha = \frac{1}{4}[3\sin\alpha-\sin(3\alpha)], \quad (1.2\text{–}85)$$

$$\sin^4\alpha = \frac{1}{8}[\cos(4\alpha)-4\cos(2\alpha)+3], \quad (1.2\text{–}86)$$

$$\cos^2\alpha = \frac{1}{2}[1+\cos(2\alpha)], \quad (1.2\text{–}87)$$

$$\cos^3\alpha = \frac{1}{4}[3\cos\alpha+\cos(3\alpha)], \quad (1.2\text{–}88)$$

$$\cos^4\alpha = \frac{1}{8}[\cos(4\alpha)+4\cos(2\alpha)+3]. \quad (1.2\text{–}89)$$

Darstellung periodischer Vorgänge

Viele in der Natur und Technik vorkommende Vorgänge haben den Charakter einer Schwingung. Die Schwingungen werden durch Sinus- oder Cosinusfunktionen beschrieben.

Die allgemeine Form einer solchen Schwingung ist:

$$y = A\sin(\omega t+\varphi) \quad (1.2\text{–}90)$$

mit

A Amplitude,

$\omega = 2\pi f = \frac{2\pi}{T}$ Kreisfrequenz,

f Frequenz,

T Periode,

φ Nullphasenwinkel.

Es gilt:

$$A\sin(\omega t+\varphi) = a\sin\omega t + b\cos\omega t. \quad (1.2\text{–}91)$$

Sind a und b vorgegeben und ist $a \neq 0$, so haben a und A dasselbe Vorzeichen und es gilt:

$$A = \sqrt{a^2+b^2}; \quad \tan\varphi = \frac{b}{a}; \quad \frac{\pi}{2} < \varphi < \frac{\pi}{2}. \quad (1.2\text{–}92)$$

Ist $a=0$, so gilt:

$$A = b; \quad \varphi = \frac{\pi}{2}. \quad (1.2\text{–}93)$$

Bei vorgegebenem A und φ erhält man für a und b:

$$a = A\cos\varphi; \quad b = A\sin\varphi. \quad (1.2\text{–}94)$$

Für die Addition von zwei Sinusschwingungen gleicher Kreisfrequenz gilt:

$$A_1\sin(\omega t+\varphi_1)+A_2\sin(\omega t+\varphi_2) = A\sin(\omega t+\varphi) \quad (1.2\text{–}95)$$

mit

$$A = \sqrt{A_1^2+A_2^2+2A_1A_2\cos(\varphi_2-\varphi_1)};$$

$$\tan\varphi = \frac{A_1\sin\varphi_1+A_2\sin\varphi_2}{A_1\cos\varphi_1+A_2\cos\varphi_2}.$$

■ *Beispiel:*

Man schreibe die Funktionsgleichung

$$i(t) = 4{,}5\sin(3t)+5{,}4\cos(3t-\pi)$$

in der Form

$$i(t) = A\sin(3t+\varphi).$$

Mit Hilfe der Gl. (1.2–50) folgt:

$$i(t) = 4{,}5\sin(3t)-5{,}4\cos(3t) = A\sin(3t+\varphi).$$

Nun werden A und φ nach Gl. (1.2–92) berechnet:

$$A = \sqrt{4{,}5^2+(-5{,}4)^2} = 7{,}03,$$

$$\tan\varphi = \frac{-5{,}4}{4{,}5} \Rightarrow \varphi = -50{,}2°.$$

1.2.6.4 Arcusfunktionen

Die Umkehrfunktionen der trigonometrischen Funktionen heißen *Arcusfunktionen.* Man erhält:

$y = \arcsin x$ „Arcussinus",

$y = \arccos x$ „Arcuscosinus",

$y = \arctan x$ „Arcustangens",

$y = \operatorname{arccot} x$ „Arcuscotangens".

Die durch Umkehrung der Sinusfunktion $y = \sin x$ für $-\frac{\pi}{2} \leqslant x \leqslant \frac{\pi}{2}$ erzeugte Funktion heißt der Hauptwert des Arcussinus. Man schreibt $y = \text{Arcsin}\, x$.
Entsprechendes gilt für $\cos x$ im Bereich $0 \leqslant x \leqslant \pi$, für $\tan x$ im Bereich $-\frac{\pi}{2} < x < \frac{\pi}{2}$ und für $\cot x$ im Bereich $0 < x < \pi$.
Die Arcusfunktionen sind im Bild 1.2–21 dargestellt.

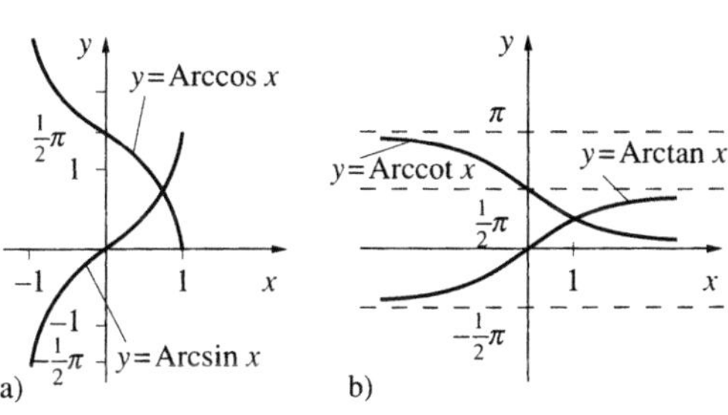

Bild 1.2-21 Arcusfunktionen
a) Arcsin x und Arccos x
b) Arctan x und Arccot x

Es gelten:

$$\sin(\text{Arcsin}\, x) = x \quad \text{für} \quad -1 \leqslant x \leqslant 1, \tag{1.2–96}$$

$$\text{Arcsin}(\sin x) = x \quad \text{für} \quad -\frac{\pi}{2} \leqslant x \leqslant \frac{\pi}{2}, \tag{1.2–97}$$

$$\cos(\text{Arccos}\, x) = x \quad \text{für} \quad -1 \leqslant x \leqslant 1, \tag{1.2–98}$$

$$\text{Arccos}(\cos x) = x \quad \text{für} \quad 0 \leqslant x \leqslant \pi, \tag{1.2–99}$$

$$\tan(\text{Arctan}\, x) = x \quad \text{für alle reellen } x, \tag{1.2–100}$$

$$\text{Arctan}(\tan x) = x \quad \text{für} \quad -\frac{\pi}{2} < x < \frac{\pi}{2}, \tag{1.2–101}$$

$$\cot(\text{Arccot}\, x) = x \quad \text{für alle reellen } x, \tag{1.2–102}$$

$$\text{Arccot}(\cot x) = x \quad \text{für} \quad 0 < x < \pi, \tag{1.2–103}$$

$$\text{Arcsin}\, x + \text{Arccos} x = \frac{\pi}{2}, \tag{1.2–104}$$

$$\text{Arcsin}\, x = \text{Arctan}\left(\frac{x}{\sqrt{1-x^2}}\right), \tag{1.2–105}$$

$$\text{Arccos}\, x = \text{Arccot}\left(\frac{x}{\sqrt{1-x^2}}\right), \tag{1.2–106}$$

$$\text{Arctan}\, x + \text{Arccot}\, x = \frac{\pi}{2}, \tag{1.2–107}$$

$$\text{Arctan}\, x = \text{Arcsin}\left(\frac{x}{\sqrt{1+x^2}}\right), \tag{1.2–108}$$

$$\text{Arccot}\, x = \text{Arccos}\left(\frac{x}{\sqrt{1+x^2}}\right), \tag{1.2–109}$$

$$\text{Arccot}\, x = \begin{matrix} \text{Arctan}\left(\frac{1}{x}\right) \\ \text{Arctan}\left(\frac{1}{x}\right) + \pi \end{matrix} \quad \text{für} \quad \begin{matrix} x > 0 \\ x < 0 \end{matrix}, \tag{1.2–110}$$

$$\text{Arcsin}(-x) = -\text{Arcsin}\, x, \tag{1.2–111}$$

$$\text{Arccos}(-x) = \pi - \text{Arccos}\, x, \tag{1.2–112}$$

$$\text{Arctan}(-x) = -\text{Arctan}\, x, \tag{1.2–113}$$

$$\text{Arccot}(-x) = \pi - \text{Arccot}\, x. \tag{1.2–114}$$

■ *Beispiel:*
Man vereinfache $y = \sin(\text{Arccos}\, x)$.
Nach Gl. (1.2–39) gilt:
$\sin x = \sqrt{1-\cos^2 x}$.
Dann folgt mit Hilfe der Gl. (1.2–98):
$y = \sin(\text{Arccos}\, x) = \sqrt{1-(\cos(\text{Arccos}\, x))^2} =$
$= \sqrt{1-x^2}$

1.2.6.5 Hyperbelfunktionen

Die *Hyperbelfunktionen* setzen sich aus den e-Funktionen e^x und e^{-x} zusammen und sind wie folgt definiert:

$$\sinh x = \frac{e^x - e^{-x}}{2} \tag{1.2–115}$$

„Sinus hyperbolicus",

$$\cosh x = \frac{e^x + e^{-x}}{2} \tag{1.2–116}$$

„Cosinus hyperbolicus",

$$\tanh x = \frac{e^x - e^{-x}}{e^x + e^{-x}} \tag{1.2–117}$$

„Tangens hyperbolicus",

$$\coth x = \frac{e^x + e^{-x}}{e^x - e^{-x}} \tag{1.2–118}$$

„Cotangens hyperbolicus".

Cosinus hyperbolicus ist eine gerade Funktion. Die drei anderen Hyperbelfunktionen sind ungerade Funktionen. Tabelle 1.2–1 gibt die Definitions- und Wertebereiche der Hyperbelfunktionen an.

Tabelle 1.2–1: Definitions- und Wertebereiche der Hyperbelfunktionen

Funktion	Definitionsbereich	Wertebereich
$y = \sinh x$	$-\infty < x < \infty$	$-\infty < y < \infty$
$y = \cosh x$	$-\infty < x < \infty$	$1 \leqslant y < \infty$
$y = \tanh x$	$-\infty < x < \infty$	$-1 < y < 1$
$y = \coth x$	$\|x\| > 0$	$\|y\| > 1$

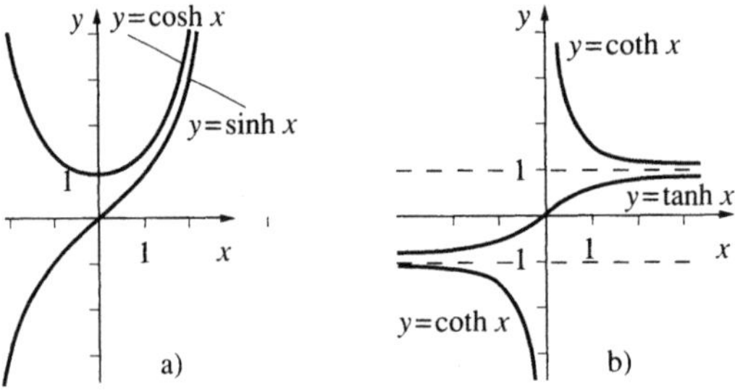

Bild 1.2-22 Hyperbelfunktionen
a) sinh x und cosh x
b) tanh x und coth x

Die Hyperbelfunktionen sind in Bild 1.2–22 dargestellt. Es gelten folgende Beziehungen:

$$\cosh^2 x - \sinh^2 x = 1, \quad (1.2\text{–}119)$$

$$\cosh x + \sinh x = e^x, \quad (1.2\text{–}120)$$

$$\cosh x - \sinh x = e^{-x}, \quad (1.2\text{–}121)$$

$$\tanh x = \frac{\sinh x}{\cosh x}, \quad (1.2\text{–}122)$$

$$\coth x = \frac{\cosh x}{\sinh x} = \frac{1}{\tanh x}. \quad (1.2\text{–}123)$$

Additionstheoreme der Hyperbelfunktionen:

$$\sinh(\alpha \pm \beta) = \sinh\alpha \cosh\beta \pm \cosh\alpha \sinh\beta, \quad (1.2\text{–}124)$$

$$\cosh(\alpha \pm \beta) = \cosh\alpha \cosh\beta \pm \sinh\alpha \sinh\beta, \quad (1.2\text{–}125)$$

$$\tanh(\alpha \pm \beta) = \frac{\tanh\alpha \pm \tanh\beta}{1 \pm \tanh\alpha \tanh\beta}. \quad (1.2\text{–}126)$$

■ *Beispiel:*
Man zeige

$\sinh x \cosh y + \cosh x \sinh y = \sinh(x+y)$.

Nach den Gln. (1.2–115) und (1.2–116) gilt:

$$\frac{e^x - e^{-x}}{2} \frac{e^y + e^{-y}}{2} + \frac{e^x + e^{-x}}{2} \frac{e^y - e^{-y}}{2} =$$

$$= \frac{1}{4}(2e^x e^y - 2e^{-x} e^{-y}) = \frac{1}{2}[e^{(x+y)} - e^{-(x+y)}] =$$

$$= \sinh(x+y).$$

1.2.6.6 Areafunktionen

Die Hyperbelfunktionen sind umkehrbare Funktionen (bei cosh x jedoch mit der Einschränkung $x \geqslant 0$). Die Umkehrfunktionen der Hyperbelfunktionen heißen *Areafunktionen.* Die Umkehrfunktionen von sinh x, tanh x und coth x sind ungerade Funktionen. Tabelle 1.2–2 gibt die Definitions- und die Wertebereiche der Areafunktionen an.

Bild 1.2–23 zeigt die Areafunktionen.

Formeln:

$$\operatorname{arsinh}(\sinh x) = x, \quad (1.2\text{–}127)$$

$$\sinh(\operatorname{arsinh} x) = x, \quad (1.2\text{–}128)$$

$$\text{für } x \geqslant 0 \text{ gilt } \operatorname{arcosh}(\cosh x) = x, \quad (1.2\text{–}129)$$

$$\text{für } x \geqslant 1 \text{ gilt } \cosh(\operatorname{arcosh} x) = x, \quad (1.2\text{–}130)$$

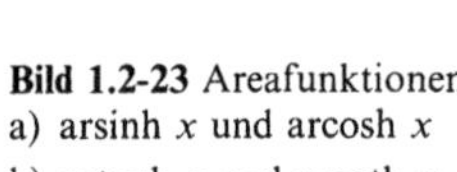

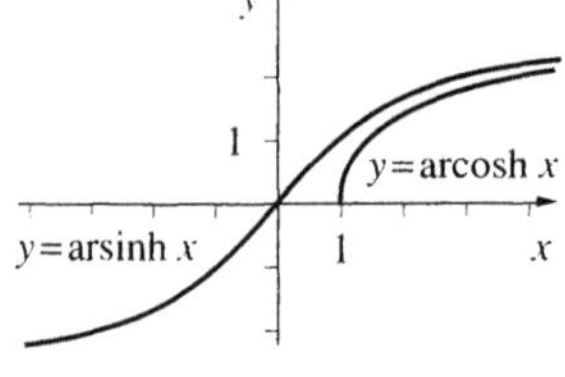

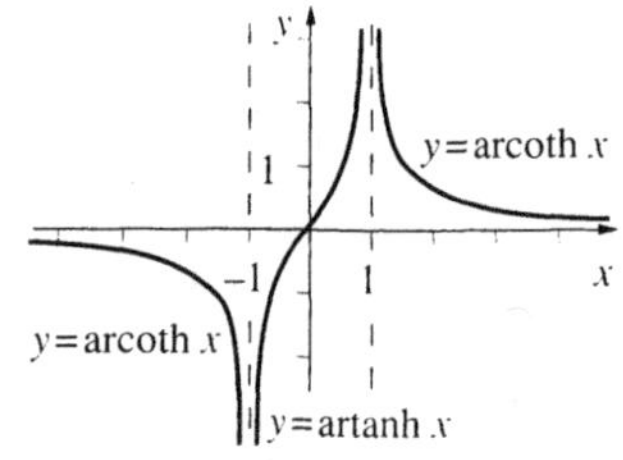

Bild 1.2-23 Areafunktionen
a) arsinh x und arcosh x
b) artanh x und arcoth x

Tabelle 1.2–2: Definitions- und Wertebereiche der Areafunktionen

Funktion	Name	Definitionsbereich	Wertebereich
$y = \operatorname{arsinh} x$	Areasinushyperbolicus	$-\infty < x < \infty$	$-\infty < y < \infty$
$y = \operatorname{arcosh} x$	Areacosinushyperbolicus	$x \geqslant 1$	$y \geqslant 0$
$y = \operatorname{artanh} x$	Areatangenshyperbolicus	$-1 < x < 1$	$-\infty < y < \infty$
$y = \operatorname{arcoth} x$	Areacotangenshyperbolicus	$\|x\| > 1$	$\|y\| > 0$

$$\operatorname{arsinh} x = \ln(x+\sqrt{x^2+1}), \qquad (1.2\text{–}131)$$

für $x \geqslant 1$ gilt $\operatorname{arcosh} x = \ln(x+\sqrt{x^2-1})$, (1.2–132)

für $|x| < 1$ gilt $\operatorname{artanh} x = \frac{1}{2}\ln\frac{1+x}{1-x}$, (1.2–133)

für $|x| > 1$ gilt $\operatorname{arcoth} x = \frac{1}{2}\ln\frac{x+1}{x-1}$, (1.2–134)

$$\cosh(\operatorname{arsinh} x) = \sqrt{1+x^2}, \qquad (1.2\text{–}135)$$

für $x \geqslant 1$ gilt $\sinh(\operatorname{arcosh} x) = \sqrt{x^2-1}$. (1.2–136)

■ *Beispiel:*

Man zeige $y = \operatorname{artanh} x = \frac{1}{2}\ln\frac{1+x}{1-x}$ für $|x| < 1$.

Es gilt:

$\tanh y = \tanh(\operatorname{artanh} x) = x$.

Nach Gl. (1.2–117) folgt:

$$x = \frac{e^y - e^{-y}}{e^y + e^{-y}} \Rightarrow e^y(1-x) = e^{-y}(1+x).$$

Durch Multiplikation mit e^y erhält man:

$$e^{2y}(1-x) = (1+x) \Rightarrow e^{2y} = \frac{1+x}{1-x} \rightarrow$$

$$\Rightarrow \ln e^{2y} = \ln\frac{1+x}{1-x}.$$

Mit Hilfe der Gl. (1.2–25) folgt:

$$2y = \ln\frac{1+x}{1-x} \Rightarrow y = \frac{1}{2}\ln\frac{1+x}{1-x}.$$

1.3 Differentialrechnung

1.3.1 Einleitung

Betrachtet wird eine im geschlossenen Intervall $[x_1, x_2]$ stetige Funktion $y = f(x)$ gemäß Bild 1.3–1.

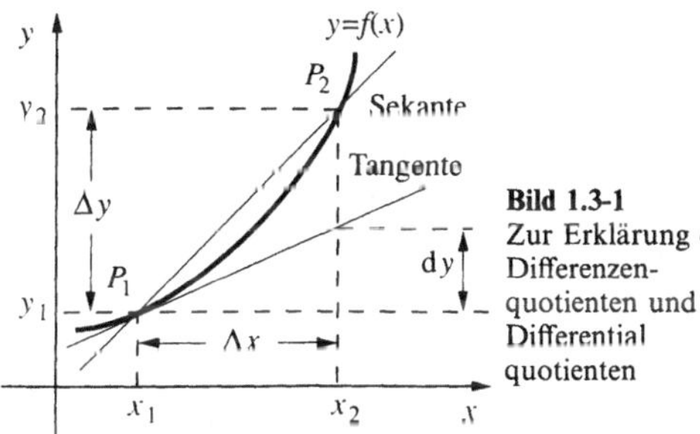

Bild 1.3-1 Zur Erklärung des Differenzenquotienten und Differentialquotienten

Als *Differenzenquotient* bezeichnet man das Verhältnis der Änderung des Funktionswertes $\Delta y = y_2 - y_1$ zu der zugehörigen Änderung des Argumentes $\Delta x = x_2 - x_1$.

$$\frac{\Delta y}{\Delta x} = \frac{f(x_2)-f(x_1)}{x_2-x_1} = \frac{y_2-y_1}{x_2-x_1}. \qquad (1.3\text{–}1)$$

Der Differenzenquotient gibt die Steigung der Sekante durch die Punkte P_1 und P_2 an. Wandert der Punkt P_2 längs der Funktionskurve auf den Punkt P_1 zu, so strebt Δx gegen Null und kann mit dx bezeichnet werden. Die Sekante geht in die Tangente im Punkt P_1 über. Der Anstieg dieser Tangente ist dann:

$$\frac{dy}{dx} = \lim_{\Delta x \to 0}\frac{\Delta y}{\Delta x}. \qquad (1.3\text{–}2)$$

$\frac{dy}{dx}$ (gelesen dy nach dx) nennt man *Differentialquotient* oder *Ableitung*. Die Ableitung wird mit y' oder mit f' bezeichnet. Die Ableitung der Funktion $f(x)$ an der Stelle x_1 ist dann:

$$f'(x_1) = \lim_{x_2 \to x_1}\frac{f(x_2)-f(x_1)}{x_2-x_1} = \qquad (1.3\text{–}3)$$

$$= \lim_{\Delta x \to 0}\frac{f(x_1+\Delta x)-f(x_1)}{\Delta x}.$$

Im allgemeinen gilt:

$$f'(x) = \frac{dy}{dx} = \lim_{\Delta x \to 0}\frac{f(x+\Delta x)-f(x)}{\Delta x}. \qquad (1.3\text{–}4)$$

Eine Funktion $y = f(x)$ heißt an der Stelle x_1 differenzierbar, wenn

a) f an der Stelle x_1 definiert ist und

b) linksseitige und rechtsseitige Grenzwerte

$$\lim_{x \to x_1 - 0}\frac{f(x)-f(x_1)}{x-x_1} \quad \text{und} \quad \lim_{x \to x_1 + 0}\frac{f(x)-f(x_1)}{x-x_1}$$

existieren und gleich sind oder anders ausgedrückt: der allgemeine Grenzwert

$$\lim_{\Delta x \to 0}\frac{f(x_1+\Delta x)-f(x_1)}{\Delta x}$$

existiert und gleich einer bestimmten Zahl $y'(x_1)$ ist.

Ist eine Funktion an der Stelle x_1 unstetig, so ist sie dort nicht differenzierbar. Das bedeutet aber nicht, daß jede stetige Funktion differenzierbar ist.

■ *Beispiele:*

1. Die Funktion $y = f(x) = \frac{1}{x^2}$ ist an der Stelle $x_1 = 0$ nicht definiert. Sie ist also dort nicht differenzierbar.

2. Die Funktion $y = \begin{cases} x & \text{für } 0 \leqq x \leqq 1 \\ -x+2 & \text{für } 1 \leqq x \leqq 2 \end{cases}$

(Bild 1.3–2) ist an der Stelle $x_1 = 1$ nicht differenzierbar, da dort die rechts- und linksseitigen Grenzwerte nicht gleich sind.

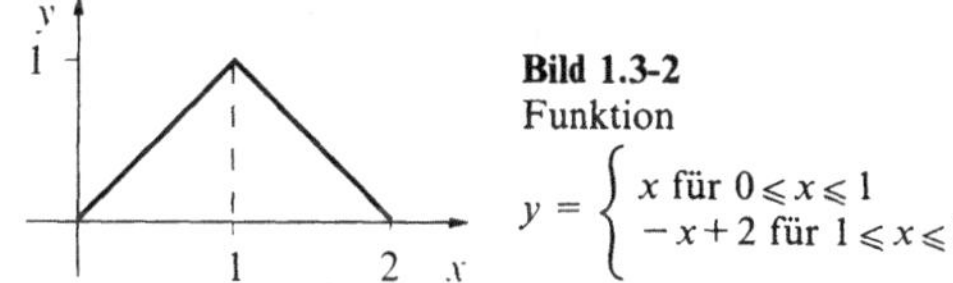

Bild 1.3-2 Funktion $y = \begin{cases} x \text{ für } 0 \leqslant x \leqslant 1 \\ -x+2 \text{ für } 1 \leqslant x \leqslant 2 \end{cases}$

3. Gesucht wird der Anstieg der Funktion

$y = f(x) = \frac{1}{2}x^2$ an der Stelle $x_1 = 2$.

Nach Gleichung (1.3–3) gilt:

$$f'(2) = \lim_{\Delta x \to 0} \frac{\frac{1}{2}(2+\Delta x)^2 - \frac{1}{2}(2)^2}{\Delta x} =$$

$$= \lim_{\Delta x \to 0} \frac{2\Delta x + \frac{1}{2}(\Delta x)^2}{\Delta x} =$$

$$= \lim_{\Delta x \to 0} \left(2 + \frac{1}{2}\Delta x\right) = 2.$$

4. Die Funktion $y = f(x) = x^2$ ist abzuleiten. Nach Gleichung (1.3–4) gilt:

$$y' = f'(x) = \lim_{\Delta x \to 0} \frac{(x+\Delta x)^2 - x^2}{\Delta x} =$$

$$= \lim_{\Delta x \to 0} \frac{x^2 + 2x\Delta x + (\Delta x)^2 - x^2}{\Delta x} =$$

$$= \lim_{\Delta x \to 0} (2x + \Delta x) = 2x.$$

Ist die Ableitung eine differenzierbare Funktion, so kann man diese wiederum differenzieren. Damit ist:

2. Ableitung:

$$y'' = f''(x) = \frac{d^2 y}{dx^2} = \frac{d}{dx}[f'(x)] \qquad (1.3\text{–}5)$$

3. Ableitung:

$$y''' = f'''(x) = \frac{d^3 y}{dx^3} = \frac{d}{dx}[f''(x)] \qquad (1.3\text{–}6)$$

n. Ableitung:

$$y^{(n)} = f^{(n)}(x) = \frac{d^n y}{dx^n} = \frac{d}{dx}[f^{(n-1)}(x)] \qquad (1.3\text{–}7)$$

1.3.2 Ableitung einiger Funktionen

In der Tabelle 1.3–1 sind die Ableitungen der wichtigsten Funktionen aufgeführt.

Tabelle 1.3.1: Ableitung der elementaren Funktionen

Funktion $f(x)$		Ableitung $f'(x)$
konstante Funktion	c	0
Potenzfunktion	x^n	nx^{n-1}
trigonometrische Funktionen	$\sin x$	$\cos x$
	$\cos x$	$-\sin x$
	$\tan x$	$\frac{1}{\cos^2 x}$
	$\cot x$	$-\frac{1}{\sin^2 x}$
Arcusfunktionen	Arcsin x	$\frac{1}{\sqrt{1-x^2}}$
	Arccos x	$-\frac{1}{\sqrt{1-x^2}}$
	Arctan x	$\frac{1}{1+x^2}$
	Arccot x	$-\frac{1}{1+x^2}$
Exponentialfunktionen	e^x	e^x
	a^x	$(\ln a)a^x$
Logarithmusfunktionen	$\ln x$	$\frac{1}{x}$
	$\log_a x$	$\frac{1}{(\ln a)x}$
Hyperbelfunktionen	$\sinh x$	$\cosh x$
	$\cosh x$	$\sinh x$
	$\tanh x$	$\frac{1}{\cosh^2 x}$
	$\coth x$	$-\frac{1}{\sinh^2 x}$
Areafunktionen	arsinh x	$\frac{1}{\sqrt{x^2+1}}$
	arcosh x	$\frac{1}{\sqrt{x^2-1}}$
	artanh x	$\frac{1}{1-x^2}$
	arcoth x	$\frac{1}{1-x^2}$

1.3.3 Rechenregeln der Differentialrechnung

1.3.3.1 Ableitung einer Funktion mit konstantem Faktor

Ein konstanter Faktor bleibt beim Differenzieren erhalten.

$$[af(x)]' = af'(x). \qquad (1.3\text{–}8)$$

■ *Beispiel:*

$$y = 4\ln x; \quad y' = 4(\ln x)' = \frac{4}{x}.$$

1.3.3.2 Ableitung der Summe mehrerer Funktionen (Summenregel)

Die Ableitung der Summe von Funktionen ist gleich der Summe der Ableitungen der Summanden.

$$[f(x) + g(x)]' = f'(x) + g'(x). \qquad (1.3\text{–}9)$$

■ *Beispiel:*

$$y = 8x^3 + \sqrt{x} + \text{Arccos}\, x;$$

$$y' = 24x^2 + \frac{1}{2\sqrt{x}} - \frac{1}{\sqrt{1-x^2}}.$$

1.3.3.3 Ableitung des Produktes mehrerer Funktionen (Produktregel)

Setzt sich eine Funktion aus dem Produkt zweier Funktionen zusammen, so gilt für die Ableitung:

$$[f(x)g(x)]' = f'(x)g(x) + g'(x)f(x). \qquad (1.3\text{–}10)$$

Besteht eine Funktion aus 3 Faktoren, so ist:

$$[f(x)g(x)h(x)]' = \qquad (1\text{-}3\text{-}11)$$
$$= f'(x)g(x)h(x) + g'(x)f(x)h(x) + h'(x)f(x)g(x).$$

■ *Beispiele:*

1. $y = (2x^4+6)\sin x$
   $y' = 8x^3 \sin x + \cos x(2x^4+6).$
2. $y = (x+1)(x^2-1)(x+2)$
   $y' = (x^2-1)(x+2) + 2x(x+1)(x+2) +$
   $+ (x+1)(x^2-1) = 4x^3 + 9x^2 + 2x - 3.$

1.3.3.4 Ableitung des Quotienten zweier Funktionen (Quotientenregel)

Die Ableitung einer Funktion, die sich als Quotient zweier Funktionen darstellen läßt, lautet:

$$\left(\frac{f(x)}{g(x)}\right)' = \frac{f'(x)g(x) - g'(x)f(x)}{g^2(x)}. \qquad (1.3\text{–}12)$$

■ *Beispiel:*

$$y = \frac{e^x + x^2}{\ln x}; \quad y' = \frac{(e^x + 2x)\ln x - \frac{1}{x}(e^x + x^2)}{(\ln x)^2}.$$

1.3.3.5 Ableitung der mittelbaren Funktion (Kettenregel)

Gilt $y = f(x) = g(z)$ und $z = h(x)$, so ist die Funktion $y = f(x)$ eine mittelbare Funktion. Die Funktion $z = h(x)$ wird als *innere Funktion* und die Funktion $g(z)$ wird als *äußere Funktion* bezeichnet. Die Ableitung einer mittelbaren Funktion ist das Produkt aus den Ableitungen der äußeren und der inneren Funktion.

$$y' = \frac{dy}{dx} = \frac{dy}{dz}\frac{dz}{dx}. \qquad (1.3\text{–}13)$$

■ *Beispiele:*

1. $y = \ln \sinh x$
   $y' = \frac{1}{\sinh x}\cosh x = \coth x$
2. $y = \sin(x \operatorname{Arctan} 2x)$
   $y' = \cos(x \operatorname{Arctan} 2x)\left(\operatorname{Arctan} 2x + \frac{2x}{1+4x^2}\right)$

1.3.4 Anwendungen der Differentialrechnung

In der Mathematik wird die Differentialrechnung oft angewendet. Hier werden zwei Anwendungsfälle aufgeführt. Für die weiteren Anwendungsfälle sei auf weiterführende Literatur verwiesen.

1.3.4.1 Grenzwertbestimmung mit Hilfe des Satzes von de l'Hospital

Die im Abschnitt 1.2.1.6 behandelten Rechenregeln für das Berechnen der Grenzwerte erfassen nicht die Fälle

$$\frac{0}{0}, \ \frac{\infty}{\infty}, \ 0\cdot\infty, \ \infty - \infty, \ 0^0, \ 1^\infty \text{ und } \infty^0.$$

a) Unbestimmte Ausdrücke der Form $\frac{0}{0}$

Satz: $f(x)$ und $g(x)$ seien in einer Umgebung von $x = a$ differenzierbar, $g'(x)$ sei in dieser Umgebung von Null verschieden, ferner sei $f(a) = 0 = g(a)$, und es existiere

$$\lim_{x\to a}\frac{f'(x)}{g'(x)},$$

dann gilt:

$$\lim_{x\to a}\frac{f(x)}{g(x)} = \lim_{x\to a}\frac{f'(x)}{g'(x)}. \qquad (1.3\text{–}14)$$

Für den Fall, daß der Ausdruck $\lim_{x\to a}\frac{f'(x)}{g'(x)}$ wieder ein unbestimmter Ausdruck der Form $\frac{0}{0}$ ist, wiederholt man das Verfahren.

■ *Beispiel:*

$$\lim_{x\to 0}\frac{\sin x}{x} \to \frac{0}{0}.$$

Nach Gl. (1.3–14) gilt dann:

$$\lim_{x\to 0}\frac{\sin x}{x} = \lim_{x\to 0}\frac{(\sin x)'}{(x)'} = \lim_{x\to 0}\frac{\cos x}{1} = 1.$$

b) Unbestimmte Ausdrücke der Form $\frac{\infty}{\infty}$

Ist $\lim_{x\to a}\frac{f(x)}{g(x)} \to \frac{\infty}{\infty}$, so kann man schreiben:

$$\lim_{x\to a}\frac{f(x)}{g(x)} = \lim_{x\to a}\frac{\frac{1}{g(x)}}{\frac{1}{f(x)}} \to \frac{0}{0}.$$

Nun kann die Regel von de l'Hospital angewendet werden.

■ *Beispiel:*

$$\lim_{x\to\infty}\frac{x^2}{e^x} \to \frac{\infty}{\infty}$$

$$\lim_{x\to\infty}\frac{x^2}{e^x} = \lim_{x\to\infty}\frac{2x}{e^x} \to \frac{\infty}{\infty}.$$

Das Verfahren wird wiederholt:

$$\lim_{x\to\infty} \frac{x^2}{e^x} = \lim_{x\to\infty} \frac{2x}{e^x} = \lim_{x\to\infty} \frac{2}{e^x} = 0.$$

c) Unbestimmte Ausdrücke der Form $0 \cdot \infty$
Ist $\lim\limits_{x\to a} f(x)g(x) \to 0 \cdot \infty$, so kann man schreiben:

$$\lim_{x\to a} f(x)g(x) = \lim_{x\to a} \frac{f(x)}{\frac{1}{g(x)}} \to \frac{0}{0}.$$

Die Regel von de l'Hospital ist nun anwendbar.

d) Unbestimmte Ausdrücke der Form $\infty - \infty$
Ist $\lim\limits_{x\to a} [f(x) - g(x)] \to \infty - \infty$, so kann man schreiben:

$$\lim_{x\to a} [f(x)-g(x)] = \lim_{x\to a} \left[\frac{1}{\frac{1}{f(x)}} - \frac{1}{\frac{1}{g(x)}}\right] = $$

$$= \lim_{x\to a} \frac{\frac{1}{g(x)} - \frac{1}{f(x)}}{\frac{1}{f(x)g(x)}} \to \frac{0}{0}.$$

Die Regel von de l'Hospital ist nun anwendbar.

e) Unbestimmte Ausdrücke der Form 0^0; 1^∞; ∞^0
Führt $\lim\limits_{x\to a} [f(x)]^{g(x)}$ zu einem der angegebenen unbestimmten Ausdrücke, so kann man durch die Umformung

$$[f(x)]^{g(x)} = e^{g(x) \ln f(x)} \qquad (1.3\text{–}15)$$

schreiben:

$$\lim_{x\to a} [f(x)]^{g(x)} = e^{\lim\limits_{x\to a} [g(x) \ln f(x)]} \qquad (1.3\text{–}16)$$

$\lim\limits_{x\to a} [g(x) \ln f(x)]$ fällt unter einen der vorherigen Typen.

- *Beispiel:*

$$\lim_{x\to 1} x^{\frac{1}{x-1}} \to 1^\infty$$

$$\lim_{x\to 1} \left[\frac{1}{x-1} \ln x\right] \to \frac{0}{0};$$

$$\lim_{x\to 1} \left[\frac{1}{x-1} \ln x\right] = \lim_{x\to 1} \frac{\frac{1}{x}}{1} = 1$$

$$\lim_{x\to 1} x^{\frac{1}{x-1}} = e^1 = e.$$

1.3.4.2 Kurvendiskussion

a) Monotonie-Verhalten: Ist die 1. Ableitung $y' = f'(x)$ an der Stelle x_0 größer als Null, so ist die Kurve monoton wachsend. Dagegen bei $y' = f'(x_0) < 0$ ist die Kurve monoton fallend.

b) Krümmungsverhalten: Ist die 2. Ableitung $y'' = f''(x)$ an der Stelle x_0 größer als Null, so hat die Kurve eine Linkskrümmung. Dagegen bei $y'' = f''(x_0) < 0$ hat die Kurve eine Rechtskrümmung.

c) Relative Extremwerte: Eine Funktion $y = f(x)$ hat an der Stelle x_0 ein relatives Maximum, wenn $f'(x_0) = 0$ und $f''(x_0) < 0$ gelten (Punkt A im Bild 1.3–3). Bei $f'(x_0) = 0$ und $f''(x_0) > 0$ besitzt die Funktion an der Stelle x_0 ein relatives Minimum (Punkt B im Bild 1.3–3)

d) Wendepunkt: Unter den Bedingungen $f''(x_0) = 0$ und $f'''(x_0) \neq 0$ hat eine Funktion an der Stelle x_0 einen Wendepunkt (Punkt C im Bild 1.3–3). Hier ändert sich die Art der Kurvenkrümmung.

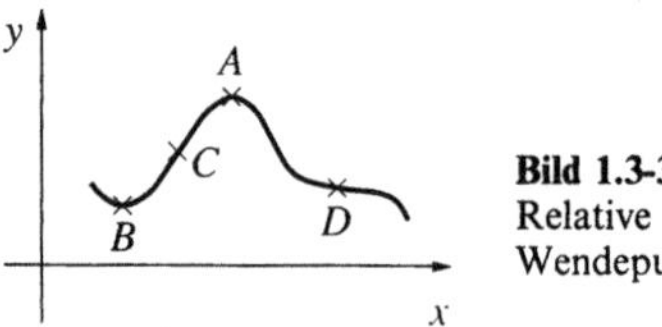

Bild 1.3-3 Relative Extremwerte, Wendepunkt, Sattelpunkt

e) Sattelpunkt: Sind die Bedingungen $f'(x_0) = 0$, $f''(x_0) = 0$ und $f'''(x_0) \neq 0$ erfüllt, so hat die Funktion $f(x)$ an der Stelle x_0 einen Sattelpunkt (Punkt D im Bild 1.3–3). Ein Sattelpunkt ist ein Wendepunkt mit waagerechter Tangente.

1.4 Integralrechnung

1.4.1 Unbestimmtes Integral

Zu einer gegebenen Funktion $f(x)$ wird eine Funktion $F(x)$ gesucht, so daß $F'(x) = f(x)$ ist. Die Funktion $F(x)$ heißt *Stammfunktion* oder *Integralfunktion* von $f(x)$.

- *Beispiel:*

$F(x) = \frac{1}{4}x^4$ ist die Stammfunktion von $f(x) = x^3$,

$$\text{denn } \left(\frac{1}{4}x^4\right)' = x^3.$$

Ist $F(x)$ eine Stammfunktion zu $f(x)$, so ist $F(x) + C$ (mit C Element der reellen Zahlen) auch eine Stammfunktion, denn $[F(x) + C]' = F'(x) = f(x)$.
Man schreibt:

$$\int f(x)\,dx = F(x) + C. \qquad (1.4\text{–}1)$$

$\int f(x)\,dx$ heißt *unbestimmtes Integral.* $f(x)$ ist *Integrand,* x die *Integrationsvariable,* C die *Integrationskonstante.*
Das unbestimmte Integral ist ein beliebiges Element der Menge aller Funktionen, deren Ableitung $f(x)$ ist. Die Existenz einer Stammfunktion $F(x)$ zu einer gegebenen Funktion $f(x)$ ist gesichert, wenn $f(x)$ in dem betrachteten Intervall beschränkt und stetig ist.

1.4.2 Partikuläres Integral

Durch Angabe einer Zusatzbedingung erhält man aus der Schar der Stammfunktionen nur eine Stammfunktion. Die Zusatzbedingung, die auch *Anfangsbedingung* heißt, kann z. B. den y-Achsenabschnitt, einen Punkt oder die Nullstelle der Stammfunktion angeben.
Jede Stammfunktion, deren Integrationskonstante nicht frei wählbar ist, heißt *partikuläres Integral.* Soll die gesuchte Stammfunktion $I(x)$ an der Stelle $x=a$ eine Nullstelle haben, so wird das am Integralzeichen vermerkt, indem man für das partikuläre Integral schreibt:

$$I(x) = \int_a^x f(x)\,dx = F(x) - F(a). \qquad (1.4\text{–}2)$$

x wird *obere Grenze* und a wird *untere Grenze* genannt.

■ *Beispiel:*
Welche Funktion mit der Ableitung $f(x)=x^3$ hat an der Stelle $x=1$ eine Nullstelle?

$$I(x) = \int_1^x x^3\,dx = \frac{1}{4}x^4 - \frac{1}{4}(1)^4 = \frac{1}{4}(x^4-1).$$

1.4.3 Bestimmtes Integral

Wird für das partikuläre Integral nach Gl. (1.4–2) für x ein bestimmter Wert b eingesetzt, so folgt:

$$I(b) = \int_a^b f(x)\,dx = F(b) - F(a). \qquad (1.4\text{–}3)$$

Gl. (1.4–3) wird das *bestimmte Integral* genannt. $I(b)$ gibt den Funktionswert einer Funktion $I(x)$ an der Stelle $x=b$ an, die die Ableitung $f(x)$ hat und eine Nullstelle an der Stelle $x=a$ besitzt.

■ *Beispiel:*
Eine Funktion mit der Ableitung $f(x)=x^3$ hat an der Stelle $x=1$ eine Nullstelle. Wie groß ist der Funktionswert an der Stelle $x=2$?

$$I(2) = \int_1^2 x^3\,dx = \frac{1}{4}(2)^4 - \frac{1}{4}(1)^4 = 4 - \frac{1}{4} = \frac{15}{4}.$$

1.4.4 Grundintegrale

Die Grundintegrale sind in der Tabelle 1.4–1 angegeben. Eine umfangreiche Integrationstabelle ist in [1.4] vorhanden.

1.4.5 Integrationsregeln

1.4.5.1 Summenregel

Das Integral einer algebraischen Summe ergibt sich aus der algebraischen Summe der Integrale der einzelnen Summanden.

$$\int [f(x)+g(x)+\ldots+h(x)]\,dx = \qquad (1.4\text{–}4)$$
$$= \int f(x)\,dx + \int g(x)\,dx + \ldots + \int h(x)\,dx.$$

Tabelle 1.4–1: Grundintegrale

$$\int 0\,dx = C$$
$$\int 1\,dx = x + C$$
$$\int x^n\,dx = \frac{x^{n+1}}{n+1} + C \qquad (n \neq -1)$$
$$\int \frac{1}{x}\,dx = \ln|x| + C$$
$$\int e^x\,dx = e^x + C$$
$$\int a^x\,dx = \frac{a^x}{\ln a} + C$$
$$\int \sin x\,dx = -\cos x + C$$
$$\int \cos x\,dx = \sin x + C$$
$$\int \frac{1}{\cos^2 x}\,dx = \tan x + C$$
$$\int \frac{1}{\sin^2 x}\,dx = -\cot x + C$$
$$\int \frac{1}{\sqrt{1-x^2}}\,dx = \begin{cases} \operatorname{Arcsin} x + C \\ -\operatorname{Arccos} x + C \end{cases}$$
$$\int \frac{1}{1+x^2}\,dx = \begin{cases} \operatorname{Arctan} x + C \\ -\operatorname{Arccot} x + C \end{cases}$$
$$\int \sinh x\,dx = \cosh x + C$$
$$\int \cosh x\,dx = \sinh x + C$$
$$\int \frac{1}{\cosh^2 x}\,dx = \tanh x + C$$
$$\int \frac{1}{\sinh^2 x}\,dx = -\coth x + C$$
$$\int \frac{1}{\sqrt{x^2+1}}\,dx = \operatorname{arsinh} x + C = \ln(x+\sqrt{x^2+1}) + C$$
$$\int \frac{1}{\sqrt{x^2-1}}\,dx = \operatorname{arcosh} x + C = \ln|x+\sqrt{x^2-1}| + C \qquad (|x|>1)$$
$$\int \frac{1}{1-x^2}\,dx = \begin{cases} \operatorname{artanh} x + C = \frac{1}{2}\ln\left(\frac{1+x}{1-x}\right) + C & |x|<1 \\ & \text{für} \\ \operatorname{arcoth} x + C = \frac{1}{2}\ln\left(\frac{x+1}{x-1}\right) + C & |x|>1 \end{cases}$$

1.4.5.2 Faktorenregel

Einen konstanten Faktor des Integranden darf man vor das Integralzeichen ziehen.

$$\int af(x)\,\mathrm{d}x = a\int f(x)\,\mathrm{d}x. \qquad (1.4\text{–}5)$$

1.4.5.3 Vertauschen der Integrationsgrenzen

Werden bei bestimmten Integralen die Integrationsgrenzen vertauscht, so kehrt sich das Vorzeichen des Integrals um.

$$\int_a^b f(x)\,\mathrm{d}x = -\int_b^a f(x)\,\mathrm{d}x. \qquad (1.4\text{–}6)$$

1.4.5.4 Zerlegung des Integrationsintervalles

Wird bei einem bestimmten Integral das Integrationsintervall $[a, b]$ in Teilintervalle $[a, c]$ und $[c, b]$ zerlegt, so ergibt sich das bestimmte Integral durch Addition der bestimmten Integrale über die Teilintervalle.

$$\int_a^b f(x)\,\mathrm{d}x = \int_a^c f(x)\,\mathrm{d}x + \int_c^b f(x)\,\mathrm{d}x. \qquad (1.4\text{–}7)$$

1.4.6 Integrationsmethoden

1.4.6.1 Substitution

Durch geeignete Substitutionen kann das Integral einer Funktion auf das Grundintegral zurückgeführt werden. Ist die Funktion f eine Funktion von $g(x)$, so gilt:

$$\int f[g(x)]\,\mathrm{d}x = \int f(z)\frac{\mathrm{d}x}{\mathrm{d}z}\,\mathrm{d}z \text{ mit } z = g(x). \qquad (1.4\text{–}8)$$

■ *Beispiel:*

$\int \cos(3x+5)\,\mathrm{d}x$

Mit der Substitution $z = 3x+5$ gilt $\frac{\mathrm{d}z}{\mathrm{d}x} = 3.$

Nach Gl. (1.4–8) ist dann:

$$\int \cos(3x+5)\,\mathrm{d}x = \frac{1}{3}\sin(3x+5) + C.$$

Tabelle 1.4–2 gibt die geeignete Substitution verschiedener Integranden an.

■ *Beispiel:*

$$\int \mathrm{e}^{\sin x + \ln\cos x}\,\mathrm{d}x = \int \mathrm{e}^{\sin x}\mathrm{e}^{\ln\cos x}\,\mathrm{d}x = \int \mathrm{e}^{\sin x}\cos x\,\mathrm{d}x.$$

Mit der Substitution $z = \sin x$ gilt: $\frac{\mathrm{d}z}{\mathrm{d}x} = \cos x.$

Dann ist:

$$\int \mathrm{e}^{\sin x + \ln\cos x}\,\mathrm{d}x = \int \mathrm{e}^z\,\mathrm{d}z = \mathrm{e}^z + C = \mathrm{e}^{\sin x} + C.$$

1.4.6.2 Partielle Integration

Sind die Funktionen $f(x)$ und $g(x)$ in dem Intervall $[a, b]$ differenzierbar und existiert dort $\int f(x)g'(x)\,\mathrm{d}x$, dann existiert auch $\int f'(x)g(x)\,\mathrm{d}x$, und es gilt:

Tabelle 1.4–2: Substitution beim Integrieren

Integrand	Substitution
$f[g(x)]g'(x)$	$g(x) = z$
$\frac{f'(x)}{f(x)}$	$f(x) = z$
rationale Funktionen von x und $\sqrt{a^2 - x^2}$	$x = a\sin z$
rationale Funktionen von x und $\sqrt{a^2 + x^2}$	$x = a\sinh z$
rationale Funktionen von x und $\sqrt{x^2 - a^2}$	$x = a\cosh z$
rationale Funktionen von $\sin x$, $\cos x$, $\tan x$ und $\cot x$	$z = \tan\frac{x}{2}$
rationale Funktionen von $\sinh x$, $\cosh x$, $\tanh x$ und $\coth x$	$z = \mathrm{e}^x$

$$\int f'(x)g(x)\,\mathrm{d}x = f(x)g(x) - \int f(x)g'(x)\,\mathrm{d}x. \qquad (1.4\text{–}9)$$

Sinngemäß gilt für das bestimmte Integral:

$$\int_a^b f'(x)g(x)\,\mathrm{d}x = [f(x)g(x)]_a^b - \int_a^b f(x)g'(x)\,\mathrm{d}x. \qquad (1.4\text{–}10)$$

■ *Beispiel:*

$$\int \frac{\ln(x^2+a^2)}{x^2}\,\mathrm{d}x \quad \text{für} \quad a \neq 0.$$

Mit $g(x) = \ln(x^2+a^2)$ und

$f'(x) = \frac{1}{x^2}$ gilt:

$$f(x) = -\frac{1}{x} \quad \text{und} \quad g'(x) = \frac{2x}{(x^2+a^2)}.$$

Nach Gl. (1.4–9) folgt dann:

$$\int \frac{\ln(x^2+a^2)}{x^2}\,\mathrm{d}x = -\frac{1}{x}\ln(x^2+a^2) - \int \frac{2}{x^2+a^2}\,\mathrm{d}x =$$

$$= -\frac{1}{x}\ln(x^2+a^2) + \frac{2}{a^2}\int \frac{1}{\left(\frac{x}{a}\right)^2 + 1}\,\mathrm{d}x$$

$$= -\frac{1}{x}\ln(x^2+a^2) + \frac{2}{a}\operatorname{Arctan}\frac{x}{a} + C.$$

1.4.6.3 Integration gebrochen rationaler Funktionen

Ist die Funktion unecht gebrochen, so wird diese zunächst durch Division in eine ganze rationale Funktion und eine echt gebrochene rationale Funktion zerlegt. Die Integration der ganzen rationalen Funktion wird mit Hilfe der Grundintegrale durchgeführt. Die echt gebrochene rationale Funktion wird in Partialbrüche zerlegt (s. Abschnitt 1.2.3) und dann integriert.

■ *Beispiel:*

$$\int \frac{x^2-12x}{4x^3+20x^2+41x+25}\,dx =$$

$$= \int \frac{1}{x+1}\,dx + \int \frac{-3x-25}{4x^2+16x+25}\,dx =$$

$$= \ln|x+1| - \frac{3}{8}\ln(4x^2+16x+25) -$$

$$- \frac{19}{6}\,\text{Arctan}\,\frac{2x+4}{3} + C$$

Hierbei wurden die Integrale Nr. 2, 40 und 44 aus [1.4] benutzt.

1.4.7 Anwendungen der Integralrechnung

1.4.7.1 Berechnung der Bogenlänge einer ebenen Kurve

Ist $f(x)$ eine stetige Funktion, so ist die Länge des Kurvenstückes zwischen den Punkten $P_1(x_1, y_1)$ und $P_2(x_2, y_2)$ durch die Gleichung

$$S = \int_{x_1}^{x_2} \sqrt{1+[f'(x)]^2}\,dx \qquad (1.4\text{–}11)$$

gegeben.

1.4.7.2 Flächeninhalt

Eine von der im Intervall $[x_1, x_2]$ stetigen Funktion $f(x)$ und der x-Achse eingeschlossenen Fläche in diesem Intervall gemäß Bild 1.4–1a beträgt:

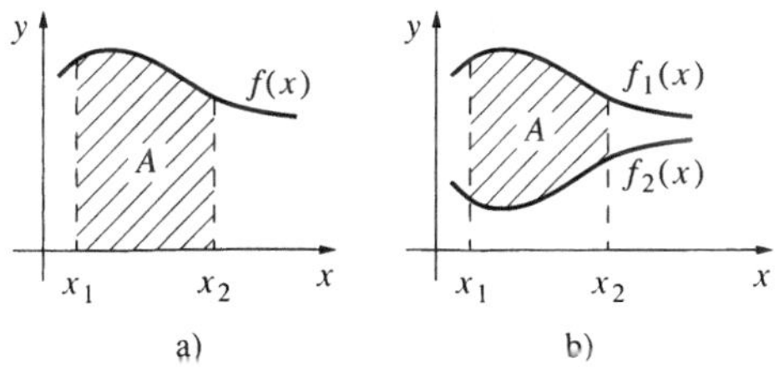

Bild 1.4-1 Zur Flächenberechnung mittels Integrals

$$A = \int_{x_1}^{x_2} f(x)\,dx. \qquad (1.4\text{–}12)$$

Die im Bild 1.4–1b dargestellte Fläche wird nach Gl. (1.4–13) berechnet.

$$A = \int_{x_1}^{x_2} [f_1(x) - f_2(x)]\,dx. \qquad (1.4\text{–}13)$$

1.4.7.3 Mantelfläche und Volumen eines Rotationskörpers

Die zwischen den Punkten $P_1(x_1, y_1)$ und $P_2(x_2, y_2)$ begrenzte Kurve der in diesem Bereich stetigen Funktion $f(x)$ wird um die x-Achse rotiert (Bild 1.4–2a).

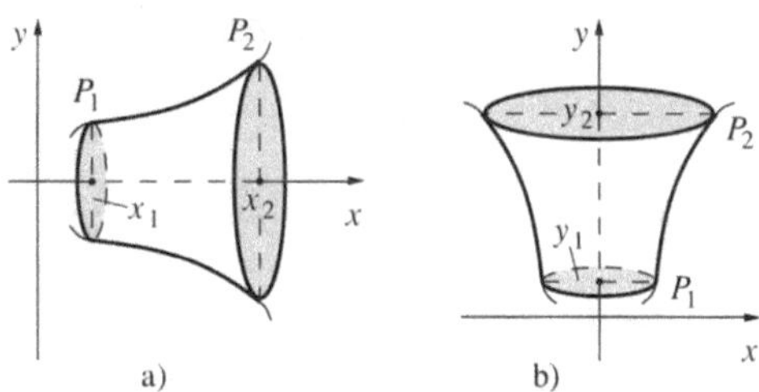

Bild 1.4-2 Zur Mantelfläche und zum Volumen eines Rotationskörpers

Die Mantelfläche dieses Rotationskörpers ist:

$$A_{Mx} = 2\pi \int_{x_1}^{x_2} f(x)\sqrt{1+[f'(x)]^2}\,dx. \qquad (1.4\text{–}14)$$

Das Volumen des Rotationskörpers ist:

$$V_x = \pi \int_{x_1}^{x_2} f^2(x)\,dx. \qquad (1.4\text{–}15)$$

Wird die Kurve jedoch um die y-Achse rotiert (Bild 1.4–2b), so erhält man für die Mantelfläche

$$A_{My} = 2\pi \int_{y_1}^{y_2} g(y)\sqrt{1+[g'(y)]^2}\,dy \qquad (1.4\text{–}16)$$

und für das Volumen

$$V_y = \pi \int_{y_1}^{y_2} g^2(y)\,dy. \qquad (1.4\text{–}17)$$

In den Gln. (1.4–16) und (1.4–17) ist die Funktion $g(y)$ die nach x aufgelöste Funktion $y = f(x)$.

1.4.7.4 Schwerpunktskoordinaten

Die Koordinaten des Schwerpunktes einer homogenen ebenen Fläche, die von der x-Achse, der Kurve $y=f(x)$ und den Geraden $x=x_1$ und $x=x_2$ eingeschlossen wird (Bild 1.4–1a), sind:

$$x_S = \frac{1}{A}\int_{x_1}^{x_2} x f(x)\,dx, \qquad (1.4\text{–}18)$$

$$y_S = \frac{1}{2A}\int_{x_1}^{x_2} f^2(x)\,dx, \qquad (1.4\text{–}19)$$

wobei für A die nach Gl. (1.4–12) berechnete Fläche einzusetzen ist. Wird eine homogene ebene Fläche nach Bild 1.4–1b von den Kurven der Funktionen $f_1(x)$ und $f_2(x)$ und von den Geraden $x=x_1$ und $x=x_2$ begrenzt, so werden die Koordinaten des Schwerpunktes durch die Gln. (1.4–20) und (1.4–21) angegeben.

$$x_S = \frac{1}{A}\int_{x_1}^{x_2} x[f_1(x) - f_2(x)]\,dx, \qquad (1.4\text{–}20)$$

$$y_S = \frac{1}{2A} \int_{x_1}^{x_2} [f_1^2(x) - f_2^2(x)]\,dx, \qquad (1.4\text{–}21)$$

mit A nach Gl. (1.4–13).

1.5 Komplexe Zahlen

1.5.1 Definitionen

Die quadratische Gleichung

$$ax^2 + bx + c = 0$$

hat die Lösung

$$x_{1,2} = \frac{-b \pm \sqrt{b^2 - 4ac}}{2a}.$$

Ist die Diskriminante $b^2 - 4ac$ negativ, so kann für die quadratische Gleichung keine Lösung aus der Menge der reellen Zahlen angegeben werden. Setzt man

$$\mathrm{j} = \sqrt{-1}, \qquad (1.5\text{–}1)$$

so hat die quadratische Gleichung die Lösung:

$$x_{1,2} = \frac{-b \pm \mathrm{j}\sqrt{4ac - b^2}}{2a},$$

wobei jetzt unter der Wurzel eine positive Zahl steht. $\mathrm{j} = \sqrt{-1}$ wird die *imaginäre Einheit* genannt. Das Produkt aus einer reellen Zahl und der imaginären Einheit wird eine *imaginäre Zahl* genannt.
Eine *komplexe Zahl* z ist die Summe aus einer reellen Zahl a und einer imaginären Zahl $\mathrm{j}b$.

$$z = a + \mathrm{j}b. \qquad (1.5\text{–}2)$$

Die reellen Zahlen a und b werden als *Realteil* und *Imaginärteil* der komplexen Zahl z bezeichnet. Man schreibt

$$a = \mathrm{Re}\,(z); \quad b = \mathrm{Im}\,(z). \qquad (1.5\text{–}3)$$

■ *Beispiel:*
Die Lösungen der quadratischen Gleichung $x^2 - 8x + 25 = 0$ sind die komplexen Zahlen

$$x_{1,2} = 4 \pm \sqrt{16 - 25} = 4 \pm \sqrt{-9} = 4 \pm 3\mathrm{j}.$$

Zwei komplexe Zahlen $z_1 = a_1 + \mathrm{j}b_1$ und $z_2 = a_2 + \mathrm{j}b_2$ sind gleich, wenn $a_1 = a_2$ und $b_1 = b_2$ ist. Eine Gleichung zwischen komplexen Zahlen entspricht also zwei Gleichungen zwischen reellen Zahlen. Die Relationen „größer als" und „kleiner als" sind für komplexe Zahlen nicht definiert.
Ist $z = a + \mathrm{j}b$, so heißt die komplexe Zahl $z^* = a - \mathrm{j}b$ die zu *z konjugiert komplexe Zahl.* Konjugiert komplexe Zahlen haben den gleichen Realteil und die Imaginärteile unterscheiden sich nur durch das Vorzeichen.

■ *Beispiel:*

$$z = -3 + 5\mathrm{j}, \quad z^* = -3 - 5\mathrm{j}.$$

1.5.2 Rechenregeln

1.5.2.1 Addition und Subtraktion komplexer Zahlen

Die Summe bzw. Differenz zweier komplexer Zahlen $z_1 = a_1 + \mathrm{j}b_1$ und $z_2 = a_2 + \mathrm{j}b_2$ ist:

$$z_1 \pm z_2 = (a_1 + \mathrm{j}b_1) \pm (a_2 + \mathrm{j}b_2) = (a_1 \pm a_2) + \mathrm{j}(b_1 \pm b_2). \qquad (1.5\text{–}4)$$

■ *Beispiel:*

$$(4 - 3\mathrm{j}) + (-2 + 5\mathrm{j}) = 2 + 2\mathrm{j}.$$

Es gelten:

$$z_1 + z_2 = z_2 + z_1 \qquad \text{Kommutativgesetz, } (1.5\text{–}5)$$

$$(z_1 + z_2) + z_3 = z_1 + (z_2 + z_3) \qquad \text{Assoziativgesetz. } (1.5\text{–}6)$$

1.5.2.2 Multiplikation einer komplexen Zahl mit einer reellen Zahl

Durch die Multiplikation einer komplexen Zahl $z = a + \mathrm{j}b$ mit einer reellen Zahl c entsteht eine komplexe Zahl mit dem Realteil ac und dem Imaginärteil bc.

$$cz = c(a + \mathrm{j}b) = ac + \mathrm{j}bc. \qquad (1.5\text{–}7)$$

■ *Beispiel:*

$$2(5 - 3\mathrm{j}) = 10 - 6\mathrm{j}.$$

1.5.2.3 Multiplikation komplexer Zahlen

Für das Produkt zweier komplexer Zahlen gilt:

$$z_1 z_2 = (a_1 + \mathrm{j}b_1)(a_2 + \mathrm{j}b_2) = (a_1 a_2 - b_1 b_2) + \mathrm{j}(a_1 b_2 + a_2 b_1). \qquad (1.5\text{–}8)$$

Es gelten außerdem:

$$z_1 z_2 = z_2 z_1 \qquad \text{Kommutativgesetz, } (1.5\text{–}9)$$

$$z_1(z_2 z_3) = (z_1 z_2) z_3 \qquad \text{Assoziativgesetz, } (1.5\text{–}10)$$

$$z_1(z_2 + z_3) = z_1 z_2 + z_1 z_3 \qquad \text{Distributivgesetz. } (1.5\text{–}11)$$

■ *Beispiel:*

$$z_1 = 4 - 3\mathrm{j}; \quad z_2 = -2 + 5\mathrm{j};$$

$$z_1 z_2 = (-8 + 15) + \mathrm{j}(20 + 6) = 7 + 26\mathrm{j}.$$

1.5.2.4 Division komplexer Zahlen

Der Quotient zweier komplexer Zahlen ist:

$$\frac{z_1}{z_2} = \frac{a_1 + \mathrm{j}b_1}{a_2 + \mathrm{j}b_2} = \frac{(a_1 + \mathrm{j}b_1)(a_2 - \mathrm{j}b_2)}{(a_2 + \mathrm{j}b_2)(a_2 - \mathrm{j}b_2)} = \frac{(a_1 a_2 + b_1 b_2) + \mathrm{j}(a_2 b_1 - a_1 b_2)}{a_2^2 + b_2^2} = \frac{a_1 a_2 + b_1 b_2}{a_2^2 + b_2^2} + \mathrm{j}\,\frac{a_2 b_1 - a_1 b_2}{a_2^2 + b_2^2}. \qquad (1.5\text{–}12)$$

Es gilt dann:

$$\frac{1}{\mathrm{j}} = -\mathrm{j}. \qquad (1.5\text{–}13)$$

■ *Beispiel:*

$$\frac{5-2j}{8+j} = \frac{40-2}{8^2+1^2} + j\frac{-16-5}{8^2+1^2} = \frac{38}{65} - j\frac{21}{65}.$$

1.5.3 Gaußsche Zahlenebene

Eine komplexe Zahl $z = a+jb$ wird durch zwei reelle Zahlen a und b bestimmt. Die komplexen Zahlen können daher in einer Zahlenebene dargestellt werden. Wird in einem rechtwinkligen Koordinatensystem die x-Achse als *reelle Achse* und die y-Achse als *imaginäre Achse* bezeichnet, so entsteht eine komplexe Zahlenebene, die auch *Gaußsche Zahlenebene* genannt wird. Im Bild 1.5–1 ist die komplexe Zahl $z = a+jb$ durch einen Bildpunkt in der Gaußschen Zahlenebene dargestellt.

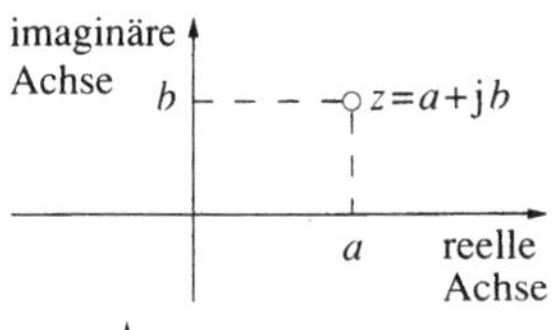

Bild 1.5-1 Darstellung einer komplexen Zahl in der Gaußschen Zahlenebene

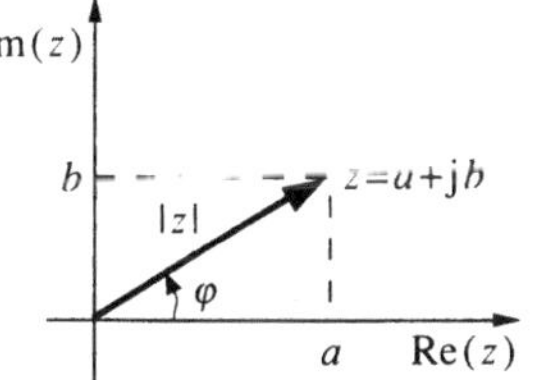

Bild 1.5-2 Zeigerdarstellung

Eine komplexe Zahl $z = a+jb$ kann auch durch einen vom Koordinatenursprung zum Bildpunkt gerichteten Zeiger $\underline{z} = a+jb$ bildlich gemäß Bild 1.5–2 dargestellt werden.

Die Länge des Zeigers wird der *Betrag* der komplexen Zahl z genannt und mit $|z|$ bezeichnet:

$$|z| = \sqrt{a^2+b^2}. \tag{1.5–14}$$

Aus Bild 1.5–2 folgt:

$$a = \text{Re}(z) = |z| \cos\varphi \tag{1.5–15}$$

$$b = \text{Im}(z) = |z| \sin\varphi \tag{1.5–16}$$

Die Division der Gl. (1.5–16) durch die Gl. (1.5–15) liefert:

$$\tan\varphi = \frac{\text{Im}(z)}{\text{Re}(z)} = \frac{b}{a}. \tag{1.5–17}$$

Für das Argument (Winkel) von z gilt:

$$\varphi = \text{Arctan}\,\frac{b}{a} \quad \text{für} \quad a>0, \tag{1.5–18}$$

$$\varphi = \pi + \text{Arctan}\,\frac{b}{a} \quad \text{für} \quad a<0,$$

$$\varphi = \frac{\pi}{2} \quad \text{für} \quad a=0 \quad \text{und} \quad b>0,$$

$$\varphi = -\frac{\pi}{2} \quad \text{für} \quad a=0 \quad \text{und} \quad b<0.$$

Unter Berücksichtigung der Gln. (1.5–15) und (1.5–16) kann eine komplexe Zahl z aus der kartesischen Form $z = a+jb$ in die trigonometrische Form nach Gl. (1.5–19) überführt werden:

$$z = |z|(\cos\varphi + j\sin\varphi). \tag{1.5–19}$$

In der Gaußschen Zahlenebene erhält man die zur komplexen Zahl z konjugiert komplexe Zahl z^* durch Spiegelung des Bildpunktes von z an der reellen Achse. z und z^* haben gleiche Beträge. Die Winkel unterscheiden sich durch das Vorzeichen (Bild 1.5–3).

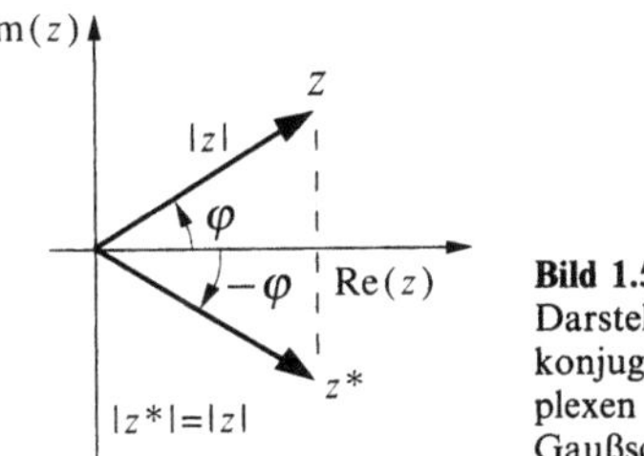

Bild 1.5-3 Darstellung der konjugiert komplexen Zahl in der Gaußschen Zahlenebene

Rechenoperationen in der Gaußschen Zahlenebene:

a) *Addition* bzw. *Subtraktion:* Die Zeiger $\underline{z}_1$ und $\underline{z}_2$ werden nach den Regeln der Vektorrechnung addiert bzw. subtrahiert (Bild 1.5–4).

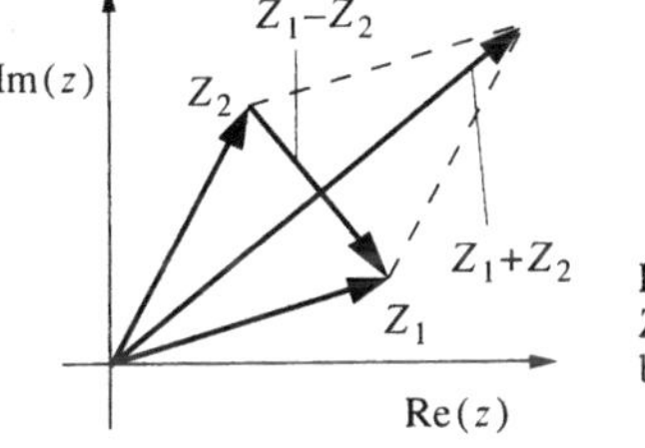

Bild 1.5-4 Zeigeraddition bzw.-subtraktion

b) *Multiplikation:* Man multipliziert zwei komplexe Zahlen, indem man die Beträge multipliziert und die Winkel addiert.

c) *Division:* Man dividiert zwei komplexe Zahlen, indem man die Beträge dividiert und die Winkel subtrahiert.

1.5.4 Euler-Gleichung; Potenzieren, Radizieren und Logarithmus der komplexen Zahlen

Verwendet man die von Euler angegebene Gleichung

$$e^{j\varphi} = \cos\varphi + j\sin\varphi, \tag{1.5–20}$$

so kann eine komplexe Zahl z in der Form

$$z = |z|e^{j\varphi} \tag{1.5–21}$$

angegeben werden. Diese Exponentialform einer komplexen Zahl ist bei vielen Rechenoperationen sehr vorteilhaft und wird in der Elektrotechnik bevorzugt angewendet. Die zu z konjugiert komplexe Zahl z^* lautet dann:

$$z^* = |z|e^{-j\varphi} \qquad (1.5\text{–}22)$$

Die Rechenoperationen *Multiplikation* und *Division* werden im folgenden Beispiel dargestellt.

■ *Beispiel:*

$$z_1 = 12e^{j30°}, \quad z_2 = 5e^{-j45°}$$

$$z_1 z_2 = 12e^{j30°} \cdot 5e^{-j45°} = 60e^{j(30°-45°)} =$$

$$= 60e^{-j15°},$$

$$\frac{z_1}{z_2} = \frac{12e^{j30°}}{5e^{-j45°}} = \frac{12}{5}e^{j(30°+45°)} = 2{,}4e^{j75°}.$$

Potenzieren einer komplexen Zahl
Da Potenzieren nichts anderes als wiederholte Multiplikation ist, erhält man:

$$z^n = [|z|e^{j\varphi}]^n = |z|^n e^{jn\varphi} = \qquad (1.5\text{–}23)$$

$$= |z|^n[\cos(n\varphi) + j\sin(n\varphi)].$$

■ *Beispiel:*

$$z = 2e^{j30°};$$

$$z^3 = 2^3 e^{j90°} = 8(\cos 90° + j\sin 90°) = j8.$$

Radizieren
$\sqrt[n]{z}$ mit $z = |z|e^{j\varphi}$ hat n verschiedene Lösungen der Form:

$$z_k = \sqrt[n]{|z|}\, e^{j\left(\frac{\varphi}{n} + \frac{2\pi}{n}k\right)} \qquad (1.5\text{–}24)$$

$$k = 0, 1, 2, \ldots, (n-1).$$

■ *Beispiel:*
Die drei 3. Wurzeln von $z = 1+j$ sind zu bestimmen.

$$z = 1+j = \sqrt{2}\, e^{j\frac{\pi}{4}};$$

$$z_k = \sqrt[3]{1+j} = \sqrt[6]{2}\, e^{j\left(\frac{\pi/4+2k\pi}{3}\right)};$$

$$z_0 = \sqrt[6]{2}\, e^{j\frac{\pi}{12}} = \sqrt[6]{2}\, e^{j15°},$$

$$z_1 = \sqrt[6]{2}\, e^{j\frac{9}{12}\pi} = \sqrt[6]{2}\, e^{j\frac{3}{4}\pi} = \sqrt[6]{2}\, e^{j135°},$$

$$z_2 = \sqrt[6]{2}\, e^{j\frac{17}{12}\pi} = \sqrt[6]{2}\, e^{j255°}.$$

Natürlicher Logarithmus komplexer Zahlen
Unter dem natürlichen Logarithmus einer komplexen Zahl $z = |z|e^{j\varphi}$ versteht man die komplexen Zahlen

$$\ln z = \ln|z| + j(\varphi + 2k\pi) \qquad (1.5\text{–}25)$$

k Element der ganzen Zahlen.

$\varphi + 2k\pi$ im Bogenmaß

Bei $k = 0$ erhält man den Hauptwert. Die Nebenwerte erhält man für $k = \pm 1, \pm 2, \pm 3, \ldots$ durch die Addition der Hauptwerte mit $j2k\pi$.

■ *Beispiel:*

$$z = \frac{1}{2} - j\frac{\sqrt{3}}{2}, \qquad \ln z = ?$$

$$|z| = \sqrt{\frac{1}{4} + \frac{3}{4}} = 1 \qquad \tan\varphi = -\sqrt{3} \Rightarrow \varphi = \frac{5}{3}\pi,$$

d. h. also $z = 1e^{j\frac{5}{3}\pi}$. Damit ist:

$$\ln z = \ln 1 + j\left(\frac{5}{3}\pi + 2k\pi\right)$$

mit dem Hauptwert

$$\ln z = j\frac{5}{3}\pi = j5{,}236.$$

1.5.5 Anwendung der komplexen Rechnung

In der Elektrotechnik wird die komplexe Rechnung bei der Behandlung von Wechselstromkreisen angewendet. Dabei wird eine sinusförmige Wechselspannung mit Hilfe des sich in der komplexen Ebene drehendes Zeigers

$$\underline{u} = \hat{u}e^{j(\omega t + \varphi_u)} \qquad (1.5\text{–}26)$$

angegeben. Ist der sinusförmige Strom in dem Stromkreis mit Hilfe des Zeigers

$$\underline{i} = \hat{\imath}e^{j(\omega t + \varphi_i)} \qquad (1.5\text{–}27)$$

darstellbar, so erhält man nach dem ohmschen Gesetz die Impedanz des Stromkreises zu

$$\underline{Z} = \frac{\underline{u}}{\underline{i}} = \frac{\hat{u}}{\hat{\imath}}e^{(\varphi_u - \varphi_i)} = |\underline{Z}|e^{j\varphi}. \qquad (1.5\text{–}28)$$

Die Anwendung der komplexen Rechnung in der Elektrotechnik wird in den Abschnitten 2.11 bis 2.15 ausführlich behandelt.

1.6 Fourier-Reihen

1.6.1 Fourier-Reihe der periodischen Funktionen

$f(x)$ sei eine periodische Funktion mit der Periode $p = 2\pi$ (Bild 1.6–1) und genüge im Periodenintervall

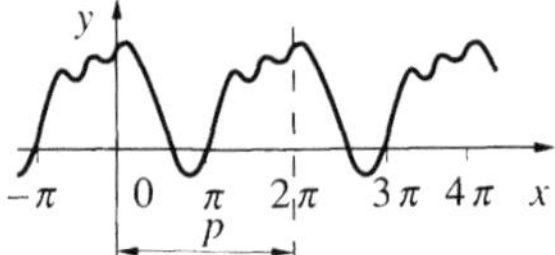

Bild 1.6-1
Nichtsinusförmige periodische Funktion (Periode $p = 2\pi$)

den sogenannten *Dirichletschen Bedingungen:*

a) Das Periodenintervall läßt sich in endlich viele Teilintervalle zerlegen, in denen $f(x)$ stetig und monoton ist.

b) Ist x_0 eine Unstetigkeitsstelle von $f(x)$, so existieren $f(x_0+0)$ und $f(x_0-0)$.

Diese Funktion läßt sich in eine unendliche trigonometrische Reihe (die sogenannte *Fourier-Reihe*) entwickeln:

$$f(x) = \frac{a_0}{2} + \sum_{k=1}^{\infty} (a_k \cos kx + b_k \sin kx). \qquad (1.6\text{–}1)$$

Hinweis: Hat die Funktion $f(x)$ Sprungstellen, so liefert die Fourier-Reihe das arithmetische Mittel aus dem links- und rechtsseitigen Grenzwert der Funktion an der Sprungstelle.

Die Fourier-Koeffizienten a_0, a_k und b_k werden wie folgt berechnet:

$$a_0 = \frac{1}{\pi} \int_0^{2\pi} f(x)\,\mathrm{d}x,$$

$$a_k = \frac{1}{\pi} \int_0^{2\pi} f(x) \cos kx\,\mathrm{d}x \qquad k = 1, 2, \ldots, \qquad (1.6\text{–}2)$$

$$b_k = \frac{1}{\pi} \int_0^{2\pi} f(x) \sin kx\,\mathrm{d}x \qquad k = 1, 2, \ldots.$$

Ist $f(x)$ eine gerade Funktion, d. h. $f(x) = f(-x)$, so hat die Fourier-Reihe die Gestalt:

$$f(x) = \frac{a_0}{2} + \sum_{k=1}^{\infty} a_k \cos kx \qquad (b_k = 0). \qquad (1.6\text{–}3)$$

Ist $f(x)$ eine ungerade Funktion, d. h. $f(x) = -f(-x)$, so hat die Fourier-Reihe die Form:

$$f(x) = \frac{a_0}{2} + \sum_{k=1}^{\infty} b_k \sin kx \qquad (a_k = 0). \qquad (1.6\text{–}4)$$

Ist die Fläche oberhalb der x-Achse gleich der Fläche unterhalb dieser Achse, so ist der Koeffizient a_0 gleich Null.

■ *Beispiele:*

1. Gesucht wird die Fourier-Reihe der im Bild 1.6–2 dargestellten periodischen Funktion.

Bild 1.6-2
Graph der periodischen Funktion
$f(x) = \begin{cases} 0 & \text{für } \pi \le x \le 2\pi \\ x & \text{für } 0 \le x \le \pi \end{cases}$

$$a_0 = \frac{1}{\pi} \int_0^{2\pi} f(x)\,\mathrm{d}x = \frac{1}{\pi} \int_0^{\pi} x\,\mathrm{d}x = \frac{\pi}{2},$$

$$a_k = \frac{1}{\pi} \int_0^{2\pi} f(x) \cos kx\,\mathrm{d}x = \frac{1}{\pi} \int_0^{\pi} x \cos kx\,\mathrm{d}x =$$

$$= \frac{1}{\pi}\left(\left[\frac{x}{k} \sin kx\right]_0^{\pi} - \frac{1}{k} \int_0^{\pi} \sin kx\,\mathrm{d}x\right) =$$

$$= \frac{1}{\pi}\left(0 + \frac{1}{k^2} [\cos kx]_0^{\pi}\right) = \frac{1}{k^2\pi} [(-1)^k - 1],$$

$$b_k = \frac{1}{\pi} \int_0^{2\pi} f(x) \sin kx\,\mathrm{d}x = \frac{1}{\pi} \int_0^{\pi} x \sin kx\,\mathrm{d}x =$$

$$= \frac{1}{\pi}\left(\left[-\frac{x}{k} \cos kx\right]_0^{\pi} + \frac{1}{k} \int_0^{\pi} \cos kx\,\mathrm{d}x\right) =$$

$$= \frac{1}{\pi}\left(-\frac{\pi}{k} \cos k\pi + \frac{1}{k^2} [\sin kx]_0^{\pi}\right) =$$

$$= \frac{(-1)^{k-1}}{k}.$$

Damit ist

$$f(x) = \frac{\pi}{4} + \sum_{k=1}^{\infty} \left[\frac{(-1)^k - 1}{k^2\pi} \cos kx + \frac{(-1)^{k-1}}{k} \sin kx\right] =$$

$$= \frac{\pi}{4} - \frac{2}{\pi} \cos x + \sin x - \frac{1}{2} \sin 2x - \frac{2}{9\pi} \cos 3x + \frac{1}{3} \sin 3x + \ldots =$$

$$= \frac{\pi}{4} - \frac{2}{\pi} \sum_{k=1}^{\infty} \frac{\cos(2k-1)x}{(2k-1)^2} - \sum_{k=1}^{\infty} \frac{(-1)^k}{k} \sin kx.$$

2. Die Fourier-Reihe der Funktion

$$f(x) = \begin{cases} A & \text{für} \quad 0 \leqslant x \leqslant \pi \\ -A & \text{für} \quad \pi < x < 2\pi \end{cases}$$

wird gesucht (Bild 1.6–3).

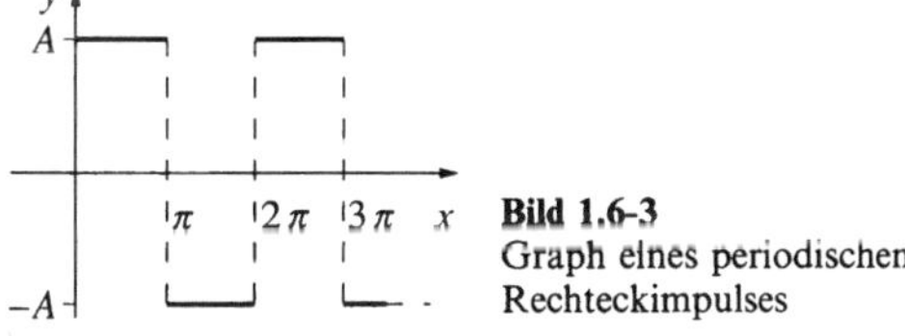

Bild 1.6-3
Graph eines periodischen Rechteckimpulses

Es handelt sich um eine ungerade Funktion. Außerdem ist die Fläche oberhalb der x-Achse gleich der Fläche unterhalb dieser Achse. Daraus folgt:

$a_0 = 0, \quad a_k = 0.$

Für b_k folgt dann:

$$b_k = \frac{1}{\pi} \int_0^{2\pi} f(x) \sin kx \, dx =$$

$$= \frac{1}{\pi}\left[\int_0^{\pi} A \sin kx \, dx + \int_{\pi}^{2\pi} (-A) \sin kx \, dx\right] =$$

$$= \frac{A}{\pi}\left[-\frac{1}{k}\cos kx\right]_0^{\pi} + \frac{A}{\pi}\left[\frac{1}{k}\cos kx\right]_{\pi}^{2\pi} =$$

$$= \frac{2A}{k\pi}(1 - \cos k\pi).$$

Da $\cos k\pi = \begin{cases} 1 & \text{für} \quad k \text{ gerade} \\ -1 & \text{für} \quad k \text{ ungerade} \end{cases}$ ist, so

werden die Koeffizienten b_k für k als gerade Zahl gleich Null. Damit ist

$$f(x) = \frac{4A}{\pi}\left[\sin x + \frac{1}{3}\sin 3x + \frac{1}{5}\sin 5x + \ldots\right].$$

1.6.2 Harmonische Analyse

Bei den in der Elektrotechnik vorkommenden Funktionen ist die unabhängige Variable oft die Zeit t. Betrachtet wird eine periodische jedoch nicht sinusförmige Funktion nach Bild 1.6–4, wobei T die Periodendauer ist.

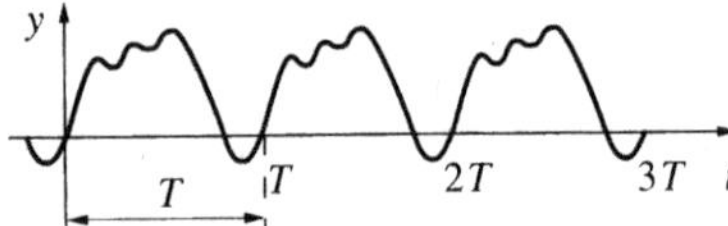

Bild 1.6-4 Nichtsinusförmige periodische Funktion (Periodendauer T)

Man definiert eine Grund-Kreisfrequenz ω_0 durch

$$\omega_0 = 2\pi f = \frac{2\pi}{T}. \tag{1.6–5}$$

Die Funktion $y = f(t)$ kann man dann nach Abschnitt 1.6.1 in eine Fourier-Reihe entwickeln:

$$y = f(t) = \tag{1.6–6}$$

$$= \frac{a_0}{2} + \sum_{k=1}^{\infty} [a_k \cos(k\omega_0 t) + b_k \sin(k\omega_0 t)].$$

Damit läßt sich eine nichtsinusförmige Funktion der Kreisfrequenz ω_0 in ihre sogenannten harmonischen Bestandteile zerlegen. Die Schwingung mit der Kreisfrequenz ω_0 wird als *Grundschwingung* bezeichnet. Die Schwingungen der Kreisfrequenz $k\omega_0$ nennt man harmonische *Oberschwingungen*.

Die Koeffizienten a_0, a_k und b_k in Gl. (1.6–6) werden wie folgt berechnet:

$$a_0 = \frac{2}{T} \int_{\alpha t}^{\alpha t + T} f(t) \, dt,$$

$$a_k = \frac{2}{T} \int_{\alpha t}^{\alpha t + T} f(t) \cos k\omega_0 t \, dt \qquad k = 1, 2, \ldots, \tag{1.6–7}$$

$$b_k = \frac{2}{T} \int_{\alpha t}^{\alpha t + T} f(t) \sin k\omega_0 t \, dt \qquad k = 1, 2, \ldots.$$

■ *Beispiel:*
Die im Bild 1.6–5 dargestellte periodische Zeitfunktion $f(t)$ soll in eine Fourier-Reihe entwickelt werden.

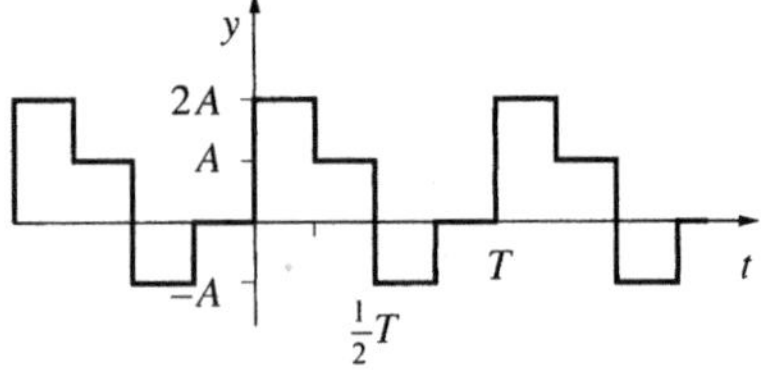

Bild 1.6-5 Zur Entwicklung der Fourier-Reihe einer nichtsinusförmigen periodischen Funktion

Die Funktion

$$f(t) := \begin{cases} 2A & \text{für} \quad 0 < t < \frac{T}{4}, \\ A & \text{für} \quad \frac{T}{4} < t < \frac{T}{2}, \\ -A & \text{für} \quad \frac{T}{2} < t < \frac{3T}{4}, \\ 0 & \text{für} \quad \frac{3T}{4} < t < T. \end{cases}$$

gibt die dargestellte Funktion in einer Periodendauer wieder. Für die Koeffizienten der Fourier-Reihe gilt nach Gl. (1.6–7) mit $\alpha = 0$:

$$a_0 = \frac{2}{T}\int_0^T f(t)\,dt = \frac{2}{T}\left[\int_0^{T/4} 2A\,dt + \int_{T/4}^{T/2} A\,dt + \int_{T/2}^{3T/4} (-A)\,dt + \int_{3T/4}^{T} 0\,dt\right] =$$

$$= \frac{2}{T}\left[2A\frac{T}{4} + A\left(\frac{T}{2} - \frac{T}{4}\right) - A\left(\frac{3T}{4} - \frac{T}{2}\right)\right] =$$

$$= A,$$

$$a_k = \frac{2}{T}\int_0^T f(t)\cos k\omega_0 t\,\mathrm{d}t = \frac{2}{T}\Bigg[2A\int_0^{T/4}\cos\frac{2\pi kt}{T}\,\mathrm{d}t + \underbrace{A\int_{T/4}^{T/2}\cos\frac{2\pi kt}{T}\,\mathrm{d}t - A\int_{T/2}^{3T/4}\cos\frac{2\pi kt}{T}\,\mathrm{d}t}_{0}\Bigg] =$$

$$= \frac{2}{T}2A\frac{T}{2\pi k}\sin\frac{2\pi kt}{T}\bigg|_0^{T/4} = \frac{2A}{k\pi}\sin\frac{k\pi}{2}$$

$k = 1, 2, \ldots,$

$$b_k = \frac{2}{T}\int_0^T f(t)\sin k\omega_0 t\,\mathrm{d}t = \ldots = \frac{2A}{k\pi}[1-(-1)^k].$$

Damit ist:

$$f(t) = \frac{A}{2} +$$

$$+ \frac{2A}{\pi}\left(\cos\omega_0 t - \frac{1}{3}\cos 3\omega_0 t + \frac{1}{5}\cos 5\omega_0 t - \ldots\right) +$$

$$+ \frac{4A}{\pi}\left(\sin\omega_0 t + \frac{1}{3}\sin 3\omega_0 t + \frac{1}{5}\sin 5\omega_0 t + \ldots\right).$$

1.6.3 Wichtige Fourierentwicklungen

Im folgenden sind die Fourierentwicklungen einiger in der Elektrotechnik besonders wichtiger periodischer Funktionen mit der Periodendauer T angegeben. Für die in der Übersicht vorkommende Grund-Kreisfrequenz ω_0 gilt die Gl. (1.6–5).

1. Rechteckkurve (Bild 1.6–6)

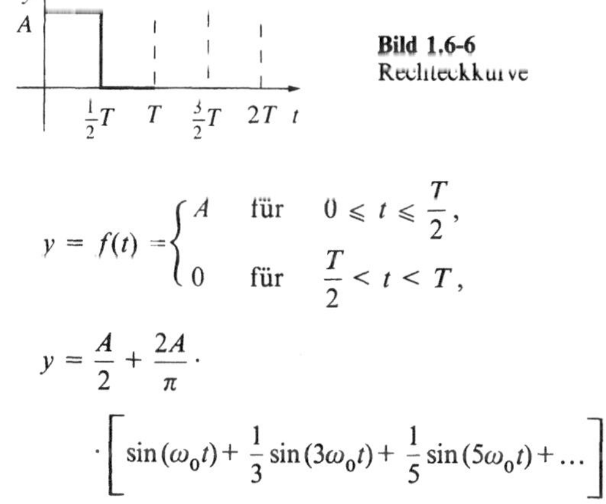

Bild 1.6-6
Rechteckkurve

$$y = f(t) = \begin{cases} A & \text{für} \quad 0 \leq t \leq \dfrac{T}{2}, \\ 0 & \text{für} \quad \dfrac{T}{2} < t < T, \end{cases}$$

$$y = \frac{A}{2} + \frac{2A}{\pi}\cdot$$

$$\cdot\left[\sin(\omega_0 t) + \frac{1}{3}\sin(3\omega_0 t) + \frac{1}{5}\sin(5\omega_0 t) + \ldots\right].$$

2. Dreieckkurve (Bild 1.6–7)

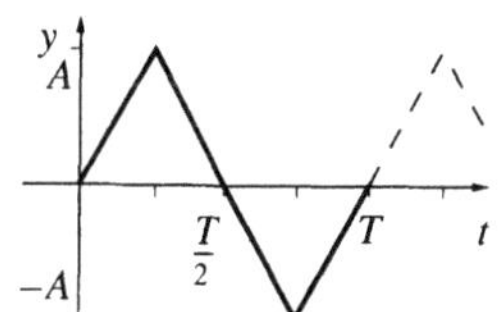

Bild 1.6-7
Dreieckkurve

$$y = f(t) = \begin{cases} \dfrac{4A}{T}t & \text{für} \quad 0 \leq t \leq \dfrac{T}{4}, \\ -\dfrac{4A}{T}t + 2A & \text{für} \quad \dfrac{T}{4} < t < \dfrac{3T}{4}, \\ \dfrac{4A}{T}t - 4A & \text{für} \quad \dfrac{3T}{4} \leq t \leq T, \end{cases}$$

$$y = \frac{8A}{\pi^2}\cdot\left[\frac{1}{1^2}\sin(\omega_0 t) - \right.$$

$$\left. - \frac{1}{3^2}\sin(3\omega_0 t) + \frac{1}{5^2}\sin(5\omega_0 t) - + \ldots\right].$$

3. Kippschwingung (Sägezahnimpuls) (Bild 1.6–8)

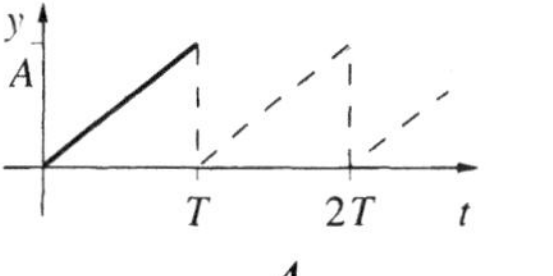

Bild 1.6-8
Kippschwingung

$$y = f(t) = \frac{A}{T}t \quad \text{für} \quad 0 \leq t < T,$$

$$y = \frac{A}{2} - \frac{A}{\pi}\cdot$$

$$\cdot\left[\sin(\omega_0 t) + \frac{1}{2}\sin(2\omega_0 t) + \frac{1}{3}\sin(3\omega_0 t) + \ldots\right].$$

4. Einweggleichrichtung einer Sinus-Schwingung (Bild 1.6–9)

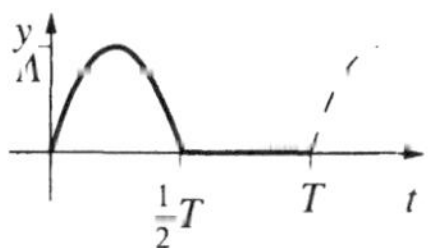

Bild 1.6-9
Einweggleichrichtung einer Sinus-Schwingung

$$y = f(t) = \begin{cases} A\sin(\omega_0 t) & \text{für} \quad 0 \leq t \leq \dfrac{T}{2}, \\ 0 & \text{für} \quad \dfrac{T}{2} \leq t \leq T, \end{cases}$$

$$y = \frac{A}{\pi} + \frac{A}{2}\sin(\omega_0 t) - \frac{2A}{\pi}\left[\frac{1}{1\cdot 3}\cos(2\omega_0 t) + \right.$$

$$\left. + \frac{1}{3\cdot 5}\cos(4\omega_0 t) + \frac{1}{5\cdot 7}\cos(6\omega_0 t) + \ldots\right].$$

5. Zweiweggleichrichtung einer Sinus-Schwingung (Bild 1.6–10)

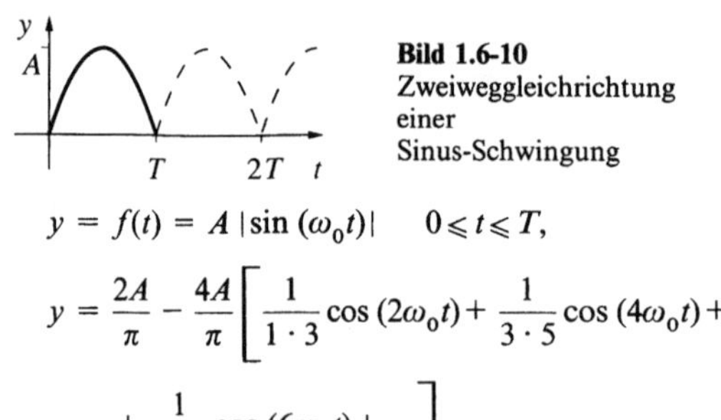

Bild 1.6-10 Zweiweggleichrichtung einer Sinus-Schwingung

$$y = f(t) = A\,|\sin(\omega_0 t)| \qquad 0 \leqslant t \leqslant T,$$

$$y = \frac{2A}{\pi} - \frac{4A}{\pi}\left[\frac{1}{1\cdot 3}\cos(2\omega_0 t) + \frac{1}{3\cdot 5}\cos(4\omega_0 t) + \right.$$

$$\left. + \frac{1}{5\cdot 7}\cos(6\omega_0 t) + \dots\right].$$

1.7 Laplace-Transformation

1.7.1 Grundbegriffe

Eine in den technischen Wissenschaften insbesondere in der Elektrotechnik angewendete Integraltransformation ist die *Laplace-Transformation*. Diese Integraltransformation ordnet einer in den Anwendungsfällen der Elektrotechnik zeitabhängigen Funktion $f(t)$ mit $f(t)=0$ für $t<0$ eine Funktion $F(s)$ der komplexen Veränderlichen s zu. Man bezeichnet die Funktion

$$F(s) = \int_0^\infty e^{-st} f(t)\,dt \qquad \mathrm{Re}(s) > 0. \qquad (1.7\text{–}1)$$

als Laplace-Transformierte von $f(t)$ und schreibt $F(s) = \mathscr{L}\{f(t)\}$. $\mathscr{L}$ ist der *Laplace-Transformationsoperator*. Außerdem gelten folgende Bezeichnungen:

- $f(t)$ Originalfunktion (in der Elektrotechnik meist Zeitfunktion),
- $F(s)$ Bildfunktion,
- $\{f(t)\}$ Originalbereich,
- $\{F(s)\}$ Bildbereich.

Für die zusammengehörenden Funktionenpaare Originalfunktion und Bildfunktion ist eine symbolische Schreibweise üblich:

$$f(t) \circ\!\!-\!\!\bullet\; F(s) \text{ (Korrespondenz)} \qquad (1.7\text{–}2a)$$

wird gelesen: $f(t)$ ist das Original von $F(s)$;

$$F(s) \bullet\!\!-\!\!\circ\; f(t) \qquad (1.7\text{–}2b)$$

wird gelesen: $F(s)$ ist das Bild von $f(t)$.

■ *Beispiele:*

1. Man bestimme die Laplace-Transformierte der Sprungfunktion

$$f(t) = \begin{cases} A & \text{für} \quad t > 0, \\ 0 & \text{für} \quad t < 0. \end{cases} \qquad \text{nach Bild 1.7–1.}$$

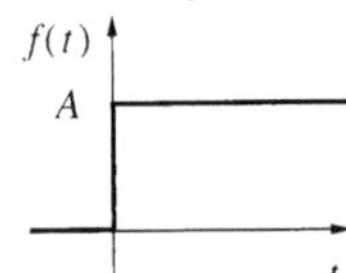

Bild 1.7-1 Sprungfunktion

Nach Gl. (1.7–1) gilt:

$$F(s) = \int_0^\infty e^{-st} f(t)\,dt = \int_0^\infty e^{-st} A\,dt = A \int_0^\infty e^{-st}\,dt =$$

$$= -\frac{A}{s} e^{-st}\Big|_0^\infty = \frac{A}{s}.$$

Man kann also schreiben:

$$A \circ\!\!-\!\!\bullet\; \frac{A}{s}.$$

Ist $A=1$, so gilt:

$$1 \circ\!\!-\!\!\bullet\; \frac{1}{s}.$$

2. Es wird die Laplace-Transformierte der in Bild 1.7–2 dargestellten linearen Funktion

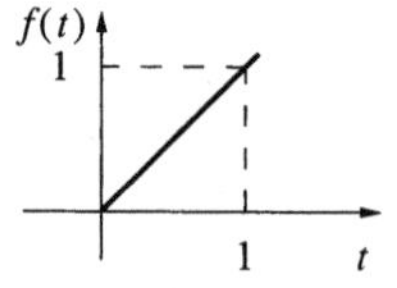

Bild 1.7-2 Lineare Funktion

$$f(t) = \begin{cases} t & \text{für} \quad t \geqslant 0, \\ 0 & \text{für} \quad t < 0 \end{cases} \qquad \text{gesucht.}$$

Es gilt:

$$F(s) = \int_0^\infty e^{-st} t\,dt = -\frac{(st+1)e^{-st}}{s^2}\Bigg|_0^\infty = \frac{1}{s^2} \qquad (s>0).$$

Damit ist:

$$t \circ\!\!-\!\!\bullet\; \frac{1}{s^2} \qquad \text{oder} \qquad \mathscr{L}\{t\} = \frac{1}{s^2}.$$

1.7.2 Sätze der Laplace-Transformation

a) Satz über die Linearkombination

Setzt sich die Originalfunktion $f(t)$ als Linearkombination einer endlichen Anzahl von Funktionen gemäß Gl. (1.7–3)

$$f(t) = K_1 f_1(t) + K_2 f_2(t) + \dots + K_n f_n(t) \qquad (1.7\text{–}3)$$

zusammen, so folgt für die Laplace-Transformierte dieser Funktion:

$$\mathscr{L}\{f(t)\} = \mathscr{L}\{K_1 f_1(t) + K_2 f_2(t) + \dots + K_n f_n(t)\}$$
$$= K_1 F_1(s) + K_2 F_2(s) + \dots + K_n F_n(s). \qquad (1.7\text{–}4)$$

Stellt also die Originalfunktion eine Linearkombination von Originalfunktionen dar, so ist die entsprechende Bildfunktion als Linearkombination der korrespondierenden Bildfunktionen darstellbar.

■ *Beispiel:*

$$5 + 3t \circ\!\!-\!\!\bullet\; \frac{5}{s} + \frac{3}{s^2} = \frac{5s+3}{s^2}.$$

b) Ähnlichkeitssatz

Die Bildfunktion der Originalfunktion $f(at)$ erhält man aus der Bildfunktion $F(s)$ der Originalfunktion $f(t)$ durch Ersetzen von s durch s/a und anschließender Multiplikation mit $1/a$.

$$f(at) \circ\!\!-\!\!\bullet \frac{1}{a} F\left(\frac{s}{a}\right) \quad a>0. \tag{1.7–5}$$

■ *Beispiel:*

Es gilt: $\sin t \circ\!\!-\!\!\bullet \frac{1}{s^2+1}$,

so ist: $\sin \omega t \circ\!\!-\!\!\bullet \frac{\omega}{s^2+\omega^2}$.

c) Verschiebungssätze

Wird die Originalfunktion $f(t)$ um die Strecke $a>0$ im Zeitbereich nach rechts verschoben, so gilt:

$$f(t-a) \circ\!\!-\!\!\bullet e^{-as}F(s). \tag{1.7–6}$$

Bei einer Verschiebung um $a>0$ nach links erhält man:

$$f(t+a) \circ\!\!-\!\!\bullet e^{as}\left[F(s)-\int_0^a f(t)e^{-st}\,dt\right]. \tag{1.7–7}$$

■ *Beispiel:*

Ist $t_0>0$, so gilt:

$$\sin(t-t_0) \circ\!\!-\!\!\bullet \frac{e^{-t_0 s}}{s^2+1}.$$

d) Dämpfungssatz

Wird eine Originalfunktion $f(t)$ durch Multiplikation mit der Funktion e^{-at} exponentiell gedämpft, so erhält man die Bildfunktion von $e^{-at} f(t)$, indem man in der Bildfunktion $F(s)$ der Originalfunktion $f(t)$ die Variable s durch $s+a$ ersetzt.

$$e^{-at} f(t) \circ\!\!-\!\!\bullet F(s+a). \tag{1.7–8}$$

■ *Beispiel:*

$$e^{-2t} \sin t \circ\!\!-\!\!\bullet \frac{1}{(s+2)^2+1}.$$

e) Ableitungssätze

Unter den Voraussetzungen

1. $f(t)=0$ für $t<0$,
2. $\mathscr{L}\{f(t)\}=F(s)$ vorhanden,
3. $\left.\frac{d}{dt}[f(t)]\right|_{t=0} < \infty$

wird die Laplace-Transformierte der Ableitung $\frac{df(t)}{dt}$ wie folgt berechnet. Nach Gl. (1.7–1) gilt:

$$\mathscr{L}\left\{\frac{d}{dt}f(t)\right\} = \int_0^\infty \left[\frac{d}{dt}f(t)\right] e^{-st}\,dt. \tag{1.7–9}$$

Lösung durch partielle Integration gemäß Gl. (1.4–10)

$$\int_0^\infty u\,dv = uv\Big|_0^\infty - \int_0^\infty v\,du. \tag{1.7–10}$$

$$\text{Mit } u = f(t) \rightarrow du = \frac{df(t)}{dt}\,dt \tag{1.7–11}$$

$$\text{und } v = -\frac{1}{s}e^{-st} \rightarrow dv = e^{-st}\,dt \tag{1.7–12}$$

gilt:

$$F(s) = \int_0^\infty f(t)e^{-st}\,dt = \tag{1.7–13}$$

$$= -\frac{f(t)e^{-st}}{s}\Big|_0^\infty + \frac{1}{s}\int_0^\infty e^{-st}\left[\frac{df(t)}{dt}\right]dt.$$

Daraus folgt:

$$sF(s) = f(0) + \int_0^\infty \left[\frac{d}{dt}f(t)\right] e^{-st}\,dt. \tag{1.7–14}$$

Damit gilt:

$$\frac{d}{dt}f(t) \circ\!\!-\!\!\bullet sF(s)-f(t=0). \tag{1.7–15}$$

Für die höheren Ableitungen erhält man:

$$\mathscr{L}\left[\frac{d^{(n)}f(t)}{dt^n}\right] =$$

$$= s^nF(s)-s^{n-1}f(t=0)-s^{n-2}f'(t=0)-\ldots-$$

$$-f^{(n-1)}(t=0). \tag{1.7–16}$$

■ *Beispiel:*

Gegeben ist die Funktion $f(x) = e^{-at}$. Mit Hilfe der Korrespondenz $e^{-at} \circ\!\!-\!\!\bullet \frac{1}{s+a}$ ist die Laplace-Transformierte der Funktion $\frac{df(t)}{dt}$ zu bestimmen. Es gilt $f(t=0)=1$. Aus Gl. (1.7–15) folgt:

$$\mathscr{L}[f'(t)] = \frac{s}{s+a} - 1 = -\frac{a}{s+a}.$$

f) Integralsatz

Für die Laplace-Transformierte des Integrals

$$\int_0^t f(\tau)\,d\tau$$

einer Originalfunktion $f(t)$ mit der Bildfunktion $F(s)$ gilt:

$$\int_0^t f(\tau)\,\mathrm{d}\tau \circ\!\!-\!\!\bullet \frac{1}{s} F(s). \qquad (1.7\text{–}17)$$

Wenn $f(t)$ bei $t=0$ einen Anfangswert hat, dann muß dieser in Form von $\frac{f(t=0)}{s}$ berücksichtigt werden.

■ *Beispiel:*
Gesucht wird die Laplace-Transformierte des Integrals eines linearen Anstieges nach Bild 1.7–2. Wie bereits berechnet, gilt für die Laplace-Transformierte eines linearen Anstieges:

$$t \circ\!\!-\!\!\bullet \frac{1}{s^2}.$$

Für die Laplace-Transformierte des Integrals erhält man dann $\frac{1}{s^3}$.

g) Faltungssatz

Häufig wird in der Elektrotechnik die Aufgabe gestellt, die Originalfunktion der Bildfunktion $F(s)=F_1(s)F_2(s)$ zu ermitteln. Wenn $f_1(t) \circ\!\!-\!\!\bullet F_1(s)$ und $f_2(t) \circ\!\!-\!\!\bullet F_2(s)$, dann gilt:

$$F(s) = F_1(s)F_2(s) \bullet\!\!-\!\!\circ f(t) = \qquad (1.7\text{–}18)$$

$$= \int_0^t f_1(\tau) f_2(t-\tau)\,\mathrm{d}\tau = \int_0^t f_1(t-\tau) f_2(\tau)\,\mathrm{d}\tau =$$

$$= f_1(t) * f_2(t) = f_2(t) * f_1(t).$$

Die Integrale in Gl. (1.7–18) werden als Faltungsintegrale bezeichnet. Dafür wird die in der Gleichung angegebene symbolische Schreibweise $f_1(t) * f_2(t)$ verwendet.

■ *Beispiel:*
Gegeben ist die Bildfunktion

$$F(s) = \frac{1}{(s-a)(s-b)}.$$

Bekannt sind außerdem:

$$\frac{1}{s-a} \bullet\!\!-\!\!\circ \mathrm{e}^{at}, \quad \frac{1}{s-b} \bullet\!\!-\!\!\circ \mathrm{e}^{bt}.$$

Gesucht wird die zur $F(s)$ gehörende Originalfunktion $f(t)$.
Nach Gl. (1.7–18) gilt:

$$f(t) = \int_0^t \mathrm{e}^{a(t-\tau)} \mathrm{e}^{b\tau}\,\mathrm{d}\tau = \mathrm{e}^{at} \int_0^t \mathrm{e}^{(b-a)\tau}\,\mathrm{d}\tau =$$

$$= \frac{\mathrm{e}^{at}}{b-a} \mathrm{e}^{(b-a)\tau} \Big|_0^t = \frac{\mathrm{e}^{at}}{b-a} \left[\mathrm{e}^{(b-a)t} - 1\right] =$$

$$= \frac{\mathrm{e}^{at} - \mathrm{e}^{bt}}{a-b}.$$

h) Anfangswertsatz

Der Anfangswert $f(0)$ einer Originalfunktion $f(t)$ läßt sich ohne Rücktransformation durch Grenzwertbildung aus der zugehörigen Bildfunktion $F(s)$ nach folgender Gleichung berechnen:

$$f(0) = \lim_{t\to 0} f(t) = \lim_{s\to\infty} [s\,F(s)]. \qquad (1.7\text{–}19)$$

■ *Beispiel:*
Gegeben ist $F(s) = \frac{2(s+1)}{s^2+2s+5}$. Man berechne den Anfangswert der zugehörigen Originalfunktion. Nach Gl. (1.7–19) gilt:

$$f(0) = \lim_{s\to\infty} s \frac{2(s+1)}{s^2+2s+5} = 2.$$

i) Endwertsatz

Der Endwert $f(\infty)$ einer Originalfunktion $f(t)$ läßt sich ohne Rücktransformation durch Grenzwertbildung aus der zugehörigen Bildfunktion $F(s)$ nach Gl. (1.7–20) berechnen:

$$f(\infty) = \lim_{t\to\infty} f(t) = \lim_{s\to 0} [s\,F(s)]. \qquad (1.7\text{–}20)$$

■ *Beispiel:*
Gegeben ist $F(s) = \frac{1}{s\,(s+2)\,(s+3)}$. Gesucht wird der Endwert der zugehörigen Originalfunktion. Nach Gl. (1.7–20) gilt:

$$f(\infty) = \lim_{s\to 0} s \frac{1}{s(s+2)\,(s+3)} =$$

$$= \lim_{s\to 0} \frac{1}{(s+2)\,(s+3)} = \frac{1}{6}.$$

1.7.3 Laplace-Transformation der periodischen Funktionen

Die Laplace-Transformierte einer beliebigen Funktion $f(t)$ nach Bild 1.6–4 mit der Periodendauer T wird nach Gleichung

$$F(s) = \frac{1}{1-\mathrm{e}^{-sT}} \int_0^T f(t)\,\mathrm{e}^{-st}\,\mathrm{d}t \qquad (1.7\text{–}21)$$

berechnet.

■ *Beispiel:*
Die Laplace-Transformierte der Funktion $A \cos \omega t$ wird gesucht.
Nach Gl. (1.7–21) gilt:

$$F(s) = \frac{1}{1-\mathrm{e}^{-sT}} \int_0^T A \cos \omega t\,\mathrm{e}^{-st}\,\mathrm{d}t =$$

$$= \frac{A}{1-\mathrm{e}^{-sT}} \frac{1}{s^2+\omega^2} [\mathrm{e}^{-st}(-s\cos\omega t + \omega \sin\omega t)]_0^T.$$

Mit $\omega = \frac{2\pi}{T}$ folgt dann:

$$F(s) = \frac{A}{1-e^{-sT}} \frac{1}{s^2+\omega^2}(-s\,e^{-sT}+s) = \frac{A\,s}{s^2+\omega^2}.$$

1.7.4 Laplace-Transformierte der wichtigsten periodischen Funktionen

1. Sinusfunktion

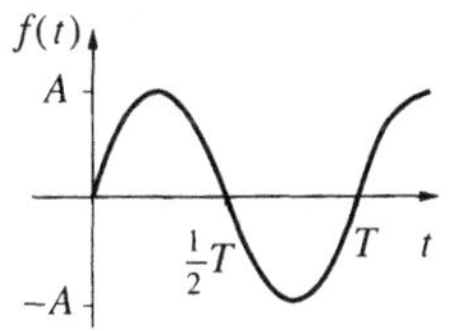

Bild 1.7-3 Sinusfunktion

$f(t) = A \sin \omega t$ für $t \geqslant 0$,

Periode $T = \dfrac{2\pi}{\omega}$,

$$F(s) = \frac{A\omega}{s^2+\omega^2}.$$

2. Rechteckkurve

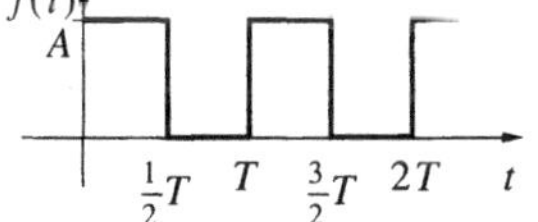

Bild 1.7-4 Rechteckkurve

$$f(t) = \begin{cases} A & \text{für} \quad 0 < t < \dfrac{T}{2} \\ 0 & \text{für} \quad \dfrac{T}{2} < t < T \end{cases},$$

$$F(s) = \frac{A}{s\left(1+e^{-\frac{T}{2}s}\right)}.$$

3. Rechteckkurve

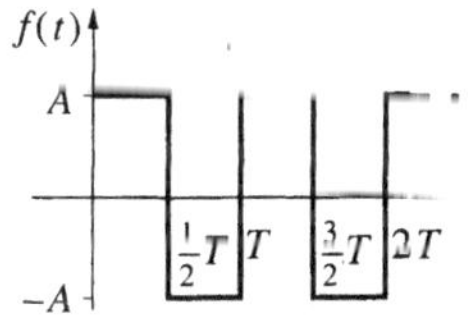

Bild 1.7-5 Rechteckkurve

$$f(t) = \begin{cases} A & \text{für} \quad 0 < t < \dfrac{T}{2}, \\ -A & \text{für} \quad \dfrac{T}{2} < t < T, \end{cases}$$

$$F(s) = \frac{A\left(1-e^{-\frac{T}{2}s}\right)}{s\left(1+e^{-\frac{T}{2}s}\right)} = \frac{A}{s}\tanh\left(\frac{Ts}{4}\right).$$

4. Kippschwingung

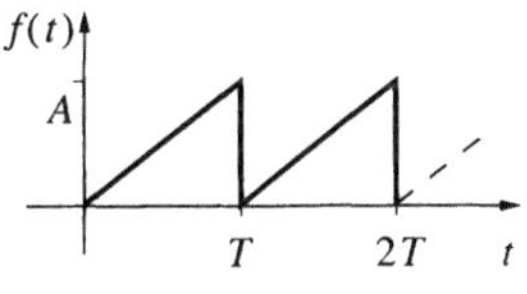

Bild 1.7-6 Kippschwingung

$f(t) = \dfrac{A}{T}t$ für $0 < t < T$,

$$F(s) = \frac{A(1+Ts-e^{Ts})}{Ts^2(1-e^{Ts})}.$$

5. Einweggleichrichtung einer Sinus-Schwingung

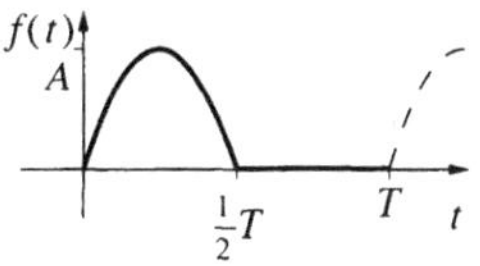

Bild 1.7-7 Einweggleichrichtung einer Sinus-Schwingung

$$f(t) = \begin{cases} A \sin \omega t & \text{für} \quad 0 \leqslant t \leqslant \dfrac{T}{2}, \\ 0 & \text{für} \quad \dfrac{T}{2} \leqslant t \leqslant T, \end{cases} \quad \text{mit } \omega = \frac{2\pi}{\mathrm{T}}$$

$$F(s) = \frac{\pi A T}{2\left(\dfrac{T^2}{4}s^2+\pi^2\right)\left(1-e^{-\frac{T}{2}s}\right)}.$$

6. Zweiweggleichrichtung einer Sinus-Schwingung

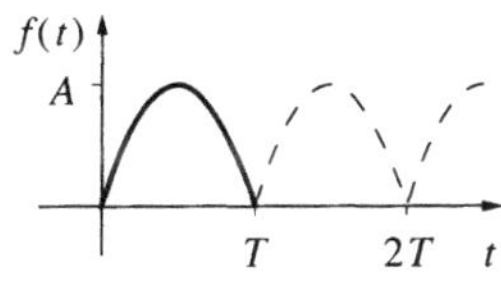

Bild 1.7-8 Zweiweggleichrichtung einer Sinus-Schwingung

$f(t) = A\left|\sin\left(\dfrac{\pi}{T}t\right)\right|$ für $0 \leqslant t \leqslant T$,

$$F(s) = \frac{\pi T A(1+e^{-Ts})}{(T^2s^2+\pi^2)(1-e^{-Ts})} = \frac{\pi T A}{T^2s^2+\pi^2}\coth\left(\frac{Ts}{2}\right).$$

7. Gedämpfte Sinus-Schwingung

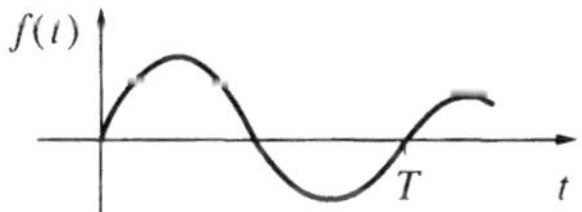

Bild 1.7-9 Gedämpfte Sinus-Schwingung

$f(t) = A\,e^{-at}\sin \omega t$ für $t \geqslant 0$,

$$F(s) = \frac{A\omega}{(s+a)^2+\omega^2}.$$

1.7.5 Inverse Laplace-Transformation

Unter der *inversen Laplace-Transformation* versteht man die Rücktransformation aus dem Bildbereich in den Originalbereich. Man schreibt:

$$f(t) = \mathcal{L}^{-1}\, F(s). \qquad (1.7\text{–}22)$$

In der Regel wird bei technischen Anwendungsfällen die Rücktransformation mit Hilfe einer Transformationstabelle durchgeführt. In einer solchen Tabelle (s. Tabelle 1.7–1) sind die wichtigsten zusammengehörigen Funktionspaare systematisch geordnet.

Handelt es sich bei der Bildfunktion um eine gebrochene rationale Funktion, so wird diese Funktion zunächst in Partialbrüche zerlegt (Partialbruchzerlegung s. Abschnitt 1.2–3) und dann gliedweise mit Hilfe der Transformationstabelle rücktransformiert.

Eine Rücktransformation ist auch mit Hilfe des inversen Laplace-Integrals möglich. Da diese Methode in der Praxis selten Anwendung findet, wird auf einschlägige Literatur verwiesen.

■ *Beispiel:*
Gesucht wird die zugehörige Originalfunktion $f(t)$ der Bildfunktion

$$F(s) = \frac{6s}{s^2 - 4s + 3}.$$

Es gilt:

$$F(s) = \frac{6s}{s^2 - 4s + 3} = \frac{6s}{(s-1)(s-3)}.$$

Nach Partialbruchzerlegung erhält man:

$$F(s) = -\frac{3}{s-1} + \frac{9}{s-3}.$$

Mit Hilfe der Transformationstabelle (Tabelle 1.7–1) folgt dann:

$$f(t) = \mathcal{L}^{-1}\{F(s)\} =$$
$$= -3\mathcal{L}^{-1}\left(\frac{1}{s-1}\right) + 9\mathcal{L}^{-1}\left(\frac{1}{s-3}\right) =$$
$$= -3\,e^{t} + 9\,e^{3t}.$$

Tabelle 1.7–1: Laplace-Transformationstabelle

Bildfunktion $F(s)$	Originalfunktion $f(t)$
$\frac{1}{s}$	1 (Sprungfunktion)
$\frac{1}{s-a}$	e^{at}
$\frac{1}{s^2}$	t
$\frac{1}{s(s-a)}$	$\frac{e^{at}-1}{a}$
$\frac{1}{(s-a)^2}$	$t \cdot e^{at}$
$\frac{1}{(s-a)(s-b)}$	$\frac{e^{at}-e^{bt}}{a-b}$
$\frac{s}{(s-a)^2}$	$(1+at)\cdot e^{at}$
$\frac{s}{(s-a)(s-b)}$	$\frac{a\cdot e^{at}-b\cdot e^{bt}}{a-b}$
$\frac{1}{s^3}$	$\frac{1}{2}t^2$
$\frac{1}{s^2(s-a)}$	$\frac{e^{at}-at-1}{a^2}$
$\frac{1}{s(s-a)^2}$	$\frac{(at-1)\cdot e^{at}+1}{a^2}$
$\frac{1}{(s-a)^3}$	$\frac{1}{2}t^2\cdot e^{at}$
$\frac{s}{(s-a)^3}$	$\left(\frac{1}{2}at^2+t\right)\cdot e^{at}$
$\frac{s^2}{(s-a)^3}$	$\left(\frac{1}{2}a^2t^2+2at+1\right)\cdot e^{at}$
$\frac{1}{s^n}$ $(n = 1, 2, 3, \ldots)$	$\frac{t^{n-1}}{(n-1)!}$
$\frac{1}{(s-a)^n}$ $(n = 1, 2, 3, \ldots)$	$\frac{t^{n-1}\cdot e^{at}}{(n-1)!}$
$\frac{1}{s^2+a^2}$	$\frac{\sin(at)}{a}$
$\frac{s}{s^2+a^2}$	$\cos(at)$
$\frac{(\sin b)\cdot s + a\cdot\cos b}{s^2+a^2}$	$\sin(at+b)$
$\frac{(\cos b)\cdot s - a\cdot\sin b}{s^2+a^2}$	$\cos(at+b)$
$\frac{1}{(s-b)^2+a^2}$	$\frac{e^{bt}\cdot\sin(at)}{a}$
$\frac{s-b}{(s-b)^2+a^2}$	$e^{bt}\cdot\cos(at)$
$\frac{1}{s^2-a^2}$	$\frac{\sinh(at)}{a}$
$\frac{s}{s^2-a^2}$	$\cosh(at)$
$\frac{1}{(s-b)^2-a^2}$	$\frac{e^{bt}\cdot\sinh(at)}{a}$

Bildfunktion $F(s)$	Originalfunktion $f(t)$
$\frac{s-b}{(s-b)^2-a^2}$	$e^{bt} \cdot \cosh(at)$
$\frac{1}{s(s^2+4a^2)}$	$\frac{\sin^2(at)}{2a^2}$
$\frac{s^2+2a^2}{s(s^2+4a^2)}$	$\cos^2(at)$
$\frac{s}{(s^2+a^2)^2}$	$\frac{t \cdot \sin(at)}{2a}$
$\frac{s^2-a^2}{(s^2+a^2)^2}$	$t \cdot \cos(at)$
$\frac{s}{(s^2-a^2)^2}$	$\frac{t \cdot \sinh(at)}{2a}$
$\frac{s^2+a^2}{(s^2-a^2)^2}$	$t \cdot \cosh(at)$
$\operatorname{Arctan}\left(\frac{a}{s}\right)$	$\frac{\sin(at)}{t}$

1.8 Gewöhnliche Differentialgleichungen

1.8.1 Begriffe und Klassifizierung

Eine Differentialgleichung (abgekürzt Dgl.) ist eine Gleichung, in der eine Variable für eine gesuchte Funktion, deren Ableitungen bis zur n-ten Ordnung und die Variablen, von denen die gesuchte Funktion abhängt, vorkommen. Hängt die gesuchte Funktion von nur einer Variablen ab, so heißt die Differentialgleichung *gewöhnlich*, andernfalls *partiell*.
Unter der *Ordnung* einer Differentialgleichung versteht man die Ordnung n der höchsten in der Differentialgleichung vorkommenden Ableitung der gesuchten Funktion.
Wird in einer Differentialgleichung, deren rechte Seite Null ist, die Variable für die gesuchte Funktion und die Ableitungen durch ein und dieselbe in der Differentialgleichung nicht vorkommende Variable ersetzt und entsteht dabei auf der linken Seite ein Polynom m-ten Grades in dieser Variablen, so wird m der *Grad* der Differentialgleichung genannt.
Eine Differentialgleichung vom Grade Eins heißt *lineare Differentialgleichung*. Eine gewöhnliche Differentialgleichung für eine unbekannte Funktion y der unabhängigen Variablen x hat die allgemeine *implizite* Form:

$$F(x, y, y', \ldots, y^{(n)}) = 0. \tag{1.8–1}$$

Sie heißt *explizit*, wenn sie nach der höchsten vorkommenden Ableitung aufgelöst wird:

$$y^{(n)} = f(x, y, y', \ldots y^{(n-1)}). \tag{1.8–2}$$

Jede n-mal differenzierbare Funktion, die mit ihren Ableitungen eine Differentialgleichung n-ter Ordnung erfüllt, heißt Lösung der Differentialgleichung. Eine Differentialgleichung besitzt im allgemeinen unendlich viele Lösungen.

■ *Beispiel:*
Die Dgl. $y'-y = 0$ hat die allgemeine Lösung $y = K e^x$ mit $K \in \mathbb{R}$, da bei dieser Funktion gilt:

$$y = y' = K e^x$$

Wird die Funktion y und ihre Ableitung y' in die Differentialgleichung eingesetzt, so wird festgestellt, daß diese die Differentialgleichung erfüllen.

1.8.2 Lösung der Differentialgleichungen 1. Ordnung

1.8.2.1 Differentialgleichungen mit trennbaren Variablen

Die Lösung der Differentialgleichungen vom Typ

$$y' = \frac{dy}{dx} = p(x)q(y) \tag{1.8–3}$$

mit $q(y) \neq 0$ erhält man durch *Trennung der Veränderlichen* und anschließende Integration nach Gleichung

$$\int \frac{dy}{q(y)} = \int p(x)\, dx \qquad q(y) \neq 0. \tag{1.8–4}$$

Für jeden Wert a mit $q(a) = 0$ ist $y = a$ eine Lösung der Differentialgleichung.

■ *Beispiel:*

$$y' = (1+y) \sin x = \frac{dy}{dx}.$$

Trennung der Veränderlichen: $\frac{dy}{1+y} = \sin x \, dx$.

Anschließende Integration auf beiden Seiten:

$$\int \frac{dy}{1+y} = \int \sin x \, dx,$$

$$\ln|1+y| = -\cos x + C \Rightarrow |1+y| = e^{-\cos x} e^C.$$

Die Lösung lautet: $y = K e^{-\cos x} - 1, \quad K \in \mathbb{R}$.

1.8.2.2 Durch Substitution lösbare Differentialgleichungen

a) Die Differentialgleichungen vom Typ

$$y' = f(ax + by + c) \tag{1.8–5}$$

werden durch die Substitution

$$z = ax + by + c \tag{1.8–6}$$

gelöst. Mit

$$z' = \frac{dz}{dx} = a + by' \tag{1.8–7}$$

folgt:

$$y' = \frac{z'-a}{b}. \qquad (1.8\text{–}8)$$

Setzt man die Gln. (1.8–6) und (1.8–8) in Gl. (1.8–5) ein, so erhält man die Differentialgleichung

$$z' = bf(z)+a, \qquad (1.8\text{–}9)$$

die durch Trennung der Variablen gelöst wird. Die Rücksubstitution liefert die gesuchte Lösung.

■ *Beispiel:*

$y' = 3x+y$,

Substitution: $z = 3x+y$,

Differentiation: $z' = \frac{dz}{dx} = 3+y' \Rightarrow y' = z'-3$,

Einsetzen in die Dgl.: $z'-3 = z \Rightarrow z' = z+3$.

Die Lösung der Dgl. $\frac{dz}{dx} = z+3$ erhält man durch Trennung der Variablen und anschließender Integration:

$$\int \frac{dz}{z+3} = \int dx \Rightarrow \ln|z+3| = x+C,$$

$$|z+3| = e^x e^C = K e^x \Rightarrow z = K e^x - 3,$$

Rücksubstitution:

$$z = 3x+y = Ke^x-3 \Rightarrow y = Ke^x-3x-3, \quad K \in \mathbb{R}.$$

b) Die Differentialgleichungen vom Typ

$$y' = f\left(\frac{y}{x}\right) \qquad (1.8\text{–}10)$$

(Ähnlichkeits-Differentialgleichung)

werden durch die Substitution

$$z = \frac{y}{x} \qquad (1.8\text{–}11)$$

gelöst. Die Substitution führt auf die Differentialgleichung

$$z' = \frac{f(z)-z}{x} = \frac{dz}{dx} \qquad (1.8\text{–}12)$$

vom Typ (1.8–3). Nach dem Lösen dieser Differentialgleichung erhält man die Lösung der Differentialgleichung (1.8–10) durch Rücksubstitution. Auch die Differentialgleichungen vom Typ

$$y' = \frac{y}{x} + p(x)\, q\left(\frac{y}{x}\right) \qquad (1.8\text{–}13)$$

lassen sich durch die Substitution $z = \frac{y}{x}$ entsprechend lösen.

■ *Beispiel:*

$xy'-y-\sqrt{x^2-y^2} = 0$.

Durch Umformung erhält man:

$$y' = \frac{y}{x} + \sqrt{1-\left(\frac{y}{x}\right)^2},$$

Substitution:

$$z = \frac{y}{x} \Rightarrow z' = \frac{dz}{dx} = \frac{y'x-y}{x^2} =$$

$$= \frac{y'}{x} - \frac{z}{x} = \frac{y'-z}{x} \Rightarrow y' = z'x+z,$$

Einsetzen in die Differentialgleichung:

$$z'x+z = z+\sqrt{1-z^2} \Rightarrow z'x = \sqrt{1-z^2},$$

Trennung der Veränderlichen: $\frac{dz}{\sqrt{1-z^2}} = \frac{dx}{x}$,

Integration:

$\operatorname{Arcsin} z = \ln|x|+C = \ln|Kx| \Rightarrow z = \sin\ln|Kx|$,

Rücksubstitution: $y = x\sin\ln|Kx|$, $\quad K \in \mathbb{R}$.

Eine spezielle Lösung ist $z = \pm 1 \Rightarrow y = \pm x$.

c) Die Differentialgleichungen vom Typ

$$y'+p(x)y+q(y)y^r = 0 \quad r \text{ reelle Zahl} \neq 1 \qquad (1.8\text{–}14)$$

(Bernoullische Differentialgleichung)

werden durch die Substitution

$$z = y^{1-r} \qquad (1.8\text{–}15)$$

gelöst. Dieser Ansatz führt auf die lineare Differentialgleichung

$$z'+(1-r)p(x)z+(1-r)q(x) = 0, \qquad (1.8\text{–}16)$$

deren Lösung im Abschnitt 1.8.2.3 erläutert wird. Danach wird eine Rücksubstitution durchgeführt.

1.8.2.3 Lineare Differentialgleichungen

Eine lineare Differentialgleichung 1. Ordnung hat die allgemeine Form

$$y'+p(x)y = q(x). \qquad (1.8\text{–}17)$$

$q(x)$ wird als *Störglied* oder *Störfunktion* bezeichnet. Ist $q(x) \equiv 0$, so heißt die lineare Differentialgleichung *homogen*, sonst *inhomogen*.

Die Lösung der homogenen linearen Differentialgleichung findet man gemäß Abschnitt 1.8.2.1 durch Trennung der Veränderlichen und anschließender Integration.

■ *Beispiel:*

$y'+(\tan x)y = 0$,

Trennung der Veränderlichen:

$$\frac{dy}{y} = -(\tan x)\,dx = -\frac{\sin x}{\cos x}\,dx,$$

Integration:

$$\int \frac{dy}{y} = \int -\frac{\sin x}{\cos x}\,dx \Rightarrow \ln|y| = \ln|\cos x| + C =$$
$$= \ln|\cos x| + \ln K \Rightarrow y = K\cos x, \qquad K \in \mathbb{R}.$$

Eine inhomogene lineare Differentialgleichung wird wie folgt gelöst:

1. Man ermittelt die allgemeine Lösung y_h der zugehörigen homogenen Differentialgleichung.
2. Man bestimmt eine spezielle Lösung y_s der inhomogenen Differentialgleichung.
3. Die allgemeine Lösung der inhomogenen linearen Differentialgleichung lautet dann:

$$y = y_h + y_s \tag{1.8–18}$$

Die spezielle Lösung der inhomogenen Differentialgleichung wird durch die Methode der *Variation der Konstanten* ermittelt. Man ersetzt in der allgemeinen Lösung der homogenen Differentialgleichung

$$y_h = Ku(x) \tag{1.8–19}$$

die Konstante K durch die unbekannte Funktion $K(x)$ und sucht diese so zu bestimmen, daß $y = K(x)u(x)$ Lösung der inhomogenen Differentialgleichung wird. Dazu werden $y = K(x)u(x)$ und $y' = K'(x)u(x) + K(x)u'(x)$ in die inhomogene Differentialgleichung eingesetzt. Hierbei fällt $K(x)$ heraus. Für $K'(x)$ erhält man dann eine unmittelbar zu integrierende Gleichung

$$K'(x) = \frac{v(x)}{u(x)}.$$

Die spezielle Lösung der inhomogenen Differentialgleichung ist dann:

$$y_s = K(x)u(x) \tag{1.8–20}$$

■ *Beispiele:*

1. $y' + (\tan x)y = \frac{1}{2}\sin 2x.$

Die Lösung der homogenen Differentialgleichung $y' + (\tan x)y = 0$ lautet nach vorigem Beispiel:

$y_h = K\cos x \qquad K \in \mathbb{R}.$

Variation der Konstanten:

$y = K(x)\cos x \Rightarrow y' = K'(x)\cos x - K(x)\sin x,$

Einsetzen in die inhomogene Differentialgleichung:

$$K'(x)\cos x - K(x)\sin x + \frac{\sin x}{\cos x}K(x)\cos x =$$
$$= \frac{1}{2}\sin 2x.$$

Damit ist: $K'(x) = \sin x \Rightarrow K(x) = -\cos x$,
spezielle Lösung: $y_s = -\cos^2 x$,
allgemeine Lösung der inhomogenen Differentialgleichung:

$y = \cos x(K - \cos x) \qquad K \in \mathbb{R}.$

2. $y' + 2xy = 4xe^{x^2}.$

Homogene Differentialgleichung: $y' + 2xy = 0$,

Trennung der Veränderlichen: $\frac{dy}{y} = -2x\,dx$,

Integration:

$$\int \frac{dy}{y} = \int -2x\,dx \Rightarrow \ln|y| = -x^2 + C,$$

Lösung der homogenen Differentialgleichung:

$y_h = e^{-x^2+C} = e^{-x^2}e^C = Ke^{-x^2} \qquad K \in \mathbb{R},$

Variation der Konstanten:

$y = K(x)e^{-x^2} \Rightarrow y' = K'(x)e^{-x^2} - 2xe^{-x^2}K(x),$

Einsetzen in die inhomogene Differentialgleichung:

$K'(x)e^{-x^2} - 2xe^{-x^2}K(x) + 2xe^{-x^2}K(x) = 4xe^{x^2}.$

Damit ist: $K'(x) = 4xe^{2x^2} \Rightarrow K(x) = e^{2x^2}$,

spezielle Lösung: $y_s = e^{2x^2}e^{-x^2} = e^{x^2}$,

Lösung der inhomogenen Differentialgleichung:

$y = y_h + y_s = Ke^{-x^2} + e^{x^2} \qquad K \in \mathbb{R}.$

3. $4y'\sin x + y(1 + y^4) - y^5\cos x = 0,$

Bernoullische Differentialgleichung gemäß Gl. (1.8–14), Substitution gemäß Gl. (1.8–15):

$$z = y^{-4} = \frac{1}{y^4},$$

daraus resultierende inhomogene lineare Differentialgleichung gemäß Gl. (1.8–16):

$$z' - \frac{1}{\sin x}z - \frac{1 - \cos x}{\sin x} = 0 \Rightarrow z' - \frac{1}{\sin x}z =$$
$$= \frac{1 - \cos x}{\sin x},$$

homogene Differentialgleichung: $z' - \frac{1}{\sin x}z = 0$,

Trennung der Veränderlichen: $\frac{dz}{z} = \frac{1}{\sin x}dx$,

Integration:

$$\int \frac{dz}{z} = \int \frac{1}{\sin x}dx \Rightarrow \ln|z| =$$
$$= \ln\left|\tan\frac{x}{2}\right| + C = \ln\left|K\tan\frac{x}{2}\right|,$$

Lösung der homogenen Differentialgleichung:

$z_h = K\tan\frac{x}{2} \qquad K \in \mathbb{R},$

Variation der Konstanten:

$$z = K(x)\tan\frac{x}{2} \Rightarrow z' =$$

$$= K'(x)\tan\frac{x}{2} + \frac{1}{2\cos^2\frac{x}{2}}K(x),$$

Einsetzen in die inhomogene Differentialgleichung:

$$K'(x)\tan\frac{x}{2} + \frac{1}{2\cos^2\frac{x}{2}}K(x) - \frac{1}{\sin x}K(x)\tan\frac{x}{2} =$$

$$= \frac{1-\cos x}{\sin x}.$$

Mit

$$\sin x = 2\sin\frac{x}{2}\cos\frac{x}{2} \quad \text{und} \quad \tan\frac{x}{2} = \frac{\sin\frac{x}{2}}{\cos\frac{x}{2}}$$

folgt:

$$K'(x) = \frac{1-\cos x}{2\sin^2\frac{x}{2}}.$$

Nach Gl. (1.2–84) gilt: $\sin^2\alpha = \frac{1}{2}(1-\cos 2\alpha)$.

Damit ist $K'(x) = 1 \Rightarrow K(x) = x$.

Spezielle Lösung: $z_s = x\tan\frac{x}{2}$,

Lösung der inhomogenen Differentialgleichung: $z = (x+K)\tan\frac{x}{2}$,

Rücksubstitution: $y = \pm\frac{1}{\sqrt[4]{(x+K)\tan\frac{x}{2}}}$. $K \in \mathbb{R}$.

1.8.3 Lösungsweg der auf Differentialgleichungen 1. Ordnung zurückführbaren Differentialgleichungen 2. Ordnung

a) Die Differentialgleichungen vom Typ

$$y'' = f(y) \tag{1.8–21}$$

werden durch die Substitution

$$y' = z = \frac{dy}{dx} \Rightarrow y'' = \frac{dz}{dx} = \frac{dz}{dy}\frac{dy}{dx} = \frac{dz}{dy}z \tag{1.8–22}$$

auf eine Differentialgleichung 1. Ordnung

$$z\frac{dz}{dy} = f(y) \tag{1.8–23}$$

zurückgeführt. Durch Trennung der Variablen und Integrieren folgt:

$$z = \pm\sqrt{2\int f(y)\,dy}. \tag{1.8–24}$$

Rücksubstitution liefert:

$$y' = \pm\sqrt{2\int f(y)\,dy}. \tag{1.8–25}$$

Diese Differentialgleichung 1. Ordnung wird durch die Trennung der Veränderlichen und anschließender Integration gelöst.

b) Die Differentialgleichungen vom Typ

$$y'' = f(y') \tag{1.8–26}$$

werden durch die Substitution

$$y' = z \Rightarrow y'' = z' \tag{1.8–27}$$

auf eine Differentialgleichung 1. Ordnung

$$z' = f(z) \tag{1.8–28}$$

zurückgeführt. Durch Trennung der Variablen und Integration folgt:

$$\int\frac{dz}{f(z)} = x + C \qquad C \in \mathbb{R}, \tag{1.8–29}$$

Nach Integration wird die Funktion $z(x)$ ermittelt. Rücksubstitution liefert:

$$y' = z(x), \tag{1.8–30}$$

Durch Integration dieser Gleichung erhält man die Lösung.

c) Die Differentialgleichungen vom Typ

$$y'' = f(x, y') \tag{1.8–31}$$

werden durch die Substitution

$$y' = z \Rightarrow y'' = z' \tag{1.8–32}$$

auf die Differentialgleichung

$$z' = f(x, z) \tag{1.8–33}$$

zurückgeführt. Die Funktion $f(x, z)$ ist für den weiteren Lösungsweg entscheidend.

d) Die Differentialgleichungen vom Typ

$$y'' = f(y, y') \tag{1.8–34}$$

werden durch die Substitution

$$y' = z = \frac{dy}{dx} \Rightarrow y'' = \frac{dz}{dx} = \frac{dz}{dy}\frac{dy}{dx} = \frac{dz}{dy}z \tag{1.8–35}$$

auf die Differentialgleichung

$$z\frac{dz}{dy} = f(y, z) \tag{1.8–36}$$

zurückgeführt. Der weitere Lösungsweg ist vom Typ der Funktion $f(y, z)$ abhängig.

1.8.4 Lösung der linearen Differentialgleichungen mit konstanten Koeffizienten

In den Anwendungsfällen der Elektrotechnik kommen diese Differentialgleichungen sehr oft vor. Die allgemeine Form einer linearen Differentialgleichung mit konstanten Koeffizienten lautet:

$$a_n y^{(n)} + a_{n-1} y^{(n-1)} + \ldots + a_2 y'' + a_1 y' + a_0 y = q(x)$$

$$a_n \neq 0. \qquad (1.8\text{–}37)$$

Die unbekannte Funktion y sowie ihre Ableitungen treten nur in 1. Potenz auf. Die Koeffizienten a_n, a_{n-1}, …, a_2, a_1, a_0 sind reelle Konstanten.
Die allgemeine Lösung der inhomogenen Differentialgleichung ergibt sich aus der Addition der homogenen und speziellen Lösung der Differentialgleichung:

$$y = y_h + y_s, \qquad (1.8\text{–}38)$$

a) Lösung der homogenen Differentialgleichung:
Geht man mit dem Ansatz $y = e^{\lambda x}$ in die homogene Differentialgleichung

$$a_n y^{(n)} + a_{n-1} y^{(n-1)} + \ldots + a_2 y'' + a_1 y' + a_0 y = 0 \qquad (1.8\text{–}39)$$

ein, so erhält man die „charakteristische Gleichung":

$$a_n \lambda^n + a_{n-1} \lambda^{n-1} + \ldots + a_2 \lambda^2 + a_1 \lambda + a_0 = 0. \qquad (1.8\text{–}40)$$

Danach bestimmt man die Nullstellen dieser Gleichung. Jeder λ-Wert liefert einen Beitrag zur Lösung der homogenen Differentialgleichung gemäß Tabelle 1.8–1. Diese Beiträge werden dann addiert. Es ist zu erwähnen, daß die Konstanten jedes Lösungsbeitrages sich im allgemeinen von der des anderen unterscheiden.

■ *Beispiele:*

1. $y^{(4)} - 4y'' = 0.$

Mit dem Ansatz $y = e^{\lambda x}$ erhält man die charakteristische Gleichung:

$$\lambda^4 - 4\lambda^2 = 0 \Rightarrow \lambda^2(\lambda^2 - 4) = 0.$$

Die Lösungen dieser Gleichung lauten:

$$\lambda_{1,2} = 0; \quad \lambda_{3,4} = \pm 2.$$

Null ist zweifache Nullstelle und $+2$ und -2 sind jeweils einfache Nullstellen der charakteristischen Gleichung. Die Lösung der Differentialgleichung ist dann

$$y = C_1 e^{0x} + C_2 x e^{0x} + C_3 e^{2x} + C_4 e^{-2x} =$$
$$= C_1 + C_2 x + C_3 e^{2x} + C_4 e^{-2x} \quad (C_1 \ldots C_4 \in \mathbb{R}).$$

2. $y''' - 3y'' + 9y' + 13y = 0,$

charakteristische Gleichung:

$$\lambda^3 - 3\lambda^2 + 9\lambda + 13 = 0 = (\lambda + 1)(\lambda^2 - 4\lambda + 13),$$

Lösung der charakteristischen Gleichung:

$$\lambda_1 = -1; \quad \lambda_{2,3} = 2 \pm j3,$$

Lösung:

$$y = C_1 e^{-x} + C_2 e^{2x} \sin 3x + C_3 e^{2x} \cos 3x$$
$$(C_1 \ldots C_3 \in \mathbb{R}).$$

b) Spezielle Lösung der inhomogenen Differentialgleichung:
Um die spezielle Lösung der inhomogenen Differentialgleichung zu finden, macht man je nach Störfunktion $q(x)$ einen Ansatz gemäß Tabelle 1.8–2 für die spezielle Lösung. Die unbekannten Koeffizienten des Ansatzes findet man nach dem Einsetzen vom Ansatz und seine Ableitungen in die inhomogene Differentialgleichung durch einen Koeffizientenvergleich.

■ *Beispiele:*

1. $y^{(4)} - 4y'' = x^2.$

Die Lösung der homogenen Differentialgleichung lautet nach vorigem Beispiel, Teil 1:

$$y_h = C_1 + C_2 x + C_3 e^{2x} + C_4 e^{-2x}.$$

Ansatz für die spezielle Lösung:
Da $x^2 = e^{0x} x^2$ ist, muß ein Ansatz gemäß Nr. 5 der Tabelle 1.8–2 gemacht werden, wobei $a = 0$ die

Tabelle 1.8–1: Lösung einer linearen homogenen Differentialgleichung mit konstanten Koeffizienten

Nullstelle der charakteristischen Gleichung	Lösungsbeitrag
λ reell Fall 1: einfache Nullstelle Fall 2: k-fache Nullstelle	 $y = C e^{\lambda x}$ $y = C_1 e^{\lambda x} + C_2 x e^{\lambda x} + C_3 x^2 e^{\lambda x} + \ldots + C_k x^{k-1} e^{\lambda x}$
$\lambda = a \pm jb$ konjugiert komplex Fall 1: einfache Nullstelle Fall 2: k-fache Nullstelle	 $y = C_1 e^{ax} \sin bx + C_2 e^{ax} \cos bx$ $y = C_1 e^{ax} \sin bx + C_2 e^{ax} \cos bx + C_3 x e^{ax} \sin bx +$ $+ C_4 x e^{ax} \cos bx + C_5 x^2 e^{ax} \sin bx +$ $+ C_6 x^2 e^{ax} \cos bx + \ldots + C_{2k-1} x^{k-1} e^{ax} \sin bx +$ $+ C_{2k} x^{k-1} e^{ax} \cos bx$

Tabelle 1.8–2: Ansatz der speziellen Lösung einer linearen inhomogenen Differentialgleichung mit konstanten Koeffizienten

Nr.	Störfunktion $q(x)$	Ansatz y_s
1	a	A
2	x ax $ax+b$	$Ax+B$
3	$P(x) = a+bx+cx^2+\ldots+\mathrm{d}x^m$	$Q(x) = A+Bx+Cx^2+\ldots+\mathrm{D}x^m$
4	e^{ax} be^{ax} Fall 1: a ist keine Lösung der charakteristischen Gleichung Fall 2: a ist k-fache Lösung der charakteristischen Gleichung	 Ae^{ax} $Ax^k e^{ax}$
5	$P(x)e^{ax}$ Fall 1: a ist keine Lösung der charakteristischen Gleichung Fall 2: a ist k-fache Lösung der charakteristischen Gleichung	 $Q(x)e^{ax}$ $Q(x)x^k e^{ax}$
6	$a \cos bx$ $a \sin bx$ $a \cos bx + c \sin bx$	$A \cos bx + B \sin bx$
7	$P(x) \cos bx$ $P(x) \sin bx$ $P_1(x) \cos bx + P_2(x) \sin bx$	$Q_1(x) \cos bx + Q_2(x) \sin bx$
8	$P(x)\, e^{ax} \cos bx$ $P(x)\, e^{ax} \sin bx$ $P_1(x)e^{ax} \cos bx + P_2(x)e^{ax} \sin bx$ Fall 1: $a+jb$ ist keine Lösung der charakteristischen Gleichung Fall 2: $a+jb$ ist k-fache Lösung der charakteristischen Gleichung	 $Q_1(x)e^{ax} \cos bx + Q_2(x)e^{ax} \sin bx$ $Q_1(x)x^k e^{ax} \cos bx + Q_2(x)x^k e^{ax} \sin bx$

zweifache Nullstelle der charakteristischen Gleichung ist. Der Ansatz lautet:

$$y_s = (A+Bx+Cx^2)x^2 e^{0x} = x^2(A+Bx+Cx^2) = Ax^2+Bx^3+Cx^4.$$

Die Ableitungen des Ansatzes sind:

$$y_s' = 2Ax+3Bx^2+4Cx^3,$$
$$y_s'' = 2A+6Bx+12Cx^2,$$
$$y_s''' = 6B+24Cx,$$
$$y_s^{(4)} = 24C,$$

Einsetzen in die inhomogene Differentialgleichung:

$$24C-8A-24Bx-48Cx^2 = x^2,$$

Koeffizientenvergleich: $-48C = 1 \Rightarrow C = -\frac{1}{48}$,

$$-24B = 0 \Rightarrow B=0,$$
$$24C-8A = 0 \Rightarrow A = 3C$$
$$\Rightarrow A = -\frac{1}{16},$$

Spezielle Lösung: $y_s = -\frac{1}{16}x^2 - \frac{1}{48}x^4$,

Lösung der inhomogenen Differentialgleichung:

$$y = C_1+C_2x+C_3e^{2x}+C_4e^{-2x} - \frac{1}{16}x^2\left(1+\frac{1}{3}x^2\right) \quad (C_1 \ldots C_4 \in \mathbb{R}).$$

2. $y''' - 3y'' + 9y' + 13y = (3x+2)e^{-x}$.

Die Lösung der homogenen Differentialgleichung lautet nach vorigem Beispiel, Teil 2:

$$y_h = C_1 e^{-x} + C_2 e^{2x} \sin 3x + C_3 e^{2x} \cos 3x.$$

Der Ansatz für die spezielle Lösung unter der Berücksichtigung, daß $a = -1$ die einfache Nullstelle der charakteristischen Gleichung ist, lautet:

$$y_s = (A + Bx)xe^{-x} = (Ax + Bx^2)e^{-x}.$$

Die Ableitungen des Ansatzes sind:

$$y_s' = (A+2Bx)e^{-x} - (Ax+Bx^2)e^{-x} =$$
$$= [A + (2B-A)x - Bx^2]e^{-x},$$
$$y_s'' = (2B - A - 2Bx)e^{-x} -$$
$$- [A + (2B-A)x - Bx^2]e^{-x} =$$
$$= [2(B-A) + (A-4B)x + Bx^2]e^{-x};$$
$$y_s''' = (A - 4B + 2Bx)e^{-x} - [2(B-A) +$$
$$+ (A-4B)x + Bx^2]e^{-x} =$$
$$= [(3A-6B) + (6B-A)x - Bx^2]e^{-x},$$

Einsetzen in die inhomogene Differentialgleichung:

$$36Bx + (18A - 12B) = 3x + 2 \Rightarrow A = \frac{1}{6}, B = \frac{1}{12},$$

spezielle Lösung: $y_s = \frac{1}{6}\left(1 + \frac{1}{2}x\right)xe^{-x}$,

Lösung der inhomogenen Differentialgleichung:

$$y = C_1 e^{-x} + C_2 e^{2x} \sin 3x + C_3 e^{2x} \cos 3x +$$
$$+ \frac{1}{6}\left(1 + \frac{1}{2}x\right)xe^{-x} \quad (C_1 \dots C_3 \in \mathbb{R}).$$

3. $y''' + y' = \sin x + 1$,

homogene Differentialgleichung: $y''' + y' = 0$,
charakteristische Gleichung: $\lambda^3 + \lambda = 0$,
Lösung der charakteristischen Gleichung:

$$\lambda_1 = 0 \qquad \lambda_{2,3} = \pm j,$$

Lösung der homogenen Differentialgleichung:

$$y_h = C_1 e^{0x} + C_2 e^{0x} \sin x + C_3 e^{0x} \cos x =$$
$$= C_1 + C_2 \sin x + C_3 \cos x,$$

Störfunktion:

$$\sin x + 1 = e^{0x} \sin x + e^0.$$

Null ist die einfache Nullstelle der charakteristischen Gleichung. Die Störfunktion $\sin x$ liefert den Ansatz $x(A \cos x + B \sin x)$. Die Störfunktion 1 liefert den Ansatz Cx. Damit lautet der Ansatz für die spezielle Lösung:

$$y_s = x(C + A \cos x + B \sin x)$$

Die Ableitungen des Ansatzes sind:

$$y_s' = (C + A \cos x + B \sin x) +$$
$$+ x(-A \sin x + B \cos x),$$
$$y_s'' = (-A \sin x + B \cos x) +$$
$$+ (-A \sin x + B \cos x) +$$
$$+ x(-A \cos x - B \sin x) =$$
$$= -2A \sin x + 2B \cos x -$$
$$- x(A \cos x + B \sin x),$$
$$y_s''' = -2A \cos x - 2B \sin x - A \cos x - B \sin x -$$
$$- x(-A \sin x + B \cos x) =$$
$$= -3A \cos x - 3B \sin x +$$
$$+ x(A \sin x - B \cos x),$$

Einsetzen in die inhomogene Differentialgleichung:

$$-2A \cos x - 2B \sin x + C = \sin x + 1,$$

Koeffizientenvergleich: $A = 0$, $B = -\frac{1}{2}$; $C = 1$,

spezielle Lösung: $y_s = x\left(1 - \frac{1}{2}\sin x\right)$.

Lösung der inhomogenen Differentialgleichung:

$$y = C_1 + C_2 \sin x + C_3 \cos x + x\left(1 - \frac{1}{2}\sin x\right)$$

$(C_1 \dots C_3 \in \mathbb{R})$.

1.9 Literatur

[1.1] *Papula, L.*, Mathematik für Ingenieure 1, Friedr. Vieweg & Sohn, Braunschweig/Wiesbaden 1991

[1.2] *Papula, L.*, Mathematische Formelsammlung für Ingenieure und Naturwissenschaftler, Friedr. Vieweg & Sohn, Braunschweig/Wiesbaden 1994

[1.3] *Feldmann, D.*, u. a., Repetitorium der Ingenieur-Mathematik, Selbstverlag, Hannover 1975

[1.4] *Bronstein, I. N.*, und *K. A. Semendjajew*, Taschenbuch der Mathematik, Verlag Harri Deutsch, Thun und Frankfurt/Main 1993

Weiterführende Literatur:

[1.5] *Papula, L.*, Mathematik für Ingenieure 2, Friedr. Vieweg & Sohn, Braunschweig/Wiesbaden 1994

[1.6] *Dallmann, H.* und *K.-H. Elster*, Einführung in die höhere Mathematik 1, 2 und 3, Friedr. Vieweg & Sohn, Braunschweig/Wiesbaden 1987

[1.7] *Dirschmid, H. J.*, Mathematische Grundlagen der Elektrotechnik, Friedr. Vieweg & Sohn, Braunschweig/Wiesbaden 1990

[1.8] *Holbrook, J. G.*, Laplace-Transformation, Friedr. Vieweg & Sohn, Braunschweig/Wiesbaden 1984

2 Grundlagen der Elektrotechnik

2.1 Grundgrößen des elektrischen Strömungsfeldes

2.1.1 Ladung

Alle Erscheinungen, die unter den Begriffen *Elektrizität* und *Magnetismus* zusammengefaßt werden, beruhen auf der Bewegung oder mindestens dem Vorhandensein von elektrischen *Ladungen*. Die kleinstmögliche negative Ladung ist die eines *Elektrons*, die *Elementarladung* mit dem Betrag $e = 1{,}602 \cdot 10^{-19}$ Coulomb (C). Das Proton hat die gleich große positive Ladung. Normalerweise haben Körper ebensoviele negative wie positive Ladungsträger, die Summe der Ladungen ist Null, die Körper sind ungeladen. Entfernt man jedoch positive oder negative Ladungsträger *(Ladungstrennung)*, so wird die Summe der Ladungen kleiner oder größer als Null; man sagt, der Körper sei elektrisch geladen.

2.1.2 Elektrisches Feld

Geladene Körper umgeben sich mit einem Kraftfeld, dem *elektrischen Feld*. Im Feld ist die Kraft auf einen mit der Ladung Q geladenen, sehr kleinen Probekörper proportional zur Ladung Q. Der Proportionalitätsfaktor ist die *elektrische Feldstärke* $\vec{E}$. Sie ist wie die Kraft $\vec{F}$ ein Vektor. Kraft und Feldstärke haben dieselbe Richtung, wenn die Ladung Q positiv ist.

$$\vec{F} = \vec{E}Q. \qquad (2.1\text{–}1)$$

F	E	Q
N	V/m	C = As

Das elektrische Feld wird anschaulich durch Feldlinien dargestellt (Bild 2.1–1), die mit Richtungspfeilen

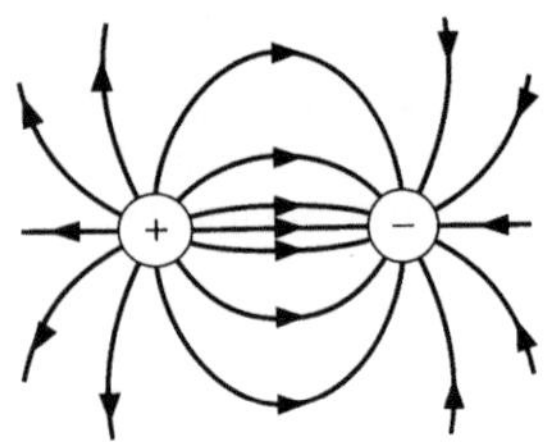

Bild 2.1-1
Elektrisches Feld um zwei geladene Kugeln [2.6]

gekennzeichnet sind. Sie geben an jeder Stelle des Feldes die Richtung der Kraft auf einen positiv geladenen Probekörper an. Im Feld unbeweglicher Ladungen *(elektrostatisches Feld)* beginnen alle Feldlinien an einer positiven und enden an einer negativen Ladung. Je enger die Feldlinien beieinanderliegen, desto größer ist die Feldstärke. Im homogenen elektrischen Feld verlaufen die Feldlinien parallel und haben gleichen Abstand voneinander.

2.1.3 Strom, Stromdichte

Bringt man einen Leiter in ein elektrisches Feld, so erfahren die beweglichen Ladungsträger eine Kraft gemäß Gl. (2.1–1) und bewegen sich in Richtung der Feldlinien. Die gerichtete Bewegung von Ladungsträgern heißt *elektrischer Strom*. Er hat die Einheit Ampere (A). Durchströmt eine Ladung Q eine Quer-

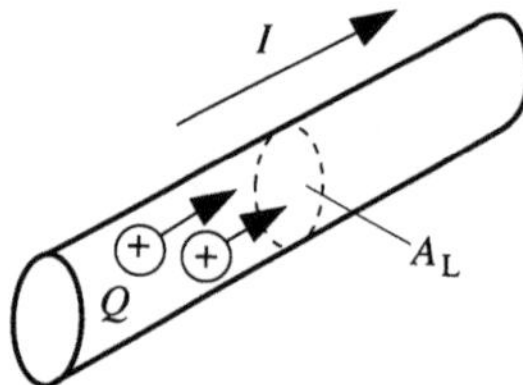

Bild 2.1-2
Gerichtete Bewegung von Ladungsträgern

schnittsfläche A_L (Bild 2.1–2) in der Zeit t, so errechnet sich der Strom I durch diese Fläche zu

$$I = \frac{Q}{t}. \qquad (2.1\text{–}2)$$

I	Q	t
A	C = As	s

Ist die Strömung im Zeitintervall $t_1 < t < t_2$ nicht konstant, so ist der Strom I durch diese Fläche zu

$$i(t) = \frac{\mathrm{d}Q}{\mathrm{d}t}. \qquad (2.1\text{–}3)$$

Umgekehrt ergibt sich die Ladung Q, die im Zeitintervall $(t_2 - t_1)$ die Fläche A_L passiert hat, aus

$$Q = \int_{t_1}^{t_2} i(t)\,\mathrm{d}t. \qquad (2.1\text{–}4)$$

Positive und negative Ladungsträger bewegen sich in entgegengesetzter Richtung. Als positive Stromrichtung ist die Bewegungsrichtung positiver Ladungsträger vereinbart (Bild 2.1–2).
Verteilt sich der elektrische Strom gleichmäßig auf den Leiterquerschnitt A_L, so ist die *Stromdichte* J dort konstant.

$$J = \frac{I}{A_L}. \qquad (2.1\text{–}5)$$

J	I	A_L
A/m²	A	m²

Ist die Strömung ungleichmäßig auf den Querschnitt verteilt, so ist die Stromdichte nicht konstant. Der Teilstrom $\mathrm{d}I$ durch eine kleine Teilquerschnittsfläche $\mathrm{d}A$ ist dann

$$\mathrm{d}I = J\,\mathrm{d}A. \qquad (2.1\text{–}6)$$

Der Strom I ist dann

$$I = \int_{A_L} J\,\mathrm{d}A. \qquad (2.1\text{–}7)$$

Bei den Gln. (2.1–5) bis (2.1–7) ist die Fläche stets so zu nehmen, daß sie senkrecht zur Strömungsrichtung liegt.

Die gerichtete Bewegung der Ladungsträger läßt sich als *Strömungsfeld* charakterisieren. Die Stromdichte erweist sich als Vektor $\vec{J}$, der dieselbe Richtung wie die Feldstärke $\vec{E}$ hat. Die Feldlinien des Strömungsfeldes beginnen an der Elektrode mit positivem Ladungsträgerüberschuß und enden an der negativen Elektrode.

2.1.4 Energie, Leistung, Spannung, Potential

Bei der Bewegung einer Ladung in einem elektrischen Feld in Richtung der Feldlinien findet eine *Energieumwandlung* statt. So vermindert in Bild 2.1–3 der

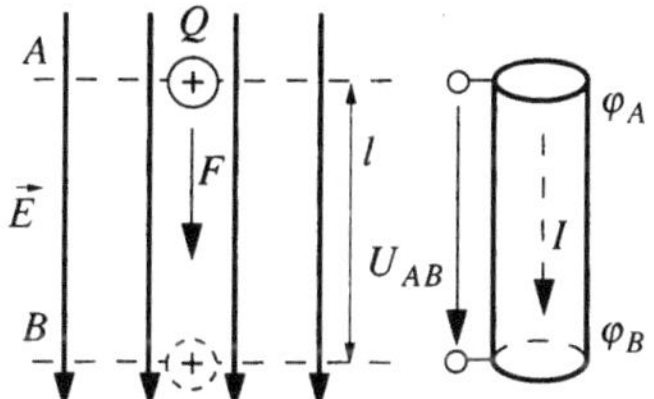

Bild 2.1-3 Bewegung einer Ladung Q im elektrischen Feld; E Feldstärke, U Spannung, I Strom, φ Potential

Ladungsträger bei seiner Bewegung von A nach B seine potentielle Energie um $W = W_A - W_B$ und mit Gl. (2.1–1)

$$W = Fl = EQl. \qquad (2.1\text{–}8)$$

W	F	E	Q	l
Nm = Ws = J	N	V/m	C = As	m

Der Ladungsträger gelangt von höherem Potential φ_A auf niedrigeres Potential φ_B mit $\varphi_A = W_A/Q$ und $\varphi_B = W_B/Q$. Er hat die *Potentialdifferenz* $\varphi_A - \varphi_B$ durchlaufen. Dies führt auf die Definition der elektrischen *Spannung* U_{AB} mit der Einheit Volt (V):

$$U_{AB} = \varphi_A - \varphi_B = \frac{W}{Q} = El. \qquad (2.1\text{–}9)$$

U_{AB}	φ
V	V

Das Potential eines Punktes ist damit gleich der Spannung zwischen diesem Punkt und einem beliebig gewählten Bezugspunkt mit dem Potential $\varphi = 0$.
Verbindet man in einem elektrischen (Strömungs-) Feld alle Punkte mit gleichem Potential, so erhält man die *Äquipotentiallinien* (ÄPL) bzw. *-flächen* (ÄPF). Sie stehen stets senkrecht auf den Feldlinien.
Im Beispiel von Bild 2.1–4 werde zwischen den Punkten P_1 bzw. P_2 und der Bezugselektrode B gemessen: $U_{1B} = 5$ V und $U_{2B} = 3$ V. Setzt man willkürlich das Potential der Fläche B mit $\varphi_B = 0$ an, so erhält man $\varphi_1 = 5$ V und $\varphi_2 = 3$ V. Setzt man aber – ebenso willkürlich – das Potential der Fläche B auf $\varphi_B = 100$ V, so wird $\varphi_1 = 105$ V und $\varphi_2 = 103$ V. Jede Potentialdifferenz (Spannung) bleibt aber unabhängig von der Wahl des Bezugspotentials gleich, z. B. $U_{1B} = \varphi_1 - \varphi_B = 5$ V oder $U_{12} = \varphi_1 - \varphi_2 = 2$ V oder $U_{21} = \varphi_2 - \varphi_1 = -2$ V. Eine Spannung kann z. B. zwischen den Enden des

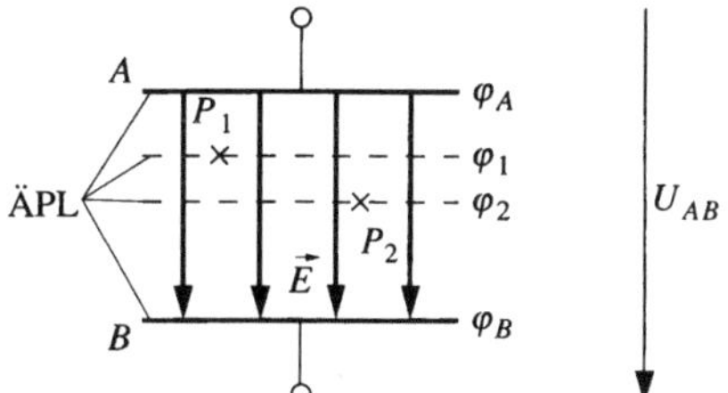

Bild 2.1-4 Äquipotentiallinien (ÄPL) im elektrischen (Strömungs-)Feld

stromdurchflossenen Leiters von Bild 2.1–3 gemessen werden. Bei Stromfluß von A nach B ist U_{AB} positiv; d. h., die Ladungsträger verlieren potentielle Energie, die elektrische Energie wird in andere Energieformen umgewandelt, z. B. in Wärme, Licht, Bewegung. Bei Stromfluß von B nach A ist U_{AB} negativ; d. h., die Ladungen nehmen potentielle Energie auf, elektrische Energie wird erzeugt.

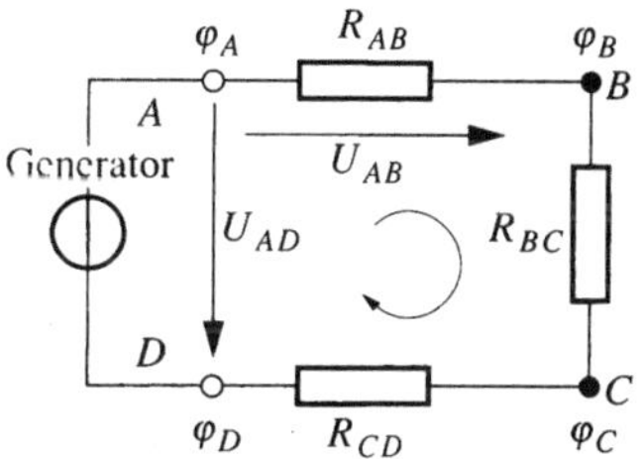

Bild 2.1-5 Spannung und Potential in einem Stromkreis

Im Beispiel von Bild 2.1–5 sei bekannt:

$$U_{AB} = 120\text{ V}; \quad \varphi_B = 80\text{ V}; \quad \varphi_C = 0; \quad \varphi_D = -20\text{ V}.$$

Die Spannung zwischen den Klemmen A und D ergibt sich dann zu $U_{AD} = \varphi_A - \varphi_D$. Wegen $U_{AB} = \varphi_A - \varphi_B$ wird $\varphi_A = U_{AB} + \varphi_B$ und damit

$$U_{AD} = U_{AB} + \varphi_B - \varphi_D = 220\text{ V}.$$

Bezieht man die Energieumwandlung in Gl. (2.1–8) auf die Zeit, so ergibt sich die elektrische *Leistung* zu

$$P = El\frac{Q}{t} = U_{AB}I. \qquad (2.1\text{–}10)$$

P	E	l	Q	t	U_{AB}	I
W = VA	V/m	m	C = As	s	V	A

Damit gilt für die Energieumwandlung bei konstanter Spannung und konstantem Strom

$$W = U_{AB}It. \qquad (2.1\text{–}11)$$

W	U_{AB}	I	t
Ws = VAs	V	A	s

oder, falls im Zeitraum $t_A \leqslant t \leqslant t_E$ weder Spannung noch Strom zeitlich konstant sind:

$$W = \int_{t_A}^{t_E} u_{AB}(t)\,i(t)\,\mathrm{d}t. \qquad (2.1\text{–}12)$$

Anstelle der Einheit Ws wird in der elektrischen Energieversorgung die Einheit kWh = $10^3 \cdot 3600$ Ws = $= 3{,}6 \cdot 10^6$ Ws verwendet.

2.1.5 Widerstand

Die Spannung U_{AB} zwischen den Klemmen A und B eines Zweipols ist dem Strom I proportional, wenn der Zweipol selbst keine Spannungsquelle enthält. Der Proportionalitätsfaktor heißt *Widerstand R*. Er hat die Einheit Ohm (Ω).

$$U_{AB} = RI \qquad \text{(Ohmsches Gesetz)}. \qquad (2.1\text{–}13)$$

Der Kehrwert des Widerstandes ist der *Leitwert G* mit der Einheit Siemens (S).

$$G = \frac{1}{R}. \qquad (2.1\text{–}14)$$

U_{AB}	I	R	G
V	A	Ω = V/A	S = A/V

Der Widerstand R eines Zweipols kann innerhalb bestimmter Betriebsbereiche konstant sein. Man bezeichnet ihn dann als *Ohmschen Widerstand*. Meist ist der Widerstand aber von verschiedenen Einflußgrößen abhängig, z. B. Strom, Spannung, Temperatur, Zeit, Druck. Bild 2.1–6 zeigt einige Beispiele.

Der Widerstand eines Leiters ist proportional zur Leiterlänge l und umgekehrt proportional zum Leiterquerschnitt A_L. Der Proportionalitätsfaktor heißt *spezifischer Widerstand* ϱ, sein Kehrwert *Leitfähigkeit* γ (s. Kapitel 3).

$$R = \frac{l\varrho}{A_L} = \frac{l}{A_L \gamma}. \qquad (2.1\text{–}15)$$

R	l	A_L	ϱ	γ
Ω	m	m²	Ωmm²/m	m/Ωmm²

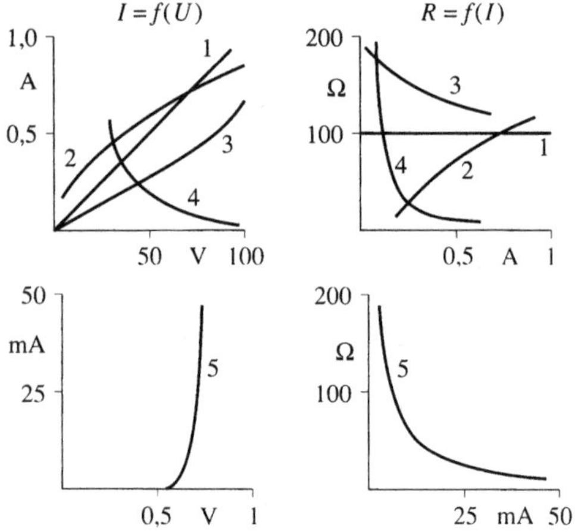

Bild 2.1-6 Kennlinien verschiedener Zweipole
1 Schiebewiderstand (ohmscher Widerstand),
2 Metallfadenlampe,
3 Kohlefadenlampe,
4 Lichtbogen,
5 Diode

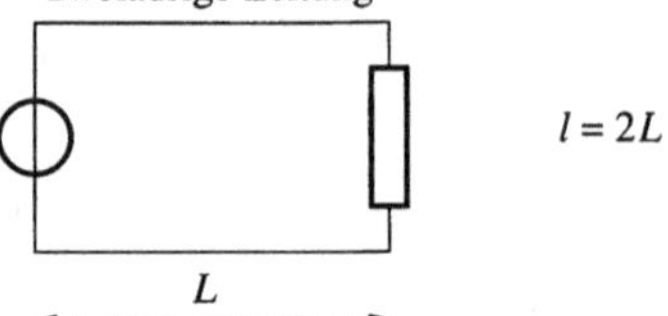

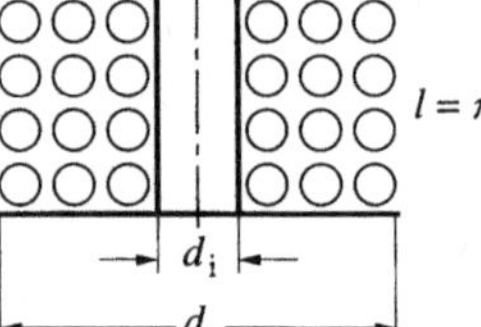

Bild 2.1-7 Ermittlung der wirksamen Leiterlänge l

Bild 2.1–7 zeigt 2 Beispiele zur Ermittlung der elektrisch wirksamen Leiterlänge l.

Mit den Gln. (2.1–5), (2.1–9) und (2.1–15) läßt sich Gl. (2.1–13) umschreiben in:

$$\vec{E} = \varrho \vec{J} \qquad (2.1\text{–}16)$$

bzw.

$$\vec{J} = \gamma \vec{E}. \qquad (2.1\text{–}17)$$

E	J	ϱ	γ
V/m	A/m²	Ωmm²/m	m/Ωmm²

Der Widerstand ist meist von der Temperatur abhängig. Bei nicht allzu großen Abweichungen von der Raumtemperatur gilt

$$R_2 = R_1 + \alpha_{\vartheta_1} R_1 (\vartheta_2 - \vartheta_1) = \qquad (2.1\text{–}18)$$
$$= R_1 [1 + \alpha_{\vartheta_1} (\vartheta_2 - \vartheta_1)].$$

Die Größe α_{ϑ_1} ist der *Temperaturbeiwert* für die Temperatur ϑ_1. In erster Näherung gilt für alle Metalle $\alpha_{20} = 4 \cdot 10^{-3} \mathrm{K}^{-1}$. R_1 ist der Widerstand bei der Temperatur ϑ_1 und entsprechend R_2 der Widerstand bei der Temperatur ϑ_2. Kapitel 3 enthält den Temperaturbeiwert verschiedener Werkstoffe für die Temperatur $\vartheta_1 = 20$ °C. Damit ergibt sich für den Widerstand R bei beliebiger Temperatur ϑ

$$R = R_{20}[1 + \alpha_{20}(\vartheta - 20\,°\mathrm{C})]. \qquad (2.1\text{–}19)$$

R	α	ϑ
Ω	K⁻¹	°C

wobei R_{20} der Widerstand bei $\vartheta_1 = 20$ °C ist.

Die meisten Stoffe haben einen positiven Temperaturbeiwert, ihr Widerstand steigt mit zunehmender Temperatur. Daneben kommen auch Stoffe mit negativem Temperaturbeiwert vor; ihr Widerstand nimmt mit wachsender Temperatur ab.

■ *Beispiel:*

Es soll R_w der unbekannte Widerstand bei der Temperatur ϑ_w und R_k der Widerstand bei der Temperatur ϑ_k sein (Bild 2.1–8). R_{20} sei unbekannt. Gl. (2.1–19) liefert

$$R_w = R_{20}[1 + \alpha_{20}(\vartheta_w - 20\,°\mathrm{C})] \quad \text{und}$$

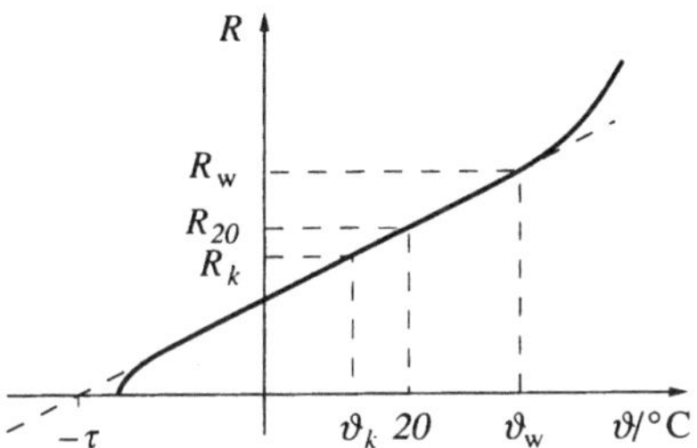

Bild 2.1-8 Temperaturabhängigkeit des elektrischen Widerstandes [2.7]

$$R_k = R_{20}[1 + \alpha_{20}(\vartheta_k - 20\ ^\circ\text{C})].$$

R_{20} läßt sich jetzt durch Division eliminieren.

$$\frac{R_w}{R_k} = \frac{1 + \alpha_{20}(\vartheta_w - 20\ ^\circ\text{C})}{1 + \alpha_{20}(\vartheta_k - 20\ ^\circ\text{C})}. \qquad (2.1\text{–}20)$$

Mit der Abkürzung

$$\tau = \frac{1}{\alpha_{20}} - 20\ ^\circ\text{C}$$

ergibt sich

$$\frac{R_w}{R_k} = \frac{\tau + \vartheta_w}{\tau + \vartheta_k}. \qquad (2.1\text{–}21)$$

R_w, R_k	α_{20}	τ	ϑ_w; ϑ_k
Ω	K^{-1}	K	°C

Die Gln. (2.1–20) und (2.1–21) sind für die meisten Anwendungsfälle direkt einsetzbar.
Bei einigen Stoffen erreicht der spezifische Widerstand bei einer tiefen, aber oberhalb des absoluten Temperaturnullpunktes (−273,15 °C) liegenden Temperatur T_s *(Sprungtemperatur)* den Wert Null; der Stoff wird bei dieser Temperatur plötzlich widerstandslos. Man spricht dann von *Supraleitung.* Die Sprungtemperatur heute technisch einsetzbarer *Supraleiter* liegt bei 23 K. An Laborproben wurden Werte der Sprungtemperatur von 100 bis 135 K gemessen (Hochtemperatur-Supraleiter).

2.1.6 Beispiele

1. Der Leiter von Bild 2.1–9 besteht aus drei Teilstücken mit jeweils homogenem Feld. In Abhängigkeit von der Koordinate x sind folgende Größen dargestellt:
   Der Strom ist längs des Leiters konstant.
- Die Stromdichte folgt aus Gl. (2.1–5)
  $J_1 = J_3 = I/A_1$; $J_2 = I/(2A_1)$.
- Die Feldstärke ergibt sich gemäß Gl. (2.1–17) zu
  $E_1 = I/(\gamma_1 A_1)$; $E_2 = E_1/4$; $E_3 = E_1/3$.
- Das Potential längs der Teilstücke berechnet sich gemäß Gl. (2.1–9). Willkürlich sei $\varphi(l) = 0$ gesetzt. Dann wird
  $\varphi(2l/3) = E_3 l/3 = E_1 l/9$,
  $\varphi(l/3) = \varphi(2l/3) + E_2 l/3 = 7E_1 l/36$,
  $\varphi(0) = \varphi(l/3) + E_1 l/3 = 19lE_1/36$.

2. Eine Leitung der Länge $L = 360$ m besteht aus 2 Kupferleitern mit dem Querschnitt $A = 16\ \text{mm}^2$. Am Ende der Leitung sind folgende Verbraucher parallel

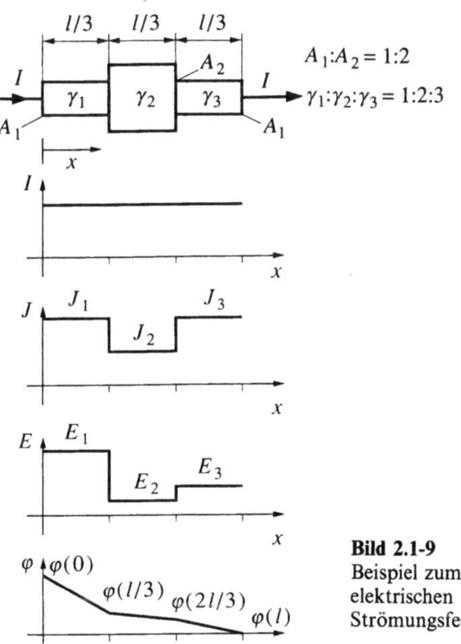

Bild 2.1-9 Beispiel zum elektrischen Strömungsfeld

zueinander angeschlossen: 5 Glühlampen zu je 100 W; Heizgerät mit der Leistungsaufnahme 1,5 kW; Elektromotor, der an der Welle 0,8 kW abgibt (Wirkungsgrad 77%). Die Nennspannung aller Verbraucher ist 230 V.
Die Spannung an den Verbrauchern beträgt $U = 230$ V. Die Leitung hat die Temperatur $\vartheta = 70$ °C. Für Kupfer gilt:

$$\varrho_{20} = 17{,}9 \cdot 10^{-3}\ \Omega\text{mm}^2/\text{m}; \qquad \tau = 235\ \text{K}.$$

Zu berechnen ist der Spannungsfall ΔU auf der Leitung. Er ergibt sich gemäß Gl. (2.1–13) aus Strom I und Leitungswiderstand R_{L70}. Es ist $I = P_{ges}/U$ mit der gesamten Verbraucherleistung

$$P_{ges} = 5 \cdot 100\ \text{W} + 1500\ \text{W} + 800\ \text{W}/0{,}77 = 3039\ \text{W}$$

und damit $I = 13{,}21$ A.
Weiter ist gemäß Gln. (2.1–15) und (2.1–21)

$$R_{L70} = 2L\frac{\varrho_{20}}{A}\,\frac{\tau + 70\ ^\circ\text{C}}{\tau + 20\ ^\circ\text{C}} = 0{,}9634\ \Omega.$$

Daraus folgt $\Delta U = R_{L70} I = 13$ V.
Die Verlustleistung auf der Leitung ist entsprechend Gl. (2.1–10) $P_V = I^2 R_{L70} = 168$ W. Die in einer Stunde in Wärme umgesetzte Verlustenergie ergibt sich mit Gl. (2.1–11) zu $W_v = 168\ \text{W} \cdot 1\ \text{h} = 0{,}17$ kWh.

2.2 Unverzweigter Stromkreis an Gleichspannung

2.2.1 Bepfeilung an einem Zweipol

Ein einfacher Stromkreis besteht aus (aktivem) Erzeuger und (passivem) Verbraucher elektrischer

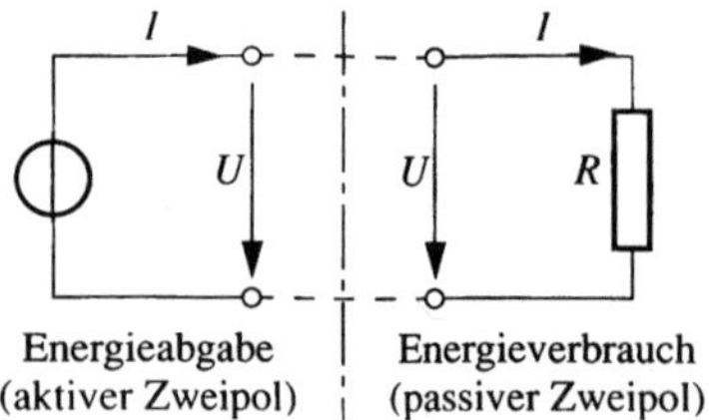

Bild 2.2-1 Erzeuger und Verbraucher elektrischer Energie

Energie (Bild 2.2–1). Beide Zweipole unterscheiden sich durch die Zuordnung der Bezugspfeile des Stromes I und der Spannung U. Oft ist vor der Berechnung eines Stromkreises nicht bekannt, ob ein Zweipol aktiv oder passiv ist. Um trotzdem rechnen zu können, setzt man für Spannung und Strom je einen Bezugspfeil fest. Wirkt eine Spannung oder fließt ein Strom tatsächlich in der gewählten Bezugsrichtung, so werden diese Größen bei der Rechnung positiv gezählt. Hinsichtlich der Zuordnung beider Bezugsrichtungen gibt es nur die in Bild 2.2–1 angewendeten Möglichkeiten. Es entsteht die *Erzeuger-* bzw. *Verbraucher-Bepfeilung* (Bild. 2.2–2). Die Verbraucher-Bepfeilung wird bevorzugt.

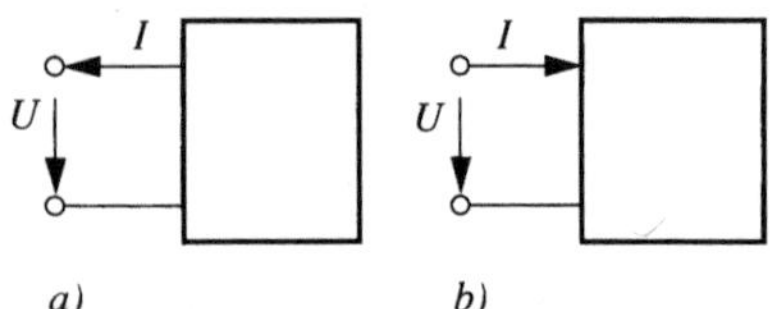

Bild 2.2-2
a) Erzeuger- und
b) Verbraucher-Bepfeilung (DIN 5489)

2.2.2 Reihenschaltung von Widerständen bzw. Spannungsquellen

Aus der Potentialbetrachtung in Bild 2.1–5 ergibt sich

$$U_{AD} = U_{AB} + U_{BC} + U_{CD} \quad \text{bzw.}$$
$$0 = U_{AB} + U_{BC} + U_{CD} - U_{AD} \tag{2.2–1}$$

Verallgemeinert besagt das *Zweite Kirchhoffsche Gesetz (Maschenregel)*: Die vorzeichenrichtige Summe aller Teilspannungen längs eines geschlossenen Weges *(Masche)* ergibt Null. Positives Vorzeichen erhalten dabei die Spannungen, deren Zählpfeile in Richtung eines vorher beliebig festgelegten Umlaufsinnes liegen.

In Bild 2.1–5 ist U_{AD} die Gesamtspannung; U_{AB}, U_{BC} und U_{CD} sind Teilspannungen. Entsprechend läßt sich aus den Einzelwiderständen R_{AB}, R_{BC} und R_{CD} der Gesamtwiderstand R_{ges} ermitteln. Für die Reihenschaltung von n Widerständen gilt gemäß Bild 2.2–3

$$R_{ges} = R_1 + R_2 + R_3 + \ldots + R_n. \tag{2.2–2}$$

Für die Spannungen lassen sich Verhältnisse folgender Art angeben *(Spannungsteiler)*

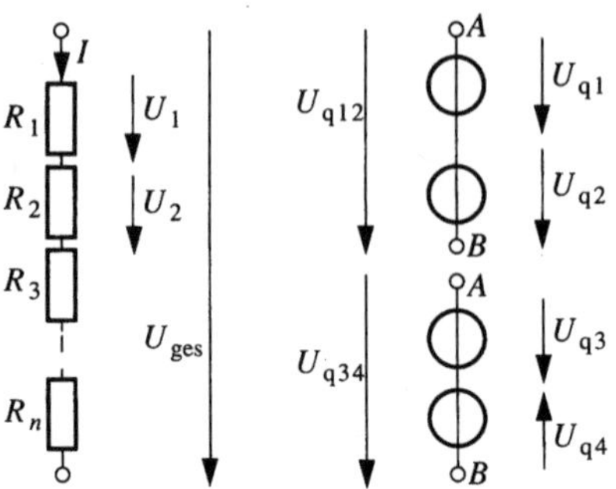

Bild 2.2-3 Reihenschaltung von Widerständen bzw. Spannungsquellen

$$\frac{U_1}{U_2} = \frac{R_1}{R_2}; \quad \frac{U_1}{U_{ges}} = \frac{R_1}{R_{ges}}. \tag{2.2–3}$$

Entsprechend gilt für die Reihenschaltung von Spannungsquellen gemäß Bild 2.2–3:

$$U_{q12} = U_{q1} + U_{q2} \quad \text{bzw.} \quad U_{q34} = U_{q3} - U_{q4}. \tag{2.2–4}$$

Die tatsächliche Wirkungsrichtung der Spannungen ist dabei noch völlig offen. Kennt man aber z. B. $U_{q1} = 10$ V und $U_{q2} = -20$ V, so erhält man aus Gl. (2.2–4) eindeutig:

$$U_{q12} = 10\,\text{V} + (-20\,\text{V}) = -10\,\text{V},$$

also eine Spannung, die gegen den gesetzten Bezugspfeil weist, mit anderen Worten: Klemme B ist positiv gegenüber Klemme A.

2.2.3 Arbeitspunkt im Strom-Spannungs-Diagramm

Bei realen Spannungsquellen sinkt die Klemmenspannung ab, wenn der Laststrom zunimmt. Dies läßt sich in einem *Ersatzschaltbild* durch Reihenschaltung einer idealen Quelle (mit konstanter Quellenspannung U_0) und eines Innenwiderstandes R_i darstellen (Bild 2.2–4). Die Klemmenspannung U_{AB} ergibt sich aus zwei Bedingungen:

$$U_{AB} = U_0 - IR_i \qquad \begin{array}{c|c|c} U & I & R \\ \hline \text{V} & \text{A} & \Omega \end{array} \tag{2.2–5}$$

(Strom-Spannungskennlinie des Erzeugers)

und

$$U_{AB} = IR_a. \tag{2.2–6}$$

(Strom-Spannungskennlinie des Außenwiderstandes R_a).

Da beide Bedingungen erfüllt sein müssen, liegt der Arbeitspunkt im Schnittpunkt beider Kennlinien. Er liefert den sich einstellenden Betriebstrom I_B. Im vorliegenden Fall hätte man I_B auch durch die Gln. (2.2–5) und (2.2–6) berechnen können zu

$$I_B = \frac{U_0}{R_i + R_a}. \tag{2.2–7}$$

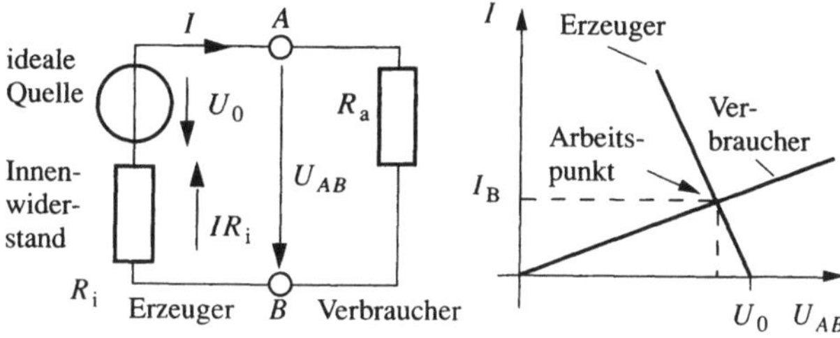

Bild 2.2-4 Spannungsquelle und Verbraucher: Ersatzschaltung und Strom-Spannungs-Kennlinien

Hat aber z. B. der Verbraucher nichtlineares Verhalten (Bild 2.1–6), so läßt sich der Arbeitspunkt nur im Kennlinienfeld ermitteln.

2.3 Verzweigter Stromkreis an Gleichspannung

2.3.1 Parallelschaltung von Widerständen

Die Verzweigungspunkte in Bild 2.3–1 kann man zu den *Knotenpunkten* A und B zusammenfassen. Da

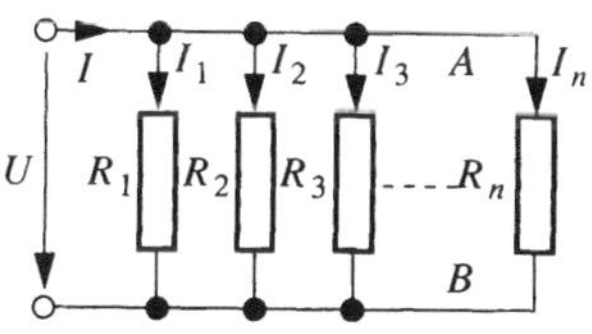

Bild 2.3-1 Parallelschaltung von Widerständen

sich dort keine Ladungen ansammeln können, ist im Knoten die vorzeichenrichtige Summe aller Ströme stets gleich Null *(Erstes Kirchhoffsches Gesetz, Knotenregel)*:

$$I - I_1 - I_2 - I_3 - \ldots - I_n = 0. \tag{2.3–1}$$

Mit Gl. (2.1–13) ergibt sich daraus für den Gesamtwiderstand R_{ges}

$$\frac{1}{R_{ges}} = \frac{1}{R_1} + \frac{1}{R_2} + \frac{1}{R_3} + \ldots + \frac{1}{R_n}.$$

oder mit Gl. (2.1–14) für die Leitwerte

$$G_{ges} = G_1 + G_2 + G_3 + \ldots + G_n. \tag{2.3–2}$$

Weiterhin gelten Beziehungen folgender Art *(Stromteiler)*

$$\frac{I_1}{I_2} = \frac{G_1}{G_2} = \frac{R_2}{R_1}; \quad \frac{I_1}{I} = \frac{G_1}{G_{ges}} = \frac{R_{ges}}{R_1}. \tag{2.3–3}$$

2.3.2 Belasteter Spannungsteiler

Die Schaltung in Bild 2.3–2 läßt sich dazu verwenden, die Spannung bzw. den Strom eines Lastwiderstandes R_a zwischen Null und einem Höchstwert einzustellen. Dazu wird vom Widerstand R ein Teilwiderstand R_1 abgegriffen. Ist $R_a \gg R$, so ist die Ausgangsspannung U_a des Spannungsteilers zu R_1 proportional. Andernfalls wird die Funktion $U_a = f(R_1)$ stark nichtlinear.

2.3.3 Kompensationsschaltung

Ersetzt man in Bild 2.3–2 den Lastwiderstand R_a durch eine Quelle mit der unbekannten Leerlaufspannung U_{0x}, so erhält man die *Kompensationschaltung*. Durch Verändern des Spannungsteilerverhältnisses R_1/R läßt sich $I_a = 0$ erreichen. Damit ist der Spannungsteiler unbelastet und aus

$$U_{0x} = U_0 \frac{R_1}{R} \tag{2.3–4}$$

läßt sich U_{0x} bestimmen.

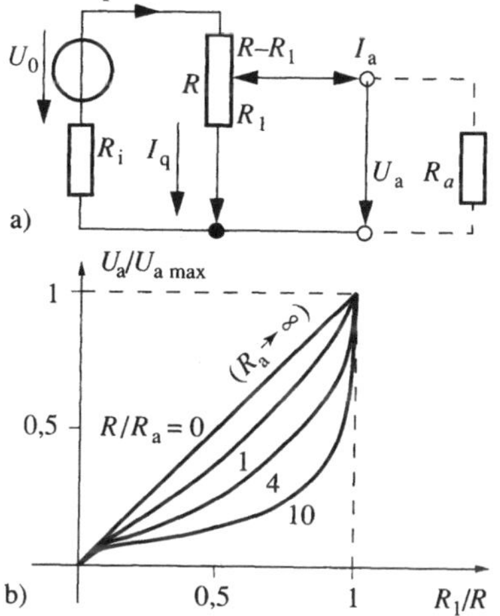

Bild 2.3-2 Belasteter Spannungsteiler
a) Schaltung, b) Kennlinien

2.3.4 Brückenschaltung

Die Brückenschaltung *(Wheatstone'sche Brücke)* in Bild 2.3–3 dient zur Messung eines unbekannten Widerstandes. Man stellt drei bekannte Widerstände so

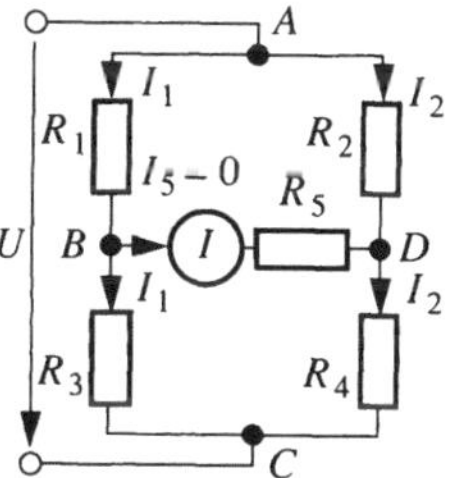

Bild 2.3-3 Wheatstone'sche Brücke

ein, daß der Strom I_5 im Diagonalzweig BD der Brücke zu Null wird. Dann gilt

$$I_1 R_1 = I_2 R_2 \quad \text{und} \quad I_1 R_3 = I_2 R_4\,.$$

Daraus ergibt sich die *Abgleichbedingung*

$$\frac{R_1}{R_3} = \frac{R_2}{R_4}\,. \tag{2.3–5}$$

2.3.5 Stern-Dreieck-Transformation

Jede *Dreieckschaltung* von Widerständen (R_{12}, R_{23} und R_{31} in Bild 2.3–4) läßt sich in eine äquivalente

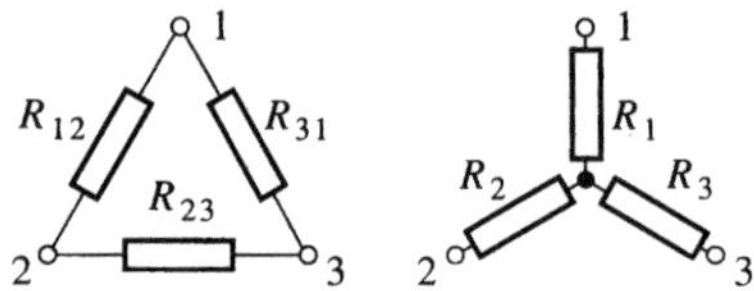

Bild 2.3-4 Stern-Dreieck-Transformation

Sternschaltung umformen und umgekehrt. Dabei muß z. B. der Widerstand zwischen den Knotenpunkten 1 und 2 sowie die Spannung U_{12} erhalten bleiben. Daraus folgt der Ansatz

$$\frac{R_{12}(R_{23}+R_{31})}{R_{12}+R_{23}+R_{31}} = R_1 + R_2 = \tag{2.3–6}$$

$$= \frac{R_{12}R_{23}}{\sum R} + \frac{R_{12}R_{31}}{\sum R}$$

mit $\sum R = R_{12} + R_{23} + R_{31}$.

Entsprechende Ansätze gelten auch für die Knotenpunkte 2 und 3 sowie 3 und 1. Daraus leitet man ab:

$$R_1 = \frac{R_{12}R_{31}}{\sum R}\,; \quad R_2 = \frac{R_{12}R_{23}}{\sum R}\,; \tag{2.3–7}$$

$$R_3 = \frac{R_{23}R_{31}}{\sum R}\,.$$

Zur Umwandlung einer Sternschaltung in eine äquivalente Dreieckschaltung verwendet man:

$$R_{12} = R_1 + R_2 + \frac{R_1 R_2}{R_3}\,, \tag{2.3–8}$$

$$R_{23} = R_2 + R_3 + \frac{R_2 R_3}{R_1}\,, \tag{2.3–9}$$

$$R_{31} = R_3 + R_1 + \frac{R_3 R_1}{R_2}\,. \tag{2.3–10}$$

Sind alle Widerstände der Sternschaltung gleich, ergeben sich auch drei gleiche Widerstände in der Dreieckschaltung:

$$R_1 = R_2 = R_3 = R \tag{2.3–11}$$

bedingt $R_{12} = R_{23} = R_{31} = 3R$.

2.3.6 Äquivalente Ersatzquellen

Bild 2.2–4 zeigt die *Spannungsquellenersatzschaltung* für eine Quelle (z. B. Akkumulator, Generator). Ihre

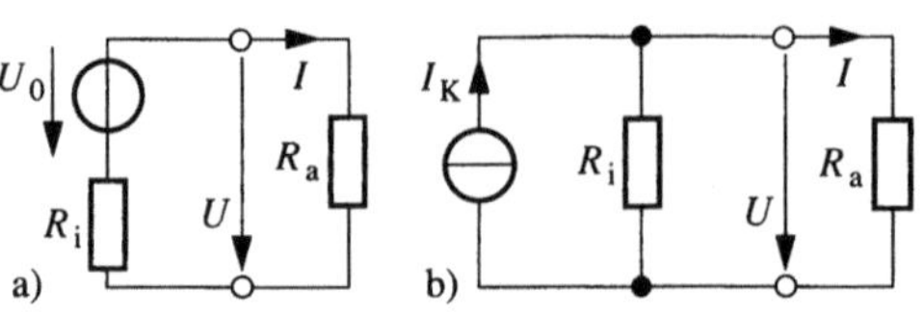

$$I_k = \frac{U_0}{R_i}$$

Leerlauf ($R_a \to \infty$):

$I = 0$; $U = I_k \cdot R_i = U_0$

Kurzschluß ($R_a = 0$):

$U = 0$; $I = U_0/R_i = I_k$

Strom-Spannungs-Kennlinie

$$U = U_0\left(1 - \frac{I}{I_k}\right)$$

c)

Bild 2.3-5 Äquivalente Ersatzquellen (belastet)
a) Ersatz-Spannungsquelle,
b) Ersatz-Stromquelle,
c) Strom-Spannungs-Kennlinie

Strom-Spannungs-Kennlinie läßt sich auch mit der *Stromquellenersatzschaltung* gemäß Bild 2.3–5 erhalten. Darin ist eine ideale Stromquelle mit dem Innenwiderstand R_i parallel geschaltet. Die ideale Stromquelle liefert den konstanten Strom I_k, den Kurzschlußstrom der Quelle. Beide Schaltungen zeigen gleiches Strom-Spannungsverhalten, wenn $I_k = U_0/R_i$ ist.

Als Beispiel soll das in Bild 2.3–6 gezeichnete Netz in eine äquivalente Spannungsquelle mit den Kenngrößen U_q' und R_i' umgewandelt werden. Der Innenwiderstand ergibt sich, indem man U_q kurzschließt, I_q gleich Null setzt und den Widerstand R_{AB} bestimmt. Es ist

$$R_{AB} = R_i' = R_2 + \frac{R_1 R_i}{R_1 + R_i} = 5{,}2\,\Omega.$$

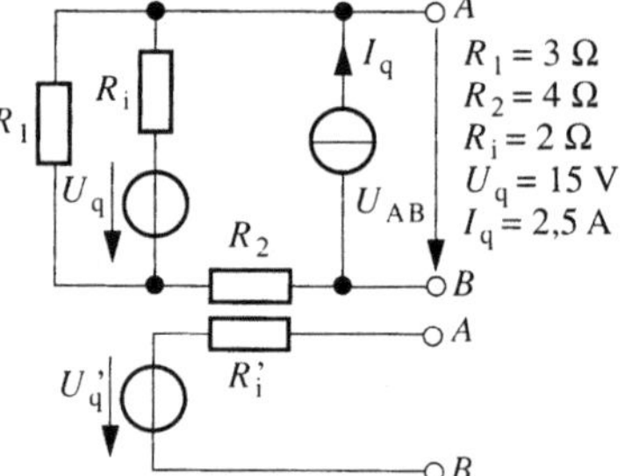

Bild 2.3-6 Zur Ermittlung der Kenngrößen einer Ersatz-Spannungsquelle

Die im Leerlauf auftretende Spannung U_{AB0} ist die gesuchte Quellenspannung U'_q. Sie ergibt sich z. B. mit Anwendung der Kirchhoffschen Gesetze zu $U'_q = 22$ V.

2.4 Berechnung linearer Netze an Gleichspannung

2.4.1 Direkte Anwendung der Kirchhoffschen Gesetze

Ein zusammenhängendes Netzwerk bestehe aus z Zweigen und k Knoten. Zur Bestimmung der z unbekannten Zweigströme sind z unabhängige Gleichungen erforderlich. Hiervon liefert die Knotenregel $(k-1)$ Gleichungen und die Maschenregel die fehlenden $z-(k-1)$ Gleichungen. Eine einfache Methode, um unabhängige Maschengleichungen zu finden, besteht darin, jeweils nach dem Aufstellen einer Maschengleichung die gerade betrachtete Masche in einem prinzipiell beliebigen Zweig aufzutrennen, damit die folgenden Maschengleichungen diesen Zweig nicht mehr enthalten können [2.1].

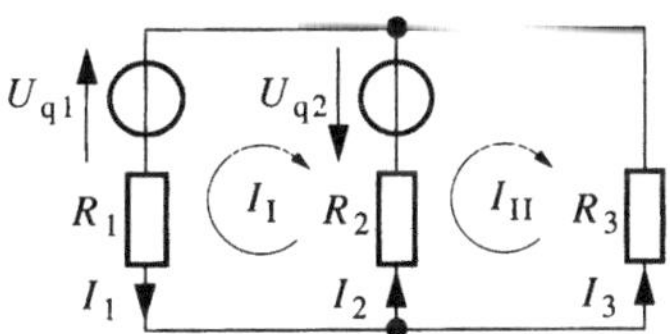

Bild 2.4-1 Netzberechnung mit den Kirchhoffschen Gesetzen bzw. mit dem Maschenstromverfahren

Im Beispiel des Bildes 2.4–1 ist $z=3$ und $k=2$.

Knotenregel: $I_1 = I_2 + I_3$

Maschenregel:

linke Masche: $U_{q1} + U_{q2} - I_1 R_1 - I_2 R_2 = 0$

rechte Masche: $-U_{q2} + I_2 R_2 - I_3 R_3 = 0$

Aus diesen drei unabhängigen Gleichungen sind die drei Zweigströme zu ermitteln.

2.4.2 Überlagerungsverfahren

In einem linearen Netz, das aktive Zweipole und Widerstände in beliebiger Anordnung enthält, werden zunächst in den einzelnen Zweigen diejenigen Teilströme (Teilspannungen) berechnet, die eine der Zweipolquellen hervorruft, während alle übrigen Quellen als unwirksam betrachtet werden. Die tatsächlichen Ströme (Spannungen) ergeben sich dann als Summe der jeweiligen Teilströme (Teilspannungen) *(Überlagerung, Superposition)*.
Bild 2.4–2 zeigt das Vorgehen am Beispiel des Netzes von Bild 2.4–1. Dabei soll nur I_1 berechnet werden. Nullsetzen von U_{q2} ermöglicht die Berechnung von I_{11}. Nullsetzen von U_{q1} ermöglicht die Berechnung

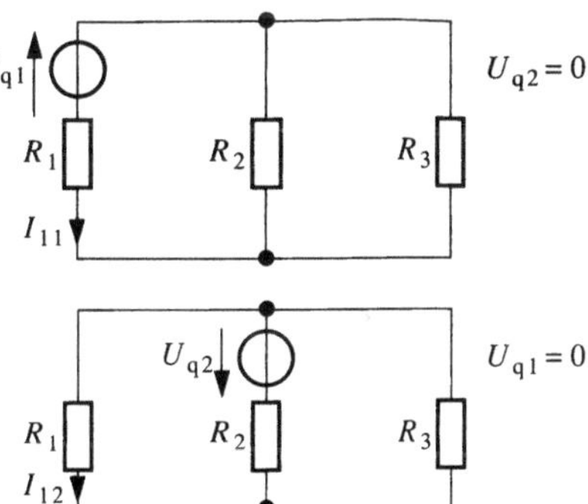

Bild 2.4-2 Anwendung des Überlagerungsverfahrens auf das Netz von Bild 2.4-1

von I_{12}. Der gesuchte Zweigstrom ergibt sich zu $I_1 = I_{11} + I_{12}$.

2.4.3 Ersatzzweipolquelle

Interessiert in einem Netz nur ein Zweigstrom (eine Zweigspannung), so kann man das restliche Netz als Ersatzzweipolquelle in Spannungs- oder Stromquellenersatzschaltung zusammenfassen und damit Strom (Spannung) des gesuchten Zweiges berechnen. Ist z. B. in Bild 2.4–1 der Zweigstrom I_1 unbekannt, so teilt man das Netz in den passiven Zweipol R_1 und einen aktiven Zweipol (restliches Netz) auf (Bild 2.4–3). Der aktive Zweipol wird durch eine Ersatzzweipolquelle nachgebildet. Ihre zunächst unbekannte Quellenspannung U_0 ist gleich der an den Klemmen A und B auftretenden Leerlaufspannung. Der zunächst unbekannte Innenwiderstand R_i ist gleich dem resultierenden Widerstand des restlichen Netzes. Im Beispiel ist

$$U_0 = \frac{U_{q1}(R_2+R_3)+U_{q2}R_3}{R_2+R_3}; \qquad R_i = \frac{R_2 R_3}{R_2+R_3}.$$

Der Innenwiderstand R_i läßt sich auch aus dem Quotienten aus Leerlaufspannung an den Klemmen A und B und dem Kurzschlußstrom über die Klemmen A und B berechnen.

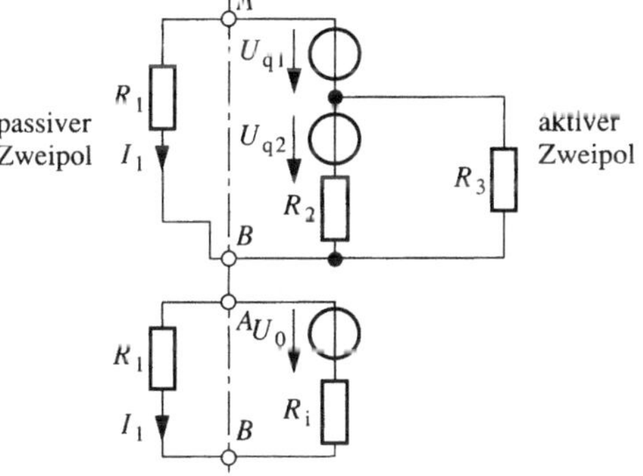

Bild 2.4-3 Berechnung des Zweigstromes I_1 in Bild 2.4-1 mit einer Ersatz-Spannungsquelle

2.4.4 Maschenstromverfahren

In diesem schematischen Verfahren werden die $(k-1)$ Knotenpunktgleichungen eingespart. Es werden $z-(k-1)$ fiktive Kreisströme (Maschenströme) gewählt, die in unabhängigen Maschen fließen. Ein Zweigstrom errechnet sich als Summe (Überlagerung) aller in diesem Zweig fließenden Maschenströme. Der gesuchte Zweigstrom soll sich aus möglichst wenig Maschenströmen zusammensetzen, um die Rechnung einfach zu halten. Sind im Netz Stromquellen vorhanden, so müssen diese zunächst in äquivalente Spannungsquellen umgewandelt werden. Im Beispiel (Bild 2.4–1) sind zwei Maschenströme I_{I} und I_{II} eingetragen. Die Maschengleichungen lauten:

$$U_{q1} + U_{q2} + I_{\mathrm{I}}(R_1 + R_2) - I_{\mathrm{II}} R_2 = 0,$$

$$-U_{q2} - I_{\mathrm{I}} R_2 + I_{\mathrm{II}}(R_2 + R_3) = 0.$$

Daraus lassen sich die Maschenströme I_{I} und I_{II} und schließlich die Zweigströme ermitteln:

$$I_1 = I_{\mathrm{I}}; \quad I_2 = I_{\mathrm{II}} - I_{\mathrm{I}}; \quad I_3 = -I_{\mathrm{II}}.$$

2.4.5 Knotenpotentialverfahren

Bei diesem schematischen Verfahren werden die $z-(k-1)$ Maschengleichungen eingespart. Übrig bleiben $(k-1)$ Knotengleichungen. Als Unbekannte dienen die Potentiale der Knoten gegenüber einem beliebig zu wählenden Bezugsknoten. Das Verfahren ist besonders geeignet, wenn nach Spannungen gefragt ist. Sind im Netz Spannungsquellen vorhanden, so müssen diese häufig zunächst in äquivalente Stromquellen umgewandelt werden. Bild 2.4–4 zeigt die Anwen-

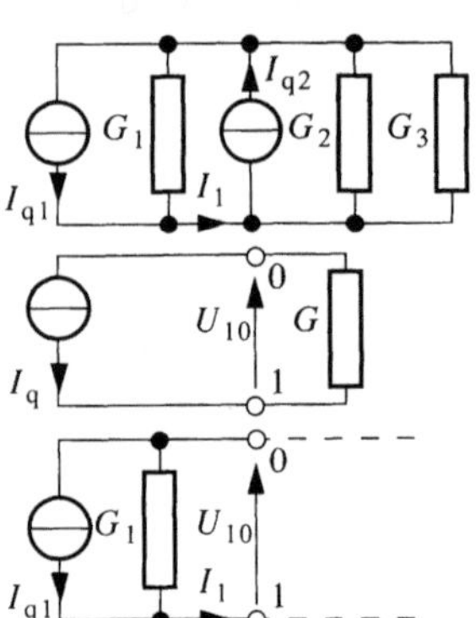

Bild 2.4-4 Berechnung des Zweigstromes I_1 in Bild 2.4-1 mit dem Knotenpotentialverfahren

dung auf das Netz von Bild 2.4–1. Zu berechnen sei I_1. Zunächst werden die Zweige 1 und 2 in Ersatzstromquellenschaltungen umgewandelt. Für sie gilt:

$$I_{q1} = \frac{U_{q1}}{R_1}; \quad I_{q2} = \frac{U_{q2}}{R_2}; \quad G_1 = \frac{1}{R_1};$$

$$G_2 = \frac{1}{R_2}; \quad G_3 = \frac{1}{R_3}.$$

Die Stromquellen werden zu einer resultierenden Stromquelle zusammengefaßt. Darin ist

$$I_q = I_{q1} - I_{q2}; \qquad G = G_1 + G_2 + G_3.$$

Das Potential des Knotens 1 gegenüber dem Bezugsknoten 0 ist gleich der Knotenspannung $U_{10} = I_q/G$. Nun läßt sich der gesuchte Zweigstrom I_1 berechnen:

$$I_1 = I_{q1} - U_{10} G_1.$$

In dem etwas komplizierteren Netz von Bild 2.4–5 seien die Knotenspannungen U_{10} und U_{20} sowie der Strom in allen Zweigen zu berechnen. Die Zahl der

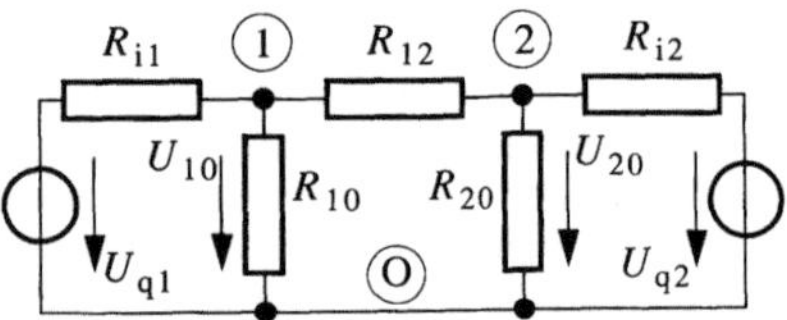

Bild 2.4-5 Beispiel zum Knotenspannungsverfahren

Knoten ist $k = 3$. Die Zahl der Unbekannten (Knotenspannungen) ist $k - 1 = 2$. Jeder Knoten wird mit einer Nummer versehen. Die Knotengleichungen für die Knoten 1 und 2 sind der Ansatz zur Lösung der Aufgabe. Zählt man einen zufließenden Strom positiv und einen abfließenden negativ, so lauten die Knotengleichungen:

Knoten 1:

$$(U_{q1} - U_{10})G_{i1} - (U_{10} - U_{20})G_{12} - U_{10}G_{10} = 0,$$

Knoten 2:

$$(U_{q2} - U_{20})G_{i2} - (U_{20} - U_{10})G_{12} - U_{20}G_{20} = 0.$$

Ordnet man die Gleichungen nach den Knotenspannungen, so erhält man:

Knoten 1:

$$(-G_{i1} - G_{12} - G_{10})U_{10} + G_{12}U_{20} + G_{i1}U_{q1} = 0,$$

Knoten 2:

$$G_{12}U_{10} + (-G_{i2} - G_{12} - G_{20})U_{20} + G_{i2}U_{q2} = 0.$$

Umgeschrieben in Matrizenform ergibt sich:

$$\begin{pmatrix} (-G_{i1} - G_{12} - G_{10}) & G_{12} \\ G_{12} & (-G_{i2} - G_{12} - G_{20}) \end{pmatrix} \begin{pmatrix} U_{10} \\ U_{20} \end{pmatrix} + \begin{pmatrix} G_{i1}U_{q1} \\ G_{i2}U_{q2} \end{pmatrix} = \begin{pmatrix} 0 \\ 0 \end{pmatrix}.$$

Die Leitwertmatrix ist zur Hauptdiagonalen symmetrisch. Aus dem Gleichungssystem lassen sich die Knotenspannungen U_{10} und U_{20} berechnen. Daraus ergibt sich der Strom in den Zweigen, z. B.

im Zweig $1-2$: $\quad I_{12} = G_{12}(U_{10} - U_{20})$,

im Zweig $1-0$: $\quad I_{10} = G_{10}U_{10}$ usw.

Falls in Knoten 1 ein bekannter Strom I_1 zufließt und in Knoten 2 ein bekannter Strom I_2 abfließt, lautet das Gleichungssystem in Matrizenform:

$$\begin{pmatrix} (-G_{i1}-G_{12}-G_{10} & G_{12} \\ G_{12} & (-G_{i2}-G_{12}-G_{20}) \end{pmatrix} \begin{pmatrix} U_{10} \\ U_{20} \end{pmatrix} +$$

$$+ \begin{pmatrix} G_{i1}U_{q1} \\ G_{i2}U_{q2} \end{pmatrix} + \begin{pmatrix} I_1 \\ -I_2 \end{pmatrix} = \begin{pmatrix} 0 \\ 0 \end{pmatrix}.$$

2.5 Elektrische Energie und Leistung bei Gleichspannung

2.5.1 Wirkungsgrad und Anpassung

Mit der Erzeugung und Verwendung elektrischer Energie ist stets eine Energieumformung verbunden, z. B. in Generatoren von mechanischer in elektrische Energie oder in Heizwiderständen von elektrischer Energie in Wärmeenergie. Maß für die Güte der Umformung ist der *Wirkungsgrad* η. Er ist als Quotient von Leistungen definiert, nämlich abgeführte Leistung P_{ab} dividiert durch zugeführte Leistung P_{zu}.

$$\eta = \frac{P_{ab}}{P_{zu}}. \qquad (2.5\text{–}1)$$

η	P_{ab}, P_{zu}
1	W

Wegen der immer auftretenden Umwandlungsverluste ist der Wirkungsgrad stets kleiner als 1. Gelegentlich wird auch der *Energie-Wirkungsgrad* η_W verwendet:

$$\eta_W = \frac{W_{ab}}{W_{zu}}. \qquad (2.5\text{–}2)$$

η_W	W_{ab}, W_{zu}
1	J

In der Energietechnik ist man stets bestrebt, die Energieverluste klein, also den Wirkungsgrad möglichst groß werden zu lassen. In der Nachrichtentechnik kommt es wegen der meist kleinen Leistung weniger auf einen hohen Wirkungsgrad an. Vielmehr ist hier erwünscht, daß aus einer gegebenen Quelle ein Verbraucher mit der maximal möglichen Leistung gespeist wird.

Liegt gemäß Bild 2.3–5a) ein Verbraucherwiderstand R_a an einer Spannungsquelle mit der Leerlaufspannung U_0 und dem Innenwiderstand R_i, so ergibt sich die vom Widerstand R_a aufgenommene Leistung nach Gl. (2.1–10) zu

$$P = UI = I^2 R_a = \frac{U^2}{R_a}. \qquad (2.5\text{–}3)$$

P	U	I	R_a
W	V	A	Ω

Dies läßt sich mit Gl. (2.2–3) auch als

$$P = \frac{R_a}{(R_i+R_a)^2}\,U_0^2 \qquad (2.5\text{–}4)$$

schreiben, wobei U_0 und R_i die *Quelle* kennzeichnen. Die Leistung P läßt sich mit R_a verändern. Sie wird Null bei $R_a=0$ (Kurzschluß) und bei $R_a=\infty$ (Leerlauf). Zwischen diesen extremen Betriebsfällen besitzt P ein Maximum. Eine Extremwertberechnung liefert für die Lage des Maximums

$$R_a = R_i. \qquad (2.5\text{–}5)$$

Dieser Belastungsfall wird mit *Leistungsanpassung* bezeichnet. Die maximale Leistung ergibt sich aus Gl. (2.5–4) zu

$$P_{max} = \frac{U_0^2}{4R_i}. \qquad (2.5\text{–}6)$$

P_{max}	U_0	R_i
W	V	Ω

Das Verhältnis P/P_{max} ist in Bild 2.5–1 in Abhängigkeit von R_a/R_i aufgetragen. Die Kurve zeigt ein relativ breites Maximum an der Stelle $R_a/R_i=1$.

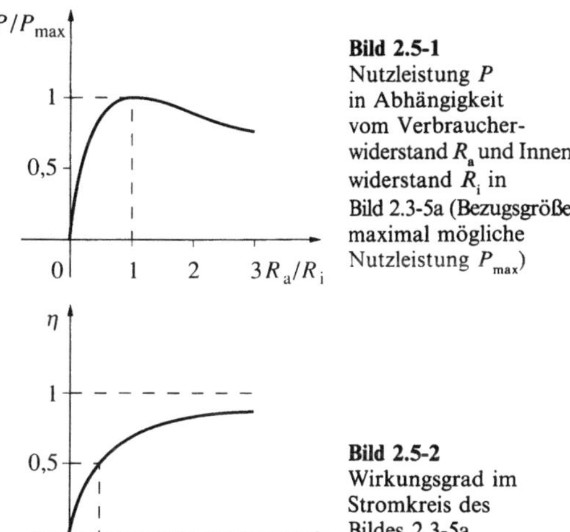

Bild 2.5-1 Nutzleistung P in Abhängigkeit vom Verbraucherwiderstand R_a und Innenwiderstand R_i in Bild 2.3-5a (Bezugsgröße: maximal mögliche Nutzleistung P_{max})

Bild 2.5-2 Wirkungsgrad im Stromkreis des Bildes 2.3-5a

Die Berechnung des Wirkungsgrades η ergibt

$$\eta = \frac{P}{P_{ges}} = \frac{R_a I^2}{(R_i+R_a)I^2} = \frac{R_a/R_i}{1+(R_a/R_i)}. \qquad (2.5\text{–}7)$$

η	P, P_{ges}	I	R_a, R_i
1	W	A	Ω

Diese Funktion zeigt Bild 2.5–2. Bei Anpassung ist $\eta=0{,}5$. Nur die Hälfte der in der Quelle erzeugten elektrischen Leistung steht dem Verbraucher zur Verfügung. Soll der Wirkungsgrad gegen 1 streben, so muß R_a/R_i gegen ∞ bzw. R_i/R_a gegen 0 gehen. Der Innenwiderstand der Quelle sollte also klein gegen über dem Verbraucherwiderstand sein.

2.5.2 Reflexion

Ist in Bild 2.3–5a) R_a ungleich R_i, so spricht man von *Fehlanpassung*. Die Leistung in R_a ist dann gemäß Gl. (2.5–4) kleiner als P_{max} nach Gl. (2.5–6). Die relative Leistungsminderung bei Fehlanpassung beträgt

$$\frac{P_{max}-P}{P_{max}} = \frac{(R_a-R_i)^2}{(R_a+R_i)^2} = r^2. \qquad (2.5\text{–}8)$$

r	P, P_{max}	R_a, R_i
1	W	Ω

Hierin ist r der *Reflexionsfaktor*. Er kann Werte im Bereich zwischen (-1) (Kurzschluß) und $(+1)$ (Leerlauf) annehmen. Bei Anpassung ist $r=0$.
Zur anschaulichen Begründung von Gl. (2.5–8) kann man den bei Fehlanpassung fließenden Strom

$$I = \frac{U_0}{R_i + R_a} \tag{2.5–9}$$

so auffassen, als sei er aus der Überlagerung des bei Anpassung fließenden Stromes

$$I_a = \frac{U_0}{2R_i}, \tag{2.5–10}$$

und einem aus R_a zur Quelle zurückfließenden reflektierten Strom I_r entstanden. Aus $I = I_a - I_r$ und den Gln. (2.5–9) und (2.5–10) läßt sich I_r berechnen zu

$$I_r = I_a \frac{R_a - R_i}{R_a + R_i} = I_a r. \tag{2.5–11}$$

Diese Betrachtungsweise hat beim Grundstromkreis nur formale Bedeutung. Sie ist jedoch nützlich, weil man sie auf Vorgänge auf einer langen Leitung übertragen kann, wo in der Tat bei Fehlanpassung Reflexionen elektrischer Impulse auftreten (siehe Abschnitt 2.17).

2.6 Elektrostatisches Feld

2.6.1 Grundbegriffe

Ein *elektrostatisches Feld* entsteht, wenn in einem isolierenden Raum zwischen beliebigen Punkten eine konstante Spannung herrscht und sich dort nur ruhende Ladungen befinden. Zur Behandlung des elektrostatischen Feldes sind neben den in Abschnitt 2.1 eingeführten Größen *Ladung, elektrische Feldstärke* und *Potential* weitere Größen und Begriffe notwendig.
Als *Influenz* wird die Trennung elektrischer Ladungen auf einem Leiter bezeichnet, der sich in einem elektrischen Feld befindet. Hier wirkt die elektrische Feldkraft gemäß Gl. (2.1–1).

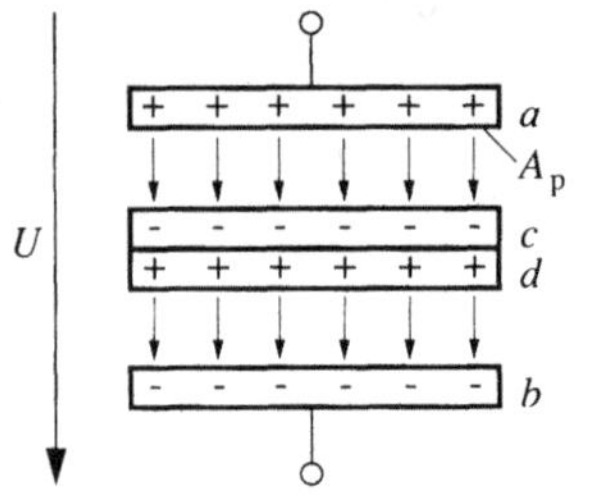

Bild 2.6-1 Influenz
a, *b* Elektroden eines Plattenkondensators,
c, *d* leitfähige Platten, leitend verbunden

Für die Ladung der vier Platten in Bild 2.6–1 gilt $Q_a = -Q_b = -Q_c = Q_d$. Die Gesamtheit des z. B. von der Elektrode *a* ausgehenden und auf *c* auftreffenden Feldes heißt *elektrischer Fluß* ψ. Er ist gleich der Ladung, von der er ausgeht: $\psi = Q_a$. Teilt man den elektrischen Fluß durch die Fläche A_p, auf die er sich verteilt, so erhält man die *elektrische Flußdichte (Verschiebungsdichte) D*. Zwischen den Platten herrscht die Flußdichte

$$D = \frac{\psi}{A_p} = \frac{Q_a}{A_p}.$$

D	ψ	A_p	Q_a
C/m²	C	m²	C

Entsprechend den Beziehungen zwischen Strom und Stromdichte in den Gln. (2.1–5) bis (2.1–7) gilt im homogenen elektrostatischen Feld

$$Q = DA_p \tag{2.6–1}$$

bzw. im inhomogenen elektrostatischen Feld

$$Q = \int_{A_p} D\,\mathrm{d}A. \tag{2.6–2}$$

Dabei ist die Fläche so zu nehmen, daß sie senkrecht zur Richtung der Flußdichte liegt. Die Flußdichte ist ein Vektor, dessen Richtung mit der Feldstärke übereinstimmt. Die Gln. (2.6–1) und (2.6–2) lassen sich also mit dem Skalarprodukt zwischen Vektoren schreiben, wenn man die Elektrodenfläche durch die Normale $\vec{A}_p$ kennzeichnet. Dann gilt im homogenen Feld

$$Q = \vec{D}\vec{A}_p \tag{2.6–3}$$

und im inhomogenen Feld

$$Q = \int_{A_p} \vec{D}\,\mathrm{d}\vec{A}_V. \tag{2.6–4}$$

Der isolierende Stoff zwischen zwei Elektroden heißt *Dielektrikum*. Als Folge der *dielektrischen Polarisation* (s. Kapitel 3) ist die elektrische Flußdichte in fast allen Stoffen proportional zur elektrischen Feldstärke. Der Proportionalitätsfaktor heißt *(absolute) Permittivität* ε. Sie wird als Produkt aus der Permittivität des Vakuums, der *elektrischen Feldkonstanten* ε_0, und der *Permittivitätszahl* ε_r des Dielektrikums dargestellt:

$$\varepsilon = \varepsilon_0 \varepsilon_r \tag{2.6–5}$$

mit $\varepsilon_0 = 8{,}854 \cdot 10^{-12} \frac{\text{As}}{\text{Vm}}$.
Für die elektrische Flußdichte gilt damit

$$\vec{D} = \varepsilon_0 \varepsilon_r \vec{E}. \tag{2.6–6}$$

D	ε_0	ε_r	E
As/m² = C/m²	As/Vm	1	V/m

2.6.2 Berechnung elektrostatischer Felder

Die Feldstärke E in der Umgebung elektrischer Ladungen läßt sich nur für einfache Anordnungen mit relativ geringem mathematischen Aufwand errechnen. Für komplizierte Fälle werden Rechenprogramme eingesetzt, mit denen Feldstärke und Flußdichte nach Betrag und Richtung sowie der Verlauf der Äquipotentiallinien bzw.-flächen zu ermitteln sind. Mit Hilfe der übersichtlichen Gesetzmäßigkeiten der nachfolgend beschriebenen einfachen Anordnungen kann man Wesentliches auch für kompliziertere Fälle abschätzen

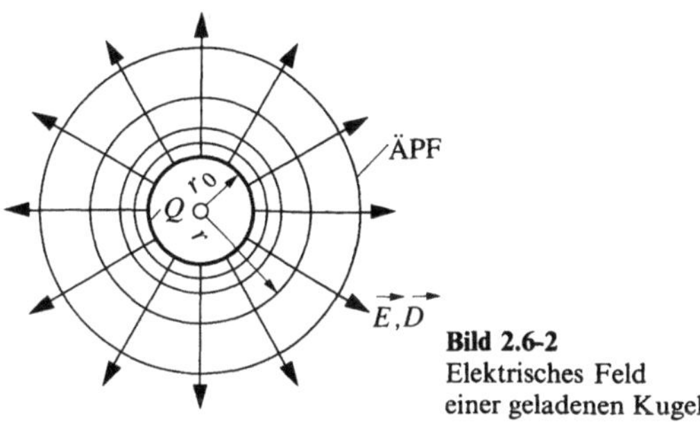

Bild 2.6-2
Elektrisches Feld einer geladenen Kugel

2.6.2.1 Feld einer geladenen Kugel

Die *Kugel* mit dem Radius r_0 in Bild 2.6–2 habe die Ladung Q. Ist der Radius r_0 sehr klein, so nennt man die Ladung ***Punktladung***. Die Gegenladung befinde sich auf einer konzentrischen Hohlkugel mit sehr großem Radius. Aus Symmetriegründen verlaufen die elektrischen Feldlinien in radialer Richtung. Die Oberfläche jeder konzentrischen Kugel mit dem Radius r ist eine ***Äquipotentialfläche*** (ÄPF). Die elektrische Flußdichte D auf einer Äquipotentialfläche ist

$$D = \frac{Q}{4\pi r^2}. \qquad (2.6\text{–}7)$$

D	Q	r
As/m² = C/m²	C	m

Daraus folgt die Feldstärke E mit Gl. (2.6–6) zu

$$E = \frac{Q}{4\pi\varepsilon_0\varepsilon_r r^2}. \qquad (2.6\text{–}8)$$

E	Q	ε_0	ε_r	r
V/m	C = As	As/Vm	1	m

2.6.2.2 Feld eines langen, geraden Leiters

Im Feld eines geraden *Leiters* mit der Länge l (Bild 2.6–3) sind die ÄPF konzentrische Zylindermantelflächen. Dort ist

$$D = \frac{Q}{2\pi r l}. \qquad (2.6\text{–}9)$$

D	Q	r	l
As/m² = C/m²	C	m	m

und

$$E = \frac{Q}{2\pi\varepsilon_0\varepsilon_r r l}. \qquad (2.6\text{–}10)$$

E	Q	ε_0	ε_r	r	l
V/m	C	As/Vm	1	m	m

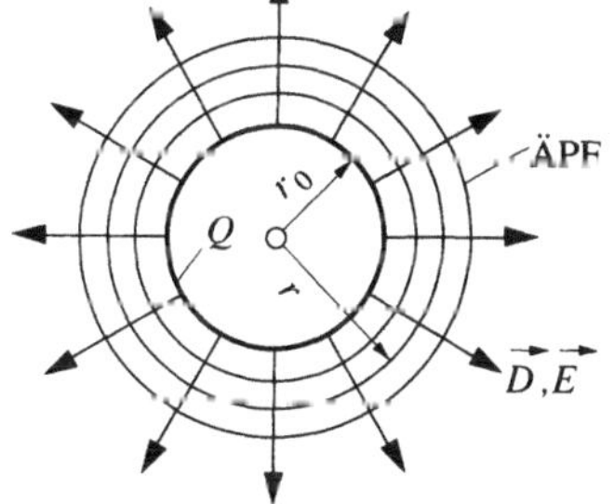

Bild 2.6-3
Elektrisches Feld eines langen, greaden Leiters

Man erkennt aus den Gln. (2.6–8) und (2.6–10), daß die elektrische Feldstärke unmittelbar an der geladenen Elektrode am größten ist und daß sie mit zunehmender Entfernung abnimmt. Bei sehr kleinem Krümmungsradius r_0 der Elektrode kann die Feldstärke dort so groß werden, daß Entladungen auftreten und der Isolierstoff geschädigt wird (s. Kap. 11).

a) *Querschichtung*

ε_1 E_1, D_1

ε_2 E_2, D_2

$D = const = D_1 = D_2$

$\frac{E_1}{E_2} = \frac{\varepsilon_1}{\varepsilon_2}$

b) *Längsschichtung*

ε_1, E_1, D_1 ε_2, E_2, D_2

$E = const = E_1 = E_2$

$\frac{D_1}{D_2} = \frac{\varepsilon_1}{\varepsilon_2}$

Bild 2.6-4 Elektrisches Feld bei
a) Quer- und
b) Längsschichtung verschiedener Dielektrika

2.6.2.3 Feld in der Umgebung mehrerer Ladungen

Falls die Permittivität des Dielektrikums konstant ist, ergibt sich die Feldstärke des resultierenden Feldes an einem Ort in der Umgebung mehrerer Ladungen durch Überlagerung der Feldstärkekomponenten, die von den einzelnen Ladungen herrühren.

2.6.2.4 Feld an Grenzflächen

Grenzen in einem elektrischen Feld Stoffe mit unterschiedlicher Permittivitätszahl ε_r aneinander (Bild 2.6–4), so ändern sich dort im allgemeinen Betrag und Richtung der Feldgrößen.

Bei der *Querschichtung* ist der elektrische Fluß vor und hinter der Grenzfläche gleich. Also bleibt auch D gleich. Die Feldstärkewerte verhalten sich umgekehrt wie die Permittivitäten. Der Stoff mit kleinerem ε_r wird elektrisch stärker beansprucht.

Bei der *Längsschichtung* ist die Feldstärke beiderseits der Grenzfläche gleich. D ist unterschiedlich.

Bei der *Schrägschichtung* (Bild 2.6–5) zerlegt man den ein- und ausfallenden Feldstärkevektor in seine Komponenten, die normal bzw. tangential zur Grenzfläche verlaufen. Auf die Komponenten werden die Beziehungen der Quer- und Längsschichtung angewandt. Es ergibt sich eine Betrags- und Richtungsänderung (*Brechung*) des Feldstärkevektors.

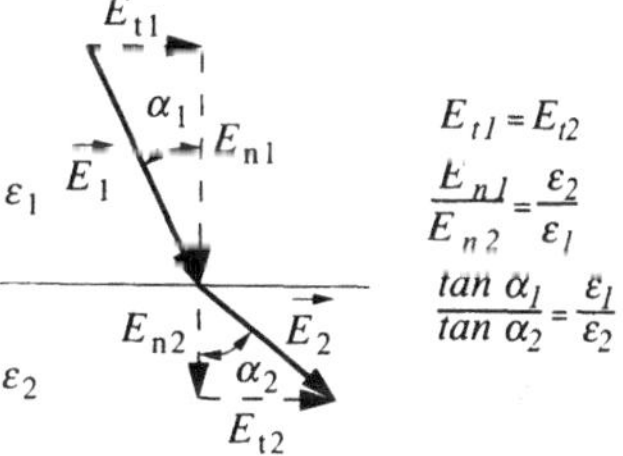

$E_{t1} = E_{t2}$

$\frac{E_{n1}}{E_{n2}} = \frac{\varepsilon_2}{\varepsilon_1}$

$\frac{\tan\alpha_1}{\tan\alpha_2} = \frac{\varepsilon_1}{\varepsilon_2}$

Bild 2.6-5 Elektrisches Feld bei Schrägschichtung

2.6.3 Kapazität von Kondensatoren

Legt man zwei gegeneinander isolierte Elektroden *(Kondensator)* an eine Spannungsquelle, so werden von der einen Elektrode Ladungsträger abgezogen und zur anderen befördert. Den Betrag der beförderten Ladung nennt man die Ladung Q des Kondensators. Sie ist proportional zur angelegten Spannung U. Der Proportionalitätsfaktor ist die *Kapazität C* mit der Einheit Farad (1 F = 1 As/V).

$$Q = CU. \qquad \begin{array}{c|c|c} Q & C & U \\ \hline \mathrm{C=As} & \mathrm{As/V=F} & \mathrm{V} \end{array} \tag{2.6–11}$$

Die Kapazität ist von der Geometrie der Anordnung und von der Permittivität des Dielektrikums abhängig. Aus den Ausdrücken von Bild 2.6–6 sieht man, daß die Kapazität um so größer ist, je größer die Oberfläche und je kleiner der Abstand der Elektroden ist.

Bei Parallelschaltung (Bild 2.6–7) ergibt sich die Gesamtkapazität C_{ges} aus

$$Q_{ges} = C_{ges} \cdot U = Q_1 + Q_2 + Q_3 + \ldots$$
$$= (C_1 + C_2 + C_3 + \ldots)U.$$

Bei der Reihenschaltung besitzen durch Influenz alle Kondensatoren die gleiche Ladung Q. Damit liefert die Maschenregel (Gl. (2.2–1)):

Anordnung	Kapazität C
E, $+$, $-$, A, d	*a) Plattenkondensator* $\varepsilon_0 \varepsilon_r = \frac{A}{d}$ (Randeffekte vernachlässigt)
r_1, r_2, $+$, $-$	*b) Kugelkondensator* $4\pi\varepsilon_0\varepsilon_r = \frac{r_1 r_2}{r_2 - r_1}$ (falls $r_2 \to \infty$: $4\pi\varepsilon_0\varepsilon_r r_1$) *c) Zylinderkondensator* $\frac{2\pi\varepsilon_0\varepsilon_r l}{ln \frac{r_2}{r_1}}$

Bild 2.6-6 Kapazität von Kondensatoren

U C_1 C_2 C_3 $C_{ges} = C_1 + C_2 + C_3 + \ldots$

U C_1 C_2 C_3 $\frac{1}{C_{ges}} = \frac{1}{C_1} + \frac{1}{C_2} + \frac{1}{C_3} + \ldots$

Bild 2.6-7 Gesamtkapazität bei der Parallel- bzw. Reihenschaltung von Kondensatoren

$$U = U_1 + U_2 + U_3 + \ldots$$

oder

$$\frac{Q}{C_{ges}} = Q\left(\frac{1}{C_1} + \frac{1}{C_2} + \frac{1}{C_3} + \ldots\right).$$

2.6.4 Energie des elektrischen Feldes

Ein aus Widerstand R und Kondensator C bestehender Netzzweig (Bild 2.6–8) führt nach dem Einschalten an Gleichspannung U kurzzeitig den *Ladestrom* bzw. nach dem Kurzschließen den *Entladestrom.*

Die Maschengleichung lautet für das Laden (Stellung 1 des Schalters):

$$U = u_C + u_R = \tag{2.6–12}$$
$$= \frac{q}{C} + iR = \frac{q}{C} + \frac{\mathrm{d}q}{\mathrm{d}t}R.$$

Mit der zur Abkürzung eingeführten *Zeitkonstanten* $\tau = RC$ wird daraus

$$UC = \tau\frac{\mathrm{d}q}{\mathrm{d}t} + q. \tag{2.6–13}$$

Dabei ist q die Ladung des Kondensators. Sie ist wie u_C, u_R und i von der Zeit abhänging. Falls der Kondensator zur Zeit $t = 0$ nicht geladen ist, erhält man mit Hilfe des in Abschnitt 1.8 beschriebenen mathematischen Verfahrens zur Lösung von Differentialgleichungen folgende Zeitfunktionen:

$$q(t) = UC[1 - \mathrm{e}^{-(t/\tau)}], \tag{2.6–14}$$

$$u_C(t) = U[1 - \mathrm{e}^{-(t/\tau)}], \tag{2.6–15}$$

$$i(t) = \frac{U}{R}\mathrm{e}^{-(t/\tau)}. \tag{2.6–16}$$

Für das Kurzschließen (Stellung 2 des Schalters) gilt die Maschengleichung

$$0 = u_R + u_C = \tau\frac{\mathrm{d}u_C}{\mathrm{d}t} + u_C. \tag{2.6–17}$$

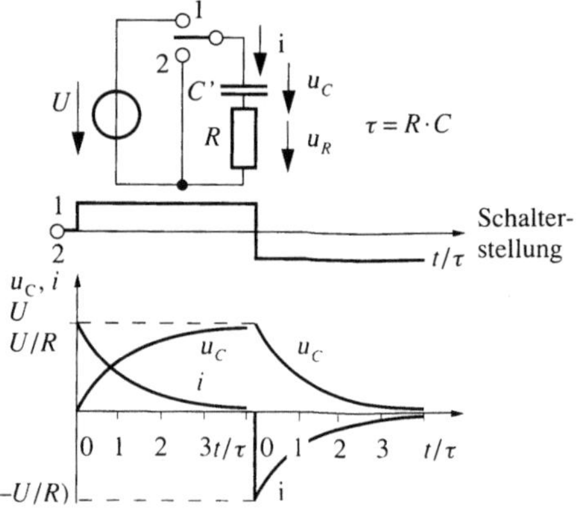

Bild 2.6-8 Auf- und Entladen eines Kondensators

Falls der Kondensator zur Zeit $t=0$ auf die Spannung U aufgeladen war, erhält man

$$u_C(t) = U\mathrm{e}^{-(t/\tau)}, \quad (2.6\text{–}18)$$

$$i(t) = -\frac{U}{R}\mathrm{e}^{-(t/\tau)}. \quad (2.6\text{–}19)$$

Kurz nach Schließen des Schalters springt jeweils der Strom i. Die Höhe des Sprunges ist nur vom Widerstand R abhängig. Die Spannung u_C dagegen ändert sich nach einer e-Funktion. Nach langer Zeit geht i gegen Null, u_C gegen einen Endwert.

Multipliziert man Gl. (2.6–12) mit ($i\,\mathrm{d}t$), so ergibt sich die *Energiebilanz*

$$Ui\,\mathrm{d}t = u_C i\,\mathrm{d}t + i^2 R\,\mathrm{d}t. \quad (2.6\text{–}20)$$

Hierin ist $Ui\,\mathrm{d}t$ die im kleinen Zeitraum $\mathrm{d}t$ der Quelle entnommene Energie; $i^2R\,\mathrm{d}t$ ist die in Wärme umgewandelte Energie. Damit wird $\mathrm{d}W_C = u_C i\,\mathrm{d}t$ in den Kondensator geliefert und dort gespeichert. Umgeschrieben ist diese Energie

$$\mathrm{d}W_C = u_C\,\mathrm{d}q = u_C C\,\mathrm{d}u_C.$$

Lädt man den Kondensator ausgehend von der Spannung $u_C(0)=0$ auf $u_C(\infty)=U$, so erhält man die im *Kondensator gespeicherte Energie* W_C

$$W_C = C\int_0^U u_C\,\mathrm{d}u_C = \frac{1}{2}CU^2. \quad (2.6\text{–}21)$$

W_C	C	U, u
Ws	F = As/V	V

Sitz der im Kondensator gespeicherten Energie ist das elektrische Feld. Die *Energiedichte* w ergibt sich aus den Feldgrößen E und D:

$$w = \frac{1}{2}\varepsilon_0\varepsilon_r E^2 = \frac{1}{2}ED. \quad (2.6\text{–}22)$$

w	ε_0	ε_r	E	D
Ws/m³	As/Vm	1	V/m	As/m²

2.6.5 Kräfte im elektrischen Feld

Die Kraft zwischen zwei (punktförmigen) Ladungen (Bild 2.6–9) ergibt sich aus Gl. (2.1–1). Man berechnet zunächst die elektrische Feldstärke E_1, die die Ladung Q_1 am Ort der Ladung Q_2 entstehen läßt, nach Gl. (2.6–8) zu

Bild 2.6-9 Zur Berechnung der Kraft zwischen zwei Ladungen

$$E_1 = \frac{Q_1}{4\pi\varepsilon_0\varepsilon_r r^2}.$$

Mit Gl. (2.1–1) erfährt deshalb die Ladung Q_2 die Kraft

$$F = E_1 Q_2 = \frac{Q_1 Q_2}{4\pi\varepsilon_0\varepsilon_r r^2}. \quad (2.6\text{–}23)$$

F	E	Q	ε_0	ε_r	r
N	V/m	C	As/Vm	1	m

(Coulombsches Gesetz)

Die Richtung der Kraft F stimmt mit der Richtung von E überein, wenn Q_2 positiv ist. Ladungen mit gleichen Vorzeichen stoßen sich demnach ab, solche mit unterschiedlichen Vorzeichen ziehen sich an. Das Coulombsche Gesetz gilt nur für Punktladungen. Für räumlich ausgedehnte Elektroden ist die senkrecht an der Oberfäche angreifende Zugspannung σ_Z gleich der Energiedichte des Feldes [2.9]. Es gilt mit Gl. (2.6–22)

$$\sigma_Z = w = \frac{1}{2}\varepsilon_0\varepsilon_r E^2 = \frac{1}{2}ED. \quad (2.6\text{–}24)$$

σ_Z	w	ε_0	ε_r	E	D
N/m²	Ws/m³	As/Vm	1	V/m	As/m²

2.6.6 Beispiele

1. Zwischen zwei im Abstand $d=30$ mm in Luft befindlichen parallelen Platten liegt die Spannung $U=50$ kV. Die Feldstärke beträgt $E=U/d=1{,}7$ kV/mm. Mit der Absicht, die Sicherheit gegen einen elektrischen Durchschlag zu erhöhen, wird eine Glasplatte ($\varepsilon_r=9$) mit der Dicke $a=15$ mm vor eine Platte gelegt. Wegen der konstanten Verschiebungsdichte in Glas und Luft $D_G=D_L$ gilt für die Feldstärke E_L in der verbleibenden Luftstrecke $(d-a)$ und die Feldstärke E_G im Glas gem. Bild 2.6–4: $\varepsilon_r E_G = E_L$. Damit wird

$$U = E_G a + E_L(d-a) = E_L\left(d - a\frac{\varepsilon_r - 1}{\varepsilon_r}\right).$$

Das liefert im Luftraum die Feldstärke $E_L = 3$ kV/mm, die sicher einen Durchschlag bewirkt. Die Glasplatte hat also die Feldstärke im Luftspalt nicht vermindert, sondern sogar erhöht.

2. Die im obigen Kondensator ohne Glasplatte gespeicherte Energie ergibt sich mit Gl. (2.6–21) und Bild 2.6–6 bei einer Plattenfläche $A_p = 1$ m² zu

$$W_C = \frac{1}{2}CU^2 = \frac{1}{2}\varepsilon_0\frac{A_p}{d}U^2 = 0{,}4\ \mathrm{Ws}.$$

Die in einem Kondensator speicherbare Energie ist also sehr klein.

2.7 Magnetisches Feld

2.7.1 Grundbegriffe

In der Umgebung von bewegten Ladungen und von Dauermagneten wirkt eine Kraft z. B. auf Magnetnadeln, Eisenteile und stromführende Leiter. Dieser Zustand des Raumes wird als *magnetisches Feld* bezeichnet. Jeder *Magnet* hat zwei *Pole*, einen *Nordpol* N und einen *Südpol* S (Bild 2.7–1). Dort ist die Kraft beson-

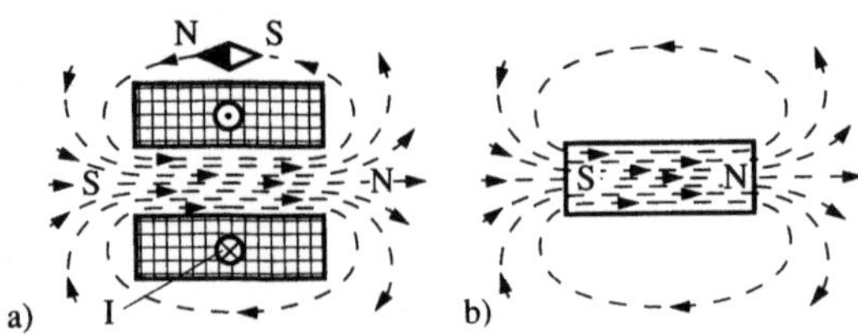

Bild 2.7-1 Magnetische Feldbilder [2.16]
a) stromdurchflossene Zylinderspule, b) Stabmagnet

ders groß. Ungleichnamige Magnetpole ziehen sich gegenseitig an, gleichnamige stoßen sich ab. Der Nordpol eines frei aufgehängten Magneten weist auf der Erde etwa zum geographischen Nordpol. Bringt man eine Magnetnadel in ein Magnetfeld und bewegt sie in der Richtung vorwärts, in die ihr Nordpol weist, so beschreibt ihr Drehpunkt eine *magnetische Feldlinie*. Ihre Richtung ist außerhalb des Magneten vom Nordpol zum Südpol festgelegt. Innerhalb des Magneten schließen sich die Feldlinien. Die Gesamtheit der aus dem Nordpol eines Magneten austretenden Linien ist der *magnetische Fluß* Φ.

Bringt man einen vom Strom I durchflossenen Stab in ein Magnetfeld, das entlang der Stablänge l homogen ist und dessen Feldlinienrichtung mit dem Stab den Winkel α einschließt, so wird auf den Stab eine Kraft ausgeübt, deren Betrag proportional zu ($Il \sin \alpha$) ist. Der Proportionalitätsfaktor ist die *magnetische Flußdichte B (Induktion)* mit der Einheit Tesla (1 T = 1 Vs/m²)

$$F = BIl \sin \alpha \qquad (2.7\text{–}1)$$

F	B	I	l
N	T	A	m

bzw. in vektorieller Schreibweise

$$\vec{F} = (\vec{l} \times \vec{B}) I. \qquad (2.7\text{–}2)$$

Die Richtungszuordnung der Größen ist in Bild (2.7–2) dargestellt.

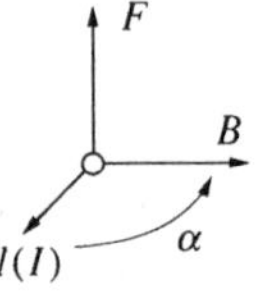

Bild 2.7-2
Kraft auf einen stromführenden Leiter im Magnetfeld

Der durch eine ebene Fläche A_p im homogenen Feld der Flußdichte B hindurchtretende Fluß hat die Einheit Weber (1 Wb = 1 Vs). Er ist

$$\Phi = BA_p \cos \alpha = \vec{B}\vec{A}_p. \qquad (2.7\text{–}3)$$

Φ	B	A_p
Wb = Vs	T = Wb/m² = Vs/m²	m²

Dabei ist α der Winkel zwischen der Flächennormalen $\vec{A}_p$ und dem Vektor $\vec{B}$. Im inhomogenen Feld gilt

$$\Phi = \int_{A_p} B \cos \alpha \, \mathrm{d}A = \int_{A_p} \vec{B} \, \mathrm{d}\vec{A}. \qquad (2.7\text{–}4)$$

Der magnetische Fluß verläuft stets in einem geschlossenen *magnetischen Kreis* wie der elektrische Strom in einem Stromkreis. Durch die geschlossene Hüllfläche eines Feldvolumens tritt ebenso viel magnetischer Fluß nach außen wie nach innen:

$$\sum \Phi = 0. \qquad (2.7\text{–}5)$$

Wie im elektrostatischen Feld – Gl. (2.6–6) – führt man als weitere Feldgröße die *magnetische Feldstärke* H (magnetische Erregung) ein. Es gilt:

$$\vec{B} = \mu \vec{H}. \qquad (2.7\text{–}6)$$

B	μ	H
T = Vs/m²	Vs/Am	A/m

Hierin ist μ die *(absolute) Permeabilität*. Sie wird als Produkt aus der Permeabilität des Vakuums (der *magnetischen Feldkonstanten* μ_0) und der *Permeabilitätszahl* μ_r des Stoffes dargestellt.

$$\mu = \mu_0 \mu_r \qquad (2.7\text{–}7)$$

mit $\mu_0 = 4\pi 10^{-7} \dfrac{\text{Vs}}{\text{Am}}$.

Die Permeabilitätszahl der meisten Stoffe liegt nahe bei 1. Nur die ferromagnetischen Stoffe (Eisen, Nikkel, Kobalt) haben eine große Permeabilität, die allerdings nicht konstant ist, sondern von der Flußdichte und der magnetischen Vorgeschichte abhängt (s. Abschnitt 3.4.5).

Das Produkt aus magnetischer Feldstärke H und Luftspaltlänge l in einem homogenen Magnetfeld (Bild 2.7–3) ergibt die *magnetische Spannung* V_m.

$$V_m = Hl. \qquad (2.7\text{–}8)$$

V_m	H	l
A	A/m	m

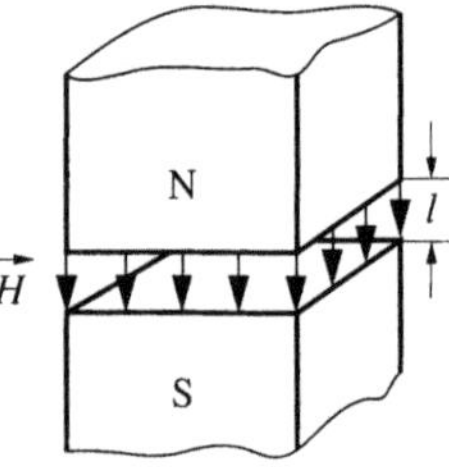

Bild 2.7-3
Homogenes Magnetfeld im Luftspalt zwischen zwei Polen

In einem inhomogenen Feld (Bild 2.7–4) ergibt sich die magnetische Spannung V_{m12} zwischen zwei Punkten 1 und 2, indem man alle auf einer beliebigen Linie

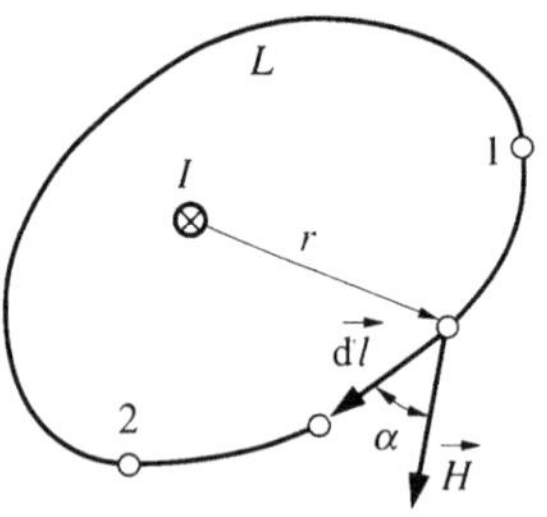

Bild 2.7-4
Zum Durchflutungsgesetz

L zwischen 1 und 2 vorhandenen Teilspannungen addiert.

$$V_{m12} = \int_1^2 \vec{H}\,\vec{dl} = \int_1^2 |\vec{H}|\,|\vec{dl}| \cos\alpha\,. \qquad (2.7\text{–}9)$$

Die Summe aller Teilspannungen längs einer geschlossenen Linie *(magnetische Umlaufspannung)* ist unabhängig vom Verlauf des Integrationsweges, gleich der vorzeichenrichtig gebildeten Summe der vom Integrationsweg umschlossenen Ströme, der *Durchflutung* Θ.

$$\oint \vec{H}\,\vec{dl} = \Theta \qquad (2.7\text{–}10)$$

H	l	Θ
A/m	m	A

(Durchflutungsgesetz)

Positiv werden dabei die Ströme gezählt, deren Richtung der Integrationsrichtung rechtswendig zugeordnet ist (Bild 2.7–5).

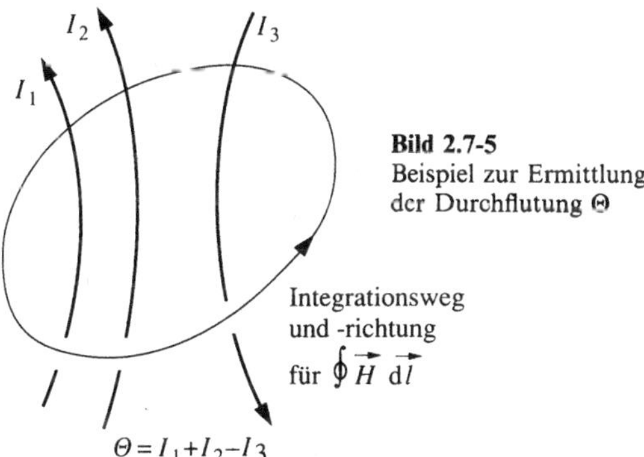

Bild 2.7-5
Beispiel zur Ermittlung der Durchflutung Θ

Durchsetzt ein Strom I die vom Integrationsweg umschlossene Fläche N-mal, so ist

$$\Theta = IN. \qquad (2.7\text{–}11)$$

Der magnetische Fluß Φ in einer Anordnung ist der Durchflutung Θ proportional. Der Proportionalitätsfaktor ist der *magnetische Leitwert* Λ, sein Kehrwert der *magnetische Widerstand* R_m.

$$\Phi = \Theta\Lambda = \frac{\Theta}{R_m}\,. \qquad (2.7\text{–}12)$$

Φ	Θ	Λ	R_m
Vs	A	Vs/A	A/Vs

2.7.2 Berechnung magnetischer Felder bei $\mu_r = \text{const.}$

2.7.2.1 Stromdurchflossener Leiter (Bild 2.7–6)

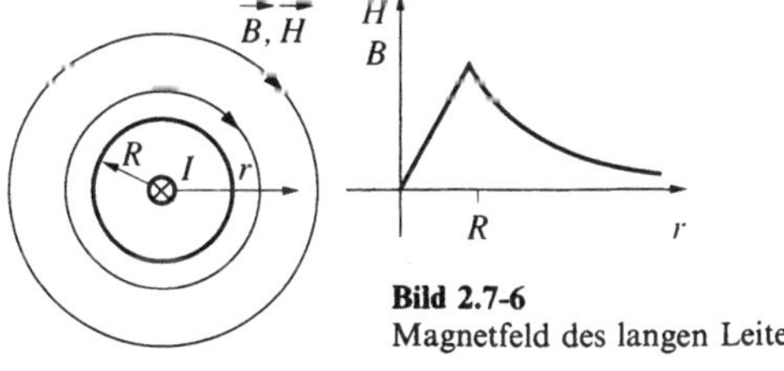

Bild 2.7-6
Magnetfeld des langen Leiters

Die Feldlinien sind konzentrische Kreise; auf allen Punkten einer Feldlinie ist die magnetische Feldstärke H gleich. Die Integration auf einer Feldlinie mit dem Radius r ergibt gemäß Gl. (2.7–10):

$$\oint \vec{H}\,\vec{dl} = H \oint \vec{dl} = H 2\pi r = \Theta. \qquad (2.7\text{–}13)$$

Daraus folgt für $r \geqslant R$:

$$H = \frac{I}{2\pi r} \qquad (2.7\text{–}14)$$

und für $r \leqslant R$ unter der Annahme konstanter Stromdichte im Leiter:

$$H = \frac{Ir}{2\pi R^2}\,. \qquad (2.7\text{–}15)$$

H	I	r, R
A/m	A	m

2.7.2.2 Koaxialkabel (Bild 2.7–7)

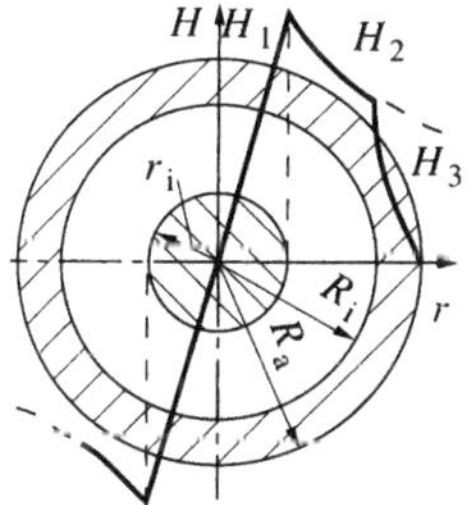

Bild 2.7-7
Magnetfeld des Koaxialkabels

Innen- bzw. Außenleiter sind Hin- bzw. Rückleiter desselben Stromes I. Die Stromdichte sei innerhalb der Leiter konstant. Dann ergibt sich bereichsweise

im Innenleiter

$(r \leqslant r_i)$ $\qquad H_1 = \dfrac{Ir}{2\pi r_i^2}$,

zwischen den Leitern

$(r_i \leqslant r \leqslant R_i)$ $\qquad H_2 = \dfrac{I}{2\pi r}$,

im Außenleiter

$(R_i \leqslant r \leqslant R_a)$ $\qquad H_3 = \dfrac{I}{2\pi r}\,\dfrac{R_a^2 - r^2}{R_a^2 - R_i^2}$,

außerhalb des Kabels

$(r \geqslant R_a)$ $\qquad H_4 = 0$.

2.7.2.3 Magnetfeld zweier paralleler Leiter (Bild 2.7–8, S. 58)

Die magnetische Feldstärke H kann in jedem Punkt durch vektorielle Addition der Einzelfelder ermittelt werden.

2.7.2.4 Zylinderspule, Ringspule (Bild 2.7–9, S. 58)

Innerhalb einer Spule mit großer Länge l und kleinem Kernquerschnitt ist das Magnetfeld homogen, außerhalb ist es praktisch gleich Null. Das Durchflutungsgesetz Gl. (2.7–10) liefert mit der Windungszahl N

$$H = \frac{IN}{l} \quad \text{bzw.} \quad H = \frac{IN}{2\pi r_m}\,. \qquad (2.7\text{–}16)$$

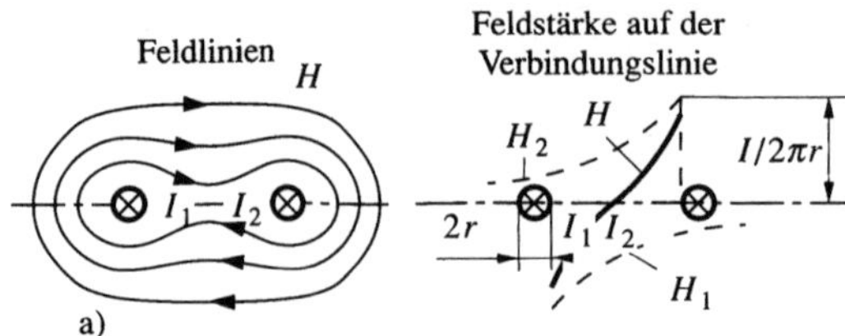

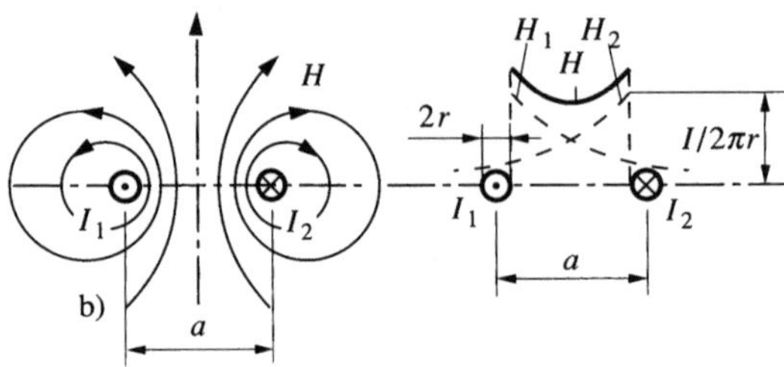

Bild 2.7-8 Magnetfeld in der Umgebung zweier Leiter
a) gleiche Stromrichtung,
b) ungleiche Stromrichtung (Doppelleitung)

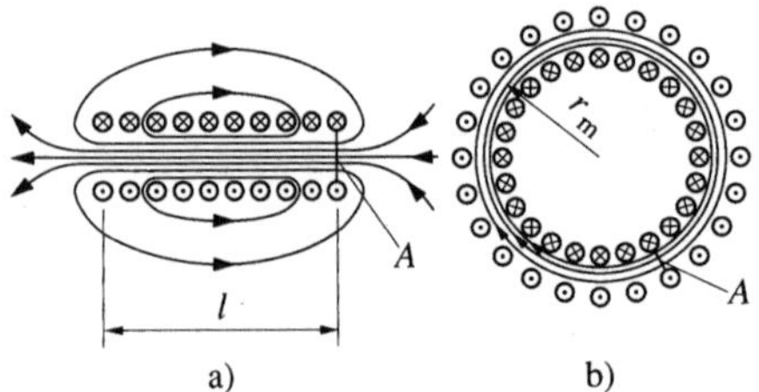

Bild 2.7-9 Magnetfeld der langen Zylinderspule (a) und der Ringspule (Toroid) (b)

Mit $B = \mu_0 \mu_r H$ ergibt sich der magnetische Fluß durch die Spulen zu

$$\Phi = BA. \qquad (2.7\text{–}17)$$

Φ	B	A
Wb	T	m^2

2.7.2.5 Magnetischer Kreis mit abschnittweise homogenen Teilfeldern

Die magnetische Umlaufspannung wird abschnittweise gebildet, z. B. für die Anordnung in Bild 2.7–10:

$$\Theta = H_1 l_1 + H_2 l_2 = IN.$$

Mit $H_1 = B_1/\mu_1$ und $H_2 = B_2/\mu_2$ sowie mit der Annahme eines konstanten Flusses $\Phi = \Phi_1 = \Phi_2$, also auch $B_1 A_1 = B_2 A_2$, lassen sich die magnetischen Größen ermitteln:

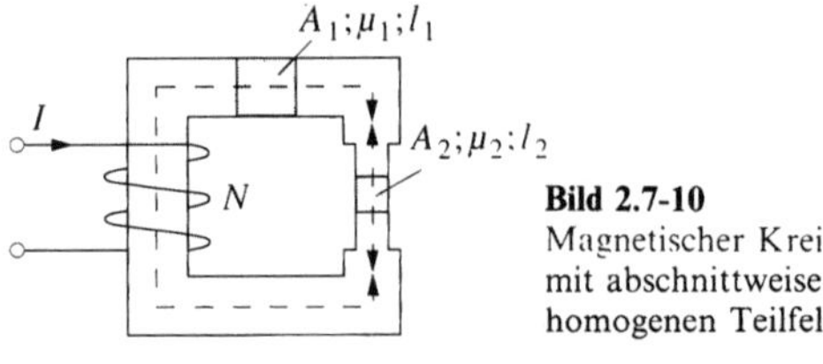

Bild 2.7-10 Magnetischer Kreis mit abschnittweise homogenen Teilfeldern

$$B_1 = \frac{IN}{\frac{l_1}{\mu_1} + \frac{A_1}{A_2}\frac{l_2}{\mu_2}}, \qquad B_2 = \frac{IN}{\frac{l_2}{\mu_2} + \frac{A_2}{A_1}\frac{l_1}{\mu_1}},$$

$$\Phi = B_1 A_1 = \frac{IN}{\frac{l_1}{\mu_1 A_1} + \frac{l_2}{\mu_2 A_2}} = \frac{\Theta}{R_m}.$$

Daraus ergibt sich der magnetische Widerstand des Kreises zu

$$R_m = \frac{l_1}{\mu_1 A_1} + \frac{l_2}{\mu_2 A_2} = R_{m1} + R_{m2}. \qquad (2.7\text{–}18)$$

R_m, R_{m1}, R_{m2}	l_1, l_2	μ_1, μ_2	A_1, A_2
A/Vs	m	Vs/Am	m^2

2.7.2.6 Magnetisches Feld an der Grenze zweier Werkstoffe

Treffen die magnetischen Feldvektoren $\vec{H}$ und $\vec{B}$ unter einem beliebigen Winkel auf eine Trennfläche zwischen zwei Medien mit unterschiedlicher Permeabilität, so werden sie dort gebrochen (Bild 2.7–11).

Bild 2.7-11 Magnetische Feldvektoren an einer Grenzfläche

Für die Komponenten der Vektoren gilt:

$$B_{n1} = B_{n2} = B_n, \qquad H_{t1} = H_{t2}, \qquad (2.7\text{–}19)$$

$$\frac{B_{t1}}{B_{t2}} = \frac{\mu_1}{\mu_2}, \qquad \frac{H_{n1}}{H_{n2}} = \frac{\mu_2}{\mu_1}.$$

Für die Brechungswinkel ergibt sich

$$\tan\alpha_1 = \frac{B_{t1}}{B_n}, \qquad \tan\alpha_2 = \frac{B_{t2}}{B_n}, \qquad (2.7\text{–}20)$$

$$\frac{\tan\alpha_1}{\tan\alpha_2} = \frac{\mu_1}{\mu_2}.$$

An einer Grenzfläche zwischen Eisen (1) und Luft (2) mit $\mu_1 \gg \mu_2$ ist B_{t2} sehr klein. Die Feldlinien treten fast senkrecht aus Eisen in Luft über.

2.7.3 Berechnung magnetischer Kreise mit Eisen

Schließt man einen magnetischen Kreis ganz oder teilweise mit Eisen, so erhält man infolge seiner großen Permeabilität große Werte für Fluß und Flußdichte. Die Berechnung wird aber durch einige Besonderheiten erschwert:

- Die Permeabilität des Eisens hängt von der magnetischen Feldstärke und der Vorgeschichte ab.
- Ein Teil des Feldes schließt sich nicht wie gewollt über den Eisenkreis, sondern durch den parallel liegenden Luftraum *(Streuung)*.

– In einem Luftspalt streben die Feldlinien auseinander und vergrößern den Luftspaltquerschnitt *(Feldaufweitung)*.

– Das Magnetfeld ist streng genommen inhomogen. Mit Hilfe der numerischen Feldberechnung [2.13] lassen sich heute auch diese Phänomene bearbeiten. Mit konventionellen Methoden lösbar ist die Aufgabe, für einen verlangten magnetischen Fluß in einem magnetischen Kreis die erforderliche Durchflutung zu berechnen, wenn das Feld abschnittweise homogen ist.

■ *Beispiel* (Bild 2.7–12):

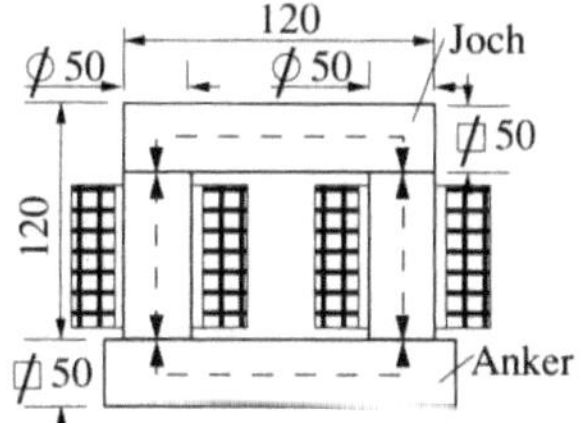

Bild 2.7-12 Elektromagnet

Bei angezogenem Anker sei der Luftspalt $\delta = 0{,}05$ mm. Der Fluß im gesamten Kreis betrage $\Phi = 1{,}55 \cdot 10^{-3}$ Wb. Streuung, Feldaufweitung und Inhomogenität seien vernachlässigbar. Die Berechnung erfolgt in Tabelle 2.7–1. Die Querschnittsflächen und die Länge einer mittleren Feldlinie werden Bild 2.7–12 entnommen. Die Flußdichte B ergibt sich gem. Gl. (2.7–3) zu $B = \Phi/A$.

Tabelle 2.7–1: Berechnung der erforderlichen Durchflutung des Elektromagneten von Bild 2.7–12

	$\frac{A}{10^{-6}\,\mathrm{m}^2}$	$\frac{l}{10^{-3}\,\mathrm{m}}$	$\frac{B}{T}$	$\frac{H}{\mathrm{A/m}}$	$\frac{Hl}{\mathrm{A}}$
2 Schenkel	1960	140	0,79	370	51,8
Joch und Anker	2500	240	0,62	260	62,4
Luftspalt	1960	0,1	0,79	630 000	63
					177

Die Feldstärke H wird der Magnetisierungskurve gemäß Abschnitt 3.4.4 der Eisenarten entnommen und für den Luftspalt mit den Gln. (2.7–6) und (2.7–7) berechnet. Die Summe der Produkte (Hl) ist gem. Gl. (2.7–10) die erforderliche Durchflutung $\Theta \approx 180$ A, die vom Strom I in der Wicklung des Magneten mit der Windungszahl N gem. Gl. (2.7–11) aufzubringen ist $(\Theta = IN)$.

Die umgekehrte Aufgabenstellung – Bestimmung des Flusses bei gegebener Durchflutung – ist nur durch schrittweise Näherung oder in manchen Fällen graphisch zu bearbeiten. Die graphische Lösung entspricht dem Verfahren gemäß Abschnitt 2.7.4. Es ist anwendbar, wenn der magnetische Kreis nur aus zwei Abschnitten besteht, nämlich aus einem Eisenweg und einer Luftspaltlänge [2.17].

Wegen der formalen Analogie zwischen magnetischem Kreis und elektrischem Stromkreis kann man ein elektrisches Ersatzschaltbild des magnetischen Kreises zeichnen und als Rechenhilfe benutzen. Dabei entsprechen einander:

Durchflutung Θ	Quellenspannung U_q
magnetischer Fluß Φ	Strom I
magnetischer Widerstand R_m	elektrischer Widerstand R
magnetische Spannung V_m	Spannungsfall IR
Kontinuitätsgleichung Gl. (2.7–5)	1. Kirchhoffsches Gesetz Gl. (2.3–1)
Durchflutungsgesetz Gl. (2.7–10)	2. Kirchhoffsches Gesetz Gl. (2.2–1)

Bild 2.7–13 zeigt ein Beispiel. Das Ersatzschaltbild verschafft den notwendigen Überblick für die Berechnung. Allerdings ist die Nichtlinearität des magnetischen Kreises zu beachten. Die magnetischen Widerstände R_m der Eisenstrecken sind nicht konstant.

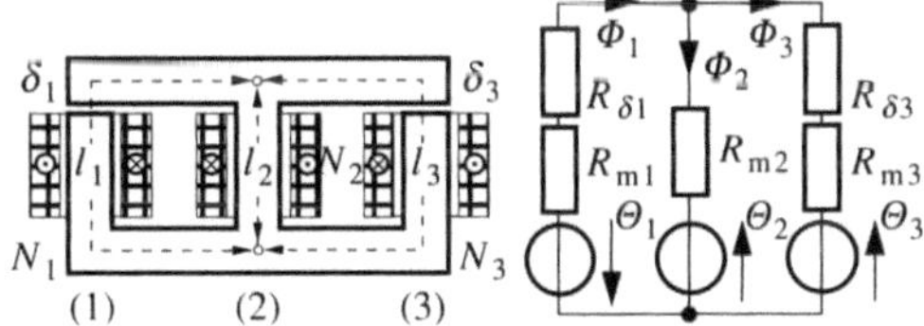

Bild 2.7-13 Magnetischer Kreis mit elektrischem Ersatzschaltbild [2.16]

2.7.4 Magnetische Kreise mit Dauermagneten

Der magnetische Kreis enthält neben dem Dauermagneten meist noch Luftspalt und weichmagnetische Flußleitstücke (Bild 2.7–14). Wegen der großen Per-

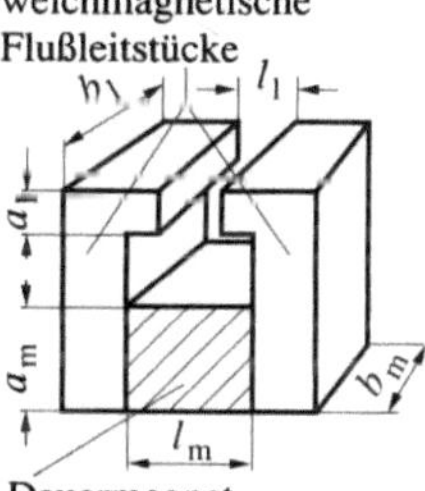

Bild 2.7-14 Magnetischer Kreis mit Dauermagnet

meabilität kann das Weicheisen bei einer angenäherten Berechnung vernachlässigt werden. Mit den Größen

H_m, B_m, H_l, B_l: Feldstärke, Flußdichte im Dauermagneten bzw. im Luftspalt,

l_m, A_m, V_m, l_l, A_l, V_l: Länge, Querschnitt und Volumen des Magneten bzw. des Luftspaltes und

$A_m = a_m \cdot b_m$, $A_l = a_l \cdot b_l$.

liefert das Durchflutungsgesetz (2.7–10)

$$H_m l_m = -H_l l_l \qquad (2.7\text{–}21)$$

bzw. die Kontinuitätsgleichung (2.7–5)

$$k B_m A_m = B_l A_l. \qquad (2.7\text{–}22)$$

Mit dem *Kopplungsfaktor* k wird die *Streuung* berücksichtigt. In ungünstigen Fällen kann $k < 0{,}1$ werden, d. h., weniger als 10% des Dauermagnetflusses wirken als Nutzfluß im Luftspalt. Dividiert man Gl. (2.7–22) durch Gl. (2.7–21), erhält man mit $B_l = \mu_0 H_l$ die Gleichung der *Scherungsgeraden S* im Bild 2.7–15.

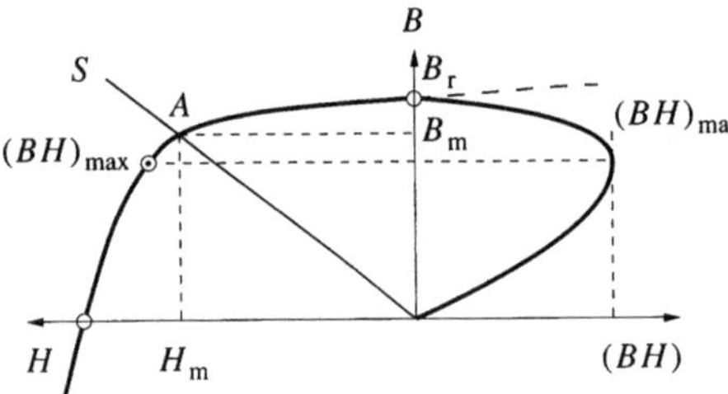

Bild 2.7-15 Entmagnetisierungskurve, Arbeitsgerade (S) und Energieprodukt (BH)

$$B_m = -\frac{\mu_0 A_l l_m}{k A_m l_l} H_m. \qquad (2.7\text{–}23)$$

B_m	μ_0	A_l, A_m	l_m, l_l	k	H_m
T = Vs/m²	Vs/Am	m²	m	1	A/m

Ihr Schnittpunkt mit der *Entmagnetisierungskurve* (Teil der Hystereseschleife gemäß Abschnitt 3.4.4 im 2. Quadranten) ist der Arbeitspunkt A des Dauermagnetkreises. Mit den Gln. (2.7–21) und (2.7–22) erhält man

$$B_l^2 = -k\mu_0 (B_m H_m) \frac{V_m}{V_l}. \qquad (2.7\text{–}24)$$

B_l, B_m	k	μ_0	H_m	V_m, V_l
T = Vs/m²	1	Vs/Am	A/m	m³

Um eine möglichst große Flußdichte B_l im Luftspalt zu erzeugen und dabei mit einem kleinen Magnetvolumen V_m auszukommen, muß das *„Energieprodukt"* $(B_m H_m)$ möglichst groß werden, d. h., der Magnetkreis muß im Punkt mit $(BH)_{max}$ betrieben werden.

■ *Beispiel:*
Ein magnetischer Kreis besteht aus einem Dauermagneten (Länge l_m, Querschnitt A_m), einem Weicheisen ($R_m = 0$) und einem Luftspalt (Länge l_l, Querschnitt A_l). Das Verhältnis $(A_l l_l)/(A_m l_m)$ sei gleich 0,8. Streuung und Feldaufweitung seien für eine erste Näherungsrechnung vernachlässigbar.

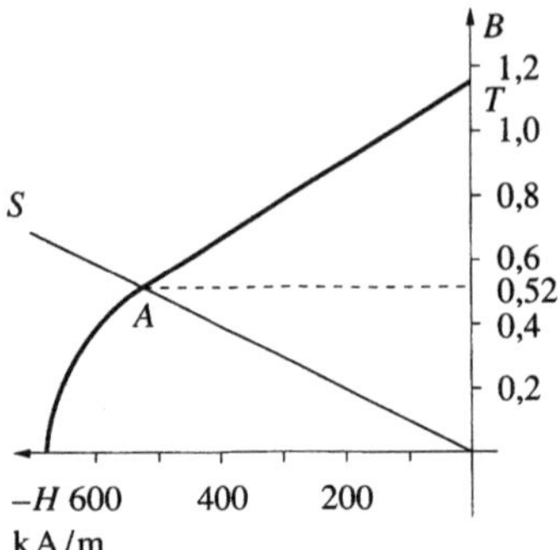

Bild 2.7-16 Entmagnetisierungskurve (Seltene Erden-Kobalt) und Scherungsgerade eines Dauermagnetkreises

Für den Dauermagneten gilt die Entmagnetisierungskurve von Bild 2.7–16. Die Gleichung der Scherungsgeraden S folgt aus Gl. (2.7–23) mit $k = 1$. Im Arbeitspunkt A herrscht im Magneten die Flußdichte $B_{mA} = 0{,}52$T. Mit Gl. (2.7–22) ergibt sich auch die Flußdichte im Luftspalt zu $B_l = 0{,}52$T.

2.8 Induktionsvorgänge

2.8.1 Induktionsgesetz

Bei Bewegung eines Leiters durch ein Magnetfeld (Bild 2.8–1) wird zwischen den Leiterenden die *induktive Spannung* u_L meßbar.

$$u_L = Blv. \qquad (2.8\text{–}1)$$

u_L	B	l	v
V	T = Vs/m²	m	m/s

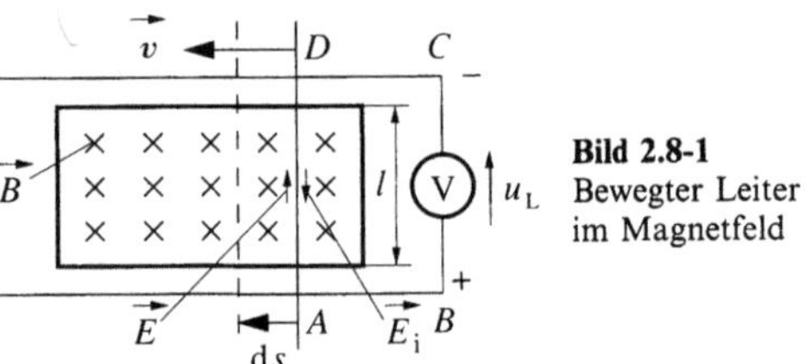

Bild 2.8-1 Bewegter Leiter im Magnetfeld

Bewegt sich allgemein ein Ladungsträger mit der Ladung Q mit der Geschwindigkeit v durch ein Magnetfeld, so wirkt auf ihn die *Lorentzkraft* $\vec{F}$, die eine Ladungstrennung bewirkt.

$$\vec{F} = Q(\vec{v} \times \vec{B}), \qquad (2.8\text{–}2)$$

F	Q	v	B
N	C = As	m/s	T = Vs/m²

Dies folgt aus Gl. (2.7–2) mit $I = Q/t$ und $l = vt$. Ein Vergleich von Gl. (2.8–2) mit Gl. (2.1–1) zeigt, daß $(\vec{v} \times \vec{B})$ eine elektrische Feldstärke, die induzierte elektrische Feldstärke $\vec{E}_i$, ist.

$$\vec{E}_i = \vec{v} \times \vec{B}. \qquad (2.8\text{–}3)$$

Sie ist z. B. die Ursache für die Spannungserzeugung im Hall-Generator (s. Abschnitt 3.2.6)

In Bild 2.8–1 lädt sich das untere Ende des bewegten Leiters positiv auf, bis im Gleichgewichtszustand die durch die verschobene Ladung entstandene elektrische Feldstärke E ebenso groß wie E_i ist. Dann gilt auch

$$u_L = El. \qquad (2.8\text{–}4)$$

Aus Gl. (2.8–1) erhält man mit $v = ds/dt$

$$u_L = Bl\,ds\frac{1}{dt}. \qquad (2.8\text{–}5)$$

Hier ist $Bl\,ds = d\Phi$ die Änderung des von der Leiterschleife $ABCD$ in Bild 2.8–1 umfaßten magnetischen Flusses Φ in der Zeit dt. Daraus ergibt sich

$$u_L = \frac{d\Phi}{dt}. \qquad (2.8\text{–}6)$$

Umfaßt die Leiterschleife den Fluß mit N Windungen, so ergibt sich mit dem *Spulenfluß* $\Psi = N\Phi$ das *Induktionsgesetz*

$$u_L = \frac{d\Psi}{dt} = N\frac{d\Phi}{dt}. \qquad (2.8\text{–}7)$$

u_L	Ψ	t	N	Φ
V	Vs	s	1	Vs

Die induktive Spannung ist also gleich der zeitlichen Änderung des von der Leiterschleife umfaßten magnetischen Flusses. Man spricht von *Bewegungs-Spannung*, wenn $d\Phi/dt$ durch eine Relativbewegung zwischen Schleife und Feld (wie in Bild 2.8–1) entsteht. Man spricht von *transformatorischer Spannung*, wenn sich bei ruhender Anordnung die Flußdichte B zeitlich ändert.

■ *Beispiele:*

1. *Drehbare Leiterschleife* in einem zeitlich konstanten, homogenen Magnetfeld (Bild 2.8–2).
Die Polarität der induktiven Spannung u_L ergibt sich aus der Richtung der induzierten Feldstärke E_i in den beiden Leitern der Länge a. Der Betrag der induktiven Spannung ergibt sich aus Gl. (2.8–1) mit der Winkelgeschwindigkeit Ω zu

$$|u_L| = Bab\Omega \sin \Omega t. \qquad (2.8\text{–}8)$$

Nach Betrag und Vorzeichen ergibt sich die induktive Spannung u_L mit dem von der Leiterschleife umfaßten magnetischen Fluß $\Phi = Bab \cos \Omega t$ mit Gl. (2.8–6) zu

$$u_L = -\Omega Bab \sin \Omega t. \qquad (2.8\text{–}9)$$

u_L	Ω	B	a, b	t
V	s^{-1}	$T = Vs/m^2$	m	s

2. *Spule* mit zeitlich veränderlichem magnetischen Fluß.

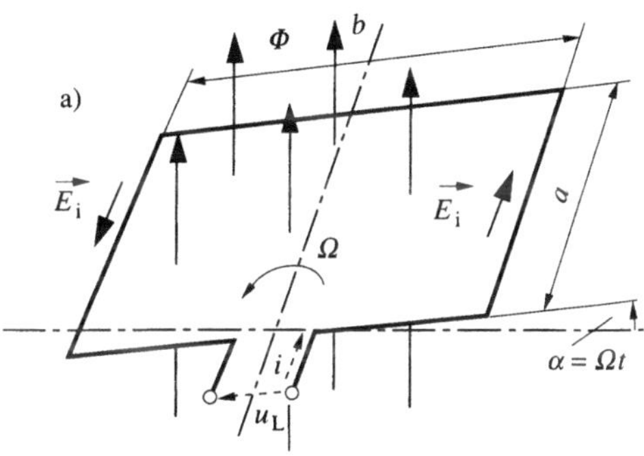

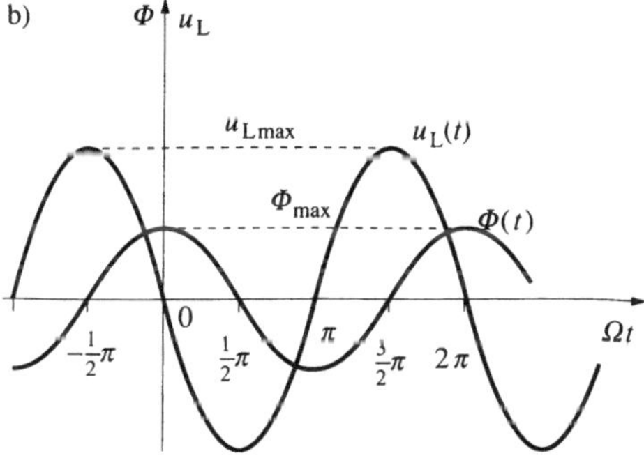

Bild 2.8-2 Drehbare Leiterschleife im Magnetfeld
a) Anordnung,
b) Zeitverlauf des Flusses und der induktiven Spannung

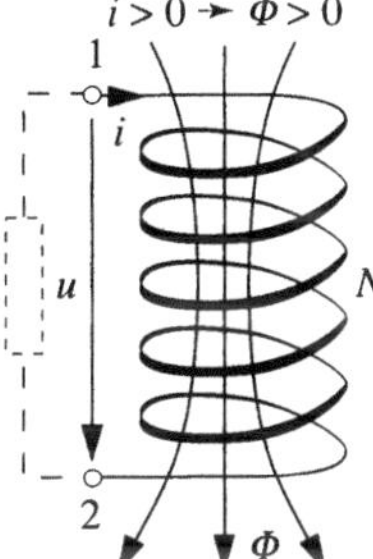

Bild 2.8-3
Spule mit Zählpfeilen für Spannung u, Strom i und Fluß Φ
$\frac{d\Phi}{dt} > 0 \to i < 0$

In Bild 2.8–3 sind die Zählpfeile für Spannung u und Strom i nach der Verbraucher-Bepfeilung gesetzt. Der Bezugssinn des Flusses Φ ist dem des Stromes rechtswendig zugeordnet. Die Polarität der induktiven Spannung u_L sei hier nach der *Lenzschen Regel* bestimmt. Danach ist die induktive Spannung stets so gerichtet, daß ein durch sie hervorgerufener Strom der Ursache ihrer Entstehung entgegenwirkt. Verbindet man die Klemmen 1 und 2 in Bild 2.8–3 über einen Widerstand (gestrichelt) miteinander, so fließt bei Flußzunahme ($d\Phi/dt > 0$) ein negativer Strom ($i < 0$), was nur bei positiver Klemme 1 möglich ist. Bezogen auf den Zählpfeil für u ist demnach u_L positiv, wenn $d\Phi/dt$ positiv ist. Es gilt also Gl. (2.8–6). Die induktive Spannung u_L und der von ihr hervorgerufene Strom i sind auch in der Spule auf ein induziertes elektrisches Feld zurückzuführen, das den veränderlichen Magnetfluß umschließt *(Wirbelfeld)*.

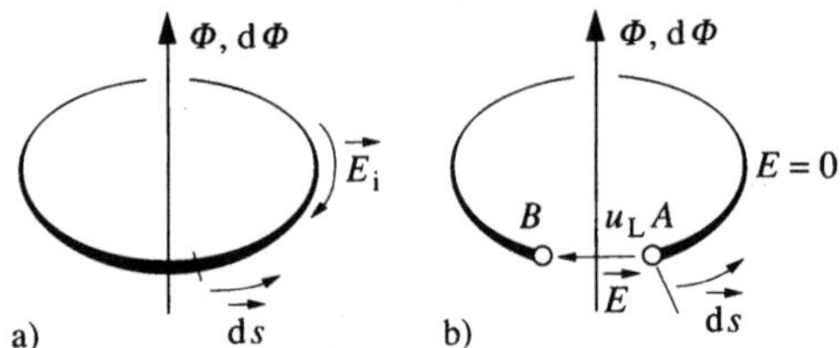

Bild 2.8-4 Wirbelfeld

a) elektrisches Wirbelfeld im isolierenden Raum,

b) Leiterschleife im elektrischen Wirbelfeld

Mit den in Bild 2.8–4 dargestellten Wirkungsrichtungen des Flusses Φ und der induzierten elektrischen Feldstärke E_i sowie der Integrationsrichtung ds, die dem Fluß rechtswendig zugeordnet ist, ergibt sich im isolierenden Raum das Ringintegral

$$\oint \vec{E}_i \, \overrightarrow{ds} = -\frac{d\Phi}{dt}. \qquad (2.8\text{–}10)$$

Der Ausdruck $(-d\Phi/dt)$ wird als *magnetischer Schwund* bezeichnet.

Füllt man einen Teil des Integrationsweges mit einem Leiter, so ist darin die elektrische Felstärke Null. Nur das Feld zwischen den Klemmen A und B liefert einen Beitrag zum Ringintegral:

$$\oint \vec{E} \, \overrightarrow{ds} = \oint_B^A \vec{E} \, \overrightarrow{ds} = -u_L = -\frac{d\Phi}{dt}. \qquad (2.8\text{–}11)$$

Gl. (2.8–11) stimmt mit Gl. (2.8–6) überein.

2.8.2 Selbstinduktion, Selbstinduktivität

Für die Gültigkeit des Induktionsgesetzes ist es gleichgültig, wie die Flußänderung $d\Phi/dt$ erzeugt wird. Da jeder Strom ein Magnetfeld hervorruft, tritt die induktive Spannung u_L in einer Leiterschleife auch dann auf, wenn sich der Strom in der Leiterschleife selbst ändert *(Selbstinduktion)*.

Der Spulenfluß Ψ ist gemäß Gl. (2.7–12) proportional zum Strom i. Der Proportionalitätsfaktor ist die Selbstinduktivität L mit der Einheit Henry (H):

$$\Psi = N\Phi = Li = \frac{N^2}{R_m} i. \qquad (2.8\text{–}12)$$

Ψ	N	Φ	L	i	R_m
Vs	1	Vs	H = Vs/A	A	A/Vs

Damit läßt sich das *Induktionsgesetz* der Gl. (2.8–7) umschreiben in die Form

$$u_L = L\frac{di}{dt}. \qquad (2.8\text{–}13)$$

u_L	L	i	t
V	H	A	s

Für einige einfache Anordnungen kann man die Selbstinduktivität L aus der Abhängigkeit zwischen Magnetfeld und Strom i ermitteln.

2.8.2.1 Zylinderspule bzw. Ringspule (Bild 2.7–9)

Aus Gl. (2.7–16) folgt mit $\Phi = BA$, $B = \mu_0\mu_r H$ und $\Psi = N\Phi$

für die Zylinderspule

$$\Psi = \mu_0\mu_r \frac{AN^2}{l} i$$

bzw. für die Ringspule

$$\Psi = \mu_0\mu_r \frac{AN^2}{2\pi r_m} i.$$

Daraus liest man die Selbstinduktivität L als Proportionalitätsfaktor ab:

Zylinderspule *Ringspule*

$$L = \mu_0\mu_r \frac{AN^2}{l}, \qquad L = \mu_0\mu_r \frac{AN^2}{2\pi r_m}. \qquad (2.8\text{–}14)$$

L	μ_0	μ_r	A	N	l, r_m
H	Vs/Am	1	m²	1	m

2.8.2.2 Doppelleitung der Länge l (Bild 2.7–8)

Vernachlässigt man das Magnetfeld innerhalb der (meist dünnen) Leiter, so ist nur der magnetische Fluß Ψ_a zwischen den Leitern zu berücksichtigen. Er entsteht durch Überlagerung der Flüsse von Hin- und Rückleiter. Damit gilt mit den Gln. (2.7–4) und (2.7–14)

$$\Psi_a = 2\Phi_a = 2l\int_r^{a-r} B_a \, d\varrho = 2l\int_r^{a-r} \frac{\mu_0\mu_r i}{2\pi r} d\varrho =$$

$$= \frac{\mu_0\mu_r}{\pi} li \ln\frac{a-r}{r} \approx \frac{\mu_0\mu_r}{\pi} li \ln\frac{a}{r}.$$

Daraus folgt die *(äußere) Selbstinduktivität* L_a

$$L_a = \frac{\mu_0\mu_r l}{\pi} \ln\frac{a}{r}. \qquad (2.8\text{–}15)$$

Ist das Magnetfeld innerhalb der Leiter nicht zu vernachlässigen, ist zusätzlich die *innere Selbstinduktivität* L_i eines Leiters zu berücksichtigen [2.9]

$$L_i = \frac{\mu_0\mu_r l}{8\pi}.$$

Die gesamte Selbstinduktivität der Doppelleitung ist damit

$$L = L_a + 2L_i = \frac{\mu_0\mu_r l}{\pi}\left(\ln\frac{a}{r} + 0{,}25\right). \qquad (2.8\text{–}16)$$

L, L_a, L_i	μ_0	μ_r	l, a, r
H	Vs/Am	1	m

2.8.2.3 Koaxialkabel (Bild 2.7–7)

Wegen des meist dünnen Außenleiters kann dessen innere Induktivität vernachlässigt werden. Die

Selbstinduktivität des Koaxialkabels ist damit die Summe der inneren Induktivität des Innenleiters und der äußeren Induktivität. Letztere entsteht durch das Magnetfeld zwischen den Leitern.

$$L = \frac{\mu_0 \mu_r l}{2\pi}\left(\ln\frac{R_i}{r_i} + 0{,}25\right). \qquad (2.8\text{–}17)$$

L	μ_0	μ_r	l, r_i, R_i
H	Vs/Am	1	m

Verallgemeinernd läßt sich aus den Gln. (2.8–14) bis (2.8–17) ablesen, daß die Selbstinduktivität einer Anordnung um so größer wird, je größer μ_r und die Abmessungen der Leiterschleife sind.

2.8.3 Gegeninduktion, Gegeninduktivität

Befindet sich im Magnetfeld eines Stromkreises (1) ein zweiter (2) (Bild 2.8–5), so wird bei Änderung des

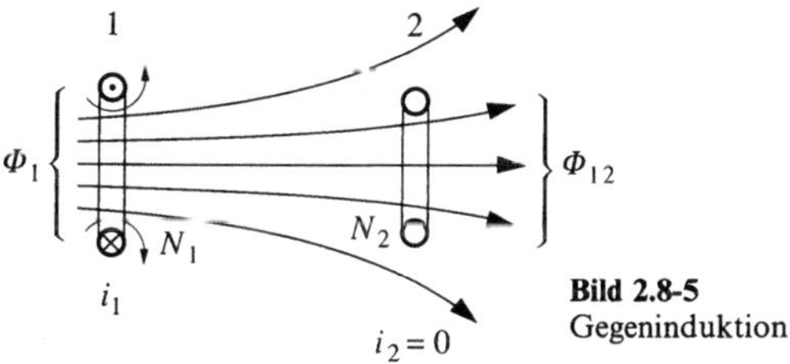

Bild 2.8-5
Gegeninduktion

durch den Strom i_1 erzeugten Magnetfeldes im Kreis 2 eine Spannung induziert und umgekehrt. Dies bezeichnet man als *Gegeninduktion*, besser als *gegenseitige Induktion* oder auch als *magnetische Kopplung*. Meist ist nur ein Teil des im Kreis 1 durch i_1 erzeugten Flusses Φ_1 mit Kreis 2 verkettet, nämlich Φ_{12}. Mit dem *induktiven Kopplungsgrad k* gilt

$$\Phi_{12} = k\Phi_1. \qquad (2.8\text{–}18)$$

Der mit Kreis 2 verkettete Spulenfluß Ψ_{12} ist dann

$$\Psi_{12} = N_2\Phi_{12} = L_{12}i_1. \qquad (2.8\text{–}19)$$

Er ist proportional zu i_1. Der Proportionalitätsfaktor ist die *Gegeninduktivität* (besser: *gegenseitige Induktivität*) L_{12}.

Die induktive Spannung im Kreis 2 ist dann gemäß Induktionsgesetz in Gl. (2.8–7) bzw. Gl. (2.8–13):

$$u_{L2} = L_{12}\frac{di_1}{dt}. \qquad (2.8\text{–}20)$$

Drückt man Φ_{12} gemäß Gl. (2.7–12) mit der Durchflutung $\Theta_1 = i_1 N_1$ und dem magnetischen Widerstand R_{m12} aus, so erhält man

$$\Phi_{12} = \frac{\Theta_1}{R_{m12}} = \frac{i_1 N_1}{R_{m12}}. \qquad (2.8\text{–}21)$$

Aus den Gln. (2.8–19) und (2.8–21) ergibt sich dann

$$L_{12} = \frac{N_1 N_2}{R_{m12}}. \qquad (2.8\text{–}22)$$

L_{12}	N_1, N_2	R_{m12}
H	1	A/Vs

Bei konstanter Permeabilität μ_r ist der magnetische Widerstand des Raumes zwischen den beiden Stromkreisen unabhängig davon, ob Kreis 1 oder 2 Strom führt. Daher gelten die letzten Gleichungen auch für Gegeninduktion von Kreis 2 auf Kreis 1. Es ist

$$L_{12} = L_{21} = \frac{N_1 N_2}{R_{m12}}. \qquad (2.8\text{–}23)$$

Die Gegeninduktivität kann für einfache Leiteranordnungen berechnet werden, z. B. für zwei parallel verlaufende Doppelleitungen der Länge l. In Bild 2.8–6

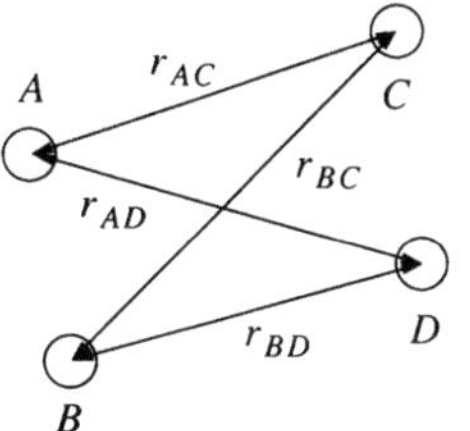

Bild 2.8-6
Zur Gegeninduktivität zwischen 2 Doppelleitungen

sind A und B die Leiter der ersten Doppelleitung, C und D die Leiter der parallelen Doppelleitung. Die Gegeninduktivität L_{12} zwischen den beiden Leitungen ist

$$L_{12} = \frac{\mu_0 l}{2\pi}\ln\frac{r_{AD}r_{BC}}{r_{AC}r_{BD}}. \qquad (2.8\text{–}24)$$

Mit dem induktiven Kopplungsgrad läßt sich L_{12} durch L_1 und L_2 ausdrücken

$$L_{12} = k\sqrt{L_1 L_2}. \qquad (2.8\text{–}25)$$

Es bedeutet: $k=1$ feste Kopplung ($\Phi_{12}=\Phi_1$) und $k=0$ völlige Entkopplung.

Um das elektrische Zusammenwirken von Spulen erkennbar zu machen, kennzeichnet man im Schaltplan ein Ende des Schaltzeichens durch den *Wicklungspunkt*. Ausgehend vom Wicklungspunkt umläuft der Strom vereinbarungsgemäß die den Spulen gemeinsame Achse im gleichen Sinne (Bild 2.8–7).

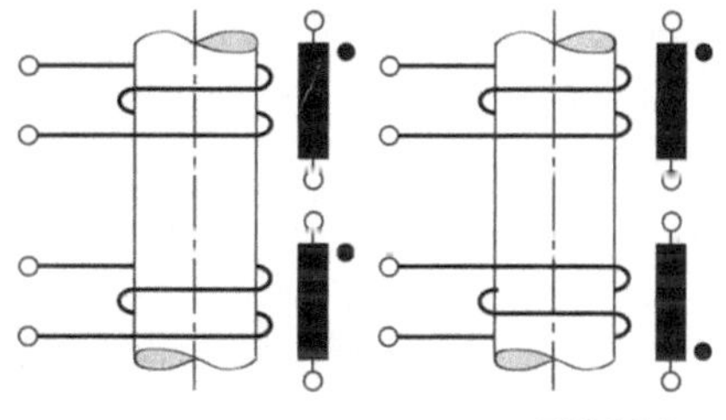

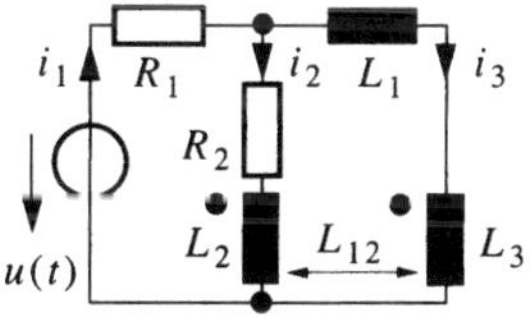

Bild 2.8-7
Anwendung des Wicklungspunktes
Bild 2.8-8
Netz mit Widerständen, Selbst- und Gegeninduktivitäten

Bild 2.8–8 zeigt ein Beispiel für die Netzberechnung mit Widerständen und Spulen. Die Maschengleichungen lauten:

$$u(t) = i_1 R_1 + i_2 R_2 + L_2 \frac{di_2}{dt} + L_{12} \frac{di_3}{dt},$$

$$0 = L_1 \frac{di_3}{dt} + L_3 \frac{di_3}{dt} + L_{12} \frac{di_2}{dt} - i_2 R_2 - L_2 \frac{di_2}{dt} - L_{12} \frac{di_3}{dt}.$$

Bild 2.8-9 Spulen mit gleichsinniger (a) und gegensinniger (b) Kopplung

In Bild 2.8–9 sind *gleichsinnig* (a) bzw. *gegensinnig* (b) *gekoppelte Spulen* dargestellt. Die Gesamtinduktivität L_{ges} der Reihenschaltung hängt von der Art der Kopplung ab. Aus

$$u = u_1 + u_2 = (L_1 + L_2 \pm 2L_{12})\, di/dt$$

folgt

$$L_{ges} = L_1 + L_2 \pm 2L_{12}$$

Das obere Vorzeichen gilt für gleichsinnige, das untere für gegensinnige Kopplung.

■ *Beispiel:*
Neben einem sehr langen, dünnen, in Luft ausgespannten Leiter 1 befindet sich gemäß Bild 2.8–10

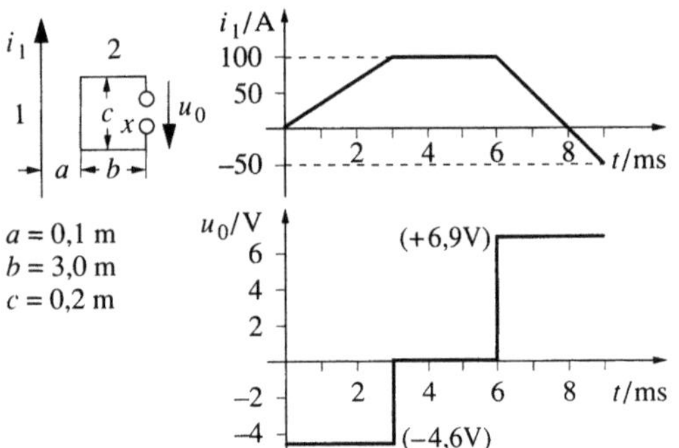

Bild 2.8-10 Induktive Beeinflussung

eine rechteckige Drahtschleife 2 mit $N_2 = 1000$ Windungen. Infolge der Gegeninduktivität L_{12} wird in der Schleife eine Spannung u_0 induziert, wenn sich der Strom i_1 zeitlich ändert *(induktive Beeinflussung)*. Mit Gl. (2.8–19) ist

$$N_2 \Phi_{12} = L_{12} i_1.$$

Wegen der Gln. (2.7–4) und (2.7–14) ist

$$\Phi_{12} = \frac{c\mu_0 i_1}{2\pi} \ln \frac{a+b}{a}.$$

Daraus folgt

$$L_{12} = \frac{N_2 \Phi_{12}}{i_1} = 140\ \mu\text{H}.$$

Bei zunehmendem Strom wird nach der *Lenzschen Regel* die Klemme x positiv. Der Betrag der Spannung u_0 ergibt sich in den drei Intervallen gemäß Gl. (2.8–20).

2.9 Energie und Kraft im magnetischen Feld

Beim Einschalten eines Netzzweiges mit Selbstinduktivität L und Widerstand R (Bild 2.9–1) entsteht

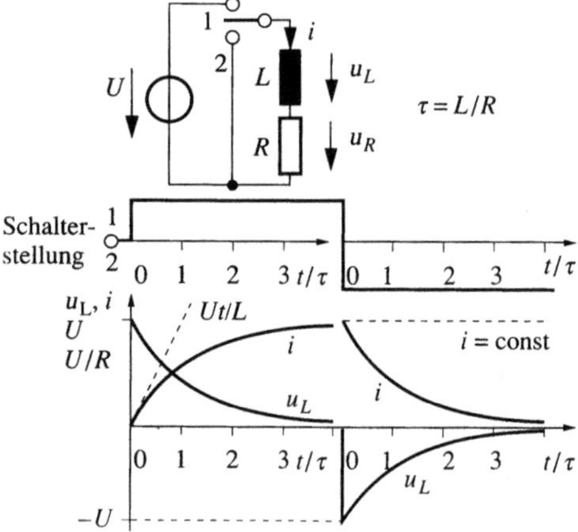

Bild 2.9-1 Einschalten und Kurzschließen einer Spule

durch Selbstinduktion die induktive Spannung u_L, die dem Anwachsen des Stromes entgegenwirkt. Nach Schließen des Schalters ist

$$U = u_L + u_R = L\frac{di}{dt} + iR. \tag{2.9–1}$$

Daraus läßt sich der zeitliche Verlauf des Stromes ermitteln:

$$i = \frac{U}{R}[1 - e^{-(t/\tau)}] \quad \text{mit} \quad \tau = \frac{L}{R} \tag{2.9–2}$$

$$\left(\text{Sonderfall: Für } R = 0 \text{ gilt } i = \frac{U}{L}t\right).$$

Nach dem Kurzschließen ist

$$i = \frac{U}{R} e^{-(t/\tau)} \tag{2.9–3}$$

$$\left(\text{Sonderfall: Für } R = 0 \text{ gilt } \frac{di}{dt} = 0, \text{ also } i = \text{const.}\right).$$

Kurz nach dem Schließen des Schalters springt jeweils die Spannung u_L. Die Höhe des Sprunges ist nur vom Widerstand R abhängig. Multipliziert man Gl. (2.9–1) mit ($i\,dt$), so ergibt sich die *Energiebilanz*

$$Ui\,dt = Li\,di + i^2R\,dt. \qquad (2.9\text{–}4)$$

U	i	t	L	R
V	A	s	H	Ω

Hierin ist $Ui\,dt$ die im kleinen Zeitraum dt aus der Quelle entnommene Energie; $i^2R\,dt$ ist die in Wärme umgewandelte Energie. Damit wird $dW_L = Li\,di$ in die Spule geliefert und dort gespeichert.
Erreicht der Strom den Endwert $I = U/R$, so ist in der Spule die Energie W_L gespeichert

$$W_L = \int_0^I Li\,di = \frac{1}{2}LI^2. \qquad (2.9\text{–}5)$$

W_L	L	I, i
J = VAs	H	A

Soll der Strom einer Spule sehr schnell abgeschaltet werden, so ist die gespeicherte Energie schnell (mit sehr großer Leistung) umzuwandeln. Die Spannung u_L kann dabei so große Werte erreichen, daß Isolationsschäden auftreten. Die Spule und das angeschlossene Netz müssen gegen derartige *Überspannungen* geschützt werden, indem man parallel zur Spule einen Widerstand oder eine Diode schaltet, die den Strom beim Ausschalten langsam abklingen lassen.
Sitz der gespeicherten Energie ist das magnetische Feld. Die *Energiedichte* w ergibt sich aus den Feldgrößen B und H:

$$w = \int_0^{B_E} H\,dB. \qquad (2.9\text{–}6)$$

w	B, B_E	H
Ws/m^3	$T = Vs/m^2$	A/m

mit B_E als erreichter Endwert der Flußdichte B. Die Energiedichte läßt sich als Fläche zwischen der Funktion $B = f(H)$ und der B-Achse deuten (Bild 2.9–2).

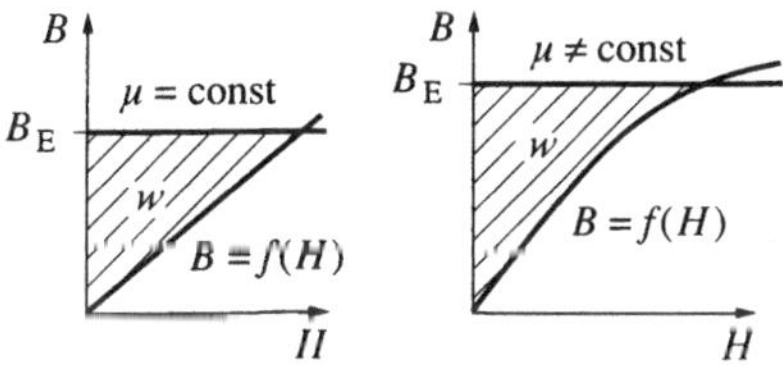

Bild 2.9-2 Geometrische Deutung der Energiedichte w im magnetischen Feld

Wird ein Eisenkern zyklisch ummagnetisiert, so durchläuft $B = f(H)$ eine Hystereseschleife (Bild 2.9–3). Beginnend beim unteren Remanenzpunkt (1) werden bei Zunahme von H die Punkte 2 und 3 durchlaufen. Die hierbei notwendige Magnetisierungsarbeit ist der horizontal schraffierten Fläche proportional. Wird H durch Abschalten des Stromes zu Null, so wird der obere Remanenzpunkt 5 erreicht. Dabei wird die Energie zurückgewonnen, die der senkrecht schraffierten Fläche proportional ist. Ent-

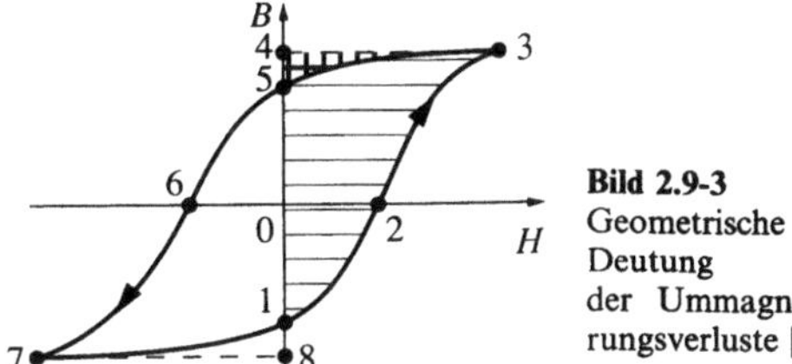

Bild 2.9-3 Geometrische Deutung der Ummagnetisierungsverluste [2.1]

sprechendes gilt für den linken Teil der Hystereseschleife. Der Unterschied zwischen aufgebrachter Energie und zurückgewonnener Energie ist der Fläche der Hystereseschleife proportional. Er deckt die *Hystereseverluste* (siehe Abschnitt 3.4.4).
Mit Hilfe der Energiedichte läßt sich die *Zugkraft eines Magneten* ermitteln (Bild 2.9–4). Durchsetzt ein

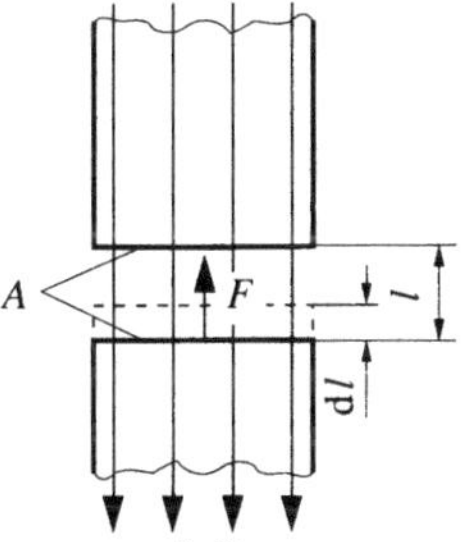

Bild 2.9-4 Zugkraft eines Magneten

Fluß Φ die Polfläche eines Magneten, so greift dort die Zugkraft F an. Verändert sich nun die Luftspaltlänge l um dl (virtuelle Verschiebung; B = const.), so wird die mechanische Arbeit dW verrichtet:

$$dW = F\,dl. \qquad (2.9\text{–}7)$$

Sie wird der im Luftspalt gespeicherten Energie entnommen:

$$dW = wA\,dl,$$
$$dW = \frac{B^2}{2\mu_0}A\,dl. \qquad (2.9\text{–}8)$$

W	w	A	l	B	μ_0
J	Ws/m^3	m^2	m	$T = Vs/m^2$	Vs/Am

Aus dem Vergleich der Gln. (2.9–7) und (2.9–8) ergibt sich die *Zugkraft* F zu

$$F = \frac{B^2}{2\mu_0}A. \qquad (2.9\text{–}9)$$

F	B	μ_0	A
N	T	Vs/Am	m^2

bzw. die *Zugspannung*

$$\sigma_Z = \frac{B^2}{2\mu_0}. \qquad (2.9\text{–}10)$$

σ_Z	B	μ_0
N/m^2	$T = Vs/m^2$	Vs/Am

Die magnetische Kraft in den Anordnungen von Bild 2.9–5 läßt sich mit Hilfe der *Lorentzkraft* gemäß Gl. (2.7–2) und Gl. (2.8–2) ermitteln.

Anordnung	Kraft F
Leiter im homogenen Magnetfeld	$l\,I\,B$
2 parallele Leiter	$\frac{\mu_0 l}{2\pi a} I_1 I_2$
Leiter über einer Platte mit $\mu_r \gg 1$	$\frac{\mu_0 l}{4\pi h} I^2$

$l, a, h,$	I, I_1, I_2	μ_0	F
m	A	Vs/Am	N

Bild 2.9-5 Kraft auf stromdurchflossene Leiter (l wirksame Leiterlänge)

2.10 Zusammenstellung zum elektrischen und magnetischen Feld

In den folgenden Abschnitten werden wichtige Größen und Beziehungen aus dem stationären elektrischen Strömungsfeld, dem elektrostatischen Feld und dem magnetischen Feld zusammengestellt. Da dies jeweils nach demselben Schema geschieht, lassen sich durch den Vergleich die bestehenden Gemeinsamkeiten leicht feststellen.

2.10.1 Stationäres elektrisches Strömungsfeld

Tabelle 2.10-1: Größen des elektrischen Strömungsfeldes, ihre Formelzeichen und ihre Einheiten im Internationalen Einheitensystem (SI)

Größe	Formelzeichen	SI-Einheit
elektrische Spannung	U	V
elektrischer Strom	I	A
elektrische Stromdichte	$\vec{J}$	A/m²
elektrische Feldstärke	$\vec{E}$	V/m
elektrischer Leitwert	G	S = A/V
elektrischer Widerstand	R	Ω = V/A
elektrische Leitfähigkeit	γ	S/m = A/Vm

$$I \text{ --- } I = \int \vec{J}\,d\vec{A} \text{ --- } \vec{J}$$
$$U = IR \qquad \vec{J} = \gamma \vec{E}$$
$$U \text{ --- } U = \int \vec{E}\,d\vec{s} \text{ --- } \vec{E}$$

Bild 2.10-1 Beziehungen zwischen den Größen des elektrischen Strömungsfeldes

Der elektrische Widerstand R bzw. der elektrische Leitwert G ergibt sich aus der Leiterlänge l und dem Leiterquerschnitt A_L zu:

$$R = \frac{1}{G} = \frac{l}{\gamma A_L}. \qquad (2.10\text{–}1)$$

R	G	γ	A_L	l
Ω	S	m/Ω mm²	mm²	m

Beim Energieumsatz ist die *Leistung*

$$P = I^2 R = U^2/R \qquad (2.10\text{–}2)$$

und die *Leistungsdichte*

$$\frac{dP}{dV} = EJ. \qquad (2.10\text{–}3)$$

P	I	U	R	V	E	J
W	A	V	Ω	m³	V/m	A/m²

2.10.2 Elektrostatisches Feld

Tabelle 2.10-2: Größen des elektrostatischen Feldes

Größe	Formelzeichen	SI-Einheit
elektrische Spannung	U	V
elektrische Ladung	Q	C = As
elektrische Flußdichte	$\vec{D}$	C/m²
elektrische Feldstärke	$\vec{E}$	V/m
elektrische Kapazität	C	F = As/V
Permittivität	ε	As/Vm

$$Q \text{ --- } Q = \int \vec{D}\,d\vec{A} \text{ --- } \vec{D}$$
$$Q = CU \qquad \vec{D} = \varepsilon \vec{E}$$
$$U \text{ --- } U = \int \vec{E}\,d\vec{s} \text{ --- } \vec{E}$$

Bild 2.10-2 Beziehungen zwischen den Größen des elektrostatischen Feldes

Die elektrische Kapazität C ergibt sich beim Plattenkondensator aus Elektrodenabstand d und Elektrodenfläche A zu

$$C = \frac{\varepsilon A}{d}. \qquad (2.10\text{–}4)$$

C	A	d	ε
F	m²	m	As/Vm

Bei der Energiespeicherung ist die *Gesamtenergie*

$$W = \frac{1}{2} C U^2 \qquad (2.10\text{–}5)$$

W	C	U
J = VAs	F	V

und die *Energiedichte*

$$w = \frac{1}{2} ED. \qquad (2.10\text{–}6)$$

w	E	D
J/m³	V/m	As/m²

2.10.3 Magnetisches Feld

Tabelle 2.10–3: Größen des magnetischen Feldes

Größe	Formelzeichen	SI-Einheit
magnetische Spannung	V_m	A
magnetischer Fluß	Φ	Wb = Vs
magnetische Flußdichte	$\vec{B}$	T = Vs/m²
magnetische Feldstärke	$\vec{H}$	A/m
magnetischer Widerstand	R_m	A/Vs
Induktivität	L	H = Vs/A
Permeabilität	μ	Vs/Am

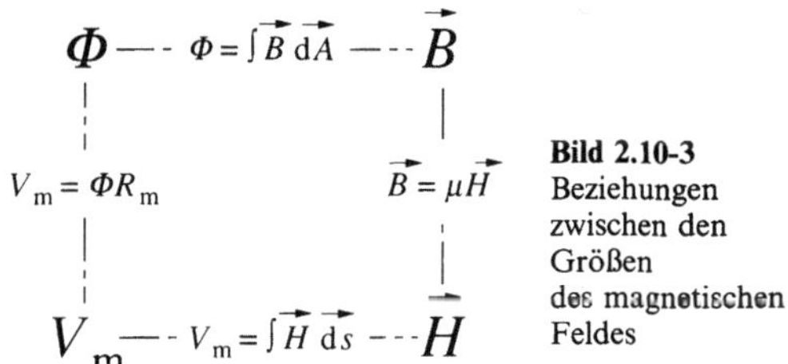

Bild 2.10-3 Beziehungen zwischen den Größen des magnetischen Feldes

Der magnetische Widerstand R_m ergibt sich aus der Länge l und dem Querschnitt A eines homogenen magnetischen Kreises zu

$$R_m = \frac{l}{\mu A} \qquad (2.10\text{–}7)$$

R_m	l	μ	A
A/Vs	m	Vs/Am	m²

Mit der Windungszahl N ist die Selbstinduktivität L

$$L = \frac{N^2}{R_m}. \qquad (2.10\text{–}8)$$

L	N
H = Vs/A	1

Bei der Energiespeicherung ist die *Gesamtenergie*

$$W = \frac{1}{2} L I^2 \qquad (2.10\text{–}9)$$

W	L	I
J = VAs	H = Vs/A	A

und die *Energiedichte*

$$w = \frac{1}{2} BH. \qquad (2.10\text{–}10)$$

w	B	H
J/m³ = VAs/m³	T = Vs/m²	A/m

2.11 Sinusförmige Wechselgrößen

2.11.1 Benennungen und Festlegungen

Der *Augenblickswert* der Spannung u und des Stromes i ist bei zeitlich sinusförmigem Verlauf (Bild 2.11–1)

$$u = \hat{u} \cos(\omega t + \varphi_u), \qquad (2.11\text{–}1)$$

$$i = \hat{i} \cos(\omega t + \varphi_i). \qquad (2.11\text{–}2)$$

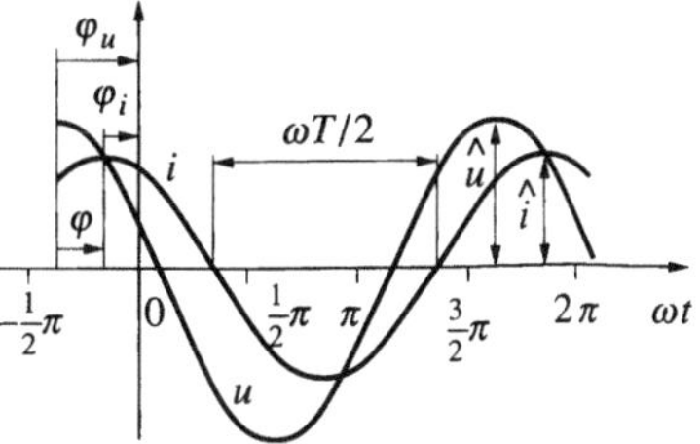

Bild 2.11-1 Benennungen bei sinusförmigen Verlauf von Spannung u und Strom i (DIN 40110)

Hierin sind $\hat{u}$ bzw. $\hat{i}$ die *Scheitelwerte* (Amplituden), φ_u bzw. φ_i die *Nullphasenwinkel*. Die *Kreisfrequenz* ω steht mit der *Frequenz* f bzw. der *Periodendauer* T im Zusammenhang

$$\omega = 2\pi f = 2\pi \frac{1}{T}. \qquad (2.11\text{–}3)$$

Die *Effektivwerte* U bzw. I sind definiert durch

$$U = \sqrt{\frac{1}{T}\int_0^T u^2\, dt} = \frac{\hat{u}}{\sqrt{2}} \qquad (2.11\text{–}4)$$

bzw.

U, u	T, t	I, i
V	s	A

$$I = \sqrt{\frac{1}{T}\int_0^T i^2\, dt} = \frac{\hat{i}}{\sqrt{2}}. \qquad (2.11\text{–}5)$$

Erzeugt gemäß Gl. (2.12–1) ein Wechselstrom im Mittel die gleiche Wärmeleistung wie ein Gleichstrom, so ist der Effektivwert des Wechselstromes dem Wert des Gleichstromes gleich.

Der *Phasenverschiebungswinkel* der Spannung gegen den Strom ist

$$\varphi = \varphi_u - \varphi_i. \qquad (2.11\text{–}6)$$

Die relative Phasenlage von Wechselgrößen läßt sich anschaulich aus einem *Zeigerdiagramm* erkennen. In Bild 2.11–2 sind Spannung und Strom durch rotierende Strahlen (Zeiger) dargestellt, deren Länge dem Effektivwert proportional ist. Sie bilden mit der Abszisse des Koordinatensystems die Winkel φ_u bzw. φ_i. Der Zeiger der Spannung $\underline{U}(t)$ eilt gegenüber dem Zeiger des Stromes $\underline{I}(t)$ um den Winkel φ vor.

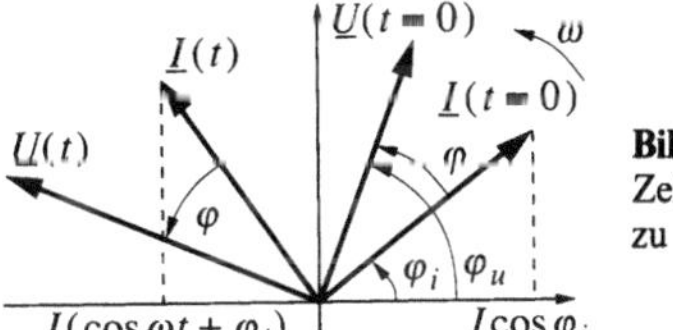

Bild 2.11-2 Zeigerdiagramm zu Bild 2.11-1

Der Augenblickswert der Leistung p (Bild 2.11–3) ergibt sich mit Gl. (2.1–10) zu

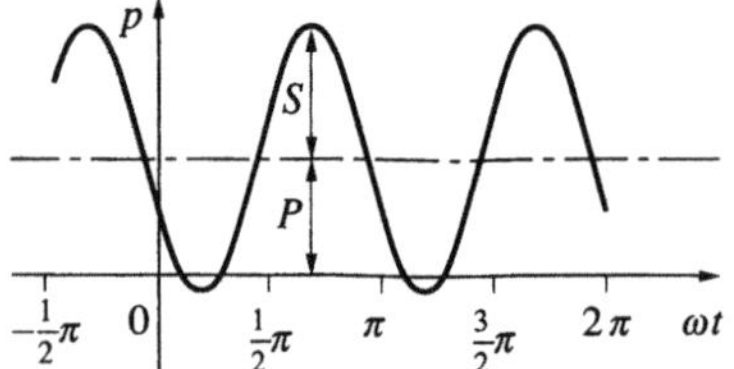

Bild 2.11-3 Zeitlicher Verlauf der Leistung p zu Bild 2.11-1, Wirkleistung P und Scheinleistung S (DIN 40110)

$$\begin{aligned} p &= ui = \qquad (2.11\text{–}7)\\ &= 2UI\cos(\omega t+\varphi_u)\cos(\omega t+\varphi_i) = \\ &= UI\cos\varphi + UI\cos(2\omega t+\varphi_u+\varphi_i) = \\ &= P + S\cos(2\omega t+\varphi_u+\varphi_i). \end{aligned}$$

Er schwingt mit der doppelten Frequenz um den Mittelwert P, die *Wirkleistung*. Diese wird physikalisch als Energieumsetzung wirksam, z. B. in Form von Wärme in einem Heizwiderstand. Ihre Einheit ist das Watt (W). Der Wechselanteil der Leistungsschwingung dagegen bewirkt keine Energieumsetzung. Das Produkt $UI = S$ ist die *Scheinleistung*. Ihre Einheit ist Voltampere (VA). Sie ist eine reine Rechengröße.
Eliminiert man in Gl. (2.11–7) den Winkel φ_u mit Gl. (2.11–6), so ergibt sich eine weitere mögliche Zerlegung der Leistung p (Bild 2.11–4):

$$\begin{aligned} p &= P[1+\cos 2(\omega t+\varphi_i)] - \qquad (2.11\text{–}8)\\ &\quad - UI\sin\varphi\sin 2(\omega t+\varphi_i). \end{aligned}$$

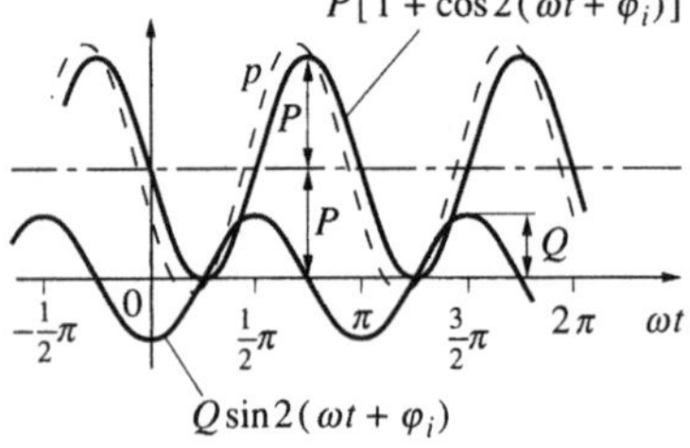

Bild 2.11-4 Zeitlicher Verlauf der Leistung zu Bild 2.11-1, Wirkleistung P und Blindleistung Q (DIN 40110)

Hierin stellen die beiden ersten Summanden eine Schwingung mit dem Durchschnittswert P und dem Scheitelwert $2P$ dar. Der dritte Summand beschreibt eine Schwingung mit dem Durchschnittswert Null und der Amplitude $Q = UI\sin\varphi$, der *Blindleistung*. Sie trägt nicht zur Energieumsetzung bei, sondern ist eine weitere Rechengröße, die abhängig vom Winkel φ positiv oder negativ sein kann. Für die Blindleistung wird die Einheit Var (Einheitenzeichen var) verwendet.
Damit existieren für Wechselstrom drei Leistungsbegriffe:

- Wirkleistung $P = UI\cos\varphi$, (2.11–9)
- Blindleistung $Q = UI\sin\varphi$, (2.11–10)
- Scheinleistung $S = UI = \sqrt{P^2+Q^2}$. (2.11–11)

Die Winkelfunktionen heißen

- Leistungsfaktor $\cos\varphi = \dfrac{P}{S}$.

bzw.

- Blindfaktor $\sin\varphi = \dfrac{Q}{S}$.

Anmerkung: Bei nichtsinusförmigem Stromverlauf unterscheidet sich der Leistungsfaktor vom Verschiebungsfaktor (s. Kapitel 8!).

2.11.2 Komplexe Darstellung

Sinusgrößen können vorteilhaft in komplexe Form transformiert werden. Die mathematische Behandlung vereinfacht sich dadurch wesentlich. In Bild 2.11–5 ergibt die Projektion des sich in der komplexen

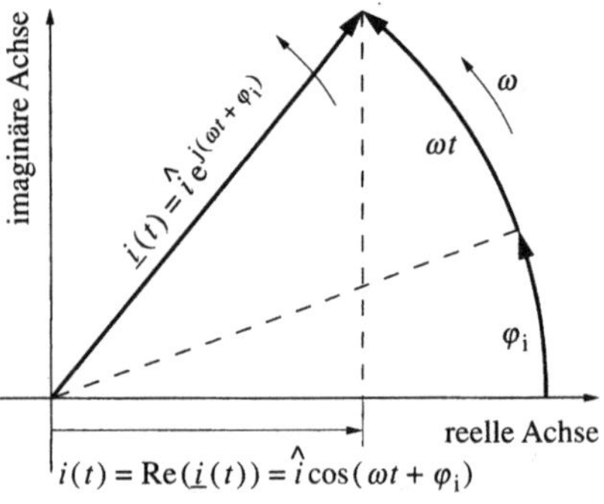

Bild 2.11-5 Drehzeiger in der komplexen Ebene

Ebene drehenden Zeigers $\underline{i}(t)$ auf die reelle Koordinatenachse zu jedem Zeitpunkt die Sinusgröße $i(t)$. Sie ist der Realteil des Drehzeigers $\underline{i}(t)$. Es gilt:

$$\underline{i}(t) = \hat{i}\mathrm{e}^{\mathrm{j}(\omega t+\varphi_i)} = \hat{i}\mathrm{e}^{\mathrm{j}\omega t}\mathrm{e}^{\mathrm{j}\varphi_i} = \qquad (2.11\text{–}12)$$

$$= \hat{i}[\cos(\omega t+\varphi_i) + \mathrm{j}\sin(\omega t+\varphi_i)], \qquad (2.11\text{–}13)$$

$$i(t) = \mathrm{Re}\,[\underline{i}(t)] = \hat{i}\cos(\omega t+\varphi_i).$$

Division des Drehzeigers $\underline{i}(t)$ durch den Zeitfaktor $\mathrm{e}^{\mathrm{j}\omega t}$ ergibt die komplexe Amplitude $\hat{i}\mathrm{e}^{\mathrm{j}\varphi_i}$, einen in der Darstellungsebene ruhenden Zeiger. In der Energietechnik wird der komplexe Effektivwert $\underline{I} = \hat{i}\mathrm{e}^{\mathrm{j}\varphi_i}/\sqrt{2}$ kurz „Zeiger" genannt.
Bei der Division zweier Drehzeiger gleicher Kreisfrequenz entsteht ebenfalls ein ruhender Zeiger, *Komplexor* genannt. So ergibt sich z. B. die (komplexe) elektrische *Impedanz* $\underline{Z}$ eines Zweipols aus

$$\underline{Z} = \frac{\underline{u}(t)}{\underline{i}(t)} = \frac{U}{I}\mathrm{e}^{\mathrm{j}(\varphi_u-\varphi_i)} \qquad (2.11\text{–}14)$$

und mit Gl. (2.11–6)

$$\underline{Z} = Z\mathrm{e}^{\mathrm{j}\varphi}. \qquad (2.11\text{–}15)$$

Durch Multiplikation der komplexen Spannung $\underline{U}$ mit dem konjugiert komplexen Strom $\underline{I}^* = I\mathrm{e}^{-\mathrm{j}\varphi_i}$ ergibt sich die *komplexe Scheinleistung* $\underline{S}$ (Bild 2.11–6):

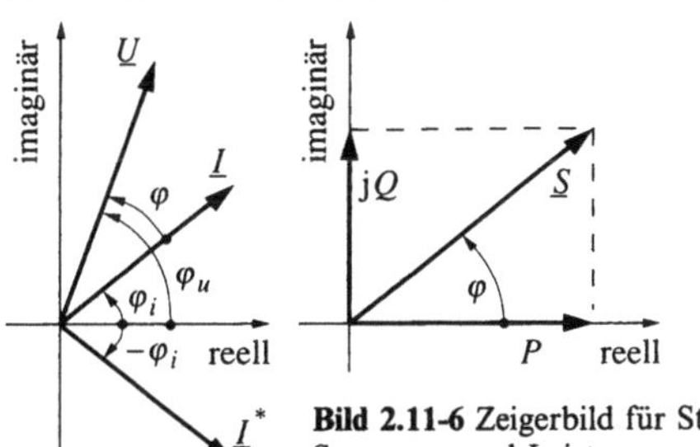

Bild 2.11-6 Zeigerbild für Strom, Spannung und Leistung

$$\underline{S} = \underline{U}\underline{I}^* = U e^{j\varphi_u} I e^{-j\varphi_i} = U I e^{j\varphi} \quad (2.11\text{–}16)$$

$$= UI\cos\varphi + jUI\sin\varphi = P + jQ. \quad (2.11\text{–}17)$$

Aus den Gln. (2.11–14) bis (2.11–17) folgen weitere Benennungen und Beziehungen:

– der *Scheinwiderstand* (die *Impedanz*)

$$\underline{Z} = \frac{\underline{U}}{\underline{I}},$$

– der *Scheinleitwert* (die *Admittanz*)

$$Y = \frac{I}{U}, \quad (2.11\text{–}18)$$

– der *Wirkwiderstand* (die *Resistanz*)

$$R = \frac{P}{I^2}, \quad (2.11\text{–}19)$$

– der *Blindwiderstand* (die *Reaktanz*)

$$X = \frac{Q}{I^2}, \quad (2.11\text{–}20)$$

– der *Wirkleitwert* (die *Konduktanz*)

$$G = \frac{P}{U^2}, \quad (2.11\text{–}21)$$

– der *Blindleitwert* (die *Suszeptanz*)

$$B = -\frac{Q}{U^2}, \quad (2.11\text{–}22)$$

– der *Verlustwinkel* $\delta = \frac{\pi}{2} - |\varphi|$, (2.11–23)

– der *Verlustfaktor* $\tan\delta = \frac{P}{|Q|}$. (2.11–24)

Durch Komponentenzerlegung erhält man $\underline{Z} = R + jX$; $\underline{Y} = G + jB$. Daraus wiederum ergeben sich

– die Wirkkomponente der Spannung

$$U_w = IR = \frac{P}{I},$$

– die Blindkomponente der Spannung

$$U_b = I|X| = \frac{|Q|}{I},$$

– die Wirkkomponente des Stromes

$$I_w = UG = \frac{P}{U},$$

– die Blindkomponente des Stromes

$$I_b = U|B| = \frac{|Q|}{U}.$$

Z, R, X	Y, G, B	U	I	P	S	Q	tan δ
Ω	S	V	A	W	VA	var	1

2.12 Passive Zweipole im Wechselstromkreis

2.12.1 Widerstand

Der bei Wechselstrom zur Leistungsumsetzung wirksame Widerstand eines Zweipols (*Wechselstromwiderstand*) ist größer als der mit Gleichstrom gemessene *Gleichstromwiderstand,* weil die Stromdichte bei Wechselstrom nicht über dem gesamten Leiterquerschnitt gleich ist (Stromverdrängung, Skin-Effekt, Proximity-Effekt). Ein *ohmscher Widerstand* liegt vor, wenn der Augenblickswert der Spannung proportional zum Augenblickswert des Stromes ist. Mit den in Bild 2.12–1 gesetzten Zählpfeilen gilt $u(t) = Ri(t)$. Beide Größen sind phasengleich: $u = \hat{u}\cos\omega t$ bedingt $i = (\hat{u}/R)\cos\omega t$. Weiter ist $\underline{U} = \underline{I}R$ bzw. $\underline{I} = \underline{U}G$.

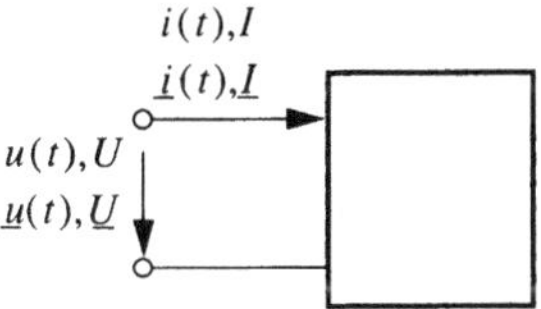

Bild 2.12-1 Passiver Zweipol im Wechselstromkreis. Wahlweise können Augenblicks- oder Effektivwerte, reell oder komplex, in das Schaltbild eingetragen werden.

Der zeitlichen Verlauf der Leistung ist

$$p = u(t)i(t) = \hat{u}\hat{\imath}\cos^2\omega t =$$

$$= \frac{\hat{u}}{\sqrt{2}}\frac{\hat{\imath}}{\sqrt{2}}(1 + \cos 2\omega t) = UI(1 + \cos 2\omega t).$$

Gemäß Bild 2.12–2 schwingt die Leistung um ihren arithmetischen Mittelwert, die Wirkleistung. Die Frequenz der Schwingung ist gegenüber der von Spannung und Strom verdoppelt. Für die Wirkleistung am Widerstand R gilt

$$P = UI = I^2R = U^2G. \quad (2.12\text{–}1)$$

U	I	P	R	G
V	A	W	Ω	S

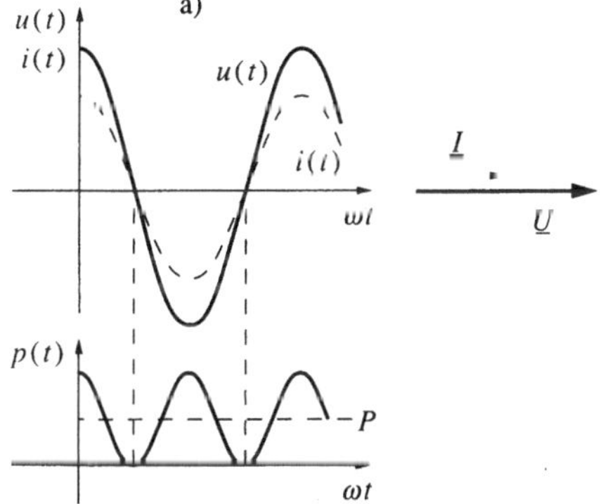

Bild 2.12-2 Spannung u, Strom i und Leistung p am Wirkwiderstand R

a) Augenblickswerte,

b) komplexe Effektivwerte (Zeigerdiagramm)

2.12.2 Induktivität

An einer konstanten Selbstinduktivität L ergibt sich der Zusammenhang zwischen Spannung $u(t)$ und Strom $i(t)$ aus dem Induktionsgesetz $u = L\,\mathrm{d}i/\mathrm{d}t$. Für $i(t) = \hat{\imath}\cos\omega t$ wird $u(t) = -\omega L\hat{\imath}\sin\omega t$. Der entsprechende Zusammenhang ergibt sich für die Drehzeiger. $\underline{i}(t) = \hat{\imath}e^{j\omega t}$ liefert $\underline{u}(t) = j\omega L\hat{\imath}e^{j\omega t}$. Der Augenblickswert der Spannung geht um den Winkel $\pi/2$ früher durch Null als der des Stromes. Der Zeiger der Spannung eilt gegenüber dem Zeiger des Stromes um $\pi/2$ vor. Der Phasenverschiebungswinkel φ ist wegen Gl. (2.11–6) gleich $\pi/2$ (Bild 2.12–3).

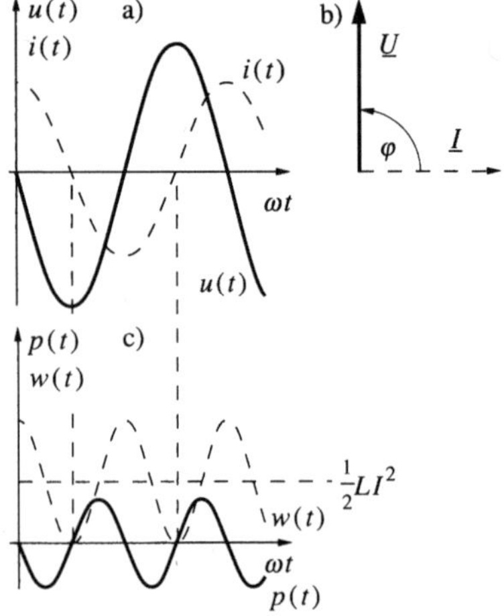

Bild 2.12-3 Spannung u, Strom i, Leistung p und gespeicherte Energie w bei einer Induktivität L
a), c) Augenblickswerte,
b) komplexe Effektivwerte (Zeigerdiagramm)

Für die komplexen Effektivwerte gilt

$$\underline{U} = j\omega L\underline{I} = jX_L\underline{I}. \qquad (2.12\text{–}2)$$

U	ω	L	I	X_L
V	s^{-1}	H = Vs/A	A	Ω

Hierin ist $X_L = \omega L$ der *induktive Blindwiderstand*. Er ist von der Kreisfrequenz abhängig; er hat einen *Frequenzgang* (Bild 2.12–4).

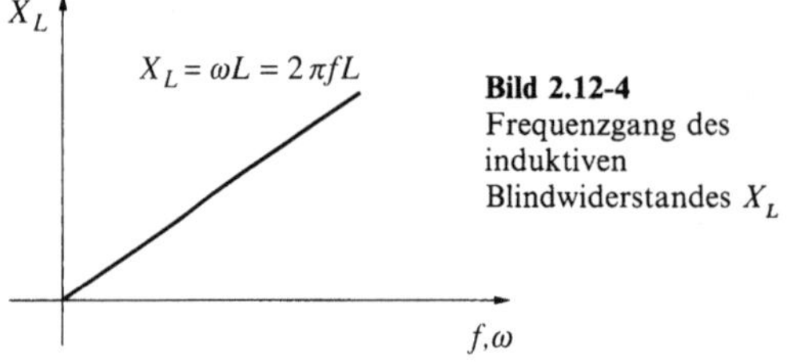

Bild 2.12-4 Frequenzgang des induktiven Blindwiderstandes X_L

Die Leistung p weist wiederum doppelte Frequenz auf. Ihr Mittelwert ist Null. Die gespeicherte Energie ergibt sich z. B. aus den Gln. (2.1–12) oder (2.9–5). Sie schwingt um den Mittelwert $LI^2/2$ und hat ihr Maximum, wenn der Augenblickswert des Stromes maximal ist.

2.12.3 Kapazität

Den Zusammenhang von Spannung $u(t)$ und Strom $i(t)$ an einer Kapazität C liefert Gl. (2.1–3) mit Gl. (2.6–11). Z. B. ist für $i(t) = \hat{\imath}\cos\omega t$ der Verlauf der Spannung $u(t) = [1/(\omega C)]\,\hat{\imath}\sin\omega t$. Entsprechend gilt für die Drehzeiger $\underline{i}(t) = \hat{\imath}e^{j\omega t}$ und $\underline{u}(t) = (1/j\omega C)\hat{\imath}e^{j\omega t}$. Die Spannung eilt gegenüber dem Strom um $\pi/2$ nach, der Phasenwinkel ist $(-\pi/2)$ (Bild 2.12–5). Für die komplexen Effektivwerte gilt

$$\underline{U} = \frac{1}{j\omega C}\underline{I} = jX_C\underline{I}. \qquad (2.12\text{–}3)$$

U	ω	C	I	X_C
V	s^{-1}	F = As/V	A	Ω

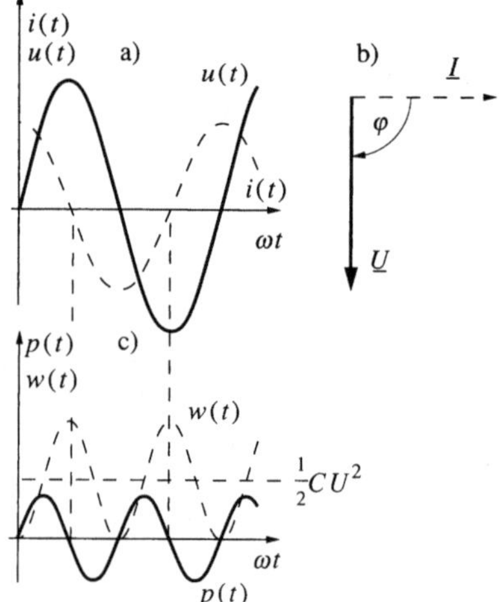

Bild 2.12-5 Spannung u, Strom i, Leistung p und gespeicherte Energie w bei einer Kapazität C
a), c) Augenblickswerte,
b) komplexe Effektivwerte (Zeigerdiagramm)

Hierin ist $X_C = -1/\omega C$ der *kapazitive Blindwiderstand*. Sein *Frequenzgang* ist im Bild 2.12–6 dargestellt. Die Leistung p schwingt mit doppelter Frequenz um den Mittelwert Null. Der Mittelwert der gespeicherten Energie ist $CU^2/2$. Die gespeicherte Energie ist maximal, wenn der Augenblickswert der Spannung maximal ist, was auch aus Gl. (2.6–21) hervorgeht.

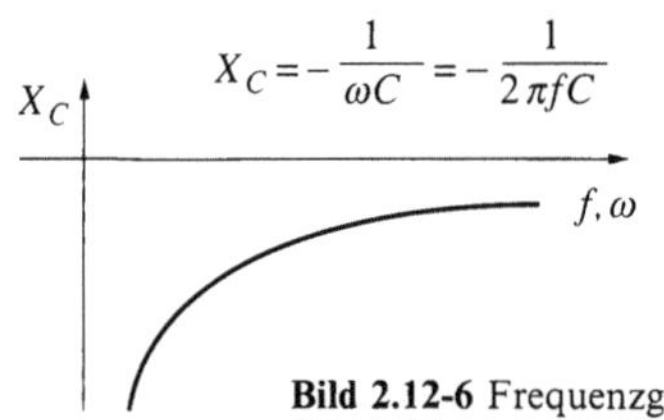

Bild 2.12-6 Frequenzgang des kapazitiven Blindwiderstandes X_C

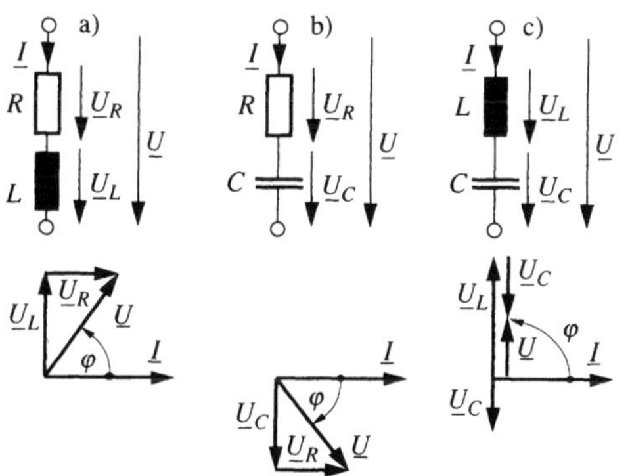

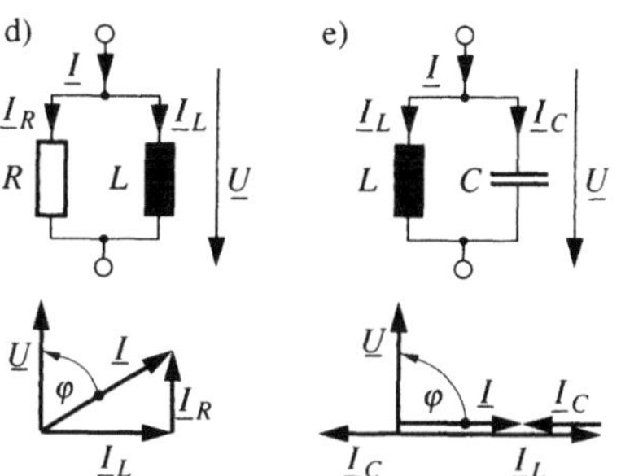

Bild 2.12-7 Entwurf von Zeigerbildern
a) bis c) Reihenschaltungen,
d) und e) Parallelschaltungen

2.12.4 Allgemeiner passiver Zweipol

Schaltungen mit Kombinationen aus R, L und C ergeben Phasenverschiebungswinkel im Bereich $-90° \leqslant \varphi \leqslant +90°$. Beim Entwurf der Zeigerbilder sollte man bei einer Reihenschaltung stets vom gemeinsamen Stromzeiger $\underline{I}$, bei einer Parallelschaltung vom gemeinsamen Spannungszeiger $\underline{U}$ ausgehen (Bild 2.12–7).

Der Leistungsfluß in einer vereinfachten Wechselstromübertragung ist in Bild 2.12–8 dargestellt. Die

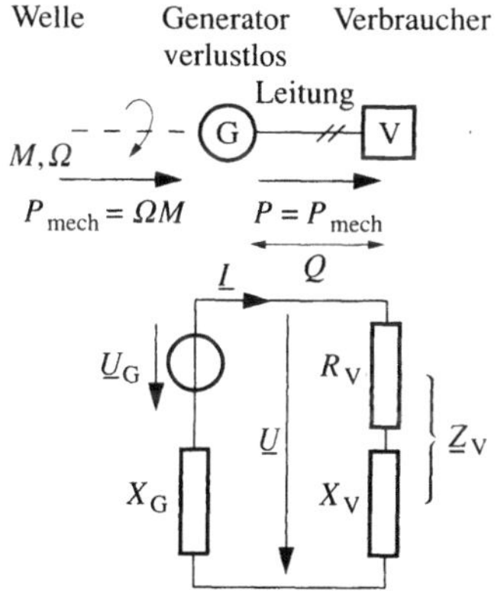

Bild 2.12-8 Leistungsfluß in einer Wechselstromübertragung

Maschengleichung für das Ersatzschaltbild lautet $\underline{I}(R_V + jX_V + jX_G) - \underline{U}_G = 0$. Nimmt man $X_G = -X_V$ an, so sieht man aus einem Vergleich der Bilder 2.12–3 und 2.12–5, daß in den beiden von demselben Strom durchflossenen Blindwiderständen der Betrag der Leistung stets gleich, ihr Vorzeichen jedoch entgegengesetzt ist. Die Leistung pendelt ständig zwischen X_G und X_V hin und her. Es handelt sich um Blindleistung Q, die außerhalb des Stromkreises nicht zu bemerken ist. Die in R_V umgesetzte Wirkleistung P wird dem Stromkreis aus der Spannungsquelle zugeführt. Dazu wird die Welle des Generators mechanisch angetrieben. Nimmt man die Winkelgeschwindigkeit Ω der Welle als konstant an, so schwingt der Augenblickswert des Drehmomentes M zwischen Null und dem Höchstwert $(2P/\Omega)$ mit doppelter Netzfrequenz. Es kommt zu einer mechanischen Schwingungsanregung. Der Fall $X_G = -X_V$ wird erst mit dem Verständnis der Synchronmaschine deutlich (s. Kapitel 9).

2.12.5 Grundschaltungen bei Wechselstrom

Mit Hilfe der komplexen Effektivwerte und der Komplexoren lassen sich alle Schaltungen an Wechselspannung berechnen. Die Grundgleichungen der Abschnitte 2.2 bis 2.6 werden sinngemäß angewandt.

2.12.5.1 Spannungsteiler

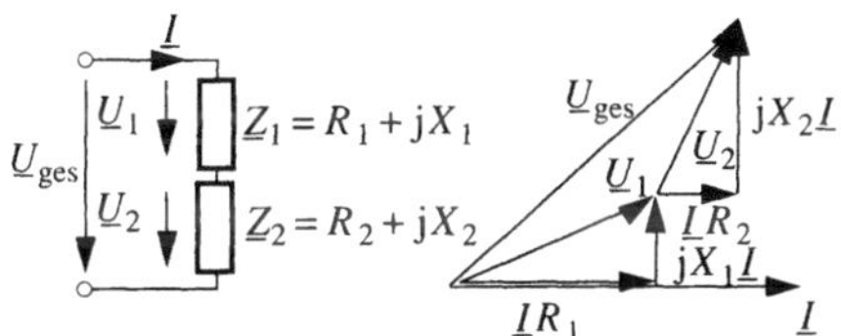

Bild 2.12-9 Spannungsteiler an Wechselspannung

Aus Gl. (2.2–3) folgt mit Bild 2.12–9:

$$\frac{\underline{U}_1}{\underline{U}_2} = \frac{\underline{Z}_1}{\underline{Z}_2} = \frac{R_1 + jX_1}{R_2 + jX_2}, \qquad (2.12\text{–}4)$$

$$\frac{\underline{U}_1}{\underline{U}_{ges}} = \frac{\underline{Z}_1}{\underline{Z}_{ges}} = \frac{R_1 + jX_1}{\sum\limits_{i=1}^{n} R_i + j\sum\limits_{i=1}^{n} X_i}.$$

U_1, U_2, U_{ges}	Z_1, Z_2, Z_{ges}	R_1, R_2, R_i	X_1, X_2, X_i
V	Ω	Ω	Ω

2.12.5.2 Stromteiler

$\underline{I}_{ges}$ $\underline{I}_1$ $\underline{I}_2$

$\underline{Y}_1 = G_1 + jB_1$ $\underline{Y}_2 = G_2 + jB_2$

Bild 2.12-10 Stromteiler an Wechselspannung

Aus Gl. (2.3–3) folgt mit Bild 2.12–10:

$$\frac{\underline{I}_1}{\underline{I}_2} = \frac{\underline{Y}_1}{\underline{Y}_2} = \frac{G_1 + \mathrm{j}B_1}{G_2 + \mathrm{j}B_2}, \qquad (2.12\text{–}5)$$

$$\frac{\underline{I}_1}{\underline{I}_{\text{ges}}} = \frac{\underline{Y}_1}{\underline{Y}_{\text{ges}}} = \frac{G_1 + \mathrm{j}B_1}{\sum\limits_{i=1}^{n} G_i + \mathrm{j} \sum\limits_{i=1}^{n} B_i}.$$

I_1, I_2, I_{ges}	Y_1, Y_{ges}	$G_1, G_2, G_i, G_{\text{ges}}$	B_1, B_2, B_i
A	S	S	S

2.12.5.3 Brückenschaltung

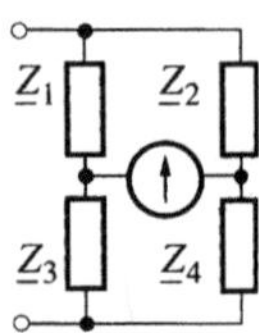

Bild 2.12-11
Wechselstrom-Brückenschaltung

Aus Gl. (2.3–5) folgt mit Bild 2.12–11 die Abgleichbedingung

$$\frac{\underline{Z}_1}{\underline{Z}_3} = \frac{\underline{Z}_2}{\underline{Z}_4}. \qquad (2.12\text{–}6)$$

Wegen $\underline{Z} = Z\mathrm{e}^{\mathrm{j}\varphi}$ kann man Gl. (2.12–6) zerlegen in

$$\frac{Z_1}{Z_3} = \frac{Z_2}{Z_4} \quad \text{und} \quad \varphi_1 - \varphi_3 = \varphi_2 - \varphi_4. \qquad (2.12\text{–}7)$$

Eine Wechselstrombrücke muß also stets hinsichtlich Betrag und Phasenwinkel abgeglichen werden.

2.12.5.4 Reihen- und Parallel-Ersatzschaltung

Für jeden Zweipol läßt sich eine äquivalente Reihen- und Parallel-Ersatzschaltung angeben. Entsprechende Beziehungen sind in Bild 2.12–12 zusammengestellt. Die Reihenersatzschaltung läßt sich jederzeit in eine äquivalente Parallelersatzschaltung umwandeln. Wegen $\underline{Z}\,\underline{Y} = 1$ ist dabei $(R_\text{r} + \mathrm{j}X_\text{r})(G_\text{p} + \mathrm{j}B_\text{p}) = 1$. Daraus folgt für die vier Schaltelemente:

$$R_\text{r} = \frac{G_\text{p}}{Y^2}, \quad X_\text{r} = \frac{-B_\text{p}}{Y^2}, \qquad (2.12\text{–}8)$$

$$G_\text{p} = \frac{R_\text{r}}{Z^2}, \quad B_\text{p} = \frac{-X_\text{r}}{Z^2},$$

mit $Y^2 = G_\text{p}^2 + B_\text{p}^2$ und $Z^2 = R_\text{r}^2 + X_\text{r}^2$.

	Zweipol	Reihen-Ersatz-schaltung	Parallel-Ersatz-schaltung
Schaltung	$\underline{I}$ $\underline{Z}$ $\underline{U}$	$\underline{I}$ R_r X_r $\underline{U}_\text{w}$ $\underline{U}_\text{b}$ $\underline{U}$	$\underline{I}_\text{w}$ G_p $\underline{I}$ $\underline{I}_\text{b}$ B_p $\underline{U}$
Zeiger-diagramm für $\varphi > 0$	$\underline{U}$ φ $\underline{I}$	$\underline{U}$ $\underline{U}_\text{b}$ φ $\underline{U}_\text{w}$ $\underline{I}$	$\underline{U}$ $\underline{I}_\text{b}$ $\underline{I}_\text{w}$ φ $\underline{I}$
Komplexoren	$\underline{Z} = \frac{\underline{U}}{\underline{I}} = \frac{1}{\underline{Y}}$	$\underline{Z} = R_\text{r} + \mathrm{j}X_\text{r}$	$\underline{Y} = G_\text{p} + \mathrm{j}B_\text{p}$
Impedanz $\underline{Z}$ Admittanz $\underline{Y}$	Im $\underline{Z}$ φ $-\varphi$ Re $\underline{Y}$	Im $\underline{Z}$ φ X_r R_r Re	Im $-\varphi$ G_p Re $\underline{Y}$ B_p
Wirkleistung Blindleistung Scheinleistung	P Q $\underline{S} = P + \mathrm{j}Q$	$P = I^2 R_\text{r}$ $Q = I^2 X_\text{r}$	$P = U^2 G_\text{p}$ $Q = -U^2 B_\text{p}$
	$S = UI = \sqrt{P}$		
Leistungs-faktor	$\cos\varphi = \frac{P}{S}$	$\cos\varphi = \frac{R_\text{r}}{Z}$	$\cos\varphi = \frac{G_\text{p}}{Y}$
Blindfaktor	$\sin\varphi = \frac{Q}{S}$	$\sin\varphi = \frac{X_\text{r}}{Z}$	$\sin\varphi = -\frac{B_\text{p}}{Y}$

Bild 2.12-12
Reihen- und Parallelersatzschaltung

2.12.5.5 Wirkungsgrad, Anpassung, Reflexionsfaktor

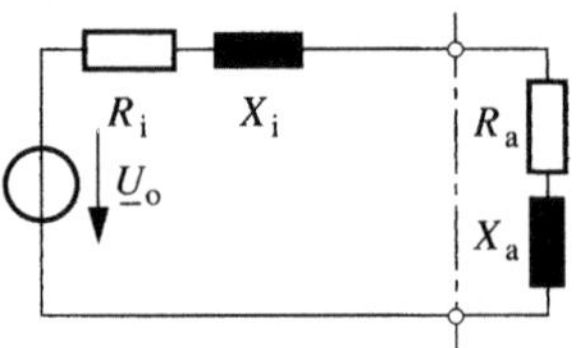

Bild 2.12-13
Belastete Ersatz-Spannungsquelle

Für die belastete Ersatz-Spannungs-Quelle in Bild 2.12–13 ist der Wirkungsgrad η wie bei Gleichspannung gemäß Gl. (2.5–7):

$$\eta = \frac{R_\text{a}}{R_\text{i} + R_\text{a}}. \qquad (2.12\text{–}9)$$

Die Leistung P_a im Lastwiderstand R_a ist wegen $P_\text{a} = I^2 R_\text{a}$

$$P_\text{a} = \frac{U_0^2 R_\text{a}}{(R_\text{i} + R_\text{a})^2 + (X_\text{i} + X_\text{a})^2}.$$

Sie wird maximal, wenn $X_\text{a} = -X_\text{i}$ und $R_\text{a} = R_\text{i}$ sind *(Anpassung bei Wechselstrom)*. Die maximale Leistung wird dann wie bei Gleichspannung in Gl. (2.5–6) zu $P_{\max} = U_0^2/(4R_\text{i})$.

Die Bedingung $X_a = -X_i$ läßt sich nur für eine Kreisfrequenz ω_0 erreichen, nämlich wegen $X_a = \omega_0 L$ und $X_i = -1/(\omega_0 C)$ für $\omega_0 = \sqrt{1/(LC)}$. Wenn ein Stromkreis bei unterschiedlicher Frequenz annähernd bei Anpassung betrieben werden soll, müssen die Blindwiderstände X_a und X_i so klein wie möglich gehalten werden.

Der *Reflexionsfaktor* r ergibt sich gemäß Gl. (2.5–8) zu

$$\underline{r} = \frac{\underline{Z}_a - \underline{Z}_i}{\underline{Z}_a + \underline{Z}_i}. \tag{2.12–10}$$

Er kann komplex und größer als 1 werden.

2.12.5.6 Blindleistungskompensation (Verbesserung des Leistungsfaktors)

Aus Gl. (2.11–9) ergibt sich

$$I = \frac{P}{U} \frac{1}{\cos\varphi}. \tag{2.12–11}$$

Daraus erkennt man, daß der zur Übertragung einer Wirkleistung P bei vorgegebener Spannung U benötigte Strom I um so größer wird, je kleiner der Leistungsfaktor $\cos\varphi$ des Verbrauchers ist. Ein großer Strom I bewirkt jedoch eine große Verlustleistung P_v in der Zuleitung. Die Verlustleistung ist wegen Gl. (2.12–1) proportional zu $(1/\cos\varphi)^2$. Um einen unwirtschaftlichen Energietransport zu vermeiden, schreiben die Energieversorgungsunternehmen einen Minimalwert des Leistungsfaktors vor. Ist der Leistungsfaktor des Verbrauchers kleiner, muß ein Aufpreis auf die Energierechnung gezahlt werden. Anstelle der Zahlung des Aufpreises ist es meist günstiger, den Leistungsfaktor des Verbrauchers zu verbessern. Dazu wird dem ohmsch-induktiven Verbraucher (G_p, B_p) z. B. ein Kondensator (C_p) parallel geschaltet (Bild 2.12–14).

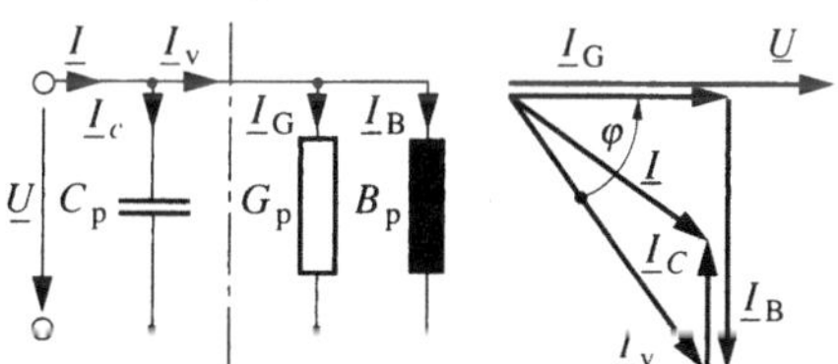

Bild 2.12-14 Blindleistungskompensation

Eine vollständige Kompensation der (induktiven) Blindleistung erhält man mit

$$Q_C + Q_L = 0 = Q_C + P\ \tan\varphi.$$

Mit $Q_C = -U^2 B_C$ bzw. $Q_C = -U^2 \omega C_p$ ergibt sich die Parallel-Kapazität zu

$$C_P = \frac{P \tan\varphi}{\omega U^2}. \tag{2.12–12}$$

Eine vollständige Kompensation ist allerdings nicht wirtschaftlich und wegen Resonanzerscheinungen nicht erwünscht.

2.12.5.7 Resonanz

Resonanzerscheinungen treten in der Elektrotechnik vielfältig auf. Auch die *Anpassung* und die vollständige *Blindleistungskompensation* sind Resonanzfälle. In den *Schwingkreisen* gemäß Bild 2.12–15 tritt Resonanz auf, wenn zwischen $\underline{U}_q$ und $\underline{I}$ bzw. zwischen $\underline{I}_q$ und $\underline{U}_p$ keine Phasenverschiebung besteht. Dazu muß der Imaginärteil der Impedanz bzw. des Leitwertes zu Null werden. In einem verlustfreien, einmalig angestoßenen Schwingkreis pendelt die Energie eigenständig mit der *Eigenfrequenz* $f_0 = \omega_0/(2\pi)$ mit

$$\omega_0 = \sqrt{\frac{1}{LC}} \tag{2.12–13}$$

zwischen Spule und Kondensator.

In den verlustbehafteten Schwingkreisen von Bild 2.12–15, sind u. a. folgende Phänomene zu beobach-

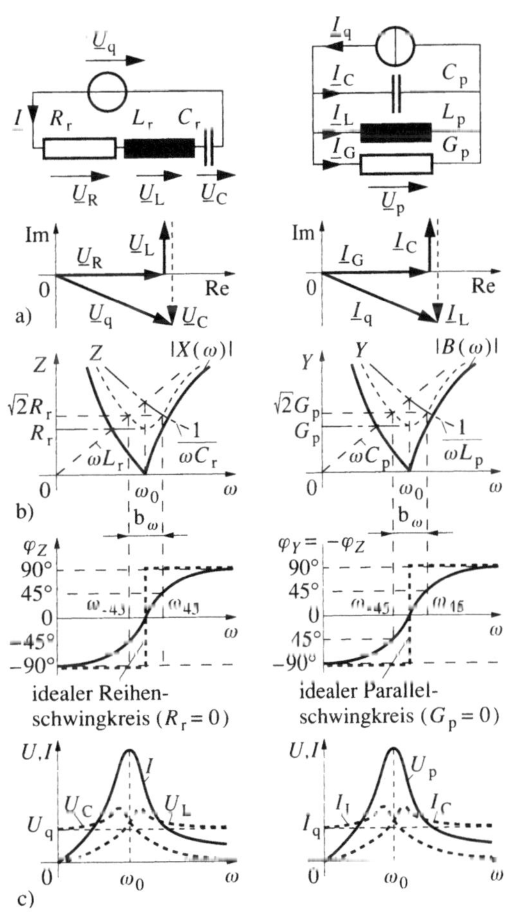

Bild 2.12-15 Reihen- und Parallelschwingkreis (nach [2.11])
a) Schaltungen und Zeigerbilder,
b) Frequenzgänge, c) Resonanzkurven

ten: Bei Betrieb mit Resonanzfrequenz erreichen die Beträge der Impedanz $\underline{Z}$ bzw. der Admittanz $\underline{Y}$ ein Minimum. Entsprechend wird der Strom I bzw. die Spannung U_p maximal. Beim Reihenschwingkreis werden die Teilspanungen U_L und U_C größer als die Gesamtspannung U_q, beim Parallelschwingkreis die Teilströme I_L und I_C größer als I_q.
Zur Kennzeichnung der Verluste ist das Verhältnis der Blindleistung der Spule oder des Kondensators zur Wirkleistung des Kreises bei Resonanz geeignet. Man bezeichnet es als *Gütezahl Q*.
Für Reihen- bzw. Parallelkreis gilt

$$Q_r = \frac{I^2\omega_0 L_r}{I^2 R_r} = \frac{1}{R_r}\sqrt{\frac{L_r}{C_r}} \tag{2.12–14}$$

bzw.

$$Q_p = \frac{U^2}{\omega_0 L_p U^2 G_p} = \frac{1}{G_p}\sqrt{\frac{C_p}{L_p}}. \tag{2.12–15}$$

Q_r, Q_p	I	L_r, L_p	R_r	C_r, C_p	U	G_p	ω_0
1	A	H = Vs/A	Ω	F = As/V	V	S	s^{-1}

Der Kehrwert der Gütezahl ist die *Dämpfung d.* Bei den Kreisfrequenzen $\omega_{\pm 45°}$ (3–dB–Grenzfrequenzen) beträgt der Phasenverschiebungswinkel zwischen Spannung und Strom 45°. Es gilt näherungsweise

$$\omega_{\pm 45°} \approx \omega_0\left(1 \pm \frac{1}{2Q}\right). \tag{2.12–16}$$

Bei hoher Güte Q unterscheiden sich die 45°-Frequenzen nur wenig von der Resonanzfrequenz. Die Resonanzkurven verlaufen dort steil, die *Bandbreite* $b = \omega_{+45°} - \omega_{-45°}$ ist klein.

■ *Beispiel:*

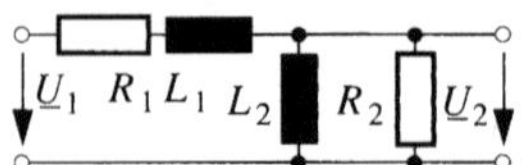

Bild 2.12-16 Frequenzgang einer Schaltung

In Bild 2.12–16 seien R_1, L_1, R_2, L_2 bekannt. Gesucht ist die Kreisfrequenz ω_0, bei der der *Frequenzgang* der Schaltung $F(\mathrm{j}\omega)$ reell ist.

$$F(\mathrm{j}\omega) = \frac{\underline{U}_2}{\underline{U}_1} =$$

$$= \frac{\mathrm{j}\omega L_2 R_2}{(\mathrm{j}\omega L_2 + R_2)\left(R_1 + \mathrm{j}\omega L_1 + \dfrac{\mathrm{j}\omega L_2 R_2}{\mathrm{j}\omega L_2 + R_2}\right)}.$$

Nach Ausmultiplizieren wird der Realteil des Nenners gleich Null gesetzt. Daraus ergibt sich

$$\omega_0 = \sqrt{\frac{R_1 R_2}{L_1 L_2}}.$$

2.13 Ortskurven

2.13.1 Allgemeines

Häufig besteht die Aufgabe, das Verhalten einer Schaltung bei Änderung verschiedener Parameter zu beschreiben. Beispielsweise interessieren Strom $\underline{I}$, Spannung $\underline{U}$ und Phasenwinkel φ bei Belastungs-, also Widerstandsänderungen, oder bei Änderung der Frequenz. Betrag und Phasenwinkel der Komplexoren $\underline{Z}$ und $\underline{Y}$ sowie der Zeiger $\underline{U}$ und $\underline{I}$ nehmen dann unterschiedliche Werte an. Folgt man den Endpunkten der Zeiger bei der Parameteränderung, so erhält man eine *Ortskurve* (OK). Sie ist der geometrische Ort für alle Werte einer von einer variablen Schaltungsgröße abhängigen komplexen Größe. Die OK wird mit dem Parameter beziffert, der die Änderung der variablen Schaltungsgröße beschreibt. Als Beispiel diene die Reihenschaltung in Bild 2.13–1.

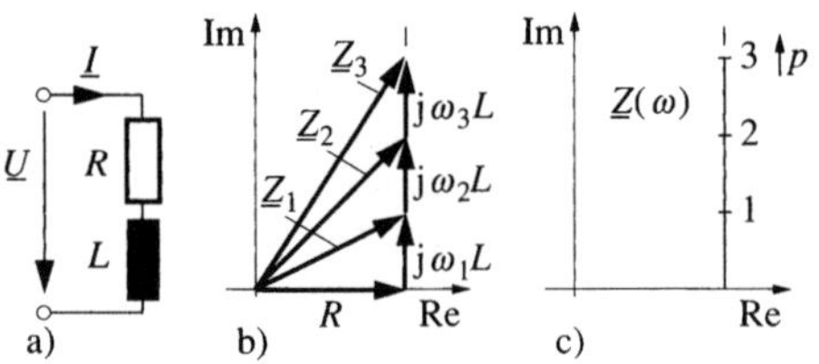

Bild 2.13-1 Entstehen einer Ortskurve
a) Schaltung, b) Zeigerbild, c) Ortskurve

Ihre Impedanz ist $\underline{Z} = R + \mathrm{j}\omega L$. Die Kreisfrequenz ω sei variabel. Für jede Kreisfrequenz (z. B. ω_1; $\omega_2 = 2\omega_1$; $\omega_3 = 3\omega_1$; ...) erhält der Komplexor $\underline{Z}$ einen neuen Betrag und Phasenwinkel. Stellt man nur die Endpunkte von $\underline{Z}$ dar, ergibt sich die Ortskurve $\underline{Z}(\omega)$ mit der eingetragenen *Parametrierung*. Dabei ist die Kreisfrequenz durch das Produkt aus dem Bezugswert ω_1 und dem *Parameter p* dargestellt und an der Ortskurve nur p eingetragen worden.
Eine OK gilt – wie die ihr zugrunde liegenden Zeigerbilder – nur im stationären (eingeschwungenen) Zustand. Einfache OK lassen sich mathematisch in geschlossener Form behandeln. Kompliziertere OK werden punktweise bearbeitet.

2.13.2 Inversion

Inversion bedeutet die Bildung des Kehrwertes. Bild 2.13–2 zeigt die Inversion eines Komplexors. Auch eine OK läßt sich invertieren, z. B. punktweise oder in geschlossener Form. Die Inversion der Geraden

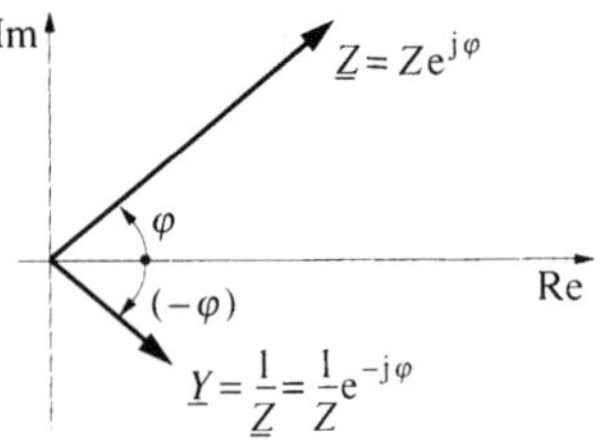

Bild 2.13-2 Inversion eines Komplexors

und des Kreises wird später gezeigt. Das prinzipielle Vorgehen bei der Inversion ist immer:
1. Kehrwertbildung des Betrages,
2. Spiegelung an der reellen Achse.

2.13.3 Gerade

Die Gleichung einer Geraden in allgemeiner Lage in der Gaußschen Zahlenebene lautet gemäß Bild 2.13–3:

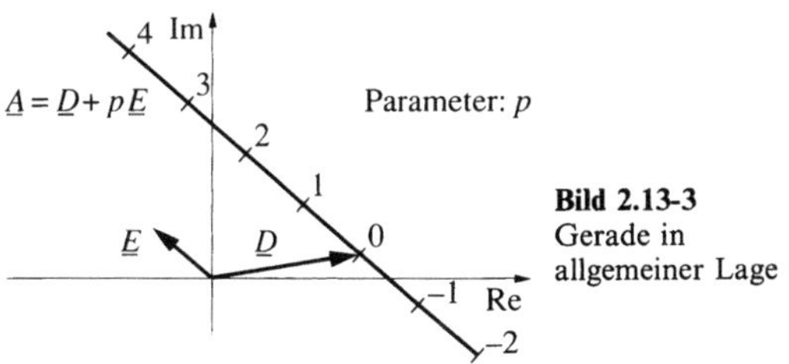

Bild 2.13-3 Gerade in allgemeiner Lage

$$\underline{A} = \underline{D}+p\underline{E} \quad \text{mit} \quad -\infty<p<\infty. \tag{2.13–1}$$

Eine Parallele zur imaginären Achse beschreibt:

$$\underline{A} = B+\mathrm{j}pK \quad \text{mit} \quad -\infty<p<\infty. \tag{2.13–2}$$

Eine Parallele zur reellen Achse hat die Gleichung:

$$\underline{A} = pB+\mathrm{j}K \quad \text{mit} \quad -\infty<p<\infty. \tag{2.13–3}$$

Sonderfall ist die Gerade durch den Nullpunkt

$$\underline{A} = p\underline{B} \quad \text{mit} \quad -\infty<p<\infty. \tag{2.13–4}$$

1. Inversionssatz:
Die Inversion einer Geraden durch den Nullpunkt ergibt wieder eine Gerade durch den Nullpunkt. Aus $\underline{A}=p\underline{B}=pB\,\mathrm{e}^{\mathrm{j}\varphi}$ folgt nämlich durch Inversion

$$\underline{C}=\frac{1}{\underline{A}}=\frac{1}{p\underline{B}}=\frac{1}{pB}\mathrm{e}^{-\mathrm{j}\varphi}=qD\,\mathrm{e}^{-\mathrm{j}\varphi}=q\underline{D}.$$

Die invertierte OK wird hier mit dem neuen Parameter $q=1/p$ parametriert.

2.13.4 Kreis durch den Nullpunkt

Die Entstehung einer kreisförmigen OK sei an einem Beispiel gezeigt (Bild 2.13–4). Gesucht sei die Ortskurve des Stromes $\underline{I}$ und der Admittanz $\underline{Y}$. Der Blindwiderstand ist variabel: $X=pX_0$. Wegen

$$\underline{U}=\underline{I}R+\mathrm{j}pX_0\underline{I} \quad \text{gilt} \quad \underline{U}/R = \underline{I}+\underline{I}\mathrm{j}pX_0/R.$$

Die Zeiger auf der rechten Seite der Gleichung stehen senkrecht aufeinander und addieren sich zu der Konstanten $\underline{U}/R$.
Abhängig von p bewegt sich der Zeiger $\underline{I}$ auf dem Thaleskreis über $\underline{U}/R$. Die Gleichung des Stromes $\underline{I}$ lautet, wenn $\underline{U}$ in der reellen Achse liegt,

$$\underline{I}=\frac{\dfrac{\underline{U}}{R}}{1+\mathrm{j}\dfrac{pX_0}{R}}=\frac{1}{\dfrac{R}{U}+\mathrm{j}\dfrac{pX_0}{U}}. \tag{2.13–5}$$

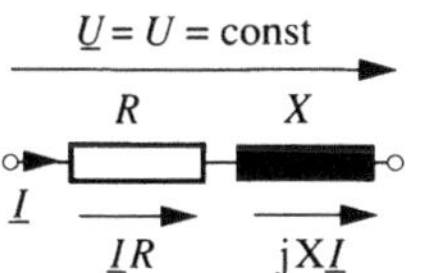

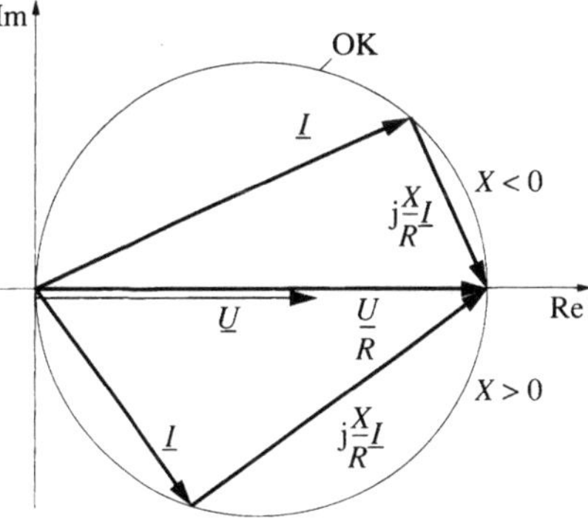

Bild 2.13-4 Schaltung mit kreisförmiger OK für Strom $\underline{I}$ und Admittanz $\underline{Y}$

Der im Nenner stehende Ausdruck (Nenner-OK) ist eine Parallele zur imaginären Achse. Daraus folgt der
2. Inversionssatz:
Inversion einer Geraden, die nicht durch den Nullpunkt verläuft, ergibt einen Kreis durch den Nullpunkt.
Verallgemeinert lauten die Gleichungen der Kreise, die sich aus der Inversion von achsenparallelen Geraden ergeben:

$$\underline{A}=\frac{1}{pB+\mathrm{j}K} \quad (-\infty<p<\infty) \tag{2.13–6}$$

und

$$\underline{A}=\frac{1}{B+\mathrm{j}pK} \quad (-\infty<p<\infty). \tag{2.13–7}$$

An einem numerischen Beispiel sei gezeigt, wie sich die Parametrierung des nichtlinear in p geteilten Kreises aus der linearen Teilung der Nenner-OK ergibt. Für die Schaltung in Bild 2.13–5 sei die OK des

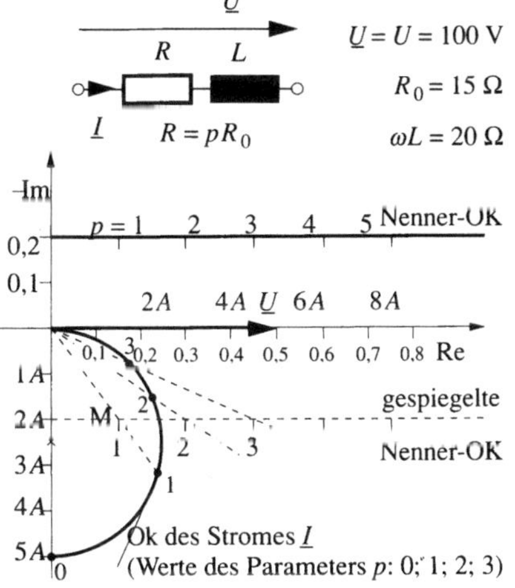

Bild 2.13-5 Parametrierung einer kreisförmigen OK

Stromes $\underline{I}$ gesucht. Gegeben sind: $U=100$ V; $\omega L=20\,\Omega$; $R_0=15\,\Omega$. Der Widerstand sei variabel: $R=pR_0$ mit $0<p<\infty$. Man errechnet

$$\underline{I}=\frac{U}{pR_0+\mathrm{j}\omega L}=\frac{100\text{ V}}{p\;15\,\Omega+\mathrm{j}\;20\,\Omega}=$$

$$=\frac{1}{0{,}15p+\mathrm{j}0{,}2}\text{ A}. \qquad (2.13\text{–}8)$$

Man zeichnet die Nenner-OK als Parallele zur reellen Achse mit Parametrierung maßstäblich auf und spiegelt sie dann an der reellen Achse. Die OK des Stro-

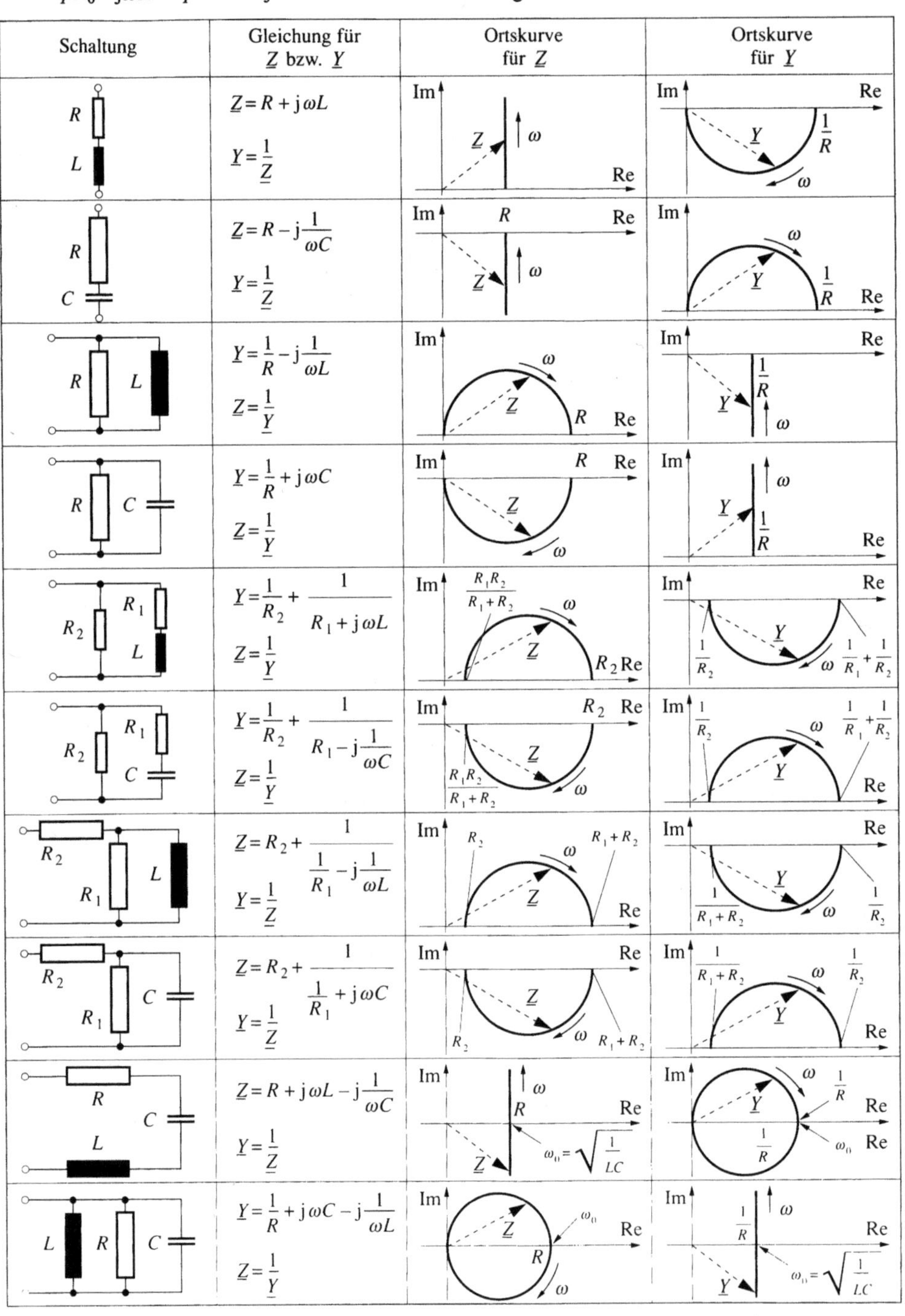

Bild 2.13-6 Schaltungen und ihre Ortskurven (prinzipiell)

mes ist ein Halbkreis durch den Nullpunkt im 4. Quadranten. Für $p=\infty$ ist $I=0$. Für $p=0$ ist $\underline{I}=-\mathrm{j}5\mathrm{A}$. Daraus folgt der Durchmesser des Halbkreises von 5A. Zur Parametrierung des Kreises wird die linear geteilte Nenner-OK als *Parametrierungs-Gerade* benutzt.

2.13.5 Kreis in allgemeiner Lage

Die Gleichung eines Kreises in allgemeiner Lage lautet

$$\underline{A} = \frac{\underline{F}+p\underline{G}}{\underline{D}+p\underline{E}} \quad (-\infty < p < \infty). \qquad (2.13\text{–}9)$$

3. Inversionssatz:
Die Inversion eines nicht durch den Nullpunkt verlaufenden Kreises ergibt wieder einen nicht durch den Nullpunkt verlaufenden Kreis.

2.13.6 Beispiele

In Bild 2.13–6 sind Schaltungen und ihre Ortskurven für die Impedanz $\underline{Z}$ und die Admittanz $\underline{Y}$ zusammengestellt. Veränderlich ist jeweils die Kreisfrequenz in den Grenzen von Null bis Unendlich.

2.14 Drosselspule und Transformator

2.14.1 Drosselspule mit Eisenkern

Spulen mit Eisenkern besitzen gemäß Gl. (2.8–14) eine große Selbstinduktivität L. Sie können daher in Wechselstromkreisen vorteilhaft Vorwiderstände zur Strombegrenzung ersetzen, weil sie nur eine geringe Verlustleistung entwickeln.
Bei Vernachlässigung des Wirkwiderstandes der in Bild 2.14–1 dargestellten Spule gilt bei $u_L = u = \hat{u}\cos\omega t$ mit

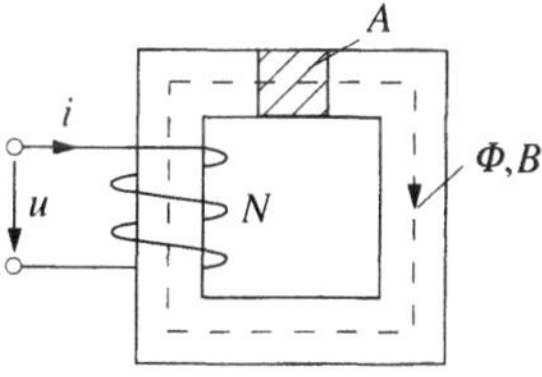

Bild 2.14-1 Spule mit Eisenkern an Wechselspannung

dem Induktionsgesetz Gl. (2.8–7) für den Fluß Φ

$$\Phi = \frac{u}{N}\int \cos\omega t \,\mathrm{d}t = \frac{\hat{u}}{\omega N}\sin\omega t + C. \qquad (2.14\text{–}1)$$

mit $\hat{\Phi} = \hat{u}/(\omega N)$ und $C=0$.

Φ, $\hat{\Phi}$	$\hat{u}$	N	t	C	ω
Vs	V	1	s	Vs	s^{-1}

Der magnetische Fluß verläuft demnach sinusförmig und eilt der Spannung um $\pi/2$ nach. Der Scheitelwert des Flusses Φ bzw. der Flußdichte B hängt nur von den Größen $\hat{u}$, ω und N ab! Mit $\hat{u}=\sqrt{2}U$ und $\omega=2\pi f$ gilt weiterhin

$$U = \frac{2\pi}{\sqrt{2}}Nf\hat{\Phi} = 4{,}44 NfA\hat{B}. \qquad (2.14\text{–}2)$$

U	N	f	$\hat{\Phi}$	A	$\hat{B}$
V	1	s^{-1}	Vs	m^2	$\mathrm{T} = \mathrm{Vs/m}^2$

Das übliche Ersatzschaltbild der Spule mit Eisenkern (Bild 2.14–2) berücksichtigt die Verlustleistung im

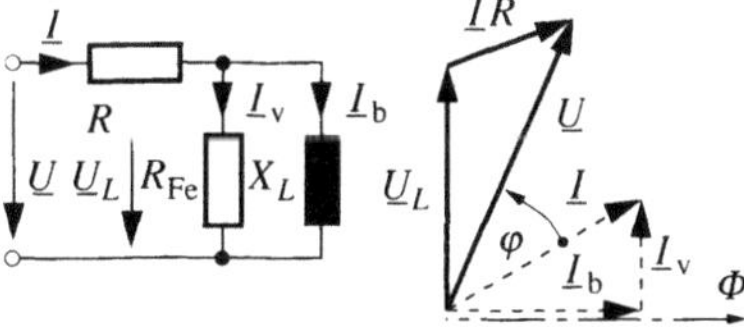

Bild 2.14-2 Ersatzschaltbild und Zeigerbild der Spule mit Eisenkern

Wirkwiderstand R der Wicklung („*Kupferverluste*" P_{Cu}) und im Eisen („*Eisenverluste*" P_{Fe}). Letztere denkt man sich in einem fiktiven *Eisenverlustwiderstand* R_{Fe} entstanden. Der Strom durch den Blindwiderstand ist der *Magnetisierungsstrom* $\underline{I}_{\mathrm{b}}$.

2.14.2 Der lineare Übertrager (Lufttransformator)

Zwei galvanisch getrennte, magnetisch gekoppelte Stromkreise (siehe auch Abschnitt 2.8–3) sind durch die Widerstände R_1, R_2, die Selbstinduktivitäten L_1, L_2 und die Gegeninduktivität L_{12} eindeutig zu beschreiben. Sind diese Größen konstant, haben die Maschengleichungen konstante Koeffizienten (*linearer Übertrager; Lufttransformator*). Die Maschengleichungen lauten:

$$\underline{U}_1 = (R_1 + j\omega L_1)\underline{I}_1 - \mathrm{j}\omega L_{12}\underline{I}_2, \qquad (2.14\text{–}3)$$

$$\underline{U}_2 = -(R_2 + j\omega L_2)\underline{I}_2 + \mathrm{j}\omega L_{12}\underline{I}_1. \qquad (2.14\text{–}4)$$

Daraus ergibt sich ein erstes Ersatzschaltbild des Transformators (Bild 2.14–3).

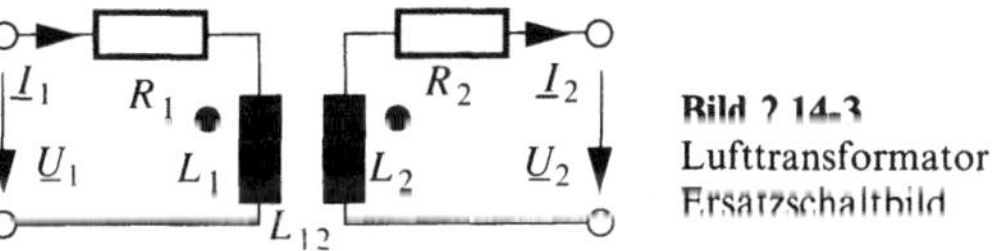

Bild 2.14-3 Lufttransformator: Ersatzschaltbild

Der Maximalwert der Gegeninduktivität der Spulen ist nach Gl. (2.8–25) $L_{12\max} = \sqrt{L_1 L_2}$. Infolge der Streuung ist L_{12} kleiner als $L_{12\max}$, was man mit Hilfe des *induktiven Kopplungsgrades* k ausdrücken kann:

$$k = \frac{L_{12}}{\sqrt{L_1 L_2}}. \qquad (2.14\text{–}5)$$

Eine vergleichbare Aussage liefert der *Streufaktor*

$$\sigma = 1 - \frac{L_{12}^2}{L_1 L_2} = 1 - k^2. \qquad (2.14\text{–}6)$$

Für feste Kopplung gilt $k=1$ und $\sigma=0$.
Für vollständige Entkopplung gilt: $L_{12}=0$; $k=0$; $\sigma=1$.

2.14.3 T-Ersatzschaltung des Transformators

Moderne Transformatoren der Energietechnik und Übertrager der Nachrichtentechnik sind magnetisch fest gekoppelt. Der Streufaktor liegt in der Größenordnung weniger Prozente. Derartige Transformatoren lassen sich mit der T-Ersatzschaltung zweckmäßig beschreiben. Diese Ersatzschaltung wird aus der Flußverkettung abgeleitet.

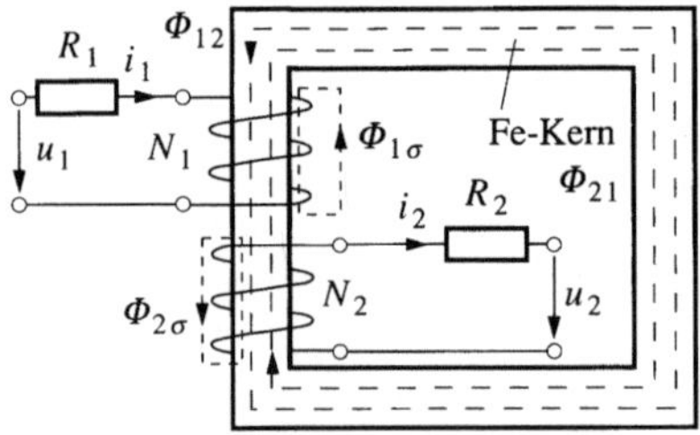

Bild 2.14-4 Grundsätzliche Anordnung eines Transformators

Im Bild 2.14-4 sind die Bezugspfeile der Ströme und der von ihnen erzeugten Flußanteile einander rechtswendig zugeordnet. Die einzelnen Flußanteile sind:

Φ_{12} vom Strom i_1 erregter Flußanteil, der auch Spule 2 durchsetzt (primärer Nutzfluß),
$\Phi_{1\sigma}$ vom Strom i_1 erregter Flußanteil, der nur Spule 1 durchsetzt (primärer Streufluß),
Φ_{21} vom Strom i_2 erregter Flußanteil, der auch Spule 1 durchsetzt (sekundärer Nutzfluß),
$\Phi_{2\sigma}$ vom Strom i_2 erregter Flußanteil, der nur Spule 2 durchsetzt (sekundärer Streufluß).

Die Maschengleichungen für die Stromkreise 1 und 2 lauten gemäß Induktionsgesetz in Gl. (2.8-7):

$$u_1 = i_1 R_1 + N_1 \frac{\mathrm{d}}{\mathrm{d}t}(\Phi_{1\sigma} + \Phi_{12} - \Phi_{21}), \quad (2.14\text{-}7)$$

$$-u_2 = i_2 R_2 + N_2 \frac{\mathrm{d}}{\mathrm{d}t}(\Phi_{2\sigma} + \Phi_{21} - \Phi_{12}). \quad (2.14\text{-}8)$$

Setzt man einen Spulenkern mit konstanter Permeabilität voraus, so sind die genannten Flüsse den erregenden Strömen proportional. Nach Gl. (2.7-12) läßt sich jedem Fluß ein konstanter magnetischer Leitwert Λ zuordnen:

$$\Phi_{1\sigma} = i_1 N_1 \Lambda_{1\sigma}; \qquad \Phi_{2\sigma} = i_2 N_2 \Lambda_{2\sigma};$$

$$\Phi_{12} = i_1 N_1 \Lambda_{12}; \qquad \Phi_{21} = i_2 N_2 \Lambda_{21} = i_2 N_2 \Lambda_{12}.$$

Damit gehen die Gln. (2.14-7) und (2.14-8) über in:

$$u_1 = i_1 R_1 + N_1^2 \Lambda_{1\sigma} \frac{\mathrm{d}i_1}{\mathrm{d}t} + N_1^2 \Lambda_{12} \frac{\mathrm{d}i_1}{\mathrm{d}t} - N_1 N_2 \Lambda_{12} \frac{\mathrm{d}i_2}{\mathrm{d}t}, \quad (2.14\text{-}9)$$

$$-u_2 = i_2 R_2 + N_2^2 \Lambda_{2\sigma} \frac{\mathrm{d}i_2}{\mathrm{d}t} + N_2^2 \Lambda_{12} \frac{\mathrm{d}i_2}{\mathrm{d}t} - N_1 N_2 \Lambda_{12} \frac{\mathrm{d}i_1}{\mathrm{d}t}. \quad (2.14\text{-}10)$$

u_1, u_2	i_1, i_2	R_1, R_2	N_1, N_2
V	A	Ω	1

$\Lambda_{1\sigma}, \Lambda_{12}, \Lambda_{2\sigma}$	t	$L_{1\sigma}, L_{2\sigma}, L_h$
H = Vs/A	s	H = Vs/A

Mit Gl. (2.8-12) definiert man

die *primäre Streuinduktivität* $L_{1\sigma} = N_1^2 \Lambda_{1\sigma}$,

die *sekundäre Streuinduktivität* $L_{2\sigma} = N_1^2 \Lambda_{2\sigma}$,

die *Hauptinduktivität* $L_h = N_1^2 \Lambda_{12}$.

Damit schreibt man kürzer

$$u_1 = i_1 R_1 + L_{1\sigma} \frac{\mathrm{d}i_1}{\mathrm{d}t} + L_h \frac{\mathrm{d}i_1}{\mathrm{d}t} - L_h \frac{N_2}{N_1} \frac{\mathrm{d}i_2}{\mathrm{d}t}, \quad (2.14\text{-}11)$$

$$-u_2 = i_2 R_2 + L_{2\sigma} \frac{\mathrm{d}i_2}{\mathrm{d}t} + L_h \frac{N_2^2}{N_1^2} \frac{\mathrm{d}i_2}{\mathrm{d}t} - L_h \frac{N_2}{N_1} \frac{\mathrm{d}i_1}{\mathrm{d}t}. \quad (2.14\text{-}12)$$

Setzt man sinusförmigen Verlauf der Spannungen und Ströme voraus, so lassen sich die Gleichungen mit komplexen Effektivwerten schreiben. Nach Erweiterung der Gl. (2.14-12) mit N_1/N_2 ergibt sich:

$$\underline{U}_1 = \underline{I}_1(R_1 + \mathrm{j}\omega L_{1\sigma}) + \mathrm{j}\omega L_h\left(\underline{I}_1 - \underline{I}_2 \frac{N_2}{N_1}\right), \quad (2.14\text{-}13)$$

$$-\underline{U}_2 \frac{N_1}{N_2} = \underline{I}_2 \frac{N_2}{N_1}\left(R_2 \frac{N_1^2}{N_2^2} + \mathrm{j}\omega L_{2\sigma} \frac{N_1^2}{N_2^2}\right) - \mathrm{j}\omega L_h\left(\underline{I}_1 - \underline{I}_2 \frac{N_2}{N_1}\right). \quad (2.14\text{-}14)$$

Hier treten $\underline{U}_2$ und $\underline{I}_2$ nicht mit den wahren Beträgen auf, sondern sind auf die Windungszahl der Primärseite reduziert, wodurch z. B. das Zeichen von Zeigerbildern wesentlich erleichtert wird. Mit den üblichen Abkürzungen

$$\ddot{u} = N_1/N_2, \quad I_2' = I_2/\ddot{u}, \quad U_2' = U_2 \ddot{u},$$
$$X_{1\sigma} = \omega L_{1\sigma}, \quad X_{2\sigma} = \omega L_{2\sigma}, \quad X_h = \omega L_h,$$
$$R_2' = R_2 \ddot{u}^2, \quad X_{2\sigma}' = X_{2\sigma} \ddot{u}^2,$$

erhalten die Spannungsgleichungen die Form

$$\underline{U}_1 = \underline{I}_1(R_1 + jX_{1\sigma}) + jX_h(\underline{I}_1 - \underline{I}'_2), \quad (2.14\text{–}15)$$

$$-\underline{U}'_2 = \underline{I}'_2(R'_2 + jX'_{2\sigma}) - jX_h(\underline{I}_1 - \underline{I}'_2). \quad (2.14\text{–}16)$$

Daraus läßt sich die T-Ersatzschaltung in Bild 2.14–5 direkt ablesen, wobei auch der Eisenverlustwiderstand R_{Fe} aus Bild 2.14–2 berücksichtigt ist.

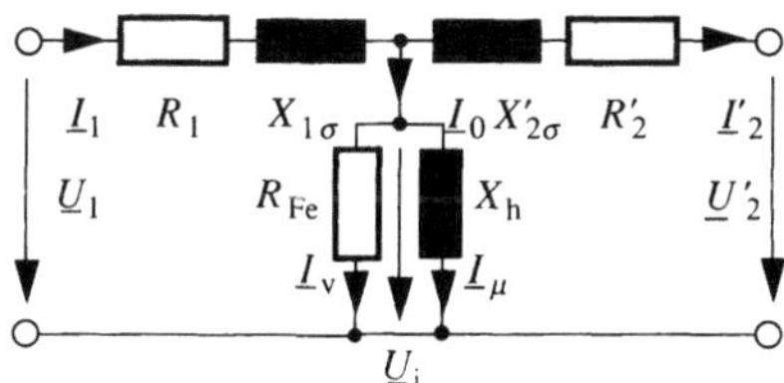

Bild 2.14-5 T-Ersatzschaltbild des Transformators mit Eisenkern

Die Widerstände im Ersatzschaltbild eines Transformators der Energietechnik stehen grob in folgendem Verhältnis:

$$R_1 : R'_2 : X_{1\sigma} : X'_{2\sigma} : X_h : R_{Fe} \approx \quad (2.14\text{–}17)$$

$$\approx 1 : 1 : 2 : 2 : 1000 : 10\,000.$$

Daraus ist ersichtlich, daß man bei der Beschreibung des Betriebsverhaltens Vernachlässigungen einführen kann.

Im Zeigerbild des belasteten Transformators ist die Länge der Sekundärgrößen $\underline{U}'_2$ und $\underline{I}'_2$ mit der Länge der Primärgrößen vergleichbar. Bild 2.14–6 zeigt

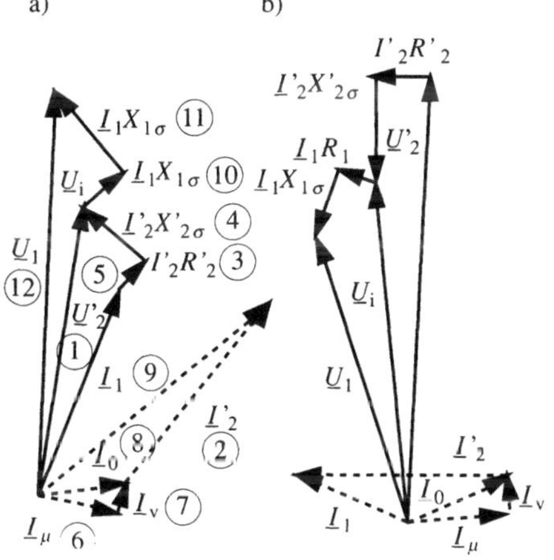

Bild 2.14-6 Zeigerbilder des belasteten Transformators (prinzipiell)
a) ohmsch induktive Last, b) rein kapazitive Last

prinzipielle Zeigerbilder für ohmsch-induktive und rein kapazitive Last.

Zum Teil ist die Reihenfolge der Konstruktion eingetragen. Die Verhältnisse von Gl. (2.14–17) sind nicht berücksichtigt, um alle Größen sichtbar werden zu lassen. Klar ist zu sehen, daß bei kapazitiver Last U_2 größer als U_1 werden kann (Resonanz).

■ *Beispiel:*
Ein Einphasentransformator mit der Bemessungs-Scheinleistung $S_N = 25$ kVA versorgt eine Last mit $P_1 = 12$ kW bei $\cos\varphi_1 = 0{,}6$ induktiv. Die Scheinleistung der Last ist $S_1 = P_1/\cos\varphi_1 = 20$ kVA. Der Transformator ist damit nur zu 80% ausgelastet.
Man möchte an den Transformator weitere Lasten anschließen, deren Leistungsfaktor $\cos\varphi_2 = 0{,}866$ kapazitiv ist. Ihre Scheinleistung $\underline{S}_2$ ergibt sich aus dem Zeigerbild der Leistungen (Bild 2.14–7). Dort

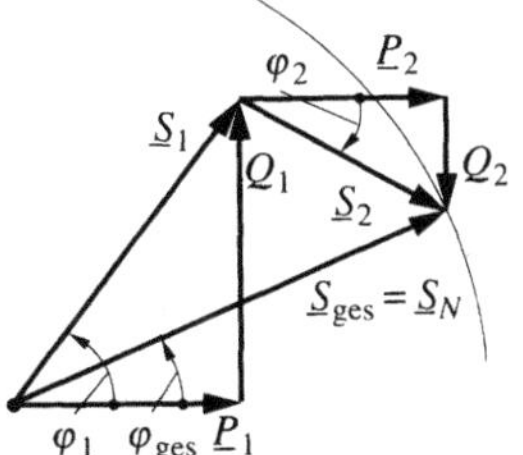

Bild 2.14-7 Zur Auslastung eines Einphasentransformators

ist die Wirk-, Blind- und Scheinleistung für den obigen Lastfall eingezeichnet. Der Kreisbogen begrenzt die zulässige Gesamtscheinleistung auf den Bemessungswert S_N. Wegen des vorgegebenen Leistungsfaktors $\cos\varphi_2$ ergibt sich der Zeiger $\underline{S}_{ges}$.

2.15 Drehstromsystem

2.15.1 Erzeugung des Drehstromes

Dreht man ein konstantes Magnetfeld mit konstanter Winkelgeschwindigkeit Ω gemäß Bild 2.15–1 in drei

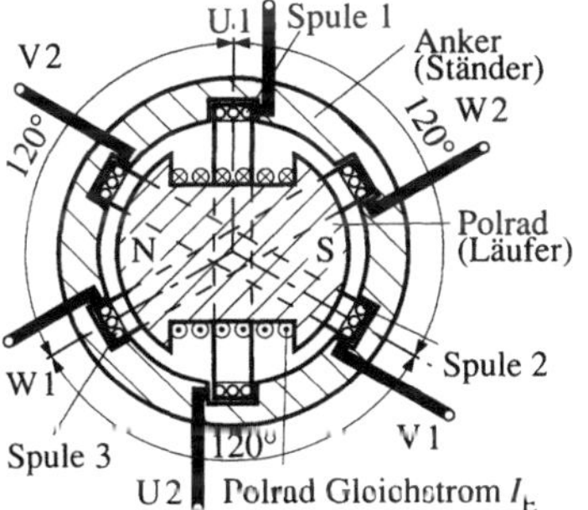

Bild 2.15-1 Drehstromgenerator (prinzipiell)

räumlich versetzten gleichen Spulen *(Strängen)*, so werden drei gleich große, aber zeitlich um 120° phasenverschobene Spannungen induziert *(symmetrisches Spannungssystem)*.

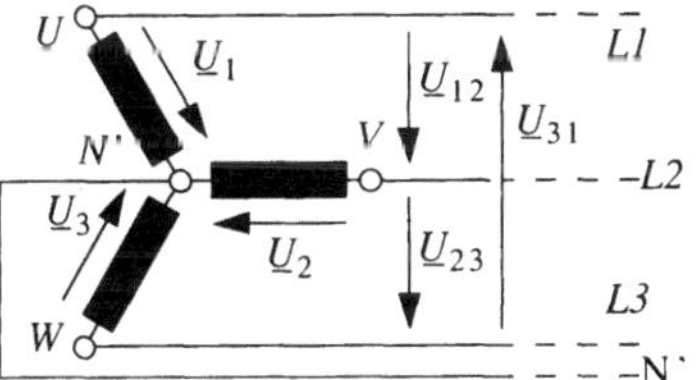

Bild 2.15-2 Sternschaltung eines Drehstromgenerators

In Bild 2.15–2 bilden 3 Wicklungsanschlüsse den Knotenpunkt *N′ (Sternpunkt)*. Bei einem *Dreileitersystem* werden nur die *Außenleiter* L1, L2 und L3 herausgeführt, beim *Vierleitersystem* auch der *Neutralleiter N′*.

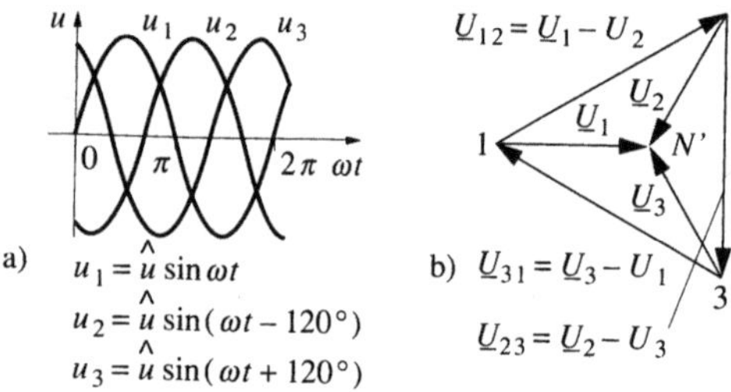

Bild 2.15-3 Vierleiter-Drehstromsystem: Spannungen im Zeitverlauf (a) und im Zeigerdiagramm (b)

Bild 2.15–3 zeigt die Spannungen eines symmetrischen Systems als Zeit- und Zeigerdiagramm. Der Betrag der zwischen je einem Außenleiter und dem Sternpunkt liegenden Spannung ist die *Sternspannung* U_0.

$$U_1 = U_2 = U_3 = U_0. \qquad (2.15\text{–}1)$$

Zwischen je zwei Außenleitern liegt die *Außenleiterspannung U*.

$$U_{12} = U_{23} = U_{31} = U. \qquad (2.15\text{–}2)$$

Aus Bild 2.15–3 (b) sieht man:

$$U = \sqrt{3}\,U_0. \qquad (2.15\text{–}3)$$

2.15.2 Verbraucherschaltungen

Drehstromverbraucher bestehen aus drei Impedanzen, die entweder in Sternschaltung (mit oder ohne Neutralleiter) oder in Dreieckschaltung verbunden sind. Wegen des kleinen Innenwiderstandes des speisenden Netzes kann man fast immer voraussetzen, daß das am Verbraucher liegende Spannungssystem symmetrisch ist.

Bei der *Sternschaltung mit angeschlossenem Neutralleiter* (Bild 2.15–4) gilt für die Spannung an den Verbraucherwiderständen (Strangspannung)

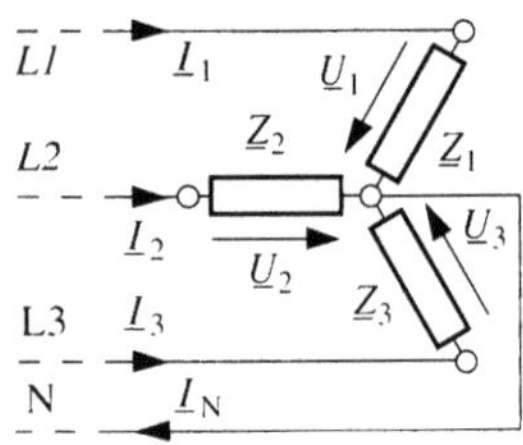

Bild 2.15-4 Drehstromverbraucher in Sternschaltung mit angeschlossenem Mittelleiter

$$\underline{U}_1 = U_0;\ \underline{U}_2 = U_0\,e^{-j120°};\ \underline{U}_3 = U_0\,e^{-j240°}. \qquad (2.15\text{–}4)$$

Für die Außenleiterströme gilt:

$$\underline{I}_1 = \frac{\underline{U}_1}{\underline{Z}_1};\quad \underline{I}_2 = \frac{\underline{U}_2}{\underline{Z}_2};\quad \underline{I}_3 = \frac{\underline{U}_3}{\underline{Z}_3}. \qquad (2.15\text{–}5)$$

Aus dem 1. Kirchhoffschen Gesetz folgt

$$\underline{I}_N = \underline{I}_1 + \underline{I}_2 + \underline{I}_3 \qquad (2.15\text{–}6)$$

Beim wichtigen Sonderfall eines symmetrischen Verbrauchers ($\underline{Z}_1 = \underline{Z}_2 = \underline{Z}_3$) ist $\underline{I}_N = 0$ (Bild 2.15–5).

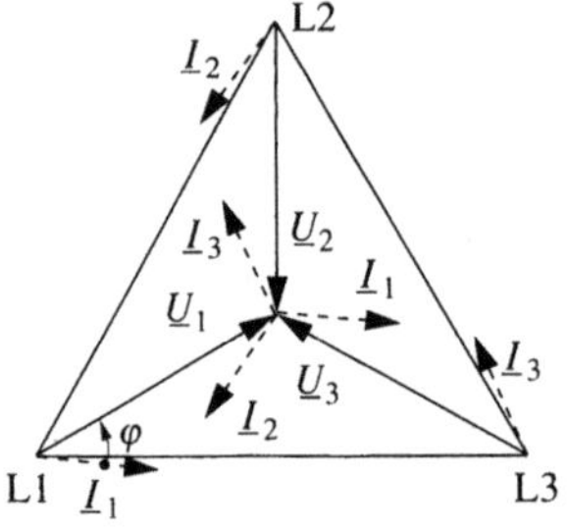

Bild 2.15-5 Zeigerdiagramm bei symmetrischer Last in Sternschaltung

Bei der Sternschaltung ohne Verbindung zwischen den Sternpunkten des Verbrauchers und des Netzes (Bild 2.15–6), kann der Verbrauchersternpunkt *N* bei

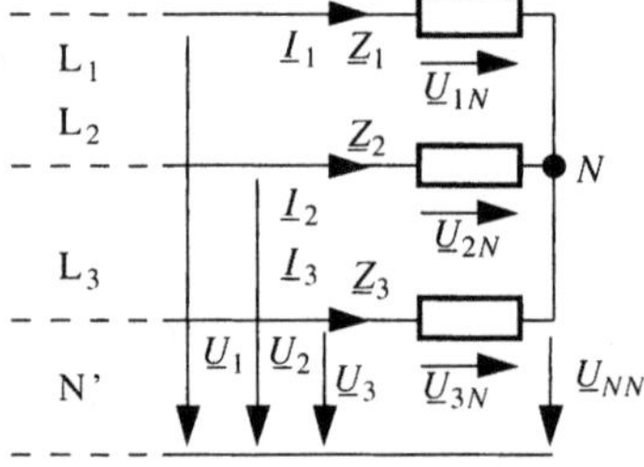

Bild 2.15-6 Drehstromverbraucher in Sternschaltung ohne angeschlossenem Mittelleiter

unsymmetrischer Last eine u. U. beträchtliche Spannung gegenüber dem oft geerdeten Netzsternpunkt *N′* annehmen, die *Sternpunktspannung* $\underline{U}_{NN'}$.

Mit den Leitwerten $\underline{Y}_1 = 1/\underline{Z}_1$; $\underline{Y}_2 = 1/\underline{Z}_2$ und $\underline{Y}_3 = 1/\underline{Z}_3$ ergibt sich für den Strom in den Verbrauchersträngen

$$\underline{I}_1 = (\underline{U}_1 - \underline{U}_{NN'})\,\underline{Y}_1;\quad \underline{I}_2 = (\underline{U}_2 - \underline{U}_{NN'})\,\underline{Y}_2;$$
$$\underline{I}_3 = (\underline{U}_3 - \underline{U}_{NN'})\,\underline{Y}_3. \qquad (2.15\text{–}7)$$

Wegen $\underline{I}_1 + \underline{I}_2 + \underline{I}_3 = 0$ gilt

$$\underline{U}_{NN'} = \frac{\underline{U}_1\underline{Y}_1 + \underline{U}_2\underline{Y}_2 + \underline{U}_3\underline{Y}_3}{\underline{Y}_1 + \underline{Y}_2 + \underline{Y}_3}. \qquad (2.15\text{–}8)$$

Bei der Dreieckschaltung eines Drehstromverbrauchers (Bild. 2.15–7) gilt für die Spannung zwischen den Außenleitern

$$\underline{U}_{12} = U;\ \underline{U}_{23} = U\,e^{-j120°};\ \underline{U}_{31} = U\,e^{-j240°}. \qquad (2.15\text{–}9)$$

Daraus folgt für den Strom in den Strängen

$$\underline{I}_{12} = \frac{\underline{U}_{12}}{\underline{Z}_{12}};\quad \underline{I}_{23} = \frac{\underline{U}_{23}}{\underline{Z}_{23}};\quad \underline{I}_{31} = \frac{\underline{U}_{31}}{\underline{Z}_{31}}. \qquad (2.15\text{–}10)$$

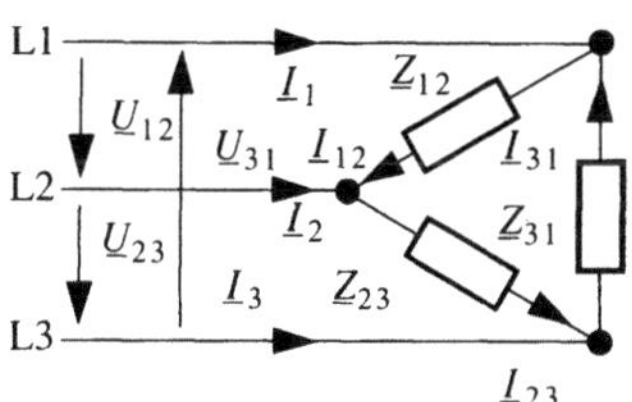

Bild 2.15-7 Drehstromverbraucher in Dreieckschaltung

Der Strom in den Außenleitern ergibt sich zu

$$\underline{I}_1 = \underline{I}_{12} - \underline{I}_{31}; \quad \underline{I}_2 = \underline{I}_{23} - \underline{I}_{12}; \quad \underline{I}_3 = \underline{I}_{31} - \underline{I}_{23} \tag{2.15–11}$$

Im Falle einer symmetrischen Dreieckschaltung mit $\underline{Z}_{12} = \underline{Z}_{23} = \underline{Z}_{31}$ besteht das Zeigerdiagramm für Spannung und Strom aus zwei gleichseitigen Dreiecken (Bild 2.15–8). Es gilt

$$I_{12} = I_{23} = I_{31} = I_{st} \quad \text{und} \quad I_1 = I_2 = I_3 = I$$

$$\text{mit} \quad I = \sqrt{3} I_{st}. \tag{2.15–12}$$

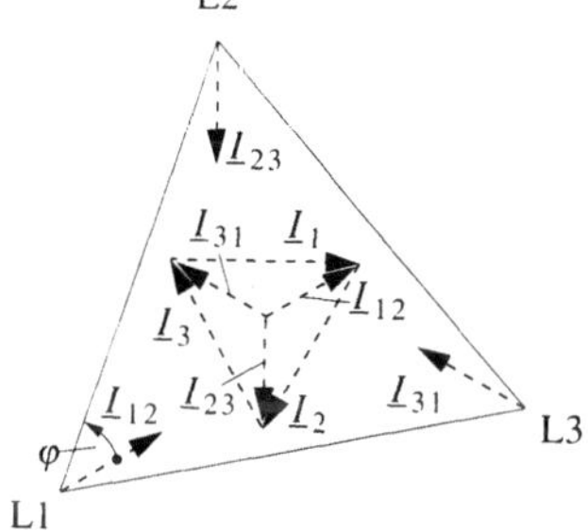

Bild 2.15-8 Zeigerdiagramm bei symmetrischer Last in Dreieckschaltung

2.15.3 Leistung bei Drehstrom

Der Augenblickswert der vom Generator an einen Verbraucher abgegebenen Leistung ist stets gleich der Summe der Augenblickswerte der Leistung in den einzelnen Strängen. Bei symmetrischer Belastung gilt für die drei Augenblickswerte mit Bild 2.15–9:

$$p_1 = u_1 i_1 = \hat{u}_{st} \sin(\omega t + \varphi)\, \hat{\imath} \sin \omega t,$$

$$p_2 = u_2 i_2 = \hat{u}_{st} \sin(\omega t - 120° + \varphi)\, \hat{\imath} \sin(\omega t - 120°),$$

$$p_3 = u_3 i_3 = \hat{u}_{st} \sin(\omega t - 240° + \varphi)\, \hat{\imath} \sin(\omega t - 240°).$$

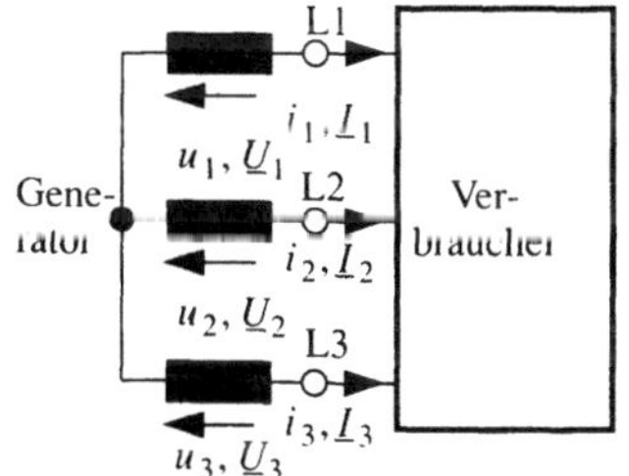

Bild 2.15-9 Drehstromsystem: Generator und Verbraucher

Hierin sind $\hat{u}_{st}$ der Scheitelwert der Strangspannung, $\hat{\imath}$ der Scheitelwert des Außenleiterstromes und φ der Phasenverschiebungswinkel zwischen Strangspannung und Strangstrom gemäß Gl. (2.11–6). Der Augenblickswert der Gesamtleistung ist

$$p = p_1 + p_2 + p_3 = \frac{3}{2} \hat{u}_{st} \hat{\imath} \cos \varphi. \tag{2.15–13}$$

Das zeigt, daß die dem Drehstromverbraucher zugeführte Leistung zeitlich konstant ist – im Gegensatz zur veränderlichen Leistung eines Wechselstromverbrauchers gemäß Gl. (2.11–7). Damit stellt Gl. (2.15–13) die Wirkleistung dar. Führt man noch die Effektivwerte der Leiter-Sternpunkt-Spannung U_0 und des Außenleiterstromes I ein, so ergibt sich mit $\hat{u}_{st} = \sqrt{2} U_0$ und $\hat{\imath} = \sqrt{2} I$ die *Wirkleistung* zu

$$P = p = 3 U_0 I \cos \varphi$$

bzw. mit $U_0 = U/\sqrt{3}$

$$P = \sqrt{3} U I \cos \varphi. \qquad \begin{array}{c|c|c} P, p & U & I \\ \hline \text{W} & \text{V} & \text{A} \end{array} \tag{2.15–14}$$

Entsprechend erhält man für die *Scheinleistung*

$$S = \sqrt{3} U I \qquad \begin{array}{c|c|c} S & U & I \\ \hline \text{VA} & \text{V} & \text{A} \end{array} \tag{2.15–15}$$

und für die *Blindleistung*

$$Q = \sqrt{3} U I \sin \varphi. \qquad \begin{array}{c|c|c} Q & U & I \\ \hline \text{var} & \text{V} & \text{A} \end{array} \tag{2.15–16}$$

Diese Gleichungen gelten unabhängig von der Schaltung des Verbrauchers.
Bei unsymmetrischer Belastung sieht man die drei Verbraucherstränge zweckmäßig jeweils als einphasige Verbraucher an. Die Gesamtwirkleistung ergibt sich durch Addition der Wirkleistungen der drei Stränge des Verbrauchers bzw. des Generators, z. B. gemäß Bild 2.15–9:

$$P = U_1 I_1 \cos \varphi_1 + U_2 I_2 \cos \varphi_2 + U_3 I_3 \cos \varphi_3. \tag{2.15–17}$$

Dies spiegelt auch die Leistungsmessung wieder (s. Kapitel 7!)

2.15.4 Beispiele

1. Ein Industriebetrieb wird über ein Drehstromnetz $U = 400$ V; $f = 50$ Hz mit elektrischer Energie versorgt. Angeschlossen sind symmetrische, ohmsch-induktive Drehstromverbraucher, deren Wirkleistungsaufnahme $P = 33$ kW beträgt. In den Außenleitern der Zuleitung wird die Stromstärke $I = 59$ A gemessen. Gemäß Gl. (2.15–14) ergibt sich der Leistungsfaktor des Betriebes zu

$$\cos \varphi = \frac{P}{\sqrt{3} U I} = 0{,}81.$$

Bei Verbesserung des Leistungsfaktors (Blindleistungskompensation) auf $\cos \varphi_k = 0{,}95$ vermindert sich der Strom auf I_k

$$I_k = \frac{P}{\sqrt{3}U \cos \varphi_K} = 50 \text{ A}.$$

Die dafür notwendige Kondensatorbatterie muß gemäß Gl. (2.15–16) die Blindleistung Q:

$$Q = \sqrt{3}U(I \sin \varphi - I_k \sin \varphi_k) = 13{,}3 \text{ kvar}$$

aufbringen.
Bei Sternschaltung der drei Kondensatoren mit der Kapazität $C_{\curlywedge}$ ist $Q_c = -U^2 2\pi f C_{\curlywedge}$ und damit $C_{\curlywedge} = 260$ µF. Bei Dreieckschaltung der Kondensatoren mit der Kapazität $C_{\triangle}$ ist $Q_c = -3U^2 2\pi f C_{\triangle}$ und damit $C_{\triangle} = 88$ µF. Die Dreieckschaltung ist also erheblich wirtschaftlicher.

2. An ein Drehstromnetz mit der Außenleiterspannung $U = 400$ V sind folgende Widerstände gemäß Bild 2.15–10 angeschlossen:

$$R_1 = 100\,\Omega, \quad R_2 = 200\,\Omega, \quad R_3 = 50\,\Omega,$$
$$X_L = 50\,\Omega, \quad |X_C| = 100\,\Omega.$$

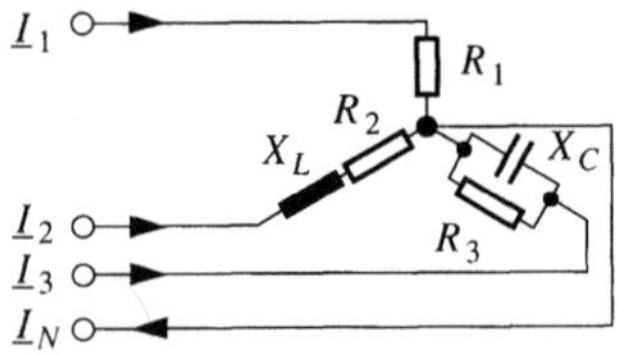

Bild 2.15-10 Unsymmetrisch belastetes Drehstromnetz

Unter Annahme eines symmetrischen Netzes ergibt sich der Strom in Leitern 1, 2 und 3 mit Gl. (2.15–7) aus Strangspannung und Strangimpedanz.

$$\underline{U}_1 = U_1 = 230 \text{ V}; \quad \underline{U}_2 = 230 \text{ V e}^{-\text{j}120°};$$
$$\underline{U}_3 = 230 \text{ V e}^{\text{j}120°},$$

$$\underline{Z}_1 = R_1; \quad \underline{Z}_2 = R_2 + \text{j}X_L; \quad \underline{Y}_3 = \frac{1}{R_3} + \text{j}\frac{1}{|X_C|}.$$

Daraus folgt

$$\underline{I}_1 = \frac{\underline{U}_1}{\underline{Z}_1} = 2{,}3 \text{ A},$$

$$\underline{I}_2 = \frac{\underline{U}_2}{\underline{Z}_2} = 1{,}1 \text{ A e}^{-\text{j}134°} = -(0{,}78 + \text{j}0{,}80) \text{ A},$$

$$\underline{I}_3 = \underline{U}_3 \underline{Y}_3 = 5{,}1 \text{ A e}^{\text{j}146{,}6°} = (-4{,}29 + \text{j}2{,}8) \text{ A}.$$

$\underline{I}_N$ ergibt sich aus der Knotenregel zu

$$\underline{I}_N = \underline{I}_1 + \underline{I}_2 + \underline{I}_3 = (-2{,}8 + \text{j}2{,}0) \text{ A} = 3{,}4 \text{ A e}^{\text{j}144°}$$

2.16 Schaltvorgänge

2.16.1 Gesetze der Ausgleichsvorgänge in linearen Systemen

Durch Schaltvorgänge ändert sich der elektrische Zustand eines Netzes. Der Übergang von einem Zustand in einen anderen (Ausgleichsvorgang) kann nicht plötzlich vor sich gehen, weil dies eine unendlich hohe Leistung zur Änderung der in den Feldern gespeicherten Energie erfordern würde. Die Gleichungen in Bild 2.16–1 sind Grundlage für die Untersuchung von

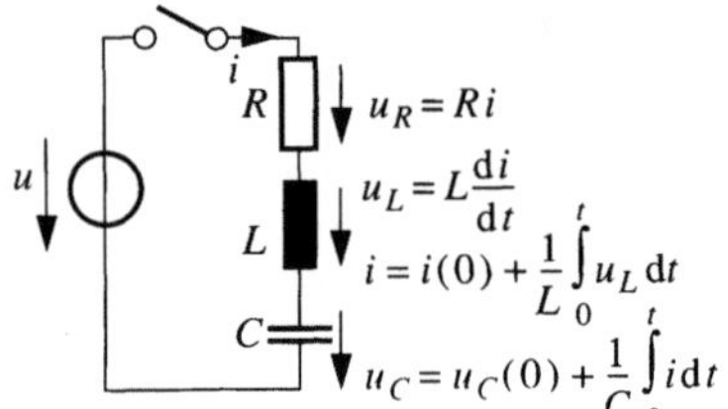

Bild 2.16-1 Schalten eines Schwingkreises

Schaltvorgängen. Dazu wird die Maschengleichung (als Differentialgleichung) angesetzt und gelöst. Die Lösung gibt den zeitlichen Verlauf der gesuchten Größe an. Dabei wird der Verlauf im Endzustand (bei Wechselspannung: im eingeschwungenen Zustand) mit einem flüchtigen Vorgang überlagert, der im Laufe der Zeit abklingt. Beispiele für die Ermittlung derartiger Zeitfunktionen sind in den Abschnitten 2.6.4 und 2.9 nachzulesen. Dort ist auch darauf hingewiesen, daß beim Lösen der Differentialgleichung der Anfangszustand der Energiespeicher zum Zeitpunkt $t = 0$ zu berücksichtigen ist. Da die in ihnen gespeicherte Energie stetig ist, hat der Strom in jeder Spule bzw. die Spannung an jedem Kondensator unmittelbar nach dem Schalten noch dieselben Werte wie unmittelbar vorher. Falls man in Bild 2.16–1 beim Einschalten von einem ungeladenen Kondensator ausgeht, so ist auch unmittelbar nach dem Schließen des Schalters $u_c(0) = 0$.
Häufig kann man aus den Anfangsbedingungen den Verlauf der elektrischen Größen unmittelbar nach dem Schalten abschätzen, ohne den gesamten Ausgleichsvorgang berechnen zu müssen. Dabei sind gegebenenfalls Vernachlässigungen zweckmäßig. Man erhält dann mit geringem mathematischen Aufwand Aussagen über den Ausgleichsvorgang gerade in den Zeiträumen, in denen die betroffenen Geräte z. B. durch eine zeitweise erhöhte Spannung (Überspannung) oder durch Stromspitzen am stärksten beansprucht werden.
Eine derartige Arbeitsweise ist auch dann zu empfehlen, wenn man die gesuchten Zeitfunktionen mit aufwendigen Gleichungen, Gleichungssystemen, mit der *Laplace-Transformation* oder mit Rechenprogram-

men [2–1], [2–9], [2–13] erhalten hat und dann mit einfachen Mitteln ihre Plausiblität nachweisen will. Eine solche Überprüfung ist stets ratsam.

2.16.2 Einschalten

Das zeitliche Verhalten elektrischer Geräte hängt von den Eigenschaften Widerstand, Selbstinduktivität und Kapazität ab. Die maximal zu erwartende Beanspruchung läßt sich in erster Näherung abschätzen, wenn man nur die wirksamste Eigenschaft berücksichtigt und die anderen vernachlässigt. Beim Einschalten eines Widerstandes R, einer Spule mit der Selbstinduktivität L bzw. eines Kondensators mit der Kapazität C an Gleichspannung ergeben sich mit den Gleichungen aus Bild 2.16–1 die Zeitverläufe des Stromes i von Bild 2.16–2. Der Strom im Widerstand

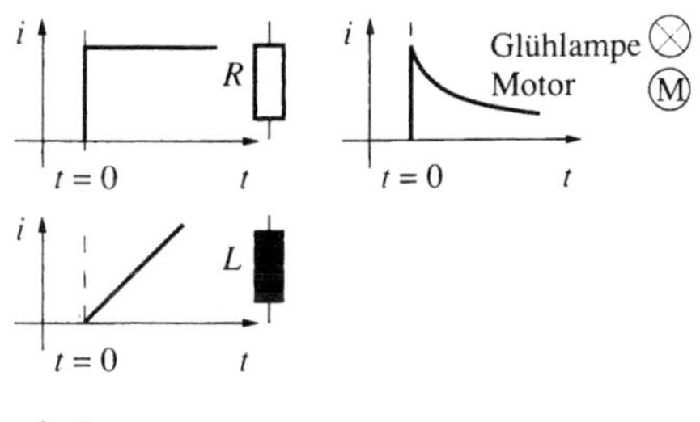

C

Bild 2.16-2
Einschalten von Verbrauchern an Gleichspannung

springt sofort auf seinen Endwert. In der Spule steigt der Strom von Null ausgehend stetig an. Der Einschaltstrom eines Kondensators wird gemäß Gl. (2.6–16) nur von einem Widerstand (z. B. der Zuleitung) begrenzt.

In den Anwendungen kommt anstelle des idealen Widerstandes das Einschalten z. B. eines Glühlampenstromkreises vor. Er ist nicht linear; sein Widerstandswert nimmt nach einiger Zeit mit steigender Temperatur zu. Der Einschaltstrom kann deshalb das 30-fache des Bemessungsstromes erreichen. Beim Einschalten von Gleichstrom- bzw. Drehstrommotoren muß man im Stillstand ebenfalls mit einem Vielfachen des Bemessungsstromes rechnen.

Der Scheitelwert des hochfrequenten Stromes beim Einschalten eines Kondensators an Wechselspannung (Bild 2.16–3) kann das 30-fache des Bemessungsstromes (Effektivwert) betragen. Schaltet man in einer zentralen *Kompensationsanlage* einzelne Kondensatoren zu weiteren parallel, so werden Werte des Einschaltspitzenstromes bis zum 200-fachen des Bemessungsstromes erreicht, wenn man nicht Spulen zur Strombegrenzung vorschaltet, die den Stromanstieg gemäß Induktionsgesetz $U/L = \mathrm{d}i/\mathrm{d}t$ begrenzen.

Das Einschalten eines ohmsch-induktiven Stromkreises ist eine Grundaufgabe der *Kurzschlußberechnung* in elektrischen Netzen. Beim Eintreten des Kurzschlusses zum Zeitpunkt $t = 0$ treibt gemäß Bild

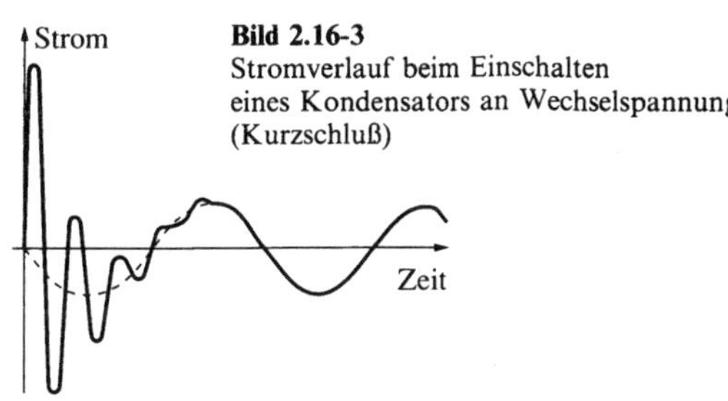

Bild 2.16-3
Stromverlauf beim Einschalten eines Kondensators an Wechselspannung (Kurzschluß)

2.16–4 die Wechselspannung u den Kurzschlußstrom i durch Wirkwiderstand R und Selbstinduktivität L der Leitungen vor der Kurzschlußstelle. Der Einschaltstrom ergibt sich als Lösung der Differentialgleichung

$$u(t) = iR + L\frac{\mathrm{d}i}{\mathrm{d}t}. \qquad (2.16\text{–}1)$$

Der gesuchte Strom i ist die Summe aus dem stationären Strom i_e und dem flüchtigen Strom i_f, also

$$i = i_e + i_f. \qquad (2.16\text{–}2)$$

Mit vorgegebener Spannung $u(t) = \hat{u}\sin(\omega t + \varphi_u)$ ergibt sich nach den Beziehungen der Wechselstromrechnung (Abschnitt 2.12)

$$i_e = \hat{i}_e \sin(\omega t + \varphi_u - \varphi) \qquad (2.16\text{–}3)$$

mit

$$\hat{i}_e = \frac{\hat{u}}{Z} = \frac{\hat{u}}{\sqrt{R^2 + (\omega L)^2}} \qquad (2.16\text{–}4)$$

und

$$\varphi = \arctan\frac{\omega L}{R}. \qquad (2.16\text{–}5)$$

Für den flüchtigen Strom ergibt sich nach [2.5]

$$i_f = i_{f0}\,\mathrm{e}^{-(t/\tau)} \quad \text{mit} \quad \tau = \frac{L}{R}. \qquad (2.16\text{–}6)$$

i R L
u
iR
$L\frac{\mathrm{d}i}{\mathrm{d}t}$
u = 0

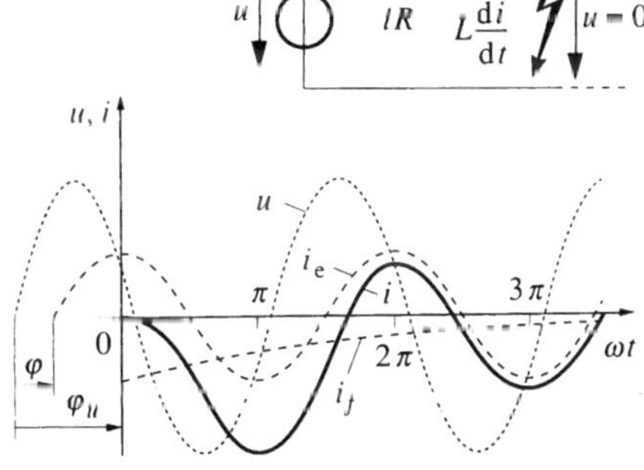

Bild 2.16-4 Einschalten eines ohmsch-induktiven Stromkreises (Kurzschluß) (nach [2.6])
u Spannung, i_e stationärer Strom,
i Strom, i_f flüchtiger Strom

Wegen der Anfangsbedingung $i(0)=0$ gilt zum Zeitpunkt $t=0$

$$i(0) = 0 = \hat{i}_e \sin(\varphi_u - \varphi) + i_{f0}. \qquad (2.16\text{–}7)$$

Damit ergibt sich der zeitliche Verlauf des Stromes zu

$$i = \frac{\hat{u}}{\sqrt{R^2+(\omega L)^2}} \cdot [\sin(\omega t + \varphi_u - \varphi) - \sin(\varphi_u - \varphi)\, e^{-(t/\tau)}]. \qquad (2.16\text{–}8)$$

$i, i_e, \hat{i}_e, i_f, i_{f0}$	t, τ	$\hat{u}$	L	R	ω
A	s	V	H=Vs/A	Ω	s^{-1}

Dieser Verlauf ist zusammen mit den Größen u, i_e und i_f in Bild 2.16–4 dargestellt. Der Strom i nähert sich im Laufe der Zeit an i_e an. φ_u ist der Winkel, um den der positive Nulldurchgang der Spannung u vor dem Schaltzeitpunkt ($t=0$) liegt.
Will man den Verlauf des Stromes abschätzen, so kann man häufig den Widerstand R zunächst vernachlässigen. Es ergeben sich die Verläufe von Bild 2.16–5. Beim Einschalten im Spannungsmaximum

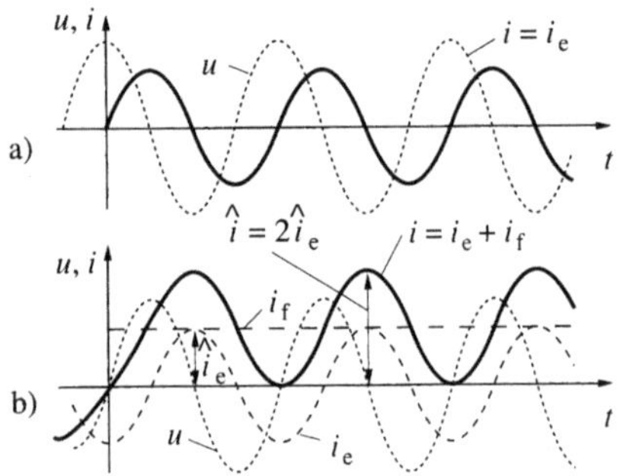

Bild 2.16-5 Einschalten einer idealen Selbstinduktivität
a) im Spannungsmaximum,
b) im Nulldurchgang der Spannung
u Spannung, i_e stationärer Strom,
i Strom, i_f flüchtiger Strom

fließt sofort der stationäre Strom. Schaltet man aber im Nulldurchgang der Spannung, so überlagert sich dem stationären Strom i_e ein flüchtiger Strom i_f, der so groß ist, daß $i(0)=0$ wird. Der Höchstwert des Stromes i wird doppelt so groß wie $\hat{i}_e$. Wegen des vernachlässigten Widerstandes bleibt i_f konstant. Bei Berücksichtigung des Widerstandes nimmt i_f im Laufe der Zeit ab (Bild 2.16–4).

2.16.3 Ausschalten

Das Abschalten eines induktiven Stromkreises bereitet erheblich größere Schwierigkeiten als das Einschalten. Nach der Kontakttrennung bleibt wegen der Induktivität ein *Lichtbogen* bestehen, der den Stromkreis geschlossen hält. Falls keine besonderen Maßnahmen ergriffen werden, ist der Spannungsfall am Lichtbogen so gering, daß der Strom in praktisch gleicher Größe weiterfließt. Bei Gleichstrom muß der Lichtbogen gelöscht werden. Bei Wechsel- und Drehstrom verlöscht zwar der Lichtbogen bei jedem Stromnulldurchgang; anschließend ist aber die erneute Zündung des Lichtbogens zu verhindern. Das Ersatzschaltbild eines Gleichstromkreises zeigt Bild 2.16–6 mit der Netzspannung U, der Induktivität L,

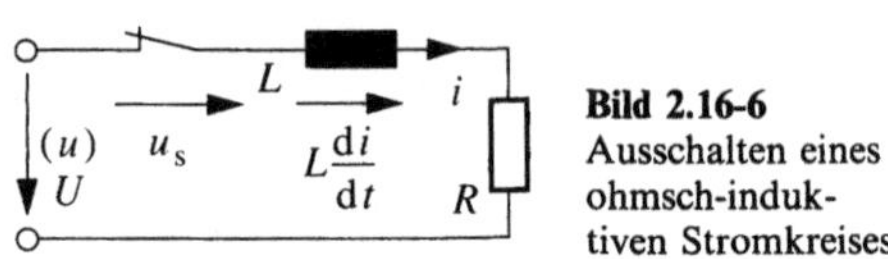

Bild 2.16-6 Ausschalten eines ohmsch-induktiven Stromkreises

dem Widerstand R und der Schalterspannung u_s. Das Bild gilt für Gleich- und Wechselspannung (50 Hz) in gleicher Weise, weil man vereinfachend annehmen darf, daß während des kurzen Ausschaltvorganges der Augenblickswert der Wechselspannung konstant ist. Die Maschengleichung lautet:

$$U = u_s + iR + L\frac{di}{dt}. \qquad (2.16\text{–}9)$$

Soll der Strom abnehmen, so muß di/dt negativ werden, also:

$$\frac{1}{L}(U - u_s - iR) < 0 \qquad (2.16\text{–}10)$$

bzw.

$$u_s > (U - iR). \qquad (2.16\text{–}11)$$

u_s, U	i	R	L	t
V	A	Ω	H	s

Eine schnelle Abschaltung wird demnach durch eine große Induktivität erschwert, durch einen hohen Widerstand erleichtert. Bei Kurzschluß ist der Widerstand R sehr klein, so daß die Lichtbogenspannung u_s größer werden muß als die treibende Netzspannung. Sie darf allerdings auch nicht zu groß werden, da die Spannung $(u_s - U)$ an der Selbstinduktivität liegt und die Isolierung der Betriebsmittel beansprucht. Die Vergrößerung der Lichtbogenspannung wird in den Schaltgeräten durch Aufteilung, Verlängerung und Kühlung des Lichtbogens erreicht. Nach dem Verlöschen des Lichtbogens im Strom-Nulldurchgang wird seine erneute Zündung durch Ladungsträger in der Schaltstrecke und durch die *wiederkehrende Spannung* begünstigt. Die Phasenverschiebung zwischen Strom und Spannung kann dazu führen, daß im Augenblick des Strom-Nulldurchganges eine relativ hohe Spannung anstehen kann. Gemäß Bild 2.16–6 bzw. Gl. (2.16–9) ist bei Verlöschen des Lichtbogens die Schalterspannung gleich dem Augenblickswert der Netzspannung. Zu berücksichtigen ist aber bei diesem schnell ablaufenden (hochfrequenten) Vorgang auch die Netzkapazität C. Sie wird gemäß Bild 2.16–7 mit u_s aufgeladen. Durch Zusammenwirken von L und C geschieht dies in Form einer Schwingung, die durch den Widerstand gedämpft wird. Ohne Dämpfung kann die wiederkehrende Spannung das Doppelte des Augenblickswertes der Netzspannung erreichen; tatsächlich ist sie geringer.

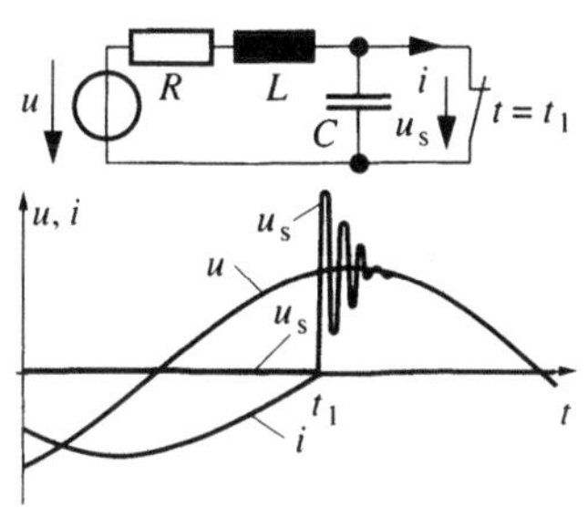

Bild 2.16-7 Verlauf der Spannung u_s am Schalter beim Abschalten eines ohmsch-induktiven Stromkreises

C Netzkapazität

Die Höhe der wiederkehrenden Spannung ist jedoch von sekundärer Bedeutung; wesentlich ist ihre meist hohe Anstiegsgeschwindigkeit du/dt. Sie gewährt dem Schalter nur kurze Zeit, um eine ausreichende Verfestigung der Schaltstrecke durch Entionisierung zu erreichen. Die Eigenfrequenz liegt i. a. zwischen 500 Hz (bei Hochspannungsanlagen) und 5 kHz (bei Mittelspannungsanlagen); bei geringer Ausdehnung des Netzes erreicht sie bis 50 kHz. Eine geringe Eigenfrequenz erleichtert den Schaltvorgang; sie kann z. B. durch zusätzliche Kondensatoren (Erhöhung der Netzkapazität) oder durch Parallelkondensatoren zur Schaltstrecke verringert werden.

Das Abschalten eines Kondensators vom Wechselspannungsnetz (Bild 2.16–8) erweist sich als relativ

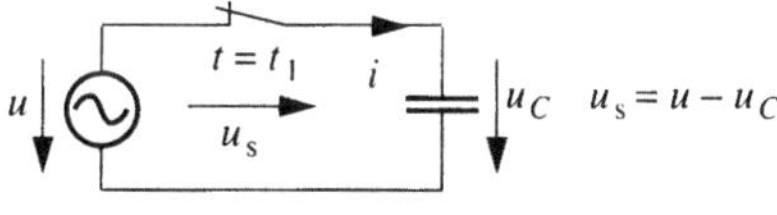

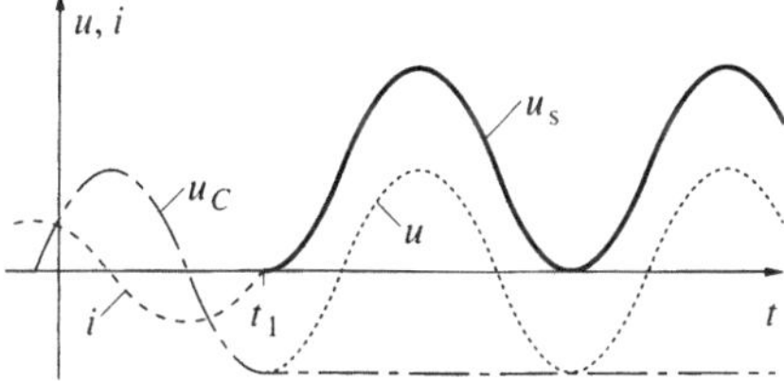

Bild 2.16-8 Abschalten eines Kondensators von Wechselspannung (prinzipiell)

harmlos. Zwar wird der Scheitelwert der Schalterspannung doppelt so groß wie der Scheitelwert der Netzspannung, aber der Anstieg erfolgt so langsam, daß die Lichtbogenstrecke entionisiert ist, bevor eine nennenswerte Spannungsbeanspruchung auftritt.

2.17 Wanderwellen auf elektrischen Leitungen

2.17.1 Allgemeines

Wanderwellen und ihre *Reflexion* und *Brechung* treten in der elektrischen Energietechnik ebenso auf wie in der Nachrichtentechnik und Informationstechnik, zum Beispiel bei der leitungsgebundenen Wellenausbreitung. Sie sind technisch dann interessant, wenn die Leitungslänge l gegenüber der Wellenlänge λ (Impulslänge) nicht mehr vernachlässigbar klein ist, also etwa für $l > \lambda/10$. Man spricht dann von einer (elektrisch) langen Leitung. Sie wird durch ihren *Wellenwiderstand Z* und die *Ausbreitungsgeschwindigkeit v* gekennzeichnet. Die Ausbreitungsgeschwindigkeit v ergibt sich aus dem Induktivitätsbelag L' und dem Kapazitätsbelag C' gemäß $v = 1/\sqrt{L'C'}$. Bei Freileitungen ist v etwa gleich der Lichtgeschwindigkeit $c_0 = 300$ m/µs, bei Kabeln $v = c_0/\sqrt{\varepsilon_r}$. Bei einer Permittivitätszahl $\varepsilon_r = 4$ ergibt sich $v = 150$ m/µs.

Reflexionsvorgänge entstehen an Leitungsenden, Brechung dagegen an Verbindungsstellen von Leitern, deren Wellenwiderstand voneinander abweicht. Die daraus resultierenden Auswirkungen, z. B. Spannungsüberhöhungen und Signalverzerrungen, sind Störungen, die man durch geeignete Maßnahmen mindern muß oder in anderen Fällen für meßtechnische Zwecke nutzen kann. Durch eine Spannungsüberhöhung werden Kabel und angeschlossene Verbraucher in ihrem Isolationsvermögen stark beansprucht und eventuell zerstört. Reflexionsmessungen, bei denen man die Zeitdifferenz zwischen einem Sendeimpuls und einem an der Störstelle reflektierten Anteil ermittelt, dienen der Fehlerortung auf elektrischen Leitern.

Die Bestimmung der zeit-und ortsabhängigen Spannungszustände auf elektrischen Leitungen läßt sich mit Simulationsprogrammen ermitteln. Zwei Verfahren sind dabei zu unterscheiden:

a) Der zeitabhängige Spannungsverlauf wird an einem festen Leitungsort errechnet und in einem Diagramm dargestellt. Mit diesem Verfahren arbeitet z. B. das Electromagnetic Transients Program EMTP, mit dem Ausgleichsvorgänge in elektrischen Netzen nachgebildet werden [2.2].
b) Der zeitliche und räumliche Verlauf von Wanderwellen wird als laufendes Bild auf dem Bildschirm eines Rechners dargestellt. Dieses Verfahren liefert besonders anschauliche Ergebnisse. Es eignet sich daher vor allem für die Lehre.

2.17.2 Reflexion und Brechung

Die Betrachtung der Gesetzmäßigkeiten bei der Reflexion und Brechung elektrischer Impulse kann von der Anpassung und Fehlanpassung im Grundstromkreis bei Gleichspannung ausgehen (s. Abschnitt 2.5). Vereinfachend sei angenommen, daß sich nur Wirk-

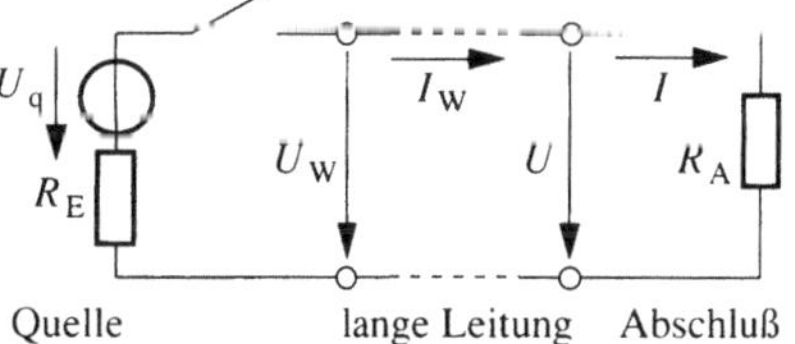

Bild 2.17-1 Einseitig gespeiste lange Leitung

widerstände im Stromkreis befinden. Schaltet man gemäß Bild 2.17–1 eine Quelle auf eine lange Leitung, so fließt ein Strom I_W, der von U_q, R_E und von den Eigenschaften der Leitung abhängt, nicht jedoch vom Abschlußwiderstand R_A, der sich so weit entfernt am Ende der langen Leitung befinden möge, daß in ihm zunächst kein Strom fließt. Die am Anfang der Leitung zu messende Spannung sei mit U_W bezeichnet. Das Verhältnis U_W/I_W hängt nur von den Daten der Leitung ab und stellt den Wellenwiderstand Z der Leitung dar. Der Zustand U_W, I_W wandert mit der endlichen Ausbreitungsgeschwindigkeit v längs der Leitung in Richtung auf ihr Ende. Stimmt der dort vorhandene Abschlußwiderstand R_A mit dem Wellenwiderstand Z überein, so bleiben auch am Ende der Leitung I_W und U_W erhalten. Es liegt Anpassung vor. Weicht jedoch R_A von Z ab, so muß sich am Ende der Leitung ein neuer Quotient $U/I = R_A$ einstellen. Dann spielen sich Vorgänge ab, wie sie bei der Fehlanpassung angenommen wurden: dem bei Anpassung fließenden Strom I_W überlagert sich ein entsprechend Gl. (2.5–11) reflektierter Strom $I_r = I_W r$. Mit Gl. (2.5–8) ist dabei der Reflexionsfaktor

$$r = \frac{R_A - Z}{R_A + Z}. \qquad (2.17\text{–}1)$$

Der resultierende Strom am Leitungsende wird

$$I = I_W(1 - r). \qquad (2.17\text{–}2)$$

Ähnliches gilt für die Spannung am Leitungsende. Der Spannung bei Anpassung U_W überlagert sich die reflektierte Spannung $U_r = U_W(-r)$. Es wird

$$U = U_W(1 + r). \qquad (2.17\text{–}3)$$

Das Verhältnis

$$\frac{U}{I} = \frac{U_W(1+r)}{I_W(1-r)} = R_A \qquad (2.17\text{–}4)$$

U, U_r, U_W	I, I_W	R_A, Z	r
V	A	Ω	1

erfüllt das Ohmsche Gesetz am Leitungsende. Brechung tritt auf, wenn ein Impuls über eine Stoßstelle läuft, an der gemäß Bild 2.17–2 zwei Leitungen

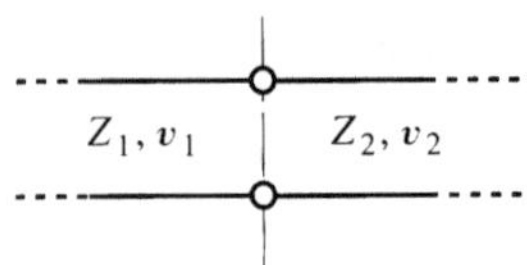

Bild 2.17-2 Stoßstelle zwischen zwei Leitungen mit unterschiedlichen Eigenschaften (Wellenwiderstand Z und Ausbreitungsgeschwindigkeit v)

mit unterschiedlichen Eigenschaften (Wellenwiderstand, Ausbreitungsgeschwindigkeit) verbunden sind. Trifft hier ein Stromimpuls von einer Seite kommend ein, so kommt es zur Teilreflexion nach den oben dargestellten Gesetzmäßigkeiten. An die Stelle des in Bild 2.17–1 in R_A fließenden Stromes I tritt jetzt ein auf der anderen Seite der Stoßstelle weiterfließender Strom. Die Ableitung entsprechender Berechnungen findet man z. B. in [2.14].

2.17.3 Beispiele

1. Totalreflexion einer Wanderwelle am Ende einer kurzgeschlossenen langen Leitung

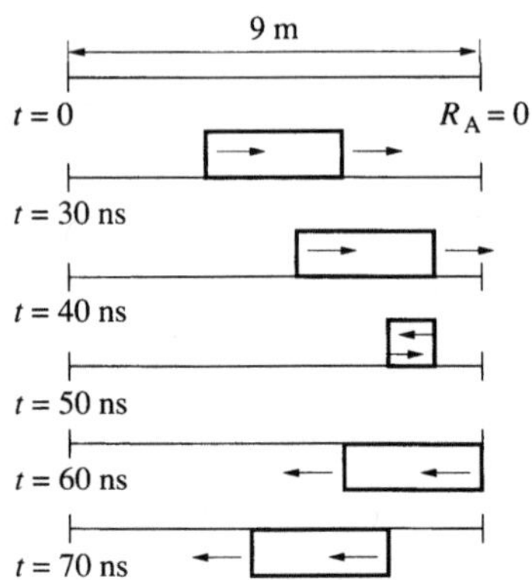

Bild 2.17-3 Spnnungsimpuls auf einer rechts kurzgeschlossenen Leitung zu verschiedenen Zeitpunkten t bei $v = 0{,}2$ m/ns.

Bild 2.17–3 läßt das Verhalten eines Spannungsimpulses an einer Kurzschlußstelle erkennen. Die Einspeisung des Impulses beginnt zum Zeitpunkt $t = 0$ am linken Ende der Leitung. Bei einer Ausbreitungsgeschwindigkeit $v = 0{,}2$ m/ns erreicht der Impuls zur Zeit $t = 45$ ns die Kurzschlußstelle am rechten Ende der Leitung. Der Reflexionsfaktor hat den Wert (-1). Gemäß Gl. (2.17–3) (und auch anschaulich) ist die Spannung U an der Kurzschlußstelle stets gleich Null. Der reflektierte Impuls hat gegenüber dem hinlaufenden Impuls das entgegengesetzte Vorzeichen.

2. Totalreflexion einer Wanderwelle am leerlaufenden Ende einer langen Leitung

Der Reflexionsfaktor hat den Wert $(+1)$. Der reflektierte Impuls hat dasselbe Vorzeichen wie der hinlaufende. Am Leitungsende tritt eine Spannungsverdoppelung auf (Bild 2.17–4). In der Energietechnik wer-

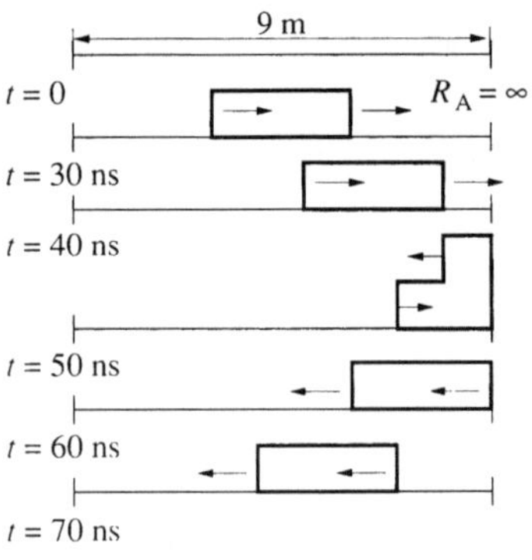

Bild 2.17-4 Spannungsimpuls auf einer rechts offenen (leerlaufenden) Leitung zu verschiedenen Zeitpunkten t bei $v = 0{,}2$ m/ns.

den die Leitungen fast leerlaufend betrieben, um einen möglichst hohen Wirkungsgrad zu erhalten. Das Auftreten von Überspannungen ist daher stets zu erwarten. Als Schutzmaßnahme werden an Leitungsenden deshalb meist *Überspannungsableiter* eingebaut. Das sind Bauelemente, die bei hoher anliegender Spannung (höher als die normale Betriebsspannung) ihren Widerstand schnell und selbsttätig verkleinern und so die Überspannung abbauen.

3. Kabel am Ende einer langen Freileitung
Auch mit einem Kabel am Ende einer Freileitung kann man die Auswirkung von Überspannungen vermindern. Bild 2.17–5 zeigt eine einlaufende Blitz-

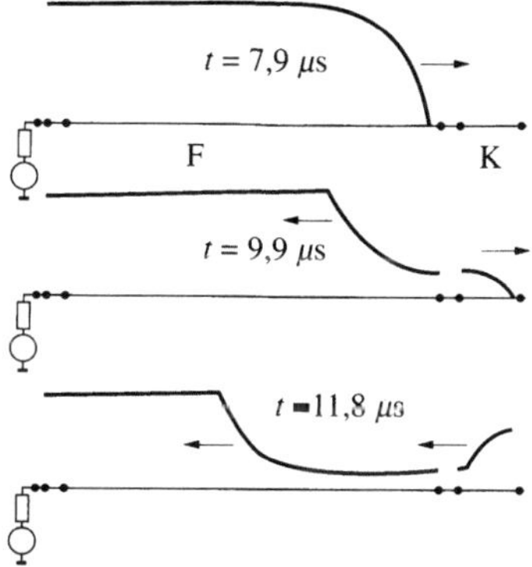

Bild 2.17-5 Blitz-Stoßwelle in der Reihenschaltung Freiletiung (F)–Kabel (K) in räumlich-zeitlicher Darstellung
Freileitung: $l = 2{,}4$ km; $Z = 200\ \Omega$; $v = 300$ m/μs
Kabel: $l = 0{,}3$ km; $Z = 40\ \Omega$; $v = 150$ m/μs

Stoßwelle. An der Verbindungsstelle Freileitung – Kabel tritt Brechung auf, weil die Wellenwiderstände unterschiedlich sind. Am Ende des leerlaufenden kurzen Kabels wird die Welle vollständig reflektiert. Nach mehreren Reflexionen und Brechungen steigt die Spannung am Kabelende schließlich auf den Wert der Blitz-Stoßwelle (und unter Umständen mehr), allerdings nach erheblich längerer Zeit als die Blitzfront selbst (Bild 2.17–6).

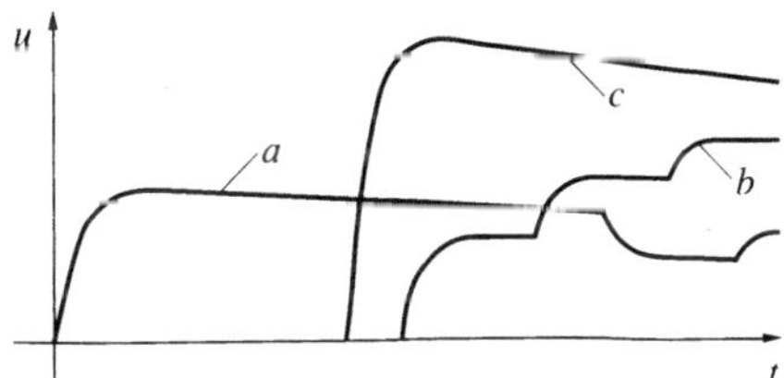

Bild 2.17-6 Zeitlicher Verlauf der Spannung an der Reihenschaltung Freileitung-Kabel von Bild 2.17-5
a am Anfang der Freileitung,
b am Ende des Kabels,
c am Ende der Freileitung, falls das Kabel weggelassen wird

4. Fehlerortung auf Leitungen
Störstellen im Zuge von Kabeln und Leitungen (z. B. Unterbrechungen, Kurzschlüsse oder größere Inhomogenitäten des Wellenwiderstandes) werden mit Reflexionsmeßgeräten geortet. Sie erfassen die an den Störstellen reflektierten Teile eines in die Leitung eingespeisten Impulses. Die Lage der Störstelle ergibt sich aus einer Laufzeitmessung bei bekannter Ausbreitungsgeschwindigkeit. Der in Bild 2.17–7 nachge-

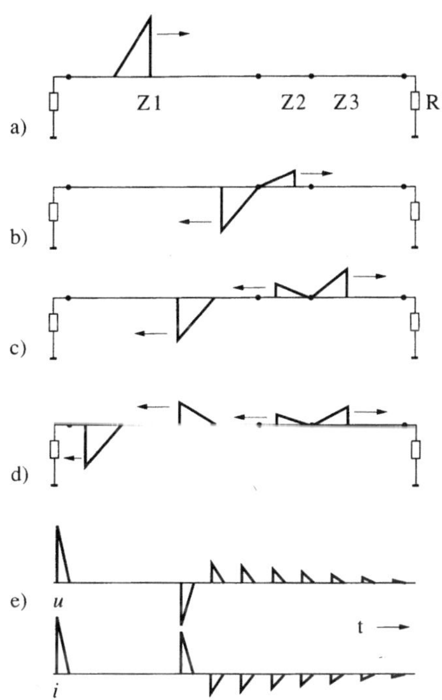

Bild 2.17-7 Fehlerortung auf einem Leitungszug
$Z1 = 75\ \Omega$; $Z2 = 10\ \Omega$; $Z3 = R3 = 100\ \Omega$.
a) bis d) räumlich-zeitlicher Ablauf der Impulsausbreitung
e) Oszillogramm am linken Ende des Leitungszuges.

bildete Leitungszug hat in den drei Abschnitten unterschiedliche Werte des Wellenwiderstandes *Z*. Die Bildfolge a) bis d) zeigt die Ausbreitung des eingespeisten und der reflektierten Impulse. Bild e) schließlich ist das errechnete Oszillogramm der Spannung am linken Ende des Leitungszuges. Es ließe sich auch meßtechnisch ermitteln und ermöglicht eine Beurteilung der Störstellen nach Art und Distanz.

2.18 Literatur

Lehrbücher

[2.1] *Ameling, W.*, Grundlagen der Elektrotechnik. Bd. I: 4. Auflage, 1988. Bd. II: 2. Auflage 1984, Friedr. Vieweg & Sohn, Braunschweig/Wiesbaden

[2.2] Electromagnetic Transients Program (EMTP). Version 2.0: Revised Application Code. ABB, Systems Control, Inc., Final Report 1991

[2.3] *Fricke, H.* und *P. Vaske,* Grundlagen der Elektrotechnik, Teil 1: Elektrische Netzwerke. 17. Auflage, B. G. Teubner, Stuttgart 1982.

[2.4] *Frohne, H.,* Einführung in die Elektrotechnik. Bd. 1: Grundlagen und Netzwerke, 5. Auflage, 1987. Bd. 2: Elektrische und magnetische Felder, 5. Auflage, 1989. Bd. 3: Wechselstrom, 5. Auflage, 1993. B. G. Teubner, Stuttgart.

[2.5] *Führer, A., K. Heidemann* und *W. Nerreter,* Grundgebiete der Elektrotechnik Bd. 1: Stationäre Vorgänge, 5. Auflage 1994. Bd. 2: Zeitabhängige Vorgänge, 5. Auflage 1994, C. Hanser, München.

[2.6] *Hagmann, Gert,* Grundlagen der Elektrotechnik, 3. Auflage, Aula-Verlag, Wiesbaden 1990

[2.7] *Hofmann, H.,* Das elektromagnetische Feld, 2. Auflage, Springer, Wien 1982

[2.8] *Krämer, Horst,* Elektrotechnik im Maschinenbau, 3. Auflage, Friedr. Vieweg & Sohn, Braunschweig Wiesbaden 1991

[2.9] *Küpfmüller, K.,* Einführung in die theoretische Elektrotechnik. 14. Auflage, Springer, Berlin 1993.

[2.10] *Moeller, F., H. Fricke, H. Frohne* und *P. Vaske,* Grundlagen der Elektrotechnik. 17. Auflage, B. G. Teubner, Stuttgart 1986

[2.11] *Paul, R.,* Elektrotechnik, Bd. I: Felder und einfache Stromkreise, 3. Auflage, 1993, Bd. II: Netzwerke, 3. Auflage, 1994, Springer, Berlin

[2.12] *Pregla, R.,* Grundlagen der Elektrotechnik. T.1: Felder und Gleichstromnetze, 4. Auflage, 1990. T. 2: Induktion, Wechselströme, elektromechanische Energieumformung, 3. Auflage, 1990, Hüthig, Heidelberg

[2.13] *Schnell, Gerhard, Konrad Hoyer* und *Martin Vömel,* Grundlagen und Rechenverfahren der Elektrotechnik, Friedr. Vieweg & Sohn, Braunschweig/Wiesbaden 1989

[2.14] *Schulze-Buxloh, W.,* Elektrische Energieverteilung. Teil 2, Verlag W. Girardet, Essen 1981.

[2.15] *Schwab, Adolf J.,* Begriffswelt der Feldtheorie. 2. Auflage, Springer, Berlin 1987

[2.16] *von Weiss, Alexander* und *Manfred Krause,* Allgemeine Elektrotechnik. 10. Auflage, Friedr. Vieweg & Sohn, Braunschweig/Wiesbaden 1987.

[2.17] *von Weiss, Alexander,* Die elektromagnetischen Felder, Friedr. Vieweg & Sohn, Braunschweig/Wiesbaden 1983

[2.18] *Weißgerber, Wilfried,* Elektrotechnik für Ingenieure. 3. Auflage, Friedr. Vieweg & Sohn, Braunschweig/Wiesbaden 1994.

Aufgabensammlungen

[2.19] *Hagmann, Gert,* Aufgabensammlung zu den Grundlagen der Elektrotechnik, 4. Auflage, Aula-Verlag, Wiesbaden 1987

[2.20] *Lindner, Helmut,* Elektroaufgaben. Band 1: Gleichstrom. 23. Auflage 1989. Band 2: Wechselstrom. 18. Auflage 1986. Friedr. Vieweg & Sohn, Braunschweig/Wiesbaden

3 Werkstoffe

3.1 Aufbau der festen Körper

3.1.1 Werkstoffe

Der aus der Chemie übernommene Begriff *Stoff* wird im praktischen Gebrauch auf die *Werkstoffe* eingeschränkt. Werkstoffe sind dann Materialien zur Herstellung technischer (Gebrauchs-)Güter. Bei elektrotechnischen Gütern ist zu beachten, daß die Forderungen oft „elektrisch" gestellt, aber „mechanisch" realisiert werden müssen. Neben den elektrischen sind daher auch die mechanischen Eigenschaften der Werkstoffe zu berücksichtigen.

In der überwiegenden Mehrzahl der Fälle werden *feste Stoffe* verwendet, die durch einen geordneten Zustand der Teilchen in einem Gitter gekennzeichnet sind. Je nach Art der Teilchen werden Atom-, Ionen- oder Molekülgitter unterschieden. Von der Chemie her sind die vier dabei wirksamen Bindungsarten Ionen-, Atom-, metallische und Van-der-Waals- oder zwischenmolekulare Bindung bekannt. Hier ist besonders die *metallische Bindung* wichtig (Bild 3.1–1c). Die Atome haben ein Elektron abgegeben, d. h., sie liegen als positiv geladene Ionen vor, die abgegebenen Elektronen sind aber als bewegliche Leitungselektronen (Elektronengas) allen Atomrümpfen gemeinsam zugeordnet. Diese Bindungsart ist die Grundlage der elektrischen Leitfähigkeit. Dazu gehört dann auch eine gute Wärmeleitung, gute Verformbarkeit, der Metallglanz und die Lichtundurchlässigkeit. Durch diese Eigenschaften sind die Metalle die wichtigsten Werkstoffe überhaupt.

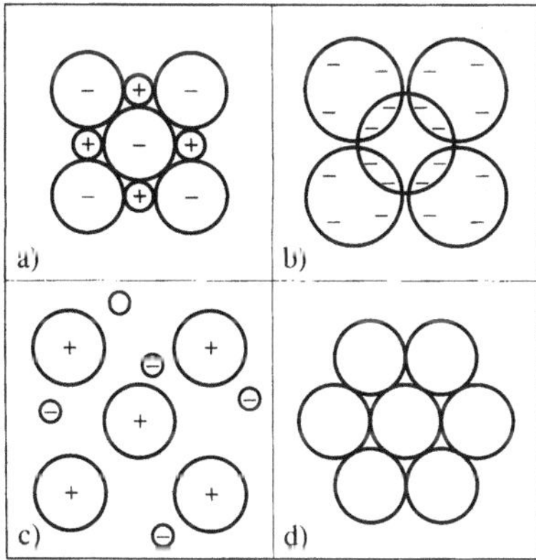

Bild 3.1-1 Bindungsarten

a) Ionenbindung oder heteropolare Bindung, z. B. Na^+Cl^-,
b) Atombindung, auch homöopolare oder kovalente Bindung, z. B. Ge,
c) metallische Bindung, z. B. Cu,
d) Van-der-Waals- oder Molekülbindung, z. B. Ar (kristallisiert)

3.1.2 Kristalle

Unter *Kristall* ist die regelmäßige, räumlich periodische Anordnung kleinster Teilchen (Atome, Ionen oder Moleküle) zu einem festen Körper zu verstehen. Stoffe die nicht regelmäßig, also nicht kristallin aufgebaut sind, bezeichnet man als *amorph*, d. h. gestaltlos.

Von den Abmessungen her kann der Kristall sehr klein – z. B. nur mikroskopisch erkennbar – sein, er heißt dann *Kristallit* oder *Korn*. Erst die Zusammenlagerung vieler Kristallite liefert dann ein größeres Gebilde, den *Polykristall*. Hat der Kristallit die Möglichkeit beliebig weiter in den makroskopischen Bereich zu wachsen, entsteht ein *Einkristall*. Die kleinste Einheit, die bereits die Kristallstruktur aufweist – und im Kristall periodisch wiederkehrt –, ist die *Elementarzelle*. Eine größere Anzahl regelmäßig angeordneter Elementarzellen führt zum *Raum*- oder *Kristallgitter*. Die Ordnung in einem Kristall sorgt dafür, daß manche Eigenschaften richtungsabhängig oder *anisotrop* sind. Amorphe Stoffe weisen im Gegensatz dazu keine Richtungsabhängigkeit einer Eigenschaft auf, sie sind richtungsunabhängig oder *isotrop*.

3.1.3 Elementarzelle

Betrachtet man die Atome in erster Näherung als Kugeln, so wird der Aufbau der Kristallgitter aus Elementarzellen eine Frage der Anordung von Kugeln im Raum. Die einfachste Form ist die *kubisch primitive* (kp) *Elementarzelle*, ein Würfel, dessen Ecken mit sich berührenden „Kugeln" besetzt sind (Bild 3.1–2). Der Abstand der Kugelmittelpunkte

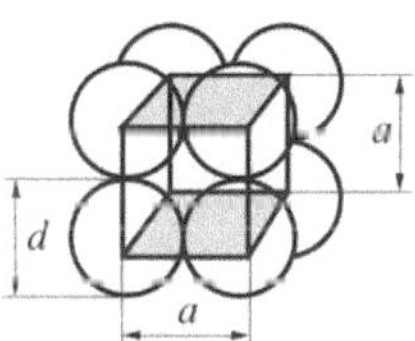

Bild 3.1-2 Kubisch primitive Elementarzelle, Kugelmodell mit Elementarzellenwürfel, *a* Gitterkonstante, *d* Kugeldurchmesser („Atomdurchmesser")

längs einer Würfelkante ist die *Gitterkonstante a*. Die vereinfachte Darstellung zeigt Bild 3.1–3. Ein zusätzliches Atom in der Raummitte (Bild 3.1–3b) führt zum *kubisch raumzentrierten Gitter* (krz). Wird auf jeder Flächenmitte ein Atom eingefügt, entsteht das *kubisch-flächenzentrierte Gitter* (kfz) (Bild 3.1–3c). Die beiden letztgenannten sind die häufigsten metallografischen Gittertypen. Darüber hinaus ist noch die Elementarzelle mit der *hexagonal dichtesten Packung* (hdp) (Bild 3.1–3d) in der Metallkunde bedeutsam.

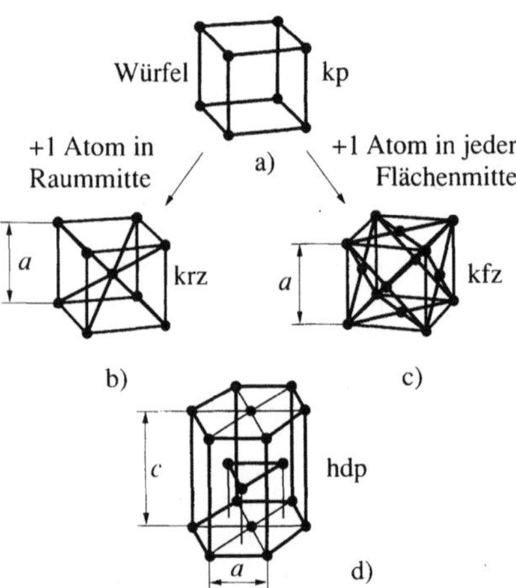

Bild 3.1-3 Elementarzellen
a) kp kubisch primitiv,
b) krz kubisch raumzentriert,
c) kfz kubisch flächenzentriert,
d) hdp hexagonal dichtest gepackt,
a, *b*, *c* Gitterkonstanten

Die Halbleiterwerkstoffe Germanium und Silizium kristallisieren in Form eines *Diamantgitters* (dia). Es läßt sich durch Ineinanderstellen von zwei um eine viertel Raumdiagonale versetzte (weite) kfz-Gitter darstellen (Bild 3.1–4). Die Elementarzelle des Diamantgitters ist kubisch flächenzentriert mit einer tetraedrischen Unterstruktur.

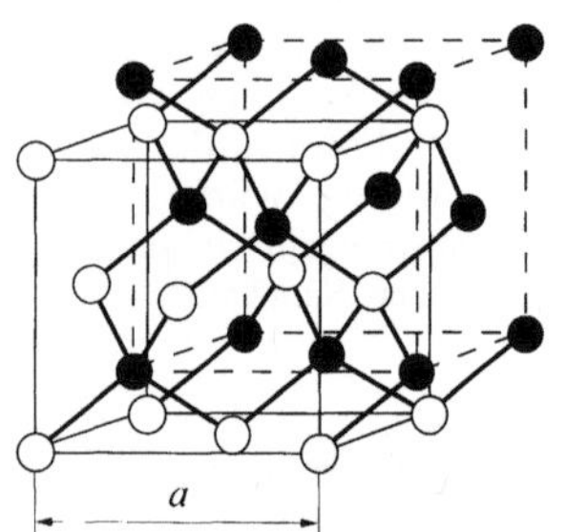

Bild 3.1-4 Diamantgitter. Entstehung des Diamantgitters aus zwei ineinander gestellten kfz-Gittern. Der Versatz der beiden Gitter beträgt 1/4 Raumdiagonale.

3.1.4 Gitterfehler

Die idealisiert dargestellten Gitter sind in Wirklichkeit durch *Gitterfehler* und *Fremdatome* verzerrt. Die in reinen Stoffen möglichen Gitterfehler sind in der Tabelle 3.1–1 zusammengestellt. Die von einzelnen Atomen herrührenden *nulldimensionalen Fehler* werden auch *Punktdefekte* genannt. Die dabei möglichen Fehler zeigt Bild 3.1–5. Eine Leerstelle und ein Zwischengitteratom haben jeweils einen Fehler zur Folge. Aus der Kombination von beiden, dem Frenkel-Defekt, folgen zwei Fehler. Die Maßzahl ist im allgemeinen nur eine Konzentrationsangabe oder auch die Anzahl der Fehler je Volumeneinheit (cm^{-3}).
Bei *eindimensionalen Fehlern*, auch *Versetzungen* genannt, haben die Fehlerstellen eine linienförmige

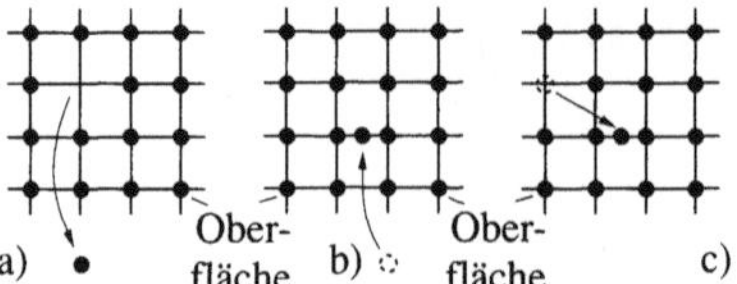

Bild 3.1-5 Nulldimensionale Fehlstellen
a) Leerstelle,
b) Zwischengitteratom (Atom falsch eingebaut),
c) Frenkel-Defekt, Atom wandert im Gitter und erzeugt Fehlstellen.

Ausdehnung, sie können bei der Entstehung der Kristalle durch Wachstumsfehler oder Verunreinigungen auftreten oder eine Folge von Deformationen sein. Bild 3.1–6a zeigt in der Mitte eine Versetzungslinie die sozusagen das Ende einer von oben her in das Gitter eingefügten zusätzlichen (Halb)Ebene darstellt. Dieser Fehler heißt *Stufenversetzung*. Bei der *Schraubenversetzung* (Bild 3.1–6b) sind Teilbereiche gegeneinander geglitten. Ein Maß für die Stärke des Einzelfehlers ist der *Burgersvektor* (Bild 3.1–6b). Die Maßeinheit für Versetzungen aus Länge pro Volumeneinheit ist $1/cm^2$, was physikalisch der Anzahl der „Durchstoßpunkte" von Fehlern durch die Flächeneinheit entspricht.
Bei normalen Fertigungswerkstoffen liegen die Zahlenwerte hierfür im Bereich von $10^6...10^{12}$ cm^{-2}, wohingegen Halbleitereinkristalle Werte um 10 cm^{-2} erreichen.

Tabelle 3.1–1: Fehlordnung bei reinen Stoffen

Ausdehnung (atomar)	nulldimensional	eindimensional	zweidimensional
Bezeichnung	1. Leerstelle 2. Zwischengitteratom (Schottky–Fehlordnung) 3. Frenkel–Fehlordnung (Kombination von 1 und 2)	Versetzungen	Korngrenzen
Konzentration (in Metallen)	Leerstellenkonzentration $=f$(Temp.) $\approx 10^{-7}...10^{-11}$	Versetzungsdichte $=f$ (Verformung, Wärmebehandlung) $\approx 10^6...10^{12}$ cm/cm^3	Korngrenzenflächen $=f$ (Korngröße $\approx 10^2$ cm^2/cm^3

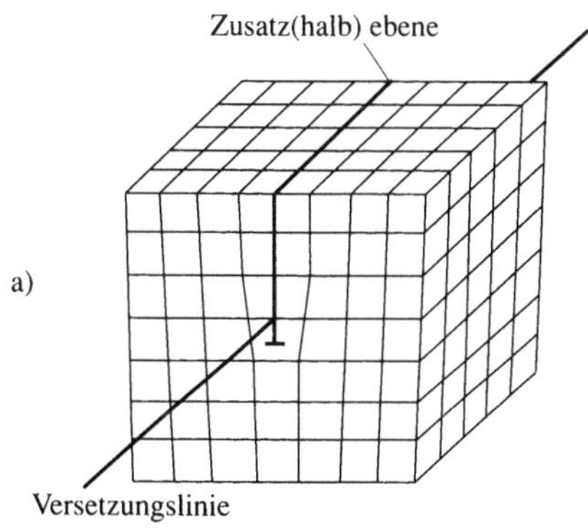

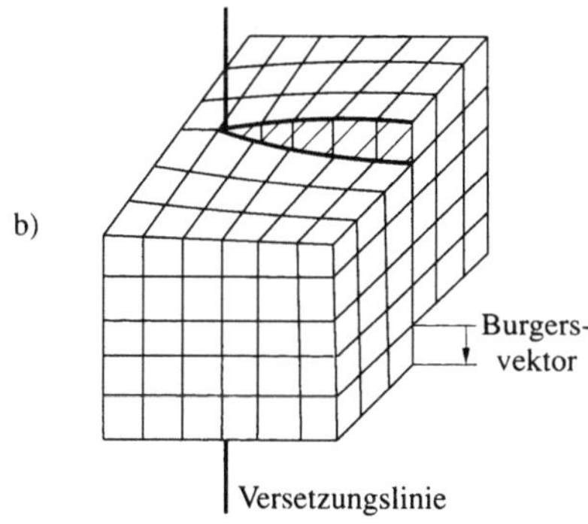

Bild 3.1-6 Eindimensionale Fehler
a) Stufenversetzung durch eine zusätzliche Halbebene (Kurzzeichen ⊥),
b) Schraubenversetzung (Kurzzeichen ⊙) mit Burgersvektor

Treffen Kristallgitter verschiedener Orientierung – z. B. beim Wachsen aus der Schmelze – aufeinander, so können sie (Bild 3.1–7) dabei gegeneinander gekippt, gedreht oder beides zusammen sein. Als Folge davon müssen sich verschiedene Übergänge bilden,

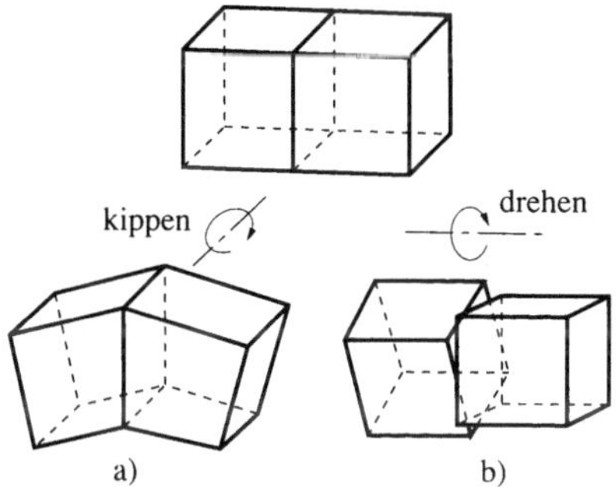

Bild 3.1-7 Zweidimensionale Fehler
a) Kippung, b) Drehung

die zu sog. *Korngrenzen* führen. Die Kristallgitter bilden dabei regellose *Korngrenzflächen* gegeneinander aus. Mechanische Beanspruchungen können dazu führen, daß eine gewisse Ordnung in die zunächst regellose Orientierung hineinkommt. Es ergeben sich *Kornorientierungen, Vorzugsrichtungen* oder *Texturen.* So liegen z. B. nach dem Walzen von Blechen die Kanten der Elementarzellen weitgehend in der Walzrichtung (Bild 3.1–8b). Stehen darüber hinaus (Sonderbehandlung) die Flächendiagonalen der Elementarzellen senkrecht und quer zur Walzrichtung, so ist das eine *Goss-Textur* (Bild 3.1 8c).

Werden in einem Kristall bei der Legierungsbildung Fremdatome eingelagert, so ist er nicht mehr rein, man spricht von *Mischkristallen* oder festen Lösungen. Die Einlagerung kann auf Gitterplätzen der Wirtsatome erfolgen, dann entsteht ein *Substitutions-Mischkristall* (Bild 3.1–9). Kleinere Fremdatome können auf Zwischengitterplätzen eingelagert werden, was zu *Einlagerungs-Mischkristallen* oder *interstitiellen-Mischkristallen* führt.

3.2 Elektrische Leitfähigkeit

3.2.1 Leitungsmechanismus

Die elektrische Leitfähigkeit setzt die Existenz freier Elektronen voraus. Wegen der frei im Gitterverband beweglichen Elektronen wird hierfür der Begriff *Elektronengas* benutzt. Für die Leitfähigkeit eines Stoffes

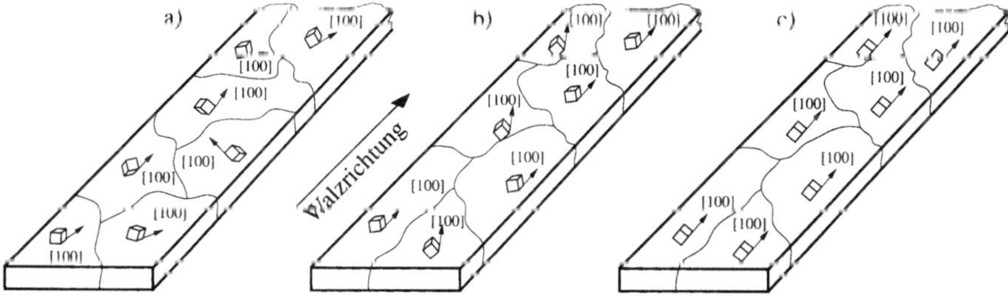

Bild 3.1-8 Textur (schematisch)
a) regellose Orientierung der Elementarzellen in den Körnern,
b) Textur, die Kanten der Elementarzellen weisen (ungefähr) in die gleiche Richtung,
c) Goss-Textur, zusätzlich zur Textur nach b) stehen die Flächendiagonalen der Elementarzellen senkrecht bzw. quer zur Walzrichtung

Ort des Fremdatoms	Gitterplatz	Zwischengitterplatz
Art des Mischkristalls	Substitutions-Mischkristall (substitutioneller Mkr.)	Einlagerungs-Mischkristall (interstitieller Mkr.)
Durchmesser	Fremdatom ≈ Wirtsatom	Fremdatom < Wirtsatom
Mischkristallbildung bei ebenem Gitter (schematisch) ○ Wirtsatome ● Fremdatome		

Bild 3.1-9
Mischkristalle in ebener Darstellung (schematisch)

ist die Anzahl der verfügbaren beweglichen Teilchen (n), ihre Beweglichkeit (μ) und die Ladung eines Elektrons e maßgebend. Da der Leitungsmechanismus sowohl auf negative (Index n) als auch positive (Index p) Ladungsträger zurückgehen kann, ist die Leitfähigkeit γ

$$\gamma = e(n_n \mu_n + n_p \mu_p). \qquad (3.2\text{–}1)$$

γ	e	n_n, n_p	μ_n, μ_p
S/cm = A/Vcm	As	cm^{-3}	cm^2/Vs

Für den normalen metallischen Leiter liegen nur die negativen Elektronen als Ladungsträger vor, damit entfällt der Term mit den p-Indizes. Die Beweglichkeit μ der Ladungsträger ist die pro Einheit der elektrischen Feldstärke E (meist in V/cm) bewirkte *Driftgeschwindigkeit*, d. h. die der allgemeinen Teilchenbewegung in einer bestimmten Richtung überlagerte Geschwindigkeit. Die in der Praxis auftretenden Werte von spezifischer Leitfähigkeit, Teilchenzahl und Beweglichkeit sind für einige charakteristische Materialien in der Tabelle 3.2–1 zusammengestellt.

Tabelle 3.2–1: Spezifische Leitfähigkeit γ, Elektronenkonzentration n_n und Elektronenbeweglichkeit μ_n einiger Werkstoffe bei Raumtemperatur

Material	$\frac{\gamma}{\text{S/cm}}$	$\frac{n_n}{cm^{-3}}$	$\frac{\mu_n}{cm^2/Vs}$
Cu	$58 \cdot 10^4$	$8{,}45 \cdot 10^{22}$	43
Al	$34{,}5 \cdot 10^4$	$6{,}0 \cdot 10^{22}$	36
Ag	$61{,}4 \cdot 10^4$	$5{,}87 \cdot 10^{22}$	65
Ge	$2{,}3 \cdot 10^{-2}$	$2{,}4 \cdot 10^{13}$	3 600
Si	$4{,}35 \cdot 10^{-6}$	$1{,}5 \cdot 10^{10}$	1 400
InSb	$3{,}5 \cdot 10^2$	$2{,}8 \cdot 10^{16}$	78 000

Im Festkörper mit seinem Kristallgitter haben die Atome eine periodische Anordnung mit definierten Abständen. Zwischen den Atomen machen sich *Austauschkräfte* bemerkbar, die die Besetzung der einzelen Energieniveaus beeinflussen. Gemäß dem Pauli-Prinzip dürfen in einem gegebenen System alle Quantenzustände, d. h. Energieniveaus und Spinorientierungen, nur einmal belegt sein. Da die Beeinflussung über den ganzen Kristall reicht, gilt das Pauli-Prinzip entsprechend weiträumig. Die bei Einzelatomen diskreten *Energieniveaus* der Elektronen spreizen sich zu *Energiebändern* auf (Bild 3.2–1). Neben den mit Ladungsträgern besetzten Bändern treten energetisch unbesetzte oder *verbotene Zonen* auf. Für den Leitungsmechanismus sind das letzte noch mit Elektro-

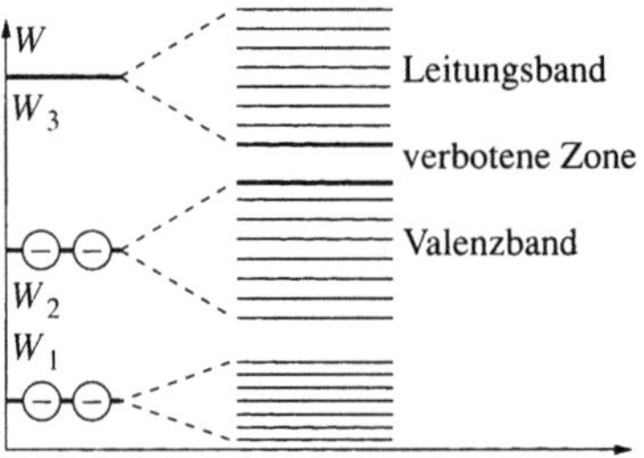

Bild 3.2-1 Energiebänder durch Aufspaltung der Energieniveaus, ⊖ ⊖ durch Elektronen besetztes Niveau.

nen besetzte Band, das *Valenzband*, und das nächste für eine Besetzung mögliche Band, das *Leitungsband* bedeutsam. Nur im letzteren verfügen Elektronen über die für einen Stromtransport nötige Beweglichkeit. Aus der Ähnlichkeit der statistischen Energieverteilung im Valenzband mit der bei Gasen rührt auch die Bezeichnung *Elektronengas* her. Diese Beschreibung ist ausreichend, solange die Wechselwirkung der Teilchen nur gering ist. Bei starken Wechselwirkungen der Teilchen aufeinander, die bei hohen Konzentrationen auftritt, resultiert dann ein sog. *entartetes Elektronengas*. Bei Raumtemperatur tritt diese Entartung bei $n_n \approx 2{,}5 \cdot 10^{19} cm^{-3}$ ein.

Wegen der statistischen Energieverteilung können Teilchen die verbotene Zone überwinden und aus dem Valenzband in das Leitungsband gelangen und dort eine Leitfähigkeit bewirken. Die Wahrscheinlichkeit, mit der die Energie eines Elektrons eine gewisse vorgegebene Schwelle über- oder unterschreitet, wird unter Berücksichtigung des Pauli-Prinzips durch die *Fermi-Dirac-Statistik* beschrieben. Sie gehorcht folgendem Gesetz:

$$F(W) = \frac{1}{1 + e^{\left(\frac{W - W_F}{kT}\right)}}. \qquad (3.2\text{–}2)$$

W, W_F	k	T
eV	Ws/K	K

W_F Fermi-Niveau, entspricht dem Schwellenwert, W Energie für die die Wahrscheinlickeit $F(W)$ ermittelt werden soll (beide Werte meist in Elektronvolt), kT Boltzmann-Konstante ($1{,}38 \cdot 10^{-21}$ Ws/K) mal absoluter Temperatur. Für Raumtemperatur ist $kT = 4{,}1 \cdot 10^{-21}$ Ws $= 0{,}0256$ eV. Dividiert man in Gl. (3.2–2) den Exponenten von e durch die Elementarladung e, so stehen im Zähler die Spannungen U bzw. U_F und im Nenner die *Temperaturspannung* U_T

$$U_T = \frac{kT}{e}, \qquad (3.2\text{–}3)$$

U_T	k	T	e
V	Ws/K	K	As

die bei Raumtemperatur den Wert $U_T \approx 26$ mV aufweist.
Den Verlauf der Fermi-Funktion zeigt Bild 3.2–2 für die 3 Temperaturen 0 K, 100 K und 300 K, wobei das

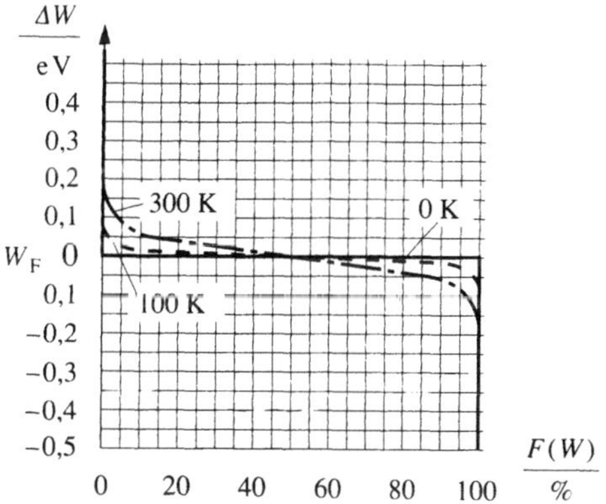

Bild 3.2-2 Fermi-Funktion im Bereich $\Delta W = +0{,}5 \ldots -0{,}5$ eV für die Temperaturen 0 K (———), 100 K (---) und 300 K (-·-·-)

Fermi-Niveau willkürlich auf den (Bezugs-)Wert 0 gelegt ist. Der reale Wert des Fermi-Niveaus gibt die Energie an, über die die Teilchen auch noch beim absoluten Nullpunkt verfügen. Die Teilchen haben also eine gewisse Nullpunktenergie. Es ist offensichtlich, daß die Lage des Fermi-Niveaus in der verbotenen Zone entscheidenden Einfluß auf die Leitfähigkeit eines Stoffes hat.

3.2.2 Isolator

In Bild 3.2–3a ist ein Bandschema mit einer breiten verbotenen Zone von $\Delta W_B = 2$ eV dargestellt und daneben die Energieverteilung bei 300 K für ein mittig liegendes Fermi-Niveau. Offensichtlich verfügt kein Teilchen über eine ausreichende Energie, um in das Leitungsband zu gelangen, und im vollbesetzten Valenzband ist auch keine Beweglichkeit der Teilchen und damit keine Leitfähigkeit vorhanden. Es liegt das typische Bandschema eines Isolators vor.

3.2.3 Halbleiter

Wird der Bandabstand merklich kleiner als 1 eV, so tritt eine ausreichende Anzahl von Teilchen auf, die in das Leitungsband gelangen können (Bild 3.2–3b). Es ist dies der typische Fall des Halbleiters, bei dem im reinen Zustand das Fermi-Niveau genau mittig liegt. Leitfähigkeit ist jetzt sowohl über das Leitungsband mit seinen thermisch gewonnenen Elektronen (n) als auch im teilweise leergewordenen Valenzband über *Defektelektronen* oder *Löcher* (p) möglich. Es ist sofort ersichtlich, daß die Leitfähigkeit einerseits durch Temperaturerhöhung (z. B. durch Stromdurchgang) oder durch Verschiebung des Fermi-Niveaus zum Leitungsband (durch Dotierung) erhöht werden kann. Trotz zunehmender Beweglichkeit mit sinkender Temperatur verschwindet beim absoluten Nullpunkt die Leitfähigkeit von Halbleitern.

3.2.4 Normalleiter

Sind andererseits Bänder unvollständig besetzt oder überlappen Valenz- und Leitungsband – die verbotene Zone ist dann negativ – so liegt der Fall des metallischen Leiters vor. Das Fermi-Niveau liegt jetzt innerhalb des Leitungsbandes. In Bild 3.2–4 sind die beiden Fälle dargestellt. Einmal für Natrium mit einem unvollständig besetzten 3s-Band (Bild 3.2–4a) und für Kupfer mit überlappendem 3d- und 4s-Band (Bild 3.2–4c).

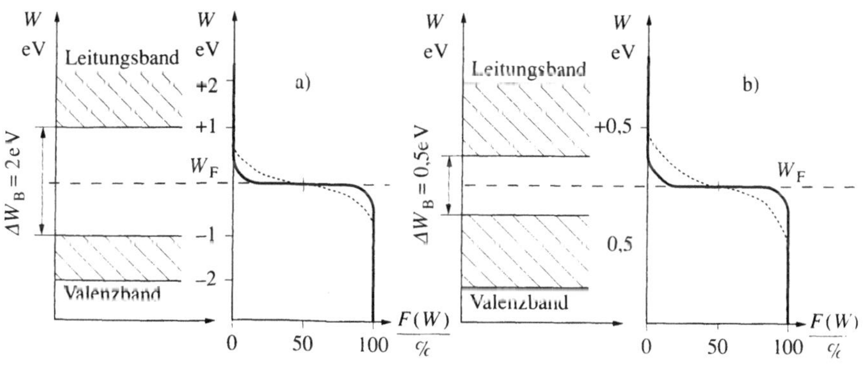

Bild 3.2-3 Bandschemata
a) Isolator,
b) Halbleiter

ΔW_B Bandabstand (2 eV bzw. 0,5 eV als Beispiel), W_F Ferminiveau, 300 K (———) und 600 K (····)

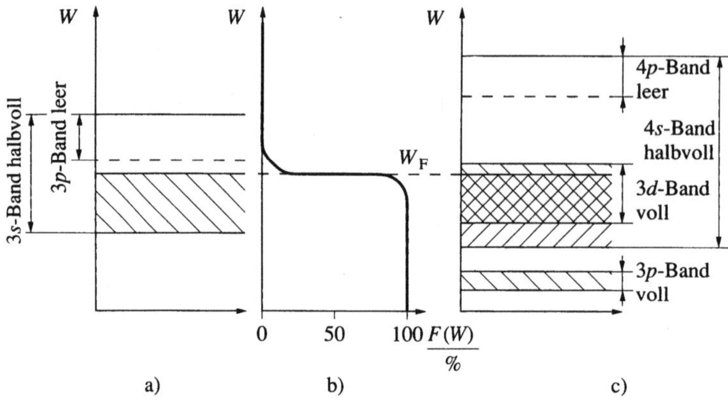

Bild 3.2-4
Bandschemata von Leitern
a) unvollständig besetztes Band, als Beispiel Natrium; das 3*s*-Band ist nur zur Hälfte besetzt;
b) Lage des Fermi-Niveaus;
c) überlappende Bänder, als Beispiel Kupfer; das voll besetzte 3*d*-Band liegt innerhalb des nur zur Hälfte besetzten 4*s*-Bandes

Mit sinkender Temperatur und damit steigender Beweglichkeit der Teilchen nimmt die Leitfähigkeit der metallischen Leiter bis zum absoluten Nullpunkt um etwa 4 Zehnerpotenzen gegenüber Raumtemperatur zu.

3.2.5 Supraleiter

Eine größere Anzahl von Metallen und Legierungen zeigt bei sehr tiefen Temperaturen ein schlagartiges Ansteigen der Leitfähigkeit um mehr als 20 Zehnerpotenzen. Der Effekt heißt *Supraleitung* und die Temperatur, bei der er eintritt, *Sprungtemperatur* T_c. Die Höhe der Sprungtemperatur ist materialabhängig und liegt für reine Metalle unter 10 K (Heliumkühlung), während Legierungen Werte bis um 20K erreichen und damit bereits in den Bereich der Wasserstoffkühlung (Sdpkt H: 20 K bzw. − 253 °C) gelangen. Ein entscheidender Schritt gelang in den letzten Jahren mit Mischoxiden auf der Basis Seltene–Erden–Barium–Kupfer (SE–Ba–Cu–O), mit denen Sprungtemperaturen bei Stickstoffkühlung (Sdpkt N: 77 K bzw. − 196 °C) im Bereich des Möglichen liegen (Tabelle 3.2–2).

Da die Supraleitung durch magnetische Felder – auch durch das eigene Feld eines im Supraleiter fließenden Stromes – aufgehoben werden kann, unterscheidet man *weiche Supraleiter* oder *Supraleiter 1. Art*, die gegen magnetische Felder bis zu einer kritischen Feldstärke H_c von 0,1 MA/m beständig sind, und *harte Supraleiter* oder *Supraleiter 2. Art*, die noch sehr starke magnetische Felder (H_c > 10 MA/m) vertragen. Für den praktischen Gebrauch ist die Angabe der *kritischen Stromdichte* S_c, bei der die Supraleitfähigkeit durch das eigene Magnetfeld des fließenden Stromes aufgehoben wird, geeigneter.

Nach dem derzeitigen Kenntnisstand wird die Supraleitung von paarweise spinkompensierten Elektronen, für die nicht mehr das Pauli–Prinzip gilt, den sog. *Cooper–Paaren,* mit einer sehr hohen Beweglichkeit bewirkt. Diese Cooper–Paare verursachen durch Ringströme an der Leiteroberfläche ein magnetisches Kompensationsfeld für das Leiterinnere, was zu einem magnetfeldfreien Raum, d. h. $\mu_r = 0$ führt.
In den harten Supraleitern bestehen bei Stromfluß im Inneren normal- und supraleitende Bereiche in Form sog. Flußschläuche nebeneinander, die andererseits durch den fließenden Strom wiederum in Bewegung geraten und damit Instabilitäten bewirken. Durch Inhomogenitäten (Gitterfehler) im Aufbau des Supraleiters lassen sich sog. *Pinning–Zentren* schaffen, die eine Stabilisierung herbeiführen. Derart stabilisierte Systeme führen auch die Bezeichnung *Hochfeldsupraleiter* oder *Supraleiter 3. Art*

3.2.6 Halleffekt

Die Driftgeschwindigkeit bewegter Ladungsträger führt zu deren Ablenkung in einem Magnetfeld (Bild 3.2–5). Die quer zum Stromfluß auftretende *Hallspannung* U_H ist

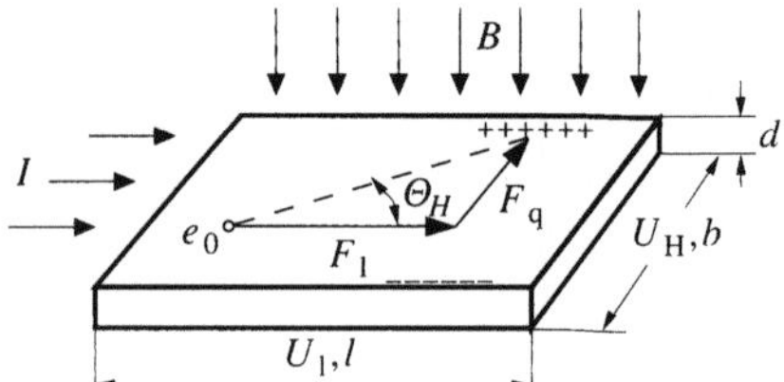

Bild 3.2-5 Halleffekt (Prinzip) stromdurchflossener Leiter im Magnetfeld, *I* Strom, *B* Magnetfeld, F_l, F_q Längs- bzw. Querkraft, U_l Längsspannung, U_H Hallspannung und Θ_H Hallwinkel

Tabelle 3.2–2: Sprungtemperaturen einiger Basismaterialien für Supraleiter

Material	Ga	Al	Sn	Pb	Nb	NbTi	Nb_3Sn	Nb_3Ga	Nb-Al-Ge	SE-Ba-Cu-O
T_c / K	1,1	1,1	3,7	7,3	9,2	10	18	20,3	21	> 35...90

$$U_H = R_H \frac{B}{d} I. \tag{3.2–4}$$

U_H	B	d	I	R_H
V	$T = Vs/m^2$	m	A	m^3/As

mit B Flußdichte, I Strom, d Leiterdicke und R_H Hallkonstante. Wie die Tabelle 3.2–3 zeigt, ist die Hallkonstante von der Beweglichkeit μ und der Leitfähigkeit γ bzw. der Teilchenkonzentration n und der Elementarladung e abhängig. Bei normalen Leitern ist die Konstante $A = 1$ und bei Halbleitern im Regelfall (nichtentartet) $A = 3\pi/8$.

Tabelle 3.2–3: Hallkonstante bei dotierten Halbleitern

A	$R_H = \frac{A}{en} = A\frac{\mu}{\gamma}$		Bemerkung
	p-Leitung	n-Leitung	
$A = \frac{3\pi}{8}$	$R_H = \frac{3\pi}{8en_p} = \frac{3\pi\mu_p}{8\gamma}$	$R_H = \frac{-3\pi}{8en_n} = \frac{-3\pi\mu_n}{8\gamma}$	$B\mu \ll 1$
$A = 1$	$R_H = \frac{1}{en_p} = \frac{\mu_p}{\gamma}$	$R_H = \frac{-1}{en_n} = \frac{-\mu_n}{\gamma}$	$B\mu \gg 1$

n_n Elektronendichte,
n_p Defektelektronendichte,
μ_n Elektronenbeweglichkeit,
μ_p Defektelektronenbeweglichkeit,
γ Leitfähigkeit,
B magnetische Flußdichte.

Die Ablenkung der Strombahnen durch das Magnetfeld führt zu einem Winkel gegenüber der ursprünglichen Richtung, dem *Hallwinkel* Θ_H

$$\tan \Theta_H = \mu B, \tag{3.2–5}$$

Θ_H	μ	B
°	m^2/Vs	T

d. h., der Hallwinkel ist nur von der Beweglichkeit der Ladungsträger (μ_n oder μ_p) und der magnetischen Flußdichte abhängig. In Bild 3.2–6 ist in a) und b) der Halleffekt an unendlich ausgedehnten Platten dargestellt. Dabei werden der Hallwinkel Θ_H und die zwischen A und B abgreifbare Hallspannung deutlich. Bei begrenzter Ausdehnung der Platte entsteht ein sog. *Hallgenerator* mit den in Bild 3.2–6c dargestellten verzerrten Feldlinien. Weil bei einem vorgegebenen Hallgenerator die Hallspannung außer von einem eingeprägten Strom nur noch vom einwirkenden magnetischen Feld abhängt, steht damit ein einfacher Meßsensor für magnetische Felder zur Verfügung. In Bild 3.2–7 ist die auf den Ruhestrom normierte Ausgangsspannung eines Hallgenerators über der magnetischen Flußdichte B bei leerlaufendem (R_∞) und mit einem für beste Linearisierung der Kennlinie (R_{lin}) ermittelten Widerstand dargestellt. Die Ruheströme für Hallgeneratoren liegen zwischen einigen Milliampere und einigen hundert Milliampere. Bei Flußdichten von 1 T erreichen die Hallspannungen im Leerlauf Werte von etwa 0,1 ... 1V. Zur einfacheren Berechnung wird meist die sog. *Leerlaufempfindlichkeit* K_0 in V/AT bei Nennstrom und (meist) $B = 1$ T angegeben. K_0 ist definiert zu

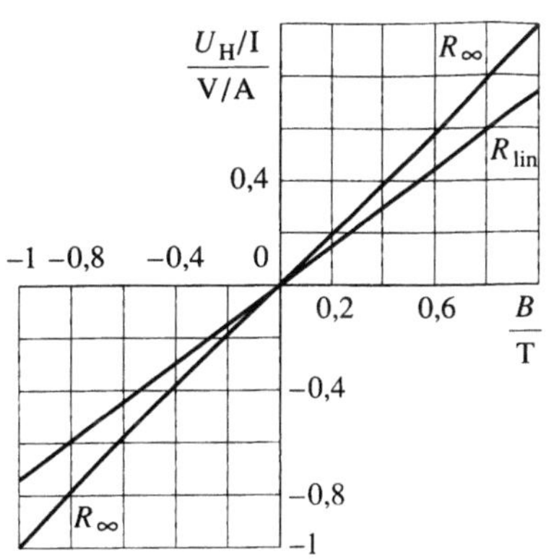

Bild 3.2-7 Normierte Hallspannung in Abhängigkeit vom anliegenden Magnetfeld im Leerlauf (R_∞) und mit Abschluß R_{lin} für eine optimal lineare Kennlinie

$$K_0 = \frac{U_{H_0}}{I_N B}. \tag{3.2–6}$$

K_0	U_{H_0}	I_N	B
V/AT	V	A	T

Der Hallwinkel hat eine Verlängerung der Strombahnen im Leiter zur Folge, woraus ein erhöhter Widerstand resultiert. Dieser Effekt wird in der *Feldplatte* ausgenutzt. Im Prinzip wechseln dazu ein Material mit großer Hallkonstante (z. B. InSb oder InAs) mit einem guten Leiter (d. h. Material mit verschwindender Hallkonstante) ab (Bild 3.2–8a und b). Die Pfeile charakterisieren in den Abbildungen die Strombahnen. Unter dem Einfluß des Magnetfeldes weisen sie einen längeren Weg auf. Die entstehenden Hallspan-

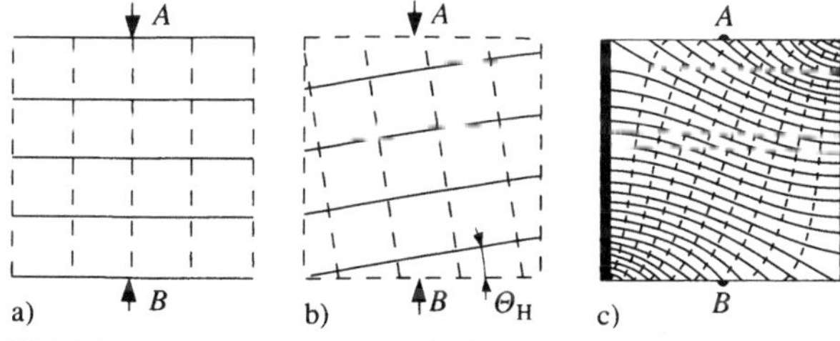

Bild 3.2-6 Feldlinienverlauf beim Hallgenerator

a) ohne Magnetfeld und
b) mit Magnetfeld senkrecht zur Zeichenebene; idealisierte Darstellung als Ausschnitt aus einer unendlich großen stromdurchflossenen Platte,
c) realer Hallgenerator mit Stromkontakten links und rechts sowie Hallspannungskontakten oben und unten

(nach *R. F. Wick* I Appl. Physics 25/1954)
—— Strombahnen, ---- Äquipotentiallinien und Θ_H Hallwinkel

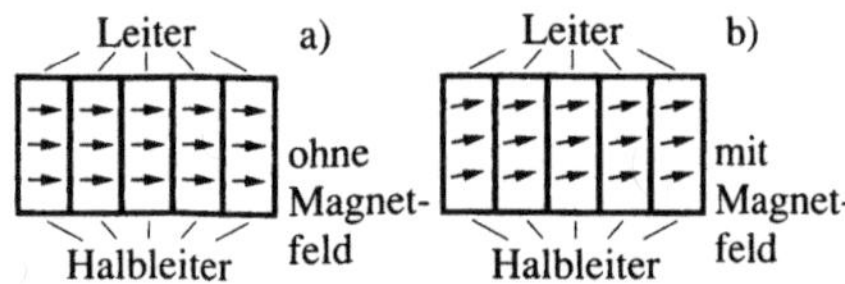

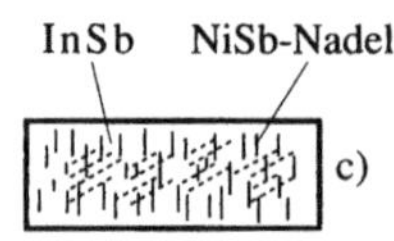

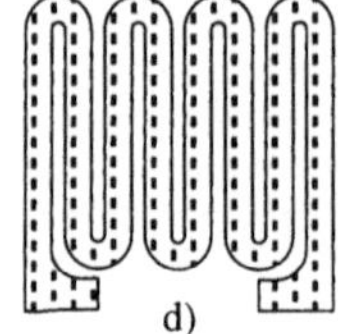

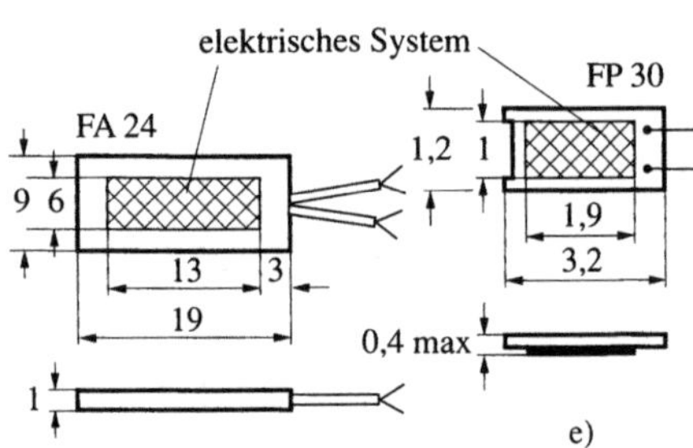

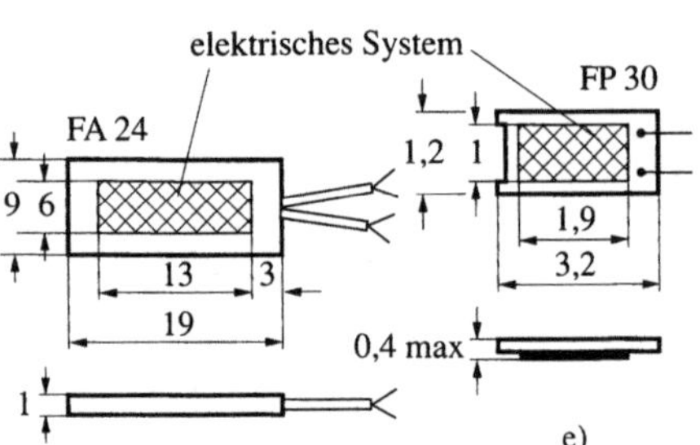

Bild 3.2-8 Feldplatte
a) und b) prinzipieller Aufbau (Erläuterungen im Text),
c) Prinzip einer Feldplatte aus InSb mit eingelagerten NiSb-Nadeln (Leiter)
------ nicht abgelenkte und
····· abgelenkte Strombahnen,
d) Mäanderstruktur von Feldplatten für die praktische Anwendung,
e) Hallgenerator (Typ FA 24) und Feldplatte (Typ FP 30) im Vergleich (nach SIEMENS AG, Maße in mm)

nungen werden durch die querliegenden – Äquipotentialflächen erzwingenden – Leiter kurzgeschlossen. Damit liegt ein *magnetfeldabhängiger Widerstand* vor. Die grundsätzlichen Abmessungen von Feldplatten und Hallgeneratoren sind mit in Bild 3.2–8 unter e) aufgeführt.

3.3 Elektrische Leiter

3.3.1 Normalleiter

Die Daten der wichtigsten Leitermaterialien sind in der Tabelle 3.3–1 zusammengestellt. Für Leitkupfer ist der Mindestwert der Leitfähigkeit (gemäß VDE) $57 \cdot 10^6$ S/m bzw. der spezifische Widerstand $0{,}0175 \cdot 10^{-6}\ \Omega \cdot \mathrm{m}$. Je nach Reinheit und Vorbehandlung kann die Leitfähigkeit des Kupfers zwischen $60 \cdot 10^6$ S/m bei extremer Reinheit und $55 \cdot 10^6$ S/m bei geringfügigen Verunreinigungen schwanken. Aus diesem Grunde kommt in der Elektrotechnik (DIN 40500) ausschließlich *elektrolytisch raffiniertes E-Kupfer* (Werkstoffnummer 2.0060) oder das *sauerstofffreie SE-Kupfer* (Werkstoffnummer 2.0070) in Betracht (n. DIN 17007).

Mit zunehmender Temperatur sinkt die Leitfähigkeit bzw. steigt der Widerstand der Leiterwerkstoffe an. Generell sind metallische Leiter als *Kaltleiter* oder *PTC* (engl. *positive temperature coefficient*) zu klassifizieren. Eine geringe Temperaturabhängigkeit weisen die wegen ihrer guten Langzeitkonstanz zunehmend an Bedeutung gewinnenden Metallfilmwiderstände auf. Preiswert galvanisch hergestellt erreichen sie Temperaturkoeffizienten $\alpha \cong 0{,}02 \ldots 0{,}005\,\%/°\mathrm{C}$ und mit hochwertigen NiCr werden sogar Werte

Tabelle 3.3–1: Datenvergleich einiger Leiterwerkstoffe

Metall	Leitfähigkeit gegenüber Silber = 100%	Leitfähigkeit $\frac{\gamma}{10^6\mathrm{S/m}}$	spezifischer Widerstand $\frac{\varrho}{10^{-6}\,\Omega\mathrm{m}}$	Temperaturkoeffizient $\frac{\alpha}{\%/°\mathrm{C}}$
Silber	100	61	0,0163	0,41
Kupfer	96	58	0,0173	0,43
Gold	73	41	0,025	0,39
Aluminium	62	38	0,026	0,43
Zink	31	17	0,059	0,42
Nickel	25	15	0,067	0,69
Eisen	18	10	0,098	0,56
Zinn	15	9	0,115	0,46
Blei	8	4,5	0,222	0,42

Der spezifische Widerstand ϱ in $10^{-6}\ \Omega \cdot \mathrm{m}$ ist zahlenmäßig gleich mit der Angabe in $\Omega \cdot \mathrm{mm}^2/\mathrm{m}$

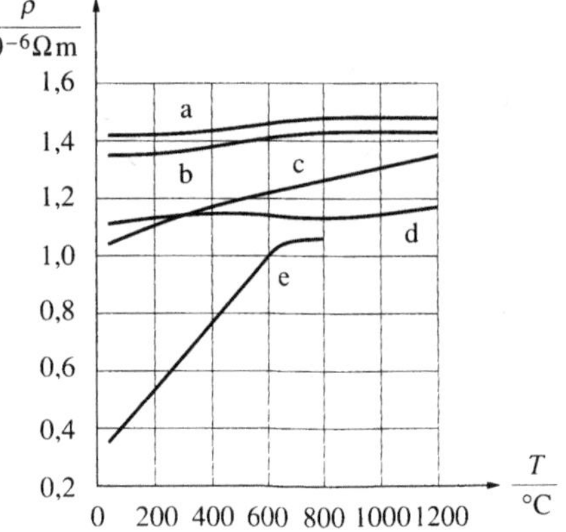

Bild 3.3-1 Spezifischer Widerstand von Heizleitermaterialien in Abhängigkeit von der Temperatur (nach Vacuumschmelze)
a Megapyr I (FeCr25Al5),
b Megapyr II (FeCr20Al5),
c Vacromium (FeNi30Cr20),
d Vacromium C (NiCr20),
e Nickeleisen 701 (NiFe29Cr1)

von $\alpha \cong 0{,}003\,\%/°C$ erzielt (s. a. Tabelle 3.3–1 und Abschnitt 3.2).
Für heiztechnische Zwecke sind die Anforderungen an den Temperaturgang wesentlich geringer, dafür ist der Temperaturbereich wieder wesentlich größer. Bild 3.3–1 zeigt den spezifischen Widerstand für einige Heizleitermaterialien in Abhängigkeit von der Temperatur. Auffällig ist hierbei das Verhalten der NiFe-Legierung mit zunächst Kaltleitercharakteristik, die beim Erreichen der Curie-Temperatur in einen praktisch konstanten Widerstand übergeht.

3.3.2 Halbleiter

Beim reinen Halbleiter ist wegen des mittig in der verbotenen Zone liegenden Fermi-Niveaus die Anzahl der ins Leitungsband übergehenden Elektronen n_n gleich der im Valenzband frei werdenden Defektelektronen n_p. Die so rein thermisch erzeugte Teilchendichte heißt *Intrinsicdichte* oder auch *Intrinsiczahl* n_i. Allgemein gilt der Zusammenhang

$$n_n \cdot n_p = n_i^2. \qquad \frac{n_n, n_p, n_i}{\text{cm}^{-3}} \qquad (3.3\text{–}1)$$

Aus der Intrinsiczahl folgt die *Intrinsic-* oder *Eigenleitfähigkeit* γ_i

$$\gamma_i = e n_i(\mu_n + \mu_p). \qquad (3.3\text{–}2)$$

γ_i	e	n_i	μ_n, μ_p
S/cm = A/Vcm	As	cm^{-3}	cm^2/Vs

Die Grunddaten für Germanium und Silizium sind in der Tabelle 3.3–2 zusammengestellt. Daraus ist sofort ersichtlich, daß zum Erreichen der Eigenleitfähigkeit die Konzentration der Fremdteilchen kleiner als ca. $10^{13}\,\text{cm}^{-3}$ bei Ge und kleiner ca $10^{10}\,\text{cm}^{-3}$ bei Si sein muß. Wegen der Abhängigkeit der Leitfähigkeit vom Reinheitsgrad, kann umgekehrt über die Messung der Leitfähigkeit eines Halbleitermaterials dessen Reinheit bestimmt werden.

Tabelle 3.3–2: Intrinsiczahlen und Ladungsträgerbeweglichkeiten von Germanium und Silizium

Ge	Si
$n_i = 2{,}4 \cdot 10^{13}\,\text{cm}^{-3}$	$n_i = 1{,}5 \cdot 10^{10}\,\text{cm}^{-3}$
$\mu_n = 3900\,\text{cm}^2/\text{Vs}$	$\mu_n = 1350\,\text{cm}^2/\text{Vs}$
$\mu_p = 1900\,\text{cm}^2/\text{Vs}$	$\mu_p = 480\,\text{cm}^2/\text{Vs}$

3.3.2.1 Dotierung

Dotieren ist die Änderung der Leitfähigkeit eines hochreinen Halbleiters durch Verschieben des Fermi-Niveaus. Es erfolgt über das Einbringen von Störungen durch fremde Atome mit einem anderen Fermi-Niveau als dem des Halbleiters. Liegt das eingebrachte Fermi-Niveau nahe dem Leitungsband, stehen zusätzliche Elektronen für den Leitungsmechanismus zur Verfügung, sog. *n*-Dotierung (Bild 3.3–2a). Wegen der vom Donator im Übermaß vorhandenen Elektronen spricht man auch von Überschußleitung oder *n*-Leitung. Liegt andererseits das Fermi-Niveau des störenden Gitters nahe dem Valenzband, sog. *p*-Dotierung, werden durch den *Akzeptor* vermehrt Elektronen aus dem Valenzband abgezogen und es entsteht die *p*-Leitung oder Defekt(elektronen)leitung (Bild 3.3–2b). Die Dotierung erfolgt durch Diffusion oder Ionenimplantation. Da Gl. (3.3–1) unverändert gültig ist, wird mit der Zunahme einer Ladungsträgerart die andere automatisch vermindert und führt damit zu einem *bipolaren* Leitungsmechanismus.
Halbleiter finden sich vorzugsweise in der 4. Hauptgruppe (IVa) des Periodensystems. Die Tabelle 3.3–3 zeigt einen Ausschnitt daraus. Hier sind auch die als

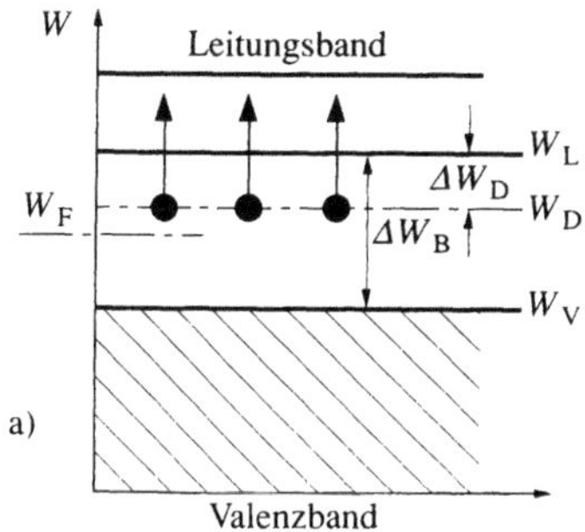

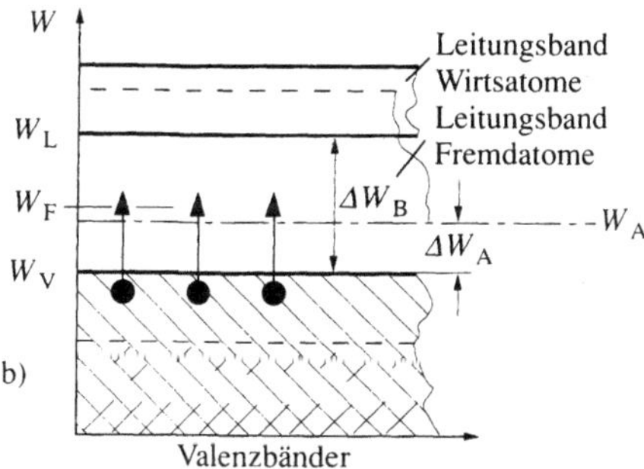

Bild 3.3-2 Dotierung (schematisch)
a) Bandschema eines Überschußleiters, *n*-Leitung,
b) Bandschema eines Defektelektronenleiters, *p*-Leitung

▭	Leitungsband,
▨	Valenzband Fremdatome,
▧	Valenzband Wirtsatome,
•	Elektronen,
W_L, W_V	Leitungs- und Valenzbandkanten der Wirtsatome,
W_F	Ferminiveau,
ΔW_B	Bandabstand der Wirtsatome,
W_D	Donatorniveau,
ΔW_D	Donatorabstand,
W_A	Akzeptorniveau und
ΔW_A	Akzeptorabstand

Tabelle 3.3–3: Ausschnitt aus dem Periodensystem der Elemente.

Gruppe	3 Valenzelektronen III a b	4 Valenzelektronen IV a b	5 Valenzelektronen V a b	6 Valenzelektronen VI a b	7 Valenzelektronen VII a b
Symbol Ordnungszahl Bandabstand eV	B 5 (A) 1,1	C 6 6	N 7	O 8	F 9
Symbol Ordnungszahl Bandabstand eV	Al 13 (A)	Si 14 1,09	P 15 (D) 0,33	S 16	Cl 17
Symbol Ordnungszahl Bandabstand eV	Ga 31 (A)	Ge 32 0,67	As 33 (D) 1,1	Se 34 2,05	Br 35
Symbol Ordnungszahl Bandabstand eV	In 49 (A)	Sn 50 0,09	Sb 51 (D)	Te 52 0,34	J 53 1,3

[gerastert] Halbleiter, (A) Akzeptoren und (D) Donatoren (gegenüber IV), a Hauptgruppenelemente und b Nebengruppenelemente.

Tabelle 3.3–4: Daten einiger Verbindungshalbleiter. Zum Vergleich sind die Elementhalbleiter Si und Ge mitaufgeführt.

Name	Formel	Elementgruppen	$\frac{BA}{\text{eV}}$	$\frac{\varrho_i}{\Omega \cdot \text{cm}}$	$\frac{\text{Smp}}{°\text{C}}$	$\frac{\mu_n}{\text{cm}^2/\text{Vs}}$	$\frac{\mu_p}{\text{cm}^2/\text{Vs}}$	Bemerkungen
Silizium	Si		1,106	$2{,}3 \cdot 10^5$	1 420	1 350	480	
Germanium	Ge		0,67	46	936	3 900	1 900	
Tetradymit	Bi_2Te_3	V–VI	0,15	0,03	573	800	400	elektrisches Kühlmaterial
In-Antimonid	InSb	III-V	0,17	0,0045	523	75 000	780	Hallgeneratoren, $R_H = 400\ \text{cm}^3/\text{As}$
Altait	PbTe	IV-VI	0,28	0,01	910	2 100	840	Infrarotdetektor
In-Arsenid	InAs	III-V	0,37	0,1	940	22 600	200	$R_H = 100\ \text{cm}^3/\text{As}$
Bleiglanz	PbS	IV-VI	0,4	3,1	1 117	650	250	lichtempfindlicher Widerstand, Infrarotdetektor
Ga-Antimonid	GaSb	III-V	0,69	0,06	702	4 000	750	
In-Selenid	InSe	III-VI	0,96	12 500	660	–	5	IR- und UV-empfindlich
In-Phosphid	InP	III-V	1,25	10	1 060	3 500	650	Gunn-Elemente
Ga-Arsenid	GaAs	III-V	1,38	$5 \cdot 10^7$	1 260	4 000	450	Elektrolumineszens, LED, IR-Dioden, FET
Ga-Phosphid	GaP	III-V	2,29	–	–	1 000	–	IR-Dioden, grüne Lichtstrahlung, LED
Si-Karbid	SiC	IV-IV	3,5			60	8	blaue Lichtstrahlung

BA Bandabstand, ϱ_i Intrinsicwiderstand, Smp Schmelzpunkt, μ_n Elektronenbeweglichkeit und μ_p Löcherbeweglichkeit.

Akzeptoren (A) geeigneten Elemente der 3. Hauptgruppe und die Donatoren (D) in der 5. Hauptgruppe zu erkennen.

3.3.2.2 Verbindungshalbleiter

Verbindungshalbleiter gewinnen neben den Elementhalbleitern zunehmend an Bedeutung. Bringt man Elemente der III. und V. Hauptgruppe des Periodensystems im stöchiometrischen Verhältnis zusammen, so ist bei derartigen III-V-Verbindungen wieder eine ähnliche Konfiguration der Valenzelektronen wie bei Elementhalbleitern möglich. Bei geeigneten Bandstrukturen kann der Leitungsmechanismus ähnlich wie bei Elementhalbleitern durch Dotieren gesteuert werden. Wie die Tabelle 3.3–4 an einigen Beispielen mit den wesentlichen Daten zeigt, sind aber auch noch andere Kombinationen als Verbindungshalbleiter möglich. Zum Vergleich sind noch Ge und Si mitaufgeführt.

Für die Herstellung der für Halbleiterbauelemente notwendigen Sperrschichten, d.h. Übergängen zwischen *p*- und *n*-leitenden Materialien, ist noch die *Umdotierung* wichtig. Durch eine stärker als die vorher eingebrachte Dotierung kann die *p*- oder *n*-Leitung umgekehrt werden. Mit Hilfe dieser Umdotierung können auch Mehrfachfolgen von *p*- und *n*-Schichten erzeugt werden. Nur so ist die heute übliche Planartechnologie zur Herstellung integrierter Schaltungen möglich.

3.3.3 Supraleiter

Das grundsätzlich bereits über eine recht hohe Sprungtemperatur verfügende Niob (9,2 K s. Tabelle 3.2–2) liefert als NbTi bzw. Nb_3Sn z.Z die gebräuchlichsten Supraleitermaterialien. NbTi liegt als leicht zu fertigender Legierungswerkstoff vor, während Nb_3Sn als Verbindungssupraleiter einen bestimmten Formierungprozeß erfordert. NbTi ermöglicht bei einer Temperatur von 2 K Flußdichten von 10 T und Nb_3Sn solche bis 16 T.
Supraleitendes Material wird zur Stabilisierung in einen normalleitenden Träger (Substrat) auf Cu-Basis (Cu-Sn- oder Cu-Ni-Matrix je nach Herstellprozeß) eingebracht. Die dadurch bedingte Aufteilung in Normal- und Supraleiter wird durch das *Querschnittsverhältnis* $\alpha = q_{Cu}/q_{SL}$ beschrieben. Mit q_{Cu} = Kupferquerschnitt und q_{SL} = Supraleiterquerschnitt. Selbst wenn die zulässigen Stromdichten für Normalleiter mit 10^3 A/cm² angesetzt werden, ist die Stromtragfähigkeit von Supraleitern immer noch um mehr als den Faktor 10^2 größer als die von Normalleitern. Eine praktisch brauchbare Form von Hochtemperatur-Supraleitern würde den bislang weitgehend auf Sonderanwendungen in Forschungseinrichtungen beschränkten Einsatz von Supraleitern auch für die Anwendung in Motoren, Generatoren und Energieübertragungssystemen interessant machen.

3.4 Magnetische Leitfähigkeit

3.4.1 Modellvorstellung

Die zur elektrischen Elementarladung äquivalente magnetische Größe ist das *Bohrsche Magneton*

$$\mu_B = 9{,}27 \cdot 10^{-24}\ \mathrm{Am}^2$$

(1A · m² = 1J/T). Im Gegensatz zur „einpoligen" Elementarladung ist das Bohrsche Magneton zweipolig und damit ein *magnetischer Dipol* mit Nord- bzw. Südpol. Die gleichfalls benutzte Bezeichnung *magnetisches Moment* geht auf die Tatsache zurück, daß die magnetischen Dipole nur verdreht aber nicht verschoben werden können.
Zur Modellvorstellung des magnetischen Dipols ist in Bild 3.4–1 die Polbildung eines *Ringstromes* dargestellt (die unvollständig gezeichneten Feldlinien sollen die Vorstellung erleichtern).

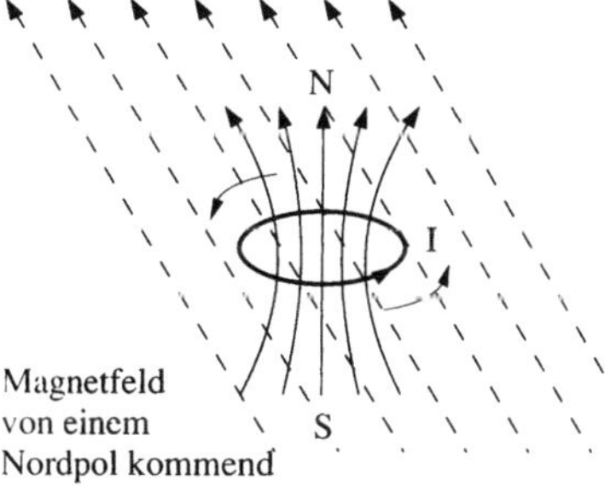

Bild 3.4-1 Kreisstrom (stromdurchflossener Ring) als magnetischer Dipol

Gelangt die Anordnung in ein magnetisches Feld (gestrichelt in Bild 3.4–1), so wird der Dipol eine Drehbewegung ausführen, ohne den Platz zu verlassen. Die Größe des für die Drehbewegung notwendigen Drehmomentes M folgt aus dem Vektorprodukt

$$M = |\vec{m}_B \times \vec{B}| = m_B \cdot B \cdot \sin\alpha. \tag{3.4–1}$$

M	m_B	B
Nm	Am²	Vs/m² = T

Hierbei ist m_B das *magnetische (Dipol-)Moment* und α der (kleinste) Winkel zwischen Feld und „Magnet". Wichtig ist das magnetische Moment m_B des Modells, dessen Betrag sich als Strom mal umrandeter Fläche ergibt. Betrachtet man den Stromring als Elektronenbahn und die Fläche A als zum Bahnradius gehörig, so ist das damit verkoppelte magnetische Moment als Bahnmoment zu deuten. Der mechanisch als Eigenrotation gedeutete Spin der Elektronen führt dementsprechend zum *Spinmoment*. Alle magnetischen Erscheinungen der Materie, die für den praktischen Gebrauch bedeutsam sind, gehen damit auf die überlagerung von Spin- und Bahnomenten zurück.

3.4.2 Verhalten von Materie im Magnetfeld

Meßzahl für die Reaktion eines Werkstoffes auf ein Magnetfeld, d. h. seine magnetische Leitfähigkeit, ist entweder die *Permeabilität* μ oder die *(magnetische) Suszeptibilität* κ_m. Für den freien Raum gilt – unter Verzicht auf die Kennzeichnung des Vektorcharakters von Flußdichte B und magnetischer Feldstärke H:

$$B = \mu_0 \cdot H, \qquad (3.4\text{–}2)$$

B	H	μ_0
$T = Vs/m^2$	A/m	Vs/Am

mit $\mu_0 = 1{,}26 \cdot 10^{-6}$ Vs/Am (bzw. H/m). Für den materieerfüllten Raum ist eine multiplikative oder additive Beschreibung möglich:

$$B = \mu_0 \mu_r H \quad \text{bzw} \quad B = \mu_0 H + J. \qquad (3.4\text{–}3\text{a und b})$$

B ist die erreichte Flußdichte in Vs/m^2 oder T und H das erregende magnetische Feld in A/m. J ist die mit B dimensionsgleiche *magnetische Polarisation*. Die Permeabilitätszahl μ_r ist der Multiplikationsfaktor für die Flußdichte im materieerfüllten Raum gegenüber dem Vakuum. Die Polarisation J gibt den auf die Materie entfallenden Flußdichteanteil an, der zusätzlich zum Anteil $\mu_0 H$ des Vakuums auftritt. Aus Gl. (3.4–3) folgt

$$\mu_r = 1 + \frac{J}{\mu_0 H} = 1 + \frac{M}{H} = 1 + \kappa_m \qquad (3.4\text{–}4)$$

μ_0,	μ_r	J	M	H	κ_m
Vs/Am	1	Vs/m^2	A/m	A/m	1

mit κ_m Suszeptibilität(szahl) und $M = J/\mu_0$ *Magnetisierung*. M ist der Feldstärkeanteil der für die zusätzliche Flußdichte in der Materie aufzubringen ist. Der für die Praxis wichtige Zusammenhang zwischen J und B folgt aus Gl. (3.4–3) zu

$$J = B - \mu_0 H. \qquad (3.4\text{–}5)$$

J	B	μ_0	H
Vs/m^2	Vs/m^2	Vs/Am	A/m

3.4.2.1 Diamagnetismus

Trifft ein äußeres Magnetfeld auf die Kreisströme der Elektronenbahnen, so wird – gemäß Lenzscher Regel – ein Feld induziert, das dem erzeugenden entgegengerichtet ist. Es entsteht ein sog. *induziertes magnetisches Moment*. Dies ist die einfachste Form des Magnetismus. Die grundsätzlich in allen Stoffen vorkommt. Das resultierende Feld ist schwächer als das erregende. Materialien, die ausschließlich diesen Effekt zeigen, heißen *diamagnetisch*. Die Suszeptibilität κ_m ist negativ, etwa -10^{-6}. Die Permeabilitätszahl μ_r ist dann praktisch gleich 1.
Zu den diamagnetischen Stoffen gehören die Edelgase, die nichtmetallischen Elemente – außer O_2 und S_2 – sowie die Metalle Ag, Au, Cd, Cu, Hg, Pb und Zn, ferner die Halbleitermaterialien Ge, Si und Se. Normalerweise ist die Suszeptibilität temperaturunabhängig. Ausnahmen hiervon machen Sb, Bi, Ga, Tl und C (als Graphit).

3.4.2.2 Paramagnetismus

Paramagnetismus liegt vor, wenn sich die magnetischen Momente im atomaren Bereich unvollständig kompensieren. Die resultierenden magnetischen Momente mit ihren willkürlichen Orientierungen werden durch ein äußeres Magnetfeld ausgerichtet. Die resultierende Flußdichte ist etwas größer als im Vakuum. Die Suszeptibilität ist positiv mit Werten von etwa $\kappa_m = 10^{-5} \ldots 10^{-3}$. Die Permeabilitätszahl μ_r ist damit praktisch nur unwesentlich größer als 1.
Da die Wärmebewegung der Teilchen der ausrichtenden Wirkung des Magnetfeldes entgegenwirkt, ist der Paramagnetismus temperaturabhängig.

3.4.2.3 Ferromagnetismus

Kompensieren sich im atomaren Bereich erst magnetische Momente größerer, gleich ausgerichteter Gebiete, den sog. *Weißschen Bezirken, Elementarbereichen* oder *Domänen*, so liegt *Ferromagnetismus* vor. Die Suszeptibilität κ_m und Permeabilitätszahl μ_r erreichen sehr hohe Werte. Dieser Ausnahmezustand in der Ordnung der Spinmomente wird durch Austauschkräfte hervorgerufen, denen mit steigender Temperatur die Wärmebewegung der Atome (Atomrümpfe) entgegenwirkt, so daß ab einer bestimmten Temperatur – der *Curie-Temperatur* – wieder der ungeordnete, d. h. paramagnetische Zustand vorherrscht.

3.4.2.4 Antiferromagnetismus

Die Austauschkräfte können im Gitter auch zu einer paarweisen antiparallelen Ordnung der magnetischen Momente führen (Bild 3.4–2). Dieser Ordnungszustand heißt *antiferromagnetisch*. Nach außen hin ist ein solches System durchweg unmagnetisch und verhält sich bei den üblichen Untersuchungen wie ein paramagnetischer Stoff. Auch dieser Ordnungszustand wird thermisch aufgehoben. Die zugehörige Temperatur heißt *Néel-Temperatur*

3.4.2.5 Ferrimagnetismus

Sind bei antiparalleler Ausrichtung die magnetischen Momente ungleich groß, so verbleibt in einer Richtung ein resultierendes magnetisches Moment, mit ähnlicher Wirkung wie bei ferromagnetischen Materialien. Dieser unvollständig kompensierte Antiferromagnetismus wird *Ferrimagnetismus* genannt. In Bild 3.4–2 sind die möglichen Ordnungszustände der magnetischen Momente schematisiert zusammengestellt.

3.4.3 Magnetisierung

Die Weissschen Bezirke sind durch Austauschkopplungen bis zur Sättigung magnetisiert. Diese spontane Magnetisierung erfolgt im Kristallgitter immer nur in den Richtungen der leichten Magnetisierbarkeit, den *(magnetisch) leichten Richtungen*. Beim kubischen

magnetische Momente im kubischen Gitter	vereinfachte Darstellung	Bezeichnung	μ_r	κ_m
		dia-magnetisch	< 1 (≈ 1)	< 0 (≈ 0)
		para-magnetisch	> 1 (≈ 1)	> 0 (≈ 0)
		ferro-magnetisch	⋙ 1	⋙ 0
		antiferro-magnetisch	> 1 (≈ 1)	> 0 (≈ 0)
		ferri-magnetisch	≫ 1	≫ 0

Bild 3.4-2
Ordnungszustände magnetischer Momente (schematische Übersicht)
↑ magnetisches Moment mit relativer Größe und Richtung

Gitter des Eisens sind dies z. B. die Würfelkanten. Die Diagonalen dazu sind schwerer zu magnetisieren, d. h., es liegen *(magnetisch) schwere Richtungen* vor. Die Ausrichtung der magnetischen Momente erfolgt wegen der Weißschen Bezirke durch *Wandverschiebungen* und *Drehprozesse*. (Bloch-)Wandverschiebungen (Bild 3.4–3b) sind für Magnetisierungen mit kleinen Feldstärken wichtig. Mit zunehmender Feldstärke müssen auch Bezirke magnetisiert werden, die mit dem aufmagnetisiernden Feld Winkel > 90° einschließen. Hierbei treten *irreversible Drehungen* auf, wobei die spontan magnetisierten Bezirke ihre Magnetisierungsrichtung um 180° ändern (Bild 3.4–3c). Die weitere Ausrichtung bis zur Sättigung erfolgt über einfache *reversible Drehungen* (Bild 3.4–3d). Die plötzlichen Richtungswechsel der irreversiblen Drehungen sind auch unter dem Namen *Barkhausensprünge* bekannt.

3.4.4 Magnetisierungskurve

Der Zusammenhang zwischen der erregenden Feldstärke H und der daraus im Inneren des Werkstoffes resultierenden Flußdichte B, d. h. der Addition von J und $\mu_0 H$, ist bei Werkstoffen mit großen μ_r-Werten im allgemeinen nicht linear. Der nur experimentell zu ermittelnde Zusammenhang zwischen H und B wird durch die *Magnetisierungs-* oder *Hysteresekurve (-schleife)* beschrieben (Bild 3.4–4). Für einen noch nie magnetisierten (oder einwandfrei entmagnetisierten) Werkstoff beginnt die *Neu-* oder *Kommutierungskurve* im Koordinatenursprung und wird im Anfangsbereich durch Wandverschiebungen (Bild 3.4–4a), im Hauptteil durch irreversible Drehungen (Bild 3.4–4b) und im Bereich bis zur Sättigungsinduktion B_s (Bild 3.4–4c) durch reversible Drehungen bestimmt. Bei gegen Null absinkender Feldstärke sinkt

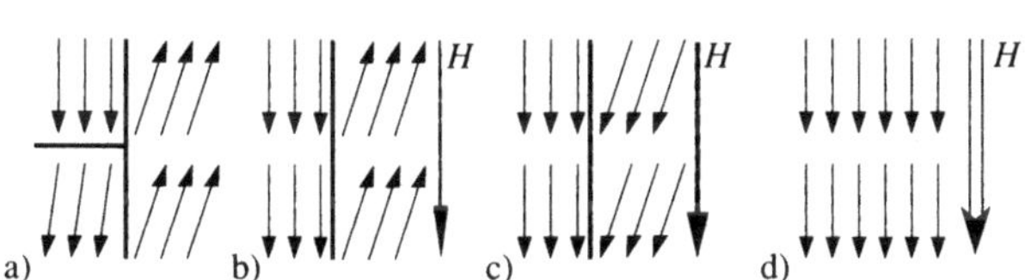

Bild 3.4-3 Stufen der Magnetisierung
a) ungestörter Zustand,
b) (Bloch) Wandverschiebung,
c) irreversible Drehung,
d) reversible Drehung,
H magnetisierendes Feld zunehmender Stärke

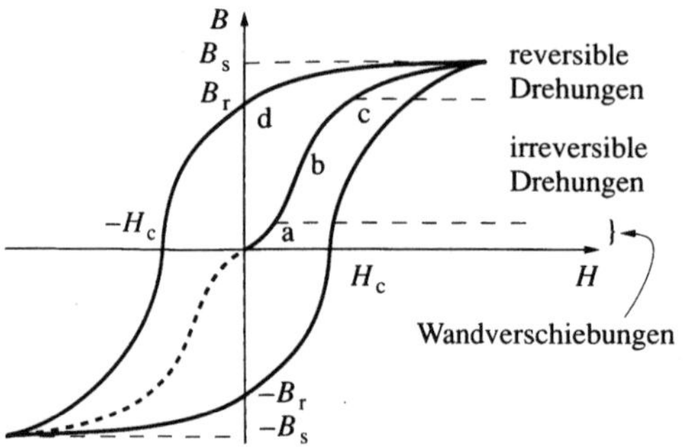

Bild 3.4-4 Grundsätzlicher Verlauf und Entstehung einer Magnetisierungskurve oder Hystereseschleife (Erläuterungen im Text)

die Flußdichte auf einem höher liegenden Kurvenast (Bild 3.4-4d) gegen die *Remanenzflußdichte* B_r ab. Dies ist die Auswirkung der irreversiblen Drehungen, die erst durch eine entgegengerichtete *Koerzitivfeldstärke* $-H_c$ wieder bis auf $B=0$ gebracht werden können. Eine weitere Steigerung von H in negativer Richtung führt zu einer negativen Sättingungsflußdichte, die erst durch eine positive Koerzitivfeldstärke wieder auf Null gebracht werden kann. Eine Rückkehr zum Koordinatenursprung ist auf diese Weise nicht möglich. Der Werkstoff verfügt über eine Hysterese. Zur Entmagnetisierung muß von einer Sättigungsflußdichte, Punkt 1 oder 2 in Bild 3.4-5, mit allmählich absinkenden Feldstärkewerten ständig ummagnetisiert werden. Die gleichfalls mögliche thermische Entmagnetisierung durch Überschreiten der Curie-Temperatur dürfte nur in Sonderfällen anwendbar sein.

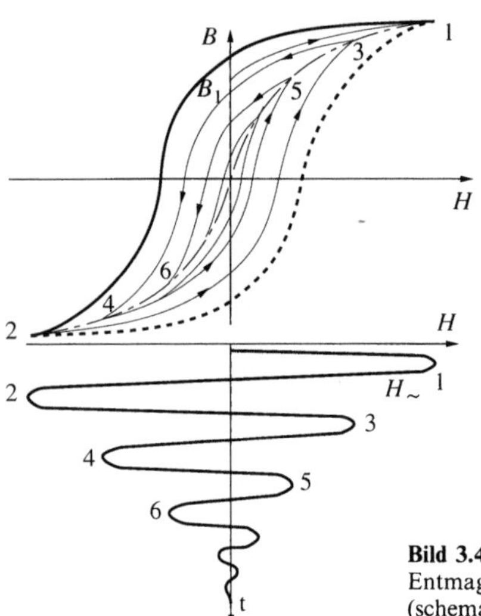

Bild 3.4-5 Entmagnetisierung (schematisch)

B_1 (Rest-)Vormagnetisierung, $H_\sim$ abklingendes entmagnetisierendes Wechselfeld, 1, 2, 3, ... Umkehrpunkte auf der Kommutierungskurve = abklingende Scheitelwerte von $H_\sim$, –·–·–·– Kommutierungskurve, ----- Ergänzung der (äußersten) Hystereseschleife

3.4.4.1 Verluste

Die Fläche der Hystereseschleife stellt eine „Verlustfläche" A gemäß $W_m = \int H\,dB$ (s. Kap. 2) dar. Diese Verluste treten bei jedem Durchlauf der Kurve auf und sind damit der Frequenz f der Ummagnetisierung proportional. Ist die Fläche der Hystereschleife gleich A (in Ws/m³!) und das Materialvolumen gleich V, so ergibt sich die auf die Masse bezogene *Hysterese-Verlustleistung*

$$p_h = \frac{Af}{\varrho}. \qquad (3.4\text{–}6)$$

p_h	A	f	ϱ
W/kg	Ws/m³	s⁻¹	kg/m³

ϱ Dichte (kg/m³). Die elektrische Leitfähigkeit γ der meisten magnetischen Werkstoffe führt zu *Wirbelstromverlusten* p_w die sich bei der Verwendung von dünnen Blechen der Dicke d und sinusförmiger Flußdichte B nach der klassischen Wirbelstromtheorie ergeben zu

$$p_w = 1{,}64\,\frac{\gamma}{\varrho}\,(\hat{B}fd)^2. \qquad (3.4\text{–}7)$$

p_w	γ	ϱ	$\hat{B}$	f	d
W/kg	S/m	kg/m³	T = Vs/m²	s⁻¹	m

$\hat{B}$ Scheitelwert der Flußdichte und ϱ wieder die Dichte des Werkstoffes. Damit werden die im allgemeinen zusammengefaßten Verluste p

$$p = p_h + p_w. \qquad (3.4\text{–}8)$$

p, p_h, p_w
W/kg

Bei konstanter Frequenz $f = 50$ Hz sind die Verluste nur noch von der Blechdicke d und dem Scheitelwert der Flußdichte $\hat{B}$ abhängig. Da die Blechdicke für den allgemeinen Fall variabel bleiben muß, ist $\hat{B}$ mit $\hat{B} = 1{,}0$ T und $\hat{B} = 1{,}5$ T genormt. Daraus folgen die *spezifische Verluste* $p_{1,0}$, und $p_{1,5}$, meist in W/kg.

3.4.5 Permeabilität

Eine der wichtigsten Kenngrößen magnetischer Werkstoffe ist die *Permeabiltiät* μ. Sie gibt den zahlenmäßigen Zusammenhang zwischen Flußdichte B und Feldstärke H an:

$$\mu = \frac{\Delta B}{\Delta H}. \qquad (3.4\text{–}9)$$

μ	ΔB	ΔH
Vs/Am	Vs/m²	A/m

Δ ist die zur jeweiligen Definition gehörige Differenz. Die Permeabilität μ ist in die absolute Permeabiltät μ_0 mit der Einheit H/m = Vs/Am und eine weiter zu definierende unbenannte Zahl μ_r aufzuspalten:

$$\mu = \mu_0\mu_r. \qquad (3.4\text{–}10)$$

mit $\mu_0 = 4\pi \cdot 10^{-7}$ Vs/Am $= 1{,}256 \cdot 10^{-6}$ H/m.

3.4.5.1 Anfangspermeabilität

Die *Anfangspermeabilität* ist die *Steigung der Magnetisierungskurve im Nullpunkt*. Die *Anfangspermeabilität* μ_5 oder μ_i (i initial) entspricht der Steigung der

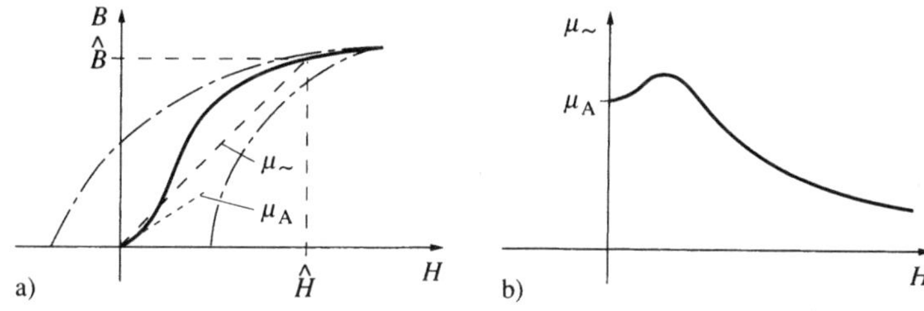

Bild 3.4-6
Wechselfeldpermeabilität
a) Definition der Anfangs- (μ_A) und Wechselfeldpermeabilität ($\mu_\sim$) an der Kommutierungskurve,
b) Wechselfeldpermeabilität in Abhängigkeit von der magnetischen Feldstärke

Neukurve im Ursprung (Bild 3.4–6a). Die formale Definition lautet

$$\mu_A = \mu_i = \frac{1}{\mu_0} \cdot \frac{\hat{B}}{\hat{H}}\bigg|_{\hat{H}\to 0} \tag{3.4–11}$$

Da mit $H=0$ keine Messungen mehr durchführbar sind, ist hierfür ein sehr kleiner Wert (einige mA/cm) festgelegt. Ältere Angaben benennen μ_5, d. h., $H=4$ mA/cm. In Anlehnung daran findet man oft auch als neuere Angabe μ_4.

3.4.5.2 Wechselfeldpermeabilität

Die *Wechselfeldpermeabilität* $\mu_\sim$ ist die *Steigung der Magnetisierungskurve bei großer Aussteuerung*. Sie entspricht der üblichen Permeabilitätszahl μ_r mit der Definition (s. a. Bild 3.4–6a)

$$\mu_\sim = \frac{1}{\mu_0} \cdot \frac{\hat{B}}{\hat{H}}\bigg|_{\hat{H}\ \text{groß}} . \tag{3.4–12}$$

$\hat{H}$ wird zweckmäßig von $H=0$ bis zu einem maximalen Wert geführt, bei dem B_s erreicht wird, das Ergebnis wird als Diagramm über H aufgetragen (Bild 3.4–6b). Für $H=0$ geht $\mu_\sim$ dann in μ_A über. Ist zusätzlich zur Wechselfeldaussteuerung noch ein magnetisierendes Gleichfeld $H_=$ vorhanden, so ergibt sich die *Überlagerungspermeabilität* (s. a. μ_{rev}).

3.4.5.3 Reversible Permeabilität

Die *reversible Permeabilität* ist die *Steigung der Magnetisierungskurve innerhalb der Hystereseschleife*. Wird ein magnetischer Werkstoff mit einem Gleichfeld $H_=$ vormagnetisiert und mit kleinen Wechselfeldstärken ausgesteuert, so ergeben sich die in Bild 3.4–7a dargestellten Verhältnisse. Einer inneren Magnetisierungskennlinie folgend, verläuft die reversible Permeabilität flacher gemäß

$$\mu_{rev} = \frac{1}{\mu_0} \cdot \frac{\Delta B}{\Delta H}\bigg|_{\Delta H \to 0} , \quad H_= \neq 0. \tag{3.4–13}$$

ΔB und ΔH liegen dabei immer innerhalb der Hystereseschleife. μ_{rev} soll meist groß sein, damit trotz Gleichstromvormagnetisierung der magnetische Kreis noch einen genügend großen induktiven Widerstand aufweist.

Ein Sonderfall der reversiblen Permeabilität ist die *permanente Permeabilität* μ_{perm}, die in der Dauermagnetik wichtig ist. Der Arbeitspunkt liegt im 2. (oder 4.) Quadranten (Bild 3.4–7b). Da bei Dauermagneten die Flußdichte in der Regel die entscheidende Größe ist, sollte $\mu_{perm} \cong 1$ sein, um bei einem störenden Wechselfeld keine Änderungen zu verursachen.

3.5 Magnetika

Bei den Magnetika werden vom Werkstoff her *Metalle* und deren Legierungen sowie *Metalloxide (Ferrite)* und nach den Anwendungseigenschaften *Weich-* und *Hartmagnetika* (Dauermagnete) unterschieden. In Tabelle 3.5–1 ist eine grundsätzliche, aber nicht vollständige Übersicht der magnetischen Werkstoffe zusammengestellt.

3.5.1 Metalloxide (Ferrite)

Ferrite der Elektrotechnik sind chemische Verbindungen des Eisen(III)-Oxids Fe_2O_3 mit zweiwertigen Metalloxiden (M″O) vom allgemeinen Typus:

$$M''O \cdot Fe_2O_3,$$

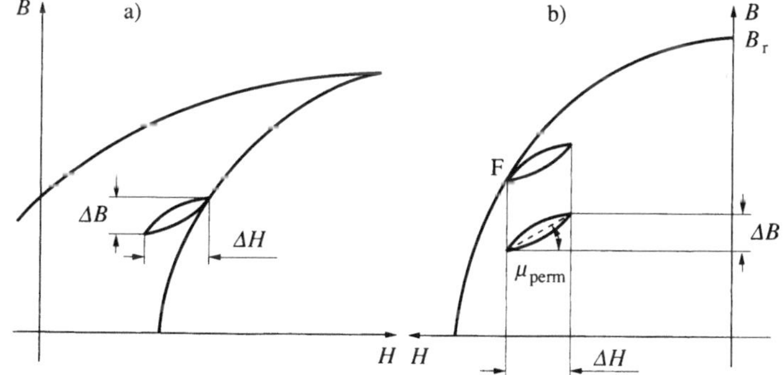

Bild 3.4-7
Permeabilitäten innerhalb der Hystereseschleife
a) reversible Permeabilität,
b) permanente Permeabilität

Tabelle 3.5–1: Übersicht über Magnetika (ohne Anspruch auf Vollständigkeit, Metalloxide unter Verzicht auf Fe_2O_3)

Metalle				Metalloxide (Ferrite)	
reine Metalle		Legierungen			
weich	hart	weich	hart	weich	hart
Fe	–	Fe-Si	Fe-Al-Ni	Mn-Zn-O	Ba-O
Ni		Fe-Ni	Fe-Al-Ni-Co	Ni-Zn-O	Sr-O
Co		Fe-Co	Fe-Ni-Cu	Mg-Mn-O	
(Gd)		Fe-Al	Fe-Co-V	Y-O (Granat)	
		Cu-Mn-Al	Pt-Co		
			Co-Sm		

Die Gitterstruktur der am meisten verbreiteten kubischen Ferrite entspricht der des Halbedelsteines *Spinell.* In der normalen kubischen Spinellstruktur mit ihrem flächenzentrierten Sauerstoffionen-Gitter (Bild 3.5–1) befinden sich die zweiwertigen Metallionen (Punkte in Bild 3.5–1) auf *Tetraederplätzen* und die dreiwertigen (Dreiecke in Bild 3.5–1) auf *Oktaederplätzen.* Vertauschen die zwei- und dreiwertigen Ionen ihre Plätze, entstehen die *inversen Spinelltypen.* Nur diese und die aus beiden bestehenden Mischtypen liefern magnetische Ferrite. Sie sind vom Prinzip her ferrimagnetisch. Als Metalloxide sind die Ferrite keramische Werkstoffe und daher *elektrische Nichtleiter.*

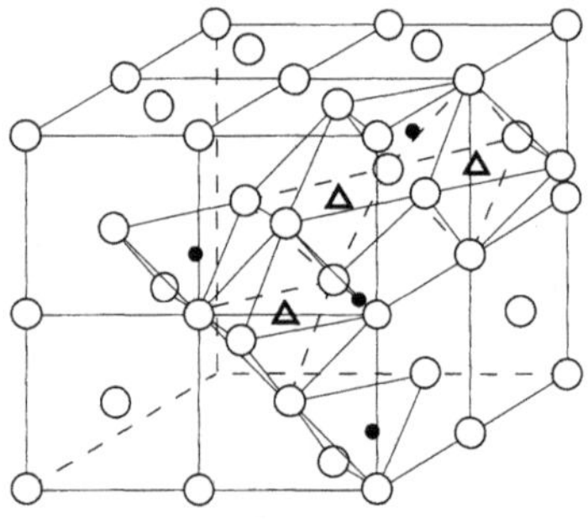

Bild 3.5-1 Kristallgitter eines Spinells (Zur besseren Übersicht sind die Gitterplätze nur teilweise besetzt) ○ Sauerstoffion, • zweiwertiges Metallion, △ dreiwertiges Metallion

3.5.2 Weichmagnetika

Weichmagnetische Werkstoffe sind durch eine Koerzitivfeldstärke von $H_c < 1$ kA/m gekennzeichnet.

3.5.2.1 Metalle

Eisen wird als *Weicheisen* für Relais und als *Karbonyl-Eisen(pulver)* in geringem Umfang für Hochfrequenzkerne und zur Abbildung von Magnetfeldern (Bittersche Methode) benutzt. Reines Nickel findet gelegentlich (im Sättigungsbereich) Anwendung als magnetostriktiver Ultraschallgeber, ansonsten dient es ählich wie Kobalt als Legierungsbestandteil für verschiedene magnetische Werkstoffe. Von den übrigen Metallen gilt in erster Näherung, daß die Schwermetalle (z. B. Cu, Ag, Bi, Au usw.) diamagnetisch und die Leichtmetalle (z. B. Al, Mg, Na, Ca usw.) paramagnetisch sind.

3.5.2.2 Legierungen

1. Eisen

Eisen ist mit verschiedenen Legierungszusätzen, wie Si, Ni, Co, Mo u. a., der wichtigste magnetische Werkstoff. Auch die Art der Behandlung, z. B. warm- oder kaltgewalzt, nachgeglüht usw. haben erheblichen Einfluß auf die spezifischen Verluste eines Bleches. Höherwertige Bleche sind durchweg kornorientiert. Für einfache Bleche findet man gelegentlich noch die veraltete Bezeichnung *Dynamoblech.* Die heutigen, enger tolerierten Anforderungen bedienen sich einer 3er-Kombination aus Ziffern und Buchstaben (Kurznamen).

1. Kennbuchstabe	V kalt und warmgewalzt nicht kornorientiert
	VH kaltgewalzt, nicht schlußgeglüht
	VM kornorientiert
2. Verluste	Hundertfaches der Verlustkennziffer $p_{1,0}$
3. Blechdicke	Hundertfaches der Blechdicke in mm
4. Kennbuchstabe	bei Kennbuchstabe V zusätzlich:
	A kaltgewalzt oder
	B warmgewalzt und geglüht

So wird durch die Angabe V150–50–A ein kaltgewalztes (A) Blech mit der Verlustkennzifer $p_{1,0} = 1{,}5$ W/kg und der Blechdicke $d = 0{,}5$ mm gekennzeichnet. Einen Einblick in gängige Werte von Verlusten und Permeabilitäten gibt die Tabelle 3.5–2. Normen hierzu sind in DIN 46400 zu finden.
Nickel ist von größtem Einfluß auf die magnetischen Eigenschaften von Eisen! Während ca 75% Ni einen hochpermeablen Werkstoff mit $\mu_A \cong 10^5$ liefert sinkt bei ca 25...30% Ni die Curie-Temperatur unter die Raumtemperatur, so daß *unmagnetische Stähle* entstehen. Für die Technologie ist die gute Auswalzbarkeit von Fe-Ni-Legierungen bis in den Bereich von $d \cong 50$ µm wichtig. Für extrem dünne Schichten im µm-Bereich der Halbleitertechnologie sind hochpermeabele Legierungen mit 78% Ni aufdampfbar.

2. Amorphe Metalle

Unter dem Begriff amorphe Metalle oder auch unter dem Namen *Metallgläser* werden weichmagnetische Werkstoffe mit extremen Eigenschaften geliefert. Es handelt sich dabei um Legierungen auf Fe-Ni- bzw. Co-Ni-Fe-Basis, die nicht kristallin sind! Diese Eigenschaft wird durch eine außerordentlich hohe Abkühlgeschwindigkeit von ca. 10^6 K/s beim Erstarren aus der Schmelze und bis zu 25% kristallisationsverzögernde Zusätze erreicht. So ist z. B. die Co-Ni-Fe-Legierung *Vitrovac* der Fa. *Vakuumschmelze* als $Co_{50}Ni_{20}Fe_6Si_{12}B_{12}$ aufgebaut. Die bestechendste Eigenschaft derartiger Werkstoffe ist die in Bild 3.5–2 erkennbare hohe Permeabiltät. Im Gegensatz zu anderen Weichmagnetika weisen diese Werkstoffe aber

Tabelle 3.5–2: Vergleich einiger Elektroblechsorten
d Blechdicke, $p_{1,0}$ bzw. $p_{1,5}$ spez. Verluste, B_{25} Flußdichte für $H = 25$ A/cm, H_c Koerzitivfeldstärke, μ_{max} maximale Permeabilität

Kurzname	Werkstoff-nummer	d / mm	$p_{1,0}$ / W/kg	$p_{1,5}$ / W/kg	B_{25} / T	H_c / A/m	μ_{max}
V110–35A	1.0899	0,35	1,1	2,7	1,49		
V130–35A	1.0898	0,35	1,3	3,3	1,49		
V135–50A	1.0897	0,50	1,35	3,3	1,49		
V230–50A	1.0893	0,50	2,3	5,3	1,54		
V360–50A	1.0890	0,50	3,6	8,1	1,58		
V 90–35B	1.0883	0,35	0,9	2,3	1,47		
V130–35B	1.0880	0,35	1,3	3,3	1,47	≈100 …300	≈5000
V110–50B	1.0879	0,50	1,1	2,7	1,47		
V170–50B	1.0875	0,50	1,7	4,1	1,48		
V230–50B	1.0873	0,50	2,3	5,4	1,51		
VH280–50	1.0361	0,50	2,80	6,60	1,62		
VH430–50	1.0363	0,50	4,30	10,50	1,58		
VH330–65	1.0364	0,65	3,30	8,00	1,62		
VH500–65	1.0366	0,65	5,00	12,00	1,58		
VM89–27	1.0865	0,27	0,89	1,40			
VM97–30	1.0861	0,30	0,97	1,50		≈1	≈30 000
VM111–35	1.0856	0,35	1,11	1,65			

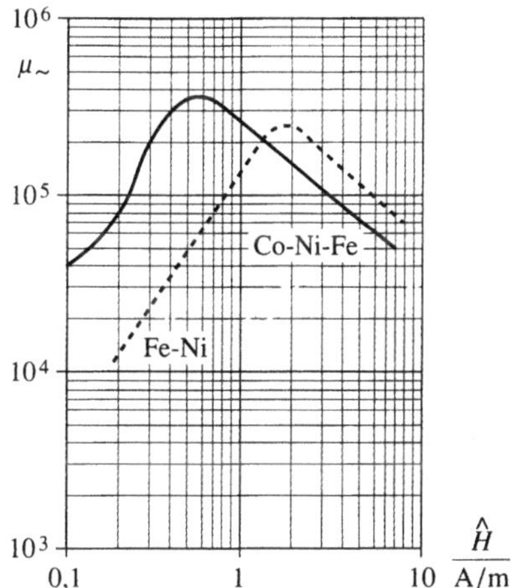

Bild 3.5-2 Wechselfeldpermeabilität amorpher Metalle ($f = 50$ Hz) (Vitrovac der Fa. Vacuumschmelze)

erhebliche Härte- (≅ 1 000 HV02) und Zugfestigkeitswerte ($R_m \cong 2$ kN/mm²) auf. Die thermische Belastbarkeit ist nicht durch die Curie-Temperatur, sondern durch die Kristallisationstemperatur von ca. 400…500 °C begrenzt. Die bei anderen hochpermeablen Materialien gefürchtete Empfindlichkeit gegen mechanische Beanspruchungen tritt bei amorphen Metallen nicht auf.

3. Kernbleche
Während für Großtransformatoren die Kernbleche aus Plattenmaterial dem jeweiligen Bedarf entsprechend zugeschnitten werden, ist für Kleintransformatoren die Anwendung vorgefertigter Kerne bzw. Kernbleche vorteilhafter. Material- und fertigungsmäßig sind die abfallosen *EI-* (Bild 3.5–3a) bzw. *UI-Schnitte* (Bild 3.5–3c) besonders günstig. In Varianten zu diesen Schnitten werden die I's durch ein mehr oder weniger vollständiges E (Bild 3.5–3f) bzw. U ersetzt. Es entstehen dann EE- bzw. UU-Formen, bei denen die Luftspalte der Kerne innerhalb der Wicklungen liegen. Eine Variante der E-Kernform ist der Drehstrom-E-Kern, mit drei gleich breiten Stegen. Eine verarbeitungsmäßig aufwendige, für geringe Luftspalte aber beste Kernblechform ist der *M-Schnitt* (Bild 3.5–3b). Der Luftspalt δ kann von „klemmender Zunge", d. h. verschwindendem Luftspalt, bis zu einer Breite von mehreren Millimetern variiert werden. Um die Lage der Bleche auch im fertigen Tansformator kontrollieren zu können sind die Bleche an einer Ecke (oben rechts in Bild 3.5–3b) abgeschrägt. Für Gosstexturen nutzen *Philbertschnitte* in PU- (Bild 3.5–3d) oder PL-Form (Bild 3.5–3e) mit den verbreiterten Querstegen in der magnetisch schweren Richtung das Material besser aus. Die beste Ausnutzung der Gosstextur liefert der herstellungs- und verarbeitungsmäßig aufwendige *Schnittbandkern* (Bild 3.5–3h u. k). Der für das Einbringen in die Wicklungen geteilte Kern ist an den Trennflächen sorgfältig geschliffen und muß in der Fertigung immer wieder mit den einander zugehörigen Flächen zusammengebracht werden.
Für rationelle Fertigungen sind fertig geklebte Blechpakete in EE-Form oder als *Steckkerne* (Bild 3.5–3g u. i) trotz magnetisch ungünstigerer Eigenschaften (Luftspalt) vorteilhaft.
Um die durch dünne Bleche niedrig gehaltenen Wirbelströme auch in einem Blechpaket klein zu halten,

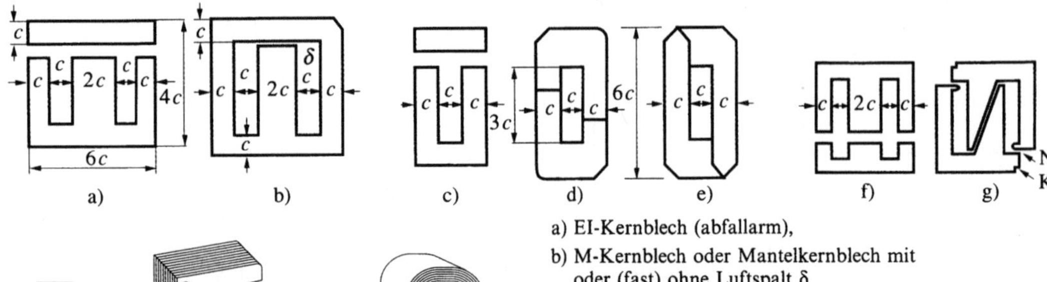

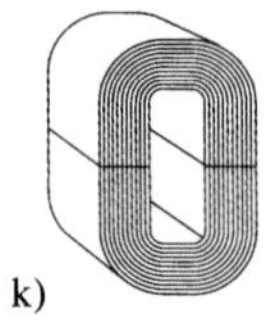

Bild 3.5-3 Blechschnitte für Kleintransformatoren

a) EI-Kernblech (abfallarm),
b) M-Kernblech oder Mantelkernblech mit oder (fast) ohne Luftspalt δ,
c) UI-Kernblech (abfallarm),
d) Philbertkernblech PU,
e) Philbertkernblech PL,
f) EE-Kernblech,
g) und i) Steckkern(blechpaket),
h) und k) Schnittbandkern

sind die einzelnen Bleche elektrisch voneinander zu isolieren. Diese Maßnahme hat einen Verlust an Eisenquerschnitt zur Folge, der durch den *Eisenfüllfaktor* gekennzeichnet wird. Er gibt den relativen Anteil des Eisens an der gesamten Querschnittsfläche an. Mit sinkender Blechdicke sinkt auch der Füllfaktor, da die Isolation nicht beliebig dünn gemacht werden kann. Für die üblichen Blechdicken von 0,25...0,5 mm liegt der Eisenfüllfaktor bei 95%. Er kann bei sehr dünnen Blechen bis etwa 35% absinken.

3.5.2.3 Weichmagnetische Ferrite

Wegen der Nichtleitereigenschaften der Ferrite und den damit fehlenden Wirbelstromverlusten sind sie besonders für hohe Frequenzen und die Nachrichtentechnik interessant. Die praktisch genutzten Werkstoffe sind alle sog. *Mischferrite,* dementsprechend auch die Bezeichnungen wie Mn-Zn-Ferrit o. ä.

Für Ferrite typisch sind die geringen Sättigungsflußdichte von ca. 0,3...0,5 T. Als keramische Werkstoffe sind sie mit $\varrho = 3...5$ g/cm^3 von geringer Dichte, absolut *korrosionsbeständig* und *schlechte Wärmeleiter.* Die bei hohen Aussteuerungen auftretenden Verluste sind demgemäß nur schwierig abzuführen. Wegen der Frequenzabhängigkeit werden die Verluste in Diagrammen über der Frequenz (Bild 3.5–4a) mit der Aussteuerung als Parameter oder über der Austeuerung (Bild 3.5–4b) mit der Frequenz als Parameter dargestellt. Zu beachten ist noch die für tiefe Frequenzen oft sehr hohe *Permittivitätszahl* der Ferrite, die bei hohen Frequenzen stark absinkt.

1. Mn-Zn-Ferrite

Sie sind hochpermeabel mit μ_A-Werten von 1 000 bis

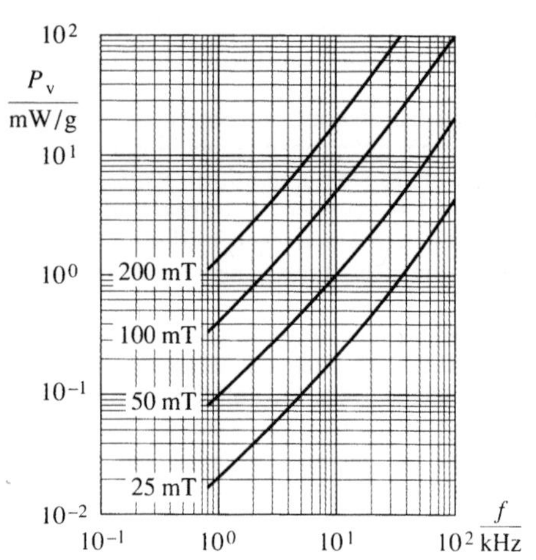

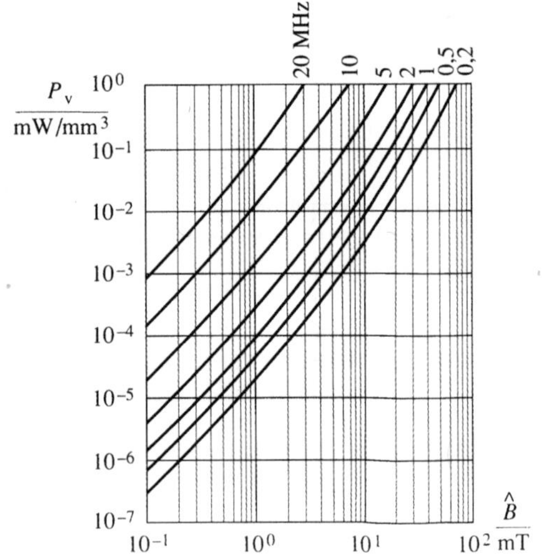

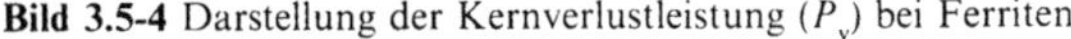

Bild 3.5-4 Darstellung der Kernverlustleistung (P_v) bei Ferriten

a) Verlustleistung in mW/g in Abhängigkeit von der Frequenz mit der Spitzenflußdichte als Parameter (Sifferit N22 von Siemens),

b) Verlustleistung in mW/mm in Abhängigkeit von der Spitzenflußdichte mit der Frequenz als Parameter (Ferroxcube 4B1 von Valvo)

10 000. Ihre elektrische Leitfähigkeit ist mit $\gamma \cong 1$ S/m für Ferrite hoch, ebenso die Sättigungsflußdichte mit 0,5 T. Sie sind aus diesem Grunde in geringem Maße auch für Leistungsübertrager geeignet.

2. Ni-Zn-Ferrite
Sie sind die verbreitetsten Ferrite überhaupt. Die Anfangspermeabilität liegt bei $\mu_A \cong 100 \ldots 1\,000$. Der nutzbare Frequenzbereich reicht bis oberhalb von 100 MHz. Wegen der geringen elektrischen Leitfähigkeit von $\gamma \cong 10^{-5}$ S/m kann in vielen Fällen die Wicklung direkt ohne Zwischenisolation auf den Ferritkörper aufgebracht werden.

3. Ba-Co-Ferrite
Sie können noch, allerdings mit erheblichen Verlusten, bis zu sehr hohen Frequenzen benutzt werden. Sie finden daher bevorzugt für (Entstör-)Drosseln Verwendung.

4. Kernformen
Die Bauformen der E-Kerne (Bild 3.5–5a) schließen an die entsprechenden Blechschnitte an und sind so ausgelegt, daß sie in die Wickelkörper der Blechkerne passen. Für höhere Frequenzen kommen dann die Spulenkörper in Form von *Schalen-*, *X-* und *RM-Kernen* infrage (Bild 3.5–5 b, c und d). X- und RM-Kerne sind Bauformen die dem geringen Platzangebot in gedruckten Schaltungen besser entsprechen als die Rundformen. Darüber hinaus gibt es noch eine große Anzahl verschiedener Kernformen wie Stäbe, Schraubkerne, Ein- und Mehrlochkerne usw.

3.5.3 Hartmagnetika (Dauermagnete)

Hartmagnetisch ist ein Werkstoff mit $H_c > 1$ kA/m (10 A/cm). Da die in einem Dauermagneten gespeicherte Energie über die Fläche der Hystereseschleife zu Ausdruck kommt, sollte diese und damit B_r und H_c groß sein. Die Energiedichte, das Produkt aus korrespondierenden B- und H-Werten, weist ein Maximum des *Energieproduktes* $(B \cdot H)_{max}$ auf (Bild 3.5–6). Es ist ein für einen Magnetwerkstoff charakteristischer Wert.

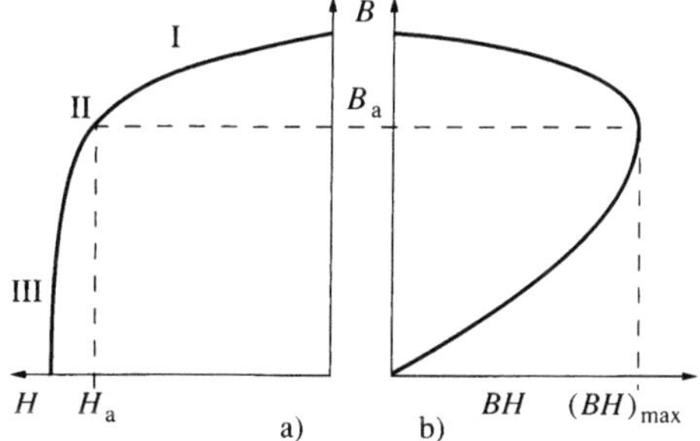

Bild 3.5-6 Entmagnetisierungskurve und Energiedichte
a) Entmagnetisierungskurve im 2. Quadranten, I reversibler Bereich, II Knickbereich, III irreversibler Bereich, B_a Induktion im Arbeitspunkt und H_a Feldstärke im Arbeitspunkt,
b) Energiedichte BH in Abhängigkeit von der Induktion B, höchste Energiedichte = $(BH)_{max}$

3.5.3.1 Entmagnetisierungskurve

Die Entmagnetisierungskurve (Bild 3.5–6) ist mit dem reversiblen Bereich I, dem Knickbereich II und

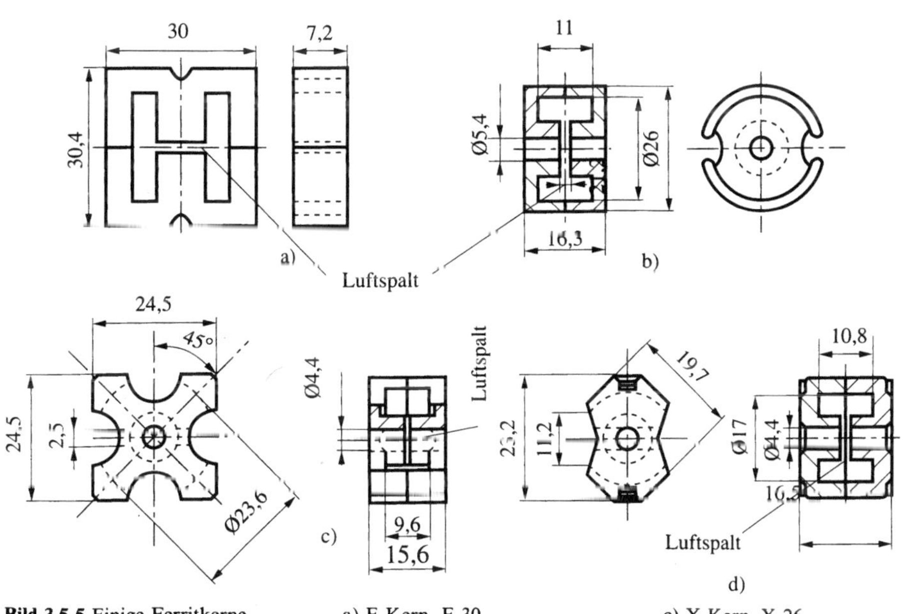

Bild 3.5-5 Einige Ferritkerne mit ihren Hauptmaßen
a) E-Kern, E 30,
b) Schalenkern S 26 × 16,
c) X-Kern, X 26,
d) RM-Kern, RM 8

dem irreveriblen Bereich III in unterschiedliche Nutzungsbereiche aufgeteilt. Im reversiblen Bereich mit seinem linearen Teil erfolgen Arbeitspunktänderungen – z. B. durch äußere Felder – auf dieser Kennlinie. Im Knickbereich und auch im irreversiblen Bereich verlagern äußere Felder den Arbeitspunkt auf innere Kennlinien der Entmagnetisierungskurve. Diese ist bei magnetischen Werkstoffen häufig als Polarisationskurve, d. h. $J=f(H)$ dargestellt. Bild 3.5–7 zeigt

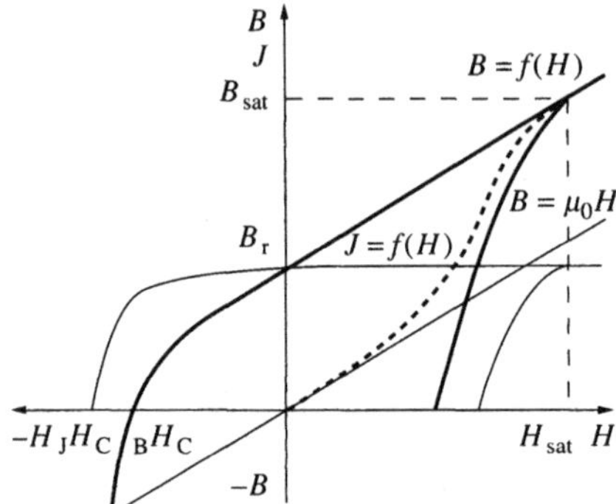

Bild 3.5-7 Zusammenhang zwischen Induktion B und Polarisation J (Erläuterungen im Text)

die Zusammenhänge hierzu, indem von der bekannten $B=f(H)$-Kurve (dick ausgezogen) die Vakuumflußdichte $\mu_0 H$ abgezogen ist. Während der Remanenzpunkt für beide Kurven gleich bleibt, ist die Koerzitivfeldstärke unterschiedlich. Bei der Koerzitivfeldstärke $_BH_c$ wird die Flußdichte B, d. h. die Flußdichte des Systems auf Null gebracht. Bei der Koerzitivfeldstärke $_JH_c$ wird die dem Werkstoff zugehörige Polarisation auf Null gebracht. Aus diesem Grunde ist für die Werkstoffcharakterisierung bei Dauermagneten die Kurve $J=f(H)$ wichtig. Im Idealfall würde $_JH_c=\infty$ und die Sättigungspolarisation J_s gleich der Remanenzflußdichte B_r, die einem äußeren Feld $\mu_0 H$ entgegenwirkt, d. h., die Flußdichte B des Gesamtsystems wird

$$B = B_r - \mu_0 H. \qquad (3.5\text{–}1)$$

B, B_r	μ_0	H
Vs/m²	Vs/Am	A/m

Damit fällt die „ideale Entmagnetisierungskennlinie" linear von B bis $_BH_C = B_r/\mu_0$ mit der Steigung der „idealen *permanenten Permeabilität*" $\mu_{perm}=1$ ab. Die Entmagnetisierungskurve als $B=f(H)$ stellt die im allgemeinen nichtlineare *Innenleitwertkennlinie* des Werkstoffes dar. Der jeweilige Innenleitwert folgt dann zu

$$\Lambda_i = \mu_0 \mu_p = \mathrm{d}B/\mathrm{d}H|_{H=\mathrm{const}}. \qquad (3.5\text{–}2)$$

Λ_i	μ_0	μ_p	B	H
Vs/A	Vs/Am	1	Vs/m²	A/m

μ_p Permeabilität des Magnetwerstoffes im Arbeitspunkt. Für ein Dauermagnetfeld in Luft gilt aber $\mu_r=1$, d.h., bei Anpassung eines Dauermagnetwerkstoffes an Luft muß ein Arbeitspunkt gefunden werden, bei dem $\mu_p=\mu_r=1$ ist! Ein guter Dauermagnetwerkstoff muß also eine Entmagnetisierungskennlinie aufweisen, die möglichst weit oberhalb und gut parallel zur Geraden $B=\mu_0 H$ (gestrichelt in Bild 3.5–8) verläuft.

3.5.3.2 Hartmagnetische Legierungen

FeAlNi- und FeAlNiCo-Legierungen (Bild 3.5–8 b und c) sind mit Energieprodukten von 10... 30 kJ/m³ auch heute noch die wichtigsten Magnetwerkstoffe. Es handelt sich hierbei um Ausscheidungslegierungen, die erst durch eine Wärmebehandlung (Tempern), gegebenenfalls unter Einwirkung eines Magnetfeldes (Formanisotropie), die gewünschten Eigenschaften erhalten. Diese Legierungen sind sehr hart und nur durch Schleifen zu bearbeiten.

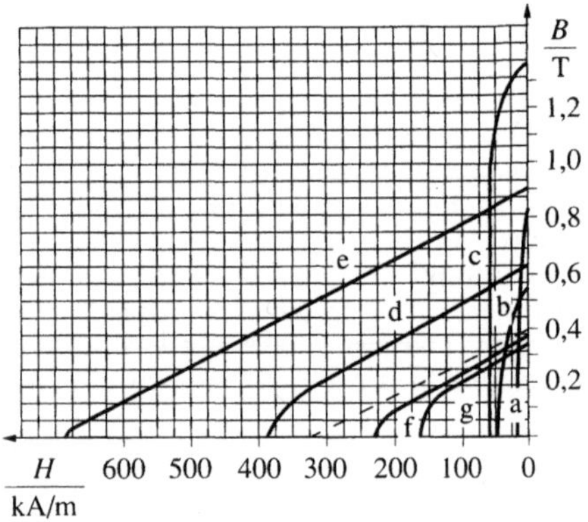

Bild 3.5-8 Entmagnetisierungskurven einiger Hartmagnetika
a Kobaltstahl ($FeCo_{15}$)
b AlNi 120 ($FeNi_{26}Al_{13}Cu_3Ti$, z. B. Reco 120 von Valvo),
c AlNiCo 500 ($FeCo_{24}Ni_{15}Al_9$, z. B. Ticonal 750 von Valvo),
d Platin-Kobalt ($PtCo_{23}$),
e SE-Co (im wesentlichen $SmCo_5$, z. B. Vacomax 155 der Vacuumschmelze),
f Koerzitivfeldstärke betonter Ba-Ferrit (z. B. Koerox 330 von Krupp Widia-Fabrik),
g normaler Ba-Ferrit (z. B. Koerox 300 von Krupp Widia-Fabrik)

FeNiCu- und FeNiCuCo-Legierungen mit Energieprodukten um 10 kJ/m³ zeichnen sich durch leichtere Bearbeitbarkeit aus. *SECo-Magnete* (Bild 3.5–8e) mit Energieprodukten von 200 kJ/m³ und mehr ist eine Kurzbezeichnung für neuere Magnetwerkstoffe auf der Basis Seltene-Erdmetalle-Kobalt. Wichtigster Vertreter der Seltenen-Erden ist dabei Samarium (Sm).

Tabelle 3.5–3: Daten einiger typischer Dauermagnetika

Material	Typ	T_c °C	$_BH_c$ kA/m	B_r T	$(B \cdot H)_{max}$ kJ/m³	H_a kA/m	B_a T	μ_{perm}
Alnico 500	anisotrop	830	50	1,2	36	40	0,95	≈5
Ba-Ferrit 300	anisotrop	450	150	0,35	22	110	0,2	1,2
$Sm\text{-}Co_5$	anisotrop	725	650	0,8	125	350	0,4	1,0

3.5.3.3 Hartmagnetische Metalloxide (Ferrite)

Die hartmagnetischen Ferrite haben gleichfalls eine geringe Dichte, hohe Korrosionsbeständigkeit, geringe Remanenzflußdichte und niedrige Curie-Temperatur. Bild 3.5–8 zeigt in f und g Entmagnetisierungskurven von Ba-Ferriten. Neben der geringen Remanenzflußdichte fällt die hohe Koerzitivfeldstärke und die Steigung mit $\mu_{perm} \cong 1$ auf. Als keramische Werkstoffe sind Ferritmagnete nicht nur mechanisch hart, sondern auch bruchempfindlich. Der spezifische Widerstand aller Ferritmagnete ist mit $\varrho > 10^4\ \Omega m$ sehr hoch, wodurch sie selbst in hochfrequenten Feldern eingesetzt werden können.

Ba-Ferrit. Hier kommt eigentlich nur der hexagonale Ba-Ferrit vom Typus $BaO \cdot 6Fe_2O_3$ mit einem Energieprodukt von 25 kJ/m³ für die technische Anwendung in Betracht. Er liegt sowohl isotrop als auch anisotrop, meist noch mit geringen Zusätzen von Sr, Pb und/oder Co vor.

In der Tabelle 3.5–3 sind Daten einiger typischer Dauermagnetwerkstoffe zusammengestellt.

3.6 Dielektrische Eigenschaften

3.6.1 Modellvorstellungen zur dielektrischen Polarisation

In einem elektrischen Feld sammeln sich auf jeder Platte (freie) Ladungen an (nicht schraffierte Kreise in Bild 3.6–1). Wird der Raum zwischen den Platten durch ein *Dielektrikum* gefüllt, so wirken auch darin die Kräfte des elektrischen Feldes. Sie verursachen im atomaren bzw. im molekularen Bereich eine *Polarisation*, d. h. Verschiebung positiver bzw. negativer Teilchen, die als Beeinflussung vorhandener oder durch Ladungsverschiebungen infolge der Wirkung des elektrischen Feldes gebildeter Dipole verstanden werden kann (Bild 3.6–1). Die Folge davon sind zusätzliche Ladungen auf den Kondensatorbelägen, sog. *gebundene Ladungen* oder auch *influenzierte Ladungen*. Die Ladung Q auf dem Kondensator mit Dielektrikum ergibt sich zu

$$Q = \varepsilon_0 \varepsilon_r A E. \qquad (3.6\text{–}1)$$

Q	ε_0	ε_r	A	E
C = As	F/m = As/Vm	1	m²	V/m

A Plattenfläche, E Feldstärke, $\varepsilon_0 = 8{,}85 \cdot 10^{-12}$ F/m *elektrische Feldkonstante* oder *absolute Dielektrizitätskonstante* und ε_r = *Permittivitätszahl* oder *relative Dielektrizitätszahl.* Die Größe

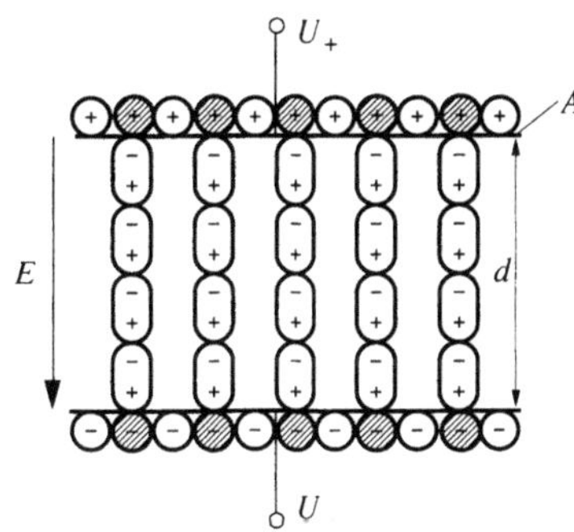

Bild 3.6-1 Plattenkondensator Ladung bei Spannung U bzw. Feldstärke E ohne und mit Dielektrikum (schematisch) ○ Ladungen ohne Dielektrikum (freie Ladungen), ● zusätzliche Ladungen (durch das Dielektrikum gebundene Ladungen). ± Dipole des Dielektrikums

$$\kappa_e = \varepsilon_r - 1 \qquad (3.6\text{–}2)$$

heißt *elektrische Suszeptibilität.* Sie gibt ähnlich wie beim Magnetfeld die durch die Materie zusätzlich mögliche Feld(linien)dichte an.

3.6.1.1 Elektronenpolarisation

Die Verschiebung der Ladungsschwerpunkte von Atomkern und Elektronenhülle ist die *Elektronenpolarisation.* Wegen der geringen Trägheit der Elektronen folgt sie Wechselfeldern bis zu den Frequenzen der UV-Strahlung. In Materialien mit instabilem Charakter der Elektronenverteilung ist die Elektronenpolarisierbarkeit besonders groß, z. B. TiO_2: $\varepsilon_r = 7$ und Brechungszahl $n = 2{,}6$.

3.6.1.2 Ionenpolarisation

Die *Ionenpolarisation* verschiebt die Ionen unter dem Einfluß des elektrischen Feldes und bewirkt eine Deformation des Gitters. Der Stoff ist polar. Ionenpolarisation ist bis zu Frequenzen der Infrarotstrahlung möglich ($\approx 10^{13}$ Hz). Ionen- und Elektronenpolarisation sind von ähnlicher Größenordnung, kaum temperaturabhängig und können unter dem Oberbegriff *Deformationspolarisation* zusammengefaßt werden.

3.6.1.3 Ordnungspolarisation

Ordnungspolarisation setzt Dipolmomente im molekularen Aufbau voraus. Die einzelnen Dipole ordnen sich weitgehend in Feldrichtung (Bild 3.6–2), daher

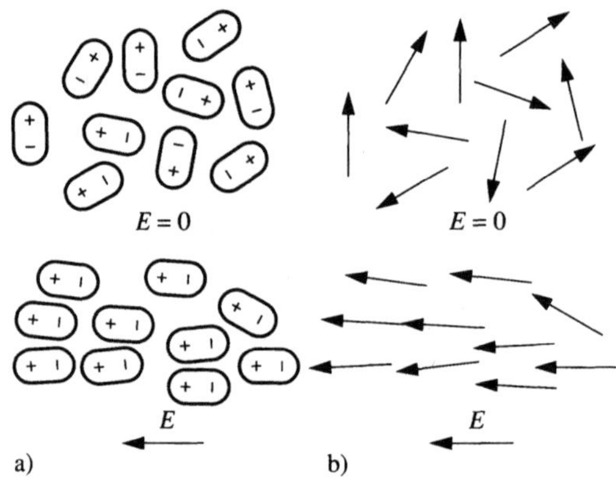

Bild 3.6-2 Ordnungspolarisation (schematisch)
Die zunächst regellos orientierten Dipole ordnen sich unter dem Einfluß eines elektrischen Feldes E
a) Dipol-Darstellung, b) schematische Darstellung

Ordnungs- oder *Orientierungspolarisation*. Der Stoff ist (di)polar. Der ordnenden Kraft des elektrischen Feldes wirken thermische Kräfte entgegen. Die Ordnungspolarisation und die Grenzfrequenz (bis etwa 10^9 Hz) sind stark temperaturabhängig.

3.6.1.4 Grenzflächenpolarisation

Grenzflächenpolarisation tritt bei Dielektrika mit Einschlüssen guter Leitfähigkeit auf. Frei bewegliche Ladungsträger der Einschlüsse können zu deren Grenzen wandern und wie gebundene Ladungen wirken. Diese Grenzflächenpolarisation führt zu einer höheren Polarisation als dem homogenen Material entspräche und bewirkt ein ε_r über dem des eigentlichen Dielektrikums. Der Grenzfall tritt auf, wenn das Dielektrikum eine gewisse Leitfähigkeit zeigt. Eine Unterscheidung zwischen Ladungsbewegung zur Grenzflächenpolarisation und Leitfähigkeit ist dann nicht mehr möglich. Bild 3.6–3 zeigt schematisch den aus den verschiedenen Mechanismen resultierenden Frequenzgang der Polarisation. Die Endbereiche der verschiedenen Polarisationsarten sind durch Steilabfälle der Permittivitäten und wegen der dabei auftretenden Resonanzerscheinungen durch starke Verluste gekennzeichnet (Bild 3.6–3b).

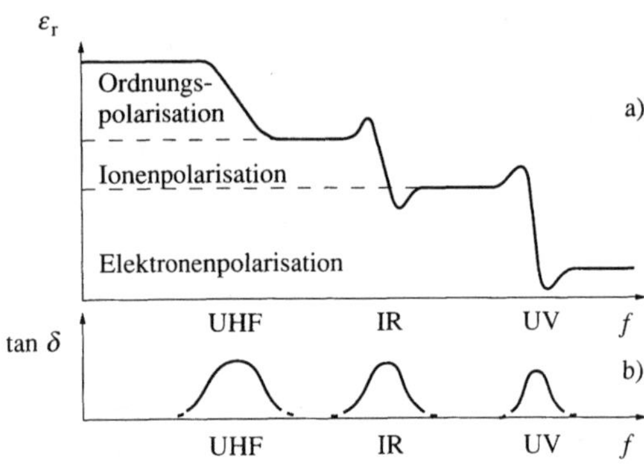

Bild 3.6-3 Polarisation und Frequenz

a) Beiträge der verschiedenen Polarisationsmechanismen zur Permittivität,

b) Bereiche ausgeprägter Verluste durch Resonanzerscheinungen

tan δ Verlustfaktor, f Frequenz, UHF Ultrahochfrequenz, IR Infrarot, UV Ultraviolett

3.6.2 Dielektrische Materialeinteilung

Die Elektronenpolarisation mit der Verschiebung der Elektronen gegenüber dem Atomkern ist in allen Stoffen von Null verschieden. Daraus folgt grundsätzlich für alle Dielektrika eine Permittivität $\varepsilon_r > 1$, bzw. eine positive elektrische Suszeptibilität.

3.6.2.1 Ferroelektrika

Dies sind Materialien mit einer sehr großen Permittivität ($\varepsilon_r \approx 10^4$) und einer Hystereseschleife mit der Verschiebungsdichte $D = f(E)$ bei der Aussteuerung. Das Auftreten einer Koerzitivfeldstärke E_c führt – in Anlehnung an den Begriff des Magneten zum *Elektreten*. (Mit Piezoelektrika ist dieser Effekt noch stärker realisierbar.)

3.6.2.2 Piezoelektrika

Sie reagieren mit einer Polarisation(sänderung) auf eine mechanische Deformation und umgekehrt. Deformationsrichtung und Polarisationsrichtung – meist senkrecht zueinander – sind dabei einander fest zugeordnet.

Bei einer Reihe von Materialien mit in kleinen Bereichen – auch hier Weißsche Bezirke genannt – orientierten Dipolen kann eine bei erhöhter Temperatur erfolgte Ausrichtung der Dipolmomente durch Abkühlung „eingefroren" und eine starke remanente Polarisation erzeugt werden. Derartige künstliche Piezoelektrika zeigen stärkere Effekte als die natürlichen. Die bekanntesten natürlichen Piezoelektrika sind der Quarz und der Turmalin. Künstliche Piezoelektrika basieren auf Mischoxiden von Ba, Ti, Pb, Nb u. a.

3.6.2.3 Pyroelektrika

Dies sind polare piezoelektrische Materialien mit einer spontanen Polarisation, die ihre Ursache in getrennten Schwerpunkten der positiven und negativen Ladungen in der Kristallstruktur hat. Weil die Polarisation zwar mit der Temperatur veränderlich aber selbst bis zum Schmelzpunkt nicht aufhebbar ist, heißt dieser Effekt *pyroelektrisch*.

3.6.3 Elektrische Materialeinteilung

3.6.3.1 Isolatoren

Die wesentlichste Kenngröße eines *Isolators* ist der Isolationswiderstand mit spezifischen Widerständen von $\varrho = 10^{10} \ldots 10^{20}$ Ωm. In der technischen Anwendung ist dabei noch zwischen *Durchgangs-* und *Oberflächenwiderstand* zu unterscheiden.

1. Durchgangswiderstand
Er ist eine von den inneren Eigenschaften des Stoffes abhängige und für ihn charakteristische Größe. Er wird aus dem *Querstrom* bestimmt, den eine angelegte Spannung U (Bild 3.6–4a) durch den Werkstoff treibt. Wegen einer stets vorhandenen Anzahl freier Ladungsträger wird dieser Querstrom niemals absolut zu Null. Unmittelbar nach dem Anlegen einer Gleichspannung tritt noch ein *Polarisationsstrom* auf, der u. U. durch die Trägheit der Dipolmomente eine merkliche *Abklingzeit (Relaxationszeit)* aufweist. Wird der Querstrom durch Ionen verursacht, so ist über längere Zeit mit einer Zerstörung des Isolators zu rechnen.
Der Durchgangswiderstand nimmt mit steigender Temperatur ab. Der daraus folgende erhöhte Querstrom trägt seinerseits zu einem Temperaturanstieg bei. Falls sich kein Gleichgewicht durch Ausgleich mit der Umgebungstemperatur einstellt, kommt es zum *Wärmedurchschlag*.

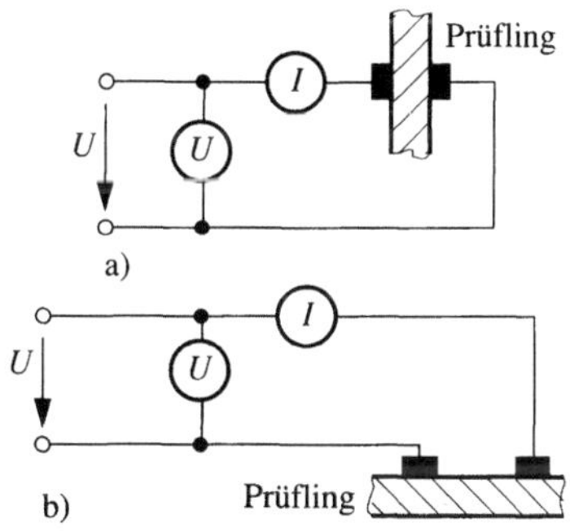

Bild 3.6-4 Isolationswiderstand
a) Durchgangswiderstand, b) Oberflächenwiderstand, U Spannung und I Strom

2. Oberflächenwiderstand
Der Oberflächenwiderstand (Bild 3.6–4b) ist im strengen Sinne keine Materialeigenschaft, da Oberflächenbeschaffenheit und -verunreinigung die entscheidenden Faktoren sind. Verunreinigungen auf der Oberfläche eines Isolators ermöglichen *Kriechströme*. Die dadurch verursachten Kriechspuren können die Oberfläche des Materials angreifen und die Leitfähgkeit weiter erhöhen. Der Widerstand gegen die Kriechspurbildung, die *Kriechstromfestigkeit*, ist in der Praxis meist wichtiger als der Oberflächenwiderstand selbst.

3. Durchschlagfestigkeit
Sie ist die beim *Spannungsdurchschlag* eines Isolierstoffes wirksame elektrische Feldstärke E_0, in kV/cm oder kV/mm angegeben. Die Durchschlagfestigkeit ist nur unter gleichen Bedingungen vergleichbar, da sie sowohl von der Elektrodenform als auch der Materialdicke abhängt (DIN 53481 bzw. VDE 0303). Im allgemeinen sinkt die Durchschlagfestigkeit mit zunehmender Materialdicke d. Die Durchschlagfeldstärke ist auch noch von der Anstiegsgeschwindigkeit der angelegten Spannung abhängig.
Wegen der Zeitabhängigkeit des thermischen oder Wärmedurchschlags muß die Prüfung über die Zeit $t > 40$ s erfolgen.
Für die Zuverlässigkeit elektrischer Geräte ist die Isolationseigenschaft der Werkstoffe auch bei langzeitiger Temperaturbelastung wichtig. Man unterscheidet daher nach IEC bzw. VDE *Wärmebeständigkeitsklassen* wie sie in der Tabelle 3.6–1 aufgeführt sind.

Tabelle 3.6–1: Wärmebeständigkeitsklassen nach IEC bzw. VDE

Klasse	Grenztemperatur °C	Isolierstoffcharakteristika
Y	90	organische Stoffe, ungetränkt
A	105	organische Stoffe mit organischen Bindemitteln
E	120	Lackdrähte
B	130	anorganische Stoffe mit organischen Bindemitteln
F	155	anorganische Stoffe mit besonderen organischen Bindemitteln
H	180	anorganische Stoffe z. B. mit Silikon
C	> 180	anorganische Stoffe ohne Bindemittel

Erfahrungsgemäß genügt für die *Halbierung/Verdoppelung der Lebensdauererwartung* bei einer Isolation nach:

Klasse A eine um 8 °C erhöhte/verminderte Betriebstemperatur,
Klasse B eine um 10 °C erhöhte/verminderte Betriebstemperatur,
Klasse H eine um 12 °C erhöhte/verminderte Betriebstemperatur.

3.6.3.2 Kondensatoren

Mit $C = Q/U$ folgt für Kondensatoren die Kapazität C aus Gl. (3.6–1) zu

$$C = \varepsilon_0 \varepsilon_r \frac{A}{d}. \qquad \begin{array}{c|c|c|c|c} C & \varepsilon_0 & \varepsilon_r & A & d \\ \hline \mathrm{F} & \mathrm{F/m = As/Vm} & 1 & \mathrm{m}^2 & \mathrm{m} \end{array} \tag{3.6–3}$$

Als Werkstoffgröße ist damit die Permittivitätszahl ε_r des Dielektrikums und der damit verbundene Verlustfaktor $\tan \delta$ für die Beschreibung der Verluste maßgebend. In der Ersatzschaltung (Bild 3.6–5) liegt der Kapazität C der Leitwert G parallel. Definitions-

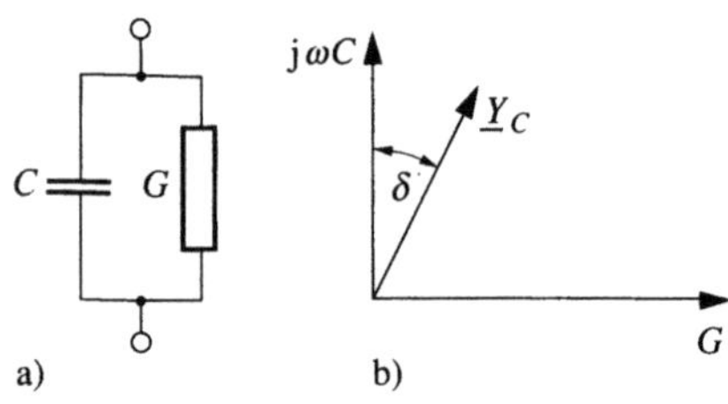

Bild 3.6-5 Verlustbehafteter Kondensator
a) (Parallel-)Ersatzschaltung,
C ideale Kapazität, G Verlustleitwert,
b) kapazitiver Leitwert Y_c in der komplexen Ebene,
δ Verlustwinkel

gemäß ist der dielektrische *Verlustfaktor* das Verhältnis von Wirk- zu Blindleistung, daraus folgt:

$$\tan\delta = \frac{G}{\omega C} = \frac{1}{\omega RC} \qquad \frac{G \mid R \mid C \mid \omega}{S \mid \Omega \mid F \mid s^{-1}} \qquad (3.6\text{–}4)$$

mit $R = 1/G$. Das Produkt des Verlustfaktors $\tan\delta$ mit der Permittivität ε_r liefert die besonders in der Kabeltechnik wichtige (dielektrische) *Verlustzahl* oder *Verlustziffer*

$$\varepsilon'' = \varepsilon_r \tan\delta. \qquad (3.6\text{–}5)$$

Eine weitere für Gleichstrom und niedrige Frequenzen angewandte Verlustdefinition ist über das Produkt RC (Gl. (3.6–4)) als *Isolationszeitkonstante* oder *Isolationsgüte* möglich. Sie wird in $M\Omega \cdot \mu F$ oder zahlen- und dimensionsgleich in s angegeben.
Aus den verschiedenen Arten der Polarisation folgen für die Dielektrika unterschiedliche Werte der Permittivität, die in der Tabelle 3.6–2 einmal prinzipiell zusammengestellt sind. Bei den keramischen Materialien wird in der Praxis noch zwischen *niederdielektrischer Keramik*, NDK-Materialien, und *hochdielektrischer Keramik*, HDK-Materialien, unterschieden.

Tabelle 3.6–2: Eigenschaften dielektrischer Werkstoffe

Stoff	unpolar	polar	ferroelektrisch
ε_r	<10	10...100	>100
Temperaturgang	gering	gering	stark
Verluste	gering	gering	stark frequenzabhängig

NDK Materialien basieren auf nicht-ferroelektrischen Titanaten. Temperaturgang, Verlustfaktor ($10^{-4}...10^{-5}$) und Spannungsabhängigkeit von ε_r sind gering. Die elektrische Langzeitstabilität ist gut. HDK-Materialien basieren auf ferroelektrischem Bariumtitanat mit stark temperatur- und spannungsabhängiger Permittivität. Der Verlustfaktor ist mit $10^{-2}...10^{-3}$ recht hoch. In der Tabelle 3.6–3 sind abschließend die Permittivitätszahlen einiger ausgewählter Materialien zusammengestellt.

Tabelle 3.6–3.: Permittivitätszahlen einiger Werkstoffe

Material	ε_r
Al_2O_3-Keramik	9,8
TiO_2-Keramik	85
Quarzglas	3,8
Bor-Silikat-Glas	4...6
Kalk-Alkali-Glas	6...8
Porzellan	4...8
Glimmer	5...6
Diamant (C)	5,6
Silizium (Si)	11,9
Germanium (Ge)	16,2
Steatit ($SiO_2/Al_2O_3/MgO$)	6...7
Papier	4...5,6
Polyvinylchlorid (PVC)	≈ 3
Polyethylen (PE)	2,3
Polypropylen (PP)	2,2
Polystyrol (PS)	3
Polycarbonat (PC)	2,8
Polytetrafluoräthylen (PTFE)	2,1

3.7 Dielektrika

Die Dielektrika lassen sich nach ihrem Vorkommen in natürliche und künstliche sowie nach ihrem chemischen Aufbau in anorganische und organische unterteilen.

3.7.1 Natürliche anorganische Dielektrika

3.7.1.1 Glimmer

Glimmer ist ein leicht spaltbares, schneid- und stanzbares Naturprodukt mit hervorragenden elektrischen Eigenschaften. Glimmerreste werden mit Kunstharzen verpreßt (Mikanite) oder nach einem Spezialverfahren zu einem glimmerähnlich nutzbaren Vlies verarbeitet. E_0 bis zu 1000 kV/cm, $\varepsilon_r \cong 6...8$, $\tan\delta \cong 2 \cdot 10^{-4}$.

3.7.1.2 Quarz

Quarz ist reines Siliziumdioxid, hochtemperaturfest, mit geringer Wärmedehnung und UV-Durchlässigkeit bis 185 nm. Abgeleitete Produkte sind Quarzglas, Quarzgut, gezogene Quarzkristalle und Quarzmehl (Füllstoff). $E_0 \cong 300...400$ kV/cm, $\varepsilon_r \cong 3...4$, $\tan\delta \cong 10^{-2}...10^{-6}$ (stark von der Reinheit abhängig). Wegen seines piezoelektrischen Effektes hat Quarz besondere Bedeutung als *elektromechanischer Wandler* und *Resonator* zur Frequenzstabilisierung in der Nachrichtentechnik.

3.7.1.3 Gase

Von den *Gasen* ist Luft mit einer Durchschlagfestigkeit von 20...30 kV/cm der am häufigsten angewandte Isolator. Technisch sind außerdem noch Stickstoff (N, $E_0 \cong 20$ kV/cm), Kohlendioxid (CO_2, $E_0 \cong 24$ kV/cm) und Schwefelhexafluorid (SF_6, $E_0 \cong 100$ kV/cm) bedeutsam. Wegen der durch erhöhten Druck verminderten Teilchenbeweglichkeit steigt die *Ionisierungsfeldstärke* für den Durchbruch und damit auch die Durchschlagfestigkeit mit einer Druckerhöhung. Erschwert ionisierbar sind auch *elektronegative Gase* die bevorzugt als Halogenverbindungen – z. B. CCl_4, CCl_2F_2, CF_4, SF_6 u. a. – mit großer Ionenmasse und dementsprechend niedriger Wanderungsgeschwindigkeit genutzt werden. So hat das technisch bedeutsame Schwefelhexafluorid (SF_6) eine um etwa den Faktor 2,5 höhere Durchschlagfestigkeit als Luft.

3.7.2 Natürliche organische Dielektrika

3.7.2.1 Papier

Als *Isolierpapier* weist Papier je nach Behandlung und Tränkung sehr unterschiedliche Eigenschaften auf. Durch Tränkung entstehen die Öl-, Öllack-, Schellack- und Kunstharzpapiere mit E_0 etwa 25...50 kV/mm gegenüber ca. 10 kV/mm bei einfachen Papieren. Vorteilhaft ist die geringe Dicke von Papierisolationen, nachteilig sind die hohen Verluste mit $\tan\delta = 0{,}5...10^{-2}$. ε_r liegt bei 2...8.

3.7.2.2 Textilstoffe

Textilstoffe werden meist getränkt verarbeitet, wobei besonders Lackseide (Ölseide) wegen der geringen Dicke und der guten elektrischen und mechanischen Eigenschaften wichtig ist. Baumwolle und Seide werden als Fäden und Bänder getränkt und ungetränkt als Umhüllungen für blanke und lackierte Drähte benutzt.

3.7.2.3 Öle

Isolieröle (DIN 5107) sind hochsiedende Destillationsprodukte des Erdöls. Isolationswiderstand und Durchschlagfestigkeit (5...30 kV/mm) sind besonders in dünnen Schichten günstig, $\tan\delta \cong 10^{-3}$ und $\varepsilon_r \cong 2...3$ sind niedrig. Nachteilig sind die starke Wärmedehnung, Temperaturabhängigkeit der Viskosität, Entflammbarkeit, Feuchtigkeitsaufnahme aus der Luft und Alterung durch den Luftsauerstoff. Die Alterungsprodukte (Säuren, Metallseifen, Schlamm u. ä) erhöhen die Verluste und mindern die Wärmeleitfähigkeit des Öls. Eine Regeneration ist möglich.

3.7.3 Künstliche anorganische Dielektrika

Dies sind vorzugsweise Metalloxide, die als *keramische Massen* teigig geformt, getrocknet und gebrannt ihre endgültigen Eigenschaften erhalten. Nachbearbeitung ist wegen der Härte durchweg nur (naß-) schleifend möglich. Für die praktische Handhabung sind noch verschiedene Oberflächenbehandlungen notwendig: *Metallisieren* ist für die Kontaktierung bei Dielektrika oder als Basismaterial für Hochfrequenzschaltungen notwendig. *Glasieren* und *Lackieren* dient zum Schutz der meist rauhen oder porösen Oberflächen gegen Verschmutzung und Feuchtigkeitsaufnahme. *Hydrophobieren* ist eine besondere Art des Feuchtigkeitsschutzes durch Aufbringen dünnster (bis monomolekularer) Silikonschichten, die durch ihre niedrige Oberflächenspannung wasserabweisend sind.

3.7.3.1 Metalloxide

Oxide von Aluminium (Al_2O_3) und Titan (TiO_2) werden hochrein wegen ihrer geringen Verluste besonders bei hohen Frequenzen als Trägermaterial eingesetzt. $E_0 \approx 10$ kV/mm, Aluminiumoxid: $\varepsilon_r = 9{,}8$ und $\tan\delta = 10^{-4}(...10^{-3})$, Titandioxid: $\varepsilon_r = 85$ und $\tan\delta = 4 \cdot 10^3$.

3.7.3.2 Porzellan

Porzellan hat als Ausgangsmaterialien Kaolin (Aluminiumsilikat $Al_2O_3 \cdot SiO_2 \cdot H_2O$, Porzellanerde), Feldspat ($Al_2O_3 \cdot CaO_2 \cdot SiO_2$) und Quarz ($SiO_2$). Das Endprodukt ist durch die Zusammensetzung und geringe weitere Zusätze in weiten Grenzen beeinflußbar. Porzellane gehören zu den dichten keramischem Massen. Sie sind bei Raumtemperatur beständig gegen Basen und Säuren (Ausnahme: Flußsäure) und hochwiderstandsfähig gegen elektrische Funken. Für das bei Isolatoren wichtige Hartporzellan beträgt $E_0 \cong 30...35$ kV/mm, $\varepsilon_r \cong 4...8$ und $\tan\delta \cong 0{,}02...0{,}1$.

3.7.3.3 Titanate

Titanate von Barium ($BaTiO_3$), Calzium ($CaTiO_3$) und Strontium ($SrTiO_3$) erreichen als HDK-Materialien sehr hohe Permittivitäten (ε_r bis 10^4 bei Bariumtitanat, das auch piezoelektrisch ist). Für NDK-Materialien auf Titandioxid-Basis (Rutil) kann der Temperaturkoeffizient TK in weiten Grenzen zwischen positiven und negativen Werten eingestellt werden. $\varepsilon_r = 10^2...10^4$, $\tan\delta = 10^{-3}...10^{-5}$.

3.7.4 Künstliche organische Dielektrika

3.7.4.1 Zellulosekunststoffe

Durch chemische Behandlung von Zellulose erhält man Fasern und Folien. Für Isolationen sind die blau eingefärbten Triazetat- ($T_{max} = 115$ °C) und Azetobutyratfolien ($T_{max} = 120$ °C) wichtig. $E_0 \cong 20...50$ kV/mm, $\varepsilon_r = 4$, $\tan\delta = 0{,}01...0{,}02$.

3.7.4.2 Chlophene

Thermisch und chemisch gut beständige chlorierte Diphenyle sind die *Chlophene*, die jedoch bei Bränden durch die Bildung von polychlorierten Biphenylen (PCB) umweltgefährlich sind. Kunststoffe, z. B. phenolhaltige, können von Chlophenen angegriffen werden! $E_0 \cong 200$ kV/cm, $\varepsilon_r \cong 4{,}5...6$ und $\tan\delta \cong 10^{-3}$. Als biologisch ungefährliche synthetische Isolierflüssigkeit kann Pentaeryithrit-Tetraester eingesetzt werden. $E_0 \cong 200$ kV/cm, $\varepsilon_r = 3{,}3$, $\tan\delta = 10^{-3}$.

3.7.4.3 Polykondensationsprodukte

Polykondensationsprodukte treten vorwiegend als *Duroplaste* auf, d. h. als Kunststoffe, die beim Erhitzen vorübergehend schmelzen oder erweichen und dann in einen harten, unlöslichen und unschmelzbaren Endzustand übergehen. Es gibt sie rein, modifiziert und plastifiziert. Die wichtigsten sind *Phenoplaste* in selbst- oder nichtselbsthärtender Ausführung. Sie finden Anwendung bei Lacken, Preßmassen und Schichtstoffen (Hartpapiere und -gewebe). $E_0 \cong 5 \ldots 20$ kV/mm, $\varepsilon_r \cong 4 \ldots 9$, $\tan\delta \cong 0{,}05 \ldots 0{,}3$ und $T_{max} \cong 160$ °C.
Aminoplaste ähneln den Phenoplasten, sind im Gegensatz dazu jedoch farbecht und lichtbeständig. Sie haben glatte Oberflächen mit geringer Haftfähigkeit und werden für Lacke, Schichtstoffe und Preßmassen verwandt. $E_0 \cong 10 \ldots 20$ kV/mm, $\varepsilon_r \cong 5 \ldots 7$, $\tan\delta \cong 0{,}1$ und $T_{max} \cong 150$ °C.
Polyester (PEPT) (-harze) sind flüssige bis elastische oder auch splitterharte Kunstharze. $E_0 \cong 30$ kV/mm, $\varepsilon_r \cong 3$, $\tan\delta \cong 0{,}03$ und $T_{max} = 110$ °C.
Ungesättigte Polyesterharze (UP) nehmen eine Mittelstellung zwischen Kondensations- und Polymerisationsharzen ein, da die über Katalysatoren erfolgende Aushärtung bereits eine Polymerisation darstellt. Thermisch nicht härtbare Typen von Polyestern dienen zur Herstellung mechanisch und elektrisch hochwertiger Folien und Fasern. Mit Glasfasern als Füllstoff ergeben die Polyesterharze die *glasfaserverstärkten Kunststoffe (GFK)*.
Epoxidharze (EP) werden wie Polyesterharze eingesetzt, haben ihnen gegenüber jedoch eine höhere mechanische Festigkeit und ein sehr hohes Haftvermögen auf beinahe allen Untergründen (Klebstoff). $E_0 \cong 40$ kV/mm, $\varepsilon_r \cong 3 \ldots 5$, $\tan\delta \cong 0{,}02$ und $T_{max} = 130$ °C.
Polyurethane (PU) sind lackartig als Lötlacke interessant, $T_{max} = 120$ °C. Thermisch höher bis etwa 180 °C ist *Polyesterimidlack* belastbar. Die Durchschlagspannung derartig isolierter Drähte liegt bei etwa 4...6 kV, $\tan\delta \cong 0{,}01$ (stark temperaturabhängig).

3.7.4.4 Polymerisationsprodukte

Das sind vorwiegend Thermoplaste, d. h., sie sind in der Wärme weich und in der Kälte zähhart bis spröde.
Polystyrol (PS) ist glasklar, spröde, hat niedrige Verlustfaktoren noch bis zu sehr hohen Frequenzen und eine geringe Wasseraufnahmefähigkeit. Nachteilig sind die geringe Wärmefestigkeit ($T_{max} = 75$ °C), schlechte Licht- und Wetterbeständigkeit sowie die Gefahr von Spannungskorrosionen bei Kontakt mit Lösungsmitteln. Anwendung findet Polystyrol für Spritzgußmassen (meist schlagfestes PS), elektrisch hochwertige Formteile und Folien für Kondensatoren und HF-Kabel. $E_0 \cong 100$ kV/mm, $\varepsilon_r \cong 3$ und $\tan\delta = 3 \cdot 10^{-4}$.
Polyethylen (PE) hat Ähnlichkeit mit Paraffinen, eine wachsartige Oberfläche, sehr geringe Wasseraufnahmefähigkeit, ist trüb und quillt wenig in polaren, aber stark in unpolaren Lösungsmitteln und in der Hitze. Durch Vernetzung (VPE = Vernetztes PE), d. h. Bildung von Riesenmolekülen aus den durch Polymerisation entstandenen langen PE-Fadenmolekülen, lassen sich die mechanischen und thermischen Eigenschaften weiter verbessern. Der Isolationswiderstand ist mit 10^{17} Ωcm sehr hoch. PE findet Anwendung für Spritzgußmassen, Folien, elastische, sehr korrosionsbeständige Formteile und Hochspannungskabel. $E_0 \cong 100$ kV/mm, $\varepsilon_r \cong 2{,}3$, $\tan\delta \cong 10^{-4}$ und $T_{max} = 70$ °C (unvernetzt) bzw. 90 °C (vernetzt, erhöhte Kurzschlußbelastbarkeit bei Kabeln).
Polyvinylchlorid (PVC) ist ein weitverbreiteter, abriebfester und zäher Kunststoff mit guten Isolationseigenschaften. Achtung, beim Verbrennen oder Verschwelen wird HCl abgespalten! PVC findet für Formteile, Folien und Isolationen vielfältige Anwendungen. $E_0 \cong 40$ kV/mm, $\varepsilon_r \cong 3$, $\tan\delta \cong 0{,}02 \ldots 0{,}1$ und $T_{max} = 70$ °C.
Polytetrafluoräthylen (PTFE) (Teflon) ist das gegen Chemikalinen beständigste synthetische Material. Es ist außerordentlich korrosions-, feuchtigkeits- und temperaturbeständig (Betriebstemperaturen von $-200 \ldots 260$ °C). $E_0 \cong 30$ kV/mm, $\varepsilon_r \cong 2$, $\tan\delta = 2 \cdot 10^{-4}$ und $T_{max} = 280$ °C.

3.7.4.5 Silikone

Silikone sind Kunstsoffe, bei denen die Kettenbildung über das vierwertige Silizium erfolgt. Hervorstechend sind die hohe Temperaturbeständigkeit und die geringen Temperaturbeiwerte der mechanischen und elektrischen Daten. Silikone sind absolut tropenfest und neigen nicht zu Schimmelansatz. Sie zeigen gutes Kriechstrom- und Lichtbogenverhalten. Durch elektrische Funken entsteht isolierendes Siliziumdioxid und kein leitender Kohlerückstand wie bei organischen Stoffen. Nachteilig ist der grundsätzlich höhere Preis gegenüber anderen Werkstoffen.
Silikonöle weisen nur eine geringe Änderung der Viskosität zwischen -60 °C und 300 °C auf. Anwendung (teuer!) als Imprägniermittel und flüssiges Dielektrikum. $E_0 \cong 10$ kV/mm, $\varepsilon_r \cong 3$, $\tan\delta \cong 10^{-3}$ und $T_{max} \cong 300$ °C.
Silikonharze dienen zur Herstellung von warm- und lichtbogenfesten, unbrennbaren Preßstücken. $E_0 \cong 10 \ldots 30$ kV/mm, $\varepsilon_r \cong 3$, $\tan\delta = 2 \ldots 5 \cdot 10^{-3}$ und $T_{max} = 150 \ldots 200$ (u. U...300) °C.
Silikonelastomere (Silikonkautschuke) sind gummielastische Massen mit Temperaturbeständigkeit und Biegsamkeit zwischen ca. -80 °C und 250 °C. Sie finden Anwendung als Isolierung und dauerelastische, hochwarmfeste Verbindung zwischen praktisch beliebigen Werkstoffen. $E_0 = 10 \ldots 30$ kV/mm, $\varepsilon_r \cong 3 \ldots 9$, $\tan\delta = 0{,}01 \ldots 0{,}1$ und $T_{max} \cong 180$ °C.

3.8 Literatur

[3.1] *Biederbick, K.*, Kunststoffe – kurz und bündig, Vogel Verlag, Würzburg 1980

[3.2] *Boll, R.*, Weichmagnetische Werkstoffe, Vacuumschmelze, Hanau 1990

[3.3] *Boll, R., u. a.*, Magnettechnik, expert verlag, Grafenau 1980

[3.4] *Döring, E.*, Werkstoffkunde der Elektrotechnik, Friedr. Vieweg & Sohn, Braunschweig/Wiesbaden 1988

[3.5] *Faching, G.*, Werkstoffe für die Elektrotechnik, Springer, Berlin, Heidelberg, New York 1984

[3.6] *Feldtkeller, E.*, Dielektrische und magnetische Materialeigenschaften I und II, BI-Wissenschaftsverlag, Mannheim 1973

[3.7] *Fischer, H.*, Werkstoffe in der Elektrotechnik, Hanser-Verlag, München 1987

[3.8] *Guillery P., Hezel R.*, und *B. Reppich*, Werkstoffkunde für Elektroingenieure, Friedr. Vieweg & Sohn, Braunschweig/Wiesbaden 1983

[3.9] Handbuch der BASF Kunststoffe, BASF Ludwigshafen

[3.10] *Heck, C.*, Magnetische Werkstoffe und ihre technische Anwendung, Hüthig-Verlag, Heidelberg 1987

[3.11] *Hilpert, H.*, Halbleiterbauelemente, BG Teubner Studienskripten, BG Teubner, Stuttgart 1983

[3.12] *Kampczyk, W.*, und *E. Röß*, Ferritkerne, Siemens AG Berlin und München 1978

[3.13] *Kittel, C.*, Einführung in die Festkörperphysik, R. Oldenbourg-Verlag, München 1988

[3.14] Kupfer, Deutsches Kupferinstitut e. V., Berlin

[3.15] *Meinke, H.*, und *W. Gundlach*, Taschenbuch der Hochfrequenztechnik, Springer, Berlin, Heidelberg, New York, Tokyo 1986

[3.16] *Münch, W. v.*, Werkstoffe der Elektrotechnik, BG Teubner Studienskripten, BG Teubner, Stuttgart 1985

[3.17] *Münch, W. v.*, Elektrische und magnetische Eigenschaften der Materie, BG Teubner, Stuttgart 1987

[3.18] *Schuh, L.*, Keramische Supraleiter, Markt & Technik Verlag AG, Haar b. München 1988

[3.19] *Schultz, W.*, Dielektrische und magnetische Eigenschaften der Werkstoffe, Friedr. Vieweg & Sohn, Braunschweig/Wiesbaden 1970

[3.20] *Spickermann, D.*, Werkstoffe und Bauelemente der Elektrotechnik und Elektronik, Vogel-Verlag, Würzburg 1978

[3.21] *Zinke*, und *H. Seither*, Widerstände, Kondensatoren, Spulen und ihre Werkstoffe, Springer Berlin, Heidelberg, New York 1982

Für Diagramme und Daten wurden Druckschriften und Prospekte von folgenden Unternehmen herangezogen:

BASF, Ludwigshafen
DKI, Deutsches Kupferinstitut, Berlin
Krupp Widia-Fabrik, Essen
Siemens AG, München
Vakuumschmelze, Hanau
VALVO, Hamburg

4 Technische Mechanik

4.1 Statik

4.1.1 Grundlagen

4.1.1.1 Die Kraft

Kraft ist die Ursache einer Bewegungs- oder (und) Formänderung. Man arbeitet in der Statik mit dem Gedankenbild des *„starren" Körpers,* schließt also die bei jedem Körper auftretende Formänderung aus der Betrachtung aus. Jede Kraft läßt sich durch Vergleich mit der Gewichtskraft eines Wägestückes messen. Die eindeutige Kennzeichnung einer Kraft $\vec{F}$ erfordert drei Bestimmungsstücke:

- *Betrag* der Kraft: in bildlicher Darstellung festgelegt durch die Länge einer Strecke mit bestimmtem Kräftemaßstab.
- *Lage* der Kraft: festgelegt durch ihre Wirklinie und den Angriffspunkt im *Lageplan.*
- *Richtungssinn* der Kraft: gekennzeichnet durch den *Richtungspfeil.*

Kräfte sind *Vektoren.*

Die *Resultierende* $\vec{F}_r$ zweier oder mehrerer Kräfte $\vec{F}_1$, $\vec{F}_2$, ... ist diejenige gedachte Ersatzkraft, die dieselbe Wirkung auf den Körper ausübt wie alle Einzelkräfte $\vec{F}_1$, $\vec{F}_2$ ... zusammen.

4.1.1.2 Moment einer Einzelkraft (Kraftmoment)

Das *Moment einer Einzelkraft* $\vec{F}$ in bezug auf einen gewählten Drehpunkt *D* ist das Produkt aus der Kraft und deren Wirkabstand *l* (Lot von der Wirklinie auf den gewählten Drehpunkt *D*), Bild 4.1–1. Der Wirkabstand *l* heißt auch *„Hebelarm".*

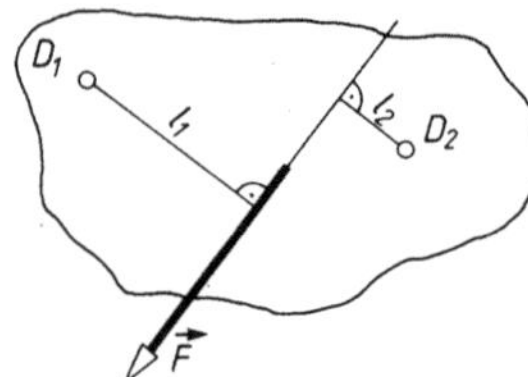

Bild 4.1-1
Moment einer Kraft $\vec{F}$ in bezug auf Drehpunkt $D_1: \vec{M}_1 = -\vec{F}l_1$ und auf $D_2: \vec{M}_2 = +\vec{F}l_2$

Kraftmoment $\vec{M}$ = Kraft $\vec{F}$ · Wirkabstand *l*,

$$\vec{M} = \vec{F}l. \qquad (4.1\text{–}1)$$

$\vec{M}$	$\vec{F}$	l
Nm	N	m

Die Drehrichtung wird durch Vorzeichen gekennzeichnet:

(−) = rechtsdrehend,
(+) = linksdrehend.

Betrag und Richtung des Momentes einer Kraft $\vec{F}$ hängen von der Wahl des Bezugspunktes *D* ab (Bild 4.1–1).

4.1.1.3 Das Kräftepaar (Drehmoment)

Ein *Kräftepaar* besteht aus zwei gleich großen, parallelen, entgegengesetzt gerichteten Kräften $\vec{F}$, deren Wirklinien einen *Wirkabstand l* voneinander haben (⊥ zu den Wirklinien gemessen, Bild 4.1–2).

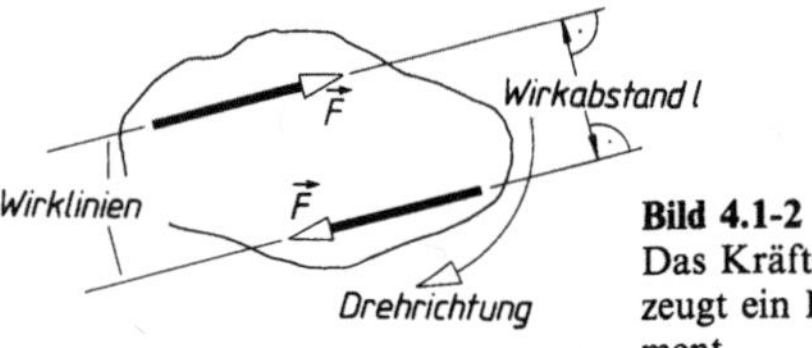

Bild 4.1-2
Das Kräftepaar erzeugt ein Drehmoment

Es wirkt immer dann ein Kräftepaar, wenn sich ein starrer Körper dreht oder – ohne Bindungen – drehen würde (Welle, Handrad, Tretkurbel).

Die *Drehkraftwirkung* eines Kräftepaares heißt *Drehmoment* $\vec{M}$. Der Betrag des Drehmomentes wird bestimmt durch das Produkt aus *einer* der beiden Kräfte $\vec{F}$ und deren Wirkabstand *l*:

Drehmoment $\vec{M}$ = Kraft $\vec{F}$ · Wirkabstand *l*,

$$\vec{M} = \vec{F}l, \qquad (4.1\text{–}2)$$

$\vec{M}$	$\vec{F}$	l
Nm	N	m

(Wirkabstand *l* stets ⊥ zur Wirklinie gemessen).

Die Drehrichtung eines Drehmoments wird wie beim Kraftmoment durch Vorzeichen gekennzeichnet:

(−) = rechtsdrehend,
(+) = linksdrehend.

Eine der beiden Kräfte eines Kräftepaares ist vielfach „verborgen" wirksam, meistens als Lagerkraft; beim Freimachen des Körpers muß sie erscheinen (s. Abschnitt 4.1.1.5).

4.1.1.4 Die drei Grundoperationen (Arbeitssätze) der Statik

Fast alle Verfahren der Statik lassen sich auf drei Grundoperationen zurückführen:

Parallelogrammsatz (Kräfteparallelogramm, Zusammensetzen und Zerlegen zweier Kräfte):
Die Resultierende $\vec{F}_r$ zweier Kräfte $\vec{F}_1$ und $\vec{F}_2$ ist die Diagonale des aus beiden Kräften gebildeten Parallelogramms (Bild 4.1–3).

Meistens arbeitet man nur mit dem halben Parallelogramm, dem Kräftedreieck, denn man kommt zum gleichen Ergebnis, wenn man die gegebenen Kräfte in beliebiger Reihenfolge aneinanderreiht: Die Resultierende $\vec{F}_r$ ist dann die Verbindungslinie *vom* Anfangspunkt *A* der ersten *zum* Endpunkt *E* der letzten Kraft. Dieser Satz gilt für beliebig viele Kräfte.

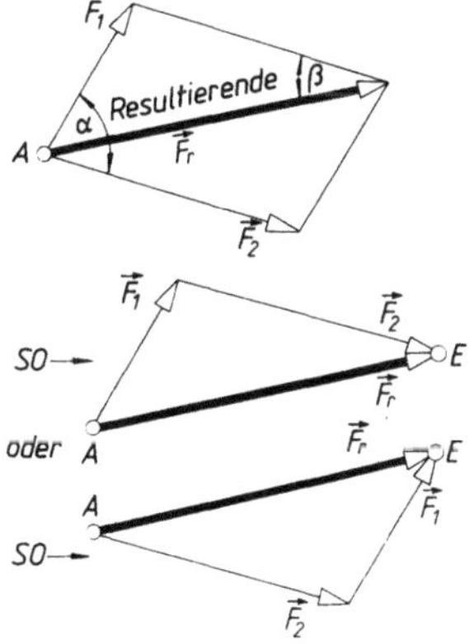

Bild 4.1-3
Parallelogrammsatz; gegeben: $\vec{F}_1$, $\vec{F}_2$; gesucht $\vec{F}_r$

Der Betrag der Resultierenden $\vec{F}_r$ zweier Kräfte $\vec{F}_1$ und $\vec{F}_2$, die den Winkel α einschließen, läßt sich berechnen (Bild 4.1–3):

$$|\vec{F}_r| = \sqrt{|\vec{F}_1^2| + |\vec{F}_2^2| + 2|\vec{F}_1|\,|\vec{F}_2|\cos\alpha}\,, \qquad (4.1\text{–}3)$$

$$\arcsin\beta = \frac{\vec{F}_1 \mid \sin\alpha}{F_r \mid}. \qquad (4.1\text{–}4)$$

Die Umkehrung des Parallelogrammsatzes ist der *Satz von der Zerlegung einer Kraft* in zwei Komponenten (Bild 4.1–4):

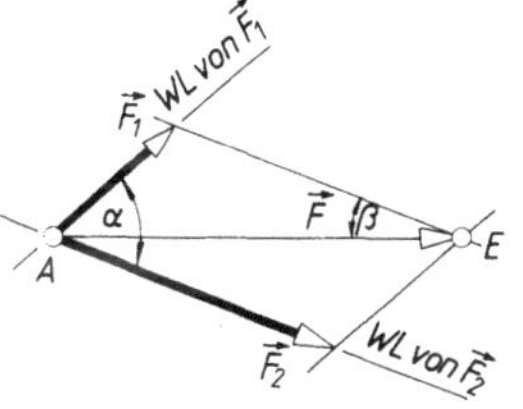

Bild 4.1-4
Kraftzerlegung
gegeben: $\vec{F}$;
gesucht: $\vec{F}_1$, $\vec{F}_2$

Die gegebenen Wirklinien werden parallel zu sich selbst in den Endpunkt E der gegebenen Kraft $\vec{F}$ verschoben, dadurch entsteht das Parallelogramm. Die Aufgabe, eine Kraft in mehr als zwei Komponenten zu zerlegen, ist statisch unbestimmt, d. h., es sind unendlich viele Lösungen möglich.
Die Beträge der beiden Komponenten $\vec{F}_1$, $\vec{F}_2$ einer gegebenen Kraft $\vec{F}$ lassen sich berechnen (Bild 4.1–4):

$$|\vec{F}_1| = |\vec{F}|\frac{\sin\beta}{\sin\alpha}, \qquad (4.1\text{–}5)$$

$$|\vec{F}_2| = |\vec{F}|\cos\beta - |\vec{F}_1|\cos\alpha. \qquad (4.1\text{–}6)$$

Soll eine gegebene Kraft $\vec{F}$ nach Bild 4.1–5 in zwei parallele Komponenten $\vec{F}_1$, $\vec{F}_2$ zerlegt werden, so gilt für die Beträge

$$|\vec{F}_1| = |\vec{F}|\frac{l_2}{l_1 + l_2}, \qquad (4.1\text{–}7)$$

$$|\vec{F}_2| = |\vec{F}|\frac{l_1}{l_1 + l_2}. \qquad (4.1\text{–}8)$$

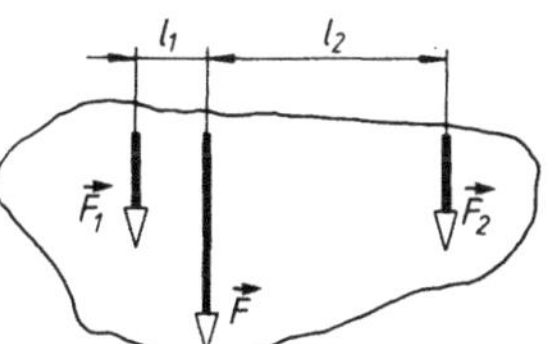

Bild 4.1-5 Zerlegung einer Kraft $\vec{F}$ in zwei parallele Komponenten

Erweiterungssatz:
Zwei gleich große, gegensinnige, auf gleicher Wirklinie liegende Kräfte können zu einem Kräftesystem hinzugefügt oder von ihm fortgenommen werden, ohne daß sich damit die Wirkung des Kräftesystems ändert.

Verschiebesatz:
Kräfte können frei auf ihrer Wirklinie verschoben werden; es sind linienflüchtige Vektoren.

4.1.1.5 Das Freimachen der Körper

Die Lösung jeder Aufgabe der Mechanik sollte mit dem Freimachen des zu untersuchenden Körpers beginnen, weil nur damit gewährleistet ist, daß *alle* am Körper angreifenden Kräfte richtig erfaßt wurden. Die Anzahl der unbekannten Stützkräfte am Körper ist abhängig von der Bauart der Lagerung.

Einen Körper (Hebel, Stange, Feder, Welle u. a.) „*frei machen*" heißt: in Gedanken den Körper an allen Stütz-, Verbindungs- oder sonstigen Berührungsstellen von seiner Umgebung loslösen und für jeden der weggenommenen Bauteile *diejenigen* Kräfte eintragen, die von der Umgebung auf den freizumachenden Körper übertragen werden.

Im einzelnen ist beim Freimachen zu beachten:

1. Seile, Ketten, Bänder, Riemen (Bild 4.1–6)

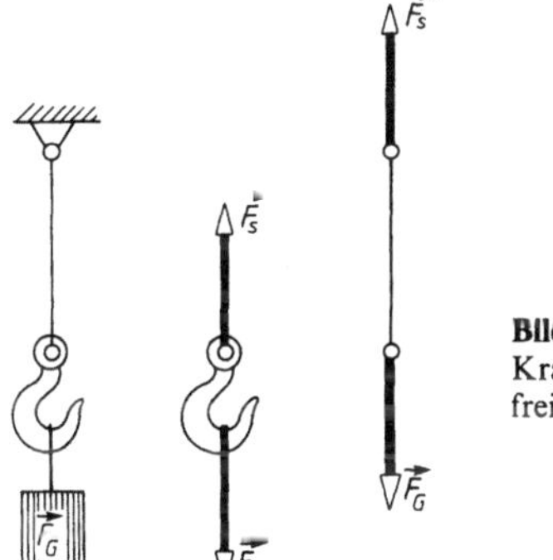

Bild 4.1-6
Kranhaken und Seil freigemacht

Sie übertragen nur *Zug*kräfte in Seilrichtung auf den freizumachenden Körper. Werden Seile durch Rollen reibungsfrei umgelenkt, so wirkt an jeder Stelle des Seiles die gleiche Zugkraft in der jeweiligen Seilrichtung.

2. Zweigelenkstäbe (Bild 4.1–7)

Bild 4.1-7 Schubstange (Zweigelenkstab) und Kreuzkopf eines Schubkurbelgetriebes (Kurbeltrieb) freigemacht (ohne Massenkräfte)

Sie übertragen nur *Zug-* oder *Druckkräfte,* d. h. in der Verbindungsgeraden der beiden Gelenke, wenn die Kräfte nur in den Gelenkpunkten in den Stab eingeleitet werden, wie z. B. bei der Schubstange des Schubkurbelgetriebes. Zweigelenkstäbe nennt man auch Pendelstützen.

3. Stützflächen (Bild 4.1–8)

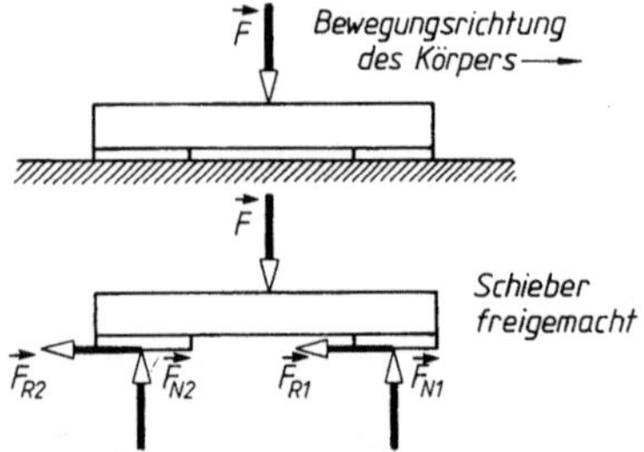

Bild 4.1-8 Gleitschieber freigemacht

Sie übertragen nur Normalkräfte $\vec{F}_N$ ($\perp$ zur Stützfläche), wenn sie sich reibungsfrei berühren; sonst in tangentialer Richtung auch Reibkräfte $\vec{F}_R$, wie z. B. die Gleitflächen des Kreuzkopfes in Bild 4.1–7 oder die Übertragungsflächen des Gleitschiebers in Bild 4.1–8. Der Richtungssinn der Reibkraft muß stets von Anfang an am freigemachten Körper richtig eingesetzt werden; er ist stets der Bewegungsrichtung des Körpers entgegengesetzt.

4. Kugeln und Rollen (Bild 4.1–9)

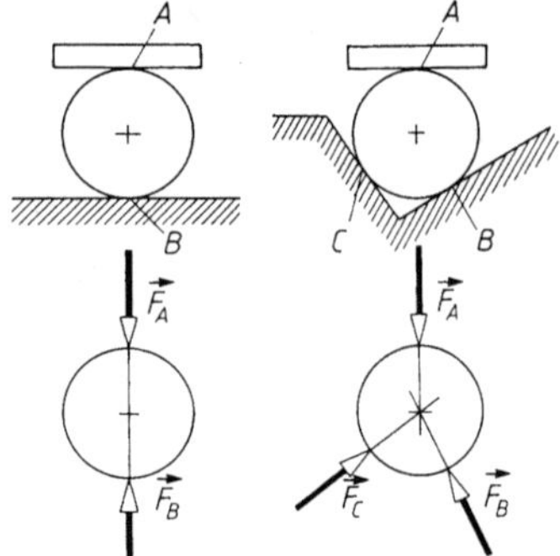

Bild 4.1-9 Kugel (Rolle) freigemacht

Sie übertragen reibungsfrei nur Kräfte, deren Wirklinie durch Kugel-(Rollen-)mittelpunkt *und* Berührungspunkt geht.

5. Tragwerke (Stützträger)

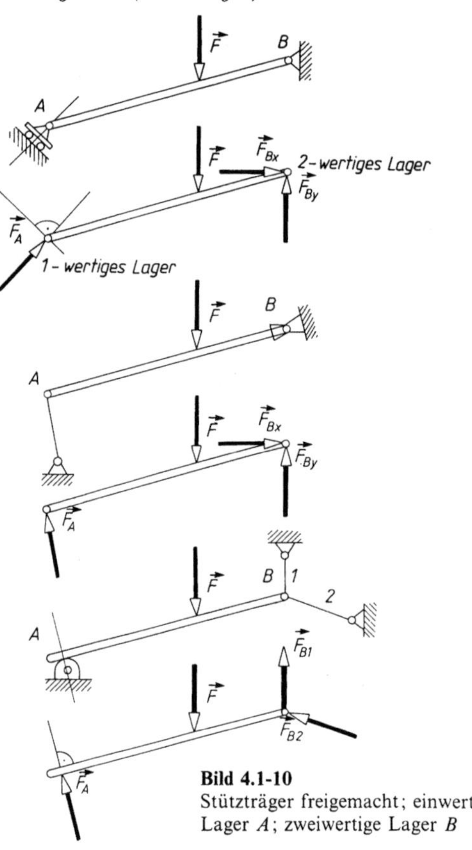

Bild 4.1-10 Stützträger freigemacht; einwertige Lager *A*; zweiwertige Lager *B*

Tragwerke nach Bild 4.1–10 sind statisch bestimmt gelagert, wenn die drei Gleichgewichtsbedingungen ($\Sigma\vec{F}_x = 0$; $\Sigma\vec{F}_y = 0$; $\Sigma\vec{M} = 0$) zur Bestimmung der Stützkräfte ausreichen. Sie besitzen ein einwertiges und ein zweiwertiges Lager. Reibkräfte in den Lagern werden meistens nicht berücksichtigt.

6. Einwertige, zweiwertige und dreiwertige Lagerungen

Dies sind solche Lagerungen, bei denen entweder eine, zwei oder drei unbekannte Stützkräfte auftreten. Bei Berücksichtigung der Reibung kommt noch eine Unbekannte hinzu.

- *Einwertige Lagerungen,* wie Kugeln, Rollen, Querlager und Zweigelenkstäbe (Pendelstützen) übertragen ohne Berücksichtigung der Reibung *eine* unbekannte Stützkraft. Ihre Wirklinie ist eindeutig bestimmt: Die Stützkraft wirkt senkrecht zur Stützebene, bei Zweigelenkstäben in der Verbindungsgeraden der beiden Gelenke (Bilder 4.1–7, 4.1–9 und 4.1–10).
- *Zweiwertige Lagerungen* übertragen ohne Berücksichtigung der Reibung stets zwei unbekannte Stützkräfte, eine in x-Richtung, die andere in y-Richtung (Bild 4.1–10).
- *Dreiwertige Lagerungen* entstehen z.B. bei eingepreßten Bolzen (Einspannungen). Sie übertragen drei unbekannte Größen: eine Kraft in x-Richtung, eine in y-Richtung und ein Drehmoment $\vec{M}$.

4.1.2 Zusammensetzen, Zerlegen und Gleichgewicht von Kräften in der Ebene

4.1.2.1 Zentrales ebenes Kräftesystem

Ein zentrales ebenes Kräftesystem liegt vor, wenn alle Kräfte am gleichen Punkt der Ebene angreifen.

1. Zeichnerische Bestimmung der Resultierenden $\vec{F}_r$

Die gegebenen Kräfte werden in beliebiger Reihenfolge maßstäblich und richtungsgemäß derart aneinander gereiht, daß sich ein fortlaufender Kräftezug ergibt (Bilder 4.1–11 und 4.1–12).

Die gesuchte Resultierende $\vec{F}_r$ ist stets die Verbindungslinie *vom* Anfangspunkt A der zuerst gezeichneten *zum* Endpunkt E der zuletzt gezeichneten Kraft.

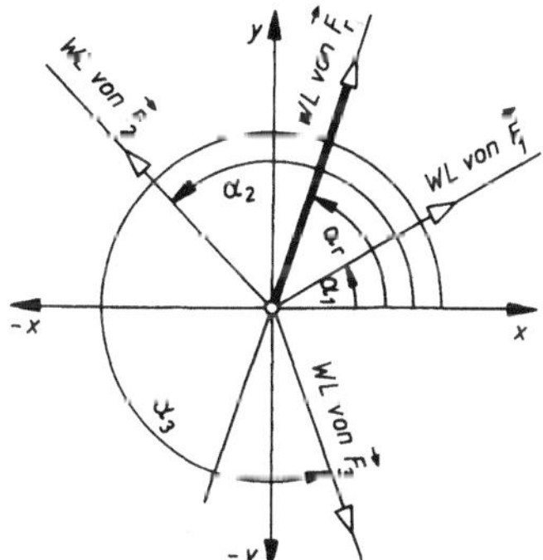

Bild 4.1-11 Lageplan mit den Wirklinien WL der gegebenen Kräfte $\vec{F}_1$, $\vec{F}_2$, $\vec{F}_3$ und Richtungswinkel α_1, α_2, α_3; gesucht: Resultierende $\vec{F}_r$ und Richtungswinkel α_r

Beachte: Richtungswinkel α ist der Winkel zwischen positiver x-Achse und Wirklinie im Linksdrehsinn.

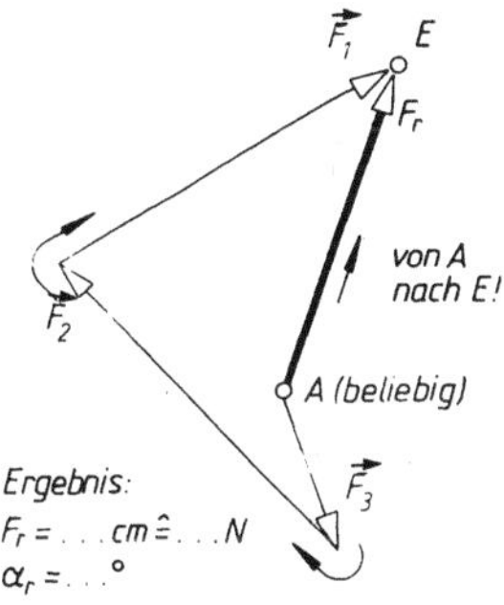

Bild 4.1-12 Kräfteplan, durch Parallelverschiebung der Wirklinien WL aus dem Lageplan gewonnen

2. Rechnerische Bestimmung der Resultierenden $\vec{F}_r$

Man rechnet mit den Kraftkomponenten $\vec{F}_{nx} = \vec{F}_n \cos \alpha_n$ und $\vec{F}_{ny} = \vec{F}_n \sin \alpha_n$. Der Rechner liefert das Vorzeichen (+) oder (−) automatisch mit, wenn für α_n die *Richtungswinkel* zwischen der positiven x-Achse und der Wirklinie eingegeben werden.

Die Addition der Kraftkomponenten liefert die Komponenten $\vec{F}_{rx}$ und $\vec{F}_{ry}$ der Resultierenden.

Diese ergeben mit Hilfe des Lehrsatzes des Pythagoras den Betrag der Resultierenden $\vec{F}_r$.

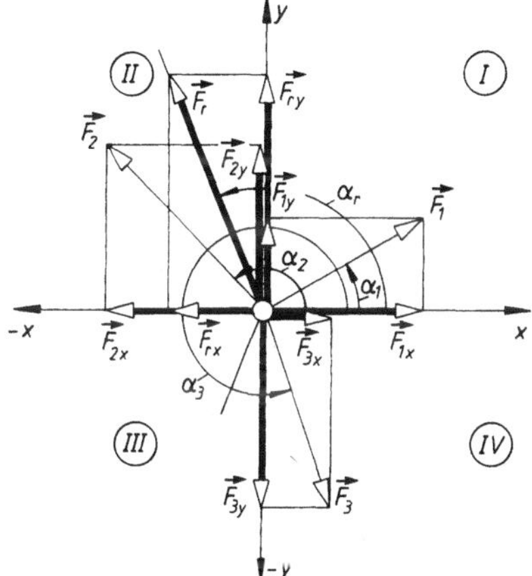

Bild 4.1-13 Lageskizze (unmaßstäblich) mit den Komponenten $\vec{F}_{1x}$, $\vec{F}_{1y}$, $\vec{F}_{2x}$, $\vec{F}_{2y}$ ... der gegebenen Kräfte $\vec{F}_1$, $\vec{F}_2$ ... am freigemachten Körper; gesucht: Resultierende $\vec{F}_r$ und Richtungswinkel α_r

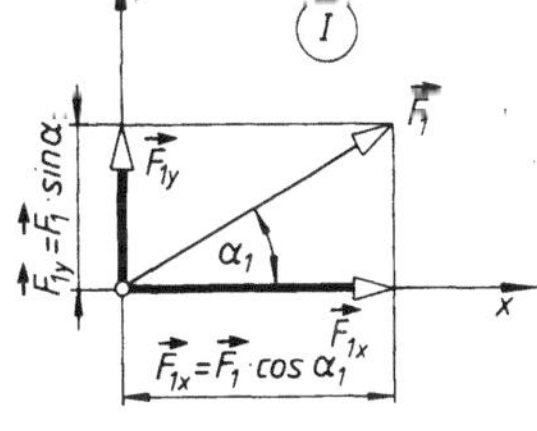

Bild 4.1-14 Gegebene Kraft $\vec{F}_1$ und deren Komponenten $\vec{F}_{1x} = \vec{F}_1 \cos \alpha_1$ und $\vec{F}_{1y} = \vec{F}_1 \sin \alpha_1$

Kraftkomponenten (Bilder 4.1–13 und 4.1–14):

x-Komponenten:

$$\vec{F}_{1x} = \vec{F}_1 \cos\alpha_1, \quad \vec{F}_{2x} = \vec{F}_2 \cos\alpha_2, \quad \vec{F}_{nx} = \vec{F}_n \cos\alpha_n, \tag{4.1–9}$$

y-Komponenten:

$$\vec{F}_{1y} = \vec{F}_1 \sin\alpha_1, \quad \vec{F}_{2y} = \vec{F}_2 \sin\alpha_2, \quad \vec{F}_{ny} = \vec{F}_n \sin\alpha_n, \tag{4.1–10}$$

Komponenten der Resultierenden:

$$\vec{F}_{rx} = \vec{F}_{1x} + \vec{F}_{2x} + \vec{F}_{3x} + \ldots \vec{F}_{nx} = F_1 \cos\alpha_1 + F_2 \cos\alpha_2 + F_3 \cos\alpha_3 + \ldots F_n \cos\alpha_n,$$

$$\vec{F}_{ry} = \vec{F}_{1y} + \vec{F}_{2y} + \vec{F}_{3y} + \ldots \vec{F}_{ny} = F_1 \sin\alpha_1 + F_2 \sin\alpha_2 + F_3 \sin\alpha_3 + \ldots F_n \sin\alpha_n, \tag{4.1–11}$$

Betrag der Resultierenden:

$$|\vec{F}_r| = \sqrt{|\vec{F}_{rx}^2| + |\vec{F}_{ry}^2|}. \tag{4.1–12}$$

Richtungswinkel α_r der Resultierenden $\vec{F}_r$:
Richtungswinkel α_r ist der Winkel, den die Wirklinie der Resultierenden $\vec{F}_r$ mit der positiven x-Achse einschließt. Er kann nicht auf direktem Wege ermittelt werden. Man bestimmt zuerst den spitzen Winkel β_r, den die Wirklinie der Resultierenden $\vec{F}_r$ mit der x-Achse einschließt. Dabei ist es gleichgültig, in welchem Quadranten die Resultierende liegt (Bild 4.1–15).

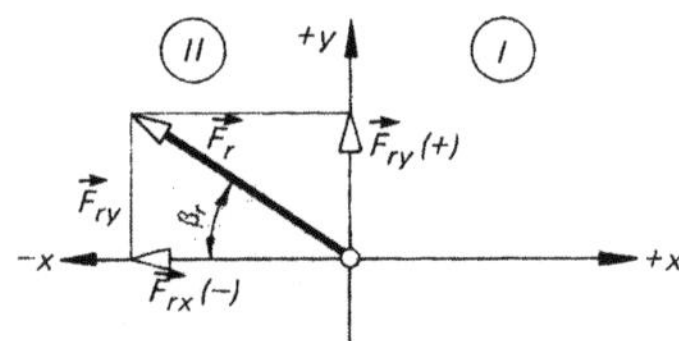

Bild 4.1-15 Resultierende $\vec{F}_r$ und deren Komponenten $\vec{F}_{rx}$ und $\vec{F}_{ry}$

Dieser spitze Winkel β_r kann im rechtwinkligen Dreieck mit der Tangensfunktion ermittelt werden, denn die beiden Katheten $\vec{F}_{rx}$ und $\vec{F}_{ry}$ sind jetzt bekannt:

$$\tan\beta_r = \frac{|\vec{F}_{ry}|}{|\vec{F}_{rx}|},$$

$$\beta_r = \arctan\frac{|\vec{F}_{ry}|}{|\vec{F}_{rx}|}. \tag{4.1–13}$$

Je nach Lage der Resultierenden $\vec{F}_r$ im rechtwinkligen Achsenkreuz ergeben sich folgende Gleichungen zur Berechnung des Richtungswinkels α_r.

$\vec{F}_r$ liegt im I. Quadranten (Bild 4.1–16):

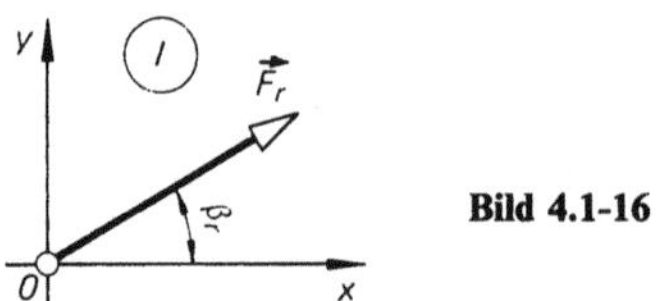

Bild 4.1-16

In diesem Fall ist der Richtungswinkel α_r gleich dem spitzen Winkel β_r zwischen der positiven x-Achse und der Wirklinie der Resultierenden. Die Resultierende $\vec{F}_r$ liegt nur dann im I. Quadranten, wenn die Komponentenberechnung ergibt:

$\vec{F}_{rx}$ → positives Vorzeichen ($\vec{F}_{rx} \geq 0$),
$\vec{F}_{ry}$ → positives Vorzeichen ($\vec{F}_{ry} \geq 0$),

$$\alpha_r = \beta_r, \tag{4.1–14}$$

$$\alpha_r = \arctan\frac{|\vec{F}_{ry}|}{|\vec{F}_{rx}|}. \tag{4.1–15}$$

$\vec{F}_r$ liegt im II. Quadranten (Bild 4.1–17):

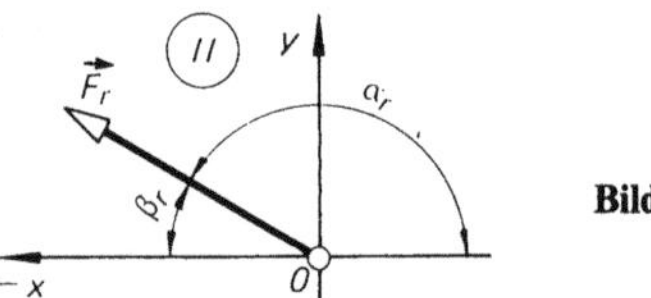

Bild 4.1-17

Der spitze Winkel β_r liegt zwischen der negativen x-Achse und der Wirklinie der Resultierenden. Die Resultierende $\vec{F}_r$ liegt nur dann im II. Quadranten, wenn die Komponentenberechnung ergibt:

$\vec{F}_{rx}$ → negatives Vorzeichen ($\vec{F}_{rx} < 0$),
$\vec{F}_{ry}$ → positives Vorzeichen ($\vec{F}_{ry} \geq 0$),

$$\alpha_r = 180° - \beta_r, \tag{4.1–16}$$

$$\alpha_r = 180° - \arctan\frac{|\vec{F}_{ry}|}{|\vec{F}_{rx}|}. \tag{4.1–17}$$

$\vec{F}_r$ liegt im III. Quadranten (Bild 4.1–18):

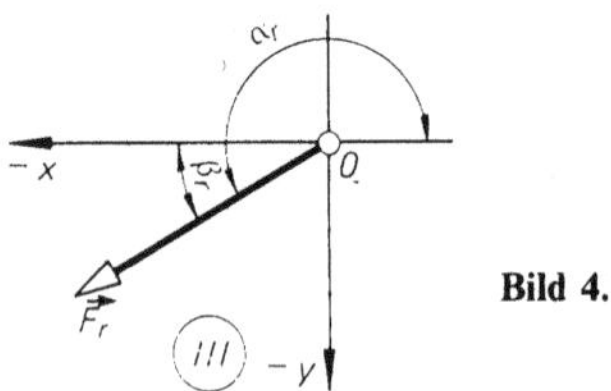

Bild 4.1-18

Der spitze Winkel β_r liegt zwischen der negativen x-Achse und der Wirklinie der Resultierenden.

Die Resultierende $\vec{F}_r$ liegt nur dann im III. Quadranten, wenn die Komponentenberechnung ergibt:

$\vec{F}_{rx} \rightarrow$ negatives Vorzeichen $(\vec{F}_{rx} < 0)$,
$\vec{F}_{ry} \rightarrow$ negatives Vorzeichen $(\vec{F}_{ry} < 0)$,

$$\alpha_r = 180° + \beta_r, \qquad (4.1\text{–}18)$$

$$\alpha_r = 180° + \arctan \frac{|\vec{F}_{ry}|}{|\vec{F}_{rx}|}. \qquad (4.1\text{–}19)$$

$\vec{F}_r$ *liegt im IV. Quadranten* (Bild 4.1–19):

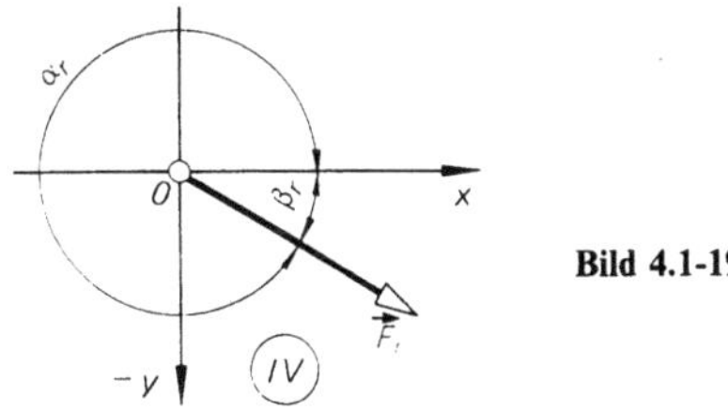

Bild 4.1-19

Der spitze Winkel β_r liegt zwischen der positiven x-Achse und der Wirklinie der Resultierenden.

Die Resultierende $\vec{F}_r$ liegt nur dann im IV. Quadranten, wenn die Komponentenberechnung ergibt:

$\vec{F}_{rx} \rightarrow$ positives Vorzeichen $(\vec{F}_{rx} \geq 0)$,
$\vec{F}_{ry} \rightarrow$ negatives Vorzeichen $(\vec{F}_{ry} < 0)$,

$$\alpha_r = 360° - \beta_r, \qquad (4.1\text{–}20)$$

$$\alpha_r = 360° - \arctan \frac{|\vec{F}_{ry}|}{|\vec{F}_{rx}|}. \qquad (4.1\text{–}21)$$

3. Zeichnerische Bestimmung unbekannter Kräfte (Bilder 4.1–20 und 4.1–21)

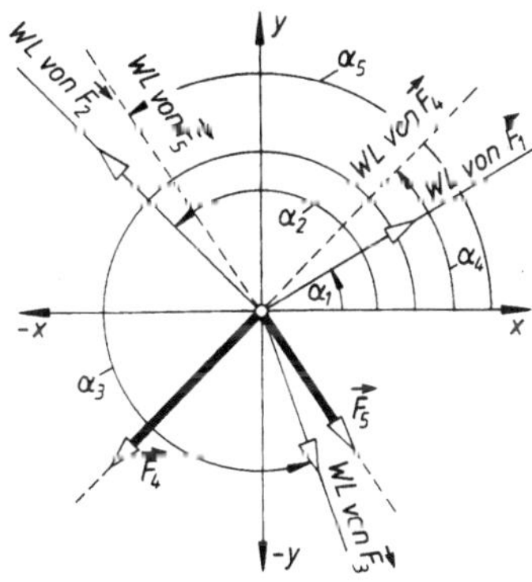

Bild 4.1-20 Lageplan mit den Wirklinien WL *sämtlicher* Kräfte ($\vec{F}_1 \ldots \vec{F}_5$) am freigemachten Körper gegeben: $\vec{F}_1$, $\vec{F}_2$, $\vec{F}_3$, α_1, α_2, α_3, α_4, α_5 gesucht: $\vec{F}_4$, $\vec{F}_5$

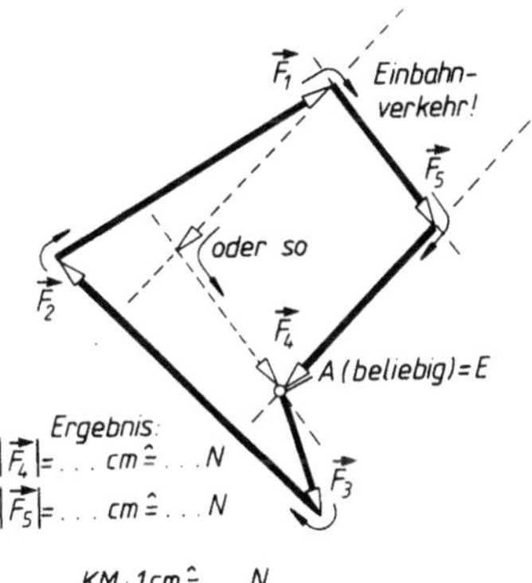

Bild 4.1-21 Kräfteplan, durch Parallelverschiebung der Wirklinien WL aus dem Lageplan gewonnen

Die gegebenen Kräfte werden in beliebiger Folge maßstäblich und richtungsgemäß zu einem fortlaufenden Kräftezug aneinandergereiht. Mit den Wirklinien der noch unbekannten Kräfte muß das *Krafteck so geschlossen* werden, daß die Pfeilrichtungen „Einbahnverkehr" ermöglichen. Anfangspunkt A und Endpunkt E des Kräftezuges müssen zusammenfallen (Bilder 4.1–20 und 4.1–21).

4. Rechnerische Bestimmung unbekannter Kräfte

Werden alle am Körper angreifenden Kräfte in ihre Komponenten nach den beiden Richtungen eines rechtwinkligen Achsenkreuzes zerlegt und ist die algebraische Summe der Komponenten in x- und y-Richtung gleich Null, so stehen die Kräfte im Gleichgewicht.

Die *rechnerischen Gleichgewichtsbedingungen* beim zentralen Kräftesystem lauten:

$$\text{I.} \quad \sum \vec{F}_x = 0; \quad \vec{F}_{1x} + \vec{F}_{2x} + \vec{F}_{3x} + \ldots \vec{F}_{nx} = 0 \qquad (4.1\text{–}22)$$

$$\text{II.} \quad \sum \vec{F}_y = 0; \quad \vec{F}_{1y} + \vec{F}_{2y} + \vec{F}_{3y} + \ldots \vec{F}_{ny} = 0 \qquad (4.1\text{–}23)$$

$$\vec{F}_{nx} = \vec{F}_n \cos \alpha; \qquad \vec{F}_{ny} = \vec{F}_n \sin \alpha_n.$$

Winkel α ist stets der *Richtungswinkel* der Kraft. Das ist der Winkel zwischen positiver x-Achse und Wirklinie.

4.1.2.2 Allgemeines Kräftesystem

Ein allgemeines ebenes Kräftesystem liegt vor, wenn alle Kräfte an verschiedenen Punkten der Ebene angreifen.

1. Bestimmung der Resultierenden $\vec{F}_r$ (Momentensatz)

Betrag und *Richtung* der Resultierenden werden ebenso bestimmt wie beim zentralen Kräftesystem (Abschnitt 4.1.2.1).

Der *Momentensatz* lautet:

> Wirken mehrere Kräfte (Bild 4.1–22) drehend auf einen Körper, so ist die algebraische Summe ihrer Momente gleich dem Moment der Resultierenden in bezug auf den gleichen Drehpunkt.

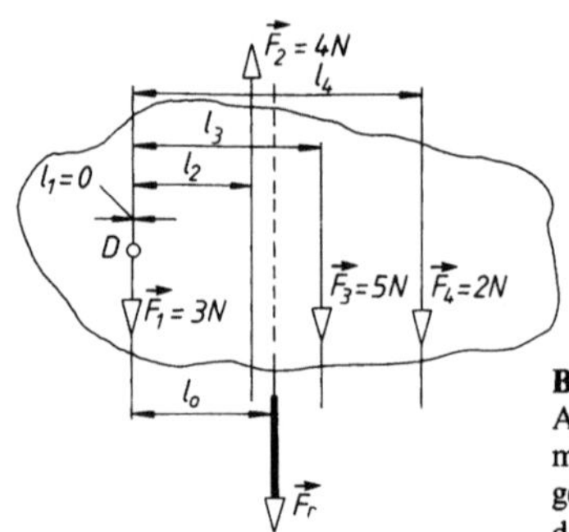

Bild 4.1-22 Anwendung des Momentensatzes zur Lagebestimmung (l_0) der Resultierenden $\vec{F}_r$

$$\vec{M}_1 + \vec{M}_2 + \vec{M}_3 + \ldots \vec{M}_n = \vec{M}_r,$$

$$\vec{F}_1 l_1 + \vec{F}_2 l_2 + \vec{F}_3 l_3 + \ldots \vec{F}_n l_n = \vec{F}_r l_0.$$

Aus diesem *Momentensatz* läßt sich der Abstand l_0 der Resultierenden F_r von einem beliebig gewählten Drehpunkt D aus berechnen, so daß deren *Lage* bestimmt ist:

$$l_0 = \frac{\vec{F}_1 l_1 + \vec{F}_2 l_2 + \vec{F}_3 l_3 + \ldots \vec{F}_n l_n}{\vec{F}_r}, \qquad (4.1\text{–}24)$$

$\vec{F}_1, \vec{F}_2 \ldots$ Einzelkräfte, $\vec{F}_r$ Resultierende,
$l_1, l_2 \ldots$ Wirkabstände der Einzelkräfte,
l_0 Wirkabstand der Resultierenden vom gewählten Bezugs(Dreh-)punkt D.

2. Zeichnerische Bestimmung unbekannter Kräfte

Es wird der Lageplan mit dem freigemachten Körper gezeichnet und die gegebenen Kräfte werden zu einer Resultierenden zusammengefaßt. Jetzt ist leicht zu erkennen, welches der folgenden Verfahren angewendet werden muß, um die unbekannten (Stütz- oder Lager-) Kräfte zu bestimmen.

a) Zweikräfteverfahren (Gleichgewicht von zwei Kräften):

Zwei Kräfte $\vec{F}_1$ und $\vec{F}_2$ stehen im Gleichgewicht, wenn sie gleichen Betrag und Wirklinie, jedoch entgegengesetzten Richtungssinn haben. (Krafteck muß sich schließen, Bilder 4.1–23 und 4.1–24).

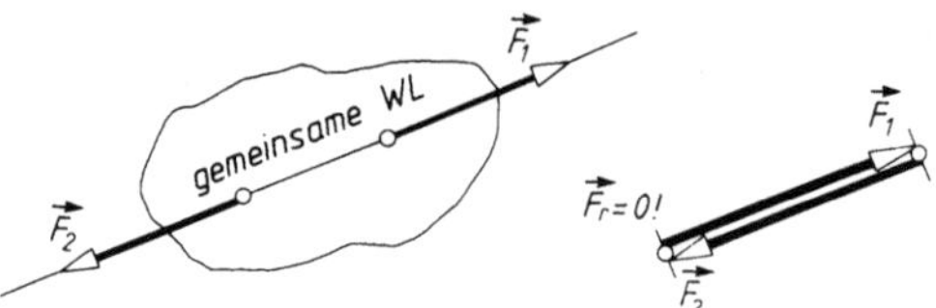

Bild 4.1-23 Lageplan zweier Gleichgewichtskräfte

Bild 4.1-24 Kräfteplan zweier Gleichgewichtskräfte

b) Dreikräfteverfahren (Gleichgewicht von drei nicht parallelen Kräften):

Drei nicht parallele Kräfte stehen im Gleichgewicht, wenn die Wirklinien der Kräfte sich in einem Punkte schneiden und das Krafteck sich schließt (Bilder 4.1–25 und 4.1–26).

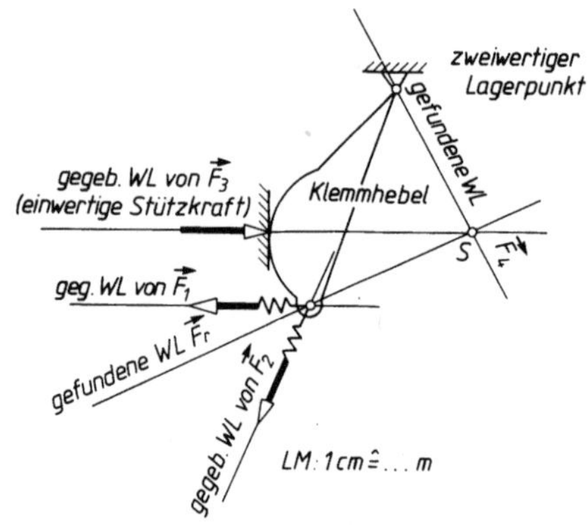

Bild 4.1-25 Lageplan zum Dreikräfteverfahren; gegebene Kräfte $\vec{F}_1$, $\vec{F}_2$ müssen zuerst zur Resultierenden $\vec{F}_r$ vereinigt werden (z. B. auch durch Parallelogrammzeichnung im Lageplan)
gegeben: $\vec{F}_1$, $\vec{F}_2$ und damit $\vec{F}_r$;
gesucht: $\vec{F}_3$, $\vec{F}_4$

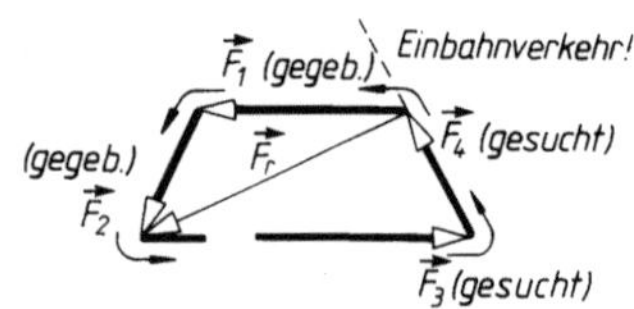

Ergebnis:
$|\vec{F}_3| = \ldots$ cm ≙ ... N
$|\vec{F}_4| = \ldots$ cm ≙ ... N

Bild 4.1-26 Kräfteplan zum Dreikräfteverfahren

c) Vierkräfteverfahren (Gleichgewicht von vier nicht parallelen Kräften):

Vier nicht parallele Kräfte stehen im Gleichgewicht, wenn die Resultierenden je zweier Kräfte ein geschlossenes Krafteck bilden und eine gemeinsame Wirklinie – die *Culmannsche Gerade* – haben. Damit ist das Vierkräfteverfahren auf das Zweikräfteverfahren zurückgeführt (Bilder 4.1–27 und 4.1–28).

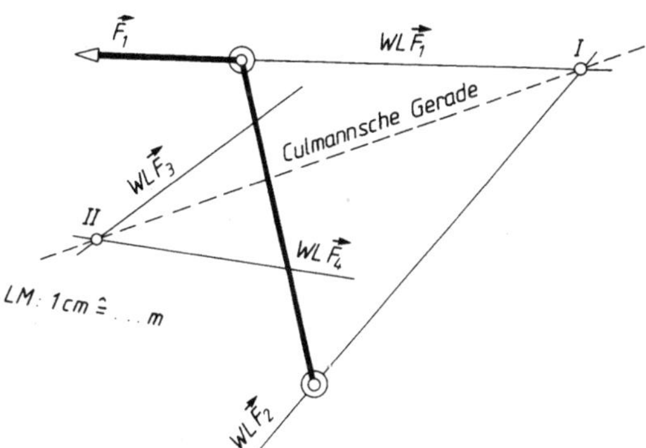

Bild 4.1-27 Lageplan zum Vierkräfteverfahren
gegeben: $\vec{F}_1$, WL_1, WL_2, WL_3, WL_4
gesucht: $\vec{F}_2$, $\vec{F}_3$, $\vec{F}_4$

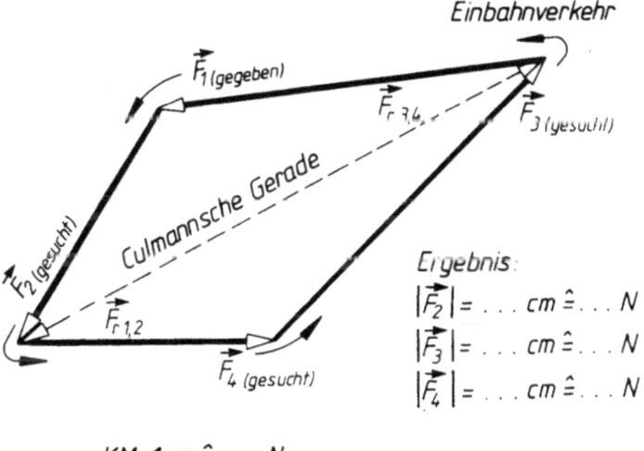

Bild 4.1-28 Kräfteplan zum Vierkräfteverfahren

3. Rechnerische Bestimmung unbekannter Kräfte

Alle am freigemachten Körper angreifenden Kräfte werden nach den beiden Richtungen eines rechtwinkligen Achsenkreuzes zerlegt. Ist dann die algebraische Summe der Komponenten in x- und y-Richtung gleich Null und ist ebenso die algebraische Summe aller Momente dieser Kräfte gleich Null, so stehen die Kräfte im Gleichgewicht.

Die *rechnerischen Gleichgewichtsbedingungen* beim allgemeinen Kräftesystem lauten:

I. $\sum \vec{F}_x = 0$ (Summe aller x-Kräfte gleich Null),

II. $\sum \vec{F}_y = 0$ (Summe aller y-Kräfte gleich Null),

III. $\sum \vec{M}_{(D)} = 0$ (Summe aller Kraftmomente um jeden beliebigen Drehpunkt D gleich Null), (4.1–25)

$$\vec{F}_{nx} = \vec{F}_n \cos\alpha_n;\ \vec{F}_{ny} = \vec{F}_n \sin\alpha_n. \quad (4.1\text{–}26)$$

Winkel α ist stets spitzer Winkel der Wirklinie zur x-Achse!

Mit Bezug auf Bild 4.1–29 ist

$$\text{I.}\quad +\vec{F}_1 \cos\alpha_1 - \vec{F}_{Ax} = 0,$$

$$\text{II.}\quad +\vec{F}_{Ay} - F_1 \sin\alpha_1 - \vec{F}_2 + \vec{F}_B = 0,$$

$$\text{III.}\quad -\vec{F}_1 \sin\alpha_1 l_1 - \vec{F}_2 l_2 + \vec{F}_B l = 0,$$

$$\text{III.}\quad \vec{F}_B = \frac{+\vec{F}_1 \sin\alpha_1 l_1 + \vec{F}_2 l_2}{l},$$

$$\text{II.}\quad \vec{F}_{Ay} = \vec{F}_1 \sin\alpha_1 + \vec{F}_2 - \vec{F}_B,$$

$$\text{I.}\quad \vec{F}_{Ax} = \vec{F}_1 \cos\alpha_1,$$

$$|\vec{F}_A| = \sqrt{|F_{Ax}^2| + |F_{Ay}^2|},$$

$$\alpha = \arctan\frac{|\vec{F}_{Ay}|}{|\vec{F}_{Ax}|}.$$

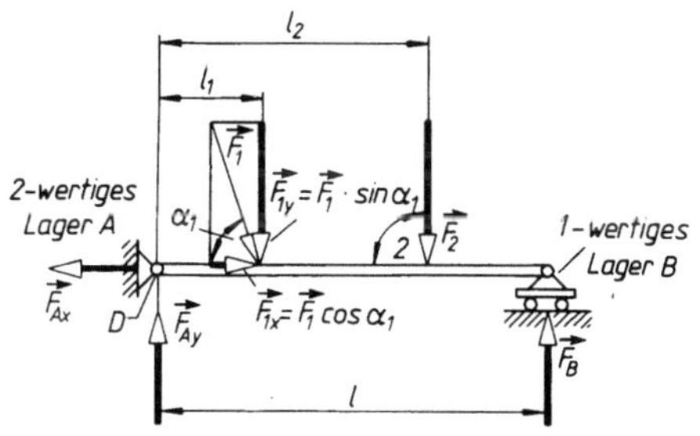

Bild 4.1-29 Lageskizze (unmaßstäblich) mit den Komponenten sämtlicher Kräfte an freigemachten Körper

4.1.3 Schwerpunkt (Massenmittelpunkt)

Derjenige Punkt, in dem man einen Körper, eine Fläche oder ein Liniengebilde abstützen oder aufhängen müßte, damit er in jeder beliebigen Lage stehen bleibt, heißt Schwerpunkt. Die Lage des Schwerpunkts wird mit dem *Momentensatz* (Gl. (4.1–24)) bestimmt.

Alle durch den Schwerpunkt gehenden Linien oder Ebenen heißen *Schwerlinien* oder *Schwerebenen*.

Jede *Symmetrielinie* ist eine Schwerlinie, jede *Symmetrieebene* ist Schwerebene.

4.1.3.1 Bestimmung des Schwerpunktes

1. Schwerpunkt eines Körpers

Der Schwerpunkt S eines Körpers ist derjenige körperfeste Punkt, durch den die Resultierende aller Teil-Gewichtskräfte in jeder Lage des Körpers hindurchgeht.

Zur Lagebestimmung zerlegt man den Körper in n Einzelteile bekannter Schwerpunktlage (z. B. $n = 3$ in Bild 4.1–30), bringt in deren Teilschwerpunkten die entsprechenden Teilgewichtskräften F_{G1}, F_{G2} ... F_{Gn}

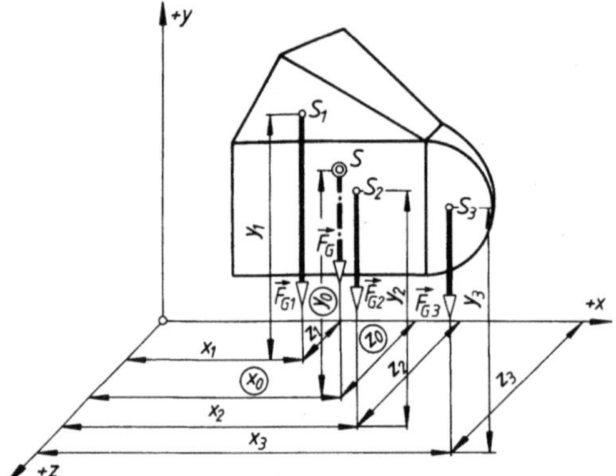

Bild 4.1-30 Rechnerische Schwerpunktsbestimmung eines Körpers
gegeben: $x_1 \dots x_3$, $y_1 \dots y_3$, $z_1 \dots z_3$, $\vec{F}_{G1} \dots \vec{F}_{G2}$
gesucht: x_0, y_0, z_0

an und berechnet mit Hilfe des *Momentensatzes* (Gl. (4.1–24)) die Lage der Resultierenden der Parallelkräfte. Damit hat man *eine* Schwerlinie. Der Schwerpunkt ist der Schnittpunkt der Schwerlinien, deren Abstand sich aus den folgenden Gleichungen ergibt:

– *Betrag der Resultierenden*

$$\vec{F}_G = \vec{F}_{G1} + \vec{F}_{G2} + \vec{F}_{G3} + \dots \vec{F}_{Gn} = \sum \Delta \vec{F}_G, \quad (4.1\text{–}27)$$

– *Schwerpunktabstand* von der y, z-Ebene

$$x_0 = \frac{\vec{F}_{G1}x_1 + \vec{F}_{G2}x_2 + \vec{F}_{G3}x_3 + \dots \vec{F}_{Gn}x_n}{\vec{F}_G} = \frac{\sum \Delta \vec{F}_G x}{\sum \Delta \vec{F}_G}, \quad (4.1\text{–}28)$$

– *Schwerpunktabstand* von der x, z-Ebene

$$y_0 = \frac{\vec{F}_{G1}y_1 + \vec{F}_{G2}y_2 + \vec{F}_{G3}y_3 + \dots \vec{F}_{Gn}y_n}{\vec{F}_G} = \frac{\sum \Delta \vec{F}_G y}{\sum \Delta \vec{F}_G}, \quad (4.1\text{–}29)$$

– *Schwerpunktabstand* von der x, y-Ebene

$$z_0 = \frac{\vec{F}_{G1}z_1 + \vec{F}_{G2}z_2 + \vec{F}_{G3}z_3 + \dots \vec{F}_{Gn}z_n}{\vec{F}_G} = \frac{\sum \Delta \vec{F}_G z}{\sum \Delta \vec{F}_G}. \quad (4.1\text{–}30)$$

Setzt man in vorstehende Gleichungen für $\vec{F}_G = m\vec{g}$ ein, so kürzt sich die Fallbeschleunigung $\vec{g}$ heraus. Statt mit den Gewichtskräften $\vec{F}_G$ kann man also auch mit den Massen m rechnen, daher die Bezeichnung *Massenmittelpunkt*.

Setzt man in vorstehende Gleichungen für $\vec{F}_G = m\vec{g} = V\varrho\vec{g}$ ein, so kürzen sich bei *homogenen Körpern* (Körpern gleichmäßiger Dichte) sowohl Dichte ϱ als auch Fallbeschleunigung $\vec{g}$ heraus. Statt mit den Gewichtskräften $\vec{F}_G$ kann man hier also mit dem Volumen V rechnen, daher die Bezeichnung *geometrischer Schwerpunkt*.

2. Schwerpunkt einer ebenen Fläche

Der Schwerpunkt S einer ebenen Fläche ist durch die Gln. (4.1–27) bis (4.1–30) definiert, wenn man für die Gewichtskräfte $\vec{F}_G$ die Flächen A einsetzt. Meistens handelt es sich um *ebene* Flächen, für die alle z-Werte gleich Null sind, so daß es genügt, ein ebenes Achsenkreuz mit x- und y-Achse zu verwenden.

Zur Lagebestimmung zerlegt man die Fläche in n Einzelflächen mit bekannter Schwerpunktlage (z. B. 3 in Bild 4.1–31), denkt sich in den Teilschwerpunkten die Teilflächen vereinigt und berechnet die Lage des Gesamtschwerpunktes S mit Hilfe des

Momentensatzes für Flächen:

– *Betrag der Gesamtfläche*

$$A = A_1 + A_2 + A_3 + \dots A_n = \sum \Delta A, \quad (4.1\text{–}31)$$

– *Schwerpunktabstand* von der y-Achse

$$x_0 = \frac{A_1x_1 + A_2x_2 + A_3x_3 + \dots A_nx_n}{A} = \frac{\sum \Delta A x}{\sum \Delta A}, \quad (4.1\text{–}32)$$

– *Schwerpunktabstand* von der x-Achse

$$y_0 = \frac{A_1y_1 + A_2y_2 + A_3y_3 + \dots A_ny_n}{A} = \frac{\sum \Delta A y}{\sum \Delta A}. \quad (4.1\text{–}33)$$

Die Bohrungen werden mit entgegengesetztem Drehsinn eingesetzt!

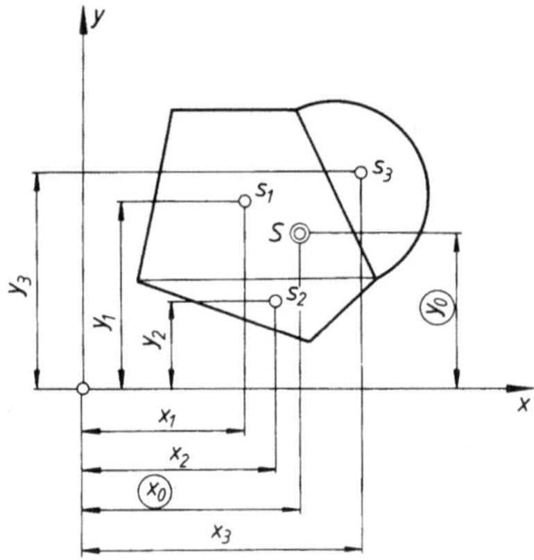

Bild 4.1-31. Rechnerische Schwerpunktbestimmung einer Fläche
gegeben: x_1, x_2, x_3, y_1, y_2, y_3, A_1, A_2, A_3
gesucht: x_0, y_0

3. Schwerpunkt eines ebenen Liniengebildes

Der Schwerpunkt S eines ebenen Liniengebildes ist durch die Gln. (4.1–27) bis (4.1–30) definiert, wenn man für die Gewichtskräfte $\vec{F}_G$ die Linienlängen l einsetzt. Zur Lagebestimmung zerlegt man das Liniengebilde in Einzellängen mit bekannter Schwerpunktlage (Bild 4.1–32), denkt sich in den Teilschwerpunkten die Teillinien vereinigt und berechnet die Lage des Gesamtschwerpunktes mit Hilfe des

Momentensatzes für Linien:

– *Gesamtlänge des Liniengebildes*

$$l = l_1 + l_2 + l_3 + \dots l_n = \sum \Delta l, \qquad (4.1\text{–}34)$$

– *Schwerpunktabstand* von der y-Achse

$$x_0 = \frac{l_1 x_1 + l_2 x_2 + l_3 x_3 + \dots l_n x_n}{l} = \frac{\sum \Delta l x}{\sum \Delta l}, \qquad (4.1\text{–}35)$$

– *Schwerpunktabstand* von der x-Achse

$$y_0 = \frac{l_1 y_1 + l_2 y_2 + l_3 y_3 + \dots l_n y_n}{l} = \frac{\sum \Delta l y}{\sum \Delta l}. \qquad (4.1\text{–}36)$$

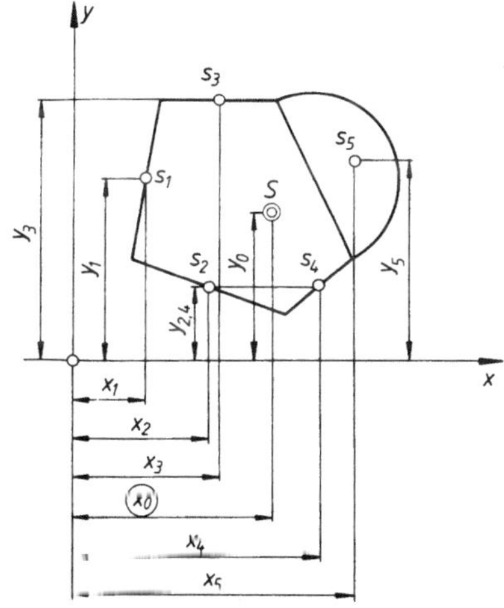

Bild 4.1-32 Rechnerische Schwerpunktbestimmung eines Liniengebildes, z. B. Schnittkante eines Schnittwerkzeuges
gegeben: $l_1 \dots l_5$; $x_1 \dots x_5$, $y_1 \dots y_5$
gesucht: x_0, y_0

Für eine Schwerebene (Schwerlinie) ist das statische Moment der Resultierenden gleich Null ($\vec{F}_G x_0 = 0 : A x_0 = 0$; $l x_0 = 0$), weil der Hebelarm der Resultierenden in diesem Falle gleich Null wird ($x_0 = 0$; $y_0 = 0$; $z_0 = 0$). Umgekehrt heißt das: Ist das statische Moment von $\vec{F}_G$, A, l bezogen auf eine Ebene (Gerade) gleich Null, so liegt der Schwerpunkt in dieser Ebene (Geraden).

4.1.3.2 Schwerpunkt wichtiger Linien, Flächen und Körper

1. Linienschwerpunkt

– *Gerade Strecke* (Bild 4.1–33): Schwerpunkt S ist ihr Mittelpunkt.

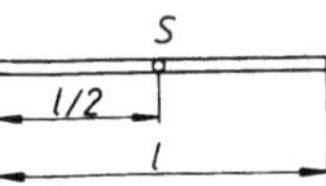

Bild 4.1-33 Linienschwerpunkt der geraden Strecke

– *Dreieckumfang* (Bild 4.1–34): Dreieckseiten halbieren und Mittelpunkte a, b, c verbinden. S ist Mittelpunkt des dem Dreieck a, b, c einbeschriebenen Kreises.

$$y_0 = \frac{h}{2} \cdot \frac{a+b}{a+b+c}. \qquad (4.1\text{–}37)$$

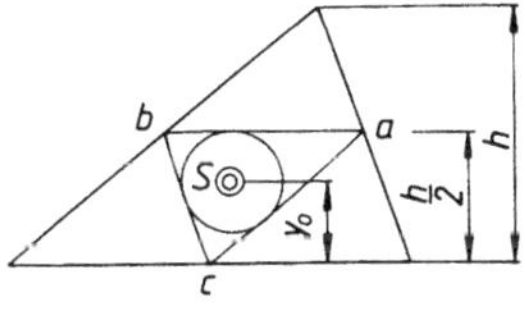

Bild 4.1-34 Linienschwerpunkt des Dreieckumfanges

– *Kreisbogen* (Bild 4.1–35): S liegt auf der Winkelhalbierenden des Zentriwinkels 2α (Symmetrielinie):

$$y_0 = \frac{rs}{b} \qquad s = 2r \sin\alpha, \quad b = 2\pi r\, \alpha°/180°, \qquad (4.1\text{–}38)$$

$$y_0 = \frac{2r}{\pi} = 0{,}6366 \cdot r \qquad \text{für Halbkreisbogen } 2\alpha = 180°,$$

$$y_0 = \frac{2r}{\pi}\sqrt{2} = 0{,}9003 \cdot r \qquad \text{für Viertelkreisbogen } 2\alpha = 90°, \qquad (4.1\text{–}39)$$

$$y_0 = \frac{3r}{\pi} = 0{,}9549 \cdot r \qquad \text{für Sechstelkreisbogen } 2\alpha = 60°,$$

$$y_{01} \approx \frac{2}{3} h \qquad \text{für flache Bögen.}$$

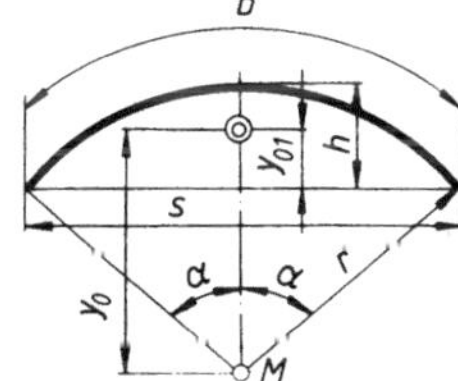

Bild 4.1-35 Linienschwerpunkt des Kreisbogens

2. Flächenschwerpunkt

– *Dreieck* (Bild 4.1–36): S liegt im Schnittpunkt der Seitenhalbierenden.

$$y_0 = \frac{1}{3} h. \qquad (4.1\text{–}40)$$

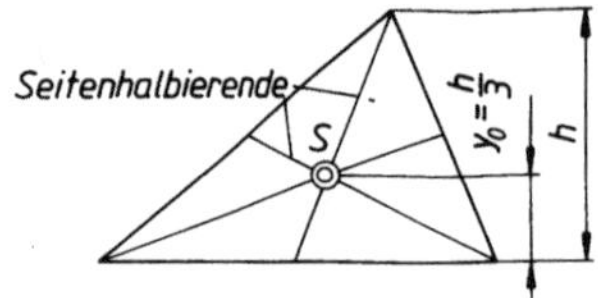

Bild 4.1-36 Flächenschwerpunkt des Dreiecks

Liegt ein Dreieck im ebenen Achsenkreuz und sind x_1, x_2, x_3 bzw. y_1, y_2, y_3 die Koordinaten der Eckpunkte des Dreiecks, so sind die Koordinaten des Schwerpunktes:

$$x_0 = \frac{1}{3}(x_1+x_2+x_3);\; y_0 = \frac{1}{3}(y_1+y_2+y_3). \tag{4.1-41}$$

- *Parallelogramm:* S liegt im Schnittpunkt der Diagonalen als Symmetrielinien.

- *Trapez* (Bild 4.1-37): Die Grundseiten a und b wechselseitig antragen und Endpunkte dieser Strecken verbinden, ebenso Mitten der Seiten a und b verbinden. S liegt im Schnittpunkt beider Verbindungslinien.

$$y_0 = \frac{h}{3}\cdot\frac{a+2b}{a+b}, \tag{4.1-42}$$

$$y_{01} = \frac{h}{3}\cdot\frac{2a+b}{a+b}. \tag{4.1-43}$$

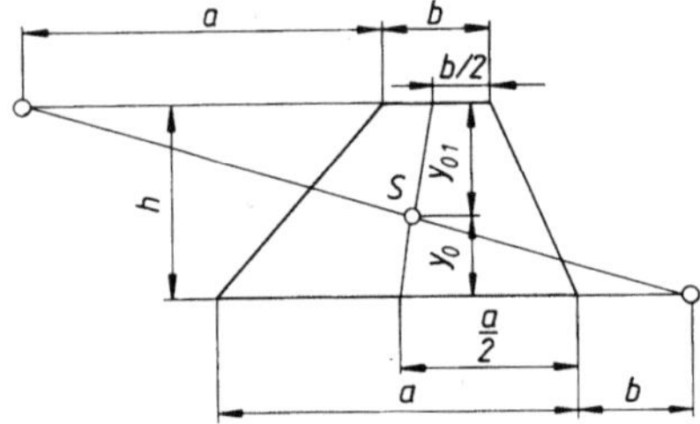

Bild 4.1-37 Flächenschwerpunkt des Trapezes

- *Kreisausschnitt* (Bild 4.1-38): S liegt auf der Winkelhalbierenden des Zentriwinkels 2α (Symmetrielinie):

$$y_0 = \frac{2}{3}\cdot\frac{rs}{b}, \tag{4.1-44}$$

$$y_0 = \frac{4r}{3\pi} = 0{,}4244\cdot r \quad \text{für Halbkreisfläche } 2\alpha=180°,$$

$$y_0 = \frac{4r}{3\pi}\sqrt{2} = 0{,}6002\cdot r \quad \text{für Viertelkreisfläche } 2\alpha=90°, \tag{4.1-45}$$

$$y_0 = \frac{2r}{\pi} = 0{,}6366\cdot r \quad \text{für Sechstelkreisfläche } 2\alpha=60°.$$

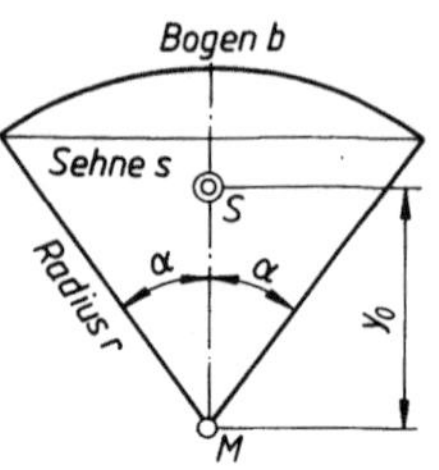

Bild 4.1-38 Flächenschwerpunkt des Kreisausschnittes

- *Kreisringstück* (Bild 4.1-39): S liegt auf der Winkelhalbierenden des Zentriwinkels 2α (Symmetrielinie):

$$y_0 = 38{,}197\frac{(R^3-r^3)\sin\alpha}{(R^2-r^2)\,\alpha°}. \tag{4.1-46}$$

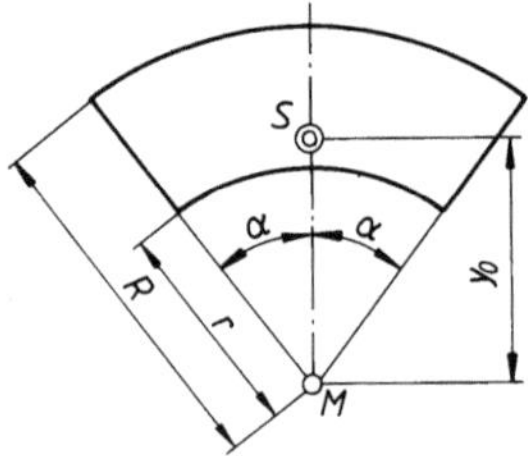

Bild 4.1-39 Flächenschwerpunkt des Kreisringstückes

- *Kreisabschnitt* (Bild 4.1-40): S liegt auf der Winkelhalbierenden des Zentriwinkels 2α (Symmetrielinie):

$$y_0 = \frac{2}{3}\cdot\frac{r\sin^3\alpha}{(\operatorname{arc}\alpha-\sin\alpha\cos\alpha)} = \frac{s^3}{12A}. \tag{4.1-47}$$

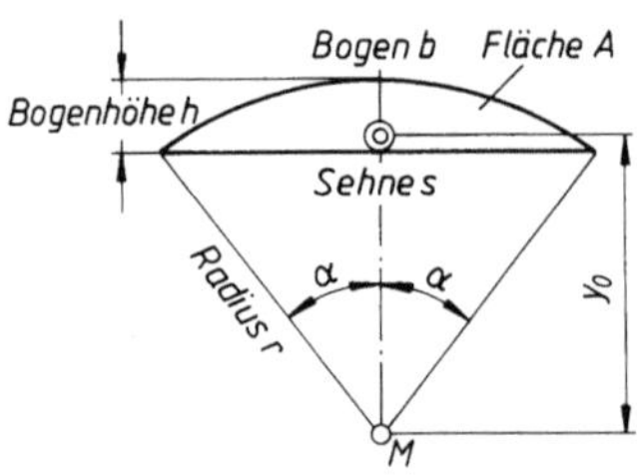

Bild 4.1-40 Flächenschwerpunkt des Kreisabschnittes

- *Parabelfläche* (Bild 4.1-41):

$$x_{01} = \frac{3}{8}a,\quad x_{02} = \frac{3}{4}a,\quad y_{01} = \frac{3}{5}b,\quad y_{02} = \frac{3}{10}b. \tag{4.1-48}$$

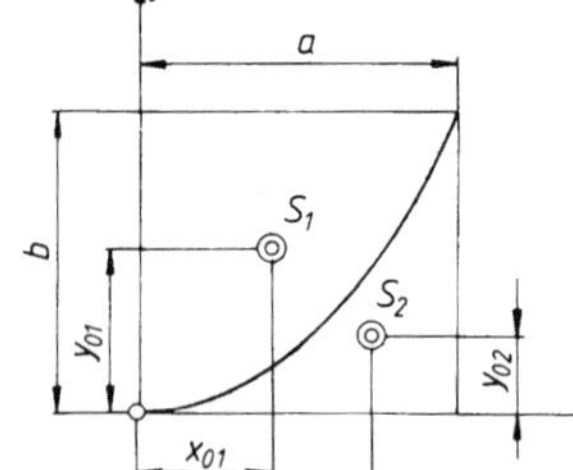

Bild 4.1-41 Flächenschwerpunkt der Parabelfläche

– *Kugelzone und Kugelhaube* (Bild 4.1–42):

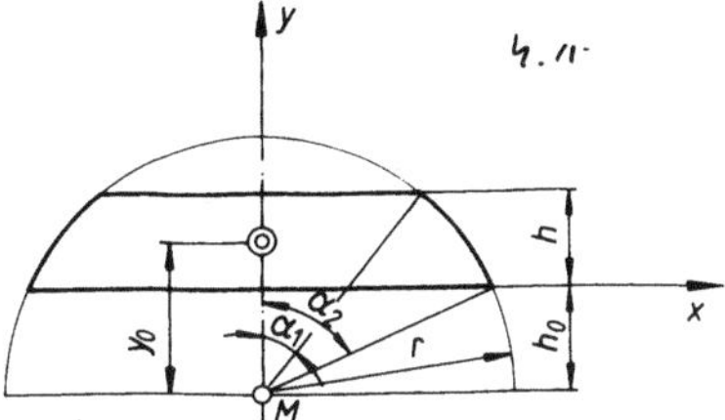

Bild 4.1-42 Flächenschwerpunkt der Kugelzone und der Kugelhaube

Für die Kugelzone ist $y_0 = \frac{r}{2}(\cos\alpha_1 + \cos\alpha_2)$. Mit

$\cos\alpha_1 = \frac{h+h_0}{r}$ und $\cos\alpha_2 = \frac{h_0}{r}$ wird

$$y_0 = \frac{r}{2}\left(\frac{h+h_0}{r} + \frac{h_0}{r}\right) = \frac{h}{2} + h_0,$$

d. h., der Schwerpunkt der Mantelfläche liegt in halber Zonenhöhe. Für die Mantelfläche der Kugelhaube ($\alpha_1 - 0$) gilt das gleiche.

– *Kegelmantel und Pyramidenmantel:* Man verbindet die Kegel- bzw. Pyramidenspitze mit dem Schwerpunkt des Umfanges der Grundfläche. Auf dieser Schwerlinie liegt der Mantelschwerpunkt S im Abstand ein Drittel der Höhe von der Grundfläche entfernt: $y_0 = h/3$.

– *Mantel des abgestumpften Kreiskegels:* Man verbindet die Mitten beider Stirnflächen (Schwerlinie). Der Schwerpunktabstand von der Grundfläche beträgt:

$$y_0 = \frac{h}{3} \cdot \frac{R+2r}{R+r}, \tag{4.1–49}$$

h Höhe des Kegelstumpfes,
R Radius der unteren Stirnfläche,
r Radius der oberen Stirnfläche.

3. *Körperschwerpunkt*

– *Gerade oder schiefes Prisma (und Zylinder) mit parallelen Stirnflächen* (Bild 4.1–43): S liegt in der Mitte der Verbindungslinie der Flächenschwerpunkte S_0, also $y_0 = h/2$.

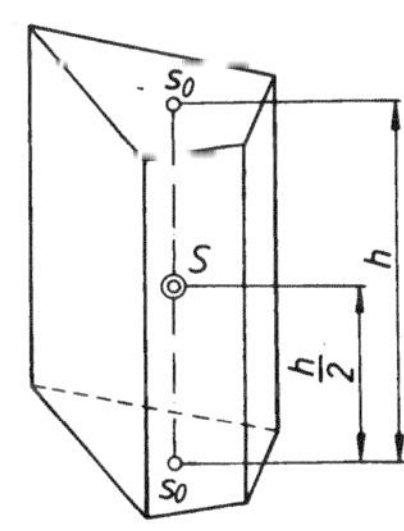

Bild 4.1-43 Körperschwerpunkt von Prisma und Zylinder

– *Abgeschrägter gerader Kreiszylinder* (Bild 4.1–44): S liegt auf der x,y-Ebene als Symmetrieebene (Schwerebene) mit den Abständen:

$$x_0 = \frac{1}{4} \cdot \frac{r^2 \tan\alpha}{h}, \quad y_0 = \frac{h}{2} + \frac{1}{8} \cdot \frac{r^2 \tan^2\alpha}{h}. \tag{4.1–50}$$

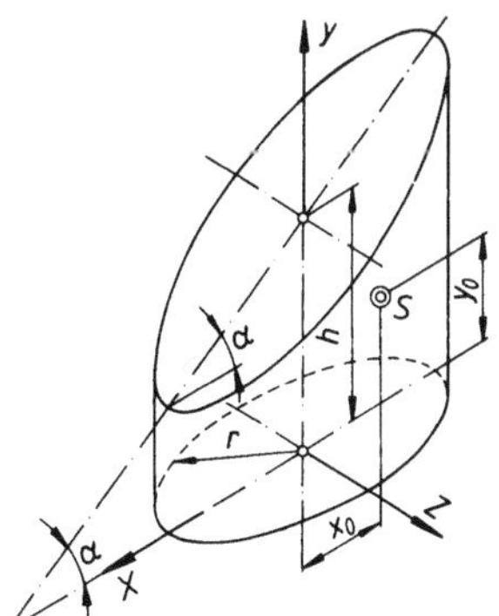

Bild 4.1-44 Körperschwerpunkt des abgeschrägten geraden Kreiszylinders

– *Gerade und schiefe Pyramide und Kegel:* Man verbindet die Spitze mit dem Schwerpunkt der Grundfläche. S liegt auf dieser Schwerlinie im Abstand ein Viertel der Höhe von der Grundfläche.

– *Pyramidenstumpf* mit beliebiger Grundfläche: Sind A_1 und A_2 die Stirnflächen und h die Höhe des Stumpfes, so ist der Abstand des Schwerpunktes S von A_1:

$$y_0 = \frac{h}{4} \cdot \frac{A_1 + 2\sqrt{A_1 A_2} + 3A_2}{A_1 + \sqrt{A_1 A_2} + A_2}. \tag{4.1–51}$$

– *Gerader Kegelstumpf:* Der Schwerpunktabstand von der Grundfläche beträgt:

$$y_0 = \frac{h}{4} \cdot \frac{R^2 + 2Rr + 3r^2}{R^2 + Rr + r^2}. \tag{4.1–52}$$

Keil (Bild 4.1–45):

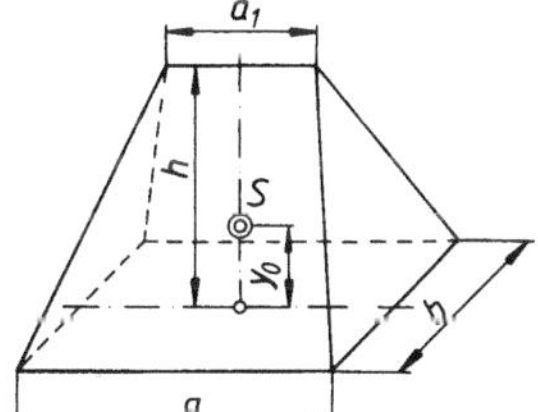

Bild 4.1-45 Körperschwerpunkt des Keiles

$$y_0 = \frac{h}{2} \cdot \frac{a + a_1}{2a + a_1}. \tag{4.1–53}$$

– *Kugelabschnitt:* Der Schwerpunktabstand vom Mittelpunkt beträgt:

$$y_0 = \frac{3}{4} \cdot \frac{(2R-h)^2}{3R-h} \quad R \text{ Kugelradius, } h \text{ Abschnittshöhe,} \qquad (4.1\text{–}54)$$

$$y_0 = \frac{3}{8} R \quad \text{für Halbkugel,}$$

$$y_0 = \frac{3}{8} \cdot \frac{R^4 - r^4}{R^3 - r^3} \quad \text{für halbe Hohlkugel.} \qquad (4.1\text{–}55)$$

– *Kugelausschnitt:* Bezeichungen wie in Bild 4.1–35.

$$y_0 = \frac{3}{8} r(1 + \cos \alpha),$$

$$y_0 = \frac{3}{8} (2r - h). \qquad (4.1\text{–}56)$$

– *Umdrehungsparaboloid* (Bild 4.1–46):

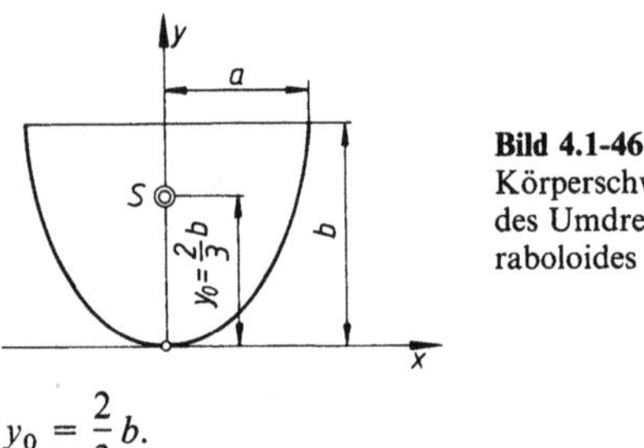

Bild 4.1-46
Körperschwerpunkt des Umdrehungsparaboloides

$$y_0 = \frac{2}{3} b. \qquad (4.1\text{–}57)$$

4.1.4 Guldinsche Regeln

4.1.4.1 Oberfläche A eines Rotationskörpers

Dreht sich eine ebene Linie von der Länge l nach Bild 4.1–47 um eine in ihrer Ebene liegende Gerade, die Drehachse, so beschreibt sie eine *Rotationsfläche*. Jeder Punkt der Linie beschreibt einen Kreisbogen.

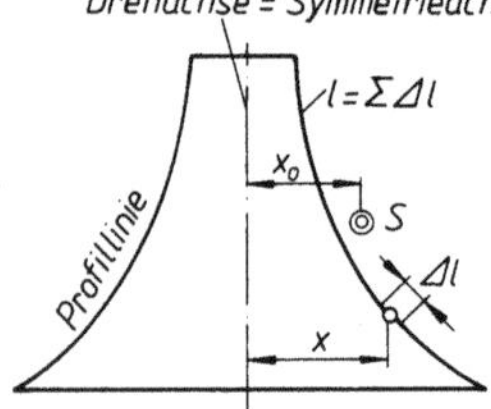

Bild 4.1-47
Schnitt durch eine Rotationsfläche

Der Inhalt einer Rotationsfläche ist gleich der Länge l der erzeugenden Linie (Profillinie) mal dem Weg $2\pi x_0$ des Schwerpunktes S:

$$A = 2\pi l x_0, \qquad (4.1\text{–}58)$$

A	l	x_0
cm²	cm	cm
mm²	mm	mm

x_0 Schwerpunktsabstand von der Drehachse nach Abschnitt 4.1.3.2.

Herleitung der Gleichung: Die kleine Teillänge Δl erzeugt bei Rotation eine Ringfläche $\Delta A = \Delta l 2\pi x$. Die Summe dieser Teilflächen ist die Oberfläche $A = \Sigma\, \Delta A = \Sigma\, \Delta l 2\pi x = 2\pi \Sigma\, \Delta l x$. Der Summenausdruck $\Sigma\, \Delta l x$ ist nach Gl. (4.1–35) die Momentensumme aller Teillängen Δl für die Rotationsachse und damit gleich dem Moment der resultierenden Länge l: $\Sigma\, \Delta l x = l x_0$; also $A = 2\pi \Sigma\, \Delta l x = 2\pi l x_0$.

4.1.4.2 Rauminhalt V eines Rotationskörpers

Rotiert eine ebene Fläche vom Inhalt A nach Bild 4.1–48 um eine in ihrer Ebene liegende Gerade, die Rotationsachse, so beschreibt sie einen *Rotationskörper*. Jeder Punkt der Fläche beschreibt einen Kreisbogen.

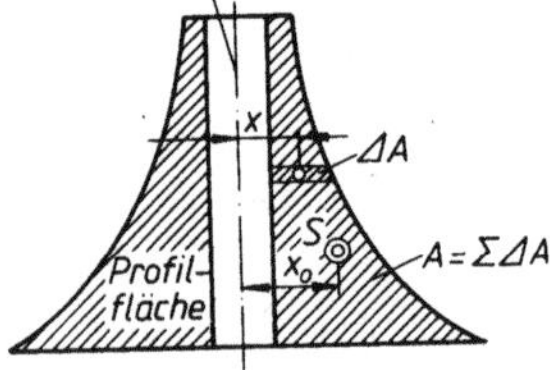

Bild 4.1-48
Schnitt durch einen Rotationskörper

Der Inhalt eines Rotationskörpers ist gleich der Profilfläche mal dem Weg $2\pi x_0$ des Schwerpunktes S:

$$V = 2\pi A x_0 \qquad (4.1\text{–}59)$$

V	A	x_0
cm³	cm²	cm
mm³	mm²	mm

x_0 Schwerpunktsabstand von der Drehachse nach Abschnitt 4.1.3.2.

Herleitung der Gleichung: Die kleine Teilfläche ΔA erzeugt bei Rotation ein Ringvolumen $\Delta V = \Delta A 2\pi x$. Die Summe dieser Teilvolumen ist der Rauminhalt $V = \Sigma\, \Delta V = \Sigma\, \Delta A 2\pi x = 2\pi \Sigma\, \Delta A x$. Der Summenausdruck $\Sigma\, \Delta A x$ ist nach Gl. (4.1–32) die Momentensumme aller Teilflächen ΔA für die Rotationsachse und damit gleich dem Moment der resultierenden Fläche $A : \Sigma\, \Delta A x = A x_0$; also $V = 2\pi \Sigma\, \Delta A x = 2\pi A x_0$.
Führt die erzeugende Linie oder Fläche keinen vollen Umlauf (2π) aus, so sind die Gleichungen (4.1–58) und (4.1–59) mit dem Verhältnis $\alpha°/360°$ malzunehmen; bei 90°-Drehung also mit ¼.
Profillinien und Profilflächen dürfen die Rotationsachse nicht durchsetzen. Ist der Schwerpunkt der erzeugenden Linie oder Fläche nicht bekannt, so können auch die Inhalte der Rotationsflächen bzw. -körper nicht berechnet werden. Man kann diese dann im Versuch messen und mit Hilfe der Guldinschen Regeln die entsprechenden Schwerpunkte berechnen.

4.1.5 Reibung

4.1.5.1 Gleitreibung

Ein fester Körper, z. B. der Werkzeugträger einer Drehmaschine, kann auf ebener Unterlage mit kon-

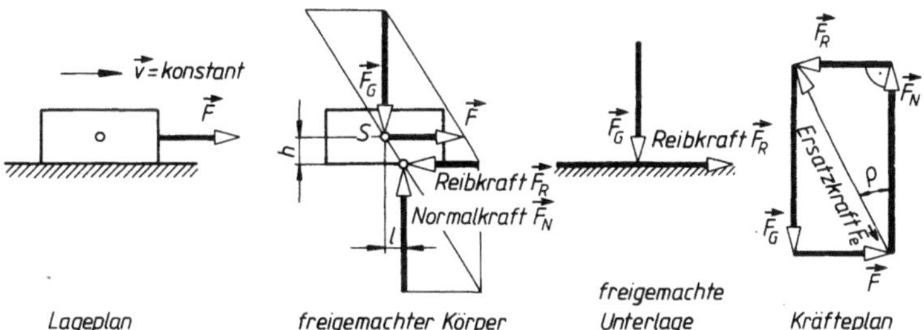

Bild 4.1-49
Gleitreibung auf ebener Fläche

stanter Geschwindigkeit nur dann verschoben werden, wenn eine Kraft $\vec{F}$ die tangential zur Gleitfläche wirkende *Reibkraft* $\vec{F}_R$ überwindet (Bild 4.1–49). Die Richtung der Reibkraft $\vec{F}_R$ am freigemachten Körper ist stets der (zu erwartenden) Bewegungsrichtung des Körpers entgegengesetzt. Die Reibkraft $\vec{F}_R$ ist abhängig von der senkrecht zur Unterlage wirkenden *Normalkraft* $\vec{F}_N$ und der *Gleitreibzahl* μ (kurz Reibzahl):

Gleitreibkraft $\vec{F}_R$ =
= Normalkraft $\vec{F}_N$ · Gleitreibzahl μ,

$$\vec{F}_R = \vec{F}_N\,\mu. \qquad \frac{\vec{F}_R,\ \vec{F}_N \;|\; \mu}{\mathrm{N} \;|\; 1} \qquad (4.1\text{–}60)$$

Die *Gleitreibzahl* μ ist ein Erfahrungswert und abhängig von der Werkstoffpaarung, der Schmierung, der Flächenpressung und der Gleitgeschwindigkeit; letzteres hauptsächlich bei flüssiger Reibung. Ein gesetzmäßiger Zusammenhang dieser Größen läßt sich bei trockener und halbflüssiger Reibung nicht aufstellen. Man rechnet deshalb mit einer konstanten Gleitreibzahl nach Tabelle 4.1–1.

Die Gleichgewichtsbedingungen für den freigemachten Körper nach Bild 4.1–49 lauten:

$$\sum \vec{F}_x = 0 = +\vec{F} - \vec{F}_R, \qquad \vec{F} = \vec{F}_R = \vec{F}_N\mu = \vec{F}_G\mu,$$

$$\sum \vec{F}_y = 0 = +\vec{F}_N - \vec{F}_G, \qquad \vec{F}_N = \vec{F}_G,$$

$$\sum \vec{M}_{(S)} = 0 = -\vec{F}_R h + \vec{F}_N l, \qquad l = \frac{\vec{F}_R h}{\vec{F}_N}.$$

$\vec{F}$ und $\vec{F}_R$ bilden ein Kräftepaar, dem bei Gleichgewicht ein gleichgroßes Kräftepaar aus $\vec{F}_G$ und $\vec{F}_N$ entgegenwirkt. Die Wirklinie von $\vec{F}_N$ muß deshalb um l gegenüber der Wirklinie von $\vec{F}_G$ verschoben sein. Normalkraft $\vec{F}_N$ = Gewichtskraft $\vec{F}_G$ gilt nur bei horizontaler Unterlage und dazu paralleler Kraft $\vec{F}$.
Bei allen zeichnerischen Lösungen ist es zweckmäßig, mit der Resultierenden aus Reibkraft $\vec{F}_R$ und Normalkraft $\vec{F}_N$, der *Ersatzkraft* $\vec{F}_e$, zu arbeiten (Bild 4.1–49):

$$|\vec{F}_e| = \sqrt{|\vec{F}_R^2| + |\vec{F}_N^2|}. \qquad (4.1\text{–}61)$$

Der Winkel zwischen Ersatzkraft $\vec{F}_e$ und Normalkraft $\vec{F}_N$ heißt *Reibwinkel* ϱ (Zahlenwerte s. Tabelle 4.1–1). Aus dem Kräfteplan in Bild 4.1–49 läßt sich in Verbindung mit Gl. (4.1–60) ablesen:

$$\tan\varrho = \frac{|\vec{F}_R|}{|\vec{F}_N|} = \text{Reibzahl } \mu, \qquad (4.1\text{–}62)$$

$$\varrho = \arctan\mu.$$

4.1.5.2 Haftreibung

Befindet sich der Körper in Bild 4.1–49 in Ruhe, so ist eine größere Kraft aufzuwenden ($\vec{F}_{R0} > \vec{F}$), um den Körper in Bewegung zu setzen: Die *Haftreibkraft* $\vec{F}_{R0}$ ist größer als die Gleitreibkraft $\vec{F}_R$, ($\vec{F}_{R0} > \vec{F}_R$). Man rechnet dann mit der etwas größeren *Haftreibzahl* μ_0 nach Tabelle 4.1–1. Während die Gleitreibkraft $\vec{F}_R$ einen festen Wert besitzt, kann die *Haftreibkraft* $\vec{F}_{R0}$

Tabelle 4.1–1: Gleitreibzahl μ und Haftreibzahl μ_0 (Klammerwerte sind die Gradzahlen für den Reibwinkel ϱ bzw. ϱ_0)

Werkstoff	Haftreibzahl μ_0 trocken	Haftreibzahl μ_0 gefettet	Gleitreibzahl μ trocken	Gleitreibzahl μ gefettet
Stahl auf Stahl	0,15 (8,5)	0,1 (5,7)	0,15 (8,5)	0,01 (0,6)
Stahl auf GG oder Bronze	0,19 (10,8)	0,1 (5,7)	0,18 (10,2)	0,01 (0,6)
GG auf GG		0,16 (9,1)		0,1 (5,7)
Holz auf Holz	0,5 (26,6)	0,16 (9,1)	0,3 (16,7)	0,08 (4,6)
Holz auf Metall	0,7 (35)	0,11 (6,3)	0,5 (26,6)	0,1 (5,7)
Lederriemen auf GG		0,3 (16,7)		
Gummiriemen auf GG			0,4 (21,8)	
Textilriemen auf GG			0,4 (21,8)	
Bremsbelag auf Stahl			0,5 (26,6)	0,4 (21,8)
Lederdichtungen auf Metall	0,6 (31)	0,2 (11,3)	0,2 (11,3)	0,12 (6,8)

von Null ansteigend jeden beliebigen Wert annehmen, bis die verschiebende Kraft $\vec{F}$ den Grenzwert $\vec{F}_{\mathrm{R0max}}$ erreicht hat:

$$\vec{F}_{\mathrm{R0max}} \leq \vec{F}_{\mathrm{N}} \mu_0 \qquad \frac{\vec{F}_{\mathrm{R0max}},\ \vec{F}_{\mathrm{N}}}{\mathrm{N}} \left| \frac{\mu_0}{1} \right. \tag{4.1–63}$$

$\mu_0 = \tan \varrho_0$ Haftreibzahl

4.1.5.3 Bestimmung der Gleit- und Haftreibzahl

Befindet sich ein Prüfkörper der Gewichtskraft $\vec{F}_{\mathrm{G}}$ auf einer schiefen Ebene mit veränderlichem Neigungswinkel α nach Bild 4.1–50 (Versuchsanordnung), so ergeben die Gleichgewichtsbedingungen für den freigemachten ruhenden Prüfkörper:

$$\sum \vec{F}_x = 0 = +\vec{F}_{\mathrm{R0}} - \vec{F}_{\mathrm{G}} \sin \alpha; \quad \vec{F}_{\mathrm{R0}} = \vec{F}_{\mathrm{G}} \sin \alpha;$$

$$\sum \vec{F}_y = 0 = +\vec{F}_{\mathrm{N}} - \vec{F}_{\mathrm{G}} \cos \alpha; \quad \vec{F}_{\mathrm{N}} = \vec{F}_{\mathrm{G}} \cos \alpha.$$

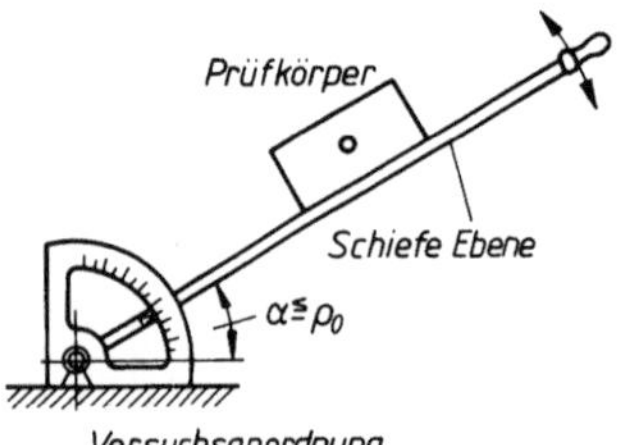

4.1-50
Bestimmung der Reibzahl

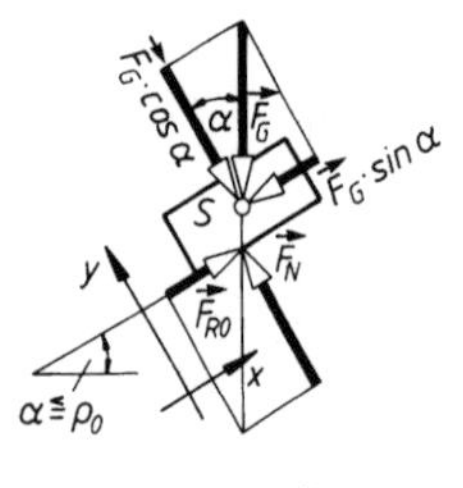

Kräfteplan

Daraus ergibt sich:

$$\frac{|\vec{F}_{\mathrm{R0}}|}{|\vec{F}_{\mathrm{N}}|} = \frac{|\vec{F}_{\mathrm{G}}| \sin \alpha}{|\vec{F}_{\mathrm{G}}| \cos \alpha} = \tan \alpha,$$

wie auch der Kräfteplan zeigt.

Es kann nun derjenige Winkel α festgestellt werden, bei dem der Prüfkörper gerade gleichförmig abwärts gleitet. Dann ist nach Gl. (4.1–62) $\tan \alpha = \tan \varrho$ = Gleitreibzahl μ gefunden. Ebenso wird μ_0 ermittelt.

Der Körper bleibt auf einer schiefen Ebene solange in Ruhe, d. h., es liegt *Selbsthemmung* vor, solange der Neigungswinkel α einen Grenzwinkel ϱ_0 nicht überschreitet. *Selbsthemmungsbedingung:*

$$\tan \alpha \leq \tan \varrho_0; \qquad \tan \alpha \leq \mu_0;$$

$$\varrho_0 = \arctan \mu_0. \tag{4.1–64}$$

4.1.5.4 Reibung auf der schiefen Ebene (Bild 4.1–51)

Auf der unter Winkel α geneigten schiefen Ebene befindet sich ein Körper mit der Gewichtskraft $\vec{F}_{\mathrm{G}}$. Gegeben sind Neigungswinkel $\alpha > \varrho$, Gewichtskraft $\vec{F}_{\mathrm{G}}$ und Reibzahl μ (Reibwinkel ϱ). Gesucht wird die parallel zur Ebene wirkende oder die waagerechte Kraft $\vec{F}$. In allen Fällen der Ruhe oder gleichförmigen Bewegung des Körpers müssen die Kräfte $\vec{F}$, $\vec{F}_{\mathrm{G}}$ und $\vec{F}_{\mathrm{e}}$ (= Ersatzkraft von Reibkraft $\vec{F}_{\mathrm{R}}$ und Normalkraft $\vec{F}_{\mathrm{N}}$) ein geschlossenes Krafteckt bilden. Die Berechnungsgleichungen (4.1–65) bis (4.1–68) können aus den Kraftecksskizzen direkt abgelesen werden.

Kraft $\vec{F}$ wirkt *in Richtung der Ebene* (Bild 4.1–51a und b)

– Kraft $\vec{F}$ zum gleichförmigen Aufwärtsgang (+) und Abwärtsgang (−):

$$\vec{F} = \vec{F}_{\mathrm{G}} \frac{\sin(\alpha \pm \varrho)}{\cos \varrho} = \vec{F}_{\mathrm{G}} (\sin \alpha \pm \mu \cos \alpha); \tag{4.1–65}$$

– Kraft $\vec{F}$ zum Halten des Körpers:

$$\vec{F} = \vec{F}_{\mathrm{G}} \frac{\sin(\alpha - \varrho_0)}{\cos \varrho_0} = \vec{F}_{\mathrm{G}} (\sin \alpha - \mu_0 \cos \alpha). \tag{4.1–66}$$

Kraft $\vec{F}$ wirkt *waagerecht* (Bilder 4.1–51c und 4.1–51d)

– Kraft $\vec{F}$ zum gleichförmigen Aufwärtsgang (+) und Abwärtsgang (−) des Körpers:

$$\vec{F} = \vec{F}_{\mathrm{G}} \tan(\alpha \pm \varrho) = \vec{F}_{\mathrm{G}} \frac{\sin \alpha \pm \mu \cos \alpha}{\cos \mp \mu \sin \alpha}; \tag{4.1–67}$$

– Kraft $\vec{F}$ zum Halten des Körpers:

$$\vec{F} = \vec{F}_{\mathrm{G}} \tan(\alpha - \varrho_0) = \vec{F}_{\mathrm{G}} \frac{\sin \alpha - \mu_0 \cos \alpha}{\cos \alpha + \mu_0 \sin \alpha}. \tag{4.1–68}$$

Ist der Neigungswinkel α gleich oder kleiner als der Reibwinkel ϱ oder kleiner als ϱ_0, so liegt *Selbsthemmung* vor. In den Gleichungen für die Abwärtsbewegung und das Halten des Körpers wird die Kraft $\vec{F}$ negativ (bei $\alpha \leq \varrho$), d. h., zur Abwärtsbewegung muß eine abwärts gerichtete Kraft eingesetzt werden, und zum Halten ist überhaupt keine Kraft erforderlich ($\alpha \leq \varrho_0$), oder F wird gleich Null ($\alpha = \varrho_0$), d. h., der ruhende Körper bleibt allein gerade noch in Ruhe und der abwärtsgleitende Körper gleitet allein weiter ($\alpha = \varrho$). Die Kraftecksskizzen in den Bildern 4.1–51a und 4.1–51c sind für den Fall der gleichförmigen *Aufwärts*bewegung gezeichnet. Bei der Abwärtsbewegung würde sich die Richtung der Reibkraft $\vec{F}_{\mathrm{R}}$ umkehren und es könnten die entsprechenden Gleichungen mit negativem Vorzeichen (Gln. (4.1–65) und (4.1–67)) ebenfalls direkt abgelesen werden.

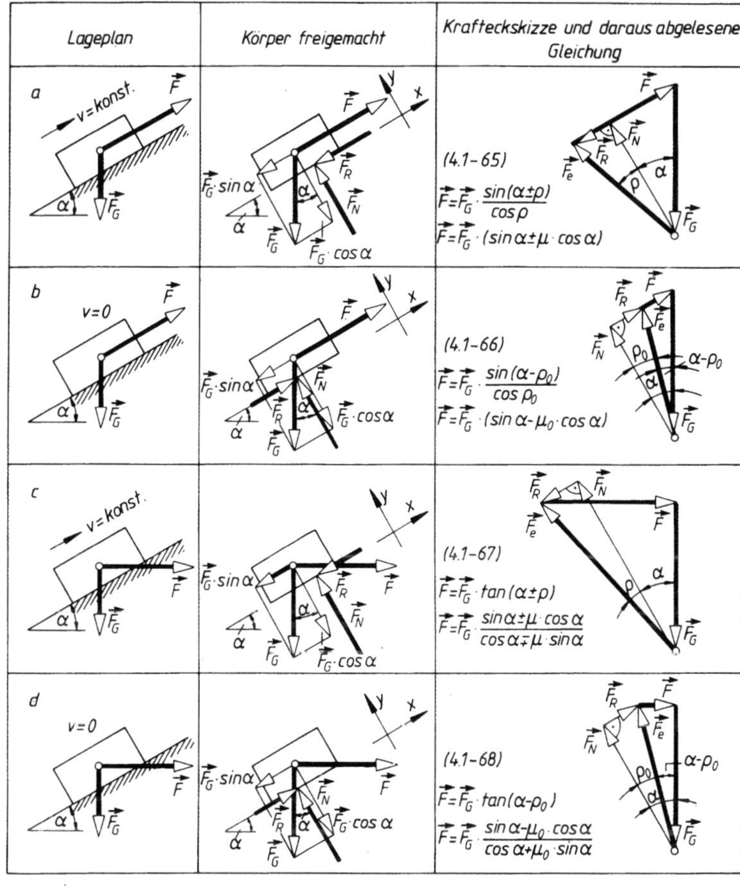

Bild 4.1-51
Reibung auf der schiefen Ebene;
$\vec{F}_G$ Gewichtskraft des Körpers oder Resultierende aller Belastungen,
$\vec{F}$ Verschiebe- oder Haltekraft,
$\vec{F}_R$ Reibkraft,
$\vec{F}_N$ Normalkraft,
$\vec{F}_e$ Ersatzkraft,

Die beiden Gln. (4.1–65) und (4.1–66) ergeben sich auseinander bei Verwendung von $\tan \varrho = \mu$ in Verbindung mit den entsprechenden Summenformeln der Trigonometrie wie

$$\sin(\alpha + \beta) = \sin \alpha \cos \beta + \cos \alpha \sin \beta.$$

Die rein rechnerische Behandlung mit Hilfe der Gleichgewichtsbedingungen $\Sigma \vec{F}_x = 0$; $\Sigma \vec{F}_y = 0$ liefert die gleichen Beziehungen, jedoch ist der mathematische Aufwand größer.

4.2 Dynamik

4.2.1 Mechanische Größen

4.2.1.1 Mechanische Arbeit

Die *mechanische Arbeit W* einer den Körper bewegenden Kraft ist das Produkt aus den Wegabschnitten Δs und der jeweiligen Kraftkomponente $\vec{F}$ in Wegrichtung:

$$W = \sum \Delta W = \sum \vec{F} \Delta s = \vec{F}_1 \Delta s_1 + \vec{F}_2 \Delta s_2 + \ldots \vec{F}_n \Delta s_n. \quad (4.2\text{–}1)$$

Ist die Kraft $\vec{F}$ konstant, so wird mit $s = \Sigma \Delta s$ die Arbeit $W = \vec{F} s$ (Bild 4.2–1). Die Arbeit ist eine skalare Größe. Häufig lassen sich die Verhältnisse durch Aufzeichnung des *Kraft-Weg-Schaubildes* besser übersehen (Bilder 4.2–2; 4.2–3; 4.2–5; 4.2–7). Die von der Kraft $\vec{F}$ oder dem Drehmoment $\vec{M}$ verrichtete Arbeit W entspricht immer der Fläche unter der Kraftlinie oder Momentenlinie.

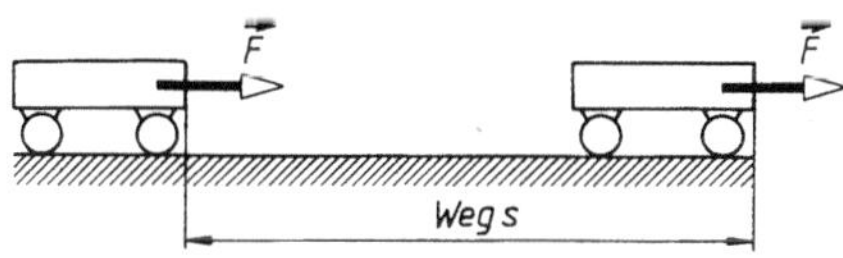

Bild 4.2-1 Arbeit einer konstanten Kfraft $\vec{F}$

Meistens läßt sich die Berechnungsgleichung für die Arbeit W aus der Flächenform des Kraft-Weg-Schaubildes entwickeln (z. B. Trapez in Bild 4.2–5); sonst kann die Fläche auch ausgezählt oder durch graphische Integration oder mittels Planimeter bestimmt werden (Maßstab berücksichtigen!).

Wirken mehrere Kräfte auf den Körper ein, so ist die Gesamtarbeit gleich der Summe der Einzelarbeiten oder gleich der Arbeit der resultierenden Kraft.

Die *Einheit der mechanischen Arbeit* ergibt sich, wenn die Kraft $\vec{F}$ in N und der Weg s in m eingesetzt wird.

$(W) = (\vec{F})$ mal (s),

$(W) = \mathrm{N}$ mal m = Newtonmeter Nm,

$$1\,\mathrm{Nm} = \frac{1\,\mathrm{kgm}}{\mathrm{s}^2}\cdot\mathrm{m} = 1\,\frac{\mathrm{kgm}^2}{\mathrm{s}^2}. \qquad (4.2\text{–}2)$$

Die gesetzliche und SI-Einheit für die Arbeit W und für die Energie E ist das Joule J. Es gilt:

$$1\,\mathrm{J} = 1\,\mathrm{Nm} = 1\,\mathrm{Ws} = 1\,\frac{\mathrm{kgm}^2}{\mathrm{s}^2}. \qquad (4.2\text{–}3)$$

1. Translatorische (geradlinige) Bewegung des Körpers.

Im einzelnen wird bei der Berechnung der Arbeit W einer Kraft $\vec{F}$ unterschieden:

a) Arbeit W der konstanten Kraft $\vec{F}$ (Bilder 4.2–2 und 4.2–4): Kraft- und Wegrichtung fallen zusammen oder $\vec{F}$ ist Komponente in Wegrichtung, z. B. Vorschubkraft und Vorschubweg am Drehbanksupport. Das Kraft-Weg-Schaubild (Bild 4.2–2) zeigt eine Rechteckfläche:

$W = \vec{F}s.$

W	$\vec{F}$	s
J = Nm	N	m

(4.2–4)

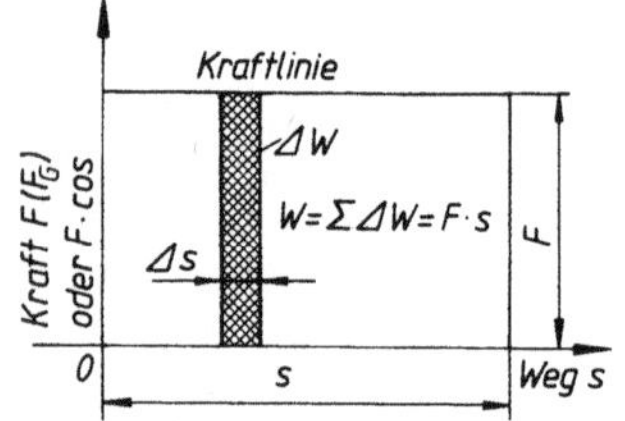

Bild 4.2-2 Arbeit W einer konstanten Kraft $\vec{F}$ längs des Weges s

b) Arbeit W der veränderlichen Kraft $\vec{F}$ (Bild 4.2–3):

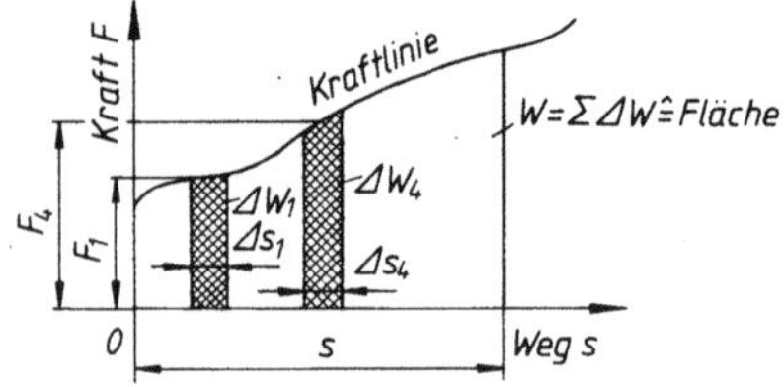

Bild 4.2-3 Arbeit W einer veränderlichen Kraft $\vec{F}$ längs des Weges s

Kraft und Wegrichtung fallen zusammen oder $\vec{F}$ ist die Kraftkomponente in Wegrichtung:

$$W = \sum \Delta W = \sum \vec{F}\Delta s \mathrel{\hat{=}} \text{Fläche unter der Kraftlinie.} \qquad (4.2\text{–}5)$$

c) Arbeit W der konstanten Kraft $\vec{F}$ (Bild 4.2–4):

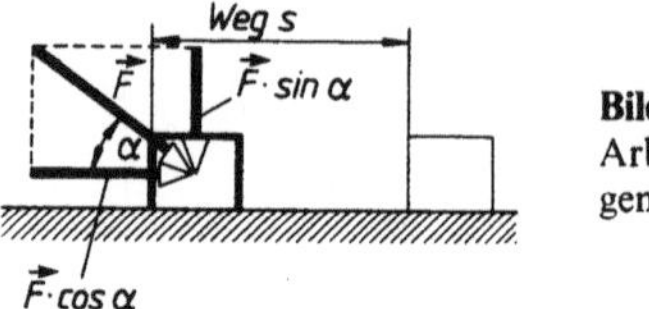

Bild 4.2-4 Arbeit W einer schrägen Kraft $\vec{F}$

Kraft- und Wegrichtung schließen den Winkel α ein:

$$W = \vec{F}s\cos\alpha. \qquad (4.2\text{–}6)$$

Die Kraftkomponente $\vec{F}\sin\alpha$ bzw. allgemein alle Kräfte senkrecht zur Bewegungsrichtung verrichten *keine* Arbeit ($\alpha = 90°$; $\cos\alpha = 0$).

d) Arbeit W der Gewichtskraft $\vec{F}_G = m\vec{g}$: Körper der Gewichtskraft $\vec{F}_G$ (also konstante Kraft $\vec{F}$) bzw. Masse m wird um die senkrechte Höhe h gehoben; es gilt demnach Bild 4.2–2 und für die *Hubarbeit* wird:

$W = \vec{F}_G h,$

$W = m\vec{g}h.$

W	m	$\vec{g}$	h
J = Nm	kg	$\frac{\mathrm{m}}{\mathrm{s}^2}$	m

(4.2–7)

e) Beschleunigungsarbeit W der konstanten resultierenden Kraft $\vec{F}$: Kraft und Wegrichtung fallen zusammen oder $\vec{F}$ ist die Kraftkomponente in Wegrichtung (Bild 4.2–2).

Der Körper wird von der Geschwindigkeit $\vec{v}_1$ auf $\vec{v}_2$ gleichmäßig beschleunigt (oder verzögert). Die Entwicklung mit Hilfe des Dynamischen Grundgesetzes $\vec{F}_r = m\vec{a}$ ergibt sich folgendermaßen:

$$W = \vec{F}_r s = m\vec{a}s, \quad \vec{a} = \frac{\Delta\vec{v}}{\Delta t} = \frac{\vec{v}_2 - \vec{v}_1}{\Delta t},$$

$$s = \frac{\vec{v}_2 + \vec{v}_1}{2}\Delta t,$$

$$W = m\frac{\vec{v}_2 - \vec{v}_1}{\Delta t}\cdot\frac{\vec{v}_2 + \vec{v}_1}{2}\Delta t,$$

$$W = \frac{m}{2}\,|\vec{v}_2^{\,2}| - |\vec{v}_1^{\,2}|\,. \qquad (4.2\text{–}8)$$

W	m	$\vec{v}_2, \vec{v}_1$
J = Nm	kg	$\frac{\mathrm{m}}{\mathrm{s}}$

Wird der Körper von $\vec{v}_1 = 0$ an beschleunigt oder auf $\vec{v}_1 = 0$ verzögert, so wird die Beschleunigungsarbeit

$$W = \frac{m}{2}\vec{v}^{\,2}. \qquad (4.2\text{–}9)$$

f) Verschiebung eines Körpers der Masse m auf horizontaler Unterlage durch horizontale Kraft $\vec{F}$ ergibt die *Reibungsarbeit:*

$$W_R = \mu \vec{F}_G s, \qquad W_R = \mu\, m \vec{g} s. \tag{4.2–10}$$

W_R	μ	$\vec{F}_G$	s	m	$\vec{g}$
J = Nm	1	N	m	kg	$\frac{m}{s^2}$

μ Gleitreibzahl nach Tabelle 4.1–1

g) Verschiebung eines Körpers der Masse m auf schiefer Ebene mit dem Neigungswinkel α durch Kraft $\vec{F}$ parallel zur Bahn ergibt die *Reibungsarbeit:*

$$W_R = \mu \vec{F}_G\, s \cos \alpha, \qquad W_R = \mu\, m \vec{g} s \cos \alpha. \tag{4.2–11}$$

h) Elastischer Körper wird durch Kraft $\vec{F}$ elastisch verformt, z. B. eine Schraubenfeder nach Bild 4.2–5 um Δs verlängert oder verkürzt:

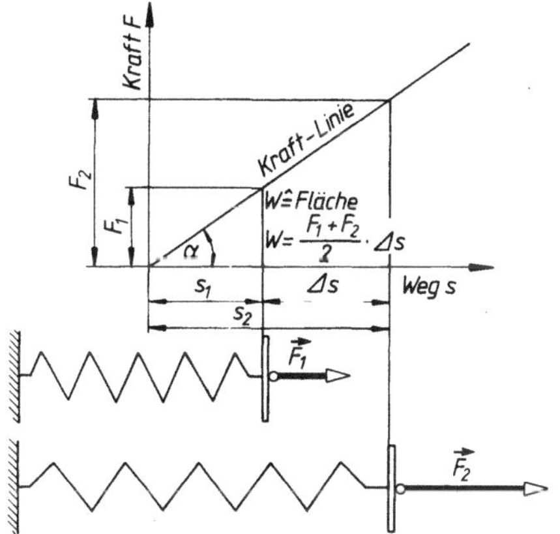

Bild 4.2-5 Formänderungsarbeit W_f beim Spannen einer Schraubenfeder

Formänderungsarbeit

$$W_f = \frac{\vec{F}_1 + \vec{F}_2}{2} \cdot \Delta s, \qquad W_f = \frac{R}{2}(s_2^2 - s_1^2). \tag{4.2–12}$$

W_f	$\vec{F}_1, \vec{F}_2$	s_1, s_2	R
J = Nm	N	m	$\frac{N}{m}$

Darin ist R die Federrate in N/m, d. h. die Belastung je m Verlängerung: $R = \vec{F}/s$.

2. Rotation (Drehung) des Körpers (Bild 4.2–6)

Der Angriffspunkt P der Tangentialkraft $\vec{F}_T$ beschreibt Kreisbogen vom Radius r, z. B. bei einer

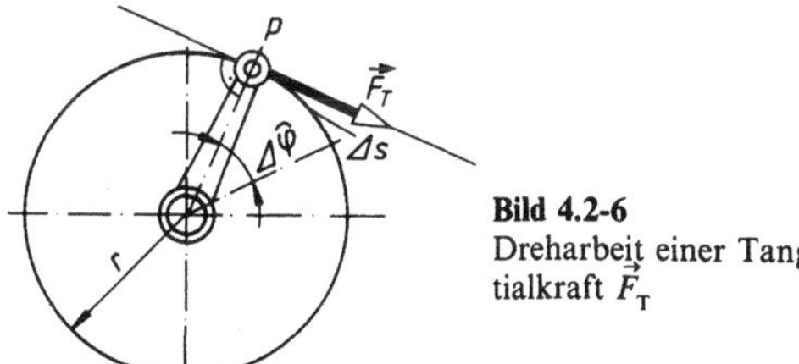

Bild 4.2-6 Dreharbeit einer Tangentialkraft $\vec{F}_T$

Kurbel. Das Bogenstück Δs ergibt sich aus Drehwinkel $\Delta\varphi = \Delta s/r$; $\Delta s = \Delta\varphi r$ und damit die Teilarbeit

$$\Delta W = \vec{F}_T \Delta s = \vec{F}_T r \Delta\varphi.$$

Da $\vec{F}_T r = \vec{M}$ das Drehmoment der Kraft $\vec{F}_T$ in bezug auf die Drehachse ist, wird mit Drehwinkel $\Delta\varphi = \vec{\Omega}\Delta t$ die *Arbeit des Drehmomentes (Rotationsarbeit)*

$$W = \sum \Delta W = \sum \vec{F}_T r \Delta\varphi = \sum \vec{M} \Delta\varphi, \qquad W = \sum \vec{M} \vec{\Omega} \Delta t. \tag{4.2–13}$$

Ist $\vec{F}_T$ oder $\vec{M}$ konstant, so wird $W = \vec{M}\varphi$. $\vec{\Omega}$ ist die Winkelgeschwindigkeit.

Im einzelnen wird bei der Berechnung der Arbeit W eines Drehmomentes $\vec{M}$ (Rotationsarbeit einer Kraft $\vec{F}_T$) unterschieden:

a) Arbeit W des konstanten Drehmomentes $\vec{M}$ (konstante Tangentialkraft $\vec{F}_T$): Das Momenten-Drehwinkel-Schaubild (Bild 4.2–7) zeigt eine Rechteckfläche wie in Bild 4.2–2 und es gilt:

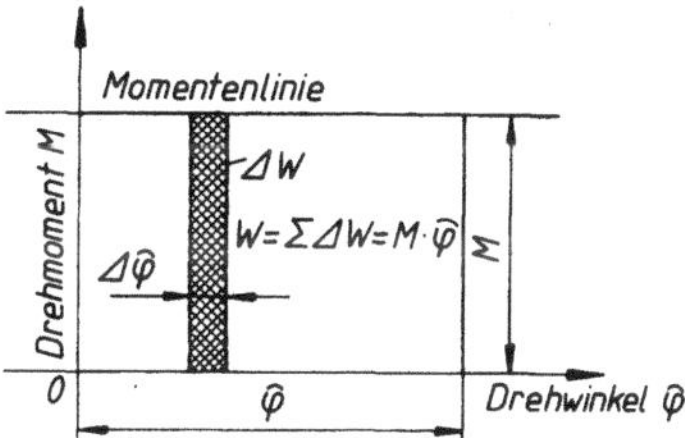

Bild 4.2-7 Arbeit eines konstanten Drehmomentes $\vec{M}$ (Dreharbeit) über einem Drehwinkel φ

Dreharbeit W = Drehmoment $\vec{M}$ · Drehwinkel φ

$$W = \vec{M}\varphi, \qquad W = 2\pi \vec{F}_T r z. \tag{4.2–14}$$

W	$\vec{M}$	φ	$\vec{F}_T$	r	z
J = Nm	Nm	rad	N	m	1

z Anzahl der Umdrehungen

b) Arbeit W des veränderlichen Drehmomentes $\vec{M}$ (veränderliche Tangentialkraft $\vec{F}_T$): Es gilt Bild 4.2–3 mit Drehmoment $\vec{M}$ statt Kraft $\vec{F}$ und Drehwinkel φ statt Weg s:

Rotationsarbeit:

$$W = \sum \Delta W = \sum \vec{M} \Delta\varphi \triangleq$$

$$\triangleq \text{Fläche unter der Momentenlinie} \qquad (4.2\text{–}15)$$

c) Beschleunigungsarbeit W des konstanten resultierenden Momentes $\vec{M}$ (konstante Tangentialkraft $\vec{F}_T$): Der Körper wird von der Winkelgeschwindigkeit $\vec{\Omega}_1$ auf $\vec{\Omega}_2$ gleichmäßig beschleunigt oder verzögert. Entwicklung mit Hilfe des Dynamischen Grundgesetzes für Drehung $\vec{M} = J\vec{\alpha}$ (J Trägheitsmoment, $\vec{\alpha}$ Winkelbeschleunigung):

$$W = \vec{M}\varphi = J\vec{\alpha}\varphi, \qquad \vec{\alpha} = \frac{\Delta\vec{\Omega}}{\Delta t} = \frac{\vec{\Omega}_2 - \vec{\Omega}_1}{\Delta t},$$

$$\varphi = \frac{\vec{\Omega}_2 + \vec{\Omega}_1}{2} \Delta t,$$

$$W = J \frac{\vec{\Omega}_2 - \vec{\Omega}_1}{\Delta t} \cdot \frac{\vec{\Omega}_2 + \vec{\Omega}_1}{2} \Delta t.$$

Es ist

$$(\vec{\Omega}_2 - \vec{\Omega}_1)(\vec{\Omega}_2 + \vec{\Omega}_1) = \vec{\Omega}_2^2 - \vec{\Omega}_1^2.$$

Damit ergibt sich die *Beschleunigungsarbeit*

$$W = \frac{J}{2}(\vec{\Omega}_2^2 - \vec{\Omega}_1^2). \qquad (4.2\text{–}16)$$

W	J	$\vec{\Omega}_2, \vec{\Omega}_1$
$\text{J} = \text{Nm} = \frac{\text{kgm}^2}{\text{s}^2}$	kgm^2	$\frac{1}{\text{s}}$

Wird der Körper von $\vec{\Omega}_1 = 0$ an beschleunigt oder auf $\vec{\Omega}_1 = 0$ verzögert, so wird die *Beschleunigungsarbeit*

$$W = \frac{J}{2}\vec{\Omega}^2. \qquad (4.2\text{–}17)$$

4.2.1.2 Leistung

Die konstante oder *mittlere Leistung* P ist der Quotient aus Arbeit W und Zeit t:

$$P = \frac{W}{t}. \qquad (4.2\text{–}18)$$

P	W	t
$\text{W} = \frac{\text{Nm}}{\text{s}}$	Nm	s

Der Betrag der Leistung ist damit auch gleich dem in der Zeiteinheit (meist 1 s) verrichteten Arbeitsbetrag. Die Leistung ist eine skalare Größe. Aus der Gl. (4.2–18) ergibt sich für die *Arbeit W* bei konstanter Leistung P:

$$W = Pt. \qquad (4.2\text{–}19)$$

Die gesetzliche und SI-Einheit für die Leistung P ist das Watt (W). 1 Watt ist gleich der Leistung, bei der während der Zeit 1 s die Energie 1 J umgesetzt wird:

$$1\,\text{W} = \frac{1\,\text{Joule}}{1\,\text{Sekunde}} = \frac{\text{J}}{\text{s}}, \qquad (4.2\text{–}20)$$

$$1\,\text{W} = 1\frac{\text{J}}{\text{s}} = 1\frac{\text{Nm}}{\text{s}} = 1\frac{\text{kgm}^2}{\text{s}^3}. \qquad (4.2\text{–}21)$$

1. Geradlinige Bewegung

Sind verschiebende Kraft $\vec{F}$ und konstante Geschwindigkeit $\vec{v}$ gleichgerichtet, so gilt mit Gl. (4.2–18) für die *Leistung P*:

$$P = \frac{W}{t} = \frac{\vec{F}s}{t} = \vec{F}\frac{s}{t} = \vec{F}\vec{v},$$

$$P = \vec{F}\vec{v}. \qquad (4.2\text{–}22)$$

P	$\vec{F}$	$\vec{v}$
$\text{W} = \frac{\text{Nm}}{\text{s}}$	N	$\frac{\text{m}}{\text{s}}$

2. Rotation des Körpers.

Greift die Tangentialkraft $\vec{F}_T$ an einer Kurbel vom Radius r an, die sich mit gleichbleibender Geschwindigkeit $\vec{v}$ bzw. Winkelgeschwindigkeit $\vec{\Omega}$ dreht, so ist $P = \vec{F}_T\vec{v} = \vec{F}_T r\vec{\Omega}$. Mit $\vec{F}_T r$ = Drehmoment $\vec{M}$ wird die *Leistung*

$$P = \vec{M}\vec{\Omega}. \qquad (4.2\text{–}23)$$

P	$\vec{M}$	$\vec{\Omega}$	$\vec{F}_T$	$\vec{v}$	r
$\text{W} = \frac{\text{Nm}}{\text{s}}$	Nm	$\frac{1}{\text{s}}$	N	$\frac{\text{m}}{\text{s}}$	m

Wird für die Winkelgeschwindigkeit $\vec{\Omega} = \pi\vec{n}/30$ eingesetzt, so ergeben sich zwei in der Technik wichtige *Zahlenwertgleichungen* zur Berechnung von Leistung P oder Drehmoment $\vec{M}$:

$$P = \frac{\vec{M}\vec{n}}{9{,}5493}, \qquad (4.2\text{–}24)$$

$$\vec{M} = 9{,}5493\frac{P}{\vec{n}}. \qquad (4.2\text{–}25)$$

P	$\vec{M}$	$\vec{n}$
W	Nm	min^{-1}

4.2.1.3 Wirkungsgrad

Der Wirkungsgrad η einer Maschine oder eines Vorganges (Spannen einer Feder, Gewinnung eines Stoffes, Umwandlung von Wasser in Dampf usw.) ist das Verhältnis der von der Maschine oder während des Vorganges verrichteten *Nutzarbeit* W_n zu der der Maschine oder während des Vorganges *zugeführten Arbeit* W_z:

$$\eta = \frac{W_n}{W_z} < 1. \qquad (4.2\text{–}26)$$

Ohne Berücksichtigung der bei allen Maschinen auftretenden Formänderungsarbeiten wird als Wirkungsgrad η auch das Verhältnis der *Nutzleistung* P_n

zur *zugeführten Leistung* P_z bezeichnet:

$$\eta = \frac{P_n}{P_z} < 1. \qquad (4.2\text{–}27)$$

Der Wirkungsgrad η ist stets kleiner als 1 ($\eta < 1$) bzw. kleiner als 100% ($\eta < 100\%$). Man gibt ihn auch in Prozenten an, also statt $\eta = 0{,}78$ auch $\eta = 78\%$.
Den Zusammenhang zwischen *Wirkungsgrad* η, *Antriebsdrehmoment* $\vec{M}_2$ und *Übersetzung* $i = \Omega_1/\Omega_2$ liefert die erweiterte Gleichung (4.2–27) mit

$$\eta = \frac{P_n}{P_z} = \frac{P_2}{P_1} = \frac{\vec{M}_2\vec{\Omega}_2}{\vec{M}_1\vec{\Omega}_1}, \qquad \frac{\vec{\Omega}_2}{\vec{\Omega}_1} = \frac{1}{i},$$

$$\eta = \frac{\vec{M}_2}{\vec{M}_1} \cdot \frac{1}{i}. \qquad (4.2\text{–}28)$$

In einer Maschine oder Vorrichtung sind mehrere Getriebeteile hintereinandergeschaltet. Jeder Getriebeteil besitzt einen bestimmten Wirkungsgrad η_1, η_2, η_3... Das gleiche gilt für einen in Teilvorgänge zerlegten Gesamtvorgang. Der erste Getriebeteil gibt die Nutzarbeit $W_1 = \eta_1 W_z$ an den folgenden Teil weiter. Dieser leitet demnach

$$W_2 = \eta_2 W_1 = \eta_1\eta_2 W_z$$

weiter, so daß

$$W_3 = \eta_3 W_2 = \eta_1\eta_2\eta_3 W_2$$

wird usw. bis zur Nutzarbeit W_n:

$$W_n = \eta_1\eta_2\eta_3 \ldots W_z$$

oder *Gesamtwirkungsgrad*

$$\eta_{\text{gesamt}} = \frac{W_n}{W_z} = \eta_1\eta_2\eta_3 \ldots \qquad (4.2\text{–}29)$$

Der Gesamtwirkungsgrad läßt sich als Produkt aller Einzelwirkungsgrade berechnen.

4.2.1.4 Übersetzung (Übersetzungsverhältnis)

Nach DIN 868 ist die Übersetzung i eines Getriebes das Verhältnis von treibender Drehzahl n_1 zur getriebenen n_2: $i = n_1/n_2$. i läßt sich in gleicher Weise ausdrücken durch die Winkelgeschwindigkeiten: $i = \Omega_1/\Omega_2$. Bei Zahnrad-, Riemen- und Reibgetrieben sind die Umfangsgeschwindigkeiten $\vec{v}$ der sich abwälzender Kreise (Teil- oder Wälzkreise) bzw. die Riemengeschwindigkeit bei schlupffreier Übertragung für beide Räder bzw. Scheiben gleich groß. Es ist dann $\vec{v}_1 = \vec{v}_2$ oder auch $\pi d_1 n_1 = \pi d_2 n_2$, d. h. $n_1/n_2 = d_2/d_1$. Bei Zahnrädern ist der Teilkreisdurchmesser d = Zähnezahl z mal Modul m: $d = zm$; damit auch: $n_1/n_2 = z_2/z_1$. Allgemein gilt demnach: Die Baugrößen eines Räder- oder Scheibenpaares verhalten sich umgekehrt wie die Drehzahlen bzw. Winkelgeschwindigkeiten:

$$i = \frac{\vec{n}_1}{\vec{n}_2} = \frac{\vec{\Omega}_1}{\vec{\Omega}_2} = \frac{d_2}{d_1} = \frac{z_2}{z_1} = \frac{\vec{M}_2}{\vec{M}_1},$$

$$i_{\text{gesamt}} = i_2 i_2 i_3 \ldots i_n. \qquad (4.2\text{–}31)$$

4.2.2 Dynamik der Translation (Verschiebebewegung) des starren Körpers

In der reinen Bewegungslehre (Kinematik) werden die Bewegungsvorgänge ohne Berücksichtigung der ursächlichen Kräfte behandelt. In der eigentlichen Dynamik dagegen (Kinetik) untersucht man den Zusammenhang zwischen den wirkenden Kräften und der von ihnen bewirkten Bewegungsänderung der Körper.

4.2.2.1 Dynamisches Grundgesetz

Wirken am Körper mehrere Kräfte $\vec{F}_1$, $\vec{F}_2$, $\vec{F}_3$ ... (z. B. am Auto die Triebkraft, der Luftwiderstand und der Fahrwiderstand), und ist $\vec{F}_r$ die Resultierende der Kräftegruppe ($\vec{F}_r = \Sigma\vec{F}$), so erfährt der Körper eine dieser Resultierenden proportionale und gleichgerichtete Beschleunigung $\vec{a}$:

Resultierende Kraft $\vec{F}_r$ =
= Körpermasse m · Beschleunigung $\vec{a}$,

$\vec{F}_r = m\vec{a}$. (4.2–32)

$\vec{F}_r$	m	$\vec{a}$
$\text{N} = \frac{\text{kgm}}{\text{s}^2}$	kg	$\frac{\text{m}}{\text{s}^2}$

Bei der reinen Translation (Verschiebebewegung) muß die Resultierende $\vec{F}_r$ aller angreifenden Kräfte durch den Körperschwerpunkt hindurchgehen; sonst erfolgt eine zusätzliche Drehung des Körpers. Ist $\vec{F}_r$ konstant, so wird der Körper *gleichmäßig* beschleunigt. Ist $\vec{F}_r = 0$, so wird er nicht beschleunigt ($\vec{a} = 0$); der Körper bleibt dann in Ruhe oder in gleichförmiger geradliniger Bewegung (Trägheitsgesetz von Galilei). Übt ein Körper A auf den Körper B eine Kraft aus, so übt auch B auf A eine gleichgroße, entgegengesetzt gerichtete *Wechselwirkungskraft* auf gleicher Wirklinie aus (Wechselwirkungsgesetz: Aktion = Reaktion).

1. *Dynamisches Grundgesetzt für Tangenten- und Normalenrichtung* (Bild 4.2–8.)

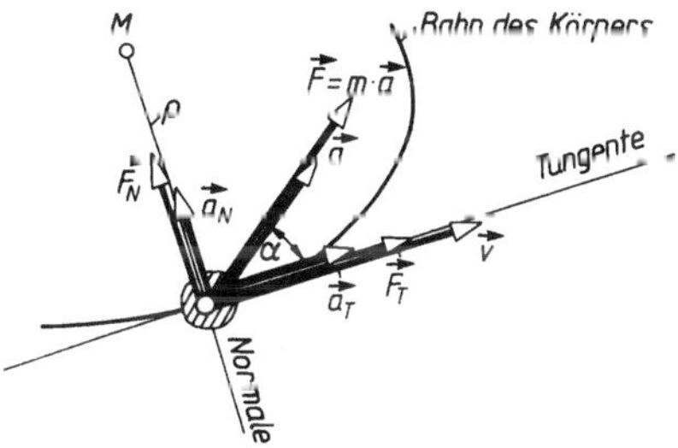

Bild 4.2-8 Kraft- und Beschleunigungsvektor und deren Komponenten

Bei beliebiger krummliniger Bahn des Körpers (Bild 4.2–8) setzen sich Beschleunigung $\vec{a}$ und Kraft $\vec{F}$ aus den beiden senkrecht aufeinander stehenden Komponenten zusammen:

$$\vec{F}_T = m\,\vec{a}_T, \qquad \vec{F}_N = m\,\vec{a}_N, \qquad (4.2\text{–}33)$$

$\vec{F}_T$ Tangentialkraft, $\vec{F}_N$ Normalkraft, $\vec{a}_T$ Tangentialbeschleunigung, $\vec{a}_N$ Normalbeschleunigung, auch Zentripetalbeschleunigung genannt.

Die Tangentialkraft $\vec{F}_T$ bewirkt allein die *Betrags*änderung der Geschwindigkeit $\vec{v}$ (Beschleunigung bei gleichem, Verzögerung bei entgegengesetztem Richtungssinn). Die Normalkraft $\vec{F}_N$ bewirkt allein eine *Richtungs*änderung der Geschwindigkeit $\vec{v}$. Sie ist zum Mittelpunkt M (Zentrum) hin gerichtet und heißt deshalb *Zentripetalkraft*. Die *Fliehkraft* ist von gleichem Betrag aber entgegengesetztem Richtungssinn.

$$\vec{F}_N = m\,\vec{a}_N = m\frac{\vec{v}^2}{\varrho} = m\,\varrho\vec{\Omega}^2. \qquad (4.2\text{–}34)$$

$\vec{F}_N$	m	$\vec{a}_N$	$\vec{v}$	ϱ	$\vec{\Omega}$
$\text{N} = \frac{\text{kgm}}{\text{s}^2}$	kg	$\frac{\text{m}}{\text{s}^2}$	$\frac{\text{m}}{\text{s}}$	m	$\frac{1}{\text{s}}$

ϱ Krümmungsradius der Bahn, im allgemeinen veränderlich. Bei Kreisbogen ist ϱ = Kreisbogenradius r = konstant einzusetzen.

2. Dynamisches Grundgesetz für den freien Fall

Beim freien Fall des Körpers im luftleeren Raum wirkt auf ihn lediglich die Gewichtskraft $\vec{F}_G$ als resultierende Kraft ($\vec{F}_r = \vec{F}_G$).

Mit der *Fallbeschleunigung* $\vec{g}$ erhält das Grundgesetz für *Gewichtskraft* $\vec{F}_G$ und *Normgewichtskraft* $\vec{F}_{Gn}$ die Form:

$$\vec{F}_G = m\vec{g}, \qquad \vec{F}_{Gn} = m\vec{g}_n. \qquad (4.2\text{–}35)$$

$\vec{F}_G, \vec{F}_{Gn}$	m	$\vec{g}$
$\text{N} = \frac{\text{kgm}}{\text{s}^2}$	kg	$\frac{\text{m}}{\text{s}^2}$

Gewichtskraft $\vec{F}_G$ und Fallbeschleunigung $\vec{g}$ ändern sich mit dem Ort und auch mit der Entfernung vom Erdmittelpunkt. Die Masse m des Körpers dagegen ist überall dieselbe; sie wird mit der Hebelwaage gemessen.

Die *Normfallbeschleunigung* $\vec{g}_n$ ist international festgelegt:

$$\vec{g}_n = 9{,}80\,665\,\frac{\text{m}}{\text{s}^2} \qquad (4.2\text{–}36)$$

(gilt etwa für 45° geographischer Breite und Meeresspiegelhöhe).

Allgemein gilt für den Betrag der *Fallbeschleunigung* die Zahlenwertgleichung:

$$|\vec{g}| = 980{,}632 - 2{,}586\cos 2\varphi + 0{,}003\cdot\cos 4\varphi - 0{,}293h, \qquad (4.2\text{–}37)$$

$\vec{g}$ in cm/s², φ geographische Breite, h Höhe über dem Meeresspiegel in km.

3. Dynamisches Grundgesetz für horizontale Beschleunigung mit Reibung

Soll ein Körper auf horizontaler Ebene die Beschleunigung $\vec{a}$ erhalten, und ist $\vec{F}_R$ die Reibkraft zwischen Körper und Unterlage mit μ als Reibzahl, so wird die erforderliche konstante *Zugkraft* $\vec{F}_z$ (oder Bremskraft) parallel zur Bahn:

$$\vec{F}_z = m\vec{a} + \vec{F}_R = m\vec{a} + \vec{F}_G\mu = m\vec{a} + m\vec{g}\mu,$$
$$\vec{F}_z = m(\vec{a} \pm \vec{g}\mu), \qquad (4.2\text{–}38)$$

+ für Beschleunigung $\vec{a}$,
− für Verzögerung $\vec{a}$.

$\vec{F}_z, \vec{F}_R, \vec{F}_G$	m	$\vec{a}$	$\vec{g}$	μ
$\text{N} = \frac{\text{kgm}}{\text{s}^2}$	kg	$\frac{\text{m}}{\text{s}^2}$	$\frac{\text{m}}{\text{s}^2}$	1

4. Dynamisches Grundgesetz für vertikale Beschleunigung ohne Reibung

Soll ein Körper durch eine Zugkraft $\vec{F}_s$ in vertikaler Richtung die Beschleunigung $\vec{a}$ erhalten, so gilt für die *Seilkraft*

$$\vec{F}_s = m\,(\vec{g} \pm \vec{a}), \qquad (4.2\text{–}39)$$

+ für Beschleunigung nach oben,
− für Beschleunigung nach unten.

$\vec{F}_s$	m	$\vec{g}$	$\vec{a}$
$\text{N} = \frac{\text{kgm}}{\text{s}^2}$	kg	$\frac{\text{m}}{\text{s}^2}$	$\frac{\text{m}}{\text{s}^2}$

$(\vec{g} + \vec{a})$ und $(\vec{g} - \vec{a})$ stellen praktisch die resultierende Beschleunigung für Aufwärts- und Abwärtsbewegung dar.

5. Beschleunigung frei rutschender Körper auf schiefer Ebene mit Neigungswinkel α

$$\vec{a} = \vec{g}\sin\alpha \quad \text{ohne Reibung,}$$
$$\vec{a} = \vec{g}\,(\sin\alpha - \mu\cos\alpha) \quad \text{mit Reibung.} \qquad (4.2\text{–}40)$$

$\vec{a}$	$\vec{g}$	μ
$\frac{\text{m}}{\text{s}^2}$	$\frac{\text{m}}{\text{s}^2}$	1

4.2.2.2 Energie, Energieerhaltungssatz

Energie nennt man die im Körper aufgespeicherte Arbeit und damit die Fähigkeit des Körpers, Arbeit aufzubringen. Energie ist wie die Arbeit eine skalare Größe.

Man unterscheidet drei Arten *mechanischer* Energie: *Bewegungsenergie* (kinetische Energie), *Höhenenergie* im Bereich der Erdanziehung (potentielle Energie) und *Verformungsenergie* des elastischen Körpers. Außerdem: Wärmeenergie, elektrische Energie, magnetische Energie, Strahlungsenergie, chemische Energie u. a.

Energieerhaltungssatz

Die Energie am Ende eines Vorganges E_E ist gleich der Energie am Anfang des Vorganges E_A, vermehrt um die während des Vorganges zugeführte Arbeit W_{zu}, vermindert um die inzwischen abgegebene Arbeit W_{ab}.

$$E_E = E_A + W_{zu} - W_{ab}$$

$$\text{Energie am Ende des Vorganges} = \text{Energie am Anfang des Vorganges} + \text{zugeführte Arbeit} - \text{abgeführte Arbeit} \qquad (4.2\text{–}41)$$

Die Einheit für Energie und Arbeit ist im Abschnitt 4.2.1.1 erläutert; siehe dort auch Gleichung (4.2–3).

1. Potentielle Energie (Höhenenergie)

Im Bereich der Erdanziehung ist potentielle Energie diejenige Arbeitsfähigkeit, die ein Körper der Masse m in bezug auf eine um die Höhe h tiefer gelegene Ebene besitzt. Sie ist gleich der Hubarbeit $W = \vec{F}_G h = m\vec{g}h$, die bei der Aufwärtsbewegung aufzubringen war (Gl. (4.2–7)):

Potentielle Energie

$$E_{pot} = \vec{F}_G h = m\vec{g}h. \qquad (4.2\text{–}42)$$

E_{pot}	$\vec{F}_G$	m	$\vec{g}$	h
J = Nm	$N = \frac{\text{kg m}}{\text{s}^2}$	kg	$\frac{\text{m}}{\text{s}^2}$	m

Potentielle Energie ist außerdem noch die Formänderungsenergie, z. B. die Arbeitsfähigkeit einer gespannten Feder (siehe Festigkeitslehre, Bild 4.3–10) und eines komprimierten Gases.

2. Kinetische Energie (Bewegungenergie)

Kinetische Energie ist die Arbeitsfähigkeit eines mit der Geschwindigkeit $\vec{v}$ bewegten Körpers der Masse m:

Kinetische Energie

$$E_{kin} = \frac{m}{2}\vec{v}^2. \qquad (4.2\text{–}43)$$

E_{kin}	m	$\vec{v}$
J = Nm	kg	$\frac{\text{m}}{\text{s}}$

E_{kin} ist gleich der vom Körper aus dem Ruhezustand heraus aufgespeicherten Beschleunigungsarbeit $W = m\vec{v}^2/2$ nach Gl. (4.2–9).

4.2.2.3 Impuls, Impulserhaltungssatz

Wird das Dynamische Grundgesetz nach Gl. (4.2–32) in der Form $\vec{F}_r = m\vec{a}$ geschrieben und werden beide Seiten der Gleichung mit dem Zeitabschnitt $\Delta t = t_2 - t_1$ multipliziert, so ergibt sich:

$$\vec{F}_r \Delta t = m\,\vec{a}\Delta t = m\frac{\Delta\vec{v}}{\Delta t}\Delta t = m\,\Delta\vec{v}.$$

Wird also ein Körper der Masse m während des Zeitabschnittes Δt von der Geschwindigkeit $\vec{v}_1$ auf $\vec{v}_2$ beschleunigt, so gilt

$$\vec{F}_r(t_2 - t_1) = m(\vec{v}_2 - \vec{v}_1). \qquad (4.2\text{–}44)$$

F_r	t_1, t_2	m	$\vec{v}_1, \vec{v}_2$
$N = \frac{\text{kgm}}{\text{s}^2}$	s	kg	$\frac{\text{m}}{\text{s}}$

Beim Antrieb aus der Ruhe heraus wird

$$\vec{F}_r t = m\vec{v}. \qquad (4.2\text{–}45)$$

Das Produkt $m\vec{v}$ aus Körpermasse m und Geschwindigkeit $\vec{v}$ heißt *Impuls* oder *Bewegungsgröße*. Der Impuls ist ein Vektor. Das Produkt $\vec{F}_r t$ heißt *Kraftstoß*:

Die Zunahme des Impulses eines Körpers ist gleich dem Kraftstoß während der betrachteten Zeit.

Wie die Herleitung zeigt, besteht kein physikalischer Unterschied zum Dynamischen Grundgesetz, jedoch läßt sich häufig das Geschwindigkeitsgesetz der Bewegung einfacher aufstellen.

Bevorzugt wird dieser Satz angewendet auf den „kräftefreien" Körper, also für den Fall $F_r = 0$. Dann bleibt der Impuls $m\vec{v}$ des Körpers erhalten und es gilt der *Impulserhaltungssatz*:

$$m\vec{v}_2 - m\vec{v}_1 = 0, \qquad m\vec{v}_2 = m\vec{v}_1 = \text{konstant}. \qquad (4.2\text{–}46)$$

Sind also in einem System keine äußeren Kräfte vorhanden oder ist die geometrisch addierte Summe der vorhandenen Kräfte gleich Null, so bleibt der Impuls $m\vec{v}$ des Systems nach Betrag und Richtung unverändert. Innere Kräfte haben keinen Einfluß auf den Impuls des Systems.

4.2.2.4 d'Alembertscher Satz

Das Grundgesetz $\vec{F}_r = m\vec{a}$ läßt sich auch in der Form $\vec{F}_r - m\vec{a} = 0$ schreiben. Darin ist $\vec{F}_r$ die Resultierende aller äußeren Kräfte, m die Masse des Körpers und $\vec{a}$ die Beschleunigung in Richtung von $\vec{F}_r$.

Das Produkt $m\vec{a}$ bezeichnet man als *Trägheitskraft*

$$\vec{T} = m\vec{a}, \qquad (4.2\text{–}47)$$

$\vec{T}$	m	$\vec{a}$
$N = \frac{\text{kgm}}{\text{s}^2}$	kg	$\frac{\text{m}}{\text{s}^2}$

womit das Dynamische Grundgesetz die Form einer statischen Gleichgewichtsbedingung erhält.

$$\sum \vec{F} = 0, \quad \vec{F}_r - \vec{T} = 0. \qquad (4.2\text{–}48)$$

Danach gilt der *Satz von d'Alembert:*

Bewegt sich ein Körper unter der Einwirkung äußerer Kräfte beschleunigt, so kann das Kräftesystem trotzdem als im Gleichgewicht befindlich betrachtet werden, wenn zur Resultierenden $\vec{F}_r$ eine gleichgroße *gegensinnige* Trägheitskraft $\vec{T} = m\vec{a}$ hinzugefügt wird. Innere Kräfte spielen keine Rolle.

Kürzer:

An jedem Körper stehen die äußeren Kräfte und die Trägheitskräfte im Gleichgewicht.

Die Trägheitskraft $\vec{T}$ ist stets der Beschleunigung (oder Verzögerung) entgegengerichtet.

4.2.3 Dynamik der Rotation des starren Körpers

4.2.3.1 Dynamisches Grundgesetz für die Rotation um eine feste Achse

Das Dynamische Grundgesetz (4.2–32) gilt für jedes Massenteilchen Δm des rotierenden Körpers (Bild 4.2–9):

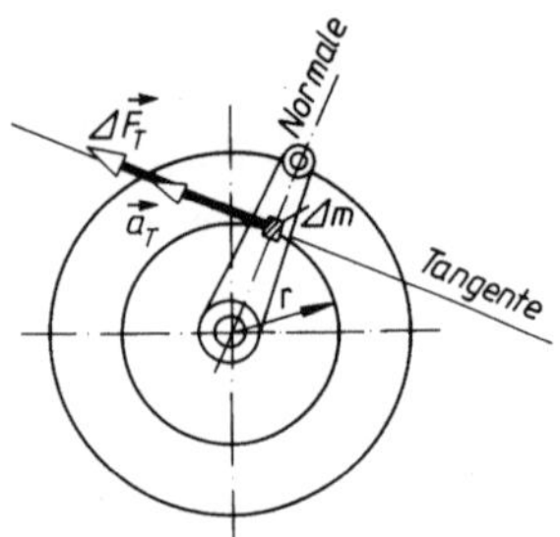

Bild 4.2-9
Elementare Tangentialkraft $\Delta\vec{F}_T$ und Beschleunigung $\vec{a}_T$ des Massenteilchens einer gleichmäßig beschleunigt umlaufenden Kurbel

Die elementare Tangentialkraft beträgt

$$\Delta\vec{F}_T = \Delta m\vec{a}_T.$$

Werden beide Seiten der Gleichung mit dem Radius r multipliziert, so ergibt sich

$$\Delta\vec{F}_T r = \Delta m\vec{a}_T r.$$

Darin ist $\Delta\vec{F}_T r$ das Teildrehmoment der elementaren Tangentialkraft $\Delta\vec{F}_T$ bezüglich der Rotationsachse. Wird die Summe aller Teildrehmomente gebildet, so erscheint auf der linken Gleichungsseite das resultierende Drehmoment aller am Körper angreifenden elementaren Tangentialkräfte.

$$\sum \Delta\vec{F}_T r = \sum \Delta m\vec{a}_T r,$$

$$\vec{M}_r = \sum \Delta m\vec{a}_T r;$$

für $\vec{a}_T = \vec{\alpha} r$ eingesetzt:

$$\vec{M}_r = \sum \Delta m\vec{\alpha} r r = \sum \Delta m r^2 \cdot \vec{\alpha}.$$

Mit der Tangentialbeschleunigung $\vec{a}_T = \vec{\alpha} r$ erscheint in der letzten Gleichung der Ausdruck $\Sigma\Delta m r^2$; er heißt *Trägheitsmoment*

$$J = \sum \Delta m r^2, \qquad (4.2\text{–}49)$$

J	m	r
kgm²	kg	m

weil von dieser Größe die *Trägheit* des Körpers gegen die Wirkung beschleunigender und verzögernder Kräfte abhängt.

Für die Rotation eines Körpers um eine raumfeste Achse nimmt damit das *Dynamische Grundgesetz für die Rotation* die Form an:

Resultierendes Moment $\vec{M}_r =$
= Trägheitsmoment J · Winkelbeschleunigung $\vec{\alpha}$:

$$\vec{M}_r = J\vec{\alpha} \qquad (4.2\text{–}50)$$

$\vec{M}_r$	J	$\vec{\alpha}$
$\text{Nm} = \frac{\text{kgm}^2}{\text{s}^2}$	kgm²	$\frac{1}{\text{s}^2}$

Ist die Winkelbeschleunigung $\vec{\alpha}$ konstant, ist die Rotation gleichmäßig beschleunigt. Dann muß bezüglich der Rotationsachse ein gleichbleibendes resultierendes Drehmoment wirken.

4.2.3.2 Trägheitsmoment (Massenmoment 2. Grades), Trägheitsradius

1. Definition des Trägheitsmomentes

Das Trägheitsmoment J eines Körpers in bezug auf eine gegebene Achse ist festgesetzt als Summe aller Massenteilchen Δm, jedes malgenommen mit dem Quadrat seines Abstandes r von der Rotationsachse; siehe Definitionsgleichung (4.2–49). Aus dieser Definition ergibt sich auch die Einheit für das Trägheitsmoment:

$$(J) = (m) \cdot (r^2) = \text{kg} \cdot \text{m}^2. \qquad (4.2\text{–}51)$$

Der Zahlenwert dieses Summenausdrucks ist wegen r^2 stets positiv. Er läßt sich bei geometrisch einfachen Körpern berechnen. Bei beliebigen Körperformen wird er zeichnerisch, durch Bremsversuche oder durch Schwingungsversuche am Körper oder am maßstäblichen Modell bestimmt.

Gegenüber der geradlinigen Bewegung kommt es bei der Rotation nicht nur auf den *Betrag* der Masse an, sondern auch auf deren *Verteilung* um die Drehachse. Je mehr Massenteilchen einen großen Abstand von der Rotationsachse besitzen, um so schwerer ist es, den Körper zu beschleunigen (zu verzögern). Für bestimmte Querschnittsformen läßt sich das Trägheitsmoment J nach den in Tabelle 4.2–1 angegebenen Gleichungen berechnen.

Tabelle 4.2–1: Gleichungen für Trägheitsmomente J

Art des Körpers	Trägheitsmoment J (J_x um die x-Achse; J_z um die z-Achse); ϱ Dichte
Rechteck, Quader	$J_x = \frac{1}{12} m(b^2+h^2) = \frac{1}{12} \varrho h b s(b^2+h^2)$ bei geringer Plattendicke s ist $J_z = \frac{1}{12} m h^2 = \frac{1}{12} \varrho b h^3 s$; $J_0 = \frac{1}{3} m h^2 = \frac{1}{3} \varrho b h^3 s$ Würfel mit Seitenlänge a: $J_x = J_z = m \frac{a^2}{6}$
Kreis-zylinder	$J_x = \frac{1}{2} m r^2 = \frac{1}{8} m d^2 = \frac{1}{32} \varrho \pi d^4 h = \frac{1}{2} \varrho \pi r^4 h$ $J_z = \frac{1}{16} m\left(d^2 + \frac{4}{3} h^2\right) = \frac{1}{64} \varrho \pi d^2 h\left(d^2 + \frac{4}{3} h^2\right)$
Hohl-zylinder	$J_x = \frac{1}{2} m(R^2+r^2) = \frac{1}{8} m(D^2+d^2) = \frac{1}{32} \varrho \pi h(D^4-d^4)$ $J_x = \frac{1}{2} \varrho \pi h(R^4-r^4)$ $J_z = \frac{1}{4} m\left(R^2 + r^2 + \frac{1}{3} h^2\right) = \frac{1}{16} m\left(D^2 + d^2 + \frac{4}{3} h^2\right)$
Zylindermantel	$J_x = \frac{1}{4} m d_m^2 = \frac{1}{4} \varrho \pi d_m^3 h s$ $J_z = \frac{1}{8} m\left(d_m^2 + \frac{2}{3} h^2\right) = \frac{1}{8} \varrho \pi d_m h s\left(d_m^2 + \frac{2}{3} h^2\right)$ Hohlzylinder mit Wanddicke $s = \frac{1}{2}(D-d)$ sehr klein im Verhältnis zum mittleren Durchmesser $d_m = \frac{1}{2}(D+h)$
Kreiskegel	$J_x = \frac{3}{10} m r^2$ Kreiskegelstumpf: $J_x = \frac{3}{10} m \frac{r_2^5 - r_1^5}{r_2^3 - r_1^3}$ r_2 Grundkreisradius r_1 Deckkreisradius
Kugel	$J_x = \frac{2}{5} m r^2 = \frac{1}{10} m d^2 = \frac{1}{60} \varrho \pi d^5 = \frac{8}{15} \varrho \pi r^5$
Hohlkugel (Kugelschale)	$J_x = J_z = \frac{1}{6} m d_m^2 = \frac{1}{6} \varrho \pi d_m^4 s$ Wanddicke $s = \frac{1}{2}(D-d)$ sehr klein im Verhältnis zum mittleren Durchmesser $d_m = \frac{1}{2}(D+d)$
Ring	$J_z = m\left(R^2 + \frac{3}{4} r^2\right) = \frac{1}{4} m\left(D^2 + \frac{3}{4} d^2\right)$, $m = 2\pi^2 r^2 R \varrho$ $J_z = \frac{1}{16} \varrho \pi^2 D d^2\left(D^2 + \frac{3}{4} d^2\right) = \frac{1}{4} m D^2\left[1 + \frac{3}{4}\left(\frac{d}{D}\right)^2\right]$

2. Steinerscher Verschiebesatz

Die fertigen Gleichungen nach Tabelle 4.2–1 sind ausnahmslos auf eine durch den Massenschwerpunkt S gehende Achse bezogen. Liegt der Schwerpunkt S nicht auf der gegebenen Rotationsachse O und sind beide Achsen um den Abstand l parallel verschoben, so muß das Trägheitsmoment für die Achse O nach dem Verschiebesatz berechnet werden:

Trägheitsmoment für gegebene parallele Rotationsachse O–O =

Trägheitsmoment für parallele Schwerachse $S-S$ + Masse m mal Abstandsquadrat l^2 der beiden Achsen

$$J_O = J_S + m\,l^2. \qquad (4.2\text{–}52)$$

J_O, J_S	m	l
kgm²	kg	m

Eine der beiden Achsen muß stets Schwerachse sein und beide müssen parallel zueinander laufen. Ist der Abstand l gleich Null, so fällt das Glied $m \cdot l^2$ weg. Demnach ist das Trägheitsmoment J mehrerer Körper oder mehrerer Teile eines Körpers in bezug auf die *gleiche* gegebene Rotationsachse einfach gleich der Summe der Teilträgheitsmomente $J_1, J_2, J_3 \ldots$ in bezug auf diese gegebene Achse:

$$J = J_1 + J_2 + J_3 + \ldots \qquad (4.2\text{–}53)$$

(gilt nur, wenn Teil- und Gesamtschwerachse zusammenfallen).

Herleitung des Verschiebesatzes (Bild 4.2–10):

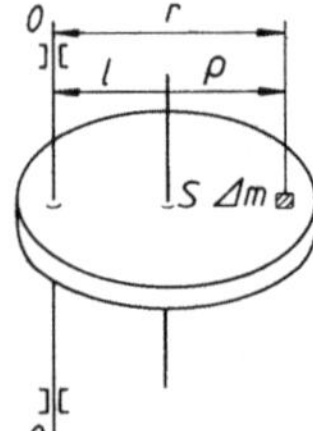

Bild 4.2-10
Verschiebesatz für Schwerachse S und parallele Rotationsachse O

$$J_O = \sum \Delta m r^2 = \sum \Delta m (l+\varrho)^2 = \sum \Delta m (l^2 + 2l\varrho + \varrho^2),$$

$$J_O = l^2 \sum \Delta m + 2l \sum \Delta m \varrho + \sum \Delta m \varrho^2,$$

$$J_O = l^2 m + 0 + J_S,$$

$$J_O = J_S + m l^2 \text{ wie Gl. (4.2–52)},$$

Der Ausdruck $\Sigma\,\Delta m$ des ersten Gliedes ist die Masse m des Körpers, so daß sich $l^2 m$ ergibt. Der Ausdruck $\Sigma\,\Delta m\,\varrho$ des zweiten Gliedes ist die Summe der Drehmomente aller Massenteilchen in bezug auf die *Schwerachse* der Masse m; der Zahlenwert muß daher Null ergeben; siehe dazu Momentensatz der Statik. Der Ausdruck $\Sigma\,\Delta m\,\varrho^2$ des dritten Gliedes ist das Trägheitsmoment der Masse m in bezug auf die Schwerachse S: $J_S = \Sigma\,\Delta m\,\varrho^2$, kann also nach den Gleichungen aus Tabelle 4.2–1 berechnet werden.

1. Reduzierte Masse

Denkt man sich die verteilte tatsächliche Masse m des Körpers im willkürlichen Abstand r von der Rotationsachse angebracht, wobei das Trägheitsmoment eingehalten werden soll, dann spricht man von der *reduzierten Masse* m_{red}. Je nach Wahl des Abstandes r erhält man einen anderen Wert für m_{red}. Jedoch läßt sich auch gerade derjenige Radius finden, für den die Ersatzmasse gleich der tatsächlich vorliegenden wird.

Dieser Radius heißt *Trägheitsradius i:*

$$J = m_{red}\, r^2; \; m_{red} = \frac{J}{r^2}, \qquad (4.2\text{–}54)$$

$$r = \sqrt{\frac{J}{m_{red}}} = \sqrt{\frac{J}{m}} = i. \qquad (4.2\text{–}55)$$

2. Reduktion von Trägheitsmomenten

Die Rückführung der Trägheitsmomente aller Massen des betrachteten Systems, z. B. eines Rädergetriebes, auf eine einzige Welle heißt *Reduktion des Trägheitsmomentes.*

Sind $J_1, J_2, J_3 \ldots$ die Trägheitsmomente der einzelnen auf Welle 1, 2, 3 ... drehenden Massen und $\vec{\Omega}_1$, $\vec{\Omega}_2$, $\vec{\Omega}_3$, ... ihre Winkelgeschwindigkeiten, so ist ihre gesamte Rotationsenergie

$$E_{rot} = \frac{1}{2}(J_1\vec{\Omega}_1^2 + J_2\vec{\Omega}_2^2 + J_3\vec{\Omega}_3^2 + \ldots) =$$

$$= \frac{1}{2}\vec{\Omega}_1^2 \underbrace{\left(J_1 + J_2\frac{\vec{\Omega}_2^2}{\vec{\Omega}_1^2} + J_3\frac{\vec{\Omega}_3^2}{\vec{\Omega}_1^2} + \ldots\right)}_{J_{red}},$$

$$E_{rot} = \frac{1}{2}\vec{\Omega}_1^2\, J_{red}. \qquad (4.2\text{–}56)$$

$J_2\dfrac{\vec{\Omega}_2^2}{\vec{\Omega}_1^2}$; $J_3\dfrac{\vec{\Omega}_3^2}{\vec{\Omega}_1^2}$ ... sind darin die auf Welle 1 reduzierten (bezogenen) Trägheitsmomente.

Statt der Winkelgeschwindigkeiten $\vec{\Omega}$ können auch die Drehzahlen $\vec{n}$ eingesetzt werden. *Reduktion der Trägheitsmomente* $J_1, J_2, J_3 \ldots$ bei Getrieben

$$J_{red} = J_1 + J_2\left(\frac{\vec{\Omega}_2}{\vec{\Omega}_1}\right)^2 + J_3\left(\frac{\vec{\Omega}_3}{\vec{\Omega}_1}\right)^2 + \ldots$$

$$= J_1 + J_2\left(\frac{\vec{n}_2}{\vec{n}_1}\right)^2 + J_3\left(\frac{\vec{n}_3}{\vec{n}_1}\right)^2 + \ldots \qquad (4.2\text{–}57)$$

Das *resultierende Beschleunigungsmoment* der Antriebsachse 1 ist dann nach Gl. (4.2–50)

$$M_r = J_{red}\,\vec{\alpha}_1.$$

4.2.3.3 Rotationsenergie (Bewegungsenergie) bei Rotation

Die Definitionsgleichung für die kinetische Energie $E_{kin} = \frac{m}{2}\vec{v}$ gilt auch für die Rotation des Körpers mit der Geschwindigkeit $\vec{v}$. Mit den entsprechenden Größen, insbesondere $\vec{v} = \vec{\Omega} r$ wird für ein Massenteilchen Δm die Rotationsenergie

$$E_{rot} = \sum \frac{\Delta m}{2} (\vec{\Omega} r)^2 = \frac{\vec{\Omega}^2}{2} \sum \Delta m r^2. \qquad (4.2\text{–}58)$$

Darin ist der Ausdruck $\Sigma \Delta m r^2$ das auf die Drehachse bezogene *Trägheitsmoment J*, also die Summe der Massenteilchen, jedes malgenommen mit dem Quadrat seines Abstandes von der Drehachse. Damit wird die Rotationsenergie

$$E_{rot} = J \frac{\vec{\Omega}}{2}. \qquad (4.2\text{–}59)$$

E_{rot}	J	$\vec{\Omega}$
$J = Nm = \frac{kgm^2}{s^2}$	kgm^2	$\frac{1}{s}$

E_{rot} ist gleich der vom Körper aus dem Ruhezustand heraus aufgespeicherten Beschleunigungsarbeit $W = J\vec{\Omega}^2/2$ nach Gl. (4.2–17).

4.2.3.4 Energieerhaltungssatz für Rotation

Der Energieerhaltungssatz für technische Vorgänge nach Gl. (4.2–41) muß auch für die Rotation gelten:

> *Energieerhaltungssatz*
> Die Rotationsenergie E_{rotE} am Ende eines Vorgangs ist gleich der Rotationsenergie E_{rotA} am Anfang des Vorgangs, vermehrt um die während des Vorgangs zugeführte Arbeit W_{zu} und vermindert um die während des Vorgangs abgegebene Arbeit W_{ab}:

$$E_{rotE} = E_{rotA} + W_{zu} - W_{ab}. \qquad (4.2\text{–}60)$$

4.2.3.5 Drehimpuls (Drall)

Werden beide Seiten des Dynamischen Grundgesetzes für die Rotation (Gl. (4.2–50)) $\vec{M}_r = J\vec{\Omega}$ mit dem Zeitabschnitt $\Delta t = t_2 - t_1$ malgenommen, so ergibt sich:

$$\vec{M}_r \Delta t = J\vec{\alpha}\Delta t = J\frac{\Delta\vec{\Omega}}{\Delta t}\Delta t = J\Delta\vec{\Omega}.$$

Wird also ein Körper der Masse m bzw. des Trägheitsmomentes J während des Zeitabschnittes Δt durch ein konstantes resultierendes Drehmoment $\vec{M}_r$ von der Winkelgeschwindigkeit $\vec{\Omega}_1$ auf $\vec{\Omega}_2$ beschleunigt, so gilt:

$$\vec{M}_r(t_2 - t_1) = J(\vec{\Omega}_2 - \vec{\Omega}_1) \qquad (4.2\text{–}61)$$

$\vec{M}_r$	t_1, t_2	J	$\vec{\Omega}_1, \vec{\Omega}_2$
$Nm = \frac{kgm^2}{s^2}$	s	kgm^2	$\frac{1}{s}$

Beim Antrieb aus der Ruhe heraus wird $M_r t = J\vec{\Omega}$.

Das Produkt $J\vec{\Omega}$ aus Trägheitsmoment J und Winkelgeschwindigkeit $\vec{\Omega}$ heißt *Drehimpuls* oder *Drall* des Körpers. Er ist ein Vektor. Das Produkt $\vec{M}_r t$ heißt *Momentenstoß* des resultierenden Drehmomentes aller *äußeren* Kräfte bezüglich der Drehachse:

> Die Zunahme des Drehimpulses eines Körpers ist gleich dem Momentenstoß des resultierenden Momentes während der betrachteten Zeit.

Wie die Herleitung des Satzes zeigt, besteht kein physikalischer Unterschied zum Dynamischen Grundgesetz.

Bevorzugt wird der Satz auf den „kräftefreien" Körper angesetzt, also für den Fall $\vec{M}_r = 0$. Dann bleibt der Drehimpuls (Drall) des Körpers erhalten und es gilt der:

> *Impulserhaltungssatz*

$$J\vec{\Omega}_2 - J\vec{\Omega}_1 = 0, \quad J\vec{\Omega}_2 = J\vec{\Omega}_1 = \text{konst.} \qquad (4.2\text{–}62)$$

Wirken also auf ein System keine äußeren Drehmomente oder ist deren Summe gleich Null, so bleibt der Drehimpuls $J\vec{\Omega}$ des Systems nach Betrag und Richtung unverändert. Innere Kräfte haben keinen Einfluß auf den Drehimpuls (Drall) des Systems.

4.2.3.6 Fliehkraft

Bei der Rotation des Körpers der Masse m um eine nicht durch den Schwerpunkt gehende Achse bezeichnet man die durch den Schwerpunkt gehende und vom Drehpunkt fortgerichtete Trägheitskraft als *Fliehkraft* $\vec{F}_z$ (Zentrifugalkraft). Sie ist gleichgroß und gegensinnig der Zentripetalkraft $\vec{F}_N$ nach Gleichung (4.2–34):

$$\vec{F}_z = m r_s \vec{\Omega}^2 = m\frac{\vec{v}^2}{r_s}. \qquad (4.2\text{–}63)$$

$\vec{F}_z$	r_s	$\vec{\Omega}$	m	$\vec{v}$
$N = \frac{kgm}{s^2}$	m	$\frac{1}{s}$	kg	$\frac{m}{s}$

Darin ist r_s der Abstand des Körperschwerpunktes S von der Drehachse, $\vec{\Omega}$ die Winkelgeschwindigkeit des Schwerpunktes um die Drehachse und $\vec{v}$ seine Umfangsgeschwindigkeit. Die Wirklinie der Fliehkraft geht nur dann durch den Körperschwerpunkt, wenn der Körper eine zur Drehachse parallele Symmetrieachse besitzt. Ist $r_s = 0$, d. h., geht die Drehachse durch den Schwerpunkt S des Körpers, so ist die resultierende Fliehkraft gleich Null.

Die Zentrifugalkraft oder Fliehkraft F_z ist keine am rotierenden Körper wirklich angreifende Kraft. Sie wird vielmehr als Hilfskraft (Trägheitskraft nach d'Alembert) nur hinzugedacht, um für den freigemachten, gleichförmig rotierenden Körper die Gleichgewichtsbedingungen der Statik ansetzen zu können.

Je nach Lage der Drehachse kann die Fliehkraft auch eine Momentwirkung erzeugen. Bild 4.2–11 soll das erläutern: Ein Körper dreht sich mit der Winkelgeschwindigkeit $\vec{\Omega}$ um die z-Achse. Die Zentrifugalkraft $\Delta\vec{F}_z$ des Massenteilchens Δm erzeugt je ein Moment um die

x-Achse:
$$\Delta\vec{M}_{(x)} = \Delta\vec{F}_z \sin\alpha\, z = \Delta m r\, \vec{\Omega}^2 \sin\alpha\, z = = \vec{\Omega}^2 z\, y\, \Delta m, \quad (r\sin\alpha = y),$$

y-Achse:
$$\Delta\vec{M}_{(y)} = -\Delta\vec{F}_z \cos\alpha\, z = -\vec{\Omega}^2 z\, x\, \Delta m,$$
$(r\cos\alpha = x)$,

z-Achse:
$$\Delta\vec{M}_{(z)} = 0.$$

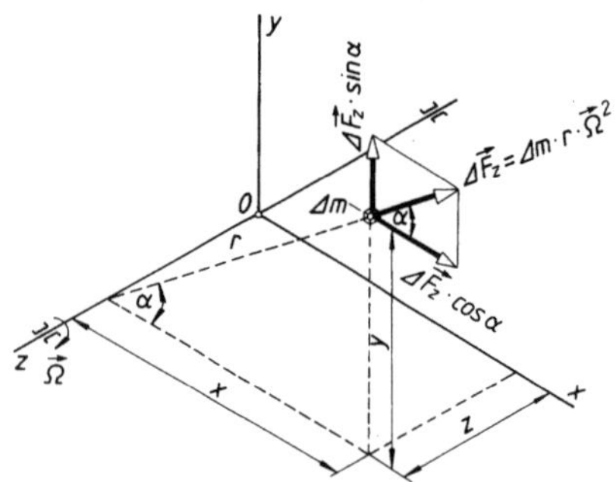

Bild 4.2-11 Zentrifugalkraft $\Delta\vec{F}_z$ des Massenteilchens Δm um die z-Achse

Das Gesamtmoment $\vec{M}_{(x)}$ bzw. $\vec{M}_{(y)}$ ist die Summe aller Teilmomente.

$$\vec{M}_{(x)} = \sum\Delta\vec{M}_{(x)},\; \vec{M}_{(y)} = \sum\Delta\vec{M}_{(y)}.$$

Die *statischen Momente der Zentrifugalkräfte* sind

$$\vec{M}_{(x)} = \vec{\Omega}^2 \sum y\, z\, \Delta m = \vec{\Omega}^2 J_{yz},$$
$$\vec{M}_{(y)} = \vec{\Omega}^2 \sum x\, z\, \Delta m = \vec{\Omega}^2 J_{xz}. \tag{4.2–64}$$

Die Summenausdrücke der Form $\Sigma\, yz\Delta m$ heißen *Zentrifugalmoment*

$$J_{yz} = \sum yz\Delta m. \tag{4.2–65}$$

Wie Gl. (4.2–64) zeigt, werden die Momente der Zentrifugalkräfte gleich Null, wenn $J_{yz} = J_{xz} = 0$ ist. Das ist der Fall, wenn die Drehachse eine sogenannte Hauptträgheitsachse (HTA) ist. Bei Symmetriekörpern ist jede zur Symmetrieebene senkrechte Achse eine HTA.

Für die *praktische Rechnung* sind folgende Fälle zu unterscheiden:

Fall 1: Die Drehachse ist zugleich eine durch den Schwerpunkt S des Körpers gehende HTA. Es entsteht dann weder eine resultierende Zentrifugalkraft $\vec{F}_z$ noch ein Drehmoment der Zentrifugalkräfte.

Fall 2: Die Drehachse (Bild 4.2–12) liegt parallel oder senkrecht zu einer durch den Schwerpunkt S des Körpers oder Massensystems gehende HTA (= Symmetrieachse). Es entsteht nur eine Einzelfliehkraft $\vec{F}_z = mr_s\vec{\Omega}^2$ nach Gl. (4.2–63), deren Wirklinie durch den Schwerpunkt S geht und senkrecht zur Drehachse steht. Die Fliehkraft besitzt kein Drehmoment in bezug auf eine der Achsen.

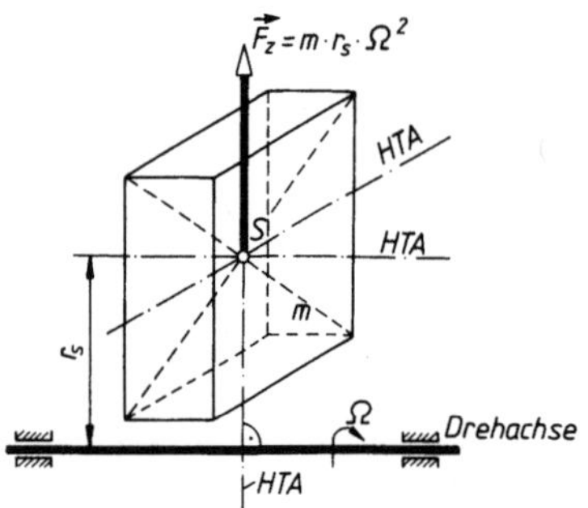

Bild 4.2-12 Drehachse parallel zur Hauptträgheitsachse (HTA)

Fall 3: Die Drehachse (Bild 4.2–13) geht durch den Schwerpunkt S, bildet aber mit der HTA den Winkel α. Es entsteht keine resultierende Zentrifugalkraft, sondern ein Kräftepaar, das um die senkrecht zur Zeichenebene stehende x-Achse dreht und von den Lagern aufgenommen werden muß.

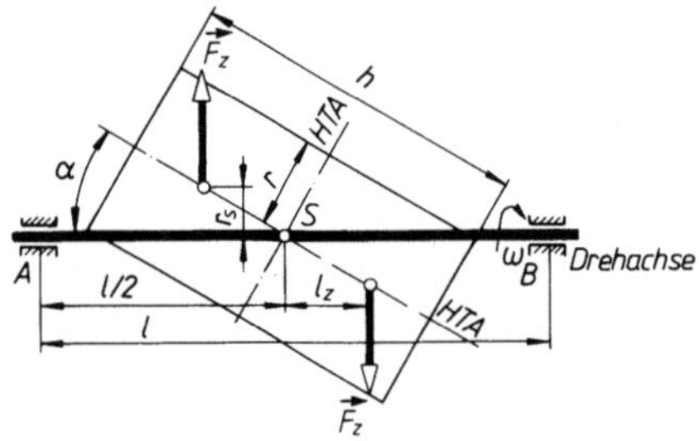

Bild 4.2-13 Zylinder (Scheibe); Drehachse durch Schwerpunkt S, aber unter α zur HTA

Das Zentrifugalmoment des Zylinders (auch Scheibe) nach Bild 4.2–13 wird

$$J_{yz} = \frac{m}{8}\sin 2\alpha \left(r^2 - \frac{h^2}{3}\right). \tag{4.2–66}$$

J_{yz}	m	r	h
kgm²	kg	m	m

Die Zentrifugalkraft jeder Zylinderhälfte der Masse $m_1 = m_2$ beträgt $\vec{F}_{z1} = \vec{F}_{z2} = \vec{F}_z = \frac{m}{2} r_s \vec{\Omega}^2$. Sie bilden das Drehmoment $\vec{M}_{(x)} = \vec{\Omega}^2 J_{yz} = \vec{F}_A l = \vec{F}_B l$; woraus sich die Stützkräfte bestimmen lassen (hier $\vec{F}_A = \vec{F}_B$). Der Hebelarm l_z des Trägheitskräftepaares mit den Teilkräften $\vec{F}_z$ wird nach Bild 4.2–13:

$$\vec{M}_{(x)} = \vec{\Omega}^2 J_{yz} = 2\vec{F}_z l_z = 2\frac{m}{2} r_s \vec{\Omega}^2 l_z$$

und daraus

$$l_z = \frac{J_{yz}}{m r_s}. \tag{4.2–67}$$

Sollen die Stützkräfte gleich Null werden, muß ein gleichgroßes entgegengesetzes Zentrifugalmoment angebracht werden (Massenzusatz). Dann ist die Symmetrie des Massensystems hergestellt, die Drehachse zugleich HTA geworden (Fall 1).

Fall 4: Die Drehachse (Bild 4.2–14) geht nicht durch den Schwerpunkt S und bildet mit der HTA den Winkel α. Es entsteht eine resultierende Einzelfliehkraft $\vec{F}_z$, die nicht durch den Schwerpunkt geht, also auch ein Drehmoment $\vec{M}_{(x)}$ der Zentrifugalkraft: Die Einzel-Zentrifugalkraft $\vec{F}_z = m r_s \vec{\Omega}^2$ wird verursacht durch die Exzentrizität des Schwerpunktes S. $\vec{F}_z$ greift im Schwerpunkt S an.

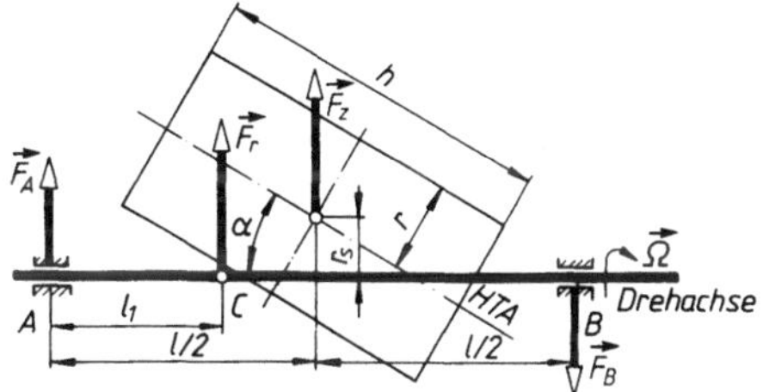

Bild 4.2-14 Zylinder (Scheibe) mit beliebig verlaufender Drehachse

Das Drehmoment

$$\vec{M}_{(x)} = \vec{\Omega}^2 J_{yz} = \vec{\Omega}^2 \left[\frac{m}{8} \sin 2\alpha \left(r^2 - \frac{h^2}{3}\right)\right]$$

(für Zylinder oder Scheibe).

wird durch die Neigung der Drehachse zur HTA verursacht; $\vec{M}_{(x)}$ dreht um die senkrecht zur Zeichenebene stehende x-Achse und muß von den Stützlagern aufgenommen werden. Einzel-Zentrifugalkraft und Drehmoment $\vec{M}_{(x)}$ lassen sich zu einer Resultierenden $\vec{F}_r$ zusammenfassen, die $\vec{F}_r = \vec{F}_z = m r_s \vec{\Omega}^2$ ist. Ihr Angriffspunkt ist nach dem Momentensatz (4.1–24) zu ermitteln. Mit den Bezeichnungen in Bild 4.2–14 gilt:

$$\vec{F}_r l_1 = \frac{\vec{F}_z l}{2} - \vec{M}_{(x)};$$

mit $\vec{F}_r = \vec{F}_z$ und $\vec{M}_{(x)} = J_{yz}\vec{\Omega}^2$ wird der *Angriffspunkt der resultierenden Zentrifugalkraft*

$$l_1 = \frac{l}{2} - \frac{J_{yz}\vec{\Omega}^2}{m r_s \vec{\Omega}^2} = \frac{l}{2} - \frac{J_{yz}}{m r_s}. \tag{4.2–68}$$

Die Teilmassen der Körper brauchen auch nicht – wie in Bild 4.2–14 – in einer Ebene zu liegen.

Soll die Welle dynamisch ausgewuchtet sein, dürfen die Lager weder Zentrifugalkräfte noch Zentrifugalmomente aufzunehmen haben. Auf besonderen Auswuchtmaschinen werden Größe und Lage solcher Unwuchten festgestellt und durch Anbringen von Zusatzmassen in geeigneten Punkten beseitigt.

4.2.4 Gegenüberstellung der Gesetze für Translation und Rotation (Tabelle 4.2–2)

Die allgemeinste Bewegung eines starren Körpers läßt sich gedanklich für jeden Augenblick zerlegen in

a) eine reine *Translation* (*Verschiebe*bewegung) mit der jeweiligen Geschwindigkeit $\vec{v}$ des Schwerpunktes S des Körpers und in

b) eine zusätzliche reine *Rotation* (*Dreh*bewegung) mit der Winkelgeschwindigkeit $\vec{\Omega}$ um eine durch den Schwerpunkt S gehende Drehachse.

Jeder dieser Bewegungsanteile kann dann für sich durch eine Gleichung beschrieben werden (Tabelle 4.2–2).

Tabelle 4.2–2: Gegenüberstellung einander entsprechender Größen und Definitionsgleichungen für Translation und Rotation

translatorische (geradlinige) Bewegung			rotatorische (drehende) Bewegung		
Größe	Definitionsgleichung	Einheit	Größe	Definitionsgleichung	Einheit
Weg s	Basisgröße	m	Drehwinkel φ	$\frac{\text{Bogen } b}{\text{Radius } r}$	rad = 1
Zeit t	Basisgröße	s	Zeit t	Basisgröße	s
Masse m	Basisgröße	kg	Trägheitsmoment J	$J = \int dm\, \varrho^2$ $(= \sum \Delta m \varrho^2)$	kgm^2
Geschwindigkeit $\vec{v}$	$\vec{v} = \frac{ds}{dt} \left(= \frac{\Delta s}{\Delta t} \right)$	$\frac{\text{m}}{\text{s}}$	Winkelgeschwindigkeit $\vec{\Omega}$	$\vec{\Omega} = \frac{d\varphi}{dt} \left(= \frac{\Delta\varphi}{\Delta t} \right)$	$\frac{\text{rad}}{\text{s}}$
Beschleunigung $\vec{a}$	$\vec{a} = \frac{d\vec{v}}{dt} \left(= \frac{\Delta \vec{v}}{\Delta t} \right)$	$\frac{\text{m}}{\text{s}^2}$	Winkelbeschleunigung $\vec{\alpha}$	$\vec{\alpha} = \frac{d\vec{\Omega}}{dt} \left(= \frac{\Delta\vec{\Omega}}{\Delta t} \right)$	$\frac{\text{rad}}{\text{s}^2}$
Beschleunigungskraft $\vec{F}_r$	$\vec{F}_r = m\vec{a}$	$\text{N} = \frac{\text{kgm}}{\text{s}^2}$	Beschleunigungsmoment $\vec{M}$	$\vec{M}_r = J\vec{\alpha}$	$\text{Nm} = \frac{\text{kgm}^2}{\text{s}^2}$
Arbeit W_{trans}	$W_{trans} = \vec{F}s$	J = Nm = Ws	Arbeit W_{rot}	$W_{rot} = \vec{M}\varphi$	J = Nm = Ws
Leistung P_{trans}	$P_{trans} = \frac{W_{trans}}{t} = \vec{F}\vec{v}$	$\frac{\text{J}}{\text{s}} = \frac{\text{Nm}}{\text{s}} = \text{W}$	Leistung P_{rot}	$P_{rot} = \frac{W_{rot}}{t} = \vec{M}\vec{\Omega}$	$\frac{\text{J}}{\text{s}} = \frac{\text{Nm}}{\text{s}} = \text{W}$
Energie E_{trans}	$E_{trans} = \frac{m}{2}\vec{v}^2$	$\text{Nm} = \frac{\text{kgm}^2}{\text{s}^2}$	Energie E_{rot}	$E_{rot} = \frac{J}{2}\vec{\Omega}^2$	$\text{Nm} = \frac{\text{kgm}^2}{\text{s}^2}$
Impulsänderung	$\vec{F}_r(t_2 - t_1) = m(\vec{v}_2 - \vec{v}_1)$ Kraftstoß = Impulsänderung		Drehimpulsänderung	$\vec{M}_r(t_2 - t_1) = J(\vec{\Omega}_2 - \vec{\Omega}_1)$ Momentenstoß = Drehimpulsänderung	

4.3 Festigkeitslehre

4.3.1 Aufgaben der Festigkeitslehre

Die Festigkeitslehre ist ein Teil der Mechanik. Sie behandelt die Beanspruchungen (Spannungen und Formänderungen), die äußere Kräfte (Belastungen) in festen elastischen Körpern (Bauteilen) auslösen.

Die mathematisch auswertbaren Erkenntnisse werden benutzt:

- zur *Ermittlung der Abmessungen* der „gefährdeten" Querschnitte von Bauteilen (Wellen, Achsen, Bolzen, Hebel, Schrauben usw.) für eine nicht zu überschreitende sogenannte zulässige Beanspruchung des Werkstoffes (*Querschnittsnachweis*) und
- zur *Kontrolle* der im gegebenen gefährdeten Querschnitt vorhandenen Beanspruchungen und Vergleich mit der zulässigen Beanspruchung (*Spannungsnachweis*).

Dabei werden ausreichende Sicherheit gegen Bruch und zu große Formänderung, aber auch Wirtschaftlichkeit der Konstruktion erwartet.

In der Konstruktion ist es vorteilhaft, die Abmessungen der Bauteile zunächst anzunehmen. Mit den Gesetzen der Festigkeitslehre werden dann die vorhandenen Spannungen und Formänderungen bestimmt und mit den zulässigen verglichen.

Die Erkenntnisse der Festigkeitslehre bauen auf den Gesetzen der Statik auf und lassen sich nur im Zusammenhang mit den Erkenntnissen der Werkstoffkunde und -prüfung anwenden.
Den Bedürfnissen der Praxis entsprechend werden hier nur solche Probleme behandelt, die zu möglichst einfachen Rechnungen führen, aber doch das Verhalten des Werkstoffes der beanspruchten Bauteile genügend genau wiedergeben.

4.3.2 Schnittverfahren

In der Statik werden die von *Bauteil zu Bauteil* übertragenen *inneren* Kräfte (im Sinne einer mehrteiligen Konstruktion) durch „Freimachen" des betrachteten Bauteiles zu *äußeren* Kräften gemacht und dann mit Hilfe der Gleichgewichtsbedingungen die noch unbekannten Kräfte und Kraftmomente bestimmt.

In ähnlicher Weise werden in der Festigkeitslehre durch eine gedachte Schnittebene die von *Querschnitt zu Querschnitt* übertragenen *inneren* Kräfte zu *äußeren* gemacht. Der Ansatz der statischen Gleichgewichtsbedingungen für einen der beiden abgetrennten Teile liefert danach Art und Größe des inneren Kräftesystems. Erst damit kommt man zu einer Vorstellung über den Beanspruchungszustand (Spannungszustand) des betrachteten Bauteils und kann etwas über die *Verteilung* der inneren Kräfte aussagen.

Bei „statisch unbestimmten Problemen" reichen die statischen Gleichgewichtsbedingungen nicht aus und es müssen noch Verformungsgleichungen der Elastizitätslehre herangezogen werden, damit die Summe aller verfügbaren Gleichungen mindestens gleich der Anzahl der unbekannten Kräfte und Kraftmomente ist.

4.3.3 Spannung

4.3.3.1 Spannungsbegriff

Mit Hilfe des Schnittverfahrens kann für beliebige Querschnitte Betrag und Richtung des inneren Kräftesystems bestimmt werden. Damit kann der Betrag der *Beanspruchung* des Werkstoffes berechnet werden. Ein Maß für den Betrag der Beanspruchung ist die *Spannung*. Darunter versteht man die auf die Flächeneinheit bezogenen inneren Kräfte (Bild 4.3–1):

$$\text{Spannung} = \frac{\text{innere Kraft } \vec{F} \text{ in N}}{\text{Querschnittsfläche } S \text{ in mm}^2}.$$

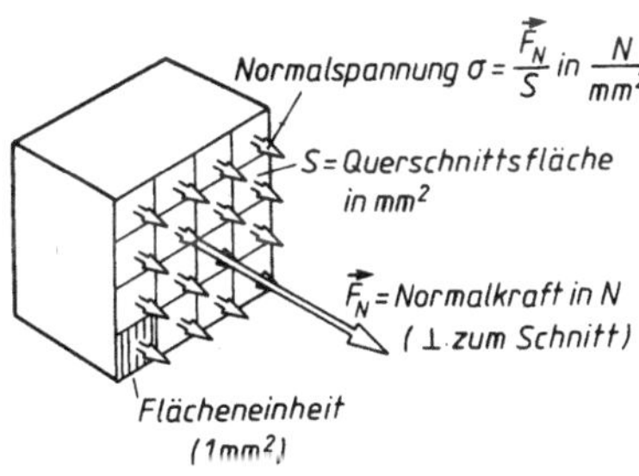

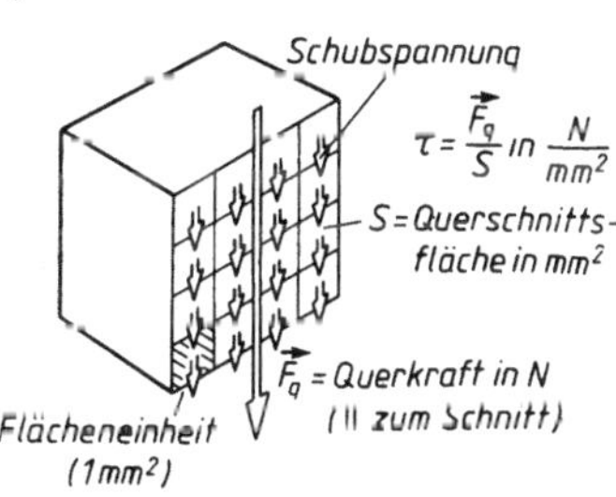

Bild 4.3-1 a) Normalspannungen σ und
b) Schubspannungen τ (Tangentialspannungen)

4.3.3.2 Spannungsarten

Steht die innere Kraft *senkrecht* zum Querschnitt, so spricht man von einer *Normal*kraft $\vec{F}_N$. Liegt sie dagegen *im* Schnitt selbst, wirkt sie also *quer* zur Längsachse eines stabförmigen Körpers, so wird sie als *Quer*kraft $\vec{F}_q$ bezeichnet. Damit ergeben sich auch zwei senkrecht aufeinander stehende Spannungsrichtungen, die *Normalspannung*

$$\sigma = \frac{\vec{F}_N}{S}, \qquad (4.3\text{–}1)$$

σ	$\vec{F}_N$	S
$\frac{\text{N}}{\text{mm}^2}$	N	mm^2

hervorgerufen durch die *senkrecht* zum Schnitt stehende innere *Normalkraft* $\vec{F}_N$ (Zug- oder Druckkraft) und die *Schubspannung* (Tangentialspannung)

$$\tau = \frac{\vec{F}_q}{S}, \qquad (4.3\text{–}2)$$

τ	$\vec{F}_q$	S
$\frac{\text{N}}{\text{mm}^2}$	N	mm^2

hervorgerufen durch die *im* Querschnitt liegende innere *Querkraft* $\vec{F}_q$ (Schubkraft).

Die Beanspruchungsart (Zug, Druck, Abscheren, Biegung, Torsion) wird durch einen an das Spannungssymbol angehängten *Kleinbuchstaben* (Index) gekennzeichnet: σ_z Zugspannung, σ_d Druckspannung, σ_b Biegespannung, τ_a Abscherspannung, τ_t Torsionsspannung. Im Gegensatz dazu erhalten Spannungs*grenzen* (Grenzspannungen), *Großbuchstaben:* σ_E Elastizitätsgrenze, σ_P Proportionalitätsgrenze, σ_F Fließgrenze, $R_m(\sigma_B)$ Bruchgrenze, ebenso σ_D Dauerfestigkeit, σ_W Wechselfestigkeit, σ_{Sch} Schwellfestigkeit. Die Nennspannung σ_n ist derjenige rechnerische Spannungsbetrag, der bei vorliegenden Baumaßen aus den bekannten äußeren Kräften für einen betrachteten Querschnitt ermittelt wird.

4.3.4 Formänderung

Jeder feste Körper ändert unter der Einwirkung von Kräften seine Form. Nimmt der Körper nach Entlastung seine ursprüngliche Form wieder an, spricht man von *elastischer* Formänderung, behält er sie bei, von *plastischer* Formänderung. In technischen Bauteilen sind plastische und elastische Bereiche zu finden. Hier werden nur die elastischen Formänderungen rechnerisch behandelt.

Der auf Zug beanspruchte zylindrische Stab in Bild 4.3–2 besitzt die *Ursprungslänge* l_0 und erfährt eine *Verlängerung* (bei Druck *Verkürzung*):

$$\Delta l = l - l_0. \qquad (4.3\text{–}3)$$

Die Längenänderung, die 1 mm des unbelasteten Stabes durch die Spannung σ erfährt, heißt *Dehnung* (bei Druck *Stauchung*):

$$\varepsilon = \frac{\Delta l}{l_0} = \frac{l - l_0}{l_0}. \qquad (4.3\text{–}4)$$

ε	$l_0, l, \Delta l$
1	mm

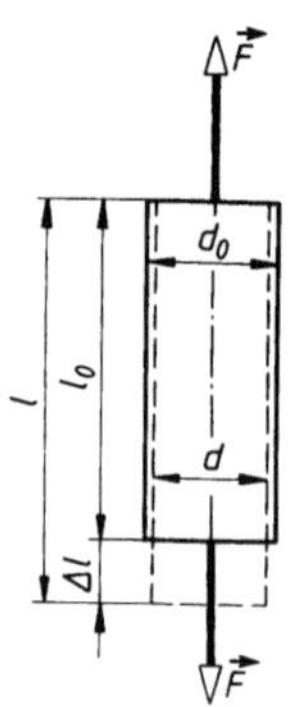

Bild 4.3-2
Formänderung am Zugstab

Die nach dem Zerreißversuch gebliebene Verlängerung Δl_B, bezogen auf die Ursprungslänge l_0 (Meßlänge) heißt *Bruchdehnung*

$$A = \frac{\Delta l_B}{l_0} 100. \qquad \begin{array}{c|c} A & l_0, \Delta l_B \\ \hline \% & \text{mm} \end{array} \qquad (4.3\text{–}5)$$

Die Verlängerung nach dem Bruch Δl_B ist abhängig von l_0. Deshalb wird diese durch eine Beizahl gekennzeichnet: A_{10} bei $l_0 = 100$ mm; A_5 bei $l_0 = 50$ mm. Neben der *Längenänderung* tritt bei Zug auch eine *Querschnittsveränderung* auf, eine *Querdehnung:*

$$\varepsilon_q = \frac{\Delta d}{d_0} = \frac{d_0 - d}{d_0}. \qquad (4.3\text{–}6)$$

4.3.5 Hookesches Gesetz (Elastizitätsgesetz)

Die Beziehung zwischen Dehnung ε und zugehöriger Spannung σ klärt der Zugversuch: Bis zur *Proportionalitätsgrenze* σ_P wächst bei vielen Werkstoffen (z. B. Stahl) die Dehnung ε mit der Spannung σ im gleichen Verhältnis (proportional). Bei doppelter Spannung zeigt sich die doppelte Dehnung. Es gilt dann das *Hookesche Gesetz*

$$\sigma = \frac{\Delta l}{l_0} E = \varepsilon E. \qquad (4.3\text{–}7)$$

Damit ergibt sich die *Verlängerung* (Verkürzung)

$$\Delta l = \varepsilon l_0 = \frac{\sigma l_0}{E} = \frac{F l_0}{ES}. \qquad (4.3\text{–}8)$$

$\Delta l, l_0$	ε	E	σ	$\vec{F}$	S
mm	1	$\frac{\text{N}}{\text{mm}^2}$	$\frac{\text{N}}{\text{mm}^2}$	N	mm^2

Die Gleichungen (4.3–7) und (4.3–8) gelten nur bei Spannungen $\sigma < \sigma_P$. Es ist also stets zu prüfen, ob das Hookesche Gesetz *überhaupt* gilt und ob es *noch* gilt. Der *Elastizitätsmodul E* (kurz: E-Modul) ist bei vielen Stoffen eine konstante Größe (Zahlenwerte in Tabelle 4.3–1). Da die Dehnung eine „Verhältnisgröße“ ist (Dimension Eins), hat der E-Modul die Dimension einer Spannung, z. B. N/mm^2.

4.3.6 Grundbeanspruchungsarten

4.3.6.1 Zugbeanspruchung (Zug)

Die äußeren Kräfte ziehen in Richtung der Stabachse (Bild 4.3–3). Sie versuchen die benachbarten „Schnittufer“ der Teilstücke I und II voneinander zu entfernen: der Stab wird verlängert (gedehnt). Die innere Kraft $\vec{F}_N$ steht *senkrecht* zur Schnittfläche (Bild 4.3–1), es entstehen *Normal*spannungen σ_z (Zugspannungen).

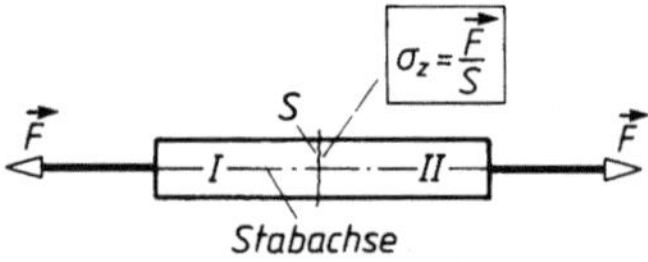

Bild 4.3-3 Zugbeanspruchung

4.3.6.2 Druckbeanspruchung (Druck)

Die äußeren Kräfte drücken in Richtung der Stabachse (Bild 4.3–4). Sie versuchen, die beiden Schnittufer einander näher zu bringen: Der Stab wird verkürzt. Die innere Kraft $\vec{F}_N$ steht wie bei Zug *senkrecht* zur Schnittfläche, es entstehen wieder *Normal*spannungen σ_d (Druckspannungen). Bei schlanken Stäben besteht die Gefahr des Ausknickens: Knickbeanspruchung (Bild 4.3–6).

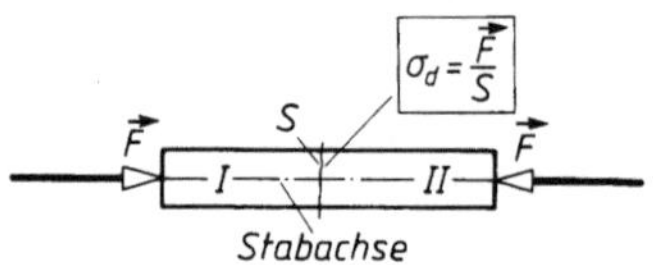

Bild 4.3-4 Druckbeanspruchung

4.3.6.3 Biegebeanspruchung (Biegung)

Die äußeren Kräfte ergeben ein Kräftepaar (Kraftmoment $\vec{M}_b$ = Biegemoment) und eine Querkraft (Bild 4.3–5). Das Kräftepaar wirkt in einer durch die Stabachse laufenden Ebene und versucht die Schnittufer gegeneinander schräg zu stellen: der Stab wird

Tabelle 4.3–1: Elastizitätsmodul E und Schubmodul G einiger Werkstoffe

Werkstoff	Stahl	Stahlguß	Grauguß	Rotguß	AlCuMg
E in N/mm^2 G in N/mm^2	$2{,}1 \cdot 10^5$ $0{,}8 \cdot 10^5$	$2{,}1 \cdot 10^5$ $0{,}8 \cdot 10^5$	$0{,}8 \cdot 10^5$ $0{,}4 \cdot 10^5$	$0{,}9 \cdot 10^5$	$0{,}72 \cdot 10^5$ $0{,}28 \cdot 10^5$

gebogen. Das innere Moment $\vec{M}_b$ steht *senkrecht* zur Schnittfläche, es entstehen *Normal*spannungen σ_b (Biegespannungen = Zug- und Druckspannungen).

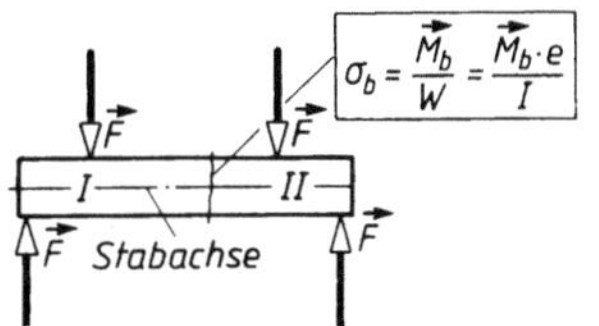

Bild 4.3-5
Biegebeanspruchung

4.3.6.4 Knickbeanspruchung (Knickung)
Die äußeren Kräfte drücken wie bei Druck in Richtung der Stabachse. „Schlanke" Druckstäbe knicken dann bei einer bestimmten Belastung plötzlich aus (Bild 4.3–6).

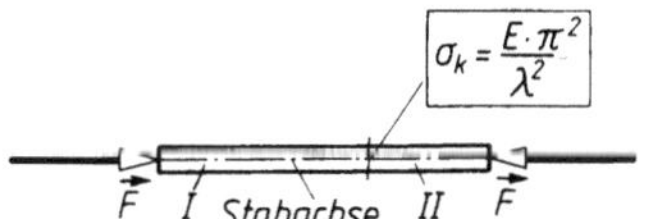

Bild 4.3-6
Knickbeanspruchung

4.3.6.5 Abscherbeanspruchung (Abscheren)
Die äußeren Kräfte wirken senkrecht zur Stabachse (Bild 4.3–7). Sie versuchen die beiden Schnittufer parallel zueinander zu verschieben. Die innere Kraft $\vec{F}_q$ liegt *in* der Schnittfläche (Bild 4.3–1), es entstehen *Schub*spannungen τ_a (Abscherspannungen).

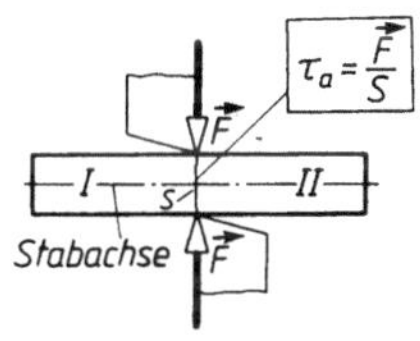

Bild 4.3-7
Abscherbeanspruchung

4.3.6.6 Torsion (Verdrehbeanspruchung)
Die äußeren Kräfte ergeben ein Kräftepaar nach Bild 4.3–8. Es wirkt in einer senkrecht zur Stabachse stehenden Ebene und versucht die Schnittufer gegeneinander zu verdrehen: der Stab wird verdreht (tordiert). Das innere Moment $\vec{M}_T$ (Torsionsmoment) liegt *in* der Schnittfläche, es entstehen *Schub*spannungen τ_t (Torsionsspannungen).

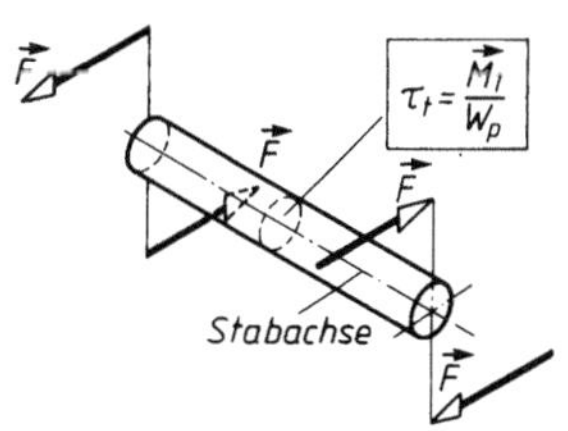

Bild 4.3-8
Torsion (Verdrehbeanspruchung)

4.3.7 Zusammengesetzte Beanspruchung (Überblick)

Das gemeinsame Auftreten zweier oder mehrerer Grundbeanspruchungsarten heißt zusammengesetzte Beanspruchung. Sie kann schon durch eine Einzelkraft $\vec{F}$ allein hervorgerufen werden (Bild 4.3–9). Welche Beanspruchungsarten auftreten, klärt das Schnittverfahren. Beispielsweise hat der beliebige Querschnitt $x-x$ in der Handkurbelwelle in Bild 4.3–9 zu übertragen:

Biegemoment $\vec{M}_{b1} = \vec{F} \cos\alpha \cdot l_1$
ergibt Biegebeanspruchung,

Biegemoment $\vec{M}_{b2} = \vec{F} \sin\alpha \cdot l_2$
ergibt Biegebeanspruchung,

Torsionsmoment $\vec{M}_T = \vec{F} \sin\alpha \cdot l_1$
ergibt Torsionsbeanspruchung,

Querkraft $\vec{F}_q = \vec{F} \sin\alpha$
ergibt Abscherbeanspruchung,

Normalkraft $\vec{F}_N = \vec{F} \cos\alpha$
ergibt Druck- und Knickbeanspruchung.

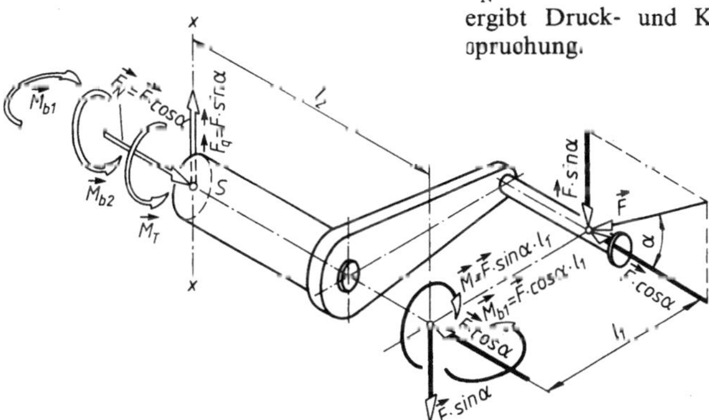

Bild 4.3-9 Zusammengesetzte Beanspruchung als Folge einer schräg angreifenden Einzelkraft $\vec{F}$

4.3.8 Hauptgleichungen der Festigkeitslehre

4.3.8.1 Zug und Druck

1. Spannung

Wird ein Stab von beliebigem, gleichbleibendem Querschnitt durch die äußere Kraft F in der Schwerachse auf Zug oder Druck beansprucht, so wird bei gleichmäßiger Spannungsverteilung die *Zug- oder Druckspannung*

$$\sigma_{z,d} = \frac{\text{Zug- oder Druckkraft } \vec{F}}{\text{Querschnittsfläche } S},$$

$$\sigma_{z,d} = \frac{\vec{F}}{S}. \qquad (4.3\text{–}9)$$

σ	$\vec{F}$	S
$\frac{\text{N}}{\text{mm}^2}$	N	mm^2

(*Zug- und Druck-Hauptgleichung*)

Je nach vorliegender Aufgabe kann die Hauptgleichung umgestellt werden zur

– Berechnung des *erforderlichen Querschnittes* (Querschnittsnachweis):

$$S_{\text{erf}} = \frac{\vec{F}}{\sigma_{\text{zul}}}, \qquad (4.3\text{–}10)$$

– Berechnung der *vorhandenen Spannung* (Spannungsnachweis):

$$\sigma_{\text{vorh}} = \frac{\vec{F}}{S}, \qquad (4.3\text{–}11)$$

– Berechnung der *maximal zulässigen Belastung* (Belastungsnachweis):

$$\vec{F}_{\max} = \sigma_{\text{zul}} S. \qquad (4.3\text{–}12)$$

Treten Zug- und Druckspannungen in einer Rechnung gleichzeitig auf, werden sie durch den Index z und d oder durch das Vorzeichen + und – unterschieden.

Bohrungen und Nietlöcher sind bei Zugbeanspruchung von der tragenden Fläche abzuziehen. Bei Druck dagegen übertragen Bolzen und Niete die Druckkraft weiter, wenn sie nicht aus weicherem Werkstoff bestehen. Der Bohrungsquerschnitt braucht dann nicht vom tragenden abgezogen zu werden. Schlanke Druckstäbe müssen auf Knickung berechnet werden. Scharfe Querschnittsveränderungen wie Kerben, Bohrungen, Hohlkehlen usw. erfordern bei Zug und Druck eine Nachrechnung auf Kerbwirkung, weil im Kerbgrund außergewöhnlich hohe Spannungsspitzen auftreten können. Die Hauptgleichung liefert dann nur die (mittlere) sogenannte *Nennspannung* σ_n. Bei veränderlichem Querschnitt gehört zur kleineren Querschnittsfläche die größere Spannung und umgekehrt.

2. Elastische Formänderung

a) Verlängerung

Jeder auf Zug beanspruchte Stab verlängert sich um einen berechenbaren Betrag, die Verlängerung Δl. Ist nach Bild 4.3–10 die Ursprungslänge l_0, die Länge bei Belastung l, so ergibt sich nach dem Hookeschen Gesetz (4.3–8) die *Verlängerung*

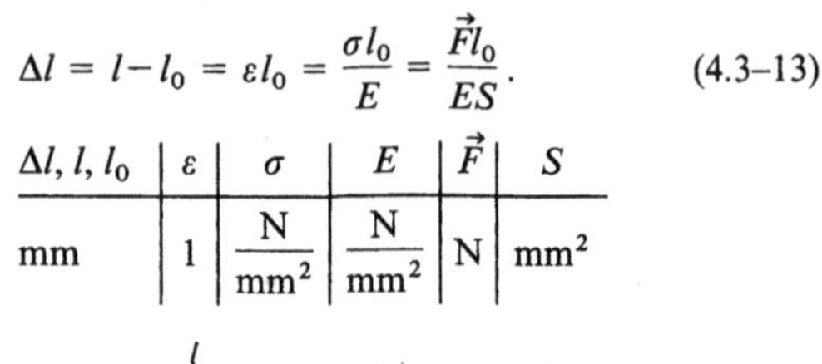

$$\Delta l = l - l_0 = \varepsilon l_0 = \frac{\sigma l_0}{E} = \frac{\vec{F} l_0}{E S}. \qquad (4.3\text{–}13)$$

$\Delta l, l, l_0$	ε	σ	E	$\vec{F}$	S
mm	1	$\frac{\text{N}}{\text{mm}^2}$	$\frac{\text{N}}{\text{mm}^2}$	N	mm^2

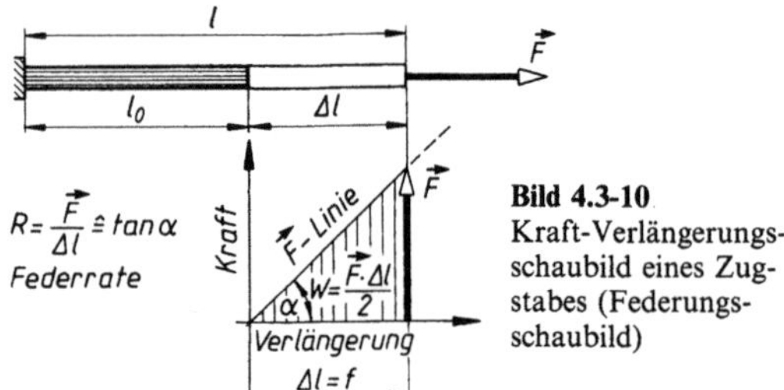

Bild 4.3-10 Kraft-Verlängerungsschaubild eines Zugstabes (Federungsschaubild)

b) Reißlänge

Die Reißlänge l_r ist diejenige Länge, bei der ein frei hängender Stab von gleichbleibendem Querschnitt unter dem Einfluß seiner Gewichtskraft $\vec{F}_G = m\vec{g} = V\varrho\vec{g} = Sl_r\varrho\vec{g}$ abreißt. Daher wird in der Zug-Hauptgleichung (4.3–9) die Zugkraft $\vec{F}$ durch die Gewichtskraft $\vec{F}_G$ ersetzt und diese Gleichung nach l_r aufgelöst:

$$\sigma_z = \frac{\vec{F}}{S} = \frac{\vec{F}_G}{S} = \frac{S l_r \varrho \vec{g}}{S} = l_r \varrho \vec{g},$$

$$l_r = \frac{R_m}{\varrho \vec{g}},$$

R_m ist die Zugfestigkeit des Werkstoffes aus dem der Stab oder das Seil besteht.

Eine *Zahlenwertgleichung* für schnelleres Rechnen ergibt sich, wenn die Gleichung auf die Längeneinheit km zugeschnitten wird. Dazu ist die Umrechnung der Flächeneinheit mm^2 in m^2 erforderlich.

$$l_r = 10^3 \frac{R_m}{\varrho \vec{g}}.$$

l_r	R_m	ϱ	$\vec{g}$
km	$\frac{\text{N}}{\text{mm}^2}$	$\frac{\text{kg}}{\text{m}^3}$	$\frac{\text{m}}{\text{s}^2}$

Mit der Fallbeschleunigung $\vec{g} \approx 10 \frac{\text{m}}{\text{s}^2}$ wird die Gleichung noch einfacher:

$$l_r = 100 \frac{R_m}{\varrho}. \qquad (4.3\text{–}14)$$

l_r	R_m	ϱ
km	$\frac{\text{N}}{\text{mm}^2}$	$\frac{\text{kg}}{\text{m}^3}$

Die Reißlänge l_r hängt ab von der Zugfestigkeit R_m des Werkstoffes, seiner Dichte ϱ und der Fallbeschleunigung $\vec{g}$; sie hängt *nicht* ab von Größe und Form des Stabquerschnitts. Man kann also l_r nicht dadurch erhöhen, daß man den Stabquerschnitt vergrößert, weil sich damit auch die Gewichtskraft erhöhen würde.

c) Formänderungsarbeit

Am vollkommen elastischen Stab verrichten die Zug- und Druckkräfte $\vec{F}$ längs des Weges Δl (Verlängerung) die *Formänderungsarbeit*

$$W = \frac{\vec{F}\Delta l}{2} = \frac{\sigma^2 V}{2E} \qquad (4.3\text{–}15)$$

(siehe Bild 4.3–10).

W	$\vec{F}$	Δl	σ	E	V
J = Nm	N	m	$\frac{\text{N}}{\text{m}^2}$	$\frac{\text{N}}{\text{m}^2}$	m^3

Darin wurde nach Gleichung (4.3–13) eingesetzt für $\Delta l = \varepsilon l_0 = \dfrac{\sigma l_0}{E}$, für $\vec{F} = \sigma S$ und für $S l_0 =$ Volumen V.

Für σ und E gilt $1\,\dfrac{\text{N}}{\text{mm}^2} = 1\,\dfrac{\text{N}}{10^{-6}\,\text{m}^2} = 10^6\,\dfrac{\text{N}}{\text{m}^2}$.

Der Formänderungsarbeit W entspricht die Dreieckfläche im Kraft-Verlängerungsschaubild (Bild 4.3–10). Die Zugkraft $\vec{F}$ wächst linear mit der Verlängerung Δl; die Kraftlinie ist daher eine Gerade. Das Verhältnis aus Zugkraft $\vec{F}$ und Verlängerung Δl (= Federweg f) heißt *Federrate*

$$R = \frac{\vec{F}}{\Delta l} = \frac{\vec{F}}{f} \mathrel{\hat{=}} \tan\alpha. \qquad (4.3\text{–}16)$$

R	$\vec{F}$	Δl	f
$\frac{\text{N}}{\text{m}}$	N	m	m

Der elastische Zugstab ist im weiteren Sinne demnach eine Feder; denn er hat die Fähigkeit, potentielle mechanische Energie aufzunehmen, die ihm über die Formänderungsarbeit der Federkraft vermittelt wurde.

d) Formänderung bei dynamischer Belastung

Bei *plötzlich* wirkender Zug- oder Druckkraft wird die Formänderung (Verlängerung oder Verkürzung Δl) *größer* als beim langsamen Aufbringen der Last. Wird z. B. ein am Seil hängender Körper von der Gewichtskraft $\vec{F}_G = m\vec{g}$ um die Höhe h angehoben und dann frei fallen gelassen, so muß vom Seil die Arbeit $W = \vec{F}_G h + \vec{F}_G \Delta l = \vec{F}_G\,(h + \Delta l)$ als Formänderungsarbeit $W = \sigma^2\,V/2E$ (s. Gl. (4.3–15)) aufgenommen werden.

Beide Ausdrücke werden gleichgesetzt:

$$\vec{F}_G(h + \Delta l) = \frac{\sigma^2\,V}{2E}$$

und mit $V = Sl$ und $\sigma = \sigma_{dyn}$

$$2E\vec{F}_G(h + \Delta l) = \sigma_{dyn}^2\,Sl.$$

Die Spannung bei ruhender Belastung durch die Gewichtskraft $\vec{F}_G$ ist $\sigma_0 = \vec{F}_G/S$. Außerdem gilt das Hookesche Gesetz $\sigma_{dyn} = E\,\varepsilon_{dyn} = E\,\Delta l/l$. Damit wird

$$\sigma_{dyn}^2 = \frac{2E\vec{F}_G}{Sl}(h + \Delta l) = 2E\sigma_0\frac{h}{l} + 2\sigma_0 E\frac{\Delta l}{l} =$$

$$= 2E\sigma_0\frac{h}{l} + 2\sigma_0\sigma_{dyn},$$

$$\sigma_{dyn}^2 - 2\sigma_0\sigma_{dyn} - 2E\sigma_0\frac{h}{l} = 0.$$

Aus dieser quadratischen Gleichung ergeben sich σ_{dyn} (größte Spannung) und ε_{dyn} (größte Dehnung):

$$\sigma_{dyn} = \sigma_0 + \sqrt{\sigma_0^2 + 2\sigma_0 E\frac{h}{l}},$$

$$\varepsilon_{dyn} = \varepsilon_0 + \sqrt{\varepsilon_0^2 + 2\varepsilon_0\frac{h}{l}}. \qquad (4.3\text{–}17)$$

σ_{dyn}, σ_0,	E	h	l	ε_{dyn}, ε_0
$\frac{\text{N}}{\text{mm}^2}$	$\frac{\text{N}}{\text{mm}^2}$	mm	mm	1

Bei *plötzlich aufgebrachter Last ohne vorherigen Fall* ($h = 0$) wird

$$\sigma_{dyn} = 2\sigma_0,$$

$$\varepsilon_{dyn} = 2\varepsilon_0, \qquad (4.3\text{–}18)$$

$$\Delta l_{dyn} = 2\Delta l_0.$$

Die bei dynamischer Belastung auftretenden *Schwingungen* haben die Anfangsamplitude

$\sigma_a = \sigma_{dyn} - \sigma_0$ um die Gleichgewichtslage σ_0 und

$\Delta l_a = \Delta l_{dyn} - \Delta l_0$ um die Gleichgewichtslage Δl_0.

e) Wärmespannungen.

Die Erfahrung zeigt, daß sich alle festen Körper bei Erwärmung mehr oder weniger ausdehnen und bei Abkühlung wieder zusammenziehen. Ein Stab mit der Ursprungslänge l_0 zeigt bei Erwärmung um die

Temperaturdifferenz $\Delta T = \vartheta_2 - \vartheta_1$ die *Verlängerung*

$$\Delta l = l_0 \alpha_l \Delta T. \qquad (4.3\text{–}19)$$

$\Delta l, l_0$	α_l	ΔT
mm	$\frac{1}{K}$	K

Darin ist α_l der ***Längenausdehnungskoeffizient*** des betreffenden Stoffes mit der Einheit:

$$(\alpha_l) = \frac{\text{Meter}}{\text{Meter} \cdot \text{K}} = \frac{1}{\text{K}} = \frac{1}{°\text{C}},$$

1 °C (Grad Celsius) = 1 K (Kelvin).

Für Stahl ist $\alpha_l = 12 \cdot 10^{-6}$ 1/K; für Quarz ist $\alpha_l = 1 \cdot 10^{-6}$ 1/K.

Bei der Temperaturerhöhung um ΔT stellt sich die Länge l_t ein:

$$l_t = l_0 + \Delta l = l_0 + l_0 \alpha_l \Delta T = l_0(1 + \alpha_l \Delta T). \quad (4.3\text{–}20)$$

Ist durch entsprechende Einspannung eine Ausdehnung des Stabes nicht möglich, müssen im Stab Normalspannungen σ auftreten. Ihr Betrag wird genauso groß, als wenn der Stab um Δl verlängert worden wäre. Im Bereich des Hookeschen Gesetzes (4.3–7) gilt dann mit Gleichung (4.3–19) für die *Wärmespannung*

$$\sigma_T = \varepsilon E = \frac{\Delta l}{l_0} E = \frac{l_0 \alpha \Delta T}{l_0} E = \alpha_l \Delta T E. \quad (4.3\text{–}21)$$

σ_T	E	ε	$\Delta l, l_0$	ΔT	α_l
$\frac{N}{mm^2}$	$\frac{N}{mm^2}$	1	mm	K	$\frac{1}{K}$

4.3.8.2 Biegung

1. Biegespannung

a) Biegungsarten, inneres Kräftesystem

Biegung tritt auf, wenn mindestens eine der Achsen (= Biegeachse) eines festen Körpers gekrümmt wird. Wird die Biegeachse elastisch gebogen, so heißt sie *Biegelinie* oder *elastische Linie*. Biegung ist nicht unbedingt an das Vorhandensein erkennbarer äußerer Kräfte gebunden. Biegung kann auch durch Eigenspannungen nach der Bearbeitung, durch Temperaturunterschiede, Schrumpfung usw. auftreten.

Man unterscheidet folgende Biegungsarten:

- *Einfache (gerade) Biegung* (Bild 4.3–11): Alle Kräfte $\vec{F}$ (Belastungen) einschließlich der Stützkräfte stehen senkrecht zur Stabachse. Sie liegen in einer Ebene (= Lastebene), die zugleich Ebene einer Hauptachse ist. Symmetrische Querschnitte werden dann nicht verdreht. Diese Biegungsart tritt im Maschinenbau am häufigsten auf.

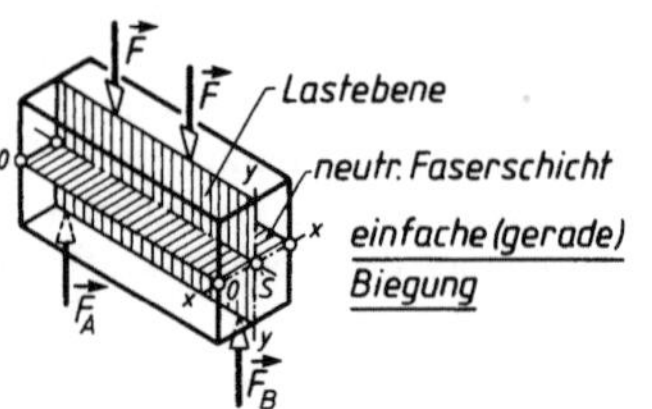

Bild 4.3-11 Einfache (gerade) Biegung

- *Schiefe Biegung* (Bild 4.3–12): Die Lastebene schneidet zwar die Stabachse, fällt aber nicht mit der Ebene einer Hauptträgheitsachse zusammen.

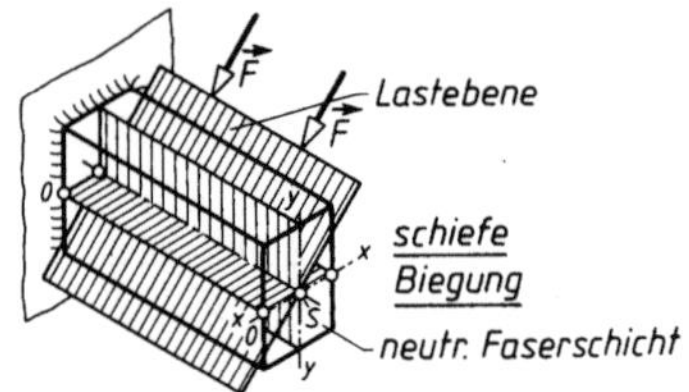

Bild 4.3-12 Schiefe Biegung

- *Drillbiegung* (Bild 4.3–13): Die Lastebene schneidet die Stabachse nicht; auch symmetrische Querschnitte werden durch ein Drillmoment verdreht.

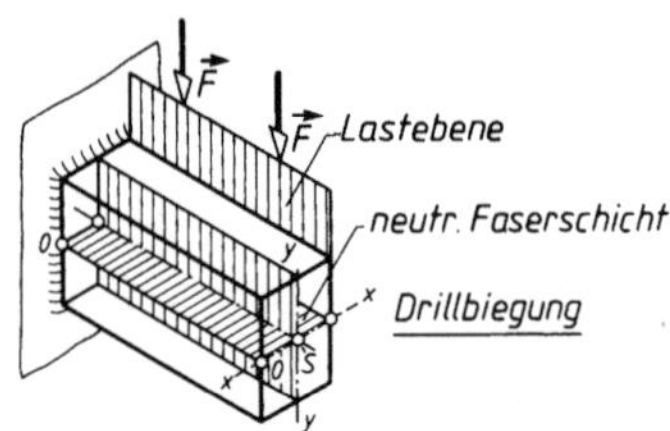

Bild 4.3-13 Drillbiegung

- *Reine Biegung* (Bild 4.3–14): Das belastende Kräftesystem besteht aus zwei Kräftepaaren, deren gemeinsame Ebene wie bei der einfachen (geraden) Biegung mit der Ebene einer Hauptachse zusammenfällt. Es wirken keine Querkräfte $\vec{F}_q$, keine Längskräfte $\vec{F}_N$ und bei symmetrischen Querschnitten auch kein Drillmoment.

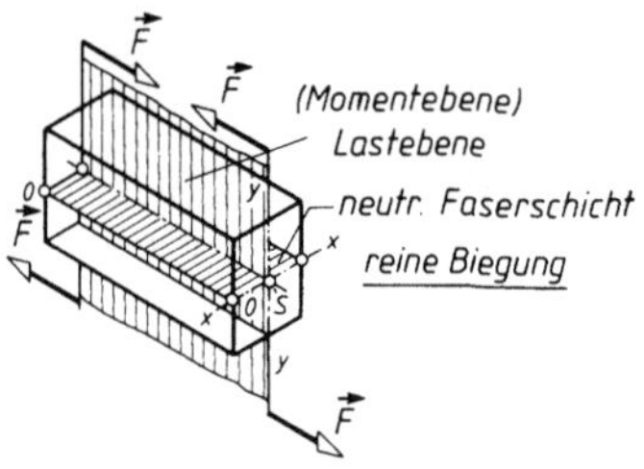

Bild 4.3-14 Reine Biegung

– *Knickbiegung* (Bild 4.3–15): Zug- oder Druckkraft $\vec{F}$ wirkt außermittig parallel zur Stabachse. Bei Druckkraft Knickbiegung, bei Zugkraft Zugbiegung.

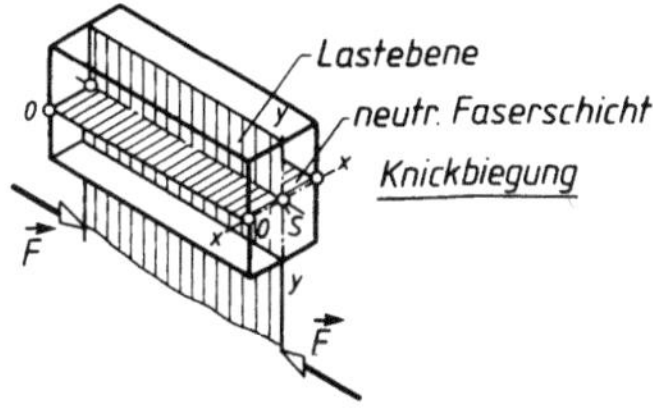

Bild 4.3-15 Knickbiegung

In der Praxis können sich die einzelnen Biegungsarten überlagern oder in mehreren Ebenen gleichzeitig auftreten. Hier werden nur einfache und reine Biegung behandelt. *Das innere Kräftesystem* wird mit Hilfe der Schnittmethode bestimmt (Bild 4.3–16). Nach Bestimmung der Stützkräfte $\vec{F}_A$, $\vec{F}_B$ wird in der gewünschten Schnittstelle (Querschnitt $x-x$) dasjenige innere Kräftesystem angebracht, das einen der beiden Teile I oder II ins Gleichgewicht setzt.

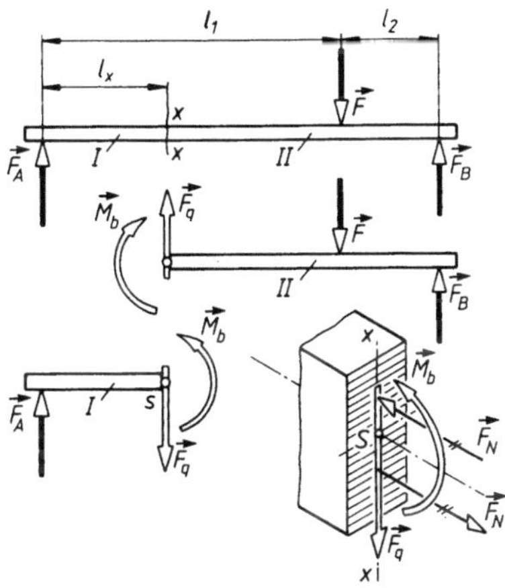

Bild 4.3-16 Inneres Kräftesystem bei gerader Biegung

Nach Bild 4.3–16 hat der betrachtete Querschnitt $x-x$ zu übertragen:

– Die innere *Querkraft* $\vec{F}_q$; sie ist die algebraische Summe aller senkrecht zur Stabachse gerichteten äußeren Kräfte (einschließlich der Stützkräfte!) rechts *oder* links von der betrachteten Schnittstelle. Die innere Querkraft $\vec{F}_q$ ruft im Querschnitt *Schubspannungen* τ hervor.

– Das innere *Biegemoment* $\vec{M}_b$; es ist die algebraische Summe der Momente aller äußeren Kräfte (einschließlich der Stützkräfte!) in bezug auf den Schnittflächenschwerpunkt S rechts *oder* links von der betrachteten Schnittstelle.

Das Biegemoment $\vec{M}_b$ ruft im Querschnitt *Normalspannungen* σ hervor, wie die Auflösung des Biegemomentes in die beiden Teilkräfte $\vec{F}_N$ des entsprechenden Kräftepaares zeigt (Bild 4.3–16). Die entstehenden Normalspannungen sind demnach Zug- und Druckspannungen. Ist keine besondere Unterscheidung erforderlich, so wird ihr Größtwert mit *Biegespannung* σ_b bezeichnet.

b) Biege-Hauptgleichung

Beanspruchen die äußeren Kräfte einen Träger auf Biegung, so ist für die in einem bestimmten Querschnitt auftretende Biegespannung σ_b nicht der Betrag der Kräfte, sondern ihr Biegemoment $\vec{M}_b$ maßgebend. Ebenso wird die Biegespannung nicht durch den Flächeninhalt, sondern vom axialem Widerstandsmoment W des Querschnitts bestimmt:

$$\text{Biegespannung } \sigma_b = \frac{\text{Biegemoment } \vec{M}_b}{\text{axiales Widerstandsmoment } W},$$

$$\sigma_b = \frac{\vec{M}_b}{W}, \qquad (4.3\text{–}22)$$

σ_b	M_b	W
$\frac{\text{N}}{\text{mm}^2}$	Nmm	mm³

(*Biege-Hauptgleichung*).

Diese Gleichung darf nur verwendet werden, wenn die Nullinie (= neutrale Achse des Querschnittes) zugleich Symmetrieachse ist, also $e_1 = e_2 = e$ in Bild 4.3–17.

Je nach vorliegender Aufgabe kann die Biege-Hauptgleichung umgestellt werden zur

– Berechnung des *erforderlichen Querschnittes* (Querschnittsnachweis):

$$W_{\text{erf}} = \frac{\vec{M}_{\text{b max}}}{\sigma_{\text{b zul}}}; \qquad (4.3\text{–}23)$$

– Berechnung der *vorhandenen Spannung* (Spannungsnachweis):

$$\sigma_{\text{b vorh}} = \frac{\vec{M}_{\text{b max}}}{W}; \qquad (4.3\text{–}24)$$

– Berechnung der *maximal zulässigen Belastung* (Belastungsnachweis):

$$\vec{M}_{\text{b max}} = W \sigma_{\text{b zul}}. \qquad (4.3\text{–}25)$$

c) Herleitung der Biege-Hauptgleichung

Die äußeren Kräfte biegen den Träger nach unten durch (Bild 4.3–17). Die vorher parallelen Schnitte *ab*, *cd* stellen sich schräg gegeneinander: *a′ b′ c′ d′*. Dabei werden die oberen Werkstoff-Fasern verkürzt (Stauchung $-\varepsilon$), die unteren dagegen verlängert (Dehnung $+\varepsilon$). Dazwischen muß eine Faserschicht liegen, die sich weder verkürzt noch verlängert, die ihre Länge also beibehält. Das ist die „neutrale Faser-

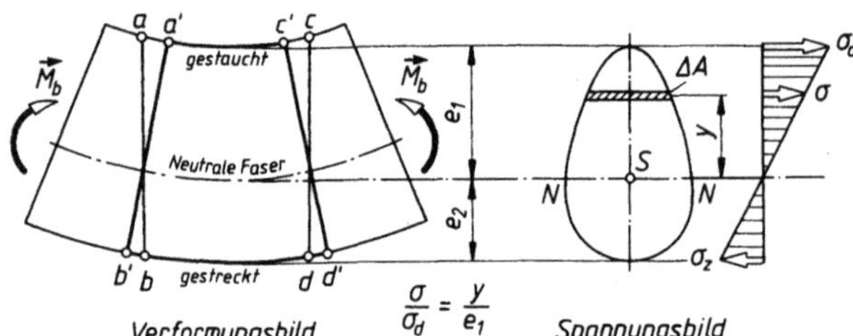

Bild 4.3-17
Verformungs- und Spannungsbild bei Biegung

schicht", bei der $\pm\varepsilon = 0$ ist. Diese schneidet jeden Querschnitt in einer Geraden, die *neutrale Achse* des Querschnittes oder *Nullinie* genannt wird ($N-N$ in Bild 4.3–17). Sie geht durch den Schwerpunkt S der Querschnitte. Es wird angenommen, daß die vorher ebenen Querschnitte auch nach der Biegung eben bleiben (durch Versuche bestätigt). Weiterhin soll das Hookesche Gesetz gelten. Aus der ersten Bedingung folgt, daß die Dehnungen ε proportional mit den Abständen y von der Nullinie wachsen, aus der zweiten, daß auch die Spannungen proportional diesen Abständen sind:

$$\frac{\sigma}{\sigma_d} = \frac{y}{e_1}; \quad \text{daraus} \quad \sigma = \sigma_d \frac{y}{e_1} \text{ (Bild 4.3–17).}$$

Im Gegensatz zur Zug- und Druckbeanspruchung sind demnach die Spannungen *linear* verteilt. Die neutrale Faserschicht ist unverformt, also auch spannungslos. Die Spannungen wachsen mit dem Abstand y von der neutralen Faser bis zum Höchstwert σ_d (Druckspannung) und σ_z (Zugspannung).

Für jeden Querschnitt des Trägers müssen die statischen Gleichgewichtsbedingungen erfüllt sein. Jedes Flächenteilchen ΔA überträgt die Normalkraft $\Delta\vec{F} = \sigma\Delta A$.

Nach der *ersten Gleichgewichtsbedingung* ist $\Sigma \vec{F}_x = 0$. Da der Querschnitt keine Längskraft zu übertragen hat, wird $\Sigma\Delta\vec{F} = \Sigma\sigma\Delta A = 0$. Mit $\sigma = \sigma_d \frac{y}{e_1}$ wird

$$\sum \sigma_d \frac{y}{e_1} \Delta A = \frac{\sigma_d}{e_1} \sum y \Delta A = 0,$$

also auch

$$\sum y \Delta A = 0.$$

Der Ausdruck $\Sigma y\Delta A$ ist das Moment der Fläche A (Flächenmoment 1. Grades) in bezug auf die neutrale Faser (Nullinie). Da es gleich Null ist, muß die Nullinie zugleich Schwerlinie sein, d. h., die neutrale Faser muß durch den Schwerpunkt gehen.

Nach der *zweiten Gleichgewichtsbedingung* ist $\Sigma \vec{F}_y = 0$. Da der Querschnitt bei Biegung auch eine Querkraft zu übertragen hat, führt diese Bedingung auf Schubspannungen τ. Ist der Querschnitt im Verhältnis zur Stablänge klein, können sie vernachlässigt werden.

Nach der *dritten Gleichgewichtsbedingung* ist $\Sigma \vec{M} = \vec{0}$. Da der Querschnitt bei Biegung ein Biegemoment $\vec{M}_b$ zu übertragen hat, ergibt sich mit $\Delta\vec{F} = \sigma\Delta A$ und deren Innenmoment $\Delta M_i = \Delta\vec{F}y$:

$$\vec{M}_b = \sum \vec{M}_i = \sum \Delta\vec{F}y = \sum \sigma\Delta A y$$
$$= \sum \sigma_d \frac{y}{e_1} \Delta A y = \frac{\sigma_d}{e_1} \sum y^2 \Delta A.$$

Aus der letzten Entwicklungsform wird der Ausdruck $\Sigma y^2 \Delta A$ als rein geometrische Rechengröße herausgezogen. Man bezeichnet es als *axiales Flächenmoment 2. Grades I* der Fläche A.

Die größten Spannungen σ_d und σ_z treten in den Randfasern auf. Deren Abstände von der Nullinie sind e_1 und e_2. Mit $I = \Sigma y^2 \Delta A$ werden diese Randfaserspannungen:

$$\textit{größte Druckspannung } \sigma_d = e_1 \frac{\vec{M}_b}{I}, \tag{4.3–26}$$

$$\textit{größte Zugspannung } \sigma_z = e_2 \frac{\vec{M}_b}{I}. \tag{4.3–27}$$

Wird weiter das *Widerstandsmoment* $W = I/e$ eingeführt, also hier $W_1 = I/e_1$ und $W_2 = I/e_2$, so wird $\sigma_d = \vec{M}_b/W_1$ und $\sigma_z = \vec{M}_b/W_2$.

Ist die Nullinie $N-N$ zugleich Symmetrieachse des Querschnittes und damit $e_1 = e_2 = e$, so sind beide Randfaserspannungen gleich groß. Dann wird grundsätzlich unter $\sigma_b = \sigma_d = \sigma_z$ die Randfaserspannung σ_{max} verstanden und es ergibt sich die Biege-Hauptgleichung $\sigma_b = \vec{M}_b/W$ (s. Gl. (4.3–22)).

Im *unsymmetrischen Querschnitt* (Bild 4.3–18) sind die Randfaserabstände e_1, e_2 verschieden groß.

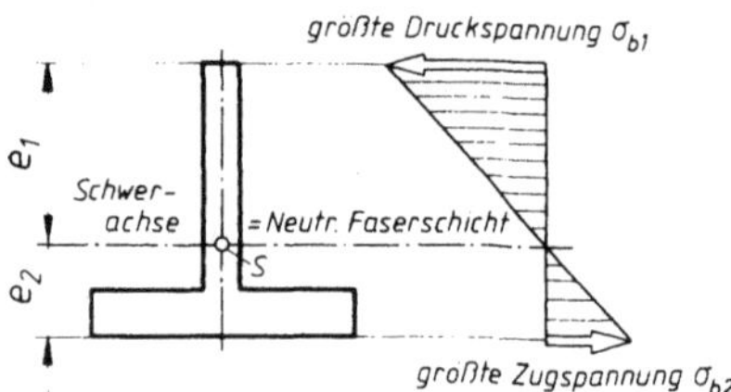

Bild 4.3-18 Spannungsverteilung im unsymmetrischen Querschnitt bei Belastung nach Bild 4.3-16.

Es werden dann zwei verschiedene Widerstandsmomente $W_1 = I/e_1$ und $W_2 = I/e_2$ berechnet und damit auch zwei verschiedene Randfaserspannungen:

größte Zugspannung $\sigma_{b2} = \sigma_{z\,max} = \dfrac{\vec{M}_b e_2}{I} = \dfrac{\vec{M}_b}{W_2}$, (4.3–28)

größte Druckspannung $\sigma_{b1} = \sigma_{d\,max} = \dfrac{\vec{M}_b e_1}{I} = \dfrac{\vec{M}_b}{W_1}$.

d) Voraussetzungen für die Gültigkeit der Biege-Hauptgleichung

- Gerade Stabachse, also nicht gekrümmte, wie z. B. beim Kranhaken;
- die Lastebene liegt in einer Hauptachse des Querschnittes; bei symmetrischem Querschnitt ist das zugleich eine Symmetrieachse;
- die Querschnitte sind klein im Verhältnis zur Stablänge;
- Normalschnitte bleiben nach der Belastung weiterhin senkrecht zur Stabachse und außerdem eben;
- für den Werkstoff gilt das Hookesche Gesetz;
- der Elastizitätsmodul ist für Zug- und Druckbeanspruchung gleich groß, z. B. für Stahl;
- die Spannungen bleiben unter der Proportionalitätsgrenze.

Scharfe Querschnittsänderungen, wie Kerben, Bohrungen, Hohlkehlen usw. erfordern eine Nachrechnung auf Kerbwirkung, weil im Kerbgrund außergewöhnlich hohe Spannungsspitzen auftreten können. Die Hauptgleichung liefert dann nur die (mittlere) sogenannte Nennspannung σ_n.

e) Querschnittsgestaltung

Die Werkstoffschichten biegebeanspruchter Bauteile werden zur Mitte zu immer weniger beansprucht. Es ist also wirtschaftlicher, sie von dort mehr nach außen zu verlagern, d. h. die größere Stoffmenge außen anzubringen. Diese Überlegung führt zum Doppel-T-Profil und zum Kreisringquerschnitt.

Bei ungleicher zulässiger Spannung für Zug und Druck, wie z. B. bei Grauguß mit $\sigma_{z\,zul} : \sigma_{d\,zul} = 1 : 3$, muß unsymmetrischer Querschnitt gewählt werden.

Für das *Verhältnis der Randfaserabstände* e_1, e_2 gilt dann

$$\frac{e_1}{e_2} = \frac{\sigma_{z\,zul}}{\sigma_{d\,zul}} = \frac{1}{3}. \qquad (4.3\text{–}29)$$

Mit h Profilhöhe, e_1 Randfaserabstand der gezogenen und e_2 Randfaserabstand der gedrückten Faser wird dann $e_1 = 0{,}25\,h$ und $e_2 = 0{,}75\,h$.

2. Flächenmomente 2. Grades und Widerstandsmomente ebener Flächen

a) Axiales Flächenmoment 2. Grades

Das *axiale Flächenmoment 2. Grades* I einer ebenen Fläche A, bezogen auf eine in der Ebene liegende *Achse* $a-a$, ist die Summe der Flächenteilchen ΔA, jedes malgenommen mit dem Quadrat seines senkrechten Abstandes ϱ von dieser Achse (Bild 4.3–19):

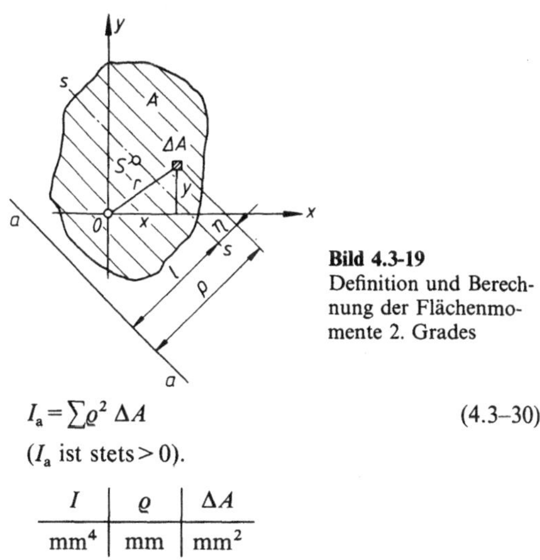

Bild 4.3-19
Definition und Berechnung der Flächenmomente 2. Grades

$$I_a = \sum \varrho^2 \,\Delta A \qquad (4.3\text{–}30)$$

(I_a ist stets > 0).

I	ϱ	ΔA
mm^4	mm	mm^2

Demgemäß ist für die durch den Punkt 0 der Fläche gehenden, senkrecht aufeinander stehenden Achsen x und y:

$$I_x = \sum y^2 \,\Delta A,$$
(I_x ist stets > 0)
$$I_y = \sum x^2 \,\Delta A. \qquad (4.3\text{–}31)$$
(I_y ist stets > 0)

b) Polares Flächenmoment 2. Grades

Das *polare Flächenmoment 2. Grades* I_p einer ebenen Fläche A, bezogen auf einen in der Ebene liegenden *Punkt* 0, ist die Summe der Flächenteilchen ΔA, jedes malgenommen mit dem Quadrat seines Abstandes r von 0 (Bild 4.3–19):

$$I_p = \sum r^2 \,\Delta A \qquad (4.3\text{–}32)$$

(I_p ist stets > 0).

c) Widerstandsmoment

Das *Widerstandsmoment* W einer ebenen Fläche A ist gleich dem Flächenmoment I, geteilt durch den äußeren Randfaserabstand von der Bezugsachse:

$$\text{Widerstandsmoment } W = \frac{\text{Flächenmoment } I}{\text{Randfaserabstand } e}.$$

Es sind zu unterscheiden (Bild 4.3–20):

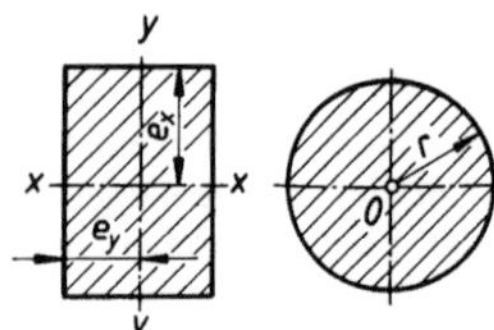

Bild 4.3-20
Randfaserabstand e und r

axiales Widerstandsmoment $$W_x = \frac{I_x}{e_x}, \quad (4.3–33)$$

axiales Widerstandsmoment $$W_y = \frac{I_y}{e_y}, \quad (4.3–34)$$

polares Widerstandsmoment $$W_p = \frac{I_p}{r}. \quad (4.3–35)$$

W	I	e, r
mm^3	mm^4	mm

Ist die Fläche unsymmetrisch (Bild 4.3–18), also Oberkante und Unterkante ungleich weit von der Bezugachse entfernt (e_1 bzw. e_2), so gibt es zwei axiale Widerstandsmomente:

$$W_{x1} = \frac{I_x}{e_1}, \qquad W_{x2} = \frac{I_x}{e_2}. \quad (4.3–36)$$

Für geometrisch einfache Querschnitte wie Rechteck, Dreieck, Kreis usw. können die Widerstandsmomente nach Formeln berechnet werden. Beispielsweise ist für den Rechteckquerschnitt $W_x = bh^2/b$ mit Breite b und Höhe h.

Bei Rechnungen ist zu beachten:

- Flächenteilchen dürfen *parallel* zur Achse verschoben werden, weil sich der Abstand x und y von der Bezugsachse nicht ändert. Das Flächenmoment 2. Grades in bezug auf diese Achse bleibt also unverändert.
- Die Flächenmomente 2. Grades verschiedener Teilflächen dürfen *dann* einfach addiert oder subtrahiert werden, wenn sie alle auf die *gleiche Achse* bezogen sind.
- Die Widerstandsmomente sind stets aus dem Gesamtflächenmoment 2. Grades zu bestimmen.

4.3.8.3 Abscheren

1. Spannung

Die Belastung $\vec{F}$ wirkt abscherend auf den Stab, wenn sie senkrecht zur Achse wirkt und kein Moment in bezug auf den Querschnitt hat, d. h., wenn die Kraft-Wirklinie im Querschnitt liegt (Bild 4.3–21). Im abgeschnittenen Teil ergibt die Untersuchung mit $\sum \vec{F} = 0$ die innere Querkraft $\vec{F}_q = F$. Sie wirkt *in* der Schnittfläche, es treten also *Schub*spannungen τ auf. Diese

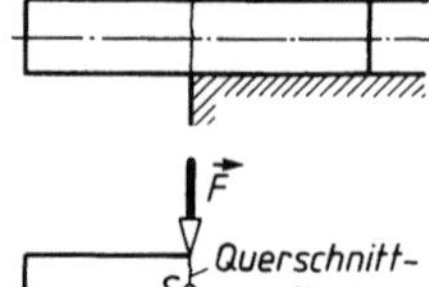

Bild 4.3-21
Scherbeanspruchter Stab

sind *nicht* gleichmäßig über dem Querschnitt verteilt, weil jede Abscherbeanspruchung in der Praxis mit einer Biegung verbunden ist. Da die tatsächliche Spannungsverteilung und deren Größtwert mathematisch schwer erfaßbar sind, wird mit dem Mittelwert gerechnet:

$$\text{Abscherspannung } \tau_a = \frac{\text{Querkraft } \vec{F}}{\text{Querschnittsfläche } S},$$

$$\tau_a = \frac{\vec{F}}{S} \quad (4.3–37)$$

τ_a	$\vec{F}$	S
$\frac{N}{mm^2}$	N	mm^2

(Abscher-Hauptgleichung).

Je nach vorliegender Aufgabe kann die Abscher-Hauptgleichung umgestellt werden zur

- Berechnung des *erforderlichen Querschnittes* (Querschnittsnachweis):

$$S_{erf} = \frac{\vec{F}}{\tau_{a\,zul}}, \quad (4.3–38)$$

- Berechnung der *vorhandenen Spannung* (Spannungsnachweis):

$$\tau_{a\,vorh} = \frac{\vec{F}}{S}, \quad (4.3–39)$$

- Berechnung der *maximal zulässigen Belastung* (Belastungsnachweis):

$$\vec{F}_{max} = S\,\tau_{a\,zul}. \quad (4.3–40)$$

Die Abscher*festigkeit* von Stahl und Grauguß kann aus der Zugfestigkeit R_m bestimmt werden:

$$\text{für Flußstahl ist} \quad \tau_{aB} = 0{,}85\,R_m, \qquad \text{für GG ist} \quad \tau_{aB} = 1{,}1\,R_m. \quad (4.3–41)$$

Niete und *Bolzen* werden nach obigen Gleichungen berechnet, obwohl in der Schnittfläche stets noch ein Biegemoment übertragen werden muß, wie die Untersuchung des Kräftegleichgewichtes am abgeschnittenen Bauteil beweist (Bilder 4.3–22 und 4.3–23). Die dadurch entstehende Unsicherheit wird durch ein geringeres τ_{azul} berücksichtigt.

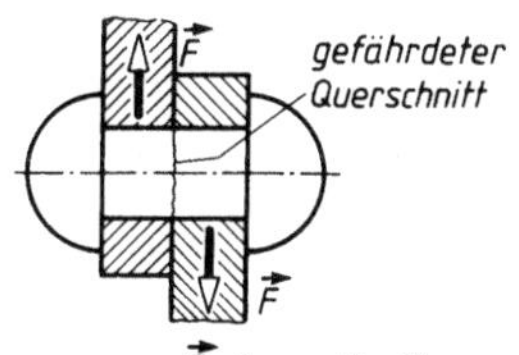

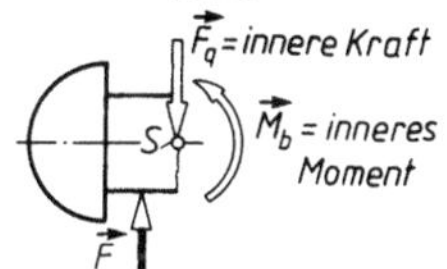

Bild 4.3-22
Schnittuntersuchung am Niet

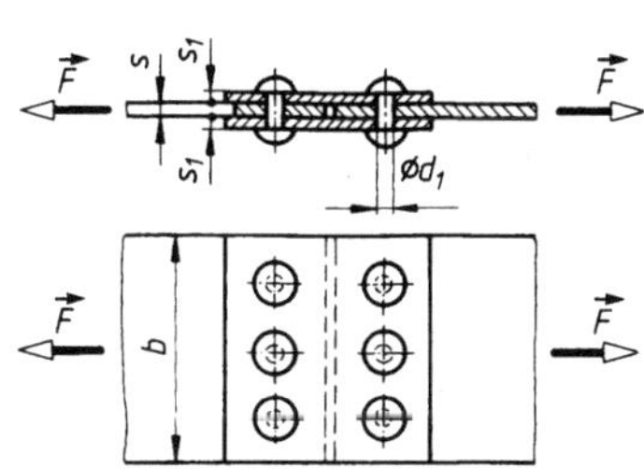

Bild 4.3-23 Nietverbindung

4.3.8.4 Torsion (Verdrehung)

1. Kreiszylinder mit gleichbleibendem Querschnitt

a) Spannung

Der gerade zylindrische Stab in Bild 4.3–24 ist einseitig eingespannt und wird durch das Drehmoment $\vec{M}$ belastet, dessen Ebene senkrecht zur Stabachse steht. Ein Schnitt senkrecht zur Stabachse zerlegt den Stab in die Teile I und II. Die statischen Gleichgewichtsbedingungen für einen Stababschnitt ergeben das innere Kräftesystem:

I. $\sum \vec{F}_x = 0$; keine x-Kräfte vorhanden,

II. $\sum \vec{F}_y = 0$; keine y-Kräfte vorhanden,

III. $\sum \vec{M}_{(0)} = 0 = \vec{M} - \vec{M}_T$.

Die Momentengleichgewichtsbedingung (III.) zeigt, daß der Querschnitt ein *in* der Fläche liegendes Torsionsmoment $\vec{M}_T = \vec{M}$ zu übertragen hat. Es ist längs des Stabes an jeder Querschnittsstelle gleich groß (im Gegensatz zur Biegung). Die Mantelgerade AB ist daher zur Wendel AC geworden. Die auftretende Torsionsspannung τ_t ist nur vom Betrag des zu übertragenden Torsionsmomentes $\vec{M}_T$ und vom polaren Widerstandsmoment W_p des Querschnittes abhängig:

Torsionsspannung

$$\tau_t = \frac{\text{Torsionsmoment } \vec{M}_T}{\text{polares Widerstandsmoment } W_p},$$

$$\tau_t = \frac{\vec{M}_T}{W_p} \qquad (4.3\text{–}42)$$

τ_t	$\vec{M}_T$	W_p
$\frac{N}{mm^2}$	Nmm	mm^3

(*Torsions-Hauptgleichung*).

Je nach vorliegender Aufgabe kann die Torsions-Hauptgleichung umgestellt werden zur

– Berechnung des *erforderlichen Querschnittes* (Querschnittsnachweis):

$$W_{p\,erf} = \frac{\vec{M}_T}{\tau_{t\,zul}}, \qquad (4.3\text{–}43)$$

– Berechnung der *vorhandenen Spannung* (Spannungsnachweis):

$$\tau_{t\,vorh} = \frac{\vec{M}_T}{W_p}, \qquad (4.3\text{–}44)$$

– Berechnung der *maximal zulässigen Belastung* (Belastungsnachweis):

$$\vec{M}_{T\,max} = W_p \tau_{t\,zul}. \qquad (4.3\text{–}45)$$

Für einfache Querschnitte stehen Gleichungen zur Berechnung des polaren Widerstandsmomentes W_p zur Verfügung. Für den häufigsten Fall des Kreisquerschnittes einer Vollwelle gilt $W_p = \pi d^3/16$.

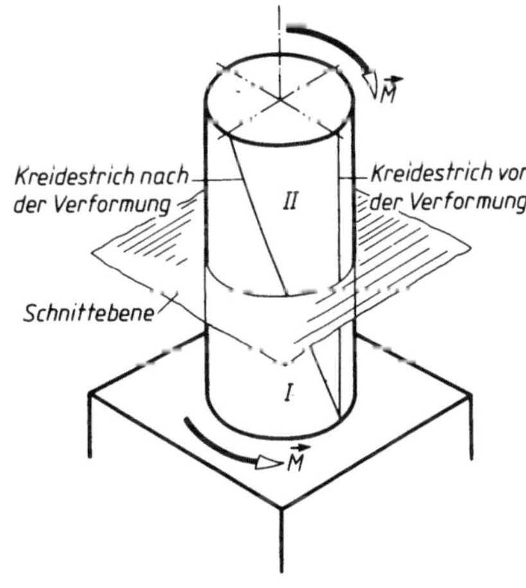

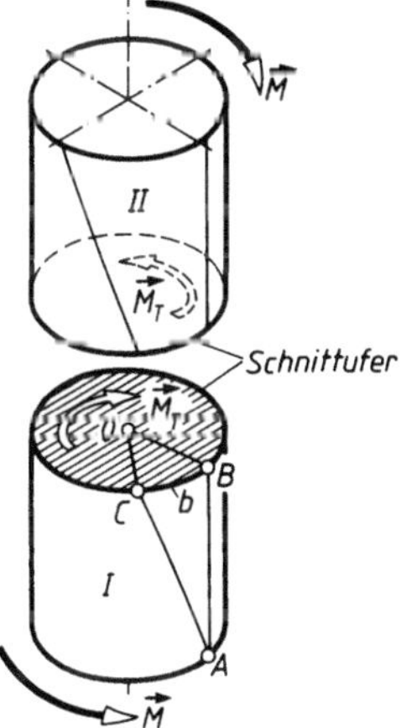

Bild 4.3-24
Torsionsbeanspruchte Welle
$\vec{M}$ ist das durch die äußeren Kräfte hervorgerufene Außenmoment,
$\vec{M}_T$ ist das durch die inneren Kräfte hervorgerufene Torsionsmoment

Wichtige Zahlenwertgleichungen zur Berechnung des *Torsionsmomentes* $\vec{M}_T = \vec{M}$ in Nm und Nmm aus gegebener *Leistung* P in kW und gegebener *Drehzahl* n in U/min = 1/min = min^{-1}:

$$M = 9549\,\frac{P}{n}, \qquad \begin{array}{c|c|c} \vec{M} & P & n \\ \hline \text{Nm} & \text{kW} & \text{min}^{-1} \end{array} \tag{4.3–46}$$

$$M = 9{,}55 \cdot 10^6\,\frac{P}{n}. \qquad \begin{array}{c|c|c} \vec{M} & P & n \\ \hline \text{Nmm} & \text{kW} & \text{min}^{-1} \end{array} \tag{4.3–47}$$

b) Herleitung der Torsions-Hauptgleichung

Das äußere Drehmoment M verdreht (tordiert) zwei dicht benachbarte Querschnitte gegeneinander. Es entstehen daher *Schub*spannungen τ. Wie das Verformungsbild 4.3–25 zeigt, werden die Werkstoffteilchen um so weiter drehend gegeneinander verschoben, je weiter entfernt sie von der Stabachse liegen: B' wandert nach C' und B nach C. Die stärkste Verformung liegt am Querschnittsumfang; die Stabachse dagegen ist unverformt.

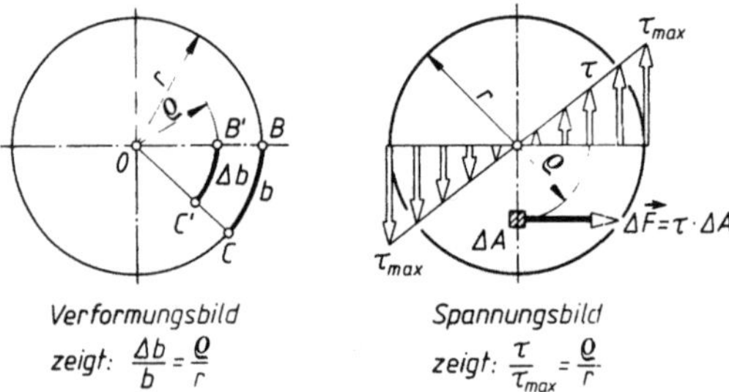

Bild 4.3-25 Verformungs- und Spannungsbild bei Torsion

Da im elastischen Bereich nach Hooke die Verformung der Spannung proportional ist, muß ebenso wie die Verformung auch die Spannung mit den Abständen ϱ von der Stabachse wachsen. Die Spannungen sind demnach wie bei der Biegung *linear* verteilt. Die Stabachse ist unverformt, also auch spannungslos.

Jedes Flächenteilchen ΔA überträgt die Querkraft $\Delta\vec{F} = \tau\Delta A$ (*in* der Fläche liegend). In bezug auf die Stabachse überträgt jedes Flächenteilchen mit dem Abstand ϱ das kleine Innenmoment $\Delta\vec{M}_T = \Delta\vec{F}\varrho = \tau\Delta A\varrho$.

Das Spannungsbild zeigt die Proportion:

$$\frac{\tau}{\tau_{\max}} = \frac{\varrho}{r}, \quad \text{also auch} \quad \tau = \tau_{\max}\frac{\varrho}{r}.$$

Damit wird

$$\Delta\vec{M}_T = \tau\Delta A\varrho = \tau_{\max}\frac{\varrho}{r}\Delta A\varrho = \frac{\tau_{\max}}{r}\Delta A\varrho^2.$$

Nach den Gleichgewichtsbedingungen muß das gesamte Torsionsmoment $\vec{M}_T$ gleich der Summe aller kleinen Innenmomente sein, also

$$\vec{M}_T = \sum\Delta\vec{M}_T = \sum\frac{\tau_{\max}}{r}\Delta A\varrho^2 = \frac{\tau_{\max}}{r}\sum\Delta A\varrho^2.$$

Der Summenausdruck $\sum\Delta A\varrho^2$ wird als rein geometrische Rechengröße herausgezogen und als *polares Flächenmoment* I_p bezeichnet. Wird außerdem die Randfaserspannung $\tau_{\max}$ als Torsionsspannung τ_t bezeichnet, so ergibt sich die Hauptgleichung in der Form

$$\vec{M}_T = \tau_t\frac{I_p}{r}$$

und mit $\frac{I_p}{r}$ = polares Widerstandsmoment W_p:

$$\vec{M}_T = \tau_t W_p.$$

c) Formänderung

Die Stirnflächen des torsionsbeanspruchten Stabes (Bild 4.3–26) werden um den *Verdrehwinkel* φ gegeneinander verdreht.

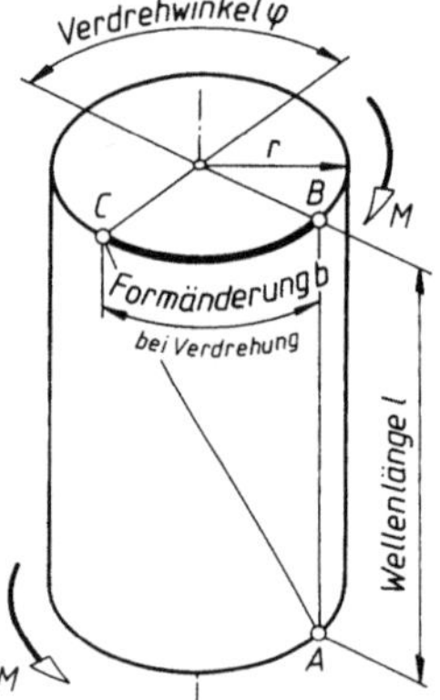

Bild 4.3-26 Formänderung bei Torsion

Bei der elastischen Verformung gilt für alle Beanspruchungsarten das Hookesche Gesetz: $\sigma = \Delta lE/l$. Wird sinngemäß eingesetzt: für die Normalspannung σ die Schubspannung τ, für die Formänderung Δl der Bogen b und für den Elastizitätsmodul E der Schubmodul G, so ergibt sich das Hookesche Gesetz für Torsion:

$$\tau_t = \frac{b}{l}G. \tag{4.3–48}$$

Zur rechnerischen Vereinfachung wird das Bogenstück $BC = b$ durch den Verdrehwinkel φ in Grad ausgedrückt. Zwischen beiden besteht die Beziehung

$$\frac{b}{2\pi r} = \frac{\varphi}{360^\circ}, \qquad \varphi = \frac{b360^\circ}{2\pi r} = \frac{b}{r}\cdot\frac{180^\circ}{\pi}.$$

Wird die nach b aufgelöste Beziehung (4.3–48) in die letzte Gleichung für den Verdrehwinkel eingesetzt, so ergeben sich die *Torsions-Formänderungsgleichungen:*

$$\varphi = \frac{\tau_t l}{Gr} \cdot \frac{180°}{\pi}, \tag{4.3–49}$$

$$\varphi = \frac{\vec{M}_T l}{W_p r G} \cdot \frac{180°}{\pi}, \tag{4.3–50}$$

$$\varphi = \frac{\vec{M}_T l}{I_p G} \cdot \frac{180°}{\pi}. \tag{4.3–51}$$

φ	τ_t	G	l	r	$\vec{M}_T$	W_p	I_p
°	$\frac{\text{N}}{\text{mm}^2}$	$\frac{\text{N}}{\text{mm}^2}$	mm	mm	Nmm	mm³	mm⁴

Der *Schubmodul G* entspricht dem *E*-Modul bei Normalspannungen, siehe auch Tabelle 4.3–1. Für Stahl ist $G = 80\,000$ N/mm². Die obigen Gleichungen zeigen, daß der Verdrehwinkel *unabhängig* von der Werkstoffgüte ist, weil z. B. für alle Stahlsorten G gleich groß ist. Es wäre also falsch, besseren Stahl zu benutzen, um den Verdrehwinkel kleiner zu halten.

d) Formänderungsarbeit

Beim Verdrehen eines zylindrischen Stabes steigt das Torsionsmoment $\vec{M}_T$ von Null bis zu einem Höchstwert proportional zum Verdrehwinkel an. Die im Stab gespeicherte *Formänderungsarbeit W* entspricht im $\vec{M}_T$, φ-Schaubild der Dreieckfläche unter der Federkennlinie (Bild 4.3–27):

$$W = \vec{M}_T \frac{\varphi}{2}. \tag{4.3–52}$$

W, $\vec{M}_T$	φ
Nmm	rad = 1

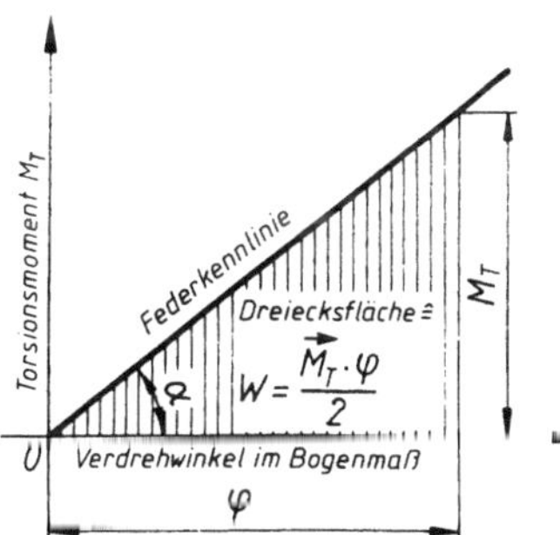

Bild 4.3-27 Arbeitsdiagramm für Torsionsstabfeder

Torsionsstabfedern werden verwendet als Autofedern, Stabilisatoren im Fahrzeugbau, Drehmomentenschlüssel und im Meßgerätebau.

Die Neigung der Belastungslinie (≙ Federkennlinie) ist ein Maß für die „Härte" der Feder. Sie ist um so härter, je steiler die Kennlinie verläuft, d. h. je größer die *Federrate R* ist:

$$R = \frac{\vec{M}_T}{\varphi} \triangleq \tan\alpha. \tag{4.3–53}$$

R	$\vec{M}_T$	φ
$\frac{\text{Nmm}}{\text{rad}}$	Nmm	rad = 1

Für zylindrische Stäbe mit *Kreisquerschnitt* gilt:

$$\vec{M}_T = \tau_t W_p, \quad W_p = \frac{\pi d^3}{16} = \frac{\pi d^2}{4} \cdot \frac{d}{4} = A\frac{d}{4},$$

$$\varphi = \frac{\tau_t l}{G\frac{d}{2}} \quad \text{und} \quad \frac{\pi d^2}{4} l = \text{Volumen } V.$$

Damit wird nach einigen Umformungen die *Formänderungsarbeit:*

$$W = \vec{M}_T \frac{\varphi}{2} = \frac{\tau_t^2 V}{4G}. \tag{4.3–54}$$

W	τ_t	G	V
Nmm	$\frac{\text{N}}{\text{mm}^2}$	$\frac{\text{N}}{\text{mm}^2}$	mm³

4.3.9 Zusammengesetzte Beanspruchungen

Auch in einfachen praktischen Fällen treten häufig mehrere Beanspruchungsarten gleichzeitig auf. Man unterscheidet gleichzeitiges Auftreten mehrerer Normalspannungen, gleichzeitiges Auftreten mehrerer Schubspannungen und gleichzeitiges Auftreten von Normal- und Schubspannungen.

4.3.9.1 Gleichzeitiges Auftreten mehrerer Normalspannungen

1. Zug und Biegung (auch exzentrischer Zug)

Nach Bild 4.3–28 ist an einem IPE-Träger ein Blech von 14 mm Dicke angeschlossen, so daß sich durch die Zugkraft $\vec{F}$ ein einseitiger Kraftangriff und damit „exzentrischer Zug" ergibt. Nach dem Schnittverfahren wird das innere Kräftesystem für den Querschnitt *A–B* bestimmt. Der Ansatz der statischen Gleichgewichtsbedingungen legt die vom Querschnitt zu übertragenden Kräfte und Momente fest, und zwar:

– eine senkrecht zum Schnitt stehende *Normalkraft*

$$\vec{F}_N = \vec{F} = 72{,}5 \text{ kN} = 72\,500 \text{ N}.$$

Sie ruft eine gleichmäßig über dem Querschnitt verteilte *Zug*spannung hervor:

$$\sigma_z = \frac{\vec{F}}{S} = \frac{72\,500 \text{ N}}{1320 \text{ mm}^2} = 54{,}9 \frac{\text{N}}{\text{mm}^2}.$$

– Außerdem wirkt ein *Biegemoment* $\vec{M}_b = \vec{F}a$; hervorgerufen durch das Kräftepaar; es erzeugt eine *Bie*gespannung:

$$\sigma_b = \frac{\vec{M}_b}{W} = \frac{\vec{M}_b e}{I} = \frac{\vec{F}ae}{I} =$$

$$= \frac{72\,500 \text{ N} \cdot 67 \text{ mm} \cdot 60 \text{ mm}}{318 \cdot 10^4 \text{ mm}^4} = 91 \frac{\text{N}}{\text{mm}^2}.$$

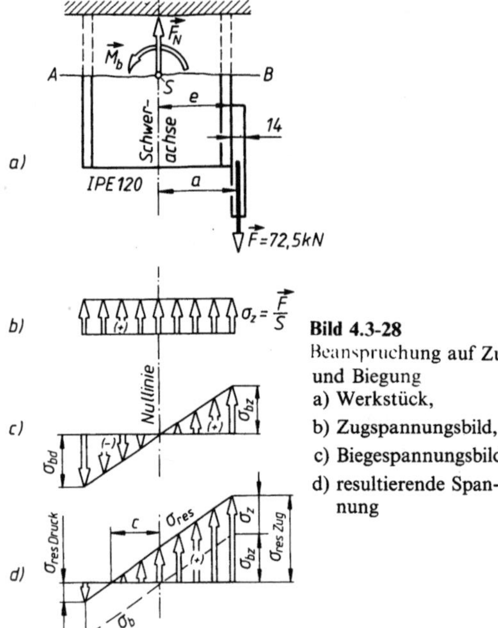

Bild 4.3-28
Beanspruchung auf Zug und Biegung
a) Werkstück,
b) Zugspannungsbild,
c) Biegespannungsbild,
d) resultierende Spannung

Nach Bild 4.3–28 erhält man aus dem Zugspannungsbild b) und dem Biegespannungsbild c) das Schaubild der resultierenden Spannung d). Die bei reiner Biegung durch den Schwerpunkt S der Fläche gehende Nullinie ist bei der zusammengesetzten Spannung um c nach links verschoben. Das Flächenmoment I ist stets auf die Schwerpunktsachse zu beziehen. Vor allem bei Walzprofilen sollte man stets die Biegespannung mit Hilfe des Flächenmomentes I berechnen, weil in den Profilstahltabellen nicht immer das direkt brauchbare Widerstandsmoment W enthalten ist.

Nach dem Spannungsbild d) ergibt die Addition der Einzelspannungen die *resultierende Gesamtspannung:*

$$\sigma_{\text{res Zug}} = \sigma_z + \sigma_{bz} = \frac{\vec{F}}{S} + \frac{\vec{F}ae}{I} \leqq \sigma_{z\,\text{zul}}, \qquad (4.3\text{–}55)$$

$$\sigma_{\text{res Druck}} = \sigma_z - \sigma_{bd} = \frac{\vec{F}}{S} - \frac{\vec{F}ae}{I} \leqq \sigma_{d\,\text{zul}}. \qquad (4.3\text{–}56)$$

Mit den berechneten Spannungen wird demnach:

$$\sigma_{\text{res Zug}} = (54{,}9 + 91)\,\frac{\text{N}}{\text{mm}^2} = 146\,\frac{\text{N}}{\text{mm}^2}$$

und

$$\sigma_{\text{res Druck}} = (54{,}9 - 91)\,\frac{\text{N}}{\text{mm}^2} = -\,36{,}1\,\frac{\text{N}}{\text{mm}^2}.$$

Eine Beziehung zur Berechnung von c wird aus dem Spannungsbild (4.3–28d) abgelesen:

$$\frac{c}{e} = \frac{\sigma_z}{\sigma_b},$$

also

$$c = e\,\frac{\sigma_z}{\sigma_b} = \frac{FIe}{AFae} = \frac{I}{Aa}$$

und mit Trägheitsradius $i = \sqrt{I/S}$ oder $I/S = i^2$:

$$c = \frac{i^2}{a} \qquad \frac{c \mid i \mid a}{\text{mm} \mid \text{mm} \mid \text{mm}} \qquad (4.3\text{–}57)$$

Solange $c = i^2/a < e$ ist, treten im Querschnitt Zug- und Druckspannungen auf, bei $c > e$ nur Zugspannungen.

Im Beispiel ist mit

$$i_x^2 = I_x/S = 318 \cdot 10^4\ \text{mm}^4/1320\ \text{mm}^2 = 2409\ \text{mm}^2$$

und damit

$$c = 2409\ \text{mm}^2/60\ \text{mm} = 40{,}2\ \text{mm}.$$

Wie die Rechnung schon bewies, treten wegen $c < e$, d. h. 40,2 mm < 60 mm Zug- und Druckspannungen auf.

Für die Bemessung eines exzentrischen Zugstabes gelten die Gln. (4.3–55), und (4.3–56).

2. Druck und Biegung (auch exzentrischer Druck)
Nach Bild 4.3–29 greift die Druckkraft $\vec{F}$ außerhalb des Schwerpunktes S an. Das Schnittverfahren und die Entwicklung der Spannungsbilder ergeben die gleichen Gleichungen wie bei Zug und Biegung. Ist die Stablänge groß im Verhältnis zum Querschnitt, d. h., ist der Stab schlank, dann muß auf Knickung nachgerechnet werden.

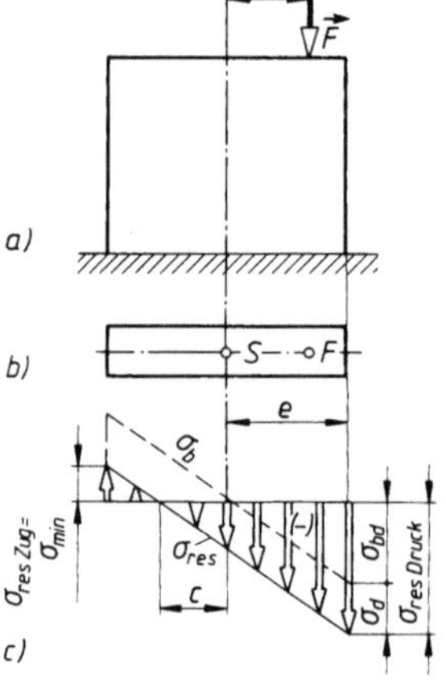

Bild 4.3-29
Beanspruchung auf Druck und Biegung
a) Werkstück,
b) Draufsicht,
c) Spannungsbild

Querschnitte von Druckstäben aus z. B. Mauerwerk, stahlfreier Beton, Erdreich dürfen nur auf Druck beansprucht werden, weil ihre Zugfestigkeit zu klein ist. Das resultierende Spannungsbild darf also nur Druckspannungen zeigen, d. h., es muß nach Bild 4.3–29 im Grenzfall auf der der Kraft $\vec{F}$ abgewandten

Seite $\sigma_{\text{res Zug}} = 0$ werden. Sind $\vec{F}$, I, S und e konstant, so ist nur die Größe von a dafür bestimmend, ob $\sigma_{\min}$ positiv (Zugspannung), negativ (Druckspannung) oder Null wird. Derjenige Grenzwert von a, bis zu dem der Angriffspunkt von $\vec{F}$ auswandern darf, ohne daß es zu Zugspannungen im Querschnitt kommt, heißt *Kernweite* w. Die Kernweite w ergibt sich aus

$$\frac{\vec{F}\varrho e}{I} - \frac{\vec{F}}{S} = 0$$

zu (4.3–58)

$$w = \frac{I}{Se} = \frac{i^2}{e} = \frac{W}{S},$$

wenn $\vec{F}$ auf einer Hauptachse angreift. Die von der Kernweite w begrenzte Fläche heißt *Querschnittskern*. Solange die Druckkraft $\vec{F}$ innerhalb dieser Fläche angreift, treten im Querschnitt nur Druckspannungen σ_d auf. In Bild 4.3–29c) treten schon geringe Zugspannungen auf, d. h., die Kraft $\vec{F}$ ist schon über den Kernquerschnitt hinausgetreten ($a > w$ geworden). Nach Gl. (4.3–58) wurden die Kernweiten für Kreis, Kreisring und Rechteck berechnet und in Bild 4.3–30 dargestellt.

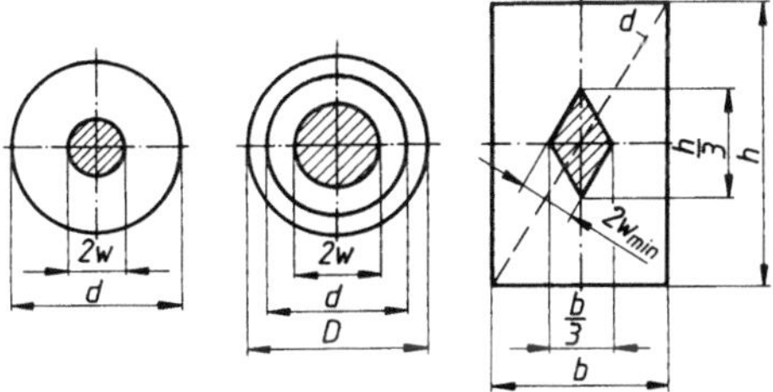

Bild 4.3-30 Kernweite w und Querschnittskern (schraffierte Fläche) für Kreis, Kreisring und Rechteck

Berechnung der *Kernweite* w zu den Querschnittsflächen in Bild 4.3–30:

Kreis: $$w = \frac{W}{S} = \frac{\pi d^3 4}{32\pi d^2} = \frac{d}{8}, \qquad (4.3\text{–}59)$$

Kreisring: $$w = \frac{W'}{S} = \frac{D}{8}\left[1 + \left(\frac{d}{D}\right)^2\right], \qquad (4.3\text{–}60)$$

Rechteck: $$w_1 = \frac{W_1}{S} = \frac{bh^2}{6bh} = \frac{h}{6},$$

$$w_2 = \frac{W_2}{S} = \frac{hb^2}{6hb} = \frac{b}{6}. \qquad (4.3\text{–}61)$$

Mit d als Diagonale wird die kleinste Kernweite

$$w_{\min} = \frac{bh}{6\sqrt{b^2+h^2}} = \frac{bh}{6d}. \qquad (4.3\text{–}62)$$

4.3.9.2 Gleichzeitiges Auftreten mehrerer Schubspannungen

1. Torsion und Abscheren

Nach Bild 4.3–31 greift am Umfang eines *kurzen* geraden Stabes mit Kreisquerschnitt eine Kraft $\vec{F}$ an.

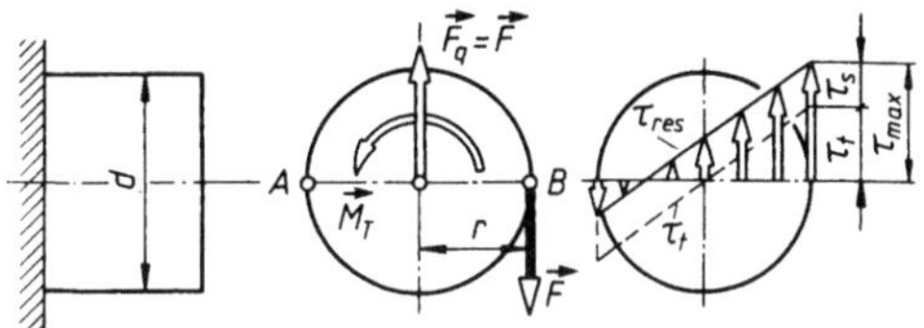

Bild 4.3-31 Beauspruchung auf Torsion und Abscheren

Nach dem Schnittverfahren hat jeder Schnitt zu übertragen (ohne Biegung!):

– eine *in* der Fläche liegende *Querkraft* $\vec{F}_q = \vec{F}$; sie ruft *Abscherspannungen* $\tau_a = \vec{F}/S$ hervor; genauer (für Kreisquerschnitt) Schubspannungen

$$\tau_s = \frac{4\vec{F}}{3S} = \frac{16\vec{F}}{3\pi d^2}, \quad \text{ohne Herleitung,}$$

– außerdem ein *Torsionsmoment* $\vec{M}_T = \vec{F}r$; es ruft *Torsionsspannungen*

$$\tau_t = \frac{\vec{M}_T}{W_p} = \frac{16\vec{M}_T}{\pi d^3} = \frac{8\vec{F}}{\pi d^2}$$

hervor.

In den Umfangspunkten B tritt die größte resultierende Beanspruchung auf:

$$\tau_{\max} = \tau_s + \tau_t = \frac{16\vec{F}}{3\pi d^2} + \frac{8\vec{F}}{\pi d^2} = \frac{40\vec{F}}{3\pi d^2} \approx 4{,}24\frac{\vec{F}}{d^2}.$$

4.3.9.3 Gleichzeitiges Auftreten von Normal- und Schubspannungen

1. Vergleichsspannung (reduzierte Spannung)

Die auftretenden Normal- und Schubspannungen lassen sich nicht einfach algebraisch oder geometrisch addieren. Es wird deshalb eine sogenannte Vergleichsspannung σ_v eingeführt, die mit Hilfe von Gleichungen berechnet werden kann, die wiederum aus den verschiedenen *Bruchhypothesen* entwickelt wurden. Praktische Bedeutung haben gewonnen: die *Dehnungshypothese*, die *Schubspannungshypothese* und die *Hypothese der größten Gestaltänderungsenergie*. Die *Dehnungshypothese* (von *C. Bach*) liefert die *Vergleichsspannung*

$$\sigma_v = 0{,}35\sigma + 0{,}65\sqrt{\sigma^2 + 4\tau^2}. \qquad (4.3\text{–}63)$$

Diese Hypothese wurde durch Versuche *nicht* bestätigt.

Die Schubspannungshypothese von *Mohr* liefert die *Vergleichsspannung*

$$\sigma_v = \sqrt{\sigma^2 + 4\tau^2}. \qquad (4.3\text{–}64)$$

Diese Hypothese paßt sich den verschiedenen Werkstoffen gut an und wurde durch Versuche von *Guest, v. Kármán, Böcker* und *ten Bosch* bestätigt.

Die Hypothese der größten *Gestaltänderungsenergie* liefert die *Vergleichsspannung*

$$\sigma_v = \sqrt{\sigma^2 + 3\tau^2} \qquad (4.3\text{–}65)$$

Diese Hypothese stimmt gut mit Versuchen überein. Die drei Gleichungen gelten nur, wenn σ und τ durch den gleichen Belastungsfall entstehen, also beide durch schwellende oder beide durch wechselnde Belastung hervorgerufen werden. Sind die Belastungsfälle für σ und τ verschieden, so ist mit dem *Anstrengungsverhältnis*

$$\alpha_0 = \frac{\sigma_{zul}}{\varphi \tau_{zul}} \qquad (4.3\text{–}66)$$

zu rechnen. Die Werte für φ sind für die einzelnen Hypothesen verschieden. Es gilt dann für die *Vergleichsspannung:*

nach *Bach:*

$$\sigma_v = 0{,}35\sigma + 0{,}65\sqrt{\sigma^2 + 4(\alpha_0\tau)^2}, \qquad \alpha_0 = \frac{\sigma_{zul}}{1{,}3\tau_{zul}}, \qquad (4.3\text{–}67)$$

nach *Mohr:*

$$\sigma_v = \sqrt{\sigma^2 + 4(\alpha_0\tau)^2}, \qquad \alpha_0 = \frac{\sigma_{zul}}{2\tau_{zul}}, \qquad (4.3\text{–}68)$$

nach der *größten Gestaltänderungsenergie:*

$$\sigma_v = \sqrt{\sigma^2 + 3(\alpha_0\tau)^2}, \qquad \alpha_0 = \frac{\sigma_{zul}}{1{,}73\tau_{zul}}. \qquad (4.3\text{–}69)$$

Für die Bemessung der Querschnitte muß $\sigma_v \leqq \sigma_{zul}$ sein.

2. Die einzelnen Beanspruchungsfälle

a) Zug (Druck) und Torsion

Das innere Kräftesystem besteht aus einer senkrecht zum Querschnitt stehenden Normalkraft $\vec{F}_N$ und aus einem *im* Querschnitt liegenden Torsionsmoment $\vec{M}_T$. $\vec{F}_N$ erzeugt eine Normalspannung $\sigma = \pm\vec{F}_N/S$; $\vec{M}_T$ erzeugt eine Torsionsspannung $\tau_t = \vec{M}_T/W_p$.

Beide Spannungen werden zur Vergleichsspannung σ_v zusammengesetzt.

b) Zug (Druck) und Schub (Abscheren)

Das innere Kräftesystem besteht aus einer senkrecht zum Querschnitt stehenden Normalkraft $\vec{F}_N$ und aus einer *im* Querschnitt liegenden Querkraft $\vec{F}_q$. $\vec{F}_N$ erzeugt eine Normalspannung $\sigma = \pm\vec{F}_N/S$; F_q erzeugt eine Schubspannung $\tau = \vec{F}_q/S$ (Abscherspannung). Beide Spannungen werden zur Vergleichsspannung σ_v zusammengesetzt.

c) Biegung und Torsion

Das innere Kräftesystem besteht aus einem Biegemoment $\vec{M}_b$ und aus einem Torsionsmoment $\vec{M}_T$. Die größte Bedeutung hat dieser Beanspruchungsfall für den *Kreisquerschnitt* (Wellen). Setzt man in die obigen Gleichungen der Vergleichsspannung für $\sigma_b = \vec{M}_b/W$ und für $\tau_t = \vec{M}_T/W_p$ ein und beachtet man, daß für den Kreisquerschnitt $W_p = 2W$ ist, so ergeben sich die folgenden Gleichungen:

$$\sigma_{Bach} = 0{,}35\frac{\vec{M}_b}{W} + 0{,}65\sqrt{\left(\frac{\vec{M}_b}{W}\right)^2 + \left(\alpha_0\frac{\vec{M}_T}{W}\right)^2}, \qquad (4.3\text{–}70)$$

$$\sigma_{Mohr} = \sqrt{\left(\frac{\vec{M}_b}{W}\right)^2 + \left(\alpha_0\frac{\vec{M}_T}{W}\right)^2}, \qquad (4.3\text{–}71)$$

$$\sigma_{Gestalt} = \sqrt{\left(\frac{\vec{M}_b}{W}\right)^2 + 0{,}75\left(\alpha_0\frac{\vec{M}_T}{W}\right)^2}. \qquad (4.3\text{–}72)$$

Das Widerstandsmoment W läßt sich vor die Wurzel und dann als Faktor auf die linke Gleichungsseite bringen. Der dort entstehende Ausdruck $\sigma_v W$ heißt *Vergleichsmoment* $\vec{M}_v$ (entsprechend $\vec{M}_b = \sigma_b W$ = Biegemoment).

Nach der Hypothese der größten Gestaltänderungsenergie ergibt sich mit Gleichung (4.3–72) die Beziehung für das *Vergleichsmoment:*

$$\vec{M}_v = \sqrt{\vec{M}_b^2 + 0{,}75(\alpha_0\vec{M}_T)^2}. \qquad (4.3\text{–}73)$$

Aus bekanntem Biegemoment $\vec{M}_b$ und Torsionsmoment $\vec{M}_T$ läßt sich damit das Vergleichsmoment $\vec{M}_v$ berechnen.

Für das *Anstrengungsverhältnis* α_0 kann man bei Wellen aus Stahl setzen:

- $\alpha_0 = 1$ wenn σ_b und τ_b im gleichen Belastungsfall wirken,
- $\alpha_0 = 0{,}7$ wenn σ_b wechselnd (Belastungsfall III) und τ_t schwellend (Belastungsfall II) wirkt (Hauptfall bei Wellen).

Damit ist die erste Voraussetzung zur Bestimmung des *Wellendurchmessers d* gegeben, wenn mit $\vec{M}_v$ weitergerechnet wird:

$$d = \sqrt[3]{\frac{32\vec{M}_v}{\pi\sigma_{b\,zul}}}. \qquad (4.3\text{–}74)$$

d	$\vec{M}_v$	$\sigma_{b\,zul}$
mm	Nmm	$\frac{N}{mm^2}$

5 Lichttechnik

5.1 Technische Optik

5.1.1 Brechung und Reflexion

5.1.1.1 Brechungs- und Reflexionsgesetz

[5.1], [5.4], [5.5]

Gemäß der *Maxwellschen Theorie* kann Licht als *elektromagnetische Strahlung* (Tabelle 5.1–1) aufgefaßt werden, die sich mit der Geschwindigkeit c ausbreitet:

Tabelle 5.1–1 Wellenlängen einiger Strahlungsarten nach DIN 5031

Wellenlängenbereich	Strahlungsart
100...280 nm	UV–C
280...315 nm	UV–B
315...380 nm	UV–A
380...440 nm	sichtbares Licht: violett
440...495 nm	sichtbares Licht: blau
495...558 nm	sichtbares Licht: grün
558...640 nm	sichtbares Licht: gelb
640...780 nm	sichtbares Licht: rot
780...1400 nm	IR A
1,4...3 μm	IR B
3 μm...1 mm	IR C

$$c = \lambda \nu . \qquad \begin{array}{c|c|c} c & \lambda & \nu \\ \hline \mathrm{m/s} & \mu\mathrm{m} & \mathrm{Hz} \end{array} \tag{5.1–1}$$

c Lichtgeschwindigket, λ Wellenlänge, ν Frequenz. $c_0 \approx 3 \cdot 10^8$ m/s ist die Lichtgeschwindigkeit im Vakuum.

Im optischen Medium ist die Lichtgeschwindigkeit von der Brechzahl des Mediums abhängig.

$$c = c_0/n, \qquad \begin{array}{c|c} c,\ c_0 & n \\ \hline \mathrm{m/s} & 1 \end{array} \tag{5.1–2}$$

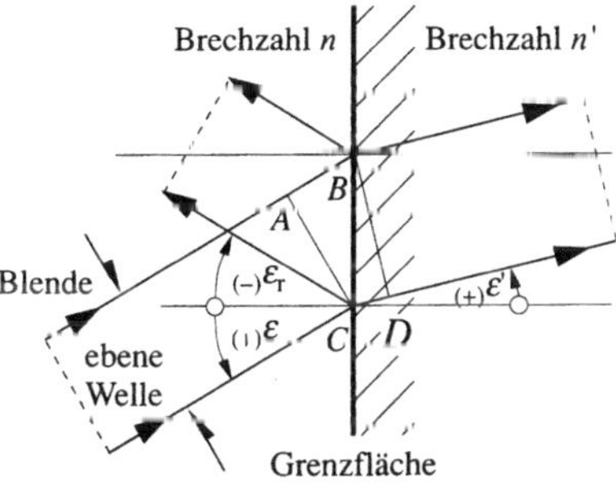

Bild 5.1-1 Brechungs- und Reflexionsgesetz
AC Wellenfront vor der Grenzfläche
BD Wellenfront hinter der Grenzfläche

n Brechzahl im optischen Medium, $n_{\mathrm{Vak}} = 1$ Brechzahl im Vakuum.

Nach dem *Huygensschen Prinzip* erfährt ein Lichtstrahl beim Eintritt in ein anderes optisches Medium durch die Änderung der Lichtgeschwindigkeit eine *Brechung*. Das *Fermatsche Prinzip* besagt, daß Licht bei seiner Ausbreitung einen Weg nimmt, zu dessen Überwindung es die kürzeste Zeit benötigt.

Sowohl das Huygenssche als auch das Fermatsche Prinzip führen zum *Snelliusschen Brechungsgesetz* (Bild 5.1–1).

$$\frac{\sin\varepsilon}{\sin\varepsilon'} = \frac{n'}{n}, \qquad \begin{array}{c|c} \varepsilon,\ \varepsilon' & n,\ n' \\ \hline \mathrm{rad},\ ^\circ & 1 \end{array} \tag{5.1–3}$$

ε Einfallswinkel, ε' Brechungswinkel, n Brechzahl des Stoffes vor der Grenzfläche, n' Brechzahl des Stoffes hinter der Grenzfläche.

Bei der Brechung bleibt der Lichtstrahl in der Einfallsebene, die durch den Lichtstrahl und die Flächennormale im Auftreffpunkt des Lichtstrahls aufgespannt wird. Für die Berechnung des Verlaufs von Lichtstrahlen in der Meridionalebene eines optischen Systems und bei geringer Neigung der Strahlen gegenüber der optischen Achse gelten in der Technischen Optik besondere Vorzeichenregeln. Für axiale Strecken dient die Lichtrichtung, ausgehend von einem Bezugspunkt, als positive Zählrichtung. Für Winkel dient der Gegenuhrzeigersinn, ausgehend von einem Bezugsschenkel, als positive Zählrichtung. In den Darstellungen des Strahlenverlaufs werden Bezugspunkt und Bezugsschenkel durch einen kleinen Kreis markiert.

Für die Reflexion eines Lichtstrahls gilt

$$\varepsilon_r = -\varepsilon, \qquad \frac{\varepsilon_r,\ \varepsilon}{\mathrm{rad},\ ^\circ} \tag{5.1–4}$$

ε_r Reflexionswinkel.

Totale Reflexion tritt ein, wenn der Grenzwinkel ε_G überschritten wird.

$$\sin\varepsilon_G = \frac{n'}{n}, \qquad n > n' \tag{5.1–5}$$

■ *Beispiel* (Bild 5.1–1):
Mit $\varepsilon = 30°$ und $n/n' = 0{,}6$ ergibt sich $\varepsilon' = 17{,}46°$.

5.1.1.2 Vektorielles Brechungs- und Reflexionsgesetz

[5.4], [5.9]

Das *vektorielle Brechungs- und Reflexionsgesetz* (Bild 5.1–2) ist für die Berechnung des Verlaufs von Strahlen, die nicht in der Meridionalebene des Prismen- oder Linsensystems liegen, sehr zweckmäßig.

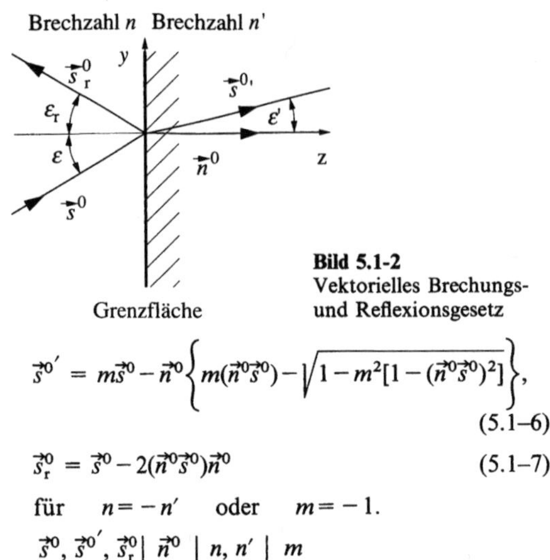

Bild 5.1-2
Vektorielles Brechungs- und Reflexionsgesetz

$$\vec{s}^{0\prime} = m\vec{s}^0 - \vec{n}^0 \left\{ m(\vec{n}^0\vec{s}^0) - \sqrt{1 - m^2[1-(\vec{n}^0\vec{s}^0)^2]} \right\}, \tag{5.1–6}$$

$$\vec{s}_r^0 = \vec{s}^0 - 2(\vec{n}^0\vec{s}^0)\vec{n}^0 \tag{5.1–7}$$

für $n = -n'$ oder $m = -1$.

$\vec{s}^0$, $\vec{s}^{0\prime}$, $\vec{s}_r^0$	$\vec{n}^0$	n, n'	m
1	1	1	1

$\vec{s}^0$ Strahleneinheitsvektor vor der Grenzfläche, $\vec{n}^0$ Normaleneinheitsvektor, $\vec{s}^{0\prime}$ Strahleneinheitsvektor hinter der Grenzfläche, n und n' Brechzahlen, $m = n/n'$ Brechzahlverhältnis, $\vec{s}_r^0$ Strahleneinheitsvektor des reflektierten Strahls.

$$\vec{n}^0\vec{s}^0 = \cos\varepsilon, \quad \sqrt{1-m^2[1-(\vec{n}^0\vec{s}^0)^2]} = \cos\varepsilon'.$$

■ *Beispiel:* (Bild 5.1–2):
Gegeben sind:
$\vec{s}^0$ Strahleneinheitsvektor, $\vec{x}^0$, $\vec{y}^0$, $\vec{z}^0$ Einheitsvektoren,

$$\vec{s}^0 = s_x\vec{x}^0 + s_y\vec{y}^0 + s_z\vec{z}^0, \quad \sqrt{s_x^2+s_y^2+s_z^2} = 1,$$

$$s_x = 0, \quad s_y = 1/\sqrt{2}, \quad s_z = 1/\sqrt{2},$$

$\vec{n}^0$ Normaleneinheitsvektor,

$$\vec{n}^0 = n_x\vec{x}^0 + n_y\vec{y}^0 + n_z\vec{z}^0, \quad \sqrt{n_x^2+n_y^2+n_z^2} = 1,$$

$$n_x = 0, \quad n_y = 0, \quad n_z = 1,$$

Brechzahlen $n = 1$, $n' = 2$.
Wie groß ist dann $\vec{s}^{0\prime}$?

$$\vec{s}^{0\prime} = \sqrt{\frac{1}{8}}\vec{y}^0 + \sqrt{\frac{7}{8}}\vec{z}^0, \quad \varepsilon = 45°, \quad \varepsilon' = 20{,}7°.$$

5.1.1.3 Eigenschaften optischer Glasarten [5.4], [5.10], [5.11]

Die *Brechzahl n* in Abhängigkeit von der Wellenlänge λ (Dispersion) wird durch folgendes Polynom ausgedrückt.

$$n^2 = A_0 + A_1\lambda^2 + A_2\lambda^{-2} + A_3\lambda^{-4} + A_4\lambda^{-6} + A_5\lambda^{-8} \quad (\lambda \text{ in } \mu\text{m}). \tag{5.1–8}$$

Die Konstanten A_0 bis A_5 sind in den Katalogen der Glashersteller [5.10] und [5.11] zu finden.
Neben der Brechzahl dienen die *Abbeschen Zahlen* ν_e und ν_d zur Kennzeichnung der Eigenschaften optischer Gläser.

$$\nu_e = \frac{n_e - 1}{n_{F'} - n_{C'}}, \tag{5.1–9}$$

$$\nu_d = \frac{n_d - 1}{n_F - n_C}. \tag{5.1–10}$$

Tabelle 5.1–2: Spektrallinien [5.10], [5.11]

Wellenlänge in µm	Bezeichnung	Spektrallinie	Element
2325,4		infrarote Quecksilberlinie	Hg
1970,1		infrarote Quecksilberlinie	Hg
1529,6		infrarote Quecksilberlinie	Hg
1060,0		Neodym-Glas-Laser	Nd
1013,98	t	infrarote Quecksilberlinie	Hg
825,1101	s	infrarote Cäsiumlinie	Cs
706,5188	r	rote Heliumlinie	He
656,2725	C	rote Wasserstofflinie	H
643,8469	C′	rote Cadmiumlinie	Cd
632,8		Helium-Neon-Gaslaser	He-Ne
589,2938	D	gelbe Natriumlinie (Mitte der Doppellinie)	Na
587,5618	d	gelbe Heliumlinie	He
546,0740	e	grüne Quecksilberlinie	Hg
486,1327	F	blaue Wasserstofflinie	H
479,9914	F′	blaue Cadmiumlinie	Cd
435,8343	g	blaue Quecksilberlinie	Hg
404,6561	h	violette Quecksilberlinie	Hg
365,0146	i	ultraviolette Quecksilberlinie	Hg

Für die meßtechnische Bestimmung der Brechzahl verwendet man Licht, das in Spezriallampen unter Ausnutzung von Emissionsspektren oder mit Hilfe von Lasern erzeugt wird (Tabelle 5.1–2). Dadurch ist die exakte Kenntnis der Wellenlänge und die notwendige Lichtintensität garantiert.
Die Einteilung der Gläser in *Kronglas* mit schwacher Brechung und geringem Einfluß der Wellenlänge auf die Brechzahl (Dispersion) und *Flintglas* mit starker Brechung und großer Dispersion geschah nach verarbeitungstechnischen Gesichtspunkten und ist geschichtlich begründet. Von drei ausgewählten Glassorten werden in der Tabelle 5.1–3 einige optische Daten angegeben.

Tabelle 5.1–3: Optische Daten einiger Glassorten [5.10], [5.11]

	BK7	F2	SF4
n_C	1,51432	1,61503	1,74730
$n_{C'}$	1,51472	1,61582	1,74853
n_d	1,51680	1,62004	1,75520
n_e	1,51872	1,62408	1,76167
n_F	1,52238	1,63208	1,77468
$n_{F'}$	1,52283	1,63310	1,77636
ν_e	63,96	36,11	27,37
ν_d	64,17	36,37	27,58

Die Abbeschen Zahlen ermöglichen in der Berechnung optischer Systeme die Formulierung von Achromasiebedingungen. Zwei dünne, dicht beieinanderliegende Linsen mit den Brennweiten f'_1 und f'_2 sind dann für die beiden, der Abbeschen Zahl zugrunde liegenden Farben korrigiert, wenn folgende Bedingung erfüllt ist.

$$\frac{f'_1}{f'_2} = -\frac{\nu_2}{\nu_1}. \tag{5.1–11}$$

Es läßt sich aber auch der Abstand e zweier Linsen so einrichten, daß eine Farbkorrektur vorliegt.

$$\frac{f'_1 - e}{f'_2 - e} = -\frac{\nu_2}{\nu_1}. \tag{5.1–12}$$

5.1.2 Optische Abbildungen

5.1.2.1 Abbildung durch eine dünne Linse [5.1], [5.4], [5.6], [5.9]

In der Meridionalebene, in der die optische Achse und die Mittelpunkte der sphärischen Flächen eines optischen Systems liegen, gelten für paraxiale Strahlen, die nur eine geringe Neigung zur optischen Achse haben, mit den Vorzeichenregeln für Strecken und Winkel der Technischen Optik bei dünnen Linsen folgende Abbildungsgleichungen (Bild 5.1–3).

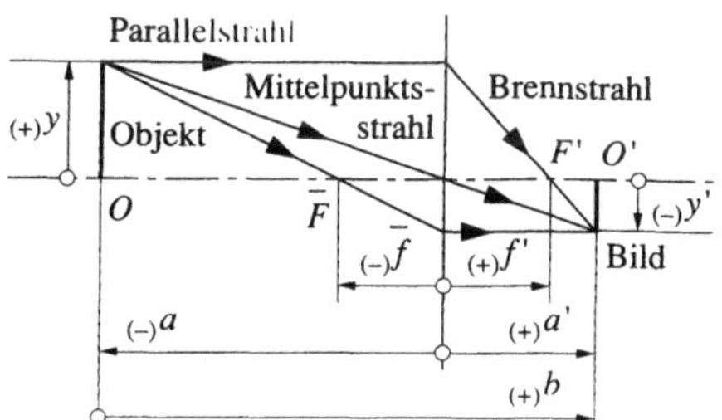

Bild 5.1-3 Abbildung durch eine dünne Linse (geometrische Konstruktion)
O Objektebene, $\bar{F}$ objektseitiger Brennpunkt,
O' Bildebene, F' bildseitiger Brennpunkt
Anleitung: Nach Vorgabe der Brennweite $f' = -\bar{f}$, der Objekthöhe y und des Objektrabstandes a ergeben sich die Bildhöhe y' und der Bildabstand a' durch die geometrische Konstruktion.

$$\frac{n'}{f'} = \frac{n'}{a'} - \frac{n}{a}, \tag{5.1–13}$$

$$\frac{\bar{f}}{f'} = -\frac{n}{n'}, \tag{5.1–14}$$

$$\beta' = \frac{a'n}{an'}, \tag{5.1–15}$$

$$b = f'\left(2 - \beta' - \frac{1}{\beta'}\right). \quad (n = n') \tag{5.1–16}$$

n, n'	a, a'	$\bar{f}, f'$	y, y'	β'	b
1	m	m	m	1	m

n Brechzahl des Mediums *vor* der Linse, a Objektweite, n' Brechzahl des Mediums *hinter* der Linse, a' Bildweite, $\bar{f}$ objektseitige Brennweite, f' bildseitige Brennweite, y Objektgröße, y' Bildgröße, β' Abbildungsmaßstab, b Objekt-Bild-Abstand.

5.1.2.2 Abbildung durch eine sphärische Fläche [5.1], [5.4], [5.6], [5.9]

In der Meridionalebene wird mit Hilfe des Brechungsgesetzes der Verlauf eines Lichtstrahls (Bild 5.1–4) in der folgenden Weise mit den Vorzeichenre-

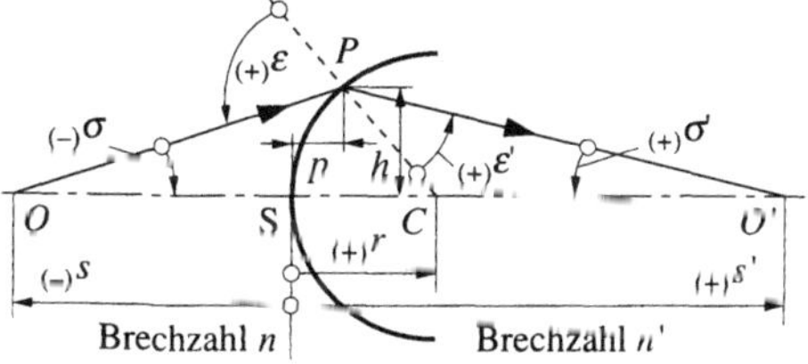

Bild 5.1-4 Abbildung durch eine sphärische Fläche
O Objekt, P Auftreffpunkt des Lichtstrahls,
O' Bild,
C Mittelpunkt der brechenden Fläche, p Scheitelabstand des Auftreffpunktes,
S Scheitelpunkt, h Abstand des Auftreffpunktes von der optischen Achse
Anleitung: Es ist zu beachten, daß im optisch dichteren Medium der Lichtstrahl zum Lot hin gebrochen wird.

geln der Technischen Optik berechnet, wobei die Neigung der Strahlen gegenüber der optischen Achse keiner Beschränkung unterliegt. Aus den Gleichungen

$$\sin\varepsilon = \frac{s-r}{r}\sin\sigma, \qquad \sin\varepsilon' = m\frac{s-r}{r}\sin\sigma,$$

$$\sigma' = \varepsilon - \varepsilon' + \sigma, \qquad s' = r + m(s-r)\frac{\sin\sigma}{\sin\sigma'}$$

folgt für die Bildschnittweite

$$s' = r + \frac{m(s-r)\sin\sigma}{\sin\left[\arcsin\left(\frac{s-r}{r}\sin\sigma\right) - \arcsin\left(m\frac{s-r}{r}\sin\sigma\right) + \sigma\right]}. \qquad (5.1\text{–}17)$$

$\varepsilon, \varepsilon'$	σ, σ'	s, s'	n, n'	m	r
rad, °	rad, °	m	1	1	m

ε Einfallswinkel, ε' Brechungswinkel, σ Neigungswinkel des einfallenden Lichtstrahls, σ' Neigungswinkel des gebrochenen Lichtstrahls, s Objektschnittweite, s' Bildschnittweite, n Brechzahl im Objektraum, n' Brechzahl im Bildraum, $m = n/n'$ Brechzahlverhältnis, r Radius der brechenden Fläche.

■ *Beispiel* (Bild 5.1–4):
Gegebene Daten:
$r = 0{,}03$ m, $m = 1/1.8$, $s = -0{,}06$ m, $\sigma' = -15°$.
Daraus erhält man: $s' = 0{,}1018$ m.

Bei einem optischen System mit mehreren brechenden Flächen (Bild 5.1–5) wird die Brechung an jeder Fläche einzeln berechnet. Anschließend geht man bei entsprechender Anpassung der Daten auf die nächste Fläche über.

$$s'_\kappa = r_\kappa + \frac{m_\kappa(s_\kappa - r_\kappa)\sin\sigma_\kappa}{\sin\left[\arcsin\left(\frac{s_\kappa - r_\kappa}{r_\kappa}\sin\sigma_\kappa\right) - \arcsin\left(m\frac{s_\kappa - r_\kappa}{r_\kappa}\sin\sigma_\kappa\right) + \sigma_\kappa\right]} \qquad (5.1\text{–}18)$$

s_κ, s'_κ	σ_κ	r_κ	n_κ, n'_κ	m_κ
m	rad, °	m	1	1

s'_κ Bildschnittweite der κ-ten brechenden Fläche, s_κ Objektschnittweite der κ-ten brechenden Fläche, σ_κ Neigungswinkel des einfallenden Lichtstrahls, r_κ Radius der κ-ten brechenden Fläche, n_κ Brechzahl vor der κ-ten brechenden Fläche, n'_κ Brechzahl hinter der κ-ten brechenden Fläche, m_κ Brechzahlverhältnis $m_\kappa = n_\kappa/n'_\kappa$.

Der Übergang von Fläche κ zur Fläche $\kappa+1$ geschieht mit folgenden Beziehungen.

$$s_{\kappa+1} = s'_\kappa - d_{\kappa,\kappa+1} \qquad (5.1\text{–}19)$$

$d_{\kappa,\kappa+1}$ Abstand der brechenden Flächen

$$n_{\kappa+1} = n'_\kappa, \qquad (5.1\text{–}20)$$

$$\sigma_{\kappa+1} = \sigma'_\kappa. \qquad (5.1\text{–}21)$$

5.1.2.3 Abbildung durch paraxiale Strahlen [5.4], [5.7]

Paraxiale Strahlen bilden Strahlenbündel mit so kleinem Öffnungswinkel, daß die Sinus- und Tangensfunktionen des Öffnungswinkels gleich dem Winkel im Bogenmaß gesetzt werden können, ohne daß die Rechengenauigkeit wesentlich beeinflußt wird. Durch die vereinfachte Berechnung bekommt man schnell eine Überblick über den Strahlenverlauf.

$$s'_\kappa = \frac{n'_\kappa}{\frac{n_\kappa}{s_\kappa} + \frac{n'_\kappa - n_\kappa}{r_\kappa}} \qquad (5.1\text{–}22)$$

s_κ, s'_κ	n_κ, n'_κ	r_κ	m_κ
m	1	m	1

s'_κ Bildschnittweite der κ-ten brechenden Fläche, s_κ Ojektschnittweite der κ-ten brechenden Fläche, σ_κ Neigungswinkel des einfallenden Lichtstrahls, r_κ Radius der κ-ten brechenden Fläche, n'_κ Brechzahl vor der κ-ten brechenden Fläche, n'_κ Brechzahl hinter der κ-ten brechenden Fläche, m_κ Brechzahlverhältnis $m_\kappa = n_\kappa/n'_\kappa$.

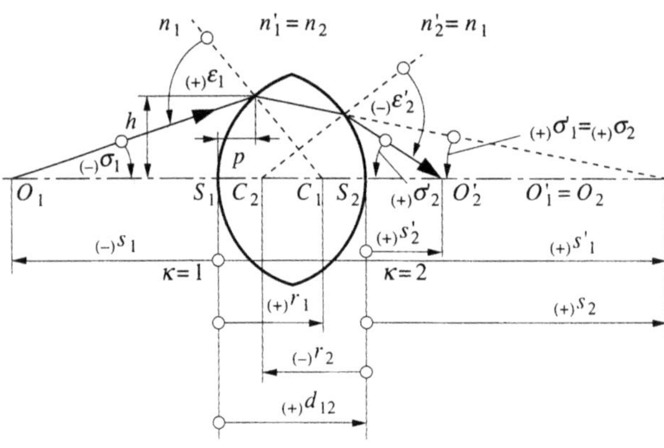

Bild 5.1-5
Abbildung durch eine dicke Linse
O_1 Objekt,
O_2 Bild,
C_1, C_2 Krümmungskreismittelpunkte der brechenden Flächen,
S_1, S_2 Scheitelpunkte

Der Übergang von Fläche κ zur Fläche $\kappa+1$ geschieht mit den Beziehungen

$$s_{\kappa+1} = s'_\kappa - d_{\kappa,\kappa+1} \qquad (5.1\text{–}23)$$

$d_{\kappa,\kappa+1}$ ist der Abstand der brechenden Flächen

$$n_{\kappa+1} = n'_\kappa. \qquad (5.1\text{–}24)$$

■ *Beispiele:* (Bild 5.1–5):
Gegebene Daten:
$r_1 = 0{,}03$ m, $s_1 = -0{,}06$ m, $h = 0{,}015$ m, $m_1 = 1/1{,}8$, $d_{12} = 0{,}035$ m, $r_2 = -0{,}03$ m, $m_2 = 1{,}8$.

Daraus ergibt sich:

$$\tan|\sigma_1| = \frac{|h|}{|s_1| + |r_2| - \sqrt{r_1^2 - h^2}}, \quad \sigma_1 = -13{,}19°.$$

In der Technischen Optik sind bei Berechnungen in der Meridionalebene Strecken und Winkel vorzeichenbehaftet. Bei rein geometrischen Beziehungen, die nur mittelbar mit den optischen Daten und den Abbildungsverhältnissen zu tun haben, ist es nicht sinnvoll, mit den vorzeichenbehafteten Größen zu rechnen. Das erklärt die Verwendung der Absolutstriche.

Somit erhält man:
$\overline{C_1C_2} = |r_1| + |r_2| - |d_{12}|$, $\overline{C_1C_2} = 0{,}025$ m
$\sigma_1 = -13{,}19°$, $\varepsilon'_1 = 22{,}35°$, $\varepsilon_1 = 43{,}19°$,
$\varepsilon_2 = -29{,}42°$, $\varepsilon'_2 = -62{,}15°$, $\sigma'_1 = 7{,}65° = \sigma_2$,
$s'_1 = 0{,}116$ m, $s_2 = 0{,}081$ m, $s'_2 = 0{,}011$ m,
$\sigma'_2 = 40{,}38°$.

5.1.2.4 Optische Daten einer Linse für paraxiale Strahlen [5.6], [5.7]

Die vereinfachte Berechnung einer Linse in beidseitig gleichem Medium ergibt die folgenden Beziehungen für die bildseitigen Daten bei Vorwärtsrechnung (Bild 5.1–6).

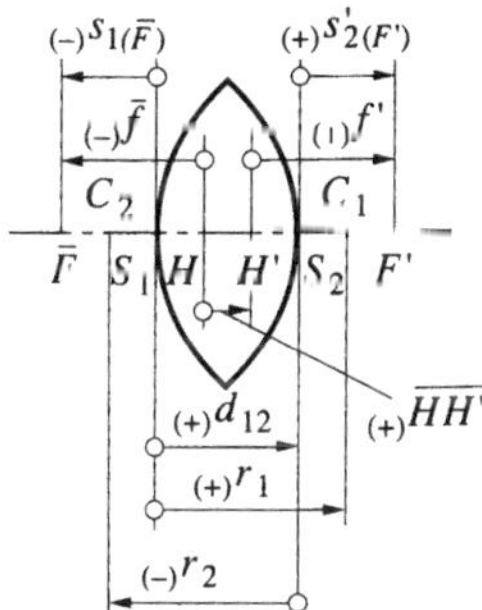

Bild 5.1-6
Optische Daten einer Linse für paraxiale Strahlen
F' bildseitiger Brennpunkt,
$\bar f$ objektseitiger Brennpunkt,
C_1, C_2 Mittelpunkte der brechenden Flächen,
H objektseitige Hauptebene,
H' bildseitige Heuptebene

$$s'_{2(F')} = \frac{1}{n_L - 1}\,\frac{r_2[n_L r_1 - d_{12}(n_L - 1)]}{n_L(r_2 - r_1) + d_{12}(n_L - 1)}, \qquad (5.1\text{–}25)$$

$$f' = \frac{1}{n_L - 1}\,\frac{n_L r_1 r_2}{n_L(r_2 - r_1) + d_{12}(n_L - 1)}, \qquad (5.1\text{–}26)$$

$$\overline{S_2H'} = s_{2(F')} - f' = -\frac{r_2 d_{12}}{n_L(r_2 - r_1) + d_{12}(n_L - 1)}. \qquad (5.1\text{–}27)$$

$s'_{2(F')}$	n_L	r_1, r_2	d_{12}	$\overline{S_2H'}$	f'
m	1	m	m	m	m

$s'_{2(F')}$ bildseitige Brennpunktschnittweite, n_L Brechzahl der Linse, r_1, r_2 Radien der brechenden Flächen, d_{12} Abstand der brechenden Flächen, $\overline{S_2H'}$ Bildhauptpunktlage, f' bildseitige Brennweite.
Bei Umkehr der Lichtrichtung (Rückwärtsrechnung) ergeben sich die folgenden objektseitigen Daten (Bild 5.1–6)

$$s_{1(\bar F)} = -\frac{1}{n_L - 1}\,\frac{r_1[n_L r_2 + d_{12}(n_L - 1)]}{n_L(r_2 - r_1) + d_{12}(n_L - 1)}, \qquad (5.1\text{–}28)$$

$$\overline{S_1H} = s_{1(\bar F)} - \bar f = -\frac{r_1 d_{12}}{n_L(r_2 - r_1) + d_{12}(n_L - 1)}, \qquad (5.1\text{–}29)$$

$$\bar f = -f',$$

$$\overline{HH'} = d_{12}\left[1 - \frac{r_2 - r_1}{n_L(r_2 - r_1) + d_{12}(n_L - 1)}\right]. \qquad (5.1\text{–}30)$$

$s_{1(\bar F)}$	n_L	r_1, r_2	d_{12}	$\overline{S_1H}$	$f', \bar f$	$\overline{HH'}$
m	1	m	m	m	m	m

$s_{1(\bar F)}$ objektseitige Brennpunktschnittweite, n_L Brechzahl der Linse, r_1, r_2 Radien der brechenden Flächen, d_{12} Abstand der brechenden Flächen, $\overline{S_1H}$ Objekthauptpunktlage, f' bildseitige Brennweie, $\bar f$ objektseitige Brennweite, $\overline{HH'}$ Hauptebenenabstand.
Bei dünnen Linsen ($d_{12} = 0$) vereinfachen sich die Gleichungen.

■ *Beispiel:* (Bild 5.1–6)
Aus den gegebenen Daten $r_1 = 0{,}04$ m, $r_2 = -0{,}04$ m, $d_{12} = 0{,}03$ m, $n_L = 1{,}8$ ergibt sich:
$s_{2(F')} = 0{,}02$ m, $f' = 0{,}03$ m, $\overline{S_2H'} = -0{,}01$ m,
$s_{1(\bar F)} = -0{,}02$ m, $\bar f = -0{,}03$ m, $\overline{S_1H} = 0{,}01$ m,
$\overline{HH'} = 0{,}01$ m.

Wenn die Lage der Hauptebenen und der Brennpunkte bekannt ist, lassen sich die Abbildungsverhältnisse auch durch eine geometrische Konstruktion ermitteln (Bild 5.1–7)

5.1.2.5 Mehrlinsige Systeme [5.1]

Zwei Linsen können rechnerisch zu einer Linse zusammengefaßt werden (Bild 5.1–8). Durch weitere Linsen kann das System beliebig erweitert werden. Wenn die Lage der Hauptebenen und die Brennweiten der Einzellinsen sowie der Hauptebenenabstand $e = \overline{H'_1H_2}$ der beiden Linsen bekannt ist, lassen sich die Daten des Gesamtsystems berechnen.

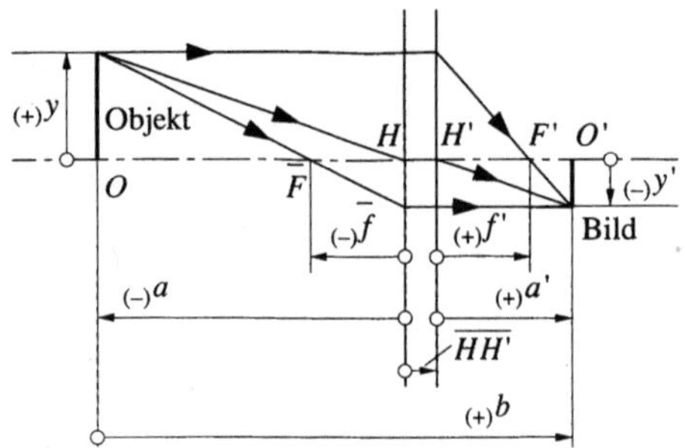

Bild 5.1-7 Abbildung durch eine dicke Linse im paraxialen Gebiet (geometrische Konstruktion)
O Objektebene, O' Bildebene, $\bar{F}$ objektseitiger Brennpunkt, F' bildseitiger Brennpunkt, H objektseitige Hauptebene, H' bildseitige Hauptebene

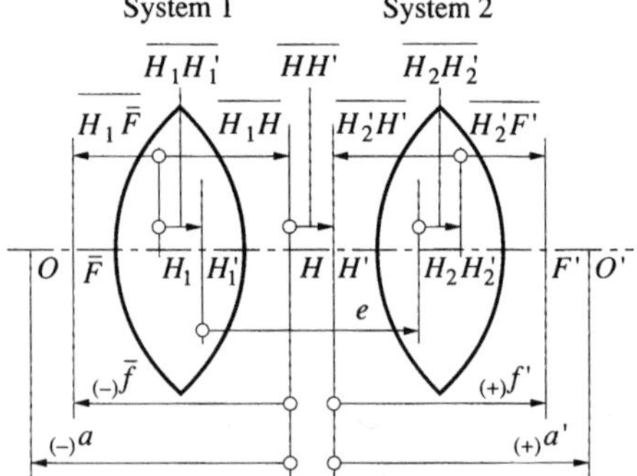

Bild 5.1-8 Zweilinsiges System
O Objektebene, O' Bildebene, $\bar{F}$ objektseitiger Brennpunkt, F' bildseitiger Brennpunkt, H_1 objektseitige Hauptebene des Systems 1, H'_1 bildseitige Hauptebene des Systems 1, H_2 objektseitige Hauptebene des Systems 2, H'_2 bildseitige Hauptebene des Systems 2, H objektseitige Hauptebene des Gesamtsystems, H' bildseitige Hauptebene des Gesamtsystems

$$f' = \frac{f'_1 f'_2}{f'_1 + f'_2 - e} = -\bar{f}, \qquad (5.1\text{–}31)$$

$f', f'_1, f'_2, \bar{f}$	e
m	m

f' bildseitige Brennweite des Gesamtsystems, $\bar{f}$ objektseitige Brennweite des Gesamtsystems.

$$\overline{H'_2F'} = \left(1 - \frac{e}{f'_1}\right) f', \qquad (5.1\text{–}32)$$

$\overline{H'_2F'}$	e	f'_1, f'
m	m	m

$\overline{H'_2F'}$ Lage des Brennpunktes F'.

$$\overline{H_1\bar{F}} = -\left(1 - \frac{e}{f'_2}\right) f', \qquad (5.1\text{–}33)$$

$\overline{H_1\bar{F}}$	e	f'_2, f'
m	m	m

$\overline{H_1\bar{F}}$ Lage des Brennpunktes $\bar{F}$.

$$\overline{H'_2H'} = -\frac{e}{f'_1} f', \qquad (5.1\text{–}34)$$

$\overline{H'_2H'}$	e	f'_1, f'
m	m	m

$\overline{H'_2H'}$ Lage des Hauptpunktes H'.

$$\overline{H_1H} = \frac{e}{f'_2} f', \qquad (5.1\text{–}35)$$

$\overline{H_1H}$	e	f', f'_2
m	m	m

$\overline{H_1H}$ Lage des Hauptpunktes H.

$$\overline{HH'} = \frac{e^2}{e - f'_1 - f'_2}, \qquad (5.1\text{–}36)$$

$\overline{HH'}$	e	f'_1, f'_2
m	m	m

$\overline{HH'}$ Hauptebenenabstand des Gesamtsystems.

$$b = \frac{f'_1 f'_2 (2 - \beta' - 1/\beta') - e^2}{f'_1 + f'_2 - e}, \qquad (5.1\text{–}37)$$

b	f'_1, f'_2	e	β'
m	m	m	1

b Objekt-Bild-Abstand.
Es gelten die Abbildungsgleichungen (5.1–13) bis (5.1–15).

5.1.2.6 Blenden, Pupillen, Luken [5.1], [5.2]

Man unterscheidet mehrere Arten von Blenden.

1. Die *Apertur-* oder *Öffnungsblende* (Bild 5.1–9) dient zur Strahlenbegrenzung in optischen Systemen. Liegt die Aperturblende im Objektraum, ist sie gleichzeitig die *Eintrittspupille*, liegt sie im Bildraum, ist sie gleichzeitig die *Austrittspupille* des optischen Systems. Eintritts- und Austrittspupille sind bezüglich ihrer Größe und Lage durch die Abbildungsgleichungen verknüpft.

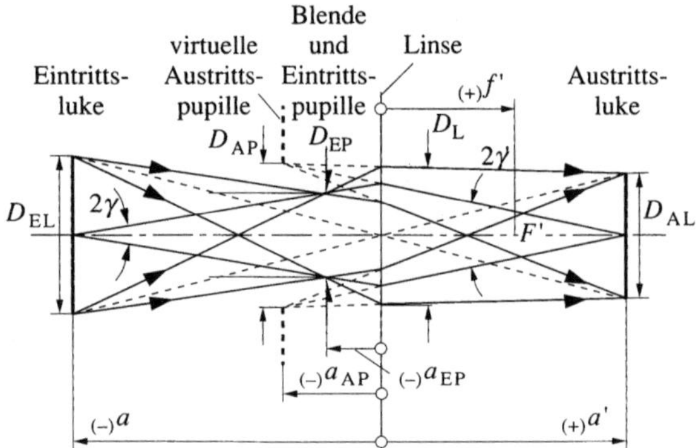

Bild 5.1-9 Begrenzung der Strahlenbündel durch Blenden

2. Die *Luke* (Bild 5.1–9) liegt als Eintrittsluke am Ort des Objekts und als Austrittsluke am Ort des Bildes. Einer dieser Rahmen ist bestimmend für den Strahlengang und wird dann auch als *Feldblende* bezeichnet. Eintritts- und Austrittsluken bilden sich ineinander ab.
3. Die *Streufeldblende* (z. B. Sonnenblende am Fotoapparat) dient zur Abschirmung der den Abbildungsvorgang störenden Streustrahlen. Sie beeinflußt nicht den abbildenden Strahlengang.

■ *Beispiel* (Bild 5,1–9):
Gegeben sind:
$f' = 0{,}04$ m, $D_{EP} = 0{,}02$ m, $a = -0{,}1$ m,
$a_{EP} = -0{,}02$ m, $D_{EL} = 0{,}04$ m.

Berechnung der Luken

$$a' = \frac{f'a}{f'+a}, \quad \beta'_L = \frac{a'}{a} = \frac{\tan\gamma}{\tan\gamma'}, \quad D_{AL} = |\beta'_L| D_{EL},$$

$a' = 0{,}067$ m, $\beta'_L = -0{,}67$, $D_{AL} = 0{,}027$ m;

Berechnung der Pupillen:

$$a'_{AP} = \frac{f' a_{EP}}{f' + a_{EP}}, \quad \beta'_P = \frac{a'_{AP}}{a_{EP}}, \quad D_{AP} = |\beta'_P| D_{EP}$$

$a'_{AP} = -0{,}04$ m, $\beta'_P = 2$, $D_{AP} = 0{,}04$ m.

5.1.2.7 Feldlinsen, Kondensoren [5.1]

Bei mehrstufigen optischen Systemen bilden die *Feldlinsen* (Bild 5.1–10) die Austrittspupille der vorhergehenden Stufe in die Eintrittspupille der nächsten Stufe ab. Die Feldlinsen liegen bei den Luken der benachbarten Einzelsysteme. Durch die Feldlinsen werden Lichtverluste und Abschattungen vermieden, ohne daß die eigentliche Abbildung beeinflußt wird.

Kondensoren dienen zur Beleuchtung von optisch zu erfassenden Objekten. Dabei soll das Licht von einer Quelle unter Vermeidung von Verlusten möglichst gleichmäßig verteilt auf das Objekt gelenkt werden, von wo es in das abbildende System (Objektiv) gelangt.

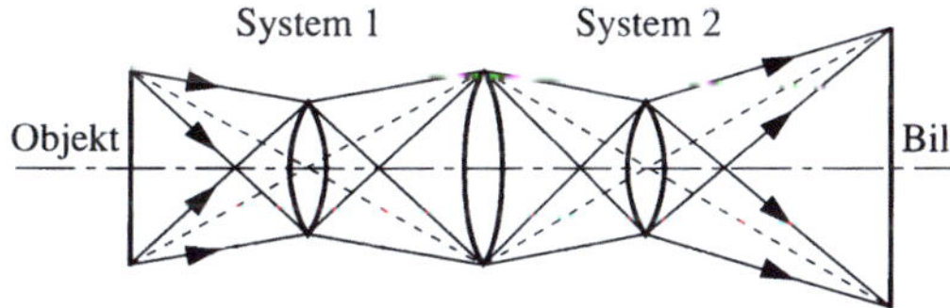

Bild 5.1-10 Feldlinse

■ *Beispiel* (Bild 5.1–10):

Gegebene Daten:

System 1:

$f'_1 = 0{,}02$ m, $\beta'_1 = -1$, $a_1 = -0{,}04$ m,

$a'_1 = 0{,}04$ m, $D_{EL1} = 0{,}03$ m.

$D_1 = D_{EP1} = D_{AP1} = 0.02$ m, $k_1 = f'_1/D_1 = 1$

Wegen der fehlenden Blende ist die Eintrittspupille mit der Austrittspupille identisch und gleich der Linsenfassung. Die Eintrittsluke entspricht dem Objekt des Gesamtsystems.

Feldlinse:

$\beta'_F = -1$, $D_{EP2} = |\beta'_F| D_{AP1}$.

Durch die Feldlinse wird die Austrittspupille des ersten Systems (D_{AP1}) in die Eintrittspupille des zweiten Systems (D_{EP2}) abgebildet.

System 2:

$\beta'_2 = 1{,}23$, $D_2 = D_{EP2} = D_{AP2} = 0{,}02$ m.

Berechnete Daten:

Feldlinse:

$a_F = -|a_1|$, $a'_F = \beta'_F a_F$, $a'_F = 0{,}04$ m.

$D_F = |\beta'_1| D_{EL1}$, $D_F = 0{,}03$ m,

$$f'_F = \frac{a_F}{1/\beta'_F - 1}, \quad f'_F = 0{,}02 \text{ m},$$

$k_F = f'_F/D_F$, $k_F = 0{,}67$

System 2:

$a_2 = -|a_F|$, $a_2 = -0{,}04$ m,

$$f'_2 = \frac{a_2}{1/\beta'_2 - 1}, \quad f'_2 = 0{,}022 \text{ m},$$

$a'_2 = f'_2(1 - \beta'_2)$, $a'_2 = 0{,}049$ m,

$D_2 = D_{EP2} = D_{AP2} = 0{,}02$ m,

$k_2 = f'_2/D_2$, $k_2 = 1{,}1$,

$D_{AL2} = |\beta'_2| D_F$, $D_{AL2} = 0{,}037$ m.

Die Austrittsluke des Systems 2 entspricht dem Bild des Gesamtsystems.

5.2 Lichtstrahlung

5.2.1 Strahlungsphysikalische und lichttechnische Größen

5.2.1.1 Raumwinkel [5.3], [DIN 5031]

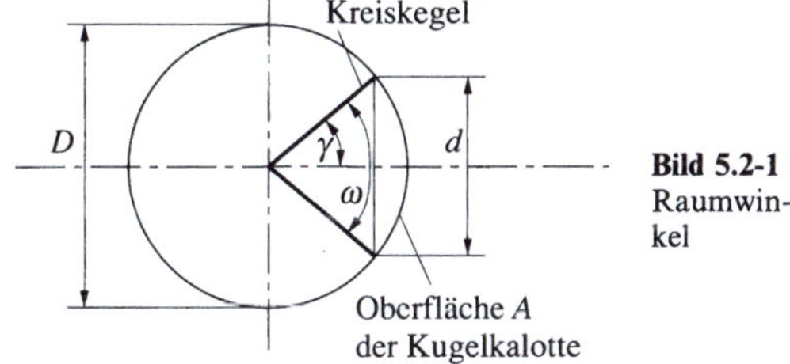

Bild 5.2-1 Raumwinkel

$$A = \frac{\pi D}{2}\left(D - \sqrt{D^2 - d^2}\right). \qquad (5.2\text{–}1)$$

A	d, D
m^2	m

A Oberfläche der Kugelkalotte (Bild 5.2–1), D Kugeldurchmesser, d Kalottendurchmesser.

$$\omega = \frac{A}{(D/2)^2}\Omega_0, \qquad (5.2\text{–}2)$$

$$\omega = 2\pi\left(1 - \sqrt{1 - (d/D)^2}\right)\Omega_0, \qquad (5.2\text{–}3)$$

$$\omega = 2\pi(1 - \cos\gamma)\Omega_0, \qquad (5.2\text{–}4)$$

$$\omega = 4\pi \sin^2(\gamma/2)\Omega_0. \qquad (5.2\text{–}5)$$

ω, Ω_0	γ	A	D, d
sr	rad, °	m^2	m

ω Raumwinkel (Bild 5.2–1), γ halber Öffnungswinkel des Kreiskegels.

Die Einheit des Raumwinkels ist der Steradiant $\Omega_0 = 1$ sr. Der volle Raumwinkel beträgt $\omega_0 = 4\pi\Omega_0$.

5.2.1.2 Strahlungsphysikalische und lichttechnische Berechnungsgrundlagen [5,3], [5.12]

Bei der Berechnung optischer Systeme verwendet man einerseits die strahlungsphysikalischen, energetischen oder radiometrischen Größen und andrerseits die lichttechnischen, visuellen oder fotometrischen Größen (Tabelle 5.2–1). Im Gegensatz zur Strahlungsphysik erfolgt in der Lichttechnik eine physiolo-

Tabelle 5.2–1: Strahlungsphysikalische und lichttechnische Größen

Benennung und Definition der strahlungsphysikalischen Größen	Einheit	Benennung und Definition der lichttechnischen Größen	Einheit
Größen zur Berechnung des Strahlers			
Strahlungsenergie $Q_e = \int Q_{e\lambda}\,d\lambda$	Ws	Lichtmenge $Q_v = K_m \int V(\lambda) Q_{e\lambda}\,d\lambda$	lm s
Strahlungsleistung $\Phi_e = \frac{dQ_e}{dt}$	W	Lichtstrom $\Phi_v = \frac{dQ_v}{dt}$	lm
spezifische Ausstrahlung $M_e = \frac{d\Phi_e}{dA_S}$	$\frac{W}{m^2}$	spezifische Lichtausstrahlung $M_v = \frac{d\Phi_v}{dA_S}$	$\frac{lm}{m^2}$
Strahlstärke $I_e = \frac{d\Phi_e}{d\omega_S}$	$\frac{W}{sr}$	Lichtstärke $I_v = \frac{d\Phi_v}{d\omega_S}$	$\frac{lm}{sr} = cd$
Strahldichte $L_e = \frac{dI_e}{dA_S \cos\varepsilon_S}$ $L_e = \frac{d^2\Phi_e}{d\omega_S\,dA_S \cos\varepsilon_S}$	$\frac{W}{m^2\,sr}$	Leuchtdichte $L_v = \frac{dI_v}{dA_S \cos\varepsilon_S}$ $L_v = \frac{d^2\Phi_v}{d\omega_S\,dA_S \cos\varepsilon_S}$	$\frac{cd}{m^2}$
Größen zur Berechnung des Empfängers			
Bestrahlungsstärke $E_e = \frac{d\Phi_e}{dA_E}$	$\frac{W}{m^2}$	Beleuchtungsstärke $E_v = \frac{d\Phi_v}{dA_E}$	$\frac{lm}{m^2} = lx$
Bestrahlung $H_e = \int E_e\,dt$	$\frac{Ws}{m^2}$	Belichtung $H_v = \int E_v\,dt$	lx s

gisch-optische Bewertung der Strahlung mit Hilfe der Augenempfindlichkeit. Die Formelzeichen der energetischen Größen bekommen den Index „e“ und die der visuellen Größen den Index „v“. Die Indizes können entfallen, wenn kein Zweifel an der Art der verwendeten Größen besteht. Die strahlungsphysikalischen Größen, die sich auf den schwarzen Strahler beziehen, bekommen den Index „s“.

Die Strahlungsenergie einer Quelle setzt sich aus den Beiträgen der einzelnen monochromatischen Strahlungsanteilen zusammen, aus denen das gesamte Spektrum der Strahlung besteht.

$$Q_e = \int_{\lambda_1}^{\lambda_2} Q_{e\lambda}\,d\lambda. \qquad (5.2\text{–}6)$$

Q_e	$Q_{e\lambda}$	λ
Ws	Ws/µm	µm

Q_e Strahlungsenergie, λ Wellenlänge.

$$Q_{e\lambda} = dQ_e/d\lambda. \qquad (5.2\text{–}7)$$

$Q_{e\lambda}$	Q_e	λ
Ws/µm	Ws	µm

$Q_{e\lambda}$ spektrale Dichte der Strahlungsenergie.
Durch die spektralen Dichten der strahlungsphysikalischen Größen kann die Wirkung einer Strahlung auf einen Empfänger für einen vorgegebenen Wellenlängenbereich zwischen λ_1 und λ_2 gemäß der Empfindlichkeit des Empfängers berechnet werden. Bei den lichtechnischen Größen wird die Augenempfindlichkeit durch die $V(\lambda)$-Kennlinie (Bild 5.2–2) berücksichtigt.

$$Q_v = K_m \int_{\lambda_1}^{\lambda_2} V(\lambda) Q_{e\lambda}\,d\lambda. \qquad (5.2\text{–}8)$$

Q_v	K_m	$V(\lambda)$	$Q_{e\lambda}$	λ
lm s	lm/W	1	Ws/µm	µm

Q_v Lichtmenge, $K_m = 683$ lm/W maximales fotometrisches Strahlungsäquivalent.

Der Bestimmung des maximalen fotometrischen Strahlungsäquivalents nach DIN 5031 und DIN 5496 liegen das *Plancksche Strahlungsgesetz* und die Daten eines schwarzen Strahlers zugrunde, der zur Festlegung der Lichtstärkeeinheit Candela dient. Ein Candela ist die Lichtstärke, die von (1/60) cm^2 der Oberfläche eines schwarzen Strahlers bei der Erstarrungstemperatur des schmelzenden Platins $T_{Pt} = 2042$ K und einem Druck von $p = 101\,325$ Pa ausgestrahlt wird.

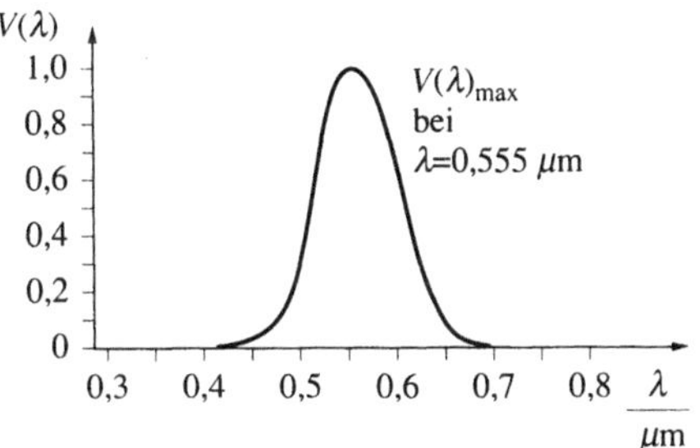

Bild 5.2-2 Relative Helleempfindlichkeit des Auges $V(\lambda)$-Kennlinie [DIN 5031]

5.2.2 Strahlungsgesetze

5.2.2.1 Plancksches Strahlungsgesetz [DIN 5031], [DIN 5496]

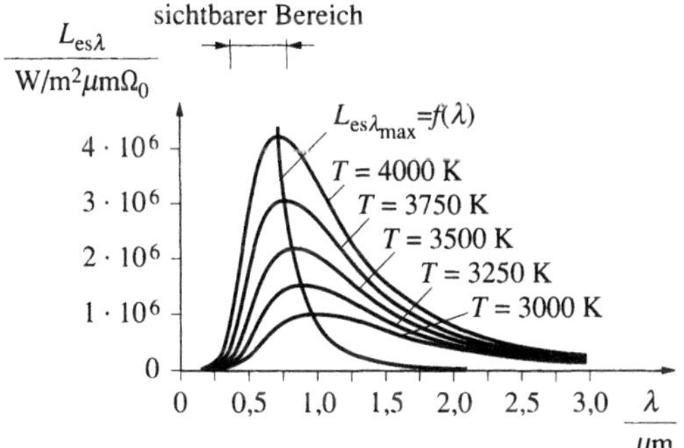

Bild 5.2-3 Plancksches Strahlungsgesetz

Das *Plancksche Strahlungsgesetz* (Bild 5.2–3) erlaubt die Berechnung der Strahlung von schwarzen Strahlern. Diese Strahler zeichnen sich dadurch aus, daß sie auffallende Strahlung beliebiger Richtung völlig absorbieren und in jede Richtung und bei jeder Wellenlänge die größtmögliche Strahlungsleistung abstrahlen im Gegensatz zu anderen Wärmestrahlern gleicher Temperatur, Gestalt und Abmessungen.

$$L_{es\lambda} = \frac{2hc_0^2}{\lambda^5}\,\frac{1}{e^{\frac{hc_0}{\lambda kT}}-1}\,\frac{1}{\Omega_0}, \qquad (5.2\text{–}9)$$

$$L_{es\nu} = \frac{2h\nu^3}{c_0^2}\,\frac{1}{e^{\frac{h\nu}{kT}}-1}\,\frac{1}{\Omega_0}. \qquad (5.2\text{–}10)$$

$L_{es\lambda}$	$L_{es\nu}$	h	c_0
W/m² sr µm	W/m² sr Hz	Ws²	m/s

λ	k	T	Ω_0	ν
µm	Ws/K	K	sr	Hz

$L_{es\lambda} = \mathrm{d}L_{es}/\mathrm{d}\lambda$ spektrale Strahldichte des schwarzen Strahlers, $L_{es\nu} = \mathrm{d}L_{es}/\mathrm{d}\nu$ spektrale Strahldichte des schwarzen Strahlers, $h = 6{,}6262 \cdot 10^{-34}$ Ws² Plancksches Wirkungsquantum, $k = 1{,}3806 \cdot 10^{-23}$ Ws/K Boltzmann-Konstante, $c_0 = 2{,}9979 \cdot 10^8$ m/s Lichtgeschwindigkeit, $\Omega_0 = 1$ sr Steradiant, T Temperatur des Strahlers, ν Frequenz, λ Wellenlänge.

Die Strahldichte L_{es} ergibt sich durch Integration der spektralen Strahldichte $L_{es\lambda}$ über den in Frage kommenden Wellenlängenbereich λ_1 bis λ_2.

$$L_{es} = \int_{\lambda_1}^{\lambda_2} L_{es\lambda}\,\mathrm{d}\lambda. \qquad (5.2\text{–}11)$$

L_{es}	$L_{es\lambda}$	λ
W/m² sr	W/m² sr µm	µm

Wird im Planckschen Strahlungsgesetz die spektrale Strahldichte $L_{es\lambda}$ auf ihr Maximum bezogen, erhält man die Strahlungsfunktion S_λ.

$$L_{es\lambda} = \frac{2k^5T^5}{h^4c_0^3}\,\frac{x^5}{e^x-1}\,\frac{1}{\Omega_0}, \qquad (5.2\text{–}12)$$

$$x = \frac{hc_0}{\lambda kT}. \qquad (5.2\text{–}13)$$

$L_{es\lambda}$	h	c_0	λ	k	T	Ω_0	x
W/m² sr µm	Ws²	m/s	µm	Ws/K	K	sr	1

Das Maximum liegt bei $5(1-e^{-x}) = 0$ mit $x = 4{,}965$ und $\left(\frac{x^5}{e^x-1}\right)_{max} = 21{,}201$. Damit erhält man für die Strahlungsfunktion eines schwarzen Strahlers den folgenden Ausdruck.

$$S_\lambda = \frac{(hc_0/\lambda kT)^5}{21{,}201(e^{hc_0/\lambda kT}-1)}, \qquad (5.2\text{–}14)$$

$$S_\lambda = \frac{29\,081{,}46 \cdot 10^{15}}{\left(\frac{\lambda T}{\mu\mathrm{mK}}\right)^5\left(e^{\frac{14\,387{,}86}{\lambda T/\mu\mathrm{mK}}}-1\right)}. \qquad (5.2\text{–}15)$$

S_λ	h	c_0	k	T
1	Ws²	m/s	Ws/K	K

S_λ Strahlungsfunktion.

5.2.2.2 Stefan–Boltzmannsches Gesetz [DIN 5496]

Die spektrale spezifische Ausstrahlung $M_{es\lambda}$ eines ebenen Flächenstrahlers läßt sich mit Hilfe der spektralen Strahldichte $L_{es\lambda}$ berechnen.

$$M_{es\lambda} = \pi L_{es\lambda}\Omega_0. \qquad (5.2\text{–}16)$$

$M_{es\lambda}$	$L_{es\lambda}$	Ω_0
W/m² µm	W/m² sr µm	sr

$M_{es\lambda}$ spektrale spezifische Ausstrahlung des schwarzen Strahlers.

Durch Integration über das gesamte Spektrum von $\lambda=0$ bis $\lambda=\infty$ bzw. von $\nu=0$ bis $\nu=\infty$ erhält man die spezifische Ausstrahlung M_{es} eines Flächenstrahlers in den Halbraum.

$$M_{es} = \int_{\lambda=0}^{\lambda=\infty} M_{es\lambda}\, d\lambda, \qquad (5.2\text{–}17)$$

$$M_{es} = \int_{\nu=0}^{\nu=\infty} M_{es\lambda}\, d\nu, \qquad (5.2\text{–}18)$$

$$M_{es} = \sigma T^4, \qquad (5.2\text{–}19)$$

$$\sigma = \frac{2\pi^5 k^4}{15 c_0^2 h^3}, \qquad (5.2\text{–}20)$$

M_{es}	σ	T
W/m²	W/m² K⁴	K

$\sigma = 5{,}67\ 10^{-8}\ \frac{W}{m^2K^4}$ *Stefan–Boltzmann-Konstante.*

Da dem Wärmestrahler aus der Umgebung mit der Temperatur T_U auch wieder Energie zugestrahlt wird, lautet das vollständige *Stefan–Boltzmannsche Gesetz*

$$M_{es} = \sigma(T^4 - T_U^4). \qquad (5.2\text{–}21)$$

M_{es}	σ	T, T_U
W/m²	W/m² K⁴	K

5.2.2.3 Wiensches Verschiebungsgestz [DIN 5031]

Das Maximum der spektralen Strahldichte $L_{es\lambda\,max}$ sowie die zugehörige Wellenlänge λ_{max} sind von der Temperatur des Strahlers abhängig. Die Lage des Maximums läßt sich durch Differentiation und Nullsetzen der spektralen Strahldichte ermitteln.

$$L_{es\lambda_{max}} = 0{,}4094 \cdot 10^{-11} \left(\frac{T}{K}\right)^5 \frac{W}{m^2\,\mu m\,sr}, \qquad (5.2\text{–}22)$$

$$\lambda_{max} = \frac{2890}{T/K}\,\mu m\,. \qquad (5.2\text{–}23)$$

5.2.2.4 Reflexion, Absorption, Transmission [DIN 1349], [DIN 5496]

Die Strahlungsleistung oder der Lichtstrom Φ einer Gesamtstrahlung erleidet beim Durchgang durch ein optisches Medium Verluste durch Reflexion und Absorption (Bild 5.2–4).

$$\Phi = \Phi_\alpha + \Phi_\varrho + \Phi_\tau, \qquad (5.2\text{–}24)$$

$$\Phi_\alpha = \alpha\Phi, \qquad (5.2\text{–}25)$$

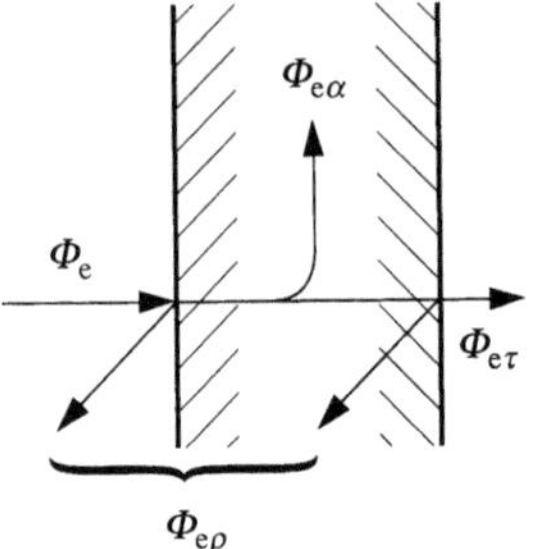

Bild 5.2-4 Reflexion, Absorption und Transmission

$$\Phi_\varrho = \varrho\Phi, \qquad (5.2\text{–}26)$$

$$\Phi_\tau = \tau\Phi. \qquad (5.2\text{–}27)$$

Φ, Φ_α, Φ_ϱ, Φ_τ	α	ϱ	τ
W, lm	1	1	1

Φ auffallende Strahlungsleistung, Φ_α absorbierte Strahlungsleistung, Φ_ϱ reflektierte Strahlungsleistung, Φ_τ durchgehende Strahlungsleistung.

Zwischen dem Absorptionsgrad α, dem Reflexionsgrad ϱ und dem Transmissionsgrad τ besteht der folgende Zusammenhang.

$$\alpha + \varrho + \tau = 1 \qquad (5.2\text{–}28)$$

Der Reflexionsgrad ϱ_e oder ϱ_v einer Gesamtstrahlung leitet sich in folgender Weise von dem wellenlängenabhängigen Reflexionsgrad $\varrho(\lambda)$ ab:

$$\varrho_e = \frac{\int \varrho(\lambda)\Phi_{e\lambda}\, d\lambda}{\int \Phi_{e\lambda}\, d\lambda}, \qquad (5.2\text{–}29)$$

$$\varrho_v = \frac{\int \varrho(\lambda)\, V(\lambda)\, \Phi_{e\lambda}\, d\lambda}{\int V(\lambda)\Phi_{e\lambda}\, d\lambda}, \qquad (5.2\text{–}30)$$

$$\varrho(\lambda) = \frac{\Phi_{e\lambda\varrho}}{\Phi_{e\lambda}}. \qquad (5.2\text{–}31)$$

$\Phi_{e\lambda}$, $\Phi_{e\lambda\varrho}$	$V(\lambda)$	λ	$\varrho(\lambda)$, ϱ_e, ϱ_v
W/µm	1	µm	1

Sinngemäß gelten die Gln. (5.2–29), (5.2–30), und (5.2–31) auch für den Absorptions- und Transmissionsgrad.

Zwischen den wellenlängenabhängigen Größen $\alpha(\lambda)$, $\varrho(\lambda)$ und $\tau(\lambda)$ besteht der folgende Zusammenhang.

$$\alpha(\lambda) + \varrho(\lambda) + \tau(\lambda) = 1. \qquad (5.2\text{–}32)$$

5.2.2.5 Kirchhoffsches Strahlungsgesetz [DIN 5031], [DIN 5496]

Die von einem Wärmestrahler abgegebene Strahlungsleistung Φ_e ist seinem Absorptionsgrad α proportional. Ein schwarzer Strahler hat den Absorptionsgrad $\alpha=1$ und den Reflexionsgrad $\varrho=0$. Demnach kann jeder Wärmestrahler über seinen Absorptionsgrad α auf einen schwarzen Strahler mit der Strahlungsleistung Φ_s, die mit Hilfe des Planckschen Strahlungsgesetzes berechenbar ist, zurückgeführt werden. Das gilt auch für die anderen Strahlungsgrößen wie z. B. die Strahldichte L.

$$\Phi_e = \alpha\Phi_{es}, \qquad (5.2\text{–}33)$$

$$L_e = \alpha L_{es}. \qquad (5.2\text{–}34)$$

Φ_e, Φ_{es}	L_e, L_{es}	α
W	W/m² sr	1

Im Zusammenhang mit einer Strahlungsquelle hat der Absorptionsgrad α die Bedeutung eines Emissionsgrades ε.

5.2.2.6 Lambertsches Gesetz [5.3], [DIN 5031]

Der *Lambertsche Strahler* (Bild 5.2–5) ist eine diffus strahlende, mattweiße Fläche, die das auf sie einfallende Licht gleichmäßig reflektiert und es vollkommen zerstreut. Die Strahl- oder Leuchtdichte L der reflektierenden oder auch selbstleuchtenden Senderfläche A_S ist über die Fläche und den durchstrahlten Raumwinkel konstant. Aus der Definition der Strahl- oder Leuchtdichte folgt für die Lichtstärke I folgende Abhängigkeit vom Abstrahlwinkel des Senders ε_S.

$$I = I_0 \cos \varepsilon_S, \tag{5.2–35}$$

$$I_0 = L A_S. \tag{5.2–36}$$

I, I_0	L	A_s	ε_s
W/sr, cd	W/m² sr, cd/m²	m²	rad, °

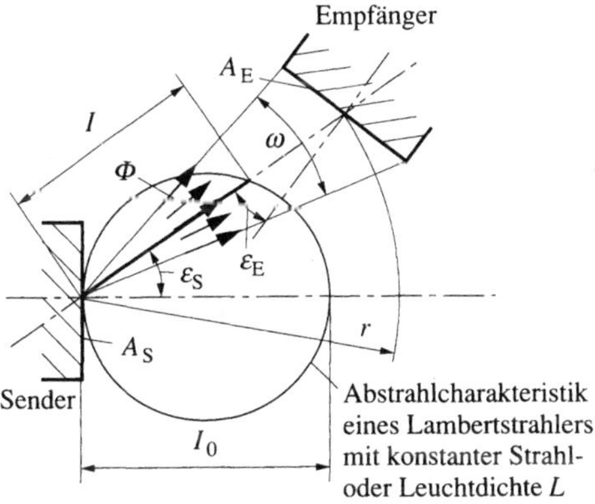

Bild 5.2-5 Lambertsches Gesetz

5.2.2.7 Fotometrisches Grundgesetz [DIN 5031]

Ein Punktstrahler mit allseitig konstanter Strahl- oder Lichtstärke I schickt in den Raumwinkel ω die Strahlungsleistung oder den Lichtstrom $\Phi = I\omega$ (Bild 5.2–6). Durch die Empfängerfläche A_E mit einem Neigungswinkel ε_E gegenüber der Strahlrichtung und einem Abstand r von der Lichtquelle wird aus der Sicht des Strahlers ein Raumwinkel $\omega = \dfrac{A_E \cos \varepsilon_E}{r^2} \Omega_0$ aufgespannt.

$$\Phi = \frac{I A_E \cos \varepsilon_E}{r^2} \Omega_0. \tag{5.2–37}$$

Bedingung für den praktischen Fall: $r \gg \sqrt{A_E}$.

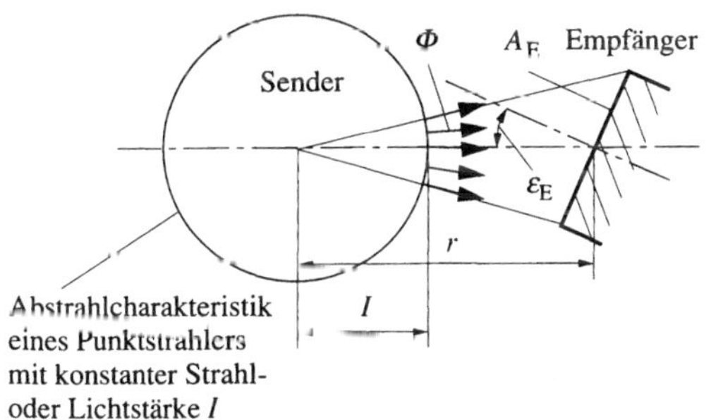

Bild 5.2-6 Fotometrisches Grundgesetz

Die Bestrahlungs- oder Beleuchtungsstärke E des Empfängers nimmt nach dem *Fotometrischen Grundgesetz* mit dem Quadrat der Entfernung vom Strahler ab.

$$E = \frac{I \cos \varepsilon_E}{r^2} \Omega_0. \tag{5.2–38}$$

Φ	I	r	Ω_0	E	A_E	ε_E
W, lm	W/sr, cd	m	sr	W/m², lx	m²	rad, °

5.2.2.8 Spezifische Ausstrahlung oder Lichtausstrahlung eines Flächenstrahlers

Ein ebener Flächenstrahler (Lambertstrahler) mit der Strahldichte oder Leuchtdichte L weist folgende spezifische Ausstrahlung oder Lichtausstrahlung M und Strahlungsleistung oder Lichtstrom Φ auf (Bild 5.2–7).

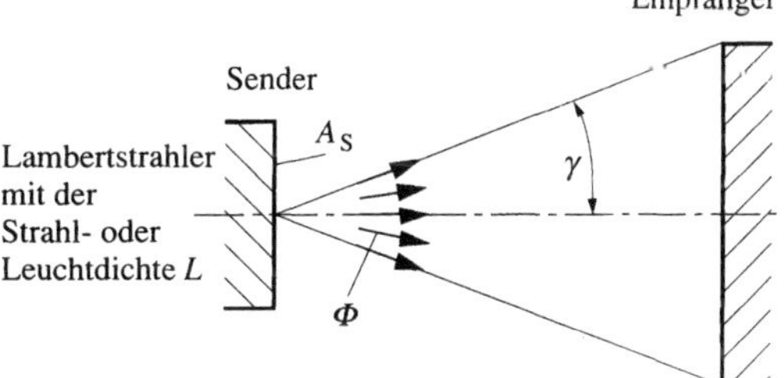

Bild 5.2-7 Strahlungsleistung oder Lichtstrom eines Flächenstrahlers

$$M = \pi L \sin^2 \gamma \, \Omega_0, \tag{5.2–39}$$

$$\Phi = \pi L A_S \sin^2 \gamma \, \Omega_0. \tag{5.2–40}$$

M	L	Φ	A_s	γ	Ω_0
W/m², lm/m²	W/m² sr, cd/m²	W, lm	m²	rad, °	sr

L Strahl- oder Leuchtdichte des Senders, A_S Senderfläche, γ halber Kegelwinkel des Strahlkegels.

Die Beziehung gestattet z. B. die Berechnung der von der Eintrittspupille (Aperturblende) eines optischen Beleuchtungssystems erfaßten Strahlungsleistung einer Lichtquelle.

5.2.2.9 Fotometrische Bewertung einer Strahlung [DIN 5031]

Dem Maximalwert des fotometrischen Strahlungsäquivalents K_m liegt die Definition der Einheit Candela zugrunde, wonach ein schwarzer Strahler mit der

Temperatur des schmelzenden Platins $T_{Pt} = 2042$ K die Leuchtdichte $L_v = 60$ cd/cm² besitzt.

$$K_m = \frac{60 \text{ cd/cm}^2}{\int\limits_{\lambda=380\text{nm}}^{\lambda=780\text{nm}} L_{es\lambda} V(\lambda)\,d\lambda} = 683 \text{ lm/W}. \quad (5.2\text{–}41)$$

Das fotometrische Strahlungsäquivalent K der Gesamtstrahlung eines Strahlers (Wärmestrahler beliebiger Temperatur, Lumineszenzstrahler) mit der Strahlungsfunktion S_λ errechnet sich nach dem folgenden Ausdruck.

$$K = K_m \frac{\int\limits_{\lambda=380\text{nm}}^{\lambda=780\text{nm}} S_\lambda V(\lambda)\,d\lambda}{\int\limits_{\lambda=0}^{\lambda=\infty} S_\lambda\,d\lambda}. \quad (5.2\text{–}42)$$

S_λ	$V(\lambda)$	λ	K, K_m
1	1	µm	lm/W

Die Integrale ergeben sich durch numerische Auswertung aus Bild (5.2–8).

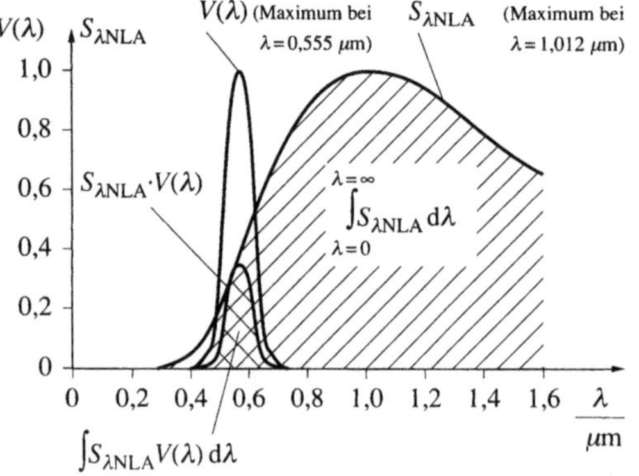

Bild 5.2-8 Fotometrisches Strahlungsäquivalent. Bewertung einer Normlicht-A-Strahlung durch das Auge

Für die Strahlungsfunktion S_λ kann in der Gl. (5.2–42) auch eine andere spektrale, strahlungsphysikalische Größe gesetzt werden (s. Tabelle 5.2–1). Das fotometrische Strahlungsäquivalent K ermöglicht die Umrechnung von strahlungsphysikalischen in lichttechnische Größen.

$$X_v = K X_e, \quad (5.2\text{–}43)$$

$$X_e = \int\limits_{\lambda=0}^{\lambda=\infty} X_{e\lambda}\,d\lambda. \quad (5.2\text{–}44)$$

Das Symbol X_e steht für eine strahlungsphysikalische und das Symbol X_v für eine lichttechnische Größe (Tabelle 5.2–1). Die Strahlung eines schwarzen Strahlers mit der Temperatur $T = 2856{,}6$ K (Normlichtart–A) hat z. B. ein fotometrisches Strahlungsäquivalent von $K = 17$ lm/W.

5.2.2.10 Fotometrische Bewertung einer Strahlung durch einen nichtverstärkenden Fotoempfänger [5.12]

Die spektrale, wellenlängenabhängige Empfindlichkeit eines Fotoempfängers läßt sich durch folgende allgemeine Beziehung ausdrücken.

$$s_e(\lambda) = \frac{Y(\lambda)}{X_e(\lambda)}. \quad (5.2\text{–}45)$$

$Y(\lambda)$ Ausgangsgröße eines Fotoempfängers, $X_e(\lambda)$ Eingangsgröße eines Fotoempfängers (s. Tabelle 5.2–1).

$Y(\lambda)$ kann z. B. der Fotostrom $I_{ph}(\lambda)$ einer Fotodiode und $X_e(\lambda)$ entweder die monochromatische Strahlungsleistung $\Phi_e(\lambda)$ einer Strahlungsquelle oder die von ihr erzeugte Bestrahlungsstärke $E_e(\lambda)$ sein, mit der die lichtempfindliche Fläche des Empfängers bestrahlt wird. Wird die spektrale Empfindlichkeit auf ihr Maximum bezogen, ergibt sich die relative Empfindlichkeit

$$s_e(\lambda) = s_e(\lambda)_{max} s_{rel}(\lambda). \quad (5.2\text{–}46)$$

Das fotometrische Strahlungsäquivalent K beträgt bei Verwendung eines Strahlers mit der Strahlungsfunktion S_λ und eines Fotoempfängers mit der relativen Empfindlichkeit $s_{rel}(\lambda)$ (Bild 5.2–9)

$$K = K_m \frac{\int\limits_{\lambda=380\text{nm}}^{\lambda=780\text{nm}} S_\lambda V(\lambda)\,d\lambda}{\int\limits_{\lambda_1}^{\lambda_2} S_\lambda s_{rel}(\lambda)\,d\lambda}. \quad (5.2\text{–}47)$$

S_λ	$V(\lambda)$	λ	$s_{rel}(\lambda)$	K, K_m
1	1	µm	1	lm/W

Die Integrale ergeben sich aus Bild 5.2–9 durch numerische Auswertung.

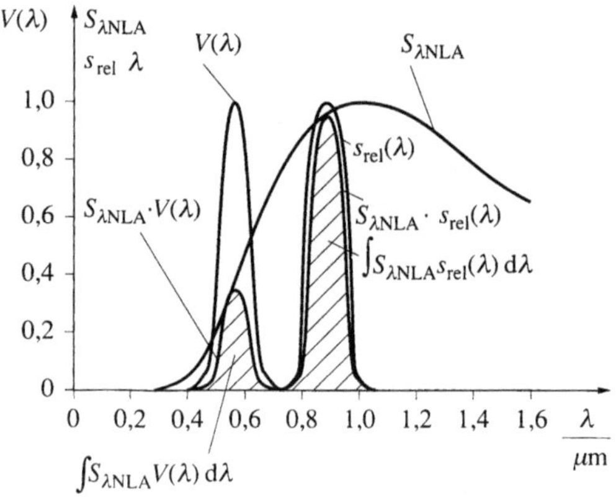

Bild 5.2-9 Fotometrisches Strahlungsäquivalent
Bewertung einer Normlicht-A-Strahlung durch einen Fotoempfänger
Die relative Epfindlichkeit s_{rel} der Fotodiode ist frei gewählt und dient der Veranschaulichung des Problems.

Mit Hilfe des fotometrischen Strahlungsäquivalents läßt sich die strahlungsphysikalische Größe in die entsprechende lichttechnische Größe umrechnen.

$$X_v = KX_e, \qquad (5.2\text{–}48)$$

$$X_e = \int_{\lambda_1}^{\lambda_2} X_{e\lambda} s_{rel}(\lambda)\,d\lambda. \qquad (5.2\text{–}49)$$

Die strahlungsphysikalische Größe X_e ist der durch den Fotoempfänger aufgrund seiner Empfindlichkeit registrierte Anteil der Strahlung.

5.3 Optoelektronische Bauelemente

5.3.1 Sender

5.3.1.1 Glühlampen [5.13], [5.26], [5.27], [5.28], [5.29]

Glühlampen erzeugen das Licht durch das elektrische Aufheizen einer Wolframwendel. Ein Glaskolben, der die Glühwendel umschließt, ist mit einem inerten Gas, z. B. Stickstoff, Argon oder Krypton, angefüllt. Das Füllgas geht mit dem Wolfram keine Verbindung ein und vermindert die Verdampfungsgeschwindigkeit des glühenden Wolframs. Nach dem Wienschen Verschiebungsgesetz muß ein schwarzer Strahler eine Temperatur von ca. $T = 5200$ K haben, wenn das Maximum seiner Strahldichte bei einer Wellenlänge von $\lambda = 555$ nm liegen soll, für die das Auge seine höchste Empfindlichkeit hat. Wolfram mit einer Schmelztemperatur von $T_s = 3700$ K verträgt aber der Verdampfungsverluste wegen nur eine Temperatur von 2700 K. Die Tabelle 5.3–1 zeigt die von Allgebrauchslampen erzielte Lichtausbeute. Der Lichtstrom der Lampe beträgt $\Phi = \eta P$.

Tabelle 5.3–1: Lichtausbeute von Allgebrauchsglühlampen

$\frac{P}{\text{W}}$	15	25	40	60	75	100	150	200	300	500	1000
$\frac{\eta}{\text{lm/W}}$	6	9,2	10,7	12,2	12,8	13,8	14,8	15,7	16,7	16,8	18,8

Die Abhängigkeit des Stromes, der Leistung, des Lichtstromes, der Lichtausbeute und der Lebensdauer von der Betriebsspannung bei Glühlampen zeigt Tabelle 5.3–2. Die Betriebsgrößen sind auf ihre Nennwerte (Index: N) bezogen.

Tabelle 5.3–2: Spannungsabhängigkeit der Betriebsgrößen bei Glühlampen

Allgebrauchslampen [5.16]	Halogenlampen [5.13]
$I/I_N = (U/U_N)^{0,54}$	$I/I_N = (U/U_N)^{0,6}$
$P/P_N = (U/U_N)^{1,54}$	$P/P_N = (U/U_N)^{1,6}$
$\Phi/\Phi_N = (U/U_N)^{3,38}$	$\Phi/\Phi_N = (U/U_N)^{3,0}$
$\eta/\eta_N = (U/U_N)^{1,84}$	$\eta/\eta_N = (U/U_N)^{1,4}$
$\tau/\tau_N = (U/U_N)^{-13,1}$	$\tau/\tau_N = (U/U_N)^{-14}$

Bei Halogenglühlampen enthält der Kolben neben einem inerten Füllgas zusätzlich noch ein Halogen (Jod, Brom, Fluor). In einem chemischen Halogen-Kreisprozeß wird von der Wendel abgedampftes Wolfram wieder auf der Oberfläche der Wendel niedergeschlagen, so daß der Lampenkolben klar bleibt. Außerdem sorgt der hohe Druck im Kolben für eine geringe Verdampfung des Wolframs. Die Wendel kann bis in die Nähe der Schmelztemperatur belastet werden. Der Kolben ist klein und besteht wegen der erhöhten Wärmebelastung aus Quarz. Halogenlampen sind für die Verwendung in optischen Systemen sehr geeignet. Bei einer Leistung von $P = 20$ W bis 2000 W beträgt die Lichtausbeute $\eta = 17...36$ lm/W.

5.3.1.2 Entladungslampen [5.13], [5.26], [5.27], [5.28], [5.28]

In *Entladungslampen* wird das Licht durch einen Entladungsvorgang in ionisiertem Gas oder Dampf, teilweise zusammen mit der Lumineszenz von Leuchtstoffen, die durch die Strahlung der Entladung angeregt wird, erzeugt. Leuchtstofflampen haben bei einer Leistung von $P = 4...65$ W eine Lichtausbeute von $\eta = 38...91$ lm/W. Das Spektrum weist je nach Verwendung der Leuchtstoffe besonders ausgeprägte und energiereiche Bereiche auf. Durch entsprechende Auswahl der Leuchtstoffe gelingt es aber, das Spektrum vorwiegend in den sichtbaren Bereich zu legen. Sogar die Lichtfarbe läßt sich noch beeinflussen. Weitere Entladungslampen sind die Quecksilber- und Natriumdampflampen, die eine besonders hohe Lichtausbeute aufweisen und meist für hohe Lichtströme ausgelegt sind.

5.3.1.3 Lumineszenzdioden [5.14], [5.15], [5.20]

Lumineszenzdioden (Leuchtdioden) sind Licht emittierende Halbleiterdioden (LED). Durch einen Strom in Durchlaßrichtung kommt es im Sperrschichtgebiet des *pn*-Übergangs zu Rekombinationen, wodurch Energie in Form von Licht freigesetzt wird. Je nach verwendetem Halbleitermaterial läßt sich Licht einer bestimmten Wellenlänge bzw. Farbe erzeugen (Tabelle 5.3–3).

Tabelle 5.3–3: Lichtfarbe von Lumineszenzdioden

Halbleitermaterial	GaAs	GaAlAs	GaAsP	GaP	SiC
Lichtfarbe	infrarot	infrarot	rot/gelb	grün	blau
Wellenlänge in μm	940	890	660/590	565	480

Die Abstrahlungscharakteristik der Leuchtdiode (Bild 5.3–1), d. h., die Abhängigkeit der Strahl- oder Lichtstärke vom Abstrahlungswinkel, ist kugelförmig *(Lambertstrahler)* oder bei Verwendung von zusätzlichen Linsen im Gehäuse keulenförmig mit mehr oder

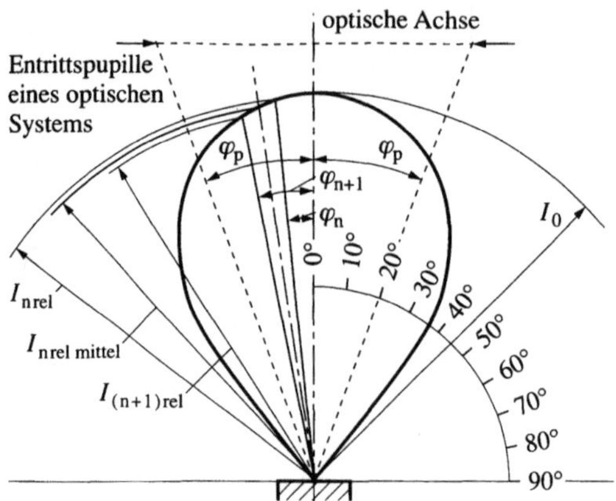

Bild 5.3-1 Abstrahlungscharakteristik einer Leuchtdiode

weniger starker Bündelung der Strahlung. Für die Berechnung der Strahlungsleistung oder des Lichtstromes dient folgende Beziehung.

$$\Phi = \sum_{n=1}^{p} I_n \Delta\omega_n, \tag{5.3–1}$$

$$\Delta\omega_n = 2\pi(\cos\varphi_n - \cos\varphi_{n+1})\Omega_0, \tag{5.3–2}$$

$$I_n = I_0 I_{n\,\mathrm{rel\,mittel}}, \tag{5.3–3}$$

$$I_{n\,\mathrm{rel\,mittel}} = \frac{I_{(n+1)\,\mathrm{rel}} + I_{n\,\mathrm{rel}}}{2}, \tag{5.3–4}$$

Φ	I_n, I_0	$I_{n\,\mathrm{rel}}$	ω, Ω_0	φ
W, lm	W/sr, cd	1	sr	rad, °

I_n, I_0 Strahl- oder Lichtstärke.

Die Quantenausbeute einer Lumineszenzdiode ergibt sich aus folgendem Ausdruck.

$$\eta_{\mathrm{LED}} = \frac{n_{\mathrm{ph}}}{n_{\mathrm{el}}}, \tag{5.3–5}$$

η_{LED}	$n_{\mathrm{ph}}, n_{\mathrm{el}}$
1	s^{-1}

n_{ph} Anzahl der pro Zeit austretenden Photonen, n_{el} Anzahl der pro Zeit zugeführten Elektronen.

$$n_{\mathrm{ph}} = \frac{\Phi_e}{h\nu_{\max}} = \frac{\Phi_e \lambda_{\max}}{h c_0}. \tag{5.3–6}$$

n_{ph}	Φ_e	h	$\nu_{\max}$	$\lambda_{\max}$	c_0
s^{-1}	W	Ws^2	Hz	µm	m/s

Es wird angenommen, daß die Lumineszenzdiode als monochromatischer Strahler die gesamte Strahlungsleistung Φ_e bei der Wellenlänge $\lambda_{\max}$ abgibt. Φ_e Strahlungsleistung der Lumineszenzdiode, $h = 6{,}262 \cdot 10^{-34}\,Ws^2$ Plancksche Konstante, $c_0 = \lambda\nu$ Lichtgeschwindigkeit, $h\nu$ Energie eines Photons (Lichtquant), λ Wellenlänge, ν Frequenz.

$$n_{\mathrm{el}} = \frac{I}{e}. \tag{5.3–7}$$

n_{el}	I	e
s^{-1}	A	As

I Strom der Lumineszenzdiode, $e = 1{,}602 \cdot 10^{-19}$ As Elektronenladung.

$$\eta_{\mathrm{LED}} = \frac{\Phi_e \lambda_{\max}}{1{,}24\, I} \frac{\mathrm{A}}{\mu\mathrm{m\,W}}. \tag{5.3–8}$$

5.3.1.4 Laser [5.13], [5.14], [5.17], [5.20], [5.25]

Der *Laser* (Abkürzung für Light amplification by stimulated emission of radiation) erzeugt eine kohärente elektromagnetische Strahlung mit hoher Energiedichte, großer zeitlicher und räumlicher Kohärenz, großer Amplitudenstabilität im Dauer- und Impulsbetrieb. Man unterscheidet Festkörperlaser, Gaslaser, Halbleiterlaser und Farbstofflaser. Zum Zwecke der Abtastung, Steuerung, Aufzeichnung, Absicherung sowie zur Bewältigung vieler meßtechnischer Aufgaben werden häufig *Gaslaser* verwendet. *Halbleiterlaser (Laserdioden)* (Tabelle 5.3–4) sind im Prinzip Lumineszenzdioden, die durch induzierte Emmission eine Lichtverstärkung aufweisen und mit Hilfe eines optischen Resonators eine gebündelte, monochromatische Strahlung erzeugen. Sie werden als Sender durch Ankopplung an Lichtwellenleiter in Signalübertragungssystemen verwendet.

Tabelle 5.3–4: Laser [5.20], [5.25]

Gaslaser	Helium-Neon-Laser	$\lambda = 632{,}8$ nm $\lambda = 543$ nm	$P = 1\ldots30$ mW $P = 0{,}5$ mW
	Argon-Ionen-Laser	$\lambda = 488$ nm	$P = 2\ldots25$ mW
Laserdiode	GaAlAs Oxydstreifenlaser	$\lambda = 820\ldots$ $\ldots880$ nm	$P = 10$ mW
	GaInAsP/InP Laserdiode	$\lambda = 1300\ldots$ $\ldots1600$ nm	$P = 5$ mW

5.3.2 Empfänger

5.3.2.1 Fotowiderstände [5.16]

Beim *Fotowiderstand* ändert sich die elektrische Leitfähigkeit bei Lichteinfall aufgrund des inneren lichtelektrischen Effekts gemäß der Empfindlichkeit nach

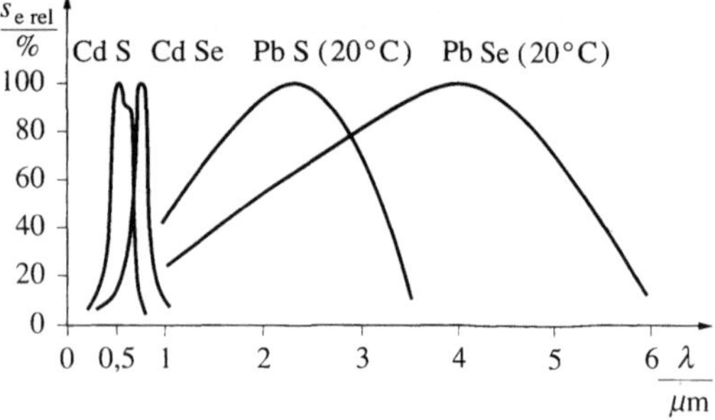

Bild 5.3-2 Empfindlichkeit einiger Halbleiter für Fotowiderstände [5.8], [5.16], [5.19], [5.20], [5.21], [5.23]

Bild 5.3–2. Diese Erscheinung tritt bei den Chalkogeniden des Cadmiums (Cadmiumsulfid CdS, Cadmiumselenid CdSe, Cadmiumtellurid CdTe) und des Bleis (Bleisulfid PbS, Bleiselenid PbSe, Bleitellurid PbTe) auf.

Die Abhängigkeit eines Fotowiderstandes R von der Beleuchtungsstärke E läßt sich durch folgende mathematische Beziehung wiedergeben.

$$R = R_b \left(\frac{E}{E_b}\right)^{-\gamma} \qquad (5.3\text{–}9)$$

R, R_b	E, E_b	γ
Ω	lx	1

R elektrischer Widerstand, R_b Bezugswiderstand, E Beleuchtungsstärke, E_b Beleuchtungsstärke beim Bezugswiderstand R_b, γ Steilheit des Fotowiderstandes.

Die Steilheit des Fotowiderstandes (Steigung der Kennlinie im doppeltlogarithmischen Koordinatensystem) beträgt für Fotowiderstände auf Cadmiumbasis $\gamma = 0{,}6 \ldots 1{,}2$. Bei gegebener Kennlinie $R = f(E)$ in grafischer oder tabellarischer Form läßt sich aus zwei Wertepaaren (R_1, E_1) und (R_2, E_2) über die Beziehung

$$\gamma = \frac{\lg (R_1/R_2)}{\lg (E_2/E_1)} \qquad (5.3\text{–}10)$$

die mathematisch-analytische Form der Kennlinie aufstellen, wenn man außerdem für die Bezugswerte R_b und E_b eines der beiden Wertepaare einsetzt.

Für die dynamische Empfindlichkeit $s_{dyn} = dR/dE$ ergibt sich

$$s_{dyn} = -\gamma \frac{R}{E}. \qquad (5.3\text{–}11)$$

s_{dyn}	γ	R	E
Ω/lx	1	Ω	lx

Die dynamische Empfindlichkeit ist bei niedrigen Beleuchtungsstärken naturgemäß höher als bei höheren Beleuchtungsstärken.

Die spektrale, wellenlängenabhängige Empfindlichkeit liegt mit ihrem Maximum bei den Cadmiumverbindungen im Wellenlängenbereich des sichtbaren Lichtes, während bei den Bleiverbindungen die maximale Empfindlichkeit im nahen und mittleren Infrarotgebiet liegt. Durch unterschiedliche Zusammensetzung und Prozeßführung bei der Herstellung von Fotowiderständen lassen sich die spektralen Empfindlichkeiten noch weitgehend beeinflussen.

Wegen des langen Driftweges der Ladungsträger folgen Fotowiderstände nur träge den Änderungen der Lichtintensität. Bei Fotodioden oder Fototransistoren werden die optoelektronischen Eigenschaften durch die Vorgänge in der relativ kleinen Sperrschicht des *pn*-Übergangs hervorgerufen, so daß die Reaktionen hier wesentlich schneller ablaufen.

In der Strom-Spannungs-Kennlinie herrscht bei konstanter Beleuchtungsstärke weitgehend Proportionalität zwischen Strom und Spannung. Schaltungstechnisch benötigt der Fotowiderstand eine Versorgungsspannung und einen in Reihe liegenden Arbeitswiderstand, an dem eine im Rhythmus der Beleuchtungsstärke sich ändernde Spannung abfällt.

5.3.2.2 Fotodioden [5.12], [5.17]

Dringt eine elektromagnetische Strahlung geeigneter Wellenlänge in das Sperrschichtgebiet einer *Fotodiode* ein, so werden durch die Energie der Strahlung die Ladungsträger (Elektronen und Löcher) infolge des lichtelektrischen Effekts getrennt und durch das Feld in der Sperrschicht abgesaugt. Es kann ein Strom im äußeren Kreis fließen.

Die *Siliziumfotodiode* überdeckt mit ihrem Spektrum den sichtbaren Wellenlängenbereich. Das Empfindlichkeitsmaximum liegt im nahen Infrarotgebiet. Die *Germaniumfotodiode* reicht mit ihrer Empfindlichkeit bis in das mittlere Infrarotgebiet. Im sichtbaren Bereich ist sie weniger gut einsetzbar. Das Bändermodell erlaubt mit Hilfe des Abstandes zwischen Valenz- und Leitungsband eine Aussage über die *Grenzwellenlänge* λ_g des nutzbaren Lichtes zu machen. Es ist die größte Wellenlänge, bei der noch ein lichtelektrischer Effekt zu erwarten ist.

$$\lambda_g = \frac{hc_0}{\Delta W_B} = \frac{1{,}24\text{ nm}}{\Delta W_B/\text{eV}}, \qquad (5.3\text{–}12)$$

λ_g	h	c_0	ΔW_B
µm	Ws²	m/s	eV

ΔW_B Bandabstand.

Silizium $\Delta W_B = 1{,}1$ eV, $\lambda_g = 1{,}1$ µm, Germanium $\Delta W_B = 0{,}67$ eV, $\lambda_g = 1{,}85$ µm.

Die spektrale Empfindlichkeit $s_e(\lambda)$ läßt sich theoretisch in folgender Weise über die Quantenausbeute η_D, den Photonenstrom I_{ph} und die Strahlungsleistung $\Phi_e(\lambda)$ berechnen.

$$\eta_D = \frac{n_{el}}{n_{ph}}. \qquad (5.3\text{–}13)$$

n_{el} Anzahl der pro Zeit transportierten Elektronen, n_{ph} Anzahl der pro Zeit auffallenden Photonen.

$$I_{ph} = e n_{el}. \qquad (5.3\text{–}14)$$

I_{ph}	e	n_{el}
A	As	s^{-1}

I_{ph} Fotostrom, $e = 1{,}602 \cdot 10^{-19}$ As Ladung eines Elektrons.

$$\Phi_e(\lambda) = n_{ph} h\nu. \qquad (5.3\text{–}15)$$

$\Phi_e(\lambda)$	n_{ph}	h	ν
W	s^{-1}	Ws²	Hz

$\Phi_e(\lambda)$ Strahlungsleistung einer monochromatischen Strahlung, $h = 6{,}626 \cdot 10^{-34}$ Ws² Plancksche Konstante, $h\nu$ Energie eines Photons, ν Frequenz, $c_0 = \lambda\nu$ Lichtgeschwindigkeit.

$$s_e(\lambda) = \frac{I_{ph}}{\Phi_e(\lambda)}. \qquad (5.3\text{–}16)$$

$s_e(\lambda)$	I_{ph}	$\Phi_e(\lambda)$
A/W	A	W

$s_e(\lambda)$ spektrale Empfindlichkeit einer Fotodiode.

$$s_e(\lambda) = \frac{e}{h\nu} \eta_D. \qquad (5.3\text{–}17)$$

$s_e(\lambda)$	e	h	ν	η_D
A/W	As	Ws²	Hz	1

Wenn man annimmt, daß im Empfindlichkeitsmaximum, bei der Wellenlänge λ_{max} die Quantenausbeute $\eta_D = 1$ ist, beträgt die spektrale Empfindlichkeit an dieser Stelle

$$s_e(\lambda)_{max} = \frac{\lambda_{max}}{1{,}24} \frac{A}{W\,\mu m}. \quad (5.3\text{–}18)$$

Der Verlauf der Empfindlichkeit ist weiterhin vom Dotierungsmaterial und dem Aufbau der Diode abhängig.
Die Strom-Spannungs-Kennlinie einer Fotodiode mit der Beleuchtungsstärke E als Parameter zeigt Bild 5.3–3. Sie entspricht für $E=0$ einer normalen Diodenkennlinie.

$$I = I_s(1 - e^{-U/U_T}) + I_{ph}, \quad (5.3\text{–}19)$$

I, I_s, I_D, I_{ph}	U, U_T
A	V

$$I_D = I_s(1 - e^{-U/U_T}). \quad (5.3\text{–}20)$$

I Fotodiodenstrom in Sperrichtung, U Fotodiodenspannung in Sperrichtung, I_D Fotodiodenstrom in Sperrichtung bei $E=0$, I_s Sättigungsstrom in Sperrichtung bei $E=0$ und $U=\infty$, $U_T = kT/e$ Temperaturspannung $U_T = 25{,}886$ mV für $T = 300$ K, k Boltzmann-Konstante, T absolute Temperatur, $I_{ph} = s_e E_e$ oder $I_{ph} = s_v E_v$ Fotostrom.

I_{ph}	s_e	s_v	E_e	E_v
A	$A/W \cdot m^{-2}$	A/lx	W/m^2	lx

s_e absolute strahlungsphysikalische Empfindlichkeit, s_v absolute lichttechnische Empfindlichkeit.

Die Fotodiode besitzt eine richtungsabhängige Empfangscharakteristik. Die beste Wirkung hat eine senkrecht auftreffende Strahlung.

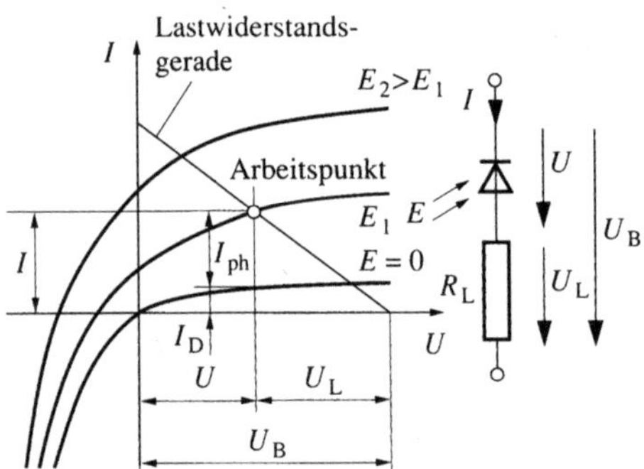

Bild 5.3-3 Kennlinie einer Fotodiode R_L Lastwiderstand U_L Spannung am Lastwiderstand $U_L = I \cdot R_L$, U_B Betriebspannung E Beleuchtungstärke

5.3.2.3 Bewertung einer Strahlung durch eine Fotodiode [5.12]

Die Ausgangsgröße Y und die Eingangsgröße X_e einer Fotodiode hängen bei einer Gesamtstrahlung (Spektrum) in folgender Weise mit der absoluten Empfindlichkeit s_e zusammen.

$$Y = s_e X_e, \quad (5.3\text{–}21)$$

$$s_e = s_e(\lambda)_{max} \frac{\int_{\lambda_1}^{\lambda_2} S_\lambda s_{rel}(\lambda)\, d\lambda}{\int_{\lambda=0}^{\lambda=\infty} S_\lambda\, d\lambda}, \quad (5.3\text{–}22)$$

$$X_e = \int_{\lambda=0}^{\lambda=\infty} X_{e\lambda}\, d\lambda. \quad (5.2\text{–}44)$$

Die Ausgangsgröße Y kann z. B. der Fotostrom I_{ph} einer Fotodiode, die Eingangsgröße X_e die monochromatische Strahlungsleistung Φ_e einer Strahlungsquelle und $X_{e\lambda}$ die entsprechende spektrale Strahlungsleistung $\Phi_{e\lambda}$ sein, mit der die lichtempfindliche Fläche des Empfängers bestrahlt wird.
Wenn von einer Fotodiode neben der relativen Empfindlichkeit $s_{rel}(\lambda)$ die absolute lichttechnische Empfindlichkeit s_{vNLA} bei Bestrahlung mit Licht der Normlichtart A (s. Abschnitt 5.2.2.9) vorliegt, läßt sich die Ausgangsgröße der Fotodiode mit der folgenden Beziehung berechnen.

$$Y = s_{vNLA} X_v. \quad (5.3\text{–}23)$$

Bei der Ausgangsgröße Y kann es sich um den Fotostrom I_{ph} und bei der Eingangsgröße X_v um den Lichtstrom Φ_v handeln. Wird als Strahlquelle eine Lumineszenzdiode mit der Strahlungsfunktion $S_{\lambda LED}$ verwendet, kann die Ausgangsgröße Y in folgender Weise ermittelt werden, wobei sich die Integrale durch numerische Auswertung aus Bild 5.3–4 ergeben.

$$Y = s_{vNLA} K_m \frac{\int_{\lambda=380\,nm}^{\lambda=780\,nm} S_{\lambda NLA} V(\lambda)\, d\lambda}{\int_{\lambda_1}^{\lambda_2} S_{\lambda NLA} s_{rel}(\lambda)\, d\lambda} \times$$

$$\times \frac{\int_{\lambda_3}^{\lambda_4} S_{\lambda LED} s_{rel}(\lambda)\, d\lambda}{\int_{\lambda=0}^{\lambda=\infty} S_{\lambda LED}\, d\lambda} X_e, \quad (5.3\text{–}24)$$

$S_{\lambda\,LED}, S_{\lambda\,NLA}$	$V(\lambda)$	$s_{rel}(\lambda)$	λ
1	1	1	µm

$$X_e = \int_{\lambda=0}^{\lambda=\infty} X_{e\lambda}\, d\lambda. \quad (5.2\text{–}44)$$

$$I_C = (\beta + 1) I_{ph}. \quad (5.3\text{–}25)$$

I_C, I_{ph}	β
A	1

I_C Kollektorstrom, β Stromverstärkung des Transistors, I_{ph} Basisstrom durch Lichteinwirkung.

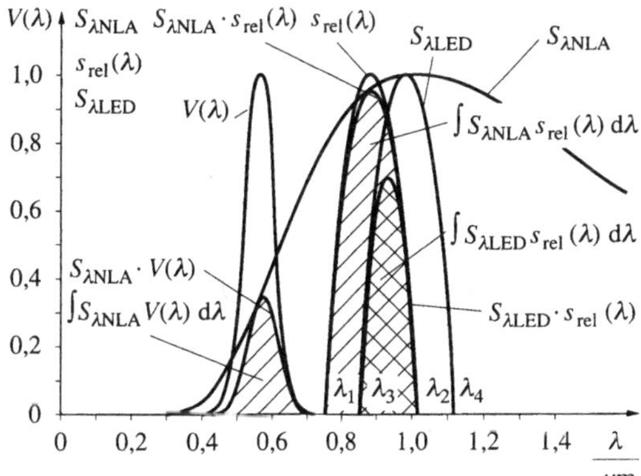

Bild 5.3-4 Bewertung der Strahlung einer Leuchtdiode durch eine Fotodiode

5.3.2.4 Fototransistoren [5.3–6]

Der Fototransistor kann als Kombination einer Fotodiode und eines Transistors aufgefaßt werden. Durch die Stromverstärkung des Transistors wird die Wirkung der Fotoduide erhöht (Bild 5.3–5). Fototransistoren können mit einem nachgeschalteten Transistor zu einer Darlington–Schaltung mit entsprechend erhöhter Empfindlichkeit erweitert werden.

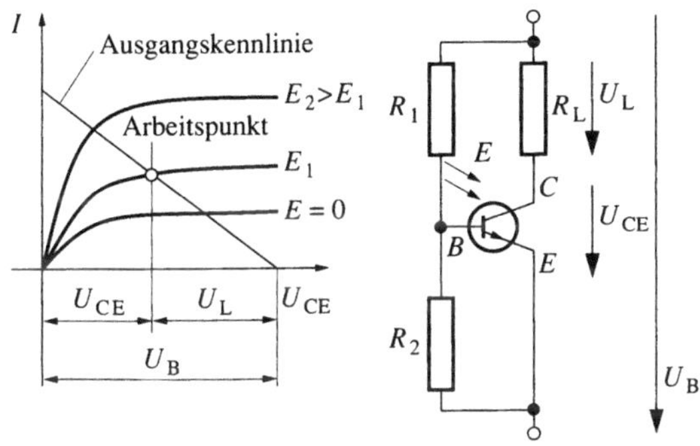

Bild 5.3-5 Kennlinie eines Fototransistors R_1, R_2 Widerstände zur Temperaturkompensation, R_L Lastwiderstand, U_L Spannung am Lastwiderstand, $U_L = I_C R_L$, U_B Betriebspannung, E Beleuchtungstärke, I_C Kollektorstrom, U_{CE} Kollektor-Emitter-Spannung

5.4 Beleuchtungstechnik

5.4.1 Punktstrahler [5.26], [5.27], [5.28], [5.29], [5.30], [5.31]

Die Berechnung der Beleuchtungsstärke E kann entweder uber den Lichtstrom Φ oder die Lichtstärke I einer Lichtquelle erfolgen. Während der Lichtstrom nur die mittlere Beleuchtungsstärke auf einer vorgegebenen Fläche zu berechnen ermöglicht, kann mit der Lichtstärke die Beleuchtungsstärke punktuell in einem bestimmten Abstand von der Lichtquelle ermittelt werden. Dabei muß die richtungsabhängige Lichtstärke in einem Polar- oder Raumdiagramm (Abstrahlcharakteristik) vorgegeben sein. Im Gegensatz zur Außenbeleuchtung (Bild 5.4–1), bei der man

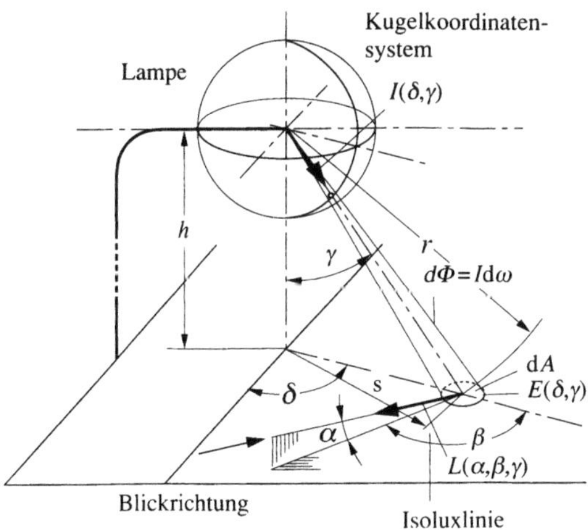

Bild 5.4-1 Beleuchtungstärke einer Straßenleuchte

in der Berechnung der Beleuchtungsstärke wegen der großen Abstände von reinen *Punktstrahlern* ausgehen kann, muß bei der Planung einer Innenbeleuchtung auch dic Reflexion der Wände und Decken berücksichtigt werden.

Die Beleuchtungsstärke im Abstand r von einer Lampe bzw. im Abstand s vom Fußpunkt einer Straßenleuchte läßt sich durch folgende Überlegung ermitteln. Zweckmäßigerweise erfolgt die Berechnung mit lichttechnischen Größen.

$$\Phi = \int I(\delta, \gamma)\, d\omega, \qquad (5.4\text{–}1)$$

$$E = \frac{d\Phi}{dA} = I(\delta, \gamma) \frac{d\omega}{dA}, \qquad (5.4\text{–}2)$$

$$d\omega = \frac{dA \cos\gamma}{r^2} \Omega_0, \qquad (5.4\text{–}3)$$

$$E = I(\delta, \gamma) \frac{\cos\gamma}{r^2}. \qquad (5.4\text{–}4)$$

Φ	I	δ, γ	ω	E	A	h, r, s	Ω_0
lm	cd	rad, °	sr	lx	m²	m	sr

$I(\delta, \gamma)$ richtungsabhängige Lichtstärke (Abstrahlcharakteristik), δ Kugelkoordinate (Azimut), γ Kugelkoordinate (Deklination), h Leuchtenhöhe, s Abstand vom Fußpunkt, r Lampenabstand.

Mit den Beziehungen $\cos\gamma = \dfrac{h}{r}$ und $r^2 = h^2 + s^2$ ergibt sich weiterhin

$$E = I(\delta, \gamma)\frac{h}{r^3}\Omega_0 = \\ = I(\delta, \gamma)\frac{h}{(h^2+s^2)^{3/2}}\Omega_0 = \\ = I(\delta, \gamma)\frac{\cos^3\gamma}{h^2}\Omega_0. \quad (5.4\text{–}5)$$

E	I	h, r, s	δ, γ	Ω_0
lx	cd	m	rad, °	sr

Bei einem idealen Punktstrahler ist die Lichtstärke nach allen Richtungen gleich. Im praktischen Fall muß aber die Lichtstärke $I(\delta, \gamma)$ für jede neue Richtung aus dem Diagramm entnommen werden.

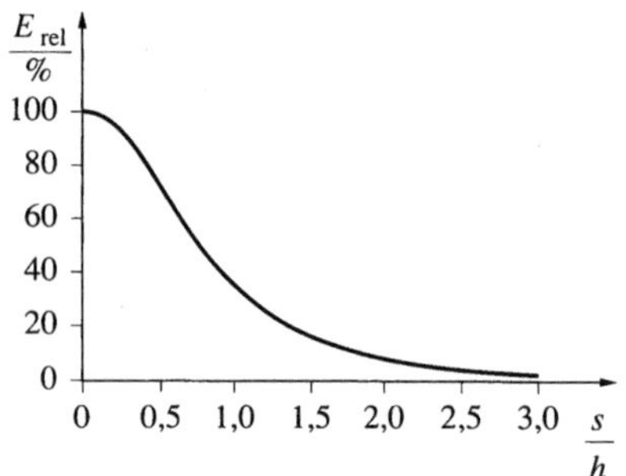

Bild 5.4-2 Relative Beleuchtungsstärke

$E_0 = \frac{I(\beta, \gamma)}{h^2}\Omega_0$ Beleuchtungsstärke am Fußpunkt der Leuchte

$E_{rel} = \frac{E}{E_0} = \frac{I}{[I+(s/h)^2]^{3/2}}$ relative Beleuchtungsstärke im Abstand s vom Fußpunkt

Bild 5.4–2 zeigt, wie die Beleuchtungsstärke mit der Entfernung vom Fußpunkt der Straßenleuchte abnimmt. Dabei wird angenommen, daß die Lichtstärke in diesem Bereich konstant ist.
Die Beleuchtungsstärken mehrerer Leuchten addieren sich in folgender Weise.

$$E = \sum_{n=1}^{m} I_n(\delta, \gamma)\frac{\cos^3\gamma_n}{h_n^2}\Omega_0. \quad (5.4\text{–}6)$$

m Anzahl der Leuchten. Auf diese Weise läßt sich eine gleichmäßige Straßenbeleuchtung erzielen.

5.4.2 Straßenbeleuchtung [5.26], [5.29]

Die physiologische Bewertung der Beleuchtung durch das Auge geschieht über die Leuchtdichte der beleuchteten Fläche. Eine *Lambertsche Fläche* reflektiert und zerstreut auffallendes Licht diffus mit der Leuchtdichte

$$L = \frac{\varrho}{\pi}E\frac{1}{\Omega_0}. \quad (5.4\text{–}7)$$

L	E	ϱ	Ω_0
cd/m²	lx	1	sr

Die Reflexionseigenschaften einer Straßendecke werden durch den Leuchtdichtekoeffizienten q angegeben.

$$L = q(\alpha, \beta, \gamma)E, \quad (5.4\text{–}8)$$

L	q	E	α, β, γ
cd/m²	cd/m² · lx = 1/sr	lx	rad, °

q Leuchtdichtekoeffizient (Reflexionsindikatrix), α Beobachtungswinkel gegen die Horizontale, β Winkel zwischen Einfallsebene und Beobachtungsebene.

Der für einen Fahrer wichtige Straßenabschnitt liegt im Abstand von 60 m bis 160 m vor dem Fahrzeug. Das entspricht einem Beobachtungswinkel von $\alpha = 1°$. Die räumliche Verteilung des Leuchtdichtekoeffizienten $q(\gamma, \beta)$ bei einem Beobachtungswinkel von $\alpha = 1°$ wird in einer Reflexionsindikatrix dargestellt. Da die meßtechnische Ermittlung der vollständigen Reflexionsindikatrix einer Straßendecke sehr aufwendig ist und nur im Laboratorium ausgeführt werden kann, hat man Standardwerte festgelegt. Dabei wird einem sonst konstanten mittleren Leuchtdichtekoeffizienten in direkter Blickrichtung auf die Leuchte noch eine Spiegelung überlagert. Sind mehrere Leuchten vorhanden, addieren sich deren Leuchtdichten im Beobachtungspunkt.

$$L = \sum_{n=1}^{m} I_n(\delta, \gamma)\frac{\cos^3\gamma_n}{h_n^2}q_n(\beta, \gamma)\Omega_0. \quad (5.4\text{–}9)$$

Da die Ermittlung von Linien gleicher Beleuchtungsstärke (Isoluxlinien) sowie Linien gleicher Leuchtdichte wegen der Datenfülle sehr aufwendig ist, wird das heute mit einem Rechner erledigt, der das Ergebnis der besseren Anschaulichkeit wegen grafisch aufbereitet und ausdruckt.

5.4.3 Arbeitsplatzbeleuchtung

5.4.3.1 Beleuchtungsstärke [5.26], [5.29]

Für Arbeitsräume unterscheidet man bei der Planung folgende Beleuchtungsarten (Bild 5.4–3):
- Allgemeinbeleuchtung,
- gerichtete Beleuchtung,
- arbeitsplatzorientierte Allgemeinbeleuchtung,
- Einzelplatzbeleuchtung.

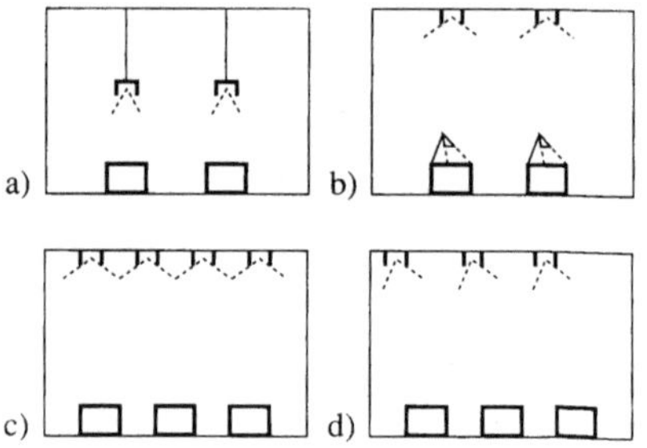

Bild 5.4-3 Beleuchtungsarten von Arbeitsplatzen [5.29]
a) arbeitsplatzorientierte Allgemeinbeleuchtung,
b) Einzelplatzbeleuchtung,
c) Allgemeinbeleuchtung,
d) gerichtete Beleuchtung

Allgemeinbeleuchtung ist bei nicht festgelegten Arbeitsplätzen, die mit einer einheitlichen Beleuchtungsstärke auskommen können, angebracht. *Gerichtete Beleuchtung* erzeugt Schatten, die Form und Oberflächenbeschaffenheit besser hervortreten lassen. Durch *arbeitsplatzorientierte Allgemeinbeleuchtung* können Hauptarbeitszonen mit höherer Beleuchtungsstärke von Nebenarbeitszonen mit geringerer Beleuchungsstärke getrennt werden. Die *Einzelplatzbeleuchtung* schafft die Möglichkeit zur Installation einer individuellen, der Sehaufgabe angemessenen Zusatzbeleuchtung.

Für die Beleuchtung von Arbeitsplätzen werden bei den angegebenen Arbeiten folgende Beleuchtungsstärken empfohlen [5.29], [5.30], [Fördergemeinschaft „Gutes Licht“, Frankfurt a. M.]:

- 200 lx Mindestbeleuchtungsstärke von Arbeitsplätzen und deren Umgebung,
- 300 lx grobe und mittlere Maschinenarbeiten, Überwachungsarbeiten,
- 500 lx feine Maschinenarbeiten, Montagearbeiten, Modellbau,
- 750 lx Büroarbeiten, Schulunterricht,
- 1000 lx Präzisionsarbeiten, technisches Zeichnen,
- 1500 lx feinste Montagearbeiten, Farb- und Oberflächenkontrollen,
- > 1500 lx Beleuchtungsstärke für besondere Sehaufgaben.

Für die Wahl einer optimalen Beleuchtungsstärke ist auch der Reflexionsgrad ϱ des Arbeitsgutes entscheidend. In Untersuchungen [5.29] hat man festgestellt, daß eine mit dem Reflexionsgrad ansteigende Leuchtdichte L des Arbeitsgutes vom Beobachter als angenehm empfunden wird. Die Tab. 5.4–1 zeigt den Zusammenhang zwischen Reflexionsgrad und Leuchtdichte. Außerdem ist die für die angegebene Leuchtdichte notwendige, von der Lampe herrührende Beleuchtungsstärke E gemäß Gl. (5.4–7) angegeben.

Tabelle 5.4–1: Zusammenhang zwischen Reflexionsgrad und Leuchtdichte

ϱ	$\frac{L}{\text{cd/m}^2}$	$\frac{E}{\text{lx}}$
0,1	70	1256 (dunkles Arbeitsgut)
0,4	200	1570
0,8	400	2200 (helles Arbeitsgut)

5.4.3.2 Blendungsbegrenzung [5.29]

Neben einer optimalen Beleuchtungsstärke muß bei der Planung einer Beleuchtungsanlage auch auf eine Begrenzung oder gar Vermeidung einer Blendung der Beschäftigten geachtet werden (Bild 5.4–4).

Blendung tritt ein, wenn durch plötzliche Leuchtdichteänderung die Adaptionsfähigkeit des Auges überfordert wird. *Absolutblendung* tritt ein, wenn im Gesichtsfeld Leuchtdichten von etwa $L_v = 10^4$ cd/m^2 vorliegen. *Relativblendung* tritt auf, wenn im Gesichtsfeld zu große Leuchtdichtekontraste vorhanden

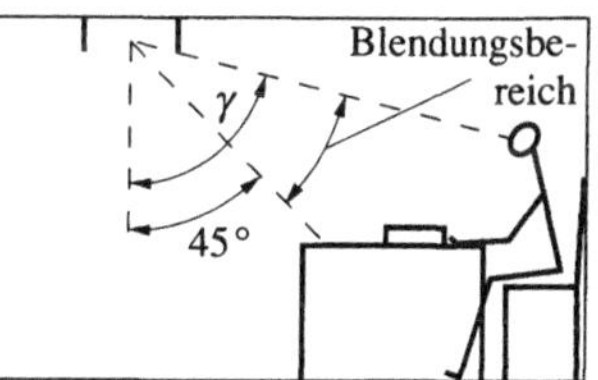

Bild 5.4-4 Blendungsbereich einer Leuchte [5.26], [5.29]

sind. Bei der *Infeldblendung* liegt die Blendlichtquelle im inneren Bereich des Gesichtsfeldes des Beobachters (Infeld) und bei der *Umfeldblendung* im äußeren Bereich (Umfeld). *Direktblendung* wird durch unmittelbare Einwirkung von Lichtquellen hervorgerufen und *Reflexblendung* durch spiegelnde Reflexion, wenn Reflexbild und Sehobjekt sich überlagern.

Wenn die Blendung eine Herabsetzung der Sehleistung zur Folge hat, spricht man von *physiologischer Blendung*. Setzt die Blendung bei längerem Aufenthalt im Blendbereich das Wohlbefinden herab, bezeichnet man sie als *psychologische Blendung*, die bei der Arbeitsplatzbeleuchtung eine große Rolle spielt. Experimentell ermittelte Leuchtdichte–Grenzkurven (Bilder 5.4–5 und 5.4–6) geben für Leuchten, die quer

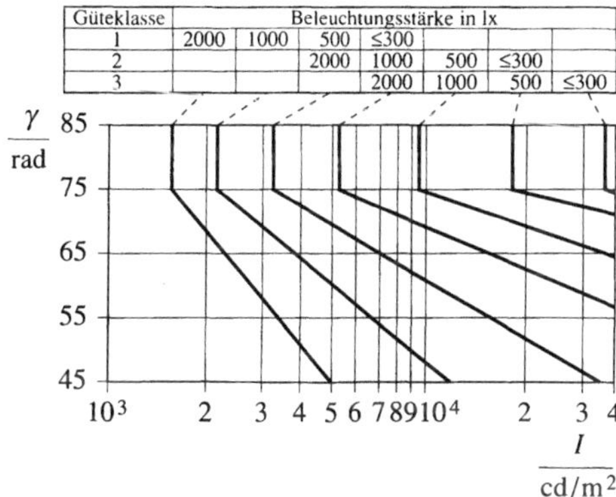

Bild 5.4-5 Leuchtdichte-Grenzkurven für deckenbündige Einbauleuchten sowie für alle langgestreckten und in Blickrichtung angeordnete Leuchten [5.26], [5.29]

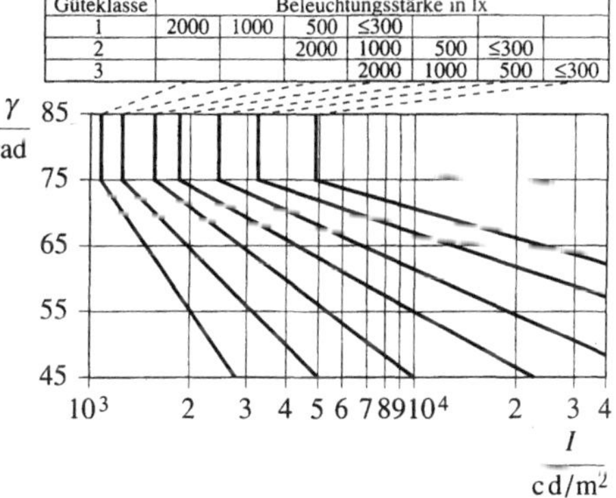

Bild 5.4-6 Leuchtdichte-Grenzkurven für Deckenleuchten mit leuchtenden Seitenteilen und bei Blickrichtung senkrecht zur Leuchte [5.26], [5.29]

oder längs zur Blickrichtung angeordnet sind, den Ausstrahlungsbereich an, in dem eine Leuchtdichtebegrenzung wegen Blendgefahr notwendig ist (Bild 5.4–4). Je größer der Abstrahlwinkel ist, um so geringer muß die Leuchtdichte der Lampe sein, um Blendung zu vermeiden. Eine Verminderung der Leuchtdichte kann durch eine Erhöhung der Anzahl der Leuchten ausgeglichen werden. Die Berechnung der Beleuchtungsstärke erfolgt bei vorgegebener Abstrahlcharakteristik (Lichtstärke) mit den Gln. (5.4–5) und (5.4–6).

5.5 Literatur

[5.1] *Schröder, Gottfried,* Technische Optik, Vogel-Verlag, Würzburg 1990

[5.2] *Schröder, Gottfried,* Übungen zur technischen Optik, Vogel-Verlag, Würzburg 1979

[5.3] *Schmidt, Wolfgang,* und *Ortwin Feustel,* Optoelektronik, Vogel-Verlag, Würzburg 1975

[5.4] *Haferkorn, Heinz,* Optik, Verlag Harri Deutsch, Thun Frankfurt 1981

[5.5] *Born, Max,* Optik, Springer, Berlin Heidelberg New York 1976

[5.6] *Hodam, Fritz,* Formelsammlung und Tabellenbuch der technischen Optik, Verlag für Augenheilkunde und Optik, Berlin

[5.7] *Hodam, Fritz,* Technische Optik, VEB Verlag Technik, Berlin 1967

[5.8] *Mütze, Karl,* ABC der Optik, Verlag Werner Dausien, Hanau 1961

[5.9] *Flügge, Johannes,* Leitfaden der geometrischen Optik und des Optikrechnens, Verlag Vandenhoek & Ruprecht, Göttingen 1956

[5.10] Schott Glaswerke, Mainz

[5.11] Jenoptik Jena GmbH, Jena

[5.12] Das Opto-Kochbuch, Texas Instruments 1975

[5.13] *Albrecht, Hans,* u. a., Optische Strahlungsquellen, Lexika-Verlag, Grafenau/Württ. 1977

[5.14] *Brunner, Witlof,* und *Klaus Junge,* Lasertechnik, Hüthig Verlag, Heidelberg 1982

[5.15] *Bergh, Arpad A,* und *P. J. Dean,* Lumineszenzdioden, Hüthig Verlag, Heidelberg 1976

[5.16] *Goercke, P.,* und *P. Mischel,* Optoelektronische Bauelemente für die Automatisierung, Hüthig Verlag, Heidelberg 1976

[5.17] *Fischbach, Jörn-Uwe,* u. a., Optoelektronik-Bauelemente der Halbleiter-Optoelektronik, Expert Verlag, Grafenau/Württ. 1982

[5.18] *Hatzinger, Günther,* Optoelektronische Bauelemente und Schaltungen, Siemens AG, Berlin, München 1977

[5.19] *Goercke, Paul,* Lichtempfindliche Bauelemente für die Automatisierung, R. V. Decker's Verlag, G. Schenk, Hamburg, Berlin, Bonn 1960

[5.20] Siemens AG, Bereich Bauelemente, München

[5.21] Valvo, Unternehmensbereich Bauelemente, Hamburg

[5.22] Telefunken Elektronik GmbH, Heilbronn

[5.23] Hamamatsu Photonics Deutschland GmbH, Herrsching

[5.24] Hewlett-Packard GmbH, Hannover

[5.25] Polytec GmbH, Waldbronn-Karlsruhe

[5.26] *Hentschel, Hans-Jürgen,* Licht und Beleuchtung, Hüthig Verlag, Heidelberg 1982

[5.27] *Zijl, H.,* Leitfaden der Lichttechnik, N. V. Philips Gloeilampenfabrieken, Eindhoven 1955

[5.28] *Jansen, Joh.,* Beleuchtungstechnik, N. V. Philips Gloeilampenfabrieken, Eindhoven 1954

[5.29] Philips–Licht–Handbuch, N. V. Philips Gloeilampenfabrieken, Eindhoven 1980

[5.30] Philips, Unternehmensbereich Licht, Hamburg

[5.31] Philips Licht GmbH, Köln

6 Datenverarbeitung

6.1 Grundlagen der Datenverarbeitung

6.1.1 Daten und Datendarstellung

Digitale Rechner wie der *Mikrocomputer* sind datenverarbeitende Geräte, die Daten aufnehmen, speichern, verarbeiten sowie wieder ausgeben können.

Allgemein als Daten bezeichnet man:
- Zahlen (z. B. Ergebnisse von Ziffernwahlschaltern),
- Zeichen (z. B. Buchstaben der Tastatur) und
- analoge Größen, die in digitale Werte umgewandelt werden müssen, z. B. Tachogeneratorspannung als drehzahlproportionale Größe.

Die datenverarbeitenden elektronischen Schaltungen arbeiten i. a. mit zwei Zuständen, z. B.:
- hohes Potential – niedriges Potential,
- Schalter ein – Schalter aus.

Die digitale Schaltungstechnik verwendet für diese beiden Zustände die Bezeichnungen (bei positiver Logik):
H für hohes Potential (High) und
L für niedriges Potential (Low).

Die Schaltalgebra, die die mathematische Beschreibung digitaler Schaltungen ermöglicht, betrachtet nicht die physikalische Größe elektrischen Potentials, sondern verwendet die Zeichen 0 und 1, wobei (positive Logik) die 1 dem H und die 0 dem L entspricht. Eine Darstellung, die nur mit den beiden Zuständen 0 (L) und 1 (H) arbeitet, heißt *zweiwertig* oder *binär*. Eine Stelle, die den Wert 0 oder 1 annehmen kann, wird als *Bit* bezeichnet. Alle Daten lassen sich durch eine Anzahl 0 und 1, also eine Folge von Bit darstellen. Eine Folge von 8 Bit ist zu einer neuen Einheit, dem *Byte* zusammengefaßt.

In Bild 6.1–1 ist ein Beispiel für ein zeitserielles Datum wiedergegeben und Bild 6.1–2 zeigt die dazugehörige Pegel- bzw. Bitfolge

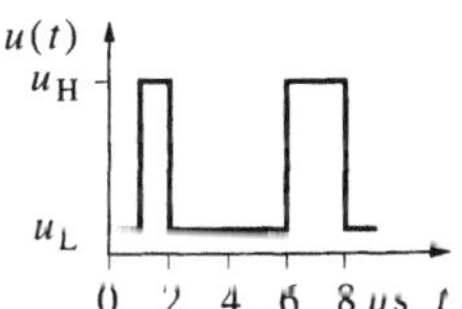

Bild 6.1-1 Zeitserielles Datum

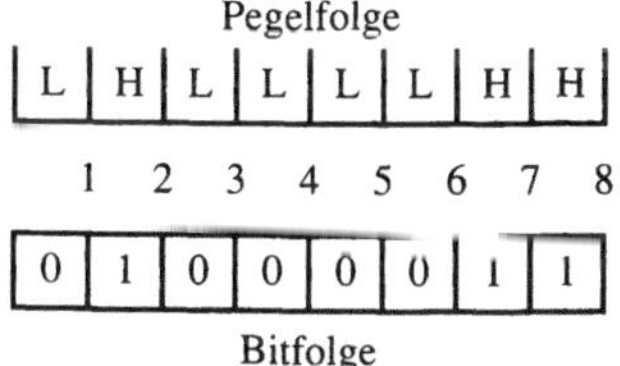

Bild 6.1-2 Pegel- und Bitfolge des zeitseriellen Datums

6.1.2 Darstellung von Zahlen

Die gebräuchlichsten Zahlendarstellungen in der digitalen Datenverarbeitung sind:
- Verschlüsselung jeder Ziffer der Dezimalzahl durch eine binär codierte Dezimalzahl (BCD) oder
- Umrechnung der Dezimalzahl in eine äquivalente Dualzahl.

6.1.2.1 Binär codierte Dezimalzahlen

Die BCD-Codierung verwendet die in Tabelle 6.1–1 angegebene Verschlüsselung zur Darstellung der 10 Dezimalziffern.

Tabelle 6.1–1: Binär codierte Dezimalzahlen (BCD)

Ziffer	8–4–2–1
0	0 0 0 0
1	0 0 0 1
2	0 0 1 0
3	0 0 1 1
4	0 1 0 0
5	0 1 0 1
6	0 1 1 0
7	0 1 1 1
8	1 0 0 0
9	1 0 0 1

Dargestellt werden die Ziffern als 4-stellige Dualzahlen:

■ *Beispiel:*

$123_{10} = 0001\ 0010\ 0011_2$
Dezimalziffer $1_{10} = 0001_2$
Dezimalziffer $2_{10} = 0010_2$
Dezimalziffer $3_{10} = 0011_2$

Der Index gibt den Hinweis auf das jeweilige Zahlensystem.

Neben dem BCD-Code (auch: 8 4 2 1-Code) gibt es noch weitere Codierungen für Zahlen in der Datenverarbeitung. Im Anhang 1 wird eine Tabelle einiger Codes wiedergegeben.

6.1.2.2 Dezimalzahlen dual verschlüsselt

Das *Dualzahlensystem* verwendet ausschließlich die beiden Ziffern 0 und 1. Z. B. sind auch die 10 Zeilen der Spalte „BCD-Codierung" der Tabelle 6.1–1 Dualzahlen. Ebenso kann die Bitfolge aus Bild 6.1–2 eine Dualzahl darstellen. Die Umwandlungsverfahren zwischen unterschiedlichen Zahlensystemen werden im Abschnitt 6.1.6 erläutert.

■ *Beispiel:*
$123_{10} = 1111011_2$.

6.1.3 Darstellung von Zeichen

Zeichen können, ebenso wie Zahlen, in der Datenverarbeitung nur als Bitfolgen verarbeitet werden. Eine der häufigsten Codierungen von Zeichen (Buchstaben, Ziffern und Sonderzeichen) ist die Darstellung im *ASCII-Code* (ASCII: American Standard Code for Information Interchange). Diese Codierung (US-Norm) verwendet 7 Bit, um ein Zeichen anzugeben. Dem Zeichen ist ein weiteres Bit vorangestellt, so daß sich eine Datumslänge von insgesamt 8 Bit ergibt. Die ersten Buchstaben des Alphabets sind in der Tabelle 6.1–2 zusammengestellt. Eine ebenfalls verwendete Codierung für Zeichen ist der *EBCDIC-Code* (EBCDIC: Extended Binary Coded Decimal Interchange Code). Die Besonderheiten nationaler Zeichensätze sind in landesspezifischen Varianten des ASCII-Codes berücksichtigt. In Deutschland z. B. gilt die Vereinbarung nach DIN 66003.

Tabelle 6.1–2: ASCII-Code (Teilmenge)

Buchstabe	ASCII-Codierung
A	01000001
B	01000010
C	01000011
D	01000100
E	01000101

Eine vollständige Code-Tabelle mit den genannten Codierungen enthält der Anhang 2.

6.1.4 Die Verarbeitung analoger Signale

Analoge elektrische Signale lassen sich durch Analog-Digital-Umsetzer in digitale Werte umformen und dann in Rechnersystemen verarbeiten. Analog-Digital-Umsetzer (ADC) gibt es in verschiedenen Genauigkeitsbereichen und mit unterschiedlichen Umwandlungsgeschwindigkeiten. Ein großes Spektrum von mikroprozessorkompatiblen Analog-Digital-Umsetzern ist heute verfügbar. Eine Umsetzung der digitalen Mikroprozessor-Ausgangssignale in analoge Größen ist genauso mit Digital-Analog-Umsetzern (DAC) möglich. Damit wird es beispielsweise möglich, rechnergesteuert Sinussignale oder andere Funktionen zu erzeugen.
Weiterhin ist es durch die weit entwickelte Sensor- und Wandlertechnik möglich, zahlreiche physikalische und mechanische Größen (z. B. Temperatur, Druck, Feuchte, Beschleunigung, Drehzahl, Drehmoment usw.) mit einem Mikroprozessorsystem zu erfassen, zu verarbeiten und anzuzeigen. (Siehe dazu Kap. 7, Meßtechnik).

6.1.5 Zahlensysteme

Das uns geläufige Dezimalsystem hat als Basis die Zahl 10. Jede Ziffernfolge stellt eine Abkürzung für die Potenzreihendarstellung des Zahlenwertes dar. Die Stellung einer Ziffer in der Zahl gibt Aufschluß über den Wert dieser Ziffer. Zahlensysteme, die derart aufgebaut sind, heißen *Stellenwertsysteme*. Andere Systeme, z. B. Abzählsysteme (römische Zahlen), sind heute nicht mehr im Gebrauch.

■ *Beispiel:*
Die Dezimalzahl 123,45 wird, um ihren Wert zu ermitteln, so geschrieben:

$$123{,}45 = 1 \cdot 10^2 + 2 \cdot 10^1 + 3 \cdot 10^0 + \\ + 4 \cdot 10^{-1} + 5 \cdot 10^{-2}$$

Allgemein wird der Wert einer Zahl als Summe aller vorkommender Produkte $z_i \cdot B^i$. ermittelt. B ist dabei die Basis des Zahlensystems (sinnvoll nur $B > 1$), z_i ist der Ziffernwert und B^i der Stellenwert der i-ten Stelle der Zahl. Die uns geläufige Form der Zahl als Ziffernfolge ist eine verkürzende Schreibweise zur Darstellung der Potenzreihe.
Das Bildungsgesetz für den Wert einer Zahl läßt sich demnach wie folgt angeben:

$$Z = z_n \cdot B^n + z_{n-1} \cdot B^{n-1} + \ldots + z_1 \cdot B^1 + z_0 \cdot B^0 + \\ + z_{-1} \cdot B^{-1} + \ldots + z_{-m} \cdot B^{-m}.$$

Nach diesem Bildungsgesetz lassen sich beliebige Zahlen, einschließlich gebrochener und negativer Zahlen darstellen. Der Übergang vom ganzzahligen zum gebrochenen Anteil der Zahl wird in der Potenzreihe beim Wechsel zu negativen Exponenten der Basis B sichtbar.
In der digitalen Datenverarbeitung ist das Dezimalsystem ungebräuchlich. Die Schaltungen der Digitaltechnik arbeiten binär. Ein Rechner speichert und verarbeitet die Daten im Dualsystem. Die Darstellung von Zahlen im *Dualsystem* benögtigt etwa das 3,3-fache an Stellen gegenüber dem Dezimalsystem. Um die rechnerinternen Zahlendarstellungen überschaubarer zu machen, wird die jeweilige Dualzahl im *Oktal-* oder häufiger noch im *Hexadezimalsystem* geschrieben. Beide Zahlensysteme sind als „Kurzschrift“ des Dualsystems anzusehen, da sie einmal 3 Stellen (bei Verwendung des Oktalsystems), 4 Stellen (bei Verwendung des Hexadezimalsystems) der Dualzahl zu einer neuen Ziffer zusammenfassen.
Kennzeichnende Größen dieser 3 Zahlensysteme sind folgende:

- Dualsystem: Basis 2, Ziffern 0,1,
- Oktalsystem: Basis 8, Ziffern 0,1,2,3,4,5,6,7,
- Hexadezimalsystem: Basis 16, Ziffern 0,1,2,3,4,5,6,7,8, 9,A(10),B(11),C(12), D(13), E(14), F(15).

6.1.6 Zahlenumwandlung

Ausgehend vom Bildungsgesetz der Zahlen kann jede Zahl eines beliebigen Zahlensystems in das Dezimalsystem umgerechnet werden, wenn man die Ziffern der Zahl mit den Stellenwerten multipliziert und diese Teilergebnisse summiert.

■ *Beispiel:*

1. Umzuwandeln ist die Dualzahl 1100110_2 in die äquivalente Dezimalzahl

$$\begin{aligned}1100110_2 &= 1\cdot 2^6 + 1\cdot 2^5 + 0\cdot 2^4 + 0\cdot 2^3 + 1\cdot 2^2 + 1\cdot 2^1 + 0\cdot 2^0\\ &= 64\\ &+ 32\\ &+ 4\\ &+ 2\\ &= 102_{10}.\end{aligned}$$

2. Umzuwandeln ist die Oktalzahl 567_8 in die äquivalente Dezimalzahl

$$\begin{aligned}567_8 &= 5\cdot 8^2 + 6\cdot 8^1 + 7\cdot 8^0\\ &= 320\\ &+ 48\\ &+ 7\\ &= 375_{10}.\end{aligned}$$

3. Umzuwandeln ist die Hexadezimalzahl 567_{16} in die äquivalente Dezimalzahl

$$\begin{aligned}567_{16} &= 5\cdot 16^2 + 6\cdot 16^1 + 7\cdot 16^0\\ &= 1280\\ &+ 96\\ &+ 7\\ &= 1383_{10}.\end{aligned}$$

Die Umwandlung von Dezimalzahlen in Zahlen anderer Basissysteme erfolgt getrennt nach ganzzahligem und gebrochenem Anteil der Zahl. Der Vorkommaanteil kann nach dem Divisions-Restverfahren umgewandelt werden, der Nachkommaanteil mit Hilfe des Multiplikationsverfahrens. Die Division bzw. die Multiplikation ist mit der Basis des gewünschten Zielsystems durchzuführen.
Als Ergebnis sind die Reste bei der Division, beginnend mit dem Rest, der bei der letzten möglichen Division ermittelt wurde, in umgekehrter Entstehungsreihenfolge zu notieren. Die Umwandlung ist beendet, wenn der ganzzahlige Teil der Division Null geworden ist.

■ *Beispiele, ganze Zahlen:*

1. Die Zahl 25_{10} ist in eine gleichwertige Dualzahl zu konvertieren:

25 : 2 = 12 Rest 1,
12 : 2 = 6 Rest 0,
6 : 2 = 3 Rest 0,
3 : 2 = 1 Rest 1,
1 : 2 = 0 Rest 1,
Ergebnis: $25_{10} = 11001_2$.

2. Die Zahl 25_{10} ist in eine gleichwertige Hexadezimalzahl zu konvertieren:

25 : 16 = 1 Rest 9,
1 : 16 = 0 Rest 1
Ergebnis: $25_{10} = 19_{16}$.

■ *Beispiele, gebrochene Zahlen:*

1. Die Zahl $0{,}09375_{10}$ ist in eine gleichwertige Dualzahl zu konvertieren:

$0{,}09375 \cdot 2 = 0{,}1875$,
$0{,}18750 \cdot 2 = 0{,}3750$,
$0{,}37500 \cdot 2 = 0{,}7500$,
$0{,}75000 \cdot 2 = 1{,}5000$,
$0{,}50000 \cdot 2 = 1{,}0000$,
$0{,}00000 \cdot 2 = 0{,}0000$,
Ergebnis: $0{,}09375_{10} = 0{,}00011_2$.

2. Die Zahl $0{,}09375_{10}$ ist in eine gleichwertige Hexadezimalzahl zu konvertieren:

$0{,}09375 \cdot 16 = 1{,}5$,
$0{,}50000 \cdot 16 = 8{,}0$,
Ergebnis: $0{,}09375_{10} = 0{,}18_{16}$.

Die Umwandlung ist beendet, wenn der gebrochene Teil der Multiplikation Null geworden ist. Als Ergebnis sind die Vorkommaanteile, beginnend mit dem Wert, der bei der ersten Multiplikation ermittelt wurde, in der Entstehungsreihenfolge zu notieren.
Es ist zu beachten, daß sich endliche Dezimalbrüche häufig *nicht* in endliche Brüche im Zielsystem überführen lassen.
Bei der direkten Umwandlung von Dualzahlen in Oktal- oder Hexadezimalzahlen („Kurzschrift") werden, ausgehend vom Dezimalpunkt, die Dualstellen in Gruppen zu je 3 Bit (Oktal) oder 4 Bit (Hex) zu den entsprechenden Oktal- oder Hexziffern zusammengefaßt.

■ *Beispiele:*

1. Angabe der Zahl $11001{,}00011_2$ als Oktalzahl
011001,000100
$= 3\ \ 1\ ,\ 0\ \ 4_8$.

2. Angabe der Zahl $11001{,}00011_2$ als Hexadezimalzahl

00011001,00011000
$= 1\ \ 9\ ,\ 1\ \ 8_{16}$.

Zu beachten bei der direkten Umwandlung ist das evtl. erforderliche Auffüllen mit Nullen, speziell im Nachkommaanteil.
Übung: Konvertieren Sie die Dezimalzahl 1000_{10} in Zahlen verschiedener Systeme.
a) Dualsystem,
b) System mit der Basis 4,
c) Oktalsystem,
d) Hexadezimalsystem.

6.1.7 Rechenregeln für Dualzahlen

In diesem Abschnitt sollen die Rechenarten Addition, Subtraktion, Multiplikation und Division im Dualsystem erläutert werden. In einfachen digitalen Rechenanlagen werden die 4 Grundrechenarten auf die Addition zurückgeführt. Im Dualsystem ist dieses sehr leicht möglich.

6.1.7.1 Addition von Dualzahlen

Grundregeln: $0+0 = 0$,
$0+1 = 1$,
$1+0 = 1$,
$1+1 = 10$.

Bei der *Addition* 1 + 1 ist das Ergebnis 0, wobei zusätzlich ein Übertrag *(Carry)* zur Bitstelle mit der nächsthöheren Wertigkeit auftritt.

■ *Beispiel:*

101001	Kontrolle dezimal: 41
+ 10011	+19
= 111100	= 60

6.1.7.2 Multiplikation von Dualzahlen

Grundregeln: $0 \cdot 0 = 0$,
$0 \cdot 1 = 0$,
$1 \cdot 0 = 0$,
$1 \cdot 1 = 1$.

Die Regeln entsprechen denen der dezimalen *Multiplikation*. Es werden die Produkte mit den Stellen des Multiplikators gebildet und stellenrichtig summiert.

■ *Beispiel:*

1010 · 1101	dezimale Kontrolle:
1010	
+ 1010	10 · 13 = 130
+ 0000	
+ 1010	

Summe: $= 10000010_2 = 1 \cdot 2^7 + 1 \cdot 2^1 = 130_{10}$.

Da die Stellen des Multiplikators im Dualsystem nur die Werte 0 bzw. 1 annehmen können, vereinfacht sich die duale Multiplikation zu den Teiloperationen Addieren und Verschieben.
Übung: Multiplizieren Sie dual die beiden Dezimalzahlen 17 und 12.

6.1.7.3 Subtraktion von Dualzahlen

Auch die *Subtraktion* kann auf die Addition zurückgeführt werden. Es wird zu der negativen Zahl eine geeignete positive addiert, so daß alle negativen Zahlen in positive transformiert werden. Dieser konstante Wert wird auf einfache Weise im Rechner nach der Operation wieder aus dem Ergebnis entfernt.

■ *Beispiel:*
Im Dezimalsystem rechnet man $a-b = a+(-b)$, z. B. $47-19 = 47+(-19) = 28$.

Ersetzt man in dieser Rechnung die Zahl (− 19) durch den um 100 erhöhten Wert $(-19)+100 = 81$ und addiert diesen neuen Wert zu dem Operanden, ergibt sich als Ergebnis:

$47+81 = 128$.

Das Ergebnis ist um 100 zu groß und muß korrigiert werden. Beschränkt man den Zahlenbereich auf nur 2-stellige Dezimalzahlen und beachtet den Übertrag in die dritte (Hunderter) Stelle nicht, ist das Ergebnis wieder richtig.

$47+81 = (1)28$.

Man nennt diese Zahl, die sich nach der Addition des konstanten Wertes ergibt, ein *Komplement der ursprünglichen* Zahl. Unterschieden werden das *B*-Komplement (*B* ist die Basis des Zahlensystems) und das (*B*-1)-Komplement. Das *B*-Komplement ist die Ergänzung der Zahl zu der kleinsten Zahl mit der nächsthöheren Stellenzahl, das (*B*-1)-Komplement ist die Ergänzung zur größten gleichstelligen Zahl.
Im Beispiel oben wurde das *B*-Komplement (im Dezimalsystem also das 10er-Komplement) verwendet. Die kleinste Zahl mit der nächsthöheren Stellenzahl bei 2-stelligen Dezimalzahlen ist 100. Das (*B*-1)-Komplement (im Dezimalsystem das 9er-Komplement) wäre bei 2-stelligen Zahlen der Wert 99.
Im Dualsystem ist die Bildung des (*B*-1)-Komplementes (Einer-Komplementes) sehr einfach: alle Ziffernwerte werden invertiert (negiert). Die Bildung des *B*-Komplementes (Zweier-Komplementes) wird dann durch Addition einer 1 zum Einer-Komplement erreicht.

■ *Beispiel:*

Z: 1101001	(Dualzahl)
: 0010110	(Einer-Komplement, Invertierung)
1	(Addition einer 1)
$\tilde{Z}$: 0010111	(Zweier-Komplement)

Es gilt:
Die Summe aus Zahl $Z+\tilde{Z} = 0$ oder $\tilde{Z} = -Z$ (bei Unterdrückung des Übertrags).

Damit lassen sich negative Zahlen durch ihr Zweier-Komplement ersetzen. Die Subtraktion kann durch die Komplement-Addition erreicht werden. Zu beachten ist dabei, daß beide Operanden auf die gleiche Stellenzahl zu bringen sind.

■ *Beispiele:*
Berechnen Sie folgende Subtraktionen mit Hilfe der Komplement-Addition im Dualsystem.
1. $7_{10} - 1_{10} = 6_{10}$

$7_{10} = 111_2$ Umwandlung in Dualzahlen
$1_{10} = 001_2$

$1_{10} = 001_2$	
110	Invertierung (Einer-Komplement)
1	Addition von 1
111	Zweier-Komplement

111	(7_{10})
+ 111	Komplement-Addition
(1)11	Überträge
= 110	Ergebnis

Die Rückumwandlung liefert

$110_2 = 1 \cdot 2^2 + 1 \cdot 2^1 = 6_{10}$.

Der Übertrag in der höchsten Stelle wird nicht berücksichtigt.

2. $58_{10} - 31_{10}$

	(32 16 8 4 2 1)	Wertigkeit
31_{10} =	0 1 1 1 1 1_2	Invertieren
	1 0 0 0 0 0	(Einerkomplement)
	0 0 0 0 0 1	+1
	1 0 0 0 0 1	Zweierkomplement
58_1 =	1 1 1 0 1 0_2	
		Zweierkomplement-Addition = 27_{10}
	+ 1 0 0 0 0 1	Ergebnis ohne Berücksichtigung des Übertrages der höchsten Stelle.
	(1) 0 1 1 0 1 1	

Das Zweierkomplement einer Zahl liefert eine einfache Möglichkeit, in Digitalrechnern negative Zahlen darzustellen und dadurch die Rechenoperationen Subtraktion und daraus folgend die Division durch Additionsoperationen und evtl. Verschiebeoperationen zu ersetzen.

In Tabelle 6.1–3 sind die Zweierkomplemente der Zahlen 1 bis 7 ihren Dualwerten gegenübergestellt. Positive und negative Zahlen unterscheiden sich immer im werthöchsten Bit. Es läßt sich demnach als Vorzeichenstelle deuten.

Tabelle 6.1–3: Positive und negative Dualzahlen

Z		$\tilde{Z}$	
+1	0001	−1	1111
+2	0010	−2	1110
+3	0011	−3	1101
+4	0100	−4	1100
+5	0101	−5	1011
+6	0110	−6	1010
+7	0111	−7	1001

6.1.7.4 Division von Dualzahlen

Die Subtraktion erfolgt durch Addition des Zweierkomplementes. Entsprechend wird die *Division* durch wiederholte Komplementaddition durchgeführt. Diese erfolgt so oft, bis kein Übertrag über das werthöchste Bit mehr auftritt. Alle Überträge werden addiert und bilden das Ergebnis der Division. Das Ergebnis der letzten Division, bei der noch ein Übertrag vorhanden war, ist der Divisionsrest.

■ *Beispiel:*

12 : 6 = 2

$12_{10} = 1100_2$
$6_{10} = 0110_2$

Zweierkomplement bilden von:	0110
Invertieren:	1001
+1:	+0001
Ergebnis:	1010.

Division: $1100_2 : 1010_2 = 10_2$

	+1010	
1	0110	
	+1010	
+1	0000	Rest 0
	+1010	
0	1010	
10		Summe der Überträge = Ergebnis.

6.1.8 Logische Verknüpfungen

Die *Schaltalgebra* ermöglicht die mathematische Beschreibung logischer Schaltungen. Logische Schaltungen verarbeiten Signale (Schaltvariable), die nur zwei Zustände annehmen können: wahr (1) oder falsch (0). Die Verknüpfung solcher Signale liefert als Ergebnis wieder einen Wert (Funktionswert), der nur wahr oder falsch sein kann.

In der Schaltalgebra sind drei logische Grundverknüpfungen definiert, aus denen weitere zusammengesetzte Verknüpfungen abgeleitet werden.

Diese Grundverknüpfungen sind:

- NEGATION (Invertierung), Operationszeichen: Überstrich,
- UND-Verknüpfung, Operationszeichen: ∧ (bzw. ·),
- ODER-Verknüpfung, Operationszeichen: ∨ (bzw. +).

Tabelle 6.1–4: Logische Grundfunktionen

Name	JA-Schaltung	NICHT Schaltung NOT	UND-Schaltung AND	ODER-Schaltung OR
Tabelle	a | r 0 | 0 1 | 1	a | r 0 | 1 1 | 0	a | b | r 0 | 0 | 0 0 | 1 | 0 1 | 0 | 0 1 | 1 | 1	a | b | r 0 | 0 | 0 0 | 1 | 1 1 | 0 | 1 1 | 1 | 1
Symbol nach DIN 44 700	[1]	[1]○	[&]	[≥1]
Formel	$r=a$	$r=\bar{a}$	$r=a\wedge b$	$r=a\vee b$

Tabelle 6.1–5: Zusammengesetzte logische Funktionen

Name	NAND	NOR	Antivalenz XOR	Äquivalenz EQU
Tabelle	a | b | r 0 | 0 | 1 0 | 1 | 1 1 | 0 | 1 1 | 1 | 0	a | b | r 0 | 0 | 1 0 | 1 | 0 1 | 0 | 0 1 | 1 | 0	a | b | r 0 | 0 | 0 0 | 1 | 1 1 | 0 | 1 1 | 1 | 0	a | b | r 0 | 0 | 1 0 | 1 | 0 1 | 0 | 0 1 | 1 | 1
Symbol nach DIN 44700	&	≥1	=1	=
Formel	$r = \overline{a \wedge b}$	$r = \overline{a \vee b}$	$r = (a \vee b) \wedge (\bar{a} \vee \bar{b})$	$r = \overline{(a \vee b) \wedge (\bar{a} \vee \bar{b})}$

Definitionen:

NEGATION	UND	ODER
$\bar{0}=1$	$0 \wedge 0=0$	$0 \vee 0=0$
$\bar{1}=0$	$0 \wedge 1=0$	$0 \vee 1=1$
	$1 \wedge 0=0$	$1 \vee 0=1$
	$1 \wedge 1=1$	$1 \vee 1=1$

Wie in der gewöhnlichen Algebra, sind auch in der Schaltalgebra Rechenregeln definiert, die die Variablen und Verknüpfungsoperatoren kombinieren. Mit Hilfe dieser Rechenregeln lassen sich Schaltfunktionen angeben, die ein System beschreiben, das durch seine zweiwertige Aussagelogik gekennzeichnet ist. Solche Systeme lassen sich in Form von Tabellen oder auch als Kontaktanordnung darstellen. In Tabelle 6.1–4 sind die Grundfunktionen der Schaltalgebra zusammengestellt und in Tabelle 6.1–5 einige daraus abgeleitete wichtige zusammengesetzte Funktionen.

6.1.9 Rechenschaltungen

Rechenschaltungen sind Baugruppen aus logischen Verknüpfungen, die es ermöglichen, die arithmetischen Grundoperationen durchzuführen. Wie in Abschnitt 6.1.7.3 gezeigt, kommt man mit der Addition für alle Grundrechenarten aus. Erforderlich ist zusätzlich die Komplementbildung, um die Subtraktion und die Division auf die Addition zurückzuführen. Das Einerkomplement ist durch einfache Negation der ursprünglichen Zahl zu gewinnen. Dazu ist eine 1 zu addieren, um das Zweierkomplement zu erhalten. Bild 6.1–3 zeigt die Einerkomplement-Bildung für 4-Bit-Zahlen. Sie besteht aus vier Negationen.

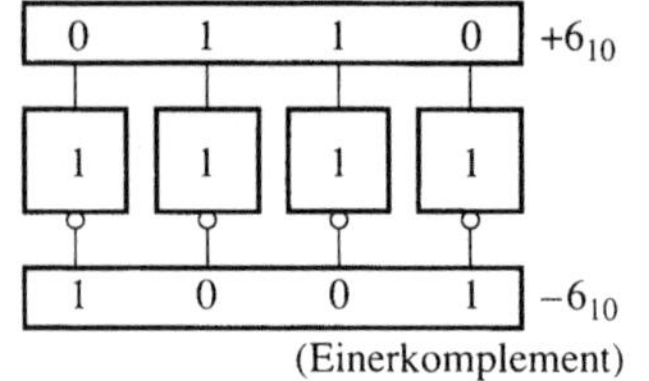

Bild 6.1-3 Schaltung zur Einerkomplementbildung

Um das Zweierkomplement zu bilden, ist eine Rechenschaltung erforderlich, die die Operation „Addition“ ermöglicht.

6.1.9.1 Addierer

Die Addition zweier Dualzahlen ist in Abschnitt 6.1.7.1 beschrieben. Stellt man die Funktionstabelle für die Addition zweier Zahlenwerte a und b mit den erforderlichen Ergebnissen Übertrag (U) und Summe (r) zusammen (vgl. Tabelle 6.1–6), kann man daraus die logischen Schaltfunktion zur Gewinnung beider Größen ableiten.

Tabelle 6.1–6: Funktionstabelle für den Addierer

a	b	U	r
0	0	0	0
0	1	0	1
1	0	0	1
1	1	1	0

Die Summe r der beiden Variablen a und b läßt sich als EXCLUSIV-ODER-Verknüpfung (XOR) der Größen angeben (s. Tabelle 6.1–5). Der Übertrag ermittelt sich als UND-Verknüpfung beider Variablen (s. Tabelle 6.1–4).

Eine Schaltung, die die Addition zweier Dualziffern ermöglicht, heißt *Halbaddierer*. Diese Schaltung eignet sich dazu, um die beiden niederwertigsten Stellen einer mehrstelligen Dualzahl zu addieren. Als Ergebnis wird ein Summenbit und ein Übertragsbit berechnet. In Bild 6.1–4 ist die Realisierung des Halbaddierers aus logischen Grundverknüpfungen und das Schaltsymbol wiedergegeben.

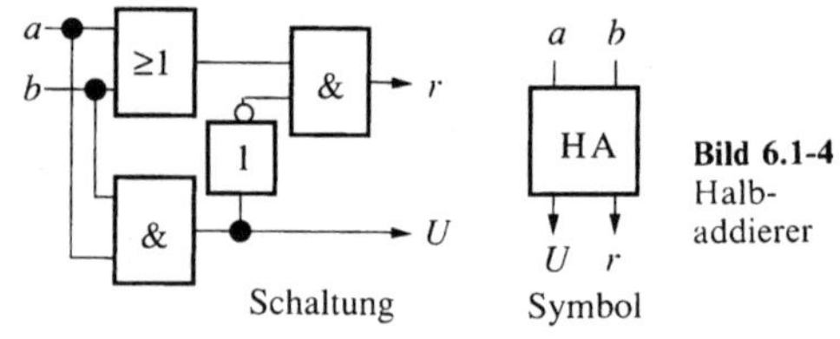

Bild 6.1-4 Halbaddierer

Bei der Addition mehrstelliger Dualzahlen muß der Übertrag U der Vorgängerstelle mit berücksichtigt werden. Es zeigt sich, daß man den *Volladdierer*, der zwei Dualziffern und einen möglichen Vorgänger-Übertrag addiert, aus zwei Halbaddierern aufbauen kann. Der erste Halbaddierer verarbeitet die beiden

Ziffern *a* und *b* wie vorher, der 2. Halbaddierer addiert das Summenbit des 1. Halbaddierers zum Vorgängerübertrag. Ein Übertrag kann sich jetzt ergeben aus der Addition der Ziffern oder auch aus der Addition des Summenbit und des Vorgängerübertrages. Diese beiden Überträge müssen ODER-verknüpft werden, um den endgültigen Wert des Übertrages aus der Addition der drei Größen, Ziffern *a* und *b* und Vorgängerübertrag, zu gewinnen.
Bild 6.1–5 zeigt die Schaltung des Volladdierers und sein Logiksymbol.

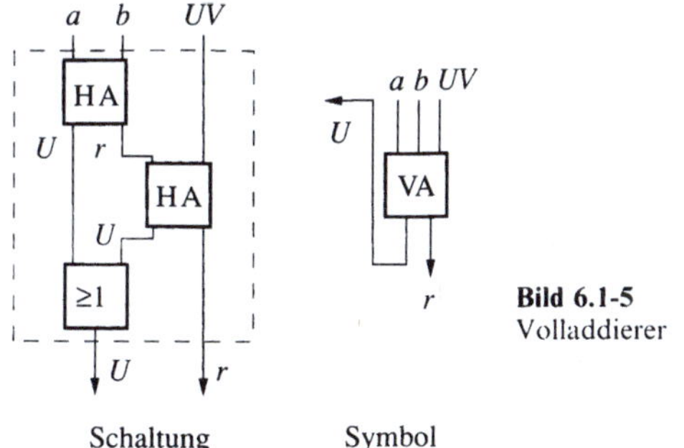

Bild 6.1-5
Volladdierer

Ein *Parallel-Addierwerk,* das zwei 4-stellige Dualzahlen addieren kann, ist in Bild 6.1–6 wiedergegeben. Es weist einen Eingang für den Vorgängerübertrag auf, um diese Schaltung mit gleichartigen zusammenschalten zu können. Damit kann die Stellenzahl vergrößert werden.

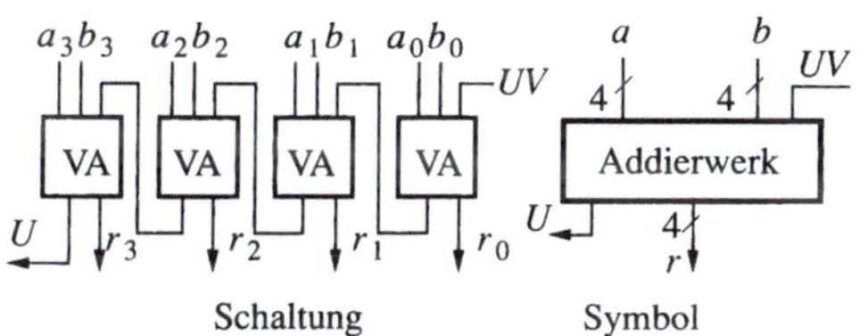

Bild 6.1-6
Paralelladdierwerk

6.1.9.2 Subtrahierschaltung

Wird eine der beiden 4-stelligen Dualzahlen über einen Inverter nach Bild 6.1–3 dem Addierwerk zugeführt und der Eingang für den Vorgängerübertrag auf 1 gelegt, arbeitet diese Rechenschaltung als *Subtrahierer.* Bild 6.1–7 gibt das Symbol der Subtrahierschaltung an. Ein Übertrag *U* (häufiger *C* von Carry) des Parallel-Addierers wird bei der Subtraktion rechnerintern unterdrückt.

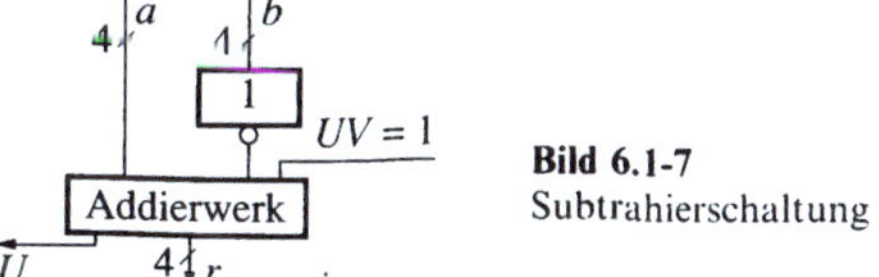

Bild 6.1-7
Subtrahierschaltung

Die Volladdierer, die in Mikroprozessoren eingesetzt werden, haben eine leicht veränderte Struktur. Durch Erweiterung des Volladdierers erreicht man die Möglichkeit, auch die logischen Funktionen UND, ODER und EXCLUSIV-ODER ausführen zu können. Im Bild 6.1–8 ist eine Schaltung gezeigt, die zwei Dualziffern nach Vorgabe von Steuersignalen arithmetisch oder logisch verarbeitet.

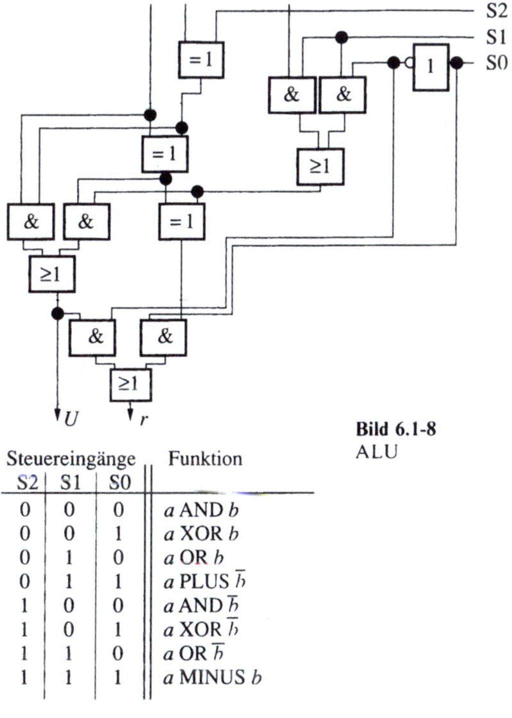

Steuereingänge S2	S1	S0	Funktion
0	0	0	*a* AND *b*
0	0	1	*a* XOR *b*
0	1	0	*a* OR *b*
0	1	1	*a* PLUS $\bar{b}$
1	0	0	*a* AND $\bar{b}$
1	0	1	*a* XOR $\bar{b}$
1	1	0	*a* OR $\bar{b}$
1	1	1	*a* MINUS *b*

Bild 6.1-8
ALU

6.1.10 Wertebereich

Die Darstellung der Zahlen im Rechner erfolgt in der Regel durch eine feste Anzahl von Binärstellen. Die Speicherung und Verarbeitung der Zahlen wird mit dieser konstanten Größe durchgeführt. Durch die feste Stellenzahl ist der *Wertebereich* vorgegeben und damit beschränkt.
Die Anzahl der Binärstellen eines Datums ist die Wortlänge. Bei Mikrorechnern (Personal-Computern) sind die Wortlängen 16, 32 Bit und im Bereich der Großrechner z. B. 32, 60, 64, 80 Bit vertreten. Für eine *n*-stellige binär verschlüsselte Information ergeben sich 2^n unterscheidbare Werte.

6.1.11 Festpunkt- und Gleitpunktzahlen

Bei der Zahlendarstellung im Rechnern werden zwei Grundtypen verwendet:

- *Festpunktdarstellung* (fixed point, integer) und die
- *Gleitpunktdarstellung* (floating point, real).

In beiden Darstellungsformen sind arithmetische Operationen durchführbar, sie erfordern jedoch einen unterschiedlichen technischen Aufwand. Festpunktrechenwerke sind bei allen Rechnern hardwaremäßig vorgesehen. Für Gleitpunktoperationen muß in der Regel eine zusätzliche Hardware vorgesehen werden. Gleitpunktoperationen wurden daher häufig durch Softwarelösungen realisiert.
Die Interpretation einer Ziffernfolge erfordert vor ihrer Verarbeitung die Festlegung, ob es sich um eine Festpunkt- oder Gleitpunktdarstellung handelt (Vereinbarung). Rechnerintern muß die Stellung des Dezimaltrennzeichens (Radixpunkt oder Komma) gegeben und der für den Zahlentyp gültige Zahlenbereich verifizierbar sein, so daß damit Bereichsüberschreitungen erkennbar sind.

6.1.11.1 Festpunktdarstellung

Zahlen in der *Festpunktdarstellung* werden als n-stellige Dualzahlen angegeben, für die bei allen Operationen der Radixpunkt an der gleichen Stelle angenommen wird. Der Radixpunkt selbst wird in der Regel nicht explizit gespeichert. Ist der Radixpunkt auf die Stelle rechts vom niedrigstwertigen Bit (LSB) festgelegt, werden ausschließlich ganze Zahlen dargestellt. Ist der Radixpunkt auf die Stelle links vom höchstwertigen Bit (MSB) festgelegt, werden nur echt gebrochene Zahlen dargestellt. Allgemein kann zur Festpunktdarstellung von Zahlen der Radixpunkt an jeder beliebigen Stelle im Datum vorgesehen werden. Die Zahl würde dann aus einem ganzzahligen und einem echtgebrochenen Anteil zusammengesetzt sein. Zur Darstellung postiver und negativer Zahlen wird grundsätzlich eine Binärstelle für das Vorzeichen erforderlich, so daß für den Wert der Zahl nur noch $(n-1)$ Bitstellen zur Verfügung stehen. Zur Angabe des Vorzeichens sind die folgenden Varianten üblich:

a) Komplementdarstellung der negativen Werte (s. Abschnitt 6.1.7.2),
b) Festlegung eines Vorzeichenbits und Betragsdarstellung des Wertes.

Beispiele mit 16 Bit Wortlänge und Festpunktdarstellung ausschließlich ganzer Zahlen (das Vorzeichen wird der höchstwertigen Bitstelle zugeordnet) enthält die folgende Tabelle:

Dezimalzahl	Festpunktzahl nach a)	Festpunktzahl nach b)
1990	0000 0111 1100 0110	0000 0111 1100 0110
−1990	1111 1000 0011 1010	1000 0111 1100 0110
−32767	1000 0000 0000 0000	1111 1111 1111 1111
−1	1111 1111 1111 1111	1000 0000 0000 0001

6.1.11.2 Gleitpunktdarstellung

In vielen Anwendungen des technisch-wissenschaftlichen Bereiches ist der zu geringe Zahlenbereich der Festpunktdarstellung bei der Einfachgenauigkeit eine Einschränkung, die diese Problemstellungen nicht lösbar macht. Da die Rechnung mit höherer Genauigkeit durch Doppel- oder Mehrfachwortbildung sich sowohl im Speicherbedarf als auch in der späteren Rechenzeit in der Regel mindestens um näherungsweise den Faktor der Wortzahl erhöht, wird in derartigen Anwendungen die *Gleitpunktdarstellung* oder *halblogarithmische Darstellung* verwendet.

Gleitpunktnotierung

Eine Zahl G wird im Gleitpunktformat wie folgt geschrieben als:

$$G = m \cdot B^e.$$

m Mantisse (signifikant), B Basis des gewählten Zahlensystems, e Exponent.

Die Mantisse stellt den eigentlichen Wert der Zahl dar, der Exponent die Stellung des Radixpunktes innerhalb der Ziffernfolge. Die Mantisse ist in eine normierte Form durch Rechts- oder Linksverschiebung des Radixpunktes transformiert. Sie kann danach als Festpunktzahl behandelt werden. Üblich sind folgende Normierungen:

a) Verschiebung des Radixpunktes vor die erste signifikante Ziffer ($0{,}1 \leqslant m < 1$ für Dezimalzahlen),
b) Verschiebung des Radixpunktes hinter die erste signifikante Ziffer ($1 \leqslant m < 10$ für Dezimalzahlen).

■ *Beispiel:*

Dezimalzahl	Normierung nach a)	Normierung nach b)
900524	$0{,}900524 \cdot 10^6$	$9{,}00524 \cdot 10^5$

Gleitpunktarithmetik

Die vier Grundrechenarten lassen sich für zwei Gleitpunktzahlen folgendermaßen ausführen:

$$G_1 \pm G_2 = [(m_1 \pm m_2 \cdot B^{(e2-e1)}] \cdot B^{e1} \quad \text{für } e_1 \geqslant e_2,$$
$$G_1 \pm G_2 = [(m_1 \cdot B^{(e1-e2)} \pm m_2] \cdot B^{e2} \quad \text{für } e_1 < e_2,$$
$$G_1 \cdot G_2 = m_1 \cdot m_2 \cdot B^{(e1+e2)},$$
$$G_1/G_2 = m_1/m_2 \cdot B^{(e1-e2)}.$$

1. Gleitpunktaddition, Gleitpunktsubtraktion

Sollen zwei Gleitpunktzahlen addiert oder subtrahiert werden, so müssen zunächst die Exponenten angeglichen werden. Anschließend können die beiden Mantissen miteinander verknüpft und das Ergebnis, wenn erforderlich, normalisiert werden.

■ *Beispiel (Addition):*
Dezimal zu berechnen sei: 123,45 + 54,321,
normalisiert ($0{,}1 \leqslant m < 1$):
$0{,}12345 \cdot 10^3 + 0{,}54321 \cdot 10^2$,
Die Mantissenstellenzahl sei mit 8 vorgegeben.

	Mantisse	Exponent	Erläuterung
	1 2 3 4 5 0 0 0	+ 0 3	1. Zahl
	5 4 3 2 1 0 0 0	+ 0 2	2. Zahl
+	0 5 4 3 2 1 0 0	+ 0 3	Exponent-angleichung
	1 7 7 7 7 1 0 0	+ 0 3	Ergebnis der Addition

Bei der Exponentangleichung entsteht eine unnormalisierte Zahl. Bei großem Exponentunterschied gehen Stellen verloren! Entsteht bei der Addition ein Übertrag über die höchstwertige Mantissenstelle, ist eine Normalisierung erforderlich. Das Ergebnis ist um 1 Stelle nach rechts zu verschieben und der Exponent um 1 zu erhöhen.

■ *Beispiel (Subtraktion):*
Dezimal zu berechnen sei: 123,45 − 54,321,
normalisiert ($0{,}1 \leqslant m < 1$):
$0{,}12345 \cdot 10^3 - 0{,}54321 \cdot 10^2$.
Die Mantissenstellenzahl sei mit 8 vorgegeben.

Zur Durchführung einer Subtraktion wird beim Subtrahenden das Vorzeichen gewechselt. Dazu wird er als *B*-Komplement dargestellt. Anschließend erfolgt eine Addition der beiden Operanden.

	Mantisse	Exponent	Erläuterung
	1 2 3 4 5 0 0 0	+ 0 3	1. Zahl
	5 4 3 2 1 0 0 0	+ 0 2	2. Zahl
	0 5 4 3 2 1 0 0	+ 0 3	Exponentangleichung
+	9 4 5 6 7 9 0 0	+ 0 3	*B*-Komplementbildung
(1)	0 6 9 1 2 9 0 0	+ 0 3	Ergebnis der Addition
	6 9 1 2 9 0 0 0	+ 0 2	Normierung

Bei der Exponentangleichung entsteht eine unnormalisierte Zahl. Bei großem Exponentunterschied gehen Stellen verloren! Entsteht bei der Addition des *B*-Komplements ein Übertrag über die höchstwertige Mantissenstelle, bleibt dieser unberücksichtigt. Das Ergebnis ist in diesem Fall positiv. Entsteht kein Übertrag über die höchstwertige Mantissenstelle, ist das Ergebnis negativ (s. Abschnitt 6.1.7.2). Abhängig vom Ergebnis ist eine Normalisierung erforderlich.

2. Gleitpunktmultiplikation, Gleitpunktdivision
Bei der Multiplikation und Division können die Mantissen direkt miteinander multipliziert bzw. durcheinander dividiert und die Exponenten addiert bzw. subtrahiert werden.

Entstehen bei der Multiplikation Ergebnisse, die den Normierungsbereich überschreiten, muß die Mantisse nach rechts verschoben und der Exponent erhöht werden. Entstehen bei der Division Ergebnisse, die den Normierungsbereich unterschreiten, muß die Mantisse nach links verschoben und der Exponent erniedrigt werden.
Bei der Multiplikation zweier *n*-stelliger Zahlen entsteht eine 2*n*-stellige Zahl. Bei dieser Rechenoperation wird ein Hilfsregister benötigt, damit das Zwischenergebnis intern vollständig gebildet werden kann. Nach der Ausführung der Multiplikation ist wegen der festen *n*-stelligen Wortlänge der niederwertige Teil des Ergebnisses verloren. Für die Division wird der Dividend aus analogen Gründen intern häufig als Doppelwort dargestellt.

3. Bereichsüberschreitung
Überschreitet der Betrag der Mantisse bei einer arithmetischen Operation den Normierungsbereich, ist keine Alarmmeldung erforderlich. Die Mantisse wird nach rechts verschoben und der Exponent erhöht. Die letzte Stelle der Mantisse geht dabei verloren. Einen Mantissenüberlauf kann es nicht geben.
Für den Exponenten gibt es die Möglichkeit des Unterlaufs und des Überlaufs. Ein *Exponentenunterlauf* liegt vor, wenn der Betrag des Exponenten bei negativem Vorzeichen zu groß wird. Dieser Wert ist für die interne Darstellung zu klein. Es wird in diesem Fall rechnerintern eine Null erzeugt. Von *Exponentenüberlauf* spricht man, wenn der Betrag des Exponenten bei positivem Vorzeichen zu groß wird. Dieser Wert ist für die rechnerinterne Darstellung zu groß. In diesem Fall wird im allgemeinen ein arithmetischer Alarm gegeben, der auf das Verlassen des zulässigen Wertebereiches hinweist.

Darstellung reeller Zahlen in binären DV-Systemen

1. Das Prinzip der Darstellung
Bei der Übertragung der in Abschnitt 6.1.11.2 beschriebenen halblogarithmischen Zahlendarstellung auf ein binär arbeitendes DV-System ändert sich am Grundprinzip nichts. Dagegen tritt eine wesentliche Einschränkung dadurch auf, daß für die Mantisse und den Exponenten nur eine begrenzte Anzahl von Stellen verfügbar ist. Wertebereich und Genauigkeit der Zahlendarstellung sind begrenzt! Die Menge der reellen Zahlen muß auf die Untermenge der „Maschinenzahlen" abgebildet werden.
In der im Abschnitt 6.1.11.2 angegebenen Darstellungsform reeller Zahlen *(Gleitpunktzahlen)*, müssen für den Exponenten *e* positive und negative Werte zugelassen werden. Manche Systeme umgehen das Problem des Exponentenvorzeichens dadurch, daß sie den Exponenten durch eine sogenannte Charakteristik ersetzen. Durch die Addition einer Konstanten zum wahren Exponenten wird eine Transformation der Charakteristik in den positiven Zahlenbereich erreicht. Die Konstante ist systemsignifikant und daher bei Rechenoperationen bekannt.

2. Umwandlung reeller Zahlen in maschineninterne Gleitpunktzahlen
Die Umwandlung reeller Dezimalzahlen in maschineninterne Gleitpunktzahlen erfolgt wie in Abschnitt 6.1.6 ausgeführt. Der eigentlichen Zahlenumwandlung in das Dualsystem folgt die Normierung der Mantisse in den festgelegten Wertebereich. In Mikrorechnersystemen belegen Exponent bzw. Charakteristik ein bis zwei, die Mantisse drei bis acht Bytes. Ein Standardformat mit ausreichender Genauigkeit und brauchbarem Wertebereich ist die Darstellung in vier

Bytes; der Exponent belegt ein Byte und die Mantisse mit dem ihr zugeordneten Vorzeichen der Zahl belegt drei Bytes. Die Struktur von maschineninternen Gleitpunktzahlen läßt sich wie folgt angeben:

Exponent mit Vorzeichen/Charakteristik	Vorzeichen	Mantisse

Die Reihenfolge der drei Bestandteile ist nicht festgelegt.

3. Varianten der Gleitpunktdarstellung
In den folgenden Absätzen werden einige Varianten der maschineninternen *Gleitpunktdarstellung* vorgestellt. Unterschiede sind im wesentlichen in der Anordnung der Bestandteile und der Normierung der Mantisse vorhanden.
Eine realisierte Form der Darstellung in der Standard-Wortlänge von 32 Bit stellt den Exponenten als vorzeichenbehaftete ganze Zahl mit 8 Bit und die in dem Bereich $|m| \leqslant 1$ normierte Mantisse mit 24 Bit dar. Negative Mantissen- und Exponentwerte werden als 2-Komplement angegeben. Damit ergibt sich die folgende Struktur:

Exponent

e_7	e_6	e_5	e_4	e_3	e_2	e_1	e_0

Das Exponentbit e_7 ist die Vorzeichenstelle. Der Wertebereich des Exponenten ergibt sich damit von $10000000_2 = -128_{10}$ bis $01111111_2 = 127_{10}$.

Mantisse

m_0	m_1	m_2		m_{21}	m_{22}	m_{23}

Die Stelle m_0 ist die Vorzeichenstelle der Mantisse, gibt also das Vorzeichen der Zahl an. Die Mantissenstellen $m_1 \ldots m_{23}$ haben die Stellenwerte $2^{-1} \ldots 2^{-23}$. Die Mantissenstelle m_0 hat, wegen ihrer Eigenschaft als Vorzeichenstelle, den Stellenwert -1. Die normierte Darstellung bedingt, daß die Mantissenstellen m_0 und m_1 immer unterschiedlich besetzt sein müssen.
Damit ergibt sich für die Darstellung positiver Zahlen der Wertebereich der Mantisse zu $0{,}5 \leqslant m \leqslant 1-2^{-23}$ und für die Darstellung negativer Zahlen der Wertebereich der Mantisse zu $-1 \leqslant m \leqslant -(0{,}5-2^{-23})$. Der Sonderfall der Zahl 0 wird durch Nullen in Exponent und Mantisse dargestellt.
Eine zweite Form der Darstellung von Gleitpunktzahlen soll am Beispiel der Formate im Numerikprozessor des Typs 8087/80287 angegeben werden. Der Mikroprozessor 8087 ist ein spezieller Numerikprozessor, der in Mikroprozessorsystemen mit dem Zentralprozessor 8086/80286 die Durchführung von Rechenoperationen als sogenannter „Co-Prozessor" übernehmen kann.

Die Prozesoren 8087 und 80287 arbeiten mit drei verschiedenen Darstellungsformen für reelle Zahlen bzw. Maschinenzahlen: „Short Real", „Long Real" und „Temporary Real". Allen drei Formen ist gemeinsam, daß sie Charakteristiken anstatt Exponenten benutzen, daß immer der Betrag der Mantisse angegeben wird, d. h., daß das Vorzeichen (VZ) einer Zahl nur durch das Vorzeichenbit bestimmt ist, und daß dieses Vorzeichenbit jeweils die höchstwertigste Stelle des Gesamtkomplexes belegt. (Bei einer positiven Zahl ist es mit 0, bei einer negativen mit 1 besetzt) [6.42].
Der Gleitpunkttyp *Short Real* belegt 32 Bit:

VZ	c_7	c_6	c_5	c_4	c_3	c_2	c_1	c_0	m_1	m_2	m_3		m_{23}

Zwischen der Charakteristik c und dem Exponenten e besteht der Zusammenhang $c = 127+e$.
Die Mantissenstellen $m_1 \ldots m_{23}$ haben die Stellenwerte $2^{-1} \ldots 2^{-23}$. Der ganzzahlige Anteil der Mantisse ist konstant gleich 1 und wird nicht explizit gespeichert. Der Betrag der Mantisse hat demnach einen Wertebereich $1 \leqslant |m| \leqslant 2-2^{-23}$.
Der Gleitpunkttyp *Long Real* belegt 64 Bit:

VZ	c_{10}	c_9	c_8		c_2	c_1	c_0	m_1	m_2	m_3	m_4		m_{52}

Zwischen der Charakteristik c und dem Exponenten e besteht der Zusammenhang $c = 1023+e$.
Die Mantissenstellen $m_1 \ldots m_{52}$ haben die Stellenwerte $2^{-1} \ldots 2^{-52}$. Der ganzzahlige Anteil der Mantisse ist konstant gleich 1 und wird nicht explizit gespeichert. Der Betrag der Mantisse hat somit einen Wertebereich $1 \leqslant |m| \leqslant 2-2^{-52}$.

Der Gleitpunkttyp *Temporary Real* belegt 10 Bytes. Die ersten beiden Bytes nehmen die Vorzeichenstelle und die Charakteristik auf, die restlichen acht Bytes stehen der Mantisse zur Verfügung.

VZ	c_{14}	c_{13}	c_{12}		c_2	c_1	c_0	m_0	m_1	m_2	m_3		m_{63}

Zwischen der Charakteristik c und dem Exponenten e besteht der Zusammenhang $c = 16\,383+e$.
Die Mantissenstelle m_0 ist konstant mit 1 besetzt und stellt den ganzzahligen Anteil der Mantisse dar. Die Mantissenstellen $m_1 \ldots m_{63}$ haben die Stellenwerte $2^{-1} \ldots 2^{-63}$. Der Betrag der Mantisse hat somit einen Wertebereich $1 \leqslant |m| \leqslant 2-2^{-63}$.
In der Tabelle 6.1–7 sind die Zahlenbereiche aller Short und Long Reals einschließlich spezieller Real-Zahlen angegeben.

4. Genauigkeit
Im Unterschied zur Festpunkt-Arithmetik muß bei der Gleitpunkt-Arithmetik auf die Genauigkeit geachtet werden. Zwei Fakten beeinflussen die Genauigkeit:

a) Die Zahlen werden im Rechner als Dualzahlen und nicht als Dezimalzahlen dargestellt.

Tabelle 6.1–7: Realzahlen des Intel-Numerikprozessors

Typ	Vorzeichen	Charakteristik	Nachkomma-anteil*
nicht als Zahlen verwendet	0 ⋮ 0	11...11 ⋮ 11...11	11...11 ⋮ 00...01
∞	0	11...11	00...00
positive Zahlen	0 ⋮ 0	11...10 ⋮ 00...01	11...11 ⋮ 00...00
Bereichsunterschreitungen	0 ⋮ 0	00...00 ⋮ 00...00	11...11 ⋮ 00...01
Null (pos.)	0	00...00	00...00
Null (neg.)	1	00...00	00...00
Bereichsunterschreitungen	1 ⋮ 1	00...00 ⋮ 00...00	00...01 ⋮ 11...11
negative Zahlen	1 ⋮ 1	00...01 ⋮ 11...10	00...00 ⋮ 11...11
∞	1	11...11	00...00
Bereichsüberschreitungen	1 ⋮ 1 ⋮ 1	11...11 ⋮ 11...11 ⋮ 11...11	00...01 ⋮ 10...00 ⋮ 11...11

* Das Vorkomma-Bit ist implizit vorhanden, es wird nicht gespeichert.

SHORT: I ← 8 Bits → I ← 23 Bits → I
LONG: I ← 11 Bits → I ← 52 Bits → I

b) Die Anzahl der Stellen für die Mantisse ist begrenzt. Die über die Eingabe dem Rechner angebotenen Zahlen sind normalerweise Dezimalzahlen, die von einer Umwandlungsroutine in Dualzahlen transformiert werden. Bei ganzen Zahlen ist die Umwandlung exakt möglich, bei echt gebrochenen Dezimalzahlen sind nur die Dezimalbrüche exakt umwandelbar, die sich aus echten Brüchen mit einer Zweierpotenz im Nenner zusammensetzen lassen. So wird z. B. aus dem exakten Wert 0.1_{10} intern eine Zahl erzeugt, die diesem Wert nur näherungsweise entspricht. Das Ergebnis der Wandlung ist ein unendlicher Dualbruch. Durch die begrenzte Stellenzahl wird ein Rundungsfehler unvermeidlich. Die Fehlerfortpflanzung während der Bearbeitung ist aus diesen Gründen ebenfalls zu beachten und in die Auswertung und Bewertung von Ergebnissen einzubeziehen.

6.2 Aufbau und Arbeitsweise von DV-Systemen

6.2.1 Die klassische Rechnerstruktur

Das heute noch gebräuchliche einfache Modell zur Beschreibung des prinzipiellen Aufbaus eines zentralgesteuerten sequentiellen Rechners geht auf die theoretischen Arbeiten der Amerikaner Burks, Goldstine und John von Neumann zurück [6.7]. Dieses Modell, das unter dem Namen *Von Neumann-Architektur* in die Rechentechnik eingeführt ist, wird durch folgende Merkmale beschrieben:

1. Ein zentral- oder programmgesteuerter Rechner besteht aus den drei Einheiten:
   - Zentraleinheit (engl.: Central Processing Unit, CPU),
   - Speicher,
   - Ein-/Ausgabe-Einheit.

Die Verbindungen zwischen diesen Einheiten sind als Busse realisiert. Als *Bus* bezeichnet man in der Datenverarbeitung ein System von Leitungen, über die parallel eine zusammengehörige Gruppe von Signalen übertragen wird.
Die CPU übernimmt die Ausführung von Befehlen sowie die dazu erforderliche Ablaufsteuerung. Im Speicher werden Programme und die von diesen zu verarbeitenden Daten als Bitfolgen mit definierter Stellenzahl abgelegt. Die Verbindung zur Außenwelt wird mit der Ein-/Ausgabe-Einheit hergestellt.

2. Die Struktur des Rechners ist von dem zu bearbeitenden Problem unabhängig. Das wird erreicht, indem für jede neue Problemstellung ein eigenes Programm im Speicher abgelegt wird, nach dem der Rechner die Folge der Bearbeitungsschritte vornimmt. Speziell dieses Merkmal hat zu der Bezeichnung „programmgesteuerter Universalrechner" geführt.
3. Programme und die von diesen benötigten Daten werden in demselben Speicher (Arbeitsspeicher, Hauptspeicher) abgelegt. Dieser wiederum besteht aus Speicherzellen fester Wortlänge, die über eine fest zugeordnete Adresse einzeln angesprochen werden können.

Die unter 1. beschriebene physikalische Struktur eines Von-Neumann-Rechners gibt Bild 6.2–1 wieder.

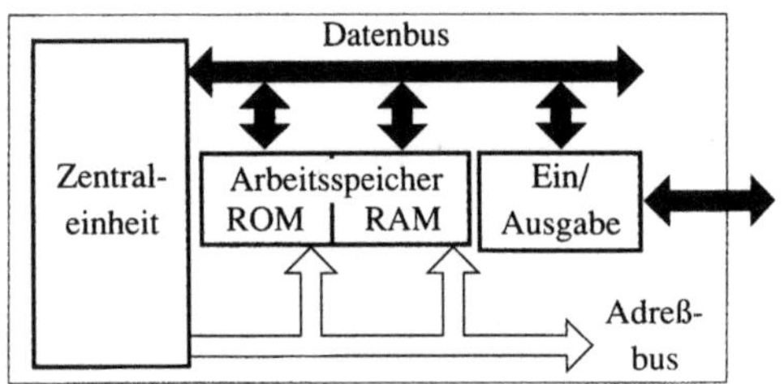

Bild 6.2-1 Prinzip der Von-Neumann-Architektur

6.2.2 Rechnereinteilung

Eine grobe Einteilung klassifiziert die DV-Systeme in die drei Gruppen
- Kleinrechner (Mikrocomputer),
- Minirechner (Abteilungsrechner),
- Großrechner (Mainframe, Supercomputer).

Mikrocomputer sind Kleinrechner, die als Zentraleinheit einen Mikroprozessor enthalten und in der Regel nur einen Benutzer gleichzeitig bedienen (single user).
Minicomputer sind mittlere Systeme mit höherer Arbeitsspeicherkapazität und größerer Wortlänge als die Mikrocomputer und können in der Regel mehrere Benutzer gleichzeitig bedienen (multiuser).
Großrechner und *Hochleistungsrechner* sind Systeme, die in der Regel von vielen Anwendern gleichzeitig genutzt werden, bzw. die extreme und schnelle Rechenleistung zur Verfügung stellen. Häufig verwendete Bewertungsgrößen für die Leistungsfähigkeit von Rechnern sind die Rechengeschwindigkeit, meist angegeben in MIPS (million instruction per second) oder FLOPS (floating point operations per second), sowie die Haupt- und Cache-Speicherkapazität und die Anzahl der Kanäle zum Anschluß von Peripheriegeräten.
Die Grenzen zwischen den Gruppen sind heute aufgrund der raschen technologischen Weiterentwicklung im Bereich der Rechnertechnik fließend.

6.2.3 Systemkomponenten

6.2.3.1 Die Zentraleinheit

Die *Zentraleinheit* (CPU) kann wegen der ihr zugeordneten Aufgaben
- Befehlsausführung und
- Ablaufsteuerung

in die zwei logischen Bereiche
- Datenprozessor und
- Befehlsprozessor.

gegliedert werden.
Die Aufgabe des *Datenprozessors* ist die Verarbeitung von Daten, d. h. die Ausführung von arithmetischen und logischen Operation. Dazu enthält er ein Rechenwerk, die arithmetische und logische Einheit (Arithmetic and Logical Unit, ALU), sowie mindestens drei Register zur Aufnahme von Operanden. Bei den Registern handelt es sich um
- ein *Operanden-/Ergebnisregister* A, oft als *Akkumulator* bezeichnet,
- ein *Hilfsregister* zur Aufnahme von Additionsüberträgen (häufig einstellig) bzw. zur Aufnahme der zusätzlichen Stellen bei Multiplikationen, sowie
- ein *Speicher-Datenregister* SDR, über das der Datenaustausch mit dem Speicher abgewickelt wird.

Der *Befehlsprozessor* hat die Aufgabe, Befehle zu dekodieren und deren Ausführung zu steuern. Dem Befehlsprozessor sind folgende Register zugeordnet:
- *Befehlsregister* (Instruction Register, IR); im IR befindet sich der aktuell zu bearbeitende Befehl,
- *Speicheradreßregister* SAR; im SAR ist die Adresse des Speicherplatzes abgelegt, der als nächstes anzusprechen ist,
- *Befehlszähler* (Program Counter) PC; im PC ist die Adresse des nächsten auszuführenden Befehls verfügbar.

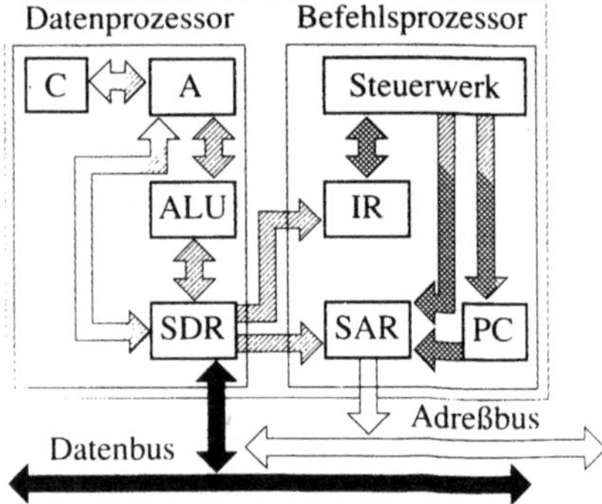

Bild 6.2-2 Zentraleinheit, Prinzip

Die Entschlüsselung eines Befehls erfolgt durch den *Befehlsdecodierer*, die Steuerung der Ausführung durch das *Steuerwerk*. In Bild 6.2–2 ist das Prinzipbild einer CPU. dargestellt.

6.2.3.2 Der Speicher

Aus logischer Sicht besitzt ein Von-Neumann-Rechner neben der CPU einen Speicher, der zusammengesetzt ist aus einem *Festwertspeicher* (Read Only Memory, ROM) und einem *Schreib-/Lesespeicher* (Random Access Memory, RAM). Das ROM ist ein Festwertspeicher, der die in ihm abgelegten Werte dauerhaft speichert; sie sind in der Regel nicht veränderbar. Dieser Teil des Speichers enthält i. a. die Befehle, die die CPU bei der Bearbeitung eines Programms auszuführen hat.

Das RAM ist ein Speicher mit wahlfreiem Zugriff, d. h., jede einzelne Speicherzelle kann direkt zum Lesen oder Schreiben über die ihr eindeutig zugeordnete Adresse angesprochen werden. Beide Speicherteile enthalten Daten und Programme, jedoch kann ein RAM für jede neue Anwendung und während der Bearbeitung des Programms immer wieder neu geladen werden.

6.2.3.3 Die Ein-/Ausgabe-Einheit

Die *Ein-/Ausgabe-Einheit* stellt die Schnittstelle des Rechners nach außen dar. Über diese Schnittstelle können Daten und Programme ein- bzw. ausgegeben werden. Im Abschnitt 6.2.3.6 werden einige externe Geräte der Rechnerperipherie beschrieben. Die Ein- und Ausgabe von Informationen über die Schnittstellen zur Peripherie kann grundsätzlich seriell oder parallel erfolgen. Zur Entlastung der CPU werden eine Reihe von einfachen Aufgaben, die bei der Ein- bzw. Ausgabe anfallen (z. B. die Umwandlung von Dezimal- in Dualzahlen, Abwicklung eines Quittungsbetriebes), von intelligenten Schnittstellenbausteinen oder speziellen E/A-Prozessoren übernommen.

6.2.3.4 Die Busstruktur

Die als weitere Bestandteile eines DV-Systems genannten *Busse* verbinden die drei Systemkomponenten Zentraleinheit, Speicher und Ein-/Ausgabeeinheit miteinander. Zu einem Bus sind in der Regel mehrere funktional zusammengehörende Signalleitungen zusammengefaßt, auf denen zwischen mindestens zwei Komponenten des Systems ein Informationsaustausch stattfindet. Um Konflikte beim Datenaustausch auszuschalten, werden normalerweise immer nur zwei der Systemkomponenten (ein Sender und ein Empfänger) an einem Bus aktiv.

In Mikrocomputersystemen finden sich drei Busstrukturen wieder:

- der *Datenbus;* der Datentransport ist in beide Richtungen möglich, daher auch bidirektionaler Bus,
- der *Adreßbus;* der Datentransport (Adressierung der Speicherplätze bzw. E/A-Kanäle) erfolgt nur in einer Richtung, von der CPU zu den Systemkomponenten Speicher oder E/A-Einheiten, daher auch unidirektionaler Bus, und
- der *Steuerbus;* die einzelnen Signale sind unidirektional, entweder von der CPU ausgehend oder zur CPU hinführend.

Zu nennen sind hier z. B. Synchronisationsleitungen, die die einzelnen Komponenten des Rechners mit dem zentralen Takt verbinden, oder Statussignale, die die Datentransferrichtung anzeigen.

Daneben besitzen moderne Rechner häufig einen separaten *Ein-/Ausgabe-Bus,* der den Arbeitsspeicher mit dem Sekundär- oder Massenspeicher verbindet. Dieser Bus wird nicht mehr von der Zentraleinheit gesteuert, sondern von einem eigenen Ein-/Ausgabe-Prozessor. Diese Art der Verbindung wird meist als sog. DMA-Kanal (Direct Memory Access) bezeichnet. Tritt bei einem Speicherzugriff ein Konflikt mit der CPU auf, wird dem DMA-Kanal Vorrang gewährt; der CPU wird dann für einige Zeitzyklen der Zugriff zum Speicher entzogen.

6.2.4 Arbeitsweise eines DV-Systems

Ein Programm zur Bearbeitung einer Anwendung mit einem Rechner stellt eine Folge von Befehlen dar. Bearbeitet werden die Befehle eines Programms i. a. in der Reihenfolge, in der sie im Speicher abgelegt sind (programmgesteuerter sequentieller Rechner). Aus den Merkmalen 2. und 3. im Abschnitt 6.2.1 leiten sich die Charakteristika der Arbeitsweise des Von-Neumann-Rechners ab:

1. Zu jedem Zeitpunkt führt die Zentraleinheit genau einen Befehl aus und dieser kann höchstens ein Datum bearbeiten (Single Instruction, Single Data, SISD).
2. Die Inhalte der Speicherzellen sind als Befehle, Daten oder Adressen interpretierbar. Die aktuelle Verwendung eines Speicherdatums richtet sich nach dem momentanen Kontext.

Da der Inhalt einer Speicherzelle als Bitfolge weder selbstbeschreibend noch selbstidentifizierend ist, muß der Rechner aufgrund des zeitlichen Ablaufes selbst unterscheiden können, wie die aktuelle Bitfolge zu interpretieren ist. Technisch hat man dieses Problem durch einen Bearbeitungsablauf gelöst, der als das Zwei-Phasen-Konzept der Befehlsverarbeitung bezeichnet wird. Der Ablauf nach diesem Konzept soll an Hand der im Abschnitt 6.2.3.1 prinzipiell beschriebenen und in Bild 6.2–2 dargestellten Zentraleinheit erfolgen:

1. In der ersten Interpretations- oder Fetch-Phase wird der Inhalt von PC in das SAR gebracht und der Inhalt der mit dieser Adresse angesprochenen Zelle aus dem Speicher über das SDR in das IR geholt. Exakt zu diesem Zeitpunkt interpretiert der Rechner diese Bitfolge als Befehl. Der Befehls-Decoder wertet den Befehl aus. Dabei wird überprüft, ob ein weiterer Operand aus dem Speicher erforderlich ist, der, von der Steuerung kontrol-

liert, als nächster Wert aus dem Speicher durch Aktualisierung der Adresse im SAR geholt und in das SDR abgelegt werden muß, oder ob kein weiterer Operand erforderlich ist. Schließlich muß der Inhalt von PC aktualisiert werden.
2. In der anschließenden Execution-Phase erfolgt die Befehlsausführung durch das Steuerwerk der Zentraleinheit.

In der Realisierung sind diese Phasen sehr viel komplexer. In der Fetch-Phase sind möglicherweise zusätzliche Adreßberechnungen auszuführen, oder ein Operand des aktuellen Befehls ist indirekt adressiert, d. h., der Inhalt der Speicherzelle, deren Adresse er enthält, gibt erst die eigentliche Operandenadresse an.
Bei den ersten Realisierungen eines Von-Neumann-Rechners benötigte die Befehlsausführung noch die meiste Zeit. Heute beträgt die Ausführungszeit eines Befehls in der Regel nur noch einen Bruchteil der Zeit, die benötigt wird, um einen Datentransfer über den Bus zwischen der Zentraleinheit und dem Speicher auszuführen. Dieser im Verhältnis zur Rechenzeit große Zeitbedarf für die Kommunikation zwischen Zentraleinheit und Speicher führte wegen der Häufigkeit dieses Vorganges zu seiner Bezeichnung als „Von-Neumannschem Flaschenhals" und gilt als prinzipielle Schwachstelle dieser Rechner.
Bedingt durch den technologischen Fortschritt, aber auch durch Verbesserung bei den grundsätzlichen Unzulänglichkeiten wie z. B. dem bereits erwähnten „Flaschenhals" sind Änderungen des klassischen „Ur-Modell" entstanden.
Die Ausführungszeit eines Programms wird wesentlich von der Zeit bestimmt, die die Zentraleinheit zur Kommunikation mit ihrem Arbeitsspeicher benötigte. Durch heute erreichbare Gatterschaltzeiten im Nanosekunden-Bereich sind die Befehlsausführungszeiten vernachlässigbar gegenüber Zugriffszeiten zum Speicher. Abhilfe schafft man durch eine effizientere Nutzung des Speichers. was zu einer gestuften Speicherhierarchie geführt hat, die heute in vielen Rechnern anzutreffen ist. Der Zentralprozessor kommuniziert dabei mit einer top-down organisierten Folge von Speichern, deren Preis pro Bit abnimmt und deren Kapazität und Zugriffszeit mit wachsender Entfernung von der CPU zunimmt. Der CPU unmittelbar zugeordnet sind die Register, wobei moderne Rechner auf eine Vielzahl von diesen im Daten- bzw. Befehlsprozessor zurückgreifen können. Heute sind i. a. mehrere Akkumulatoren bzw. mehrere ALUs im Datenprozessor vorhanden. Der Befehlsprozessor kann über zusätzliche Index-Register verfügen, die die Adreß-Berechnungen unterstützen. Auf der zweiten Ebene der Hierarchie befindet sich häufig ein sog. *Cache-Speicher* als Bindeglied zwischen CPU und Arbeitsspeicher, in dem die als nächstes benötigten oder häufig benutzten Daten und Befehle zwischengespeichert werden. Die diesen Speichern zugrunde liegende Idee ist die sog. „90:10-Regel", die besagt, daß in den meisten Anwendungen bei rund 90% aller Zugriffe nur 10% der Daten, mit denen ein Programm arbeitet, bereitstehen müssen. Cache-Speicher sind sehr schnell, aber aufgrund ihrer noch hohen Herstellungskosten derzeit in der Kapazität nicht größer als einige 100 KByte. Die dritte Stufe enthält den eigentlichen Arbeits- oder Primärspeicher, der aus Halbleiter-Bauelementen besteht und Speicherkapazitäten von einigen Megabyte aufweist. Der letzten Stufe sind die Sekundär- oder Massenspeicher zugeordnet, die zur Aufnahme großer Datenmengen und Programme dienen, auf die relativ selten zurückgegriffen werden muß. Als Speichermedium werden magnetisierbare Materialien verwendet. Gebräuchlich sind Magnetplatten, Magnettrommeln, Magnetbänder und Disketten (Floppy Disk), insbesondere im Zusammenhang mit Mikrocomputern (s. dazu Abschnitt 6.2.7). Im Bild 6.2–3 ist diese Speicherhierarchie dargestellt.

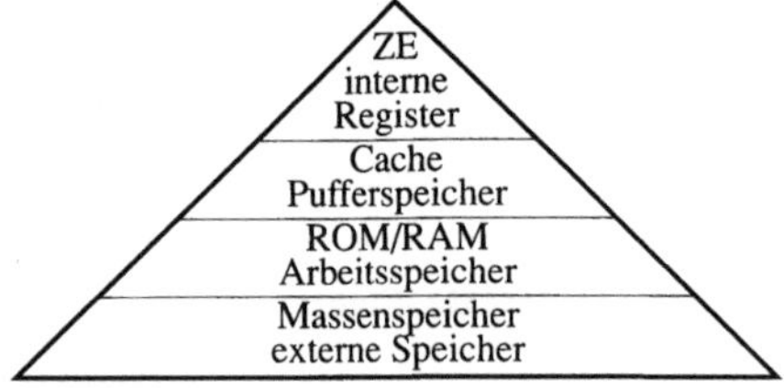

Bild 6.2-3 Speicherhierarchie im DV-System

Wenngleich sich moderne Computer z. T. erheblich hinsichtlich internem Aufbau oder Geschwindigkeit unterscheiden, sind Ein-Prozessor-Anlagen fast ausschließlich nach den Von-Neumannschen Prinzipien aufgebaut. Insbesondere der erwähnte Flaschenhals hat nicht nur zu immer weitergehenden Verfeinerungen in der Realisierung dieses Konzeptes geführt, sondern auch Anlaß zur Entwicklung von Alternativen gegeben. Die bereits erwähnte SISD-Charakterisierung eines Von-Neumann-Rechners geht auf die Einteilung der Rechnerarchitekturen nach der Anzahl gleichzeitig bearbeiteter Befehle bzw. Daten zurück [6.16].
Das Gegenstück zur SISD-Architektur ist die heute in Parallelrechnerkonzepten verwirklichte MIMD-Struktur (Multiple Instruktion Multiple Data).
An dieser Stelle soll auch auf andere Konzepte hingewiesen werden, den von Neumann-Flaschenhals zu vermeiden bzw. zu umgehen, z. B. von der Software-Seite her [6.18].

6.2.5 Die Steuerung digitaler Rechner

Um die Komplexität bei der Entwicklung von leistungsstarken digitalen Computern zu beherrschen, wurde schon in der Anfangszeit der Datenverarbeitung mit Rechnern nach geeigneten Konzepten für den systematischen Entwurf von Computer-Steuerungen gesucht. Ein bis heute beibehaltenes Grundkonzept ist die *Mikroprogrammierung*. In diesem Konzept läßt sich jede durch eine Instruktion spezifizierte Operation in eine Folge elementarer Operatio-

nen zerlegen. Diese elementaren Operationen bestehen aus der Übertragung von Informationen aus einem Register in ein anderes, wobei die Übertragung entweder direkt oder über Transformations- bzw. Verknüpfungseinrichtungen wie z. B. Inverter, Schieberegister, Addierer usw. erfolgt. Jede dieser Elementaroperationen nennt man eine *Mikrooperation*. Die Bearbeitung einer Instruktion wird als Ausführung eines Mikroprogramms realisiert. Die Aufgabe, Ablaufsteuerungen für Instruktionen eines Rechners zu definieren, ist damit zurückgeführt auf das Festlegen geeigneter Folgen von Mikroinstruktionen, also auf das Erstellen von *Mikroprogrammen* [6.48].
Im Rechenwerk (oder Arithmetische und Logische Einheit, ALU) erfolgt, gesteuert vom Programm-Steuerwerk, die Verknüpfung bzw. die Transformation der Daten. Die E/A-Steuerung ermöglicht die Kommunikation mit der Peripherie.

6.2.5.1 Die Arbeitsweise der Zentraleinheit

Für die Programmablauf-Steuerung ist die Verarbeitungseinheit die durch eine Instruktion spezifizierte Operation. Jede Instruktion (auch: Maschineninstruktion) besteht prinzipiell aus zwei Teilen:

- Operationsschlüssel (operation code),
- Adreßteil.

Der *Operationsschlüssel* enthält die Information darüber, was der Rechner tun soll, im Adreßteil ist angegeben, womit er die im Operationsteil spezifizierte Operation ausführen soll. Jede Instruktion wird aus dem Programmspeicher in das Befehlsregister (IR) des Programm-Steuerwerkes gelesen, dort interpretiert und zur Ausführung gebracht. Die Koordinierung der Instruktions-Ausführung erfolgt mit Hilfe eines im Programm-Steuerwerk vorhandenen Befehlszähler (program counter, PC). Vor Beginn der Ausführung eines Programms wird dieses Register mit der Adresse der ersten auszuführenden Instruktion geladen und so weiter geführt, daß es immer auf die als nächstes auszuführenden Instruktion weist. Damit wird ein Konzept realisiert, bei dem zeitlich nacheinander auszuführenden Instruktionen auch generell in physisch benachbarten Speicherzellen untergebracht sind. Jedes Abweichen von dieser linearen Abarbeitung eines Programms wird durch besondere Instruktionen zum „Springen" (jump) oder „Verzweigen" (branch) ermöglicht. Bei diesen Instruktionen wird die durch Inkrementierung vorgegebene Fortsetzadresse durch die in der Sprung- bzw. Verzweigungsinstruktion enthaltene Adresse ersetzt.

6.2.5.2 Funktion einer mikroprogrammierten Steuerung

Bei der *mikroprogrammierten Steuerung* wird für jeden Zyklus einer Instruktion der vollständige Satz von Signalwerten für alle Steuervariablen zum Schalten der Signalwege für die Übertragung der Information zwischen den Registern in einem geeigneten Speicher abgelegt und bei Bedarf ausgelesen und den Signalwegschaltern bzw. Funktionseingängen der ALU zugeführt. Ein solcher Satz von Signalwerten wird *Mikroinstruktion* genannt, die Gesamtheit aller für eine Instruktion bereitzustellenden Sätze von Signalwerten heißt *Mikroprogramm*.
Zum Konzept der Mikroprogrammierung gehört neben einem Speicher mit kurzer Zugriffszeit zur Aufnahme des Mikroprogramms auch eine Mikroprogramm-Folgesteuerung. Diese muß für jede auszuführende Instruktion/Funktion das im Mikroprogrammspeicher gespeicherte Mikroprogramm identifizieren. Bei Mikroprogrammen für Instruktionen kann der *Operationsschlüssel* der Instruktion zur direkten Adressierung der ersten Mikroinstruktion des auszuführenden Mikroprogramms dienen. Da die durch den Operationsschlüssel vorgegebenen Adreßwerte nicht frei wählbar sind, können die restlichen Mikroinstruktionen des ablaufenden Mikroprogramms meist nicht in physisch benachbarten Speicherstellen untergebracht werden. Zumindest die erste Mikroinstruktion muß neben den Signalwerten auch die Fortsetzadresse im Mikroprogramm enthalten. Diese Art der Mikroprogramm-Folgesteuerung bietet neben der uneingeschränkten Belegung des Mikroprogrammspeichers noch die Möglichkeit zur dynamischen Ablaufsteuerung durch z. B. bedingungsabhängige Modifikation der Folgeadresse.

6.2.6 Mikroprozessorstrukturen

Wichtigster Bestandteil der Mikrorechner sind die *Mikroprozessoren*. Diese wiederum lassen sich in Kategorien einteilen:

- *Monolithische Mikroprozessoren*
  Diese enthalten Daten- und Befehlsprozessor auf einem Chip. Typische Vertreter dieser Klasse, die in modernen Mikrorechnern auch sehr oft zum Einsatz kommen, sind die Typen Intel 80 × 86 sowie Motorola MC 680 × 0 und die früheren 8-Bit-Typen 8085 und Z80.

- *Bitslice-Mikroprozessoren*
  Im Unterschied zu monolithischen Mikroprozessoren enthalten Bitslice-Mikroprozessoren nur wenige Bits (eine „Scheibe") des Datenprozessors, so daß man sie prinzipiell zu Prozessoren jeder gewünschten Wortlänge zusammensetzen kann. Im Gegensatz zu monolithischen Mikroprozessoren umfassen Bitslice-Mikroprozessoren eine vollständige 2-, 4- oder 8-Bit-Scheibe (engl.: slice) eines Datenprozessors. Gegenüber Monolithen mit fester Wortlänge und festem Befehlssatz bieten sie den Vorteil größerer Flexibilität und i. a. höherer Verarbeitungsgeschwindigkeit. Dies resultiert daraus, daß sich Prozessorscheiben zu beliebigen Vielfachen der Scheibenbreite zusammensetzen („kaskadieren") lassen, woraus sich auch ungewöhnliche Wortlängen ergeben können. Ferner kann durch ein mikroprogrammierbares Steuerwerk ein der betreffenden Anwendung angepaßter Befehlssatz erzeugt werden.

- *Numerikprozessoren*
  Numerikprozessoren sind Spezialprozessoren, die zusätzliche arithmetische und logische Operationen unterstützen. In der Regel sind mindestens Exponential-, trigonometrische und Gleitpunkt-Operationen implementiert. Numerikprozessoren werden üblicherweise vom Hauptprozessor angesprochen und von diesem mit den erforderlichen Parametern versorgt.
- *Signalprozessoren*
  Signalprozessoren sind spezielle Mikroprozessoren, die in ihrer Architektur und ihrem Befehlssatz, sowie deren Ausführungszeiten für die digitale Signalverarbeitung ausgelegt sind. Die Operationen Multiplikation und Aufsummieren sind in minimaler Maschinenzykluszeit realisiert. Anwendungen werden in den Bereichen
  - FFT,
  - digitale Regelung,
  - digitale Filterung

  unterstützt.
- *Mikrocontroller*
  Mikrocontroller sind monolithische Mikroprozessoren, die zusätzlich auf dem Chip eine erweiterte Peripherieunterstützung bieten. Serielle und parallele Ein-/Ausgabe-Einheiten, analoge Eingangsmultiplexer, Analog-Digital-Umsetzer und Digital-Analog-Umsetzer sind bereits in dem Baustein integriert.

6.2.7 Rechnerperipherie

Der *Rechnerperipherie* sind alle Systemkomponenten zuzuordnen, die außerhalb der Zentraleinheit und des Arbeitsspeichern des DV-Systems liegen. Dazu gehören die Ein- und Ausgabegeräte sowie die externen Datenspeicher. Die Ein- und Ausgabegeräte ermöglichen die Kommunikation zwischen Mensch und Datenverarbeitungssystemen. Als Standard-Ein-/Ausgabe-Geräte sind Bildschirm-Terminals und druckende bzw. schreibende Geräte (mechanische, optische Drucker, Plotter) im Einsatz. Ebenso ist der bidirektionale Datenaustausch zwischen Steuer- und Regelungseinrichtungen, Handhabungssystemen, Automaten, Maschinen, Systemen usw. der Maschine-Maschine-Kommunikation als Ein-/Ausgabevorgang anzugeben. Einzubeziehen sind dabei die Erfassung und Eingabe physikalischer Größen (elektrische und nichtelektrische Größen), wie Strom, Spannung, Drehzahl, Geschwindigkeit, Druck, Temperatur usw., durch Sensoren und deren Konvertierung in digital verarbeitbare Werte mit geeigneten Wandlern (s. dazu auch Kap. 7).

Je nach Anforderung an die Datentransfer-Geschwindigkeit und Geräteanzahl werden Ein-/Ausgabegeräte über Kanäle mit direktem Buszugriff (DMA-Kanäle) mit dem Rechner verbunden, oder es werden mehrere Geräte über einen Multiplexer an einen Kanal angeschlossen.

Zu den externen Speichern zählen die Massenspeicher mit großer Kapazität zur Bereitstellung der nicht ständig benötigten Daten und Programme. Diese Systemkomponenten sind ebenfalls über genormte Schnittstellen, die sogenannten *Kanalanschlüsse,* mit dem zentralen Rechnersystem verbunden.

6.2.7.1 Physikalische Grundlagen

Im Laufe der Entwicklung der Rechentechnik sind verschiedene grundlegende Effekte aus der Physik zur Realisierung digitaler Ein- und Ausgabegeräte sowie externer Speicher herangezogen worden. Zu nennen sind hier vor allem die Anwendung mechanischer, elektromechanischer, elektrischer, optischer, optoelektronischer und magnetischer Effekte in den Ein- und Ausgabetechnologien und -geräten, sowie bei externen Speichern.

6.2.7.2 Magnetomotorische Speicher

1. Grundlagen der magnetischen Aufzeichnung und Wiedergabe

Die Speicherung von Daten in *magnetomotorischen Speichern,* Platten-, Band-, Disketten- und Kassettenspeichern, beruht auf der magnetischen Remanenz des Materials der Speicherzelle, d. h. seiner Magnetisierbarkeit in zwei verschiedenen Richtungen und dem Fortbestehen dieser Magnetisierung auch nach Abklingen der äußeren Erregung. Zugriff, Wiederauffinden und Lesen beruhen auf einer mechanischen Bewegung der Speicherzelle gegenüber einer meist

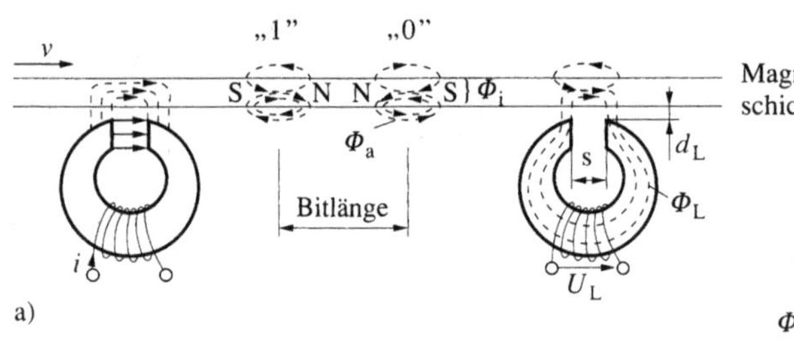

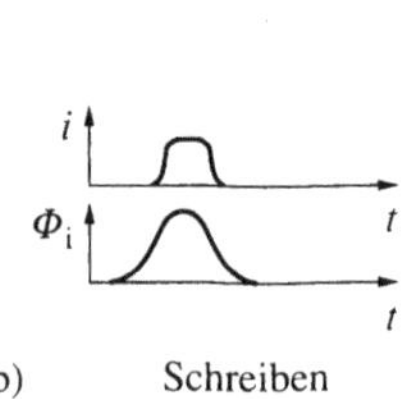

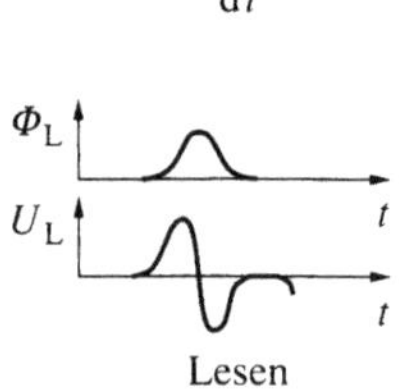

Bild 6.2-4 Prinzip der magnetomotorischen Aufzeichnung

festen Schreib-/Lesestation und der Induktion einer Lesespannung, hervorgerufen durch die zeitliche Veränderung des eingekoppelten Streuflusses der bewegten Speicherzelle (Bild 6.2–4). Die Grundlagen sind in Abschn. 2.8 beschrieben. Die Eigenschaften der magnetischen Materialien, die als Ausgangswerkstoff für den Datenträger und die Schreib-/Leseköpfe verwendet werden, sind in den Abschnitten 3.4 und 3.5 dargestellt.

Allgemein bestehen der Wunsch und die Forderung, die Speicherzelle selbst möglichst klein zu gestalten und im Zusammenhang mit dem Schreib-/Lesevorgang die gespeicherte Information sicher wieder aufzufinden, also besonders mit genügendem Abstand von Signal zu Störungen zu arbeiten. Für diese einander widersprechenden Forderungen hat es sich als zweckmäßig für die geometrische Konfiguration von Kopf und Speicherschicht erwiesen, den Polspalt, den Kopfabstand zur Plattenoberfläche, und die Dicke der Magnetspeicherschicht etwa gleich groß zu machen (Bild 6.2–5).

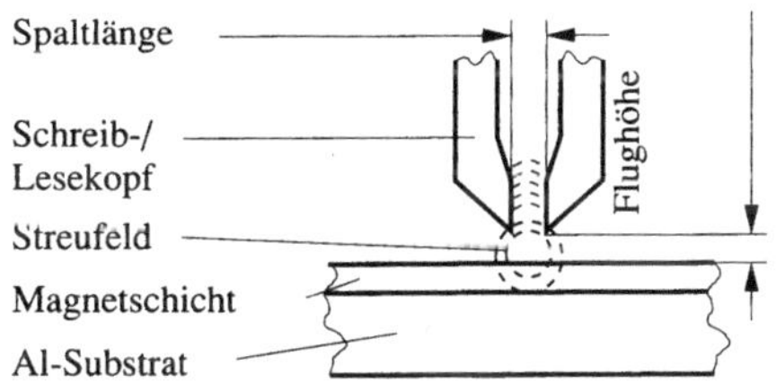

Bild 6.2-5 Relationen der Magnetkopfgeometrie

2. Aufzeichnungsverfahren

Ähnlich wie die Schreib-/Leseköpfe besitzen auch die *Aufzeichnungsverfahren* eine lange Entwicklungsgeschichte. Die Forderungen sind hier: Aufzeichnung der Information mit möglichst wenig Flußwechseln, um hohe Datendichte zu erreichen, Rückgewinnung des Impulstaktes beim Lesen, wichtig vor allem bei Magnetbändern, die ungleichförmige Bewegung aufweisen, neuerdings aber auch für alle Verfahren mit sehr hoher Bitdichte. Bei den neuesten Verfahren wird die abzuspeichernde Information zuerst umcodiert, um die aufgeführten Forderungen optimal erfüllen zu können. Bild 6.2–6 gibt einen Überblick über die heute verwendeten Aufzeichnungsverfahren.

Ein neues Verfahren, die sogenannte *vertikale magnetische Aufzeichnung*, versucht die Speicherdichte nochmals beträchtlich zu steigern. Wie in Bild 6.2–7 gezeigt, liegt bei diesem Verfahren die Magnetisierung nicht in der Schichtebene, sondern ist senkrecht zur Schichtebene ausgerichtet. Dies wird mit Hilfe besonderer Materialauswahl und -herstellung sowie entsprechend ausgebildeter Schreib-/Leseköpfe erreicht.

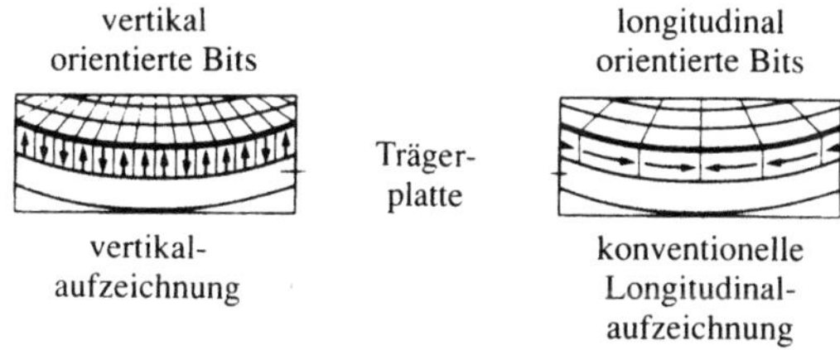

Bild 6.2-7 Vertikalaufzeichnung, Prinzip [6.35]

3. Magnetplatte

Magnetplattenspeicher sind in der Rechnertechnik die wichtigste Art der Sekundär- bzw. Massenspeicher. Mindestens 4 beidseitig mit dem magnetischen Material beschichtete Platten werden zu einem Plattenstapel aufgebaut. Jeder Plattenseite ist ein eigener Schreib-/Lesekopf zugeordnet, der horizontal zur Spuranwahl bewegt wird. Die in vertikaler Richtung zusammenfaßbaren Spuren eines Radius werden als Zylinder bezeichnet.

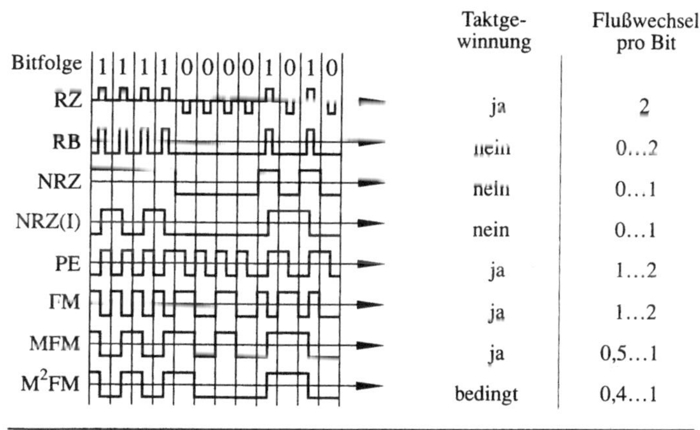

Bild 6.2-6 Aufzeichnungsverfahren
RZ Return to Zero,
RB Return to Bias,
NRZ non Return to Zero,
NRZ(I) non Return to Zero (one),
PE Phase Encoding,
FM Frequenzmodulation,
MFM modifizierte Frequenzmodulation,
M^2FM zweifach modifizierte Frequenzmodulation.

In der Winchester-Technologie sind Plattenstapel und Kopfelemente zu einer Einheit zusammengefügt. Die Magnetköpfe der Magnetplattenspeicher werden nicht mehr mechanisch von der Plattenoberfläche abgehoben. Im Stillstand wird der einzelne Kopf in einer sog. „Parkspur" aufgesetzt. Im Betrieb schwebt der Kopf in einem definierten Abstand über der Oberfläche auf einem Luftkissen. Ein Feder-Masse-System hält den Kopf dabei im Gleichgewicht mit den Auftriebskräften. Diese Technik wird neben geringer Masse der Magnetköpfe durch eine aerodynamische Formgebung als Flugkörper erreicht. Gängige Nenndrehzahl der Plattenstapel in Magnetplattenspeichern ist $n = 3600$ U/min. Speicherkapazitäten sind heute im Bereich einiger hundert MByte üblich.

4. Disketten [6.35]

Der in Mikrorechnern als Hintergrundspeicher und zur Datenarchivierung gängigste Massenspeicher ist der *Diskettenspeicher*. Die Technik der Diskettenspeicher entspricht der im vorigen Abschnitt Magnetplattenspeicher geschilderten. Wesentlicher Unterschied ist die physikalische Struktur des magnetischen Datenträgers. Im Gegensatz zur Platte ist die Diskette eine magnetisch beschichtete Trägerfolie, die in Grenzen verformbar (flexibel) ist. Diskettenspeicher sind als Wechselspeicher konzipiert. Je eine einzige Diskette wird als aktueller Datenträger in das Laufwerk eingesetzt. Die Drehzahl der Diskette im Laufwerk ist nur 1/10 der der Magnetplatte. Der Magnetkopf in Diskettenspeichern liegt bei einer Datenübertragung ständig auf der Magnetschicht auf.

Datenspeicherung

Die als serieller Bitstrom gegebene Information wird in Form von magnetischen Flußwechseln in der Magnetschicht der Diskette gespeichert. Bei der Datenaufzeichnung wird der Flußwechsel durch Richtungsänderung des Schreibstromes in der Wicklung des Magnetkopfes erzeugt. Beim Lesen wird die durch die Flußwechsel in der Magnetschicht in der Wicklung des Magnetkopfes induzierte Spannung die Information wieder zugänglich gemacht. Gängige Aufzeichnungsverfahren sind unter den Bezeichnungen FM, MFM und M²FM bekannt. In Bild 6.2–8 sind diese drei Verfahren dargestellt und erläutert.

Datenträgerorganisation

Die Diskette wird in Spuren eingeteilt. Üblich sind für die heute gebräuchlichen 5,25″ und 3,5″ Diskettendurchmesser 40 bzw. 80 Spuren. Jede Spur wird in eine festgelegte Zahl von Sektoren geteilt. Der *Sektor* ist der für die Datenspeicherung festgelegte und auswählbare Bereich des Datenspeichers. Zur Festlegung des Spuranfangs ist in der heute üblichen „softsektorierten" Diskette ein durch eine Optik abgetastetes Indexloch vorhanden, das den physikalischen Beginn des 1. Sektors markiert. Jeder Sektor wird eindeutig

Diskette/Formatbeispiel für 5.25" [6.35]
Codierung – FM/MFM/M²FM

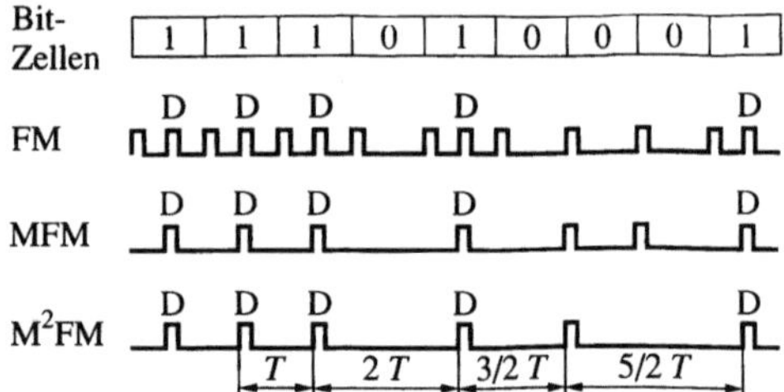

FM = Frequenzmodulation für einfache Aufzeichnungsdichte
Schreibe Datenbits in die Mitte der Bit-Zelle
Schreibe Taktbits an den Anfang der Bit-Zelle

MFM = Modifizierte Frequenzmodulation für doppelte Aufzeichnungsdichte

a) Schreibe Datenbits (D = 1-Bit) in die Mitte der Bit-Zelle

b) Schreibe Taktbits an den Anfang einer Bit-Zelle, wenn:
kein Datenbit in die vorhergehende Bit-Zelle geschrieben wurde und
kein Datenbit in die jetzt vorliegende Bit-Zelle geschrieben wird.

M²FM = MFM, weiter modifiziert

a) Schreibe Datenbits (D = 1-Bit) in die Mitte der Bit-Zelle

b) Schreibe Taktbits an den Anfang einer Bit-Zelle, wenn:
kein Datenbit oder Taktbit in die vorhergehende Bit-Zelle geschrieben wurde und
kein Datenbit in die jetzt vorliegende Bit-Zelle geschrieben wird.

Bild 6.2-8 Aufzeichnungsverfahren der Frequenzmodulation [6.31]

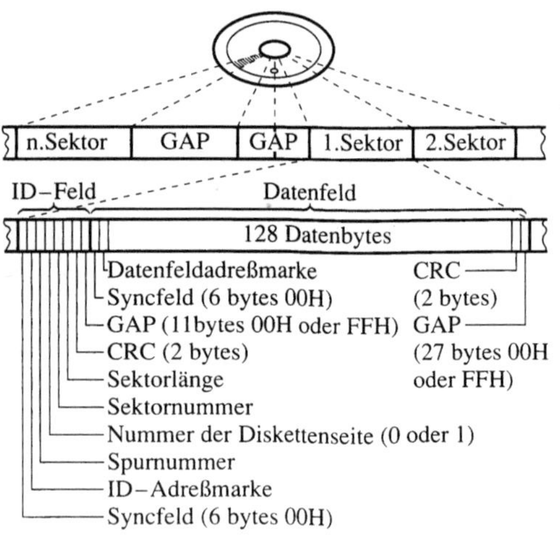

Bild 6.2-9 Sektoreinteilung nach IBM 3740

gekennzeichnet durch die Angabe der Spurnummer, der Sektornummer, Länge und weiterer Informationen über Daten und Datenträger. Diese Informationen sind im Identifikationsfeld (ID–Feld) in den Sektoren untergebracht. In Bild 6.2–9 sind Datenträgereinteilung und die Sektoreinteilung nach dem Format IBM 3740 gezeigt. Die Informationen zur Sektorkennzeichnung werden beim Formatieren der Diskette auf dieser aufgezeichnet.

Der Diskettenspeicher ist der heute noch kostengünstigste, wechselbare Datenträger mit wahlfreiem Zugriff. Speicherkapazitäten bis zu einigen MByte werden erreicht. Eine höhere Aufzeichnungsdichte ergibt die Vertikalaufzeichnung. Hierbei wird die magnetische Schicht nicht mehr in Längsrichtung der Schicht magnetisch ausgerichtet, sondern in Richtung senkrecht zur Plattenoberfläche. Durch eine spezielle Magnetkopfkonstruktion wird dieses Verfahren anwendbar. Mit diesem Prinzip werden Kapazitätserhöhungen um Faktoren von 3 bis 5 erwartet. Die Bilder 6.2–7 und 6.2–10 verdeutlichen das Prinzip [6.35].

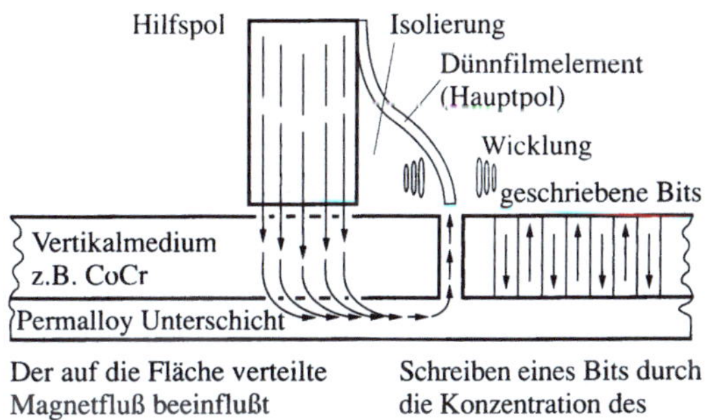

Bild 6.2-10 Vertikalaufzeichnung. Magnetkopf [6.35]

5. Magnetbandspeicher

Der verbreitetste Massenspeichertyp ist die auf dem international genormten 1/2 Zoll breiten Magnetband basierende Ausführungsart. Das Prinzip der mechanischen Konstruktion ist in Bild 6.2–11 gezeigt. Die Information ist hier im wesentlichen byteseriell auf einem etwa 700 m langen Band angeordnet. Um die für den geforderten möglichst raschen Start-Stop-Betrieb erforderlichen großen Beschleunigungswerte zu erreichen, wird nur ein Teil des Bandes unmittelbar an den Schreib-/Leseköpfen durch einen Treibrollenmotor (engl.: capstan drive) mit äußerst geringem Trägheitsmoment angetrieben, entkoppelt von der Zuführungs- und der Aufnahmespule durch genügend lange Bandschleifen. Die Länge der Bandschleifen wird durch Photozellen oder Vakuumfühler kontrolliert, die ihrerseits die Wickelmotoren steuern.

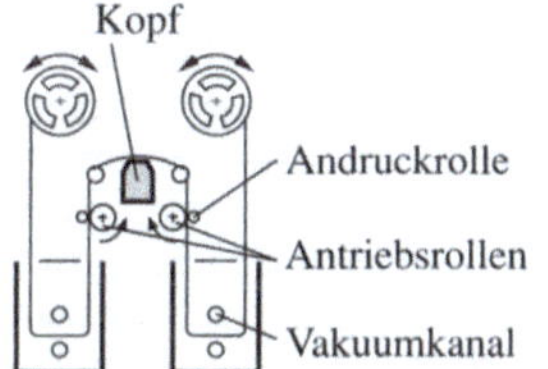

Bild 6.2-11 Prinzip der Magnetbandkonstruktion

Auf diese Weise lassen sich bei Bandgeschwindigkeiten von etwa 5 m/s bei Beschleunigungs- und Verzögerungwwerten von mehr als 500 g Start- und Stoppzeiten von wenigen Millisekunden erreichen. Eine neunte Spur ist zur Fehlersicherung der gespeicherten Bytes vorgesehen. Zusätzlich sind für das gespeicherte Wort am Ende Prüfbytes zur Fehlererkennung und -korrektur angefügt.

6.2.7.3 Optische Speicherprinzipien [6.32]

1. Laserplatte

Unter den Vorschlägen zur optischen Datenspeicherung hat die – der CD entsprechende – *Laserspeicherplatte* die besten technischen Voraussetzungen. Anhand der Ausführung der Firma Philips soll die Wirkungsweise erläutert werden [6.15], [6.20], [6.21], [6.22].

Eine Kunststoffplatte trägt auf der Oberseite eine Schicht mit Vertiefungen als Informationsträger. Diese Vertiefungen werden mit einem fokussierten Laserstrahl abgetastet und über Reflektion an der Schicht und über einen halbdurchlässigen Spiegel mit einer Reihe von Photodioden gelesen. Die Vertiefungen der Informationsschicht bieten für den Laserstrahl einen definierten Gangunterschied, was zu einem starken Intensitätsunterschied bei der Reflektion an vertieften bzw. nichtvertieften Stellen führt. Diese Vertiefungen sind in einer Spiralbahn angeordnet. Bei Abmessungen der Vertiefungen und der Abstände im Mikrometerbereich erzielt man Speicherkapazitäten von einigen Gigabyte.

Zur Erweiterung der Funktion von einem Lesespeicher hin zu einem Schreib-/Lesespeicher gibt es drei wesentliche Vorschläge:

1. Mit Hilfe eines Lasers werden in eine dünne Schicht aus einem organischem Material Löcher mit einem Durchmesser von ca. 1 µm eingebrannt. Dieses Verfahren ist nicht nur bei der Fertigung, sondern auch beim Anwender einsetzbar. Unter dem Namen WORM (engl.: write once, read mostly) findet diese Technik bereits Anwendung in Geräten zur Archivierung von Daten.

2. In einer dünnen magnetischen Schicht, mit einer uniaxialen Anisotropie senkrecht zur Plattenoberfläche, wird die Information in kleinen magnetischen Bereichen gespeichert, deren Magnetisierung dann entweder nach oben oder unten zeigt. Beim Schreiben der Information erwärmt ein Laserstrahl lokal einen solchen Bereich über den Curiepunkt, beim Abkühlen richtet ein äußeres magnetisches Feld die Magnetisierung entweder in die eine oder andere Lage aus. Dafür benötigt man allerdings zwei Plattenumläufe, da das Magnetfeld im Vergleich zur Datenrate nur langsam umgeschaltet werden kann. In einem ersten Umlauf mit konstantem Laserstrahl und dem Magnetfeld in einer Richtung werden alle Elemente dieser Spur in der Richtung dieses Feldes ausgerichtet. In einem zweiten Umlauf erwärmt ein gepulster Laserstrahl bei umgekehrtem Magnetfeld nur diejenigen Elemente über den Curiepunkt und polt sie um, für die z. B. eine „1" geschrieben werden soll. Zum Auslesen der Information nutzt man den magnetischen Kerr Effekt.

3. Ein Laserstrahl erwärmt lokal eine glasartige Schicht, die dann beim langsamen oder schnelleren Abklingen der Erwärmung entweder in den kristallinen bzw. den amorphen Zustand übergeht. Beide Zustände, die unterschiedliche optische Eigenschaften besitzen und über einen Laserstrahl erfaßt werden können, nutzt man zur Informationsspeicherung aus.

2. Holographische Speicher

Bei *holographischen Speichern* (griech. holos: ganz) wird die zu speichernde Bildvorlage komplett in ein Hologramm umgewandelt, das man dann als Ganzes, z. B. über eine Photozellenmatrix, ausliest. Das Hologramm entsteht durch Beleuchtung der Bildvorlage mit einer monochromatischen kohärenten Lichtquelle und Überlagerung des entstehenden Streulichtes mit einem Referenzlichtbündel von derselben Lichtquelle, wodurch ein Interferenzbild entsteht, dessen Struktur bestimmt ist durch Richtung, Amplitude und Phasenlage der vom Objekt kommenden Lichtstrahlen relativ zu denen des Referenzbündels. Dieses Interferenzbild wird in dem sog. Hologramm photographisch festgehalten. Bei der Beleuchtung des so gewonnenen Hologramms mit monochromatischem kohärentem Licht aus der gleichen Richtung, aus der bei der Aufnahme das Referenzlichtbündel einfiel, entstehen durch Beugung an der Schwärzungsverteilung des Hologramms zwei Beugungsbündel, die ein reelles Bild und ein virtuelles Bild der ursprünglichen digitalen Bildvorlage ergeben. Eine Photodiodenmatrix, eingesetzt im Bündel, das das reelle Bild liefert, kann so die gespeicherten Bildpunkte wieder auslesen.

6.2.7.4 Mikroprozessorbusse

Für mikroprozessorgestützte Systeme gibt es verschiedene standardisierte interne und externe *Busse*. Zu den internen Standardbussen gehören z. B. der S-100-Bus, der Multibus (IEEE-796-Bus) und der Multibus II, der VME-Bus, der VMX-Bus und der „Industriestandard": die Busstrukturen der IBM Personal Computer XT und AT. In den IBM PC-Nachfolgermodellen (Personal System/2) wird ein 32-Bit-Bus, der IBM Microchannel, eingesetzt. Auch der Multibus II und VME-Bus sind 32-Bit-Busse; sie arbeiten mit einer Übertragungsrate von rund 40 Megabyte/s. Der VMX-Bus ist ein zum VME-Bus parallel zu schaltender Prozessor-Speicher-Bus, der maximal 80 MB/s übertragen kann.

Zu den externen (Ein/Ausgabe-)Standardisierungen gehört der IEC-625-Bus (der auch IEEE-488-Bus, GPIB – General Purpose Interface Bus oder HP-IB – Hewlett Packard Interface Bus genannt wird). Der IEC-Bus wurde ursprünglich als programmierbarer Bus zur Steuerung von Meß- und Laborgeräten entworfen. Sein Einsatz ist jedoch keineswegs auf diese Fälle beschränkt, sondern zu einer Norm zur Anpassung und Steuerung von beliebigen Ein/Ausgabegeräten geworden. Diese reichen vom Meßfühler mit Analog/Digital-Wandler bis zur Schreibmaschine oder zu Plattenspeichern. Der IEC-Bus ist für maximale Datenübertragungsraten von einem Megabyte/s ausgelegt, wobei jeweils 8 Bit parallel übertragen werden. Dazu müssen die Kabel allerdings kurz sein (je nach Treiberschaltung, Geräten und Qualität der Leitung zwischen 0,5 m und maximal 15 m). Realistische Übertragungsgeschwindigkeiten liegen bei 250 KByte/s, wobei Kabellängen bis 20 m zulässig sind. Der Bus besteht aus 16 Leitungen, die in drei Gruppen eingeteilt werden können (Bild 6.2–12):

- acht Datenleitungen (bitparallele bzw. byteserielle Übertragung),
- drei Leitungen zur Steuerung der Datenübertragung,
- fünf Leitungen zur Bussteuerung.

Die Anordnung der Geräte geschieht über eine zweiseitige terminierte Leitung (eine „Bus"-Struktur). Jeder Gerätestecker hat dabei parallelgeschaltete Anschlußleitungen, die als Ein- oder Ausgang dienen. Wegen der bidirektionalen Arbeitsweise der Anschlußleitungen kann alternativ eine verkettete Verbindung geschaltet werden, in der der Ausgang eines Gerätes zum Eingang des nächsten führt (amerikanisch daisy chain). Eine dritte Variante wird möglich, da nur ein einziger Controller in einem IEC-Bus zulässig ist. Dadurch kann die Bus-Struktur durch eine sternförmige Verbindung der Geräte ersetzt werden, in deren Mittelpunkt der Controller steht.

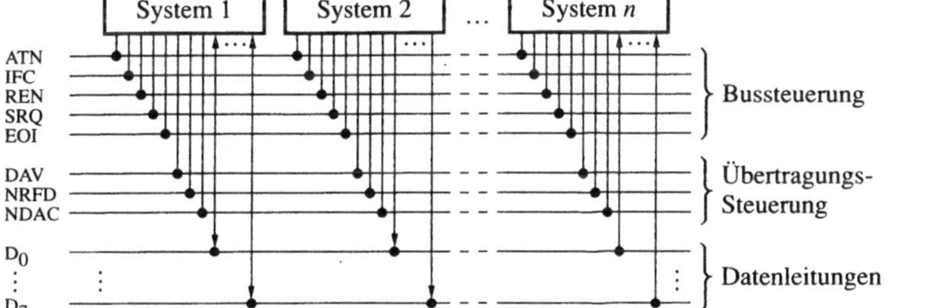

Bild 6.2-12
IEC-Bus, Signalgruppen

Der Bus hat einen *Controller* (im Regelfall ein Rechner), der den Busverkehr steuert. Der Controller kann mit einer eigenen Programmiersprache den angeschlossenen Geräten Befehlsfolgen übermitteln. Die angeschlossenen Geräte können als Datensender (Talker) oder Datenempfänger (Listener) arbeiten. Manche Geräte (wie Rechner) können zu verschiedenen Zeiten die eine oder die andere Funktion übernehmen, andere Geräte wie Drucker, können nur Empfänger (oder Sender) sein. Jedes Gerät hat eine Geräteadresse, die fest eingestellt ist. Die Adresse besteht aus 8 Bit. Die ersten beiden Bit geben an, ob es sich um Talker, Listener oder Controller handelt; es können maximal 15 angeschlossene Geräte vom Controller unterschieden werden. Über den Bus können entweder Daten oder Busbefehle und ganze Busprogramme zur Steuerung der angeschlossenen Geräte übertragen werden. Die Bussteuerleitungen sind:

- ATN (attention) Unterscheidung von Datenübertragung und Befehlsübertragung,
- IFC (interface clear) Erzeugung eines definierten Anfangszustandes,
- REN (remote enable) zur Mitteilung, daß eine Befehlsfolge zur kontrollergesteuerten Bedienung von Geräten folgt,
- SRQ (service request) Mitteilung eines Gerätes an den Controller, daß eine Nachricht vorliegt. Der Controller muß durch Nachfrage feststellen, woher das SRQ-Signal kommt (serial polling),
- EOI (end or identify bei der Befehlsübertragung Start einer allgemeinen Umfrage des Controllers nach mitteilungswilligen Geräten (parallel polling); bei der Datenübertragung wird es als Datenübertragungsendsignal verwendet.

Signale zur Steuerung der Datenübertragung (handshake signals) sind:

- DAV (data valid) Sendersignal, um die Übermittlung zulässiger Daten anzuzeigen,
- NRFD (not ready for data) Empfängersignal um Empfangsbereitschaft oder -unfähigkeit mitzuteilen,
- NDAC (not data accepted) Empfängersignal, um korrekten oder gestörten Empfang mitzuteilen.

Für den IEC-Bus gibt es eine eigene Programmiersprache, die die Fernbedienung von angeschlossenen Geräten durch den Controller ermöglicht. Für Details sei auf den ANSI/IEEE-Standard 488 „Standard Digital Interface for Programmable Instrumentation“ verwiesen.

Andere Schnittstellen sind zum parallelen Anschluß von Plattenlaufwerken und schnellen Peripheriegeräten üblich. Eine Vielzahl von Schnittstellenvereinbarungen sind derzeit für kleine Rechnersysteme und mittelschnelle Platten üblich. Die drei häufigsten sind

- die SMD-Schnittstelle (Storage Module Drive),
- die ESDI-Schnittstelle (Enhanced Small Disk Interface) und
- der SCSI-Bus (Small Computer Systems Interface).

Als Beispiel soll die *SCSI-Schnittstelle* betrachtet werden, die eine ANSI-Standard-Erweiterung des Shugart Associates Systems Interface (SASI) ist. Der SCSI-Bus erlaubt den Anschluß von bis zu acht Peripheriegeräten an den internen Rechnerbus über einen SCSI-Konverter. Die Peripheriegeräte sind ihrerseits über SCSI-Gerätesteuereinheiten mit dem Bus verbunden. Der SCSI-Bus ist programmierbar und wird durch einen Mikroprozessor im Konverter gesteuert. Diese Übergabe an einen eigenen Konverterprozessor ist langsamer als direkte Rechnerprozessorzugriffe auf die Peripherie; der Prozessor kann dafür langsame Ein/Ausgabe-Befehle völlig an den Konverter abgeben und während der Ein/Ausgabe weiterarbeiten. Der Wert dieses Konzeptes zeigt sich besonders bei DMA-Zugriffen, Multitasking- und Mehrplatzsystemen. Der wesentliche Vorteil des SCSI-Bus-Konzeptes liegt darin, daß sowohl der Rechner, als auch das Peripheriegerät auf einen gerätunabhängigen Bus zugreifen. Damit kann ein Buskonverter ohne Kenntnis der Peripheriegeräte fest im Rechner eingebaut werden, und in die Peripheriegeräte können Gerätesteuereinheiten unabhängig von den anzuschließenden Rechnern integriert werden. An den Rechner können bis zu acht Peripheriegeräte über einen einzigen Anschluß angeschlossen werden. Statt eines Peripheriegerätes kann aber auch ein weiterer Rechner angeschlossen und so ein einfaches Rechnernetz aufgebaut werden.

Der SCSI-Bus hat acht Daten- und neun Steuerleitungen. Die Übertragungsraten sind geräteabhängig. Typisch sind derzeit (maximale) Datenübertragungsraten von 1,2 Megabyte pro Sekunde, höhere Raten bis etwa 4 MB/s sind erreichbar.

Neben den Busverbindungen gibt es noch einfache, direkte Verbindungen zwischen Rechnern und Geräten. Ein typischer Vertreter solcher Schnittstellen ist die *CCITT-V.24-Schnittstelle*. Die Normierung ist durch die internationale Post- und Telegraphievereinigung Comité Consultatif International de Télégraphie et Téléphonie erfolgt. Sie war ursprünglich zur Beschreibung des Datenaustauschs über Telefon- oder ähnliche Leitungen gedacht; im amerikanischen Sprachgebrauch wird diese Schnittstelle auch als RS232-Schnittstelle bezeichnet (*r*ecommended *s*tandard). Es handelt sich um eine serielle Schnittstelle, die nur zwei Leitungen zur Signalübertragung benötigt. Zusätzlich wird aber mindestens noch eine Abschirmleitung (mit Erdpotential) verwendet. Für manche Geräte, wie z. B. Drucker, sind weitere Signalleitungen gebräuchlich. Die Übertragungsgeschwindigkeiten liegen zwischen 110 Bit/s (für Telegraphie) und 38 400 Bit/s für schnelle V.24-Schnittstellen. In Bild 6.2–13 sind die definierten Spannungspegel der V.24-Schnittstellen-Leitungen dargestellt.

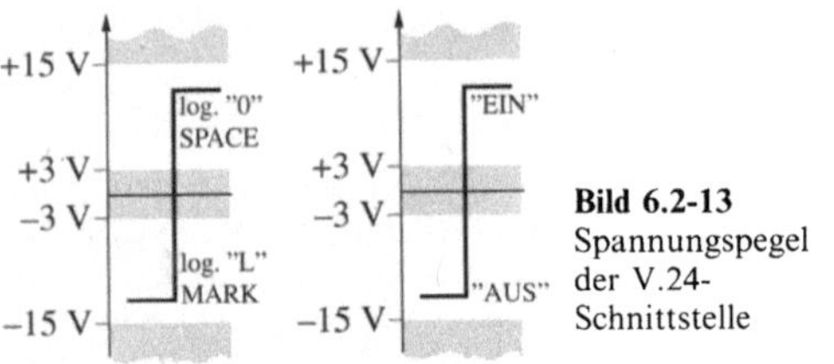

Bild 6.2-13
Spannungspegel der V.24-Schnittstelle

Bild 6.2–14 gibt die Steckerbelegung nach den Festlegungen der DIN 66020, der RS232-C und des CCITT wieder.

Bild 6.2–15 zeigt die Anordnung der Geräte und die Signalfolge einer seriellen Datenübertragungsstrecke.

Im industriellen Bereich sind zahlreiche Bus-Standards, in der Regel firmenspezifisch entwickelt und ausgelegt, zur Datenübertragung in rechnergesteuerten Systemen der Automation, der Fertigung, der Steuerungstechnik und der Prozeßtechnik zu finden. Eine Übersicht einiger Bussysteme gibt die Tabelle 6.2–1 wieder.

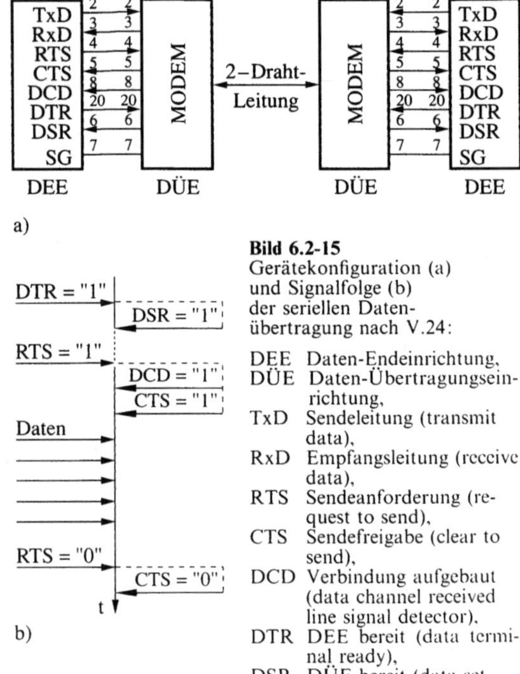

Bild 6.2-15
Gerätekonfiguration (a) und Signalfolge (b) der seriellen Datenübertragung nach V.24:

DEE Daten-Endeinrichtung,
DÜE Daten-Übertragungseinrichtung,
TxD Sendeleitung (transmit data),
RxD Empfangsleitung (receive data),
RTS Sendeanforderung (request to send),
CTS Sendefreigabe (clear to send),
DCD Verbindung aufgebaut (data channel received line signal detector),
DTR DEE bereit (data terminal ready),
DSR DÜE bereit (data set ready)

Tabelle 6.2–1: Industrielle Bussysteme

Bussystem	IEC-Bus	byteorientierte Datenübertragung	BITBUS	Interbus	MAP	PROFIBUS	SERCOS
Anwendungsbereich	Meßtechnik	Prozeßtechnik	Prozeßtechnik	Feldbus	CIM	Feldbus	Werkzeugmaschinen Echtzeitkommunikation
physikalische Ebene	8 bit parallel Flachband	asynchrone Byteübertragung RS485 RS232	synchrone Bitübertragung HDLC RS485	RS485	synchrone Bitübertragung Koax	asynchrone Bytübertragung RS485	synchrone NRZI-Übertragung LWL
	300 kByte/s	9 600 bit/s	375 kbit/s	500 kbit/s	5/10 Mbit/s	9,6 bis 500 kbit/s	2 Mbit/s

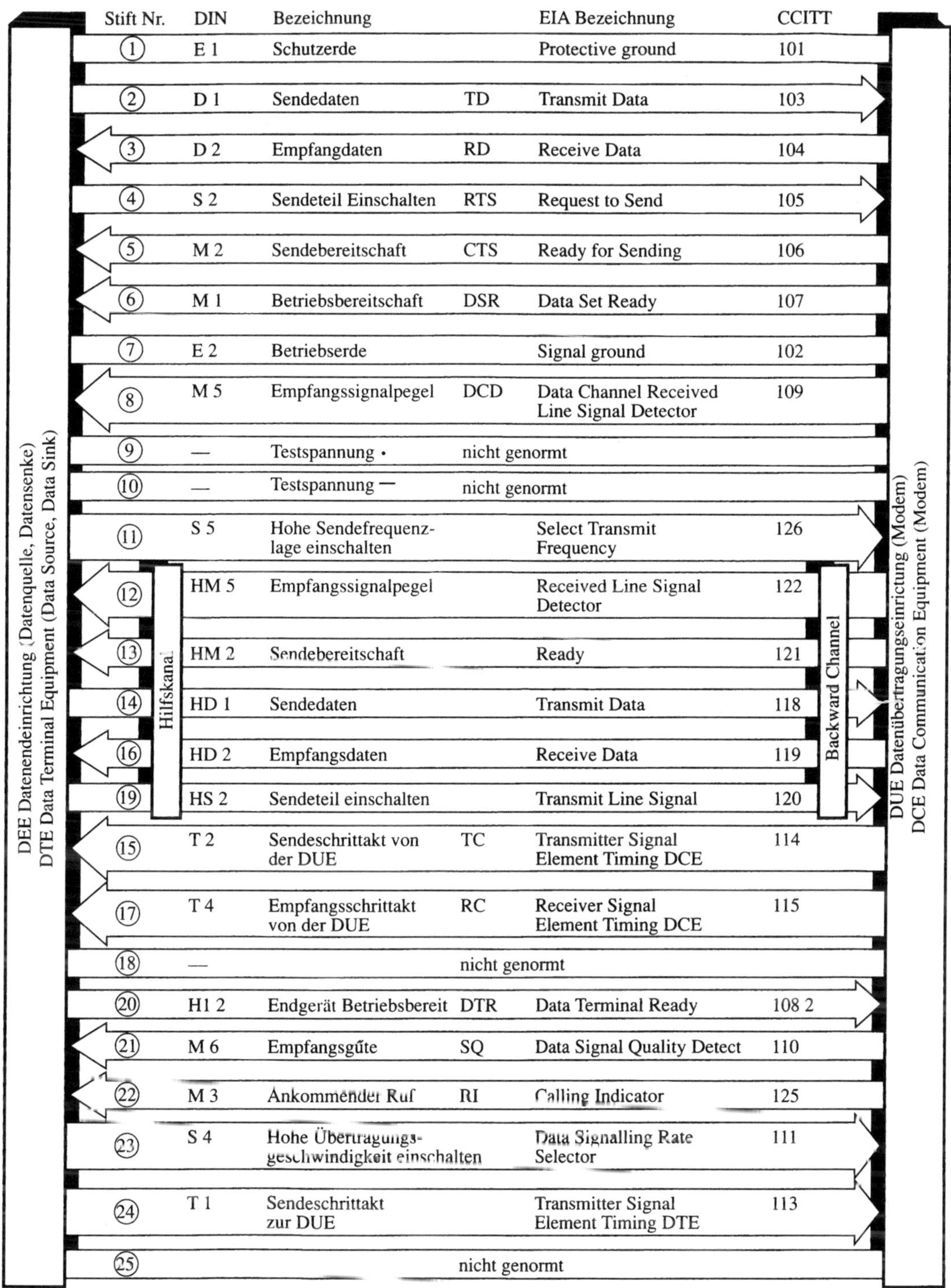

Stift Nr.	DIN	Bezeichnung		EIA Bezeichnung	CCITT
1	E 1	Schutzerde		Protective ground	101
2	D 1	Sendedaten	TD	Transmit Data	103
3	D 2	Empfangdaten	RD	Receive Data	104
4	S 2	Sendeteil Einschalten	RTS	Request to Send	105
5	M 2	Sendebereitschaft	CTS	Ready for Sending	106
6	M 1	Betriebsbereitschaft	DSR	Data Set Ready	107
7	E 2	Betriebserde		Signal ground	102
8	M 5	Empfangssignalpegel	DCD	Data Channel Received Line Signal Detector	109
9	—	Testspannung •	nicht genormt		
10	—	Testspannung —	nicht genormt		
11	S 5	Hohe Sendefrequenz-lage einschalten		Select Transmit Frequency	126
12	HM 5	Empfangssignalpegel		Received Line Signal Detector	122
13	HM 2	Sendebereitschaft		Ready	121
14	HD 1	Sendedaten		Transmit Data	118
16	HD 2	Empfangsdaten		Receive Data	119
19	HS 2	Sendeteil einschalten		Transmit Line Signal	120
15	T 2	Sendeschrittakt von der DUE	TC	Transmitter Signal Element Timing DCE	114
17	T 4	Empfangsschrittakt von der DUE	RC	Receiver Signal Element Timing DCE	115
18	—		nicht genormt		
20	H1 2	Endgerät Betriebsbereit	DTR	Data Terminal Ready	108 2
21	M 6	Empfangsgüte	SQ	Data Signal Quality Detect	110
22	M 3	Ankommender Ruf	RI	Calling Indicator	125
23	S 4	Hohe Übertragungs-geschwindigkeit einschalten		Data Signalling Rate Selector	111
24	T 1	Sendeschrittakt zur DUE		Transmitter Signal Element Timing DTE	113
25			nicht genormt		

Bild 6.2-14 Steckerbelegung der V.24-Schnittstelle

6.2.8 Daten- und Befehlsstrukturen

6.2.8.1 Datentypen, Datenformate

Die verschiedenen Informationsarten, die mit dem Befehlssatz eines Befehlsprozessors einer Zentraleinheit direkt verarbeitet werden können, bezeichnet man als *Datentypen*. Sie sind charakterisiert durch

- eine bestimmte Anzahl von Bits (das *Datenformat*)
- und deren Bedeutung.

Die manipulierbaren Datentypen heutiger Mikroprozessoren sind z. B.:

Format	Typ
1 Bit	Zustandsgröße
4 Bits (1 Halbbyte)	binär codierte Dezimalziffer
8 Bits (1 Byte)	Dualzahl, ASCII-Hex-Zeichen
16 Bits (1 Wort)	Dualzahl, Speicheradresse
32 Bits (1 Doppelwort)	Dualzahl, einfach genaue GP-Zahl
64 Bits (1 Quadwort)	Dualzahl, doppelt genaue GP-Zahl
n Bytes	Bytekette (byte string)
n Wörter	Wortkette (word string)

6.2.8.2 Befehlsformate

Standardbefehlsformate enthalten zwei Felder, ein Operationscodefeld und ein Adreßfeld. Die verschiedenen Adressierungsarten (vgl. Abschnitt 6.2.9) werden durch entsprechende Angaben im *Adreßfeld* gekennzeichnet. Im *Operationscodefeld* wird der Befehlscode der programmierten Instruktion angegeben. Weitere Angaben sind in der Befehlsstruktur untergebracht, z. B. die Quell- und Zielangaben für Operanden.

6.2.9 Adressierungsarten

In der Regel stehen in Mikroprozessorsystemen mehrere *Adressierungsarten* zu Verfügung, z. B:

1. *Registeradressierung* (register addressing). Der Operand steht im Registerspeicher.
2. *Direkte Adressierung* (direct addressing). Der Operand steht im Speicher. Die Adresse wird im Befehl angegeben.
3. *Direktoperand-Adressierung* (immediate addressing). Der Operand steht im zweiten Befehlswort. Der Direktoperand kann nur Quellgröße sein.
4. *Registerindirekte Adressierung* (register indirect addressing). Die effektive Adresse steht im Register; der Operand steht im Speicher.
5. *Autoinkrement-Adressierung* (autoincrement addressing). Die effektive Adresse steht im Register; der Operand steht im Speicher. Die Adresse wird nach dem Speicherzugriff automatisch um eine vom Datenformat abhängige Einheit erhöht.
6. *Autodekrement-Adressierung* (autodecrement addressing). Die effektive Adresse steht im Register; der Operand steht im Speicher. Die Adresse wird nach dem Speicherzugriff automatisch um eine vom Datenformat abhängige Einheit erniedrigt.
7. *Indizierte Adressierung* (indexed addressing). Die effektive Adresse wird durch Addition der im Befehlswort stehenden Adresse und des Inhalts eines Indexregisters gebildet.
8. *Relative Adressierung* (relative addressing). Die effektive Adresse wird durch Addition des Inhalts des Befehlszählers und einer im Befehlswort stehenden Distanz (Relativadresse) gebildet. Die relative Adressierung läßt sich bei vielen Prozessoren durch zusätzliche Indizierung erweitern. Bei der Bildung der effektiven Adresse wird daher der Inhalt eines im Befehlswort angegebenen Indexregisters zur oben ermittelten effektiven Adresse addiert.

6.2.10 Mikroprozessor-Befehlsgruppen

Der Befehlssatz eines Mikroprozessors kann in Gruppen unterteilt werden, in denen Befehle mit ähnlichen Funktionen zusammengefaßt sind. Die typischen Befehlsgruppen, die jeder Standardprozessor beherrscht, sind im folgenden aufgelistet:

- Datentransportbefehle,
- arithmetische Befehle,
- logische Befehle,
- bitverarbeitende Befehle,
- Schiebe- und Rotationsbefehle,
- Sprungbefehle,
- Stringbefehle,
- Systembefehle.

6.2.10.1 Datentransportbefehle

Datentransportbefehle lassen sich untergliedern in Abhängigkeit von der Datenquelle und dem Transferziel. Mögliche Kombinationen sind:

- Register-Register-Transfer,
- Register-Speicher/Peripherie-Transfer,
- Speicher/Peripherie-Register-Transfer und
- Konstante-Speicher/Peripherie-Transfer.

6.2.10.2 Arithmetische und logische Befehle

Diese Befehlsgruppe realisiert die Verknüpfung von Operanden in den *arithmetischen Grundrechenarten* und in den *logischen Grundfunktionen*. Erweiterungen in den Rechenoperationen und die Ausführung zusammengesetzter logischer Funktionen sind in Mikroprozessoren ebenfalls üblich.

6.2.10.3 Bitverarbeitende Befehle

Mit den *bitverarbeitenden Befehlen* können einzelne Operandenbits gesetzt, gelöscht und getestet werden. Beim Testen wird in der Regel das Testergebnis gesichert (als Zustandsbit).

6.2.10.4 Schiebe- und Rotationsbefehle

Schiebe- und *Rotationsbefehle* ermöglichen das Verschieben eines Operanden um eine angebbare Anzahl Bitpositionen. Die Verschiebung ist in beide Richtungen möglich. Beim Rotieren werden die Operanden zyklisch in sich selbst oder unter Berücksichtigung von Zustandsgrößen geschoben.

6.2.10.5 Sprungbefehle

Sprungbefehle ermöglichen die Abweichung der Bearbeitung eines Programms von der rein sequentiellen Befehlsabarbeitung. Es werden bedingte Sprünge, die in Abhängigkeit einer Zustandsgröße ausgeführt werden, und unbedingte Sprünge, die grundsätzlich ausgeführt werden, unterschieden.

6.2.10.6 Stringbefehle

Stringbefehle sind spezielle Transportbefehle, die zusammenhängende Datenblöcke aus einem Quellbereich in einen Zielbereich übertragen. Häufige Nutzung ist die Zeichen-/Textübertragung.

6.2.10.7 Systembefehle

Systembefehle dienen der Steuerung des Systemzustands. Hierzu zählen Befehle zum Lesen und Schreiben der Statusinformationen, Halt-, Warte- und Rücksetzbefehle, sowie die Befehle zur Unterbrechungsbehandlung.

6.2.11 Maschinensprache, Assembler, Compiler

6.2.11.1 Maschinensprache

Die Befehlsfolge eines Programms kann von einem Rechnersystem nur in der *Maschinensprache* im sog. *Maschinencode* gespeichert, interpretiert und ausgeführt werden. Der Maschinencode ist eine Folge von Binärzahlen festen Formats. Befehle in dieser Form sind nur schwer lesbar und lernbar.

6.2.11.2 Assemblersprache

Das sind Darstellungen der Maschinensprache, die für jeden Befehl einen speziellen Mnemocode bereithalten. Damit lassen sich Programmieraufgaben in einer besser handhabbaren und erlernbaren Terminologie formulieren. Erforderlich ist jedoch eine Übersetzung des in der *Assemblersprache* formulierten Programms in die Maschinensprache. Diese Übersetzer (Übersetzungsprogramme) werden als *Assembler* bezeichnet.

6.2.11.3 Hochsprachen

Maschinensprache und Assemblersprache sind auf die gegebene Hardware abgestellt. Jeder Prozessor hat eine ihm eigene maschinenabhängige Befehlsstruktur, die durch die beiden genannten „maschinennahen" Sprachen angesprochen werden. Die Kenntnis der Hardware ist für den Nutzer von Rechnersystemen jedoch in der Regel nicht erforderlich. Die *Hochsprachen* bieten eine Möglichkeit, unabhängig von der Maschine die Programmierung der Anwendung vorzunehmen. Erforderlich ist jedoch eine Übersetzung des in der Hochsprache formulierten Programms in die Maschinensprache. Diese Übersetzer (Übersetzungsprogramme) werden als *Compiler* bezeichnet.

6.2.12 Betriebssystem

Das *Betriebssystem* (operating system, OS) ist eine für den Betrieb der Rechner entwickelte Organisationssoftware. Es hat die Aufgabe, die Ausführung von Programmen im Rechner zu steuern und zu überwachen (vgl. DIN 44200). Dazu muß es die Zuteilung der Betriebsmittel, wie den Arbeitsspeicher und die Peripheriegeräte, nach Anforderung der auszuführenden Programme steuern und überwachen. Unterstützt das Betriebssystem die Bearbeitung mehrerer unterschiedlicher Aufgaben, spricht man vom *Multitasking* oder *Multiprogramming.* Steht das Betriebssystem mehreren Benutzer gleichzeitig zur Verfügung, spricht man vom *Multi User System.* Die vom Betriebssystem abgewickelten Aufgaben entlasten den Nutzer der DV-Anlage. Er muß über keine detaillierten Kenntnisse der Systemstruktur und der Systemsteuerung verfügen.

6.3 Programmerstellung und Dokumentation [6.45]

Ein wesentlicher Aspekt der *Programmerstellung* ist die *Programmdokumentation.* Anhand der Programmdokumentation muß der Anwender eines Programms seine Funktion verstehen und die einzelnen Schritte, die es zur Realisierung dieser Funktion benötigt, nachvollziehen können. Das gilt um so mehr, wenn der Nutzer nicht auch Ersteller des Programms ist. Zur Programmerstellung und Dokumentation sind Regeln und Strukturen entwickelt worden, die unbedingt einzuhalten sind.
Die Programmdokumentation enthält im wesentlichen die 5 Abschnitte:

- Darstellung des Lösungskonzepts,
- Darstellung des Programmablaufes,
- Testbericht,
- Datenspezifikationen,
- Benutzeranleitung.

6.3.1 Abschnitte der Programmdokumentation

6.3.1.1 Die Darstellung des Lösungskonzepts

Die Beschreibung des *Lösungskonzepts* geht von der Beschreibung der Algorithmen aus. Ein *Algorithmus* ist eine Verarbeitungsvorschrift, die funktional die Umsetzung der gegebenen Größen in die Ergebnisse darstellt. In dieser Beschreibung müssen Schritt für Schritt alle Manipulationen, die durchgeführt werden, um aus den gegebenen Größen zu den Ergebnissen zu gelangen, aufgezeigt werden. Die Beschreibung

der Arbeitsvorgänge durch Konzeptstruktogramme stellt die Arbeitsabläufe, jetzt in Form eines Programmes, in übersichtlicher Form dar. In den Konzeptstruktogrammen geben die genormten Graphikelemente den Rahmen für eine transparente Beschreibung der Arbeitsabläufe. Die Beschreibung bedient sich dabei umgangssprachlicher Formulierungen. Durch gut ausgesuchte, an der Problematik orientierte Begriffe und exakte Ausdrucksweise muß er dem Leser die Arbeitsabläufe verdeutlichen.
Die strukturierte Darstellung folgt dem „top down"-Prinzip: Zuerst wird der Gesamtablauf in einer kompakten Darstellung deutlich gemacht. Dann werden alle wichtigen Einzelheiten in sich zunehmend verfeinernden Einzeldarstellungen vorgestellt. Als Grundregel gilt, daß ein Struktogramm nicht mehr als eine Seite ausfüllen darf. Das „top down"-Prinzip erlaubt es immer, notwendige Verfeinerungen durch Auslagerung von Teilblöcken in getrennten Darstellungen durchzuführen.

6.3.1.2 Die Darstellung des Programmablaufes

Die Darstellung des *Programmablaufes* soll die einzelnen Schritte des Programms so verdeutlichen, daß sie ohne Mühe nachvollzogen werden können.
Diese Darstellung wird wesentlich von der benutzten Programmiersprache abhängen. Bei Verwendung einer höheren Programmiersprache wird es i. a. genügen, die einzelnen Programmschritte mit Worten zu beschreiben. Bei einer Assemblersprache wird es oft zweckmäßig sein, die verbale Beschreibung durch „Erstellungsstruktogramme" zu ergänzen, um Einzeloperationen in übersichtlicher Form darzustellen.
Weitere nützliche Hilfsmittel sind Listen der verwendeten Variablen und Belegungspläne für Speicherplätze bzw. Register. Eine möglichst reichhaltig kommentierte Auflistung des Programms ist ein weiterer wesentlicher Bestandteil der Programmbeschreibung. Eine Datenspezifikation, d. h. eine übersichtliche Darstellung der verwendeten Daten, wird nur bei komplexen Datenstrukturen notwendig sein.

6.3.1.3 Die Benutzeranleitung

Die *Benutzeranleitung* soll dem Leser ein Bild von der Anwendung des Programms vermitteln, auch wenn er diese Anwendung nicht selbst praktisch durchführt. Der Hinweis auf eine sich selbst erklärende Menüführung ist deshalb keine Benutzeranleitung! Sofern die Übersetzung des Programms nicht der übliche Weg zur Benutzung ist (z. B. bei kleineren Turbo-Pascal-Programmen), sollte die Benutzeranleitung von einem auf einem Datenträger vorliegenden ablauffähigen Programm ausgehen. Eine genaue Beschreibung der erforderlichen Bedienungsmaßnahmen und Hinweise auf Menge und Form der einzugebenden Daten machen dann den wesentlichen Inhalt der Benutzeranleitung aus.

6.3.1.4 Der Testbericht

Der *Testbereicht* soll den Leser in die Lage versetzen, sich ohne Aufwand von der Funktionstüchtigkeit des Programms zu überzeugen.
Wesentlicher Bestandteil sind die Ausgabeprotokolle der Testläufe des Programms. Bei diesen Testläufen ist auf eine sinnvolle Vorgabe von Eingabedaten zu achten! Diese sind so zu wählen, daß sie Möglichkeiten und Grenzen der Programmanwendung deutlich machen. Insbesondere ist das Verhalten des Programms bei falschen Eingaben oder falschen Bedienungsmaßnahmen intensiv zu testen.
Ganz entscheidend ist, daß die protokollierten Ergebnisse „verifiziert" werden, d. h., daß die Richtigkeit der erzielten Ergebnisse nachvollziehbar nachgewiesen wird. „Nachvollziehbar" bedeutet hier, daß sich der Leser *ohne Aufwand* von der Richtigkeit überzeugen kann. Handrechnungen oder Kopien von Literaturbeispielen sind gängige Mittel der Verifizierung.

6.3.2 Programmstrukturen

6.3.2.1 Der Block

Das Grundelement aller Programmstrukturen ist der *Block*. Aus diesem Element werden in geeigneter Weise alle Programmstrukturen aufgebaut. Das Kennzeichen des Blockes ist, daß er genau einen Eingang und genau einen Ausgang hat. Ein solcher Block kann eine Programmaktivität oder eine Folge von Programmaktivitäten beschreiben:

■ *Beispiele:*

Dateneingabe

Lade Indexregister mit Anfangsadresse

Der obere Block kann u. U. eine größere Menge von Einzelaktivitäten umfassen, der darunter dargestellte beschreibt nur eine Aktivität, das Laden eines Registers.

6.3.2.2 Die Sequenz

Die einfachste Programmstruktur ist die *Sequenz*. Darunter versteht man eine Struktur, die aus einer Aufeinanderfolge von Blöcken besteht. Dabei fällt der Ausgang des k-ten Blockes mit dem Eingang des $(k+1)$-ten Blockes zusammen. Eine Sequenz von n Blöcken kann nur beginnend am Eingang des ersten Blockes und endend am Ausgang des n-ten Blockes durchlaufen werden.

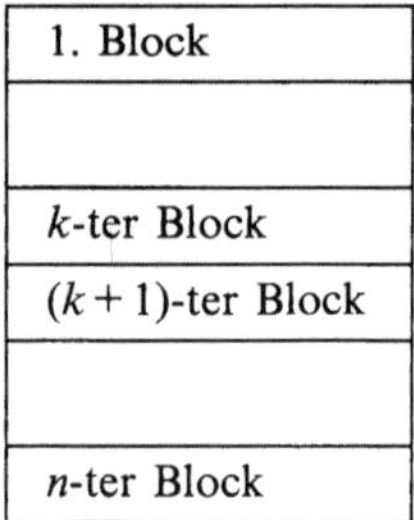

Die Sequenz kann dazu dienen, einen Block weiter zu untergliedern. So kann man sich z. B. ein Programm als einen Block „Programm" vorstellen, der aus der

Sequenz der Blöcke „Eingabe“, „Verarbeitung“, „Ausgabe“ besteht. Jeden dieser Blöcke kann man nun weiter untergliedern: Den Block „Eingabe“ könnte man z. B. in die Blöcke „Vorbereitung“, „Dateneingabe“, „Plausibilitätskontrolle“ aufgliedern. Den Block „Plausibilitätskontrolle“ könnte man weiter in die Blöcke „Test1“, „Test2“, „Test3“ gliedern. Auf diese Weise kann man ein Programm bzw. eine Aufgabenstellung bis hinunter auf die Ebene der Maschinenbefehle auffächern.

Programm
Eingabe
Verarbeitung
Ausgabe

Eingabe
Vorbereitung
Dateneingabe
Plausibilitäts-kontrolle

Plausibilitäts-kontrolle
Test 1
Test 2
Test 3

Eine solche Art der Aufgliederung einer Programmstruktur wird als „top-down-Strukturierung“ bezeichnet.

6.3.2.3 Alternative und Fallabfrage

Die *Alternative* eröffnet die Möglichkeit, in Abhängigkeit von einer Bedingung zwei unterschiedliche Programmpfade zu durchlaufen. Dabei stellt die Alternative wieder einen in sich geschlossenen Block dar, der einen Eingang und einen Ausgang hat.

Bedingung	
ja	nein
Block für erfüllte Bedingung	Block für nicht erfüllte Bedingung oder Leerblock

■ *Beispiele:*

Gegebenes Jahr ist Schaltjahr?	
ja	nein
setze Monatslänge für Februar auf 29	setze Monatslänge für Februar auf 28

$Z[i] > Z[i+1]$?	
ja	nein
vertausche $Z[i]$ mit $Z[i+1]$	%

Einen Leerblock sollte man, wie im rechten Beispiel dargestellt, kennzeichnen (um deutlich zu machen, daß nicht versehentlich etwas vergessen wurde!).

Stehen mehr als zwei Möglichkeiten zur Wahl, wird die *Fallabfrage* benutzt:

Unterscheidungskriterium						
Fall 1	Fall 2	Fall 3	Fall 4	....	Fall *n*	keiner der Fälle
Block 1	Block 2	Block 3	Block 4	....	Block *n*	Fehlerreaktion

Die Gesamtheit der möglichen Fälle 1...*n* stellt wieder einen geschlossenen Block mit einem Eingang und einem Ausgang dar! Der rechte Teil der Struktur („keiner der Fälle“) wird nur dann verwendet, wenn deutlich gemacht werden soll, was geschehen muß, wenn ein nicht vorgesehener Fall auftritt. Im allgemeinen liegt dann ein (Daten- oder Bedien-)Fehler vor! Auch dieser Teil gehört natürlich zu dem Gesamtblock „Fallabfrage“.

■ *Beispiel:*
Rampenfunktion.

Argument x		
$x < -1$	$-1 < x < 1$	$x > 1$
$z := -1$	$z := x$	$z := 1$

6.3.2.4 Die bedingte Wiederholung

Die Darstellung der zyklisch, d. h. wiederholt zu durchlaufenden Programmteile ist davon abhängig, an welcher Stelle des zu wiederholenden Blocks die Entscheidung über eine weitere Wiederholung stattfindet (soweit der Anwender das überhaupt erkennen kann). Man unterscheidet „abweisende“ („prechecked“, „kopfgesteuerte“), „nicht abweisende“ („postchecked“, „schwanzgesteuerte“) Wiederholungen und Wiederholungen mit Unterbrechung bzw. Abbruch (break).

Der *abweisende Wiederholungsblock* hat die Form

wiederhole, solange Laufbedingung
zu wiederholender Block

Es ist offensichtlich, daß der abweisende Wiederholungsblock u. U. nicht durchlaufen wird (nämlich dann, wenn die geforderte Bedingung von Anfang an nicht erfüllt ist!).

Der *nicht abweisende Wiederholungsblock* hat die Form

zu wiederholender Block
wiederhole, bis Abbruchbedingung erfüllt

Es ist offenbar, daß der nicht abweisende Wiederholungsblock mindestens einmal durchlaufen wird, da die Bedingung ja erst an seinem Ende überprüft wird. Ein Wiederholungsblock kann auch verlassen werden, ehe er vollständig durchlaufen worden ist.

Dafür steht das *Unterbrechungs-* bzw. *Abbruch-Symbol*, das in einem Block einer Alternative auftritt:

Anweisung(en)	
Abbruchbedingung ja	nein
⇐ Wiederholungsblock	%
Anweisung(en)	
wiederhole	

Das Symbol zeigt dann an, daß der Programmablauf am Eingang des folgenden Blockes fortgesetzt wird. Das Symbol markiert also nur die (vorzeitige) Unterbrechung bzw. den Abbruch der zyklischen Wiederholungen, die der Wiederholungsblock beschreibt. In dem Strukturelement ist eine geeignete Bezeichnung für den verlassenen Block anzugeben. Die Anwendung dieses Strukturelementes auf Wiederholungsblöcke muß strikt auf den Fall des vorzeitigen Verlassens beschränkt werden. Dieses Element darf also nicht als Ersatz für die Elemente „abweisender Wiederholungsblock“ und „nicht abweisender Wiederholungsblock“ benutzt werden.
Das Abbruchsymbol darf nicht nur, wie vorstehend gezeigt, bei unbedingten Wiederholungen benutzt werden, sondern auch bei abweisenden und nicht abweisenden Wiederholungen. In dem Strukturelement für den Abbruch ist immer eine geeignete Bezeichnung des verlassenen Blockes anzugeben.

- *Beispiele:*
  Abweisende Wiederholung: Verarbeitung von den in einer Zeile stehenden Zeichen:

lies Zeichen
wiederhole, solange Zeichen ungleich Zeilenendezeichen
verarbeite Zeichen
lies nächstes Zeichen

Nicht abweisende Schleife, die n-mal durchlaufen werden soll:

lade Schleifenzähler mit n
Anweisung(en)
dekrementiere Schleifenzähler
wiederhole, bis Schleifenzähler = 0

Wiederholungsblock mit Unterbrechungen: Einlesen und Abspeichern von Zeichen mit Bestimmung der Zeichenzahl:

lade Adressenzeiger mit Anfangsadresse	
lösche Zeichenzähler	
lies Zeichen	
Zeichen = Endezeichen? ja	nein
drucke Zeichenzahl aus	speichere Zeichen in adressierte Speicherstelle
⇐ Wiederholungsblock	inkrementiere Adressenzeiger
	inkrementiere Zeichenzähler
wiederhole	

Wiederholungsblock mit Unterbrechungen: Einlesen und Abspeichern von Zeichen mit Bestimmung der Zeichenzahl bei Vorgabe einer maximalen Zeichenzahl (enthält der Text nicht die maximale Zeichenzahl, ist er mit einem Textendezeichen abgeschlossen):

lade Adressenzeiger mit Anfangsadresse	
lösche Zeichenzähler	
lies Zeichen	
Zeichen = Endezeichen? ja	nein
drucke Zeichenzahl aus	speichere Zeichen in adressierte Speicherstelle
⇐ Wiederholungsblock	inkrementiere Adressenzeiger
	inkrementiere Zeichenzähler
wiederhole, bis Zeichenzahl = maximale Zeichenzahl	

Umkopieren einer Datei: Eine Datei, deren letzte Sätze u. U. leer sind (die aber mindestens einen nicht leeren Satz enthält), soll ohne leere Sätze umkopiert werden:

eröffne Quellen- und Zieldatei	
wiederhole, solange Quellendatei-Ende nicht erreicht	
lies Satz aus Quellendatei	
Satz ist leer? ja	nein
⇐ Wiederholungsblock	schreibe Satz in Zieldatei
schließe Quellen- und Zieldatei	

6.4 Anhang

Anhang 1: Übersicht über einige Codierungen der Dezimalzahlen

Ziffer	8-4-2-1	Aiken 2-4-2-1	3-Excess	2-aus-5 7-4-2-1-0
0	0 0 0 0	0 0 0 0	0 0 1 1	1 1 0 0 0
1	0 0 0 1	0 0 0 1	0 1 0 0	0 0 0 1 1
2	0 0 1 0	0 0 1 0	0 1 0 1	0 0 1 0 1
3	0 0 1 1	0 0 1 1	0 1 1 0	0 0 1 1 0
4	0 1 0 0	0 1 0 0	0 1 1 1	0 1 0 0 1
5	0 1 0 1	1 0 1 1	1 0 0 0	0 1 0 1 0
6	0 1 1 0	1 1 0 0	1 0 0 1	0 1 1 0 0
7	0 1 1 1	1 1 0 1	1 0 1 0	1 0 0 0 1
8	1 0 0 0	1 1 1 0	1 0 1 1	1 0 0 1 0
9	1 0 0 1	1 1 1 1	1 1 0 0	1 0 1 0 0

Anhang 2: Zusammenstellung einiger Codierungen

	ASCII ISO-7-BIT CCITT Nr. 5	DIN 66003 International	DIN 66003 deutsche Version	EBCDIC	Lochstreifen 8 Loch	Magnetband 9 Spur
@	40	40		7C	o . o	o–ooooooo
A	41	41	41	C1	o . o	o–o–o–ooo
B	42	42	42	C2	o . o	o–o—oooo
C	43	43	43	C3	o . ooo	o–oo—ooo
D	44	44	44	C4	o . o	o—ooooo
E	45	45	45	C5	o . o oo	o—oo–ooo
F	46	46	46	C6	o . oo o	o—o–oooo
G	47	47	47	C7	o . ooo	o———ooo
H	48	48	48	C8	o .o	o–o–oooo–
I	49	49	49	C9	o .o oo	o–ooo–oo–
J	4A	4A	4A	D1	o .o o o	o–oo–ooo–
K	4B	4B	4B	D2	o .o oo	o–o——oo–
L	4C	4C	4C	D3	o .oo o	o—ooooo–
M	4D	4D	4D	D4	o .oo o	o——o–oo–
N	4E	4E	4E	D5	o .ooo	o——ooo–
O	4F	4F	4F	D6	o .ooooo	o—o—oo–
P	50	50	50	D7	o o.	o–ooooo
Q	51	51	51	D8	o o. oo	—ooo–ooo
R	52	52	52	D9	o o. o o	—oo–oooo
S	53	53	53	E2	o o. oo	—o——ooo
T	54	54	54	E3	o o. o o	—oooooo
U	55	55	55	E4	o o. o o	——o–ooo
V	56	56	56	E5	o o. oo	———oooo
W	57	57	57	E6	o o. oooo	—o—ooo
X	58	58	58	E7	o o.o o	oooooo–
Y	59	59	59	E8	o o.o o	—o–o–oo–
Z	5A	5A	5A	E9	o o.o o	—o—ooo–

Anhang 2: Zusammenstellung einiger Codierungen (Fortsetzung)

	ASCII ISO-7-BIT CCITT Nr. 5	DIN 66003 International	DIN 66003 deutsche Version	EBCDIC	Lochstreifen 8 Loch	Magnetband 9 Spur
[	5B	5B			o o.o ooo	—oo—oo–
\	5C	5C		E0	o o.oo	——oooo–
]	5D	5D			o o.oo oo	——oo–oo–
^	5E	5E	5E		o o.ooo o	——o–ooo–
–	5F	5F	5F	6D	o o.oooo	———oo–
	60	60	60	79	oo .	o–o–ooo–o
a	61	61	61	81	oo . oo	o–ooo–o–o
b	62	62	62	82	oo . o o	o–oo–oo–o
c	63	63	63	83	oo . oo	o–o——o–o
d	64	64	64	84	oo . o o	o—oooo–o
e	65	65	65	85	oo .o o	o——o–o–o
f	66	66	66	86	oo . oo	o———oo–o
g	67	67	67	87	oo . oooo	o—o—o–o
h	68	68	68	88	oo .o o	o–ooooo—
i	69	69	69	89	oo .o o	o–o–o–o—
j	6A	6A	6A	91	oo .o o	o–o—oo—
k	6B	6B	6B	92	oo .o ooo	o–oo—o—
l	6C	6C	6C	93	oo .oo	o——ooo—
m	6D	6D	6D	94	oo .oo oo	o—oo–o—
n	6E	6E	6E	95	oo .ooo o	o—o–oo—
o	6F	6F	6F	96	oo .oooo	o———o—
p	70	70	70	97	ooo. o	—ooooo–o
q	71	71	71	98	ooo. o	—o–o–o–o
r	72	72	72	99	ooo. o	—o—oo–o
s	73	73	73	A2	ooo. ooo	—oo—o–o
t	74	74	74	A3	ooo. o	——ooo–o
u	75	75	75	A4	ooo. o oo	——oo–o–o
v	76	76	76	A5	ooo. oo o	——o–oo–o
w	77	77	77	A6	ooo. ooo	———o–o
x	78	78	78	A7	ooo.o	—o–ooo—
y	79	79	79	A8	ooo.o oo	—ooo–o—
z	7A	7A	7A	A9	ooo.o o o	—oo–oo—
{	7B	7B		C0	ooo.o oo	—o——o—
/	7C	7C		4F	ooo.oo o	——oooo—
}	7D	7D		D0	ooo.oo o	——o–o—
–	7E	7E			ooo.ooo	oo—
DEL	7F	7F	7F	O7	ooo.ooooo	——o—o—
§			40			
Ä			5B			
Ö			5C			
Ü			5D			
ä			7B			
ö			7C			
ü			7D			
ß			7E			
¤		24				

Anhang 2: Zusammenstellung einiger Codierungen (Fortsetzung)

	ASCII ISO-7-BIT CCITT Nr. 5	DIN 66003 International	DIN 66003 deutsche Version	EBCDIC	Lochstreifen 8 Loch	Magnetband 9 Spur
NUL	00	00	00	00	.	ooo-ooooo
SOH	01	01	01	01	. oo	ooooo-ooo
STX	02	02	02	02	. o o	oooo-oooo
ETX	03	03	03	03	. oo	ooo——ooo
EOT	04	04	04	37	. o o	oo-oooooo
ENQ	05	05	05	2D	. o o	oo—o-ooo
ACK	06	06	06	2E	. oo	oo——oooo
BEL	07	07	07	2F	. oooo	oo-o—ooo
BS	08	08	08	16	.o o	oooooooo-
HT	09	09	09	05	.o o	ooo-o-oo-
LF	0A	0A	0A	25	.o o	ooo—ooo-
VT	0B	0B	0B	0B	.o ooo	oooo—oo-
FF	0C	0C	0C	0C	.oo	oo—oooo-
CR	0D	0D	0D	0D	.oo oo	oo-oo-oo-
SO	0E	0E	0E	0E	.ooo o	oo-o-ooo-
SI	0F	0F	0F	0F	.oooo	oo——oo-
DLE	10	10	10	10	o. o	-oooooooo
DC1	11	11	11	11	o. o	-oo-o-ooo
DC2	12	12	12	12	o. o	-oo—oooo
DC3	13	13	13	13	o. ooo	-ooo—ooo
DC4	14	14	14	3C	o. o	-o—ooooo
NAK	15	15	15	3D	o. o oo	-o-oo-ooo
SYN	16	16	16	32	o. oo o	-o-o-oooo
ETB	17	17	17	26	o. ooo	-o——ooo
CAN	18	18	18	18	o.o	-oo-oooo-
EM	19	19	19	19	o.o oo	-oooo-oo-
SUB	1A	1A	1A	3F	o.o o o	-ooo-ooo-
ESC	1B	1B	1B	27	o.o oo	-oo——oo-
FS	1C	1C	1C	1C	o.oo o	-o-ooooo-
GS	1D	1D	1D	1D	o.oo o	-o—o-oo-
RS	1E	1E	1E	1E	o.ooo	-o——ooo-
US	1F	1F	1F	1F	o.ooooo	-o-o—oo-

Anhang 2: Zusammenstellung einiger Codierungen (Fortsetzung)

	ASCII ISO-7-BIT CCITT Nr. 5	DIN 66003 International	DIN 66003 deutsche Version	EBCDIC	Lochstreifen 8 Loch	Magnetband 9 Spur
SP	20	20	20	40	o . o	ooooooo-o
!	21	21	21	5A	o . o	ooo-o-o-o
"	22	22	22	7F	o . o	ooo—oo-o
‡	23	23	23		o . ooo	oooo—o-o
$	24		24	5B	o . o	oo—ooo-o
%	25	25	25	6C	o . o oo	oo-oo-o-o
&	26	26	26	50	o . oo o	oo-o-oo-o
'	27	27	27	7D	o . ooo	oo——o-o
(	28	28	28	4D	o .o	ooo-ooo—
)	29	29	29	5D	o .o oo	ooooo-o—
*	2A	2A	2A	5C	o .o o o	oooo-oo—
+	2B	2B	2B	4E	o .o oo	ooo——o—
,	2C	2C	2C	6B	o .oo o	oo-oooo—
–	2D	2D	2D	60	o .oo o	oo—o-o—
.	2E	2E	2E	4B	o .ooo	oo——oo—
/	2F	2F	2F	61	o .ooooo	oo-o—o—
0	30	30	30	F0	oo.	-oo-ooo-o
1	31	31	31	F1	oo. oo	-oooo-o-o
2	32	32	32	F2	oo. o o	-ooo-oo-o
3	33	33	33	F3	oo. oo	-oo——o-o
4	34	34	34	F4	oo. o o	-o-oooo-o
5	35	35	35	F5	oo. o o	-o—o-o-o
6	36	36	36	F6	oo. oo	-o——oo-o
7	37	37	37	F7	oo. oooo	-o-o—o-o
8	38	38	38	F8	oo.o	-oooooo—
9	39	39	39	F9	oo.o o	-oo-o-o—
:	3A	3A	3A	7A	oo.o o	-oo—oo—
;	3B	3B	3B	5E	oo.o ooo	-ooo—o—
<	3C	3C	3C	4C	oo.oo	-o—ooo—
=	3D	3D	3D	7E	oo.oo oo	-o-oo-o—
>	3E	3E	3E	6E	oo.ooo o	-o-o-oo—
?	3F	3F	3F	6F	oo.oooo	-o——o—

Anhang 3: Steuerzeichen

Kurzform		ISO 646	DIN 66003	Erläuterung
NUL		Null	Nil	Füllzeichen ohne Bedeutung
TC		Transmission Control Characters	Übertragungssteuerzeichen	Steuern Datenübertragung
SOH	TC1	Start of Heading	Anfang des Kopfes	Der Kopf enthält Adressen
STX	TC2	Start of Text	Anfang des Textes	Beginn der Information (Ende des Kopfes)
ETX	TC3	End of Text	Ende des Textes	Ende der Information
EOT	TC4	End of Transmission	Ende der Übertragung	Ende eines oder mehrerer Texte
ENQ	TC5	Enquiry	Stationsaufforderung	Als Antwort darauf Stationskennung erwartet
ACK	TC6	Acknowledge	positive Rückmeldung	Bejahende Antwort an die Sendestation

Anhang 3: Steuerzeichen/Fortsetzung

Kurzform		ISO 646	DIN 66003	Erläuterung
BEL		Bell	Klingel	Meist akustisches Signal
FE		Format Effectors	Formatsteuerzeichen	Bei Ein/Ausgabegeräten
BS	FE0	Backspace	Rückwärtsschritt	Bewegung um einen Schreibschritt rückwärts
HT	FE1	Horizontal Tabulation	Horizontal-Tabulator	Bewegung in der Zeile bis zum nächsten Tabulatorpunkt
LF	FE2	Line Feed	Zeilenvorschub	Weiterschaltung um eine Zeile
VT	FE3	Vertical Tabulation	Vertikal-Tabulator	Papiervorschub bis zur vorbestimmten Zeile
FF	FE4	Form Feed	Formular-Vorschub	Vorschub bis zur vorbestimmten Zeile eines neuen Formulars
CR	FE5	Carriage Return	Wagenrücklauf	Rückbewegung auf die erste Position dieser Zeile
SO		Shift out	Dauerumschaltung	Zur Erweiterung des Zeichenvorrats
SI		Shift in	Rückschaltung	Setzt SO außer Kraft
DLE	TC7	Data Link Escape	Datenübertragungsumschaltung	Leitet Zeichenfolge außerhalb Code ein
DC1		Device Control Characters	Gerätesteuerzeichen (i = 1...4)	4 Zeichen nach Vereinbarung, z. B. Locher ein, Abtaster ein, Gerät abschalten u. a.
NAK	TC8	Negative Acknowledge	negative Rückmeldung	verneinende Antwort an Sendestation
SYN	TC9	Synchronous Idle	Synchronisierung	Dient zum Erhalten des Synchronismus
ETB	TC10	End of Transmission Block	Ende des Datenübertragungsblocks	
CAN		Cancel	ungültig	Die vorangehenden Zeichen werden ignoriert
EM		End of Medium	Ende der Aufzeichnung	Ende des Datenträgers bzw. der gültigen Informationen
SUB		Substitute Character	Substitutionszeichen	Ersetzt unzulässiges (fehlerhaftes) Zeichen
ESC		Escape	Code-Umschaltung	Dahinter andere Definition der Bitkombinationen
IS		Information Separators	Informationstrennzeichen	Zur Gliederung der Daten
FS	IS4	File Separator	Hauptgruppentrennzeichen	
GS	IS3	Group Separator	Gruppentrennzeichen	
RS	IS2	Record Separator	Untergruppentrennzeichen	
US	IS1	Unit Separator	Teilgruppentrennzeichen	
SP		Space	Zwischenraum	Durch Leertaste
DEL		Delete	Löschen	Besonders bei 8-Kanal-Lochstreifen

Abkürzungen

ASCII	American Standard Code for Information Interchange
ISO	International Organisation for Standardization
CCITT	Comité Consultatif International Télégraphique et Téléphonique
DIN 66003	Informationsverarbeitung, 7-BIT-Code
EBCDIC	Extended Binary Coded Decimal Interchange Code

6.5 Literatur

[6.1] AMD Advanced Micro Devices; Am 2900 Bipolar Microprocessor Family, Sunnyvale/California 1976

[6.2] *Ameling, W.*, Digitalrechner Grundlagen und Anwendungen, Technische Informatik 1, Friedr. Vieweg & Sohn, Braunschweig/Wiesbaden 1990

[6.3] ANSI/IEEE Standard 488–1978; Standard Digital Interfaces for Programmable Instrumentation 1979

[6.4] *Axmann, H.P.*, Einführung in die technische Informatik, Springer Verlag, Heidelberg 1979

[6.5] *Boole, G.*, An Investigation of the Laws of Thougt, Dover Publications, London 1958

[6.6] *Bundschuh, B.*, und *P. Sokolowski*, Rechnerstrukturen und Rechnerarchitekturen, Friedr. Vieweg & Sohn, Braunschweig/Wiesbaden 1988

[6.7] *Burks, A.W.*, *H.H. Goldstine* and *J. von Neumann*, Preliminary discussion of the logical design of an electronic computing instrument, US Army Ordonance Dept. Report 1946

[6.8] *Calingaert, P.*, Betriebssysteme, Oldenbourg Verlag, München 1983

[6.9] *Conrads, D.*, Datenkommunikation, Friedr. Vieweg & Sohn, Braunschweig/Wiesbaden 1989

[6.10] *Coy, W.*, Aufbau und Arbeitsweise von Rechenanlagen, Friedr. Vieweg & Sohn, Braunschweig/Wiesbaden 1988

[6.11] DIN 44200

[6.12] DIN 66003

[6.13] DIN 66020, Datenübertragung; Anforderungen an die Schnittstelle bei Übergabe bipolarer Datensignale

[6.14] *Elsing, J.*, und *A. Wiencek*, Schnittstellen Handbuch, iwt Verlag, Vaterstetten 1986

[6.15] *Fink, I.C.I.*, u. a., Ein Hableiterlaser zum Auslesen von Informationen, Philips Techn. Rev., Vol. 39, Nr. 4, 1980, S. 101

[6.16] *Flik, Th.*, und *H. Liebig*, 16-Bit-Mikroprozessorsysteme, Springer Verlag, Heidelberg 1982

[6.17] *Flynn, M.J.*, Some computer organisations and their Effectiveness, IEEE Trans. on Computers 1972

[6.18] *Ganzhorn, K.E.*, *K.M. Schulz* und *W. Walter*, Datenverarbeitungssysteme, Springer Verlag, Heidelberg 1981

[6.19] *Giloi, W.K.*, Rechnerarchitektur, Springer Verlag, Heidelberg 1981

[6.20] *Gravesteijn, D.J.*, und *J. v. d. Veen*, Organic-dye films for optical recording, Philips Techn. Rev., Vol. 41, 1983/84, S. 325

[6.21] *Hartmann, M.*, Erasable magneto-optical recording, Philips Techn. Rev., Vol. 42, Nr. 2, 8/1985, S. 37

[6.22] *Hill, B.*, Optical memory systems, Digital memory and storage, Verlag Friedr. Vieweg & Sohn, Braunschweig/Wiesbaden 1978

[6.23] *Jordan, W.*, und *H. Urban*, Strukturierte Programmierung, Springer Verlag, Heidelberg 1989

[6.24] *Keil, H.*, Mikrocomputer, Siemens AG, 1987

[6.25] *Klar, R.*, Digitale Rechenautomaten, Sammlung Göschen, de Gruyter Verlag, Berlin 1983

[6.26] *Koch, G.*, und *U. Rembold*, Einführung in die Informatik, Hanser Verlag, München 1977

[6.27] *Lesea, A.*, und *R. Zaks*, Microprocessor interfacing techniques, Sybex Verlag, Düsseldorf 1978

[6.28] MCS–86 Product Description, INTEL 1979

[6.29] *Nassi, I.*, and *B. Shneiderman*, Flowchart techniques for structured programming, Sigplan Notices 8 1973

[6.30] *Oberschelp, W.*, und *G. Vossen*, Rechneraufbau und Rechnerstrukturen, Oldenbourg Verlag, München 1986

[6.31] *Piotrowski, A.*, IEC-Buch, Franzis Verlag, München 1987

[6.32] *Proebster, W.*, Peripherie von Informationssystemen Springer Verlag, Heidelberg 1987

[6.33] *Rector, R.*, und *G. Alexy*, Das 8086/8088 Buch, te-wi Verlag, München 1985

[6.34] *Richter, L.*, Betriebssysteme, Teubner Verlag, Stuttgart 1985

[6.35] *Ritter, H.*, Diskettenhandbuch, BASF 1985

[6.36] *Sahlmann, D.*, Strukturiert Programmieren, Springer Verlag, Heidelberg 1989

[6.37] *Schmitt, G.*, Grundlagen der Mikrocomputertechnik, Oldenbourg Verlag, München 1981

[6.38] *Schmitt, G.*, Maschinenorientierte Programmierung für Mikroprozessoren, Oldenbourg Verlag, München 1980

[6.39] *Schnell, G.*, und *K. Hoyer*, Interfaces und Datennetze, Friedr. Vieweg & Sohn, Braunschweig/Wiesbaden 1989

[6.40] *Steinbuch, K.*, und *W. Weber*, Taschenbuch der Informatik, Springer Verlag, Heidelberg

[6.41] *Tafel, J.*, und *A. Kohl*, Ein- und Ausgabegeräte der Datentechnik, Hanser Verlag, München 1982

[6.42] *Thies, K.D.*, Die 8087/80287 numerischen Prozessorerweiterungen für 8086/80286 Systeme, te-wi Verlag, München 1985

[6.43] *Thies, K.D.*, Die 8085/8086 Interfaces, te-wi Verlag, München 1985

[6.44] *Tischer, M.*, PC intern Systemprogrammierung, Data Becker Verlag, Düsseldorf 1988

[6.45] Vorlesungsskriptenreihe FHH, FG DV Nicolai

[6.46] *Wakerly, J.F.*, Microcomputer Architecture and Programming, Wiley, London, New York 1981

[6.47] *Waldschmidt, K.*, Schaltungen der Datenverarbeitung, Teubner Verlag, Stuttgart 1980

[6.48] *Wilkes, M.V.*, The best way to design an automatic calculating machine, Report of the Manchester University Computer Inaugural Conference, Electr. Eng. Dept. of Manchester University 1951

7 Elektrische Meßtechnik

7.1 Grundbegriffe

7.1.1 Der Vorgang des Messens

Das *Messen* ist und war immer eine bedeutende Tätigkeit im menschlichen Zusammenleben. Wurde es in früheren Jahrhunderten vor allem im Handel angewendet, so ist das Messen mit Beginn des technischen Zeitalters zu einem wichtigen Unterscheidungsinstrument bei der Erforschung und Anwendung physikalischer Gesetzmäßigkeiten geworden.

„In der menschlichen Wahrnehmungswelt existieren nur die physikalischen Größen, die gemessen worden sind“ (Planck). Die Messung ist eine quantitative Bestimmung von Größen und kann nur durch Vergleich mit standardisierten Maßverkörperungen (Normalien) erfolgen (Bild 7.1–1). Die Messung ergibt durch Vergleich, wie oft die Maßverkörperung (Einheit) in der gemessenen Größe enthalten ist, sie ist also ein Produkt aus Zahlenwert und Einheit.

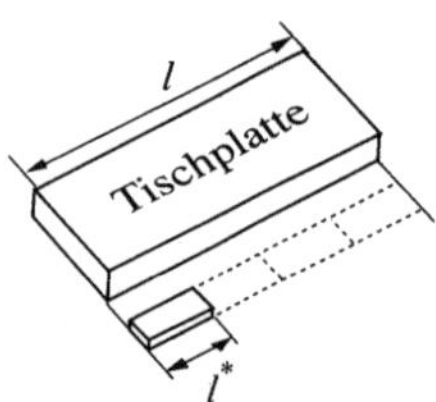

Bild 7.1-1 Messung der Länge l einer Tischplatte durch Vergleich mit der Maßverkörperung l^* ($l = 4\,l^*$)

Um die Gewinnung und Darstellung physikalischer Größen vergleichbar und einheitlich sicherzustellen, gibt es in den Industriestaaten metrologische Staatsinstitute, die die Einheiten bewahren, pflegen und weitergeben, z. B.:

- PTB Physikalisch-Technische Bundesanstalt, Deutschland,
- NPL National Physical Laboratory, United Kingdom,
- NBS National Bureau of Standards, USA.

Weitere halbstaatliche und nichtstaatliche Institutionen sind:

- DIN Deutsches Institut für Normung e. V., Berlin,
- VDE Verband Deutscher Elektrotechniker e. V., Frankfurt,
- VDI Verein Deutscher Ingenieure e.V., Düsseldorf,
- DKE Deutsche Elektrotechnische Kommission im DIN und VDE,
- ÖVE Österreichischer Verein der Elektrotechniker,
- SEV Schweizerischer Elektrotechnischer Verein,
- IEC Internationale Elektrotechnische Kommission,
- CEE Internationale Kommission für Regeln zur Begutachtung elektrotechnischer Erzeugnisse,
- CENELEC Europäisches Kommitee für elektrotechnische Normung.

Das DIN veröffentlicht seine Arbeitsergebnisse in Form von DIN-Blättern. DIN Normen [7.1] sind Empfehlungen, die angewendet werden können. Sie können nur auf Grund von Verträgen oder Rechtsvorschriften verpflichtend werden.

Für die elektrische Meßtechnik sind u. a. folgende DIN-Blätter wichtig:

- DIN 1313 Physikalische Größen und Gleichungen,
- DIN 1301 Einheiten,
- DIN 1304 Allgemeine Formelzeichen,
- DIN 1319 Grundbegriffe der Meßtechnik.

Die VDE-Bestimmungen (entsprechendes gilt für ÖVE, SEV usw.) befassen sich mit Festlegungen für elektrische Anlagen und Betriebsmittel. Diese Bestimmungen müssen eingehalten werden, was besonders zu beachten ist, wenn neue Produkte in den betreffenden Ländern auf den Markt gebracht werden sollen. Für die elektrische Meßtechnik sind z. B. folgende VDE-Bestimmungen [7.2] bedeutungsvoll:

- VDE 0410 Bestimmungen für elektrische Meßgeräte,
- VDE 0411 Bestimmungen für elektronische Meßgeräte und Regler,
- VDE 0418 Bestimmungen für Elektrizitätszähler.

7.1.2. Das SI-Einheitensystem

Im amtlichen und geschäftlichen Verkehr bilden die Maßeinheiten Abrechnungsgrundlagen für Waren und Leistungen. Amtliche Maßeinheiten sind deshalb in den meisten Ländern gesetzlich festgelegt. In Deutschland ist durch ein im Jahre 1970 in Kraft getretenes Gesetz das SI-Einheitensystem [7.4] verbindlich vorgeschrieben. Danach leiten sich alle zugelassenen Einheiten aus den im Bild 7.1–2 zusammengestellten 7 Basiseinheiten ab.

SI-Basisgröße	Formelzeichen	SI-Basiseinheit	Zeichen
Länge	l	Meter	m
Masse	m	Kilogramm	kg
Zeit	t	Sekunde	s
elektrischer Strom	I	Ampere	A
Temperatur	T	Kelvin	K
Lichtstärke	I	Candela	cd
Stoffmenge	n	Mol	mol

Bild 7.1-2 SI-Basiseinheiten (DIN 1301)

Größe	Formelzeichen	SI-Einheit Name	Zeichen	Beziehung zu anderen Einheiten
Frequenz	f	Hertz	Hz	1 Hz = 1/s
Kraft	F	Newton	N	1 N = 1 kgm/s²
Druck	p	Pascal	Pa	1 Pa = 1 N/m²
Energie, Arbeit, Wärmemenge	E	Joule	J	1 J = 1 Nm = 1 Ws
Leistung	P	Watt	W	1 W = 1 J/s = 1 VA
elektrische Ladung, Elektrizitätsmenge	Q	Coulomb	C	1 C = 1 As
elektrische Spannung, Potential	U	Volt	V	1 V = 1 W/A = 1 J/C
elektrische Kapazität	C	Farad	F	1 F = 1 C/V = As/V
elektrischer Widerstand	R	Ohm	Ω	1 Ω = 1 V/A
elektrischer Leitwert	G	Siemens	S	1 S = 1 A/V
magnetischer Fluß	Φ	Weber	Wb	1 Wb = 1 Vs
magnetische Flußdichte (magnetische Induktion)	B	Tesla	T	1 T = 1 Wb/m² = Vs/m²
elektrische Induktivität	L	Henry	H	1 H = 1 Vs/A

Bild 7.1-3 Auswahl abgeleiteter SI-Einheiten

Die Definitionen der Grundeinheiten sind in DIN 1301 wiedergegeben [7.4]. Im Bild 7.1–3 sind einige für die elektrische Meßtechnik wichtige abgeleitete Einheiten zusammengestellt.

Die einzelnen physikalischen Größen können in ihren Zahlenwerten um mehrere Zehnerpotenzen variieren. Zur Vereinfachung der Schreibweise sind daher international die im Bild 7.1–4 zusammengestellten Vorsätze festgelegt.

Bedeutung	Zehnerpotenz	Vorsatz	Vorsatzzeichen
Trillionstel	10^{-18}	Atto	a
Billiardstel	10^{-15}	Femto	f
Billionstel	10^{-12}	Piko	p
Milliardstel	10^{-9}	Nano	n
Millionstel	10^{-6}	Mikro	µ
Tausendstel	10^{-3}	Milli	m
Hundertstel	10^{-2}	Zenti	c
Zehntel	10^{-1}	Dezi	d
Zehnfach	10^{1}	Deka	da
Hundertfach	10^{2}	Hekto	h
Tausendfach	10^{3}	Kilo	k
Millionenfach	10^{6}	Mega	M
Milliardenfach	10^{9}	Giga	G
Billionenfach	10^{12}	Tera	T
Billiardenfach	10^{15}	Peta	P
Trillionenfach	10^{18}	Exa	E

Bild 7.1-4 Erweiterung der SI-Einheiten mit Zehnerpotenzen

Zur Vermeidung von Verwechslungen wird das Einheitenzeichen m (Meter) stets als zweites Symbol geschrieben. Es muß also z. B. heißen Nm für Newton-Meter, jedoch mN für Milli-Newton.

Die Definitionen der Einheiten stellen theoretische Grenzwerte dar, die in den metrologischen Staatsinstituten der Industriestaaten – in Deutschland ist das die PTB – als Maßverkörperungen, sogenannte Meßnormale, bewahrt und gepflegt werden. Industriebe-

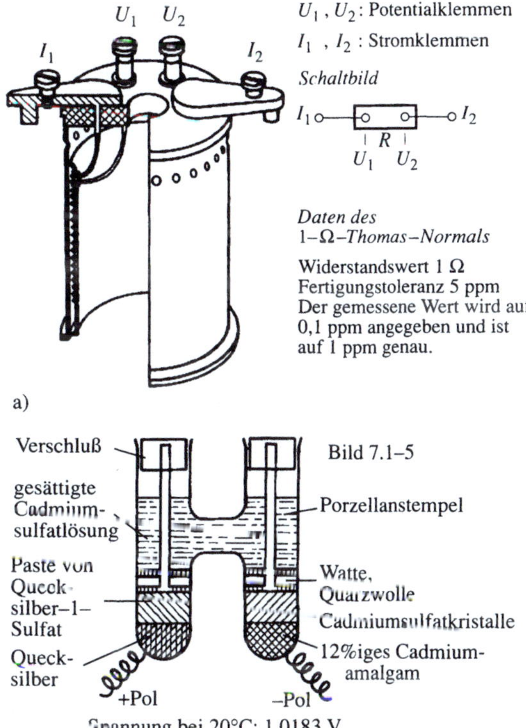

Bild 7.1-5 Normale für den Laborbetrieb
a) Widerstandsnormal,
b) Spannungsnormal (Weston)

triebe, Eichämter und Laboratorien vergleichen ihre Betriebs- und Gebrauchsnormale regelmäßig mit denen der PTB, während die PTB ihre Meßnormale regelmäßig mit denen der Staatsinstitute anderer Länder vergleicht. Auf diese Weise wird sichergestellt, daß in den Industriestaaten der Welt überall „mit gleichem Maß“ gemessen wird. Bild 7.1–5 zeigt ein Widerstands- und ein chemisches Spannungsnormal. Gebrauchsnormale werden heute überwiegend durch elektronische Spannungsgeber realisiert. Die PTB stellt die Spannung mit Hilfe der sog. Spannungswaage dar.

7.1.3 Meßfehler

Meßeinrichtungen und Maßverkörperungen sind fehlerbehaftet. Man unterscheidet:

- *grobe Fehler,* die sich durch kritische Überprüfung des Meßaufbaues und der Meßergebnisse vermeiden lassen;
- *systematische Fehler,* deren Vorzeichen und Betrag bekannt sind. Es gibt korrigierbare systematische Fehler, die nach Korrektur im Meßergebnis nicht mehr auftreten, und nicht korrigierbare systematische Fehler, die zwar bekannt, aber nicht korrigierbar sind (z. B. Quantisierungsfehler bei Digitalgeräten). Nicht korrigierte systematische Fehler machen das Meßergebnis unrichtig;
- *zufällige Fehler* sind statistischer Natur (z. B. Rauschen) und lassen sich durch Mehrfachmessungen und Auswertung der Meßdaten mit Hilfe der Wahrscheinlichkeitsrechnung reduzieren. Zufällige Fehler machen das Meßergebnis unsicher.

Nach DIN 1319 [7.4] gelten folgende Fehlerdefinitionen:

absoluter Fehler $$x_F = x_A - x_W, \qquad (7.1\text{–}1)$$

relativer Fehler $$x_f = \frac{x_A - x_W}{x_B}, \qquad (7.1\text{–}2)$$

x_A angezeigter, abgeschätzter oder näherungsweise berechneter Istwert, x_W wahrer Wert (Sollwert) der physikalischen Größe, x_B Bezugswert.

Als Bezugswert x_B wird entweder der Sollwert x_W oder bei anzeigenden Analoggeräten der Meßbereichsendwert genommen. Nachdem der Fehler ermittelt wurde, erfolgt die Korrektur des Meßwertes mit Hilfe des Korrekturfaktors

$$k = \frac{x_W}{x_A} = \frac{1}{1 + x_f}. \qquad (7.1\text{–}3)$$

Durch mehrfaches Messen der gleichen Größe erhält man infolge zufälliger Fehler unterschiedliche Einzelergebnisse x_i. Bildet man den *arithmetischen Mittelwert* $\bar{x}$ der n Einzelmessungen

$$\bar{x} = \frac{1}{n} \sum_{i=1}^{n} x_i, \qquad (7.1\text{–}4)$$

so wird dieser Mittelwert bei unendlich vielen Einzelmessungen auch als Erwartungswert oder wahrer Wert angesehen.

Die statistische Schwankung der Einzelmessungen x_i um den Mittelwert $\bar{x}$ wird durch die Abweichung $x_i - \bar{x}$ ausgedrückt. Die *mittlere quadratische Abweichung,* die *Standardabweichung,* ist nach DIN 1319 [7.4], [7.5] definiert

$$s = \sqrt{\frac{1}{n-1} \sum_{i=1}^{n} (x_i - \bar{x})^2}. \qquad (7.1\text{–}5)$$

Für eine große Anzahl n geht s in den Grenzwert σ, die Standardabweichung der Grundgesamtheit, über [7.6].

Die Auswertung von Daten mit überlagerten zufälligen Fehlern in grafischer Form ergibt ein Histogramm (Säulendiagramm), oder bei Verbindung der Häufigkeitswerte der gewählten Intervalle eine *Glockenkurve* entsprechend Bild 7.1–6. Wenn eine Gaußsche Normalverteilung vorliegt, ist die Glockenkurve symmetrisch zum Mittelwert.

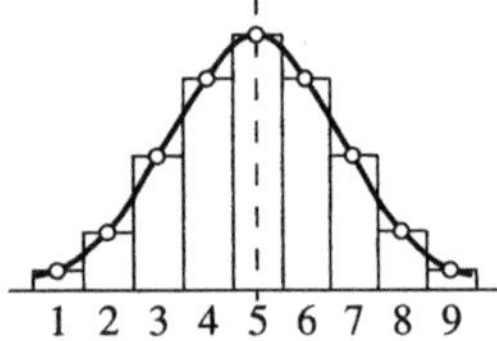

Bild 7.1-6
Häufigkeitsverteilung als Histogramm und als Glokkenkurve dargestellt

In vielen Bereichen von Wissenschaft und Technik hat die Untersuchung stochastischer zeitabhängiger Vorgänge große Bedeutung erlangt, man bedient sich hierzu der *Korrelationsanalyse.* Dabei werden unter Verwendung elektronischer Geräte Mittelwerte zeitabhängiger kontinuierlicher Vorgänge gebildet [7.7]. Mit Hilfe der Autokorrelationsanalyse werden innere Zusammenhänge einer stochastischen Zeitfunktion $u(t)$ bestimmt. Dazu wird in der Meßtechnik die Funktion $u(t)$ mit der um eine veränderbare Verschiebungszeit τ verschobenen Funktion $u(t-\tau)$ multipliziert und über eine hinreichend lange Zeit T integriert:

$$\Phi_{11}(\tau) = \frac{1}{T} \int_0^T u_1(t) u_1(t-\tau) \mathrm{d}t = \overline{u_1(t) u_1(t-\tau)}. \qquad (7.1\text{–}6)$$

Mit der *Autokorrelationsanalyse* lassen sich z. B. in komplexen Schwingungsvorgängen periodische Komponenten ermitteln.

Die *Kreuzkorrelationsanalyse* dient demgegenüber zur Untersuchung von Wechselbeziehungen zwischen zwei gleichzeitig ablaufenden stochastischen zeitabhängigen Vorgängen. Dazu wird der Mittelwert des Produktes der beiden um die veränderbare Verschiebungszeit τ gegeneinander verschobenen Funktionen $u_2(t)$ und $u_1(t-\tau)$ gebildet:

$$\Phi_{12}(\tau) = \frac{1}{T} \int_0^T u_1(t-\tau) u_2(t) \mathrm{d}t = \overline{u_1(t-\tau) u_2(t)}. \qquad (7.1\text{–}7)$$

Mit Hilfe der *Kreuzkorrelationsmeßtechnik* lassen sich z. B. die Eigenschaften von Systemen untersuchen.

7.1.4 Fehlerfortpflanzung

Allgemein sei das Meßergebnis Y eine beliebige Funktion aus Meßwerten verschiedener Größe:

$$Y = f(X_1, X_2, \ldots, X_n). \qquad (7.1\text{–}8)$$

Für kleine absolute Fehler $\mathrm{d}X_i$ läßt sich der resultierende Fehler $\mathrm{d}Y$ mit Hilfe des vollständigen Differentials

$$\mathrm{d}Y = \sum_{i=1}^{n} \left(\frac{\partial Y}{\partial X_i} \mathrm{d}X_i \right) = \qquad (7.1\text{–}9)$$

$$= \left(\frac{\partial Y}{\partial X_1} \mathrm{d}X_1 + \frac{\partial Y}{\partial X_2} \mathrm{d}X_2 + \ldots + \frac{\partial Y}{\partial X_n} \mathrm{d}X_n \right)$$

berechnen.

Bei Addition und Subtraktion mehrerer Meßwerte erhält man, wenn man auf endliche Fehler übergeht, mit

$$Y = Y_0 + \Delta Y, \qquad (7.1\text{–}10)$$
$$X_i = X_{i0} + \Delta X_i$$

den Gesamtfehler durch Addition der absoluten Einzelfehler zu

$$\Delta Y = \sum_{i=1}^{n} \Delta X_i \qquad (7.1\text{–}11)$$

(vorzeichenrichtige Addition) für systematische Fehler und

$$\Delta Y_{\max} = \pm \sum_{i=1}^{n} |\Delta X_i| \qquad (7.1\text{–}12)$$

für zufällige Fehler; da hierbei die Fehlervorzeichen im Einzelfall nicht bekannt sind, werden die Beträge addiert.

■ *Beispiel:*
Das Meßergebnis Y setze sich folgendermaßen aus einzelnen Meßwerten zusammen: $Y = X_1 + X_2 - X_3$ Weiterhin sei entsprechend Gl. (7.1–10)

$Y = Y_0 + \Delta Y,$
$X_1 = X_{10} - \Delta X_1$ (negativer Fehler),
$X_2 = X_{20} + \Delta X_2$ (positiver Fehler),
$X_3 = X_{30} + \Delta X_3$ (positiver Fehler).

Der systematische Gesamtfehler berechnet sich damit zu:

$$\Delta Y = -\Delta X_1 + \Delta X_2 \quad \Delta X_3.$$

Bei zufälligen Fehlern addieren sich die Beträge (ungünstigster Fall, wenn Vorzeichen unbekannt):

$$\Delta Y_{\max} = \pm(|\Delta X_1| + |\Delta X_2| + |\Delta X_3|).$$

Setzt sich die Funktion Y des Meßergebnisses nun aus Faktoren zusammen (z. B. $P = UI$), dann addieren sich die relativen Fehler der Einzelmessungen näherungsweise:

$$\frac{\Delta Y}{Y_0} \approx \sum_{i=1}^{n} \frac{\Delta X_i}{X_{i0}}. \qquad (7.1\text{–}13)$$

Ergibt sich das Meßergebnis aus der Division mehrerer Werte (z. B. $R = U/I$). so wird der relative Fehler näherungsweise durch Subtraktion der relativen Einzelfehler erhalten.

■ *Beispiel:*
Ein Meßergebnis Y setze sich folgendermaßen aus Multiplikation und Division von einzelnen Meßwerten zusammen:

$$Y = \frac{X_1 X_2}{X_3}.$$

Damit ergibt sich der relative Gesamtfehler näherungsweise:

$$\frac{\Delta Y}{Y_0} = \frac{\Delta X_1}{X_{10}} + \frac{\Delta X_2}{X_{20}} - \frac{\Delta X_3}{X_{30}}.$$

Bei zufälligen Fehlern unabhängiger Meßgrößen X_i mit den Standardabweichungen s_i ergibt sich die resultierende Standardabweichung zu

$$s_y = \sqrt{\sum_{i=1}^{n} \left(\frac{\partial Y}{\partial X_i} s_i \right)^2}. \qquad (7.1\text{–}14)$$

■ *Beispiele:*
1. Für ein Meßergebnis $Y = aX_1 + X_2 - bX_3$ mit den Standardabweichungen s_1, s_2 und s_3 der einzelnen Meßwerte X_1, X_2 und X_3 errechnet sich die Standardabweichung des Meßergebnisses zu

$$s = \sqrt{a^2 s_1^2 + s_2^2 + b^2 s_3^2}.$$

2. Bei Multiplikation und Division mehrerer Meßwerte zu einem Meßergebnis der Form

$$Y = \frac{X_1 X_2}{X_3}$$

beträgt die Standardabweichung des Meßergebnisses

$$s = Y \sqrt{\frac{s_1^2}{X_1^2} + \frac{s_2^2}{X_2^2} + \frac{s_3^2}{X_3^2}}.$$

7.1.5 Angabe und Darstellung von Meßergebnissen

Zur Angabe von Meßergebnissen sind in DIN 1315, 1319 und VDI/VDE 2600 [7.4], [7.5] verschiedene meßtechnische Begriffe definiert. Zum Meßergebnis gehören die Angabe der *Meßunsicherheit* bzw. der *Fehlergrenzen* und die *speziellen Bedingungen* unter denen es zustande kam bzw. die das Meßergebnis beeinflußt haben. Es gilt also:

Meßergebnis = Meßwert + Fehlerangabe + Einflußgrößenangabe,

z.B.: Angabe des Meßergebnisses eines Widerstandes

$R = 100\ \Omega \pm 5\ \Omega$ bei $T_u = 20\ °C$

oder

$R = 100\ \Omega \pm 5\%$ bei $T_u = 20\ °C$.

Zu einer Messung sollte grundsätzlich immer ein *Meßprotokoll* angefertigt werden, aus dem *alle* für das Zustandekommen der Messung und die Fehlerabschätzung wichtigen Informationen hervorgehen. Mit Hilfe des Meßprotokolls sollte es jederzeit möglich sein, den Versuch originalgetreu zu wiederholen.
Die Ergebnisse von Meßreihen sollen in Form von *Wertetabellen* festgehalten werden. Die Auswertung von Meßreihen wird übersichtlicher, wenn sie in grafischer Form dargestellt werden. Als Beispiel sind in Bild 7.1–7a zwei Meßreihen wiedergegeben, Bild 7.1–7b zeigt die zugehörigen Fehlerkurven. Liegen zu den einzelnen Meßpunkten Fehlerabschätzungen vor, so können diese, wie in Bild 7.1–8, mit in die Zeichnung eingetragen werden. Zu beachten ist, daß die einzelnen Meßpunkte der Meßreihen durch ausgleichende Kurven dargestellt sind, während bei Fehlerkurven die Fehler der einzelnen Meßpunkte durch Geraden verbunden werden.
Grafische Darstellungen sollten so beschriftet sein, daß sie auch ohne Nachblättern im versuchsbeschreibenden Text weitestgehend ausgewertet werden können.

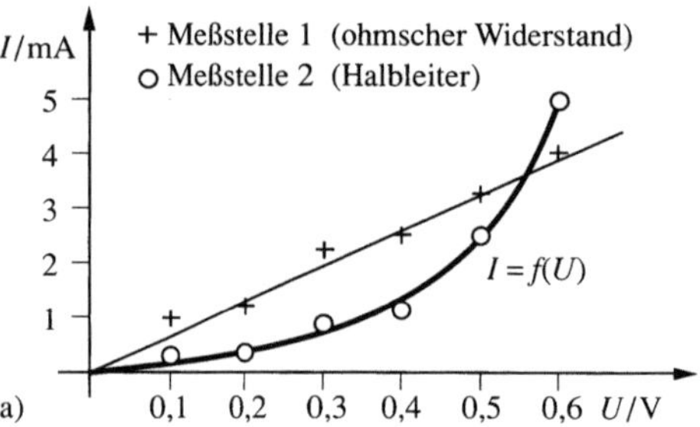

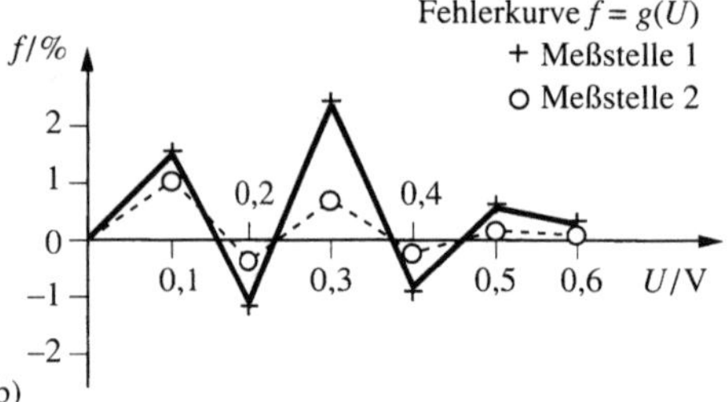

Bild 7.1-7 Grafische Darstellung von Meßreihen und Fehlerkurven
a) Meßkurven,
b) zugehörige Fehlerkurven

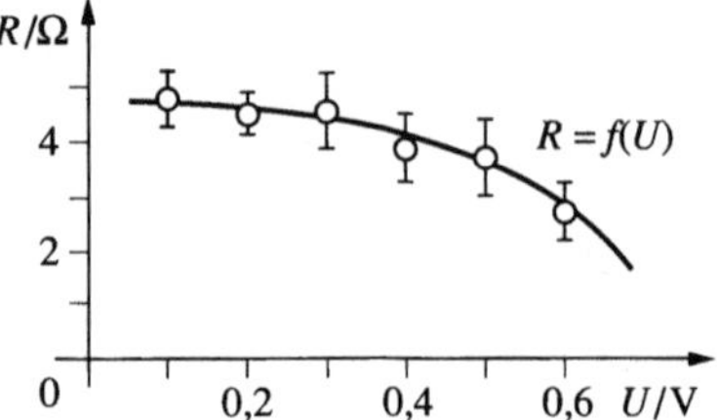

Bild 7.1-8 Grafische Darstellung einer Meßkurve mit Angabe der Meßunsicherheiten der Meßpunkte

7.1.6 Anzeige von Meßergebnissen

Meßergebnisse können in analoger und in digitaler Form angezeigt werden.
Die *analoge Darstellung* eines Meßwertes ergibt ein stetiges Abbild der gemessenen physikalischen Größe (Bild 7.1–9). Analoge Anzeigen erlauben es, die Kurvenform direkt darzustellen oder zumindest den Trend zu erkennen; eine Interpolation von Zwischenwerten ist ebenfalls möglich. Typische Beispiele analoger Anzeigen sind: Quecksilberthermometer, Zeigerinstrumente, Schreiber, Oszilloskope (Bild 7.1–10).

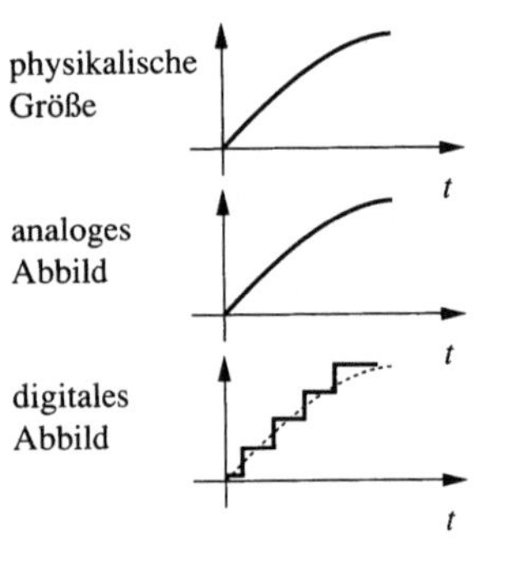

Bild 7.1-9 Analoges und digitales Abbild eines Signals

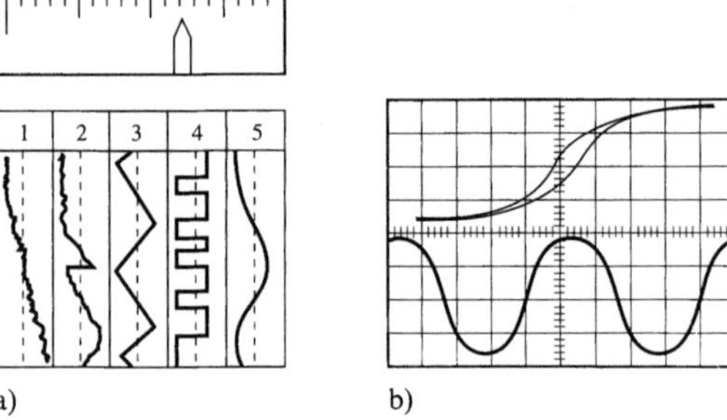

Bild 7.1-10 Beispiele analoger Meßwertanzeigen
a) Papierschrieb (Schreiber),
b) Schirmbild (Oszilloskop)

Bei der *digitalen Darstellung* wird der Meßwert als endliche Folge definierter Schritte angezeigt, wobei Zwischenwerte nicht definiert sind. Durch die Zerlegung in diskrete Schritte (Quantelung) ergeben sich die für digitale Meßwertverarbeitung typischen Quantisierungsfehler, die mit steigender Zahl von Stellen (Digits) abnehmen. Die kleinste erkennbare Anzeigenänderung wird als Auflösung bezeichnet; die Auflösung entspricht aber *nicht* dem kleinsten Meßfehler. Digitale Anzeigen sind einfach zu realisieren (keine Anzeigemechanik) und liefern einen eindeutig ablesbaren Zahlenwert (Bild 7.1–11). Typische Beispiele sind Digitalvoltmeter und -uhren, sowie jede Art von Zählern (Ereignis-, Frequenz-, Zeitintervall-, Periodendauer-Zähler).

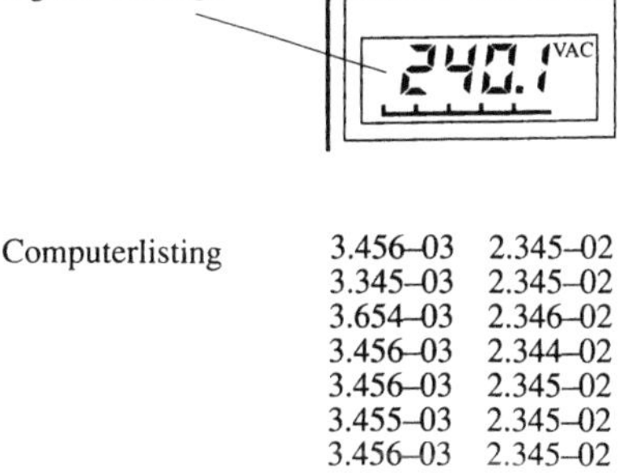

Bild 7.1-11 Beispiele digitaler Meßwertanzeigen

7.1.7 Arbeitsprinzipien elektrischer Meßgeräte

Wechselwirkungen zwischen Meßobjekt und Meßgerät, sowie Meßgerät, Umwelt und evtl. vorhandener Hilfsenergiequelle und/oder Meßwertweiterverarbeitung müssen beachtet werden, da dadurch das Meßergebnis verfälscht werden kann. Die Rückwirkungen vom Meßgerät auf das Meßobjekt lassen sich häufig durch die Auswahl geeigneter Meßverfahren minimieren oder sogar ganz eliminieren. Meßgeräte lassen sich generell auch nach ihrer Funktion unterscheiden in die Gruppe der nach dem Ausschlagverfahren und in die Gruppe der nach dem Abgleichverfahren (Nullverfahren) arbeitenden Geräte.

Beim *Ausschlagverfahren* erzeugt die zu messende Größe unmittelbar und selbsttätig die Anzeige, d. h., die Energie zur Aussteuerung der Anzeige stammt von der Meßgröße selbst. In elektrischen Schaltungen wird ein solches Meßgerät als Verbraucher (Verlustwiderstand) wirken. Mechanisch entspricht das Ausschlagverfahren z. B. einer Federwaage.

Beim *Kompensationsverfahren* wird die Meßgröße gegen eine bekannte Größe (Referenz) abgeglichen (kompensiert); dazu ist Hilfsenergie erforderlich. Bei vollkommener Kompensation wird dem Meßobjekt keine Energie entzogen (s. Abschnitt 7.2). Mechanisch ist das Kompensationsverfahren z. B. mit einer Balkenwaage realisiert. Das Vergleichsinstrument (Nullindikator) dient bei diesem Verfahren zum Abgleich (Zünglein an der (Balken-)Waage). Es muß nicht geeicht sein, da es nur Null anzeigen muß.

7.1.8 Gleich- und Wechselvorgänge, Mittelwerte

Physikalische Größen können während des Meßvorgangs konstant sein, zeitlich veränderlich und/oder orts- bzw. richtungsabhängig. Für die in diesem Abschnitt zu behandelnden Probleme sind Gleichvorgänge und zeitlich veränderliche Vorgänge von besonderem Interesse.

Gleichvorgänge sind nach DIN 5488 zeitlich konstante Größen, in der Elektrotechnik z. B. Gleichspannung und Gleichstrom (Bild 7.1–12).

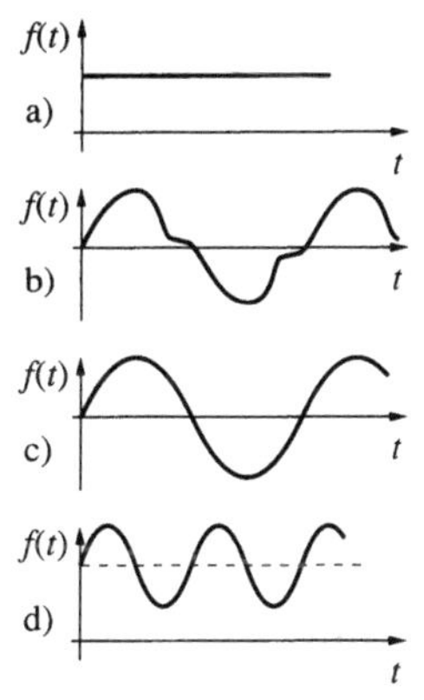

Bild 7.1-12
Gleich-, Wechsel- und Mischvorgänge
a) Gleichgrößen,
b) Wechselgrößen,
c) Sonderfall: sinusförmige Wechselgrößen,
d) Mischgröße: Wechselgröße mit Gleichanteil

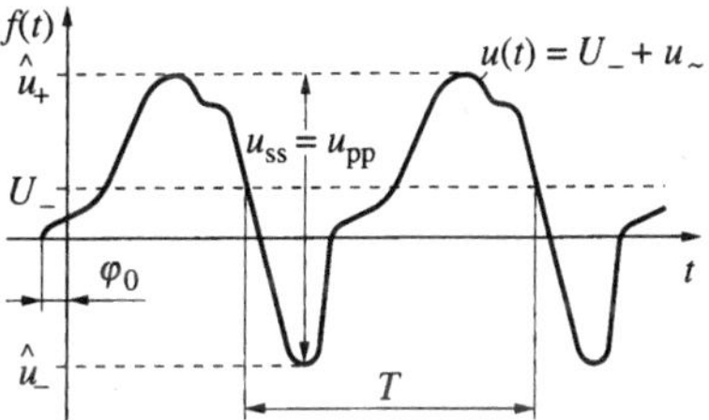

Bild 7.1-13 Definitionen am periodischen Vorgang

$u(t)$	Augenblickswert,
U_-	Gleichanteil (linearer Mittelwert),
$u_\sim$	Wechselanteil einer Mischgröße,
$u_{+\,max}$, $\hat{u}_+$ =	positiver Spitzenwert (Scheitelwert, Amplitudenwert),
$u_{-\,max}$, $\hat{u}_-$ =	negativer Spitzenwert (Scheitelwert, Amplitudenwert),
u_{ss}, u_{pp} =	Schwingweite, Spitze-Spitze-Wert, peak to peak,
T	Periodendauer,
f	1/T – Frequenz,
$\varphi_{,\vartheta}$	Nullphasenwinkel

Wechselvorgänge bzw. periodische Vorgänge sind zeitlich veränderliche Größen, Begriffsbestimmungen sind in DIN 5483 und 40110 festgelegt (Bilder 7.1–12 und 7.1–13). Wechselspannungen und -ströme sind Schwingungen, deren Frequenz f und Wellenlänge λ

mit $f\lambda = c = 3 \cdot 10^8\ \mathrm{ms^{-1}}$

f in Hz	λ in m	Bereich	
10^0	$3 \cdot 10^8$	Niederfrequenz:	Telegraphie, 0,1...125 Hz
10^1	$3 \cdot 10^7$		Netzfrequenz, 16,66...400 Hz
10^2	$3 \cdot 10^6$		Tonfrequenz, 16 ...20000 Hz
10^3	$3 \cdot 10^5$		
10^4	$3 \cdot 10^4$	Hochfrequenz:	
10^5	$3 \cdot 10^3$		Rundfunk, 150 kHz bis 104 MHz
10^6	$3 \cdot 10^2$		Langwelle, Mittelwelle, Kurzwelle, Ultrakurzwelle
10^7	$3 \cdot 10^1$		
10^8	$3 \cdot 10^0$		Fernsehen, 47...846 MHz
10^9	$3 \cdot 10^{-1}$		VHF Bänder I, II, III UHF Bänder IV, V
10^{10}	$3 \cdot 10^{-2}$		Satellitenband (SHF),
10^{11}	$3 \cdot 10^{-3}$		11,7...12,5 GHz
10^{12}	$3 \cdot 10^{-4}$	Lichtstrahlung:	
10^{13}	$3 \cdot 10^{-5}$		Infrarot, $= 0{,}8 \ldots 375\ \mu m$
10^{14}	$3 \cdot 10^{-6}$		sichtbares Licht, rot bis violett $= 0{,}4 \ldots 0{,}8\ \mu m$
10^{15}	$3 \cdot 10^{-7}$		Ultraviolett $= 10 \ldots 400$ nm
10^{16}	$3 \cdot 10^{-8}$	Röntgenstrahlung:	$= 0{,}3$ pm bis 30 nm
10^{17}	$3 \cdot 10^{-9}$		
10^{18}	$3 \cdot 10^{-10}$		
⋮	⋮		

Bild 7.1-14
Frequenzen und Wellenlängen elektromagnetischer Schwingungen

über die Gleichung

$$f\lambda = c \qquad (7.1\text{–}15)$$

verknüpft sind (Lichtgeschwindigkeit $c = 3 \cdot 10^8$ m/s, s. dazu Bild 7.1–14).

Zur zeitunabhängigen Kennzeichnung periodischer Vorgänge werden in der Praxis häufig folgende Mittelwerte gebildet:

linearer Mittelwert: (arithmetischer Mittelwert)
$$\bar{x} = \frac{1}{T}\int_0^T x(t)\,\mathrm{d}t, \qquad (7.1\text{–}16)$$

Gleichrichtwert:
$$\overline{|x|} = \frac{1}{T}\int_0^T |x(t)|\,\mathrm{d}t, \qquad (7.1\text{–}17)$$

quadratischer Mittelwert: (Effektivwert)
$$X = \sqrt{\frac{1}{T}\int_0^T [x(t)]^2\,\mathrm{d}t}. \qquad (7.1\text{–}18)$$

Der *lineare Mittelwert* ist für periodisch zeitabhängige Wechselgrößen Null und gleich dem Gleichanteil für Mischgrößen.

Der *Gleichrichtwert* ist gleich dem linearen Mittelwert des Betrages der Wechselgröße $x(t)$. Der Gleichrichtwert einer sinusförmigen Wechselspannung $u(t) = \hat{u}\sin(\omega t)$ beträgt (Zweiweggleichrichtung)

$$\overline{|u|} = \frac{2}{\pi}\hat{u} = 0{,}637\hat{u}. \qquad (7.1\text{–}19)$$

Der *Effektivwert I* eines periodischen Wechselstromes $i(t)$ ist gleich dem Wert eines Gleichstromes I, der in der Zeit T in einem Widerstand die gleiche Wärmemenge erzeugt, wie die Wechselgröße. Der Effektivwert ist der wichtigste Mittelwert elektrischer Wechselgrößen (z. B. Netzspannung 230 V ist Effektivwert). Der Effektivwert einer sinusförmigen Spannung $u(t) = \hat{u}\sin(\omega t)$ beträgt

$$U = \frac{1}{\sqrt{2}}\hat{u} = 0{,}707\hat{u}. \qquad (7.1\text{–}20)$$

Zur Kennzeichnung oberschwingungshaltiger Wechselgrößen sind folgende Verhältnisse von Mittelwerten definiert (DIN 40110):

Scheitelfaktor (Crestfaktor)
$$\xi = \frac{\text{Scheitelwert}}{\text{Effektivwert}} = \frac{\hat{u}}{U}. \qquad (7.1\text{–}21)$$

Der *Scheitelfaktor* dient z. B. zur Beurteilung der Durchschlagfestigkeit, er beträgt für sinusförmige Spannung $\xi = \sqrt{2}$

Formfaktor
$$f = \frac{\text{Effektivwert}}{\text{Gleichrichtwert}} = \frac{U}{\overline{|u|}}. \qquad (7.1\text{–}22)$$

Der *Formfaktor* dient zur Beurteilung der Kurvenform nichtsinusförmiger Kurven; je größer der Formfaktor ist, um so „spitzer" ist die Kurve.

Grundschwingungsgehalt
$$g = \frac{U_1}{U}. \qquad (7.1\text{–}23)$$

U_1 Effektivwert der Grundschwingung, U Effektivwert der Wechselgröße (Grundschwingung und Oberschwingungen).

Oberschwingungsgehalt, Klirrfaktor

$$k = \frac{\sqrt{U^2 - U_1^2}}{U} = \frac{\text{Effektivwert der Oberschwingungen}}{\text{Effektivwert der Wechselgröße}}. \quad (7.1\text{–}24)$$

Häufig wird auch ein sogenannter *Teilklirrfaktor* angegeben, indem nur die Effektivwerte einer Oberschwingung (z. B. der 3. Oberschwingung) zur gesamten Wechselgröße ins Verhältnis gesetzt werden. *Klirrfaktor* bzw. *Oberschwingungsgehalt* dienen zur Beurteilung der Güte von NF-Verstärkern und Wechselspannungsgeneratoren.

7.2 Messung elektrischer Größen

7.2.1 Messung von elektrischem Strom und elektrischer Spannung

Bei der Messung von Strom und Spannung nach dem Ausschlagverfahren werden korrigierbare systematische Fehler gemacht. Bild 7.2–1 zeigt einen einfachen Stromkreis a) und den Stromkreis mit eingefügtem Meßgerät zur Strommessung b). Die im Bild eingetragenen errechneten Stromwerte zeigen, daß der im Stromkreis fließende Strom nach Einfügen eines Strommeßgerätes absinkt. Je kleiner der Innenwiderstand R_{mi} eines Strommeßgerätes ist (ideal wäre $R_{mi} = 0$), um so geringer ist sein Fehlereinfluß auf das Meßergebnis!

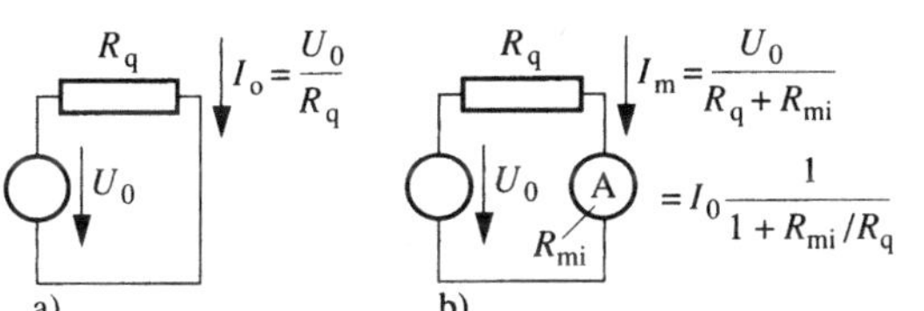

Bild 7.2-1 Fehler durch Einfügen eines Strommeßgeräts in einen Stromkreis

Im Bild 7.2–2 werden die Fehler beim Anschluß eines realen Spannungsmessers b) an eine sonst unbelastete Spannungsquelle a) erläutert. Der Innenwiderstand R_{mu} des Spannungsmessers belastet die Quelle und führt in der Regel zu einer Abnahme der Klemmenspannung. Die Berechnung der Anzeige des Spannungsmessers zeigt, daß der Innenwiderstand eines Spannungsmessers möglichst groß gegenüber dem Innenwiderstand des Meßobjektes sein muß (ideal wäre $R_{mu} = \infty$), wenn sein Fehlereinfluß auf das Meßobjekt klein sein soll!

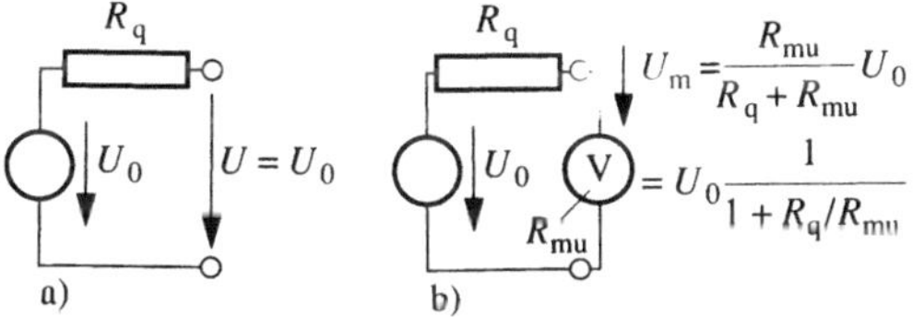

Bild 7.2-2 Fehler durch Anschluß eines Spannungsmeßgeräts

7.2.1.1 Gleichstrom und Gleichspannung

Die verschiedenen elektromechanischen Meßwerke unterscheiden sich durch die Erzeugung der Kräfte bzw. Drehmomente zur Darstellung der Meßgröße, das sind:

Kraftwirkung im magnetischen Feld,
Kraftwirkung im elektrischen Feld,
Kraftwirkung durch thermische Ausdehnung.

Die wichtigsten Meßwerke beruhen auf Kraftwirkungen im Magnetfeld:
Das Wirkungsprinzip von *Drehspulsystemen* beruht auf der Kraftwirkung auf einen stromdurchflossenen Leiter (vgl. Abschnitt 2.7.1) im Magnetfeld (Bild 7.2–3a). Wird der Leiter durch eine Spule ersetzt, dann wirkt auf diese ein Drehmoment (Bild 7.2–3b) der Größe:

$$M_{el} = \frac{d}{2} 2F = d \cdot F = D \cdot l \cdot I \cdot B. \quad (7.2\text{–}1)$$

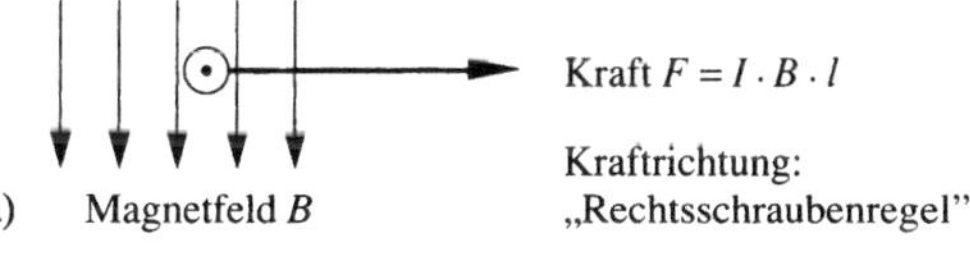

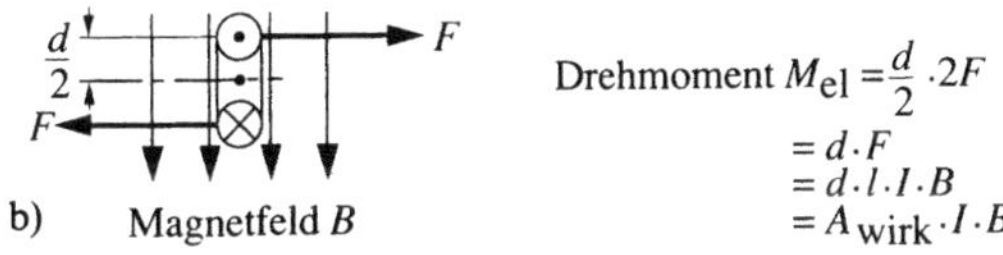

Bild 7.2-3 Stromdurchflossener Leiter im Magnetfeld
a) Kraftwirkung auf den Leiter,
b) Drehmoment auf die Leiterschleife

Damit das Drehmoment über den Anzeigebereich konstant bleibt, wird das Magnetfeld mittels Polschuhen und Polkern, entsprechend den Bildern 7.2–4 und 7.2–5, so geführt, daß die Drehspule sich über den Drehwinkel γ in einem radialhomogenen Feld bewegt. Dem elektrischen Drehmoment wirkt ein dreh-

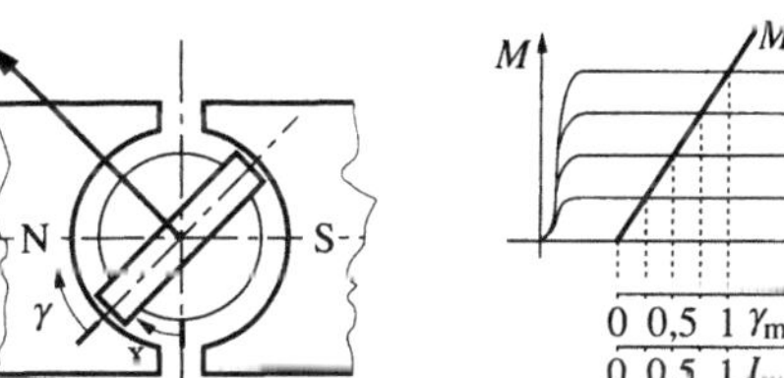

Bild 7.2-4 Anzeigebereich beim Drehspulinstrument

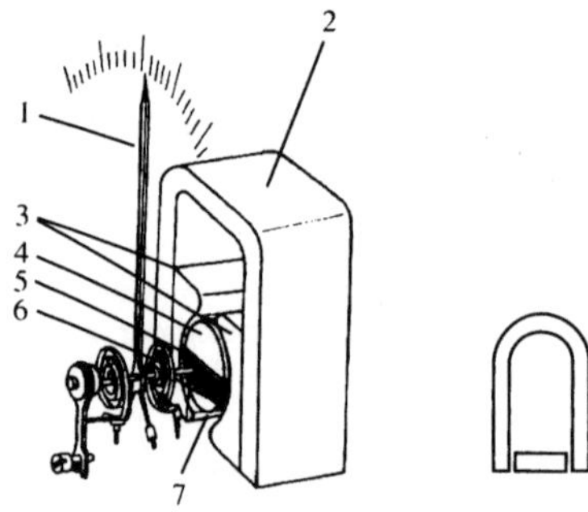

Bild 7.2-5 Drehspulmeßwerk
a) Konstruktionsprinzip,
1 Zeiger,
2 Permanentmagnet,
3 Weicheisenpolschuhe,
4 Weicheisenpolkern,
5 Drehspule,
6 Rückstellfeder mit Stromzuführung,
7 Luftspalt
b) Symbol nach DIN 43780 und VDE 04010

winkelabhängiges mechanisches Drehmoment entgegen, das von den Rückstellfedern, entsprechend Bild 7.2–5, erzeugt wird (Feder ≙ Meßnormal). Es kommt zum Zeigerstillstand, wenn die Beträge der beiden Drehmomente, entsprechend Bild 7.2–4, gleich groß sind, $M_{mech} = M_{el}$, bzw. $c \cdot \alpha = dl \cdot B \cdot I_{SP}$. Bei konstantem Magnetfeld und linearer Federkennlinie erhält man daraus den Zeigerausschlag:

$$\alpha = k_S \cdot I_{Sp} \sim I_{Sp} \,. \qquad (7.2\text{–}2)$$

mit $k_S = dl \cdot B/c$, c Federkonstante, d Drehspulendurchmesser und l Drehspulenlänge senkrecht zur Zeichenebene. Der Zeigerausschlag ist also proportional dem zu messenden Strom I, die Skalenteilung ist linear. Die magnetischen Kreise können, abhängig vom Anwendungsfall, unterschiedlich aufgebaut sein, Bild 7.2–6 zeigt dazu einige Beispiele.

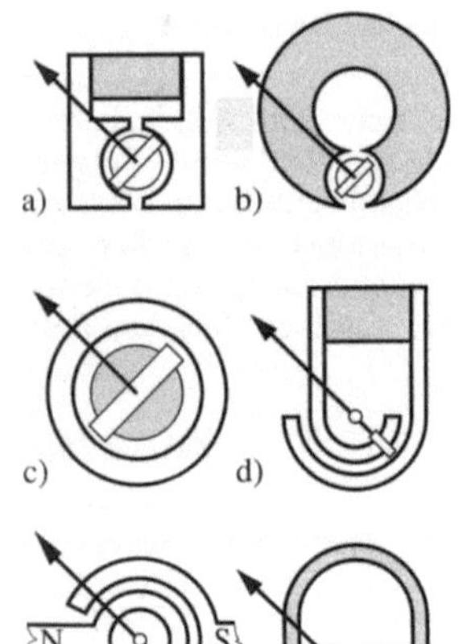

Magnetwerkstoff gerastert

Bild 7.2-6 Bauformen von Drehspulmeßwerken
a) Außenmagnet,
b) Außenmagnet,
c) Kernmagnet,
d) Ausschlagwinkel von 180°,
e) Ausschlagwinkel von 270°,
f) nach hinten gedrängter Skalenverlauf

Drehspulmeßwerke sind empfindlich und haben nur einen geringen Eigenverbrauch (ca. 0,01...10 mW). Sie werden zur Messung von Gleichströmen und -spannungen als Einzelgerät und in Vielfachmeßgeräten eingesetzt.

Beim *Drehmagnetmeßwerk* bewegt sich ein kleiner Permanentmagnet im Magnetfeld einer feststehenden Spule, durch die der zu messende Strom fließt. Es sind kleine, robuste und billige Meßinstrumente für Gleichstrommessungen mit geringer Genauigkeit (Einsatz z. B. am Autoarmaturenbrett). Als Sonderbauform wird es auch in Schreibern angewendet.

Das *Dreheisenmeßwerk* besteht aus einem feststehenden und aus einem drehbar gelagerten Weicheisenblech im Innern einer vom Meßstrom durchflossenen Spule (Bild 7.2–7). Im Magnetfeld der Spule werden beide Bleche gleichsinnig magnetisiert und stoßen sich demnach ab (vgl. Abschnitt 2.7.1). Eine Feder an der Achse des mit dem beweglichen Blech verbundenen Zeigers bewirkt das Gegendrehmoment (Meßnormal).

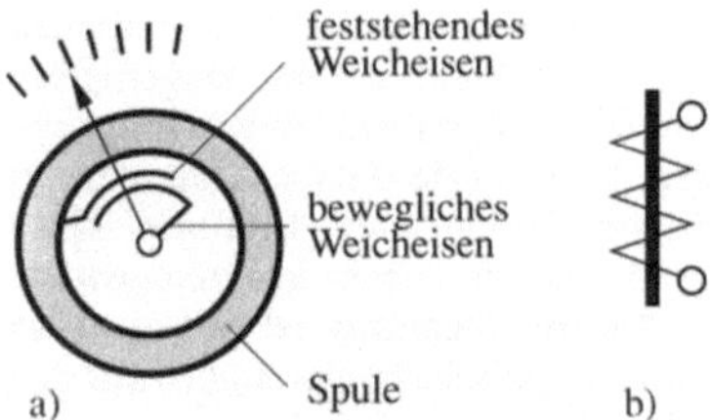

Bild 7.2-7 Dreheisenmeßwerk
a) prinzipieller Aufbau,
b) Symbol nach DIN 43780 und VDE 0410

Auf Grund der quadratischen Abhängigkeit der Kraft von der magnetischen Flußdichte (s. Abschnitt 2.9) ist die Skala nichtlinear; aus dem gleichen Grund ist die Anzeige nicht von der Stromrichtung abhängig, d. h., Dreheisenmeßwerke eignen sich zur Messung von Gleich- und Wechselströmen. Nachteilig ist der verhältnismäßig hohe Eigenverbrauch, weshalb diese robusten, billigen und überlastbaren Instrumente nur noch als Betriebsmeßgeräte im Energiebereich eingesetzt werden.

Das *elektrostatische Meßwerk* macht von der Kraftwirkung im elektrostatischen Feld Gebrauch. Das Drehmoment ist dem Quadrat der angelegten Spannung proportional. Wegen des sehr hohen Eingangswiderstandes ($> 10^{14}\ \Omega$) eignet es sich für Hochspannungsmessungen.

Bimetall-Meßwerke bestehen aus 2 mechanisch verbundenen Metallstreifen, die unterschiedliche Ausdehnungskoeffizienten haben. Die Auslenkung des durch den durchfließenden Strom erwärmten Bimetallstreifens wird zur Anzeige oder zum Schalten ausgenutzt. Das billige und robuste Meßwerk erzeugt ein großes Drehmoment und wird als Schleppzeigerinstrument, Schreiber oder Schalter hauptsächlich zur

thermischen Überwachung von Kabeln, Transformatoren und elektrischen Maschinen eingesetzt.
Ersetzt man die Drehspule im Drehspulmeßwerk durch 2 Spulen, die, entsprechend Bild 7.2–8, unter einem Winkel < 90° miteinander und mit dem Zeiger fest verbunden sind, so erhält man das *Kreuzspulmeßwerk* oder Quotientenmeßwerk. Die Anzeige ist abhängig vom Feldverlauf und vom Kreuzungswinkel der beiden Spulen, sowie vom Quotienten der beiden Spulenströme.

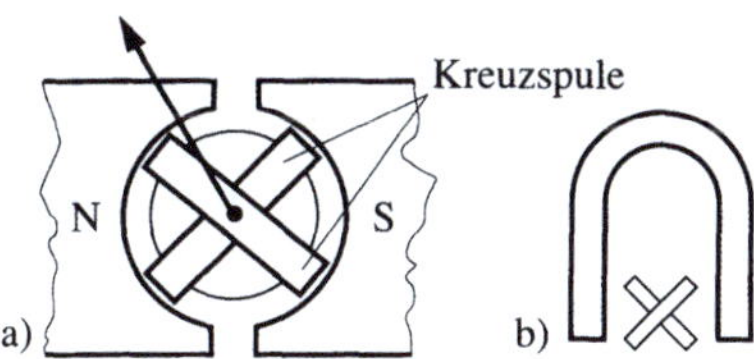

Bild 7.2-8 Kreuzspulmeßwerk
a) prinzipieller Aufbau,
b) Symbol nach DIN 43780 und VDE 0410

Verwendet man, entsprechend Bild 7.2–9, statt des Permanentmagneten eines Drehspulmeßwerks einen Elektromagneten, so erhält man ein *elektrodynamisches Meßwerk*. Da das Magnetfeld einer Spule proportional dem durchfließenden Strom I_F (vgl. Kap. 2) ist, geht für dieses Meßwerk die Gl. (7.2–2) über in

$$\alpha = k_D I_{Sp} \cdot I_F \sim I_{Sp} I_F, \qquad (7.2\text{–}3)$$

mit k_D Konstante aus Federkonstante und wirksamer Drehspulfläche, es wird also das Produkt aus den beiden Strömen gebildet, was vor allem zur Messung der elektrischen Leistung ausgenutzt wird.

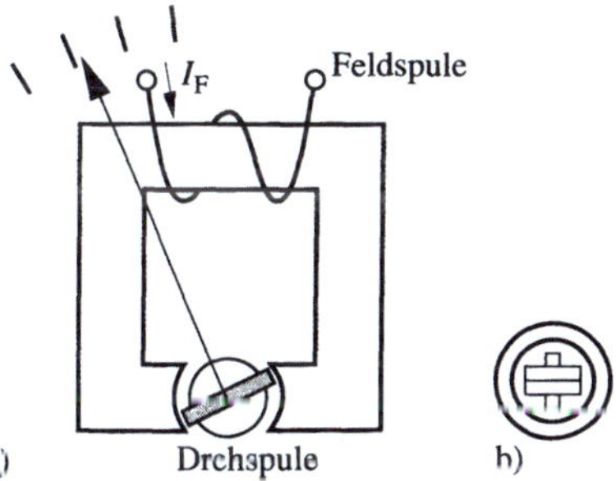

Bild 7.2-9 Elektrodynamisches Meßwerk (Dynamometer)
a) prinzipieller Aufbau,
b) Symbol nach DIN 43780 und VDE 0410

Es gibt eisenlose und eisengeschlossene elektrodynamische Meßwerke. Durch die Verwendung von Eisen sind die erreichbaren Klassengenauigkeiten begrenzt; andererseits erhält man jedoch ein robustes Betriebsinstrument für die Energietechnik. Eisenlose Dynamometer werden für Präzisionsmessungen und für Gleichleistungsmessungen eingesetzt. Zur Fremdfeldunterdrückung sind sie häufig eisengeschirmt.
Analoge elektromechanische Instrumente tragen auf der Skala Beschriftungen, die Art, Eigenschaften und Fehlergrenzen umfassend beschreiben. Die Symbole für die Beschriftung sind in DIN 43780 festgelegt, Bild 7.2–10 enthält einen Auszug der wichtigsten Symbole und ihre Bedeutung.

Symbol	Bedeutung
—	Gleichstrom
~	Wechselstrom
	Gleich- & Wechselstrom
	Drehstromgerät mit einem Meßwerk
	Drehstromgerät mit zwei Meßwerken
	Drehstromgerät mit drei Meßwerken
☆	Prüfspannung 500 V
2	Prüfspannung höher als 500 V. hier z.B. 2 kV
	senkrechte Gebrauchslage
	waagerechte Gebrauchslage
60°	schräge Gebrauchslage, hier z.B. 60°
1,5	Klassenzeichen, hier z.B. 1,5
	elektrostatische Schirmung
	magnetische Schirmung
ast.	astatisches Meßwerk
	Erdungsanschluß
	Nullsteller
	allgemeines Zubehör
!	Hinweis auf Gebrauchs-anweisung
V	Hochspannungswarnung
	Drehspulgerät mit Dauermagnet
	Drehspul-Quotientenmeßwerk
	Drehmagnetmeßwerk
	Drehmagnet-Quotientenmeßwerk

Bild 7.2-10 Symbole zur Kennzeichnung elektrischer Meßgeräte nach DIN 43780 und VDE 0410 (1. Teil)

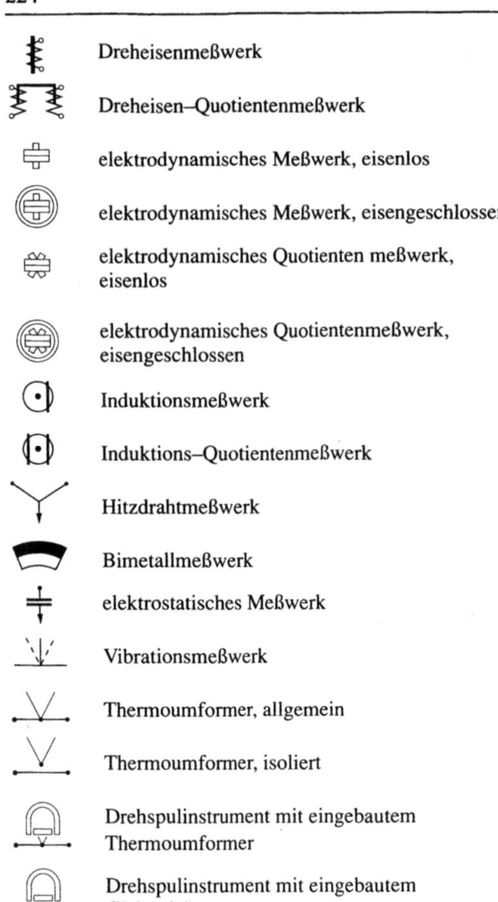

Bild 7.2-10 Symbole zur Kennzeichnung elektrischer Meßgeräte nach DIN 43780 und VDE 0410 (2. Teil)

Für die *elektronische Gleichspannungsmessung* sind im Bild 7.2–11 vereinfachte Blockschaltbilder angegeben. Vor allem bei der Messung kleiner Spannungen an hochohmigen Quellen wird dem analogen Instrument ein Verstärker zur Impedanz- und Spannungspegelanpassung vorgeschaltet (Bild 7.2–11a). Einer digitalen Anzeige (Bild 7.2–11b) muß ein Analog-Digital-Umsetzer (ADU) vorgeschaltet werden. Der Verstärker ist zur Anpassung der Meßstelle an die Eingangsdaten des ADU's (z. B. 0...200 mV oder 0...1 V) erforderlich.

7.2.1.2 Wechselstrom- und Wechselspannungsmessungen

Neben der Messung von Spitzenwert und Gleichrichtwert hat die Messung des Effektivwertes von Wechselgrößen in den technischen Anwendungen die größte Bedeutung.

1. Effektivwert

Entsprechend Gl. (7.1–18) müssen effektivwertmessende Anordnungen quadrieren, Mittelwerte bilden und radizieren. Direkte *Effektivwertmessungen* sind mit den bereits vorgestellten quadrierenden Dreheisen- ($M \sim I^2$) und elektrostatischen Meßwerken ($M \sim U^2$) möglich. Besonders für HF-Messungen ist noch das Drehspulinstrument mit vorgeschaltetem Thermoumformer (Thermoelement mit Heizwiderstand) gebräuchlich. Bild 7.2–12 zeigt ein Prinzipschaltbild für die elektronische Effektivwertbildung. Hier wird, entsprechend Gl. (7.1–18), quadriert, integriert und radiziert.

2. Gleichrichtwert

Der *Gleichrichtwert* von Wechselgrößen wird gemessen, wenn einem den linearen Mittelwert bildenden Meßwerk (z. B. Drehspulmeßwerk) oder einem elektronischen Gleichspannungsmeßgerät (z. B. Digitalvoltmeter) ein Gleichrichter bzw. ein Gleichrichtnetzwerk vorgeschaltet wird. Als Meßgleichrichter werden Halbleiterdioden verwendet. Bild 7.2–13a zeigt dazu Kennlinien; die Kennlinienkrümmung verursacht vor allem bei

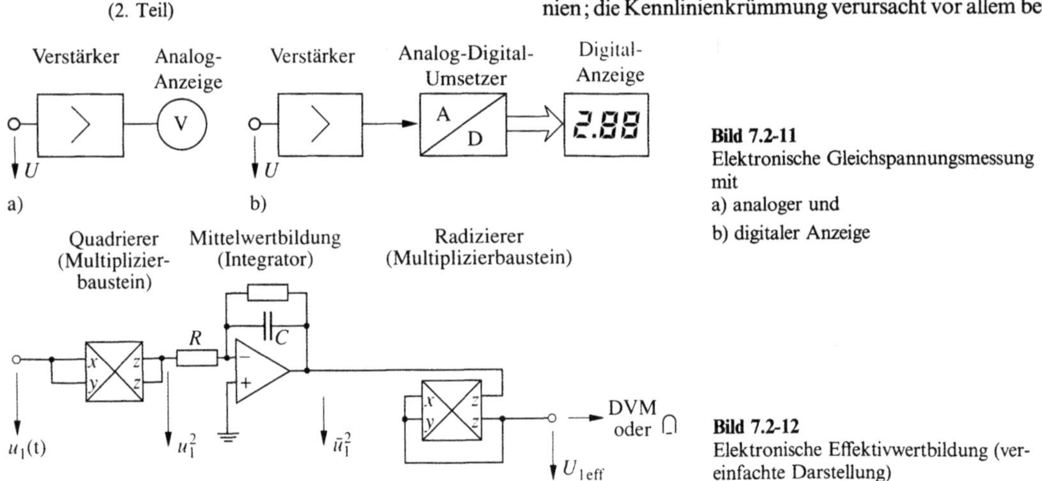

Bild 7.2-11
Elektronische Gleichspannungsmessung mit
a) analoger und
b) digitaler Anzeige

Bild 7.2-12
Elektronische Effektivwertbildung (vereinfachte Darstellung)

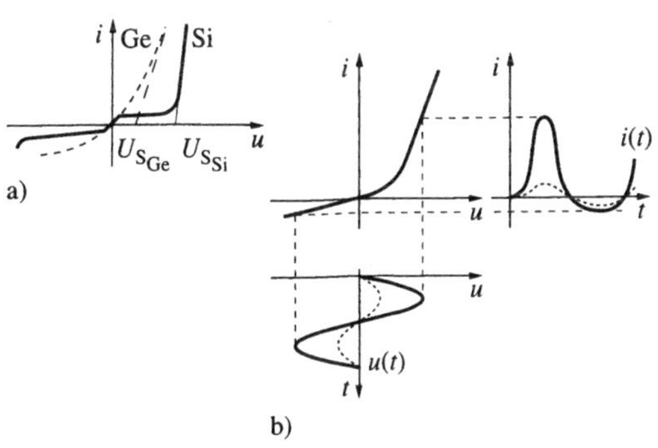

Bild 7.2-13 Halbleiter-Gleichrichter,
a) Kennlinien,
U_S Schleusenspannung der Ge-Diode ($U_{S_{Ge}}$) bzw. der Si-Diode ($U_{S_{Si}}$)
b) Einfluß der Kennlinienkrümmung

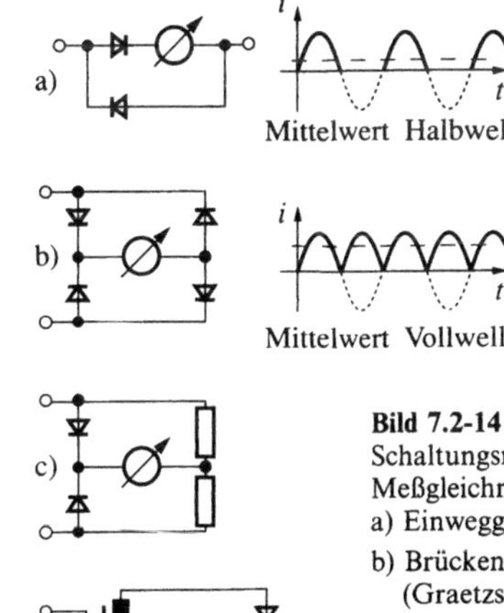

Bild 7.2-14
Schaltungsmöglichkeiten von Meßgleichrichtern
a) Einweggleichrichter,
b) Brückengleichrichter (Graetzschaltung),
c) Halbbrücke,
d) Doppelweggleichrichter

kleinen Signalen eine Nichtlinearität zwischen Strom und Spannung (Bild 7.2–13b), was z. B. bei Drehspulgeräten zu nichtlinearer Skalenteilung im Wechselspannungs/-strom-Bereich führt. Die elektronische Meßtechnik kennt verschiedene Möglichkeiten zur Verminderung des Einflusses von Nichtlinearitäten von Bauelementen [7.8, S. 185 ff.].

Im Bild 7.2–14 sind Schaltungsmöglichkeiten von Meßgleichrichtern dargestellt. Bild a) zeigt die Schaltung zur Messung des linearen Mittelwerts einer Halbwelle und Bild b) eine Schaltung zur Mittelwertmessung einer Vollwelle. Diese Schaltung hat den Nachteil, daß das Meßsignal zweimal die Krümmung und die Schleusenspannung der Halbleiter durchläuft. Dieser Nachteil tritt bei den Schaltungen nach Bild c) und d) nicht auf, allerdings muß in c) ein durch die Widerstände verursachter Empfindlichkeitsverlust und in d) ein erhöhter Aufwand in Kauf genommen werden. (Gleichanteile werden nicht mit gemessen.)

In der Wechselstrommeßtechnik werden gleichrichtwertmessende Meßgeräte sehr häufig eingesetzt. Da in der Technik bei den meisten Anwendungen sinusförmiger Verlauf über der Zeit vorliegt und die Angabe des Effektivwerts bevorzugt wird, werden daher die gleichrichtwertmessenden Meßgeräte meistens mit effektivwertanzeigenden Skalen versehen. Dazu wird der Formfaktor (Gl. (7.1–22)) für sinusförmige Größen ($f = 1{,}11$) auf den Skalen anzeigender Instrumente bzw. im Verstärkungsfaktor elektronischer Geräte berücksichtigt. Hierbei müssen dann aber Fehler bei Abweichungen vom Sinusverlauf in Kauf genommen werden.

3. Spitzenwert

Um den *Spitzen-* oder *Scheitelwert* messen zu können, muß man ihn in den meisten Meßanordnungen zwischenspeichern, dazu werden in Bild 7.2–15 Ladekondensatoren verwendet. Im Bild a) ist die Messung

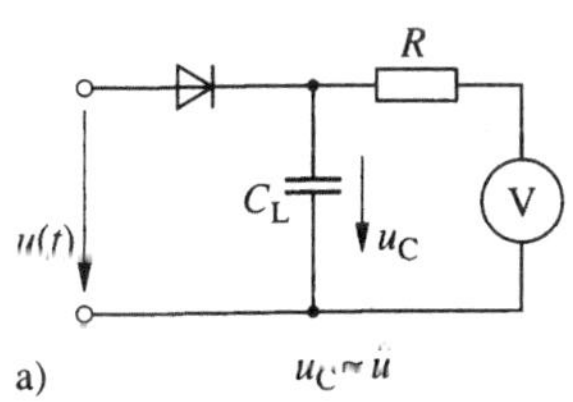

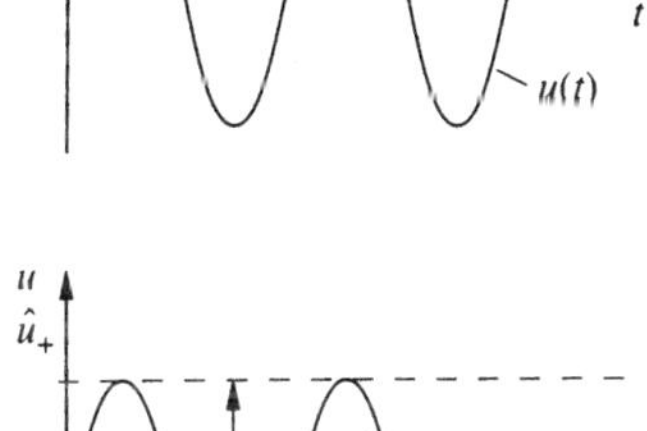

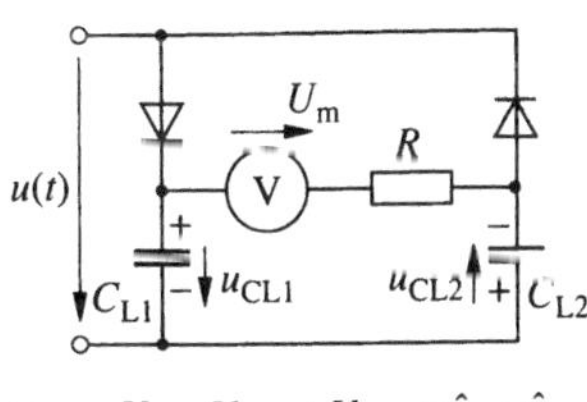

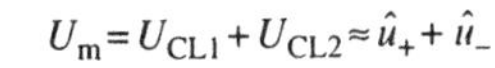

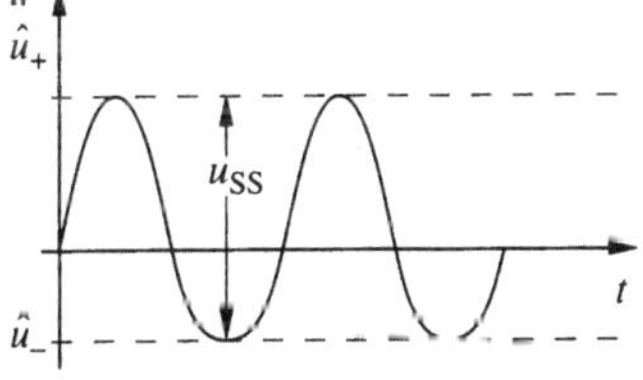

Bild 7.2-15
Spitzenwertmessungen
a) Spitzenwert,
b) Spitze-Spitze-Wert

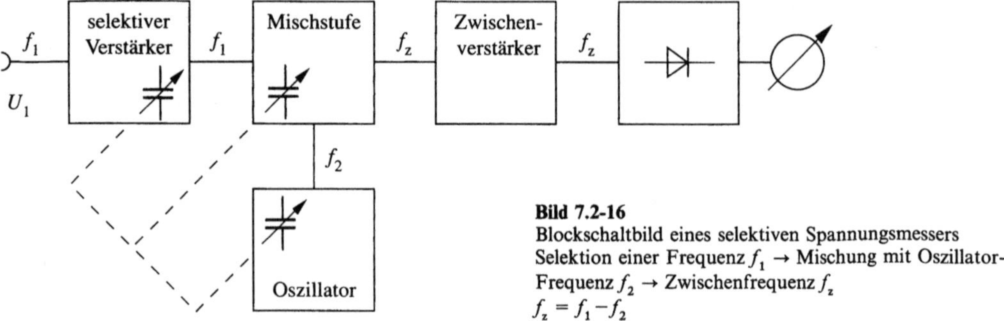

Bild 7.2-16
Blockschaltbild eines selektiven Spannungsmessers
Selektion einer Frequenz f_1 → Mischung mit Oszillator-Frequenz f_2 → Zwischenfrequenz f_z
$f_z = f_1 - f_2$

des positiven Spitzenwertes dargestellt, den negativen Spitzenwert erhält man durch Umpolung der Dioden. Bild 7.2–15b zeigt die Meßschaltung für den Spitze-Spitze-Wert einer Wechselspannung, hier wird die Summe der Ladespannungen der beiden Ladekondensatoren angezeigt.

In der Hochspannungsmeßtechnik werden Spannungsspitzenwerte auch mit Funkenstrecken [7.9] gemessen. In VDE 0433–2 sind die Durchschlagspannungen von Kugelfunkenstrecken verschiedenen Kugeldurchmessers abhängig von der Schlagweite in Tabellenform angegeben. Neben den Kugelanordnungen gibt es für Meßzwecke auch Spitzen-, Zylinder- (Schwaiger, Petersen) und Plattenelektroden (Rogowski) zur Spitzenspannungsmessung.

4. Selektive Verfahren

Neben den erläuterten Ausschlagmeßverfahren gibt es noch spezielle Verfahren, z. B. *selektive Spannungsmesser,* die zur Ausmessung von Oberschwingungsanteilen in elektrischen Maschinen und besonders in der Hoch- und Tonfrequenzmeßtechnik angewendet werden. In Bild 7.2–16 ist ein Blockschaltbild zur Erläuterung der Wirkungsweise dargestellt. Die Schaltung entspricht einem nach dem Überlagerungsprinzip arbeitenden Rundfunkgerät. Ein Spannungsanteil mit der Frequenz f_1 wird selektiert und in der Mischstufe mit der Oszillatorspannung mit der Frequenz f_2 gemischt. Die dabei entstehende zwischenfrequente Spannung (Frequenz f_z) wird selektiv weiter verstärkt, gleichgerichtet und angezeigt.

Der Frequenzbereich selektiver Spannungsmesser erstreckt sich von den höchsten noch meßbaren Frequenzen bis ca. 1 Hz, wobei der Eingangswiderstand bei hohen Frequenzen zur Leistungsanpassung vorwiegend gleich dem Wellenwiderstand des Meßobjekts ist.

Selektive Spannungsmesser sind Bestandteil zahlreicher Meßgeräte und -systeme, wie z. B. Vektorvoltmetern, Wobbelmeßplätzen, Fourier- und Spektrumanalysatoren.

Die *Vektorvoltmeter* sind zweikanalige selektive Spannungsmesser zur Bestimmung von Spannungen und Strömen nach Betrag und Phasenlage relativ zu einer Bezugsspannung. Weiterhin können Wirk- und Blindanteile von Spannungs- und Stromverhältnissen, Phasenwinkel zwischen zwei Spannungen und komplexe Widerstände bestimmt werden.

Mit *Spektrumanalysatoren* lassen sich die Amplitudenwerte verschiedener Frequenzanteile einer Meßspannung grafisch über der Frequenz darstellen. Zu den häufigsten Meßaufgaben in der elektrischen Energietechnik gehört die Bestimmung von Oberschwingungen, die durch Nichtlinearitäten bei der Erzeugung, Verstärkung, Filterung und Übertragung von Wechselspannungen entstehen.

7.2.1.3 Meßbereichserweiterungen

Zeigermeßwerke besitzen einen Meßbereichsendwert, der von seinen physikalischen Daten abhängt und für gängige Meßwerke durch maximale Ströme von 1 μA bis 100 mA und durch Innenwiderstände zwischen 1 Ω und 10 kΩ definiert ist.

Die Meßbereiche von digitalen Meßgeräten hängen in erster Linie von den Daten des Displays, des verwendeten Analog-Digital-Umsetzers sowie des evtl. vorhandenen Meßverstärkers ab. Ein typischer Wert ist hier z. B. 200 mV, um ohne Meßverstärker oder Spannungsteiler einen maximalen Anzeigewert zu erreichen.

Eine *Meßbereichsanpassung* ist daher in den meisten Fällen erforderlich. Für die vielfältigen Meßaufgaben in Labor und Service gibt es darum Vielbereichsinstrumente.

1. Neben- und Vorwiderstände

Bei Meßgeräten mit einem ohmschen Innenwiderstand, z. B. Drehspulmeßwerk und Digitalvoltmeter, erfolgt die Meßbereichserweiterung durch *Nebenwiderstände* für Strom- bzw. *Vorwiderstände* für Spannungsbereichserweiterung. Allerdings verursachen diese zusätzlichen Widerstände Verluste, die der Quelle der Meßgröße entnommen werden müssen. Bei Wechselspannungen und -strömen arbeitet man daher besonders bei großen Meßbereichserweiterungen besser mit kapazitiven Spannungsteilern oder Strom- und Spannungswandlern (Transformatoren). Bild 7.2–17 zeigt die Schaltung zur Strommeßbereichserweiterung, die Berechnung von Nebenwiderständen

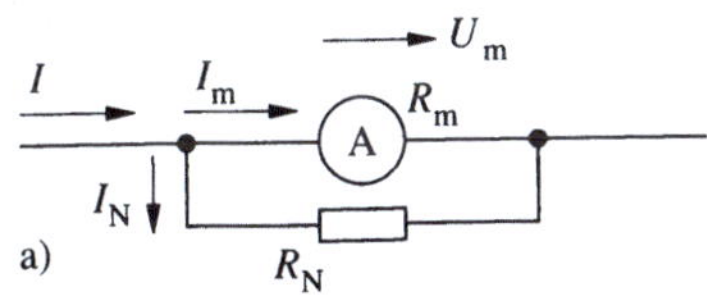

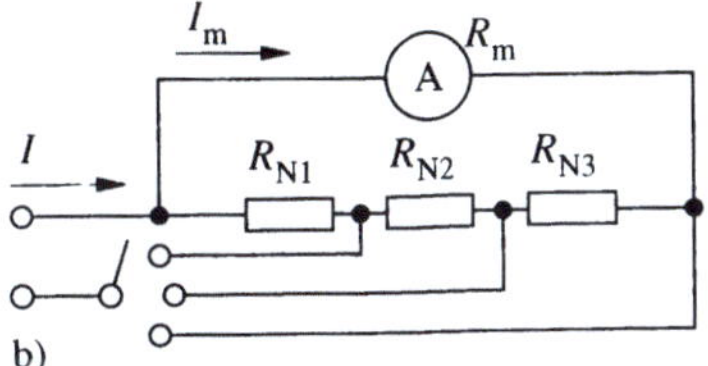

Bild 7.2-17 Strommeßbereichserweiterung mit Nebenwiderständen
a) Prinzip,
b) Mehrbereichsinstrument

$$U_m = I_m R_m = I_N R_N = I \frac{R_m R_N}{R_m + R_N},$$

daraus folgt mit $n = I/I_m$

$$R_N = \frac{R_m}{\frac{I}{I_m} - 1} = \frac{R_m}{n-1}.$$

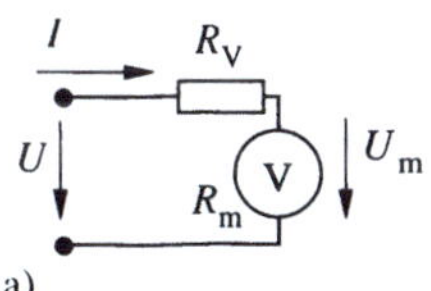

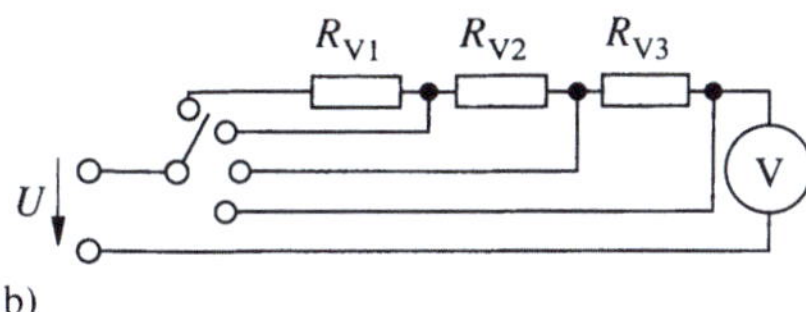

Bild 7.2-18 Spannungsmeßbereichserweiterung mit Vorwiderständen
a) Prinzip,
b) Mehrbereichsinstrument

$$I = \frac{U}{R_v + R_m} = \frac{U_m}{R_m},$$

daraus folgt mit $n = U/U_m$

$$R_v = R_m \left(\frac{U}{U_m} - 1 \right) = R_m (n-1)$$

und die Schaltung eines Mehrbereichsstrommessers für Gleich- und Wechselströme. Die Schaltung zur Spannungsmeßbereichserweiterung, die Berechnung der Vorwiderstände und die Schaltung eines Mehrbereichsspannungsmessers sind dem Bild 7.2–18 zu entnehmen. Für Wechselspannungsmessungen ist den Meßinstrumenten ein Gleichrichter vorzuschalten.

2. Meßwandler

In der elektrischen Energietechnik können sehr hohe Spannungen und Ströme auftreten. *Meßwandler* sind spezielle Transformatoren (vgl. dazu Abschnitt 9.4) die diese hohen Werte auf technisch leichter meßbare Größenordnungen herunter transformieren, bzw. Energiekreise und Meßkreise galvanisch entkoppeln.

Spezielle Begriffe und Bezeichnungen sind in VDE 0414, DIN 42600 und 42601 festgelegt [7.1], [7.2]. *Stromwandler* sind sekundärseitig häufig für 5 A (seltener 1 A) und *Spannungswandler* für 100 V (seltener 200 V) ausgelegt.

Stromwandler sind sekundärseitig kurzgeschlossene Transformatoren. Dieser Kurzschluß (Bürde) muß immer aufrecht erhalten bleiben, d. h., *vor* Abklemmen des Meßinstrumentes müssen die Klemmen k und l (s. Bild 7.2–19) kurzgeschlossen werden. Eine Unterbrechung des Sekundärkreises kann sowohl zu thermischer (hohe Kernmagnetisierung), als auch zu spannungsmäßiger Überlastung führen, da der Leerlaufstrom I_0 zwangsläufig gleich dem Primärstrom I_1 wird. Die hohe Spannung kann sowohl den Wandler als auch den Bediener gefährden. Bei zu hoher Ma-

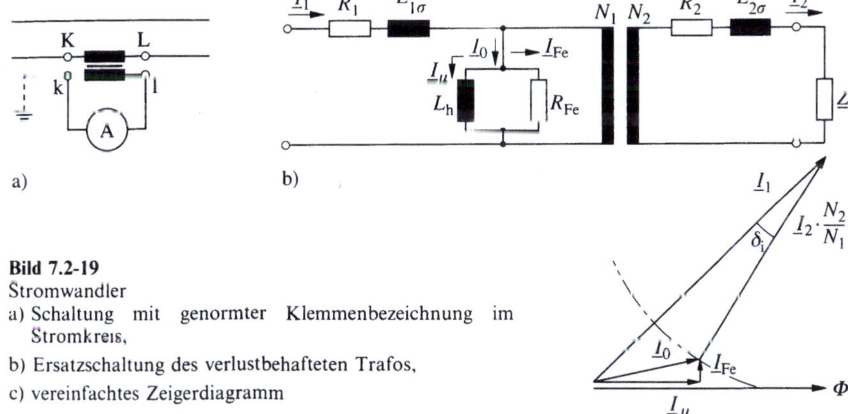

Bild 7.2-19
Stromwandler
a) Schaltung mit genormter Klemmenbezeichnung im Stromkreis,
b) Ersatzschaltung des verlustbehafteten Trafos,
c) vereinfachtes Zeigerdiagramm

gnetisierung kann ein remanenter Magnetismus im Kern zurückbleiben, der die Genauigkeit stark beeinträchtigt.
Bild 7.2–19a zeigt die Schaltung eines Stromwandlers im Stromkreis mit den genormten Klemmenbezeichnungen. Bild 7.2–19b zeigt das Ersatzschaltbild des verlustbehafteten Stromwandlers und Bild 7.2–19c ein vereinfachtes Zeigerdiagramm. Während beim idealen Trafo die Stromübersetzung durch $k_i = I_1/I_2 = N_2/N_1$ gegeben ist, ergibt sich beim realen Stromwandler eine Korrekturgröße durch den Magnetisierungsstrom I_0

$$\frac{\underline{I}_2}{\underline{I}_1} = \frac{N_1}{N_2}\left(1 - \frac{\underline{I}_0}{\underline{I}_1}\right). \tag{7.2–4}$$

Die komplexe Fehlergröße des Stromwandlers $\underline{F}_i = \underline{I}_0/\underline{I}_1$ wird für (normalerweise) kleine Fehler in

$$\left.\begin{array}{ll}\text{Betragsfehler} & F_i \approx \mathrm{Re}(\underline{F}_i) \\ \text{und} & \\ \text{Winkelfehler} & \delta_i \approx \mathrm{Im}(\underline{F}_i)\end{array}\right\} \tag{7.2–5}$$

aufgeteilt wobei die üblichen Werte etwa bei $F_i = 0, 1, \ldots, 3$ und $\delta_i = 5'\ldots 60'$ (Winkel zwischen $\underline{I}_2$ und $\underline{I}_1$, Bild 7.2–19) liegen.
Nach VDE 0414 ist noch der relative Stromfehler eines Stromwandlers bei gegebenem Primärstrom I_1 und der Nennübersetzung k_{iN} definiert zu

$$F = \frac{I_2 k_{iN} - I_1}{I_1} 100\%. \tag{7.2–6}$$

Stromwandler gibt es in den verschiedensten Bauformen (Bild 7.2–20), wobei die Primärwicklung oft nur aus einer Windung besteht. Häufig werden solche Stromwandler fest auf Stromschienen installiert. Eine andere Bauform vorwiegend für Service und Labor ist die *Stromzange*. Die sog. *Stützerwandler* sind in Stützer für Stromschienen eingebaut. Besonders vielfältig sind die Anwendungsmöglichkeiten des *Lochstrom-* oder *Ringstromwandlers*. Hier können durch 1-, 2-, 3-, 4- oder n-malige Durchführung des Primärstromleiters verschiedene Stromübersetzungen realisiert werden.
Spannungswandler sind im Leerlauf betriebene Transformatoren, Bild 7.2–21a zeigt die Grundschaltung mit den genormten Klemmenbezeichnungen. Die Nennübersetzung des (idealen) Spannungswandlers ist $k_{uN} = U_1/U_2 = N_1/N_2$. Übliche Fehlerwerte liegen bei $F_u = 0, 1, \ldots, 3$ und $\delta_u = 5'\ldots 40'$. Der Spannungsfehler nach VDE 0414 ist

$$F_u = \frac{U_2 k_{uN} - U_1}{U_1} 100\%. \tag{7.2–7}$$

Für sehr hohe Spannungen werden den induktiven Wandlern noch kapazitive Wandler vorgeschaltet (Bild 7.2–21b), die die hohen Spannungen (z. B. 400 kV) auf Werte zwischen etwa 10 kV und 30 kV herunterteilen. Das Teilerverhältnis ergibt sich gem. Abschnitt 2.6.3 näherungsweise zu $U_1/U_2 = (C_1 + C_2)/C_1$. Die Drosselspule dient zur Kompensation des kapazitiven Blindwiderstandes. Das Teilerverhältnis ist frequenz- und temperaturabhängig.

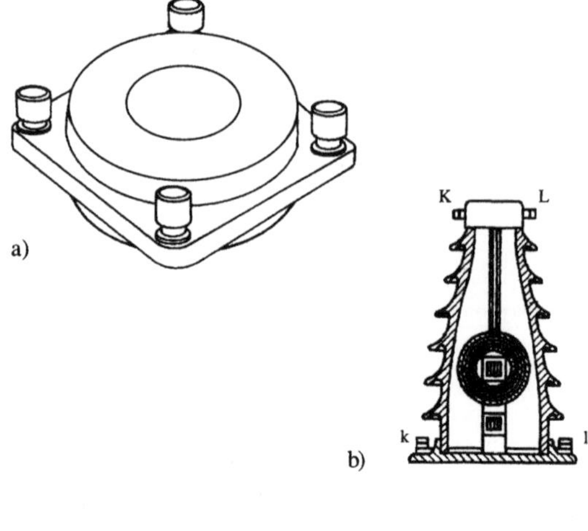

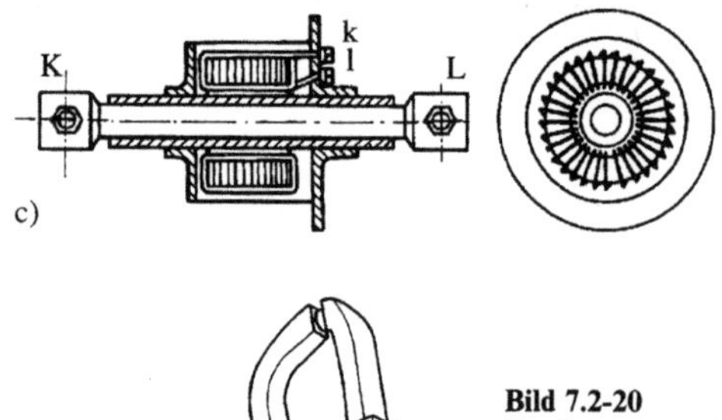

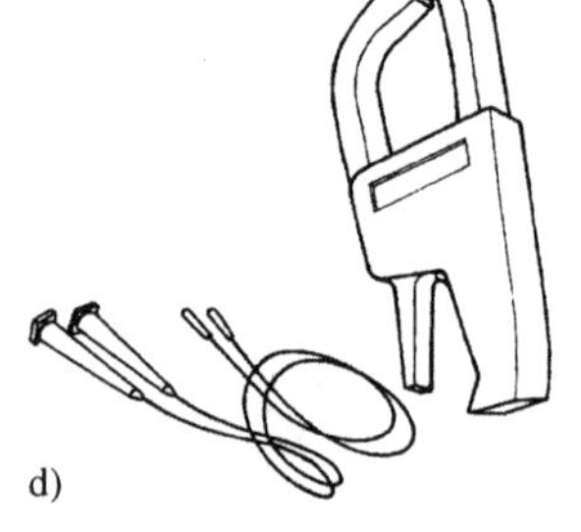

Bild 7.2-20 Bauformen von Meßwandlern
a) Mehrbereich-Ringstromwandler (AEG),
b) Stützerstromwandler,
c) Stabwandler,
d) Zangenstromwandler (Metrawatt)

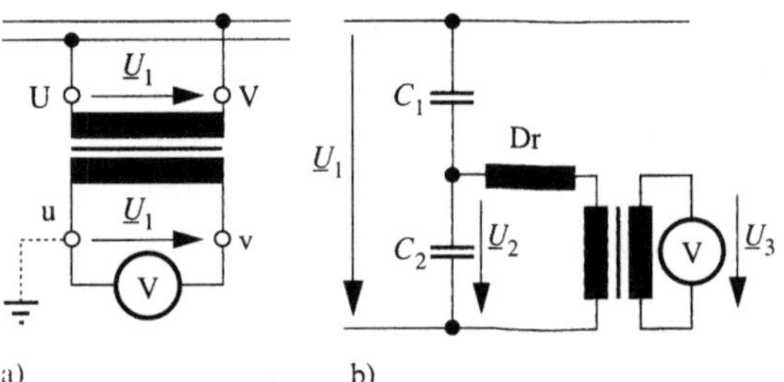

Bild 7.2-21 Spannungswandler
a) Grundschaltung mit genormter Klemmenbezeichnung, induktiver Wandler,
b) Grundschaltung kapazitiver Wandler

7.2.1.4 Vielfachmeßgeräte

Vielfachmeßgeräte (Multimeter) werden in Labor und Service als Universalinstrumente eingesetzt. Neben mehreren Strom- und Spannungsmeßbereichen (vgl. Bilder 7.2–17b und 7.2–18b) sind häufig auch noch andere Größen, wie Widerstand, Kapazität, Induktivität und Frequenz meßbar. Meßverfahren für diese Größen werden in den nächsten Abschnitten erläutert. Bild 7.2–22 zeigt die Draufsicht auf je ein analoges a) und digitales b) Vielfachmeßgerät als Beispiel.

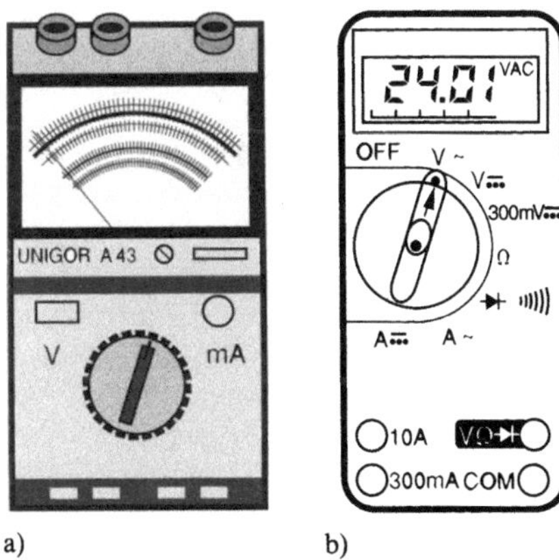

Bild 7.2-22 Ansicht von Vielfachmeßgeräten
a) analog,
b) digital

7.2.1.5 Kompensationsverfahren

Die bisher betrachteten Meßverfahren arbeiten nach dem Ausschlagverfahren, d. h., sie belasten die Strom- bzw. Spannungsquellen des Meßobjekts. Eine rückwirkungsfreie Messung ist mit einem *Kompensator* möglich. Die im Bild 7.2–23a dargestellte Grundschaltung zeigt, daß an das Meßobjekt eine Hilfsquelle über einen Nullindikator angeschlossen ist. Die mit Hilfe des Widerstandes R einstellbare Hilfsspannung wird so lange variiert, bis der Nullindikator (z. B. Drehspulgerät mit Nullpunkt in Skalenmitte) Null anzeigt. Dann ist die am Spannungsmesser ablesbare Spannung $U_H = U_{ab} = U_0$ (= Leerlaufspannung der Quelle).

Mit diesem Meßverfahren ist es also möglich, die Leerlaufspannung von Batterien und Generatoren exakt zu bestimmen.

Ebenso kann auch die Leerlaufspannung eines Spannungsteilers gemessen werden, wenn man an den Klemmen a und b (Bild 7.2–23a) den Spannungsteilerausgang anschließt. Bei leistungsfähiger Primärquelle des Spannungsteilers ($R_i \approx 0$) kann diese auch als Hilfsquelle benutzt werden, so daß dann die besondere Hilfsquelle U_{0H} entfallen kann. Bild 7.2–23b zeigt das entsprechende Schaltbild dazu.

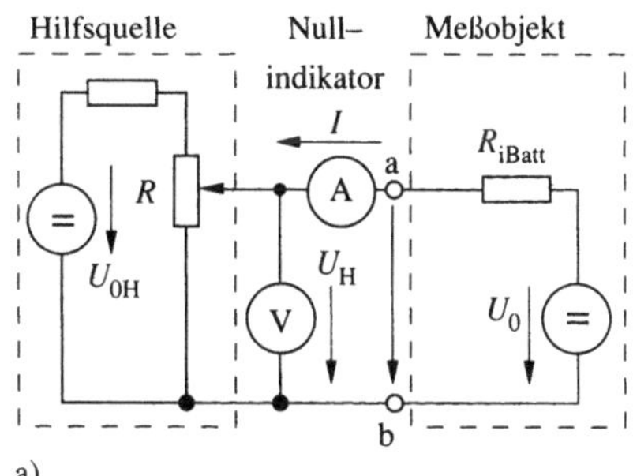

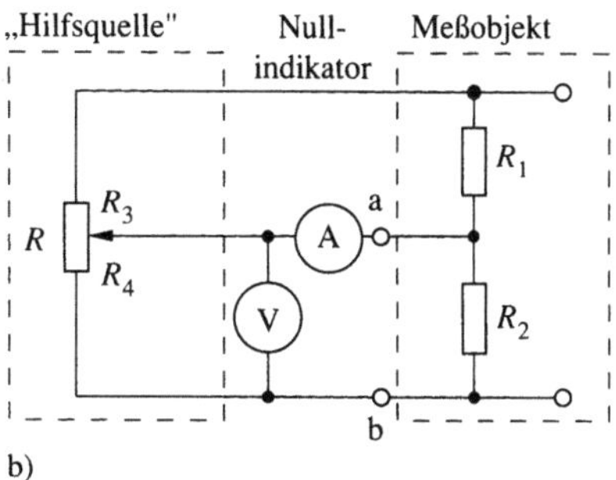

Bild 7.2-23 Kompensation
a) Grundschaltung,
b) Messung der Leerlaufspannuung eines Spannungsteilers

7.2.2 Messung elektrischer Wirk- und Blindwiderstände

7.2.2.1 Wirkwiderstände

Die Messung von Gleichstromwiderständen oder Wirkanteilen von Wechselstromwiderständen – man spricht auch von ohmschen Widerständen – kann auf vielfältige Weise geschehen.

1. Strom- und Spannungsmessung

Bei der *Widerstandsmessung* mit Hilfe einer Strom- und Spannungsmessung und anschließender Berechnung gemäß dem Ohmschen Gesetz ist zu beachten, daß durch den Eigenverbrauch der Meßinstrumente ein Fehler auftreten kann, der gegebenenfalls korrigiert werden muß. Man unterscheidet daher entsprechend Bild 7.2–24 zwei Schaltungsmöglichkeiten, die *stromrichtige* und *spannungsrichtige Meßschaltung*. In keiner der beiden Schaltungen wird der Widerstandswert $R_x = U_x/I_x$ exakt gemessen. Bei der stromrichtigen Schaltung wird der Spannungsabfall am Strommesser und bei der spannungsrichtigen Schaltung der Strom durch den Spannungsmesser mit angezeigt, wodurch das Meßergebnis verfälscht wird. Wenn man bei der stromrichtigen Schaltung $R_{iA} \ll R_x$ und bei der spannungsrichigen Schaltung $R_{iV} \gg R_x$ wählt, kann der systematische Fehler häufig vernachlässigt werden. Diese Verfahren sind aufwendig, haben aber den Vorteil, daß der Widerstandswert direkt in einer

$$R_x = \frac{U_x}{I_x}$$

a) stromrichtig

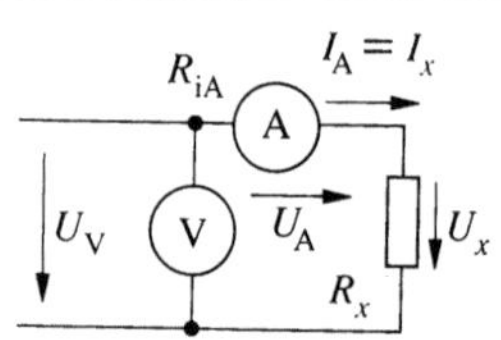

es gilt:

$I_A = I_x$,
$U_V = U_A + U_x$.

gemessen wird:

$$R_{x\,gem} = \frac{U_V}{I_A} = \frac{U_A + U_x}{I_x}.$$

Widerstand wird zu groß gemessen
Verfahren zur
Messung großer Widerstände

b) spannungsrichtig

es gilt:

$U_V = U_x$,
$I_A = I_V + I_x$.

gemessen wird:

$$R_{x\,gem} = \frac{U_V}{I_A} = \frac{U_x}{I_V + I_x}.$$

Widerstand wird zu klein gemessen
Verfahren zur
Messung kleiner Widerstände

Bild 7.2-24
Widerstandsbestimmung durch Strom- und Spannungsmessung
a) stromrichtige Schaltung,
b) spannungsrichtige Schaltung

Widerstandsmessung durch

a) Spannungsvergleich

für hochohmigen Spannungsmesser ($R_m \to \infty$)

Schalterstellung 1: $U_1 = U_{Sp}$

Schalterstellung 2: $U_2 = U_{Sp} \dfrac{R_x}{R_v + R_x}$

$\beta_u = \dfrac{U_2}{U_1} = \dfrac{R_x}{R_v + R_x}$ (Messung unabhängig von U_{Sp})

Schalterstellung 1: Abgleich mit R_v auf Vollanschlag
Schalterstellung 2: Messung von R_x

$$R_x = \frac{\beta_u}{1 - \beta_u} R_v$$

Spannungsskala

0 20 40 60 80 100

0 0,25 0,66 1,5 4,0 ∞

Widerstandsskala

b) Stromvergleich

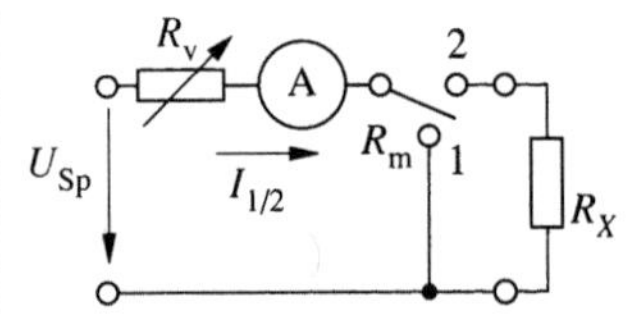

für $R_v \gg R_m$

Schalterstellung 1: $I_1 = \dfrac{U_{Sp}}{R_v}$

chalterstellung 2: $I_2 = \dfrac{U_{Sp}}{R_v + R_x}$

$\beta_i = \dfrac{I_2}{I_1} = \dfrac{R_v}{R_v + R_x}$ (Messung unabhängig von U_{Sp})

Schalterstellung 1: Ableich mit R_v auf Vollausschlag
Schalterstellung 2: Messung von R_x

$$R_x = \frac{1 - \beta_i}{\beta_i} R_v$$

Stromskala

0 20 40 60 80 100

∞ 4,0 1,5 0,66 0,25 0

Widerstandsskala

Bild 7.2-25
Widerstandsbestimmung an Vielfachmeßgeräten durch
a) Spannungsvergleich,
b) Stromvergleich

aktiven Schaltung bestimmt bzw. laufend überwacht werden kann.

2. Vergleich von Meßwerkanzeigen

Die Widerstandsmessung mit (analogen) Vielfachmeßgeräten erfolgt überwiegend nach den in Bild 7.2–25 dargestellten Verfahren durch *Vergleich von Meßwerkanzeigen*. Hierbei wird ein Drehspulmeßwerk über einen einstellbaren Vorwiderstand R_v einmal direkt an eine Speisespannung U_{Sp} und einmal über den gesuchten Widerstand R_x gelegt. Der Vorwiderstand R_v wird dabei vor der Widerstandsmessung zum Abgleich des Instrumentes benutzt. Man geht bei der Messung davon aus, daß sich die Batteriespannung zwischen Abgleich und Messung nicht ändert. Entsprechend Bild 7.2–25 werden dann aus dem Ausschlagverhältnis die gesuchten Widerstände bestimmt. Wie man sieht, ist man dadurch (in Grenzen) unabhängig von der Speisespannung (eingebaute Batterie). Wenn vorher immer auf z. B. Vollausschlag abgeglichen wird, läßt sich eine Skala in Widerstandswerten kalibrieren. Wegen der stark nichtlinearen Skala kann man aber nur etwa zwischen 10% und 90% vom Vollausschlag ablesen.

Man unterscheidet das Verfahren durch *Spannungsvergleich* nach Bild 7.2–25a und das Verfahren durch *Stromvergleich* nach Bild 7.2–25b. Vorteilhaft ist, daß mit diesen Verfahren ohne großen Aufwand Widerstandswerte direkt abgelesen werden können. Nachteilig ist die extrem nichtlineare Skala.

3. Konstantstromeinspeisung

Ein besonders in analogen und digitalen elektronischen Vielfachmeßinstrumenten angewendetes Meßverfahren beruht auf einer *Konstantstromeinspeisung* in den unbekannten Widerstand. Hierbei wird die Widerstandsmessung auf eine Spannungsmessung zurückgeführt, denn bei $I \approx \text{const}$ gilt $U_x \sim R_x$.

4. Quotientenmeßwerk

Da der ohmsche Widerstand sich aus dem Quotienten U/I ergibt, kann zur direkten Messung auch ein *Quotientenmeßwerk* nach Bild 7.2–8 verwendet werden.

5. Abgeglichene Gleichstrommeßbrücken

Gleichspannungsgespeiste Meßbrücken (Wheatstone, 1843) werden vorwiegend zur Messung von Gleichstromwiderständen eingesetzt. Mit den Bezeichnungen des Bildes 7.2–26a errechnet sich die Spannung an der Meßdiagonalen $C-D$ aus

$$U_1 = U_{Sp}\frac{R_1}{R_1+R_2}$$

und (7.2–8)

$$U_3 = U_{Sp}\frac{R_3}{R_3+R_4}$$

zu

$$U_{CD} = U_3 - U_1 = U_{Sp}\frac{R_2R_3 - R_1R_4}{(R_1+R_2)(R_3+R_4)}. \quad (7.2\text{–}9)$$

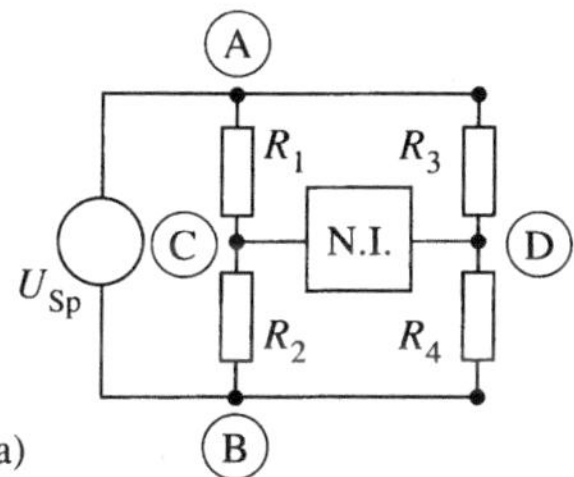

a)

A-B Speisediagonale
C-D Meßdiagonale
N.I. Nullindikator

Abgleichbedingung: $\frac{R_1}{R_2} = \frac{R_3}{R_4}$ bei $U_{CD} = 0$

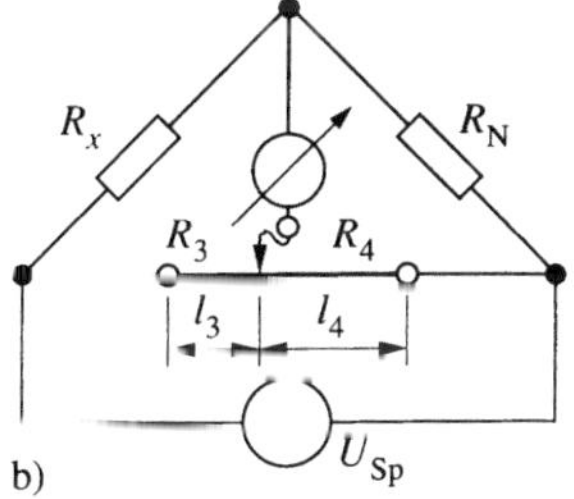

b)

$$R = \frac{l \cdot \rho}{A}$$

$$R_x = R_N\frac{R_3}{R_4} = R_N\frac{l_3}{l_4}$$

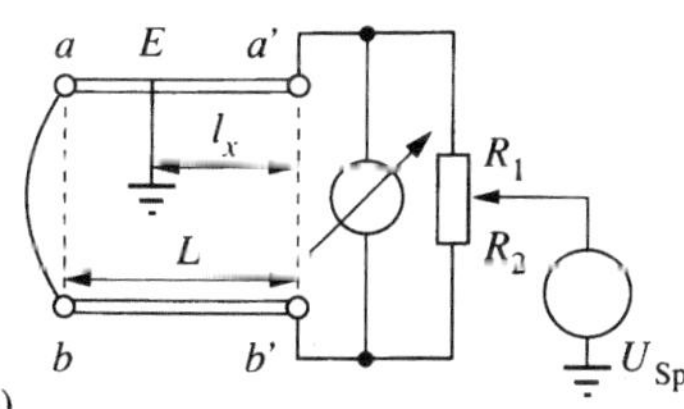

c)

$$l_x = \frac{R_1}{R_1+R_2}2L$$

Bild 7.2-26
Meßbrücken
a) Wheatstonesche Brücke, Grundschaltung,
b) Schleifdrahtmeßbrücke, manueller Abgleich,
c) Fehlerortsbestimmung mit Hilfe einer Brücke

Die Brücke ist abgeglichen, wenn die Diagonalspannung Null ist, d. h., dann ist in Gl. (7.2–9) der Zähler Null. Daraus ergibt sich die Abgleichbedingung der Brücke (s. Abschnitt 2.3.4)

$$\frac{R_1}{R_2} = \frac{R_3}{R_4}. \tag{7.2–10}$$

Bei der Messung eines unbekannten Widerstandes R_x setzt man ihn z. B. für R_1 in eine Brücke, R_2 sei ein bekannter Normalwiderstand. Dann kann durch Variation des Teilerverhältnisses R_3/R_4 die Brücke abgeglichen werden.

$$R_x = R_1 = R_2\frac{R_3}{R_4} = R_N\frac{R_3}{R_4}. \tag{7.2–11}$$

Dabei werden R_3 und R_4 entweder als Potentiometer ausgebildet oder einer der beiden Widerstände wird veränderlich ausgestaltet. Hierbei kann der veränderbare Widerstand mit einer Skala versehen werden, die eine direkte Ablesung des Widerstandswertes erlaubt. Mit Gl. (2.1–15) ergibt sich

$$R_3 = l_3\frac{\varrho}{A} \quad \text{und} \quad R_4 = l_4\frac{\varrho}{A}$$

kann das Widerstandsverhältnis auch durch ein Längenverhältnis ersetzt werden. Es gilt dann für Gl. (7.2–11)

$$R_X = R_N\frac{R_3}{R_4} = R_N\frac{l_3}{l_4}, \tag{7.2–12}$$

und die Widerstandsmessung ist auf eine Längenmessung (Bild 7.2–26b) zurückgeführt. Der Abgleich kann manuell erfolgen oder mit Hilfe eines Motors (vgl. dazu Abschnitt 7.3 Aufzeichnende Meßgeräte). Es ist auch ein rechnergesteuerter elektronischer Abgleich möglich.

Zur Fehlerortsbestimmung an Kabeln kann eine Brücke entsprechend Bild 7.2–26c eingesetzt werden. Das Kabel der Länge L habe in der Ader $a-a'$ einen Erdschluß, dadurch können die Leitungswiderstände der Strecken $a'-E$ und $E-b'$ einen Brückenzweig bilden, wenn beide Adern am zugänglichen Ende $a-b$ überbrückt werden. Die Widerstände R_1 und R_2 bilden den anderen Brückenzweig, sie können auch als Schleifdraht ausgebildet sein.

Um bei der Messung kleiner Widerstände Fehler durch die Zuleitungen zu vermeiden, werden der Meßwiderstand und der Normalwiderstand bei der *Thomson-Doppelbrücke* (im Angelsächsischen auch Kelvin-bridge genannt) in 4-Leiter-Technik (vgl. Bild 7.1–5a) angeschlossen. Bild 7.2–27 zeigt die Schaltung der Brücke. Die Potentialklemmen von R_1 und R_2 führen nur kleine Ströme, obwohl der Strom über diese Widerstände zur Erreichung einer großen Empfindlichkeit verhältnismäßig groß (bis 200A) sein kann. Die Abgleichbedingung lautet

$$\frac{R_1}{R_2} = \frac{R_3}{R_4} = \frac{R_5}{R_6}. \tag{7.2–13}$$

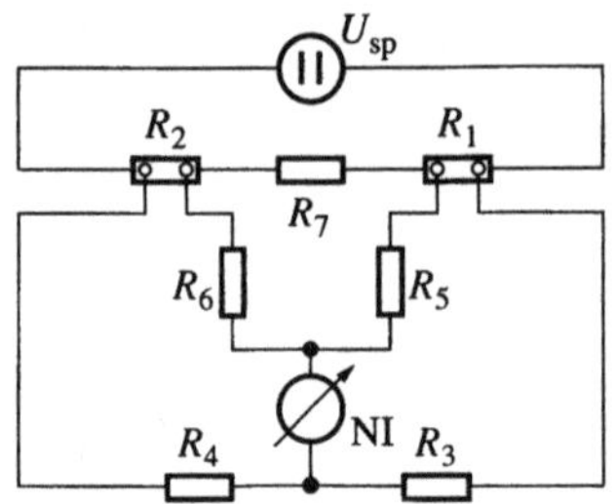

Bild 7.2-27 Prinzipschaltung der Thomson-Brücke (Kelvin-bridge)

Den Widerstand R_7 kann man als konzentrierten Zuleitungswiderstand zum unbekannten Widerstand $R_1 = R_x$ und zum bekannten Normalwiderstand R_2 ansehen. Da R_7 nicht ins Meßergebnis (Gl. (7.2–13)) eingeht, ist die Messung unabhängig von Zuleitungs- und Übergangswiderständen.

Mit der Thomson-Brücke lassen sich Widerstände bis zu $10^{-7}\ \Omega$ messen, sie wird deshalb zur Messung von Wicklungswiderständen von elektrischen Maschinen und Transformatoren sehr häufig eingesetzt.

6. Nicht abgeglichene Meßbrücken

Die Spannung in der Meßdiagonalen der *nicht abgeglichenen Brücke* (Gl. (7.2–9)) wird auch zur Widerstandsbestimmung benutzt. Bild 7.2–28a zeigt die stark nichtlineare Abhängigkeit der Diagonalspannung vom Widerstand R_x, d. h., man wird deshalb hiermit nur kleine Widerstandsänderungen von $R_x = R \pm \Delta R$ messen. Da hier der Abgleichvorgang entfällt, kann zeitlich kontinuierlich gemessen werden.

Für die mit konstanter Spannung U_{Sp} gespeiste Brükke kann ein Zweipol-Ersatzbild (ESB) bezüglich der Meßdiagonalen (Bild 7.2–28b) angegeben werden. Bei hochohmiger Messung der Diagonalspannung ist sie gleich der Ersatzspannung (Gl. (7.2–9)). Die nicht abgeglichene Brücke wird zur Überwachung von kleinen Widerstandsänderungen ΔR von ohmschen Meßaufnehmern verwendet. Hierbei werden häufig mehrere Brückenzweige aus verschiedenen Gründen (z. B. Temperaturkompensation) parallel verändert. Bild 7.2–28c gibt die Diagonalspannungen für verschiedene Brückentypen an (mehr dazu in Abschnitt 7.5). Wird die Brücke anstelle der Konstantspannung U_{Sp} mit Konstantstrom gespeist, ergeben sich u. a. lineare Abhängigkeiten, und die Diagonalspannung hängt nur noch von ΔR ab [7.11].

7.2.2.2 Blindwiderstände

Ideale *Blindwiderstände* (kapazitiv und induktiv) sind technisch nicht realisierbar, d. h., der Phasenwinkel φ zwischen Strom und Spannung wird um den sog. Verlustwinkel δ geringer als 90° sein (s. Abschnitt 2.1.2.4). Es gilt

$$\delta = 90° - \varphi. \tag{7.2–14}$$

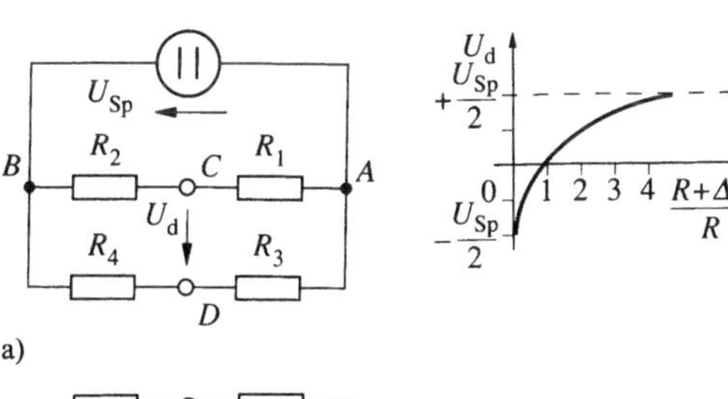

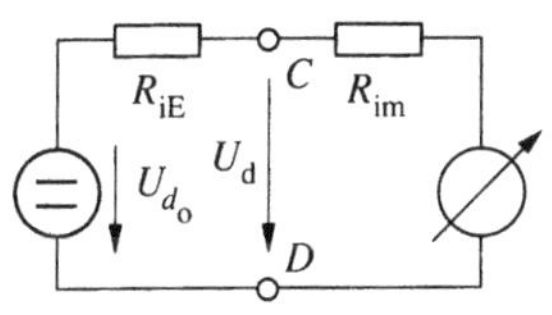

$$U_{d0} = U_{Sp}\frac{R_2R_3 - R_1R_4}{(R_1+R_2)(R_3+R_4)}$$

$$R_{IE} = \frac{R_1R_2}{R_1+R_2} + \frac{R_3R_4}{R_3+R_4}$$

b)

$R_1 = R+\Delta R$ $R_3 = R$	$R_2 = R$ $R_4 = R$	$U_{d_0} = U_{Sp}\frac{\Delta R}{4R}\,\frac{1}{1+\Delta R/2R}$
$R_1 = R+\Delta R$ $R_3 = R$	$R_2 = R-\Delta R$ $R_4 = R$	$U_{d_0} = U_{Sp}\frac{\Delta R}{2R}$
$R_1 = R+\Delta R$ $R_3 = R$	$R_2 = R$ $R_4 = R+\Delta R$	$U_{d_0} = U_{Sp}\frac{\Delta R}{2R}\,\frac{1}{1+\Delta R/2R}$
$R_1 = R+\Delta R$ $R_3 = R-\Delta R$	$R_2 = R$ $R_4 = R$	$U_{d_0} = U_{Sp}\frac{R}{2R}\,\frac{1}{1-(\Delta R/2R)^2}$
$R_1 = R+\Delta R$ $R_3 = R-\Delta R$	$R_2 = R-\Delta R$ $R_4 = R+\Delta R$	$U_{d_0} = U_{Sp}\frac{\Delta R}{R}$

c)

Bild 7.2-28 Ausschlagbrücke (nicht abgeglichene Brücke)
a) Verlauf der Diagonalspannung abhängig von der Verstimmung,
b) Zweipol-Ersatzschaltung,
c) Zusammenstellung der Diagonalspannungen verstimmter Brücken

Ersatzschaltungen realer Bauelemente werden daher aus einer Zusammenschaltung idealer Widerstände, Kondensatoren und Spulen gebildet.

1. Messung von Strom, Spannung und Leistung

Grundsätzlich erhält man durch gleichzeitige Messung von Spannung und Strom, entsprechend Bild 7.2–24 den Betrag des Scheinwiderstandes $Z = U/I$. Nur wenn der Wirkwiderstand (Verlustwiderstand) vernachlässigbar ist, ergibt sich aus der (Wechsel-) Strom- und Spannungsmessung direkt der Blindwiderstand X.
Bei einer Luftspule können der Wirkwiderstand durch eine Gleich- und der Scheinwiderstand durch eine Wechselspannungs- und -strommessung bestimmt werden.

Der Blindwiderstand errechnet sich dann aus

$$X_L^2 = (\omega L)^2 = \left(\frac{U_\sim}{I_\sim}\right)^2 - \left(\frac{U_-}{I_-}\right)^2 = Z^2 - R^2. \qquad (7.2\text{–}15)$$

X_L	ω	L	$U_\sim, U_-$	$I_\sim, I_-$	Z	R
$\Omega = V/A$	s^{-1}	Vs/A	V	A	$\Omega = V/A$	$\Omega = V/A$

Es ist aber zu beachten, daß bei der Messung des Wirkwiderstandes mit Gleichstrom der Einfluß der Stromverdrängung nicht mit erfaßt wird.
Wenn Eisen im magnetischen Kreis ist, erhält man durch die Messung mit Gleichspannung nur die Kupferverluste der Spule; die Eisenverluste können mit einer zusätzlichen Leistungsmessung erfaßt werden.
Ist bei gegebener Spannung die Blindleistung Q eines Kondensators bekannt, kann die Kapazität nach $C = Q/\omega U^2$ berechnet werden.

2. Strom- und Spannungsvergleich

Stehen bekannte Referenzelemente zur Verfügung, so kann der zu messende Blindwiderstand auch durch Strom- bzw. Spannungsvergleich ermittelt werden. Sind z. B. ein unbekannter Kondensator C_X und ein (bekannter) Referenzkondensator C_N in Reihe geschaltet (Bild 7.2–29a), so werden bei durchfließendem Strom die Spannungsabfälle an den Kondensatoren proportional zu ihrem Blindwiderstand X_C sein. Die gesuchte Kapazität ergibt sich damit zu $C_X = C_N U_N / U_X$. Entsprechend ergibt sich bei Parallelschaltung und Messung der Ströme (Bild 7.2–29b) die gesuchte Kapazität zu $C_X = C_N I_X / I_N$.

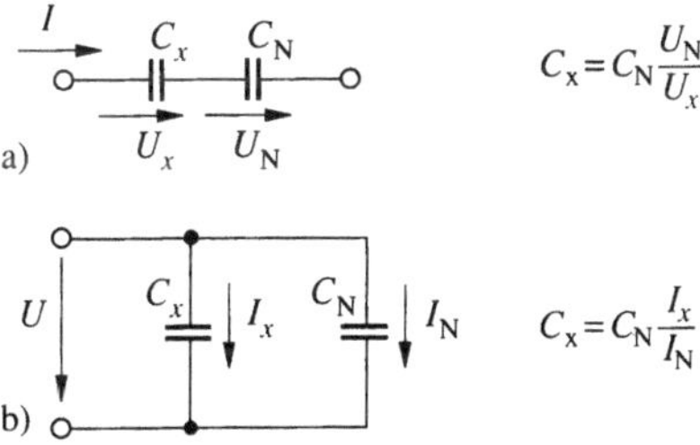

Bild 7.2-29 Bestimmung eines Kapazitätswertes C_x mit Hilfe einer Vergleichskapazität C_N durch
a) Spannungsmessung in einer Reihenschaltung,
b) Strommessung in einer Parallelschaltung

3. Wechselspannungsgespeiste (WS) Meßbrücken

Bei *wechselspannungsgespeisten Meßbrücken* gilt entsprechend Gl. (7.2–10) und Bild 7.2–30a die Abgleichbedingung (s. Abschnitt 2.12.5.3)

$$\frac{\underline{Z}_1}{\underline{Z}_2} = \frac{\underline{Z}_3}{\underline{Z}_4}. \qquad (7.2\text{–}16)$$

Diese Gleichung enthält zwei Bedingungen, die nicht immer erfüllbar sind:

$$\left.\begin{array}{ll} \text{Betragsbedingung} & \dfrac{Z_1}{Z_2} = \dfrac{Z_3}{Z_4}, \\ \text{Winkelbedingung} & \varphi_1 - \varphi_2 = \varphi_3 - \varphi_4. \end{array}\right\} \qquad (7.2\text{–}17)$$

Die WS-Brücken gibt es in vielfältigen Ausführungen [7.12] zur Messung von Bauelementkenngrößen, wie Blindwiderständen, Verlustwiderständen und Verlustfaktoren. In Bild 7.2–30 sind dazu einige Beispiele mit ihren aus den Abgleichbedingungen sich ergebenden Ergebnissen zusammengestellt.

Die *Maxwell-Wien-Brücke* (Bild 7.2–30b) wird zur Messung von Induktivitäten L_X und deren Verlustwiderständen R_X, sowie des Verlustfaktors von Spulen bei tiefen und mittleren Frequenzen verwendet. Der Abgleich erfolgt mit R_4 und C_4, R_3 kann in Stufen veränderlich gemacht werden, um verschiedene Meßbereiche einstellen zu können.

Die *Kapazitätsmeßbrücke nach Wien* ist im Bild 7.2–30c dargestellt. Der Abgleich erfolgt mit Hilfe des Widerstandes R_2 und der Kapazität C_2 (diese können auch in Reihe geschaltet sein). Die Widerstände R_3 und/oder R_4 sind manchmal auch zur Meßbereichswahl stufig einstellbar.

Die *Schering-Meßbrücke* wird vor allem in der Hochspannungsmeßtechnik zur Bestimmung von Kapazität und Verlustfaktor von Hochspannungseinrichtungen, wie Kabel oder Kondensatoren verwendet. Die Brücke ist so ausgelegt, daß in der Meßdiagonalen die Spannung nicht über ≈100 V gegen Erde betragen kann (Bild 7.2–30d).

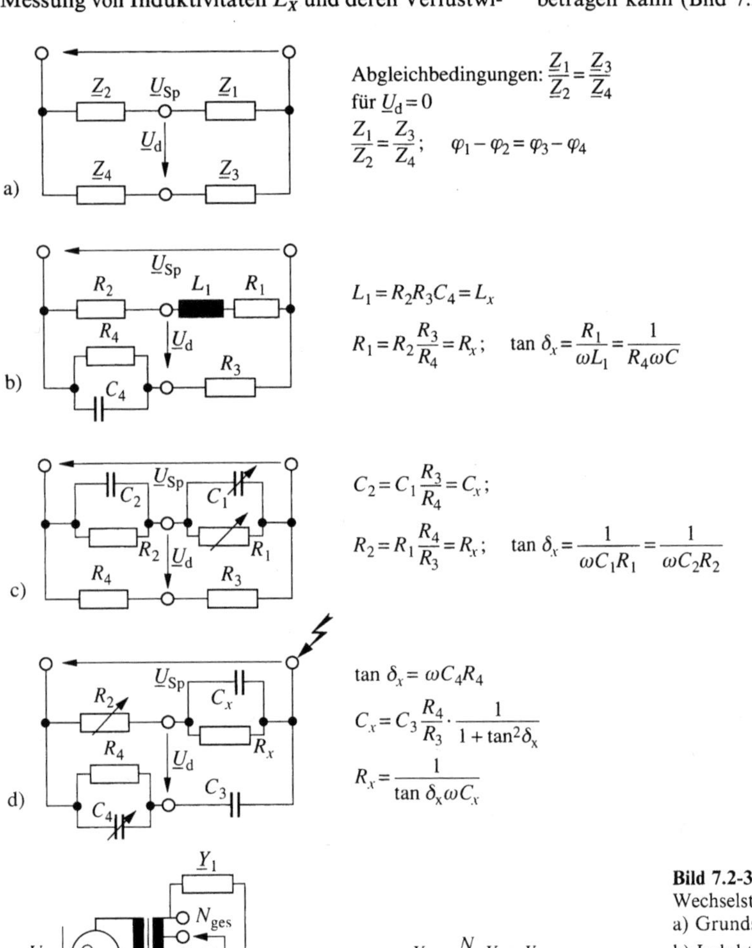

Bild 7.2-30
Wechselstromabgleichbrücken
a) Grundschaltung (Wheatstone),
b) Induktivitätsmeßbrücke nach Maxwell-Wien,
c) Kapazitätsmeßbrücke nach Wien,
d) Schering-Brücke,
e) Übertrager-Brücke (Wayne-Kerr)

Anstelle von ohmschen Spannungsteilern werden besonders in Präzisionsmeßbrücken oft Übertrager verwendet. Die *Übertragermeßbrücken* lassen sich mit sehr kleinen Teilungsfehlern (unter 10^{-7}) herstellen. Bei der in Bild 7.2–30e als Beispiel dargestellten *Wayne–Kerr-Brücke* ist zusätzlich zum Brückenübertrager 1 noch ein Differentialübertrager 2 zur Bildung des Nullwertes vorhanden. $\underline{Y}_1$ ist der zu messende Leitwert und $\underline{Y}_2$ ist der Vergleichsleitwert der Brücke.

4. Nicht abgleichbare Wechselstrom-Brücken

Als Beispiel für eine nicht abgleichbare Brücke ist in Bild 7.2–31 eine *Phasenschieberbrücke* mit zugehörigem Zeigerdiagramm dargestellt. Durch Variation des Widerstandes R_3 ist der Winkel zwischen $\underline{U}_{Sp}$ und $\underline{U}_d$ zwischen 0° und 180° einstellbar. Wenn anstelle von R_1 noch ein weiterer Kondensator in die Brücke geschaltet wird, können sogar Winkel bis 360° eingestellt werden. Anstelle der Kondensatoren können auch Spulen verwendet werden.

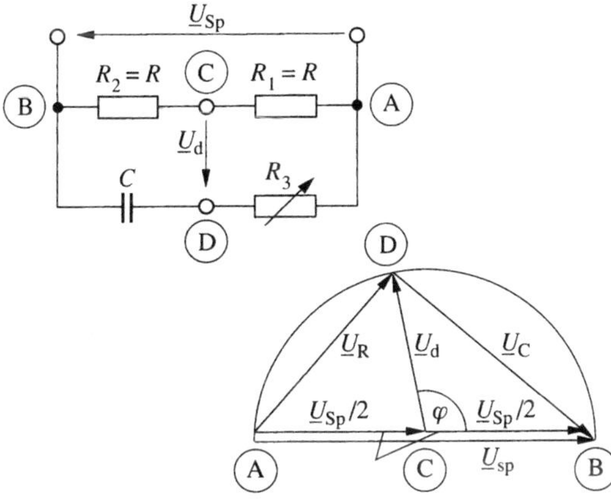

Bild 7.2-31
Phasenschieberbrücke (nicht abgleichbare Brücke)

5. Wechselstrom-Ausschlagbrücken

In *Wechselstrom-Ausschlagbrücken* werden Impedanzänderungen von induktiven und kapazitiven Meßaufnehmern gemessen. Hier wird auch häufig anstelle von ohmschen Spannungsteilern ein Übertrager verwendet. Die Diagonalspannungen dieser Brücken ergeben sich entsprechend Gl. (7.2–9) nach Bild 7.2–32

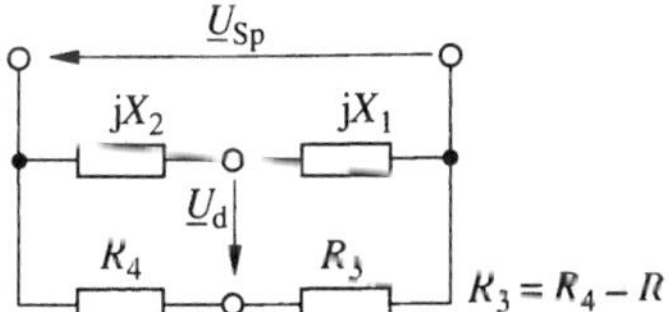

Bild 7.2-32 WS-Ausschlagbrücke mit den Blindwiderständen X_1 und X_2 und den Widerständen $R_3 = R_4 = R$

unter Vernachlässigung der ohmschen Widerstände von $\underline{Z}_1$ und $\underline{Z}_2$ zu

$$\underline{U}_d = \frac{\underline{U}_{Sp}}{2} \cdot \frac{X_2 - X_1}{X_2 + X_1}. \qquad (7.2\text{–}18)$$

Bei der o. a. Anwendung der WS-Ausschlag-Brücke ist eine Vernachlässigung der ohmschen Anteile der Aufnehmer meistens zulässig.

Für eine sog. *Viertelbrücke* mit $X_1 = X$ und $X_2 = X + \Delta X$ wird dann die Diagonalspannung

$$\underline{U}_d = \frac{\underline{U}_{Sp}}{2} \cdot \frac{\Delta X}{2X + \Delta X} \approx \frac{\underline{U}_{Sp}}{4X} \Delta X. \qquad (7.2\text{–}19)$$

Eine sog. *Halbbrücke* mit $X_1 = X - \Delta X$ und $X_2 = X + \Delta X$ wird besonders zusammen mit Differentialaufnehmer (s. Abschnitt 7.4) verwendet. Die Diagonalspannung $\underline{U}_d$ ergibt sich hierfür zu

$$\underline{U}_d = \frac{\underline{U}_{Sp}}{2} \frac{X + \Delta X - X + \Delta X}{X + \Delta X + X - \Delta X} = \frac{\underline{U}_{Sp}}{2X} \cdot \Delta X. \qquad (7.2\text{–}20)$$

Bei induktiven Aufnehmern wird $X = \omega L$ und bei kapazitiven Aufnehmern $X = -1/\omega C$ gesetzt.

Die Diagonalspannung $\underline{U}_d$ ist bei der Halbbrücke linear und bei der Viertelbrücke für kleine Änderungen ΔX näherungsweise linear abhängig von ΔX.

7.2.2.3 Messung der Gegeninduktivität

Im folgenden werden noch zwei Verfahren zur Bestimmung der Gegeninduktivität betrachtet. Bild 7.2–33 zeigt die *Gegeninduktivitätsmeßbrücke nach Carey–Foster*. Im abgeglichenen Zustand ($\underline{U}_d = 0$) muß die Spannung an der Sekundärwicklung des Trafos gleich $\underline{U}_{R4}$ sein. Daraus folgt für die Gegeninduktivität

$$M = C_3 R_4 (R_0 + R_1) \qquad (7.2\text{–}21)$$

und für die Induktivität

$$L_1 = C_3 (R_0 + R_1) \cdot (R_3 + R_4) = M\left(1 + \frac{R_3}{R_4}\right). \qquad (7.2\text{–}22)$$

M, L	C_3	R_0, R_1, R_3, R_4
H = Vs/A	F = As/V	Ω = V/A

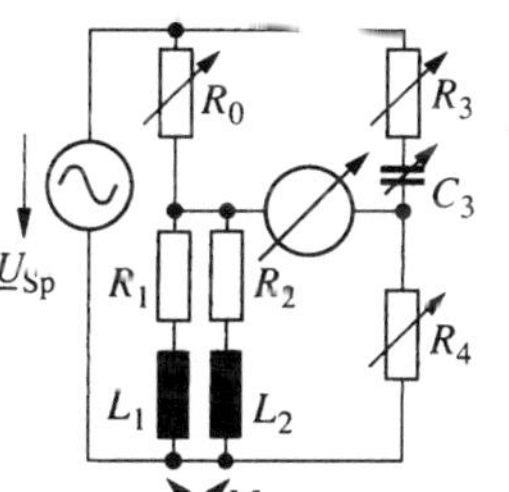

Bild 7.2-33
Carey–Foster-Brücke zur Messung der Gegeninduktivität

Die Messung der Gegeninduktivität kann auch durch zwei Induktivitätsmessungen erfolgen. Die Induktivität der Reihenschaltung von 2 magnetisch gekoppelten Spulen (z. B. Trafo) ist $L_R = L_1 + L_2 + 2M$ und die Induktivität der Gegenreihenschaltung ist $L_G = L_1 + L_2 - 2M$. Daraus läßt sich die Gegeninduktivität berechnen zu

$$M = \frac{1}{4}(L_R - L_G). \qquad (7.2\text{–}23)$$

7.2.2.4 Messung von Größen des Trafo-Ersatzschaltbildes

Als Anwendung und Ergänzung der beschriebenen Meßverfahren soll nun die Messung von *Ersatzbildgrößen des Transformators* (Bild 7.2–34) diskutiert werden. Durch Anlegen einer Gleichspannung an eine Wicklung bei gleichzeitigem Leerlauf der anderen Wicklungen ergibt sich aus den gemessenen Strom- und Spannungswerten der jeweilige Wicklungswiderstand $R_{1/2} = U_{1/2}/I_{1/2}$ (ohne Stromverdrängung).

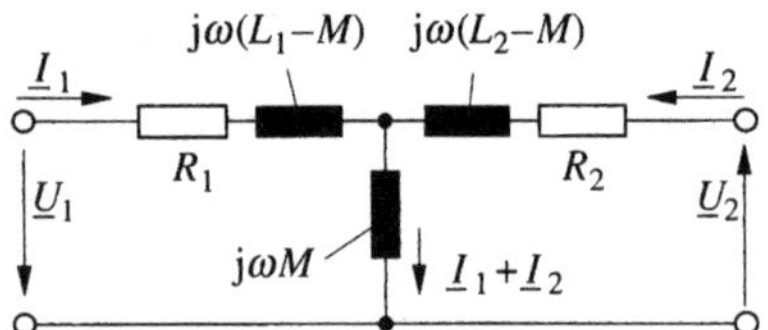

Bild 7.2-34 Transformator-Ersatzschaltbild

Der primäre Leerlaufwiderstand wird bei sekundärseitigem Leerlauf mit Wechselspannung gemessen. Es ergibt sich

$$\frac{\underline{U}_1}{\underline{I}_1} = \underline{Z}_{1L} = Z_{1L} \cdot e^{j\varphi_1} =$$
$$= Z_{1L}(\cos\varphi + j\sin\varphi) = R_1 + jX_{1L}$$

und daraus errechnet man

$$L_1 = \frac{1}{\omega} \cdot \frac{\underline{U}_1}{\underline{I}_1} \sin\varphi_1. \qquad (7.2\text{–}24)$$

Mit $R_1 \ll X_{1L}$ wird $\sin\varphi \approx 1$ und

$$L_1 = \frac{1}{\omega} \cdot \frac{\underline{U}_1}{\underline{I}_1} = \frac{X_{1L}}{\omega}. \qquad (7.2\text{–}25)$$

Ebenso wird der sekundäre Leerlaufwiderstand

$$\frac{\underline{U}_2}{\underline{I}_2} = \underline{Z}_{2L} = R_2 + jX_{2L}$$

und die Induktivität für $R_2 \ll X_{2L}$

$$L_2 = \frac{1}{\omega} \cdot \frac{U_2}{I_2} = \frac{X_{2L}}{\omega}. \qquad (7.2\text{–}26)$$

Aus Eingangsstrom und Ausgangsleerlaufspannung wird die Gegeninduktivität bestimmt:

$$M = \frac{U_{2L}}{\omega I_1} \qquad (7.2\text{–}27)$$

M	U	I	ω
Vs/A	V	A	s^{-1}

7.2.3 Messung elektrischer Leistung und Energie

7.2.3.1 Leistung bei Gleichstrom

Die *Leistungsmessung* in Gleichstromkreisen kann entsprechend $P = U \cdot I$ direkt durch eine Strom- und Spannungsmessung mit anschließender Produktbildung erfolgen. Hier muß man ebenso wie bei der Widerstandsmessung zwischen spannungsrichtiger und stromrichtiger Schaltung entsprechend Bild 7.2–24 unterscheiden. Die im Abschnitt 7.2.2.1. *l* erläuterten Fehlereinflüsse gelten hier sinngemäß.
Auch bei der Leistungsmessung mit elektrodynamischen Leistungsmessern (vgl. Abschnitt 7.2.1.1 Bild 7.2–9) müssen spannungs- und stromrichtige Schaltungen unterschieden werden. In Gleichstromkreisen werden eisengeschlossene Meßwerke wegen der höheren Fehler infolge der Hysterese weniger verwendet. Weiterhin werden Hall-Multiplikatoren in Anordnungen nach Bild 7.2–35 zur Leistungsmessung (Gleich- und Wechselstrom) herangezogen. Es gilt hier für die Hallspannung (s. Abschnitt 3.2.6)

$$U_H = R_H \cdot \frac{I_{st} \cdot B_F}{d} \sim I_{st} \cdot I_F. \qquad (7.2\text{–}28)$$

Wenn der Meßstrom gleich dem feldaufbauenden Strom I_F und die Meßspannung proportional dem Steuerstrom I_{st} gemacht wird, kann der Spannungsmesser für die Hallspannung u_H direkt in Leistungswerten kalibriert werden.

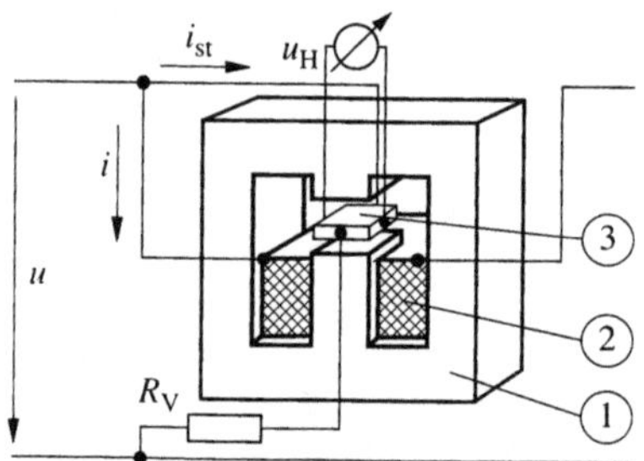

Bild 7.2-35 Hall-Multiplikator zur Leistungsmessung
① Eisenkern,
② Stromspule,
③ Hallsonde

7.2.3.2 Leistungen bei Wechselstrom

Es sei

$$u(t) = \hat{u}\cos(\omega t),$$
$$i(t) = \hat{\imath}\cos(\omega t + \varphi),$$

dann wird die Leistung

$$p(t) = u(t) \cdot i(t) =$$
$$= \frac{\hat{u}\hat{\imath}}{2}\cos\varphi + \frac{\hat{u}\hat{\imath}}{2}\cos(2\omega t + \varphi). \qquad (7.2\text{–}29)$$

Die Wechselstromleistung besteht aus einem zeitunabhängigen Anteil (1. Summand) und einem zeitabhängigen Anteil (2. Summand), der mit doppelter Frequenz von Strom bzw. Spannung schwingt. Entsprechend Bild 7.2–36 ist der 1. Summand von Gl. (7.2–29) der arithmetische Mittelwert von $p(t)$. Dieser Mittelwert wird auch Wirkleistung

$$P = \frac{\hat{u}\hat{\imath}}{2}\cos\varphi = \frac{\hat{u}}{\sqrt{2}}\cdot\frac{\hat{\imath}}{\sqrt{2}}\cos\varphi = U\cdot I\cdot\cos\varphi \quad (7.2\text{–}30)$$

P	$\hat{u}, U$	$\hat{\imath}, I$	φ
W = VA	V	A	rad, °

genannt. Weiterhin sind die Scheinleistung S und die Blindleistung Q definiert

$$S = UI, \qquad Q = \sqrt{S^2 - P^2}. \quad (7.2\text{–}31)$$

U	I	S, Q, P
V	A	W = VA

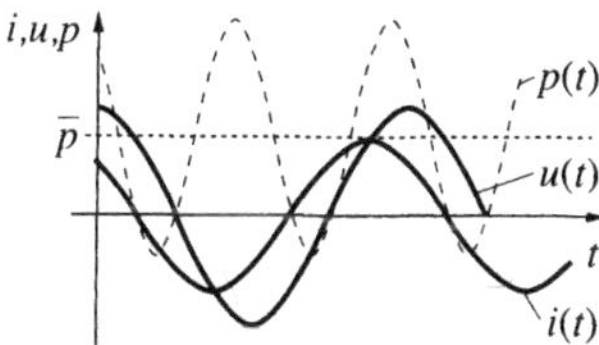

Bild 7.2-36 Leistung bei Wechselstrom

Aus einer Einheitenbetrachtung der Gln. (7.2–30) und (7.2–31) ist zu ersehen, daß S, P und Q in VA gemessen werden. In der Praxis werden die Leistungseinheiten aber unterschieden in

Scheinleistung S, gemessen in VA,
Wirkleistung P, gemessen in W (Watt),
Blindleistung Q, gemessen in var (volt-ampere-reactive) bzw. in BW (Blind-Watt).

Die Blindleistung für sinusförmige Größen ist

$$Q = U\cdot I\cdot\sin\varphi \quad (7.2\text{–}32)$$

und der Leistungsfaktor

$$\lambda = \frac{P}{S}, \quad (7.2\text{–}33)$$

bei sinusförmigen Größen

$$\lambda_{\sin} = \frac{P_{\sin}}{S_{\sin}} = \cos\varphi. \quad (7.2\text{–}34)$$

1. Wirkleistung

Bei Leistungsmessung mit dem (produktbildenden) *elektrodynamischen Meßwerk* ist entsprechend den Gln. (7.2–3) und (7.2–28) die Anzeige (Mittelwert)

$$\gamma \sim U\cdot I\cdot\cos\varphi = P, \quad (7.2\text{–}35)$$

also die *Wirkleistung*. Bei der Leistungsmessung mit Elektrodynamometern sind die höchstzulässigen Nennwerte für Strom und Spannung nicht (oder nur geringfügig) zu überschreiten, auch wenn hierbei der Leistungsnennbereich noch nicht überschritten wird! Deshalb werden in den Strompfad zusätzliche Strommesser zur Überwachung geschaltet.

Bild 7.2–37 zeigt 3 Beispiele für Leistungsmesserschaltungen mit Klemmenbezeichnungen nach DIN 43807. Auch hier muß man sich für strom- oder spannungsrichtige Schaltung entscheiden. Meßbereichserweiterungen erfolgen durch Vor- und Nebenwiderstände und Strom- und Spannungswandler (Bild 7.2–37 c)).

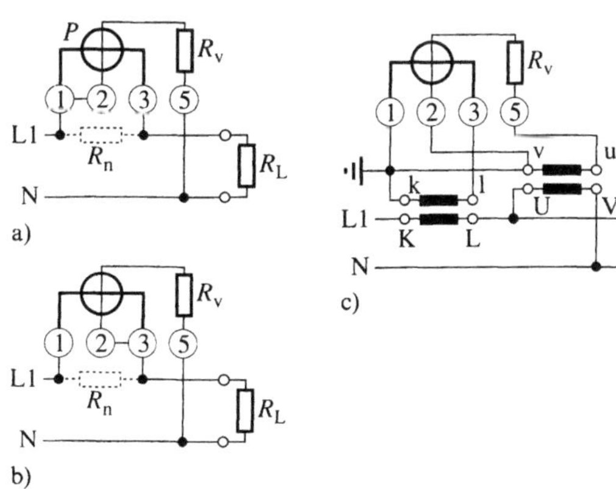

Bild 7.2-37 Leistungsmesserschaltungen mit Klemmenbezeichnungen nach DIN 43807
a) Schaltung stromrichtig bezüglich R_L (Meßbereichserweiterung mit R_V und R_n),
b) Schaltung spannungsrichtig bezüglich R_L,
c) Meßbereichserweiterung mit Strom- und Spannungswandler

Für die *elektronische Leistungsmessung* sollen im folgenden zwei Beispiele kurz erläutert werden (Bild 7.2–38).

Mit Hilfe eines *elektronischen Multiplizierbausteins* (Bild 7.2–38 a) lassen sich $u(t)$ und $i(t)$ zur (pulsierenden) Leistung $p(t)$ umformen. In der Integratorstufe wird der Mittelwert gebildet und dieser kann dann analog oder über einen Analog-Digital-Umsetzer digital angezeigt werden.

Beim *Time-Division-Verfahren* (Bild 7.2–38 b), c)) werden die Eingangsgrößen $u(t)$ und $i(t)$ dazu benutzt, um das Tastverhältnis und die Amplitude eines Rechtecksignals jeweils proportional zu ihrem Wert zu steuern. Das Rechtecksignal wird anschließend über ein Filter (oder Integrator) zur Bildung des arithmetischen Mittelwertes gegeben. Dieser kann dann direkt analog oder über einen Analog-Digital-Umsetzer digital zur Anzeige gebracht werden.

Elektronische Leistungsmesser sind für große Meßbereiche mit hoher Auflösung und für Signale über einen weiten Frequenzbereich herstellbar. Sie sind z. B. bei Messungen an Frequenzumformern für drehzahlveränderliche Antriebe, wegen der nichtsinusförmigen Größen, vorteilhaft einsetzbar.

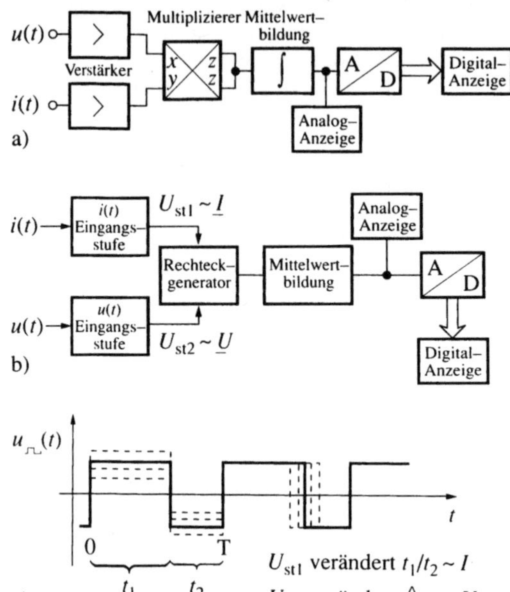

Bild 7.2-38 Elektronische Leistungsmessung
a) mit elektronischem Multiplizierer,
b) Time-Division-Verfahren,
c) Rechtecksignal für Time-Division-Verfahren,

2. *Blindleistung*

Die *Blindleistung* für sinusförmige Größen ist

$$Q = U \cdot I \cdot \sin\varphi = U \cdot I \cos(\varphi - 90°). \qquad (7.2\text{–}36)$$

Q	U	I	φ
var = VA	V	A	rad, °

Ein elektrodynamisches Meßwerk zeigt die Wirkleistung an. Um mit diesem Meßwerk Blindleistung darzustellen, muß also im Spannungs- oder Strompfad eine 90°-Phasendrehung vorgenommen werden.

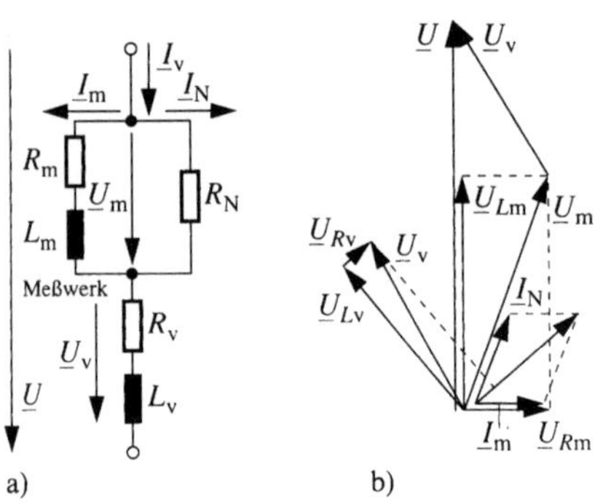

Bild 7.2-39 Blindleistungsmessung
a) Hummelschaltung,
b) Zeigerdiagramm

Bild 7.2–39 zeigt die *Hummelschaltung* zur Realisierung der 90°-Phasendrehung und das zugehörige Zeigerdiagramm. Hierbei muß beachtet werden, daß bei Meßbereichsänderungen und Frequenzänderungen die Hummelschaltung neu abgeglichen werden muß.

3. *Scheinleistung*

Zur Messung der Scheinleistung $S = U \cdot I$ muß der Einfluß des Phasenwinkels eliminiert werden. Dieses kann durch Einfügen von Gleichrichtern im Strom- und Spannungspfad eines elektrodynamischen Meßwerks geschehen. Außerdem erhält man die Scheinleistung durch Messung von Strom und Spannung mit anschließender Produktbildung.

7.2.3.3 Leistung bei Drehstrom

1. *Wirkleistung, symmetrische Last*

Bei *symmetrischem Drehstromnetz* sind die Stranggrößen U_{Str}, I_{Str} und φ gleich groß, somit gilt für ein Dreileiternetz mit $R_V + R_{MW} = R_2 = R_3$ und für das Vierleiternetz zur Messung mit einem Meßwerk entsprechend die Schaltung nach Bild 7.2–40. Die gesamte Wirkleistung ist dann

$$P_{ges} = 3 \cdot P_1 = 3 \cdot U_{Str} \cdot I_{Str} \cdot \cos\varphi. \qquad (7.2\text{–}37)$$

Die Anzeige des Meßgerätes muß also mit 3 multipliziert werden, oder die Skala muß entsprechend umbeschriftet werden.

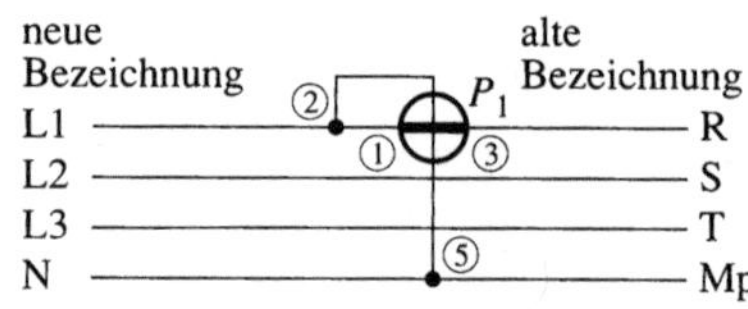

$P_{Ph} = P_1 = U_{Str} I_{Str} \cos\varphi$

$P_{ges} = 3P_1 = 3U_{Str} I_{Str} \cos\varphi$

a)

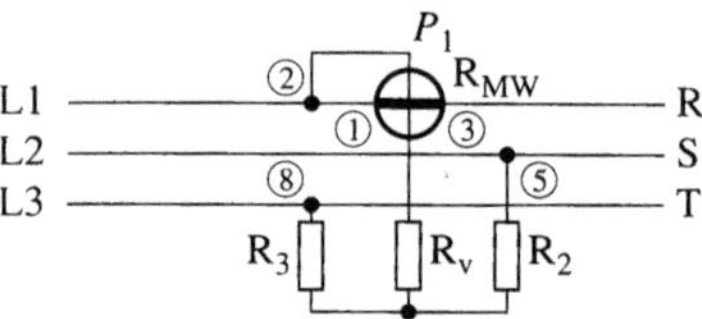

mit $R + R_{MW} = R_2 = R_3$

$P_{ges} = 3P_1 = 3U_{Str} I_{Str} \cos\varphi$

b)

Bild 7.2-40 Wirkleistung bei Drehstrom, symmetrische Last
a) Vierleitersystem,
b) Dreileitersystem mit künstlichem Sternpunkt.
Klemmenbezeichnung nach DIN 43 807

2. Wirkleistung, unsymmetrische Last

Da in diesem Fall die drei Stränge unterschiedliche Last tragen, muß entsprechend Bild 7.2–41 a), b), in jedem Strang gemessen werden. Die gesamte Drehstromleistung ergibt sich dann zu

$$\begin{aligned} P_{ges} &= P_1 + P_2 + P_3 = \\ &= U_1 I_1 \cos\varphi_1 + U_2 I_2 \cos\varphi_2 + U_3 I_3 \cos\varphi_3. \end{aligned} \quad (7.2\text{–}38)$$

Anstelle der drei einzelnen Leistungsmesser kann auch ein Dreifachleistungsmesser treten. Hierbei wirken die 3 Meßwerke auf eine gemeinsame Achse, die 3 Drehmomente addieren sich und der Zeiger zeigt die gesamte Drehstromleistung an.

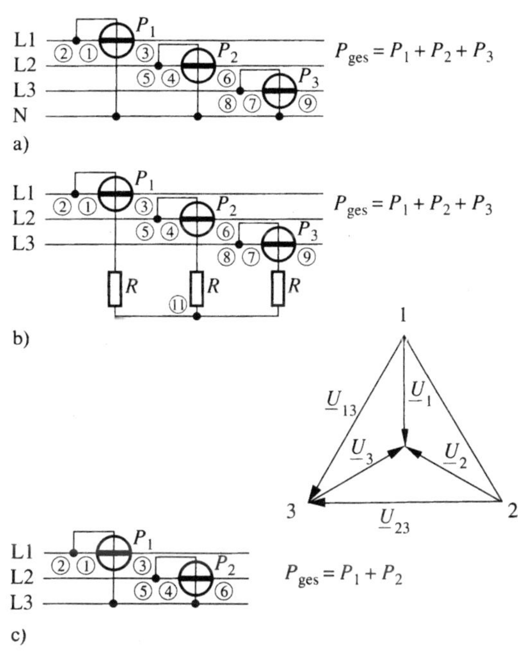

Bild 7.2-41 Wirkleistung bei Drehstrom, unsymmetrische Last
a) Vierleitersystem, Dreileistungsmesserverfahren,
b) Dreileitersystem, Dreileistungsmesserverfahren,
c) Dreileitersystem, Zweileistungsmesserverfahren,
Klemmenbereichnung nach DIN 43 807

In Dreileitersystemen kann die Gesamtleistung auch mit der *2-Wattmeter-Methode (Aron-Schaltung)* bestimmt werden (Bild 7.2–41 c)). Es gilt

$$\underline{I}_1 + \underline{I}_2 + \underline{I}_3 = 0,$$
$$\underline{U}_{13} = \underline{U}_1 - \underline{U}_3,$$
$$\underline{U}_{23} = \underline{U}_2 - \underline{U}_3.$$

Die Leistungsmesser bilden

$$P_1 = \underline{U}_{13} \cdot \underline{I}_1 \quad \text{und} \quad P_2 = \underline{U}_{23} \cdot \underline{I}_2.$$

Wenn man in diese Gleichung die Stranggrößen $\underline{U}_1$, $\underline{U}_2$ und $\underline{U}_3$ einsetzt und $-\underline{I}_3 = \underline{I}_1 + \underline{I}_2$ setzt, erhält man für beliebige Last die gesamte Drehstrom-Wirkleistung

$$P_{ges} = P_1 + P_2 = \underline{U}_1\underline{I}_1 + \underline{U}_2\underline{I}_2 + \underline{U}_3\underline{I}_3. \quad (7.2\text{–}39)$$

Allerdings hat man hier keine Information über die Wirkleistung in jedem einzelnen Strang, wie beim Dreileistungsmesserverfahren.

Wie beim Dreileistungsmesserverfahren kann auch bei der Aron-Schaltung die Summenbildung mit Hilfe eines Zweifachleistungsmessers direkt erfolgen, so daß hier auch die gesamte Drehstromleistung abgelesen werden kann.

3. Blindleistung, symmetrische Last

Blindleistungsmessungen in Drehstromsystemen bei symmetrischer Last können mit einem Leistungsmesser ohne Phasenschieberschaltung vorgenommen werden, wenn man, entsprechend Bild 7.2–42 a), eine Stranggröße (im Bild $\underline{U}_1$) mit einer um 90° phasenverschobenen Leiterspannung (im Bild $\underline{U}_{23}$) verknüpft.

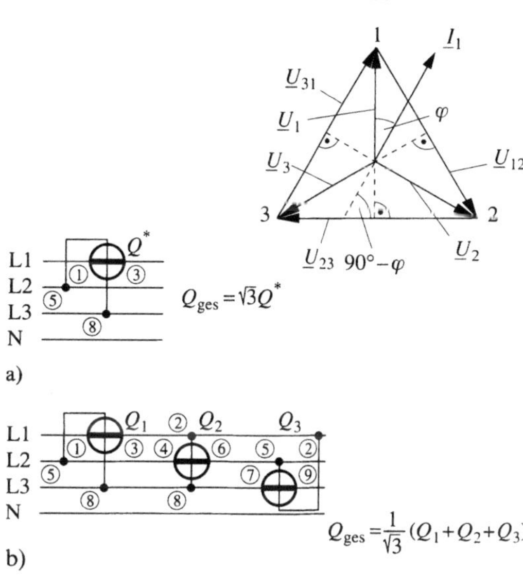

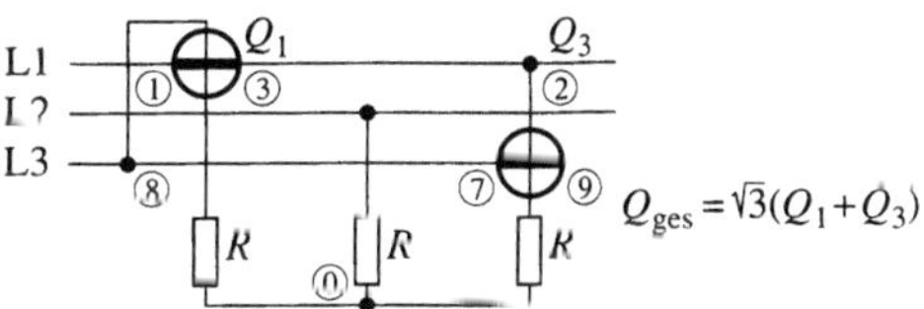

c)

Bild 7.2-42 Blindleistung bei Drehstrom
a) symmetrische Belastung. Einleistungsmesserverfahren,
b) unsymmetrische Belastung Dreileistungsmesserverfahren,
c) unsymmetrische Belastung Zweileistungsmesserverfahren,
Klemmenbereidnung nach DIN 43 807

Die Ablesung muß dann aber durch $\sqrt{3}$ dividiert und für die gesamte Blindleistung des Systems dann mit 3 multipliziert werden. Die Gesamtblindleistung des symmetrischen Systems ergibt sich also zu

$$Q_{\text{ges}} = \frac{3}{\sqrt{3}} Q_1^* = \sqrt{3} Q_1^*. \tag{7.2–40}$$

4. Blindleistung, unsymmetrische Last

Im unsymmetrischen Vierleiternetz wird die Blindleistung nach dem Dreileistungsmesserverfahren nach Bild 7.2–42b gemessen. Dabei sind in jedem Leiter Leistungsmesser entsprechend Bild 7.2–42a geschaltet, d. h., es werden auch hier Strang- und Leitergrößen kombiniert. Die gesamte Blindleistung ergibt sich damit zu

$$Q_{\text{ges}} = \frac{1}{\sqrt{3}} (Q_1 + Q_2 + Q_3). \tag{7.2–41}$$

Im unsymmetrischen Dreileiternetz ist auch ein Dreileistungsmesserverfahren mit künstlichem Sternpunkt möglich, wenn zusätzlich zur gesamten Blindleistung auch noch der Blindleistungsverbrauch in jeder Phase interessiert. Im allgemeinen wird hier aber das Zweileistungsmesserverfahren (Aron) nach Bild 7.2–41c angewendet. Dafür ergibt sich die gesamte Blindleistung zu

$$Q_{\text{ges}} = \sqrt{3}(Q_1 + Q_3). \tag{7.2–42}$$

7.2.3.4 Messung elektrischer Energie

Die Messung des elektrischen Energieverbrauchs oder der elektrischen Arbeit erfolgt mit Hilfe von sogenannten Energiezählern. Es sind integrierende Meßgeräte mit angeschlossenem Zählwerk. Es sind keine Ereigniszähler, wie sie in Abschnitt 7.2.5 betrachtet werden.

1. Zähler für Gleichstromarbeit

Gleichstromzähler werden nur in nichtöffentlichen Netzen angewendet. Es gibt verschiedene Ausführungsformen, die hier nur kurz erläutert werden.

Der *Ah-Motorzähler* besteht aus einem Permanentmagnet-Gleichstrommotor. Dieser Zähler kann auch zur zeitlichen Integration von gleichstromproportionalen nichtelektrischen Größen verwendet werden.

Bei den *elektrodynamischen Wh-Zählern* wird die Arbeit nach dem Prinzip des eisenlosen elektrodynamischen Leistungsmessers bestimmt. Die feststehende Spule erzeugt ein dem Stromfluß proportionales Feld, in dem die Spannungsspule sich dreht. Auf gleicher Achse mit der Spannungsspule befindet sich eine Bremsscheibe, die sich im Feld eines Permanentmagneten dreht.

Elektrolytzähler messen das Volumen einer elektrolytisch abgeschiedenen Menge, sie ist proportional der durchgeflossenen Elektrizitätsmenge.

2. Zähler für Wechselstromarbeit

Induktionszähler werden zur Messung elektrischer Arbeit in WS-Netzen verwendet, Bild 7.2–43 zeigt eine Prinzipskizze. Die drehbar gelagerte Aluminiumscheibe ist mit dem Zählwerk verbunden, sie wird von den Wechselflüssen zweier Spulen durchsetzt. Die Flüsse sind proportional zu den Spulenströmen, wobei die eine Spule die Stromspule und die andere die Spannungsspule ist. Durch die Wechselflüsse werden in der Alu-Scheibe Spannungen induziert, die zu Wirbelströmen führen. Dadurch entsteht ein Drehmoment

$$M_e \sim f \Phi_1 \Phi_2 \sin \beta, \tag{7.2–43}$$

f Frequenz, β Phasenwinkel zwischen den Flüssen.

Es gilt für die magnetischen Flüsse der

$$\text{Stromspule} \quad \Phi_1(t) \sim \hat{\imath} \sin(\omega t + \varphi),$$
$$\text{Spannungsspule} \quad \Phi_2(t) \sim \hat{u} \sin\left(\omega t + \frac{\pi}{2}\right). \tag{7.2–44}$$

M_e	f	Φ_1, Φ_2	t	$\hat{\imath}$	$\hat{u}$	ω
Nm	1/s	Wb = Vs	s	A	V	1/s

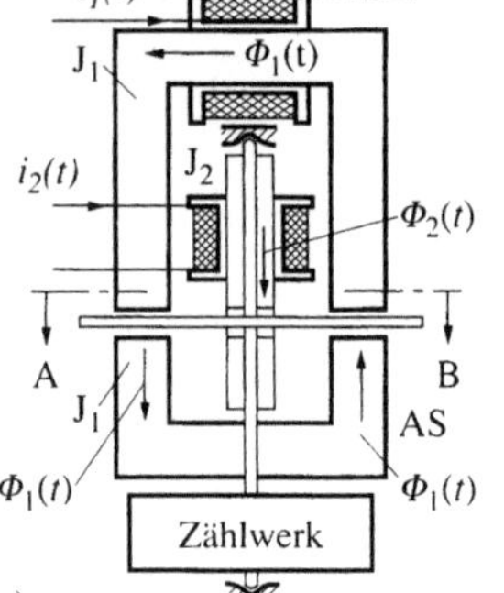

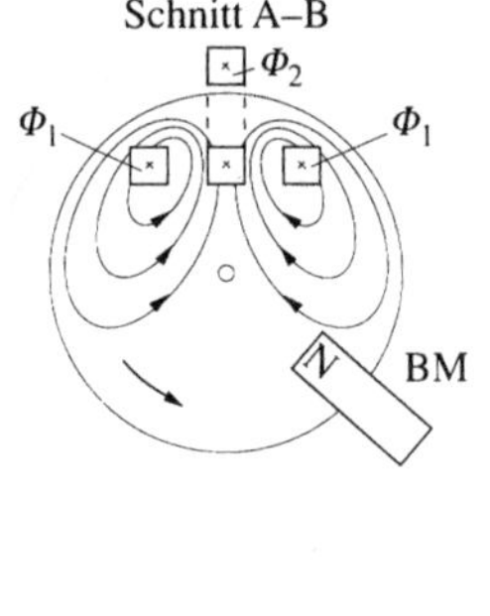

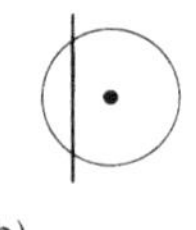

Bild 7.2-43
Induktionszähler
a) Prinzip,
b) Symbol

Der Phasenwinkel zwischen den Flüssen wird also $\beta = \varphi - \pi/2$ und damit wird das Drehmoment

$$M_e \sim \hat{u}\hat{\imath} \cdot \sin\left(\varphi - \frac{\pi}{2}\right) \sim UI \cos\varphi, \qquad (7.2\text{–}45)$$

M_e	$\hat{u}, U$	i, I	φ
Nm	V	A	rad, °

also proportional zur Wirkleistung. Im Bild 7.2–43 ist noch ein Bremsmagnet zu sehen, dessen Bremsmoment proportional zur Drehgeschwindigkeit der Scheibe ist, damit nimmt die Alu-Scheibe eine zur Wirkleistung proportionale Drehzahl an. Es gilt dann für die Zahl n_Z der Umdrehungen

$$n_Z = k_S \int_0^T P(\tau)\, d\tau. \qquad (7.2\text{–}46)$$

Die Zahl der Umdrehungen ist also proportional zur elektrischen Arbeit. Die Zählerkonstante k_S gibt an, wieviel Umdrehungen die Scheibe z. B. pro kWh macht.
Bei WS-Induktionszählern zur Messung des Blindverbrauchs wird die 90°-Phasendrehung durch einen Nebenwiderstand zur Stromspule, einen Vorwiderstand zur Spannungsspule und durch veränderte magnetische Nebenschlüsse an den Spulen erreicht.

3. Zähler für Drehstromarbeit

Energiezähler im Drehstromnetz haben in der Regel zwei- oder dreisystemige Induktionsmeßwerke, die auf eine gemeinsame Achse wirken. Die Schaltung entspricht den Leistungsmesserschaltungen nach Bild 7.2–41, wobei aber häufig über Strom- und Spannungswandler (Bild 7.2–37a) angeschlossen wird (DIN 43856).
Blindverbrauchszähler im Drehstromnetz haben auch zwei- oder dreisystemige Induktionsmeßwerke, die auf eine gemeinsame Achse wirken. Die Schaltung entspricht Bild 7.2–42 bzw. 7.2–37c für Meßbereichserweiterungen.
Neben den o. a. Standardzählern gibt es noch Sonderausführungen für spezielle Tarifgestaltungen, wie Mittelwert-, Maximum- und Mehrfachtarifzähler [7.7]. Diese können auch mit Schaltuhren versehen sein sowie Druck- und Schreibwerke oder Anschlußmöglichkeiten dafür haben.

7.2.4 Messung von Phasenwinkel und Leistungsfaktor

7.2.4.1 Phasenwinkel

Der *Phasenwinkel* zwischen 2 Spannungen oder Strom und Spannung kann mit dem Vektormesser (Abschnitt 7.2.1.2d) oder mit einem kalibrierten Oszilloskop (s. Abschnitt 7.3) in Zweistrahl- oder Zweikanal- (chopped, nicht alternate) Betrieb gemessen werden (Bild 7.2–44a). Im *x-y*-Betrieb läßt sich der

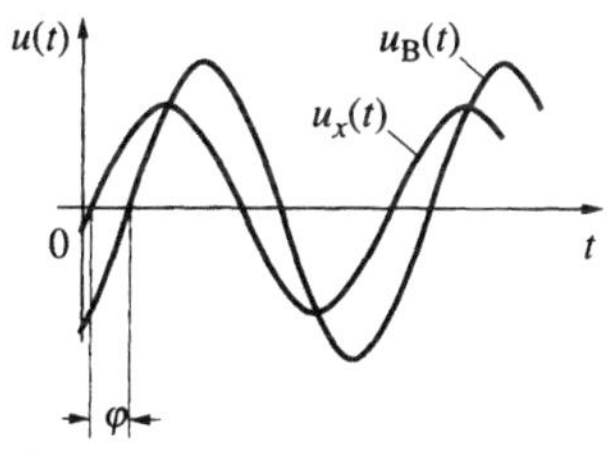

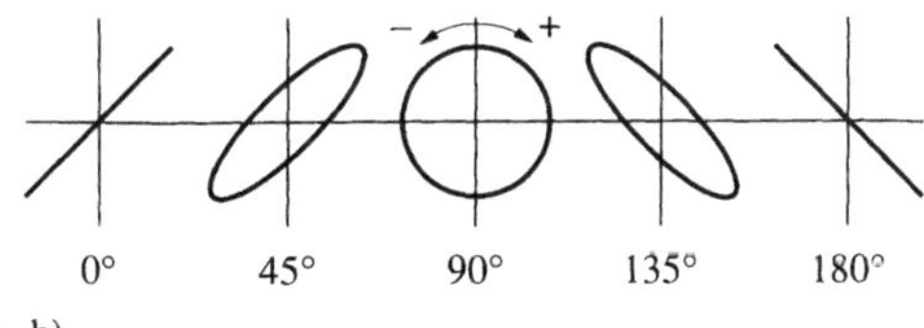

Bild 7.2-44 Phasenwinkelmessungen mit Oszilloskop
a) Vergleich der Zeitverläufe, Zweistrahl- oder Zweikanal- (chopped) Betrieb,
b) x-y-Betrieb Lissajous-Kurven

Phasenwinkel mit Hilfe Lissajousscher Kurven bestimmen [7.13]. Es gilt

$$\sin\varphi = \frac{b}{a} = \frac{d}{c}$$

bzw.

$$\varphi = \pm \arcsin\frac{b}{a} = \pm \arcsin\frac{d}{c}. \qquad (7.2\text{–}47)$$

Das Vorzeichen des Winkels läßt sich nur bei langsamen Vorgängen aus dem Umlaufsinn des Elektronenstrahls ermitteln. Der Phasenwinkel kann auch über den cos φ berechnet werden.

7.2.4.2 Leistungsfaktor

Eine unmittelbare Messung des cos φ kann mit Hilfe eines elektrodynamischen Kreuzspulmeßwerks (Bild 7.2–45) erfolgen. Hierbei ist bei einem Kreuzspulmeßwerk nach Bild 7.2–8 mit 90° Kreuzungswinkel der Permamentmagnet durch einen Elektromagneten ersetzt worden. Es kann auch umgekehrt eine Drehspule in einer Kreuzfeldanordnung verwendet werden. Man kann nachweisen, daß der Anzeigewinkel α und der Phasenwinkel φ nach folgender Beziehung zusammenhängen [7.14]

$$\tan\alpha \sim \tan\varphi. \qquad (7.2\text{–}48)$$

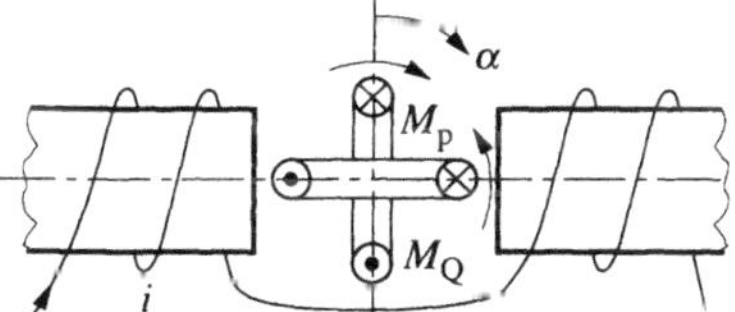

Bild 7.2-45 Prinzip des Leistungsfaktormessers

$$\left.\begin{aligned} M_P &\sim UI\cos\varphi\sin\alpha \\ M_G &\sim UI\sin\varphi\cos\alpha \end{aligned}\right\} \tan\varphi \sim \tan\alpha$$

Die Skala ist in der Regel in Werten des $\cos\varphi$ kalibriert.

Die Messung des Leistungsfaktors kann entsprechend $P = U \cdot I \cdot \cos\varphi$ aus einer Strom-, Spannungs- und Wirkleistungsmessung ermittelt werden. Eine weitere Methode ist das *Dreispannungsmesserverfahren*, bei dem zu dem Prüfling $\underline{Z}$ ein bekannter winkelfreier Widerstand R in Reihe geschaltet wird. Gemessen werden die Spannungsabfälle über $R(=\underline{U}_1)$, $Z(=\underline{U}_2)$ und über der Reihenschaltung $(=\underline{U}_3)$ (Bild 7.2–46a). Der Strom $\underline{I}$ ist mit $\underline{U}_1$ in Phase, es gilt entsprechend dem Kosinussatz

$$U_3^2 = U_1^2 + U_2^2 + 2U_1U_2\cos\varphi$$

für den Leistungsfaktor (sin-förmige Größen)

$$\cos\varphi = \frac{U_3^2 - U_1^2 - U_2^2}{2U_1 \cdot U_2}. \qquad (7.2\text{–}49)$$

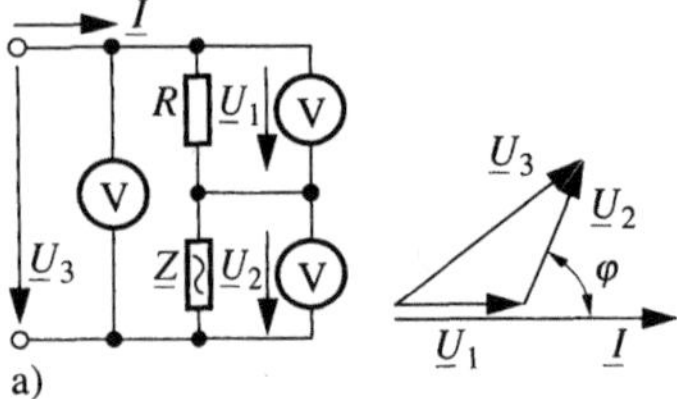

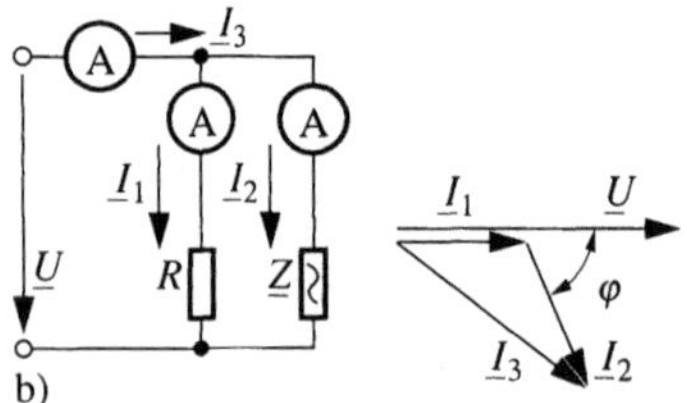

Bild 7.2-46 Leistungsfaktormessung mit Hilfe des
a) Dreispannungsmesser-Verfahrens,
b) Dreistrommesser-Verfahrens

Bei dem *Dreistrommesserverfahren* nach Bild 7.2–46b wird dem Prüfling $\underline{Z}$ ein bekannter winkelfreier Widerstand R parallelgeschaltet und die Ströme I_1, I_2 und I_3 gemessen. $\underline{I}_1$ und $\underline{U}$ sind in Phase. Nach dem Kosinussatz erhält man

$$I_3^2 = I_1^2 + I_2^2 + 2I_1I_2\cos\varphi$$

und damit den Leistungsfaktor (sin-förmige Größen)

$$\cos\varphi = \frac{I_3^2 - I_1^2 - I_2^2}{2I_1I_2}. \qquad (7.2\text{–}50)$$

Bei *symmetrischem Drehstromnetz* gilt

$$\cos\varphi = \frac{P}{\sqrt{3}U_L I_L} \qquad (7.2\text{–}51)$$

und bei Messung mit der Aron-Schaltung (Bild 7.2–41c) gilt unter Beachtung des Vorzeichens von P_1 und P_2

$$\cos\varphi = \frac{1}{\sqrt{1+\tan^2\varphi}} = \frac{P_1 + P_2}{2\sqrt{P_1^2 - P_1P_2 + P_2^2}}. \qquad (7.2\text{–}52)$$

7.2.5 Messung von Frequenz und Zeitintervall

Frequenz- und *Zeitmessungen* lassen sich mit hoher Präzision realisieren; Frequenz- und Zeitzeichennormalien können auch leicht mit hoher Genauigkeit an den Meßort übertragen werden. Die Physikalisch-Technische Bundesanstalt in Braunschweig betreibt in Mainflingen bei Aschaffenburg den Langwellensender DCF 77, der damit als Zeitzeichen- und Normalfrequenzsender auf der Basis des PTB Caesium-Frequenznormals landesweit verfügbar ist. Die über den Tag gemittelte relative Frequenzabweichung ist am Sendeort kleiner als 10^{-12}! Wegen dieser hohen Genauigkeit versucht man häufig, die Messung von physikalischen Größen auf Frequenz- oder Zeitintervallmessungen zurückzuführen. Als Vorteile zeit- und frequenzanaloger Signale gegenüber amplitudenanalogen Signalen können hervorgehoben werden:

- die weitgehende Unabhängigkeit von Leitungsparametern und deren Änderung,
- die Übertragungs- und Verstärkungsmöglichkeit ohne nennenswerten Genauigkeitsverlust,
- die geringere Störempfindlichkeit gegenüber elektromagnetischen Einstreuungen,
- die einfachere galvanische Trennung dieser Signale,
- die leichtere Digitalisierbarkeit,
- die leichtere Verarbeitbarkeit, z. B. Addition, Subtraktion, Multiplikation, Division, Differentiation, Integration usw.

Zeit- und Frequenzmessungen werden heute überwiegend mit Hilfe digitaler elektronischer Zähler durchgeführt. Aber nicht immer ist eine digitale Anzeige notwendig oder sinnvoll (z. B. Drehzahlanzeige bei starken Drehzahlschwankungen, wie beim Automotor); häufig wird auch ein amplitudenanaloges Signal z. B. in einem Regelkreis direkt benötigt. In solchen Fällen ist es oft wirtschaftlicher und einfacher, direkt amplituden-analoge Meßverfahren anzuwenden. Deshalb sollen im folgenden auch einige dieser Verfahren betrachtet werden.

7.2.5.1 Amplituden-analoge Meßverfahren

Beim klassischen *Zungenfrequenzmesser* [7.7] sind zwischen den Polschuhen eines Elektromagneten mechanisch abgestimmte Zungen aus ferromagnetischem Material angebracht. Fließt durch die Spulen des Elektromagneten ein Wechselstrom, so wird die Zunge mit Maximalamplitude schwingen, deren Eigenfrequenz mit der doppelten Frequenz des erregenden Feldes übereinstimmt. Zungenfrequenzmesser können im Bereich zwischen 15 Hz und 1 kHz zur Frequenzüberwachung eingesetzt werden.

Der *Schwingkreisresonanzfrequenzmesser* besteht aus einem abstimmbaren Resonanzkreis, an den über einen Spitzengleichrichter ein Instrument angeschlossen ist. Der Schwingkreis wird kapazitiv oder induktiv an den Meßkreis angekoppelt. Der Abstimmknopf wird mit einer kalibrierten Skala verbunden, das Instrument dient nur zur Anzeige des Maximums. Die im Abschnitt 7.2.1.2 d beschriebenen selektiven Voltmeter können ebenfalls zur Frequenzmessung eingesetzt werden. Das gleiche gilt auch für die in Abschnitt 7.2.2.2 beschriebene Kapazitätsmeßbrücke nach Wien. Weitere Verfahren beruhen auf dem Vergleich eines Zeitintervalls mit der Auf- oder Entladespannung eines Kondensators [7.7], [7.11].

Frequenz-, Periodendauer- und Zeitintervallmessungen können auch mit *kalibrierten Oszilloskopen* durch Ablesung vom Bildschirm (y-t-Darstellung) und Multiplikation mit dem Ablenkfaktor erfolgen (s. Abschnitt 7.3). oder durch Vergleich mit bekannten Frequenzen im x-y-Betrieb mit Hilfe der Lissajous-Figuren [7.13].

Verschiedene Wechsel- oder Drehstromnetze lassen sich nur dann parallelschalten, wenn Spannung, Frequenz, Phasenfolge und Phasenlage übereinstimmen. Dazu gibt es Synchronisiergeräte, die aus einem Doppelspannungsmesser, Doppelfrequenzmesser (z. B. Zungenfrequenzmesser) und einem Zeigersynchronoskop bestehen. Synchronoskope sind umlaufende Leistungsfaktormeßgeräte (s. Abschnitt 7.2.4.2) mit elektrodynamischem Meßwerk.

Zur Synchronisation lassen sich auch sog. *Phasenlampenschaltungen* nach Bild 7.2–47 verwenden. Die Lampen werden entsprechend dem Bild zwischen beide Netze geschaltet, sie müssen für die doppelte Strangspannung bemessen sein. Bei Synchronismus müssen die Lampen in der Dunkelschaltung dunkel sein und in der Hellschaltung am hellsten leuchten. In der Regel werden kombinierte Hell-Dunkel-Schaltungen benutzt.

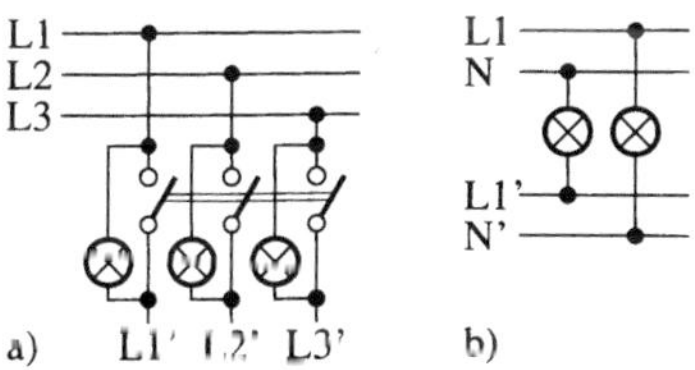

Bild 7.2-47 Phasenlampen in
a) Dunkelschaltung und
b) Hellschaltung

Drehfeldrichtungsanzeiger werden zur Kontrolle des Umlaufsinns (Phasenfolge) von Drehstromnetzen verwendet. Die Kontrolle der Phasenfolge ist besonders beim Anschluß von Motoren wichtig. Bild 7.2–48 zeigt eine mögliche Schaltung und das zugehörige Zeigerdiagramm. Bei der eingezeichneten Phasenfolge ist $U_{AB} = U_L/2$ und $U_{BD} = 0$ und bei umgekehrter Phasenfolge ist $U_{AB} = 0$ und $U_{BD} = U_L/2$.

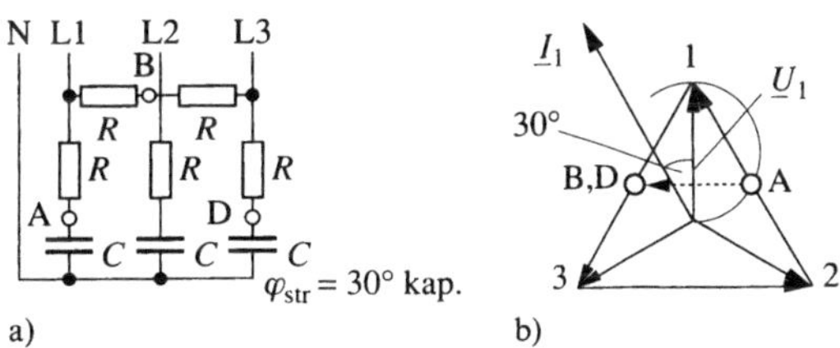

Bild 7.2-48 Drehfeldrichtungsanzeiger,
a) Schaltung,
b) Zeigerdiagramm

7.2.5.2 Digitale Meßverfahren

Es gilt bei *digitalen Messungen* der Zeit T und der Frequenz f für den Zählerstand N

$$N = f \cdot T. \qquad (7.2.–53)$$

Dabei wird bei Frequenzmessungen ein bekanntes Zeitintervall T konstant gehalten, und es gilt dann für den Zählerstand $N \sim f$, während bei Zeitintervallmessungen eine bekannte Frequenz f konstant gehalten wird und damit der Zählerstand $N \sim T$ ist.

Bild 7.2–49 zeigt ein vereinfachtes Blockschaltbild für einen digitalen *Zeitintervallmesser* und das zugehörige Ablaufdiagramm. Vor Beginn der Messung wird der Zähler auf Null gesetzt (Reset). Ein Startimpuls setzt das RS-Flipflop auf $Q = 1$ und der Stopimpuls setzt es wieder zurück auf Null. Solange das $Q = 1$-Signal am UND-Gatter liegt, können die clock-Impulse das Gatter passieren und werden im Zähler gezählt und zur Anzeige gebracht. Der Zeittaktgeber (clock) ist in der Regel quarzstabilisiert.

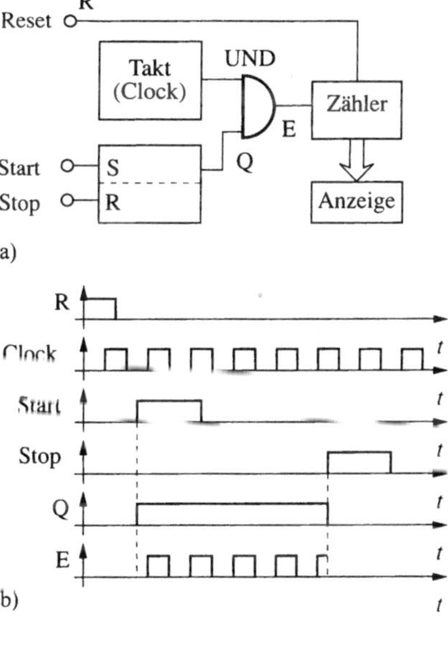

Bild 7.2-49 Digitale Zeitintervallmessung
a) Schaltung,
b) Ablaufdiagramm

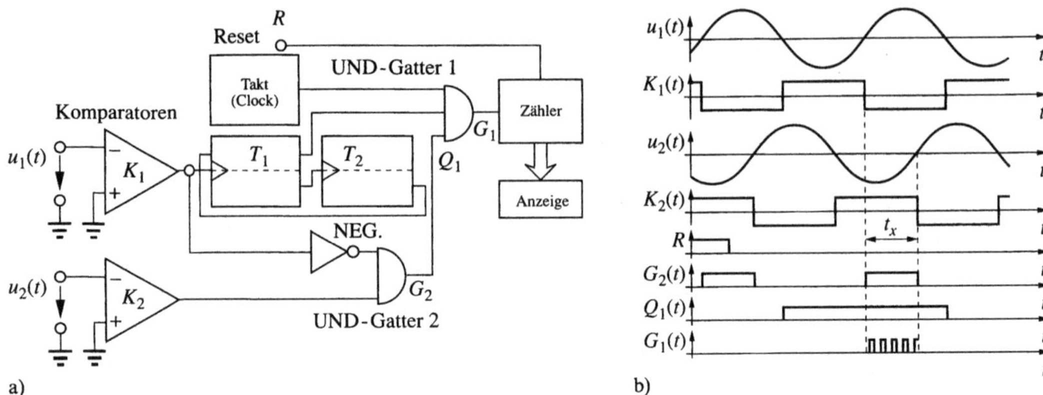

Bild 7.2-50 Digitale Phasenwinkelmessung.
a) Schaltung,
b) Ablaufdiagramm

Zur *Periodendauermessung* wird das periodische Meßsignal zunächst mit Hilfe eines Nullspannungskomparators in ein Rechtecksignal umgeformt und anschließend auf zwei hintereinandergeschaltete Flipflops gegeben, da hier erst mit jeder zweiten Flanke das Q-Signal geschaltet werden darf.
Für die digitale Messung des *Phasenwinkels* zwischen den beiden Spannungen

$$u_1(t) = \hat{u} \sin(\omega t),$$
$$u_2(t) = \hat{u} \sin(\omega t + \varphi)$$

kann eine Schaltung nach Bild 7.2–50 verwendet werden. Die beiden Spannungen werden auch über die Nullspannungskomparatoren K_1 und K_2 in Rechtecksignale umgewandelt und über das UND-Gatter G_1 und die beiden hintereinandergeschalteten Flipflops dem UND-Gatter G_2 zugeführt. Die UND-Bedingung ist jeweils für die durch die ansteigenden Nulldurchgänge von u_1 und u_2 (bzw. den daraus abgeleiteten Komparatorsignalen K_1 und K_2) gebildeten Zeitintervalle T_x erfüllt. Der Phasenwinkel ergibt sich damit aus dem Zählerstand N_x zu

$$\varphi = \omega T_x = \omega \frac{N_x}{f}. \quad (7.2\text{–}54)$$

Die digitale Messung einer *Frequenz* f kann nach einem im Bild 7.2–51 dargestellten Verfahren erfolgen. Die Schaltung ist mit 2 Zählern aufgebaut, von denen der eine, durch den Taktgeber (clock) gesteuert, den Zeitablauf für die Messung begrenzt. Das Startsignal kommt über ein RS-Flipflop zum Nullsetzen (Reset) des Ergebniszählers und auf die beiden UND-Gatter vor den beiden Zählern. Der Zeitablaufzähler kann nun die clock-Impulse bis zu einem vorgegebenen Wert zählen. Mit der Vorgabe dieses Zählwertes werden der Frequenzbereich und die Zählerauflösung vorgewählt. Über das UND-Gatter G_2 kann gleichzeitig das Meßsignal in den Ergebniszähler eingelesen werden. Das Meßsignal steht aber nicht direkt am UND-Gatter, sondern wird zunächst im Nullspannungskomparator in ein rechteckförmiges Signal umgewandelt. Dadurch können verschiedenartige Meßsignalformen und auch Impulsraten gezählt werden. Wenn der Zeitablaufzähler seinen vorgegebenen Wert erreicht hat, gibt er ein Stopsignal auf den R-Eingang des RS-Flipflop, womit die Meßzeit T beendet wird. Mit $T = N_z/f_z$ des Zeitablaufzählers wird die gesuchte Frequenz

$$f_x = \frac{N_x}{T} = \frac{f_z}{N_z} N_x. \quad (7.2\text{–}55)$$

Ein *Universalzähler* ist ein Meßgerät, das die beschriebenen Meßaufgaben und zusätzlich noch weitere Aufgaben, wie Messung von Frequenzverhältnissen, Frequenz- und Zeitintervalldifferenzen usw., erledigen kann. Solche Geräte sind in der Regel mit einer Zeitbasis versehen, die aus einem mit Thermostat temperaturstabilisierten Quarzoszillator bestückt ist.
Wie bei allen digitalen Meßverfahren ist auch hier der *Quantisierungsfehler* zu berücksichtigen, d. h., das Meßergebnis (Zählerstand) muß immer bestenfalls mit $N_x \pm 1$ angegeben werden. Zu beachten ist, daß der Quantisierungsfehler bei hohem Zählerstand N_x natürlich weniger ins Gewicht fällt als bei niedrigem Zählerstand.

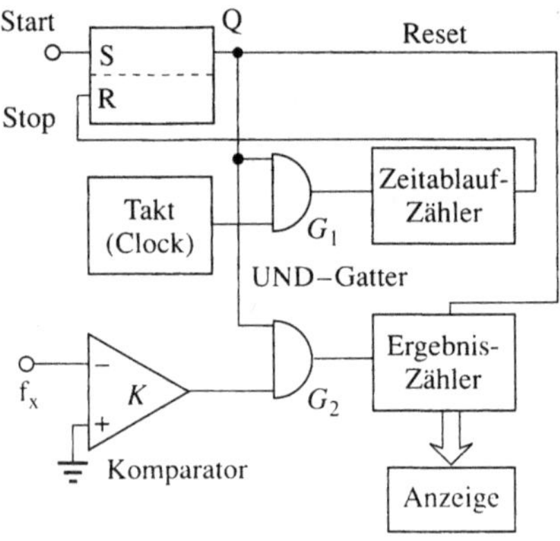

Bild 7.2-51 Digitale Messung einer Frequenz

7.3. Aufzeichnende Meßgeräte

Aufzeichnende Meßgeräte dienen zur Messung und Darstellung beliebig veränderlicher Vorgänge und gegebenenfalls zu deren Dokumentation. Es kann sich dabei einerseits um die Darstellung der Augenblickswerte periodischer Vorgänge handeln, die auch sonst durch Mittelwerte zeitunabhängig meßtechnisch erfaßt werden können; andererseits kann es sich auch um die Darstellung nichtperiodischer Vorgänge, wie Schaltvorgänge, oder die Aufzeichnung von Leistung, Klemmenspannung, Strom, Temperatur, Druck usw. über der Zeit handeln. Nach der Art der Aufzeichnung soll im folgenden zwischen elektromechanischen und elektronischen Meß- und Darstellungsverfahren unterschieden werden. Aus der Vielzahl der existierenden Geräte kann hier nur eine Auswahl getroffen werden, wobei zunächst die prinzipiellen Wirkungsweisen und wichtige Konstruktionsmerkmale betrachtet werden sollen.

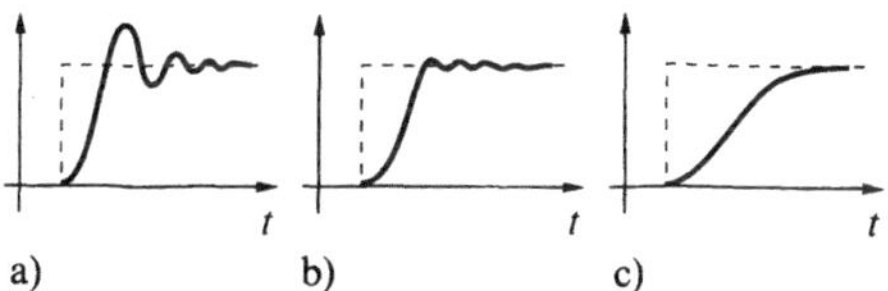

Bild 7.3-1 Aufgezeichneter Einschaltvorgang bei
a) zu kleiner,
b) richtiger und
c) zu großer Dämpfung des Meßwerks

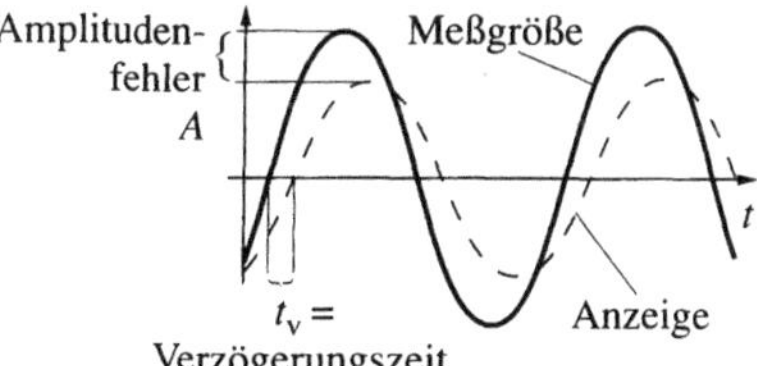

Bild 7.3-2 Verzögerungszeit und Amplitudenfehler bei sinusförmigen Signal

7.3.1 Elektromechanische Registriergeräte

Ein massebehaftetes und damit träges Meßwerk kann nicht beliebig schnellen Meßgrößenänderungen unverfälscht folgen. Das wichtigste Qualitätskriterium *elektromechanischer Registriergeräte* ist daher die Wiedergabetreue besonders von schnellveränderlichen Meßgrößen. Hierzu sind der Dämpfungsgrad, die Verzögerungszeit und der Amplitudenfehler wichtige Beurteilungskriterien.

Zur Beurteilung des *Dämpfungsverhaltens* zeichnet man einen Einschaltvorgang (Sprung) auf und kann entsprechend Bild 7.3-1 die wiedergegebene Kurve bewerten. Verzögerungszeit und Amplitudenfehler sind im Bild 7.3-2 für eine sinusförmige Meßgröße dargestellt. Aus der Differentialgleichung für die Meßwerkbewegung lassen sich nach [7.7]

– die *Verzögerungszeit* $t_v = \dfrac{1}{2\pi f} \arctan \dfrac{2\vartheta\eta}{1-\eta^2}$,

– der *Amplitudenfaktor* $A = [(1-\eta^2)^2 + (2\vartheta\eta)^2]^{-\frac{1}{2}}$

$$(7.3\text{–}1)$$

mit ϑ Dämpfungsgrad, $\eta = f/f_0$ und f_0 Eigenfrequenz berechnen.

Die Schreibfläche kann für zeitlich begrenzte Aufzeichnungen aus einem Kreisblatt oder Trommelblatt und für zeitlich unbegrenzte Aufzeichnungen aus einem aufgerollten Streifen bestehen. Als Antrieb dienen Feder-, Synchron-, oder Schrittmotoren, die über umschaltbare Getriebe Papiergeschwindigkeiten zwischen etwa 1 cm/h und über 5 m/s erlauben.

Geschrieben wird am häufigsten mit Tintenschreibern, Faserschreibern oder Kugelschreibern. Für Wachspapier werden beheizte oder kalte Metallstifte, für Aluminiumfolien Stahlstifte und für metallisierte Folien stromdurchflossene Brennelektroden benutzt.

Bei höheren Schreibgeschwindigkeiten werden Tintenstrahldüsen benutzt, die die Tinte auf das Papier spritzen, und für sehr hohe Schreibgeschwindigkeiten wird für Sonderaufgaben lichtempfindliches Papier in Lichtstrahloszillografen verwendet.

Die Meßbereiche und Frequenzgrenzen der verbreitetsten Meßwerke sind im Bild 7.3–3 zusammengestellt. Punktschreiber zeichnen nur langsame Vorgänge auf, wobei häufig zwischen verschiedenen Meßstellen umgeschaltet wird. Für höhere Frequenzen werden Tintenstrahl- und Lichtstrahlschreiber verwendet.

Meßwerk	Meßbereich	obere Frequenzgrenze
Kompensationslinienschreiber	$\sim 10^{-6} \ldots 10^3$ V DC/AC	~ 2 Hz
Drehspulschreiber (Linie, Punkt)	$\sim 10^{-2} \ldots 10^3$ V DC $\sim 1 \ldots 10^3$ V AC	~ 20 Hz
Dreheisenschreiber	$\sim 1 \ldots 10^3$ V DC/AC	
Drehmagnetschreiber	$\sim 1 \ldots 10^3$ V DC	
Tintenstrahlschreiber	$\sim 10^{-?} \ldots 10^3$ V DC $\sim 1 \ldots 10^3$ V AC	~ 800 Hz
Lichtstrahlschreiber	$\sim 10^{-2} \ldots 10^3$ V DC $\sim 1 \ldots 10^3$ V AC	$\sim 20\,000$ Hz

Bild 7.3-3 Meßbereiche und Frequenzgrenzen schreibender Meßgeräte

Man unterscheidet zwischen *Zeitdarstellung* (*y-t*-Schreiber) und *Koordinatendarstellung* (*x-y*-Schreiber). Beim y-t-Schreiber erfolgt ein zeitproportionaler Vorschub des Schreibpapiers, während beim x-y-Schreiber das Papier fest steht und die Schreibstifte in x-y-Richtungen über das Papier fahren. Digital angesteuerte Schreiber werden auch *Plotter* genannt, die aber wegen der geringen Schrittweite auch stetig erscheinende Kurven darstellen können.

Als Ausführungsbeispiele sind im Bild 7.3–4 [7.15] vier schreibende Meßgeräte dargestellt. Der *Drehspullinienschreiber* (Bild a) hat für die Geradführung des Schreibers einen sogenannten Ellipsenlenker. Da die Schreibvorrichtung schwerer als ein Zeiger ist, ist auch der Eigenverbrauch höher als beim Anzeigeinstrument. Zum Aufzeichnen mehrerer Meßwerte parallel dient der *Mehrfarben-Punktschreiber* (Bild b). Hier wird der Zeiger des Meßwerks in bestimmten Abständen von einem Fallbügel kurzzeitig auf das Farbband und das darunter liegende Papier gedrückt. Gleichzeitig mit der Meßstellenumschaltung kann auch das Farbband umgeschaltet werden, wodurch die einzelnen Kurven in verschiedenen Farben aufgezeichnet werden. Der im Bild c dargestellte *Kompensationsschreiber* enthält anstelle eines Meßwerks einen entsprechend Bild 7.2–23 arbeitenden Kompensator. Das Potentiometer der Hilfsquelle ist mit dem auf einer Schiene laufenden Schreiber gekoppelt. Ein Motor bewegt den Potentiometerschleifer solange, bis die Hilfsspannung gleich der Meßspannung ist. Bei dem im Bild d dargestellten *Tintenstrahlschreiber* wird eine Tintendüse durch ein Drehmagnetmeßwerk ausgelenkt.

7.3.2 Oszilloskope

Oszilloskope dienen zur Darstellung zeitabhängiger (y-t) und koordinatenabhängiger (x-y) Größen auf dem Bildschirm einer Elektronenstrahlröhre oder auf einem Halbleiterdisplay. Die Elektronenstrahlröhre besteht aus einem luftleeren Glaskörper mit verschiedenen Elektroden und einem Leuchtschirm (Bild

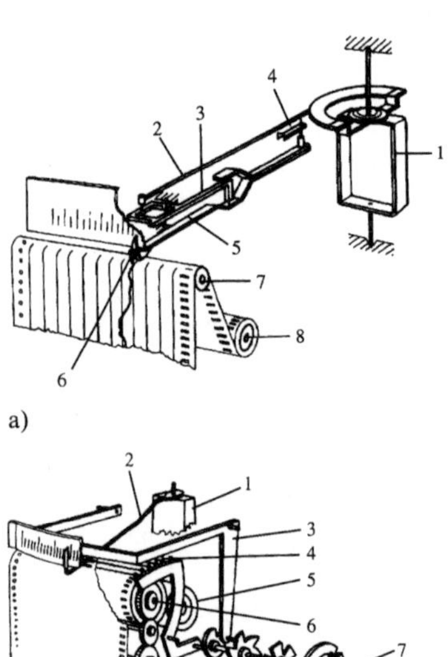

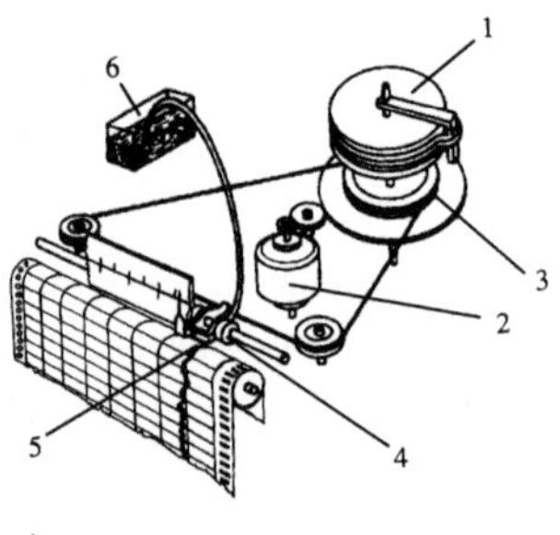

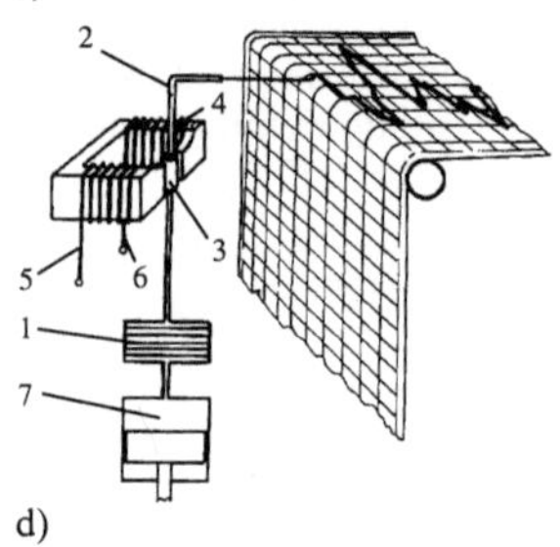

Bild 7.3-4 Registriergeräte

a) Drehspul-Linienschreiber,
1 Drehspule, 5 Schreibarm,
2 Schubstange, 6 Feder,
3 Lenkarm, 7 Walze,
4 Führung, 8 Papiervorrat

b) 6-Farben-Drehspul-Fallbügel-Punktdrucker,
1 Drehspule, 5 Papiervorrat,
2 Zeiger, 6 Walze,
3 Fallbügel, 7 Meßstellenumschalter,
4 Farbbänder, 8 Synchronmotor

c) Kompensationsschreiber,
1 Abgleichpotentiometer, 4 Schreibwagen,
2 Meßmotor, 5 Schreibfeder,
3 Seilscheibe, 6 Tintentank

d) Tintenstrahlschreiber,
1 Filter, 5 Feldwicklung,
2 Kapillare, 6 Meßanschluß,
3 Drehmagnet, 7 Pumpe
4 Polschuhe,

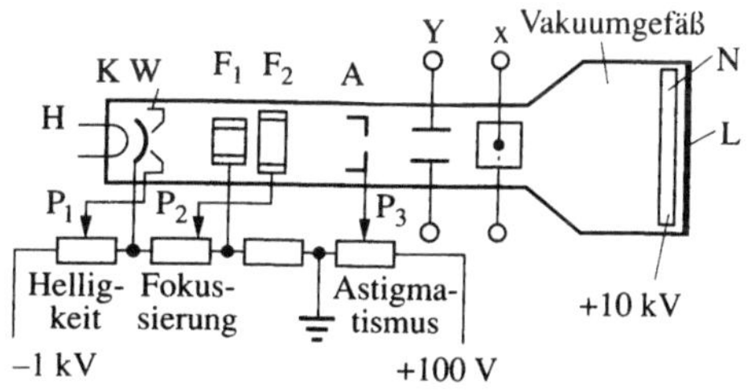

Bild 7.3-5 Elektronenstrahlröhre (prinzipieller Aufbau)
H Heizfaden,
K Katode – zur Elektronenabgabe aktivierte Schicht,
W Wehneltzylinder – Intensitätssteuerung (Helligkeit),
F Fokussierung, elektrische Linse – Strahlschärfe,
A Anode – positives Potential = Anziehung der Elektronen,
x Horizontalablenkplatten für den Elektronenstrahl,
y Vertikalablenkplatten für den Elektronenstrahl,
N Nachbeschleunigungselektrode,
L Leuchtschirm

7.3–5). Aus der geheizten Katode treten Elektronen aus, die in Richtung der Anode beschleunigt werden und durch die x- und y-Ablenkplatten abgelenkt auf den Leuchtschirm auftreffen. Mit Hilfe des gegen die Katode negativ vorgespannten Wehneltzylinders kann die Intensität des Elektronenstromes zum Leuchtschirm eingestellt werden, d. h., mit dem Potentiometer P_1 wird die Helligkeitseinstellung des Bildes vorgenommen. Die Fokussierungselektrode F_2 wird leicht negativ gegenüber F_1 vorgespannt. Dadurch wird der Elektronenstrahl in seiner Weite beeinflußt, es läßt sich also mit dem Potentiometer P_2 die Strahlschärfe einstellen. Mit P_3 kann man etwa vorhandene Leuchtpunktunschärfen am Bildrand korrigieren (Astigmatismus).

Bei der Wanderung der Elektronen durch die Röhre sind ihre elektrische Energie und ihre kinetische Energie im Gleichgewicht. Daraus errechnet sich die Elektronengeschwindigkeit

$$v_e = \sqrt{2U\frac{e}{m}} \qquad (7.3\text{–}2)$$

mit Elektronenladung $e = 1{,}602 \cdot 10^{-19}$ As und Elektronenruhemasse $m = 9{,}108 \cdot 10^{-31}$ kg. Der Ablenkungswinkel in y-Richtung ergibt sich z. B. zu

$$\tan \alpha_y = \frac{e}{m} E \cdot \frac{l}{v_Z^2} \qquad (7.3\text{–}3)$$

mit E Feldstärke in y-Richtung zwischen den Ablenkplatten, l Länge der Ablenkplatten, v_Z Geschwindigkeitskomponente der Elektronen in Leuchtschirmrichtung.

7.3.2.1 Analoge Oszilloskope

Bild 7.3–6 zeigt das Prinzipschaltbild eines einfachen Oszilloskops. Der *Vertikalablenkkanal* (y-Kanal) hat am Eingang einen Umschalter für DC (Gleichspannungskopplung), AC (Wechselspannungskopplung, hier werden Gleichspannungsanteile von Mischspannungen zurückgehalten) und GRD, GND oder 0 (Kurzschluß des y-Eingangs zur Einstellung der Nullage des Strahlbildes). Der Eingangswiderstand beträgt meistens 1 MΩ und die Eingangskapazität 10...50 pF. Für die Anpassung der Abbildung an die verschiedenen Meßsignalpegel ist ein umschaltbarer Spannungsteiler vorhanden, der in AMPL/DIV, V/cm, V/Teilung, V/DIV, V/Skt. kalibriert ist. Meistens ist zusätzlich noch ein Potentiometer zur Feinabstimmung (nicht kalibriert) vorhanden (s. dazu Bild 7.3–8). Die Verzögerungsleitung ist zur Darstellung steiler nichtperiodischer Impulsflanken erforderlich, um die gesamte Flanke darstellen zu können. Die *Horizontalablenkung* (x-Kanal) kann in 2 Betriebsarten laufen. Bei der Koordinatendarstellung

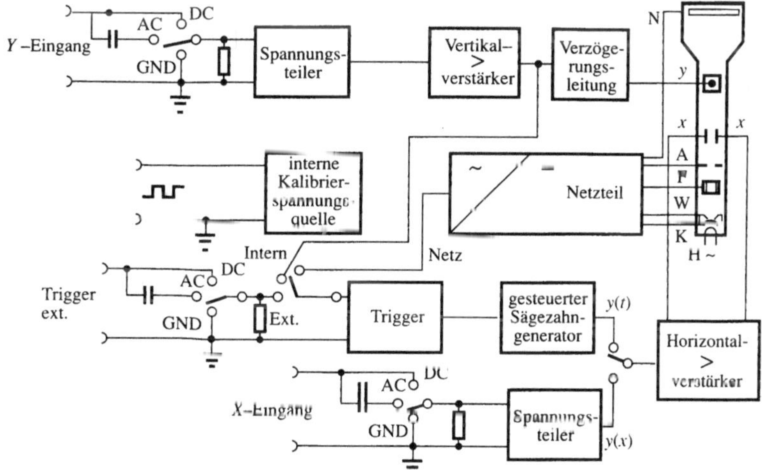

Bild 7.3-6 Prinzipschaltbild eines analogen Oszilloskops

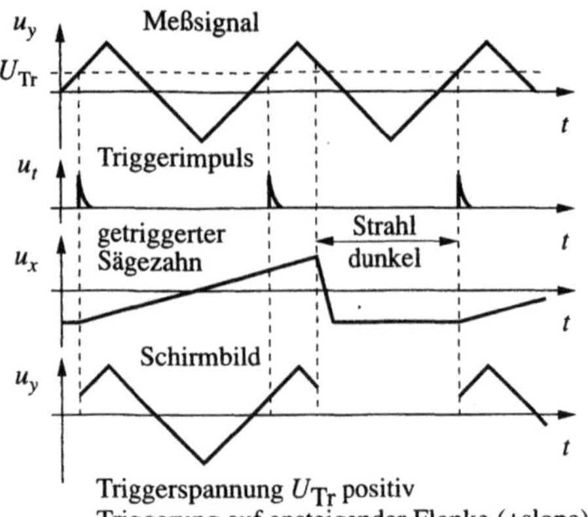

Bild 7.3-7 Abbildungsvorgang beim intern getriggerten Oszilloskop

($y(x)$) ist der Verstärker direkt oder über einen umschaltbaren Spannungsteiler mit dem x-Eingang verbunden. In der $y(t)$-Betriebsart wird der Strahl von einem internen Zeitablenksystem gesteuert. Im Bild 7.3–7 ist der Abbildungsvorgang eines intern getriggerten Oszilloskops dargestellt. Die Triggerspannung (trigger level) U_{Tr} kann mit einem Potentiometer (s. Bild 7.3–8) mit positivem oder negativem Wert eingestellt werden (im Bild U_{Tr} positiv). Außerdem kann auf ansteigender (+slope) oder fallender (–slope) Flanke getriggert werden (im Bild 7.3–7 + slope). Wenn die zu messende Spannung $u_y(t)$ die Triggerschwelle U_{Tr} auf der eingestellten Flanke erreicht, wird ein Triggerimpuls abgegeben, der den Sägezahn $u_S(t)$ startet. Die Ablenkzeit (Steigung des Sägezahns) wird mit dem Zeitmaßstabschalter, der z. B. in Time/div, µs/cm oder ms/cm kalibriert ist, eingestellt. Auch hier ist häufig ein Potentiometer zur Feineinstellung (nicht kalibriert) vorhanden. Die Triggerung kann intern (abgeleitet vom abgebildeten Signal $y(t)$), extern oder auch vom Netz erfolgen (Bild 7.3–8).
Häufig ist eine interne Kalibrierspannungsquelle vorhanden (Rechteckspannung), mit der die Abbildungsmaßstäbe überprüft und Tastköpfe so abgeglichen werden können, daß die Rechteckspannung optimal dargestellt wird.

An die im x- und y-Kanal vorhandenen Verstärker müssen, wie an alle Meßverstärker, besondere Anforderungen gestellt werden. Es handelt sich hier um stark gegengekoppelte, rausch- und driftarme Gleichspannungsverstärker mit hoher Bandbreite und definiertem Übertragungsverhalten (Verstärkung $v = \text{const}$).
Häufig ist es sinnvoll, zwei (oder mehr) Meßgrößen $y_1(t)$ und $y_2(t)$ gleichzeitig darzustellen. Dieses ist im *Zweikanalbetrieb* des Oszilloskops möglich. Dazu sind 2 (oder bis zu 4 bei Vierkanalbetrieb) y-Eingänge einschließlich umschaltbarem Spannungsteiler und Verstärker sowie zusätzlich noch ein elektronischer Umschalter vorhanden. Es gibt zwei mögliche Betriebsarten, „chopped" und „alternated", die im Bild 7.3–9 in ihrer Funktion beschrieben sind.

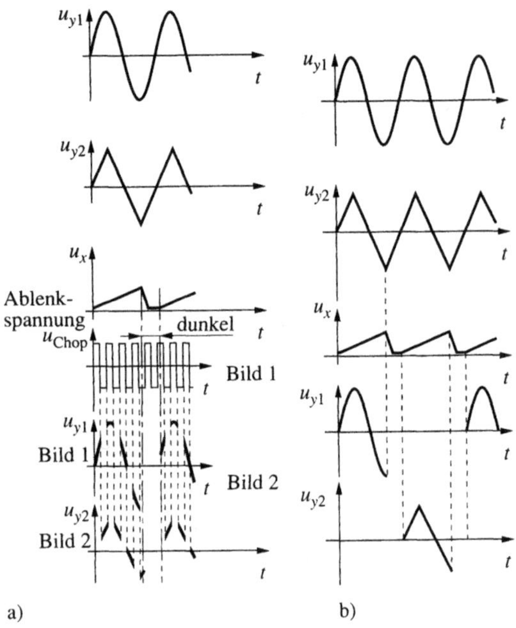

Bild 7.3-9 Zweikanalbetrieb beim Oszilloskop
a) Betriebsart „chopped"
b) Betriebsart „alternated"

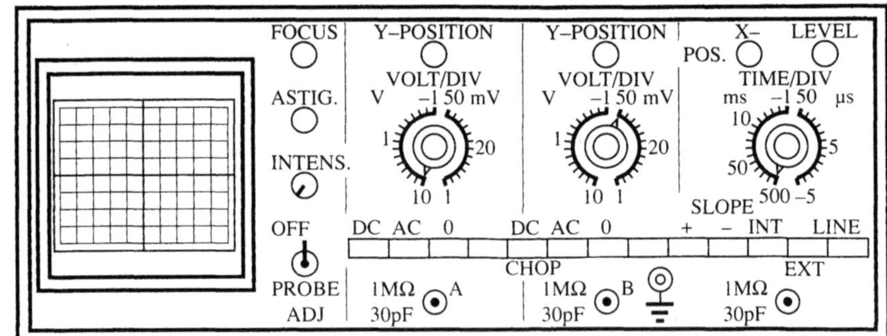

Bild 7.3-8 Bedienungsfeld eines Zweikanal-Oszilloskops

Im *„chopped"-Betrieb* wird während der Ablenkphase mit einem Umschalter zwischen den beiden Signalen y_1 und y_2 umgeschaltet. Die Chopperfrequenz (Zerhackerfrequenz) muß natürlich erheblich höher sein als die Frequenz der Meßsignale. Nur dann erscheinen die Signale als geschlossene Kurvenzüge. Bei richtigem Ansatz der Triggerspannung erhält man beide Signale in richtiger zeitlicher Zuordnung zueinander (Bild 7.3–9a).

Im *„alternated"-Betrieb* werden beide Signale im Takt der Zeitablenkung nacheinander dargestellt, wobei jedes Signal nur in jeder 2. Ablenkphase hell gesteuert auf dem Bildschirm (Bild 7.3–9b) erscheint. Hierbei wird eine zeitliche Zuordnung also zwangsläufig nicht erreicht.

Beim *Zweistrahlbetrieb* enthält die Bildröhre 2 getrennte Systeme, nur die Zeitablenkung ist für beide y-Kanäle gemeinsam. Hierbei läßt sich der zeitliche Verlauf und die gegenseitige Zuordnung von zwei Signalen $y_1(t)$ und $y_2(t)$ darstellen.

7.3.2.2 Digitale Oszilloskope

Bild 7.3–10 zeigt eine vereinfachte Prinzipschaltung eines *digitalen Oszilloskops*. Wie man sieht, ist im y-Kanal zusätzlich ein Digitalteil (zwischen ADU und DAU) zwischen (analogem) y-Eingangskreis und (analogem) y-Endverstärker eingefügt. Weiterhin ist im Zeitablenkteil eine sog. Zeitbasis vorhanden. Mit Hilfe eines Zeitbasiseinstellers läßt sich die Abtastrate einstellen. Der gegenüber analogen Oszilloskopen erhöhte schaltungstechnische Aufwand bringt u. a. folgende Vorteile:

- digitale Speicherbarkeit der Meßsignale,
- zeitlich unbegrenzte Speicherbarkeit (z. B. auf Disketten),
- mathematische Bearbeitbarkeit der gespeicherten Meßsignale,
- Auflösung besser als bei analogen Speicher-Oszilloskopen,
- Auflösung auch nachträglich veränderbar,
- über Schnittstelle im Plotter ausdruckbare Schirmbilder,
- programmierte Meßmöglichkeiten, z. B. sogenannten Babysitter- und Eventoskop-Betrieb.

Allerdings stehen den Vorteilen auch (neben dem erhöhten Schaltungsaufwand) einige Nachteile, insbesondere zusätzliche Fehlerquellen, gegenüber, z. B.:

- zusätzliche Fehlerquellen im Digitalteil und in den Umsetzern (DAU und ADU),
- Horizontaljitter bei Mehrfachabtastung möglich,
- Informationsverkennung (Aliasing).

Aliasing ergibt sich, wenn mit zu kleiner Abtastrate (<2 Abtastungen/Periode) abgetastet wird; dann wird ein periodisches Signal niedrigerer Frequenz dargestellt, d. h., es ist bei Messungen mit digitalen Oszilloskopen immer eine Abschätzung erforderlich (Bild 7.3–11).

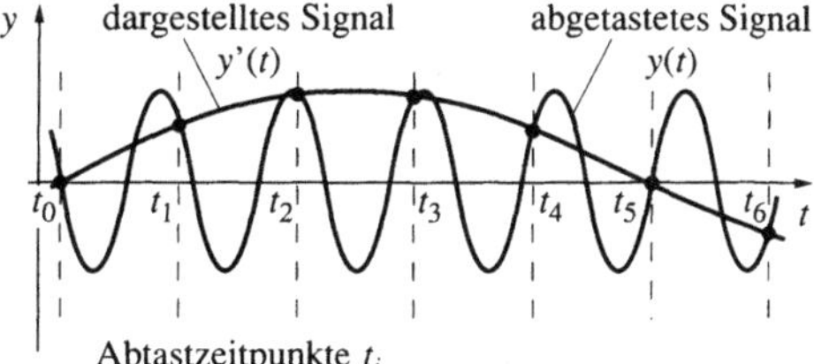

Bild 7.3-11 Falsche Signaldarstellung durch Aliasing-Effekt

7.4 Die Messung magnetischer Größen

Die Wirkungen der Magnetfelder werden in der elektrischen Energietechnik in vielfältiger Weise ausgenutzt, daher ist die Kenntnis von Größe und Ausdehnung dieser Felder von großer Bedeutung.

7.4.1 Bestimmung magnetischer Feldgrößen

Die zu messenden magnetischen Feldgrößen sind der magnetische Fluß Φ, die magnetische Flußdichte B (Induktion), die magnetische Feldstärke (Erregung) H und die magnetische Spannung V_m. Da diese Größen in der Technik häufig über Proportionalitäten miteinander verknüpft sind, läßt sich somit aus der Messung einer dieser Größen auf die anderen schließen.

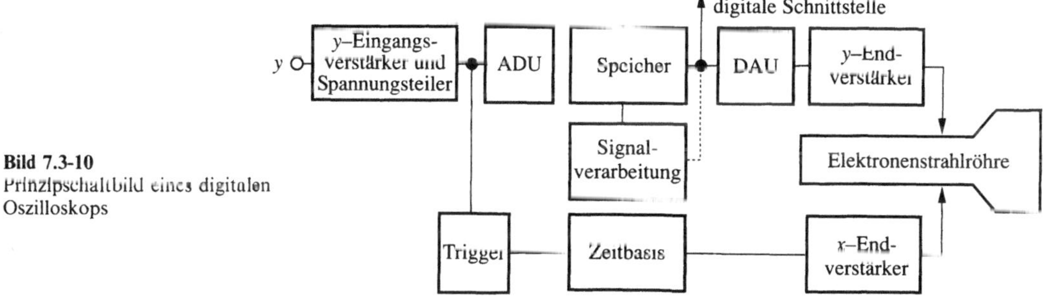

Bild 7.3-10
Prinzipschaltbild eines digitalen Oszilloskops

7.4.1.1 Messung des magnetischen Flusses

Der *magnetische Wechselfluß* läßt sich besonders einfach mit Hilfe einer Spule messen, die in das zu messende Feld eingebracht wird. In der Spule wird nach dem Induktionsgesetz eine Spannung

$$u_i \sim \frac{d\Phi}{dt}$$

induziert. Der lineare Mittelwert der induzierten Spannung ergibt sich mit der Spulenwindungszahl N zu

$$\bar{u}_i = \frac{2}{T}\int_0^{T/2} u_1\,dt = \frac{2N}{T}\int_0^{T/2} d\Phi(t) = \frac{2N\hat{\Phi}}{T} = 2fN\hat{\Phi}.$$

Für sinusförmige Felder gilt (vgl. Abschnitt 2.14.1) für den Effektivwert der induzierten Spannung

$$U_i = \frac{2\pi f N\hat{\Phi}}{\sqrt{2}} = 4{,}44\,fN\hat{\Phi}. \tag{7.4–1}$$

Somit läßt sich aus der gemessenen Spannung U_i der Scheitelwert des Flusses berechnen zu

$$\hat{\Phi} = \frac{U_i}{4{,}44\,fN}. \tag{7.4–2}$$

$\hat{\Phi}$	U_i	f	N
Vs	V	Hz = 1/s	1

Gleichflüsse lassen sich ebenfalls mit Spulen messen, wenn man zur Erzeugung einer Flußänderung die Spulen im Gleichfeld bewegt. Dies kann entweder durch schwingende oder gleichförmig rotierende Spulen im Feld bei Messung der induzierten Spannung erfolgen, oder durch einmaliges Eintauchen oder Herausziehen der Spule aus dem Gleichfeld und Messung des Spannungsstoßes mit Hilfe von integrierenden Meßgeräten, wie Kriechgalvanometer oder ballistische Galvanometer [7.7].

7.4.1.2 Messung der magnetischen Flußdichte und Feldstärke

Die *magnetische Flußdichte* ist der auf die Fläche bezogene Fluß. Daher können Flüsse und Flußdichten nach den gleichen Verfahren gemessen werden. Die Flußdichte wird dann mit Gl. (7.4–2)

$$B = \frac{U_i}{4{,}44 \cdot f \cdot NA} \tag{7.4–3}$$

B	U_i	f	N	A
T = Vs/m²	V	Hz = 1/s	1	m²

mit A wirksame Spulenfläche. Das gleiche gilt für die Messung der *magnetischen Feldstärke* in Luft, denn es gilt $B = \mu_0 \cdot H$, also B ist proportional H. Bei inhomogenen Feldern muß man die wirksame Spulenfläche nur so klein machen, daß das Feld innerhalb dieser Fläche hinreichend konstant ist.
Eine weitere Möglichkeit zur Feldmessung besteht in der Anwendung der im Abschnitt 7.2.3.1 beschriebenen Anordnung mit Hallgenerator. Für die Hallspannung gilt Gl. (7.2–28)

$$u_H = R_H \frac{I_{st} \cdot B_F}{d}.$$

Wenn man also einen konstanten Steuerstrom I_{st} einstellt, dann gilt für die Hallspannung

$$u_H \sim B_F, \tag{7.4–4}$$

d. h., die Hallspannung ist proportional der zu messenden Größe B_F.
Weiterhin können magnetfeldabhängige Widerstände zur Feldmessung herangezogen werden. Diese sogenannten Feldplatten bestehen aus Halbleitermaterialien, z. B. Indium-Antimonid. Es sind reine Wirkwiderstände (1Ω...10 kΩ) mit quadratischer Abhängigkeit des Widerstandes von der Flußdichte.
Mit Hallgeneratoren und Feldplatten lassen sich Gleich- und Wechselfelder bis zu etwa 10 µT noch nachweisen. Für Feldrichtungsbestimmungen in der Ebene werden 2 und im Raum 3 rechtwinklig zueinander angeordnete Meßaufnehmer verwendet.
Die *Saturationskernsondenmagnetometer* (SK) (im Angelsächsischen fluxgate-magnetometer) nutzen den nichtlinearen Zusammenhang zwischen magnetischem Fluß Φ und magnetischer Feldstärke H im ferromagnetischen Kern des Meßaufnehmers zur

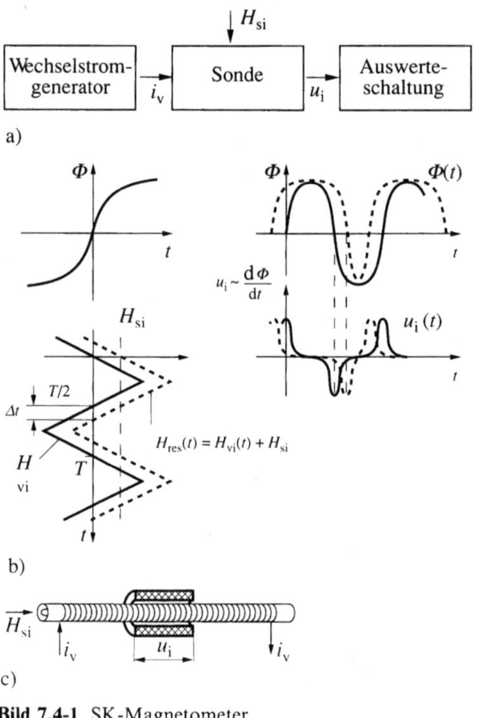

Bild 7.4-1 SK-Magnetometer
a) Blockschaltbild,
b) prinzipielle Wirkungsweise,
c) Sonde

Messung von Gleichfeldern und niederfrequenten Wechselfeldern aus [7.16].

Bild 7.4–1 zeigt das Blockschaltbild eines SK-Magnetometers, die prinzipielle Wirkungsweise und eine Sonde. Die Hysteresekurve wurde hier in zulässiger Weise durch die Mittelkurve ersetzt (Bild b). Der Wechselstromgenerator (Sinus- oder Dreieckverlauf) treibt einen Vormagnetisierungsstrom $i_v(t)$ durch die Vormagnetisierungswicklung der Sonde und erzeugt im Kern ein Vormagnetisierungsfeld $H_{vi}(t)$. Durch dieses Feld wird der Kern periodisch in die Sättigung gesteuert. Der Flußverlauf $\Phi(t)$ im Kern ergibt sich durch Spiegelung von $H_{vi}(t)$ an der $\Phi(H)$-Kurve. In der zweiten Sondenwicklung wird nach dem Induktionsgesetz eine Spannung $u_i(t) \sim \mathrm{d}\Phi/\mathrm{d}t$ induziert.

Wirkt auf den Sondenkern noch zusätzlich ein Gleichfeld H_{si}, so kommt es zu einer Überlagerung (gestrichelte Kurven) mit der Vormagnetisierung. Dadurch ergibt sich eine zeitliche Verschiebung der Spannungsimpulse $u_i(t)$. Nach der unterschiedlichen Auswertung der Sondenspannung unterscheidet man selektive und nichtselektive Verfahren. Während bei den selektiven Verfahren (sogenannten Oberwellenverfahren) nur die bei Überlagerung auftretenden geradzahligen Oberwellen (vorwiegend 2. Oberwelle) ausgewertet werden, wird bei den nichtselektiven Verfahren die Verschiebung der u_i-Impulse gemessen (Zeitintervallmessung).

Die Zeitverschiebung bei dreieckförmiger Vormagnetisierung ergibt sich zu

$$\Delta t = \frac{H_{si}}{4\,\hat{H}_{vi}}\,T, \tag{7.4–5}$$

ist also proportional der zu messenden Feldstärke.

Mit SK-Magnetometern lassen sich Feldänderungen bis zu 1 nT, entsprechend etwa 10^{-5} A/cm in Luft, nachweisen. Die Einsatzgebiete sind neben vielfältigen Aufgaben in der Elektrotechnik auch in der Weltraumforschung, Materialprüfung und bei zivilen und militärischen Ortungs- und Überwachungsaufgaben.

Die Sonden haben Durchmesser von einigen Millimetern und können in Längen zwischen etwa 10 mm und 100 mm hergestellt werden. Neben diesen stabförmigen Sonden gibt es 2-Stabsonden und Ringkernsonden. Die Sondenkerne bestehen meistens aus dünnen (25...50 µm) Folien von 0,5...1 mm Breite aus hochpermeablem, weichmagnetischem Material. Für Feldrichtungsbestimmungen in der Ebene werden 2 und im Raum 3 rechtwinklig zueinander angeordnete Sonden verwendet.

Aus der Vielzahl verschiedener Magnetfeldmeßverfahren sollen im folgenden nur noch einige aufgezählt werden. Ein kleiner Magnet (Nadel), reibungsarm gelagert oder an einem Faden aufgehängt, ergibt das *klassische Magnetometer* (Kompaß). Beim *Kernresonanz-Magnetometer* wird die Tatsache ausgenutzt, daß sich die Drehimpulse (Spins) einzelner Atomkernbauteile nach außen nicht immer kompensieren. Mit dem sich daraus ergebenden resultierenden Kernspin ist ein magnetisches Dipolmoment verknüpft. Unter der Einwirkung eines äußeren magnetischen Feldes wird, wie beim Kreisel, eine Präzessionsbewegung ausgelöst, deren Frequenz (im MHz-Bereich) exakt gemessen werden kann. Dieses Meßprinzip wird auch bei der Abbildung innerer Organe in der Medizin angewendet (Kernspintomografie).

Mit Hilfe von *Magnetfeldmeßverfahren mit Supraleitern* lassen sich Felder bis ca. 1 pT, entsprechend etwa 10^{-8} A/cm in Luft, nachweisen. Da der apparative Aufwand wegen der erforderlichen Tiefkühlung sehr groß ist, werden diese Magnetometer nur in speziellen Laboranwendungen (z. B. berührungslose Messung von elektrischen Strömen im Körper von Lebewesen) verwendet.

7.4.1.3 Kalibrierung von Feldsonden

Die *Kalibrierung von Feldsonden* erfolgt in speziellen Spulenanordnungen, deren Feld sich exakt in Abhängigkeit vom Spulenstrom I berechnen läßt. Zur Eliminierung des Einflusses von Fremdfeldern, z. B. des Erdfeldes, ist eine zweimalige Messung unter Richtungsumkehr des Spulenstromes mit anschließender Mittelwertbildung erforderlich.

In einlagig gleichmäßig gewickelten, langen ($l \gg r$) Zylinderspulen ergibt sich in der Spulenachse eine magnetische Feldstärke (s. Abschnitt 2.7.2.4)

$$H = \frac{NI}{l}. \tag{7.4–6}$$

H	N	I	l
A/m	1	A	m

Zylinderspulen haben den Nachteil, daß das Meßobjekt im Spuleninnern schwer zugänglich ist. Deshalb wird zur Sondenkalibrierung häufig eine *Helmholtz-Spulenanordnung* verwendet. Sie besteht aus 2 gleichen parallelliegenden Drahtringen oder 2 identischen Spulen mit dem Radius r und dem Abstand r zueinander. Es läßt sich nachweisen, daß auf der Spulenachse in der Mitte zwischen beiden Spulen ein homogenes Feld

$$H = 0{,}751\,\frac{I}{r} \tag{7.4–7}$$

H	I	r
A/m	A	m

herrscht.

7.4.1.4 Messung der magnetischen Spannung V_m

In Analogie zur elektrischen Spannung ist die *magnetische Spannung* zwischen 2 Punkten (s. Abschnitt 2.7.1) definiert zu

$$V_{mab} = \int_a^b \vec{H}\,\mathrm{d}\vec{s} = \frac{1}{\mu}\int_a^b \vec{B}\,\mathrm{d}\vec{s}. \tag{7.4–8}$$

V_{mab}	$\vec{H}$	s	μ	$\vec{B}$
A	A/m	m	Vs/Am	Vs/m²

Zur Messung der magnetischen Spannung wird der sogenannte *Rogowski-Gürtel* verwendet. Das ist ein biegsamer Streifen aus unmagnetischem Material

(Leder, Kunststoff), der gleichmäßig dicht mit isoliertem Draht bis an die Enden des Gürtels bewickelt ist. Die Drahtenden werden in der Mitte der Spule zusammengeführt und mit einem ballistischen Galvanometer oder Kriechgalvanometer (Flußmesser) [7.7] verbunden. Bei Flußänderungen wird in jeder Windung eine Spannung induziert und, da alle Windungen hintereinandergeschaltet sind, wird $\sum H \cdot \Delta s$ gemessen, was (Gl. (7.4–8)) gleich der magnetischen Spannung zwischen den Enden des Gürtels ist.

7.4.2 Bestimmung von Materialkenngrößen ferromagnetischer Stoffe

7.4.2.1 Meßaufbau

Elektrische Maschinen und Geräte sind ohne ferromagnetische Werkstoffe nicht denkbar. Daher ist eine möglichst genaue Kenntnis der magnetischen Werkstoffeigenschaften für die Berechnung und Konstruktion unabdingbar (s. Abschnitt 3.4). Dazu muß aus dem zu untersuchenden Werkstoff ein magnetischer Kreis gebildet und mit einer Magnetisierungswicklung zur Felderzeugung, sowie einer Induktionswicklung zur Ermittlung der magnetischen Flußdichte versehen werden.

Die Meßeinrichtungen unterscheiden sich durch den Aufbau der magnetischen Kreise und die Meßwicklungen. Am häufigsten verwendet werden Ringkerne und sogenannte Epstein-Rahmen, das sind geschlossene magnetische Kreise ohne Luftspalte mit geringer Streuung (25 cm-Rahmen). Dadurch wird erreicht, daß die magnetische Feldstärke direkt proportional dem Magnetisierungsstrom wird.

Ringkerne werden entweder aus gestanzten Blechringen geschichtet oder aus Bändern gewickelt. Es werden meistens Ringe mit mittleren Durchmessern zwischen 10 cm und 20 cm und quadratischem Querschnitt hergestellt. Die Spulen müssen mit speziellen Ringspulenwickelmaschinen gewickelt werden. Ringkerne haben den Vorteil der praktisch vernachlässigbaren Streuung. Dem steht der Nachteil der teuren Herstellung und Bewicklung gegenüber.

Für die *Epstein-Rahmen* werden aus den zu untersuchenden Blechen Probestreifen ausgeschnitten und zu 4 gleichen Streifenbündeln gestapelt. Über die Stapel werden dann die Spulen geschoben, bevor sie entsprechend Bild 7.4–2 überlappend (25 cm-Rahmen) übereinandergeschichtet werden. Damit wird der Einfluß der Luftspalte vernachlässigbar. Für die Vorbereitung der Proben und die Durchführung der Messungen gelten DIN 50461 und 50462. Es wird zwischen zwei Ausführungen unterschieden.

Der *50-cm-Epstein-Rahmen* wird für Elektroblech ohne oder mit gering ausgebildeter magnetischer Vorzugsrichtung und Scherung der Hystereseschleife verwendet. Die Feldstärke wird hier über eine gesonderte Feldstärkemeßspule bestimmt.

Beim *25-cm-Epstein-Rahmen* wird dagegen die Feldstärke aus dem Magnetisierungsstrom errechnet. Dieser Rahmen wird in der Regel für Bleche mit ausgeprägter magnetischer Vorzugsrichtung (Texturbleche) verwendet.

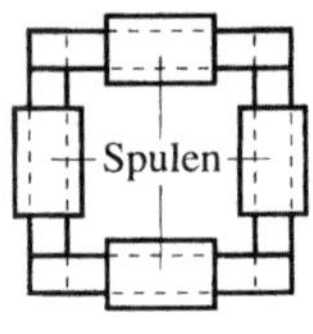

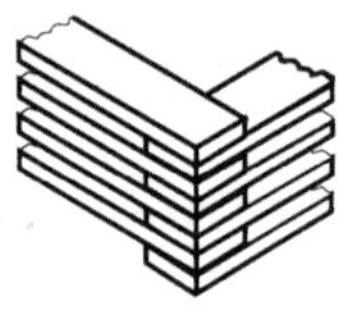

Bild 7.4-2 Epstein-Rahmen
a) Rahmenaufbau,
b) Eckenausbildung beim 25 cm Rahmen

7.4.2.2 Messung der Magnetisierungskurven

Vor *Messung der Magnetisierungskurve* muß der Werkstoff durch ein stetig abnehmendes Wechselfeld entmagnetisiert werden. Zur Aufnahme der Neukurve wird der Magnetisierungsstrom (Gleichstrom) von Null aus stufenweise erhöht, während bei der Messung der Kommutierungskurve der Magnetisierungsstrom in jeder Stufe mindestens einmal kommutiert (Flußänderung 2 Φ) wird. Der in der Induktionswicklung induzierte Spannungsstoß wird dann mit einem integrierenden Meßgerät (Flußmesser) gemessen.

7.4.2.3 Messung der Hysteresekurve (Bild 7.4–3)

Wird der Magnetisierungsstrom von einem Höchstwert entsprechend $+H_{max}$ bis zu einem gleich großen

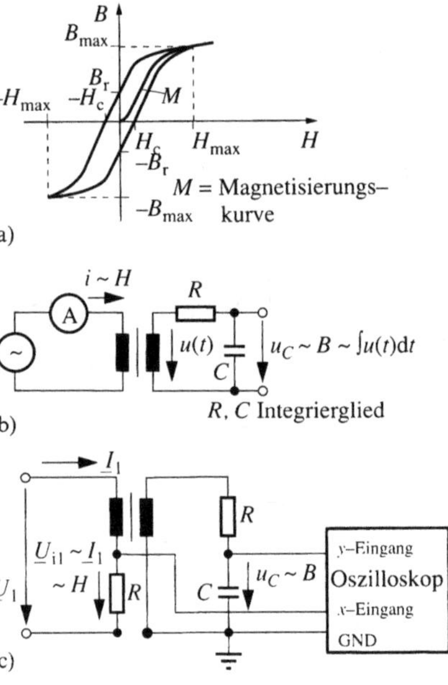

Bild 7.4-3 Hysteresekurve (HK)
a) Darstellung,
b) prinzipieller Meßaufbau,
c) Darstellung der HK mit dem Oszilloskop

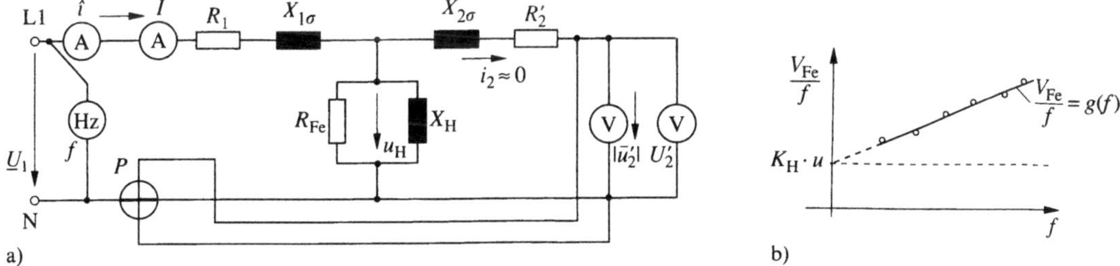

Bild 7.4-4 Messung der Ummagnetisierungsverluste nach dem Leistungsmesserverfahren
a) Prinzipschaltung
b) Trennung von Wirbelstrom und Hystereseverlusten

negativen Höchstwert entsprechend $-H_{max}$ und wieder zurück stufenweise verändert, entsteht die *Hysteresekurve* (Bild 7.4–3a) mit den charakteristischen Sättigungswerten (B_{max}, H_{max}), der Remanenzinduktion B_r bei $H=0$ und der Koerzitivfeldstärke H_c bei $B=0$ (s. Abschnitt 3.4). Die Fläche der Hysteresekurve ist proportional der für die Ummagnetisierung zu verrichtenden Arbeit (Hystereseverluste).

Bei Wechselstrommagnetisierung wird die sogenannte dynamische Hysteresekurve erhalten, deren Flächeninhalt größer ist, da hierbei auch noch die Wirbelstromverluste mit gemessen werden.

Die Messung der Ummagnetisierungsverluste kann auch mit dem *Brückenverfahren* [7.7] oder dem *Leistungsmesserverfahren* nach Bild 7.4–4 erfolgen.

Wenn in der Leistungsmesserschaltung nach Bild 7.4–4 die Verluste bei verschiedenen Frequenzen gemessen und v_{Fe}/f über der Frequenz aufgetragen werden, erhält man durch Extrapolation der erhaltenen Kurve nach $f=0$ die Hystereseverluste v_H und kann damit die Wirbelstromverluste v_W und Hystereseverluste v_H getrennt angeben (Bild 7.4–4b). Es gilt für die Verluste [7.7]

$$v_{Fe} = v_H + v_W = k_H f + k_W f^2 \qquad (7.4\text{–}9)$$

bzw.

$$\frac{v_{Fe}}{f} = k_H + k_W f. \qquad (7.4\text{–}10)$$

k_H und k_W sind Konstanten.

Die neben den Hysterese- und Wirbelstromverlusten noch auftretenden sogenannten *Nachwirkungsverluste* sind für energietechnische Anordnungen in der Regel vernachlässigbar und sollen hier nicht weiter betrachtet werden.

Die Ummagnetisierungsverluste werden in W/kg für sinusförmigen Verlauf der induzierten Spannung (DIN 46400) beim Scheitelwert der magnetischen Flußdichte von $B=1{,}0$ T als Verlustziffer V_{10} und bei $B=1{,}5$ T als Verlustziffer V_{15} zur Kennzeichnung der magnetischen Werkstoffeigenschaften gemessen und vom Hersteller angegeben.

7.5 Elektrische Messung nichtelektrischer Größen

Das elektrische Messen *nichtelektrischer physikalischer Größen* beruht überwiegend auf einer Umwandlung dieser Meßgrößen in elektrische Größen und anschließender Messung. Es ist leicht zu sehen, daß dieser „Umweg" mit erhöhtem Aufwand verbunden ist. An die Stelle eines direkt an der Meßstelle montierten Meßgerätes tritt nun eine Meßkette (Bild 7.5–1). Zentrale Prozeßleitstellen moderner großtechnischer Anlagen sind aber ohne die elektrische Meßdatenerfassung und -fernübertragung zum Leitstand nicht mehr realisierbar, so daß der Mehraufwand hier in jedem Fall gerechtfertigt ist. Das gleiche gilt für die immer strenger werdenden Umweltauflagen für technische Geräte (z. B. Auto), wo ohne elektronische Steuer- und Regelkreise einschließlich der elektrischen Messung der meistens nichtelektrischen Größen nichts mehr funktioniert.

Bild 7.5–1 zeigt den Aufbau einer Meßkette mit Meßaufnehmer und Anpaßschaltung, die beide in der Regel direkt an der Meßstelle montiert sind. Anpaßschaltungen können z. B. Analog-Digital-Umsetzer, Amplitudenanalog-Frequenzanalog-Umsetzer, Trägerfrequenz-Umsetzer usw. sein. Diese Signalumsetzung erfolgt deshalb an der Meßstelle, weil die überwiegend analogen Meßaufnehmersignale sich schlecht oder gar nicht zur Fernübertragung und Datenverarbeitung eignen. Da die Meßketten meistens Teil eines Steuer- oder Regelkreises sind, ist eine Datenerfassungs- und Datenverarbeitungsstufe, z. B. ein Prozeßrechner, auch Bestandteil der Meßkette. Die Meßdatenausgabeeinheit führt hin zur Meßdatenanzeige oder -registrierung oder/und in den Steuer- oder Regelkreis. Die VDI/VDE-2600-Richtlinien befassen sich mit dem Meßkettenaufbau.

Im Gegensatz zu einigen direkt an der Meßstelle angebrachten Meßgeräten, ist für Meßketten immer Hilfsenergie erforderlich. Die Funktion der einzelnen Meßkettenglieder wird durch einen *Meßgliedkoeffizienten*

$$k_n = \frac{\text{Eingangsgröße}}{\text{Ausgangsgröße}} \qquad (7.5\text{–}1)$$

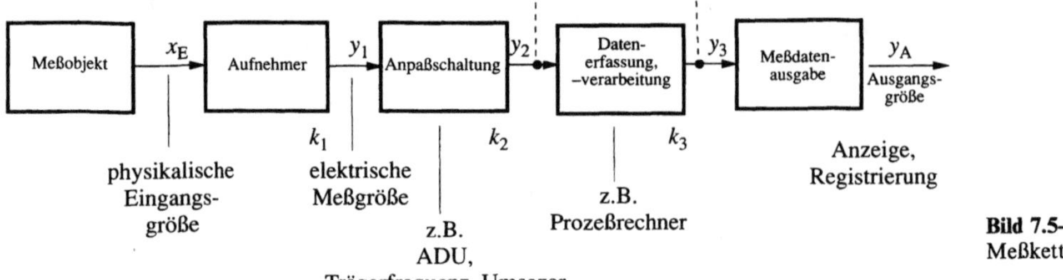

Bild 7.5-1 Meßkette

(Einheiten z. B. m/µV, N/mV) beschrieben. Der *Meßkettenkoeffizient k* beschreibt die ganze Meßkette und ergibt sich als Produkt der Meßgliedkoeffizienten zu

$$k = \frac{y_E}{y_A} = k_1 \cdot k_2 \cdot k_3 \ldots \cdot k_n. \qquad (7.5\text{–}2)$$

(s. dazu Bild 7.5–1).

7.5.1 Meßaufnehmer-Wirkungsprinzipien

Die Zahlenwerte zu messender physikalischer Größen gehen über mehrere Zehnerpotenzen. Bild 7.5–2 zeigt eine Auswahl wichtiger physikalischer Größen sowie die kleinsten noch erfaßbaren Werte und die größten zu erfassenden Werte [7.17]. Man sieht, daß bei den ausgewählten Meßgrößen Wertebereiche zwischen 6 und 19 Zehnerpotenzen zu erfassen sind, was zeigt, welche großen Anforderungen an die Meßaufnehmer zu stellen sind. In der Regel ist es nicht erforderlich und auch nicht wirtschaftlich, Meßaufnehmer für so große Bereiche einzusetzen. Allerdings setzt die Auswahl des richtigen Meßaufnehmers für die gestellten Meßaufgaben Kenntnisse über alle möglichen Meßverfahren voraus.

Abhängig von ihrer Wirkungsweise kann zwischen *passiven* und *aktiven Meßfühlern* (Sensoren) unterschieden werden.

Bei passiven Sensoren kann weiterhin unterschieden werden zwischen der *Beeinflussung elektrischer Größen* durch:

1. Ausnutzung physikalischer Abhängigkeiten elektrischer Größen von:
   - Licht,
   - Temperatur,
   - Dehnung,
   - chemischer Zusammmensetzung,
   - Feuchtigkeit,
   - Flüssigkeiten,
   - Gasen,
   - Strahlungsintensität;
2. mechanische Beeinflussung (Veränderung) von:
   - elektrischem Widerstand,
   - Induktivität,
   - magnetischer Kopplung,
   - Magnetfeld,
   - Kapazität,
   - elektrischem Feld;
3. elektrische Kompensation physikalischer Größen (z. B. Gravitationsfeld durch Magnetfeld).

Bei aktiven Sensoren werden *elektrische Größen erzeugt* durch Energieumformung in elektrische Energie aus

- mechanischer Energie,
- thermischer Energie,
- chemischer Energie,
- optischer Energie.

		kleinster erfaßbarer Wert	größter zu erfassender Wert
Zeit	t	100 ps $= 10^{-10}$ s	10^9 s
Weg	s	1 µm	1000 m
Dehnung	ε	10^{-2} µm/m	10^5 µm/m
Drehwinkel	α	$1'' = 10^{-6} \cdot 360°$	360°
Drehzahl	n	10^{-2} min^{-1}	10^5 min^{-1}
Geschwindigkeit	v	10^{-8} m/s	10^8 m/s
Beschleunigung	a	10^{-6} g	10^5 g
Kraft	F	10^{-5} N	10^7 N
Druck	p	10^{-5} bar	10^5 bar
Temperatur	ϑ	10^{-6} K	10^{12} K

Bild 7.5-2 Meßgrößenübersicht

Die Ausgangssignale von Sensoren werden gemessen in Form von
- Spannung U,
- Strom I,
- Ladung Q,
- Widerstand R,
- Kapazität C,
- Induktivität L,
- Frequenz f } abgeleitet.
- Zeitintervall t }

7.5.1.1 Passive Sensoren

Passive Sensoren benötigen zur Abgabe eines elektrischen Signals elektrische Hilfsenergie. Die Rückwirkung passiver Sensoren auf das Meßobjekt ist in der Regel geringer als die Rückwirkung aktiver Sensoren, da die passiven Sensoren die von ihnen gelieferte Energie größtenteils aus der Hilfsquelle entnehmen. Nachteilig ist, daß die elektrische Hilfsenergie häufig über zusätzliche Leitungen zugeführt werden muß.

1. Widerstandsabhängige Sensoren

Bild 7.5–3 zeigt die Schaltsymbole für verschiedene *widerstandsabhängige Sensoren.* Die nächstliegende Möglichkeit zur Realisierung solcher Sensoren ist der *Potentiometersensor* (Bild 7.5–3a), der den veränderbaren Abgriff eines Widerstandes (Spannungsteiler) zur Umwandlung von Längs- oder Drehbewegungen in eine Spannung ausnutzt. Es gilt für die abgegriffene Spannung

$$U_a = U_e \frac{R_2}{R_1 + R_2} = U_e \frac{R_2}{R_{ges}}. \qquad (7.5\text{–}3)$$

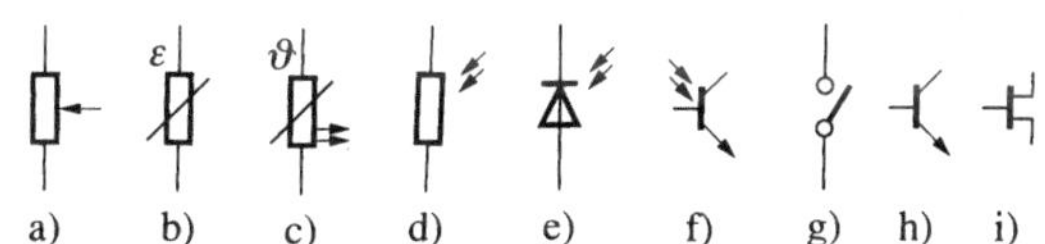

Bild 7.5-3 Widerstandsabhängige Sensoren (DIN 40700 und 40716)
a) Draht- oder Schichtwiderstandssensor für Längs- und Drehbewegungen,
b) Metall- oder Halbleiter Dehnungsmeßstreifen,
c) Widerstandsthermometer,
d) Fotowiderstand, stromrichtungsunabhängig,
e) Fotodiode,
f) bipolarer Fototransistor,
g) Schaltelement, allgemein,
h) Schaltelement, bipolarer Transistor,
i) Schaltelement, FET

Die einfachste Form eines solchen Sensors besteht aus einem ausgespannten Widerstandsdraht mit Abgriff (s. Bild 7.2–26b) oder einem ringförmig gebogenen Draht mit Abgriff. Für hochohmigere Ausführungen werden Draht- oder Schichtwiderstände mit Abgriff hergestellt, wobei sich bei Drahtpotentiometern eine gewisse Stufigkeit des Abgriffes nicht vermeiden läßt. Wenn eine lineare Abhängigkeit zwischen Widerstandsänderung und Wegänderung nicht gewünscht wird, können sogenannte *Funktionspotentiometer* mit z. B. quadratischer, logarithmischer oder beliebiger Widerstands-Weg-Abhängigkeit verwendet werden.

Nachteilig bei Potentiometersensoren ist der Verschleiß durch den Schleifer (Abgriff). Dieser Nachteil läßt sich vermeiden, wenn man einen Flüssigkeitsabgriff vorsieht, was z. B. mit Quecksilber realisiert werden kann [7.18]. Eine weitere Möglichkeit besteht in der Verwendung elektrolytischer Widerstände, die aber in der Regel nur mit Wechselstrom betrieben werden.

Die Gl. (7.5–3) gilt nur für den unbelasteten Spannungsteiler, d. h., wenn die Abgriffspannung U_a nicht hochohmig genug (theoretisch ∞) gemessen bzw. weiterverarbeitet wird, kommt es zu Nichtlinearitäten (s. Abschnitt 2.3.2).

Zur meßgrößenabhängigen Widerstandsänderung können auch entsprechend

$$R = \frac{\varrho \cdot l}{A} \qquad (7.5\text{–}4)$$

R	ϱ	l	A
Ω	$\Omega \cdot m$	m	m^2

neben der bereits betrachteten Widerstandslänge l (Potentiometer) Querschnittsänderungen A oder Änderungen des spezifischen elektrischen Widerstandes ϱ herangezogen werden.

Werden Widerstandsdrähte in ihrer Längsrichtung durch eine Kraft beeinflußt, so erfahren sie (bei einer Zugkraft) eine Längendehnung $\varepsilon = \Delta l / l$ und gleichzeitig eine Querschnittsverminderung. Entsprechend Gl. (7.5–4) führt beides zu einer Widerstandserhöhung

$$\frac{\Delta R}{R} = K \cdot \frac{\Delta l}{l} = K \cdot \varepsilon, \qquad (7.5\text{–}5)$$

ΔR, R	K	Δl, l	ε
Ω	1	m	1

K sogenannte K-Faktor-Dehnungsempfindlichkeit (tabelliert). Bei Druckkräften auf Widerstandskörper kommt es dann folgerichtig zu einer Widerstandsverminderung. Diese Effekte werden bei *Drucksensoren* und *Dehnungsmeßstreifen* (DMS) für vielfältige Meßaufgaben genutzt.

Die Temperaturabhängigkeit des elektrischen Widerstandes verschiedener Festkörper (s. Abschnitt 2.1.5) wird zur Temperaturmessung ausgenutzt. Hat ein metallischer Leiter bei der Temperatur T_0 den Widerstand R_0, so wird bei der Temperatur T sein Widerstandswert

$$R_T = R_0[1 + \alpha_0(T - T_0) + \beta_0(T - T_0)^2]. \qquad (7.5\text{–}6)$$

R_T, R_0	α_0	β_0	T, T_0
Ω	1/K	$1/K^2$	K

α_0 in 1/K und β_0 in $1/K^2$ sind Materialkonstanten, wobei der quadratische Summand in der Klammer nur bei großen Temperaturdifferenzen ins Gewicht fällt, weil β drei Zehnerpotenzen kleiner als α ist. Die Temperaturkoeffizienten im Bereich zwischen 0 °C und 100 °C für die am häufigsten verwendeten Metalle sind bezogen auf 20 °C:

$\alpha_{20} = 0{,}00617$ 1/K für Nickel,
$\alpha_{20} = 0{,}00385$ 1/K für Platin und
$\alpha_{20} = 0{,}00393$ 1/K für Kupfer.

Für Dauermessungen werden Nickelwiderstände bis ca. 150 °C und Platinwiderstände bis ca. 750 °C eingesetzt. Zur Messung der mittleren Wicklungstemperatur von Transformatoren und Maschinen wird der Wicklungswiderstand gemessen.

Mit Halbleitermaterialien lassen sich temperaturabhängige Widerstände mit besonderen Temperaturabhängigkeiten realisieren. Die *Heißleiter,* auch Thermistoren oder NTC-Widerstände (negative temperature-coefficient) genannt, fallen in ihrem elektrischen Widerstandswert mit steigender Temperatur stark ab. Für die Widerstandsabhängigkeit von der Temperatur T gilt näherungsweise

$$R = R_0 e^{b\left(\frac{1}{T} - \frac{1}{T_0}\right)} \tag{7.5–7}$$

mit b Materialkonstante in K, R_0 Widerstand bei der Temperatur T_0 in Ω. Es ist zu erkennen, daß hier eine nichtlineare Abhängigkeit vorliegt, allerdings ist der Temperaturkoeffizient etwa um den Faktor 10 größer als bei den metallischen Temperaturmeßwiderständen (Nickel, Platin), wodurch sich eine entsprechend höhere Empfindlichkeit realisieren läßt.

Die *Kaltleiter* oder PTC-Widerstände (positive temperature-coefficient) bestehen überwiegend aus ferroelektrischem Halbleitermaterial (z. B. Bariumtitanat). Diese Materialien haben oberhalb der sogenannten Nenntemperatur einen exponentiellen Anstieg des Widerstandes entsprechend

$$R = R_0 e^{b(T - T_0)} \tag{7.5–8}$$

mit b Materialkonstante = Temperaturkoeffizient in K^{-1}, R_0 Widerstand bei der Nenntemperatur T_0 in Ω. Die Empfindlichkeit ist etwa um den Faktor 5 größer als bei Heißleitern, allerdings streuen die Materialkonstanten noch sehr stark und die Langzeitstabilität ist auch nicht immer befriedigend.

Die vom *Magnetfeld abhängigen Widerstände (Feldplatten)* bestehen heute überwiegend aus Halbleitermaterialien (Indiumantimonid/Nickelantimonid) (s.a. Abschnitt 3.2.6). Die Widerstandsänderung ist quadratisch und damit unabhängig von der Richtung des Feldes (Bild 7.5–4). Soll die Feldrichtung bestimmt werden, so muß die Feldplatte „magnetisch vorgespannt" werden, z. B. mit dem Feld eines Dauermagneten. Feldplatten werden überwiegend zur berührungslosen Weg- und Winkelmessung (beispielsweise Zündwinkel am Benzinmotor) benutzt. Wird die Feldplatte mit einem Mittelabgriff versehen und relativ zum Magnetfeld bewegt, so läßt sich damit auch ein schleifkontaktloses Potentiometer realisieren.

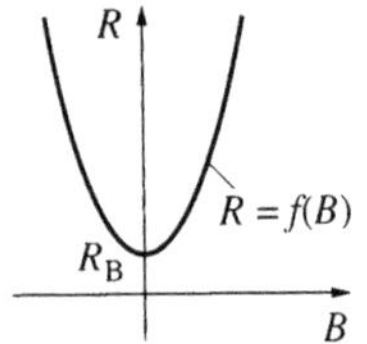

Bild 7.5-4
Kennlinie eines magnetisch steuerbaren Widerstandes (Feldplatte)

Lichtempfindliche Widerstände (Fotowiderstände) sind sperrschichtfreie Halbleiter vorwiegend aus Cadmiumsulfid (CdS) oder Cadmiumselenid (CdSe) (s.a. Abschnitt 5.3.2). Das auffallende Licht führt im Arbeitsbereich zu einer nahezu linearen Erhöhung der Leitfähigkeit (Widerstand nimmt ab, Bild 7.5–5). Hierbei ist aber die spektrale Empfindlichkeit des Halbleiters zu beachten! Nachteilig sind die relativ große Trägheit, Temperaturabhängigkeit und Alterung.

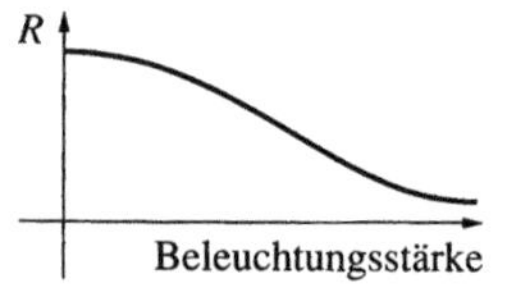

Bild 7.5-5
Fotowiderstand, Widerstand in Abhängigkeit von der Beleuchtungsstärke

Fotodioden und *Fototransistoren* sind dagegen in ihrem lichtempfindlichen Verhalten stromrichtungsabhängig. Sie sind nicht so träge wie Fotowiderstände, aber ihre höchste Empfindlichkeit liegt am Rande bzw. außerhalb des Bereiches des sichtbaren Lichtes. Fotodioden, Fototransistoren und Fotowiderstände werden zur Lichtmessung und zur Hell-Dunkel-Erkennung, z. B. bei der Auswertung digital kodierter Weg- oder Winkelmesser, verwendet.

2. Kapazitätsabhängige Sensoren

Kapazitätsabhängige Sensoren können in Form eines Plattenkondensators mit der Kapazität

$$C = \varepsilon_0 \varepsilon_r \frac{A}{d} \tag{7.5–9}$$

C	ε_0	ε_r	A	d
F = As/V	F/m = As/Vm	1	m^2	m

oder eines Zylinderkondensators mit der Kapazität

$$C = \varepsilon_0 \varepsilon_r \frac{2\pi l}{\ln r_a / r_i} \tag{7.5–10}$$

C	ε_0	ε_r	l, r_a, r_i
F = As/V	F/m = As/Vm	1	m

mit $\varepsilon_0 = 8{,}85$ pF/m und seltener in der Form eines Kugelkondensators realisiert werden (s. Abschnitt 2.6.3). Meßgrößenabhängig geändert werden können die Permittivitätszahl ε_r und die geometrischen Abmessungen: Elektrodenabstand d und Elektrodenfläche A beim Plattenkondensator sowie Länge l und die Radien r beim Zylinderkondensator. Weiterhin kön-

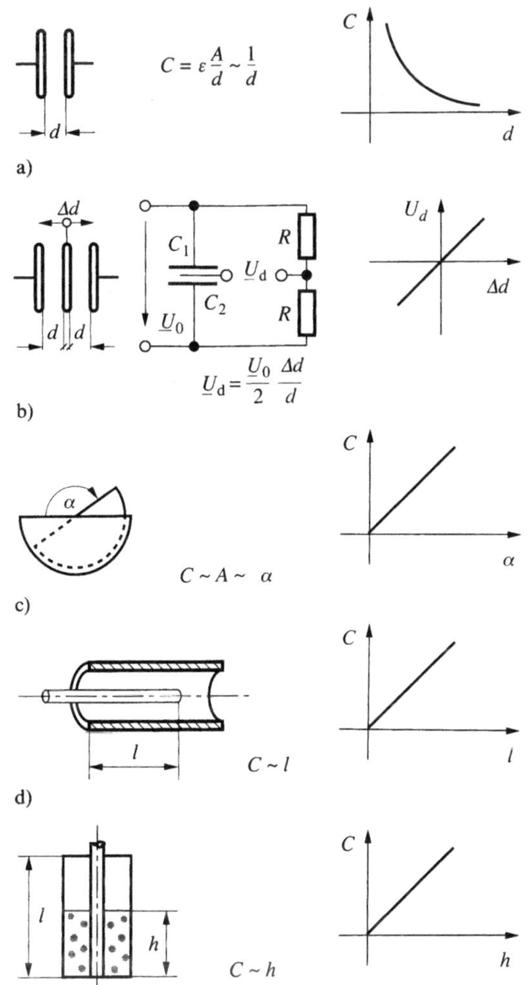

Bild 7.5-6
Beispiele für kapazitätsabhängige Sensoren
a) Plattenkondensator mit Plattenverschiebung,
b) Differentialplattenkondensator mit Plattenverschiebung,
c) Drehplattenkondensator mit Verdrehung,
d) Zylinderkondensator mit Elektrodenverschiebung,
e) Zylinderkondensator mit Änderung der Dielektrizitätszahl

nen die Änderungen der geometrischen Abmessungen parallel- oder seriengeschalteter Kondensatoren in Abhängigkeit von der Meßgröße ausgewertet werden; Bild 7.5–6 zeigt dazu einige selbsterklärende Beispiele. Die Permittivitätszahl und ihre Änderung werden in vielfacher Weise zur Messung nichtelektrischer Größen genutzt. So können Schüttgut- und Flüssigkeitsfüllstandsmessungen mit Hilfe von Platten- und Zylinderanordnungen (2 parallele Kondensatoren mit unterschiedlichem ε_r, s. Abschnitt 2.6.3) gemessen werden. Fortlaufende Dickenüberwachungen von Papier und Folien im ununterbrochenen Fertigungsprozeß werden durch Durchziehen dieser Produkte zwischen den Elektroden eines Plattenkondensators realisiert (Reihenschaltung von Kondensatoren mit verschiedenen Dielektrika, s. Abschnitt 2.6.3). Es können aber auch die Feuchtigkeitsgehalte von Holz, Kohle, Getreide oder Textilien durch Kapazitätsmessung mit dem Material als Dielektrikum bestimmt werden, da die Permittivitätszahl von Wasser $\varepsilon_r = 81$ ist.

3. Induktivitätsabhängige Sensoren (Bild 7.5–7)

Induktivitätsabhängige Sensoren können in Form einer Spule mit der Induktivität

$$L = \frac{N^2}{R_m} = \frac{N^2 \mu A}{l} \qquad (7.5\text{–}11)$$

L	N	R_m	μ	A	l
H = Vs/A	1	A/Vs	Vs/Am	m²	m

mit meßgrößenabhängiger Änderung der Windungszahl N (Abgriff), Permeabilität μ, Spulenfläche A

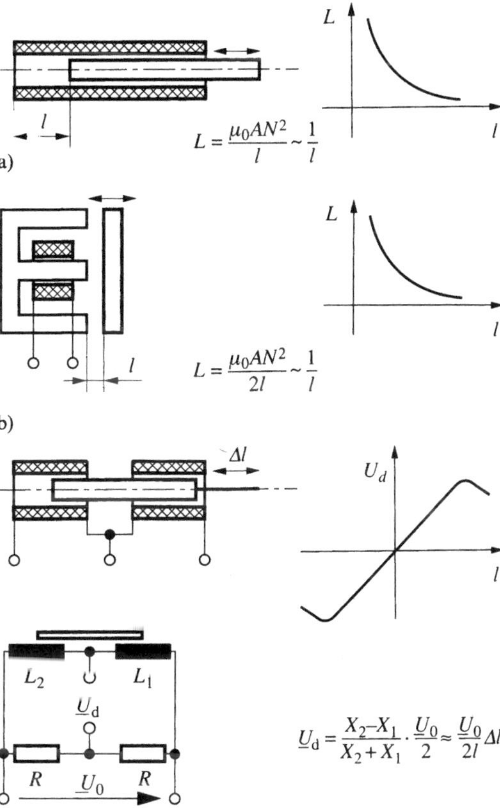

Bild 7.5-7 Beispiele für induktivitätsabhängige Sensoren
a) Tauchanker,
b) Queranker,
c) Differential-Tauchanker

oder magnetischer Weglänge l realisiert werden (s. Abschnitt 2.8.2). Weiterhin kann die Kopplung zwischen Spulen oder Transformatorwicklungen verändert werden (s. Abschnitt 2.8.3). Bei induktiven Sensoren wird am häufigsten die Permeabilität μ und die magnetische Weglänge l meßgrößenabhängig beeinflußt. Bild 7.5–7 zeigt einige Beispiele für induktivitätsabhängige Sensoren.

Beim *Tauchankergeber* wird ein Eisenkern im Innern einer Spule verschoben. Der magnetische Widerstand setzt sich aus 3 Beiträgen zusammen, das ist der magnetische Widerstand im Eisen, im Luftraum innerhalb der Spule und im Spulenaußenraum.

$$R = \frac{l_{Fe}}{\mu_0 \mu_r A} + \frac{l}{\mu_0 A} + \frac{l_a}{\mu_0 A_a} \approx \frac{l}{\mu_0 A}. \qquad (7.5\text{–}12)$$

Der erste Summand ist wegen μ_r und der dritte Summand ist wegen A_a gegen den zweiten Summanden vernachlässigbar. Damit wird die Induktivität

$$L = N^2 \frac{\mu_0 A}{l} \sim \frac{1}{l}, \qquad (7.5\text{–}13)$$

Wird die Induktivität in einer Viertelbrücke (s. Abschnitt 7.2.2) gemessen, so ergibt sich für kleine Verschiebungen Δl die Brückendiagonalspannung $\underline{U}_d$:

$$\underline{U}_d \sim \frac{U_0}{4l} \Delta l, \qquad (7.5\text{–}14)$$

sie ist also ungefähr proportional der Ankerverschiebung Δl. (s. dazu auch Abschnitt 7.2.2.2e).

Beim *Querankergeber* ist zu beachten, daß der Luftspalt zweimal zu berücksichtigen ist (s. dazu Abschnitt 7.2.5). Wird der Differential-Tauchankergeber z. B. in eine LLRR-Brücke nach Abschnitt 7.2.2.2 geschaltet, ergibt sich die Brückendiagonalspannung für kleine Auslenkungen Δl

$$U_d = \frac{X_2 - X_1}{X_2 + X_1} \cdot \frac{U_0}{2} = \frac{U_0}{2l} \Delta l. \qquad (7.5\text{–}15)$$

Die Brückendiagonalspannung U_d ist also proportional der (kleinen) Auslenkung Δl.

7.5.1.2 Aktive Sensoren

Aktive Sensoren liefern ohne zusätzliche Hilfsenergie ein elektrisches Signal (Strom oder Spannung) in Abhängigkeit von der zu messenden physikalischen Größe, die Energie für das Ausgangssignal muß also vollkommen vom Meßobjekt geliefert werden. Die dabei auftretenden (hohen) Rückwirkungen müssen beachtet werden.

1. Piezoelektrische Sensoren

Wirkt eine Kraft entsprechend Bild 7.5–8 auf einen Piezo-Kristall (Seignette Salz, Turmalin, Bariumtitanat, Blei-Zirkonat-Titanat), so kommt es zu einer Ladungstrennung (s.a. Abschnitt 3.6.2). Für die Ladung gilt

$$Q = d \cdot F, \qquad (7.5\text{–}16)$$

Q	d	F
C = As	As/N	N

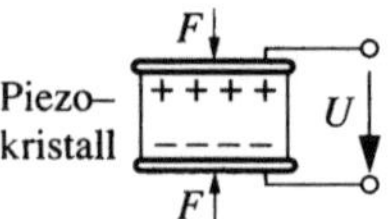

Bild 7.5-8 Ladungstrennung bei Krafteinwirkung auf Piezo-Kristalle

d piezoelektrische Zahl, für Quarz z. B. $d = 2{,}3$ pAs/N.

Bringt man an den Krafteinleitungsflächen des Kristalls elektrisch leitende Elektroden an, so kann man dieses Gebilde als einen Kondensator betrachten, der sich unter Kraftwirkung selbst auflädt. Entsprechend kann man an den Elektroden (Bild 7.5–8) eine Spannung

$$U = \frac{Q}{C} = \frac{d}{C} F \sim F \qquad (7.5\text{–}17)$$

U	Q	C	d	F
V	C = As	F = As/V	As/N	N

mit sehr hochohmigen Verstärkern (Ladungsverstärker) abgreifen. *Piezoelektrische Sensoren* sind nur für dynamische Messungen in einem Frequenzbereich zwischen etwa 10^{-5} Hz und 10^5 Hz als Kraft-, Druck- und Beschleunigungsaufnehmer sowie als Mikrofon einsetzbar.

2. Thermoelemente

Metallische Leiter haben entsprechend ihrer unterschiedlichen Leitfähigkeit auch unterschiedliche Leitungselektronendichten. Werden 2 verschiedene Leiter verbunden (verlötet, verschweißt), so ergibt sich an der Kontaktstelle ein Konzentrationsgefälle von Leitungselektronen. Dieses Gefälle wird durch die Diffusion von Elektronen ausgeglichen, wodurch z. B. das Leitermetall mit geringer Elektronendichte negativ geladen wird. An der Kontaktstelle ergibt sich eine Kontaktspannung. Da in einem geschlossenen Kreis zwangsläufig immer mindestens 2 Kontaktstellen auftreten, heben sich die Kontaktspannungen auf. Werden dagegen die beiden Kontaktstellen auf unter-

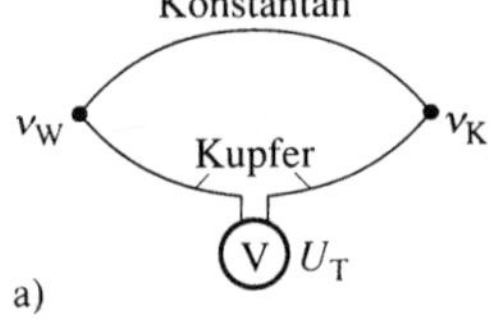

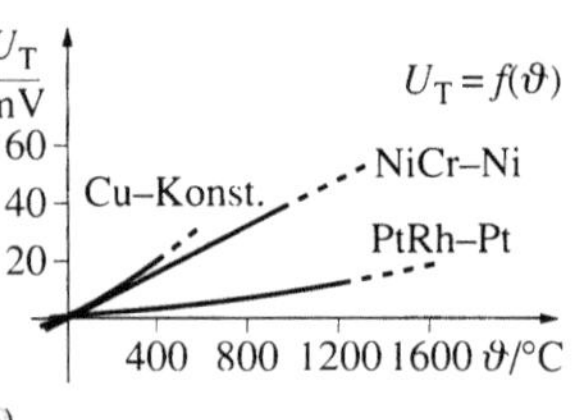

Bild 7.5-9 Thermoelemente a) Prinzipschaltung, b) Kennlinien

schiedlicher Temperatur gehalten, werden wegen der Temperaturabhängigkeit der Leitungselektronendichte die beiden Kontaktspannungen unterschiedlich groß. Damit ist auch im geschlossenen Kreis eine Spannung *(Thermospannung)* meßbar (Bild 7.5–9).

Thermoelemente (thermocouple) werden zur Messung von Temperaturen zwischen −200 °C und 1600 °C eingesetzt. Die Höhe der resultierenden Thermospannung hängt außer von der Temperatur auch noch von der Art der verwendeten Metalle und dem Temperaturunterschied zwischen Meßstelle und Vergleichsstelle ab. Die Vergleichsstellentemperatur muß konstant gehalten werden. Schaltungen, Thermospannungen und Meßbereiche sind in DIN 43708, 43709 und 43710 festgehalten.

3. Fotoelemente

An der Grenze zwischen *n*- und *p*-Halbleitermaterialien bildet sich eine Sperrschicht (s. Kap. 8 und Abschnitt 5.3.2), die u. a. für Gleichrichtwirkungen ausgenutzt wird. Bei Lichteinwirkung auf den *pn*-Übergang werden infolge des Sperrschicht-Fotoeffekts Elektronen aus dem Kristallverband gelöst, sie lassen Löcher zurück. Wird das *Fotoelement* in einem geschlossenen Stromkreis betrieben, so fließt der sogenannte *Fotostrom* (in gleicher Richtung wie der Sperrstrom eines Gleichrichters). Die Leerlaufspannung von Fotoelementen steigt logarithmisch, der Kurzschlußstrom linear mit der Beleuchtungsstärke an.
Bei *lichtempfindlichen Sensoren* ist die spektrale Empfindlichkeit s zu beachten. Bild 7.5–10 zeigt, daß nur das Selen-Fotoelement die gleiche spektrale Empfindlichkeit wie das menschliche Auge hat, Si- und Ge-Fotoelemente liegen bei höheren Lichtwellenlängen (Infrarot). Das Selen-Fotoelement hat eine Metall-Halbleiter-Sperrschicht.

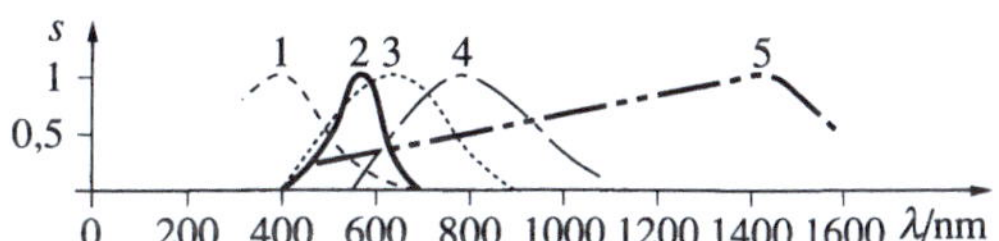

Bild 7.5-10
Relative spektrale Empfindlichkeit s fotoelektrischer Sensoren:
1 Fotozelle,
2 Selen-Fotoelement (menschliches Auge),
3 CdS-Fotowiderstand,
4 Si Fotoelement,
5 Ge-Fotoelement

Fotoelemente werden zur Messung von Beleuchtungsstärken (Luxmeter). Belichtung (Fotografie), Trübung von Gasen und Flüssigkeiten sowie Lichtreflexionen (Blitzlicht) verwendet.

4. Induktionssensoren

Die Wirkungsweise der großen Vielfalt dieser aktiven Sensoren ist mit Hilfe des Induktionsgesetzes $u \sim \mathrm{d}\Phi/\mathrm{d}t$ zu erklären. Da die Höhe der induzierten Spannung von der Flußänderung $\mathrm{d}\Phi/\mathrm{d}t$ abhängt, werden diese Sensoren hauptsächlich zur Geschwindigkeitsmessung eingesetzt, Bild 7.5–11 zeigt dazu *Induktionssensoren* für translatorische Bewegungen mit Tauchspule und Dauermagnet.

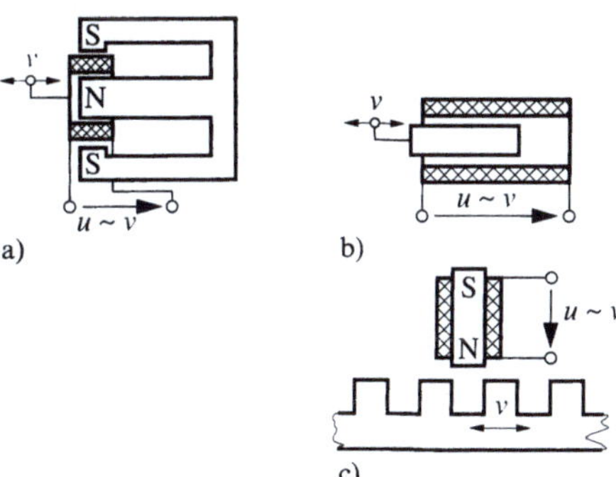

Bild 7.5-11
Induktionssensoren für translatorische Bewegungen mit
a) bewegter Tauchspule,
b) bewegtem Dauermagnet,
c) Zahnstangensensor

Für rotatorische Bewegungen werden permanentmagneterregte Gleichstromtachogeneratoren, Wechselstromtachogeneratoren (Synchrongenerator) und Unipolarmaschinen verwendet (Bild 7.5–12). Beim Gleichstromgenerator ist die Klemmenspannung

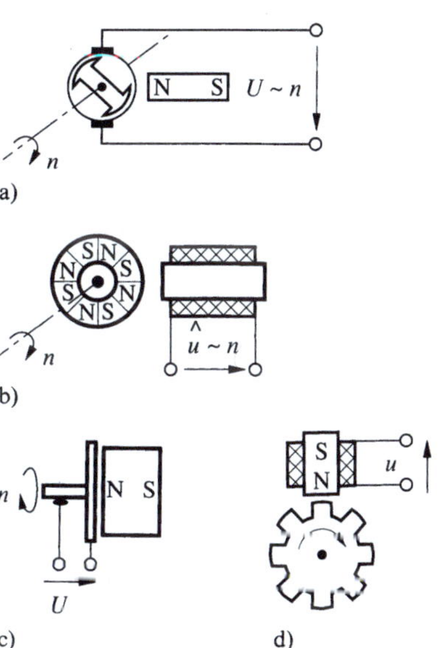

Bild 7.5-12 Induktionssensoren für rotatorische Bewegung (Drehzahl, Winkelgeschwindigkeit)
a) Gleichspannungsgenerator mit Dauermagnet-Erregung,
b) Wechselspannungsgenerator mit Dauermagnet-Polrad,
c) Unipolargenerator,
d) Zahnscheibensensor

proportional zur Winkelgeschwindigkeit bzw. Drehzahl. Der Wechselstromgenerator erlaubt die Auswertung der Amplitude, des Gleichrichtwertes oder der Frequenz der erzeugten Spannung $u(t)$ in Abhängigkeit von Winkelgeschwindigkeit oder Drehzahl, wobei besonders die Frequenzabhängigkeit in störanfälliger Umgebung und bei Fernübertragung vorteilhaft sein kann. Unipolargeneratoren und Zahnscheibensensoren sowie mitlaufende Drehkondensatoren und Scheibenkodierer (s. Abschnitt 7.5.1.3) können wegen der geringeren Masse der Rotoren bei Messungen an Kleinmaschinen vorteilhafter sein.

7.5.1.3 Digital kodierte Sensoren

Die bisher betrachteten Sensoren liefern überwiegend analoge elektrische Ausgangssignale für die gemessenen analogen physikalischen Größen. Da die Meßdaten aber häufig in Prozeßrechnern weiterbearbeitet werden, müssen die Analogsignale dafür in digitale Signale umgewandelt werden. Diesen zusätzlichen Aufwand kann man vermeiden oder vermindern, wenn das Sensorsignal bereits in digitaler oder leichter zu digitalisierender Form vorliegt. Für diese Zwecke gibt es Linear- und Scheibenkodierer zur direkten Umwandlung von Weg, Drehwinkel, Drehzahl, Drehmoment und daraus abgeleiteten Größen in ein digitales Signal. Man unterscheidet dabei 2 Kodierungsarten.

Beim *Inkrementalverfahren* ist ein Stab oder eine Scheibe entsprechend Bild 7.5–13 gleichmäßig gerastert. Der Inkrementaufnehmer wandelt die Inkremente in eine Impulsfolge um und diese wird von einem Digitalzähler ausgezählt. Es lassen sich Rasterabstände bis zu einigen Mikrometern realisieren, weshalb diese Kodierer häufig zur Positionierung bei Werkzeugmaschinen verwendet werden.

a)

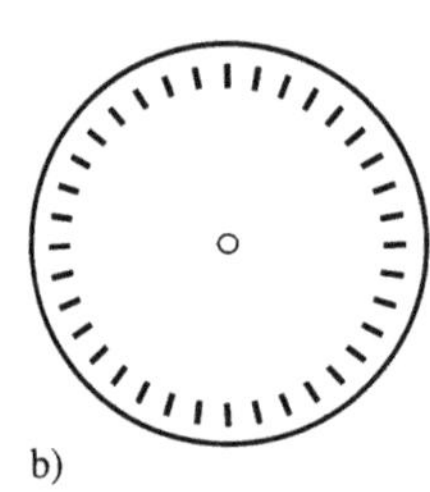
b)

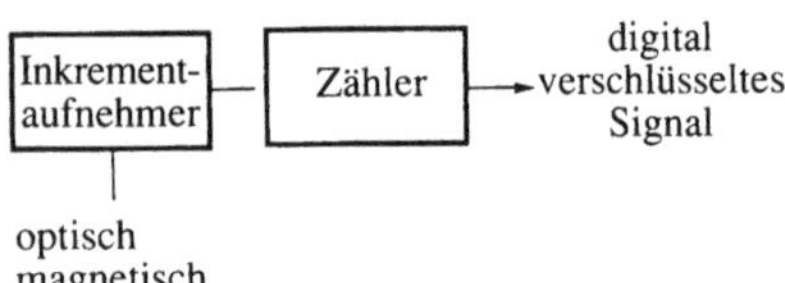

c)

Bild 7.5-13 Inkrementale Kodierer
a) Linearkodierer,
b) Scheibenkodierer,
c) Auswertung

Beim *absoluten Kodierer* (Bild 7.5–14) ist dagegen jede Stellung des Stabes bzw. der Scheibe eindeutig definiert. Die abgelesene parallel anstehende Dualzahl wird direkt zur Anzeige in eine Dezimalzahl umgewandelt. Vorteilhaft ist die eindeutige Definition jeder Stellung, was bei Störungsimpulsen oder nach Stromausfall nicht zu Fehlinterpretationen wie beim Inkrementalverfahren führen kann. Allerdings lassen sich hierbei nicht so kleine Rasterabstände realisieren wie beim Inkrementalverfahren.

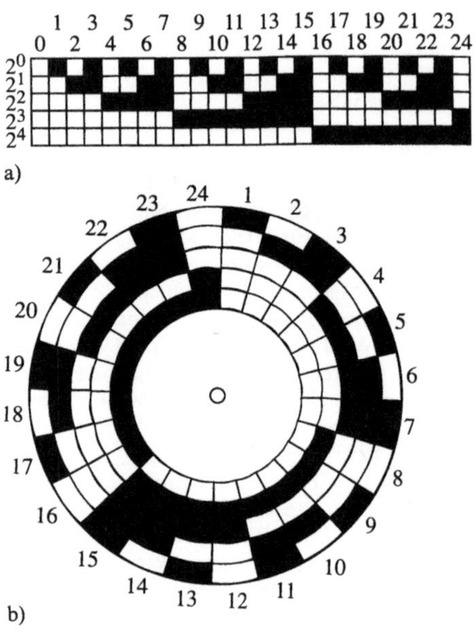

Bild 7.5-14 Absoluter Kodierer
a) Linearkodierer,
b) Scheibenkodierer

Die Ablesung der Kodierungsstäbe und -scheiben kann auf verschiedene Weise erfolgen. Ein Kodierer aus Isoliermaterial mit Rasterungen aus elektrischem Leitermaterial kann über Schleifkontakte abgetastet werden. Beim absoluten Kodierer ist dabei für jede Dualstelle ein Schleifer vorzusehen. Anstelle des elektrischen Leitermaterials kann auch weichmagnetischer Werkstoff treten. Hier kann dann kontakt- und verschleißfrei mit Magnetfeldsensoren abgetastet werden. Bei elektrooptischer Abtastung besteht der Kodierer aus einer Glasscheibe mit Hell-Dunkel-Zonen entsprechend der Kodierung. Die Scheibe wird von einer Seite beleuchtet, und auf der anderen Seite sind lichtempfindliche Bauteile zur Hell-Dunkel-Unterscheidung. Mit elektrooptischer Abtastung lassen sich höchste Auflösungen realisieren. Allerdings ist dieses Verfahren besonders empfindlich gegen Verschmutzungen, der Kodierer muß also sehr sorgfältig gegen die Umwelt und vor Verschleißstaub geschützt werden.

7.5.2 Anwendungsbeispiele

In diesem Abschnitt sollen einige für die elektrische Energietechnik relevante Probleme bei der Messung nichtelektrischer Größen betrachtet werden.

7.5.2.1 Drehzahlmessung

Die möglichen Sensoren wurden im vorigen Abschnitt vorgestellt, so daß hier nur einige Gesichtspunkte bei der Anwendung betrachtet werden sollen. *Gleichstromtachogeneratoren* haben Restwelligkeiten von ca. 0,5...1%. Zur Ermittlung der Drehbeschleunigung kann die Tachospannung differenziert werden. Wird die gemessene Drehzahländerung dn/dt mit dem Trägheitsmoment des Antriebs multipliziert, so erhält man die auftretenden Drehmomentspitzen.

Auf eine sorgfältige Verbindung von Antriebs- und Tachowelle ist zu achten, da durch Anbaufehler Oberschwingungen in der Tachospannung auftreten. Oszilloskopiert man die Tachospannung, so kann man bei Parallelversatz der Antriebs- und Tachowelle eine Oberschwingung mit einer der Drehzahl entsprechenden Frequenz beobachten, während bei einem Winkelfehler der beiden Wellen eine Oberschwingung mit doppelter Drehzahlfrequenz auftritt.

7.5.2.2 Drehmomentmessung

Beim Aufbringen eines Drehmomentes auf die Welle einer elektrischen Maschine kommt es zu Zug- und Druckkräften an den Befestigungsbolzen des Maschinengehäuses und zu Verformungen der Welle. Beide Effekte können zur *Drehmomentmessung* ausgenutzt werden.

Kraftmeßdosen an den Befestigungen des Maschinengehäuses messen die dort wirkenden Kräfte, die mit dem Abstand zur Maschinenwellenmitte multipliziert das Drehmoment ergeben.

Wesentlich häufiger werden die Verformungen der Welle oder einer speziellen *Drehmomentmeßwelle* gemessen, dazu können z. B. 3 Effekte ausgenutzt werden:

1. Zwei Querschnitte der Welle in einem bestimmten Abstand s zueinander verdrehen sich um einen Torsionswinkel φ.
   Die Verdrehung ist, solange die Proportionalitätsgrenze nicht überschritten wird, proportional zu dem Drehmoment. Durch eine optische Vorrichtung [7.18] kann z. B. die Verdrehung gemessen werden.
2. Die Permeabilität einer Welle aus ferromagnetischem Material verändert sich in den Hauptspannungsrichtungen der Welle, und zwar nimmt sie in der um $+45°$ zur Wellenachse liegenden Druckspannungsrichtung proportional zum aufgebrachten Drehmoment ab und in der $-45°$ Richtung zu (Zugspannung).
3. Die mechanischen Spannungen in den Hauptspannungsrichtungen der Welle ($\perp 45°$) werden mit Hilfe von Dehnungsmeßstreifen (DMS) gemessen (Bild 7.5–15). Sie werden entweder in einer Halbbrücke oder, wenn genügend Platz vorhanden ist, in einer Vollbrücke (s. Bild 7.2–28) nach Abschnitt 7.2.2.1.6 geschaltet. Die DMS werden über Schleifringe mit Spannungsversorgung und Meßinstrument verbunden.

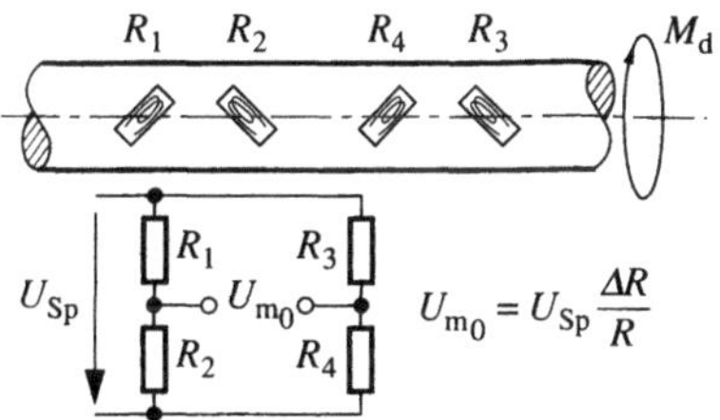

7.5-15 Drehmomentmessung mit Dehnungsmeßstreifen (DMS)

7.5.2.3 Geräuschmessung

Der vom menschlichen Ohr noch wahrzunehmende Schalldruck liegt bei etwa $p_0 = 20\ \mu N/m^2 = 20\ \mu Pa$ und die obere Grenze (Schmerzgrenze) beträgt etwa 50 Pa. Für Messungen wird als Bezugswert der *Schalldruck* P_0 an der Hörschwelle genommen. Damit wird der *Schalldruckpegel* in dB

$$L_p = 20 \lg \frac{P_x}{P_0}. \tag{7.5–18}$$

Bei der Aus- und Bewertung von Geräuschen elektrischer Maschinen ist neben dem Schalldruck aber auch die Schallfrequenz von Bedeutung. Ferner sind das „Wie und Wo" der meßtechnischen Erfassung der Geräusche von großem Einfluß. Für den Bereich der Geräuschmessung an elektrischen Maschinen gibt es die DIN-Normen 42540, 45630, 45632, 45633, 45635, 45641, 45645. Grundlegende Normen über dieses Gebiet sind die DIN 1311, 1320, 13320.

Die Geräuschquellen elektrischer Maschinen sind

- magnetische Geräuschquellen,
- mechanische Geräuschquellen (Lager, Bürsten),
- aerodynamische Geräuschquellen (Lüfter).

Bei langsamlaufenden und ruhenden Maschinen überwiegen die magnetischen Geräusche. Je schneller die Maschinen laufen, um so größer wird der Einfluß der mechanischen und aerodynamischen Geräuschquellen.

7.6 Digitale Meßwertverarbeitung

Die elektrisch zu erfassenden Meßgrößen sind überwiegend analoge physikalische Größen (elektrisch und nichtelektrisch) oder so klein quantisiert, daß man sie als quasi analog betrachten kann (z. B. elektrischer Strom). Die Vorteile *digitaler Meßwertverarbeitung* in Prozeßsteuerung, Automatisierung usw. haben zu ihrer weiten Verbreitung geführt.

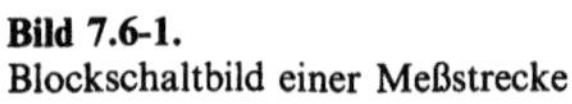

Bild 7.6-1.
Blockschaltbild einer Meßstrecke

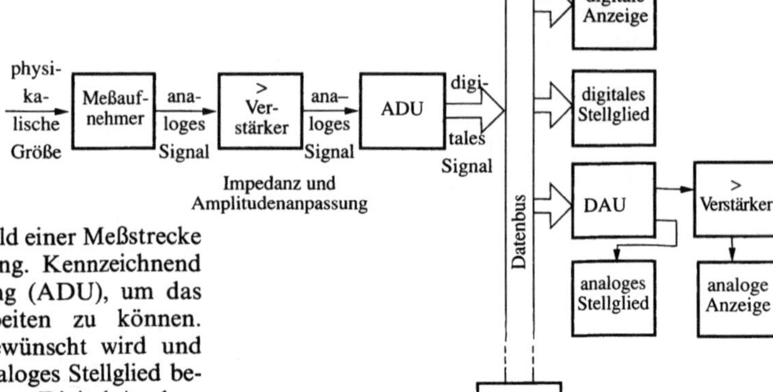

Bild 7.6–1 zeigt das Blockschaltbild einer Meßstrecke mit digitaler Meßwertverarbeitung. Kennzeichnend ist die Analog-Digital-Umsetzung (ADU), um das Meßsignal digital weiterverarbeiten zu können. Wenn eine analoge Anzeige gewünscht wird und wenn in einem Regelkreis ein analoges Stellglied bedient werden muß, ist auch eine Digital-Analog-Umsetzung (DAU) erforderlich. Der ADU-Eingangsspannungs- und der DAU-Ausgansspannungshub üblicher Umsetzer liegt vorwiegend bei 1 V oder 10 V (Datenblatt!), es sind daher in der Regel Verstärker zur Amplituden- und Impedanzanpassung erforderlich. Weiterhin ist bei der Auswahl der Umsetzer zu beachten, daß verschiedene Kodierungen möglich sind (Datenblatt!). Übliche Kodierungen sind im Dual-Code, Gray-Code oder BCD-Code (BCD-Binär Codierte Dezimalzahl) (s.a. Kap. 6).

7.6.1 Meßwertumsetzer

7.6.1.1 Digital-Analog-Umsetzer (DAU)

Die Digital-Analog-Rückwandlung ist erforderlich, wenn das digital verarbeitete Meßsignal analog dargestellt werden soll (Oszilloskop, Zeigerinstrument usw.), Bild 7.6–2 zeigt die Transfer-Funktion eines idealen 3-bit DAU. Charakteristisch ist die Quantelung Q des Analogsignals in n-Schritte für einen n-bit Umsetzer, daraus resultiert der für Digitalschaltungen typische Quantisierungsfehler.

Bild 7.6–3 zeigt die prinzipiellen Schaltungen für Umsetzer mit Spannungssummierung (a) und Stromsummierung (b). Die eingetragenen Widerstandswerte entsprechen einer Kodierung im 8–4–2–1–BCD-Kode. Die eingezeichneten Schalter sind in der Praxis z. B. durch Transistoren (bipolar oder FET) realisiert. Die (analoge) Ausgangsspannung des Umsetzers a ergibt sich zu

$$U_a = I \sum_{s=1}^{s=k} R_s \qquad (7.6\text{–}1)$$

mit R_s eingeschaltete Widerstände (Schalter offen).

Der (analoge) Ausgangsstrom des Umsetzers b beträgt

$$I_b = U \sum_{p=1}^{p=k} G_p \qquad (7.6\text{–}2)$$

mit G_p Leitwert eingeschalteter Widerstände (Schalter zu). Es gibt noch weitere Schaltungsmöglichkeiten, auf die aber hier nicht eingegangen werden soll.

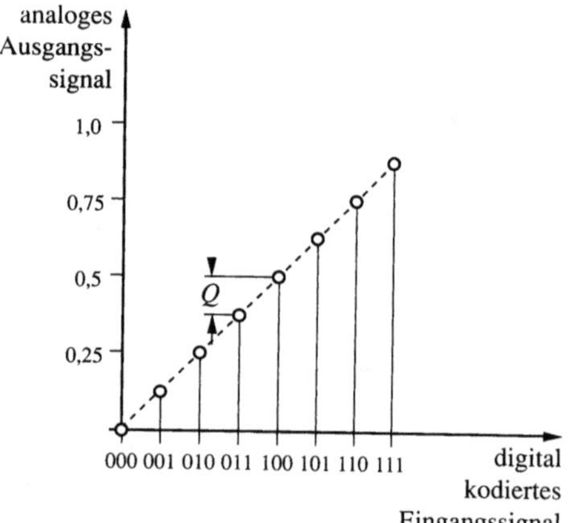

Bild 7.6-2 Transfer-Funktion eines idealen 3-bit DAU

Bild 7.6-3 siehe Seite 263.

7.6.1.2 Analog-Digital-Umsetzer (ADU)

1. Stufenumsetzer

Der im Bild 7.6–4 im Blockschaltbild dargestellte Umsetzer arbeitet wie ein automatisierter Stufen-Kompensator (vgl. Abschnitt 7.2.1.5). Wird die (analoge) Meßspannung U_x angelegt, gibt der Komparator das UND-Gatter frei und der Zähler beginnt die Taktimpulse zu zählen. Der Zählerstand wird auf die digital einstellbare Spannungsquelle (DAU) gegeben. Wenn die Vergleichsspannung $U_v = U_x$ wird, sperrt das Komparatorsignal das UND-Gatter, der Zähler stoppt die Zählung und der Zählerstand ist der digital verschlüsselte Meßwert U_x. Dieser Umsetzer wird für Präzisions-Digitalvoltmeter (DVM) mit hoher Auflösung (5–7stellige Anzeige) verwendet (Fehler $\approx 5 \cdot 10^{-5}$ vom Meßwert). Es wird der Augenblickswert gemessen, d. h., zur Störunterdrückung sind Eingangsfilter erforderlich. Die Umsetzzeit (ohne Filter) liegt je nach Bauart zwischen 0,01 s und 1 s.

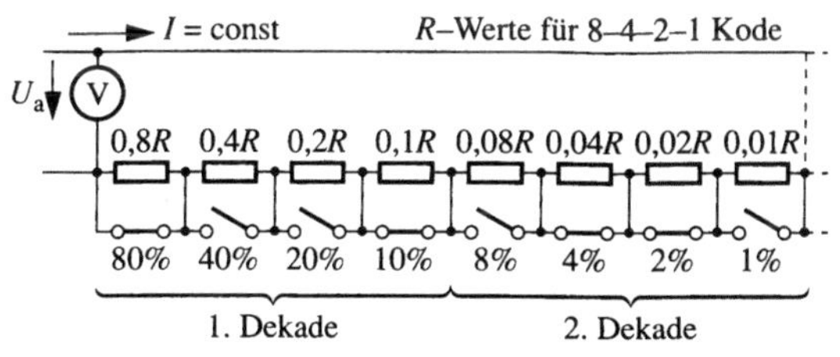

$$U_a = I \sum_{s=1}^{s=k} R_s$$

R_s eingeschaltete Widerstände (Schalter offen)

a)

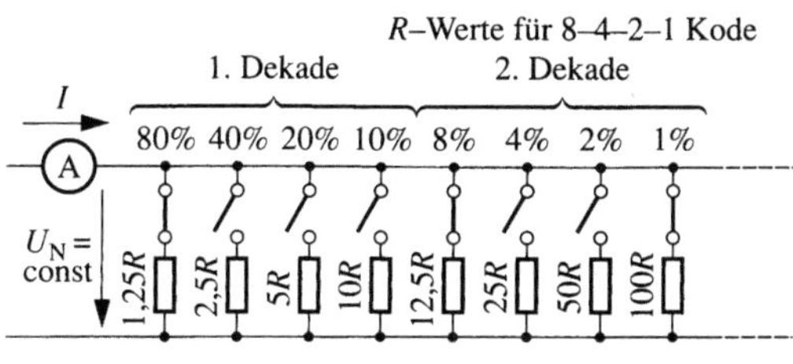

$$I = U_N \sum_{p=1}^{p=k} G_P$$

G_p Leitwert eingeschalteter Widerstände (Schalter zu)

b)

Bild 7.6-3 Digital-Analog-Umsetzer
a) Spannungssummierung,
b) Stromsummierung

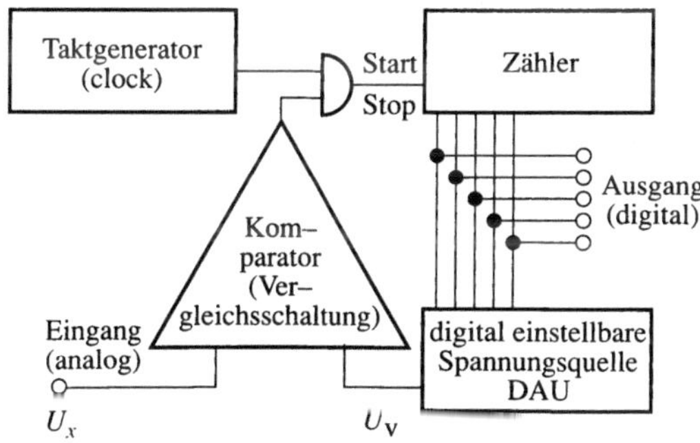

Bild 7.6-4 Stufenumsetzer (counter-servo type), vereinfachtes Blockschaltbild

Mit dem im Bild 7.6–5 dargestellten (Stufen-)Umsetzer mit schrittweiser Annäherung lassen sich erheblich kürzere Umsetzzeiten bei hoher Auflösung erreichen (z. B. $t_u < 1$ µs für 10-bit Auflösung). Dieser Umsetzer wird für schnelle DVM zum Umsetzen von Sensorsignalen, in automatischen Meßsystemen und in Puls-Code-Modulations-Systemen verwendet. Es wird der Augenblickswert gemessen, Störsignale müssen ausgefiltert werden.

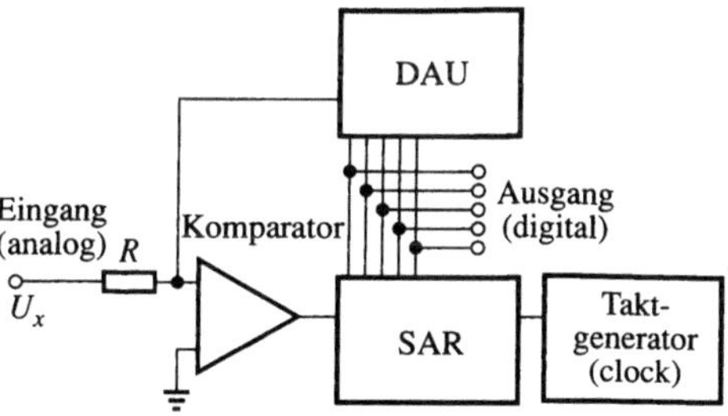

SAR successive approximation register
Register für schrittweise Annäherung

a)

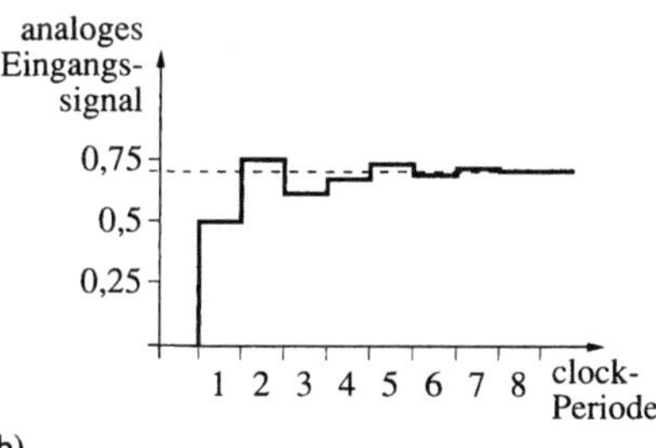

b)

Bild 7.6-5 Umsetzer mit schrittweiser Annäherung (successive approximation)
a) vereinfachtes Blockschaltbild,
b) Umsetzzyklus

Im Gegensatz zum vorher beschriebenen *Stufenumsetzer* (Bild 7.5–4) wird hier in *n* Schritten beim *n*-bit-Umsetzer umgesetzt. Die Umsetzprozedur wird vom SAR (successive approximation register) entsprechend dem im Bild 7.6–5b dargestellten Zyklus gesteuert. Man kann die Umsetzung mit dem Auflegen von Gewichten auf eine Balkenwaage vergleichen, wobei mit dem größten Gewichtstück begonnen wird und immer kleinere Gewichtstücke bis zur größtmöglichen Annäherung an den Analogwert folgen.

Beim im Bild 7.6–6 stark vereinfacht dargestellten *parallelen ADU* erfolgt die Umsetzung simultan,

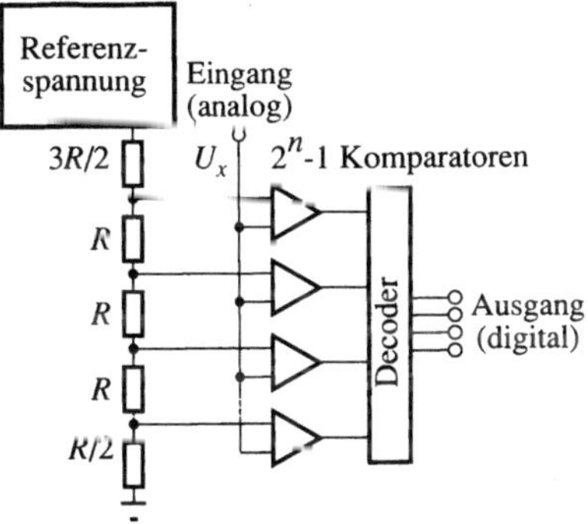

Bild 7.6-6 Paralleler ADU (Flash ADC), vereinfachtes Blockschaltbild

d. h., der Vergleich erfolgt gleichzeitig in allen Quantisierungsstufen. Dazu sind $2^n - 1$ Komparatoren am Eingang parallelgeschaltet. Die Komparatoren sind durch eine Widerstandskette 1 LSB (least significant bit) gegeneinander abgestuft vorgespannt. Die Schaltung wirkt also wie ein Quantisierer mit 2^n Potentialstufen (n-bit-Umsetzer). Die Komparatorausgangssignale werden dann im Decoder in binäre Signale umgewandelt. Da die Umsetzung nur in 2 Schritten erfolgt, ist eine sehr kleine Umsetzzeit zu realisieren. Allerdings steigt der Schaltungsaufwand exponentiell mit der Auflösung; so werden z. B. 15 Komparatoren für 4-bit- und 255 Komparatoren für 8-bit-Auflösung benötigt. Dieser Umsetzer wird für die Umsetzung von Videosignalen und für Radarmessungen verwendet.

2. Integrierende ADU

Durch Mittelwertbildung über eine Integrationsperiode bewirken diese Umsetzer eine Verminderung des Störeinflusses. Es gibt verschiedene integrierende Spannungs-Frequenz- und Spannungs-Zeit-Umsetzungsverfahren. Die weiteste Verbreitung hat der *Spannungs-Zeit-Umsetzer* nach dem Zweirampen-Verfahren (dual slope); Bild 7.6–7 zeigt dazu ein vereinfachtes Blockschaltbild (a) und den Verlauf der Integratorspannung (b). Die Meßspannung U_x wird über den Schalter S zunächst an den Integrator gelegt, der $U_{ai} \sim \int U_x \, dt$ über die vorgegebene Integrationszeit T bildet. Bei $t = T$ schaltet die Steuerlogik mit Hilfe des Schalters S den Integrator auf die Referenzspannung U_N, die das umgekehrte Vorzeichen der Meßspannung U_x hat und damit die Spannung U_a am Integrator wieder bis auf Null bringt. Damit gilt für $U_a = 0$

$$\int_0^T U_x \, dt - U_N \cdot \int_0^T dt = 0$$

und daraus

$$T_x = \frac{1}{U_N} \int_0^T U_x \, dt, \qquad (7.6\text{–}3)$$

d. h., die im Zähler gezählte Zeit T_x entspricht dem arithmetischen Mittelwert der Meßspannung U_x über der Meßzeit T. Die Genauigkeit hängt nur von der Konstanz der Referenzspannung U_N und der Linearität des Integrators ab. Periodische Störsignale (z. B. Netzbrumm) haben keinen Einfluß, wenn die Meßzeit T gleich einem ganzzahligen Vielfachen der Störperiodendauer gewählt wird (Bild 7.6–7c). Dieses Verfahren wird bei Schalttafel- und Vielfach-DVMn besonders bei großem Störumfeld angewendet.

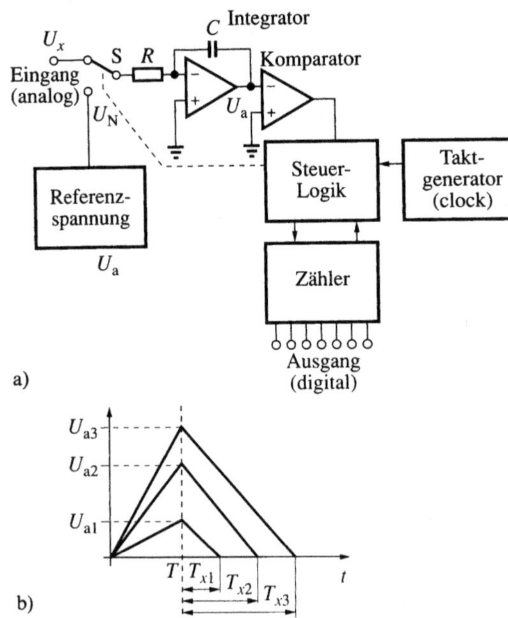

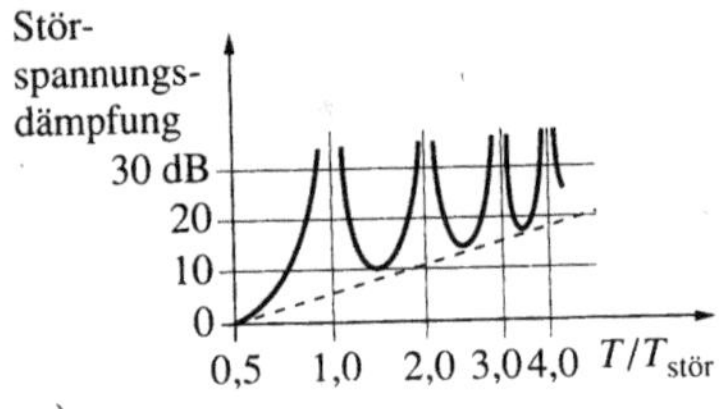

Bild 7.6-7. Integrierender Zweirampen Umsetzer (dual slope)
a) vereinfachtes Blockschaltbild,
b) Spannungsverlauf am Integrator,
c) Störspannungsdämpfung

3. Elektro-, magneto- und fotomechanische ADU

Man kann eine direkte Analog-Digital-Umsetzung bei weg- und winkelabhängigen physikalischen Größen erreichen, wenn man die Wege oder Winkel mit Hilfe von Linear- und Scheibenkodierern nach Abschnitt 7.5.1.3 abtastet.

7.6.2 Fehlereinflüsse

7.6.2.1 Quantisierungsfehler

Der *Quantisierungsfehler* ist der für digitale Geräte typische systematische, nicht korrigierbare Fehler. Bild 7.6–8 zeigt eine Analog-Digital-Transferkurve und den zugehörigen Quantisierungsfehler. Es gilt für die Quantelung Q des Maximalwertes einer Meßspannung $U_{x\max}$

$$Q = \frac{U_{x\max}}{2^n}. \qquad (7.6\text{–}4)$$

Damit wird bei $U_{x\max} = 10$ V und einem 3-bit-Quantisierer $Q = 1{,}25$ V und für 12-bit $Q = 2{,}44$ mV. Entsprechende Werte haben dann auch die Quantisierungsfehler.

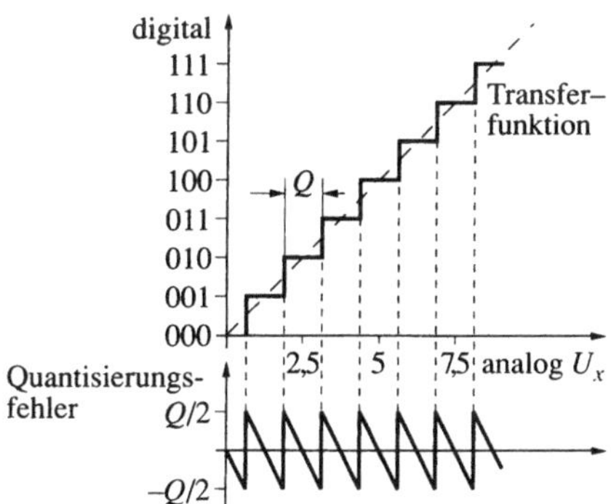

Bild 7.6-8 Quantisierungsfehler

7.6.2.2 Transferfehler

Zu diesen Fehlern gehören *Linearitätsfehler* (z. B. Integrationsfehler), *Offset-Fehler* und *Verstärkungsfehler,* sie sind im Bild 7.6–9 dargestellt. Linearitätsfehler sind nicht korrigierbar. Offset- und Verstärkungsfehler sind entweder intern minimiert oder lassen sich mit äußerer Beschaltung abgleichen. Falls diese Fehler temperaturabhängig sind, kann man sie durch entsprechende äußere Beschaltung für eine feste Temperatur auf Null abgleichen bzw. für einen Temperaturbereich minimieren.

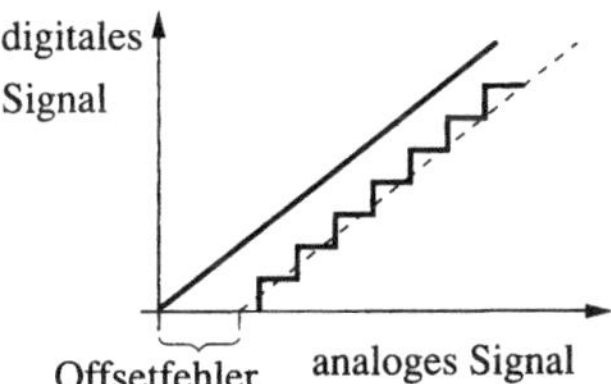

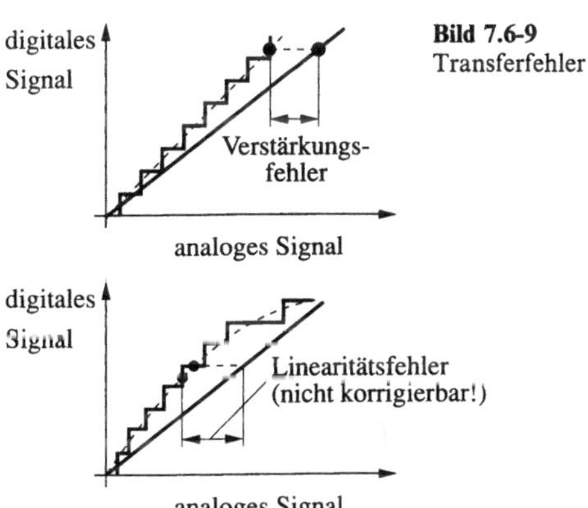

Bild 7.6-9 Transferfehler

7.6.2.3 Einfluß der Umsetzzeit

Die *Umsetzzeit* (conversion-, aperture time) ist die zur Umsetzung von analog auf digital bzw. umgekehrt benötigte Zeit. Die Umsetzzeit verursacht eine

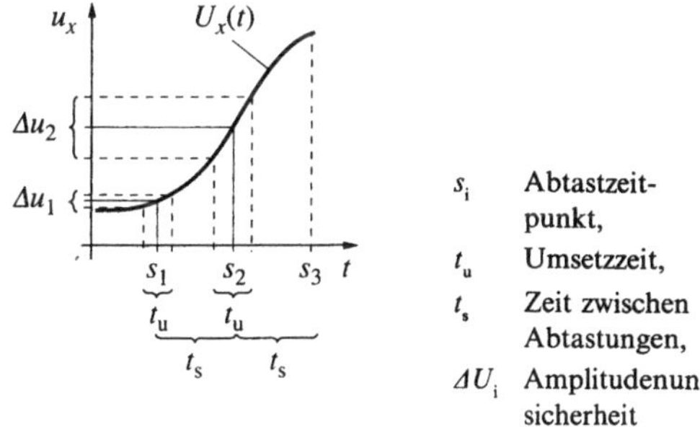

Bild 7.6-10 Einfluß der Umsetzzeit

Amplitudenunsicherheit ΔU und hat damit einen Einfluß auf die Auflösung. Bild 7.6–10 zeigt den Einfluß der Umsetzzeit auf die Amplitudenunsicherheit ΔU bei verschiedenen Steigungen (Frequenzen) des Meßsignals. Wie man sieht, ist ΔU von der Umsetzzeit des Umsetzers und von der Steigung des Meßsignals abhängig

$$\Delta U = t_u \frac{du(t)}{dt}. \qquad (7.6\text{–}5)$$

Für sinusförmige Meßsignale, 1-bit Fehler und n-bit Auflösung wird die mindestens erforderliche Umsetzzeit

$$t_{u\,max} = \frac{1}{2^n \pi f}. \qquad (7.6\text{–}6)$$

7.7 Fernmessungen

Bei *Fernmeßanlagen* sind Meßort und Auswertungsort der Messungen räumlich getrennt. Beide sind, abhängig vom Übertragungsverfahren, über Sender-Empfänger, Kabel oder Glasfaser miteinander verbunden.

7.7.1 Direkte Fernmessung

Bei *direkter Fernmessung* wird ein Meßaufnehmer direkt über elektrische Leitungen mit der Auswertungsstelle verbunden. 2-Leiteranordnungen werden für *Spannungs-* und *Stromfernmessungen* verwendet, wobei bei Stromfernmessungen vorwiegend der Spannungsabfall über einen im Meßkreis liegenden Widerstand fernübertragen wird. Der Leitungswiderstand ist mit in das Ableseergebnis einzukalibrieren. Er sollte nur ca 10% des gesamten Meßkreiswiderstandes betragen, da sonst Leitungswiderstandsänderungen (z. B. abhängig von der Umgebungstemperatur) zu große Fehler verursachen.

Bei *Widerstandsfernmessung* in Dreileiterschaltung mit Kreuzspulinstrument heben sich die Leitungseigenschaften wegen der Quotientenbildung weitgehend heraus. Es können bei geeigneten Leitungsdaten Entfernungen bis zu 50 km überbrückt werden, in der Regel wird die direkte Fernmessung aber nur über einige km angewendet.

7.7.2 Trägerfrequenzverfahren

Diese Verfahren werden sowohl zur drahtlosen als auch zur leitungsgebundenen Fernübertragung eingesetzt. Bild 7.7–1 zeigt die verwendeten Modulationsarten. Bei der ***Amplitudenmodulation*** (AM) steckt die Information in der Amplitude der Trägerwechselspannung mit konstanter Frequenz. Da bei diesem Verfahren Störungen und die Leitungseigenschaften die Meßdaten verfälschen können, wird es nur für kurze Übertragungswege verwendet.

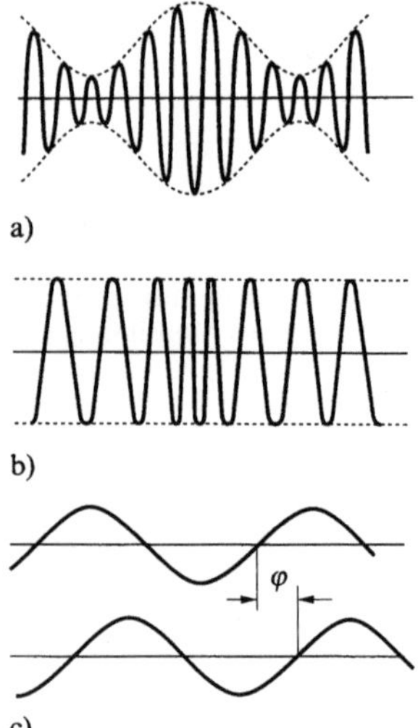

Bild 7.7-1 Trägerfrequenzverfahren
a) Amplitudenmodulation,
b) Frequenzmodulation,
c) Phasenmodulation

Bei der *Frequenzmodulation* (FM) steckt die Information in der Frequenz der Trägerwechselspannung mit konstanter Amplitude. Wird der informationsabhängige Frequenzhub genügend groß gewählt, ist diese Modulationsart auch über größere Entfernungen viel weniger störanfällig als die AM (vgl. UKW-FM-Rundfunk).

Bei der *Phasenmodulation* (PM) steckt die Information im Phasenwinkel zwischen 2 (überwiegend) Sinusspannungen. Zur Übertragung werden in der Meßtechnik 3 Leitungen verwendet, wobei die Phasenverschiebung der Spannungen zwischen 2 Leitungen (die 3. Leitung ist Rückleiter) ein Maß für den Meßwert ist. Es sind Frequenzen bis ca. 500 Hz üblich.

7.7.3 Impuls-Fernübertragungs-Verfahren

Bild 7.7–2 zeigt die verschiedenen Verfahren zur *Impuls-Fernübertragung*. Bei dem im Bild a dargestellten *Pulsfolgefrequenzverfahren* ist der Meßwert proportional der Pulsfolgefrequenz f oder der Zeit $T = 1/f$ zwischen den Impulsen. Die Impulse werden entweder mit Hilfe eines Spannungs-Frequenz-Umsetzers oder direkt mit (inkremental) kodierten Scheiben nach Abschnitt 7.5.1.3 erzeugt.

Bei der *Pulsdauermodulation* (PDM) nach Bild 7.7–2b ist der Meßwert proportional der Impulsdauer t_x.

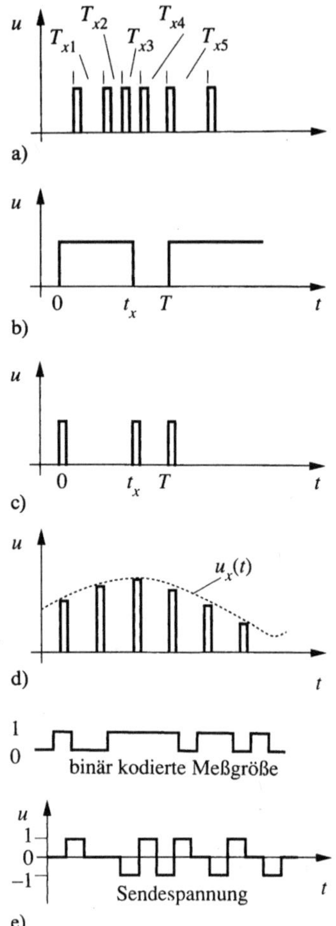

Bild 7.7-2 Fernübertragung von Meßwerten mit Impulsen
a) Pulsfolgefrequenzmodulation (PFM),
b) Pulsdauermodulation (PDM),
c) Pulsphasenmodulation (PPM),
d) Pulsamplitudenmodulation (PAM),
e) Pulscodemodulation (PCM)
T_{x_i} meßgrößenabhängige Pulsfolgezeit,
T Periodendauer,
t_x meßgrößenabhängiges Zeitintervall,
$u_x(t)$ Meßgröße

Dieses Verfahren wird z. B. beim Fluxgate-Magnetometer nach Abschnitt 7.4.1.2 angewendet.

Das *Pulsphasenmodulationsverfahren* (PPM) nach Bild 7.7–2c wird immer dann eingesetzt, wenn die Impulsdauer t_x des PDM-Verfahrens für eine Fernübertragung zu lang wird. Dazu wird t_x differenziert, die sich ergebenden Impulse werden fernübertragen und am Empfangsort mit Hilfe einer bistabilen Kippschaltung (Flipflop) wieder in das Zeitintervall t_x zurückverwandelt.

Die *Pulsamplitudenmodulation* (PAM) ähnelt der Amplitudenmodulation (Bild 7.7–2d). Anstelle der hochfrequenten Trägerschwingung tritt hier eine Impulsfolge. Es entstehen Fehler z. B. durch Dämpfung der Pulsamplitude.

Die *pulscodemodulierten* (PCM) *Meßwerte* (Bild 7.7–2e) werden zunächst mit Hilfe von AD-Umsetzern digitalisiert und dann für die Fernübertragung durch eine sogenannte pseudoternäre Impulsfolge weiterübertragen. Hierbei wird logisch 1 durch $\pm u$ und logisch 0 durch 0 ersetzt. Durch Gleichrichtung am Empfangsort wird wieder das z. B. binär kodierte Signal erhalten.

7.7.4 Mehrfach-Übertragungs-Verfahren

7.7.4.1 Frequenz-Multiplex-Verfahren

Hierbei werden mehrere Meßwerte gleichzeitig mit Hilfe verschiedener (meist nebeneinanderliegender) Trägerfrequenzen übertragen. Für jeden Meßwert steht dabei, entsprechend dem Modulationsverfahren, ein bestimmtes Frequenzband zur Verfügung. Am Empfangsort wird durch Filterung (Abstimmung auf die einzelnen Trägerfrequenzen) wieder der einzelne Meßwert zurückgewonnen. Das *Frequenz-Multiplex-Verfahren* wird bei der drahtlosen Fernmessung und Fernsteuerung eingesetzt. Aber auch über Leitungen (z. B. Telefonleitungen) können verschiedene Meßwerte im Frequenz-Multiplex-Verfahren übertragen werden.

7.7.4.2 Zeit-Multiplex-Verfahren

Beim *Zeit-Multiplex-Verfahren* werden die Meßwerte verschiedener Meßstellen zeitlich nacheinander über eine Leitung übertragen, wobei die Reihenfolge beliebig vorgegeben werden kann. Die Umschaltung erfolgt mit Hilfe sogenannter Meßstellenumschalter, das sind entweder mechanische oder elektronische Schalter. Die Umschalter (Multiplexer, MUX) für digitale Signale stehen als integrierte Schaltkreise in verschiedenen Ausführungen zur Verfügung.

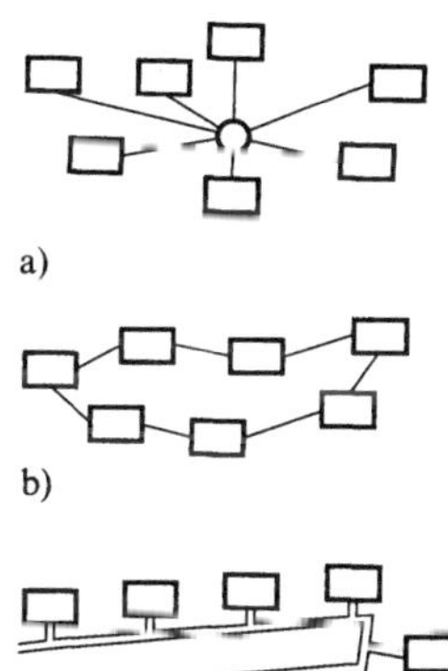

Bild 7.8-1
Netzwerkkonfigurationen
a) Stern,
b) Masche,
c) Bus

7.8 Programmierbare Meßsysteme

Je umfangreicher eine Meßaufgabe ist, um so größer wird in der Regel auch die Anzahl der Meßgeräte und/oder die Anzahl der Meßschritte, so daß diese Aufgaben aus Zeit- und Kostengründen besser automatisch ausgeführt werden. Für die Zusammenschaltung von Geräten ist es sinnvoll, die Kopplungsstellen (Schnittstellen) zu normieren. Hat man nur 2 Geräte zu verbinden, wird man das einfach über Leitungen vornehmen. Bei der Zusammenschaltung von mehreren Geräten zu einem Meßsystem gibt es verschiedene Verbindungsstrukturen mit unterschiedlichen Eigenschaften.

7.8.1 Netzwerkkonfigurationen und Datenübertragungsformen

7.8.1.1 Netzwerkkonfigurationen

Im Bild 7.8–1 sind 3 verschiedene *Netzwerkformen* dargestellt. Im *Stern* sind alle Komponenten des Netzwerks (Meßsystems) parallel im Sternpunkt zusammengeführt. Im *Maschensystem* sind dagegen alle Komponenten in Reihe geschaltet. Vorteilhaft ist die verhältnismäßig einfache Abwicklung von Datenübertragungen. Nachteilig ist insbesondere bei der Sternschaltung der mit der Zahl der Komponenten wachsende Aufwand für die Verkabelung. Die Zuverlässigkeit beider Meßsystemschaltungen kann aber von der Zuverlässigkeit einer einzelnen Komponente abhängen. Fällt z. B. der Sternpunkt aus, dann funktioniert das ganze Sternsystem nicht mehr, fällt eine Komponente in der Masche aus, ist die Masche offen.

Im *Bussystem* dagegen werden mehrere parallele Leitungen zu jeder Komponente geführt. Der einzelnen Komponente ist ein bestimmter Adreßcode zugeordnet, mit dessen Hilfe die Komponenten zu- oder abgeschaltet werden können. Das System ist also so lange betriebsfähig, wie die gerade gebrauchten Komponenten (z. B. nur 2) arbeiten; der Zustand der anderen Komponenten ist gleichgültig, solange sie nicht adressiert sind. Auch können in diesem System evtl. Funktionen ausgefallener Komponenten von anderen übernommen werden. Nachteilig ist, daß Datenübertragungen verschiedener Komponentenpaare nicht gleichzeitig, sondern nur nacheinander erfolgen können (wie beim Zeit-Multiplex-Verfahren). Daher muß auch vorher genau festgelegt werden, mit welcher Priorität die einzelnen Komponenten bedient werden, damit das System beim gleichzeitigen Anstehen von Daten nicht seine Funktion verliert.

7.8.1.2 Datenübertragungsformen

Digitalisierte (Meß-)Daten können „bit–seriell-byte-seriell" oder „bit-parallel-byte-seriell" übertragen werden. Die *Datenübertragung* soll an Hand der Blockschaltbilder (Bild 7.8–2) für beide Übertragungsformen kurz erläutert werden. Das *bit-serielle Interface* (Bild a) funktioniert als Sender (write) und Empfänger (read). Durch Eingabe eines Controlbytes in das Control-Register wird das Sende-(Transmitter-)

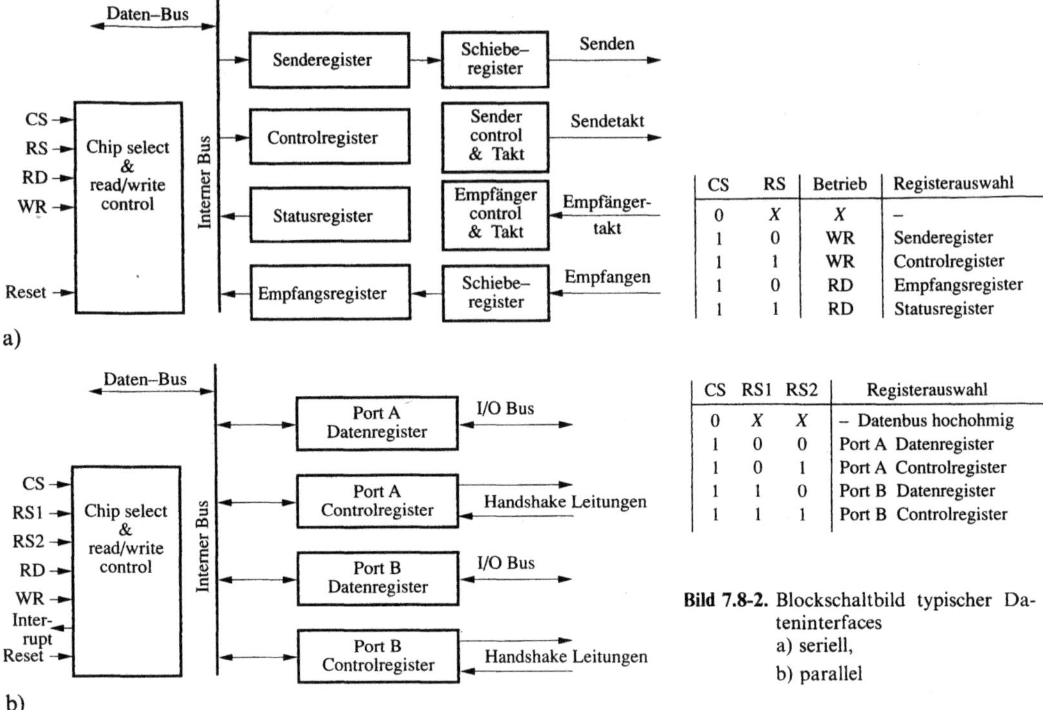

CS	RS	Betrieb	Registerauswahl
0	X	X	–
1	0	WR	Senderegister
1	1	WR	Controlregister
1	0	RD	Empfangsregister
1	1	RD	Statusregister

CS	RS1	RS2	Registerauswahl
0	X	X	– Datenbus hochohmig
1	0	0	Port A Datenregister
1	0	1	Port A Controlregister
1	1	0	Port B Datenregister
1	1	1	Port B Controlregister

Bild 7.8-2. Blockschaltbild typischer Dateninterfaces
a) seriell,
b) parallel

Register in die Lage versetzt, ein Datenbyte über den Datenbus aufzunehmen und ins Schieberegister zur seriellen Aussendung weiterzugeben. Das Empfangsschieberegister (receive shift register) empfängt serielle Bits und wenn ein Byte vollständig zusammen ist, wird es an das Empfangsregister (receiver register) weitergegeben. Das Statusregister wird u. a. dazu benutzt, um sogenannte Sende- oder Empfangsflags zu setzen, also den Status (senden oder empfangen) zu bestimmen.

Das *bit-parallele Interface* (Bild 7.8–2b) hat 2 sogenannte Eingangs-/Ausgangs-(input/output)Ports. Jeder Port hat 2 Register, ein Datenregister und ein Controlregister. Das Controlregister bestimmt, ob das Datenregister im input- oder output-Betrieb arbeitet. Das Chip-select wird freigegeben, wenn das Interface durch den Adreßbus angesteuert wird. Die Register-select-Eingänge RS1 und RS2 wählen eines der 4 Register aus, wie in der Tabelle spezifiziert.

Übertragung	Vorteile	Nachteile
bit-seriell – byte-seriell	nur 2 Leitungen (Minimum) für große Entfernungen, z. B. Verwendung vorhandener Telefon- und Telexleitungen *Beispiel:* EIA – RS – 232 für bis zu 1000 ft (333 m) EIA – RS – 422/3 für bis zu 5000 ft (1666 m)	langsam Problem: Erkennung der Wortlänge, dafür zusätzliche Aussendung von Erkennungsbits, das bedeutet extra Zeitaufwand, z. B. Telexübertragung von 11 bit für ein 8-bit Wort
bit-parallel – byte-seriell	schnelle Datenübertragung z. B. IEC-625-Bus 1 Mb/s maximal	mehrere parallele Leitungen (für *n*-bit Wort mindestens *n* parallele Leitungen) *Beispiel:* IEC-625-Bus 16 parallele Leitungen, davon 8 für Datenbus, max. Buslänge 20 m

Bild 7.8-3
Gegenüberstellung bit serieller und bit paralleler Übertragung

Wenn außerdem der RD input (read, lesen) freigegeben (enabled) ist, wird der Registerinhalt über den Datenbus transferiert, und wenn WR freigegeben ist, wird ein Byte in das ausgewählte Register gegeben.

Die Handshake Ein- und Ausgänge werden benutzt, um den Datentransfer zwischen 2 asynchron arbeitenden Komponenten zu steuern. Die beiden Handshake-Leitungen zwischen Datensender und -empfänger steuern den Datentransfer durch gegenseitige Information über den Status auf dem gemeinsamen Bus. Z. B. informiert der Sender über verfügbare Information auf dem Bus, und der Empfänger antwortet durch Freigabe der 2. Handshakeverbindung, wenn die Information vom Empfänger akzeptiert worden ist. Ein zu Beginn des Transfers im Controlregister gesetztes Flagbit wird automatisch gelöscht, wenn der Transfer beendet ist.

Im Bild 7.8–3 sind einige Vor- und Nachteile bitserieller und bit-paralleler Übertragungen gegenübergestellt. Je ein häufig angewendetes Beispiel wird dazu kurz betrachtet.

7.8.2 Eingeführte Systeme

7.8.2.1 Die V.24-Schnittstelle

Die *V.24-Schnittstelle* (in Europa die verbreitetste Bezeichnung) ist eine sehr häufig eingesetzte bit-serielle – byte-serielle Schnittstelle. Sie dient zur direkten Verbindung von jeweils 2 Komponenten, z. B. Computer mit Bildschirm oder Computer mit Drucker (entsprechend Bild 7.8–1a), oder auch in Reihenschaltung (entsprechend Bild 7.8–1b), z. B. Computer mit Bildschirmterminal und Bildschirmterminal mit Drucker. Die V.24-Schnittstelle des CCITT, die amerikanische EIA–RS 232-Schnittstelle bzw. die in DIN 66020/66259 festgelegte Schnittstelle sind in ihrer Funktion gleichartig, aber in ihren Bezeichnungen unterschiedlich.

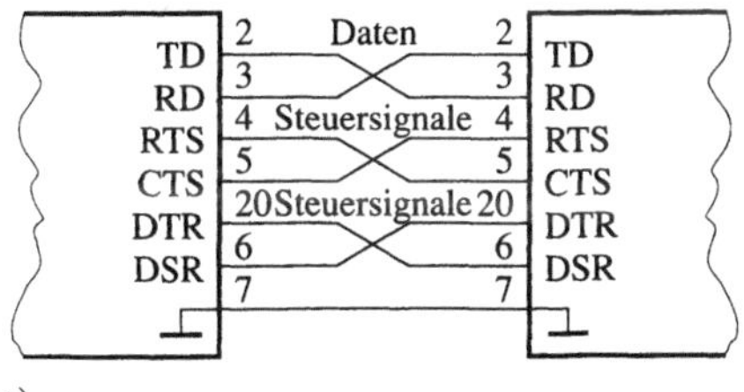

a)

Diese Schnittstelle war zunächst für die Datenfernübertragung konzipiert, was in der Norm auch zur Definition von insgesamt 21 Leitungen geführt hat. Da die Schnittstelle viel häufiger zur Kopplung von Komponenten eines Datensystems eingesetzt wird, sind im Bild 7.8–4 nur die dafür relevanten Steckerbelegungen entsprechend ISO 2110 und DIN 66021 zusammengestellt. Die Signalamplitude beträgt etwa + 12 V (max. + 15 V), was einen guten Störabstand auch für größere Entfernungen gewährleistet. Die Datenübertragungsrate kann üblicherweise zwischen 50 und 19 200 Bd (1 Bd = 1 Baud = 1 bit/s) liegen.

Um vor allem diskontinuierlichen Datentransfer effektiver ablaufen zu lassen, wird das sogenannte Handshaking (s.o.) zwischen den Komponenten angewendet. Hierbei kann man sowohl vom Hardware (HW)-, als auch vom Software(SW)-Handshaking

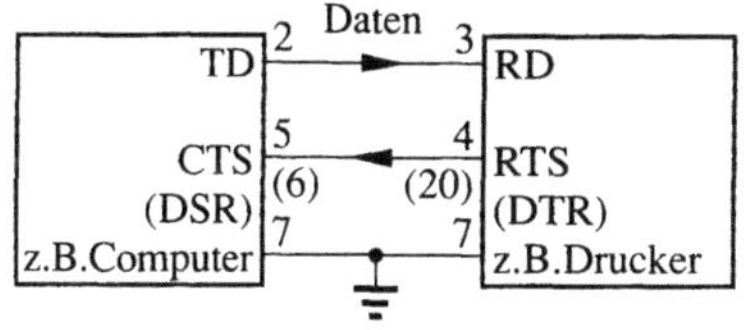

a)

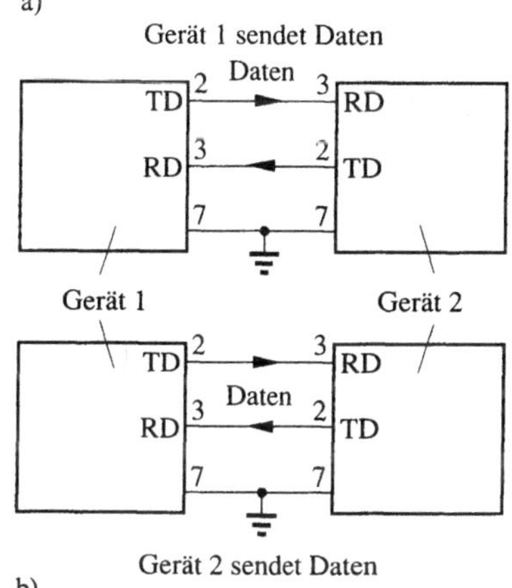

b)

Bild 7.8-5 Handshaking-Beispiele
a) Hardware (HW-) Handshaking,
b) Software (SW-) Handshaking

Bild 7.8-4
V. 24-Schnittstelle bei direkter Kopplung
a) Schaltbild,
b) Steckerbezeichnungen dazu

b)

Stift Nr. (ISO 2110)	Signalbezeichnung nach DIN 66020		RS 232		V. 24
1	E1	Schutzerde,		Protective Ground	101
2	D1	Sendedaten,	TD	Transmit Data	103
3	D2	Empfangsdaten,	RD	Receive Data	104
4	S2	Sendeteil einschalten,	RTS	Request to Send	105
5	M2	Sende-bereitschaft,	CTS	Clear to Send	106
6	M1	Betriebs-bereitschaft,	DSR	Data Set Ready	107
7	E2	Betriebserde,		Signal Ground	102
20	S1.2	Endgerät	DTR	Data Terminal Ready	108.2

Gebrauch machen; Bild 7.8–5 zeigt je ein Beispiel dafür. Beim HW-Handshaking werden auch andere Steckerpins als im Bild gezeigt verwendet, diese Unterschiede werden beim SW-Handshaking vermieden. Hier erfolgt der Datentransfer in beiden Richtungen über nur 3 Leitungen.

Eine einwandfreie Datenübertragung ist nur gewährleistet, wenn die verknüpften Komponenten in der Steckerbelegung, im Datenformat und der gelieferten und zu verarbeitenden Übertragungsrate übereinstimmen. Weiterhin müssen die Handshaking-Prozeduren übereinstimmen.

7.8.2.2 Der IEC-625-Bus

Als Beispiel für bit-parallele – byte-serielle Datenübertragung, insbesondere in der Meßtechnik, soll der IEC-Bus betrachtet werden. Dieser Bus wird von einzelnen Herstellern und Normungsinstitutionen unterschiedlich bezeichnet, es sind

ANSI MC 1,1	American National Standard Institute Norm,
GPIB	General Purpose Interface Bus,
HP–IB	Hewlett–Packard Interface Bus,
IEC–625	International Electrotechnical Commission Norm,
IEEE–488	vom IEEE (USA) standardisierter Bus.

Alle Schnittstellen sind vollkompatibel bis auf einige ältere Geräte (vor 1985), die den zunächst von der IEC genormten 25-poligen D-Sub-Stecker aufweisen. Inzwischen sind alle auf den 24-poligen Amphenol-Stecker, wie bei IEEE (Institute for Electrical & Electronics Engineers) und HP, übergegangen. Für die älteren Geräte müssen Adapter verwendet werden.

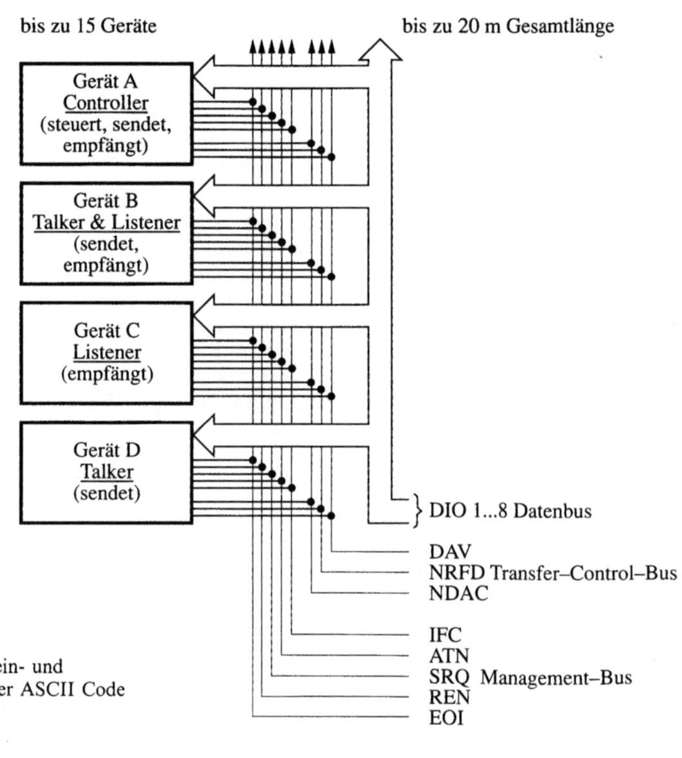

Bild 7.8-6
IEC-625-Bus, Bus-Struktur

Gruppe 1 (Datenbus):

DIO	1...8 data input/output, Datenein- und ausgabe, meistens 7-bit ISO oder ASCII Code

Gruppe 2 (Transfer-Control-Bus):

DAV	*d*ata *va*lid, Daten sind gültig,	three wire interlocked handshake
NRFD	*n*ot *r*eady *f*or *d*ata, nicht empfangsbereit,	
NDAC	*n*ot *d*ata *ac*cepted, Daten nicht verstanden	

Gruppe 3 (Management-Bus):

IFC	*i*nter*f*ace *c*lear, alle Geräte in Ruhezustand setzen,
ATN	*at*te*n*tion, Umschaltung auf DIO zwischen Adressen und Daten,
SRQ	*s*ervice *req*uest, Gerät *n* meldet sich,
REN	*r*emote *en*able, Fernsteuerung (durch Controller) freigeben,
EOI	*e*nd *o*r *i*dentify, Endmeldung oder Identifizierung, Ende Byte-Transfer oder zusammen mit ATN Ausführung einer Polling sequence

Bild 7.8–6 zeigt die Struktur des Busses. Er besteht aus insgesamt 16 parallelen Leitungen, die in 3 Gruppen aufgeteilt sind. Der Daten-Bus besteht aus 8 parallelen Leitungen zum Datentransport von kodierten Meßdaten in bit-paralleler – byte-serieller Form. Der Übergabe-Steuerungs-Bus (Control-Bus) besteht aus 3 parallelen Leitungen und dient der zeitlichen Steuerung des Zeichenübertragungsablaufes auf dem Daten-Bus nach dem Handshaking-Prinzip. Der Schnittstellen-Steuerungs-Bus (Management-Bus) besteht aus 5 parallelen Leitungen, auf denen die Steuersignale des Controllers und der am Bus angeschlossenen Geräte (s. Bild 7.8–6) übertragen werden.

Die Geräte, die am IEC-Bus angeschlossen werden können, kann man in 4 Gruppen einteilen:

1. *Controller:* Am mit Hilfe des IEC-Busses betriebenen automatischen Meßplatz darf nur 1 Controller betrieben werden. Der Controller kann nach Maßgabe eines Programms alle anderen Geräte zu bestimmten Aktivitäten (Ein-, Ausschalten, Datenannahme, -ausgabe) initiieren. Der Controller kann z. B. ein mit IEC-Schnittstelle versehener Personal Computer (PC) sein.
2. *Talker:* An einem automatischen Meßplatz können mehrere Geräte dieses Typs liegen. Es sind Geräte, die vom Controller aufgefordert werden können, geräteabhängige Daten zu anderen am Bus angeschlossenen Geräten zu senden. Es darf zu einem bestimmten Zeitpunkt immer nur ein Talker an einem Bus aktiv sein. Talker sind z. B. DMS, Thermometer, Einbereichmeßinstrumente usw.
3. *Listener:* An einem automatischen Meßplatz können mehrere Geräte dieses Typs liegen. Es sind Geräte, die vom Controller aufgefordert werden können, geräteabhängige Daten von einem anderen am Bus angeschlossenen Gerät zu erhalten. Die Listener-Funktion darf gleichzeitig von mehreren Geräten am Bus ausgeführt werden. Listener sind z. B. Plotter, Drucker, Displays usw.
4. *Talker und Listener:* An einem automatischen Meßplatz können mehrere Geräte dieses Typs angeschlossen sein, es darf aber zu einem bestimmten Zeitpunkt immer nur ein Gerät im Talker-Betriebszustand aktiv sein. Talker und Listener sind z. B. Digital-Multimeter.

Der *Controller* sichert den geregelten Informationsaustausch zwischen den Geräten eines Meßplatzes oder Meßsystems. Jedes einzelne Gerät wird vom Controller mit der ihm eigenen Adresse angesprochen und aktiviert. Dann folgen die Befehle zur Einstellung von Spannung, Betriebsart, Meßbereich usw. Zur Einstellung der Adresse haben IEC-Bus-fähige Geräte in der Regel neben dem Busstecker einen Kodierungsschalter (Dipswitch).

Der Controller übernimmt neben der Steuerung das Sammeln von Daten, die Auswahl, Berechnung, Bewertung und Darstellung von Ergebnissen sowie die Speicherung der Meßergebnisse auf Datenträgern. Natürlich lassen sich am Controller auch Plotter, Drucker und Grafik-Displays anschließen, wie es auch bei PC's möglich ist. Die Controller können meistens in einer Compiler-Sprache, wie Basic, Fortran oder Pascal, programmiert werden. Leider ist hier nichts standardisiert worden, so daß man für jeden Hersteller eine besonders modifizierte Sprache verwenden muß.

Der zeitliche Ablauf des Datentransfers auf den Datenleitungen wird vom Control Bus im Handshaking-Prinzip gesteuert. Bild 7.8–7 zeigt dazu den Ablaufplan mit Erläuterungen zu den markanten Zeitpunkten der Datenübertragung. Ausführliche Erläuterungen der Funktion des IEC–625-Busses sind in Spezialliteratur nachzulesen [7.8, Bd. 2].

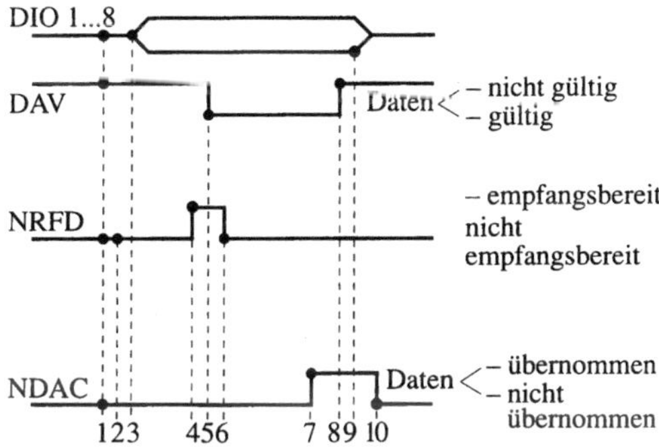

1 Anfangszustand des Busses;
2 Talker prüft auf NRFD und NDAC high (Fehler);
3 Talker legt nach Fehlerprüfung das erste Datenbyte an;
4 alle Listener signalisieren mit NRFD high, daß sie zur Datenübernahme bereit sind;
5 nachdem die Daten auf den DIO-Leitungen anstehen und der Talker festgestellt hat, daß NRFD high, setzt er DAV low und meldet die Daten damit als gültig;
6 der Listener, der als erster DAV low feststellt, setzt NRFD low. Damit ist die Bereitschaft Daten zu übernehmen beendet,
7. wenn der letzte Listener die Daten verarbeitet hat, gibt er die NRFD-Leitung frei, d.h., es wird „Daten übernommen“ gemeldet;
8 der Talker stellt NDAC high fest und setzt DAV high (Daten ungültig);
9 der Talker schaltet die Daten vom Datenbus (DIO) ab;
10 der erste Listener, der DAV high feststellt, setzt NDAC low, womit der nächste Datenübertragungszyklus vorbereitet wird

Bild 7.8-7 Zeitlicher Ablauf des Handshake Prozesses beim IEC-Bus

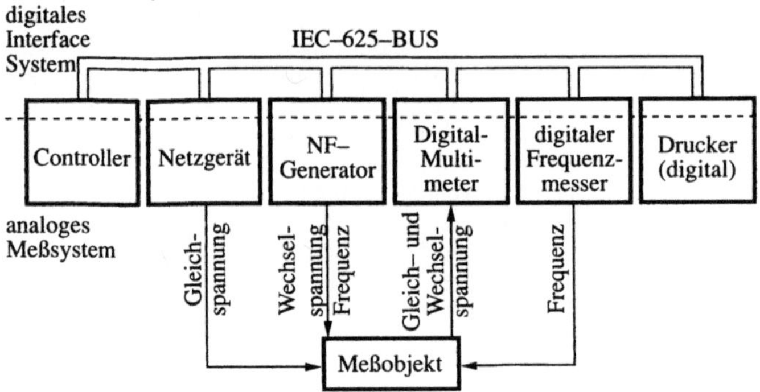

Bild 7.8-8
Typisches Meßgerätesystem mit Programmier- und Meßprozedur

Programmier- und Meßprozedur

1. Controller setzt Anfangsbedingungen durch Sendung von IFC (interface clear) und DCL (devices clear);
2. Controller adressiert das programmierbare Netzgerät und sendet Daten (gewünschte Spannung, Strombegrenzung);
3. Controller adressiert das nächste Gerät und sperrt die anderen für die Datenaussendung (Sendung UNL [unlisten]);
4. Schritt 3 wird so oft wiederholt bis alle Geräte für diesen speziellen Meßvorgang adressiert und programmiert sind. Dann werden alle Geräte gesperrt (UNL);
5. Controller adressiert ausgewähltes Meßinstrument, z.B. den Frequenzmesser, und sendet den Programmcode zur Einleitung der Messung;
6. Controller adressiert sich selbst zur Aufnahme von Daten und sendet seine Adresse zum Meßinstrument.

7.8.2.3 Typisches Meßgerätesystem

Ein typisches über IEC–625-Bus gekoppeltes Meßgerätesystem ist in Bild 7.8–8 dargestellt.

Das Meßobjekt ist mit programmierbarem Netzteil, NF-Generator, Digital-Multimeter und digitalem Frequenzmesser verbunden.

Die Meßgeräte sind untereinander mit dem IEC–625-Bus verbunden. An diesen Bus angeschlossen ist auch noch der Controller (PC) und ein Drucker. Mit Hilfe des Controllers werden die Instrumente programmiert und die Messungen initiiert. Die Meßdaten werden zur Weiterverarbeitung an den Controller zurückgegeben. In Stichworten sind im Bild 7.8–8 die Programmierprozedur und der Meßvorgang dargestellt.

7.8.2.4 Weitere Datensysteme

Neben den besprochenen Beispielen gibt es noch eine Vielzahl weiterer Datenbussysteme, die häufig für spezielle Belange entwickelt und dann, standardisiert, auch für andere Anwendungen verfügbar gemacht wurden, z. B.:

CAMAC — Computer Application for Measurement and Control. Dieses Bussystem wurde zunächst von Euratom für europäische Kernforschungs- und Kerntechnikanlagen entwickelt. Es ist für größere Prozeßautomatisierungsaufgaben geeignet.

PDV-Bus — Prozeßlenkung mit Datenverarbeitungsanlagen. Dieses vom Kernforschungszentrum Karlsruhe entwickelte Prozeßlenkungsbussystem läßt sich in einen Nahbereichsbus und einen Fernbereichsbus mit serieller Datenübertragung aufgliedern.

S100-Bus (IEEE 696) — Standard Bus mit 100 Leitungen. Das System wurde entwickelt, um einen einheitlichen Systembus zur Verbindung von Mikrorechner-Systemen und -Komponenten verschiedener Hersteller zu haben.

VME-Bus (IEEE 1014) — Ein auf Europakarten-Steckverbinder zugeschnittener Mikrorechner-Bus für Datenwortbreiten bis 32 bit.

VXI-Bus — VME-Bus Extensions for Instruments. Erweiterung des VME-Busses für spezielle Bedürfnisse der Meßtechnik.

Futurebus (IEEE 896) — Dieses Bussystem wurde so konzipiert, daß es auch für zukünflige Mikroprozessorgenerationen verwendbar bleibt. Hierbei wurde versucht, weitgehend unabhängig von den verwendeten Mikroprozessorsystemen zu werden.

7.9 Elektromagnetische Störeinwirkungen auf elektrische Meßsysteme

Die zunehmende Durchdringung der Technik mit Elektronik hat das Problem der gegenseitigen Störung noch komplexer gemacht. Die elektrische Meßtechnik hat sich u. a. mit der Messung und damit Aufspürung von Störungen zu befassen. Durch den Einsatz von Elektronik ist die Meßtechnik in die Lage versetzt worden, Messungen ohne nennenswerten Energieentzug aus dem Meßobjekt vorzunehmen. Dieser Fortschritt wurde aber seinerseits mit einer erhöhten Störempfindlichkeit der Meßelektronik erkauft. Die Untersuchung technischer Geräte als Störer und Gestörte – man hat diese Problematik auch unter dem Oberbegriff „Elektromagnetische Verträglichkeit" zusammengefaßt – steigt deshalb in seiner Bedeutung stark an [7.19].

7.9.1 Das Störübertragungssystem

Zur *Störungsübertragung* gehört eine *Störquelle*, ein *Störungsübertragungskanal* und ein *Störungsempfänger*, Bild 7.9–1 zeigt das Blockschaltbild solch eines Systems. Für die Lösung von Störproblemen müssen diese Elemente zunächst erkannt werden, damit sie in ihrer Wirkung erfolgreich reduziert werden können. Maßnahmen zur Störungsverminderung können an der Quelle, am Übertragungskanal und am Störungsempfänger erfolgen. Es hat sich gezeigt, daß Entstörmaßnahmen am effektivsten an der Störquelle wirken. Leider sind diese aber nicht immer zugänglich, so daß meistens am Übertragungskanal Entstörungsmaßnahmen vorgenommen werden.

Störquellen können sowohl innerhalb eines Gerätes (Systems) als auch von außen auf ein Gerät wirken, im Bild 7.9–1 sind dazu einige mögliche Störer aufgelistet. Durch die großen Fortschritte in der Leistungselektronik kann man heute immer größere Leistungen in immer kürzerer Zeit schalten (s. dazu Stromrichtertechnik, Kap. 8), was allerdings zwangsläufig mit wachsenden Entstörproblemen verbunden ist.

Die *Störungsüberlagerung* kann additiv, z. B. Netzbrumm oder Schaltspikes auf Gleichspannung, oder multiplikativ erfolgen, was zu Parameteränderungen, z. B. Verstärkungsänderung, führen kann.

Die *Störungsverkopplung* kann auf verschiedenen Wegen erfolgen, was auch wiederum sehr verschiedene Gegenmaßnahmen erforderlich macht. Insbesondere in der Meßtechnik ist darauf zu achten, daß z. B. auch durch den Anschluß von Meßleitungen Verkopplungen hervorgerufen werden können, die ohne diese Leitungen gar nicht vorhanden sind. Dadurch kann es zu Fehlschlüssen über mögliche Fehlfunktionen im Gerät oder System kommen.

Leitungsgebundene Störungen können sowohl symmetrisch (Gegentakt, differential mode), als auch asymmetrisch (Gleichtakt, common mode) auftreten, Bild 7.9–2 zeigt Blockschaltbilder dazu. Während bei symmetrischer Störeinwirkung der Störstrom in einer Leitung hin- und in der anderen zurückfließt, fließen die Störströme bei asymmetrischer Störeinwirkung in beiden Leitungen zum Störungsempfänger, und die Rückleitung erfolgt über Erdverkopplungen.

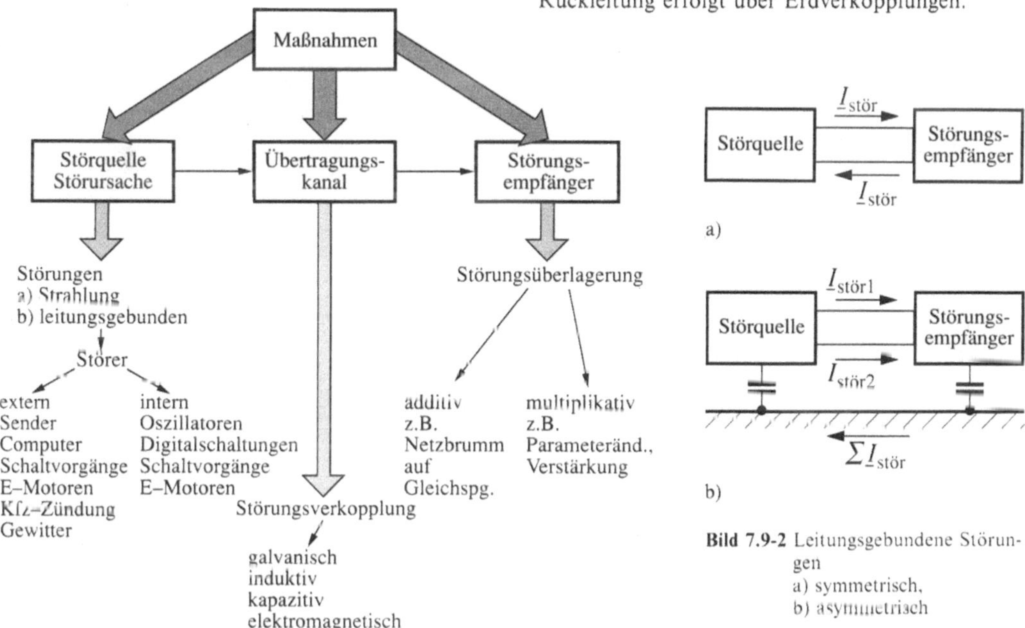

Bild 7.9-1 Störungen und ihre Übertragung

Bild 7.9-2 Leitungsgebundene Störungen
a) symmetrisch,
b) asymmetrisch

7.9.2 Ursachen unerwünschter Verkopplungen

Die *Verkopplungen von Störquelle und Störempfänger* können, entsprechend Bild 7.9–1, auf galvanischem, induktivem, kapazitivem und elektromagnetischem Wege erfolgen. Häufig treten mehrere dieser Effekte parallel auf. Um die Größenordnungen abschätzen zu können, folgen einige Beispiele.

7.9.2.1 Galvanische Verkopplung

Mehrere Stromkreise beeinflussen sich gegenseitig, wenn sie mindestens einen gemeinsamen Netzzweig haben, Bild 7.9–3a zeigt 2 Stromkreise mit einem gemeinsamen Zweig als Beispiel. Die Ströme i_1 und i_2 fließen gemeinsam über den Zweig $A-B$. Für diesen Zweig läßt sich ein Ersatzbild aus Leitungswiderstand R und Leitungsinduktivität L angeben. Die Stromsumme i_1+i_2 verursacht einen Spannungsabfall auf diesem gemeinsamen Leiterstück. Ist die Leistungsübertragung in beiden Kreisen in gleicher Größenordnung, dann werden sich beide Kreise auch in gleicher Weise stören. Wesentlich kritischer (und auch häufiger) ist aber der Störfall bei unterschiedlicher Leistungsübertragung. Für diesen Fall soll hier angenommen werden, daß der (leistungsstärkere)

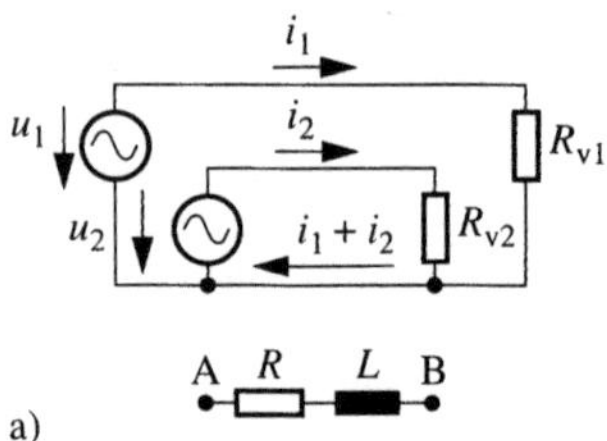

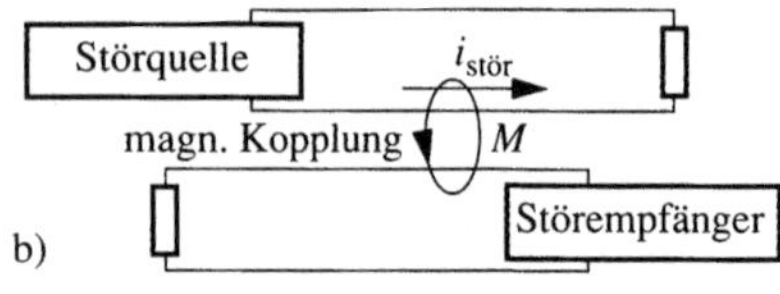

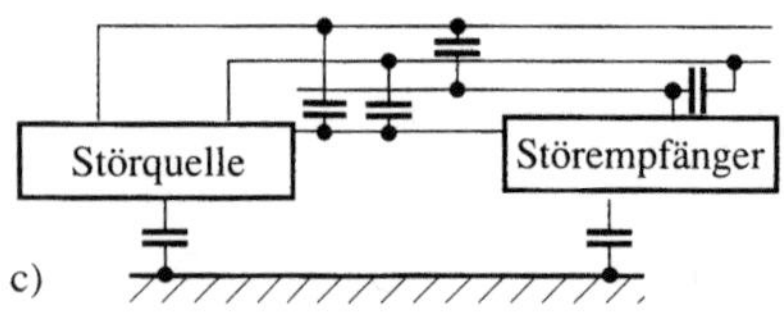

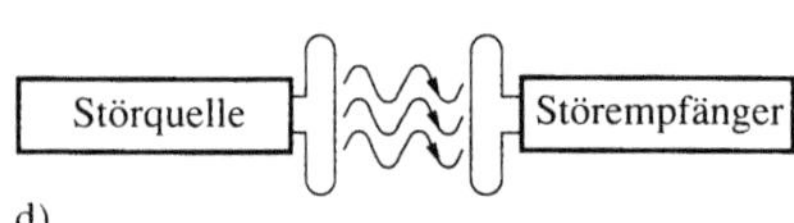

Bild 7.9-3 Verkopplung von Störungen
a) galvanisch,
b) induktiv,
c) kapazitiv,
d) elektromagnetisch

Kreis 2 die Störquelle des Kreises 1 ist. Damit errechnet sich die Störspannung im Kreis 1 zu

$$u_1 = Ri_2 + L\frac{di_2}{dt}.$$

u_1	R	i_2	L	t
V	Ω = V/A	A	H = Vs/A	s

(7.9–1)

Vor allem bei hochfrequenten oder Schaltvorgängen im Störkreis (2) kann der ohmsche gegenüber dem induktiven Spannungsabfall häufig vernachlässigt werden.

■ *Beispiel:*
Die Induktivität von Leitungen in Schaltschränken beträgt ca. $L = 1\ \mu H/m$. Wird über solch eine Leitung ein Strom von 1 A mit einer Anstiegszeit von 1 µs geschaltet, so ergibt sich ein induktiver Spannungsabfall pro m Leitungslänge von

$$U = L\frac{\Delta i}{\Delta t} = \frac{1\ \mu H \cdot 1\ A}{1\ \mu s} = 1\ V.$$

7.9.2.2 Induktive Verkopplung

Um einen stromdurchflossenen Leiter baut sich ein Magnetfeld auf (s. Abschnitt 2.8.3). Befinden sich in der Nähe dieses Leiters andere Leiterschleifen (Bild 7.9–3b), so wird in diesen eine Spannung induziert bei Feld- bzw. Stromänderung. Proportionalitätsfaktor für die Höhe der induzierten Spannung ist die Gegeninduktivität M, sie ist abhängig von der geometrischen Anordnung der Leiter zueinander, es gilt

$$u = M\frac{di_{Stör}}{dt}. \qquad (7.9\text{–}2)$$

u	M	$i_{Stör}$	t
V	H = Vs/A	A	s

■ *Beispiel:*
Die Zuleitung zu einem Meßinstrument liegt auf einer Länge von 1 m unmittelbar parallel zu der Zuleitung zu einem Elektromotor. Die Gegeninduktivität betrage ca. 0,5 µH. Wird im Motorkabel ein Strom von 20 A mit einer Anstiegszeit von 10 µs geschaltet, so wird im Meßkabel eine Spannung von

$$U = M\frac{\Delta i}{\Delta t} = \frac{0{,}5\ \mu H \cdot 20\ A}{10\ \mu s} = 1\ V$$

induziert. Man sieht, daß beim Anschluß von Meßgeräten sehr sorgfältig vorgegangen werden muß.

7.9.2.3 Kapazitive Verkopplung

Sind Störquelle und Störempfänger miteinander kapazitiv gekoppelt, so fließt im Störempfänger ein Strom von

$$i = C\frac{du_{Stör}}{dt}. \qquad (7.9\text{–}3)$$

i	C	$u_{Stör}$	t
A	H = As/V	V	s

Kapazitive Kopplung kann bei parallelliegenden Leitungen, parallelliegenden potentialtragenden Teilen (z. B. Trafowicklungen) oder auch über Erdverkopplungen vorliegen (Bild 7.9–3c).

■ *Beispiel:*
Die parasitäre Kabelkapazität einer 10 m langen Leitung betrage ca. 100 pF/m. Beim Schalten einer Spannung von 500 V mit einer Anstiegzeit von 5 μs fließt ein Strom von

$$I = C\frac{\Delta U}{\Delta t} = \frac{1\ \text{nAs}}{1\ \text{V}} \cdot \frac{500\ \text{V}}{500\ \text{ns}} = 0{,}1\ \text{A}.$$

7.9.2.4 Elektromagnetische Verkopplung

Werden von einem Störkreis elektromagnetische Wellen abgestrahlt, so können diese zur Störung anderer Kreise beitragen. Die Höhe der Störspannung ist proportional zur effektiven „Antennenlänge", das sind potentialtragende Leitungen und Gehäuseteile der Störquelle und des Störungsempfängers (Bild 7.9–3d), die nicht abgeschirmt sind. Die Störungsfrequenzen können praktisch in dem gesamten technisch genutzten Frequenzbereich (s. dazu Bild 7.1–14) liegen.

7.9.2.5 Elektrostatische Aufladungen

Besonders bei niedriger Luftfeuchtigkeit auf isolierenden Böden kann es zu elektrostatischen Aufladungen von Gegenständen und Personen kommen, die einige 10 kV gegenüber Erdpotential erreichen können. Die Entladung solch hoher Spannungen erfolgt meistens unter Funkenbildung mit hohen, kurzen Stromspitzen (Nanosekunden). Die Auswirkungen solcher Entladungen sind für Menschen nicht gefährlich aber sehr unangenehm, in elektronischen Schaltungen können sie zerstörend wirken. Hier müssen daher Schutzvorkehrungen getroffen werden.

■ *Beispiel:*
Geht man von einem Entladewiderstand des menschlichen Körpers von etwa 1...2 kΩ aus, so errechnet sich bei einer Aufladespannung von 20 kV ein Entladestrom zu Beginn der Entladung von

$$I = \frac{U}{R} = \frac{20\ \text{kV}}{1\ldots2\ \text{k}\Omega} = 10\ldots20\ \text{A}(!).$$

7.10 Literatur

[7.1] DIN-Katalog für technische Regeln, Beuth Verlag, Berlin und Köln (neueste Auflage)

[7.2] Verzeichnis der VDE-Bestimmungen, VDE Verlag, Berlin (neueste Auflage)

[7.3] *Winter, F. W.*, Die neuen Einheiten im Meßwesen, Girardet, Essen 1974

[7.4] DIN-Taschenbuch 22, Normen für Größen und Einheiten in Naturwissenschaft und Technik, Beuth Verlag, Berlin und Köln (neueste Auflage)

[7.5] DIN-Taschenbuch 7, Normen über Schaltzeichen und Schaltungsunterlagen für die Elektrotechnik, Beuth Verlag, Berlin und Köln (neueste Auflage)

[7.6] *Zurmühl, R.*, Praktische Mathematik für Physiker und Ingenieure, Springer Verlag, Berlin 1965

[7.7] *Stöckl* und *Winterling*, Elektrische Meßtechnik, Teubner Verlag, Stuttgart 1982

[7.8] *Germer, H.*, und *N. Wefers*, Meßelektronik, Hüthig Verlag, Heidelberg 1988

[7.9] *Kind, D.*, Einführung in die Hochspannungs-Versuchstechnik, Friedr. Vieweg & Sohn, Braunschweig/Wiesbaden 1985

[7.10] *Helke, H.*, Gleichstrommeßbrücken, Gleichspannungskompensatoren und ihre Normale, Oldenbourg Verlag, München 1974

[7.11] *Schrüfer, E.*, Elektrische Meßtechnik, Hanser Verlag, München/Wien 1983

[7.12] *Helke, H.*, Meßbrücken und Kompensatoren für Wechselstrom, Oldenbourg Verlag, München 1971

[7.13] *Bergmann, K.*, Elektrische Meßtechnik, Friedr. Vieweg & Sohn, Braunschweig/Wiesbaden 1988

[7.14] *Merz, L.*, Grundkurs der Meßtechnik, Oldenbourg Verlag, München 1974

[7.15] Nach Unterlagen der Firma Siemens

[7.16] *Heinecke, Walter*, Magnetfeldmessungen mit Saturationskernsondenmagnetometern, Technisches Messen tm Nr. 48 Heft 1, 1981, V 391–13

[7.17] *Thiel, R.*, Elektrisches Messen nichtelektrischer Größen, Teubner-Verlag, Stuttgart, 1983

[7.18] *Rohrbach, C.*, Handbuch für elektrisches Messen mechanischer Größen, VDI-Verlag, Düsseldorf 1967

[7.19] *Brünner, H.*, Elektronische Gerätetechnik, Vogel Verlag, Würzburg 1980

8 Industrie- und Leistungselektronik

8.1 Leistungshalbleiter

8.1.1 Halbleiterdioden

8.1.1.1 Aufbau, statisches Verhalten, Kenngrößen, Grenzwerte

Den prinzipiellen Aufbau einer *Halbleiterdiode* zeigt Bild 8.1–1. Sie besteht in der einfachsten Ausführung aus einem PN-Übergang. Bei positivem, konstantem Potential der Anode gegenüber der Kathode ($U_{AK} > 0$) fließt der Durchlaßstrom i_F, der von der angelegten Spannung und der in Reihe liegenden Impedanz $\underline{Z}$ (Last) bestimmt wird. Ist dagegen das Potential der Anode gegenüber der Kathode negativ ($U_{AK} < 0$), fließt der Sperrstrom i_R, der durch die Eigenschaften der Diode bestimmt wird und wesentlich von der Dotierung, der angelegten Spannung und der Diodentemperatur abhängt. Bild 8.1–2 zeigt schematisch den Zusammenhang zwischen der Spannung an der Diode (u_F bzw. u_R) und dem Strom (i_F bzw. i_R) in Durchlaß- und Sperrichtung. Die an der Diode auftretende Spannung in Durchlaßrichtung liegt bei Siliziumdioden und den in der Leistungselektronik auftretenden Strömen im Bereich 1...2,5 V. Bei einem Effektivwert des durch die Diode fließenden Stromes von z. B. 3 000 A und einer Spannung in Durchlaßrichtung von 2,5 V entsteht an der Diode eine Verlustleistung von 7,5 kW. Die dadurch entstehende Wärme muß, mit einigem Aufwand an Kühlmitteln, abgeführt werden. Für den praktischen Einsatz der Diode sind die folgenden *Grenzwerte* wichtig: *Spitzensperrspannung* U_{DRM}: höchstzulässiger Augenblickswert der auftretenden Spannung im Sperrzustand in Vorwärtsrichtung; *Spitzensperrspannung* U_{RRM}: wie U_{DRM}, aber in Rückwärtsrichtung. Da Dioden häufig bei sinusförmigen Spannungsverläufen mit einer Frequenz von 50 Hz eingesetzt werden, gibt man für diesen Betriebsfall den *Dauergrenzstrom* $I_{FAV(1)}$ an; der Ausdruck (1) steht für eine definierte Gehäusetemperatur, die dem Datenblatt zu entnehmen ist.

8.1.1.2 Dynamisches Verhalten

Das *dynamische Verhalten* gibt Auskunft über den zeitlichen Verlauf von Diodenspannung und -strom bei Laständerung oder Änderung der den Lastkreis speisenden Spannung u_0. Besonders anschaulich läßt es sich einer Darstellung entnehmen, bei der die Spannung u_0 rechteckförmigen Verlauf mit Polaritätswechsel besitzt. Bild 8.1–3 gibt den Verlauf von u_F, u_R, i_F und i_R in Abhängigkeit von u_0 wieder. Die eingetragenen Größen haben folgende Bedeutung:

- U_0 die den Lastkreis speisende Spannung, hier rechteckförmiger Verlauf mit Polaritätswechsel,
- u_F Spannung an der Diode in Vorwärtsrichtung,
- u_R Spannung an der Diode in Rückwärtsrichtung,
- i_F Strom durch die Diode in Vorwärtsrichtung,
- i_R Strom durch die Diode in Rückwärtsrichtung,
- u_{FM} Scheitelwert der Spannung im Sperrzustand in Vorwärtsrichtung,
- u_{RM} wie u_{FM}, aber in Rückwärtsrichtung,
- i_{FM} Scheitelwert des Diodenstromes in Vorwärtsrichtung,
- i_{RM} Scheitelwert des Diodenstromes in Rückwärtsrichtung,
- t_{fr} Durchlaßverzögerungszeit,
- t_{rr} Sperrverzögerungszeit.

Anode
p
n
Kathode

Bild 8.1-1
Schematischer Aufbau einer Halbleiterdiode

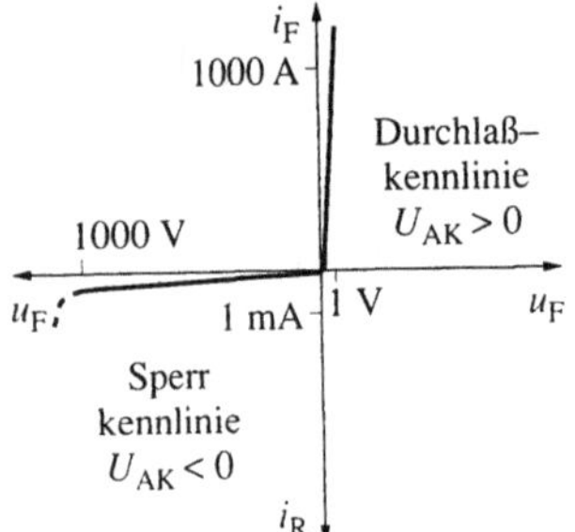

Bild 8.1-2
Kennlinie einer Halbleiterdiode

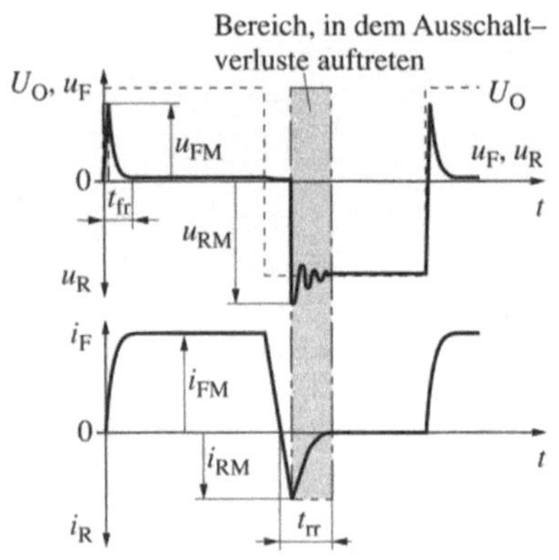

Bild 8.1-3 Ein- und Ausschaltverhalten einer Halbleiterdiode

Nach Bild 8.1–3 geht die Diode nach Anlegen einer Spannung in Durchlaßrichtung innerhalb der Zeit t_{fr} (ca. 1...20 µs) in den leitenden Zustand über. Dieses Verhalten wird durch die Größen u_{FM} und t_{fr} hinreichend genau beschrieben. Der Ausschaltvorgang beginnt mit dem Anlegen einer Spannung in Sperrichtung. Der Stromfluß wird zunächst über den Nullpunkt hinaus in negativer Richtung fortgesetzt, da sich im Bereich des PN-Überganges noch ausreichend Ladungsträger befinden (*Trägerspeichereffekt*, TSE). Erst wenn diese Ladungen abgebaut sind, verringert sich die Anzahl der am Stromtransport beteiligten Ladungsträger und führt zu einer Abnahme des Diodenstromes. Nach Ablauf der Zeit t_{rr} (ca. 10...60 µs) ist der Strom auf Werte abgesunken, die in der Regel vernachlässigbar sind.

Während des Betriebes können einzelne nichtperiodische Stromimpulse auftreten, deren höchstzulässiger Augenblickswert durch den *Stoßstromgrenzwert* $I_{FSM(1)}$ festgelegt wird. Auch hier gelten bestimmte Bedingungen für den zeitlichen Verlauf dieser Impulse, die dem Datenblatt zu entnehmen sind.

8.1.1.3 Verlustleistung

Beim Betrieb von Halbleiterdioden besteht eine wesentliche Aufgabe darin, die an der Diode entstehende Verlustwärme abzuführen. Dazu sind zwei Fälle zu unterscheiden:

1. Die angelegte Spannung ist eine Gleichspannung oder eine Wechselspannung, deren Periodendauer T groß ist gegenüber den Verzögerungszeiten t_{fr} bzw. t_{rr}. Dann berechnet sich die an der Diode entstehende und abzuführende Verlustleistung P_D zu:

   a) Gleichspannung:

$$P_D = u_F \cdot i_F; \qquad (8.1\text{–}1)$$

P_D	$u_F, u(t)$	$i_F, i(t)$	t, T
W	V	A	s

   b) rechteckförmige Spannung und Strom mit dem Tastgrad t/T:

$$P_D = u_F \cdot i_F \cdot \frac{t}{T}; \qquad (8.1\text{–}2)$$

   c) Verlauf von Spannung und Strom beliebig:

$$P_D = \frac{1}{T} \int_0^T u(t) \cdot i(t)\,dt. \qquad (8.1\text{–}3)$$

   Dabei bedeuten: u_F, i_F Spannung an bzw. Strom durch die Diode in Durchlaßrichtung, zeitlich konstant; $u_F(t)$, $i_F(t)$ Spannung an bzw. Strom durch die Diode in Durchlaßrichtung, zeitabhängig.

2. Die angelegte Spannung ist eine Wechselspannung mit der Periodendauer T, wobei die Verzögerungszeiten t_{fr} und t_{rr} nicht mehr gegenüber T vernachlässigt werden können. Dann berechnet sich die an der Diode entstehende Verlustleistung P_D zu:

$$P_D = \frac{1}{T} \int_0^T u(t) \cdot i(t)\,dt. \qquad (8.1\text{–}4)$$

P_D	$u(t)$	$i(t)$	t, T
W	V	A	s

Für $u(t)$ und $i(t)$ ist der gesamte Verlauf während einer Periode einzusetzen. Ein wesentlicher Anteil an der entstehenden Verlustleistung ist jetzt durch den Strom i_R und die zugehörige Spannung u_R (Bild 8.1–3) während der Abnahme des Stromes von i_{RM} auf Null gegeben. Zur Abschätzung dieses Anteiles fügen einige Hersteller ihren Datenblättern entsprechende Diagramme bei.

8.1.1.4 Bauarten

Für spezielle Anwendungen sind Dioden entwickelt worden, die sehr kleine Sperrverzögerungszeiten t_{rr} und kleine Ströme i_{RM} aufweisen. Sie besitzen dafür aber etwas höhere Durchlaßspannungen und niedrigere Spitzensperrspannungen u_{FRM}.

Werden *Hochleistungsdioden* bei niedrigen Frequenzen (z. B. 50 Hz) betrieben, so wird zwischen die stark dotierten P- und N-Zonen ein schwächer dotiertes S-Gebiet eingefügt. Diese PSN-dotierten Dioden erreichen Durchlaßspannungen von etwa 2,5 V bei 1 000 A und Spitzensperrspannungen von etwa 4 000 V.

Halbleiterdioden stehen für Ströme bis ca. 4 000 A und Spannungen bis ca. 4000 V zur Verfügung. Für z. B. Stromrichter werden häufig mehrere Dioden benötigt. In einem Modul ist deshalb eine entsprechende Anzahl für einen bestimmten Verwendungszweck bereits zusammengefaßt. Bild 8.1–4 zeigt ein Beispiel [8.1].

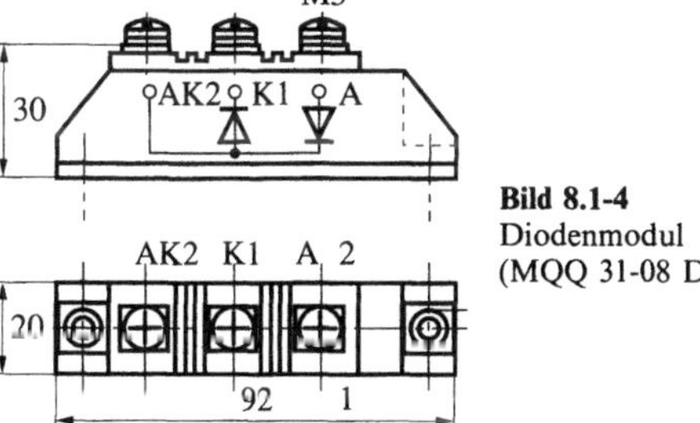

Bild 8.1-4
Diodenmodul
(MQQ 31-08 D1)

8.1.1.5 Schutzschaltungen, TSE-Beschaltung

Sind die durch den Trägerspeichereffekt (TSE, s. Abschnitt 8.1.1.2) vorhandenen Ladungen abgebaut, nimmt der Strom in Sperrichtung innerhalb weniger µs von i_{RM} auf nahezu Null ab (s. Bild 8.1–3). Befinden sich im Lastkreis der Diode Verbraucher mit induktivem Verhalten, können durch diese großen Stromänderungen pro Zeiteinheit Überspannungen auftreten, die den höchstzulässigen Augenblickswert der periodisch auftretenden Spannung, U_{RRM}, an der Diode überschreiten und sie unter Umständen zerstören. Eine wirksame *Schutzbeschaltung* wird in Bild 8.1–5 gezeigt. Parallel zur Diode V liegt ein Kondensator C, der die entstehenden Spannungsspitzen begrenzt. Damit der Kondensator bei sehr großen Spannungsänderungen nicht beschädigt wird, ist ein Widerstand R in Reihe geschaltet. Bei Anschlußspannungen im Bereich 230...500 V empfehlen viele Hersteller, Widerstände im Bereich 30...150 Ω und Kondensatoren im Bereich 0,1...0,47 µF einzusetzen.

Bild 8.1-5
TSE-Schutzbeschaltung einer Halbleiterdiode

Die TSE-Schutzbeschaltung sollte, unabhängig von der Last, in jedem Fall vorgesehen werden, da sie auch in der Lage ist, die der Netzspannung überlagerten Spannungsspitzen auf einen für die Dioden unschädlichen Wert herabzusetzen.

8.1.1.6 Sicherungen

Wird der Strom durch eine Diode zu groß, so kann sie sowohl durch die auftretende hohe Stromdichte (Stromdichte ist über den PN-Übergang nicht homogen verteilt, Zerstörung innerhalb von Mikrosekunden bis Millisekunden) als auch durch die zu hohe Sperrschichttemperatur infolge zu großer Verlustleistung (Zerstörung innerhalb von Millisekunden bis Sekunden) Schaden nehmen. Ein Grenzwert für den Strom läßt sich nicht ohne weiteres angeben, da die genannten Effekte miteinander verknüpft sind und außerdem der zeitliche Verlauf des Stromes eine Rolle spielt. Ein geeignetes Maß zur Abschätzung der entstehenden Verlustleistung und der damit verbundenen Wärmeentwicklung ist durch das *Grenzlastintegral* gegeben:

$$\int i^2 \, dt \quad \text{oder} \quad I^2 t. \qquad (8.1\text{–}5)$$

Darin ist die Dauer des Stromes begrenzt (z. B. auf 2 ms oder 10 ms, weitere Einzelheiten siehe Datenblatt). Der errechnete Grenzwert hat die Einheit A^2s (z. B. 250 000 A^2s). Für sinusförmige 50-Hz-Netze wird häufig ein daraus bereits berechneter und auf eine Halbschwingung zugeschnittener *Grenzeffektivstrom* I_{FRMS} bei definierter Gehäusetemperatur angegeben. Die zwei genannten Grenzwerte sind für die Auswahl einer *Sicherung* entscheidend. Überschreitet innerhalb der vorgegebenen Zeit (z. B. 10 ms) das Grenzlastintegral den angegebenen Wert, so muß die Sicherung den Stromkreis unterbrechen.

8.1.1.7 Zusammenschaltung von Dioden

Durch geeignetes Zusammenschalten mehrerer Dioden können der Dauergrenzstrom und die Spitzensperrspannung einer Einzeldiode überschritten werden. Das in Bild 8.1–6 gezeigte Ersatzschaltbild einer Diode gibt ihr statisches und dynamisches Verhalten für die meisten Anwendungsfälle ausreichend genau wieder. Die Diode V wird als ideal angenommen. Für die weiteren Elemente gilt:

- r_F Widerstand der Diode in Durchlaßrichtung, ergibt sich aus dem Quotienten u_F/i_F im aktuellen Arbeitspunkt, stromabhängig, häufig durch einen konstanten Wert angenähert (z. B. 10 mΩ);
- r_R Widerstand der Diode in Sperrichtung, ergibt sich aus dem Quotienten u_R/i_R im aktuellen Arbeitspunkt, in erster Näherung nahezu unabhängig von der angelegten Spannung;
- C_R Kapazität des PN-Überganges, hier speziell in Sperrichtung, abhängig von u_R, häufig durch einen konstanten Wert angenähert. Die Kapazität des PN-Überganges in Durchlaßrichtung ist wegen $r_F \ll 1$ Ω ohne Bedeutung.

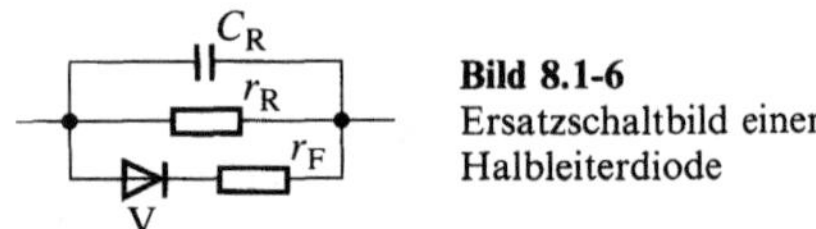

Bild 8.1-6
Ersatzschaltbild einer Halbleiterdiode

1. Parallelschaltung von Leistungsdioden

Da die Kennlinien $i_F = f(u_F)$ der Einzeldioden nicht identisch sind, ergibt sich eine unsymmetrische Stromaufteilung unter den Dioden in Durchlaßrichtung. Eine nahezu symmetrische Aufteilung des Gesamtstromes kann man dadurch erreichen, daß man:

1. Dioden des gleichen Herstellers mit gleicher Typenbezeichnung verwendet;
2. die Dioden durch thermische Kopplung auf etwa gleicher Temperatur hält (Kennlinie $i_F = f(u_F)$ ist temperaturabhängig);
3. zusätzlich Widerstände R_1 (Bild 8.1–7) in Reihe zu jeder Diode anordnet. Wählt man R_1 so groß, daß etwa 0,4 V an ihm abfallen, so weichen die Ströme der Dioden um weniger als 20% voneinander ab. Nachteilig ist die an R_1 auftretende Verlustleistung, die die an der Last zur Verfügung stehende Leistung verringert und die unter Umständen eine gesonderte Abführung der entstehenden Wärme erfordert. Eventuell kann eine den einzelnen Dioden vorgeschaltete Sicherung als Widerstand R_1 eingesetzt werden.

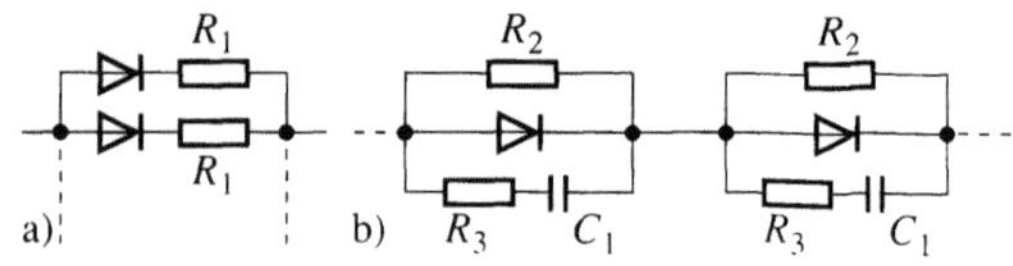

Bild 8.1-7 Zusammenschaltung von Halbleiterdioden
a) Parallelschaltung,
b) Reihenschaltung

2. Reihenschaltung von Leistungsdioden

Bei der Reihenschaltung können Probleme während des Betriebes in Sperrichtung auftreten. Im stationären Zustand verhalten sich die Teilspannungen an den Dioden wie die Sperrwiderstände r_R der Einzeldioden (s. Bilder 8.1–6 und 8.1–7). Um eine nahezu gleichmäßige Spannungsaufteilung zu erhalten, gibt es folgende Maßnahmen:

1. gleiche Typen und
2. thermische Kopplung, wie im Abschnitt 8.1.1.7.*1* beschrieben;
3. Parallelschalten eines Widerstandes R_2 zu jeder Diode (Bild 8.1–7b). Für die Dimensionierung gilt: $R_2 \ll r_R$. In der Praxis ist r_R größer 100 kΩ. Die an R_2 auftretende Verlustleistung ist meist von untergeordneter Bedeutung.

Bei Spannungsänderungen bestimmt die Parallelschaltung aus C_R und r_R jeder Diode (Bild 8.1–6) vorübergehend die Spannungsaufteilung in Sperrichtung. Da auch C_R Exemplarstreuungen unterliegt, empfiehlt sich die Parallelschaltung eines Kondensators C_1 zu jeder Diode mit $C_1 = (3...10) \cdot C_R$ (Bild 8.1–7b). Der in Reihe zu C_1 liegende Widerstand R_3 begrenzt den Strom durch C_1 bei sehr großen Spannungsänderungen pro Zeiteinheit (z. B. beim Einschalten).

Für C_1 ergeben sich Werte im Bereich einiger Nanofarad, für R_3 Werte von einigen Kiloohm. Eine in der Regel vorhandene TSE-Beschaltung erfordert aber wesentlich größere Kapazitätswerte und wesentlich kleinere Widerstandswerte (s. Abschnitt 8.1.1.5), so daß sie gleichzeitig auch eine wirksame Schutzschaltung für die Reihenschaltung von Leistungsdioden darstellt.

8.1.2 Bipolartransistoren

8.1.2.1 Aufbau, statisches Verhalten, Kenngrößen, Grenzwerte

Bild 8.1–8 zeigt den prinzipiellen Aufbau eines NPN- und eines PNP-Transistors. Ihre Wirkungsweise ist prinzipiell gleich. Der wesentliche Unterschied besteht darin, daß beim PNP-Transistor der Emitter das positivste, beim NPN-Transistor das negativste Potential besitzt. In der Leistungselektronik werden Transistoren vorwiegend im Schalterbetrieb eingesetzt und dazu in Emitterschaltung betrieben (Bild 8.1–9). Das Ausgangskennlinienfeld eines NPN-Transistors in Emitterschaltung zeigt Bild 8.1–10. Wird in die Basis kein Strom eingespeist, d. h. $I_B = 0$, fließt ein nur geringer Kollektorstrom I_{CEV} (Basisanschluß offen, bei beschalteter Basis ist der Wert noch geringer), der *Kollektorreststrom*. Er liegt maximal bei etwa 1...20 mA. Der Transistor befindet sich im AUS-Zustand. Damit wird der Betriebsfall „Schalter geöffnet" nahezu ideal nachgebildet. Die am Transistor stehende Spannung zwischen Kollektor und Emitter, U_{CE}, ist nahezu gleich der Betriebsspannung U_G. Da der Kollektorreststrom im unteren mA-Bereich liegt, ist die am Transistor entstehende Verlustleistung klein (einige Watt oder weniger).

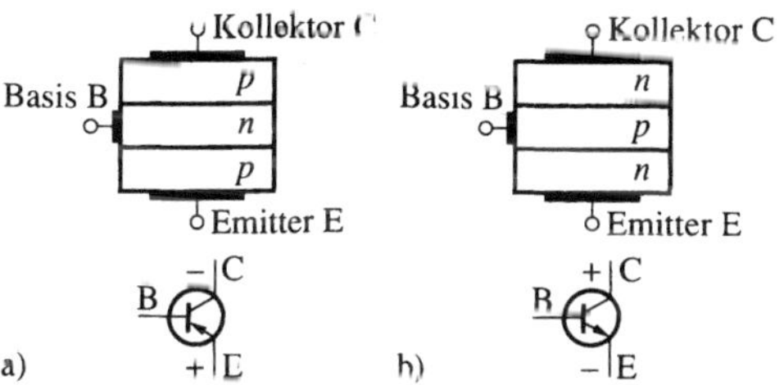

Bild 8.1-8 Schematischer Aufbau eines Transistors
a) PNP-Typ,
b) NPN-Typ

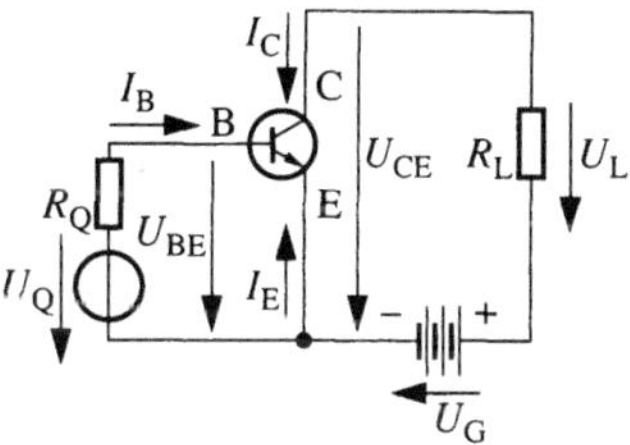

Bild 8.1-9 NPN-Transistor als Schalter in Emitterschaltung

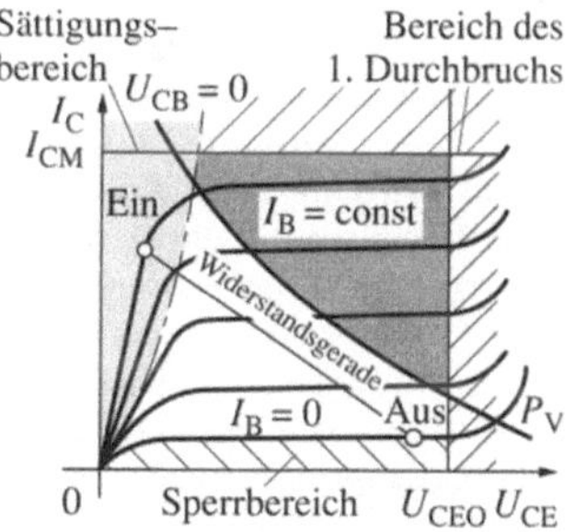

Bild 8.1-10 Kennlinienfeld eines NPN-Transistors mit SOAR-Bereich

Durch Einspeisen eines ausreichend großen Basisstromes I_B in die Basis arbeitet der Transistor im EIN-Zustand. Der erforderliche Wert von I_B ergibt sich durch Division des Laststromes im Kollektorkreis (angenähert U_G/R_L) durch die *Großsignal-Stromverstärkung B* (siehe weiter unten) des Transistors. Die verbleibende Spannung zwischen Kollektor und Emitter, die *Kollektor-Emitter-Restspannung* U_{CEsat}, liegt im Bereich 1...2 V. Sie ist in erster Näherung unabhängig vom durchfließenden Strom und kann auch durch Einspeisen eines höheren Basisstromes als erforderlich (Übersteuerung) nicht mehr wesentlich verringert werden. Damit läßt sich der Zustand „Schalter geschlossen" nicht ideal nachbilden:

Die Restspannung U_{CEsat} verringert die an der Last zur Verfügung stehende Spannung U_L gegenüber der Betriebsspannung U_G um ca. 1 V bis 2 V, und die am Transistor entstehende Verlustleistung kann z. B. Werte von 65 W (2N6032, $I_C = 50$ A, $U_{CEsat} = 1{,}3$ V) oder sogar von 800 W (MG400H1FL1, $I_C = 400$ A, $U_{CEsat} = 2$ V), [8.2], erreichen.

Eine weitere Kenngröße ist die bereits angesprochene *Großsignal-Stromverstärkung B* ($B = I_C/I_B$). Sie hängt ganz wesentlich von der Größe des Kollektorstromes ab und unterliegt außerdem starken Exemplarstreuungen. Deshalb ist bei einer Schaltungsdimensionierung der kleinstmögliche Wert, B_{min}, einzusetzen. Außerdem muß der sich daraus ergebende minimale Basisstrom I_{Bmin} ($I_{Bmin} = I_C/B_{min}$) mit einem „Sicherheits"-faktor 1,2...2 multipliziert werden, damit der Transistor wie gewünscht durchschaltet. Andernfalls läuft man Gefahr, daß die Spannung U_{CE} nicht den Minimalwert U_{CEsat} erreicht und der Transistor durch die erhöhte Verlustleistung und die daraus resultierende Zunahme der Kristalltemperatur seine Funktionsfähigkeit verliert. Ein Nachteil dieser aus Sicherheitsgründen erforderlichen Übersteuerung ist, daß die Ausschaltzeit des Transistors zunimmt (s. Abschnitt 8.1.2.2).

In Bild 8.1–10 sind drei für den Betrieb eines Transistors als Schalter wichtige Grenzwerte eingetragen. Die höchstzulässige *Vorwärts-Sperrspannung* U_{CEO} darf, auch nicht kurzzeitig, überschritten werden, da es sonst zu einem Lawinendurchbruch (zu hohe Feldstärke) bzw. zu einem Durchbruch 2. Art (zu hohe Stromdichte) innerhalb des Transistors kommen kann. Der *höchstzulässige Mittelwert des Kollektorstromes,* I_{CM}, darf ebenfalls nicht überschritten werden. Die am Transistor erzeugte statische Verlustleistung muß unterhalb der *Verlustleistungshyperbel* P_V liegen. Dem Datenblatt des Transistorherstellers ist zu entnehmen, welche Bedingungen der eingetragenen Verlustleistungshyperbel zugrunde liegen; häufig wird von einer maximal zulässigen Sperrschichttemperatur für Siliziumtransistoren von 150...170 °C, einer Umgebungstemperatur von 30...50 °C und einem vorgegebenen Kühlkörper ausgegangen.

Damit ist der für den statischen Betriebsfall erlaubte Arbeitsbereich eines Transistors festgelegt; er wird *SOAR* (safe-operating-area) genannt und ist in Bild 8.1–10 als nicht schraffierter Bereich dargestellt.

Die *Vorwärts-Sperrspannung* U_{CEO} gilt für den Fall, daß die Basis des Transistors offen (unbeschaltet) ist. Wählt man dagegen die Basis-Emitter-Spannung < 0 V (NPN-Transistor), so erhöht sich die Sperrspannung U_{CEO} auf den Wert: $U_{CEV} = (1{,}2...2) \cdot U_{CEO}$.

8.1.2.2 Dynamisches Verhalten

Das *dynamische Verhalten* gibt Auskunft über den Verlauf von Kollektorstrom und Kollektor-Emitter-Spannung beim Übergang des Transistors vom sperrenden in den leitenden Zustand (Bild 8.1–11) und umgekehrt (Bild 8.1–12). Als Lastimpedanz wurde ein Wirkwiderstand eingesetzt.

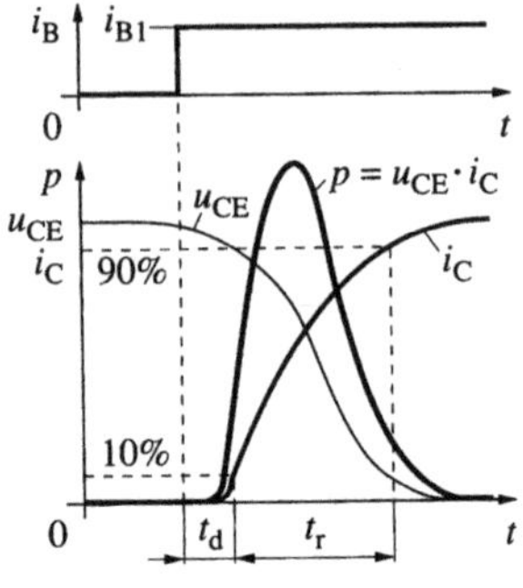

Bild 8.1-11
Einschaltverhalten eines Bipolartransistors

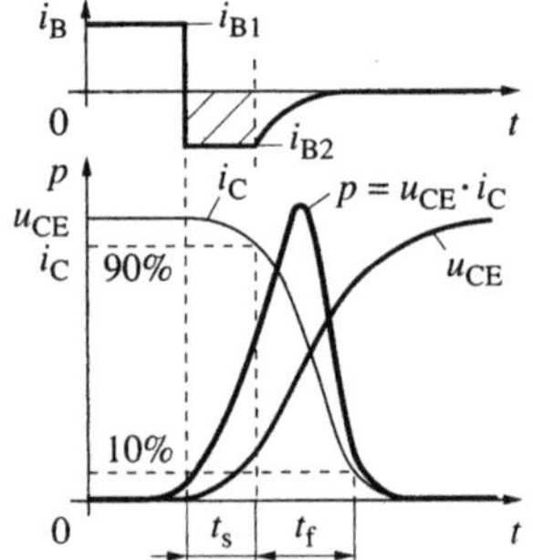

Bild 8.1-12
Ausschaltverhalten eines Bipolartransistors

1. Einschaltvorgang

Wird ein Basisstrom $i_B = i_{B1}$ in die Basis eingespeist, so vergeht bis zu einem merklichen Anstieg des Kollektorstromes (10% vom Endwert) die *Verzögerungszeit* t_d; anschließend steigt der Kollektorstrom innerhalb der *Anstiegszeit* t_r auf 90% des Endwertes. Gleichzeitig sinkt die Kollektor-Emitter-Spannung auf ca. 10% des ursprünglichen Wertes ab. Zwei wichtige Folgerungen ergeben sich aus Bild 8.1–11:

1. Der Transistor benötigt endliche Zeit (einige Mikrosekunden), um in den leitenden Zustand zu gelangen. Der Ansteuerung von Verbrauchern mit rechteckförmigen Spannungen und variablem Tastgrad zur Leistungseinstellung sind damit Grenzen bei 1...10 kHz gesetzt.
2. Während des Überganges vom sperrenden in den leitenden Zustand entsteht am Transistor eine zeitabhängige Leistung p, deren prinzipieller Verlauf eingezeichnet ist. Sie ergibt sich zu $p = u_{CE} \cdot i_C$. Die unter dieser Kurve enthaltene Fläche ist ein Maß für die bei einem Einschaltvorgang entstehende Verlustleistung.

2. Ausschaltvorgang

Der Übergang vom leitenden in den sperrenden Zustand ist beim Basisstrom dadurch gekennzeichnet, daß zunächst ein Strom i_{B2} für die Dauer t_s *(Speicherzeit)* aus der Basis herausfließt (Bild 8.1–12). Während dieser Zeit ändert sich der Kollektorstrom kaum. Erst nach Ausräumen der Basisladungen (schraffierter Teil) beginnt der Basisstrom und damit auch der Kollektorstrom abzunehmen (*Abfallzeit* t_f), die Vorgänge ähneln jetzt denen beim Einschalten. Deshalb gelten die beim Einschaltvorgang dargestellten Folgerungen auch beim Ausschalten, allerdings mit dem wesentlichen Zusatz, daß beim Ausschalten eines Transistors eine *Speicherzeit* t_s auftritt, die um einiges größer ist als die *Verzögerungszeit* t_d des Einschaltvorganges (Faktor 2 bis 10). Aus diesem Grund werden spezielle Schaltungsmaßnahmen zur Verringerung der Speicherzeit t_s nach Bild 8.1–13 angewendet. Wenn die Spannung u_s in Bild 8.1–13a den Wert 0 V annimmt, können die in der Basisschicht des Transistors vorhandenen Ladungen über den Kondensator C kurzfristig zu dem negativen Anschluß der Spannungsquelle mit der Spannung U_0 abfließen (U_0 etwa 5 V). R_{B1} dient zur Strombegrenzung im Umschaltzeitpunkt und ist wesentlich kleiner als R_{B2}. Für C werden Werte im Bereich 50...500 pF eingesetzt. Der statische Basisstrom wird durch R_{B2} bestimmt und ist wesentlich kleiner als der Strom im Umschaltmoment; damit wird einem zu großen Basisstrom (Übersteuerung) und damit einer erhöhten Speicherung von Basisladungen vorgebeugt. Im Bild 8.1–13b verhindern die zwei Dioden, daß der Basisstrom zu große Werte annimmt. Überschreitet nämlich die Steuerspannung u_s einen kritischen Wert, fließt ein Teil des Stromes i_s über die Germaniumdiode und den leitenden Transistor.

Für einen Transistor mit $U_{CEO} = 1\,000$ V, $I_{CM} = 200$ A liegt beispielsweise t_r bei etwa 2 µs, t_s bei etwa 15 µs. Spezielle schnelle Schalttransistoren mit $U_{CEO} = 400$ V; $I_{CM} = 50$ A weisen folgende Werte auf: $t_r \approx 0{,}5$ µs; $t_s \approx 4$ µs.

Zur Kennzeichnung des SOAR-Bereiches eines Leistungstransistors im dynamischen Betrieb verwenden die Hersteller häufig das in Bild 8.1–14 dargestellte Diagramm. I_{CPM} ist der höchstzulässige Mittelwert des Kollektorstromes bei Pulsbetrieb mit definiertem Tastgrad t_p/T. Er ist größer als der Wert I_{CM}. Bei Gleichstrombelastung wird der erlaubte Bereich durch die mit DC gekennzeichnete Linie begrenzt. Der Geradenteil a ergibt sich durch die Wärmeentwicklung infolge der auftretenden Verlustleistung, der Geradenteil b, um einen zweiten Durchbruch zu verhindern.

Enthält der Lastkreis auch Induktivitäten (z. B. Motoren) oder Kapazitäten, so kann der Verlauf von i_C und u_{CE} erheblich von dem nach Bild 8.1–11 bzw. 8.1–12 abweichen. Kritisch ist der in der Leistungselektronik häufig vorkommende Fall, daß die Lastimpedanz induktive Anteile enthält. Dann tritt im Ausschaltmoment des Transistors an der Induktivität eine Spannungsüberhöhung auf, die unter Umständen bewirkt, daß die Kollektor-Emitter-Spannung den Grenzwert U_{CEO} überschreitet und der Transistor zerstört wird. Deshalb sind dann geeignete Schutzbeschaltungen erforderlich (s. Abschnitt 8.1.2.5).

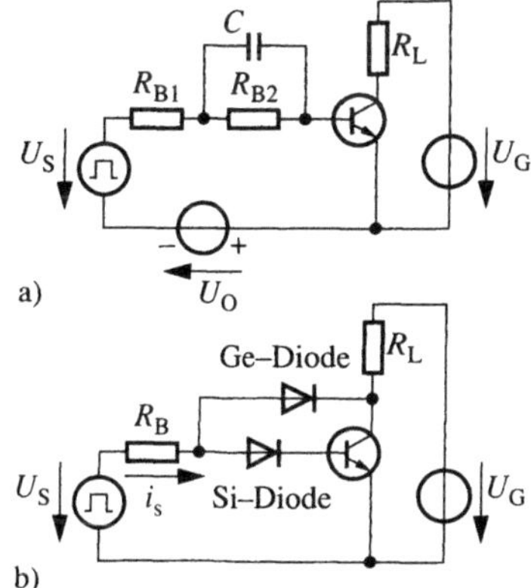

Bild 8.1-13 Transistorschaltstufen
a) mit Beschleunigungskondensator,
b) mit Sättigungsschutzdioden

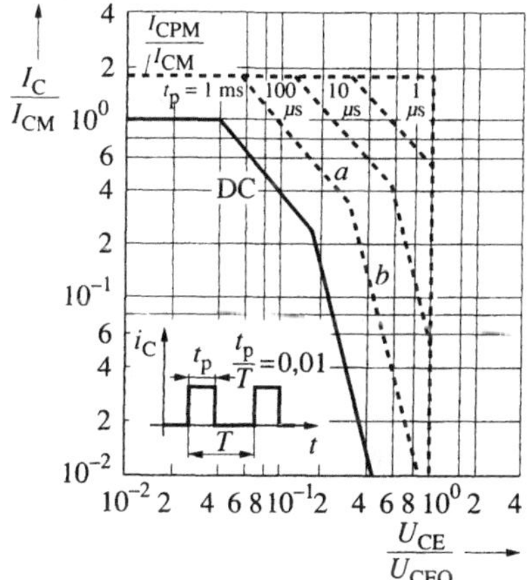

Bild 8.1-14 SOAR-Diagramm eines Bipolartransistors

8.1.2.3 Verlustleistung

Die am Transistor erzeugte *Verlustleistung* im statischen Zustand, P_{st}, ergibt sich mit den Bezeichnungen nach Bild 8.1–9 zu:

$$P_{st} = U_{BE} \cdot I_B + U_{CE} \cdot I_C, \tag{8.1–6}$$

P_{st}	U_{BE}, U_{CE}	I_B, I_C
W	V	A

bzw. mit $I_C \gg I_B$

$$P_{st} \approx U_{CE} \cdot I_C. \tag{8.1–7}$$

Den wesentlichen Anteil an P_{st} liefert der Transistor im EIN-Zustand, d. h. $U_{CE} = U_{CEsat}$; I_C ist gleich dem Strom durch die Last.

Nimmt man an, daß der Transistor periodisch ein- und ausgeschaltet wird, kann die dadurch entstehende Verlustleistung $P_{dyn(f)}$ bei einer Wiederholfrequenz f:

$$W_{dyn} = \int_0^{t_d+t_r} \{u_{CE}(t) \cdot i_C(t)\}_{ein}\,dt + \quad (8.1\text{–}8)$$

$$+ \int_0^{t_s+t_f} \{u_{CE}(t) \cdot i_C(t)\}_{aus}\,dt.$$

Darin ist das erste Integral der Fläche unter der Kurve $p = u_{CE} \cdot i_C$ in Bild 8.1–11 zugeordnet, das zweite der aus Bild 8.1–12. Daraus ergibt sich die durch Ein- und Ausschalten am Transistor entstehende Verlustleistung $P_{dyn(f)}$ bei einer Wiederholfrequenz f:

$$P_{dyn(f)} = W_{dyn} \cdot f. \quad (8.1\text{–}9)$$

Die entstehende Verlustleistung als Summe aus P_{st} und $P_{dyn(f)}$ wird in Wärme umgesetzt und muß abgeführt werden. Damit sie so klein wie möglich wird, gelten nach Gln. (8.1–6) und (8.1–8) folgende Auswahlkriterien: Die Kollektor-Emitter-Restspannung U_{CEsat} und die Anstiegs- und Abfallzeiten t_r bzw. t_f sollten so klein wie möglich sein.

8.1.2.4 Bauarten

Bipolar-Leistungstransistoren werden häufig in *Modulform* angeboten. Dabei handelt es sich um mehrere Transistoren in einem Gehäuse, die entweder eine oft benötigte Anwenderkonfiguration realisieren (z. B. 6 Transistoren in einer Brückenschaltung) oder eine Darlingtonschaltung darstellen. Letztere wird überwiegend bei Kollektorströmen oberhalb etwa 50 A eingesetzt, weil bei Strömen dieser Größenordnung die Stromverstärkung von Einzeltransistoren auf Werte weit unterhalb 100 absinkt. Bild 8.1–15 zeigt ein Beispiel mit zwei Transistoren. Die resultierende Stromverstärkung ist näherungsweise gleich dem Produkt der Einzel-Stromverstärkungen. Damit kann man den Aufwand für die Ansteuerschaltungen klein halten. Bei Bedarf können auch drei Transistoren zu einer Darlingtonschaltung zusammengefaßt werden. In der Regel sind noch einige Zusatzelemente eingebaut: V_2 ist eine „Freilaufdiode", die verhindern soll, daß in Lastkreisen mit induktivem Anteil bei sehr großen Stromänderungen pro Zeiteinheit der Kollektor negativ gegenüber dem Emitter wird. Über V_1 können im Abschaltmoment die in der Basis von T_1 gespeicherten Ladungen direkt ausgeräumt werden. R_1 und R_2 sorgen u. a. für einen geringen Kollektor-Reststrom I_{CEV}.

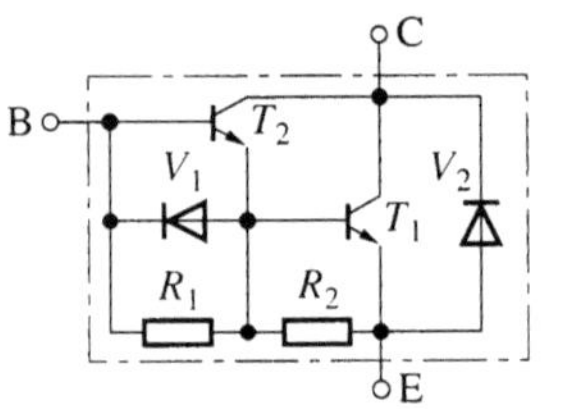

Bild 8.1-15 Darlington-Leistungstransistor mit Zusatzelementen

Zur Zeit liegen die bei Leistungstransistoren erreichten Grenzwerte bei: $U_{CEO} \approx 1\,800$ V; $I_{CM} \approx 600$ A. Durch einen Darlington-Transistor-Aufbau wird bei einem Kollektorstrom von 400 A noch eine Gesamtstromverstärkung von minimal 80 erreicht. Ein Ein-Aus-Schaltzyklus erfordert eine Zeit von ca. 10...20 µs, der Wärmewiderstand Kristall – Gehäuse liegt bei etwa 0,08 K/W.

8.1.2.5 Schutzschaltungen

Die Beschädigung eines Transistors hat im wesentlichen drei Ursachen:

1. Überschreiten der höchstzulässigen Vorwärts-Sperrspannung U_{CEO} bzw. U_{CEV}. Ursachen hierfür können Induktivitäten im Lastkreis und Überspannungen der Versorgungsspannung sein. Einen gewissen Schutz bieten Z-Dioden entsprechender Spannung parallel zu den Kollektor-Emitter-Anschlüssen des Transistors. Bei nur sehr kurzzeitig auftretenden Überspannungen hilft sowohl die bei den Dioden erwähnte TSE-Schutzschaltung als auch die Parallelschaltung eines spannungsabhängigen Widerstandes (Varistor).
2. Das Potential des Kollektors ist beim NPN-Transistor negativ gegenüber dem Emitter. Dieser Zustand entsteht häufig bei Verbrauchern mit induktivem Anteil und großen Stromänderungen pro Zeiteinheit. Er läßt sich dadurch vermeiden, daß eine Diode mit der Anode an den Emitter und mit der Kathode an den Kollektor angeschlossen wird (s. V2 in Bild 8.1–15). Bei einem PNP-Transistor sind die Polaritäten entsprechend zu ändern. Wird gemäß Punkt 1 eine Z-Diode vorgesehen, so erfüllt sie gleichzeitig die hier geforderte Schutzfunktion.
3. Überschreiten des höchstzulässigen Mittelwertes des Kollektorstromes bei Gleichstrom (I_{CM}) oder bei Pulsbetrieb (I_{CPM}). Dieser Fall kann z. B. bei Kurzschluß im Verbraucherkreis auftreten. Da die maximale zeitliche Dauer für den Strom I_{CPM} vom Hersteller vorgegeben ist, dient das bei den Dioden behandelte Grenzlastintegral (Gl. (8.1–5)) zur Auswahl einer geeigneten Sicherung.

8.1.2.6 Parallelschaltung von bipolaren Transistoren

Die Zusammenschaltung von Transistoren beschränkt sich im wesentlichen auf die Parallelschaltung zur Erhöhung des maximal möglichen Laststromes. Die Reihenschaltung ist prinzipiell möglich, erfordert aber einen erhöhten Aufwand in der Ansteuerelektronik, damit die Grenzwerte in keinem Fall überschritten werden.

Die einfachste Möglichkeit der Parallelschaltung, nämlich jeweils die Basis-, Emitter- und Kollektoran-

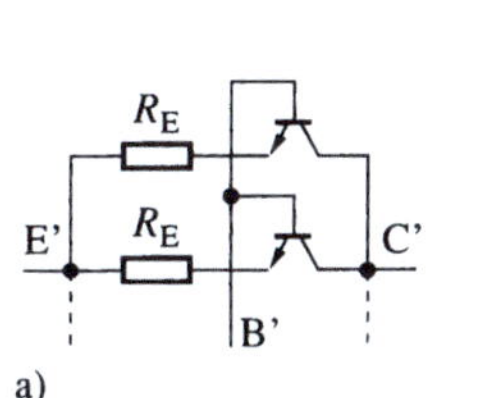

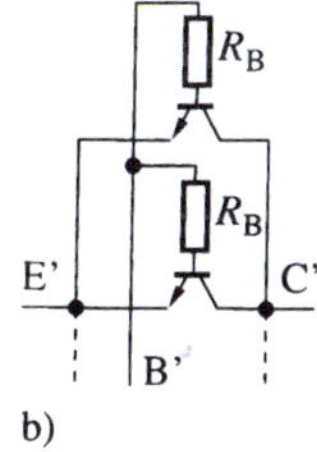

Bild 8.1-16 Parallelschaltung von Bipolar-Leistungstransistoren
a) mit Emitterwiderstand R_E zur Stromsymmetrierung,
b) mit Basiswiderstand R_B zur Stromsymmetrierung

schlüsse mehrerer Transistoren zu verbinden, ist problematisch, da durch die nicht identischen Eingangskennlinien (Basisstrom als Funktion der Basis-Emitter-Spannung) und die unterschiedlichen Stromverstärkungen der Einzeltransistoren eine ungleichmäßige Stromaufteilung auftritt. Ungünstig ist auch, daß der Transistor mit dem höchsten Kollektorstrom die höchste Verlustleistung und damit Erwärmung erfährt. Dadurch verschiebt sich die Eingangskennlinie zu noch höheren Basis- und damit Kollektorströmen (positive Rückkopplung). In Bild 8.1–16 sind zwei häufig benutzte Möglichkeiten gezeigt, eine angenähert gleichmäßige statische Stromaufteilung zu erreichen. Schaltung a) erfüllt die Forderung, wenn der Spannungsfall an R_E etwa 0,3...0,8 V beträgt. Um diesen Spannungsfall wird die Spannung am Verbraucher verringert. Die Widerstände R_E müssen für eine Verlustleistung $P = I_C^2 \cdot R_E$ ausgelegt werden (Platzbedarf), und die entstehende Wärme muß abgeführt werden. Schaltung b) bewirkt eine nur angenähert gleichmäßige Stromaufteilung (Erfahrungswert: Abweichung +20% bis −20% vom Idealwert). Damit darf pro Transistor nicht mehr der höchstzulässige Kollektorstrom I_{CM} zugrunde gelegt werden, dafür sind aber die Widerstände von den Abmessungen her kleiner und setzen außerdem eine weit geringere Verlustleistung in Wärme um. Schließlich ist die Spannung am Verbraucher um die genannten 0,3...0,8 V gegenüber Schaltung a) größer.

8.1.3 Feldeffekttransistoren

8.1.3.1 Aufbau, statisches Verhalten, Kenngrößen, Grenzwerte

In der Leistungselektronik (Frequenzumrichter und Steller) werden vorwiegend *N-Kanal-Feldeffekttransistoren* mit isoliertem Gate (MOSFET, IGFET) vom Anreicherungstyp verwendet und als Schalter eingesetzt (Bild 8.1–17). Der Drainstrom i_D wird durch Anlegen eines elektrischen Feldes zwischen Gate G und Source S beeinflußt. Für $u_{GS} = 0$ fließt nur der sehr kleine *Drainreststrom* I_{DSS}. Sein Wert steigt exponentiell mit steigender Transistortemperatur; bei Zimmertemperatur liegt er bei maximal einigen Milliampere. Mit steigender Spannung $u_{GS} > 0$ nimmt der Widerstand der Drain-Source-Strecke ab, er erreicht bei der *höchstzulässigen Gate-Source-Spannung* U_{GSM} den kleinsten Wert, der in der Größenordnung 10...100 Ω liegt. Da dieser Wert für den Einsatz in der Leistungselektronik zu groß ist, hat man auf einem Substrat bis zu tausend Einzeltransistoren integriert und eingangs- und ausgangsseitig parallel geschaltet. Auf diese Weise werden *Drain-Source-Widerstände* $R_{DS(on)}$ von weniger als 0,1 Ω erreicht. Bei der Fertigung wird häufig die in Bild 8.1–17 eingezeichnete Diode zwischen Drain und Source integriert. Sie soll verhindern, daß der Drainanschluß negativeres Potential bekommt als der Sourceanschluß, weil dadurch der Transistor zerstört werden könnte.

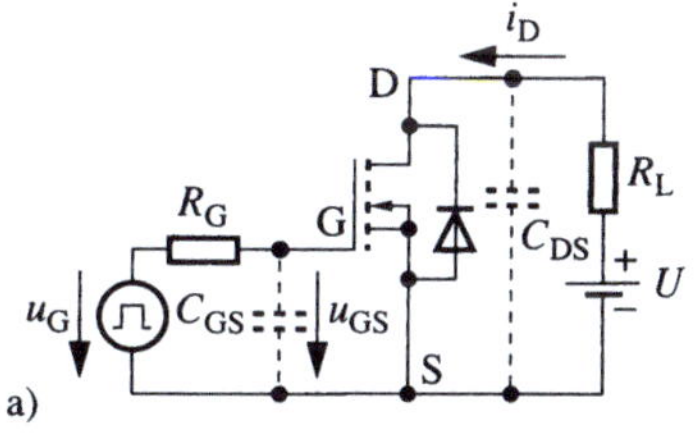

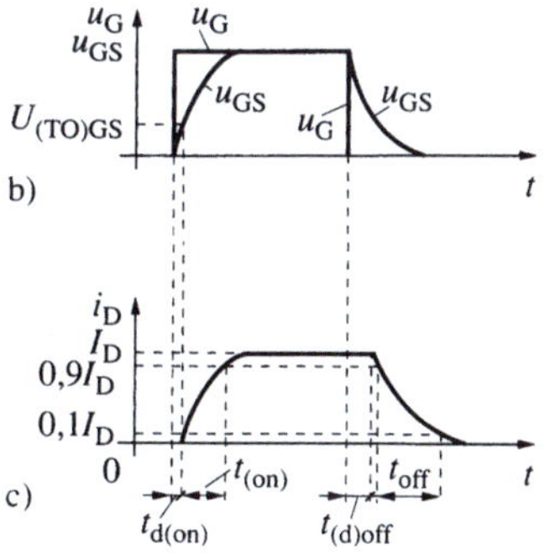

Bild 8.1-17 Schaltverhalten eines Feldeffekttransistors
a) Schaltungsaufbau,
b) Verlauf der Steuerspannungen,
c) Verlauf des Drainstromes

Für den Betrieb als Schalter sind neben den drei bereits genannten Kenngrößen bzw. Grenzwerten noch die folgenden von Bedeutung: *Drain-Source-Durchbruchspannung* $U_{(BR)DSS}$; *höchstzulässiger Wert des Drainstromes* I_{DM}; *höchstzulässiger Augenblickswert des Drainstromes bei Pulsbetrieb mit definiertem Tastgrad* t_p/T, I_{DPM}. Die Darstellung der Grenzwerte geschieht von Seiten der Hersteller wiederum in einem SOAR-Diagramm, Bild 8.1–18. Gegenüber den entsprechenden Werten bei Bipolartransistoren können bei Feldeffekttransistoren im Pulsbetrieb höhere Ströme und Verlustleistungen zugelassen werden, weil der Drain-Source-Widerstand $R_{DS(on)}$ mit zunehmender Temperatur zunimmt und so eine gleichmäßi-

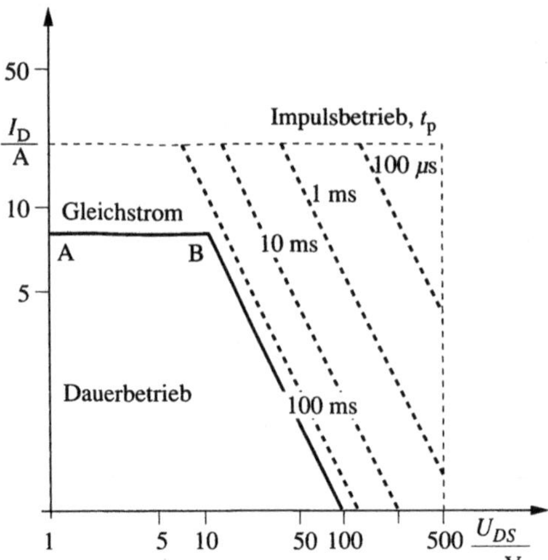

Bild 8.1-18 SOAR-Diagramm eines Feldeffekttransistors

gere Stromverteilung der auf einem Substrat parallelgeschalteten Einzeltransistoren gefördert wird.

Der derzeitige Stand der Technik liegt bei etwa folgenden Grenzwerten: $U_{(BR)DSS} \approx 1800$ V; $I_{DM} \approx 50$ A; $R_{DS(on)} \approx 0{,}03\ \Omega$; $R_{thJG} \approx 0{,}2$ K/W.

Feldeffekttransistoren werden auch in Modulform angeboten, d. h., auf einem Substrat sind in der Regel zwei oder vier Transistoren angeordnet. Damit läßt sich z. B. durch Einsatz eines solchen Moduls ein Gleichstrommotor durch Einbau in einer Brückenschaltung in seiner Drehrichtung einstellen. Da die Einzeltransistoren untereinander und damit vom Gehäuse elektrisch isoliert sein müssen, steigt der Wärmewiderstand dieser Module auf etwa 0.8 K/W.

8.1.3.2 Dynamisches Verhalten

Hat die Spannungsquelle mit der Spannung u_G in Bild 8.1–17 den dargestellten rechteckförmigen Verlauf, so ergeben sich die eingezeichneten zugehörigen Spannungs- und Stromverläufe. Sie weisen gegenüber Bipolartransistoren die folgenden Unterschiede auf:

1. Die Verzögerungszeiten t_d und die Anstiegszeiten t_r sind um den Faktor 2 bis 10 kleiner als bei Bipolartransistoren, und sie hängen jetzt wesentlich von der äußeren Beschaltung ab. In Bild 8.1–17 ist die Gate-Source-Kapazität C_{GS} eingezeichnet. Durch die Parallelschaltung vieler Einzeltransistoren kann die resultierende Kapazität $C_{GS(ges)}$ Werte bis zu 10 nF annehmen. Diese Kapazität muß über den Innenwiderstand R_G der Spannungsquelle in kürzester Zeit umgeladen werden. Die die Umladung bestimmende Zeitkonstante τ ergibt sich zu: $\tau = R_G \cdot C_{GS(ges)}$. Für $C = 10$ nF und $\tau = 500$ ns folgt: $R_G = 50\ \Omega$; mit $u_G = 10$ V muß die Spannungsquelle einen Strom von 200 mA liefern. Es werden deshalb i. a. nicht mehr die Zeiten t_d und t_r angegeben, sondern die in einem realen Aufbau erreichte *Einschaltverzögerungszeit* $t_{d(on)}$ und die *Einschaltzeit* $t_{(on)}$ bei einem gegebenen Wert für R_G.
2. Die Speicherzeiten t_s und die Ausschaltzeiten t_f sind ebenfalls um den Faktor 2 bis 10 kleiner als bei Bipolartransistoren. Deshalb bestimmt auch hier die externe Beschaltung ganz wesentlich diese Zeiten: Zu der beim Ausschalten durch den Eingangskreis nach Punkt 1 geschilderten Verzögerung kommt noch eine zweite hinzu, die dadurch entsteht, daß sich der Kondensator $C_{DS(ges)}$ (Parallelschaltung vieler Einzeltransistoren) über den Lastwiderstand R_L entladen muß. Auch hier gibt man i. a. die *Ausschaltverzögerungszeit* $t_{d(off)}$ und die *Ausschaltzeit* t_{off} bei gegebenem R_L an.

Mit Feldeffekttransistoren stehen sehr schnelle Schalter zur Verfügung. So werden z. B. folgende Werte erreicht: $t_{on} = 50$ ns; $t_{off} = 400$ ns bei $R_G = R_L = 50\ \Omega$. Damit werden Pulsfrequenzen von mehr als 16 kHz möglich.

8.1.3.3 Verlustleistung

Zur Berechnung der am Transistor entstehenden Verlustleistung können die beim Bipolartransistor verwendeten Gln. (8.1–6) bis (8.1–9) übernommen werden, wenn die Bezeichnungen entsprechend zugeordnet werden. Da die Gehäuse bei beiden Transistortypen häufig gleich sind, werden auch hier Wärmewiderstände von typisch 0,2 K/W erreicht.

Eine grobe Abschätzung der durch Ein- und Ausschaltvorgänge entstehenden Verlustleistung $P_{dyn(f)}$ im Transistor erhält man, wenn man in dem Produkt aus Drainstrom I_D (Schalter geschlossen) und Drain-Source-Spannung U_{DS} (Schalter geöffnet) während der Umschaltzeiten t_r bzw. t_f jeweils nur den halben Wert einsetzt und diesen Wert mit der Frequenz f multipliziert:

$$P_{dyn(f)} \approx \frac{U_{DS}}{2} \cdot \frac{I_D}{2} (t_r + t_f) \cdot f. \qquad (8.1\text{–}10)$$

$P_{dyn(f)}$	U_{DS}	I_D	t_r, t_2	f
W	V	A	s	Hz

In dieser Gleichung sind nur die Verluste enthalten, die während des Umschaltens auftreten; dazu müssen die Verluste addiert werden, die während des leitenden bzw. gesperrten Zustandes entstehen.

8.1.3.4 Schutzschaltungen

Ein Teil der für Feldeffekttransistoren erforderlichen Schutzschaltungen ist meist schon in den Transistoraufbau integriert (Bild 8.1–19). Das ist zum einen die bereits erwähnte Diode nach Bild 8.1–17, zum anderen eine Kombination aus zwei Z-Dioden, die verhindern soll, daß die Gate-Source-Spannung weder einen negativen Grenzwert unterschreitet noch den Wert U_{GSM} überschreitet. Eine zusätzliche externe Beschal-

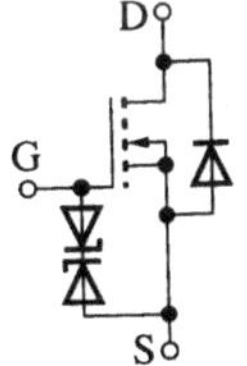

Bild 8.1-19 Feldeffekttransistor mit interner Schutzbeschaltung

tung muß sicherstellen, daß die Grenzwerte $U_{(BR)DSS}$, I_{DM} und I_{DPM} nicht überschritten werden. Die bei den Bipolartransistoren dargestellten Schutzbeschaltungen lassen sich auch bei Feldeffekttransistoren anwenden.

8.1.3.5 Zusammenschaltung von Feldeffekttransistoren

1. Parallelschaltung

Im Gegensatz zu Bipolartransistoren können Feldeffekttransistoren durch Verbinden aller Gate- bzw. Source- bzw. Drain-Anschlüsse parallel geschaltet werden (Bild 8.1–20a). Bei zunächst vorhandener unsymmetrischer Stromaufteilung der Einzeltransistoren erwärmt sich derjenige mit dem höchsten Drainstrom am meisten, vergrößert seinen Kanalwiderstand und verringert dadurch seinen Strom wieder, so daß sich die Teilströme der einzelnen Transistoren einander angleichen.

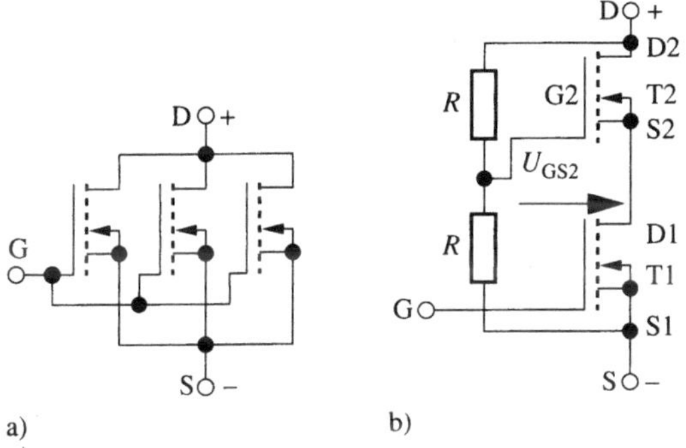

Bild 8.1-20 Zusammenschaltung von Feldeffekttransistoren
a) Parallelschaltung,
b) Reihenschaltung

2. Reihenschaltung

Auch die Reihenschaltung ist nach Bild 8.1–20b relativ einfach zu realisieren. Im gesperrten Zustand sorgen die Widerstände R für eine gleichmäßige Spannungsaufteilung unter den Transistoren. Wichtig sind die bei den Transistoren nicht in jedem Fall eingebauten Dioden nach Bild 8.1–19. Wenn nämlich T2 einen höheren Sperrwiderstand als T1 hat, schließen die Dioden von T2 Gate und Source kurz, so daß die über R festgelegte Spannungsteilung erzwungen wird.

Beim Übergang von T1 in den leitenden Zustand sinkt das Drainpotential an D1 gegenüber dem von G2, und T2 wird automatisch leitend.

8.1.4 IGBT-Transistoren

Die Verbindung bestimmter Eigenschaften von bipolaren Transistoren und Feldeffekttransistoren führte zur Entwicklung einer neuen Transistorgeneration. Die geringe erforderliche Ansteuerleistung von Feldeffekttransistoren wurde mit der geringen Kollektor-Emitter-Restspannung eines Bipolartransistors kombiniert: Es entstand der IGBT.

8.1.4.1 Aufbau von IGBT-Transistoren

1. Aufbau

Den Aufbau eines IGBT (*I*nsulated-*G*ate-*B*ipolar-*T*ransistor) zeigt Bild 8.1–21. Zusätzlich zu den zwei Transistoren sind noch Zusatzelemente eingebaut. V2 dient als Freilaufdiode (siehe Schutzbeschaltung Bipolartransistor), R sorgt für einen geringen Kollektor-Reststrom des Bipolartransistors im Sperrzustand, und über V1 können die Basisladungen des Bipolartransistors beim Übergang vom leitenden in den sperrenden Zustand direkt ausgeräumt werden, wodurch sich die Speicherzeit verringern läßt. Es werden folgende Daten erreicht: $U_{CEO} = 1\,200$ V; $I_{CM} = 400$ A; $t_r = 1$ µs; $t_s = 3$ µs; $t_f = 1$ µs; $U_{CEsat} = 3$ V; $R_{thJC} = 0{,}2$ K/W. Die Bezeichnungen entsprechen denen eines Bipolartransistors, die Ansteuerung geschieht wie bei Feldeffekttransistoren.

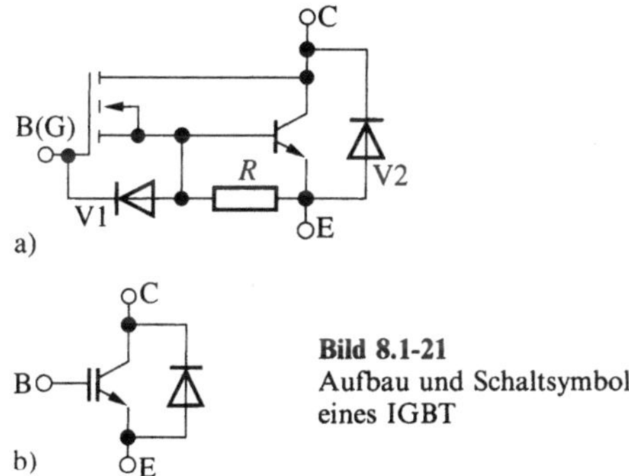

Bild 8.1-21 Aufbau und Schaltsymbol eines IGBT

IGBT werden auch in Modulform als Kombination von z. B. vier Einzeltransistoren zum Aufbau einer Brückenschaltung geliefert. Wegen der elektrischen Isolation der Einzeltransistoren untereinander liegt der Wärmewiderstand bei minimal etwa 0,8 K/W.

2. Schutzschaltungen

Die für einen IGBT-Transistor erforderlichen Schutzschaltungen setzen sich aus einer Kombination der Schutzschaltungen nach den Bildern 8.1–7 und 8.1–19 zusammen, wobei ein Teil bereits in den Transistoraufbau integriert sein kann.

3. Zusammenschaltung

IGBT können wie Feldeffekttransistoren in Reihe und parallel geschaltet werden, siehe auch Bild 8.1–20. Bei der Parallelschaltung übernimmt der steuernde Feldeffekttransistor die Stromsymmetrierung, bei der Reihenschaltung sorgen die Z-Dioden zwischen Gate und Source mit den Widerständen R für eine symmetrische Spannungsaufteilung.

8.1.4.2 BIMOS-Schaltstufe

Die Schaltzeiten des IGBT werden durch die Eigenschaften des Bipolartransistors bestimmt. Für besonders schnelle Schaltstufen wird eine Transistorkombination nach Bild 8.1–22 eingesetzt. T1 ist für hohe Sperrspannung bemessen, hat aber einen relativ großen Drain-Source-Widerstand $R_{DS(on)}$, der in dieser Schaltung auch benötigt wird. T3 besitzt eine niedrige Sperrspannung, dafür aber einen niedrigen Bahnwiderstand. Im Einschaltmoment liefert T1 den Basisstrom für T2, der gleichzeitig durch $R_{DS(on)}$ von T1 begrenzt wird. T3 schaltet durch den Widerstand R verzögert gegenüber T1 ein (Zeitkonstante $\tau = R \cdot C_{GS}$), aber unverzögert über V1 aus. T2 und T3 dienen als Schalter. Im Ausschaltmoment sperrt T3 sofort, dadurch steigt das Emitterpotential von T2 stark an, und die Basis von T2 wird über die Z-Diode V2 in sehr kurzer Zeit entladen.

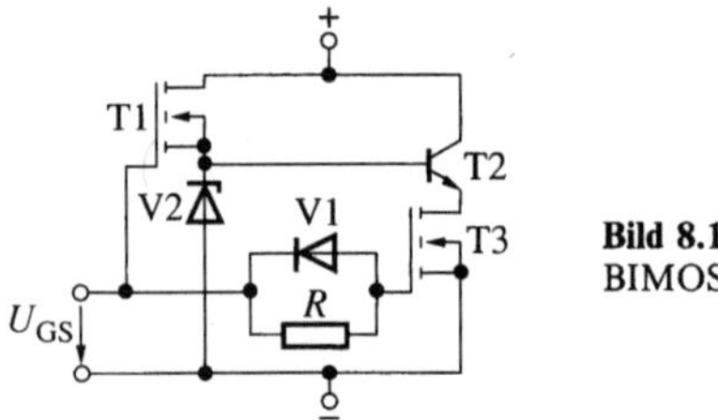

Bild 8.1-22 BIMOS-Schaltstufe

8.1.5 Thyristoren

8.1.5.1 Aufbau, statisches Verhalten, Kenngrößen, Grenzwerte

Ein Thyristor besteht aus vier Schichten abwechselnder Dotierung, PNPN. Bild 8.1–23 zeigt diesen Aufbau und das Schaltzeichen. Über einen Steueranschluß, das Gate, kann die Funktionsweise beeinflußt werden. Prinzipiell gilt, daß bei unbeschaltetem Gate der Thyristor, unabhängig von der Polarität der angelegten Spannung U_{AK}, stets sperrt. Für $U_{AK} > 0$ bewirkt das die Sperrschicht S2, Bild 8.1–23, für $U_{AK} < 0$ die Sperrschicht S1 (S3 besitzt wegen der hohen Dotierung nur geringe Sperrfähigkeit). Der Thyristor läßt sich für $U_{AK} > 0$ dadurch in den leitenden Zustand versetzen, daß in die hochdotierte untere P-Schicht ausreichend Ladungsträger eingebracht werden. Ist diese Schicht räumlich genügend schmal, so diffundieren die Ladungsträger in die darüberliegende N-Schicht und heben die Sperrwirkung der Sperrschicht S2 auf. Der jetzt einsetzende Anoden-Kathoden-Strom sorgt für die Aufrechterhaltung des Stromflusses *(Zündvorgang)*. Es genügt also, einmal kurzzeitig Ladungen in die Sperrschicht S2 einzubringen, um den Thyristor dauernd leitend zu machen. Eine Unterbrechung des Stromflusses ist nur dadurch zu erreichen, daß der Strom durch den Thyristor unter einen bestimmten Wert sinkt (z. B. durch den natürlichen Nulldurchgang des Netzstromes). Der Übergang in den leitenden Zustand für $U_{AK} < 0$ ist nicht möglich.

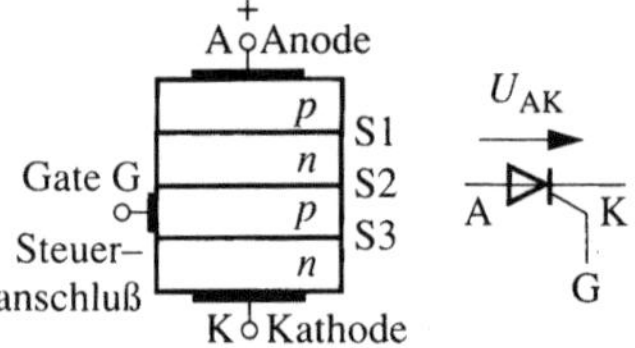

Bild 8.1-23 Schematischer Aufbau und Schaltsymbol eines Thyristors (rückwärts sperrend)

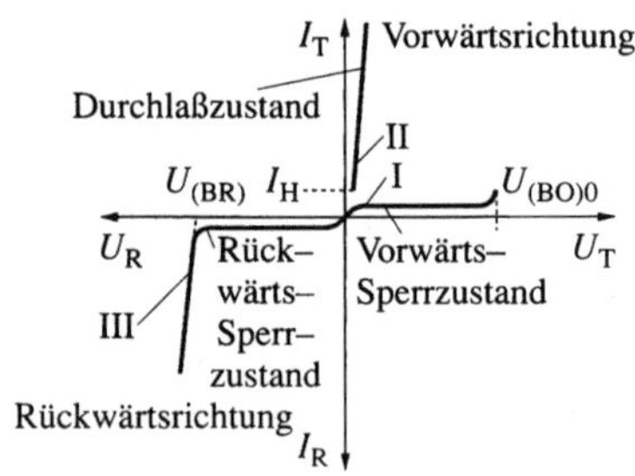

Bild 8.1-24 Kennlinie eines rückwärts sperrenden Thyristors

Die Kennlinie in Bild 8.1–24 hat drei voneinander unterscheidbare Bereiche, I, II und III. Der Bereich I wird *Vorwärts-Sperrzustand* (oder *Blockierzustand*) genannt und ist dadurch gekennzeichnet, daß die Anode positiv gegenüber der Kathode ist, der Gate-Anschluß unbeschaltet ist bzw. kein Strom in den Gateanschluß eingespeist wird und ein sehr geringer Strom, der Sperrstrom der Sperrschicht S2, fließt. Er steigt mit zunehmender Anoden-Kathoden-Spannung an. Bei Erreichen des kritischen Spannungswertes $U_{(BO)0}$, der *Nullkippspannung,* ist der Sperrstrom so groß geworden, daß der beschriebene Zündvorgang einsetzt. Dieser Vorgang, ausgelöst durch den Sperrstrom, wird auch *Überkopfzünden* genannt. Der Thyristor befindet sich jetzt im Durchlaßzustand, seine Eigenschaften werden durch die Durchlaßkennlinie, Bereich II, dargestellt. Die Anoden-Kathoden-Spannung, auch Durchlaßspannung genannt, nimmt nur geringfügig mit steigendem Strom zu und beträgt weniger als 2 V bei Strömen von 4 000 A.

Das Einbringen von Ladungen in die Sperrschicht S2 zum Zünden des Thyristors kann auf zwei Arten geschehen:

1. durch Einspeisen eines Stromes in den Gateanschluß; dies ist die gebräuchlichste Art der Zündung, da man Zeitpunkt und Dauer des Überganges in den leitenden Zustand durch den zeitlichen Verlauf des Gatestromes bestimmen kann;
2. durch Bestrahlen mit Licht; die Energie des Lichtes erzeugt zusätzliche Ladungsträger in der Sperrschicht S2, und bei ausreichender Anzahl wird der Thyristor ebenfalls gezündet. Anwendung findet dieses Verfahren im *Fotothyristor* (siehe Abschnitt 8.1.5.4.5).

Die zwei folgenden Effekte können zu einem unkontrollierten und damit ungewollten Zünden eines Thyristors führen:

1. durch den Sperrstrom selbst (Überkopfzünden); dabei hängt der Zündeinsatzpunkt unter anderem von der Temperatur ab;
2. durch eine sehr große *Spannungssteilheit* ($\mathrm{d}u/\mathrm{d}t$) der Anoden-Kathoden-Spannung. Da an der Sperrschicht S2 eine Spannung U steht und Ladungen Q vorhanden sind, kann man ihr gemäß $Q = C \cdot U$ eine Kapazität C zuordnen. Steigt nun die Anoden-Kathoden-Spannung und damit die Spannung an S2 in sehr kurzer Zeit (Bereich einige Mikrosekunden) merklich an, so muß sich der Kondensator auf den neuen Spannungswert aufladen, es fließt also ein zusätzlicher „Lade"-Strom in die Sperrschicht. Erreicht dieser Strom einen bestimmten Wert, wird der Thyristor gezündet.

Durch geeignete Schutzschaltungen bzw. Schaltungsdimensionierung wird erreicht, daß das Zünden eines Thyristors durch die zuletzt genannten zwei Effekte verhindert wird.

Ist der Thyristor gezündet und wird der fließende Strom ständig verringert, so werden die durch den Stromfluß in die Sperrschicht S2 eingebrachten Ladungen irgendwann nicht mehr ausreichen, die Sperrfähigkeit aufzuheben: Der Thyristor erlischt, geht also in den Bereich I über *(Löschvorgang)*. Derjenige Strom, der unterschritten werden muß, damit der Thyristor löscht, ist der *Haltestrom* I_H, er ist in der Regel kleiner als 1/1000stel des maximal zulässigen Stromes durch den Thyristor.

Der Bereich III in Bild 8.1–24 ist der *Rückwärts-Sperrzustand*, er ist gegeben durch die in Sperrichtung betriebene Diode mit der Sperrschicht S1. Solange die Spannung am Thyristor die *Spitzensperrspannung in Rückwärtsrichtung*, U_{RRM}, nicht überschreitet, bleibt er gesperrt. Es gilt: $|U_{(BR)}| > |U_{RRM}|$. ($U_{(BR)}$ *Durchbruchspannung in Rückwärtsrichtung*).

Für den Betrieb sind außerdem folgende Kenn- bzw. Grenzwerte wichtig: U_{DRM}: *Spitzensperrspannung in Vorwärtsrichtung*, höchstzulässiger Augenblickswert der periodisch auftretenden Spannung im Sperrzustand in Vorwärtsrichtung; $I_{TAV(1)}$: *Dauergrenzstrom*, höchstzulässiger Mittelwert des Durchlaßstromes (sinusförmige Halbschwingung bei 50 Hz, definierte Gehäusetemperatur); $I_{TSM(1)}$: *Stoßstromgrenzwert*, höchstzulässiger, nicht periodisch auftretender Augenblickswert eines einzelnen Stromimpulses bei definierter Gehäusetemperatur, Wiederholung erst nach definierter Mindestzeit zulässig; $I_{TRMS(1)}$: *Grenzeffektivstrom*, höchstzulässiger Effektivwert des Durchlaßstromes bei definierter Gehäusetemperatur. Thyristoren werden mit folgenden maximalen Werten gefertigt: $U_{DRM} \approx U_{RRM} \approx 4\,000$ V; $I_{TAV(25\,°C)} \approx 4\,000$ A. Für diesen Thyristor gilt dann: $I_H \approx 0{,}5$ A.

8.1.5.2 Dynamisches Verhalten

Die am häufigsten angewendete Art der Zündung ist das Einspeisen eines Stromes in den Gateanschluß. Wichtig ist dabei, daß eine bestimmte Anzahl Ladungen über das Gate in die Schicht S2 eingebracht wird. Nach einer *Zündverzögerungszeit* t_d von einigen Mikrosekunden breitet sich die leitende Strecke in einem Zeitraum von 10...50 µs, der *Durchschaltzeit* t_r, über den gesamten Querschnitt aus. Während t_r tritt örtlich ein ungleichmäßiger Stromfluß auf, der den Thyristor zerstören kann. Man speist deshalb einen bis zum 10fachen Wert des minimal erforderlichen Zünd-Gatestromes ein, um diesen Übergangzustand so schnell wie möglich zu überwinden. Weiterhin wählt man für den Gateanschluß eine kammförmige Anordnung, um die Einspeisung parallel an mehreren Orten gleichzeitig vornehmen zu können. Bild 8.1–25 zeigt ein Zünddiagramm, das Auskunft darüber gibt, in welchem Bereich sich die Gate-Kathoden-Spannung U_G und der Gatestrom I_G befinden müssen, um gar keine Zündung (Bereich I, wichtig für Störgrößen), eine mögliche (Bereich II) oder eine sichere Zündung (Bereich III, $U_G \geqslant U_{GT}$; $I_G \geqslant I_{GT}$) zu erreichen. Die Verläufe von Gatestrom i_G, Spannung u_T am Thyristor und Strom i_T durch den Thyristor mit der dazugehörigen Verlustleistung $p = u_T \cdot i_T$ am Thyristor enthält Bild 8.1–26. t_d und t_r sind die oben erwähnten Zündverzögerungs- bzw. Durchschaltzeiten. Wenn der Lastkreis, wie das häufig der Fall ist, Induktivitäten enthält, steigt der Strom nach der Zündung nur langsam an. Dann muß der Gatestrom solange fließen, bis der Laststrom den *Einraststrom* oder *dynamischen Haltestrom* erreicht hat. Dieser liegt bei dem zwei- bis fünffachen Wert des Haltestromes eines Thyristors.

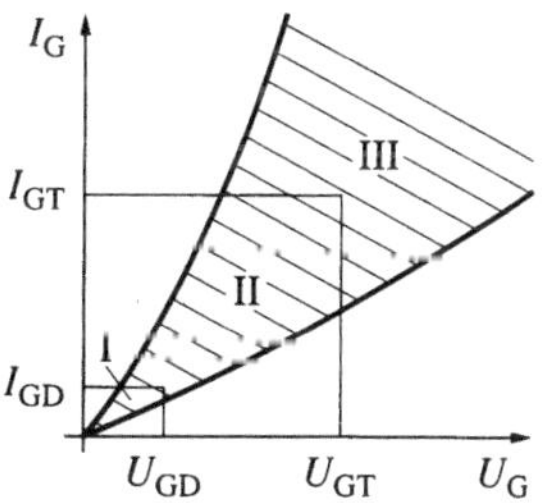

Bild 8.1-25 Zünddiagramm eines Thyristors

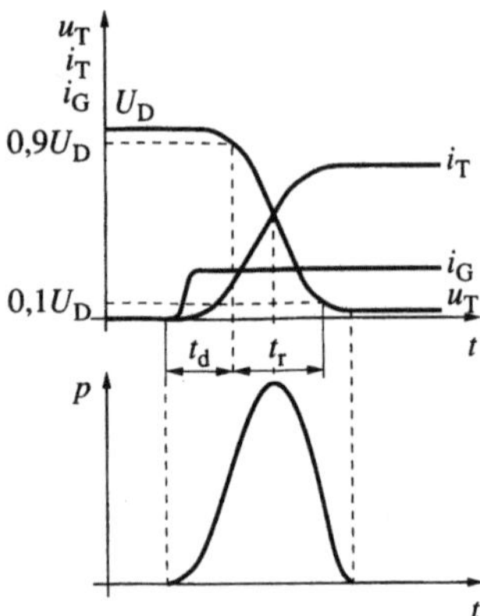

Bild 8.1-26 Einschaltverhalten eines Thyristors

Es wurde oben bereits beschrieben, daß ein Zündvorgang auch durch eine zu hohe Spannungssteilheit (du/dt) hervorgerufen werden kann. Ein Grenzwert, die kritische Spannungssteilheit $(du/dt)_c$, wird in Datenblättern angegeben und liegt in der Größenordnung 200...2 000 V/µs. Dieser relativ große Wert wird dadurch erreicht, daß man parallel zu der Strecke Gate – Kathode intern niederohmige Widerstände legt. Zwar wird dadurch die erforderliche Gate-Steuerleistung größer, der Thyristor benötigt aber weniger externe Schutzbeschaltung, damit die kritische Spannungssteilheit nicht überschritten wird. Das Ausschalten (Löschen) eines Thyristers kann nur durch Unterschreiten des Haltestromes geschehen. In Bild 8.1–27 ist angenommen, daß die den Lastkreis mit Thyristor speisende Spannung u_L eine periodische Wechselspannung ist. Nach dem Nulldurchgang von u_L ($t/T > 0{,}5$) fließt zunächst ein Strom in Rückwärtsrichtung, bis nach der *Ausräumzeit* t_{rr} die Ladungen aus der Sperrschicht abgeflossen sind. Für den Betrieb in Rückwärtsrichtung sperrt der Thyristor zwar, aber in der für das Sperren in Vorwärtsrichtung maßgebenden Sperrschicht S2 (Bild 8.1–23) sind noch zu viele Ladungsträger vorhanden. Erst wenn diese nach Ablauf der *Freiwerdezeit* t_q ($t_q > t_{rr}$) ausgeräumt sind, kann ein Sperren in Vorwärtsrichtung erreicht werden. Die Zeit t_q liegt zwischen 400 µs (Netzthyristoren bei Betrieb mit 50 Hz) und 10 µs (spezielle Bauarten). Kleine Freiwerdezeiten sind z. B. für Wechselrichter mit Frequenzen oberhalb ca. 1 kHz erforderlich. Diese *„Frequenzthyristoren"* sind in speziellen Fertigungsverfahren hergestellt worden, wobei u. U. eine etwas erhöhte Durchlaßspannung in Kauf genommen werden muß.

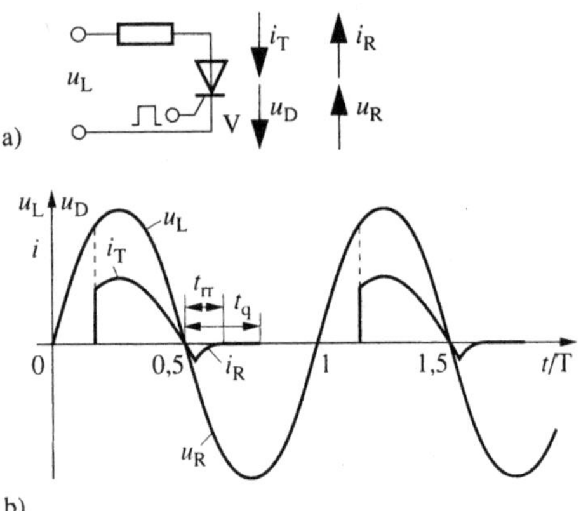

Bild 8.1-27 Ausschaltverhalten eines Thyristors

Kleine Freiwerdezeiten haben auch die *asymmetrisch sperrenden* und die *rückwärts leitenden* Thyristoren. Ein asymmetrisch sperrender Thyristor besitzt in Rückwärtsrichtung nur eine vergleichsweise geringe Sperrfähigkeit (Größenordnung 20 V), dafür nehmen Freiwerdezeit und Durchlaßspannung ab. Diese Leistungshalbleiter lassen sich allerdings nur dort einsetzen, wo auf die Sperrfähigkeit in Rückwärtsrichtung verzichtet werden kann. Bei rückwärts leitenden Thyristoren liegt zur Anoden-Kathoden-Strecke eine Diode in Antiparallelschaltung. Dadurch nehmen Freiwerdezeit und Durchlaßspannung auf etwa das 0,5fache gegenüber symmetrisch sperrenden Thyristoren ab. Ein Betrieb in Rückwärtsrichtung ist auch hier nicht möglich.

8.1.5.3 Verlustleistung

Bild 8.1–26 zeigt auch den prinzipiellen Verlauf der Verlustleistung $p(t)$ beim Zünden. Beim Löschen ergibt sich ein ähnlicher Verlauf, so daß sich die Verlustenergie am Thyristor pro Schaltzyklus durch Addition beider Flächen ergibt. Die Berechnung der am Thyristor entstehenden Gesamtverlustleistung geschieht gemäß den Gln. (8.1–7) bis (8.1–9). Zur groben Abschätzung der Umschaltverluste allein kann auch wieder die Gl. (8.1–10) verwendet werden.

In den Datenblättern wird noch eine *kritische Stromsteilheit* $(di/dt)_c$ angegeben. Sie hat Bedeutung für die Einschaltverluste. Bei einer Induktivität im Lastkreis steigt der Strom nach dem Zünden verlangsamt an, so daß die stationäre niedrige Durchlaßspannung am Thyristor bereits erreicht ist, wenn der Strom eine nennenswerte Größe erreicht. Damit sind die auftretenden Einschaltverluste klein. Wenn sich dagegen ein Kondensator im Lastkreis befindet (Kondensatorlöschung) und sich im Einschaltmoment über den Thyristor entlädt, dann steigt der Strom sofort stark an, noch bevor sich die Spannung am Thyristor wesentlich verringert. Daraus folgt eine höhere Einschaltverlustleistung. Bei hohen Wiederholfrequenzen kann der Thyristor thermisch zerstört werden. Die kritischen Werte liegen bei etwa 50...400 A/µs. Eventuell erforderliche Schutzmaßnahmen werden im Abschnitt 8.1.5.5 vorgestellt.

8.1.5.4 Bauarten

Neben den bereits erwähnten Bauarten „asymmetrisch sperrend" und „rückwärts leitend" haben sich weitere Sonderbauarten herausgebildet.

1. GTO-Thyristor

Prinzipiell läßt sich jeder Thyristor über einen negativen Gatestrom abschalten. Beim GTO-(*G*ate-*T*urn-*O*ff-)Thyristor ist diese Eigenschaft besonders ausgeprägt. Durch den negativen Gatestrom werden der Sperrschicht S2 so viele Ladungen entzogen, daß sich der Stromfluß nicht mehr aufrecht erhalten kann. Der PN-Übergang geht in den Vorwärts-Sperrzustand über. Der in das Gate einzuspeisende Strom zum Löschen liegt in der Größenordnung (1/3 bis 1/5) · Laststrom. Durch die aufwendige Fertigung sind GTO-Thyristoren teuer, und sie werden deshalb nur bei großen Leistungen im Bereich $P > 500$ kW eingesetzt.

2. Vierschichtdioden, DIACS

Vierschichtdioden sind Thyristoren ohne Steueranschluß (Gate). Sie zünden beim Erreichen der Nullkippspannung in Vorwärtsrichtung und sperren in Rückwärtsrichtung. Sie dienen zur Impulserzeugung. Als DIAC wird ein Bauelement aus der Gegenparallelschaltung zweier Vierschichtdioden bezeichnet. Die Kennlinie und das Schaltzeichen sind im Bild 8.1–28a aufgezeichnet. Sie werden für Kippspannungen zwischen 25 V und 150 V gefertigt.

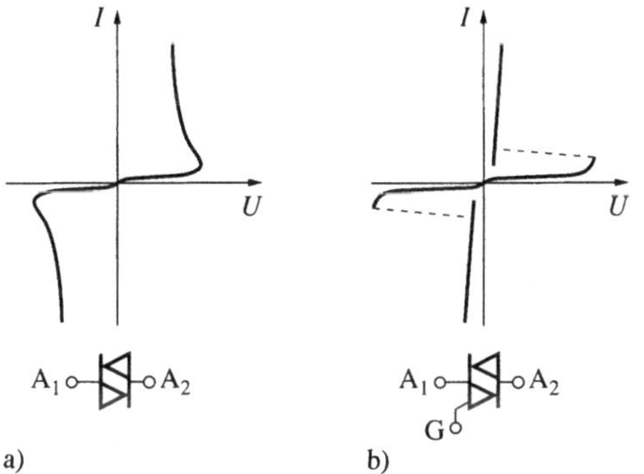

Bild 8.1-28 Kennlinie und Schaltsymbol von
a) DIAC,
b) TRIAC

3. TRIACS

Ein *TRIAC* (*Tri*ode-*A*lternating-*C*urrent-Switch) besteht aus der Antiparallelschaltung zweier Thyristoren mit verbundenem Gate. Wichtig für eine sichere Betriebsweise ist ein niedriger Widerstand zwischen dem Gate-Anschluß und der Kathode. Er ermöglicht die Zündung in beiden Schaltrichtungen bei einfachem Schaltungsaufbau. Bild 8.1–28b zeigt die Kennlinie und das Schaltzeichen. Sie werden für Spannungen bis ca. 1 500 V und Ströme bis ca. 150 A gefertigt.

4. GATT-Thyristoren

Beim *Gatt-Thyristor* (*G*ate-*A*ssisted-*T*urn-Off-*T*hyristor, abschaltunterstützter Thyristor) wird die Freiwerdezeit dadurch verkürzt, daß nach Unterschreiten des Haltestromes eine negative Spannung an das Gate gelegt wird. Die in den Halbleiterschichten vorhandenen Ladungen können so etwa in der halben Zeit ausgeräumt werden.

5. Fotothyristor

Es wurde bereits darauf hingewiesen, daß auch durch Lichteinwirkung Ladungsträger erzeugt werden können. Thyristoren werden in der Regel so gefertigt, daß der Anodenanschluß, bei Hochleistungsthyristoren auch der Kathodenanschluß, mit Metallscheiben elektrisch verbunden sind, so daß ein guter Wärmeübergang zwischen dem Halbleiter und einem Kühlkörper gewährleistet ist. Um das Potential des Thyristors von dem des Steuergerätes – auch aus Sicherheitsgründen – galvanisch zu trennen, führt man einen Lichtleiter mit dem einen Ende bis in die Nähe der Sperrschicht S2. Am anderen Ende befindet sich eine Leucht- oder Laserdiode, die mit einem kurzen Stromimpuls hoher Stromstärke (Dauer ca. 10...100 µs, Strom ca. 1...3 A) angesteuert wird. Da die Lichtleistung, die die Sperrschicht erreicht, im unteren Milliwatt-Bereich liegt, muß zur Zündung ein Hilfsthyristor nach Bild 8.1–29 eingesetzt werden. Der Aufbau sieht dann so aus, daß der Hilfsthyristor V1 ein Fotothyristor kleiner Leistung ist, der den Leistungsthyristor V2 zündet. Manchmal sind beide bereits auf einem Kristall vereint. Somit können teure Hochspannungs-Isoliertransformatoren bis etwa 5 kV auf einfache Weise ersetzt werden.

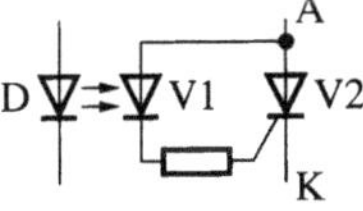

Bild 8.1-29 Fotothyristor als Hilfsthyristor

8.1.5.5 Schutzschaltungen

Beim Einsatz von Thyristoren können einige oder auch alle der nachfolgend genannten acht kritischen Betriebsfälle eintreten, wenn sie nicht durch geeignete Schutzschaltungen verhindert werden:

1. Überschreiten der höchstzulässigen Spitzensperrspannungen in Vorwärts- bzw. Rückwärtsrichtung (U_{DRM}, U_{RRM});
2. Überschreiten der höchstzulässigen Spitzensperrspannung in Vorwärts- bzw. Rückwärtsrichtung durch den Trägerspeichereffekt, insbesondere beim GTO-Thyristor während des Löschens bei induktiver Last;
3. ungleichmäßige Spannungsaufteilung, statisch und dynamisch, bei Reihenschaltung mehrerer Thyristoren;
4. ungleichmäßige Stromaufteilung, statisch und dynamisch, bei Parallelschaltung mehrerer Thyristoren;
5. Überschreiten der kritischen Spannungssteilheit $(du/dt)_c$;

6. Überschreiten der kritischen Stromsteilheit $(di/dt)_c$;
7. Überschreiten der höchstzulässigen Kristalltemperatur ϑ_J durch zu hohe Verlustleistung;
8. Überschreiten der höchstzulässigen Grenzströme (I_{TAV}, I_{TRMS}).

In Bild 8.1–30 sind entsprechende Schutzschaltungen gezeigt. Schaltung a) erfüllt die Forderungen der Punkte 2, 3 und 5, die von Punkt 1 teilweise, je nach Art der auftretenden Überspannung. Werden keine Thyristoren in Reihe geschaltet, entfällt R_2. R_1 und C_1 werden nach den Forderungen von Punkt 2 bzw. Punkt 5 dimensioniert und erfüllen dann gleichzeitig Punkt 3 mit (s. Ausführungen zu den Schutzmaßnahmen bei den Halbleiterdioden, Abschnitt 8.1.1.5). Nach Schaltung b) sind zu jedem Thyristor ein Widerstand R und eine Induktivität L in Reihe geschaltet. Werden mehrere Thyristoren parallel geschaltet, so sorgt R für eine statische Stromsymmetrierung bei allerdings entsprechend höheren Verlusten. Eine zum Schutz des Thyristors in Reihe liegende Sicherung kann u. U. diese Aufgabe übernehmen. Die Induktivität L verbessert bei Parallelschaltung die Stromsymmetrierung bei Stromänderungen (Punkt 4). Sie kann auch das Erreichen der kritischen Stromsteilheit nach Punkt 6 verhindern; Einzelheiten dazu siehe im Abschnitt 8.1.5.3, Verlustleistung. Werden keine Thyristoren parallel geschaltet, kann der Widerstand R entfallen. Um in der Schutzschaltung nach Bild 8.1–30a eine ausreichende Schutzwirkung zu erhalten, wird der Widerstand R_1 im Bereich 50...200 Ω gewählt. Zündet der Thyristor, so entlädt sich der Kondensator (C_1 im Bereich 0,1...0,47 μF) über den Thyristor und erhöht die Stromsteilheit (Punkte 6 und 7).

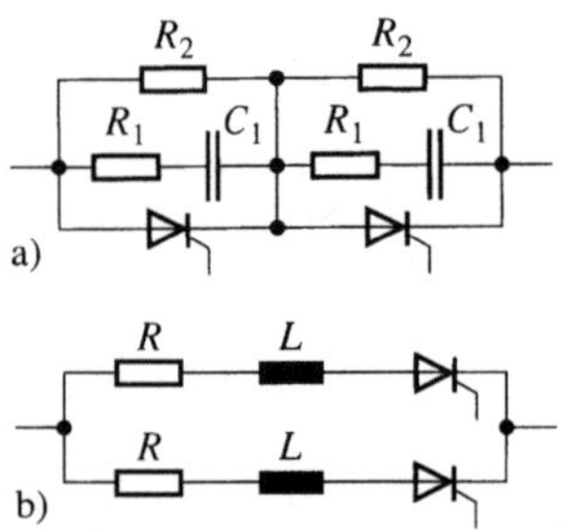

Bild 8.1-30 Zusammenschaltung von Thyristoren
a) Reihenschaltung,
b) Parallelschaltung

Bild 8.1–31 zeigt eine häufig angewendete Schutzbeschaltung, die Brückenschaltung. Ihr Ziel ist es, die beim Zünden auftretenden Kondensator-Entladeströme zu vermeiden. C_2 dient zum Schutz vor einer zu großen Spannungssteilheit, er kann sich über R_2 entladen. R_1 und C_1 bieten Schutz vor Überspannungen durch den Trägerspeichereffekt bzw. anderen auftretenden Überspannungen. Die Diode V verhindert einerseits, daß ein momentan aufgeladener Kondensator C_1 die Schutzwirkung von C_2 beeinträchtigt, andererseits wird C_1 zu C_2 parallelgeschaltet, falls die Spannung an C_2 größer werden will als an C_1. Wird der Thyristor gezündet, so kann sich wegen der Dioden-Brückenschaltung keiner der Kondensatoren über die Anoden-Kathoden-Strecke entladen und dadurch die Stromsteilheit erhöhen.

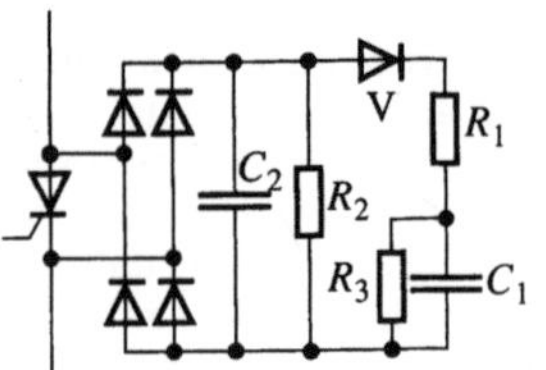

Bild 8.1-31 Schutzschaltung eines Thyristors (Brückenschaltung)

In der Schutzschaltung für GTO-Thyristoren nach Bild 8.1–32 werden die Forderungen der Punkte 1 bis 7 relativ gut erfüllt: Zündet der Thyristor, so kann sich der Kondensator C wegen der Induktivität L nur verzögert entladen. Bei auftretenden Überspannungen in Vorwärtsrichtung wird der Kondensator C über die Diode V direkt zum Thyristor parallelgeschaltet. Die Überschreitung der Grenzströme, Punkt 8, läßt sich durch den Einbau von Sicherungen weitgehend vermeiden.

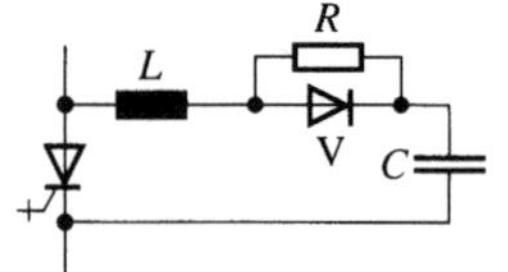

Bild 8.1-32 Schutzbeschaltung eines GTO-Thyristors

8.1.5.6 Zusammenschaltung von Thyristoren

Mehrere Thyristoren können sowohl parallel als auch in Reihe geschaltet werden. Wichtig ist, daß die im vorigen Abschnitt erwähnten Schutzbeschaltungen vorgesehen werden, um ungleichmäßige Aufteilungen von Spannungen und Strömen weitgehend zu verhindern. Es soll daran erinnert werden, daß zwischen dem Halbleiter und seinem Gehäuse eine elektrisch leitende Verbindung besteht, so daß z. B. bei einer Reihenschaltung nicht ohne weiteres mehrere Thyristoren auf dem gleichen Kühlkörper montiert werden können.

8.2 Wärmeableitung, Schutzschaltungen, Ansteuerschaltungen

8.2.1 Wärmeableitung

Die Funktionsweise von Halbleiterbauelementen hängt entscheidend von PN-Übergängen ab, die in Sperrichtung betrieben werden. Durch die während des Betriebes an ihnen auftretende Verlustleistung

Tabelle 8.2–1: Analogie zwischen elektrischem Strömungsfeld und Wärmeströmungsfeld

elektrisches Strömungsfeld			Wärmeströmungsfeld		
Größe	Formelzeichen	Einheit	Größe	Formelzeichen	Einheit
Potential	φ	V	Temperatur	ϑ	K
Spannung	$\Delta\varphi = U$	V	Temperaturdifferenz	$\Delta\vartheta$	K
Strom	I	A	Wärmestrom, Wärmeleistung	P_v	W
Ladung	Q	C = As	Wärmeenergie	W	Ws
Widerstand	R	Ω	Wärmewiderstand	R_{th}	K/W
Kapazität	C	F = As/V	Wärmekapazität	C_{th}	Ws/K

erwärmen sich diese Sperrschichten. Überschreitet die *Sperrschichttemperatur* ϑ_J die *maximal zulässige Sperrschichttemperatur* $\vartheta_{J\,max}$, verliert das Halbleiterbauelement seine Funktionsfähigkeit. Durch geeignete Maßnahmen zur Wärmeabfuhr (Kühlung über Kühlkörper) kann erreicht werden, daß ϑ_J den Wert $\vartheta_{J\,max}$ nicht erreicht. Die Grundlage der Berechnungen von Kühlkörpern bilden die Gesetze des Wärmeströmungsfeldes. Wenn man nun die bestehenden Analogien zwischen dem Wärmeströmungsfeld und dem elektrischen Strömungsfeld beachtet, können die statischen und dynamischen Vorgänge eines Wärmeströmungsfeldes wie die eines elektrischen Strömungsfeldes behandelt werden (Tabelle 8.2–1).

Bild 8.2–1 zeigt am Beispiel eines Halbleiters, montiert auf einem Kühlkörper, die in einem praktischen Aufbau auftretenden thermischen Größen. Der *Wärmewiderstand Kristall – Gehäuse,* R_{thJG}, ist durch den internen Aufbau des Halbleiters vorgegeben; er erreicht durch eine „metallische“ und damit elektrisch leitende Verbindung zwischen Halbleiterkristall (Junction) und Gehäuse Werte kleiner 0,1 K/W. Der zwischen *Halbleitergehäuse und Umgebung bestehende Wärmewiderstand* R_{thGU} wurde nicht berücksichtigt, da er größer als 100 K/W ist und parallel zu den um Größenordnungen kleineren Widerständen $R_{thGK} + R_{thKU}$ liegt. Der *Wärmewiderstand Gehäuse – Kühlkörper,* R_{thGK}, ergibt sich aus dem Übergang Halbleitergehäuse – Kühlkörper. Er läßt sich dadurch klein halten, daß man dem Halbleiter ein scheibenförmiges Gehäuse mit bis zu 10 cm Durchmesser mit geschliffener Oberfläche gibt und so einen guten Wärmeübergang ermöglicht (Scheibenzellen). Bei der Montage des Halbleiters auf einem Kühlkörper ist darauf zu achten, daß sich zwischen Halbleitergehäuse und Kühlkörper keine Fremdkörper befinden, die den gewünschten großflächigen innigen metallischen Kontakt beeinträchtigen. In der Praxis werden Werte für R_{thGK} kleiner 0,1 K/W erreicht (s. Tabelle 8.2–2).

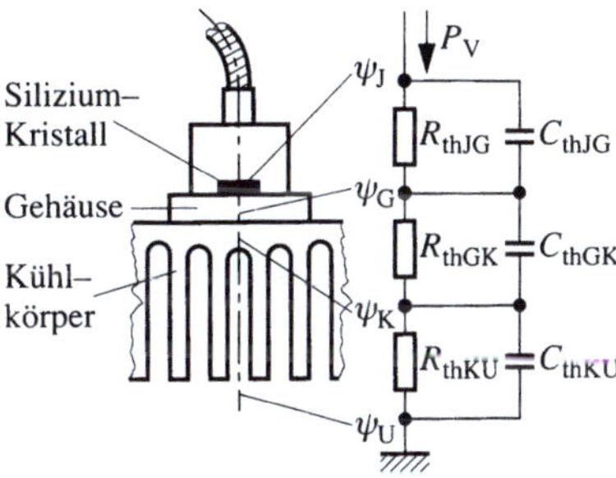

Bild 8.2-1 Leistungshalbleiter mit Kühlkörper und thermischem Ersatzschaltbild

Der *Wärmewiderstand Kühlkörper – Umgebung,* R_{thKU}, ist durch den verwendeten Kühlkörper gegeben. Er hängt im wesentlichen von folgenden Faktoren ab:

1. der Größe des Kühlkörpers: Der Wärmewiderstand nimmt mit wachsenden Abmessungen ab, oberhalb einer gewissen Größe nur noch geringfügig.
2. der Lage des Kühlkörpers: Es soll soviel Luft wie möglich ohne Wirbelbildung am Kühlkörper vorbeiströmen können.
3. der Form des Kühlkörpers: Hier haben sich Profile mit rippenförmigem Aufbau (Bild 8.2–1) bewährt.
4. der Oberflächenfarbe des Kühlkörpers: Kühlkörper mit geschwärzter Oberfläche haben einen etwas geringeren Wärmewiderstand als solche mit metallisch blanker Oberfläche.
5. der Art der Kühlung: Durch ein Gebläse oder Eintauchen des Kühlkörpers in ein geeignetes Kühlmittel (strömende Flüssigkeit mit niedrigem Wärmewiderstand und großer Wärmekapazität) kann der Wärmewiderstand entscheidend verringert werden; es lassen sich Werte kleiner 0,1 K/W erreichen.

Die Forderung nach ausreichender Kühlung von Halbleiterbauelementen führt in der Regel auf die Berechnung des Wärmewiderstandes R_{thKU} des Kühlkörpers. Dazu geht man von folgenden gegebenen Größen aus:

1. der *Umgebungstemperatur* ϑ_U, von der man annimmt, daß sie sich durch den Kühlvorgang nicht ändert, und deren Maximalwert man entweder kennt oder geeignet annimmt. So wird häufig für die *maximal auftretende* oder zu erwartende *Umgebungstemperatur* $\vartheta_{U_{max}}$ ein Wert im Bereich 30...70 °C eingesetzt.
2. der im Halbleiter erzeugten Verlustleistung P_v. Sie wird entweder z. B. nach den im Abschnitt 8.1.2 angegebenen Gln. (8.1–4) und (8.1–8) berechnet oder abgeschätzt.
3. dem Wärmewiderstand R_{thJG} laut Datenblatt;
4. der maximal zulässigen Sperrschichttemperatur $\vartheta_{J_{max}}$ laut Datenblatt,
5. einem der Praxis entnommenen Wert für R_{thGK}. Häufig wird der Widerstand zu 0,1 K/W angenommen oder aber er wird gegenüber den anderen Widerständen vernachlässigt.

Eine der elektrischen Maschengleichung entsprechende Beziehung liefert für den stationären Fall:

$$P_v \cdot (R_{thJG} + R_{thGK} + R_{thKU}) = \vartheta_J - \vartheta_U \qquad (8.2\text{–}1)$$

P_v	$R_{thJG}, R_{thGK}, R_{thKV}$	ϑ_J, ϑ_U
W	K/W	K, °C

Daraus läßt sich R_{thKU} berechnen und ein geeigneter Kühlkörper (Form, Mindestabmessungen) auswählen. Natürlich kann man sich in Gl (8.2–1) auch andere Größen vorgeben und daraus die restliche Größe berechnen.

Die in Bild 8.2–1 eingezeichneten Wärmekapazitäten C_{th} sind dann von Interesse, wenn die Halbleiter mit impulsförmigen Strömen betrieben werden. Der zeitliche Verlauf der Temperaturen ϑ_J, ϑ_G und ϑ_K hängt dann von den Zeitkonstanten $\tau_{JG} = R_{thJG} \cdot C_{thJG}$, $\tau_{GK} = R_{thGK} \cdot C_{thGK}$ und $\tau_{KU} = R_{thKU} \cdot C_{thKU}$ ab. Das thermische Verhalten im Halbleiter selbst ist durch die Zeitkonstante τ_{JG} gegeben. Bild 8.2–2a zeigt den Verlauf der Temperaturänderung, $\Delta\vartheta_{JG}$, an der Sperrschicht bei Belastung durch einen Gleichstrom ($i(t) = i_0$). Setzt zum Zeitpunkt $t = 0$ der Stromfluß ein, so steigt die Temperatur an der Sperrschicht zeitverzögert an, da die Wärmekapazität zwischen Sperrschicht und Gehäuse zunächst einen Teil der Wärme durch Speicherung abzieht. Dies wirkt nach außen wie ein zeitveränderlicher Wärmewiderstand, den man als *transienten inneren Wärmewiderstand* Z_{thJGt} bezeichnet. Sein Wert ist zu Beginn des Stromflusses geringer; er nimmt nach einiger Zeit (etwa 1 s) einen größeren stationären Endwert an. Er hängt von der Impulsform, der Impulsdauer und der Frequenz ab.

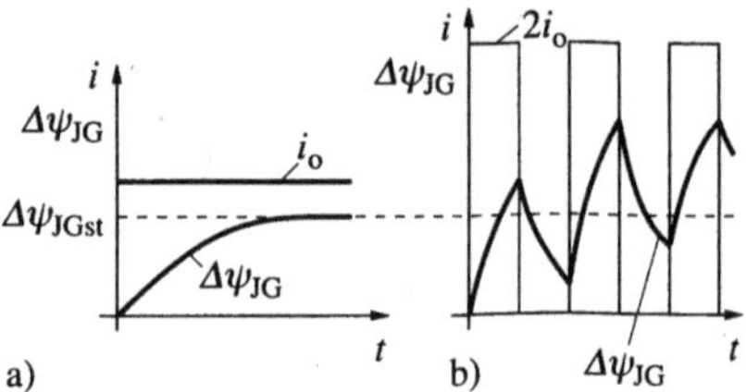

Bild 8.2-2 Verlauf der Temperatur zwischen Sperrschicht und Gehäuse eines Leistungshalbleiters bei Gleichstrom (a) und bei Impulsstrom (b)

Bild 8.2–2b veranschaulicht, warum R_{thJGt} bei Impulsbelastung zunimmt, obwohl der arithmetische Mittelwert des Stromes genauso groß ist wie in Bild 8.2–2a. Die Temperatur der Sperrschicht steigt, wenn auch nur zeitweise, über den Wert bei Gleichstromlast an, und das entspricht einem größeren transienten inneren Wärmewiderstand. Bild 8.2–3 zeigt die Abhängigkeit dieses Widerstandes von der Zeit und der Impulsdauer, ausgedrückt durch den Winkel θ, [8.3].

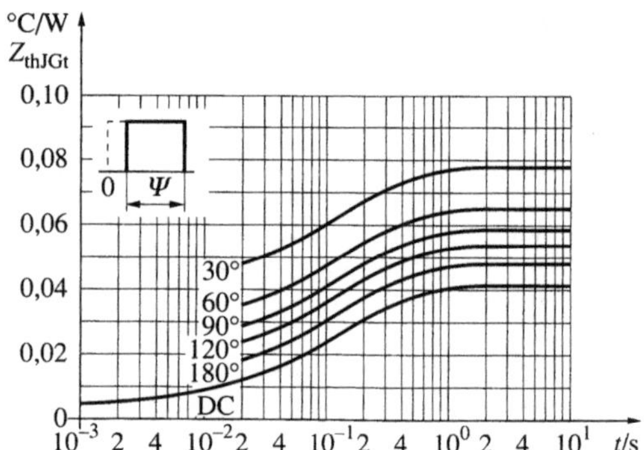

Bild 8.2-3 Transienter innerer Wärmewiderstand Z_{thJGt} als Funktion der Zeit und der Stromflußdauer

In gleicher Weise wird ein *zeitabhängiger transienter äußerer Wärmewiderstand* Z_{thGUt} definiert, der sich durch den verwendeten Kühlkörper ergibt. Sein Verlauf entspricht dem aus Bild 8.2–3, der stationäre Endwert wird aber erst nach 10...1000 s erreicht. Liegt ein Diagramm nach Bild 8.2–3 auch für den Kühlkörper vor, so können für jeden beliebigen Zeitpunkt die Wärmewiderstände bestimmt und in Gl. (8.2–1) eingesetzt werden.

Tabelle 8.2–2 zeigt typische Werte für Wärmewiderstände. Daß R_{thGU} angegeben ist, hat folgenden Grund: Hersteller von Leistungshalbleitern können in der Regel für jeden Halbleitertyp einen auf optimale Wärmeabfuhr ausgelegten Kühlkörper liefern, für

Tabelle 8.2–2: Typische Werte für Wärmewiderstände

Gehäusebauform	Wärmewiderstand in K/W			
	R_{thJG}	R_{thGU}		
		Selbstkühlung Luft	Fremdkühlung Luft (Gebläse)	Wasserkühlung
Schraubzellen	2,5...0,8	5,0...1,0	2,0...0,4	0.08
Scheibenzellen	0,1...0.03	0,5...0,2	0,4...0,08	0,02

den sie dann den resultierenden Wärmewiderstand R_{thGU} angeben ($R_{thGU} = R_{thGK} + R_{thKU}$, R_{thGK} minimal durch optimierten mechanischen Aufbau).

Bei der *Fremdkühlung* sorgt ein Gebläse für einen erhöhten Luftstrom und damit für eine vergrößerte Wärmeabfuhr; bei der *Flüssigkeitskühlung* (meist mit Wasser oder Öl) wird die entstehende Wärme von einer vorbeiströmenden Flüssigkeit aufgenommen und anschließend an die Umgebung abgegeben. In Sonderfällen wendet man die *Siedekühlung* an, bei der ein wesentlicher Anteil der Wärmeabfuhr durch das Verdampfen einer Flüssigkeit entsteht. Der Dampf kondensiert an einer weiter vom Halbleiter entfernten Stelle, und die Flüssigkeit wird dem Kreislauf erneut zugeführt *(Wärmerohrkühler, „heat pipes")*.

8.2.2 Überspannungsschutz

Die bisher betrachteten Überspannungen wurden durch den Einsatz der Leistungshalbleiter selbst, d. h. „im Innern", hervorgerufen (z. B. Trägerspeichereffekt, Reihenschaltung mehrerer Halbleiter). Daneben können auch von außen erzeugte Überspannungen über das speisende Wechselstromnetz auf die Halbleiter einwirken. Sie entstehen z. B. durch Schaltvorgänge, atmosphärische Störungen, elektrische Überschläge oder induktive Kopplungen. Um eine Beschädigung der Halbleiter durch diese äußeren Überspannungen zu verhindern, wird häufig neben der Schutzschaltung gegen innere Überspannungen eine zweite gegen äußere Überspannungen eingesetzt. Bild 8.2–4 zeigt eine häufig verwendete Beschaltung. Die Z-Dioden V1 und V2 besitzen eine Durchbruchspannung, die nur geringfügig über dem Scheitelwert der Leiterspannung liegt. Der bei Überspannung auftretende Stromfluß durch diese Dioden wird durch die

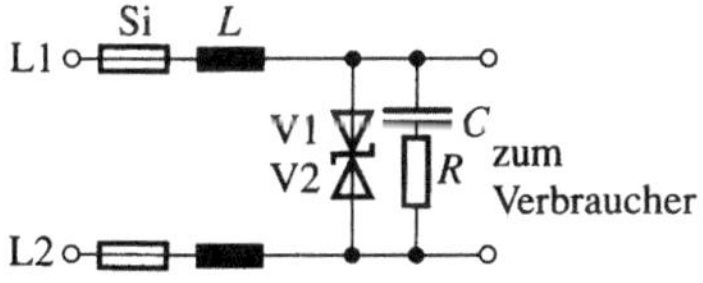

Bild 8.2-4 Schutzbeschaltung gegen äußere überspannungen

Induktivität L zunächst soweit begrenzt, daß entweder die Überspannung abgeklungen ist, bevor die Dioden zerstört werden, oder bei länger andauernder Überspannung die Sicherung Si rechtzeitig den Stromkreis unterbricht. Weiterhin verringert der Ladestrom des Kondensators C durch den Spannungsfall an L die Amplitude einer Überspannung. An Stelle der Z-Dioden können auch spannungsabhängige Widerstände, *Varistoren*, eingesetzt werden. Ihre Kennlinie verläuft gemäß $i \sim u^n$ mit $n = 2{,}5...3$. Bei entsprechendem Aufbau sind sie in der Lage, auch energiereichere Überspannungen zu begrenzen.

Eine sehr wirksame Methode zur Überspannungsbegrenzung besteht darin, Thyristoren beim Überschreiten eines kritischen Spannungswertes zwischen Anode und Kathode durch Z-Dioden oder Varistoren „notzuzünden". Die Überspannung tritt damit an der Last auf und verursacht dort im allgemeinen keine Schäden. Da diese Zündung sehr schnell (Bereich einige Mikrosekunden oder weniger) erfolgen muß, verwendet man spezielle Lawinendioden. Es sind im Prinzip Z-Dioden mit sehr geringen Verzögerungszeiten beim Übergang vom gesperrten in den leitenden Zustand.

8.2.3 Überstromschutz

Zu hohe Ströme in Leistungshalbleitern entstehen u. a. durch Überlast oder Beschädigung des Verbrauchers sowie durch Fehler in den Zuleitungen (Kurzschluß). Weiterhin sind sie möglich durch Ansprechen von Schutzeinrichtungen („Notzündung" bei energiereichen Überspannungen). Da die Wärmekapazität von Leistungshalbleitern gering ist, müssen superflinke Sicherungen zur Überstromabschaltung bei Dioden und Thyristoren verwendet werden. Maßgebend für die Auswahl einer geeigneten Sicherung ist das die Stromwärme erfassende Integral

$$\int_0^{t_A} i_K^2 \, dt. \qquad (8.2\text{–}2)$$

Darin ist i_K der die Sicherung durchfließende Strom und t_A die Zeit bis zum Schmelzen der Sicherung. Der Wert, der sich nach Gl. (8.2–2) ergibt, muß stets kleiner sein als das Grenzlastintegral des Halbleiters

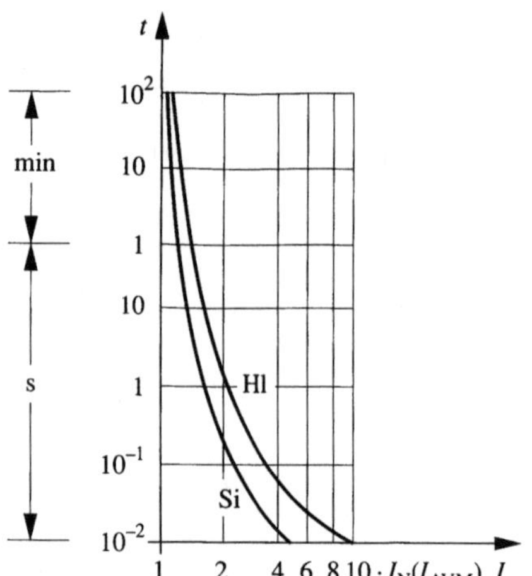

Bild 8.2-5 Überstromschutz
Hl Überstromkennlinie eines Leistungshalbleiters;
Si Schmelzkennlinie der vorgeschalteten Sicherung

(s. Gl. (8.1–5)). In Bild 8.2–5 sind zwei Kennlinien eingetragen. Die mit Hl bezeichnete gibt an, wie lange ein bestimmtes Vielfaches des Nenn- bzw. Dauergrenzstromes (I_N bzw. I_{AVM}) den Halbleiter durchfließen darf, ohne ihn zu beschädigen, die andere, mit Si gekennzeichnet, nach welcher Zeit die Sicherung bei gegebenem Strom schmilzt. Der Halbleiterschutz ist um so wirkungsvoller, je größer die Differenz beider Kennlinien für steigende Vielfache des Stromes I_N bzw. I_{AVM} ist. Damit der Halbleiter im Kurzschlußfall auf der Verbraucherseite nicht durch den großen Strom und die damit verbundene hohe Stromdichte zerstört wird, muß die in Bild 8.2–4 eingezeichnete Induktivität L verwendet werden: Der Stromanstieg wird verlangsamt, so daß die kritische Stromdichte innerhalb des Halbleiters noch nicht erreicht ist, wenn die Sicherung aufgrund der Wärmeentwicklung nach Gl. (8.2–2) den Stromkreis unterbricht.

Bei den heute zunehmend verwendeten integrierten Bausteinen zur Ansteuerung von Leistungshalbleitern sind häufig zwei Zusatzschaltungen zur Erhöhung der Betriebssicherheit eingebaut, s. auch Abschnitt 8.2.4. Die eine erfaßt laufend die Temperatur des Kühlkörpers, auf dem der Halbleiter montiert ist, die zweite wertet den Strom durch den Halbleiter aus. Überschreitet einer der Werte einen vorzuwählenden Grenzwert, so wird der Halbleiter in den nichtleitenden Zustand gesteuert. Die Kühlkörpertemperatur wird mit temperaturabhängigen Widerständen erfaßt, der Strom durch Messen der Spannung an einem mit dem Leistungshalbleiter in Reihe liegenden Widerstand. Bei Transistoren ist auch die Erfassung eines unzulässigen Stromanstieges durch Messen der Kollektor-Emitter-Spannung möglich. Die thermische Überwachungsschaltung bietet einen Schutz vor Zerstörung bei nicht zu großer Überlast ($I < 1{,}5 \cdot I_N \dots 2 \cdot I_N$), die über einen längeren Zeitraum (Sekunden bis Minuten) auftritt. Die Stromüberwachung dagegen kann bereits eine beliebige Überlast, die für mindestens 10...100 µs auftritt, erkennen. Dadurch können Transistoren relativ schnell abgeschaltet werden, bei Thyristoren dagegen ist das erst im nächsten Stromnulldurchgang möglich.

8.2.4 Ansteuerschaltungen

Leistungstransistoren und Thyristoren benötigen für eine sichere Betriebsweise Ansteuersignale, die bestimmte Anforderungen zu erfüllen haben:

1. Spannungen und Ströme müssen vorgegebene Verläufe in Abhängigkeit von der Zeit besitzen und dürfen vorgegebene Grenzwerte nicht über- bzw. unterschreiten.
2. Wird extern in die Ansteuerung der Leistungshalbleiter eingegriffen (Rechner) oder bestehen zwischen mehreren von ihnen Potentialunterschiede (Reihenschaltung, unterschiedliche Phasenspannungen), muß eine galvanische Trennung zwischen den Leistungshalbleitern und deren Ansteuerung bestehen.

8.2.4.1 Ansteuersignale für Bipolartransistoren

Für einen Bipolartransistor im gesperrten Zustand sind der Basisstrom, die Basis-Emitter-Spannung und damit die bereitzustellende Leistung Null. Soll er dagegen leiten, ist ein Strom I_B in die Basis einzuspeisen, dessen Größe sich zu:

$$I_B = m \cdot \frac{I_{Cmax}}{B_{min}} = I_{B(on)} \tag{8.2–3}$$

ergibt. I_{Cmax} ist der maximal mögliche Kollektorstrom, der bei minimaler Lastimpedanz und bei maximaler Spannung (Scheitelwert der den Lastkreis speisenden Spannung) auftritt. Für die *Großsignal-Stromverstärkung* B ist der kleinste mögliche Wert, B_{min}, einzusetzen, da B sehr großen Exemplarstreuungen unterliegt und vom Kollektorstrom und der Temperatur abhängt. Zusätzlich führt man noch einen *Sicherheitsfaktor* m ein, der im Bereich 1,2 bis 2 liegt. Der so bestimmte Basisstrom sollte nicht unterschritten werden, da andernfalls die Kollektor-Emitter-Restspannung U_{CEsat} u. U. nicht ihren Minimalwert erreicht und als Folge davon die Temperatur im Transistor auf unzulässige Werte ansteigt. Diese Art der Ansteuerung hat allerdings den Nachteil, daß in der Regel ein zu großer Basisstrom fließt, was wiederum die Ausschaltzeit verlängert und dadurch eventuell die Betriebsweise beeinträchtigt.

Die genannten Probleme lassen sich durch den Einsatz spezieller integrierter Schaltkreise lösen, die für bestimmte Anwendungsfälle optimiert sind. Ihre prinzipielle Wirkungsweise soll anhand der Bilder 8.2–6 und 8.2–7 erläutert werden. Der Basisstrom i_B

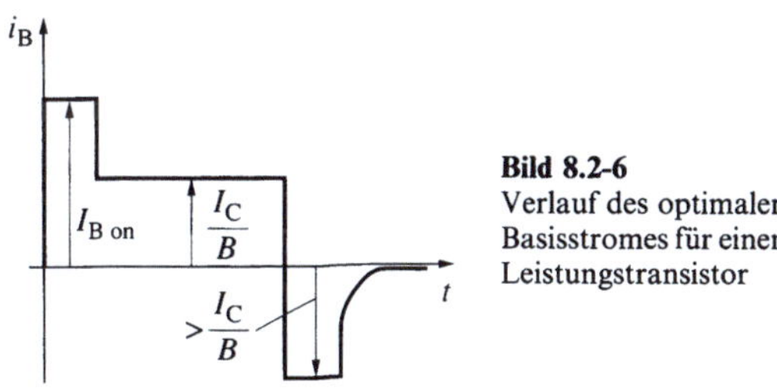

Bild 8.2-6
Verlauf des optimalen Basisstromes für einen Leistungstransistor

von Leistungstransistoren hat den in Bild 8.2–6 dargestellten Verlauf. Zum Übergang vom sperrenden in den leitenden Zustand wird zunächst ein Strom $i_B \geqslant I_{B(on)}$ nach Gl. (8.2–3) eingespeist, um eine kurze Einschaltzeit zu erhalten. Anschließend wird der Basisstrom auf den minimal erforderlichen aktuellen Wert I_C/B verringert, damit keine überflüssigen Ladungen in der Basis gespeichert werden. Das setzt eine Überwachung der Kollektor-Emitter-Restspannung U_{CEsat} voraus, und das geschieht in der Funktionseinheit F1 in Bild 8.2–7. Mit Beginn des Ausschaltvorganges wird ein Strom aus der Basis herausgeführt, der betragsmäßig größer ist als der im Leitzustand eingeprägte Strom I_C/B, um die gespeicherten Ladungen so schnell wie möglich auszuräumen. Steigt die Spannung zwischen Basis und Emitter in negativer Richtung merklich an, muß der Stromfluß unterbrochen werden, Funktionseinheit F2. Die über dem Widerstand R_M anstehende Spannung ist dem durch den Transistor fließenden Strom proportional. Sie wird in der Funktionseinheit F3 ausgewertet und führt beim Erreichen eines kritischen Wertes zum dauernden Sperren des Transistors. Über die Funktionseinheit F4 können Grenzwerte für die Einschalt- bzw. Ausschaltdauer vorgegeben werden. F5 erfaßt die Temperatur des Transistorkühlkörpers. Die Steuereinheit F6 wertet die eingehenden Informationen aus und stellt den Basisstrom i_B entsprechend ein. Über den Eingang E1 werden die Steuersignale zum Ein- bzw. Ausschalten des Transistors einer Anpaßschaltung zur Pegelanpassung, F7, zugeführt. F8 schließlich erzeugt die Versorgungsspannung.

Es gibt Ansteuerschaltungen, die den Widerstand R_M nicht erfordern. Die Überwachung des Stromgrenzwertes erfolgt dann in der Funktionseinheit F1: Steigender Laststrom bedeutet eine zwar geringe aber auswertbare Zunahme der Kollektor-Emitter-Restspannung U_{CEsat}, so daß durch deren Überwachung ein vorgegebener Stromgrenzwert erkannt wird und der Transistor gesperrt werden kann.

Eine galvanische Trennung von Steuer- und Lastkreis geschieht hier sinnvollerweise dadurch, daß man die zur Ansteuerung an E1 anzulegenden Digitalsignale bereits über Optokoppler oder Lichtleiter zuführt und die eigentliche Steuerschaltung elektrisch mit dem Leistungstransistor verbindet.

8.2.4.2 Ansteuersignale für Feldeffekttransistoren und IGBT

Im Prinzip benötigen Feldeffekttransistoren keine Steuerleistung am Gate. Durch die Parallelschaltung

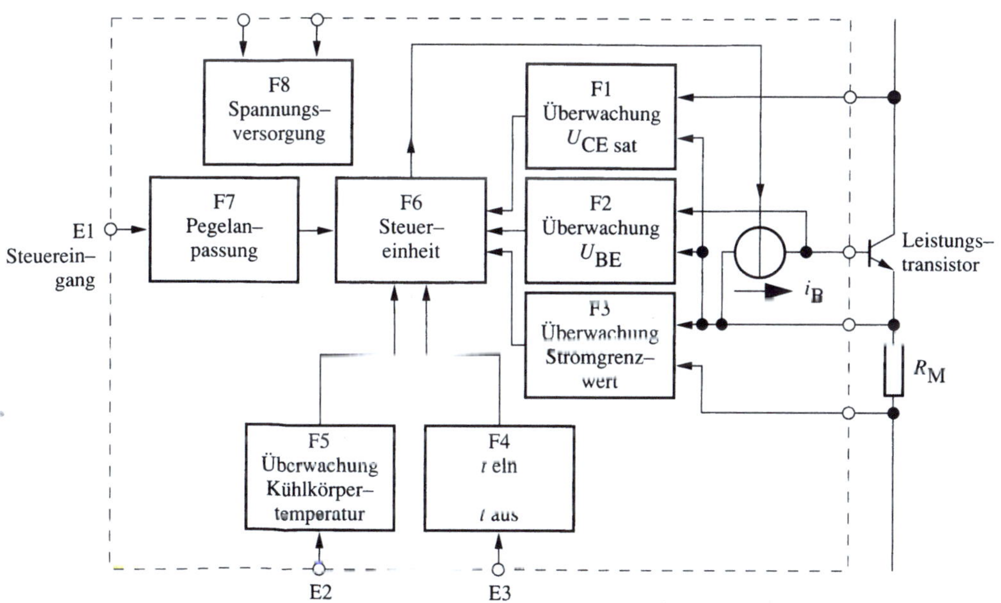

Bild 8.2-7 Blockschaltplan einer Steuerschaltung zur Erzeugung des optimalen Basisstromes nach Bild 8.2-6

von bis zu 1 000 Einzeltransistoren zu einem „Gesamt"-Leistungstransistor entsteht aber zwischen Gate und Source eine Kapazität von bis zu 10 nF, die innerhalb einer Zeit von weniger als 1 µs von etwa 0 V auf 15 V und umgekehrt umgeladen werden muß. Das erfordert Spannungsquellen mit Innenwiderständen von wenigen Ohm. Auch hier sollte man für die Ansteuerung speziell entwickelte Schaltungen einsetzen. Mit derartigen Bausteinen können beispielsweise folgende Werte erreicht werden: Bei einer Lastkapazität (Gate-Source-Kapazität) von 10 nF steht ein Spitzenstrom für den Umladevorgang von 6 A zur Verfügung, die Anstiegs- und Abfallzeiten betragen maximal 80 ns, die Verzögerungszeit zwischen Eingangs- und Ausgangssignal liegt bei 40 ns. Legt man an den Eingang dieser Bausteine 5 V, wird der Leistungstransistor in den Ein-Zustand gesteuert, bei 0 V schaltet er aus. Die Ansteuerung kann also durch digitale Logikschaltungen erfolgen. Die Bausteine selbst benötigen eine Versorgungsspannung im Bereich 10...20 V. Sie sind mit dem Leistungstransistor elektrisch verbunden. Durch den Einsatz von Optokopplern kann eine galvanische Trennung zum Eingang des Ansteuerkreises erreicht werden.

8.2.4.3 Ansteuersignale für Thyristoren

Zur Zündung von Thyristoren reichen im allgemeinen kurze Stromimpulse aus, die in das Gate eingespeist werden. Für ihren zeitlichen Verlauf und ihre Amplituden gelten folgende Anforderungen:

1. Nach Bild 8.1–25 müssen der Gatestrom bzw. die Gatespannung so groß gewählt werden, daß man sich im Bereich III befindet, d. h. im Bereich sicherer Zündung.
2. Für die Mindestdauer des Zündimpulses gibt der Hersteller entsprechende Werte an; sie liegen im Bereich 10...100 µs. Bei induktiver Last muß diese Mindestdauer u. U. soweit verlängert werden, bis der dynamische Haltestrom (Einraststrom) erreicht ist.
3. Der Anstieg des Gatestromes pro Zeiteinheit soll so groß wie möglich sein, um ein schnelles ganzflächiges Zünden zu erreichen. So schreiben die meisten Hersteller Werte $di_G/dt > 1$ A/µs vor.
4. Eine Beanspruchung der Gate-Kathoden-Strecke in Sperrichtung über etwa 5 V hinaus ist nicht zulässig.
5. Während des Betriebes in Rückwärtsrichtung dürfen Steuerimpulse am Gate, gleich welcher Polarität, nicht auftreten.

Eine häufig verwendete Zündstufe zeigt Bild 8.2–8. Durch Anlegen einer Spannung u_z schaltet der Transistor durch, und in das Gate fließt ein Strom i_G von näherungsweise

$$i_G = \frac{U_B}{R_i + R}. \tag{8.2–4}$$

R_i ist der Innenwiderstand der speisenden Quelle.

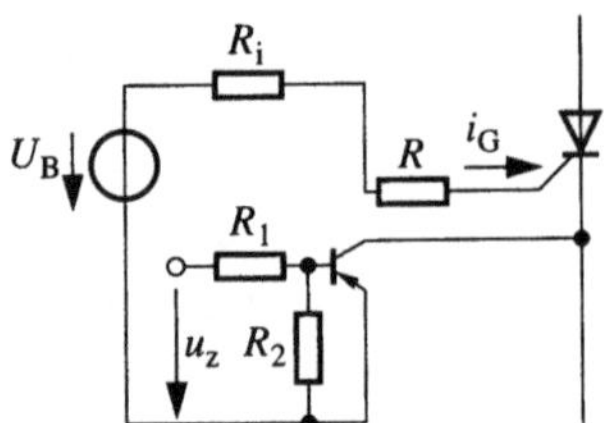

Bild 8.2-8 Leistungsthyristor mit Transistor-Zündstufe

Durch Reihenschaltung von R wird ein geeigneter Wert für i_G eingestellt. Der Spannungsteiler aus R_1 und R_2 dient der Erhöhung der Störsicherheit. Je geringer der Wert von R_2 ist, desto weniger können Störimpulse zu unerwünschter Zündung des Thyristors führen. Der Spannungsteiler R_1, R_2 ist so zu bemessen, daß bei gegebenem u_z ein zum Durchschalten des Transistors ausreichender Basisstrom fließt.

Eine galvanische Trennung zwischen Ansteuerkreis und Thyristor läßt sich durch einen Transformator erreichen (Bild 8.2–9). Er arbeitet nahezu im sekundärseitigen Kurzschluß. Mit dem Widerstand R_1 wird der Gatestrom eingestellt. R_2 und V2 ermöglichen den Stromfluß nach Abschalten des Transistors. V1 sorgt dafür, daß die Gatespannung nicht negativ wird. Der Transformator arbeitet als Impulsübertrager. Bei rechteckförmiger Basis-Emitter-Spannung u_z am Transistor ergibt sich auf der Sekundärseite des Transformators ein Gatestrom gemäß Bild 8.2–10.

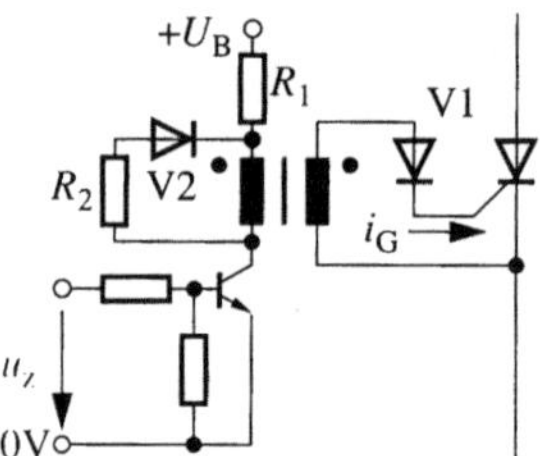

Bild 8.2-9 Leistungsthyristor mit Transistor-Zündstufe und Impulsübertrager zur galvanischen Trennung

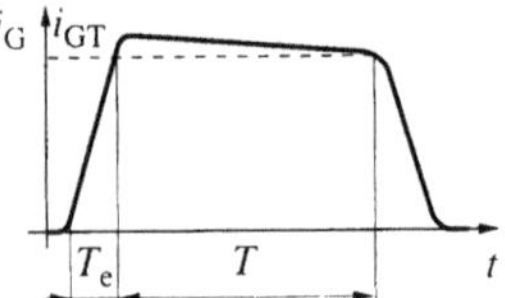

Bild 8.2-10 Zeitlicher Verlauf des Gatestromes bei Ansteuerung durch eine Zündstufe nach Bild 8.2-9

Die Steilheit des Stromanstieges wird durch die Zeitkonstante τ_e erfaßt:

$$\tau_e = \frac{L_\sigma}{R_1 + R_i + R_w} \cong \frac{T_e}{2}. \qquad (8.2\text{–}5)$$

τ_e, T_e	L_σ	R_1, R_i, R_w
s	Vs/A	Ω

L_σ ist die Streuinduktivität des Transformators, R_w sein Wicklungswiderstand, R_i der Innenwiderstand der Spannungsquelle U_B, sekundärseitige Größen sind auf die Primärseite umgerechnet, T_e ist die Anstiegszeit. Da die untere Grenzfrequenz eines Transformators nicht Null ist, sinkt der Strom auf der Sekundärseite mit einer Zeitkonstanten τ_a gemäß

$$\tau_a = \frac{L_H}{R_{ges}}. \qquad (8.2\text{–}6)$$

τ_e	L_H	R_{ges}
s	Vs/A	Ω

Darin ist R_{ges} die Parallelschaltung von $(R_1 + R_i + R_w)$ mit dem Widerstand der Gate-Kathoden-Strecke im leitenden Zustand. L_H ist die Hauptinduktivität des Transformators.

Um den Mindeststrom i_{GT} für die gesamte Dauer T des Zündimpulses bereitzustellen, ist zu Beginn des Zündvorganges ein höherer Wert einzuspeisen.

Übersteigt der Potentialunterschied zwischen Primär- und Sekundärwicklung etwa 600 V, so steigt durch den erforderlichen größeren Abstand zwischen beiden Wicklungen die Streuinduktivität L_σ. Damit sinkt die Steilheit des Stromanstieges auf Werte < 1 A/µs. Man wählt deshalb ein Konzept, wie es in Bild 8.2–11 dargestellt ist. Die Spannungsquelle mit der Spannung U_B muß potentialfrei bereitgestellt werden. Das kann beispielsweise durch einen Transformator geschehen, dessen Sekundärspannung gleichgerichtet und stabilisiert wird. Neben ausreichender Spannungsfestigkeit werden keine weiteren Forderungen an ihn gestellt. Die galvanische Trennung vom Zündsignal wird durch den Optokoppler erreicht. Diese Schaltung hat damit den Vorteil, daß Gateströme beliebigen zeitlichen Verlaufes zur Verfügung stehen.

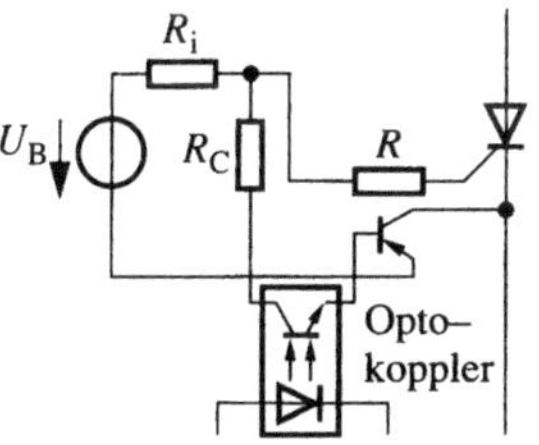

Bild 8.2-11 Leistungsthyristor mit Transistor-Zündstufe und Optokoppler zur galvanischen Trennung

8.2.4.4 Ansteuersignale für GTO-Thyristoren

Gegenüber einem Steuerteil für Thyristoren muß das für GTO-Thyristoren einige Besonderheiten aufweisen:

1. Der Zündstrom ist prinzipiell höher.
2. Zum Löschen ist ein negativer Stromimpuls am Gate zu erzeugen.
3. Um ein vorzeitiges Löschen bei geringen Lastströmen zu verhindern, ist es häufig notwendig, einen Dauerstrom in das Gate einzuspeisen.

Aus Punkt 3 folgt, daß die Verwendung eines Impulsübertragers nicht ohne weiteres möglich ist. Der typische Gatestromverlauf sieht damit so aus, wie er in Bild 8.2–12 dargestellt ist. Er wird im Steuerteil durch zwei Spannungsquellen erzeugt, i_{G1}, i_{G2}, Bild 8.2–13.

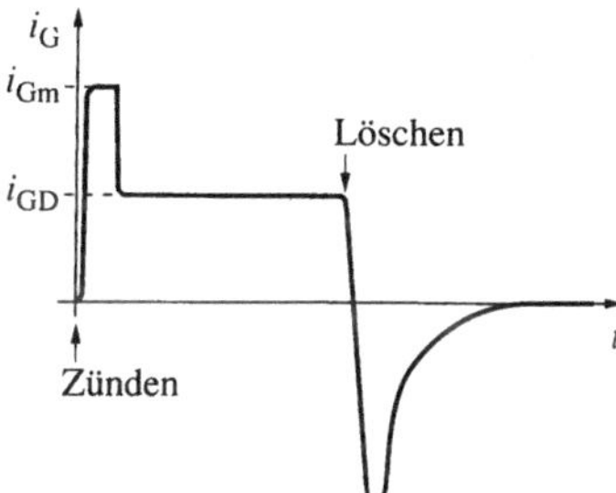

Bild 8.2-12 Verlauf des Gatestromes beim GTO-Thyristor, Zünd- und Löschvorgang

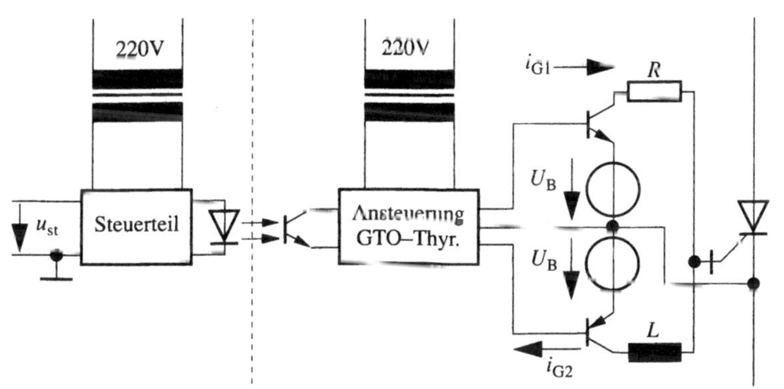

Bild 8.2-13 Blockschaltplan einer Ansteuerschaltung zur Erzeugung des Stromverlaufes nach Bild 8.2-12 mit galvanischer Trennung zwischen Steuer- und Leistungsteil

Zur Zündung von Thyristoren reichen im allgemei-Zum Zünden wird zunächst ein Gatestrom i_{Gm} mit ausreichender Amplitude und Dauer erzeugt, anschließend wird er auf einen Dauerstrom i_{GD} verringert. Zum Löschen speist man einen negativen Gatestrom ein. Dabei geht die Gate-Kathoden-Strecke bereits in den Sperrzustand über, bevor der Thyristor vollständig sperrt. Zu diesem Zeitpunkt zieht die Induktivität L durch ihre Induktionsspannung weiterhin Strom aus dem Gate, wobei die Gate-Kathoden-Strecke für einige Mikrosekunden durchbricht. Durch diese Stromflußverlängerung wird der GTO-Thyristor sicher gesperrt.

Bild 8.2–13 zeigt auch, wie die Potentialtrennung zwischen dem Steuerteil und der Ansteuerung des GTO-Thyristors erreicht wird. Die eigentlichen Steuersignale werden über Optokoppler übertragen, zwei Transformatoren sorgen für eine potentialfreie Bereitstellung der Versorgungsspannung beider Funktionseinheiten.

8.3 Stromrichter-Transformatoren und -Drosseln

8.3.1 Allgemeines

Zur Anpassung der Ausgangsspannung von Stromrichtern an das zur Verfügung stehende Wechselstrom-/Drehstromnetz oder zur Potentialtrennung zwischen Netz und Stromrichterschaltung werden *Transformatoren* eingesetzt.

Drosseln übernehmen verschiedene Aufgaben. Als *Kommutierungsdrosseln* verringern sie die Rückwirkungen des Stromrichters auf das Netz; als *Glättungsdrosseln* sorgen sie für möglichst glatten Gleichstrom.

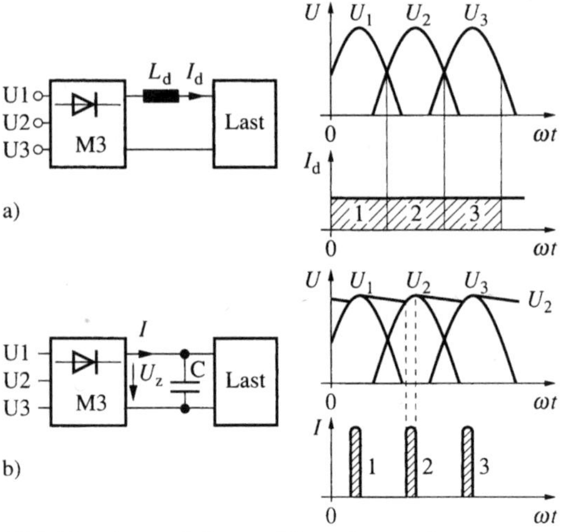

Bild 8.3-1 Ströme bei netzgeführten Stromrichtern (Prinzipdarstellung)
a) Netz- und Lastströme (1, 2, 3) bei gut geglättetem Gleichstrom,
b) Pulsströme (1, 2, 3) bei Kondensatorlast

Im Betrieb mit Stromrichtern werden Transformatoren und Drosseln anders als bei Sinusbetrieb belastet. Es können dabei höhere Kupfer- und Eisenverluste entstehen; dies ist bei der Bemessung zu berücksichtigen. Die im Betrieb auftretende Kurvenform des Stromes ist eher rechteckförmig als sinusförmig. Solche Blockströme treten z. B. bei netzgeführten Stromrichtern auf, wenn der Gleichstrom durch eine große Drossel gut geglättet wird, oder es treten bei Kondensatorlast des netzgeführten Stromrichters schmale Stromspitzen auf, da der Nachladestrom zum Kondensator nur während einer kurzen Zeit fließt. Bild 8.3–1 zeigt die Liniendiagramme für die angesprochenen Lastfälle mit den nichtsinusförmigen Größen.

8.3.2 Stromrichter-Transformatoren

Transformatoren sollen die Stromrichterspannung an die gegebene Netzspannung anpassen. Bei diesem Betrieb ist zu beachten, daß die Spannungen und/oder Ströme der Stromrichter nicht mehr sinusförmig sind; im Transformatorstrom treten Oberschwingungen auf. Die Primär-Scheinleistung ist abhängig von der Pulszahl p des angeschalteten Stromrichters. Man erhält:

$$P_S = P_{di0} \cdot \frac{\pi/p}{\sin \pi/p} = P_{di0} \cdot \frac{1}{v}. \tag{8.3–1}$$

P_S	P_{di0}	p	v
W	W	1	1

Der Primärstrom nähert sich mit wachsender Pulszahl p immer besser der Sinusform an. Für den Fall $p=\infty$ ist der Primärstrom rein sinusförmig und Gleichstromleistung P_{di0} sowie Primär-Scheinleistung P_{PS} stimmen überein.

Abweichend davon findet man für die Mittelpunktschaltung M3 die Sekundär-Scheinleistung des Stromrichtertransformators:

$$P_{SS} = P_{di0} \cdot \frac{\pi}{\sqrt{2} \cdot \sqrt{q} \cdot \sin \pi/p}. \tag{8.3–2}$$

P_{SS}	P_{di0}	q	p
W	W	1	1

Bei der M3-Schaltung ohne Zickzackwicklung führt der Betrieb zur Gleichstromvormagnetisierung. Will man das vermeiden, erhöht sich die sekundäre Scheinleistung durch den Einsatz der Zickzackwicklung um $2/\sqrt{3}$.

Der Mittelwert von Primär- und Sekundär-Scheinleistung wird als Typenleistung oder Bauleistung des Stromrichtertransformators bezeichnet. Er legt die Größe und den Materialaufwand fest. Bei Brückenschaltungen stimmen Primär- und Sekundär-Scheinleistung überein. Die Berechnung erfolgt nach Gl. (8.3–1). Tabelle 8.3–1 zeigt die Transformator-Schaltungsdaten der wichtigsten Stromrichterschaltungen.

Tabelle 8.3–1: Schaltungsdaten von Stromrichtertransformatoren

Stromrichterschaltung nach IEC DIN 41 761 (Vornorm)		q	p	Schaltgruppe des Stromrichtertransformators (und auf der Saugdrossel)	Zeigerbild der ventilseitigen Wechselspannungen	$\frac{U_{dl}}{U_{v0}}$	$\frac{S_{L1}}{U_{di}\cdot I_d}$	$\frac{I_v}{I_d}$	Kurzschlußverbindungen bei den Messungen der Verluste P_A	P_B	P_C	Lastverluste P_{vt}	Kurzschlußverbindungen bei der Bestimmung von u_{kt}	$\frac{d_{xt}}{u_{xt}}$
1	2	3	4	5	6	7	8	9	10	11	12	13	14	15
1	M 2	2	2	lin	U_{v0} 1 N 2	0,45	1,11	0,707	M-1	M-2		$\frac{P_A+P_B}{2}$	1-2	0,707
2	M 3/0 M 3/30 M 3/60 M 3/90	3	3	Dzn0 Yzn5 Dzn6 Yzn11	2 1 N U_{v0} 3	0,675	1,21	0,577	1-2-3			$P_A+\frac{r_2}{3}\cdot I_d^2$	1-2-3	0,866
	M 3/30			Dyn5	2 U_{v0} N 1 3									
3	M 6/30	6	6	Dyn (5+11)	3 2 4 U_{v0} N 1 6 5	1,35	1,05	0,408	1-3-5 2-4-6			$1{,}5\,\frac{P_A+P_B}{2}$		1,50 bis 0,50
4	B 2	2	2	II	1 U_{v0} 2	0,9	1,11	1,0	1-2			P_A	1-2	0,707
5	B 6/30 B 6/0	3	6	Dd0 oder Yy0 Dy5 oder Yd5	2 oder U_{v0} 3 1 2 U_{v0} 1 3	1,35	1,05	0,816	1-2-3			P_A	1-2-3	0,500

q Kommutierungszahl
P Pulszahl
U_{di} ideelle Gleichspannung bei Vollaussteuerung
U_{v0} ventilseitige Leerlaufspannung zwischen den Wechselstromanschlüssen zweier kommutierender Stromrichterhauptzweige
S_{LI} ideelle netzseitige Scheinleistung
I_d Gleichstrom
$U_{di}\cdot I_d$ ideelle Gleichstromleistung
I_v ventilseitiger Leiterstrom (evtl. auftretende Kreisströme nicht berücksichtigt)
$u_{xt}\cdot U_{xt}/U_L$ induktive Komponente der relativen Kurzschlußspannung; bei größeren Transformatoren: $u_{xt}\cdot u_{kt}$

d_{fxt} Anteil der relativen induktiven Gleichspannungsänderung aus den Streuinduktivitäten des Stromrichtertransformators
r_2 ohmscher Widerstand eines ventilseitigen Wicklungsstranges

zu Spalte 1: Bezeichnung der Stromrichterschaltung nach IEC Publikation 84 und IEC-Publikation 146
zu Spalte 2: Bezeichnung der Stromrichterschaltung nach DIN 41 761
zu Spalte 13: Formeln zur Berechnung der Lastverluste des Stromrichtertranformators im Stromrichterbetrieb

8.3.3 Drosseln

Drosseln liegen entweder vor dem Stromrichter im Wechselstrom /Drehstromkreis, z. B. als Kommutierungsdrosseln, um die Netzrückwirkungen zu vermindern, oder hinter dem Stromrichter, z. B. als Glättungsdrossel, um den Gleichstrom zu glätten. Sie können auch am Ausgang des Umrichters die Aufgabe haben, zusammen mit Kondensatoren Oberschwingungen herauszufiltern.

Vor dem Stromrichter geschaltet verringern die *Kommutierungsdrosseln* L_k (Bild 8.3–2) die Stromrichterrückwirkungen auf die parallelen Verbraucher. Die Kommutierungsdrossel soll eine Kurzschlußspannung u_k von mindestens 4% haben, wenn die Stromrichterleistung 1% der Netzkurzschlußleistung an der Anschlußstelle beträgt.

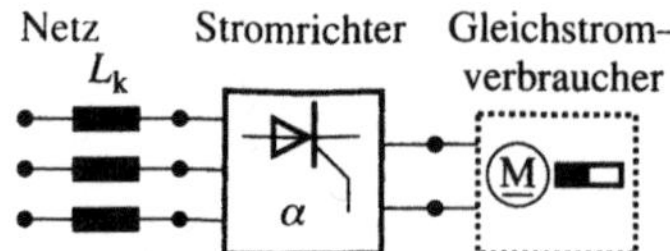

Bild 8.3-2 Einsatzort der Kommutierungsdrosseln L_k vor dem Stromrichter

Glättungsdrosseln L_d im Gleichstromkreis glätten den Gleichstrom, d. h., sie verringern die vorhandenen Oberschwingungsströme möglichst stark. Die Oberschwingungsströme hängen in ihrem Frequenzspektrum von der eingesetzten Stromrichterschaltung ab. Ihre Amplitude wird von der Leerlaufgleichspannung und vom Steuerwinkel α bestimmt; die Überlappung u sei hier vernachlässigt. Bei der Bemessung reicht es erfahrungsgemäß aus, nur die Oberschwingungen niedrigster Frequenz zu betrachten. Auf die höherfrequenten Anteile – deren Amplitude noch mit der Ordnungszahl abnimmt – wirken die Drosseln stärker (Bild 8.3–3).

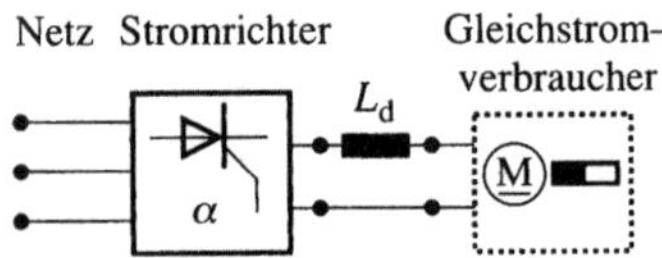

Bild 8.3-3 Einsatzort der Glättungsdrossel L_d hinter dem Stromrichter

Die erforderliche Induktivität berechnet man zu:

$$L = \frac{U_\nu}{\omega_\nu \cdot I_{\nu zul}}. \qquad \begin{array}{c|c|c|c} L & U_\nu & \omega_\nu & I_{\nu zul} \\ \hline \mathrm{H} & \mathrm{V} & 1/\mathrm{s} & \mathrm{A} \end{array} \tag{8.3–3}$$

mit der Oberschwingungsspannung U_ν der Oberschwingungskreisfrequenz ω_ν und dem zulässigen Oberschwingungsstrom $I_{\nu zul}$. Die Induktivität L_D der tatsächlich zu installierenden Glättungsdrosselspule verringert sich um die Netzinduktivität und die Lastinduktivität:

$$L_D = L - L_{Netz} - L_{Last}. \tag{8.3–4}$$

Hinweise zur Bemessung finden sich bei den Stromrichterschaltungen.

8.4 Stromrichterschaltungen

8.4.1 Übersicht (Klassifizierung)

Stromrichter mit Halbleiterventilen lassen sich nach Schaltungsaufbau und Wirkungsweise in vier Hauptgruppen klassifizieren, wenn man nach Funktionsbezeichnungen ordnet:

- Gleichrichter,
- Wechselrichter,
- Gleichstromumrichter/Gleichstromsteller,
- Wechselstromumrichter/Wechselstromsteller.

Eine Untergruppe stellen die *Umrichter* dar. Sie sind überwiegend nichts anderes als Kombinationen aus Gleichrichter und Wechselrichter:

- Gleichstromumrichter,
- Wechselstromumrichter (s. Bild 8.4–1).

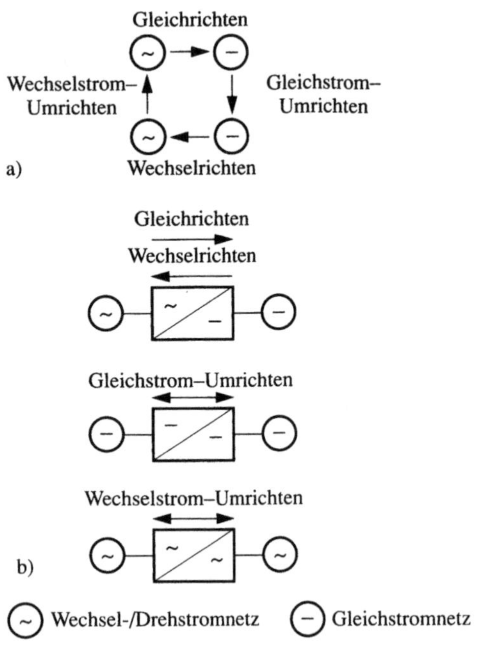

Bild 8.4-1 Klassifizierung der Stromrichter
a) Arten der Energieumformung,
b) Arten der Stromrichter mit Leistungsfluß

Stellt man einen schaltungstechnischen Bezug her, so spricht man bei Gleichstromstellern und Wechselrichtern von *selbstgeführten Stromrichtern* (früher: „Stromrichter mit erzwungener Kommutierung"), bei Gleichrichtern und Wechselrichtern von *fremdgeführten/netzgeführten Stromrichtern* (früher: „Stromrichter mit natürlicher Kommutierung"); Wechselstromsteller sah man früher als „nichtkommutierende Stromrichter" an.

Die wenigen Grundfunktionen werden durch eine Vielzahl von Stromrichter-Schaltungen realisiert. Auf die in der Praxis wichtigsten Schaltungen wird in den nächsten Abschnitten eingegangen. Bei der Beschreibung eines Stromrichtersystems werden nur wenige Elemente benötigt: Stromrichter-Ventile (Halbleiterventile, nicht steuerbar/steuerbar), Spannungs-/Stromquellen, Transformatoren, Wirkwiderstände, sowie elektrische und magnetische Energiespeicher (Kondensatoren und Drosseln). Zunächst werden diese Grundbausteine bei allen Schaltungsbetrachtungen als ideal, d. h. linear, verlustlos und konstant, betrachtet [8.4].

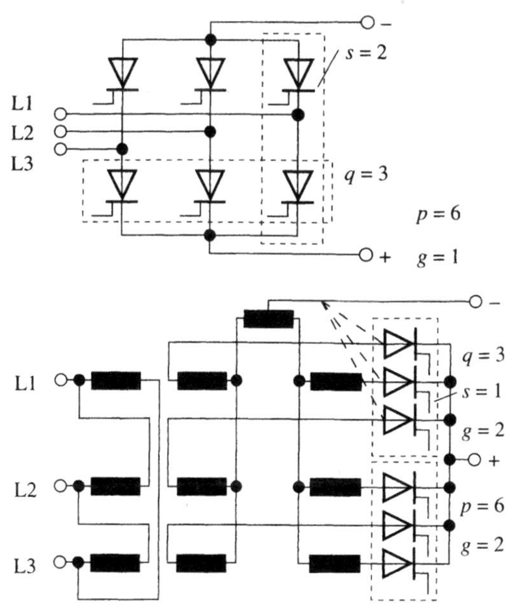

8.4.2 Netzgeführte Stromrichter

8.4.2.1 Begriffe

Zur Übersicht geben die Tabellen 8.4–1 und 8.4–2 zunächst Hinweise für spezielle Begriffe der Stromrichterschaltungstechnik. Bild 8.4–2 erläutert die Begriffe näher an zwei Schaltungen.

In den beiden Schaltungen nach Bild 8.4–2 sind die Größen q, s, g und p erläutert; Tabelle 8.4–3 zeigt die Werte für die gebräuchlichsten netzgeführten Stromrichter-Schaltungen. Weitere Schaltungskennwerte für netzgeführte Stromrichter zeigen die Tabellen 8.4–3a–c.

Bild 8.4-2 Schaltungen zur Festlegung der Größen q, s, p und g (Tabellen 8.3-2 und 8.3-3)
a) Brückenschaltung B6,
b) Saugdrosselschaltung

Tabelle 8.4–1: Begriffe bei Stromrichterschaltungen

Formelzeichen	Bedeutung
s	in Reihe geschaltete Kommutierungsgruppen (Brückenschaltung),
q	parallelgeschaltete Kommutierungsgruppen (Saugdrossel),
n	Zahl der parallelen Ventile,
n_s	Zahl der in Reihe geschalteten Ventile,
q	Kommutierungszahl (Stromrichterhauptzweige einer Gruppe),
p	Pulszahl (Stromübergänge in einer Periode),
t_F	Stromflußzeit ($t_F = T/q$, T = Periodendauer),
t_u	Kommutierungszeit,
t_L	Lückzeit, wenn $t_F <$ als die ideelle Stromflußzeit ist,
d	bezogene Gleichspannungsänderung,
D	Gleichspannungsänderung,
U_A	Maschinenankerspannung,
U_{so}	Strangspannung,
U_L	Leiterspannung, verkettete Spannung,
U_{di0}	ideelle Leerlaufgleichspannung,
$U_{di\alpha}$	Leerlaufgleichspannung beim Steuerwinkel α,
I_{di}	ideeller Gleichstrom,
I_{dN}	Maschinen-Bemessungsstrom,
R_A	Ankerkreiswirkwiderstand,
P_{di}	ideelle Gleichstromleistung (Bezugswert)

Tabelle 8.4–2: Begriffe (netzgeführte Stromrichter)

Schaltung	Bezeichnung nach VDE 0558	p	q	s	g
Wechselstrom-Mittelpunktschaltung	M2	2	2	1	1
Sternschaltung	M3	3	3	1	1
Doppelsternschaltung mit Saugdrossel	M6.30	6	3	1	2
Wechselstrom-Brückenschaltung	B2	2	2	2	1
Wechselstrom-Umkehrbrückenschaltung	(B2)A(B2)	2	2	2	1
Drehstrom-Brückenschaltung	B6	6	3	2	1
Drehstrom-Umkehrbrückenschaltung	(B6)A(B6)	6	3	2	1

Tabelle 8.4–3: Schaltungskennwerte für netzgeführte Stromrichter Wechselstrom- oder Drehstrom-Anschluß
a) Kenndaten für Stromrichterschaltungen, Wechselstrom- oder Drehstrom-Anschluß im Ankerkreis

Schaltung	Wechselstrom Brücken-Schaltung für Geradeausbetrieb	Wechselstrom Brücken-Schaltung für Umkehrbetrieb, kreisstromfrei	Drehstrombrücke für Geradeausbetrieb	Drehstrombrücke für Umkehrbetrieb, kreisstromfrei
Leistungen im Ankerkreis	bis ca. 10 kW		ab ca. 5 kW	
	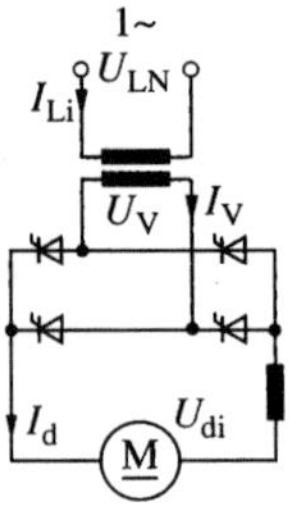	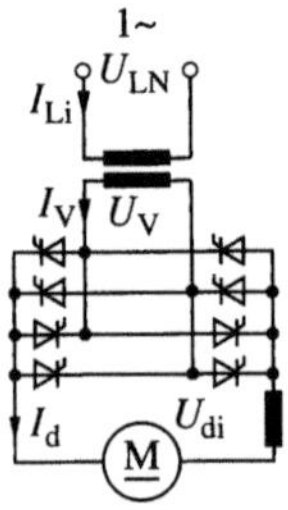	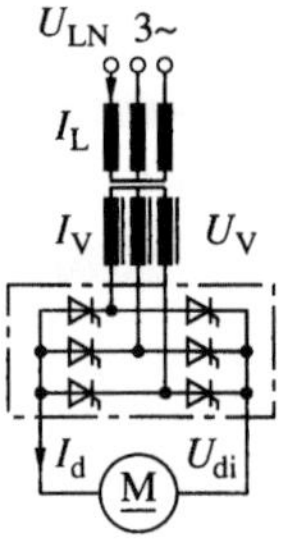	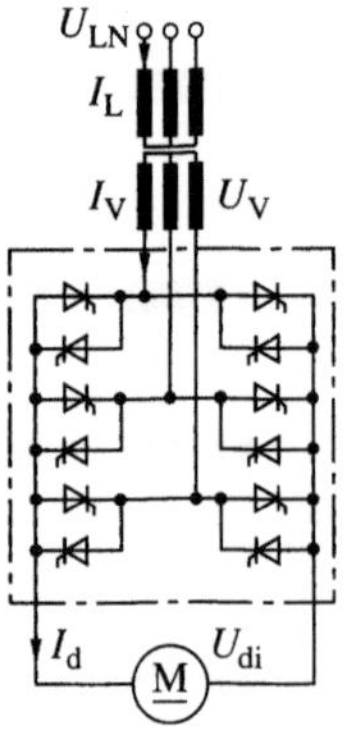
Transformatorschaltung nach IEC	liO	liO	Yy0	Yy0
Stromrichterschaltung nach VDE 0558	B2C	(B2C)A(B2C)	B6C	(B6C)A(B6C)
Pulszahl p	2	2	6	6
Stromflußdauer	180°	180°	120°	120°
Welligkeit in %	48,2	48,2	4,2	4,2
$k_{vu} = U_v/U_{di}$	1,11	1,11	0,74	0,74
U_v/U_d	1,28	1,47	0,83	0,95
U_{im}/U_{di}	1,57	1,57	1,05	1,05
$k_{xt} = d_{xtN}/U_{xtNi} U_{xtn} \sim U_k$	0,707	0,707	0,5	0,5
$k_{vi} = I_v/I_d$	1,0	1,0	0,817	0,817
$I_{pmittel}/I_d$	0,5	0,5	0,333	0,333
I_{peff}/I_d	0,707	0,707	0,577	0,577
I_{Li}/I_d	1,0	1,0	0,816	0,816
$k_{tLN} = P_{tLN}/P_{di}$	1,11	1,11	1,05	1,05
$k_{tvN} = P_{tvN}/P_{di}$	1,11	1,11	1,05	1,05
$k_{tN} = P_{tN}/P_{di}$	1,11	1,11	1,05	1,05

U_d empfohlene Motorspannung (U_A)
U_{di} ideelle Gleichspannung
U_{im} ideelle Scheitelsperrspannung am Stromrichterzweig
U_{LN} netzseitige Bemessungs-Leiterspannung
U_v Effektivwert der ventilseitigen Leerlaufspannung des Transformators bei Brückenschaltung: verkettete Spannung bei Mittelpunktsschaltung: Strangspannung
d_{xtN} induktiver Gleichspannungsabfall des Transformators bei Bemessungsstrom
U_{xtN} induktiver Anteil der Kurzschlußspannung des Transformators ($\sim U_k$)
I_d Gleichstrom, arithmetischer Mittelwert
I_{Li} ideeller, netzseitiger Leiterstrom, Effektivwert
I_{peff} Zweigstrom, Effektivwert
$I_{pmittel}$ Zweigstrom, Mittelwert
I_v ventilseitiger Leiterstrom des Transformators, Effektivwert
P_{di} ideelle Gleichstromleistung $U_{di}/_{dN}$
P_{tLN} Primärleistung des Transformators bei Bemessungsstrom und Bemessungsspannung
P_{tvN} Sekundärleistung des Transformators bei Bemessungsstrom und Bemessungsspannung
P_{tN} Transformator-Typenleistung, mittlere Bemessungsleistung
$k\ldots$ schaltungsabhängige Faktoren

b) Kenndaten von Stromrichterschaltungen z. B. für die Feldversorgung von Gleichstrommaschinen

Schaltung	Wechselstrom-Brückenschaltung ungesteuert (U)	Wechselstrom-Brückenschaltung halbgesteuert unsymmetrisch (H)	Drehstrom-Brückenschaltung, ungesteuert (U)	Drehstrom-Brückenschaltung, halbgesteuert (H)
	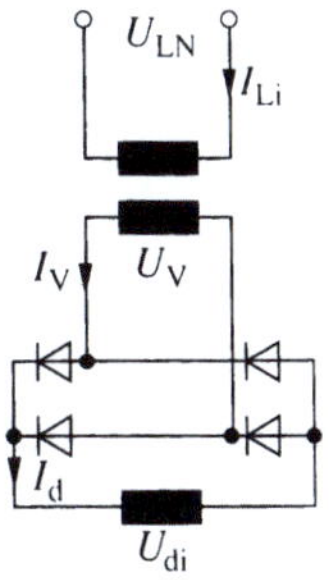	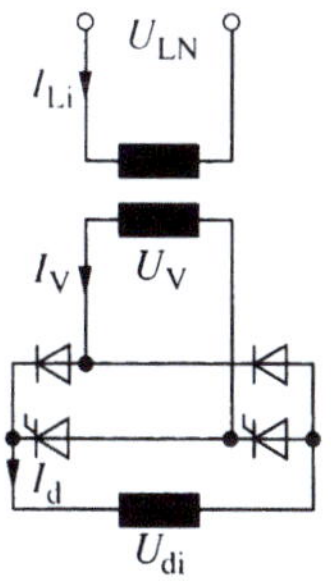	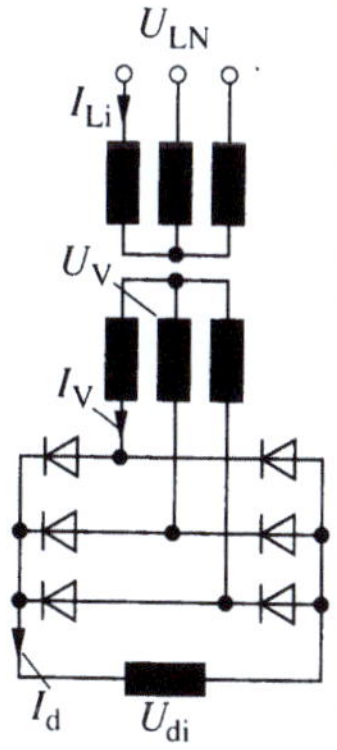	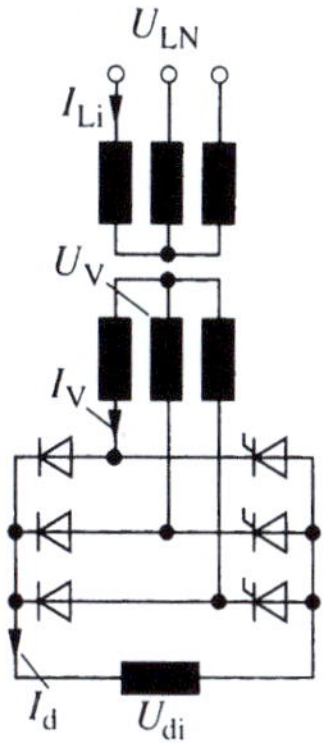
Schaltung nach VDE 0558	B2U	B2HZ	B6U	B6HA
Pulszahl	2	2	6	6
Welligkeit in %	48,2	48,2	4,2	4,2
Stromflußdauer	180°	180°	120°	120°
$k_{vu} = U_v/U_{di}$	1,11	1,11	0,74	0,74
U_{im}/U_{di}	1,57	1,57	1,05	1,05
$k_{vi} = I_v/I_d$	1,0	1,0	0,817	0,817
$I_{pmittel}/I_d$	0,5	0,5	0,333	0,333
I_{peff}/I_d	0,707	0,707	0,577	0,577
I_{Li}/I_d	1,0	1,0	0,817	0,817
$k_{tLN} = P_{tLN}/P_{di}$	1,11	1,11	1,05	1,05
$K_{tvN} = P_{tvN}/P_{di}$	1,11	1,11	1,05	1,05
$k_{tN} = P_{tN}/P_{di}$	1,11	1,11	1,05	1,05

U_{di} ideelle Gleichspannung
U_{im} ideelle Scheitelsperrspannung am Stromrichterzweig
U_{LN} netzseitige Bemessungs-Leiterspannung
U_v Effektivwert der ventilseitigen Leerlaufspannung des Transformators, verkettete Spannung
$k\ldots$ schaltungsabhängige Faktoren
I_d Gleichstrom, arithmetischer Mittelwert
I_{Li} ideeller, netzseitiger Leiterstrom, Effektivwert
I_{peff} Zweigstrom, Effektivwert
$I_{pmittel}$ Zweigstrom, Mittelwert
I_v ventilseitiger Leiterstrom des Transformators
P_{di} ideelle Gleichstromleistung $U_{di}I_{dN}$
P_{tLN} Primärleistung des Transformators bei Bemessungsstrom und Bemessungsspannung
P_{tvN} Sekundärleistung des Transformators bei Bemessungsstrom und Bemessungsspannung
P_{tN} Transformator-Typenleistung = mittlere Bemessungsleistung

8.4.2.2 Einsatz

Netzgeführte Stromrichter sind *Energiewandeleinheiten*, die sich durch

- geringen Wartungsaufwand,
- hohe Zuverlässigkeit,
- geringen Aufwand,
- großen Wirkungsgrad und
- gute Regeleigenschaften

auszeichnen. Netzgeführt besagt, daß der Stromübergang von einem stromleitenden Ventil auf das nächste von der Spannung des speisenden Netzes bestimmt wird. Netzgeführte Stromrichter werden häufig zur Drehzahlverstellung von Gleichstrommaschinen eingesetzt. Die wichtigsten Schaltungen sind in den Tabellen 8.4–3a und b zusammengestellt; sie enthalten auch Kenndaten der Schaltungen netzgeführter Stromrichter.

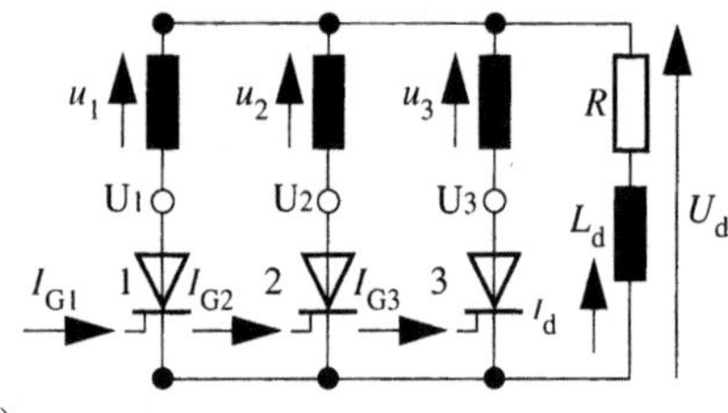

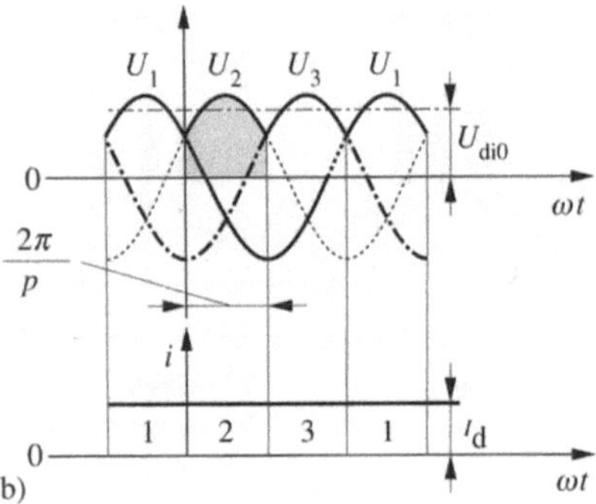

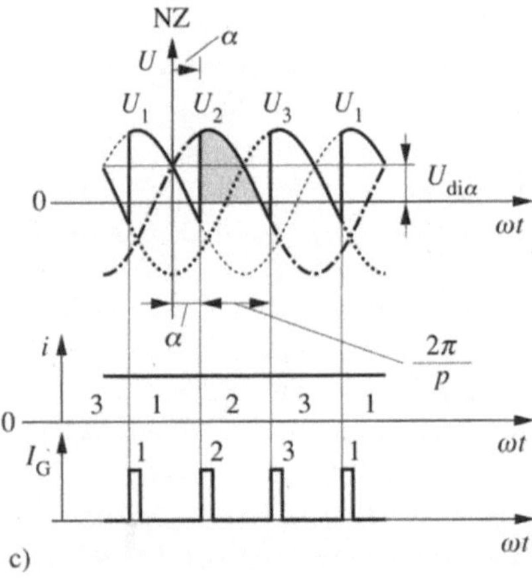

8.4.2.3 Gleichspannungsbildung

Die Gleichspannung im Lastkreis entsteht durch abschnittsweises Durchschalten der sinusförmigen Netzspannungsabschnitte an die Last. Dadurch sind der entstehenden Gleichspannung immer Oberschwingungsspannungen überlagert, deren Auswirkungen durch Glättungsmittel klein gehalten werden können. Die Entstehung der Gleichspannung zeigt Bild 8.4–3 für ungesteuerten und gesteuerten Betrieb einer M3-Schaltung mit den auftretenden blockförmigen Strömen durch gute Glättung. Durch Einsatz einer Glättungsdrossel mit großer Induktivität wird der Strom blockförmig im Wechselstromnetz.

Durch die Anschnittsteuerung (Zündeinsatzsteuerung) läßt sich die Ausgangsgleichspannung über den Steuerwinkel α verstellen. Die typische Steuerkennlinien der Stromrichters zeigt Bild 8.4–4. Die ideelle Gleichspannung im ungesteuerten Betrieb erhält man zu:

$$U_{\text{di0}} = \frac{qs}{\pi}\sqrt{2}\,U_{\text{S0}}\sin\pi/q \qquad \frac{U_{\text{di0}},\,U_{\text{S0}}}{\text{V}}\,\Big|\,\frac{q}{1}\,\Big|\,\frac{s}{1} \qquad (8.4–1)$$

mit U_{S0} Strangspannung, q Kommutierungszahl, s Zahl der in Riehe liegenden Kommutierungsgruppen.

Bei Phasenanschittsteuerung erhält man die Ausgangsgleichspannung bei ideal geglättetem Strom einer *vollgesteuerten Schaltung* zu:

$$U_{\text{di}\alpha} = U_{\text{di0}}\cos\alpha. \qquad (8.4–2a)$$

Bei Belastung des Stromrichters ist die *Gleichspannungsänderung D* zu berücksichtigen, wie noch gezeigt wird. Im Gleichrichterbetrieb senkt sie die Ausgangsspannung:

$$U_{\text{di}\alpha} = U_{\text{di0}}\cos\alpha - D. \qquad (8.4–2b)$$

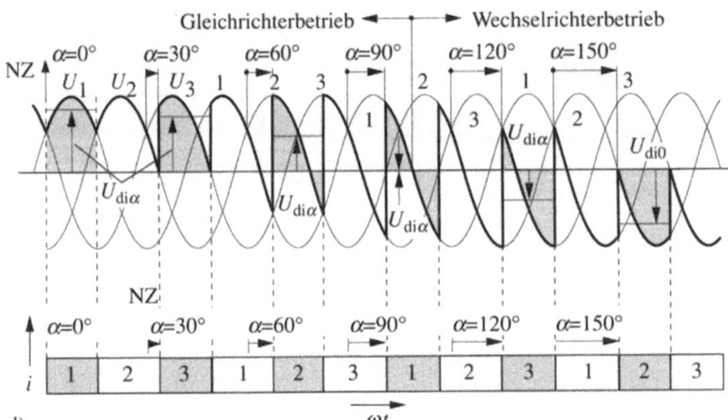

Bild 8.4-3
Entstehung der Gleichspannung
a) Mittelpunktschaltung (M3) mit großer Glättungsdrossel L_d,
b) Entstehung der Gleichspannung U_{dio} und der Blockströme I_d im ungesteuerten Betrieb,
c) Entstehung der gesteuerten Gleichspannung $U_{di\alpha}$ und der Blockströme I_d im gesteuerten Betrieb (NZ natürlicher Zündzeitpunkt, α Steuerwinkel und I_G Zündstrom der Thyristoren),
d) Entstehung der gesteuerten Gleichspannung $U_{di\alpha}$ und der phasenverschobenen Blockströme I_d im Gleich- und Wechselrichterbetrieb

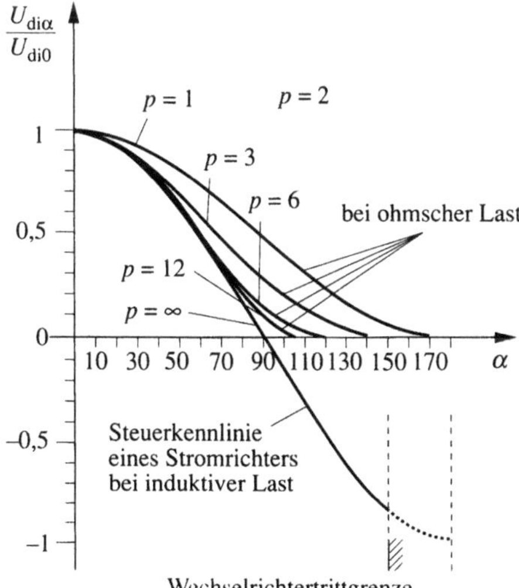

Bild 8.4-4 Steuerkennlinien – mit Wechselrichtertrittgrenze – der Stromrichter abhängig von der Pulszahl p der Schaltung und der Art der Last

Bei *halbgesteuerten Schaltungen* erhält man die unbelastete Ausgangsspannung zu:

$$U_{di\alpha} = \frac{U_{di0}}{2}(1+\cos\alpha) \tag{8.4–2c}$$

und bei *Folgesteuerung* (zwei Stromrichter I und II in Reihe):

$$U_{d\alpha} = \frac{U_{di0}}{2}(\cos\alpha_{I}+\cos\alpha_{II}), \tag{8.4–2d}$$

wenn man α_I und α_{II} getrennt einstellen kann.

Im Leerlauf folgt der Momentanwert der Gleichspannung dem Momentanwert der durchgeschalteten Netzspannung (z. B. U_1). Bei Belastung fließt durch die Ventile ein blockförmiger Strom. Während der Kommutierung des Stromes z. B. von Ventil V1 auf V2 folgt der Momentanwert der Ausgangsgleichspannung der Mittenspannungskurve (Bild 8.4–5), da während der Überlappungszeit u beide Ventile (V1 und V2) Strom führen. Nach Ablauf der Kommutierung folgt die Ausgangsspannung wieder der Netzspannungskurve (U_2). Die schraffierte Fläche A (Wendespannungsfläche) zeigt die daraus resultierende Gleichspannungsänderung D_x an; sie berechnet sich zu:

$$D_x = \frac{qs}{2\pi}L_x\omega\int_0^u \frac{di}{dt}\,dt \tag{8.4–3a}$$

D_x	L_x	ω	q	s	t
V	H	1/s	1	1	s

mit der Kommutierungskreisinduktivität L_x. Bezieht man die Spannung D_x auf die ideelle Gleichspannung U_{di0}, erhält man:

$$d_x = \frac{D_x}{U_{di0}}100\%, \qquad \frac{d_x \mid D_x;\, U_{di0}}{1 \mid \mathrm{V}} \tag{8.4–3b}$$

die relative Gleichspannungsänderung d_x, die man aus der relativen Kurzschlußspannung u_k zu $u_d = k_1 u_k$ erhält. Der Faktor k_1 ist ein Schaltungsfaktor, den man der Tabelle 8.3–1, Spalte 15 entnehmen kann. Die Einflüsse der ohmschen Widerstände und der Ventile auf die Gleichspannungsänderung sollen zunächst vernachlässigt werden.

Im Gleichrichterbetrieb (bei Steuerwinkeln $\alpha < 90°$) ist die Ausgangsgleichspannung $U_{di\alpha}$ positiv und wird im Wechselrichterbetrieb (bei Steuerwinkeln $\alpha > 90°$) negativ (Bild 8.4–3d). Der theoretische Steuerbereich bis $\alpha = 180°$ kann nicht voll genutzt werden, da das gefürchtete *Wechselrichter-Kippen* – das Kommutierungsversagen im Wechselrichterbetrieb – vermieden werden muß. Daher muß zur Wiedererlangung der Sperrfähigkeit der Thyristoren ein Respektabstand

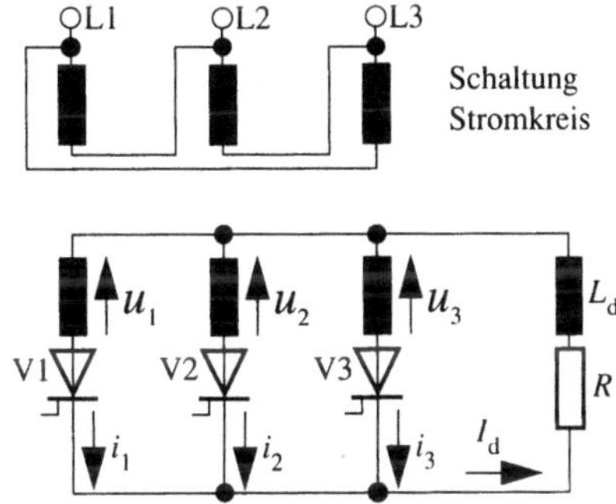

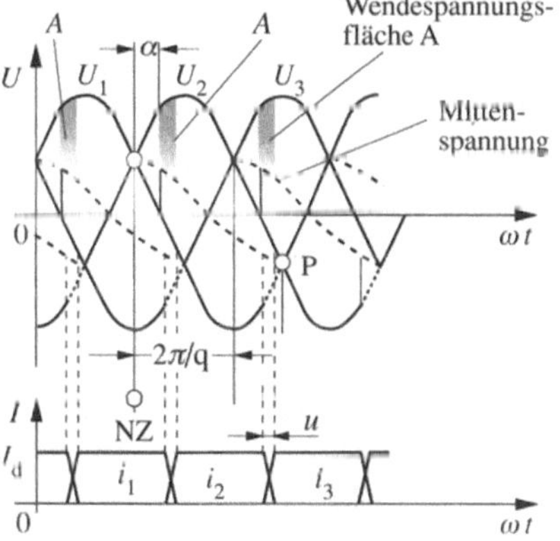

Bild 8.4-5 Kommutierung der Stromrichterströme
a) Schaltung M3 mit ohmsch induktiver Last,
b) Strom- und Spannungsverläufe bei der Kommutierung (NZ natürlicher Zündzeitpunkt, u Überlappungswinkel)

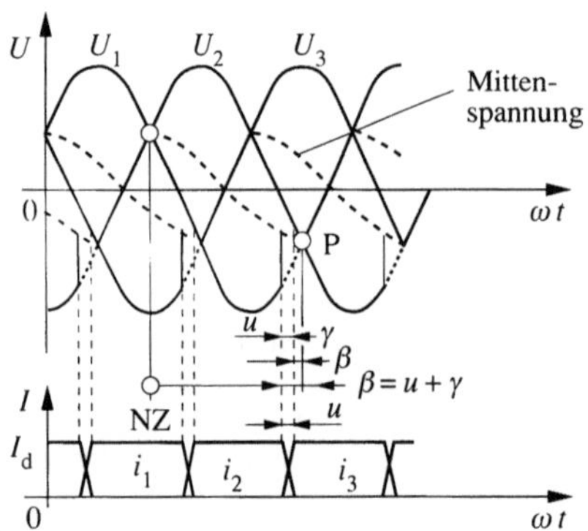

Bild 8.4-6 Spannungs- und Stromverläufe an der Wechselrichtertrittgrenze P (NZ natürlicher Zündzeitpunkt, Wechselrichterrespektabstand $\gamma + u$)

(Voreilwinkel $\beta = u + \gamma$) eingehalten werden (Bild 8.4–6). Man berechnet den Voreilwinkel aus:

$$\cos\beta = \cos\gamma - 2d_x. \qquad (8.4\text{–}6)$$

In der Praxis wird der Steuerwinkel α im Wechselrichterbetrieb auf etwa $\alpha = 150°$ begrenzt. Bei großen Stoßlasten ist der Summand $2d_x$ noch mit einem Stoßfaktor > 1 zu multiplizieren [8.9].

Zur genauen Ermittlung der Gleichspannung sind jeweils die einzelnen bezogenen ohmschen (d_r) und induktiven (d_x) Spannungsänderungen

a) im vorgeschalteten Netz (Index: L),

b) im vorgeschalteten Transformator (Index: T),

c) im Stromrichter: Ventilen, Sicherungen, Leitungen (Index: S) und

d) in den Drosseln (Index: D)

zu berücksichtigen. Bei sehr raschen Stromänderungen, wegen hoher Forderungen an die Regeldynamik, sind noch transiente Spannungsänderungen zu beachten [8.9].

Für die Ermittlung der Spannungsänderungen lauten:

1. netzseitige Spannungsänderungen

$$d_{xL} = \frac{P_{LN}}{S_k} k_{xt} \, 100 \text{ n } \% \qquad (8.4\text{–}5a)$$

d_{xL}	P_{LN}	S_k	k_{xt}
1	W	W	1

mit P_{LN} Netzentnahmeleistung, S_k Netzkurzschlußleistung, k_{xt} schaltungsbezogener Faktor, s. Tabelle 8.4–3.

2. Transformator

1. ohmsch: Ermittlung aus den Kurzschlußverlusten des Stromrichtertransformators zu:

$$d_{rtN} = \frac{P_{rN}}{P_{di}} 100 \text{ in } \% \qquad (8.4\text{–}5b)$$

d_{rtN}	P_{rN}, P_{di}
1	W

mit P_{rN} Bemessungskurzschlußverluste des Stromrichters, P_{di} ideelle Gleichstromleistung. Anhaltswerte liefert Bild 8.4–7.

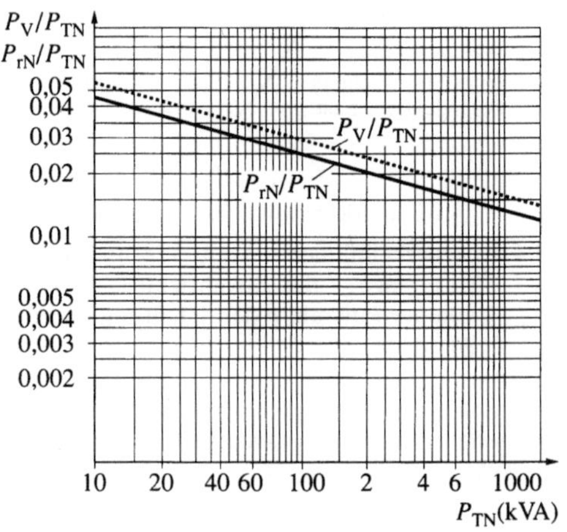

Bild 8.4-7 Relative Kurzschlußverluste P_v/P_{TN} und Kupferverluste P_{rN}/P_{tN} von Stromrichtertransformatoren

2. induktiv: Da der induktive Anteil der Kurzschlußspannung i. a. nicht bekannt ist, wird ohne großen Fehler

$$d_{xtN} = k_{xt} u_k \qquad (8.4\text{–}5c)$$

mit k_{xt} aus Tabelle 8.4–3 gesetzt.

3. Stromrichter

1. Halbleiterventile

$$d_n = \frac{snU_D}{U_{di}} 100 \text{ in } \% \qquad (8.4\text{–}5d)$$

d_n	s	n	U_D, U_{di}
1	1	1	V

mit s Anzahl der Kommutierungsgruppen in Reihe, n Anzahl der in Reihe geschalteten Halbleiterventile pro Zweig, U_D Scheitelwert der Durchlaßspannung Richtwert 1...1.5 V (Tabelle 8.4–2).

2. Leitungen

$$d_{rSN} = \frac{2R_S I_{dN}}{U_{di}} 100 \text{ in } \% \qquad (8.4\text{–}5e)$$

d_{rSN}	R_S	I_{dN}	U_{di}
1	Ω = V/A	A	V

mit R_S ohmscher Widerstand der einfachen Länge, I_{dN} Anlagenbemessungsgleichstrom

4. Drosseln

$$d_{rDN} = \frac{R_D I_{dN}}{U_{di}} 100 \text{ in } \% \tag{8.4–5f}$$

d_{rDN}	R_D	I_{dN}	U_{di}
1	Ω = V/A	A	V

mit R_D Drossel-Wirkwiderstand. Aus den angegebenen Werten lassen sich die Gleichspannungsänderungen d ermitteln.

8.4.2.4 Ideelle Ausgangsgleichspannung

Die für den Betrieb eines Stromrichters z. B. zur Speisung eines Motors interessierende Ausgangsgleichspannung ermittelt man zu:

$$U_{di} = U_A \frac{100 + \sum d + S}{100} \tag{8.4–6}$$

U_{di}, U_A	d	S
V	1	1

mit U_A Motorspannung bei maximaler (Grund-) Drehzahl, $\sum d$ Summe der prozentualen Spannungsänderungen $(I_d R_A)/U_A + \sum d$, R_A Ankerkreiswiderstand der Gleichstrommaschine, S Spannungssicherheitsreserve (prozentual) mindestens 5% (VDE).

8.4.2.5 Ideelle Gleichstromleistung

Die *ideelle Gleichstromleistung*, z. B. für einen Gleichstromantrieb, erhält man zu:

$$P_{di} = U_{di} I_{dN} \tag{8.4–7}$$

P_{di}	U_{di}	I_{dN}
W = VA	V	A

mit I_{dN} Bemessungsgleichstrom der Maschine.

8.4.2.6 Ausgangskennlinienfeld

Bild 8.4–8 zeigt das *Ausgangskennlinienfeld* eines steuerbaren Stromrichters – das Strom-Spannungskennlinienfeld – bezogen auf die Leerlaufspannung U_{di0} (bei nichtlückendem Gleichstrom) bezogen auf den Bemessungsgleichstrom I_{dN}.

Bild 8.4–9 zeigt das Ausgangskennlinienfeld für lückenden Strom, wie er z. B. bei Betrieb mit Gegenspannung (Speisung einer Batterie oder Gleichstrommaschine U_i) auftritt. Im Lückbereich des Stromes steigt die Spannung stark an; dies führt zu unruhigem Lauf bei Maschinenspeisung (siehe adaptive Regelung). Die Größe des Lückstromes bestimmen die Schaltung, der Steuerwinkel und die Glättungsmittel.

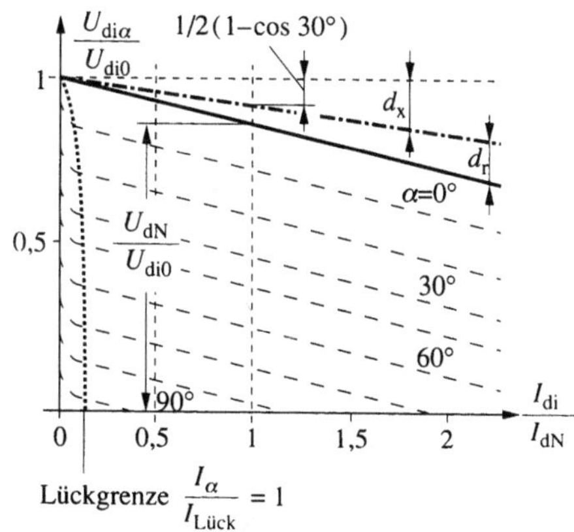

Bild 8.4-8 Ausgangskennlinienfeld – Strom-Spannungskennlinienfeld – eines Stromrichters (M3) im I. Quadranten (Gleichrichterbetrieb) mit der Anfangsüberlappung $u_0 = 30°$
Die Aufteilung der Gleichspannungsänderung in die zwei Komponenten: ohmscher d_r und induktiver d_x Anteil; der Halbleiteranteil d_n wurde vernachlässigt

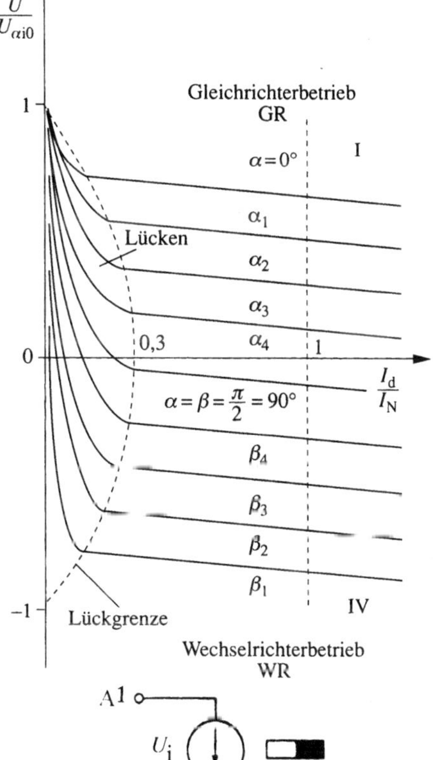

Bild 8.4-9 Ausgangskennlinienfeld mit Lückbetrieb im Bereich kleiner Ströme. Z. B. beim Betrieb eines Stromrichters mit Gleichstrommaschine und Glättungsinduktivität

8.4.2.7 Betriebsquadranten

Durch die Ventilwirkung ist die Stromrichtung im Stromrichter festgelegt; Betrieb im I. und IV. Quadranten ist möglich. Dies bedeutet, daß eine Gleichstrommaschine im I. Quadranten als Motor im Rechtslauf und im IV. Quadranten als Generator im Linkslauf mit dem Stromrichter arbeiten kann.

Soll die Maschine im Rechtslauf treiben und (generatorisch) bremsen können, muß die Ankerstromrichtung umgekehrt werden können. Dazu benötigt man einen antiparallelen Stromrichter, der die umgekehrte Stromrichtung führen kann. Mit einem solchen Stromrichter ist 4-Quadranten-Betrieb möglich (Bild 8.4–10).

Die Bilder 8.4–11 und 8.4–12 zeigen die Spannungswelligkeit w_u und den Lückfaktor zur Ermittlung der Lückdrosselinduktivität über der Aussteuerung.

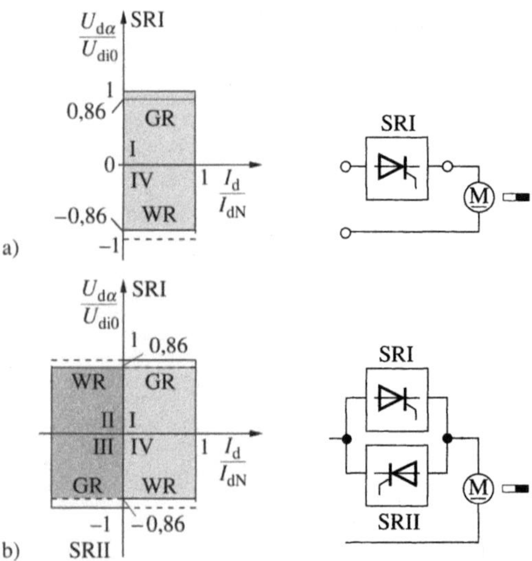

Bild 8.4-10 Quadrantendarstellung der Betriebsarten eines Stromrichters mit Begrenzung der Aussteuerung
a) Einfachstromrichter: zwei Betriebsquadranten (I und IV), Aussteuerung im WR-Betrieb begrenzt,
b) Doppelstromrichter: vier Betriebsquadranten (I bis IV), Aussteuerung im GR- und WR-Betrieb begrenzt

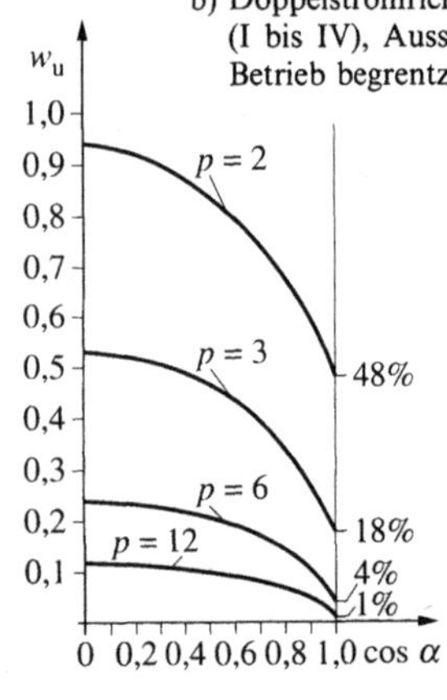

Bild 8.4-11
Spannungswelligkeit w_u (Oberschwingungsspannungen bezogen auf den Gleichspannungswert) in Abhängigkeit von der Aussteuerung für verschiedene Pulszahlen p; die Überlappung u ist vernachlässigt

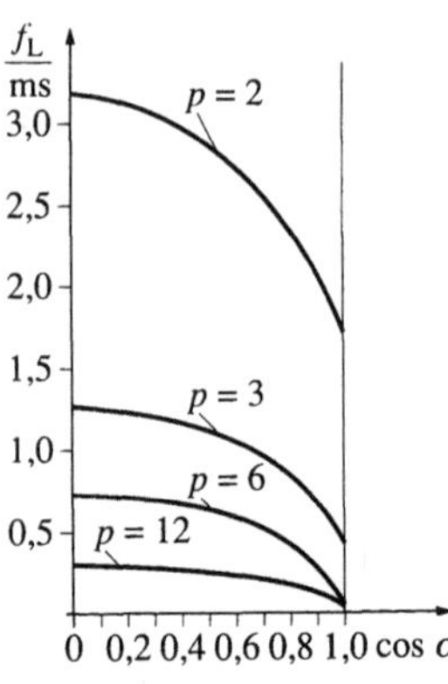

Bild 8.4-12
Lückfaktor f_L für vollgesteuerte Stromrichterschaltungen zur Ermittlung der Lückdrossel-Induktivität

8.4.2.8 Leistungaufnahme

Dem Drehstromnetz entnimmt der Stromrichter die Scheinleistung S_1. Sie beträgt

$$S_1 = m \cdot U \cdot I = U_{di} I_d \tag{8.4–12}$$

S_1	m	U, U_{di}	I, I_d
W	1	V	A

mit m Strangzahl ($m = 3$ bei Drehstrom), U Strangspannung, I_L Strangstrom. Die Aufteilung in Wirk- und Blindleistung erhält man zu:

$$P_1 = S_1 \cos \varphi_1, \tag{8.4–13a}$$

$$Q_1 = S_1 \sin \varphi_1. \tag{8.4–13b}$$

Die Gesamtscheinleistung ist

$$S = m \cdot U \cdot I_L$$

mit dem Netzstrom $I_L = \sqrt{I_1^2 + \sum I_\nu^2}$, I_1 Grundschwingungsstrom, $\sum I_\nu$ Summe der Oberschwingungsströme.

Die Verzerrungsblindleistung D erhält man zu:

$$D = U \cdot \sqrt{\sum I_\nu^2}. \tag{8.4–14}$$

Bei sinusförmiger Spannung U und nichtsinusförmigem Strom I setzt sich die Scheinleistung S aus der Wirkleistung P, der Grundschwingungs-Blindleistung Q_1 und der Verzerrungsblindleistung D zusammen:

$$S^2 = P^2 + Q_1^2 + D^2. \tag{8.4–15}$$

Die so beschriebenen Leistungsgrößen können durch rechtwinkelige Dreiecke veranschaulicht werden, die sich zu einem Vierflach zusammensetzen lassen. S_1 ist darin die Grundschwingungs-Scheinleistung (Bild 8.4–13). Der Leistungsfaktor ergibt sich zu

$$\lambda = \frac{P}{S} = \frac{P_{di0}}{S} = \frac{P_{di0}}{3UI_L}. \tag{8.4–16}$$

$$\lambda = \frac{P_1}{S} = \frac{I_1}{I} \cos \varphi_1 = g_1 \cos \varphi_1$$

mit g_i Grundschwingungsgehalt des Stromes I und dem Verschiebungsfaktor der Grundschwingung

$$\cos \varphi_1 = \frac{P_1}{S_1}.$$

$\cos \varphi_1$ ist der Grundschwingungs-Verschiebungsfaktor. Der Leistungsfaktor λ ist also bei nichtsinusförmigen Strömen um den Grundschwingungsgehalt g_i des Stromes kleiner als der Grundschwingungs-Verschiebungsfaktor $\cos \varphi_1$. Diese Werte werden oft miteinander verwechselt; nur bei Sinusstrom sind sie gleich!

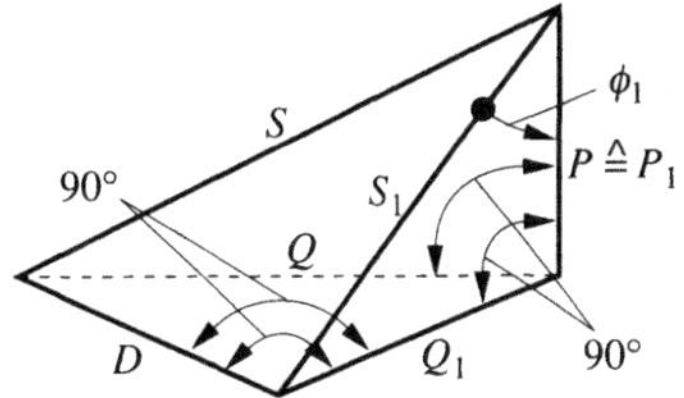

Bild 8.4-13 Vierflach mit der Darstellung der Wirk-, Schein-, Blind- und Verzerrungsleistung:
$S^2 = P^2 + Q_1^2 + D^2$

8.4.2.9 Verknüpfung mit dem Steuerwinkel *α*

Bild 8.4–14a zeigt die Abhängigkeit der Größen S, P und Q vom Steuerwinkel α und des Wechselrichtwinkels β bei konstantem Gleichstrom I_d, wobei der Einfluß der Überlappung u in der Darstellung vernachlässigt ist.

Die Abhängigkeiten für die verschiedenen Steuermöglichkeiten zeigt Bild 8.4–14b und c. Es ergeben sich:

a) bei *vollgesteuerter* Schaltung (Kurve: V)

$$P_1 = S_1(\cos\alpha - d_x) \approx U_{di\alpha} I_d \cos\alpha,$$

$$Q_1 = S_1\sqrt{1-(\cos\alpha - d_x)^2} \approx U_{di\alpha} I_d \sin\alpha \text{mit}$$
$$\cos\varphi_1 = \cos\alpha - d_x \approx \cos\alpha.$$

b) bei *halbgesteuerter* Brücke (Kurve: H)

$$P_1 = \frac{1}{2} U_{di} I_d (1 + \cos\alpha),$$

$$Q_1 = \frac{1}{2} U_{di} I_d (1 + \sin\alpha).$$

c) bei *Folgesteuerung* zweier Stromrichter I und II (Kurve: F)

$$Q_1 = \frac{1}{2} U_{di} I_d (\sin\alpha_I + \sin\alpha_{II}),$$

$$P_1 = \frac{1}{2} U_{di} I_d (\cos\alpha_I + \cos\alpha_{II}).$$

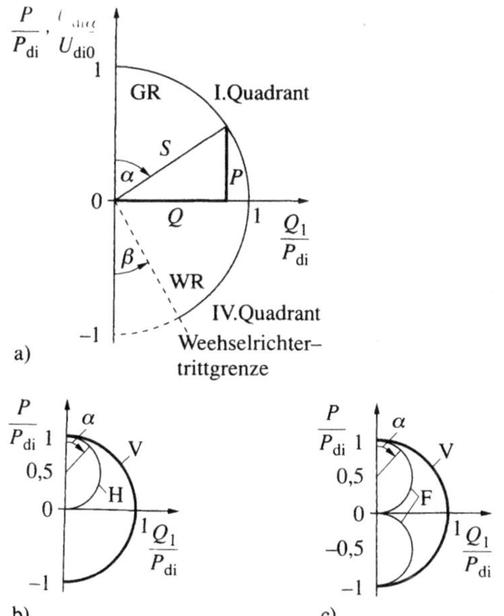

Bild 8.4-14 Leistungsaufteilung bei Ansteuerung
a) Steuerblindleistung in Abhängigkeit von der Stromrichteraussteuerung (Gleichspannung) für konstanten Gleichstrom I_d (idealisiertte Darstellung mit $u = 0$)
b) Betriebsbereiche für vollgesteuerte (V), halbgesteuerte (H),
c) folgegesteuerte (F) Stromrichterschaltungen jeweils im Vergleich zur Vollsteuerung (Prinzip)

Von einer Folgesteuerung spricht man, wenn bei der Reihenschaltung zweier Stromrichter jeweils einer konstant gesteuert wird und der andere „normal" gesteuert wird. Dadurch erhält man nur die reduzierte Blindleistung (Kurve F).

Aus den Kurven ist zu sehen, daß bei einer vollgesteuerten Schaltung gerade bei kleinen Spannungen, z. B. beim Anfahren eines Gleichstromantriebs, auch die maximale Steuerblindleistung aufzubringen ist. Der Vorteil der Folgesteuerung oder der halbgesteuerten Schaltung liegt z. B. in der Einsparung von Steuerblindleistung im Anfahrbereich.

■ *Beispiel:*
B6-Schaltung mit Gleichstrommaschine, Speisung über einen Transformator Yy

Daten:	Primärseite $U_N = 380$ V, 50 Hz, $u_k = 6\%$,
Maschinendaten:	$U_{AN} = 220$ V, $I_{AN} = 120$ A, $P_N = 22$ kW, $n_N = 1\,000$ min^{-1}, konstant fremderregt, Bürstenspannungsfälle vernachlässigt,
Stromrichter:	B6C, Glättung ideal, Ventilspannungsfälle vernachlässigt.

Gesucht:
Stromrichterspannung für Bemessungsbetrieb, wenn die Ankerkupferverluste vernachlässigt werden und die Bemessungsdrehzahl bei Vollaussteuerung erreicht werden soll ($U_i = U_{di0}$).
Transformatordaten: Übersetzungsverhältnis *ü* und Typenleistung *S*.
Netzdaten mit Diagramm für Motorbetrieb im Stellbereich bei konstantem Drehmoment: Strangstrom *I*, Wirkleistung P_1, Scheinleistung S_1 und Blindleistung Q_1.

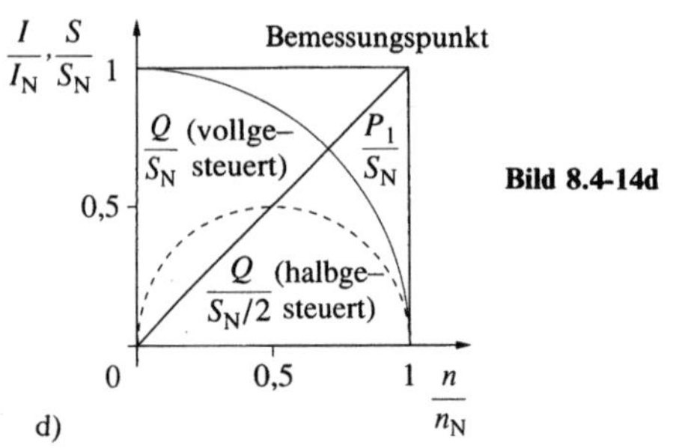

Bild 8.4-14d

Lösung:
Bemessungsspannung der Maschine: 220 V für die Bemessungsdrehzahl 1 000 min^{-1}

a) Gleichspannungsänderung

ideelle Gleichspannung (Tabelle 8.3–1, Sp. 7):

$U_{di0} = 1{,}35 \cdot U_L$,

gesteuerte Gleichspannung (Gl. (8.4–2a)):

$U_{di\alpha} = U_{di0} \cdot \cos\alpha$,

Spannungsänderung bei Nennlast (Gl. (8.4–2b)):

$U_{dN\alpha} = U_{di0}(\cos\alpha - (d_x + d_r))$,

induktiver Spannungsfall, (Tabelle 8.3–1, Sp. 15):

$d_x = k \cdot u_x$.

Man erhält mit den Daten:

$d_x = 0{,}5 \cdot u_k = 0{,}5 \cdot 0{,}06 = 0{,}03$,

$d_r = 0{,}04$ (Bild 8.4–7),

ideelle Gleichspannung:

$U_{di0} = 1{,}35 \cdot U_L$,

$U_{di\alpha} = U_{di0} \cdot \cos 0° = U_{di0}$,

$U_{dN\alpha} = U_{di0}(\cos\alpha - (d_x + d_r))$ in V,

$$U_{di0} = \frac{U_{dN\alpha}}{(\cos\alpha - (d_x + d_r))} = \frac{220\ \text{V}}{1-(0{,}03+0{,}04)} = 237\ \text{V}.$$

Die sekundäre Leiterspannung beträgt:

$U_{di0} = 1{,}35 \cdot U_L$ in V,

$$U_{L2} = \frac{237\ \text{V}}{1{,}35} = 176\ \text{V}, \quad ü = \frac{380\ \text{V}}{176\ \text{V}} = 2{,}16.$$

Die Typenleistung des Transformators (Tabelle 8.3–1., Zeile 5, Sp. 8):

b) $S_{\text{LiTransform.}} = 1{,}05 \cdot U_{di0} \cdot I_d =$
$= 1{,}05 \cdot 237\ \text{V} \cdot 120\ \text{A} = 29{,}8\ \text{kVA}$.

Daten der Primärseite

Strangstrom primär (Tabelle 8.3–1, Zeile 5, Sp. 9):

$I = 0{,}816 \cdot 1/ü \cdot I_d = 0{,}816 \cdot 1/2{,}16 \cdot 120\ \text{A} = 45\ \text{A}$,

Scheinleistung $S_1 = U_{di} I_d = 237\ \text{V} \cdot 120\ \text{A} =$
$= 28{,}4\ \text{kVA}$,
Wirkleistung $P_1 = U_{di} \cdot I_d \cdot \cos\alpha = S_1 \cdot \cos\alpha =$
$= 28{,}4\ \text{kW} \cdot \cos\alpha$,
ohne Verluste gilt:

$n/n_N = U_{d\alpha}/U_{di} = \cos\alpha$ und

$P_1 = S_1 \cdot n/n_N = S_1 \cdot U_{d\alpha}/U_{di} = S_1 \cdot \cos\alpha$,

Blindleistung $Q_1 = U_{di} \cdot I_d \cdot \sin\alpha = S_1 \cdot \sin\alpha =$
$= 28{,}4\ \text{kvar} \cdot \sin\alpha$.
Den Verlauf der auf S_1 bezogenen Werte zeigt Bild 8.4–14d über der bezogenen Drehzahl n/n_N.
Mit einer halbgesteuerten Brücke wäre die Blindleistungskurve ein Halbkreis (maximal 14,2 kvar); besonders bei kleinen Drehzahlen wäre die Blindleistungseinsparung deutlich.

8.4.2.10 Netzrückwirkungen

Der Stromrichter entnimmt dem Wechselstrom-/Drehstromnetz die geforderte Leistung und wirkt somit auf das Netz zurück. Dabei sind drei Probleme zu beachten:

1. Steuerblindleistung,
2. Kommutierungseinbrüche der Netzspannung,
3. Oberschwingungsströme im Netz (Oberschwingungsgenerator).

1. Steuerblindleistung

Zusammen mit der Wirkleistung tritt auch *Steuerblindleistung* auf, da die Zündeinsatzsteuerung eine Verschiebung des Netzstromes gegenüber der Netzspannung erzeugt. Siehe hierzu auch die Bilder 8.4–14a bis c.

2. Kommutierungseinbrüche der Netzspannung

Betrachtet man das Ersatzschaltbild eines Netzes mit angeschlossenem Stromrichter (Bild 8.4–15), so ergeben sich durch die *Kommutierung* an den Stromrichterklemmen betriebsmäßige kurzzeitige Spannungskurzschlüsse, die an das Netz weitergegeben werden (Bild 8.4–16). Die Höhe der Spannungseinbrüche bei (induktivem) Netz erhält man zu:

$$\frac{\Delta U}{U_L} = \frac{X_L}{X_L + X_S} \tag{8.4–17a}$$

oder über die Kurzschlußleistungen zu

$$\frac{\Delta U}{U_L} = \frac{S_{TN}}{S_{TN} + (u_k/100) S_k} \tag{8.4–17b}$$

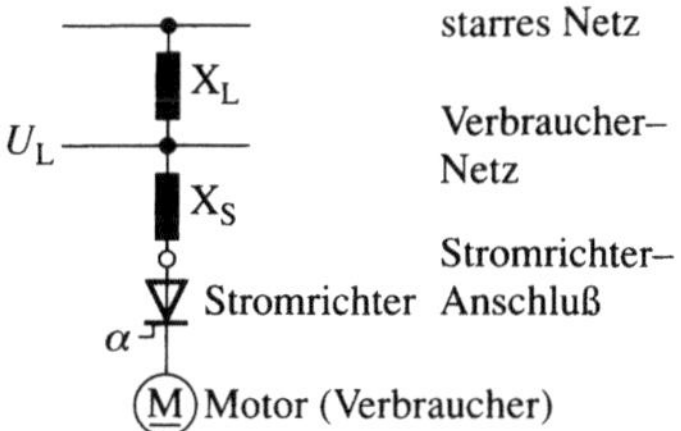

Bild 8.4-15 Ersatzschaltbild eines Netzes mit angeschlossenem Stromrichter und Lastmaschine

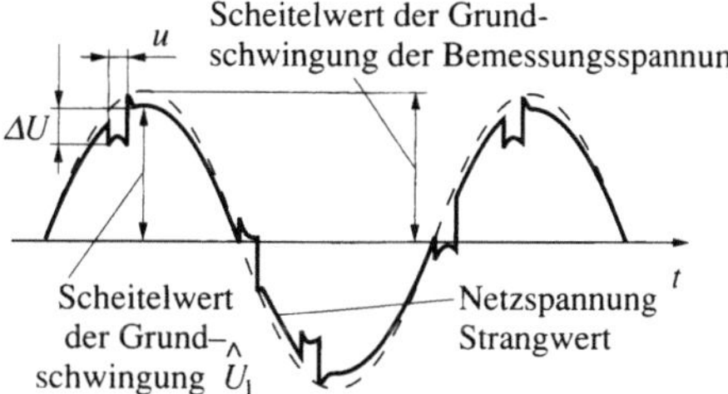

Bild 8.4-16 Kurzzeitspannungseinbrüche der Netzwechselspannung (Strangwert) durch die Kommutierung im Stromrichter; u Überlappungszeit

mit der Kurzschlußspannung u_k gerechnet. Ferner sind ΔU Spannungseinbruch, U_L Bemessungs-Netzspannung, X_L Netzimpedanz, X_S Kommutierungsimpedanz des Stromrichters, S_{TN} Bemessungsleistung des Stromrichtertransformators, S_k Netzkurzschlußleistung bei Bemessungsspannung.

Für öffentliche Netze werden solche Spannungseinbrüche durch Stromrichter noch als zulässig angesehen, wenn sie 20% des Scheitelwertes der Netzspannung nicht übersteigen. Dies wird erreicht, wenn die dem Stromrichter vorgeschaltete Kommutierungsdrossel oder der Transformator eine relative Kurzschlußspannung von mindestens 4% hat, und wenn die Anschlußleistung des Stromrichters nur 1% der Netzkurzschlußleistung beträgt.

3. Oberschwingungen der Ausgangsgleichspannung

Durch die dem Mittelwert der Gleichspannung $U_{di\alpha}$ überlagerten Oberschwingungsspannungen U_v ergibt sich eine Spannungswelligkeit w_u (Bild 8.4–11) für verschiedene Pulszahlen p ohne Berücksichtigung der Überlappung u. Die Spannungswelligkeit w_u erhält man zu:

$$w_u = \frac{U_u}{U_{di}} 100 \quad \text{in } \% \tag{8.4–8}$$

mit U_u Gesamteffektivwert der Oberschwingungsspannungen

$$U_u = \sqrt{\Sigma U_\gamma^2} \tag{8.4–9}$$

Gibt man z. B. für den Betrieb einer Gleichstrommaschine den zulässigen Oberschwingungsstrom $I_{ozul} < 0{,}1\ I_{dN}$ vor, so läßt sich die erforderliche Gesamtglättungsinduktivität berechnen:

$$L_{ges} = \frac{U_u}{p\omega I_o} \tag{8.4–10}$$

L_{ges}	U_u	ω	I_o	p
H = Vs/A	V	1/s	A	1

mit p Pulszahl der Schaltung, $\omega = 2\pi f$, I_o zulässiger Oberschwingungsstrom. Zur Drosselauslegung siehe auch. Abschnitt 8.3.3.

Um das Stromlücken auch bei kleinen Lastströmen zu vermeiden, ist oft eine sehr viel größere Induktivität erforderlich. Bild 8.4–12 zeigt die Abhängigkeit des Lückfaktors f_L zur Ermittlung der Lückdrossel-Induktivität für vollgesteuerte Stromrichterschaltungen. Die erforderliche Induktivität erhält man zu:

$$L_L = \frac{f_L U_{di\alpha}}{I_{dL}} \tag{8.4–11}$$

L_L	f_L	$U_{di\alpha}$	I_{dL}
H	ms	V	A

mit f_L Lückfaktor, schaltungsabhängig nach Bild 8.4–12, sicherheitshalber sollte man den größten Wert (cos α = 0) einsetzen. Durch die blockförmigen Ströme entstehen im Netz Oberschwingungsströme der Ordnungszahl $v = kp \pm 1$, wobei $k = 1, 2, 3 \ldots$ usw. ist.

8.5 Lastgeführte Stromrichter

8.5.1 Übersicht

Fremdgeführte Stromrichter beziehen ihre Kommutierungsblindleistung entweder aus dem Netz oder von der Last. Die netzgeführten Stromrichter behandelt Abschnitt 8.4.

Beim *lastgeführten Stromrichter* stellt die Last die Kommutierungsspannung während der Kommutierung bereit. Dazu muß der Laststrom eine kapazitive Komponente aufweisen, da der Stromrichter zur natürlichen Kommutierung immer induktive Blindleistung braucht. Diese Bedingung kann eine übererregte Synchronmaschine oder ein Reihen- bzw. Parallelschwingkreis erfüllen. Der so geführte Stromrichter verhält sich wie bei der Führung durch das Netz.

8.5.2 Stromrichtermotor

Die Schaltung eines Stromrichtermotors mit zugehörigem Stromrichter zeigt Bild 8.5–1. Die Schaltung der Stromrichter SRI und SRII entspricht der netzgeführter Stromrichter. Der SRI arbeitet im Motorbetrieb der Synchronmaschine als Gleichrichter und

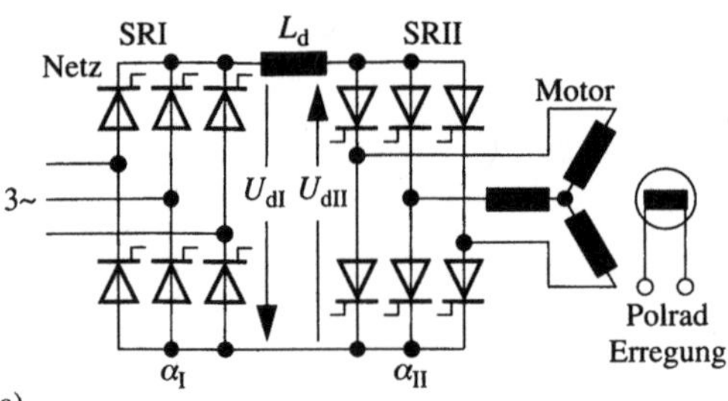

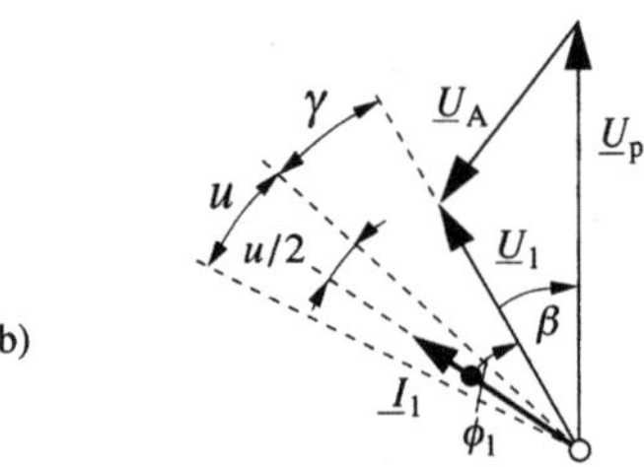

Bild 8.5-1 Stromrichtermotor
a) Blockschaltbild mit Netzstromrichter SRI und Wechselrichter SRII,
b) Zeigerdiagramm der Maschine

erzeugt durch Anschnittsteuerung die erforderliche Gleichspannung U_{dI}. Eine Glättungsdrossel L_d glättet den Gleichstrom I_d und entkoppelt die beiden Stromrichter energetisch. Der SRII arbeitet als lastgeführter Wechselrichter (die Kommutierungsspannung stellt die Last). SRII erzeugt die Gleichspannung U_{dII}; für den stationären Betrieb gilt $U_{dI} = -U_{dII}$. Die Synchronmaschine kann den lastseitigen Stromrichter SRII nur führen, wenn sie induktive Kommutierungsblindleistung abgeben kann, also übererregt ist. Da für den SRII im Stillstand der Synchronmaschine kein führendes Netz vorhanden ist (die Polradspannung ist ja noch Null), müssen für den Anfahrvorgang besondere Maßnahmen eingeleitet werden. Eine Möglichkeit ist das Auf- und Zusteuern des Netzstromrichters SRI im Takt der niedrigen Anfahrfrequenz bis zu einigen Hz, bis die von der Maschine gelieferte Kommutierungsspannung ausreicht. Kehrt sich im Betrieb die Energierichtung um, wird SRII in den Gleichrichterbetrieb gesteuert und SRI wird Wechselrichter. Natürlich wechseln dann auch die Gleichspannungen die Vorzeichen ($-U_{dI} = U_{dII}$). Die Stromrichtung bleibt jedoch erhalten; die Synchronmaschine arbeitet im Generatorbetrieb.

Stromrichtermotoren sind geeignet, z. B. bei Zementmühlen als langsamlaufende Direktantriebe zu arbeiten, um das Untersetzungsgetriebe zu sparen.

8.5.3 Schwingkreiswechselrichter

Eine ohmsch-induktive Last kann durch einen Kondensator zu einem Schwingkreis ergänzt werden. Je nach Schaltung erhält man einen *Parallel-* oder *Reihenschwingkreis*. Die Eigenfrequenz des freischwingenden verlustbehafteten *Lastschwingkreises* mit der Dämpfung δ ist:

$$f_\delta = \frac{\omega_0}{2\pi}\sqrt{1-\delta^2} \qquad (8.5\text{–}1a)$$

f_δ	δ	R	L	C	ω_0
Hz	1	Ω	H	F	1/s

mit der Dämpfung:

$$\delta = \frac{R}{2\omega_0 L} \qquad (8.5\text{–}1b)$$

und der Kreisfrequenz:

$$\omega_0 = \frac{1}{\sqrt{LC}}. \qquad (8.5\text{–}1c)$$

Die Gleichungen gelten für beide Arten der Schwingkreiswechselrichter; die Betriebsfrequenz f_B wird von der Wechselrichtersteuerung vorgegeben. Um (für die Kommutierung) einen voreilenden Strom zu erhalten, muß die Betriebsfrequenz beim

– *Parallelschwingkreis-Wechselrichter oberhalb* und beim

– *Reihenschwingkreis-Wechselrichter unterhalb*

der Eigenfrequenz liegen. Die erreichbaren (oberen) Betriebsfrequenzen liegen bei ca. 10 kHz; dies wird im wesentlichen von der Freiwerdezeit der eingesetzten Frequenz-Thyristoren bestimmt (s. Abschnitt 8.2). Für das erste Anschwingen ist eine Starteinrichtung erforderlich. Kapazitive Energiespeicher auf der Lastseite ermöglichen die erste Kommutierung nach dem Einschalten. Die Wechselrichter werden meist mit Eingangsnetzstromrichtern und Zwischenkreisspeicher betrieben; es sind dann Schwingkreis-Umrichter.

8.5.3.1 Parallelschwingkreis-Wechselrichter

Beim *Parallelschwingkreis-Wechselrichter* ist die ohmsch-induktive Last (L und R) durch einen Parallelkondensator C ergänzt (Bild 8.5–2). Die Glättungsdrossel L_d entkoppelt die beiden Spannungen U_z und U_2. In jedem Brückenzweig liegt ein steuerbares Halbleiterventil. Die Spannung U_2 an der Last ist

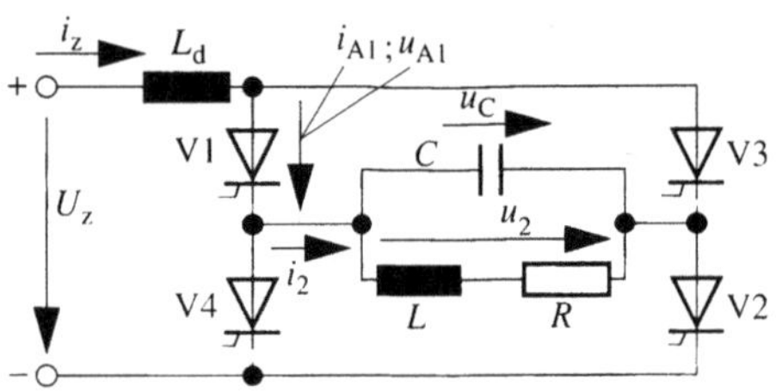

Bild 8.5-2 Schaltung eines Parallelkreis-Wechselrichters in Brückenschaltung

nahezu sinusförmig. Der blockförmige Strom geht bei der Kommutierung direkt von einem Ventil auf das folgende über. Der Laststrom eilt der Lastspannung U_2 um den Winkel φ vor. Dies ist wegen des erforderlichen Löschwinkels γ notwendig (Bild 8.5–3).

Für die Brückenschaltung erhält man den Scheitelwert der Lastspannung zu:

$$\sqrt{2}\, U_{\text{Last}} = \frac{\pi}{2} U_{\text{di}} = \frac{\pi}{2 \cos \gamma} U_{\text{di}} = \frac{\pi}{2 \cos \alpha} U_{\text{d}\alpha} \tag{8.5–2}$$

mit: γ Löschwinkel, $\gamma = 180° - \alpha$ und α Steuerwinkel. Die Leistung wird durch Verstellen der Gleichspannung gesteuert.

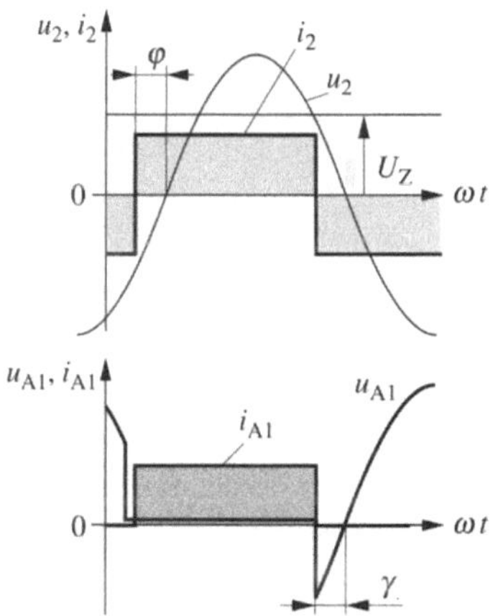

Bild 8.5-3 Spannungs- und Stromverlauf beim Parallelschwingkreis-Wechselrichter

8.5.3.2 Reihenschwingkreis-Wechselrichter

Beim *Reihenschwingkreis-Wechselrichter* wird die ohmsch-induktive Last (L und R) durch einen Reihenkondensator C ergänzt (Bild 8.5–4). In jedem Brückenzweig liegt ein steuerbares Halbleiterventil mit antiparalleler Freilaufdiode. Der Kondensator C_Z stützt die Gleichspannung. Der Reihenschwingkreis erzwingt einen nahezu sinusförmigen Laststrom i_{Last}, den abwechselnd die steuerbaren Ventile und die Freilaufdioden führen. Die Lastspannung ist blockförmig, ebenso die Sperrspannungen an den Ventilen. Der Laststrom kommutiert jeweils von der Freilaufdiode auf das antiparallele steuerbare Halbleiterventil. Er eilt der Lastspannung um den Phasenwinkel φ vor; dies ist wegen des erforderlichen Löschwinkels γ notwendig (Bild 8.5–5). Während der Stromführung der Thyristoren liefert die Gleichstromquelle Energie in die Last; während der Freilaufphase fließt Energie zurück.

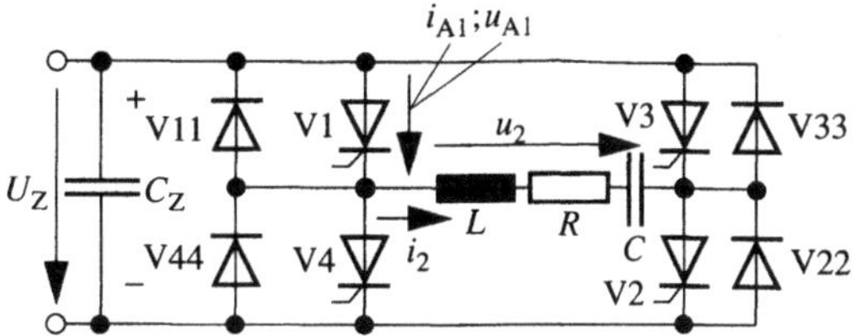

Bild 8.5-4 Schaltung eines Reihenschwingkreis-Wechselrichters in Brückenschaltung

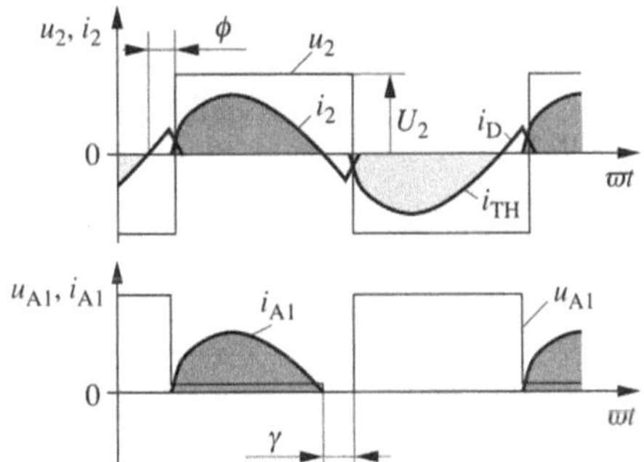

Bild 8.5-5 Spannungs- und Stromverläufe am Reihenschwingkreis-Wechselrichter

Für die Brückenschaltung erhält man den Scheitelwert des Laststromes zu:

$$\sqrt{2}\, I_{\text{Last}} = \frac{\pi}{2 \cos \gamma} I_{\text{d}} \tag{8.5–3}$$

mit γ Löschwinkel.

Die Leistung des Wechselrichters wird über die Gleichspannung gesteuert.

8.6 Selbstgeführte Stromrichter

8.6.1 Gleichstromsteller

Selbstgeführte Stromrichter stellen die Kommutierungsspannung zum Löschen der Thyristor-Ventile selbst bereit. Häufig werden jedoch die Thyristorschalter mit der meist aufwendigen Löschschaltung umgangen und durch Transistorschalter ersetzt.

Aufgabe des Gleichstromstellers ist die Versorgung eines Verbrauchers mit variabler Gleichspannung aus einer Festspannungsquelle durch Steuerung der Pulsbreite oder/und Pulsfolge. Bei Gleichstrommaschinen erfolgt die Speisung über einen vorgeschalteten netzgeführten Stromrichter aus dem Wechselstrom-/Drehstromnetz oder bei ortsveränderlichen Antrieben aus einer Batterie oder Oberleitung.

8.6.1.1 1-Quadranten-Betrieb

Bild 8.6–1 zeigt einen 1-Quadrantensteller mit verschiedenen Halbleiterschaltern und einer Freilaufdiode parallel zur Last. Den prinzipiellen Verlauf der Spannungen und Ströme des Stellers zeigt Bild 8.6–2.

a)

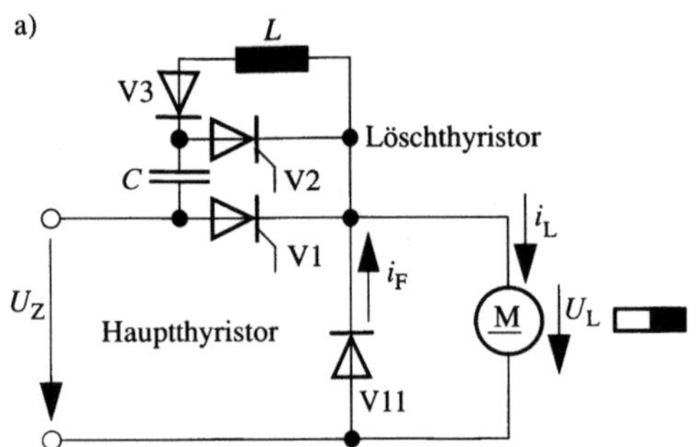

b)

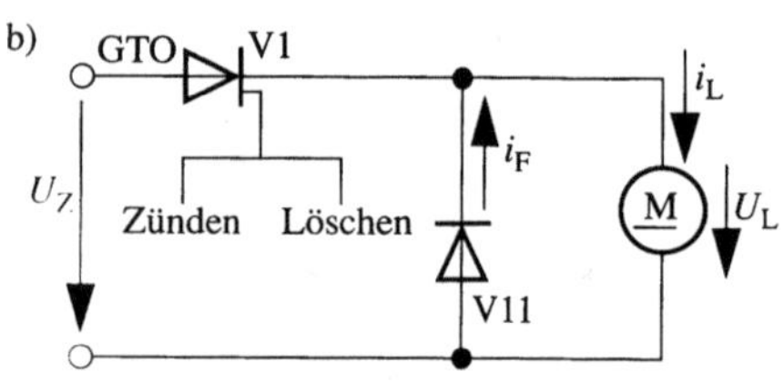

c)

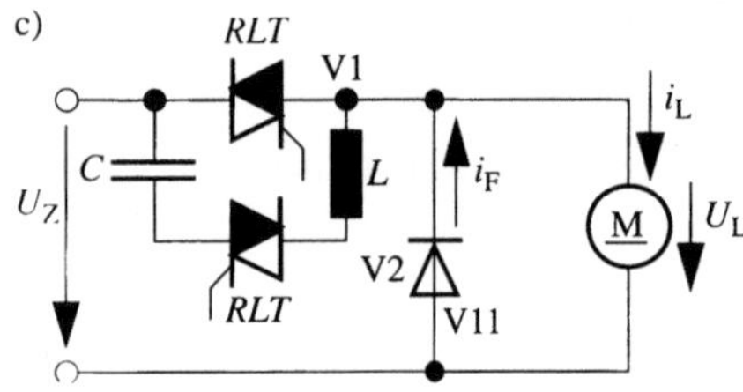

d)

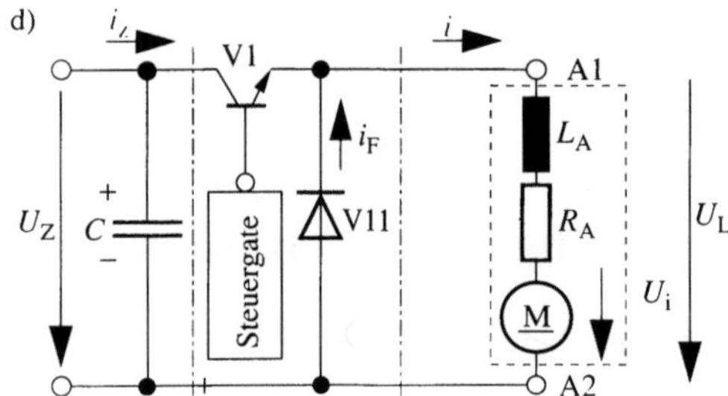

Bild 8.6-1 Prinzipschaltbilder für 1-Quadranten-Gleichstromsteller in verschiedener Technik. Die Speisung des Zwischenkreises (U_z) erfolgt über eine Batterie oder über einen netzgeführten Stromrichter aus dem Netz. V11 ist die Freilaufdiode.
a) Thyristor mit Umschwinglöschschaltung (*C*, V3 und *L*),
b) GTO-Thyristor (Abschaltthyristor),
c) Rückwärtsleitender Thyristor (RTL) mit RTL-Löschschaltung (V2),
d) Transistorschalter (V1) mit Gleichstrommaschine (Kennwerte des Ankerkreises R_A und L_A)

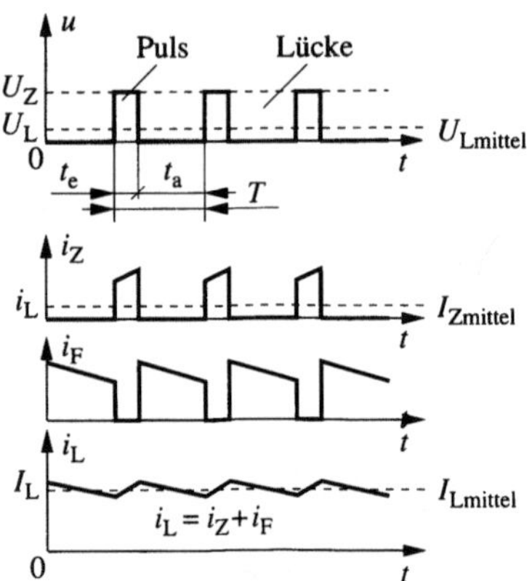

Bild 8.6-2 Prinzipieller Verlauf der Spannungen und Ströme im Speise-(Zwischen-), Last- und Freilaufkreis eines 1-Quadrantenstellers.

Spannungen: U_Z Speisegleichspannung,
U_L Mittelwert der Lastgleichspannung,
u_L Momentanwert der Lastspannung,

Ströme: I_Z Mittelwert des Zwischenkreisspeisestroms,
i_L Momentanwert des Laststromes,
i_F Momentanwert des Freilaufstromes,
i_Z Momentanwert des Zwischenkreisspeisestromes,

Zeiten: T Periodendauer (z.B. fest),
t_e Pulsdauer (Puls),
t_a Pulspausendauer (Lücke)

Tabelle 8.6–1 gibt die Steuerarten des Gleichstromstellers an. Das Prinzip der Spannungsverstellung durch Pulsbreitensteuerung zeigt Bild 8.6–3. Bei hohen Pulsfrequenzen im kHz-Bereich reichen bereits kleine Induktivitäten im Lastkreis zur Glättung des Stromes aus.

Tabelle 8.6–1: Steuerarten des Gleichstromstellers

Art	$T = \frac{1}{f_p}$	t_e	t_a	Bemerkung
I	fest	variabel	variabel	Pulsbreitensteuerung
II	variabel	fest	variabel	Frequenzsteuerung
III	variabel	variabel	fest	bisher unbedeutend
IV	variabel	variabel	variabel	I + II kombiniert,

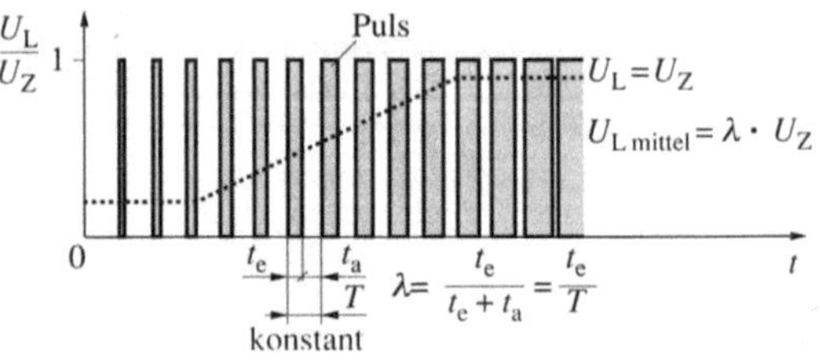

Bild 8.6-3 Verlauf des Gleichspannungsmittelwertes bei Pulsung mit fester Periodendauer und variabler Pulsdauer (Pulsweitenmodulation PWM)

Die größte Stromschwankungsbreite tritt bei $t_1 = t_2 = T/2$ auf. Dann ist die Gleichspannung an der Last gerade so groß wie die halbe Speisespannung. Man erhält die Induktivität der Glättungsdrossel zu:

$$L = \frac{U_1 T}{4 \Delta i_L} = \frac{U_1}{4 f_p \Delta i_L} \qquad (8.6\text{–}1a)$$

L	U_1	T	Δi_L	f_p
H	V	s	A	1/s

mit L minimale Glättungsinduktivität, U_1 Speisespannung, Δi_L Stromrippel, f_p Pulsfrequenz.

Für denselben Betriebspunkt erhält man die Kapazität des Stützkondensators im Zwischenkreis zu:

$$C = \frac{IT}{4 \Delta u_C} = \frac{I}{4 f_p \Delta u_C} \qquad (8.6\text{–}1b)$$

C	I_1	T	Δu_C	f_p
F	A	s	V	1/s

mit C minimale Glättungskapazität im Zwischenkreis, I_1 Speisestrom, Δu_C Spannungsrippel, f_p Pulsfrequenz. Als Kondensatoren sind Sonderkondensatoren für Umrichter zu verwenden, die den Betrieb mit hoher Pulsfrequenz vertragen.

8.6.1.2 4-Quadranten-Betrieb

Mit einer Brückenschaltung (H-Schaltung) ist auch 4-Quadrantenbetrieb möglich (Bild 8.6–4). Antiparallel zu den löschbaren Ventilen liegen Freilaufdioden. Bild 8.6–5 zeigt die Betriebsquadranten mit der Steuerung der Ventile. Im Betrieb werden die stromführenden Schalter versetzt gepulst, um die Schaltverluste in den Ventilen zu reduzieren. In der Maschine (Last) erhält man dadurch einen Strom der doppelten Pulsfreqenz f_p, wie in Bild 8.6–5 zu erkennen ist. Bei Rechtslauf werden bei *Motorbetrieb* die Ventile V1 und V4 gepulst; im Linkslauf sind dies die Ventile V3 und V2.

Um im *Generatorbetrieb* bei fester Zwischenkreis-Gleichspannung Energie rückspeisen zu können, muß in zwei Schritten vorgegangen werden, damit auch bei kleiner Maschinenspannung Rückspeisung möglich ist. Zunächst wird z. B. V2 geschlossen; es baut sich ein Kurzschlußstrom im unteren Brückenzweig (Masche II) auf. Hat der Strom die gewünschte Höhe erreicht, öffnet V2, und die Induktionsspannung der Drossel U_L treibt zusammen mit der induzierten Spannung der Maschine U_i einen Strom über die Freilaufdioden V44 und V11 in den Zwischenkreis. In der nächsten Periode wiederholt sich der Vorgang in der oberen Brückenhälfte (Masche I).

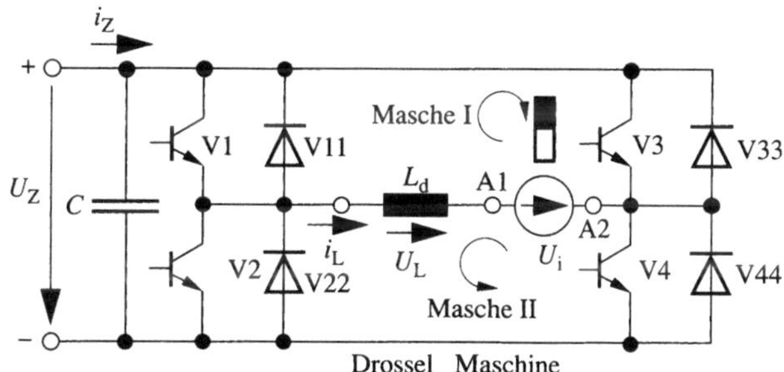

Bild 8.6-4
Schaltung eines 4-Quadranten-Transistorstellers mit Gleichspannungszwischenkreis. H-Schaltung mit vier Schaltern mit antiparalleler Freilaufdiode

u, Ω
Rechtslauf II I
Linkslauf III IV
i, M

a)

Funktion / Quadrant	Ein	Pulsen	Kurzschluß	Freilauf	Bemerkung
I Motor Rechtslauf	V1	V4			+e versetztes Pulsen
	V1			V33	+a
	V4	V1			+e
	V4			V22	+a
II Generator Rechtslauf	V2		V2+V44		+e Masche II laden
				V44+V11	+a Rückspeisen
	V3		V3+V11		+e Masche I laden
				V44+V11	+a Rückspeisen

b)

Bild 8.6-5
4-Quadranten-Steller
a) Betriebsquadranten,
b) Funktionstabelle der Halbleiterschalter für Rechtslauf Treiben und Bremsen (Linkslauf sinngemäß),

Fortsetzung s. S. 316

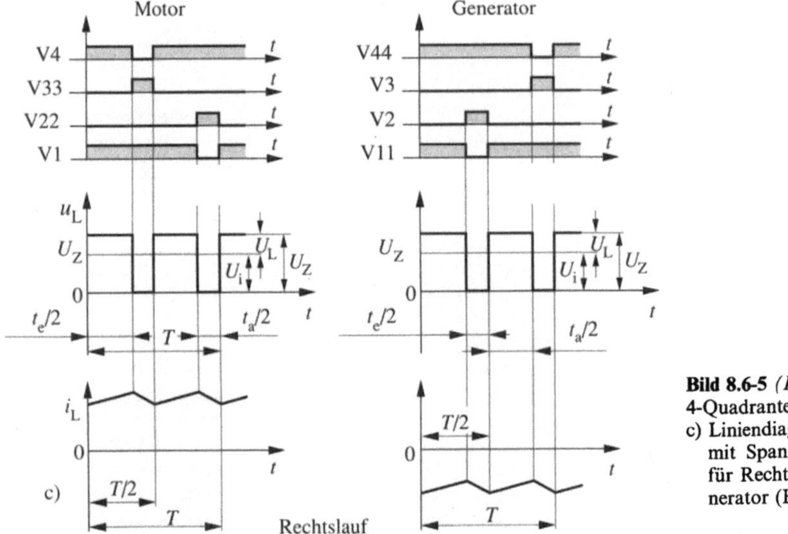

Bild 8.6-5 *(Fortsetzung)*
4-Quadranten-Steller
c) Liniendiagramm der Schalterfunktionen mit Spannungs- und Stromdiagrammen für Rechtslauf Motor (Treiben) und Generator (Bremsen)

Bei langer Rückspeisung steigt die Zwischenkreisspannung an. Um die Bauelemente zu schützen, muß die Energie aus dem Zwischenkreis über einen spannungabhängig geschalteten Ballastwiderstand (Brems-Chopper) abgeführt werden.

8.6.2 Umrichter

8.6.2.1 Übersicht

Bleibt bei der Umwandlung elektrischer Energie durch Stromrichter die ursprüngliche Stromart – Gleichstrom oder Wechselstrom – erhalten, bezeichnet man diesen Vorgang als Umrichten; die eingesetzten Stromrichter sind *Umrichter*. In ihnen können die Systemgrößen umgewandelt werden. Es sind dies bei

Gleichstrom-Umrichtern:
- Spannung und
- Polarität,

Wechselstrom-Umrichtern:
- Frequenz,
- Phasenfolge,
- Phasenzahl und
- Spannung.

Man unterscheidet ferner die Umrichterart nach dem Aufbau des Stromrichters. Dies sind

Direktumrichter mit der Gruppe der
- Gleichstromsteller,
- Drehstromsteller,
- Direktfrequenzumrichter und

Zwischenkreisumrichter mit
- Wechsel-Spannungszwischenkreis,
- Gleich-*Spannungs*-Zwischenkreis
  und
- Gleich-*Strom* Zwischenkreis.

Im foglenden werden die Umrichter beschrieben, soweit dies nicht bereits in den bisherigen Teilen des Abschnitt 8.6 erfolgt ist.

8.6.2.2 Gleichstromumrichter mit Wechselspannungszwischenkreis (Schaltnetzteile)

Der *Gleichstromumrichter* besitzt einen selbstgeführten Eingangsstromrichter, der eine Wechselspannung erzeugt. Diese wird über einen Transformator übersetzt und im nachgeschalteten Stromrichter gleichgerichtet (Bild 8.6–6). Außer der Gleichspannung kann auch die Polarität gewandelt werden, wenn ein Zweiwicklungstransformator benutzt wird, der die beiden Gleichspannungskreise galvanisch trennt.

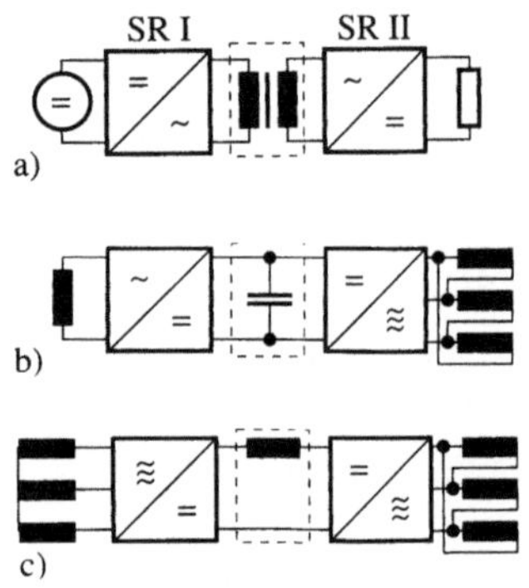

Bild 8.6-6 Blockschaltbilder von Zwischenkreisumrichtern
a) Wechselstrom-Zwischenkreis,
b) Gleichspannungs-Zwischenkreis,
c) Gleichstrom-Zwischenkreis

Das Anwendungsgebiet liegt bei den Schaltnetzteilen (Bild 8.6–7) im Leistungsbereich bis zu einigen Kilowatt. Durch Pulsbetrieb im kHz-Bereich wird der Transformator besonders klein und das Gerät kompakt, da die Filterbauteile auch entsprechend klein

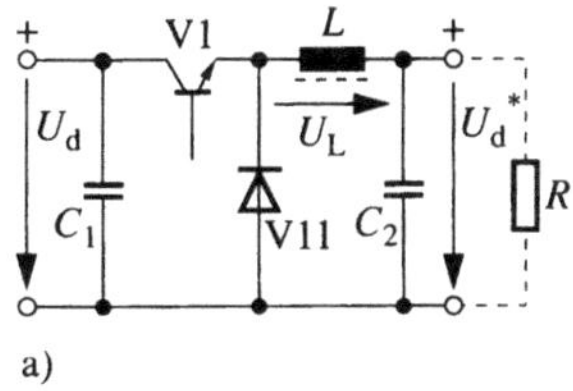

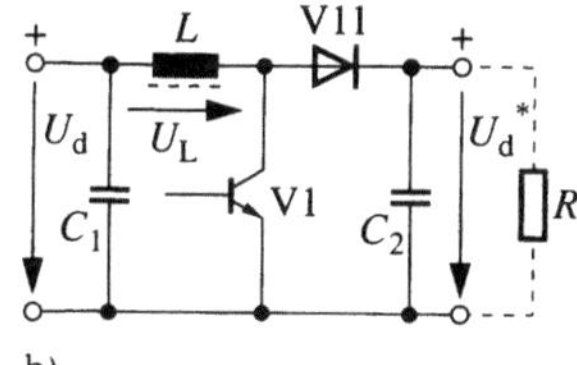

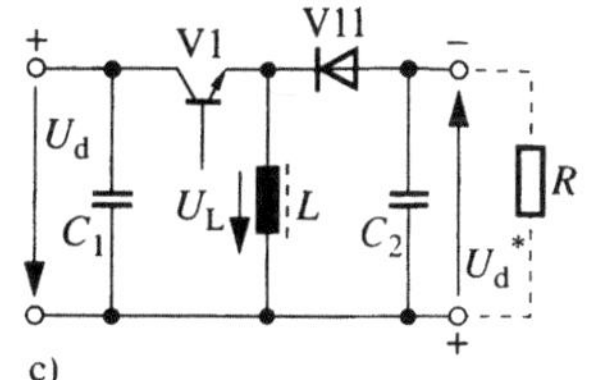

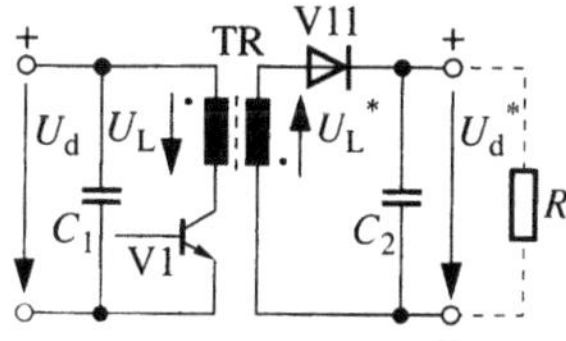

Bild 8.6-7 Möglichkeiten der Ausführung des Umrichters als „Schaltnetzteil"
a) Abwärtswandler – Tiefsetzsteller –,
b) Aufwärtswandler – Hochsetzsteller –,
c) Umkehrwandler – Inverswandler –,
d) Sperrwandler mit Potentialtrennung durch einen Zweiwicklungs-Transformator

ausfallen. Bei den hohen Frequenzen bis über 200 kHz sind spezielle Kerne für die Transformatoren erforderlich. Als Halbleiterventile werden MOS–FET oder IGBT eingesetzt.

8.6.2.3 Umrichter mit Spannungszwischenkreis (U-Umrichter)

1. Aufbau

Diese Umrichter werden häuptsächlich zur Speisung drehzahlveränderbarer Antriebe mit Drehstrommaschinen im Leistungsbereich ab einigen 10 W bis mehrere MW eingesetzt. Dabei muß die Drehfeldmaschine mit konstantem U/f-Verhältnis im Ankerstellbereich betrieben werden. Daraus ergeben sich die verschiedenen Schaltungen der Umrichter, die an das Steuerverfahren angepaßt sind. Man unterscheidet Umrichter mit variabler Zwischenkreisspannung und konstanter Zwischenkreisspannung.

Bild 8.6–8 zeigt die Blockschaltbilder der U-Umrichter und die prinzipiellen Spannungsverläufe.

Bei variabler Zwischenkreisspannung wird der Wechselrichter SR II im Block gesteuert. Die frequenzproportionale Spannung an der Maschine liefert die Steuerung des Netzstromrichters SR I. Dadurch schwankt die Zwischenkreisspannung. Die an der Maschine liegende Spannung ist blockförmig. Der Leistungsfaktor des Netzstromrichters ist drehzahlabhängig. Beim Einsatz eines ungesteuerten Netzstromrichters – mit gutem Verschiebungsfaktor cos φ, da ohne Steuerblindleistung – ist die Zwischenkreisspannung konstant. Die frequenzproportionale Anpassung der Ausgangsspannung erfolgt nach zwei Verfahren: Mit einem Tiefsetzsteller und zweitem Zwischenkreis oder über die Pulsung der Wechselrichterventile zur Spannungsanpassung bei konstanter Zwischenkreisspannung.

Die Periodendauer der Wechselrichteransteuerung bestimmt die Ausgangsfrequenz.

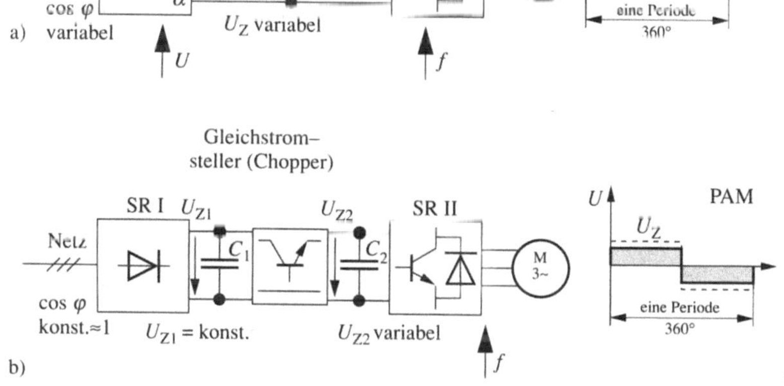

Bild 8.6-8 Zwischenkreis-Umrichterarten nach dem Aufbau des Zwischenkreises mit prinzipieller Darstellung der Ausgangsgrößen; Netzstromrichter (Eingangsstromrichter) SR I, Maschinenstromrichter SR II
a) Blockumrichter mit frequenzvariabler Zwischenkreisspannung und blockförmiger Ausgangsspannung variabler Höhe,
b) Doppelzwischenkreisumrichter mit Tiefsetzsteller vor dem zweiten Zwischenkreis mit frequenzvariabler Spannung mit Blockbetrieb im Ausgang

Fortsetzung s. S. 318

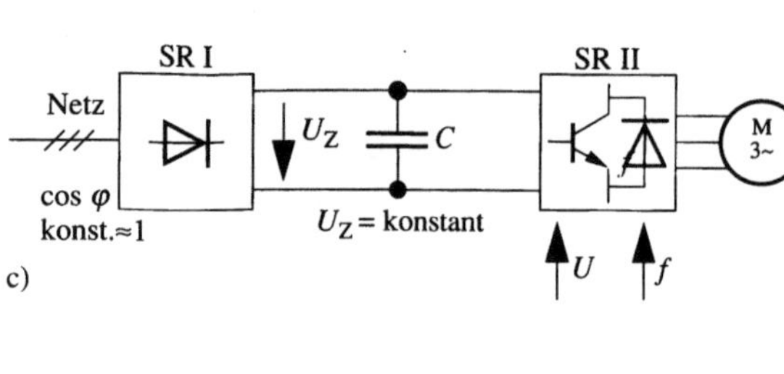

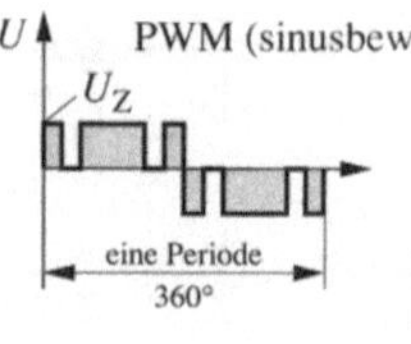

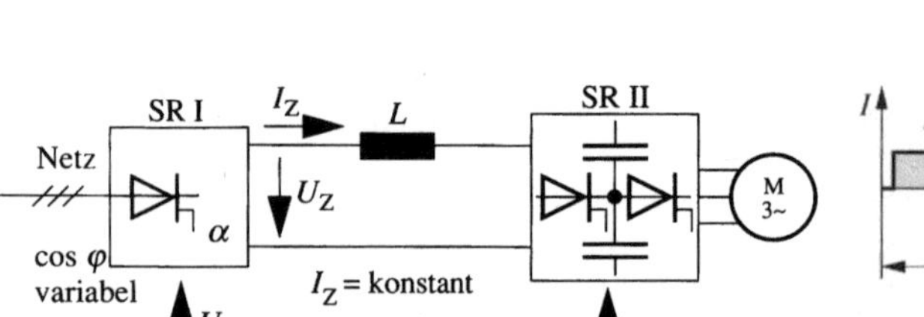

Bild 8.6-8 *(Fortsetzung)* Zwischenkreis-Umrichterarten nach dem Aufbau des Zwischenkreises mit prinzipieller Darstellung der Ausgangsgrößen; Netzstromrichter (Eingangsstromrichter) SR I, Maschinenstromrichter SR II
c) Pulsumrichter mit konstanter Zwischenkreisspannung und gepulster Ausgangsspannung (PWM); dargestellt ist die sinusbewertete Pulsung,
d) Blockumrichter mit Stromzwischenkreis (I-Umrichter)

2. Drehspannungserzeugung

Aus der Gleichspannung des Zwischenkreises entsteht die Drehspannung am Ausgang durch geeignetes periodisches Schalten der Halbleiterventile V1 bis V6 (Bild 8.6–9). Für die Freilaufphase sind jeweils antiparallel Dioden (V11 bis V66) geschaltet. Die Ventile im Wechselrichter werden so angesteuert, daß am Ausgang ein Drehspannungssystem entsteht. Leerlauf des Umrichters ist möglich.

3. Pulsung

Bei Speisung mit sinusförmigen Drehspannungen entstehen in den Wicklungen der angeschlossenen Drehfeldmaschine ebenfalls sinusförmige Ströme.

Diese bilden im Luftspalt der Maschine ein Kreisdrehfeld aus. Die ***Pulsung*** des Wechselrichters soll so erfolgen, daß die Maschine auch am Umrichter möglichst mit einem Kreisdrehfeld arbeitet; mit den verschiedenen Pulsverfahren soll dies erreicht werden.

Prinzipiell gibt es drei Verfahren: sinusbewertete Pulsweitenmodulation (PWM), Stromabtastung (Zweipunktregelung ZPR), Raumzeiger- oder Spannungszeigermodulation (RZM, SZM).

Die Verfahren sollen im folgenden beschrieben werden.

a) Pulsweitenmodulation (PWM)

Bei diesem Verfahren versucht man, die Spannung an der Maschine möglichst „sinusförmig“ zu gestalten. Durch Abtastung einer vorgegebenen Sinusspannung mit der gewünschten Ausgangsfrequenz durch eine Dreiecks-Referenzspannung höherer Frequenz entsteht eine sinusbewertete Ausgangsspannung – Unterschwingung – (Bild 8.6–10), die nahezu sinusförmige Maschinenströme erzeugt. Die Frequenz der Dreiecksspannung bestimmt die Taktgebung der Pulsmodulation und damit die Pulsfrequenz. Aus Geräuschgründen nutzt man bei kleinen Umrichterleistungen

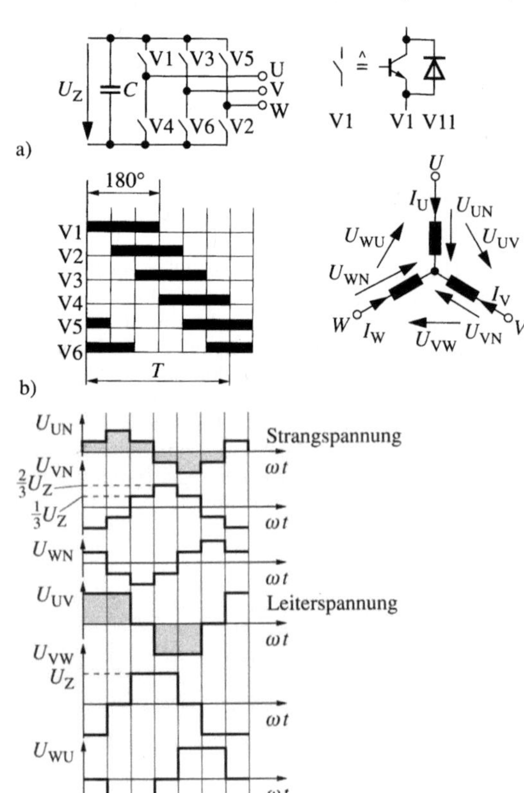

Bild 8.6-9 Erzeugung der Drehspannung aus einer konstanten Zwischenkreisspannung
a) Zwischenkreis und Wechselrichter (B6) mit Halbleiterventilen V1 bis V6 und antiparalleler Freilaufdiode (Prinzip),
b) Schalterdiagramm zur Drehspannungserzeugung für eine Periode,
c) Spannungsverläufe bei im Stern geschalteter angeschlossener Maschine (Strang- und Leiter-Spannung bei Blockbetrieb)

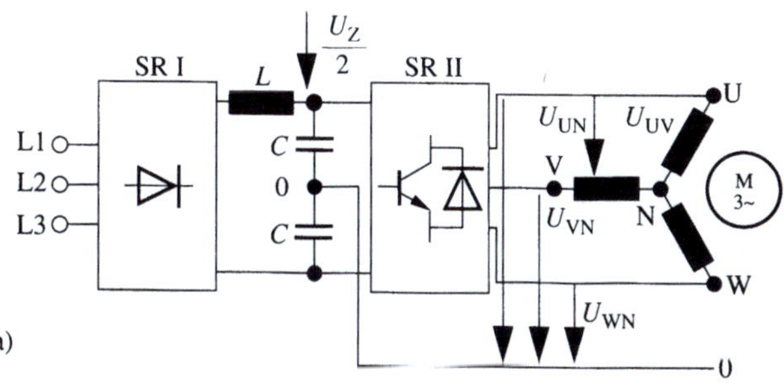

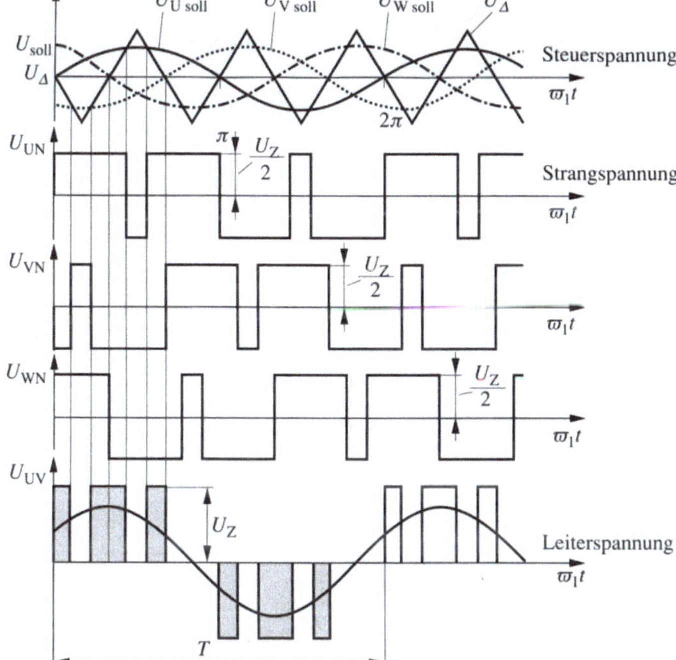

Bild 8.6-10
Schaltung eines U-Umrichters mit Bildung der Ausgangsspannung durch Pulsung (PWM mit Dreifachtaktung im Bild)

a) Schaltbild des U-Umrichters mit Mittelanzapfung der Zwischenkreisgleichspannung (in der Praxis nur bei Reihenschaltung der Kondensatoren meßbar),

b) Liniendiagramme der Steuer-Spannungen und der Maschinen-Strang- und Leiterspannungen mit Spannungsverlauf der Grundschwingung (Unterschwingung)

U_{soll} Sollwert der Ausgangsspannung (je Strang U, V und W),
U_D Abtast-Dreiecksspannung,
U_z Zwischenkreisspannung,
U_{UN} Strangspannung,
U_{UV} Leiterspannung,
T Periodendauer der gewünschten Ausgangsfrequenz

Pulsung im Ultraschallbereich mit ca. 16 kHz jenseits der Hörschwelle älterer Menschen.

Die Maschinenströme nähern sich bei steigender Pulsfrequenz der Sinusform und das Maschinendrehfeld der Kreisform (Bild 8.6–11). Durch geeignete Pulsmuster lassen sich unerwünschte Oberschwingungen ausblenden.

Die Steuerimpulse werden entweder analog mit IC-Bausteinen oder ASICs erzeugt oder mit Mikroprozessoren und Modulationsbausteinen berechnet. Die berechneten Pulsmuster können auch in einem EEPROM gespeichert abrufbereit vorliegen. Bei Vollaussteuerung wird mit der Pulweitenmodulation nicht die volle Maschinenspannung erreicht; der Mangel ist prinzipbedingt. Daher werden modifizierte Verfahren eingesetzt, bei denen z. B. der Sinusspannung noch eine Zusatzspannungen der dreifachen Frequenz überlagert ist.

b) Stromabtastung (ZPR)

Um einen möglichst sinusförmigen Maschinenstrom zu erzeugen, kann man ein Stromband vorgeben und den Ist-Strom über einen schnellen Zweipunktstromregler in diesem Soll-Band halten (Bild 8.6–12). Der Ist-Strom setzt sich aus Stücken von Exponentialfunktionen zusammen, die den Sollwertverlauf innerhalb des Regler-Toleranzbandes begleiten. Die Schaltfrequenz ist hoch; entsprechend hoch ist auch die Ventilbelastung durch Schaltverluste [8.17].

c) Raumzeiger- und Spannungszeigermodulation (RZM, SZM)

Ziel der Pulsteuerung bei diesem Verfahren ist ein möglichst mit konstanter Winkelgeschwindigkeit umlaufendes „rundes“ Drehfeld. Betrachtet man die acht möglichen Schaltzustände der sechs Halbleiterventile des Wechselrichters, so spannen die sechs

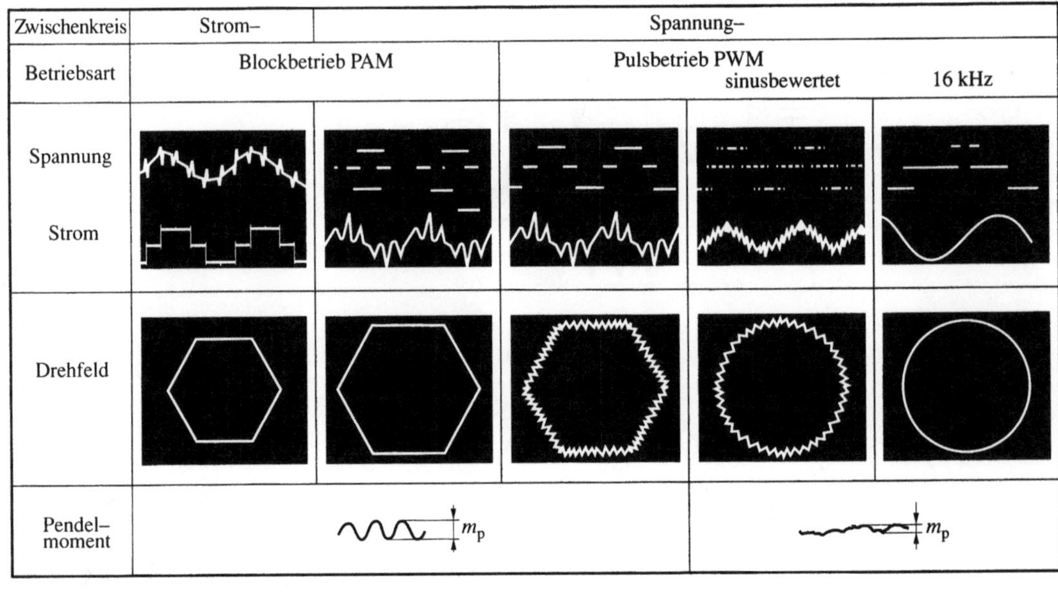

Bild 8.6-11 Vergleich der verschiedenen Modulationsverfahren in Diagrammen
Liniendiagramme der Spannungen und Ströme sowie Oszillogramme des Maschinen-Drehfeldes und der Pendelmomente (Prinzip)
a) Blockbetrieb Stromzwischenkreis (*I*-Umrichter),
b) Blockbetrieb Spannungszwischenkreis (*U*-Umrichter),
c) Pulsbetrieb Spannungszwischenkreis (*U*-Umrichter),
d) Sinuspulsung Spannungszwischenkreis (*U*-Umrichter),
e) Raumzeiger- oder Spannungszeigermodulation Spannungszwischenkreis (*U*-Umrichter)

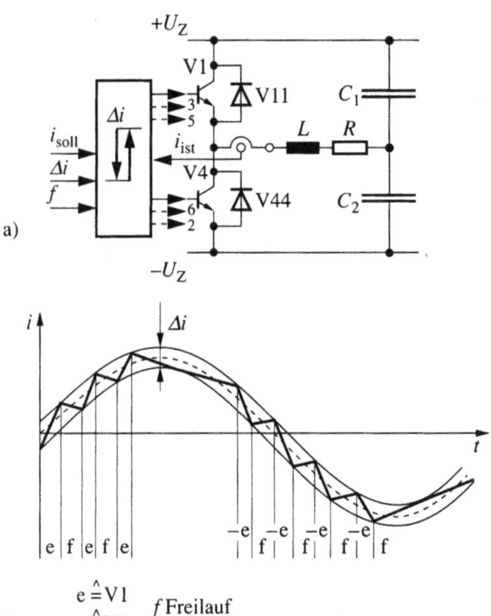

Bild 8.6-12 Stromabtastregelung (ZPR Zweipunktregler)
a) Blocksschaltbild (Prinzipbild für einen Zweig),
b) Stromverläufe mit Schalterhinweisen

Grundspannungszeiger $\underline{U}_1$ bis $\underline{U}_6$ ein regelmäßiges Sechseck auf; im Nullpunkt liegen die beiden Null-Spannungszeiger $\underline{U}_7$ und $\underline{U}_8$. Gibt man nun einen Soll-Spannungszeiger mit seiner Soll-Bahn vor, so läßt sich dieser Sollzeiger $\underline{U}_{soll}$ durch Pulsen der benachbarten Spannungszeiger $\underline{U}_6$ und $\underline{U}_1$ im Mittel annähern (Bild 8.6–13). Durch Hin- und Herpulsen zwischen den Zeigern $\underline{U}_6$ und $\underline{U}_1$ mit unterschiedlichen Verweildauern t/T_p erreicht man einen im Mittel mit quasi konstanter Winkelgeschwindigkeit umlaufenden Ist-Zeiger. Durch abwechselndes Einschalten der Null-Zeiger $\underline{U}_7/\underline{U}_8$ läßt sich auch die Spannungshöhe einstellen. Der Vorgang wiederholt sich in allen sechs Spannungssegmenten. Für die Maschine steht im Bemessungsbetrieb die volle Spannung zur Verfügung.

Die Pulsmuster liegen in einem EEPROM fest und werden bei Bedarf abgerufen oder dauernd berechnet. Dies führt zu einer guten Dynamik. Das Verfahren ermöglicht einen guten Rundlauf der Maschine.

8.6.2.4 Umrichter mit Stromzwischenkreis (*I*-Umrichter)

Diese Umrichter werden zur Speisung drehzahlvariabler Antriebe mit Drehstrommaschinen ab etwa 50 kW aufwärts eingesetzt. Der *I*-Umrichter besteht

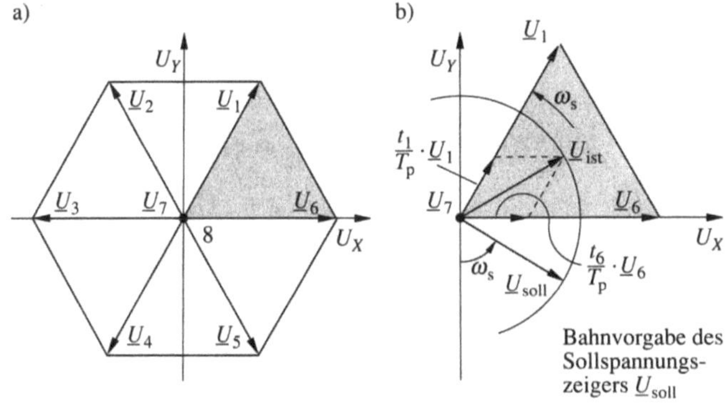

Bild 8.6-13
Raumzeiger- oder Spannungszeigermodulation (RZM, SZM)
a) Sechseck der Spannungszeiger in der komplexen Ebene,
b) Sollwert-Bahnvorgabe mit Spannungssynthese in einem Sektor

aus einem steuerbaren Netzstromrichter SR I und einem selbstgeführten Wechselrichter SR II. Die beiden Stromrichter werden energetisch durch eine Drossel entkoppelt (Bild 8.6–14). Der Netzstromrichter stellt die frequenzproportionale Maschinenspannung zur Verfügung. Der Wechselrichter ist mit Thyristoren in Phasenfolgelöschschaltung oder mit GTO-Thyristoren aufgebaut. Bei der Phasenfolgelöschschaltung erhält man die in Bild 8.6–11a gezeigten Spannungen und Ströme, sowie den Drehfeldverlauf in der Maschine. Durch die Phasenfolgelöschung entstehen die typischen Kommutierungsspitzen in der sonst sinusförmigen Maschinenspannung. Da die Maschinen-Streuinduktivität L_σ zum Löschkreis des Wechselrichters gehört, müssen Maschine und Umrichter (L_σ, $C_{\text{Lösch}}$) eng abgestimmt sein. Leerlauf des Umrichters ist somit nicht möglich; ohne Regelung arbeitet der Stromrichter im Leerlauf nicht stabil.

Um den Rundlauf bei kleinen Drehfrequenzen zu verbessern, kann man den Strom in begrenztem Umfang pulsen. Dazu schaltet man zwischen zwei benachbarten Stromzeigern hin und her und schafft so einen gleichmäßigeren Übergang des Stromes von einem Strang zum anderen (Bild 8.6–15).

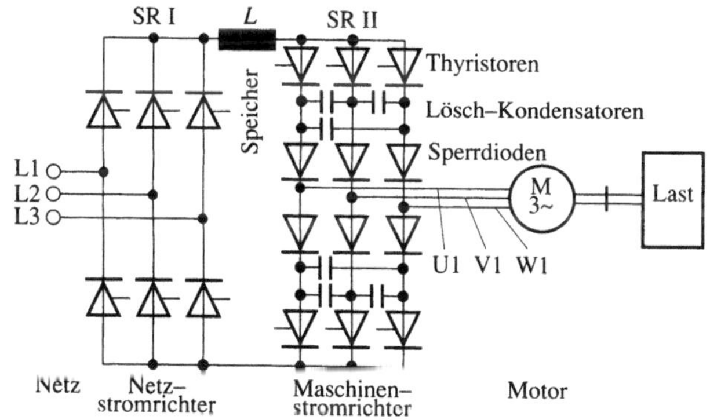

Bild 8.6-14
Blockschaltbild eines I-Umrichters; Wechselrichter in Phasenfolge-Löschschaltung

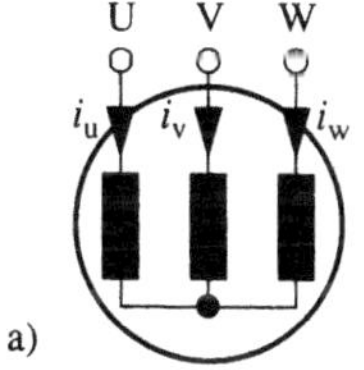

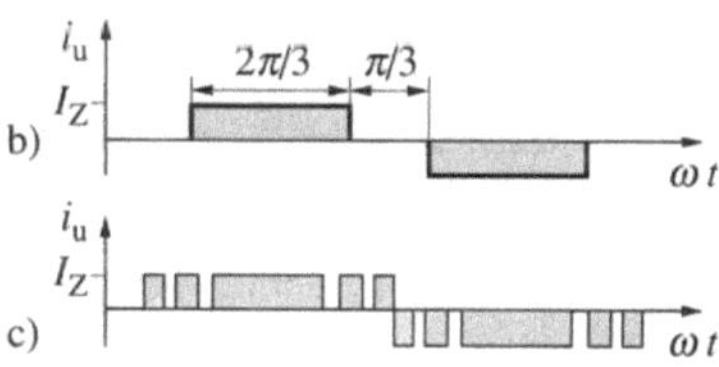

Bild 8.6-15
Stromverlauf beim I-Umrichter
a) Maschinenersatzschaltbild,
b) Normal-Block-Betrieb,
c) Strompulsen bei kleinen Betriebsfrequenzen zur Verbesserung des Rundlaufs (Prinzip)

Wegen der komplizierten Löschschaltung (Löschschwingkreis aus L_σ und $C_{\text{Lösch}}$) sind die Pulsfrequenzen und die Betriebsfrequenzen nach oben begrenzt; I-Umrichter arbeiten i. a. nur bis etwa 87 (100) Hz.

8.6.2.5 Energierückspeisung

Bei der *Energierückspeisung* aus der Drehfeldmaschine in den Umrichter verhalten sich U- und I-Umrichter sehr unterschiedlich.

1. I-Umrichter

Bei der Einspeisung von Energie in den Maschinenstromrichter SR II wird dieser in den Gleichrichterbetrieb gesteuert und gibt die Energie über den Netzstromrichter SR I, der nun im Wechselrichterbetrieb arbeitet, ins Netz zurück. Die Stromrichtung im Zwischenkreis bleibt gleich (Bild 8.6–16)! Der *I-Umrichter* ist ein typischer Stromrichter für 4-Quadranten-Antriebe.

2. U-Umrichter

Speist die Drehfeldmaschine Energie zurück, wird der Zwischenkreis über den Wechselrichter, der nun als Gleichrichter arbeitet, geladen. Die Kondensatorspannung steigt an. Sie muß der Bauteile wegen – Halbleiter und Kondensatoren – auf einen bestimmten höchsten Wert begrenzt werden. Zur Begrenzung wird bei kleinen Leistungen (< 50 kW) ein Bremswiderstand zur Energieaufnahme eingeschaltet. Über einen spannungsabhängigen Schwellwertschalter wird die Entladung gesteuert (Brems-Chopper); die Bremsenergie wird in Wärme umgesetzt (Bild 8.6–17).

Bei größeren Leistungen oder oft anfallender Bremsenergie wird diese über einen dem Netzstromrichter SR I antiparallel geschalteten Wechselrichter in das Netz zurückgespeist (Nutzbremsung). Zur Anpassung der hohen Zwischenkreisspannung muß vor den Wechselrichter ein Tiefsetzsteller geschaltet werden oder der Wechselrichter speist über einen Anpaßtransformator in das Drehstromnetz zurück. Bei Werkzeugmaschinen werden auch Rückspeisepulsstromumrichter genutzt, die das Netz kaum mit Oberschwingungen belasten [8.4].

Der *U-Umrichter* ist ein typischer Stromrichter für 2-Quadranten-Antriebe. Werden die Versorgungsspannungen der Elektronik aus dem Zwischenkreis genommen, so lassen sich kurzzeitige Netzspannungseinbrüche oder Netzunterbrechungen verkraften.

Einen allgemeinen Vergleich zwischen U- und I-Umrichter zeigt Tabelle 8.6–2.

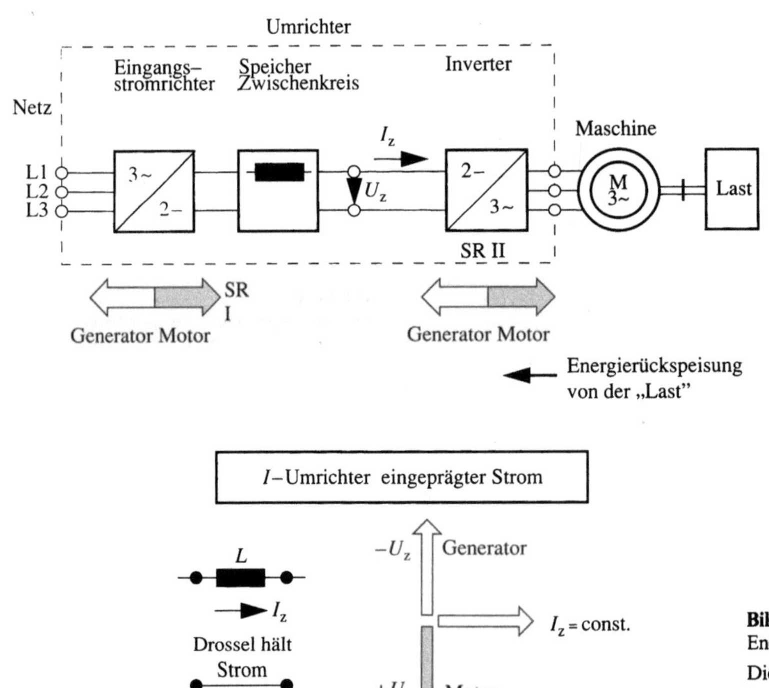

Bild 8.6-16
Energierückspeisung beim I-Umrichter

Die Stromrichtung bleibt erhalten, während sich die Spannungsrichtungen umkehren

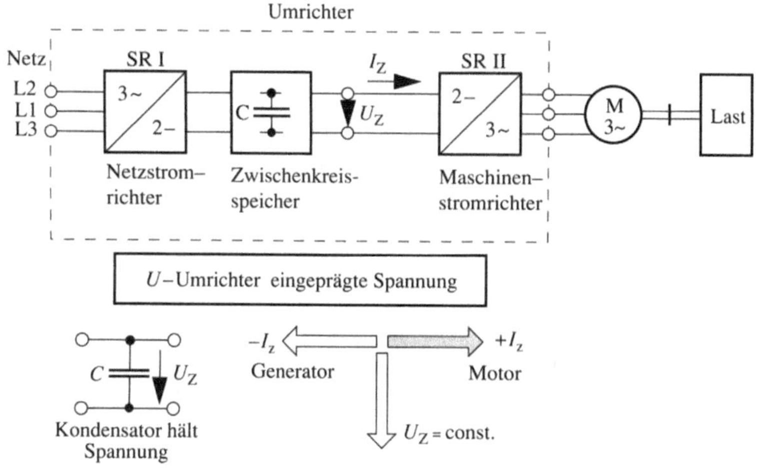

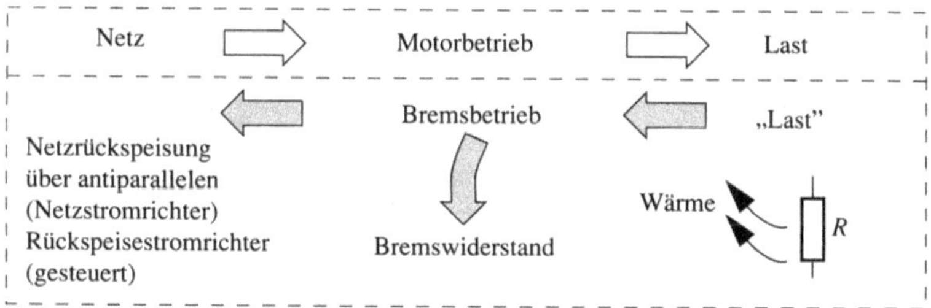

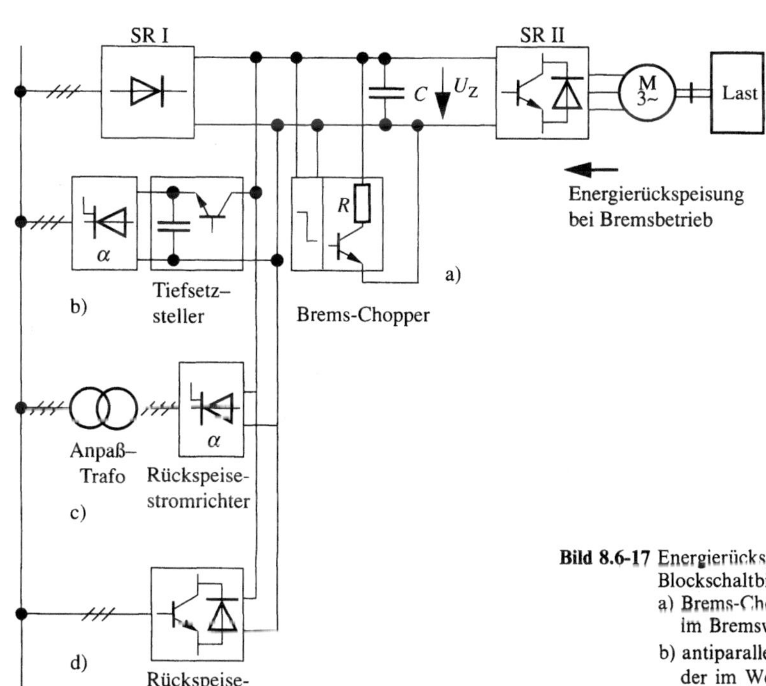

Bild 8.6-17 Energierückspeisung beim U-Umrichter
Blockschaltbilder mit den Energierichtungen

a) Brems-Chopper zur Umsetzung der Energie im Bremswiderstand,
b) antiparalleler gesteuerter Netzstromrichter, der im Wechselrichterbetrieb die Energie ins Netz zurückspeist. Die Spannungsanpassung erfolgt mit einem Tiefsetzsteller oder
c) einem Anpaßtransformator,
d) Rückspeisepulsstromrichter

Tabelle 8.6–2: Gegenüberstellung der Kenndaten der *U*- und *I*-Umrichterantriebe

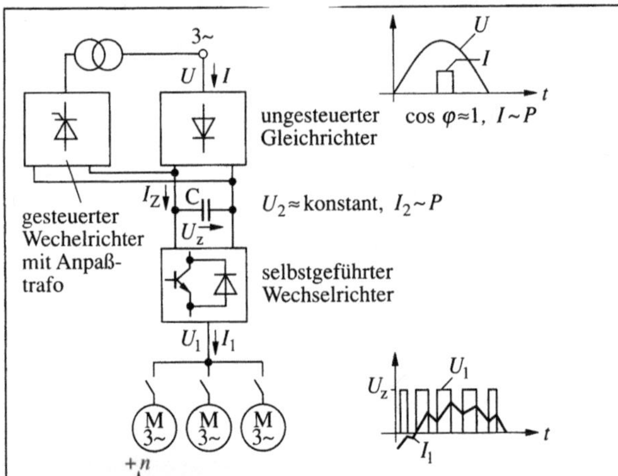
3~
U
I
ungesteuerter Gleichrichter
cos φ≈1, I~P
gesteuerter Wechelrichter mit Anpaß-trafo
I_Z
C
U_Z
U_2≈konstant, I_2~P
selbstgeführter Wechselrichter
U_1
I_1
M 3~
U_Z
U_1
I_1
t

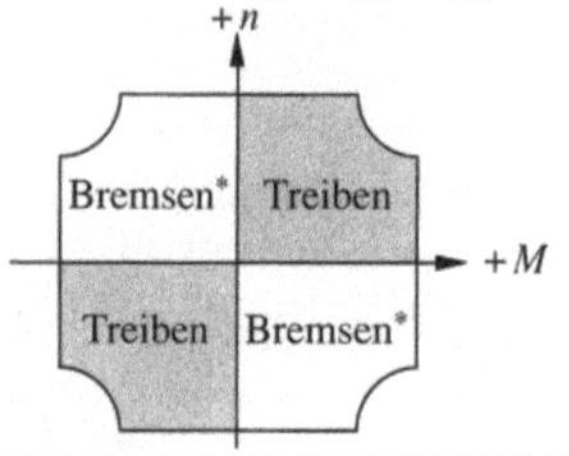
+n
Bremsen*
Treiben
Treiben
Bremsen*
+M

* mit Widerstand im Zwischenkreis oder Nutzbremsen mit zusätzlichem netzgeführten Stromrichter oder Rückspeisepulsumrichter

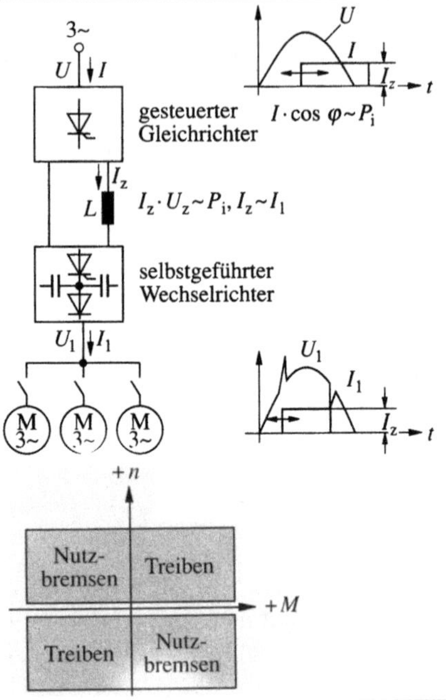
3~
U
I
gesteuerter Gleichrichter
I·cos φ~P_i
I_z
L
I_z·U_z~P_i, I_z~I_1
selbstgeführter Wechselrichter
U_1
I_1
M 3~
+n
Nutz-bremsen
Treiben
Treiben
Nutz-bremsen
+M
t

Stellbereich	sehr hoch, 1 : 100	begrenzt, etwa 1 : 10
Leerlauf Teillast	möglich kein Problem	unmöglich möglich (Rückfrage)
Anforderung an die Maschine	Drehstromasynchronmotor (Normmotor)	Drehstromasynchronmotor (Normmotor) kleine Streuung Abstimmung auf den Stromrichter
Leistungsbereich	W bis MW	etwa 15 kW bis MW
Spannungsbereich	von einigen V an	von 230/400 V an
Frequenzbereich	problemlos bis 200 Hz, bis 3 000 Hz mit speziellen Leistungsstufen	bis maximal 100 Hz (normal bis 87 Hz)
Feldstellbetrieb	problemlos möglich, hängt von der Maschine ab	nicht möglich, (evtl. in engen Grenzen)
4-Quadranten-Betrieb	mit Brems-Chopper möglich Nutzbremsung mit zusätzlich antiparallelem Netz-Stromrichter und Anpaßtrafo oder Puls im Eingang	ohne Zusatz immer möglich
Rundlauf im Bereich kleiner Drehzahlen	problemlos möglich ohne Zusatzeinrichtung	nur mit Strompulsung (meist Option)
Netzverschiebungsfaktor cos φ	belastungsunabhängig etwa 1	last- und drehzahlabhängig
Netzleistungsfaktor λ	0,8…0,9 belastungsunabhängig	drehzahlabhängig 0,2…0,7
Netzoberschwingungen	5. und 7. Höhe hängt von der Netzdrossel ab.	5. und 7.
Geräusche	merklich, Ultraschallpulsung möglich	gering
Einsatz	Einzel- oder Mehrmotoren-Antrieb	Einzelantrieb (Mehrmotoren mit Einschränkung)
Einsatzbeispiele	Werkzeugmaschinen, Servoantriebe, Rollgänge, Textilmaschinen, Prüfstände, Förderanlagen, Druckereimaschinen	Zentrifugen, Mischer, Rührwerke, Extruder, Lüfter, Pumpen, Transportbänder

8.6.2.6 Untersynchrone Stromrichterkaskade (USK) [8.16]

Setzt man zum Antrieb einen Schleifringläufer ein, so kann man über die Schlupfleistung die Drehzahl verstellen. Bei großen Leistungen wird die Schlupfleistung nicht in Widerständen in Wärme umgewandelt, sondern über einen Stromzwischenkreis-Umrichter ins Netz zurückgespeist. Diese Anordnung nennt man *Kaskade*. Bild 8.6–18 zeigt eine *untersynchrone Stromrichterkaskade* mit Drehzahl-Drehmoment-Kennlinie und einem Leistungsdiagramm.

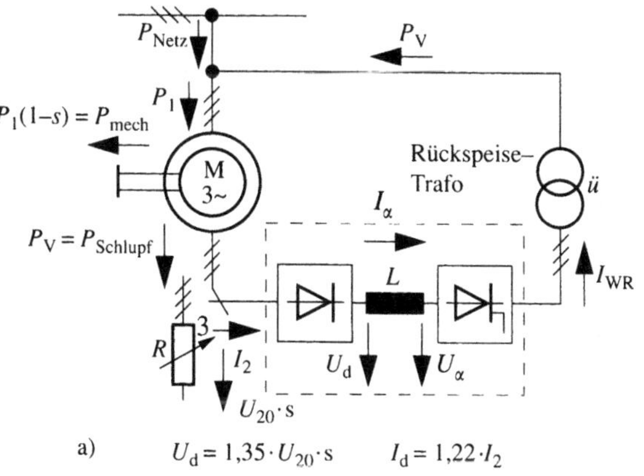

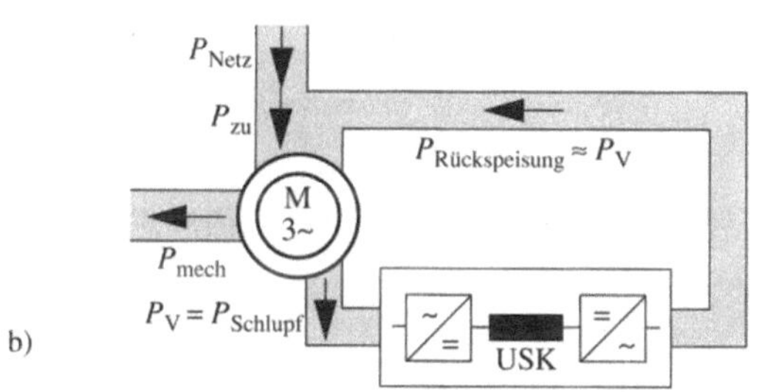

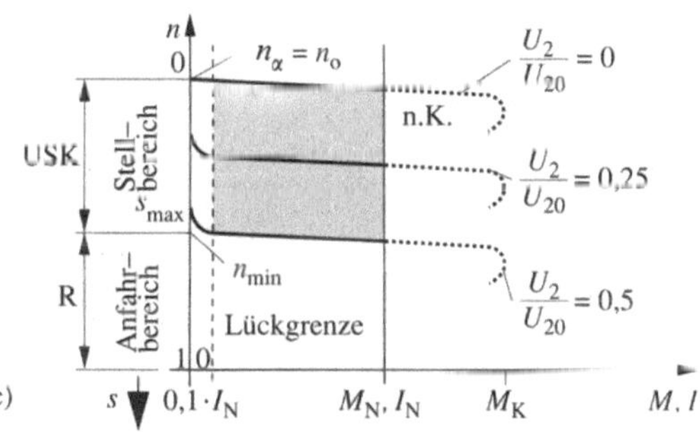

Bild 8.6-18 Untersynchrone Kaskade
a) Schaltbild,
b) Leistungsflüsse,
c) Drehzahl-Drehmoment-Kennlinie mit Stellbereich

Besonders interessant ist der Einsatz bei großen Leistungen und einem kleinen Stellbereich. Dann braucht der Stromrichter nur für die Schlupfleistung bemessen zu werden. Zum Anfahren werden kurzzeitig Schlupfwiderstände eingeschaltet. Um die Steuerblindleistung des Wechselrichters zu reduzieren, wird die niedrige Wechselrichterspannung über einen Transformator an die Netzspannung angepaßt. Die Leistung der Maschine teilt sich auf in

$$P_d = P_d(1-s) + P_d s, \qquad (8.6\text{–}10a)$$

$$P_d = P_{mech} \quad + P_v \qquad (8.6\text{–}10b)$$

mit der Drehfeldleistung P_d und dem Schlupf s. Die Daten für den Kaskaden-Stromrichter erhält man aus den Ausgangsdaten der läuferseitigen Leistung P_v und dem maximalen Schlupf s_{max}.

Die Formeln sind in Tabelle 8.6–3 zusammengestellt. Die Dioden des Läuferstromrichters müssen wegen der niedrigen Schlupffrequenz größer bemessen werden als die Datenblattangaben für 50-Hz-Betrieb aussagen.

Tabelle 8.6–3: Zusammenstellung der Formeln der USK

Läufer	
Strangspannung des Läufers	$U_{2SO} = U_{20} \frac{s_{max}}{\sqrt{3}}$
Läuferstrom	$I_{2N} = \frac{\sqrt{3} \cdot P_{2N}}{3 \cdot U_{20} \cdot s_{max} \cdot \cos \varphi_{2N}}$
Stromrichter	
SR I (Gleichrichter)	$U_{di0} = 1{,}35 \cdot U_{2SO}$ (B6: 1,35) $I_d = 1{,}22 \cdot I_{2N}$ (B6: 1,22)
Drossel nach Gl. (8.3–3)	
SR II (Wechselrichter)	$U_{di} = -U_{d\alpha}$ $s = -\cos\alpha$
auf der Netzseite	
Spannung	$U_{WRSO} = \frac{U_{do}}{1{,}35 \cos \alpha_{max}}$ (B6: 1,35)
Strom	$I_{WR} = \sqrt{2} \cdot \sqrt{3} \cdot I_d$
Transformator	
Spannungsübersetzungsverhältnis	$ü = \frac{U_{WR}}{U_{NSO}}$

8.6.2.7 Direktumrichter

Der *Direktumrichter* ist aus netzgeführten Stromrichtern aufgebaut. Je Strang einer Drehstrommaschine wird ein kompletter kreisstromfreier Umkehrstromrichter benötigt. Bild 8.6–19 zeigt das Blockschaltbild eines Direktumrichters. Durch den direk-

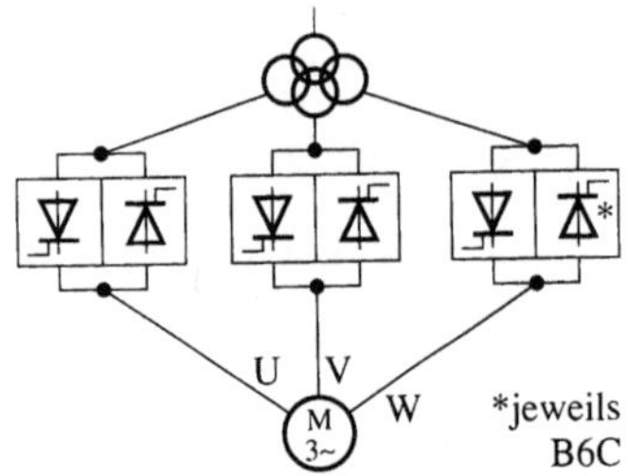

Bild 8.6-19 Direktumrichter, Blockschaltbild. In jedem Strang sitzt ein Umkehrstromrichter

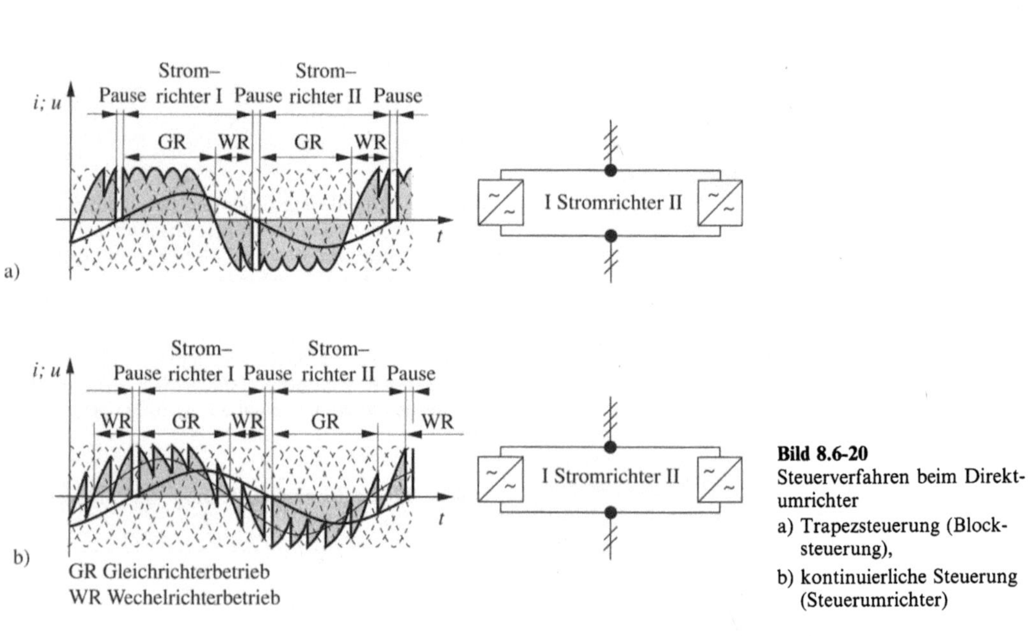

Bild 8.6-20
Steuerverfahren beim Direktumrichter
a) Trapezsteuerung (Blocksteuerung),
b) kontinuierliche Steuerung (Steuerumrichter)

ten Wandlungsprozeß ist der Frequenzbereich auf etwa $0{,}4 \cdot f_{Netz}$ begrenzt. Wegen des Aufwandes lohnt der Einsatz nur bei großen Leistungen ab mehreren 100 kW. Es gibt zwei Direktumrichterarten, den mit:

- *Trapezsteuerung* und den
- *Steuerumrichter* (Bild 8.6–20).

Beim Steuerumrichter erfolgt eine Anpassung der Spannung an die Sinusform durch dauerndes Steuern der Teilstromrichter. Einsatzfälle sind langsamlaufende Antriebe großer Leistung, z. B. Rohrmühlen, Walzenantriebe oder Förderantriebe im Bergbau.

8.7 Wechsel-/Drehstromsteller (Wechselwegschaltungen)

8.7.1 Wechselstromsteller (Wechselwegschaltung)

Wechselstromsteller W1 *(Wechselwegschaltung)* sind Thyristorschaltungen nach Bild 8.7–1, die kein Gleichstromglied in der Spannung enthalten. Die Verbraucherspannung besteht im ganzen Steuerbereich nur aus symmetrischen Ausschnitten der Sinus-

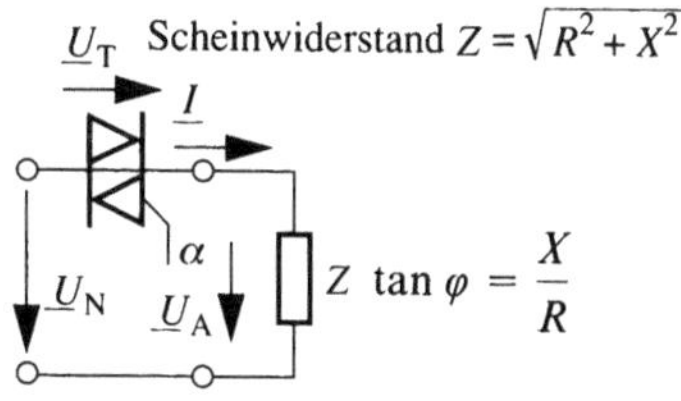

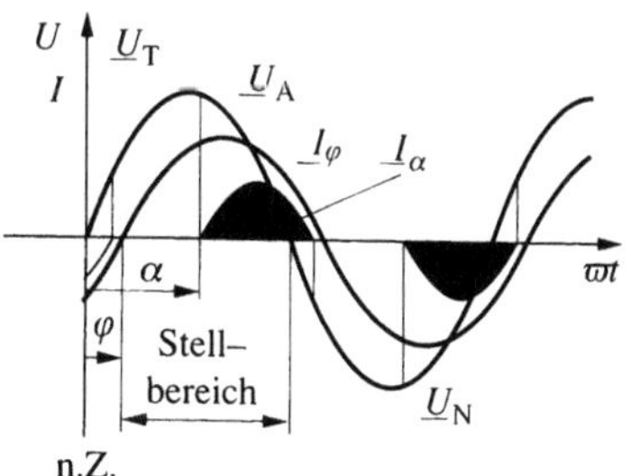

Bild 8.7-1 Schaltung eines Wechselstromstellers (W1)
a) Schaltbild,
b) Liniendiagramme

Netzspannung. Die Stromführung hängt von der Art der Last ab. Bei rein ohmscher Last beginnt sie verzögert um den Steuerwinkel α und endet beim Nulldurchgang der Spannung. Bei rein induktiver Last hält die Induktivität den Strom aufrecht, bis beide Spannungszeitflächen (+ und −) gleich groß sind.

Die Lösung für gemischt ohmsch induktive Last liegt dazwischen. Der Strom fließt jeweils vom Zündzeitpunkt bis zum natürlichen Nulldurchgang des Stromes. Bei einer gemischt ohmsch induktiven Last erhält man den Stromverlauf allgemein zu:

$$i = \frac{\sqrt{2}U}{\sqrt{R^2 + (\omega L)^2}} (\sin(\omega t - \varphi)) - \sin(\alpha - \varphi) e^{-R/\omega L(\omega t - \alpha)}. \quad (8.7\text{–}1)$$

i	U	ω	R	L	α, φ
A	V	1/s	Ω	H	rad°

Der Stromverlauf ist nicht sinusförmig. Der Strom setzt sich aus einer Sinuskurve und einem abklingenden Gleichstromglied zusammen (Schaltvorgang, Zeitkonstante $T_- = L/R$).

Die Steuerkennlinie des Wechselstromstellers zeigt Bild 8.7-2. Der Effektivwert des Laststromes I_{eff} wird dabei auf den ungesteuerten Effektivwert I_{eff_0} bezogen.

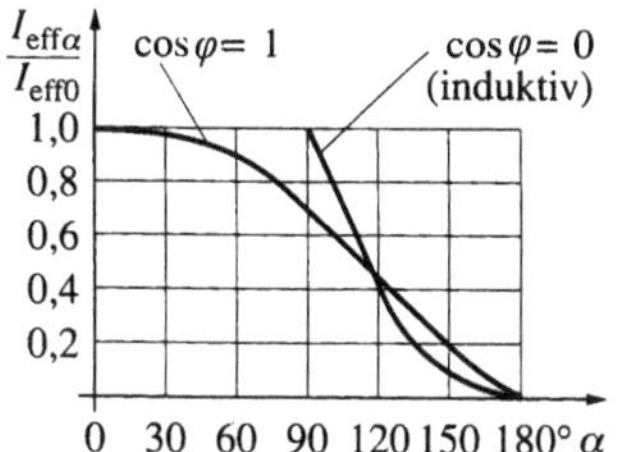

Bild 8.7-2 Steuerkennlinie eines Wechselstromstellers

8.7.2 Drehstromsteller (Wechselwegschaltung)

Bei der *Drehstrom-Wechselwegschaltung* W3 (Bild 8.7–3) entsteht die Verbraucherspannung aus drei phasenverschobenen Ausschnitten der Netzspannung. Der Steuerwinkel entspricht wieder dem Winkel zwischen dem Nulldurchgang der Netzspannung und dem Zündimpuls. Wegen der Verkettung der drei Stränge sind die Spannungs- und Stromverhältnisse jedoch nicht mehr so übersichtlich wie bei Wechselstrom. Die Steuerkennlinie eines Drehstromstellers zeigt Bild 8.7–4. Der Effektivwert des Laststromes I_{eff} wird dabei auf den ungesteuerten Effektivwert I_{oeff} bezogen.

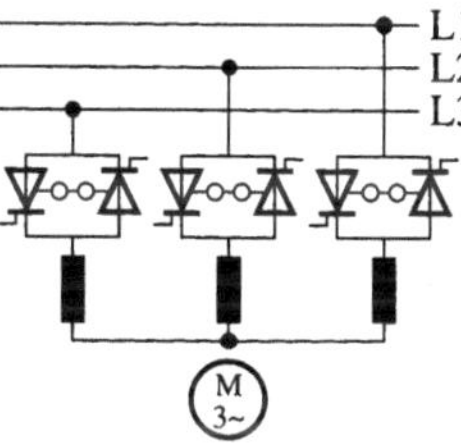

Bild 8.7-3
Schaltung eines Drehstromstellers (W3)

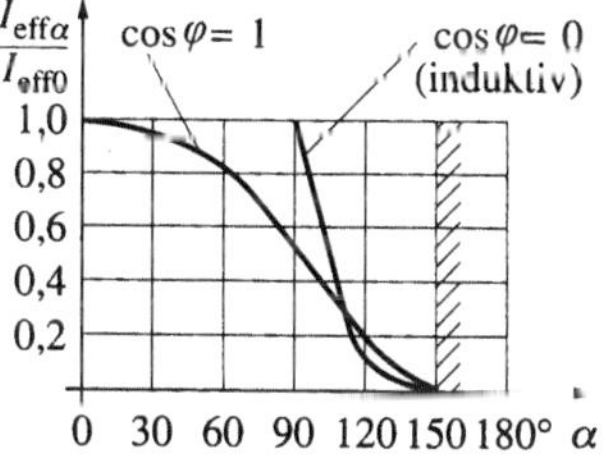

Bild 8.7-4 Steuerkennlinie eines Drehstromstellers

8.7.3 Steuer-Blindleistung

Sowohl beim Wechselstrom- als auch beim Drehstromsteller treten bei Anschnittsteuerung nichtsinusförmige Ströme in der Last und damit auch im speisenden Netz auf. Zerlegt man die Ströme in Grund- und Oberschwingungen (Fourier), so erhält man neben der Grundschwingung eine Reihe von Oberschwingungen höherer Ordnungszahl, deren Frequenz ein ganzzahliges Vielfaches der Grundfrequenz ist.

Durch die Anschnittsteuerung eilt auch bei rein ohmscher Last (Bild 8.7–5) die Grundschwingung des Stromes i_1 gegenüber der Wechselspannung u nach. Dadurch tritt auch bei rein ohmscher Last im Wechselstromnetz durch die Anschnittsteuerung mit dem Winkel α induktive Grundschwingungsblindleistung Q_1 auf!

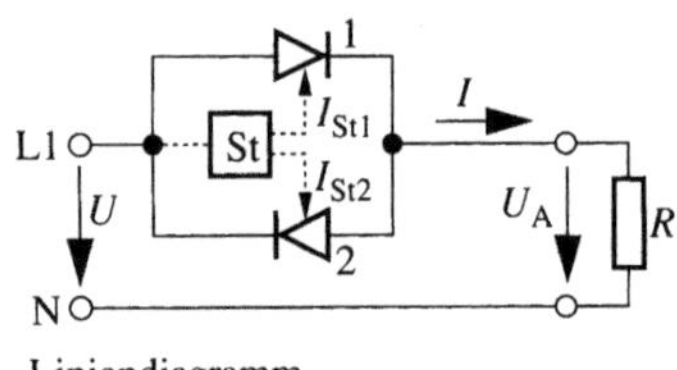

Liniendiagramm

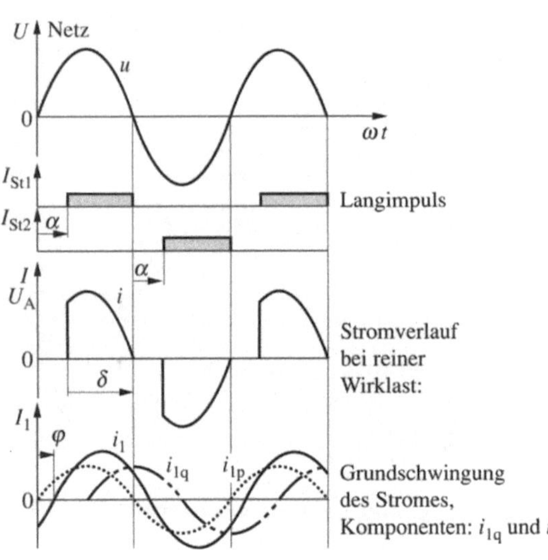

Bild 8.7-5 Aufteilung des angeschnittenen Stellerstromes in Wirk- und Blindstromkomponente des Grundschwingungsstromes

Der Grundschwingungsstrom i_1 läßt sich in eine Wirk- und Blindkomponente zerlegen. Der Scheitelwert der Wirkkomponente des Grundschwingungsstromes i_{1p} ergibt sich zu:

$$i_{1p} = \frac{i}{\pi}(\pi - \alpha + \sin\alpha \cdot \cos\alpha), \tag{8.7–2}$$

die Blindkomponente i_{1q} zu

$$i_{1q} = \frac{i}{\pi}\sin 2\alpha. \tag{8.7–3}$$

Aus den Komponenten erhält man den Phasenverschiebungswinkel φ_1 der Grundschwingung zu

$$\varphi_1 = \arctan\frac{\sin 2\alpha}{(\pi - \alpha + \sin\alpha \cdot \cos\alpha)}. \tag{8.7–4}$$

Die Wirkleistung ergibt sich zu:

$$P = UI_1 \cos\varphi_1, \tag{8.7–5a}$$

die Blindleistung zu:

$$Q = UI_1 \sin\varphi_1 \tag{8.7–5b}$$

und die Verzerrungsblindleistung D zu:

$$D = U\sqrt{\sum I_v^2}. \tag{8.7–5c}$$

P	U	I_1, I_v	Q, D	φ_1, α
W = VA	V	A	var = VA = W	rad, °

Grundschwingungsblindleistung und Verzerrungsblindleistung ergänzen sich in jedem Augenblick zu Null, so daß keine Energie zur Wechselspannungsquelle pendelt!

8.7.4 Steuerung

Beim Betrieb der Wechsel-/Drehstromsteller gibt es verschiedene Steuerverfahren.

Die *Halbleiterschalter* können nur zum nichtperiodischen EIN- und AUS-Schalten von Lasten genutzt werden. Das Schalten kann dann synchron – ohne Ausgleichsglied – oder asynchron erfolgen. Dies ist ein „Schalterbetrieb" mit elektronischen Schaltern. In jeder Halbschwingung der Netzspannung ist der Thyristor neu zu zünden (Bild 8.7–6).

Durch *Phasenanschnitt* mit dem Steuerwinkel α kann der Leistungsfluß zwischen Netz und Last gestellt werden.

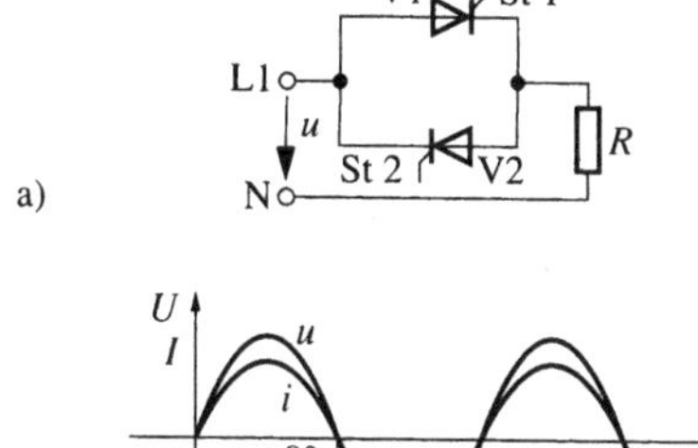

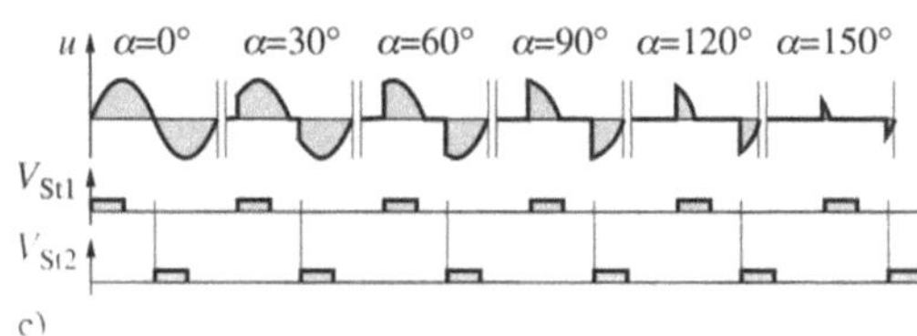

Bild 8.7-6 Steller als elektronische verschleißfreie Schalter
a) Schaltung,
b) Liniendiagramme für ohmsche Last,
c) Anschnittsteuerung für verschiedene Steuerwinkel α

Ein andereres Verfahren sieht zur Steuerung des Leistungsflusses das *Ausblenden von Schwingungspaketen* (Bild 8.7–7) vor. Dies kann asynchron oder synchron mit der Netzfrequenz f erfolgen. Die Schwingungspaketsteuerung (Vielperiodensteuerung) erzeugt, bezogen auf die Netzfrequenz f, Unterschwingungen im Netz- bzw. Laststrom, was zu unangenehmen Flickererscheinungen führen kann, da der Schwerpunkt des Frequenzspektrums im Vergleich zur Phasenanschnittsteuerung in den Bereich tiefer Frequenzen verschoben ist.

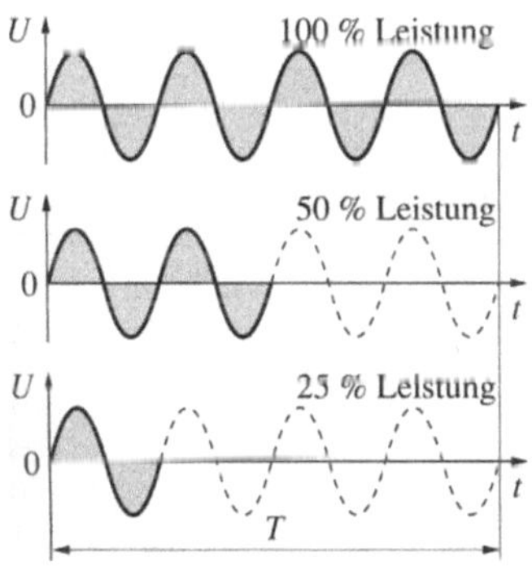

Bild 8.7-7 Schwingungspaketsteuerung (Vielperiodensteuerung) der Leistung; Leistungssteuerung durch Ausblenden der Schwingungspakete

8.8 Elektromagnetische Veträglichkeit (EMV) [8.38], [8.37] und Netzrückwirkungen von Umrichtern [8.21]

8.8.1 Elektromagnetische Verträglichkeit (EMV)

Spätestens seit der Übernahme der EMV-Rahmenrichtlinien der EG in Deutsches Recht (EMVG) Ende 1992 steht fest, daß alle deutschen Hersteller und Importeure elektrischer und elektronischer Geräte ab 1996 verpflichtet sind, für ihre Produkte die *elektromagnetische Verträglichkeit* nachzuweisen. Das erfordert die Überprüfung der Produkte durch akkreditierte Prüflabors [8.41].

Zwei Faktoren spielen eine wichtige Rolle (Bild 8.8–1):

- *Störfestigkeit* nach EN 50082-2: Die Störfestigkeit ist das Vermögen eines elektrischen Betriebsmittels, äußeren elektrischen bzw. elektromagnetischen Einflüssen zu widerstehen.
- *Störvermögen* nach EN 50081-2: Das Störvermögen charakterisiert die von einem elektrischen Betriebsmittel ausgehenden elektrischen bzw. elektromagnetischen Störungen.

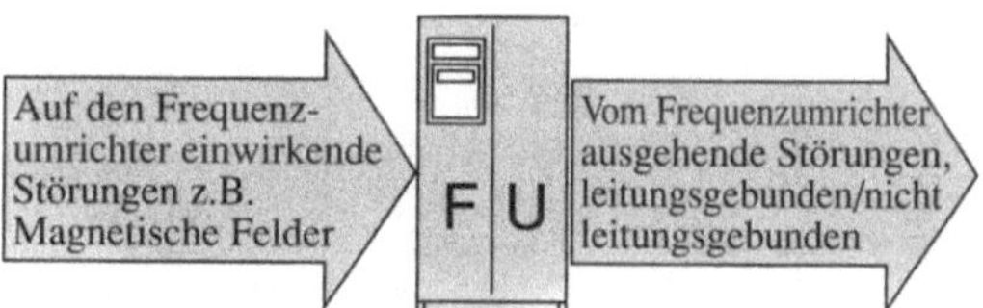

Bild 8.8-1 Elektromagnetische Verträglichkeit (EMV) bei Stromrichterantrieben; hier am FU

Die von Stromrichtern ausgehenden Störungen werden im wesentlichen durch die Schaltvorgänge im Leistungsteil hervorgerufen. Durch schnell schaltende Bauteile – IGBTs – mit Schaltfrequenzen um 10 kHz – gehen von U-Umrichtern u. U. starke Störungen aus, die unter den zulässigen Grenzen der Norm gehalten werden müssen.

Man unterscheidet *leitungsgebundene Störungen* und *nicht leitungsgebundene Störungen.* Erstere bekämpft man erfolgreich durch Filter (Bild 8.8–2). Gegen Abstrahlung hilft Abschirmung und geeignete Erdung.

Sind alle Maßnahmen durchgeführt, trägt das Gerät das EG-Konformitätszeichen „CE“ mit Jahreszahl. Die Verantwortung für die Richtigkeit der Aussage übernimmt der Hersteller. Prinzipiell gilt das Verursacherprinzip, das besagt, daß derjenige Störungen zu beseitigen hat, der stört.

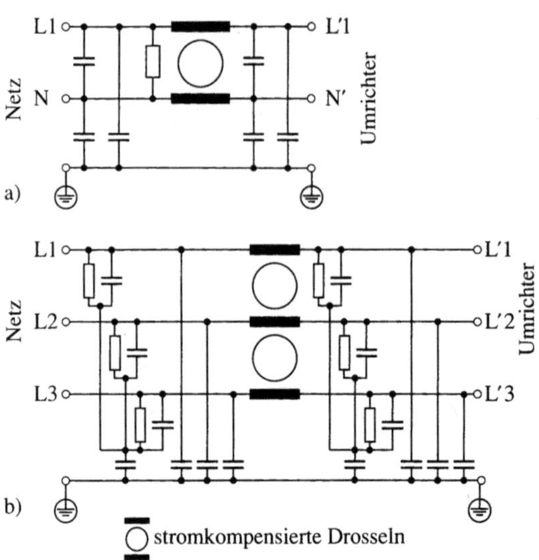

Bild 8.8-2 Netzfilter für *U*-Umricher am
a) Wechselstrom- und
b) Drehstromnetz

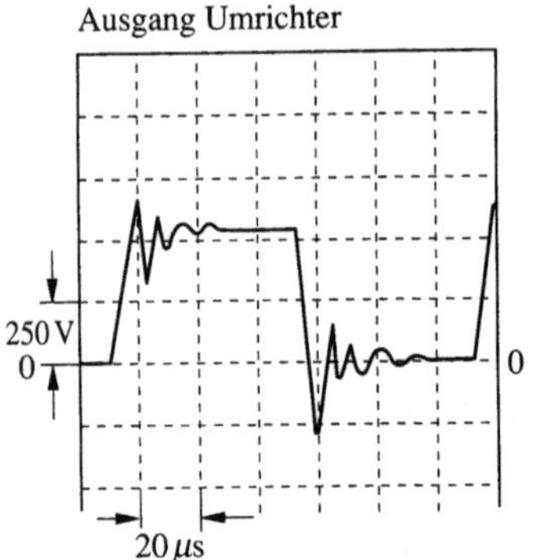

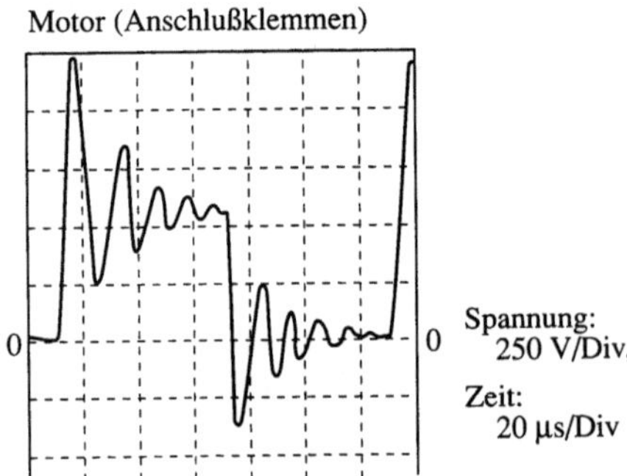

Bild 8.8-3 Transiente Überspannung an der Motorwicklung. Leitungslänge 100 m, Bemessungsspannung 400 V

Leistungsschalter im Umrichterwechselrichterteil schalten die volle Zwischenkreisspannung mit Spannungsflanken von bis zu 10 kV/μs [8.36]. Bei langen Verbindungsleitungen zwischen Umrichter und Motor kann es zu Spannungsüberhöhungen kommen (Bild 8.8–3). Dies beansprucht die Motorisolation stark [8.44]. Die Größe der Funkstörspannung ist in EN 55014 festgelegt Bild 8.8–4 zeigt Abhilfemöglichkeiten und ein Spektrum [8.42], [8.43].

8.8.2 Netzrückwirkungen

Stromrichter nehmen nichtsinusförmige Eingangsströme auf. Diese Oberschwingungsströme rufen an den vorgeschalteten Netzblindwiderständen Spannungsfälle hervor, die die Netzspannung verzerren. Gesteuerte netzgeführte Stromrichter belasten das Netz mit Steuerblindleistung [8.39], [8.40]. Der Grundschwingungsverschiebungsfaktor $\cos \varphi_1$ und

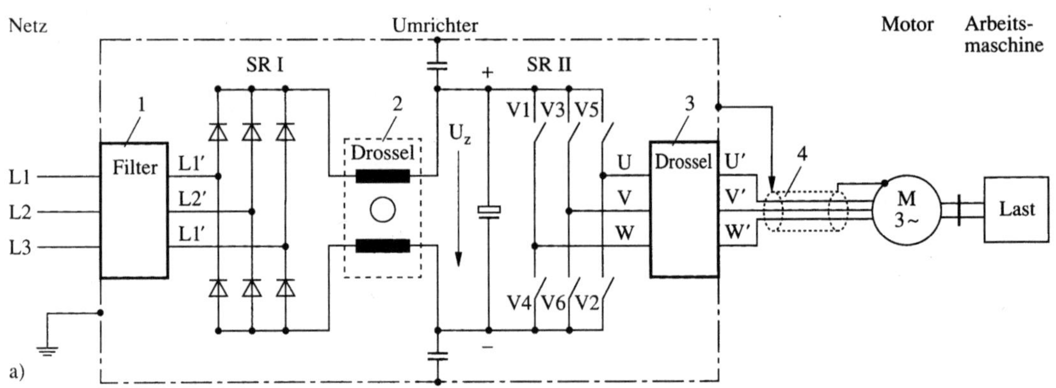

Bild 8.8-4a) Prinzipschaltbild eines *U*-Umrichters mit Entstörelementen
1 Netzfilter,
2 stromkompensierte Drossel im Gleichspannungseingang,
3 stromkompensierte Drossel am Umrichterausgang,
4 abgeschirmte Motorzuleitungen beidseitig geerdet,

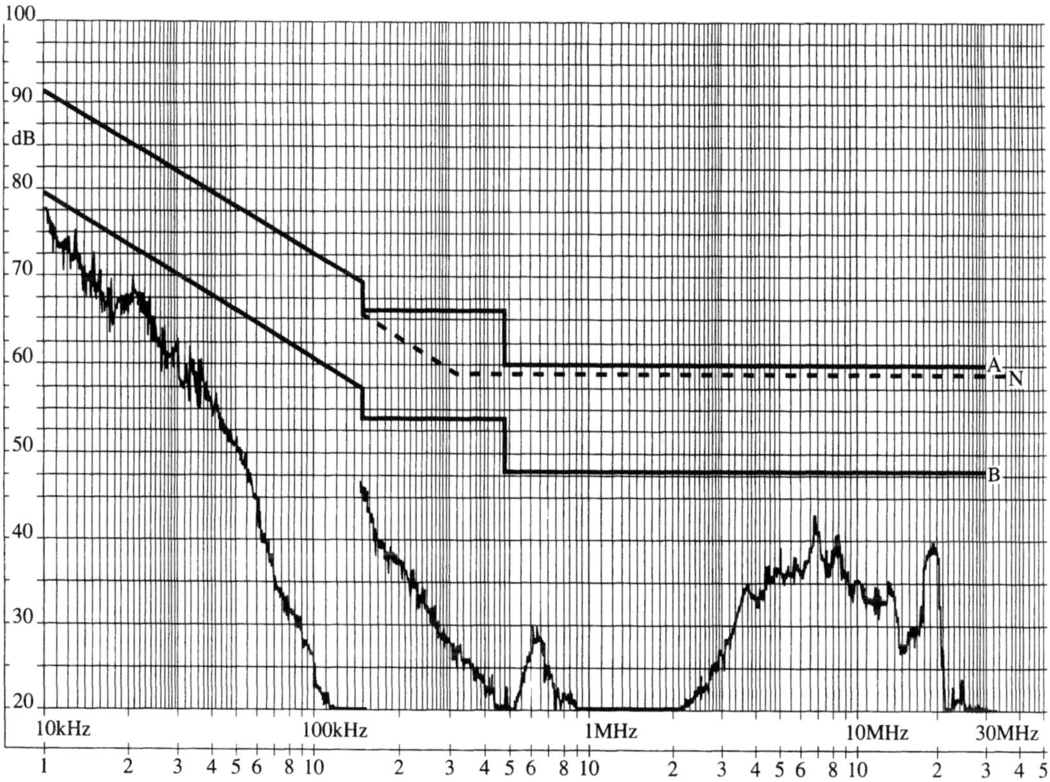

Bild 8.8-4b) Spektrum der Störspannung (VDE 0871) [8.42]
(Hinweis: Bei 150 kHz wird die Bandbreite des Meßfilters umgeschaltet)

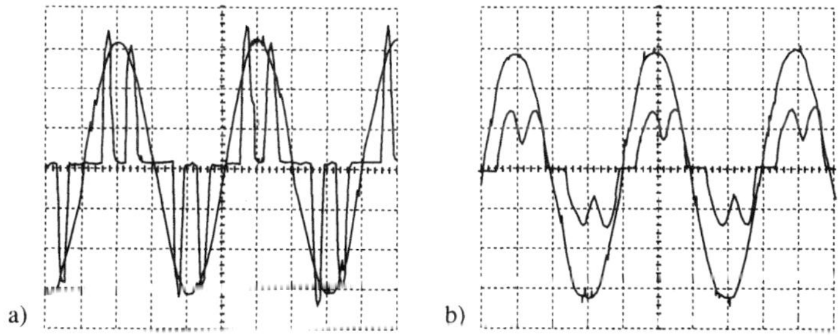

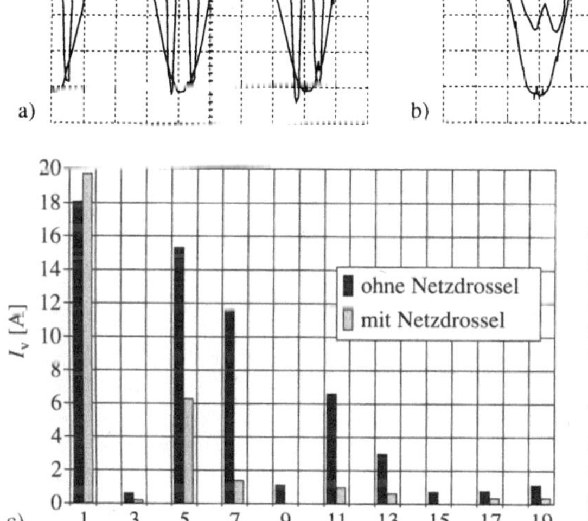

Bild 8.8-5
Spannungs- und Stromverläufe mit Spektren beim U-Umrichter im Bemessungsbetrieb (11 kW)

a) am starren Netz,

b) mit Netzdrossel ($4\% = u_k$),

Für a) und b) gilt:
Spannung: Strangspannung 100 V/Div
Strom: 20 A/Div
Zeit: 5 ms/Div

c) Spektren der Netzströme

der Leistungsfaktor $\lambda = P/S$ geben Hinweise auf die unerwünschten *Netzrückwirkungen*.

Bild 8.8-5 zeigt den Einfluß einer Netzdrossel bei einem U-Umrichter auf die Verläufe der Netzströme und das sich ergebende Spektrum.

Bild 8.8–6 zeigt im Vergleich die cos φ- und λ-Werte bei Stromrichterantrieben unterschiedlicher Art. Außer beim U-Umrichter ist die Rückwirkung stark von der Drehzahl (Aussteuerung) abhängig. Die Werte gelten für Antriebe mit ca. 4 kW Abgabeleistung im Bemessungspunkt.

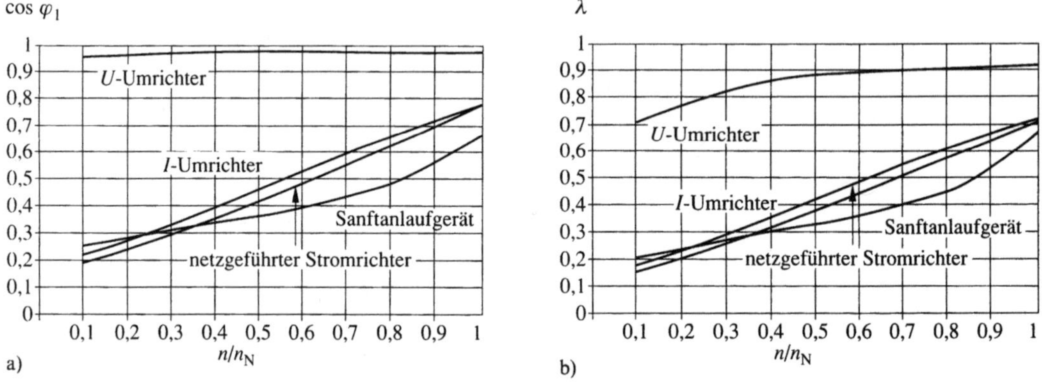

Bild 8.8-6 cos φ_1- (a) und λ-Werte (b) verschiedener Stromrichterantriebe abhängig von der bezogenen Drehzahl (Aussteuerung)

8.9 Regelung bei Stromrichtern

8.9.1 Übersicht

Bei Stromrichtern werden üblicherweise mehrere Regelkreise überlagert. Grundsätzlich ist dem Leistungsteil ein Stromregler vorgeschaltet, der auch die Strombegrenzung und damit den Schutz gegen Überstrom übernimmt. Diesem Regler überlagert sind Drehzahl-/Spannungsregler und darüber Technologieregler, z. B. Position, Temperatur, Durchfluß usw.

Wegen der Vielzahl der Möglichkeiten sollen sich die folgenden Hinweise nur auf die Regelung bei Antrieben mit netzgeführten Stromrichtern mit Gleichstrommaschinen und für Umrichterantriebe mit Asynchronmaschinen beschränken.

8.9.2 Gleichstromantriebe

Die meisten Antriebe sind mit einem Stromrichter mit Glättungsdrossel und einer Maschine mit Tachogenerator ausgeführt.

Digitale Stromrichter haben ein automatisches Regleradaptionsprogramm für die Inbetriebnahme. In einem Testlauf werden Strom- und Drehzahlregler optimiert. Die beim Testlauf gefundenen Parameter können weiter vom Betreiber verbessert werden.

Auch die Parameter für das Lücken werden automatisch erfaßt. Bei Analogreglern stellt man erst den unterlagerten Stromregler (meist PI) und dann den Spannungs- oder Drehzahlregler (meist PI, aber auch PID) ein.

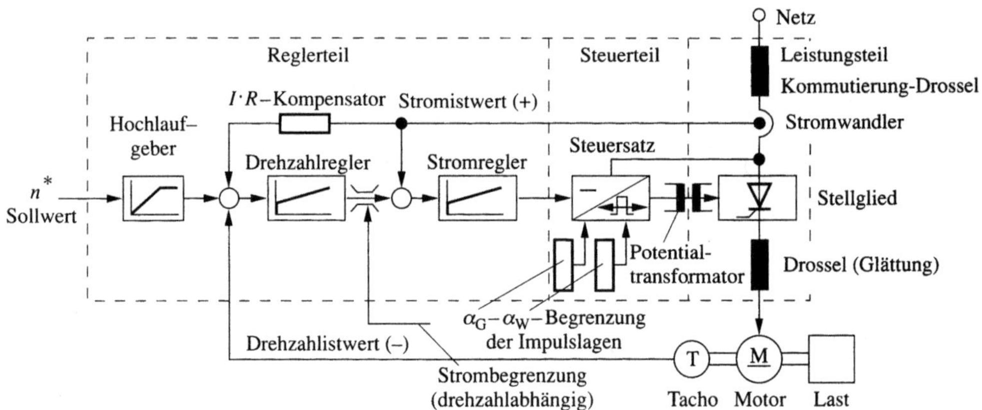

Bild 8.9-1 Blockschaltbild der Regelung bei analogen Stromrichtern der Antriebstechnik

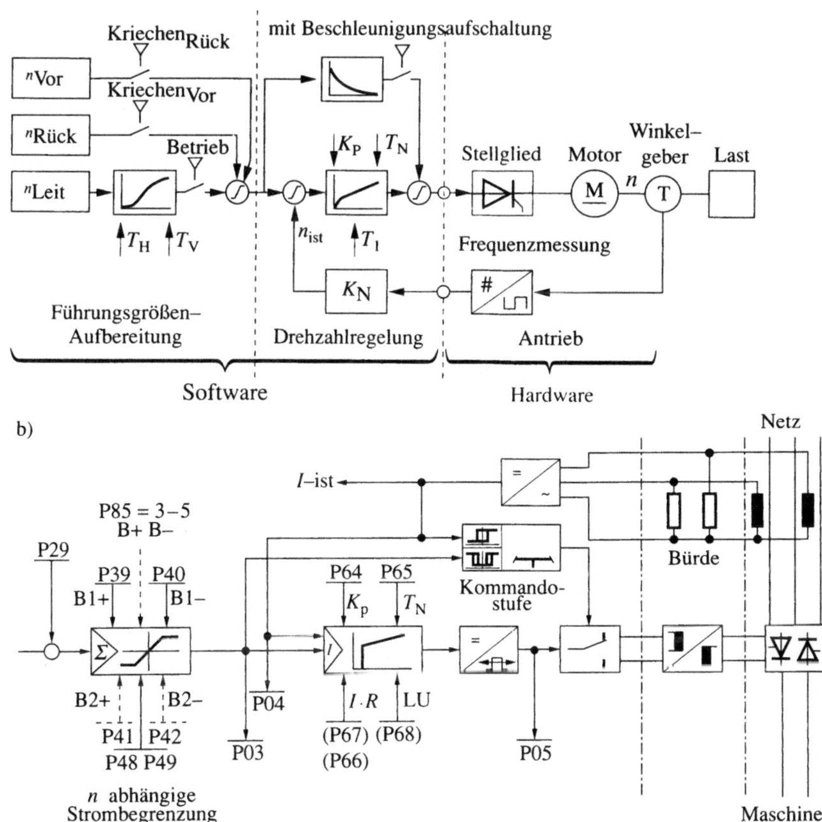

c)

Parameter Nr.	Urladewert	Wertebereich	Funktion
P64	0,16	0,05…5	Stromregler: P-Verstärkung. Es ist möglich die P-Verstärkung auf 0 zu stellen (ergibt I-Regler)
P65	25	0,5…50 ms	Stromregler: Nachstellzeit T_N. Es ist möglich, die Nachstellzeit auf 0 zu stellen (ergibt P-Regler)
P66	10	0…255	Vorsteuerung: R-Anteil im Lücken
P67	30	0…255	Vorsteuerung: R-Anteil im Nichtlücken
P68	20	0…100% von I_{Bem} des Gerates	Lückgrenze des Ankerstromes

Bild 8.9-2 Regelung bei digitalen Stromrichtern der Antriebstechnik
a) Blockschaltbild der Regelung,
b) Ausschnitt: Stromregler eines digitalen Stromrichtern,
c) Parametertabelle (Auszug) eines Stromreglers mit Einstellbereichen und Hinweisen auf den Urladewert

Soll die Drehzahl auch ohne Tachogenerator möglichst konstant bleiben, kann man dies über eine $I \cdot R$-Kompensation erreichen.

Besondere Maßnahmen sind für den Fall des Stromlückens zu treffen. Hier helfen bei Analoggeräten zusätzliche Adapterkarten für Lückbetrieb. Bei den Digitalgeräten ist die Anpassung über Software möglich. Bild 8.9–1 zeigt einen Antriebs-Stromrichter mit den Einstellpunkten. In Bild 8.9–2 ist die Regelung über Software bei digitalen Stromrichtern im Schema gezeigt. Das Bild gibt auch einen Einblick in die Einstellmöglichkeiten der Stromreglerparameter und deren Bereiche.

8.9.3 Drehstromantriebe mit Umrichtern

Auch bei Umrichtern schützt ein Stromregler die Leistungsstufen. Zusätzlich wird aber noch die Zwischenkreisspannung überwacht, um bei Überspannungen abzuschalten. Bei Überlastung entlastet sich der Umrichter durch Absenken der Ausgangsfrequenz. Soll ohne Tachogenerator mit möglichst konstanter Drehzahl gearbeitet werden, kann man den Schlupf kompensieren. Auch die U/f-Kennlinie läßt sich an den Antrieb anpassen (Skalarregelung). So sind Eckfrequenz, maximale Frequenz, minimale Frequenz und die zugehörige Spannung einstellbar.

Um die Spannungsfälle in der Maschine auszugleichen, wird eine $I \cdot R$-Kompensation vorgenommen, die einstellbar ist. Um beim (Schwer-)Anlauf genügend Spannung zur Verfügung zu haben, ist die Spannungsanhebung bei kleinen Frequenzen (Boost) einstellbar. Die aufgeführten Möglichkeiten mit den Auswirkungen auf die Kennlinie zeigt Bild 8.9–3. Soll die Drehzahl bei Belastung möglichst konstant gehalten werden, so gelingt dies durch die Schlupfkompensation. Bei Belastung wird die Speisefrequenz lastabhängig angehoben (Bild 8.9–4). Bild 8.9–5 zeigt das Blockschaltbild eines U-Umrichters mit den Regelstrukturen bei U/f-Kennliniensteuerung.

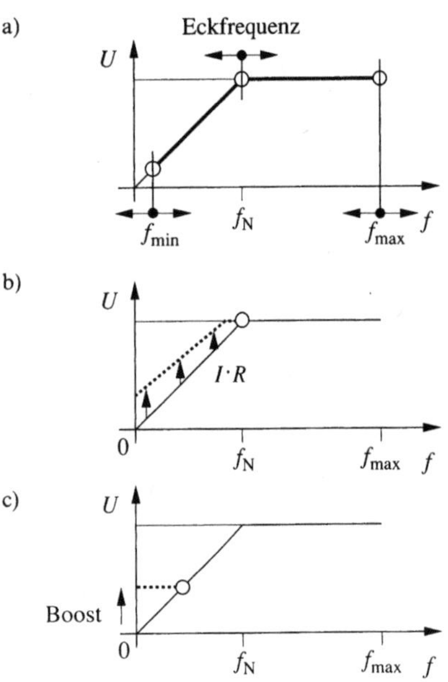

Bild 8.9-3 Einstellmöglichkeiten an der U/f-Kennlinie
a) Eckfrequenz,
b) $I \cdot R$-Kompensation,
c) Boost im Bereich kleiner Frequenzen

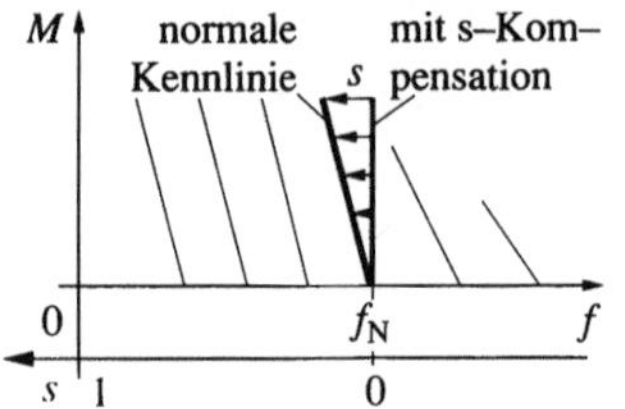

Bild 8.9-4 Schlupfkompensation bei Belastung

Bei hochwertigen Antrieben reicht die Dynamik durch U/f-Kennliniensteuerung nicht aus. Die *feldorientierte Regelung* oder direkt digitale Momentenregelung (DTC) tritt an die Stelle einer reinen Kennliniensteuerung für die Spannung. Grundgedanke ist die Aufspaltung und Erfassung des Ständerstromes mit seiner flußbildenden und seiner drehmomentbildenden Komponente (Bild 8.9–6a, b). Dies ist über entsprechende ASIC-Schaltungen oder über Maschinenmodelle möglich. Digitalprozessoren (DSP) versorgen die Aussteuerung alle 25 µs mit dem optimalen Schaltmuster. Dann wird die Maschine immer optimal so magnetisiert, daß das Drehmoment den gewünschten Wert hat. Eine so geregelte Maschine hat die gleichen dynamischen Qualitäten wie eine Gleichstrommaschine. Man spricht von *fluß-* oder *feldorientierter Regelung (Vektorregelung)*, da die Regelung im umlaufenden Feldkoordinatensystem durchgeführt wird. Sowohl bei U- als auch bei I-Umrichtern ist diese Regelung möglich.

Bild 8.9–6c zeigt die Struktur für die flußorientierte Regelung. Die Regler optimieren sich im Testlauf selbst (Autotuning). Bild 8.9–7 zeigt das Oszillogramm eines Testlaufes, zunächst für den Drehmoment- und dann für Drehzahlregler. Momentenanregelzeiten unter 5 ms sind erreichbar. Mit Inkremental-Drehzahlgeber verbessern sich die Eigenschaften wesentlich [8.34].

Bild 8.9–8 zeigt die Wirkung der feldorientierten Regelung bei einem Hochlaufversuch. Die drehmomentbildende Stromkomponente und das an der Welle gemessene Drehmoment stimmen gut überein; in der Hochlaufphase ist die flußbildende Stromkomponente konstant.

Bild 8.9–9 zeigt Drehzahl-Drehmomentkennlinien von Umrichterantrieben mit feldorientierter Regelung. Antrieb 1 arbeitet mit inkrementalem Drehzahlgeber und erzielt so eine sehr gute Drehzahlkonstanz im unteren Drehzahlbereich (Verfahren mit eingeprägtem Ständerstrom, VECTRON). Antrieb 2 (eingeprägte Ständerspannung) arbeitet sehr gut bei höheren Drehzahlen und ist einfacher zu installieren, da kein Drehzahlgeber benötigt wird (Mitsubishi).

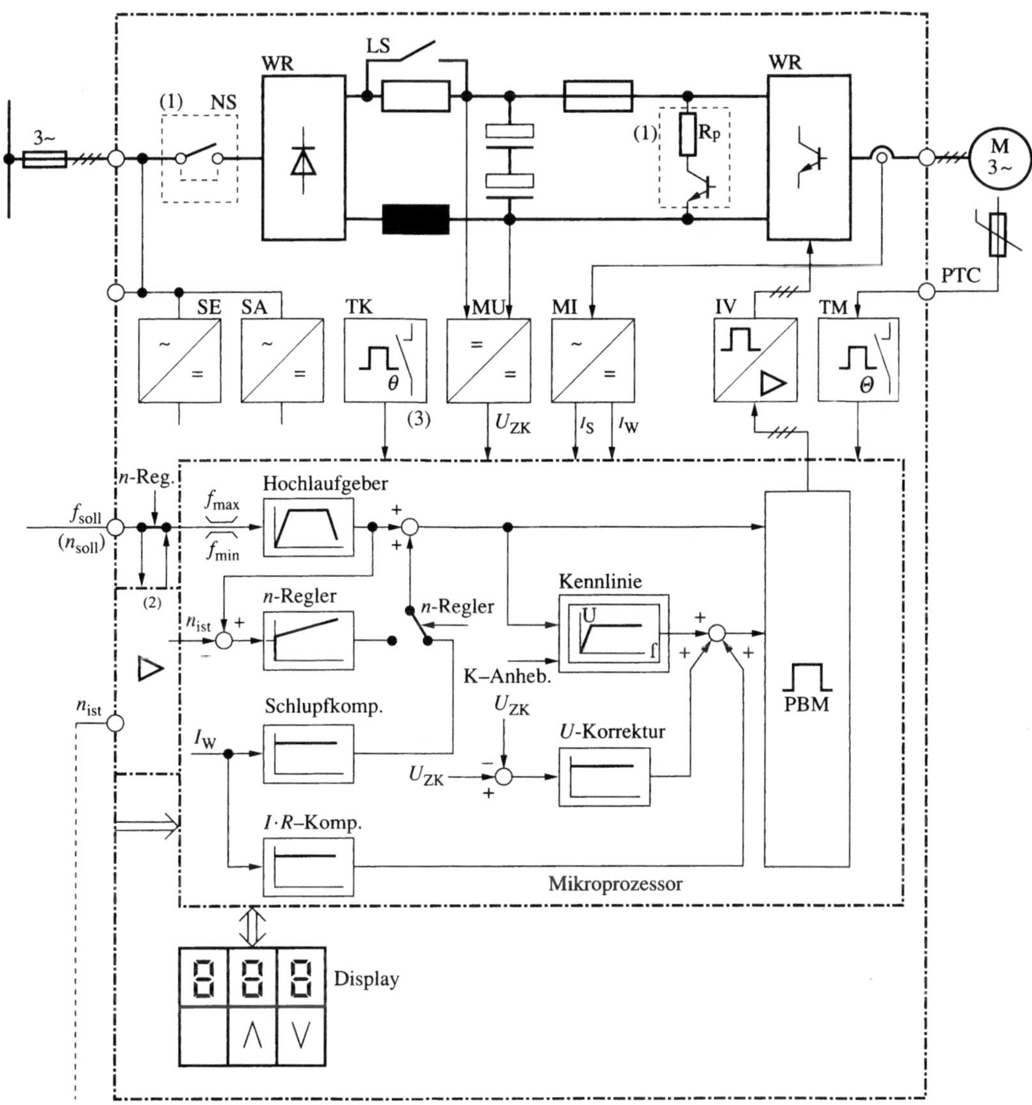

Bild 8.9-5 Blockschaltbild eines Frequenzumrichters mit Skalarregelung und verschiedenen Reglerstruktogrammen
(1) Netzschütz nur bei Geräten mit Pulswiderstand,
(2) Eingangskoppelbaugruppe (Option),
(3) Temperaturüberwachung Kühlkörper nur,
ab 33 kVA ohne PW,
ab 6,5 kVA mit PW

GR Netz-Gleichrichter,
WR Maschinen-Wechselrichter,
NS Netzschütz,
LS Ladeschütz,
SE Stromversorgung Elektronik,
SA Stromversorgung Ansteuerung,
Rp Pulswiderstand,

TK Temperaturüberwachung Kühlkörper,
MU Meßwertumformer Spannung,
MI Meßwertumformer Strom,
IV Impulsverstärkung,
TM Temperaturüberwachung Motor,
PBM Pulsbreitenmodulation

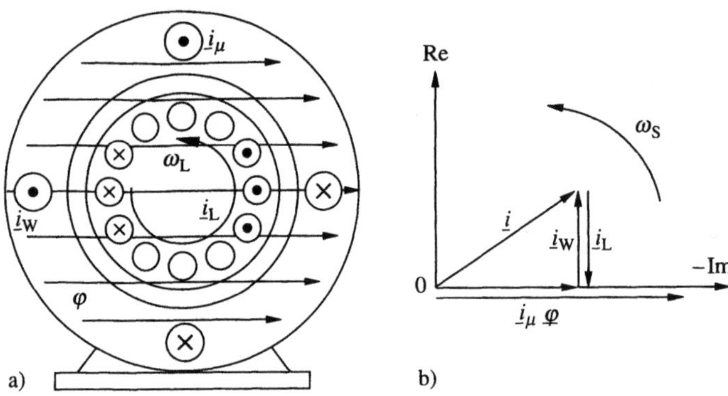

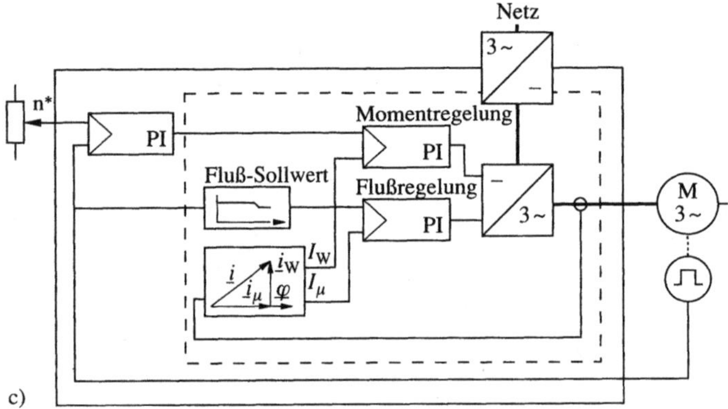

Bild 8.9-6 Blockschaltbild zur Vektorregelung
a) Verhältnisse in der Maschine,
b) Zeigerdiagramm,
c) Blockschaltbild des Regelkreises

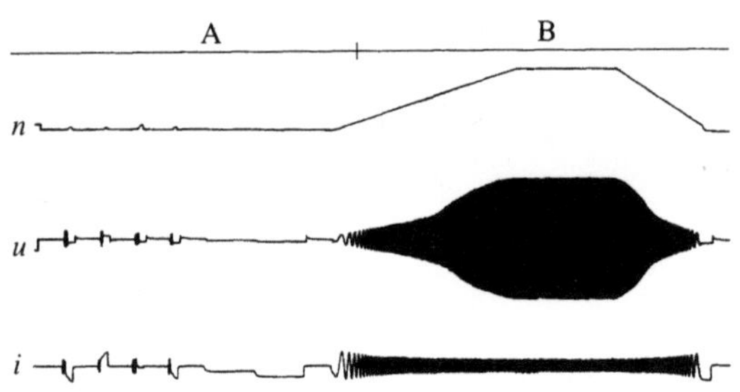

Bild 8.9-7 Liniendiagramm eines Selbsteinstellungstestlaufes (U-Umrichter)
A Parametrierung des Momentenreglers,
B Drehzahlregler

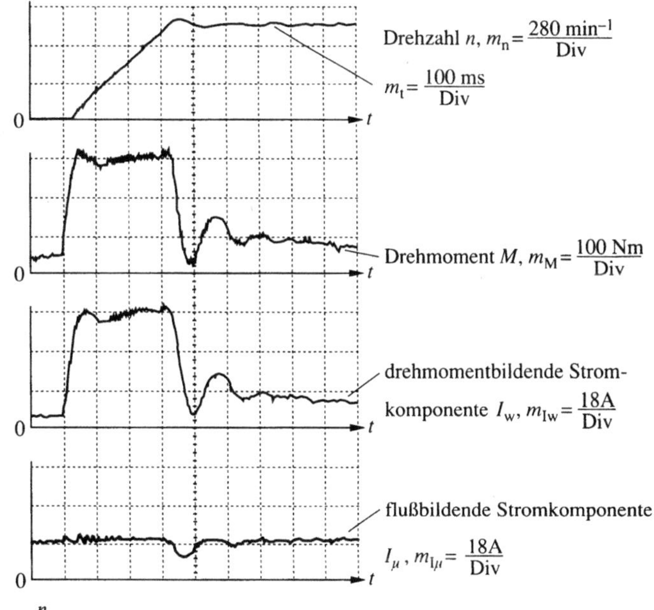

Bild 8.9-8
Oszillogramm eines Hochlaufs mit den Darstellungen der interessierenden Komponenten

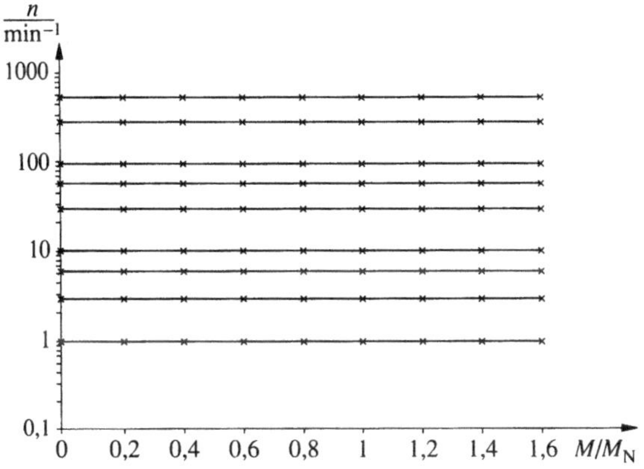

a) Siemens 11kW, 1500 min^{-1}, VECTRON, VCR034, feldorientiert

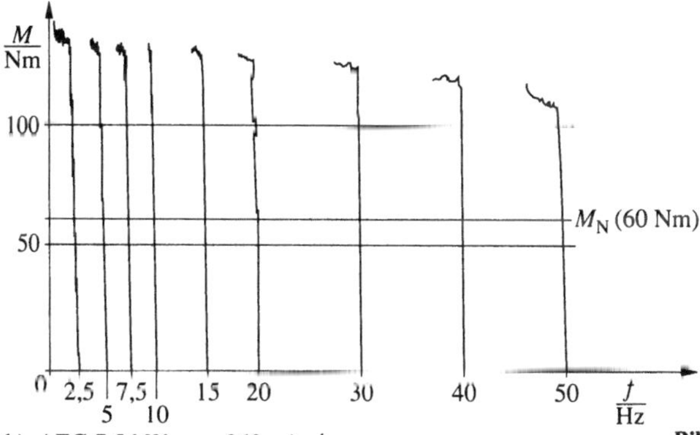

b) AEG 7,5 kW, $n_N = 960$ min^{-1}, Mitsubishi A200, 21A feldorientiert

Bild 8.9-9 a) Antrieb mit Inkrementalgeber (VECTRON), b) Antrieb ohne Drehzahlgeber (Mitsubishi)

8.10 Einsatz in der Energie-Anwendung

8.10.1 Allgemeines zum Einsatz in der Energie-Anwendung

In der Energie-Anwendung werden Stromrichter mit einem großen Anteil in der Antriebstechnik eingesetzt. Die Bilder 8.10–1 und 8.10–2 zeigen die möglichen Stellprinzipien, die mit Stromrichtern realisiert werden können, nicht alle werden industriell genutzt.

Andere Gebiete sind die Gleichstromversorgung in der Galvanik, beim Batterieladen oder in „Netzgeräten" für Elektronikschaltungen. Weitere Felder sind die Temperaturregelung in der Heizungs- und Klimatechnik, in der industriellen Wärmebehandlung und in der Schweißtechnik, hier wird auf die Spezialliteratur verwiesen.

8.10.1.1 Stromrichterantriebe

In der Antriebstechnik gibt es ein weites Feld der Einsatzfälle für Stromrichter von kleinsten Leistungen in Uhrantrieben bis zu den Großantrieben der Schwerindustrie. Jede Aufzählung muß notgedrungen unvollständig sein. Anwendungsfälle sind *drehzahlgeregelte Antriebe* verschiedener Techniken bei

- Walzenstraßen,
- Traktion, ICE und Transrapid,
- Werkzeugmaschinen,
- Verarbeitungsmaschinen,
- Handhabungsmaschinen/Robotern,
- Förderanlagen,
- Pumpen, Kompressoren, Ventilatoren,
- Werkzeugen,
- Büromaschinen,
- Hausgeräte/Spielzeuge,
- Kraftfahrzeughilfsantriebe,
- Uhren.

Dabei kommen Antriebe in Gleichstrom- oder Drehstromtechnik mit Stromwendermaschinen oder Drehfeldmaschinen zum Einsatz. Danach wird auch im folgenden unterteilt. Die Grundlagen für die Maschinen sind im Kapitel 9 zu finden.

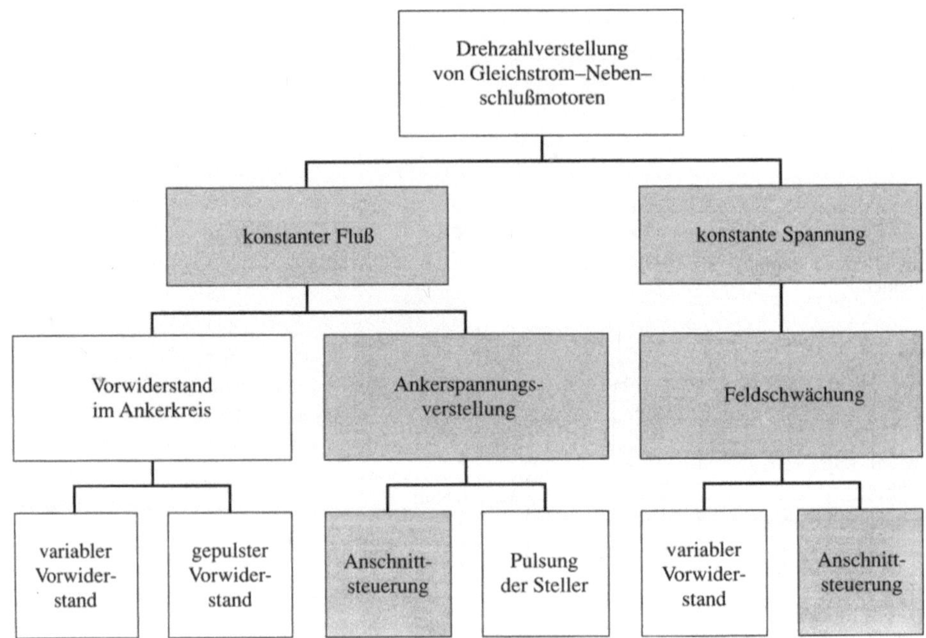

Bild 8.10-1 Drehzahlstellmöglichkeiten bei der Gleichstrommaschine

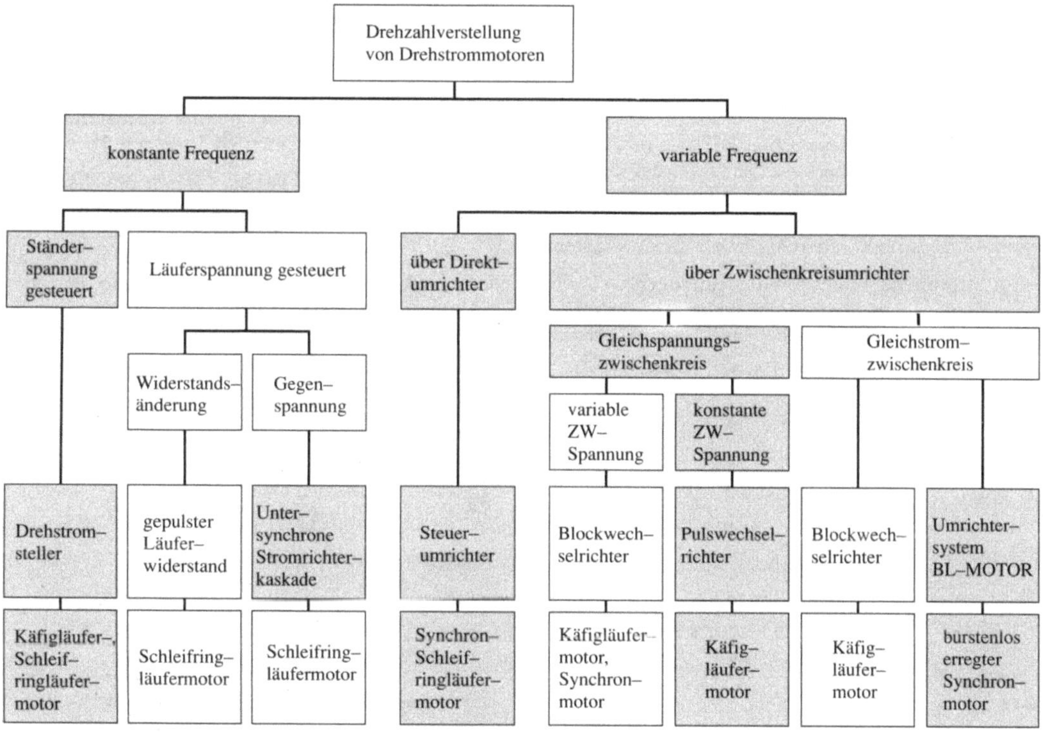

- Drehzahlverstellung von Drehstrommotoren
  - konstante Frequenz
    - Ständerspannung gesteuert
      - Drehstromsteller
        - Käfigläufer-, Schleifringläufermotor
    - Läuferspannung gesteuert
      - Widerstandsänderung
        - gepulster Läuferwiderstand
          - Schleifringläufermotor
      - Gegenspannung
        - Untersynchrone Stromrichterkaskade
          - Schleifringläufermotor
  - variable Frequenz
    - über Direktumrichter
      - Steuerumrichter
        - Synchron-Schleifringläufermotor
    - über Zwischenkreisumrichter
      - Gleichspannungszwischenkreis
        - variable ZW-Spannung
          - Blockwechselrichter
            - Käfigläufermotor, Synchronmotor
        - konstante ZW-Spannung
          - Pulswechselrichter
            - Käfigläufermotor
      - Gleichstromzwischenkreis
        - Blockwechselrichter
          - Käfigläufermotor
        - Umrichtersystem BL-MOTOR
          - bürstenlos erregter Synchronmotor

Bild 8.10-2 Drehzahlstellmöglichkeiten bei der Asynchronmaschine

8.10.1.2 Stromrichterantriebe mit Stromwendermaschinen

Bei den *Stromwendermaschinen* sind Wechselstrom- und Gleichstrommaschinen zu unterscheiden. Besonders bei Heimwerkermaschinen und tragbaren Bearbeitungsmaschinen werden Wechselstrom-Reihenschlußmotoren eingesetzt. Beispiele sind Handbohrmaschinen und Staubsaugerantriebe. Bei Leistungen bis in den Megawatt-Bereich sind es Gleichstrommaschinen, die den Antrieb übernehmen.

1. Wechselstromsteller-Antriebe

Bei Leistungen bis etwa 2 kW kommen *Wechselstrom-Reihenschlußmotoren (Universalmotoren)* mit Stellern zum Einsatz. Über die Phasenanschnittsteuerung läßt sich die Drehzahl stellen. Bild 8.10–3 zeigt eine Stellerschaltung mit Wechselstrom-Reihenschlußmaschine. Die Steuerung kann diskret aufgebaut sein, oder auch von komplexen *IC*-Bausteinen übernommen werden. Wegen der Stromwenderprobleme werden die Gleichstromantriebe immer öfter durch Drehstromantriebe abgelöst [8.35]. Als Hilfsantrieb im Kraftfahrzeug haben sie allerdings stückzahlmäßig noch einen wachsenden Markt und große Verbreitung.

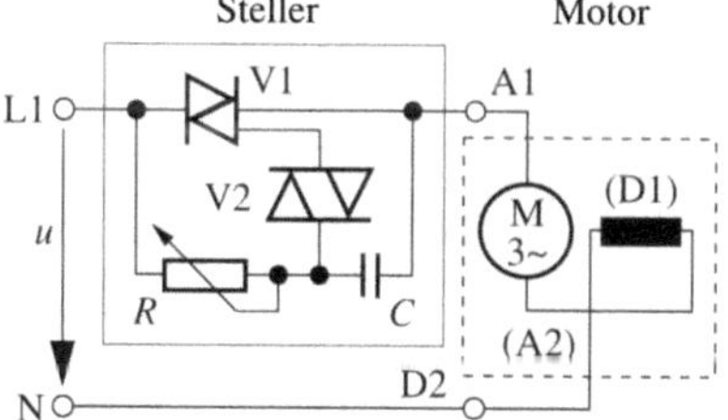

Bild 8.10-3 Stellerschaltung mit Wechselstromreihenschlußmotor (Universalmotor)

2. Gleichstromantriebe

Bei den *Gleichstromantrieben* lassen sich solche mit netzgeführten Stromrichtern und Stellerantriebe unterscheiden. Ein Antriebsbeispiel für einen Gleichstromantrieb mit Steller wird in Abschnitt 8.6 gezeigt.

In Abschnitt 9.3 wird auf die Gleichstromantriebe hingewiesen. Hier sollen spezielle Besonderheiten im Zusammenhang dargestellt werden.

1. Umkehr-Antriebe (Betrieb in den vier Quadranten)

Der vollgesteuerte Stromrichter läßt nur den Betrieb in den zwei Quadranten I und IV zu. Da der Drehwille der Gleichstrommaschine durch Feld- oder Ankerumschaltung gekehrt werden kann, ergeben sich für einen 4-Quadranten-Umkehrantrieb drei Varianten:

- Ein-Stromrichter-Betrieb mit Feldumkehr,
- Ein-Stromrichter-Betrieb mit Ankerumkehr und
- Zwei-Stromrichter-Betrieb mit antiparallelem Stromrichter.

Bild 8.10–4 zeigt die Blockschaltbilder. Der Unterschied liegt in der Dynamik und bei den Investitionskosten. Diese Kriterien verlaufen gegenläufig.

Die Umschaltung des Feldstromes dauert länger als die des Ankerstromes, oder nur der Ansteuerung der antiparallelen Stromrichter SR I und SR II.

Soll die Führung der Maschine immer bestehen bleiben, so ist eine kreisstromführende Schaltung einzusetzen. Beide Stromrichter sind dann dauernd im Eingriff. Für eine M3-Schaltung zeigt Bild 8.10–5 das Blockschaltbild, die Spannungserzeugung und die Entstehung des Kreisstromes. Die Arbeitsweise in den vier Quadranten geht aus Bild 8.10–6 hervor. Es sind jeweils beide Stromrichter im Eingriff, wobei

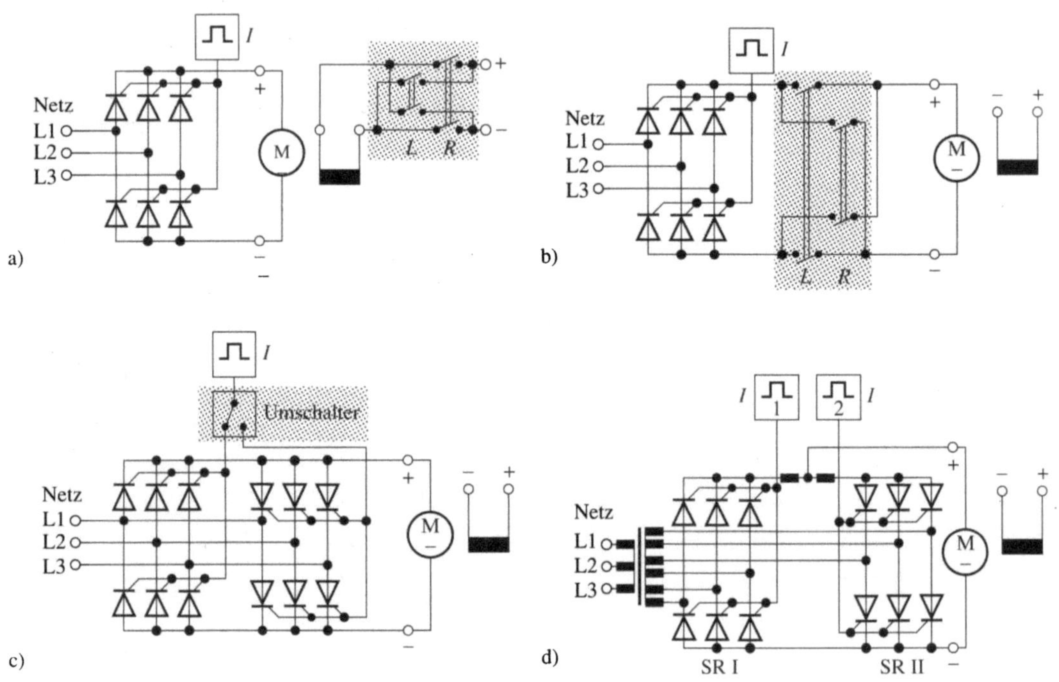

Bild 8.10-4 Blockschaltbilder der Umkehrstromrichter-Schaltungen
a) Feldumschaltung u.U. durch Umkehrstromrichter,
b) Ankerumschaltung,
c) Doppelstromrichter in antiparalleler Schaltung mit Umschaltung des Impulssteuersatzes,
d) Kreisstromführender Doppelstromrichter, *I* Impulssteuersatz

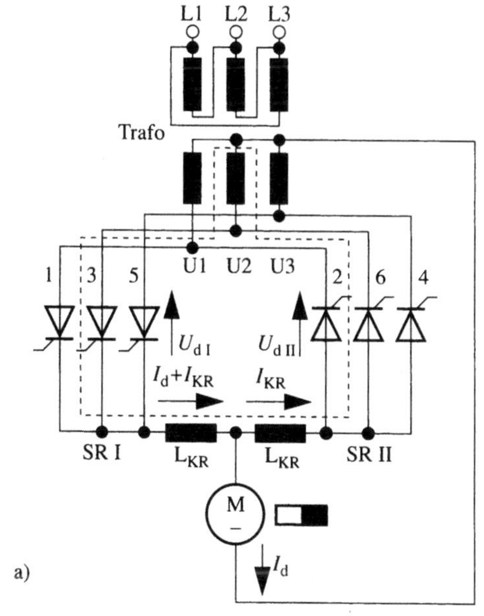

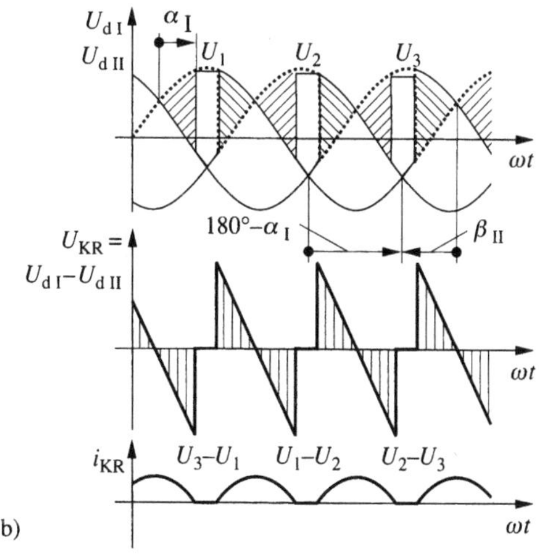

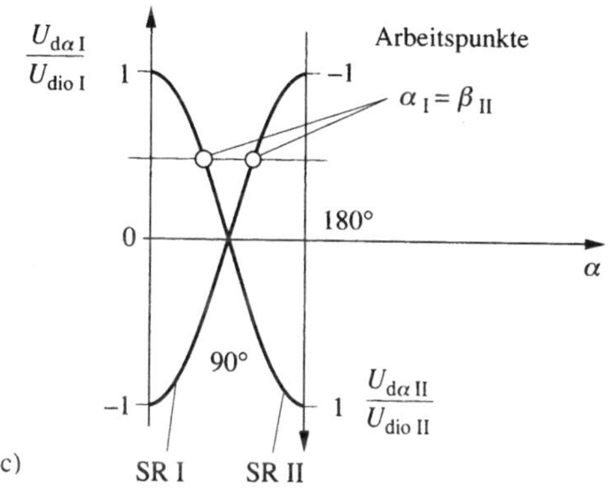

Bild 8.10-5 Kreisstromführender Umkehr-Stromrichter in M3-Schaltung
a) Schaltung,
b) Spannungserzeugung und Kreisstromentstehung,
c) Steuerdiagramm für $\alpha=\beta$-Steuerung

einer überwiegt und den Betrieb der Maschine bestimmt.

2. Stromrichter für Gleichstromantriebe mit Feldschwächung

Bei Werkzeugmaschinen und Wicklern benötigt man Betriebsbereiche konstanter Leistung: den *Feldstellbereich*. Dazu ergänzt man vorhandene Stromrichter um eine spezielle Feldstelleinheit. Wird die Eckdrehzahl erreicht, löst die Feldschwächregelung des Feldstromrichters die Ankerspannungsregelung ab. Das Blockschaltbild einer solchen Stromrichtereinheit aus steuerbarem Anker- und Feldstromrichter zeigt Bild 8.10–7 (vgl. auch Abschnitt 9.3).

3. Stromrichter und Reihenschlußmotor

Wegen der schlechten Materialausnutzung werden Reihenschlußmotoren nur dort eingesetzt, wo die weiche Kennlinie gewünscht wird oder sich die Konstruktion bereits lange bewährt hat; Kennlinien siehe Abschnitt 9.3. Bei Neukonstruktionen werden sie kaum noch als Industrieantriebe eingesetzt.

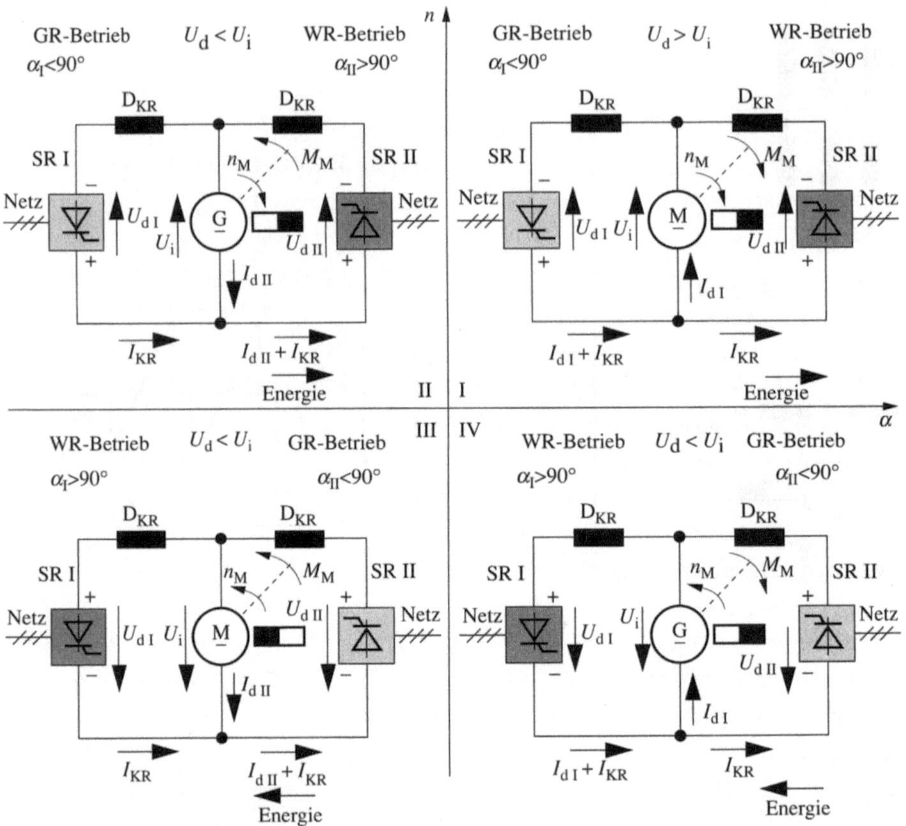

Bild 8.10-6 4-Quadranten-Diagramm für kreisstromführenden Umrichter

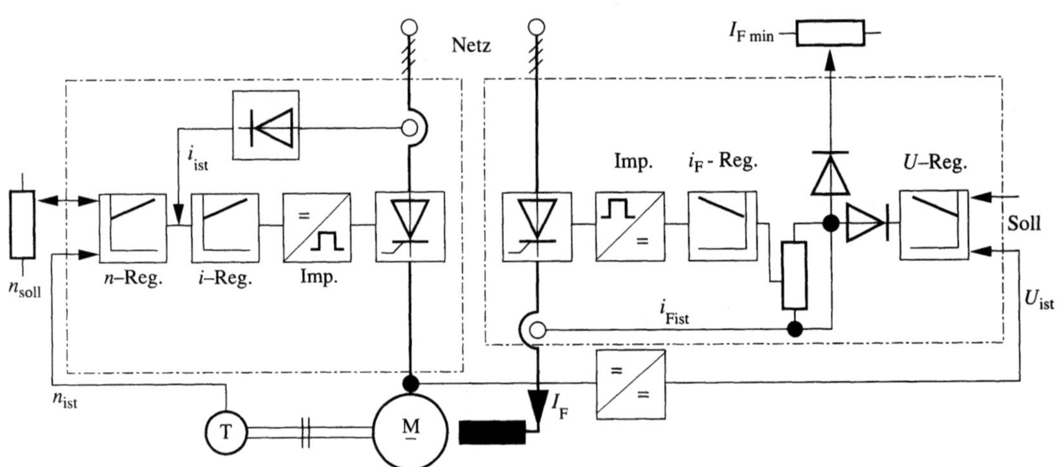

Bild 8.10-7 Blockschaltbild einer Stromrichtereinheit aus steuerbarem Anker- und Feldstromrichter

8.10.1.3 Stromrichterantriebe mit Drehfeldmaschinen

Für diese Antriebe stehen eine Reihe von Maschinen zur Verfügung:

- Synchronmaschinen mit verschiedenen Läufertypen,
  - Permanentmagnet,
  - Stromerregung oder
  - Permanentmagnet mit Kurzschlußkäfig,
- Schrittmotor als Sondersynchronmaschine mit
  - Permanentmagnet oder
  - Hybridläufer,
- EK-Maschine (elektronisch kommutiert),
- Asynchronmaschinen mit verschiedenen Läufertypen,
  - Kurzschlußläufer „normal",
  - Kurzschlußläufer als „Widerstandsläufer",
  - Reluktanzläufer,
  - Permanentmagnet mit Kurzschlußkäfig,
  - Schleifringläufer.

Als Stromrichter kommen die verschiedenen Umrichterarten in Betracht.

1. Stellerantriebe

Förderanlagen, Wickler und Ventilatoren/Pumpen werden bei geringen Anforderungen und kleinen Leistungen über *Drehstromsteller* in der Drehzahl stellbar betrieben. Dazu setzt man oft spezielle Schlupfläufermaschinen ein. Die erhöhten Verluste im Läufer sind vorher zu prüfen, damit keine thermische Überlastung auftritt. Bild 8.10–8 zeigt die Verlustleistung im Läufer über dem Schlupf, wenn eine quadratische Lastkennlinie (Lüfter) angenommen wird.

Anwendungsfall	Lüfter, Pumpen
bezogenes Lastmoment $m = \frac{M}{M_N}$	$M = M_N \left(\frac{n}{n_N}\right)^2$
bezogene Verlustleistung $p_V = \frac{P_V}{P_d}$ $n_d = \frac{f}{p}$, $s = \frac{n_d - n}{n_d}$ Hinweis: Diagramme für Motor B3, IP44 $p_V = 15$ kW, $s_N = 0,03$ $\eta_N = 0,88$	m, p_V; 1; m; 0,15; p_V s 1 — 0,33 s_N 0 0 — 0,66 — 1 n/n_d
Läuferverluste P_V bezogen auf den Bemessungswert P_{VN} der Verluste	$P_V = \frac{P_{VN}}{s_N}\left(1-\frac{n}{n_d}\right)\left(\frac{n/n_d}{1-s_N}\right)^2$
Maximalwert der Läuferverluste beim Schlupf	$P_{Vmax} = \frac{P_{VN}}{s_N} \cdot \frac{4}{27\cdot(1-s_N)^2}$ $s = 0,33$

Bild 8.10-8 Verlustleistung im Läufer über dem Schlupf bei Stellerbetrieb und quadratischer Lastkennlinie (Lüfter)

Als *Sanftanlaufgeräte* haben sich Drehstromsteller eingeführt, um den Anlaufstrom und/oder das Anlaufdrehmoment der Asynchronmaschine zu reduzieren und um dadurch Stoßbelastungen vom Netz oder mechanischen Koppelgliedern fernzuhalten. Für die Anlauf- und Bremsrampe sind die Zeiten wählbar. Die Kennlinien zeigt Bild 8.10–9. Für die Auslegung stehen firmenspezifische Rechnerprogramme bereit.

2. Umrichterantriebe

Synchron- und Asynchronmaschinen jeglicher Bauart arbeiten bei drehzahlvariablen Antrieben mit U- oder I-Umrichtern zusammen. Abschnitt 8.6 gibt Aufschluß über die Grundlagen. Bild 8.10–10 zeigt die Betriebsbereiche. In Tabelle 8.6–2 sind die Kenndaten der U- und I-Umrichterantriebe gegenübergestellt.

Bild 8.10–11 zeigt die wichtigsten Netz- und Motorliniendiagramme im Vergleich. Der Hochlauf erfolgt gegen ein konstantes Drehmoment. Der U-Umrichter belastet das Netz quasi nur mit der erforderlichen Wirkleistung (s. auch Abschnitt 8.8.2, Bild 8.8–5). Der Netzstrom ist praktisch Wirkstrom. Beim I-Umrichter und Sanftanlaufgerät macht sich die Steuerblindleistung negativ bemerkbar.

Die Hersteller empfehlen bei Umrichterspeisung unterschiedliche Leistungs-/Momentenreduktion. Außerdem ist das Moment drehzahlabhängig zu reduzieren, wenn die Maschine nicht fremdbelüftet wird. Kapitel 9 gibt Hinweise.

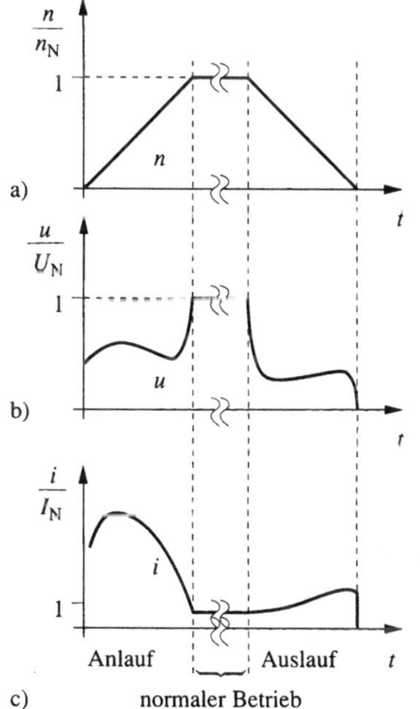

Bild 8.10-9 Kennlinien beim Sanftanlauf
a) Drehzahl,
b) Spannung,
c) Strom

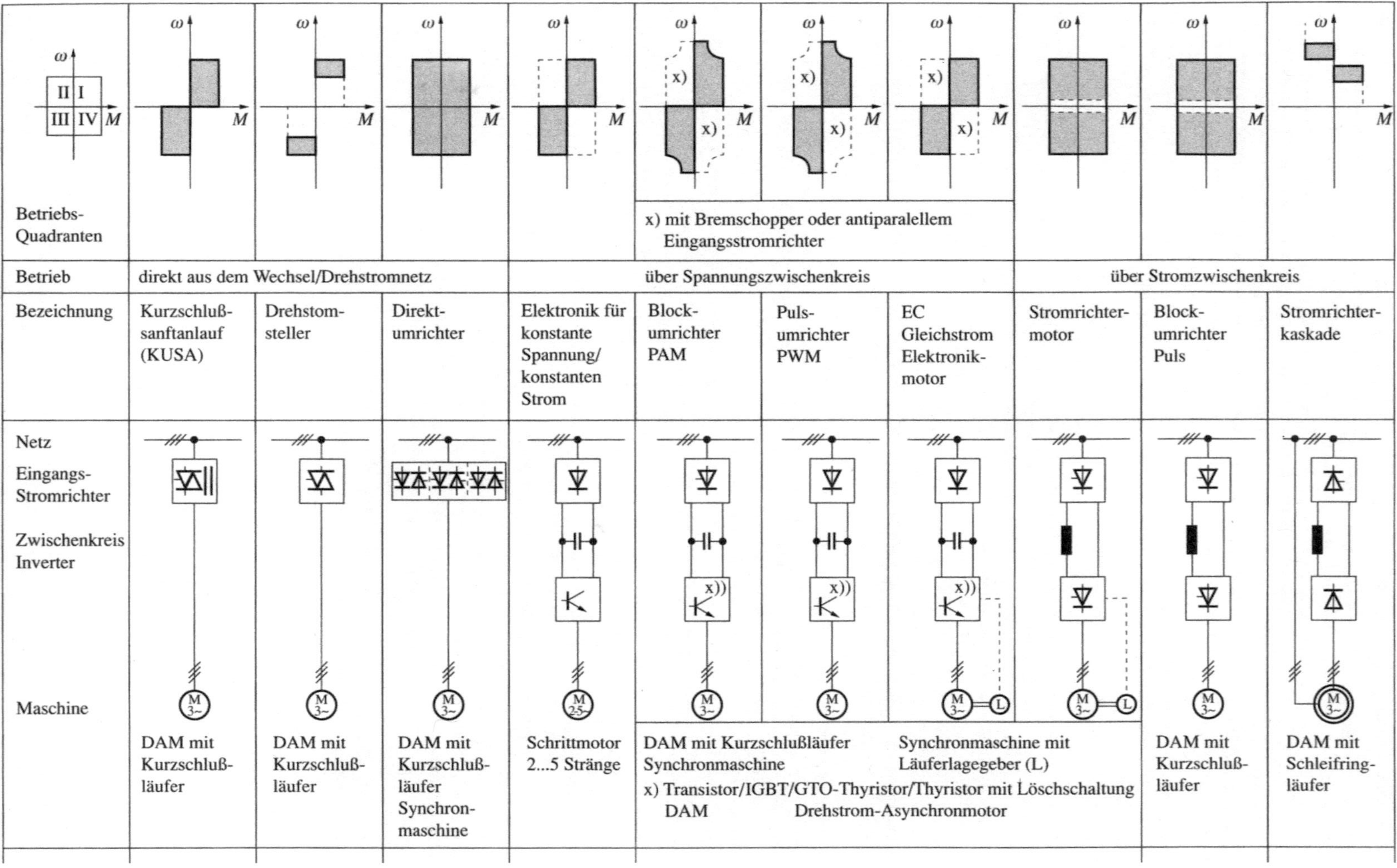

Betriebs-Quadranten (II I / III IV; ω, M)										
					x) mit Bremschopper oder antiparalellem Eingangsstromrichter					
Betrieb	direkt aus dem Wechsel/Drehstromnetz			über Spannungszwischenkreis				über Stromzwischenkreis		
Bezeichnung	Kurzschluß-sanftanlauf (KUSA)	Drehstom-steller	Direkt-umrichter	Elektronik für konstante Spannung/ konstanten Strom	Block-umrichter PAM	Puls-umrichter PWM	EC Gleichstrom Elektronik-motor	Stromrichter-motor	Block-umrichter Puls	Stromrichter-kaskade
Netz Eingangs-Stromrichter Zwischenkreis Inverter Maschine	M 3~	M 3~	M 3~	M 2-5~	M 3~ x))	M 3~ x))	M 3~ x)) L	M 3~ L	M 3~	M 3~
	DAM mit Kurzschluß-läufer	DAM mit Kurzschluß-läufer	DAM mit Kurzschluß-läufer Synchron-maschine	Schrittmotor 2...5 Stränge	DAM mit Kurzschlußläufer Synchronmaschine		Synchronmaschine mit Läuferlagegeber (L)		DAM mit Kurzschluß-läufer	DAM mit Schleifring-läufer
					x) Transistor/IGBT/GTO-Thyristor/Thyristor mit Löschschaltung DAM Drehstrom-Asynchronmotor					

Frequenz Hz	50	50	0…20	0…10 000	5…150	0…400	0…400	5…100	0…150	50
Stellbereich	1 : 1	1 : 1	1 : 200	1 : 100 000	1 : 10	1 : 200	1 : 200	1 : 20	1 : 20	1 : 12 – 1 : 20
Leistung kW	1…50	1…1000	1000…20 000	0,001…3	1…15 000	0,1…15 000	0,1…10 000	1…20 000	10…1500	500…25 000
Bemerkungen	Einzelantrieb				Einzel/Gruppen-Antrieb		Einzelantrieb			
	Anfahrschaltung zur Herabsetzung des Drehmomentes	besonders wirtschaftlich bei kleinem Stellbereich	große Leistungen bei kleinen Drehzahlen	2…5 Stränge unipolare/bipolare Ansteuerung bis 10 000 Schritte je Umdrehung	Blockbetrieb x)) Transistoren, IGBT	sinusbewertete Pulsung ultraschallpulsung bei kleinen Leistungen ($f_p = 16$ kHz)	Pulsbetrieb	lastgeführter Maschinenstromrichter (Inverter)	ein an die DAM angepaßter Stromrichter	besonders wirtsch. bei kleinem Stellbereich um die synchr. Drehzahl
Einsatzbeispiele	Förderbänder	Pumpen, Lüfter, (Hebezeuge)	Förderantriebe, Zementmühlen Walzwerke	Positionierantriebe	Textilmaschinen, Rollgänge, Förderbänder	Textilmaschinen, Rollgänge, Werkzeugmaschinen, Hauptantriebe Traktion	Positionierantriebe, Werkzeugmaschinen, Vorschubantriebe	Verarbeitungsmaschinen	Anfahrumrichter, Zentrifugen, Förderbänder	Pumpen

Bild 8.10-10 Betriebsbereiche der Drehstromantriebe

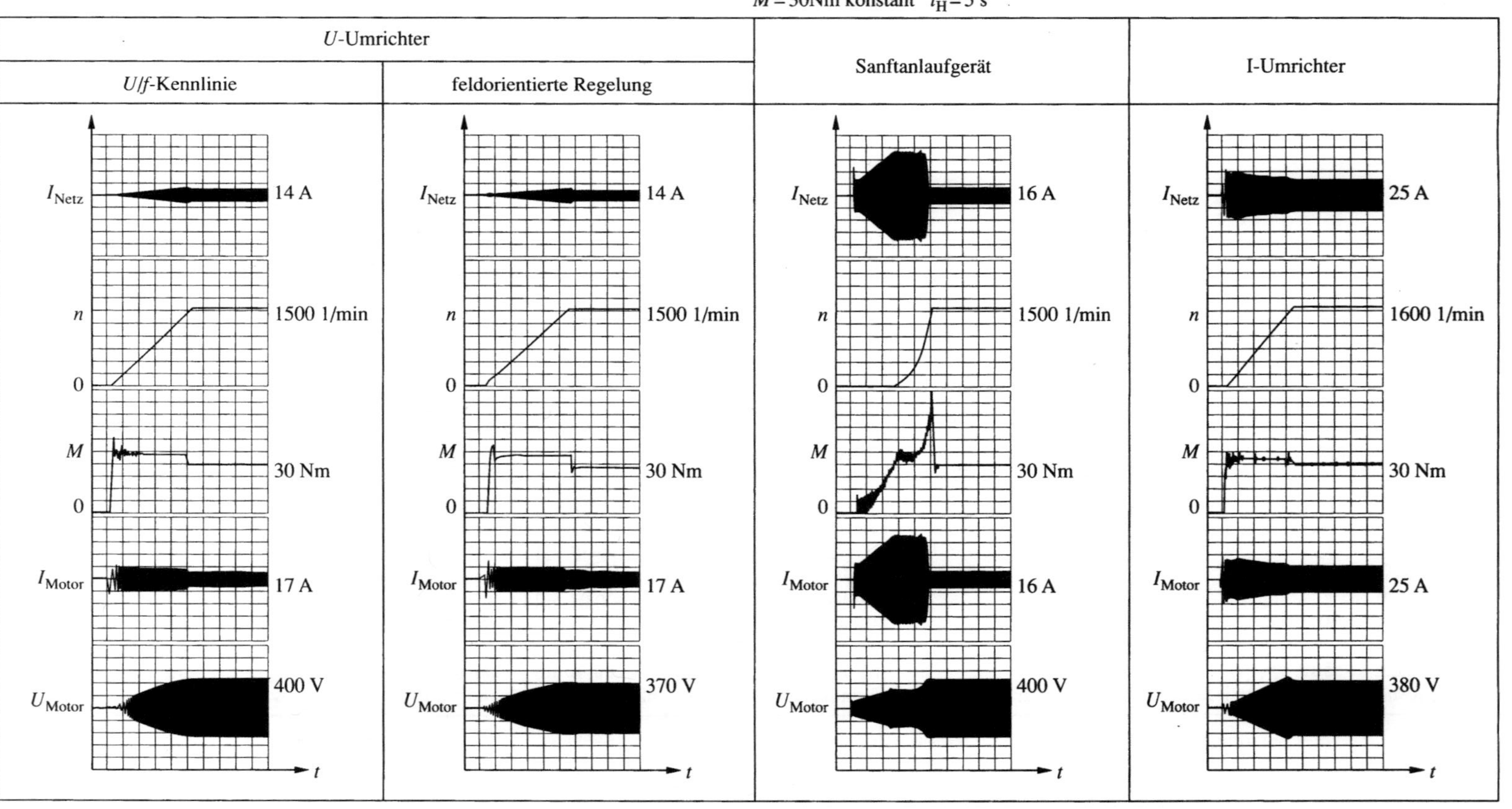

Bild 8.10-11 Hochlaufdiagramme verschiedener Stromrichterantriebe im Vergleich

3. Schrittmotorantriebe

Schrittmotoren sind drehschwingungsfähige Systeme. Motor, Elektronik und Antrieb müssen eng abgestimmt werden, um unliebsame Überraschungen zu vermeiden. Siehe hierzu Abschnitt 9.5.

8.10.1.4 EK-Maschine (elektronisch kommutiert)

Wie in Abschnitt 9.5 beschrieben, können *EK-Maschinen* ohne angepaßten Stromrichter gar nicht sinnvoll laufen. Der Vorteil der Antriebe liegt in der Wartungsarmut, da der Verschleiß an Stromwender und Bürsten entfällt. Auch fehlende Funkstörungen können ein Einsatzgrund sein.

8.10.1.5 Positionierantriebe/Servoantriebe

Positionier- oder *Servoantriebe* nehmen in der Handhabungs- und Automatisierungstechnik eine Sonderstellung ein. Die speziellen Aussagen zu den Antrieben findet man bei den einzelnen Maschinen. Tabelle 8.10-1 zeigt Ausführungsformen in der Übersicht.

8.10.1.6 Traktion

In der *elektrischen Traktion* werden Stromrichter in erheblichem Umfang eingesetzt, und zwar in stationären Einrichtungen als

- Stromrichter zur Fahrdrahtspeisung oder Fahrwegspeisung (Transrapid),

Tabelle 8.10-1 Ausführungsformen für Positionierantriebe (LG Lagegeber)
a) netzgeführter Stromrichter (SR) mit Gleichstrommaschine,
b) Gleichstromsteller mit Gleichstrommaschine,
c) Schrittmotor mit Elektronik (ohne Rückführung),
d) Drehstrom-Asynchronmaschine mit Umrichter,
e) elektronisch kommutierte Maschine mit Stromrichter

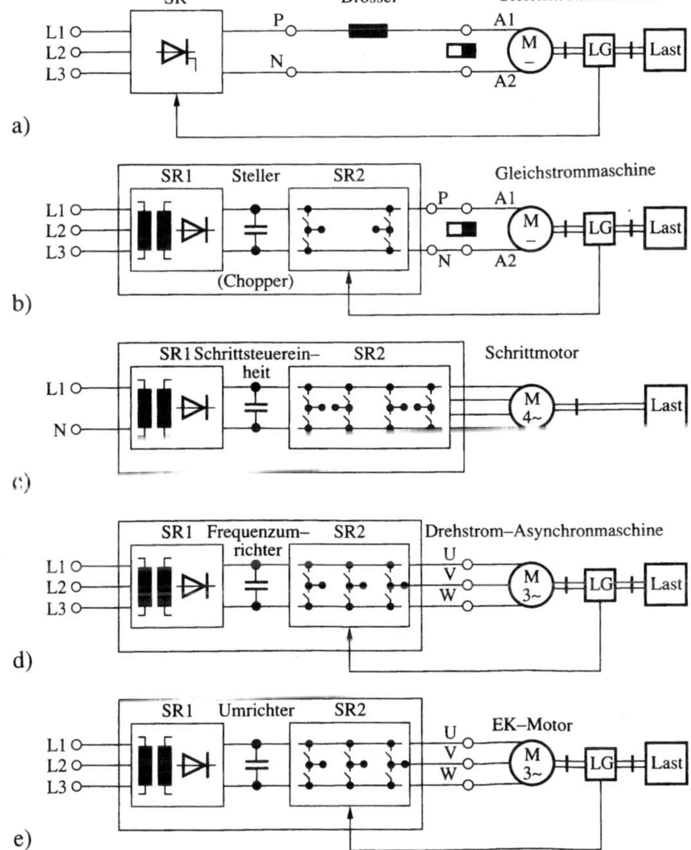

- Umrichter zur Netzkupplung (50...16 2/3 Hz) und als
- Stromrichter in den Fahrzeugen zur Speisung der Mischstrom- oder Drehstrommaschinen, für die Bordnetzversorgung, als Ladegeräte und als Heizumrichter.

Bei Straßen-, Stadt- und U-Bahnen werden Gleichstromsteller oder Umrichter eingesetzt, um die Fahrmotoren zu speisen. Moderne Vollbahnen setzen Umrichterantriebe – *U*-Umrichter mit Asynchronmaschinen – ein, um mit nur einem Lokomotivtyp alle Traktionsaufgaben zu erledigen. Auch Nutzbremsbetrieb ist möglich, z. B. beim ICE.

8.10.2 Gleichstromversorgungen

8.10.2.1 Elektrochemie

Für Galvanikanlagen, Elektrolyseanlagen und Elektrophorese werden große Stromrichterleistungen eingesetzt. Für die Elektrolyseanlagen zur Herstellung von Chlor, Wasserstoff, Sauerstoff, Azeton sowie Aluminium, Kupfer, Magnesium und Zink werden sehr hohe Gleichströme benötigt. Bei Elektrolyseanlagen fließen mehrere 100 kA bei einigen 100 V. Die Einstellung der Betriebsdaten erfolgt über Anschnittsteuerung. Die Steuerblindleistung muß (dynamisch) kompensiert werden. Bei Galvanikanlagen ist die Leistung geringer. Die Einstellung erfolgt über Anschnittsteuerung.

8.10.2.2 Ladegeräte

Je nach angeschlossener Batterie muß die Ladekennlinie berücksichtigt werden. Es kommen leistungsabhängig Wechselstrom- oder Drehstromschaltungen zum Einsatz. Auch im Kraftfahrzeug wird die Batterie über Stromrichter aus dem Drehstromgenerator versorgt. Die Spannung wird über die Erregung der Synchronmaschine eingestellt, deren Erregerstrom der Spannungsregler beeinflußt.

8.10.2.3 Netzgeräte

Zur Stromversorgung von elektronischen Geräten und diversen anderen Einrichtungen werden *Netzgeräte* mit Stromrichtern eingesetzt. Zweck eines Transformators kann die galvanische Trennung der Netze sein. Schaltnetzteile spielen eine zunehmende Rolle, da sie besonders klein bauen. Siehe hierzu auch Abschnitt 8.6.

8.10.3 Sonstige Anwendungsgebiete

8.10.3.1 Heizungs- und Klimatechnik, Beleuchtung

In der Heizungs- und Klimatechnik, in Durchlauferhitzern und bei Beleuchtungen werden *Wechsel-* oder *Drehstromsteller* eingesetzt. Wegen der großen Zeitkonstante bei Heizungen werden dort – im Gegensatz zu Beleuchtungsanlagen – auch *Schwingungspaketsteuerungen* angewandt.

8.10.3.2 Hausgeräte

In den Haushalt zieht zunehmend die Leistungselektronik ein, um die Leistung oder die Drehzahl zu steuern oder zu regeln. Einsatzgebiete sind Kleinantriebe, der Heizungsbereich und die Beleuchtung. Thyristorsteller und Frequenzumrichter werden eingesetzt. In der Masse und von der Gleichzeitigkeit her spielen auch die vielen Netzgeräte der Fernseher eine im Netz merkbare Rolle.

8.10.3.3 Industrielle Wärmebehandlung

Zur industriellen Wärmebehandlung bei induktiver Erwärmung, Härtung und beim Schmelzen werden Stromrichter eingesetzt. Mittelfrequenzen von 100 Hz bis zu mehreren Kilohertz und größeren Leistungen bis zu einigen Megawatt werden mit Schwingkreiswechselrichtern erzeugt. Bei diesen lastgeführten Stromrichtern wird die Blindleistung vom Verbraucher bereitgestelt. Dazu müssen die ohmsch-induktiven Verbraucher mit Kondensatoren zu Reihen- oder Parallelschwingkreisen ergänzt werden. Siehe hierzu auch Abschnitt 8.5.

8.11 Einsatz in der Energie-Verteilung

8.11.1 Übersicht

In der Energieverteilung finden Stromrichter Anwendung in der Blindstromkompensation, zur Netzkurzkupplung und beim Energietransport über lange Strecken (HGÜ). Weitere Einsatzfälle sind die unterbrechungslose Energieversorgung empfindlicher Verbraucher und Rundsteuersender.

8.11.2 Blindstromrichter

Bei der dynamischen *Blindstromkompensation* werden Blindwiderstände – Kondensatoren oder Induktivitäten – zum schnellen Ausgleich des Blindstromes durch Thyristoren geschaltet und das Netz entflimmert, wenn unruhige Verbraucher, z. B. Lichtbogenöfen, dies erfordern. Bild 8.11–1 zeigt die Anordnung einer Anlage im Blockschaltbild. Die Blindleistungskompensation wird mit einem Drehstromsteller bewerkstelligt. Dabei überkompensieren feste Kompensationkondensatoren zunächst das Netz; aus schutztechnischen Gründen sind die Kondensatoren zur Strombegrenzung leicht verdrosselt. Durch einen über Drehstromsteller betriebenen Transformator mit hoher Streuung (Streutransformator $u_k = 100\%$)

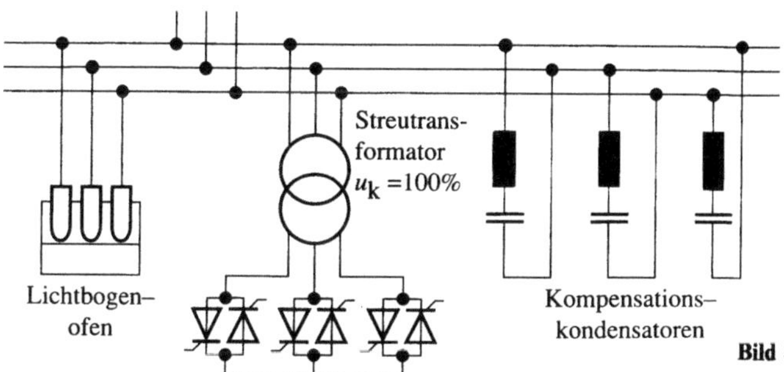

Bild 8.11-1 Anordnung einer Blindleistungskompensations-Anlage im Blockschaltbild.

kann die induktive Blindleistungsaufnahme zwischen Null und dem Bemessungswert stetig verändert werden. Über die Steuerung wird die Netzblindleistung stets ausgeglichen.

8.11.3 Netzkupplung und Energieübertragung (HGÜ)

Bei *Netzkurzkupplungen* zwischen fremdfrequenten Netzen oder zur *Energieübertragung* über weite Strekken werden Stromrichter eingesetzt. Es sind Umrichter mit Stromzwischenkreis. Die Glättungsdrossel entkoppelt die fremdfrequenten Netze oder sorgt für gute Glättung des Gleichstromes auf der Fernleitung (Cabora Bassa, 1400 km Mocambique – Südafrika, 1920 MW, 1800 A, ± 533 kV, 1977). Die Blockschaltbilder solcher Anlagen zeigen die Bilder 8.11–2 und 8.11–3.

Netzkurzkupplungen erlauben die Kupplung zweier fremdfrequenter Netze, z. B. 50/60 Hz-Netze. Auch das frequenzelastische CSR-Netz ist über die Kurzkupplung „Dürnrohr" (550 MW, 3790 A, 145 kV, 1983) mit Österreich verbunden. Der Energieaustausch kann in beiden Richtungen erfolgen. Filter müssen die Oberschwingungen verringern.

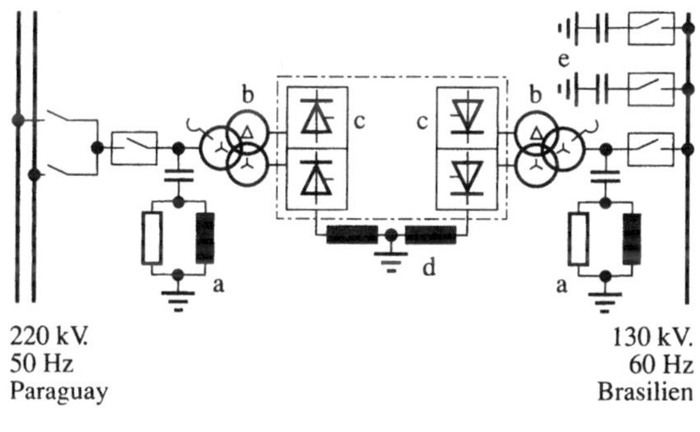

Bild 8.11-2
Netzkurzkupplung zwischen zwei Netzen mit unterschiedlicher Frequenz, z.B. 50 Hz und 60 Hz (Acaray Paraguay und Brasilien). Zur Filterung sind erhebliche Aufwendungen erforderlich

a Breitbandfilterkreise,
b Stromrichtertransformatoren,
c Stromrichtereinheiten,
d Glättungsdrossel,
e Kondensatorbatterien

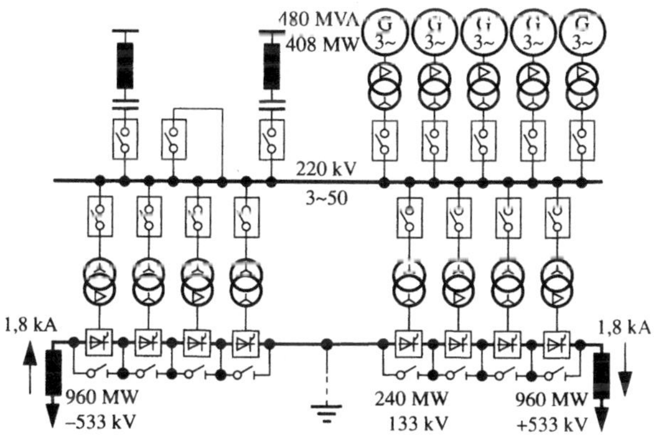

Bild 8.11-3
Bei der Hochspannungs-Gleichstrom-Übertragung (HGÜ) werden zwei symmetrische Stationen aufgebaut, die erst als Gleichrichter und auf der Empfangsseite als Wechselrichter arbeiten (Cabora Bassa)

8.11.4 Unterbrechungslose Stromversorgung

Zur unterbrechungslosen Stromversorgung bei Rechenanlagen, Krankenhäusern, Befeuerungsanlagen usw. werden Stromrichteranlagen eingesetzt, die bei Netzunterbrechung die Versorgung des Verbrauchers aus einer Batterie über einen Wechselrichter übernehmen.

Eine Großanlage dieser Art, allerdings zur Spitzenlastdeckung eingesetzt, ist die Batteriespeicheranlage der BEWAG in Berlin. Das Blockschaltbild mit den Daten zeigt Bild 8.11–4. Mit Hilfe einer automatischen Frequenzregelung werden rasche Schwankungen der Verbraucherlast von der Batteriespeicheranlage ausgeglichen. Eine besondere Regeleinrichtung sorgt immer für die Einhaltung des vorgesehenen Ladezustandes der Batterien.

8.11.5 Rundsteuersender

Impulstelegramme für Rundsteuersender können von rotierenden Maschinen und Stromrichtern erzeugt werden. Der Vorteil der statischen Rundsteuersender mit Frequenzumrichtern liegt in der Betriebssicherheit und sofortigen Verfügbarkeit. Der Rundsteuersender überlagert dem Versorgungsnetz in der Mittel- oder Hochspannungsebene kodierte Impulsfolgen im Bereich der Frequenzen von 150...1600 Hz. Die Blockschaltung einer Anlage mit Spannungszwischenkreisumrichter zeigt Bild 8.11–5.

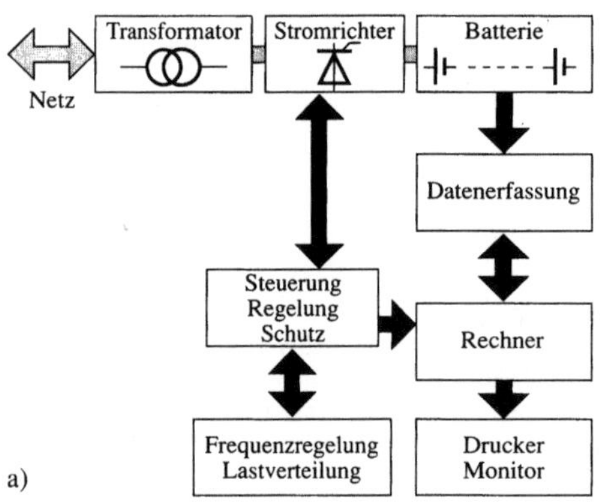

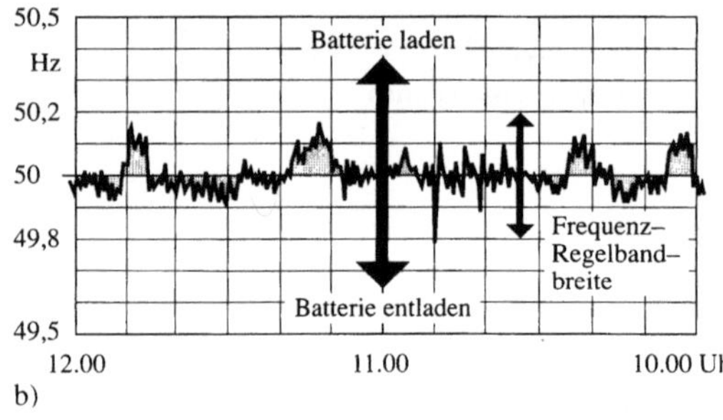

Bild 8.11-4 Blockschaltbild
a) der Batteriespeicheranlage der BEWAG in Berlin
b) Frequenzdiagramm

Daten: Sofortreserve 17 MW, Regelleistung +/− 8,5 MW, Sofortreserve-Arbeitsvermögen min. 4,6 MWh

Batterie: Strangzahl 12, Strangspannung je ca. 1,2 kV, max. Strangstrom 1,4 kA, Strangkapazität 1 kAh

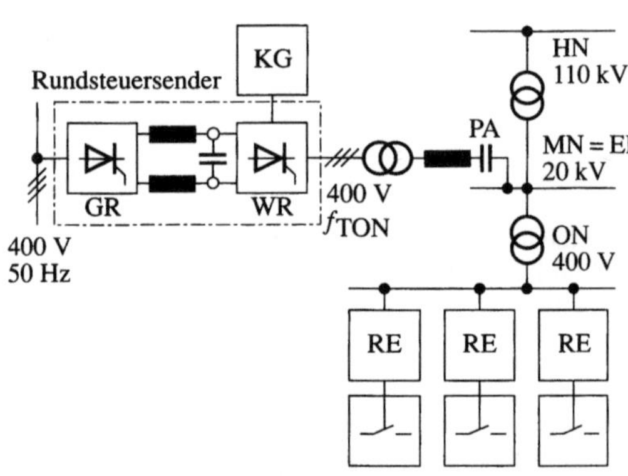

Bild 8.11-5 Blockschaltbild einer statischen Rundsteueranlage
GR Gleichrichter,
WR Wechselrichter,
KG Kommandogerät,
PA Parallelankopplung,
HN Hochspannungsnetz,
MN Mittelspannungsnetz,
ON Ortsnetz,
EE Einspeiseebene,
RE Rundsteuerempfänger

8.12 Stromrichtermeßtechnik

8.12.1 Messungen allgemein

Im folgenden sollen besondere Hinweise für Messungen an Stromrichtern gegeben werden. Zwei Probleme sollten vor jeder Messung geklärt werden:

1. das Potential des Meßpunktes und
2. die Kurvenform/Frequenz der Meßgröße, vgl. Bild 8.12–1.

Da Stromrichter aus Steuer- und Leistungsteil bestehen und beide Einheiten auf unterschiedlichen Potentialen arbeiten, ist besondere Vorsicht beim Übergang von einer Messung zur nächsten angebracht. Es empfiehlt sich immer beim Oszilloskop mit Differenzeingängen zu messen, um Potentialfehler auszuschließen. Solche Fehler können neben der Zerstörung des Meßgerätes und des Stromrichters (mindestens teilweise) erhebliche Personengefährdungen mit sich

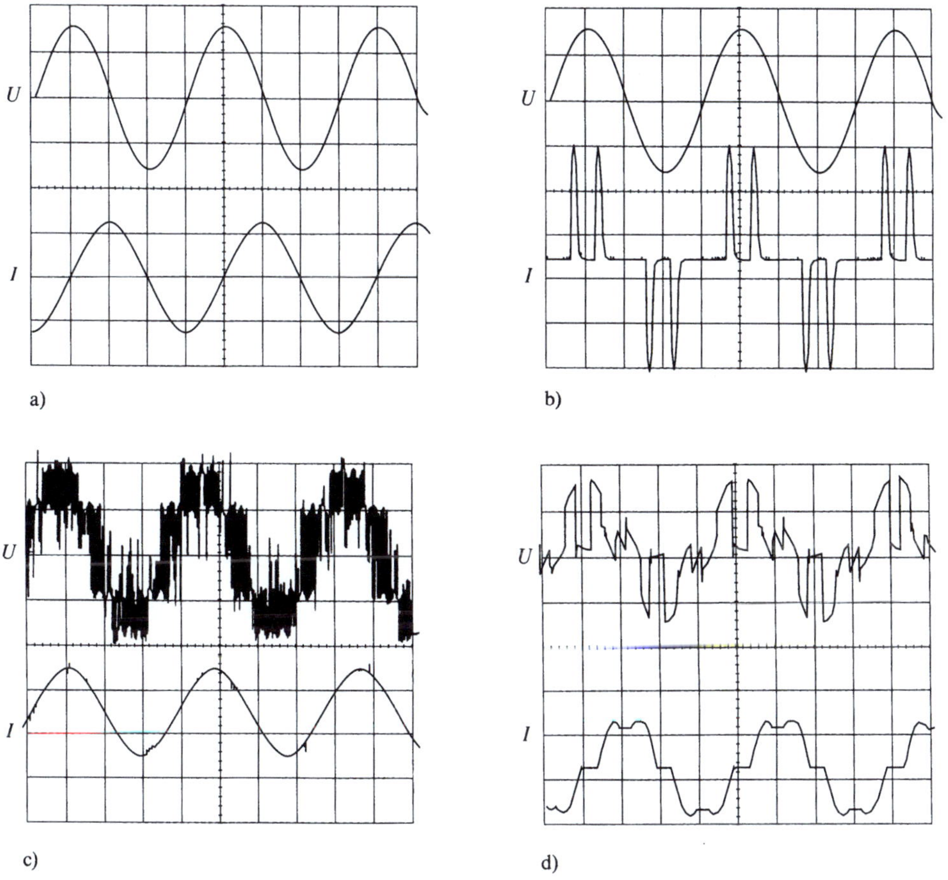

a) b) c) d)

Bild 8.12-1 Spannungen und Ströme bei Stromrichterantrieben
a) Netzwerte/Motorwerte am „normalen" Netz (Vergleichswert),
b) Netzwerte im Umrichtereingang (U-Umrichter),
c) Netzwerte am Umrichterausgang (U-Umrichter),
d) Netz-/Motorwerte bei Betrieb mit Drehstromsteller

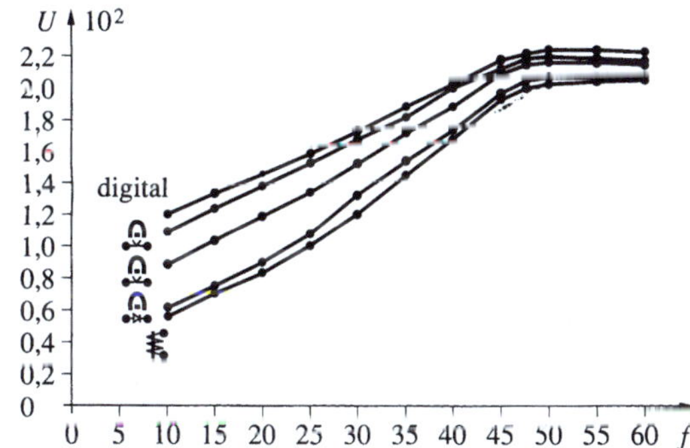

Bild 8.12-2 Spannungsmessungen an Umrichtern mit verschiedenen Meßwerken [8.45]

bringen. Wegen der meist nichtsinusförmigen Größen am Eingang und Ausgang eines Stromrichters sind eigentlich nur Messungen mit speziellen Meßgeräten zulässig. Da diese Geräte dem Praktiker vor Ort meist nicht zur Verfügung stehen, kann man sich mit herkömmlichen Meßgeräten behelfen. Man muß sich jedoch bei jeder Messung im klaren sein, was die Meßgeräteanzeigen wirklich aussagen (vgl. Bild 8.12-2).

Die gemachten Aussagen gelten für die Messung von Spannung, Strom und Leistung. Einen Meßschaltungsvorschlag für die Messung an Umrichtern zeigt Bild 9.7-20.

8.12.2 Messung des Formfaktors

Der *Formfaktor*, z. B. des Ankerstromes, kann aus der Ablesung zweier Geräte gewonnen werden. Dazu ist es notwendig, ein Drehspulmeßwerk und ein Dreheisenmeßwerk zu benutzen. Formelmäßig erhält man den Formfaktor zu

$$F = \frac{I_{\text{eff}}}{I_{\text{d}}} = \sqrt{w^2 - 1}. \qquad (8.12-1)$$

Genau diese Werte ermittelt man mit den Meßgeräten in der Schaltung nach Bild 8.12–3 [8.46]

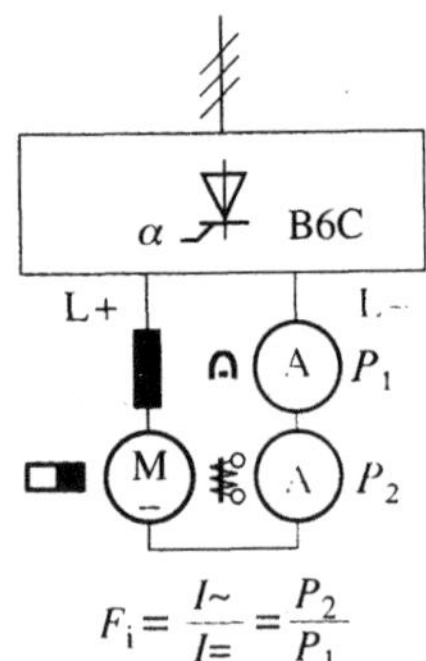

Bild 8.12-3
Messung des Formfaktors bei Gleichstrommaschinen
P_1 Drehspulinstrument zeigt den Gleichrichtwert an
P_2 Dreheiseninstrument oder anderes Effektivwertmeßgerät

8.12.3 Drehfeldmessung

Um das Drehfeld einer Drehfeldmaschine bei Umrichterspeisung zu ermitteln, müßte man im Luftspalt z. B. mit Hallsonden messen. Im Verfahren mit der Schaltung nach Bild 8.12–4 integriert man die Spannung, um zum Fluß zu kommen. Bei richtig gewählter Integration erhält man den am Bildschirm darstellbaren Verlauf des Luftspaltfeldes als Lissajousfigur. Bild 8.12–5 zeigt gemessene Werte. Der Durchmesser deutet auf die Flußgröße hin.

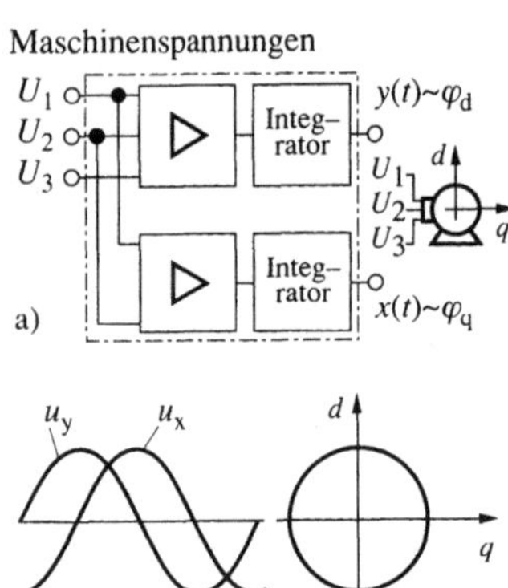

Bild 8.12-4 Darstellung des Drehfeldes bei Drehfeldmaschinen

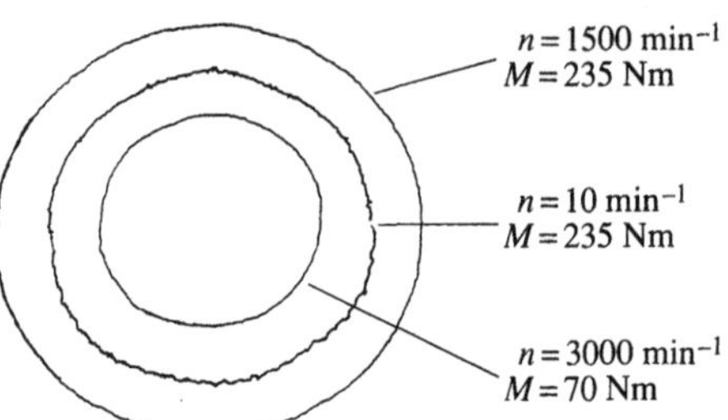

Bild 8.12-5 Drehfelddarstellung in der Praxis. Im Feldstellbereich ist der Maschinenfluß deutlich geschwächt.

8.13 Literatur

[8.1] BBC-Firmenschrift „Leistungshalbleiter 1987/88", Druckschrift Nr. DHL 2900 86 DEF;

[8.2] Toshiba, Giant Transistor Module, Datenbuch 1989;

[8.3] Nach Unterlagen der Fa. AEG.

[8.4] *Brosch, Peter F.*, Moderne Stromrichterantriebe, 2. Aufl., Vogel Verlag, Würzburg 1992

[8.5] *Jäger, Rainer*, Leistungselektronik, VDE-Verlag, Berlin 1988

[8.6] *Heumann, K.*, Grundlagen der Leistungselektronik. Teubner-Studienbücher Elektrotechnik, Teubner Verlag Stuttgart 1975

[8.7] *Heumann, K. und A. C. Stumpe*, Thyristoren, Verlag Teubner, Stuttgart 1970

[8.8] *Korb, F.* Leistungshalbleiter und ihre wichtigsten Anwendungen. Vogel-Verlag, Würzburg 1978

[8.9] Silizium Stromrichter Handbuch, BBC, Baden (Schweiz) 1971

[8.10] *Leonhard, W.*, Regelung in der elektrischen Antriebstechnik. Teubner-Studienbücher Elektrotechnik, Teubner Verlag, Stuttgart 1974

[8.11] *Brosch, P. F.* und *B. Grünewald*, Mikroprozessor gesteuerte Sinuspulsung für Frequenzumrichter. Technische Rundschau, Bern, 1986, Heft 15

[8.12] Siemens AG, Pulsweitenmodulator-Baustein SLE 4520, Microcontroller SAB 80515

[8.13] *Späth, H.*, Steuerverfahren für Drehstrommaschinen. Springer-Verlag, Berlin 1983

[8.14] *Verhoeven, Theo:* Neue Serie von Frequenzumrichtern mit Vektormodulation. Antriebstechnik **28** (1989), Heft 4, S. 37–41

[8.15] *Simon, K.-P.*, Frequenzumrichter mit VVE-Vektorsteuerung. Antriebstechnik **28** (1989), Heft 5, S. 36–45

[8.16] *Elger, H.*, Die untersynchrone Stromrichterkaskade. Elektronik, **22** (1973), Heft 10, S. 349–352

[8.17] Siemensdruckschrift: Sanftanlauf mit SIKOSTART Projektierungshinweise, 1988, 66 Seiten A 19 100–E731–A249

[8.18] *Schmidt, Christian,* SIKOSTART richtig auswählen mit PC. Energie & Automation Produktinformation **8** (1988), Heft 1, S. 20–21

[8.19] *Fleckenstein, Volker,* Netzrückwirkungsarme 4-Quadranten- Einspeiseschaltung mit Transistoren für Umrichter mit Spannungszwischenkreis. ETG-Fachbericht Nr. 23, S. 294–304

[8.20] *Fuchs, F. W.,* Netzrückwirkungen stromrichtergespeister drehzahlsteuerbarer Antriebe. Schorch Berichte 1988, S. 43–58

[8.21] 58 En 50 006, VDE 0838, Begrenzung von Rückwirkungen in Stromversorgungsnetzen. VDE, Ausgabe 10, 1976

[8.22] BBC-Druckschrift, Anleitung zum Abgleich elektronischer Regler in VERITRON-Stromrichtergeräten. GHS 30994 D, 11 Seiten

[8.23] *Brosch, Peter F.,* Antriebe nach Wahl. Konstruktion und Elektrotechnik, 1988, Nr. 25, S. 6

[8.24] *Brosch, Peter F.,* Neue Impulse für die Leistungselektronik durch GTO-Thyristoren. Technische Rundschau, **76** (1984), Heft 3, S. 12–13

[8.25] Antriebstechnik Gleichstrom. AEG Projektierungs-Handbuch, A52 V3–13.85/0484

[8.26] *Eder, E.,* Stromrichter zur Drehzahlsteuerung von Drehfeldmaschinen, Siemens AG, 1974

[8.27] AEG-Druckschrift, Antriebstechnik Drehstrom – Projektierungs- Handbuch

[8.28] *Brosch, P. F., J. Tiebe* und *W. Schusdziarra,* Erwärmung kleiner Asynchornmaschinen bei Betrieb mit Frequenzumrichtern. etz-Archiv Band 7 (1985), Heft 11, S. 349–378

[8.29] Firmendruckschrift Berger Lahr, Wir machen Bewegung. Mai 1987, Nr. 103/10

[8.30] Firmendruckschrift escape, Der kürzeste Weg zwischen Elektronik und Mechanik. 1988

[8.31] *Zimmermann, P.,* Bürstenlose Antriebe. elektro-anzeiger, **38** (1985), Heft Nr. 5, S. 33–36

[8.32] *Gabriel, R.,* Umrichter für Drehstromantriebe in Hausgeräten mit MOS-Transistoren. ETG Fachberichte Nr. 23, VDE-Verlag, S. 270–277

[8.33] *Stüben, Heinz,* Elektrische Antriebstechnik, Formeln, Schaltungen, Diagramme, BBC Fachbuch, Girardet, Düsseldorf 1987

[8.34] NN., Die Zukunft der elektrischen Antriebstechnik «DTC», TR TRANSFER Nr. 6, 1995, S. 30–32

[8.35] NN., Gleichstrom- oder Drehstromantrieb, Fachverband EI. Antriebe (ZVEI) 1990, Druckschrift, 16 Seiten

[8.36] *Brosch, P. F.,* und *Egon Döring,* EMV bei Gleichstromkleinmotoren, HF-Report 1994, S. 28–30

[8.37] *Gonschorek, K.-H.,* Eoropaweite EMV-Grundlagen, Elektronik Journal 9/93 S. 26–33

[8.38] *Habiger, E.,* Handbuch Elektromagnetische Verträglichkeit – Grundlagen, Maßnahmen, Systemgestaltung, Verlag Technik, Berlin 1992

[8.39] *Brosch, P. F.,* u. a., Netzschonung hat hohe Priorität, messen, prüfen, automatisieren, Quadrat Verlag, 30. Jhrg. 3/94, S. 24–26

[8.40] *Domer, Hartmut,* und *M. Fender,* Oberschwingungsbelastung des Netzes durch Stromrichter und Frequenzumrichter, antriebstechnik 11/92

[8.41] EN 50082-2 Elektromagnetische Verträglichkeit, Fachgrundnorm Störfestigkeit, Teil 2 Industriebereich, Amtsblatt EG Nr. 92/C/012, 10. 4. 92

[8.42] *Süße, Heinz,* und *U. Stitz,* Praktische Beispiele zur Funkentstörung von Frequenz-Umrichtern und ähnlichen Geräten, Schaffner INFO

[8.43] *Brotschi, Beat,* und *Thomas Wiesmann,* Störbehebung mit Netzfiltern, TR Bern Heft 10/1993, S. 62–65

[8.44] *Hentschel, Eckhard,* u. a., Umrichterbetrieb kein Risiko, drive & control 1/94

[8.45] *Brosch, Peter F.,* Falsch ist rasch gemessen, elektrotechnik, 73. Jhrg. 4/1991, S. 62–70

[8.46] *Grüneberg, J.,* Elektrische Antriebe, Service-Fibel, Vogel-Verlag, Würzburg 1972

9 Elektrische Maschinen und Antriebe

9.1 Grundbegriffe und Normen

Elektrische Maschinen und *Antriebe* umfassen einen sehr großen Bereich. Zu jedem Antrieb gehört noch ein Umfeld, das von der Leistungselektronik, Regelungstechnik und Meßtechnik abgedeckt wird. Da viele Antriebe zur Prozeßoptimierung mit variabler Drehzahl arbeiten, werden Stellglieder zum Verändern der Drehzahl benötigt. Durch die Fortschritte der Leistungselektronik sind dies immer mehr *elektronische Stellglieder*. Darunter versteht man

- *netzgeführte Stromrichter,*
- *Steller* in Gleich- oder Wechselstrom-/Drehstromtechnik,
- *Frequenzumrichter.*

Diese Stellglieder werden im Kapitel 8 beschrieben. Der Produktionswert elektrischer Antriebe in Deutschland war 1994 7 154 Mio. DM.

9.1.1 Übersicht

Bild 9.1–1 zeigt einen *Antrieb* mit seinem Umfeld. Je nach Größe, Einsatzort und Qualität findet man anwenderspezifische und allgemeine Anforderungen, die zu erfüllen sind. Elektrische Maschinen unterscheiden sich in den charakteristischen Größen

- *Leistung:* 0,1 W bis 1,6 GW,
- *Drehmoment:* 0,1 Ncm bis 100 kNm,
- *Drehzahl:* 0,01 min^{-1} bis 250 000 min^{-1} und mehr.

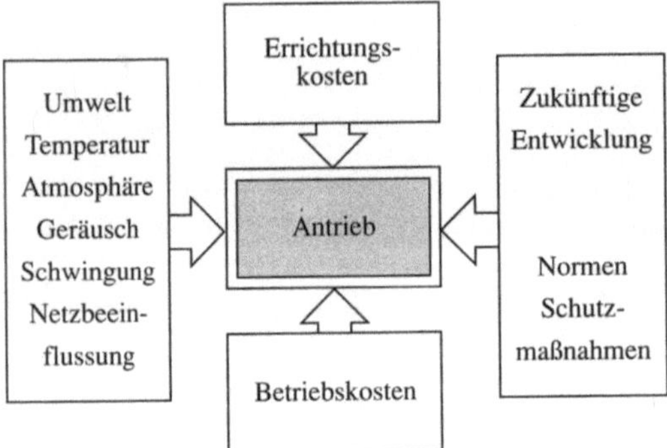

Bild 9.1-1 Antrieb im Umfeld

Bild 9.1–2 zeigt schematisch die Einsatzbereiche verschiedener Antriebe.

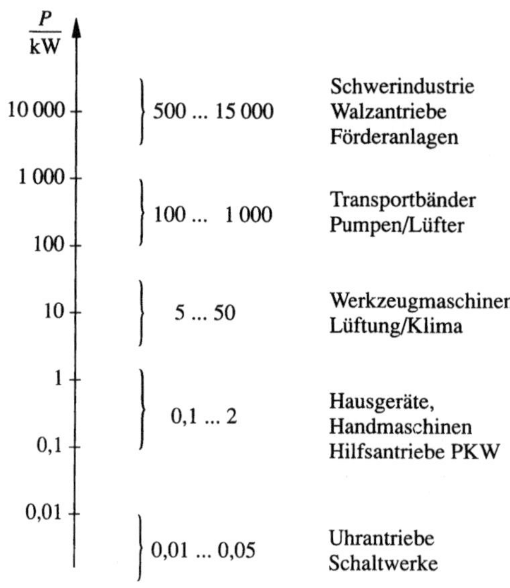

Bild 9.1-2 Schematische Übersicht über die Einsatzbereiche elektrischer Antriebe

9.1.2 Geschichtliches

Im Laufe der Entwicklung wurden viele verschiedene Maschinenarten entwickelt. Die ersten Maschinen waren Gleichstrommaschinen. 1834 fuhr ein Elektroboot auf der Neva in St. Petersburg; die Energie lieferten galvanische Elemente. Den großen Fortschritt brachte die Erfindung des *dynamoelektrischen Prinzips* durch *Siemens* im Jahre 1866. Nun konnte die Maschine selbsterregt werden.

Für die heutige Zeit wichtig war dann die Erfindung der *Drehstromsysteme* und der Möglichkeit des Baues der *Drehfeldmaschinen* durch *Haselwander, Dolivo-Dobrowolsky* und *Tesla.*

Die Stunde der drehzahlvariablen Antriebe begann Mitte der 50er Jahre durch die *Thyristorentwicklung.*

Der bereits 1934 patentierte *Frequenzumrichter* setzte sich erst in den 70er Jahren in der Breite durch, als hochsperrende Transistoren zur Verfügung standen.

Der seit Anfang der 70er Jahre eingeführte *Mikroprozessor* sorgt auch in der Antriebstechnik durch den Einzug der Digitaltechnik für erhebliche Fortschritte zum Ende der 80er Jahre, heute dominieren digitale Antriebe.

Bild 9.1–3 zeigt eine Übersicht über die Arten der elektrischen Maschinen. Nicht alle Maschinen werden für den oben angegebenen Leistungsbereich gebaut. Besonders die Maschinen mit Stromwender – Bürsten und Kommutator – sind in der Leistung begrenzt.

9.1.3 Normen

Die wichtigsten Normen und Bestimmungen für elektrische Maschinen und Antriebe sind in nationalen (DIN VDE) oder internationalen Werken (IEC) zusammengetragen (Tabelle A–2 im Abschnitt 9.8). Die Bestimmungen für umlaufende elektrische Maschinen (DIN VDE 0530) und für Transformatoren und Drosseln (DIN VDE 0532) sind sicher die wichtigsten. Weitere Normen und Vorschriften sind im Literaturverzeichnis zu finden.

9.1.4 Leistungsschild

Tabelle 9.1–1 zeigt die Daten des *Leistungsschildes* mit dem jede elektrische Maschine ausgerüstet sein muß. Es soll auch während des Betriebs gut ablesbar sein. Das Leistungsschild trägt den Charakter eines Dokumentes. Die notwendigen Angaben legen die Normen fest. Für alle dort verzeichneten Werte gelten Toleranzen. Tabelle 9.1–2 zeigt die zulässigen Abweichungen für Gleichstrom- und Drehstrommaschinen im Auszug.

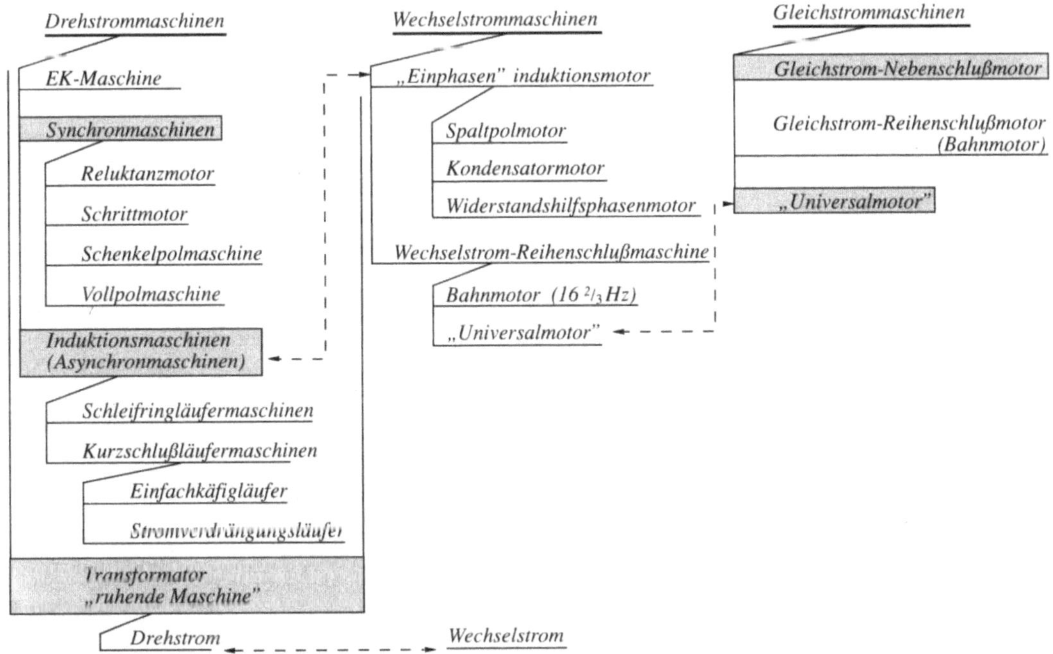

Bild 9.1-3 Übersicht über die Arten der elektrischen Maschinen
Drehstromkommutatormaschine und Repulsionsmaschine werden hier nicht besprochen

Tabelle 9.1–1: Leistungsschild elektrischer Maschinen

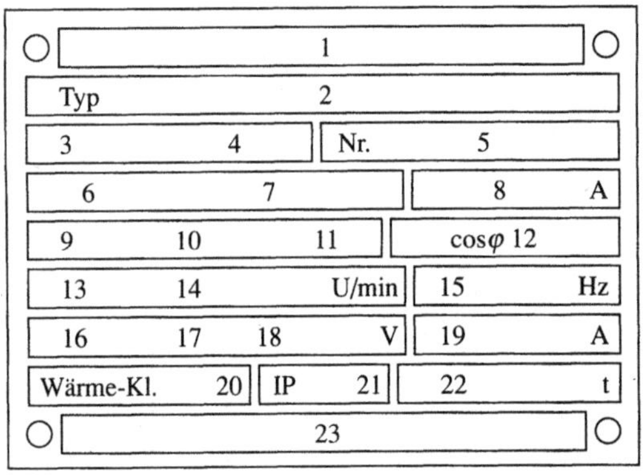

○ 1 ○		
Typ 2		
3 4	Nr. 5	
6 7	8 A	
9 10 11	cosφ 12	
13 14 U/min	15 Hz	
16 17 18 V	19 A	
Wärme-Kl. 20	IP 21	22 t
○ 23 ○		

Feld 1: *Hersteller*, Firmenzeichen oder Name des Lieferers

Feld 2: *Typ* oder *Bezeichnung der Maschine*

Feld 3: *Stromart* — Schaltzeichen nach DIN 40 710

Gleichstrom	–
Einphasen-Wechselstrom	*1* ~
Zweiphasen-Wechselstrom	*2* ~
Dreiphasen-Wechselstrom (Drehstrom)	*3* ~
Sechsphasen-Wechselstrom	*6* ~
Mischstrom	~ ...

Feld 4: *Arbeitsweise:* — Abkürzungen:

Generator	Gen.
Motor	Mot.

Feld 5: *Fertigungsnummer* oder *sonstige Kennzeichen*

Feld 6: *Schaltart der Wicklung bei Wechselstrommaschinen*

Feld 7: *Bemessungsspannung*

Feld 8: *Bemessungsstrom*

Feld 9: *Bemessungsleistung* Angabe in kW oder W bei Motoren, bei Gleichstrom- und Induktionsgeneratoren, Scheinleistung in kVA bei Synchrongeneratoren und Blindleistungsmaschinen

Feld 10: *Einheit der Leistung:* z. B. kW oder kVA

Feld 11: *Bemessungsbetriebsarten:* Dauerbetrieb S 1: Kein Vermerk

Feld 12: *Leistungsfaktor* Der Angabe des Leistungsfaktors ist bei Synchron- und Blindleistungsmaschinen, die Blindleistung aufnehmen soll, das Zeichen u(untererregt) hinzuzufügen

Feld 13: *Drehrichtung* auf Antriebsseite gesehen, z. B. Rechtslauf → Linkslauf ←

Feld 14: *Bemessungsdrehzahl* und wenn notwendig zulässige Überdrehzahl bzw. Schleuderdrehzahl. Bei Motoren mit Drehzahleinstellung sind die im Betrieb zulässigen Höchstdrehzahlen mit den dazugehörigen Angaben zu vermerken. Bei Getriebemotoren sind die Bemessungsdrehzahl n_1 des Motors und die Enddrehzahl n_2 des Getriebes anzugeben.

Feld 15: *Bemessungsfrequenz* bei Wechselstrommaschinen

Feld 16: das Wort *Erregung* oder die Abkürzung *Err* bei Gleichstrommaschinen, Synchronmaschinen und Einanker-Umformern, das Wort *Läufer* oder die Abkürzung *Lfr* bei Asynchronmaschinen.

Feld 17: *Schaltart* (Schaltzeichen) der Läuferwicklung, wenn keine Dreiphasenschaltung vorliegt (siehe Feld 6)

Feld 18:

bei Gleichstrommaschinen:	Bemessungserregerspannung bei Fremderregung
bei Synchronmaschinen:	Bemessungserregerspannung
bei Induktionsmaschinen mit Schleifringläufern:	Läuferstillstandsspannung

Feld 19:

bei Gleichstrommaschinen:	Erregerstrom bei Bemessungsbetrieb, bei Generatoren und bei Motoren für Drehzahleinstellung
bei Synchronmaschinen:	Erregerstrom bei Bemessungsbetrieb
bei Induktionsmaschinen:	Läuferstrom bei Bemessungsbetrieb

Es brauchen nur Ströme über 10A angegeben zu werden.

Feld 20: *Wärmeklasse* (Kennbuchstaben Y, A, E, B, F, H, C) oder Grenz-Übertemperatur.

Feld 21: *Schutzart* (Berührungs-, Fremdkörper- und Wasserschutz) Kennbuchstaben und Kennziffern nach DIN 40 050.

Feld 22: *Angenähertes Gewicht* in t bei Maschinen, deren Gesamtgewicht 1 t überschreitet.

Feld 23: *Zusätzliche Vermerke*, z. B. VDE 0530/... mit Jahreszahl)

Tabelle 9.1–2: Toleranzen in den Leistungsschildangaben elektrischer Maschinen

Maschinenart	Größe	Bemerkung	Zulässige Abweichung
alle Maschinen	Wirkungsgrad η indirekt ermittelt, direkt gemessen	$P_N \leq 50$ kW $P_N > 50$ kW –	$-0{,}15(1-\eta)$ $-0{,}1(1-\eta)$ $-0{,}15(1-\eta)$
	Gesamtverluste Trägheitsmoment J	$P_N > 50$ kW	+ 10% der Gesamtverluste ± 10% der Gewährleistung
fremderregter Gleichstrommotor und Gleichstrom-Nebenschlußmotor	Drehzahl bei Bemessungslast im betriebswarmen Zustand n_N	$P_N/n_N < 0{,}67$ W · min $P_N/n_N \geq 0{,}67$ W · min bis $< 2{,}5$ W · min $P_N/n_N \geq 2{,}5$ W · min bis < 10 W · min $P_N/n_N \geq 10$ W · min	± 15% ± 10% ± 7,5% ± 5%
Gleichstrom-Reihenschluß-motor	Drehzahl bei Bemessungs last im betriebswarmen Zustand n_N	$P_N/n_N < 0{,}67$ W · min $P_N/n_N \geq 0{,}67$ W · min bis $< 2{,}5$ W · min $P_N/n_N \geq 2{,}5$ W · min bis < 10 W · min $P_N/n_N \geq 10$ W · min	± 20% ± 15% ± 10% ± 7,5%
alle Induktionsmaschinen	Leistungsfaktor cos φ	–	− (1-cos φ)/6 mind. − 0,02, höchst. − 0,07
Induktionsmotoren Asynchronmaschinen	Schlupf s_N	$P_N \geq 1$ kW $P_N < 1$ kW	± 20% von ε_N ± 30% von s_N
	Kippmoment M_K	nach Abzug der zulässigen Abweichung Mindestwerte!	− 10% der Gewährleistung aber ≥ 1,6 M_r bzw. 1,5 M_r*
	Anzugsmoment M_A	vereinbart auch über 25%	− 15% bis + 25% der Gewährleistung
	Sattelmoment M_s	–	− 15% der Gewährleistung
	Anzugsstrom I_A	Käfigläufermotoren in der Anlaßschaltung	+ 20% der Gewährleistung nach unten ohne Grenze
Synchronmotoren	Kippmoment M_K	nach Abzug der zulässigen Abweichung Mindestwerte!	− 10% der Gewährleistung (aber 1,35 M_r bzw. 1,5 M_r*)
	Anzugsmoment M_A	vereinbart auch über 25%	− 15% bis + 25% der Gewährleistung
	Anzugsstrom I_A	keine untere Grenze	+ 20% der Gewährleistung

I_A Anzugsstrom, I_N Bemessungsstrom, M_A Anzugsmoment, M_K Kippmoment, M_N Bemessungsmoment, M_S Sattelmoment, n_N Bemessungsdrehzahl, P_N Bemessungsleistung, s Schlupf, s_N Bemessungsschlupf, η Wirkungsgrad, * bei $I_A/I_N < 4{,}5$, *) bei Synchronmotoren mit Schenkelpolen

9.2. Elektrische Antriebe

9.2.1 Allgemeine antriebstechnische Grundlagen

Elektrische Antriebe sind moderne Energie- und Leistungswandler. Zu dem System des Antriebs gehören der *leistungselektronische Energiewandler* (Stellglied), die *elektrische Maschine* und die *Arbeitsmaschine.* Entsprechend dem industriellen Prozeß sind die Komponenten optimal in Drehzahl und Drehmoment anzupassen. Dabei sind regelungstechnische Anforderungen zu beachten. Meß-, Regel- und Steuerungstechnik ergänzen die energietechnischen Antriebskomponenten. Digitale Datenverarbeitung sorgt für Kommunikationsmöglichkeiten über Bussysteme in beide Richtungen:

- vom Leitrechner (Leitebene) zum Antrieb und
- vom Antrieb (Prozeßebene) zum Leitsystem (Bild 9.2–1) [9.12], [9.13].

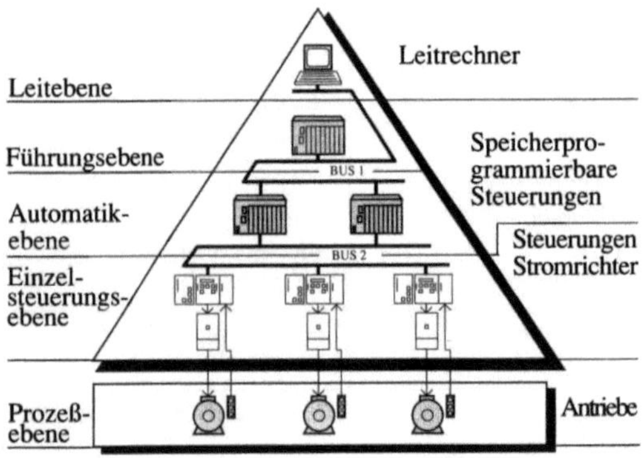

Bild 9.2-1 Antriebseinordnung in eine Betriebshierarchie

Antriebe sind elektrische Energiewandler, die i. a. dem Netz elektrische Energie entnehmen, um sie in der Maschine umzuwandeln und an der Welle als mechanische Energie u. U. über ein Getriebe an die Arbeitsmaschine abzugeben. Dem Versorgungsnetz wird so Leistung entzogen, die an der Arbeitsmaschine meist zum großen Teil in Wärme umgesetzt wird. Ein Beispiel hierfür sind Drehmaschinen, bei denen die Wärme im Drehspan zu finden ist.

Mechanische Bewegungen können Linearbewegungen oder Drehbewegungen sein. Elektrische Maschinen sind vom Prinzip her Maschinen, die ein Drehmoment M erzeugen. Über die Drehbewegung mit der Winkelgeschwindigkeit Ω erhält man die Leistung P zu:

$$P = M \cdot \Omega. \qquad \begin{array}{c|c|c} P & M & \Omega \\ \hline \mathrm{W} & \mathrm{Nm} & 1/\mathrm{s} \end{array} \qquad (9.2\text{–}1)$$

Lineare Bewegungen werden selten direkt per Linearantriebe erzeugt. Spindelantriebe, Traktionsantriebe oder Hubantriebe sind typische elektrische Antriebe mit Linearbewegungen. Die Hauptmenge der elektrischen Antriebe sind folglich drehende Antriebe. Dabei arbeitet die Maschine meist als Motor, seltener als Generator, der die mechanische Energie in elektrische umsetzt. Rückspeisung elektrischer Energie ist dabei im Bremsfall durchaus möglich (Nutzbremsung).

Die Energieumwandlung ist dabei nicht ohne Energieverluste im Sinne der unerwünschten Energieumsetzung durch Wärme usw. möglich. Die Energietechnik strebt dabei möglichst hohe *Wirkungsgrade*

$$\eta = \frac{P_{\mathrm{ab}}}{P_{\mathrm{zu}}} \qquad \begin{array}{c|c} \eta & P_{\mathrm{ab}}, P_{\mathrm{zu}} \\ \hline 1 & \mathrm{W} \end{array} \qquad (9.2\text{–}2)$$

an. Bei größeren Antrieben im Leistungsbereich über 5 kW darf man bei überschlägigen Berechnungen den Wirkungsgrad etwa 1 setzen. Bei kleineren Leistungen sinkt der Wirkungsgrad stark ab. Wirkungsgrade von unter 10% treten bei Kleinstantrieben auf. Dennoch sollte beim ersten überschlägigen Prüfen die gewollte Umsetzung im Vordergrund stehen und nicht das verkrampfte Betrachten der eigentlich unerwünschten Verluste.

Wegen der Ketten der Leistungsübertragung ergibt sich als *Gesamtwirkungsgrad* das Produkt der Einzelwirkungsgrade der Übertragungselemente. So ist

$$\eta_{\mathrm{ges}} = \eta_1 \cdot \eta_2 \cdot \eta_3 \ldots \qquad (9.2\text{–}3)$$

Der Wirkungsgrad hat Folgen für die Betriebskosten und die Betriebsmittel. In den Betriebsmitteln – den elektrischen Maschinen – erwärmen die Verluste die verschiedenen Materialien. Besonders die Isolierstoffe müssen die aus den Verlusten herrührenden höheren Betriebstemperaturen aushalten, ohne das Isoliervermögen zu verlieren; daher werden die Maschinen gekühlt.

Das Ersatzschaltbild eines Elektroantriebs zeigt Bild 9.2–2. Das Netz liefert die Leistung, die die Maschine als mechanische Leistung über die Welle der Arbeitsmaschine zuführt. Bei jeder Umformung oder Umwandlung treten Wandlungsverluste auf, die den Leistungsfluß schmälern.

Elektronische Stellglieder sorgen für eine stufenlose Anpassung der Drehzahl (Winkelgeschwindigkeit) und/oder des Drehmomentes an die Bedürfnisse der Arbeitsmaschine. In der mechanischen Leistungskette wandeln Getriebe (die Drehzahl oder) das Drehmoment um, ohne die Leistung stark zu verändern.

9.2.1.1 Energiesatz

Bei der Berechnung elektrischer Antriebe benutzt man Ersatzschaltbilder. Da man die Maschinendaten für die Maschinenwelle kennt, rechnet man gern die Wirkung der angekoppelten Systeme auf diese Maschinenwelle um. Um den Einfluß von Getrieben zu

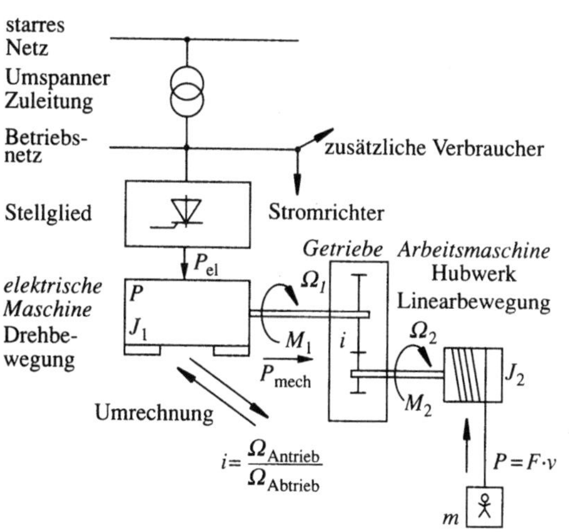

Bild 9.2.2 Ersatzschaltbild eines Elektroantriebs. Systemumrechnung:

Drehbewegung ⇌ Linearbewegung

Energiesatz:

W = konstant, $\frac{1}{2} m \cdot v^2 = \frac{1}{2} J^x \cdot \Omega^2$

bestimmen oder die linearen Bewegungen in Drehbewegungen umzurechnen, bedient man sich des *Energiesatzes*. Es ist einzusehen, daß sich der Energieinhalt durch eine Umrechnung auf die Bezugsstelle „Welle der elektrischen Maschine" nicht ändern darf. Dabei soll der Wirkungsgrad zunächst mit „1" angenommen werden. Dies gilt auch in erster Näherung für fast alle Getriebe der Praxis (Tabelle 9.2–1) [9.14], [9.28], [9.29].

Für die Getriebewahl ist die Belastungsart zu berücksichtigen. Der *Betriebsfaktor* bestimmt, ob der Einfluß der Belastung größer oder kleiner ist, als bei Normalbetrieb. Der Betriebsfaktor beeinflußt die Größe des Getriebes, nicht des Motors. Tabelle 9.2–2 zeigt die Getriebefaktoren f_B für verschiedene Getriebearten und Belastungen [9.30].

9.2.1.2 Getriebe

Für die Umrechnung der Drehmomente nach der Leistungsbilanz muß gelten

$$M_1 \cdot 2 \cdot \pi \cdot n_1 = M_2 \cdot 2 \cdot \pi \cdot n_2, \quad (9.2\text{–}4a)$$

$$M_1 \cdot \Omega_1 = M_2 \cdot \Omega_2 \quad (9.2\text{–}4b)$$

M_1, M_2	n_1, n_2	Ω_1, Ω_2
Nm	1/s	1/s

und für die Massenträgheitsmomente (Massenmoment 2. Grades) nach dem Energiesatz

$$0{,}5 \cdot J_1 \cdot (2 \cdot \pi \cdot n_1)^2 = 0{,}5 \cdot J_2 \cdot (2 \cdot \pi \cdot n_2)^2, \quad (9.2\text{–}5a)$$

$$0{,}5 \cdot J_1 \cdot (\Omega_1)^2 = 0{,}5 \cdot J_2 \cdot (\Omega_2)^2. \quad (9.2\text{–}5b)$$

J_1, J_2	n_1, n_2	Ω_1, Ω_2
$kg \cdot m^2$	1/s	1/s

Berücksichtigt man im Sinne der Energieflußrichtung den Wirkungsgrad, so liegt man beim Endergebnis auf der sicheren Seite. Beim Treiben verringert der Wirkungsgrad das abgegebene Drehmoment ($M_{ab} = \eta \cdot M_M$), wogegen beim Bremsen ein größeres Drehmoment gebremst werden kann ($M_{zu} = (1/\eta) \cdot M_M$).

Für die Umrechnung der Linearbewegung in eine Drehbewegung gilt nach dem Energiesatz

Tabelle 9.2–1: Überblick über Wirkungsgrade bei Getrieben und Übertragungsgliedern

Getriebeart, Übertragungsglied	Übersetzungsverhältnis $i = \frac{n_{zu}}{n_{ab}}$	Wirkungsgrad η_G
Stirnradgetriebe mit Ölschmierung	bis 6 einstufig 6 bis 40 zweistufig 30 bis 230 dreistufig	0,98 0,96 0,94
Schneckengetriebe mit Ölschmierung	6 bis 300	0,9...0,5 abhängig von der Drehzahl und *i*
Zahnriemen	bis 8	0,96
Reibrad	bis 5	0,95
Cyclo	bis 30	0,98
Drahtseil	bis 8	0,98
Kugelrollspindel		0,85...0,98
Trapezspindel		0,2...0,5

Tabelle 9.2–2: Getriebefaktoren f_B

Antriebsmaschine			Getriebemotor			tägliche Betriebszeit in h
	Belastungsart	Beispiel	Schneckengetriebe	Stirnradgetriebe	Verstellgetriebe	
I	gleichmäßiger Betrieb, kleine zu beschleunigende Massen, geringe Schalthäufigkeiten	Lüfter Kreiselpumpen Hebebühnen Schrägaufzüge Abfallmaschinen	0,8	0,8	0,9	3
			1,0	1,0	1,0	10
			1,2	1,2	1,2	24
II	ungleichmäßiger Betrieb, mittlere zu beschleunigende Massen, mäßige Stöße, mittlere Schalthäufigkeiten	Zahnradpumpen Winden Schiebetore Knetwerke Gerbfässer	0,9	0,9	1,0	3
			1,1	1,1	1,2	10
			1,3	1,3	1,4	24
III	ungleichmäßiger Betrieb, große zu beschleunigende Massen, heftige Stöße, hohe Schalthäufigkeiten	Plungerpumpen Zentrifugen Stanzen Kalander Mischer	1,1	1,2	1,4	3
			1,3	1,4	1,6	10
			1,5	1,6	1,8	24

$$0{,}5 \cdot m_1 \cdot (v_1)^2 = 0{,}5 \cdot J^* \cdot (2 \cdot \pi \cdot n_2)^2, \qquad (9.2\text{–}6a)$$

$$0{,}5 \cdot m_1 \cdot (v_1)^2 = 0{,}5 \cdot J^* \cdot (\Omega_2)^2, \qquad (9.2\text{–}6b)$$

m_1	v_1	J^*	n_2	Ω_2
kg	m/s	kgm^2	s^{-1}	rad/s

wobei J^* die äquivalente Wirkung der linearbewegten Masse m umgerechnet auf die Bezugswelle der elektrischen Maschine (n, Ω) darstellt (Bild 9.2–3).

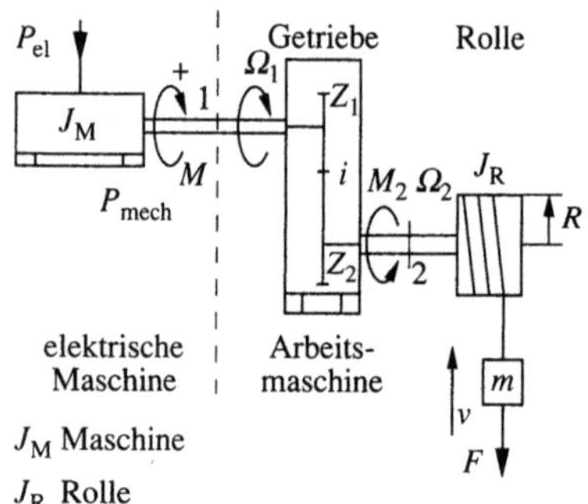

J_M Maschine

J_R Rolle

m Fahrkorb

$i = \dfrac{\Omega_{Antrieb}}{\Omega_{Abtrieb}} = \dfrac{Z_2}{Z_1} = \dfrac{\Omega_1}{\Omega_2}$ *Annahmen:* $J_G = 0$; $\eta = 1$

stufenweise Umwandlung
Umrechnung auf die Treibrollenwelle

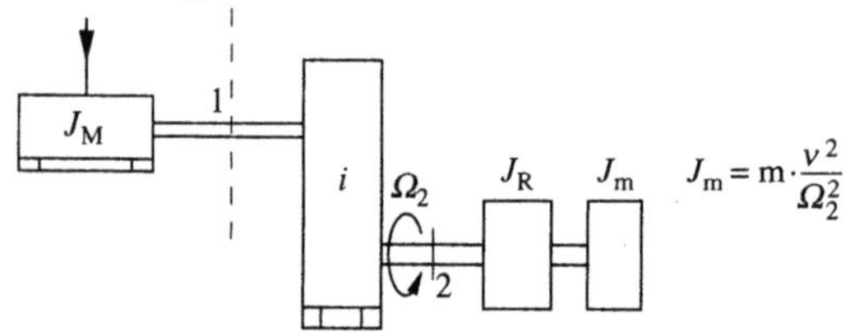

Umrechnung auf die Maschinenwelle

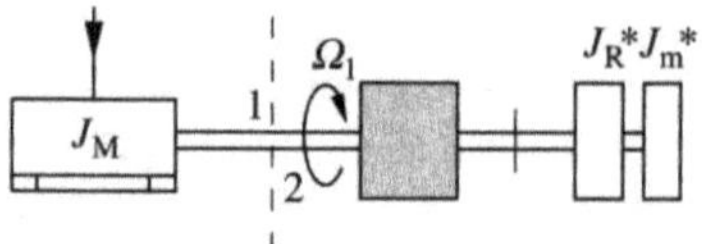

Ersatzwerte

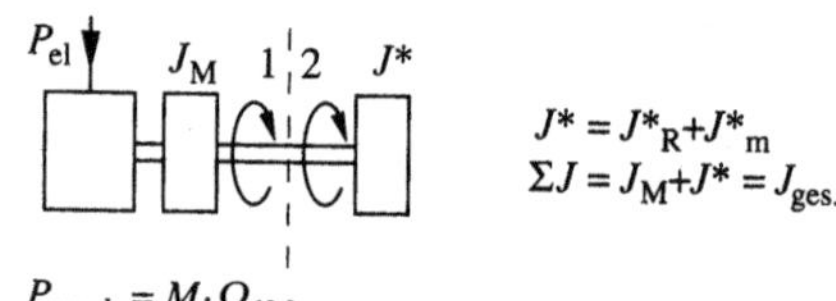

$J^* = J^*_R + J^*_m$
$\Sigma J = J_M + J^* = J_{ges.}$

$P_{mech} = M \cdot \Omega_{1M}$

Energiesatz:

$$\frac{1}{2} \cdot J_1 \cdot \Omega_1^2 = \frac{1}{2} J_2 \cdot \Omega_2^2 = \frac{1}{2} m \cdot v^2$$

Leistungsbilanz:

$P_{el} = P_{mech}$ bei $\eta = 1$
$P_{el} = M \cdot \Omega_1 = M_2 \cdot \Omega_2 = F \cdot v$

Bild 9.2-3 Umrechnung der linearbewegten Masse in eine äquivalente Drehmasse und Umrechnung der Drehmassen auf die Maschinenwelle (Kennzeichnung:*) am Beispiel eines Hubwerks

9.2.1.3 Beispiel

Von einem Antrieb sind die Teilträgheitsmomente bekannt:

Motor + Getriebe: $J_M = 1200\ \text{kgm}^2$,
Arbeitsmaschine: $J_L = 4800\ \text{kgm}^2$.

Bei welcher Getriebeübersetzung i ergibt sich das minimale Beschleunigungsmoment?

Lösung: Es ist:

$$i_{\text{optimal}} = \frac{n_M}{n_L} = \sqrt{\frac{J_L}{J_M}} = \sqrt{\frac{4800\ \text{kgm}^2}{1200\ \text{kgm}^2}} = 2.$$

9.2.2 Betriebsquadranten

Antriebe können prinzipiell in allen vier denkbaren *Betriebsquadranten* der *Winkelgeschwindigkeits/Drehzahl-Drehmoment-Ebene* arbeiten. Bild 9.2–4 zeigt die Quadranten mit den energetischen Zuordnungen. Für den Projektbearbeiter ist es wichtig zu wissen, in welchen Quadranten ein Antrieb arbeiten soll. Danach werden Stromrichter und Maschine sowie die Steuerverfahren gewählt. Generatorbetrieb im II. und IV. Quadranten bedeutet zwar immer Bremsbetrieb, nicht jedoch auch Nutzbremsung mit Energierückspeisung. Bei drehzahlveränderbaren Antrieben mit Stromrichterspeisung wird der Gegenstrombremsbetrieb im IV. bzw. II. Quadranten nicht genutzt.

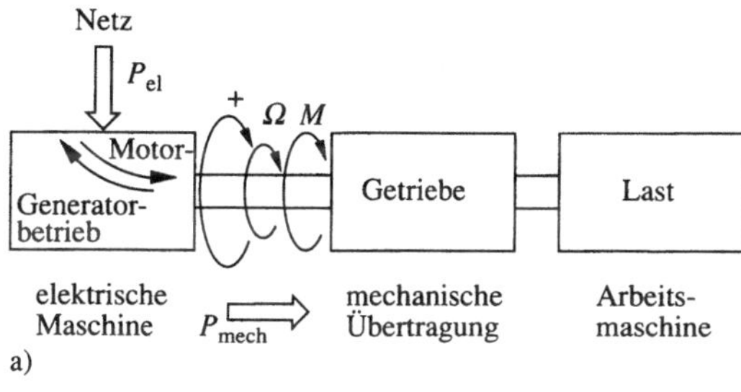

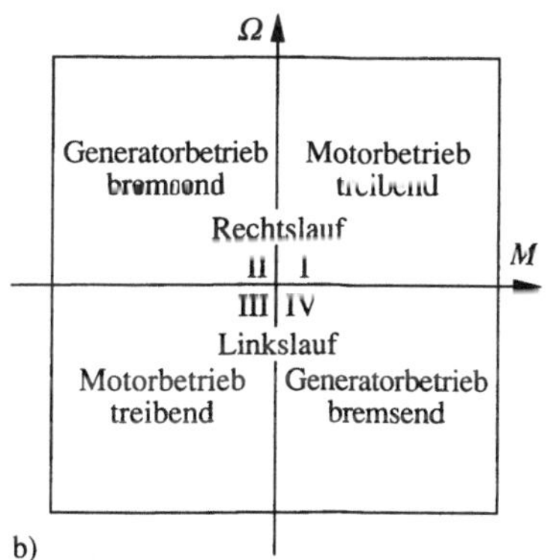

Bild 9.2-4 Schema des Antriebs mit positiver Zählrichtung (a) und 4-Quadranten-Ebene (M, Ω) eines Antriebs (b)

9.2.3 Kennlinien

9.2.3.1 Kennlinien elektrischer Maschinen

Elektrische Maschinen und Arbeitsmaschinen werden besonders gut über ihre *Drehzahl-Drehmoment-Kennlinien* charakterisiert. Bild 9.2–5 zeigt die Kennlinien elektrischer Maschinen. Man unterscheidet dabei grob die drei typischen Kennlinien:

- *starre* Kennlinie der Synchronmaschine,
- *harte* Kennlinie der Gleichstrom-Nebenschlußmaschine oder der Drehstrom-Asynchronmaschine im Betriebsbereich und
- *weiche* Kennlinie der Reihenschlußmaschine.

Die gezeigten Kennlinien sind die *natürlichen Kennlinien* (nK) der Maschinen ohne Veränderung durch (elektronische) Stellglieder usw. Für drehzahlvariable Antriebe können die Kennlinien durch Stellglieder verändert werden, so daß sie die für den Lastfall passende Form haben (prozeßoptimiert).

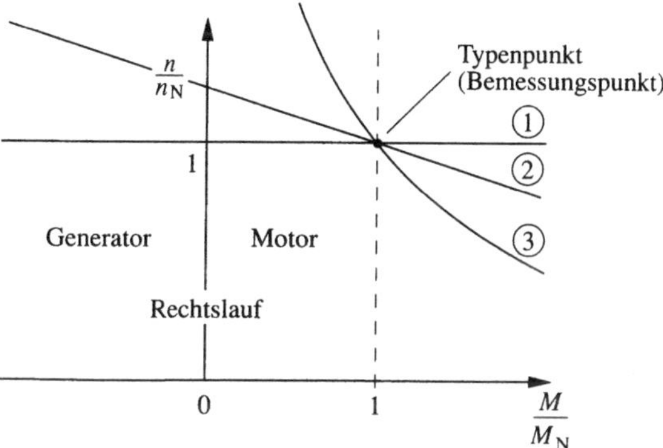

Bild 9.2-5 Kennlinien elektrischer Maschinen
① starre Kennlinie – Synchronkennlinie,
② harte Kennlinie – Nebenschlußkennlinie,
③ weiche Kennlinie – Reihenschlußkennlinie

9.2.3.2 Kennlinien der Arbeitsmaschinen

Aus der Vielzahl der in der Praxis auftretenden *Kennlinien der Arbeitsmaschinen* lassen sich grundsätzlich vier besondere Kennlinienverläufe des Lastdrehmomentes über der Drehzahl angeben. Es sind dies:

- *konstantes* Drehmoment,
- *linear steigendes* Drehmoment,
- *quadratisch steigendes* Drehmoment und
- *hyperbolisch fallendes* Drehmoment.

Zu diesen Drehmomentverläufen gehören die im folgenden beschriebenen „Standard"-Lastfälle (Bild 9.2–6).

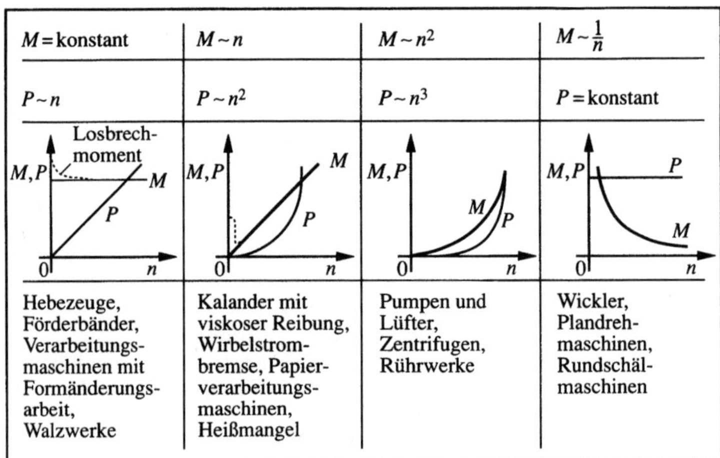

Bild 9.2-6
Kennlinien von Arbeitsmaschinen (idealisiert)

1. Konstantes Drehmoment
Bei Hubantrieben oder zur Überwindung von Gleitreibung trifft man auf ein von der Drehzahl nahezu unabhängiges Drehmoment. Die Leistung in diesem Betriebsbereich steigt dann mit der Drehzahl linear an. Bei kleinen Drehzahlen können Losbrechmomente den Verlauf etwas verändern und erhöhte Antriebsdrehmomente benötigen.

2. Kalandermoment
Bei linear mit der Drehzahl steigendem Drehmoment spricht man von einem *Kalander-Drehmomentverlauf.* Auch hier können Losbrechmomente den Anfangsverlauf verändern. Im idealen Fall steigt die Leistung dann quadratisch mit dem Verlauf der Drehzahl.

3. Lüfter/Pumpen-Moment
Bei Lüftern und Pumpen erhält man den typischen Verlauf eines mit dem Quadrat der Drehzahl steigenden Drehmoments. Die Leistung steigt dann kubisch mit der wachsenden Drehzahl an. Kleine Drehzahländerungen haben somit große Leistungsänderungen zur Folge!

4. Konstante Leistung (Wickler-Kennlinie)
Bei Wicklern trifft man die Kennlinie mit konstanter Leistung und folglich mit dem mit der Drehzahl hyperbolisch fallendem Drehmonent. Bei Werkzeugmaschinen werden solche Konstantleistungsbereiche mit einem Drehzahlverhältnis von bis zu 1 : 16 gefordert und gebaut.

9.2.4 Stabiler Betriebspunkt

Ziel des Betriebs einer Maschine ist ein möglichst störungsfreier Lauf. Sollte es durch störungsbedingte Abweichungen zu Drehzahländerungen kommen, so soll der alte – stabile – Betriebszustand nach Wegfall der Störung wieder erreicht werden. Bei realem Verlauf der Drehmomentkennlinie der Drehstrom-Asynchronmaschine treten Einsattelungen auf. Betrachtet man nun einen Lastfall mit konstantem Belastungsmoment, so kann man sich drei Schnittpunkte vorstellen, die z. B. durch Spannungsabsenkung und somit Kennlinienverlagerung zustande kommen (Bild 9.2–7).

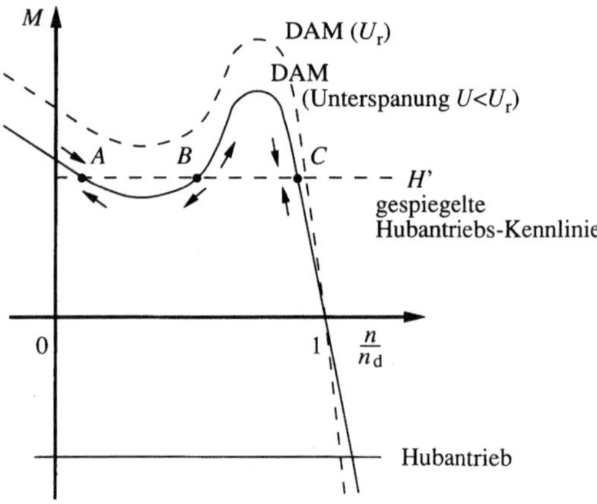

Bild 9.2-7 Stabile und labile Arbeitspunkte eines Antriebs. Die Punkte A und C sind stabil, Punkt B ist ein labiler Arbeitspunkt.
DAM Drehstrom-Asynchronmaschine

Bei einem Anlauf im Fall einer Spannungsabsenkung läuft der Antrieb nur bis zum Punkt A hoch und bleibt dort bei niedriger Drehzahl „hängen". Der Betrieb ist *stabil.* Prinzipiell würde auch ein Betrieb im Punkt B möglich sein, da auch dort das Drehmomentgleichgewicht gegeben ist. Kleine Abweichungen von dem Arbeitspunkt B würden jedoch nach Wegfall der Störung einen Hochlauf zum Punkt C oder einen Tieflauf zum Punkt A zur Folge haben. Punkt B ist ein *labiler* (instabiler) Betriebspunkt. Punkt C ist wieder *stabil;* bei kleinen Abweichungen läuft der Antrieb immer wieder auf diesen Betriebspunkt zu. Prinzipiell sind *stabile Betriebspunkte* anzustreben. Mit Hilfe der Regelungstechnik sind labile Betriebspunkte jedoch auch zu stabilisieren (Kap. 7).

9.2.5 Betrieb und Übergangsvorgänge

Bei Antrieben sind drei Betriebszustände zu beachten. Dies sind die *dynamischen Übergangszustände*
- Hochlauf/Anlauf,
- Bremslauf/Auslauf/Tieflauf/Stillsetzen und der stationäre Betriebszustand des
- „normalen" (Dauer-)Betriebs.

Für die Berechnung der Zustände wird die dynamische Grundgleichung herangezogen. Es gilt die vorzeichenrichtige Drehmomenten-Summe:

$$J \cdot \frac{d\Omega}{dt} = M_M + M_L. \qquad (9.2\text{–}7)$$

J	Ω	M_M, M_L
kgm^2	1/s	Nm

Das Blockschema eines Antriebs zeigt Bild 9.2–8. Es gilt nur eine positive Zählrichtung! Ein treibendes Drehmoment hat einen positiven Zahlenwert (z. B. $M_M = 55$ Nm), ein bremsendes Drehmoment hat einen negativen Zahlenwert (z. B. $M_L = -55$ Nm)!

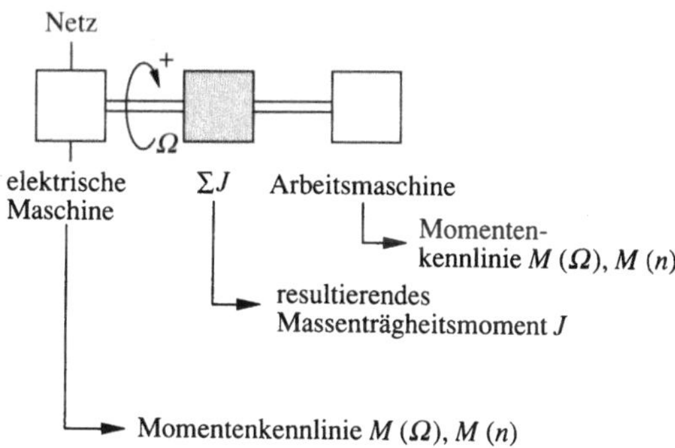

dynamisches Grundgesetz der Bewegung:

$$J \cdot \frac{d\Omega}{dt} = \Sigma M$$

Sonderfall des **stationären** Betriebes ($d\Omega/dt = 0$)
$0 = \Sigma(M)$

Leistungsbilanz: P = konstant

$P_{zu} = P_{ab} + P_v$

Energiesatz: W = konstant

$W_{zu} = W_{ab} + W_{Speicher}$

Bild 9.2-8 Blockschema eines Antriebs mit den drei Komponenten: elektrische Maschine, Arbeitsmaschine und Massenträgheitsmoment des gesamten Antriebs

Im Falle der Übergangszustände wirkt das Massenträgheitsmoment (Trägheitsmoment) J beim Hochlauf bremsend und beim Tieflauf (Auslauf) treibend. Im stationären Betrieb bei Ω = konstant wirkt es nicht.

9.2.5.1 Übergangszustände

Bei Beschleunigungsantrieben ist u. U. das für die Beschleunigung – positiv oder negativ – notwendige Drehmoment entscheidend. Bei allen Antrieben ist jedoch zur Beschleunigung ein ausreichender Drehmomentenüberschuß – das *beschleunigende Drehmoment* $M_b = M_M + M_L$ – einzukalkulieren, um nicht zu lange Zeiten für den *Übergangszustand* zu haben.

9.2.5.2 Hochlauf-/Bremszeit

Um den stationären Betriebspunkt zu erreichen, müssen Antriebe anlaufen oder hochlaufen. Ausläufe, Tiefläufe, Bremsläufe oder Stillsetzen sind die äquivalenten Begriffe für verzögerte Bewegungen. Diese Vorgänge nehmen endliche Zeiten in Anspruch. Da i. a. die Antriebsdaten nicht sehr genau bekannt sind, eignen sich Überschlagsrechnungen zunächst für die erste Abschätzung bei der Projektierung eines Antriebs. Dabei werden dann alle Abhängigkeiten von der Drehzahl vernachlässigt und die auftretenden Momente linearisiert und abschnittsweise konstant aufgefaßt. Auch Änderungen des Massenträgheitsmomentes, z. B. bei Zentrifugenantrieben, können durch abschnittsweise konstante Werte ersetzt werden. Das dynamische Grundgesetz liefert dann mit abschnittsweise konstanten Werten einfach zu berechnende Lösungen. Die *Hochlaufzeit* errechnet sich allgemein aus

$$J(n) \cdot \frac{d(2\pi \cdot n)}{dt} = M_M(n) + M_L(n), \qquad (9.2\text{–}8a)$$

$$J(\Omega) \cdot \frac{d\Omega}{dt} = M_M(\Omega) + M_L(\Omega). \qquad (9.2\text{–}8b)$$

Mit abschnittsweise konstanten Werten nach Bild 9.2–9 erhält man

$$t_{Ho} = \frac{J \cdot 2 \cdot \pi \cdot n_{end}}{M_b} = \frac{J \cdot \Omega_{end}}{M_b}, \qquad (9.2\text{–}9a)$$

J	Ω, Ω_{end}	n, n_{end}	t, t_{Ho}	M_M, M_L, M_b
kgm^2	1/s	1/s	s	Nm

Sinngemäß berechnet man so auch andere Übergangsvorgänge und Bremszeiten, wobei nur andere Anfangs- bzw. Endwerte einzusetzen sind. Anhaltswerte für die Leerhochlaufdauer gibt Bild 9.2–10.

Die Wahl abschnittsweiser konstanter Maschinenmomente ist praxisgerecht, denkt man z. B. an die Drehmomentbegrenzung durch den Stromregler bei Gleichstrommaschinenantrieben. Auch bei Antrieben mit Drehstrom-Asynchronmaschinen – gespeist über Frequenzumrichter mit Drehmomentregelung – läßt sich die Momentengrenze einstellen.

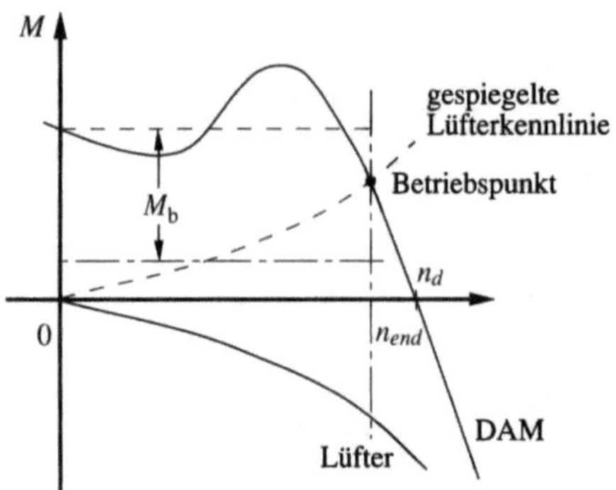

Bild 9.2-9 Hochlaufzeitberechnung mit abschnittsweise konstanten Drehmomenten

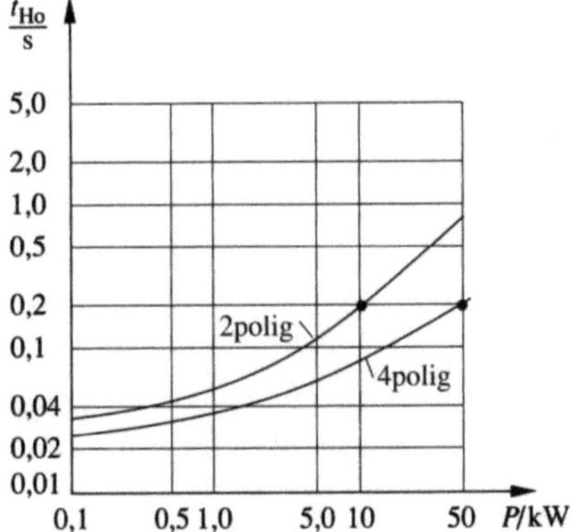

Bild 9.2-10 Anhaltswerte für die Leerhochlaufzeit von Drehstrom-Asynchronmaschinen

Drehzahlveränderbare Antriebe mit Ankerstellbereich (M = konstant) und Feldstellbereich (M hyperbolisch mit der Drehzahl fallend) laufen an der Stromgrenze mit variablem Drehmoment hoch. Die Hochlaufzeit bis n_{max} erhält man dann zu

$$t_{Ho} = \frac{J_{ges} \cdot \pi \cdot n_{eck}}{2 \cdot M_{eck}} \cdot \left[\left(\frac{n_{max}}{n_{eck}} \right)^2 + 1 \right] \qquad (9.2\text{–}9b)$$

t_{Ho}	J_{ges}	n_{max}, n_{eck}	M_{eck}
s	kgm²	1/s	Nm

mit dem Drehmoment M_{eck} bei der Eckdrehzahl n_{eck} und der maximalen Drehzahl n_{max}.

Bei hochdynamischen Antrieben mit extrem kurzen Hochlaufzeiten gelten allerdings die stationären Momentenkennlinien nicht mehr. Dies sind Sonderfälle, die nicht allgemein gelöst werden können.

9.2.5.3 Stationärer Betrieb

Bei konstanter Drehzahl entfällt der Einfluß des Massenträgheitmomentes. Im *stationären Betriebspunkt* halten sich gerade Last- und Antriebsmoment die Waage. Kein Überschußmoment sorgt für eine Abweichung. Beide Momente haben gleiche Beträge doch unterschiedliche Vorzeichen. Bei modernen Antrieben ist der stationäre Betriebsfall eigentlich selten, da durch eine Drehzahlregelung der optimale Betriebsfall mit häufig wechselnden Drehzahlen eingestellt wird.

9.2.5.4 Energiebetrachtung

Im stationären Betrieb fließt die Energie aus dem Netz direkt in die Arbeitsmaschine. Bei Übergangszuständen wird ein Teil der dem Antrieb vom Netz zugeführten Energie in der Schwungmasse als kinetische Energie gespeichert. Im Bremsfall gibt die Schwungmasse Energie an den Antrieb ab und versucht einem Absinken der Drehzahl entgegenzuwirken.

Bei jeder Drehzahlveränderung sind auch die Energieverhältnisse zu betrachten. Untersucht man die *Energieaufteilung* im Hochlauffall eines Antriebs, erhält man im Prinzip bei Vernachlässigung aller untergeordneter Effekte drei Anteile:

- „Verluste" – Energieumsetzung in der Maschine –,
- Energie-Einspeicherung in die Schwungmasse und
- Energieabgabe an die Last (Bild 9.2–11).

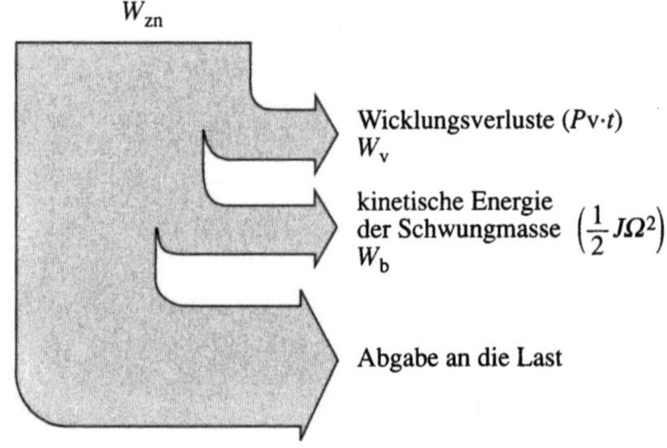

Bild 9.2-11 Aufteilung der aus dem Netz bezogenen Energie

9.2.5.5 Leerhochlauf

Beim *Leerhochlauf* entfällt die Energieabgabe an die Last. An Ende des Hochlaufs ist der Energieinhalt der Schwungmasse gerade genau so groß, wie der Anteil der Energieumsetzung in „Verlust"-Wärme in der Maschinentwicklung. Man erhält:

$$\frac{1}{2} \cdot J \cdot \Omega^2 = \int_0^{t_{Ho}} P_v \cdot dt = W_{Ho}. \quad (9.2\text{–}10)$$

J	Ω	P_v	t, t_{Ho}	W_{Ho}
kgm²	1/s	W	s	J = Ws

Durch einen Teilhochlauf, wie er z. B. bei polumschaltbaren Maschinen möglich ist, läßt sich die Verlustenergieumsetzung verringern. Eine Einsparung der halben Energieverluste ist z. B. beim Hochlauf durch Polumschaltung nach Erreichen der ersten synchronen Drehzahl möglich (Bild 9.2–12).

Beim unendlich feingestuften Hochlauf, wie er bei „geführtem" Hochlauf bei drehzahlveränderbaren Antrieben möglich ist, kann Verlustenergie gespart werden. Der Hochlauf dauert dadurch auch nicht länger.

9.2.5.6 Lastanlauf

Bei Antrieben mit Belastung wirkt außer dem Massenträgheitsmoment noch die Belastungsmaschine im Hochlauffall „bremsend". Es muß dann Energie auch an die Last abgegeben werden. Der Hochlauf dauert länger und es entstehen mehr Verluste, die die Maschine erwärmen.

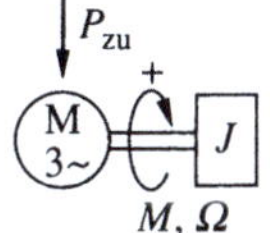

J Gesamtmassenträgheitsmoment

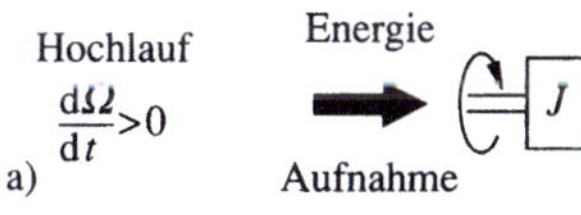

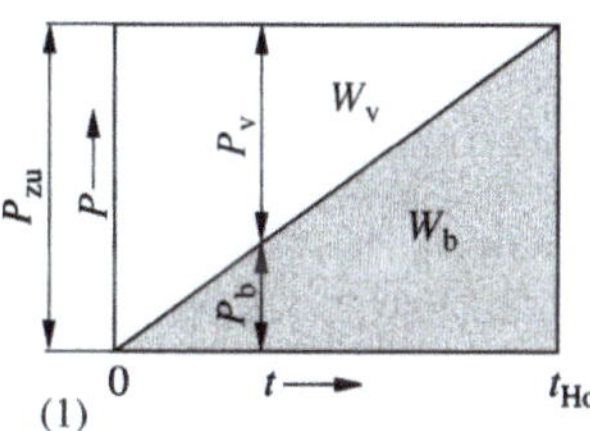

Energieersparnis gegenüber 4poligem Motor

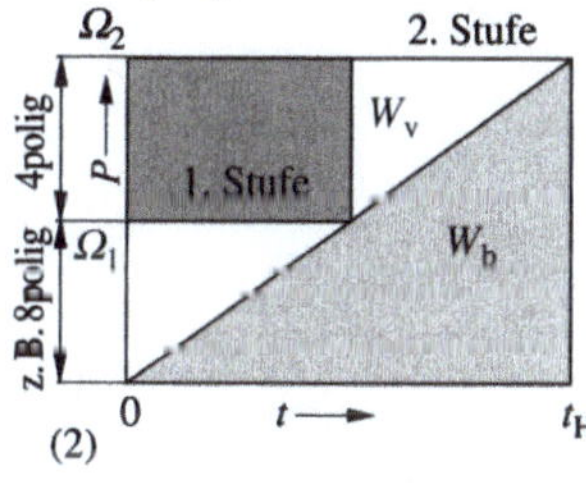

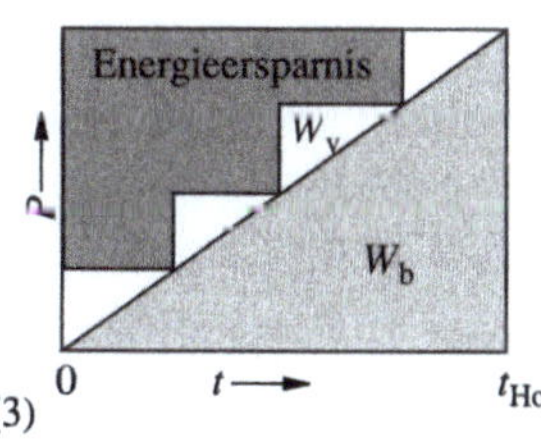

Bild 9.2-12 Energieeinsparung durch Teilanlauf in Stufen am Beispiel eines polumschaltbaren Asynchronmotors
a) Ersatzschaltbild,
b) Einsparung von Verlustenergie durch mehrstufigen Hochlauf

9.2.5.7 Beispiele

1. An einer Seilscheibe vom Durchmesser $D = 4$ m hänge eine Last mit der Gewichtskraft von $F = 10^4$ N (Bild 9.2–13)

Welches Lastgegenmoment tritt an der Seilscheibe auf?

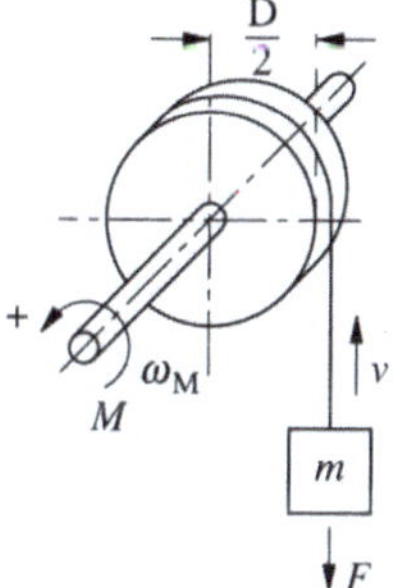

Bild 9.2-13 Seilscheibe mit dem Durchmesser *D* und linear bewegter Masse *m*

Lösung: Es ist

$$M_L = G \cdot \frac{D}{2} = 10\,000 \text{ N} \cdot \frac{4}{2} \text{ m} = 20\,000 \text{ Nm}.$$

2. Eine Last soll mit einer Geschwindigkeit von $v = 10$ m/s gehoben werden.

Welche Drehzahl (in 1/s und 1/min) ist an einer Seilscheibe von $D = 4$ m Durchmesser nötig?

Lösung: Es ist

$$n = \frac{v}{\pi \cdot D} = \frac{10 \text{ m/s}}{\pi \cdot 4 \text{ m}} = 0{,}8 \text{ 1/s} \rightarrow 48 \text{ 1/min}.$$

3. Eine Masse mit der Gewichtskraft von $F = 10^4$ N hängt an einer Seilscheibe von $D = 4$ m Durchmesser. Welchem Trägheitsmoment J^* entspricht die Last?

Lösung:

$$J^* = m\frac{D^2}{4} = \frac{G \cdot D^2}{g \cdot 4} = \frac{10^4 \text{ N} \cdot 16 \text{ m}^2}{9{,}81 \text{ m/s}^2 \cdot 4} = 4080 \text{ kgm}^2.$$

4. Von einem Motor ist mit einem Auslaufversuch das (Massen-)Trägheitsmoment J_M zu bestimmen. Es sind folgende Daten bekannt:

Bemessungssistung: $P_N = 100$ kW,
Bemessungsdrehzahl: $n_N = 400 \text{ min}^{-1}$,
Bemessungsstrom: $I_N = 240$ A.

Ferner ist bekannt, daß beim Leerlauf mit der konstanten Drehzahl n_0 ein Strom von $I_0 = 24$ A gemessen wird. Beim Ausschalten des Motors wird in der Zeitspanne von $\mathrm{d}t = 10$ s ein Drehzahlabfall von $\mathrm{d}n = 50 \text{ min}^{-1}$ festgestellt.

Wie groß ist das (Massen-)Trägheitsmoment des Motors?

Lösung: Die Drehzahlen erhält man zu:

$$n_N = \frac{400 \text{ min}^{-1}}{60 \text{ s}^{-1}} = \frac{40}{6} \text{s}^{-1} \quad \text{und}$$

$$\mathrm{d}n = \frac{50 \text{ min}^{-1}}{60 \text{ s}^{-1}} = 5/6,$$

$$J_N = \frac{P_N}{2\pi n_N} \cdot \frac{I_0}{I_N} \cdot \frac{\mathrm{d}t}{\mathrm{d}(2\pi n)} =$$

$$= \frac{100 \; 10^3 \text{ W} \cdot 24 \text{ A} \cdot 10 \text{ s}}{(2\pi)^2 \cdot 40/6 \text{ s}^{-1} \cdot 240 \text{ A} \cdot 5/6 \text{ s}^{-1}},$$

$J_N = 456 \text{ kgm}^2$.

9.2.6 Erwärmung

Die Verluste in elektrischen Maschinen führen zu einer *Erwärmung* der Konstruktionsteile. Besonders gefährdet sind Wicklungsisolationen, bei Stromwendermaschinen auch der empfindliche Stromwender-/Bürstenapparat. Die Verluste sind eine Kenngröße für die Maschine. Sie werden für den Bemessungsbetrieb ermittelt und gelten somit unter bestimmten Betriebsbedingungen. Durch die Betriebszustände werden sie beeinflußt, da sie lastabhängig sind. Zur Abführung der Verluste werden elektrische Maschinen gekühlt. Man unterscheidet

- Selbstkühlung (S),
- Eigenkühlung (E),
- Fremdkühlung (F).

Bild 9.2–14 zeigt die Kühlprinzipien und die Kennzeichnung durch 2 Ziffern. Die Angaben beginnen mit IC. Je geschlossener eine Maschine ist, desto geringer ist prinzipiell die Kühlung. Näherungsweise darf man elektrische Maschinen wie einen isotropen (homogenen) Körper auffassen (Einkörperproblem). Aus der Differentialgleichung (Bild 9.2–15) erhält

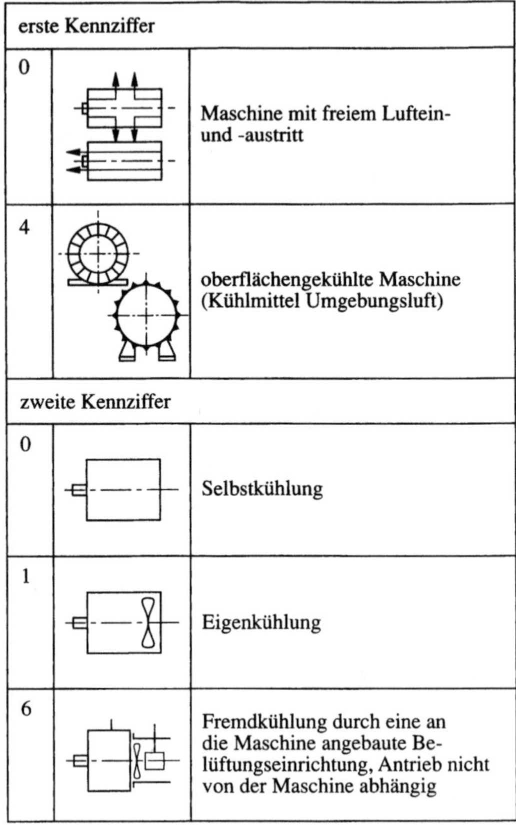

Bild 9.2-14 Kühlprinzipien elektrischer Maschinen

man als Temperaturübergangskurven e-Funktionen. Der stationäre Zustand ist mit einem Fehler von etwa 5% nach drei thermischen Zeitkonstanten T erreicht.

Zur Ermittlung der *Übertemperatur* der Wicklung gegenüber dem Kühlmittel schlägt VDE die Messung der Erhöhung des Wicklungswirkwiderstandes vor. Die mittlere Wicklungsübertemperatur erhält man zu:

$$\vartheta_e = (235 + \vartheta_k) \cdot (R_W - R_k)/R_k + (\vartheta_k - \vartheta_{kü}) \qquad (9.2\text{–}11)$$

ϑ_e, ϑ_k, $\vartheta_{kü}$	R_W, R_k
K	Ω

mit R_W dem Warmwiderstand der Wicklung, R_k dem Wicklungskaltwiderstand, $\vartheta_{kü}$ der Kühlmitteltemperatur.

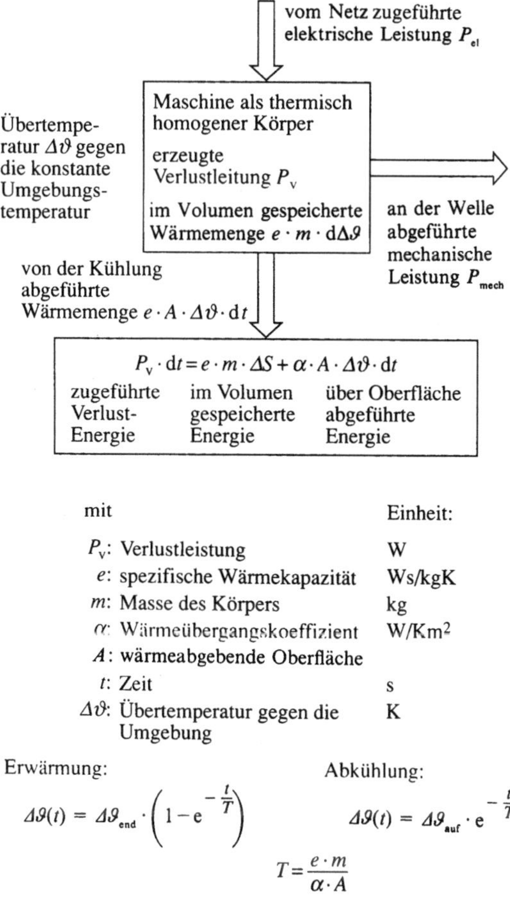

Bild 9.2-15 Temperaturübergänge

- *Beispiel:*
  Eine Gleichstrommaschine erwärmt sich im Bemessungsbetrieb um 60 K.

  Welche Übertemperatur nimmt sie an, wenn dauernd der halbe Bemessungsstrom fließt? (Annahme: R = konstant)

  Lösung: Es ist

  $$\frac{\vartheta_1}{\vartheta_2} = \left(\frac{I_1}{I_2}\right)^2 \rightarrow \vartheta_2 = \vartheta_1 \cdot \left(\frac{I_2}{I_1}\right)^2 = 60\,\text{K} \cdot \left(\frac{1}{2}\right)^2 =$$

  $$= 15\,\text{K}.$$

  Geht man von der Kühlmitteltemperatur von 40 °C aus, wird die Maschine 55 °C warm.

9.2.7 Bemessungsbetriebsarten S1 bis S9

VDE 0530 hat bestimmte *Bemessungsbetriebsarten* festgelegt, um Aussagen über den Betrieb zu vereinfachen. Man unterscheidet 9 verschiedene Betriebsarten, die im folgenden beschrieben werden sollen. Sie sind mit S1 bis S9 gekennzeichnet.

1. S1 = Dauerbetrieb

Bei konstanter Belastung wird der Antrieb so lange betrieben bis er zu seiner konstanten Beharrungstemperatur kommt. Die stündliche Beharrungstemperatur darf sich dort höchstens um 2K ändern. Die Betriebsdauer ist größer als drei thermische Zeitkonstanten T.

Ist keine besondere Angabe gemacht, muß die Maschine S1-Betrieb verkraften. Tabelle 9.2–3 zeigt den

Tabelle 9.2-2: Bemessungsbetriebsarten elektrischer Maschinen

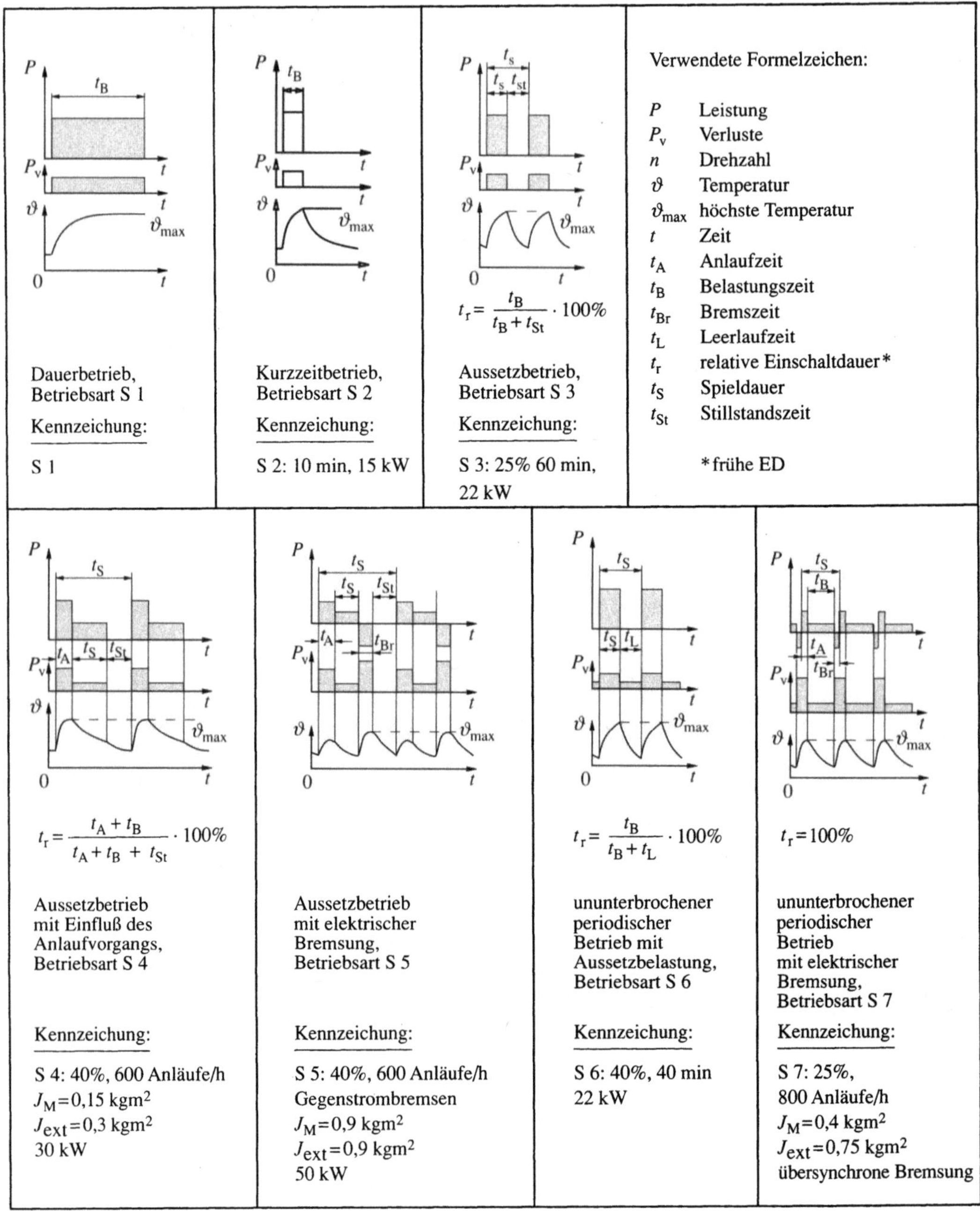

		$t_r = \frac{t_B}{t_B + t_{St}} \cdot 100\%$	Verwendete Formelzeichen: P Leistung P_v Verluste n Drehzahl ϑ Temperatur ϑ_{max} höchste Temperatur t Zeit t_A Anlaufzeit t_B Belastungszeit t_{Br} Bremszeit t_L Leerlaufzeit t_r relative Einschaltdauer* t_S Spieldauer t_{St} Stillstandszeit * frühe ED
Dauerbetrieb, Betriebsart S 1	Kurzzeitbetrieb, Betriebsart S 2	Aussetzbetrieb, Betriebsart S 3	
Kennzeichung:	Kennzeichung:	Kennzeichung:	
S 1	S 2: 10 min, 15 kW	S 3: 25% 60 min, 22 kW	

$t_r = \frac{t_A + t_B}{t_A + t_B + t_{St}} \cdot 100\%$		$t_r = \frac{t_B}{t_B + t_L} \cdot 100\%$	$t_r = 100\%$
Aussetzbetrieb mit Einfluß des Anlaufvorgangs, Betriebsart S 4	Aussetzbetrieb mit elektrischer Bremsung, Betriebsart S 5	ununterbrochener periodischer Betrieb mit Aussetzbelastung, Betriebsart S 6	ununterbrochener periodischer Betrieb mit elektrischer Bremsung, Betriebsart S 7
Kennzeichung:	Kennzeichung:	Kennzeichung:	Kennzeichung:
S 4: 40%, 600 Anläufe/h $J_M = 0{,}15$ kgm² $J_{ext} = 0{,}3$ kgm² 30 kW	S 5: 40%, 600 Anläufe/h Gegenstrombremsen $J_M = 0{,}9$ kgm² $J_{ext} = 0{,}9$ kgm² 50 kW	S 6: 40%, 40 min 22 kW	S 7: 25%, 800 Anläufe/h $J_M = 0{,}4$ kgm² $J_{ext} = 0{,}75$ kgm² übersynchrone Bremsung

Verlauf der Leistung, Verlustleistung und der Übertemperatur. S1-Betrieb gilt z. B. für einen Lüfter, der den ganzen Tag durchläuft.

2. S2 = Kurzzeitbetrieb

Die Maschine läuft mit konstanter Last. Der stationäre Endwert der Übertemperatur wird nicht erreicht. Die folgende Pause führt zu einer Abkühlung auf die Ausgangstemperatur (Kühlmitteltemperatur).

Die Betriebszeit t_b ist klein gegen T. Auf dem Leistungsschild ist eine Zusatzangabe zur Betriebsdauer notwendig. S2-Betrieb 10 min trifft z. B. für einen Mixer zu.

Tabelle 9.2-2: Bemessungsbetriebsarten elektrischer Maschinen (Fortsetzung)

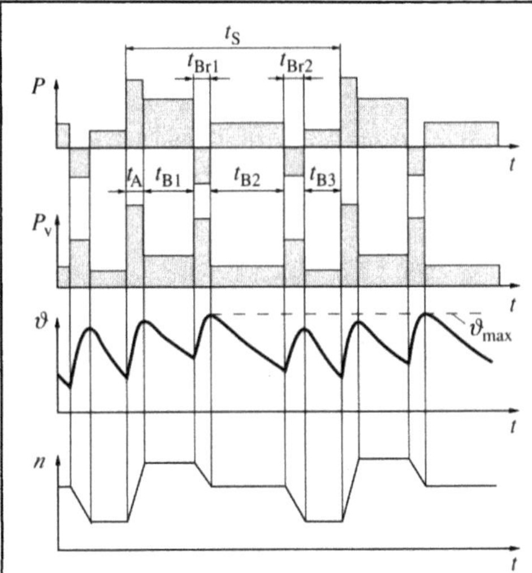

$$t_{r1} = \frac{t_A + t_{B1}}{t_A + t_{B1} + t_{Br1} + t_{B2} + t_{Br2} + t_{B3}} \cdot 100\%$$

$$t_{r2} = \frac{t_{Br1} + t_{B2}}{t_A + t_{B1} + t_{Br1} + t_{B2} + t_{Br2} + t_{B3}} \cdot 100\%$$

$$t_{r3} = \frac{t_{Br2} + t_{B3}}{t_A + t_{B1} + t_{Br1} + t_{B2} + t_{Br2} + t_{B3}} \cdot 100\%$$

ununterbrochener periodischer Betrieb mit Drehzahländerung, Betriebsart S 8

Kennzeichung:

S 8: J_M=0,6 kgm² J_{ext}=7,5 kgm²
11 kW 960 min⁻¹ 40%
22 kW 1490 min⁻¹ 25%
18 kW 740 min⁻¹ 30%

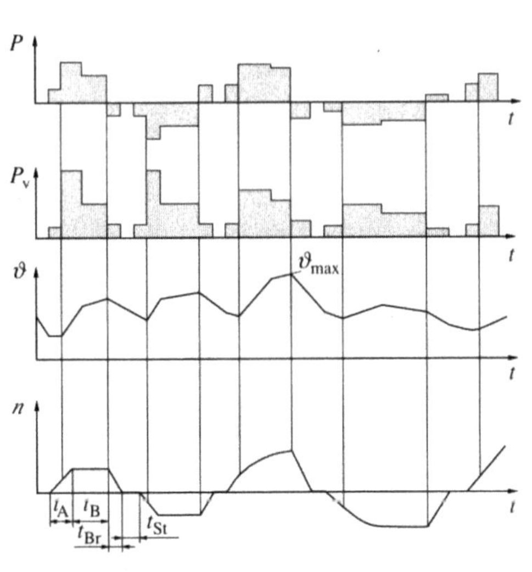

ununterbrochener Betrieb mit nichtperiodischer Last- und Drehzahländerung, Betriebsart S 9

Kennzeichung:

S 9: 11 kW

3. *S3 = Aussetzbetrieb ohne thermischen Einfluß des Anlaufs*

Der Betrieb setzt sich aus einer Folge gleichartiger Spiele zusammen. Jedes Lastspiel umfaßt eine Zeit mit konstanter Belastung und eine Pause. Der Anlauf ist so kurz, daß er thermisch nicht beeinflußt (t_a klein gegen T). Eine Zusatzangabe auf dem Leistungsschild gibt das Verhältnis von Betriebs- zu Spielzeit an (t_r). Zum Beispiel S3 – 15% für einen Hilfsantrieb eines Drehzentrums.

4. *S4 = Aussetzbetrieb mit thermischem Einfluß des Anlaufs*

Die Verluste beim Anlauf machen sich bemerkbar. Die Zahl der Anläufe wird begrenzt. S4 – 25%, 60 Anläufe/Stunde.

5. *S5 = Aussetzbetrieb mit thermischem Einfluß des Anlaufs und der elektrischen Bremsung*

Wird statt mechanisch zu bremsen elektrisch gebremst, so daß die Maschine belastet wird, so treten auch in dieser Zeit Verluste auf, die die Maschine erwärmen. Die Art der Bremsung muß auf dem Leistungsschild vermerkt werden.

6. S6 = Durchlaufbetrieb mit Aussetzbelastung
Der Antrieb läuft in periodischer Folge unter Last und im Leerlauf, jedoch ohne Stillstandszeiten. Das Verhältnis der Belastungszeit zur Spielzeit (t_r) sowie die Dauer eines Spiels ist auf dem Leistungsschild zu vermerken. Es tritt keine Pause auf. S6 – 15%, 30 min, z. B. für den Antrieb eines Sägegatters.

7. S7 = ununterbrochener Betrieb mit Anlauf und elektrischem Bremsen
Diese Betriebsart setzt sich aus einer Folge gleichartiger Spiele zusammen, von denen jedes eine merkliche Anlaufzeit, eine Zeit konstanter Belastung und eine Zeit mit schneller elektrischer Bremsung umfaßt. Es tritt keine Pause auf. S7 – 25%, 300 Anläufe/Stunde, z. B. Schlittenantrieb einer Langhobelmaschine.

8. S8 = ununterbrochener Betrieb mit Drehzahländerung
Diese Betriebsart setzt sich aus einer Folge gleichartiger Spiele zusammen. Jedes dieser Spiele umfaßt eine Zeit konstanter Belastung und bestimmter Drehzahl. S8 – mit Angaben zu den Einzelspielen.

9. S9 = ununterbrochener Betrieb mit nichtperiodischer Last- und Drehzahländerung
Innerhalb des zulässigen Betriebsbereiches ändern sich Last- und Drehzahl nichtperiodisch. Es treten oft Belastungsspitzen auf, die weit über der Bemessungsleistung liegen können. VDE empfiehlt, dieser Betriebsart eine passend gewählte Dauerbelastung als Bezugswert für das Lastspiel zugrunde zu legen.

10. Die Betriebsarten in der Praxis
Von den gerade beschriebenen Betriebsarten findet man in der Praxis nur den Dauerbetrieb S1 in reiner Form. Die anderen Betriebsarten treten nicht so klar in Erscheinung.
Weicht die Betriebsart von einem reinen Dauerbetrieb ab, kann man u. U. eine höhere Leistung aus der Maschine herausholen.
Bei genauer Untersuchung der Betriebsarten von S2 bis S9 kann man erkennen, daß sie zwei Gruppen bilden:

- Betriebsarten, die gegenüber der Betriebsart S1 eine oft merkliche Leistungserhöhung zulassen. Dies sind die Betriebsarten S2, S3 und S6.
- Betriebsarten, die gegenüber der Betriebsart S1 eine oft erhebliche Leistungsreduzierung notwendig machen. Es sind dies die Betriebsarten S4, S5 sowie S7 bis S9.

9.2.8 Leistungsänderungen

9.2.8.1 Leistungssteigerung

Die Leistungsangaben der Hersteller beziehen sich, falls ohne Zusatz, auf die Betriebsart S1. Bei kurzzeitiger Belastung im Verhältnis zur thermischen Zeitkonstanten der Maschine können die Maschinen kurzzeitig überlastet werden, ohne Schaden zu nehmen. Die *Überlastungsfähigkeit* ist produktspezifisch anders. Die Hersteller geben dafür pauschale Werte an oder erbitten Rückfragen zu dem geplanten Betrieb. Bild 9.2–16 zeigt Angaben zur Überlastung im Verhältnis zum S1-Betrieb für die Betriebsarten S2, S3 und S6. Die gezeigten Werte sollten als Hinweise gelten, die u. U. vor der Ausnutzung nachgefragt werden sollten.

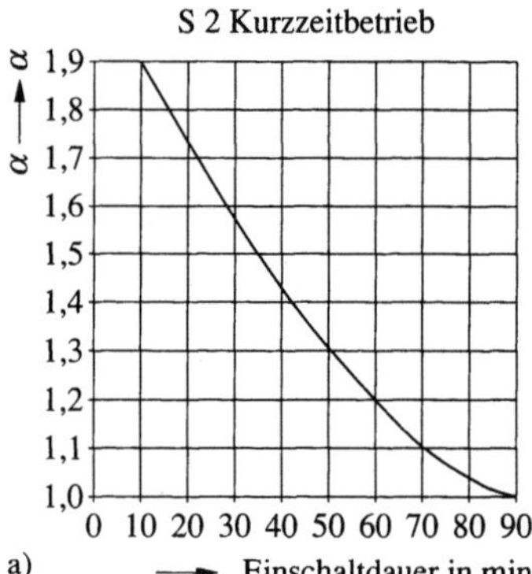

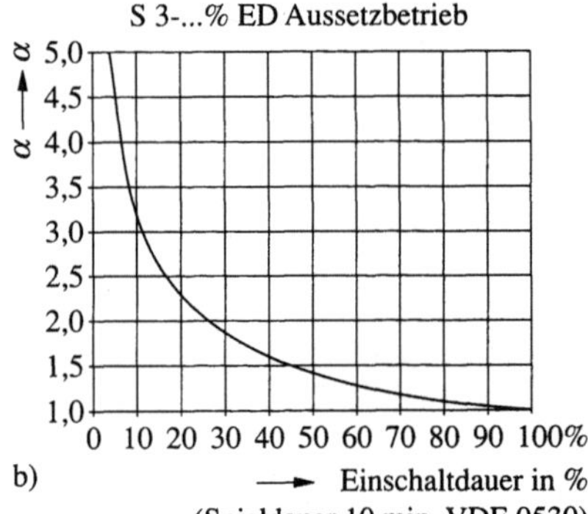

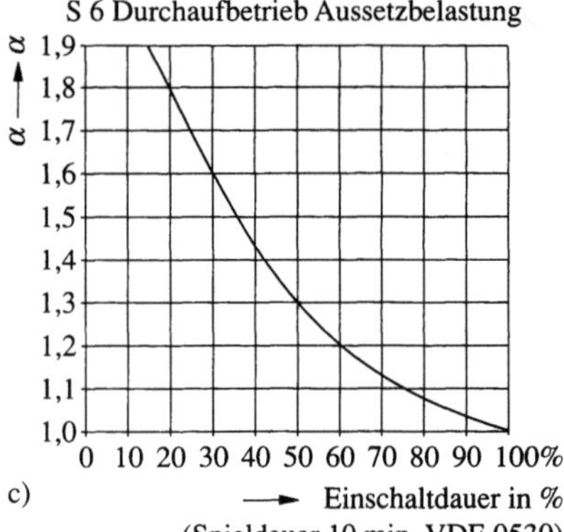

Bild 9.2-16 Leistungssteigerung für die Betriebsarten
a) S2,
b) S3 und
c) S6 (Anhaltswerte)

9.2.8.2 Leistungsreduzierung

Bei den Betriebsarten S4, S5, S7 und S8 spielen Übergangsvorgänge und damit die Massenträgheitsmomente usw. des Antriebs eine Rolle. Ausgangswert für den Betrieb ist daher die *Leerschalthäufigkeit* z_0, die in Umschaltungen je Stunde angegeben wird. Sie kennzeichnet die Anzahl der Umschaltungen je Stunde, die auf die gleichen Erwärmungsverhältnisse führt, wie sie bei Dauerbetrieb auftreten. Bild 9.2–17 gibt Anhaltswerte für z_0 bei Drehstrom-Asynchronmaschinen.

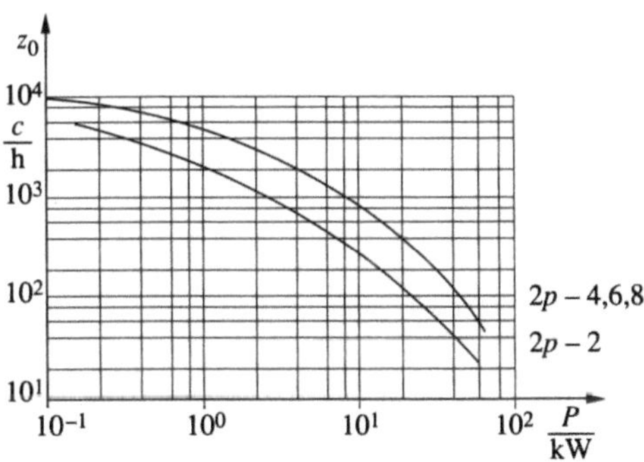

Bild 9.2-17 Leerhochlaufzeiten für Asynchronmaschinen (Anhaltswerte)

Im Betriebsfall mit angekoppelter zusätzlicher Schwungmasse, mit Anlauf gegen ein Lastmoment und bei Belastung der Maschine reduziert sich die Schalthäufigkeit auf die Betriebsschalthäufigkeit z_{Betrieb}.

$$z_{\text{Betrieb}} = z_{\text{zul}} = z_0 \cdot k_J \cdot k_g \cdot k_L \,. \qquad (9.2\text{–}12)$$

Diese drei Faktoren, deren Wert immer kleiner 1 ist, reduzieren die Schalthäufigkeit. Sie berücksichtigen die angekoppelte Drehmasse J_{zus}. Man erhält

$$k_J = \frac{J_M}{J_M + J_{\text{zus}}} = \frac{1}{FI}, \qquad (9.2\text{–}13)$$

wobei $FI = 1/k_J$ der Trägheitsfaktor *(Factor of inertia)* ist.

Bei Anlauf gegen ein Lastmoment gilt der Belastungsfaktor k_g

$$k_g = 1 - \frac{M_L}{M_{MN}}, \qquad (9.2\text{–}14)$$

wobei M_L das Lastmoment und M_{MN} das Maschinenbemessungsmoment ist. Tritt eine Belastung während der Arbeitsperiode auf, so gilt hierfür der Belastungsfaktor k_L

$$k_L = 1 - \left(\frac{P}{P_N}\right)^2, \qquad (9.2\text{–}15)$$

z_{Betrieb}, z_{zul}, z_0	k_J, k_g, k_L	J_M, J_{zus}	FI	M_L, M_{MN}	P, P_N
1	1	kgm²	1	Nm	W

wobei P die Last beschreibt und P_N die Maschinenbemessungsleistung ist.
Bild 9.2–18 zeigt den Verlauf der einzelnen Faktoren.

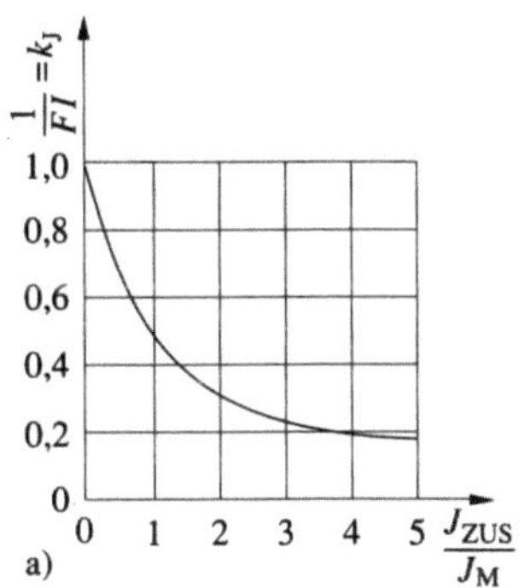

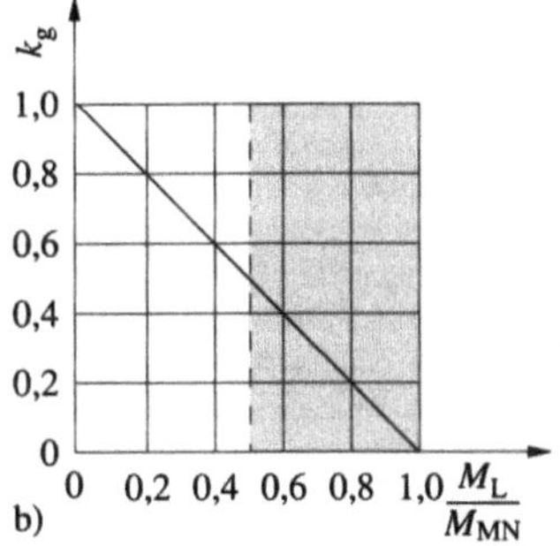

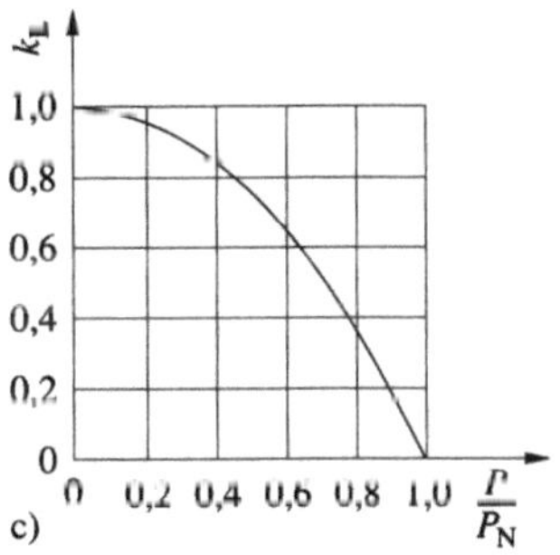

Bild 9.2-18 Verlauf der Reduktionsfaktoren a) k_J, b) k_g und c) k_L

9.2.9 Mittlere Belastung

Die Grenze der Belastung einer Maschine wird von der Temperatur bestimmt, wenn sie nicht durch den Stromwender usw. gegeben ist. Bei veränderlicher Last kann man eine thermisch äquivalente mittlere Ersatzbelastung berechnen, die die Maschine aufbringen kann, ohne mehr als zulässig erwärmt zu werden. Die *mittlere äquivalente Belastung* ist dann zulässig, wenn sie unter der Bemessungslast der Maschine liegt. In erster Näherung geht man dabei vom Strom aus und erhält den äquivalenten mittleren Strom bei abschnittsweise konstanten Teilströmen I_ν zu:

$$I_{\mathrm{mittl}} = \sqrt{\frac{I_1^2 \cdot t_1 + I_2^2 \cdot t_2 + \ldots + I_\nu^2 \cdot t_\nu}{t_1 + t_2 + \ldots + t_\nu}}. \qquad (9.2\text{–}16)$$

In die Zeit gehen natürlich auch Pausenzeiten ein.

Analog zum Strom erhält man auch die mittleren Werte der Drehmomente

$$M_{\mathrm{mittl}} = \sqrt{\frac{M_1^2 \cdot t_1 + M_2^2 \cdot t_2 + \ldots + M_\nu^2 \cdot t_\nu}{t_1 + t_2 + \ldots + t_\nu}} \qquad (9.2\text{–}17)$$

oder die mittleren Werte der Leistungen

$$P_{\mathrm{mittl}} = \sqrt{\frac{P_1^2 \cdot t_1 + P_2^2 \cdot t_2 + \ldots + P_\nu^2 \cdot t_\nu}{t_1 + t_2 + \ldots + t_\nu}}. \qquad (9.2\text{–}18)$$

$I_{\mathrm{mittl}}, I_1, I_2, I_\nu$	t_1, t_2, t_ν	$M_{\mathrm{mittl}}, M_1, M_2, M_\nu$	$P_{\mathrm{mittl}}, P_1, P_2, P_\nu$
A	s	Nm	W

Diese Methode gestattet eine schnelle Überschlagsrechnung bei wechselnden Lastfällen. Zu prüfen ist, ob die einzelnen Teillasten für sich zulässig sind. Sicher wird man bei einer ersten Auslegung auch nicht an die Grenze gehen!

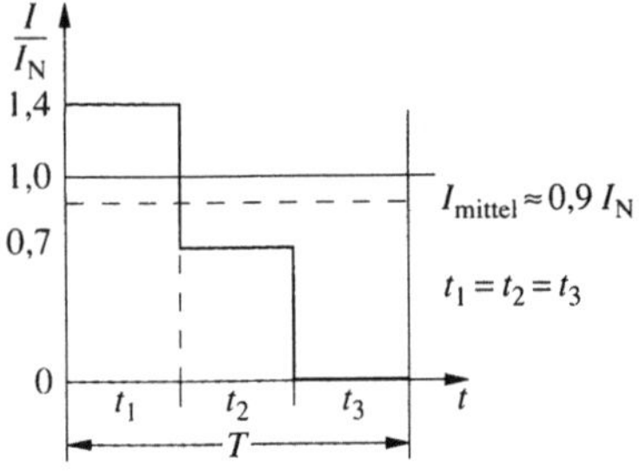

Bild 9.2-19 Ermittlung der mittleren Belastung

Bild 9.2–19 zeigt ein Beispiel für die Ermittlung des mittleren Stromwertes. Für die Auswahl gilt $I_{\mathrm{mittl}} < I_N$.

9.2.10 Beispiele

1. Eine Maschine dreht sich mit $n = 24\,\mathrm{min}^{-1}$ und soll bis zum Stillstand ($n = 0$) abgebremst werden. Welche Winkelverzögerung (negative Winkelbeschleunigung) ist notwendig, wenn der Stillstand nach 2 Umdrehungen erreicht sein soll?

Lösung: Die Drehzahl $n = 24\,\mathrm{min}^{-1} = 0{,}4\,\mathrm{s}^{-1}$ entspricht der Winkelgeschwindigkeit von $\Omega = 2{,}52$ rad/s. Zwei Umdrehungen entsprechen einem Winkel von $\varphi = 4\pi$ rad. Damit erhält man die Winkelverzögerung:

$$\alpha = \frac{1}{2}\,\frac{\Omega^2}{\varphi} = \frac{1 \cdot (2\pi \cdot 0{,}4\,\mathrm{rad/s})^2}{2 \cdot 4 \cdot \pi\,\mathrm{rad}} = 0{,}252\,\mathrm{rad/s^2}.$$

2. Welche Masse kann im Gleichgewicht gehalten werden, wenn an einer Seilscheibe vom Durchmesser $D = 1$ m ein Drehmoment M von 9810 Nm angreift?

Lösung: Es gilt

$$m = \frac{M}{g \cdot D/2} = \frac{9810\,\mathrm{Nm} \cdot 2}{9{,}81\,\mathrm{kgm/s^2} \cdot 1\,\mathrm{m}} = 2000\,\mathrm{kg}.$$

3. Zum Hochziehen eines Schlittens mit der Gewichtskraft $F_g = 1200$ N auf einer schiefen Ebene mit dem Steigungswinkel $\beta = 30°$ wird eine Zugkraft von $F_z = 800$ N benötigt.
Wie groß ist der Reibungskoeffizient μ?

Lösung: Mit den Teilkräften für Zug und Reibung ist:

$$F_z = (F_g \cdot \sin\beta) + (\mu \cdot F_g \cdot \cos\beta).$$

Mit $\sin 30° = 0{,}5$ und $\cos 30° = 0{,}87$ erhält man:

$$F_z = (1200\,\mathrm{kg} \cdot 0{,}5) + (\mu \cdot 1200\,\mathrm{kg} \cdot 0{,}87) = 800\,\mathrm{kg}.$$

Aufgelöst erhält man:

$$\mu = 0{,}19.$$

4. Der Antrieb eines Schrägförderers nach Bild 9.2–20 ist auszulegen. Das Band bewege sich mit einer Geschwindigkeit $v = 0{,}5$ m/s und wird von einer Trommel mit $D = 0{,}39$ m Durchmesser angetrieben, die durch eine Kupplung mit der Getriebewelle verbunden ist. Der Steigungswinkel β beträgt 45°, die Kübel nehmen insgesamt $F = 7700$ N Material auf; der Wirkungsgrad der Fördereinheit sei $\eta = 0{,}7$.

Lösung: Die Förderbandleistung wird mit $\sin 45° = 0{,}707$ bestimmt zu:

$$P_{\mathrm{ab}} = \frac{F \cdot v \cdot \sin\beta}{\eta} = \frac{7700\,\mathrm{N} \cdot 0{,}5\,\mathrm{m/s} \cdot 0{,}707}{0{,}7} = 3900\,\mathrm{W}.$$

Die erforderliche Abtriebsdrehzahl n_{ab} des Getriebes ist

$$n_{\mathrm{ab}} = \frac{v}{\pi \cdot D} = \frac{0{,}5\,\mathrm{m/s}}{\pi \cdot 0{,}39\,\mathrm{m}} = 0{,}41\,1/\mathrm{s} \rightarrow 24{,}5\,\mathrm{min}^{-1}$$

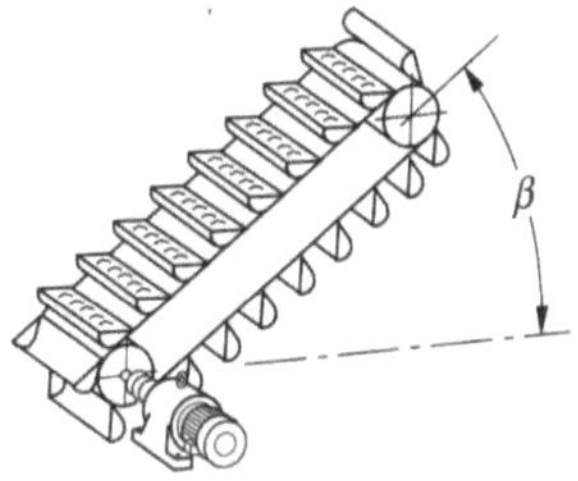

Bild 9.2-20 Schrägförderer mit Getriebemotor

Das Abtriebsdrehmoment $M_{\mathrm{a\,b}}$ an der Scheibe ist:

$$M_{\mathrm{b}} = \frac{P_{\mathrm{a\,b}}}{\Omega_{\mathrm{a\,b}}} = \frac{3900\ \mathrm{W}}{2\pi\, n_{\mathrm{a\,b}}\,\mathrm{min}^{-1}} = 1520\ \mathrm{Nm}.$$

Mit einem angenommenen Getriebewirkungsgrad von $\eta = 0{,}9$ und einem Motorwirkungsgrad von $\eta = 0{,}83$ erhält man die Motorleistung zu:

$$P_{\mathrm{M}} = \frac{P_{\mathrm{a\,b}}}{0{,}9 \cdot 0{,}83} = \frac{3900\ \mathrm{W}}{0{,}9 \cdot 0{,}83} \approx 5220{,}9\ \mathrm{W} \approx 5{,}2\ \mathrm{kW}.$$

Danach wird ein Motor mit $\approx 5{,}2$ kW benötigt. Gewählt wird ein Motor mit 5,5 kW und 1450 min^{-1} aus der Motorliste. Die Getriebeübersetzung ist dann:

$$i = \frac{n_{\mathrm{a\,n}}}{n_{\mathrm{a\,b}}} = \frac{1450\ \mathrm{min}^{-1}}{24{,}5\ \mathrm{min}^{-1}} = 59.$$

5. Eine Masse $m = 600$ kg soll mit einer Beschleunigung $a = 100\ \mathrm{m/s^2}$ linear beschleunigt werden. Zusätzlich wirke auf die Masse eine Lastgegenkraft von $F_{\mathrm{L}} = 1000$ N.

Welche Gesamtkraft ist während des Beschleunigens notwendig?

Lösung: Es ist:

$$F = F_{\mathrm{L}} + (m \cdot a) = 1000\ \mathrm{N} + (600\ \mathrm{kg} \cdot 100\ \mathrm{m/s^2}) = 7000\ \mathrm{N}.$$

6. Der Antrieb des Transportwagens einer Sprungtischvorrichtung nach Bild 9.2-21 ist auszulegen.

Die Masse des Wagens beträgt $m = 120$ kg und wird von einer Rollenkette bewegt. Das Kettenritzel auf der Wellenendmitte des Getriebemotors hat einen Teilkreisdurchmesser von $D = 0{,}116$ m. Der Kettentriebwirkungsgrad ist $\eta = 0{,}9$. Der Wagen soll alle 5 s in höchstens $t_{\mathrm{Ho}} = 0{,}2$ s auf eine Geschwindigkeit $v = 0{,}5$ m/s beschleunigt werden. Dem Verschieben setzt er eine Widerstandskraft von $F = 900$ N entgegen. Ferner sei: $n_{\mathrm{M}} = 1390\ \mathrm{min}^{-1}$, $f_{\mathrm{B}} = 1{,}1$ (3h/Tag).

Für Motor und Getriebe wird $J_{\mathrm{M+G}} = 0{,}0025\ \mathrm{kgm^2}$ geschätzt.

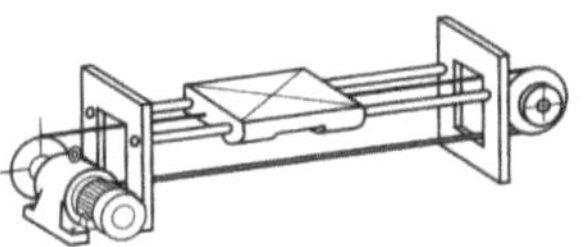

Bild 9.2-21 Linear bewegter Transportwagen

Lösung: Die erforderliche Getriebeübersetzung i ist:

$$i = \frac{n_{\mathrm{M}} \cdot D \cdot \pi}{v} = \frac{1390\ \mathrm{min}^{-1} \cdot 0{,}116\ \mathrm{m} \cdot \pi}{0{,}5 \cdot 60\ \mathrm{m/min}} = 16{,}9.$$

Das Lastmoment erhält man zu:

$$M_{\mathrm{L}} = \frac{F \cdot D/2}{i \cdot \eta} = \frac{900\ \mathrm{N} \cdot 0{,}116\ \mathrm{m}}{16{,}9 \cdot 0{,}9 \cdot 2} = 3{,}4\ \mathrm{Nm}.$$

Das beschleunigende Drehmoment M_{b} ergibt sich aus dem Massenträgheitsmoment des Wagens J^*_{Wagen} und dem Massenträgheitsmoment von Motor und Getriebe.

$$J^*_{\mathrm{Wagen}} = m\left(\frac{v}{\Omega}\right)^2 = 120\ \mathrm{kg} \cdot \left(\frac{0{,}5\ \mathrm{m/s}}{2\pi \cdot 1390/60\ \mathrm{s}^{-1}}\right)^2 = 0{,}0014\ \mathrm{kgm^2}$$

und

$$M_{\mathrm{b}} = \frac{\Sigma(J^*_{\mathrm{Wagen}} + J_{\mathrm{M+G}}) \cdot 2\pi n}{t_{\mathrm{Ho}} \cdot \eta} = \frac{(0{,}0014 + 0{,}0025)\ \mathrm{kgm^2} \cdot 2\pi \cdot 1390/60\ \mathrm{s}^{-1}}{0{,}2\ \mathrm{s} \cdot 0{,}9} = 3{,}17\ \mathrm{Nm}.$$

Für die vorgeschriebene, kurze Hochlaufzeit t_{Ho} muß der Motor ein mittleres Hochlaufmoment aufweisen von mindestens:

$$M_{\mathrm{Ho}} = M_{\mathrm{L}} + M_{\mathrm{b}} = (3{,}4 + 3{,}17)\ \mathrm{Nm} = 6{,}6\ \mathrm{Nm}.$$

Gewählt wird ein Motor mit 0,55 kW.

Die Getriebeabtriebsdrehzahl n_{a} ist

$$n_{\mathrm{a}} = \frac{n_{\mathrm{M}}}{i} = \frac{1390\ \mathrm{min}^{-1}}{16{,}9} = 82\ \mathrm{min}^{-1}.$$

Das Betriebsmoment M_{B} des Getriebes ist

$$M_{\mathrm{B}} = \frac{P \cdot f_{\mathrm{B}}}{w_{\mathrm{a}}} = \frac{0{,}55 \cdot 1{,}1}{2 \cdot \pi \cdot 82/60\ \mathrm{s}^{-1}} = 70\ \mathrm{Nm}.$$

Die zulässige Schalthäufigkeit ist:

$$z_{\mathrm{zul}} = z_0 \cdot k_{\mathrm{g}} \cdot k_{\mathrm{J}} = z_0 \cdot \frac{1 - M_{\mathrm{L}}/M_{\mathrm{Ho}}}{1 + J_{\mathrm{zus}}/J_{\mathrm{M}}},$$

$$z_{\mathrm{zul}} = 4200\,\frac{1 - 3{,}43\ \mathrm{Nm}/7{,}5\ \mathrm{Nm}}{1 + 0{,}00166/0{,}0015},$$

$$z_{\mathrm{zul}} = 1080.$$

Gefordert werden $3600/5 = 720$ Schaltungen/h.

7. Zum Beschleunigen einer rotierenden Masse werde ein Drehmoment $M_b = 10\,000$ Nm benötigt; ein Gegenmoment fehlt. Die Beschleunigung sei konstant $\alpha = d\Omega/dt = 5\ \mathrm{rad/s^2}$.
Wie groß ist das Trägheitsmoment J?

Lösung: Es ist:

$$J = \frac{M}{d\Omega/dt} = \frac{10\,000\ \mathrm{Nm}}{5\ \mathrm{rad/s^2}} = 2000\ \mathrm{kgm^2}.$$

8. Ein Antrieb habe ein Trägheitmoment $J = 1200\ \mathrm{kgm^2}$. Der Antrieb soll auf eine Drehzahl von $n = 10$ 1/s gebracht werden und dabei gerade $N = 24$ Umdrehungen ausführen.
Wie groß muß das konstante beschleunigende Moment M_b sein?

Lösung: Eine Umdrehung bedeutet den Winkel $\varphi = 2\pi$ rad und N Umdrehungen $\varphi = N \cdot 2\pi$ rad. Ferner gilt nach dem dynamischen Grundgesetz:

$$M_b = J\frac{d\Omega}{dt} = J\frac{d(2\pi n)}{dt}$$

und

$$\varphi = \frac{M_b}{J} \cdot \frac{t^2}{2}.$$

Durch Elimination der Zeit wird:

$$N = \frac{n^2 \cdot 2 \cdot \pi \cdot J}{2 \cdot M_b}.$$

Daraus erhält man für M_b:

$$M_b = \frac{n^2 \cdot 2 \cdot \pi \cdot J}{2 \cdot 2 \cdot \pi \cdot N} = \frac{n^2 \cdot J}{2 \cdot N} =$$

$$= \frac{1200\ \mathrm{kgm^2} \cdot 10^2\ \mathrm{s^{-2}}}{2 \cdot 24} = 2500\ \mathrm{Nm}.$$

9. Ein Antrieb habe die Hochlaufzeitkonstante $T_{H_0} = 1$ s. Vom Motor seien folgende Daten bekannt:

Bemessungsmoment: $M_N = 10\,000$ Nm,
Bemessungsdrehzahl: $n_N = 600\ \mathrm{min^{-1}}$.

Wie groß ist das Trägheitsmoment J des Antriebs?

Lösung: Die Hochlaufzeitkonstante beträgt

$$T_{H_0} = \frac{2 \cdot \pi \cdot n_N \cdot J}{M_N}.$$

Daraus erhält man das Massenträgheitsmoment zu:

$$J = \frac{T_{H_0} \cdot M_N}{2 \cdot \pi \cdot n_N} = \frac{1\ \mathrm{s} \cdot 10\,000\ \mathrm{Nm}}{2 \cdot \pi \cdot 10\ \mathrm{s^{-1}}} = 160\ \mathrm{kgm^2}$$

10. Ein Antrieb laufe mit der Drehzahl $n_0 = 8\ \mathrm{s^{-1}}$ und habe ein Trägheitsmoment von $2000\ \mathrm{kgm^2}$. Der Antrieb werde abgeschaltet und bremse sich über das Lastmoment $M_L = 400$ Nm ab.
Wie lange braucht der Antrieb, bis er zum Stillstand kommt?

Lösung: Es gilt allgemein:

$$J \cdot \frac{d\Omega}{dt} = M_b,$$

$$dn = n - n_0 = \frac{M_b \cdot dt}{2\pi \cdot J}.$$

Für $n = 0$ (Stillstand) ist damit die Bremszeit

$$t_{Br} = \frac{2 \cdot \pi \cdot dn \cdot J}{M_L} =$$

$$= \frac{2 \cdot \pi \cdot (-8\ \mathrm{s^{-1}}) \cdot 2000\ \mathrm{kgm^2}}{-400\ \mathrm{Nm}} = 250\ \mathrm{s}.$$

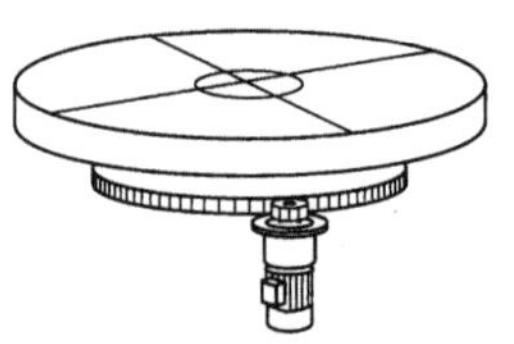

Bild 9.2-22
Drehtischantrieb
(Beschleunigungsantrieb)

11. Für den Drehtisch einer Verarbeitungsmaschine ist der Antrieb als reiner Beschleunigungsantrieb auszulegen (Bild 9.2–22). Der Drehtisch soll alle 30 s aus dem Stillstand beschleunigt, um 360° gedreht und dann mechanisch abgebremst werden. Die Drehzahl des Drehtisches beträgt bei der Motorbemessungsdrehzahl $n_N = 9\ \mathrm{min^{-1}}$. Das auf die Motorläuferwelle reduzierte Massenträgheitsmoment des Drehtisches beträgt $J_T^* = 0{,}45\ \mathrm{kgm^2}$. Der Antrieb erfolgt über ein Ritzel und den Zahnkranz ($i = 7{,}8$). Ein Lastmoment tritt nicht auf; Reibungsverluste werden in einem Wirkungsgrad von $\eta = 0{,}9$ berücksichtigt; tägliche Betriebszeit 16 h ($f_B = 1{,}25$).
Für Motor und Getriebe wird $J_{M+G}^* = 0{,}025\ \mathrm{kgm^2}$ geschätzt: $n = 1400\ \mathrm{min^{-1}}$ und $t_{H_0} = 3$ s.

Lösung: Das mittlere Hochlaufmoment M_{H_0} errechnet sich mit $n = 1400/60\ \mathrm{s^{-1}} = 23{,}3\ \mathrm{s^{-1}}$ aus:

$$M_H = \frac{\sum J^* \cdot 2\pi n}{t_{H_0} \cdot \eta} =$$

$$= \frac{(0{,}45 + 0{,}025)\ \mathrm{kgm^2} \cdot 2\pi \cdot 23{,}3\ \mathrm{s^{-1}}}{3\ \mathrm{s} \cdot 0{,}9} = 26\ \mathrm{Nm}.$$

Danach wird ein Motor mit $M_{H_0} = 30$ Nm und $P = 2{,}2$ kW gewählt.
Die Abtriebsdrehzahl des Getriebes ist

$$n_{an} = n_{ab} \cdot i = 9\ \mathrm{min^{-1}} \cdot 7{,}8 = 70\ \mathrm{min^{-1}}.$$

Das Getriebeabtriebsmoment ist mit $n = 70/60 = 1{,}17\ \mathrm{s^{-1}}$:

$$M_{ab} = \frac{P_{ab}}{2\pi n_{ab}} = \frac{2200\ \mathrm{W}}{2\pi \cdot 1{,}17\ \mathrm{s^{-1}}} = 300\ \mathrm{Nm}.$$

Mit dem Betriebsfaktor $f_b = 1{,}25$ erhält man $M_{ab} = 376$ Nm bei $70\ \mathrm{min^{-1}}$.

Die tatsächlichen Anlaufzeit des Drehtisches beträgt bei der gewählten Auslegung:

$$t_{H_0} = \frac{\sum J^* \cdot 2\pi n}{M_H \cdot \eta} =$$

$$= \frac{(0{,}45+0{,}025)\ \text{kgm}^2 \cdot 2\pi \cdot 23{,}3\ \text{s}^{-1}}{30\ \text{Nm} \cdot 0{,}9} = 2{,}6\ \text{s}.$$

9.2.11 Wachstumsgesetze

Obwohl Maschinen und mechanische Konstruktionen sehr unterschiedlich ausfallen, ändern sich die den Konstrukteur interessierenden Werte durchaus nach Gesetzmäßigkeiten. Man spricht von *Wachstumsgesetzen*. Setzt man konstante elektromagnetische und mechanische Beanspruchungen voraus, so ergeben sich z. B. Abhängigkeiten, die in Tabelle 9.2–4 aufgelistet sind. Wichtige Erkenntnisse sind z. B., daß der Wirkungsgrad der Maschinen mit der Leistung steigt. Die Datenbücher der Hersteller zeigen dies auf einen Blick. Auch ist festzustellen, daß das Massenträgheitsmoment stärker steigt als die Leistung. Dies führt zu immer längeren Hochlaufzeiten, wenn keine ändernden Eingriffe vorgenommen werden.

Tabelle 9.2–4: Wachstumsgesetze (Auszug)

Motorleistung	bis 5 kW	5 bis 50 kW
Abmessungen L	$\sim P^{1/4}$	$\sim P^{1/3}$
Massenträgheits-moment J	$\sim P^{5/4}$	$\sim P^{5/3}$
Anlaufzeit T_{an}	$\sim P^{1/4}$	$\sim P^{2/3}$

9.2.12 Auswahl und Bemessung von Antrieben

Auswahl und Bemessung elektrischer Antriebe kann man nicht aus einem Lehrbuch lernen. Erst langjährige Erfahrung führt zu einer schnellen Auslegung, die der Praxis standhält. Aus dem Schema in Tabelle 9.2–5 kann man jedoch Fragen entnehmen, die zu klären sind, bevor bestellt werden kann. Erfahrungen bei der Antriebsauslegung sind auch deshalb notwendig, da u. U. Annahmen getroffen werden müssen, die erst nach längerer Einarbeitung zur Verfügung stehen.

In [9.31] werden verschiedene Rechnungen durchgeführt, die als PC-Programm unterstützt werden.

Die Vielzahl der Antriebe lassen sich grob in zwei Gruppen teilen.

- *Bewegungsantriebe* und *Positionier/Servoantriebe*.

Antriebe für Bewegungsvorgänge sind solche für

- Pumpen, Lüfter und Zentrifugen,
- Hebezeuge und Transportanlagen,
- Kalander, Verdichter,
- Schneckenpressen und Rührwerke,
- Werkzeugmaschinen (Hauptspindel).

Antriebe für Positionierung oder zum Stellen sind an

- Werkzeugmaschinen (Vorschubachsen, C-Achse),
- Handhabungsautomaten,
- Robotern und
- Ventilen und Schiebern

eingesetzt. Nach dieser Zuordnung und der Klärung der Umweltfragen, der Netzverhältnisse, den Fragen zu Service und Personal entscheidet sich die Wahl der Maschine mit der Entscheidung ob

- Gleichstrom- oder
- Drehstrom-Maschinen eingesetzt werden sollen.

Eine wichtige Rolle bei der endgültigen Auswahl spielen der Preis, die Lieferzeit und die Qualität des Lieferanten.

9.3 Elektrische Maschinen

9.3.1 Allgemeines

Bei *elektrischen Maschinen* unterscheidet man zunächst solche, die die elektrische Energie nur umformen *(Umformer)*, z. B. Transformatoren, und solche die die elektrische Energie in mechanische umwandeln *(Energiewandler)*. Im allgemeinen ist die Umkehrung des Energieflusses ohne weiteres möglich (Bild 9.3–1).

Elektrische Maschinen sind elektromagnetische Energiewandler, die als Motoren oder Generatoren arbeiten. Als Motor nimmt die elektrische Maschine elektrische Energie aus dem speisenden Netz auf und gibt mechanische Energie an der Welle an eine Arbeitsmaschine ab. Als Generator entzieht sie dem mechanischen System Energie und kann diese gewandelt als elektrische Energie in das Netz zurückspeisen

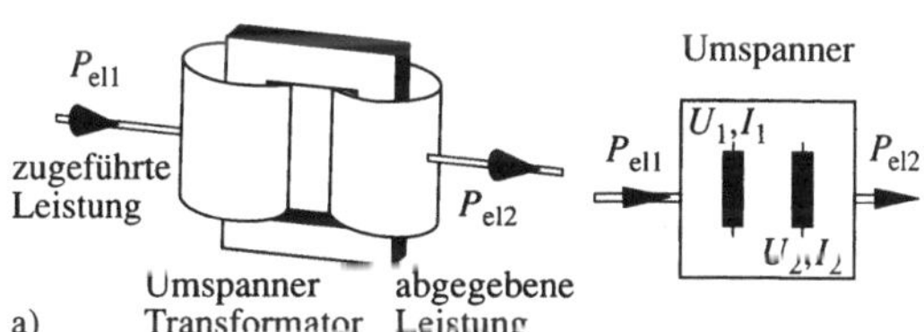

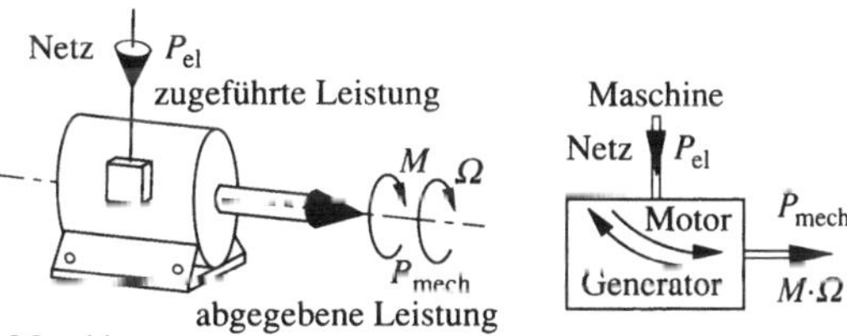

Bild 9.3-1 Energiefluß in elektrischen Maschinen
a) Umspanner,
b) Maschinen

Tabelle 9.2-5: Schema zur Auswahl und Bestimmung elektrischer Antriebe

1. Allgemeine Daten
Angabe der anzutreibenden Maschine und der notwendigen Antriebscharakteristik;

Berechnung der für das Verfahren notwendigen Größen:
Drehmoment oder Leistung nach Angabe des Herstellers;

Angabe der Drehzahl:
- maximale Drehzahl,
- Kenndrehzahl (bei kombinierten Kennlinien z. B. Übergang von M = const. auf P = const.),
- minimale Drehzahl;

Angabe der Betriebsbedingungen:
- Betriebsquadranten,
- Betriebsart nach Norm,
- geforderte Hochlaufzeit } ermitteln aus Trägheitsmoment,
- geforderte Bremszeit } Beschleunigungsmoment,
- Gleichlauf mit anderen Antrieben;

Angabe der Umgebungsbedingungen:
- Umgebungstemperatur,
- Aufstellungshöhe,
- klimatische Bedingungen,
  Feuchtigkeit
  Schmutz
  Gase (in chemischen Anlagen und Bergwerken) } ergibt notwendige Schutzart;

Angaben über verfügbares Netz:
- Spannung,
- Frequenz,
- Spannungsschwankungen,
- zulässige Netzrückwirkungen;
Entscheidung über Antriebsart;

2. Antriebserfordernisse
a) Ein-/Zweirichtungsbetrieb:
  - ohne Bremsen,
  - mit Bremsen;
b) Betriebsart Regelung:
  Drehzahlregelung:
  - ohne Tacho,
  - mit Gleichstrom-Tacho oder Impulsgeber;
  Momentenregelung:
  - ohne Tacho (mit Einschränkungen),
  - mit Gleichstrom-Tacho oder Impulsgeber;
c) Ausgangsfrequenzen:
  - ...50 Hz,
  - ...87 Hz,
  - ...100 Hz mit Feldschwächung;
d) Netzeinspeisung:
  - 3AC 400 V +10/−15%,
  - 415 V + 6/−10%,
  - 500 V +10/−15%;

3. Motorauswahl
a) Mechanische Ausführung:
  - Schutzarten,
  - Kühlart,
  - Bauform,
  - minimale und maximale Betriebsdrehzahl,
  - mechanische Wellenbelastung,
  - Schwingverhalten,
  - Geräuschverhalten,
  - mechanische Zusätze;
b) Elektrische Ausführung:
  - Spannung und Frequenz,
  - Leistung und Erwärmung,
  - Schutzeinrichtungen,
  - Betrieb am Umrichter.

(Nutzbremsung), wenn das Netz aufnahmefähig ist, oder Bremswiderständen zuführen (elektrische Bremsung); Generatoren wirken also immer bremsend. Man unterscheidet drehende und lineare Maschinen; Linearantriebe sind Sondereinsatzfällen, z. B. Türsteuerungen, Förderbändern, Werkzeugschlittenantrieben oder Bahnantrieben, vorbehalten [9.1].

9.3.1.1 Grundprinzip

Grundprinzip der elektrischen Maschine ist die Kraftwirkung auf einen stromdurchflossenen Leiter im Feld eines Magneten (beim Motor) und die Induktion einer Spannung durch die Leiterbewegung im Magnetfeld (beim Generator); vgl. Bild 9.3–2 und Kap. 2.

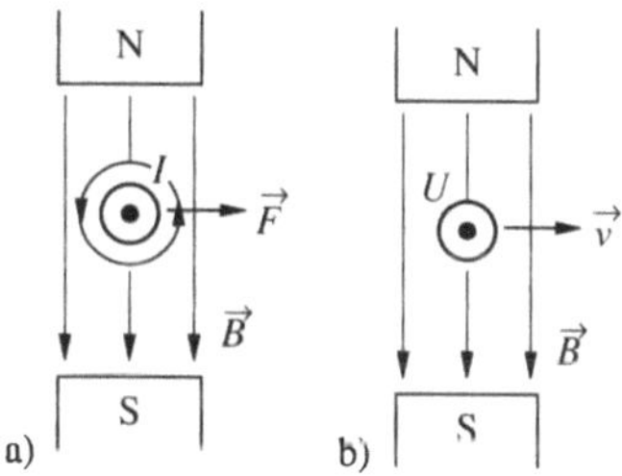

Bild 9.3-2 Grundprinzip der elektrischen Maschine
a) Motorbetrieb, Kraft,
b) Generatorbetrieb, induzierte Spannung

Je nach Speisung unterteilt man in Gleichstrom- oder Wechselstrom-/Drehstrom-Maschinen. Ausgehend von dem Verlauf der Drehzahlkennlinie spricht man auch von starrer (synchroner) Kennlinie, harter (Nebenschluß-)Kennlinie oder weicher (Reihenschluß-)-Kennlinie. Die angesprochenen Kennlinien-Charakteristiken werden bei den Maschinen abgeleitet (Bild 9.3–3).

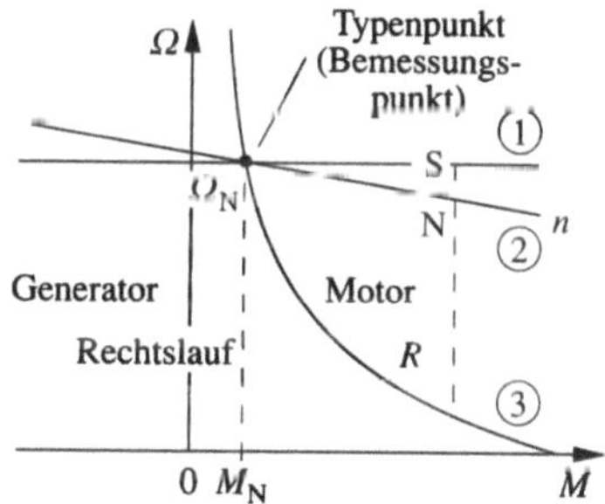

Bild 9.3-3 Charakteristische Maschinenkennlinien
① starre Kennlinie – Synchronmaschine
② harte Kennlinie – Gleichstrom-Nebenschlußmaschine oder Drehstrom-asynchronmaschine im Betriebsbereich
③ weiche Kennlinie – Reihenschlußmaschine

9.3.1.2 Aufbau

Maschinen zur elektromagnetischen Energiewandlung bestehen in den Hauptkonstruktionsteilen aus dem feststehenden Ständer *(Stator)* und dem umlaufenden (rotierenden) oder linearbewegten Läufer *(Rotor)*. Die den Magnetgleichfluß führenden Eisenteile sind heute meist aus geschichteten Blechen (geblecht) aufgebaut, um die bei Übergangsvorgängen auftretenden Wirbelströme zu reduzieren. Bei Maschinen mit ausgeprägten Polen werden die Pole zur Erzeugung der Erregerfelder entweder stromerregt oder permanenterregt ausgeführt (Bild 9.3–4).

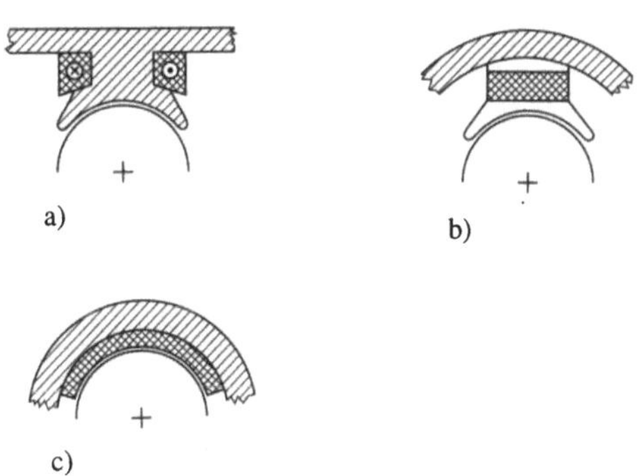

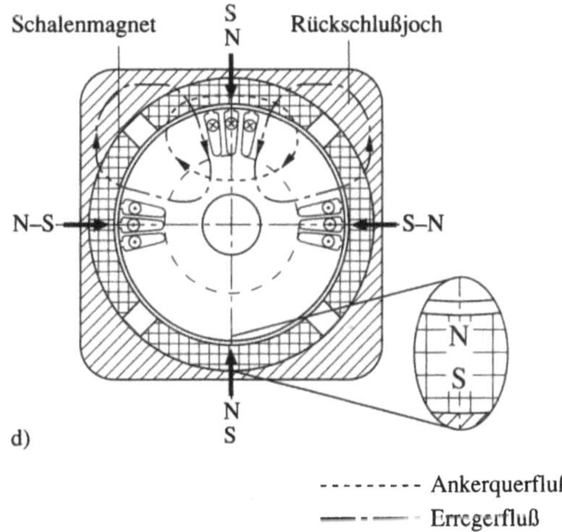

Bild 9.3-4 Stromerregte (a) und permanenterregte (b bis d) Pole

Bei verteilten Wicklungen liegen die Leiter dieser Wicklungen in isoliert ausgekleideten Nuten des Ständers oder Läufers. Eine Ausnahme bilden die Kurzschlußwicklungen beispielsweise des Spaltpolmotors oder die Kurzschlußwicklung des Käfigläufers. Bei letzterem wird die Wicklung komplett mit den Kurzschlußringen und Kühlfahnen aus Aluminium gespritzt. Sonst wird die Läuferwicklung entweder an Stromwendersegmente oder an Schleifringe geführt (Bild 9.3–5).

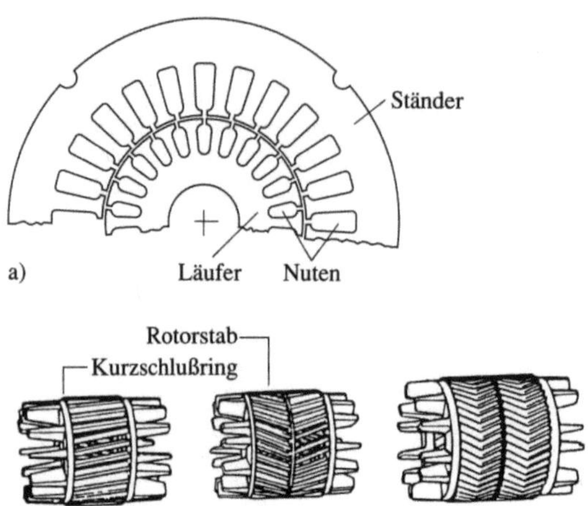

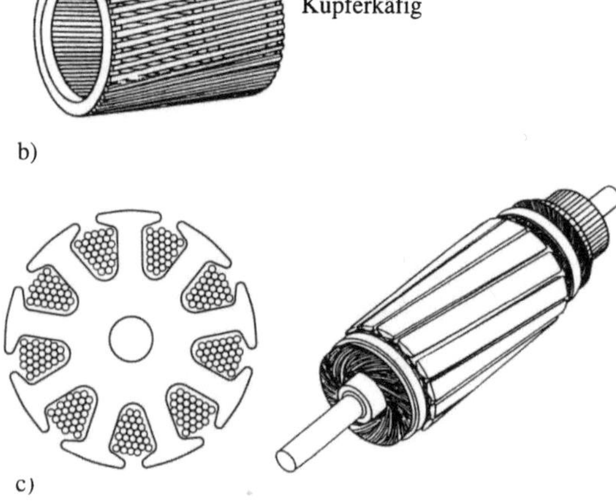

Bild 9.3-5 Aufbau elektrischer Maschinen

a) Drehfeldmaschine: Ständer- und Läuferblechschnitt,

b) Läuferkäfige (Kurzschlußwicklungen),

c) Läufer einer Stromwendermasdüne, Querschnitt und Ansicht

9.3.1.3 Stromwendermaschinen

Beim *Stromwendermotor* wird der Strom der Läuferwicklung über das System „Bürste-Stromwender" zugeführt; beim Generator nimmt man hierüber umgekehrt die Läuferspannung ab. Der Stromwender arbeitet dabei als mechanischer Schalter: Beim Motor ist er Wechselrichter für den zugeführten Gleichstrom und beim Generator Gleichrichter für die Läuferwechselspannung.

Zu den wichtigsten Stromwendermaschinen zählen die *Gleichstrommaschinen* (GM) und die *Wechselstrom-Reihenschlußmaschinen* (WRM), auch *Universalmaschinen* genannt, da sie sowohl mit Gleichstrom als auch mit Wechselstrom betrieben werden können.

9.1.3.4 Drehfeldmaschinen

Bei den *Drehfeldmaschinen* erfolgt die Energieübertragung berührungs- und verschleißfrei über das im Luftspalt der Maschine erzeugte (umlaufende) Drehfeld. Während bei der *Synchronmaschine* (SYM) der Läufer im stationären Betrieb auch synchron mit dem Drehfeld umläuft, muß er bei der *Asynchronmaschine* (Drehstrom-Asynchronmaschine, DAM) bei Belastung einen Schlupf s zum Drehfeld entwickeln, damit drehmomentbildende Ströme induziert werden; daher rührt auch der Name Induktionsmaschine (IM). Die prinzipiellen Verhältnisse zeigt das mechanische Modell in Bild 9.3–6.

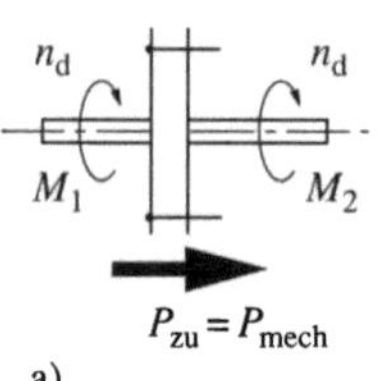

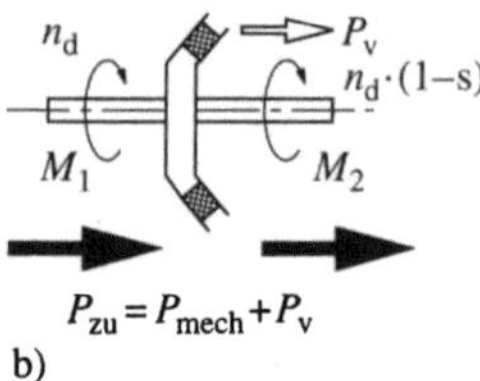

Bild 9.3-6 Prinzipielles Verhalten der Drehfeldmaschinen als mechanisches Modell

a) starre Kupplung – Synchronmaschine,

b) Schlupfkupplung – Asynchronmaschine

9.3.2 Stromwendermaschinen

9.3.2.1 Gleichstrom-Nebenschlußmaschinen (GNM)

1. Einsatz

Das Anwendungsgebiet von *Gleichstrommaschinen* liegt heute hauptsächlich im Motorbereich, da die Verwendung von Gleichstromgeneratoren durch das Vordringen der Stromrichtertechnik (Kap. 8) immer weiter zurückgeht. Der Gleichstrommotor wird dort eingesetzt, wo Batterie-Gleichspannung zur Verfügung steht, z. B. im Kraftfahrzeug, bei tragbaren Geräten, bei Kinderspielzeug usw., oder wo eine Drehzahlverstellung (mit hoher Dynamik) verlangt wird.

Wegen des pflegebedürftigen Stromwenderapparates (Stromwender, Bürste) dringen heute immer stärker Lösungen mit Drehstrommaschinen vor, wenn Wartungsarmut, hohe Schutzarten oder hohe Drehzahlen gefragt sind [9.15] und verdrängen den Gleichstromantrieb zunehmend. Der Produktionswert betrug 1994 etwa 4,6% ≙ 330 Mio. DM.

Das Anwendungsgebiet der Gleichstrommaschine umfaßt einen Leistungsbereich, der von Kleinmotoren mit einer Leistung im Wattbereich, z. B. in Kinderspielzeugen, bis zu Umkehrantrieben im Leistungsbereich von 10 MW, z. B. bei Walzmotoren, reicht. Der Drehzahlbereich erstreckt sich von wenigen Umdrehungen pro Minute bei Großantrieben bis zu etwa 10000 Umdrehungen je Minute bei Kleinantrieben [9.16], [9.17]. Bild 9.3–7 zeigt hierzu eine Übersicht mit Einsatzgebieten. Wie bereits erwähnt, dringen auf allen Gebieten Umrichterantriebe vor, so daß heute oft beide Antriebslösungen parallel angeboten werden, wobei der Trend zu Drehstromantrieben geht.

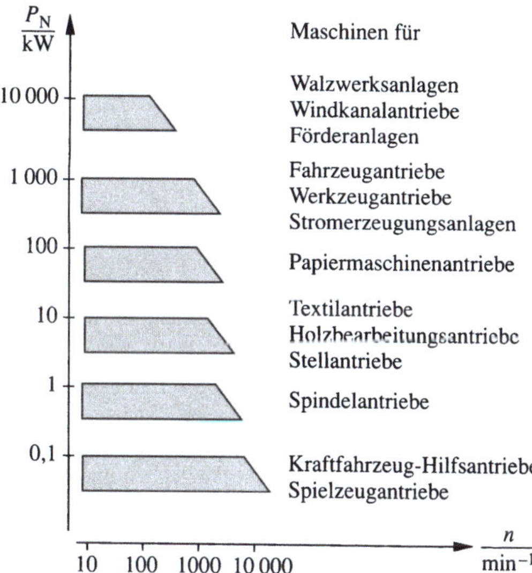

Bild 9.3-7 Einsatzbereich der Gleichstrommaschinen (Übersicht)

Wegen der i. a. fehlenden Gleichstromnetze werden die Maschinen über Stromrichter – netzgeführte Stromrichter oder Steller – gespeist, die auch die Verstellung der Speisespannung zulassen (Kap. 8). Die Gleichstrommaschine wird bei drehzahlveränderbaren Antrieben eingesetzt, wenn folgende Forderungen zu erfüllen sind:

- mitlerer Drehzahlstellbereich,
- hohe Dynamik,
- hohe Regelgenauigkeit (mit kleinem Aufwand),
- kurzzeitige Überlastungsfähigkeit,
- einfaches Umsteuern.

2. Aufbau

Mit Rücksicht auf die Stromrichterspeisung werden die Maschinen mit isoliert geblechten Jochen ausgeführt. Dadurch eignen sie sich sowohl zum Betrieb mit oberschwingungsbehaftetem Gleichstrom als auch für dynamische Einsatzfälle mit schnellen Stromänderungen ($\mathrm{d}i/\mathrm{d}t$) z. B. bei Umkehrantrieben. Die eckige Kontur der modernen, geblechten Maschinen ergibt eine sehr gute Ausnutzung des Bauvolumens. Bei gleichen Bemessungsdaten sinkt die Bauhöhe (Achshöhe) gegenüber der runden Bauform (Bild 9.3–8)

3. Betriebsverhalten

Bild 9.3–9 zeigt das Schema und die Schaltung einer Gleichstrommaschine mit einer fremdgespeisten Erregerwicklung (Feldwicklung). Da das Feld im Nebenschluß zum Anker liegt, wird sie Nebenschlußmaschine (GNM) genannt. Die Spannungsgleichung im Ankerkreis liefert unter Vernachlässigung des Bürstenspannungsfalls $U_{BÜ}$:

$$U = K \cdot \Phi \cdot \Omega + I \cdot R_A \qquad (9.3\text{–}1)$$

U	K	Φ	Ω	I	R_A	z	p	Q
V	1	Wb = Vs	1/s	A	Ω	1	1	1

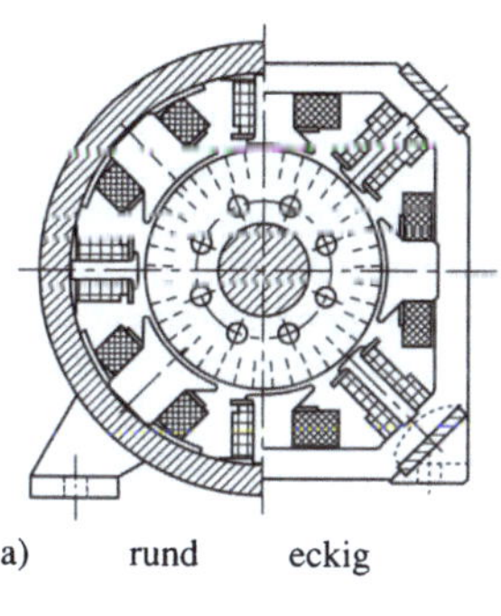

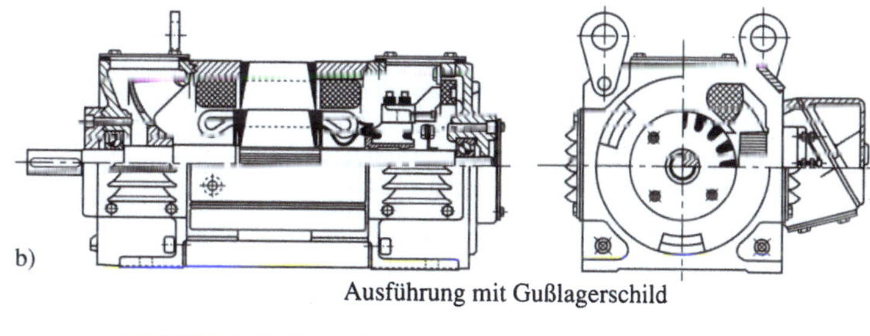

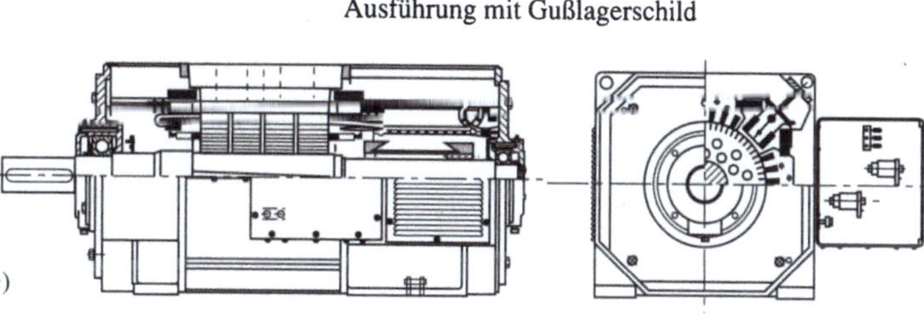

Bild 9.3-8
Aufbau einer Gleichstrommaschine, Querschnitt (a) sowie Längsschnitte und Querschnitte (b, c)

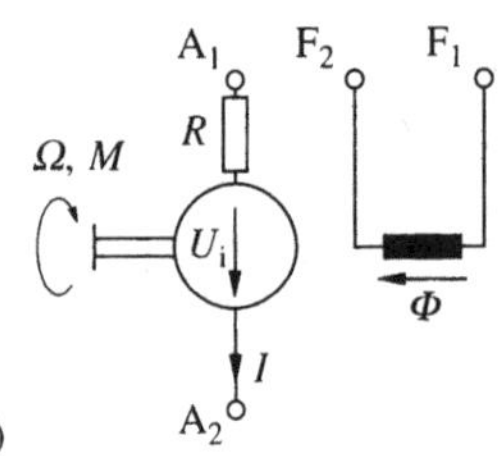

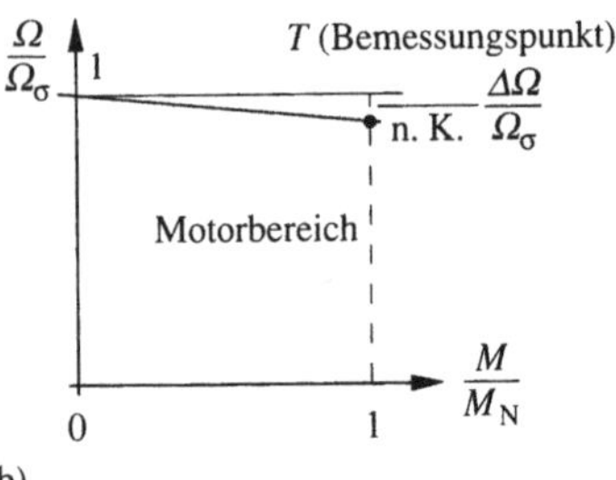

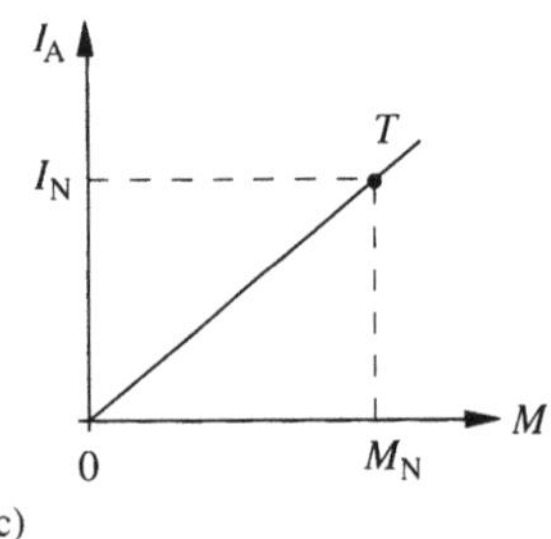

Bild 9.3-9 Kennlinien der Gleichstrom-Nebenschlußmaschine (GNM)

a) Ersatzschaltbild,

b) Winkelgeschwindigkeit-Drehmoment-Kennlinie mit bezogenen Werten (vgl. auch Bild 9.3-3) im Motorbetrieb; T Typenpunkt, Bemessungspunkt

c) Strom-Drehmoment-Kennlinie

mit der Maschinenkonstanten $K = z \cdot p/(2 \cdot \pi \cdot a)$, dem magnetischen Fluß Φ, der mechanischen Winkelgeschwindigkeit Ω und dem Ankerkreiswiderstand R_A. z ist die Anzahl der aktiven Ankerleiter, a die Anzahl der parallelen Ankerzweigpaare und p die Polpaarzahl. Aus Gl. (9.3–1) erhält man die Winkelgeschwindigkeit zu:

$$\Omega = \frac{U - I \cdot R_A}{K \cdot \Phi} \qquad (9.3\text{–}2a)$$

oder – wie üblich – die Drehzahl n je Minute zu

$$n = \frac{U - I \cdot R_A}{(2 \cdot \pi/60) \cdot K \cdot \Phi}. \qquad (9.3\text{–}2b)$$

n	U	I	R_A	K	Φ
min^{-1}	V	A	Ω	1	Wb = Vs

Für das ideelle, innere Drehmoment M_i gilt:

$$M_i = K \cdot \Phi \cdot I. \qquad (9.3\text{–}3)$$

M_i	K	Φ	I
Nm	1	Wb = Vs	A

Bei der realen Maschine wirken die Eisenverluste, die Lager- und Luftreibung im Motorbetrieb bremsend und vermindern das an der Welle auftretende Drehmoment gegenüber dem ideellen, inneren Drehmoment im Motorbetrieb. Die Kennlinien für die Drehzahl und das Drehmoment zeigt Bild 9.3–9.

4. Wirkungsgrad

Außer im Ankerkreis treten bei Stromerregung auch im Feldkreis der Maschine Verluste auf. Der Gesamtwirkungsgrad η ist:

$$\eta = \frac{P_{ab}}{P_{zu}}. \qquad (9.3\text{–}4)$$

η	P_{ab}, P_{zu}, P_v	ω	n	M
1	W	s^{-1}	s^{-1}	Nm

Dabei ist $P_{ab} = \omega \cdot M = 2\pi \cdot n \cdot M$, und $P_{zu} = P_{ab} + P_v$. P_v erfaßt alle auftretenden Verluste im Anker- und im Feldkreis! Dazu gehören auch die Verluste in einem Feldvorwiderstand, der z. B. zur Einstellung des Feldstromes vorgeschaltet wird.

5. Drehzahlverstellung

Aus Gl. (9.3–2) erhält man Aufschluß über die Möglichkeiten zur Drehzahlverstellung. Prinzipiell sind alle drei Parameter U, Φ und R hierfür einsetzbar.

Mit *Vorwiderständen* im Ankerkreis wird aus energetischen Gründen nur bei kleinen Maschinenleistungen gearbeitet. Die Drehzahl kann in diesem Fall nur vermindert werden und das auch nur unter Belastung der Maschine. Vorwiderstände im Ankerkreis werden aber auch benutzt, um den Anlaufstrom zu begrenzen. Solche Anlasser sind dann aus gestuften Widerständen aufgebaut. Die Widerstände sind nach einer geometrischen Reihe gestuft (Bild 9.3–10). Da dieses Anlaßverfahren zunehmend an Wert verliert, wird nicht weiter darauf eingegangen.

Die Drehzahleinstellung über die *Ankerspannung U* und das *Feld* (den Maschinenfluß Φ) ist die heute gängige Technik. Dabei werden die Ankerspannung und der Feldstrom über steuerbare Stromrichter bereitgestellt (s. Kap. 8). Für die Gleichstrommaschine erhält man so zwei Betriebsbereiche, den

- *Ankerstellbereich* mit konstantem Moment und konstantem Fluß bei konstantem Strom, durch Verstellen der Ankerspannung U von Null bis U_N (U_{max}); dieser Bereich wird auch Spannungsstellbereich genannt.
- *Feldstellbereich* mit konstanter Leistung, konstanter Spannung und konstantem Strom durch Feldschwächung. Dabei wird das Maschinenfeld über den Erregerstrom bis auf 1/3 (in Sonderfällen bis 1/10) seines Bemessungswertes reduziert. Hierzu sind besondere konstruktive Maßnahmen notwendig, um die Stromwenderprobleme in den Griff zu bekommen. Die Maschinen müssen neben Wende-

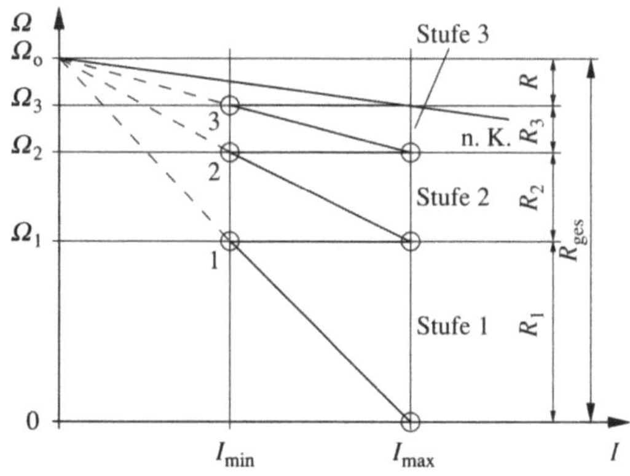

Bild 9.3-10 Anlasserkennlinien mit 3 Stufen
R Ankerkreiswiderstand,
I_{max} und I_{min} Schaltströme,
$Ω_{1,2,3}$ Winkelgeschwindigkeiten im Umschaltpunkt

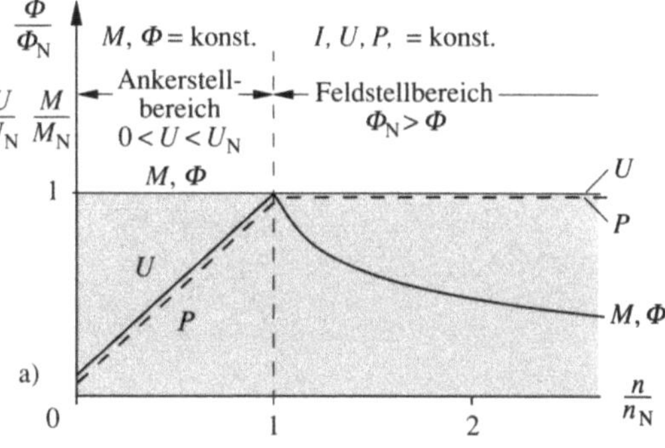

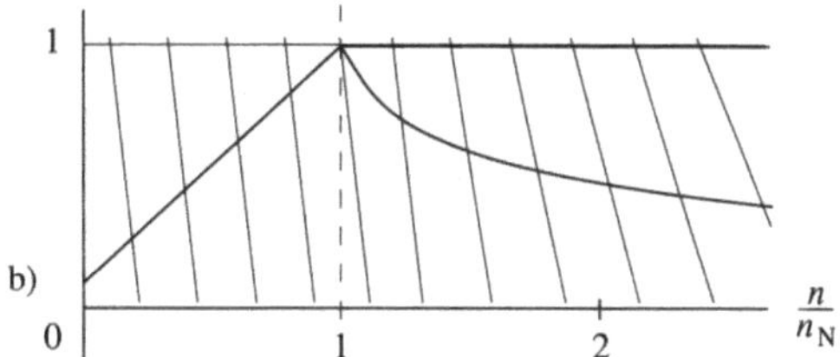

Bild 9.3-11 Grenz-Kennlinien und Parameter der Gleichstrom-Nebenschlußmaschine (GNM) im Anker- und Feldstellbereich
a) Grenzkennlinie für das Drehmoment,
b) Verlauf der Momentenkennlinien; im Feldstellbereich nimmt die Steigung zu

polen u. U. Kompensationswicklungen haben und mechanisch für die hohen Drehzahlen ausgelegt sein. Im Feldstellbereich (Feldschwächbereich) fällt das Drehmoment hyperbolisch ab, solange der Ankerstrom konstant gehalten werden kann. Bei hohen Feldstellbereichen muß der Ankerstrom u. U. zusätzlich reduziert werden.

Die Kennlinien der Maschine mit dem Grenzdrehmoment M in den beiden Betriebsbereichen zeigt Bild 9.3–11. Zu hohen Drehzahlen hin wird der Stellbereich eher aus Stromwendungsgründen begrenzt, bevor die mechanische Grenze (Fliehkräfte und Lagerbelastung) erreicht wird.

Im Ankerstellbereich verlaufen die Momenten-Kennlinien bei Spannungsabsenkung parallel. Vernachlässigt man den Spannungsfall am Ankerkreiswiderstand, gilt näherungsweise

$$n \sim U \tag{9.3–5a}$$

und

$$U \sim n. \tag{9.3–5b}$$

Im Feldstellbereich verlaufen die Momenten-Kennlinien mit zunehmender Flußschwächung immer steiler, d. h., die Kennlinie der Maschine wird immer „weicher"; dies ist regelungstechnisch zu berücksichtigen (s. Kap. 7). Vernachlässigt man wieder den Einfluß des Ankerwiderstandes, erhält man die einfachen Abhängigkeiten:

$$n \sim 1/\Phi \tag{9.3–6a}$$

und

$$\Phi \sim 1/n. \tag{9.3–6b}$$

Eine Erhöhung der Drehzahl durch Feldschwächung ist bei konstanter Ankerspannung nur bis zu der in den Maschinentabellen maximal zulässigen Drehzahl und Stoßbelastung erlaubt (Tabelle A–2 im Abschnitt 9.8).

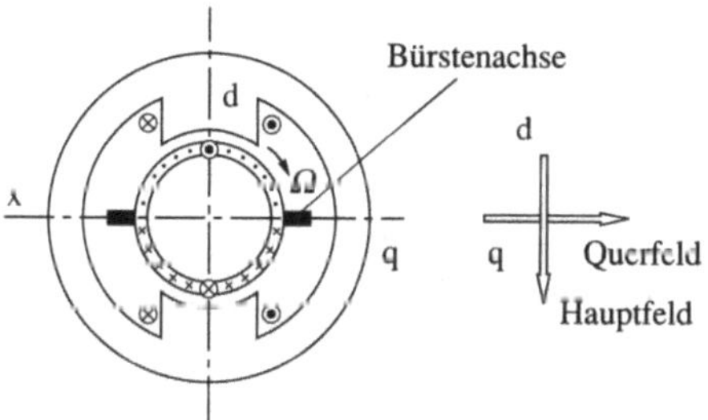

Bild 9.3-12 Festlegung des Ankerquerfeldes durch die Bürstenachse bei aufgesetzten Kohlen

6. Ankerquerfeld

Bei aufgesetzten Kohlen schreiben die Bürsten allen Ankerleitern eine bestimmte Stromrichtung vor. Näher betrachtet verhält sich die Ankerwicklung wie eine stromdurchflossene Spule, deren Achse durch die Bürstenachse bestimmt wird (Bild 9.3–12). Auch bei umlaufendem Anker entsteht so bei Stromfluß ein stillstehendes *Ankerquerfeld*. Die Wirkung des Ankerquerfeldes zeigt die Abwicklung einer Maschine mit zwei Polpaaren unter idealisierten Annahmen in Bild 9.3–13. Dabei erhält man aus dem Strombelag $\underline{A}(x)$ nach dem Durchflutungsgesetz die Durchflutungskurve $i_w = f(x)$ und daraus endlich die Ankerfeldkurve $B_q = f(x)$.

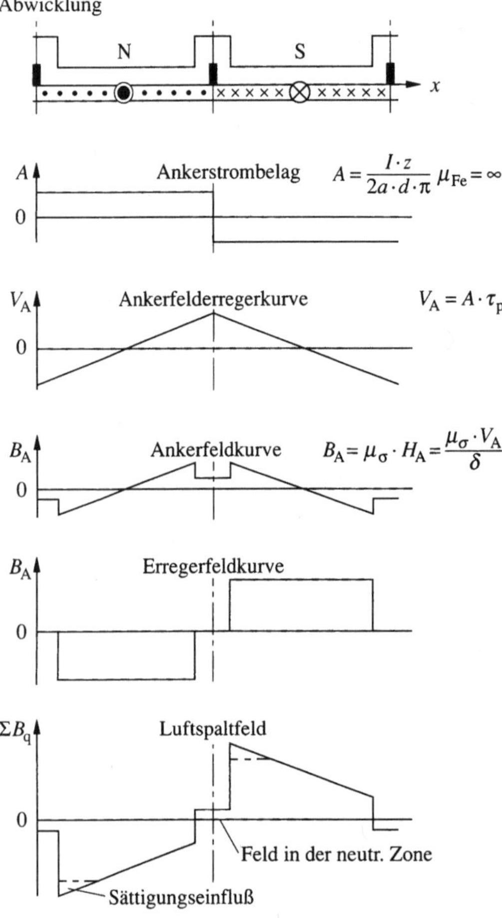

Bild 9.3-13 Wirkung des Ankerquerfeldes; abgewickelte Maschine mit den auftretenden Feldern im Luftspalt (idealisiert)

7. Folgen der Ankerrückwirkung

Im Leerlauf ist die Flußdichte unter der ganzen ideellen Polbreite konstant. Bei Stromfluß im Anker bildet sich im Luftspalt ein resultierendes magnetisches Feld aus, das sich aus dem Feld der Hauptpole (d-Richtung, B_d) und dem Ankerquerfeld (q-Richtung, B_q) zusammensetzt. Größe und räumliche Verteilung erhält man durch Überlagerung beider Feldkurven.

Das resultierende Feld weist gegenüber dem Leerlauffeld eine starke Verzerrung unter den Polschuhen auf. Außerdem stehen jetzt die Bürsten nicht mehr in der feldfreien „neutralen Zone“. Dadurch wird in der kurzgeschlossenen gerade kommutierenden Spule eine Spannung induziert.

Um in einer feldfreien Zone zu kommutieren, wäre eine drehrichtungs- und laststromabhängige Bürstenverschiebung notwendig. Dies wird bei Kleinmaschinen mit nur einer Drehrichtung gemacht, indem man eine mittlere Verdrehung aus der geometrisch neutralen Zone wählt. Bei Leistungen ab 1 kW scheidet dieses Verfahren aber aus.

Bei kleiner Eisensättigung bleibt der Fluß auch bei der Feldverzerrung fast konstant. Bei den modernen magnetisch hoch ausgenutzten Maschinen geht jedoch die auflaufende Polkante in die Sättigung, wodurch der Gesamtfluß sinkt. Die Flußschwächung bei Belastung des Motors führt so zu steigender Drehzahl und somit zu instabilem Betrieb (Bild 9.3–14). Die in der einzelnen Teil-Ankerspule induzierte Spannung hängt von der Luftspaltflußdichte am Umfang (x) ab.

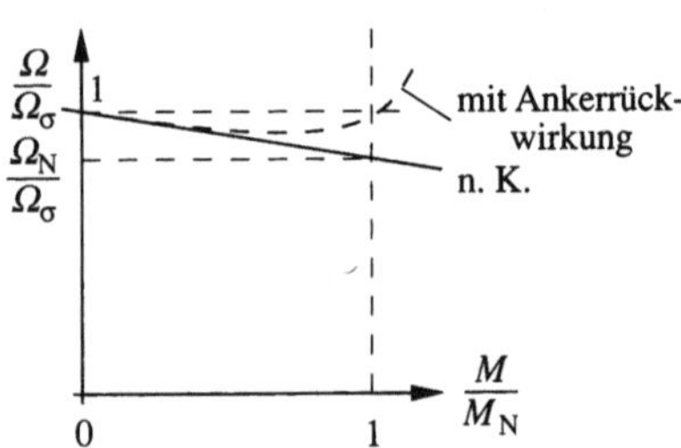

Bild 9.3-14 Einfluß der Ankerrückwirkung auf die Kennlinie einer Gleichstrom-Nebenschlußmaschine im Motorbetrieb (Prinzip)

Bei gleicher Verteilung sind auch die Teilspannungen gleich groß und die Spannungen zwischen den einzelnen Stromwenderstegen sind dann ebenfalls gleich. Durch die Feldverzerrung als Folge des Ankerquerfeldes hat auch die Stromwender-Lammellenspannung über den Umfang gesehen einen nichtlinearen Verlauf. Sie steigt in Teilbereichen erheblich an. Die zwischen benachbarten Stromwenderlamellen auftretende Spannung darf erfahrungsgemäß jedoch Werte von $u_s = 40$ V nicht übersteigen, um Funkenbildung und u. U. das daraus entstehende gefährliche „Rundfeuer“ zu vermeiden (Bild 9.3–15). Die Lamellenspannung bestimmt somit auch die Maschinenkonstruktion. Wird u_s groß gewählt, kommt man mit einem einfachen Stromwender mit wenigen Lamellen und einer Ankerwicklung mit wenigen Teilspulen aus. Es kann latente Rundfeuergefahr bestehen! Wird u_s klein gewählt, werden Stromwender und Ankerwicklung aufwendig, die Maschine teuerer.

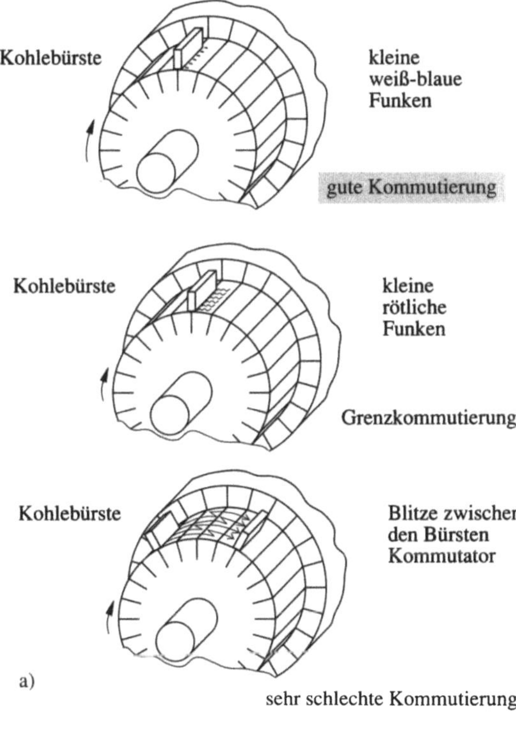

Zustand der Kohlebürste
Schleifbild

Zustand

ausgezeichnet

gesamte Oberfläche glänzend

gut

Oberfläche schwarz glänzend, Rand matt-schwarz

akzeptabel

matt-schwarze Flecken von geringer Tiefe mit oder ohne matt-schwarzen Rand

schlecht

matt-schwarz auf der gesamten Bürstenfläche oder auf einem großen Teil

b)

Bild 9.3-15 Stromwender im Betrieb
a) Funkenbildung am Stromwender,
b) Sichtbild der Kohlenschleiffläche

Der als *Ankerückwirkung* bezeichnete Einfluß des Ankerstromes besteht mithin aus den Komponenten:

- Verzerrung der Feldkurve,
- ungleiche, vergrößerte Lamellenspannung,
- Entstehung eines Feldes in der geometrisch neutralen Zone und
- Schwächung des Hauptfeldes.

8. Gegenmaßnahmen

Um die Bürsten in der geometrisch neutralen Zone unabhängig von der Drehrichtung und dem Ankerstrom (Belastung) belassen zu können, werden schmale *Wendepole* in den Pollücken angeordnet. Sie beeinflussen das Ankerquerfeld in der neutralen Zone und verbessern die Stromwendung; daher werden sie auch vom Ankerstrom erregt. Alle modernen Gleichstrommaschinen (ab etwa dem kW-Leistungsbereich) besitzen Wendepole. Um den Wendepolfluß auch schnellen Ankerstromänderungen folgen lassen zu können, sind Wendepol und Joch geblecht ausgeführt (man sagt: entdämpft).

Zur Reduzierung der Feldverzerrung müßte man die Maschinen mit großem Hauptpolluftspalt, hoher Zahnsättigung und kleinem Strombelag bauen; lauter Maßnahmen, die die Materialausnutzung beschränken. Daher werden ab einer bestimmten Baugröße oder bei Maschinen mit hohem Feldstellbereich (Bereich konstanter Leistung) meist *Kompensationswicklungen* in die Hauptpole eingebaut, um die Feldverzerrung zu reduzieren (Bild 9.3–16). Die Kompensationswicklung wird vom Ankerstrom durchflossen. Wegen des Material- und Kupferaufwandes ist der Einsatz kostenmäßig meist auf große Leistungen beschränkt.

$$\Theta_W = \Theta_A + V_m - \Theta_K$$

Θ_K = elektrische Durchflutung der Kompensationswicklung
Θ_A = elektrische Durchflutung der Ankerwicklung
V_m = magnetische Spannung im Eisenweg

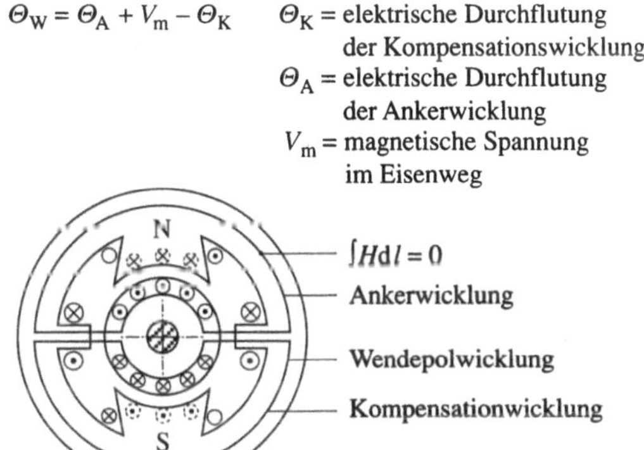

Bild 9.3-16 Querschnitt durch eine Gleichstrommaschine (GNM) mit Wendepol- und Kompensationswicklung;
der Integrationsweg für den Wendepolfluß ist eingetragen

Tabelle 9.3–1 zeigt eine Übersicht über die Arten der Ankerrückwirkung und deren Auswirkungen bei Motorbetrieb.

Tabelle 9.3–1: Auswirkungen der Ankerrückwirkung bei Gleichstrom-Nebenschlußmaschinen im Motorbetrieb

Art der Ankerrückwirkung	Motor
Feldverzerrung durch Ankerquerfeld	feldschwächend, deshalb labilisierend
Bürstenverschiebung	
– in Drehrichtung	stärkend, stabilisierend
– gegen Drehrichtung	schwächend, labilisierend
Kommutierung	
– Überkommutierung	schwächend, labilisierend
– Unterkommutierung	stärkend, stabilisierend
Doppelschlußerregung	
– Zusatz-Reihenschlußwicklung	stärkend, stabilisierend
– Gegen-Reihenschlußwicklung	schwächend, labilisierend

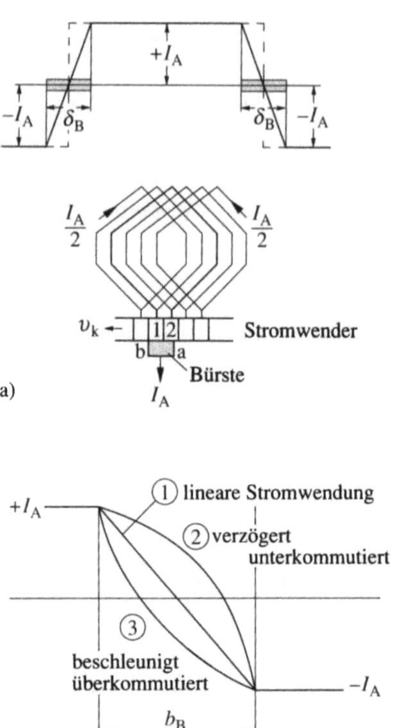

Bild 9.3-17 Stromwendung
a) Prinzipschaltbild mit Ankerspule mit Stromverlauf,
b) Verläufe der Stromwendung,
① lineare Stromwendung,
② verzögerte Stromwendung,
③ beschleunigte Stromwendung

9. Stromwendung

Beim Übergang einer Spulenseite von einem zum anderen Ankerzweig ändert der Leiterstrom seinen Wert, z. B. von $+I_A$ auf $-I_A$. Wegen der endlichen Bürstenbreite und der Umfangsgeschwindigkeit v_k des Stromwenders dauert dies eine gewisse Zeit (Kommutierungszeit T_k). Die gerade unter den Bürsten befindliche Spule wird kurzgeschlossen. Der Kurzschluß beginnt, wenn die auflaufende Bürstenkante *a* die Lamelle 2 berührt und endet, wenn die ablaufende Bürstenkante *b* die Lamelle 2 verläßt. Die Ursache der Schwierigkeiten bei der *Stromwendung* besteht in der Spuleninduktivität und als Folge darin, daß die Stromdichte unter der ablaufenden Bürstenkante einen unzulässig hohen Wert annimmt. Dies kann zur Funkenbildung und zu Brandstellen am Stromwendersegment führen. Bürstenüberlastung führt i. a. zu erhöhtem Verschleiß, vgl. hierzu Bild 9.3–15. Angestrebt wird eine lineare Stromwendung, d.h., daß der zeitliche Verlauf des Kurzschlußstromes streng linear erfolgt (Bild 9.3–17). Wegen der Spuleninduktivität erfolgt die Stromwendung verzögert; gegenüber der idealen Widerstandskommutierung erscheint die reale Übergangskurve nach oben verschoben. Dadurch entsteht an der ablaufenden Bürstenkante eine erhöhte Stromdichte mit den oben beschriebenen Folgen. Abhilfe schaffen die Wendepole.

Induziert das Wendefeld in der kurzgeschlossenen Spule eine Spannung, die die Selbstinduktionsspannung der Spule gerade aufhebt, so wird die angestrebte lineare Stromwendung angenähert erreicht. Um die Stromwendung bei Belastung zu optimieren, wird im Teillastbereich u. U. etwas überkompensiert, d. h., daß das Wendefeld etwas zu stark eingestellt wird. Soll das Wendefeld auch bei hohen Belastungen wirksam sein, muß der Wendepolluftspalt groß sein, damit der Wendefeldkreis nicht gesättigt wird.

Bei Maschinen ohne Wendepole darf die Reaktanzspannung der kommutierenden Spule einen Wert von etwa 5 V nicht übersteigen, wenn sich der Bürstenverschleiß in Grenzen halten soll. Die Abhängigkeit der Reaktanzspannung erhält man zu:

$$u_r \sim n \cdot I. \qquad \frac{u_r}{\mathrm{V}} \,\Big|\, \frac{n}{\mathrm{s}^{-1}} \,\Big|\, \frac{I}{\mathrm{A}} \qquad (9.3\text{–}7)$$

Daraus leitet sich für Maschinen ohne Wendepole eine Kommutierungsgrenzkurve ab, wie sie Bild 9.3–18 zeigt. Während bei kleinen Drehzahlen der Strom groß sein darf, muß er mit steigender Drehzahl reduziert werden. Hierfür sehen Stromrichtergeräte eine drehzahlabhängige Stromgrenze vor, die an die Maschine angepaßt werden kann (s. Kap. 8).

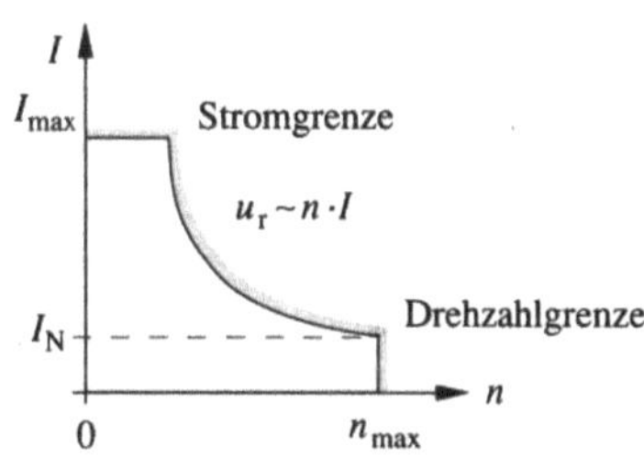

Bild 9.3-18 Kommutierungsgrenzkurve bei Maschinen ohne Wendepole, z. B. bei Vorschubantrieben

Bei normalem Betrieb kann man in der Praxis mit Bürstenstandzeiten von mehreren 1000 Stunden rechnen. Zwischenkontrollen ersparen Überraschungen. Dies gilt besonders auch dann, wenn die Maschine oft und lange leerläuft und der notwendige „Schmierstrom" fehlt!

10. Besonderheiten des Betriebs

Hilfsreihenschlußwicklung

Um im Überlastfall das Drehmoment zu erhöhen, kann eine *Hilfsreihenschlußwicklung* auf den Hauptpol gesetzt werden. Der Einsatz solcher Maschinen ist auf Ein-Quadrantenbetrieb begrenzt, da die Wicklung bei Stromumkehr ebenfalls umgepolt werden müßte.

Leistung

Die *Leistungsschildangaben* gelten für Dauerbetrieb S1. Bei abweichenden Betriebsarten S2 (Kurzzeitbetrieb) und S3 (Aussetzbetrieb, Spieldauer maximal 10 Minuten) kann die Maschine höher ausgenutzt werden. Tabelle 9.3–2 gibt dazu Hinweise.

Tabelle 9.3–2: Leistungserhöhung bei S2- und S3-Betrieb gegenüber S1-Betrieb (produktspezifische Angaben)
S2–Kurzzeitbetrieb
S3–Aussetzbetrieb, Spieldauer max. 10 min

Betriebsart	zul. Leistung ca.
S2–30 min	107% der Listenleistung
S2–60 min	100% der Listenleistung
S3–40%	120% der Listenleistung
S3–60%	110% der Listenleistung

Verbindliche Werte und andere Betriebsarten auf Anfrage beim Hersteller

Überlastbarkeit

Entsprechend VDE 0530 müssen die Maschinen so ausgelegt sein, daß sie 15 s lang mit dem 1,6-fachen Bemessungsdrehmoment betrieben werden können.

Dynamische Stoßbelastung

Bei geblechtem Joch und Wendepolen (entdämpfter Wendefeldkreis) sind hohe Stromanstiegsgeschwindigkeiten di/dt verkraftbar, ohne daß die Stromwendung beeinträchtigt wird. Die Stromanstiegsgeschwindigkeit wird in $x \cdot I_N/s$ angegeben. Sie kann den Herstellerlisten entnommen werden; $(200...600) \cdot I_N/s$ sind heute gängige Werte.

Stillstandsbelastung

Tabelle 9.3–3 zeigt Anhaltswerte für die zulässige *Belastungsdauer im Stillstand* der Maschine. Überlastungen führen zu Schäden an (einzelnen) Stromwenderlamellen und den Bürsten (Einbrennen).

Tabelle 9.3–3: Anhaltswerte für die Stillstandsbelastung

Ankerstrom	Belastungsdauer
200%	10 s
100%	30 s
50%	90 s
20%	10 min
15%	dauernd

Stromrichterspeisung

Im allgemeinen sind Gleichstrommaschinen heute so ausgelegt, daß sie ohne zusätzliche Glättungsdrossel aus einer vollgesteuerten Drehstrombrücke (B6C) gespeist werden können (s. Kap. 8). Werden andere Schaltungen – z. B. B2C-Schaltungen – benutzt, sind die Herstellerhinweise zu beachten; meist sind zusätzliche Glättungsdrosseln erforderlich.

Überdrehzahlschutz

Fremderregte Gleichstrommaschinen müssen immer mit einem *Schutz gegen Überdrehzahl* ausgerüstet werden. Bei Betrieb mit konstantem Feldstrom eignet sich dazu eine Feldstromüberwachung. Bei Feldschwächbetrieb wird ein Fliehkraftschalter eingesetzt.

11. Kühlung

Bei der Gleichstrom-Außenpolmaschine ist der Läufer der thermisch kritische Teil, da die Verlustwärme nur über das durchströmende Kühlmittel abgeführt werden kann. Um eine zu hohe Erwärmung bei Betrieb mit niedrigen Drehzahlen zu vermeiden, ist ein Fremdlüfter vorzusehen. Die erforderlichen Kühlluftmengen können den Herstellerlisten entnommen werden.

12. Schaltung und Klemmenbezeichnung
Tabelle 9.3–4 zeigt die Schaltung und die Klemmenbezeichnung der Gleichstrommaschine.

Tabelle 9.3–4: Schaltbilder und Klemmenbezeichnungen für Gleichstrommaschinen

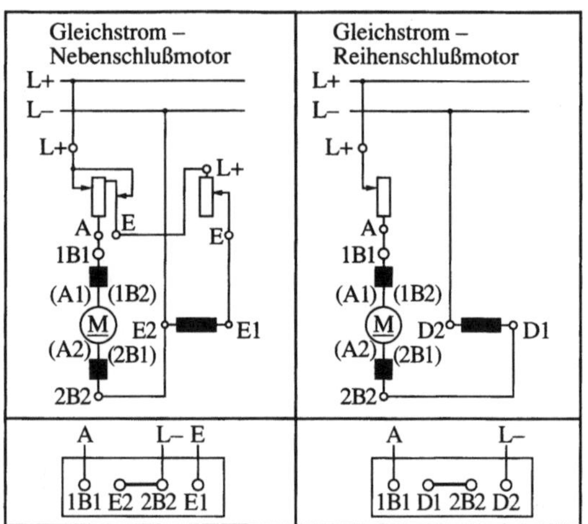

Leerlaufkennlinie

$U_q = f(I_f)$ $n = n_N$

Spannungsumrechnung

$\frac{U}{U'} = \frac{n}{n'}$

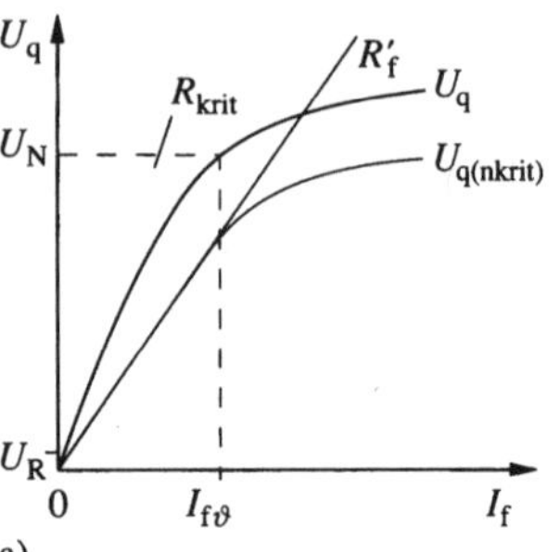

a)

Lastkennlinie

$U = f(I_A)$ $n = n_N$

Spannungsänderung

$\varepsilon = \frac{U_\delta - U_N}{U_N}$

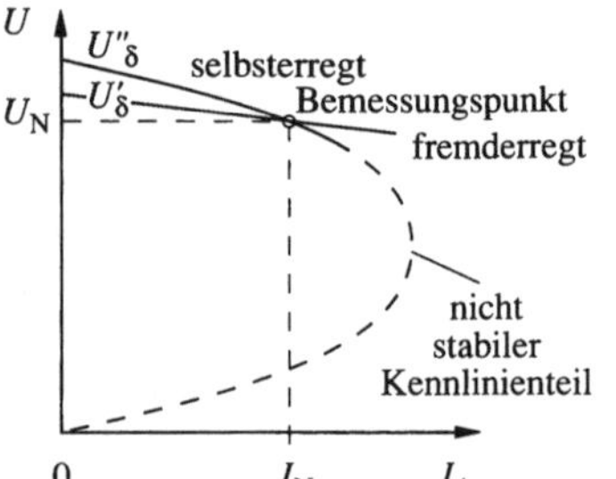

b)

Bild 9.3-19 Gleichstromgenerator (z. B. Tachomaschine)
a) Leerlaufkennlinie,
b) Lastkennlinie

13. Generatorbetrieb
Die Kennlinie für den fremderregten Nebenschlußmotor setzt sich linear im 2. Quadranten als Generatorkennlinie fort. Der *Generatorbetrieb* ist eigentlich nur noch für Bremsvorgänge interessant, da Gleichstromnetze heute meist von Stromrichtern gespeist werden. Bild 9.3–19 zeigt die Kennlinie des Generatorbetriebs bei konstanter Generatordrehzahl. Die relative Spannungsänderung zwischen Vollast und Leerlauf ist mit ε gekennzeichnet.

■ *Beispiele:*

1. Ein kleiner Gleichstrommotor mit Permanentmagneten hat folgende Daten:
$U_N = 24$ V, $I_N = 0{,}8$ A, $P_N = 10$ W, $n_N = 1800\ \text{min}^{-1}$.
Der Ankerkreiswirkwiderstand R_A betrage 7,5 Ω.
Der Bürstenspannungsfall $U_{Bü}$ ist mit 2 V in der Summe anzunehmen; die Ankerrückwirkung ist vernachlässigbar.
Wie groß sind bei Bemessungslast die Aufnahmeleistung P_1, die innere Leistung P_i, die induzierte Spannung U_i, die Ankerkupferverluste P_{VCu}, das innere Drehmoment M_i, das Moment an der Welle M_{mech}, das Reibmoment M_{Reib} und die Leerlaufdrehzahl n_0?

Lösung:

Aufnahmeleistung P_1:

$$P_N = U_N \cdot I_N = 24\ \text{V} \cdot 0{,}8\ \text{A} = 19{,}2\ \text{W};$$

induzierte Spannung U_i:

$$U_i = U_N - I_N \cdot R_A - U_{Bü} = 24\ \text{V} - 0{,}8\ \text{A} \cdot 7{,}5\ \Omega - 2\ \text{V} = 16\ \text{V};$$

Ankerkupferverluste P_{VCu}:

$$P_{VCu} = I_{N2} \cdot R_A = (0{,}8\ \text{A})^2 \cdot 7{,}5\ \Omega = 4{,}8\ \text{W};$$

innere Leistung P_i:

$$P_i = U_i \cdot I_N = 16\ \text{V} \cdot 0{,}8\ \text{A} = 12{,}8\ \text{W};$$

inneres Drehmoment M_i:

$$M_i = P_i/\Omega_N = P_i/(2 \cdot \pi \cdot n/60) = 12{,}8\ \text{W}/(2 \cdot \pi \cdot 30\ \text{s}^{-1}) = 0{,}068\ \text{Nm};$$

Moment an der Welle M_{mech}:

$$M_{mech} = P_N/\Omega_N = P_n/(2 \cdot \pi \cdot n_N/60) = 10\ \text{W}/(2 \cdot \pi \cdot 30\ \text{s}^{-1}) = 0{,}053\ \text{Nm};$$

Reibmoment M_{Reib}:

$$M_i - M_{mech} = 0{,}068\ \text{Nm} - 0{,}053\ \text{Nm} = 0{,}015\ \text{Nm};$$

Leerlaufdrehzahl n_0:

$n_0 = n_N \cdot (U_N - U_{Bü})/U_i =$

$= 1800\ \text{min}^{-1} \cdot 22\ \text{V}/16\ \text{V} = 2475\ \text{min}^{-1}$.

2. Ein Gleichstrom-Nebenschlußmotor (GNM) arbeitet mit folgenden Daten:

$U_N = 440$ V, $I_N = 60$ A, $n_N = 974\ \text{min}^{-1}$. Die Leerlaufdrehzahl ist mit 1028 min^{-1} bekannt. Der Bürstenspannungsfall und die Ankerrückwirkung sind vernachlässigbar.
Wie groß sind bei Bemessungsbetrieb die induzierte Spannung U_i, die Ankerkupferverluste P_{VCu}, der Ankerkreiswirkwiderstand R_A, die Aufnahmeleistung P_1, die innere Leistung P_i, das Moment an der Welle M_{mech} und der Wirkungsgrad im Ankerkreis?

Lösung:
induzierte Spannung U_i:

$U_i = U_N \cdot n_i/n_0 =$

$= 440\ \text{V} \cdot 974\ \text{min}^{-1}/1028\ \text{min}^{-1} = 417\ \text{V}$;

Ankerkreiswirkwiderstand R_A:

$R_A = (U_N - U_{iN})/I_N =$

$= (440\ \text{V} - 417\ \text{V})/60\ \text{A} = 0{,}38\ \Omega$;

Ankerkupferverluste P_{VCu}:

$P_{VCu} = I_N^2 \cdot R_A = (60\ \text{A})^2 \cdot 0{,}38\ \Omega = 1{,}37\ \text{kW}$;

Aufnahmeleistung P_1:

$P_1 = U_N \cdot I_N = 440\ \text{V} \cdot 60\ \text{A} = 26{,}4\ \text{kW}$;

innere Leistung P_i:

$P_i = U_N \cdot I_N = 417\ \text{V} \cdot 60\ \text{A} = 25\ \text{kW}$;

Moment an der Welle $M_{mech} = M_N$:

$M_N = P_N/\Omega_N = Ui_N \cdot I_N/(2 \cdot \pi \cdot n_N/60) =$

$= 417\ \text{V} \cdot 120\ \text{A}/(2 \cdot \pi \cdot 16{,}23\ \text{s}^{-1}) = 490\ \text{Nm}$;

Ankerkreiswirkungsgrad η:

$\eta_{Ankerkreis} = P_N/P_1 = 25\ \text{kW}/26{,}4\ \text{kW} = 0{,}95$.

In der Praxis muß noch die Verlustleistung im Feldkreis berücksichtigt werden.

9.3.2.2 Gleichstrom-Reihenschlußmaschine (GRM)

Bei der *Gleichstrom-Reihenschlußmaschine* sind Erregerwicklung und Ankerwicklung in Reihe geschaltet und vom Ankerstrom durchflossen. Bild 9.3–20 zeigt das Ersatzschaltbild der Reihenschlußmaschine. Da der Ankerstrom für die Erregung sorgt, ist der Erregerstrom und damit der Maschinenfluß lastabhängig. Die (magnetisch ungesättigte) Maschine arbeitet eigentlich immer im Feldschwächbereich, wenn man davon ausgeht, daß das Eisen beim Anlaufstrom gerade nicht in die Sättigung kommt. Dadurch hat sie natürlicherweise eine weiche „Reihenschluß"-Kennlinie.

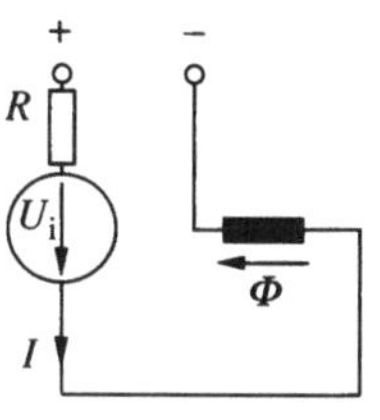

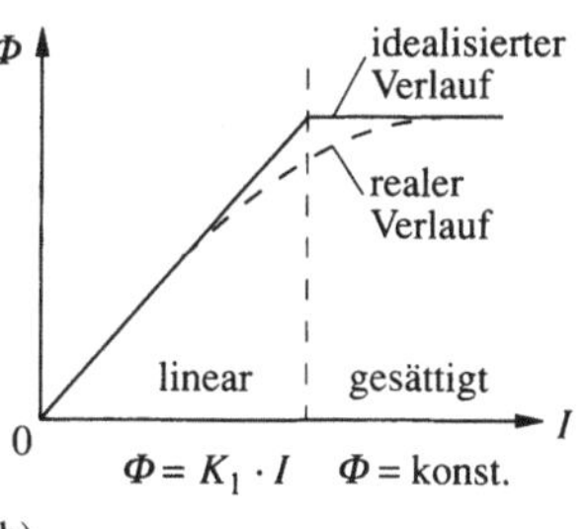

Bild 9.3-20 Gleichstrom-Reihenschlußmaschine (GRM)
a) Ersatzschaltbild der Reihenschlußmaschine,
b) magnetische Kennlinie (idealisiert)

1. Betriebsverhalten

Im linearen Teil der Magnetisierungskennlinie, d. h. unter Vernachlässigung der Sättigung, gilt die Beziehung:

$$\Phi = k_1 \cdot I, \tag{9.3–8}$$

Φ	k_1	I
Vs	Vs/A	A

wobei k_1 eine Proportionalitätskonstante ist, die von der Konstruktion und dem Magnetmaterial abhängt. Setzt man in die Grundgleichungen der Gleichstrom-Nebenschlußmaschine (Gl. (9.3–1)) den belastungsabhängigen Fluß ein, so erhält man:

$$U_i = k_1 \cdot k_2 \cdot I \cdot \Omega \text{ mit } k_2 = \frac{z \cdot p}{2\pi \cdot a} \tag{9.3–9a}$$

oder

$$U_i = k \cdot I \cdot \Omega \tag{9.3–9b}$$

U_i	k, k_1	I	Ω	k_2	z	p	a
V	Vs/A	A	1/s	1	1	1	1

mit der zusammengefaßten Maschinenkonstanten $k = k_1 \cdot k_2$. Die Spannungsgleichung erhält man zu:

$$U = U_i + I \cdot (R_A + R_f) \tag{9.3–10}$$

U, U_i	I	R_A, R_f
V	A	Ω = V/A

mit dem Ankerkreiswiderstand R_A und dem Feldwicklungswiderstand R_f.

Das ideelle, innere Drehmoment berechnet sich zu:

$$M = k_1 \cdot k_2 \cdot I \cdot I = k \cdot I^2 \qquad (9.3\text{–}11\text{a})$$

mit $k_2 = \dfrac{z \cdot p}{2\pi \cdot a}$

oder

$$M = \frac{U^2}{(k \cdot \Omega + R_A)^2}. \qquad (9.3\text{–}11\text{b})$$

M	U	k, k_1	Ω	R_A	k_2	z	p	a
Nm	V	Vs/A	1/s	Ω	1	1	1	1

Das Drehmoment steigt mit dem Quadrat des Ankerstromes an (Bild 9.3–21b); Momentenstöße werden also nur mit $\sqrt{M}$ an den Strom weitergegeben.

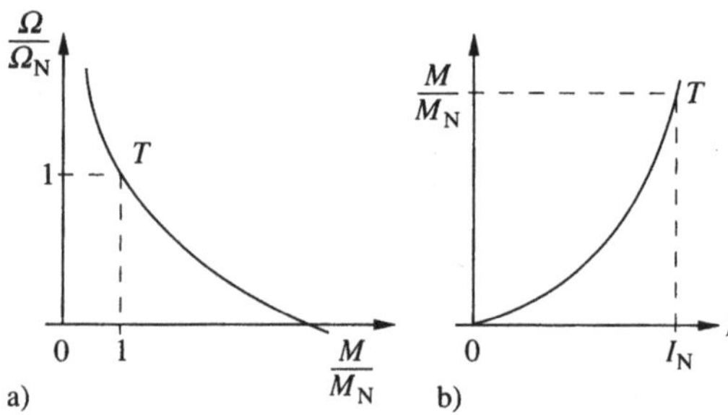

Bild 9.3-21 Winkelgeschwindigkeit-Drehmoment- (a) und Strom-Drehmomentkennlinie (b) der GRM (vgl. Bild 9.3-3)

Die Winkelgeschwindigkeit berechnet man zu:

$$\Omega = \frac{U}{k\sqrt{M/k}} - \frac{R_A}{k}.$$

Ω	U	R_A	k	M
1/s	V	Ω	Vs/A	Nm

Die Kennlinie zeigt (Bild 9.3–21a). Man erkennt, daß die Winkelgeschwindigkeit (Drehzahl) bei Belastung stark abfällt; dieses Verhalten bezeichnet man als weiches Drehzahlverhalten oder als Reihenschlußverhalten. Bei völliger Entlastung geht die Maschine durch; Betrieb mit Riemenübertragung usw. ist daher unzulässig!

Die Reihenschlußmaschine wird dort eingesetzt, wo eine natürliche weiche Kennlinie benötigt wird. Fälschlicherweise wird oft auf das hohe Anzugsmoment hingewiesen; dieses ist nicht größer als bei der Nebenschlußmaschine, gleiche Ankerströme und gleichen Fluß vorausgesetzt. Interessant bei der Reihenschlußmaschine ist vielmehr der weiche Kennlinienverlauf, der z. B. bei der Traktion dem Reibwertsverlauf gut angepaßt ist.

In zunehmendem Maße geht die Bedeutung der Reihenschlußmaschine sehr stark zurück. Sie wird durch (permanenterregte) Nebenschlußmaschinen ersetzt, da die Materialausnutzung der Reihenschlußmaschine schlecht ist. Beispiele für den Ersatz im Bereich der Kleinmaschinen sind die permanenterregten Startermotoren beim PKW, die die bisher eingesetzten Reihenschlußmaschinen ablösen. Als Antrieb für weitere Hilfsaggregate im PKW, z. B. Scheibenwischer, findet die Gleichstrom-Reihenschlußmaschine z. Z. noch ein breites Einsatzgebiet.

Industrielle Einsatzfälle für Gleichstrom-Reihenschlußmaschinen sind (heute noch) Hebezeuge, Kräne und Antriebe von Bahn- und Flurförder-Elektrofahrzeugen. Für Neukonstruktionen bieten sich auch hier Nebenschlußmaschinen oder Drehstromlösungen an, so daß die Bedeutung der Maschine weiter zurückgehen wird.

2. Drehzahlsteuerung

Bei der Reihenschlußmaschine sind die gleichen Möglichkeiten der *Drehzahlstellung* gegeben, die bei der Nebenschlußmaschine bereits besprochen wurden. Wegen der geringen Bedeutung der Maschine wird hier nur die *Spannungsteuerung* betrachtet. Bei Veringerung der Speisespannung U nimmt das Anlaufmoment der Maschine ab; es ergeben sich die Kennlinien nach Bild 9.3–22. Bei gleichbleibendem Lastmoment sinkt die Drehzahl. Die Speisung der Reihenschlußmaschine übernehmen bei Netzbetrieb netzgeführte Stromrichter und bei Batteriebetrieb Gleichstromsteller, z. B. im PKW oder bei Flurförderfahrzeugen.

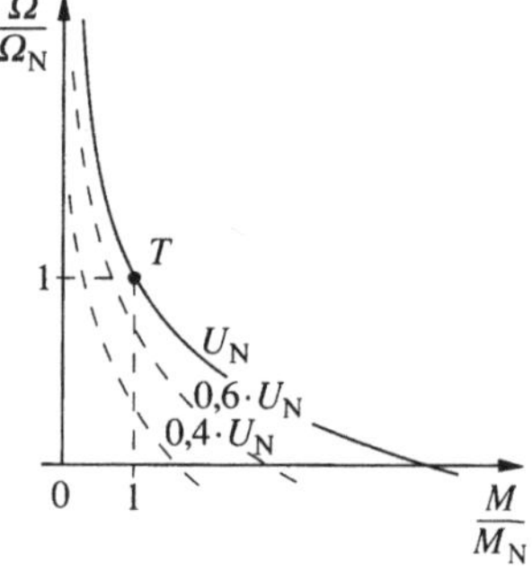

Bild 9.3-22 Spannungsstellen bei der GRM (Kennlinien-Prinzipdarstellung)

Bei Lüfter- und Scheibenwischermotoren im PKW wird auch Feldschwächung zur Drehzahlerhöhung eingesetzt. Eine Sondervariante ist die 3-Bürsten-Maschine zum stufigen Drehzahlstellen.

3. Bremsbetrieb

Generator-(Brems-)betrieb ist nur möglich, wenn der Strom im Anker oder im Feld umgekehrt wird. Bremsmomente treten nur auf, wenn bei gleicher Drehrichtung beispielsweise der Anker umgepolt wird, damit der „Generatorstrom“ das vorhandene Feld weiter erregt (Bild 9.3–23). Dazu muß sich die Maschine nach dem Umpolen durch die Remanenzspannung selbst erregen. Die Bremsenergie wird meist in Bremswiderständen in Wärme umgesetzt.

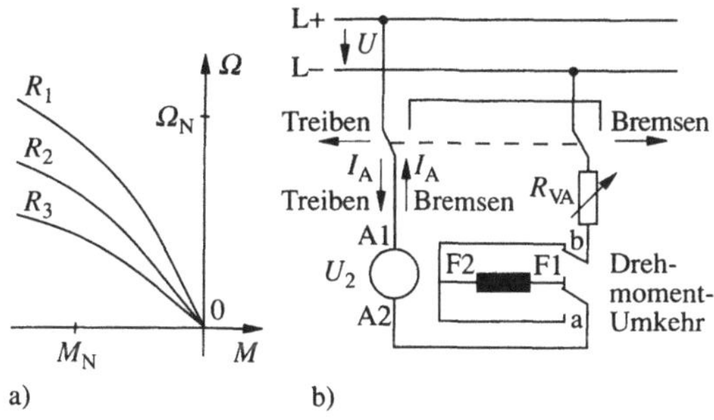

Bild 9.3-23 Bremsbetrieb der GRM mit Umschaltung des Feldes
a) Kennlinien,
b) Schaltung für Treiben und Bremsen

9.3.2.3 Wechselstrom-Reihenschlußmaschine (WRM, Universalmotor) – Einsatz

Bei Betrieb der Stromwendermaschine mit Wechselstrom muß die Erregerwicklung in Reihe mit dem Anker geschaltet sein, damit der Ankerstrom und das Erregerfeld immer gleichzeitig auftreten, also „in Phase“ sind. Durch den Reihenschluß kann die Maschine mit Gleich- und Wechselstrom betrieben werden; daher der Name *Universalmotor*.

Vor der Ablösung durch den Drehstromantrieb Mitte der 80er Jahre, war die *Wechselstrom-Reihenschlußmaschine* der typische Wechselstrom-Vollbahnmotor. Er bestimmte bei seiner Einführung auch die Wahl der 16 ⅔-Hz-Speisefrequenz, da sonst die Stromwenderprobleme wegen der transformatorisch vom Erregerfeld in die Ankerwicklung eingekoppelten Spannung nicht zu beherrschen waren. Diese Variante des Wechselstrom-Reihenschlußmotors soll hier jedoch nicht mehr weiter betrachtet werden, da sie für Neukonstruktionen nicht mehr genutzt wird. Sicher fahren die ausgelieferten Lokomotiven jedoch noch viele Jahre mit diesem Antrieb.

Der Wechselstrom-Reihenschlußmotor kleiner Leistung wird bei den Kleinmaschinen im Abschnitt 9.5 besprochen.

9.3.3 Drehstrommaschinen

9.3.3.1 Drehfeld

1. Allgemeines

Zur Erläuterung des Begriffes eines magnetischen Drehfeldes diene eine Synchronmaschine. Das mit dem Polrad umlaufende magnetische Feld ist bei entsprechender Gestaltung der Polschuhe praktisch sinusförmig am Umfang verteilt (Bild 9.3–24). Gegenüber dem Ständer, in dessen Nuten die Wicklung liegt, läuft das Feld um. Das heißt, daß es seine relative Lage, nicht jedoch seine Größe ändert. Ein solches Feld bezeichnet man als *Drehfeld*. Bei p Polpaaren und n Umdrehungen werden in der Wicklung Spannungen der Frequenz

$$f = p \cdot n \qquad \frac{f}{\text{Hz} = 1/\text{s}} \,\Big|\, \frac{p}{1} \,\Big|\, \frac{n}{1/\text{s}} \qquad (9.3\text{–}15)$$

erzeugt. Das Drehfeld ist mit einer im Luftspalt fortschreitenden Welle zu vergleichen.

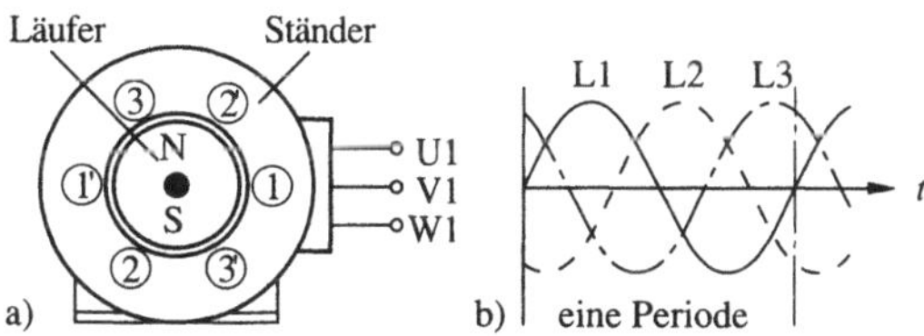

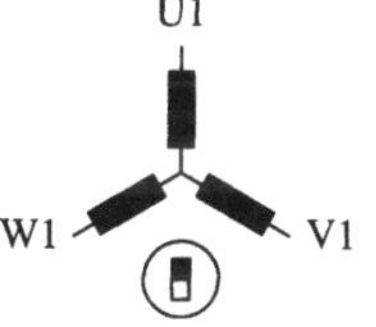

Bild 9.3-24
Drehstrommaschine mit dreisträngiger Ständerwicklung
a) Drehstrommaschine mit Wicklungen,
b) Drehspannungen

2. Wechselfeld und Drehfeld

Ein *Wechselfeld* läßt sich als Überlagerung zweier entgegengesetzt umlaufender Drehfelder deuten. Umgekehrt läßt sich ein Wechselfeld in zwei Drehfelder halber Amplitude zerlegen, die mitläufig und gegenläufig in der Maschine umlaufen (Bild 9.3–25).

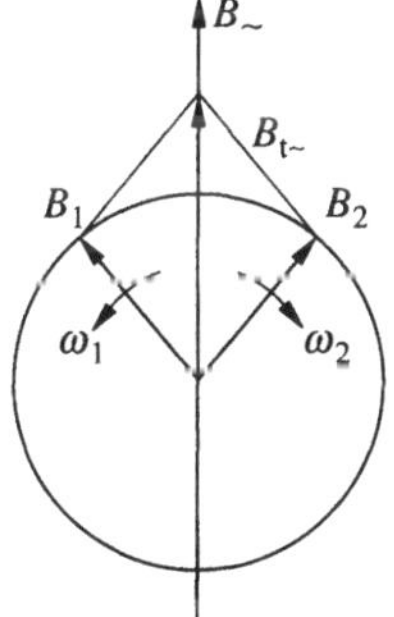

Bild 9.3-25
Zerlegung eines Wechselfeldes in zwei gegenläufige Drehfelder halber Amplitude, Mitfeld (1) und Gegenfeld (2)

Mitläufig (rechtsläufig) bezeichnet ein Feld, das im „richtigen" Sinne bezüglich eines gewünschten Vorganges umläuft, z. B. im Sinne des Rechtslaufes eines Motors.

3. Drehfeld in der Maschine
Bei Drehstrommaschinen werden durch Wechselströme in den drei Wicklungen Wechselfelder erzeugt. Sind die Achsen der Wicklungen um 120° geometrisch phasenverschoben, und werden die Wicklungen mit Strömen gespeist, die zeitlich um 120° phasenverschobenen sind, so heben sich die gegenlaufenden Teildrehfelder auf, während sich die Mitdrehfelder zum gewünschten (Mit-)Drehfeld addieren (Bild 9.3–26). Sind die Achsen der Wicklungen um 90° geometrisch phasenverschoben, und werden die Wicklungen mit um zeitlich 90° phasenverschobenen Strömen gespeist, so heben sich die gegenlaufenden Teildrehfelder auch auf. Dies wird bei kleinen Drehfeldmaschinen bei Betrieb am Wechselstromnetz ausgenutzt.

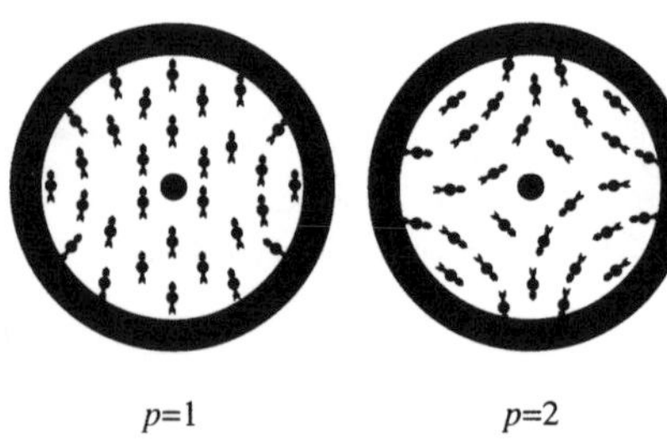

Bild 9.3-26 Drehfelderzeugung mit drei um 120° versetzten Wicklungen; Feldverlauf in der Bohrung bei $p=1$ und $p=2$

Allgemein entsteht ein ideales Kreisdrehfeld, wenn bei symmetrischen Wicklungen die Phasenverschiebung der Ströme gleich der räumlichen Versetzung (im elektrischen Winkelmaß ausgedrückt) der Spulen am Ständerumfang sind. In der Praxis kommen Drehfelder mit zwei bis fünf Wicklungen vor. Die größte Bedeutung haben die Drehstromwicklungen mit der Strangzahl $m=3$ und bei Kleinmaschinen $m=2$.

4. Elliptisches Drehfeld
Ein *elliptisches Drehfeld* kann als Überlagerung zweier gegenläufiger Drehfelder verschiedener Größe gedeutet werden. Zerlegt man das größere Teildrehfeld in zwei Drehfelder, von denen das eine so groß ist wie das gegenläufige zweite Drehfeld, so ergibt die Addition ein Wechselfeld, dem das restliche Teildrehfeld überlagert ist. Ein elliptisches Drehfeld kann somit als Überlagerung eines Wechselfeldes und eines Kreisdrehfeldes aufgefaßt werden. Die Hauptachse der Ellipse liegt in der Achse des Wechselfeldes (Bild 9.3–27). Mit solchen „verstümmelten" Drehfeldern arbeiten die Drehstromkleinmaschinen (s. Abschnitt 9.5).

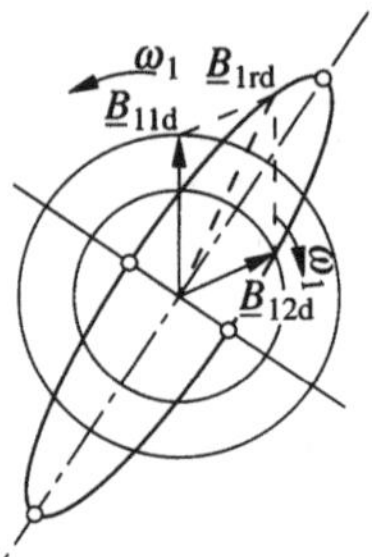

Bild 9.3-27 Elliptisches Drehfeld mit Teilfeldern

Elliptische Drehfelder spielen bei der Untersuchung des Betriebsverhaltens der Hilfsstrang-Maschinen (sogenannten „Hilfsphasen-Maschinen") eine Rolle. Dort kann durch den „Hilfsstrang" i. a. nicht für alle Betriebspunkte ein Kreisdrehfeld bereitgestellt werden.

5. Erzeugung des Drehfeldes
Der Ständer trägt eine Drehstromwicklung, die am Ankerumfang gleichmäßig fein verteilt angeordnet ist. Dadurch gibt es keine Rückwirkung der Nutung auf das Feld. In Bild 9.3–28 sind für sechs verschiedene Zeitpunkte des Drehstromsystems die Feldkurven dargestellt. Für die Ströme in den Wicklungen ergeben sich die eingetragenen Momentanwerte mit den Relativwerten $\pm 0{,}5$ und ± 1 zu den ausgewählten Zeitpunkten. An der gezeichneten Feldkurve erkennt man, daß das FEld am Umfang weiterandert. Nach einer Periode des erregenden Drehstromsystems hat das Drehfeld eine doppelte Polteilung t_p zurückgelegt; nach einer Periode der Netzspannung also eine Wellenlänge $(2 \cdot t_p)$.

Aus dem Zusammenwirken der einzelnen Stränge einer ruhenden Drehstromwicklung entsteht ein im Luftspalt der Maschine umlaufendes Drehfeld. Bei den Drehfeldmaschinen asynchroner und synchroner Bauart wird dieses Drehfeld ausgenutzt. Die Energie wird dabei vom umlaufenden Drehfeld berührungslos und somit verschleißfrei vom Ständer auf den Läufer der Maschine übertragen.

9.3.3.2 Drehstrom-Asynchronmaschine (DAM)

1. Einsatz
Grob gerechnet sind über 80% der eingesetzten Antriebsmaschinen *Drehstrom-Asynchronmaschinen.* Sie werden meist als Motoren betrieben. Die Kenntnis der Wirkungsweise und des Betriebsverhaltens ist daher besonders wichtig. Der Produktionswert lag 1994 bei 34,7% ≙ 2480 Mio. DM. Drehstrom-Asynchronmaschinen werden in einem Leistungsbereich von ca. 100 mW bis zu einigen 10 MW gefertigt. Sie überstreichen so einen Bereich von über 9 Zehnerpotenzen. Die entscheidende Größe für die Abmessun-

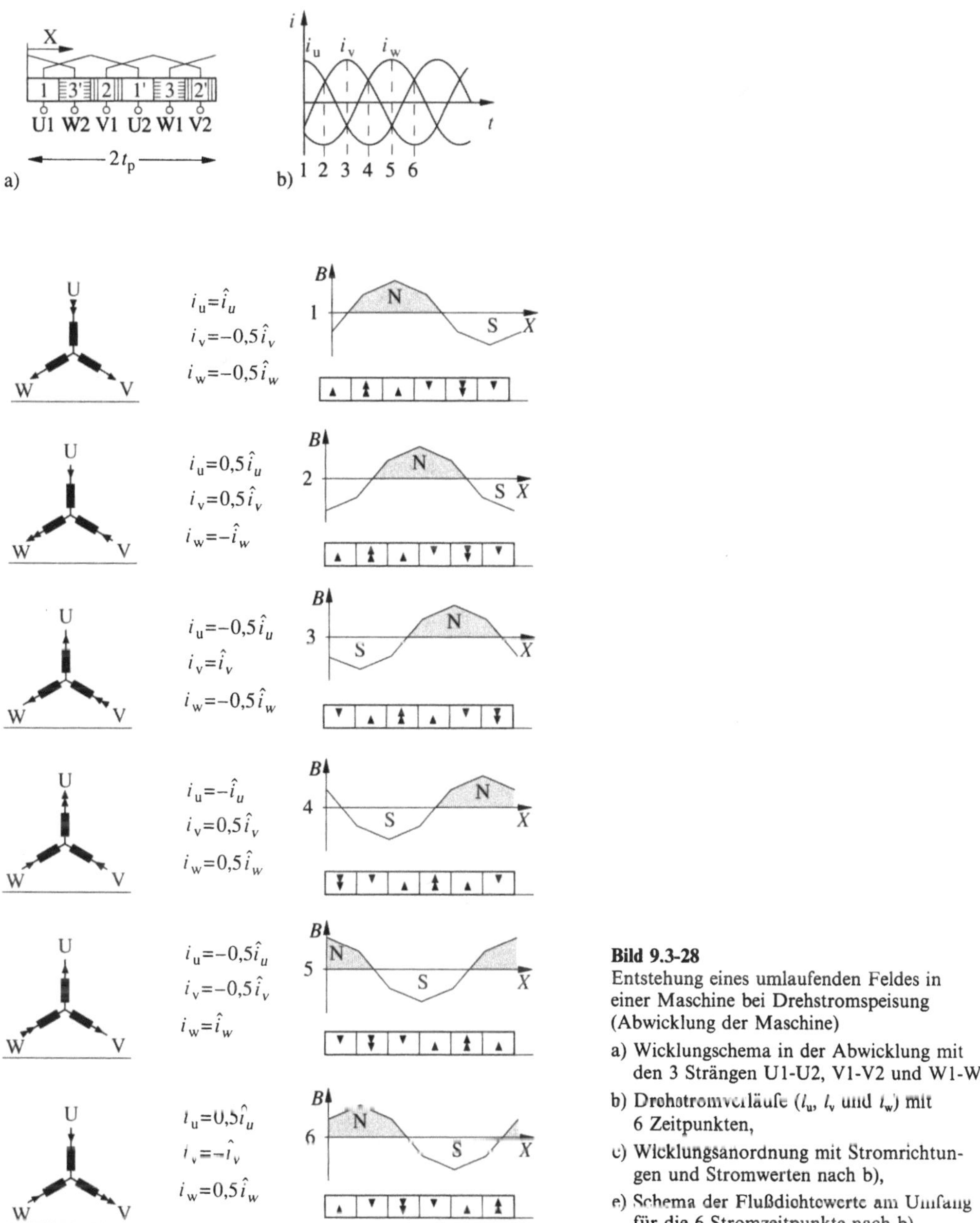

Bild 9.3-28
Entstehung eines umlaufenden Feldes in einer Maschine bei Drehstromspeisung (Abwicklung der Maschine)
a) Wicklungschema in der Abwicklung mit den 3 Strängen U1-U2, V1-V2 und W1-W2,
b) Drehstromverläufe (i_u, i_v und i_w) mit 6 Zeitpunkten,
c) Wicklungsanordnung mit Stromrichtungen und Stromwerten nach b),
e) Schema der Flußdichtewerte am Umfang für die 6 Stromzeitpunkte nach b)
t_p Polteilung

gen der Maschine ist jedoch nicht die Leistung sondern das Drehmoment. Im Bereich kleiner Leistungen arbeiten die Maschinen oft am Wechselstromnetz mit phasenschiebenden Hilfsschaltungen. Typische Vertreter hierfür sind eine Vielzahl von Kleinantrieben im Haushalt oder der Werkstatt [9.18]. Bei Leistungen über 1 kW findet man dann bis auf wenige Ausnahmen nur noch die dreisträngige Drehstrom-Asynchronmaschine. Der Wirkungsgrad liegt leistungsmäßig zugeordnet zwischen 1% bei den „Zwergen“ mit den kleinen Leistungen und ca. 98% bei Großmaschinen (10 MW).

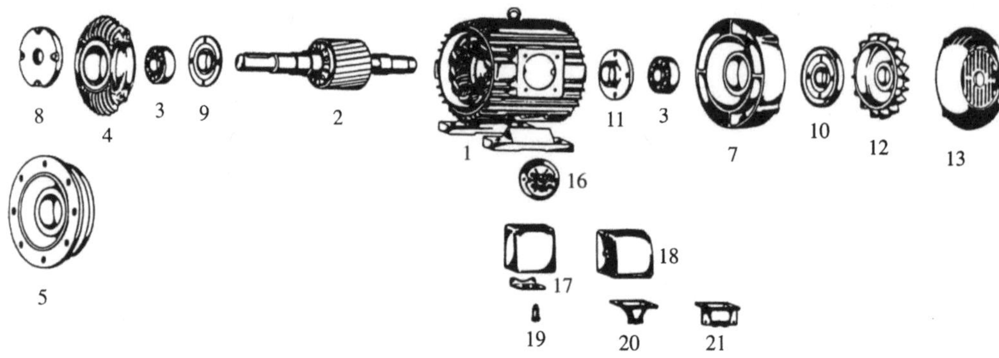

Bild 9.3-29 Explosionsbild einer Drehstromasynchronmaschine mit Kurzschlußläufer

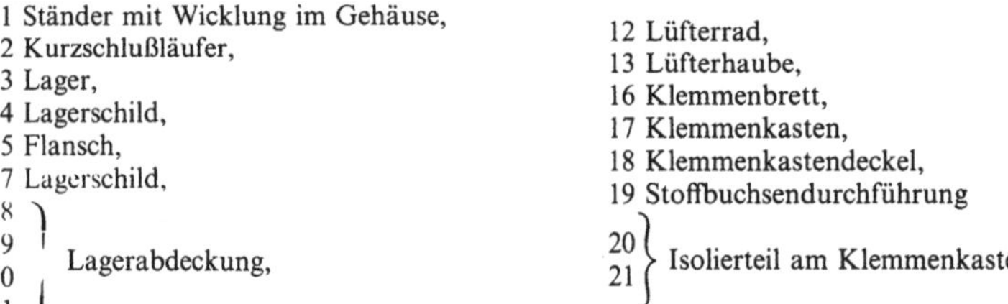

1 Ständer mit Wicklung im Gehäuse,
2 Kurzschlußläufer,
3 Lager,
4 Lagerschild,
5 Flansch,
7 Lagerschild,
8, 9, 10, 11 } Lagerabdeckung,
12 Lüfterrad,
13 Lüfterhaube,
16 Klemmenbrett,
17 Klemmenkasten,
18 Klemmenkastendeckel,
19 Stoffbuchsendurchführung
20, 21 } Isolierteil am Klemmenkasten

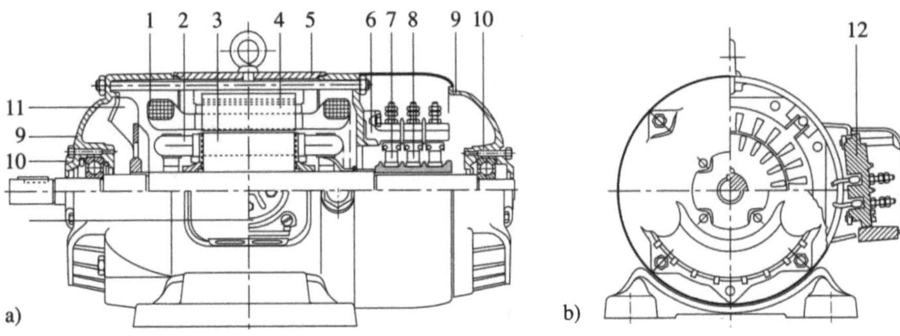

Bild 9.3-30 Aufbau der Drehstromasynchronmaschine mit Schleifringläufer
a) Längsschnitt, b) Querschnitt,

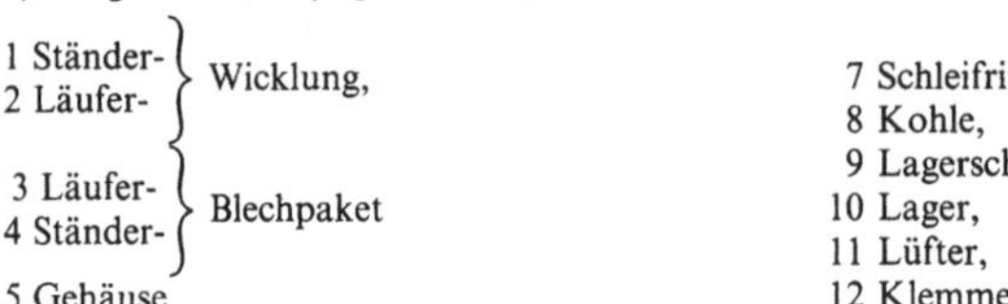

1 Ständer-, 2 Läufer- } Wicklung,
3 Läufer-, 4 Ständer- } Blechpaket
5 Gehäuse
6 Bürstenbrücke,
7 Schleifring,
8 Kohle,
9 Lagerschild,
10 Lager,
11 Lüfter,
12 Klemmenbrett

2. Aufbau

Die Drehstrom-Asynchronmaschine besteht aus einem *Ständer* (stillstehender Teil) und einem *Läufer* (drehender oder linearbewegter Teil) (Bild 9.3–29). Sie sind durch einen (nur wenige Zehntel eines Millimeters breiten) Luftspalt getrennt. Ständer- und Läuferwicklung sind gleichmäßig am Umfang verteilt in Nuten untergebracht. Den Aufbau zeigt Bild 9.3–30 mit Längs- und Querschnitt durch eine Drehstrom-Asynchronmaschine mit Schleifring- und Käfigläufer. Der Blechschnitt ist ein Komplettschnitt; große Maschinen erhalten Blechpakete aus Segmenten. Im

Läufer befindet sich eine Kurzschlußwicklung, bestehend aus Stäben, die über Kurzschlußringe verbunden sind, oder die Enden der Drehstromwicklung sind an Schleifringe geführt (Schleifringläufer). Käfigwicklungen werden bis zu einigen 100 kW Leistung aus Aluminium–Preßguß hergestellt. Die Blechpakete des Ständers sind in ein Gehäuse eingepreßt oder neuerdings selbsttragend, die Läuferbleche auf die Welle aufgeschrumpft. Über die Sitze muß das Drehmoment übertragen werden.
Die Wicklungsenden der Ständerwicklung und die Schleifringanschlüsse, wenn herausgeführt, gehen an Klemmen des Klemmenbrettes der Maschine (Bild 9.3–30).

3. Betrieb
Wird an die Klemmen des Ständers eine symmetrische sinusförmige Drehspannung gelegt, so läuft der erzeugte magnetische Fluß im Luftspalt in der Form einer sinusförmigen Drehwelle um. Die Spitze des Flußzeigers bewegt sich mit konstanter Geschwindigkeit auf einer Kreisbahn (Kreisdrehfeld). Solange zwischen dem Drehfeld und dem Läufer eine mechanische Differenzwinkelgeschwindigkeit $\omega_d \neq \omega$ besteht, wird in der Läuferwicklung eine Drehspannung mit der Schlupf-Frequenz

$$f_2 = s \cdot f_1 = \frac{\omega_d - \omega}{\omega_d} \cdot f_1 \qquad (9.3\text{–}16)$$

f_1, f_2	s	ω, ω_d
Hz = 1/s	1	1/s

induziert. Die dadurch gebildeten symmetrischen Läuferströme haben ihrerseits nach der Lenzschen Regel in Wechselwirkung mit dem magnetischen Fluß ein Drehmoment zur Folge, das die Ursache, den Schlupf s, aufzuheben sucht. Der Läufer wird durch das entstehende zeitlich konstante Drehmoment immer in Richtung auf den Synchronlauf ($s = 0$, ω_d) beschleunigt.

Die Frequenz des Läuferstromes f_2 ist dem Schlupf s proportional; Bild 9.3–31 zeigt die Abhängigkeit. Im Fall $s = 0$ hat der Läufer gerade die gleiche mechanische Winkelgeschwindigkeit ω_2, wie das Ständerdrehfeld mit ω_d; es werden in der Läuferwicklung keine Spannungen induziert. Beim Schlupf s ist die Winkelgeschwindigkeit des Läuferfeldes $\omega_2 - s \cdot \omega_d$.

Das von den Läuferströmen erzeugte Drehfeld läuft über den Läufer einer 2poligen Maschine mit $s \cdot \omega_d$. Dieses Feld wird jedoch vom drehenden Läufer mit $(1-s) \cdot \omega_d$ im „Huckepack" transportiert, so daß es vom Ständer her beurteilt auch wieder mit ω_d umläuft. Das Läuferdrehfeld hat also vom Ständer aus gesehen dieselbe Umlaufgeschwindigkeit, wie das Ständerfeld selbst. Nur dadurch kann letztlich ja auch das zeitlich konstante Drehmoment entstehen. Bei höheren Polpaarzahlen als $p = 1$ ist die mechanische Winkelgeschwindigkeit jeweils ω_d/p.

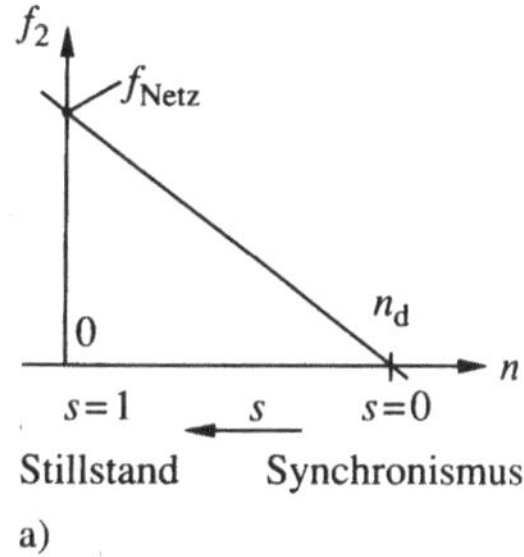

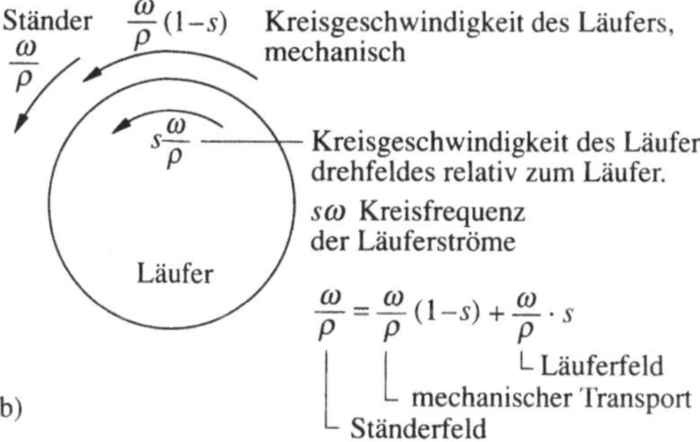

Bild 9.3-31 Läuferfrequenz über dem Schlupf s
a) $s = 0$ bedeutet Synchronlauf, $s = 1$ Stillstand der Maschine,
b) Huckepack-System im Läufer der Asynchronmaschine

4. Spannungsgleichung
Das Ersatzschaltbild der Induktionsmaschine (Drehstrom-Asynchronmaschine) ähnelt dem eines Transformators. So liefert die Spannungsgleichung des Ständers:

$$\underline{U}_1 = (R_1 + \mathrm{j} \cdot \omega \cdot L_1)\underline{I}_1 + \mathrm{j} \cdot \omega \cdot L_{12} \cdot \underline{I}_2 \qquad (9.3\text{–}17a)$$

und des kurzgeschlossenen Läufers beim Schlupf s

$$0 = \mathrm{j} \cdot s \cdot L_{21} \cdot \underline{I}_1 + (R_2 + \mathrm{j} \cdot s \cdot \omega \cdot L_2) \cdot \underline{I}_2 \qquad (9.3\text{–}17b)$$

U_1	R_1, R_2	ω	L_1, L_2, L_{12}, L_{21}	I_1, I_2	s
V	Ω	1/s	H	A	1

mit den Wicklungswirkwiderständen R_1 und R_2, den gesamten Induktivitäten L_1 und L_2 und den Gegeninduktivitäten $L_{12} = L_{21}$ sowie dem Schlupf s.

Mit einem fiktiven Magnetisierungsstrom $I_\mu = I_1 - I_2'$ und dem umgerechneten Läuferstrom $I_2' = (L_{12}/L_1) \cdot I_2$ erhält man die Spannungsgleichungen des Ständers in der Form

$$\underline{U}_1 = R_1 \cdot \underline{I}_1 + \mathrm{j} \cdot \omega \cdot \underline{L}_1 \cdot \underline{I}_\mu \qquad (9.3\text{–}18a)$$

und des Läufers

$$0 = \mathrm{j} \cdot \omega \cdot L_1 \cdot \underline{I}_\mu + \left(\frac{R_2'}{s} + \mathrm{j} \cdot s \cdot \omega \cdot \sigma \cdot L_2' \right) \cdot \underline{I}_2', \tag{9.3–18b}$$

wobei zur Abkürzung noch der einheitenlose Streukoeffizient σ zu:

$$\sigma = \frac{L_{12} \cdot L_{21}}{L_1 \cdot L_2} \tag{9.3–19}$$

U_1	I_1, I_2, I_μ	L_1, L_2, L_{12}, L_{21}	ω	R_1, R_2	σ
V	A	H	1/s	Ω	1

eingeführt wurde. Der Streukoeffizient σ charakterisiert den Streufluß – eine wichtige Bestimmungsgröße – der Maschine; er liegt etwa zwischen 5% und 12%.

5. Ersatzschaltbild
Aus den Spannungsgleichungen leitet sich das in Bild 9.3–32 dargestellte Ersatzschaltbild eines Maschinenstranges ab. Aufgrund der willkürlichen Definition des bezogenen Läuferstromes liegt die gesamte Streureaktanz X'_σ im Läuferkreis. Die Eisenverluste sind zunächst vernachlässigt. Abhängig vom Schlupf s oder der Drehzahl/Winkelgeschwindigkeit kann man aus dem Ersatzschaltbild einiges über das Stromverhalten ablesen. Im Synchronismus $s=0$ ist der Läuferkreis offen. Es fließt nur der Leerlauf-(Magnetisierungs-)Strom I_{10}. Er liegt in der Praxis bei ⅓ bis ¾ des Bemessungsstromes der Drehstrom-Asynchronmaschine. Bei $s=\infty$ bestimmt wesentlich die Streuung σ die Stromaufnahme. Dieser nur rechnerisch auftretende ideelle Kurzschlußstrom $I_{1\,\mathrm{ki}} = I_{1\infty}$ ist etwa gleich I_{10}/σ. Bei $\sigma = 0{,}05$ und einem Leerlaufstrom von $I_N/3$ wird $I_{ki} = 20 \cdot I_{10}$ oder rund $7 \cdot I_N$. Der damit fast übereinstimmende Anlaufstrom realer ausgeführter Maschinen liegt erfahrungsgemäß zwischen dem 5...8-fachen Bemessungsstrom I_N.

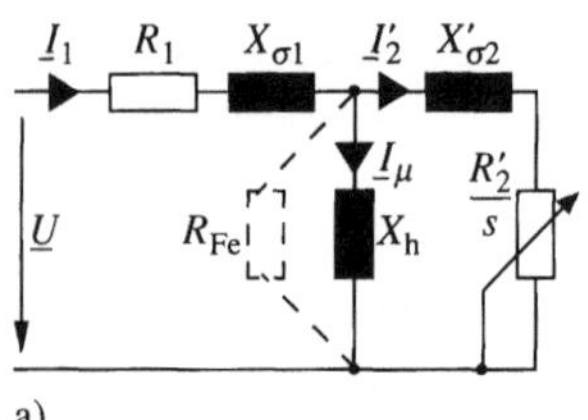

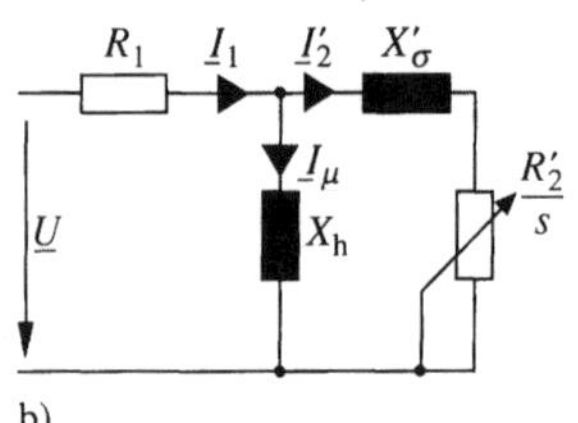

Bild 9.3-32 Ersatzschaltbild eines Maschinenstranges einer Induktionsmaschine
a) vollständig und
b) vereinfacht; Streuung voll im Läuferkreis

Das Betriebsverhalten der Induktionsmaschine wird vom Schlupf s bestimmt. Der Läuferwirkwiderstand ist schlupfabhängig R_2'/s. Im Leerlauf ($s=0$) ist der Läuferkreis „offen", im Stillstand bei $s=1$ „kurzgeschlossen". Es wird dann keine Leistung abgegeben, sondern die gesamte Leistung im Läufer-Wirkwiderstand in Wärme umgesetzt.

Besonders übersichtlich werden die Verhältnisse, wenn man den ohmschen Ständerwirkwiderstand R_1 vernachlässigt. Dies darf man erfahrungsgemäß bei Maschinen über 5 kW tun, ohne daß das Betriebsverhalten stark verfälscht wird. Thermisch ist der Ständerwirkwiderstand für die Betriebsuntersuchung jedoch voll zu berücksichtigen, wenn es gilt, die Verluste zu ermitteln!

6. Stromortskurve
Bild 9.3–33 zeigt die *Ortskurve* des Ständerstromes $\underline{I}_1$ einer Drehstrom-Asynchronmaschine. Der Kreismittelpunkt liegt bei $R_1 = 0$ auf der imaginären $-$j-Achse. Diese ist in der Energietechnik traditionell nach rechts ($+x$-Richtung) gerichtet. Zwei ausgezeichnete Punkte finden wir wieder:

$$s = 0{:} \quad \underline{I}_{10} = -\mathrm{j} \cdot \underline{I}_{10}$$

und

$$s = \infty \quad \underline{I}_{1\,\mathrm{ki}} = -\mathrm{j} \cdot \underline{I}_{10}/\sigma.$$

Eine Parametergerade – die linear geteilte Schlupfgerade als Parallele zur Tangente im Punkt $s=\infty$ an den Kreis – läßt die Bezifferung des Kreises in Schlupfwerten zu. Ist noch ein weiterer Schlupfwert bekannt, kann mit Hilfe der lineargeteilten Schlupfgeraden jeder Punkt der Stromortskurve schlupfmäßig beziffert werden.

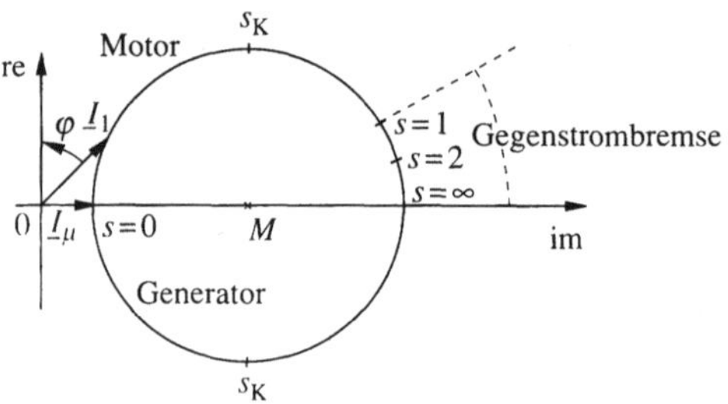

Bild 9.3-33 Stromortskurve des Ständerstromes I_1 (Kreisdiagramm) der DAM ($R_1 = 0$)

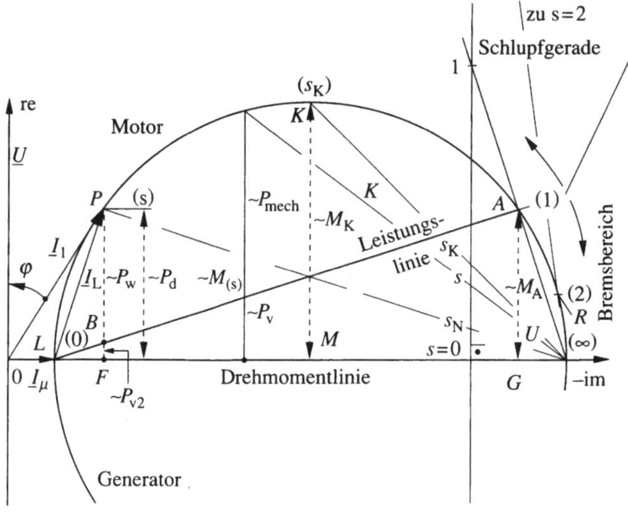

Maßstäbe:
z. B. m_I frei gewählt $\frac{A}{mm}$,

$m_P = 3 \cdot U m_I$ $\frac{W}{mm}$,

$m_M = \frac{m_P}{cod}$ $\frac{Nm}{mm}$,

m_U frei gewählt $\frac{V}{mm}$

Bild 9.3-34
Auswertung der Stromortskurve
Leistung, Drehmoment und Verluste können auch der Stromortskurve nach der Wahl eines Maßstabes als Strecken entnommen werden, Schlupfwerte in Klammern

Bei A findet man den *Anlaufpunkt* (Stillstand der Maschine) (Bild 9.3–34). Aus dem Kreisdiagramm des Ständerstromes können noch weitere Daten gewonnen werden. Der Wirkanteil des Ständerstromes beim Schlupf s entspricht der Strecke PF im Bild 9.3–34. Hat man den *Strommaßstab* gewählt, erhält man über die Spannung den *Leistungsmaßstab* und über die Winkelgeschwindigkeit den *Drehmomentmaßstab*. Die Strecke PF ist also neben der Wirkleistung auch dem Drehmoment beim Schlupf s proportional.

Die Bezugsstrecke zwischen Punkt L mit $s=0$ und Punkt U mit $s=\infty$ wird *Momentenlinie* genannt. Man kann nachweisen, daß die Drehfeldleistung (proportional der Strecke PF) durch die *Leistungslinie* zwischen L ($s=0$) und A ($s=1$) gerade in die mechanische Wellenleistung P_{mech} und die Läuferverlustleistung P_v geteilt wird. Die maximale Drehfeldleistung und damit auch das maximale Drehmoment – das *Kippmoment* M_K – erhält man im Punkt K. Der zugehörige Schlupf ist der *Kippschlupf* s_K. Im Anlaufpunkt A ($s=1$) wird die (ganze) Drehfeldleistung in Wärme umgewandelt. Die aufgenommene Drehfeldleistung entspricht der Verlustleistung $P_d - P_v$. Die Strecke AG ist dem Stillstandsmoment proportional.

Aus dem Kreisdiagramm kann man punktweise für jeden Schlupfwert s die Werte für I_1, I'_2 (und damit nach der Umrechnung I_2), die aufgenommene Drehfeldleistung, die ideelle mechanische Leistung an der Welle, die Läuferverlustleistung, den Verschiebungsfaktor cos φ und das Drehmoment M entnehmen. Ist ein Maßstab, z. B. für den Strom, *frei* gewählt, so liegen die beiden anderen Maßstäbe für Leistung und Drehmoment fest!

Vernachlässigt man die Eisen-, Reib- und Zusatzverluste, so läßt sich auch der Wirkungsgrad η direkt bestimmen als Verhältnis P_{mech}/P_d (Strecke PB zu Strecke PF). Zieht man von der inneren, ideellen mechanischen Leistung die Verluste ab, so erhält man die tatsächlich an der Welle auftretenden Leistungen und Drehmomente.

Drei Bereiche und 5 Punkte kennzeichnen den Betrieb der Induktionsmaschine (Drehstrom-Asynchronmaschine). Es sind:

- der Motorbereich: $s=1$ bis $s=0$,
- der Generatorbereich: s kleiner 0 (negativ) und
- der Gegenstrombremsbereich: s größer 1

sowie die besonderen Betriebspunkte

- $s=0$: Leerlauf (L),
- $s=s_K$: Kippunkt (K),
- $s=1$: Anlauf (A) und
- $s=2$: Reversierpunkt (R).
- $s=\infty$: Unendlichkeitspunkt (U).

Für alle Betriebspunkte mit dem Schlupf s gilt der Fundamentalsatz der Drehfeldmaschinen

$$M(s) = \frac{P_d(s)}{\omega_d} \qquad (9.3\text{–}20)$$

und speziell bei der Drehstrom-Asynchronmaschine noch die Aufteilung der Leistungen durch den Schlupf s:

$$P_d = P_d \cdot (1-s) + P_d \cdot s \qquad (9.3\text{–}21a)$$

oder

$$P_d = P_{mech} + P_v. \qquad (9.3\text{–}21b)$$

$M(s)$	$P_d(s)$; P_d; P_{mech}, P_v	ω_d	s
Nm	W	1/s	1

Sieht man von Reibverlusten usw. ab, so teilt der Schlupf die zugeführte Drehfeldleistung entsprechend. Ein Drehmoment kann nur entstehen, wenn Verluste im Läuferkreis auftreten!
Da der Bemessungsschlupf i. a. nur wenige Prozent beträgt, überwiegt bei Bemessungsbetrieb die mechanische Leistung. Der Wirkungsgrad ist gut, solange der Schlupf s klein bleibt. Es ist üblich, die Größen s, I_1, P_{mech}, $\cos\varphi$ und η über der direkt meßbaren zugeführten Leistung P_1 aufzutragen (Bild 9.3–35).

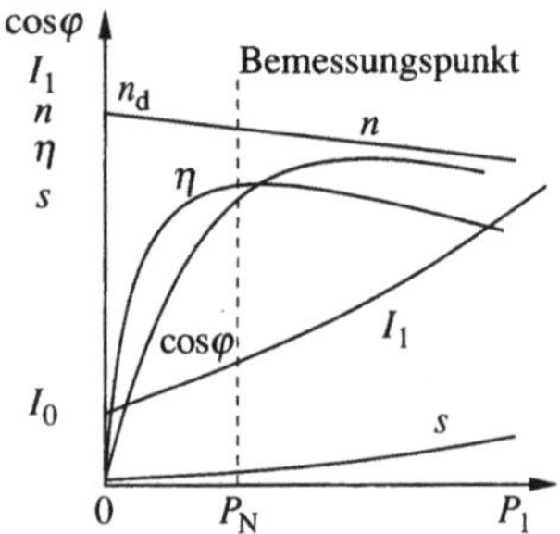

Bild 9.3-35 Belastungskennlinie der Drehstrom-Asynchronmaschine (vgl. Bild 9.3-3)

Aus dem Kreisdiagramm lassen sich auch die Strom- und Drehmomenten-Kurven entnehmen und über dem Schlupf s, der Winkelgeschwindigkeit Ω oder der Drehzahl n auftragen. Bild 9.3–36 zeigt den jeweiligen Verlauf von Strom und Drehmoment in den drei Betriebsbereichen: Motor-, Brems- und Generatorbetrieb. Man erkennt deutlich den hohen Strom im Stillstand und im Gegenstrombremsbereich.

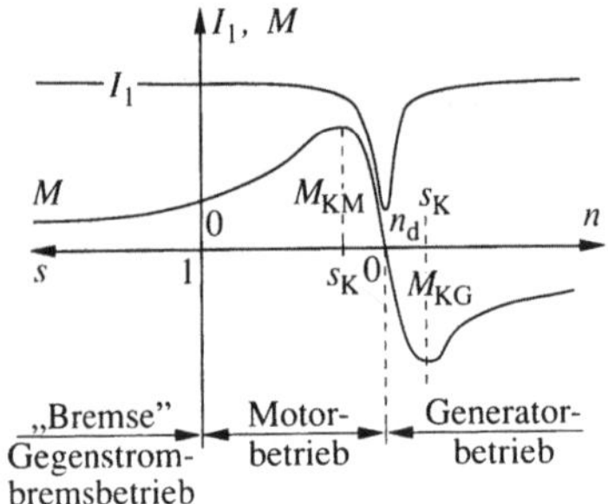

Bild 9.3-36 Betriebsbereiche mit Strom- und Drehmomentverlauf (idealisiert)

Nach VDE 0530 soll das Kippmoment größer als das 1,6-fache des Bemessungsmomentes sein ($\ddot{u}$ = 1,6 = M_K/M_N). Damit liegt der Bemessungspunkt zwischen $s=0$ und etwa $s_K/2$ im näherungsweise linearen Teil der Drehmomentkurve. Die Drehstrom-Asynchronmaschine zeigt in diesem Teil der Kennlinie ähnliches Verhalten wie die Gleichstrom-Nebenschlußmaschine. Man spricht daher von *Nebenschlußverhalten*. Mit zunehmender Belastung und somit steigendem Schlupf macht sich der Blindwiderstand im Läufer stärker bemerkbar. Dies führt zu einer Phasenverschiebung des Läuferstromes. Sind Wirk- und Blindanteil gleich, wird die größte Leistung umgesetzt; dies ist im Kipp-Punkt der Fall. Dort ist $R_2 = s \cdot X\sigma$; anders erhält man den Kippschlupf zu:

$$s_K = \frac{R_2}{X\sigma}. \qquad (9.3\text{–}22)$$

Danach fällt bei steigendem Schlupf wegen der zunehmenden Phasenverschiebung das Drehmoment weiter ab.

Die Kloss'sche Formel beschreibt den Verlauf des Drehmomentes:

$$M(s) = \frac{2 \cdot M_K \cdot s_K \cdot s}{s^2 + s_K^2}. \qquad (9.3\text{–}23a)$$

Für kleine Werte des Schlupfes s gegenüber dem Kippschlupf s_K ist s^2 klein gegen s_K^2 und man erhält näherungsweise:

$$M(s) = 2 \cdot \frac{M_K}{s_K} \cdot s, \qquad (9.3\text{–}23b)$$

$$M(s) = K \cdot s \qquad \frac{M(s),\ M_K}{\text{Nm}} \Bigg| \frac{s,\ s_K}{1} \Bigg| \frac{K}{\text{Nm}} \qquad (9.3\text{–}23c)$$

eine harte „Nebenschlußkennlinie" (vgl. Bild 9.3–3).

Durch Einschalten von Wirkwiderständen in den Läuferkreis eines Schleifringläufers, kann man den Kippschlupf vergrößern. Damit ändert sich auch im Kreisdiagramm die Schlupfbezifferung und damit der Verlauf der Drehmomentkurve. Bild 9.3–37 zeigt die Veränderungen. Der Anlaufpunkt A wandert in Richtung auf den Leerlaufpunkt L. Damit sinkt auch der Anlaufstrom; Kippmoment und Kippschlupf bleiben erhalten! Das Kippmoment (Punkt K) behält seinen Wert; bei $s_K^* = 1$ ist das größte Anlaufmoment erreicht $M_A^* = M_K$. Danach fällt es wieder ab, wenn der Anlasserwirkwiderstand weiter erhöht wird.

Aus dem Zusammenhang zwischen Drehfeldleistung, Verlustleistung und Drehmoment erkennt man, wie Drehmoment, Speisespannung U und Speisefrequenz f zusammenhängen. Es gilt:

$$M \sim \frac{U^2}{f^2}. \qquad \frac{M}{\text{Nm}} \Bigg| \frac{U}{\text{V}} \Bigg| \frac{f}{\text{Hz}} \qquad (9.3\text{–}24)$$

Dieser Zusammenhang spielt bei der Spannungssteuerung und der Umrichterspeisung der Drehstrom-Asynchronmaschine eine wichtige Rolle.

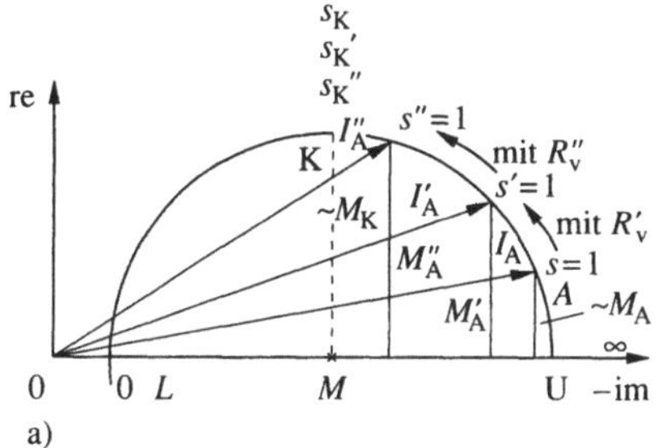
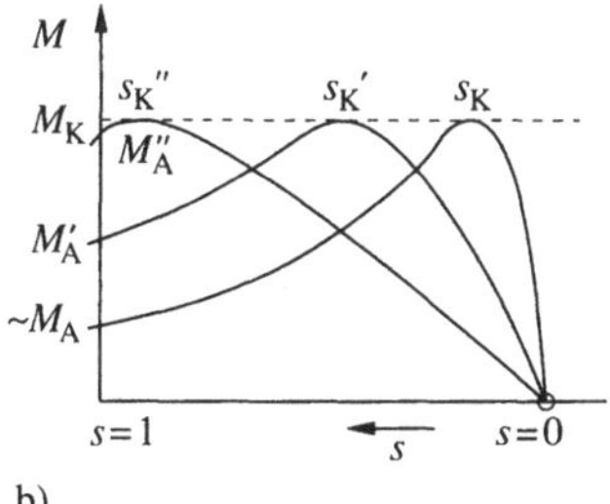

Bild 9.3-37 Schleifringläufer mit Vorwiderständen im Läuferkreis (Anlasser); s'_K, und s''_K sind die Werte mit Vorwiderstand
a) Auswirkung im Kreisdiagramm,
b) Drehmomentverlauf über dem Schlupf s

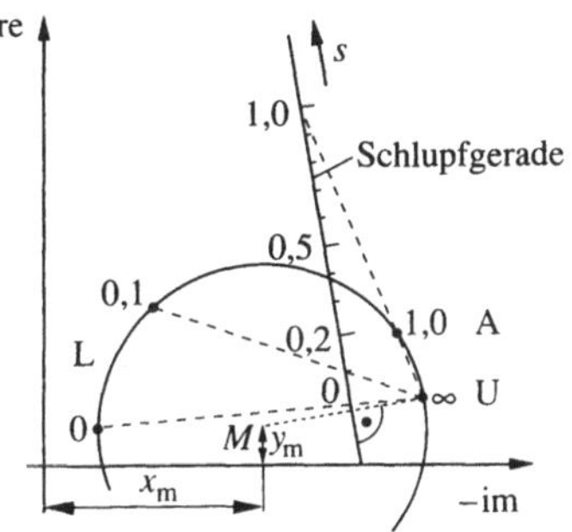

Bild 9.3-38 Vollständiges Kreisdiagramm der Asynchronmaschine
Berechnungshinweise:
Radius:

$$R = I_m \frac{(1-\sigma)}{2(\alpha^2+\sigma)},$$

$$\alpha = \frac{R_1}{X_1}, \ \beta = \frac{R_2}{X_2}, \ I_m = \frac{U}{X_1},$$

Koordinaten:

$$X_m = -\frac{I_m}{2}\frac{1+\sigma}{\alpha^2+\sigma}$$

$$Y_m = +I_m \frac{\alpha}{\alpha^2+\sigma}$$

Ständerstrom:

$$I_1 = I_m \frac{\beta(\alpha\beta-\sigma)+(\alpha+\beta)-j(\beta^2+\sigma)}{(\alpha\beta-\sigma s)^2+(\beta+\alpha s)^2}$$

7. *Kreisdiagramm mit Ständerwirkwiderstand R_1*
Bild 9.3–38 zeigt das Kreisdiagramm der Induktionsmaschine mit Berücksichtigung des Ständerwirkwiderstandes R_1. Dadurch verschiebt sich die Momentenlinie mit dem Punkt U ($s=\infty$). Der Kreismittelpunkt ist nach oben verschoben; alle oben getroffenen Aussagen bleiben sinngemäß erhalten. Auch die Eisenverluste lassen sich durch eine Anhebung der Gesamtkurve um den Verlustbetrag berücksichtigen.

Durch die „genauere" Darstellung sollte man sich jedoch nicht täuschen lassen. Moderne hochausgenutzte Maschinen haben keine konstanten Werte der Ersatzschaltbildgrößen. Da die angegebenen Größen spannungs- oder stromabhängig sind, kann das Ergebnis auch nicht qualitativ durch zeichnerische Kniffe aufgebessert werden. Für den Praktiker macht es daher wenig Sinn, die Stromortskurve weiter zu verfeinern, da er weiß, daß Sättigungseinflüsse und Stromverdrängung wesentlich stärkere, nicht berücksichtigbare Veränderungen im Diagramm ergeben. Es soll daher auch nicht weiter auf die Verfeinerung der Stromortskurve eingegangen werden. Die Stromortskurve moderner Maschinen weicht i. a. an zwei Stellen von der Kreisform ab:

- im normalen Betriebsbereich, da durch die Spannungsfälle im Ständer die spannungsabhängige Sättigung des Eisens im Hauptflußweg zurückgeht,

und

- etwa ab dem Kippunkt, da die stromabhängige Sättigung der Nutschlitze die Streuung verkleinert.

Die Stromortskurve zeigt also mehr eine Nierenform als einen Kreis (Bild 9.3–39).

Bei der realen Maschine kann die Stromortskurve nur durch punktweise Berechnung mit schlupfabhängigen Ersatzbildwerten ermittelt werden.

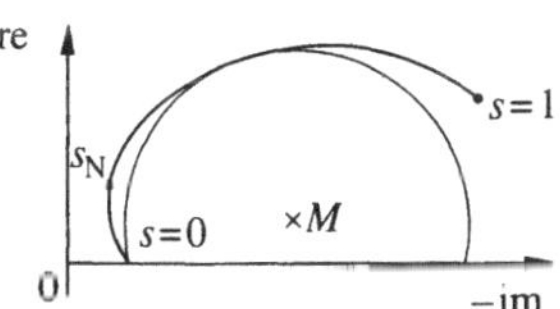

Bild 9.3-39 Reales "Kreisdiagramm" einer Drehstrom-Asynchronmaschine

8. Stromverdrängungsläufer

Das im Stillstand entwickelte Anlaufmoment hängt von den Läuferverlusten in diesem Betriebspunkt ab. Nach den Wachstumsgesetzen für elektrische Maschinen verringern sich die Verluste mit steigender Maschinenleistung; der Wirkungsgrad großer Maschinen wird immer besser. Andererseits führen fallende Relativverluste aber auch zu sinkenden Verlusten im Stillstandsbereich und damit zu sinkendem Anlaufmoment. Beim Schleifringläufer werden dann Anlaßwiderstände eingeschaltet. Beim Kurzschlußläufer geht das nicht.

Zur Vergrößerung des Anlaufmomentes muß der Läuferwiderstand im Stillstandsbereich erhöht werden. Dabei soll jedoch der Läuferwiderstand im Betriebspunkt weiter klein bleiben, um einen guten Wirkungsgrad zu erhalten. Das bedeutet, daß der Wirkwiderstand im Läufer frequenzabhängig verändert werden muß. Dies gelingt durch Ausnutzung des *Stromverdrängungseffektes*. Dazu gibt es zwei Läuferstabkonstruktionen: *Käfigläufer mit keilförmigen Hochstäben* und *Doppelkäfigläufer*.

Bild 9.3–40 zeigt mögliche Ausführungen der Nuten und Stäbe im Querschnitt. Die physikalische Wirkung dieser Läuferkonstruktionen ist letztlich gleich. Ziel der Maßnahme ist es, den Läuferwirkwiderstand durch Stromverdrängung frequenzabhängig zu erhöhen.

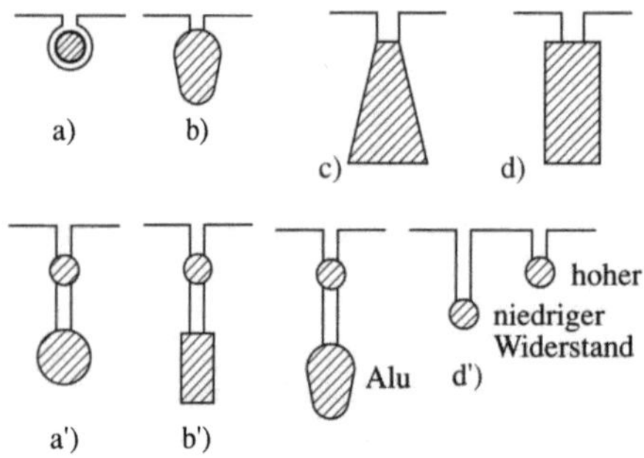

Bild 9.3-40 Ausführungsformen von Käfigläuferstäben
a) Rundstab (Kupfer),
b) ausgespritzte Nut,
c) Keilstab,
d) Hochstab,
a') bis d') wie a) bis d) in Doppelstabausführung

Das Verhalten soll prinzipiell am *Hochstabläufer* kurz betrachtet werden. Der Läuferstrom ruft in den Läufernuten ein Streufeld hervor (Bild 9.3–41), das auch den Hochstab durchsetzt. In der Nähe des Synchronismus ist die Schlupffrequenz so klein, daß sich die Ströme praktisch mit gleicher Stromdichte über den Querschnitt der Läuferstäbe verteilen. Die durch das Streufeld induzierten Spannungen spielen praktisch keine Rolle.

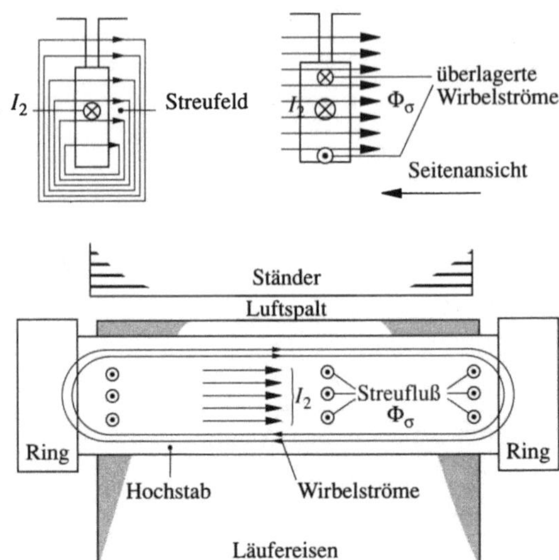

Bild 9.3-41 Stromverdrängung beim Hochstabläufer (Prinzip)

Beim Anlauf ist die Läuferfrequenz etwa gleich der Netzfrequenz. Das Nutstreufeld induziert nun eine Spannung im Hochstab, die zu einem Kreisstrom im Hochstab führt. Prinzipiell erhöht dieser Strom die Stromdichte an der Bohrung und verringert sie am Nutgrund. Dies führt im Verhältnis zu der gleichmäßigen Verteilung im Bemessungsbetrieb zu größeren Verlusten im Anlaufbereich und somit zu der gewünschten Drehmomenterhöhung. Die Abnahme der Nutstreureaktanz ergibt allerdings eine unerwünschte Erhöhung des Anlaufstromes. Auch das Kippmoment sinkt, wegen der größeren Streuung durch die tiefe Nut.

Beim *Doppelkäfigläufer* wird der Strom aus dem unteren Käfig in den oberen Käfig verdrängt. Die höheren Verluste führen zur Anhebung des Anlaufmomentes. Wegen der Streuung sinkt das Kippmoment etwas ab. Durch den Übergang vom „Oberstab“-Betrieb zum Normalbetrieb kann es zu Einsattelungen in der Momentenkurve kommen. Das Sattelmoment ist dann beim Hochlauf zu berücksichtigen.

Bild 9.3–42 zeigt den prinzipiellen Verlauf der Drehmomente und Ströme bei Induktionsmaschinen mit Stromverdrängungsläufern. Die Stromortskurve zeigt mehr eine Nierenform.

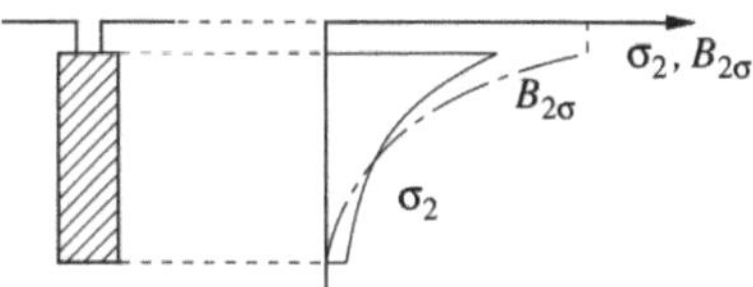

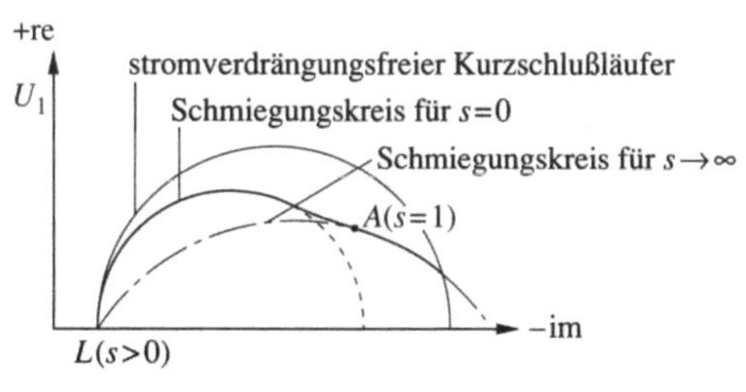

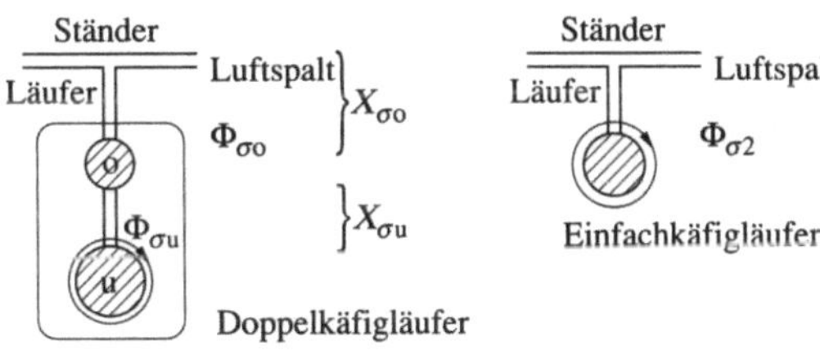

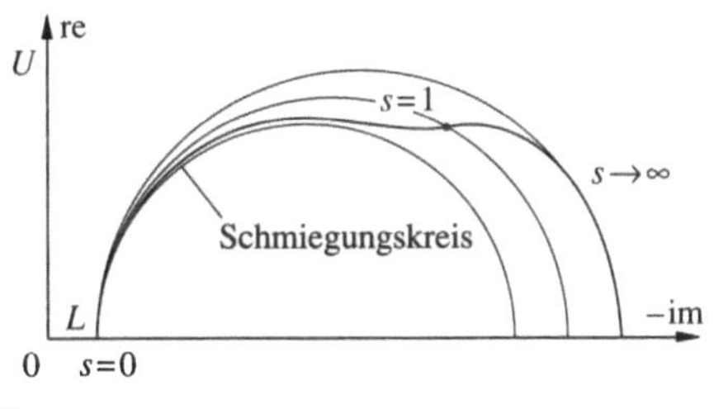

Bild 9.3-42 Drehmoment- und Stromkurven bei Induktionsmaschinen mit Stromverdrängungsläufern
a) Hochstabläufer; Nutform und Stromortskurve,
b) Doppelkäfigläufer; Nutform und Stromortskurve

9. Drehzahlstellen

Aus der Formel für die Drehzahl der Drehstrom-Asynchronmaschine lassen sich auch die Möglichkeiten für das *Drehzahlstellen* ableiten. Die Drehzahl liefert

$$n = \frac{f}{p} \cdot (1 - s). \qquad (9.3\text{–}25)$$

n	f	p	s
1/s	Hz	1	1

Daraus leiten sich folgende Verfahren ab:

- Änderung der Speisefrequenz f (Frequenzumrichter),
- Änderung der Polpaarzahl p (Polumschaltung),
- Änderung des Schlupfes s (Widerstände im Läuferkreis, Spannungseinspeisung im Läuferkreis, untersynchrone Kaskade) und
- Änderung der zugeführten Leistung (Spannung, Drehstromsteller).

Die Wahl des zweckmäßigsten Verfahrens hängt von den Anforderungen des konkreten Einsatzfalles ab. Neben der Frage, ob stufige oder kontinuierliche Verstellung gefordert wird, gibt es Kostenfragen zu bedenken. Bevor die Kosten der Frequenzumrichter stark gesunken waren, galt die Drehstrom-Asynchronmaschine für drehzahlverstellbare Antriebe als wenig geeignet. Heute hat sich die Meinung eher umgekehrt (s. Kap. 8).

Frequenzverstellung

Über den Betrieb mit Frequenzumformer oder Frequenzumrichter findet man ausführliche Angaben im Kap. 8.

Widerstände im Läuferkreis

Setzt man einen Schleifringläufer voraus, kann man die Drehzahl unter Last fast stufenlos durch *Vorwiderstände im Läuferkreis* steuern. Da hierbei der Schlupf vergrößert wird, steigen auch die Verluste im Läuferkreis, nicht in der Maschine; allerdings nehmen die Eisenverluste mit steigender Schlupffrequenz zu. Die Kurven zeigt Bild 9.3–43. Je nach Lastcharakteristik steigen die Verluste stark an. Der Betrieb ist nur zulässig, wenn die Drehzahländerung nur kurzfristig ist oder die Maschine fremdbelüftet wird, da die Eigenlüftung bei Drehzahlabsenkung zurückgeht.

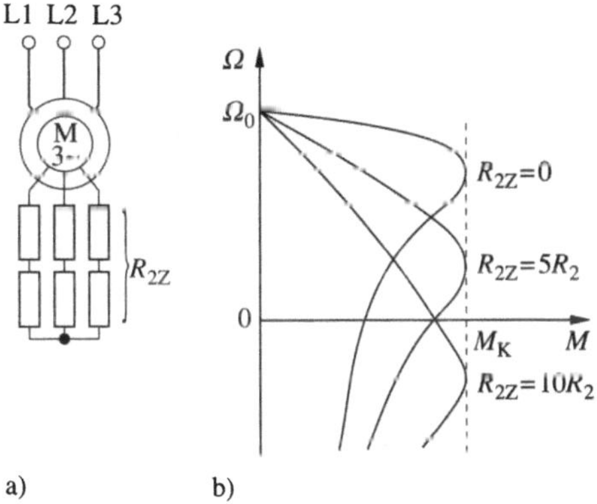

Bild 9.3-43 Schleifringläufer mit Vorwiderständen im Läuferkreis
a) Schaltung,
b) Drehmomentverlauf

Untersynchrone Kaskade (USK)

Schaltet man die dem Schlupf proportionale gleichgerichtete Läuferspannung auf eine stellbare Gleich-Gegenspannung, so erhält man eine Möglichkeit der kontinuierlichen Drehzahlverstellung. Die Schlupfleistung kann über einen Stromrichter ins Netz zurückgespeist werden. Bild 9.3–44 zeigt die Schaltung einer solchen *untersynchronen Kaskade* (USK) (s. Kap. 8).

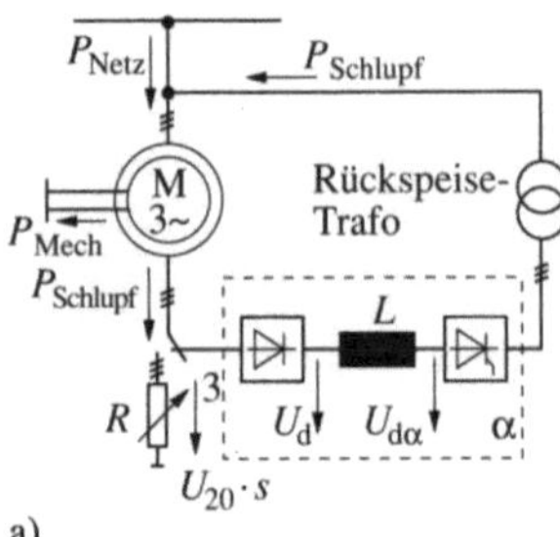

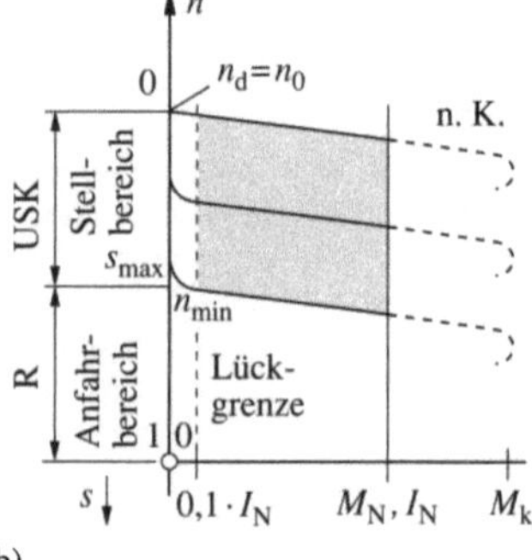

Bild 9.3-44 Untersynchrone Kaskade (USK)
a) Schaltung,
b) Drehzahl-Drehmomentkennlinien

Polumschaltung

Die stufige Variation der Drehzahl gelingt über die Änderung der Polpaarzahl p. Bei polumschaltbaren Maschinen sind zwei Ausführungen üblich:

- Anordnungen mit getrennten Ständerwicklungen,
- Anordnungen mit einer Ständerwicklung mit umschaltbaren Teilwicklungen.

Da die Polpaarzahlen im Ständer und Läufer gleich sein müssen, kommen für polumschaltbare Motoren meist Kurzschlußläufer zum Einsatz.

Bei getrennten Ständerwicklungen verschiedener Polpaarzahl dürfen sich die Wicklungen nicht gegenseitig beeinflussen. Die Wicklungen liegen in den gleichen Ständernuten, wodurch die Ausnutzung herabgesetzt wird, da immer nur eine Wicklung arbeitet. Die hochpolige Wicklung liegt an der Bohrung, die niederpolige am Nutgrund. Die getrennten Wicklungen können der Aufgabe optimal angepaßt werden.

Bei umschaltbaren Einwicklungsschaltungen läßt sich die Ausnutzung wesentlich verbessern. Solche Wicklungen sind dadurch gekennzeichnet, daß die einzelnen Wicklungsstränge in bestimmter Weise in Einzelelemente unterteilt sind. Diese werden außerhalb der Maschine so miteinander verbunden, daß die gewünschte Polpaarzahl entsteht.

Für ein Drehzahlverhältnis von 1:2 ist die *Dahlander-Schaltung* bekannt. Die Wirkungsweise zeigt das schematische Feldbild in Bild 9.3–45. Speist man eine Reihe von Spulen, die in gleichen Abständen voneinander am Umfang verteilt liegen, gleichsinnig mit Strom, so erregt jede von ihnen einen Fluß gleicher Polarität. Kehrt man nun in der 2. und 4. Spule die Stromrichtung um, so sinkt die Polpaarzahl auf die Hälfte. Meist werden Zweischichtwicklungen gewählt, um die Feldkurve zu verbessern.

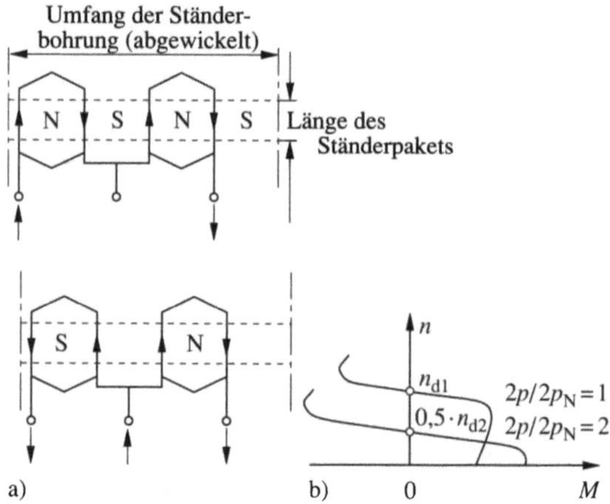

Bild 9.3-45 Polumschaltung einer Induktionsmaschine
a) Wicklungsschema bei 4/2-poliger Schaltung,
b) Drehmomentkennlinien

Durch Umschaltung von einer auf die andere Polpaarzahl ändern sich die magnetischen Flüsse und somit auch die Drehmomente und Leistungen. Diese Verhältnisse kann man durch die Wahl der Schaltung der Wicklung in Stern oder Dreieck beeinflussen. Die wichtigsten Umschaltungen und die Auswirkungen zeigt Bild 9.3–46.

Bei der Umschaltung ist zu beachten, daß stets zwei Netzzuleitungen getauscht werden müssen, damit der Drehsinn konstant bleibt! Polumschaltbare Motoren gibt es mit bis zu 4 Drehzahlen.

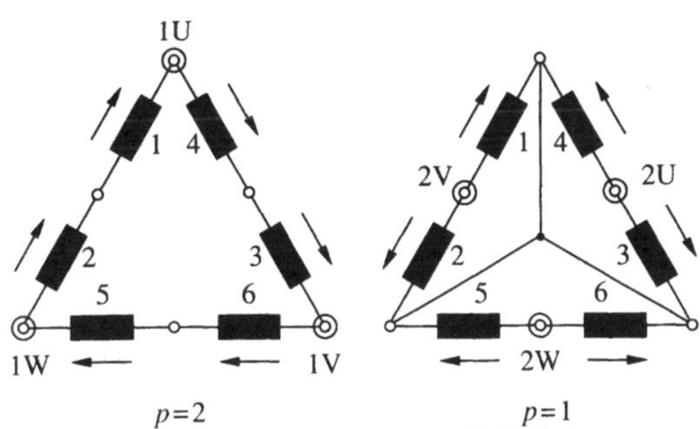

Schaltung	Leistungs-verhältnis	Drehmoment-verhältnis
Δ/YY $(p_2)-(p_1)$	steigend	etwa gleich
YY/Δ	etwa gleich	abfallend
Y/YY	steigend	steigend

b)

Bild 9.3-46 Auswirkungen und Einsatzbereiche der verschiedenen Möglichkeiten der Polumschaltung
a) Schaltung,
b) Polumschaltung

■ *Beispiel:*

1. Gegeben ist eine Drehstrom-Asynchronmaschine mit Kurzschlußläufer. Es sind die folgenden Daten bekannt.
$U_N = 400$ V (Y-Schaltung), $I_N = 86$ A, $f_N = 50$ Hz, Polpaarzahl $p = 2$. Ferner ist aus Prüffeldversuchen bekannt:

Leerlaufpunkt (Leerlaufversuch):
$I_{10} = 36$ A, $P_{10} = 5{,}5$ kW

Anlaufpunkt (Kurzschlußversuch):
$I_{1A} = 360$ A, $P_{1A} = 75$ kW, $M_A = 300$ Nm.

Die Maschine habe keine Stromverdrängung.
Für die Maschine ist die Stromortskurve (Kreisdiagramm) zu entwerfen. Wie groß sind im Bemessungspunkt die Leistung, der cos φ_N, die Drehzahl, der Wirkungsgrad und die Blindleistung, im Kipppunkt das Moment und der Strom?

Lösung:
Strangspannung U:

$$U = U_N/\sqrt{3} = 400 \text{ V}/\sqrt{3} = 230 \text{ V}.$$

Grafische Konstruktion:
Festlegung der Maßstäbe:

m_U: U/Div* → 2 V/Div,

m_I: I/Div → 2 A/Div,

m_P: $3 \cdot U \cdot m_I = 3 \cdot 230 \text{ V} \cdot 2 \text{ A/Div} = 1320 \text{ W/Div}$,

$$m_M: \frac{m_p}{2 \cdot \pi \cdot n_4/2} = \frac{1380 \text{ W/Div}}{2 \cdot \pi \cdot 25 \text{ 1/s}} = 8{,}8 \text{ Nm/Div}.$$

Leerlaufpunkt L (Leerlaufversuch):

$I_{10} = 36$ A → 18 Div,

$P_{10} = 5{,}5$ kW → 4,0 Div.

Anlaufpunkt A (Kurzschlußversuch):

$I_{1A} = 360$ A → 180 Div,

$P_{1A} = 75$ kW → 57 Div,

$M_A = 150$ Nm → 36 Div.

Konstruktion der Stromortskurve (Bild 9.3–47)

Die Punkte L und A der Stromortskurve lassen sich nun zeichnen; die Strecke LA entspricht der Leistungslinie. Den Kreismittelpunkt findet man als Schnittpunkt der Mittelsenkrechten auf LA und der Parallelen zur −j-Achse durch L. Über das Anlaufmoment findet man die Momentenlinie, die den Kreis im Punkt U ($s = \infty$) schneidet. Die linear-

Bild 9.3-47 Drehstrom-Asynchronmotor, Konstruktion der Stromortskurve ohne Ständerwirkwiderstand

* Divisions ≙ Maßeinheiten

geteilte Schlupfgerade steht senkrecht auf dem Radius MU; $s=1$ findet man als Verlängerung der Geraden UA. Der Bemessungspunkt B liegt auf dem Kreis um 0 mit dem Radius des Stromes $I_N = 86\text{A} \rightarrow 43$ Div.

Der Kipppunkt K ergibt sich aus dem maximalen Abstand zwischen Momentenlinie und Kreis. Damit sind alle gesuchten Punkte gefunden.

Auswertung:

Bemessungspunkt:

Leistung $P_N = 30\ \text{Div} \rightarrow = 41{,}400\ \text{kW}$,

$\cos\varphi_N = 0{,}83$ ($\cos\varphi$ – Kreis mit $R = 100$ Div),

Bemessungsschlupf $s_N = 0{,}05$,

Drehzahl $n_N = n_d/2\,(1-s) = 1500\,(1-0{,}05) = 1425\ \text{Div}^{-1}$,

Wirkungsgrad $\eta = P_{auf}/P_{ab} = 30/36 = 0{,}83 = 83\%$,

Bemessungsblindleistung $Q_N = 24{,}5\ \text{Div} \rightarrow = 33{,}8\ \text{kvar}$;

Kipppunkt: Moment $M_K = 80\ \text{Div} \rightarrow = 704\ \text{Nm}$,
Strom $I_K = 130\ \text{Div} \rightarrow = 260\ \text{A}$.

2. Gegeben ist eine Drehstrom-Asynchronmaschine mit Kurzschlußläufer. Es sind die folgenden Daten bekannt.

$U_N = 400$ V (Y-Schaltung), $I_N = 86$ A, $f_N = 50$ Hz, Polpaarzahl $p = 2$. Ferner wurde im Prüffeld ermittelt:

Leerlaufpunkt (Leerlaufversuch): $I_{10} = 36$ A, $P_{10} = 5{,}5$ kW

Anlaufpunkt (Kurzschlußversuch): $I_{1A} = 360$ A, $P_{1A} = 75$ kW.

Die Maschine habe keine Stromverdrängung.

Für den Motorbetrieb ist die Stromortskurve (Kreisdiagramm) unter den vereinfachenden Annahmen $P_{10} = 0$.

Wie groß sind im Bemessungspunkt die Leistung, der $\cos\varphi_N$, die Drehzahl, der Wirkungsgrad und die Blindleistung, im Kipppunkt das Moment und der Strom, sowie das Anlaufmoment?

Lösung:
Strangspannung U:

$$U = U_N/\sqrt{3} = 400\ \text{V}/\sqrt{3} = 230\ \text{V}$$

Grafische Konstruktion:
Festlegung der Maßstäbe:

m_U: $U/\text{Div} \rightarrow 2\ \text{V/Div}$,

m_I: $I/\text{Div} \rightarrow 2\ \text{A/Div}$,

m_P: $3 \cdot U \cdot m_I = 3 \cdot 230\ \text{V} \cdot 2\ \text{A/Div} = 1380\ \text{W/Div}$,

$$m_M: \frac{m_p}{2\cdot\pi\cdot n_d/2} = -\frac{1380\ \text{W/Div}}{2\cdot\pi\cdot 25\ 1/\text{s}} = 4{,}2\ \text{Nm/Div}.$$

Leerlaufpunkt L (Leerlaufversuch):

$I_{10} = 36\ \text{A} \rightarrow 18\ \text{Div}$,

$P_{10} = 0 \rightarrow -\text{j-Achse}$.

Anlaufpunkt A (Kurzschlußversuch):

$I_{1A} = 360\ \text{A} \rightarrow 180\ \text{Div}$,

$P_{1A} = 75\ \text{kW} \rightarrow 57\ \text{Div}$.

Konstruktion der Stromortskurve (Bild 9.3–48):

Die Punkte L und A der Stromortskurve lassen sich nun zeichnen; die Strecke LA entspricht der Leistungslinie. Den Kreismittelpunkt findet man als Schnittpunkt der Mittelsenkrechten auf LA und der –j-Achse (Momentenlinie) und Kreispunkt $U(s=\infty)$.

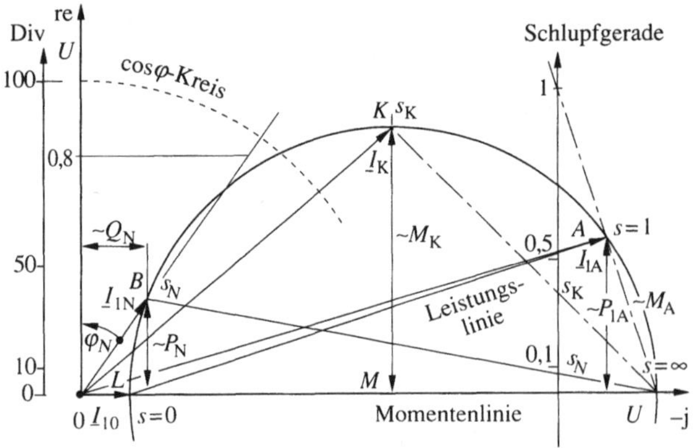

Bild 9.3-48
Drehstrom-Asynchronmotor, Stromortskurve

Die lineargeteilte Schlupfgerade steht senkrecht auf der Momentenlinie; $s = 1$ findet man als Verlängerung der Geraden UA. Der Bemessungspunkt B liegt auf dem Kreis um 0 mit dem Radius des Stromes $I_r = 86\ \text{A} \rightarrow 43\ \text{mm}$.

Der Kipppunkt K ergibt sich aus dem Kreismittelpunkt (maximalen Abstand zwischen Momentenlinie und Kreis).

Damit sind alle gesuchten Punkte gefunden.

Auswertung:

Bemessungspunkt:

Leistung $P_N = 32\ \text{Div} \rightarrow \mathrel{\hat{=}} 44{,}2\ \text{kW}$,
$\cos \varphi_N = 0{,}8$ ($\cos \varphi$ – Kreis mit $R = 100$ Div),

Bemessungsschlupf $s_N = 0{,}08$,

Drehzahl $n_N = n_d(1 - s) = 1500(1 - 0{,}08) = 1380\ \text{min}^{-1}$,

Wirkungsgrad $\eta = P_{auf}/P_{ab} = 32/35 = 0{,}91 = 91\,\%$,

Bemessungsblindleistung $Q_N = 26\ \text{Div} \rightarrow \mathrel{\hat{=}} 35{,}9\ \text{kvar}$.

Kipppunkt: Moment $M_K = 86\ \text{Div} \rightarrow = 757\ \text{Nm}$,
Strom $I_K = 136\ \text{Div} \rightarrow = 272\ \text{A}$;

Anlaufpunkt: Moment $M_A = 57\ \text{Div} \rightarrow = 502\ \text{Nm}$.

Die Ergebnisse weichen von der „genaueren" Berechnung zum Teil erheblich ab. Der Rechengang ist jedoch sehr übersichtlich. Da Maschinen dieser Größe bereits Stromverdrängungseffekte zeigen, ist auch die genauere Berechnung fehlerhaft.

9.3.3.3 Anlaufschaltungen

1. Anlaufschaltungen beim Kurzschlußläufer

Für Induktionsmaschinen mit Kurzschlußläufer geben die Hersteller Läuferklassen an, die eine Aussage über den Verlauf des Drehmomentes im Hochlaufbereich zulassen. Bild 9.3–49 zeigt die Drehmomentverläufe der verschiedenen Läuferklassen. Je nach dem Gegenmoment der Last ist die zweckmäßigste Klasse zu wählen.

Mit Rücksicht auf die Netzverhältnisse geben die Elektrizitätsversorgungsunternehmen (EVU) Bestimmungen über das Anlassen von (Niederspannungs-) Drehstrom-Asynchronmaschinen mit Käfigläufern heraus. Ist *direktes* Einschalten unzulässig – etwa ab 4-kW-Maschinenleistung – so muß man *Anlaufschaltungen* benutzen, um die Maschine hochzufahren. Ein anderer Grund, Anlaufschaltungen zu benutzen, kann der sein, das Anlaufdrehmoment zu reduzieren, um beispielsweise das Getriebe zu schonen. Anlaufschaltungen bei Käfigläufern sind:

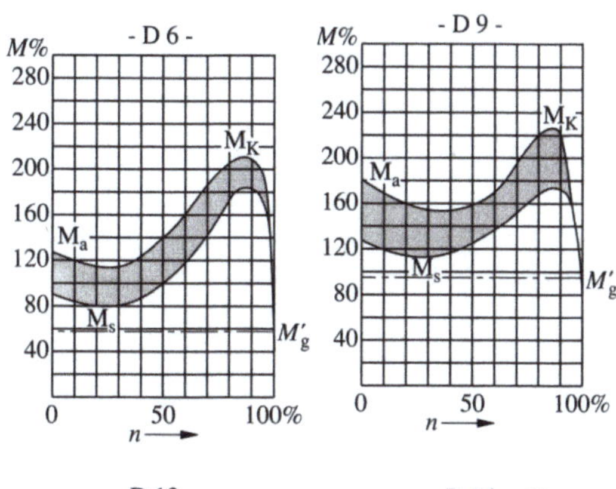

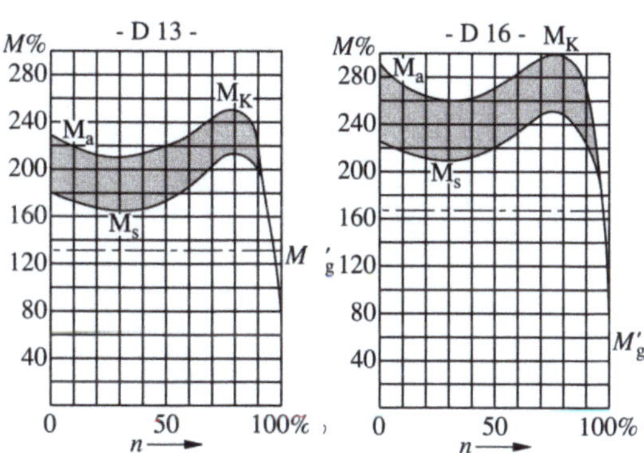

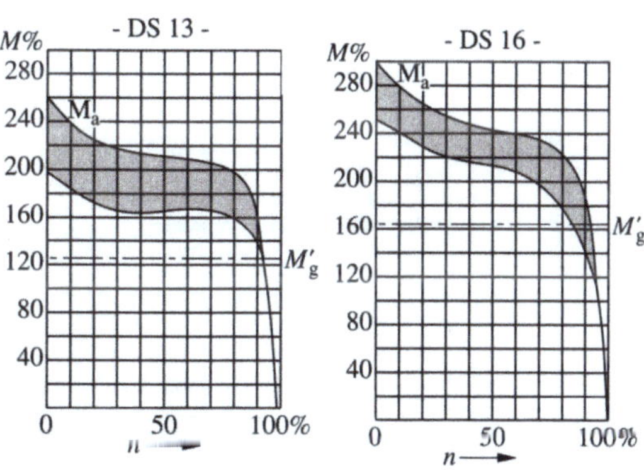

Bild 9.3-49 Momentenkurven der Läuferklassen bei Kurzschlußläufern, M'_g ist das zulässige Lastmoment gespiegelt, DS 13 und 16 gelten für Schweranlauf

Stern-Dreieck-Anlauf,

- Ständeranlasser und Sanftanlaufgerät,
- KUSA-Schaltung (Kurzschlußsanftanlauf),
- Anlaß-Transformator oder
- Anlauf mit Frequenzumrichter (s. Kap. 8).

Bild 9.3–50 zeigt die wichtigsten Anlaßschaltungen.

direktes Schalten	Drossel im Sternpunkt	mit Blocktransformator	Teilspannungsanlauf 3-Schalter-Verfahren	Teilwicklungsanlauf	abgewandelter Teilwicklungsanlauf (für Asynchronmotoren)	Stern-Dreieck-Anlauf ohne Feldunterbrechung
$I_{aA} = I_1 = \frac{U_a}{X_\sigma} = 1$ $M_A = M_1 = 1$	$\frac{I_{aA}}{I_1} = \frac{X_\sigma}{X_\sigma + X_D}$ $\frac{M_A}{M_1} = \left(\frac{I_{aA}}{I_1}\right)^2$	$\frac{I_{aA}}{I_1} = \frac{X_\sigma}{X_\sigma + X_{Tr}}$ $\frac{M_A}{M_1} = \left(\frac{I_{aA}}{I_1}\right)^2$	$\frac{I_{aA}}{I_1} = \left(\frac{U_{Tr}}{U_a}\right)^2$ $\frac{M_A}{M_1} = \left(\frac{I_{aA}}{I_1}\right)$	$\frac{I_{aA}}{I_1} = 0{,}6$ bis $0{,}7$ $\frac{M_A}{M_1} = 0{,}40$ bis $0{,}45$	$\frac{I_{aA}}{I_1} = 0{,}6$ bis $0{,}7$ $\frac{M_A}{M_1} \approx 0{,}60$	$\frac{I_{aA}}{I_1} = \frac{1}{3}$ $\frac{M_A}{M_1} = \frac{1}{3}$
S_1 ein	S_1 ein S_2 ein	S_1 ein	S_1, S_2 ein S_2 aus, S_3 ein	S_1 ein S_2 ein	S_1, S_2 ein S_2 aus, S_3 ein	S_1, S_2 ein S_2 ein S_3 aus, S_4 ein
1 Leistungsschalter 3 Wicklungsenden	2 Leistungsschalter 1 Drossel 6 Wicklungsenden	1 Leistungsschalter (1 Transformator) 3 Wicklungsenden	3 Leistungsschalter 1 Spartransformator 3 Wicklungsenden	2 Leistungsschalter 6 Wicklungsenden	3 Leistungsschalter 9 Wicklungsenden	4 Leistungsschalter 1 ohmscher Widerstand 6 Wicklungsenden

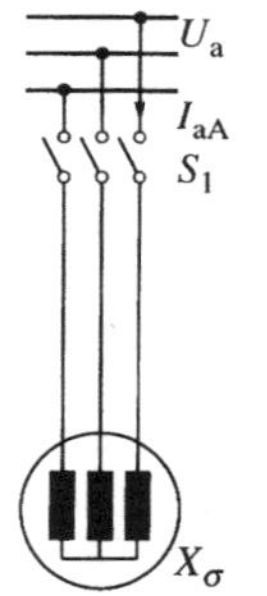

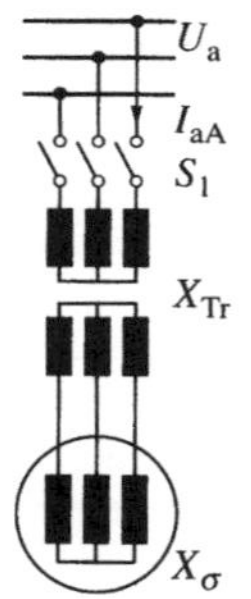

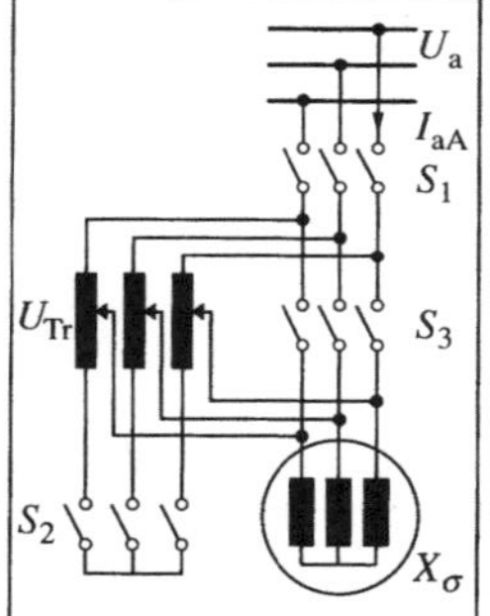

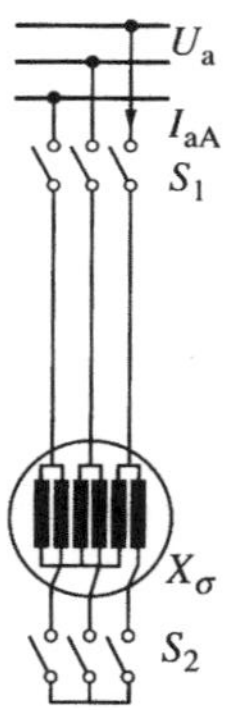

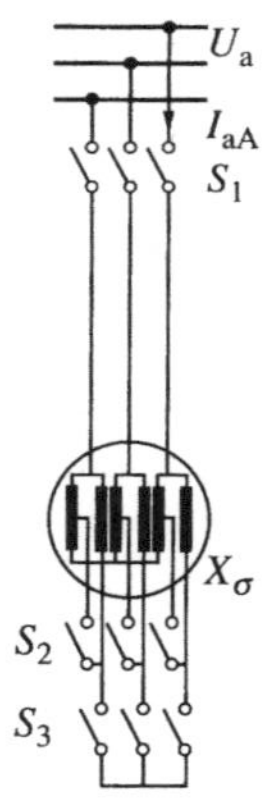

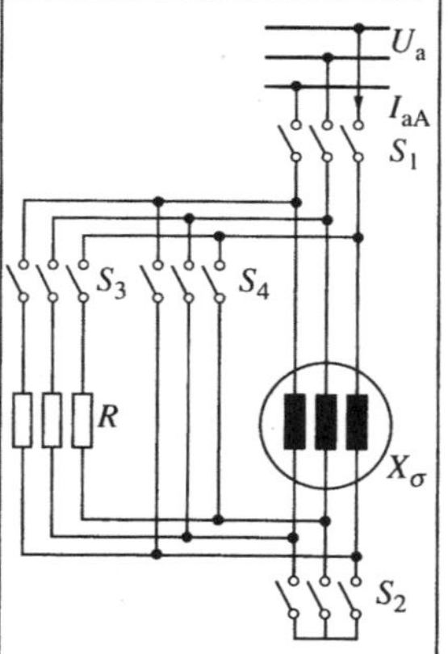

$$X_\sigma = X_{\sigma a} + \frac{X_h X_{\sigma A}}{X_h + X_{\sigma h}}$$

(gilt für alle Schaltungen)

Anlaufschaltungen für große Asynchron- und Synchronmotoren. Grundsätzliche Anordnung der Schaltungen, Verminderung des Anlaufstromes und Anlaufmomentes gegenüber direktem Einschalten, erforderliche Schaltoperationen und Aufwand an Schaltern

Bild 9.3-50 Anlaufschaltungen bei Kurzschlußläufern

2. Stern-Dreieck-Anlauf

Die bekannteste Anlaufschaltung bei Niederspannungsmaschinen ist die *Stern-Dreieck-Schaltung*. Die Wicklung muß spannungsmäßig dafür ausgelegt sein (z. B. am 400-V-Netz: Y = 690 V, Δ = 400 V). Die Maschine wird zum Anlauf in Sternschaltung ans Netz gelegt. *Nach* (!) erfolgtem Hochlauf schaltet man die Wicklung in Dreieck um. Verglichen mit dem direkten Netzbetrieb in Dreieckschaltung sind alle Drehmomente und Ströme auf 1/3 reduziert. Wegen der Absenkung der Drehmomente ist vorher zu prüfen, ob das Hochlaufmoment dann noch ausreicht (Hochlaufzeit!).

Erfolgt die Umschaltung von Stern in Dreieck zu früh, können hohe Strom- und Drehmomentspitzen Schäden verursachen (Bild 9.3–51).

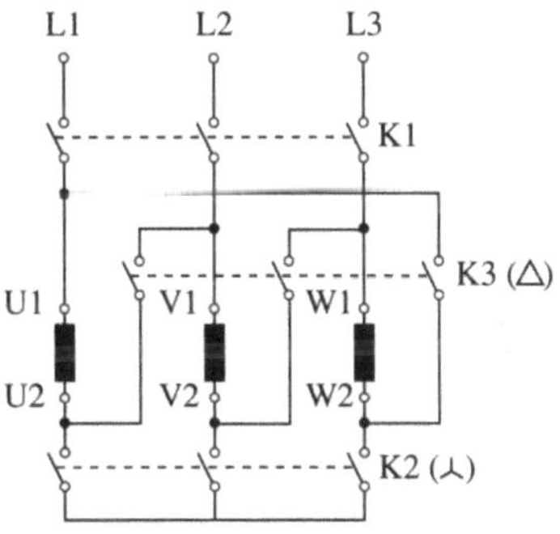

Schalterstellung des ⅄ – Δ -Schalters	Schaltstellung der Teilschalter		
	K1	K2	K3
0	0	0	0
⅄	1	1	0
Δ	1	0	1

a)

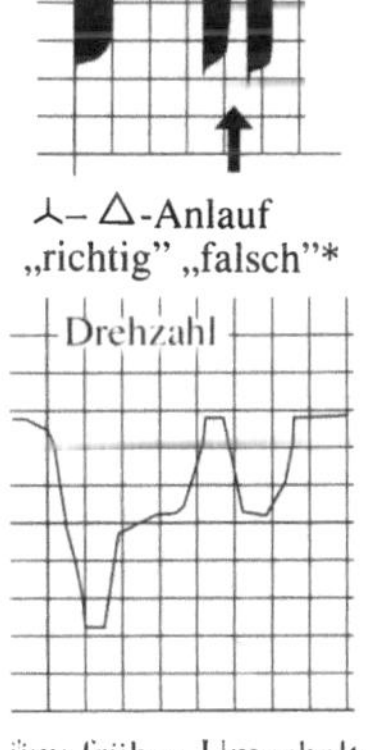

b) *zu frühes Umschalten

Bild 9.3-51
Y/D-Anlauf mit Schalterdiagramm (a) und Hochlaufdiagramm für richtiges und zu frühes Umschalten (b)

3. Ständeranlasser

Der *Ständeranlasser* für Drehstrom-Asynchronmaschinen mit Vorwiderständen stellt eine sehr preiswerte Möglichkeit dar. Durch die Spannungsabsenkung werden die Drehmomente quadratisch, der Strom jedoch nur linear gegenüber der Direkteinschaltung reduziert.

Statt der Widerstände werden neuerdings häufig elektronische *Sanftanlaufgeräte* eingesetzt (s. Kap. 8). Bei diesen Geräten wird die Spannungsabsenkung durch Phasenanschnitt in den drei Strängen des Drehstromnetzes erreicht. Hochlauf- und Bremsrampen lassen sich einstellen (Bild 9.3–52).

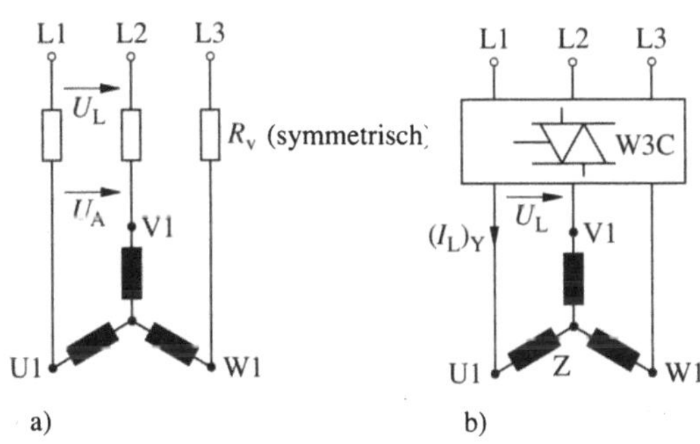

Bild 9.3-52 Ständeranlasser beim Kurzschlußläufer (a) und Sanftanlaufgerät (b)

4. KUSA-Schaltung (Kurzschlußsanftanlauf)

Um das Anlaufmoment zu reduzieren, benutzt man unsymmetrische Anlaufschaltungen. Ein Widerstand oder ein elektronischer Steller werden nur in *einen* Strang vor die Maschine geschaltet (Bild 9.3–53).

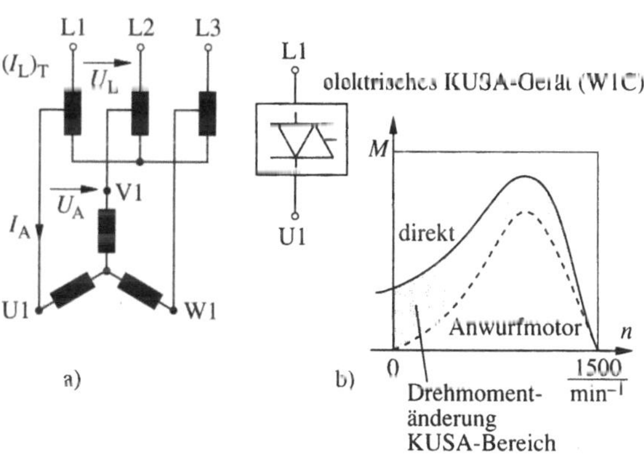

Bild 9.3-53 KUSA-Schaltung beim Kurzschlußläufer
a) Schaltbild,
b) Drehmomentstellbereich (Prinzip)

Durch die unsymmetrische Schaltung – es entsteht ein Gegendrehfeld – läßt sich das Anlaufmoment zwischen Null und dem vollen Wert einstellen. Die Ströme in den beiden nichtbetroffenen Strängen reduzieren sich nicht, sondern können sogar ansteigen.

5. Anlaßtransformator
Besonders bei Hochspannungsmaschinen bevorzugt man die Schaltung mit *Anlaßtransformator* (Bild 9.3–54). Dabei werden die beiden Werte Drehmoment und Netzstrom gegenüber dem Direkteinschalten quadratisch mit der eingestellten Spannungsabsenkung verkleinert. Der Transformator ist als Spartransformator ausgeführt; die Bauleistung ist somit klein. Umschaltspitzen sind auch hier bei zu früher Weiterschaltung zu erwarten.

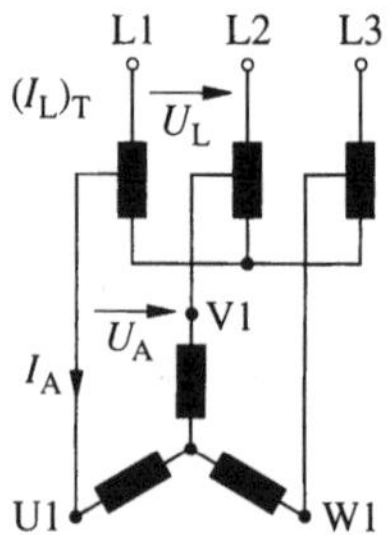

Bild 9.3-54 Anlaßtransformator beim Kurzschlußläufer

6. Anlaufschaltungen beim Schleifringläufer
Beim Schleifringläufer wird zum Anlassen ein Widerstand oder mehrere Anlaßwiderstandsstufen in den Läuferkreis geschaltet. Bild 9.3–55 zeigt die Schaltung eines zweistufigen Anlassers. Das maximale Anlaufmoment kann das Kippmoment sein.

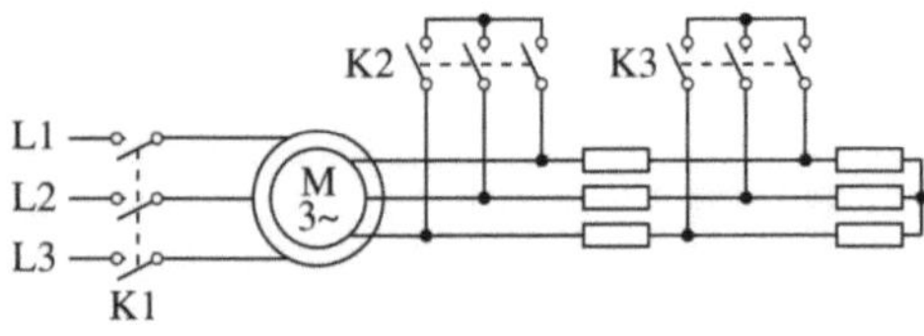

Bild 9.3-55 2-stufiger Anlasser beim Schleifringläufer

Für große Maschinen werden als Widerstände auch *Wasserwiderstände* (Anlasser) eingesetzt. Je nach Eintauchtiefe der Bleche ergeben sich unterschiedliche Widerstände im Läuferkreis. Durch das Wasser hat der Anlasser eine hohe Wärmekapazität, die z. B. bei langem Schweranlauf benötigt wird.

9.3.3.4 Gleichstrombremsung

Speist man zwei Wicklungsstränge der z. B. in Stern geschalteten Drehstrom-Asynchronmaschine mit einem Gleichstrom I_d (Bild 9.3–56), so bildet sich im Luftspalt der Maschine ein räumlich etwa sinusförmig verteiltes *stillstehendes* Feld aus. Der Höchstwert des Feldes entspricht etwa einem magnetisch gleichwertigen Strom I_1:

$$I_d = \frac{\sqrt{3}}{2} \cdot I_1 \cdot \sqrt{2}. \tag{9.3–28}$$

Dazu ist die Gleichspannung $U_d = 2 \cdot R_1 \cdot I_d$ an den Wicklungsklemmen erforderlich. Einen Anhalt hierfür zeigt Bild 9.3–56. Bei anderen Schaltungen (Bild 9.3–57) ist entsprechend der Lage der Zeitlinien auf den äquivalenten Ständerstrom umzurechnen.

Diesen Betriebsfall der *Gleichstrombremsung* kann man als Speisung der Drehstrommaschine mit der Speisefrequenz Null auffassen. Die Drehzahl Null ist dann auch die „synchrone" Drehzahl. Das Feld er-

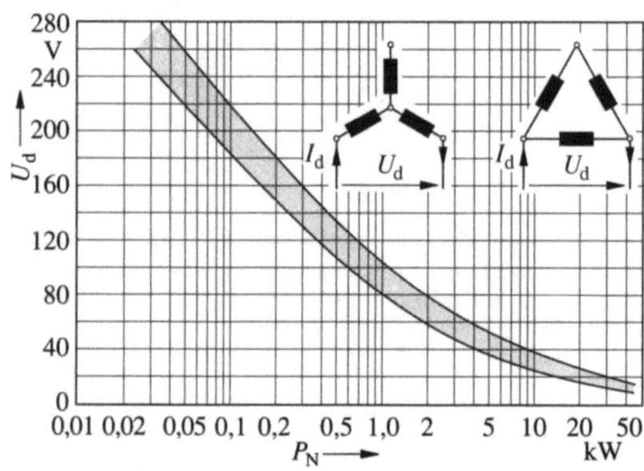

Bild 9.3-56 Anhaltswerte für die einzustellende Gleichspannung bei der Gleichstrombremsung. Bei 400 V Maschinen mit $I_d = 2{,}5 \cdot I_N$.

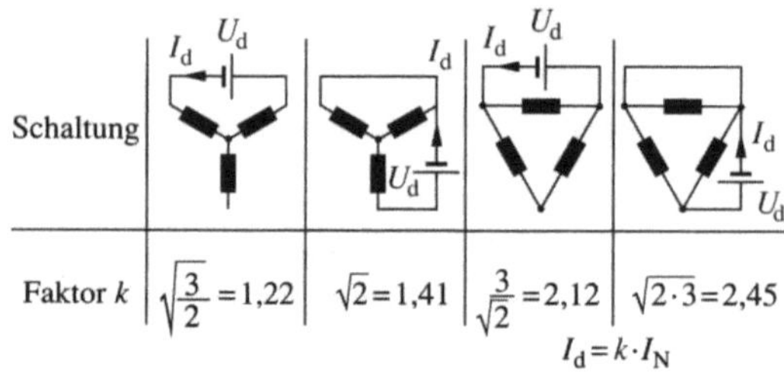

Bild 9.3-57 Schaltungen zum Gleichstrombremsen mit Stromfaktoren

zeugt beim Drehen des Läufers in der Läuferwicklung Spannungen und Ströme, die den Läufer in Richtung auf die Drehzahl Null „beschleunigen" wollen; die angekoppelte Arbeitsmaschine wird gebremst. Der Verlauf des Drehmomentes ist ähnlich dem der Speisung mit konstanter Spannung und punktsymmetrisch zur Drehzahl Null (Bild 9.3–58). Die Läuferverluste sind gleich der von außen über die Welle mechanisch zugeführten Leistung.

Bei Schleifringläufern kann der Verlauf der Drehmomentkurve durch Vorwiderstände im Läuferkreis verändert werden.

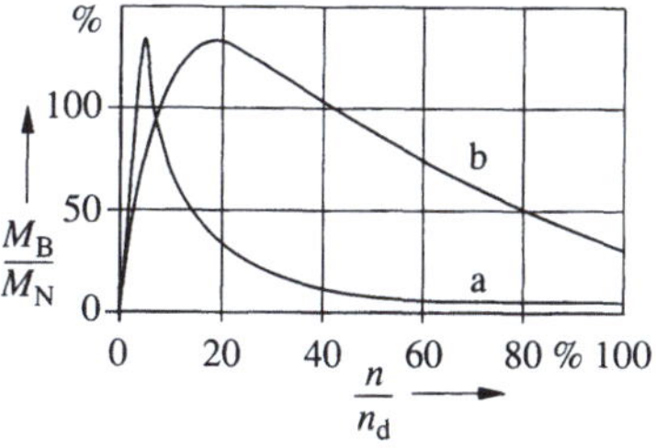

Bild 9.3-58 Kennlinienverlauf bei der Gleichstrombremsung, Kurzschlußläufer (a) und Schleifringläufer mit Vorwiderständen (b)

9.3.3.5 Drehstrom-Synchronmaschine (SYM)

1. Einsatz

Das überwiegende Einsatzgebiet der Synchronmaschine ist die Energieerzeugung. Bis auf wenige Prozente wird die gesamte elektrische Energie durch Synchronmaschinen im Generatorbetrieb erzeugt, sei es in den großen Kraftwerken oder im PKW (s. Kap. 10). Grenzleistungsmaschinen von etwa 1,6 GW Leistung stellen die größten und leistungsstärksten elektrischen Maschinen dar; sie gehören zu den Synchronmaschinen.

Nur bei kleinen Maschinenleistungen ist der Grund der Wahl einer Synchronmaschine der aus der Netzfrequenz f und der Polpaarzahl p abgeleitete synchrone Lauf mit der Drehzahl: $n = f/p$. Dies trifft z. B. bei Uhrantrieben oder Schaltgeräten zu. Sonst ist es oft die Möglichkeit, über die Erregung die Blindleistungsabgabe der Synchronmaschine zu verändern, die zum Einsatz führt. Aus diesem Grund werden auch umlaufende „Phasenschieber"-Synchronmaschinen eingesetzt, bei denen die Maschine mechanisch leerläuft, um den Blindleistungshaushalt an bestimmten Stellen des Netzes zu sichern. Synchronmaschinen haben einen etwas besseren Wirkungsgrad als Asynchronmaschinen gleicher Leistung.

2. Aufbau

Grundsätzlich werden Synchronmaschinen in zwei Bauarten geliefert: als Innenpol- oder als Außenpolmaschinen (Bild 9.3–59).

Die *Innerpolmaschine* entspricht im grundsätzlichen Aufbau des Ständers völlig der Drehstrom-Asynchronmaschine. Die Drehstromwicklung liegt in den Ständernuten des Blechpakets. Der Läufer wird mit Gleichstrom erregt. Dadurch ist die Maschine im stationären Betrieb starr an die synchrone Drehzahl n_d gebunden. Die Stromzufuhr der Erregerwicklung erfolgt über Schleifringe. Für hohe Drehzahlen (p bis 3) ist der Läufer als Vollpol- oder Turboläufer ausgeführt (Bild 9.3–60). Die Wicklung liegt in eingefrästen Läufernuten; Kappen schützen die Wickelköpfe gegen die Fliehkräfte.

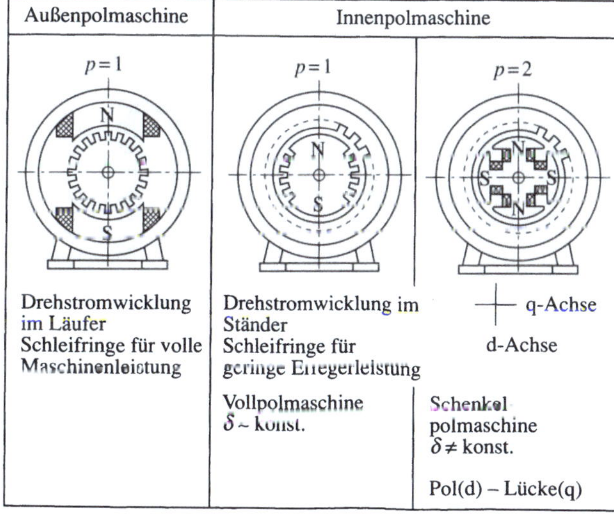

Bild 9.3-59
Bauarten der Synchronmaschine

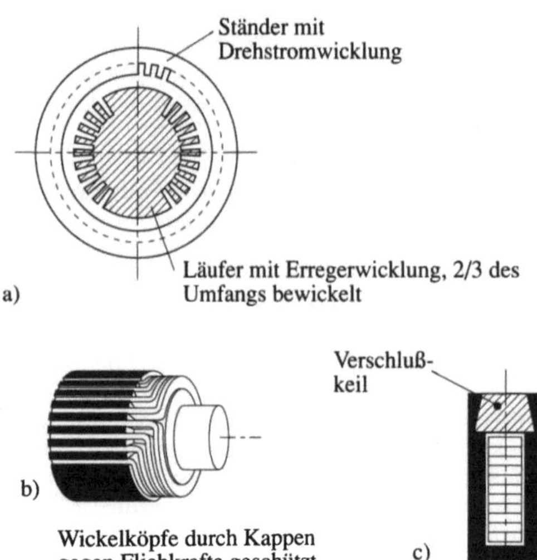

Bild 9.3-60 Turboläufer einer Synchronmaschine
a) Turboläufer,
b) Wickelköpfe ohne Kappen,
c) Nut mit Verschlußkeil

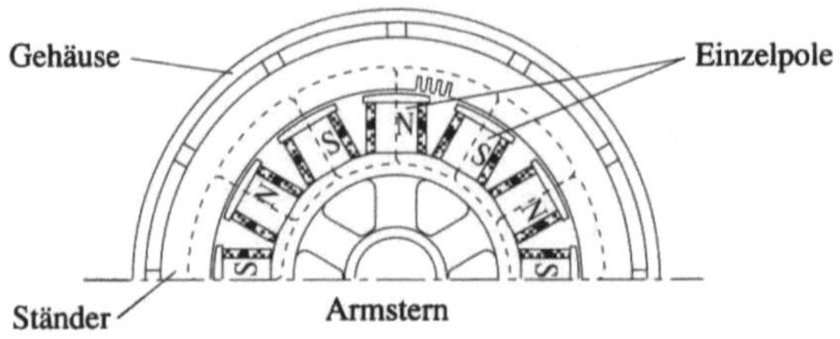

Bild 9.3-61 Schenkelpolmaschine (Querschnitt)

Bei langsamlaufenden hochpoligen Maschinen werden ausgeprägte einzelne Pole im Läufer gewählt. Diese Ausführung bezeichnet man als *Einzelpolmaschinen* (Schenkelpolmaschine), vgl. hierzu Bild 9.3–61.

Die Kühlung großer Maschinen ist ein Problem, da nach den Wachstumsgesetzen das verlusterzeugende Volumen stärker als die wärmeabgebende Oberfläche steigt. Bei großen Leistungen werden Ständer- und Läuferwicklung mit Wasser gekühlt. Bei kleineren Leistungen wird nur mit Wasserstoffgas oder gemischt mit Gas und Wasser im Ständer gekühlt. Supraleitende Erregerwicklungen werden untersucht; Versuchsmaschinen sind in der Erprobung.

Die Grenzleistung wird wesentlich durch die Mechanik bestimmt. Zweipolige Grenzleistungs-Synchronmaschinen haben Läuferdurchmesser von etwa 1,2 m. Bei 50-Hz-Betrieb erhält man dann eine Umfangsgeschwindigkeit von 190 m/s (680 km/h).

Maschinen mit großer Leistung haben Stabwicklungen im Ständer. Zur Vermeidung von Stromverdrängungseffekten, die zu Zusatzverlusten führen würden, werden die Stäbe in Teilleiter unterteilt. Die Teilleiter werden so untereinander verdrillt, daß sie im Mittel alle dem gleichen magnetischen Fluß in der Nut unterliegen (Roebel-Stab, Bild 9.3–62). Dadurch ist die Stromdichte über den Nutquerschnitt konstant. Bei kleinen Leistungen oder bei Hilfsmaschinen für die Erzeugung der Erregerleistung (Erregermaschinen) werden *Außenpolmaschinen* eingesetzt. Bei ihnen muß die Drehstromleistung über Schleifringe vom Läufer abgenommen werden. Dies ist auch ein Grund, der

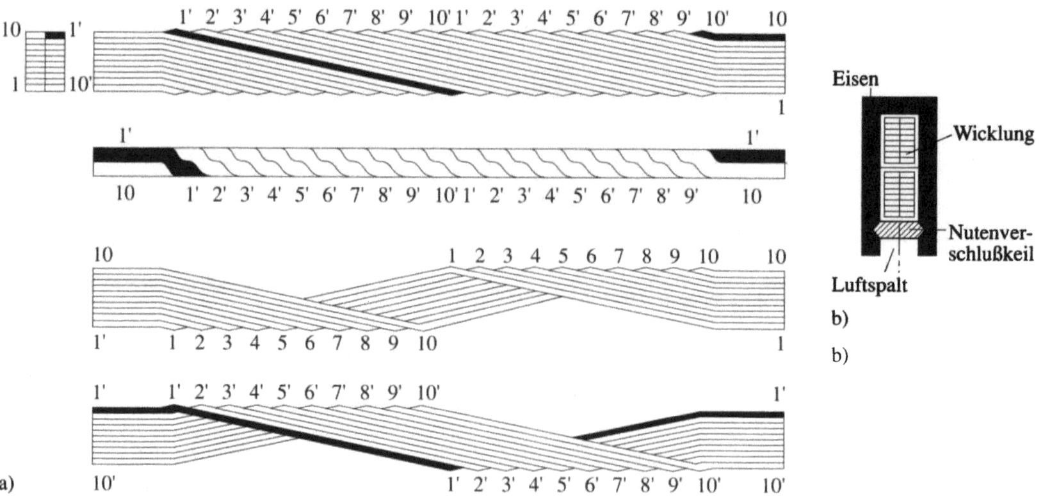

Bild 9.3-62 Roebel-Stab einer Synchronmaschine mit Ständernut
a) Roebel-Stabaufbau, b) Nutaufbau

diese Konstruktion für große Leistungen verbietet. Oft findet man diese Konstruktion bei „bürstenlosen" Maschinen. Der Erregergleichstrom des Hauptgenerators wird dort durch die gleichgerichtete Drehstromleistung des Außenpolgenerators (Erregermaschine) erzeugt. Die Stromrichterdioden oder -Thyristoren laufen mit auf dem Läufer um. Die Erregung kann am Außenpolsystem der Erregermaschine eingestellt werden.

Zur Vermeidung von Schwingungen usw. liegen in den Einzelpolen Dämpferstäbe mit Kurzschlußsegmenten, die über Ringe verbunden sind (Bild 9.3–63).

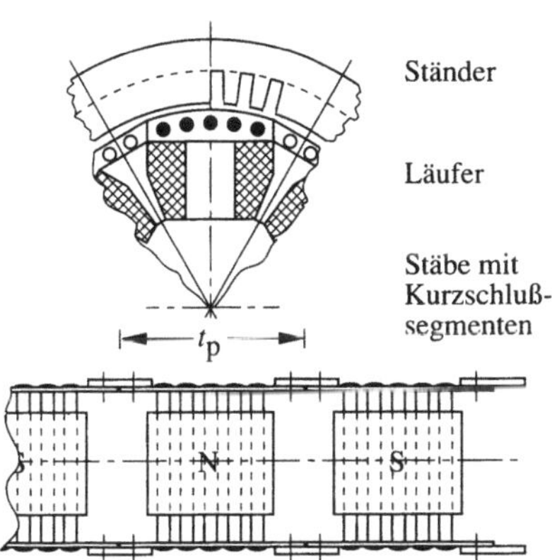

Bild 9.3-63 Schenkelpolläufer mit Dämpferstäben in den Einzelpolen zur Dämpfung

Bei Turboläufern übernehmen die Nutverschlußkeile (Stäbe) zusammen mit den aufgeschrumpften Kappen (als Kurzschlußringe) diese Aufgabe. Mit diesem Kurzschlußkäfig können Synchronmaschinen als Motoren asynchron hochlaufen.

Die Wicklungen der Synchronmaschinen werden meist in Stern (Y) geschaltet, damit das dritte Oberfeld mit den induzierten Spannungen nicht nach außen in Erscheinung tritt.

Bei elektrischen Maschinen heißt der Teil Anker, in dem die Spannungen induziert werden. Dies ist bei der Synchronmaschine der Teil, der die Drehstromwicklung trägt.

3. Betriebsverhalten der Vollpol-Synchronmaschine

Die grundsätzliche Wirkungsweise der Drehstrom-Synchronmaschine soll zunächst an einer *Vollpol-Synchronmaschine* mit konstantem Luftspalt am Umfang dargestellt werden. Der Einfluß der Nutung wird vernachlässigt. Bei konstanter Drehzahl erzeugt der Turboläufer in den Ständerwicklungen drei um 120° elektrisch versetzte Spannungen. Die vom Polradfeld durch den Erregerstrom I_f in der Ständerwicklung (Anker) induzierten Spannungen werden Polradspannung U_p gennant. Sie ist im Leerlauf an den Maschinenklemmen meßbar. Den Zusammenhang zeigt Bild 9.3–64. Der Einfluß der Sättigung soll vernachlässigt werden. Dann ist die Polradspannung dem Erregerstrom direkt proportional. Im folgenden soll auch nur das Grundfeld betrachtet werden.

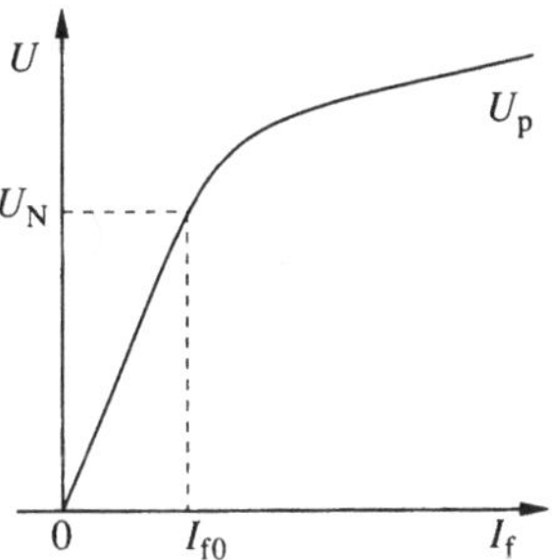

Bild 9.3-64 Leerlaufkurve, Polradspannung der Synchronmaschine

Die Synchronmaschine sei an einem Netz konstanter Spannung und Frequenz synchronisiert zugeschaltet. Sind Netzspannung U und Polradspannung U_p gleich, fließt kein (Ausgleichs-)Strom; die Maschine ist im Leerlauf. Aus der Spannungsgleichung läßt sich, wie bei den anderen Maschinen, das Betriebsverhalten ableiten. Sie ergibt für einen Ständerstrang:

$$\underline{U} = (R + jX_\sigma) \cdot \underline{I} + j \cdot X_h(\underline{I}_1 + \underline{I}'_2) \qquad (9.3\text{–}29a)$$

mit dem Ständerwirkwiderstand R, der Ständerstreureaktanz X_σ und der Hauptreaktanz X_h. Der bezogene Läuferstrom I'_2 soll im folgenden I_f genannt werden. Damit erhält man

$$\underline{U} = (R + jX_\sigma + j \cdot X_h) \cdot \underline{I} - j \cdot X_h \cdot \underline{I}_f \qquad (9.3\text{–}29b)$$

oder mit der Polradspannung $\underline{U}_p = j \cdot X_h \cdot \underline{I}_f$ die Spannungsgleichung endgültig, wenn man die Reaktanzen zur Ankerreaktanz oder synchronen Reaktanz X zusammenfaßt, zu:

$$\underline{U} = (R + jX) \cdot \underline{I} - j \cdot X_h \cdot \underline{I}_f. \qquad (9.3\text{–}29c)$$

U, U_p	R	X, X_h, X_σ	I, I_1, I'_2, I_f
V	Ω	Ω	A

Vernachlässigt man zunächst noch die Verluste im Ständer ($R_1 = 0$), was für große Maschinen sicher zulässig ist, so erhält man das Ersatzschaltbild eines

Stranges einer verlustlosen Synchronmaschine, wie es in Bild 9.3–65 gezeigt ist. Der Läuferkreis tritt im Ersatzschaltbild nicht auf, da bei stationärem Betrieb keine Spannungen im Läufer induziert werden.

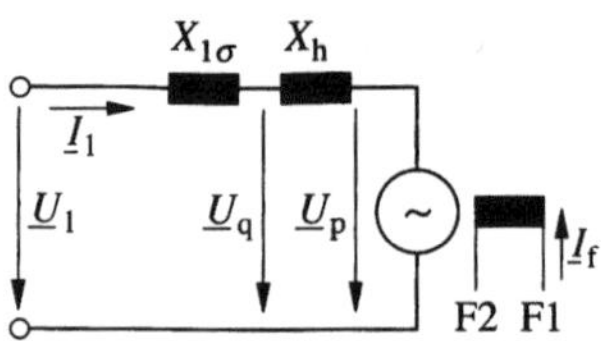

Bild 9.3-65 Ersatzschaltbild der Vollpol-Synchronmaschine $R_1 = 0$
U_1 Netzspannung (Strangwert),
U_p Polradspannung,
I_1 Ständerstrom,
U_q innere Spannung,
X_h Hauptreaktanz,
X_σ Streureaktanz,
$X_d = X_h + X_\sigma$ synchrone Reaktanz,
I_f Erregerstrom

Den Ständerstrom erhält man aus der Stromgleichung zu:

$$\underline{I} = \frac{\underline{U} - \underline{U}_p}{j \cdot X} = -j\frac{\underline{U} - \underline{U}_p}{X} = -j\frac{\underline{U}}{X} + j\frac{\underline{U}_p}{X}, \tag{9.3–30a}$$

$$\underline{I} = -j\underline{I}_{k0} + j\underline{I}_k. \tag{9.3–30b}$$

I, I_k, I_{k0}	U, U_p	X
A	V	Ω

Der Strom hat also zwei Komponenten, die uns später noch beschäftigen werden.

Das Betriebsverhalten zeigt die Stromgleichung, wobei noch die Phasenlage zu berücksichtigen ist. Läuft die Maschine leer am Netz, nimmt sie keinen Strom auf (keine Reibung usw. vorausgesetzt); die Maschine ist leerlauferregt (I_{f0}). Wird der Erregerstrom reduziert, nimmt die Maschine aus dem Netz einen Strom auf, den sie zur Magnetisierung benötigt. Sie arbeitet untererregt, da der eingestellte Erregerstrom kleiner als der Leerlauferregerstrom ist. Der Netzstrom eilt der Spannung 90° nach. Die Maschine verhält sich am Netz wie eine Drossel (Induktivität).

Wird der Erregerstrom über den Leerlauferregerstrom hinaus erhöht, führt dies zu einer Phasenlage des dann fließenden Netzstromes von 90°-Voreilung. Die Maschine wirkt in diesem Fall wie ein Kondensator; sie ist übererregt. Bild 9.3–66 zeigt die Verhältnisse (Phasenschieberbetrieb).

Wirkleistung trat bei den drei bisher besprochenen Betriebsfällen nicht auf.

Geht man nun von einer leerlauferregten Maschine aus ($I_f = I_{f0}$) und bremst das Polrad so ab, daß zwischen der Netzspannung und der Polradspannung der Polradwinkel β auftritt, so fließt ein Ständerstrom mit einer großen Wirkkomponente. Da Verluste vernachlässigt sind, kann dies nur bedeuten, daß die Maschine elektrische Leistung aufnimmt und an der Welle als mechanische (Brems-)Leistung abgibt. Die Maschine arbeitet also als Synchronmotor. Wird im anderen Fall mechanische Energie an der Welle zugeführt und läuft die Maschine mit einer stationär gegenüber der Netzspannung voreilenden Polradspannung, so ist sie im Generatorbetrieb. Man erkennt, daß der Polradwinkel β etwas über die mechanische Leistung aussagt, auch wenn die Blindleistung in diesen Beispielen gering mitbeeinflußt wird.

Der Mechanismus kann als elektrisches Federsystem aufgefaßt werden. Bei Verdrehung aus der „Nullage" mit $\beta = 0$ tritt ein Drehmoment auf. Bei synchronem

Bild 9.3-66 Wirkung der Erregung bei der Synchronmaschine (die Maschine läuft synchron)
a) Blindlast – über- und untererregt –; keine Wirklast,
b) Wirklast – Generator- und Motorbetrieb –; die Blindlast wird auch geringfügig mitbeeinflußt

Lauf mit der Drehzahl n_d bedeutet dies den Umsatz von Wirkleistung. Zusammen mit dem Massenträgheitsmoment stellt die Synchronmaschine „als elektrische Drehfeder" ein schwingungsfähiges System dar, auf das später noch eingegangen wird.

Bei zu großer Auslenkung „bricht" die „elektrische Feder", die Maschine fällt außer Tritt und bleibt stehen.

4. Stromortskurve

Das Betriebsverhalten der Synchronmaschine läßt sich ähnlich wie bei der Drehstrom-Asynchronmaschine an einer *Stromortskurve* anschaulich darstellen. Bei konstanter Polradspannung erhält man einen Kreis, wie Bild 9.3–67 zeigt. Der wichtige bestimmende Parameter der Synchronmaschine ist der Polradwinkel β. Der Kreismittelpunkt liegt für die verlustlose Synchronmaschine bei

$$\underline{I} = -\mathrm{j}\frac{\underline{U}}{X} = \underline{I}_{k0} \qquad \frac{I,\ I_{k0}\ |\ U\ |\ X}{\mathrm{A}\ |\ \mathrm{V}\ |\ \Omega} \qquad (9.3\text{–}31)$$

also im Abstand U/X_d auf der $-$j-Achse. Dies ergibt die Stromgleichung für $I=0$ ($U=U_p$). Durch Verändern des Erregerstromes (der Polradspannung) erhält man Betriebspunkte auf der imaginären Achse. Die Maschine arbeitet wie oben bereits beschrieben als über- oder untererregte Blindleistungsmaschine am starren Netz. Der Strom vom Betrag U/X kann aber noch anders gedeutet werden. Stellt man sich die leerlauferregte Maschine ($I_f=I_{f0}$, $U=U_p$) kurzgeschlossen vor, so würde gerade $I = U/X$ als Kurzschlußstrom fließen. Daher bezeichnet man diesen Strom bei $U=U_p$ als den Kurzschlußstrom I_{k0} bei Leerlauferregung I_{f0}. Bei beliebiger Erregung I_f fließt der Kurzschlußstrom I_k. So betrachtet setzt sich der Ständerstrom aus zwei Komponenten zusammen

$$\underline{I} = -\mathrm{j}\cdot\underline{I}_{k0}+\mathrm{j}\cdot\underline{I}_{k}. \qquad (9.3\text{–}32)$$

Für einen beliebigen Betriebspunkt erhält man das Dreieck aus den drei Strömen I, I_{k0} und I_k, wie Bild 9.3–68 zeigt. Wie bei der Drehstrom-Asynchronmaschine kann man aber auch in der Stromortskurve der Vollpol-Synchronmaschine Strecken finden, die der Leistung und dem Drehmoment proportional sind. Die Wirkkomponente stellt ein Maß für die Wirkleistung und wegen der synchronen Drehzahl auch für das Drehmoment dar. Die Blindkomponente läßt sich ebenfalls als Strecke ermitteln (Bild 9.3–69).

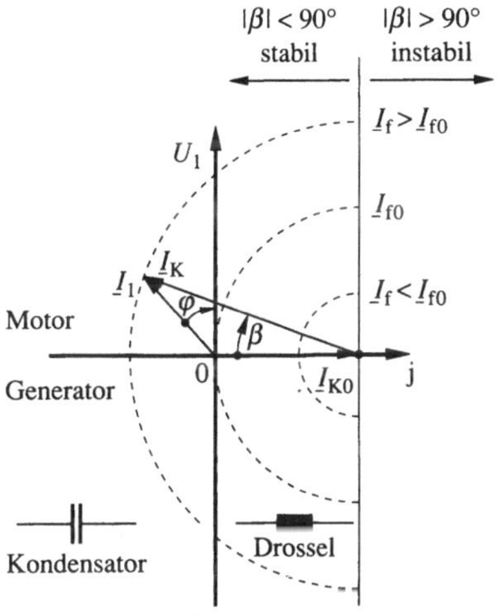

Bild 9.3-67 Stabiler Teil der Stromortskurve der Vollpol-Synchronmaschine

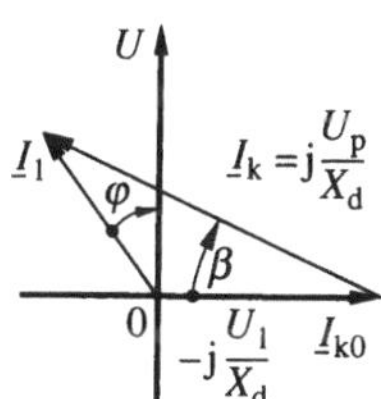

Bild 9.3-68 Stromdreieck der Vollpol-Synchronmaschine

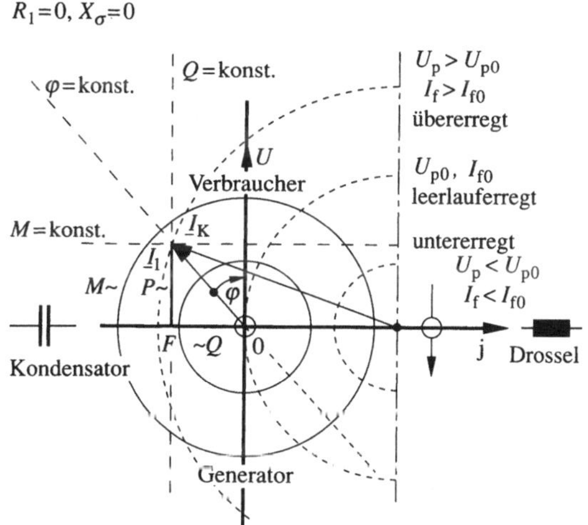

Maßstäbe:

z. B. m_I frei gewählt $\frac{\mathrm{A}}{\mathrm{mm}}$

$m_P=3\cdot U\cdot m_I$ $\frac{\mathrm{W}}{\mathrm{mm}}$

$m_M=\frac{m_P}{\omega_0}$ $\frac{\mathrm{Nm}}{\mathrm{mm}}$

m_U frei gewählt $\frac{\mathrm{V}}{\mathrm{mm}}$

Bild 9.3-69 Stromortskurve der Vollpol-Synchronmaschine mit Auswertung der Strecken

5. Drehmoment
Die Wirkkomponente des Ständerstromes ist $I_w = I \cdot \cos\varphi$. Mit der Strangzahl m und der Netzspannung U multipliziert erhält man die aufgenommene Wirkleistung, da Ständerverluste usw. vernachlässigt wurden. Dieselbe Strecke erhält man auch über den Kurzschlußstrom

$$I_w = I_k \cdot \sin(-\beta). \quad (9.3\text{–}33a)$$

Das Drehmoment ergibt sich nach der Multiplikation mit der Netzspannung für die Maschine ($m=3$) zu

$$M = -\frac{3 \cdot U \cdot I_k}{\omega_d} \cdot \sin\beta. \quad (9.3\text{–}33b)$$

M	U	I_k	ω_d
Nm	V	A	1/s

Die Polradwinkel β bei Motoren sind negativ, bei Generatoren positiv. Den Verlauf des Drehmomentes über dem Polradwinkel gibt eine Sinuskurve wieder. Das größte Drehmoment – das Kippmoment M_K – tritt bei $|\beta| = 90°$ auf. Nur der Bereich von $-90°$ bis $+90°$ führt zu stabilen Betriebspunkten, vgl. hierzu Bild 9.3–70. Ausgenutzt wird in der Praxis nur der Bereich bis $|\beta| \approx 70°$.

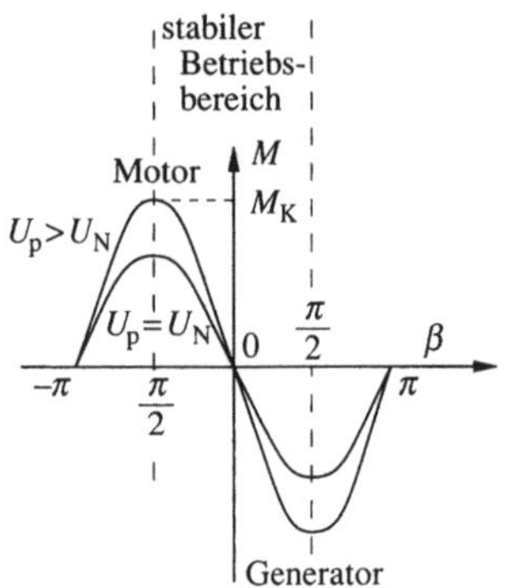

Bild 9.3-70 Drehmomentkurve der Vollpol-Synchronmaschine

6. Betriebs-Halbebenen der Synchronmaschine
Betrachtet man die Stromortskurve, so gibt es vier Betriebshalbebenen. Es sind die Halbebenen für

- Motorbetrieb,
- Generatorbetrieb,
- „Kondensator"-Betrieb und
- „Drossel"-Betrieb.

Bei der verlustlosen Synchronmaschine ist die imaginäre Achse Spiegelungsachse für den Wirkleistungsbetrieb (Bild 9.3–71).

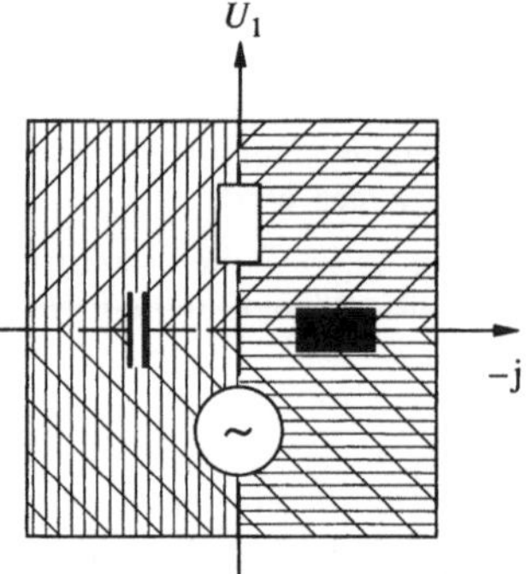

Bild 9.3-71 Betriebshalbebenen für den Betrieb am Netz; Motor-, Generator-, Drossel- und Kondensator-Betrieb

Kondensator-Halbebene (links),
Drossel-Halbebene (rechts),
Verbraucher-Halbebene (oben),
Generator-Halbebene (unten)

7. Zeigerdiagramm
Aus den Werten der Stromortskurve lassen sich auch die Richtungen der Spannungen ermitteln und ein *Zeigerdiagramm der Synchronmaschine* zeichnen (Bild 9.3–72). Die Netzspannung liegt wie in der Energietechnik üblich in der reellen Achse. Der Kurzschlußstrom bei Leerlauferregung $\underline{I}_{k0}$ eilt der Netzspannung 90° nach und bestimmt den Kreismittelpunkt. Der Kreismittelpunkt liegt auf der $-$j-Achse im Abstand U/X_d. Der Ständerstrom läßt sich mit dem Phasenwinkel φ zeichnen oder ergibt sich als Differenz zwischen den Kurzschlußströmen $\underline{I}_{k0}$ und $\underline{I}_k$. U_p steht senkrecht auf $\underline{I}_k$ und die Spannung U_A an der synchronen Reaktanz steht senkrecht auf dem Strom $\underline{I}$.

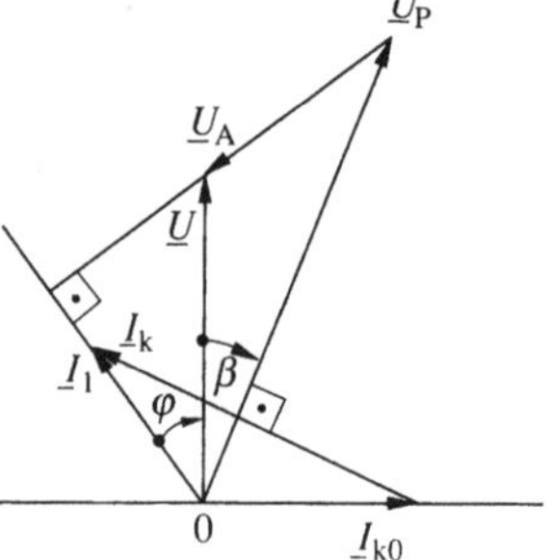

Bild 9.3-72 Zeigerdiagramm der Vollpol-Synchronmaschine für übererregten Motorbetrieb

8. V-Kurven

Das Stromdiagramm für konstante Wirkleistung oder konstantes Drehmoment stellt eine Gerade dar. Sie verläuft parallel zur imaginären Achse. Bei reinem Wirkstrom $\cos\varphi = 1$ fließt der geringste Strom. Dieser Punkt ist für den Betrieb mit Umrichtern interessant, da dann der Umrichter die kleinste Leistung hat (Bild 9.3–73). Trägt man diese Betriebswerte $I = f(I_f)$ auf, erhält man die *V-Kurven* (Name aus der Form abgeleitet). Heute haben sie an Bedeutung verloren; früher wurden die Maschinen (Generatoren) danach gefahren (Bild 9.3–74.)

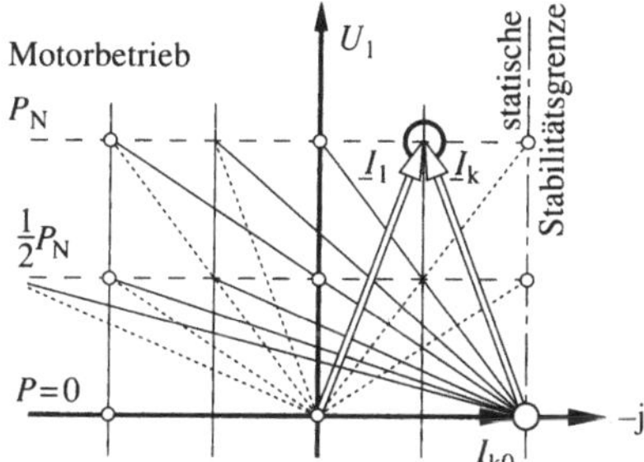

Bild 9.3-73 Kurven konstanter Wirkleistung (konstanten Drehmomentes im Motorbetrieb)

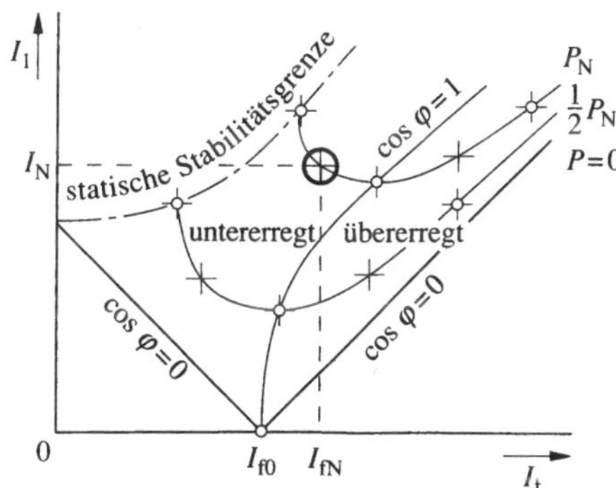

Bild 9.3-74 V-Kurven der Vollpolmaschine

■ *Beispiel:*

Eine verlustlose Vollpol-Synchronmaschine arbeitet in einem Antrieb bei Bemessungserregung mit folgenden Daten:

$U_N = 3$ kV (Y-Schaltung), $I_N = 190$ A, $f_N = 50$ Hz, Polpaarzahl $p = 2$, $\cos\varphi_N = 0{,}9$ kapazitiv, $M_k/M_N = 2$. Die Maschine sei ungesättigt.

Wie groß sind bei Motorbemessungsbetrieb die Polradspannung U_p, der Kurzschlußstrom I_{k0}, das Bemessungsmoment M_N, die Blindleistung Q_N, das Kippmoment M_N, der Polradwinkel β und die synchrone Reaktanz.

Lösung:

Strangspannung U:

$U = U_N/\sqrt{3} = 3000\ \text{V}/\sqrt{3} = 1730$ V,

$\cos\varphi_N = 0{,}9$ kapazitiv, $\varphi_N = -25{,}8°$

Polradwinkel β (U zu U_p):

$\sin\beta = -M_N/M_K = -0{,}5$, $\beta = -30°$ (Motorbetrieb).

Grafische Konstruktion

Festlegung der Maßstäbe:

m_U : U/Div→25 V/Div,
m_I : I/Div→4 A/Div,
m_P : $3 \cdot U \cdot m_I$ =
= $3 \cdot 1730\ \text{V} \cdot 4$ A/Div = 20,8 kW/Div,

$$m_M : \frac{m_p}{2 \cdot \pi \cdot n_d/2} = -\frac{20\,000\ \text{W/Div}}{2 \cdot \pi \cdot 25\ \text{s}^{-1}} = 132\ \text{Nm/Div}.$$

Bemessungsbetriebspunkt:

$I_{1N} = 190$ A→48 Div,
$\cos\varphi_N = 0{,}9$ kapazitiv, $\varphi_N = -25{,}8°$.

Konstruktion der Stromortskurve (Bild 9.3–75): Voreilend zur Strangspannung wird der Bemessungsstrom eingetragen; man erhält den Bemessungsbetriebspunkt *B*. Der Wirkanteil des Stromes – Strecke *BF* – entspricht auch dem Bemessungsmoment.

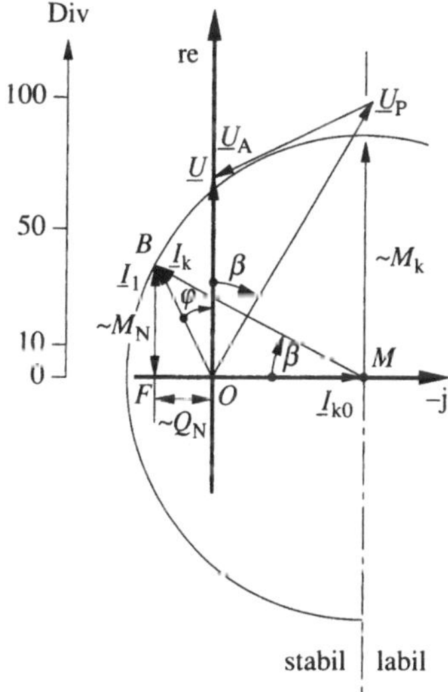

Bild 9.3-75 Drehstrom-Synchronmotor, Stromortskurve

Das Kippmoment ist doppelt so groß; damit ist der Radius der Stromortskurve – Strecke *BM* – festgelegt. Die Polradspannung eilt der Netzspannung um 30° nach. Die Spannung U_A an der synchronen Reaktanz steht senkrecht auf dem Strom.
Damit ist die Konstruktion abgeschlossen.

Auswertung
Grafische Konstruktion (1. Weg):
Bemessungsmoment $M_N = 43{,}5$ Div → = 5,7 10^3 Nm,
Kippmoment $M_K = 87$ Div → = 11,5 10^3 Nm,
Polradwinkel $\beta = -30°$ (Motorbetrieb),
Polradspannung $U_p = 122$ Div → = 2800 V,
Dauerkurzschlußstrom $I_k = 85$ Div → = 340 A,
Kurzschlußstrom $I_{k0} = 53$ Div → = 212 A,
Bemessungsblindleistung
$Q_N = 21{,}5$ Div → = −435 kvar (= kapazitiv),
synchrone Reaktanz X_d:

$$X_d = U_p/I_k = 2800\ \text{V}/340\ \text{A} = 8{,}2\ \Omega.$$

Rechnung (2. Weg):
Bemessungswirkleistung P_N (Strecke *BF*):

$$P_N = \sqrt{3} \cdot U_N \cdot I_N \cdot \cos\varphi_N = \sqrt{3} \cdot 3000\ \text{V} \cdot 190\ \text{A} \cdot 0{,}9 = 898\ \text{kW},$$

Scheinleistung S_r (Strecke *BO*):

$$S_N = \sqrt{3} \cdot U_N \cdot I_N = \sqrt{3} \cdot 3000\ \text{V} \cdot 190\ \text{A} = 998\ \text{kVA},$$

Bemessungblindleistung Q_N (Strecke *FO*):

$$Q_N = \sqrt{S_N^2 - P_N^2} = \sqrt{(998)^2 - (898)^2} = -435\ \text{kvar}$$
(da kapazitiv),

Bemessungsmoment M_N (Strecke *BF*):

$$M_N = P_N/\Omega_N = P_r/(2 \cdot \pi \cdot n_N/60) = 898\ \text{kW}/(2 \cdot \pi \cdot 25\ \text{s}^{-1}) = 5{,}7 \cdot 10^3\ \text{Nm},$$

Kippmoment M_K (Strecken *KM, BM*):

$$M_K = 2 \cdot M_N = 2 \cdot 5{,}7 \cdot 10^3\ \text{Nm} = 11{,}5 \cdot 10^3\ \text{Nm}.$$

9.3.3.6 Schenkelpol-Synchronmaschine

1. Zeigerdiagramm
Der Ständer der Schenkelpolmaschine entspricht der Turboausführung; Magnetisierung in d- und q-Richtung ist möglich. Das Polrad magnetisiert jedoch nur in einer Richtung (d). Bild 9.3–76 zeigt dies bei einer Vollpolmaschine. Die vom Polrad im Anker induzierte Spannung hat zwei Komponenten in d- und q-Richtung. Dies ergibt bei der Vollpolmaschine kein Problem, da der Luftspalt am Umfang konstant ist. Bei der Einzelpolmaschine ist aber zu bedenken, daß die Luftspalte in d- und q-Richtung durch die Polkonstruktion verschieden groß sind.

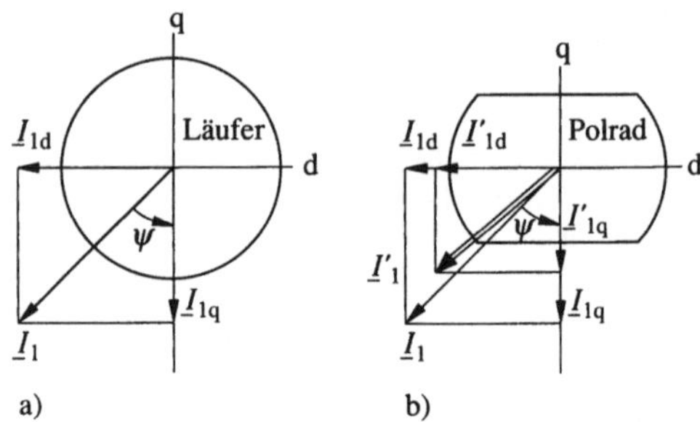

Bild 9.3-76 Aufteilung der Durchflutungen beim a) Vollpol- und b) Schenkelpolläufer

Bei der Vollpolmaschine sind die Komponenten der vom Luftspaltfeld induzierten Spannungen des Längsfeldes

$$U_d = U_p - X_h \cdot \sin\psi \cdot e^{j\psi} \tag{9.3–34a}$$

und des Querfeldes

$$U_q = -j \cdot X_h \cdot \cos\psi \cdot e^{j\psi}. \tag{9.3–34b}$$

U_d, U_q, U_p	X_h
V	Ω

Die längsmagnetisierende Komponente erregt ein Luftspaltfeld, das dem Polrad entgegenmagnetisiert. Das Ankerquerfeld wird von der quermagnetisierenden Komponente erzeugt. Beide Felder können sich über den gleichen Luftspalt ausbreiten.

Für die Einzelpolmaschine müssen nun für die Spannungen die Hauptreaktanzen in Längs- und Querachse X_{hd} und X_{hq} berücksichtigt werden. Die Spannungen des Längsfeldes erhält man dann zu

$$U_d = U_p - X_{hd} \cdot \sin\psi \cdot e^{j\psi} \tag{9.3–35a}$$

und des Querfeldes

$$U_q = -j \cdot X_{hq} \cdot \cos\psi \cdot e^{j\psi}. \tag{9.3–35b}$$

U_d, U_p, U_q	X_{hd}, X_{hg}
V	Ω

Sind die Hauptreaktanzen in d- und q-Richtung bekannt, kann man auch das Zeigerdiagramm der Schenkelpolmaschine zeichnen (Bild 9.3–77). Über die Aufteilung der Reaktanzen gibt Tabelle 9.3–5 Auskunft.

2. Drehmoment
Berechnet man aus der Drehfeldleistung das *Drehmoment,* so erhält man zwei Komponenten. Der erste Anteil ist von der Vollpolmaschine bekannt (allerdings steht hier im Nenner sinngemäß X_d statt X).

Tabelle 9.3–5: Aufteilung der Reaktanzen und Zeitkonstanten bei der Synchronmaschine (Siemens)

Bauart	$X_{d\,ges}$	X_q	X'_d	X''_d	X''_q	X_2	X_σ	T_a in s	T'_d in s	T''_d in s
zweipolige Turbogeneratoren	1,2 bis 2,0	1,1 bis 1,8	0,16 bis 0,26	0,1 bis 0,15	0,1 bis 0,15	0,09 bis 0,15	0,02 bis 0,1	0,06 bis 0,25	0,6 bis 2,0	0,05 bis 0,10
Schenkelpolmaschinen mit vollständiger Dämpferwicklung	0,75 bis 1,4	0,45 bis 0,9	0,22 bis 0,4	0,14 bis 0,25	0,14 bis 0,28	0,14 bis 0,27	0,03 bis 0,22	0,07 bis 0,25	0,5 bis 2,5	0,02 bis 0,08

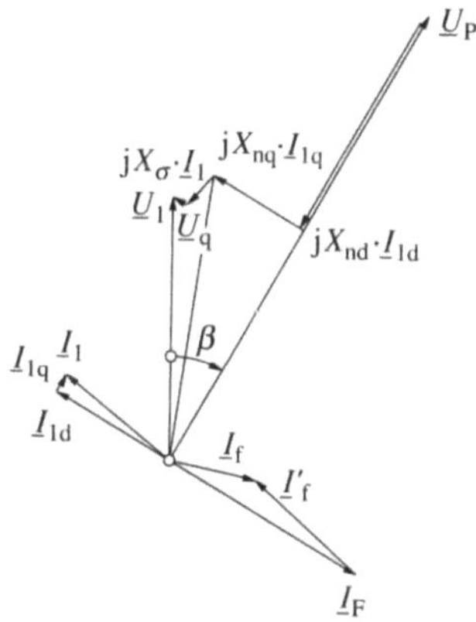

Bild 9.3-77 Vollständiges Zeigerdiagramm der Schenkelpolmaschine

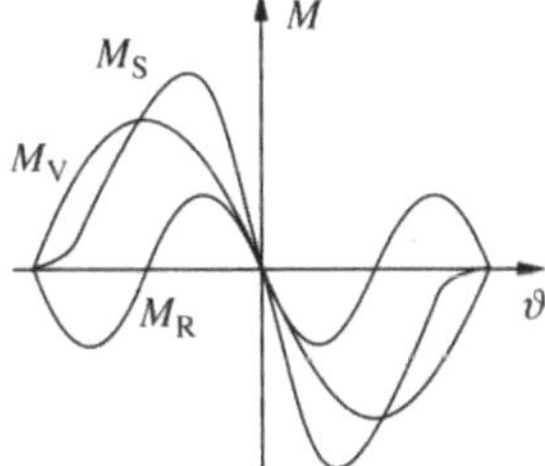

Bild 9.3-78 Drehmoment der Schenkelpolmaschine (Prinzip)
M_S Schenkelpolmoment,
M_V Vollpolmoment,
M_R Reluktanzmoment

Der zweite Anteil – das Reaktions oder Reluktanzmoment – hängt vom Unterschied der Reaktanzen in der d- und q-Achse ab. Es leuchtet daher auch ein, daß dieses Moment vom doppelten Lastwinkel abhängt. Man erhält:

$$M = \frac{P_d}{2 \cdot \pi \cdot n} = \frac{3}{2\pi n} \frac{U \cdot U_p}{X'_d} \cdot \sin\beta +$$

$$+ \frac{3}{2\pi n} \cdot \frac{U^2}{2} \cdot \left(\frac{1}{X_q} - \frac{1}{X_d}\right) \sin 2 \cdot \beta. \quad (9.3\text{–}36)$$

M	P_d	n	U, U_p	X_d, X_q
Nm	W	1/s	V	Ω

Den Momentenverlauf zeigt Bild 9.3–78 im Prinzip. Man erkennt, daß die Maschine auch ohne jegliche Erregung bereits ein Reluktanz-Drehmoment entwikkelt.

3. Reluktanzläufer

Motoren, die einen Reluktanzläufer haben, nennt man *Reluktanzmotoren*. Bild 9.3–79 zeigt einen Schnitt durch einen Reluktanzläufer. Der Kurzschlußkäfig dient zum asynchronen Hochlauf, bis der Motor in der Nähe des Synchronismus in Tritt fällt. Ist die Maschine im Tritt, läuft sie synchron weiter. Der Läufer ist preiswert und robust; er eignet sich gut für hohe Drehzahlen. Reluktanzmotoren werden oft mit Frequenzumrichtern betrieben. Das Intrittfallmoment hängt auch vom angekoppelten Massenträgheitsmoment ab.

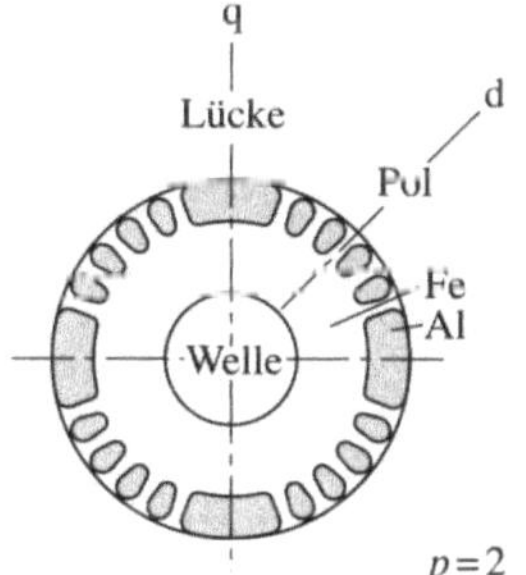

Bild 9.3-79 Blechschnitt eines Reluktanzläufers

9.3.3.7 Betrieb der Synchronmaschine

1. Vollpolmaschine mit Ständerwiderstand

Das Zeigerbild der Vollpolmaschine mit ohmschem Ständerwiderstand zeigt Bild 9.3–80. Zur Ergänzung sind dort auch die Spannungskomponenten in d- und q-Richtung eingetragen.

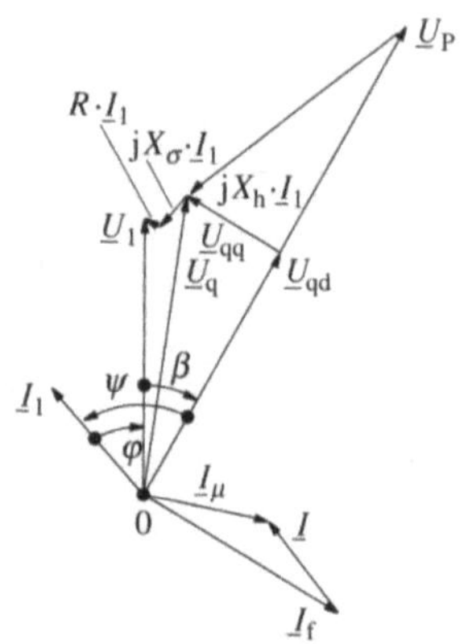

Bild 9.3-80 Vollständiges Zeigerdiagramm der Vollpol-Synchronmaschine

2. Betrieb der Synchronmaschine

a) Synchronisation

Damit die Synchronmaschine stromlos auf das Netz geschaltet werden kann, müssen die Spannungen des Netzes und der Maschine in folgenden Punkten übereinstimmen:

- Betrag,
- Frequenz,
- Phasenlage,
- Phasenfolge.

Zur Anzeige des Synchronisierpunktes gibt es Synchronisiergeräte; bei größeren Anlagen wird automatisch synchronisiert.

Als optische Synchronisationsanzeige ist die *6-Lampenschaltung* bekannt. Die Leuchten sind mit den 3 Klemmen des Netzes und der Maschine nach Bild 9.3–81 verbunden. Gezeigt ist die Hell-Dunkel-Schaltung. Der richtige Zeitpunkt zum Verbinden der Netze ist gegeben, wenn die Dunkel-Lampe erloschen ist und die Hell-Lampen gleichhell leuchten. Mit einem Spannungsmesser kontrolliert man vorher die Spannungswerte der Netze. Weicht die Frequenz noch ab, sieht man einen scheinbaren Lichtumlauf. Bei falscher Phasenfolge erhält man nur ein dauerndes Pulsen der Lampen. Bei der Schnellsynchronisation werden die Maschinen nach erfolgtem Hochlauf bis in die Nähe des Synchronismus über Drosseln hart auf das Netz geschaltet. Nach der Synchronisation werden die Drosseln überbrückt.

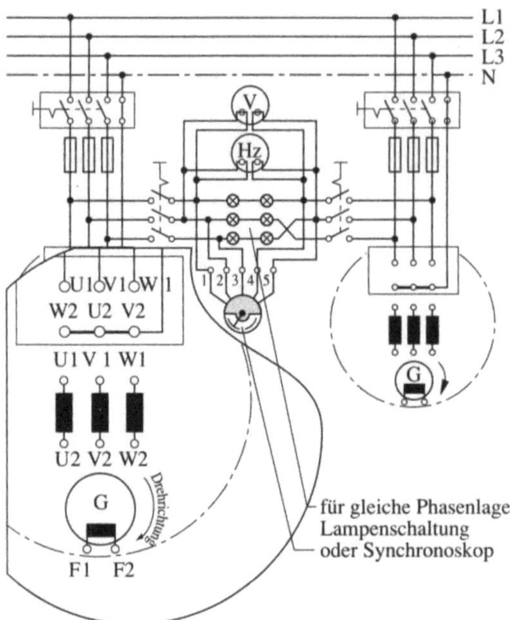

Bild 9.3-81 Synchronisierschaltung

b) Wirkung der Dämpferwicklung

Die bereits angesprochene Dämpferwicklung im Läufer der Synchronmaschine tritt bei folgenden Vorgängen in Erscheinung:

- bei Pendelungen des Polrades (nichtstationärer Betrieb),
- zur Abdämpfung von Schieflasten (unsymmetrische Belastung)
- als Anlaufwicklung bei Motoren.

Anlauf im Motorbetrieb

Nur bei kleinen Leistungen werden die Synchronmaschinen wegen der synchronen Drehzahl eingesetzt. Bei Uhren baut man selbstanlaufende Motoren ein. Diese laufen asynchron hoch und synchronisieren selbst. Große Maschinen können meist nicht selbst anlaufen. Zum Hochschleppen benutzt man dann *Anwurfmotoren*, die die Maschine bis zum Synchronismus hochziehen.

Eine andere Möglichkeit ist der *Frequenzanlauf* über Wechselrichter. Sie wird meist dann eingesetzt, wenn die Drehzahl der Maschine gestellt werden soll (s. Kap. 8).

Synchronmaschinen, die am starren Netz als Motoren arbeiten sollen, laufen über ihren Dämpferkäfig an. Bei Massivläufern übernehmen die Wirbelströme im Läufer die Stelle des Käfigs. Sie laufen als Asynchronmaschinen hoch und werden nach Einschalten der Erregung bei kleinen Schlupfwerten s in den Synchronismus gezogen. Bild 9.3–82 zeigt einen solchen Synchronisiervorgang.

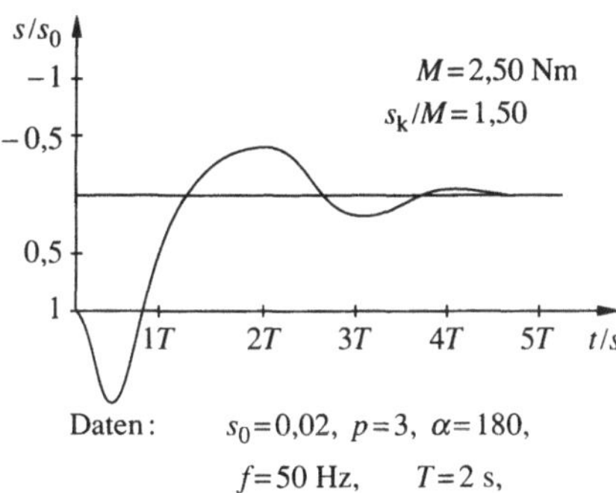

Bild 9.3-82 Synchronisiervorgang nach dem Hochlauf (Simulation)
α Schaltwinkel

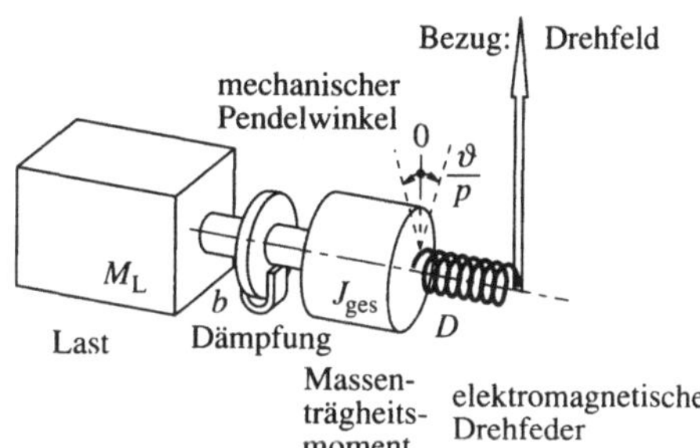

Bild 9.3-83 Synchronmaschine als Drehschwinger; dies gilt auch für kleine Synchronmaschinen, z. B. Schrittmotoren

Abdämpfung von Schieflasten

Bei Synchrongeneratoren ist der ungünstigste Lastfall die Belastung nur eines Stranges. Dann bildet sich in der Ankerwicklung ein unsymmetrisches Stromsystem aus. Das Wechselfeld kann man in zwei gegenläufige Drehfelder zerlegen. Das Mitsystem erzeugt keine Spannungen in der Dämpferwicklung, da es ja synchron mitläuft. Das gegenläufige (inverse) Teilfeld läuft mit dem Schlupf $s = 2$ und induziert in der Dämpferwicklung Spannungen der doppelten Netzfrequenz. Die Dämpferwicklung muß dieses Feld möglichst voll abdämpfen. Das bedeutet, daß das Feld verschwindet. Der Aufwand für die Dämpferwicklung steigt also mit den Anforderungen der Schieflast.

Pendelungen

Unter *Pendelungen* versteht man die dem Synchronlauf überlagerten Schwingungen des Polrades. Die Pendelfrequenzen sind i. a. sehr klein gegen die Netzfrequenz. Die Momentencharakteristik der Synchronmaschine zeigt, daß die Maschine ein drehschwingungsfähiges System ist: Die Drehfeder ist die Maschine; das Massenträgheitsmoment der Maschine und der Last stellt den zweiten Energiespeicher (Bild 9.3–83). Die Dämpferwicklung soll hier Pendelungen dämpfen. Bei Laststößen oder von angekoppelten Arbeitsmaschinen mit ungleichförmigem Drehmomentenverlauf können Pendelungen angeregt werden; Beispiele sind Kolbenverdichter.

Die ungedämpfte Eigenfrequenz der Synchronmaschine erhält man zu

$$f_0 = \frac{1}{2 \cdot \pi} \sqrt{\frac{p \cdot M_K \cdot \cos \beta}{J}}, \qquad (9.3\text{–}37)$$

f_0	p	M_K	J
Hz	1	Nm	kgm^2

Die Eigenfrequenzen f_0 liegen in der Größenordnung von wenigen Hz.

Wichtig ist die Abklärung des Schwingungsverhaltens der Anlage, um Überraschungen im Betrieb zu vermeiden. Zu beachten ist, daß die Eigenfrequenz vom Erregungszustand und vom Lastzustand abhängt. Dies macht die Angelegenheit zwar noch unübersichtlicher, zeigt aber auch Abhilfemöglichkeiten auf.

9.3.3.8 Stoßkurzschluß

Synchronmaschinen können bei Netzstörungen kurzgeschlossen werden. Man unterscheidet elektrisch nahe und ferne Kurzschlüsse, sowie den einpoligen, zweipoligen und den dreipoligen Kurzschluß. Das plötzliche Kurzschließen nennt man *Stoßkurzschluß;* den maximalen Momentanwert des Kurzschlußstromes bezeichnet man als *Stoßkurzschlußstrom* i_p. Der Stoßkurzschluß ist deshalb gefährlich, weil die hohen Stoßkurzschlußströme die Wicklungen mechanisch sehr stark beanspruchen. Die thermische Belastung hingegen ist oft nicht so kritisch, da der Vorgang sehr kurzzeitig ist, weil er schnell zur Abschaltung führt.

Verlauf und Höhe des Stoßkurzschlußstromes ist abhängig von der Erregereinrichtung der Synchronmaschine und von Sättigungseinflussen. Der nach dem Ausgleichsvorgang auftretende *Dauerkurzschlußstrom* soll nach VDE 0102 bei Turbogeneratoren im Bereich von 1,5...2,2 · I_N und bei Schenkelpolmaschinen im Bereich von 2...4 · I_N liegen (vgl. hierzu Abschnitt 10.10.4.4).

Mechanische Probleme bringt der Stoßstrom, der durch Kurzschluß der vollerregten Maschine auftritt. Die Ursache der hohen Stoßströme im Verhältnis zu relativ niedrigen Dauerkurzschlußströmen liegt darin, daß die Ankerrückwirkung den Luftspaltfluß nicht so schnell abbauen kann.

Der Stoßkurzschluß ist ein Schaltvorgang, der Ausgleichsströme hervorruft. Bedingt durch die Ausgleichsvorgänge im Ständer und Läufer treten neben den Wechselströmen schaltphasenbedingte abklingende Gleichstromanteile auf. Durch die wechselseitige Beeinflussung von Ständer und Läufer, rufen Gleichstromausgleichsströme im Ständer Wechselströme hervor und umgekehrt. An den Ausgleichsvorgängen beteiligen sich alle Wicklungen: Ständerwicklung, Erregerwicklung und die Kurzschlußwicklung des Dämpferkäfigs. Als Dämpferkäfig wirken auch massive Polschuhe. Das ist der Grund, weshalb das System nicht so leicht übersehen werden kann. Den Verlauf der Ständerströme – mit und ohne Gleichstromglied – und des Erregerstromes im Läufer zeigt Bild 9.3–84 im Prinzip.

Im folgenden soll angenommen werden, daß die leerlauferregte Vollpol-Synchronmaschine mit $U_p = U$ kurzgeschlossen wird. Den Strom erhält man zu:

$$\begin{aligned} i_p = {} & I_k'' \cdot \sqrt{2} \cdot e^{t/T_a} \cdot \cos\alpha + \\ & + \{(\underline{I}_k'' \cdot \sqrt{2} - \underline{I}_k' \cdot \sqrt{2}) e^{-t/T_d''} + \\ & + (\underline{I}_k' \cdot \sqrt{2} - \underline{I}_k \cdot \sqrt{2}) e^{-t/T_d'} + \\ & + I_k \cdot \sqrt{2}\} \cdot \cos(\omega t + \alpha). \end{aligned} \tag{9.3–38}$$

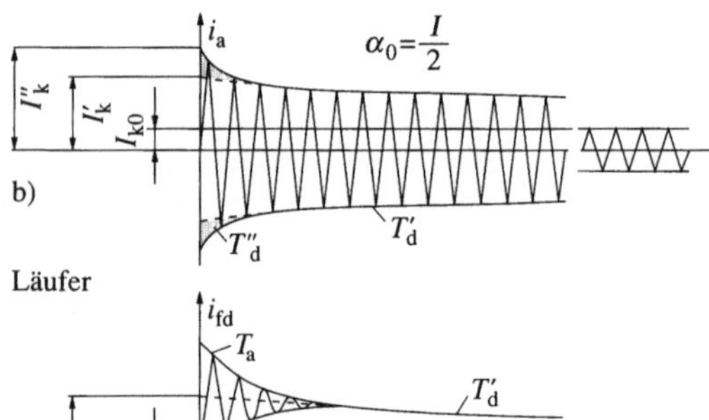

Bild 9.3-84 Stoßkurzschluß der Synchronmaschine Verlauf der Ströme im Ständer – mit Gleichstromausgleichsglied (oben) und ohne (unten) – und Läufer sowie den Zeitkonstanten T_A, T_d'' und T_d'

a) Höchstwert des { Stoßkurzschluß-Wechselstromes i_p ($\alpha_0 = 0$) / Gleichstromanteiles A

b) ohne Gleichstromanteil $\left(\alpha_0 = \frac{\pi}{2}\right)$

I_k'' Anfangs-Kurzschlußwechselstrom,

i_p Stoßkurzschlußstrom,

I_k Dauerkurzschlußstrom,

i_{DC} abklingende Gleichstromkomponente des Kurzschlußstromes,

A Anfangswert der Gleichstromkomponente i_{DC}

Diese Gleichung beschreibt den ungünstigsten Fall mit Gleichstromausgleichsglied. Man erkennt die einzelnen Summanden im Diagramm wieder:

- ein schaltwinkelbedingtes abklingendes Gleichstromglied,
- ein schnell abklingendes Wechselstromglied,
- ein langsam abklingendes Wechselstromglied und
- den Dauerkurzschlußstrom.

Alle Glieder – bis auf den Dauerkurzschlußstrom – klingen mit verschiedenen Zeitkonstanten innerhalb weniger Sekunden ab. Die maximale Spitze des Stoßkurzschlußstromes i_p entsteht eine halbe Periode nach dem Eintritt des Kurzschlusses, wenn dieser im Spannungsnulldurchgang eintritt. Hier addieren sich die Amplituden des Wechsel- und des Gleichanteils. Nach VDE 0530 darf dieser Kurzschlußstrom $\hat{I}_k$ für Synchronmaschinen bei dreipoligem Kurzschluß maximal das $\sqrt{2} \cdot 15$-fache des Bemessungsstromes betragen.

Beim Stoßkurzschluß einer Maschine mit Dämpferkäfig gilt das Ersatzschaltbild 9.3–85. Dem Hauptfluß entspricht der Hauptblindwiderstand X_h, dem Streufluß der Ständerwicklung der Ständerstreublindwiderstand $X_{\sigma 1}$, dem Streufluß der Erregerwicklung der Blindwiderstand $X_{\sigma 2}$ und dem Streufluß der Dämpferwicklung der Blindwiderstand $X_{\sigma 3}$. Für die noch zu ermittelnden Zeitkonstanten sind die zugehörigen Wirkwiderstände der Erregerwicklung R_2 und des Dämpferkäfigs R_3 zu berücksichtigen.

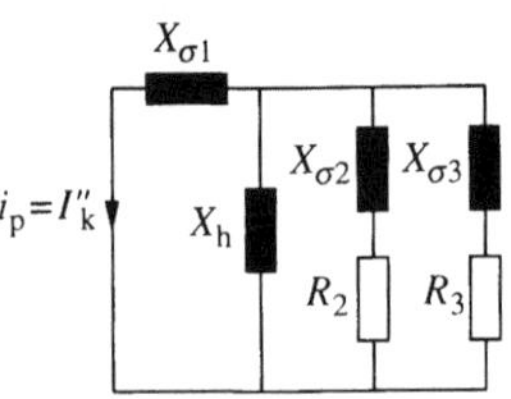

Bild 9.3-85 Ersatzschaltbild für die Ermittlung der subtransienten Reaktanz X_d''

Der Quotient aus der Bemessungsspannung U_N und dem Stoßkurzschlußstrom I_k'' wird als *subtransiente Reaktanz* X_d'' definiert. Aus der Schaltung nach Bild 9.3–85 erhält man:

$$X_d'' = X_{\sigma 1} \frac{X_h X_{\sigma 2} X_{\sigma 3}}{X_h X_{\sigma 3} + X_h X_{\sigma 2} + X_{\sigma 2} X_{\sigma 3}}. \qquad (9.3\text{–}39)$$

Die Zeitkonstante für das rasche Abklingen des Kurzschlußstromes des subtransienten Zeitabschnittes ist:

$$T_d'' = \frac{X_{\sigma 3} + \dfrac{X_h X_{\sigma 1} X_{\sigma 2}}{X_h X_{\sigma 2} + X_{\sigma 1} X_{\sigma 2} + X_h X_{\sigma 1}}}{\omega R_3}. \qquad (9.3\text{–}40)$$

Die Zeitkonstante T_d'' liegt bei einigen 10 ms; der Stromanteil ist nach wenigen Perioden abgeklungen. Danach gilt die Übergangsreaktanz nach Bild 9.3–86. Man erhält die *transiente Reaktanz* $X_d' = U_N/I_k'$ zu:

$$X_d' = X_{\sigma 1} \frac{X_h X_{\sigma 2}}{X_h + X_{\sigma 2}} \qquad (9.3\text{–}41)$$

mit der Zeitkonstanten T_d' für diesen Abklingvorgang:

$$T_d' = \frac{X_{\sigma 2} + \dfrac{X_h X_{\sigma 1}}{X_h + X_{\sigma 1}}}{\omega R_2}. \qquad (9.3\text{–}42)$$

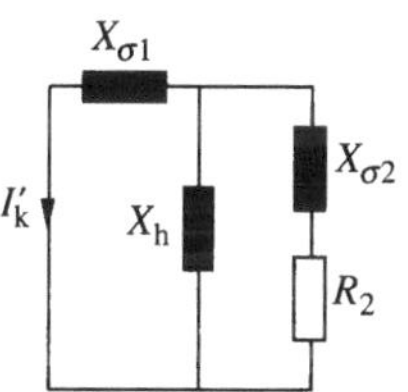

Bild 9.3-86 Ersatzschaltbild für die Ermittlung der transienten Reaktanz X_d'

Die Zeitkonstante T_d' liegt im Sekundenbereich. Die Zeitkonstante des Gleichstromgliedes ist mit dem Wirkwiderstand der Ständerwicklung R_1:

$$T_a = \frac{X_d' + X_q}{2\omega R_1}. \qquad (9.3\text{–}43)$$

Als maßgebliche Reaktanz gilt hier der Mittelwert der Reaktanzen von Längs- und Querrichtung. Die Zeitkonstante liegt im Bereich einiger Perioden der Netzspannung.

Bild 9.3–87 zeigt Oszillogramme des Stoßkurzschlußvorganges bei Synchronmaschinen in den beiden möglichen Hauptlagen. Weitere Auswirkungen auf das Netz sind in Kap. 10 beschrieben [9.19].

1. Hauptlage: voller Fluß

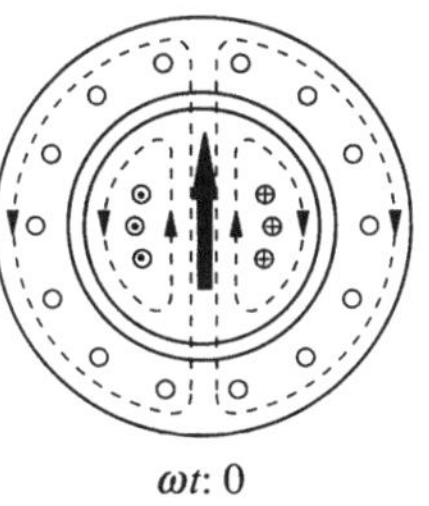

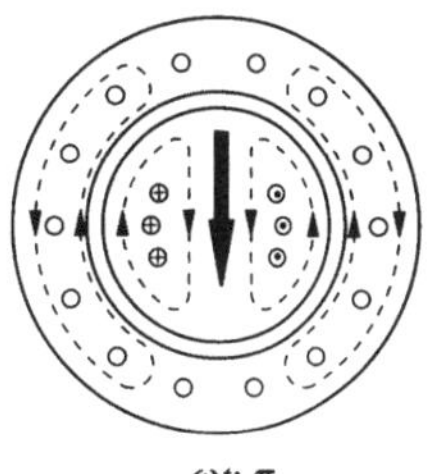

2. Hauptlage: kein Fluß

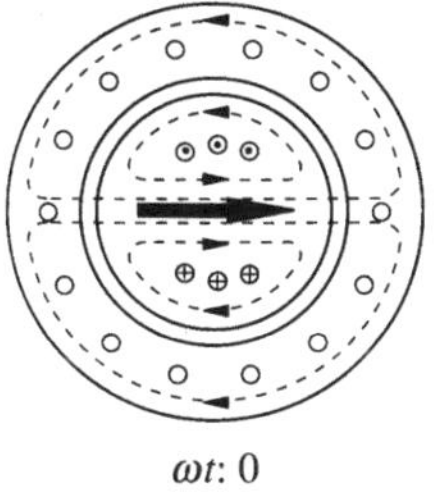

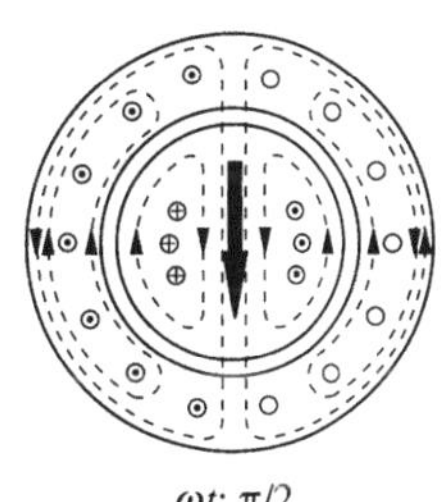

Verlauf der Ströme ($I_{1(t=0)} = 0$, $I_e = I_{e0}$)

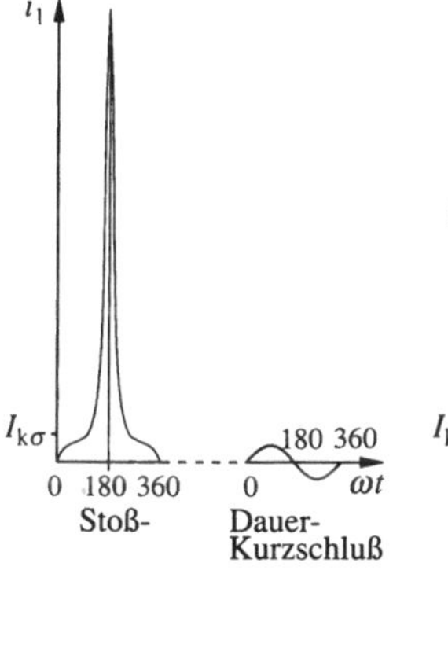

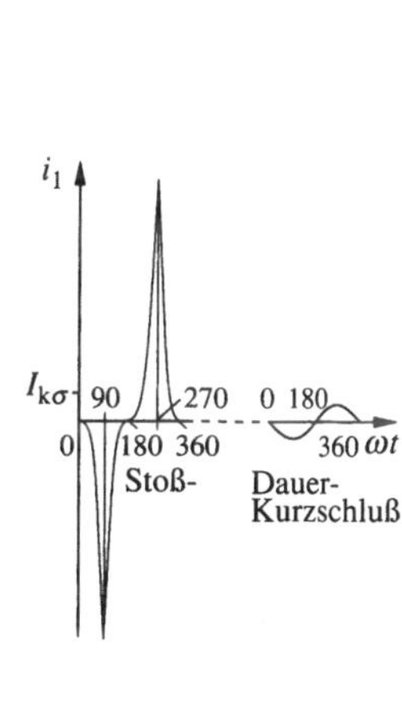

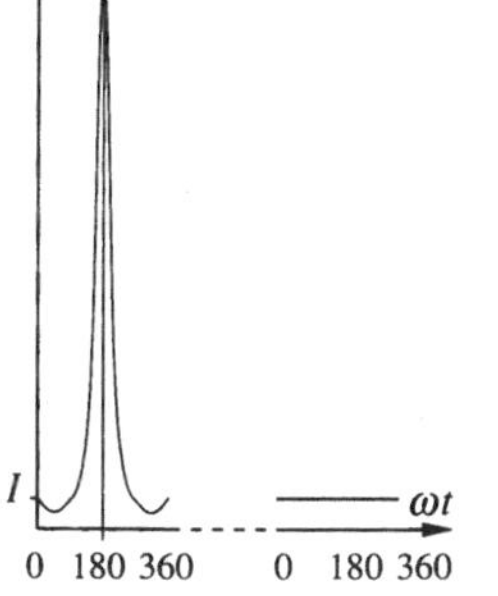

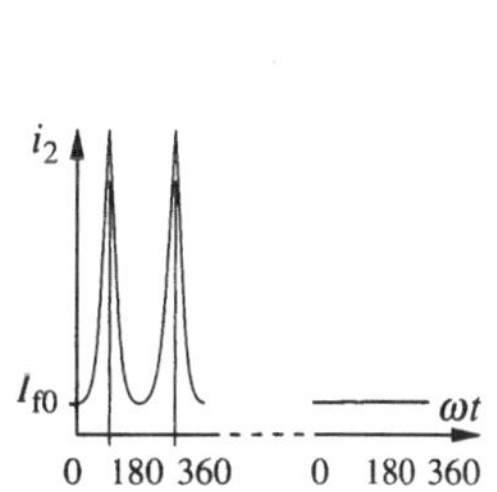

Bild 9.3-87 Verlauf der Stoßkurzschlußströme abhängig von den beiden Hauptlagen bei Kurzschlußeintritt

9.3.3.9 Elektronisch kommutierte Maschine (EK-Motor, BL-Servoantrieb)

1. Einsatz

Im Leistungsbereich bis etwa 50 kW (bis $M_{max} = 100$ Nm, bis $n_{max} = 8000\ min^{-1}$) werden in letzter Zeit permanenterregte Synchronmaschinen mit elektronischer Stromwendung (*bürstenlose* (BL) Gleichstrommaschinen) über einen selbstgesteuerten Wechselrichter eingesetzt. Diese Entwicklung wurde möglich, da auf dem Gebiet der Magnetwerkstoffe erhebliche Fortschritte gemacht wurden. Die für diese Maschinen eingesetzten Magnetmaterialien gehören zu den Seltenen-Erden. Sie ermöglichen bei hohen magnetischen Energien einen stabilen Betrieb und führten zu den sehr kleinen Maschinen, wenn man sie mit Asynchronmaschinen oder Gleichstrommaschinen gleicher Leistung vergleicht. Der Einsatz erfolgt im Bereich der Neukonstruktionen bei Werkzeugmaschinen, Handhabungsgeräten und Robotern. Darüber hinaus sind diese Maschinen in der Antriebstechnik bei Kleingeräten anzutreffen. Sowohl von der Drehzahl als auch vom kennzeichnenden Stillstandsmoment M_0 her betrachtet, überdecken die Ausführungen einen großen Leistungsbereich. Die Drehzahlverstellung ist einfach über die Speisespannungsverstellung zu erzielen. Dadurch werden Neukonstruktionen vermehrt auf dieses Antriebssystem umgestellt, wenn auch der Preis höher als beim vergleichbaren Ferrit-Magnet-Antrieb liegt.

In begrenztem Umfang werden *EK-Maschinen* auch bei Hauptspindeln an Werkzeugmaschinen eingesetzt. Durch Aufbau einer Feldschwächkomponente bei der Stromansteuerung arbeiten diese Maschinen dann auch mit einem Feldstellbereich.

Zu Verwirrungen führt die Maschinenbezeichnung. Es sind mehrere Bezeichnungen üblich, die kurz aufgelistet werden:

- elektronisch kommutierte Maschine, EK-Maschine, EK-Motor,
- AC-Servo,
- DC-bürstenlose Maschine,
- Brushless DC-Motor,
- bürstenlose Gleichstrommaschine, BL-Gleichstrommaschine usw.

2. Aufbau

Bei der elektronisch kommutierten Maschine handelt es sich um eine Synchronmaschine in Innenpolausführung (Bild 9.3–88). Der Ständer ist geblecht aufgebaut und trägt die Drehstromwicklung in seinen Nuten. Der Läufer mit Permanentmagnet-Erregung trägt ein Läuferlage-Erkennungssystem, um die Läuferstellung gegenüber dem Ständer zu melden. Über die Läuferlageauswertung werden die Stränge der Drehstromwicklung des Ständers so bestromt, daß ein möglichst hohes Drehmoment abgegeben werden kann. Die Bestromung übernimmt ein aus einem Gleichspannungszwischenkreis gespeister Wechselrichter in Brückenschaltung (B6). Dreht sich der Läufer weiter, schaltet er automatisch über das Lagegebersystem die nächste Wicklung ein. Dieses Verhalten entspricht dem Arbeitsprinzip des Stromwenders der Gleichstrommaschine. Auch dort wird vom Stromwender die nächste günstig gelegene Spule eingeschaltet. Vorteilhaft ist bei der EK-Maschine, daß das Schalten verschleißfrei mit elektronischen Schaltern erfolgt. Wegen der Speisung über einen elektronischen Wechselrichter kann die Maschine ohne Stromrichter gar nicht mehr laufen; ausgenommen im Synchronbetrieb. Für den Betrieb gibt es zwei Möglichkeiten der Bestromung der Wicklung

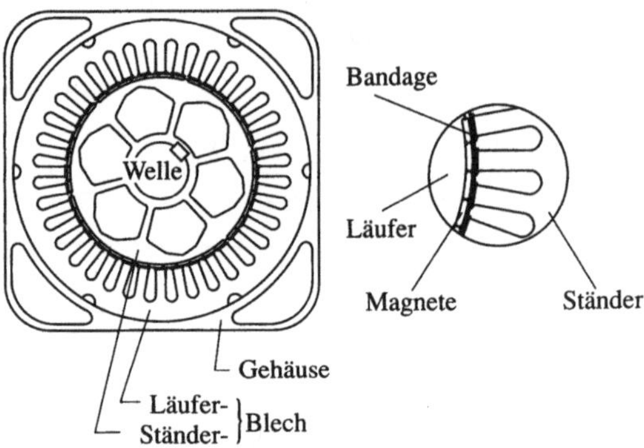

Bild 9.3-88 EK-Innenpolmaschine (6-polig)

- blockförmige Ströme und
- sinusförmige Ströme.

Blockstrom

Das Konzept des *Blockstromes* beruht auf der konsequenten Entwicklung der Funktionen im Bezug auf die Gleichstrommaschine. Auch dort ist der Läuferstrom blockförmig. Bei der EK-Maschine sind nun Ständer und Läufer getauscht, wie Bild 9.3–89 für eine Maschine mit 2 Polen zeigt. Die Durchmesserwicklung des Ständers liegt in den Nuten; das Polrad ist magnetisiert. Damit das Drehmoment konstant bleibt, muß die Bestromung nach einer Drehung von 60° jeweils auf den stromlosen nächsten Wicklungsstrang weitergeschaltet – kommutiert – werden. Dadurch ergeben sich in den Zuleitungen Blockströme. Durch das Zusammenwirken der Blockströme mit dem Trapez-Permanentfeld ergibt sich theoretisch ein konstantes winkelunabhängiges Drehmoment. Der trapezförmige Verlauf des Magnetfeldes ist durch die Konstruktion des Läufers im Zusammenwirken mit dem Ständer gegeben.

Bei ausgeführten Maschinen liegt die Wicklung meist in mehreren Nuten je Strang (z. B. $q = 2$). Die Polpaarzahl ist dann auch 6 bis 8. Die Ständernuten sind zur Verminderung der Rastmomente (Pendelmomente) geschrägt. Bild 9.3–90 zeigt einen Querschnitt und einen Längsschnitt durch eine solche EK-Maschine.

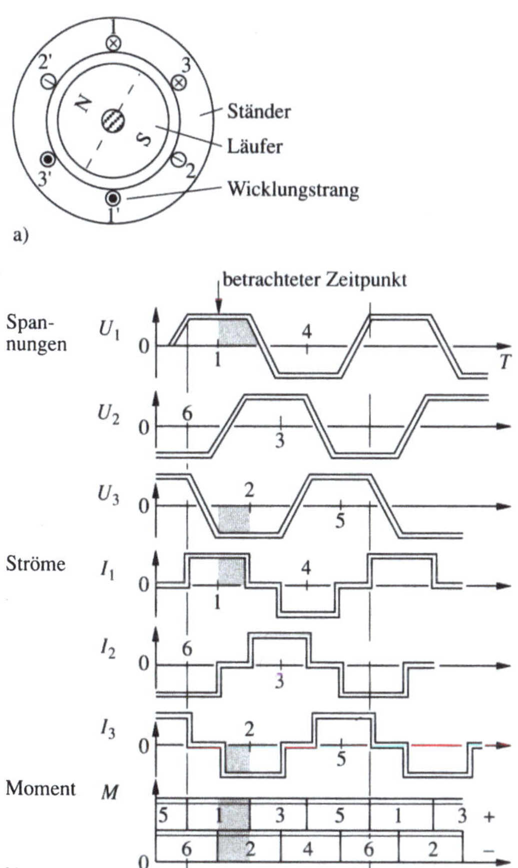

Bild 9.3-89 2-polige EK-Maschine
a) Strang 1 und 3 bestromt,
b) Spannungen, Ströme und Drehmomente bei Trapez-Spannungen und -Strömen (Blockströme)

Bild 9.3–91 stellt ein Lagegebersystem mit Magnetschranken zur Meldung der Läuferlage an den Umrichter dar.

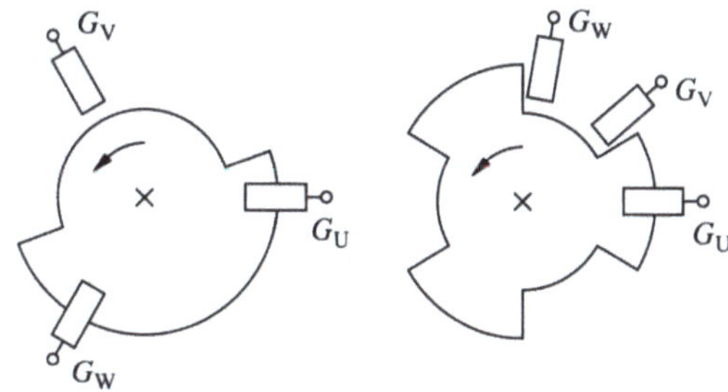

Bild 9.3-91 Lagegebersystem für $p=1$ und $p=3$

Sinusstrom

Bei diesen EK-Maschinen muß wegen der *Sinusströme* der permanentmagnetische Kreis so ausgelegt werden, daß auch das Maschinenfeld sinusförmig ist.

Dann erhält man auch sinusförmige Maschinenspannungen. Dadurch weicht die Wicklung von der Durchmesserwicklung bei Blockströmen ab und der Magnetkreis steuert über den Polbedeckungsfaktor (a kleiner 1) und einen variablen – an den Polkanten größeren Luftspalt – den Fluß. Um wieder ein möglichst großes Drehmoment zu erzeugen, müssen Sinusfeld und Sinusstrom in Phase sein. Die Ströme werden ebenfalls von einem Wechselrichter aus einem Gleichspannungszwischenkreis gespeist. Der Läuferlagegeber muß jetzt jedoch mit hoher Auflösung arbeiten, da jede Läuferstellung in eine bestimmte sinusbewertete Bestromung umgesetzt werden muß. Es werden Resolver oder hochauflösende absolutkodier-

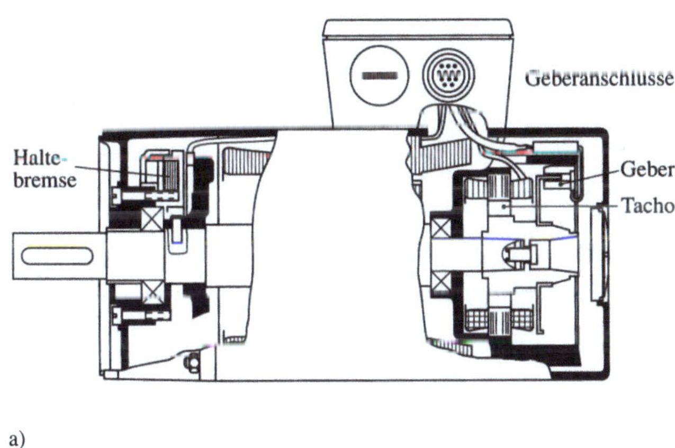

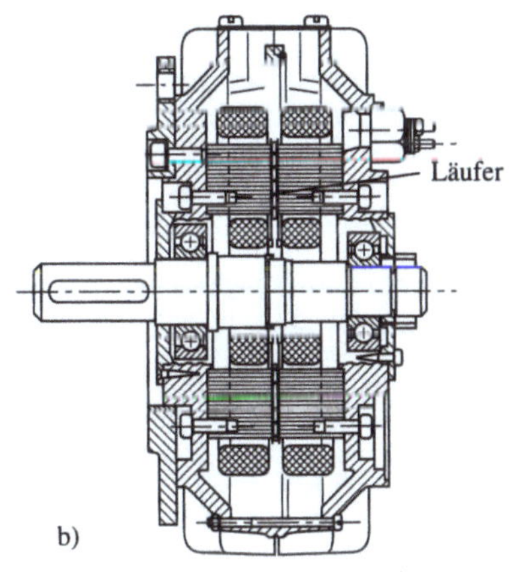

Bild 9.3-90 Längs- und Querschnitt durch EK-Maschinen
a) Stabanker,
b) Scheibenläufer

te optische Geber eingesetzt. Das Blockschaltbild der Erzeugung der sinusförmigen Stromsollwerte zeigt Bild 9.3–92.

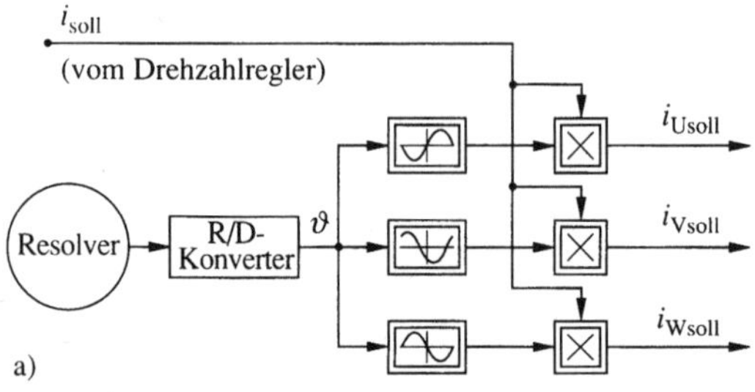

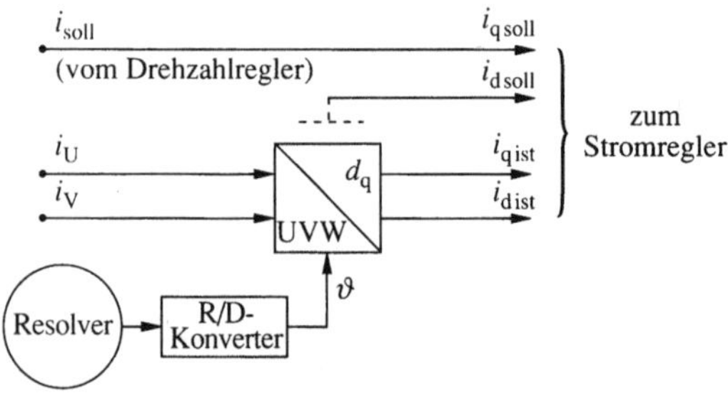

Bild 9.3-92 Blockschaltbild der Steuerung einer EK-Maschine für Sinusströme
a) Erzeugung der Strangstromsollwerte,
b) Erzeugung der d, q-Stromkomponenten

3. Betrieb

Besonders die Größen der EK-Maschine mit Sinusbestromung lassen sich leicht direkt in ein Zeigerdiagramm übersetzen und darstellen. Im Prinzip gilt dies jedoch auch für die Werte der Blockstrom-Maschine.

Ausgehend von dem Ersatzschaltbild der EK-Maschine und der Tatsache der gleichen Phasenlage der induzierten Spannung U_i und des Maschinenstroms I erhält man die in Bild 9.3–93 dargestellten Verhältnisse. Durch die Addition der inneren Spannungsfälle (R, X) erhält man die Speisespannung U (Klemmenspannung). Mit zunehmender Belastung steigt der Spannungsfall. Eine höhere Drehzahl erfordert eine höhere Speisespannung U. Die Drehzahl-Drehmoment-Kennlinie zeigt Bild 9.3–94. Aus diesen Kennlinien ist wieder die Verwandschaft zur Gleichstrommaschine gut zu erkennen. Die Herabsetzung der Zwischenkreisspannung auf die drehzahlbedingte Maschinenspeisespannung erfolgt über Pulsung der Wechselrichterventile (PWM).

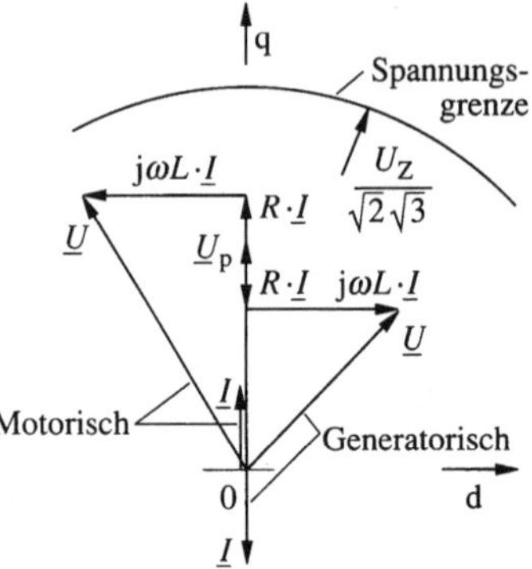

Bild 9.3-93 Vereinfachtes Zeigerdiagramm der EK-Maschine

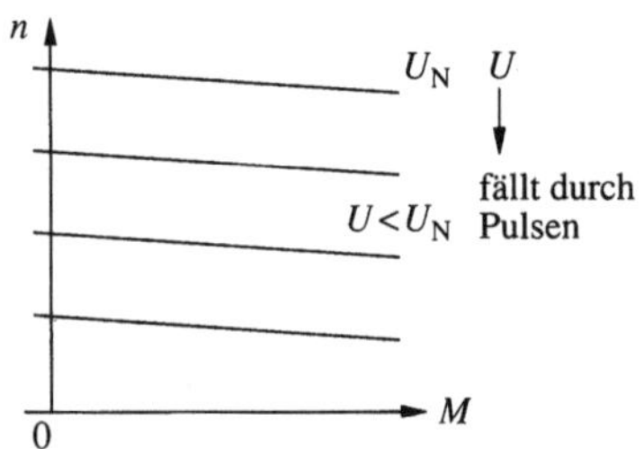

Bild 9.3-94 Drehzahl-Drehmoment-Kennlinie

4. Blockbetrieb – Sinuspulsung (Vergleich)

Beide Maschinentypen der EK-Maschine Sinusstrom- und Blockstrom-Maschine – haben ihren Markt. Der Vergleich ist schwierig, da prinzipbedingten Unterschieden in der Praxis noch konstruktionsbedingte Unterschiede überlagert sind. Lagegebersystem und Stromrichteranpassung gehen mit in die Überlegungen ein.

Bei gleichem Magnetaufwand, gleicher Flußdichte im Luftspalt und bei gleichen Wicklungsverlusten usw. kann man für die Maschine mit Sinusstrom etwa 10% höhere Leistungen ansetzen als beim Blockstrom. Konstruktiv wird dieser Vorteil durch deutlich höheren Aufwand beim Lagegeber und im Stromregelteil des Wechselrichters erkauft. Dies läßt sich jedoch kaum allgemein abschätzen.

5. Stromrichter

Bild 9.3–95 zeigt das Blockschaltbild eines Stromrichterantriebs mit EK-Maschine. Der *Stromrichter* ist mit einem Gleichspannungszwischenkreis aufgebaut, der über einen ungesteuerten netzgeführten Stromrichter SRI gespeist wird. Der Wechselrichter SRII in B6-Schaltung wird über den Läuferlagegeber des Systems so angesteuert, daß die gewünschte Bestromung – in Form und Lagezuordnung – erzielt

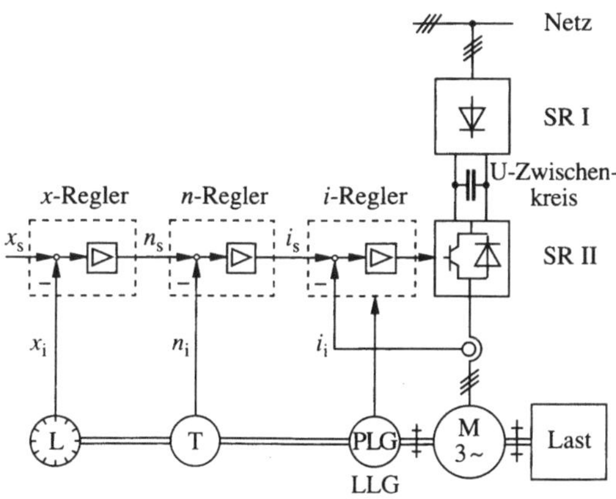

Bild 9.3-95 Blockschaltbild des Stromrichters einer EK-Maschine

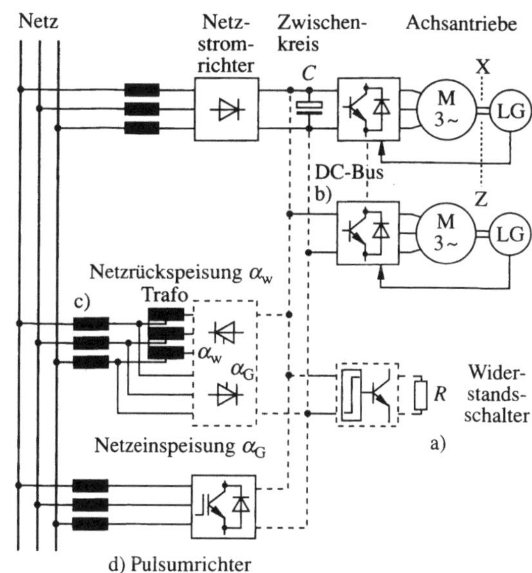

Bild 9.3-96 Umsetzung der Bremsenergie
a) Bremschopper,
b) DC-Bus für die Energieverwendung in anderen Achsen,
c) Netzrückspeisestromrichter mit Anpaßtransformator,
d) Pulsumrichter

wird. Wegen der hohen Pulsfrequenzen – bis 100-kHz-Pulsungen werden eingesetzt – werden Transistoren als elektronische Schalter genutzt. Die hohen Schaltverluste werden über spezielle Netzwerke abgeführt und die Energie teilweise rückgespeist.

Mit der EK-Maschine ist auch Bremsbetrieb möglich. Wird der Antrieb von der Last her mechanisch gespeist, geht die Maschine vom Motorbetrieb in den Generatorbetrieb über. Der Wechselrichter wird zum Brückengleichrichter und die Energie in den Zwischenkreis als Gleichstromenergie eingespeist. Dadurch steigt die Kondensatorspannung an. Sie muß auf zulässige Werte begrenzt werden. Hierzu wird über einen spannungsgesteuerten Schwellwertschalter ein Ballastwiderstand eingeschaltet, der die Bremsenergie in Wärme umsetzt (Bremschopper-Betrieb) oder die Energie wird über einen zum Netzstromrichter antiparallel geschalteten Rückspeisestromrichter (B6C) in das Drehstromnetz zurückgeliefert. Ein Anpaßtransformator sorgt für eine Spannungsanpassung der hohen Zwischenkreisspannung an die Spannung, die der Wechselrichter sicher verarbeiten kann (Wechselrichtertrittgrenze). Eine andere Rückspeisevariante setzt erst über einen Tiefsetzsteller (Gleichstromsteller) die Zwischenkreisspannung herab, um sie dann dem Wechselrichter zuzuführen.

Die Tiefsetzstellervariante ersetzt die „Kupfer/Eisen"-Kosten durch „Silizium"-Kosten. Bei Achsantrieben hängen oft bis zu 16 Achsen an einem DC-Bus. Bei Generatorbetrieb einer Achse wird die Energie oft direkt in eine andere Achse „umgelenkt", wenn diese im Motorbetrieb dem Zwischenkreis (DC-Bus) Energie entzieht.

Bild 9.3–96 zeigt die Varianten der Energieverarbeitung bei Generatorbetrieb einer Achse.

Als Antriebe in Werkzeugmaschinen usw. werden die EK-Maschinen auch zur Lageregelung benutzt. Die Lage wird dann u. U. direkt über das Läuferlageerkennungssystem erfaßt. Hierfür ist nur eine Umdrehung erreichbar. Durch zusätzliche Umdrehungserfassung wird der Bereich erweitert.

6. Läuferlagegeber der EK-Maschine

Bei der Läuferlageerkennung sind zwei Systeme zu unterscheiden

- Geber zur Steuerung der Bestromung und
- Geber zur Läuferlageerfassung und für Positionieraufgaben.

Bild 9.3–97 zeigt eine Geberauswahl, die im folgenden näher besprochen werden soll.

Für die Bestromung bei Blockbetrieb reichen einfache inkrementale Scheibengeber aus. Über die Blendensegmente werden die Signale zur Steuerung der Stromrichterventile erzeugt. Der Aufbau ist robust und einfach; er hat sich in der Praxis bewährt.

Für die Bestromung bei Sinusbetrieb reichen einfache Geber nicht aus, weil ja die sinusförmige Stromform winkelabhängig erfaßt werden muß. Hierzu benötigt

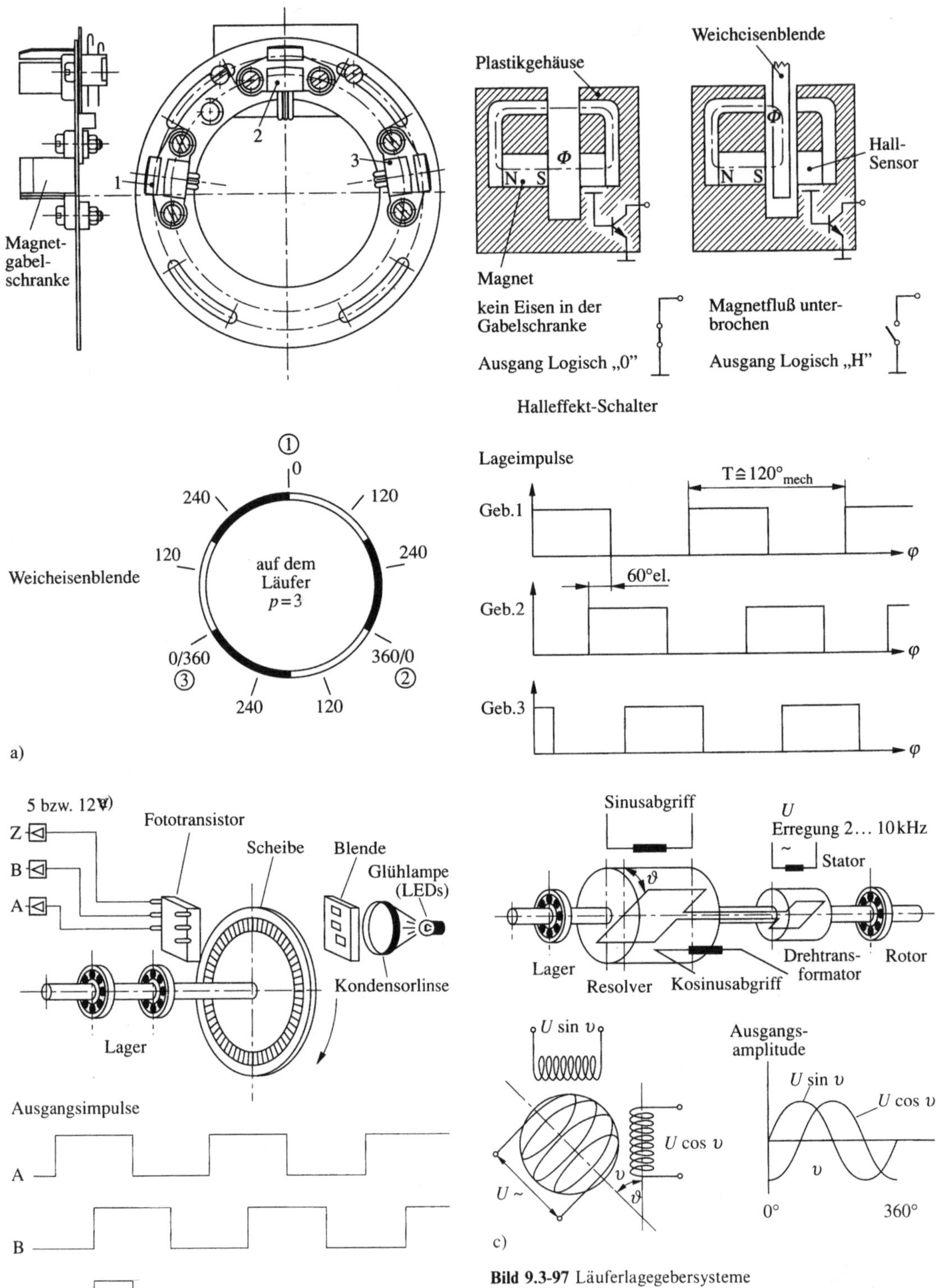

Bild 9.3-97 Läuferlagegebersysteme
a) Blendenscheibe,
b) inkrementale Geber,
c) Resolver

man absolute Lagegeber, da bei Netzstörung die Lage richtig wiedererkannt werden muß. Als absolute Lagegeber eignen sich *Code-Geber*, z. B. mit Gray-Code, oder *Resolver*. Über Auswerteelektronikbausteine werden letztlich die gewünschten Lagesignale erzeugt. Diese liefern die Ausgangsdaten der Lageinformation für die Sinusbestromung. Zur Resolverauswertung sind verschiedene Anbieter mit hochintegrierten Auswerteschaltungen auf dem Markt. Auch die Auflösung – bis zu 16 Bit sind im Angebot – kann an den Einsatzfall angepaßt werden [9.20], [9.21].

Viele Anwender geben dem robusten Resolversystem den Vorzug. Dabei wird berührungslos eine Wechselspannung auf die Erregerwicklung im Läufer übertragen. Diese induziert in einer Sinus- und Cosinus-Wicklung im Ständer Signale mit 90° Phasenverschiebung. Die beiden Signale werden zur Lageinformation in der Elektronik ausgewertet.

7. Asynchronservomotoren
Für Positionierantriebe werden verstärkt neuentwikkelte Asynchronmaschinen eingesetzt. Die sinusförmige Bestromung der Wicklungen wird über einen Resolver als Lage- und Drehzahlgeber realisiert. Die Drehmomentregelung wird über feldorientierte Regelung im Stromrichter bewerkstelligt. Die hohe Schutzart IP 55 (oder IP 65) bietet viele Einbaumöglichkeiten. Die Maschinen sind gekühlt. Einsatzfelder sind

- Handhabungssysteme,
- allgemeiner Maschinenbau,
- Werkzeugmaschinen,
- Industrieroboter,
- Textil- und Verpackungsmaschinen.

9.4 Transformatoren und Drosseln

9.4.1 Der Transformator (Umspanner)

9.4.1.1 Aufgaben der Transformatoren

Transformatoren (Umspanner) sind ruhende elektrische Maschinen. Grundlage der Wirkungsweise eines Transformators ist das elektromagnetische Feld. 1887 veröffentlichte Kapp grundlegende Arbeiten zur Theorie des Transformators, die auch für die heutigen Transformatoren noch Gültigkeit haben. Ein Transformator formt die der Primärseite zugeführte Spannung in eine andere, gewünschte Spannung auf der Sekundärseite bei gleicher Frequenz um (Umspanner).

Um die bei der Übertragung elektrischer Energie entstehende Verlustleistung, die von der Stromstärke ($I^2 \cdot R$) abhängt, klein zu halten, benutzt man höhere Spannungen und erhält so bei gleicher Leistung kleinere Ströme. 1993 waren 4,6% des Stromverbrauchs im westdeutschen Netz Übertragungsverluste [9.31].

Am Ort des Energieverbrauchs wird die „Transport"-Hochspannung wieder auf niedrigere Verteilungsspannungen umgespannt. Bild 9.4–1 zeigt das Schema eines Energie-Verteilungssystem. Da bei der Energieübertragung immer mehrere Transformatoren in Reihe geschaltet sind, muß man auf hohe Wirkungsgrade achten. Bei der Auswahl der Transformatoren ist auch die Art des Betriebs der Transformatoren zu berücksichtigen. Ein Maschinentransformator des Kraftwerkes, der im Dauerbetrieb z. B. im Grundlastkraftwerk mit voller Last arbeitet, ist bezüglich der Verluste anders auszulegen als ein Ver-

A Kraftwerk 27 kV/220 kV, Maschinentransformator
B Umspannanlage 220 kV/110 kV, Umspanntransformator
C Umspannanlage 110 kV/20 kV, Umspanntransformator
D Umspannstation 20 kV/230 V/400 V, Verteilertransformator
E Hausanschluß 230 V/400 V Steuer- und Klingeltransformator

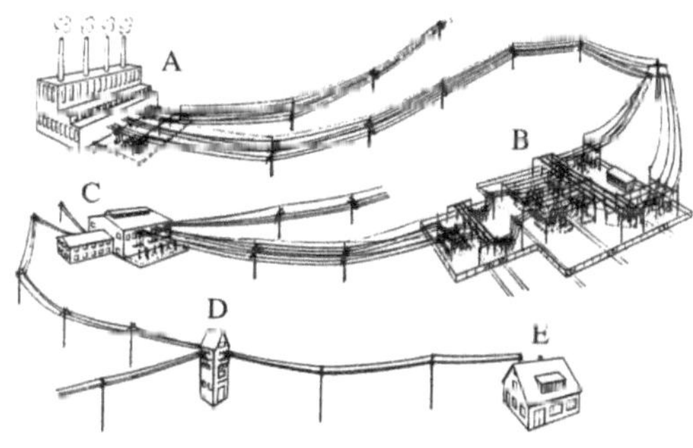

Bild 9.4-1 Energieverteilungsnetz mit Transformatoren im Zuge der verschiedenen Verteilungsstufen und -wege

teiltransformator in ländlichem Gebiet oder gar ein Klingeltransformator im Haushalt, der fast immer leerläuft!

Der Leistungsbereich der Transformatoren umfaßt eine große Spanne: Von Klingeltransformatoren mit wenigen VA bis zu den Grenzleistungstransformatoren für den Netzbetrieb mit Leistungen bis zu 1100 MVA bei 400 kV Oberspannung. In Netzteilen kleinerer Geräte der Konsumelektronik, Meßtechnik oder Nachrichtentechnik sitzen Transformatoren zur Umspannung der Netzspannung von 220 V auf die Elektronikversorgungsspannung von 5...24 V oder Schaltnetzteile mit Hochfrequenztransformatoren (DC/DC-Wandler). Schutztransformatoren werden an Arbeitsplätzen eingesetzt, an denen mit ungefährlichen Kleinspannungen – kleiner 50 V – gearbeitet werden muß.
Man unterteilt die Transformatoren entsprechend der Bauart in:

- Volltransformatoren,
- Spartransformatoren,
- Zusatztransformatoren,
- Öltransformatoren,
- Trockentransformatoren und
- geschlossene Transformatoren.

Eine Aufteilung entsprechend der Einsatzweise zeigt Bild 9.4-1.

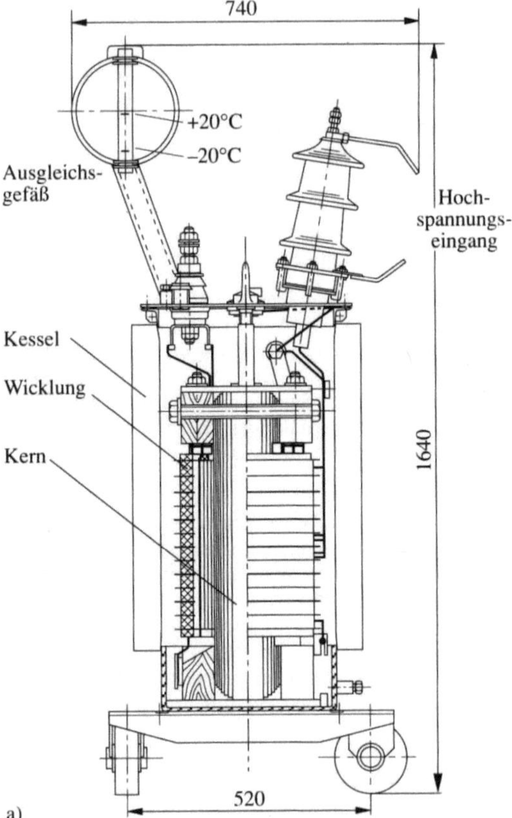

Bild 9.4-3 Transformatoren (Trafo-Union)
a) Öltransformator (TU)

9.4.1.2 Geschichtliche Entwicklung

Ab 1831 werden verschiedentlich Induktionsapparate mit Eisenkern und Wicklung als Experiementiergeräte eingesetzt. 1885 wird erstmals der Transformator mit geschlossenem Eisenkreis zum Patent angemeldet und die ungarische Firma Ganz nimmt die Herstellung von Transformatoren auf. Seit 1891 gibt es den Dreischenkel-Transformator in heutiger Bauart: drei Schenkel in einer Ebene. Im gleichen Jahr bewähren sich Drehstromtransformatoren (100 kVA, 15 kV/55 V) bei der ersten „Fernübertragung" elektrischer Energie von Laufen nach Frankfurt über 175 km. Bild 9.4-2 zeigt die Entwicklung der Leistungen und Spannungen.

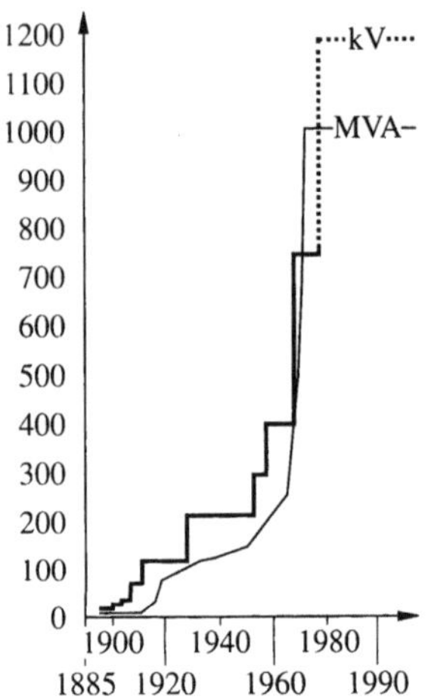

Bild 9.4-2 Entwicklung der Transformatorleistungen und -Spannungen (TU)

Ab 1912 gibt es ölgekühlte Transformatoren; diese lassen größere Leistungen zu, da durch das Öl die Wärmeabfuhr verbessert wurde. Eine Neuerung sind die 1965 eingeführten Gießharztransformatoren mit einer Aluminiumwicklung, die unter Vakuum vergossen wird. Bild 9.4-3 zeigt eine Transformatorenauswahl. Die Entwicklung der Leistungen und Spannungen bei der Gießharz-Transformatorenbauart zeigt Bild 9.4-4. Später ersetzte Askarel das Transformatorenöl, bis die Gefahr von PCB-Entwicklung bei Transformatorenbränden erkannt wurde.

b)

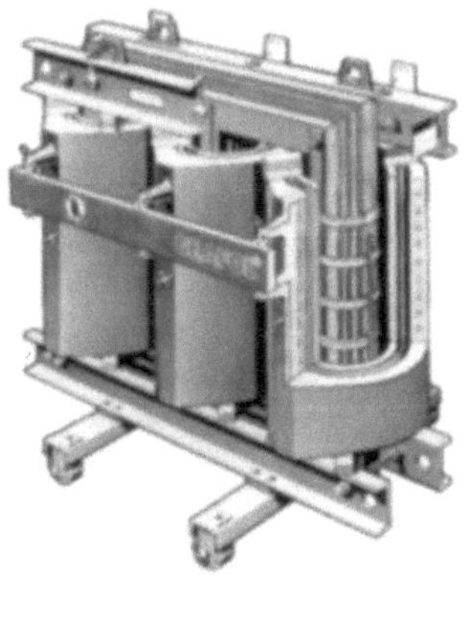

c)

d)

e)

Bild 9.4-3 Transformatoren (Trafo-Union) (Fortsetzung)
b) Verteilertransformator (TU),
c) Gießharztransformator (TU),
d) Prinzipdarstellung der Konstruktion eines Maschinentransformators $S = 687$ MVA, 425/21 kV, $u_k = 16\%$ (TU)G,
e) Großtransformator mit Bahnprofil

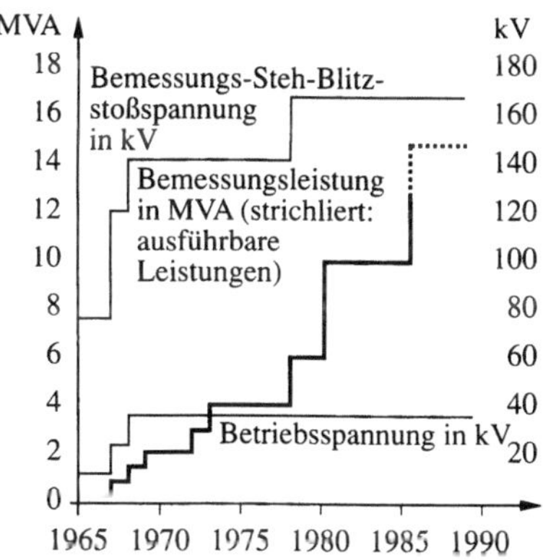

Bild 9.4-4 Entwicklung der Gießharztransformatoren (TU)

9.4.1.3 Aufbau des technischen Transformators

Der Transformator besteht im Prinzip aus einem isoliert geblechten Eisenkern mit einer primären und einer sekundären Wicklung, die um den Kern gewickelt ist. Der Eisenkern sorgt dafür, daß beide Wicklungen etwa denselben magnetischen Fluß umfassen, den das Eisen führt. In den gegeneinander isolierten Wicklungen werden die Spannungen induziert; dort fließen auch die Ströme. Daraus ergeben sich die Konstruktionsteile: geblechter Kern und isolierte Wicklungen.

Prinzipiell teilt man die Transformatoren in Wechselstrom- und Drehstromtransformatoren ein. Sie unterscheiden sich im Aufbau, nicht in der Arbeitsweise.

1. Eisenkern

Die bewickelten Teile des Eisenkerns heißen Schenkel oder Säulen, die durch (unbewickelte) Joche verbunden werden. Der *Eisenkern* wird aus Blechen aufgebaut. Zur Verringerung der Eisenverluste sind die Bleche legiert. Durch Kaltwalzen erhalten sie eine magnetische Vorzugsrichtung. Die gegeneinander isolierten Hi-B-Bleche (High Induction) sowie laserbehandelte Bleche – Dicke 0,23 mm oder 0,30 mm – werden zum Kern verarbeitet: bei kleinen Transformatoren durch Komplettschnitte, bei mittleren durch Teilschnitte, z. B. M, UI und EI-Kern, oder bei großen Transformatoren durch Schichten der Tafeln; Bild 9.4-5 zeigt verschiedene Blechschnitte. Kleintransformatoren werden auch aus gewickelten Kernen mit magnetischer Vorzugsrichtung aufgebaut.

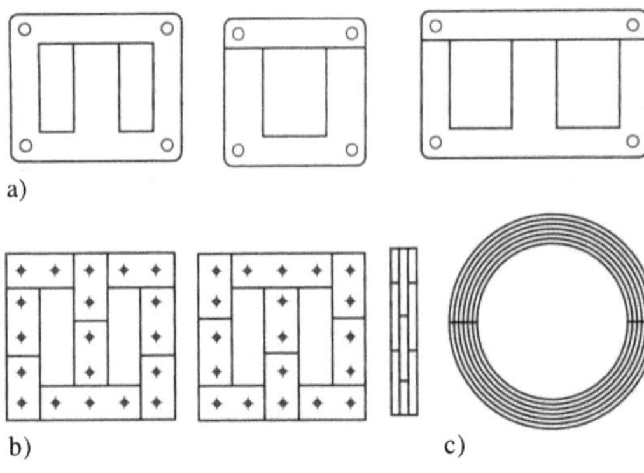

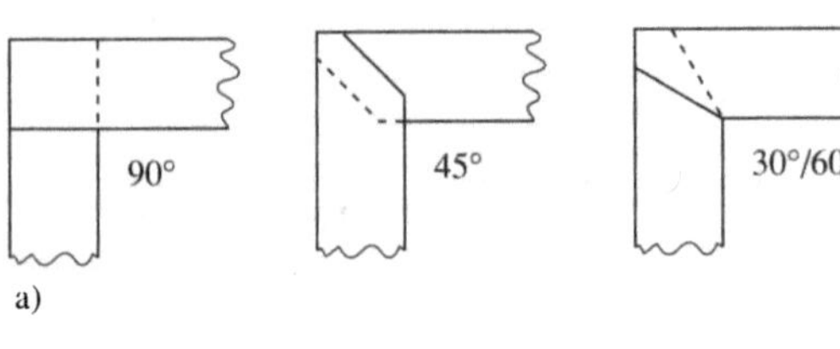

Bild 9.4-5 Transformatoren-Blechschnitte
a) M-, UI- und EI-Kernbleche,
b) geschichtete Tafelbleche von Großtransformatoren,
c) Bandkern (geschnitten)

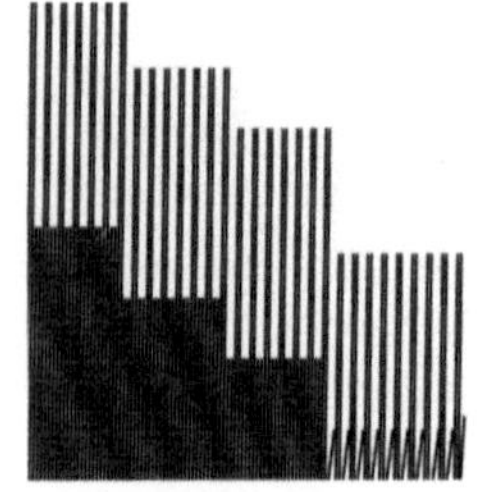

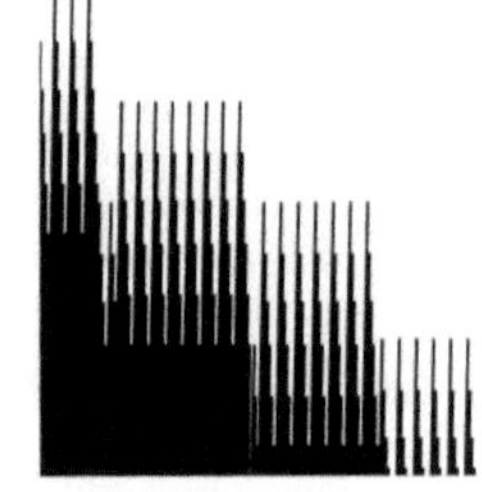

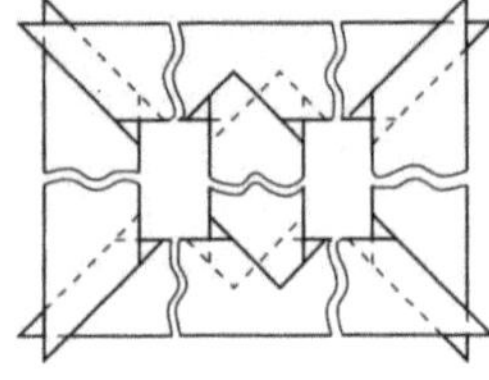

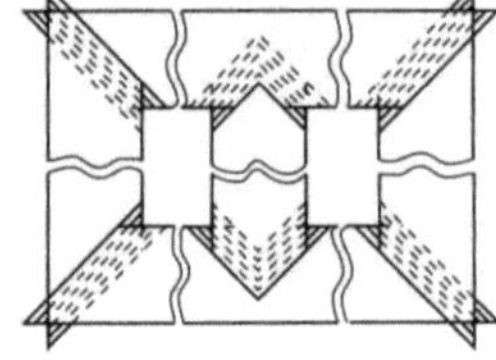

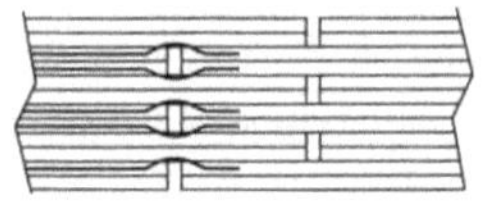

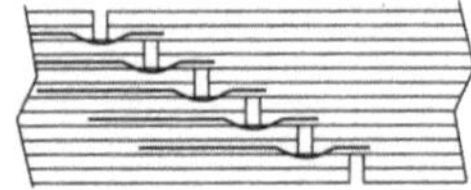

Bild 9.4-6 Verzapfungen bei Transformatorenblechen
a) 90°-, 45°- und 30°/60°-Verzapfungen,
b) Normal- und Step-lap-Schichtung mit Flußverlauf

Die Jochbleche werden mit den Kernblechen verzapft, so daß sich die Stoßstellen überlappen, um den magnetischen Fluß besser zu führen. Bei den Tafelblechen für größere Transformatoren mit magnetischer Vorzugsrichtung werden 90°-, 45°- oder 30°/60°-Verzapfungen gewählt. Neuerdings geht man zur Verbesserung der Flußführung zur Step-lap-Schichtung über (Bild 9.4–6).

Die Kernquerschnitte werden möglichst der runden Spulenform angepaßt. Dies gelingt nur mit gestuften Blechschnitten (Bild 9.4–7). Der geschichtete Kern muß zusammengepreßt werden, um Geräusche durch Schwingungen der Bleche zu vermeiden. Durch Kleben, Umbandeln oder durch Preßkonstruktionen werden die Bleche zusammengehalten. Dabei ist strikt darauf zu achten, daß keine Kurzschlußwindungen entstehen! Die Preßkonstruktionen sind daher isoliert aufgebaut, wie Bild 9.4–8 zeigt. Bei Transformatoren bis einige kVA werden heute Rechteckkernquerschitte bevorzugt, da sie kostengünstiger sind. Die Spulen sind auch rechteckförmig auf den Kern gewickelt. Abstandshalter sorgen für Kühlkanäle.

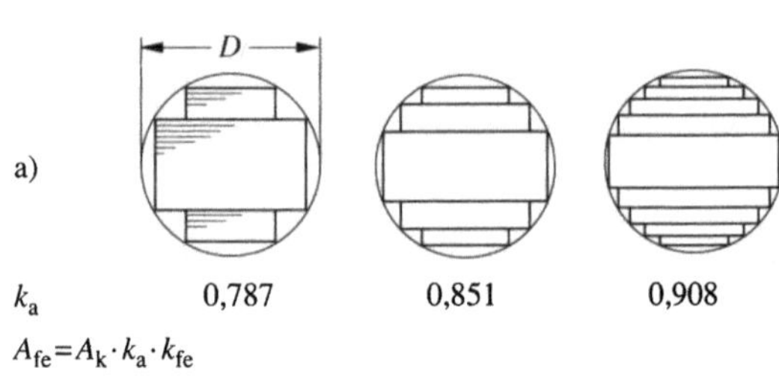

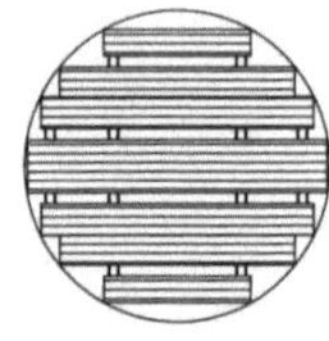

Bild 9.4-7 Gestufte Blechschnitte im Querschnitt
a) geometrische und Eisenfüllfaktoren,
b) Kern mit Kühlkanälen
k_a geometrischer Ausnützungsfaktor,
k_{Fe} Eisenfüllfaktor

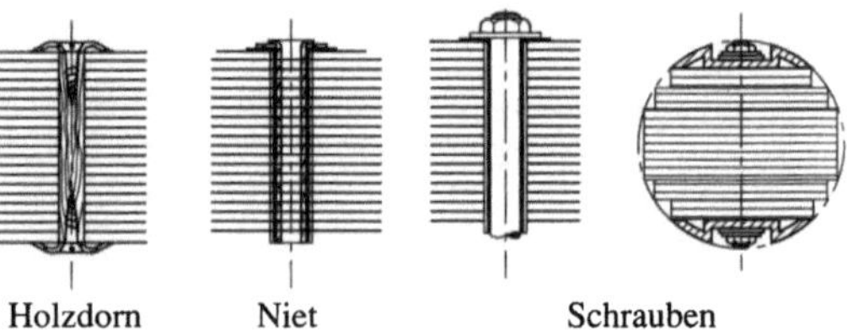

Bild 9.4-8 Kern-Preßkonstruktion und -Elemente

Kühlkanäle im Kern sorgen bei großen Transformatoren für die Wärmeabgabe (Eisenverluste). Die Eisenverlustleistung beträgt heute etwa 0,85 W/kg.

Bei höheren Frequenzen (bis 350 kHz), z. B. in Schaltnetzteilen und Stromrichtern, werden Kerne aus Ferritwerkstoffen eingesetzt.

2. Wechselstromtransformatoren

Der Transformator wird als Mantel- oder Kerntransformator ausgeführt (Bild 9.4–9). Beim *Manteltransformator* sitzen die Wicklungen auf dem Mittelschenkel und werden von den Außenschenkeln wie von einem Mantel umgeben. Durch Joche und Außenschenkel geht nur der halbe Fluß. Beim *Kerntransformator* sitzen die Wicklungen auf den beiden Schenkeln.

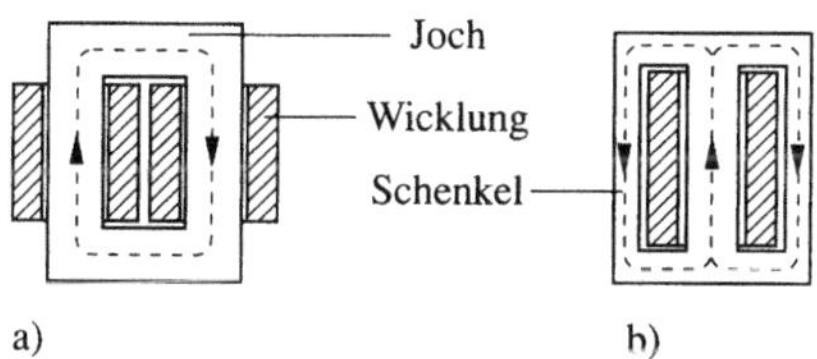

Bild 9.4-9 Kernaufbau für Wechselstromtransformatoren
a) Kerntransformator,
b) Manteltransformator

3. Drehstromtransformatoren

Eine *Transformatorenbank* entsteht dadurch, daß man bei einem Drehstromsystem mit Nulleiter drei Wechselstromtransformatoren nebeneinander setzt. Durch die Vereinigung dreier Wechselstrommanteltransformatoren entsteht der *Drehstrommanteltransformator*. Bei Großtransformatoren spart man Bauhöhe bei den Jochen durch die Konstruktion des *Fünfschenkeltransformators*. Die Außensäulen bleiben unbewickelt.

Der *Drehstromkerntransformator* (Bild 9.4–10) entsteht beim Zusammenfügen dreier Wechselstromkerntransformatoren. Beim symmetrischen Drehstromsystem ist der Summenfluß im Rückschlußschenkel gleich Null; der Schenkel kann entfallen.

Der symmetrische Drehstromkerntransformator ist der Tempeltyp. Die gebräuchlichste und wichtigste Bauart ist der unsymmetrische Drehstromkerntransformator, bei dem alle drei Schenkel in einer Ebene liegen. Jeder Schenkel trägt die Primär- und Sekundärwicklung. Durch die unterschiedlich langen Eisenwege sind die Magnetisierungsströme der Außenschenkel merklich größer als der Magnetisierungsstrom des Mittelschenkels.

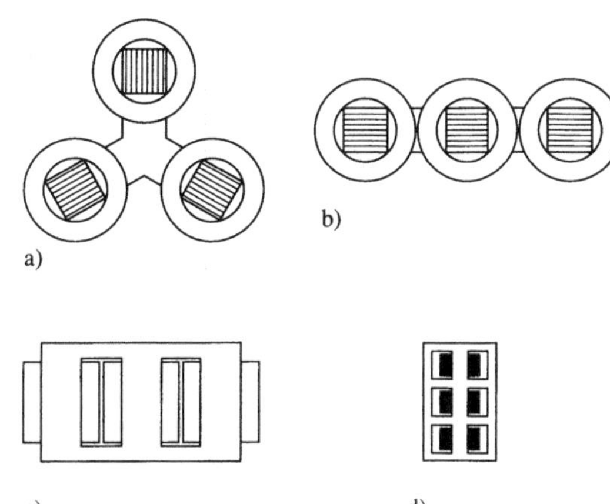

Bild 9.4-10 Kernaufbau der Drehstromtransformatoren
a) symmetrischer Kerntransformator,
b) unsymmetrischer Kerntransformator (eine Ebene),
c) Drehstromkerntransformator,
d) Drehstrommanteltransformator

4. Wicklungen

Im Aufbau der Wicklungen unterscheidet man zwei Arten: *Scheibenwicklungen* und *Röhrenwicklungen* (Zylinderwicklungen). Die Röhrenwicklung wird i. a. aus Fertigungsgründen bevorzugt (Bild 9.4–11). Die Wicklungen werden aus Kupfer oder Aluminium gefertigt. Eingesetzt werden Profildrähte oder Folien. Bei Schweißtransformatoren wird die Sekundärwicklung aus dicken Kupferblechen geschnitten.

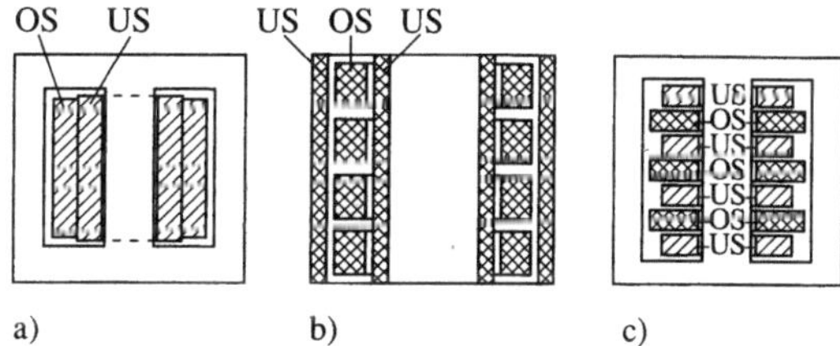

Bild 9.4-11 Bauformen der Wicklungen
a) Zylinder- und Röhrenwicklung,
b) Zylinder- und Röhrenwicklung mit geteilter US-Seite,
c) Scheibenwicklung,
OS: Oberspannungsseite,
US: Unterspannungsseite

Bei der *Röhrenwicklung* wird über die kernnahe Unterspannungswicklung (US) die Oberspannungswicklung (OS) gestülpt. Bei streungsarmen Transformatoren wird die Unterspannungswicklung geteilt und die zweite Hälfte über die Oberspannungswicklung gelegt.

Bei der *Scheibenwicklung* werden abwechselnd scheibenförmige Teilspulen der Primär- und Sekundärwicklung übereinander auf einen Schenkel des Kerns geschichtet. Die Endspulen sind meist Unterspannungsteile.

Die Leiter der Wicklung sind isoliert und auf isolierende Trägern gewickelt. Die Wicklungen sind gegeneinander und gegen den Kern mechanisch stark abgestützt, um die Stromkräfte z. B. im Stoßkurzschlußfall abzufangen. Um die bei Großtransformatoren auftretenden hohen Windungsspannungen der Wicklungen gegeneinander zu verringern, werden dort auch die Röhrenwicklungen in Teilscheiben aufgelöst. Bild 9.4–12 zeigt verschiedene Wicklungen.

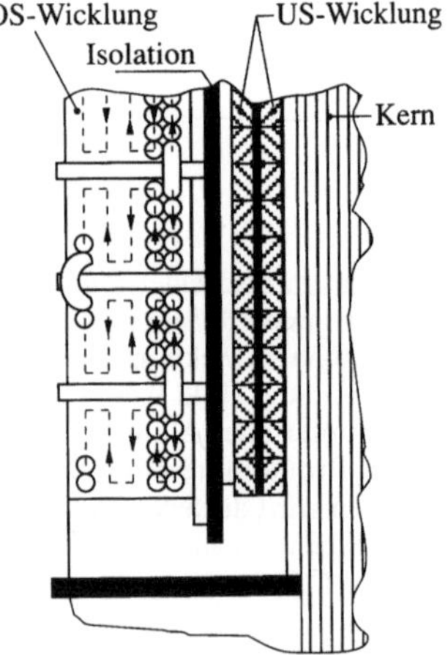

Bild 9.4-12 Einzelheiten des Aufbaus der Röhrenwicklung, OS-Wicklung teilweise in Scheibenausführung

5. Kühlung

Wie in allen elektrischen Maschinen treten auch im Transformator Verluste auf. Dies sind hauptsächlich die Stromwärme oder „Kupfer"-Verluste der Wicklung und die Eisenverluste – Hysterese- und Wirbelstromverluste – im Eisenkern. Die entstehende Verlustwärme muß an die Umgebung abgegeben werden. Luft und Öl dienen der *Kühlung;* Hochstromwicklungen z. B. von Schweißtransformatoren, werden wassergekühlt.

Bei *Luftkühlung* sorgt Konvektion (Selbstkühlung) oder Fremdkühlung über Lüfter für die Wärmeabfuhr. Kurzzeichen für die Kühlmittel und die Kühlung zeigen die Tabellen 9.4–1 und 9.4–2.

Tabelle 9.4–1: Kurzzeichen für Kühlmittel (DIN VDE 0532)

Kühlmittel	Kurzzeichen
Mineralöl oder synthetische Isolierflüssigkeit mit Brennpunkt ≤ 300 °C[1])	O
Isolierflüssigkeit mit Brennpunkt > 300 °C[1])	K
Isolierflüssigkeit mit nichtmeßbarem Brennpunkt [1])	L
Gas	G
Wasser	W
Luft	A
Kühlmittelbewegung	
natürlich	N
erzwungen (Öl nicht gerichtet)	F
erzwungen (Öl gerichtet)	D

[1]) Diese Klassifizierung ist bis zum Ergebnis der Arbeit von IEC/TC 10 vorläufig

Tabelle 9.4–2: Kennzeichnung der Kühlung (DIN VDE 0532)

1. Buchstabe	2. Buchstabe	3. Buchstabe	4. Buchstabe
Kühlmittel, das mit den Wicklungen in Berührung steht		Kühlmittel, das mit dem äußeren Kühlungssystem in Berührung steht	
Kühlmittel	Kühlmittelbewegung	Kühlmittel	Kühlmittelbewegung

Ölkühlung bietet neben der guten Wärmeabfuhr auch noch die Verbesserung der Spannungsfestigkeit (Isolation). Der aktive Teil des Transformators sitzt dann in einem geschlossenen Ölkessel. Über die Kesselwand, Rippen oder Wärmetauscher mit Fremdlüfter wird die Wärme abgegeben. Den Volumenausgleich des Öls nimmt die Kesselkonstruktion oder ein Ausdehnungsgefäß auf.

Bis zu einigen MVA findet man Selbstkühlung (N). Bei steigender Leistung geht man zur Verbesserung der Kühlung von einfachen Wellblechkesseln zu Radiatorenkesseln über. Transformatoren großer Leistung haben oft Fremdkühlung (F). Der Ventilator bläst die Oberfläche an. Bei Höchstleistungstransformatoren erfolgt die Kühlung über Fremdkühlung mit Ölumlauf oder Wasserkühlung mit Ölumlauf. Eine Umwälzpumpe sorgt für den Ölumlauf.

Bei der Bezeichnung der Kühlung muß die Reihenfolge der Buchstaben Tabelle 9.4–2 entsprechen. Kennzeichengruppen für verschiedene Kühlungsarten werden durch Schrägstrich getrennt. So wird z. B. ein Öltransformator mit erzwungener gerichteter Ölströmung und erzwungener Luftbewegung durch „ODAF“ gekennzeichnet. Für Öltransformatoren, bei denen die Wahl zwischen natürlicher und erzwungener Kühlung ohne gerichtete Ölströmung besteht, lauten die Bezeichnungen „ONAN/ONAF“ und „ONAN/OFAF“.

6. Abmessungen

Transformatoren müssen zum Aufstellungsort transportiert werden. Ist dafür Bahntransport vorgesehen, haben Großtransformatoren wegen des begrenzenden Bahnprofils im Grundkörper das Aussehen von D-Zugwagen. Die Anbauten – Durchführungen, Lüfter usw. – werden erst am Aufstellungsort angebaut.

9.4.1.4 Theorie des technischen Transformators

1. Idealer Transformator

Der ideale Transformator wurde im Abschnitt 2.14 behandelt. Im folgenden soll nur der technische Transformator der Energietechnik betrachtet werden.

2. Technischer Transformator – Ersatzschaltbild

Der *technische Transformator* hat immer einen geschlossenen Eisenkern zur optimalen magnetischen Kopplung der primären und sekundären Wicklung. Zur Untersuchung des Betriebsverhaltens wird das T-Ersatzschaltbild des technischen Transformators mit Eisenkern betrachtet (vgl. auch Abschnitt 2.14.2).

Das T-Ersatzschaltbild eines Wechselstromtransformators oder eines Stranges eines Drehstromtransformators zeigt Bild 9.4–13. R kennzeichnet die Wicklungswirkwiderstände, X_σ die Streublindwiderstände, X_h den Hauptblindwiderstand und R_{Fe} den Eisenverlustwirkwiderstand. Hinweise auf die relative Größe der Einzelwerte finden sich in Abschnitt 2.14. Die Indizes 1 und 2 weisen auf die Primär- (1) und die Sekundärseite (2) hin. Die '-Werte der Sekundärgrößen zeigen die Umrechnung auf die Primärgrößen an. Die umgerechneten Werte sind reine Rechengrößen, die sich aus den wahren Werten durch Umrechnung mit dem Übersetzungsverhältnis ergeben. Die Umrechnung für Spannungen, Ströme und Widerstände ergibt:

$$U'_2 = \ddot{u} \cdot U_2, \quad (9.4\text{–}1a)$$

$$I'_2 = \frac{1}{\ddot{u}} \cdot I_2, \quad (9.4\text{–}1b)$$

$$R'_2 = \ddot{u}^2 \cdot R_2, \quad (9.4\text{–}1c)$$

$$X'_{\sigma 2} = \ddot{u}^2 \cdot X_{\sigma 2}. \quad (9.4\text{–}1d)$$

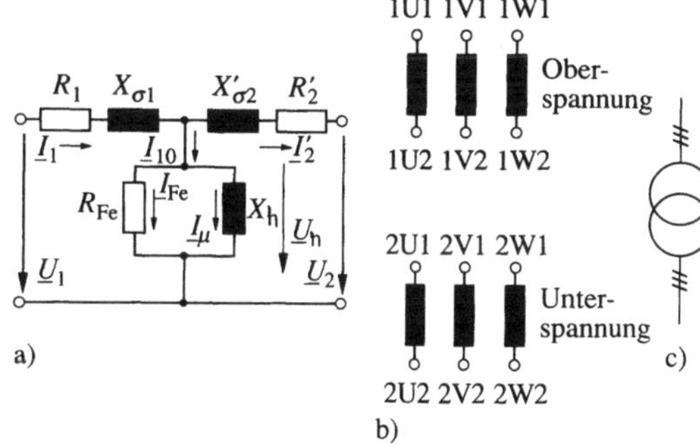

Bild 9.4-13 Transformator-Schaltbilder
a) T-Ersatzschaltbild eines Wechselstromtransformators oder eines Stranges eines Drehstromtransformators,
b) Wicklungen mit Klemmenbezeichnungen,
c) Kurzschaltzeichen

Dabei wird das Übersetzungsverhältnis $\ddot{u}$ des technischen Transformators zu:

$$\frac{U_1}{U_2} = \frac{N_1}{N_2}, \quad (9.4\text{–}2a)$$

$$\frac{I_1}{I_2} = \frac{N_2}{N_1} \quad (9.4\text{–}2b)$$

U_1, U_2, U'_2	I_1, I_2, I'_2	R_2, R'_2	$X_{\sigma 2}$, $X'_{\sigma 2}$	N_1, N_2	$\ddot{u}$
V	A	Ω	Ω	1	1

gewählt. Es gilt exakt bei den Spannungen im Leerlauf *(Spannungswandler)* und bei den Strömen im Kurzschluß *(Stromwandler)*. Das Übersetzungsverhältnis könnte auch – bei Vernachlässigung der Verluste – aus den Leistungen ermittelt werden:

$$U'_2 \cdot I'_2 = U_1 \cdot I_1 \quad (9.4\text{–}2c)$$

oder aus der Leistungsinvarianz

$$U'_2 \cdot I'_2 = U_2 \cdot I_2 \quad (9.4\text{–}2d)$$

oder

$$R'_2 \cdot I'^2_2 = R_2 \cdot I^2_2. \quad (9.4\text{–}2e)$$

Bestimmung der Daten des Ersatzschaltbildes

Die Größen des *Ersatzschaltbildes* werden aus dem Leerlauf- und dem Kurzschlußversuch ermittelt. Das Ersatzschaltbild eines Stranges vereinfacht sich für diese Betriebs-Sonderfälle zu den im Bild 9.4–14 dargestellten Ersatzschaltbildern.

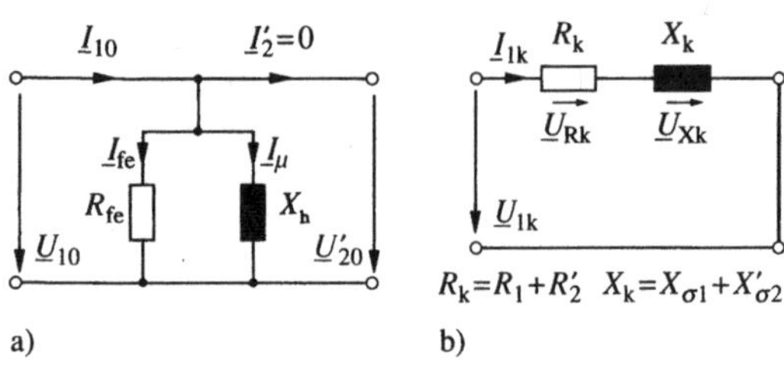

Bild 9.4-14 Ersatzschaltbilder für den Leerlauf- (a) und den Kurzschlußfall (b); Querzweig (a) und Längszweig (b)

Leerlaufversuch

Der Leerlaufstrom technischer Transformatoren ist gering. Der Spannungsfall an den Elementen der Primärwicklung ist vernachlässigbar. Es bleiben nur noch die Größen des Querzweiges übrig: der Hauptblindwiderstand X_h und der Eisenverlustwirkwiderstand R_{Fe}.

Zur Ermittlung der Werte wird der *Leerlaufversuch* bei der Bemessungspannung $U_{1N} = U_{10}$ durchgeführt. Dafür wird der Leerlaufstrom I_{10} und die Strang-Wirkleistungsaufnahme P_{10} gemessen (Bild 9.4–15).

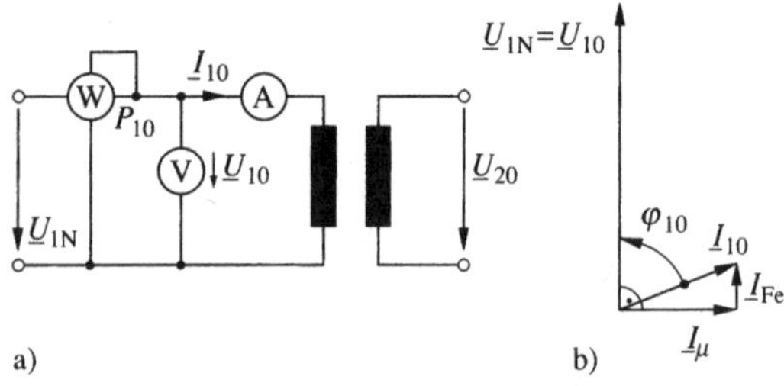

Bild 9.4-15 Leerlaufversuch mit Meßgrößen und Zeigerdiagramm

Daraus errechnet sich der Verschiebungsfaktor (Leistungsfaktor) zu:

$$\cos\varphi_{10} = \frac{P_{10}}{U_{10} \cdot I_{10}}. \qquad (9.4\text{–}3)$$

P_{10}	U_{10}	I_{10}
W	V	A

Der Wert liegt etwa bei $\cos\varphi_{10} = 0{,}1$ (ca. 85°). Damit lassen sich die Komponenten des Leerlaufstromes angeben. Man erhält den Strom durch den Eisenverlustwirkwiderstand als Wirkanteil des Leerlaufstromes zu:

$$I_{Fe} = I_{10} \cdot \cos\varphi_{10} \qquad (9.4\text{–}4)$$

und den Magnetisierungsstrom:

$$I_\mu = I_{10} \cdot \sin\varphi_{10}. \qquad (9.4\text{–}5)$$

Die Ersatzwiderstände errechnen sich zu:

$$R_{Fe} = \frac{U_{10}}{I_{Fe}} \qquad (9.4\text{–}6)$$

und

$$X_h = \frac{U_{10}}{I_\mu}. \qquad (9.4\text{–}7)$$

R_{Fe}	U_{10}	I_{10}, I_{Fe}, I_μ	X_h
Ω	V	A	Ω

Um Vergleiche mit anderen Transformatoren leichter durchführen zu können, wird das relative Leerlaufstromverhältnis i_0 berechnet zu:

$$i_{10} = \frac{I_{10}}{I_{1,}}. \qquad (9.4\text{–}8)$$

Damit sind die Kenndaten des Querzweiges ermittelt.

3. Kurzschlußversuch

Beim betriebsmäßigen Kurzschluß eines Transformators ($u_k = 4\%$) fließt etwa der 25fache Bemessungsstrom. Um die Daten des Längszweiges des Transformator-Ersatzschaltbildes zu ermitteln, wird der Transformator mit herabgesetzter Spannung betrieben. Dann können die Widerstände im Querzweig vernachlässigt werden.

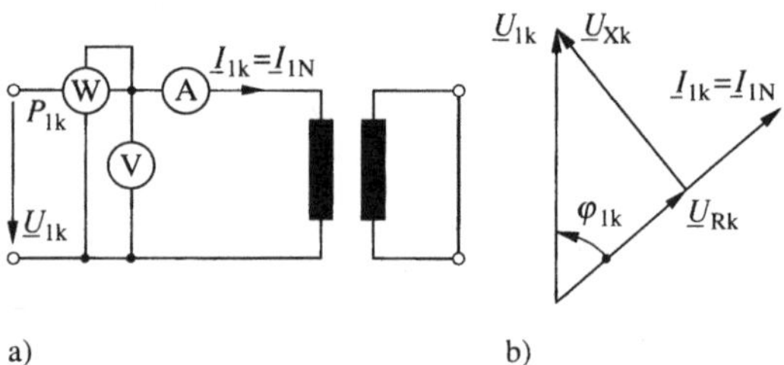

Bild 9.4-16 Kurzschlußversuch mit Meßgrößen und Zeigerdiagramm

Beim *Kurzschlußversuch* werden die Klemmen der Sekundärseite kurzgeschlossen. Zur Ermittlung der Werte werden nun bei Bemessungsstrom $I_{1k} = I_{1N}$ die Kurzschlußspannung U_{1k} und die Strang-Wirkleistungsaufnahme P_{1k} gemessen (Bild 9.4–16). Daraus errechnet sich der Verschiebungsfaktor (Leistungsfaktor) zu:

$$\cos\varphi_{1k} \frac{P_{1k}}{U_{1k} \cdot I_{1k}}. \qquad (9.4\text{–}9)$$

P	U_{1k}	I_{1k}
W	V	A

Der Wert liegt etwa zwischen $0{,}4 < \cos\varphi_k < 0{,}1$ (60° bis 85°); der Winkel nimmt mit steigender Leistung zu.

Der Kurzschlußscheinwiderstand (Kurzschlußimpedanz) errechnen sich zu:

$$Z_k = \frac{U_{1k}}{I_{1N}}. \qquad (9.4\text{–}10)$$

Z_k	U_{1k}	I_{1N}
Ω	V	A

Damit lassen sich die Komponenten des Ersatzschaltbildes angeben. Man erhält:

$$R_k = I_{1k} \cdot \cos \varphi_{1k} \qquad (9.4\text{–}11)$$

und

$$X_k = I_{1k} \cdot \sin \varphi_k. \qquad (9.4\text{–}12)$$

Bei normal ausgelegten Transformatoren darf man annehmen, daß $R_1 = R_2' = R_k/2$ und $X_{\sigma 1} = X_{\sigma 2}' = X_k/2$ ist.

Die im Kurzschlußversuch ermittelten Wirkwiderstandswerte weichen von den mit Gleichstrommessungen ermittelten Werten etwas ab. Der Unterschied ist im Auftreten von Stromverdrängung beim Wechselstrombetrieb zu sehen.

Ein wichtiges Beurteilungskriterium für den Betrieb eines Transformators ist die relative Kurzschlußspannung u_k. Sie berechnet zu:

$$u_k = \frac{U_{1k}}{U_{1N}}. \qquad (9.4\text{–}13)$$

R_k	X_k	I_{1k}	U_{1k}, U_N
Ω	Ω	A	V

Damit sind die Kenndaten des Längszweiges ermittelt.

4. Zeigerdiagramm

Mit den vollständig ermittelten Werten des Ersatzschaltbildes (Quer- und Längszweig) kann für jeden Betriebszustand das *Zeigerdiagramm* konstruiert werden. Auch bei symmetrisch belasteten Drehstromtransformatoren wird üblicherweise nur das Zeigerdiagramm für einen Strang gezeichnet.

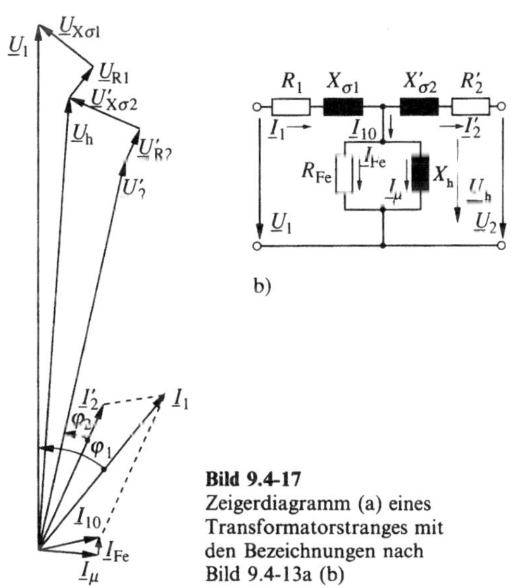

Bild 9.4-17
Zeigerdiagramm (a) eines Transformatorstranges mit den Bezeichnungen nach Bild 9.4-13a (b)

Ein prinzipielles Zeigerdiagramm eines Transformators zeigt Bild 9.4–17. Es gilt für einen mit induktiver Last belasteten Transformator. Zur besseren Darstellung sind die Spannungsfälle an den Komponenten des Längszweiges überhöht gewählt. Auch der Eisenverluststrom und der Magnetisierungsstrom sind überhöht dargestellt.

■ *Beispiel:*
Bei einem Volltransformator werden ein Leerlauf- und ein Kurzschlußversuch durchgeführt:

$U_{1N} = 6$ kV, $I_{1N} = 3{,}3$ A

$U_{2N} = 230$ V, 50 Hz

Leerlaufmeßwerte: $U_{1N} = 6$ kV, $U_{20} = 230$ V, $I_0 = 0{,}167$ A, $P_0 = 360$ W,

Kurzschlußmeßwerte: $I_{1N} = 3{,}3$ A, $U_{1k} = 240$ V, $P_{1k} = 570$ W.

Berechnen Sie die Kennwerte des Transformators, die Werte der Widerstände des T-Ersatzschaltbildes. Geben Sie die Spannungsänderung für Bemessungsstrom bei $\cos \varphi_2 = 0{,}7$ induktiv an.

Lösung:

Übersetzungsverhältnis:
$ü = U_{1N}/U_{20} = 6000\ \text{V}/230\ \text{V} = 26.$

Querzweigwerte:

$\cos \varphi_0 = P_0/(U_{1N} \cdot I_0) =$
$= 360\ \text{W}/(6000\ \text{V} \cdot 0{,}167\ \text{A}) = 0{,}36\ (69°),$

$I_{FN} = P_0/U_{1N} = 360\ \text{W}/6000\ \text{V} = 0{,}06\ \text{A},$

$R_{Fe} = U_{1N}/P_0 = (6000\ \text{V})^2/360\ \text{W} = 100\ \text{k}\Omega.$

$I_\mu = \sqrt{I_0^2 - I_{Fe}^2} = \sqrt{(0{,}167)^2 - (0{,}06)^2}\ \text{A} = 0{,}156\ \text{A},$

$X_h = U_{1N}/I_N = 6000\ \text{V}/0{,}156\ \text{A} = 38{,}5\ \text{k}\Omega,$

$i_0 = I_0/I_{1N} = 0{,}167\ \text{A}/3{,}3\ \text{A} = 0{,}051 = 5{,}1\,\%.$

Längszweigwerte:

$u_k = U_{1k}/U_{1N} = 240\ \text{V}/6000\ \text{V} = 0{,}04 = 4\,\%,$

$U_{kR} = P_k/I_{1N} = 570\ \text{W}/3{,}3\ \text{A} = 173\ \text{V},$

$u_{kR} = U_{kR}/U_{1N} = 173\ \text{V}/6000\ \text{V} = 0{,}029 = 2{,}9\,\%,$

$U_{kx} = \sqrt{U_k^2 - U_{kN}^2} = \sqrt{(240)^2 - (173)^2} = 166\ \text{V},$

$u_{kx} = U_{kx}/U_{1N} = 166\ \text{V}/6000\ \text{V} = 0{,}028 = 2{,}8\,\%,$

$R_k = U_{kR}/I_{1N} = 173\ \text{V}/3{,}3\ \text{A} = 52{,}4\ \Omega,$

$R_k = R_1 + R_2''; \ R_1 \approx R_2' = 26{,}2\ \Omega,$

$X_k = U_{kx}/I_{1N} = 166\ \text{V}/3{,}3\ \text{A} = 50{,}3\ \Omega,$

$X_k = X_{\sigma 1} + X_{\sigma 2}; \ X_{\sigma 1} \approx X_{\sigma 2}' = 25{,}1\ \Omega,$

$\cos \varphi_k = P_k/(U_{1k} \cdot I_{1N}) =$
$= 570\ \text{W}/(240\ \text{V} \cdot 3{,}3\ \text{A}) = 0{,}72\ (46°).$

Spannungsänderung:

$u_R = u_{kR} \cdot \cos \varphi_2 + u_{kx} \cdot \cos \varphi_2 =$
$= 0{,}029 \cdot 0{,}7 + 0{,}028 \cdot 0{,}7 = 0{,}04 = 4\,\%,$

$U_2 = (1 - u_R) \cdot U_{20} = (1 - 0{,}04) \cdot 230\ \text{V} =$
$= 0{,}96 \cdot 230\ \text{V} = 221\ \text{V}.$

9.4.1.5 Spannungsänderung (Kapp-Dreieck)

Der Leerlaufstrom technischer Transformatoren ab wenigen kVA aufwärts liegt unter 10% des Bemessungsstromes. Dann ist der Einfluß des Querzweiges besonders bei großen Transformatoren bei der Untersuchung des Betriebsverhaltens des Transformators zu vernachlässigen. Man erhält dann den vereinfachten Ersatzstromkreis, der nur noch die Komponenten des Längszweiges enthält (Bild 9.4–18). Der Strom $I_1 = I'_2$ fließt durch den Wicklungswirkwiderstand R_k und den Streublindwiderstand X_k. Er erzeugt die Spannungsfälle U_{Rk} und U_{Xk}. Das im Zeigerdiagramm erkennbare Spannungsfall-Dreieck wird *Kappsches Dreieck* genannt. Seine Größe ändert sich mit dem Betrag des Belastungsstromes I'_2; die Lage des Dreiecks hängt vom Phasenwinkel φ_2 der Belastung ab. Für konstante Primärspannung U_1 und konstanten Laststrom I'_2 erhält man unterschiedliche Sekundärspannungen U'_2 abhängig vom Lastphasenwinkel, wie Bild 9.4–19 zeigt.

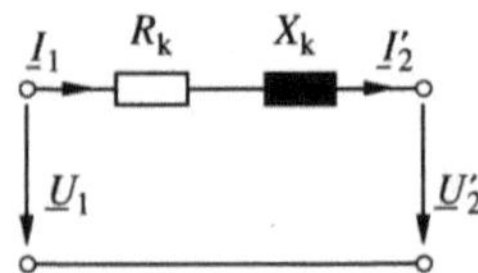

Bild 9.4-18 Vereinfachtes Ersatzschaltbild des Transformators zur Untersuchung der Spannungsänderung (Querzweig vernachlässigt)

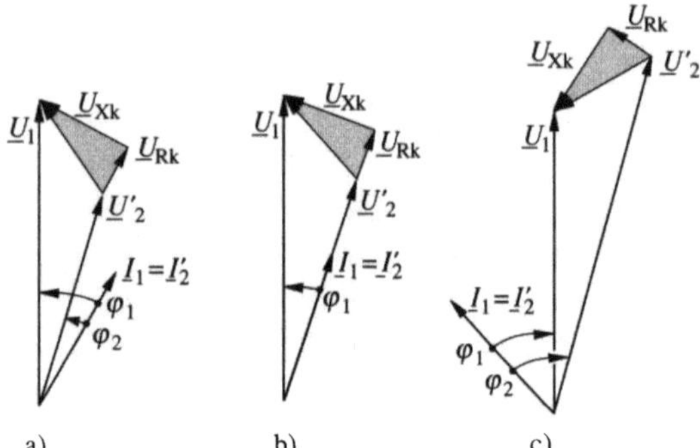

Bild 9.4-19 Zeigerdiagramme mit Spannungsänderung bei Belastung mit verschiedenen Lastphasenwinkeln und konstanter Speisespannung U_1
a) ohmsch induktiv,
b) rein ohmsch und
c) ohmsch kapazitiv

In Bild 9.4–20 ist das komplette Kreisdiagramm für die Ermittlung der Sekundärspannungsänderung als Funktion des Lastwinkels bei konstannter Primärspannung U_1 und für einen konstannten Laststrom I dargestellt. Der Kreis um F mit U_1 ist die Ortskurve der Primärspannung, der Kreis um A mit U_2 die Ortskurve der Sekundärspannung. Das Kapp-Diagramm ist durch das Dreieck ABF gekennzeichnet. Der Phasenwinkel des Laststromes ist jeweils zwischen der Verlängerung von U_2 und dem ohmschen Spannungsfall U_{Rk} zu sehen; dadurch kann das Diagramm mit φ beziffert werden. Der gezeichnete Fall gilt für einen Laststrom von 0°. Die Verlängerung des Spannungszeigers U'_2 im Punkt O über den U_1-Kreis hinaus gibt die Spannungsänderung ΔU an.

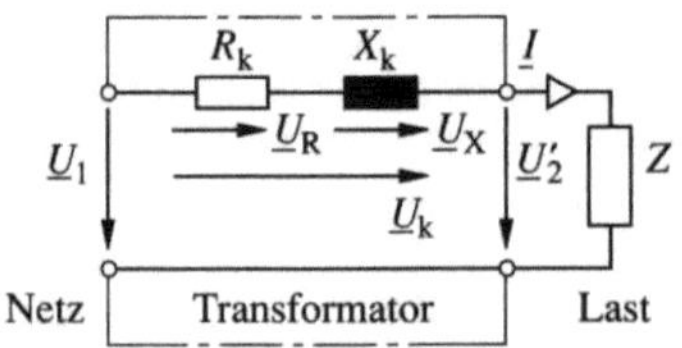

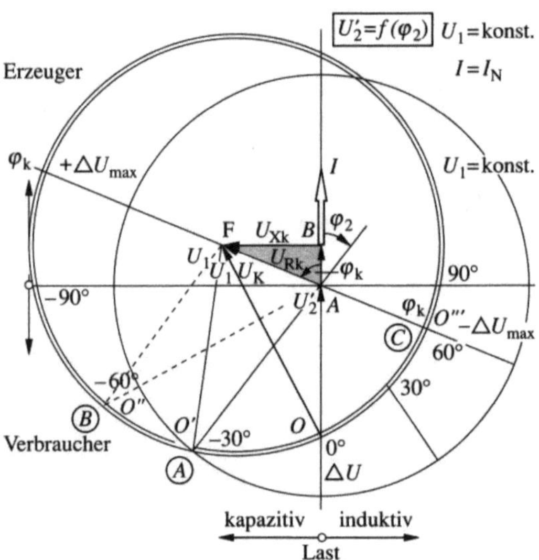

Bild 9.4-20 Kreisdiagramm der Spannungsänderung $U_2 = f(\varphi_{Last})$. Die Verlängerung des Spannungszeigers U'_2 gibt die Spannungsänderung ΔU beim Winkel φ_2 an. Beim Punkt A ist $\Delta U = 0$, beim Punkt B ist die Ausgangsspannung höher und beim Punkt C ist die größte Spannungsänderung (Absenkung)

Aus dem Diagramm ist ersichtlich, daß bei leicht kapazitiver Last (Punkt A, O') die Sekundärspannung lastunabhängig konstant bleibt; dies wird z. B. für Spannungkonstanthalter genutzt, ($\Delta U = 0$).

Bei leerlaufenden, stark kapazitiven Kabelnetzen in den Städten (Punkt B, O''), kann die Spannung in nächtlichen Schwachlastzeiten (unzulässig) stark ansteigen.

Beim Anlauf von Drehstrom-Asynchronmotoren ergeben sich besonders starke Spannungsabsenkungen, da der Motorkurzschlußwinkel φ_M etwa auch dem Kurzschlußwinkel φ_k des Transformators entspricht (Punkt C, O'''). Bild 9.4–21 zeigt die relative Spannungsänderung $u_2 = \Delta U_2 / U_2$ abhängig vom Lastwinkel bei konstantem Laststrom.

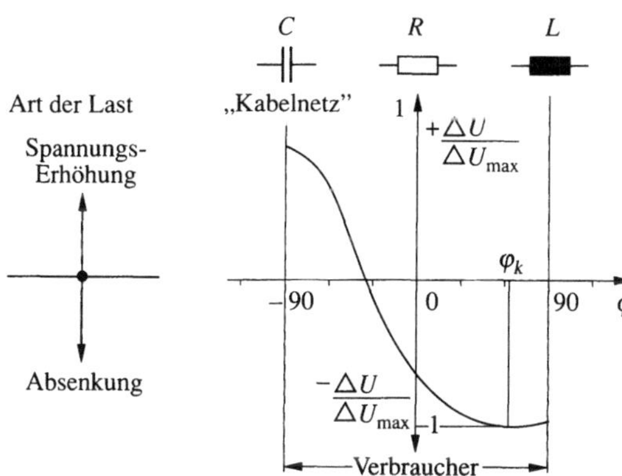

Bild 9.4-21 Relative Spannungsänderung abhängig vom Lastwinkel φ_2 bei konstanter Speisespannung U_1 und konstantem Strom I

Nach VDE 0532 ermittelt man den Betrag der Spannungsänderung aus dem Zeigerdiagramm nach Bild 9.4–22 zu:

$$u_\varphi = 1 - \varepsilon \quad (9.4\text{–}14a)$$

oder

$$u_\varphi = 1 + u'_\varphi - \ll 1 - u''_\varphi \quad (9.4\text{–}14b)$$

Mit den Transformatordaten $u_R = AB$ und $u_x = BF$ erhält man den Längsspannungsfall dU (Strecke AE):

$$u'_\varphi = u_R \cos\varphi + u_X \sin\varphi \quad (9.4\text{–}15a)$$

und den Querspannungsfall ΔU (Strecke EF):

$$u''_\varphi = u_R \sin\varphi - u_X \cos\varphi, \quad (9.4\text{–}15b)$$

Man erhält über eine Reihenentwicklung als Näherung:

$$u_\varphi = u'_\varphi + \frac{1}{2} u''^2_\varphi + \frac{1}{8} u''^4_\varphi + \ldots \quad (9.4\text{–}16)$$

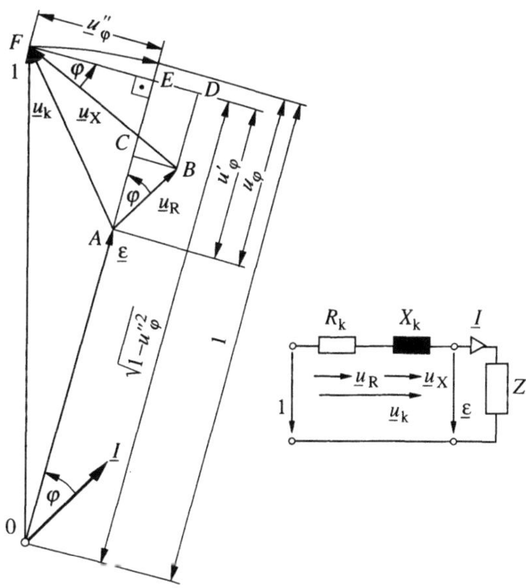

Bild 9.4-22 Zeigerdiagramm zur Berechnung der Spannungsänderung nach VDE 0532

Für Werte der Kurzschlußspannung $u_k < 20\%$ kann der 3. Term und für Werte der Kurzschlußspannung $u_k < 4\%$ der 2. Term vernachlässigt werden. Eine gute Abschätzung für die Praxis liefert – bei Vernachlässigung des Querspannungsfalls –:

$$u_\varphi = u'_\varphi = u_R \cos\varphi + u_X \sin\varphi. \quad (9.4\text{–}17)$$

Je größer der Transformator wird, desto kleiner wird der ohmsche Spannungsfall. Bei Großtransformatoren ist der Blindanteil für die Spannungsänderung bestimment. Aus Kurzschlußschutzgründen ist dort die Kurzschlußspannung u_k bis zu 25%.

Um die Spannung im Netz für den Verbraucher etwa konstant zu halten, werden Transformatoren mit einstellbarem Übersetzungsverhältnis über Umsteller oder Stufenschalter eingesetzt. Letztere können die Ausgangsspannung unter Last in Stufen (+/−11%, +/−16% oder +/−22%) umschalten.

9.4.1.6 Verluste und Wirkungsgrad

Im Transformator treten *stromabhängige Verluste* in den Wicklungen und *spannungsabhängige Verluste* im Eisenkern auf. Auch der Eigenverbrauch der Hilfsaggregate – Pumpen, Lüfter usw. – zählt zu den Verlusten; er wird gesondert angegeben.

1. Wicklungsverluste

Die *Wicklungsverluste* sind proportional zu I^2. Sie sind gleich der im Kurzschlußversuch gemessenen Wirkleistung. Die so gemessenen Wicklungsverluste setzen sich aus dem durch Gleichstrommessung er mittelbaren Anteil und den Zusatzverlusten zusammen. Nach VDE 0532 sind sie für Bemessungsstrom bei einer Wicklungstemperatur von 75 °C zu garantieren. Vom Meßwert bei einer beliebigen Temperatur t müssen sie auf 75 °C umgerechnet werden. Dabei gilt für den „Gleichstromanteil":

$$P_{kG75} = P_{kGt} \frac{\tau + 75}{\tau + t} \qquad (9.4\text{–}18)$$

und für die Zusatzverluste

$$P_{kZ75} = P_{kZt} \frac{\tau + 75}{\tau + t} \qquad (9.4\text{–}19)$$

P_{kG75}, P_{kGt}, P_{kZ75}, P_{kZt}	τ	t
W	°C	°C

mit $\tau = 235$ °C bei Kupfer- und 245 °C bei Aluminiumwicklungen.

2. Eisenverluste

Die *Eisenverluste* im Kern setzen sich aus den Hysterese- und den Wirbelstromverlusten zusammen. Sie sind gleich der im Leerlaufversuch gemessenen Wirkleistung. Zur Verminderung der Wirbelstromverluste wird geblecht. Die Hystereseverluste können nur über die Materialauswahl beeinflußt werden. Bei modernen Blechen steigen sie stärker als U^2 proportional etwa proportional U^3.

3. Wirkungsgrad

Der *Wirkungsgrad* der Transformatoren ist i. a. größer als der anderer elektrischer Maschinen. Bei 100 MVA werden etwa 99,5% erreicht. Dabei machen die Eisenverluste nur einen Bruchteil der Wicklungsverluste – Kupferverluste – aus. Die Wahl des Verlustverhältnisses $v = P_{Fer}/P_{Cur}$ bestimmt die Lage des Maximalpunktes der Wirkungsgradkurve $\eta = f(P_1)$. Den Wirkungsgrad erhält man zu:

$$\eta = 1 - \frac{P_v}{P_1} \qquad (9.4\text{–}20)$$

η	P_v, P_1
1	W

mit der aufgenommenen Leistung $P_1 = UI_1 \cos \varphi_1$, und den Verlusten $P_v = P_{FeN} + a^2 \cdot P_{CuN}$, wenn a der Lastfaktor P_1/P_N ist. Dabei sollen die Eisenverluste lastunabhängig und die Kupferverluste bei konstanter Spannung und konstantem Lastwinkel quadratisch von der Belastung abhängen. Somit gilt für den Wirkungsgrad:

$$\eta = 1 - \frac{b + a^2}{P_1} \cdot P_{CuN} \qquad (9.4\text{–}21)$$

η	a	b	P_1, P_{CuN}	$V_{FeN} \cdot V_{CuN}$
1	1	1	W	W/kg

mit dem Verlustverhältnis $b = V_{FeN}/V_{CuN}$.

Das Maximum des Wirkungsgrades tritt auf, wenn die Eisenverluste gleich den Kupferverlusten sind. Dadurch läßt sich der optimale Wirkungsgradpunkt der Belastung anpassen. Bei dauernd mit Bemessungslast arbeitenden Transformatoren liegt der optimale Wirkungsgrad mit $b = 1$ bei $a = 1$. Bei Transformatoren im ländlichen Raum, die oft mit Teillast arbeiten, wird mit $b = 0{,}2$ der optimale Wirkungsgrad bei $a = 0{,}5$ erreicht. Bild 9.4–23 zeigt den Kurvenverlauf.

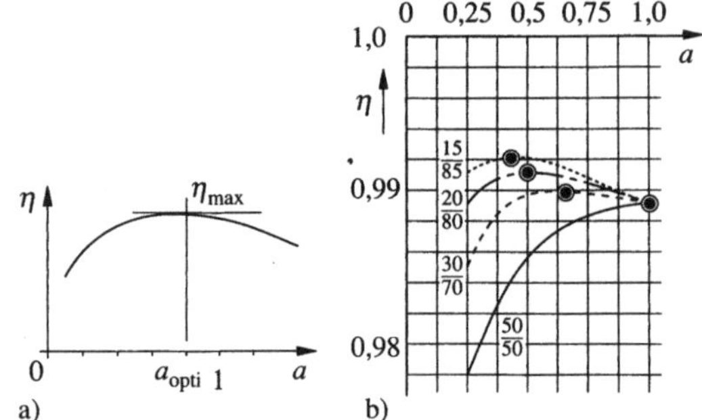

Bild 9.4-23 Allgemeiner Wirkungsgradverlauf (a) und optimaler Wirkungsgrad (b) über dem Lastfaktor $a = P_1/P_N$ bei verschiedenen Verlustverhältnisses $v = P_{FeN}/P_{CuN}$

4. Arbeitswirkungsgrad

Der *Arbeits-* oder *Jahreswirkungsgrad* gestattet es, daß Transformatoren bei unterschiedlichen Benutzungsstunden B verglichen werden können. Der Arbeitswirkungsgrad für 8760 Jahresstunden ist:

$$\eta_A = \frac{\sum(\text{Abgabe} \cdot B)}{\sum(\text{Abgabe} \cdot B) + P_{Fe} \cdot 8760\,\text{h} + \sum(P_{CuN} \cdot B)}. \qquad (9.4\text{–}22)$$

5. Leistungsschild und Toleranzen nach VDE 0532

Das *Leistungsschild* eines Transformators und die geltenden *Toleranzen* sind nach VDE 0532 festgelegt (Tabelle 9.4–3).

Tabelle 9.4–3: Leistungsschild (a) und Toleranzen (b) bei Transformatoren nach DIN VDE 0532, Geräusche (c)

Name oder Firmenzeichen

Typ			Baujahr		VCE 0532
Bemessungsleistung kVA	20 000/12 000	Art LT/S	Nennfrequenz Hz		50
Schaltgruppe	YNyn0	U~kV 123/24	Nennkurzschl.-Spg.%		13,1/7,9
Stellung	Spannung V		Strom A		ZuΩ/Phase
1	134 200		86,0/51,6		134,2
14	110 000	21 000	105,0/63,0	550/330	79,3
27	85 000		134,5/80,8		44,2
Dauerkurzschl.-Strom	kA		Kurzschl.-Dauer max. s		7
Kühlungart			Schutzart		
Ausgl.-Wicklung	V 10 000	V 223/133			
Gesamt-Gewicht	t 46	Öl-Gew. t 15	Heraushebb. Teil	t	20
Stufenschalter - Typ		U-kV 123	Strom A		200

a)

Größe	Toleranz
Gesamtverluste	+ 1/10 der Gesamtverluste
Leerlauf- bzw. Kurzschlußverluste	+ 1/7 der Leerlauf- bzw. Kurzschlußverluste
Bemessungsübersetzung (Hauptanzapfung)	± 1/200 des Bemessungswertes oder 1/10 der gemessenen Bemessungskurzschlußspannung in %. Es gilt der kleinere der beiden Werte
Übersetzung für andere Anzapfungen	± 1/100 der bei Bestellung angegebenen Übersetzung
Bemessungskurzschlußspannung (Hauptanzapfung)	± 1/10 des Bemessungswertes
Kurzschlußspannung für andere Anzapfungen	± 1/7 des für diese Anzapfung vereinbarten Wertes
Leerlaufstrom (Mittelwert aus den 3 Klemmströmen)	+ 3/10 des Bemessungswertes
Schallpegel	+ 3 dB (A)

b)

Als Maß für die Geräusche gelten die in 1 m Abstand vom Transformator gemessenen Schallpegel. DIN 42 540 gibt abhängig von der Bemessungsleistung folgende Werte an:

Bemessungsleistung kVA	Schallpegel dB (A)
50	45
75 und 100	46
125 und 160	47
200 und 250	48
315 und 400	50
500 und 630	52
800 und 1000	54
1250 und 1600	56

c)

9.4.1.7 Schaltgruppen

Die Wicklungsstränge einer Spannungsseite eines Drehstromtransformators werden entweder in Stern, in Dreieck oder in Zickzack geschaltet. Damit ergeben sich eine große Anzahl von Kombinationen für die Primär- und Sekundärwicklung. Die nach VDE 0532, Teil 4 bevorzugt zu verwendenden Varianten sind in Tabelle 9.4–4 dargestellt. Die Schaltung der Oberspannungswicklung wird mit einem Großbuchstaben, die der Unterspannungswicklung mit einem Kleinbuchstaben bezeichnet. Dann bedeutet:

Y bzw. y: Sternschaltung,
D bzw. d: Dreieckschaltung,
Z bzw. z: Zickzackschaltung,
I bzw. i: offene Schaltung (III, iii) und
N bzw. n: Sternpunkt einer Wicklung.

Die ausgewiesene Kennzahl gibt die Phasenverschiebung zwischen den Spannungen der Oberspannungs- und Unterspannungswicklungen in Vielfachen von 30° an. Die Schaltgruppe eines Drehstromtransformators ist durch die Schaltung und die Kennzahl eindeutig festgelegt. Zur Ermittlung der Kennzahl geht man von folgenden Vereinbarungen aus, die teilweise in Bild 9.4–24 erläutert sind:

1. Ober- und Unterspannungswicklung haben beide den gleichen Wickelsinn.
2. Die Wicklungen sind auf den Schenkeln des Transformators genau so angeordnet, wie im Schaltbild gezeigt.
3. Die Zählrichtung bei Sternspannungen zeigt von der Klemme zum Sternpunkt.
4. Die Zählrichtung bei verketteten Spannungen zeigt von dem voreilenden Strang zum nacheilenden.
5. Die Primärwicklung liegt an einem rechtsdrehenden Spannungssystem.

Die Ermittlung der Kennzahl soll am Beispiel der Schaltgruppe Dy5 gezeigt werden. Zunächst gibt man ein Drehstromsystem, wie in Bild 9.4–24b gezeigt, vor. Für die Dy-Schaltung erhält man die beiden Zeigerbilder 9.4–25a und b. Dabei werden Wick-

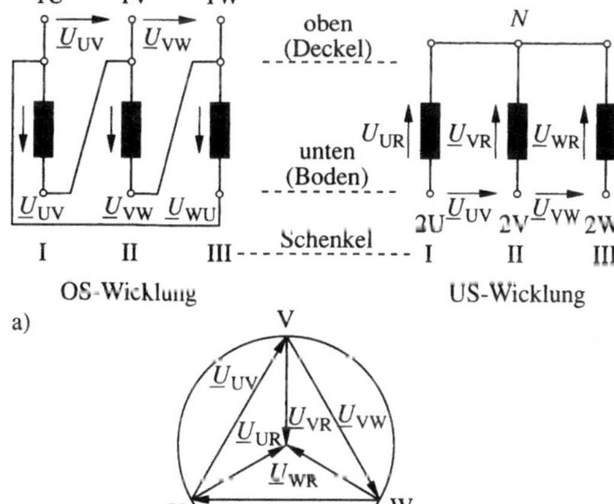

Bild 9.4-24 Vereinbarungen zur Ermittlung der Kennzahl bei Drehstromtransformatoren

a) Festlegung der Spannungsrichtungen am Transformator,

b) Zeigerdiagram

Tabelle 9.4–4: Bevorzugte Schaltgruppen nach DIN VDE 0532

a) Gebräuchliche Schaltgruppen für Drehstromtransformatoren VDE0532, Teil 4

Kenn-zahl	Schalt-gruppe[1])	Zeigerbild OS	Zeigerbild US	Schaltungsbild[2]) OS / US
0	Yy0	1V, 1U, 1W	2V, 2U, 2W	1U 2U, 1V 2V, 1W 2W
5	Dy5	1V, 1U, 1W	2U, 2W, 2V	1U 2U, 1V 2V, 1W 2W
	Yd5	1V, 1U, 1W	2U, 2W, 2V	1U 2U, 1V 2V, 1W 2W
	Yz5	1V, 1U, 1W	2U, 2W, 2V	1U 2U, 1V 2V, 1W 2W

b) Beispiele von Schaltgruppen für Drehstromtransformatoren in offener Schaltung, Spartransformatoren und Weckselstromtransformatoren

Kenn-zahl[3])	Schalt-gruppe[1])	Zeigerbild OS / US	Schaltungsbild[2]) OS / US
Drehstromtransformatoren			
0	Y iii 0	1V, 1U, 1W / 2V1, 2V2, 2U2, 2W2, 2U1, 2W1	1U 2U1, 2U2, 1V 2V1, 2V2, 1W 2W1, 2W2
0	Ya 0	1V, 2V, 2W, 2U, 1U, 1W	1U 2U, 1V 2V, 1W 2W
Weckselstromtransformatoren			
0	I i 0	1.1, 1.2 / 2.1, 2.2	1.1 2.1, 1.2 2.2
0	I a 0	1.1, 2.1, 2	1.1 2.1, 2

[1]) Bei herausgeführtem Sternpunkt ist hinter dem Schaltungszeichen der Wicklung N bzw. n zu ergänzen.

[2]) Bei den Wicklungen ist gleicher Wickelsinn vorausgesetzt; räumlich gesehen sind in den Schaltungsbildern die Wicklungen nach unten geklappt zu denken. Herausgeführte Sternpunkte werden mit 1 N bzw. 2N bezeichnet.

[3]) Die angegebenen Kennzahlen gelten bei Sternschaltung der offenen Wicklung (Sternpunkt bei 1U2–1V2–1W2 bzw. 2U2–2V2–2W2).

c) Beispiel für die Zusammenschaltung von drei Weckselstromtransformatoren zu einer Drehstrombank mit der Schaltgruppe Yd5

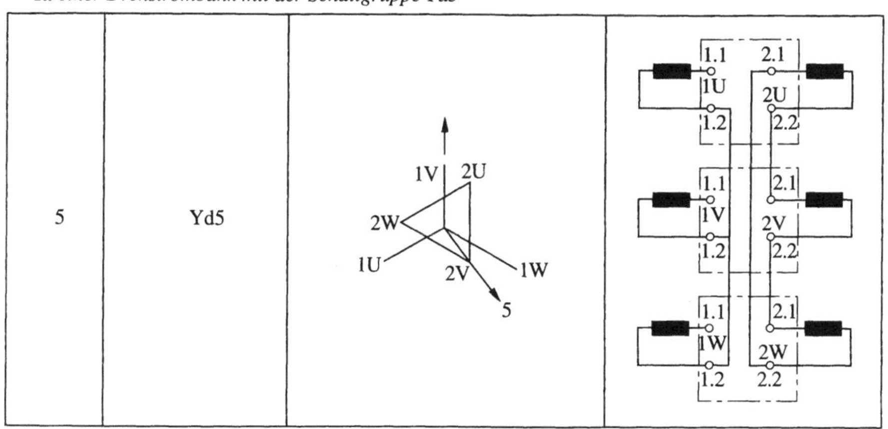

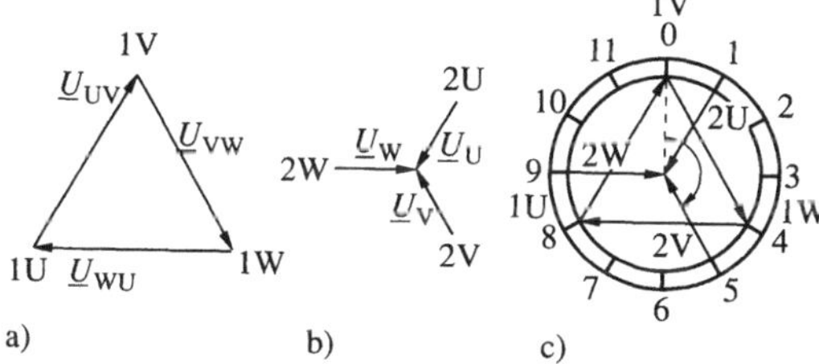

Bild 9.4-25 Ermittlung der Kennzahl am Beispiel der Schaltgruppe Dy5
Drehspannungssystem: Zeigerbilder für die Oberspannungsseite (a), Unterspannungsseite (b) und Kennzahl-„Uhr" (c)

lungsstränge mit Spannungen entgegengesetzter Richtung auch 180° phasenverschoben gezeichnet.

Legt man nun den Zeiger 1V der Oberspannungsseite auf „0 Uhr" eines Zifferblattes einer gedachten Uhr, so gibt der eingetragene Zeiger 2V als Stundenzeiger die Kennzahl an (Bild 9.4–25c).

Das Übersetzungsverhältnis der (verketteten) Spannungen

$$ü = \frac{U_{L1}}{U_{L2}} \qquad (9.4\text{–}23)$$

erhält man zu

$$ü = \frac{N_1}{\sqrt{3} N_2}, \qquad (9.4\text{–}24)$$

$ü$	U_{L1}, U_{L2}	N_1, N_2
1	V	1

da in der Sternschaltung die verkettete Spannung $\sqrt{3}$ mal größer ist als die Strangspannung.

9.4.1.8 Parallelbetrieb von Drehstromtransformatoren

Aus Reservehaltungsgründen werden z. B. im Kraftwerk oder in Schaltstationen Transformatoren parallelgeschaltet. Beide Seiten sind bei einer Parallelschaltung über Sammelschienen verbunden (Bild 9.4–26). Wird das sekundäre Netz belastet, muß sich die Belastung im Verhältnis der Bemessungsleistungen auf die Transformatoren aufteilen, um nicht einen Transformator zu überlasten.

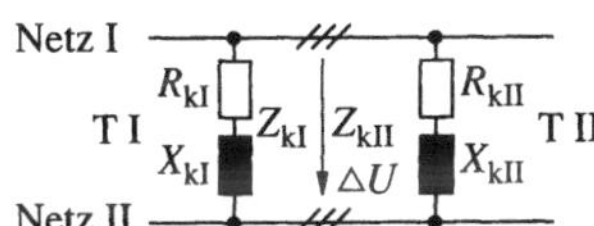

Bild 9.4-26 Prinzipschaltbild zweier parallelgeschalteter Transformatoren I und II, die die Netze I und II verbinden

Für einwandfreien Parallelbetrieb müssen fünf Bedingungen erfüllt sein:

1. Bemessungsspannungen und Bemessungsfrequenz müssen gleich sein; sie müssen das gleiche Übersetzungsverhältnis haben.
2. Die Transformatoren müssen die gleiche Schaltgruppe haben. Transformatoren mit Schaltgruppen der Kennzahlen 5 und 11 lassen sich durch geeignete Änderung der Anschlüsse umschalten.
3. Die Kurzschlußspannungen müssen innerhalb der zulässigen Toleranzen gleich sein. Der Kurzschlußwinkel φ_k der Transformatoren sollte möglichst gleich sein.
4. Die Bemessungsleistungen sollen sich nicht mehr als um den Faktor 3 unterscheiden.
5. Beide Systeme müssen mit gleicher Phasenfolge arbeiten.

Durch die Parallelschaltung wird ein gleicher Spannungsfall über beiden Transformatoren erzwungen. Das bedeutet:

$$I_\text{I} Z_\text{kI} = I_\text{II} Z_\text{kII}, \tag{9.4–25}$$

wobei das Verhältnis R_k/X_k der Transformatoren etwa gleich sein sollte:

$$\frac{R_\text{kI}}{X_\text{kI}} \approx \frac{R_\text{kII}}{R_\text{kI}}. \tag{9.4–26}$$

Erweitert man die Gl. (9.4–25), so erhält man:

$$\frac{I_\text{I}}{I_\text{rI}} \frac{I_\text{rI} Z_\text{kI}}{U_\text{r}} = \frac{I_\text{II}}{I_\text{rII}} \frac{I_\text{rII} Z_\text{kII}}{U_\text{r}}. \tag{9.4–27}$$

Führt man die relativen Kurzschlußspannungen (Gl. (9.4–13)) ein, so folgt:

$$\frac{a_\text{I}}{a_\text{II}} = \frac{(I/I_\text{r})_\text{I}}{(I/I_\text{r})_\text{II}} = \frac{u_\text{kII}}{u_\text{kI}}. \tag{9.4–28}$$

$I, I_\text{I}, I_\text{II}, I_\text{rI}, I_\text{rII}, I_\text{r}$	$Z_\text{kI}, Z_\text{kII}$	$R_\text{kI}, R_\text{kII}, R_\text{k}$	X_k, X_kI
A	Ω	Ω	Ω

$U_\text{r}, u_\text{kI}, u_\text{kII}$	a_I, a_II
V	1

Demnach verhalten sich die prozentualen Belastungen parallel arbeitender Transformatoren umgekehrt wie die relativen Kurzschlußspannungen. Die Forderung nach gleicher relativer Belastung ist erfüllt, wenn die relativen Kurzschlußspannungen gleich sind:

$$u_\text{kI} = u_\text{kII}. \tag{9.4–29}$$

Nur dann erfolgt bei gleichen Kurzschlußspannungen eine Verteilung der Gesamtleistung entsprechend den Bemessungsströmen. Da das Verhältnis R_k/X_k der Transformatoren nach den Wachstumsgesetzen von der Leistung abhängt, ist das Verhältnis der Bemessungsleistungen parallelarbeitender Transformatoren auf etwa 3 zu begrenzen.

9.4.1.9 Drehstromtransformatoren mit unsymmetrischer Belastung

Werden *Drehstromtransformatoren symmetrisch* belastet, verhalten sie sich wie drei Wechselstromtransformatoren. Es reicht aus, das Zeigerdiagramm für einen Strang zu ermitteln. Vernachlässigt man den Magnetisierungsstrom, so wird jede durch eine Belastung erzeugte Durchflutung auf der Sekundärseite ($N_2 \cdot I'_2$) durch eine Gegendurchflutung der Primärseite ($N_1 \cdot I_1$) kompensiert. Die Sternschaltung liefert zwei verschiedene Verbraucherspannungen (230/400V).

Drehstromtransformatoren können jedoch im Betrieb auch *unsymmetrisch* belastet werden. Dies kann bei Verteilungstransformatoren durch eine ungleichmäßige Lastverteilung entstehen. Im folgenden wird untersucht, inwieweit unterschiedliche unsymmetrische Belastungen bei den Schaltgruppen zulässig sind. Die Überprüfung muß ergeben, daß die Schenkel- und Fensterdurchflutung jeweils Null sind. Untersucht werden die

- zweisträngige Belastung in Sternschaltung,
- einsträngige Belastung in Sternschaltung,
- einsträngige Belastung in Sternschaltung mit Ausgleichswicklung,
- einsträngige Belastung mit Dreieck-Sternschaltung und
- einsträngige Belastung mit Zickzackwicklung.

1. Belastungsarten

Zweisträngige Belastung in Sternschaltung

Bild 9.4–27 zeigt einen Transformator der Schaltgruppe Yyn, der nur zwischen zwei Außenleitern belastet ist. Zwei Primär- und zwei Sekundärwicklungen führen Strom. Das Durchflutungsgleichgewicht wird nicht gestört, da der Sekundärdurchflutung eines Schenkels eine Gegendurchflutung auf der Primärseite entspricht.
Schenkel- und Fensterdurchflutung sind Null; der Betrieb ist zulässig.

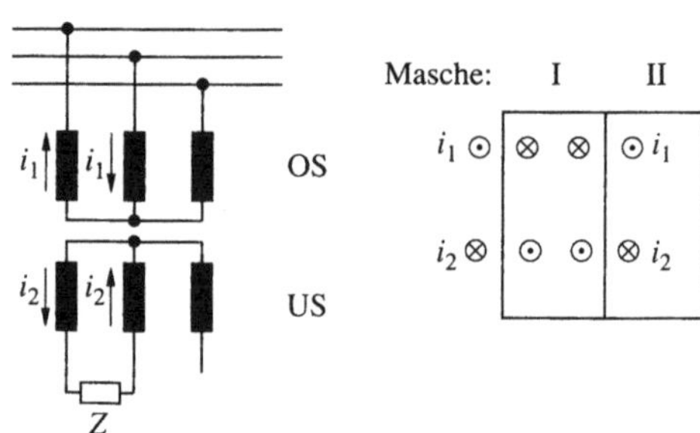

Bild 9.4-27 Transformator der Schaltgruppe Yyn; zwischen zwei Außenleitern belastet, mit Kernschema

Einsträngige Belastung in Sternschaltung

Bild 9.4–28 zeigt einen Transformator der Schaltgruppe Yyn, der nur zwischen einem Außenleiter und dem Sternpunkt belastet ist. Zwei Primär- und eine Sekundärwicklung führen Strom. Das Durchflutungsgleichgewicht wird gestört, da die Sekundärdurchflutung eines Schenkels wegen des fehlenden Sternpunktanschlusses auf der Primärseite durch keine einfache Gegendurchflutung eines Schenkels auf der Primärseite kompensiert werden kann; auf der Primärseite fließen in allen drei Strängen Ströme. Schenkel- und Fensterdurchflutung sind nicht Null; der Betrieb ist unzulässig.

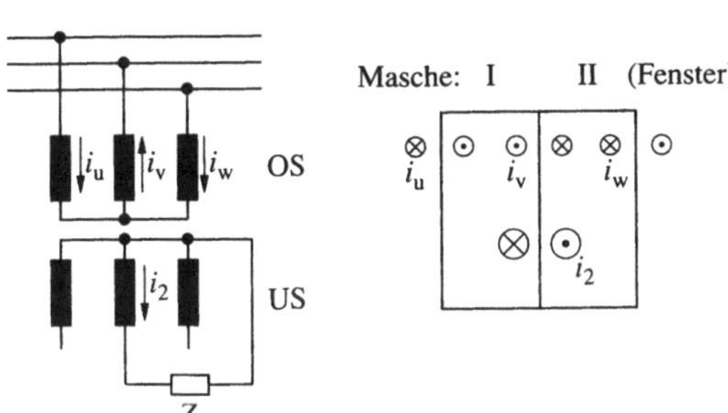

Bild 9.4-30 Zeigerdiagramm mit Nullpunktsverlagerung durch die Zusatzspannung ΔU_z von O nach O'

Um die Folgen des Betriebs zu zeigen, werden zunächst die Primärströme berechnet. Aus der Knotengleichung für den Sternpunkt (a) und die Fensterdurchflutungen (b, c) folgt:

$$i_U - i_V + i_W = 0, \tag{9.4-30a}$$

$$i_U + i_V = 0, \tag{9.4-30b}$$

$$i_V + i_W = 0. \tag{9.4-30c}$$

Die Auswertung liefert die primären Strangströme:

$$i_U = i_W = \frac{1}{3} i_2', \tag{9.4-31a}$$

$$i_V = \frac{2}{3} i_2'. \tag{9.4-31b}$$

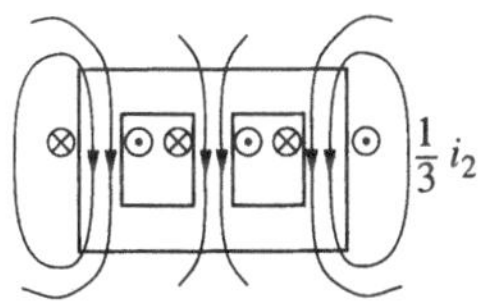

Bild 9.4-29 Transformator der Schaltgruppe Yyn; zwischen einem Außenleiter und dem Sternpunkt belastet mit in allen Schenkeln gleichgerichteten Zusatzdurchflutungen

Die sich aus den Strömen ergebende resultierende Durchflutung der einzelnen Schenkel zeigt Bild 9.4–29. Man erkennt, daß die übrigbleibende Zusatzdurchflutung in allen drei Schenkeln gleich ist. Die Zusatzflüsse Φ_{zus} müssen sich über die Luft oder den Kessel schließen. Sie haben Zusatzspannungen zur Folge, die zu einer Nullpunktsverlagerung führt, wie Bild 9.4–30 im Prinzip zeigt. Die wirklichen Folgen kann man nur genau erfassen, wenn man die Art des magnetischen Rückschlusses kennt.

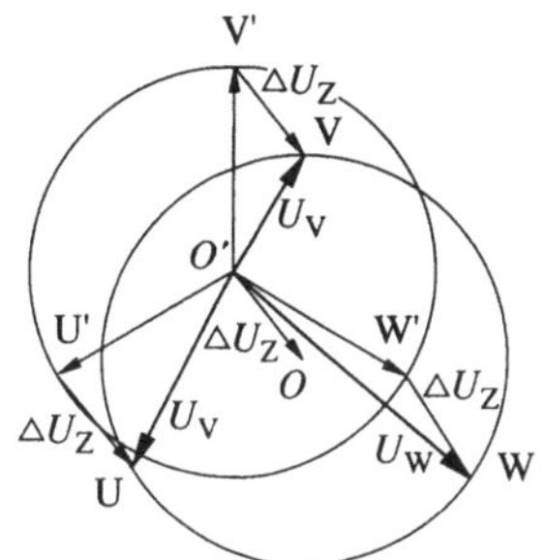

Bild 9.4-30 Zeigerdiagramm mit Nullpunktsverlagerung durch die Zusatzspannung ΔU_z von O nach O'

Einsträngige Belastung in Sternschaltung mit Ausgleichswicklung

Bild 9.4–31 zeigt einen Transformator der Schaltgruppe Yyn mit einer zusätzlichen tertiären Dreieck-Ausgleichswicklung, der nur zwischen einem Außenleiter und dem Sternpunkt belastet ist. Durch die Dreieckswicklung ist eine Kompensation der oben beschriebenen Zusatzdurchflutung möglich, da die Zusatzwicklung nun den nicht kompensierten Anteil $i_3' = i_2'/3$ als Kreisstrom führt.

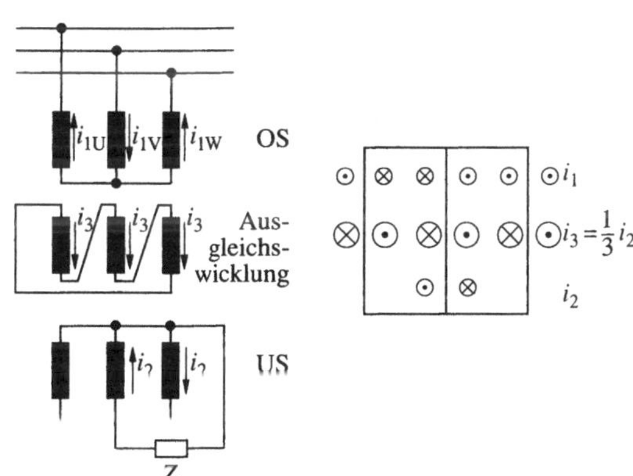

Bild 9.4-31 Transformator der Schaltgruppe Yyn mit einer zusätzlichen tertiären Dreieck-Ausgleichswicklung. Zwischen einem Außenleiter und dem Sternpunkt belastet

Schenkel- und Fensterdurchflutung sind Null; der Betrieb ist zulässig. Eine Nullpunktverschiebung tritt nicht auf.

Einsträngige Belastung mit Dreieck-Sternschaltung

Bild 9.4–32 zeigt einen Transformator der Schaltgruppe Dyn, der nur zwischen einem Außenleiter und dem Sternpunkt belastet ist. Eine Primär- und eine Sekundärwicklung führen Strom. Das Durchflutungsgleichgewicht wird nicht gestört, da der Sekundärdurchflutung des Schenkels eine Gegendurchflutung auf der Primärseite entspricht.

Schenkel- und Fensterdurchflutung sind Null; der Betrieb ist zulässig.

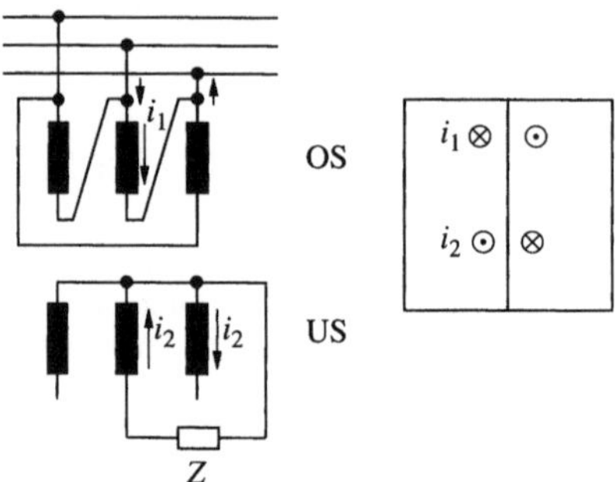

Bild 9.4-32 Transformator der Schaltgruppe Dyn; zwischen einem Außenleiter und dem Sternpunkt belastet

Einsträngige Belastung mit Zickzackwicklung

Bild 9.4–33 zeigt einen Transformator der Schaltgruppe Yzn mit einer sekundärseitig auf je zwei Schenkel verteilten Sekundärwicklung, der nur zwischen einem Außenleiter und dem Sternpunkt belastet ist. Zwei Primär- und zwei Teil-Sekundärwicklungen führen Strom. Das Durchflutungsgleichgewicht wird nicht gestört, da der Sekundärdurchflutung jedes Schenkels eine Gegendurchflutung auf der Primärseite entspricht.

Schenkel- und Fensterdurchflutung sind Null; der Betrieb ist zulässig.

Nachteilig ist jedoch bei dieser Sekundärschaltung die schlechtere Wicklungsausnutzung bezogen auf die Spannung, wie Bild 9.4–34 zeigt. Die Ausgangsspannung sinkt, bezogen auf die Sternschaltung auf den $\sqrt{3}/2 = 0{,}866$fachen Wert.

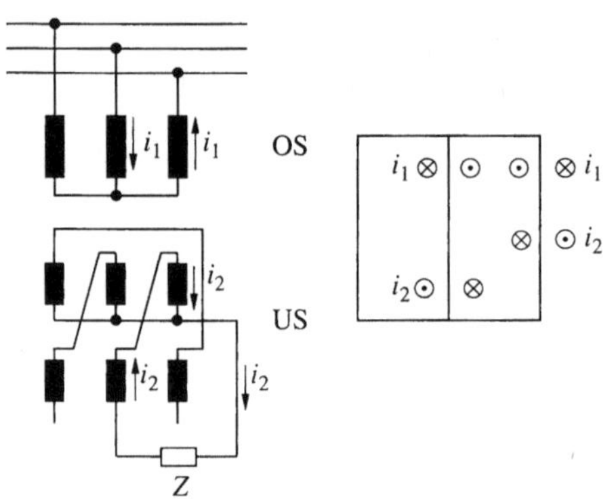

Bild 9.4-33 Transformator der Schaltgruppe Yzn; mit einer sekundärseitig auf je zwei Schenkel verteilten Sekundärwicklung; nur zwischen einem Außenleiter und dem Sternpunkt belastet

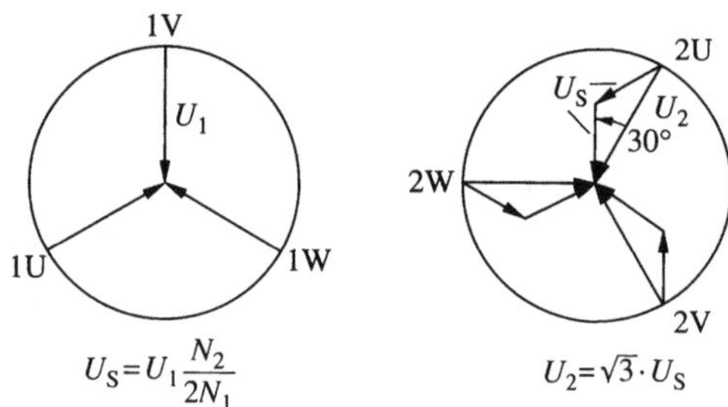

Bild 9.4-34 Zeigerdiagramm der OS- und US-Seite, Spannungs-„Verlust" durch Zickzackschaltung

2. Auswahl der Schaltgruppen

VDE 0532 regelt die Zulässigkeit der einsträngigen Belastung der Drehstromtransformatoren in den verschiedenen Schaltgruppen: Stern-sterngeschaltete Dreischenkeltransformatoren dürfen nur bis 10% des Bemessungsstromes einsträngig belastet werden. Bei Transformatoren in den anderen Schaltgruppen ist eine Nullpunktlast bis zum Bemessungsstrom zulässig.

Sternschaltung

Bei der *Sternschaltung* ist von Vorteil, daß die Strangspannung nur $1/\sqrt{3}$ der Leiterspannung beträgt. Für die Schaltung wird weniger Isoliermaterial benötigt.

Dreieckschaltung

Gleichsysteme der Flüsse werden bei *Dreieckschaltung* durch entsprechende Ströme unterdrückt.

Zickzackschaltung

Bei *Zickzackschaltung* ist rund 15,5% mehr Wicklungsmaterial für die gleiche Spannung notwendig.

3. Schaltungseinsatz

Für die verschiedenen Einsatzpunkte im Verteilernetz (Bild 9.4–1) verwendet man folgende Schaltungen:

- *Maschinentransformatoren:* Yd-Schaltung,
- *Netzkuppeltransformatoren:* Yy-Schaltung, meist mit Tertiärwicklung,
- *Verteilungstransformatoren:* Dyn- oder Yzn-Schaltung (bei kleinen Leistungen).

9.4.1.10 Einschaltstromstoß (Rush-Effekt)

Auch beim Einschalten eines unbelasteten Transformators an das Netz, kann der vorgeschaltete Überstromschutz auslösen. Der Grund ist ein schaltwinkelabhängiger hoher Einschaltstrom, der ein Mehrfaches des Bemessungsstromes ausmachen kann und erst nach einem Übergangsvorgang abklingt.

Bild 9.4–35 zeigt ein Oszillogramm. Im folgenden soll dieser Vorgang näher untersucht werden. Dabei werden zunächst die Wirkwiderstände vernachlässigt.

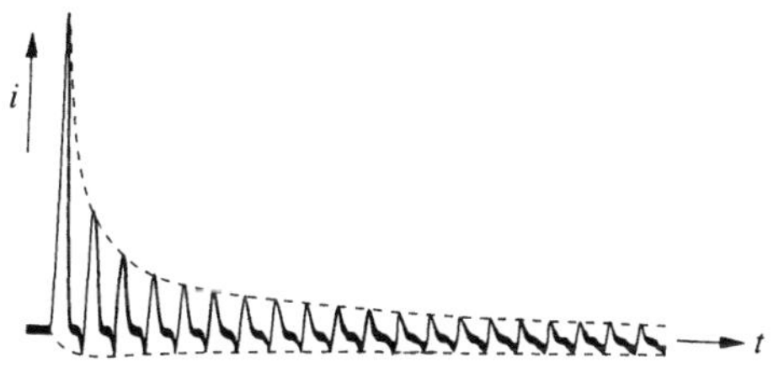

Bild 9.4-35 Oszillogramm eines Einschaltvorgangs beim leerlaufenden Transformator

Schaltet man eine ideale Spule an eine sinusförmige Netzspannung, so gilt die Spannungsgleichung:

$$\sqrt{2}\,U \sin(\omega t + \alpha) = L\frac{\mathrm{d}i}{\mathrm{d}t} \qquad (9.4\text{–}32)$$

oder mit dem Fluß Φ:

$$\sqrt{2}\,U \sin(\omega t + \alpha) = N\frac{\mathrm{d}\Phi}{\mathrm{d}t}. \qquad (9.4\text{–}33)$$

Daraus erhält man den zeitlichen Verlauf des Flusses Φ zu:

$$\Phi = -\frac{\sqrt{2}\,U}{\omega N}\cos(\omega t + \alpha) + C \qquad (9.4\text{–}34)$$

mit der Integrationskonstanten C, die sich aus den Anfangsbedingungen ergibt. Für $t = 0$ erhält man $i = 0$ und $\Phi = \Phi_{rem}$ und damit die Integrationskonstante zu:

$$C = \frac{\sqrt{2}\,U}{\omega N}\cos\alpha + \Phi_{rem}, \qquad (9.4\text{–}35)$$

wobei $\sqrt{2}\,U/\omega N = \Phi$ ist. Somit ergibt sich der zeitabhängige Fluß zu:

$$\Phi(t) = -\Phi\cos(\omega t + \alpha) + \Phi\cos\alpha. \qquad (9.4\text{–}36)$$

Als ungünstigster Schaltaugenblick ergibt die Gl. (9.4–35) mit $\alpha = 0$ den Nulldurchgang der Netzspannung. Für diesen Schaltfall muß die Primärwicklung eine halbe Periode nach dem Einschalten den maximalen Fluß

$$\Phi_{max} = 2\Phi + \Phi_{rem} \qquad (9.4\text{–}37)$$

U	ω	t	L	i	Φ, Φ_{rem}; Φ_{max}	N	C
V	s^{-1}	s	H	A	Wb	1	1

erzeugen. Der ungünstigste Schaltzeitpunkt ist der Nulldurchgang der Netzspannung. Den dann fließenden Strom erkennt man aus der Konstruktion nach Bild 9.4–36. Wegen der hohen magnetischen Ausnutzung der Transformatorbleche wird der Sättigungsknick weit überschritten. Es fließt ein erheblicher Einschaltstrom. Dieser klingt wegen der zunächst vernachlässigten aber immer vorhandenen Wirkwiderstände innerhalb weniger Perioden der Netzspannung ab.

Der eben geschilderte *Rush-Effekt* macht sich im Labor bei tragbaren Transformatoren besonders bemerkbar, da diese sehr hoch ausgenutzt sind, um Eisen und damit Gewicht zu sparen.

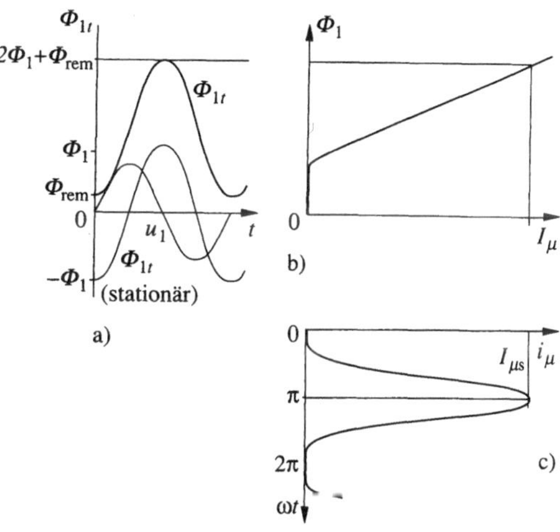

Bild 9.4-36 Dreifachdiagramm zur Konstruktion des maximalen Rush-Stromes
a) Liniendiagramm der Spannung, des stationären Flusses und des Flußmomentanwertes mit Remanenzfluß,
b) Magnetisierungskurve,
c) Magnetisierungsstromverlauf

9.4.1.11 Stoßkurzschluß

Im Falle des Kurzschlusses wird der primär an Bemessungsspannung liegende Transformator plötzlich sekundär kurzgeschlossen. Ohne Ableitung sei mitgeteilt, daß beim Transformator im Falle des *Stoßkurzschlusses* i. a. nur der Längszweig wirksam wird. Für die mechanische Konstruktion des Transformators interessiert der Maximalwert des Stoßkurzschlußstromes, der im ungünstigsten Fall auftreten könnte.

Den ungedämpften Maximalwert des Stoßkurzschlußstromes – wenn der Transformator im Nulldurchgang der Spannung kurzgeschlossen wird – erhält man zu:

$$(i_{max})_{ungedämft} = 2\sqrt{2}I_k. \qquad (9.4\text{–}38)$$

Bei einer Kurzschlußspannung von 5% fließt maximal der rund 57fache Bemessungsstrom I_N. Die zum Quadrat des Stromes (I_k^2) proportionalen Stromkräfte sind rund 3200 mal so groß wie bei Bemessungsbetrieb. Auch hier wirken die Wirkwiderstände so, daß die Maximalwerte in der Praxis nicht erreicht werden.

9.4.1.12 Stromkräfte im Transformator

Beim Stoßkurzschluß werden die Wicklungselemente des Transformators den größten mechanischen Beanspruchungen ausgesetzt. Sie müssen daher starke Abstützungen und Preßkonstruktionen erhalten. Die Entstehung und Wirkung der Kräfte sollen im folgenden kurz erläutert werden.

Betrachtet man zwei stromdurchflossene Röhrenwicklungen eines Kerntransformators, so liegen die innere und die äußere Röhre jeweils in dem von den Strömen erzeugtem Streufeld, wie Bild 9.4–37 zeigt.

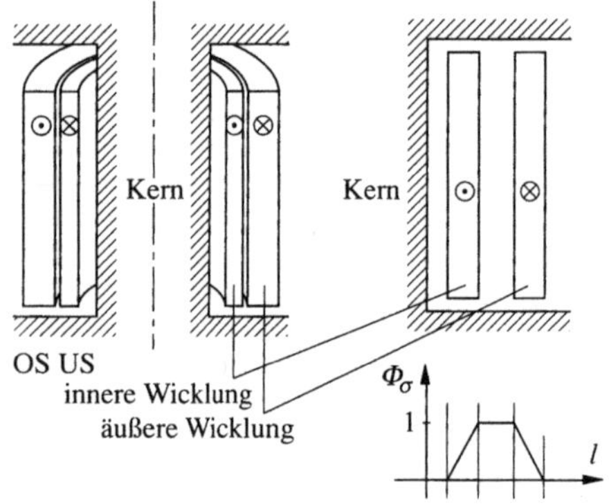

Bild 9.4-37 Röhrenwicklungen mit Streufeld

Die Richtung der Kräfte zeigt Bild 9.4–38a für gleichlange Röhrenwicklungen. Die innere Wicklung wird zusammgepreßt (Rohr unter Außendruck), die äußere gedehnt (Rohr unter Innendruck). Die Leiter der äußeren Wicklung werden stark auf Zug beansprucht; sie müssen dafür bemessen werden.

Auch die Röhren selbst erfahren noch zusätzliche Schubkräfte. Bild 9.4–38b zeigt die Wirkung dieser

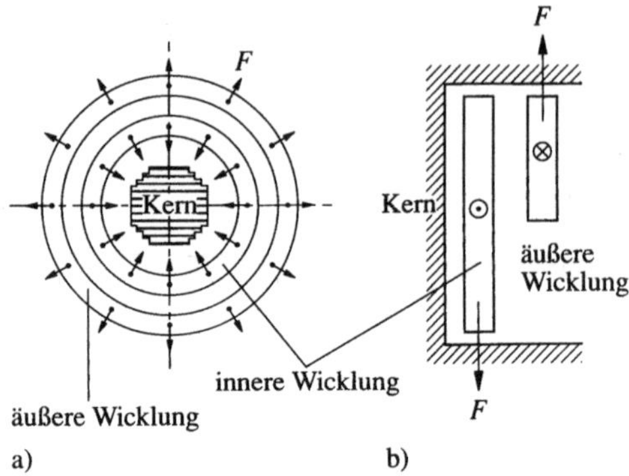

Bild 9.4-38 Stromkräfte an der US- und OS-Wicklung
a) symmetrische Wicklung: Radialkräfte,
b) unsymmetrische Wicklung: Scherkräfte F

Scherkräfte, die z. B. durch einseitige Abschaltung von Windungen bei Transformatoren mit Stufenumschaltern entstehen können. Durch gleichmäßiges Verteilen der Stufenwindungen symmetrisch zur Achse können diese Kräfte vermieden werden.

9.4.1.13 Stoßspannungsverteilung

Wegen der Wicklungsteilkapazitäten im Transformator wird die Spannungsverteilung beim Eintreffen der Spannungswelle (Blitzeinschlag) ungleichmäßig (Bild 9.4–39). Die Eingangswindungen werden daher stärker isoliert.

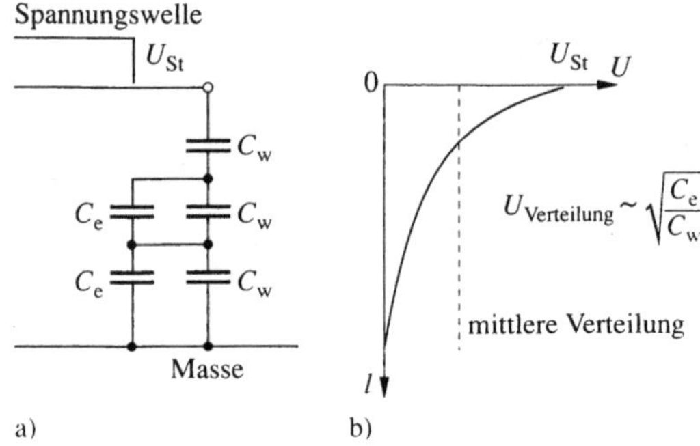

Bild 9.4-39 Stoßspannungsverteilung
a) Schematischer Aufbau der Wicklung mit Teilkapazitäten,
b) ungleiche Spannungsverteilung beim Auftreffen transienter Überspannungen U_{St}

Tabelle 9.4–5: Fehlercodes bei der Gasanalyse des Transformatoröls

Quotienten	$\frac{C_2H_2}{C_2H_6}$	$\frac{H_2}{CH_4}$	$\frac{C_2H_4}{C_2H_6}$	$\frac{C_2H_4}{C_3H_6}$	$\frac{CO_2}{CO}$ [1])
< 0,3	0	0	0	0	1
0,3... 1,0	1	0	0	1	1
1,0... 3,0	1	1	1	2	1
3,0...10,0	2	2	1	3	0
> 10,0	2	3	1	3	2
normaler Abbau von Isolierstoffen	0	0	0	0	0
Entladungen mit großer Energie	2	1	1	3	1
Entladungen mit kleiner Energie	2	2	1	3	1
Teilentladungen hoher Energiedichte	1	3	0	+	0
Teilentladungen geringer Energiedichte	0	3	0	+	0
örtliche Überhitzung bis 300 °C	0	0	0	1	2
örtliche Überhitzung von 300 ... 1000 °C	0	0	1	2	2
örtliche Überhitzung über 1000 °C	1	0	1	3	2

[1]) gilt nur bei stärkerer Beteiligung von Zellulose
\+ nicht indikativ

9.4.1.14 Beurteilung des Betriebszustandes durch Gasanalyse des Transformatoröls

Die im Transformatorenöl gelösten Gase stammen bei regulären Betriebsbedingungen aus der Luft und aus normalen Abbauprodukten des Öl-Zellulose-Dielektrikums. Bei Fehlern oder Anomalien im Transformator entstehen durch Zersetzung des Isolieröles oder der Zellulose teils Spaltgase teils gasförmige Oxidationsprodukte der Kohlenwasserstoffe, die im Öl in Lösung gehen. Die Lösung der Gase ist artspezifisch. Die Analyse des im Öl gelösten Gases gestattet es, den Betriebszustand des Transformators verläßlich zu beurteilen. Erkennbare Fehler im Transformator sind:

- Entladungen/Teilentladungen und
- örtliche Überhitzungen.

Durch regelmäßige gasanalytische Untersuchungen des Isolieröls kann der *Betriebszustand des Transformators* überwacht, entstehende Fehler rechtzeitig erkannt und ihre Entwicklung verfolgt werden. Die Ergebnisse lassen sich durch die Schadensstatistik rechtfertigen. Tabelle 9.4–5 zeigt verschiedene Fehlercodes mit den Fehlerhinweisen.

9.4.2 Spartransformator

9.4.2.1 Allgemeines

Bei *Spartransformatoren* werden die Wicklungen des Transformators wie in Bild 9.4–40 geschaltet. Der Name Spartransformator wird verwendet, weil Teile der Wicklung gleichzeitig zur Primär- und Sekundärseite gehören. Dadurch bringt die Schaltung teilweise beträchtliche Kosteneinsparungen, denen jedoch auch Nachteile gegenüberstehen.

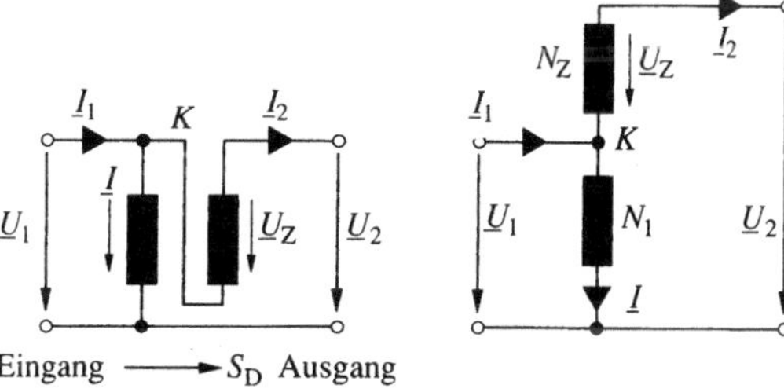

Bild 9.4-40 Entstehung des Spartransformators aus dem Zweiwicklungs-Volltransformator

Spartransformatoren werden oft im Laborbetrieb zum Ausgleich kleiner Spannungsschwankungen eingesetzt. In Höchstspannungsnetzen dienen sie als Kuppeltransformatoren, z. B. bei 400 kV/220 kV. Spartransformatoren können wie Volltransformatoren zum Auf- und Abwärtstransformieren benutzt werden.

9.4.2.2 Betriebsverhalten

Im folgenden wird das Verhalten des Transformators in Sparschaltung unter Vernachlässigung der Wicklungswirkwiderstände, der Streuung und des Magnetisierungsstroms abgeleitet. Für den in Bild 9.4–40 markierten Knoten *K* gilt:

$$I = I_1 - I_2 \tag{9.4–40}$$

und die Übersetzungen erhält man für die Spannungen zu:

$$\frac{U_2}{U_1} = \frac{U_1 + U_z}{U_1} \tag{9.4–41}$$

oder

$$\frac{U_2}{U_1} = \frac{N_1 + N_z}{N_1} \quad (9.4\text{–}42)$$

oder

$$\frac{U_2}{U_1} = \left(1 - \frac{U_z}{U_1}\right) \quad (9.4\text{–}43)$$

und die Ströme:

$$\frac{I_1}{I_2} = \frac{N_1 + N_z}{N_1}. \quad (9.4\text{–}44)$$

Die Typenleistung eines normalen Zweiwicklungs-Wechselstromtransformators ist allgemein:

$$S_T = \frac{U_1 I_1 + U_2 I_2}{2}. \quad (9.4\text{–}45)$$

Dann gilt beim Spartransformator nach Bild 9.4–40:

$$S_T = \frac{U_1 I + U_z I_2}{2} \quad (9.4\text{–}46a)$$

oder

$$S_T = U_1 I = U_z I_2. \quad (9.4\text{–}46b)$$

Bei dem Spartransformator lassen sich bei gleicher Belastung der Wicklungen

$$S_D = U_1 I = U_2 I_2 \quad (9.4\text{–}47)$$

übertragen. Ein Vergleich der Leistungen im Ausgang ergibt:

$$S_T = S_D \frac{U_z}{U_2}. \quad (9.4\text{–}48)$$

I, I_1, I_2	U_1, U_2, U_z	N_1, N_2, N_z	S_D, S_T
A	V	1	VA

Die den Materialaufwand des Transformators festlegende Typenleistung ist beim Spartransformator also immer kleiner als die Durchgangsleistung. Besonders bei kleinen Spannungsunterschieden U_z wird die Ersparnis deutlich. Der Grund der Ersparnis ist, daß nur ein kleiner Teil der Leistung transformatorisch übertragen wird; der größte Teil fließt direkt über die galvanische Verbindung beider Netzseiten. Die fehlende galvanische Trennung zwischen den beiden Netzteilen ist jedoch ein Nachteil, der sich bei Schadensfällen ungünstig auswirken kann.

Ohne Ableitung wird das Verhältnis der Dauerkurzschlußströme angegeben zu:

$$\frac{I_{kD}}{I_{kT}} = \frac{U_2}{U_z}. \quad (9.4\text{–}49)$$

Gl. (9.4–49) zeigt einen weiteren wesentlichen Nachteil der Sparschaltung. Der Kurzschlußstrom wird um so höher, je kleiner U_z ist. Zur Begrenzung der Kurzschlußströme sind u. U. Kurzschlußdrosseln vorzuschalten.

■ *Beispiel:*
Ein idealisiert betrachteter Wechselstrom-Spartransformator hat folgende Daten:

$U_1/U_2 = 230$ V/200 V;
$I_1/I_2 = 1$ A/1,15 A.

Wie groß sind die Durchgangsleistung S_D, die Bauleistung S_T und der Strom im gemeinsamen Wicklungsteil bei Bemessungsdaten?

Lösung:
Durchgangsleistung S_D:

$$U_1 \cdot I_1 = U_2 \cdot I_2 = 230\text{ V} \cdot 1\text{ A} = = 200\text{ V} \cdot 1{,}15\text{ A} = 230\text{ VA}.$$

Bauleistung S_T:

$$S_T/S_D = (1 - ü) = (1 - U_2/U_1) = (1 - U_z/U_1) = = 1 - 50\text{ V}/230\text{ V} = 20\text{ VA}.$$

Der Strom im gemeinsamen Wicklungsteil bei Bemessungsdaten:

$$I_2 - I_1 = (1{,}15 - 1{,}0)\text{ A} = 0{,}15\text{ A}.$$

9.4.3 Drosselspulen

Trägt der Eisenkern nur eine Wicklung, spricht man von Drosselspulen. Da nur eine Wicklung da ist, ist die Typenleistung gegenüber der eines Transformators mit gleichem Kern etwa doppelt so groß.

Drosselspulen werden in Anlagen der Energieverteilung mehrfach eingesetzt. Man muß dabei die Einsätze am 50-Hz-Netz und in Stromrichteranlagen (Gleichstromnetzen) unterscheiden.

9.4.3.1 Einsatzfälle

Drosseln werden im *Wechselstrom/Drehstromnetz* als *Strombegrenzungsdrosseln* eingesetzt, wenn der Kurzschlußstrom sonst nicht zu beherrschen ist, weil er für die Betriebsmittel zu hohe Werte erreicht. In „gelöschten" Mittelspannungsnetzen arbeiten sie als *Erdschlußspulen* (Petersenspulen). In Blindstromkompensationsanlagen stellen sie in statischen Kompensationsanlagen die variable kapazitive Blindleistung bereit, um den Blindleistungshaushalt des Netzes auszugleichen (s. Kap. 8). Als *Kommutierungsdrosseln* in netzgeführten Stromrichtern verringern sie die Netzrückwirkungen.

In *Stromrichteranlagen* sorgen sie für die Glättung von Gleichströmen *(Glättungsdrossel)* oder als Filterelemente *(Filterdrosseln)* zur Bekämpfung der Oberschwingungen. *Luftdrosseln* begrenzen unzulässig hohe Stromanstiege (s. Kap. 8).

9.4.3.2 Betrieb

Im *Wechselstrombereich* wird die Drossel mit sinusförmigen Größen betrieben. Der Kern ist geschlossen. Die Drosselspule stellt eine fast reine Induktivität dar (Bild 9.4–41). Im *Gleichstrombereich* arbeitet die Drosselspule meist mit Mischströmen. Einem Gleich-

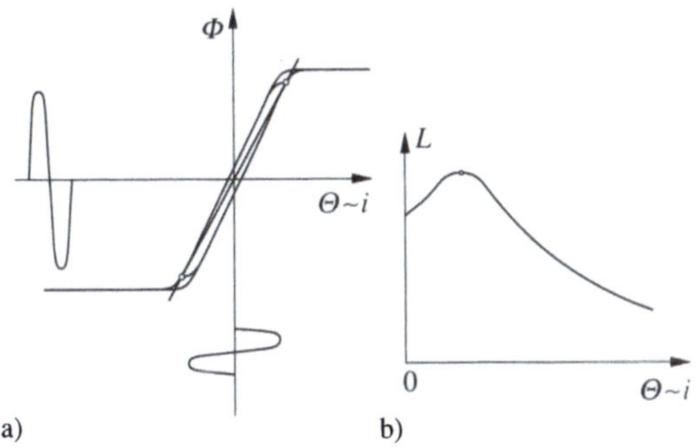

Bild 9.4-41 Drosselspule bei Wechselstrombetrieb (reine Induktivität)
a) Magnetisierungskurve,
b) Verlauf der Induktivität

strom sind Wechselströme überlagert. Das bedeutet dann eine Gleichstromvormagnetisierung und somit einen anderen Arbeitspunkt als im Wechselstromfall.

Der Eisenkern ist daher mit einem Luftspalt versehen, um die Gleichdurchflutung aufzunehmen. Für die Drosselwirkung der Wechselströme ist dann nur noch die sättigungsabhängige differentielle Induktivität

$$L_{\text{diff}} = N \frac{\Delta \Phi}{DI} \qquad (9.4\text{–}50)$$

L_{diff}	N	Φ	D	I
H	1	Wb = Vs	1	A

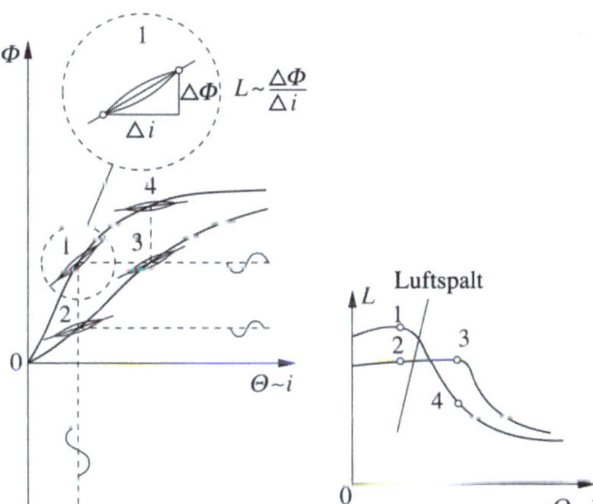

Bild 9.4-42 Wirksame differentielle Induktivität bei Gleichstromvormagnetisierung
a) unterschiedliche Arbeitspunkte 1 bis 4 mit differentieller Induktivität,
b) Einfluß des Luftspalters

im jeweiligen stromabhängigem Arbeitspunkt maßgeblich, wie Bild 9.4–42 zeigt.

9.5 Spezielle elektrische Kleinmaschinen

9.5.1 Übersicht

Elektrische Kleinmaschinen werden als Antriebselemente in vielen Geräten des Konsumbereichs, z. B. Plattenspieler, Waschmaschinen oder Kühlschränke, des gewerblichen Sektors, z. B. Bohr- und Schleifmaschinen (Bild 9.5–1), und in verschiedenen Industriezweigen, z. B. in Handhabungsgeräten, eingesetzt.

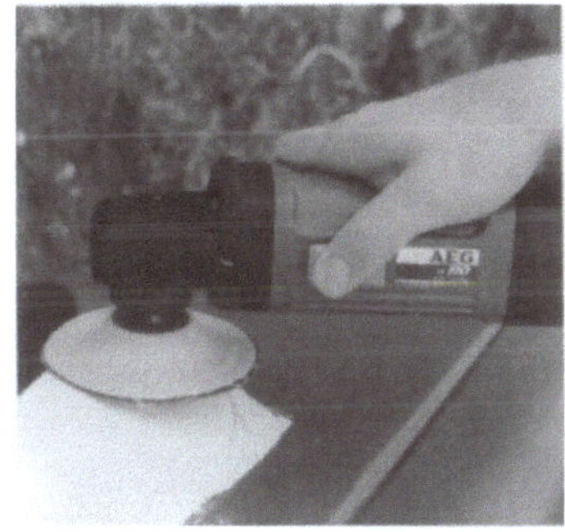

Bild 9.5-1 Hand-Schleifmaschine (Akku-Gerät)

Ein weiterer Hauptabnehmer ist die PKW-Industrie zum Antrieb der Hilfsaggregate; 50 und mehr Motoren können dort je PKW eingebaut sein (Bild 9.5–2).

Auf Kleinmaschinen entfällt z. Z. etwa ein Drittel des Produktionswertes elektrischer Maschinen der Bundesrepublik Deutschland. (1994: 2,375 Mio DM).

Die nicht genau fixierte obere Leistungsgrenze der Kleinmaschinen liegt etwa bei 1 kW. In diesem Leistungsbereich bieten eine große Anzahl von Herstellern „lagermäßig“ gefertigte Maschinen aber auch kundenspezifische, stark angepaßte Konstruktionen an, bei denen die Maschine Antriebs- und Gerätefunktionen gleichzeitig übernimmt. Dies erfordert einen engen Kontakt zwischen Anwender und Antriebslieferant und ein tiefes Eindringen des Entwicklers in die Antriebsproblematik des Gerätes.

Arbeiteten früher Kleinmaschinen oft nur mit festen Drehzahlen, so muß auch in diesem Bereich die Drehzahl heute immer öfter stellbar oder regelbar sein. Dann gehört auch noch eine angepaßte Elektronik zum Antriebskonzept, z. B. beim Schrittmotor.

Kleinmaschinen im unteren Leistungsbereich haben oft „forlife“ geschmierte Lager. Eine spezielle Wartung entfällt. Lager- und Schmierfettgebrauchsdauer müssen berücksichtigt werden.

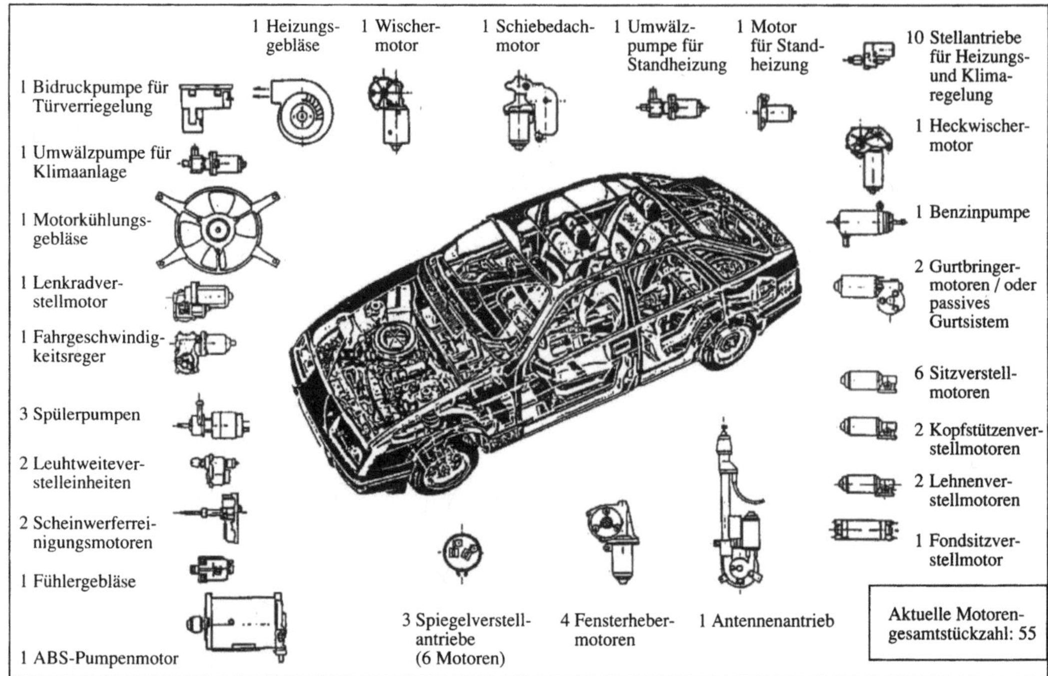

Bild 9.5-2 Einsatz von Kleinmaschinen im PKW

Zu den Kleinmaschinen gehören alle Arten elektrischer Maschinen. Also:

- *Drehfeldmaschinen,* wie
  - Asynchronmaschinen,
  - Synchronmaschinen,
  - Schrittmotoren,
  - EK-Motoren (elektronisch kommutierte Motoren), aber auch
- *Stromwendermaschinen,* wie
  - Gleichstrommaschinen und
  - Wechselstrom-Reihenschlußmaschinen (Universalmaschinen).

Die prinzipielle Arbeitsweise dieser Maschinenarten wurde bereits im Abschnitt 9.3 dargestellt. Im den folgenden Abschnitten sollen daher nur noch Besonderheiten kurz beschrieben werden.

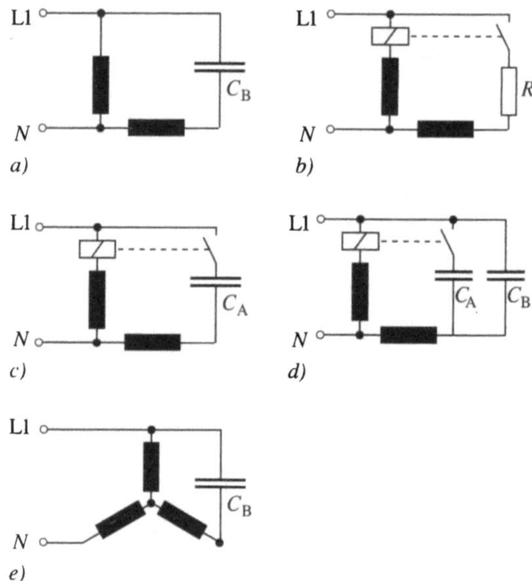

Bild 9.5-3 Einsatz von Drehfeldmaschinen am Wechselstromnetz

a) Betriebskondensator-,

b) Widerstandshilfsstrang-,

c) Anlaufkondensator-,

d) Doppelkondensator- und

e) Steinmetz-Schaltung

9.5.2 Drehfeldmaschinen

9.5.2.1 Wechselstrom-Asynchronmaschinen (WAM)

1. Allgemeines

Häufig steht für den Betrieb einer Drehstromkleinmaschine nur ein Wechselstromnetz zur Verfügung.

Dies ist z. B. in Haushalten und kleinen Betrieben die Regel. In diesem Fall werden dann Maschinen mit Hilfseinrichtungen eingesetzt, die es erlauben, wenigstens ein „verstümmeltes“ Drehfeld zu erzeugen, damit der Anlauf überhaupt möglich ist (Bild 9.5–3).

Im folgenden sollen zunächst *Zweistrangmaschinen* betrachtet werden. Damit bei diesen Maschinen ein Drehfeld entsteht, müssen an den zwei Strängen unterschiedliche Phasenverschiebungen erzeugt werden.

Dies gelingt durch verschiedene R/X-Verhältnisse des ohmschen Strangwirkwiderstandes R und der Strangreaktanz X. Möglichkeiten sind:

- die Vergrößerung von R durch *Vorwiderstände,*
- die Vergrößerung von X durch *Vorschalt-Drosseln,*
- die Veränderung der Reaktanz X des Stranges durch *Vorschalten eines Kondensators* oder
- durch Erzeugung eines phasenverschobenen Stromes durch *Induktion einer kurzgeschlossenen Wicklung* (Spaltpol).

2. Anwurfmotor

Wird beim Betrieb eines normalen mit drei Zuleitungen angeschlossenen Drehstrommotors eine Netzzuleitung unterbrochen, z. B. durch Drahtbruch oder Sicherungsfall, so läuft die gering belastete Maschine mit erhöhtem Schlupf am „übriggebliebenen" Wechselstromnetz weiter. Sie nimmt bei gleicher Belastung einen erhöhten Strom auf, der zu einem unsymmetrischen Betrieb führt. Das Betriebsverhalten läßt sich durch die Drehfeldtheorie erklären.

Denkt man sich das jetzt noch vorhandene Wechselfeld in zwei gegenläufige Kreisdrehfelder halber Amplitude zerlegt (Abschnitt 9.3), so entwickeln diese die Mit- und Gegen-Drehmomente M_1 und M_2. In Bild 9.5–4 sind die beiden auf eine Welle arbeitenden Mit- und Gegenmaschinen mit den schlupfabhängigen gegensinnigen Drehmomenten dargestellt, außerdem das resultierende an der Welle auftretende Summenmoment M_e. Dieses ist im Leerlauf und Stillstand Null, dazwischen jedoch vorhanden. Der einmal laufende Motor läuft also weiter; ein stillstehender Motor kann nicht anlaufen.

Wird eine solche Maschine jedoch angeworfen, nimmt sie kurzzeitig eine von Null verschiedene Drehzahl an und entwickelt so einen Drehmomentüberschuß im Sinne der (Anwurf-)Drehrichtung; sie läuft dann auch (unbelastet) hoch. Dieses Verhalten führte zum Namen *Anwurfmotor*. Die sich einstellende „Leerlaufdrehzahl" ist allerdings kleiner als die synchrone Drehzahl des einzelnen Teil-Mitdrehfeldes, da das Moment des Gegenfeldes belastend wirkt.

Wegen des immer vorhandenen gegenläufigen Feldes treten starke Pendelmomente doppelter Netzfrequenz auf. Bild 9.5–5 zeigt das Moment des Anwurfmotors und den Verlauf der Pendelmomente. Da man mit Wechselstrom nur zeitlich veränderliche Leistung übertragen kann, tritt das 100-Hz-Pendelmoment immer auf, wenn der Motorbetriebspunkt nicht symmetriert ist.

Soll eine Drehfeldmaschine selbstständig anlaufen, ist mindestens ein zweiter Strang zur Erzeugung eines Drehfeldes erforderlich.

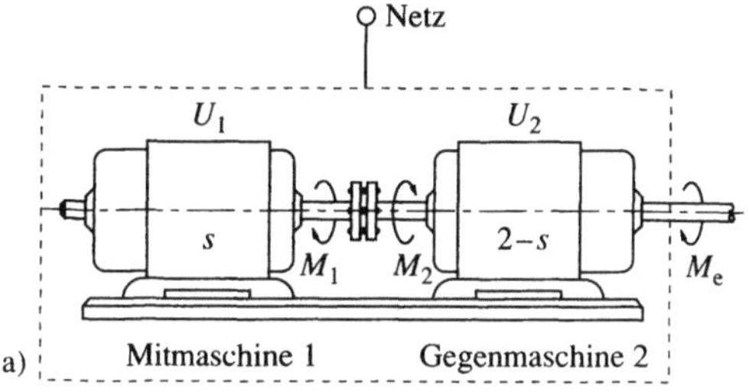

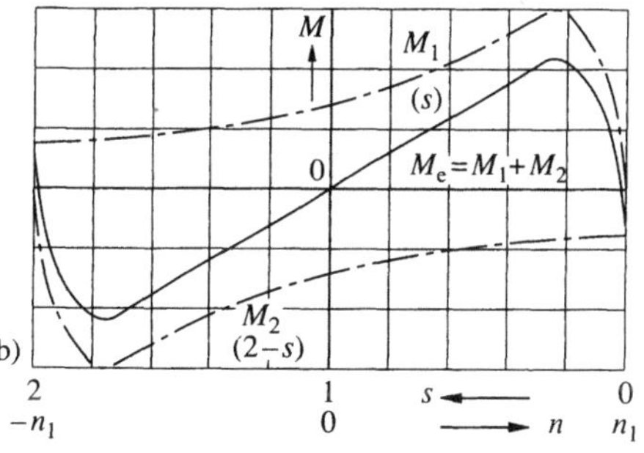

Bild 9.5-4 Anwurfmotor
a) Ersatz-Zweimaschinenmodell,
b) schlupfabhängige Drehmomente und Summenmoment des Anwurfmotors

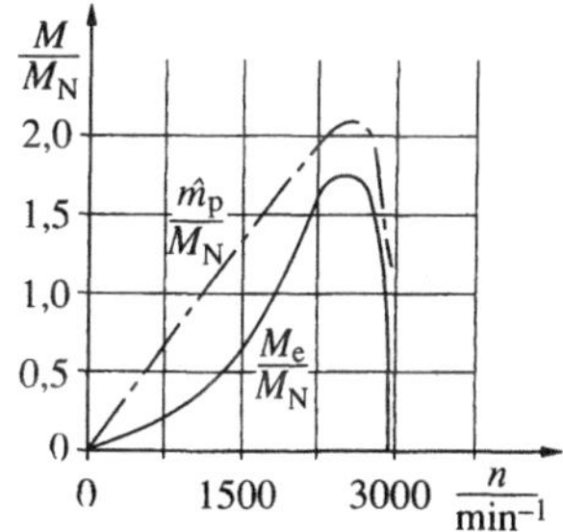

Bild 9.5-5 Drehmomente sowie Verlauf der Pendelmomente beim Anwurfmotor

3. Zweistrangmaschinen

Motor mit Widerstandshilfsstrang

Zusätzlich zum *Hauptstrang* ist um 90° elektrisch räumlich versetzt ein *Hilfsstrang* angeordnet. Dieser hat einen größeren Wirkwiderstandswert als der Hauptstrang. Dies wird durch Vorwiderstände, bifilare Wicklung oder Wicklung mit Widerstandsmaterial erreicht. Es entstehen im Hilfsstrang natürlich dadurch auch höhere Verluste. Über Fliehkraftschalter, Stromrelais oder Handschalter wird der Hilfsstrang nach erfolgtem Anlauf abgeschaltet, um die Verluste zu reduzieren. Der Motor läuft dann als

„Anwurfmotor“, wie oben beschrieben, weiter. Die Motoren von Kühlaggregaten haben solche Schaltungen. Bild 9.5–6 zeigt die Schaltung, das Zeigerdiagramm der Ströme und den Drehmomentenverlauf.

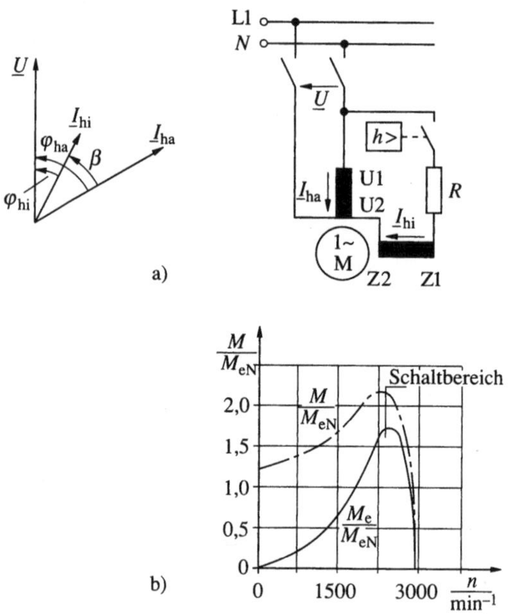

Bild 9.5-6 Widerstands-Hilfsstrang-Maschine
a) Schaltung und Zeigerdiagramm,
b) Drehmomentenverlauf

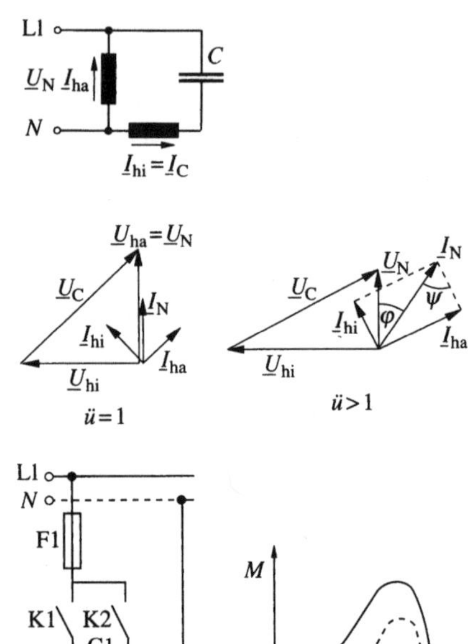

Bild 9.5-7 Schaltung, Zeigerdiagramm der Ströme und Drehmomentenverlauf des Kondensatormotors

Da der Winkel zwischen den erregenden Strömen I_{ha} und I_{hi} nie 90° werden kann, ist auch nur die Ausbildung eines elliptischen Drehfeldes möglich. Dennoch werden Anzugsmomente in der Größenordnung des Bemessungsmomentes in dieser Schaltung erreicht.

Motor mit Kondensator im Hilfsstrang *(Kondensatormotor)*

Zusätzlich zum Hauptstrang ist um 90° elektrisch räumlich versetzt ein Hilfsstrang angeordnet, dem ein Kondensator der Kapazität C in Reihe geschaltet ist.

Bild 9.5–7 zeigt die Schaltung, das Zeigerdiagramm der Ströme und den Drehmomentenverlauf. Bei entsprechenden Kapazitätswerten sind dabei auch zeitliche Phasenverschiebungen der erregenden Wicklungsströme von 90° möglich. Bei gleichen Durchflutungen Θ_{ha} und Θ_{hi} und einem Phasenwinkel von 90°, entsteht ein Kreisdrehfeld; der Motor ist symmetriert, das Gegendrehmoment verschwindet. Eine Symmetrierung ist bei gegebenen Maschinendaten nur für *einen* freiwählbaren gewünschten Betriebspunkt möglich. Bei allen anderen Betriebspunkten ist der Winkel zwischen den erregenden Strömen I_{ha} und I_{hi} von 90° verschieden, und es treten wieder elliptische Drehfelder und Pendelmomente auf. Mit den effektiven Windungszahlen der Strangwicklungen $N_{ha} \cdot \xi$ und $N_{hi} \cdot \xi$ tritt die Symmetrie für $\varphi_{ha} = \varphi_{hi} = \varphi_{sym}$ auf. Dabei ist

$$\tan \varphi_{sym} = \ddot{u} = \frac{N_{hi} \cdot \xi}{N_{ha} \cdot \xi} = \frac{U_{hi}}{U_{ha}} = \frac{I_{ha}}{I_{hi}}. \qquad (9.5\text{–}1)$$

Die erforderliche Kondensatorkapazität C ist dabei

$$C = \frac{I_{Netz}}{U \cdot \omega \cdot (1 + \ddot{u}^2)}. \qquad (9.5\text{–}2)$$

$\ddot{u}$	N_{hi}, N_{ha}	U, U_{hi}, U_{ha}	I_{hi}, I_{ha}, I_{Netz}	ω	C
1	1	V	A	s^{-1}	F

Die sich einstellende Kondensatorspannung $U_C = U/\cos \varphi_{sym}$ liegt stets über der Netzspannung, wie das bei Reihenresonanz zu erwarten ist! Der Kondensator muß spannungsmäßig danach bemessen werden.

Je nach Einsatzfall symmetriert man den „Anlauf“, z. B. bei einem Waschtrommelantrieb, oder den „Betriebspunkt“, z. B. bei einer Kreissäge. Da die Ströme in der Hilfswicklung beim großen Anlaufkondensator C_A relativ groß werden, schaltet man den Anlaufkondensator nach erfolgtem Hochlauf (Anlauf) ab. Beim *Doppelkondensatormotor* wird nur ein Teil der Kapazität abgeschaltet, um beim Weiterbetrieb mit kleinerem Betriebskondensator C_B hohe Drehmomente im Betriebsbereich zu erzielen.

Für die Bemessung des Kondensators gilt überschlägig für 230 V Netzspannung:

$$C = 80 \dots 100\ \mu\text{F/kW}. \qquad (9.5\text{–}3)$$

Als Kondensatoren werden fast nur MP-Kondensatoren (Metall-Papier) verwendet.

Spaltpolmotor

Beim *Spaltpolmotor* ist die zweite (dritte) kurzgeschlossene Wicklung, die Hilfswicklung, um weniger als 90° zur Hauptwicklung elektrisch versetzt angeordnet (Bild 9.5–8). Sie ist dadurch transformatorisch mit der Hauptwicklung gekoppelt und umschließt einen Teil des ausgeprägten Hauptpols.

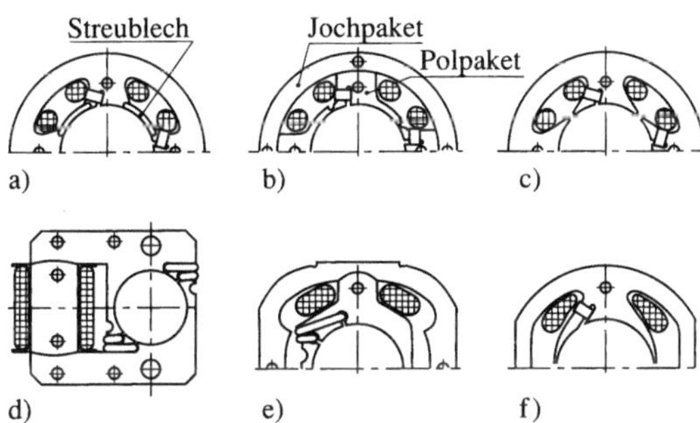

Bild 9.5-8 Wicklungsanordnung und Blechschnitte beim Spaltpolmotor; eine oder zwei Spaltpolwicklungen

a) bis c) 4-polige Spaltmotoren unterschiedlicher Bauart,

a) Streubleche } zwischen den Polen,
b) Streustege }

c) Ständer einteilig

d) bis f) 2-polige Spaltmotoren unterschiedlicher Bauart,

d) unsymmetrischer Aufbau,

e) Ständer zweiteilig,

f) Ständer einteilig

Die Verhältnisse im Betrieb lassen sich am besten übersehen, wenn man sich zunächst die Läuferkäfigwicklung wegdenkt. Der in der konzentrierten Hauptwicklung fließende Strom I' erzeugt den magnetischen Fluß Φ' (Bild 9.5–9). Ein Teilfluß Φ_1''' davon durchsetzt den Spaltpol und induziert in der kurzgeschlossenen Spaltpolwicklung die Spannung U''', die den Strom I''' durch die Spaltpolwicklung treibt. Dieser Strom I''' ruft den Fluß Φ''' hervor, der

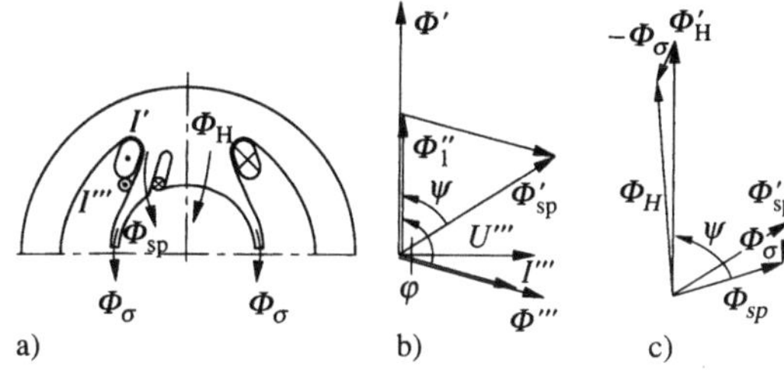

Bild 9.5-9 Teilflüsse mit Zeigerdiagrammen des Spaltpolmotors

a) Ständer mit Teilflüssen,

b) Zeigerdiagramm der Teilflüsse,

c) Wirkung eines Streuflusses Φ_σ

dem erzeugenden Fluß Φ_1''' um den Phasenwinkel φ nacheilt. Der resultierende magnetische Fluß Φ_{sp}' eilt dem Fluß im Hauptpolabschnitt um den Phasenwinkel φ nach. Das entstehende elliptische Drehfeld wandert vom Haupt- zum Hilfspol und legt somit die Drehrichtung fest.

Ein Betriebspunkt ohne gegenlaufendes Feld läßt sich durch diese Konstruktion nicht erreichen. Durch den auftretenden Streufluß werden zwar die Amplituden der Luftspaltflüsse verkleinert, der Phasenwinkel φ jedoch vergrößert. Aus diesem Grund baut man bewußt bei manchen Konstruktionen Streubleche ein. Wegen des einfachen und preiswerten Aufbaus werden Spaltpolmotoren in großen Stückzahlen gefertigt. Der Leistungsbereich ist auch wegen der Verluste auf Werte von ca. 100 W begrenzt.

Im Vergleich zu den mehrsträngigen Drehfeldmaschinen mit Widerstand oder Kondensator im Hilfsstrang ist beim Spaltpolmotor das bremsende gegenläufige Drehfeld stärker ausgeprägt. Wegen der konzentrierten Wicklung ist das 3. Oberfeld besonders stark, wie Bild 9.5–10 zeigt. Auch die Pendelmomente treten stärker in Erscheinung. Wegen der relativ hohen Verluste in der Spaltpolwicklung ist der Wirkungsgrad nicht so hoch; er liegt bei nur 3/4 des Wertes der Kondensatormotoren.

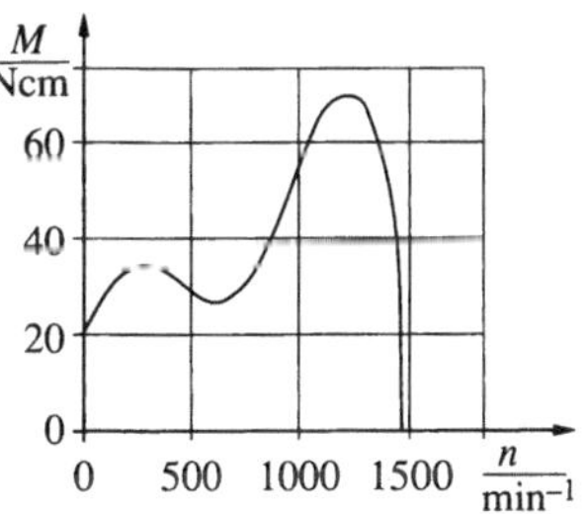

Bild 9.5-10 Drehmomentverlauf beim Spaltpolmotor

4. Dreistrangmaschine mit Kondensator

Hilfsweise lassen sich auch kleine *Dreistrangmaschinen* – also normale Drehstrommaschinen bis ca. 2 kW – am Wechselstromnetz betreiben. Bild 9.5–11 zeigt die Schaltung nach „Steinmetz" mit der Drehmomentkurve. Symmetrischer Betrieb ist nur bei einer Phasenverschiebung von 60° elektrisch zwischen Strangstrom und Strangspannung möglich. Das erreichbare Anzugsmoment ist relativ klein verglichen mit dem Moment bei Drehstrombetrieb. Die erforderlichen Kapazitäten sind größer als beim Zweistrangmotor. Der benötigte Kondensator im Symmetrierpunkt mit dem Strom I_{sym} ist

$$C = \frac{I_{sym}}{\omega \cdot U_{Netz}}. \tag{9.5–4}$$

C	I_{sym}	U_{Netz}	ω
F	A	V	s^{-1}

Er ist bis zu 3-fach größer als bei Zweistranglösungen. Der Vorteil solcher Drehstromlösungen liegt darin, daß derartausgerüstete Antriebe sowohl am Wechselstromnetz als auch am Drehstromnetz betrieben werden können.

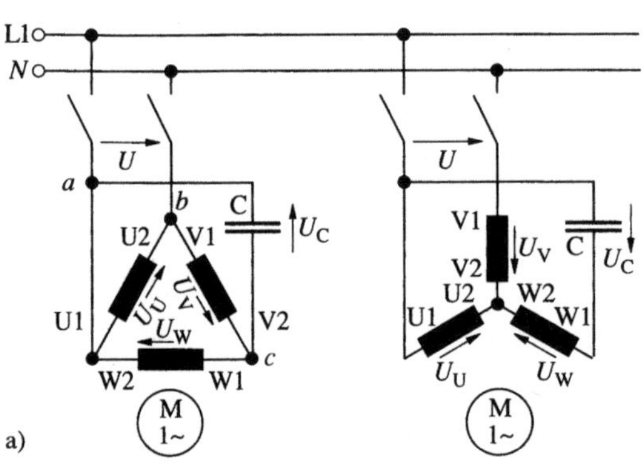

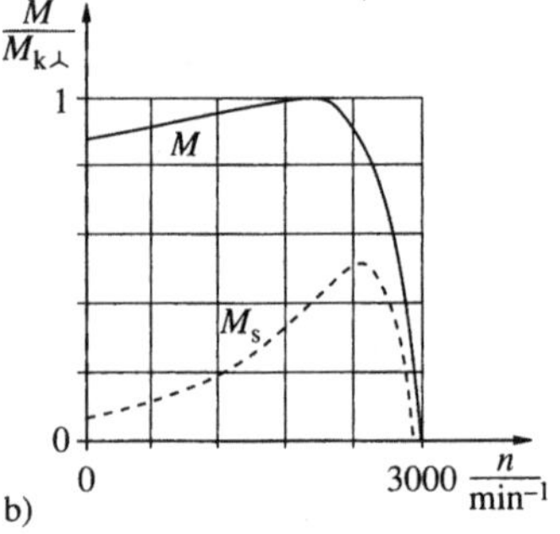

Bild 9.5-11 Schaltungen (Dreieck und Stern) nach "Steinmetz" für Dreistrangmaschinen zum Betrieb am Wechselstromnetz (a) mit Drehmomentkurven (b)

9.5.2.2 Schrittmotor

1. Einsatz

Haupteinsatzgebiete der *Schrittmotoren* sind Positionierantriebe. Dabei soll an Hand elektronischer Steuersignale ein Mechanismus positioniert werden. Für die Umsetzung elektrischer Signale in mechanische Dreh- oder Längsbewegungen bieten sich Schrittmotoren an. Zum Positionieren werden zwei Systeme eingesetzt:

- die offene Steuerkette mit Schrittmotoren und
- Lageregelkreise mit Positionsrückmeldung.

Zur Überwachung der Schrittmotorenantriebe werden auch Encoder benutzt. Solche Antriebe liegen dann auf der Mitte zwischen den aufgeführten Systemen. Bild 9.5–12 zeigt die Varianten.

Schrittmotoren liefern hohe Drehmomente auch bei kleinen Drehzahlen und im Haltezustand.

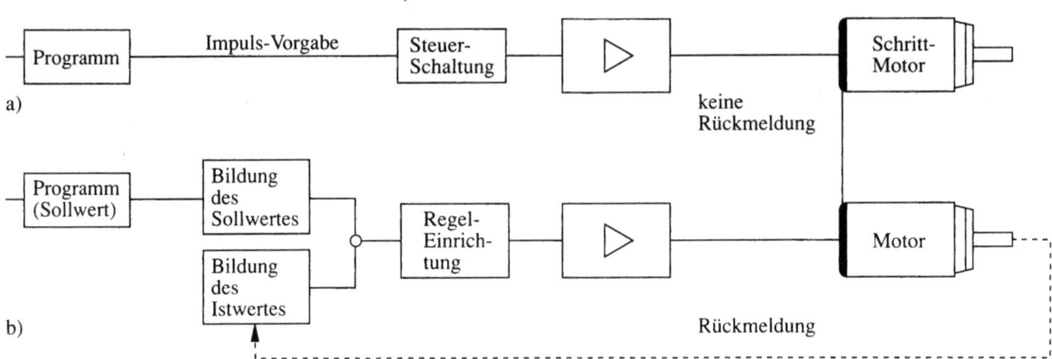

Bild 9.5-12 Positioniersysteme
a) offene Kette mit Schrittmotor,
b) Regelkreis mit Servomotor

2. Aufbau

Schrittmotoren sind Sonderbauformen hochpoliger Synchronmaschinen mit Permanenterregung oder mit Reluktanzläufer. Sie wandeln elektrische Steuerimpulse in definierte mechanische Bewegungen um. Als elektromechanischer Wandler folgt der Läufer dem blockförmig ruckweise umlaufendem Feld des Ständers. Bei hohen Pulsfrequenzen ist die Bewegung quasistationär kontinuierlich. Motor und Frequenzumrichterspeiseeinheit bilden eine Betriebseinheit mit abgestimmten Eigenschaften. Die Qualität des Antriebs ist daher im Paket zu sehen. Vorteile der Schrittmotoren gegenüber den konventionellen Antrieben sind folgende:

- schrittgenaue Positionierung,
- offene Steuerkette ohne Rückmeldung,
- variable Drehzahl möglich,
- hohes Drehmoment bei kleinsten Drehzahlen,
- Haltemoment im stromlosen Zustand,
- einfacher Aufbau.

Von den vielen Ausführungsformen werden im folgenden vier beschrieben.

3. Klauenpolschrittmotor

Einfache *Klauenpolschrittmotoren* sind aus mindestens zwei Ständern aufgebaut. Diese sind um eine halbe Polteilung gegeneinander versetzt. Konstruktiv eignet er sich besonders für große Schrittwinkel von 7,5°, 9°, 11,25°, 15° und 18°; entsprechend ist die höchste Schrittzahl je Umdrehung 48. Die Pole sind als Klauen ausgeführt. Die Ringspule erregt auf der einen Seite Nordpole und auf der anderen Seite Südpole. Diese Pole wirken auf den permanenterregten Läufer (Ferritmagnet mit festgelegten Polen). Bild 9.5-13 zeigt das System. Zur Erhöhung des Drehmomentes können mehrere Systeme auf eine Welle gesetzt werden. Der Motor wächst dann mit dem Drehmoment in die Länge.

4. Hybridschrittmotor

Der *Hybridschrittmotor* hat einen geblechten Ständer mit ausgeprägten Polen. Jeder Pol trägt eine konzentrische Erregerwicklung für das Luftspaltfeld. Bild 9.5-14 zeigt den Aufbau des Hybridschrittmotors. Die ausgeprägten Pole sind zusätzlich gezahnt, um die Gesamtpolzahl (Zähnezahl) zu erhöhen. Der Läufer ist permanenterregt und trägt an den Stirnseiten gezahnte Polschuhe. Gebräuchliche Schrittwinkel liegen bei 0,36° bis 3,6°. 100 Schritte je Umdrehung können aufgelöst werden; dies erfordert hohe mechanische Qualität. Die Wicklungen werden in ein, zwei (vier) oder fünf Strängen ausgeführt. Fünfstrangmotoren können wegen ihres großen Drehmomentes als Direktantriebe ohne Zwischenschaltung eines Getriebes eingesetzt werden.

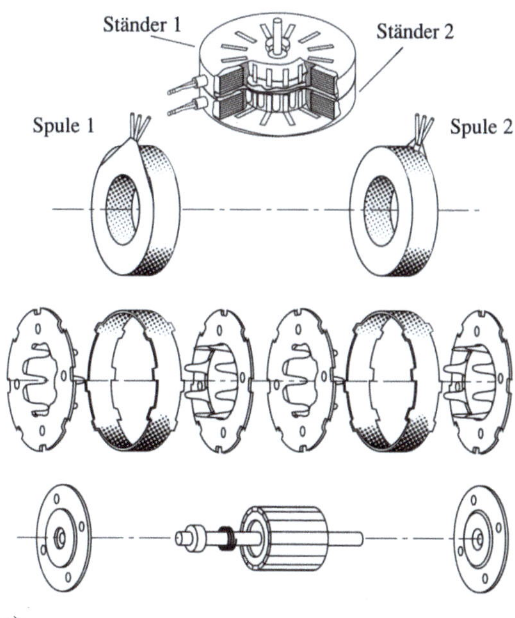

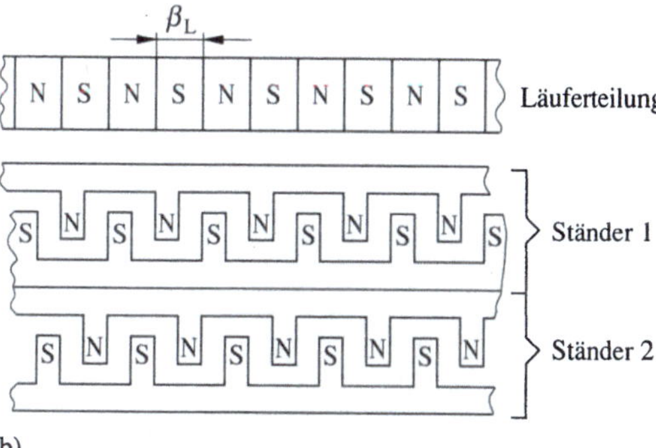

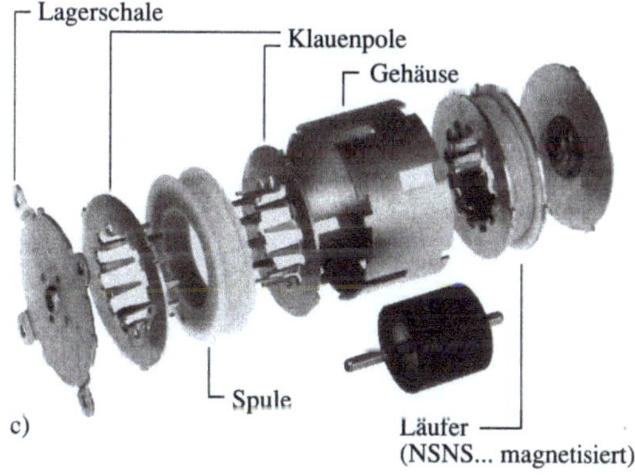

Bild 9.5-13 Klauenpolschrittmotor
a) Aufbau des Schrittmotors,
b) Ständerabwicklung,
c) geöffneter Motor

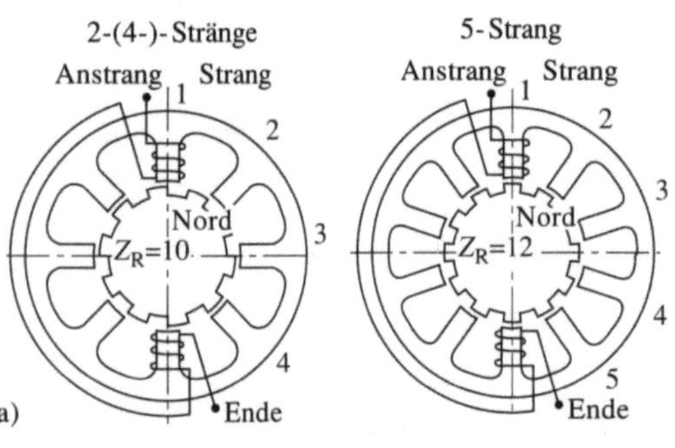

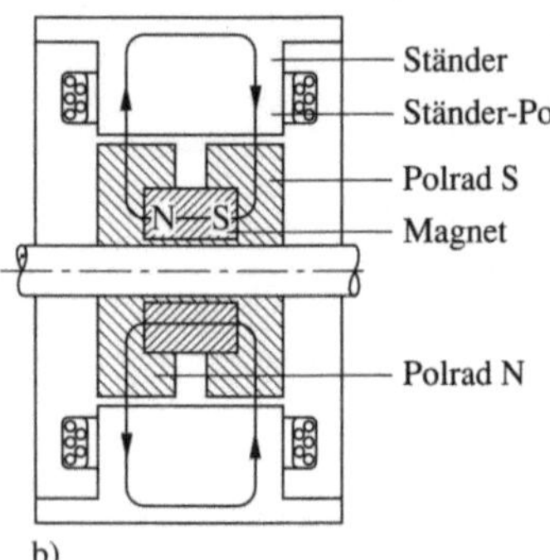

Bild 9.5-14 Hybridschrittmotor
Schnitt für 2, 4 und 5 Stränge (a) und Längsschnitt (b); (c) Schrittmotor geöffnet

5. *Reluktanz- und Scheibenläuferschrittmotor*

Neben den eben beschriebenen Läuferbauarten gibt es noch Sonderbauarten. Bild 9.5–15a zeigt einen *Reluktanzschrittmotor*. Der Läufer folgt dem Feld, da er das Bestreben hat, sich so einzustellen, daß seine Position den geringsten magnetischen Widerstand (Reluktanz) hat. Die Konstruktion ist einfach.

Schrittwinkel bis etwa 10° sind machbar. Unbestromt entwickelt der Motor kein Haltemoment. Wegen des einfachen Läuferaufbaus sind hohe Drehzahlen möglich. Eine andere Bauform des Schrittmotors zeigt Bild 9.5–15b: Den *Scheibenläuferschrittmotor*. Das Massenträgheitmoment des Läufers ist sehr klein, was ihn für dynamische Antriebe besonders gut prädestiniert.

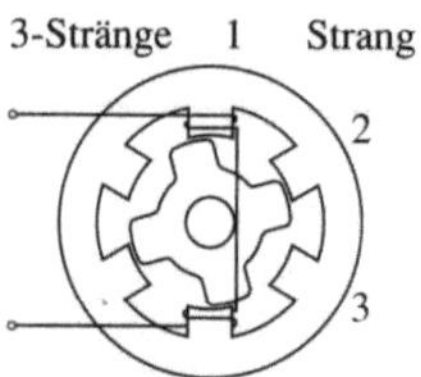

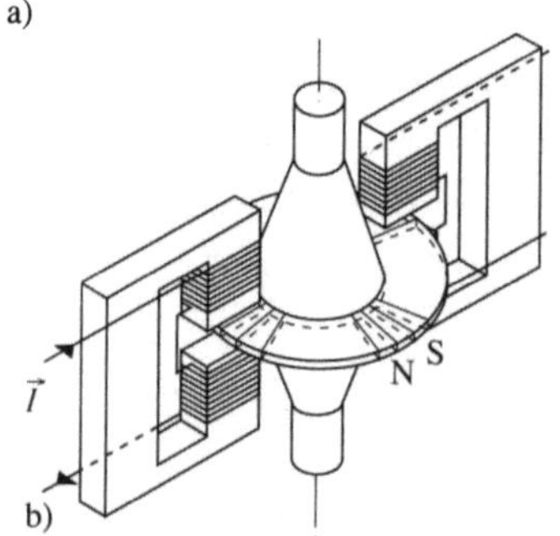

Bild 9.5-15 Sonderbauformen
a) Reluktanzschrittmotor mit 3 Strängen,
b) Scheibenläufer-Schrittmotor

6. *Betriebsarten*

Für die Bestromung der Wicklungen ist die Elektronik – im Prinzip ein Spannungszwischenkreisfrequenzumrichter – erforderlich. Die Umkehrung der Richtung des magnetischen Flusses im Ständer erfolgt über elektronische Ventile der Elektronik. Prinzipiell kann die Ansteuerung unipolar oder bipolar erfolgen. Bild 9.5–16 zeigt die Möglichkeiten, die kurz erläutert werden sollen.

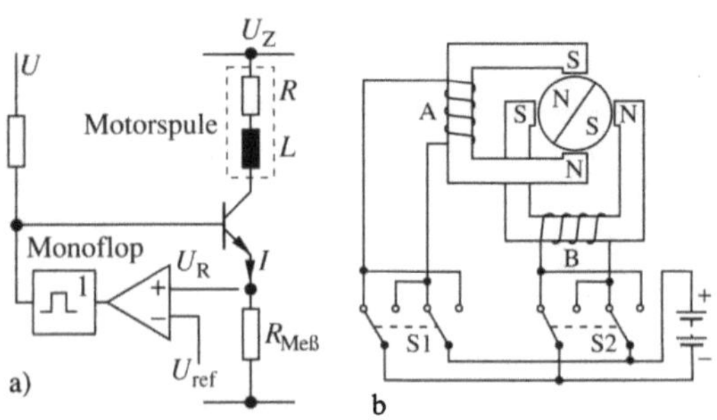

Bild 9.5-16 Ansteuerschaltung
unipolar (a) und bipolar (b)

Unipolarbetrieb

Beim *Unipolarbetrieb* sind die elektronischen Leistungsstufen einfach aufgebaut; es wird jeweils nur ein Schalter benötigt. Jede Wicklung ist jedoch in zwei Teile aufgeteilt, die wechselweise angesteuert werden. Dadurch wird das Motorkupfer schlecht ausgenutzt; die Elektronik ist einfach aufgebaut.

Bipolarbetrieb

Beim *Bipolarbetrieb* sind die elektronischen Leistungsstufen aufwendiger ausgeführt, da jeweils eine „H"-Brücke mit 4 elektronischen Schaltern benötigt wird. Jede Wicklung liegt somit in einer Schalterbrükke, die es ermöglicht, die Wicklung mit wechselnder Richtung zu bestromen. Das Motorkupfer wird daher gut genutzt; die Elektronik ist dafür aufwendiger.

Voll-, Halb- und Mikroschrittbetrieb

Beim Motor mit zwei Strängen sind gleichzeitig beide Stränge auch bestromt *(Vollschrittbetrieb)*. Den Drehmomentverlauf zeigt Bild 9.5–22.

Es ist jedoch auch ein Betrieb denkbar, der zwischen der Bestromung eines Stranges und der beider Stränge abwechselt. Bei der Bestromung nur eines Stranges stellt sich dann der Läufer auf einen Zwischenwinkel ein, das Drehmoment ist kleiner; dieser Betrieb wird *Halbschrittbetrieb* genannt. Der Schrittwinkel des Motors halbiert sich durch die Ansteuerungsart, ohne daß sich mechanisch etwas am Motor geändert hat.

Durch elektronische Schwellwertschalter ist es möglich die Bestromung der Stränge in Stufen zu variieren *(Mikroschrittbetrieb)*. Dadurch ergeben sich weitere Zwischenstellungen, die den Schrittwinkel verkleinern und die Möglichkeiten der feineren Positionierung erhöhen. Das Verfahren setzt allerdings eine exakte Fertigung und eine driftfreie Elektronik voraus. Bild 9.5–17 zeigt die Verhältnisse im Schema.

7. Ansteuerung

Die Steuerelektronik bestimmt wesentlich die Kennlinien des Motors, wie im folgenden gezeigt wird. Es gibt drei Verfahren (Bild 9.5–18):

- *Konstantspannungsansteuerung* (R/L-Ansteuerung),
- *Konstantstromansteuerung* und
- *getaktete Ansteuerung mit Stromregelung* (Chopper).

Legt man die Wicklung an Spannung, so steigt der Strom entsprechend der Zeitkonstanten der Wicklung L/R an. Um den Stromanstieg ($\mathrm{d}i/\mathrm{d}t = U/L$)

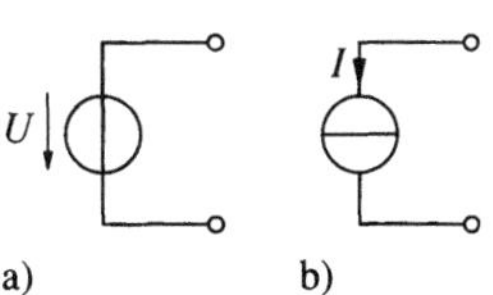

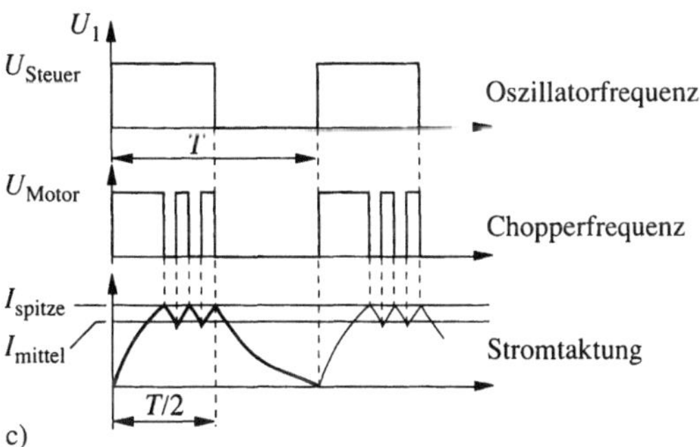

Bild 9.5-18 Ansteuerverfahren
a) Konstantspannung,
b) Konstantstrom,
c) Chopperbetrieb

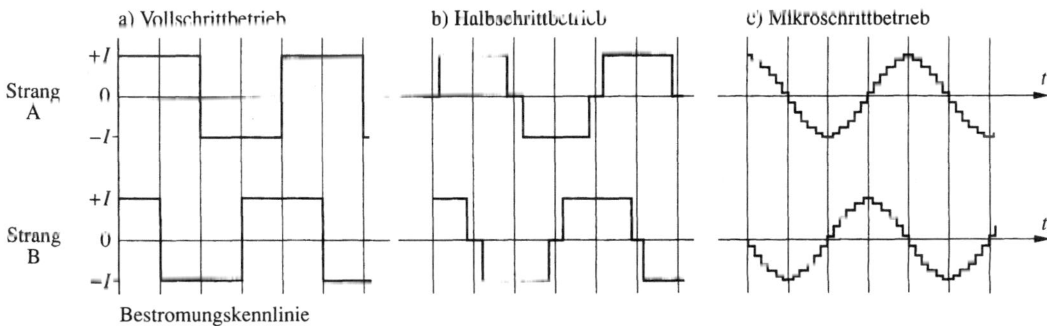

Bild 9.5-17 Schrittarten mit Bestrommungskennlinien
a) Vollschritt,
b) Halbschritt,
c) Mikroschritt

besonders bei hohen Frequenzen zu beschleunigen, werden die Wicklungen an hohen Spannungen betrieben und die Zeitkonstante durch Vorwiderstände gesenkt. Dies führt zu erheblichen Verlusten.

Moderne Steuerungen arbeiten mit getaktetem Strangstrom. Bei diesem Chopperbetrieb wird die Wicklung an eine hohe Betriebsspannung gelegt und der Strom über einen Shunt-Widerstand gemessen. Bei Erreichen der eingestellten Schaltschwelle wird der Strom abgeschaltet, um beim Unterschreiten einer weiteren Schwelle wieder eingeschaltet zu werden.

Bild 9.5–19 zeigt die Prinzipschaltung. Bei der höchsten Schrittfrequenz beträgt die Chopperpulszahl nur 1, bei kleinen Schrittfrequenzen entfallen entsprechend viele Pulse auf einen Schritt.

Wegen der hohen Stückzahlen wurden mehrere ICs zur Schrittmotoransteuerung entwickelt. Oft enthalten diese hochintegrierten Bausteine neben der Leistungselektronikschaltung für die Wicklungsansteuerung noch Rechenbaugruppen für den Betrieb.

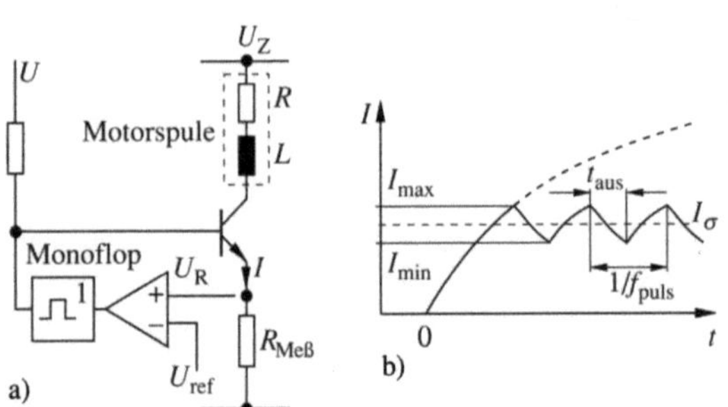

Bild 9.5-19 Prinzipbild eines Choppers (a) mit Stromverlauf (b)

rechnet die Steuerung. Wird ein Grenzmoment überschritten fällt der Motor außer Tritt und bleibt stehen.

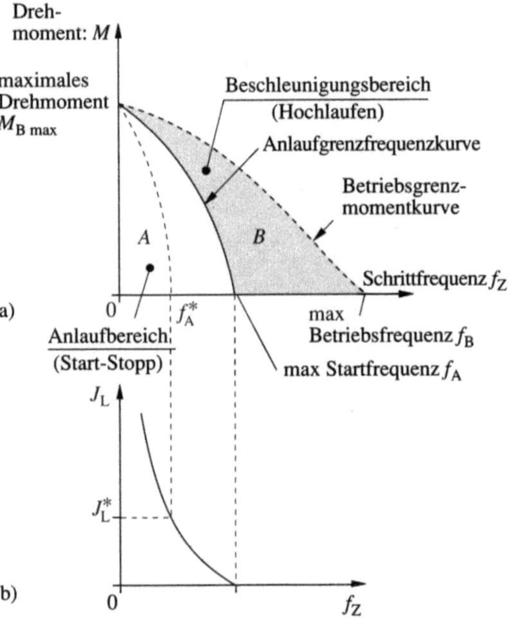

Bild 9.5-20 Drehmoment-Schrittfrequenz-Kennlinie mit Reduktionskurve
A Anlaufbereich (Start-Stopp-Bereich),
B Beschleunigungsbereich,
a) Drehmoment-Schrittfrequenzkurven,
b) Reduktionskurve bei ausgekoppeltem Massenträgheitsmoment J_L

8. Betriebskennlinien

Die wichtigste Kennlinie ist die in Bild 9.5–20 dargestellte Drehmoment-Schrittfrequenz-Kurve mit dem Start-Stopp-Bereich (*A*) und dem Beschleunigungsbereich (*B*). Die Start-Stopp-Grenzkennlinie hängt vom angekoppeltem Fremdträgheitsmoment J_L^* ab. Je größer die angekoppelte Fremdschwungmasse ist, desto kleiner muß die Start-Stopp-Frequenz für den Betriebsfall gewählt werden (Reduktionskurve). Nur im Start-Stopp-Bereich darf der Schrittmotor direkt ein- oder ausgeschaltet werden, ohne Schrittfehler zu begehen.

Prinzipiell wird der Schrittmotor beim Hochlaufen und beim Tieflauf nach einem besonderen an die Momentenkurve angepaßtem Frequenz-Zeit-Profil betrieben (Bild 9.5–21). Den Slow-down-Punkt be-

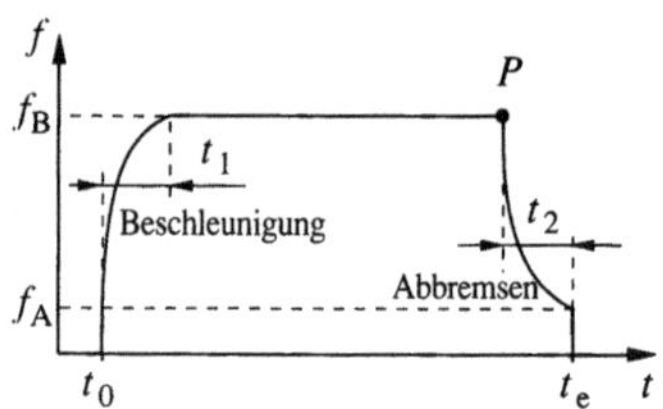

Bild 9.5-21 Frequenz-Zeit-Profil, *P* Slow-down-Punkt

9. Statische Drehmomentkurve

Das Verhalten des Schrittmotors ähnelt der Synchronmaschine. Die *statische Drehmomentkurve* kennt auch ein Kippmoment M_K. Bei Belastung tritt ein statischer Winkelfehler β auf, der beim Positionieren zu berücksichtigen ist. Dabei ist entscheidend, ob Voll- oder Halbschrittbetrieb eingestellt ist. Als Momentenkurve gilt entweder die Summenkurve ($A + B$) oder die Einzelkurve (A oder B).

Bei Motoren mit Permanentmagneten ergeben sich Haltemomente auch im unbestromtem Zustand, die den Motor in Position halten (Bild 9.5–22). Bei hängenden Lasten erspart dies eine Haltebremse.

Die Drehmomentkurve deutet auf das Verhalten einer Drehfeder hin. Zusammen mit der Motormasse erhält man ein drehschwingungsfähiges System, das bei jedem Schritt zu Drehschwingungen angeregt wird. Das Einschwingverhalten hängt wesentlich von den Eigenschaften der Elektronik ab. Halbschritt- und Mikroschrittbetrieb führt zu verbessertem Schwingungsverhalten (Bild 9.5–23). Auch ein letzter, verzögerter Steuerimpuls beim letzten Schritt hilft Positionierfehler zu vermeiden.

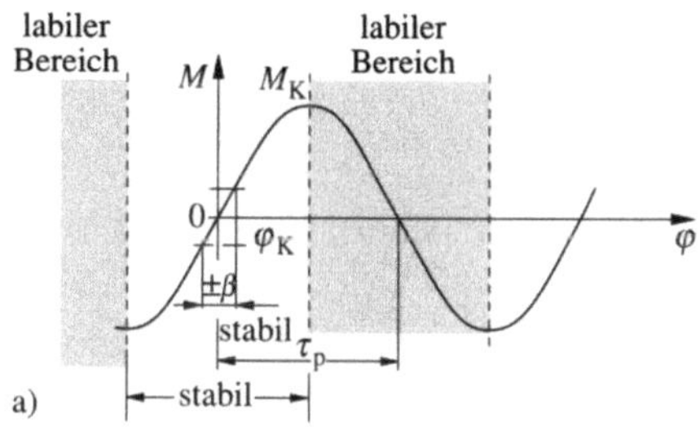

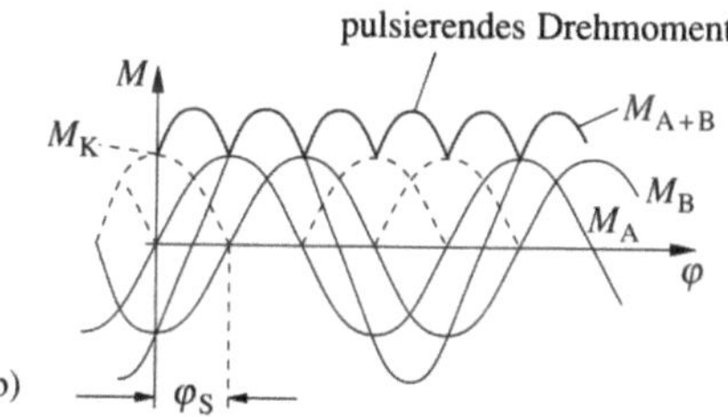

Bild 9.5-22 a) Statische Drehmomentenkurve, ein Strang bestromt,
b) Momentenkurve für Zweistrangbetrieb (A, B)

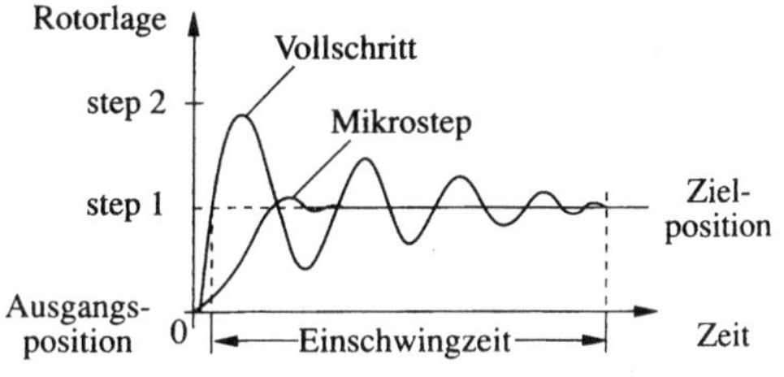

Bild 9.5-23 Einschwingen in die Endposition bei Voll- und Mikroschritt

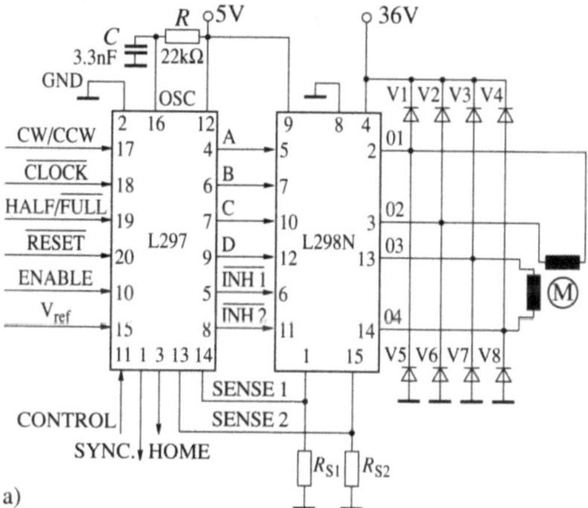

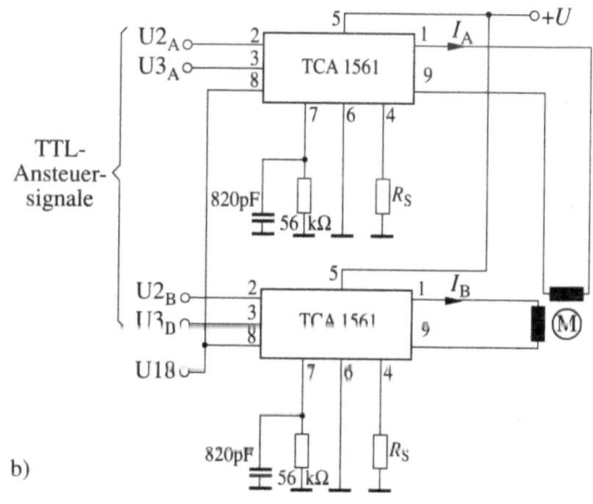

Bild 9.5-24 IC-Bausteine für Schrittmotoren
a) Anwendungsschaltung (L 297 und L 298N von SGS)
b) Anwendungsschaltung (TCA 1561 von Siemens)

10. Elektronik

Die direkte Steuerung kleiner Schrittmotoren übernehmen IC-Bausteine. In diesen Bausteinen (Bild 9.5–24) sind Leistungsstufen und Steuerlogik untergebracht. Über Strommeßwiderstände wird der Strangstrom erfaßt.

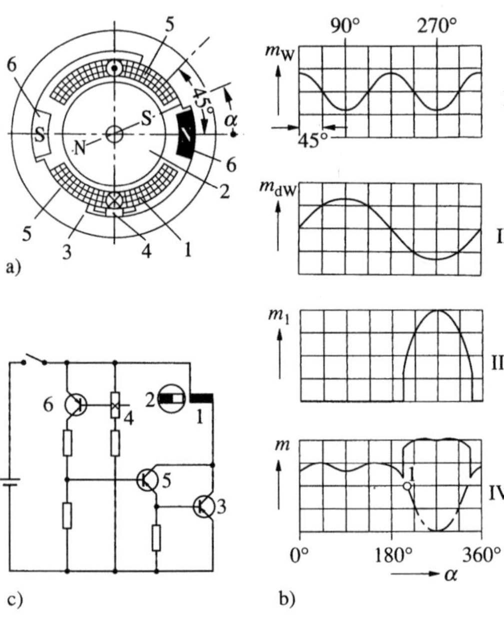

Bild 9.5-25 Elektronikschaltung eines bürstenlosen Gleichstrom-Kleinmotors

a) Schnittbild
1 Wicklung,
2 Permanentmagnetläufer,
3 Ständer,
4 Hallgeber,
5 Ständerpol,
6 Zusatzmagnet,

b) Verlauf der Teildrehmomente und Addition der Drehmomentanteile
I Drehmomentanteil des weichmagnetischen Poles m_w,
II Drehmomentanteil des dauermagnetischen Poles m_{dW},
III Drehmomentanteil des Ständerwicklungsstromes m_1,
IV Summen-Drehmoment.

c) Blockschaltbild,
1 Ständerwicklung,
2 Läufer mit Permanentmagnet,
3 Haupttransistor,
4 Hallgeber,
5 Steuertransistor für Haupttransistor,
6 Steuertransistor

9.5.2.3 Elektronisch kommutierte Maschinen

Im Bereich der Kleinmaschinen werden besonders in Elektronikgeräten *elektronisch kommutierte Gleichstrommaschinen*, z. B. bei Lüftermotoren, Plattenspielern und Diskettenlaufwerken eingesetzt. Der Vorteil liegt oft in der Wartungsarmut und bei der Vermeidung der elektromagnetischen Störungen durch den mechanischen Stromwender.

Wie alle Kleinmaschinen stellen auch diese Maschine meist angepaßte Sonderkonstruktionen dar. Im Prinzip arbeiten sie wie die bereits in Abschnitt 9.3 beschriebenen Maschinen. Besonderheiten ergeben sich z. B. durch die kleine Leistung. So kann durchaus ein Lüfter mit einem Einstrangmotor arbeiten. Bild 9.5–25 zeigt die Elektronikschaltung eines solchen bürstenlosen „Gleichstrommotors“.

9.5.3 Stromwendermaschinen

9.5.3.1 Gleichstrommaschinen

1. Allgemeines

Ungeachtet der Vorteile der Wechselstrommaschinen kann sich die *Stromwendermaschine* dort behaupten, wo Kleinmaschinen große Drehzahlspreizungen überspannen müssen. Außerdem wurden große Fortschritte bei Permanentmagneten erzielt (Tabelle 9.5–1); besonders im Bereich der PKW-Hilfsantriebe sind permanenterregte Maschinen im Vordringen.

Tabelle 9.5–1: Typische Permanentmagnetparameter für Motoren

Parameter	Ferrit	AlNiCo	SmCo	NdFeB
remanente Induktion: B_r in T	0,37	1,25	0,9	1,2
Koerzitivfeldstärke: H_c in kA/m	240	53	670	900
maximales Energieprodukt: $(B \cdot H)_{max}$ in kJ/m³	26	41	154	250

2. Permanentmagneterregte Gleichstrommaschinen

Das Prinzip der Arbeitsweise der Gleichstrommaschine wurde bereits in Abschnitt 9.3 gezeigt. Im folgenden soll auf die Besonderheiten der Arbeitsweise *permanentmagneterregter Maschinen* eingegangen werden. Sowohl bei der induzierten Spannung als auch beim Drehmoment beeinflußt der Magnet über den Fluß das Verhalten. In den Gleichungen für die induzierte Spannung ($U_i = K \cdot \Phi \cdot \Omega$) und das Drehmoment ($M = K \cdot \Phi \cdot I$) sowie für die Winkelgeschwindigkeit nach Gl. (9.3–2a)

$$\Omega = \frac{U}{K \cdot \Phi} - \frac{R_A}{(K \cdot \Phi)^2} M \qquad (9.5\text{–}5)$$

U, U_i	K	Ω	Φ	I	R_A	M
V	1	s^{-1}	Wb = Vs	A	Ω	Nm

ist der Einfluß zu sehen. Größere Flußwerte führen bei unveränderten Wickeldaten zu anderen Kennlinien, wie Bild 9.5–26 zeigt.

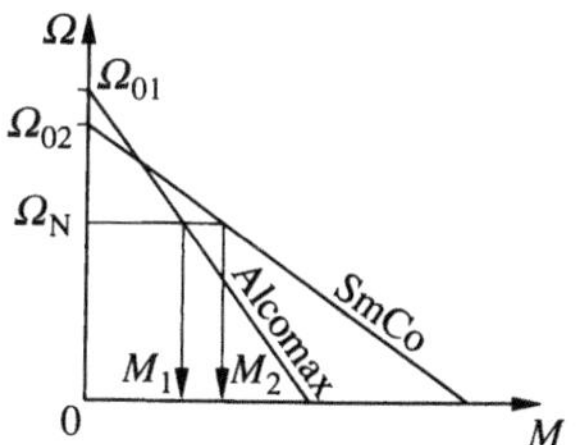

Bild 9.5-26 Änderung der Kennlinie durch größere Flußwerte; Leerlauf- und Anlaufpunkt sind verändert

3. Entmagnetisierung

Das besondere Problem bei permanentmagneterregten Gleichstrommaschinen ist die *Entmagnetisierung* bei Belastung. Dieser Einfluß auf das Verhalten der Magnetmaterialien soll daher kurz betrachtet werden. Um bei AlNiCo-Permanentmagneten einen hohen Luftspaltfluß zu erzielen und um eine bleibende Entmagnetisierung unter Last und besonders beim Anlauf zu vermeiden, wird der magnetische Arbeitspunkt gemäß Bild 9.5–27 festgelegt. Der magnetische Arbeitspunkt ergibt sich im 2. Quadranten der Magnetisierungskennlinie für den Leerlauf der Maschine als Schnittpunkt zwischen der Entmagnetisierungskennlinie und der Luftspaltkennlinie im Punkt *C*. Punkt *D* legt dann die Höhe der Flußdichte im Maschinenluftspalt fest. Fließt unter Last in der Maschine ein Ankerstrom, so wirkt wegen des Ankerquerfeldes eine entmagnetisierende Feldstärke H_{entmagn} auf das Magnetsystem. Es entsteht der neue Schnittpunkt *E* mit der Entmagnetisierungskennlinie. Nach der Entlastung der Maschine bewegen sich die Magnetwerte auf der Linie *EF* auf einer Parallelen zur ursprünglichen Kurve. Der neue Arbeitspunkt ist der Punkt *F*; die Flußdichte im Luftspalt ergibt sich entsprechend dem Punkt *G*.

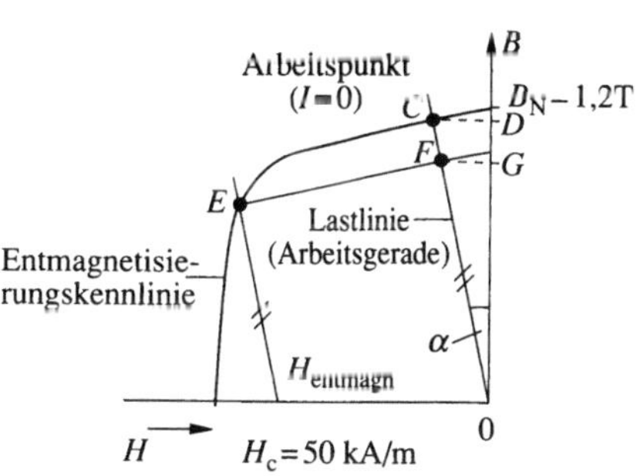

Bild 9.5-27 Magnetische Arbeitspunkte *C* im 2. Quadranten der Entmagnetisierungskennlinie

Anders bei Ferriten und Seltene-Erden-Magneten (Samarium-Cobalt/Eisen Neodin). Diese Magnetmaterialien haben einen linearen Verlauf der Entmagnetisierungskennlinie, wie Bild 9.5–28 zeigt. Der ursprüngliche Arbeitspunkt verschiebt sich durch Entmagnetisierung nicht. Einen Vergleich der Magnetmaterialien zeigt Bild 9.5–29. Daraus ist zu sehen, daß die Wahl des Magnetmaterials einen großen Einfluß auf die Maschinenkonstruktion hat. Andererseits sind SmCo-Magnete wesentlich teuerer als Ferrite oder AlNiCo-Magnete. Kommt es auf kleines Volumen und geringes Gewicht an, wie bei tragbaren Elektrowerkzeugen, ist der Einsatz von SmCo sinnvoll.

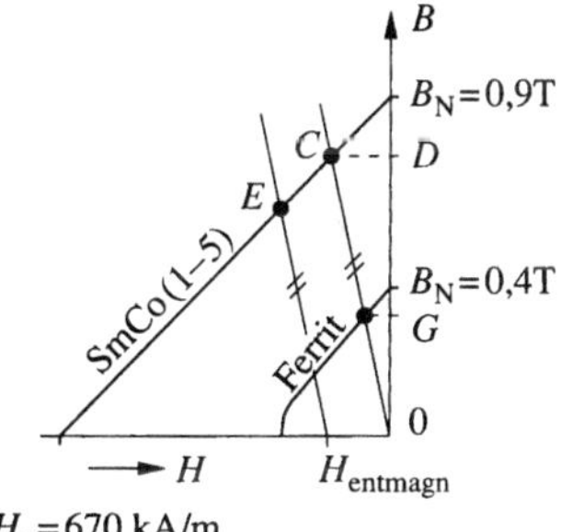

Bild 9.5-28 Entmagnetisierungskennlinien bei verschiedenen Magnetmaterialien

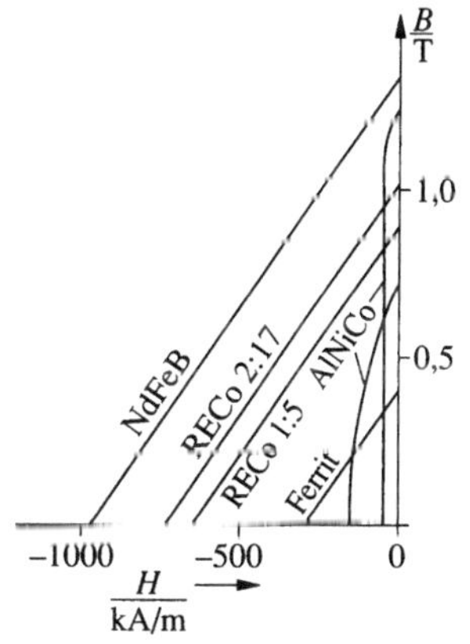

Bild 9.5-29 Entmagnetisierungsverhältnisse bei AlNiCo-, Ferrit-, NdFeB- und SmCo-Magneten (RECo)

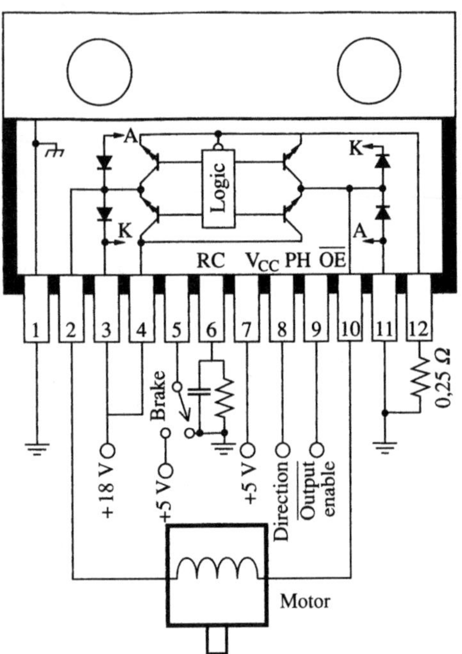

Bild 9.5-30 IC-Schaltkreis für Gleichstrommaschinen

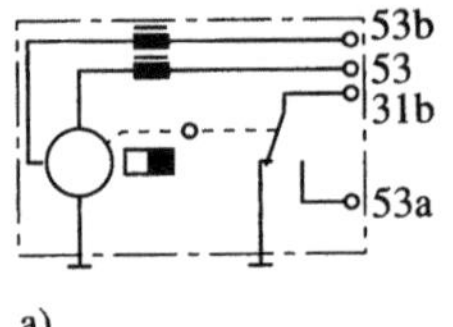

a)

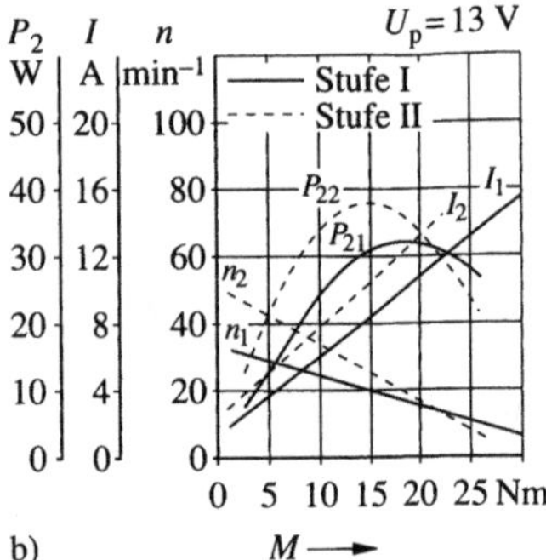

b)

Bemessungsspannung	U_N	12 V
Bemessungsleistung	P_N	18/20 W
Bemessungsstrom	I_N	4/5 A
Maximalstrom	I_{max}	20/24 A
Bemessungsdrehzahl	n_N	28/42 min^{-1}
Dauerdrehmoment	M_D	600/450 N·cm
Anzugsdrehmoment	M_a	3000/2300 N·cm
Drehrichtung		R
Betriebsart		S 1
Schutzart		IP 33
Bauart		geschlossen
Befestigung		am Gehäuse

c)

Bild 9.5-31 Dreibürstenmaschine
a) Schaltbild,
b) Kennlinien,
c) Daten

Bild 9.5–30 zeigt das Blockschaltbild eines integrierten Schaltkreises zum 4-Q-Betrieb einer permanentmagneterregten Gleichstrommaschine.

4. Permanenterregte Drei-Bürsten-Maschine

Eine Sonderbauform stellt die in Bild 9.5–31 gezeigte *Drei-Bürsten-Maschine* dar. Durch die dritte Bürste wird eine stufige Drehzahlverstellung möglich. Wird die dritte Bürste genutzt, muß der Läufer schneller drehen, um bei konstanter Speisespannung eine höhere induzierte Spannung zu erzeugen. Die Anwendungsfälle sind meist bei Hilfsantrieben im PKW zu finden.

9.5.3.2 Wechselstrom-Reihenschlußmaschine (WRM, Universalmotor)

1. Einsatz

Bei Betrieb der Stromwendermaschine mit Wechselstrom muß die Erregerwicklung in Reihe mit dem Anker geschaltet sein, damit der Ankerstrom und das Erregerfeld immer gleichzeitig auftreten, also „in Phase" sind. Die *Wechselstrom-Reihenschlußmaschine* hat bei Werkzeugen, Heimgeräten und Hilfsantrieben mit einer Leistung bis zu 2 kW eine große Verbreitung gefunden. Die Leistung dieser Maschinen wird oft über die hohe Drehzahl – bis zu 20 000 Umdrehungen je Minute sind üblich – erzeugt. Dadurch können die Werkzeuge – Bohrmaschinen, Stichsägen, Staubsauger usw. – leicht und handlich gebaut werden.

2. Aufbau

Bild 9.5–32 zeigt einen Blechschnitt und das Ersatzschaltbild einer kleinen *Wechselstrom-Reihenschlußmaschine*. Ständer und Läufer sind geblecht, da ja beide von einem Wechselfluß durchflutet werden; Wendepole fehlen i. a. immer bei den kleinen Leistungen. Die Erregerwicklung liegt geteilt vor und hinter der Ankerwicklung. Dadurch und durch weitere Filter werden Störungen durch die Funkenbildung am

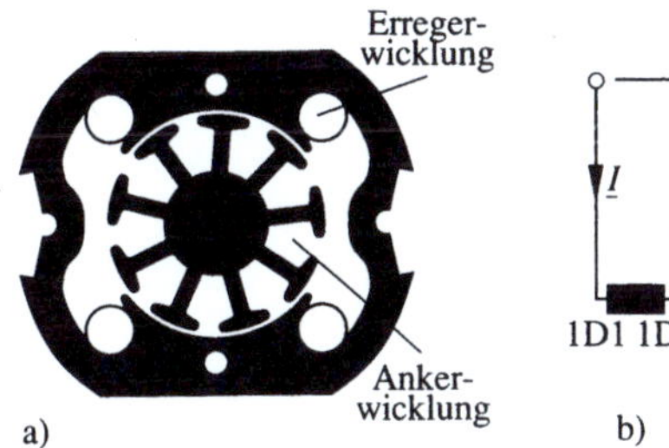

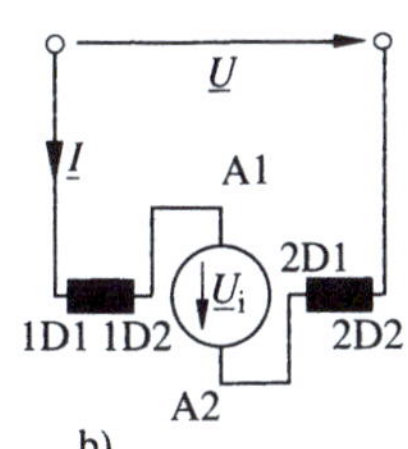

Bild 9.5-32 Wechselstrom-Reihenschlußmaschine
a) Blechschnitt des Ständers und Läufers,
b) Ersatzschaltbild

Stromwender vom Netz ferngehalten oder wenigstens vermindert.

3. Betriebsverhalten

Problematisch ist die Maschine deshalb, weil in einem Stromwenderanker, der sich in einem Wechselfeld dreht, zwei Spannungen induziert werden. Neben der durch Drehen induzierten Spannung U_i (wie bei der Gleichstrom-Reihenschlußmaschine) tritt aber hier noch eine vom Wechselfeld transformatorisch induzierte Spannung u_t auf. Diese transformatorische Spannung u_t ruft in den durch die Bürsten kurzgeschlossenen kommutierenden Spulen zusätzliche Ströme hervor, die die Stromdichte unter den Bürsten erhöhen. So treten meist an der ablaufenden Bürstenkante erhöhte Stromdichten auf, die zu Bürstenfeuer führen. Die Wechselstromwendung wird daher wesentlich von der transformatorischen Spannung beherrscht.

Bild 9.5–33 zeigt das vereinfachte Ersatzschaltbild der Wechselstrom-Reihenschlußmaschine. Alle Blindwiderstände sind zum Ersatzblindwiderstand $X = X_E + X_{\sigma E} + X_{\sigma A}$ und die Wirkwiderstände zum Ersatzwirkwiderstand $R = R_E + R_A$ zusammengefaßt. Vernachlässigt man den Sättigungseinfluß, und geht man von Sinusgrößen aus, so wird vom Erregerfluß in der Ankerwicklung eine Spannung U_i induziert.

Den Maximalwert des Erregerflusses berechnet man zu

$$\Phi_{max} = X_E \cdot I \cdot \frac{\sqrt{2}}{2} \cdot \pi \cdot f_0 \cdot \Omega_E.$$

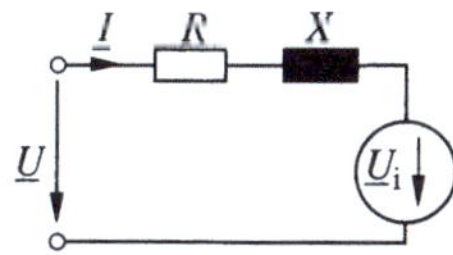

Bild 9.5-33 Vereinfachtes Ersatzschaltbild der Wechselstrom-Reihenschlußmaschine

Wird er in die Spannungsgleichung eingesetzt, erhält man:

$$\underline{U} = \underline{I} \cdot (R + jX) + \underline{U}_i, \tag{9.5-6a}$$

wobei die induzierte Spannung

$$\underline{U}_i = k \cdot \frac{n}{n_0} \cdot \underline{I} \tag{9.5-7}$$

mit der Maschinenkonstanten $k = \frac{2 \cdot N_A}{\pi \cdot N_E} \cdot X_E$ und $n_0 = \frac{f_0}{p}$ mit der Ankerwindungszahl N_A, der Erregerwindungszahl N_E und der „synchronen" Drehzahl n_0 ist. Die Spannungsgleichung kann man nun umschreiben zu

$$\underline{U} = \underline{I} \cdot \left(R + k \cdot \frac{n}{n_0} + jX\right). \tag{9.5-6b}$$

U, U_i	I	R, R_A, R_E	$X, X_E, X_{\sigma A}, X_{\sigma E}$	k
V	A	Ω	Ω	Ω

n, n_0	f_0	p	N_A, N_E	Φ_{max}	Ω_E
s^{-1}	s^{-1}	1	1	W = Vs	s^{-1}

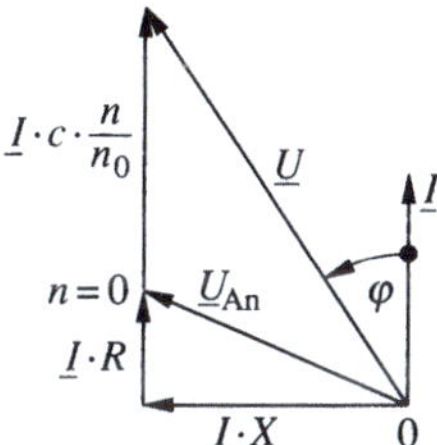

Bild 9.5-34 Zeigerdiagramm der Wechselstrom-Reihenschlußmaschine, I = const.

Für konstanten Maschinenstrom erhält man das in Bild 9.5–34 dargestellte Zeigerdiagramm. Dem Zeigerbild ist zu entnehmen, daß der cos φ der Maschine mit zunehmender Drehzahl n steigt. Die Spannung im Anlaufpunkt ist mit U_{An} gekennzeichnet. Die Drehzahlverstellung ist einfach über die Spannungsverstellung möglich. Das innere Drehmoment erhält man zu:

$$M = \frac{k}{2 \cdot \pi \cdot n_0} \cdot I^2 \tag{9.5-8a}$$

oder

$$M = \frac{k}{2\pi \cdot n_0} \cdot \frac{U^2}{(R + k \cdot n/n_0)^2 + x^2}. \tag{9.5-8b}$$

M	k	I	n, n_0	R	U, U_{An}	X
Nm	Ω	A	s^{-1}	Ω	V	Ω

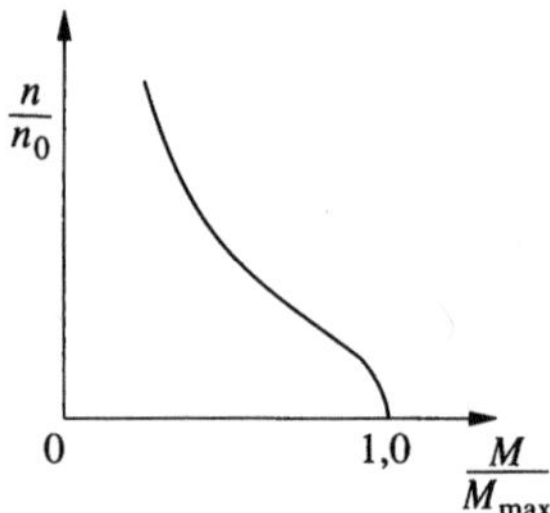

Bild 9.5-35 Drehmoment der Wechselstrom-Reihenschlußmaschine

Mit $R=0$ tritt das höchste Drehmoment M_{max} bei $n/n_0=0$ auf. Den Verlauf des Drehmomentes in bezogenen Werten zeigt Bild 9.5–35. Wegen der Speisung mit Wechselstrom verlaufen Ankerstrom und Erregerfluß sinusförmig. Folglich ist der zeitliche Verlauf des Drehmomentes auch nicht konstant. Das oben berechnete Drehmoment ist der zeitliche Mittelwert, dem ein pulsierendes Drehmoment gleichen Betrags aber doppelter Speisefrequenz überlagert ist. Den zeitlichen Verlauf des Drehmomentes zeigt Bild 9.5–36. Durch das überlagerte Pendelmoment, das als Reaktionsmoment auch an der Ständerbefestigung angreift, können Schwingungen angeregt werden. Meist ist die Aufhängung von Wechselstrom-Reihenschlußmaschinen, im Einbaufall, über Schwingelemente abgestimmt, um die 100 Hz Anregung vom Gerät fernzuhalten.

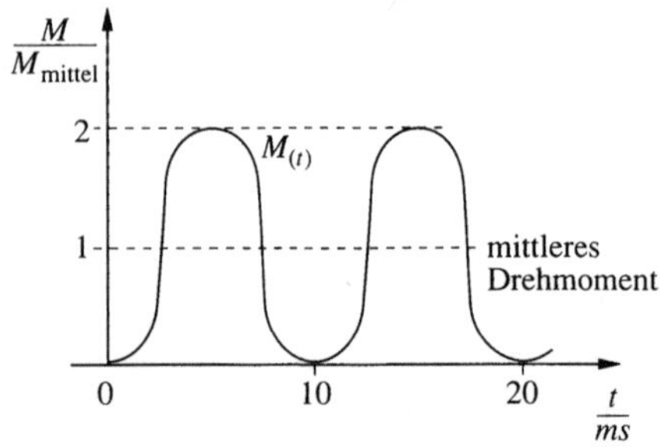

Bild 9.5-36 Zeitlicher Verlauf des Drehmomentes der Wechselstrom-Reihenschlußmaschine bei 50 Hz Betrieb

4. Drehzahlverstellung

Die Kennlinien für die *Drehzahlverstellung* durch Spannungsänderung sind in Bild 9.5–37 dargestellt. Zur Spannungsverstellung werden Wechselstromsteller (W1C) eingesetzt (s. Kap. 8). Das Drehmoment wird dabei elektronisch über die Stromregelung begrenzt.

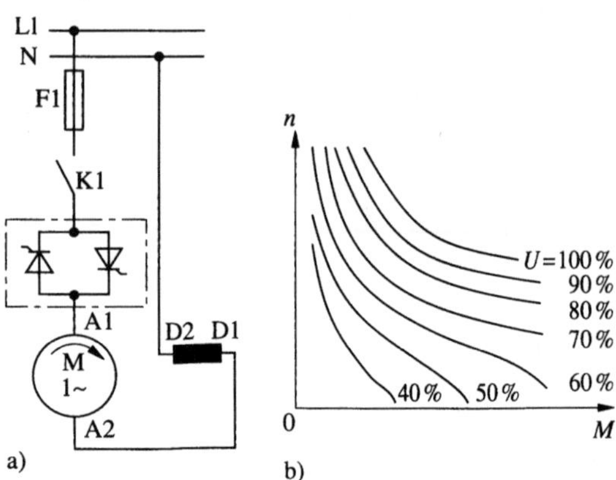

Bild 9.5-37 Drehzahlverstellung der Wechselstrom-Reihenschlußmaschine über Spannungsverstellung
a) Stellerschaltung (W1C),
b) Kennlinien (Prinzip)

9.5.4 Geschaltete Reluktanzmotoren (Switched Reluktanz, SR)

Die mechanische Ausführung eines SR-Motor ist denkbar einfach. Rotor und Stator sind einfach hergestellt. Die schwierige Montage und Magnetisierung von Magneten entfällt.

9.5.4.1 Aufbau und Arbeitsprinzip

Der *SR-Motor* verwendet die Anzugskraft eines Elektromagneten gegen Eisen: das heißt, der magnetische Kreis versucht sich dem Punkt der minimalen Reluktanz zu nähern, Bild 9.5–38 zeigt einen Prinzipquerschnitt durch einen SR-Motor mit 8 Stator- und 6 Rotorpolen und ist 4-strängig. Andere Polanordnungen sind möglich.

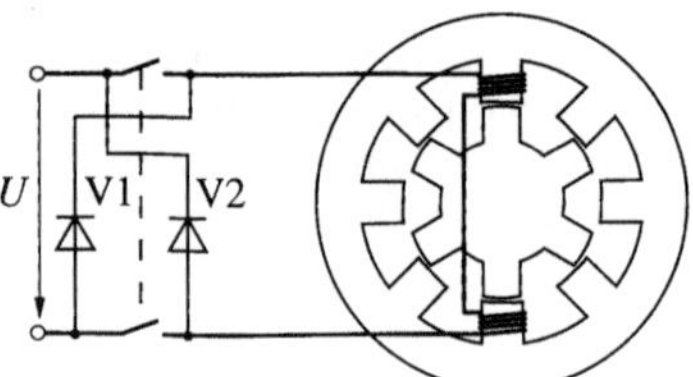

Bild 9.5-38 Geschalteter Reluktanzmotor (SR)

Jeder Statorpol hat eine Erregerspule. Gegenüberliegende Pole werden elektrisch zusammengeschaltet, um als Nord-/Südpolpaar einen Strang zu bilden. Der Strang wird über zwei elektronische Schalter in einer Stromrichtung erregt, wobei die eingezeichneten Dioden der Freilaufschaltung dienen. Wenn Strom in den

Strängen eingeprägt wird, wird ein Drehmoment erzeugt. Die Spule bleibt erregt, bis Rotor- und Statorpole aufeinander ausgerichtet sind. Eine sequentielle Erregung der Stränge bewirkt das quasi kontinuierliche Drehen des Motors.

Wie bei jedem Servomotor benötigt der SR-Motor elektronische Schalter. Bipolare oder IGBT-Transistoren kommen hier zum Einsatz. Diese Schalter werden von einem Gleichspannungszwischenkreis versorgt.

Der Unterschied und zugleich die Vereinfachung gegenüber anderen Antriebsarten liegt in dem *Reluktanzprinzip*. Der Rotorpol entwickelt eine Reaktionskraft, unabhängig von der Stromrichtung in der Statorspule. Das Moment wird von der Amplitude des Statorstromes bestimmt. Ob angetrieben oder gebremst wird, wird nur durch die Phasenlage der Erregung bestimmt. Da die Stromrichtung gleich bleibt, kann die Schaltung der Leistungsstufe vereinfacht werden.

9.5.4.2 Anwendungen

Es gibt interessante und vielversprechende Einsatzfälle von SR-Motoren. Hier sind nun einige Beispiele zusammengefaßt, die für den Einsatz dieser Technologie sprechen:

- Hochgeschwindigkeits-Spindeln und Zentrifugen: SR-Motor ideal für hohe Drehzahlen,
- Schleudermotor für Waschmaschine: SR-Motor kleiner, zuverlässiger und billiger als die bisherige Gleichspannungsmaschine,
- Antrieb einer Druckerwalze: Günstiges Verhältnis von Drehmoment zur Eigenträgheit, kleine Bauform.

9.6 Sonderfragen

9.6.1 Erwärmung

Durch die Verluste in den Maschinen werden die Wicklungen und Konstruktionsteile *erwärmt*. Durch Kühlung müssen die Temperaturen so begrenzt werden, daß der Betrieb nicht gefährdet ist. Verluste entstehen in den Wicklungen, im Eisen, durch Wirbelströme in massiven Konstruktionsteilen, im Stromwendersystem, bei Schleifringen und in den Lagern.

9.6.1.1 Wicklung

Die Leistungsfähigkeit einer elektrischen Maschine ist besonders durch die Erwärmung der *Wicklungen* begrenzt, da das eingesetzte Isolationsmaterial durch thermische Belastung altert. Unter Alterung ist die Veränderung der mechanischen, chemischen und elektrischen Eigenschaften zu verstehen. Betrachtet man z. B. die Durchschlagspannung eines Lackdrahtes, so erhält man eine Abnahme des Wertes mit zunehmender Belastungszeit (Bild 9.6–1). Je höher die Temperatur dabei ist, desto schneller ist die Abnahme der Durchschlagspannung. Nach der Monsingerschen Lebensdauerregel halbiert eine Übertemperatur von 8...12 K die Lebensdauer; bei Unterlastung steigt sie.

Tabelle 9.6–1 zeigt einen Auszug aus den in VDE 0530 festgelegten Wärmeklassen mit den Temperaturwerten. Man geht dabei von einer maximal zulässigen Kühlmitteltemperatur von $\vartheta_{\text{kü}} = 40$ °C aus. Die zulässige mittlere Übertemperatur der Wicklung wird

Tabelle 9.6–1: Wärmeklassen und Grenzübertemperaturen nach DIN VDE 0530 (Auszug)

Isolierstoff (Beispiele)	Wärme-klasse	Kühlmittel-temperatur °C	Grenzüber-temperatur (nach dem Widerstands-verfahren) K	Grenz-temperatur °C
Glimmerprodukte, Drahtlacke auf der Basis von Polyterephthalat, geschichtete Glasfaser	B	40	80	130
Glasfaser, Asbest, Drahtlacke auf der Basis von Imid-Polyester bzw. Esterimid	F	40	105	155
Glasfaser, Asbest, Drahtlacke auf reiner Polyimidbasis	H	40	125	180
Glimmer, Porzellan, andere keramische Stoffe, Glas, Quarz	C	40	noch nicht festgelegt	> 180

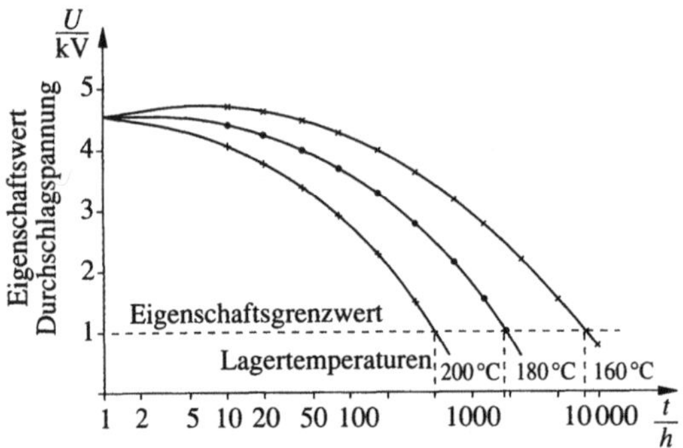

Bild 9.6-1 Durchschlagspannung von Lackdraht im Alterungstest

festgelegt. Die Differenz nimmt auf Heißpunkte Rücksicht, die nicht bei der mittleren Temperaturerfassung direkt gemessen werden können. Für die Zuordnung zu Wärmeklassen ist die Art des verwendeten Materials aber auch seine Verarbeitung (Tränkung usw.) von Bedeutung.

Moderne Maschinenwicklungen werden meist mit Drähten der Wärmeklasse H ausgeführt. Die Maschinen werden dann aber betriebsmäßig nur nach Klasse B oder F ausgenutzt, so daß noch erhebliche thermische Reserven bleiben. Geht man vom Unterschied der Grenztemperaturen von 25 K aus und legt die Monsinger-Regel zu Grunde, so hat die F-isolierte Maschine etwa die 6-fache thermische Lebensdauer, wenn sie betriebsmäßig nach B genutzt wird.

9.6.1.2 Lager

Eine erhöhte Maschinenausnutzung führt oft nicht zu Problemen mit der Wicklungsisolation, sondern zu einer erheblichen thermischen Lagerbelastung. Die *Lagerlebensdauer,* d. h. ihre einwandfreie Funktion über 10 000, 20 000 oder gar 40 000 Betriebsstunden, hängt einmal von der korrekten Einhaltung des Lagerspiels und zum anderen von der Schmierwirkung des Fettes ab. Dabei ist zu beachten, daß normale Fette nur bis 90 °C ihre Funktion erfüllen. Treten höhere Temperaturen auf, muß Heißlagerfett eingesetzt werden, womit man die Temperaturgrenze um gut 20 °C anheben kann.

Zu beachten ist, daß die Lagertemperatur u. U. aus dem Läufer kommt. Bei Drehstrom-Asynchronmaschinen treten im Läufer Verluste auf, die über die Welle in die Lagersitze weitergeleitet werden können. Dann hängt die Lagertemperatur sehr stark vom Lastfall ab.

Zur Schadensfrüherkennung bei Wälszlagern haben sich Schwingungsaufnehmer bewährt. Schwingungsaufnehmer messen die Lagerschwingungen. Über Auswerteprogramme erhält man die Spektren des Schwingungen und bewertete Schwingungswerte (BCU), wie Bild 9.6–2 zeigt.

9.6.2 Schwingungen

Elektrische Maschinen, deren Konstruktionsteile und die angekoppelten Arbeitsmaschinen sind schwingungsfähige Gebilde. Unerwartete *Schwingungen* können auftreten, wenn sie z. B. durch Oberschwingungsströme angeregt werden. Dies ist z. B. bei Speisung durch Stromrichter – netzgeführte Stromrichter, Drehstromsteller oder Frequenzumrichter – möglich. Hier treten z. B. Anregungen im Strom oder/und Drehmoment mit der stärksten Oberschwingung 6-facher Frequenz oder mit der Pulsfrequenz auf. Dies kann zu Pendelmomenten an der Welle führen.

Pulsumrichter regen oft Maschinenteile zu Schwingungen mit der Pulsfrequenz an. Die Pulsung regt auch Momentenpendelungen an, wie Bild 9.6–3 zeigt.

Bei der Drehstrom-Synchronmaschine, bei Drehstrommaschinen mit Hilfsstrang und bei der Reihenschlußmaschine am Wechselstromnetz wurde bereits auf solche Schwingungen hingewiesen. Hier sind besondere Vorkehrungen notwendig, um unliebsame Überraschungen zu vermeiden.

Bild 9.6–4 zeigt das Ersatzmodell einer Synchronmaschine. Das dämpfende Moment kommt durch den Dämpferkäfig zustande. Die elektrische Drehfeder und das gesammte Massenträgheitsmoment des Antriebs stellt die Energiespeicher dar. Die ungedämpfte Eigenfrequenz der Drillschwingung erhält man zu

$$f_0 = \frac{1}{2 \cdot \pi} \cdot \sqrt{\frac{p \cdot M_K \cdot \cos \beta}{J_{ges}}} . \qquad (9.6\text{–}1)$$

f_0	p	M_K	J_{ges}
s^{-1}	1	Nm	kg m^2

Die Frequenzen liegen bei Maschinen mittlerer Leistung im Bereich bis etwa 2 Hz. Dies ergibt relativ langsame Pendelungen. Jede Laständerung bringt mit ihrer Schwingungsanregung jedoch Unruhe in das Antriebssystem. Sie machen sich als Gleichlaufschwankungen bemerkbar.

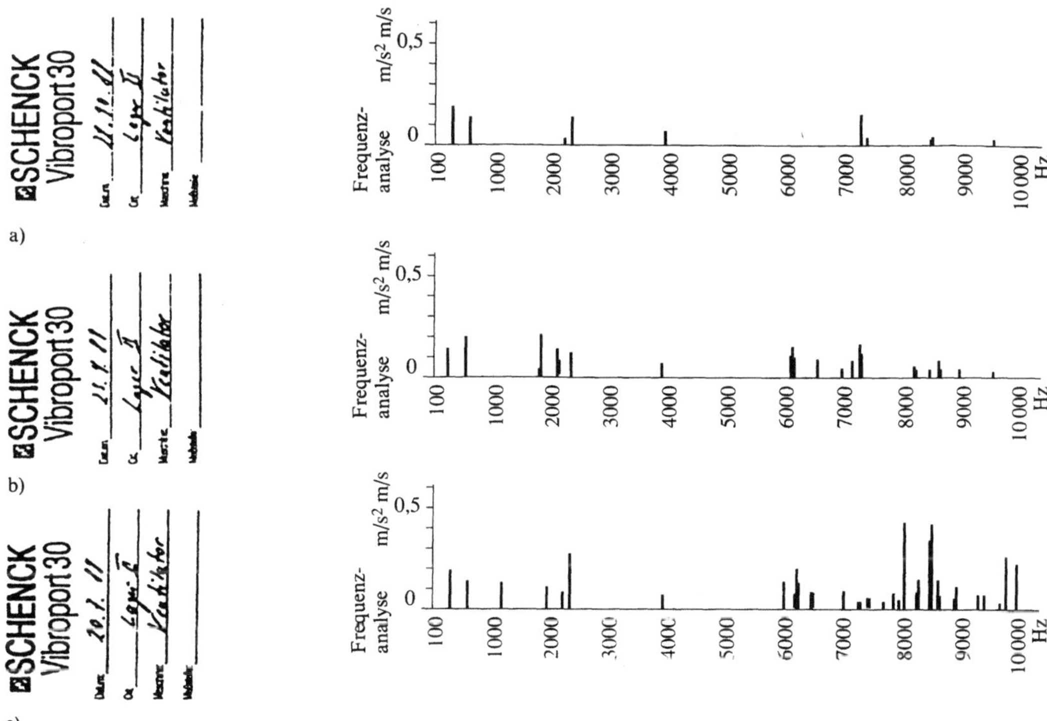

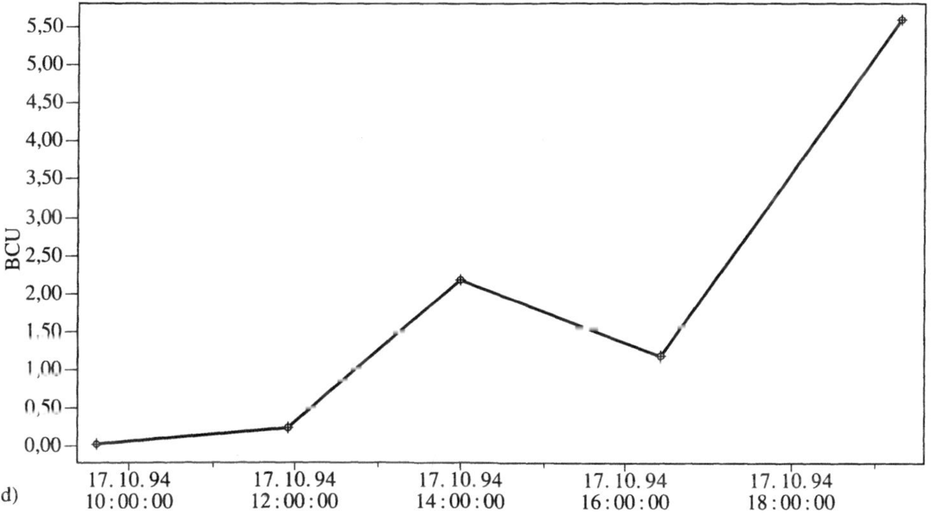

Bild 9.6-2 Lagerschwingungen
a) biss c) Spektren bei fortschreitenden Lagerschäden,
d) BCU-Wertverlauf bis zum Ausfall (Versuchsstand FH Hannover, Fgb. Antriebe)

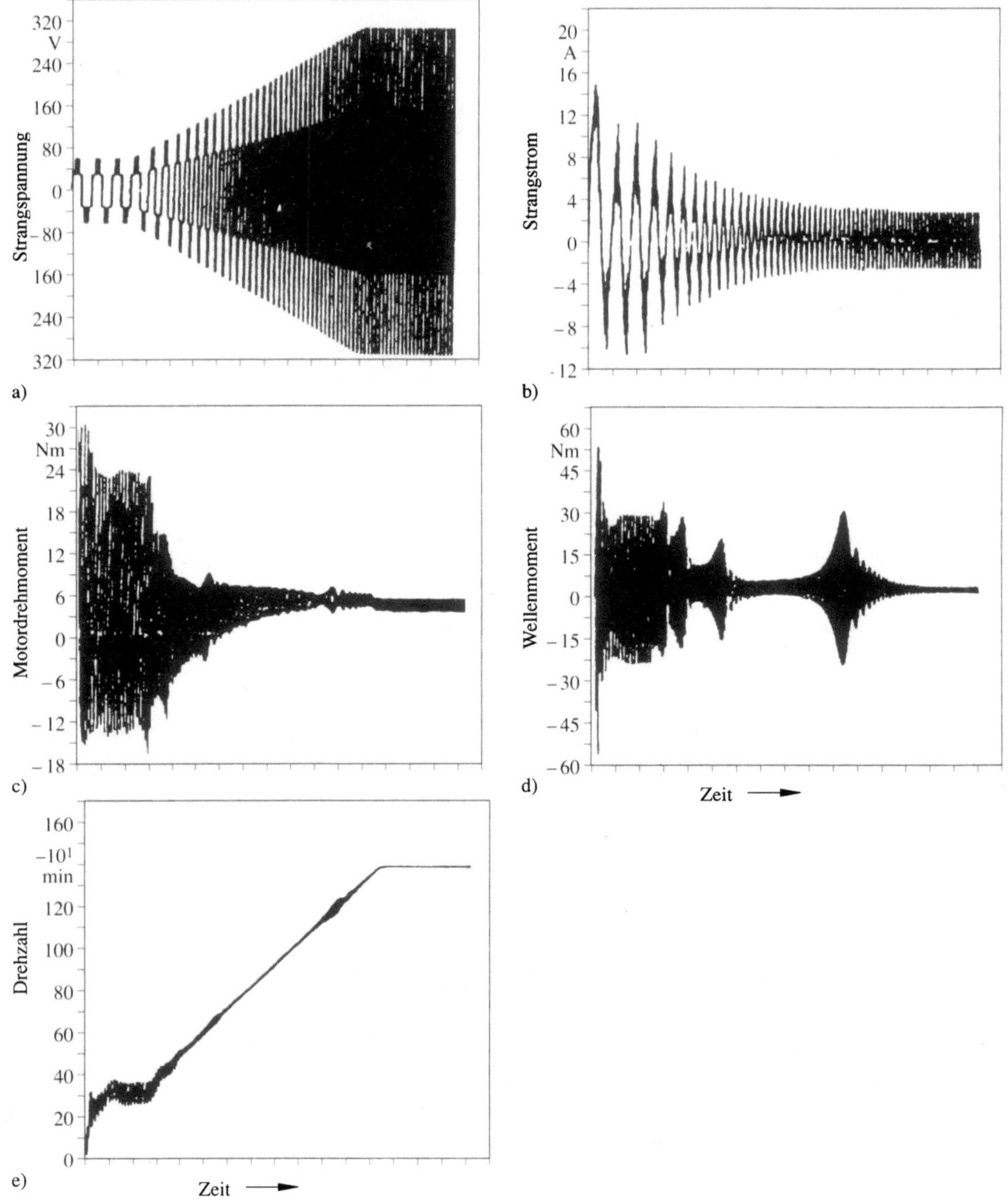

Bild 9.6-3 Schwingungen beim Frequenzanlauf eines Pulsumrichterantriebs

a) Spannungsverlauf,

b) Stromverlauf,

c) Motordrehmoment,

d) Drehmomentschwingungen,

e) Drehzahlanstieg

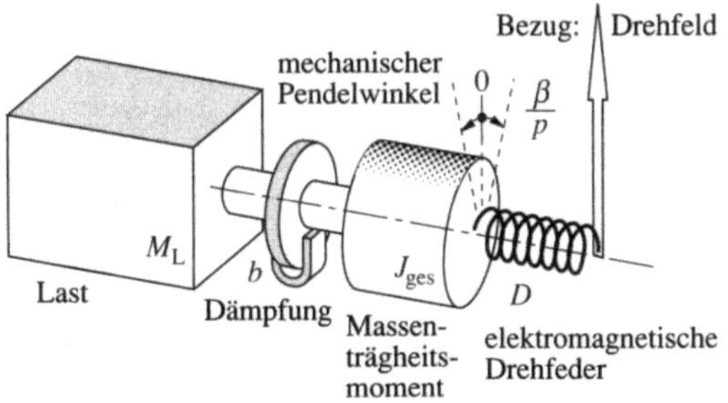

Bild 9.6-4 Synchronmaschine als schwingungsfähiges System; Bezug: Drehfeldzeiger

9.6.3 Aufstellung der Maschinen

9.6.3.1 Bauformen und Schutzarten

Bild 9.6–5 zeigt eine Auswahl der Bauformen elektrischer Maschinen und in Bild 9.6–6 sind Aussagen zu den Schutzarten gemacht. Die Wahl der Bauform und der Schutzart hängt von den Aufstellungsbedingungen des Betreibers ab. Sowohl Bauform als auch Schutzart sind kostenrelevant, da im einen Fall die Anordnung der Maschinenwelle zusätzlichen Aufwand bei den Lagern (Traglager bei IMV1) oder im anderen Fall über die Kühlung die Maschinengröße beeinflußt wird.

Bild	Kurzzeichen	Charakteristische Merkmale
	IM B 3	Mit 2 Lagerschilden, Gehäuse mit Füßen, freies Wellenende, Aufstellung auf Unterbau
	IM B 5	Mit 2 Lagerschilden, Gehäuse ohne Füße, freies Wellenende, Befestigungsflansch in Lagernähe
	IM B 14	Mit 2 Lagerschilden, Befestigungsflansch antriebsseitig, Schrauben an der Stirnseite der Schilde; nur für kleinste Maschinen
	IM V 1	Lagerung wie IM V 5, Flansch am unteren Lagerschild, freies Wellenende unten ohne Füße
	IM V 3	Lagerung wie IM V 5, Flansch am oberen Lagerschild, freies Wellenende oben ohne Füße
	IM V 18	Ausführung wie IM B 14, senkrechte Anordnung, Befestigungsflansch antriebsseitig, freies Wellenende unten; nur für kleinste Maschinen

Bild 9.6-5 Bauformen elektrischer Maschinen (Auswahl)

Schutzart-bezeichnung nach DIN 40050 Bl.2	*Schutzumfang* Berührungsschutz gegen Berührung unter Spannung stehender oder innerer sich bewegender Teile mit:	Fremdkörperschutz gegen das Eindringen von:	Wasserschutz keine schädigende Einwirkung von:
IP 23	Fingern	Fremdkörper > 12 mm ∅	Sprühwasser bis 60° zur Senkrechten
IP 44	Werkzeugen oder ähnlichem > 1 mm ∅	Fremdkörper > 1 mm ∅	Spritzwasser aus allen Richtungen
IP 54	Hilfsmittel aller Art	Staub in schädlichen Mengen	
IP 55			Strahlwasser aus allen Richtungen
IP 56			vorübergehende Überflutung

Klemmenkasten:
Die Schutzart des Klemmenkastens entspricht normal IP 44 bzw. IP 55 bei Ausführung der Maschinen in Schutzart IP 23 bzw. IP 44, 54, 55.
Hinweis: Schutzarten IP 6 ... werden von der Norm nur allgemein definiert

Bild 9.6-6 Schutzarten elektrischer Maschinen (Auswahl)

Die Kurzzeichen für die Bauformen sind von der IEC (International Electrotechnical Commission) genormt. Listenmäßig werden nur die im Bild dargestellten Bauformen IM B3, IM B5, IM V1 und IM B14 von den Herstellern angeboten. Die Arbeitsmaschine bestimmt mit ihrer Konstruktion meist die erforderliche Bauform. Die Wahl einer geeigneten Bauform kann zu erheblichen Konstruktionsvereinfachungen führen.

Über die Schutzart entscheiden Aufstellungsort und Umgebungsbedingungen. Die Schutzarten sind in DIN IEC 34 festgelegt. Die erste Kennziffer bezeichnet den Schutzgrad für den Berührungs- und Fremdkörperschutz, die zweite gibt den Schutzgrad für Wasserschutz an. IP 23 – innengekühlt – und IP 44 – oberflächengekühlt – sind die gängigen Schutzarten, höhere Schutzarten müssen i. a. besonders bestellt werden. IP 23 ist die geeignete Schutzart für trockene und saubere Räume. Gleichstrommaschinen werden meist so ausgeführt. IP 44 reicht für die Aufstellung im Freien oder in Räumen mit Staubbelastung; es ist die hauptsächliche Schutzart für Drehstrommaschinen. Die Ausführung der Gleichstrommaschine verteuert sich erheblich, u. U. bis zum Faktor 2, wenn IP 44 gefordert wird.

In sehr stark staubhaltigen Räumen kann die Schutzart IP 54 erforderlich werden. IP 56 ist zu wählen, wenn eine gelegentliche Überflutung der Maschine zu erwarten ist. Hohe Schutzarten werden heute auch im Werkzeugmaschinenbau eingesetzt, wo die Maschinen im Öl/Kühlmittelnebel im Arbeitsraum der Bearbeitungszentren laufen. Schutzarten IP 6... sind in der Norm nur allgemein definiert.

9.6.3.2 Aufstellungshöhe

Mit steigender Höhe und sinkendem Luftdruck läßt die Kühlwirkung nach. Die listenmäßigen Maschinendaten gelten daher nur bis zu einer Höhe von 1000 m. Bei höheren Aufstellungsorten sind Abschläge zu machen (Bild 9.6–7).

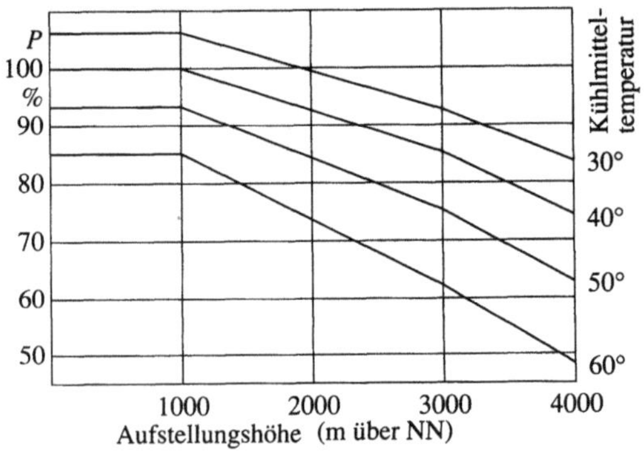

Bild 9.6-7 Leistungsreduktion bei Höhen über 1000 m

9.6.4 Wicklungen

9.6.4.1 Allgemeines

In der *Wicklungstechnik* elektrischer Maschinen ist zu unterscheiden zwischen den:

- *magnetisch wirksamen Erregerwicklungen,*
  - meist konzentrierte Wicklungen auf ausgeprägten Polen:
    Haupt- und *Wendepole* der Gleichstrommaschinen,
    Erregerwicklungen der Synchronmaschinen mit ausgeprägten Polen,
  - aber auch verteilte Wicklungen:
    Kompensationswicklungen der Gleichstrommaschinen,
    Erregerwicklungen der Turbogeneratoren
- *elektrisch und magnetisch wirksamen Arbeitswicklungen,*
  - nur in verteilter Form:
    Ankerwicklungen für Gleichstrommaschinen,
    Wechselstromwicklungen für ein- und dreiphasige Anwendungen. Die wichtigste Gruppe bilden die *Drehstromwicklungen.*

9.6.4.2 Gleichstrom-Ankerwicklungen

Eine Ankerwicklung besteht aus zwei oder mehreren, immer geradzahligen Stromzweigen, mit der Stromzweigpaarzahl *a*. Jeder Stromzweig besitzt die gleiche Anzahl von Spulen, die wiederum identisch gebaut sind:

- gleiche *Windungszahl* N_{WS},
- gleiche *Drahtdicke* bzw. *Kupferquerfläche* A_{Cu},
- gleiche durchschnittliche *Windungslänge* l_W, bzw.
- gleicher *elektrischer Widerstand* R_{Cu},
- gleiche *Isolation* usw.

Da jedes Ende einer Spule mit dem Anfang der nächsten zusammen an je einer Kommutatorlamelle angeschlossen ist, stimmt die Anzahl N_S der Spulen mit der der Lamellenanzahl N_L überein. Die Nutzahl Z des Ankers ist kleiner oder gleichgroß, so daß

$$k_S = \frac{N_S}{Z} \geq 1 \qquad (9.6\text{–}2)$$

Spulenseiten einer Schicht nebeneinander in einer Nut liegen (Bild 9.6–8). Die Nutfüllung ergibt sich mit $N_{WN} = k_S \cdot N_{WS}$ Abstand Stäben/Nut und die Gesamtzahl der Leiterstäbe am Ankerumfang wird

$$N_A = Z \cdot N_{WN} = Z \cdot k_S \cdot N_{WS}. \qquad (9.6\text{–}3)$$

Bezeichnet man mit N_k die augenblickliche Gesamtzahl der im Kommutierungsprozeß kurzgeschlossenen Leiterstäbe, so wird die augenblickliche Gesamtzahl der *aktiven Ankerleiter*

$$N_{Aa} = N_A - N_K$$

sein. In der Darstellung der Ankerwicklung numeriert man die Stäbe nach der Lamellenzahl und gibt alle Schaltverbindungen in Lamellenschritten an.

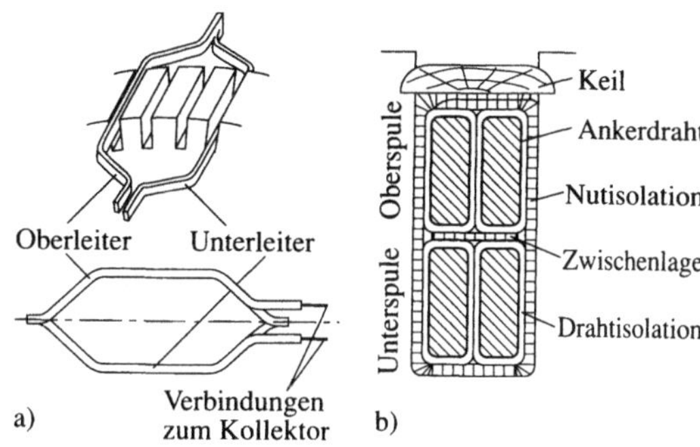

Bild 9.6-8 Ankerwicklung
a) Ankerwindung,
b) Ankerquerschnitt
$k_s = 2$, $W_S = 2$, $W_N = 4$

Dann entspricht einer Polteilung $(N_L/2p)$ Lamellen. Als Spulenweite y_1 setzt man an (Bild 9.6–9):

- entweder genau eine Polteilung, was eine *Durchmesserwicklung* mit $y_1 = N_S/2p$ ergibt,
- oder etwas weniger, was eine *Sehnenwicklung* mit $y_1 < N_S/2p$ ergibt.

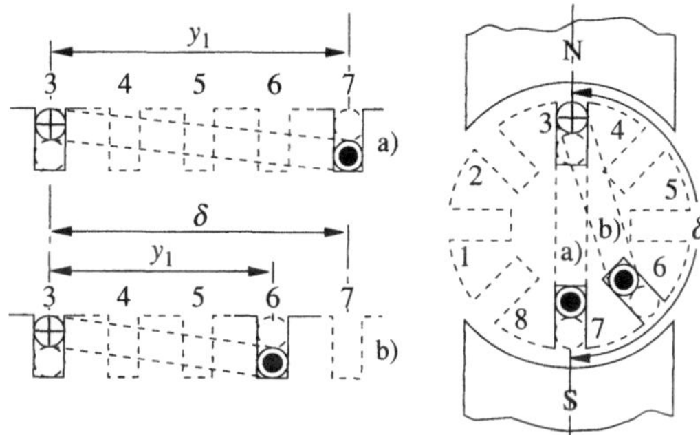

Bild 9.6-9 Spulenweite
a) Durchmesserwicklung ($y_1 = \tau$),
b) gesehnte Wicklung ($y_1 < \tau$)

Will man die N_{WS} Leiterstäbe einer Oberschicht auch in der Unterschicht in einer Nut beieinander haben, dann muß man die Spulenweite so wählen, daß sie durch k_S teilbar ist. Für diese Spulen *gleicher Weite* (Bild 9.6–10) gilt damit als Bedingung für den Nutschritt

$$y_N = \frac{y_1}{k_S} = \text{ganze Zahl.}$$

Es gibt zwei verbreitete Wicklungsarten für die Gleichstrommaschine:

- *Schleifenwicklung:* Das Ende einer Spule ist mit dem Anfang der benachbarten verbunden. Alle Spulenspannungen im Bereich eines Polpaares werden aufsummiert (Bild 9.6–10a);

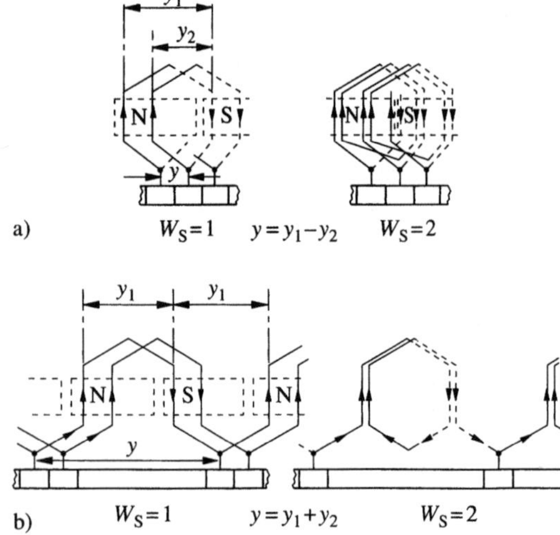

Bild 9.6-10 Ankerwicklung
a) Schleifenwicklung,
b) Wellenwicklung

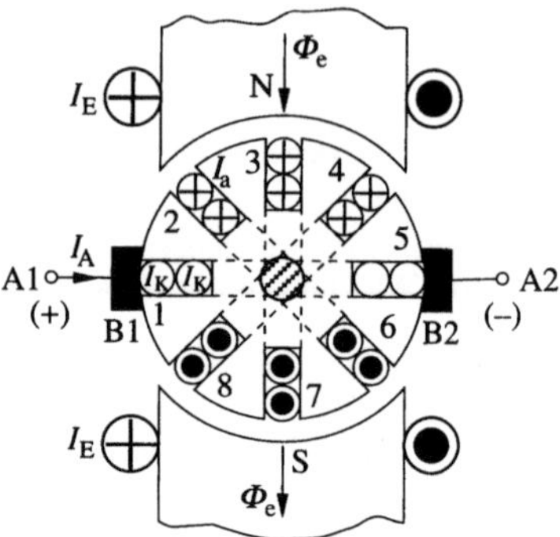

Bild 9.6-11 Querschnitt durch eine Ankerwicklung

– *Wellenwicklung:* Das Ende einer Spule ist mit dem Anfang der gleichliegenden des nächsten Polpaares verbunden. Durch p Spulen ist ein voller Umlauf des Ankerumfangs zurückgelegt (Bild 9.6–10b).

Jede Spule einer Wicklung kann aus N_{WS} in Reihe geschalteten Windungen bestehen. Die Wicklung wird festgelegt durch:

y_1 = Spulenweite,
y_2 = Schaltschritt,
y = Wicklungsschritt.

Für die *Schleifenwicklung* gilt $y=1$ und damit $y = y_1 - y_2 = 1$. Bei der *Wellenwicklung* darf man nach einem Umlauf mit den p Spulen nicht auf die Ausgangslamelle treffen, was einem Kurzschluß gleichkäme. Also muß gelten $y = (N_S - 1)/p$. Ferner ist $y = y_1 + y_2$ (Bild 9.6–10b).

1. Die Schleifenwicklung

Am Beispiel einer vereinfachten Gleichstrommaschine mit $p=1$, $Z=N_L=8$, $k_S=2$, $N_{WS}=1$, $N_{WN}=2$, also einer zweipoligen Maschine mit 8 Nuten und je zwei Leiterstäben pro Nut (Bild 9.6–11), wobei auch die Bürsten vereinfacht eine Lamellenteilung breit gewählt sind (Bild 9.6–12a), beobachtet man folgendes:

Zwischen zwei benachbarten Kohlenbürsten liegen alle Oberleiter (ganze Linie) einer Polteilung und die zugehörige Unterleiter (unterbrochene Linie) des benachbarten Hauptpoles, also $N_S/2p$ Spulen. Die gesamte Ankerwindungszahl wird damit in $2a$ parallele Stromzweige aufgeteilt. Die für die Höhe der Gesamtspannung maßgebende Windungszahl zwischen zwei ungleichnamigen Kohlenbürsten ist bei N_{WS} Windungen pro Spule damit

$$N_{WA} = \frac{N_{Aa}}{2a}. \tag{9.6–4}$$

Die Aufteilung der gesamten Ankerleiterzahl in a parallele Stromzweige ist nur dann möglich, wenn die Nutzahl des Ankers durch a teilbar ist. Für Schleifenwicklungen besteht also die Symmetriebedingung

$$\frac{Z}{a} = \text{ganze Zahl.}$$

Auf dem Wicklungsschema (Bild 9.6–12a) sind die Polschatten N/S, die Klemmen A1/A2 und die Kohlenbürsten B1/B2 unbeweglich. Die Ankerwicklung und die Lamellen dagegen bewegen sich, in der linearen Darstellung des Ankers mit der linearen Geschwindigkeit v (z. B. von rechts nach links). In dem entsprechenden Augenblick schließt die Kohlenbürste B1 die Spule 1–5′ (d. h.:

Nut 1: Oberschicht/Hinleiter – ganze Linie

Nut 5: Unterschicht/Rückleiter – unterbrochene Linie)

und die Kohlenbürste B2 die Spule 5–1′ im Kurzschluß.

Ein Stromzweig zwischen den Klemmen K1 und K2 wird von den Spulen

2–6′ / 3–7′ / 4–8′

gebildet; der andere Stromzweig durch die Spulen

4′–8 / 3′–7 / 2′–6.

Die beiden Stromzweige und die kurzgeschlossenen Spulen sowie deren Plazierung in dem Erregerfeld sind in den Bildern 9.6–12b und 9.6–12c dargestellt.

Man stellt fest, daß alle Leiter, die sich augenblicklich unter dem gleichen Pol befinden, von dem Leiterstrom in der gleichen Richtung durchflossen werden.

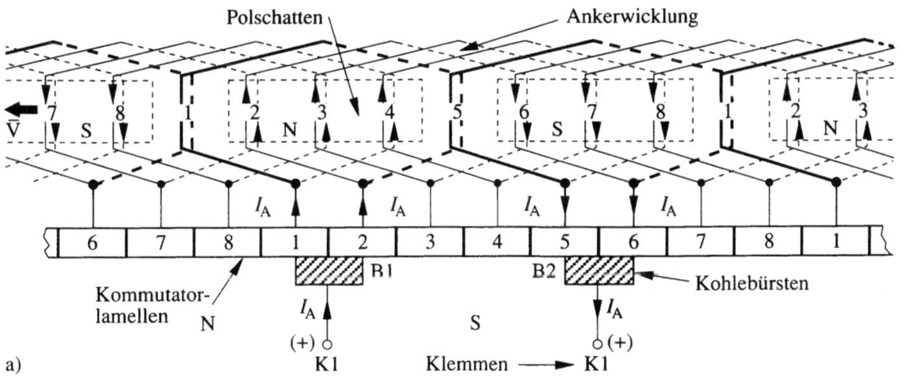

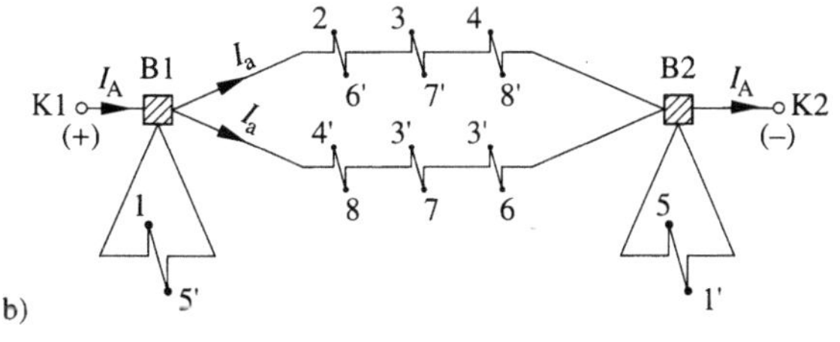

Bild 9.6-12 Die Ankerwicklung vom Bild 9.6-11
a) Wicklungsschema,
b) Stromzweigschema,
c) Plazierung der Ankerstromleiter im Erregerfeld

Alle Leiter, die sich in den gleichen Augenblick unter dem anderen Pol befinden, werden aber von demselben Leiterstrom in Gegenrichtung durchflossen.

Die *Position der Bürsten* in bezug auf die Polachse des Erregerpols ist relativ (Bild 9.6–13) und kann konstruktiv beliebig festgelegt werden. Zeitlich betrachtet, nehmen immer wieder andere Spulen an verschiedenen Stromzweigen teil. Die Anzahl dieser Spulen (mit kurzen Unterbrechungen – siehe Abschnitt 9.3.2.1) bleibt aber immer konstant. Die Stromzweige sind identisch – Länge, Windungszahl also Widerstand usw. – so daß der tatsächlich durch den Ankerdraht fließende Strom I_a, $2a$-fach kleiner als der gesamte meßbare Ankerstrom I_A ist:

$$I_a = \frac{I_A}{2a}. \qquad (9.6\text{–}5)$$

2. Die Wellenwicklung

In Bild 9.6–14a ist eine einfache Wellenwicklung mit $Z = 17$ Nuten und $2p = 4$ Pole dargestellt. Die Nutzahl pro Polzone ist jetzt nicht mehr ganzzahlig:

$$Z_P = \frac{Z}{2p} = \frac{17}{4} = 4{,}25 \qquad (9.6\text{–}6)$$

(vorher: – im Bild 9.6–12a: $Z_P = 8/2 = 4$, bzw. – im Bild 9.6–14a: $Z_P = 16/4 = 4$.)

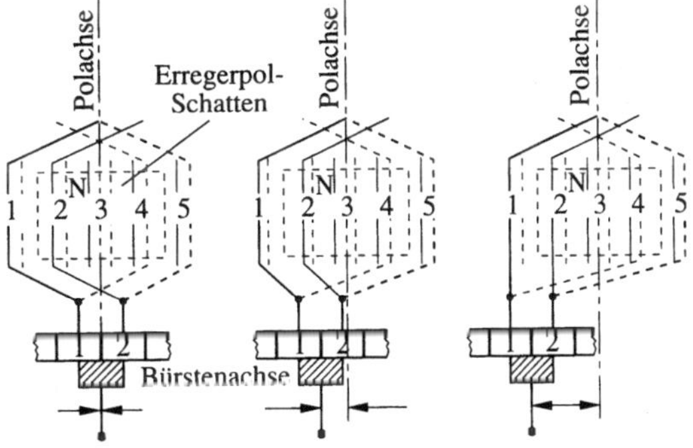

Bild 9.6-13 Die relative Position der Bürste in Bezug auf die Erregerpol-Achse

und $a = 1$ statt wie bisher $a = p$. Die Spulenweite $y_1 \leq Z_P$ (hier $y_1 = 4$).

Jeder Stromzweig besteht aus $N_{Sa} = 6$ Spulen und zwar:

- Stromzweig 1 (zwischen B3 und B2):
  13–17′ / 4–8′ / 12–16′ / 3–7′ / 11–15′ / 2–6′,
- Stromzweig 2 (zwischen B3 und B4):
  10′–6 / 2′–15 / 11′–7 / 3′–16 / 12′–8 / 4′–17.

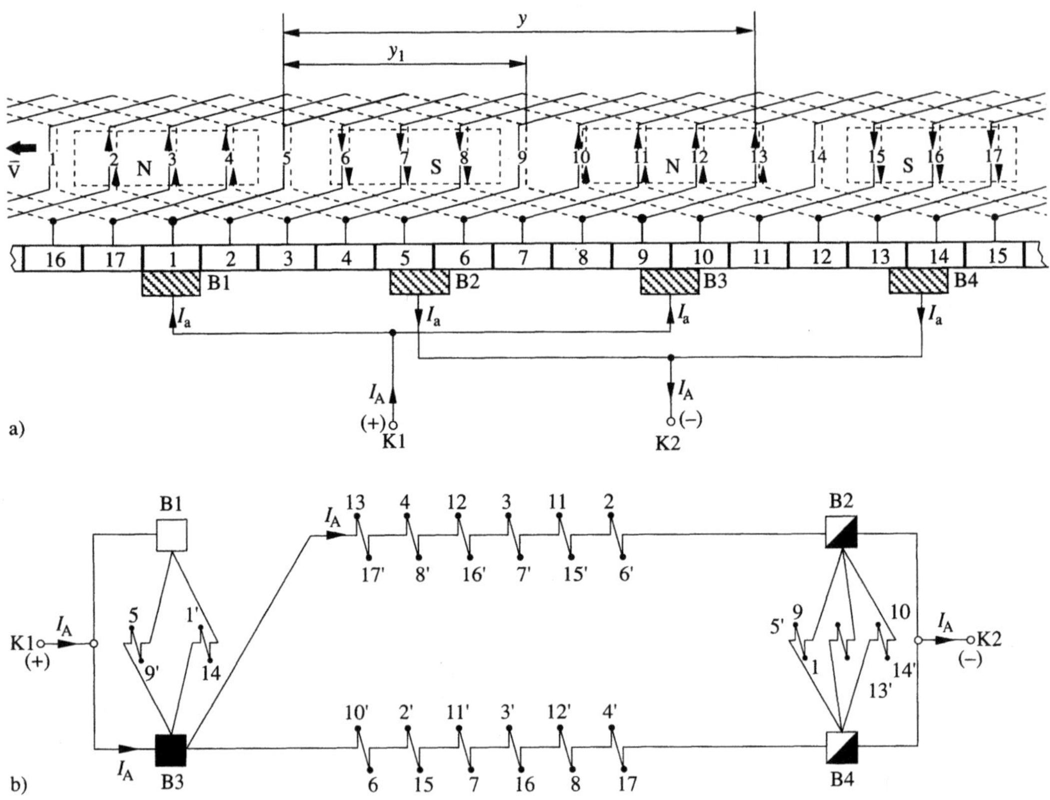

Bild 9.6-14 Vierpolige Wellenwicklung mit 17 Nuten
a) Wicklungsschema,
b) Stromzweigschema

Fünf Spulen ($N_{Sk} = 5$) sind kurzgeschlossen, bzw. befinden sich in Kommutierung und zwar:

- 2 Spulen zwischen B1 und B3: 5–9′ / 1′–14,
- 3 Spulen zwischen B2 und B4: 5′–1 / 9–13′ / 10–14′.

Die Bürsten sind ungleich belastet. Die Bürste B1, die in diesem Augenblick nur mit einer einzigen Kollektorlamelle in Kontakt ist, ist nicht belastet. Die Bürsten B2 und B4 sind „halbbelastet" und die Bürste B3 ist „voll belastet". In dem Stromzweigschema (Bild 9.6–14b) sind entsprechend die Bürsten ganz weiß, schwarz/weiß, bzw. ganz schwarz gezeichnet.

Bei geringerer Drehzahl sowie bei geringerer Polpaarzahl wählt man die *Wellenwicklung*. Bei höherer Drehzahl sowie bei höherer Spannung wird eine *Schleifenwicklung* benötigt. Die beiden Wicklungsarten können in eingängiger oder mehrgängiger Ausführung realisiert werden. Auch eine Kombination beider Wicklungsarten ist möglich. Wellenwicklungen in mehrgängiger Ausführung werden auch *Reihenparallelwicklungen* genannt. Hier ist zu beachten, daß nach jedem Umlauf die Wellenwicklung um k Lamellen hinter der Ausgangslamelle zurück bleibt. Die Wicklung schließt sich, also $y/k =$ ganze Zahl.

9.6.4.3 Wechselstromwicklungen

Die *Wechselstromwicklungen,* die als verteilte Wicklungen bei Synchron- und Asynchronmaschinen eingesetzt werden, können zunächst nach ihrer Bauart in:

- *Spulenwicklungen* und
- *Käfigwicklungen,* als reine *Kurzschlußwicklungen,*

eingeteilt werden. Die Spulenwicklungen werden allgemein für den Ständer von Synchron- und Asynchronmaschinen, sowie für den Schleifringläufer beider Maschinenarten benötigt. Käfigwicklungen findet man beim größeren Teil von Asynchronmaschinen (auch mit *Käfigläufer* oder mit *Kurzschlußläufer* bezeichnet) sowie bei Synchronmaschinen (als Dämpferwicklung für Generatoren oder Synchronkompensatoren, bzw. als Anlaufwicklung für Motoren). Die Wechselstromwicklungen können außerdem in:

- *Einphasenwicklungen* (einsträngige Wicklungen),
- *Mehrphasenwicklungen* (mehrsträngige Wicklungen)

eingeteilt werden. Von letzteren kommen im allgemeinen die Dreiphasen-Wicklungen, die *Drehstromwicklungen,* zur Anwendung.

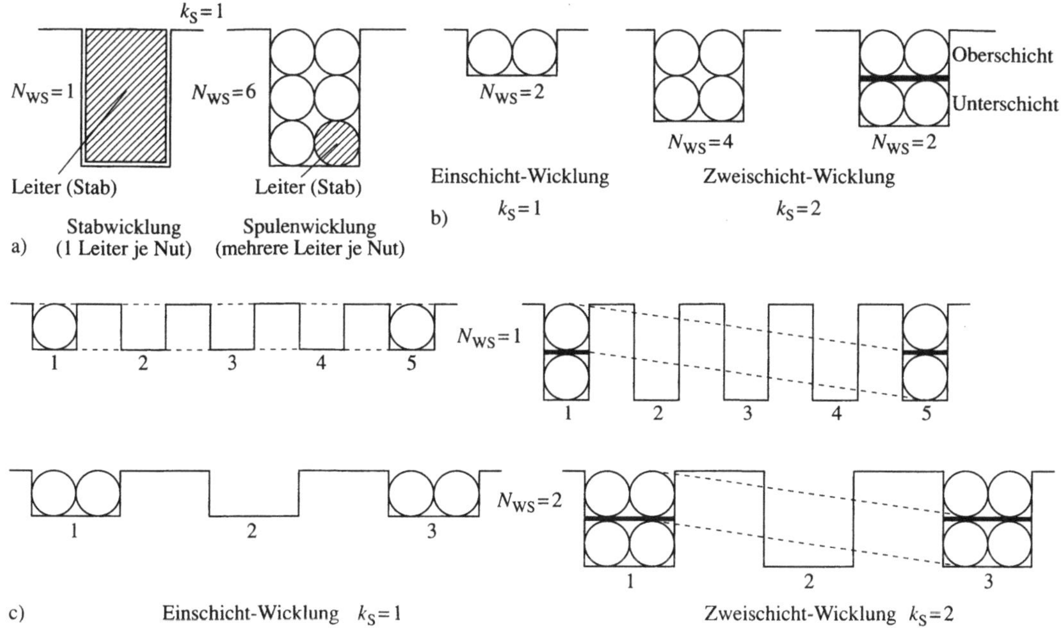

Bild 9.6-15 Nut-Ansicht
a) ein Leiter/mehrere Leiter pro Nut,
b) Einschicht-/Zweischicht-Wicklung, Querschnitt,
c) Einschicht-/Zweischicht-Wicklung, Verbindungen

Jede Strangwicklung hat einen Anfang, markiert mit den Großbuchstaben U1, V1, W1, und ein Ende, gekennzeichnet mit den Großbuchstaben U2, V2, W2. Eine Drehstrommaschine besitzt also drei Phasen, bzw. drei Stränge: U1–U2, V1–V2, W1–W2. Ist die Maschine vierpolig, dann besitzt jeder Strang je zwei Hauptspulen, die für den Strang U–X z. B. mit U1A–U2A und mit U1B–U2B bezeichnet werden können usw.

In einer Nut können ein oder mehrere Leiter (Wicklungsseiten) untergebracht werden (Bild 9.6–15a).

Man definiert hier *Stabwicklung* und *Spulenwicklung*. Eine Stabwicklung läßt zwei Schichten pro Nut ($k_S = 2$) nicht zu. Eine Grenz-Spulenwicklung mit nur einer Windung pro Spule und Schicht ($W_S = 1$) ermöglicht zwei Schichten. Dies tritt aber sehr selten auf. Die Unterschiede zwischen Einschicht- und Zweischicht-Wicklungen, innerhalb der Nut und bei der Realisierung der Spule, sind in den Bildern 9.6 15b und c verdeutlicht.

Eine einphasige, elementare Läuferwicklung mit je einem Leiter pro Nut ist als zwei- bzw. vierpolige Wicklung mit der entsprechenden Verteilung verschiedener *Polzonen* an der Läuferperipherie in dem Bild 9.6–16 skizziert. Hier sind die beiden Winkel, γ – geometrisch und γ_e – elektrisch, sowie deren Abhängigkeit von der Polpaarzahl p zu beobachten. Die

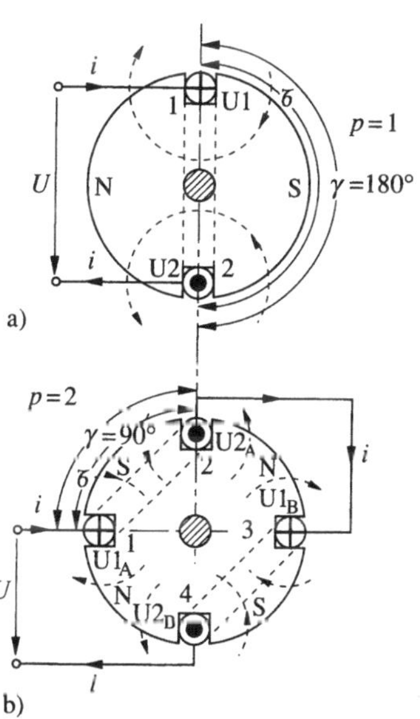

Bild 9.6-16 Einphasige Läuferwicklung mit $k_S = 1$ und $N_{WS} = 1$
a) zweipolig mit $\gamma = 180°$, $\gamma_e = 180°$,
b) vierpolig mit $\gamma = 90°$, $\gamma_r = 180°$

Stromrichtungen in den Nuten 1 und 2 sind entgegengesetzt, und der elektrische Winkel γ_e beträgt immer 180°. Der geometrische (räumliche) Winkel γ ist aber für den Fall a 180° und wird für den Fall b nur noch 90°.

Man muß die zugehörige Achsenlage des zweipoligen Systems im vierpoligen System auf den halben Umfang übertragen. Dies wiederholt sich dann auf der zweiten Umfanghälfte nochmals. Der Abstand von Pol zu Pol, die *Polteilung* τ, ist bei der zweipoligen Maschine gleich dem halben Umfang und bei der vierpoligen Maschine nur noch gleich einem viertel des Umfangs. Der Winkelabstand von Pol zu Pol von 180° komprimiert sich beim Übergang von der zweipoligen zur mehrpoligen Maschine als elektrischer Winkel von gleichem Betrag auf den $2p$-ten Teil des Umfangs. Es besteht folgende Beziehung zwischen den beiden Winkeln und der Polpaarzahl:

$$\gamma_e = p \cdot \gamma. \qquad (9.6\text{–}7)$$

Unabhängig von der Polzahl ist das Winkelmaß der Polteilung 180° elektrisch. Bei Wicklungen wird immer nur der elektrische Winkel als $p \cdot \gamma$ angegeben.

Die einfachste Ausführung einer Wechselstromwicklung ist die *einschichtige Einlochwicklung,* wobei zu jedem Polpaar je Strang eine einzige Spule gehört. Hierbei ist es für die Darstellung der Wicklung gleichgültig, ob die Spulenwindungszahl N_{WS} größer oder gleich Eins ist. Praktisch sieht man für jeden Strang eine größere Anzahl von Nuten je Zone (Lochzahl q) vor, in die die entsprechende Wicklung gelegt wird. Man erhält dann verteilte Wicklungen.

Die Wicklungen können mit gleichen oder ungleichen Spulen (Sektionen) bzw. mit Spulen gleicher Weite (Spulenschritt y_1 = konstant) oder Spulen ungleicher Weite (Spulenschritt $y_1 \neq$ konstant) sein. Ein Querschnitt durch einen Drehstromständer (Bild 9.6–17) bietet die Möglichkeit, sich mit den verschiedenen Wicklungsparametern vertraut zu machen.

In all den angeführten Beispielen, bei denen $q > 1$ ist, entfallen auf jede Zone q-Nuten gleicher Strangzugehörigkeit. Verbindet man die linken Spulenseiten so mit den rechten Spulenseiten, daß für alle Spulen die Spulenweite gleich der Polteilung τ wird ($y_1 = \tau$ = konstant – Spulen gleichen Schritts), dann erhält man *Durchmesserspulen.* Alle q-Spulen bilden eine Spulengruppe.

Um eine *verteilte Wicklung* mit einer identischen *konzentrierten Wicklung* in elektromagnetischer Hinsicht vergleichen zu können, beobachtet man z. B. den Magnetisierungseffekt beider Wicklungen. Mit B_S als Flußdichte einer Spule (Sektion) und B als der gesam-

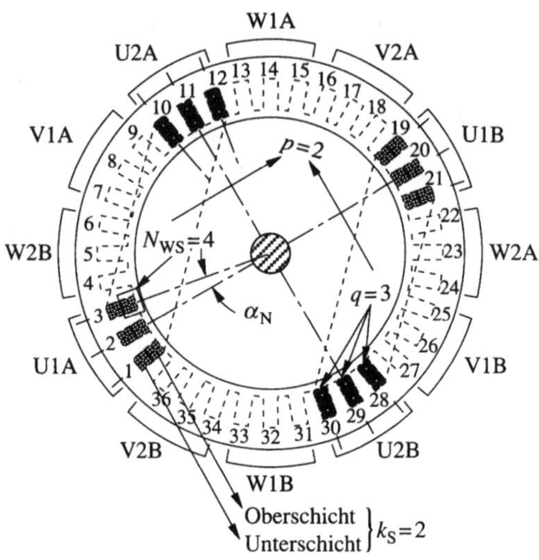

Bild 9.6-17 Vierpolige Drehstrom-Ständerwicklung

$m = 3,$
$p = 2,$
$q = 3,$
$k_s = 2,$

$N_{WS} = 4,$
$N_{WN} = k_S N_{WS} = 2 \cdot 4 = 8,$
$N_{Wp} = q N_{WN} = 3 \cdot 8 = 24,$
$N_{Wg} = p N_{Wp} = 2 \cdot 24 = 48,$
$N_W = mp N_{Wp} = 3 \cdot 2 \cdot 24 = 144,$

$Z_S = pq = 2 \cdot 3 = 6,$
$Z = 2m Z_S = 2 \cdot 3 \cdot 6 = 36,$

$N = 2 \cdot N_W = 2 \cdot 144 = 288,$
$N_{Sp} = k_S q = 2 \cdot 3 = 6,$
$N_{Sg} = p N_{Sp} = 2 \cdot 6 = 12,$
$N_S = m N_{Sg} = 3 \cdot 12 = 36$

ten Flußdichte der Wicklung, erreicht man bei einer Wicklung mit je zwei elementaren Spulen (Bild 9.6–18a und b), die Werte $|\overline{B^*}|$ für die konzentrierte – bzw. $|\overline{B}|$ für die verteilte Wicklung. Addiert man die Flußdichten der Wicklungen der q Spulen, so ergibt sich z. B. für $q = 3$ ein Zeigerdiagramm, wie im Bild 9.6–18c. Die resultierende Gesamtflußdichte der Wicklung B wird kleiner als die algebraische Summe der drei Spulenflußdichten B^*. Um zu unterscheiden, ob die $q \cdot N_{WS}$ Windungen der Wicklung in einer Nut

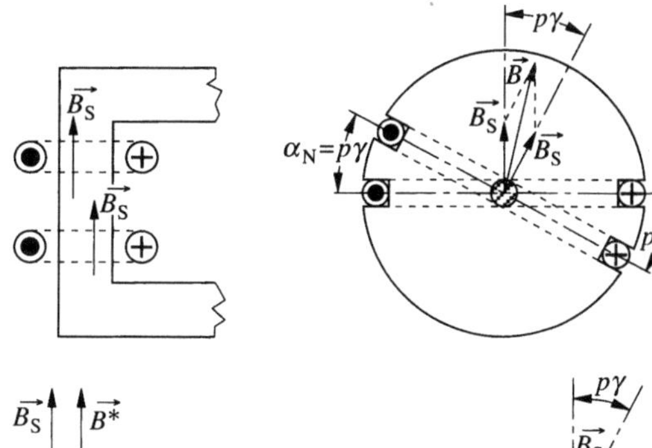

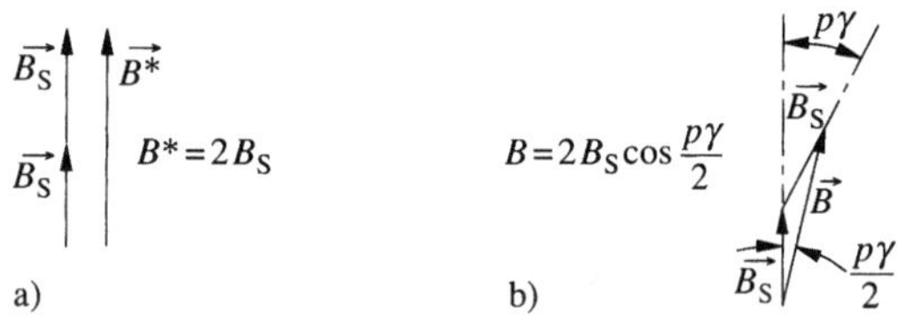

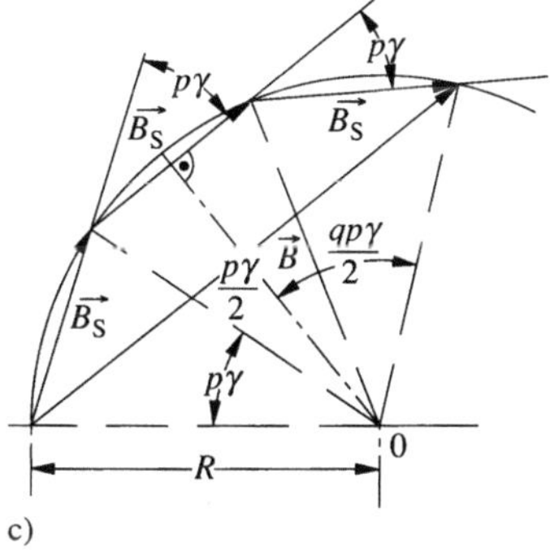

Bild 9.6-18 Konzentrierte und verteilte Wicklung
a) konzentrierte Wicklung,
b) verteilte Wicklung,
c) geometrische Addition lokaler Flußdichten

liegen oder gleichmäßig auf q Nuten verteilt sind, wird ein *Zonenkoeffizient* definiert:

$$\xi_Z = \frac{B}{B^*} = \frac{\text{geometrische Induktionssumme}}{\text{algebraische Induktionssumme}}. \quad (9.6\text{–}8)$$

Aus dem Bild 9.6–18c folgt:

$$B_S = 2 \cdot R \cdot \sin(p \cdot \gamma/2),$$

$$B^* = q \cdot B_S = 2 \cdot q \cdot R \cdot \sin(p \cdot \gamma/2),$$

$$B = 2 \cdot R \cdot \sin(q \cdot p\gamma/2),$$

$$\xi_Z = \frac{B}{B^*} = \frac{2 \cdot R \cdot \sin(q \cdot p \cdot \gamma/2)}{2 \cdot q \cdot R \cdot \sin(p \cdot \gamma/2)}, \quad (9.6\text{–}8a)$$

B, B^*, B_S	R	p	q	ξ
$T = Vs/m^2$	Ω	1	1	1

was im Oberwellenbereich, für die Ordnung ν, da allgemein der elektrische Winkel

$$\gamma_e = \nu \cdot p \cdot \gamma \quad (9.6\text{–}9)$$

zu folgendem *Zonenkoeffizient* für ein beliebiges Oberfeld ν-tes Ranges führt:

$$\xi_{Z\nu} = \frac{\sin(q \cdot \nu \cdot p\gamma/2)}{q \cdot \sin(\nu \cdot p\gamma/2)}. \quad (9.6\text{–}10)$$

Der Zonenkoeffizient ist im Oberwellenbereich wesentlich kleiner als für die Grundwelle, also für das Grundfeld. Dies wirkt, mit Rücksicht auf die angestrebte sinusförmige Strangspannung sehr positiv. Außer ungesehnten Außenlochwicklungen mit Durchmesserschritt $y_{1D} = \tau$, gibt es auch gesehnte Wicklungen mit kleinerem Wickelschritt $y_{1S} < \tau$ (Bild 9.6–19: hier $y_{1S} = \tau - s$).

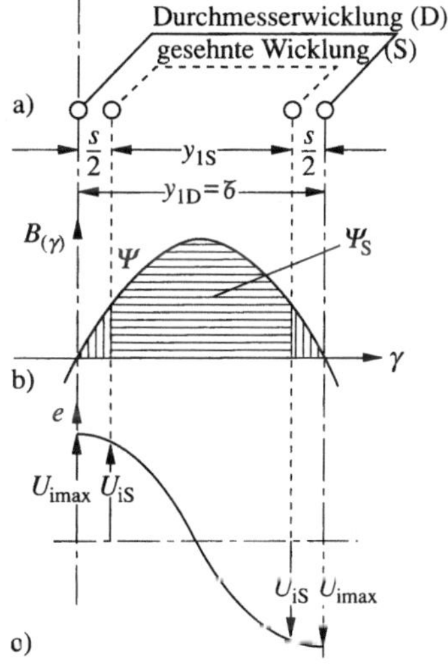

Bild 9.6-19 Die Sehnung: Windungen mit Durchmesserschritt und verkürztem Schritt
a) Windungen D und S,
b) Flußverkettung mit den Windungen D und S,
c) induzierte Spannung in den Windungen D und S

Die *Durchmesserwindung* (*D*) umfaßt die volle Halbwelle des Magnetisierungsflusses ψ und damit wird die maximal erreichbare Spannung $U_{i\,max}$ erzeugt. Die *gesehnte Windung* (*S*) umfaßt von der Halbwelle des Flusses einen kleineren Teil ψ_S (horizontale Schraffur) und die entsprechende induzierte Spannung ist nur noch $U_i < U_{i\,max}$ proportional zu dem entsprechenden Fluß.

In der gesehnten Wicklung wird also die induzierte Spannung im Verhältnis zur Durchmesserspannung $U_{i\,max}$ etwas verkleinert. Man nennt dieses Verhältnis den *Sehnungskoeffizient:*

$$\xi_S = \frac{U_i}{U_{i\,max}} = \frac{\psi_S}{\psi}. \qquad (9.6\text{–}11)$$

Die Sehnung ist nicht stufenlos vollziehbar. Sie ist von der Nutzahl Z_P pro Pol und Strang abhängig. Je größer die Nutzahl ist, desto feiner läßt sich die Sehnung abstimmen. Die Sehnung s, an der inneren Peripherie des Ständers beobachtet, sowie der dazugehörige Sehnungs-Zentriwinkel α_S sind in dem Bild 9.6–20 skizziert.

Der Sehnungs-Zentriwinkel α_S kann nur eine ganze Zahl von Nutwinkeln α_N sein:

$$\alpha_S = k \cdot \alpha_N \qquad (9.6\text{–}12)$$

mit $k = 1, 2, 3$, usw. Die kleinstmögliche Verkürzung liegt bei einer Nutteilung:

$$(s)_{min} = \tau_N$$

und

$$(Y_{1S})_{max} = \tau - \tau_N = \frac{\pi \cdot D_{Si}}{2p} - \frac{\pi \cdot D_{Si}}{Z} =$$

$$= \pi \cdot D_{Si} \frac{Z - 2p}{2p \cdot Z}. \qquad (9.6\text{–}13)$$

$(s)_{min}$	τ_N, l	y_{1S}	D_{S1}	p	Z
1	1	1	m	1	1

Der Sehnungskoeffizient, durch den Zentriwinkel α_S ausgedrückt, wird berechnet nach der Gleichung:

$$\xi_S = \sin \frac{\pi \cdot Y_{1S}}{2 y_{1D}} \qquad (9.6\text{–}14)$$

bzw. allgemein:

$$\xi_S = \sin \frac{\pi \cdot y_1}{2}. \qquad (9.6\text{–}14a)$$

Da der Zonenkoeffizient durch die Sehnung unbeeinflußt bleibt, wird im allgemeinen die Windungszahl mit dem gesamten Wicklungskoeffizienten

$$\xi = \xi_S \cdot \xi_z \qquad (9.6\text{–}15)$$

multipliziert.

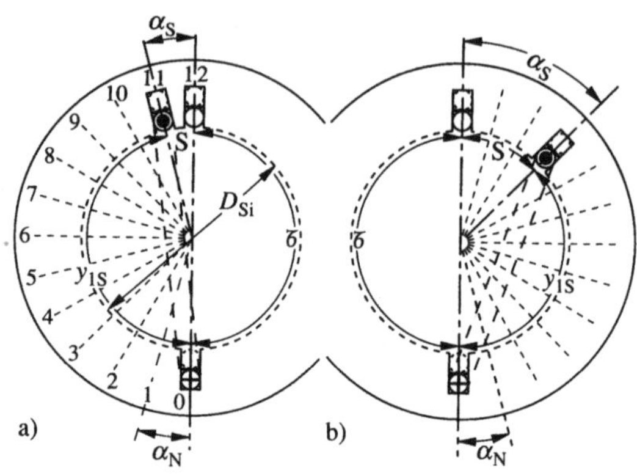

Bild 9.6-20 Einphasige, zweipolige gesehnte Ständerwicklung mit $q = 12$, $k_S = 2$, $N_{WS} = 1$,
a) $\alpha_S = \alpha_N$,
b) $\alpha_S = 3 \cdot \alpha_N$

Da auch hier für ein beliebiges Oberfeld ν-ter Ordnung der Winkel ν-fach vergrößert wird, folgt:

$$\xi_{S\nu} = \sin \nu \frac{\pi \cdot y_1}{2} \qquad (9.6\text{–}16)$$

und

$$\xi_\nu = \xi_{z\nu} \cdot \xi_{s\nu}. \qquad (9.6\text{–}17)$$

Die im Bild 9.6–20 dargestellte einphasige, zweipolige, gesehnte Ständerwicklung, mit insgesamt $Z = 24$ Nuten pro Maschine, bzw. $Z_P = 12$ Nuten pro Pol, läßt nur Sehnungen zu, die um ein oder mehrere (1/12) Teile des Durchmesserschrittes $Y_1 = \tau$ verkürzt werden können.

Für den Fall a, mit $\alpha_S = \alpha_N = \frac{360°}{24} = 15°$, bzw. $\frac{s}{\tau} = \frac{1}{12} = 0{,}0833$ oder $y_1 = (12 - 1) \cdot \tau_N = 11 \cdot \tau_N$, wird

$$\xi_S = \sin\left(\frac{\pi}{2} \cdot \frac{11}{12}\right) = 0{,}0251.$$

Für den Fall b, mit $\alpha_S = 3 \cdot \alpha_N = 45°$, bzw. $\frac{s}{\tau} = \frac{3}{12} = 0{,}25$ oder $y_1 = (12 - 3) \cdot \tau_N = 9 \cdot \tau_N$, wird

$$\xi_S = \sin\left(\frac{\pi}{2} \cdot \frac{9}{12}\right) = 0{,}0206.$$

9.6.4.4 Zusammenfassung

Die Spannungsabsenkung in einer durch Sehnung verteilten Wicklung wird also durch zwei Eigenschaften der Wicklungsausführung verursacht:

- durch *verteilte Wicklungen* mit $q > 1$, wie sie bei Einschicht-Wicklungen zur Anwendung kommen, wobei die Absenkung durch den Zonenkoeffizient ξ_Z erfaßt wird;
- durch *Sehnung der Wicklung*, wie sie bei Zweischicht-Wicklungen verwendet wird, wobei der Einfluß der Sehnung durch den Sehnungskoeffizient ξ_S erfaßt wird.

Die gesamte Spannungsabsenkung, die durch beide Ausführungsmaßnahmen erreicht wird, wird durch den *Wicklungskoeffizienten* als Produkt von Zonen- und Sehnungskoeffizient erfaßt.

Reguläre Einschicht-Wicklungen sind Durchmesserwicklungen, mit $\xi_S = 1$, bzw. $\xi = \xi_Z$. Bei gesehnten Zweischicht-Wicklungen ist $\xi_S < 1$. Für verteilte Wicklungen ist also die errechnete Spannung (Grundwelle)

$$U_i = 4{,}44 f \cdot N_W \cdot \xi \cdot \Phi\,, \qquad (9.6\text{–}18)$$

bzw. die Oberwellen ν.-ter Ordnung

$$U_{i\nu} = 4{,}44 f \cdot N_W \cdot \xi_\nu \cdot \Phi_\nu\,. \qquad (9.6\text{–}19)$$

U_1, U_{1r}	f	N_W	ξ, ξ_ν	Φ, Φ_ν
V	$Hz = s^{-1}$	1	1	Wb = Vs

Als Vorteil steht der geringen Spannungsabsenkung der Grundwellenspannung bei entsprechend gesehnten Wicklungen eine große Absenkung der Oberwellenspannung gegenüber.

Je nach der Wahl der Schrittverkürzung erhält man mehr oder weniger reduzierte Wicklungskoeffizienten der Oberfeldspannungen. Andererseits erreicht man bei großen Polteilungen (zweipolige Maschinen) durch Schrittverkürzung auch eine spürbare Materialeinsparung. In der Praxis sind die Wicklungen mit Schrittverkürzung daher sehr verbreitet.

9.7 Messungen an Maschinen

9.7.1 Allgemeines

Zum *Messen an Maschinen* werden Einbereichs- und Mehrbereichsgeräte analoger oder digitaler Bauart eingesetzt. Bei hohen Wechselspannungen werden Spannungs-Meßwandler und bei Wechselströmen über 5 A normalerweise Stromwandler eingesetzt. Gemessen werden Spannungen, Ströme und Leistungen sowie die nichtelektrischen Größen Temperatur, Drehzahl und Drehmoment [9.22].

9.7.1.1 Widerstandsmessung

Die Untersuchungen beginnen meist mit einer *Widerstandsmessung* an der kalten Maschine. Der Widerstand wird mit Meßbrücken oder nach der „Strom-Spannungs"-Methode ermittelt. Um Übergangswiderstände zu eliminieren wird direkt an den Klemmen oder bei Stromwendermaschinen auf den Lamellen des Stromwenders gemessen. Bild 9.7–1 zeigt im Prinzip die Messung des Ankerwiderstandes einer Gleichstrom-Nebenschlußmaschine.

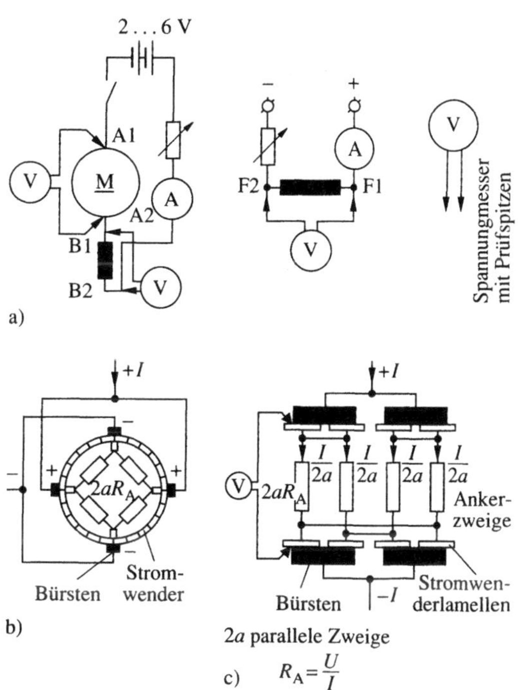

Bild 9.7-1 Messung der Wicklungwiderstände
a) Schaltung,
b) Ankerwicklungswiderstand (2*a* Zweige),
c) Widerstandsmessung an der Maschine

9.7.1.2 Wirkungsgrad

Der *Wirkungsgrad* ist das Verhältnis der Abgabeleistung zur zugeführten Leistung. Bei schlechten Wirkungsgraden (Maschinen unter 5 kW) kann meist direkt gemessen werden. Bei steigender Leistung verbessert sich der Wirkungsgrad. Direkte Messungen sind dann zu ungenau und es wird der Wirkungsgrad nach dem *Einzelverlustverfahren* ermittelt. Im Falle der Direktmessung erhält man

$$\eta = \frac{P_{ab}}{P_{zu}}\,. \qquad (9.7\text{–}1)$$

η	P_{ab}, P_{zu}, P_ν
1	W

Bei indirekter Ermittlung erhält man

$$\eta = \frac{P_{ab}}{P_{ab} + \sum P_V} \quad \text{oder} \quad \eta = \frac{P_{zu} - \sum P_V}{P_{zu}}. \quad (9.7-2)$$

Die einzelnen Verluste – Leerlauf- und Lastverluste – können im Einzelverfahren absolut genauer bestimmt werden. Die Genauigkeit ist höher als bei dem direkten Verfahren, da die Meßfehler in diesem Falle nur Bruchteile der Verluste sind und nicht die gesamte Leistung betreffen.

Außer den Leerlauf- und Lastverlusten sind noch Zusatzverluste V_z zu berücksichtigen. Bei nichtkompensierten Gleichstrommaschinen sind nach VDE 0530 1%, bei kompensierten 0,5% der Leistung anzusetzen. Für Teillast werden sie mit dem Quadrat des Lastfaktors $a = I/I_N$ umgerechnet.

9.7.1.3 Belastung

Zum *Belasten* der Maschinen werden entweder andere Maschinen angekuppelt – Pendelmaschinen – oder über Drehmomentmeßwellen gemessen. Die zu prüfende Maschine kann auch auf eine mechanische Bremse arbeiten. Dann werden elektrische Wirbelstrombremsen oder mechanische Bremsen – Pronyscher Zaum oder Wasserwirbelbremsen – benutzt (Bild 9.7–2).

9.7.1.4 Kennlinien

Leerlaufversuch, Belastungsversuche und Kurzschlußversuch geben über die *Maschinenkennlinien* und über die auftretenden Verluste Auskunft. Im folgenden wird auf die Grundlagen der Messungen eingegangen. Dabei wird zunächst der Transformator betrachtet und dann werden die drehenden Maschinen besprochen.

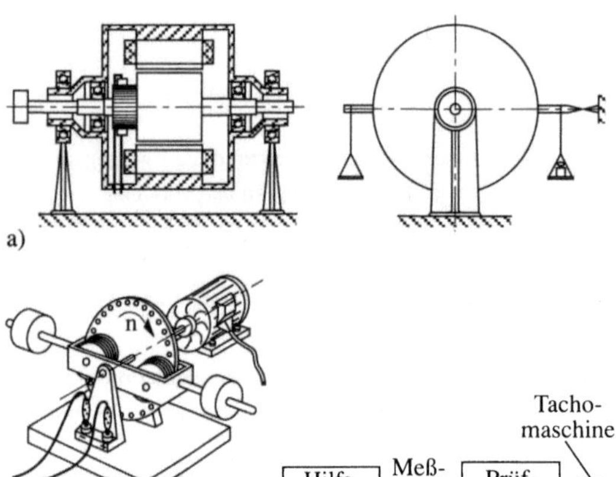

Bild 9.7-2 Bremsmöglichkeiten
a) Pendelbremse,
b) Wirbelstrombremse,
c) Drehmomentmeßwelle

9.7.2 Transformatoren

Ein *Transformator* wird durch Ober- und Unterspannung, Bemessungsscheinleistung, relative Kurzschlußspannung und die Schaltgruppe gekennzeichnet. Der Ermittlung des Wirkungsgrades kommt aus wirtschaftlichen Gründen große Bedeutung zu.

9.7.2.1 Schaltgruppe

Das Prinzip der *Schaltgruppen-Ermittlung* durch Messung der Einzel-Differenzspannungen zeigt Bild 9.7–3. Dazu verbindet man an einer Stelle Ober- und Unterspannungsseite und legt den Transformator ans Netz. Durch maximal vier Spannungsmessungen läßt sich das Diagramm der Ober- und Unterspannungen zeichnen und die Schaltgruppe feststellen.

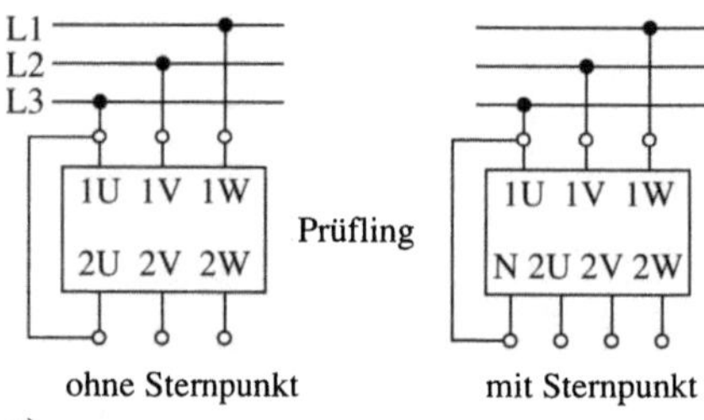

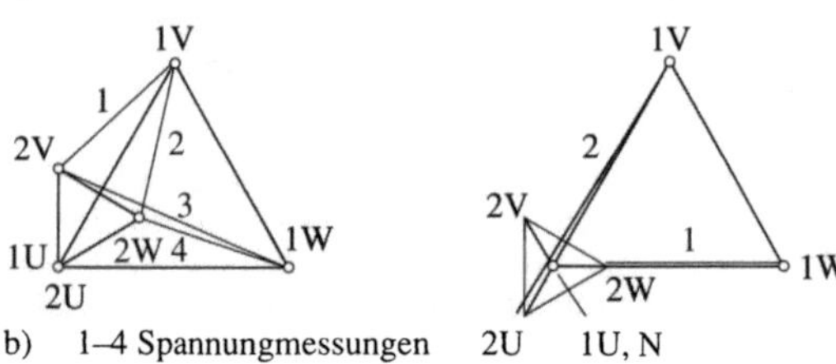

Bild 9.7-3 Ermittlung der Transformator-Schaltgruppe
a) Schaltung,
b) Spannungsmessung mit Auswertung

9.7.2.2 Leerlaufversuch

Im *Leerlaufversuch* werden die last*un*abhängigen Verluste des Transformators ermittelt. Der Transformator wird von der Unterspannungsseite her gespeist und das Übersetzungsverhältnis ermittelt. Hierunter versteht man das ungekürzte Verhältnis der Ober- zur Unterspannung bei Leerlauf und Speisung mit Bemessungsspannung bei Bemessungsfrequenz.

Die aufzunehmende Leerlaufkennlinien stellen den Verlauf des Netzstromes I_{10}, der aufgenommenen

Leistung P_{10} und des Verschiebungsfaktors $\cos\varphi_{10}$ in Abhängigkeit von der Netzspannung dar (Bild 9.7–4). Der Leerlaufstrom ist der arithmetische Mittelwert aus den drei Strangströmen (I_U, I_V, I_W). Die Leistung wird i.a. mit zwei Leistungsmessern in Aron-Schaltung oder mit elektronischen Meßgeräten für alle 3 Stränge gemessen. Vernachlässigt man die Stromwärmeverluste V_{Cu1}, so ist die gemessene Leistung praktisch gleich den Eisenverlusten V_{Fe}. Diese steigen in erster Näherung mit dem Quadrat der Netzspannung U_0. Bild 9.7–5 zeigt die Eisenverluste über dem Quadrat der Netzspannung. Bei modernen Transformatoren steigen die Hystereseverluste etwa U^3 proportional.

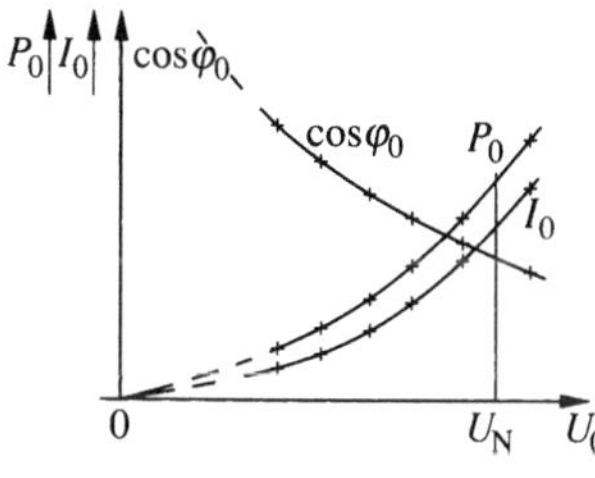

Bild 9.7-4 Trafo: Leerlaufkennlinien

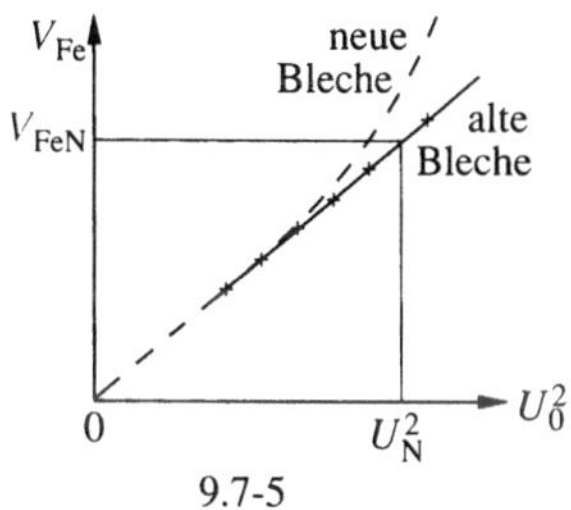

Bild 9.7-5 Trafo: Auswertung der Leerlaufkennlinien

Die bezogenen Leerlauf-, Magnetisierungs- und Eisenverlustströme werden nur für die Bemessungsspannung berechnet:

$$i_0 = \frac{I_0}{I_N} \cdot 100\,\%; \quad i_\mu = i_0 \cdot \sin\varphi_0\,\%; \tag{9.7–3}$$

$$i_{Fe} = i_0 \cdot \cos\varphi_0\,\%.$$

9.7.2.3 Kurzschlußversuch

Der auf der Unterspannungsseite widerstandslos kurzgeschlossene Transformator wird oberspannungsseitig an eine so stark verkleinerte Spannung U_k gelegt, daß Bemessungsstrom fließt. Wegen der kleinen Kurzschlußspannung treten i.a. keine Eisenverluste auf. Die aufgenommene Leistung P_k entspricht den Stromwärmeverlusten (Wicklungsverluste). Als Kurzschlußkennlinien stellt man die Stromwärmeverluste V_{Cu}, die Kurzschlußspannung U_k und den Verschiebungsfaktor $\cos\varphi_k$ über dem Kurzschlußstrom dar (Bild 9.7–6). Bild 9.7–7 zeigt die Darstellung der Stromwärmeverluste über dem Quadrat des Kurzschlußtromes. Nach VDE 0532 sind die Stromwärmeverluste auf eine Wicklungstemperatur ϑ_W von 75 °C umzurechnen. Man erhält

$$V_{CuW} = V_{CuK} \cdot \frac{235 + \vartheta_W}{235 + \vartheta_K}. \tag{9.7–4}$$

V_{CuW}, V_{CuK}	ϑ_W, ϑ_K
W	°C

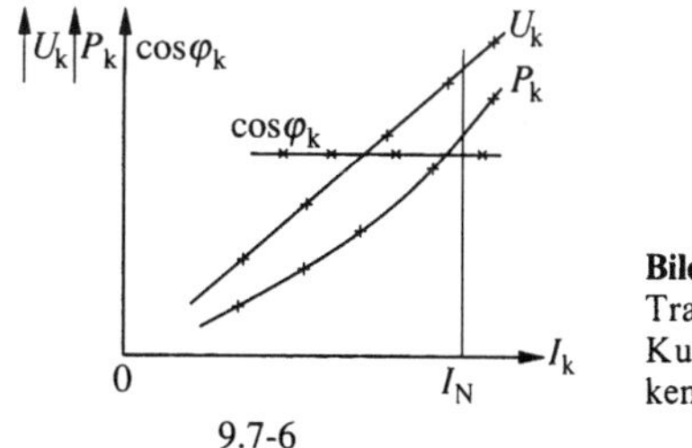

Bild 9.7-6 Trafo: Kurzschlußkennlinie

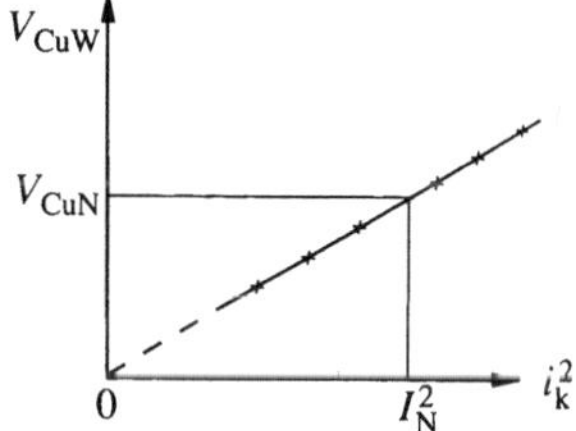

Bild 9.7-7 Trafo: Auswertung der Kurzschlußkennlinie

9.7.2.4 Wirkungsgrad

Mit dem Lastfaktor $a = I/I_N$ erhält man den *Transformatorwirkungsgrad* zu

$$\eta = \frac{a \cdot S_N \cdot \cos\varphi}{a \cdot S_N \cdot \cos\varphi + V_{FeN} + a^2 \cdot V_{CuN}}. \tag{9.7–5}$$

η	a	I, I_N	S_N	V_{FeN}, V_{CuN}
1	1	A	VA	W = VA

Die Prinzipschaltung für die Versuche zeigt Bild 9.7–8.

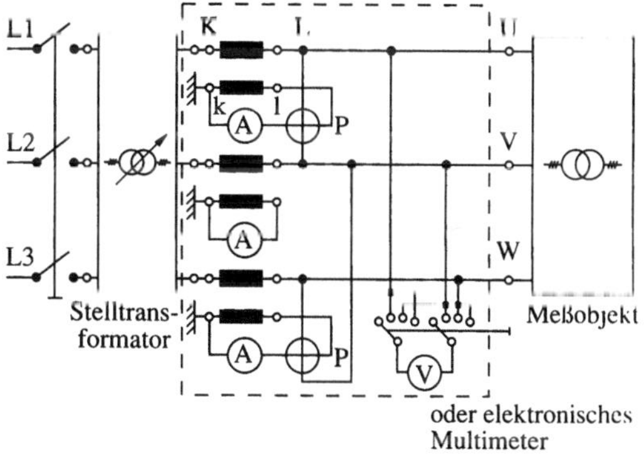

Bild 9.7-8 Meßschaltung für Transformatoruntersuchungen

9.7.3 Drehende Maschinen

Bei den *drehenden Maschinen* muß man zwischen *Stromwendermaschinen* und *Drehfeldmaschinen* unterscheiden. Zunächst sollen die wichtigsten Untersuchungen an Stromwendermaschinen beschrieben werden.

9.7.3.1 Stromwendermaschinen

1. Gleichstrommaschinen

Neutrale Zone

Bei den *Stromwendermaschinen* ist die Stellung der Bürsten in der *neutralen Zone* wichtig. Am einfachsten kontrolliert man die Bürstenstellung mit dem Minimum-Verfahren. Man schaltet bei stillstehender Maschine den Feldstrom ab und mißt dabei den gleichzeitig auftretenden Spannungsstoß an den Bürsten in Abhängigkeit von der Bürstenstellung. Stehen Erreger- und Bürstenachse elektrisch genau senkrecht (das kann mechanisch durchaus anders sein), dann ist die neutrale Zone erreicht und die induzierte Spannung Null. Bild 9.7–9 zeigt den prinzipiellen Verlauf des Spannungsstoßes an den Bürsten in Abhängigkeit von der Bürstenstellung. Beim Verdrehen des Bürstenjoches ist der Anker derart mitzudrehen, daß die Bürsten immer auf den selben Stromwenderlamellen stehen.

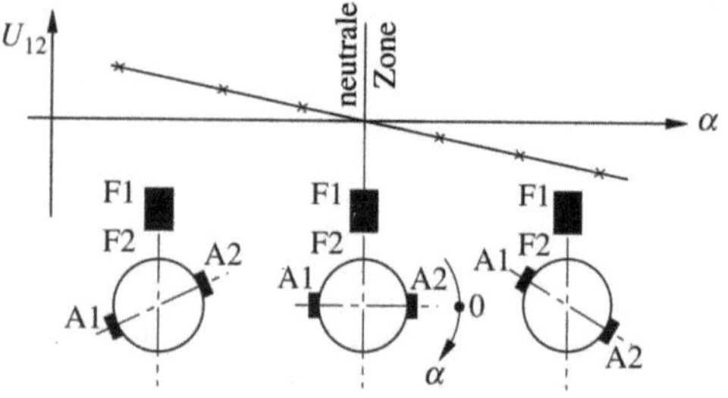

Bild 9.7-9 Gleichstrommaschine: Einstellung der neutralen Zone (Minimumverfahren)

Die Bürsten stehen richtig, wenn die Drehzahlkurve der Maschine als Motor für Rechts- und Linkslauf deckungsgleichen Verlauf zeigt.

Schwarzkurve

Die Qualität der Stromwendung kann man aus der *Schwarzkurve* entnehmen. Dabei verändert man bei richtig stehenden Bürsten die Bestromung des Wendepoles. Dies geschieht mit einer Zu- und Gegenschaltung nach Bild 9.7–10. Das bei der falschen Bestromung auftretende Bürstenfeuer ist individuell zu bewerten. Bild 9.7–11 zeigt den Schwarzkurvenverlauf. Je breiter die Kurve bei Bemessungslast ist, desto größer sind die Reserven bei der Stromwendung. „Verbogene" Schwarzkurven deuten z. B. auf Sättigung der Wendepole hin.

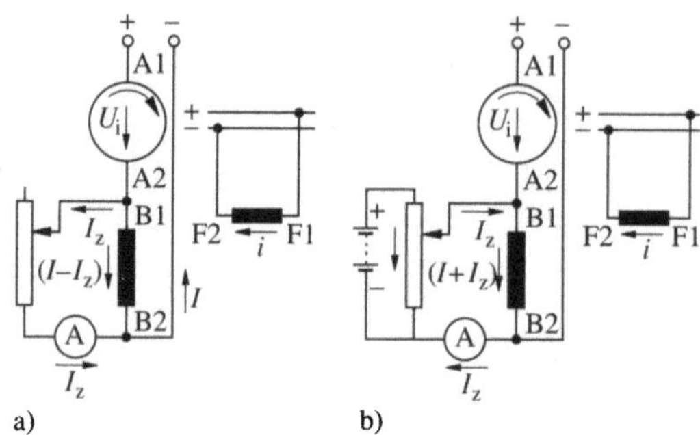

Bild 9.7-10 Schaltung zur Wendepoleinstellung
a) Verringerung des Stromes in der Wendepolwicklung um den Betrag I_z,
b) Änderung des Stromes in der Wendepolwicklung um den Betrag $+/-\ I_z$

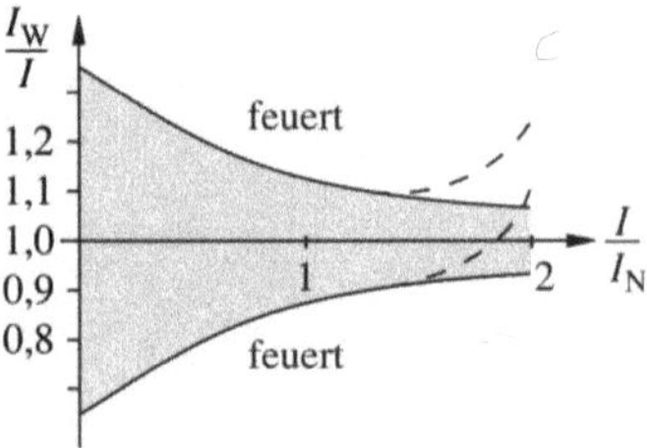

Bild 9.7-11 Gleichstrommaschine: Schwarzkurve (Prinzip)

Bürstenspannungskurve

Bei linearer Stromwendung ist der Bürstenspannungsfall an der auflaufenden und an der ablaufenden Bürstenkante nahezu gleich. Vermutet man Fehler, läßt sich der Bürstenspannungsfall über eine Hilfsbürste messen. Aus den Abweichungen kann man auf die Fehlerursache schließen. Bild 9.7–12 zeigt idealisierte Meßwerte.

Leerlaufkurve

Die *Leerlaufspannung* eines Gleichstromgenerators wird bei konstanter Drehzahl und steigendem Erregerstrom ermittelt. Sie wird hier nur besprochen, da man so natürlich auch beim „Motor" eine Aussage über die Magnetisierungskurve erhalten kann. Dadurch ergeben sich Rückschlüsse auf den magnetischen Arbeitspunkt. Bild 9.7–13 zeigt den prinzipiellen Verlauf.

Lastkennlinie

Die Maschine arbeitet als Motor auf eine Belastungsmaschine. Es ist sinnvoll die Meßpunkte jeweils einsinnig, beginnend am Bemessungspunkt, anzufahren.

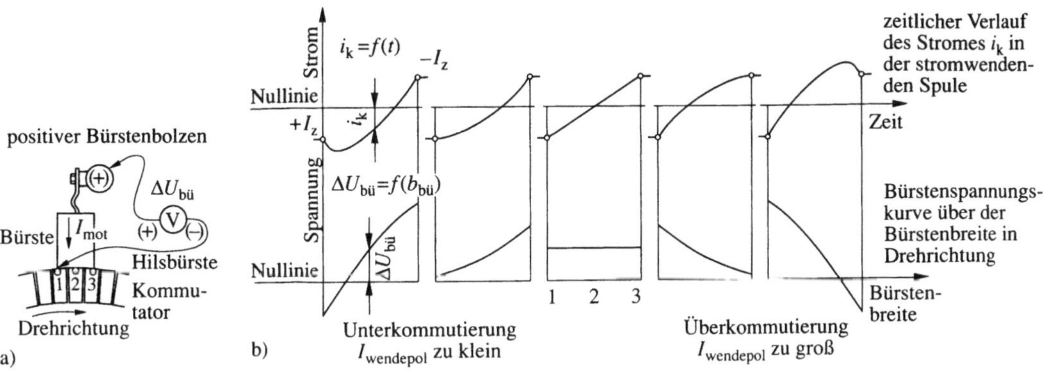

Bild 9.7-12 Gleichstrommaschine: Meßschaltung (a) und Bürstenspannungskurven (b)

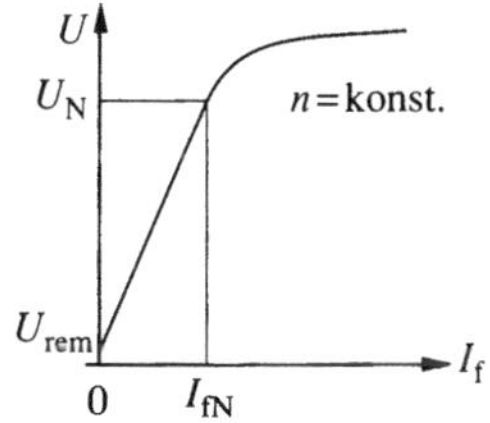

Bild 9.7-13 Gleichstrommaschine: Leerlaufkurve, z. B. Gleichstromtachogenerator

Bei der Einstellung des Bemessungspunktes mit U_N, P_N, I_N und n_N erhält man gleichzeitig den Bemessungseregerstrom I_{fN} (Bild 9.7–14). Damit die Maschine bei Störungen der Erregerversorgung nicht durchgeht, ist der Ankerkreis durch einen richtig eingestellten Überstromauslöser zu sichern!

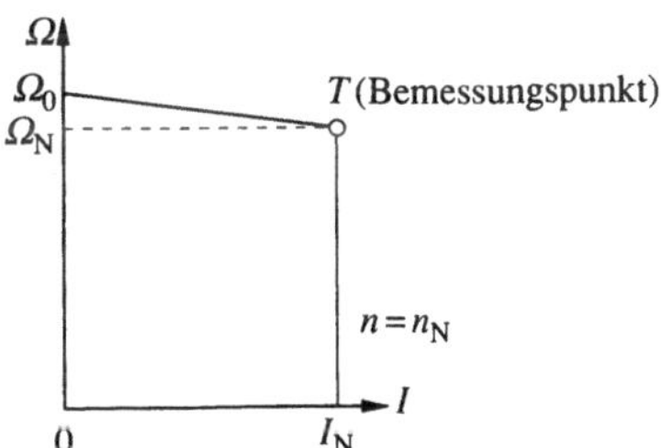

Bild 9.7-14 Gleichstrommaschine: Lastkurven (ε relative Spannungsänderung)

Um die Meßwerte richtig zu messen sind Drehspulmeßwerke und entsprechende Bereiche einzuschalten. Dreheisenmeßwerke zeigen bei Stromrichterspeisung sicher falsch an!

2. Wechselstrom-Reihenschlußmaschine, Universalmotor

Diese Maschinen haben i. a. keine Wendepole und keine Möglichkeit die Bürsten zu verstellen. Anderenfalls gilt das oben Gesagte.

Auch für die Lastkennlinie gilt das bereits Ausgeführte. Die Maschine muß immer belastet laufen, um nicht bei „Leerlauf" zu hohe Drehzahlen zu erreichen. Gemessen wird hier mit Dreheisenmeßwerken, da Wechselspannungen und -ströme zu messen sind. Bei Anschnittsteuerungen kann es zu erheblichen Verfälschungen der Anzeige durch Oberschwingungen kommen.

9.7.3.2 Drehfeldmaschinen

Bei den *Drehfeldmaschinen* muß man zwischen Betrieb am 50-Hz-Sinus-Netz und am Frequenz-Umrichternetz variabler Frequenz und Spannung unterscheiden. Zunächst sollen Messungen am 50-Hz-Netz besprochen werden.

1. Leerlaufkennlinie

Zur Beurteilung der Maschine gehört die Kenntnis der Leerverluste, also der Reibungs- und Eisenverluste. Man erhält sie aus dem *Leerlaufversuch.* Dazu wird die Maschine an ein Netz mit veränderlicher Spannung gelegt und hochgefahren. In Abhängigkeit der Speisespannung U_0 bestimmt man nun die Stromaufnahme I_0, die Leistungsaufnahme P_0 und cos φ_0.

Die Maschine ist dabei nur mit dem Reibmoment belastet und läuft fast synchron. Bei Spannungsabsenkung schlüpft die Maschine immer stärker; bei 1% Schlupf soll man abbrechen. Der Leerlaufstrom ist der arithmetische Mittelwert aus den drei Strangströmen

$$I_0 = \frac{I_U + I_V + I_W}{3}. \tag{9.7–6}$$

Die Auswertung ergibt Kurven, wie sie in den Bildern 9.7–15 und 9.7–16 zu sehen sind. Die Meßergebnisse werden als *Leerlaufkennlinien* dargestellt. Über der Spannung U_0 trägt man die Werte von P_0, I_0 und cos φ_0 auf. Zieht man von P_0 die Ständerkupferverluste $V_{Cu1} = 3 \cdot R_1 \cdot I_0^2$ ab, und trägt dann die Verluste über dem Quadrat der Spannung U_0 auf, so erhält man eine Gerade, die bei $U_0 = 0$ die Reibverluste

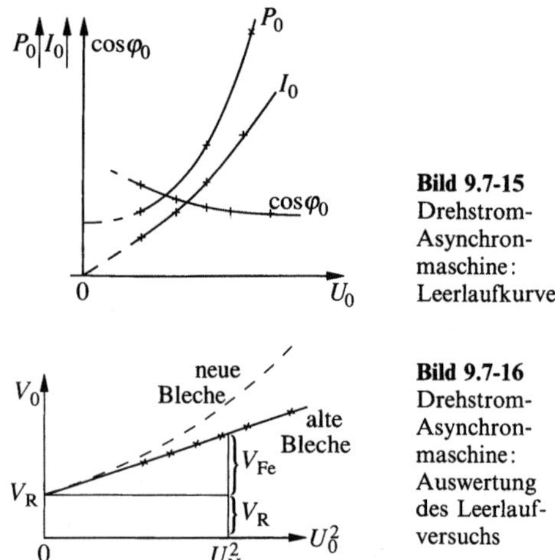

Bild 9.7-15 Drehstrom-Asynchronmaschine: Leerlaufkurven

Bild 9.7-16 Drehstrom-Asynchronmaschine: Auswertung des Leerlaufversuchs

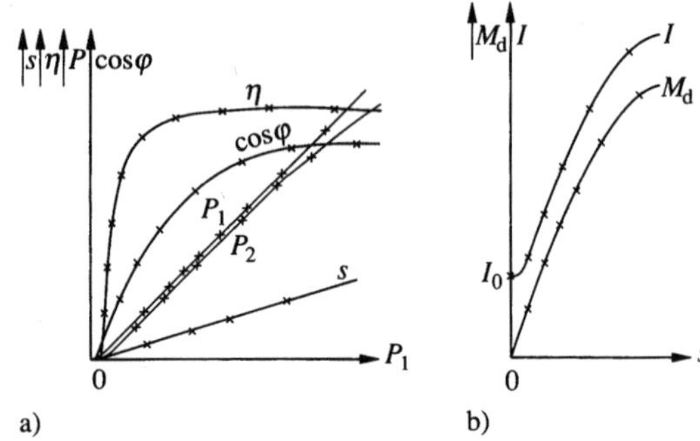

Bild 9.7-17 Drehstrom-Asynchronmaschine: Lastversuch
a) Lastkurve,
b) Drehmoment und Strom

abschneidet (extrapolieren). Bei modernen Maschinen steigen die Eisenvertuste stärker als U^2 proportional.

2. Lastversuch

Die mit einer Belastungsmaschine gekuppelte Asynchronmaschine wird ausgehend vom Bemessungspunkt auf Null entlastet. Die Ergebnisse zeigt Bild 9.7-17. Über der aufgenommenen Leistung werden der Schlupf s, die Verlustleistung P_v, der Wirkungsgrad n und der Leistungsfaktor $\cos\varphi$ dargestellt. Im *Überlastversuch* wird die Maschine noch weiter in Richtung Kippmoment mit verminderter Spannung belastet, so daß nicht mehr als Bemessungsstrom fließt. Der Strom wird zur Auswertung linear und die Leistung quadratisch mit dem eingestellten Spannungsverhältnis b umgerechnet:

$$b = \frac{U_N}{U'} . \qquad (9.7\text{–}7)$$

Bei langsam gegen das Drehfeld angetriebener Maschine führt man (bei stark verminderter Spannung) den Kurzschlußversuch durch. Wegen des i. a. hohen Stromes muß man sehr schnell messen. Elektronische Meßgeräte mit „Halte"-Funktion der Meßwerte sind hier sehr nützlich. Aus den gewonnenen Werten läßt sich die Stromortskurve konstruieren. Die Abweichungen vom theoretischen Kreis ergeben sich durch Sättigungserscheinungen in der Hauptinduktivität bei kleinen Schlupfwerten und der Nutstreuwege bei großen Schlupfwerten. Die Schaltung zur Untersuchung gibt Bild 9.7-18 wieder.

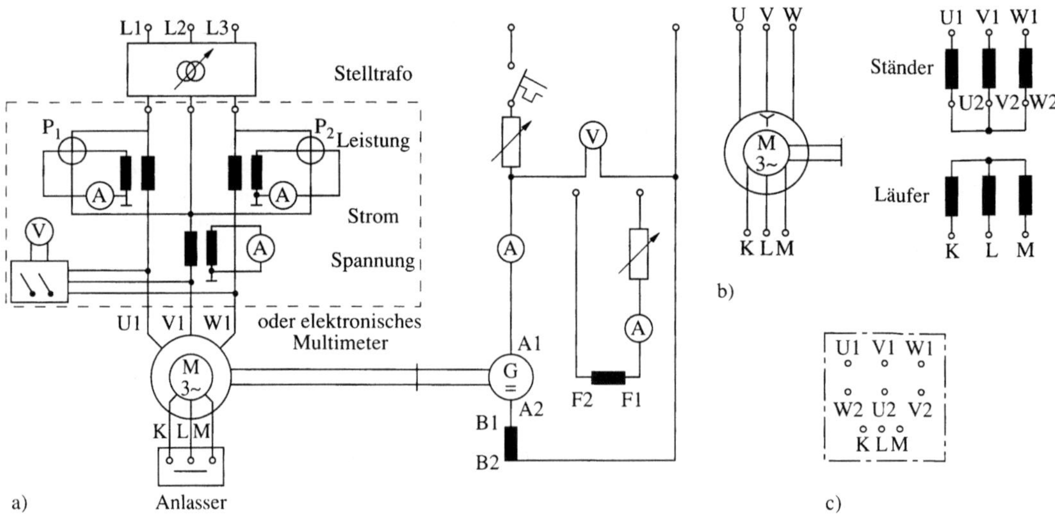

Bild 9.7-18 Meßschaltung für Drehfeldmaschinen
a) Schaltung,
b) Schaltbild Schleifringläufer,
c) Klemmenbrett

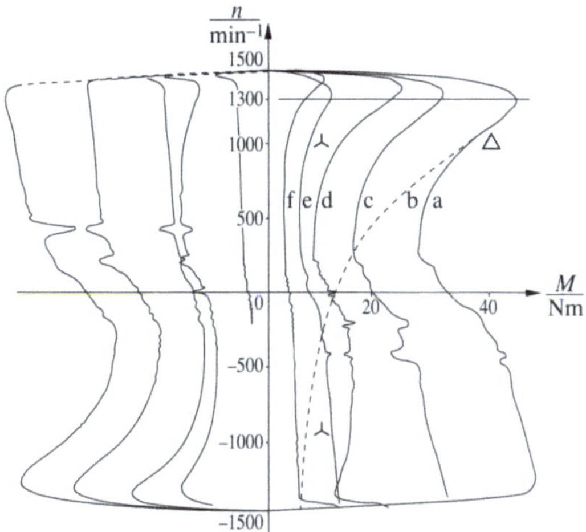

Bild 9.7-19 4-Quadrantendiagramm einer 2,2-kW-DAM an um $U/\sqrt{3}$ verminderter Spannung
a Δ-Schaltung,
b Kloss-Verlauf (theoretisch),
c KUSA (1,7 Ω),
d Ständeranlasser (R_v = 1,7 Ω),
e ⅄-Schaltung,
f Ständeranlasser (R_v = 1,7 Ω)

Bild 9.7–19 zeigt die Drehmomentkurven bei 4-Quadrantenbetrieb einer Drehstrom-Asynchronmaschine. Die Maschine lief dabei nur gegen eine Schwungmasse hoch (Leerhochlauf). Die Einsattelungen und die hohen Drehmomente im Gegenstrombremsbereich kommen durch Oberfeldeinflüsse zustande.

3. Betrieb am Umrichter

Wird die Drehstrom-Asynchronmaschine am Umrichter betrieben, können verschiedene Drehzahlen eingestellt werden. Bild 9.7–20 zeigt eine Meßschaltung. Die Momentenkennlinien im Anker- und Feldstellbereich siehe Bild 8.9–9 in Kap. 8. Bei den Kennlinien (1) und (2) wurde mit Schlupfkompensation gearbeitet. Bild 9.7–21 zeigt die Spannungs- und Stromkurven bei verschiedenen Speisefrequenzen mit dem jeweiligen Drehfeld. Der Umrichter arbeitet mit sinusbewerteter Pulsweitenmodulation.

Für Synchronmaschinen erhält man die gleichen Kurven wie bei Asynchronmaschinen im Ankerstellbereich.

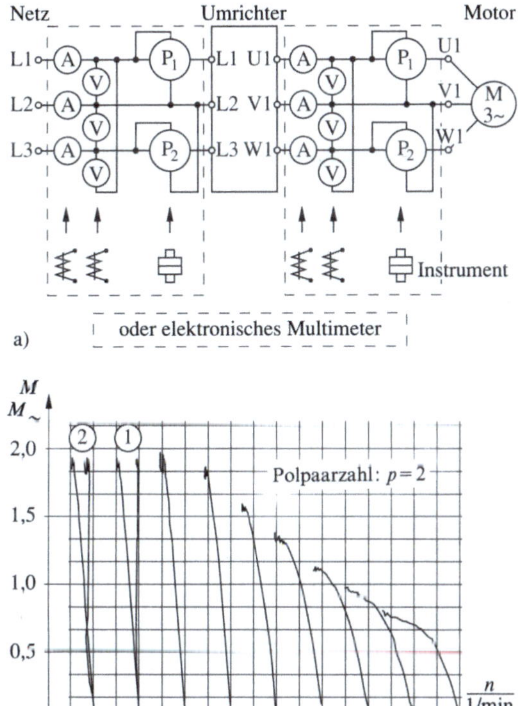

Bild 9.7-20 a) Meßschaltung für Frequenzumrichter-Untersuchungen [9.33]
b) Drehmomentenkurven mit und ohne Schlupfkompensation

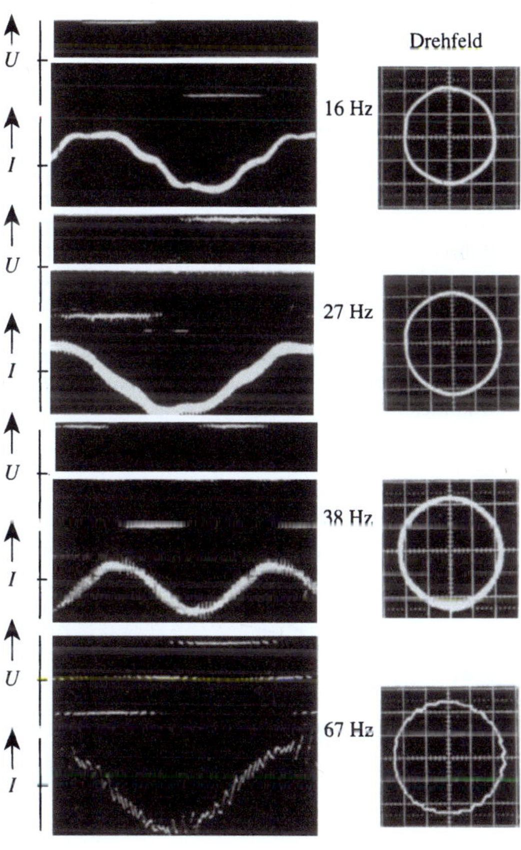

Bild 9.7-21 Spannung, Strom und Drehfeld für verschiedene Speisefrequenzen bei Umrichterbetrieb einer DAM

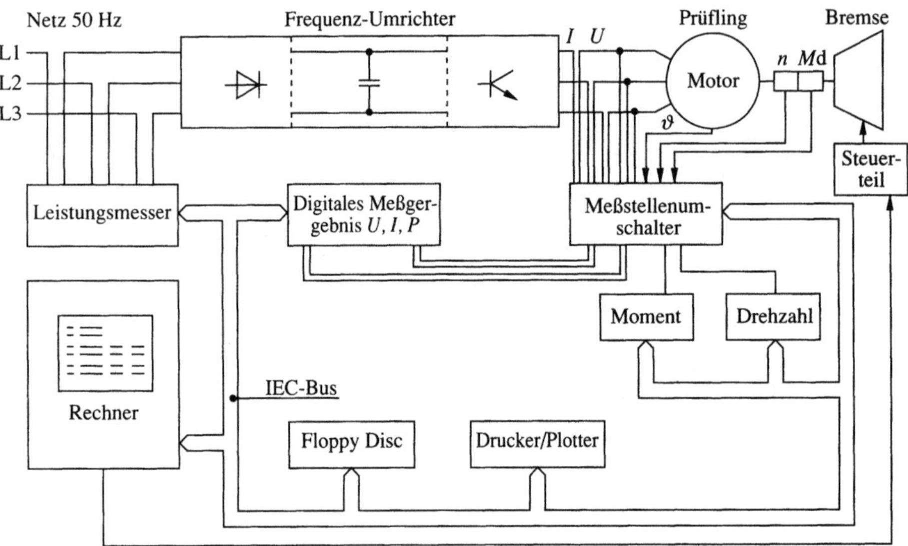

Bild 9.7-22 Meßschaltung zum automatischen Messen an Umrichterantrieben

4. Meßgeräte für Umrichterversuche

Bei Betrieb an Frequenzumrichtern treten Frequenzen auf, die von den analogzeigenden Geräten nicht mehr richtig verarbeitet werden können. Digitale Meßgeräte müssen für die hohen Pulsfrequenzen von ca. 16 kHz geeignet sein. Drehspulmeßwerke zeigen die „Grundschwingung" erfahrungsgemäß weitgehend richtig, da sie für hohe Frequenzen starke Meßfehler haben. Eine Meßschaltung zum automatischen Meßbetrieb zeigt Bild 9.7–22. Hier werden digitale Multimeter eingesetzt.

Die Leistungsmessung ist mit analogen dynamischen Leistungsmessern nur sehr bedingt aussagekräftig. Für diese Messungen bieten sich digitale Geräte mit hohen Abtastraten an.

9.7.4 Ermittlung thermischer Werte

In Bild 9.7–23 sind zwei Verfahren gezeigt, mit denen man grafisch die thermische Zeitkonstante T und die Endübertemperatur ϑ_{end} aus den experimentell gewonnenen Ergebnissen ermitteln kann.

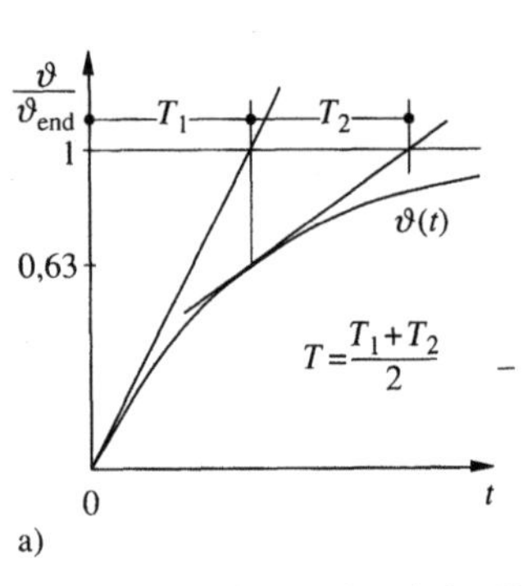

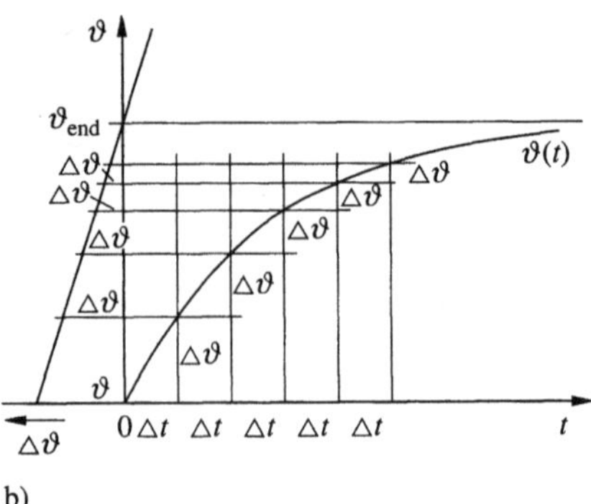

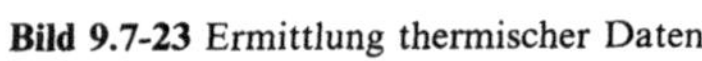

Bild 9.7-23 Ermittlung thermischer Daten
a) Zeitkonstante,
b) Endübertemperatur

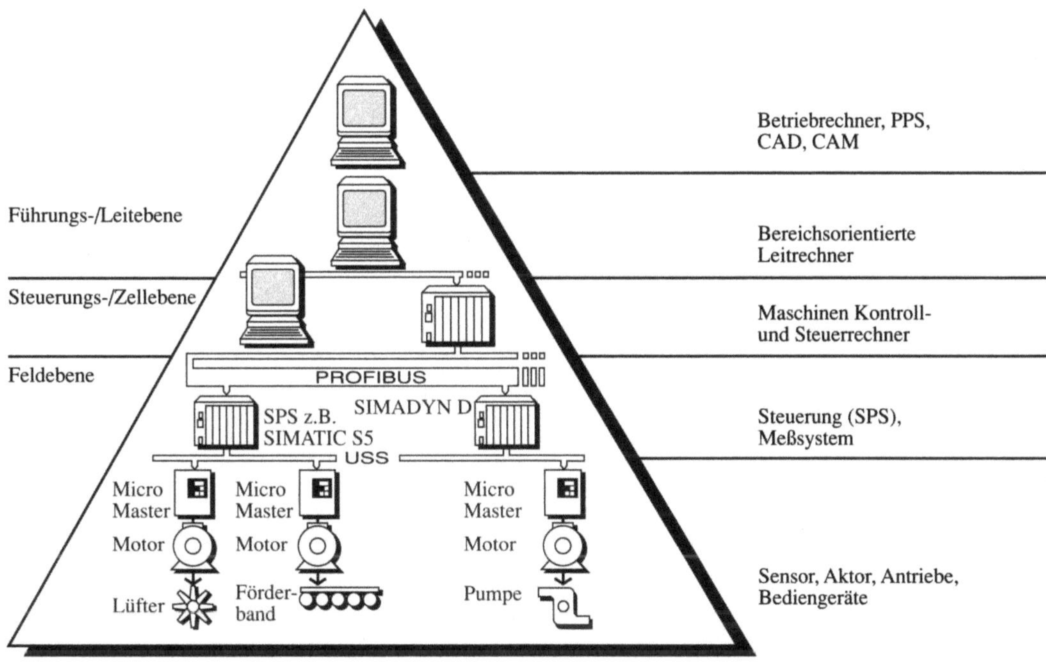

Bild 9.8-1 Bussysteme in der Betriebshierarchie zur Datenübertragung

9.8 Kommunikation und Antriebsvernetzung

9.8.1 Übersicht

Die zunehmende Automatisierung verlangt heute *kommunikationsfähige Stromrichterantriebe.* Die Voraussetzung für solche Antriebe liefert die digitale Steuerungstechnik der modernen Stromrichter mit ihrer digitalen Schnittstelle. Über diese Schnittstelle gelangen die Antriebsparameter „vor Ort" über einen PC oder über (Feld-)Bussysteme zum Antrieb in die Prozeßebene bzw. in die Sensor/Aktuatorebene. Umgekehrt können aber auch die aktuellen Antriebsdaten über die bidirektional arbeitenden Verbindungen abgefragt werden. Zur Steuerung eingesetzte Leitrechner oder SPS-Systeme übernehmen laufend die Auswertung (Bild 9.8-1). Durch die Rückmeldedaten können so Fehler erkannt werden und somit ist eine vorbeugende Störungsmeldung realisierbar.

9.8.2 Datenaustausch

Zum *Datenaustausch* mit einem Stromrichter sind prinzipiell mehrere Möglichkeiten gegeben. Im einzelnen erfolgt er über

- ein Bediengerät/Bedieneinheit,
- eine Klemmenleiste oder
- eine serielle Schnittstelle.

Dabei stellt die *Klemmenleiste* – mit ihren vielen parallelen Verbindungsleitungen – eine bereits lange eingesetzte sog. „konventionelle" Schnittstelle dar; hingegen übertragen Bussysteme über wenige Leitungen seriell (Bild 9.8-2).

Der Datenaustausch wird bei Stromrichtern benötigt, um

- Antriebe zu parametrieren,
- alle Arten der Sollwerte (Prozeßdaten) vorzugeben und
- Betriebsistwerte und Parameterwerte sowie Diagnosemeldungen des Gerätes abzufragen.

Eine „einfache" Bedieneinheit wird auch weiterhin, z. B. bei geringen Anforderungen an das Gerät, zum Einsatz kommen.

Die Möglichkeiten zur Einstellung oder *Parametrierung* sind natürlich stark eingeschränkt, wenn die Klemmenzahl begrenzt ist. Auch der Aufwand beim Anschluß an übergeordnete Systeme ist groß, da für jede Funktion mindestens ein (abgeschirmtes) Signalkabel benötigt wird. Mit der Zahl der Funktionen steigt der Verdrahtungsaufwand, der Inbetriebnahmeaufwand und die mögliche Fehlerrate erheblich; hier setzen die *Bussysteme* an.

Die *serielle digitale Schnittstelle* läßt sich bei digitalen tromrichtergeräten relativ kostengünstig realisieren. Die häufig genutzten Schnittstellen sind die RS 232 und RS 485. Über eine serielle Schnittstelle lassen sich

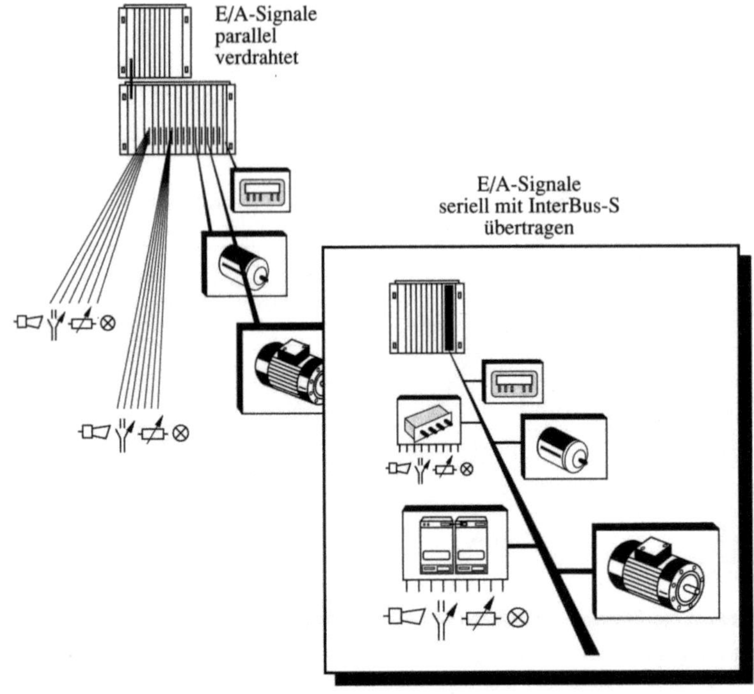

Bild 9.8-2
Vergleich des Verdrahtungsaufwandes: Klemmenleiste – Bussystem

grundsätzlich alle Funktionen abwickeln, die zum Betrieb notwendig sind.

Der Kommunikationspartner der Schnittstelle ist ein PC, SPS-System oder Leitrechner. Über die Schnittstelle und das Bussystem ist *bidirektionaler Datenaustausch* möglich; alle Daten können außerdem leicht dokumentiert werden.

Eine *Schnittstelle* besteht aus Hardware und Software. Die Hardware ist die elektronische Schaltung; die notwendige Betriebssoftware übernimmt die Verschlüsselung der zu übertragenden Daten beim Senden oder Empfangen. Die Datenübertragung erfolgt in Form von Telegrammen mit verschlüsseltem Inhalt entweder durch

- *„Punkt zu Punkt"-Verbindungen,* z. B. bei schnellen Soll-Istwert-Übertragungen im Nahberreich, oder als
- *Bus-Verbindungen,* z. B. um mehrere Teilnehmer zu erreichen, die parallel an ein Leitsystem angeschlossen sind und zyklisch über ihre Adresse angesprochen werden (Bild 9.8–3). Hier ist eine Distanz von mehreren 100 m zugelassen. Durch das Zwischenschalten von RS232/RS485-Umsetzern in den Leitungsweg lassen sich bis zu 31 Bus-Teilnehmer an einen Leitrechner anschließen und mit dem Protokoll nach ISO 1745 ansprechen. Dabei können die Telegramme an alle angeschlossenen Antriebe gleichzeitig (broadcast) oder gezielt (selektiv) über die angewählte Adresse des Teilnehmers an einen Antrieb oder Sensor usw. gesendet werden.

Die Übertragung der Telegramme erfolgt auf einer Zweidrahtleitung. Bytes (8 Bit Information) werden blockweise übertragen. Bild 9.8–4 zeigt den prinzipiellen Telegrammaufbau für den selektiven Datenverkehr über das INTERBUS-S-System. In diesem System ist nur ein Leitrechner (Master) zugelassen; die anderen Teilnehmer sind Slaves. Der Master kann entweder Sendeaufrufe an die Teilnehmer schicken, Parametrierungsdaten an den Einzelantrieb übermitteln oder Prozeßdaten übermitteln.

Über typische *Feldbus-Übertragungszeiten* gibt Bild 9.8–5 Auskunft; mit diersen Verzögerungszeiten kann auf die Teilnehmer allgemein zugegriffen werden.

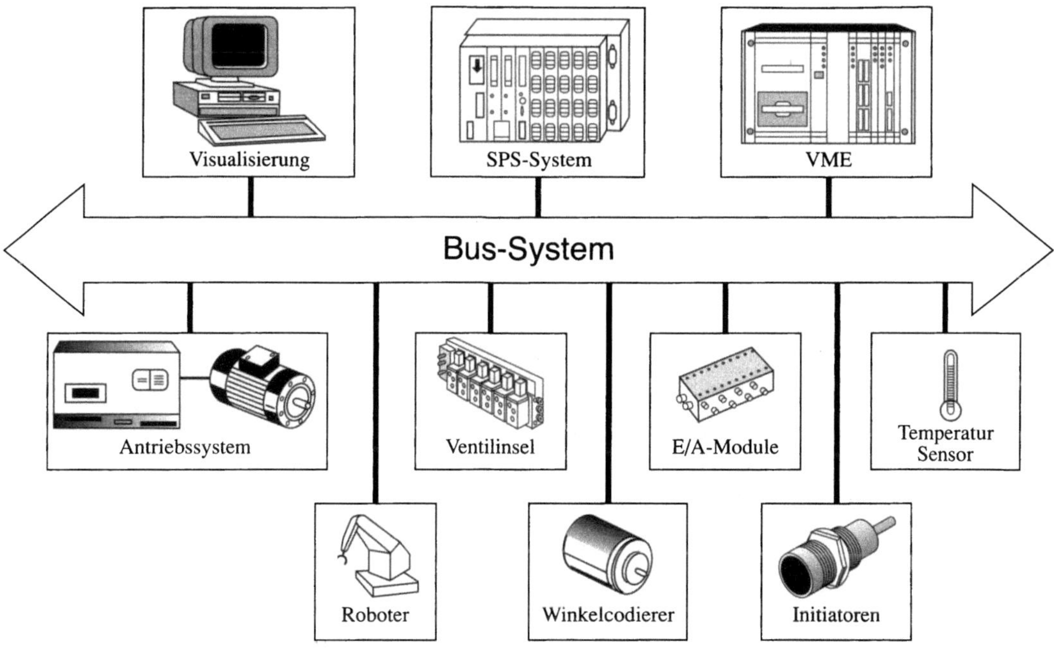

Bild 9.8-3 Bussystem mit verschiedenen Teilnehmern

	3. Modul – 1. Frequenzumrichter		6. Modul – V. 24
...	...	...	...
5. Zyklus	Data	5. Zyklus	Data
4. Zyklus	Data	4. Zyklus	Data
3. Zyklus	Data	3. Zyklus	Data
2. Zyklus	Index	2. Zyklus	Index
1. Zyklus	Dienst-Kopf	1. Zyklus	Dienst-Kopf

Loop Check	1. Modul	2. Modul	Kommunikations-datenwort	1. Prozeß-datenwort	2. Prozeß-datenwort	...	Kommunikations-datenwort	n. Modul	FCS	Con-trol
			3. Modul 1. Frequenzumrichter				6. Modul V. 24			

Bild 9.8-4 Aufbau eines Telegramms beim Summenrahmenprotokoll des INTERBUS-S-Systems. Der Overhead-Aufwand ist sehr klein. Die Daten für die Geräte stecken in den Modulteilen Parameterdaten (Data) werden in verschiedenen Zyklen seriell übertragen

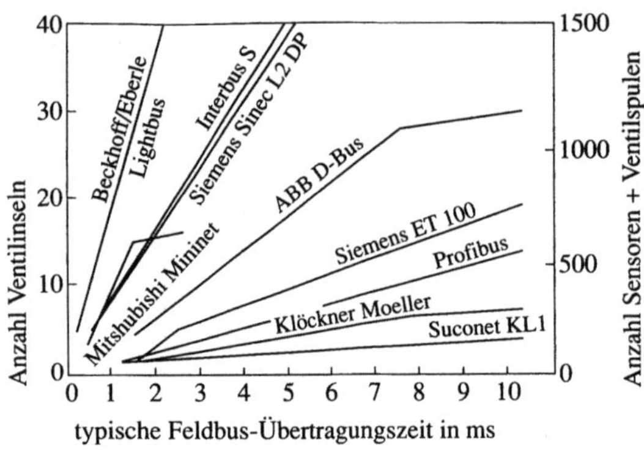

Bild 9.8-5 Typische Feldbusübertragungzeiten (FESTO)

9.8.3 (Feld-)Bussysteme

Beim durchgehenden Einsatz digitaler Geräte verringert sich der Verdrahtungsaufwand einer Anlage durch den Schnittstelleneinsatz und das Bussystem erheblich. Die gesamte Verdrahtung besteht dann nur noch aus einem *Leistungsbus* (400 V) zur Energieversorgung und einem *Datenbussystem* zur Ankopplung an das übergeordnete Leitsystem zum Bedienen und Beobachten der Antriebe. Wenige zusätzliche Leitungen zu jedem Antrieb wie z. B. für „NOT-AUS" sind notwendig.

Als Feldbussysteme kommen heute zum Einsatz: A-Bus, CAN-Bus, DIN-Bus, FIP-Bus, INTERBUS-S, II/O-Light-Bus, PROFIBUS DP, FMS, PA usw. Die Feldbussysteme unterscheiden sich im Aufwand für das Protokoll und die Übertragungszeiten der Telegramme [9.28], [9.29].

9.9 Anhang

Tabelle A–1: Auswahl und Bestelldaten (allgemeiner Auszug)

a) Gleichstrommaschinen, innengekühlt, IP 23, unkompensiert, Baugröße 160

			Schutzart	
fremdgekühlt,	Standard-Fremdlüfter	angebaut	IP 23	· **1 GF5 162**
	Standard-Fremdlüfter	aufgebaut	IP 23	· **1GG5 162**
	Fremdlüfter	getrennt	IP 23 oder IP 54/IC 37 (IP R 54)	· **1GH5 162**
	Kompakt-Fremdlüfter	angebaut	IP 23	· **1 GL5 162**

Die Werte gelten für Ankerspeisung aus Stromrichtergeräten, (Ausnahme: Bei Anker-Bemessungsspannung 440 V gelten die Werte für Speisung mit reinem Gleichstrom). — **unkompensierte Motoren** Baugröße 160

Bemessungsdrehzahl, Bemessungsleistung und Bemessungsdrehmoment bei Anker-Bemessungsspannung 260 V	300 V	400 V	440 V	460 V	520 V	600 V	Bemessungsleistung	Bemessungsdrehmoment	Drehzahl durch Feldschwächung aufwärts steuerbar bis		Trägheitsmoment	Bemessungsstrom	Wirkungsgrad	Erregerleistung	Ankerkreis Widerstand bei 120 °C	Induktivität	Vorschaltinduktivität L_{v1} für n_r und n_{F1}	L_{v2} für n_{F2}
n_N	n_N	n_N	n_N	n_N	n_N	n_N	P_N	M_N	n_{F1}	n_{F2}	J	I_N	η	P_{err} etwa	R_a	L_a	n_{F1}	
min⁻¹	min⁻¹	min⁻¹	min⁻¹	min⁻¹	min⁻¹	min⁻¹	kW	Nm	min⁻¹	min⁻¹	kgm²	A	%	W	Ω	mH	mH	mH
Drehzahl durch **Ankersteuerung abwärts steuerbar bis etwa 50 min⁻¹** bei konstantem Drehmoment der Arbeitsmaschine																		
					720		13,0	172	1280	–	0,220	31,0	77	800	2,77	43,0	–	–
						855	14,0	156	1430	–	0,220	27,5	80	800	2,77	43,0	–	–
			715				13,0	174	1490	–	0,220	36,5	77	800	2,00	31,0	–	–
				750			13,5	172	1500	–	0,220	36,0	78	800	2,00	31,0	–	–
					870		15,5	170	1510	–	0,220	35,5	80	800	2,00	31,0	–	–
						1030	16,0	148	1730	–	0,220	31,0	83	800	2,00	31,0	–	–
		750					13,5	172	1700	–	0,220	41,0	78	800	1,49	24,0	–	–
			840				15,0	171	1710	–	0,220	41,0	80	800	1,49	24,0	–	–
				885			16,0	173	1720	–	0,220	41,5	80	800	1,49	24,0	–	–
					1020		18,0	169	1730	–	0,220	40,5	82	800	1,49	24,0	–	–
						1200	18,5	147	2010	–	0,220	35,0	85	800	1,49	24,0	–	–
		885					16,0	173	1990	–	0,220	48,5	80	800	1,18	17,5	–	–
			990				17,5	169	2000	–	0,220	47,5	81	800	1,18	17,5	–	–
				1040			18,5	170	2010	–	0,220	47,5	82	800	1,18	17,5	–	–
					1200		21,0	167	2030	–	0,220	47,0	83	800	1,18	17,5	–	–
						1410	21,5	146	2370	–	0,220	40,5	86	800	1,18	17,5	–	–
685							9,20	128	780	855	0,220	42,0	78	800	0,759	12,0	1,3	4,3
	795						13,5	162	885	1010	0,220	54,0	79	800	0,759	12,0	4,4	9,0
		1100					19,5	169	2410	–	0,220	57,0	83	800	0,759	12,0	–	–
			1230				22,0	171	2410	–	0,220	57,0	84	800	0,759	12,0	–	–
				1290			23,0	170	2430	–	0,220	57,0	85	800	0,759	12,0	–	–
					1480		26,0	168	2470	–	0,220	57,0	86	800	0,759	12,0	–	–
						1720	25,5	142	2910	–	0,220	47,0	88	800	0,759	12,0	–	–
					2100		35,5	161	3530	–	0,220	75,0	88	800	0,409	6,30	–	–
						2430	35,5	140	3550	–	0,220	65,0	89	800	0,409	6,30	–	–
1120							15,0	128	1300	1430	0,220	66,0	84	800	0,324	5,00	3,8	6,5
	1310						22,0	160	1460	1670	0,220	84,0	85	800	0,324	5,00	6,0	9,5
		1790					31,0	165	3860	–	0,220	87,0	87	800	0,324	5,00	–	
			1990				34,5	166	3870	–	0,220	87,0	88	800	0,324	5,00	–	–
				2080			35,5	163	3940	–	0,220	86,0	88	800	0,324	5,00	–	–
					2370		39,5	159	4050	–	0,220	84,0	89	800	0,324	4,95	–	–
						2750	40,0	139	3550	–	0,220	73,0	90	800	0,324	4,95	–	–

Motortyp	Höchstzulässige Betriebsdrehzahl n_{mech} min⁻¹	Gewicht netto etwa kg
1GF5 162	4500	225
1GG5 162	4500	225
1GH5 162	4500	215
1GL5 162	4500	230

Bemessungserregerspannung 110 V
180 V
220 V
310 V

b) Gleichstrommaschinen, außengekühlt, IP 54, unkompensiert, Baugröße 160

fremdgekühlt, Luft/Luftkühler aufgebaut · Schutzart IP 54 · **1HQ5 162**

Die Werte gelten für Ankerspeisung aus Stromrichtergeräten, (Ausnahme: Bei Anker-Bemessungsspannung 440 V gelten die Werte für Speisung mit reinem Gleichstrom).

unkompensierte Motoren Baugröße 160

Bemessungsdrehzahl, Bemessungsleistung und Bemessungsdrehmoment bei Anker-Bemessungsspannung									Drehzahl durch Feldschwächung aufwärts steuerbar bis		Trägheitsmoment	Bemessungsstrom	Wirkungsgrad	Erregerleistung	Ankerkreis		Vorschaltinduktivität	
260 V	300 V	400 V	440 V	460 V	520 V	600 V	Bemessungsleistung	Bemessungsdrehmoment							Widerstand bei 120 °C	Induktivität	L_{v1} für n_r und n_{F1}	L_{v2} für n_{F2}
n_N	n_N	n_N	n_N	n_N	n_N	n_N	P_N	M_N	n_{F1}	n_{F2}	J	I_N etwa	η	P_{err} etwa	R_a	L_a		
min^{-1}	min^{-1}	min^{-1}	min^{-1}	min^{-1}	min^{-1}	min^{-1}	kW	Nm	min^{-1}	min^{-1}	kgm^2	A	%	W	Ω	mH	mH	mH
Drehzahl durch **Ankersteuerung abwärts steuerbar bis etwa 50 min^{-1}** bei konstantem Drehmoment der Arbeitsmaschine																		
				700			11,0	150	1300	–	0,220	30,5	76	488	2,77	45,5	–	–
					815		12,0	141	1360	–	0,220	28,5	79	488	2,77	45,5	–	–
						965	12,0	119	1650	–	0,220	23,5	83	488	2,77	45,5	–	–
		720					11,0	146	1520	–	0,220	34,5	77	488	2,00	33,0	–	–
			810				12,5	147	1530	–	0,220	35,0	79	488	2,00	33,0	–	–
				850			13,0	146	1540	–	0,220	34,5	79	488	2,00	33,0	–	–
					985		14,5	141	1650	–	0,220	33,0	82	488	2,00	33,0	–	–
						1150	14,5	120	1980	–	0,220	27,5	85	488	2,00	33,0	–	–
		850					13,0	146	1750	–	0,220	39,5	80	488	1,49	25,0	–	–
			950				14,5	146	1770	–	0,220	39,5	81	488	1,49	25,0	–	–
				1000			15,5	148	1780	–	0,220	40,0	82	488	1,49	25,0	–	–
					1150		16,5	137	1930	–	0,220	37,0	84	488	1,49	25,0	–	–
						1340	16,5	118	2300	–	0,220	31,0	86	488	1,49	25,0	–	–
	715						10,5	140	795	910	0,220	44,0	77	488	1,18	18,5	2,9	9,0
		1000					15,5	148	2070	–	0,220	46,5	81	488	1,18	18,5	–	–
			1120				17,0	145	2090	–	0,220	45,5	83	488	1,18	18,5	–	–
				1180			18,0	146	2100	–	0,220	46,0	83	488	1,18	18,5	–	–
					1350		19,0	134	2270	–	0,220	42,0	85	488	1,18	18,5	–	–
						1570	19,0	116	2700	–	0,220	35,5	87	488	1,18	18,5	–	–
765							9,20	115	885	965	0,220	42,0	80	488	0,759	13,0	1,7	5,5
	900						13,0	138	1000	1150	0,220	52,0	81	488	0,759	13,0	6,0	11
		1250					19,0	145	2520	–	0,220	55,0	84	488	0,759	13,0	–	–
			1390				20,5	141	2550	–	0,220	53,0	86	488	0,759	13,0	–	–
				1460			21,5	141	2580	–	0,220	53,0	86	488	0,759	13,0	–	–
					1660		23,0	132	2790	–	0,220	49,5	87	488	0,759	13,0	–	–
						1920	22,5	112	3320	–	0,220	41,5	89	475	0,759	13,0	–	–
925							11,0	114	1080	1180	0,220	49,5	82	488	0,554	9,10	3,5	7,0
	1090						16,0	140	1220	1400	0,220	63,0	83	488	0,554	9,10	7,0	12
		1510					22,0	139	3080	–	0,220	63,0	86	488	0,554	9,10	–	–
			1670				24,5	140	3110	–	0,220	63,0	87	488	0,554	9,00	–	–
				1750			25,5	139	3160	–	0,220	62,0	87	488	0,554	9,00	–	–
					2010		27,5	131	3360	–	0,220	59,0	88	475	0,554	9,10	–	–
						2300	27,0	112	3780	–	0,220	49,5	89	475	0,554	9,00	–	–

Motortyp	höchstzulässige Betriebsdrehzahl n_{mech} min^{-1}	Gewicht netto etwa kg
1HQ5 162	4500	250

Bemessungserregerspannung 110 V
180 V
220 V
310 V

c) Asynchronmaschinen, oberflächenbelüftet, IP 54 (Auszug)

Käfigläufermotoren 1LA5 und 1LA6 **Grundausführung**				$1500\ \text{min}^{-1} \cdot$ 4polig Schutzart IP 54, 50 Hz									
Bessungs-leistung	Bau-größe	Momen-ten-klasse	Träg-heits-moment J	Betriebswerte bei Bemessungsleistung: Bemes-sungs-zahl	Wir-kungs-grad η	Lei-strungs-faktor $\cos\varphi$	Bemes-sungs-strom bei 380 V	Bemes-sungs-dreh-moment	Anzugs-moment (bei direktem Einschalten als Vielfaches des Bemessungs-dreh-momen-tes)	Anzugs-strom (bei direktem Einschalten als Vielfaches des Bemessungs-stro-mes)	Kipp-moment (bei direktem Einschalten als Vielfaches des Bemessungs-dreh-momen-tes)	Mo-men-ten-kenn-linie	Ge-wicht etwa
kW		KL	kg m²	min^{-1}	%		A	Nm					kg
0,06	56	13	0,00027	1320	58	0,74	0,22	0,43	1,9	2,8	2,0	10	3,0
0,09	56	13	0,00027	1320	59	0,74	0,31	0,64	2,1	3,3	2,1		3,0
0,12	63	13	0,0003	1315	56	0,75	0,44	0,88	1,9	3,0	1,9	10	3,5
0,18	63	13	0,0004	1320	60	0,75	0,61	1,3	2,0	3,2	2,0		4,1
0,25	71	13	0,0006	1325	58	0,75	0,87	1,8	1,8	3,0	1,8	10	4,8
0,37	71	13	0,0008	1375	66	0,76	1,12	2,5	2,0	3,7	2,0		6,0
0,55	80	16	0,0015	1400	71	0,78	1,50	3,7	2,3	4,7	2,4	3	8,0
0,75	80	16	0,0018	1400	74	0,80	1,95	5,1	2,5	5,0	2,6		9,4
1,1	90 S	16	0,0028	1410	75	0,81	2,8	7,5	2,1	5,0	2,5	2	12,3
1,5	90 L	16	0,0035	1405	75	0,82	3,7	10	2,2	4,9	2,6	3	15,6
2,2	100 L	16	0,0048	1415	79	0,82	5,2	15	2,2	6,0	2,6	3	22
3	100 L	16	0,0058	1415	81	0,81	6,8	20	2,7	6,2	3,0		24
4	112 M	16	0,011	1435	83	0,80	9,2	27	2,8	7,0	3,0	2	29
5,5	132 S	16	0,023	1450	85	0,83	11,8	36	2,4	6,9	3,3	3	42
7,5	132 M	16	0,028	1450	87	0,83	15,8	49	2,7	7,7	3,3		53
11	160 M	16	0,05	1455	88	0,85	22,3	72	2,4	7,1	2,9	3	73
15	160 L	16	0,07	1455	89	0,85	30	98	2,8	7,7	3,2		90*
18,5	180 M	16	0,13	1460	90,5	0,84	37	121	2,3	7,0	3,0	3	165
22	180 L	16	0,15	1460	91,2	0,85	43	144	2,3	7,0	3,0		180
30	200 L	16	0,24	1465	91,8	0,86	58	196	2,6	7,0	3,2	3	240
37	225 S	16	0,44	1475	92,5	0,86	71	240	2,5	7,0	3,1	3	300
45	225 M	16	0,52	1475	93,1	0,87	84	292	2,6	7,0	3,2		330
55	250 M	16	0,79	1475	93,8	0,87	102	356	2,7	6,7	2,5	4	435
75	280 S	16	1,4	1480	94,5	0,86	140	484	2,5	6,7	2,7	4	610
90	280 M	16	1,6	1480	94,7	0,86	168	581	2,5	6,8	2,7		660
110	315 S	16	2,2	1485	94,7	0,86	205	707	2,5	6,7	2,7	4	830
132	315 M	16	2,7	1485	95,3	0,87	240	849	2,5	6,9	2,7		910
160	315 L	16	3,2	1485	95,7	0,87	295	1030	2,5	7,0	2,7		1060
200	315 L	16	4,2	1485	95,9	0,87	365	1290	2,6	7,0	2,7		1200

* Baugröße 160: Vergleich zu den Gleichstrommaschinen (a, b)

Ergänzungen

Spannung								**Bauform**					
50 Hz						**60 Hz**		IM B 3	gegen Mehrpreis				
220 V△/ 380 V⅄	380 V△/ 660 V⅄	230 V△/ 400 V⅄	400 V△/ 690 V⅄	500 V⅄	500 V△	440 V⅄	440 V△		IM B 5	IM V 1 ohne Schutz-dach	IM V 1 mit Schutz-dach	IM B 14 mit kleinem Flansch	IM B 14 mit großem Flansch

d) Transformatoren

Drehstrom-Verteilungstransformatoren TUMETIC®
DIN 42500, Reihe 10 N Bemessungsoberspannung 3000 bis 12 000 V

Bemessungsleistung S_r kVA	Bemessungsunterspannung U_r V	Schaltgruppe	Bemessungskurzschlußspannung %	Leerlaufverluste P_0 W	Kurzschlußverluste P_k W	**Öltransformator** Gewicht Gesamt [3]) kg	Öl kg	Heraushebbarer Teil kg	Typ
Hauptreihe									
250	400	Dyn 5	4	650	3 250	1040	280	550	**TS 5441 A**
400	400	Dyn 5	4	930	4 600	1350	340	740	**TS 5641 A**
630	400	Dyn 5	4	1300	6 500	1820	450	1035	**TS 5841 A**
400	400	Dyn 5	6	800	5 100	1350	370	705	**TS 5641 D**
630	400	Dyn 5	6	1150	7 300	1800	480	990	**TS 5841 D**
1000	400	Dyn 5	6	1700	10 500	2550	650	1370	**TS 6041 D**
1600	400	Dyn 5	6	2600	17 000	3590	930	1870	**TS 6241 D**
Nebenreihe									
250	400	Dyn 5	4	450	3 250	1330	350	735	**TS 5441 E**
400	400	Dyn 5	4	640	4 600	1610	380	940	**TS 5641 E**
630	400	Dyn 5	4	900	6 500	2210	510	1320	**TS 5841 E**
400	400	Dyn 5	6	570	5 100	1580	400	885	**TS 5641 H**
630	400	Dyn 5	6	820	7 300	2190	540	1210	**TS 5841 H**
1000	400	Dyn 5	6	1200	10 500	2960	710	1660	**TS 6041 H**
1600	400	Dyn 5	6	1700	17 000	4050	970	2300	**TS 6241 H**

Tabelle A–2: Normen und Vorschriften (Auswahl)

Titel	DIN	VDE	IEC
Allgemeine Bestimmungen für umlaufende elektrische Maschinen	DIN VDE 0530 Teil 1		IEC 34–1, IEC 85
Anbaumaße und Zuordnung der Leistungen bei IM B 3	DIN 42 673	–	IEC 72
Anbaumaße und Zuordnung der Leistungen bei IM B 5, IM B 10 und IM B 14	DIN 42 677	–	IEC 72
Anschlußbezeichnungen und Drehsinn für elektrische Maschinen	DIN VDE 0530 Teil 8		IEC 34–8
Bauformen umlaufender elektrischer Maschinen	DIN IEC 34 Teil 7	–	IEC 34–7
Eingebauter thermischer Schutz	–	–	IEC 34–11
Kühlarten umlaufender elektrischer Maschinen	DIN IEC 34 Teil 6	–	IEC 34–6
Schutzarten umlaufender elektrischer Maschinen	DIN VDE 0530 Teil 5 / EN 60 034 Teil 5		IEC 34–5
Schwingstärke von rotierenden elektrischen Maschinen	DIN ISO 2373	–	IEC 34–14
Zylindrische Wellenenden für elektrische Maschinen	DIN 748 Teil 3	–	IEC 72
Geräuschemission, Grenzwerte	DIN VDE 0530 Teil 9		IEC 34–9
Anlaufverhalten von Käfigläufermotoren bei 50 Hz bis 660 V	DIN VDE 0530 Teil 12		IEC 34–12
Normspannungen	DIN IEC 38	–	IEC 38
Für EEx-Motoren gilt außerdem:	DIN EN/VDE		IEC
allgemeine Bestimmungen	DIN EN 50 014/VDE 0170/0171 Teil 1		IEC 79–0
druckfeste Kapselung „d“	DIN EN 50 018/VDE 0170/0171 Teil 5		IEC 79–1
erhöhte Sicherheit „e“	DIN EN 50 019/VDE 0170/0171 Teil 6		IEC 79–7

Tabelle A–3: Klemmenbezeichnungen

Anschlußklemme	Kennzeichnung	
	Neu	
Netzanschluß *Wechselstrom, Drehstrom:* Außenleiter 1, 2, 3 Mittelleiter *Gleichstrom:* positiver Leiter negativer Leiter Mittelleiter Schutzleiter Nulleiter Erde fremdspannungsarme Erde Masse	 L1, L2, L3 N L+ oder + L− oder − M PE oder PEN oder E oder TE oder MM	*Drehstrom* L1 L2 L3 N *Gleichstrom* L+, + L−, −
Betriebsmittel allgemein an die Außen- leiter L1, L2, L3	U. V. W	
Elektrische Maschinen (Motoren, Generatoren, Trafos) *Gleichstrommaschinen:* Anker Wendepolwicklung Kompensationswicklung Reihenschlußwicklung Nebenschlußwicklung fremderregte Wicklung Hilfswicklung in Längsache Hilfswicklung in Querachse	 A1, A2 B1, B2 C1, C2 D1, D2 E1, E2 F1, F2 H1, H2 J1, J2	*Gleichstrommaschine* 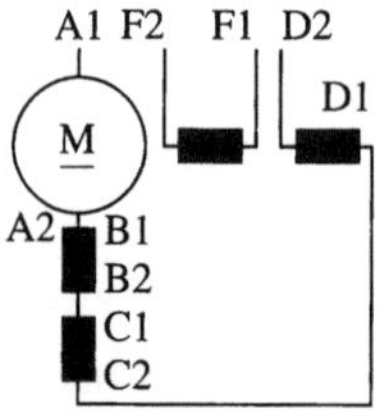 A1 F2 F1 D2 D1 M A2 B1 B2 C1 C2
Wechsel-, Drehstrommaschinen und Trafos: Primärseite, Oberspannungs- seite. Wicklungsanfänge Sekundärseite, Unterspannungs- seite. Wicklungsanfänge Primärseite, Wicklungsenden Sekundärseite, Wicklungsenden Sternpunkt	 1U, 1V, 1W 2U, 2V, 2W 2U1, 2V1, 2W1 2U2, 2V2, 2W2 N, n	*Transformator* 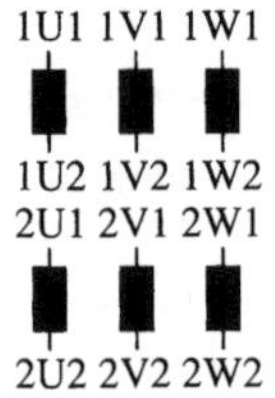 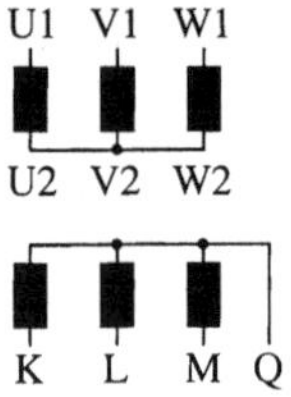 1U1 1V1 1W1 1U2 1V2 1W2 2U1 2V1 2W1 2U2 2V2 2W2 *Asynchronmaschine* U1 V1 W1 U2 V2 W2 K L M Q Tabelle 1-3 Spalte 9/118

9.10 Literatur

[9.1] *Brosch, Peter F.*, Moderne Stromrichterantriebe, 2. Auflage, Vogel-Verlag, Würzburg 1991

[9.2] *Tschilikin, M. C.*, Elektromotorische Antriebe. VDE-Verlag Technik, Berlin 1957

[9.3] VEM-Handbuch, die Technik der elektrischen Antriebe, Verlag Technik, Berlin 1983

[9.4] *Schönfelder, R.* u. a., Automatisierte Elektroantriebe. Hüthig-Verlag, Heidelberg 1981

[9.5] *Bödefeld, Th., H. Sequenz*, Elektrische Maschinen, Springer-Verlag, Wien 1962

[9.6] VDE 0530: Umlaufende elektrische Maschinen, Teil 1, Hrsg. Verband Deutscher Elektrotechniker, Dezember 1984

[9.7] *Stölting, H.-D., A. Beisse*, Elektrische Kleinmaschinen. Teubner-Studienbücher Elektrotechnik Verlag B. G. Teubner, Stuttgart 1987

[9.8] Siemens: Handbuch der Elektrotechnik. Girardet, Essen 1971

[9.9] Motoren-ABC. Siemens-Druckschrift, Erlangen 1980

[9.10] AEG-Druckschrift, Antriebstechnik Drehstrom – Projektierungs-Handbuch

[9.11] N. N., Handbuch der Antriebstechnik – SEW-Eurodrive, Carl Hanser-Verlag, München 1980

[9.12] *Buxbaum, A.*, Freiprogrammierbare elektrische Antriebe AEG

[9.13] *Grotelüsche, M.*, Automatisierung fordert drehzahlvariable Antriebe. VDI Nachrichten Nr. 33, 16. August 1985, S. 17

[9.14] *Auinger, Kracke, Neuhaus*, Wirkungsgrad elektrischer Maschinen – Möglichkeiten und Grenzen für eine Verbesserung. Siemens Energietechnik: 1. Jahrgang (1980), Heft 7, S. 271–276

[9.15] AEG-Motorenliste, Gleichstrommotoren fremdgekühlt, LDW 1.13/0174

[9.16] BBC-Druckschrift, HYTORK-Servomotoren

[9.17] Antriebstechnik Gleichstrom, AEG Projektierungs-Handbuch, A52 V3–13.85/0484

[9.18] Siemens, Drehstrommotoren für Niederspannung. Planungsunterlagen. Katalog M10.1984/85, Nr. E8610–K1710–A101–A1

[9.19] *Brosch, P. F., E. Döring*, Elektrokleinantriebe und elektromagnetische Verträglichkeit. TR 80. Jahrgang (1988), Heft 22, S. 132–135

[9.20] Firmendruckschrift escape: Der kürzeste Weg zwischen Elektronik und Mechanik, 1988

[9.21] Firmendruckschrift Berger Lahr: Formeln und Berechnungen zur optimalen Anpassung eines Schrittmotors. Nr. 265/3, 10.1982, 34 Seiten

[9.22] *Nürnberg, W., R. Hanitsch*, Die Prüfung elektrischer Maschinen. 6. Auflage, 1987

[9.23] *Schliesing, R., K. Soldner*, Die Technik der Analyse von Gasen, die im Transformatorenöl bzw. im Buchholzrelais angesammelt sind. Elektrizitätswirtschaft 8 (1976), S. 195–200

[9.24] *Heiles, F.*, Wicklungen elektrischer Maschinen und ihre Herstellung, Springer Verlag, Berlin–Göttingen–Heidelberg 1953

[9.25] *Kucera, J., J. Hapl*, Wicklungen der Wechselstrommaschinen, VEB Verlag Technik, Berlin 1956

[9.26] *Richter, R.*, Lehrbuch der Wicklungen elektrischer Maschinen G. Braun Verlag, Karlsruhe 1952

[9.27] *Sequenz, H.*, Die Wicklungen elektrischer Maschinen, Springer Verlag, Wien 1950

[9.28] *Blome, W.*, Der Sensor/Aktorbus, verlag mi, Band 78. München 1993

[9.29] *Bender, K.*, PROFIBUS, Hanser Verlag, München 1990

[9.30] *Hopper. E.*, Antriebs-Alternative elektro-Automation, 48 Zg., Nr. 5., 1995, S. 12–13

[9.31] N.N., Weniger Verluste bei Stromtransport, stromthemen 12. Jhg. 3/95

[9.32] *Gobrecht, F.W.*, und *J. Schäfer*, Das 1 × 1 der Antriebsauslegung, VDE-Verlag, 1994 (PC-Programm)

[9.33] *Brosch, Peter F.*, Frequenzumrichter 3. Aufl., mi Verlag, München 1995

10 Erzeugung, Transport und Verteilung der elektrischen Energie

10.1 Allgemeine Elektrizitätswirtschaft

10.1.1 Energieverbrauch und Energiebedarf

Die Erzeugung und der Verbrauch elektrischer Energie hängen in einem Land von vielen Einflußfaktoren ab. Hierzu gehören z. B. geographische und demographische Besonderheiten (Klima, Lebensweise der Bevölkerung). Außerdem spielt die wirtschaftliche Konjunktur sowie die Verfügbarkeit über heimische Energievorräte und Kraftwerke eine Rolle. In jüngster Zeit erlangen auch energie- und umweltpolitische Zielsetzungen zunehmende Bedeutung. Eine zuverlässige Versorgung mit Elektroenergie gehört ebenso wie die Wasserversorgung oder die Bereitstellung leistungsfähiger Verkehrs- und Kommunikationswege zu den Grundaufgaben der Infrastrukturpolitik eines Landes.

Im folgenden wird die Erzeugung und der Verbrauch elektrischer Energie am Beispiel der Bundesrepublik Deutschland (alte Bundesländer) betrachtet. Das verwendete Zahlenmaterial bezieht sich dabei auf das Jahr 1990. Bild 10.1-1 zeigt das Elektrizitätsflußbild.

Die Erzeuger elektrischer Energie lassen sich unterteilen in:

- die öffentlichen Elektrizitätsversorgungsunternehmen (EVU),
- die Elektrizitätswerke der Industrie (Bergbau und verarbeitendes Gewerbe) sowie
- die Elektrizitätswerke der Deutschen Bahn (DB).

Im Jahre 1990 erzeugten alle westdeutschen Kraftwerke eine Bruttoenergie von 449,5 TWh ($449{,}5 \cdot 10^9$ kWh). Davon entfielen auf

- die Kraftwerke der EVU 385,1 TWh (85,7%),
- die Kraftwerke der Industrie 58,8 TWh (13,1%),
- die Kraftwerke der DB 5,6 TWh (1,2%).

Unter Bruttoenergie versteht man die an den Generatorklemmen eines Kraftwerks gemessene, erzeugte Elektroenergie. Diese muß um die elektrische Eigenbedarfsleistung (Kraftwerkseigenverbrauch) verringert werden. Ebenso ist der Pumpstromverbrauch abzurechnen. Hierunter versteht man die elektrische Arbeit, die in einem Pumpspeicherkraftwerk (Abschnitt 10.2.1) zur Förderung des Speicherwassers aus dem Unterbecken in das Oberbecken verbraucht

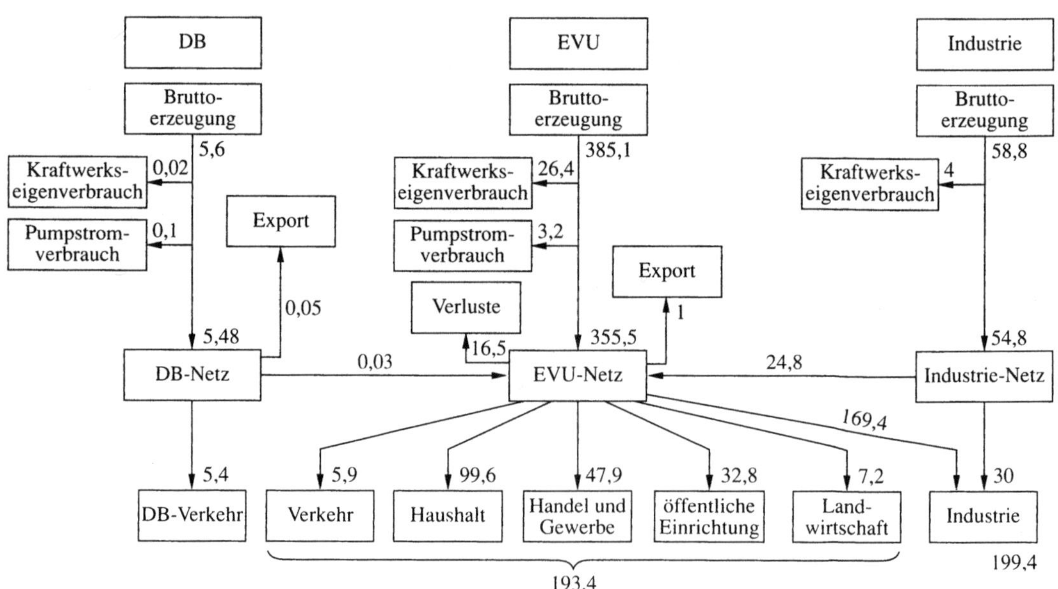

Bild 10.1-1 Elektrizitätsflußbild der Bundesrepublik Deutschland (alte Bundesländer) für das Jahr 1990 (Energieangaben in TWh = 10^9 kWh)

wird. Die in die Versorgungsnetze eingespeiste elektrische Energie reduziert sich ferner um die Netzverluste sowie den in andere Länder exportierten Energieanteil. Bei Berücksichtigung dieser Tatsachen steht der erzeugten Bruttoenergie von 449,5 TWh ein Stromverbrauch von 398,2 TWh gegenüber. Dieser teilt sich nach Bild 10.1–1 folgendermaßen auf die einzelnen Verbrauchergruppen auf:

- Industrie 199,4 TWh (50,1%),
- Haushalte 99,6 TWh (25%),
  Handel und Gewerbe 47,9 TWh (12%),
- öffentliche Einrichtungen 32,8 TWh (8,3%),
- Verkehr (mit DB) 11,3 TWh (2,8%),
- Landwirtschaft 7,2 TWh (1,8%).

Aus dem Verbrauch an Elektroenergie läßt sich mit guter Näherung die wirtschaftliche Situation und der Wohlstand eines Landes abschätzen. Bild 10.1–2 zeigt den Verlauf des Bruttosozialproduktes und des Stromverbrauchs der Jahre 1973 bis 1990 in den alten Bundesländern. Die durchschnittlichen Zuwachsraten der Bruttoerzeugung an Elektroenergie betrugen:

in den Jahren 1960 bis 1970 7,6% pro Jahr,
in den Jahren 1970 bis 1980 4,3% pro Jahr,
in den Jahren 1980 bis 1990 1,7% pro Jahr.

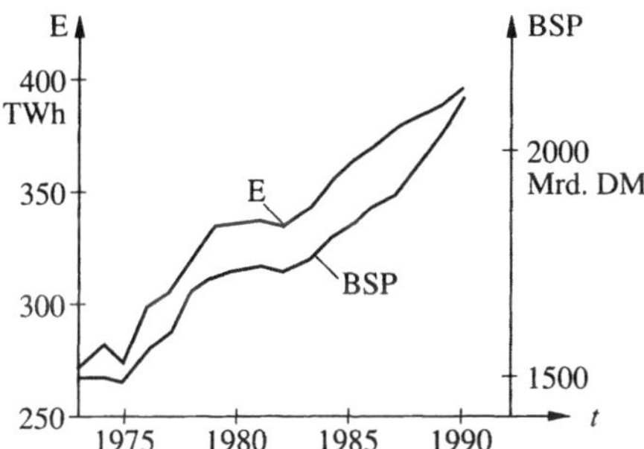

Bild 10.1-2 Bruttosozialprodukt (BSP) und Elektroenergieverbrauch (E) in den alten Bundesländern

Der deutliche Rückgang des Anstieges der erzeugten Elektroenergie ist vor allen Dingen auf vermehrte Anstrengungen zur Energieeinsparung sowie auf den rationelleren Energieeinsatz zurückzuführen. [10.1], [10.3].

10.1.2 Energieträger

10.1.2.1 Begriffe

Energie tritt in verschiedenen Erscheinungsformen auf, z. B. als thermische, mechanische oder elektrische Energie, aber auch als physikalische oder chemische Bindungsenergie. Gewöhnlich ist die Energie an einen Stoff, den Energieträger, gekoppelt. Eine Ausnahme bildet die elektrische Energie, die mit einem nichtstofflichen Energieträger, dem elektromagnetischen Feld, in Verbindung steht.

Bei den Energieträgern unterscheidet man zwischen

- Primärenergieträgern und
- Sekundärenergieträgern.

Primärenergieträger kommen in der Natur vor wie z. B. Kohle, Öl, Gas und Kernbrennstoff. Die darin gespeicherte Energie läßt sich durch Umwandlungsprozesse (siehe Abschnitt 10.1.3) in andere Energieformen überführen. Sekundärenergieträger sind künstlich erzeugte Energieträger. Sie entstehen durch Umwandlung aus Primär- oder anderen Sekundärenergieträgern. Als Beispiele seien hier der Heißdampf einer Fernwärmeanlage und die in einer Batterie gespeicherte Energie genannt. Die folgenden Betrachtungen beschränken sich auf die Behandlung der Primärenergieträger.

Bei den Primärenergieträgern unterscheidet man zwischen

- erschöpflichen (nicht regenerativen) Energieträgern und
- nicht erschöpflichen (regenerativen) Energieträgern.

Zu den nicht regenerativen Energieträgern gehören

- fossile Brennstoffe und
- nukleare Kernbrennstoffe.

Die wichtigsten regenerativen Primärenergieträger für die Elektrizitätserzeugung sind

- Wasserenergie,
- Windenergie,
- Solarenergie,
- geothermische Energie und
- Gezeitenenergie

10.1.2.2 Fossile Energieträger

Zu den fossilen Energieträgern zählen Kohle (Steinkohle, Braunkohle), Erdöl, Erdgas und Torf. Die darin gespeicherte chemische Energie läßt sich durch Verbrennen in Wärmeenergie umformen. Dabei ist der Heizwert der verschiedenen Energieträger sehr unterschiedlich (Tabelle 10.1–1).

Tabelle 10.1–1 Heizwerte fossiler Energieträger

Energieträger	Heizwert
Steinkohle	25...31 MJ/kg
Hartbraunkohle	12...25 MJ/kg
Weichbraunkohle	7...12 MJ/kg
Torf	10...13 MJ/kg
Erdöl	40...43 MJ/kg
Erdgas	30...35 MJ/m^3

Die Ausbeutung fossiler Energieträger begann in großem Maßstab mit der Kohle zu Beginn der Industrialisierung (um 1750). Erdöl wird erst ab 1860 gefördert. Um die Jahrhundertwende (1900) kam dann Erdgas hinzu. Torf spricht bei den Energieträgern nur eine untergeordnete Rolle.
Derzeit werden weltweit jährlich fossile Energieträger gefördert, die einer Wärmeenergie von $10 \cdot 10^9$ t SKE (1 t SKE $= 29{,}3 \cdot 10^9$ J) entsprechen. Bei gleichbleibender Ausbeutung würden die heute bekannten Reserven noch für ca. 90 Jahre reichen. Solche und ähnliche Aussagen über die Reichweite von Energieträgern sind jedoch nur bedingt aussagekräftig. Sie berücksichtigen weder die Entdeckung neuer Lagerstätten noch die Tatsache, daß mit steigendem Energiepreis bislang unwirtschaftliche Vorkommen plötzlich ökonomisch abbaubar sind.

10.1.2.3 Kernenergieträger

Kernenergieträger lassen sich einteilen in

- Kernspaltungsbrennstoffe (Uran) und
- Kernfusionsbrennstoffe (Deuterium).

Beim Zerfall eines Uran-Atomkernes wird eine Bindungsenergie von 191 MeV (1 MeV $= 1{,}6 \cdot 10^{-13}$ J) als Wärmemenge freigesetzt. Nukleare Brennstoffe weisen einen enorm hohen Energieinhalt auf. Die vollständige Spaltung von 1 kg U-235 setzt eine Energie von

$$E = 7{,}85 \cdot 10^{10}\ \text{kJ}$$

frei. Dies entspricht dem $2{,}7 \cdot 10^6$-fachem Heizwert von 1 kg Steinkohle.

Noch größere Energiemengen entstehen bei der Kernfusion, d. h. durch die Verschmelzung leichterer zu schwereren Atomkernen. Eine geeignete Technologie zur Nutzung dieser Energieform steht jedoch heute und in absehbarer Zukunft nicht zur Verfügung.
Die Reichweite der Kernspaltungsbrennstoffe liegt etwa in derselben Größenordnung wie die der fossilen Energieträger.

10.1.2.4 Regenerative Energieträger

Unter den regenerativen Energieträgern nimmt die Wasserenergie eine Sonderstellung ein. Aufgrund der Sonneneinstrahlung verdampfen auf der Erde riesige Mengen an Oberflächenwasser. Diese gelangen teilweise in Form von Niederschlägen auf die über dem Meeresniveau liegenden Kontinentalflächen, von wo sie als Laufwasser wieder zurück ins Meer fließen. Dabei läßt sich die im Wasser enthaltene potentielle Energie ausnutzen (s. Abschnitt 10.2.1).
Windenergie kann insbesondere in Küstengebieten zur Stromerzeugung eingesetzt werden. Ab Windgeschwindigkeiten von 4,6 m/s ist der Bau von Windkraftwerken wirtschaftlich vertretbar. Der Flächenbedarf steigt jedoch gegenüber konventionellen Kraftwerken gleicher Leistung um den Faktor 100 an.
Ähnliche Verhältnisse liegen bei der Elektrizitätsgewinnung aus der solaren Strahlung vor. Die Stromerzeugung ist aus heutiger Sicht nur in sonnenreichen Gebieten wirtschaftlich sinnvoll.
Eine Nutzung der Erdwärme läßt sich an Orten erreichen, wo sich heißes Gestein in der Nähe der Erdoberfläche befindet. Dies ist z. B. bei den Geysiren in Island der Fall.
Die Gezeitenenergie wird durch Gravitationskräfte freigesetzt. Eine Nutzung dieser Energieform ist nur an Küsten mit großem Tidenhub möglich.
Die regenerativen Energieträger sind mit Ausnahme der Wasserenergie durch eine geringe Energiedichte gekennzeichnet (typischer Wert: 0,1 kW/m²). Zum Vergleich hierzu liegen die Werte konventioneller Kraftwerke in der Größenordnung von 1000 kW/m².

10.1.2.5 Energieträger in Deutschland

Im Jahr 1990 wurden in der Bundesrepublik Deutschland (alte Bundesländer) folgende Energieträger zur Erzeugung von Elektroenergie eingesetzt:

- Kernenergie 32,7%,
- Steinkohle 31,2%,
- Braunkohle 18,4%,
- Erdgas 8,0%,
- Wasser 4,1%,
- Heizöl 2,2%,
- übrige (Müll u. a.) 3,4%.

In den neuen Bundesländern war die Braunkohle mit Abstand wichtigster Energieträger:

- Braunkohle 87,8%,
- Kernenergie 5,3%,
- Erdgas/Gase 3,2%,
- Heizöl 1,3%,
- Wasser 1,3%,
- Steinkohle 0,5%,
- übrige 0,6%.

10.1.3 Energieumwandlung

Aus den einzelnen Primärenergieträgern läßt sich auf verschiedenen Wegen elektrische Energie erzeugen. In der Regel sind dabei mehrere Umwandlungsprozesse zu durchlaufen. Diese sind in Bild 10.1-3 graphisch dargestellt [10.5].
Die Stromerzeugung aus fossilen Brennstoffen und Kernbrennstoffen erfolgt üblicherweise auf dem mit „1" gekennzeichneten Weg. Fossile Brennstoffe enthalten die Energie in chemisch gebundener Form. Diese läßt sich durch Verbrennung in Wärmeenergie umwandeln. Bei Kernbrennstoffen wird Wärme freigesetzt aufgrund inneratomarer Zerfallsprozesse. Zur weiteren Verwendung ist die thermische Energie an einen Energieträger zu binden. Hierzu dienen üblicherweise Wasserdampf (Abschnitte 10.2.2 und 10.2.4) oder Luft (Abschnitt 10.2.3).
Der gasförmige Energieträger wird über eine Turbine entspannt. Die dadurch freigesetzte mechanische Energie treibt einen Synchrongenerator (Abschnitt 10.3) an, der elektrische Energie erzeugt.

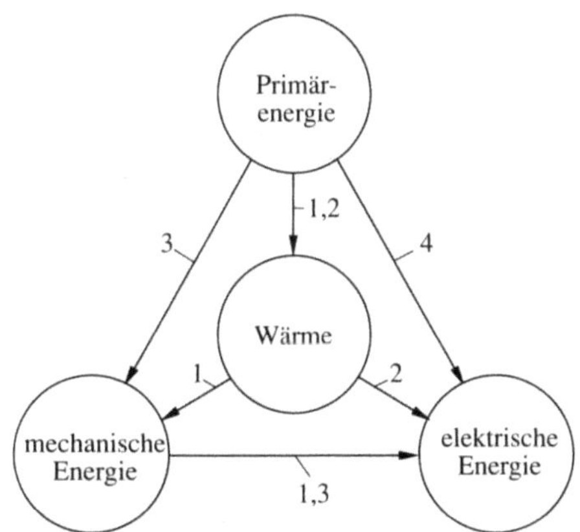

Bild 10.1-3 Wege zur Erzeugung elektrischer Energie

Weg 1: Primärenergie – Wärme – mechanische Energie – elektrische Energie,

Weg 2: Primärenergie – Wärme – elektrische Energie,

Weg 3: Primärenergie – mechanische Energie – elektrische Energie,

Weg 4: Primärenergie – elektrische Energie

Der Umweg über die mechanische Energie läßt sich auf dem Weg „2" vermeiden. Zur direkten Umwandlung von Wärme- in Elektroenergie werden allerdings spezielle Energiewandler, sogenannte MHD (Magnetohydrodynamische)-Generatoren benötigt. Die Entwicklung solcher Generatoren bis zur Serienreife ist bislang noch nicht erfolgt.

Wasser-, Wind- und Gezeitenkraftwerke durchlaufen bei der Elektrizitätsgewinnung den mit „3" gekennzeichneten Weg. Wasser- und Windkräfte können über Turbinen direkt in mechanische Energie umgesetzt werden (Abschnitt 10.2.1). Die Umwandlung in Elektroenergie erfolgt dann wieder über elektrische Maschinen (Generatoren).

Mit Hilfe von Solarzellen ist es möglich, Primärenergie (Sonnenenergie) direkt in elektrische Energie umzuformen. Dies wird in Bild 10.1-3 durch den Weg „4" angedeutet.

10.1.4 Energiebereitstellung

Der Verbrauch an elektrischer Energie ist starken tages- und jahreszeitlichen Schwankungen unterworfen. Es ergibt sich in den Sommermonaten ein geringerer Energiebedarf als im Winter.

In Bild 10.1-4 wurde an drei verschiedenen Tagen der zeitliche Verlauf der Netzlast in Deutschland (alte Bundesländer) dargestellt. Danach weist der Elektroenergieverbrauch ein absolutes Maximum auf, das gewöhnlich in der Mittagszeit (Kochspitze) anfällt. Die im Jahre 1990 ermittelte Höchstlast betrug im EVU-Netz 62 500 MW [10.1].

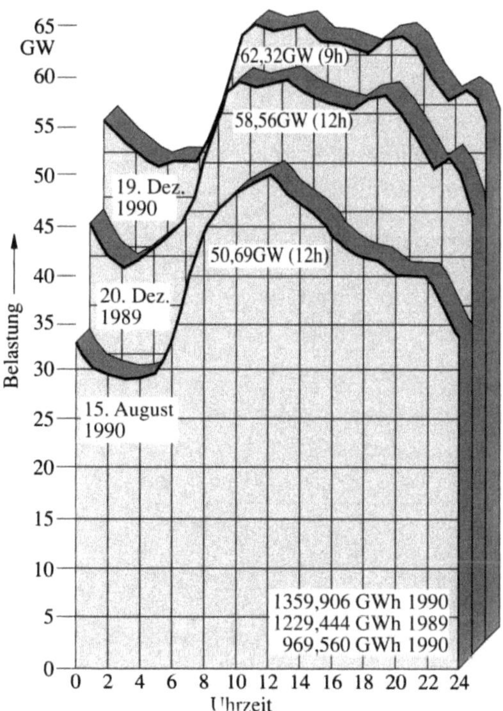

Bild 10.1-4 Tagesbelastungskurven an drei verschiedenen Tagen in den alten Bundesländern

Da elektrische Energie nur begrenzt speicherbar ist, muß die Energieerzeugung ständig an den schwankenden Bedarf angepaßt werden. Dies setzt eine ausreichende Kraftwerksreserve voraus, die im Bedarfsfall zur Lastabdeckung zur Verfügung steht. Für die Kraftwerksplanung ist ferner zu berücksichtigen, daß infolge von Revisionsarbeiten nicht ständig sämtliche Energieerzeuger einsatzfähig sind. Zusätzlich reduziert sich bei Wasserkraftwerken im Winter als Folge des niedrigeren Wasserstandes die Leistungsabgabe. Dasselbe gilt für Dampfkraftwerke, wenn infolge von Fernwärmeauskopplung die elektrische Leistungsabgabe sinkt. Pumpspeicherkraftwerke verfügen nur über eine begrenzte Betriebszeit. Üblicherweise ist der Speicherinhalt nach etwa 4 bis 9 Stunden erschöpft. Bei der Planung muß ferner mit einem plötzlich auftretenden Leistungsdefizit infolge unvorhersehbarer Kraftwerksausfälle gerechnet werden. Diese und weitere Gründe führen dazu, daß in der Praxis die installierte Kraftwerksgesamtleistung deutlich höher ausfällt als die abzudeckende Höchstlast. In Deutschland (alte Bundesländer) betrug (im Jahre 1990) die Gesamtleistung sämtlicher verfügbarer Kraftwerke (Netto-Engpaßleistung) im EVU-Netz 84 200 MW. Wirtschaftliche Gesichtspunkte sind bei der Auswahl der verfügbaren Kraftwerke zur Energiebedarfsdekkung maßgebend. Es ist die Aufgabe einer Lastverteilungszentrale, bei Belastungszunahme die Kraftwerke mit den geringsten Energiekosten in Betrieb zu setzen und bei Belastungsabnahme die Kraftwerke mit den höchsten Energiekosten still zu legen (siehe Abschnitt 10.1.5).

Die Tagesbelastungskurve läßt sich in drei Bereiche aufteilen (Bild 10.1–5):

- Grundlastbereich,
- Mittellastbereich,
- Spitzenlastbereich.

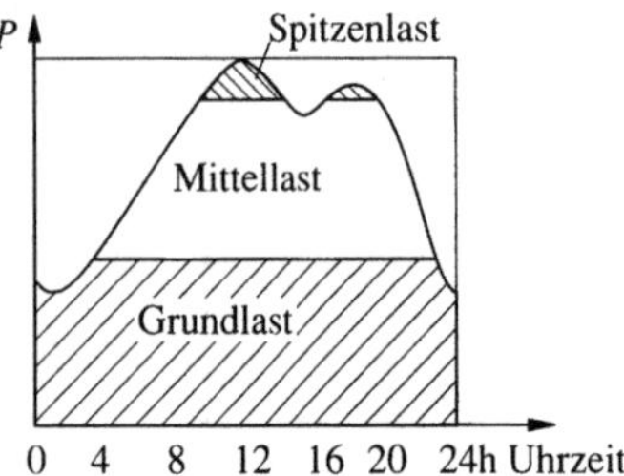

Bild 10.1-5 Lastbereiche

Zur Abdeckung der Grundlast werden üblicherweise Braunkohle- und Kernkraftwerke aufgrund ihrer niedrigen Brennstoffkosten herangezogen. Zusammen mit den Wasserkraftwerken versucht man, sie den ganzen Tag möglichst mit konstanter Leistungsabgabe zu betreiben. Zur Abdeckung der Mittellast dienen bevorzugt Steinkohlekraftwerke. Sie sind pro Tag einmal an- und wieder abzufahren. Die Versorgung der Lastspitzen übernehmen Pumpspeicher- und Gasturbinenkraftwerke sowie Ölkraftwerke. Sie werden am Tag häufiger je nach Bedarf ein- und wieder ausgeschaltet. Tabelle 10.1–2 gibt die Ausnutzungsdauer der westdeutschen Kraftwerke im EVU-Netz wieder. Danach ergibt sich für Grundlastkraftwerke eine Ausnutzungszeit in der Größenordnung von 5000 h bis 7000 h im Jahr. Mittellastkraftwerke bringen es auf Ausnutzungszeiten um die 4000 h/Jahr. Spitzenlastkraftwerke werden nur sporadisch eingesetzt. Ihre durchschnittliche Ausnutzungsdauer liegt in der Regel unter 1000 h/Jahr.

Tabelle 10.1–2: Ausnutzungsdauer der Kraftwerke im EVU-Netz (1990)

Energieträger	Ausnutzungsdauer (in h)
Laufwasser	5217
Kernenergie	6196
Braunkohle	6695
Steinkohle	4346
Gas	1856
Öl	534

10.1.5 Wirtschaftlicher Kraftwerkseinsatz

10.1.5.1 Einführung

Üblicherweise sind in einem elektrischen Energieversorgungsnetz zur Deckung der Netzlast P_L mehrere Kraftwerke im Einsatz. Diese sollen so betrieben werden, daß sich minimale Kosten für die Energieerzeugung ergeben. Eine solche Aufgabenstellung wird als wirtschaftliche Lastverteilung oder Momentanoptimierung bezeichnet [10.2], [10.4].

Die Produktionskosten für elektrische Energie setzen sich aus zwei Anteilen zusammen,

- den festen Jahreskosten und
- den energieabhängigen, beweglichen Kosten.

Die festen Jahreskosten sind von der Menge der erzeugten Elektroenergie unabhängig. Sie enthalten unter anderem den Aufwand für den Ausbau, die Wartung und das Personal.

Eine Optimierung ist nur bei den beweglichen Kosten möglich. Diese setzen sich im wesentlichen aus den Brennstoffkosten für die Energieerzeugung zusammen und steigen mit zunehmender Abgabeleistung des Kraftwerkes an. Bild 10.1–6 zeigt den prinzipiellen Verlauf einer Kostenfunktion für ein Dampfkraftwerk. Sie läßt sich durch ein Polynom 2. Ordnung beschreiben:

$$K = a + bP + cP^2. \qquad (10.1\text{–}1)$$

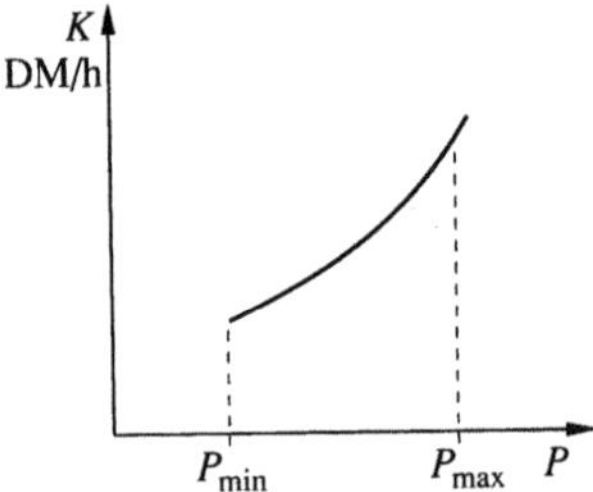

Bild 10.1-6 Brennstoffkosten K eines Dampfkraftwerkes als Funktion der Wirkleistungsabgabe P

Zur Optimierung müssen die Kostenfunktionen aller n im Einsatz befindlichen Kraftwerke bekannt sein. Die Gesamtkosten K_g ergeben sich dann zu:

$$K_g = \sum_{i=1}^{n} K_i = \sum_{i=1}^{n} (a_i + b_i P_i + c_i P_i^2). \qquad (10.1\text{–}2)$$

Bei der Minimierung der Gesamtkosten K_g ist das Leistungsbilanzgleichgewicht einzuhalten. Die Kraftwerksleistungen P_i müssen die Netzlast P_L und die Netzverluste P_V decken. Unter Vernachlässigung der Netzverluste erhält man:

$$\sum_{i=1}^{n} P_i = P_L. \qquad (10.1\text{–}3)$$

Ferner sind betriebsbedingte Beschränkungen mit zu berücksichtigen. So können Kraftwerke bestimmte Leistungsgrenzen nicht unter- oder überschreiten:

$$P_{i\,\min} \le P_i \le P_{i\,\max}. \qquad (10.1\text{–}4)$$

Die Gleichungen (10.1–2) bis (10.1–4) bilden die Grundlage für die Berechnung des wirtschaftlichen Kraftwerkseinsatzes. Dabei gilt es, die Zielfunktion (10.1–2) unter Beachtung der Nebenbedingungen (10.1–3) und (10.1–4) zu minimieren. Als Lösungsverfahren bietet sich die Lagrange'sche Multiplikatorenmethode an. Diese soll am Beispiel von zwei Kraftwerkseinspeisungen erläutert werden.

10.1.5.2 Lastverteilung auf zwei Kraftwerke

In Bild 10.1–7 versorgen zwei Kraftwerke über verlustlos angenommene Leitungen die Last P_L mit elektrischer Energie. Die Kraftwerksleistungen P_1 und P_2 sind so zu bestimmen, daß die Energiekosten minimal werden:

$$K_g = K_1(P_1) + K_2(P_2) \rightarrow \text{Minimum}. \qquad (10.1\text{–}5)$$

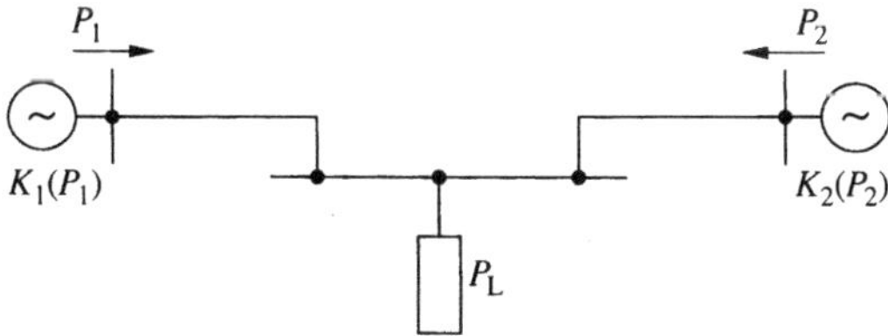

Bild 10.1-7 Deckung der Netzlast P_L durch zwei Kraftwerke

Dabei gilt als Nebenbedingung

$$P_1 + P_2 - P_L = 0. \qquad (10.1\text{–}6)$$

Vereinfacht wird vorausgesetzt, daß die Kraftwerksleistung P_1 und P_2 keinerlei Begrenzungen unterliegen.

Zur Optimierung ist die Nebenbedingung (10.1–6) in die Zielfunktion (10.1–5) miteinzubeziehen:

$$K_g = K_1(P_1) + K_2(P_2) - \lambda(P_1 + P_2 - P_L) \rightarrow \text{Minimum}. \qquad (10.1\text{–}7)$$

Man erhält auf diese Weise eine modifizierte Kostenfunktion mit den drei Variablen P_1, P_2 und λ (Lagrange-Faktor). Diese sind so zu bestimmen, daß die Gesamtkosten K_g minimal werden. Dies ist dann der Fall, wenn die partiellen Ableitungen der Funktion $K_g(P_1, P_2, \lambda)$ nach den drei Variablen Null werden:

$$\begin{aligned} \frac{\partial K_g}{\partial P_1} &= 0 = \frac{\partial K_1}{\partial P_1} - \lambda, \\ \frac{\partial K_g}{\partial P_2} &= 0 = \frac{\partial K_2}{\partial P_2} - \lambda, \\ \frac{\partial K_g}{\partial \lambda} &= 0 = P_1 + P_2 - P_L. \end{aligned} \qquad (10.1\text{–}8)$$

Nach Gleichung (10.1–8) ist im optimalen Betriebspunkt der Kostenzuwachs in beiden Kraftwerken gleich:

$$\frac{\partial K_1}{\partial P_1} = \frac{\partial K_2}{\partial P_2} = \lambda. \qquad (10.1\text{–}9)$$

Die Bestimmung der Variablen P_1, P_2 und λ erfolgt über die Gleichungen (10.1–1) und (10.1–8):

$$\begin{aligned} b_1 + 2c_1P_1 - \lambda &= 0, \\ b_2 + 2c_2P_2 - \lambda &= 0, \\ P_1 + P_2 - P_L &= 0. \end{aligned} \qquad (10.1\text{–}10)$$

Für die gesuchten Kraftwerksleistungen P_1 und P_2 erhält man hieraus nach Umformung des Gleichungssystems:

$$\begin{aligned} P_1 &= \frac{1}{2(c_1 + c_2)}(-b_1 + b_2 + 2c_2P_L), \\ P_2 &= \frac{1}{2(c_1 + c_2)}(b_1 - b_2 + 2c_1P_L). \end{aligned} \qquad (10.1\text{–}11)$$

10.1.5.3 Lastverteilung im allgemeinen Fall

Im allgemeinen Fall gilt es, den optimalen Einsatzpunkt für n Kraftwerke zu bestimmen. Die Optimalitätsbedingungen lauten analog zu Gleichung (10.1–8):

$$\begin{aligned} \frac{\partial K_g}{\partial P_i} &= \frac{\partial K_i}{\partial P_i} - \lambda = 0, \\ \frac{\partial K_g}{\partial \lambda} &= \sum_{i=1}^{n} P_i - P_L = 0, \end{aligned} \qquad (10.1\text{–}12)$$

mit $i = 1, 2, \ldots, n$.

Es ergeben sich $(n+1)$ Gleichungen mit $(n+1)$ Variablen $(P_1, P_2, \ldots, P_n, \lambda)$. Durch Auflösung erhält man hieraus die gesuchten Einspeiseleistungen $P_1, P_2, \ldots, P_n$.

Eine Wiederholung der Optimierungsrechnung ist notwendig, wenn sich Lösungen ergeben, die außerhalb des durch Gleichung (10.1–4) definierten, zulässigen Bereiches liegen. In diesem Fall werden die Betriebsgrenzen einzelner Kraftwerke über- oder unterschritten. Für die erneute Rechnung sind diese Kraftwerke mit ihren Grenzleistungen $P_{i\,\max}$ bzw. $P_{i\,\min}$ zu berücksichtigen. Dadurch verändert sich die Nebenbedingung aus Gleichung (10.1–3) zu:

$$\sum_{i=1}^{m} P_i = P_L - \sum_{i=m+1}^{n} (P_{i\,\max} + P_{i\,\min}). \qquad (10.1\text{–}13)$$

Die bisherigen Betrachtungen vernachlässigen den Einfluß der Netzverluste P_V auf die wirtschaftliche Lastverteilung. Dies ist aber nur bei Netzen mit geringer Ausdehnung zulässig. Bei Berücksichtigung der Netzverluste ergibt sich analog zu Gleichung (10.1–7) die modifizierte Kostenfunktion zu:

$$K_g = \sum_{i=1}^{n} K_i(P_i) - \lambda\left(\sum_{i=1}^{n} P_i - P_L - P_V \rightarrow \text{Minimum}\right). \qquad (10.1\text{–}14)$$

Hieraus lassen sich die Optimalitätsbedingungen ableiten:

$$\frac{\partial K_g}{\partial K_i} = \frac{\partial K_i}{\partial P_i} - \lambda + \lambda \frac{\partial P_V}{\partial P_i} = 0,$$
$$\frac{\partial K_g}{\partial \lambda} = \sum_{i=1}^{n} P_i - P_L - P_V = 0, \qquad (10.1\text{–}15)$$

mit $i = 1, 2, \ldots, n$.

Dabei ist die Funktion $P_V(P_i)$ aus den Lastflußgleichungen des Netzes (siehe Abschnitt 10.6.4) zu bestimmen. Über das Gleichungssystem (10.1–15) können in der gewohnten Weise die gesuchten Einspeiseleistungen P_i ermittelt werden.

10.2 Elektrische Energieerzeugung

10.2.1 Wasserkraftwerke

10.2.1.1 Bauformen

In der Natur findet man Wasservorkommen mit hoher potentieller Energie. Sie entstehen z. B. durch Niederschläge in den Bergen oder durch die Gezeiten der Meere. Dieses Energiepotential kann mit Hilfe von Wasserkraftwerken zur Erzeugung elektrischer Energie ausgenutzt werden. Wasserkraftwerke lassen sich unterteilen in [10.6], [10.7]:

- Laufkraftwerke,
- Speicherkraftwerke,
- Pumpspeicherwerke,
- Gezeitenkraftwerke.

Laufkraftwerke werden üblicherweise an Flußläufen installiert, wo sie die in der Wasserströmung steckende Energie in Elektroenergie umwandeln. Dazu ist der Fluß über ein Wehr und gegebenenfalls auch Schleusen aufzustauen (Bild 10.2–1). Diese Maßnahmen ermöglichen es, die Wasserströmung auf wenige Stellen zu konzentrieren und über Wasserturbinen (Abschnitt 10.2.1.2) zu führen. Die erzeugten Leistungen sind meist relativ gering (< 10 MW).

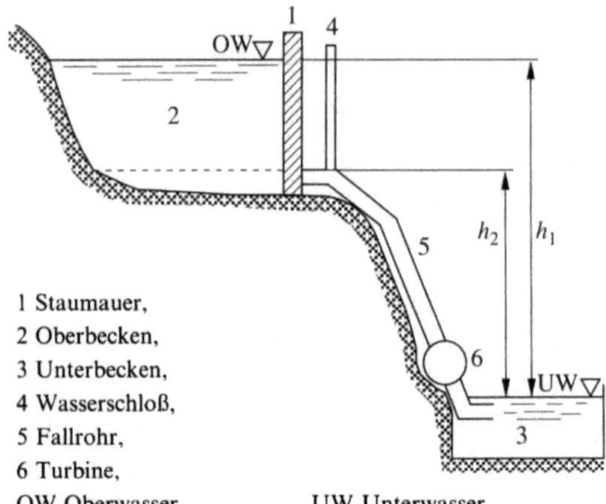

1 Staumauer, 2 Oberbecken, 3 Unterbecken, 4 Wasserschloß, 5 Fallrohr, 6 Turbine, OW Oberwasser, UW Unterwasser, h_1 maximale Fallhöhe, h_2 minimale Fallhöhe

Bild 10.2-2 Speicherkraftwerk

Bild 10.2–2 zeigt den prinzipiellen Aufbau eines Speicherkraftwerkes, das in der Regel über einen beträchtlichen Wasserspeicher verfügt und vorwiegend in Hochgebirgslandschaften anzutreffen ist. Die im Oberbecken gespeicherte potentielle Energie beträgt

$$E_p = \gamma V h, \qquad (10.2\text{–}1)$$

E_p	γ	V	h, h_1, h_2
Nm	N/m³	m³	m

γ spezifisches Gewicht von Wasser, V Volumen des Oberbeckens, h mittlere Fallhöhe ($h = 0{,}5\,(h_1 + h_2)$). Bei großen Fallhöhen h lassen sich kurzzeitig hohe elektrische Leistungen (> 100 MW) erzielen. Speicherkraftwerke dienen daher zur Spitzenlasterzeugung (Abschnitt 10.1.4).

Pumpspeicherwerke sind im Prinzip genauso aufgebaut wie Speicherkraftwerke (Bild 10.2–2). Allerdings ist hier auch eine Energiewandlung in umgekehrter

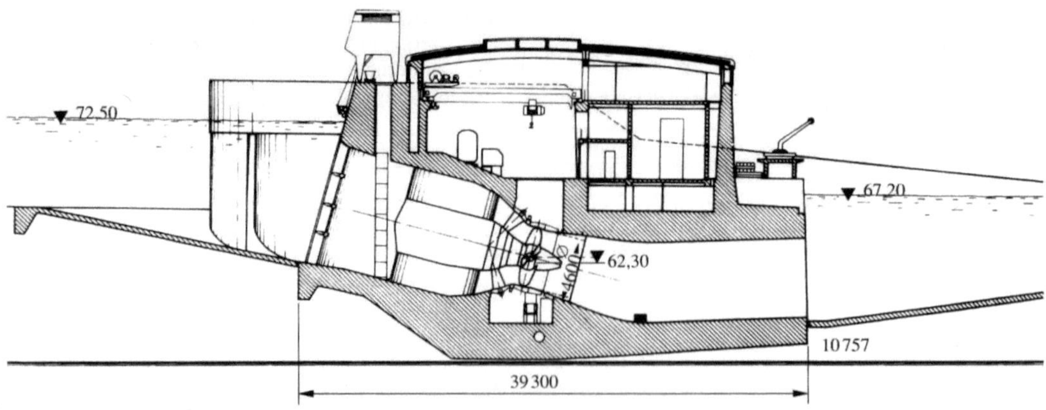

Bild 10.2-1 Längsschnitt durch ein Laufwasserkraftwerk mit Kaplan-Rohrturbine (*Quelle:* VOITH, Heidenheim)

Richtung möglich. Mit Hilfe einer elektrisch angetriebenen Pumpe kann das Wasser vom Unterbecken zum Oberbecken befördert werden. Das Oberbecken bildet somit einen Energiespeicher, der sich je nach Bedarf „laden" und „entladen" läßt. In Spitzenlastzeiten wird elektrische Energie erzeugt, wobei der Energieinhalt des Oberbeckens abnimmt. In Zeiten schwacher Netzlast wird die überschüssige Elektroenergie dazu verwendet, um das Oberbecken wieder mit Wasser aufzufüllen.

Gezeitenkraftwerke nehmen bei den Wasserkraftwerken eine Sonderstellung ein. Einsatzorte sind Meeresbuchten mit erheblichen Tideunterschieden. Während der Flut füllt sich die Bucht mit Meereswasser. Wird anschließend mit einem Wehr die Bucht abgesperrt, läßt sich ähnlich wie in Bild 10.2–1 elektrische Energie gewinnen.

10.2.1.2 Wasserturbinen

Wasserturbinen sind Strömungsmaschinen, die kontinuierlich fließendem Wasser Energie entziehen. Sie dienen zum Antrieb eines Stromerzeugers (Generators). Bei den Wasserturbinen unterscheidet man zwischen der

- Francis-Turbine,
- Kaplan-Turbine und
- Pelton-Turbine.

Die Bilder 10.2–3 bis 10.2–5 zeigen beispielhaft den konstruktiven Aufbau der unterschiedlichen Turbinenläufer.

Bild 10.2-4 Laufrad einer Kaplan-Turbine (*Quelle:* SULZER-ESCHER WYSS)

Bild 10.2-3 Laufrad einer Francis-Turbine (*Quelle:* SULZER-ESCHER WYSS)

Bild 10.2–5 Laufrad einer Pelton-Turbine (*Quelle:* SULZER-ESCHER WYSS)

Tabelle 10.2–1: Kennwerte von Wasserturbinen

Turbinen-typ	n_q in min^{-1}	n_s in min^{-1}	h in m
Pelton	3 ... 9	10 ... 30	350 ... 1800
Francis	18 ... 104	60 ... 350	64 ... 700
Kaplan	83 ... 318	280 ... 1070	6 ... 50

In Tabelle 10.2–1 sind einige Kennwerte von Wasserturbinen zusammengestellt. Bei kleinen Fallhöhen ($h = 6 \ldots 50$ m) kommen Kaplan-Turbinen zum Einsatz. Im mittleren Bereich ($h = 64 \ldots 700$ m) werden Francis-Turbinen eingesetzt. Für sehr große Fallhöhen ($h = 350 \ldots 1800$ m) sind Peltonräder vorzusehen. Die Fallhöhe beeinflußt unmittelbar die Drehzahl n einer Wasserturbine:

$$n \sim \sqrt{h}. \qquad (10.2\text{–}2)$$

Die dynamische spezifische Drehzahl n_s (Tabelle 10.2–1) ergibt sich zu:

$$n_s = n \sqrt{\frac{P}{\text{PS}}} \left(\frac{h}{\text{m}}\right)^{-5/4}. \qquad (10.2\text{–}3)$$

Sie ist diejenige Drehzahl, die die Turbine bei einer Fallhöhe von $h = 1$ m und einer Leistungsabgabe von $P = 1$ PS annimmt.

Für die kinetische spezifische Drehzahl n_q gilt:

$$n_q = n \sqrt{\frac{Q}{\text{m}^3/\text{s}}} \left(\frac{h}{\text{m}}\right)^{-3/4}. \qquad (10.2\text{–}4)$$

Diese stellt sich bei einem Durchfluß $Q = 1\ \text{m}^3/\text{s}$ und einer Fallhöhe $h = 1$ m ein.

Die Drehzahl n einer Wasserturbine liegt durch die Netzfrequenz $f = 50$ Hz sowie die Polpaarzahl p des Generators fest:

$$n = \frac{3000}{p}, \quad [n] = \text{min}^{-1}. \qquad (10.2\text{–}5)$$

Ausgehend von dem Durchfluß Q, der Leistung P und der Fallhöhe h können über die Gleichungen (10.2–3) bzw. (10.2–4) die Kenngrößen n_s bzw. n_q ermittelt werden. Diese bilden die Grundlage zur Auswahl des geeigneten Turbinentyps.

■ *Beispiel:*
Ein Wasserkraftwerk soll eine Leistung von $P = 100$ MW abgeben. Die Fallhöhe h beträgt 370 m. Zur elektrischen Energieerzeugung wird ein sechspoliger Synchrongenerator eingesetzt. Welcher Turbinentyp ist auszuwählen?

Lösung:

$$n_s = n \sqrt{\frac{P}{\text{PS}}} \left(\frac{h}{\text{m}}\right)^{-5/4},$$

$$n = \frac{3000}{6} = 500\ \text{min}^{-1}, \quad h = 370\ \text{m},$$

$$P = 100 \cdot 10^6\ \text{W} \cdot 1{,}36 \cdot 10^{-3}\ \frac{\text{PS}}{\text{W}} = 136\,000\ \text{PS},$$

$$n_s = 500 \sqrt{136\,000} \cdot 370^{-5/4} = 113{,}6\ \text{min}^{-1}.$$

Nach Tabelle 10.2–1 ist eine Francis-Turbine einzusetzen.

10.2.1.3 Aufbau und Betrieb

Die Energiegewinnung aus Wasser ist in der Praxis meist nur in eingeschränktem Maße möglich. So sind für Speicherkraftwerke große Stauseen anzulegen, die einen erheblichen Landverbrauch bedeuten. Laufkraftwerke an Flüssen dürfen zu keiner Beeinträchtigung der Schiffahrt führen.
Die aus einem Wasserreservoir zu entnehmende Leistung P hängt vom Produkt aus Turbinendurchfluß Q und Fallhöhe h ab:

$$P \sim Q\,h. \qquad (10.2\text{–}6)$$

In der Regel erreicht man in Gebirgsgegenden große Fallhöhen, während in den Niederungen der Durchfluß hohe Werte annimmt.
Wasserkraftwerke zeichnen sich durch relativ hohe Anlagekosten und niedrige Betriebskosten aus. Bei der Gewinnung elektrischer Energie werden sehr gute Wirkungsgrade erzielt. Diese hängen vom Arbeitspunkt der Wasserturbine ab und liegen in der Größenordnung von 80 ... 90%. Bei Pumpspeicherwerken ergeben sich etwas niedrigere Werte (75 ... 77%).
Vorteilhaft wirken sich bei Wasserkraftwerken die kurzen Regelzeiten aus. Der Anfahrvorgang ist nach ca. 90 s beendet. Es kann dann elektrische Energie in das Netz eingespeist werden.

10.2.2 Dampfkraftwerke

10.2.2.1 Einleitung

In einem Dampfkraftwerk wird der Generator durch eine Dampfturbine angetrieben. Diese ist konstruktiv anders aufgebaut als eine Wasserturbine. Das Laufrad (Bild 10.2–6) weist über den Umfang verteilt eine Vielzahl von Turbinenschaufeln auf.

Eine Dampfturbine wird von einem gasförmigen Arbeitsmedium (Wasserdampf) durchströmt. Der Wasserdampf verliert dabei einen Teil seiner Energie. Diese wird in mechanische Energie (technische Arbeit W_t) umgewandelt und steht an der Turbinenwelle zur Verfügung. Anders als beim Wasserkraftwerk (Abschnitt 10.2.1) spielen dabei die potentielle und kinetische Energie des Wasserdampfes eine untergeordnete Rolle. Es wird vielmehr die Eigenschaft des gasförmigen Arbeitsmediums ausgenutzt, Wärmeenergie zu speichern und diese teilweise wieder in Form von mechanischer Energie abzugeben. Zum besseren Verständnis der Vorgänge sind Grundkenntnisse in der Thermodynamik notwendig [10.8], [10.9].

a)

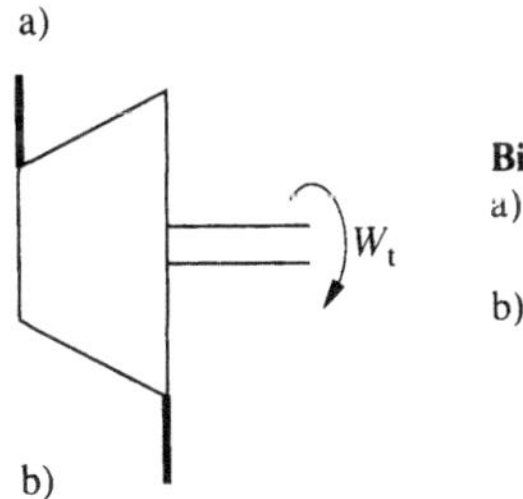

b)

Bild 10.2-6 Dampfturbine
a) Laufrad
(Werkbild: SIEMENS),
b) Schaltbild

10.2.2.2 Grundlagen der Thermodynamik

Die technische Thermodynamik beschäftigt sich bevorzugt mit der Umwandlung von Wärmeenergie in mechanische Energie. Dabei dient (in der Regel) ein gasförmiges Arbeitsmedium als Energiespeicher. Eine Maschine, in der die genannte Energieumwandlung abläuft, wird als Wärmekraftmaschine bezeichnet.

Wärmekraftmaschinen können als geschlossene und offene Systeme ausgelegt sein. Zur ersten Gruppe gehören die Kolbenmaschinen, die zweite Gruppe bilden die Strömungsmaschinen.

Das Verhalten von Wärmekraftmaschinen wird bestimmt durch

- die Eigenschaften des gasförmigen Arbeitsmediums,
- den Ersten Hauptsatz der Thermodynamik sowie
- den Zweiten Hauptsatz der Thermodynamik.

Der Zustand eines Gases läßt sich durch die Größen p (Druck), V (Volumen) und T (Temperatur) beschreiben. Die thermische Zustandsgleichung für ideale Gase lautet:

$$pV = mRT, \qquad (10.2\text{–}7)$$

m Gasmasse, R Gaskonstante.

Mit spezifischem, auf die Gasmasse m bezogenem Volumen ergibt sich

$$p\left(\frac{V}{m}\right) = pv = RT. \qquad (10.2\text{–}8)$$

p	V	v	m	R	T
Pa = N/m^2	m^3	m^3/kg	kg	J/(kg · K)	K

Wendet man den Energieerhaltungssatz auf Wärmekraftmaschinen an, ergibt sich der Erste Hauptsatz der Thermodynamik. Tabelle 10.2–2 enthält die Gleichungen in differentieller Form. Dabei sind die Größen q (Wärme), u (innere Energie), v (Volumen), w (Arbeit), w_t (technische Arbeit) und h (Enthalpie) auf die Gasmasse m bezogen. Bei der Strömungsmaschine wurden die Änderungen der potentiellen und kinetischen Energie der Gasströmung vernachlässigt.

Tabelle 10.2–2: Erster Hauptsatz der Thermodynamik

System	geschlossen	offen
Beispiel	Kolben-maschine	Strömungs-maschine
1. Hauptsatz	$dq = du + p dv$ $dw = p dv$	$dq = dh - v dp$ $dw_t = -v dp$

q	u	p	v	w, w_t	h
J/kg	J/kg	Pa = N/m^2	m^3/kg	J/kg	J/kg

Die einem Gas zugeführte Wärme dq läß sich nur zum Teil in mechanische Arbeit dw bzw. technische Arbeit w_t umwandeln. Die restliche Energie ist im Gas gespeichert und wird bei geschlossenen Systemen mit spezifischer innerer Energie u, bei offenen Systemen mit spezifischer Enthalpie h bezeichnet.

Der Zweite Hauptsatz der Thermodynamik sagt aus, daß eine Rückführung der im Gas gespeicherten Energie in die speisende Wärmequelle nicht möglich ist. Dahinter verbirgt sich die Erfahrung, daß Wärme ohne zusätzlichen Energieeinsatz immer nur vom wärmeren auf den kälteren Körper übergehen kann. Diese Tatsache wird durch eine weitere Zustandsgröße, die spezifische Entropie s ausgedrückt:

$$ds = \frac{dq}{T}. \qquad (10.2\text{–}9)$$

s	q	T
J/kg · K	J/kg	K

Man kann die Entropie als „Wärmequalität" auffassen. Eine Wärmemenge, die bei hoher Temperatur angeboten wird, besitzt eine große Qualität und damit eine niedrige Entropie. In einem geschlossenen

System ist der Entropiezuwachs stets positiv, d.h., es besteht die Tendenz, einen Temperaturausgleich selbständig herbeizuführen und Wärme von niedriger Qualität zu erzeugen.

Der Zweite Hauptsatz der Thermodynamik ist dafür verantwortlich, daß Wärmekraftmaschinen eine Energieumwandlung bei relativ geringem Wirkungsgrad durchführen. Um kontinuierlich Arbeit zu verrichten, muß ein sogenannter Kreisprozeß durchlaufen werden (Abschnitt 10.2.2.3). Dabei ist dem gasförmigen Arbeitsmedium zeitlich nacheinander Wärme zu- und abzuführen. Entsprechend dem Ersten Hauptsatz verrichtet dann das Arbeitsmedium mechanische Arbeit mit positivem und negativem Vorzeichen.

Bild 10.2–7a zeigt die Energieflüsse. Die Wärme Q_{ab} kann nicht in die Wärmequelle zurückgespeist werden, sondern gelangt in eine Wärmesenke, meist die Umgebung, und erhöht die Systemverluste. Der Wirkungsgrad einer Wärmekraftmaschine ergibt sich zu

$$\eta_{WKM} = \frac{W_{ab} - W_{zu}}{Q_{zu}}. \qquad (10.2\text{–}10)$$

Im Vergleich dazu existieren die Einschränkungen des Zweiten Hauptsatzes für elektrische Maschinen nicht (Bild 10.2–7b).

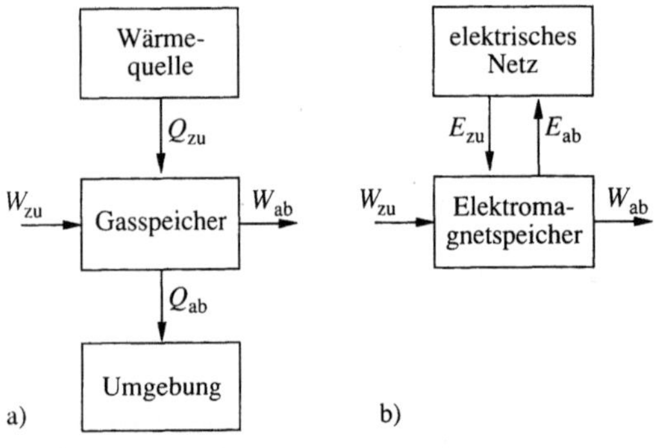

Bild 10.2-7 Energieflüsse bei kontinuierlicher Energieerzeugung
a) Wärmekraftmaschine,
b) elektrische Maschine

Es kann sowohl Energie E_{zu} aus dem elektrischen Netz bezogen als auch Energie E_{ab} in das Netz zurückgespeist werden. Für den Wirkungsgrad η_{EM} einer elektrischen Maschine gilt daher

$$\eta_{EM} = \frac{W_{ab} - W_{zu}}{E_{zu} - E_{ab}} > \eta_{WKM} \qquad (10.2\text{–}11)$$

η_{WKM}, η_{EM}	W_{ab}, W_{zu}	Q_{zu}	E_{ab}, E_{zu}
1	J	J	J

■ *Beispiel:*
Während eines Kreisprozesses wurden einer Wärmekraftmaschine die Wärmemenge $Q_{zu} = 3370$ kJ und $Q_{ab} = 1980$ kJ zu- bzw. abgeführt. Dabei ergaben sich die mechanischen Energien von $W_{ab} = 1350$ kJ und $W_{zu} = 200$ kJ. Wie groß ist der Wirkungsrad der Wärmekraftmaschine?

Lösung:
Mit Gleichung (10.2–10) erhält man

$$\eta_{WKM} = \frac{(1350 - 200)\text{ kJ}}{(3370)\text{ kJ}} = 0{,}34.$$

Eine vergleichbare elektrische Maschine ($E_{zu} = Q_{zu}$, $E_{ab} = Q_{ab}$) hätte dagegen nach Gleichung (10.2–11) einen Wirkungsgrad von

$$\eta_{EM} = \frac{(1350 - 200)\text{ kJ}}{(3370 - 1980)\text{ kJ}} = 0{,}827.$$

10.2.2.3 Dampfkraftwerk in einfachster Form

Zur Gewinnung elektrischer Energie benötigt ein Dampfkraftwerk ständig eine ausreichende Menge Wasserdampf von hoher Temperatur und hohem Druck. Dieser wird über eine Dampfturbine entspannt und erzeugt dabei die zum Antrieb des Generators benötigte mechanische Energie.

In seiner einfachsten Form benötigt ein Dampf- oder Wärmekraftwerk folgende Grundkomponenten:

- Dampferzeuger (Kessel) mit Überhitzer,
- Dampfturbine,
- Kondensator,
- Speisewasserpumpe,
- Speisewasserbehälter.

Bild 10.2–8 zeigt den Wärmeschaltplan des Dampfkraftwerkes mit den genannten Komponenten. Die

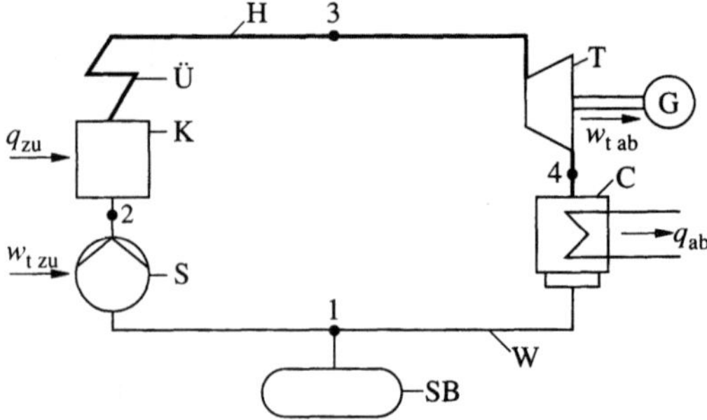

Bild 10.2-8 Wärmeschaltplan eines einfachen Dampfkraftwerkes
T Dampfturbine, S Speisewasserpumpe,
Ü Überhitzer, SB Speisewasserbehälter,
K Kessel, H Heißdampf,
C Kondensator, W Wasser

Beschreibung der Energieumwandlung möge willkürlich mit Punkt 1 beginnen. Das Arbeitsmedium Wasser befindet sich hier in flüssigem Zustand und ist in einem Speisewasserbehälter SB gespeichert. Die Speisewasserpumpe S pumpt das Wasser mit hohem Druck (170 bar) in den Kessel K (Punkt 2). Im Kessel wird durch die Verbrennung fossiler Brennstoffe (Erdgas, Erdöl, Kohle) Wärme erzeugt, die zur Verdampfung des Wasser führt. Ein sich anschließender Überhitzer Ü bringt den Wasserdampf bei gleichbleibendem Druck auf Temperaturen um 560 °C (Punkt 3). Der überhitzte Wasserdampf hat dann näherungsweise die Eigenschaften eines idealen Gases (Abschnitt 10.2.2.2). Ein Teil der im Gas gespeicherten Energie läßt sich durch Entspannung über die Dampfturbine T in mechanische Energie zum Antrieb des Generators G umwandeln. Der Kondensator C entzieht anschließend dem entspannten Wasserdampf soviel Wärme, daß er kondensiert und wieder zu Wasser wird.

Der oben skizzierte Kreisprozeß läßt sich im Enthalpie-Entropie-Diagramm (h-s-Diagramm) für Wasserdampf beschreiben. Daraus kann dann in einfacher Form der Wirkungsgrad der Anlage bestimmt werden.

Bild 10.2–9 zeigt den prinzipiellen Verlauf des Kreisprozesses im h-s-Diagramm für verlustlos angenommene Kraftwerkskomponenten. Der Erste Hauptsatz der Thermodynamik (Tabelle 10.2–2) gestattet die Berechnung der Wärmemengen q_{zu}, q_{ab} sowie der technischen Arbeiten $w_{t\,zu}$ und $w_{t\,ab}$ (Bild 10.2–8).

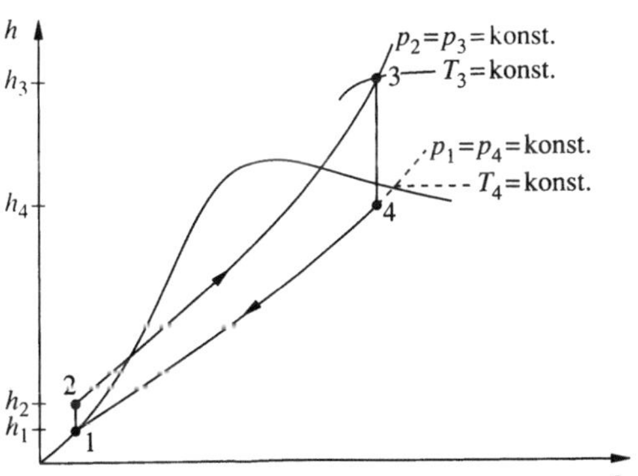

Bild 10.2-9 Kreisprozeß im h-s-Diagramm

Die Zustandsübergänge von 1 nach 2 und von 3 nach 4 laufen ohne Wärmeaustausch ab ($\mathrm{d}q=\mathrm{d}s=0$). Somit gilt:

$$w_{t12} = w_{t\,zu} = h_2 - h_1,$$

$$w_{t34} = w_{t\,ab} = h_3 - h_4.$$

Die Zustandsübergänge von 2 nach 3 und von 4 nach 1 finden bei konstantem Druck ($\mathrm{d}p=0$) statt.

Folglich erhält man:

$$q_{23} = q_{zu} = h_3 - h_2,$$

$$q_{41} = q_{ab} = h_4 - h_1.$$

Der Wirkungsgrad der Wärmekraftmaschine ergibt sich mit Gleichung (10.2–10) aus den Enthalpien zu:

$$\eta = \frac{w_{t\,ab} - w_{t\,zu}}{q_{zu}} = \frac{h_3 - h_4 + h_1 - h_2}{h_3 - h_2}. \qquad (10.2\text{–}12)$$

η	$w_{t12}, w_{t34}, w_{t\,ab}, w_{t\,zu}$	$q_{23}, q_{41}, q_{zu}, q_{ab}$	h_1, h_2, h_3, h_4
1	J/kg	J/kg	J/kg

Der in Bild 10.2–8 dargestellte Dampfkraftwerksprozeß wird in der Praxis so nicht realisiert, da sich ein zu schlechter Wirkungsgrad einstellt.

10.2.2.4 Verbesserung des Wirkungsgrades

Eine Verbesserung des Wirkunsgrades von Dampfkraftwerken ist insbesondere durch zwei Maßnahmen möglich; nämlich durch

- Zwischenüberhitzung und
- regenerative Speisewasservorwärmung.

Bei der Zwischenüberhitzung erfolgt der Druckabbau des überhitzten Wasserdampfes in mehreren Turbinenstufen. Am Ausgang einer jeden Stufe wird das gasförmige Arbeitsmedium vor der weiteren Entspannung erneut aufgeheizt. Bild 10.2–10 zeigt den Wärmeschaltplan eines Dampfkraftwerkes mit einer Hochdruckturbine HD sowie einer Niederdruckturbine ND, die auf einer gemeinsamen Welle angeordnet sind. Der Zwischenüberhitzer ZÜ befindet sich zwischen den beiden Turbinenstufen und führt eine Erwärmung des teilentspannten Wasserdampfes bei konstantem Druck durch.

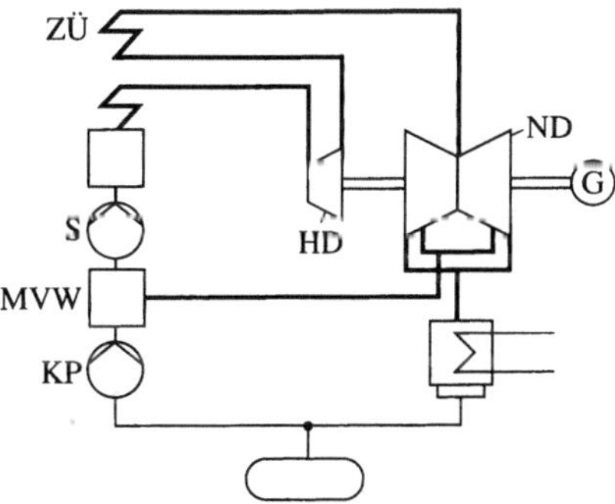

Bild 10.2-10 Wärmeschaltplan eines Dampfkraftwerkes mit Zwischenüberhitzung und Speisewasservorwärmung

ZÜ	Zwischenüberhitzer,	HD	Hochdruckturbine,
MVW	Mischvorwärmer,		
S	Speisewasserpumpe,	ND	Niederdruckturbine
KP	Kondensatpumpe,		

Die regenerative Speisewasservorwärmung ist in Bild 10.2–10 nur in der einfachsten Form dargestellt. Aus der Niederdruckturbine wird ein Teil des Wasserdampfes ausgekoppelt und mit dem Speisewasser im Mischvorwärmer MVW vermischt. Die Kondensatpumpe KP sorgt dabei für gleiche Druckverhältnisse. Die Dampfauskopplung hat eine verringerte technische Arbeit an der Turbinenachse zur Folge. Gleichzeitig wird durch die Speisewasservorwärmung Brennstoff im Kessel eingespart. In der Summe führt dies zu einer Verbesserung des Kraftwerkswirkungsgrades.

Die Speisewasservorwärmung erfolgt bei Dampfkraftwerken üblicherweise in mehreren Stufen. Dabei wird aus den einzelnen Turbinenstufen Dampf ausgekoppelt und Speisewasservorwärmern zugeführt. Durch diese Maßnahmen erreicht man heute Kraftwerkswirkungsgrade in der Größenordnung von 40%.

Dampfkraftwerke werden überwiegend als Grund- und Mittellastkraftwerke (Abschnitt 10.1.4) im Leistungsbereich bis 1000 MW eingesetzt. Die Hochfahrzeit kann mehrere Stunden betragen.

10.2.3 Gasturbinen- und kombinierte Gasturbinen-Dampfkraftwerke

10.2.3.1 Gasturbinenkraftwerke

Gasturbinenkraftwerke sind einfacher aufgebaut als Dampfkraftwerke. Dies hängt mit der Wahl des Arbeitsmediums zusammen. Da statt Wasserdampf Luft verwendet wird, kann die aufwendige Dampferzeugungsanlage entfallen.

Bild 10.2–11 zeigt den Wärmeschaltplan eines einfach aufgebauten Gasturbinenkraftwerkes. Ein Verdichter V komprimiert das Arbeitsmedium Frischluft F auf einen Druck von ca. 3 ... 12 bar. Die komprimierte Frischluft wird anschließend in einem Wärmetauscher W vorgewärmt. Hierzu bieten sich die heißen Abgase am Ausgang der Gasturbine an. In der Brennkammer B wird die vorgewärmte und komprimierte Luft mit einem Brennstoff (z. B. Erdgas) gemischt und verbrannt. Am Ausgang der Brennkammer steht das Abgas A zur Verfügung, das eine Temperatur von ca. 600 ... 1000 °C aufweist. Die in diesem Abgas gespeicherte Energie läßt sich anschließend durch Entspannung über die Gasturbine T teilweise in mechanische Energie umsetzen.

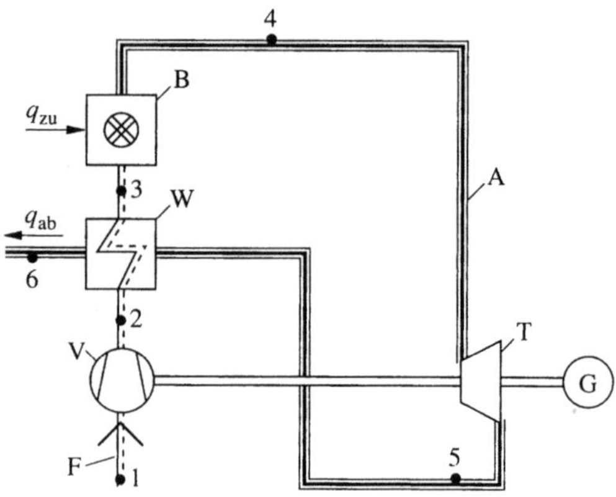

Bild 10.2-11 Wärmeschaltplan eines Gasturbinenkraftwerkes

V Verdichter, W Wärmetauscher, B Brennkammer, F Frischluft, A Abgas, T Gasturbine

Der beschriebene Gasturbinenprozeß kann in einem *h*-*s*-Diagramm dargestellt werden (Bild 10.2–12). Die Zustandsänderungen von 2 nach 3 und nach 4 und die Zustandsänderungen von 5 nach 6 und nach 1 laufen bei konstantem Druck ab, diejenigen von 1 nach 2 und 4 nach 5 laufen ohne Wärmeänderung ab. Sie sind einfacher darzustellen als beim Dampfkraftwerksprozeß (Bild 10.2–9), da das Arbeitsmedium seinen Aggregatzustand nicht ändert. Aus dem *h*-*s*-Diagramm läßt sich der Wirkungsgrad des Gasturbinenkraftwerkes über die Enthalpiedifferenzen ermitteln. Analog zu Abschnitt 10.2.2.3 erhält man:

$$\eta = \frac{w_{\text{t ab}} - w_{\text{t zu}}}{q_{\text{zu}}} = \frac{h_4 - h_5 + h_1 - h_2}{h_4 - h_3}. \qquad (10.2\text{–}13)$$

η	$w_{\text{t ab}}, w_{\text{t zu}}$	q_{zu}	h_1, h_2, h_3, h_4
1	J/kg	J/kg	J/kg

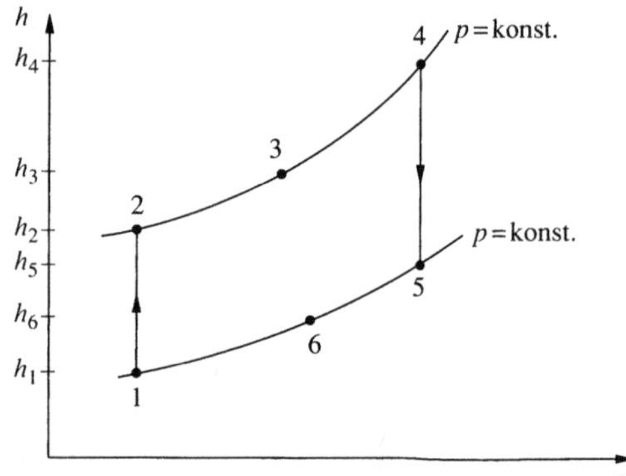

Bild 10.2-12 Gasturbinenprozeß im *h*-*s*-Diagramm

Der Wirkungsgrad von Gasturbinenkraftwerken fiel in der Vergangenheit mit $\eta = 25 \ldots 30\%$ relativ niedrig aus.

Die Ursachen hierfür waren:

- die hohe Temperatur des Abgases beim Turbinenaustritt,
- ein hoher Anteil nicht verbrannter Luft im Abgas sowie
- die hohe Antriebsleistung des Verdichters (bis zu 2/3 der Turbinenleistung).

Neuere Entwicklungen lassen in absehbarer Zeit wesentlich höhere Wirkungsgrade in der Größenordnung von 35 ... 38% erwarten.

Gasturbinenkraftwerke werden heute mit Leistungen bis etwa 140 MW ausgeführt. Die Vorteile dieses Kraftwerkstyps sind:

- einfacher und kompakter Aufbau,
- kurze Bauzeit,
- kurze Anfahrzeit (ca. 2 Minuten) sowie
- praktisch kein Kühlwasserbedarf.

Gasturbinenkraftwerke werden aufgrund ihrer kurzen Anfahrzeiten vorwiegend zur Abdeckung von Lastspitzen (Abschnitt 10.1.4) eingesetzt. In dieser Funktion konkurrieren sie mit Pumpspeicherwerken (Abschnitt 10.2.1.1).

10.2.3.2 Kombikraftwerke

Durch die Kopplung von Gasturbinenkraftwerken mit Dampfkraftwerken erhält man sogenannte Kombikraftwerke, die einen sehr hohen Wirkungsgrad bei der Elektroenergieerzeugung aufweisen. Bild 10.2–13 zeigt den Wärmeschaltplan einer solchen Anlage. Dabei wurde zur Vereinfachung der Dampfkraftwerksprozeß in seiner einfachsten Form ohne Speisewasservorwärmung und Zwischenüberhitzung dargestellt. Das heiße Abgas am Ausgang der Gasturbine gelangt in einen unbefeuerten Abhitzekessel AH, wo es zur Dampferzeugung dient. Die Antriebsleistungen von Gasturbine GT und Dampfturbine DT stehen etwa im Verhältnis von 2:1. Gegenüber dem reinen Gasturbinenprozeß ergibt sich somit eine Wirkungsgradverbesserung um etwa den Faktor 1,5. Dieser Wert läßt sich noch weiter steigern, wenn mehrere Gasturbinen gleichzeitig auf einen Abhitzekessel arbeiten. Mit ausgeführten Anlagen wurden bislang Gesamtwirkungsgrade von 51% erzielt.

Neben dem in Bild 10.2–13 dargestellten Kraftwerksprozeß gibt es noch eine Reihe weiterer Varianten zur Realisierung von Kombikraftwerken. So kann der nachgeschaltete Abhitzekessel mit einer Zusatzbefeuerung versehen werden, um den hohen Sauerstoffgehalt im Abgas auszunutzen. Kombikraftwerke dürften in der Zukunft auch in Verbindung mit Kohlevergasungsanlagen eine wichtige Rolle spielen. Es ergibt sich hier die Möglichkeit, bei geringsten Emissionen und höchsten Wirkungsgraden Kohle für die Gasturbine nutzbar zu machen.

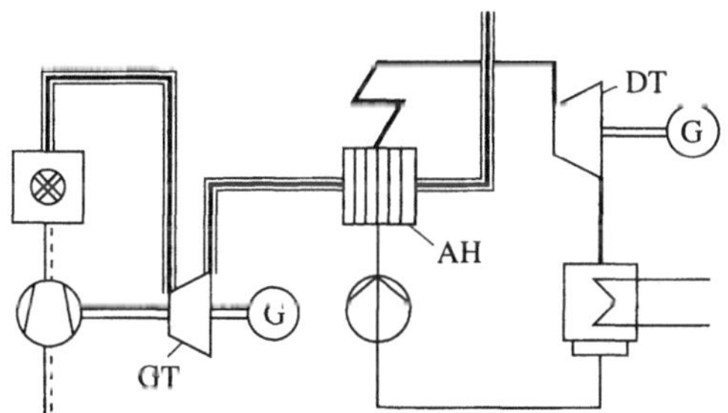

Bild 10.2-13 Vereinfachter Wärmeschaltplan eines kombinierten Gasturbinen-Dampfkraftwerkes

AH Abhitzekessel, GT Gasturbine
DT Dampfturbine,

10.2.4 Kernkraftwerke

10.2.4.1 Einführung

Kernkraftwerke sind Dampfkraftwerke, bei denen die benötigte Wärme zur Verdampfung des Wassers aus der Spaltung von Atomkernen gewonnen wird. Nukleare Brennstoffe besitzen extrem hohe Energieinhalte. So entsteht z. B. bei der vollständigen Spaltung von 1 kg Uran (Isotop U–235) eine thermische Energie von $21{,}8 \cdot 10^6$ kWh. Im Vergleich dazu wird bei der Verbrennung von 1 kg Kohlenstoff nur eine Wärmemenge von 8 kWh freigesetzt. Der Heizwert von Uran ist damit um den Faktor $2{,}7 \cdot 10^6$ größer als der von Steinkohle.

Bei der Kernspaltung entsteht neben Wärmeenergie auch radioaktive Strahlung, die für Mensch und Natur gefährlich ist. Daher laufen diese Vorgänge in einem speziell geschirmten Reaktorbehälter ab. Der überwiegende Teil der in Betrieb befindlichen Kernkraftwerke ist mit Leichtwasserreaktoren ausgestattet. Der prinzipielle Aufbau eines solchen Reaktortyps ist aus Bild 10.2–14 zu ersehen.

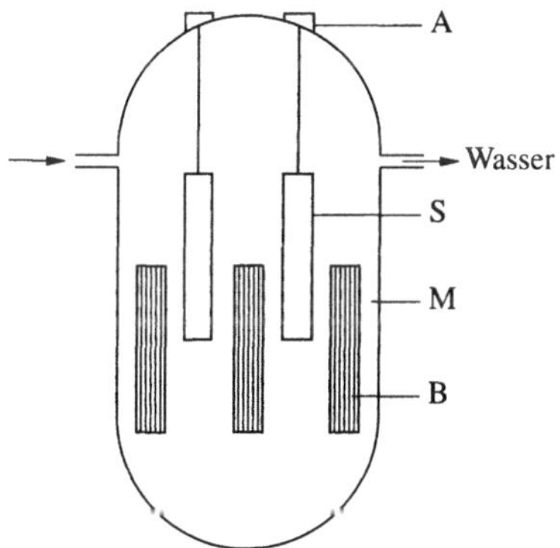

Bild 10.2-14 Prinzipieller Aufbau eines Leichtwasserreaktors

B Brennelemente, M Moderator (Wasser),
S Steuerstab, A Antrieb

Im Innern eines Stahlbehälters befinden sich die Brennelemente. Diese bestehen aus einzelnen Rohren, die mit spaltbarem Material angefüllt sind. Als Kernbrennstoff dient angereichertes Uran, das in einem aufwendigen Herstellungsverfahren aus Natururan gewonnen wird. Natururan besteht zu 99,3% aus U–238 Atomen und zu 0,7% aus U–235 Atomen. Beim angereicherten Uran erhöht sich der Anteil am U–235 Isotop auf ca. 2,5 ... 3,5%.

Durch den Beschuß der Brennelemente mit Neutronen werden Kernspaltungsvorgänge ausgelöst. Dabei entstehen weitere Neutronen, die die Kernspaltung noch verstärken. Dies kann zu einer unkontrollierten Kettenreaktion mit riesigen, momentan entstehenden Energiemengen führen (Atombombe!).

Zur Vermeidung solcher Vorgänge sind im Reaktorbehälter Moderator und Steuerstäbe vorgesehen. Der Moderator soll die freigesetzten Neutronen abbremsen.

Beim Leichtwasserreaktor übernimmt diese Aufgabe das Kühlwasser im Reaktorinnern. Die Steuerstäbe bestehen aus Borkarbid, einem Stoff, der gut Neutronen absorbieren kann. Die Lage der Steuerstäbe bestimmt den Ablauf der Kernspaltung und damit die anfallende Wärme. Ein Absenken führt zu einer erhöhten Neutronenabsorption und damit zu einer Abschwächung der Kernspaltung. Die entwickelte thermische Energie wird kleiner. Das Hochfahren der Steuerstäbe hat dagegen eine erhöhte Wärmeabgabe zur Folge.

Leichtwasserreaktoren lassen sich unterteilen in:

- Druckwasserreaktoren und
- Siedewasserreaktoren.

10.2.4.2 Druckwasserreaktor

Bild 10.2–15 zeigt den prinzipiellen Aufbau eines Kernkraftwerkes mit Druckwasserreaktor. Dieses ist durch zwei Wärmekreisläufe gekennzeichnet. Im Reaktorinnern wird Wasser auf ca. 320 °C erhitzt. Der hohe Druck (ca. 160 bar) verhindert ein Verdampfen der Flüssigkeit. Das erhitzte Wasser gelangt in einen Wärmetauscher, der im Sekundärkreislauf Wasserdampf von ca. 280 °C bei etwa 60 bar erzeugt. Nach dem Wärmetauscher sind die Anlagenteile identisch mit denen eines konventionellen Dampfkraftwerkes (Abschnitt 10.2.2).

Der Vorteil dieses Anlagenkonzeptes besteht darin, daß nur der Primärkreislauf mit radioaktivem Material in Berührung kommt und daher besonders zu schützen ist. Der gesamte konventionelle Kraftwerksteil (Turbine, Kondensator) liegt aber außerhalb des Schutzbereiches. Der Wirkungsgrad eines Kernkraftwerkes mit Druckwasserreaktor fällt im Vergleich zu fossil beheizten Dampfkraftwerken mit $\eta \approx 33\%$ recht niedrig aus. Die Ursache liegt in der Existenz von zwei Wärmekreisläufen und in den (aus Sicherheitsgründen) recht niedrigen Dampfdrücken und -temperaturen im Sekundärkreislauf.

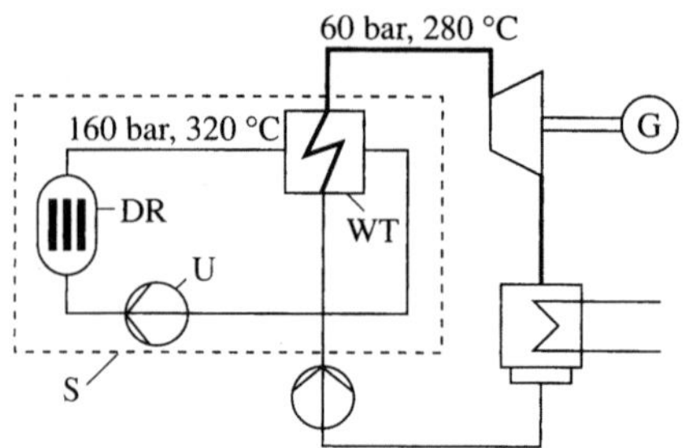

Bild 10.2-15 Prinzipieller Wärmeschaltplan eines Kernkraftwerkes mit Druckwasserreaktor
DR Druckwasserreaktor, U Umwälzpumpe, WT Wärmetauscher, S Schutzbereich

10.2.4.3 Siedewasserreaktor

Bild 10.2–16 zeigt den prinzipiellen Wärmeschaltplan eines Kernkraftwerkes mit Siedewasserreaktor. Der Dampfkreislauf entspricht dem eines konventionellen Dampfkraftwerkes. Aufgrund des geringen Kühlwasserdrucks (70 bar) bildet sich im oberen Teil des Siedewasserreaktors Wasserdampf von etwa 280 °C. Diese Temperatur liegt aus Sicherheitsgründen deutlich unter den Werten, die sich in einem Dampfkessel einstellen (Abschnitt 10.2.2.3). Aus diesem Grund lassen sich auch nur Kraftwerkswirkungsgrade von 36% erreichen (Kohlekraftwerk: 40%).

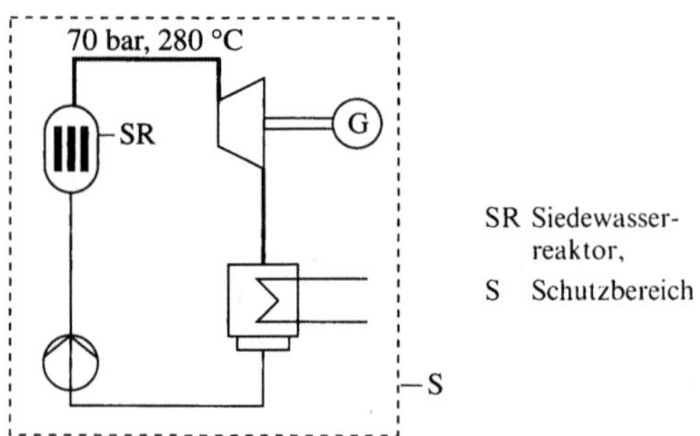

SR Siedewasserreaktor, S Schutzbereich

Bild 10.2-16 Prinzipieller Wärmeschaltplan eines Kernkraftwerkes mit Siedewasserreaktor

Beim Siedewasserreaktor kommt der gesamte Dampferzeugungsteil mit radioaktivem Material in Berührung und liegt somit im Schutzbereich. Dieser darf während des Betriebes nur unter bestimmten Auflagen betreten werden.

Kernkraftwerke werden heute für Leistungen größer als 1000 MW gebaut und vornehmlich als Grundlastkraftwerke eingesetzt (Abschnitt 10.1.4). Dabei kommen wegen der besseren Sicherheit vorwiegend Druckwasserreaktoren zum Einsatz.

10.2.5 Kraftwerksregelung

10.2.5.1 Notwendigkeit einer Frequenzregelung

In einem elektrischen Energieversorgungsnetz besitzt die Netzspannung nur dann eine konstante Frequenz, wenn ein Gleichgewicht zwischen Energieerzeugung und Energieverbrauch besteht. Ein Überschuß an Erzeugerleistung führt zu einem Frequenzanstieg, ein

Mangel zu einer Frequenzabsenkung. Dieser Zusammenhang läßt sich graphisch in einem Frequenz-Leistungsdiagramm darstellen (Bild 10.2–17). Die Steigung der Kennlinie wird als Statik s des Netzes bezeichnet:

$$s = \frac{\Delta f}{\Delta P}. \qquad (10.2\text{–}14)$$

s	Δf	ΔP
Hz/W	Hz	W

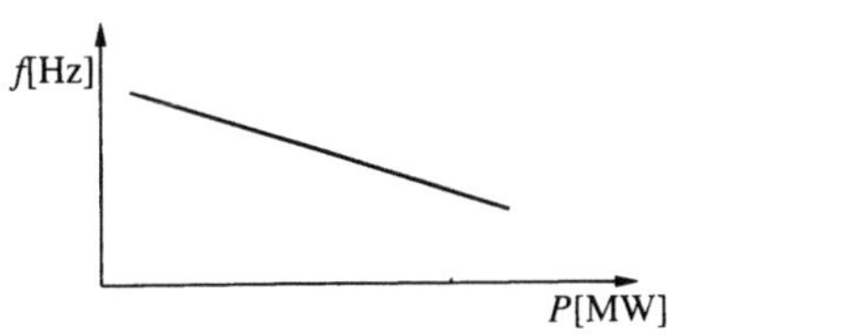

Bild 10.2-17 Frequenz-Leistungskennlinie eines Energieversorgungsnetzes ohne Frequenzregelung

Nach Bild 10.2–17 ist die Netzfrequenz lastabhängig. Abhilfe läßt sich durch eine Frequenzregelung erreichen. Diese greift auf der Kraftwerksseite ein und soll im weiteren kurz beschrieben werden [10.10], [10.11].

10.2.5.2 Generator im Einzelbetrieb

Besonders einfache Verhältnisse ergeben sich, wenn nur ein Generator im Netz vorhanden ist. Man spricht dann auch von einem Inselnetz. In Bild 10.2–18 versorgt der Generator G die Last Z mit elektrischer Energie.

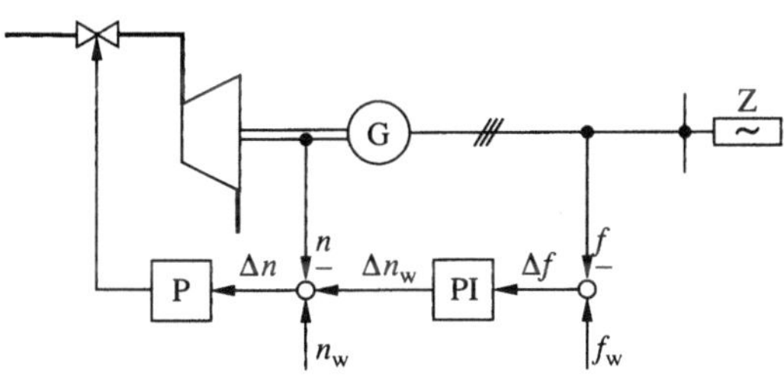

Bild 10.2-18 Kraftwerksregelung bei einem Generator im Inselbetrieb

n_w Drehzahlführungsgröße

f_w Frequenzführungsgröße

Zur Aufrechterhaltung einer konstanten Netzfrequenz f ist ein Drehzahlregler (Primärregler) mit überlagertem Frequenzregler (Sekundärregler) vorgesehen. Das Ausgangssignal des Drehzahlreglers beeinflußt über geeignete Stellglieder die Dampferzeugung des Kraftwerkes (in Bild 10.2–18 ist dies nur angedeutet).

Der Drehzahlregler besitzt ein proportionales Übertragungsverhalten (P-Regler) und bestimmt die Statik des Generators. Beim Auftreten eines Lastsprunges ΔP im Netz tritt zunächst gemäß der eingestellten Statik eine Frequenzänderung $\Delta f = s\Delta P$ auf. Diese Regelabweichung wird längerfristig vom überlagerten Frequenzregler beseitigt, der als PI-Regler ausgelegt ist.

10.2.5.3 Generatoren im Parallelbetrieb

Unter Parallelbetrieb versteht man das Zusammenwirken mehrerer Generatoren über eine gemeinsame Sammelschiene oder über ein gemeinsames Netz. Dabei ist die Netzfrequenz für alle Stromerzeuger gleich. Beim Parallelbetrieb muß die Leistung auf die einzelnen Generatoren verteilt werden. Bild 10.2–19 zeigt die Auswirkungen auf die Kraftwerksregelung. Zwei Generatoren versorgen gemeinsam eine Last Z. Dabei soll der Generator G1 die Wirkleistung P_{1w} und der Generator G_2 die Wirkleistung P_{2w} abgeben. Der Drehzahlregler ist analog zu Bild 10.2–18 aufgebaut. Parallel dazu liegt der Leistungsregler, der ein PI-Verhalten aufweist. Im Konfliktfall hat die schnellere Drehzahlregelung Vorrang vor der Leistungsregelung.

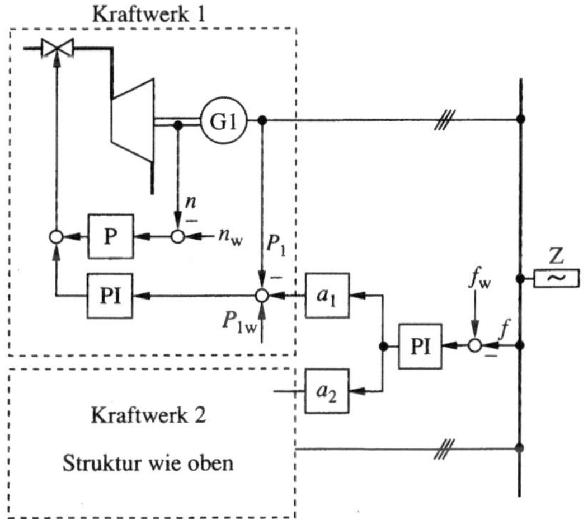

Bild 10.2-19 Kraftwerksregelung im Inselnetz mit zwei Generatoren

P_{1w} Führungsgröße der Wirkleistung von Generator 1

Bei einem Lastsprung ΔP im Netz tritt zunächst eine Frequenzänderung Δf auf, die durch die Statiken s_1 und s_2 der Generatoren bestimmt ist:

$$\Delta f = \frac{s_1 s_2}{s_1 + s_2}\Delta P. \qquad (10.2\text{–}15)$$

Der Generator mit der kleineren Statik muß den größeren Teil der Lastschwankungen ΔP übernehmen:

$$\Delta P_1 = \frac{s_2}{s_1 + s_2}\Delta P, \qquad (10.2\text{–}16)$$

$$\Delta P_2 = \frac{s_1}{s_1 + s_2} \Delta P. \qquad (10.2\text{–}17)$$

f	s_1, s_2	$P_s P_1, P_2$
Hz	Hz/W	W

Längerfristig wird die Regelabweichung Δf vom Frequenzregler (Sekundärregler) beseitigt. In einem Energieversorgungsnetz darf immer nur ein Sekundärregler vorhanden sein, da andernfalls Frequenzschwankungen auftreten können. Der Frequenzregler arbeitet hier nicht mit dem Drehzahl-, sondern mit dem Leistungsregler zusammen. Die Faktoren a_1 und a_2 legen fest, im welchem Maße sich die beiden Kraftwerke an der Frequenzregelung beteiligen.

10.2.5.4 Generatoren im Verbundbetrieb

Unter Verbundbetrieb versteht man eine besondere Form des Parallelbetriebes, wobei es zum überwachten Energieaustausch zwischen zwei oder mehreren Einzelnetzen kommt. Dementsprechend gelten bezüglich Frequenzhaltung und Leistungsaufteilung auf die Stromerzeuger zunächst alle Gesetze des Parallelbetriebes. Die Regelung hat zusätzlich dafür zu sorgen, daß die Leistungsflüsse zwischen den Verbundpartnern vorgegebenen Werten entsprechen. Bild 10.2–20 zeigt die Realisierung.

Die Netze 1 und 2 sind miteinander über eine Freileitung gekoppelt. Beide Netze enthalten eine Vielzahl von Generatoren. Hier wird nur der Generator G1 betrachtet, der zum Netz 1 gehört.

Über die Verbindungsleitung wollen die Verbundpartner die Leistung $P_{üw}$ austauschen. Dazu wird die Abweichung von der Führungsgröße $\Delta P_ü = P_{üw} - P_ü$ ermittelt, mit der Statik s_{N1} des Netzes 1 gewichtet und auf den Frequenzregler aufgeschaltet.

Das beschriebene Sekundärregelkonzept ist unter der Bezeichnung Leistungs-Frequenzregelung (Netzkennlinienregelung) bekannt. Jedes Netz darf nur jeweils einen Sekundärregler besitzen. Diese sorgen im ungestörten Fall ($\Delta f \approx 0$) für den gewünschten Leistungsaustausch zwischen den Verbundpartnern. Bei großen Laständerungen stützen zunächst alle Kraftwerke über ihre Primärregelkreise die Frequenz. Längerfristig sorgen aber die Sekundärregler dafür, daß alleine das gestörte Netz für die Beseitigung der Laständerung aufkommt.

10.2.6 Regenerative Erzeugung elektrischer Energie

10.2.6.1 Photovoltaik

1. Solare Strahlung

Stromerzeugung direkt aus dem Sonnenlicht ist eine der umweltfreundlichsten Arten der Energiewandlung. Sie ist für unsere Begriffe unerschöpflich und einfach zu handhaben. Der Nachteil ist, daß die Erzeugung der elektrischen Energie abhängig ist von der einfallenden Sonnenstrahlung und damit von der Tages- und Jahreszeit, der geographischen Lage und der Orientierung der Solarzelle.

Die Intensität der solaren Strahlung außerhalb der Erdatmosphäre ist konstant und beträgt 1353 W/m² (Solarkonstante).

Beim Durchgang durch die Atmosphäre wird Intensität und spektrale Verteilung der Energiedichte E_λ der Sonnenstrahlung durch Reflexion und Absorption verändert (Bild 10.2–21) [10.12].

Ein Maß für die Abschwächung ist die durchlaufene Weglänge in der Atmosphäre; sie wird durch den Sekans (1/cos) des Winkels δ zwischen Sonnenhöhe und Zenit dargestellt und mit dem Begriff *air mass* (AM) beschrieben:

AM 0	solare Einstrahlung außerhalb der Atmosphäre	1353 W/m²,
AM 1	solare Einstrahlung auf der Erde bei Zenitstand der Sonne	952 W/m²,
AM 1,5	$\delta = 48°$	844 W/m²,
AM 2	$\delta = 60°$	691 W/m².

In der Bundesrepublik Deutschland treffen auf einer horizontalen Fläche ca. 1000 kWh/m²a (114 W/m²) Strahlungsleistung auf. Diese sogenannte Globalstrahlung setzt sich aus einem direkten und einem

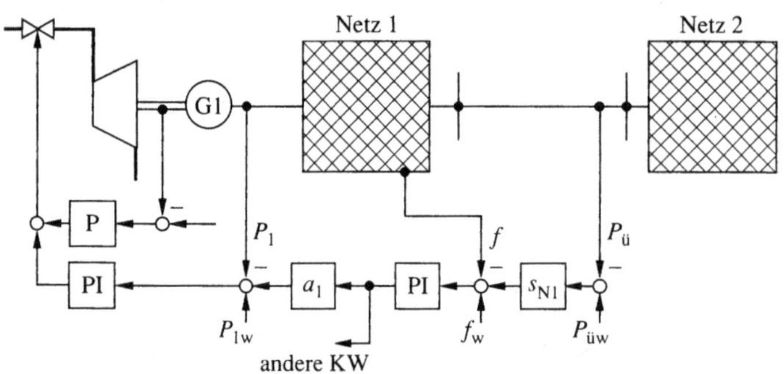

Bild 10.2-20 Kraftwerksregelung im Verbundnetz, KW Kraftwerk

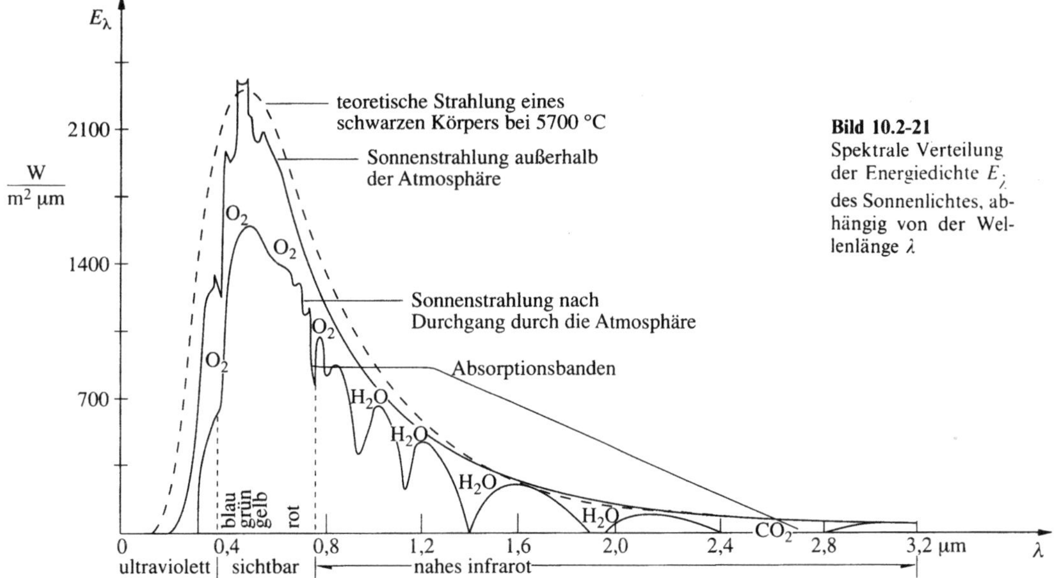

Bild 10.2-21 Spektrale Verteilung der Energiedichte E_λ des Sonnenlichtes, abhängig von der Wellenlänge λ

diffusen Anteil (gestreutes Licht ca. 40 ... 50%) zusammen.

Mittelwerte der Solarstrahlung an unterschiedlichen Orten sind in Tabelle 10.2–3 zusammengestellt [10.13].

Tabelle 10.2–3: Mittelwerte der globalen Solarstrahlung

Sahara	2550 kWh/m² a	291 W/m²
Paris	1500 kWh/m² a	171 W/m²
Freiburg	1270 kWh/m² a	145 W/m²
Berlin	1000 kWh/m² a	114 W/m²
London	930 kWh/m² a	106 W/m²

Die mittlere im Jahr eingestrahlte Leistung verteilt sich über die Monate so, daß in den Wintermonaten ca. 20% und in den Sommermonaten ca. 80% anfallen.

2. Wirkunsgweise und Aufbau der Solarzellen

Kennzeichen der Solarzelle ist der *p-n*-Übergang. Der prinzipielle Aufbau einer kristallinen Silicium-Solarzelle ist in Bild 10.2–22 gezeigt. Die Erzeugung elektrischer Leistung in der Solarzelle beruht auf dem inneren Photoeffekt eines Halbleiters, d. h., durch Absorption von Photonen entstehen Elektronen-Loch-Paare, die im elektrischen Feld eines *p-n*-Überganges getrennt werden. Solarzellen lassen sich damit als Dioden beschreiben, die bei Lichteinwirkung einen Photostrom erzeugen. Bild 10.2–23 zeigt die Diodenkennlinie einer unbeleuchteten (Kurve 1) und einer beleuchteten (Kurve 2) Solarzelle zusammen mit den wichtigsten Kenngrößen Kurzschlußstrom (I_{sc}), Leerlaufspannung (U_{0c}), Maximum Power Point (MPP) und Sperrstrom I_0.

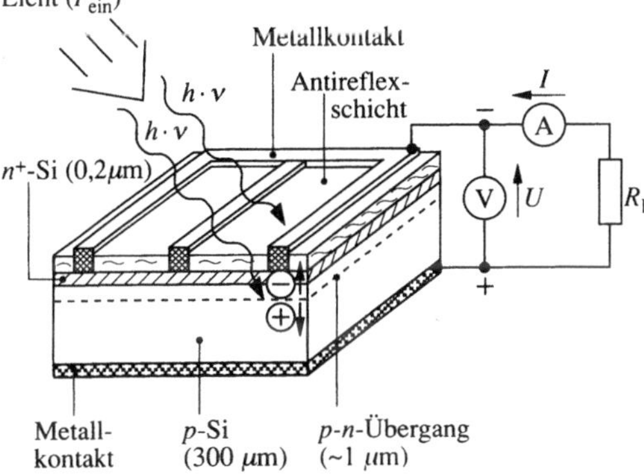

Bild 10.2-22 Prinzipieller Aufbau einer Silicium-Solarzelle

R_L Lastwiderstand,
U Photospannung 0...500 mV,
I Photostrom 0...2 A,
P_{ein} eingestrahlte Lichtleistung

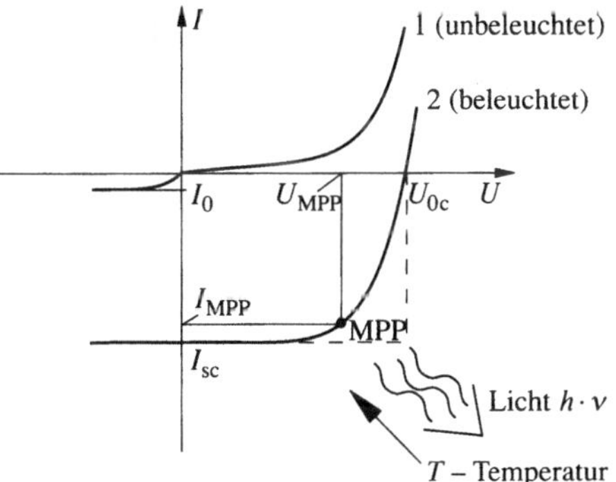

Bild 10.2-23 Kennlinie einer Solarzelle

Am MPP wird die maximale Leistungsabgabe erreicht. Der Wirkungsgrad η_s der Solarzelle bestimmt sich aus

$$\eta_s = FF \frac{U_{0c} \cdot I_{sc}}{P_{ein}}, \quad (10.2\text{–}18)$$

wobei P_{ein} die eingestrahlte Lichtleistung ist und FF der Füllfaktor ($FF \approx 0,8 \ldots 0,85$).

$$FF = \frac{I_{MPP} \cdot U_{MPP}}{I_{sc} \cdot U_{0c}}. \quad (10.2\text{–}19)$$

Wie Bild 10.2–23 zeigt, ist zur mathematischen Beschreibung der U-I-Kennlinie der Solarzelle zur Diodenkennlinie der Photostrom I_{ph} zu addieren.

$$I = I_0 \left(\exp \frac{eU}{kT} - 1 \right) - I_{ph}. \quad (10.2\text{–}20)$$

η_s	FF	U, U_{0c}, U_{MPP}	$I, I_0, I_{0c}, I_{sc}, I_{MPP}, I_{ph}$
1	1	V	A

e	k	T
C = As	Ws/K	K

Verschiedene Verluste verringern die Leistung im realen Einsatz:

- erhöhte Temperatur ergibt einen Leistungsabfall von ca. 0,5%/°C,
- schräger Lichteinfall erhöht die Reflexionsverluste.

Die technischen Kennwerte der Solarzellen werden bei einer Strahlungsleistung von 1 kW/m² bei 25 °C und senkrechtem Lichteinfall ermittelt.
Hergestellt werden die Solarzellen nach unterschiedlichen Verfahren:

- klassische Silicium-Scheibentechnologie auf der Grundlage von mono- oder polykristallinem Silicium,
- Dünnschicht-Technologien mit (undotierten) Zwischenschichten (p-i-n-Übergängen) aus Halbleitermaterialien wie amorphes Silicium, kristalline III–V-Halbleiter (GaAs, InP), polykristalline Verbindungshalbleiter (CdS, Cu_2S u. a.) und als Mehrfachschichten mit unterschiedlichem Bandabstand (Tandemzelle).

Für die einzelnen Materialien sind die in Tabelle 10.2–4 angegebenen theoretischen Wirkungsgrade (η_T) möglich, die aber praktisch (η_P) nicht erreicht werden.

Aufgrund des hohen Reflexionsgrades (ca. 30%) für das einfallende Licht am Silicium muß noch eine Antireflexionsschicht (Siliciumnitrid o. ä.) aufgebracht werden. Die Kontaktierung erfolgt auf der Vorderseite kammartig (ca. 5% der Oberfläche) und auf der Rückseite vollständig.

Tabelle 10.2–4: Wirkungsgrade von Solarzellen

Material	η_T	η_P
einkristallines Silicium (Si)	22%	15%
polykristallines Silicium (p-Si)	21%	13%
amorphes Silicium (a-Si)	15%	7,5%
Gallium-Arsenid (GaAs)	28%	17%
Cadmium-Sulfid (CdS)	15%	5%
Tandemzellen	35%	–

3. Solarmodule und -generatoren

Die einzelnen Solarzellen (Abmessungen ca. 10 cm × 10 cm, Leerlaufspannung 0,5...1,2 V, Arbeitsspannung 0,4 V, Kurzschlußstrom 2,5...3 A) werden auf Trägerplatten verklebt und zu einem Modul zusammengeschaltet, Abgabespannung der Solarmodule 12 V oder 24 V (32 bis 36 bzw. 64 bis 72 Solarzellen). Angeboten werden Solarmodule mit Leistungen zwischen 35...50 W_p (mono- oder polykristallin) und 15...35 W_p (amorph).

Die Kosten einer Solaranlage gliedern sich wie folgt:
- Modul 50%,
- Anlage 40%,
- Nebenkosten 10%.

Als Richtwerte für die Modulkosten müssen zur Zeit noch ca. 10 DM/W_p angenommen werden, das ergibt Gesamtkosten von 66000 DM für eine 3 kW_p-Anlage. Der Strompreis liegt unter diesen Voraussetzungen bei ca. 3 DM/kWh. Das Blockschaltbild einer Photovoltaikanlage zeigt Bild 10.2–24.

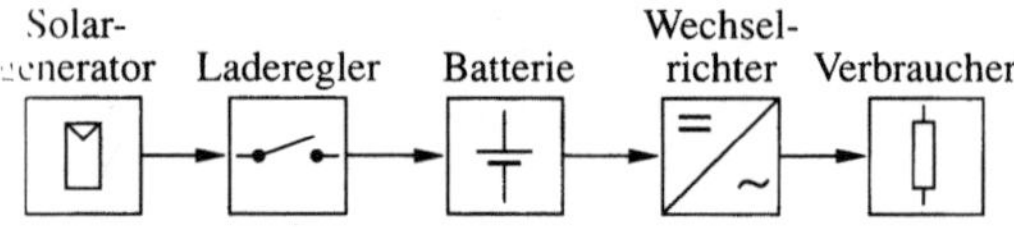

Bild 10.2-24 Blockschema einer Photovoltaikanlage

Großanlagen mit Leistungen bis 1 MW_p, die netzgekoppelt betrieben werden, sind in Erprobung. Bild 10.2–25 zeigt die Blockschaltung der 340 kW_p-Anlage in Kobern-Gorndorf (Betreiber: RWE Energie AG) [10.15].

10.2.6.2 Sonnenkollektoren

Solarabsorber kann man nutzen, um Wasser in Rohrleitungen zu erwärmen (Temperatur < 100 °C). Sie können damit einen Beitrag zur Energieeinsparung leisten, aber keine elektrische Energie erzeugen. Die Kosten für Solarabsorber liegen z. Zt. bei 100...200 DM/m² und Wärmeentstehungskosten zwischen 0,10...0,50 DM/kWh. Damit sind sie zu anderen Energieerzeugern teilweise bereits konkurrenzfähig.

Zur Erzeugung höherer Temperaturen wird das Sonnenlicht in Spiegeln gebündelt und konzentriert auf

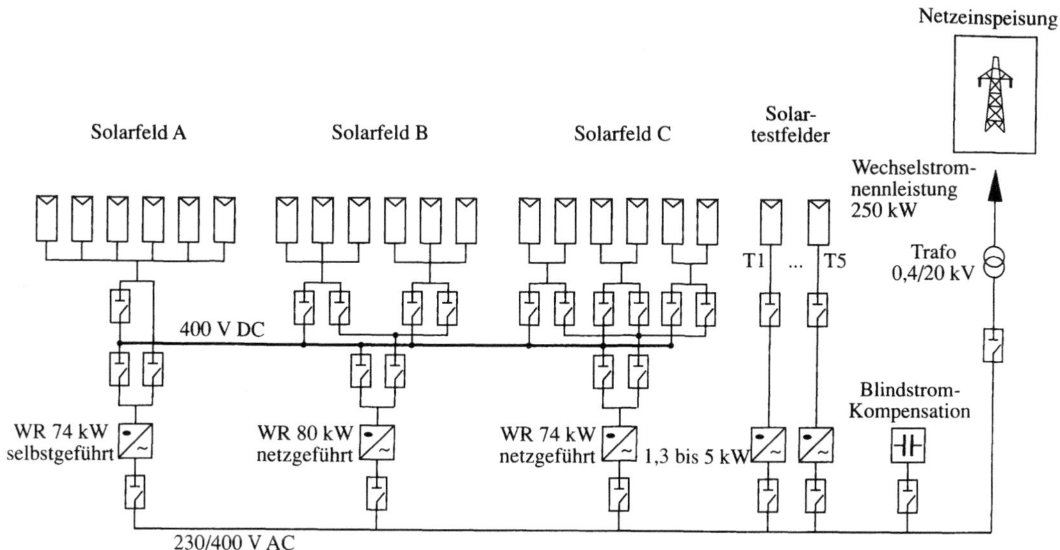

Bild 10.2-25 Blockschaltbild der Solaranlage in Kobern-Gorndorf (*Quelle:* RWE Energie AG)

den Absorber gegeben. Der Absorber kann entweder im Brennpunkt des Spiegels angebracht sein (Farmkonzept) oder es werden mehrere Spiegel benutzt, die die gebündelte Strahlung auf einen Absorber richten (Turmkonzept). Die Temperaturen reichen jetzt aus, um entweder Wasserdampf unter Druck direkt oder über einen Wärmetauscher (Thermoöl oder Natrium) zu überhitzen. Eine Zusammenstellung von Anlagen zur Nutzung der solaren Strahlung zeigt Bild 10.2–26 [10.16].

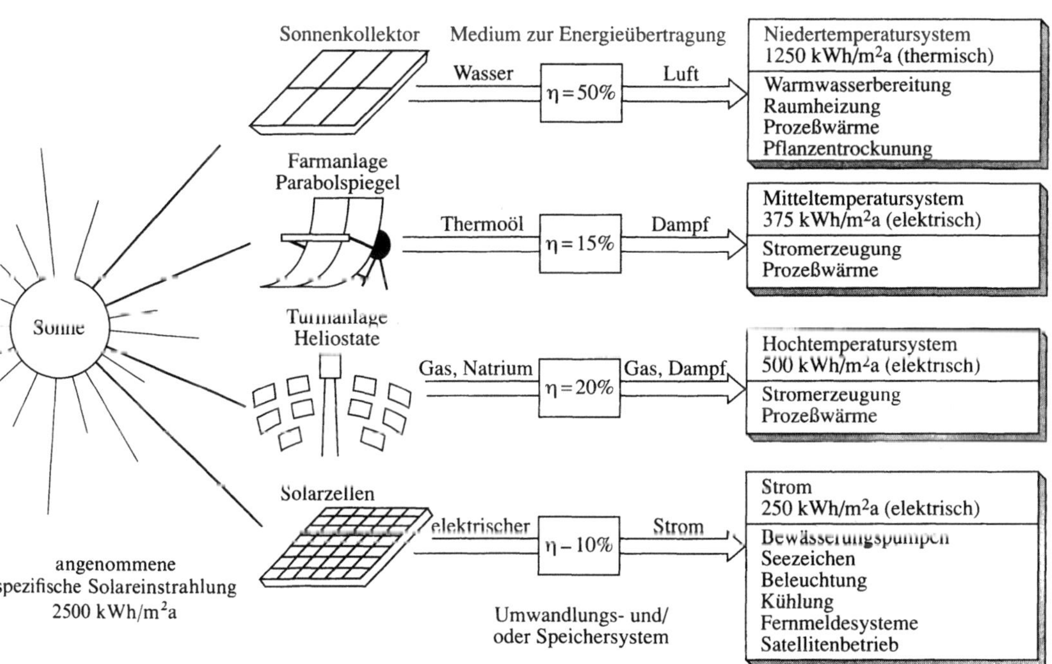

Bild 10.2-26 Anlagen zur Nutzung der solaren Strahlung

10.2.6.3 Windkraftwerke

1. Grundlagen zur Wirkungsweise

Die in einem bewegten Luftstrom enthaltene Leistung

$$P = \dot{E} = \frac{1}{2}\dot{m}v^2 \qquad (10.2\text{–}21)$$

P	$\dot{E}$	$\dot{m}$	v
W	W	kg/s	m/s

läßt sich grundsätzlich über das Widerstands- oder das Auftriebsprinzip in rotierende Bewegung wandeln.

Widerstandskonverter

Eine Prinzipdarstellung zeigt Bild 10.2–27. Von der im Wind enthaltenen Leistung

$$P_W = 0{,}5 \cdot \varrho \cdot A \cdot v_W^3 \qquad (10.2\text{–}22)$$

wird der Anteil

$$P_{NW} = 0{,}5 \cdot c_W \cdot \varrho \cdot A \cdot u\,(v_W - u)^2 \qquad (10.2\text{–}23)$$

P_W, P_{NW}	ϱ	A	v_W	u	c_W
W	kg/m³	m²	m/s	m/s	1

mit ϱ Luftdichte, c_w Widerstandsbeiwert, v_w Windgeschwindigkeit, u Geschwindigkeit einer Platte mit der Fläche A, im Konverter umgesetzt.

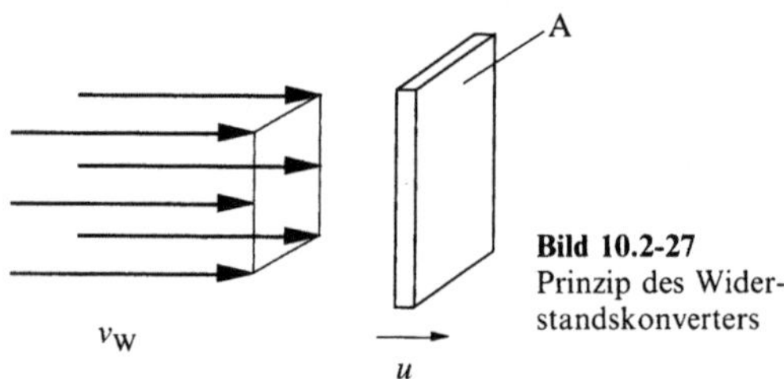

Bild 10.2-27 Prinzip des Widerstandskonverters

Das Verhältnis $k = u/v_W$ hat ein Optimum $k_{opt} = 1/3$, so daß sich mit einem c_W-Wert von 4/3 ein maximaler aerodynamischer Wirkungsgrad von $\eta_{W\,max} \approx 20\%$ ergibt.

Auftriebskonverter

Der Auftrieb entsteht durch eine Stromlinienasymmetrie am Rotorflügel. Der Luftstrom an der Flügelunterseite erzeugt einen Überdruck, an der Oberseite entsteht ein Unterdruck (Sog), so daß eine Kraftwirkung entsteht, die eine Drehung des Rotorflügels bewirkt (Bild 10.2–28). Im Auftriebskonverter wird die Leistung

$$P_{NA} = 0{,}25 \cdot \varrho \cdot A_2 \cdot (v_1 + v_3)\,(v_1^2 - v_3^2) \qquad (10.2\text{–}24)$$

erzeugt. Wie beim Widerstandskonverter läßt sich ein optimales Verhältnis

$$k_{opt} = \frac{v_3}{v_1} = \frac{1}{3}$$

P_{NA}	ϱ	A_2	v_1, v_2, v_3	k_{opt}
W	kg/m³	m²	m/s	1

bestimmen. Für den maximalen aerodynamischen Wirkungsgrad erhält man dann aus den Gln. (10.2–22) und (10.2–24)

$\eta_{W\,max} = 59\%$.

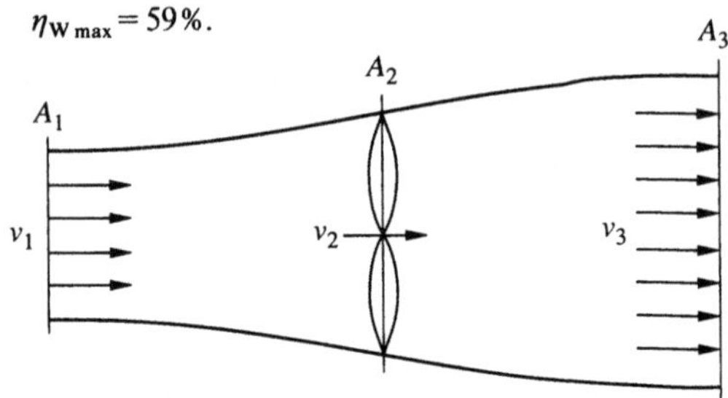

Bild 10.2-28 Prinzip des Auftriebskonverters

Damit ist der Auftriebskonverter eindeutig favorisiert. Der reale Wirkungsgrad beträgt aber nur

$\eta_{W\,real} \approx 35\ldots40\%$.

Ausführungsformen der Windkonverter sind in Bild 10.2–29 gezeigt [10.17], [10.18].

Anlagen mit vertikaler Achse (Darrieus-Rotoren) werden in Gegenden mit hohen Windgeschwindigkeiten eingesetzt. Bevorzugt benutzt wird aber die Bauweise mit horizontaler Achse.

Drehzahl der Windräder:

ca. 15… 25 U/min für Anlagen im MW-Bereich,
100…200 U/min für Anlagen im kW-Bereich.

Um die Drehzahl in einem bestimmten Breich konstant halten zu können, wird entweder

- der Blatteinstellwinkel verändert oder
- die Rotorblätter des Windrades sind so ausgelegt, daß beim Erreichen des maximalen Drehmomentes ein Strömungsabriß auftritt (Stallbetrieb).

Damit wird aber noch nicht die für den Verbundbetrieb mit dem Netz notwendige feste Drehzahl des Generators erreicht. Erforderlich ist ein Gleichstrom-Zwischenkreis oder eine doppelt gespeiste Asynchronmaschine.

Gleichstrom-Zwischenkreis

Das Windrad ist mit dem Generator starr gekoppelt; der erzeugte Wechselstrom wird erst gleichgerichtet und dann über einen netzgeführten Wechselrichter in das Netz gespeist.

Doppelt gespeiste Asynchronnmaschine

Der Generator wird vom Windrad mit einer Frequenz im Bereich der Netzfrequenz gedreht. Zum Ausgleich der Frequenzdifferenz wird der Läufer des Asynchrongenerators mit einem in der Frequenz veränderbarem Drehfeld gespeist. Die variable Drehzahl des Läufers und die einstellbare Frequenz des Läufermotors ergeben dann die konstante Netzfrequenz.
In Windanlagen mit kleinen Leistungen wird der Asynchrongenerator direkt ans Netz geschaltet.

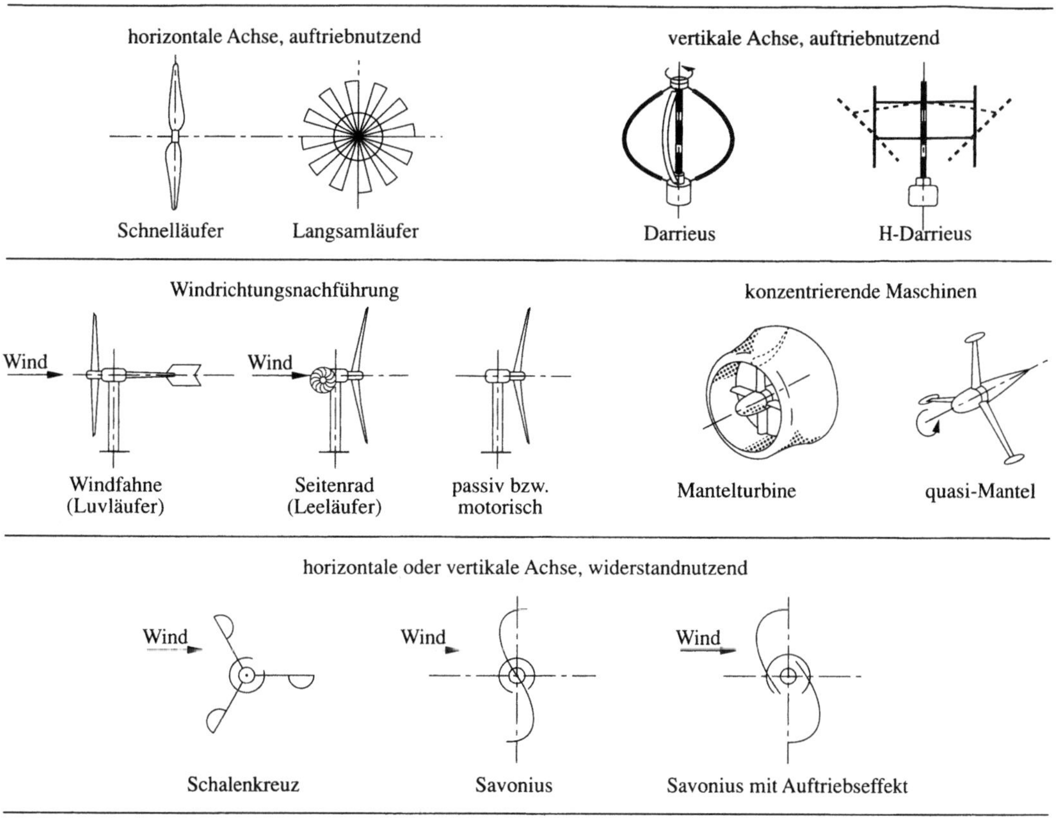

horizontale Achse, auftriebnutzend

Schnelläufer Langsamläufer

vertikale Achse, auftriebnutzend

Darrieus H-Darrieus

Windrichtungsnachführung

Wind Wind

Windfahne (Luvläufer)

Seitenrad (Leeläufer)

passiv bzw. motorisch

konzentrierende Maschinen

Mantelturbine quasi-Mantel

horizontale oder vertikale Achse, widerstandnutzend

Wind Wind Wind

Schalenkreuz Savonius Savonius mit Auftriebseffekt

Bild 10.2-29 Ausführungsformen von Windkonvertern [10.17], [10.18]

2. Einsatz von Windenergieanlagen

Um Windkraft effektiv nutzen zu können, muß die Windgeschwindigkeit am Standort einer Anlage mindestens 4 m/s im Jahresmittel betragen. Günstige Bedingungen mit Windgeschwindigkeiten über 5 m/s im Jahresdurchschnitt liegen nur an der Nord- und Ostseeküste und in einigen Lagen der Mittelgebirge vor. Zur Zeit sind etwa 400 Windkraftanlagen mit einer Gesamtleistung von ca. 270 MW installiert [10.19]. Windkraftanlagen werden errichtet für Einzelnutzer bis zu 50 kW, für regionale Energieversorgungen bis 200 kW und in Windparks im MW-Bereich.

Das Leistungsdiagramm von Windkraftanlagen (Bild 10.2-30) zeigt, daß bei kleinen und großen Windgeschwindigkeiten kein Betrieb möglich ist. Im Teillastbereich wirkt sich die Abhängigkeit $P \sim v^3$ sehr stark aus, so daß in der Regel nur ein Teil der Nennleistung P_N erzeugt werden kann.

In der Bundesrepublik Deutschland könnte durch Windkraft ca. 2...4% des Jahresstromverbrauches erzeugt werden [10.16].

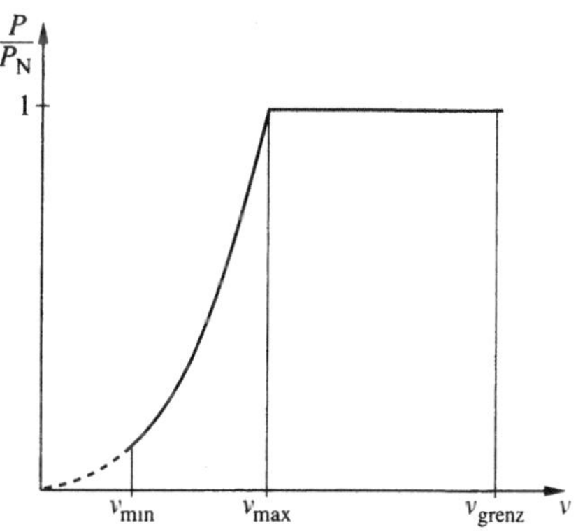

Bild 10.2-30 Leistungsdiagramm von Windkraftanlagen

Die Investitionskosten K_I für kleine Windkraftanlagen liegen zur Zeit bei ca. 4000...5000 DM/kW.

technische Daten				
Achsanordnung	horizontal	horizontal	horizontal	vertikal
Anzahl der Flügel	1	2	3	2–3
maximaler Rotorwirkungsgrad	40 %	45 %	48 %	48 %
Rotordurchmesser	15 ... 56 m	12 ... 100 m	10 ... 60 m	12 ... 65 m
nutzbarer Windgeschwindigkeitsbereich	5 ... 20 m/s	4 ... 24 m/s	3 ... 30 m/s	4 ... 22 m/s
Drehzahl	120 ... 40 min^{-1}	100 ... 18 min^{-1}	72 ... 20 min^{-1}	100 ... 20 min^{-1}
Nennleistung	15 ... 1000 kW	30 ... 3000 kW	25 ... 1200 kW	30 ... 4000 kW
Windanpassung	Blattverstellung	Blattverstellung	variable Drehzahl, Blattverstellung	Anfahrmotor
Stand der Technik	Serie	Serie	Serie	Prototyp

Bild 10.2-31 Ausgeführte Windkraftanlagen

Windkraftanlagen sind damit für zukünftige Entwicklungen durchaus wirtschaftlich zu gestalten. Ausgeführte Windkraftanlagen sind in Bild 10.2–31 zusammengestellt [10.16].

10.2.6.4 Biomasse und Müll

Der direkte Anbau von Biomasse, wie Zuckerrohr für die Treibstoffgewinnung, ist nur von regionaler Bedeutung (z. B. Brasilien). Die energetische Nutzung von organischen Rückständen und Abfällen, wie Stroh, Holz, Mist, Klärschlamm und Müll ist gleichzeitig verbunden mit der erforderlichen Hygienisierung und Entsorgung und hat deshalb allgemeine Bedeutung. Im folgenden wird auf die wichtigsten Verfahrenstechniken eingegangen.

1. Stroh- und Holzfeuerungsanlagen

Entsprechend deren Verbrennungseigenschaften muß die Luftzufuhr für den Brennstoff und die Verbrennungsgase (Schwelgase) gesondert erfolgen. Bei Vorofenanlagen erfolgt die Vergasung getrennt von der Verbrennung. (Leistungsbereich: 30...1000 kW (Großanlagen)), Heizwert des Holzes: 16 000 kJ/kg [10.20].

2. Vergasung

Durch Erhitzung von Biomasse bei Sauerstoffmangel wird Gas mit etwa folgender Zusammensetzung freigesetzt: N_2 (52%), CO (25%), H_2 (9%), CO_2 (8%) und Reststoffe (6%).

Heizwert: 1 kg Ausgangssubstanz entspricht 2 m^3 Gas mit ca. 10 000 kJ,

Ausgangsstoffe: Restholz, Agrarabfälle.

3. Biogasgewinnung

Organisches Material wird unter Abschluß von Sauerstoff durch Methanbakterien abgebaut. Biogas besteht aus CH_4 (66%), CO_2 (33%) und Restgase (1%).

Heizwert: 20...25 000 kJ/m^3.

Biogasanlagen sind zur Zeit eng mit der Großviehhaltung verbunden (1 Rind entspricht 1 Großvieheinheit und erzeugt 1...1,5 m^3 Biogas/Tag). Einen Überblick über die Nutzungsmöglichkeiten von Müll und Biomasse gibt Tabelle 10.2–5.

Tabelle 10.2–5: Nutzungsmöglichkeiten von Müll und Biomasse in der Bundesrepublik Deutschland [10.16]

Abfallart	Müll	Abfalldeponie	Klärschlamm	Biomasse, landw. Abfall
Umwandlungs- und Nutzungsmöglichkeiten	Verbrennung Verschwelung Sortierung Kompostierung	Deponiegas-absaugung	Verbrennung Klärgas-erzeugung	Biogaserzeugung
nutzbare Energie und Produkte	Rauchgas: Strom Fernwärme Prozeß-wärme Altmetall, Glas, Papier,... Kompost	Deponiegas: Strom Wärme	Klärgas: Strom Wärme	Biogas: Strom Wärme Bio-alkohol Bioöl Dünger
Anlagen zur Stromerzeugung (1986) – Anlagen in Betrieb	28[1]	20	106	13
– installierte Leistung		2,6 MW[1]	4,6 MW[1]	0,6 MW
Stromerzeugung	2720 Mio.kWh	39 Mio.kWh	39 Mio.KWh	0,2 Mio.kWh

[1]nur EV-Anlagen (Quelle: IZE Grawe: Nutzung erneuerbarer Energien und Abfälle in der E-Wirtschaft)

10.2.6.5 Brennstoffzellen

Mit Hilfe von Brennstoffzellen wird chemisch gebundene Energie direkt in elektrische Energie und Wärme umgewandelt. Die einfachste Ausführungsform ist die alkalische Brennstoffzelle (ABZ), bei ihr wird Wasserstoff (H_2) mit Sauerstoff (O_2) über einen Katalyten (KOH) oxidiert, sie ist in Bild 10.2–32 dargestellt.

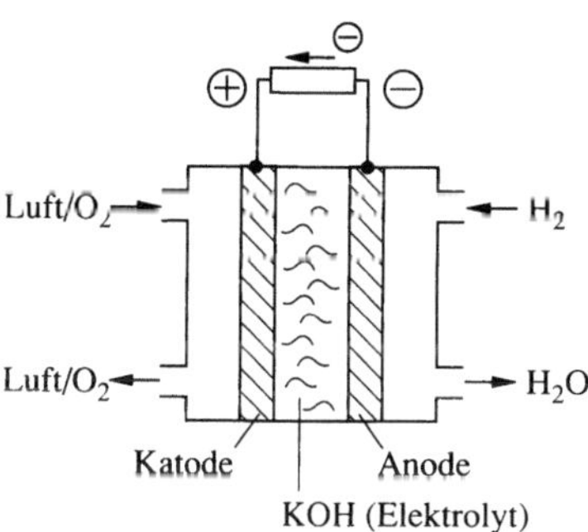

Bild 10.2-32 Prinzip einer Brennstoffzelle

Die elektrochemischen Prozesse laufen an den Elektroden ab.

Anode: $2H + 2OH^- \rightarrow 2H_2O + 2e$,

Katode: $O + H_2O + 2e \rightarrow 2OH^-$.

Endprodukt der chemischen Reaktion ist Wasser (H_2O). Die Betriebsspannung der Brennstoffzelle beträgt ca. 1 V.

Die chemische Reaktion verläuft exotherm, so daß Wärmeverluste entstehen (Arbeitstemperatur < 80 °C). Sie senken den Wirkungsgrad der Zelle auf 50...70%. Die Gesamtleistung von Anlagen mit Brennstoffzellen reicht zur Zeit von 0,2...100 kW. Eingesetzt werden sie nur für Spezialanwendungen (Raumfahrt, Verkehrswesen u.a.).

Brennstoffzellen mit phosphorsaurem Elektrolyten (PACF) arbeiten mit einer Betriebstemperatur von 200 °C. Brenngas ist aus Erdgas extern reformierter Wasserstoff und Sauerstoff als Oxidationsmittel. Der elektrische Wirkungsgrad liegt bei ca. 40%, mit zusätzlicher Wärmekopplung kann ein Gesamtwirkungsgrad von 90% erreicht werden. In Demonstrationsanlagen sind Gesamtleistungen bis zu 11 MW erreicht worden [10.21].

Hochtemperatur-Brennstoffzellen mit geschmolzenen Karbonat-Salzen (Lithium und Kalziumkarbonat) als Elektrolyt (MCFC-Zellen) und Betriebstemperaturen von etwa 650 °C sowie oxidkeramische Brennstoffzellen (SOFC-Zellen) mit Betriebstemperaturen zwischen 950...1000 °C sind in Entwicklung. Aufgrund der hohen Temperatur der Abwärme kann sie direkt genutzt werden, um über Katalysatoren

Erdgas in H_2 und CO_2 zu spalten bzw. bei der SOFC-Zelle auch CO in CO_2 umzusetzen, wodurch der Einsatz von Kohlegas möglich wird.

Für größere Leistungseinheiten mit z. B. $P_{el} = 1$ MW ($\eta_{el} \approx 50\%$) könnte noch die Abwärme von $Q_w \approx 0{,}67$ MJ/s ($\eta_w \approx 30\%$) genutzt werden. Der Gesamtwirkungsgrad verbessert sich dann auf $\eta_{ges} \approx 80\%$.

10.3 Synchrongenerator

10.3.1 Aufbau und Beschreibung

Synchronmaschinen werden in Kraftwerken als Generatoren eingesetzt. Der grundsätzliche Aufbau geht aus Bild 10.3–1 hervor [10.22].

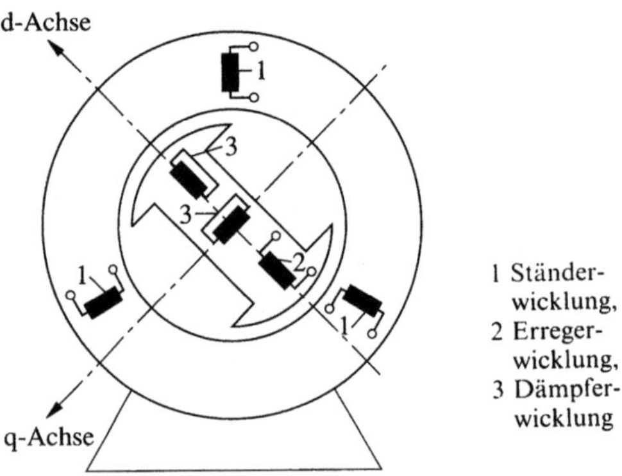

Bild 10.3-1 Aufbau eines Synchrongenerators

Die Synchronmaschine besitzt im Ständer eine dreiphasige Wicklung (Drehstromwicklung), die mit dem Energieversorgungsnetz verbunden wird. Der Läufer enthält die vom Gleichstrom durchflossene Erregerwicklung sowie eine Kurzschlußwicklung (Dämpferwicklung). Man unterscheidet zwischen

- Vollpol- oder Turbogeneratoren (Abschnitt 9.3.3.6) und
- Schenkelpolgeneratoren (Abschnitt 9.3.3.7).

Turbogeneratoren werden bei schnell laufenden Antriebsmaschinen (Dampfturbinen) verwendet, Schenkelpolgeneratoren bei langsam laufenden Antriebsmaschinen (Wasserturbinen). Beide Generatortypen unterscheiden sich durch ihre Eigenschaften in der magnetischen Längs- und Querachse. Die Richtung des Läuferfeldes gibt die Längs- oder d-Achse an (Bild 10.3–1). Senkrecht zur d-Achse liegt die Querachse (q-Achse). Bei Turbogeneratoren sind die magnetischen Eigenschaften in d- und q-Richtung (nahezu) gleich, bei Schenkelpolmaschinen nennenswert verschieden.

Das stationäre und dynamische Verhalten eines Synchrongenerators im Energieversorgungsnetz läßt sich durch die Gleichungen von *Park* beschreiben. Dieses Gleichungssystem ist nichtlinear und besteht aus

- sechs Spannungsdifferentialgleichungen,
- sechs Flußverkettungsgleichungen,
- einer Momentgleichung sowie
- einer Bewegungsgleichung für den Maschinenläufer [10.23].

Die Lösung der Differentialgleichungen erweist sich als aufwendig. Daher wurden Näherungsverfahren entwickelt, die gewöhnlich bei der Netzberechnung zur Anwendung gelangen.

10.3.2 Ersatzschaltbilder

Ein Turbogenerator läßt sich im stationären Betrieb durch eine Ersatzspannungsquelle nachbilden (Bild 10.3–2a). Die innere Generatorspannung $\underline{E}$ heißt Polradspannung. Sie wird durch die Rotation des Läuferfeldes im Ständer induziert. Die Polradspannung liegt in Reihe mit dem Generatorinnenwiderstand. Dieser besteht aus dem ohmschen Widerstand R_1 der Ständerwicklung und der synchronen Reaktanz X_d.

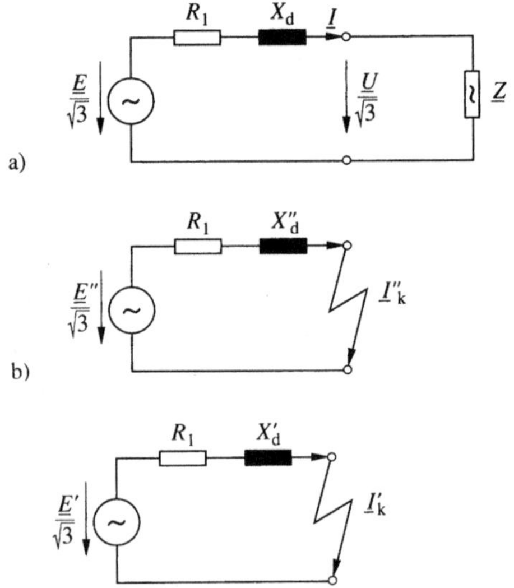

Bild 10.3-2 Einphasige Ersatzschaltbilder eines Synchrongenerators
a) im stationären Betrieb,
b) im subtransienten Betrieb beim Kurzschluß,
c) im transienten Betrieb beim Kurzschluß

In Bild 10.3–3a sind die Größen der Ersatzschaltung in einem Zeigerdiagramm angegeben. Dabei wurden der Laststrom $\underline{I}$ und die Klemmenspannung $\underline{U}$ in ihre d- und q-Komponenten zerlegt. Die Polradspannung $\underline{E}$ zeigt immer in Richtung der q-Achse.

Bei einem Schenkelpolgenerator ist die synchrone Reaktanz in der d- und q-Achse unterschiedlich ($X_d \neq X_q$). Dadurch erhält das Zeigerdiagramm eine andere Gestalt (Bild 10.3–3b). Ein Schenkelpolgenerator wird somit nicht mehr exakt durch die Ersatzschaltung aus Bild 10.3–2a repräsentiert.

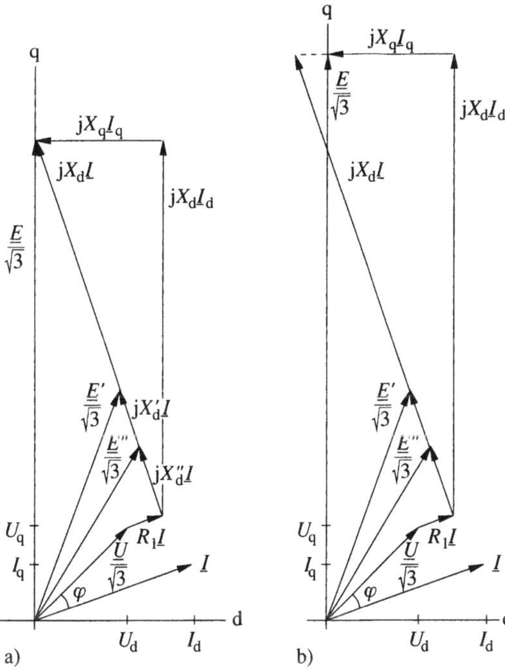

Bild 10.3-3 Zeigerdiagramme der Synchronmaschine

a) Turbogenerator ($X_d = X_q$),
b) Schenkelpolgenerator ($X_d \neq X_q$)

Eine extreme Störung des stationären Betriebszustandes tritt bei einem dreipoligen Kurzschluß an den Klemmen der Synchronmaschine auf. Infolge von Ausgleichsvorgängen zwischen den Generatorwicklungen können sehr hohe Kurzschlußströme fließen (Bild 10.3–4) [10.24], [10.25].

Das Verhalten der Synchronmaschine im nichtstationären Betrieb läßt sich ebenfalls durch einfache Ersatzschaltbilder beschreiben. Unmittelbar nach Kurzschlußbeginn befindet sich der Generator im subtransienten Zustand. Als treibende Spannung wirkt die subtransiente Spannung $\underline{E}''$ (Bild 10.3–2b).

Der subtransiente Kurzschlußstrom wird begrenzt durch den Ständerwiderstand R_1 und die subtransiente synchrone Reaktanz X''_d.

Nach Ablauf von ca. 0,02 ... 0,05 s sind die subtransienten Ausgleichsvorgänge abgeklungen. Der Generator erreicht dann den transienten Zustand. Es wird die transiente Spannung $\underline{E}'$ und die transiente synchrone Reaktanz X'_d wirksam (Bild 10.3–2c).

Der transiente Ausgleichsvorgang ist nach ca. 0,5 ... 2 s beendet. Der Generator befindet sich dann wieder im stationären Betriebszustand, der durch die Polradspannung $\underline{E}$ und die synchrone Reaktanz X_d bestimmt wird (Bild 10.3–2a).

Kurzschlußwechselströme sind im wesentlichen induktiv, d. h., ihr magnetisches Drehfeld wirkt in Richtung der d-Achse der Synchronmaschine. Daher spielen beim Kurzschluß nur die Reaktanzen der d-Achse eine Rolle. Tabelle 10.3–1 gibt einen Überblick über die Größenordnung der synchronen Reaktanzen in der Längsachse der Synchronmaschine. Diese wurden auf die Nennimpedanz $Z_r = U_r/(\sqrt{3}I_r)$ des Generators bezogen.

Tabelle 10.3–1: Synchrone Reaktanzen in der d-Achse einer Synchronmaschine

	Turbogenerator	Schenkelpolgenerator
x''_d	0,1 ... 0,25	0,15 ... 0,3
x'_d	0,15 ... 0,4	0,2 ... 0,35
x_d	1,2 ... 2,5	0,8 ... 1,6

Die treibenden Spannungen $\underline{E}''$ und $\underline{E}'$ lassen sich aus dem Zeigerdiagramm der Synchronmaschine gewinnen. Bild 10.3–3 zeigt die Vorgehensweise.

10.4 Betriebsmittel

10.4.1 Freileitungen

Freileitungen und Kabel sind die Betriebsmittel zur Übertragung der elektrischen Energie in allen Spannungsebenen. Welchen Betriebsmitteln der Vorzug zu geben ist, hängt von den Einsatzbedingungen ab. Grundsätzlich sind aber die Investitionskosten für Freileitungen niedriger und es können längere Strecken überbrückt werden. Für die Errichtung von Freileitungen sind DIN VDE 0210 und 0211 maßgebend [10.26], [10.27].

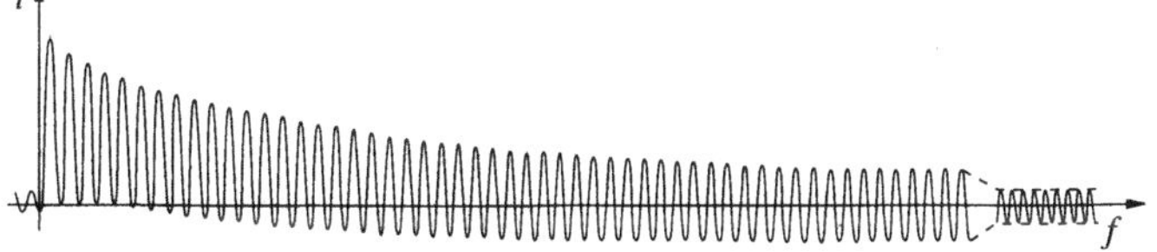

Bild 10.3-4 Zeitlicher Verlauf des Kurzschlußstromes bei einem Synchrongenerator

10.4.1.1 Freileitungsmaste

Bis zu Betriebsspannungen von 30 kV sind die Freileitungsmaste als Beton-, Holz- oder Stahlrohrmaste ausgeführt; für Hochspannungsleitungen werden Stahlgittermaste eingesetzt. Die Formen der Freileitungsmaste sind sehr vielfältig, im Bild 10.4–1 sind verschiedene Mastformen und Einzelkonstruktionen mit ihren Abmessungen zusammengestellt [10.32].

Prinzipiell können die Leiter in einer Ebene oder in mehreren Ebenen übereinander angeordnet sein. Während bei Leiteranordnungen in einer Ebene die Montage und Wartung einfacher ist, erfordern sie größere Trassenbreiten gegenüber den Ausführungen in mehreren Ebenen.

Die Maste werden für Einfach-, Doppel- oder Vierfachleitungen ausgeführt (Bild 10.4–1). Aufgrund des

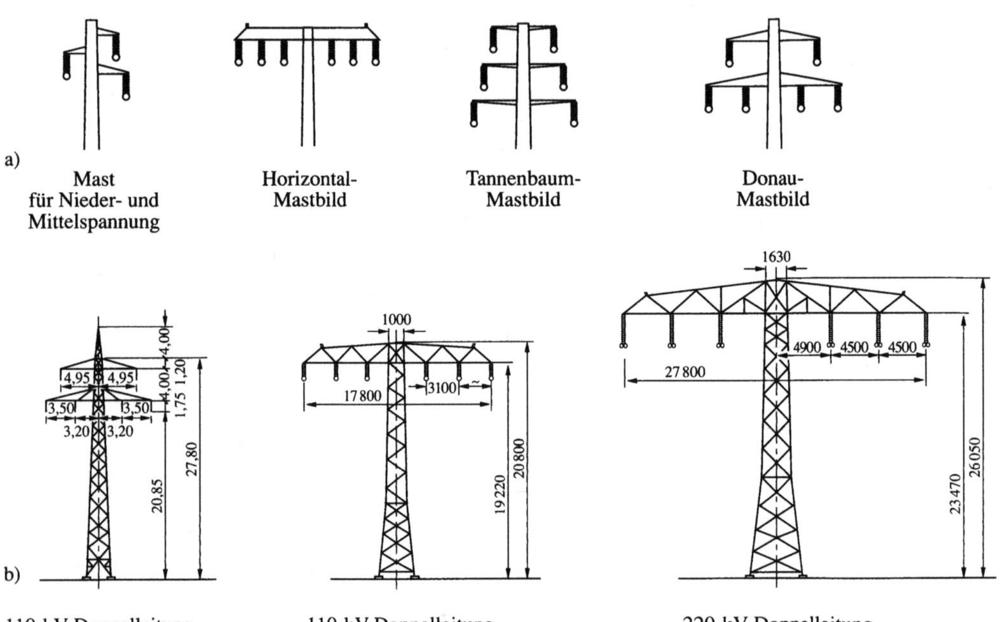

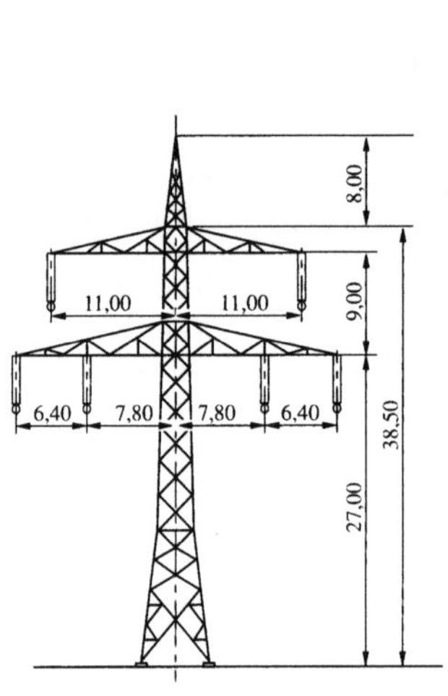

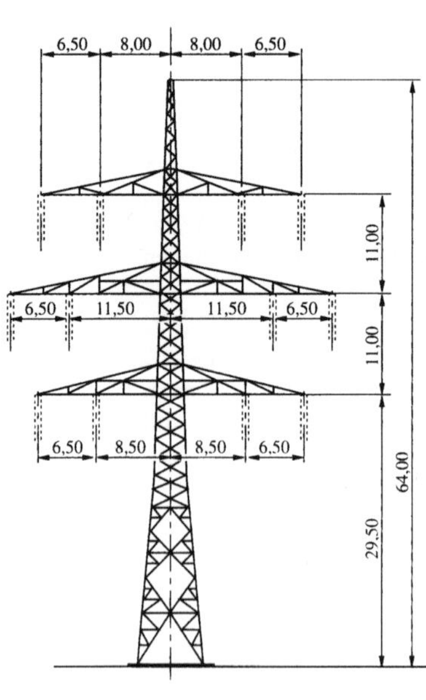

Bild 10.4-1
Freileitungsmaste

a) Mastkopfformen

b) Mastformen und ihre Abmessungen

Trassenmangels besteht der Trend zu Mehrfachleitungen, wobei auch Leitungen unterschiedlicher Spannungsebenen auf einem Mast verlegt werden.

Für die Minimierung der Erstellungskosten von Freileitungen ist die mittlere wirtschaftliche Spannweite (Mastabstand l) ausschlaggebend [10.28].

Es können Richtwerte angenommen werden, wie sie in Tabelle 10.4–1 zusammengestellt sind [10.29].

Tabelle 10.4–1: Wirtschaftliche Spannweiten

Nennspannung in kV	mittlere Spannweite in m
≤ 1	60 ... 80 (Stahlbetonmast)
10 ... 30	100 ... 160 (Stahlbetonmast) bis 200 (Gittermast)
110	250 ... 350 (Gittermast)
220	350 ... 450 (Gittermast)
380	400 ... 500 (Gittermast)

Die Freileitungsseile müssen von den Masten getragen, in bestimmten Abständen abgespannt, über einen Winkel geführt und am Ende der Trasse aufgenommen werden. Für diese unterschiedlichen mechanischen Funktionen werden unterschiedliche Mastarten verwendet:

Tragmast

Steht in der geraden Leitungstrasse, trägt die Leiterseile und Isolatoren und kann nur senkrecht wirkende Kräfte aufnehmen.

Abspannmast

Steht in der geraden Leitungstrasse, kann waagerecht und senkrecht wirkende Kräfte aufnehmen (z. B. bei Seilbruch).

Winkelmast, Winkelabspannmast

An Winkelpunkten der Leitungstrasse mit kleinen Abwinklungen sind Winkelmaste Tragmaste, bei großen Abwinklungen sind Winkelabspannmaste erforderlich.

Endmast

Steht an Endpunkten von Freileitungen und muß einseitig waagerechte Kräfte aufnehmen.

Im Verlauf der Leitungsführung kommen auf einen Abspannmast ca. 5 bis 7 Tragmaste.

10.4.1.2 Freileitungsseile

Sie bestehen aus einzeln verseilten Drähten (Bild 10.4–2). Während im Nieder- und Mittelspannungsbereich Kupfer oder Aluminiumseile (teilweise mit Isolierung) verwendet werden, kommen im Hochspannungsbereich Aluminium-Stahl-Verbundseile

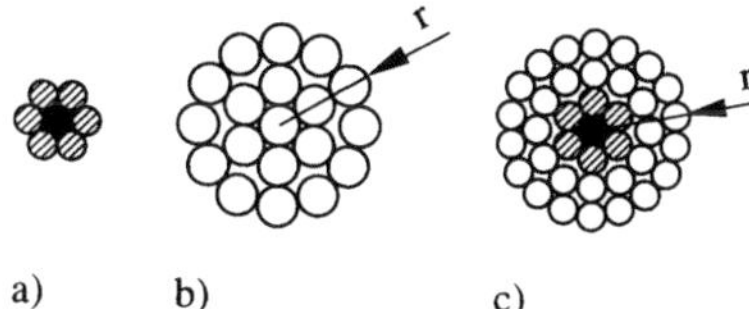

Bild 10.4-2 Aufbau von Freileitungsseilen
a) Al/St-Seil, 1 + 6 Drähte,
b) Al- oder Cu-Seil, 2 Lagen, 19 Drähte,
c) Al/St-Seil, 3 Lagen, 7 + 30 Drähte

zum Einsatz. Ihre Vorteile sind die höhere mechanische Festigkeit und die Vergrößerung des Leiterradius, dadurch werden die elektrischen Parameter verbessert.

Für Verbundseile ist zum Beispiel die Bezeichnung Al/St 300/50 eingeführt, der Querschnitt des Aluminium beträgt 300 mm² und der von Stahl 50 mm². Die zulässige Strombelastbarkeit der Freileitungsseile ist durch folgende thermischen Grenzwerte festgelegt; höchste Seilendtemperatur 80 °C bei 35 °C Umgebungstemperatur und einer Windgeschwindigkeit von 0,6 m/s [10.30]. Die sich daraus ergebenden Stromdichten J_d sind vom Seilquerschnitt abhängig (1,5 ... 3,5 A/mm²).

Wichtiger ist aber für die Auslegung der Leiterseile die wirtschaftliche Stromdichte J_{wi}. Sie beträgt im allgemeinen 0,7 ... 1,1 A/mm², der Richtwert liegt bei ca. 1 A/mm².

Für den Kurzschlußfall ist die Leiterendtemperatur mit 200 °C festgelegt, was bei Al- und Al/St-Seilen einer Nenn-Kurzzeitstromdichte von ca. 80 A/mm² entspricht [10.31].

Bei Hochspannungsübertragungen ($U_N \geq 220$ kV) würden am einzelnen Leitungsseil Randfeldstärken $E_R > 17$ kV/cm auftreten, so daß sich sehr intensive Teilentladungen ausbilden könnten, die zu erheblichen Übertragungsverlusten führen. Es werden deshalb mehrere Leiterseile zu einem Bündelleiter mit dem elektrisch wirksamen, aber geometrisch fiktiven Ersatzradius r_B zusammengeschaltet (Bild 10.4–3).

$$r_B = \sqrt[n]{n \cdot r \cdot r_E^{n-1}} . \tag{10.4–1}$$

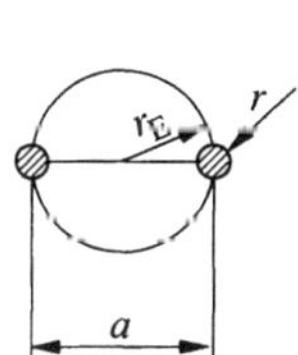

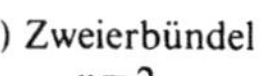

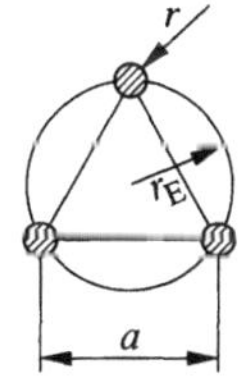

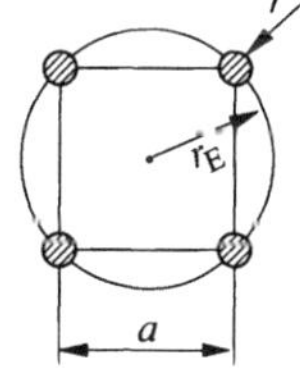

a) Zweierbündel $n=2$ b) Dreierbündel $n=3$ c) Viererbündel $n=4$

Bild 10.4-3 Bündelleiter

Für die Berechnung der Raudfeldstärke E_R gilt näherungsweise [10.32]:

$$E_R \approx 10 \cdot 10^6 \frac{U_N C'_B}{nr}. \tag{10.4-1a}$$

E_R	U_N	C_B	n	r	a
kV/cm	kV	F/km	1	cm	cm

C'_B längenbezogene Betriebskapazität.

10.4.1.3 Seildurchhang

Der Durchhang eines an zwei Punkten aufgehangenen Seiles folgt der sogenannten Kettenlinie, die näherungsweise durch eine quadratische Funktion angegeben werden kann.

$$y = c \cos \frac{x}{c} \approx c \left[1 + \frac{1}{2} \left(\frac{x}{c} \right)^2 \right]. \tag{10.4-2}$$

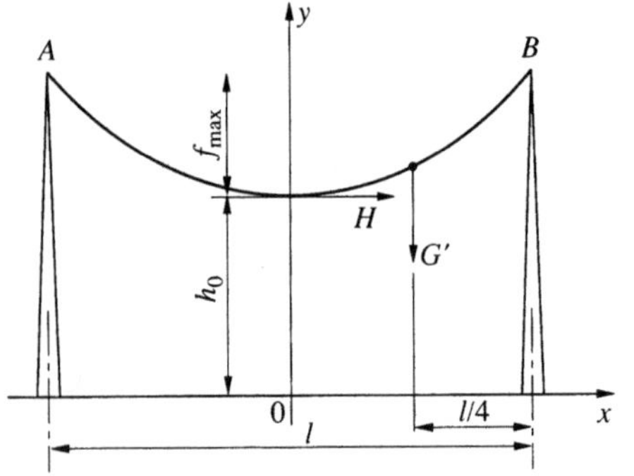

Bild 10.4-4 Seillinie im Spannfeld gleicher Höhe

Mit der in Bild 10.4-4 gewählten Zuordnung des Koordinatensystems wird $c = h_0$. Weiterhin gilt im Punkt B die Momentengleichung:

$$f_{max} \cdot H = G' \frac{l}{2} \cdot \frac{l}{4}, \tag{10.4-3}$$

f_{max} maximaler Seildurchhang,
H Horizontalkraft,
G' Seilgewicht pro Längeneinheit.

Berechnet man f_{max} nach Gleichung (10.4-2) mit $x = 0{,}5 \cdot l$ und setzt dies in Gleichung (10.4-3) ein, wird

$$h_0 = \frac{H}{G'} = \frac{H/A}{G/A \cdot s} = \frac{\sigma}{\gamma}, \tag{10.4-4}$$

h_0	H	G'	A	G	s	σ	γ
mm	N	N/mm	mm²	N	m	N/mm²	N/mm²

σ Seilzugspannung,
γ spezifisches Gewicht des Seiles mit Zusatzlast,
A Seilquerschnitt,
s Länge des Seiles.

Bei der Seilwichte γ muß noch die zusätzliche Belastung durch Schnee und Eis für den Grenzfall der maximalen Belastung berücksichtigt werden.

$$\gamma = \gamma_0 + \gamma_z, \tag{10.4-5}$$

$$\gamma_z = 1 \cdot 10^{-3} \frac{5 + 0{,}2\, r}{A}.$$

γ_z	r	A
N/mm³	mm	mm²

γ_z spezifisches Gewicht der Zusatzlast,
γ_0 spezifisches Gewicht des Seiles.

Für die Montage der Seile ist es wichtig, ausgehend vom Grenzfall, f_{max} für die Montagebedingungen berechnen zu können. Die Umrechnung für unterschiedliche Temperaturen ist mit Hilfe der Zustandsgleichung möglich

$$\sigma_2^3 + \sigma_2^2 \left[\frac{s^2 \gamma_1^2}{24\, \sigma_1^2} E + (\vartheta_2 - \vartheta_1)\, \alpha\, E - \sigma_1 \right] = \frac{s^2\, \gamma_2^2}{24} E. \tag{10.4-6}$$

σ_1, σ_2	s	γ_1, γ_2	E	ϑ	α
N/mm²	m	N/mm²	N/m²	°C, K	1/°C, 1/K

E Elastizitätsmodul,
ϑ_1, ϑ_2 Temperatur im Zustand 1 bzw. 2; entsprechend gilt γ_1, γ_2 und σ_1, σ_2,
α Temperaturkoeffizient,
$s \approx 1$.

Der Grenzfall ist dadurch gegeben, daß eine maximal zulässige Seilzugspannung σ_2 weder bei -5 °C und Zusatzlast noch bei -20 °C überschritten werden darf [10.29].

10.4.1.4 Resistanz

Die ohmschen Widerstände R_L von Freileitungsseilen sind den Tabellenwerten der Hersteller zu entnehmen (Richtwerte s. Tabelle 10.4–2), angegeben sind sie als längenbezogene Werte R'_L. Für den Temperaturbeiwert kann $\alpha \approx 0{,}004\ \mathrm{K}^{-1}$ angenommen werden

$$R_\vartheta = R_{20}\,[1 + \alpha\,(\vartheta - 20\,°\mathrm{C})]\,. \qquad (10.4\text{–}7)$$

Bei Bündelleitern folgt die wirksame Betriebsresistanz R'_B aus:

$$R'_B = \frac{1}{n}\,R'_L\,. \qquad (10.4\text{–}8)$$

R_ϑ, R_{20}	R'_B, R'_L	n	ϑ	α
Ω	Ω/m	1	°C, K	1/°C, 1/K

Bei Gleich- und Wechselstromleitungen ist l gleich der doppelten Übertragunsgstrecke (Hin- und Rückleitung); im symmetrischen Drehstromnetz ist l gleich der Übertragungsstrecke.

10.4.1.5 Induktivität

Die Betriebsinduktivität L_B von Leitungen setzt sich aus den drei Komponenten „äußere Induktivität L_a", „innere Induktivität L_i" und „Gegeninduktivität M" zusammen. Für die Berechnung wird L_a und M zusammengefaßt

$$L_B = L_a + L_i - M\,. \qquad (10.4\text{–}9)$$

Die innere Induktivität ist abhängig vom Seilaufbau, meist rechnet man mit dem Wert für Massivleiter

$$L'_i \approx \frac{\mu_0}{8\pi}\,.$$

Sind die Leiterseile aus Stahl, ist wegen des großen μ_r die innere Induktivität oft größer als die äußere. Als Richtwert kann für Stahlseile bei $J = 1\ \mathrm{A/mm^2}$ $X'_B \approx 1{,}7\ \Omega/\mathrm{km}$ angenommen werden.

Tabelle 10.4–2a: Strombelastbarkeit, Wirkwiderstände, Masse und Querschnitte von Kupfer-Freileitungsseilen

Nennquerschnitt A in mm²	Radius r in mm	Masse m' in g/m	Widerstand R'_L bei 80 °C Ω/km	Dauerstrombelastbarkeit I_d A
10	2,03	90	1,78	90
16	2,55	143	1,122	125
25	3,15	219	0,735	160
35	3,75	310	0,519	200
50	9,0	447	0,362	250
70	5,25	597	0,271	310
95	6,25	846	0,192	380
120	7	1061 0,152	440	
150	7,8	1337	0,122	510
185	8,8	1651	0,098	585
240	10,1	2208	0,074	700
300	11,3	2726	0,060	800
400	13	3643	0,045	960
500	14,6	4551	0,036	1110

Tabelle 10.4–2b: Strombelastbarkeit, Wirkwiderstände, Masse und Querschnitte von Al/St-Freileitungsseilen

Nennquerschnitt A in mm² (Al/St)	Radius r in mm	Masse m' in g/m	Widerstand R'_L bei 80 °C Ω/km	Dauerstrombelastbarkeit I_d in A
16/2,5	2,7	62	1,879	90
25/4	3,4	97	1,203	125
35/6	4,05	140	0,835	145
70/12	5,85	284	0,413	290
95/15	6,80	383	0,306	350
95/55	8,00	712	–	–
120/20	7,75	494	0,237	410
125/30	8,05	591	0,221	425
130/25	8,55	605	0,194	470
185/30	9,5	746	0,154	535
210/36	10,2	850	0,138	590
210/50	10,5	981	0,136	610
230/30	10,5	877	0,122	630
240/40	11	987	0,119	645
300/50	12,3	1236	0,093	740
340/30	12,5	1180	0,083	790
380/50	13,5	1453	0,074	840
385/35	13,4	1344	0,073	850
435/55	14,4	1653	0,065	900
450/40	14,35	1561	0,063	920
490/65	15,3	1866	0,058	960
550/70	16,2	2092	0,051	1020
560/50	16,1	1954	0,050	1040
680/85	18	2570	0,042	1150

1. Wechselstromleitung

Die äußere Induktivität je Leiter der Wechselstromleitung, wie sie in Bild 10.4–5 dargestellt ist, errechnet sich zu

$$L_a = \frac{\mu_0 l}{2\pi} \ln \frac{d}{r},$$

so daß sich für die längenbezogene Betriebsinduktivität ergibt

$$L'_B = L'_a + L'_i = \frac{\mu_0}{2\pi}\left(\ln \frac{d}{r} + 0{,}25\right), \qquad (10.4–10)$$

$$\mu_0 = 4\pi \cdot 10^{-4}\ \text{H/km}.$$

L_a	μ_0	l	d	r	L'_B, L'_a, L'_i
H	H/km	km	mm	mm	H/km

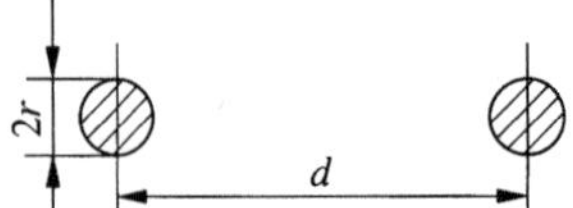

Bild 10.4-5 Wechselstromleitung

2. Verdrillung von Drehstromleitungen

Induktivität und Kapazität sind in Drehstromleitungen von der Anordnung der Leiter abhängig. Um Unsymmetrien zu vermeiden, werden die Leiter deshalb verdrillt. Zwei Arten der Verdrillung sind in Bild 10.4–6 dargestellt.

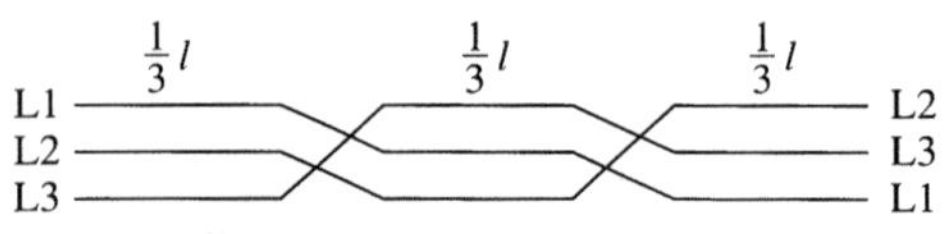

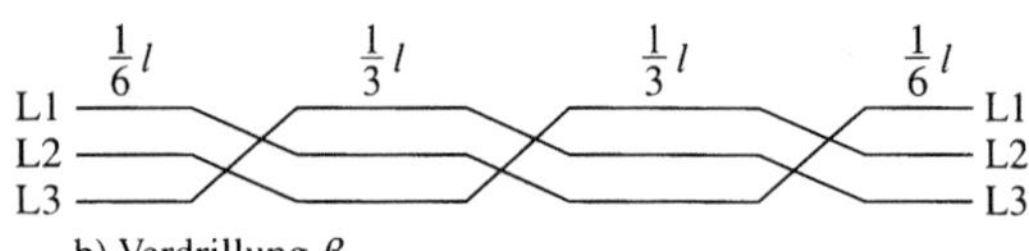

Bild 10.4-6 Verdrillung von Drehstromleitungen

Die Verdrillung β bringt die Leiter wieder in die ursprüngliche Reihenfolge. Für die Berechnung können die Leiterabstände jetzt als konstant über die Leitungslänge angenommen werden.

3. Drehstrom-Einfachleitung

Die bezogene Betriebsinduktivität je Leiter der Drehstrom-Einfachleitung, wie sie in Bild 10.4–7 gezeigt ist, wird, vorausgesetzt verdrillte Leiter, über das geometrische Mittel der Leiterabstände d_m bestimmt.

$$L'_B = \frac{\mu_0}{2\pi}\left(\ln \frac{d_m}{r} + 0{,}25\right), \qquad (10.4–11)$$

d_m folgt aus:

$$d_m = \sqrt[3]{(d_{ab} \cdot d_{bc} \cdot d_{ac})}. \qquad (10.4–12)$$

L'_B	μ_0	d_m, d_{ab}, d_{bc}, d_{ac}	r
H/km	H/km	mm	mm

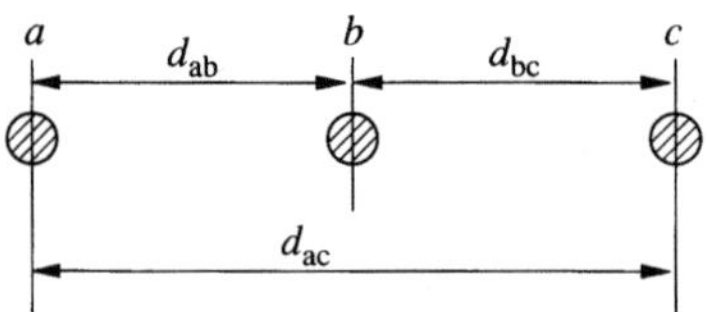

Bild 10.4-7 Drehstrom-Einfachleitung

Die Bildung des geometrischen Mittels gilt allgemein, also auch wenn die Leiter a, b, c nicht in einer Ebene liegen.

4. Drehstrom-Doppelleitung

Entsprechend der Drehstrom-Einfachleitung gilt für die Drehstrom-Doppelleitung (Bild 10.4–8)

$$L'_B = \frac{\mu_0}{2\pi}\left(\ln \frac{D_{mn}}{r} + 0{,}25\right), \qquad (10.4–13)$$

$$D_{nm} = \frac{d_{nm} \cdot d_{nM}}{d_{nN}},$$

$$d_{nM} = \sqrt[3]{(d_{aB} \cdot d_{bC} \cdot d_{cA})}, \qquad (10.4–14)$$

$$d_{nm} = \sqrt[3]{(d_{ab} \cdot d_{bc} \cdot d_{ac})}, \qquad (10.4–15)$$

$$d_{nN} = \sqrt[3]{(d_{aA} \cdot d_{bB} \cdot d_{cC})}. \qquad (10.4–16)$$

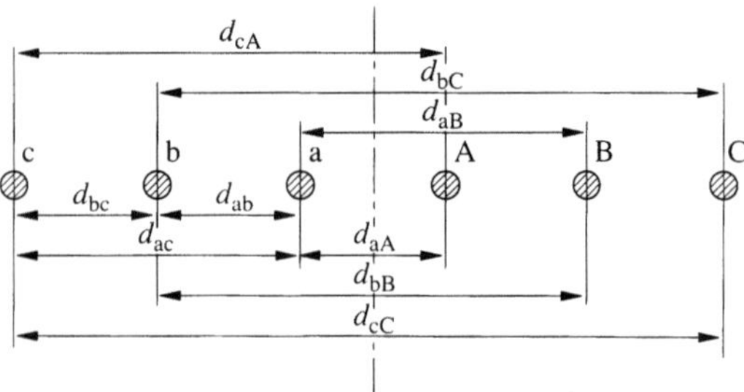

Bild 10.4-8 Drehstrom-Doppelleitung

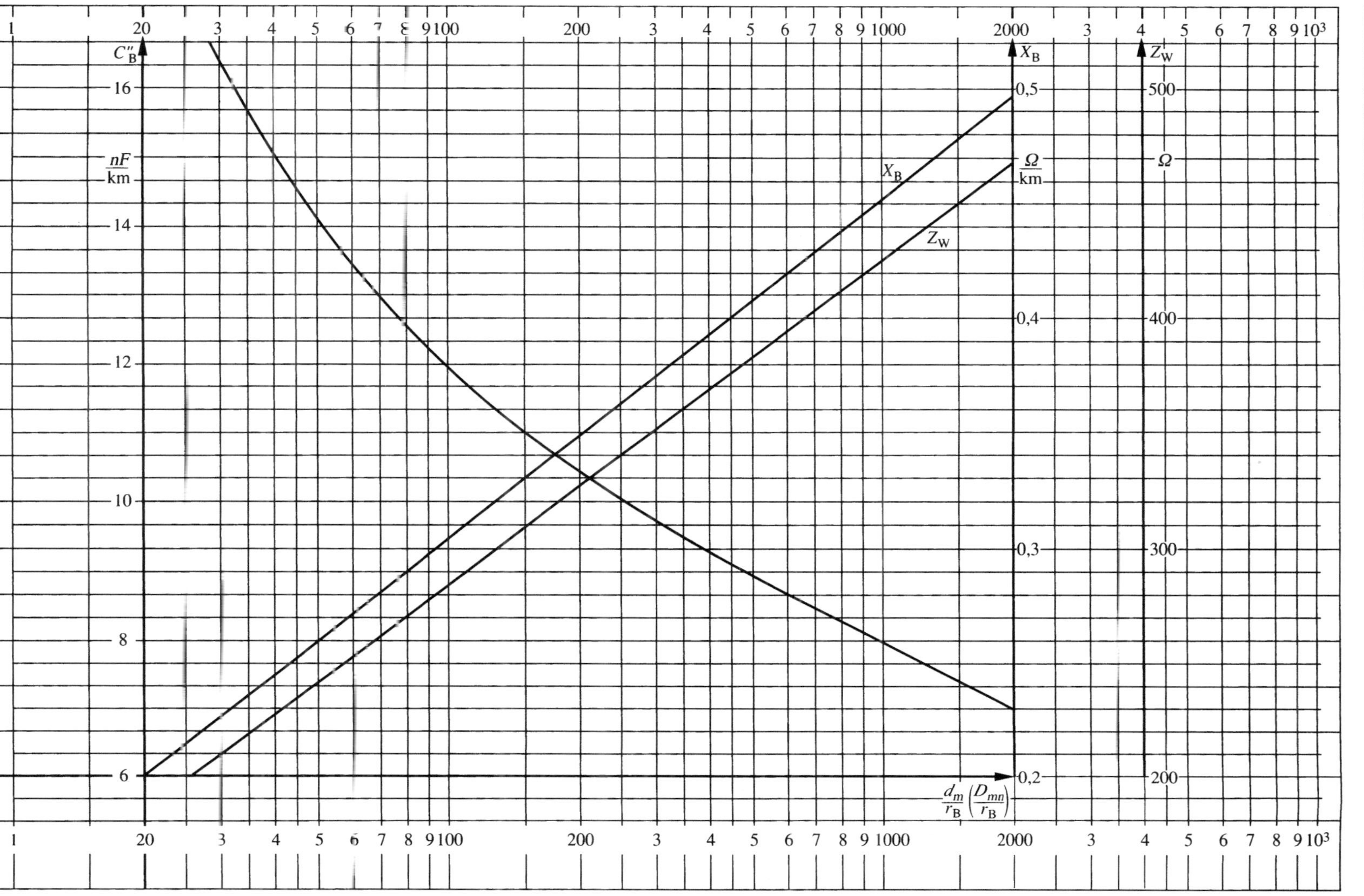

Bild 10.4-9 Betriebsgrößen von Freileitungen

5. Bündelleiter

Für Bündelleiter ist der Ersatzradius r_B gemäß Bild 10.4-3 einzusetzen. An Stelle L_i ist L_i/n (n ist die Anzahl der Einzelleiter) zu verwenden

$$L'_B = \frac{\mu_0}{2\pi}\left(\ln\frac{D_{mn}}{r_B} + \frac{1}{4n}\right). \qquad (10.4\text{–}17)$$

Bei Bündelleitern bewirkt der größere Ersatzradius r_B eine Verminderung der Reaktanz X'_B, wodurch die Übertragungsfähigkeit verbessert wird. Die berechneten Werte der Betriebsreaktanzen können Bild 10.4.9 entnommen werden. Für ausgeführte Freileitungen ergeben sich folgende Richtwerte:

$X'_B \approx 0{,}35 \ldots 0{,}4\ \Omega/\text{km}$ Einfachleitung,
$X'_B \approx 0{,}3\ \Omega/\text{km}$ Doppelleitung,
$X'_B \approx 0{,}25\ \Omega/\text{km}$ Viererbündel.

6. Induktivität der Leiter-Erde-Schleife

Sie ist nur näherungsweise zu bestimmen und wesentlich von den Bodenverhältnissen abhängig. Als Erdrückleiter wird dabei ein Zylinder mit dem Radius δ_E angenommen, entsprechend der Darstellung in Bild 10.4-10. Die Induktivität einer Leiter-Erde-Schleife berechnet sich dann zu

$$L'_E = \frac{\mu_0}{2\pi}\ln\frac{\delta_E}{r}. \qquad (10.4\text{–}18)$$

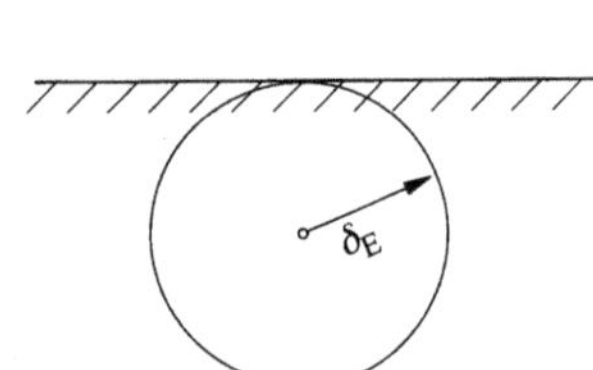

Bild 10.4-10 Erdrückleiter einer Drehstromleitung mit der Erdstromtiefe δ_E

Für mehrere Leiter-Erde-Schleifen, wie sie bei Drehstromleitungen auftreten, gilt

$$L'_{Em} = \frac{\mu_0}{2\pi}\ln\frac{\delta_E}{\sqrt[3]{d_m^2\cdot r}}. \qquad (10.4\text{–}19)$$

L'_E, L'_{Em}	μ_0	δ_E	r	d_m
H/km	H/km	mm	mm	mm

Zur Bestimmung von d_m siehe Gleichung (10.4-12). Der Radius δ_E des Erdrückleiters wird näherungsweise aus der Bodenleitfähigkeit κ bestimmmt.

$$\delta_E = \frac{1{,}85}{\sqrt{\omega\mu_0\kappa}}.$$

Der Wert für κ ist abhängig von der Bodenart [10.33]:

z. B.: Kalkböden 100 μS/cm,
trockener Sand 10 μS/cm,
feuchter Sand 50 μS/cm.

Aus L'_E bzw. L'_{Em} kann die Nullreaktanz des jeweiligen Systems berechnet werden:

$$X'_0 = 3\,X'_E + X'_i = 3\,j\,\omega\,L'_E + j\,\omega\,L'_i \qquad (10.4\text{–}20)$$

X'_0, X'_E, X'_i	ω	L'_E, L'_i
Ω/km	1/s	H/km

Bei Freileitungen mit Erdseilen ist die Nullreaktanz rechnerisch schwer zugänglich, sie reduziert sich gegenüber Gleichung (10.4-20), abhängig von der Ausführungsform und der Anzahl der Erdseile.

Stahlerdseil $X'_{0E} \approx 0{,}9$ bis $0{,}95\ X_0$,
Al/St-Erdseil $X'_{0E} \approx 0{,}4$ bis $0{,}7\ X_0$.

Abhängig von der Ausführungsform fließen also 5 ... 60% des Nullstromes über die Erdseile.

7. Darstellung in symmetrischen Komponenten[1]

Bei Freileitungen mit symmetrischer Leiteranordnung ist die bezogene Mitimpedanz $\underline{Z}'_m$ gleich der Gegenimpedanz $\underline{Z}'_g$.

$$\underline{Z}'_m = \underline{Z}'_g = R'_B + j\,X'_B. \qquad (10.4\text{–}21)$$

Für die bezogene Nullimpdanz gilt:

$$\underline{Z}'_0 = R'_0 + j\,\omega\,X'_0, \qquad (10.4\text{–}22)$$
$$R'_0 = 3\,R'_E + R'_B. \qquad (10.4\text{–}23)$$

$\underline{Z}'_m$, $\underline{Z}'_g$, $\underline{Z}'_0$	R'_B, R'_0, R'_E	X'_B, X'_0	ω
Ω/km	Ω/km	Ω/km	1/s

R'_E ist der Wirkwiderstand der Erdrückleitung ($R'_E \approx 0{,}05\ \Omega$/km), er ist unabhängig von der Bodenleitfähigkeit.

Als Richtwerte für Nullimpedanzen werden angenommen:

Einfachleitung ohne Erdseil $\underline{Z}'_0 \approx (3\ldots4)\ \underline{Z}'_m$,
Doppelleitung mit Al/St-Erdseilen $\underline{Z}'_0 \approx (2\ldots3)\ \underline{Z}'_m$.

10.4.1.6 Kapazitäten von Freileitungen

1. Symmetrische Wechselstromleitung

Wie in Bild 10.4-11 dargestellt, bildet sich zwischen den Leitern ein elektrisches Feld aus, so daß eine kapazitive Verkettung entsteht. Die für den Einzelleiter wirksame Betriebskapazität C_B setzt sich aus der Koppelkapazität C_K zwischen den Leitern und den Erdkapazitäten C_E zusammen:

$$C_B = C_E + 2\,C_K. \qquad (10.4\text{–}24)$$

[1] Die symmetrischen Komponenten werden in Abschnitt 10.6.3 erläutert, ebenso die zugehörigen Größen Mit-, Gegen- und Nullimpedanz.

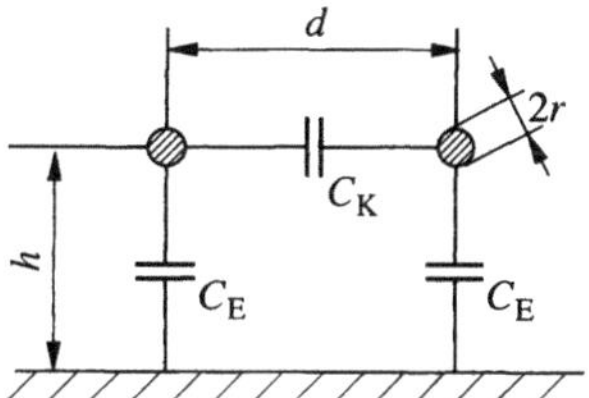

Bild 10.4-11 Symmetrische Wechselstromleitung

C_B ist also die wirksame Gesamtkapazität bezogen auf einen Leiter:

$$C'_B = \frac{2\,\pi\varepsilon_0}{\ln\frac{2\,h_i d}{rD}}, \qquad (10.4\text{–}25)$$

$$D = \sqrt{(2\,h_i)^2 + d^2},$$

$$C'_E = \frac{2\,\pi\varepsilon_0}{\ln\frac{4\,h_i^2}{rd}}. \qquad (10.4\text{–}26)$$

Aufgrund des Durchhanges ist die Höhe der Seile über dem Erdboden verschieden. Es wird deshalb eine durchschnittliche Höhe h_i eingeführt:

$$h_i = h - 0{,}7 \cdot f_{10°}. \qquad (10.4\text{–}27)$$

Der Wert $f_{10°}$ gibt den Durchhang bei 10 °C an.

2. Kapazitive Verkettung der Drehstrom-Leitung

Die Drehstom-Einfachleitung kann in Teilkapazitäten aufgespaltet werden (Bild 10.4–12). In dieser Anordnung gilt für die Kapazität des Nullsystems:

$$C_0 = \frac{1}{3}(C_{a0} + C_{b0} + C_{c0}) \qquad (10.4\text{–}28)$$

und für die Kapazitäten des Mit- und Gegensystems

$$C_m = C_g = \frac{1}{3}(C_{a0} + C_{b0} + C_{c0}) + + (C_{ab} + C_{bc} + C_{ac}). \qquad (10.4\text{–}29)$$

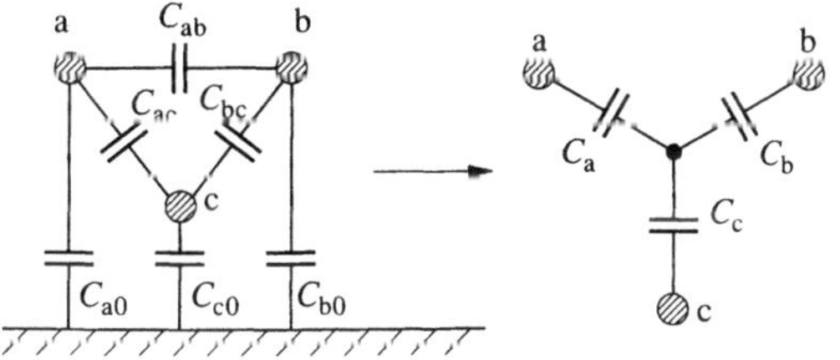

Bild 10.4-12 Teilkapazitäten der Drehstromleitung

Die Nullkapazität C_0 entspricht der mittleren Erdkapazität C_E der Einzelleiter. Die Mit- bzw. Gegenkapazität wird von der mittleren gegenseitigen Kapazität der Leiter untereinander (Koppelkapazität) und der Nullkapazität gebildet, sie entspricht der Betriebskapazität C_B.

3. Verdrillte Drehstrom-Einfachleitung

Die verdrillte Drehstrom-Einfachleitung bildet ein symmetrisches System mit:

$$C_{ab} = C_{bc} = C_{ac} = C_K, \qquad (10.4\text{–}30)$$

$$C_{a0} = C_{b0} = C_{c0} = C_0 = C_E \text{ und} \qquad (10.4\text{–}31)$$

$$C_a = C_b = C_c = C_B. \qquad (10.4\text{–}32)$$

Aufgrund der Symmetrie kann eine einheitliche Betriebskapazität C_B bestimmt werden (s. Bild 10.4–12). Zwischen den Leitungen a-b gilt:

$$\frac{C_a C_b}{C_a + C_b} = C_{ab} + \frac{C_{ac} C_{bc}}{C_{ac} + C_{bc}} + \frac{C_{b0} C_{a0}}{C_{b0} + C_{a0}} \qquad (10.4\text{–}33)$$

Setzt man in Gl. (10.4–33) die entsprechenden Größen aus den Gln. (10.4–30) bis (10.4–32) ein, erhält man für C_B:

$$\frac{1}{2} C_B = C_K + \frac{1}{2} C_K + \frac{1}{2} C_E,$$

$$C_B = 3\,C_K + C_E. \qquad (10.4\text{–}34)$$

Die bezogene Erdkapazität C'_E der Drehstrom-Einfachleitung kann nach Gleichung (10.4–35) berechnet werden.

$$C'_E = \frac{2\,\pi\varepsilon_0}{\ln\frac{8\,h_{mi}^3}{r_B d_m^2}}, \qquad (10.4\text{–}35)$$

$$h_{mi} = h_m - 0{,}7\,f_{10°}. \qquad (10.4\text{–}36)$$

Die mittlere Leiterhöhe h_m ergibt sich aus:

$$h_m = \sqrt[3]{h_1 \cdot h_2 \cdot h_3}. \qquad (10.4\text{–}37)$$

Gl. (10.4–35) gilt für Freileitungen ohne Erdseil. Bei Berücksichtigung eines Erdseiles kann explizit keine einfache Berechnungsformel angegeben werden.
Für die Berechnung der bezogenen Betriebskapazität C'_B gilt:

$$C'_B = \frac{2\,\pi\varepsilon_0}{\ln\frac{d_m}{r_B}}. \qquad (10.4\text{–}38)$$

Gleichung (10.4–38) gilt unabhängig davon, ob ein Erdseil vorhanden ist oder nicht.

4. Drehstrom-Doppelleitung

Die Betriebskapazität der Doppelleitung wird entsprechend der Vorgehensweise bei der Berechnung der Reaktanzen über das Produkt der mittleren Abstände der Einzelleiter bestimmt.

$$C'_B = \frac{2\,\pi\varepsilon_0}{\ln\frac{d_{nm} d_{nM}}{r_B d_{nN}}}. \qquad (10.4\text{–}39)$$

Die Erdkapazität C'_E läßt sich nicht mehr mit einfachen Mitteln berechnen, es gilt näherungsweise

$$C'_E \approx (0{,}5\ldots0{,}7) \cdot C'_B .$$

Berechnete Werte der Betriebskapazität C'_B können aus Bild 10.4–9 entnommen werden.
Richtwerte zur Ermittlung der bezogenen Betriebskapazitäten abhängig von der Nennspannung sind in Tabelle 10.4–3 angegeben.

Tabelle 10.4–3: Richtwerte für Betriebskapazitäten

Nennspannung	C'_B in nF/km
30 kV	4,5... 5
110 kV	8 ... 9
220 kV Zweierbündel	12
380 kV Viererbündel	12,5...14

10.4.2 Kabeltechnik

Energiekabel sind langlebige Investitionsgüter. Aufbau, Prüfbestimmungen und Einsatzbereich sind in nationalen und internationalen Bestimmungen (DIN; VDE; IEC; CENELEC) weitgehend festgelegt. Sonderkonstruktionen sind jedoch häufig notwendig.
Die Zuordnung der deutschen Begriffe „Kabel" und „Leitung" zu den Bauarten ist durch die entsprechende VDE-Bestimmung gegeben. *Kabel* sind meist für Erdverlegung geeignet, während *Leitungen* dort nicht verlegt werden dürfen. Flexible Bauarten zählen stets zu den Leitungen.

10.4.2.1 Aufbau, Werkstoffe

Aufgabe des *Leiters* ist es, die elektrische Energie möglichst verlustarm zu übertragen. Wichtigste *Leiterwerkstoffe* sind Kupfer und Aluminium (Tabelle 10.4–4.).

Tabelle 10.4–4: Eigenschaften von Kupfer und Aluminium

Größe	Einheit	Kupfer Cu	Aluminium Al
Dichte	$\frac{kg}{dm^3}$	8,9	2,7
Ausdehnungskoeffizient	$\frac{10^{-6}}{K}$	17	24
spezifische Wärmekapazität	$\frac{J}{g\,K}$	0,4	0,9
Schmelzpunkt	°C	1080	660
Wärmeleitfähigkeit	$\frac{W}{mK}$	380	220
Leitfähigkeit	$\frac{m}{\Omega\,mm^2}$	58	36

Die häufigsten *Leiterformen* sind in Bild 10.4–13 zusammengestellt. *Sektorleiter* führen bei einem Querschnitt bis etwa 35 mm² gegenüber Rundleitern zu einem kleineren Kabeldurchmesser (Bild 10.4–14). Bei *konzentrischen Leitern* sorgt eine Querleitwendel für eine gleichmäßige Stromverteilung auf die Einzeldrähte, die häufig wellenförmig aufgebracht werden (*Ceander-Leiter*).

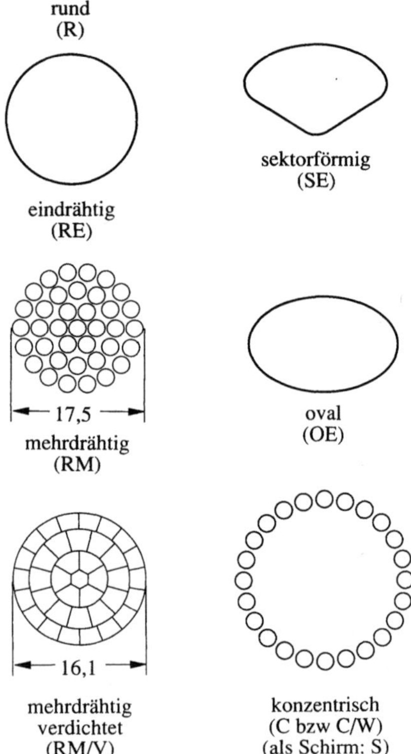

Bild 10.4-13 Leiterformen

Bei der *Isolierung* wird die *Wanddicke* im Niederspannungsbereich durch die mechanische Beanspruchung während der Fertigung, der Legung und der Montage bestimmt. Mit steigender Spannung hängt die Isolierwanddicke immer mehr von der elektrischen Feldstärke ab. Häufigste Kabelisolierstoffe sind Papier (mit Masse oder Öl imprägniert), Polyvinylchlorid (PVC), vernetztes Polyethylen (VPE) und für spezielle Anwendungsfälle Ethylen-Propylen-Gummi (EPR).

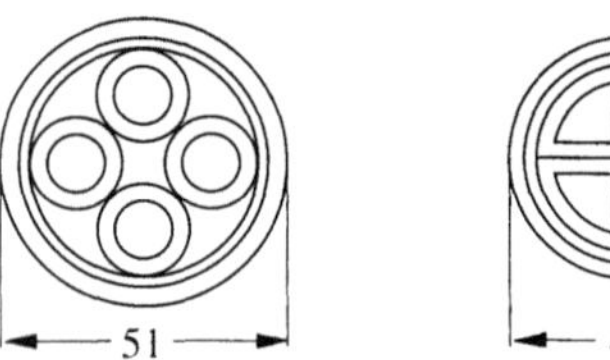

Bild 10.4-14 Aufbau und Durchmesser von NYY 4 × 150, 0,6/1 kV mit runden und sektorförmigen Leitern [10.34]

Wesentliche Kennwerte zeigt Tabelle 10.4–5. Für Hochspannung kommen nur Isolierstoffe mit kleinem Verlustfaktor tan δ, also kleinen dielektrischen Verlusten in Betracht (Bild 10.4–15). Eine *Papierisolierung* besteht aus 15...30 mm breiten Papierbändern, die lagenweise glatt und faltenfrei auf den Leiter gewikkelt werden. Anschließend wird die Isolierung mit zähflüssiger Masse oder Öl imprägniert. Hohlräume in der Isolierung könnten Ursache von Entladungen werden. Die geschichtete Isolierung hat den Vorteil, daß örtliche Fehler oder Schwachstellen in einer Einzelschicht durch die benachbarten Schichten abgedeckt werden *(Schotteffekt)*.

Thermoplastische Isolierstoffe, z. B. PVC, werden mit Extrudern auf den Leiter aufgebracht. Nach dem Extrudieren werden sie von der Spritztemperatur (bis etwa 200 °C) abgekühlt. Dabei ist darauf zu achten, daß Schrumpfspannungen oder Schrumpflunker in der Isolierhülle vermieden werden.

Tabelle 10.4–5: Eigenschaften von Kabelisolierstoffen

Größe	Einheit	Papier/Öl	PVC	PE	VPE	EPR
Dichte	$\frac{kg}{dm^3}$	1,0	1,3	0,92	0,92	1,3
Zugfestigkeit	$\frac{N}{mm^2}$	–	16	15...20	15...20	6...10
Reißdehnung	%	–	200...250	400...600	300...500	350...500
Flexibilität		wenig	mäßig	mäßig	mäßig	sehr gut
zulässige-Leitertemperatur dauernd	°C	60...80	70	70	90	90
Kurzschluß	°C	140...180	140...160	150	250	250
Versprödungstemperatur	°C	–	− 10	− 60	− 60	− 50
spezifischer Wärmewiderstand	$\frac{Km}{W}$	5,0	6,0	3,5	3,5	4–5
spezifischer Widerstand	MΩcm	$> 10^8$	$> 10^8$	$> 10^{11}$	$> 10^{11}$	$> 10^8$
Verlustfaktor tan δ	10^{-3}	3	50	0,4	0,4	5
Permittivitätszahl	ε_r	3,5	4	2,3	2,3	3

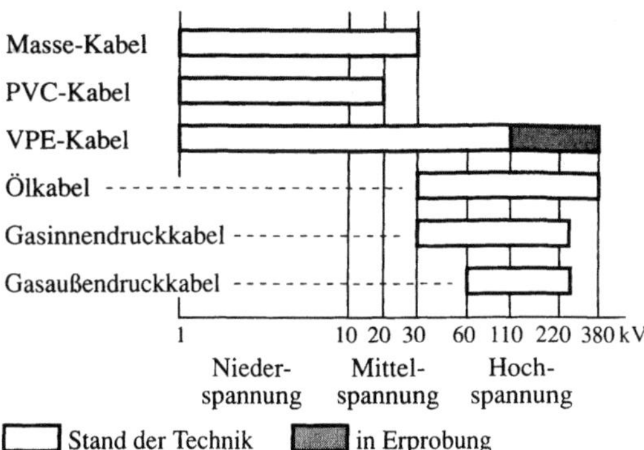

Bild 10.4-15 Einsatzgebiete der Isolierstoffe

Adern mit zu vernetzenden Werkstoffen, wie VPE und EPR, werden nach dem Extrudieren mit unterschiedlichen Verfahren vernetzt [10.38].

Allen extrudierten Isolierungen fehlt der Schotteffekt der geschichteten Isolierung. In der extrudierten Isolierung existiert auch keine flüssige Isoliermassse, die in entstandene Hohlräume nachfließt und sie füllt. Inhomogenitäten in extrudierten Isolierungen können Ursache örtlicher Werkstoffveränderungen und beschleunigter Alterung sein. Durch das Zusammenwirken von Inhomogenitäten mit dem elektrischen Feld und mit Feuchtigkeit können *Wasserbäumchen* oder *elektro-chemische Bäumchen* entstehen, die u. U. in *Entladungsbäumchen* umschlagen *(watertrees, electrochemical* und *electrical trees)*. Die Bäumchenbildung *(treeing)* ist ein grundlegendes Problem der *Kunststoffkabel*. Man begegnet ihm durch extreme Sauberkeit bei der Fertigung, durch feuchtigkeitsunempfindliche Konstruktionen und ausgedehnte Prüfungen.

Bei Kabeln mit einer Nennspannung von mehr als 0,6/1 kV wird die Isolierung von *Leitschichten* begrenzt. Die innere Leitschicht gleicht örtliche Überhöhungen des elektrischen Feldes am Leiter aus (Bild 10.4–16). Sie besteht bei papierisolierten Kabeln aus mehreren Lagen von leitfähigem *Rußpapier*. Bei feststoffisolierten Kabeln wird als innere und äußere Leitschicht eine rußhaltige Mischung aufgebracht und mit der Isolierung fest verbunden. Bei papierisolierten Kabeln besteht die äußere leitfähige Schicht meist aus *metallisiertem Papier (Höchstädter-Folie)*.

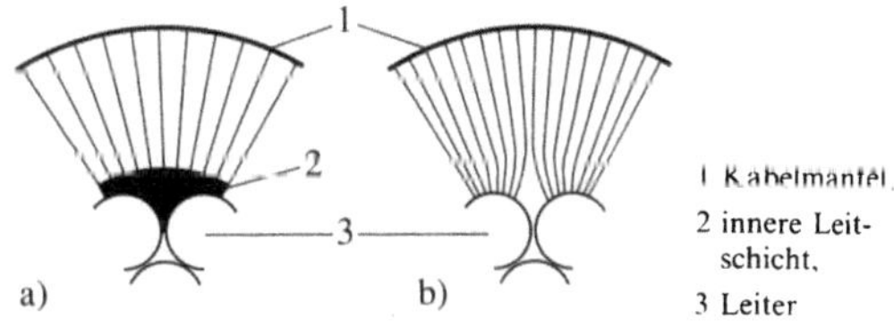

Bild 10.4-16 Elektrisches Feld eines einadrigen Kabels a) mit und b) ohne innerer Leitschicht

Für das Weiterleiten des Ableit- und Ladestroms in Längsrichtung und als Berührungsschutz sind metallische *Schirme* vorhanden. Sie werden als *konzentrische Leiter* (bei Kunststoffkabeln) oder als *Metallmäntel* (bei papierisolierten Kabeln) ausgeführt.

Ein *Mantel* schützt die Kabelseele vor mechanischer Beschädigung sowie chemischen Angriffen und verhindert das Eindringen von Feuchtigkeit. Bei Hochspannungskabeln findet man noch den klassischen *Bleimantel* oder den *Aluminiummantel*. Der *Schichtenmantel* besteht aus einer sich selbst überlappenden, einseitig mit Kleber beschichteten Aluminiumfolie und einem extrudierten PE-Mantel. Niederspannungskabel haben meist einen PVC-Mantel, Mittelspannungs-Kunststoffkabel einen PE-Mantel. Gegenüber PVC-Mänteln zeichnen sich PE-Mäntel durch ihre bessere Kältebeständigkeit, höhere Festigkeit, geringeren Abrieb und eine um etwa eine Zehnerpotenz höhere Diffusionskonstante aus. Bei unbeschädigtem Mantel wird das Eindringen von Feuchtigkeit aus der Umgebung auf etwa ein Zehntel verringert und damit die Gefahr einer Bildung von Wasserbäumchen wesentlich verringert. Farbiges PE ist nicht witterungsbeständig. Unter dem Einfluß ultravioletter Sonnenbestrahlung kann es zur Spannungsrißkorrosion kommen. Ein geringer Rußzusatz stabilisiert das PE und führt zu einem schwarzen PE-Mantel.

Eine *Bewehrung* schützt die Kabelseele und den Kabelmantel mechanisch gegen Beschädigung durch Schlag, Zug oder Druck beim Transport, bei der Lagerung, beim Legen und im Betrieb.

Eine *Schutzhülle* bietet als Polster mechanischen Schutz und/oder dient als Korrosiosschutz für Mantel und Bewehrung.

10.4.2.2 Kabeltypen

Eine vollständige Aufzählung der gängigen Kabeltypen muß Monographien vorbehalten bleiben, z. B. [10.40], [10.41]. Hier sollen nur die in der Bundesrepublik Deutschland häufigsten Bauarten und ihre Bezeichnungsweise dargestellt werden.

Kabel werden bezeichnet mit den *Bauartkurzzeichen*, der Aderzahl mal Querschnitt in mm², dem Kurzzeichen für *Leiterform* und *-art* gemäß Bild 10.4–13, dem Querschnitt des *Schirmes* oder des *konzentrischen Leiters* in mm² sowie der Nennspannung in kV. Das Bauartkurzzeichen beginnt mit dem Buchstaben N, wenn das Kabel als *Normtyp* einer VDE-Bestimmung entspricht. Dann folgen weitere Buchstaben gemäß Tabelle 10.4–6, die den Kabelaufbau von innen nach außen beschreiben.

In der Bundesrepublik Deutschland wurden 1992 im Niederspannungsbereich (bis 1 kV) 85% aller Kabel mit einer PVC-Isolierung ausgeliefert (87% ohne, 13% mit konzentrischem Leiter wie in Bild 10.4–17a). Der Anteil der VPE-isolierten Kabel ist innerhalb von 15 Jahren von 0 auf 15% gestiegen.

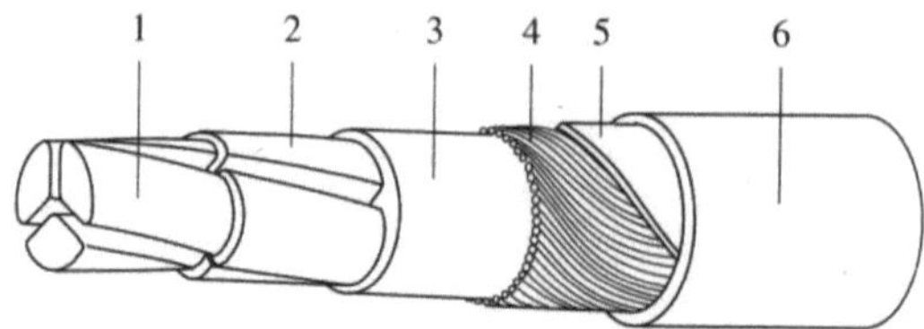

Bild 10.4-17a Niederspannungskabel NYCWY, NAYCWY, NA2XCWY (bei fehlendem konzentrischen Leiter: NYY, NAYY, NA2XY) [10.34]

1	Leiter	Al oder Cu	A
2	Isolierung	PVC oder VPE	Y; 2Y
3	Füllmischung	PVC oder Gummi	
4	konzentrischer Leiter Kupfer, wellenförmig		CW
5	Kontaktwendel	Kupferband	
6	Mantel	PVC	Y

Tabelle 10.4–6: Bauartkurzzeichen von Kabeln (Auswahl)

A	Aluminiumleiter
Y	PVC-Isolierung
2X	VPE-Isolierung
C	konzentrischer Kupferleiter
CW	konzentrischer wellenförmiger Kupferleiter
S	Schirm aus Kupfer
(F)	längswasserdichte Schirmzone
(FL)	längswasserdichte Schirmzone und Schichtenmantel
SE	Kupferschirm über jeder Ader
K	Bleimantel
F	Bewehrung aus Stahlflachdrähten
R	Bewehrung aus Stahlrunddrähten
G	Stahlbandwendel
Y	PVC-Mantel
2Y	PE-Mantel
zusätzlich für papierisolierte Kabel:	
H	Kabel mit Abschirmung
E	Dreimantelkabel
E	Korrosionsschutzschicht über Bleimantel
B	Doppelstahlbandbewehrung
A	Schutzhülle aus Faserstoffen
für Kabel U_0/U 0,6/1 kV	
–J	Kabel mit grüngelber Ader
–O	Kabel ohne grüngelbe Ader

10-kV-Netzkabel werden zu 40% noch mit einer imprägnierten Papierisolierung und Bleimantel geliefert. Mehr als 50% erhalten eine Isolierung aus VPE. Ein geringer Anteil ist PVC-isoliert.

Im 20-kV- und 30-kV-Bereich ist der Übergang vom Papier- zum Kunststoffkabel praktisch abgeschlossen. Etwa 95% der gelieferten Längen haben heute eine Isolierung aus VPE (Bild 10.4–17b). Neuere Konstruktionen für erschwerte Bedingungen setzen im Schirmbereich quellende Materialien und einen extrudierten Innenmantel ein, um eine Längsausbreitung von Wasser zu vermeiden, falls der Mantel beschädigt werden sollte.

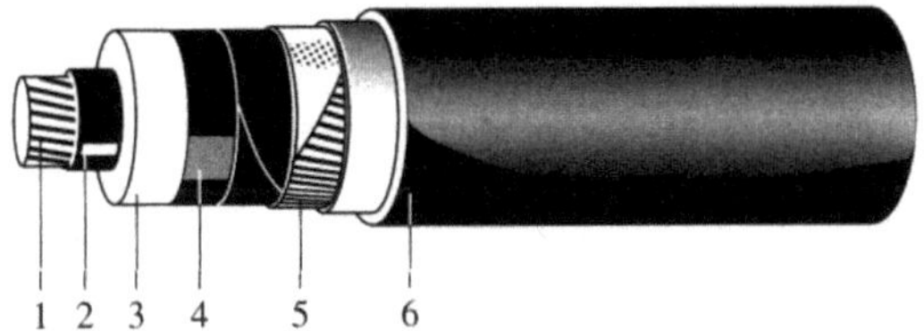

Bild 10.4-17b VPE-Kabel NA2XS2Y bzw. N2XS2Y (10...30 kV) gemäß VDE 0273

1	Al- oder Cu-Leiter		A
2	innere Leitschicht	gemeinsam extrudiert, fest verschweißt	2X
3	VPE Isolierung		
4	äußere Leitschicht		
5	Cu-Schirm, Band-Bewicklung		S
6	PE-Mantel		2Y

Im Hoch- und Höchstspannungsbereich werden imprägniertes Papier und VPE als Isolierstoffe eingesetzt. Hohlräume vermeidet man bei papierisolierten Kabeln durch Überdruck. Nach der Art der Druckmittel unterscheidet man *Öl-* und *Gasdruckkabel.* Druckerzeuger und Überwachungsstationen halten den Druck im Kabel unabhängig von der Belastung konstant. *Ölinnendruckkabel* sind mit einem dünnflüssigen Öl getränkt. Im Leiter und/oder im Mantel (bei mehradrigen Kabeln auch in den Zwickeln der verseilten Adern) sind Ölkanäle angeordnet. Das in diesen Kanälen befindliche Öl kann in die Isolierung eindringen. Es ist damit zugleich Druck- und Isoliermittel (Bild 10.4–17c).

Bei den *Gasaußendruckkabeln* (Bild 4–17d) dient ein Bleimantel als Membran zwischen der Kabelisolierung und dem Druckmedium, meist Stickstoff. Bei den *Gasinnendruckkabeln* (DIN VDE 0258) ist das Druckgas auch in der Isolierung vorhanden. Gasdruckkabel sind mechanisch sehr robust.

In steigendem Umfang werden VPE-Kabel auch für Hochspannung eingesetzt. Sie zeichnen sich durch geringe dielektrische Verluste und geringen Aufwand bei Installation und Wartung aus [10.35]. Bei 110 kV sind in Deutschland etwa 50% der Kabel mit VPE isoliert; die anderen 50% sind Gasdruckkabel.

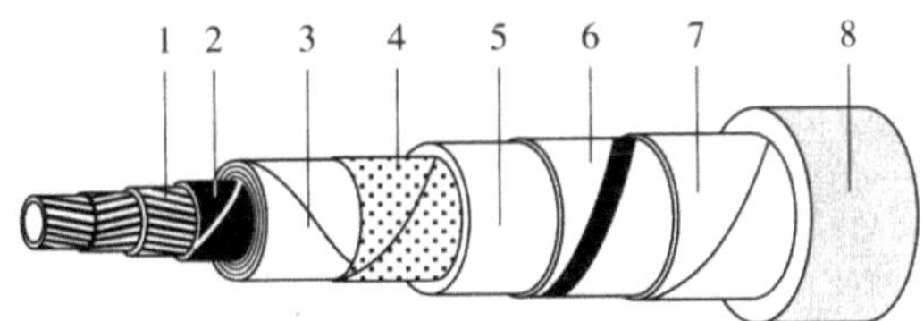

Bild 10.4-17c Ölkabel NÖKUDEY (60...400 kV) gemäß VDE 0256 [10.34]

1	Cu-Hohlleiter mehrdrähtig	
2	Leiterglättung (Rußpapier)	
3	getränkte Papierisolierung	Ö
4	Abschirmung (Rußpapier, metallisiertes Papier)	
5	Bleimantel	K
6	Druckschutzbandage (Rußpapier, Cu-Band)	UD
7	Bewicklung als Korrosionsschutz	E
8	PVC-Außenmantel (rot)	Y

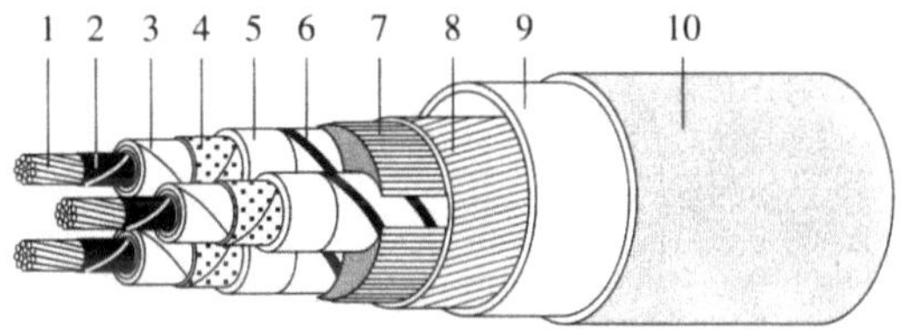

Bild 10.4-17d Gasaußendruckkabel NPKDvFSt2Y (60...110 kV) gemäß DIN VDE 0257 [10.34]

1	Cu-Leiter, rund oder oval	
2	Leiterglättung (Rußpapier)	
3	getränkte Papierisolierung	P
4	Aderabschirmung (Rußpapier, metallisiertes Papier)	
5	Bleimantel	K
6	Druckschutzbandage (Rußpapier, Cu-Band)	D
	verseilte Adern	v
7	Zwickelfüllung	
8	Stahlflachdrahtbewehrung	F
	Druckmittel (Stickstoff)	
9	Stahlrohr	St
10	PE-Schutzhülle	2Y

10.4.2.3 Kabeleigenschaften und ihr Nachweis

Die nachzuweisenden Eigenschaften von Kabeln [10.37] sind in den VDE-Bestimmungen für die Kabeltypen (DIN VDE 0255 bis 0276) zusammengestellt, die *Prüfverfahren* dagegen in DIN VDE 0472 (Tabelle 10.4–7). Für Leiter gilt DIN VDE 0295, für Isolier- und Mantelmischungen DIN VDE 0207.

Tabelle 10.4–7: Prüfungen an Kabeln gemäß DIN VDE 0472

Aufbau (Teil 401 ff.)
elektrische Eigenschaften (Teil 501 ff.)
mechanisches, thermisches Verhalten (Teil 601 ff.)
Werkstoffzusammensetzung (Teil 701 ff.)
Verhalten gegenüber äußeren Einwirkungen (Wasser, Öl, Ozon, Feuer) (Teil 801 ff.)

Einige Kabeleigenschaften werden entweder nur errechnet oder durch *Typprüfungen* erfaßt, weil sie sich nicht ändern, solange die Kabelkonstruktion erhalten bleibt. Die *Kapazität C* eines Kabels ist so definiert, daß daraus unmittelbar der bei Wechselspannung fließende Ladestrom I_C berechnet werden kann. Mit der Außenleiterspannung U gilt

$$I_C = \frac{U}{\sqrt{3}}\omega C. \qquad (10.4\text{–}40)$$

Ein Einleiterkabel ist ein Zylinderkondensator, seine Kapazität C ergibt sich aus Bild 2.6–6. Bei *Mehrleiterkabeln (Gürtelkabeln)* (Bild 10.4–14) fließt der Ladestrom eines Leiters über die beiden anderen Leiter des Drehstromsystems und den geerdeten Leiter bzw. Schirm ab. Die drei Teilströme werden mit Hilfe der Teilkapazitäten C_{12} (Leiter-Leiter) und C_{10} (Leiter-Erde) erfaßt und dann phasenwinkelrichtig addiert. Zur Abkürzung der Rechnung wird die *Betriebskapazität* C_B definiert und bei der Berechnung des Ladestromes in Gl. (10.4–40) eingesetzt [10.37].

$$C_B = C_{10} + 3\,C_{12}. \qquad (10.4\text{–}41)$$

Wegen Schwankungen der Permittivität weichen die tatsächlichen Kapazitäten von den berechneten Werten ab. Im Bedarfsfall ist eine Messung durchzuführen. Die *Induktivität L eines Leiters (Betriebsinduktivität)* wird als die Hälfte der Schleifeninduktivität L von Gl. (2.8–16) definiert. Die Messung der Induktivität ist in keiner Vorschrift vorgesehen, im Bedarfsfall aber nicht zu umgehen, weil eine Rechnung die spezielle Verlegeanordnung nur unvollkommen erfassen kann [10.37].

Der *Leiterwiderstand* bedingt die stromabhängigen Verluste und den Spannungsfall im Kabel. Wegen seiner großen Bedeutung wird er an jedem gefertigten Kabel geprüft. Zu unterscheiden sind der Gleichstromwiderstand R und der Wirkwiderstand R_W im Wechsel- und Drehstrombetrieb. Letzterer berücksichtigt die Zusatzverluste durch Stromverdrängung im Leiter, durch Wirbelstromverluste in Metallmänteln und Bewehrung, durch Magnetisierungsverluste in einer Stahlbewehrung und durch induzierte Mantelströme. Daher ist R_W stets größer als R [10.37].

Kapazität, Induktivität und Widerstand werden üblicherweise als längenbezogene Werte (Beläge) in den Listen der Hersteller angegeben (Tabelle 10.4–8).

Tabelle 10.4–8: Kennwerte von Freileitungen (F) und Kabeln (K)* (nach Kulik).

		20 kV		110 kV		380 kV	
	Einheit	F	K	F	K	F	K
Leiter		Al/St	Al	Al/St	Cu	Al/St	Cu
Querschnitt	mm^2	120/20	240	265/35	630	4 × 265/35	2000
thermisch zulässige Leistung	MVA	12	12	130	124	1800	900
Widerstandsbelag	$\frac{\Omega}{km}$	0,24	0,125	0,109	0,029	0,028	0,01
Kapazitätsbelag	$\frac{nF}{km}$	10	290	9,5	180	14	280
Induktivitätsbelag	$\frac{mH}{km}$	1,14	0,34	1,21	0,41	0,8	0,7
Wellenwiderstand	Ω	340	34	360	48	240	50
natürliche Leistung	MW	1,2	12	34	254	600	2900

* Die Daten gelten je für ein Drehstromsystem. Die Kabel sind in Erde verlegt und natürlich gekühlt. Es handelt sich um Einleiter-VPE-Kabel (20 kV und 110 kV) bzw. Einleiter-Ölkabel (380 kV).

Der *Wellenwiderstand* Z eines Kabels ergibt sich zu

$$Z = \sqrt{\frac{L}{C}}. \qquad (10.4\text{–}42)$$

Wegen ihrer Bedeutung werden weitere Prüfungen als Stückprüfung an jeder Länge durchgeführt.

Geringen Aufwand an Geräten und Zeit erfordert die Prüfung des *Kabelaufbaues*. Sie liefert Erkenntnisse über die Qualität, obwohl nur kurze Endstücke eines Kabels seziert werden können.

Der *Verlustfaktor* von Papier-Masse-Kabeln ist bei niedriger Spannung zunächst nahezu konstant. Bei steigender Spannung folgt ein mehr oder weniger ausgeprägter Knick und Anstieg *(Ionisationsknick)*. Zusätzliche Verlustquellen sind jetzt *Teilentladungen* in Hohlräumen. Liegt der Ionisationsknick unterhalb der Betriebsspannung, können dauernde Teilentladungen die Zerstörung des Dielektrikums (den Langzeitdurchschlag) bewirken. Die Lage des Ionisationsknicks ist also ein Merkmal zur Beurteilung des Langzeitverhaltens. Eine unzulässig niedrige Lage des Ionisationsknicks wird durch Messung des Verlustfaktors bei 0,5 U_0 und über seinen Anstieg bei Spannungsänderung erfaßt. Das Einhalten von Grenzwerten gemäß Bild 10.4–18 läßt erwarten, daß das Kabel eine genügend hohe Lebensdauer erreichen wird. Einzelne Hohlräume zeigt die Verlustfaktormessung als Integralmessung nicht an, weil die im einzelnen Hohlraum durch Ionisierung umgesetzte Energie viel zu klein ist, um den Verlustfaktor des gesamten Kabels merklich zu verändern. Bei papierisolierten Kabeln ist durch das Herstellverfahren und durch Tränkung die Wahrscheinlichkeit sehr klein, daß vereinzelte Hohlräume auftreten. Nachfließen der Imprägniermasse würde sie im Betrieb schnell schließen. Bei einer Feststoffisolierung muß aber unbedingt eine Hohlraumbildung durch eine Teilentladungsmessung kontrolliert werden.

Heute wird allgemein gefordert, daß Kabel mit festem Dielektrikum bei Betriebsspannung vollkommen teilentladungsfrei sein müssen. Dies ist allerdings

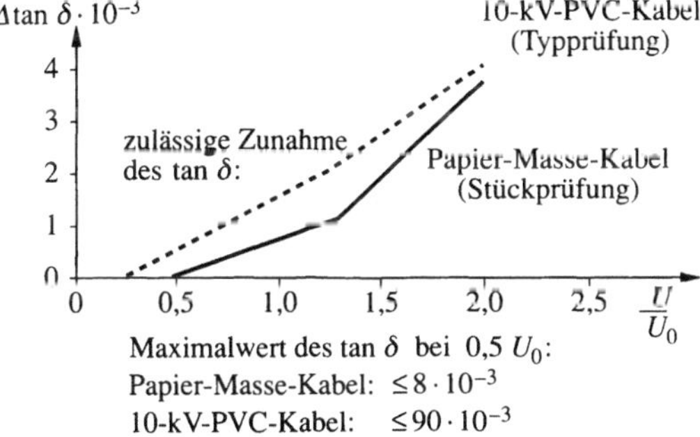

Bild 10.4-18 Anforderungen an den Verlustfaktor von Kabeln nach VDE 0255 und 0271 [10.37]

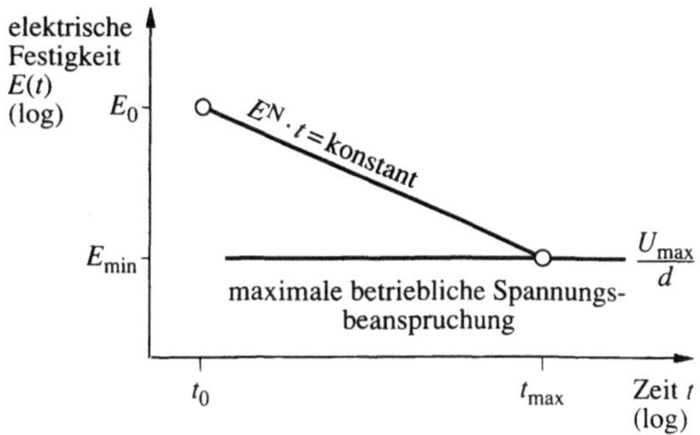

Bild 10.4-19a Lebensdauergerade (nach Biasiutti)
E elektrische Feldstärke,
U_{max} max. Spannung im Betrieb,
d Wanddicke der Isolierung

nur durch eine Messung bei einer höheren Spanung nachzuweisen, weil die Empfindlichkeit der Meßgeräte nicht beliebig zu erhöhen ist. So entstand die Bedingung für die Stückprüfungen in DIN VDE 0273, wonach die Teilentladung bei 2 U_0 kleiner oder gleich 5 pC sein muß. 2 U_0 wurde festgelegt, weil dies die in deutschen Netzen bei *Erdschluß* noch für begrenzte Zeit zulässige Spannung ist.

Zum Nachweis der *Spannungsfestigkeit* wird an jedem Kabel eine *Kurzzeitprüfung* durchgeführt. Das Bestehen zeigt, daß die Isolierung keine groben Fertigungsfehler besitzt.

Bei *Kunststoffkabeln* für eine Spannung über 10 kV dient die *Langzeitspannungsprüfung* dazu, den Erwartungswert für die *Lebensdauer* des Kabels zu ergründen. Sie wird als Typprüfung durchgeführt. An einer großen Anzahl kurzer Kabel werden Durchschlagversuche mit 2- bis 10-facher Betriebsspannung durchgeführt und in doppelt logarithmischer Darstellung ausgewertet (Bild 10.4–19a). Die elektrische *Anfangsfestigkeit* E_0 und der *Lebensdauerexponent* N müssen so festgelegt sein, daß die Restfestigkeit $E(t)$ der Isolierung erst nach Ablauf der geforderten Betriebszeit t_{max} in den Bereich der Spannungsbeanspruchung im Betrieb absinkt. Die Anfangsfestigkeit E_0 ist allein vom Hersteller des Kabels zu verantworten. Der Lebensdauerexponent N dagegen ergibt sich aus den Eigenschaften des Kabels und der betrieblichen Beanspruchung durch Spannung, Überspannung, Strom, Temperatur, Fremdstoffe, z. B. Wasser, Vibration, Zug und Druck.

Zu beachten ist, daß eine *Lebensdauergerade* nur für eine vorgegebene *Durchschlagwahrscheinlichkeit* einer definierten Kabellänge gezeichnet werden kann. Für veränderte Durchschlagwahrscheinlichkeit und Kabellänge ergibt sich eine neue Lebensdauergerade (Bild 10.4–19b).

Bei papierisolierten Kabeln reicht es zur Sicherstellung der Langzeit-Betriebssicherheit aus, die Spannungsfestigkeit über maximal 100...200 h mit erhöh-

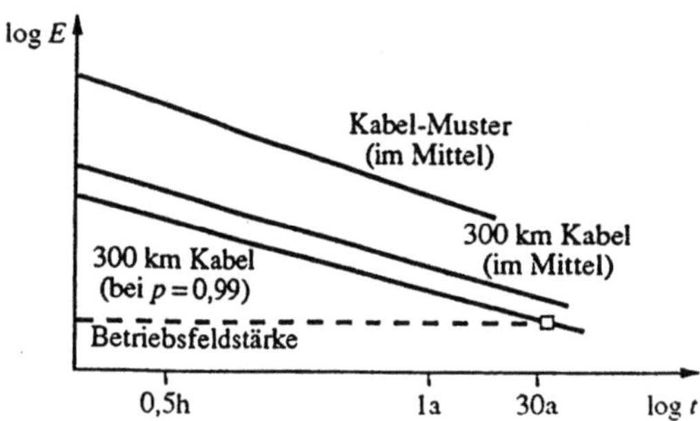

Bild 10.4-19b Lebensdauergerade bei Kunststoffkabeln (nach Luoni)
E elektrische Feldstärke,
t Zeit,
p Wahrscheinlichkeit für das Standhalten bei elektrischer Beanspruchung

ter Spannung zu prüfen, wenn außerdem der *Verlustfaktor* in den zulässigen Grenzen liegt. Bei kunststoffisolierten Kabeln wurde die Zeitdauer der *Langzeituntersuchung* bei 3 U_0 auf 1000 h ausgedehnt.

An Kabeln werden auch Langzeitprüfungen unter *Feuchtigkeitseinwirkung* durchgeführt. Mit heutigen Methoden läßt sich nach einer Prüfzeit von zwei Jahren bei vieracher Spannung die Auswirkung des Wassers in der Isolierung und in den Leitschichten durch eine Abnahme der verbleibenden Durchschlagfestigkeit feststellen.

Eine wichtige Kabeleigenschaft ist die *Strombelastbarkeit*. Organische Isolierstoffe altern abhängig von der Temperatur. Eine Erhöhung der Betriebstemperatur um 8...10 K verkürzt die *Lebensdauer* um die Hälfte. Aus der Erwartung einer bestimmten Lebensdauer des Kabels ergibt sich die zulässige Betriebstemperatur, die auf Erfahrung basiert (Tabelle 10.4–5). Kurzzeitig wird bei *Kurzzschluß* eine höhere Temperatur zugelassen. Aus der zulässigen Betriebstemperatur läßt sich bei bekannten *Wärmewiderständen* der zulässige Strom berechnen. Ähnlich dem Ohmschen Gesetz und gemäß Bild 10.4–20 ist die Temperaturdifferenz $\Delta\vartheta$ an einem Wärmewiderstand T proportional zu der *Verlustleistung*, die über den Wärmewiderstand strömt: $\Delta\vartheta = P_V T$. Die Wärmewiderstände werden gemäß IEC-Empfehlung 287 berechnet. Problematisch ist dabei vor allem der Wärmewiderstand des Erdbodens, der sehr stark schwanken kann. Die in DIN VDE 0298 tabellierten *Belastbarkeitswerte* basieren auf einer *dosierten* (bereichsweisen) *Bodenaustrocknung* in Kabelnähe [10.36], 10.41].

Durch Zwangskühlung läßt sich die Strombelastbarkeit von Kabeln beträchtlich steigern. Für *Hochleistungsübertragungen* werden die in Tabelle 10.4–9 dargestellten Verfahren zur Zwangskühlung angewandt.

Tabelle 10.4–9: Zwangskühlung von Kabeln [10.39]

indirekte Kühlung der Kabeloberfläche		Rohre parallel zum Kabelsystem Kühlmittel: Wasser
		3 Kabel im offenen Trog Kühlmittel: Wasser
direkte Kühlung der Kabeloberfläche		3 Kabel im gemeinsamen Rohr Kühlmittel: Wasser oder Öl
		Kabel einzeln in Rohren Kühlmittel: Wasser
direkte Kühlung des Leiters		Hohlleiter mit vergrößertem Durchmesser Kühlmittel: Wasser oder Öl

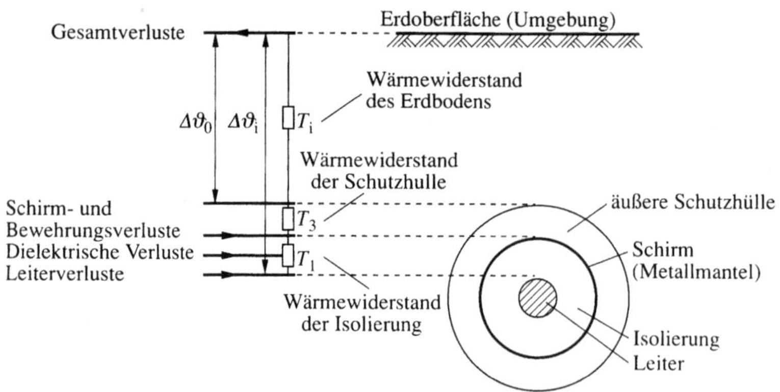

Bild 10.4-20 Ersatzschaltbild für die Ableitung der Verlustwärme eines Kabels [10.39]

10.4.2.4 Kabel und Freileitung

Die Frage *„Freileitung oder Kabel?"* beim Bau elektrischer Netze ist wirtschaftlich und technisch von großer Bedeutung. In manchen Fällen ist die Verwendung von Kabeln zwingend vorgegeben, z. B. in Ballungsgebieten oder bei der Querung von Seen und Meeren. Andererseits gibt es Fälle, bei denen aus technischen Gründen nur Freileitungen in Frage kommen, z. B. bei größeren Entfernungen. In anderen Fällen muß zwischen Kabel und Freileitung gewählt werden.

In der Bundesrepublik Deutschland überwiegt im Nieder- und Mittelspannungsnetz der Kabelanteil; er erreicht im Hochspannungsnetz bei 220 kV und 380 kV aber nur 0,1%. Ein weiterer Anstieg des Kabelanteils im Mittelspannungsnetz ist zu erwarten, da etwa 80% aller Neubauten als Kabel ausgeführt werden. In dieser Spannungsebene sind die Mehrkosten eines Kabels gegenüber einer Freileitung tragbar.

Einen Vergleich technischer Daten zeigt Tabelle 10.4–8, wobei die thermische *Übertragungsfähigkeit* S_{th} jeweils etwa gleich ist. Kabel haben einen vergleichsweise kleinen *Induktivitäts-* aber einen sehr großen *Kapazitätsbelag*. Daraus folgt eine hohe *Ladeleistung* und eine große natürliche Leistung, die weit über der *thermischen Grenzleistung* liegt. Es ist deshalb nur ein Betrieb weit unterhalb der natürlichen Leistung möglich. Die natürliche Leistung ($P_{nat} = U^2/Z$) ist eine wichtige Kenngröße für Übertragungsleitungen. Beim Betrieb mit natürlicher Leistung ergeben sich vorteilhafte Betriebseigenschaften. So ist der Betrag von Spannung und Strom auf der gesamten Leitungslänge gleich. Strom und Spannung sind an jeder Stelle der Leitung in Phase. Die Leitung benötigt keine Blindleistung (siehe auch Abschnitt 10.4.3.1).

Die maximal mögliche Länge von Kabeln wird u. a. durch den Ladestrom begrenzt. Bei 110-kV-Kabeln erreicht der Ladestrom bereits bei einer Länge von etwa 50 km den Wert des thermisch zulässigen Stromes. Ein Kabel mit der Grenzlänge könnte ohne zusätzliche *Kompensationseinrichtungen* für die kapazitive Blindleistung keine Wirkleistung übertragen. Die Länge von 380-kV-Freileitungen wird vor allem durch den Spannungsanstieg am leerlaufenden Leitungsende und durch die *Übertragungsstabilität* begrenzt. Bei den relativ kleinen Übertragungsentfernungen in Mitteleuropa spielen diese Einschränkungen für Freileitungen keine Rolle.

Die *Kühlung* – also die Abfuhr der *Verlustwärme* – begrenzt die Strombelastbarkeit. Die Bedingungen sind für Freileitungen viel günstiger als für Kabel. Die zulässige Temperatur der Freileitungen wird nur bei sehr ungünstigen Kühlungsverhältnissen schon bei dem angegeben Grenzstrom erreicht. Für die meiste Zeit des Jahres besteht eine beachtliche Reserve. Bei Kabeln führt jede Überschreitung der dauernd zulässigen Temperatur zu einer Verkürzung der Lebensdauer.

Der *Flächenbedarf* ist bei Freileitungen größer als bei Kabeln. Freileitungstrassen können aber – im Gegensatz zu den Kabeltrassen – bepflanzt und genutzt, unter bestimmten Bedingungen sogar bebaut werden. Die *Lebensdauer* ist bei Freileitungen höher anzusetzen als bei Kabeln. Kabel haben zwar eine kleinere *Ausfallrate* als Freileitungen, benötigen jedoch eine längere *Reparaturdauer*. Deshalb ist die *Verfügbarkeit* von Kabeln kleiner als die von Freileitungen. Durch entsprechenden Ausbau können aber auch Kabelnetze so aufgebaut werden, daß sie ausreichend verfügbar sind. Wenn eine Kabelstrecke im Netz die gleiche Verfügbarkeit wie eine Freileitung haben soll, muß man die Auswirkung der Parallelschaltung von Leitungen auf deren Verfügbarkeit untersuchen. In Bild 10.4–21 sind für drei Spannungsebenen verschiedene Möglichkeiten dargestellt. Angegeben ist jeweils die *Nichtverfügbarkeit* für zwei parallele Freileitungs- und zwei bzw. drei parallele Kabelsysteme. Bei 20 kV liegt die Parallelschaltung von zwei Kabeln ungünstiger, die von drei Kabeln günstiger als die Parallelschaltung von zwei Freileitungen. Bei 110 kV entsprechen drei parallele Kabel praktisch zwei parallelen Freileitungen, so daß hier drei parallele Kabel ein äquivalenter Ersatz für eine Doppelleitung sind. Bei 380 kV liegt wegen der hohen *Ausfalldauer* der Kabel die Parallelschaltung von drei Kabeln in der Nichtverfügbarkeit noch weit über der einer 380-kV-Doppelfreileitung. Hier wären also noch weitere Aufwendungen notwendig, um mit der Verfügbarkeit in die Größenordnung zu kommen, die eine Doppelfreileitung bietet.

Eine *Zwischenverkabelung* vermindert die Verfügbarkeit der gesamten Leitungsverbindung und ist betrieblich nachteilig.

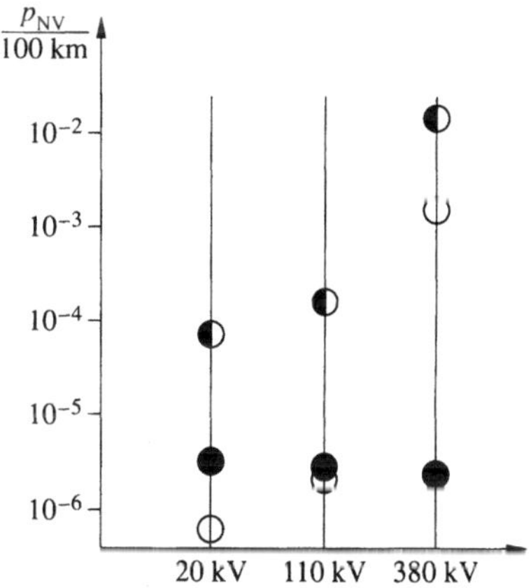

Bild 10.4-21 Vergleich der Nichtverfügbarkeit von parallelen Freileitungs- und Kabelsystemen (nach Kulik)

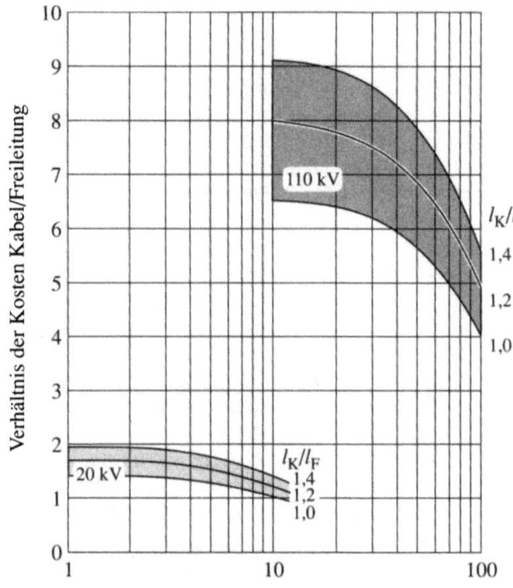

Bild 10.4-22 Verhältnis der Gesamtjahreskosten Kabel/Freileitung in Abhängigkeit von der Übertragungsleistung (nach Kulik). Parameter: Verhältnis der Längen von Kabel bzw. Freileitung

Im Hoch- und Höchstspannungsbereich sind Kabel erheblich teurer als Freileitungen. Mit zunehmender Spannung verschiebt sich die Relation immer mehr zu Ungunsten des Kabels. Bild 10.4–22 zeigt die Abhängigkeit der Kostenrelation Kabel/Freileitung von der übertragenen Leistung. Man erkennt, daß schwach belastete Leitungen aus wirtschaftlichen Gründen für eine Verkabelung besonders ungeeignet sind.

Die Hauptforderungen an eine Energieübertragung sind

- *Sicherheit* (gegen Gefährdung von Menschen, Tieren, Sachen),
- *Netzsicherheit* (Stromversorgung der Verbraucher),
- *Zuverlässigkeit* (hohe Verfügbarkeit der Energie),
- *Qualität* (Spannung und Frequenz innerhalb bestimmter Grenzen),
- *Wirtschaftlichkeit* (Kostenminimum für Planung, Bau, Betrieb),
- *Umweltverträglichkeit* (möglichst geringe Eingriffe in die Umwelt).

Mit Ausnahme der Umweltverträglichkeit sind alle Forderungen objektiv und quantitativ bewertbar, wenn auch meist nur statistisch. Für die Umweltverträglichkeit gibt es kein objektives Maß, sondern nur subjektive, von Ort, Zeit und Vorverständnis stark abhängige Wertungen. Die Anforderungen an die Sicherheit erfüllen heute Freileitung und Kabel in ausreichendem Maße. Auch hinsichtlich Übertragungsfähigkeit und Zuverlässigkeit sowie Qualität und Versorgung besteht bei normalen Anforderungen und entsprechender Redundanz keine zwingende Notwendigkeit für eine der beiden Lösungen.
Die Frage „Freileitung oder Kabel?" spitzt sich damit auf den Zielkonflikt zwischen Wirtschaftlichkeit und Umweltverträglichkeit zu. Dabei ist noch eine mittelbare Rückwirkung der Wirtschaftlichkeit auf die Umweltverträglichkeit zu beachten, da hohe Kosten für die Energieübertragung volkswirtschaftliches Vermögen binden und daher an anderer Stelle weniger Mittel für Umwelt und Lebensqualität zur Verfügung stehen.
Dies macht die Aufgabe einer bestmöglichen Übertragung der elektrischen Energie außerordentlich kompliziert und schwierig. Man benötigt dazu Rechenverfahren, Optimierungsüberlegungen und Nutzwertanalysen, aber vor allem den Menschen, seine Lebenserfahrung, das Ingenieurwissen und die unternehmerische Entscheidung. Freileitung und Kabel – beide haben ihre Berechtigung.

10.4.3 Übertragungsverhalten von Drehstromleitungen

10.4.3.1 Am Ende belastete Leitung

1. Nieder- und Mittelspannungsleitung

Die Leitung kann durch ihre Betriebsimpedanz dargestellt werden (Bild 10.4–23a). Der Spannungsabfall $\Delta \underline{U}$ über der Leitung ist die Differenz zwischen der Spannung am Anfang der Leitung $\underline{U}_a$ und der Spannung am Ende der Leitung $\underline{U}_e$.

$$\Delta \underline{U} = \underline{U}_a - \underline{U}_e = \underline{I}_L \, (R_B + \mathrm{j}\, X_B). \tag{10.4–44}$$

$\Delta \underline{U}$ kann in einen Realteil, den Längsspannungsabfall ΔU_l und in einen Imaginärteil, den Querspannungsabfall ΔU_q aufgespalten werden (s. Bild 10.4–23b).

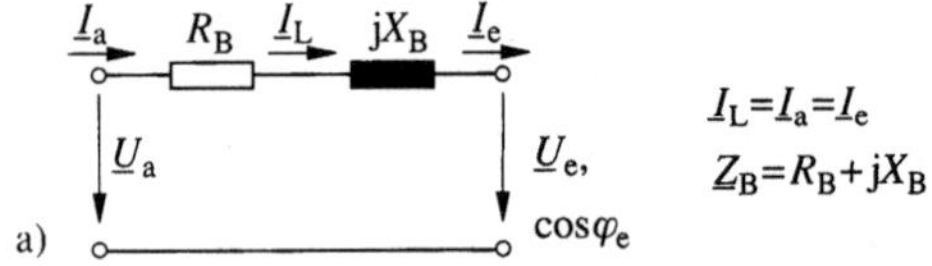

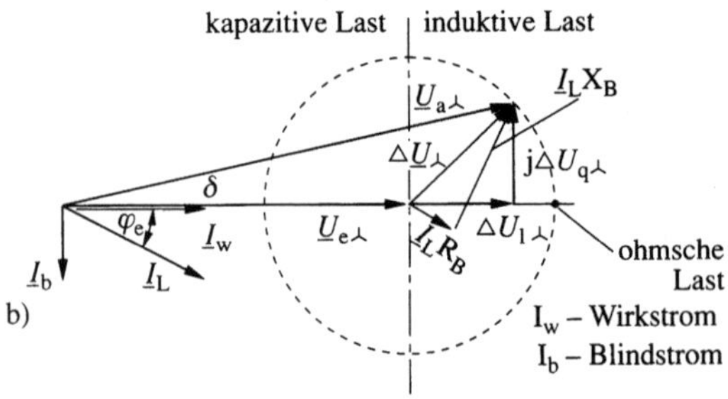

Bild 10.4-23 Mittelspannungsleitung, a) Ersatzschaltbild, b) Zeigerdiagramm

Für die Spannungsabfälle bezogen auf die Leiter-Erde-Spannung gilt dann:

$$\Delta U_{l\curlywedge} = I_L (R'_B \cos\varphi_e + X'_B \sin\varphi_e)\, l, \qquad (10.4\text{–}45a)$$

$$\Delta U_{q\curlywedge} = I_L (X'_B \cos\varphi_e - R'_B \sin\varphi_e)\, l, \qquad (10.4\text{–}45b)$$

$$U_{a\curlywedge} = \sqrt{(U_{e\curlywedge} + \Delta U_{l\curlywedge})^2 + \Delta U^2_{q\curlywedge}}, \qquad (10.4\text{–}46)$$

$$\Delta u[\%] = \frac{U_a - U_e}{U_a} \cdot 100 \approx \frac{\Delta U_l}{U_a} \cdot 100. \qquad (10.4\text{–}47)$$

Δu sollte im Betriebsfall 5% nicht überschreiten.

Der Lastwinkel δ ist die Phasenverschiebung zwischen den Spannungen $\underline{U}_a$ und $\underline{U}_e$:

$$\delta = \varphi_a - \varphi_e = \arcsin\frac{\Delta U_q}{U_a}. \qquad (10.4\text{–}48)$$

Die Übertragungsverluste ergeben sich zu:

$$P_V = 3 \cdot I_L^2 \cdot R'_B \cdot l. \qquad (10.4\text{–}49)$$

Der Spannungsabfall $\Delta \underline{U} = \underline{I}_L \underline{Z}_B$ folgt abhängig von der Phasenlage des Stromes dem Kreis in Bild 10.4–23b, d. h., bei kapazitiver Belastung wird $U_e > U_a$. Stellt man Gleichung (10.4–44) nach I_L um und erweitert mit $\sqrt{3} \cdot U_b$ ergibt sich für die übertragbare Scheinleistung S:

$$S = \frac{\Delta u_l[\%]\, U_b^2}{100 \cdot l\,(R'_B \cos\varphi_e + X'_B \sin\varphi_e)}. \qquad (10.4\text{–}50)$$

Die Übertragungsfähigkeit steigt mit dem Quadrat der Spannung, fällt hyperbolisch mit der Leitungslänge l und mit wachsendem φ_e.

Begrenzt wird die übertragbare Leistung bei kurzen Strecken durch die thermische Grenzleistung S_d.

2. Hochspannungsleitung

Bei Freileitungen mit $U_r \geq 110$ kV und bei Kabeln beeinflußt die Betriebskapazität das Übertragungsverhalten mit. Obwohl die Betriebskapazität C'_B über die gesamte Leitungslänge kontinuierlich verteilt ist, kann sie durch zwei diskrete Kapazitäten $C'_B/2$ am Leitungsanfang und -ende ersetzt werden (Bild 10.4–24a).

Unter der vereinfachenden Voraussetzung, daß die Ladeströme der Hochspannungsleitung am Anfang ($\underline{I}_{Ca}$) und am Ende ($\underline{I}_{Ce}$) gleich sind, erhält man für den Leitungsstrom I_L und seinen Phasenwinkel φ_L (Bild 10.4.24b),

$$I_L = \sqrt{(I_e \cos\varphi_e)^2 + (I_{Ce} - I_e \sin\varphi_e)^2}, \qquad (10.4\text{–}51)$$

$$I_{Ce} \approx I_{Ca} = \frac{1}{2}\omega\, C_B U_a \approx \frac{1}{2}\omega\, C_B U_e, \qquad (10.4\text{–}52)$$

$$\cos\varphi_L = \frac{I_e \cos\varphi_e}{I_L}. \qquad (10.4\text{–}53)$$

Mit den bereits für die Mittelspannungsleitung angegebenen Gleichungen kann der Längs- und Querspannungsabfall der Hochspannungsleitung berechnet werden, wobei zu beachten ist, daß Leitungsstrom I_L und Phasenwinkel φ_L zu bestimmen sind. Für praktische Anwendungen kann weiterhin angenommen werden, daß der Gesamtspannungsabfall ΔU ungefähr gleich dem Längsspannungsabfall ΔU_l ist.

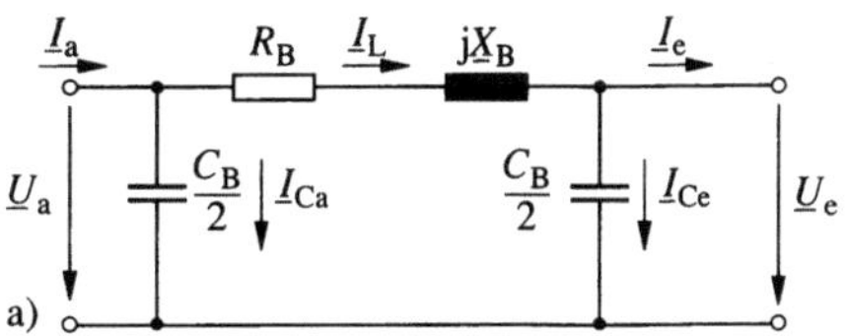

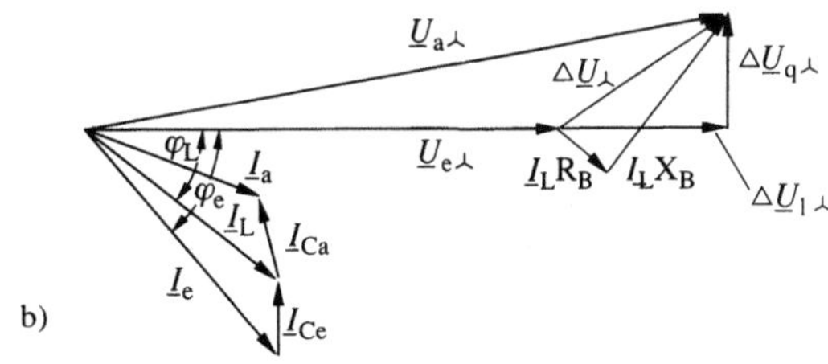

Bild 10.4-24 Hochspannungsleitung,
a) Ersatzschaltbild,
b) Zeigerdiagramm

$$\Delta U \approx \Delta U_{l\curlywedge} = I_L (R'_B \cos\varphi_L + X'_B \sin\varphi_L)\, l, \qquad (10.4\text{–}54)$$

$$\Delta U_{q\curlywedge} = I_L (X'_B \cos\varphi_L - R'_B \sin\varphi_L)\, l. \qquad (10.4\text{–}55)$$

Die Übertragungsverluste sind:

$$P_V = 3 \cdot I_L^2 \cdot R'_B \cdot l. \qquad (10.4\text{–}56)$$

Für das Übertragungsverhalten der Hochspannungsleitung gegenüber der Mittelspannungsleitung ergeben sich folgende wichtige Schlußfolgerungen:

- Der $\cos\varphi$ der Hochspannungsleitung wird verbessert,
- der Spannungsabfall ΔU_l wird kleiner und
- die Leitungsverluste werden wegen $I_L < I_e$ verringert.

3. Natürliche Leistung

Für Übertragungsleitungen ist $\cos\gamma_e = \cos\varphi_a$ anzustreben. Kapazitive Ladeleistung und induktive Blindleistung müssen dann gleich sein. Unter der Voraussetzung, daß keine Verluste auftreten ($R_B \ll X_B$) gilt:

$$Q_C = Q_L \rightarrow \omega\, C'_B\, U_N^2 = \omega\, L'_B I_L^2. \qquad (10.4\text{–}57)$$

Da L'_B und C'_B Leitungskonstanten sind, ist Gl. (10.4–57) nur für einen bestimmten Strom I_L erfüllt, der mit „natürlicher Leitungsstrom", I_{nat} bezeichnet wird.

$$I_{nat} = \frac{U_N}{\sqrt{\frac{L'_B}{C'_B}}} = \frac{U_N}{Z_w}. \qquad (10.4\text{–}58)$$

Der Wellenwiderstand Z_W ergibt sich aus:

$$Z_W = \sqrt{\frac{L'_B}{C'_B}} = \sqrt{\frac{L_B}{C_B}}. \qquad (10.4\text{–}59)$$

Für die Übertragungsleitung muß es dann auch eine „natürliche Leistung" P_{nat} geben.

$$P_{nat} = \sqrt{3}\, I_{nat} \cdot U_N. \qquad (10.4\text{–}60)$$

In Tabelle 10.4–10 sind Richtwerte für die natürliche Leistung und den Wellenwiderstand von Drehstromfreileitungen abhängig von der Nennspannung zusammengestellt.

Tabelle 10.4–10: Richtwerte für Wellenwiderstand und natürliche Leistung von Drehstromfreileitungen

U_N kV	Anzahl der Teilleiter	Z_W Ω	P_{nat} MW
110	1	400	30
220	2	280	170
380	3	260	550
380	4	230	620
750	4	260	2100

10.4.3.2 Kompensation von Leitungsverlusten

1. Mittelspannungsleitungen

Parallelkondensatoren verringern bei induktiver Belastung den Leitungsstrom, damit auch den Spannungsabfall und die Übertragungsverluste. In Bild 10.4–25a ist die Schaltung und im Zeigerbild 10.4–25b die Wirkung des parallel geschalteten Kondensators C_p gezeigt. Auf Grund des kapazitiven Stromes wird

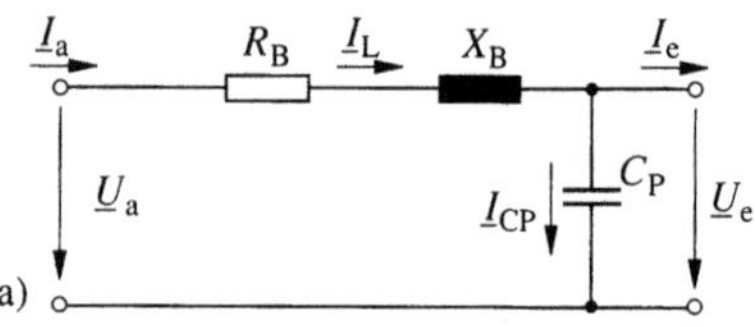

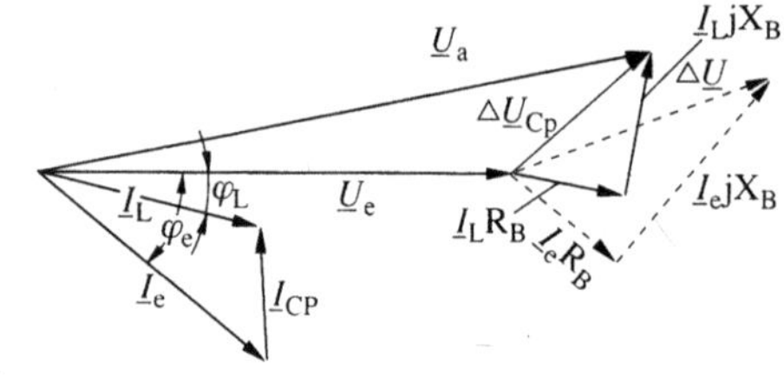

Bild 10.4-25 Kompensation mit Parallel-Kondensatoren
a) Ersatzschaltbild,
b) Zeigerdiagramm

$\underline{I}_L < \underline{I}_e$ und $\varphi_L < \varphi_e$. Ohne Kompensation ist der Spannungsabfall $\Delta\underline{U}_{Cp} = \underline{I}_L R_B + \underline{I}_e j X_B$, dargestellt als gestrichelt gezeichnetes Dreieck im Zeigerdiagramm. Mit Kompensation wird der Spannungsabfall kleiner: $\Delta\underline{U}_{Cp} = \underline{I}_L R_B + \underline{I}_L jX_B$, entsprechend dem mit vollen Strichen gezeichneten Dreieck.

Mit Reihenkondensatoren wird ebenfalls eine Kompensation des Spannungsabfalls erreicht. Bei induktiver Last führt eine Überkompensation zu einer Spannungsershöhung am Leitungsende. Ausgeführt wird diese Maßnahme nur in Ausnahmefällen, z. B. bei Stichleitungen mit großem Spannungsabfall.

2. Hochspannungsleitungen

Angestrebt wird der Betrieb bei P_{nat}. Ist die übertragene Leistung kleiner als P_{nat}, spricht man vom unternatürlichen Betrieb, es tritt eine Spannungserhöhung auf; bei $P > P_{nat}$ (übernatürlicher Betrieb) entsprechend eine Spannungsabsenkung.

Bei $P > P_{nat}$ muß Z_W vergrößert werden. Dazu werden Paralleldrosseln benutzt, die entweder direkt zwischen Leiter und Erde geschaltet sind oder an die Tertiärwicklung der Netztransformatoren angeschlossen werden.

Bei $P < P_{nat}$ muß entsprechend Z_W kleiner werden, eine mögliche Maßnahme sind Reihenkondensatoren C_R (Bild 10.4–26), die gleichzeitig Überspannungen dämpfen und die Netzstabilität verbessern (s. Abschnitt 10.8).

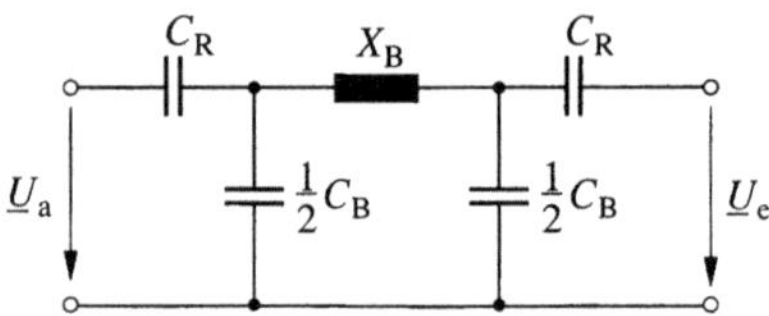

Bild 10.4-26 Schaltung von Reihenkondensatoren in der Fernübertragungsleitung

10.4.3.3 Mehrfach belastete Leitung

Die folgenden Betrachtungen beschränken sich auf Niederspannungsleitungen mit $Z_B = R_B$ und Mittelspannungsleitungen mit $\underline{Z}_B = R_B + j\,X_B$.

1. Leitung mit mehreren Abnehmern

An der einseitig gespeisten Leitung, wie sie in Bild 10.4–27 dargestellt ist, sind n Verbraucher angeschlossen. Der Gesamtspannungsabfall kann aus der Summe der Spannungsabfälle über den einzelnen Teilstrecken berechnet werden.

$$\Delta\underline{U} = \Delta\underline{U}_{l1} + \underline{U}_{l2} + \underline{U}_{l3} + \ldots + \Delta\underline{U}_{li} + \ldots + \Delta\underline{U}_{ln}. \qquad (10.4\text{–}61)$$

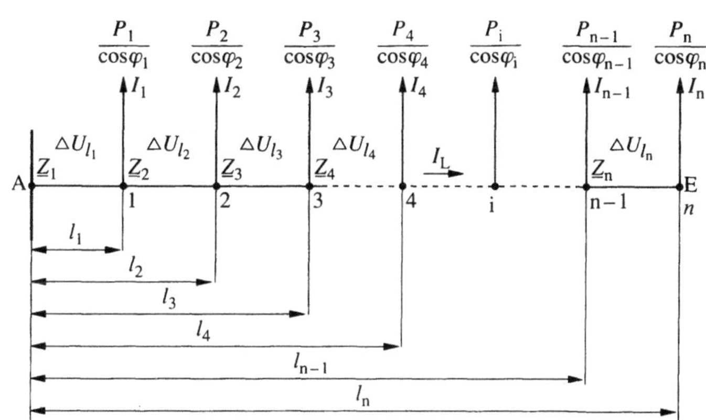

Bild 10.4-27 Leitung mit mehreren Abnehmern

Beachtet man, daß über der ersten Teilstrecke l_1 der gesamte Strom $\sum_{i=1}^{n} I_i$, über l_2 $\sum_{i=2}^{n} I_i$ usw. fließt, so ergibt sich

$$\Delta \underline{U} = [\underline{Z}_1 (\underline{I}_1 + \underline{I}_2 + \underline{I}_3 + \ldots + \underline{I}_n) + \underline{Z}_2 (\underline{I}_2 + \underline{I}_3 + \ldots \\ \ldots + \underline{I}_n) + \ldots + \underline{Z}_n \underline{I}_n]. \quad (10.4\text{–}62)$$

Für den Gesamtspannungsabfall ist der bestimmende Anteil der Längsspannungsabfall ΔU_l (siehe auch Gl. (10.4–45)), auf ihn werden deshalb die weiteren Berechnungen eingeschränkt. Allgemein gilt für den Längsspannungsabfall über den einzelnen Teilstrecken

$$\Delta U_l = I_L \cdot R'_B \cdot l \cdot A \cdot \cos\varphi,$$
$$A = 1 + \frac{X'_B}{R'_B} \tan\varphi. \quad (10.4\text{–}63)$$

Die an eine Leitung angeschlossenen Verbraucher sind in der Regel nicht durch den Strom, sondern durch die Leistung gekennzeichnet.

$$I_i = \frac{P_i}{\sqrt{3}\, U_b \cos\varphi}. \quad (10.4\text{–}64)$$

Die Betriebsspannung U_b wird in Näherung als konstant über die gesamte Leitung angenommen, ebenfalls wird eine gleiche Ausführung der Leitung vorausgesetzt. Mit diesen Einschränkungen errechnet sich der Leitungsspannungsabfall zu

$$\Delta U_l = \Delta U_{l1} + \Delta U_{l2} + \Delta U_{l3} + \ldots + \Delta U_{li} + \ldots + U_{ln} =$$
$$= \frac{R'_B}{\sqrt{3}\, U_b} [l_1 (P_1 A_1 + P_2 A_2 + \ldots + P_i A_i + \ldots + P_n A_n) + (l_2 - l_1)(P_2 A_2 + \ldots + P_i A_i + \ldots + P_n A_n) + \ldots + (l_n - l_{n-1})(P_n A_n].$$

Da der $\cos\varphi$ der einzelnen Abnehmer nicht weit voneinander abweicht, ist es möglich, einen mittleren Wert $\cos\varphi_m$ einzuführen.

$$\cos\varphi_m = \frac{P_1 \cos\varphi_1 + P_2 \cos\varphi_2 + \ldots + P_n \cos\varphi_n}{P_1 + P_2 + \ldots + P_n}. \quad (10.4\text{–}65)$$

$\cos\varphi_m$ in Gl. (10.4–63) eingesetzt, ergibt ein mittleres A_m.

Unter Einbeziehung von A_m erhält man für den Spannungsabfall einer einseitig gespeisten Leitung mit mehreren Abnehmern

$$\Delta U_{l\curlywedge} = \frac{R'_B}{\sqrt{3}\, U_B} A_m (P_1 l_1 + P_2 l_2 + \ldots + P_i l_i + \ldots + P_n l_n). \quad (10.4.66)$$

2. Zweiseitig gespeiste Leitung mit mehreren Abnehmern

Für eine Leitung nach Bild 10.4–28 mit gleicher Spannung an den Punkten A und E ($U_A = U_E$) gilt für die Stromverteilung der Strommomentensatz:

$$\underline{I}_A = \frac{\underline{I}_1 (\underline{Z}_2 + \underline{Z}_3 + \underline{Z}_4) + \underline{I}_2 (\underline{Z}_3 + \underline{Z}_4) + \underline{I}_3 \underline{Z}_4}{\underline{Z}_1 + \underline{Z}_2 + \underline{Z}_3 + \underline{Z}_4} \quad (10.4\text{–}67)$$

$$\underline{I}_E = \frac{\underline{I}_1 \underline{Z}_1 + \underline{I}_2 (\underline{Z}_1 + \underline{Z}_2) + \underline{I}_3 (\underline{Z}_1 + \underline{Z}_2 + \underline{Z}_3)}{\underline{Z}_1 + \underline{Z}_2 + \underline{Z}_3 + \underline{Z}_4} \quad (10.4\text{–}68)$$

Für Leitungen mit mehr als drei Abgängen sind die Gln. (10.4–67) und (10.4–68) entsprechend dem angegebenen Schema zu erweitern.

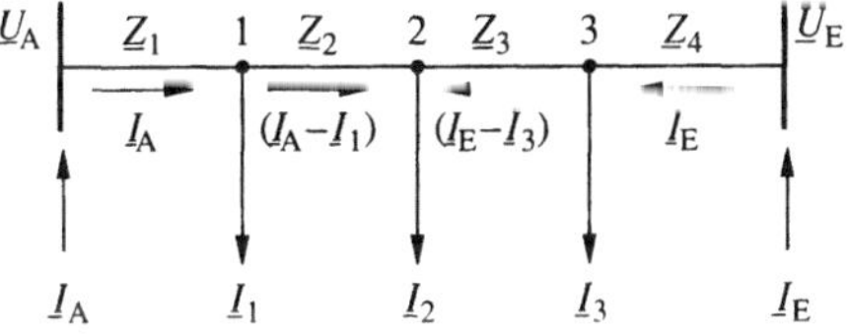

Bild 10.4-28 Zweiseitig gespeiste Leitung

Mit den nach den Gln. (10.4–67) und (10.4–68) berechneten Leiterströmen können dann die Spannungsabfälle über den Impedanzen $\underline{Z}_1 \ldots \underline{Z}_n$ bestimmt werden.

Für den Fall, daß $U_A \neq U_E$ ist, fließt über die Leitung ein Ausgleichstrom

$$\underline{I}_{AE} = \frac{\underline{U}_A - \underline{U}_E}{\sum \underline{Z}} \qquad \underline{U}_A > \underline{U}_E. \tag{10.4–69}$$

Der Ausgleichstrom überlagert sich den Strömen in den einzelnen Abschnitten der Leitung A–E, ist also zu den nach den Gln. (10.4–67) und (10.4–68) berechneten Strömen zu addieren bzw. zu substrahieren.

3. Ringleitung

Zur Berechnung der Stromverteilung einer Ringleitung, wie sie in Bild 10.4–29 gezeigt ist, wird sie am Einspeisepunkt A–E aufgetrennt. Es entsteht so eine zweiseitig gespeiste Leitung mit mehreren Abnehmern, wie sie bereits im vorangegangenen Abschnitt beschrieben wurde.

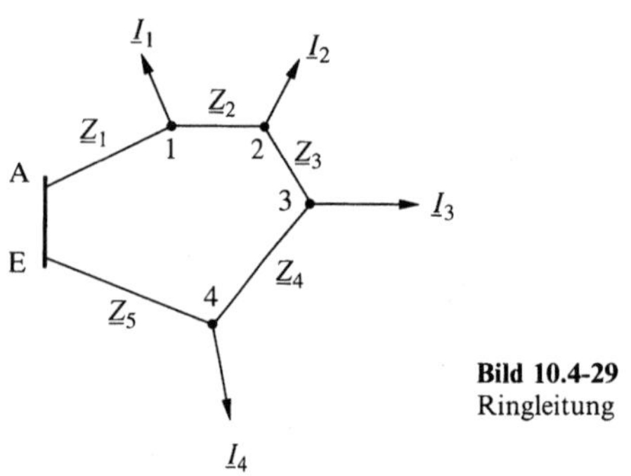

Bild 10.4-29
Ringleitung

10.4.4 Isolatoren und Armaturen

Die stromführenden Leiter, wie Leitungsseile, Sammelschienen u. a., müssen gegenüber den Tragkonstruktionen isoliert werden. Dazu sind Isolatoren erforderlich, die sowohl mechanisch als auch elektrisch hoch beansprucht werden. Entsprechend der konstruktiven Ausführung werden zwei Gruppen unterschieden [10.43]:

- Gruppe A: Isolatoren mit einer Durchschlagstrekke die größer ist als die halbe Überschlagstrecke,
- Gruppe B: Isolatoren mit einer Durchschlagstrekke die kleiner ist als die halbe Überschlagstrecke.

Isolatoren der Gruppe A sind überschlaggefährdet, dazu gehören alle Formen der Langstabisolatoren und der Stützenisolatoren.

Isolatoren der Gruppe B sind durchschlaggefährdet. Technische Ausführungen sind Kappenisolatoren und Stützenisolatoren mit weit vorgeschobener Elektrode.

1. Langstabisolatoren

Langstabisolatoren bzw. daraus aufgebaute Ketten werden für alle Spannungsebenen ab $U_N \geq 110$ kV eingesetzt (Bild 10.4–30). Mechanisch wird der Langstabilisator auf Zug beansprucht, an der Einspannung auch auf Scherung. Um Brüche zu vermeiden, ist ein sicherer Lichtbogenschutz erforderlich.

Langstabisolatoren sind in allen Verschmutzungsgebieten einsetzbar. Sie können als Ketten angeordnet werden zur Erhöhung der Spannungsfestigkeit und parallel zur Erhöhung der mechanischen Festigkeit. Mit Doppelketten wird die Mindestzugbruchlast fast verdoppelt.

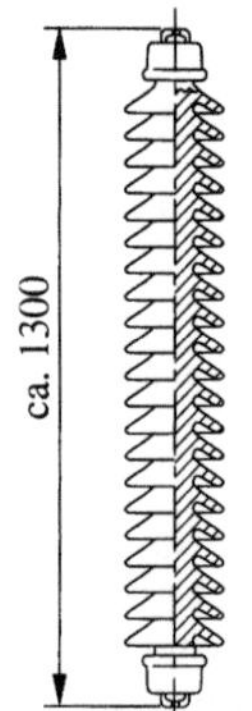

Bild 10.4-30
Langstabisolator für Fremdschichtgebiete mit starkem Schmutzanfall für U_m = 123 kV

Langstabisolatoren aus glasfaserverstärkten Kunststoffen können größere Kräfte aufnehmen, zu beachten ist aber eine verkürzte Lebensdauer.

2. Kappenisolatoren und Kappenisolatorketten

Kappenisolatoren und Kappenisolatorketten sind durchschlagbar (Bild 10.4–31). Sie werden an der Einspannstelle auf Zug, Biegung und Scherung beansprucht. An der Stelle der höchsten mechanischen Beanspruchung (zwischen Klöppel und Kappe) tritt auch die größte elektrische Beanspruchung auf. Für die Isolatorkappe wird Glas oder Porzellan verwendet. Glas wird vorgespannt, damit ist die Gefahr mechanischer Vorbeschädigungen, die zum Durch-

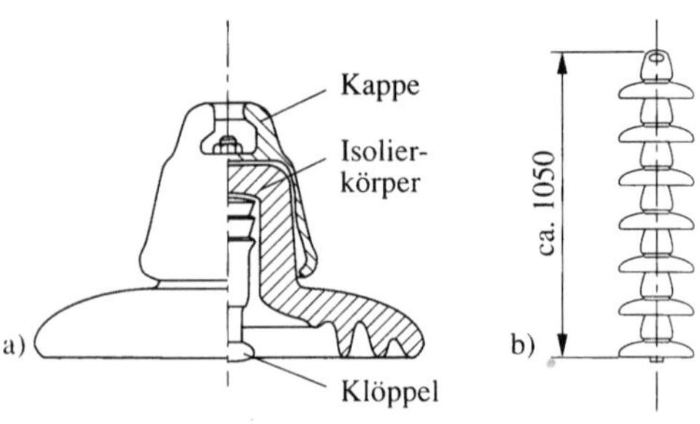

Bild 10.4-31 a) Kappenisolator und
b) Kappenisolatorkette für U_m = 123 kV

schlag führen, verringert. Bei entsprechender Gestaltung sind Kappenisolatoren für alle Verschmutzungsgebiete und bis zu den höchsten Spannungsebenen einsetzbar.

3. Stützenisolatoren

Stützenisolatoren sind wie Kappenisolatoren auf Durchschlag beansprucht, wobei die Stellen der höchsten elektrischen und mechanischen Beanspruchung am Kopf entstehen (Bild 10.4–32).

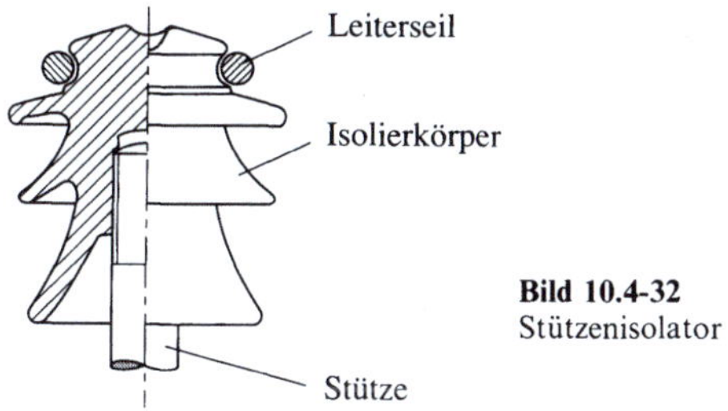

Bild 10.4-32 Stützenisolator

4. Stützer

Stützer sind mechanisch druck- und biegebeansprucht aber nicht durchschlagbar. Für große Biegekräfte werden Hohlstützer eingesetzt bei denen ein Innenüberschlag verhindert werden muß (Bild 10.4–33).

Bild 10.4-33 Vollkernstützer

5. Schutzarmaturen

An den Enden der Isolatoren sind Schutzarmaturen anzubringen. Der Abstand zwischen den Schutzarmaturen ist kleiner zu wählen als der Überschlagweg des Isolators (Bild 10.4–34).

Die Schutzarmatur erfüllt dann drei Aufgaben:

- Lichtbogenschutz, der Lichtbogen kann sich nicht unmittelbar an den Isolator anlegen,
- Linearisierung der Spannungsverteilung über der Isolatorkette,
- Homogenisierung des elektrischen Feldes und damit Unterdrückung von Teilentladungen.

Schutzarmaturen sind als Stab- oder Ringelektroden ausgeführt, wie sie in Bild 10.4–34 gezeigt sind.

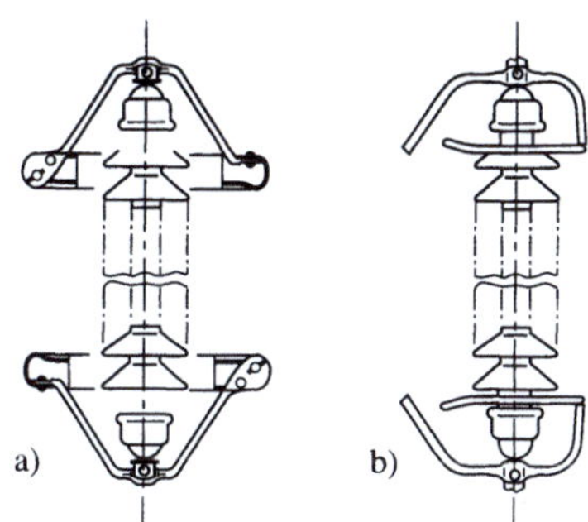

Bild 10.4-34 Lichtbogenschutzarmaturen,
a) Ringelektroden,
b) Stabelektroden

10.4.5 Transformatoren in der Energieübertragung

In diesem Abschnitt werden ergänzende Ausführungen zum Abschnitt 9.4 gemacht, die speziell zur Charakterisierung des Transformators im Drehstromnetz dienen sollen.

10.4.5.1 Rechengrößen und Ersatzschaltbilder für die symmetrischen Komponenten

Der symmetrisch aufgebaute und betriebene Drehstromtransformator kann einpolig betrachtet und in der bekannten Ersatzschaltung entsprechend Bild 10.4–35 dargestellt werden. Ströme, Spannungen und Impedanzen sind auf eine Spannungsebene bezogen, die Phasendrehung wird mit 0° (Kennzahl 0) angenommen. Für die Impedanzen gilt näherungsweise

$$\underline{Z}_1 + \underline{Z}'_2 = \underline{Z}_T, \qquad (10.4\text{–}70)$$

$$\underline{Z}_1 \approx \underline{Z}'_2 = \frac{1}{2}\underline{Z}_T, \qquad (10.4\text{–}71)$$

$$\underline{Z}_h \gg \underline{Z}_1, \underline{Z}'_2 .$$

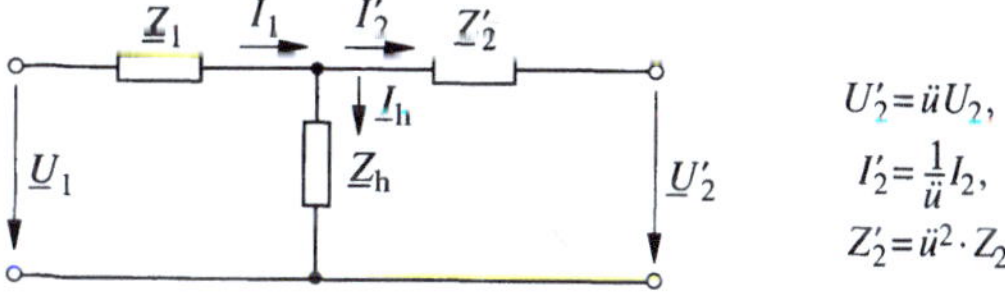

Bild 10.4-35 Einphasiges Ersatzschaltbild des Transformators

Ermittelt wird die Impedanz $\underline{Z}_T$ aus dem Kurzschlußversuch (siehe Abschnitt 9.4.1.4):

$$Z_T = \frac{U_k}{\sqrt{3}\, I_N} = \frac{u_k\,[\%]\, U_N^2}{100 \cdot S_N}. \qquad (10.4\text{–}72)$$

U_k ist die verkettete Kurzschlußspannung bei Nennstrom I_N. Angegeben wird die Kurzschlußspannung bezogen auf die Nennspannung in Prozent.

Bezogene Kurzschlußspannung:

$$u_k = \frac{U_k}{U_N} \cdot 100, \quad u_k \text{ in } \%.$$

Bei Einführung von u_k und der Nennscheinleistung S_N des Transformators erhält man durch einfache Umstellung die zweite Form von Gl. (10.4–72.).

Ebenfalls beim Kurzschlußversuch wird durch Messung der Wirkleistungsaufnahme P_k der ohmsche Anteil R_T der Trafoimpedanz Z_T bestimmt. R_T entspricht den ohmschen Widerständen (Gleichstromwiderstand) der Wicklungen

$$R_T = \frac{P_k}{3\,I_N^2} = \frac{u_R}{100} \cdot \frac{U_N^2}{S_N}. \tag{10.4–73}$$

u_R (in %) ist der Spannungsabfall U_R über den ohmschen Widerständen der Wicklung bezogen auf die Nennspannung U_N

$$u_R\,[\%] = \frac{U_R}{U_N} \cdot 100.$$

Sind Z_T und R_T bekannt, kann die Reaktanz X_T berechnet werden

$$X_T = \sqrt{Z_T^2 - R_T^2}. \tag{10.4–74}$$

X_T ist die Streureaktanz der Wicklungen.

Die Leerlaufimpedanz oder Hauptimpedanz Z_h des Transformators wird im Leerlaufversuch bestimmt (siehe auch Abschnitt 9.4.1.4)

$$Z_h = \frac{100}{i_n[\%]} \cdot \frac{U_N^2}{S_N} \tag{10.4–75}$$

$$i_h = \frac{I_h}{I_N} \cdot 100, \quad i_h \text{ in } \%.$$

I_h ist der Leerlaufstrom des Transformators.

Für viele Berechnungen ist es wegen $\underline{Z}_h \gg \underline{Z}_T$ möglich, den Transformator nur durch die Impedanz $\underline{Z}_T$ zu ersetzen, so daß sich die vereinfachte Ersatzschaltung nach Bild 10.4–36 ergibt.

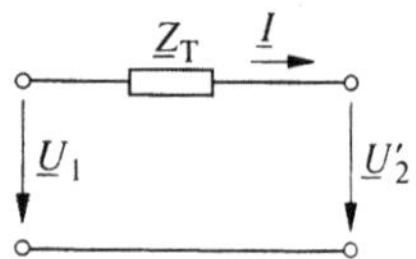

Bild 10.4-36 Vereinfachtes Ersatzschaltbild

Zur Darstellung des Transformators in symmetrischen Komponenten kann die Impedanz $\underline{Z}_T$ direkt in das Mit- und Gegensystem übertragen werden

$$\underline{Z}_T = \underline{Z}_m = \underline{Z}_g. \tag{10.4–76}$$

Ein Nullsystem entsteht nur dann, wenn eine Wicklung in Stern geschaltet und der Sternpunkt geerdet ist (Bild 10.4–37). Die Größe des Nullstromes wird vom Aufbau und der Schaltung des Transformators bestimmt.

So entsteht bei einphasiger Belastung eines Dreischenkeltransformators der Schaltgruppe Y y 0 und einem geerdeten Sternpunkt ein gleichgerichteter magnetischer Fluß, der sich über den Kessel und die Luft schließt. Die Nullimpedanz wird viel kleiner als im symmetrischen Betrieb. An Hand des Ersatzschaltbildes (Bild 10.4–37) ist zu erkennen, daß die Nullimpedanz zwischen Primär- und Sekundärseite des Transformators gleich der Mitimpedanz $\underline{Z}_T$ ist. Für die Hauptimpedanz kann $\underline{Z}_{0h} \approx (4 \ldots 8)\,\underline{Z}_T$ angenommen werden, so daß für die primäre Nullimpedanz $\underline{Z}_{0p}$ gilt

$$\underline{Z}_{0p} = \underline{Z}_{01} + \underline{Z}_{0h} \approx (4{,}5 \ldots 8{,}5)\,\underline{Z}_T. \tag{10.4–77}$$

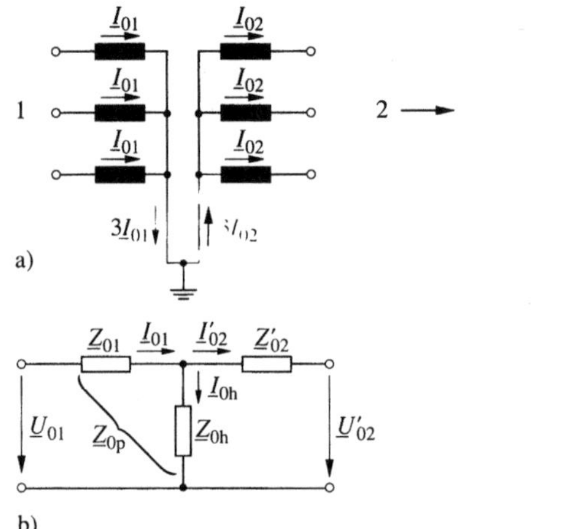

Bild 10.4-37 Nullsystem eines Transformators der Schaltung Yy0
a) Schaltung,
b) Ersatzschaltbild

Beim Fünfschenkelkern dagegen können sich die magnetischen Flüsse über die äußeren Schenkel schließen und Z_{0h} wird sehr groß. Die gleichen Verhältnisse, also $Z_{0h} \to \infty$, liegen vor, wenn beide Sternpunkte geerdet werden.

Beim Transformator in Stern-Dreieck-Schaltung fließt der Nullstrom in der Dreieckwicklung als Ausgleichstrom (Bild 10.4–38a). Die Dreieckwicklung bildet damit für den Nullstrom eine Kurzschlußwicklung, wie in Bild 10.4–38b dargestellt.

Die Eingangsnullimpedanz ist:

$$\underline{Z}_{0p} = \frac{\underline{Z}_{01} \cdot \underline{Z}_{0h}}{\underline{Z}'_{02} + \underline{Z}_{0h}} + \underline{Z}_{01} \approx 0{,}85\,\underline{Z}_T. \tag{10.4–78}$$

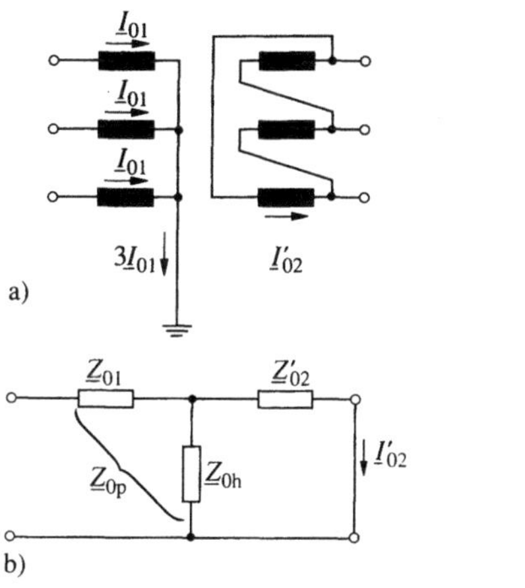

Bild 10.4-38 Nullsystem eines Transformators der Schaltung Yd5
a) Schaltung,
b) Ersatzschaltbild

Entsprechend diesen Überlegungen können die Nullimpedanzen für alle Schaltungen von Drehstromtransformatoren bestimmt werden [10.42].

Sind die Sternpunkte über Impedanzen $\underline{Z}_E$ geerdet, so gehen diese mit ihrem dreifachen Wert in die Berechnung der Nullimpedanz ein, weil sie vom dreifachen Nullstrom durchflossen werden.

$$\underline{Z}_{0\,\text{ges}} = 3\underline{Z}_E + \underline{Z}_{0p}\,. \tag{10.4–79}$$

Das Übersetzungsverhältnis ist bei Transformatoren, bedingt durch die Phasendrehung, eine komplexe Größe. Für symmetrische Komponenten ergeben sich einfache Übersetzungsmatrizen.

Schaltung	Übersetzungsverhältnis U_1/U_2	Übersetzungsmatrix U_1/U_2	U_2/U_1
Yy0	N_1/N_2	$ü\begin{pmatrix}1&0&0\\0&1&0\\0&0&1\end{pmatrix}$	$1/ü\begin{pmatrix}1&0&0\\0&1&0\\0&0&1\end{pmatrix}$
Yd5	$\sqrt{3}\,N_1/N_2$	$ü\begin{pmatrix}0&0&0\\0&-\mathrm{j}\underline{a}^2&0\\0&0&\mathrm{j}\underline{a}\end{pmatrix}$	$1/ü\begin{pmatrix}0&0&0\\0&\mathrm{j}\underline{a}&0\\0&0&-\mathrm{j}\underline{a}^2\end{pmatrix}$

10.4.5.2 Dreiwicklungstransformator
Dreiwicklungstransformatoren sind zum Beispiel Transformatoren mit tertiärer Ausgleichswicklung, Maschinentransformatoren, die von zwei Generatoren gespeist werden oder Netztransformatoren, die von der Hochspannungsseite zwei Mittelspannungsnetze speisen.

Die Impedanzen der drei Wicklungen sind miteinander verkettet (Bild 10.4–39).

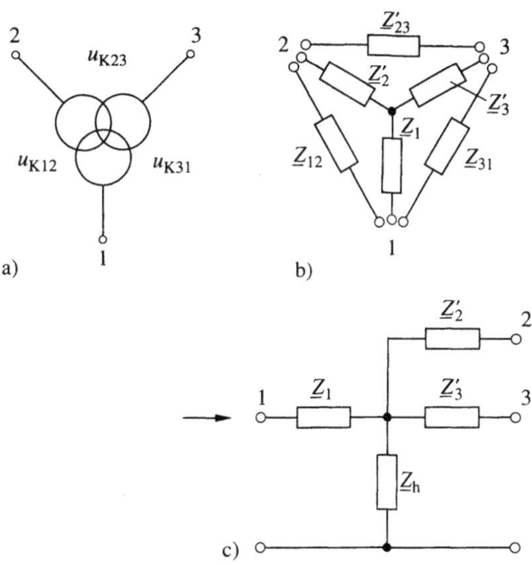

Bild 10.4-39 Dreiwicklungstransformator
a) Schaltbild,
b) verkettete Impedanzen,
c) Ersatzschaltbild

$$\begin{aligned}\underline{Z}_1 &= \frac{1}{2}(\underline{Z}_{12}+\underline{Z}'_{13}-\underline{Z}'_{23}),\\ \underline{Z}'_2 &= \frac{1}{2}(\underline{Z}_{12}+\underline{Z}'_{23}-\underline{Z}_{13}),\\ \underline{Z}'_3 &= \frac{1}{2}(\underline{Z}'_{13}+\underline{Z}'_{23}-\underline{Z}_{12}).\end{aligned} \tag{10.4–80}$$

Sie können direkt aus den Kurzschlußspannungen betragsmäßig bestimmt werden.

$$\begin{aligned}Z_{12} &= \frac{u_{k12}\,[\%]\,U_N^2}{100\cdot S_{N12}},\\ Z'_{13} &= \frac{u_{k13}\,[\%]\,U_N^2}{100\cdot S_{N13}},\\ Z'_{23} &= \frac{u_{k23}\,[\%]\,U_N^2}{100\cdot S_{N23}}.\end{aligned} \tag{10.4–81}$$

Bei der Berechnung der Impedanzen kann der ohmsche Anteil in den meisten Fällen vernachlässigt werden ($R \ll X$). Für eine der Reaktanzen X'_2 oder X'_3 erhält man oft negative Werte. Das zeigt, daß X_1, X'_2 und X'_3 nur formale Rechenwerte sind.

10.4.5.3 Stelltransformatoren

Zum Ausgleich von Spannungsschwankungen in den Netzen werden Wicklungen der Transformatoren mit Anzapfungen versehen, so daß die Übersetzungsverhältnisse angepaßt werden können, um die Spannung in bestimmten Bereichen konstant zu halten. Bevorzugt werden Transformatoren mit eingebautem Stufenschalter zur stufenweisen Einstellung unter Last eingesetzt. Die Stellbereiche sind genormt und in Abschnitt 9.4.1.5 angegeben.

Entsprechend der Schaltung der Zusatzwicklung zur Hauptwicklung wird zwischen Längs-, Quer- und Schrägregelung unterschieden [10.42]. Bei der Längsregelung (Bild 10.4–40) liegt die Zusatzspannung ΔU_1 mit der einzustellenden Spannung $U_{L\perp}$ in Phase (Bild 10.4–40c). ΔU_1 ist damit eine Längsspannungsänderung, die wie folgt berechnet werden kann:

$$\Delta U_1 = \Delta I_L\,(R_T \cos\varphi + X_T \sin\varphi) \approx \approx X_T \Delta I_L \sin\varphi = X_T\,\Delta I_{Lb}. \qquad (10.4\text{–}82)$$

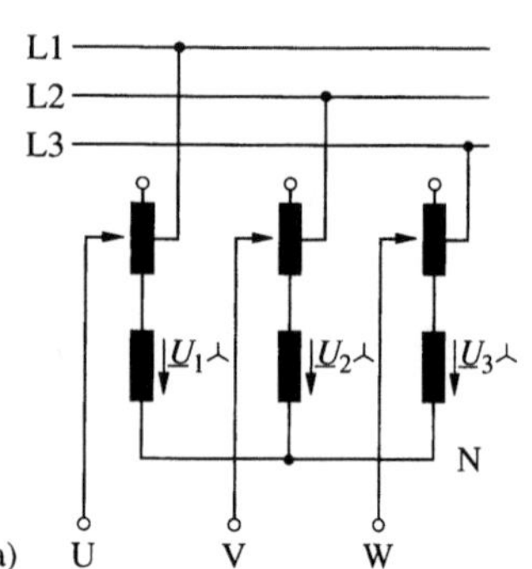

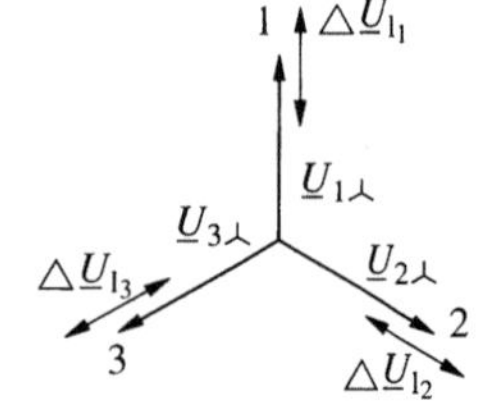

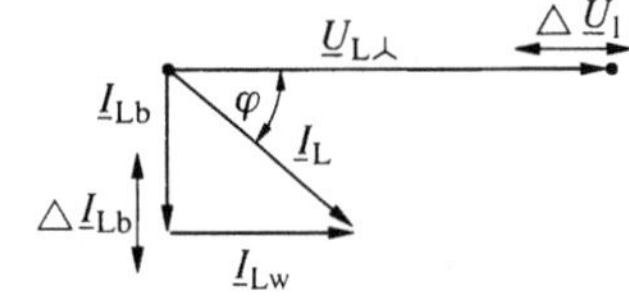

Bild 10.4-40 Längsregelung
a) Prinzipschaltung,
b) Zeigerbild,
c) Zeigerbild für einen Strang

Mit der Längsregelung wird nur der Blindstrom ΔI_{Lb} bzw. die Blindleistung beeinflußt. Längsregelung wird bei fast allen Maschinen- und Netztransformatoren eingesetzt. Eine Beeinflussung des Wirkstromes ΔI_{Lw} bzw. der Wirkleistung ist durch die Änderung der Querspannung (Querregelung) erreichbar (Bild 10.4–41).

$$\Delta U_q = \Delta I_L\,(X_T \cos\varphi - R_T \sin\varphi) \approx \approx X_T\,\Delta I_L \cos\varphi = X_T\,\Delta I_{Lw}. \qquad (10.4\text{–}83)$$

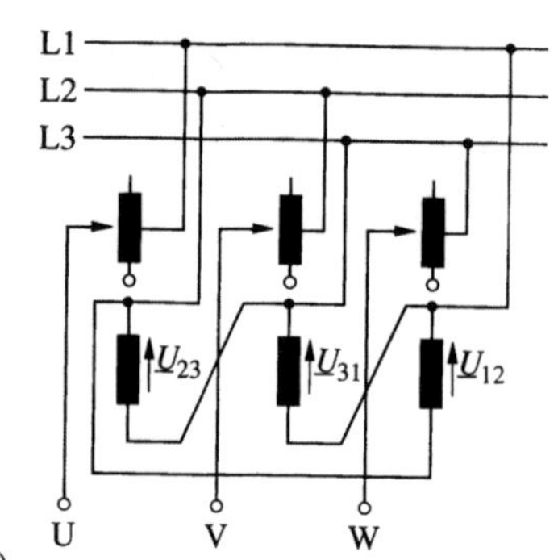

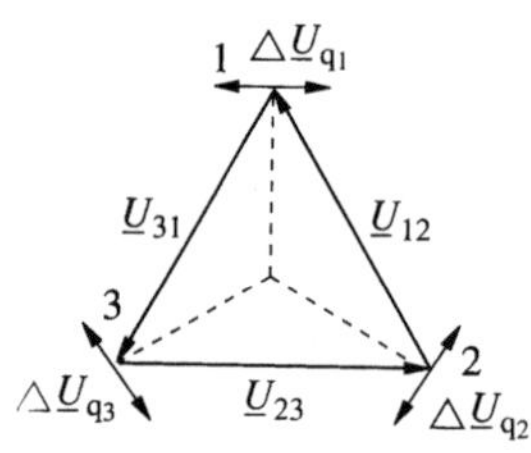

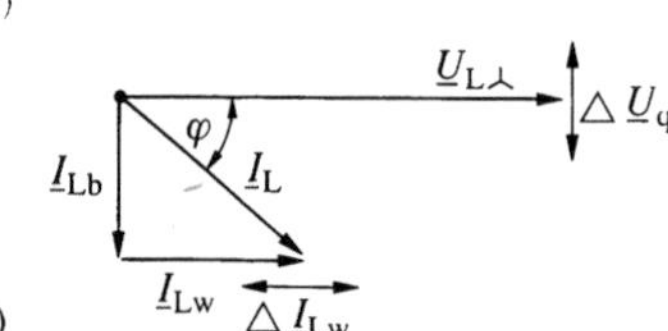

Bild 10.4-41 Querregelung
a) Prinzipschaltung,
b) Zeigerbild,
c) Zeigerbild für einen Strang

Hier wird die Zusatzspannung ΔU_q quer zur Spannung der Hauptwicklung hinzugefügt.

Eine reine 90°-Querregelung wird in den Energieversorgungsnetzen weniger eingesetzt.

Bedeutung im Höchstspannungsnetz hat die 60°-Schrägregelung, sie beeinflußt Wirk- und Blindleistung gleichermaßen (Bild 10.4–42).

$$\Delta U_s = \Delta U_l + \mathrm{j}\Delta U_q \approx X_T\,\Delta I_L\,(\mathrm{j}\cos\varphi + \sin\varphi). \qquad (10.4\text{–}84)$$

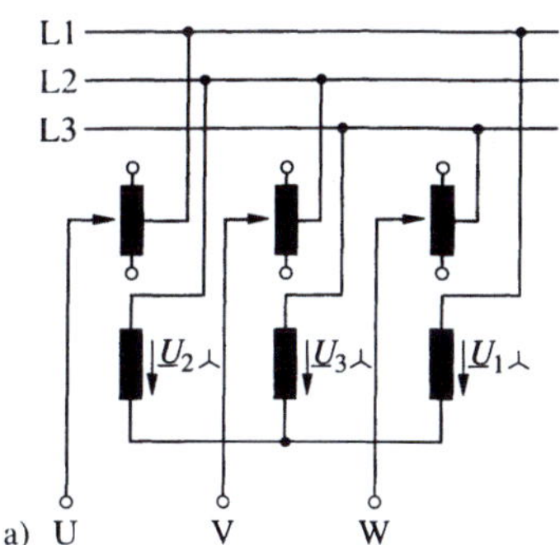

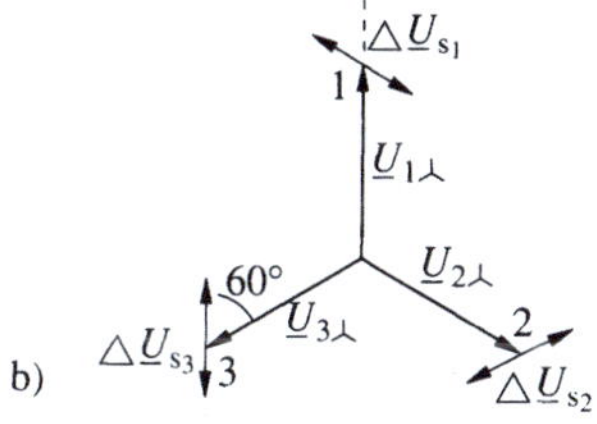

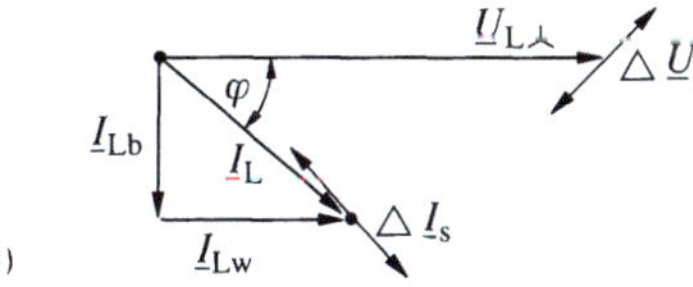

Bild 10.4-42 60°-Schrägregelung
a) Prinzipschaltung,
b) Zeigerbild,
c) Zeigerbild für einen Strang

Mit Hilfe der Stelltransformatoren werden im Verbundnetz nicht nur die Spannungsverhältnisse der Belastung angepaßt, sondern es wird auch der Leistungsfluß gesteuert.

10.4.6 Meßwandler

10.4.6.1 Arbeitsweise

Meßwandler sind Spezialtransformatoren, die die Aufgabe haben, hohe Spannungen und Ströme auf meßtechnisch gut erfaßbare Werte zu transformieren. Sie werden zur genauen Messung und zur Betriebsüberwachung eingesetzt.

Entsprechend der Meßgröße unterscheidet man zwischen *Spannungswandlern* und *Stromwandlern*. Aufgrund der ohmschen Verluste, der Streuflüsse und der endlichen Permeabilität des Eisenkernes treten *komplexe Fehler* im Übertragungsverhalten auf.

Es wird deshalb zwischen der Nennübersetzung K_N, der tatsächlichen (fehlerbehafteten) Übersetzung und unterschieden

$$K_{NU} = \frac{U_{1N}}{U_{2N}} \quad \text{Spannungswandler,}$$

$$K_{NI} = \frac{I_{1N}}{I_{2N}} \quad \text{Stromwandler.}$$

Entsprechend dem Fehler werden Meßwandler deshalb in (Genauigkeits)- *Klassen* eingeteilt. Diese Klassen entsprechen in etwa dem maximalen Betragsfehler.

Die Impedanz aller an den Meßwandler angeschlossenen Meßgeräte, Verbindungsleitungen usw. bilden die *Bürde*. Die Bürde wird als Scheinleistung bezogen auf den Nennwert der Meßgröße (Nennstrom bzw. Nennspannung) angegeben.

Das Ersatzschaltbild des induktiven Meßwandlers entspricht dem Transformatorersatzschaltbild und ist in Bild 10.4–43 gezeigt.

Neben den induktiven Meßwandlern werden noch kapazitive Spannungswandler eingesetzt. Erprobt werden auch Meßwandler auf der Grundlage des Hall- oder Faraday-Effektes.

10.4.6.2 Stromwandler

Bild 10.4–44 zeigt den prinzipiellen Aufbau des Stromwandlers.

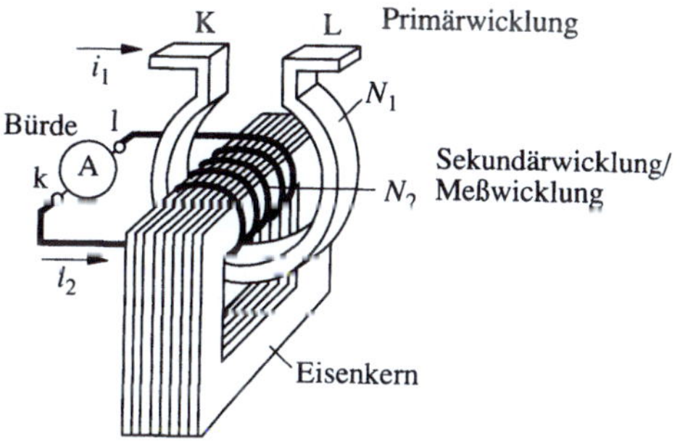

Bild 10.4-44 Prinzipdarstellung des Stromwandlers

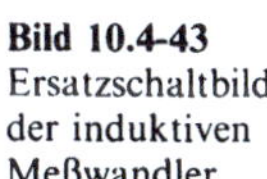

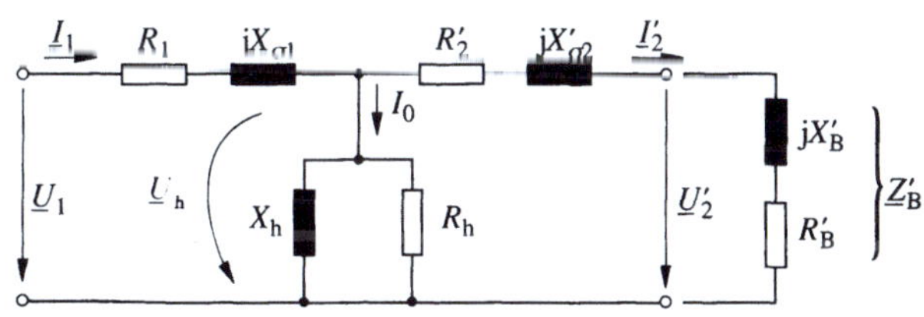

Bild 10.4-43 Ersatzschaltbild der induktiven Meßwandler

Der Gesamtfehler $F_{i\,ges}$ ist:

$$F_{i\,ges}\,[\%] = \frac{K_{NI} \cdot I_2 - I_1}{I_1} \cdot 100 =$$

$$= -\frac{I_0}{I_1} \cdot 100. \qquad (10.4\text{–}85)$$

Bezugsgröße ist der Betrag des Primärstroms I_1 der Fehler ist negativ festgelegt. Im vereinfachten Zeigerbild (Bild 10.4–45) sind die Fehlergrößen dargestellt.

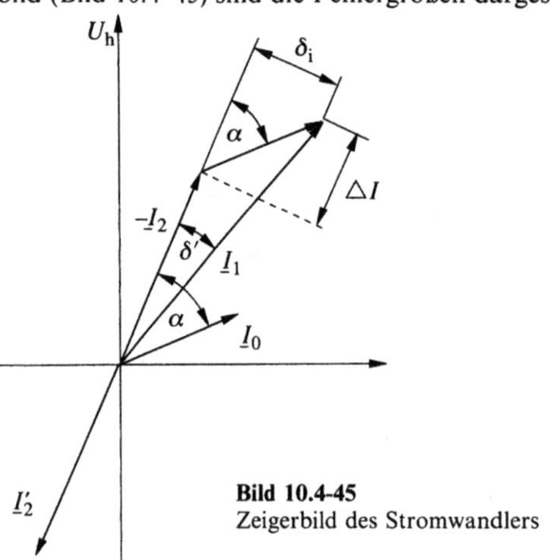

Bild 10.4-45
Zeigerbild des Stromwandlers

Der Fehlwinkel δ_i ist aus dem Zeigerbild ablesbar, daraus ergibt sich für kleine Werte von δ_i:

$$\delta_i \approx \sin\delta' = \frac{I_0}{I_1}\sin\alpha. \qquad (10.4\text{–}86)$$

Dem Winkelfehler von 1% entspricht $\sin\delta' = 0{,}01$ und $\delta_i = 34{,}4$ Winkelminuten. Damit erhält man für die Winkelabweichung in Winkelminuten

$$\delta_i = 3440 \cdot \frac{I_0}{I_1}\sin\alpha. \qquad (10.4\text{–}87)$$

Der Stromfehler wird unter der Voraussetzung, daß $\cos\delta' \approx 1$ ist angenähert

$$F_i\,[\%] = \frac{\Delta I}{I_1} \cdot 100 = -\frac{I_0}{I_1}\cos\alpha \cdot 100. \qquad (10.4\text{–}88)$$

Stromfehler und Winkelfehler können meßtechnisch getrennt erfaßt werden.

Nach VDE 0414 ist der Gesamtfehler des Stromwandlers definiert als das prozentuale Vehältnis des über dic Periodendauer T gebildeten Effektivwertes der Differenz aus den mit der Nennübersetzung K_{NI} multiplizierten Augenblickswerten des Sekundärstromes i_2 und den Augenblickswerten des Primärstromes i_1 zum Effektivwert des Primärstromes I_1:

$$F_{ges}\,[\%] = 100\,\frac{\sqrt{\frac{1}{T}\int_0^T (K_N i_2 - i_1)^2\,dt}}{I_1}. \qquad (10.4\text{–}89)$$

Bild 10.4–46 zeigt den typischen Verlauf der Fehlerkurve eines Stromwandlers. In der Arbeitsweise ist der Stromwandler vergleichbar mit einer Konstantstromquelle. Bei konstantem Primärstrom ändert sich auch bei veränderter Bürde der Sekundärstrom nicht aber der Spannungsabfall über der Bürde.

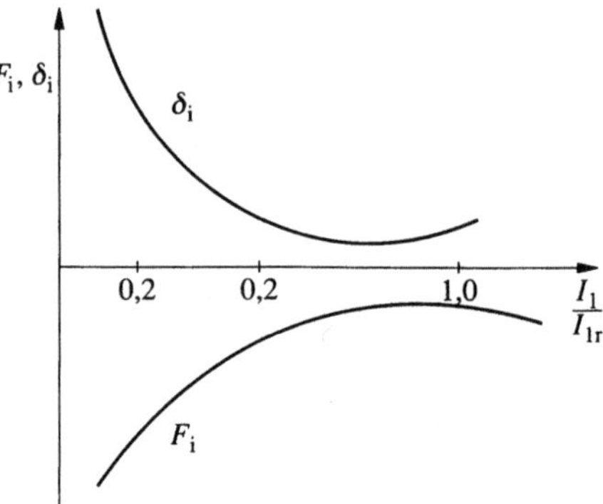

Bild 10.4-46 Typischer Verlauf der Fehlerkurve für F_i und δ_i eines Stromwandlers

10.4.6.3 Spannungswandler

Analog zum Stromwandler ist der Gesamtfehler des Spannungswandlers $F_{u\,ges}$ definiert:

$$F_{u\,ges} = \frac{K_{NU} \cdot U_2 - U_1}{U_1} \cdot 100.$$

Aus Bild 10.4–47 ergibt sich für den Fehler:

$$-\underline{F} = \underline{U}_1 - K_{NU}\,\underline{U}_2 = \underline{I}_0\,(R_1 + j\,X_{\sigma 1}) +$$
$$+ \underline{I}'_2\,[(R_1 + R'_2) + j\,(X_{\sigma 1} + X'_{\sigma 2})]. \qquad (10.4\text{–}91)$$

Im Zeigerbild (Bild 10.4–47) ist zu erkennen, daß der Fehlerzeiger $\underline{F}$ eine Spannungsdifferenz ΔU und eine Winkelabweichung δ' zwischen U_1 und U'_2 bewirkt.

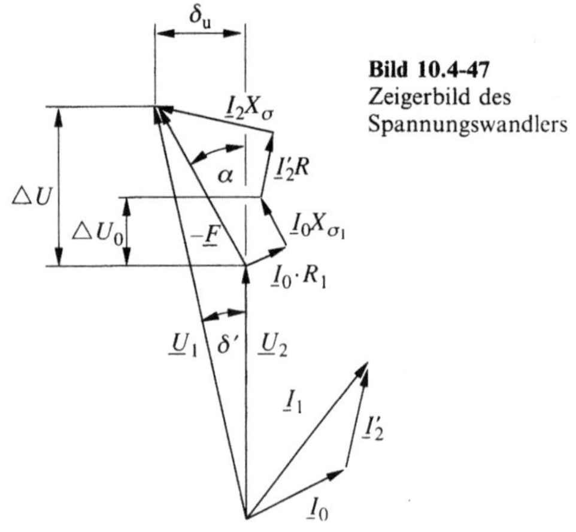

Bild 10.4-47
Zeigerbild des Spannungswandlers

ΔU und δ' sind ein Maß für den Spannungsfehler F_u und den Fehlwinkel δ_u.

$$F_u\,[\%] = \frac{F\cos\alpha}{U_1}\cdot 100, \qquad (10.4\text{–}92)$$

$$\delta_u = \frac{F\sin\alpha}{U_1}. \qquad (10.4\text{–}93)$$

Beide Fehler sind von der Phasenlage und dem Betrag des Stromes I_2 und damit von der Belastung (Bürde) abhängig.

Im Leerlauf tritt immer noch ein Fehler auf, der durch den Leerlaufstrom $\underline{I}_0$ bedingt ist. Aufgrund der konstruktiven Auslegung der Spannungswandler ist $X_{\sigma 1} \gg X'_{\sigma 2}$, so daß $X_\sigma \approx X_{\sigma 1}$ wird.

10.4.6.4 Kenngrößen von Meßwandlern

Wandler werden für Meß- oder Schutzaufgaben eingesetzt. Wichtigste Kenngröße für die Auswahl sind die Genauigkeitsklassen. In Tabelle 10.4–11 sind die für verschiedene Anwendungsbereiche erforderlichen Genauigkeitsklassen zusammengestellt.

Tabelle 10.4–11: Meßwandlerklassen nach Anwendungsbereichen

Klasse	Anwendungsbereich
0,2	Präzisionsmessungen in Prüffeldern
0,5	genaue Messungen, Verrechnungszählung
1	Betriebsmeßgeräte für Strom, Spannung und Leistung
3	Betriebsmessungen und Schutzrelais

1. Stromwandler

Die sekundären Nennströme sind bei Stromwandlern mit 1 A und 5 A festgelegt. Aus dem Nennstrom I_N und der Bürde Z kann die erforderliche Nennleistung S_N des Stromwandlers berechnet werden

$$S_N = Z \cdot I_N^2. \qquad (10.4\text{–}94)$$

Nennleistungen und Nennbürden von Stromwandlern sind ergänzend in Tabelle 10.4–12 angegeben.

Tabelle 10.4–12: Nennleistungen und Nennbürden von Stromwandlern

	Nennleistung in VA				
	5	10	15	30	60
Nennbürde in Ω bei 5 A	0,2	0,4	0,6	1,2	2,4
Nennbürde in Ω bei 1 A	5	10	15	30	60

Beim Betrieb von Stromwandlern ist zu beachten, daß immer eine Bürde angeschlossen sein muß, weil an offenen Sekundärklemmen hohe Spannungen auftreten. Nach DIN VDE 0414 können Stromwandler dauernd bis zu 20% überlastet werden.

Ausgeführt sind die Stromwandler im Niederspannungsbereich als Aufsteck-, Wickel- oder Kabelumbauwandler mit Luftisolierung, im Mittelspannungsbereich als Stützer- und Durchführungswandler mit Epoxidharzisolierung und im Hochspannungsbereich als Kessel- oder Kopfstromwandler mit Öl-Papier-Isolierung.

2. Spannungswandler

Spannungswandler werden ein- oder zweipolig isoliert (Anschluß zwischen zwei Außenleitern) hergestellt. Neben den Meßwicklungen haben sie oft noch Hilfswicklungen (Klemmenbezeichnung e-n).

Die Nennspannungen der Meßwicklungen sind festgelegt mit 100 V und 100 V/$\sqrt{3}$ sowie für die Hilfswicklung mit 100 V/3. Ebenfalls festgelegt sind die Nennleistungen mit 10, 25, 50, 100, 150, 300, 600 VA für die Meßwicklungen und für die Hilfswicklungen mit 50/3, 100/3, 150/3 VA.

Die Klassenangaben der Spannungswandler beziehen sich auf Belastungen zwischen 25% und 100% des Nennwertes bei $\cos\varphi = 0{,}8$ (ind.). Aus diesem Grund soll die Belastung im Betriebsfall 25% der Nennlast nicht unterschreiten.

10.4.7 Drosselspulen

Drosselspulen werden in den Energieversorgungsnetzen zur Kurzschlußstrombegrenzung, zur Parallelkompensation und zur Erdschlußstromkompensation bzw. -begrenzung eingesetzt. Entsprechend ihrem Einbau ins Netz wird unterschieden zwischen Reihendrosselspulen, Paralleldrosselspulen und Sternpunktdrosselspulen.

10.4.7.1 Reihendrosselspule

Sie wird in Reihe mit der Strombahn geschaltet und dient der Kurzschlußstrombegrenzung. Für die Berechnung kann ihr ohmscher Widerstand vernachlässigt werden ($R_D \ll X_D$), so daß man erhält:

$$X_D = \frac{u_{kD}\,[\%]\cdot U_N}{100 \cdot S_N}. \qquad (10.4\text{–}95)$$

X_D ist gleichzeitig Mit-, Gegen- und Nullreaktanz.

Der Spannungsabfall über der Reihendrosselspule ist im Drehstromsystem:

$$\Delta \underline{U}_{D\curlywedge} = j\,\underline{I}_L\,X_D\,. \qquad (10.4\text{–}96)$$

Reihendrosselspulen sind ohne Eisen aufgebaut, bis 110 kV mit Luftisolierung und für höhere Spannung auch mit Ölisolierung.

Die Kurzschlußdrosselspule führt den Nennstrom dauernd und den Kurzschlußstrom 3 s (bis 25 facher Nennstrom).

Um den Spannungsabfall ΔU_D im Normalbetrieb zu vermeiden, können den Reihendrosselspulen Strombegrenzer parallel geschaltet werden, die im normalen Betriebsfall geschlossen sind und erst bei Kurzschluß öffnen.

Reihendrosselspulen werden konstruktiv als Dreiphasensätze aufgebaut, wobei die Spulen übereinander angebracht sind. Die einzelnen Spulen sind gegeneinander mit Holz-, Beton- oder Epoxidharzstützen abgestützt (Bild 10.4–48).

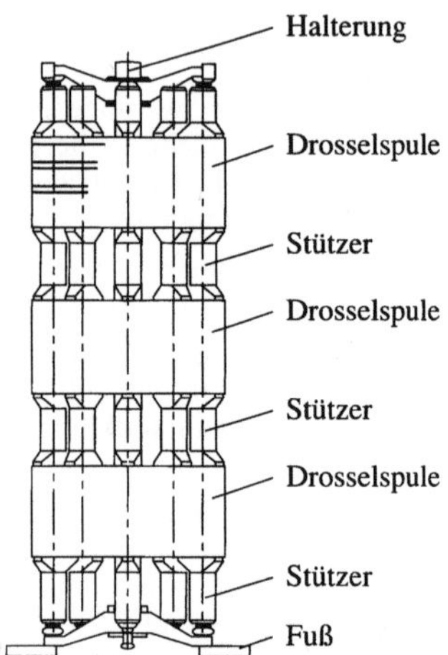

Bild 10.4-48 Reihendrosselspule in Drehstromausführung [10.32]

10.4.7.2 Paralleldrosselspulen

Sie haben die Aufgabe, den kapazitiven Ladestrom von langen leerlaufenden oder schwach belasteten Leitungen zu kompensieren.

$$X_D = \frac{U_N^2}{Q_{DN}}, \qquad (10.4\text{–}97)$$

Q_{DN} Nennleistung der Drossel.

Technisch ausgeführt ist die Paralleldrosselspule als ölgekühlte Eisenspule.

Die Paralleldrossel wird an der Tertiärwicklung der Netztransformatoren angeschlossen, wie in Bild 10.4–49 gezeigt.

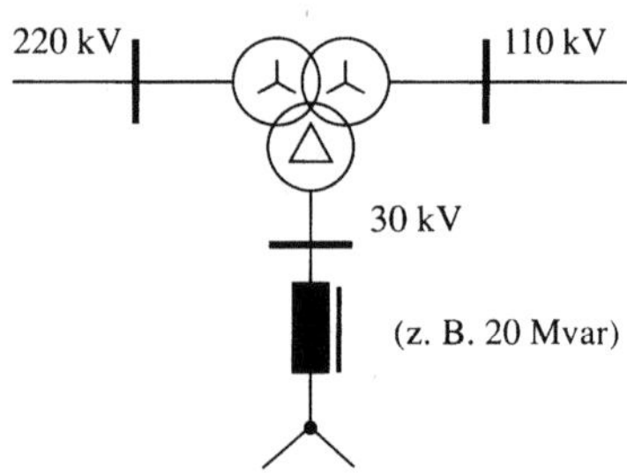

Bild 10.4-49 Anschluß der Paralleldrossel an die Tertiärwicklung

Für $U_N > 380$ kV werden sie auch direkt in den Leitungszug zwischen Leiter und Erde geschaltet.

10.4.7.3 Sternpunktdrosselspulen

1. *Sternpunkt-Erdungsdrosselspulen* (s. auch Abschnitt 10.6.6.4)

Bei Netzen mit niederohmiger Sternpunkterdung werden zwischen die Sternpunkte der Transformatoren und Erde Drosselspulen geschaltet, die den Erdkurzschlußstrom und die im Erdkurzschlußfall auftretende Spannung zwischen Sternpunkt und Erde begrenzen. Die Impedanzen haben Werte zwischen 2 Ω und 60 Ω.

Die Grenzwerte der Erdkurzschlußströme liegen im Mittelspannungsnetz bei < 1,5 kA, im 110-kV-Netz bei 5 kA.

Ausgeführt sind sie als Luftdrosselspulen.

2. *Erdschlußlöschspulen (Petersen-Spulen)* (s. auch Abschnitt 10.6.6.3)

Sie werden ebenfalls zwischen dem Sternpunkt der Transformatoren und Erde geschaltet und kompensieren den kapazitiven Erdschlußstrom.

$$I_E = \frac{1}{3\,\omega^2 C_E}. \qquad (10.4\text{–}98)$$

Für die Auslegung der Erdschlußspule maßgebend ist der Spulenstrom I_L und die Blindleistung Q_L.

$$Q_L = I_L \cdot U_{LE} = I_L \cdot \frac{U_N}{\sqrt{3}}. \qquad (10.4\text{–}99)$$

■ *Beispiel:*

30-kV-Netz, Erdkapazität $C_E = 10\,\mu$F
Erdschlußstrom $I_E = \sqrt{3}\,\omega U_r\, C_E = 163$ A.

Leistung der Erdschlußlöschspule:

$$Q_L = \frac{U_N}{\sqrt{3}} \cdot I_E = 2{,}82 \text{ MVar},$$

Induktivität der Erdschlußlöschspule:

$L_E = 0{,}338$ H.

Die notwendige große Induktivität erfordert, daß die Erdschlußlöschspule mit Eisenkern ausgeführt werden muß, wobei innerhalb des Arbeitsbereiches die Kennlinie linear verlaufen soll, darüber hinaus aber gekrümmt, um Überspannungen durch kapazitive Unsymmetrien zu begrenzen.

Geeignete Ausführung ist die Tauchkernspule. Durch Änderung der Stellung des „Tauchkernes" läßt sich der Spulenstrom bis ca. 1:10 kontinuierlich auch unter Last ändern (Bild 10.4–50). Sie sollten nur an Transformatoren mit voll belastbarem Sternpunkt angeschlossen werden, d. h. nicht bei Stern-Stern-Schaltung ohne Ausgleichswicklung (maximale Belastbarkeit 10 ... 20%).

Erdschlußlöschspulen haben noch eine Hilfswicklung für Meßzwecke.

Der Anschluß der Erdschlußlöschspule erfolgt über einen Trenner, sie ist durch einen Überspannungsableiter zu schützen.

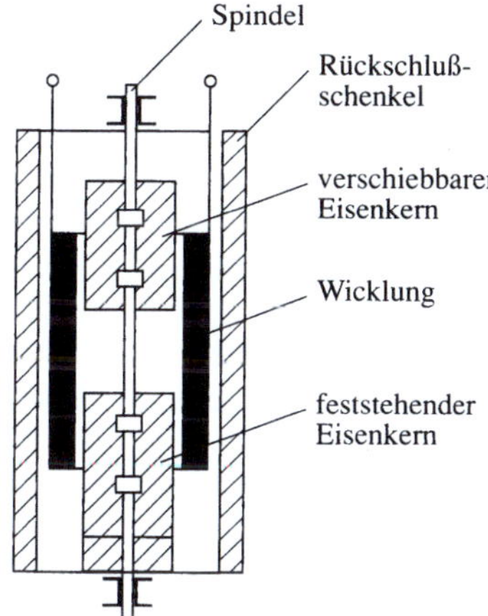

Bild 10.4-50 Tauchkernspule

3. Sternpunktbildner

In Netzen mit Transformatoren ohne Sternpunkt (Dreieckschaltung), ohne herausgeführten Sternpunkt oder mit nicht belastbarem Sternpunkt werden spezielle Sternpunktbildner eingesetzt. Das sind bevorzugt Drosselspulen in Zick-Zack-Schaltung, aber auch Transformatoren in Dreieck-Stern-Schaltung. Über ihren Sternpunkt wird dann das Netz, in der Regel niederohmig, geerdet.

10.5 Schaltanlagen

10.5.1 Allgemeines

Schaltanlagen haben die Aufgabe

- Betriebsströme zu schalten,
- bei Betriebsstörungen abzuschalten und
- den laufenden Betrieb zu überwachen.

Entsprechend ihrer Funktion wird unterschieden zwischen

- *Verteilungsschaltanlagen* mit nur einer Spannungsebene, über die die Stromversorgung von Verbrauchern direkt oder von Ortsnetzstationen erfolgt,
- *Schaltanlagen in Umspannwerken* (Stationen), die in den einzelnen Spannungsebenen eingebaut sind, um die Transformation der Betriebsspannungen durchführen zu können,
- *Eigenbedarfsanlagen* in Kraftwerken, die zur Ankopplung an das Hochspannungsnetz und zum Zusammenschalten der Kraftwerksblöcke dienen.

Ausgeführt sind sie als Niederspannungs-Schaltanlagen ($U_N \leq 1$ kV) und Mittelspannungs-Schaltanlagen ($U_N \leq 60$ kV) für Innenraumaufstellung und als Hochspannungs-Schaltanlagen für Freiluftaufstellung oder gasisoliert.

10.5.2 Aufbau von Schaltanlagen

10.5.2.1 Sammelschienenschaltungen

Kernstück der Schaltanlagen bilden die Sammelschienen und ihre Verschaltung. Trotz unterschiedlichster Ausführungsvarianten können grundsätzliche Anordnungen der Sammelschienen angegeben werden.

1. Einfachsammelschiene (Bild 10.5–1)

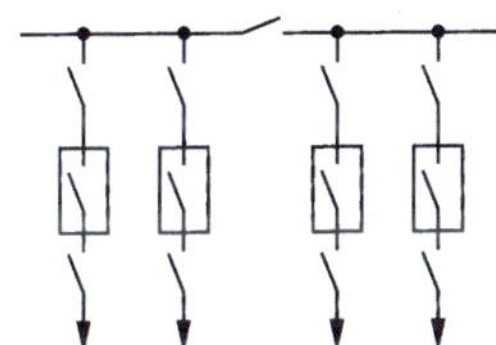

Bild 10.5-1 Einfachsammelschiene mit Längstrenner (Längskupplung)

Geeignet für kleinere Anlagen. Die Längstrennung ermöglicht es, die Anlage in zwei oder mehrere Abschnitte aufzuteilen, um Überprüfungen, Reperaturen o. ä. durchführen zu können.

2. Doppelsammelschiene (Bild 10.5–2)

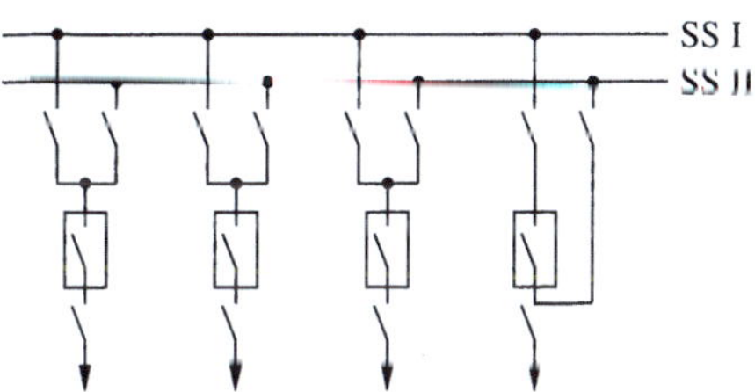

Bild 10.5-2 Doppelsammelschiene mit Querkupplung

Sie ist immer dann erforderlich, wenn die Stromversorgung auch bei Revision einer Sammelschiene sichergestellt werden muß oder die Einspeisung aus verschiedenen Netzen erfolgt.

3. *Doppelsammelschiene mit Umgehungsschiene* (Bild 10.5–3)

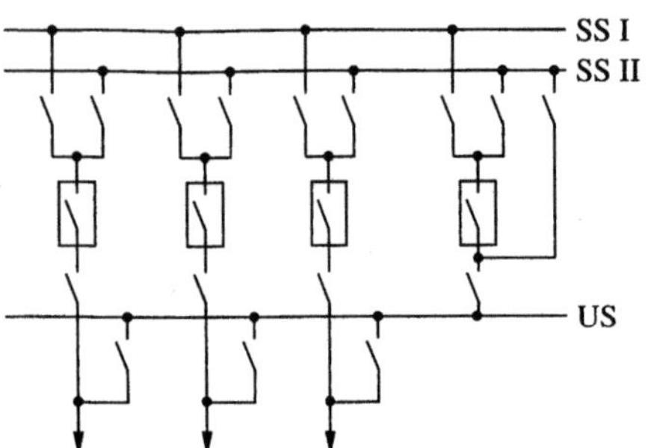

Bild 10.5-3 Doppelsammelschiene mit Umgehungsschiene

Ermöglicht die Freischaltung beider Sammelschienen ohne Betriebsunterbrechung.

4. *2-Leistungsschalter-Methode* (Bild 10.5–4)

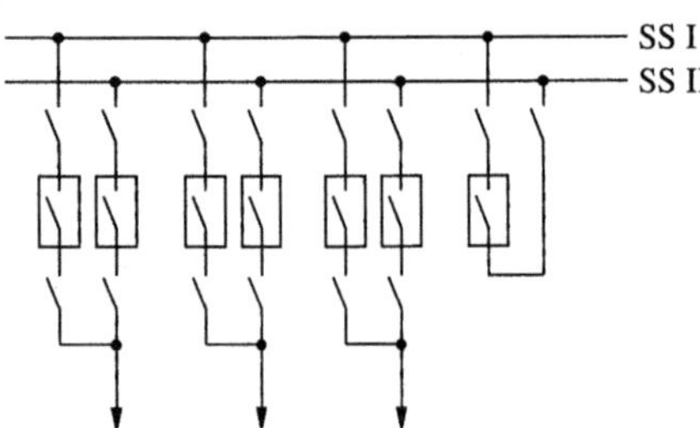

Bild 10.5-4 2-Leistungsschalter-Methode mit fest eingebauten Schaltgeräten

Hier sind alle Abgänge an beiden Sammelschienen über Leistungsschalter und Trenner angeschlossen, so daß eine unterbrechungslose Umschaltung jedes Abganges möglich ist.

5. *H-Schaltung* (Bild 10.5–5)

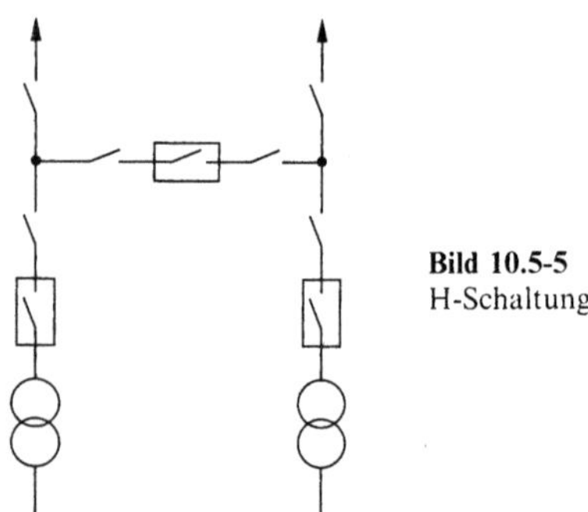

Bild 10.5-5 H-Schaltung

Die Kombination von zwei Leistungs- und zwei Transformatorabzweigen mit einem Leistungsschalter ermöglicht es, bei einem Fehler die Anlage in zwei Hälften aufzutrennen und die Versorgung über einen Transformator fortzusetzen. Entsprechend speziellen Anforderungen sind noch weitere Schaltungskombinationen möglich [10.47].

6. *Kuppelschaltungen*

Sie stellen die Verbindung zwischen den Sammelschienen her. Die einfachste Kuppelschaltung ist die Längskupplung wie sie in Bild 10.5–1 zu sehen ist. Die einfache Querkupplung ist in Bild 10.5–2 gezeigt. Sind bei Doppelsammelschienen durch Längstrennung Abschnitte entstanden, können diese durch Quer- und Diagonalkupplungen wieder verbunden werden. Diese Schaltung wird als Vollkupplung bezeichnet (s. Bild 10.5–6).

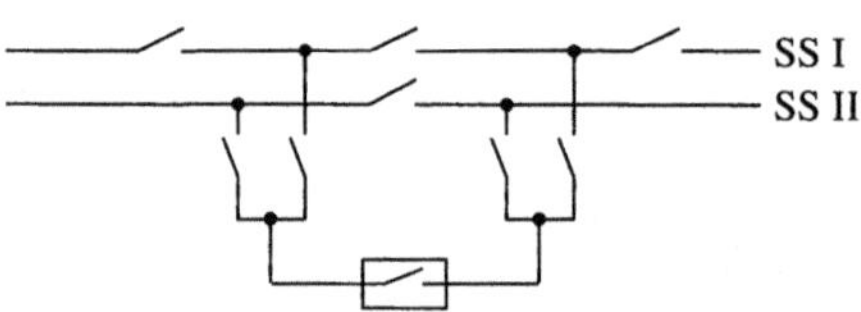

Bild 10.5-6 Vollkupplung für Doppelsammelschienen

10.5.2.2 Felder in Schaltanlagen

Schaltanlagen sind immer in Funktionsfelder aufgeteilt. Es wird zwischen folgenden vier Feldern unterschieden: Abgangsfeld, Einspeisefeld, Kuppelfeld und Meßfeld. Die elektrische Prinzipschaltung der einzelnen Felder ist in den Bildern 10.5–7 bis 10.5–10 angegeben, dabei hat sich auch die angegebene Reihenfolge der Geräte „Trennschalter – Leistungsschalter – Stromwandler" durchgesetzt. Entsprechend der elektrischen Funktion werden in die Felder noch weitere Geräte oder andere Gerätekombinationen eingebracht.

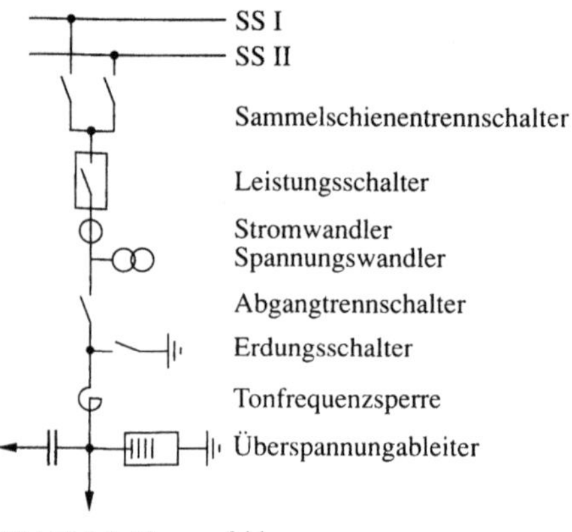

Bild 10.5-7 Abgangsfeld

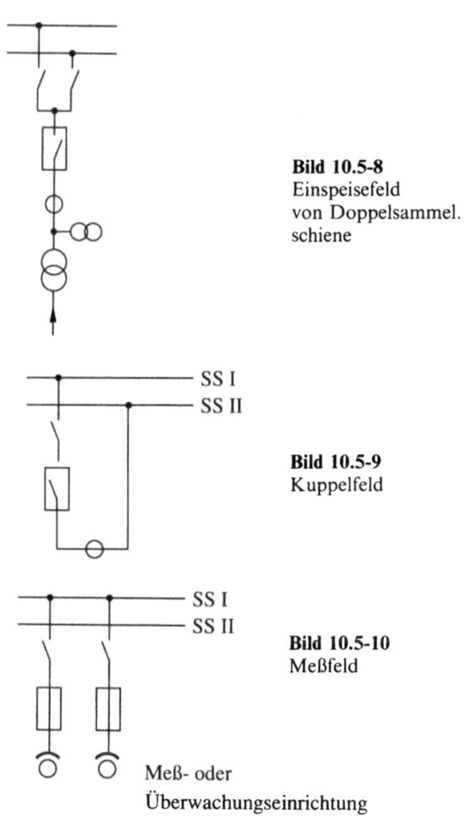

Bild 10.5-8 Einspeisefeld von Doppelsammel. schiene

Bild 10.5-9 Kuppelfeld

Bild 10.5-10 Meßfeld

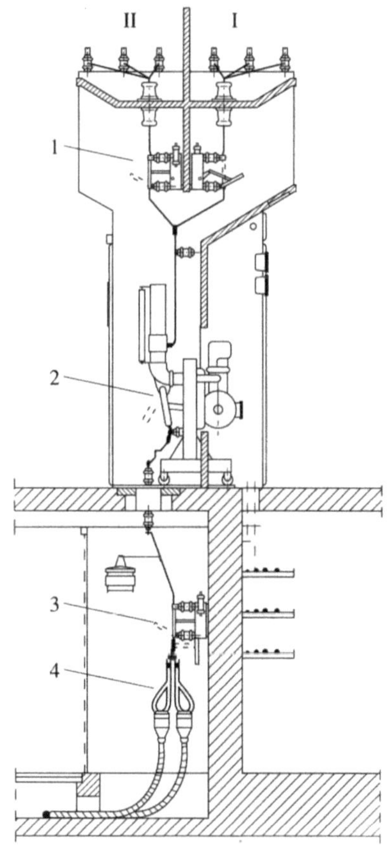

10.5.3 Mittelspannungs-Schaltanlagen

Sie sind vorwiegend als Innenraumanlagen für die Spannungsebenen zwischen 1 kV und 36 kV ausgeführt. Aufgebaut sind sie nach den in Abschnitt 10.5.2 angegebenen Grundprinzipien, unterteilt in Felder. Die Bauformen der Schaltzellen unterscheiden sich nach der Art der Isolierung für die spannungsführenden Teile.

1. Luftisolierte Anlagen

Luftisolierte Anlagen müssen nach genormten Mindestabständen dimensioniert werden [10.48]. Bei der *offenen Bauweise* sind die Sammelschienen nach außen nicht oder nur teilweise abgedeckt (Bild 10.5–11). Die *gekapselte Bauweise*, die sich immer mehr durchsetzt, hat einen vollständigen äußeren Berührungsschutz (Bild 10.5–12) [10.49], [10.50]. In der dargestellten Ausführung ist der Leistungsschalter auf einen Fahrwagen montiert. Der Einfahrkontakt ersetzt hier den Abgangstrennschalter nach dem Leistungsschalter.

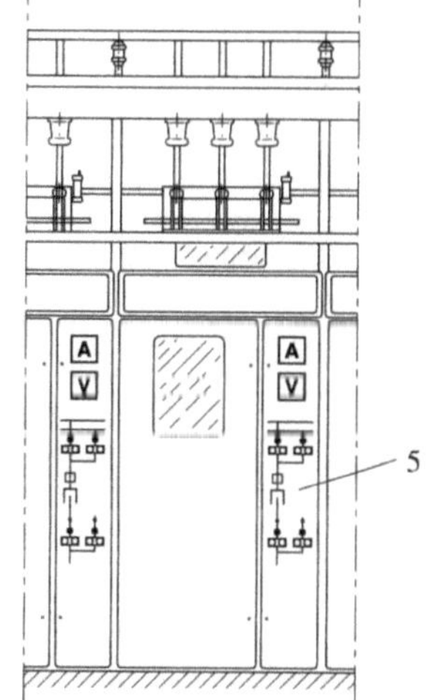

I, II Doppelsammelschiene,
1 Sammelschienentrennschalter,
2 Leistungsschalter,
3 Abgangstrennschalter,
4 Kabelabzweig,
5 Blindschaltbild mit Steuergeräten

Bild 10.5-11 Mittelspannungs-Schaltanlage, offene Bauweise, 10 kV mit Doppelsammelschiene.

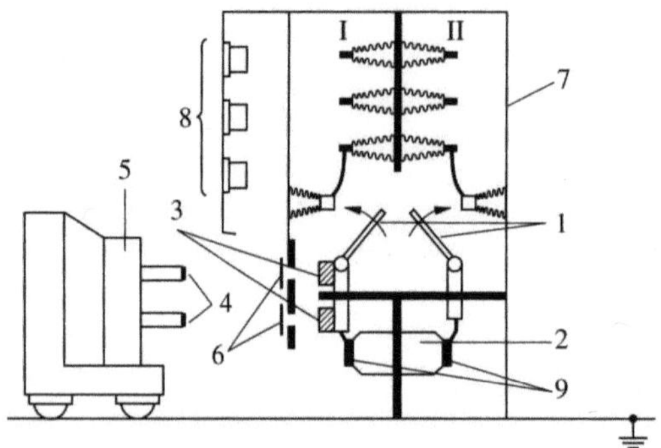

Bild 10.5-12 Stahlblechgekapselte Schaltanlage mit ausfahrbarem Leistungsschalter
I, II Doppelsammelschiene mit Stützern,
1 Sammelschienentrenner,
2 Stromwandler,
3 feststehende Einfahrkontakte des Leistungsschalters,
4 Einfahrkontakte des Leistungsschalters,
5 Leistungsschalter auf Schaltwagen,
6 Abdeckung,
7 Stahlblechgehäuse,
8 Steuer- und Meßgeräte,
9 Abgänge

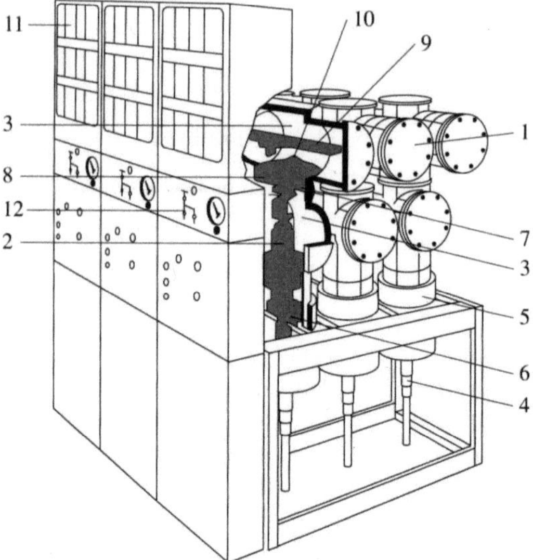

Bild 10.5-13 SF_6-gasisolierte Mittelspannungs-Schaltanlage (10 kV) (*Quelle:* SIEMENS)
1 Metallkapselung,
2 Vakuumschalter,
3 SF_6-Isoliergas,
4 Kabelstecker und Schienenverbinder,
5 Ringkernstromwandler,
6 kapazitiver Spannungswandler,
7 Leiterstützpunkte aus Epoxidharz,
8 Dichtungen,
9 Sammelschiene,
10 Sammelschienentrennschalter,
11 Schrank für Sekundäreinrichtungen,
12 Schaltstellungsanzeige

2. SF_6-isolierte Schaltanlagen

SF_6-isolierte Schaltanlagen haben gegenüber luftisolierten einen wesentlich geringeren Raumbedarf, ein niedrigeres Gewicht, sind wartungsärmer und bieten einen besseren Berührungsschutz [10.50], [10.51]. Alle Anlagenbauteile wie Sammelschienen, Trenner, Wandler, Leistungsschalter u. a. sind im Isoliergas untergebracht. Im Mittelspannungsbereich sind die SF_6-Anlagen dreiphasig ausgeführt und haben nur einen geringen Gasüberdruck, so daß sie nicht als Druckgasbehälter eingestuft werden müssen. Bild 10.5–13 zeigt eine ausgeführte Schaltanlage mit Vakuumschalter.

3. Feststoffisolierte Schaltanlagen

Technisch relevant ist nur die teilweise feststoffisolierte Schaltanlage, bei der die hochspannungsführenden Teile in Isoliermaterial eingeschlossen sind. Diese kombinierte Feststoff-Luftisolierung konnte sich aber bisher nicht durchsetzen.

10.5.4 Hochspannungs-Schaltanlagen

10.5.4.1 Freiluftanlagen

Sie sind den äußeren klimatischen Bedingungen ausgesetzt, so daß die Isolierungen und Geräte für Verschmutzung, Regen und Eis ausgelegt werden müssen, der Raumbedarf ist deshalb groß. Der Vorteil ist, daß keine Gebäude benötigt werden und alle Geräte gut zugänglich sind. Weiterhin sind für die Freileitungsanschlüsse keine gesonderten Durchführungen erforderlich.

Da die Sammelschienen horizontal in einer Ebene angeordnet sind, treten Überschneidungen mit den Zuleitungen auf, die zu verschiedenen Bauformen geführt haben. Die Sammelschienentrenner können entweder hochgestellt und direkt an den Sammelschienen angeschlossen werden (Hochbauweise), auf der Erde stehen (Flachbauweise) oder auf ca. 2 m hohen Podesten aufgebaut werden (halbhohe Bauweise). Unterschieden werden die Bauformen nach der Stellung der Sammelschienentrenner zur Sammelschiene. [10.42], [10.47].

1. Parallel-Querbauweise (Bild 10.5–14)

Sie hat drei Höhenniveaus: Sammelschienentrenner – Sammelschienen – Ableitung zum Leistungsschalter. Die Sammelschienentrenner stehen senkrecht zu den Sammelschienen. Diese Bauform ist sehr übersichtlich und wird bis U_N = 220 kV angewandt.

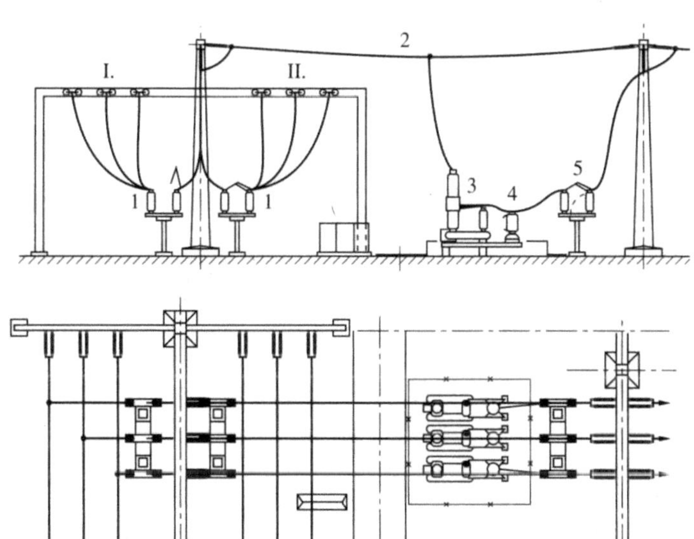

Bild 10.5-14
Parallel-Querbauweise

I, II Doppelsammelschiene,
1 Sammelschienentrennschalter,
2 Ableitung,
3 Leistungsschalter,
4 Stromwandler,
5 Abgangstrennschalter

2. Reihen-Längsbauweise
(*Kiellinien-Bauweise,* Bild 10.5–15)

Sie ist aufgeteilt in zwei Höhenniveaus. Die Trenner stehen parallel zu den Sammelschienen.

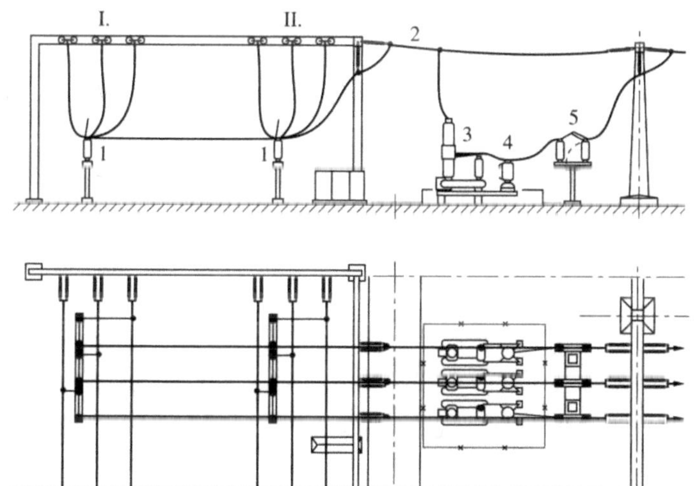

Bild 10.5-15
Reihen-Längsbauweise
(Kiellinien Bauweise)

I, II Doppelsammelschiene,
1 Sammelschienentrennschalter,
2 Ableitung,
3 Leistungsschalter,
4 Stromwandler,
5 Abgangstrennschalter

3. Reihen-Querbauweise (Bild 10.5–16)

Diese Bauweise hat zwei Höhenniveaus. Die Sammelschienen werden direkt von den Trennschalterisolatoren getragen. Sammelschienentrennschalter und Sammelschiene sind quer zueinander angeordnet.

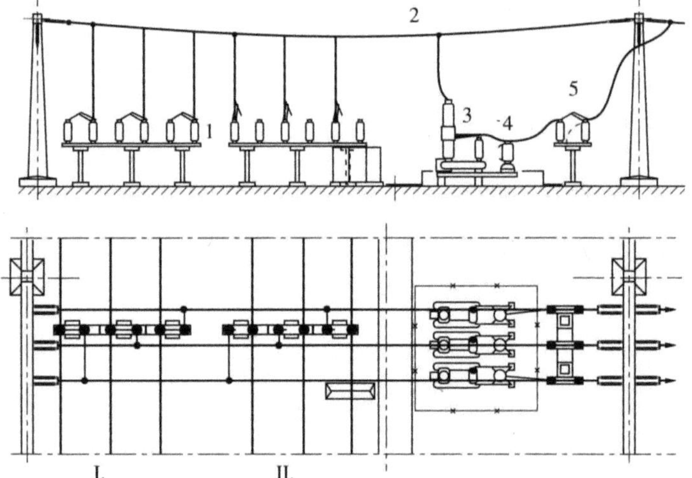

Bild 10.5-16
Reihen-Querbauweise

I, II Doppelsammelschiene,
1 Sammelschienentrennschalter,
2 Ableitung,
3 Leistungsschalter,
4 Stromwandler,
5 Abgangstrennschalter

4. Diagonal-Bauweise (Bild 10.5–17)

Sie ist gebunden an Scherentrenner, diese stehen im Kreuzungspunkt von Sammelschiene und Verbindungsleitung und überbrücken die unterschiedlichen Höhenniveaus. Diese Bauweise hat den geringsten Grundflächenbedarf.

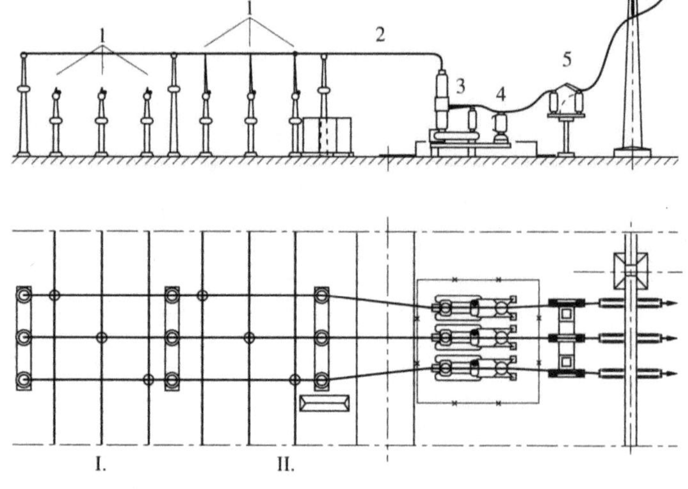

Bild 10.5-17
Diagonal-Bauweise

I, II Doppelsammelschiene,
1 Sammelschienentrennschalter,
2 Ableitung,
3 Leistungsschalter,
4 Stromwandler,
5 Abgangstrennschalter

10.5.4.2 Gasisolierte Hochspannungs-Schaltanlagem

Als Isoliergas wird SF_6 verwendet. Mit der vollen Kapselung kann nicht nur die ca. 3fach höhere Durchschlagfestigkeit des SF_6 zur Verringerung der Abstände zwischen den spannungsführenden Teilen genutzt werden, sondern auch der Übergang vom inhomogenen in das schwach inhomogene Feld. Die erforderliche Grundfläche beträgt bei 110-kV-Anlagen noch ca. 6% gegenüber Freiluftanlagen und bei 380-kV-Anlagen 3 ... 4%. Eine ausgeführte Anlage ist in Bild 10.5–18 gezeigt. Gasisolierte Anlagen werden bis zu den höchsten Betriebsspannungen gefertigt [10.50].

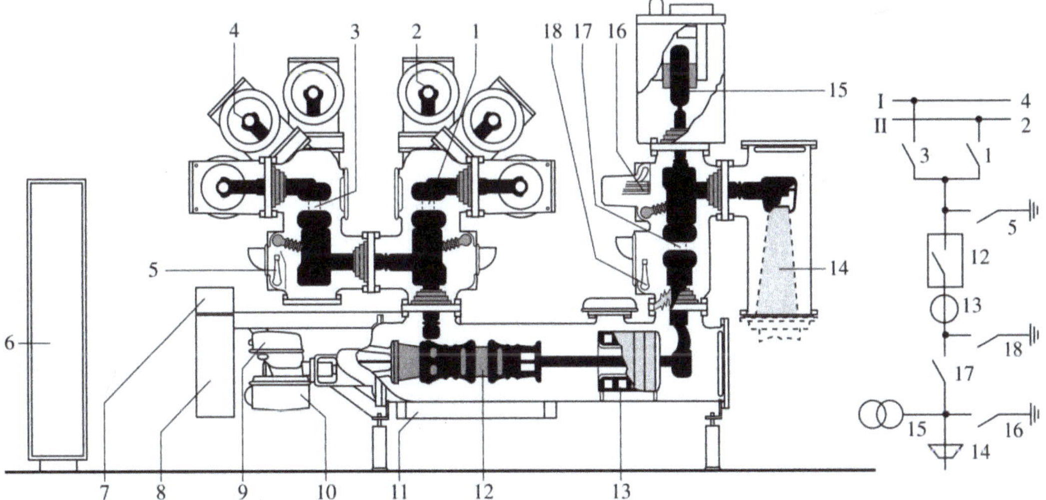

Bild 10.5-18 SF_6-gasisolierte Hochspannungs-Schaltanlage mit Doppelschiene ($U_N = 245$ kV) (*Quelle:* Siemens)

1 Sammelschienen-Trennschalter II,
2 Sammelschiene II,
3 Sammelschienen-Trennschalter I,
4 Sammelschiene I,
5 Erdungsschalter,
6 Ortssteuerschrank,
7 Gasüberwachungseinheit,
8 Leistungsschalter-Steuereinheit,
9 Ölbehälter,
10 elektro-hydraulisches Antriebssystem,
11 Hydraulikspeicher,
12 Leistungsschalter,
13 Stromwandler,
14 Kabelendverschluß,
15 Spannungswandler,
16 einschaltfester Erdungsschalter,
17 Kabeltrennschalter,
18 Erdungsschalter

10.5.5 Schaltgeräte

10.5.5.1 Trennschalter

Sie stellen eine sichtbare Trennstrecke her und sind in der Lage, alle im Betriebsfall auftretenden Ströme zu führen. Trennschalter können nur im nahezu stromlosen Zustand schalten. Die wichtigsten Bauformen sind in Bild 10.5–19 zusammengestellt. Für die Isolationskoordination ist die Trennstrecke mitentscheidend [10.52].

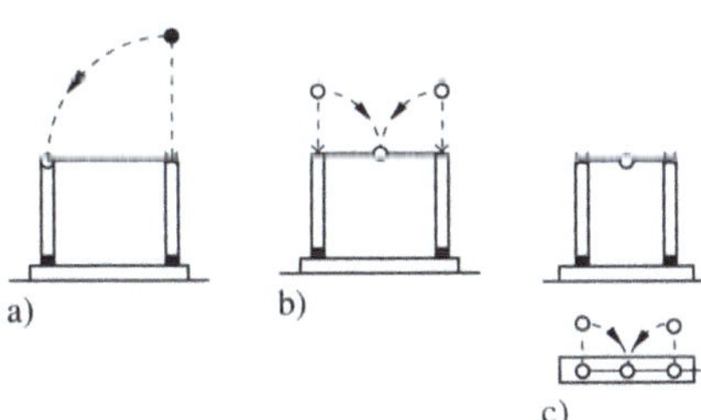

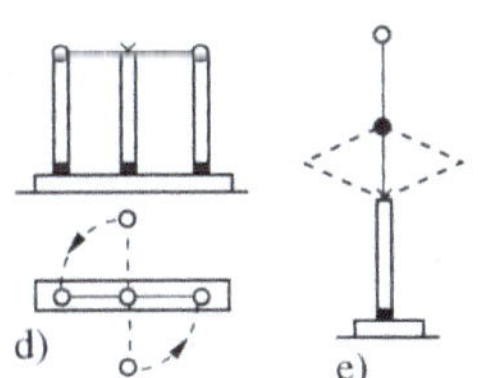

Bild 10.5-19
Bauformen von Trennschaltern

a) einteiliger Hebeltrennschalter
b) zweiteiliger Hebeltrennschalter
c) Zweistützen-Drehtrennschalter
d) Dreistützen-Drehtrennschalter,
e) Scherentrennschalter

1. Erdungsschalter

Erdungsschalter erfüllen die gleiche Funktion wie Trennschalter, müssen aber nicht in der Lage sein, Betriebsströme ständig zu führen.

2. Lastrennschalter und Lastschalter

In Mittelspannungs-Schaltanlagen können in Schaltfeldern mit kleinen Betriebsströmen Lasttrennschalter eingesetzt werden, die geöffnet die sichtbare Trennstrecke herstellen, aber einen kleineren Nennausschaltstrom haben, als es die Kurzschlußverhältnisse verlangen. Lasttrennschalter haben eine Lichtbogenlöscheinrichtung. Den Kurzschlußschutz übernehmen Hochspannungs-Hochleistungs-Sicherungen oder übergeordnete Leistungsschalter. In Bild 10.5–20 ist ein Lasttrennschalter gezeigt. Beim Öffnen des Trennschaltmessers 1 wird die Feder 6 gespannt, die dann ruckartig das Lichtbogenschaltmesser 4 zieht. Gelöscht wird der Lichtbogen in der Löschkammer 3.

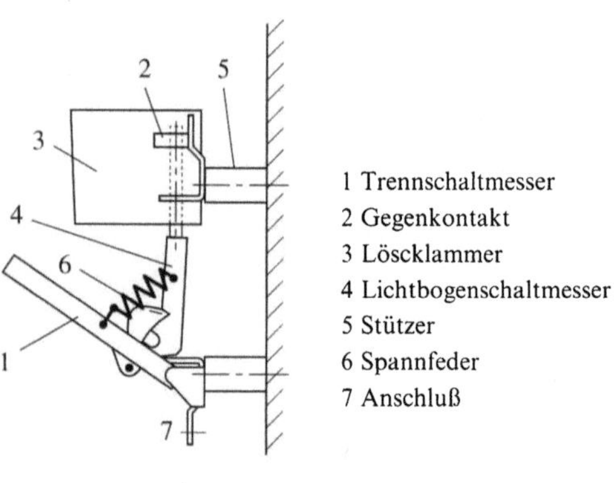

Bild 10.5-20 Lasttrennschalter mit Trenn- und Lichtbogenschaltmesser

10.5.5.2 Leistungsschalter

Leistungsschalter müssen in jedem im Betrieb möglichen Zustand den Stromfluß einleiten oder unterbrechen können [10.53]. Der beim Abschalten auftretende Lichtbogen wird mit unterschiedlichen Löschmitteln gelöscht. Da sie eine besondere Bedeutung für den Schalter haben, wird nach ihnen auch die Klassifizierung vorgenommen.

1. Magnetblasschalter

Das Prinzip ist in Bild 10.5–21 dargestellt. Der Stromfluß zum Lichtbogen erzeugt in einer äußeren Stromschleife ein Magnetfeld, in dem der Lichtbogen, unterstützt von seinem Eigenfeld und dem thermischen Auftrieb, in die Löschkammmern gedrückt wird (s. Bild 10.5–21a). Dort wird er so verlängert, daß die Teilspannungen kleiner 250 V werden und er nach dem Stromnulldurchgang nicht wieder zünden kann (s. Bild 10.5–21b) [10.54].

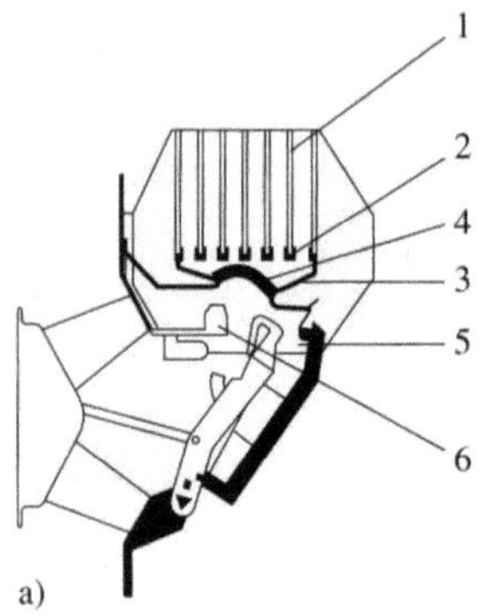

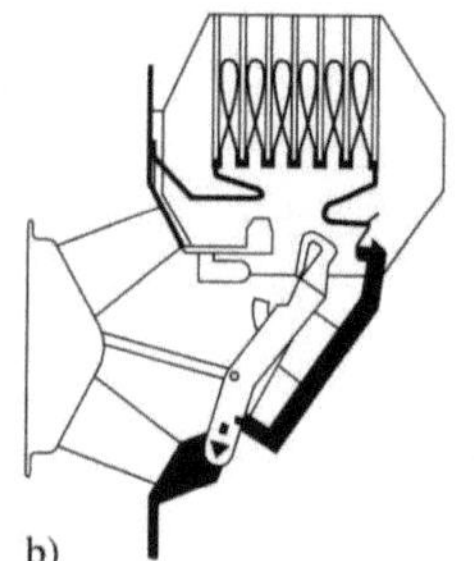

1 Isolierstoffplatten
2 Hilfselektroden
3 Laufelektroden
4 Lichtbogen
5 beweglicher Schaltkontakt
6 fester Schaltkontakt

b)

Bild 10.5-21 Magnetblasschalter

2. Ölschalter

Beim Ölschalter verdampft der Lichtbogen Öl, so daß eine Gasblase mit Überdruck entsteht, die eine intensive Ölströmung im Bereich des Lichtbogens erzeugt. Zusätzlich wird noch durch den Hub des Schaltstiftes Öl in der in Bild 10.5–22 angegebenen Strömungsrichtung quer auf den Lichtbogen gespült. Der Lichtbogen wird dadurch abgekühlt und die Plasmasäule im Stromnulldurchgang wirksam entionisiert. Problematisch kann beim ölarmen Schalter das Abschalten kleiner Ströme werden, weil dann die Intensität der Löschmittelströmung nicht ausreicht, den Lichtbogen zu löschen. Ölschalter bedürfen einer zyklischen Wartung des Öles. Bild 10.5–22 zeigt eine Polsäule eines ölarmen Mittelspannungs-Leistungsschalters für 24 kV und 12 kA Abschaltstrom.

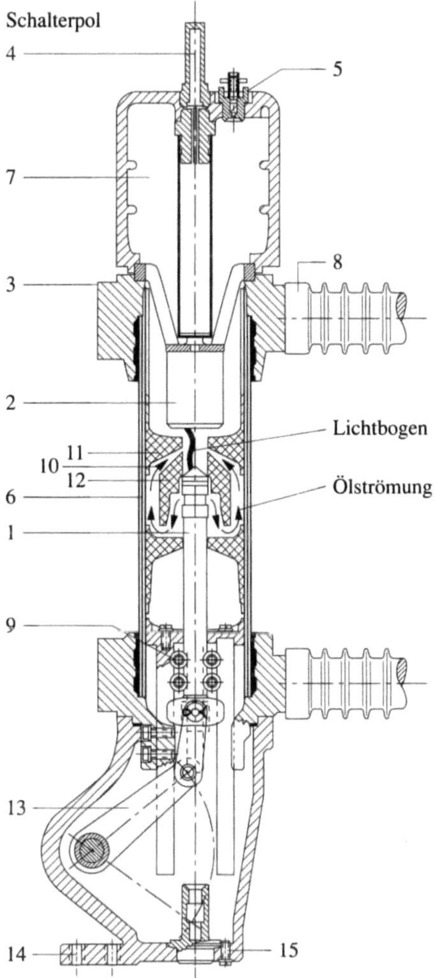

Bild 10.5-22 Schalterpol eines ölarmen Ölströmungsschalters (*Quelle:* SIEMENS)

1 Schaltstift
2 festes Schaltstück
3 oberer Anschluß
4 Ölanzeige
5 Auspuff
6 Kammerrohr (Isolierung)
7 Druckausgleichsraum
8 Stützer (Wandhalterung)
9 Rollkontakt
10 Ringkanal
11 Kammerdeckel
12 Kammereinsatz
13 Antrieb
14 unterer Anschluß
15 Ölablaßschraube

3. Druckluftschalter

Beim Druckluftschalter wird der Lichtbogen und der Lichtbogenfußpunkt mit Druckluft beblasen und damit gekühlt. Der Arbeitsdruck der Druckluft liegt zwischen 15 bar und 30 bar, das Druckverhältnis ist damit überkritisch, so daß die Luft im Bereich des Lichtbogens Schallgeschwindigkeit erreicht. Der Lichtbogen wird dadurch bereits nach 1 bis 2 Halbwellen gelöscht.

Druckluftschalter sind Schalter mit fremderzeugter Löschmittelströmung. Die Druckluft wird in Behältern gespeichert und erst beim Schaltvorgang freigegeben. Sie dient dann gleichermaßen als Löschmittel wie zum Antrieb der beweglichen Teile. Der Druckluftkreislauf ist offen. In Bild 10.5–23 ist das Prinzip des sogenannten Freistrahlschalters gezeigt. Druckluftschalter wurden bis 110 kV als einzelner Schalterpol gebaut und durch Reihenschaltung mehrerer Löschköpfe bis auf höchste Betriebsspannungen erweitert.

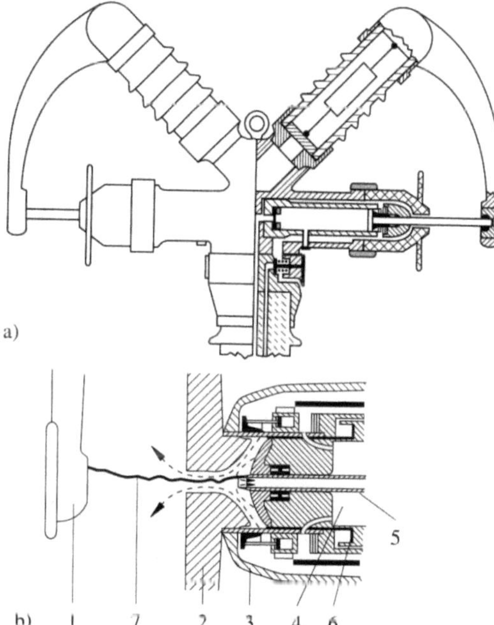

Bild 10.5-23 Prinzip des Druckluftschalters in der Ausführung als Freistrahlschalter (*Quelle:* AEG)

a) Doppellöschkopf des Freistrahlschalters,

b) Löschanordnung des Freistrahlschalters,
1 festes Schaltstück,
2 Keramikdüse,
3 Abdeckung,
4 Schaltstiftantrieb,
5 Schaltstift,
6 Blasschieber,
7 Lichtbogen

4. SF_6*-Schalter*

Sie haben einen geschlossenen Kreislauf für das Löschgas. In Bild 10.5–24 ist die Wirkungsweise demonstriert. In der Ein-Stellung sind die beiden Schaltrohre über den Schaltkontakt miteinander verbunden. Beim Einsetzen des Schaltvorganges wird die Schaltkammer und der Schaltkontakt nach unten bewegt und das in ihr gespeicherte SF_6 verdichtet. Öffnet der Schaltkontakt die Verbindung zwischen den Rohren, entsteht ein Lichtbogen auf den sofort das verdichtete Schaltgas radial einströmt und seine Löschung einleitet. Dieses Arbeitsprinzip wird als Eindruckschalter bezeichnet, weil für Isolierung und Lichtbogenlöschung das SF_6 nur mit einem niedrigem Druck (3 ... 7 bar) zur Verfügung stehen muß. Ältere SF_6-Schalter sind nach dem Zweidruckverfahren aufgebaut. Hier wird für die Isolierung SF_6 niedrigen Druckes eingesetzt und für die Lichtbogenlöschung SF_6 unter hohem Druck, ähnlich wie beim Druckluftschalter. SF_6-Schalter werden von der Mittelspannung bis zu den höchsten Spannungen eingesetzt. Für Hochspannungsschalter werden wiederum mehrere Schalterköpfe in Reihe geschaltet. Das Ausschaltvermögen der SF_6-Schalter ist sehr groß, es beträgt z. B. 80 kA bei 800-kV-Schaltern und 50 kA bei 420-kV-Schaltern. In Bild 10.5–24b ist ein Leistungsschalter für Betriebsspannungen bis 245 kV und bis 40 kA Abschaltstrom gezeigt.

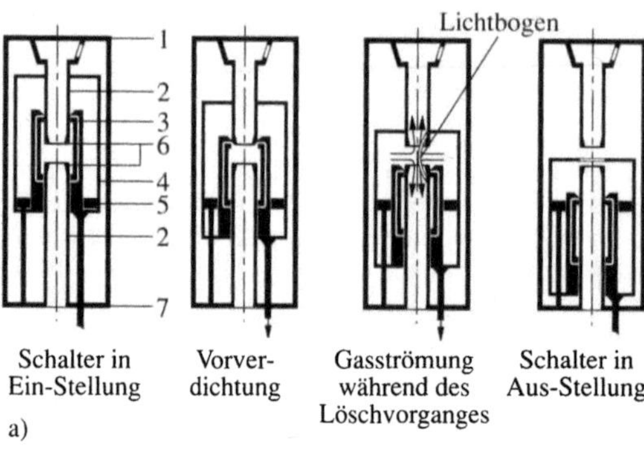

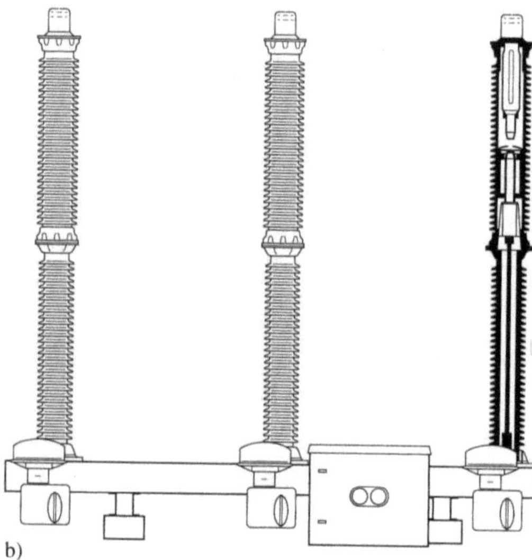

Bild 10.5-24 SF_6-Leistungsschalter

a) Schaltprinzip von SF_6-Schaltern,

1 obere Anschlußplatte, 5 Blaskolben,
2 feststehende Rohre, 6 Löschdüse,
3 Schaltkontakt, 7 untere Anschlußplatte
4 Blaszylinder,

b) SF_6-Leistungsschalter in Säulenbauweise für Betriebsspannungen bis 245 kV und Abschaltströmen bis 40 kA,

1 Unterbrechereinheit, 6 Blaskolben,
2 Löschdüsen, 7 Stützersäule,
3 Schaltkontakt, 8 Schalstange,
4 Filter, 9 Hydraulikantrieb,
5 Blaszylinder, 10 Steuereinheit

5. Vakuumschalter

Beim Vakuumschalter entsteht der Lichtbogen durch Verdampfen des Kontaktmaterials. Formgebung und Material der Kontakte sind deshalb von besonderer Bedeutung. In Bild 10.5–25a ist ein Vakuumschalter gezeigt. Der Kontaktabstand beträgt 6 ... 25 mm und die Vakuumröhre ist auf mindestens 10^{-5} bar evakuiert. Wichtigstes Kontaktmaterial ist Kupfer mit Zusätzen aus Chrom als Sinterwerkstoff. Das durch den Lichtbogen verdampfte Elektrodenmaterial kondensiert wieder auf den Elektroden, so daß der Materialverlust insgesamt gering ist. Geführt wird der Lichtbogen im Eigenmagnetfeld, wobei durch die Gestaltung der Kontaktscheibe die Bewegung und der Zustand des Lichtbogens beeinflußt werden. Mit der geschlitzten Kontaktscheibe (Bild 10.5–25b) brennt der Lichtbogen bei niedrigen Strömen diffus, schnürt sich dann im Strommaximum ein und wird vor dem Stromnulldurchgang wieder diffus bevor er verlischt. Die schrägen Schlitze in den Kontaktstücken bewirken, daß der Lichtbogen rotiert und sein Fußpunkt sich nicht fest einbrennen kann. Auf dem ringförmigen Kontakt nach Bild 10.5–25c wird der Lichtbogen durch sein Eigenmagnetfeld nach außen gedrückt und ebenfalls in eine rotierende Bewegung versetzt. Haupteinsatzgebiet der Vakuumschalter ist die Mittelspannungsebene. Der Übergang zu Hochspannungsschaltern ist mit großen technischen Schwierigkeiten verbunden, weil sich die Spannungsfestigkeit bei zunehmendem Abstand verringert.

Vakuumschalter sind wartungsarm, ihre mechanische Lebensdauer liegt bei ca. 30 000 Schaltspielen.

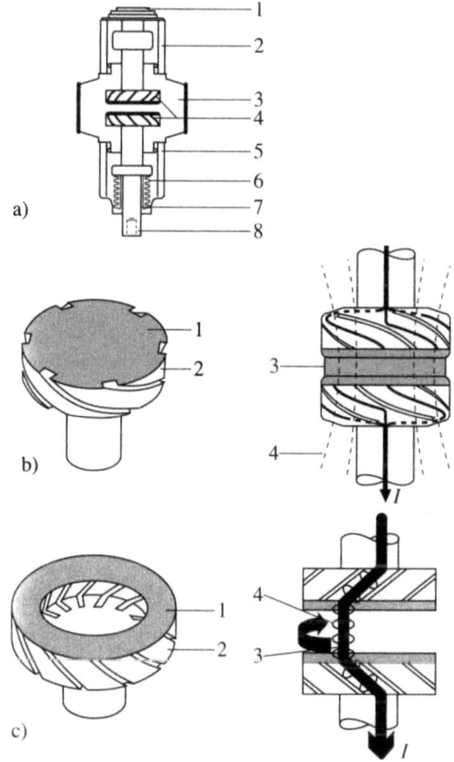

Bild 10.5-25 Prinzip des Vakuumschalters
a) Aufbau einer Vakuum-Schaltröhre

1 Anschlußscheibe
2 Isolator
3 Schaltkammer
4 Schaltstücke
5 Isolator
6 Metall-Faltenbalg
7 Führung
8 Antriebs- und Anschlußbolzen

b) Funktion des Axialmagnetfeld-Kontaktes

1 Kontaktscheibe
2 Schaltstückträger
3 diffuser Lichtbogen
4 Magnetfeldlinien

c) Funktion des Radialmagnetfeld-Kontaktes

1 Laufring
2 Schaltstückträger
3 Lichtbogen
4 Magnetfeldlinien

10.6 Übertragung und Verteilung

10.6.1 Aufbau von Elektroenergienetzen

Elektroenergienetze unterscheiden sich durch

- die Übertragungsart,
- die Übertragungsspannung und
- die Netzform.

10.6.1.1 Übertragungsart

Der Transport von Elektroenergie kann erfolgen durch

- Drehstromnetze (dreiphasige Wechselstromnetze),
- einphasige Wechselstromnetze und
- Gleichstromnetze hoher Spannung (HGÜ).

Üblicherweise werden Drehstromnetze eingesetzt. Die Generatoren erzeugen drei gleich große, um 120° gegeneinander phasenverschobene, elektrische Wechselspannungen (Abschnitt 2.15). Mit solchen Drehspannungen läßt sich im ungestörten, symmetrischen Betrieb eine konstante Leistung vom Erzeuger zum Verbraucher übertragen. Dabei fallen im Vergleich zu Einphasennetzen geringere Verluste an.

Aufgrund der vielfältigen Vorteile der Drehstromtechnik spielen heute einphasige Wechselstromnetze nur eine untergeordnete Rolle. Sie werden vor allem in der Bahnstromversorgung eingesetzt.

Eine Hochspannungs-Gleichstrom-Übertragung (HGÜ) kommt nur in Sonderfällen in Betracht:

- Versorgung von Inseln über lange Seekabel,
- Verbindung von Netzen mit unterschiedlicher Frequenz,
- Energieübertragung über extrem lange Entfernungen ($l > 1000$ km).

Die weiteren Betrachtungen beschränken sich auf die Behandlung von Drehstromnetzen.

10.6.1.2 Übertragungsspannung

Die Nennspannung (Spannung zwischen zwei Leitern) ist eine wichtige Kenngröße eines Drehstromnetzes. Nach der Spannungshöhe kann man unterscheiden zwischen:

- Höchstspannungsnetzen (> 150 kV),
- Hochspannungsnetzen (60 kV bis 150 kV),
- Mittelspannungsnetzen (1 kV bis 60 kV) und Niederspannungsnetzen (≤ 1 kV).

Höchstspannungsnetze dienen ausschließlich zum überregionalen Energietransport. Diese Netzebene verbindet nur Kraftwerke und Umspannwerke miteinander. Verbraucher sind nicht vorhanden.

Das Hochspannungsnetz entwickelt sich in Ballungsgebieten immer mehr zu einem Verteilungsnetz. Es übernimmt damit Aufgaben, die ursprünglich Kennzeichen des Mittelspannungsnetzes waren.

Niederspannungsnetze versorgen den größten Teil aller Verbraucher mit elektrischer Energie. Im Gegensatz zu den anderen Spannungsebenen sind sie nicht als Drei-, sondern als Vierleitersysteme aufgebaut. Dies hat den Vorteil, daß zwei Spannungsebenen gleichzeitig zur Verfügung stehen (230 V/400 V).

10.6.1.3 Netzform

Elektroenergienetze lassen sich nach ihrer Struktur grob unterteilen in [10.55]:

- Strahlennetze,
- Ringnetze und
- Maschennetze.

In Bild 10.6–1 sind die verschiedenen Netzformen graphisch dargestellt. Ein Strahlennetz besteht aus einer Vielzahl von verzweigten Leitungen, die an eine Einspeisung angeschlossen sind (Bild 10.6–1a). Bei einem Ringnetz werden die Verbindungsleitungen zu

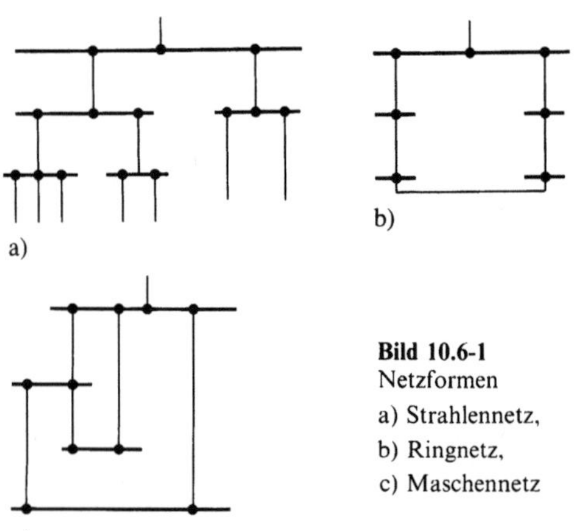

Bild 10.6-1
Netzformen
a) Strahlennetz,
b) Ringnetz,
c) Maschennetz

einem Kreis geschlossen (Bild 10.6–1b). Ein Maschennetz zeichnet sich durch die wechselseitige Verknüpfung der einzelnen Netzknoten aus (Bild 10.6–1c).

Industrienetze werden häufig als Strahlennetze ausgeführt. Diese Netzform ist übersichtlich, hat jedoch Nachteile im Fehlerfall. Beim Abschalten einer Leitung können ganze Netzbezirke spannungslos werden.

Niederspannungsnetze zur Versorgung von Wohngebieten bevorzugen die Ringstruktur. Dies bietet sich an, wenn Häuser auf beiden Straßenseiten zu versorgen sind.

Als Maschennetze sind die überregionalen Transportnetze ausgelegt. Beim Ausfall einer Leitung wird die Stromversorgung der Abnehmer nicht beeinträchtigt.

10.6.2 Netznachbildungen

Bei der Berechnung elektrischer Energieversorgungsnetze kann es zweckmäßig sein, Netzteile durch einfache Ersatzschaltungen nachzubilden. Eine solche Vorgehensweise wird auch als Netzreduktion bezeichnet. Das reduzierte Netz muß an seinen Klemmen diesselbe Strom-Spannungs-Charakteristik aufweisen wie das Originalsystem.

Bild 10.6–2a zeigt ein vermaschtes 4-Knoten-Netz mit zwei Generatoren. Der dreiphasige Charakter wird dabei nicht besonders gekennzeichnet.

Im Knoten 4 ist der Anschluß eines Industriegebietes geplant, das durch die Impedanz $\underline{Z}_4$ nachgebildet wird. Die Planungsrechnungen lassen sich bei einer Netzreduktion erheblich vereinfachen. In diesem Fall versorgt eine Netzeinspeisung Q die Last $\underline{Z}_4$ (Bild 10.6–2b)

Die Netzeinspeisung muß bezüglich des Knotens 4 dasselbe Strom-Spannungs-Verhalten aufweisen wie das zuvor beschriebene Energieversorgungsnetz. Mit Hilfe der Zweipoltheorie läßt sich eine äquivalente Ersatzspannungsquelle berechnen (Bild 10.6–2c).

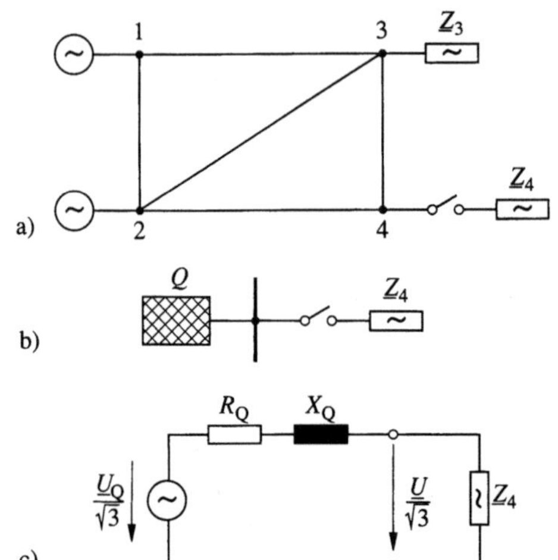

Bild 10.6-2 Netznachbildung
a) Originalnetz,
b) Netzeinspeisung,
c) einphasiges Ersatzschaltbild der Netzeinspeisung

Diese beschreibt den inneren Aufbau der Netzeinspeisung.

Die Leerlaufspannung des Netzes in Knoten 4 wird mit U_Q bezeichnet. Sie stellt sich bei abgeschalteter Last ($\underline{Z}_4 = 0$) an den Klemmen ein. Der Innenwiderstand (R_Q, X_Q) ist vorwiegend induktiver Natur:

$$\frac{R_Q}{X_Q} \approx 0{,}1 \ldots 0{,}2. \qquad (10.6\text{–}1)$$

Für die Reaktanz X_Q gilt unter dieser Bedingung:

$$X_Q = 1{,}1 \frac{U_N^2}{S_k''} \qquad (10.6\text{–}2)$$

mit U_N Netzspannung,
S_k'' Kurzschlußleistung (in Knoten 4).

Die Kurzschlußleistung S_k'' ist eine Rechengröße zur Charakterisierung von Netzen:

$$S_k'' = \sqrt{3}\, U_N I_k'' \qquad (10.6\text{–}3)$$

Zur ihrer Berechnung muß der subtransiente, dreipolige Kurzschlußstrom I_k'' (in Knoten 4) bekannt sein (Abschnitt 10.6.5.2).

Tabelle 10.6–1: Richtwerte für Netzkurzschlußleistungen

U_N in kV	S_k'' in GVA
10	0,5
110	8
220	24
380	53

Mit zunehmender Netznennspannung wächst auch die Kurzschlußleistung eines Netzes (Tabelle 10.6–1). Sie ist ein Maß für den wirksamen Netzinnenwiderstand.

10.6.3 Methode der symmetrischen Komponenten

10.6.3.1 Problemstellung

Drehstromnetze werden üblicherweise symmetrisch betrieben, d.h., die Spannungen und Ströme der drei Leiter R, S und T sind gleich groß und um 120° gegeneinander phasenverschoben (Bild 10.6–3a). Die einzelnen Betriebsmittel lassen sich dann durch ein einphasiges Ersatzschaltbild beschreiben (Abschnitte 10.3 und 10.4).

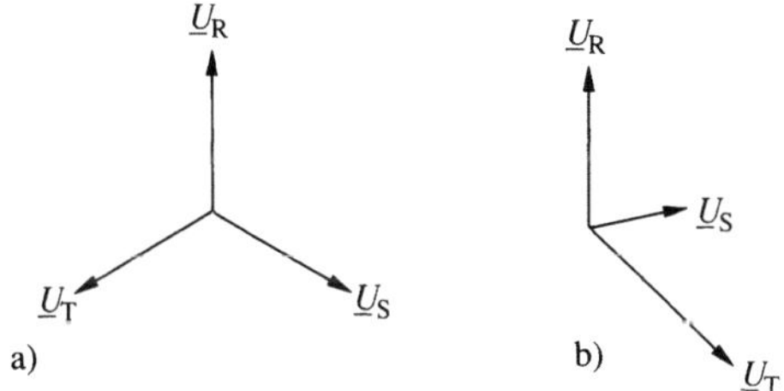

Bild 10.6-3 Dreiphasige Spannungssysteme
a) symmetrisch,
b) unsymmetrisch

Die Symmetrie eines Drehstromnetzes kann vorübergehend oder auch dauernd gestört werden z. B. durch Kurzschlüsse oder unsymmetrische Lasten. Im unsymmetrischen Betrieb sind die Spannungen und Ströme nicht mehr gleich groß und besitzen unterschiedliche Phasenwinkel gegeneinander. Bild 10.6–3b zeigt ein unsymmetrisches Drehspannungssystem. Das einphasige Ersatzschaltbild kann in diesem Fall nicht mehr ohne weiteres angewendet werden.

Zur Berechnung von Drehstromnetzen im unsymmetrischen Betrieb ist das Verfahren der symmetrischen Komponenten besonders gut geeignet. Es setzt lineare Übertragungseigenschaften der Betriebsmittel voraus.

10.6.3.2 Symmetrische Komponenten

Ein unsymmetrisches Spannungs- bzw. Stromsystem läßt sich in drei Komponentensysteme zerlegen [10.56]:

- das Mitsystem,
- das Gegensystem und
- das Nullsystem.

Das Mitsystem (Index m) ist ein symmetrisches Dreiphasensystem mit normaler Phasenfolge RST (Bild 10.6–4a). Das Gegensystem (Index g) weist ebenfalls symmetrische Eigenschaften auf, besitzt jedoch die entgegengesetzte Phasenfolge RTS (Bild 10.6–4b).

Beim Nullsystem (Index 0) handelt es sich um ein Dreiphasensystem mit gleicher Größe und Phasenlage der Komponenten (Bild 10.6–4c).

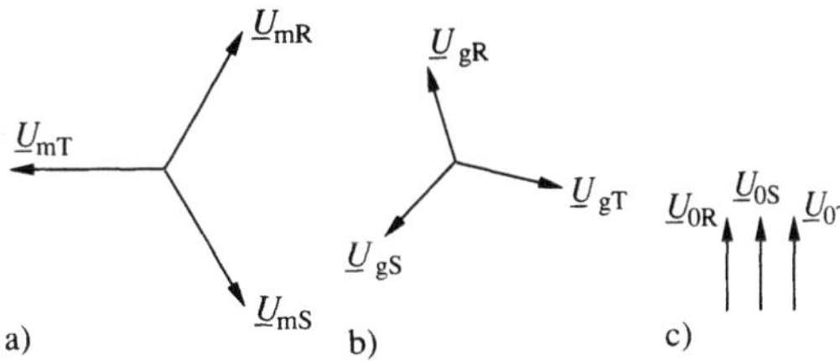

Bild 10.6-4 Symmetrische Spannungskomponenten
a) Spannungs-Mitsystem,
b) Spannungs-Gegensystem,
c) Spannungs-Nullsystem

Der Zerlegung der Spannungen $\underline{U}_R$, $\underline{U}_S$ und $\underline{U}_T$ in symmetrische Komponenten erfolgt über die Beziehung:

$$\underline{U}_{mR} = \frac{1}{3}[\underline{U}_R + \underline{a}\,\underline{U}_S + \underline{a}^2\underline{U}_T],$$

$$\underline{U}_{gR} = \frac{1}{3}[\underline{U}_R + \underline{a}^2\,\underline{U}_S + \underline{a}\,\underline{U}_T], \qquad (10.6\text{–}4)$$

$$\underline{U}_{0R} = \frac{1}{3}[\underline{U}_R + \underline{U}_S + \underline{U}_T],$$

$$\text{mit } \underline{a} = e^{j\,120°} = -0{,}5 + j\sqrt{3}/2,$$
$$\underline{a}^2 = e^{j\,240°} = -0{,}5 - j\sqrt{3}/2. \qquad (10.6\text{–}5)$$

Es genügt, die Komponentenspannungen für den Bezugsleiter R zu berechnen. Die Komponentenspannungen für die Leiter S und T sind dann ebenfalls bekannt (Bild 10.6–4).

Für die Berechnung der Spannungen $\underline{U}_R$, $\underline{U}_S$ und $\underline{U}_T$ aus den Komponentenspannungen gilt:

$$\underline{U}_R = \underline{U}_{mR} + \underline{U}_{gR} + \underline{U}_{0R},$$
$$\underline{U}_S = \underline{a}^2\,\underline{U}_{mR} + \underline{a}\,\underline{U}_{gR} + \underline{U}_{0R}, \qquad (10.6\text{–}6)$$
$$\underline{U}_T = \underline{a}\,\underline{U}_{mR} + \underline{a}^2\,\underline{U}_{gR} + \underline{U}_{0R}.$$

Die Gleichungen (10.6–4) und (10.6–5) gelten sinngemäß auch für Ströme.

■ *Beispiel:*
Es sollen die Netzströme in einem unsymmetrisch belasteten Vierleiternetz (Bild 10.6–5) in ihre sym-

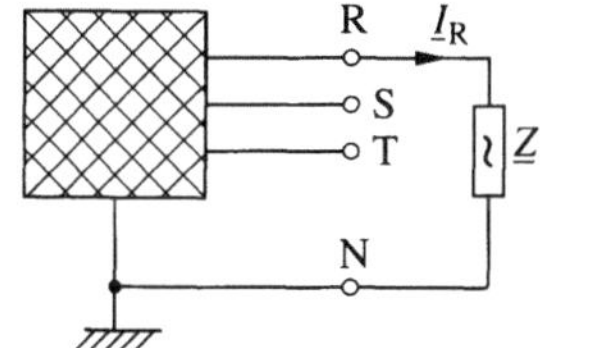

Bild 10.6-5 Unsymmetrische Last im Vierleiternetz

metrischen Komponenten zerlegt werden ($I_R = 2\,A$, $I_S = I_T = 0$).

Lösung:
Die Phasenlage des Leiterstromes $\underline{I}_R$ wird willkürlich mit $\varphi = 0°$ angenommen:

$\underline{I}_R = I_R\,e^{j0°}$, $\quad \underline{I}_S = \underline{I}_T = 0$.

Mit Gl. (10.6–4) erhält man

$$\underline{I}_{m\,R} = \frac{1}{3}\underline{I}_R\,,$$

$$\underline{I}_{g\,R} = \frac{1}{3}\underline{I}_R \quad \text{und}$$

$$\underline{I}_{0\,R} = \frac{1}{3}\underline{I}_R\,,$$

d. h., im Bezugsleiter R gilt für die symmetrischen Komponenten:

$$\underline{I}_{m\,R} = \underline{I}_{g\,R} = \underline{I}_{0\,R} = \frac{1}{3}\underline{I}_R\,.$$

Bild 10.6–6 zeigt die Zeigerdiagramme der symmetrischen Komponenten.

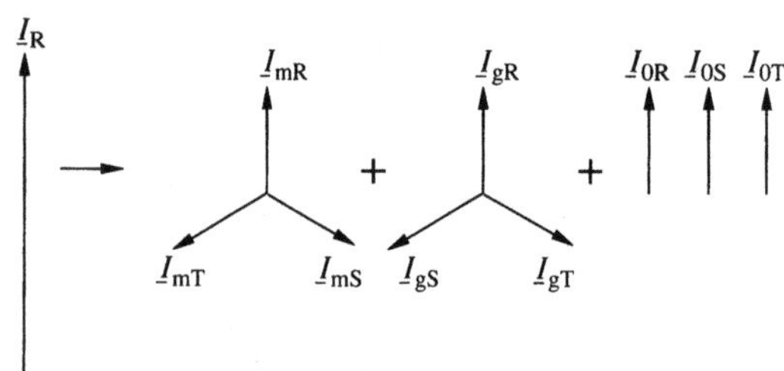

Bild 10.6-6 Zerlegung des Stromes $\underline{I}_R$ in seine symmetrischen Komponenten

10.6.3.3 Mit-, Gegen- und Nullimpedanz

Die Betriebsmittel eines elektrischen Energieversorgungsnetzes sind üblicherweise symmetrisch aufgebaut und lassen sich durch Ersatzschaltbilder beschreiben. Diese enthalten Induktivitäten, Kapazitäten, ohmsche Widerstände und teilweise auch Spannungsquellen (Abschnitte 10.3 und 10.4). Im unsymmetrischen Betrieb sind nicht nur Mitspannungen sondern auch Gegen- und Nullspannungen wirksam.

Die Betriebsmittel reagieren auf die genannten Spannungskomponenten mit unterschiedlichen Impedanzen. Diese lassen sich durch Rechnung oder Messung bestimmen. Die vollständige Nachbildung eines Betriebsmittels besteht somit aus Mitimpedanz, Gegenimpedanz und Nullimpedanz.

Die Meßschaltungen zur Bestimmung der wirksamen Impedanzen im Mit-, Gegen- und Nullsystem sind in Bild 10.6–7 dargestellt. Die Mitimpedanz ist identisch mit der Impedanz der einphasigen Ersatzschaltung im symmetrischen Betrieb.

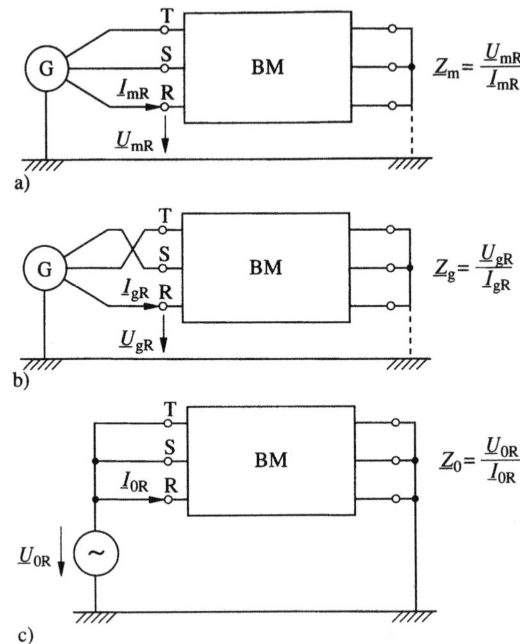

Bild 10.6-7 Impedanzmessungen an symmetrisch aufgebauten, dreiphasigen Betriebsmitteln (BM)
a) Mitimpedanzmessung,
b) Gegenimpedanzmessung,
c) Nullimpedanzmessung

Die Gegenimpedanz ist gleich der Mitimpedanz ($\underline{Z}_g = \underline{Z}_m$) bei allen nicht rotierenden Betriebsmitteln (Freileitungen, Kabeln, Transformatoren, Kapazitäten usw.). Für Generatoren und Motoren gilt $\underline{Z}_g \neq \underline{Z}_m$.

Die Nullimpedanz ist in jedem Fall von den Mit- und Gegenimpedanzen verschieden ($\underline{Z}_0 \neq \underline{Z}_m$, $\underline{Z}_0 \neq \underline{Z}_g$). Bei Betriebsmitteln ohne geerdeten Sternpunkt gilt $\underline{Z}_0 = \infty$.

10.6.3.4 Unsymmetrische Netznachbildung

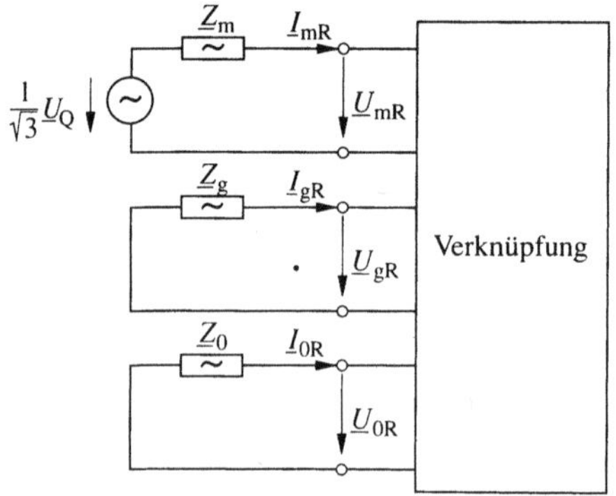

Bild 10.6-8 Nachbildung eines unsymmetrischen Drehstromnetzes

Bei einem unsymmetrischen Drehstromnetz beschreibt die im Bild 10.6–2c dargestellte Ersatzspannungsquelle das Mitsystem. Zusätzlich sind die einphasigen Ersatzschaltbilder für das Gegen- und Nullsystem (Bild 10.6–8) zu berücksichtigen. Diese sind entsprechend der vorliegenden Unsymmetrie miteinander zu verbinden (Abschnitt 10.6.5).

10.6.4 Lastflußrechnung

10.6.4.1 Aufgabenstellung

Lastflußrechnungen dienen zur Ermittlung des stationären Betriebszustandes eines symmetrisch betriebenen Drehstromnetzes. Dabei werden primär die Knotenspannungen nach Betrag und Phasenlage ermittelt. Aus Knotenspannungen und gegebenen Netzdaten lassen sich dann in einem zweiten Schritt alle übrigen interessierenden Größen berechnen (Wirk- und Blindleistungsverteilung, Ströme, Auslastung von Betriebsmitteln, Spannungsprofil des Netzes).

10.6.4.2 Aufstellung der Lastflußgleichungen

Die Vorgehensweise bei der Lastflußrechnung wird am Beispiel eines ohmschen 2-Knoten-Netzes mit Wirkleistungsfluß (Bild 10.6–9) erläutert. Eine solche Anordnung ist in der Praxis zwar unrealistisch, sie läßt sich jedoch ohne großen mathematischen Aufwand berechnen. Den Bezug zu realen Netzen stellt Abschnitt 10.6.4.5 her [10.57].

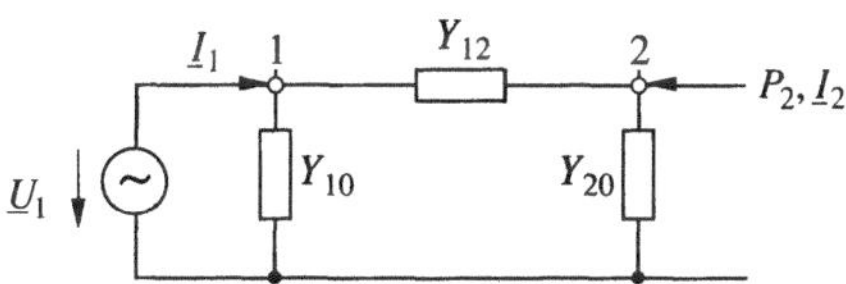

Bild 10.6-9 Ohmsches 2-Knoten-Netz

Im Beispielnetz sind bekannt:
- die Spannung U_1 im Knoten 1 (Generatorknoten),
- die Wirklast P_2 im Knoten 2 (Lastknoten),
- die Netzleitwerte Y_{10}, Y_{20}, Y_{12}.

Es gilt, die Spannung U_2 im Lastknoten zu berechnen. Das Aufstellen der Lastflußgleichungen vollzieht sich in drei Schritten:

1. Netzbeschreibung

Das Knotenpunktverfahren (siehe Abschnitt 2.4.5) gestattet es, die Netzgleichungen (Strom-Spannungsverhalten an den Knoten) ohne Rechenaufwand direkt anzugeben:

$$\begin{aligned} I_1 &= (Y_{10}+Y_{12})\,U_1 - Y_{12}\,U_2, \\ I_2 &= -Y_{12}\,U_1 + (Y_{20}+Y_{12})\,U_2. \end{aligned} \tag{10.6–7}$$

Gleichungssystem (10.6–7) ist reell, da alle Ströme und Spannungen dieselbe Phasenlage besitzen.

2. Umformung der Netzgleichungen

Zur Berechnung der Spannung U_2 sind die Netzgleichungen (10.6–7) umzuformen:

$$U_2 = (Y_{20}+Y_{12})^{-1}\,Y_{12}\,U_1 + (Y_{20}+Y_{12})^{-1}\,I_2 \tag{10.6–8}$$

3. Einführung der Leistung

In Gleichung (10.6–8) wird der Laststrom I_2 durch die Wirkleistung P_2 ausgedrückt:

$$I_2 = \frac{P_2}{U_2}. \tag{10.6–9}$$

Die Aufgabe der Lastflußrechnung besteht in der iterativen Lösung der Gleichungen (10.6–8) und (10.6–9). Zwei bekannte Methoden sind
- die Stromiteration und
- das Newton-Raphson-Verfahren.

10.6.4.3 Stromiteration

Die rekursive Berechnungsvorschift zur Ermittlung der Knotenspannung U_2 läßt sich aus den Gleichungen (10.6–8) und (10.6–9) ableiten. Wegen Gl. (10.6–9) wird dieses Verfahren als Stromiteration bezeichnet.

$$\begin{aligned} U_{2,\,k+1} &= (Y_{20}+Y_{12})^{-1}\,Y_{12}\,U_1 + \\ &+ (Y_{20}+Y_{12})^{-1}\,\frac{P_2}{U_{2,\,k}} \end{aligned} \tag{10.6–10}$$

Die Iteration wird mit einem Anfangswert (Schätzwert) $U_{2,\,0}$ für die Spannung U_2 gestartet. Daraus ist über Gleichung (10.6–10) ein verbesserter, neuer Wert $U_{2,\,1}$ zu berechnen. Der Wert $U_{2,\,1}$ kann dann im nächsten Schritt nach derselben Methode weiter korrigiert werden. Das Ende der Rechnung ist erreicht, wenn die Differenz zwischen zwei Rechenschritten

$$\Delta U_{2,\,k} = U_{2,\,k+1} - U_{2,\,k} < \varepsilon \tag{10.6–11}$$

eine vorgebbare Schranke ε unterschreitet.

■ *Beispiel:*

Das Netz aus Bild 10.6–9 habe folgende (normierte) Daten:

$U_1 = 1, \quad Y_{10} = Y_{20} = 0, \quad Y_{12} = 10, \quad P_2 = -1.$

Die Spannung U_2 ist iterativ zu ermitteln.

Lösung:

Nach Gleichung (10.6–10) lautet die Iterationsvorschrift mit den gegebenen Netzdaten

$$U_{2,\,k+1} = 1 - \frac{0{,}1}{U_{2,\,k}}.$$

Ergebnis der Iteration:

k	$U_{2,k}$
0	1
1	0,9
2	0,8888
3	0,8875
4	0,8873
5	0,8873

Nach fünf Rechenschritten erhält man als Ergebnis $U_2 = 0{,}8873$.

10.6.4.4 Newton-Raphson-Verfahren

Bei der iterativen Berechnung des Beispielnetzes (Bild 10.6–9) erreicht die Knotenspannung U_2 nach wenigen Schritten ihren stationären Endwert. In der gleichen Zeit strebt die Leistung $P_{2,k}$ in Knoten 2 dem geforderten Wert P_2 zu.
Das Newton-Raphson-Verfahren zieht die Leistungsabweichung $\Delta P_{2,k} = P_2 - P_{2,k}$ zur iterativen Knotenspannungsberechnung heran. Die Iterationsvorschrift lautet:

$$U_{2,k+1} = U_{2,k} + \left(\frac{\partial P_{2,k}}{\partial U_{2,k}}\right)^{-1} (P_2 - P_{2,k}). \qquad (10.6\text{–}12)$$

Dabei ergibt sich der Zusammenhang zwischen $P_{2,k}$ und $U_{2,k}$ aus den Gleichungen (10.6–7) und (10.6–9):

$$P_{2,k} = U_{2,k} I_{2,k} = - Y_{12} U_1 U_{2,k} + (Y_{20} + Y_{12}) U_{2,k}^2, \qquad (10.6\text{–}13)$$

$$\frac{\partial P_{2,k}}{\partial U_{2,k}} = - Y_{12} U_1 + 2 (Y_{20} + Y_{12}) U_{2,k}. \qquad (10.6\text{–}14)$$

Der Algorithmus ist aufwendiger als bei der Stromiteration. Er weist gute Konvergenzeigenschaften auf.

■ *Beispiel:*
Die Rechnung aus Abschnitt 10.6.4.3 soll mit dem Newton-Raphson-Verfahren wiederholt werden.

Lösung:
Die Iterationsvorschrift lautet mit den gegebenen Netzdaten:

$$U_{2,k+1} = U_{2,k} + \frac{10\, U_{2,k} - 10\, U_{2,k}^2 - 1}{20\, U_{2,k} - 10}.$$

Ergebnis der Iteration:

k	$U_{2,k}$
0	1
1	0,9
2	0,8875
3	0,8873
4	0,8873

10.6.4.5 Verallgemeinerung

Der Ablauf einer Lastflußrechnung wurde an einem ohmschen 2-Knoten-Netz mit Wirkleistungsfluß erläutert. Im Gegensatz dazu weisen reale Netze

- n Knoten,
- komplexe Netzleitwerte sowie
- Wirk- und Blindleistungsflüsse

auf. Diese Eigenarten erschweren die Lastflußrechnung.

Das Netz wird durch n komplexe Netzgleichungen beschrieben. Die Spannungen an den Lastknosten sind nach Betrag und Phasenlage zu ermitteln. Schon Netze mit kleiner Knotenzahl n lassen sich per Hand praktisch nicht mehr berechnen. Daher werden Lastflußrechnungen heute ausschließlich durch Lastflußprogramme durchgeführt.

10.6.5 Kurzschlußberechnung

10.6.5.1 Einführung

Unter einem Kurzschluß versteht man die ungewollte, leitende Verbindung zwischen stromführenden Leitern unterschiedlicher Spannung bzw. stromführenden Leitern und Erde. Man unterscheidet zwischen

- dreipoligem Kurzschluß,
- zweipoligem Kurzschluß,
- zweipoligem Kurzschluß mit Erdberührung,
- einpoligem Kurzschluß sowie
- Doppelerdschluß.

Die verschiedenen Kurzschlußarten sind in Bild 10.6–10 zusammengefaßt.

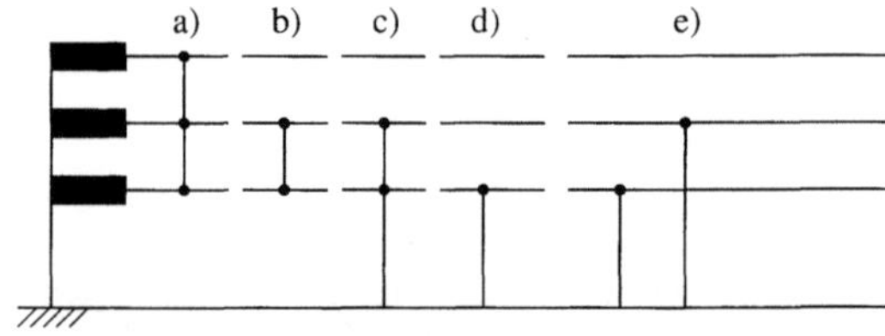

Bild 10.6-10 Kurzschlußarten
a) dreipoliger Kurzschluß,
b) zweipoliger Kurzschluß,
c) zweipoliger Kurzschluß mit Erdberührung,
d) einpoliger Kurzschluß,
e) Doppelerdschluß

Jeder Kurzschluß stellt einen Netzfehler dar, bei dem einzelne Netzkomponenten überlastet werden können. Die auftretenden Kurzschlußströme übertreffen meistens die Nennströme um ein Vielfaches. Die Folge sind hohe mechanische und thermische Beanspruchungen von Anlagen und Betriebsmitteln. Bei Kurzschlußströmen über Erde kann es auch zu unzulässigen Berührungsspannungen und zur induktiven Beeinflussung von Anlagen der Informationstechnik kommen (Abschnitt 10.6.5.4).

Die genaue Kenntnis der zu erwartenden Fehlerströme ist für die Netzplanung von entscheidender Bedeutung, bestimmt sie doch die Auswahl der Betriebsmittel und die Einstellung des Netzschutzes (Abschnitt 10.10).

10.6.5.2 Dreipoliger Kurzschluß

Ein dreipoliger Kurzschluß liefert im allgemeinen die größten Kurzschlußströme in einem Energieversorgungsnetz. Die Berechnungsgrundlagen sind in der Vorschrift DIN VDE 0102 festgelegt. Es handelt sich dabei um ein vereinfachtes Berechnungsverfahren, das Ergebnisse liefert, die auf der sicheren Seite liegen und trotzdem unwirtschaftliche Überdimensionierungen von Anlagen und Betriebsmitteln vermeiden. Bild 10.6–11 zeigt den prinzipiellen Verlauf eines dreipoligen Kurzschlußstromes in einem Leiter [10.58] bis [10.62].

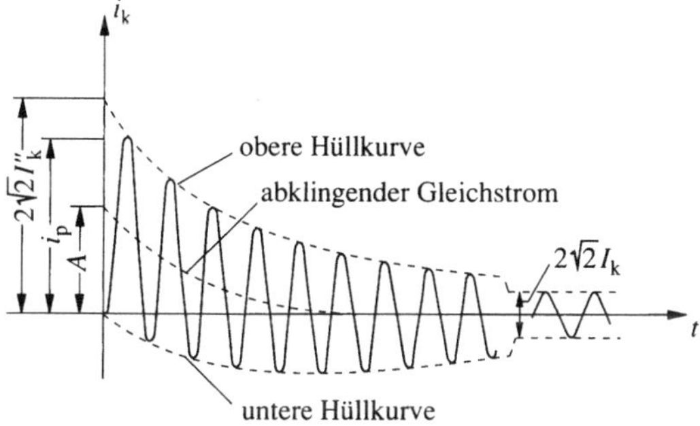

Bild 10.6-11 Zeitlicher Verlauf eines dreipoligen Kurzschlußstromes in einer Phase
I''_k Anfangs-Kurzschlußwechselstrom
i_p Stoßkurzschlußwechselstrom
A Anfangswert des Gleichstromes
I_k Dauerkurzschlußwechselstrom

Der Fehlerstrom besteht aus einer Wechsel- und Gleichstromkomponente, deren Amplituden mit der Zeit abnehmen. Der Verlauf des Wechselstromes ist gekennzeichnet durch die Parameter I''_k und I_k:

- I''_k Anfangs-Kurzschlußwechselstrom (Effektivwert des Kurzschlußwechselstromes im Augenblick des Kurzschlusses),
- I_k Dauerkurzschlußstrom (Effektivwert des Kurzschlußstromes nach Abklingen aller Ausgleichsvorgänge).

Der Parameter I''_k wird auch als subtransienter Kurzschlußstrom bezeichnet (Bild 10.3–2b). Der transiente Anteil I'_k (siehe Bild 10.3–2c) spielt bei der Kurzschlußstromberechnung in Energieversorgungsnetzen keine Rolle und wird deshalb im folgenden auch nicht weiter betrachtet.

Weitere Kenngrößen des Kurzschlußstromes sind die Parameter i_p und I_a:

- i_p Stoßkurzschlußstrom (größtmöglicher Augenblickswert (Scheitelwert) des Kurzschlußstromes),
- I_a Ausschaltwechselstrom (Effektivwert des Kurzschlußwechselstromes beim Abschalten durch einen Leistungsschalter).

Ein dreipoliger Fehler ruft in den drei Leitern symmetrische Kurzschlußwechselströme hervor. Es genügt daher, nur einen der drei Leiterströme aus dem einphasigen Ersatzschaltbild des Netzes zu berechnen. Ausgangspunkt einer jeden Kurzschlußuntersuchung ist die Ermittlung des Anfangs-Kurzschlußwechselstromes I''_k. Aus diesem Wert lassen sich die Größen i_p, I_a und I_k über Korrekturfaktoren ermitteln.

Anfangs-Kurzschlußwechselströme werden vereinfacht mit dem Verfahren der Ersatzspannungsquelle berechnet. Zur näheren Erläuterung dient das in Bild 10.6–12a gegebene Beispielnetz, in dem ein dreipoliger Fehler auftritt. Bild 10.6–12b zeigt das einphasige Ersatzschaltbild, bei dem der Einfachheit halber der ohmsche Generatorwiderstand vernachlässigt wurd

a)
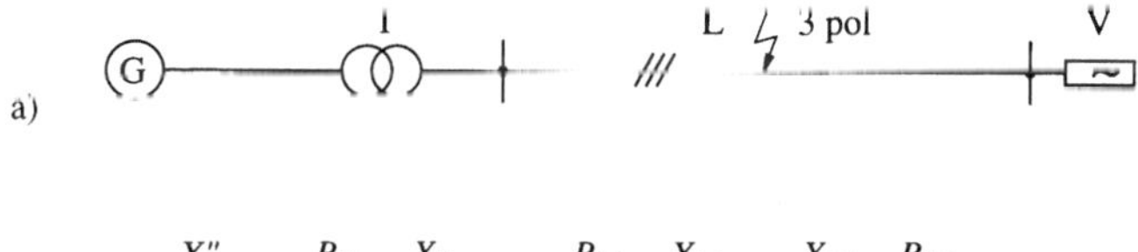

b)
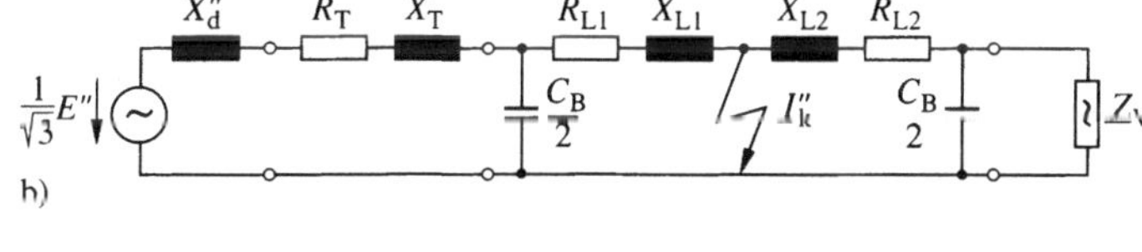

c)
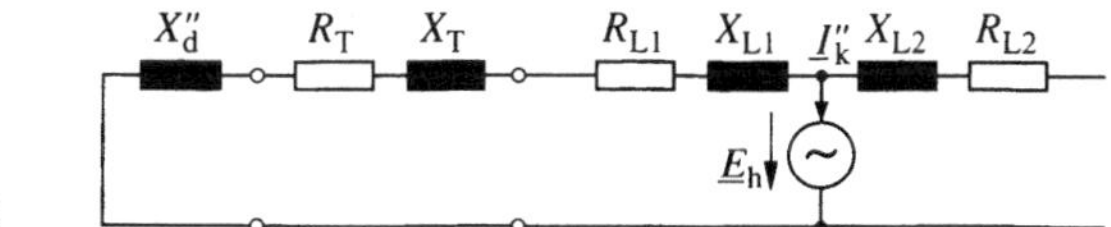

Bild 10.6-12 Berechnung des dreipoligen Kurzschlußstromes I''_k
a) Beispielnetz,
b) einphasige Netzersatzschaltung,
c) Schaltung mit Ersatzspannungsquelle

Dieses Ersatzschaltbild läßt sich für die Kurzschlußstromberechnung vereinfachen. Nach Bild 10.6–12c wird die wirksame Generatorspannung $E''/\sqrt{3}$ kurzgeschlossen und durch eine Ersatzspannungsquelle E_h ersetzt. Ferner ist es zulässig, alle passiven Querzweige (Leitungskapazitäten und Lastimpedanz Z_V) zu vernachlässigen. Für den Ersatzgenerator E_h gilt:

$$E_h = 1{,}1 \frac{U_N}{\sqrt{3}}. \qquad (10.6\text{–}15)$$

Dabei beschreibt die Größe U_N die Nennspannung des Netzes, in dem der Kurzschluß auftritt.

Aus Bild 10.6–12 läßt sich der Anfangs-Kurzschlußwechselstrom berechnen zu

$$I''_k = \frac{E_h}{Z_k}, \qquad (10.6\text{–}16)$$

$$Z_k = \sqrt{(R_T + R_{L1})^2 + (X''_d + X_T + X_{L1})^2}. \qquad (10.6\text{–}17)$$

Die Größe Z_k stellt die Impedanz der Kurzschlußbahn dar. Diese ist um so größer, je weiter der Kurzschlußort vom Generator entfernt liegt.

Der Stoßkurzschlußstrom i_p berechnet sich aus dem Anfangs-Kurzschlußwechselstrom über die Beziehung

$$i_p = \kappa \sqrt{2}\, I''_k. \qquad (10.6\text{–}18)$$

Der Faktor κ hängt von dem Verhätlnis R_k/X_k der Kurzschlußimpedanz Z_k ab (Bild 10.6–13).

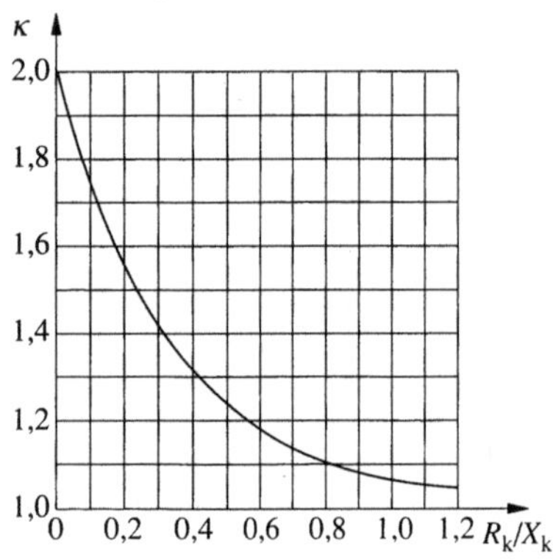

Bild 10.6-13 Faktor κ zur Berechnung des Stoßkurzschlußstromes

Für den Ausschaltwechselstrom I_a gilt:

$$I_a = \mu\, I''_k, \qquad (10.6\text{–}19)$$

wobei der Faktor μ beeinflußt wird (Bild 10.6–14)

- vom Anfangs-Kurzschlußwechselstrom I''_k,
- vom Nennstrom I_{NG} des Generators und
- vom Mindestschaltverzug des Leistungsschalters.

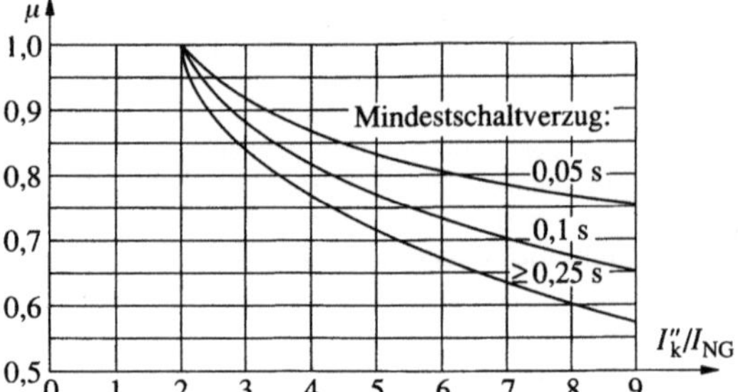

Bild 10.6-14 Faktor μ zur Berechnung des Ausschaltwechselstromes I_a

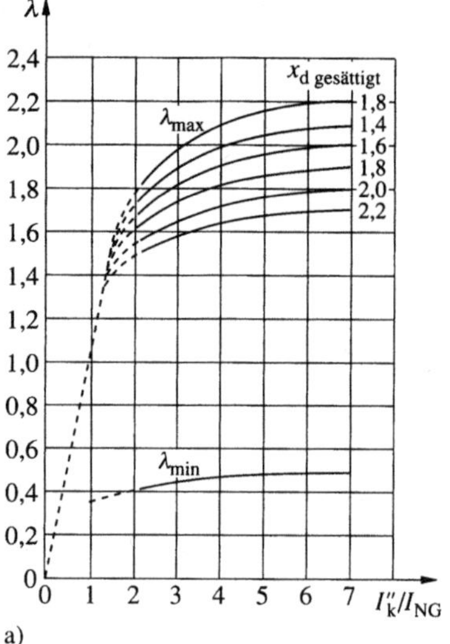

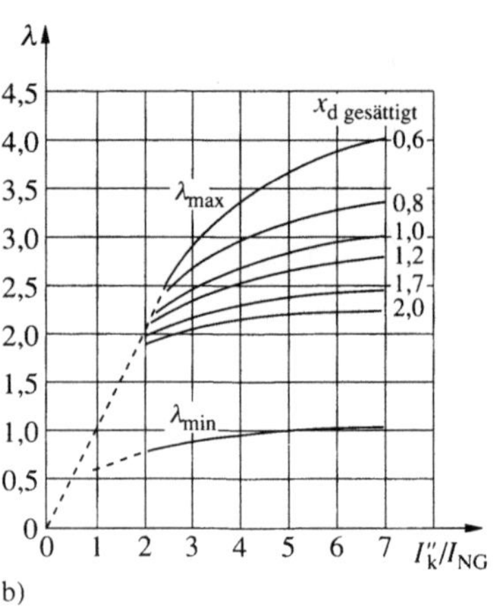

Bild 10.6-15 Faktoren λ_{max} und λ_{min} zur Berechnung der Dauerkurzschlußstrome $I_{k\,max}$ und $I_{k\,min}$
a) Turbogeneratoren,
b) Schenkelpolmaschinen

Der sich einstellende Dauerkurzschlußstrom I_k ist von vielen Einflüssen abhängig (Erregung des Generators, Spannungsregelung, Änderung der Netzschaltung während der Kurzschlußdauer). Bei der Berechnung wird daher nur der obere und untere Grenzwert abgeschätzt:

$$I_{k\,min} = \lambda_{min}\, I''_k\,, \qquad I_{k\,max} = \lambda_{max}\, I''_k\,. \qquad (10.6\text{–}20)$$

Bild 10.6–15 zeigt den Verlauf der Faktoren λ_{min} und λ_{max}. Sie hängen ab vom Verhältnis $I''_k/I_{N\,G}$, den Erregungsbedingungen und dem Typ des Synchrongenerators.

10.6.5.3 Unsymmetrische Kurzschlußströme

Mit Ausnahme des dreipoligen Kurzschlusses führen die übrigen in Bild 10.6–10 dargestellten Fehler zu unsymmetrischen Netzstrukturen. Bei der Kurzschlußstromberechnung müssen daher auch die Gegen- und Nullimpedanzen des Netzes mitberücksichtigt werden. Die Verknüpfung der einzelnen Komponentennetze (siehe Bild 10.6–8) hängt vom betrachteten Netzfehler ab [10.63].

Einpolige Fehler kommen in Energieversorgungsnetzen am häufigsten vor. Der Kurzschlußstrom I''_{k1} fließt nur in einem Leiter (Bild 10.6–16). Seine Zerlegung in symmetrische Komponenten liefert (siehe Beispiel in Abschnitt 10.6.3.2):

$$I_m = I_g = I_0 = \frac{1}{3} I''_{k1}\,. \qquad (10.6\text{–}21)$$

Diese Bedingung ist erfüllt, wenn die einphasigen Ersatzschaltbilder des Netzes für das Mit-, Gegen- und Nullsystem in Reihe geschaltet werden. Als treibende Spannungsquelle wirkt wiederum an der Fehlerstelle der Ersatzgenerator E_h nach Gleichung (10.6–15).

Der einpolige Anfangs-Kurzschlußwechselstrom I''_{k1} ergibt sich aus Bild 10.6–16 unter Berücksichtigung von Gleichung (10.6–21) zu

$$\underline{I}''_{k1} = 3\,\underline{I}_0 = \frac{\sqrt{3}\; 1{,}1\; \underline{U}_N}{\underline{Z}_m + \underline{Z}_i + \underline{Z}_0}\,. \qquad (10.6\text{–}22)$$

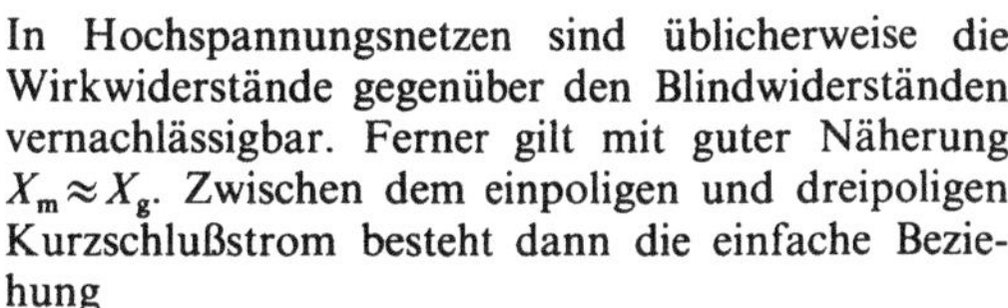

In Hochspannungsnetzen sind üblicherweise die Wirkwiderstände gegenüber den Blindwiderständen vernachlässigbar. Ferner gilt mit guter Näherung $X_m \approx X_g$. Zwischen dem einpoligen und dreipoligen Kurzschlußstrom besteht dann die einfache Beziehung

$$I''_{k1} = I''_k \frac{3}{2 + \dfrac{X_0}{X_m}}\,. \qquad (10.6\text{–}23)$$

Der einpolige Fehlerstrom I''_{k1} übertrifft den dreipoligen Fehlerstrom I''_k nur dann, wenn der Netzparameter

$$\frac{X_0}{X_m} < 1$$

wird. Dies ist aber normalerweise nicht der Fall.

Der Stoßkurzschlußstrom i_p wird ebenso wie beim dreipoligen Fehler mit Hilfe des Faktors κ (Gleichung (10.6–18)) ermittelt. Für die Stromamplituden I_a und I_k darf gesetzt werden

$$I_a = I_k = I''_{k1}\,, \qquad (10.6\text{–}24)$$

weil Ausgleichsvorgänge nur in geringem Maße erfolgen.

Bei einem zweipoligen Fehler (Bild 10.6–17) sind die Komponentennetze des Mit- und Gegensystems parallel zu schalten. Da keine Erdströme (Nullströme) fließen können, spielt das Nullsystem auch keine Rolle. Der Anfangs-Kurzschlußwechselstrom I''_{k2} beim zweipoligen Fehler ergibt sich zu:

$$\underline{I}''_{k2} = \frac{1{,}1\,\sqrt{3}\,\underline{E}_h}{\underline{Z}_m + \underline{Z}_g} = \frac{1{,}1\;\underline{U}_N}{\underline{Z}_m + \underline{Z}_g}\,. \qquad (10.6\text{–}25)$$

Unter der Voraussetzung $\underline{Z}_m \approx \underline{Z}_g$ erhält man

$$I''_{k2} = \frac{\sqrt{3}}{2} I''_k\,, \qquad (10.6\text{–}26)$$

d. h., der zweipolige Fehlerstrom ist in jedem Fall kleiner als der dreipolige.

Die übrigen Stromkomponenten i_p, I_a und I_k werden wie beim dreipoligen Kurzschluß ermittelt.

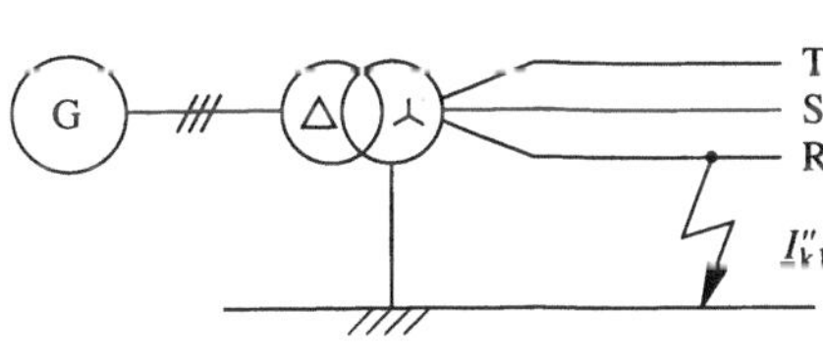

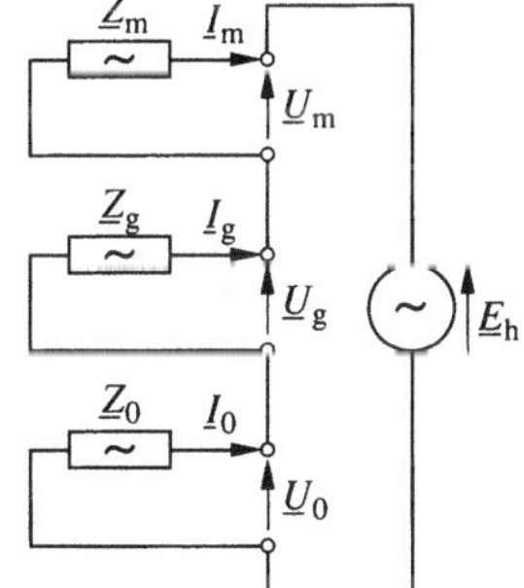

Bild 10.6-16
Netzersatzschaltung bei einpoligem Kurzschluß

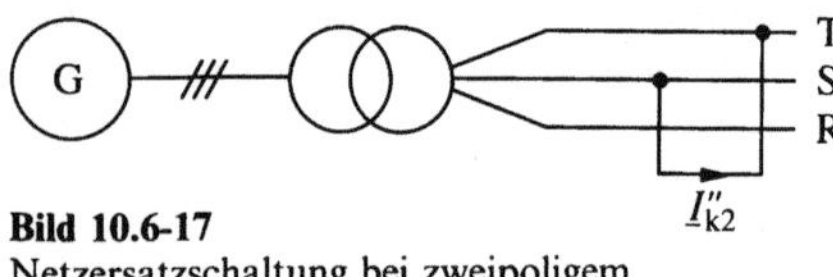

Bild 10.6-17
Netzersatzschaltung bei zweipoligem Kurzschluß

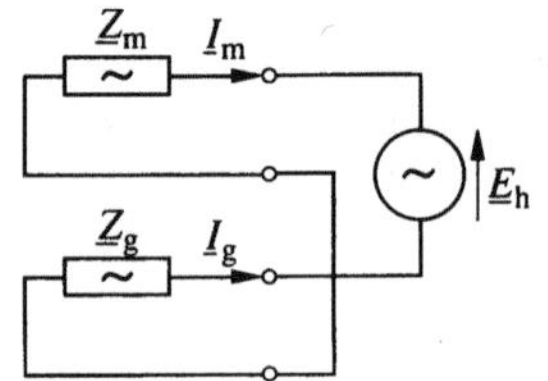

Bei einem zweipoligen Kurzschluß mit Erdberührung läßt sich keine einfache Beziehung zum dreipoligen Kurzschlußstrom herleiten. Die Fehlerströme sind normalerweise kleiner als die drei- oder einpoligen Kurzschlußströme und brauchen daher meist nicht berechnet zu werden.

Die Bestimmung des Doppelerdschlußstromes gestaltet sich sehr aufwendig. Er ist in der Regel kleiner als der zweipolige Kurzschlußstrom I''_{k2}. Die Berechnung von Kurzschlußströmen in ausgedehnten Energieversorgungsnetzen erfolgt heute durch Kurzschlußprogramme. Diese liefern neben den Strömen an der Fehlerstelle auch sämtliche Teilströme in den Netzzweigen sowie die Spannungen an allen Netzknoten.

10.6.5.4 Beeinflussung durch Kurzschlußströme

Wechselströme durch die Erde können Anlagen der Informationstechnik (Fernmeldeanlagen) durch ohmsche und induktive Kopplung beeinflussen. Dabei ist es grundsätzlich gleichgültig, ob es sich um Fehlerströme (Kurzzeitbeeinflussung) oder Betriebsströme (Langzeitbeeinflussung) handelt. Die größten Beeinflussungen werden durch einpolige Fehlerströme hervorgerufen [10.64], [10.65].

Nach Bild 10.6–18 verläuft eine Hochspannungsfreileitung (0) mit Erdseil (2) parallel zu einer Fernmeldeader (1). Das Erdseil hat zwei Aufgaben:

- Schutz der Leiterseile vor Blitzeinschlägen,
- Reduktion von Erdkurzschlußströmen.

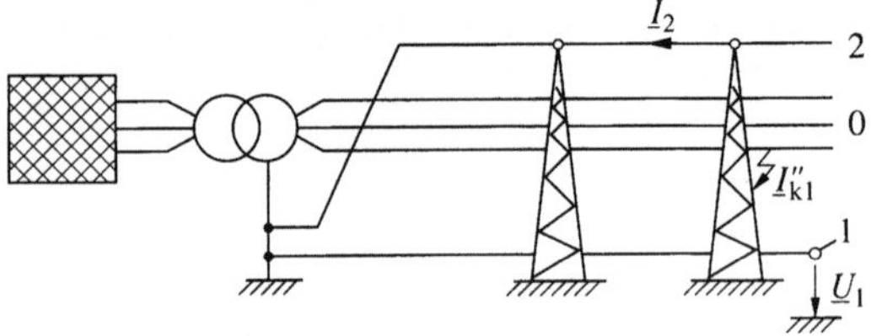

Bild 10.6-18 Beeinflussung einer Fernmeldeleitung

Bei einem einpoligen Fehler im Netz kann der auftretende Kurzschlußstrom $\underline{I}''_{k1}$ als eingeprägt angesehen werden. Ohne Erdseil würde dieser Strom durch die Erde zur Netzeinspeisung zurückfließen und in dem Fernmeldeleiter eine Spannung $\underline{U}_1$ induzieren. Diese kann Personen und Fernmeldeanlagen gefährden.

Das Erdseil reduziert die eingekoppelte Spannung $\underline{U}_1$ dadurch, daß es mit dem Strom $\underline{I}_2$ einen Teil des Kurzschlußstromes $\underline{I}''_{k1}$ übernimmt.

Bild 10.6–19 zeigt das Ersatzschaltbild des Beeinflussungsfalles. Das Hochspannungsnetz wird nur im Nullsystem mit dem eingeprägten Strom $\underline{I} = \underline{I}''_{k1}$ nachgebildet. Die Spannungsquelle $\underline{U}_0$ beschreibt die Nullsystemspannung (siehe Bild 10.6–16).

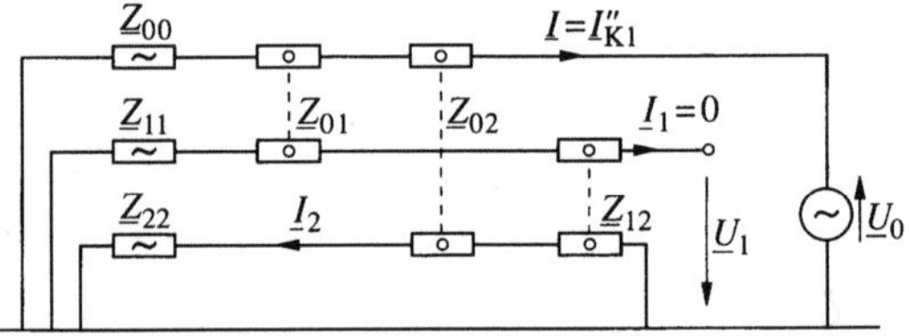

Bild 10.6-19 Ersatzschaltbild des Beeinflussungsfalles

Im Ersatzschaltbild sind sämtliche Selbstimpedanzen ($\underline{Z}_{00}$, $\underline{Z}_{11}$, $\underline{Z}_{22}$) und Koppelimpedanzen der drei Leiter ($\underline{Z}_{01}$, $\underline{Z}_{02}$, $\underline{Z}_{12}$) eingezeichnet. Die Beeinflussungsspannung $\underline{U}_1$ und der Strom $\underline{I}_2$ im Erdseil lassen sich aus den Maschengleichungen für die Leiter 1 und 2 bestimmen:

$$\begin{aligned} \underline{U}_1 + \underline{Z}_{12}\,\underline{I}_2 &= \underline{Z}_{01}\,\underline{I}, \\ \underline{Z}_{22}\,\underline{I}_2 &= \underline{Z}_{02}\,\underline{I}. \end{aligned} \tag{10.6–27}$$

Nach Umformung erhält man:

$$\underline{I}_2 = \frac{\underline{Z}_{02}}{\underline{Z}_{22}}\,\underline{I}, \tag{10.6–28}$$

$$\underline{U}_1 = \underline{I}\,\underline{Z}_{01}\left(1 - \frac{\underline{Z}_{12}\,\underline{Z}_{02}}{\underline{Z}_{01}\,\underline{Z}_{22}}\right). \tag{10.6–29}$$

Ohne Erdseil ($\underline{I}_2 = 0$) würde die Spannung

$$\underline{U}_1 = \underline{I}\,\underline{Z}_{01} \tag{10.6–30}$$

in den Fernmeldeleiter eingekoppelt werden. Das Erdseil reduziert somit die eingekoppelte Spannung um den Faktor:

$$\underline{r} = 1 - \frac{\underline{Z}_{12}\,\underline{Z}_{02}}{\underline{Z}_{01}\,\underline{Z}_{22}}. \tag{10.6–31}$$

Das Erdseil wirkt als sogenannter Kompensationsleiter. Der Reduktionsfaktor eines Kompensationsleiters (2) ist um so kleiner, je besser seine Leitereigenschaften sind, je geringer der Abstand zum beeinflussenden (0) oder beeinflußten Leiter (1) ist und je geringer die Erdungswiderstände ausfallen.

Als Kompensationsleiter können alle mindestens 2fach geerdete Leiter wirken (metallene Kabelmäntel, Fahrschienen von Bahnen, Erdseile, metallene Rohrleitungen wie Pipelines). Die Berechnung des resultierenden Reduktionsfaktors erweist sich bei Berücksichtigung von mehreren Kompensationsleitern als sehr aufwendig. Daher wurden Näherungsverfahren entwickelt, die aus den Einzelreduktionsfaktoren nach Gleichung (10.6–31) auf den Gesamtreduktionsfaktor schließen.

- Multiplikationsverfahren:

$$r = r_1 \, r_2 \ldots r_n, \qquad (10.6\text{–}32)$$

- Kehrwertadditionsverfahren:

$$r = \left(\frac{1}{r_1} + \frac{1}{r_2} + \ldots + \frac{1}{r_n} - (n-1) \right)^{-1} \qquad (10.6\text{–}33)$$

- Leitwertadditionsverfahren:

$$r = \left(1 + \left[\sqrt{\left(\frac{1}{r_1}\right)^2 - 1} + \sqrt{\left(\frac{1}{r_2}\right)^2 - 1} + \ldots + \sqrt{\left(\frac{1}{r_n}\right)^2 - 1} \right]^2 \right)^{-\frac{1}{2}}. \qquad (10.6\text{–}34)$$

Im allgemeinen liefert das Leitwertadditionsverfahren die beste Approximation. Die Ergebnisse der Kehrwertadditionsmethode liegen immer auf der sicheren Seite, während sich beim Multiplikationsverfahren auch zu günstige Werte einstellen können.

10.6.6 Sternpunktbehandlung

10.6.6.1 Netze mit starrer Sternpunkterdung

Der einpolige Fehler tritt im Energieversorgungsnetz am häufigsten auf. Die bisherigen Betrachtungen (Bild 10.6–16) gingen von einem Netz mit starr geerdetem Transformatorsternpunkt aus. Ein solches Netz ist gekennzeichnet durch

- kurzschlußartige Ströme bei einpoligen Fehlern (Abschnitt 10.6.5.3) und
- unveränderte Erdspannungen der gesunden, nicht fehlerbehafteten Leiter.

Bild 10.6–20 zeigt die Spannungen an der Fehlerstelle beim Auftreten eines einpoligen Kurzschlusses. Die Spannung des fehlerbehafteten Leiters R gegen Erde wird zu Null ($U_R = 0$). Die Spannungen der beiden gesunden Leiter S und T gegen Erde verändern sich dagegen nicht [10.66].

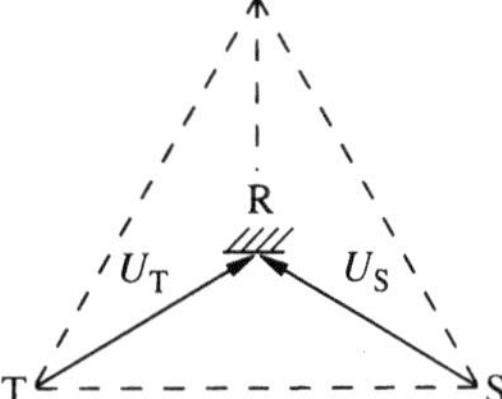

Bild 10.6-20 Spannungszeigerdiagramm an der Fehlerstelle bei einpoligem Fehler und starrer Sternpunkterdung

Zur Kennzeichung der Spannunsgverhältnisse wird Erdfehlerfaktor δ verwendet. Er ist definiert als der Quotient aus einer gesunden Leiterspannung und der Netzsternpunktspannung (Abschnitt 10.7.1):

$$\delta = \sqrt{3}\,\frac{U_S}{U_b} = \sqrt{3}\,\frac{U_T}{U_b} \qquad (10.6\text{–}35)$$

mit U_b Netzbetriebsspannung ohne Fehler.

In Netzen mit starrer Sternpunkterdung ergibt sich der Parameter δ zu

$$\delta = 1. \qquad (10.6\text{–}36)$$

(Abschnitt 10.7.2.1).

Durch geeignete Sternpunktbehandlung lassen sich die einpoligen Fehlerströme und der Erdfehlerfaktor beeinflussen.

10.6.6.2 Netze mit isoliertem Sternpunkt

Netze mit isoliertem Sternpunkt weisen völlig andere Eigenschaften auf als die bislang betrachteten Netze mit starrer Sternpunkterdung. Der einpolige Fehler

- hier Erdschluß genannt – ist gekennzeichnet durch
- einen geringen Fehlerstrom und
- überhöhte Spannungen der gesunden, nicht fehlerbehafteten Leiter gegen Erde.

Die Vorgänge werden anhand von Bild 10.6–21 erläutert. In einem Netz mit isoliertem Sternpunkt (Schalterstellung 1 in Bild 10.6–21) tritt ein einpoliger Fehler im Leiter R auf. Die sich einstellenden Ströme und Spannungen lassen sich aus dem Ersatzschaltbild (Bild 10.6–21b) ermitteln. Dabei werden zur Vereinfachung sämtliche ohmschen Widerstände vernachlässigt.

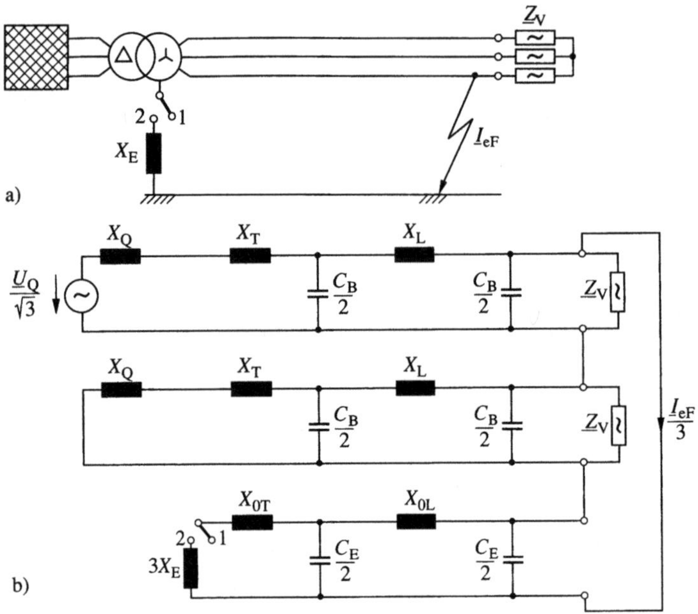

Bild 10.6-21 Erdschluß in einem Drehstromnetz
a) betrachtetes Netz,
b) Netzersatzschaltung

Die Erdkapazität C_E begrenzt im wesentlichen den Erdschlußstrom I_{eF}. Wegen

$$\frac{1}{\omega C_E} \gg X_{0L}, X_Q, X_T, X_L \tag{10.6–37}$$

gilt:

$$I_{eF} \approx 3\, U_Q\, \omega\, C_E. \tag{10.6–38}$$

Der Erdschlußstrom liegt meist erheblich unter den Nennströmen der Betriebsmittel und braucht deshalb nicht sofort abgeschaltet zu werden. Daher werden Netze mit isoliertem Sternpunkt vorwiegend im industriellen Bereich eingesetzt, wo Stromabschaltungen mit Produktionsausfällen verbunden und daher zu vermeiden sind.

Bild 10.6–22 zeigt das Zeigerdiagramm der Spannungen an der Fehlerstelle. Die Erdspannungen der gesunden Leiter erhöhen sich gegenüber dem Normalbetrieb um den Faktor $\sqrt{3}$.

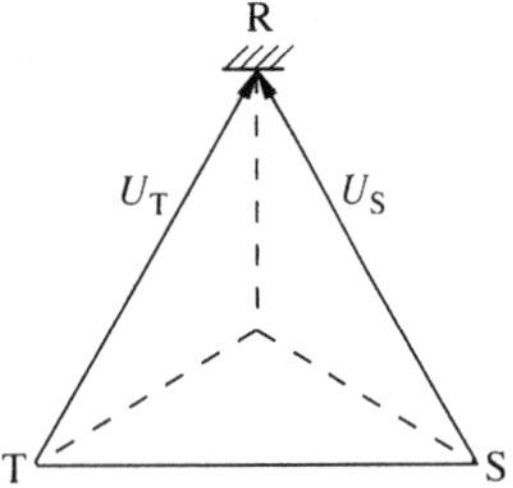

Bild 10.6–22 Spannungszeigerdiagramm an der Fehlerstelle bei einpoligem Fehler und isoliertem Sternpunkt

Somit ergibt sich ein Erdfehlerfaktor von

$$\delta = \sqrt{3} = 1{,}73. \tag{10.6–39}$$

Erdschlüsse dürfen nicht beliebig lange anstehen, da aufgrund der Spannungsüberhöhung die Isolation der Betriebsmittel erheblich beansprucht wird. Es besteht die Gefahr eines Doppelerdschlusses, der zu kurzschlußartigen Netzströmen führt und somit eine Sofortabschaltung erfordert.

10.6.6.3 Netze mit Erdschlußkompensation

In ausgedehnten Netzen wächst der Erdschlußstrom I_{eF} wegen der hohen Erdkapazitäten auf unerwünscht hohe Werte an. Eine Reduktion ist durch eine Erdschlußlöschspule (E-Spule, Petersenspule) im Sternpunkt des Netzes möglich (Schalterposition 2 in Bild 10.6–21).

Die E-Spule ist üblicherweise hochohmig im Vergleich zu den übrigen Induktivitäten im Nullsystem:

$$3\, X_E \gg X_{0T}, X_{0L}.$$

Sie bildet daher mit der Erdkapazität einen Parallelresonanzkreis. Bei Abstimmung auf die Netzfrequenz entsteht ein Sperrkreis für 50 Hz, der im Idealfall jeden Fehlerstrom unterdrückt:

$$3\, X_E = \frac{1}{\omega\, C_E},$$

$$X_E = \frac{1}{3\omega\, C_E}. \tag{10.6–40}$$

Eine vollständige Fehlerstromkompensation wird in der Praxis aufgrund der ohmschen Verlustwiderstände im Netz nicht möglich sein. Der nichtkompensierbare Wirkstrom verhindert von einer bestimmten Größe ab das selbständige Löschen des Fehlerlichtbogens.

Die Anwendung der Erdschlußkompensation erfolgt überwiegend in Mittelspannungsnetzen sowie Freileitungsnetzen der 110-kV-Ebene.

Bei ausgedehnten Kabelnetzen mit ihren großen ohmschen Widerständen im Nullsystem führt diese Maßnahme jedoch nicht zum gewünschten Erfolg. Hier bietet sich die niederohmige Sternpunkterdung an.

10.6.6.4 Netze mit niederohmiger Sternpunkterdung

Der Sternpunkt des Netzes wird in diesem Fall über eine niederohmige Impedanz (Drosselspule, ohmscher Widerstand) geerdet. Im Vergleich zur starren Sternpunkterdung lassen sich dadurch die einpoligen Kurzschlußströme reduzieren. Gleichzeitig erhöhen sich die Spannungen der gesunden Leiter gegen Erde, d. h., der Erdfehlerfaktor δ wächst an ($\delta = 1{,}1 \ldots 1{,}4$).

Bei der Dimensionierung der Sternpunktimpedanz ist ein Kompromiß zu suchen zwischen geringen Kurzschlußströmen und nicht zu hohen Überspannungen im Fehlerfall.

10.7 Spannungsbeanspruchung und Isolationsbemessung

10.7.1 Dauerbeanspruchung durch betriebsfrequente Wechselspannung

Die Benennung eines Netzes erfolgt nach der *Nennspannung* U_N, sie wird als Effektivwert der Leiter-Leiter Spannung angegeben. Bei Betriebsmitteln wird sie in zunehmendem Maße durch die „Bemessungsspannung" U_N ersetzt. Die tatsächlich an einem bestimmten Ort des Netzes anliegende Spannung ist die *Betriebsspannung* U_b. Ihr größter Wert $U_{b\,max}$ darf die *höchste Spannung* U_m (Isolationsspannung) für die die Betriebsmittel ausgelegt sind, nicht überschreiten.

U_m wird ebenfalls als Effektivwert der Leiter-Leiter Spannung angegeben und dient als Grundlage für die Isolationskoordination. Die höchste Spannung mit der die Isolation zwischen Leiter und Erde im ungestörtem Betrieb beansprucht wird ist

$$U_{LE} = \frac{U_m}{\sqrt{3}}.$$

Im Gegensatz dazu werden Überspannungen u. a. durch ihren Scheitelwert $\hat{u}_{ü}$ gekennzeichnet.

Der *Überspannungsfaktor* k ist das Verhältnis Scheitelwert der Überspannung zu Scheitelwert der höchsten Leiter-Erde-Spannung

$$k = \frac{\hat{u}_{ü}}{\frac{\sqrt{2}}{\sqrt{3}} U_m}. \qquad (10.7\text{-}1)$$

Für die Isolationskoordination werden die Nennspannungen in drei Gruppen eingeordnet, entsprechend der Darstellung in Tabelle 10.7–1 [10.67].

10.7.2 Zeitweilige Spannungserhöhungen

Zeitweilige Spannungserhöhungen können als Folge von Laständerungen oder Erdschlüssen über Zeiträume von wenigen Sekunden bis mehreren Stunden auftreten. Entsprechend dem zeitlichen Verlauf unterscheidet man zwischen betriebsfrequenten und nicht betriebsfrequenten Spannungserhöhungen.

10.7.2.1 Erdschluß

Der häufigste Fehler im Drehstromnetz ist der einpolige Erdschluß. Die Höhe der betriebsfrequenten Überspannung $U_{ÜE}$ hängt von der Art der Sternpunkterdung (niederohmig, hochohmig, Erdschlußkompensation, isoliert) ab; sie entsteht an den Leitern, die nicht von dem Fehler betroffen sind und wird durch den Erdfehlerfaktor δ charakterisiert

$$\delta = \frac{U_{ÜE}}{\frac{U_b}{\sqrt{3}}} \qquad (10.7\text{-}2)$$

Tabelle 10.7–1: Spannungsgruppen und Sternpunktbehandlung

Gruppe	Nennspannung U_N in kV	höchste Spannung für Betriebsmittel U_m in kV	bevorzugte Art der Sternpunktbehandlung
A	10 20 30	12 24 36	Erdschlußkompensation isolierter Sternpunkt
B	60 110 220	72,5 123 245	Erdschlußkompensation niederohmige Sternpunkterdung
C	380 220	420 245	starre und niederohmige Sternpunkterdung

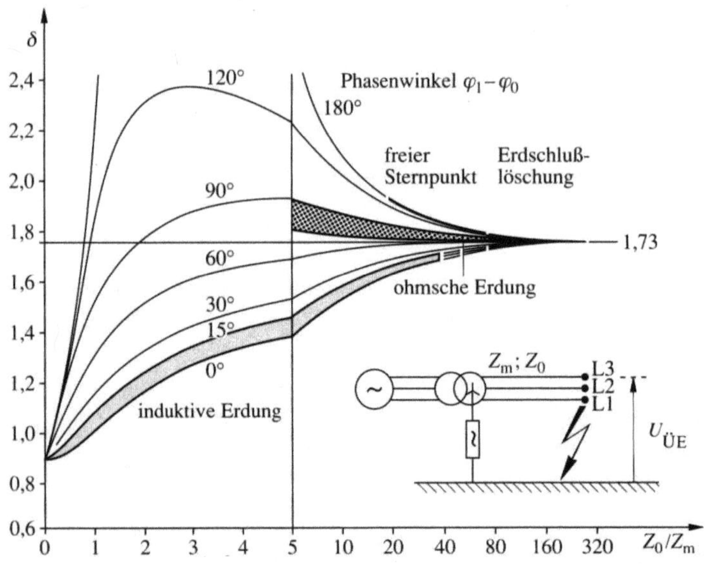

Bild 10.7-1
Erdfehlerfaktor δ bei einpoligem Erdschluß [10.68]

δ ist damit vom Ort des Drehstromnetzes und von der jeweils herrschenden Betriebsspannung abhängig. Für die Isolationskoordination wird der Erdfehlerfaktor auf die maximale Betriebsspannung bezogen.

$$\delta = \frac{U_{\text{ÜE max}}}{\frac{U_{\text{bmax}}}{\sqrt{3}}}. \qquad (10.7\text{–}3)$$

Beim einpoligen Erdschluß betragen die Erdfehlerfaktoren der nicht vom Fehler betroffenen Leiter (z. B. L2 und L3)

$$\delta_{L2} = \left| \underline{a}^2 - \frac{\dfrac{\underline{Z}_0}{\underline{Z}_m}+1}{\dfrac{\underline{Z}_0}{\underline{Z}_m}+2} \right|, \qquad (10.7\text{–}4)$$

$$\delta_{L3} = \left| \underline{a} - \frac{\dfrac{\underline{Z}_0}{\underline{Z}_m}+1}{\dfrac{\underline{Z}_0}{\underline{Z}_m}+2} \right|, \qquad (10.7\text{–}5)$$

$\underline{Z}_0$ Impedanz des Nullsystems,
$\underline{Z}_m$ Impedanz des Mitsystems,
$\underline{Z}_g$ Impedanz des Gegensystems,
$\underline{a}$ Operator $= (-1/2+\mathrm{j}\sqrt{3}/2)$.

Für die Isolationskoordination wird der jeweils größte Wert von δ_{L3} bzw. δ_{L2} zu Grunde gelegt. In Bild 10.7-1 ist der Erdfehlerfaktor δ abhängig vom Wert des Zahlen-Verhältnisses Z_0/Z_m mit dem Phasenwinkel $(\varphi_1-\varphi_0)$ der Impedanzen Z_m und Z_0 als Parameter aufgetragen [10.68].

Tabelle 10.7–2: Kennwerte verschiedener Sternpunkterdungen

Art der Sternpunkterdung	$\frac{Z_0}{Z_m}$	$\varphi_1-\varphi_0$	δ	Netzausdehnung	Dauer der Spannungsüberhöhung
starr	0	–	1,0	unbegrenzt	0,1 ... 1 s
niederohmig induktiv	1 ... 1,5	≈0	1,0 ... 1,4	unbegrenzt	0,1 ... 1 s
hochohmig induktiv	20 ... 100	≈0	1,65 ... 1,75	begrenzt	0,1 ... 1 s
Kompensation (Resonanz)	→ ∞	→ ∞	1,75 ... 1,85	begrenzt	bis Stunden
hochohmig ohmsch	20 ... 100	≈90°	1,75 ... 1,80	begrenzt	0,1 ... 1 s
isoliert	→ ∞	180°	1,75 ... 1,95	sehr begrenzt	bis Stunden

Der Fall $Z_0/Z_m \leq 0$, d. h. kapazitiver Fehlerstrom, sollte im praktischen Betrieb vermieden werden. Bei $Z_0/Z_m = 2$ entsteht eine Resonanzüberhöhung. Erst bei Werten von $Z_0/Z_m > 50$ (entspricht Netzen mit isoliertem Sternpunkt), erreicht der Erdfehlerfaktor wieder Werte von $\sqrt{3}$.

Tabelle 10.7–2 gibt charakteristische Werte für Erdfehlerfaktoren an.

10.7.2.2 Spannungserhöhungen durch Laständerung

1. Ferranti-Effekt

Beim Lastabwurf treten am Ende von langen Übertragungsleitungen auf Grund des kapazitiven Belastungsstromes, der über den Längsinduktivitäten der Leitung und des vorgeschalteten, einspeisenden Netzes einen negativen Spannungsabfall verursacht, Spannungsüberhöhungen mit Betriebsfrequenz auf. Die Spannung $\hat{u}_e$ am Leitungsende läßt sich aus den Leitungsgleichungen berechnen (es wird eine verlustfreie Leitung mit $R' = G' = 0$ angenommen):

$$k_F = \frac{\hat{u}_e}{\frac{\sqrt{2}\,U_b}{\sqrt{3}}} = \frac{1}{\cos(\omega l \sqrt{L'_B C'_B}) + \frac{X_N}{Z_W} \sin(\omega l \sqrt{L'_B C'_B})}, \quad (10.7\text{–}6)$$

X_N Reaktanz des vorgeschalteten Netzes,
Z_W Wellenwiderstand der Leitung,
L'_B, C'_B längenbezogene Leitungsbetriebsreaktanz bzw. -admittanz.

Die Spannungsüberhöhungen werden um so größer, je länger die Freileitung und je kleiner die Kurzschlußreaktanz X_N des einspeisenden Netzes ist. Der Ferranti-Effekt ist nur bei Leitungen großer Länge, die nicht in vermaschte Netze eingebunden sind, von Bedeutung.

Die Spannungsüberhöhungen werden für Freileitungen mit Längen bis 250 km (220-kV-Netz) in der Regel nicht größer als 15% ($k_F = 1{,}15$) und für Freileitungen mit Längen bis 400 km (380-kV-Netz) nicht größer als 40% ($k_F = 1{,}4$) [10.68], [10.69].

2. Entlastung des Kraftwerksblockes

Im stationären Betriebszustand ist die Erregung der Generatoren und die Spannungseinstellung der Transformatoren der Belastung so angepaßt, daß die Betriebsspannung nicht überschritten wird. Da bei Generatoren großer Leistung die bezogenen transienten Reaktanzen ($x'_d \approx 0{,}35$) und bei Maschinentransformatoren die bezogenen Streureaktanzen ($x'_T \approx 0{,}15 \ldots 0{,}20$) groß sind, kann es bei einer plötzlichen Entlastung zu hohen betriebsfrequenten Überspannungen kommen. Diese liegen ca. 1 ... 2 Sekunden an, dann ist durch die sofort einsetzende Regelung die Erregerspannung der Generatoren soweit herabgesetzt, daß die Klemmenspannung wieder der zulässigen Betriebsspannung entspricht. Im Betriebsfall können die Spannungsüberhöhungen am Maschinentransformator bis zu 50% ($k_E \leq 1{,}5$) betragen. Bild 10.7–2 zeigt den Spannungsverlauf an einem 500-MW-Block nach dem Lastabwurf.

10.7.2.3 Resonanzen

Spannungsüberhöhungen auf Grund von Resonanzen sind nicht betriebsfrequent. Die im Netz eingesetzten Betriebsmittel bilden mit ihren Kapazitäten (Erd- oder Betriebskapazitäten von Freileitungen, Kabeln, Kompensationskondensatoren u. a.) und den Hauptinduktivitäten von Transformatoren, Wandlern, Drosselspulen u. a. Schwingkreise. Diese können durch Netzoberschwingungen in Resonanz angeregt werden. Ursache für die Netzoberschwingungen sind hauptsächlich die nichtlinearen Magnetisierungskennlinien der Eisenkreise von Transformatoren und Wandlern. Dominant ist dabei die dritte Oberschwingung. Da sie im Drehstromnetz in allen Leitern gleiche Phasenlage hat, hebt sie sich im Sternpunkt nicht auf, so daß in Netzen mit isoliertem Sternpunkt auch die Sternpunkt-Erde-Kapazität C_0 mit beachtet werden muß.

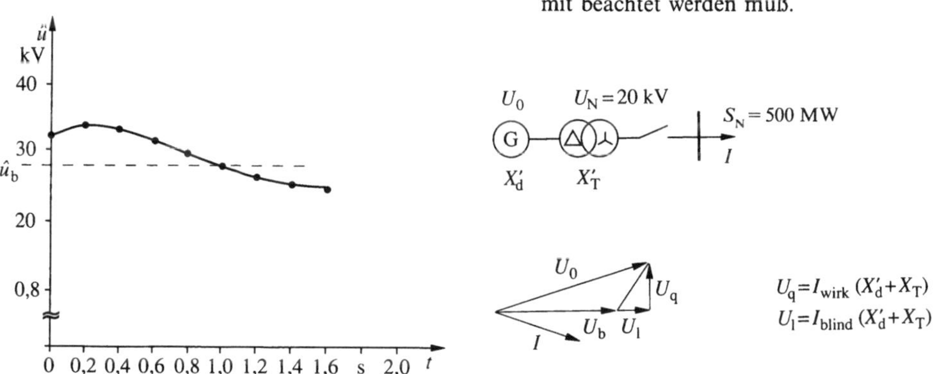

Bild 10.7-2 Spannungsverlauf bei Entlastung eines 500-MW-Blockes

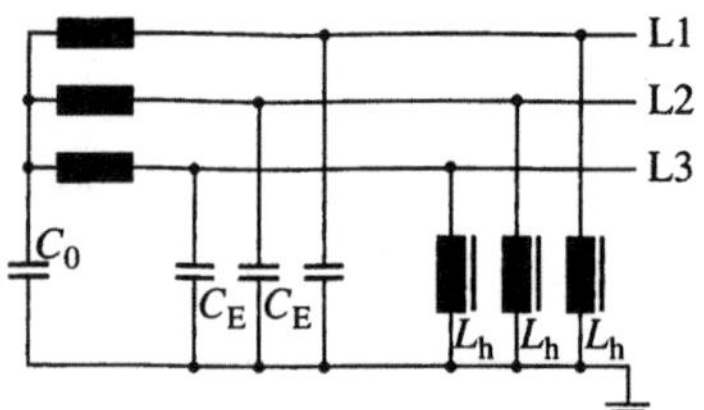

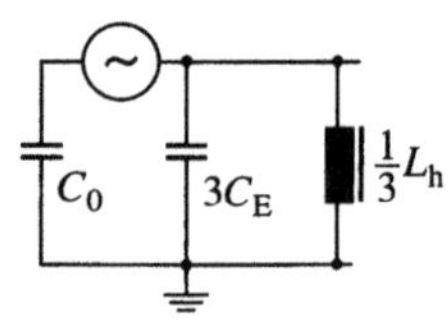

Bild 10.7-3
Schwingkreis mit Spannungswandlern im Netz mit isoliertem Sternpunkt

Die Anregung der Resonanzerscheinungen erfolgt durch kurzzeitige Unsymmetrie (z. B. einpoliges Schalten, Erdschluß u. a.).

Zu den typischen Anordnungen, die zu Resonanzschwingungen neigen, gehören das ein- und zweipolige Ausschalten von unbelasteten Transformatoren sowie die Parallelschaltung der Hauptinduktivität der Spannungswandler L_h mit den Erd- (C_E) und Nullpunktkapazitäten (C_0) des Netzes (Bild 10.7–3).

Zur Vermeidung von Resonanzen infolge von Oberschwingungen sind die Betriebsmittel so auszulegen, daß ihre Entstehung vermieden wird. Zur Unterdrükkung der Oberschwingungen können Saugkreise in der Nähe von Oberschwingungserzeugern eingebaut oder die Wandlerwicklungen mit zusätzlichen Wirkwiderständen beschaltet werden [10.70].

10.7.3 Schaltüberspannungen

Schalthandlungen oder Fehlervorgänge (z. B. Erdschlüsse) führen zu Netzzustandsänderungen, die mit transienten Spannungsausgleichsvorgängen verbunden sind. Sie werden als *innere Überspannungen* oder *Schaltspannungen* bezeichnet. Schaltspannungen sind durch ihren höchsten Scheitelwert und den zeitlichen Verlauf, der aperiodisch oder als gedämpfte Schwingung erfolgen kann, gekennzeichnet. Schaltüberspannungen haben besondere Bedeutung im Höchstspannungsnetz [10.71].

10.7.3.1 Transiente Erdschlußüberspannungen

Der Übergang zu den in Abschnitt 10.7.2.1 dargestellten betriebsfrequenten Erdschlußüberspannungen erfolgt in Form eines Ausgleichsvorganges, der zu einer Schaltüberspannung führt.

Bild 10.7–4 zeigt den Ausgleichsvorgang im Netz mit isoliertem Sternpunkt [10.68]. Der Erdschluß tritt im Scheitelwert der Phase L1 ein. L1 nimmt Erdpotential an, die Spannung an L2 verschiebt sich auf

$$u'_{L2} = \sqrt{3}\,\hat{u}_{L2}\,e^{j\pi/3}.$$

Der Ausgleichsvorgang erreicht seinen Maximalwert nach einem Zeitraum $t = \alpha/\omega$ für $\alpha = 30°$, so daß bei Vernachlässigung einer Dämpfung, die maximale Spannungsdifferenz 2,73 $\hat{u}_{LE}$ wird. Der Maximalwert der transienten Erdschlußüberspannung ist damit

$$\hat{u}_{ÜE} = 2{,}73\,\hat{u}_{LE} = 2{,}73\,\frac{\sqrt{2}}{\sqrt{3}}\,U_b. \qquad (10.7\text{–}7)$$

Die Einschwingfrequenz bestimmt sich zu

$$f_E = \frac{1}{2\,\pi\,\sqrt{3L_B\,C_B}}. \qquad (10.7\text{–}8)$$

Bei Netzen mit Erschlußlöschspule (LE) sind die Spannungsverhältnisse ähnlich, nur die Einschwingfrequenz wird niedriger

$$f_L = \frac{1}{2\,\pi\,\sqrt{3\,C_E\,L_E}}. \qquad (10.7\text{–}9)$$

Tatsächliche Werte der Einschwingfrequenz liegen zwischen 100 Hz und 4000 Hz. Durch Wiederzünden u. ä. Vorgänge (intermittierender Erdschluß) können die Überspannungsfaktoren Werte bis $k_{ÜE} \leq 3{,}5$ erreichen.

Realistisch sind Überspannungsfaktoren $k_{ÜE}$ (Bezugswert 2% Summenhäufigkeit) von 2,4 in Netzen mit Erdschlußspule, von 2,8 in Netzen mit freiem Sternpunkt und von 1,6 in Netzen mit niederohmig geerdetem Sternpunkt.

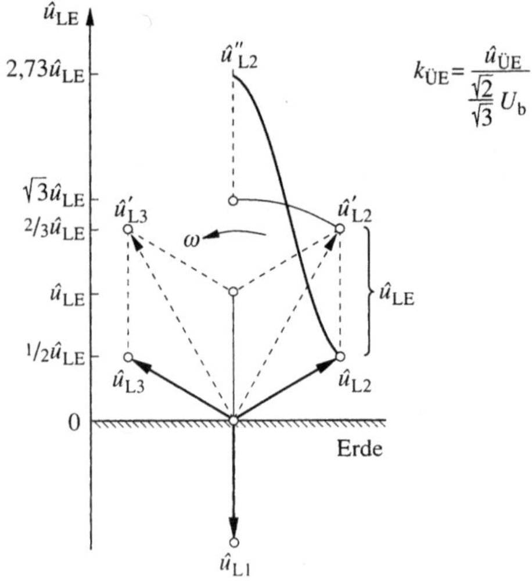

Bild 10.7-4 Ausgleichsvorgang beim einpoligen Erdschluß [10.68]

10.7.3.2 Schalten von Betriebsmitteln

1. Abschalten kleiner induktiver Ströme

Leistungsschalter sind für das Abschalten großer Ströme ausgelegt; beim Abschalten kleiner Ströme ist die Löschmitteleinwirkung so intensiv, daß diese bereits vor dem natürlichen Stromnulldurchgang unterbrochen werden. Der Moment der Stromunterbrechung ist eine Zufallsgröße. Die nach dem Abschalten im Netz gespeicherte Energie führt zu Ausgleichsvorgängen (s. Bild 10.7–5).

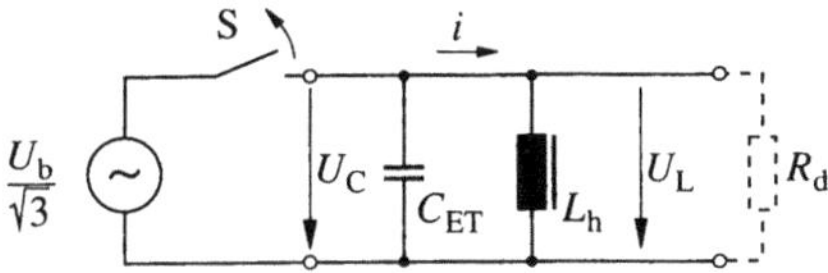

Bild 10.7-5 Abschalten kleiner induktiver Ströme
S Schalter,
L_h Hauptinduktivität des Transformators,
C_{ET} Transformator- und Netzkapazität

Typische Fälle sind das Abschalten von leerlaufenden Transformatoren, von Drosselspulen und von Asynchronmotoren im Anlauf. Für die Berechnung kann von der im Abschaltmoment (Abschaltwinkel α) in den Blindelementen gespeicherten Energie W_C und W_L ausgegangen werden.

$$W_C = \frac{1}{2} C_{ET} (\hat{u}_{LE} \cos \alpha)^2, \qquad (10.7\text{–}10)$$

$$W_L = \frac{1}{2} L_h (\hat{\imath} \sin \alpha)^2. \qquad (10.7\text{–}11)$$

Da der Ausgleichsvorgang schwingend erfolgt, muß zu einem bestimmten Zeitpunkt die gesamte Energie im Kondensator C_{ET} gespeichert sein und die Spannung ihren Maximalwert $\hat{u}_{max}$ erreichen.

$$\frac{1}{2} C_{ET} \hat{u}_{max}^2 = \frac{1}{2} C_{ET} (\hat{u}_{LE} \cos \alpha)^2 + \frac{1}{2} L_h (\hat{\imath} \sin \alpha)^2, \qquad (10.7\text{–}12)$$

Nach Umstellung erhält man

$$k_{ÜT} = \frac{\hat{u}_{max}}{\frac{\sqrt{2}}{\sqrt{3}} U_b} = \sqrt{\cos^2 \alpha + \left(\frac{\omega_E}{\omega}\right)^2 \sin^2 \alpha}, \qquad (10.7\text{–}13)$$

mit $\hat{u}_{LE} = \frac{\sqrt{2}}{\sqrt{3}} U_b$, $\hat{\imath} = \frac{\hat{u}_{LE}}{\omega L_h}$ und $\omega_E^2 = \frac{1}{L_h \cdot C_{ET}}$, (10.7–14)

ω_E Kreisfrequenz der Einschwingspannung.

Im praktischen Netzbetrieb wurden Überspannungsfaktoren bis $k_{ÜT} \leq 2{,}5$ beobachtet. Höhere Überspannungsfaktoren ($k_{ÜT} \leq 5$) treten beim Abschalten von Asynchronmotoren auf [10.72].

2. Ein- und Abschalten leerlaufender Leitungen

Der transiente Vorgang beim Einschalten einer leerlaufenden Leitung ist durch die Ausbreitung einer Wanderwelle gekennzeichnet (Bild 10.7–6). Am Leitungsende tritt Totalreflexion auf. Der Überspannungsfaktor $k_{ÜA}$ kann damit nicht größer als 2 werden, wird aber durch Dämpfungswiderstände, Korona u. ä. immer < 2 sein. Ein Sonderfall tritt auf, wenn sich speziell beim dreipoligen Wiedereinschalten auf der Leitung noch eine Restladung befindet. Hier sind Überspannungsfaktoren $k_{ÜA} \leq 3$ möglich [10.73].

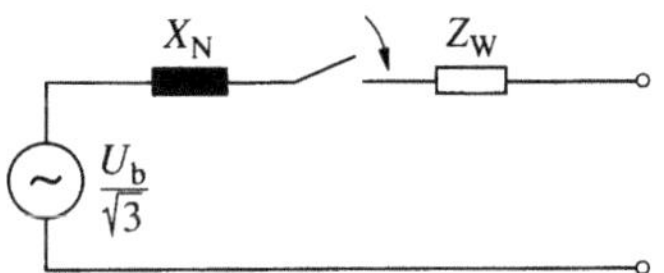

Bild 10.7-6 Einschalten einer leerlaufenden Leitung
Z_W Wellenwiderstand der Leitung,
X_N Reaktanz des Netzes

Das Abschalten leerlaufender Leitungen läßt sich auf das Abschalten kleiner kapazitiver Ströme außerhalb des natürlichen Stromnulldurchganges zurückführen. Eine Ersatzschaltung ist in Bild 10.7–7 angegeben.

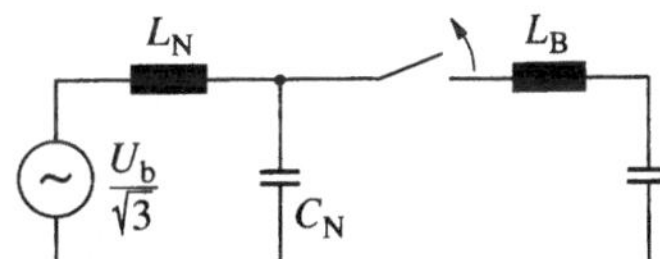

Bild 10.7-7 Abschalten unbelasteter Leitungen
L_N Netzinduktivität,
C_N Netzkapazität,
C_B Leitungskapazität,
L_B Betriebsinduktivität

Die Einschwingfrequenz des Netzes ergibt sich zu

$$\omega_N^2 = \frac{1}{L_N C_N}. \qquad (10.7\text{–}15)$$

Bei Vernachlässigung des Ferranti-Effektes wird der Überspannungsfaktor $k_{ÜA} \leqslant 1{,}6$.

10.7.3.3 Kurzschlußabschaltung

Die in Verbindung mit der Kurzschlußabschaltung auftretenden Überspannungen sind stark von der Art und dem Löschprinzip des Leistungsschalters abhängig. Für die allgemeinen Betrachtungen wird vorausgesetzt, daß die Stromunterbrechung im Nulldurchgang erfolgt. Ist der Lichtbogen erfolgreich gelöscht, schwingt die Spannung über den Schalterpolen mit der Einschwingfrequenz f_{eW} ein. Sie wird von den Blindelementen L_B und C_B des Netzes bestimmt. Der Scheitelwert der Wiederkehrspannung $\hat{u}_W$ ist maximal gleich dem doppelten Wert der Betriebsspannung ($k_{ÜW} \leq 2$).

Der Überspannungsfaktor

$$k_{ÜW} = \frac{\hat{u}_{W\,max}}{\frac{\sqrt{2}}{\sqrt{3}} U_b}, \qquad (10.7\text{–}16)$$

die Einschwingfrequenz

$$f_{eW} = \frac{1}{2\,t_m} \approx \frac{1}{2\,\pi \sqrt{L_B C_B}}, \qquad (10.7\text{–}17)$$

(t_m Zeitdauer bis zum ersten Spannungsmaximum) und die Steilheit

$$S = \frac{\hat{u}_{W\,max}}{t_m}, \qquad (10.7\text{–}18)$$

sind für die Auswahl der Leistungsschalter mitentscheidend. Eine besonders hohe Beanspruchung für den Leistungsschalter stellt der *Abstandskurzschluß* für lange Leitungen dar. Die Leitung sei durch ihren Wellenwiderstand Z_W charakterisiert (Bild 10.7–8).

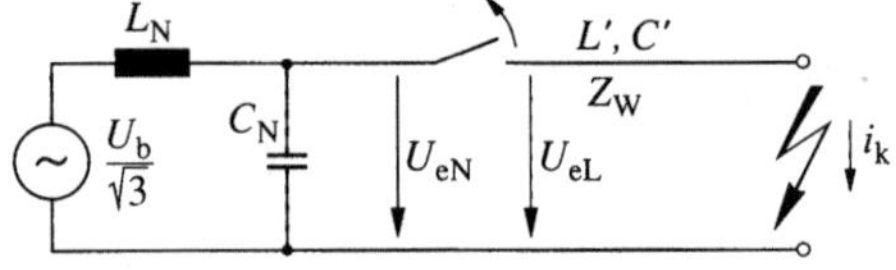

Bild 10.7-8 Abschalten beim Abstandskurzschluß

Für die Einschwingspannung auf der Leitung erhält man dann

$$u_{eL}(t) \approx \hat{i}_k Z_W \,\omega t, \qquad 0 < t < T/2. \qquad (10.7\text{–}19)$$

Auf der Netzseite schwingt die Spannung $u_{eN}(t)$ mit der Frequenz $f_N = 1/2\,\pi \sqrt{C_N L_N}$ ein. Die Differenz beider Spannungen liegt als Wiederkehrspannung $u_{eW}(t)$ über den Schalterpolen

$$u_{eW}(t) = u_{eN}(t) + u_{eL}(t)\,. \qquad (10.7\text{–}20)$$

Die Steilheit des Spannungsanstieges ist in diesem Fall wesentlich größer als bei der Abschaltung des Klemmenkurzschlusses.

10.7.3.4 Kenngrößen von Schaltspannungen

Obwohl Schaltspannungen in den Netzen als gedämpfte Schwingungen auftreten, werden sie im Laboratorium mit einem aperiodischen Spannungsimpuls nachgebildet (Bild 10.7–9) [10.74]. Für die zulässigen Schaltüberspannungen von Betriebsmitteln mit innerer Isolation sind in DIN VDE 0111 Teil3 Richtwerte angegeben (Tabelle 10.7–3).

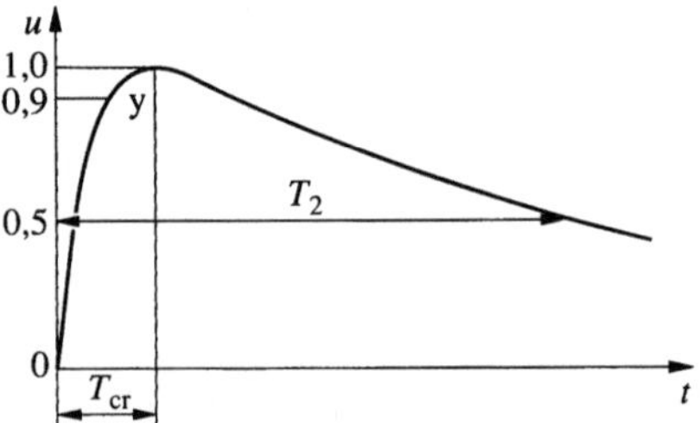

Bild 10.7-9 Prüfschaltstoßspannung nach VDE 0433 Teil 3
Scheitelzeit $T_{Cr} = 250\ \mu s \pm 60\%$,
Rückenhalbwertzeit $T_2 = 2500\ \mu s \pm 60\%$

10.7.4 Blitzüberspannungen

10.7.4.1 Kenngrößen

Blitze sind Entladungen von Raumladungswolken, die bei hoher Luftfeuchtigkeit und großen Luftdruckunterschieden in Verbindung mit starken Winden entstehen.

Ca. 80% der Blitzentladungen haben negative Polarität; sie bestehen aus einer Haupt- und mehreren Folgeentladungen im Abstand von 10 ... 100 ms. Die Anzahl der Gewittertage pro Jahr (isokeraunischer Pegel-IP) beträgt in Deutschland 20 bis 35, wobei die Anzahl der Erdblitze a pro km² und Jahr

$$a \approx 0{,}1 \ldots 0{,}2\ \text{IP}. \qquad (10.7\text{–}21)$$

beträgt, das sind etwa 2 ... 5 Erdblitze/km² a.

Tabelle 10.7–3 Schaltüberspannungsfaktoren

U_m in kV	7,2	12	24	36	123	245	420
$k_{ÜS}$	6,0	3,9	3,3	3,0	2,3 2,8	2,2 2,5	2,2 2,4 2,6

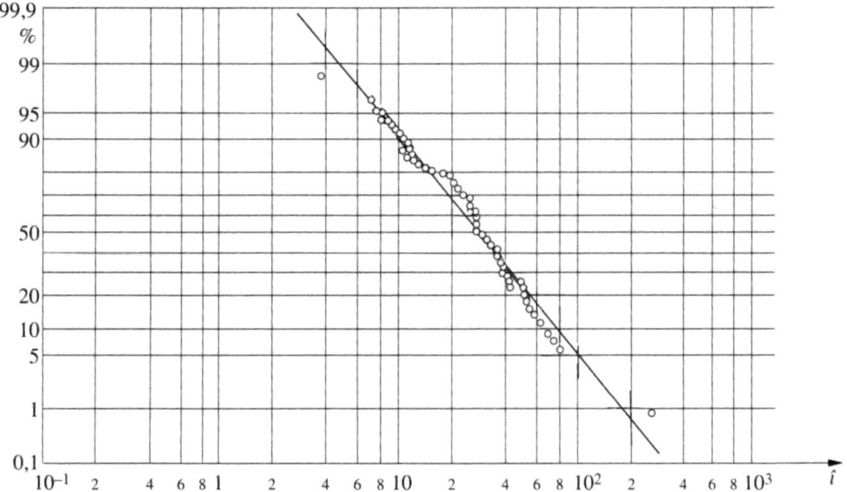

Bild 10.7-10 Gemessene Häufigkeitsverteilung der Blitzstromstärke [10.69]

Blitze haben einen zeitlichen Spannungsverlauf der zwei überlagerten Exponentialfunktionen mit steilem Anstieg und langsamen Abfall entspricht. Blitzstromstärke und -steilheit sind statistisch verteilte Größen (Bild 10.7–10).

Blitzentladungen sind kurzzeitige Impulse, die sich auf Freileitungen und in Kabeln als Wandlerwellen mit der Geschwindigkeit $\vec{v} = \pm\sqrt{1/(L'C')}$ ausbreiten. Auf Freileitungen ist $v \approx c$ (Lichtgeschwindigkeit) und in Kabeln ist $v \approx 0{,}1 \cdot c$.

Am Ende der Leitungen und an Übergangsstellen entstehen Reflexionen, die mit den Gesetzen der Wellenausbreitung beschrieben werden können [10.75]. Blitzentladungen können

- direkte Blitzüberspannungen durch Einschlag in Freileitungen oder Anlagen,
- indirekte Blizüberspannungen durch Einschlag in der unmittelbaren Umgebung von Freileitungen oder Anlagen und
- Überspannungen infolge großer Stoßerdungswiderstände oder durch Reflexionen der Wanderwellen hervorrufen.

In der Normung ist für die Nachbildung der Blitzstoßspannung eine Prüfspannung in Form eines unipolaren Impulses mit einer Stirnzeit von $T_1 = 1{,}2$ µs und einer Rückenhalbwertszeit von $T_2 = 50$ µs festgelegt (Bild 10.7–11) [10.74].

10.7.4.2 Blitzschutz

Wichtigste Schutzmaßnahmen sind das Anbringen von Erdseilen oder Erdstangen, die niederohmige Erdung der metallischen Bauteile und der Einbau von Überspannungsableitern. Der Blitzschutzraum wird

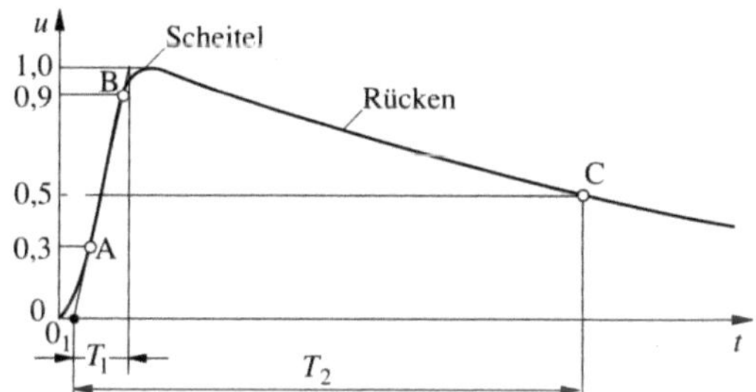

Bild 10.7-11 Prüfblitzstoßspannung nach VDE 0433 Teil 3
Stirnzeit $T_1 = 1{,}2$ µs ± 30%,
Rückenhalbwertzeit $T_2 = 50$ µs ± 20%

im einfachsten Fall aus einer einfachen geometrische Konstruktion entsprechend Bild 10.7–12 bestimmt.

Angenommen wird dabei eine Blitzkopfhöhe von $2\,H$ [10.76].

Hat zum Beispiel bei einer Freileitung das zu schützende Leiterseil L_L den Einbauwinkel β, kann die Wahrscheinlichkeit W des Blitzeinschlages auch mit Hilfe von Bild 10.7–13 und Gl. (10.7–22) bestimmt werden.

$$W = W' \cdot a. \qquad (10.7\text{–}22)$$

Die Höhe der Blitzüberspannung ist abhängig vom Wellenwiderstand Z_W der Leitung. Der wirksame Wellenwiderstand Z_{WL} des Leiterseiles von Freileitungen liegt zwischen 300 Ω und 450 Ω (s. Abschnitt 10.4.3.1). Die Blitzüberspannung ergibt sich dann aus dem Produkt

$$\hat{u}_{\text{Blitz}} = \frac{1}{2} Z_{WL} \cdot \hat{\imath}_{\text{Blitz}}. \qquad (10.7\text{–}23)$$

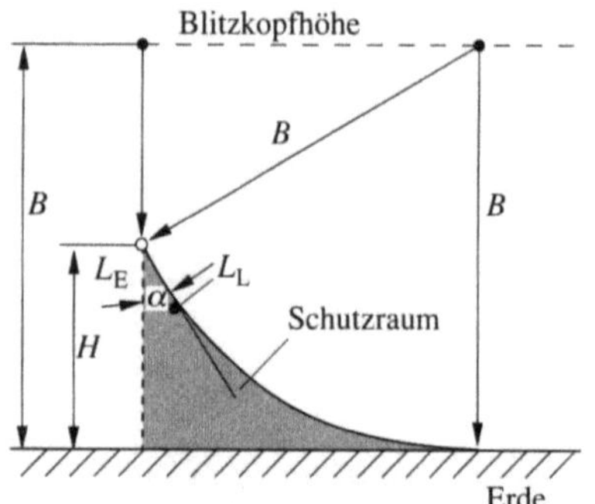

Bild 10.7-12 Konstruktion des Blitzschutzraumes
α Schutzwinkel ≈ 30°,
H Masthöhe,
B Blitzkopfhöhe = 2 H,
L_E Erdseil,
L_L Leiterseil

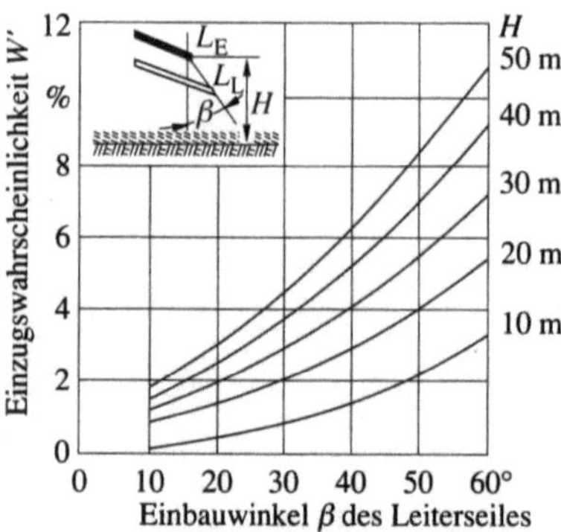

Bild 10.7-13 Einzugswahrscheinlichkeit für den Blitzeinschlag in ein Leiterseil

Für Gittermasten kann ein Wellenwiderstand Z_{WG} von ca. 250 Ω für die Stirn des Blitzes angenommen werden, für den längeren Rücken wirkt nur noch der Stoßerdungswiderstand mit $Z_E = 5 \dots 10\ \Omega$. Die Ableitung des Blitzstromes über den Gittermast bewirkt eine Spannungsanhebung

$$\hat{u}_G = Z_{WG} \cdot \hat{\imath}_{\text{Blitz-Mast}}, \qquad (10.7\text{–}24)$$

die beim Überschlag zu einer keilförmigen Wanderwelle führt.

Beim *indirekten* Blitzeinschlag haben die Überspannungen niedrigere Scheitelwerte (< 150 kV), so daß nur eine Gefährdung im Mittel- und Niederspannungsnetz zu erwarten ist.

10.7.5 Begrenzung von Überspannungen

Die wichtigsten Geräte zur Überspannungsbegrenzung sind Schutzfunkenstrecken und Überspannungsableiter

1. Schutzfunkenstrecken

Schutzfunkenstrecken sind in den meisten Fällen Spitze-Spitze-Funkenstrecken oder Ringelektroden. Ihr Abstand wird entsprechend der gewünschten Ansprechspannung eingestellt. Derartige Luftfunkenstrecken haben immer einen Ansprechverzug von einigen Mikrosekunden. Jeder Durchschlag führt zu einem Erdschluß bzw. Erdkurzschluß. Ihr Einsatz sollte deshalb auf Netze mit Erdschlußkompensation beschränkt bleiben.

2. Überspannungsableiter

Überspannungsableiter bestehen aus der Reihenschaltung von Löschfunkenstrecken mit spannungsabhängigen Widerständen (Bild 10.7–14a). Erreicht die Überspannung die Ansprechspannung der Löschfunkenstrecken, zünden diese. Der spannungsabhängige Widerstand führt bei hohen Spannungen einen großen Strom, der dann auf einen Reststrom absinkt, wenn die Überspannung abgesenkt ist. Die am Widerstand abfallende Restspannung muß größer sein

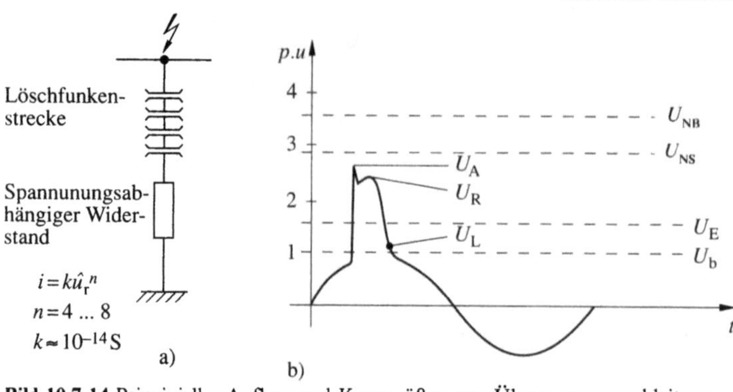

U_b Betriebsspannung,
U_E höchste betriebsfrequente Erdschlußüberspannung,
U_{NS} Bemessungs-Schaltspannung,
U_{NB} Bemessungs-Blitzspannung,
U_A Ansprechspannung,
U_R Restspannung,
U_L Löschspannung des Überspannungsableiters

Bild 10.7-14 Prinzipieller Aufbau und Kenngrößen von Überspannungsableitern
a) Aufbau,
b) Kenngrößen

als die Betriebsspannung. Der Reststrom wird dann spätestens im Nulldurchgang gelöscht. Die für die Isolationskoordination wichtigen Kenngrößen der Überspannungsableiter sind die Löschspannung und die Ansprechspannung. Die Ansprechspannung muß unter der Bemessungsblitz- bzw Bemessungsschaltspannung der zu schützenden Geräte liegen (Bild 10.7–14b).

Der Ableiter schützt räumlich nur in einem begrenzten Bereich, er soll deshalb in unmittelbarer Nähe des zu schützenden Gerätes aufgebaut werden (Tabelle 10.7–4) [10.77].

Tabelle 10.7–4: Anhaltswerte zum Schutzbereich von Überspannungsableitern nach DIN VDE 0111 Teil 3

U_m in kV	Schutzbereich l in m	Anschlußlänge a in m
≤36	8	2
123	15	5
245	20	10
420	20	15

10.7.6 Isolationskoordination

Isolierungen müssen so bemessen werden, daß ihr Isolationsvermögen den im Netz auftretenden Spannungsbeanspruchungen standhält. Dabei ist zu beachten, welche Folgen ein Durch- bzw. Überschlag hervorruft. So ist zum Beispiel ein Überschlag eines Freileitungsisolators selbstregenerierend und möglich, dagegen führt ein Durchschlag im Transformator zum Ausfall des Gerätes. Man unterscheidet deshalb zwischen

- geschützter Isolation (innere Isolierungen) mit kleinem Fehlerrisiko und
- nicht geschützter Isolation (äußere Isolierungen) mit Fehlerrisiko.

Ausgehend von den möglichen Beanspruchungen der Betriebsmittel werden ihnen deshalb unter Berücksichtigung der Überspannungsbegrenzung (Überspannungsableiter) bestimmte Isolationspegel zugeordnet.

Das Isoliervermögen kann durch statistisch ermittelte Stehspannungen nachgewiesen werden. Für Blitz- und Schaltspannungen wird die Stehspannung U_{d10} angegeben, die einer Durchschlagwahrscheinlichkeit von 10% entspricht. Die entsprechenden Prüfprozeduren sind in den Normen festgelegt [10.78], [10.79]. Bei Gleich- und Wechselspannung ist die Prüfspannung nur über einen bestimmten Zeitraum (60 s) anzulegen. Die Überspannungen $U_Ü$ folgen ebenfalls einer statistischen Verteilung. Für die Isolationskoordination wird die Überspannung zu Grunde gelegt, die mit einer statistischen Wahrscheinlichkeit von 2% überschritten wird ($U_{Ü2}$). Um Schädigungen der Isolation mit Sicherheit zu vermeiden, muß $U_{d10} > U_{Ü2}$ sein. Das Verhältnis wird als Pegelsicherheit c bezeichnet.

$$c = \frac{U_{d10}}{U_{Ü2}} > 1. \qquad (10.7\text{–}25)$$

Die statistische Isolationskoordination erfordert die Kenntnis der Verteilungsfunktionen von U_d und $U_Ü$. Sind die Verteilungsfunktionen nicht bekannt, muß von Festwerten für U_d und $U_Ü$ ausgegangen werden. Für die Betriebsmittel wird die Stehspannung U_{d10} durch die Isolationspegel (Bemessungsspannung/Nennstehspannung) ersetzt und die Überspannung durch einer Maximalwert $\hat{u}_{max\,ü}$, der auch der Schutzpegel einer Überspannungsschutzeinrichtung sein kann. Die Isolationskoordination wird jetzt nach Extremwerten für die verschiedenen Spannungsbeanspruchungen durchgeführt, wie im Bild 10.7–15 dargestellt [10.80]. Der Abstand zwischen der maximalen Überspannung $\hat{u}_{max\,ü}$ und der Bemessungsspannung $\hat{u}_N$, die Pegelsicherheit c, unterscheidet sich bei Wechsel-, Schalt- und Blitzstoßspannung und wird als Pegelsicherheit bei Wechselspannung $- c_W$, Pegelsicherheit bei Schaltspannung $- c_S$ und Pegelsicherheit bei Blitzstoßspannung $- c_B$ bezeichnet.

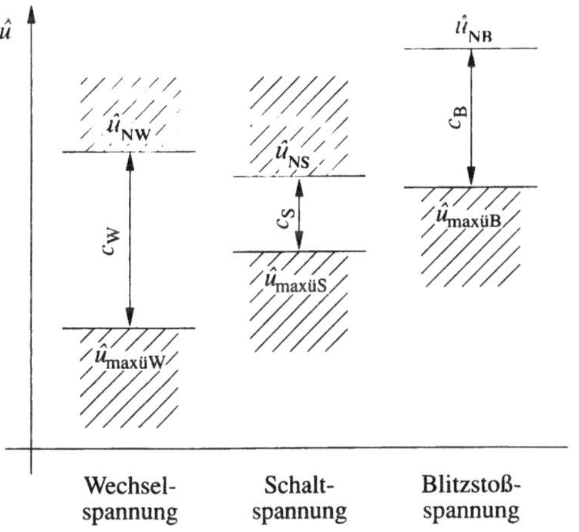

Bild 10.7-15 Modell der Extremwertisolationskoordination
$\hat{u}_{NW}$ Bemessungswechselspannung,
$\hat{u}_{NS}$ Bemessungsschaltspannung,
$\hat{u}_{NB}$ Bemessungsblitzspannung

In den Tabellen 10.7–5 bis 10.7–7 sind die genormten Isolationspegel für die drei Spannungsebenen A, B und C angegeben. [10.67]. In den Tabellen 10.7–6 und 10.7–7 sind für jede Spannung U_m bis zu vier Paare einander zugeordneter Blitzstoßspannungspegel und Wechselspannungspegel angegeben. Damit können unterschiedliche Erdfehlerfaktoren und Lastabwurffaktoren und daraus resultierende unterschiedliche Schutzpegel der Überspannungsableiter berücksichtigt werden. Alle Tabellenwerte sind Angaben nach DIN VDE 0111.

Tabelle 10.7–5: Genormte Isolationspegel für Leiter- Erde- und Leiter-Leiter-Isolation im Bereich 1 kV < U_m < 52 kV (Spannungsebene A)

1	*2*	*3*	*4*
Höchste Spannung für Betriebsmittel U_m (Effektivwert)	Nenn-Steh-Blitzstoß-spannung U_{NB} (Scheitelwert)		Nenn-Steh-Wechsel-spannung U_{NW} (Effektivwert)
	Liste 1	Liste 2	
kV	kV	kV	kV
3,6	20	40	10
7,2	40	60	20
12	60	75	28
17,5	75	95	38
24	95	125	50
36[1)]	145	170	70

[1)] In bestehenden Netzen mit einer höchsten Betriebspannung $U_{umax} = 40$ kV dürfen Betriebsmittel mit dem Isolationspegel nach Liste 2 für $U_m = 36$ kV eingesetzt werden.

Tabelle 10.7–6: Genormte Isolationspegel für Leiter- Erde- und Leiter-Leiter-Isolation im Bereich 52 kV ≤ U_m < 300 kV (Spannungsebene B)

1	*2*	*3*	*4*
Höchste Spannung für Betriebsmittel U_m (Effektivwert)	Bezugsgröße $U_m \frac{\sqrt{2}}{\sqrt{3}}$ (Scheitelwert)	Nenn-Steh-Blitz-stoßspannung U_{NB} (Scheitelwert)	Nenn-Steh-Wechselspannung U_{NW} (Effektivwert)
kV	kV	kV	kV
52	42,5	250	95
72,5	59	325	140
123[1)]	100	450	185
		550	230
145	118	(450)	(230)
		550	230
		650	275
170	139	(550)	(275)
		650	275
		750	325
245[1)]	200	(750)	(350)
		850	360
		950	395
		1050	460

[1)] In bestehenden Netzen mit höchsten Betriebspannungen $U_{umax} = 125$ kV bzw. 250 kV dürfen Betriebsmittel mit den Isolationspagein für $U_m = 123$ kV bzw. 245 kV eingesetzt werden.

Tabelle 10.7–7: Genormte Isolationspegel für Leiter- Erde- und Leiter-Leiter-Isolation im Bereich $U_m \geq 300$ kV (Spannungsebene C)

1	*2*	*3*	*4*	*5*	*6*
Höchste Spannung für Betriebsmittel U_m (Effektivwert)	Bezugsgröße $U_m \frac{\sqrt{2}}{\sqrt{3}}$ (Scheitelwert)	Nenn-Steh-Schaltstoßspannung Leiter–Erde		Nenn-Steh-Schaltstoßspannung Leiter–Leiter	
		U_{NS} (Scheitelwert)	(bezogener Scheitelwert)	U_{NS} (Scheitelwert)	(bezogener Scheitelwert)
kV	kV	kV	p. u.	kV	p. u.
300	245	750	3,06	1175	4,80
		850	3,47	1300	5,31
362	296	850	2,86	1300	4,39
		950	3,21	1425	4,81
420	343	950	2,76	1425	4,15
		1050	3,06	1550	4,52
525	429	1050	2,45	1675	3,90
		1175	2,74	1800	4,20
765	625	1300	2,08	2250	3,50
		1425	2,28	2400	3,84
		1550	2,48	2550	4,08

10.8 Netzstabilität

10.8.1 Einführung

Energieversorgungsnetze sollen elektrische Energie von den Erzeugereinrichtungen (Kraftwerken) zu den Lastzentren (Verbrauchern) übertragen. Dabei können Stabilitätsprobleme auftreten. Man unterscheidet zwischen

- statischer Stabilität und
- transienter Stabilität [10.81] bis [10.84].

Befindet sich das Netz in einem stationären Betriebspunkt und kehrt es nach einer hinreichend kleinen Störung in diesen Betriebspunkt wieder zurück, so ist es statisch stabil. Diese Form der Stabilität wird in der Regelungstechnik auch als Stabilität im Kleinen bezeichnet. Sie ist praktisch die Voraussetzung für jeden stationären Betrieb.

Unter transienter Stabilität versteht man das Stabilitätsverhalten eines Energieversorgungsnetzes nach einer großen Störung. Dabei beschränken sich die Betrachtungen auf Vorgänge, die im Bereich von einigen Sekunden ablaufen.

Bei der Untersuchung eines Energieversorgungsnetzes auf statische und transiente Stabilität sind verschiedene Verfahren entwickelt worden, über die im folgenden berichtet werden soll.

10.8.2 Statische Stabilität

10.8.2.1 Stabilitätsgrenzen

Das Problem der statischen Stabilität wird anhand von Bild 10.8–1a erläutert, wo ein Generator elektrische Energie in das Netz Q einspeist. Beim einphasigen Ersatzschaltbild (Bild 10.8–1b) wurden die ohmschen Widerstände vernachlässigt. Besonders einfache Verhältnisse ergeben sich für ein starres Netz ($X_Q = 0$). Eine solche Annahme ist in erster Näherung zulässig, weil die synchrone Reaktanz X_d ohnehin dominiert ($X_d \gg X_Q$).

Das Zeigerdiagramm von Strom und Spannung wird in Bild 10.8–1c dargestellt. Für die Wirk- und Blindleistung des Generators gilt:

$$P = \sqrt{3}\, U_Q I \cos\varphi, \qquad Q = \sqrt{3}\, U_Q I \sin\varphi. \tag{10.8–1}$$

Aus dem Zeigerdiagramm erhält man die Beziehungen

$$U_1 = \frac{1}{\sqrt{3}}(E\cos\vartheta - U_Q) = I X_d \sin\varphi, \qquad U_2 = \frac{1}{\sqrt{3}} E \sin\vartheta = I X_d \cos\varphi. \tag{10.8–2}$$

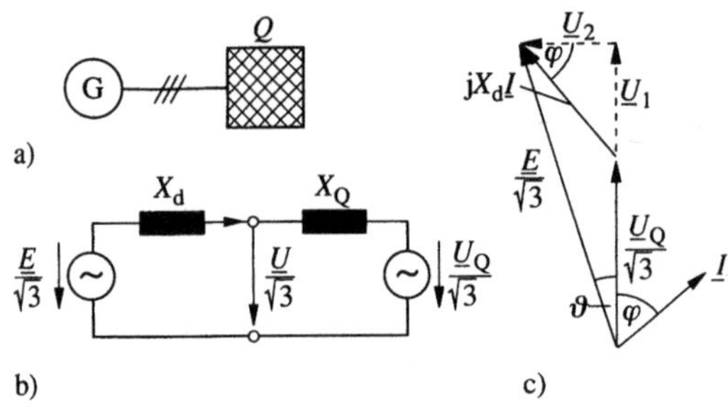

Bild 10.8-1 Energieübertragungsstrecke
a) Netz mit Generator,
b) einphasiges Ersatzschaltbild,
c) Zeigerdiagramm (für $X_Q = 0$)

Damit ergeben sich Wirk- und Blindleistung des Generators zu:

$$P = \frac{E\,U_Q}{X_d} \sin \vartheta,$$
$$Q = -\frac{U_Q^2}{X_d} + \frac{E\,U_Q}{X_d} \cos \vartheta. \qquad (10.8\text{–}3)$$

Diese Größen sind in Bild 10.8–2 in Abhängigkeit vom Polradwinkel ϑ dargestellt. Bei gegebenen Netz- und Generatordaten sowie konstanter Generatorerregung beträgt die maximal übertragbare Wirkleistung

$$P_{max} = \frac{E\,U_Q}{X_d}. \qquad (10.8\text{–}4)$$

P, P_{max}	Q	U_d, U_Q, U_1, U_2	E	X_d	φ	ϑ
W	W	V	J	Ω	°	°

Der Polradwinkel erreicht in diesem Betriebspunkt den Wert $\vartheta = 90°$. Die Energieübertragungsstrecke befindet sich hier an ihrer Stabilitätsgrenze.

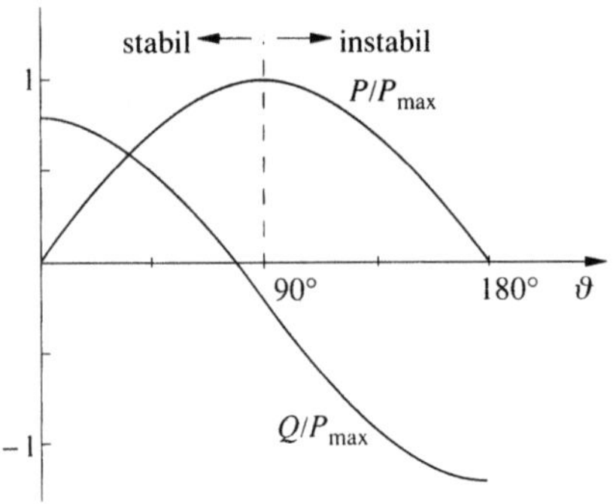

Bild 10.8-2 Wirk- und Blindleistungsabgabe des Generators bei Nennerregung

Ein statisch stabiles Systemverhalten ist nach der Stabilitätstheorie nur dann gewährleistet, wenn für den Differentialquotienten

$$\frac{dP}{d\vartheta} = \frac{EU_Q}{X_d} \cos \vartheta > 0 \qquad (10.8\text{–}5)$$

gilt. Diese Bedingung erfüllen alle Polradwinkel

$$0 \leq \vartheta < 90°. \qquad (10.8\text{–}6)$$

Die Blindleistung an der Stabilitätsgrenze $\vartheta = 90°$ wird hier mit

$$Q_{min} = -\frac{U_Q^2}{X_d} \qquad (10.8\text{–}7)$$

bezeichnet.

10.8.2.2 Leistungsdiagramm eines Turbogenerators

Die Leistungsgrenzen eines Turbogenerators lassen sich sehr anschaulich in einem *P*-*Q*-Diagramm darstellen.

Mit den Gleichungen (10.8–4) und (10.8–7) vereinfachen sich die Beziehungen (10.8–3) zu:

$$P = P_{max} \cdot \sin \vartheta,$$
$$Q = Q_{min} + P_{max} \cos \vartheta. \qquad (10.8\text{–}8)$$

Hieraus erhält man nach der Elimination des Polradwinkels ϑ eine Kreisgleichung, die den Zusammenhang zwischen Wirk- und Blindleistungsabgabe des Generators beschreibt:

$$P^2 + (Q - Q_{min})^2 = P_{max}^2 \qquad (10.8\text{–}9)$$

Diese Beziehung läßt sich in der *P*-*Q*-Ebene darstellen (Kurve 2 in Bild 10.8–3). Kurve 4 gibt die statische Stabilitätsgrenze an, Kurve 6 die Grenze des Generatorbetriebes.

Jeder Arbeitspunkt innerhalb der durch die Kurven 2, 4 und 6 aufgespannten Fläche läßt sich statisch stabil einstellen. In der Praxis zeigt es sich jedoch, daß weitere Einschränkungen den Betriebsbereich eines Generators einengen, nämlich

- die maximal zulässigen Ständerströme (Kurve 1) und
- die maximale Turbinenleistung (Kurve 3).

Außerdem wird ein Betrieb in der Umgebung der Stabilitätsgrenze vermieden (Kurve 5).

Man erkennt aus dem Leistungsdiagramm (Bild 10.8–3), daß die statische Stabilität nur gefährdet ist, wenn der Generator untererregt betrieben wird (kapazitive Belastung). Ein solcher Betriebszustand liegt z. B. bei ausgedehnten Kabelnetzen während der Schwachlastzeit vor. In diesem Fall läßt sich durch geeignete Auslegung des Spannungsreglers die Stabilitätsgrenze künstlich erweitern. Man spricht dann auch von künstlicher statischer Stabilität eines Generators (Kurve 7 in Bild 10.8–3).

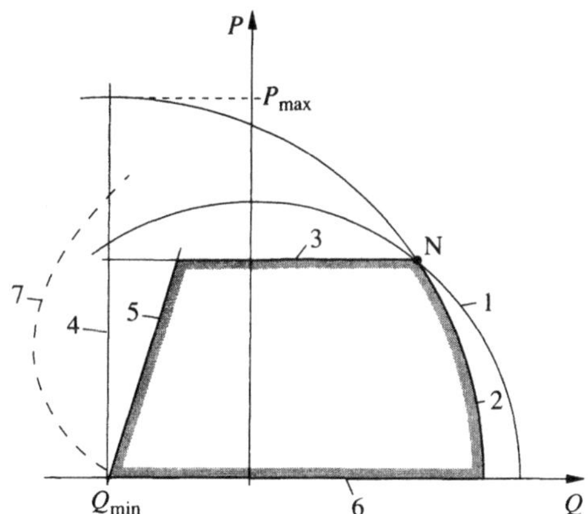

Bild 10.8-3 Leistungsdiagramm eines Turbogenerators
N Nennpunkt
1 Grenze durch maximale Ständerströme,
2 Grenze durch maximale Erregerströme,
3 Grenze durch maximale Turbinenleistung,
4 statische Stabilitätsgrenze,
5 praktische statische Stabilitätsgrenze,
6 Grenze des Generatorsbetriebes,
7 künstliche statische Stabilität

10.8.3 Transiente Stabilität

10.8.3.1 Beschreibung des Phänomens

Bei der transienten Stabilität geht es um das Netzverhalten nach großen Störungen. Solche Betriebszustände werden z. B. durch Kurzschlüsse ausgelöst. Diese beeinträchtigen den Energietransport im Netz. Die Generatoren können dann ihre Antriebsleistungen nicht mehr vollständig als elektrische Leistung abführen. Das entstehende Ungleichgewicht zwischen erzeugter und verbrauchter Leistung führt beim Kurzschluß zu einer Beschleunigung der Generatorläufer.

Das Energieversorgungsnetz ist transient stabil, wenn nach Abschaltung des Kurzschlusses sämtliche Generatoren wieder abgebremst werden und erneut in den stationären Betrieb übergehen. Generatoren, denen dies nicht gelingt, geraten aus dem Synchronismus und sind vom Netz abzutrennen.

10.8.3.2 Betrachtung eines Beispielnetzes

Bei der Untersuchung des Beispielnetzes (Bild 10.8–1) auf transiente Stabilität interessiert das elektromechanische Schwingungsverhalten des Generatorläufers. Dieser wird im einfachsten Fall durch eine nichtlineare Differentialgleichung 2. Ordnung, das sogenannte E'-Modell, nachgebildet.

$$\frac{T_A}{\omega_n}\ddot{\delta} + \frac{C_D}{\omega_n}\dot{\delta} = P_A - P',$$

$$P' = P'_{max} \cdot \sin\delta = \frac{E' U_Q}{X'_d + X_Q}\sin\delta, \qquad (10.8\text{–}10)$$

T_A Anlaufzeitkonstante (Tragheitsmaß für Wellenstrang),

ω_n synchrone Netzkreisfrequenz ($\omega_n = 100\,\pi\,s^{-1}$),

C_D Dämpfungskonstante (Berücksichtigung der Dämpferwicklung),

P_A Turbinenantriebsleistung,

P' transiente elektrische Abgabeleistung des Generators,

δ Polradwinkel im Modell.

Während der elektromechanischen Ausgleichsvorgänge befindet sich der Generator im transienten Betrieb. Somit wird er durch die Ersatzschaltung nach Bild 10.3–2c beschrieben.

Der Polradwinkel δ im Modell ist nicht mit dem tatsächlichen Polradwinkel ϑ in der Maschine identisch. Beide Größen zeigen jedoch bezüglich des Schwingungsverhaltens eine gute Übereinstimmung. Durch Linearisierung der Schwingungsgleichung (10.8–10) im Arbeitspunkt δ_0 läßt sich die Eigenfrequenz des Generatorläufers berechnen. Diese ergibt sich bei Vernachlässigung der Dämpfung ($C_D = 0$) zu

$$f_0 = \frac{1}{2\pi}\sqrt{\frac{P'_{max}\,\omega_n \cos\delta_0}{T_A}}. \qquad (10.8\text{–}11)$$

Die elektromechanische Eigenfrequenz eines Generators hängt vom Arbeitspunkt ab und liegt in der Größenordnung von $f_0 \approx 1$ Hz. Bild 10.8–4 zeigt das dynamische Netzverhalten während und nach einem dreipoligen Kurzschluß an den Klemmen des Generators (Bild 10.8–1). Die Schwingkurven erhält man durch numerische Lösung der Differentialgleichung (10.8–10).

Während der Kurzschlußdauer t_k ist eine Leistungsabgabe des Generators an das Netz nicht möglich. Die Abgabeleistung P' bricht zusammen ($P' = 0$, Bild 10.8–4a), während die Turbinenleistung P_A den Generatorläufer beschleunigt. Die Drehfrequenz $\dot{\delta}$ und der Polradwinkel δ wachsen an (Bilder 10.8–4b und c). Nach Beendigung des Kurzschlusses übersteigt aufgrund des großen Polradwinkels δ die Generatorleistung P' die Antriebsleistung P_A, wodurch der Läufer wieder abgebremst wird. Es entstehen gedämpfte Ausgleichsschwingungen mit einer Frequenz von ca. 1 Hz. Das betrachtete System ist im vorliegenden Fall transient stabil.

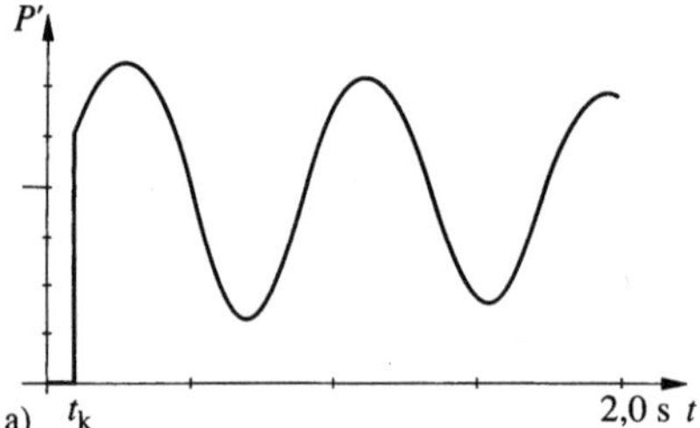

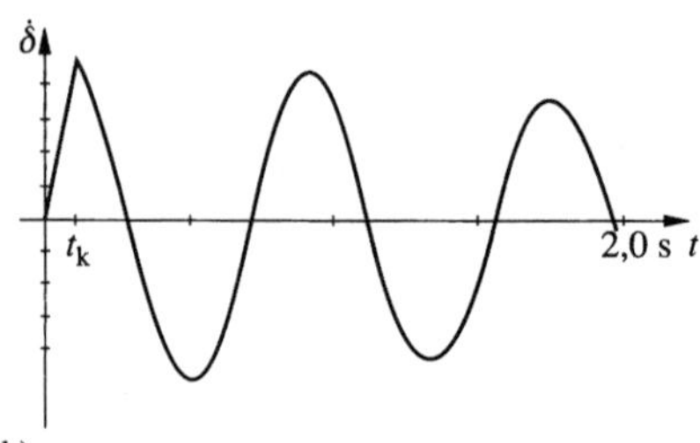

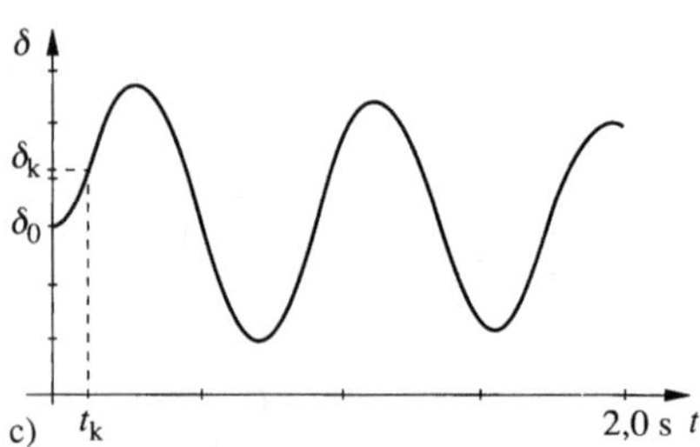

Bild 10.8-4 Elektromechanische Generatorschwingungen nach einem Kurzschluß

a) Generatorleistung P',

b) Drehkreisfrequenz $\dot{\delta}$ des Läufers,

c) Polradwinkel δ

Die Angabe der transienten Stabilitätsgrenzen des Generators ist schwierig, da neben dem Arbeitspunkt vor Kurzschlußbeginn noch die Fehlerparameter (Fehlerart, Fehlerort, Fehlerdauer) wichtig sind. In der Vergangenheit haben sich zwei Verfahren herausgebildet, die im folgenden behandelt werden:

- Flächenkriterium und
- Einzugsbereich.

10.8.3.3 Flächenkriterium

Zur Erläuterung des Flächenkriteriums dient Bild 10.8–5. Es wird die transiente Abgabeleitung P' über dem Polradwinkel δ aufgetragen. Vor Kurzschlußbeginn befindet sich der Generator in einem stationären Arbeitspunkt, der durch den Polradwinkel δ_0 gegeben ist. Während des Kurzschlusses verändert sich der Polradwinkel auf den Wert δ_k.

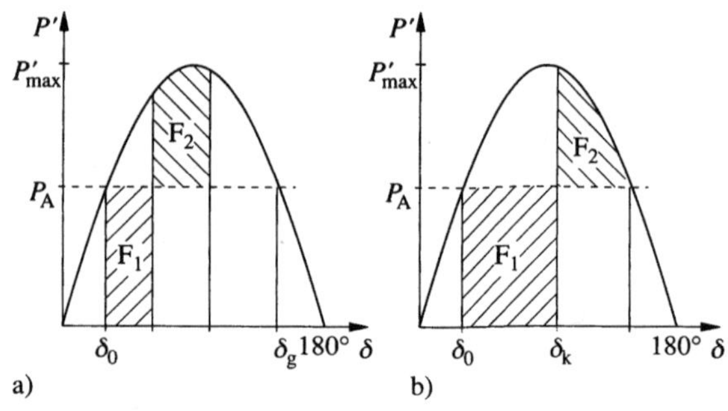

Bild 10.8-5 Erläuterung des Flächenkriteriums

a) transient stabiles Verhalten ($F_1 = F_2$),

b) transient instabiles Verhalten ($F_1 > F_2$)

Die gekennzeichnete Fläche F_1 ist ein Maß für die Beschleunigung des Generatorläufers. Dieser läßt sich nur dann wieder abbremsen, wenn nach Abschaltung des Kurzschlusses eine gleichgroße Fläche F_2 oberhalb der P_A-Linie zur Verfügung steht (Bild 10.8–5a). Bei zu lange anstehendem Kurzschluß ergibt sich ein sehr großer Winkel δ_k. In diesem Fall wird die Energieübertragungsstrecke instabil (Bild 10.8–5b), da $F_1 > F_2$ ist.

10.8.3.4 Einzugsbereich

Die Schwingungsdifferentialgleichung (10.8–10) läßt sich in Zustandsform darstellen. Bei Vernachlässigung der Dämpfung ($C_0 = 0$) erhält man:

$$\dot{\delta} = v,$$

$$\dot{v} = \frac{\omega_n}{T_A}(P_A - P'_{max} \sin \delta). \qquad (10.8\text{–}12)$$

Eine geschlossene Lösung dieses Gleichungssytems ist nicht möglich. Man kann aber die Zeit t eliminieren:

$$\frac{\dot{v}}{\dot{\delta}} = \frac{\frac{\mathrm{d}v}{\mathrm{d}t}}{\frac{\mathrm{d}\delta}{\mathrm{d}t}} = \frac{\mathrm{d}v}{\mathrm{d}\delta} = \frac{\omega_n}{T_A v}(P_A - P'_{max} \sin \delta) \qquad (10.8\text{–}13)$$

oder

$$v\,\mathrm{d}v = \frac{\omega_n}{T_A}(P_A - P'_{max} \sin \delta)\,\mathrm{d}\delta. \qquad (10.8\text{–}14)$$

Nach Integration von Gleichung (10.8–14) erhält man

$$v = \pm \sqrt{\frac{2\,\omega_n}{T_A}(P_A \delta + P'_{max} \cos \delta + C)}. \qquad (10.8\text{–}15)$$

Aus der Ruhelage des Systems vor Kurzschlußeintritt ($v=0$, $\delta=\delta_0$) läßt sich die Integrationskonstante C bestimmen:

$$C = -P_A\delta_0 - P'_{max}\cos\delta_0. \qquad (10.8\text{–}16)$$

Die Gleichungen (10.8–15) und (10.8–16) beschreiben offene und geschlossene Kurven in der v-δ-Ebene. Bei dem Grenzwinkel δ_g findet der Übergang von den offenen zu den geschlossenen Kurven statt. Dieser Winkel berechnet sich nach Bild 10.8–5 zu

$$\delta_g = \pi - \arcsin\frac{P_A}{P'_{max}}. \qquad (10.8\text{–}17)$$

Mit dem Grenzwinkel δ_g erhält man aus den Gleichungen (10.8–15) und (10.8–16) die Grenzkurve

$$v_g = \pm\sqrt{\frac{2\,\omega_n}{T_A}[P_A(\delta-\delta_g)+P'_{max}(\sin\delta-\sin\delta_g)]}. \qquad (10.8\text{–}18)$$

Diese ist in Bild 10.8–6 dargestellt. Die Fläche innerhalb der Grenzkurve wird als Einzugsbereich bezeichnet.

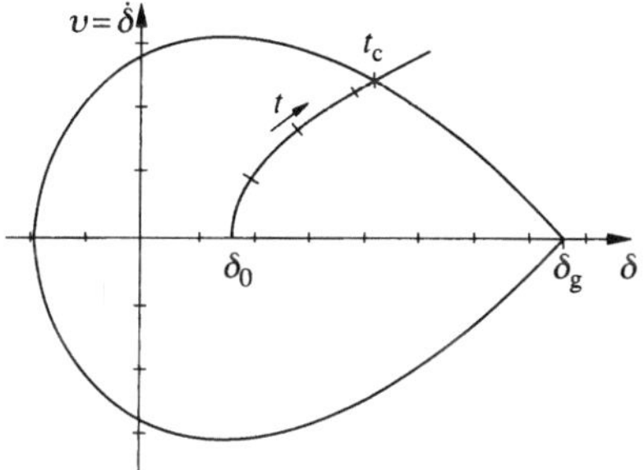

Bild 10.8-6 Einzugsbereich mit Kurzschlußtrajektorie

Das in Bild 10.8–1 dargestellte Netz ist transient stabil, solange der Generatorläufer den Einzugsbereich nicht verläßt. Bei dem angenommenen dreipoligen Klemmenkurzschluß kann keine Energie an das Netz übertragen werden ($P'_{max}=0$). Der Generatorläufer bewegt sich dann auf einer Kurzschlußtrajektorien, für die nach Gleichung (10.8–15) und (10.8–16) gilt

$$v = \pm\sqrt{\frac{2\,\omega_n}{T_A}[P_A(\delta-\delta_0)]}. \qquad (10.8\text{–}19)$$

Diese Kurve ist in Bild 10.8–6 eingezeichnet mit der Kurzschlußzeit t als Parameter. Der Schnittpunkt zwischen der Grenzkurve und der Kurzschlußtrajektorien ist die Stabilitätsgrenze. An ihr kann man die kritische Kurzschlußzeit t_c ablesen. Beim Überschreiten dieser Zeit ist eine Stabilisierung des Generators nicht mehr möglich.

10.9 Netzrückwirkungen

10.9.1 Einführung

Unter Netzrückwirkungen versteht man die Beeinflussung der Netzspannung durch elektrische Verbraucher. Das Zustandekommen von Netzrückwirkungen wird anhand von Bild 10.9–1a erläutert.

a)

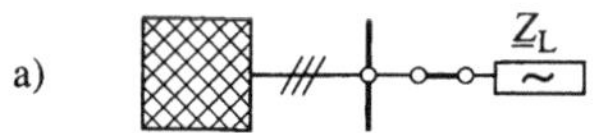

b)

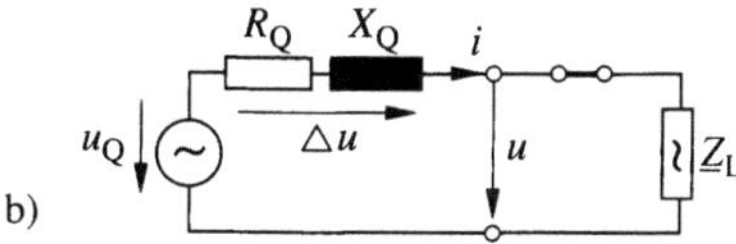

c)

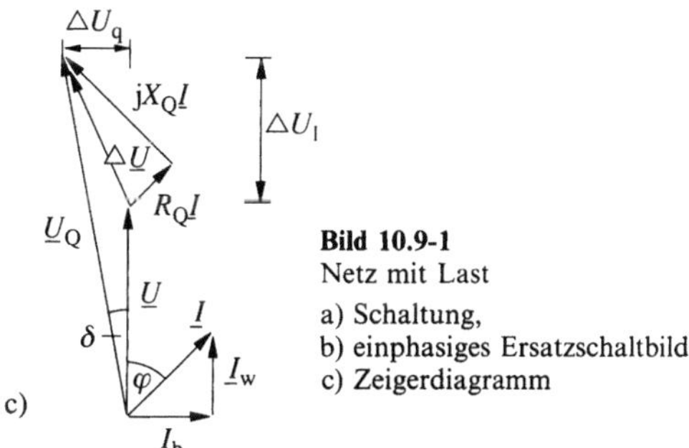

Bild 10.9-1
Netz mit Last
a) Schaltung,
b) einphasiges Ersatzschaltbild,
c) Zeigerdiagramm

Für die Anschlußspannung u des Netzes gilt (Bild 10.9–1b):

$$u = u_Q - R_Q\cdot i - L_Q\dot{i}_Q. \qquad (10.9\text{–}1)$$

Der Laststrom i ruft am endlichen Netzinnenwiderstand (R_Q, L_Q) einen Spannungsabfall Δu hervor, der die Netzspannung u verändert. Man erkennt, daß im Prinzip jeder elektrische Verbraucher beim Zu- und Abschalten Netzrückwirkungen auslöst. Diese machen sich aber erst bei leistungsstarken Verbrauchern störend bemerkbar.

Netzrückwirkungen treten nach außen in Erscheinung als

- Spannungsabfälle,
- Spannungsschwankungen,
- Spannungsverzerrungen und
- Spannungsunsymmetrien.

Im folgenden werden die genannten Effekte näher behandelt.

10.9.2 Spannungsabfälle

Ein Spannungsabfall liegt vor, wenn sich der Effektivwert der Netzspannung nach dem Zuschalten eines Verbrauchers verändert. Spannungsabfälle werden im wesentlichen durch die Lastblindströme verursacht. Zur näheren Erläuterung dient das in Bild 10.9–1c dargestellte Zeigerdiagramm. Der Spannungsabfall ΔU kann in zwei Komponenten zerlegt werden (Abschnitt 10.4.3.1),

den Längsspannungsabfall

$$\Delta U_l = R_Q I_w + X_Q I_b \qquad (10.9\text{–}2)$$

und den Querspannungsabfall

$$\Delta U_q = X_Q I_w - R_Q I_b \,. \qquad (10.9\text{–}3)$$

Die Änderung des Netzspannungseffektivwertes läßt sich auf den Längsspannungsabfall zurückführen. Dieser wird nach Gleichung (10.9–2) durch den Blindstrom I_b des Verbrauchers verursacht, wenn man vereinfachend von der Beziehung $(R_Q/X_Q) \ll 1$ ausgeht.

Der Querspannungsabfall bewirkt in erster Näherung nur eine Verdrehung der Netzspannung um den Winkel δ.

In Niederspannungsnetzen ist der zulässige Spannungsabfall beim Zuschalten einer Last auf den Wert

$$\Delta U \leq 3\%$$

begrenzt (DIN VDE 0838) [10.85]. Dieser Grenzwert wird häufig beim Einschalten leistungsstarker Asynchronmaschinen kurzzeitig überschritten. Es fließen während des Hochlaufvorganges sehr große Anlaufströme, die Spannungseinbrüche von $\Delta U > 10\%$ hervorrufen können (Bild 10.9–2).

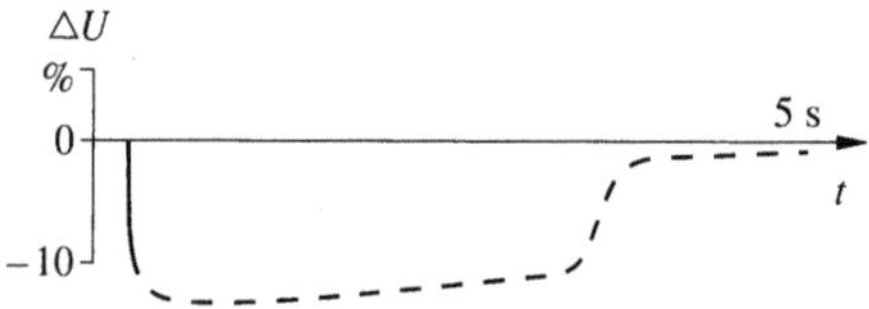

Bild 10.9-2 Einschalten eines Asynchronmotors

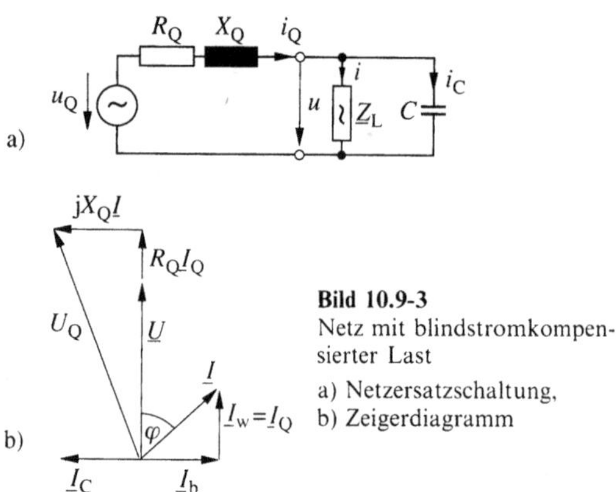

Bild 10.9-3
Netz mit blindstromkompensierter Last
a) Netzersatzschaltung,
b) Zeigerdiagramm

Eine Reduktion von Spannungsabfällen im Netz ist durch Kompensation der Lastblindströme möglich. In diesem Fall werden parallel zum Verbraucher Kondensatoren angeordnet, die die notwendigen Lastblindströme erzeugen. Das Netz muß dann nur noch die Wirkkomponente des Laststromes liefern (Bild 10.9–3 und Abschnitt 10.4.3.2).

10.9.3 Spannungsschwankungen

Verbraucher mit stark schwankendem Leistungsbedarf (unruhige Verbraucher) rufen zeitabhängige Spannungsabfälle hervor. Diese führen zu Schwankungen des Netzspannungseffektivwertes.

Unruhige Verbraucher treten vorwiegend im Bereich der Industrie auf (Lichtbogenöfen, Schmiedepressen, Widerstands- und Lichtbogenschweißgeräte). Bild 10.9–4 zeigt den gemessenen Spannungsverlauf in einem Netz mit Widerstandsschweißautomaten. Beim Fließen des Schweißstromes treten Spannungsabfälle von ca. 8% auf.

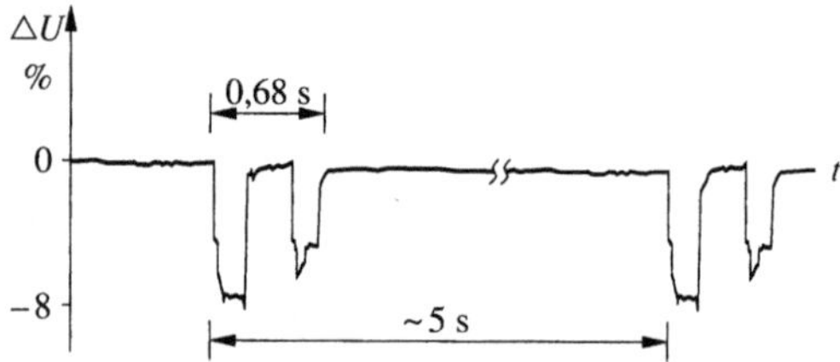

Bild 10.9-4 Netzspannungsverlauf beim Anschluß einer Widerstandsschweißmaschine

Elektrische Lampen reagieren von allen Netzverbrauchern am empfindlichsten auf Spannungsschwankungen. Beim Überschreiten bestimmter Schwellwerte kommt es zu Lampenflackern (engl. *flicker*). Aus diesem Grund ist eine Begrenzung der Spannungsschwankungen erforderlich.

Die in DIN VDE 0838 angegeben CENELEC-Kurve beschreibt die zulässigen Grenzwerte in Niederspannungsnetzen (Bild 10.9–5). Dabei wird von periodischen, rechteckförmigen Spannungsschwankungen ausgegangen.

Bei unregelmäßig auftretenden Spannungsschwankungen ist der Flickerpegel des Netzes zu ermitteln. Dies erfolgt durch ein Flickermeter (DIN VDE 0846), das das System „Lampe-Auge-Gehirn" elektronisch nachbildet [10.86].

Zur Reduktion von Spannungsschwankungen ist der zeitabhängige Blindleistungsbedarf der unruhigen Verbraucher zu kompensieren. Dazu werden steuerbare Kompensationseinrichtungen benötigt. Diese bestehen üblicherweise aus einer Festkompensationsanlage (Kondensatoren, Filterkreise) mit parallel liegender, thyristorgestellter Drosselspule (Bild 10.9–6).

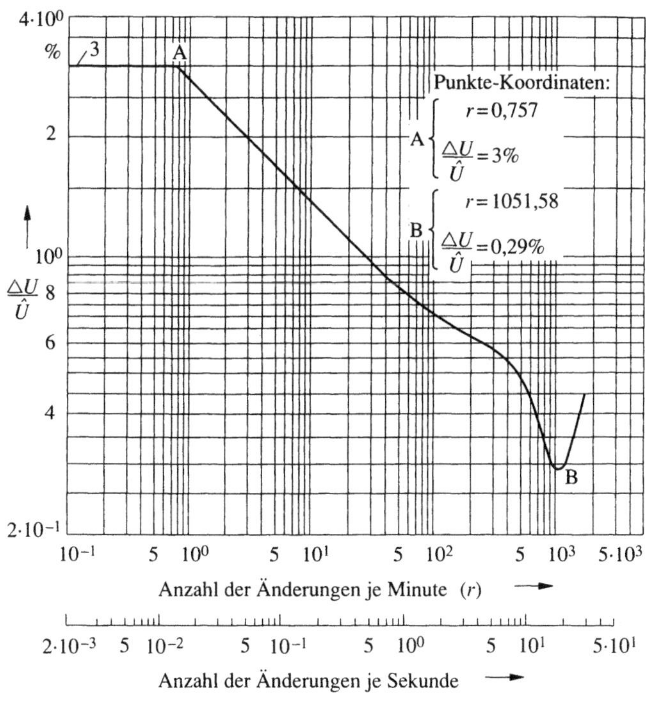

Bild 10.9-5
Zulässige rechteckförmige Spannungsschwankungen (CENELEC-Kurve)

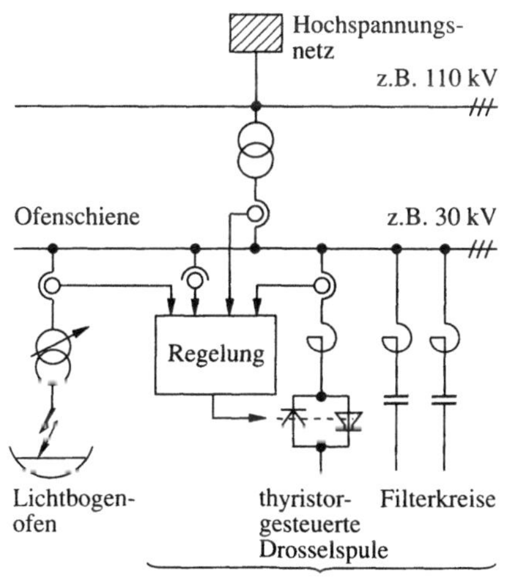

Bild 10.9-6 Dynamische Kompensation eines Lichtbogenofens

Über Phasenanschnittsteuerung der Halbleiter läßt sich der Drosselstrom und damit die Blindleistungsabgabe des Kompensators verändern [10.87].

10.9.4 Spannungsverzerrungen

Nichtlineare Verbraucher wie z. B. Schaltungen der Leistungselektronik verlangen vom Netz nichtsinusförmige Ströme. So enthält der in Bild 10.9–7a dargestellte Laststrom neben der 50-Hz-Grundschwingung noch Komponenten mit höherer Frequenz, sogenannte Oberschwingungen oder Stromharmonische.

Der Spannungsabfall der Oberschwingungsströme am Netzinnenwiderstand verzerrt die Netzspannung, d. h., es ergeben sich Abweichungen von der gewünschten Sinusform [10.86].

Der zeiliche Verlauf einer verzerrten Netzspannung hängt ab

- von den eingespeisten Laststromharmonischen und
- vom frequenzabhängigen Verlauf des Netzinnenwiderstandes.

So ruft der betrachtete Laststrom (Bild 10.9–7a) an einem Netz mit vorwiegend ohmsch-induktivem Innenwiderstand (Bild 10.9–1b) eine Spannungsverzerrung nach Bild 10.9–7b hervor.

Für die Netzrückwirkungen sind Oberschwingungsströme bis 2,5 kHz von Interesse. Es zeigt sich, daß in diesem Frequenzbereich meist die einfache Netzersatzschaltung mit ohmsch-induktivem Innenwiderstand nicht mehr ausreicht. Zur richtigen Nachbildung des Systemverhaltens sind auch die Netzkapazitäten mit zu berücksichtigen.

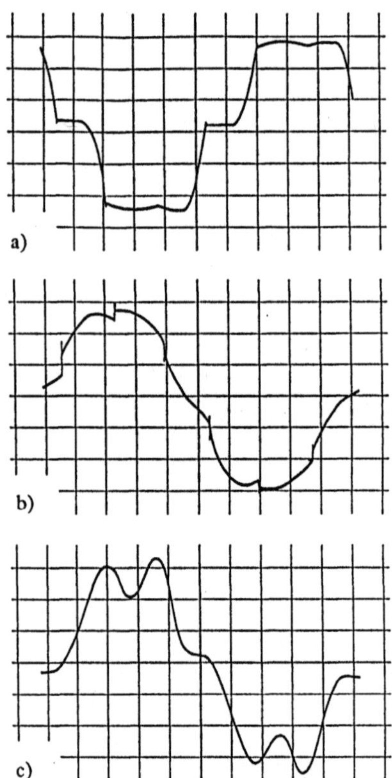

Bild 10.9-7 Nichtlineare Last
a) Laststrom,
b) Netzspannung bei ohmsch-induktivem Netzinnenwiderstand,
c) Netzspannung bei einer Parallelresonanz von 250 Hz

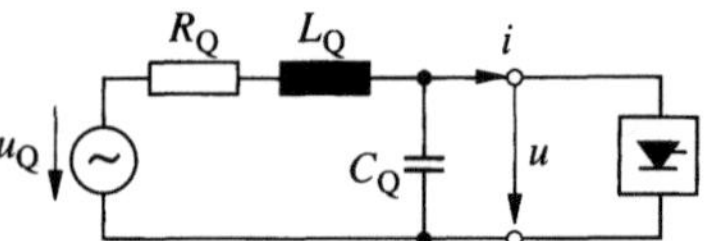

Bild 10.9-8 Netznachbildung mit Kapazität und nichtlinearer Last

Bild 10.9–8 stellt eine einfache Netznachbildung mit ohmsch-induktivem Netzinnenwiderstand (R_Q, L_Q) und Netzkapazität (C_Q) dar. Die beiden Blindwiderstände bilden einen Parallelschwingkreis mit der Eigenfrequenz

$$f_e = \frac{1}{2\pi} \cdot \frac{1}{\sqrt{L_Q C_Q}}, \qquad (10.9\text{–}4)$$

wenn man den ohmschen Widerstand R_Q vernachlässigt. Enthält nun der nichtlineare Laststrom i Stromoberschwingungen der Frequenz f_e, findet eine Anregung des Parallelschwingkreises statt. Der 50-Hz-Netzspannung können sich dann große Spannungen mit der Frequenz f_e überlagern.

Das in Bild 10.9–7c dargestellte Oszillogramm wurde an einem Netz mit einer Parallelresonanzstelle bei 250 Hz aufgenommen. Der betrachtete Laststrom (Bild 10.9–7a) enthält eine starke 5. Harmonische, die zu deutlich sichtbaren Spannungsverzerrungen gleicher Frequenz führt.

Die zulässigen Spannungsoberschwingungen dürfen in Niederspannungsnetzen bezogen auf die Spannungsgrundschwingung maximal 5% betragen. Nähere Einzelheiten sind der Vorschrift DIN VDE 0839 zu entnehmen [10.83].

Zur Reduzierung von Spannungsverzerrungen lassen sich Filterkreise (Saugkreise) einsetzen (Bild 10.9–9). Dabei handelt es sich um LC-Serienresonanzkreise, die auf einzelne, besonders störende Stromharmonische abgestimmt werden. Die Filterkreise liegen parallel zur Last und bilden für die besagten Stromoberschwingungen einen Kurzschluß. Auf diese Weise können die Stromharmonischen nicht mehr ins speisende Netz gelangen und die Netzspannung verzerren [10.90].

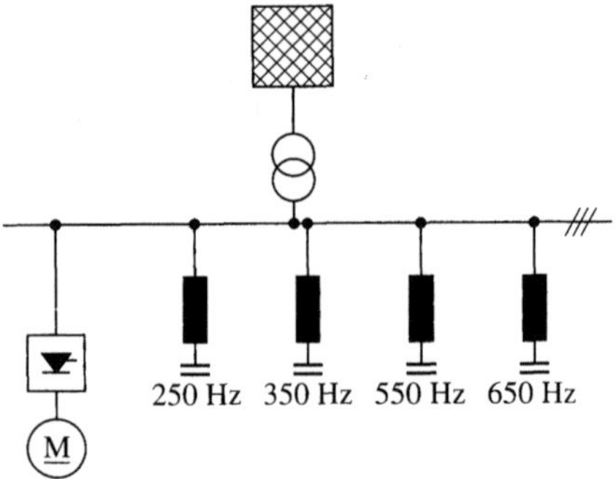

Bild 10.9-9 Reduktion von Netzspannungsverzerrungen durch Filterkreise

10.9.5 Spannungsunsymmetrien

Unsymmetrische Lastströme rufen am Netzinnenwiderstand unsymmetrische Spannungsabfälle hervor. Diese führen zu Unsymmetrien in der Netzspannung. Bild 10.9–10a zeigt ein Netz mit einer ohmschen Einphasenlast zwischen den Leitern R und S. Die Lastströme I_R, I_S, I_T lassen sich nach Abschnitt 10.6.3 in ein Mit- und ein Gegensystem zerlegen (Bild 10.9–10b). Der Spannungsabfall der Gegensystemströme ist für das Auftreten von Spannungsunsymmetrien verantwortlich.

Nach DIN VDE 0839 dürfen in Niederspannungsnetzen die Gegenspannungen bezogen auf die Mitspannungen einen Wert von 2% nicht überschreiten.

Bild 10.9-10 Netz mit unsymmetrischer Last
a) Schaltung,
b) Stromsystem

Zur Reduktion von Spannungsunsymmetrien bieten sich die Symmetrierschaltungen nach *Steinmetz* an. So läßt sich die betrachtete ohmsche Einphasenlast durch Blindwiderstände zu einer *RLC*-Dreiphasenlast ergänzen (Bild 10.9–11a). Bei geeigneter Dimensionierung verhält sich die *RLC*-Last wie ein symmetrischer ohmscher Widerstand (Bild 10.9–11b). Diese Aussage gilt natürlich nur für den stationären Betrieb bei unverzerrter, symmetrischer Netzspannung.

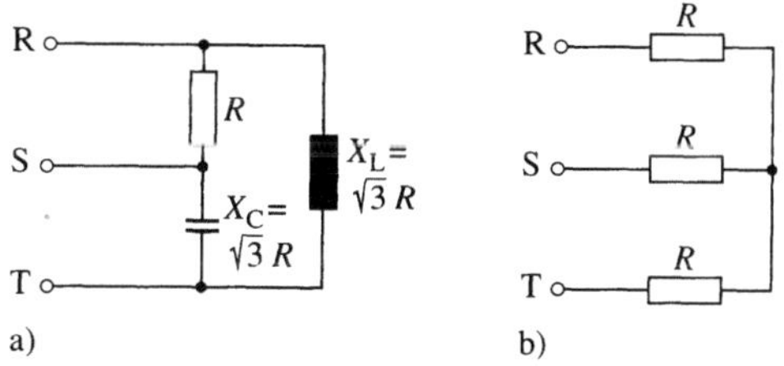

Bild 10.9-11 Symmetrierung einer ohmschen Einphasenlast
a) symmetrierte Last,
b) äquivalente Last

10.10 Netzschutz

10.10.1 Einführung

Im Fehlerfall können in Energieversorgungsnetzen hohe Kurzschlußströme fließen (Abschnitt 10.6.5). Für diese sind die einzelnen Betriebsmittel nicht ausgelegt. Zur Schadensbegrenzung werden Schutzeinrichtungen eingesetzt, die selektiv arbeiten sollen.

Unter Selektivität versteht man die Fähigkeit einer Schutzeinrichtung, das fehlerbehaftete Betriebsmittel zu erkennen und möglichst rasch eine Abschaltung zu veranlassen.

Die ersten Schutzeinrichtungen (um 1900) arbeiteten mit Schmelzsicherungen. Dieses Schutzprinzip kommt heute noch in Niederspannungsnetzen zur Anwendung.

Im Laufe der Zeit wurden die Schmelzsicherungen durch Schutzrelais ersetzt. Dabei haben sich für die einzelnen Netzformen (Abschnitt 10.6.1.3) unterschiedliche Verfahrensweisen als zweckmäßig herausgestellt (Überstromzeitschutz, Überstromrichtungsschutz, Distanzschutz).

In Netzen mit isoliertem Sternpunkt bzw. mit Erdschlußkompensation treten bei einpoligen Fehlern keine kurzschlußartigen Ströme auf (Abschnitte 10.6.6.2 und 10.6.6.3). In diesem Fall wird ein spezieller Erdschlußschutz benötigt.

Die folgenden Betrachtungen behandeln den Kurzschluß- und Erdschlußschutz in elektrischen Energieversorgungsnetzen [10.91].

10.10.2 Wirkungsweise einer Schutzeinrichtung

Eine Schutzeinrichtung besteht aus drei Komponenten (Bild 10.10–1):

- den Schutzwandlern,
- dem Schutzrelais und
- dem Leistungsschalter.

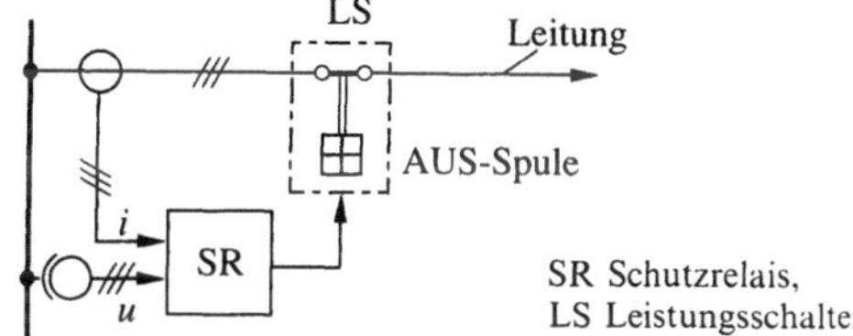

Bild 10.10-1 Aufbau einer Schutzeinrichtung

Am Einbauort des Leistungsschalters werden die Netzspannungen und -ströme über Wandler erfaßt und einem Schutzrelais zugeführt. Dieses wertet die Signale aus und stellt fest, ob ein Netzfehler vorliegt oder nicht. Im Falle eines Kurzschlusses gibt das Schutzrelais ein Signal auf die AUS-Spule des Leistungsschalters, wodurch die Schalthandlung ausgelöst wird.

In den Anfangsjahren der Schutztechnik bestand ein Schutzrelais aus elektromechanischen Baugruppen. 1943 fanden die ersten Gleichrichter Eingang in die Schutztechnik. Mitte der sechziger Jahre wurden nach und nach die elektromechanischen durch elektronische (statische) Baugruppen ersetzt. Diese Entwicklung ist heute abgeschlossen.

In Zukunft werden Schutzrelais auf Mikroprozessorbasis arbeiten. Immer mehr Neuentwicklungen erscheinen z. Z. auf dem Markt.

10.10.3 Kurzschlußschutz für Netze

10.10.3.1 Strahlennetz

Ein ausreichender Schutz für Strahlennetze (Bild 10.6.1a) läßt sich durch unabhängige Überstromzeitrelais erreichen. Diese sind auch unter der Bezeichnung UMZ-Relais (*u*nabhängige *M*aximalstrom-*Z*eitrelais) bekannt.

Ein UMZ-Relais besteht nach Bild 10.10–2 aus einem Strommeßglied ($I>$) und einem Zeitwerk ($t>$). Das Strommeßglied überwacht den Effektivwert des Leiterstromes. Wird dabei ein bestimmter, von außen einstellbarer Schwellwert überschritten, interpretiert das Relais diesen Betriebszustand als Netzfehler. Es erfolgt die Anregung des Zeitwerkes, das nach einer einstellbaren Verzögerungszeit den Leistungsschalter über seine AUS-Spule abschaltet.

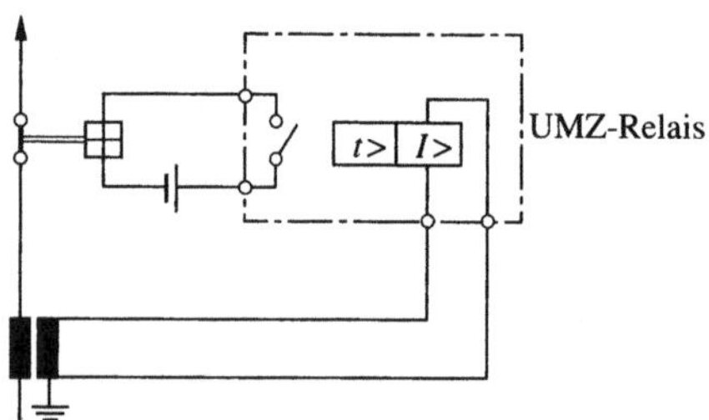

Bild 10.10-2 Aufbau eines UMZ-Relais (einphasig)

Bild 10.10–3a zeigt eine Stichleitung, die sich als ein einfaches Strahlennetz auffassen läßt. Die Einbauorte der Schutzeinrichtungen sind besonders gekennzeichnet.

Die Selektivität des Netzschutzes mit UMZ-Relais wird durch Staffelung der Auslösezeiten erreicht. Nach Bild 10.10–3b nehmen die Verzögerungszeiten zur Einspeisung hin zu. Bei einem Kurzschluß an Sammelschiene E stellen alle UMZ-Relais den Fehlerstrom fest. Am schnellsten löst der Leistungsschal-

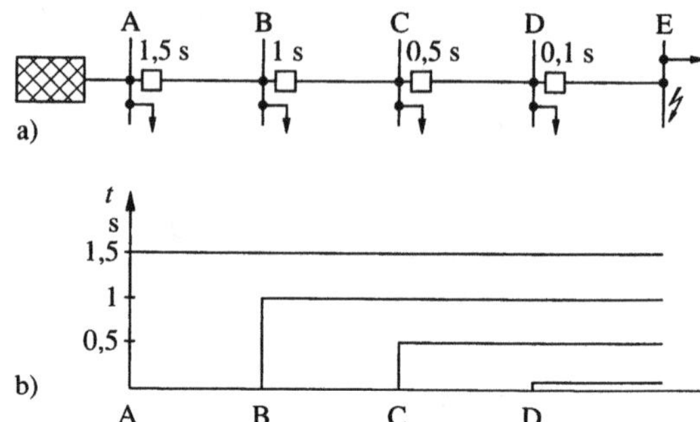

Bild 10.10-3 Netzschutz mit UMZ-Relais
a) einseitig gespeiste Leitung,
b) Staffelplan

ter D aus (nach 0,1 s). Die UMZ-Relais A, B und C bemerken daraufhin das Verschwinden des Netzfehlers und fallen zurück in ihre Ruhelage, d. h., ihre Zeitwerke werden gestoppt und wieder in die Ausgangsposition gebracht.

Der wesentliche Nachteil des in Bild 10.10–3 dargestellten Schutzkonzeptes besteht darin, daß die Auslösezeiten der Relais zur Einspeisestelle hin ansteigen. Die großen Kurzschlußströme in der Nähe der Einspeisestelle bleiben damit am längsten bestehen.

Vorteilhaft wirkt sich dagegen die Tatsache aus, daß die vorgeschalteten Relais einen Reserveschutz darstellen. Versagt z. B. bei einem Kurzschluß an der Sammelschiene E das Schutzrelais D, so wird der Fehler nach 0,5 s vom Überstromrelais C abgeschaltet.

10.10.3.2 Ringnetz

In Ringnetzen (Bild 10.6.1b) ist ein selektiver Kurzschlußschutz mit UMZ-Relais allein nicht zu erreichen, sondern nur in Verbindung mit Überstromrichtungsrelais. Ein Überstromrichtungsrelais enthält ein Strommeßglied, ein Wirkleistungsmeßglied und ein Zeitwerk.

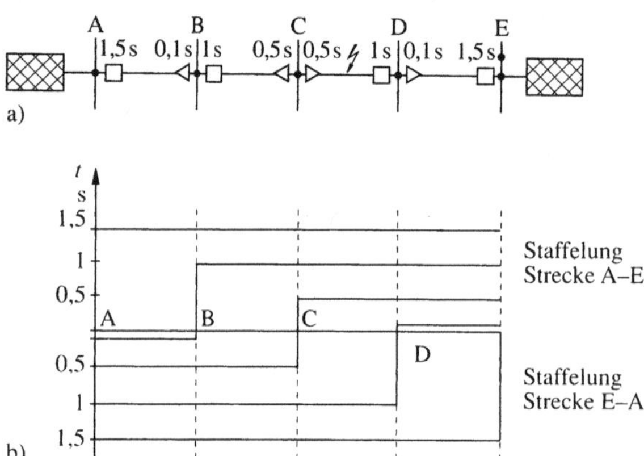

Bild 10.10-4
Netzschutz mit UMZ- und Überstromrichtungsrelais
(□ UMZ-Relais, ◁ Richtungsrelais)
a) zweiseitig gespeiste Leitung,
b) Staffelplan

Die Anregung des Zeitwerkes erfolgt nur dann, wenn

- das Strommeßglied einen Kurzschlußstrom bemerkt und
- das Wirkleistungsmeßglied einen Leistungsfluß von der Sammelschiene weg feststellt.

Bild 10.10–4a zeigt eine zweiseitig gespeiste Leitungsstrecke, die schutztechnisch als ein Ringnetz aufzufassen ist. Zum Schutz werden UMZ-Relais und Überstromrichtungsrelais jeweils am Anfang und Ende eines jeden Leitungsabschnittes angeordnet.

Die Selektivität des Netzschutzes läßt sich durch eine gegenläufige Staffelung der Auslösezeiten erreichen. Der Staffelplan für die einzelnen Schutzrelais ist in Bild 10.10–4b angegeben.

Bei einem Kurzschluß im Leitungsabschnitt CD löst zuerst das Überstromrichtungsrelais rechts von der Sammelschiene C aus (nach 0,5 s). Das Richtungsrelais links von der Sammelschiene C blockiert, weil die Kurzschlußenergie auf die Sammelschiene zufließt. Nach 1 s löst das UMZ-Relais an Sammelschiene D aus. Somit ist die fehlerbehaftete Leitung abgeschaltet.

Das beschriebene Schutzkonzept wirkt auch dann noch selektiv, wenn das Ringnetz aus Bild 10.10–4 durch den Ausfall einer Netzeinspeisung zu einem Strahlennetz wird.

10.10.3.3 Maschennetz

Maschennetze lassen sich durch Distanzschutzrelais schützen. Ein Distanzschutzrelais mißt im Fehlerfall die Impedanz der Kurzschlußschleife. Diese ist ein Maß für die Fehlerentfernung.

Ein Distanzsschutzrelais benötigt, um selektiv arbeiten zu können, folgende Komponenten:

- ein Strommeßglied zur Feststellung von Kurzschlußströmen,
- ein Impedanzmeßglied zur Bestimmung der Kurzschlußimpedanz,
- ein Wirkleistungsmeßglied zur Ermittlung der Leistungsflußrichtung im Kurzschlußfall und
- ein Zeitwerk zur Verzögerung des Schaltvorganges.

Eine Auslösung erfolgt nur dann, wenn

- ein Kurzschlußstrom auftritt,
- die Kurzschlußenergie von der Sammelschiene wegfließt und
- die Verzögerungszeit des Zeitwerkes abgelaufen ist.

Dabei hängt die Verzögerungszeit t von der gemessenen Kurzschlußimpedanz Z ab. Bild 10.10–5 zeigt den Verlauf einer typischen Auslösekennlinie eines Distanzschutzrelais.

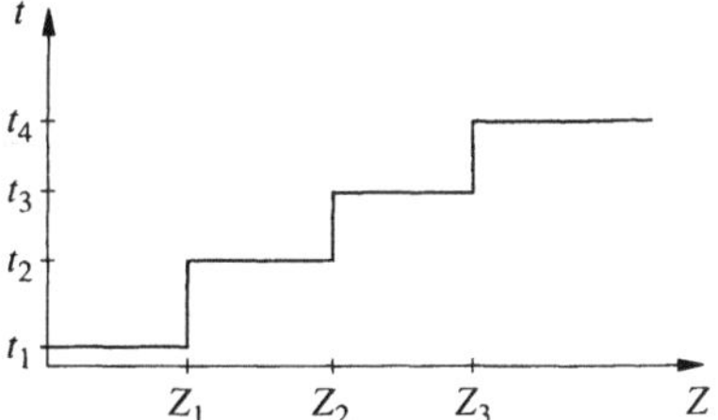

Bild 10.10-5 Auslösekennlinie eines Distanzrelais

Die Planung von Distanzschutzeinrichtungen geht wiederum vom Netzschaltbild aus. Zur richtigen Einstellung müssen die Leitungsdaten (Länge, Querschnitt, Material) bekannt sein.

Bild 10.10–6a zeigt ein einfaches Maschennetz mit fünf Leitungsabschnitten und drei Netzeinspeisungen. Jeder Leitungsabschnitt wird am Anfang und Ende durch ein Distanzrelais geschützt.

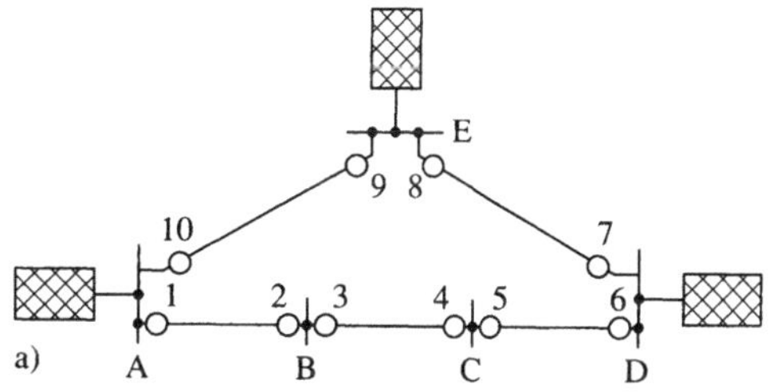

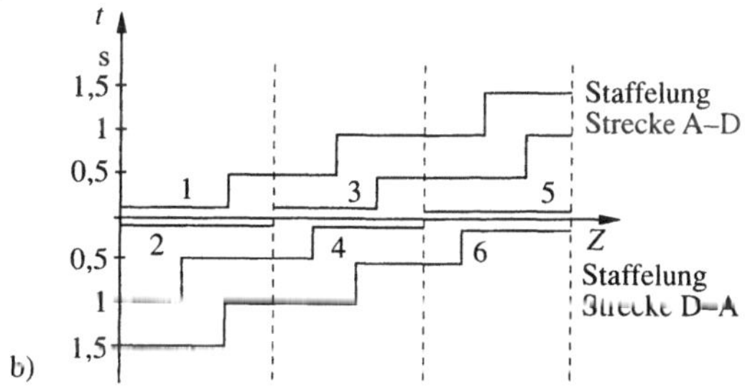

Bild 10.10-6 Netzschutz mit Distanzrelais
(o Distanzrelais)
a) Maschennetz,
b) Staffelplan für die Strecke AD

Der Staffelplan für die Leitungsstrecke AD ist in Bild 10.10–6b dargestellt. Im Gegensatz zum Überstromzeitschutz (Abschnitt 10.10.3.1) sind hier alle Leitungsabschnitte in Schnellzeit geschützt. Bei einem Kurzschluß auf der Strecke BC erfolgt die Auslösung der den Relais 3 und 4 zugeordneten Leistungsschalter nach ca. 0,1 s.

Wie beim Überstromzeitschutz bilden die vorgeschalteten Relais wiederum einen Reserveschutz. Um bei der Auslösung Überschneidungen mit dem jeweils nachfolgenden Relais zu vermeiden, endet die erste Schutzstufe etwa 10% vor dem Leitungsende.

Bei der Auslegung von Schutzeinrichtungen mit Distanzrelais ist dem Problem der Zwischeneinspeisungen besondere Aufmerksamkeit zu schenken. Im betrachteten Beipielnetz möge auf der Leitungsstrecke ED ein Kurzschluß auftreten (Bild 10.10–7). Die Kurzschlußimpedanz, die das Distanzrelais 10 im Fehlerfall mißt, berechnet sich zu

$$\underline{Z} = \underline{Z}_{AE} + \alpha\,\underline{Z}_{ED} + \alpha\,\underline{Z}_{ED}\,\frac{\underline{I}_E}{\underline{I}_A} \qquad (10.10\text{–}1)$$

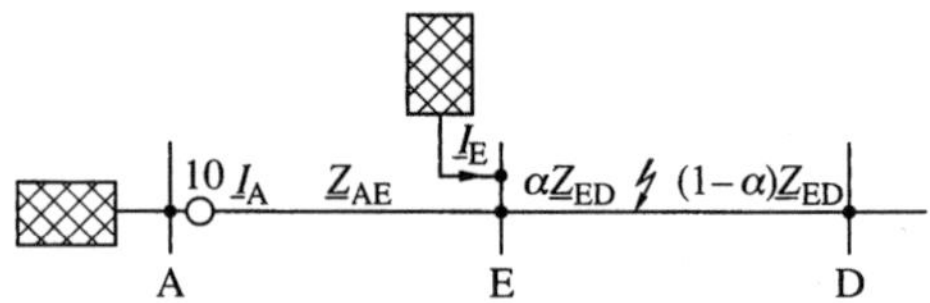

Bild 10.10-7 Impedanzänderung durch Zwischeneinspeisung

Der Strom $\underline{I}_E$ der Zwischeneinspeisung verfälscht somit das Meßergebnis, d. h., es wird eine zu große Kurzschlußimpedanz vorgetäuscht. Dies kann die Reserveschutzfunktion des Distanzschutzes beeinträchtigen [10.92].

10.10.4 Erdschlußschutz für Netze

Einpolige Fehler in Netzen mit isoliertem Sternpunkt bzw. Netzen mit Erdschlußkompensation (Abschnitte 10.6.6.2 und 10.6.6.3) haben keine kurzschlußartigen Ströme zur Folge. Bei Auftritt eines Erdschlusses braucht das fehlerbehaftete Anlagenteil somit nicht sofort abgeschaltet zu werden.

Zur Erfassung von Erdschlüssen stehen zur Verfügung:

- Erdschlußmelderelais,
- Erdschlußrichtungsrelais,
- Erdschlußwischerrelais.

10.10.4.1 Erdschlußmelderelais

Ein Erdschlußmelderelais wird an die sekundärseitige Dreieckswicklung (e-n Wicklung) eines Spannungswandlers angeschlossen und überwacht die Sternpunktspannung des Netzes gegen Erde (Bild 10.10–8). Im ungestörten Fall liegt der Sternpunkt auf Erdpotential ($\underline{U}_0 = 0$). Beim Auftreten eines Erdschlusses nimmt der fehlerbehaftete Leiter Erdpotential an (Bild 10.6.22). Dadurch wird das Potential des Sternpunktes angehoben ($\underline{U}_0 \neq 0$). Der Spannungsanstieg führt zum Ansprechen des Erdschlußmelderelais. Dieses macht den Netzbetreiber optisch oder akustisch auf das Vorliegen eines Erdschlusses im Netz aufmerksam. Eine Schalthandlung wird jedoch nicht ausgelöst.

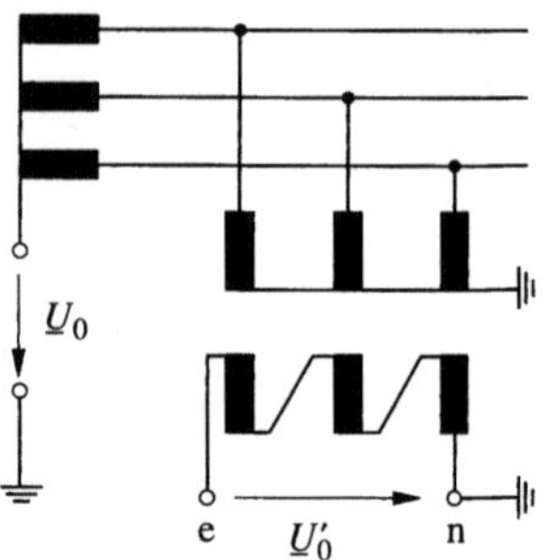

Bild 10.10-8 Messung der Sternpunktspannung

10.10.4.2 Erdschlußrichtungsrelais

Mit Hilfe von Erdschlußrichtungsrelais ist es möglich, die erdschlußbehaftete Leitung ausfindig zu machen. Hierzu wird das in Bild 10.10–9 dargestellte einfache Strahlennetz mit isoliertem Sternpunkt betrachtet. Die Leitungen A bis E sind am Anfang mit den Erdschlußrichungsrelais 1 bis 5 ausgestattet. Beim Auftreten eines Erdschlusses auf der Leitung A soll allein das Erdschlußrichungsrelais 1 ansprechen. Das Bedienungspersonal weiß dann, auf welcher Leitung der Fehler zu suchen ist.

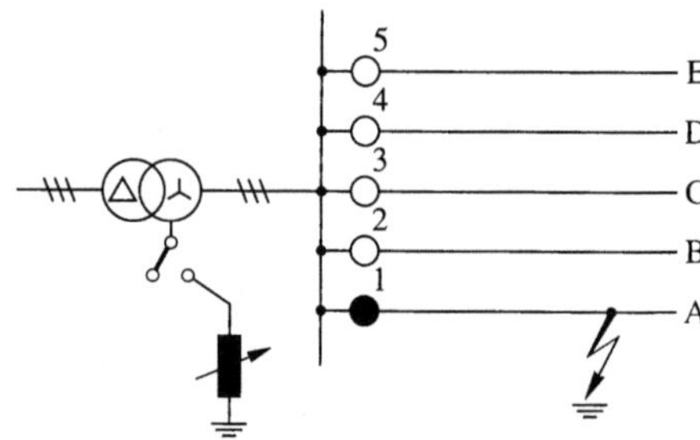

Bild 10.10-9 Strahlennetz mit Erdschlußrichtungsrelais

● angesprochen,
○ nicht angesprochen

Ein Erdschlußrichungsrelais besitzt in der Regel ein Wirk- und ein Blindleistungsmeßglied. Als Eingangsgrößen wirken

- die Sternpunktspannung $\underline{U}_0$ des Netzes und
- der Summenstrom $\underline{I}_\Sigma$ der zu überwachenden Leitung.

Beide Größen werden dem Relais über Wandler zugeführt. Die Schaltung zur Messung der Sternpunktspannung zeigt Bild 10.10–8. Die Summenstrommessung kann über sekundärseitig parallel geschaltete Stromwandler erfolgen (Bild 10.10–10).

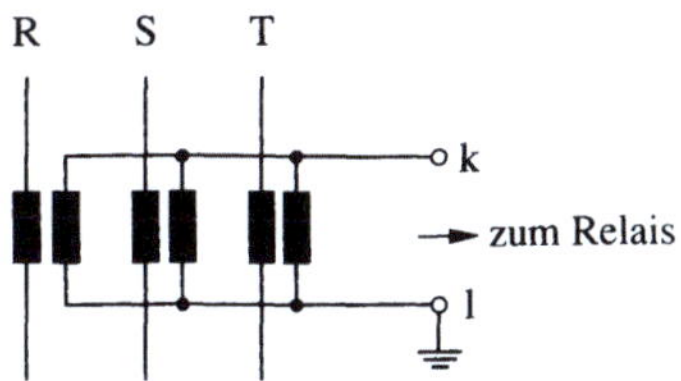

Bild 10.10-10 Erfassung des Summenstromes

Im ungestörten Betrieb ergibt sich der Summenstrom auf einer Leitung zu $\underline{I}_{\Sigma}=0$. Dasselbe gilt für die Sternpunktspannung des Netzes ($\underline{U}_0=0$).

Die Wirkungsweise eines Erdschlußrichtungsrelais ist für Netze mit isoliertem Sternpunkt und für erdschlußkompensierte Netze unterschiedlich.

In Netzen mit isoliertem Sternpunkt fließen beim einpoligen Fehler im wesentlichen Blindströme. Dabei sind die Summenströme auf den gesunden Leitungen B bis E kapazitiv, während der Summenstrom auf der fehlerbehafteten Leitung A induktiven Charakter besitzt (Bild 10.10–9). Dieses Kriterium dient zur Auffindung der Erdschlußstelle. Das Erdschlußrichtungsrelais ermittelt mit Hilfe des Blindleistungsmeßgliedes die Richtung des Summenstromes. Fließt er auf die Sammelschiene zu, d. h., ist er induktiv, liegt der Fehler in Richtung der betreffenden Leitung. Das Erdschlußrichtungsrelais spricht dann an.

In erdschlußkompensierten Netzen treten im einpoligen Fehlerfall bei idealem Abgleich der Petersenspule keine Blindströme auf. Das Erdschlußrichtungsrelais bestimmt nun mit Hilfe des Wirkleistungsmeßgliedes die Richtung der ohmschen Komponente im Summenstrom (sogenannter Wattreststrom). Der Wattreststrom fließt bei der fehlerbehafteten Leitung auf die Sammelschiene zu, bei den übrigen Leitungen von der Sammelschiene weg. Dieser Effekt wird zur Ermittlung der Erdschlußrichtung ausgenutzt. Erdschlußrichtungsrelais lassen sich nicht nur in Strahlennetzen, sondern auch in Ring- und Maschennetzen verwenden.

10.10.4.3 Erdschlußwischerrelais

Erdschlußwischerrelais sind in derselben Weise einzusetzen wie Erdschlußrichtungsrelais. Sie sind geeignet zur Erfassung von kurzzeitigen Überschlägen gegen Erde (Wischer) und nutzen die vom Erdschluß ausgelösten Ausgleichsvorgänge im Netz zur Richtungsbestimmung aus.

10.11 Schutz vor Gefahren des elektrischen Stromes

10.11.1 Begründung der Schutzmaßnahmen

Beim Umgang mit elektrischer Energie ist der Mensch vor den Gefahren des elektrischen Stromes zu schützen. Nach Tabelle 10.11–1 können bereits kleine Ströme durch den menschliche Körper zu fatalen Folgen führen.

Tabelle 10.11–1: Wirkungen eines 50-Hz-Wechselstromes

Stromstärke	Auswirkungen
6 μA	Wahrnehmbarkeit mit der Zunge
2 mA	Wahrnehmbarkeit mit den Fingern
13 mA	Muskelverkrampfungen
30 mA	Verkrampfung der Atemmuskulatur
120 mA	Herzkammerflimmern bei Einwirkungsdauer $t>1{,}5$ s

Ein Mensch wird nur dann von einem Strom durchflossen, wenn er gleichzeitig zwei Punkte mit unterschiedlichem Potential berührt (Bild 10.11–1). Die Höhe des Körperstromes I hängt dabei von verschiedenen Einflußfaktoren ab, wie z. B. der Berührungsspannung U_B, dem Innenwiderstand des Menschen, der Impedanz des Schuhwerkes und dem Standortübergangswiderstand.

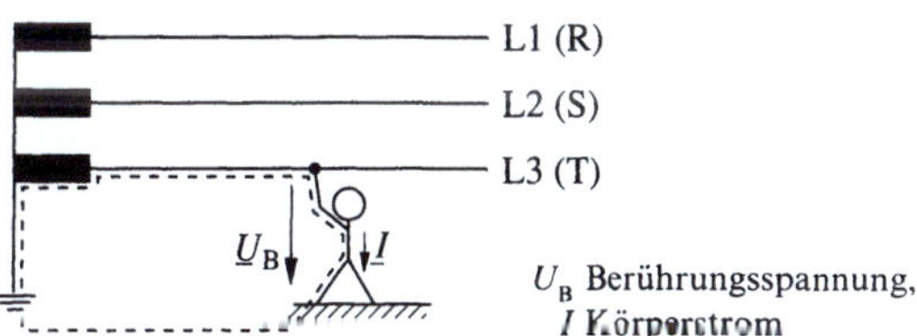

Bild 10.11-1 Direktes Berühren

Der Widerstand des menschlichen Körpers nimmt mit zunehmender Spannung ab. Bild 10.11–2 zeigt das elektrische Ersatzschaltbild eines Menschen, das näherungsweise für die in Haushalten verwendete Nennspannung von 230 V Wechselspannung gilt.

500Ω 500Ω
500Ω 500Ω

Bild 10.11-2 Ersatzschaltbild der Körperimpedanzen

Der Schutz von Personen gegen gefährliche Körperströme muß in Niederspannungsnetzen durch

- Maßnahmen gegen direktes Berühren (im ungestörten Betrieb einer Anlage) und
- Maßnahmen gegen indirektes Berühren (im Fehlerfall)

gewährleistet sein (DIN VDE 0100) [10.93]. Im folgenden werden diese Vorkehrungen näher erläutert.

10.11.2 Schutz gegen direktes Berühren

Man spricht von direktem Berühren, wenn stromführende Teile (aktive Teile) einer elektrischen Anlage angefaßt werden (Bild 10.11-1). Um dies zu verhindern, lassen sich folgende Schutzmaßnahmen ergreifen:

- Isolierung aktiver Teile,
  Beispiel: Adernisolierung elektrischer Leitungen;
- Abdeckungen oder Umhüllungen,
  Beispiel: Abdeckung von Steckdosen;
- Aufbau von Hindernissen,
  Beispiel: Gitterzäune vor elektrischen Schaltanlagen;
- Arbeiten mit niedrigen Spannungen (Schutz- oder Funktionskleinspannung),
  Beispiel: Elektrospielzeug.

Die angeführten Maßnahmen sollen ein Berühren aktiver Teile unmöglich machen. Wo sich dies nicht erreichen läßt, wird mit Spannungen gearbeitet, die keine gefährlichen Körperströme hervorrufen können ($U < 25$ V Wechselspannung, $U < 60$ V Gleichspannung). Spezielle Schutzmaßnahmen sind dann nicht notwendig.

10.11.3 Schutz gegen indirektes Berühren

Indirektes Berühren liegt vor, wenn eine Person ein leitfähiges Teil anfaßt, das infolge eines Isolationsfehlers in einer elektrischen Anlage unter Spannung steht. Zur näheren Erläuterung dient Bild 10.11-3.

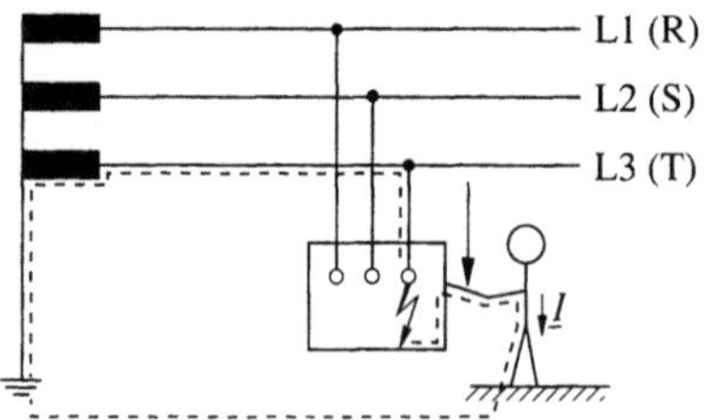

Bild 10.11-3 Indirektes Berühren

Ein dreiphasiger Verbraucher besitzt ein metallenes Gehäuse, das im ungestörten Betrieb spannungslos ist. Tritt der gezeigte Isolationsfehler auf, liegt die Spannung des Leiters T direkt am Gehäuse. Beim Berühren des Gehäuses fließt der Körperstrom I.

Neben den metallenen Gehäusen elektrischer Betriebsmittel können im Fehlerfall auch fremde leitfähige Teile Spannung führen wie z. B. metallene Gas-, Wasser- und Heizungsrohre. Liegen die Berührungsspannungen unterhalb von 50 V Wechselspannung (120 V Gleichspannung), sind keine gefährlichen Körperströme zu erwarten. Zum Schutz gegen indirektes Berühren zählt DIN VDE 0100 eine Reihe von Maßnahmen auf. Am weitesten verbreitet ist dabei der Schutz durch Abschaltung und Meldung.

In Netzen mit niederohmiger Sternpunkterdung gelangt der Schutz durch Abschaltung zur Anwendung. Man läßt im Fehlerfall bewußt kurzschlußartige Ströme fließen, die ein vorgeschaltetes Überstromorgan (Sicherung, Sicherungsautomat) zum Ansprechen bringen. Auf diese Weise wird das fehlerhafte Betriebsmittel automatisch vom Netz abgetrennt. Gefährliche Berührungsspannungen können somit nicht lange anstehen. Bild 10.11-4 verdeutlicht die oben erläuterte Schutzphilosophie am Beispiel von zwei Niederspannungsnetzen mit niederohmiger Sternpunkterdung.

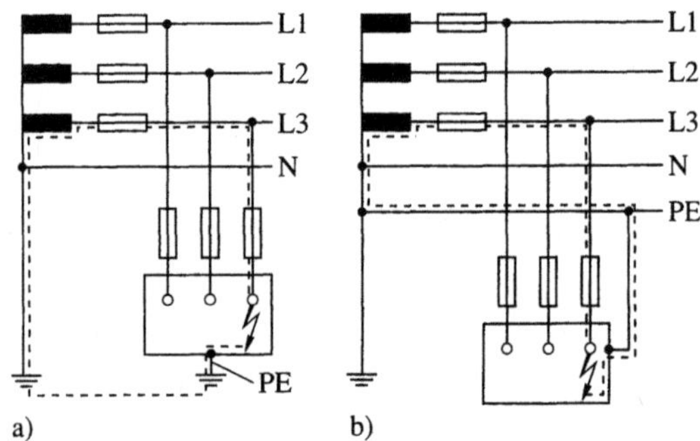

Bild 10.11-4 Schutz gegen indirektes Berühren durch Abschaltung
a) TT-Netz,
b) TN-Netz

Im TT-Netz (Bild 10.11-4a) werden der Netzsternpunkt und die Gehäuse (Körper) der Betriebsmittel getrennt geerdet. Beim Auftritt eines Isolationsfehlers fließt ein kurzschlußartiger Strom, der die Sicherung auslöst.

Das TN-Netz (Bild 10.11-4b) ist dadurch gekennzeichnet, daß die Körper der Betriebsmittel an einen Schutzleiter (PE-Leiter) angeschlossen und gemeinsam mit dem Netzsternpunkt geerdet werden. Im Fehlerfall laufen dieselben Vorgänge wie im TT-Netz ab.

Die betrachteten Schutzmaßnahmen sind für Netze mit isoliertem Sternpunkt (IT-Netze) zu modifizieren. Bekanntlich fließen bei einpoligen Fehlern nur geringe Fehlerströme, die nicht zum Ansprechen von Überstromeinrichtungen ausreichen (Abschnitt 10.6.6.2). Bild 10.11-5 verdeutlicht die zu ergreifenden Vorkehrungen.

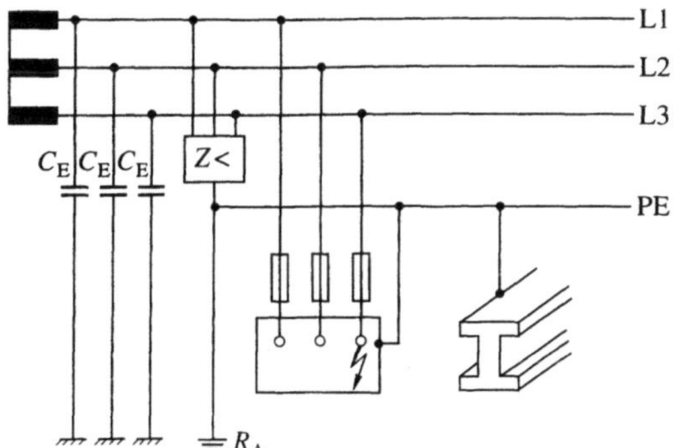

Bild 10.11-5 Schutz gegen indirektes Berühren durch Abschaltung und Meldung im IT-Netz

Alle Körper von Betriebsmitteln und alle fremden leitfähigen Teile sind mit einem geerdeten Schutzleiter (PE-Leiter) zu verbinden. Dabei muß der Erdungswiderstand R_A bestimmten Anforderungen genügen. Die anstehende Berührungsspannung U_B errechnet sich aus dem Produkt von Erdungswiderstand R_A und Fehlerstrom I_d:

$$U_B = R_A \cdot I_d. \qquad (10.11\text{–}1)$$

Damit der zulässige Wert von 50 V nicht überschritten wird, muß für den Erdungswiderstand des Schutzleiters gelten:

$$R_A \leq \frac{50\ \mathrm{V}}{I_d}. \qquad (10.11\text{–}2)$$

Nach Bild 10.11–5 ist ferner eine Isolationsüberwachungseinrichtung vorzusehen. Diese kontrolliert ständig die Isolationswiderstände des Netzes. Beim Unterschreiten eines bestimmten Mindestwertes (Erdschluß), erfolgt eine optische und/oder akustische Anzeige (Schutz durch Meldung).

Der Schutz durch Abschaltung und Meldung ist in jedem Netz durchführbar. Daneben gibt es noch eine Reihe weiterer Schutzmaßnahmen, die sich nur unter spezifischen Bedingungen anwenden lassen:

- Schutzisolierung,
- Schutz durch nichtleitende Räume,
- Schutz durch erdfreien, örtlichen Potentialausgleich,
- Schutztrennung.

Nähere Einzelheiten sind DIN VDE 0100 zu entnehmen.

10.12 Literatur

zu Abschnitt 10.1: Allgemeine Elektrizitätswirtschaft

[10.1] *Tekülve, E., T. Zuchtriegel* und *A. Wnuk*, Die Elektrizitätswirtschaft in der Bundesrepublik Deutschland im Jahre 1990, VDEW-Verlag, Frankfurt 1992

[10.2] *Poßner, M.*, Optimale Kraftwerkseinsatzplanung, in: Techn. Mitt. AEG-Telefunken 1981, S. 201–207

[10.3] *Gattinger, M. u. a.*, Stromerzeugung und Stromverbrauch-Verbundnetze, SIEMENS AG 1992

[10.4] *Handschin, E.*, Elektrische Energieübertragungssysteme, Teil I Stationärer Betriebszustand, Dr. Alfred Hütig Verlag, Heidelberg 1983

[10.5] *Kugeler, K.* und *P. Phlippen*, Energietechnik, Springer Verlag, Berlin/Heidelberg 1990

zu Abschnitt 10.2.1: Wasserkraftwerke

[10.6] *Laufen, R.*, Kraftwerke, Springer Verlag, Berlin/Heidelberg 1984

[10.7] *Happold, H.*, und *D. Oeding*, Elektrische Kraftwerke und Netze, 5. Auflage, Springer Verlag, Berlin/Heidelberg 1978

zu Abschnitt 10.2.2: Dampfkraftwerke

[10.8] *Heuck, K.*, und *K. D. Dettmann*, Elektrische Energieversorgung, 2. Aufl., Friedr. Vieweg & Sohn, Braunschweig/Wiesbaden 1991

[10.9] *Bohn, T.*, und *W. Bitterlich*, Grundlagen der Energie- und Kraftwerkstechnik, Technischer Verlag Kurt Resch, TÜV-Rheinland, Köln 1982

zu Abschnitt 10.2.5: Kraftwerksregelung

[10.10] *Stössinger, H.*, Leistungs- und Frequenzregelung im Verbundbetrieb, in: Regelungstechnik (1956), H.5, S. 113–117; H.6, S. 139–143

[10.11] *Langer, R.*, Sicherung der elektrischen Energieversorgung und Reduzierung der Energiekosten, in: etz (1979), H.3, S. 123–127

zu Abschnitt 10.2.6: Regenerative Erzeugung elektrischer Energie

[10.12] *Weischet*, *W.*, Einführung in die Allgemeine Klimatologie, Teubner, Stuttgart 1979

[10.13] *Weik, H.*, und *H. Engelhorn*, Wärme und Strom aus Sonnenenergie. Solar Energie-Technik GmbH, Altlußheim 1990

[10.14] *Schmid, J.*, Photovoltaik, Verlag TÜV Rheinland, Köln 1988

[10.15] *Berger, U., u. a.*, Photovoltaikanlage Kobern-Gorndorf, RWE Energie Information

[10.16] *Künstle, K., K. Reiter* und *K. Riedle*, Möglichkeiten und Grenzen der regenerativen Energien, VGB Kraftwerkstechnik 70 (1990) 2 106

[10.17] *Molly, J. P.*, Windenergie in Theorie und Praxis, C. F. Müller Verlag, Karlsruhe 1978

[10.18] *Heier, S.*, Nutzung der Windenergie, Verlag TÜV Rheinland, Köln 1992

[10.19] BMFT: Energiequellen für morgen?, Teil III, Nutzung der Windenergie, 1989

[10.20] *Perl, J.*, Energie aus Biomasse, Verlag TÜV Rheinland, Köln 1988

[10.21] *Drenckhahn, W., A. Lezno* und *K. Reiter*, VGB Kraftwerkstechnik 71 (1991) 4 3

zu Abschnitt 10.3: Synchrongenerator

[10.22] *Pfaff, G.*, Regelung elektrischer Antriebe I, Oldenbourg, München/Wien 1971
[10.23] *Nelles, D.*, Die Beschreibungsgleichungen der Synchronmaschine für Ausgleichsvorgänge in Drehstromnetzen, in: Wiss. Berichte AEG-Telefunken (1973), H.2, S. 44–51
[10.24] *Roeper, R.*, Kurzschlußströme in Drehstromnetzen, 6. Aufl., Siemens 1984
[10.25] *Leonhard, W.*, Regelung in der elektrischen Energieversorgung, Teubner, Stuttgart 1980

zu Abschnitt 10.4.1: Freileitungen

[10.26] VDE 0210 Bestimmung für den Bau von Starkstrom-Freileitungen über 1 kV
[10.27] VDE 0211 Vorschriften für den Bau von Starkstrom-Freileitungen mit Nennspannungen unter 1 kV
[10.28] *Mors, H.*, Derzeitiger Stand des Freileitungsbaus, in: Elektrizitätswirtschaft 75 (1976)
[10.29] *Flosdorf R.*, und *G. Hilgarth:* Elektrische Energieverteilung, Teubuer, Stuttgart 1982
[10.30] DIN 48 201 Leitungsseile
[10.31] DIN VDE 0103/2.82 Bemessung von Starkstromanlagen auf mechanische und thermische Kurzschlußfestigkeit
[10.32] Hütte: Elektrische Energietechnik, Bd. 3, Springer Verlag, Heidelberg/Berlin 1988
[10.33] ABB-Taschenbuch Schaltanlagen, Cornelsen-Girardet Verlag, Düsseldorf, 8. Auflage 1988

zu Abschnitt 10.4.2: Kabeltechnik

[10.34] *Richter, S.* Einführung in die Starkstromkabeltechnik. Kabel- und Metallwerke, Hannover 1968
[10.35] *Klockhaus, H.*, und *G. Wander*, Abschlußund Verbindungstechnik bei Starkstromkabeln, VWEW, Frankfurt 1979
[10.36] *Lücking, H. W.*, Energiekabeltechnik, Friedr. Vieweg & Sohn, Braunschweig/Wiesbaden 1981
[10.37] *Wanser, G.*, und *F. Wiznerowicz*, Eigenschaften von Energiekabeln und deren Messung, VWEW, Frankfurt 1982
[10.38] Verein Deutscher Ingenieure (VDI) (Hrsg.): Kabel und isolierte Leitungen, VDI-Verlag, Düsseldorf 1984
[10.39] *Kiwit, W., G. Wanser*, und *H. Laarmann*, Hochspannungs, und Hochleistungskabel, VWEW, Frankfurt 1985
[10.40] Vereinigung Deutscher Elektrizitätswerke (VDEW) (Hrsg.), Kabelhandbuch, VWEW, Frankfurt 1986
[10.41] *Heinhold, L.* (Hrsg.), Kabel und Leitungen für Starkstrom. Siemens AG, Berlin und München; 4. Aufl. 1987 (Teil 1) und 1989 (Teil 2)

zu Abschnitt 10.4.4: Isolatoren

[10.43] DIN VDE 0446 Isolatoren für Freileitungen, Fahrleitungen und Fernmeldeleitungen
[10.44] *Phillipow, E.*, Taschenbuch Elektrotechnik Bd. 6, Verlag Technik Berlin 1988
[10.45] *Bauer, E., Dietz,* und *H.* Porzellan- und Kunststoff-Langstabisolatoren, in: Elektrowirtschaft 80 (1981) S. 661
[10.46] DIN VDE 0212 Armaturen für Freileitungen und Schaltanlagen

zu Abschnitt 10.4.5: Transformatoren in der Energieübertragung

[10.42] *Pundt, H.*, Elektroenergiesysteme, Lehrbriefe der Technischen Universität Dresden, Zentralstelle für Lehr- und Organisationsmittel, Zwickau 1983, und Wissenspeicherheft Tl. 60: Elektroenergiesysteme, Herausgeber TU Dresden

zu Abschnitt 10.5: Schaltanlagen

[10.47] ABB-Taschenbuch Schaltanlagen, Cornelsen-Giradet Verlag, Düsseldorf, 8. Auflage 1988,
[10.48] VDE 0101/11.80 Errichten von Starkstromanlagen mit Nennspannungen über 1 kV
[10.49] VDE 0670 Teil 6 [5.76] Metallgekapselte Hochspannungsschaltanlagen für Spannungen bis 72,5 kV
[10.50] VDE 0670 Teil 8 [2.78] Metallgekapselte Hochspannungsschaltanlagen für Spannungen über 72,5 kV
[10.51] VDE 0670 Teil 7 [3.78] Isolierstoffgekapselte Hochspannungsschaltanlagen für Spannungen bis 36 kV
[10.52] VDE 0670 Teil 2 [9.81] Trennschalter und Erdungsschalter
[10.53] VDE 0670 Teil 101 [7.78] Hochspannungs-Wechselstrom-Leistungsschalter
[10.54] *Burkhard, G.*, Schaltgeräte der Elektroenergietechnik, Verlag Technik, Berlin, 1985

zu Abschnitt 10.6.1 und 10.6.2: Aufbau und Nachbildung von Energienetzen:

[10.55] *Flosdorff, R.*, und *G. Hilgarth,* Elektrische Energieverteilung, 4. Aufl., Teubner, Stuttgart 1986

zu Abschnitt 10.6.3: Symmetrische Komponenten

[10.56] *Funk, G.*, Symmetrische Komponenten, Elitera Verlag, Berlin 1976

zu Abschnitt 10.6.4: Lastflußrechnung

[10.57] *Nelles, D.*, Netzberechnung, in: Techn. Mitteilungen, AEG-Telefunken (1981), H.45, S. 136–144

zu Abschnitt 10.6.5: Kurzschlußberechnung

[10.58] DIN VDE 0102 Leitsätze für die Berechnung der Kurzschlußströme

[10.59] *Funk, G.*, Kurzschlußstromberechnung, Elitera Verlag, Berlin 1974
[10.60] Hilfsbuch der Elektrotechnik, Band 1, 3. Aufl., AEG-Telefunken 1981
[10.61] Hütte, Elektrische Energietechnik, Band 3, Netze, Springer Verlag, Berlin/Heidelberg 1988
[10.62] *Knies, W.*, und *K., Schierack*, Elektrische Anlagentechnik, Oldenbourg München/Wien 1991
[10.63] *Brauner, G.*, und *P. Hoen*, Berechnung unsymmetrischer Kurzschlüsse, in: Techn. Mitteilungen, AEG-Telefunken (1981), H.45, S. 149–153
[10.64] *Tuttas, C.*, Näherungsweise Berechnung des Reduktionsfaktors komlizierter Leiteranordnungen, in: Wiss. Berichte, AEG-Telefunken (1981), H.3, S. 153–157
[10.65] Technische Empfehlung Nr. 8: Anleitung zur rechnerischen und meßtechnischen Ermittlung der Reduktionswirkung von Kompensationsleitern, VWEW Frankfurt 1980

zu Abschnitt 10.6.6: Sternpunktbehandlung

[10.66] *Poßner, O.*, Netzsternpunktbehandlung, in: AEG-Mitteilungen (1966), H.5, S. 344–349

zu Abschnitt 10.7: Spannungsbeanspruchung und Isolationsbemessung

[10.67] DIN VDE 0111 Teil 1, 10.1979 Isolationskoordination für Betriebsmittel in Drehstromnetzen über 1 kV, Anwendung
[10.68] *Dorsch, H.*, Überspannungen und Isolationsbemessung bei Drehstrom-Hochspannungsanlagen, Berlin/München, 1987
[10.69] *Beyer, M., W. Boeck, K. Möller* und *W. Zaengel*, Hochspannungstechnik, Springer-Verlag, Berlin/Heidelberg, 1986
[10.70] DIN VDE 0111 Teil 3 11.1982 Isolationskoordination für Betriebsmittel in Drehstromnetzen über 1 kV, Leiter-Erde-Isolation
[10.71] *Rüdenberg, R.*, Elektrische Schaltvorgänge, 5. Aufl., Springer-Verlag, Berlin/Heidelberg, 1974
[10.72] CIGRE, WG 13–02: Interrupton of small inductive currents, in: Electra 75 (1981) 55
[10.73] CIGRE WG 13–02: Switching overvoltages in EHV and UHV systems with special reference to closing and reclosing of transmission lines, in: Electra 30 (1973) 70
[10.74] IEC-Publ. 60–1, 1973, High voltage test techniques
[10.75] *Prinz, H., W. Zaengel* und *O. Volker*, Das Bergeron-Verfahren zur Lösung von Wanderwellenaufgaben, in: Bull. SEV 53 (1962) 16, S. 725
[10.76] *Mosch, W., u. a.:* Lehrbriefe für das Hochschulfernstudium, TU Dresden, Nr. 02 1434 03 3
[10.77] VDE 0675 Teil 2, 8.1975, Richtlinien für Überspannungsschutzgeräte
[10.78] DIN VDE 0432 Teil 1,2 10.1978, Hochspannungsprüftechnik
[10.79] *Mosch, W.*, und *W. Hauschild:* Statistik für Elektrotechniker, VEB Verlag Technik, Berlin, 1984
[10.80] Hütte, Elektrische Energietechnik, Bd. 3, 29. Aufl., Springer Verlag, Berlin/Heidelberg 1988

zu Abschnitt 10.8: Netzstabilität

[10.81] *Nelles, D.*, Der Einsatz von kurzzeitig eingeschalteten Reihenkondensatoren und Lastwiderständen zur Verbesserung der dynamischen Stabilität in Energieübertragungsnetzen, Diss. TU Berlin 1972
[10.82] *Nelles, D.*, Die zulässige Kurzschlußzeit als Maß für die dynamische Stabilität in Energieversorgungsnetzen, in: ETZ-A (1973), H.9, S. 509–514
[10.83] *Kocher, P.*, und *D. Nelles*, Ein Verfahren zur raschen Erkennung der Instabilität im Energieversorgungsnetz, in: Bulletin SEV/VSE (1988), H.13, S. 736–739
[10.84] *Hosemann, G.*, und *W. Boeck*, Grundlagen der elektrischen Energietechnik, Springer Verlag, Berlin/Heidelberg 1979

zu Abschnitt 10.9: Netzrückwirkungen

[10.85] DIN VDE 0838: Rückwirkungen in Stromversorgungsnetzen, die durch Elektrogeräte für den Hausgebrauch und für ähnliche Zwecke verursacht werden.
[10.86] DIN VDE 0846: Meßgeräte zur Beurteilung der Elektromagnetischen Verträglichkeit
[10.87] *Wanner, E., R. Mathys* und *M. Häusler*, Kompensationsanlagen für die Industrie, in Brown Boveri Mitteilungen (1983), H.9/10, S. 330–340
[10.88] *Büchner, P.*, Stromrichter-Netzrückwirkungen und ihre Beherrschung, Fachbuch Verlag, Leipzig 1982
[10.89] DIN VDE 0839: Elektromagnetische Verträglichkeit
[10.90] *Becker, H.*, und *W. Schulz*, Grundlagen zur Beurteilung von Oberschwingungsrückwirkungen in Versorgungsnetzen, in etz-a (1977), H.5, S. 335–338

zu Abschnitt 10.10: Netzschutz

[10.91] *Klein, K.*, Schutzeinrichtungen für elektrische Anlagen und Netze, VWEW, Frankfurt 1982
[10.92] *Hoen, P.*, Interaktive Berechnung der Einstellwerte von Netzschutzeinrichtungen, etz-Archiv (1985), H.4, S. 123–128

zu Abschnitt 10.11: Schutz vor den Gefahren des elektrischen Stromes

[10.93] DIN VDE 0100: Errichten von Starkstromanlagen mit Nennspannungen bis 1000 V

MIX
Papier aus verantwortungsvollen Quellen
Paper from responsible sources
FSC® C105338

If you have any concerns about our products,
you can contact us on
ProductSafety@springernature.com

In case Publisher is established outside the EU,
the EU authorized representative is:
Springer Nature Customer Service Center GmbH
Europaplatz 3, 69115 Heidelberg, Germany

Printed by Libri Plureos GmbH
in Hamburg, Germany